1682 J.B. METZLER

GOETHE HANDBUCH

Supplemente
Band 2

Natur-wissenschaften

Herausgegeben von
Manfred Wenzel

Verlag J.B. Metzler
Stuttgart · Weimar

Bibliografische Information der Deutschen Nationalbibliothek
Die Deutsche Nationalbibliothek verzeichnet diese Publikation in der Deutschen Nationalbibliografie; detaillierte bibliografische Daten sind im Internet über http://dnb.d-nb.de abrufbar.

ISBN: 978-3-476-01983-7
ISBN: 978-3-476-00043-9 (eBook)
DOI 10.1007/978-3-476-00043-9

Ursprünglich erschienen bei J. B. Metzlersche Verlagsbuchhandlung
und Carl Ernst Poeschel Verlag GmbH in Stuttgart 2012
www.metzlerverlag.de
info@metzlerverlag.de

Inhaltsverzeichnis

I. Einleitung

II. Übersichtsartikel

Übersicht der lexikalischen Begriffe

I. Einleitung

Vorwort

In einer Rezension zur französischen Übersetzung von Goethes *Versuch die Metamorphose der Pflanzen zu erklären* durch Frédéric de Gingins-Lassaraz (1829) verwies der Botaniker Augustin Pyrame de Candolle auf den bemerkenswerten Umstand, dass Goethe mit der Metamorphosenlehre »en passant une découverte importante« (LA II, 10B.1, 524) gemacht habe. Über diesen Eindruck, dem Dichter sei intuitiv – ›im Vorübergehen‹ – eine wichtige Entdeckung gelungen, war Goethe tief verärgert (vgl. Sorets Erinnerungen, 29.1.1829; ebd. 531).

Als zwei Jahre später, 1831, Goethes unter Mitarbeit von Frédéric Soret entstandene deutsch-französische Ausgabe des *Versuchs über die Metamorphose der Pflanzen* erschien, konnte man im ersten Anhang, im Aufsatz *Der Verfasser teilt die Geschichte seiner botanischen Studien mit*, Goethes Kommentar zu de Candolles Bemerkung lesen: »[...] so konnte man sich nicht genug verwundern wie ein Poet, der sich bloß mit sittlichen, dem Gefühl und der Einbildungskraft anheim gegebenen Phänomenen gewöhnlich befasse, sich einen Augenblick von seinem Wege abwenden und, in flüchtigem Vorübergehen, eine solche bedeutende Entdeckung habe gewinnen können. Diesem Vorurteil zu begegnen, ist eigentlich vorstehender Aufsatz verfaßt; er soll anschaulich machen: wie ich Gelegenheit gefunden einen großen Teil meines Lebens mit Neigung und Leidenschaft auf Naturstudien zu verwenden. Nicht also durch eine außerordentliche Gabe des Geistes, nicht durch eine momentane Inspiration, noch unvermutet und auf einmal, sondern durch ein folgerechtes Bemühen bin ich endlich zu einem so erfreulichen Resultate gelangt« (FA I, 24, 752).

Hier sprach Goethe aus, was zu seinen Lebzeiten und noch weit darüber hinaus nur von wenigen zur Kenntnis genommen oder gar abschätzig belächelt wurde: dass er sich sein gesamtes Leben hindurch stets als Naturforscher verstand und sich auch als solcher wahrgenommen sehen wollte. Einschätzungen, er habe ›auch‹ oder ›nebenbei‹ Naturforschung betrieben, wurden weder seinem eigenen hohen Erkenntnisanspruch gerecht, noch sind sie objektiv aufgrund einer Auswertung der Lebenszeugnisse haltbar, wie dies vor allem die noch im Erscheinen begriffene Dokumentensammlung *Die Entstehung von Goethes Werken* (EGW) überzeugend erweist. Naturforschung hat in Goethes Leben eine äußerst wichtige, wenn nicht *die* zentrale Rolle gespielt!

Der Dichter Goethe wäre ohne den Naturforscher undenkbar, eine Einsicht, die – entgegen völliger Fehleinschätzungen dieser Tatsache in der Mitte des 19. Jahrhunderts – bereits 1830 Wilhelm von Humboldt formulierte, dem sich eine erstaunliche Parallelität zwischen Goethes Erkenntnisprozess im Aufspüren der Gesetze der Natur und seinem Vorgehen in der dichterischen Produktion offenbarte (vgl. dazu S. 258f.). Goethe selbst hat Dichtung und Naturforschung zwar nicht explizit voneinander abhängig gemacht, sie aber stets als zu vereinbarende und zusammengehörende Komponenten seiner Lebensleistung verstanden: »nirgends wollte man zugeben, daß Wissenschaft und Poesie vereinbar seien. Man vergaß daß Wissenschaft sich aus Poesie entwickelt habe, man bedachte nicht daß, nach einem Umschwung von Zeiten, beide sich wieder freundlich, zu beiderseitigem Vorteil, auf höherer Stelle, gar wohl wieder begegnen könnten« (FA I, 24, 420).

Aus dem besonderen Stellenwert, den die Naturforschung in Goethes Leben und Schaffen innehatte, läßt sich mit Nachdruck und zweifelsfrei begründen, dieser Thematik einen eigenen Supplementband zum *Goethe-Handbuch* zu widmen.

Der vorliegende Band soll den aktuellen Forschungsstand zu Goethes naturwissenschaftlichen Schriften präsentieren. Im ersten Teil (S. 1–289) werden dem Leser in größeren Übersichtsartikeln zu den einzelnen Bereichen von Goethes Naturforschung – Morphologie, Farbenlehre, Geologie, Meteorologie, Allgemeine Naturlehre – möglichst umfassende Überblicke über die verschiedenen, auch kleinen und abseitigen Texte gegeben und deren Inhalte sowie Entstehungszusammenhänge erschlossen. Ein Artikel über die Rezeptions- und Wirkungsgeschichte von Goethes naturwissenschaftlichen Schriften schließt sich an. Mit Ausnahme des

Abschnitts zur Allgemeinen Naturlehre, der inhaltlich untergliedert ist (Wissenschaftsgeschichte und -theorie, Naturphilosophie, Mathematik, Physik, Aphorismensammlungen, Tonlehre), sind diese Übersichtskapitel chronologisch geordnet, wobei Goethes anhaltende, teilweise lebenslängliche Bemühungen um einzelne Gegenstände zum Ausdruck kommen.

Der zweite, lexikalische Teil des Bandes (S. 291–717) soll der punktuellen Information zu Personen, Orten und Sachbegriffen dienen, wobei in der Regel kurze, das Wesentliche enthaltene Darstellungen vorgelegt werden, um möglichst viele Artikel aufnehmen zu können. Obwohl bei der Auswahl großzügig verfahren wurde, bleibt diese letzten Endes doch subjektiv, mit der Folge, dass dem einzelnen Leser der eine oder andere Artikel fehlen oder überflüssig erscheinen mag. Vor allem gilt dies für die zahlreichen Personen, die in Goethes naturwissenschaftlichen Schriften Erwähnung finden.

Ein Teil der berücksichtigten Namen und Stichworte (etwa 15 Prozent) findet sich bereits in den Bänden 4.1 und 4.2 des 1999 abgeschlossenen *Goethe-Handbuchs* (GHB). Um die eigenständige Benutzung des vorliegenden Bandes zu ermöglichen, wurde in diesen Fällen von reinen Verweisen generell abgesehen. Vielmehr werden die behandelten Personen, Orte und Sachen hier speziell unter dem Aspekt der Naturforschung nochmals vorgestellt. Dies kann im Einzelfall bedeuten, dass völlig neue, zu den bereits vorliegenden Artikeln komplementäre entstanden sind oder auch nur punktuelle Ergänzungen nachgetragen wurden, die aus der Sicht der Naturforschung geboten erschienen. Nur in Ausnahmefällen wurden Artikel nahezu unverändert übernommen, dann nämlich, wenn diese bereits vollständig im Kontext der Naturforschung standen und weiterhin den bis in die Gegenwart hinein aktuellen Forschungsstand repräsentieren. Der interessierte Leser wird ohnehin die verschiedenen Bände des *Goethe-Handbuchs* parallel und ergänzend zu Rate ziehen.

Es war nicht nur unvermeidbar, sondern auch beabsichtigt, dass es zu Überschneidungen zwischen den Übersichtsartikeln im ersten Teil des Bandes und den lexikalischen Beiträgen im zweiten kommt, zumal hierbei in der Regel Perspektivwechsel auftreten. Was im ersten Teil als Text oder Thema Goethes präsentiert wird, erscheint im zweiten Teil an bestimmte, mitwirkende Personen oder an Orte gebunden, so dass letztlich Annäherungen von verschiedenen Seiten zustande kommen, ähnlich dem Verfahren, das Goethe in seiner Naturforschung angewandt hat: eine Erscheinung immer wieder aus neuen Perspektiven zu betrachten, die Erkenntnis eines Phänomens durch andere Zugänge zu erweitern.

Mit Verweispfeilen (→) wird auf Namen, Orte und Sachbegriffe hingewiesen, denen eigenständige Artikel ab S. 293 gewidmet sind. Diese Verweispfeile erscheinen sowohl in den verschiedenen Übersichtsartikeln als auch in den einzelnen lexikalischen Artikel in der Regel nur einmal bei der ersten Nennung, um den Lesefluss nicht allzu sehr zu beeinträchtigen.

Unter den Beiträgen im Anhang (S. 719–808) sind ein Verzeichnis der Rezensionen zu Goethes naturwissenschaftlichen Schriften, eine Übersicht zum Inhalt der Zeitschrift *Zur Naturwissenschaft überhaupt, besonders zur Morphologie* sowie eine synoptische Zeittafel zur Wissenschaftsgeschichte der Goethezeit und Goethes Naturforschung hervorzuheben. Ein Verzeichnis der Druckorte aller naturwissenschaftlichen Schriften in den wesentlichen Goethe-Ausgaben soll eine schnelle Orientierung und einen leichten Zugriff auf die Texte ermöglichen.

Trotz der reichhaltigen Informationen, die der vorliegende Band zu bieten hofft, sollte der Leser nicht auf die Lektüre der Originaltexte verzichten. Auch Goethes naturwissenschaftliche Schriften sind sprachliche Kunstwerke und bieten wunderschöne Leseerlebnisse.

Der vorliegende Band will den Zugang zu Goethes naturwissenschaftlichen Texten erleichtern, die wichtigsten Angaben zu Entstehung und Inhalt vermitteln und über weiterführende Literaturangaben eine Vertiefung in den jeweiligen Gegenstand ermöglichen. Er kann jedoch nicht sämtliche, in der Forschung über viele Jahrzehnte erarbeitete Einzelergebnisse in ihrer gesamten Fülle ausbreiten.

Dem Leser stehen verschiedene Möglichkeiten offen, das hier Dargelegte zu ergänzen und in den Einzelheiten zu verfolgen: Die 2011 (mit

Ausnahme einer geplanten Registerabteilung) abgeschlossene historisch-kritische *Leopoldina-Ausgabe* (LA) bietet die umfassendste Bearbeitung der Naturforschung Goethes, indem sie alle einschlägigen Texte, Materialien, Zeugnisse, Handschriftenbeschreibungen und Kommentare liefert (s. dazu die Übersicht auf S. 728). Aufgrund ihrer schwierigen Benutzbarkeit dürfte sie sich jedoch in erster Linie an den Leserkreis wenden, der bereits umfassende Vorkenntnisse mitbringt oder Interesse am besonderen Detail hat.

Alle wesentlichen Texte und ausführliche Kommentare bieten die beiden aktuellen Studienausgaben der Werke Goethes, die *Frankfurter* (FA) und die *Münchner Ausgabe* (MA). Während MA chronologisch nach Goethes Biographie geordnet ist und daher die naturwissenschaftlichen Schriften über viele Bände verteilt, findet man in FA das naturwissenschaftliche Werk Goethes in vier themenbezogenen Bänden komprimiert und separat nutzbar: Bd. 23.1: Zur Farbenlehre, Bd. 23.2: Beiträge zur Optik und Schriften zur Farbenlehre bis 1807, Bd. 24: Morphologie, Bd. 25: Schriften zur Allgemeinen Naturlehre, Physik, Meteorologie, Geologie und Mineralogie sowie Farbenlehre nach 1810. Aufgrund der – zumindest für die naturwissenschaftlichen Schriften – größten Leserfreundlichkeit wird im vorliegenden Band in der Regel und soweit möglich nach der *Frankfurter Ausgabe* zitiert, dort nicht Berücksichtigtes wie vor allem Materialien und Entwürfe nach der *Leopoldina-Ausgabe*.

Eine wesentliche, für den Kontext unverzichtbare Ergänzung liefert darüber hinaus die bereits erwähnte Sammlung *Die Entstehung von Goethes Werken in Dokumenten* (EGW), die alphabetisch nach den Titeln von Goethes Schriften angelegt ist und somit auch jeden einzelnen naturwissenschaftlichen Text in den Entstehungszusammenhängen, vor allem durch zugehörige Brief- und Tagebuchzeugnisse, vorstellt.

Dank

Zunächst sei Dr. Bernd Lutz vom Metzler Verlag herzlich dafür gedankt, dass er – kurz vor dem Eintritt in den Ruhestand – den Vorschlag für diesen Supplement-Band des *Goethe-Handbuchs* unterbreitete und mir die Herausgeberschaft übertrug. Sabine Matthes, der betreuenden Lektorin des Metzler Verlags, gilt mein Dank für stets freundliche und unkomplizierte Zusammenarbeit sowie für ihre Geduld angesichts der Tatsache, dass sich während des Bearbeitungszeitraums einige Autorenwechsel ergeben haben, die teilweise erhebliche Verzögerungen zur Folge hatten. Um so mehr sei den zuverlässigen und pünktlich liefernden Autoren, die teilweise noch zusätzliche Arbeiten übernommen haben, mein Dank ausgesprochen, auch für ihr Verständnis, dass sie auf der Erscheinen ihrer Beiträge über Gebühr warten mussten.

Der vorliegende Band hat von der Tätigkeit des Herausgebers für die Mommsen Foundation for the Advancement of Goethe Research (Palo Alto, USA) und deren Projekt *Die Entstehung von Goethes Werken in Dokumenten* im Rahmen einer Kooperation mit der Akademie der Wissenschaften und der Literatur Mainz erheblich profitiert. Für die Ermöglichung dieser Zusammenarbeit sei der Herausgeberin, Prof. Dr. Katharina Mommsen, dem Geschäftsführenden Direktor der Mommsen Foundation, Prof. Dr. David Pike, und dem Generalsekretär der Akademie der Wissenschaften und der Literatur Mainz, Prof. Dr. Claudius Geisler, sehr herzlich gedankt.

Die in vielen Gesprächen ausgedrückte Anteilnahme von Prof. Dr. mult. Werner Keller, Ehrenpräsident der Goethe-Gesellschaft in Weimar, war stets erfrischender Ansporn zur Weiterarbeit.

Das Handbuch ist nun »fertig [...] um auszufliegen, aber nicht fertig dem inneren Sinne und der Behandlung nach, als wo wir niemals fertig zu werden hoffen« (Goethe an Sulpiz Boisserée, 29.7.1817).

Manfred Wenzel
September 2012

Hinweise für Benutzer

Verantwortlich für den Inhalt der einzelnen Artikel ist der jeweilige Autor.

Formale Gestaltung der Artikel

Der Name »Johann Wolfgang von Goethe« wird in den Artikeln »G.« bzw. im Genitiv »G.s« abgekürzt. Auch in Wortzusammensetzungen wird »Goethe« abgekürzt (z.B. G.-Forschung, G.zeit). Ein Verzeichnis aller sonstigen Abkürzungen findet sich auf S. XXIX. Alle Werktitel im Text erscheinen kursiv; bei Gedichten ohne Titel erscheint die erste Zeile kursiv als Titel. Titel von Goethes Werken können in Kurzform genannt werden, z.B. *Dichtung und Wahrheit*, *Wanderjahre*, *Metamorphose der Pflanzen*.

Zur Unterteilung größerer Texte in Sinnabschnitte dienen Zwischenüberschriften. Bei kürzeren Artikeln werden Sinnabschnitte durch eine Leerzeile gekennzeichnet.

Fehlende oder abgekürzte Vornamen sind im Register vollständig erschlossen. Bei eindeutig bekannten Personen (Schiller, Kant, Hegel usw.) erübrigt sich der Vorname. Im Falle von Verwechslungsmöglichkeiten wird der (meist abgekürzte) Vorname immer gesetzt.

Bei Verweisen auf Autoren von Sekundärliteratur wird der Vorname nicht genannt. Die Titel erscheinen in der Bibliographie, die den Übersichtsartikeln jeweils nachgestellt ist. Im lexikalischen Teil sind die bibliographischen Hinweise jeweils am Ende der einzelnen Artikel zu finden.

Zitierweise

Goethe-Texte sind nach den gängigen, mit Siglen genannten Ausgaben zitiert, aufgrund der einfachsten Handhabung vor allem nach der *Frankfurter Ausgabe* (FA). Ein Verzeichnis der Siglierungen findet sich unten im Anschluss.

Häufig genannte Werke der Sekundärliteratur werden ebenfalls sigliert. Im Artikel und in der Bibliographie erscheint dann lediglich ein Kürzel, in der Regel mit Band- und Seitenangaben.

Zitate werden in doppelte, Zitate innerhalb von Zitaten in einfache Anführungszeichen gesetzt. Hervorhebungen bzw. Sperrungen in den Originalschriften werden durch Kursivierung kenntlich gemacht.

Erläuternde Einfügungen des Artikelautors stehen in eckigen Klammern, Auslassungen in Zitaten werden durch [...] gekennzeichnet.

Wo wiederholt und ohne Verwechslungsmöglichkeit kurz nacheinander aus demselben Text zitiert wird, folgt nach dem vollständigen Stellennachweis beim ersten Zitat im folgenden nur noch die Angabe der Seitenzahl(en) mit »ebd.«.

Die benutzten Ausgaben werden diplomatisch getreu zitiert. Flexionsänderungen in Zitaten werden nicht gekennzeichnet; Großschreibung im Zitat bei Satzbeginn wird nicht übernommen, wenn das Zitat in fortlaufenden Text integriert wird.

Goethes Briefe werden ausschließlich mit Datum und Adressat belegt. Zitiert wird hierbei nach der *Weimarer Ausgabe* (WA, Abt. IV).

Goethes Tagebucheintragungen (Sigle Tgb) werden nur mit Datumsnennung nach der *Weimarer Ausgabe* (WA, Abt. III) zitiert; Zitate aus den *Tag- und Jahresheften* (Sigle TuJ mit jeweiliger Jahreszahl) folgen WA, Abt. I, Bde. 35 u. 36.

Auf zeitgenössische Quellen und auf die Forschungsliteratur wird in den Artikeln durch einen Hinweis auf den (Nach-)Namen des Autors, das Erscheinungsjahr und die entsprechenden Seitenzahlen verwiesen, z.B. Wyder 2011, 105–119.

Das *Goethe-Jahrbuch*, das zeitweise auch unter dem Titel *Jahrbuch der Goethe-Gesellschaft* mit einer alten und einer neuen Folge erschien, wird unter der einheitlichen Sigle GJb. mit der zugehörigen Jahreszahl zitiert.

Bei Literaturangaben im Text bedeutet ein Hinweis auf *Ruppert*, dass das jeweilige Werk in Goethes Bibliothek vorhanden war und in Rupperts Katalog unter der angegebenen Nummer nachgewiesen ist.

Wird auf Goethes Schreiber John ohne Nennung des Vornamens hingewiesen, ist jeweils Johann August Friedrich John gemeint.

Bibliographie

An die Übersichtsartikel und zahlreiche lexikalische Artikel schließen sich alphabetisch geordnete Bibliographien an. Diese enthalten die im Artikel zitierten Werke und eine Auswahl weiterer Titel der Forschungsliteratur. Bei vielen kleineren naturwissenschaftlichen Texten Goethes bieten die Kommentare der Goethe-Ausgaben (vor allem LA, FA und MA) den einzigen Zugang, da entsprechende Sekundärliteratur fehlt.

Literatur, die sich nicht einem speziellen Bereich von Goethes Naturforschung zuordnen lässt, sowie zur Geschichte der Naturwissenschaften wird im Anhang verzeichnet (s. S. 811–813).

Siglenliste

I. Ausgaben

ALH	Goethe's Werke. Vollständige Ausgabe letzter Hand. 40 Bde. Stuttgart, Tübingen 1827–1830. Ergänzt durch: Goethe's Nachgelassene Werke. Hg. von Johann Peter Eckermann und Friedrich Wilhelm Riemer. Bd. 1–20 [Bd. 41–60 der Ausgabe letzter Hand]. Stuttgart, Tübingen 1832–1842. [als Taschen- und Oktavausgabe]
AS	Goethes Amtliche Schriften. Veröffentlichung des Staatsarchivs Weimar. Goethes Tätigkeit im Geheimen Consilium. Hg. von Willy Flach und Helma Dahl. 5 Bde. Weimar 1950–1987.
CA	Goethe. Gesamtausgabe der Werke und Schriften. 22 Bde. Stuttgart 1949–1969. [Cotta-Ausgabe]
DNL	Goethes Werke. 36 Bde. (in 41). Hg. von Joseph Kürschner. Berlin, Stuttgart o. J. [1883–1897, Deutsche National-Litteratur, Bde. 82–117]
FA	Johann Wolfgang Goethe: Sämtliche Werke. Briefe, Tagebücher und Gespräche. 40 Bde. Hg. von Hendrik Birus u. a. Frankfurt am Main 1987 ff. [Frankfurter Ausgabe]
HA	Goethes Werke. Hamburger Ausgabe in 14 Bänden. Hg. von Erich Trunz. Hamburg 1948–1964.
Hempel	Goethe's Werke. Nach den vorzüglichsten Quelle revidirte Ausgabe. Th. 1–36. Berlin [1868–1879].
JA	Goethes sämtliche Werke. Jubiläumsausgabe. Hg. von Eduard von der Hellen. 40 Bde. und Registerband. Stuttgart, Berlin 1902–1912.
LA	Goethe. Die Schriften zur Naturwissenschaft. Vollständige mit Erläuterungen versehene Ausgabe im Auftrage der Deutschen Akademie der Naturforscher. Leopoldina. Begr. von Lothar Wolf und Wilhelm Troll. Hg. von Dorothea Kuhn und Wolf von Engelhardt. 11 Text- und 14 Kommentarbde. (in 18). Weimar, Stuttgart 1947–2011.
MA	Johann Wolfgang Goethe: Sämtliche Werke nach Epochen seines Schaffens. Münchner Ausgabe. Hg. von Karl Richter in Zusammenarbeit mit Herbert G. Göpfert, Norbert Miller und Gerhard Sauder. München 1985 ff.
SNA	Schillers Werke. Nationalausgabe. 1940 begründet von Julius Petersen. Fortgeführt von Lieselotte Blumenthal, Benno von Wiese, Siegfried Seidel. Hg. im Auftrag der Stiftung Weimarer Klassik und des Schiller-Nationalmuseums in Marbach von Norbert Oellers. 43 Bde. Weimar, Stuttgart 1943 ff.
WA	Goethes Werke. Hg. im Auftrage der Großherzogin Sophie von Sachsen. 143 Bde. Weimar 1887–1919. Nachdruck München 1987. [nebst] Bde. 144–146: Nachträge und Register zur IV. Abt.: Briefe. Hg. von Paul Raabe. Bde. 1–3. München 1990.

II. Selbstzeugnisse, Gespräche, Briefwechsel, sonstige Werke

BG	Goethe. Begegnungen und Gespräche. Hg. von Ernst Grumach und Renate Grumach. Bisher 7 Bde. Berlin 1965–2010.
Bode	Goethe in vertraulichen Briefen seiner Zeitgenossen. Zusammengestellt von Wilhelm Bode. 3 Bde. Neu hg. von Regine Otto und Paul-Gerhard Wenzlaff. Berlin, Weimar 1979.
Bratranek	Goethe's Naturwissenschaftliche Correspondenz. (1812–1832). Im Auftrage der von Goethe'schen Familie hg. von Franz Thomas Bratranek. 2 Bde. Leipzig 1874.
Corpus	Gerhard Femmel: Corpus der Goethezeichnungen. 7 Bde. Leipzig 1958–1973. 2. Aufl. München 1972–1981.
Eckermann	Johann Peter Eckermann: Gespräche mit Goethe in den letzten Jahren seines Lebens. Hg. von Christoph Michel. Frankfurt am Main 1999 (FA II 12).
EGW	Die Entstehung von Goethes Werken in Dokumenten. Begr. von Momme Mommsen. Fortgeführt und hg. von Katharina Mommsen. Bisher 5 Bde. Berlin, New York 1958–2010.
G–Boisserée	Sulpiz Boisserée. hg. von Mathilde Boisserée. Bd. 2: Briefwechsel mit Goethe. Stuttgart 1862.
G–Buttel	Goethe und Buttel. Briefwechsel 1827. Textkritische und kommentierte Ausgabe. Bearb. und hg. von Manfred Wenzel. Oldenburg 1992.
G–Carus	Stefan Grosche: »Zarten Seelen ist gar viel gegönnt«. Naturwissenschaft und Kunst im Briefwechsel zwischen C. G. Carus und Goethe. Göttingen 2001.
G–Cotta	Goethe und Cotta. Briefwechsel 1797–1832. Textkritische und kommentierte Ausgabe in drei Bänden (in 4). Hg. von Dorothea Kuhn. Stuttgart 1979–1983.
G–Döbereiner	Briefwechsel zwischen Goethe und Johann Wolfgang Döbereiner (1810–1830). Hg. und erläutert von Julius Schiff. Weimar 1914.
G–Humboldt	Goethes Briefwechsel mit Wilhelm und Alexander von Humboldt. Hg. von Ludwig Geiger. Berlin 1909.
G–Knebel	Briefwechsel zwischen Goethe und [Carl Ludwig von] Knebel 1774–1832. Hg. von Gottschalk Eduard Guhrauer. 2 Bde. Leipzig 1851.
G–Lavater	Goethe und Lavater. Briefe und Tagebücher. Hg. von Heinrich Funck. Weimar 1901 (SchrGG. 16).
G–Martius	Goethe und Martius. Briefwechsel. Hg. von Alexander von Martius. Mittenwald 1932.
G–N. Meyer	Goethes Bremer Freund Dr. Nicolaus Meyer. Briefwechsel mit Goethe und dem Weimarer Kreise. Hg. von Hans Kasten. Bremen 1926.
G–Nees von Esenbeck	Christian Gottfried Nees von Esenbeck. Briefwechsel mit Johann Wolfgang Goethe nebst ergänzenden Schreiben. Hg. von Kai Thorsten Kanz. Stuttgart 2003 (Acta Historica Leopoldina 40).
G–Runge	Philipp Otto Runges Briefwechsel mit Goethe. Hg. von Hellmuth Freiherrn von Maltzahn. Weimar 1940 (SchrGG. 51).
G–Schopenhauer	Arthur Schopenhauer. Der Briefwechsel mit Goethe und andere Dokumente zur Farbenlehre. Hg. und mit einem Essay von Ludger Lütkehaus. Zürich 1992.
G–Schultz	Briefwechsel zwischen Goethe und Staatsrath [Christoph Friedrich Ludwig] Schultz. Hg. und eingel. von Heinrich Düntzer. Neue Ausgabe. Leipzig 1856.

G-Seebeck	Goethe und Seebeck. Dreißig unbekannte Briefe Goethes, veröffentlicht und erläutert von Max Hecker. In: GJb. 1924, 163–189.
G-Soemmerring	Goethe und Soemmerring. Briefwechsel 1784–1828. Textkritische u. kommentierte Ausgabe. Bearb. von Manfred Wenzel. Stuttgart, New York 1988.
G-Voigt	Goethes Briefwechsel mit Christian Gottlob Voigt. Hg. von Hans Tümmler. 4 Bde. Weimar 1949–1962 (SchrGG. 53–56).
G-Sternberg	Briefwechsel zwischen Goethe und Kaspar Graf von Sternberg (1820–1832). Hg. von Franz Thomas Bratranek. Wien 1866.
Gerlach-Sternke	Carl August Böttiger. Literarische Zustände und Zeitgenossen. Begegnungen und Gespräche im klassischen Weimar. Hg. von Klaus Gerlach und René Sternke. 3. Aufl. Berlin 1998.
GG	Goethes Gespräche. Eine Sammlung zeitgenössischer Berichte aus seinem Umgang auf Grund der Ausgabe und des Nachlasses von Flodoard Freiherrn von Biedermann ergänzt und hg. von Wolfgang Herwig. 5 Bde. (in 6) Zürich, Stuttgart 1965–1984.
GHB	Goethe-Handbuch. Hg. von Bernd Witte, Theo Buck, Hans-Dietrich Dahnke, Regine Otto und Peter Schmidt. 5 Bde. (in 6). Stuttgart, Weimar 1996–1999.
GS	Günther Schmid: Goethe und die Naturwissenschaften. Eine Bibliographie. Halle 1940.
GWb	Goethe-Wörterbuch. Hg. von der Deutschen Akademie der Wissenschaften zu Berlin und den Akademien der Wissenschaften in Göttingen und Heidelberg Bd. 1 ff. Stuttgart 1966 ff.
Hagen	Waltraud Hagen: Die Drucke von Goethes Werken. Berlin 1971. 2. Aufl Weinheim 1983.
Hamm	Heinz Hamm: Goethe und die französische Zeitschrift »Le Globe«. Eine Lektüre im Zeichen der »Weltliteratur«. Weimar 1998.
Hellen	Das Journal von Tiefurt. Hg. von Eduard von der Hellen. Weimar 1892 (SchrGG. 7).
Keudell	Goethe als Benutzer der Weimarer Bibliothek. Ein Verzeichnis der von ihm entliehenen Werke. Bearb. von Elise von Keudell. Hg. von Werner Deetjen. Weimar 1931 [Nachdruck Leipzig 1982; beigebunden: Karl Bulling: Goethe als Erneuerer und Benutzer der jenaischen Bibliotheken. Jena 1932].
MuR	Goethe: Maximen und Reflexionen. Hg. von Max Hecker. Weimar 1907 (SchrGG. 21).
Prescher	Goethes Sammlungen zur Mineralogie, Geologie und Paläontologie. Katalog. Hg. von Hans Prescher. Berlin 1978.
QuZ	Quellen und Zeugnisse zur Druckgeschichte von Goethes Werken. Teil 1: Gesamtausgaben bis 1822. Hg. von Waltraud Hagen. Berlin 1966. Teil 2: Die Ausgabe letzter Hand. Hg. von Waltraud Hagen. Berlin 1982. Teil 3: Die nachgelassenen Schriften und die Ausgabe Q. Hg. von Edith Nahler. Berlin 1986. Teil 4: Die Einzeldrucke. Hg. von Inge Jensen. Berlin 1984.
RA	Briefe an Goethe. Gesamtausgabe in Regestform. Hg. von Karl-Heinz Hahn u. a. Bisher 8 Bde. (in 11) und 1 Erg.-Bd. Weimar 1980–2011.
Riemer	Friedrich Wilhelm Riemer: Mitteilungen über Goethe. Auf Grund der Ausgabe von 1841 und des handschriftlichen Nachlasses hg. von Arthur Pollmer. Leipzig 1921.

Ruppert	Hans Ruppert: Goethes Bibliothek. Weimar 1958.
Sanford	Goethes Briefwechsel mit seinem Sohn August. Hg. von Gerlinde Ulm Sanford. 2 Bde. Weimar 2005.
Steiger/Reimann	Robert Steiger und Angelika Reimann: Goethes Leben von Tag zu Tag. Eine dokumentarische Chronik. 8 Bde. Zürich, München 1982–1996. Registerband Berlin, New York 2011.
Tgb	Goethes Tagebücher. 15 Bde. (in 16). Weimar 1887–1919. (WA, Abt. III)
TuJ	Tag- und Jahreshefte. 2 Bde. Weimar 1892/1893. (WA, Abt. I, Bde. 35 und 36)
Unterhaltungen	Kanzler [Friedrich] von Müller: Unterhaltungen mit Goethe. Krit. Ausgabe besorgt von Ernst Grumach. Weimar 1956.
Wahl	Briefwechsel des Herzogs-Großherzogs Carl August mit Goethe. Hg. von Hans Wahl. 3 Bde. Berlin 1915–1918.
Weitz-Boisserée	Sulpiz Boisserée. Tagebücher 1808–1854. Im Auftrag der Stadt Köln hg. von Hans-J. Weitz. 4 Bde. u. Registerbd. Darmstadt 1978–1996.
Zastrau	Alfred Zastrau (Hg.): Goethe-Handbuch. Goethe, seine Welt und seine Zeit in Werk und Wirkung. Bd 1. Stuttgart 1961, Bd. 4: 1956.
Zehn Jahre	Frédéric Soret. Zehn Jahre bei Goethe. Erinnerungen an Weimars klassische Zeit 1822–1832. Aus Sorets handschriftlichem Nachlaß, seinen Tagebüchern und seinem Briefwechsel zum erstenmal zusammengestellt, übersetzt und erläutert von H. H. Houben. Leipzig 1929.
Zeitler	Julius Zeitler (Hg.): Goethe-Handbuch. 3 Bde. Stuttgart 1916–1918.

III. Zeitschriften

ALZ.	Allgemeine Literatur-Zeitung
Archiv.	Archiv für das Studium der neueren Sprachen und Literaturen
ChrWGV.	Chronik des Wiener Goethe-Vereins
DVjs.	Deutsche Vierteljahrsschrift für Literaturwissenschaft und Geistesgeschichte
EG.	Etudes Germaniques
GJb.	Goethe-Jahrbuch und Jahrbuch der Goethe-Gesellschaft
GLL.	German Life and Letters
GoetheJbWien.	Jahrbuch des Wiener Goethe-Vereins
GoetheYb.	Goethe Yearbook
GR.	Germanic Revue
JALZ.	Jenaische Allgemeine Literatur-Zeitung
JbAkadWissGöttingen	Jahrbuch der Akademie der Wissenschaften Göttingen
JbFDtHochst.	Jahrbuch des Freien Deutschen Hochstifts
JbDtSchillerges.	Jahrbuch der deutschen Schiller-Gesellschaft
JbSK.	Jahrbuch der Sammlung Kippenberg
KuA.	Ueber Kunst und Alterthum
MLR.	Modern Language Review
MLQu.	Modern Language Quarterly
Morph	Zur Morphologie
Nova Acta Leopoldina	Nova Acta physico-medica Academiae Caesareae Leopoldino-Carolinae naturae curiosorum (Verhandlungen bzw. Abhandlungen der Kaiserlichen Leopoldinisch Carolinischen Akademie der Naturforscher)

OGS.	Oxford German Studies
PEGS.	Publications of the English Goethe Society
PMLA.	Publications of the Modern Language Association of America
PreußJbb.	Preußische Jahrbücher
SchrGG.	Schriften der Goethe-Gesellschaft
ZfDkde.	Zeitschrift für Deutschkunde
ZfdPh.	Zeitschrift für deutsche Philologie
ZfG.	Zeitschrift für Germanistik
ZNÜ	Zur Naturwissenschaft überhaupt

IV. Abkürzungen

Abb.	Abbildung
Abt.	Abteilung
Anm.	Anmerkung
Aufl.	Auflage
Bd.	Band
Bde.	Bände
begr.	begründet
ders./dies.	derselbe/dieselbe
d. h.	das heißt
Diss.	Dissertation
durchges.	durchgesehen
ebd.	ebenda
eingel.	eingeleitet
erw.	erweiterte
etc.	et cetera
Fasz.	Faszikel, Heft
FDH	Freies Deutsches Hochstift, Frankfurt am Main
Fs.	Festschrift
G.	Goethe
GMD	Goethe-Museum Düsseldorf
GNM	Goethe-Nationalmuseum Weimar
GSA	Goethe- und Schiller-Archiv, Weimar
H.	Heft
Hg./hg.	Herausgeber(in)/herausgegeben
Hs./hs.	Handschrift/handschriftlich
i. Vorb.	in Vorbereitung
Jb.	Jahrbuch
Jh.	Jahrhundert
Kap.	Kapitel
Komm.	Kommentar
Ms.	Manuskript
N.F.	Neue Folge
N.S.	New Series
o.g.	oben genannt
o.J.	ohne Jahr
o.O.	ohne Ort
pp.	und so weiter
Rez.	Rezension
s. o.	siehe oben
s. u.	siehe unten
Sp.	Spalte
St.	Stück
Taf.	Tafel
u. ä.	und ähnliche(s)
u. a.	unter anderem, unter anderen
UB	Universitätsbibliothek
ÜA	Übersichtsartikel
u.ö.	und öfter
u.s.w./usw.	und so weiter
V.	Vers
Vf.	Verfasser
vgl.	vergleiche
z. B.	zum Beispiel
zit.	zitiert
z. T.	zum Teil
zus.	zusammen

Die Autorinnen und Autoren

Ahrendt, Dorothee (AH): Garten/Gärten

Bican, Bianca (BI): Übersichtsartikel Rezeptionsgeschichte, d'Alembert, Cousin, Holbach, Idee, Kepler, Lagrange, Spinoza, Turmalin, Versuch (alle mit WZ)

Enke, Ulrike (EN): Affe (mit WZ), Batsch, Bertuch, Biber, Bildung/Bildungstrieb, Boerhaave, Bohne, H., Bohne, Burdach, Candolle, Carus, Ciccolini, Döbereiner, Elefant, Epigenese, Fikentscher, Froriep (mit ZA), Galen, Gilbert, W., Glasmacherkunst, Goethe-Elefant, Howard, Hufeland, Jacobi, M., Knebel, Kräuter, Kunckel, Löwe, Luft/Luftdruck, Mesmer, Meyer, E., Meyer, N., Nelke, Nigella, Nollet, Oken, Padua, Palermo, Paracelsus, Pferd, Präformation, Riemer, Ritter (mit WZ), Schuchardt, Schütz, Soemmerring, Sprengel, C. P., Turra, Venedig, Wiedeburg, Wöhler

Ho, Shu Ching (HO): Übersichtsartikel Geologie (ab 1800), Altenberg, Arnika, Aubuisson de Voisins, Augit, Basaltstreit, Berzelius, Bilin, Böhmen, Bologneser Stein, Brasilien, Brown, Buch, Büttner, Charpentier, Chladni, Cleaveland, Cotta, H., Cramer, Dietrich, Dilettantismus, Du Mont de Courset, Dux, Edelsteine, Eger, Egeran, Elbogen, Engelhaus, Enzian, Eschwege, Fichte, Freiberg, Gesellschaft des vaterländischen Museums in Böhmen, Gmelin, Goethit, Göttling, Graupen, Grüner, Haslau, Hausmann, Hegel, Heidler, Heim, Heinroth, Herder, A., Hoff, Humboldt, A. v., Hunter, J. u. W., Huß, Isis (mit CS), Itacolumit, Jussieu, Kammerberg, Kant, Karlsbad, Keferstein, King Coal, Klöden, Lenz, Leonhard, Marienbad, Mawe, Moritz, Müller, J. (und Knoll, D.), Naumann, Neptunismus/Vulkanismus, Nose, Paar, Pohl, Priorität, Racknitz, Raumer, Reuß, Schelling, Schlotheim, Soret, Sorriot de l'Host, Spix, Sprengel, C. C., Sternberg, Struve, Sulzer, Tennstedt, Teplitz, Tobler, Trebra, Veltheim, Voigt, F. S., Voigt, J. C. W., Weiß (mit WZ), Werner, Wilbrand, Wolfsberg, Zinnformation, Zinnwald, Zucker

Kanz, Kai Torsten (KA): Biologie, Kielmeyer

Leuschner, Ulrike (LEU): Beireis, Egloffstein, J. v., Jacobi, F. H., Journal von Tiefurt, Kauffmann, Klettenberg, Merck, Merrem, Naturgedicht, Steffens, Wackenroder

Schimma, Sabine (SS): Aktive Farben, Auge, Farbenkreis, Farbige Schatten, Grundfarben, Harmonie der Farben, Himly, Intension, Komplementärfarben, Licht und Finsternis, Nachbilder, Passive Farben, Runge, Tafeln zur Farbenlehre, Trübe, Verdichtung, Zahl der Farben

Schweizer, Claudia (CS): Analyse/Synthese, Anatomie, Annalen der Physik, Aperçu, Cuvier, Entelechie, Faultier, Freitagsgesellschaft, Galvanismus, Gestalt, Ginkgo, Graphische Darstellungen, Halle, Homunculus, Isis (mit HO), Journal der Physik, Naturforschende Gesellschaft zu Jena, Pantheismus, Pariser Akademiestreit, Typus, Urphänomen (mit WZ), Versammlung deutscher Naturforscher und Ärzte, Wasserbaukommission, Wegebaukommission, Winckler, Zwischenkieferknochen

Wenzel, Manfred (WZ): Übersichtsartikel Morphologie (mit ZA), Übersichtsartikel Farbenlehre, Übersichtsartikel Meteorologie (mit ZA), Übersichtsartikel Allgemeine Naturlehre, Übersichtsartikel Rezeptionsgeschichte (mit BI), Abel, Abglanz, Abstraktion, Additive Mischung/Subtraktive Mischung, Affe (mit EN), Agricola, Aguillon, Akademie- und Sozietätsmitgliedschaften, Alchimie, Alembert (mit BI), Analogie, Anaxagoras, Anschauung, Anthropologie, Arago, Aristoteles, Aurea Catena Homeri, Bachmann, Bacon, F., Bacon, R., Bähr, Ballonfahrt, Béguelin, Berends, Bergman, Biot, Birch, Boisserée, Botanische Gärten, Boyle, Brahe, Brandis, Brewster, Brunnenärzte, Buchholz, Buquoy, Burggrave, Buttel, Cardanus, Carl August, Castel, Chemie, Chemische Farben, Cook, Cousin (mit BI), Dämmerung, Darwin, R. W., Delaval, Desaguliers, Descartes, Dioptrische Farben, Dollond, Dominis, Doppelspat, Dornburg, Eckermann, Ehrmann, Elektrizität, Empedokles, Empirie, Encheiresis naturae, Entoptische Farben, Epikur, Epoptische Farben, Erfahrung, Ergo bibamus, Erxleben, Euler, Evolution, Experimentum crucis, Färber, Falk, Farben, Farbenblindheit, Fliegende Mücken, Fontenelle, Form, Forster, Franklin, Fraunhofer, Fries, Frosch, Galilei, Gauß, Gauthier d'Agoty, Gedichte zur Farbenlehre, Geoffroy Saint-Hilaire, Geologische Gesellschaften, Geschichte der Farbenlehre, Gilbert, L. W., Gildemeister, Göttingen, Göttinger Schema, Gren, Grimaldi, Hanau, Harnstoffsynthese, Hassenfratz, Haüy, Henning, Holbach (mit BI), Hooke, Hopfen, Hüttner, Huschke, Idee (mit BI), Infusionstiere, Irrtum, Jahrbücher für wissenschaftliche Kritik, Jena, Journal für Chemie und Physik, Jungius, Kantenspektren, Kapp, Karlsbader Glas, Karlsruhe, Kassel, Katoptrische Farben, Kepler (mit BI), Kieser, Kircher, Klotz, Körte, Lagrange (mit BI), Lambert, Leibniz, Leonardo da Vinci, Lepaden, Lichtenberg, Lichtstrahlen, Link, Linné, Lobstein, Ludwig, Lukrez, Magnetismus/Elektromagnetismus, Makrokosmos/Mikrokosmos, Malebranche, Maler, Malus, Marat, Mariotte, Marktredwitz, Marum, Maximen, Mayer, J. T. d. Ä., Mengs, Metz, Meyer, J. H., Mikan, Mittwochsgesellschaft, Mollweide, Monade, Morhof, Müller, J. C. E., Müller, J., Napoleonbüste, Natur, Naturphilosophie, romantische, Naturwissenschaftliche Sammlungen, Nebenbilder, Nees von Esenbeck, Newton, Nuguet, Oersted, Opal, Opticks, Optik, Optische Täuschung, Organismus, Osteologie, Paroptische Farben, Pfaff, Phänomen, Phlogistontheorie, Physik, Physiologische Farben, Physische Farben, Pigment, Pinie, Platner, Plato, Plinius Secundus (Gaius d. Ä.), Plotin, Plutarch, Polarisation, Polarität/Steigerung, Polignac, Porta, Portius, Prisma, Prismenaperçu, Purkinje, Pyrmont, Quetelet, Rationelle Empirie, Reade, Refraktion, Regenbogen, Rehbein, Reichel, Reil, Reinhard, Ritter (mit EN), Rizzetti, Rose, Rousseau, Roux, Scaliger, Schema, Scherer, Scherffer, Schiller, Schlosser, C. H., Schlosser, J. G., Schnecke, Schopenhauer, Schultz (mit ZA), Schweigger, Sckell, Seebeck, Seneca, Spektrum/Spektrakfarben, Spielmann, Spinoza (mit BI), Spiraltendenz (mit ZA), Stark, J. C., Steiner, Stiedenroth, Stier/Ochse, Studium, Stuttgart, Subjekt/Objekt, Sukzessivkontrast/Simultankontrast, Swedenborg, Symbol, Systole/Diastole, Taten und Leiden des Lichts, Technik, Teleologie, Telesius, Temperamentenrose, Theophrast, Theorie/Hypothese, Thüringen, Thylesius, Tonlehre, Turmalin (mit BI), Turner, Unerforschliches, Urpflanze, Urphänomen (mit CS), Vergleich/Vergleichung, Versuch (mit BI), Villers, Vogel, Voigt, J. H., Wacholder, Wahlverwandtschaft, Wein, Weiß (mit HO), Weller, Werneburg, Wiederholte Spiegelungen, Windischmann, Wirbelknochen/Wirbeltheorie des Schädels, Wissenschaft, Wolf, F. A., Wünsch, Young, Zschokke

Wyder, Margrit (WY): Übersichtsartikel Geologie (bis 1800), Alpen, Amerika, Atomismus/Dynamismus, Bergbau, Breccien, Brocchi, Brocken, Clausthal-Zellerfeld, Cogswell, Darwin, E., Dudweiler, Eckardt, Eichler, Eiszeit, Elbingerode, Erdbeben, Erdbildung, Ernst II. Ludwig, Erosion, Erratische Blöcke, Erstarrung (»Solideszenz«), Fichtelgebirge, Flöz, Fossilien, Ganglehre, Geognosie/Geologie, Gesteinsarten, Glenck, Gneis, Göchhausen, Goslar, Gotthard, Granit, Haberle, Haller, Harz, Herder, J. G., Himalaja, Höhenkarte, vergleichende, Hutton, Ilmenau, Insekten, Italien, Jura, Karte, geologische, Kraus, Kristall/Kristallographie, Kristallisation, Mahr, Mineralien, Modell, geologisches, Naturreiche, Porphyrartig, Pozzuoli, Profil, geologisches, Reisen, Revolutionen, geologische, Roman über das Weltall, Saussure, Schlesien, Schweiz, Stotternheim, Stufenleitermodell, Tarnowitz, Thales von Milet, Tirol, Urozean, Vesuv, Voigt, C. G., Wyttenbach

Zaharia, Mihaela (ZA): Übersichtsartikel Morphologie (mit WZ), Übersichtsartikel Meteorologie (mit WZ), Allstedt, d'Alton, Anthericum comosum, Barometer, Bignonia radicans, Blatt, Blumenbach, Bonnet, Brandes, Breslau, Bryophyllum, Buffon, Camarupa, Camper, Cyanometer, Daubenton, Ein- und Ausatmen der Erde, Eisenach, Elastizität, Erdanziehungskraft, Fernrohr, Froriep (mit EN), Gall, Gedichte zur Morphologie, Gedichte zur Meteorologie, Gesneria flacourtifolia, Goethe, A. v., Goethea, Gruithuisen, Heß, Himmelsfarben, Hirschfeld, Humboldt, W. v., Instruktionen, meteorologische, Instrumente, astronomische, Instrumente, meteorologische, John, Kálidása, Koch, Körner, Komet, Kometensucher, Kotyledonen, Lavater, Lindenau, Loder, Martius, Metamorphose, Meteor, Meteorologische Anstalten, Mittellinie, Mondfinsternis, Münchow, Nordlicht, Oszillation, Palme, Paries, Poggendorff, Posselt, Preller, Region, Schelver, Schlesische Gesellschaft für vaterländische Kultur, Schöndorf, Schrön, Schubert, Schultz (mit WZ), Sonnenfinsternis, Spiraltendenz (mit WZ), Stein, Ch. v., Stein, F. v., Sternwarte Jena, tellurisch, Tepl, Waitz, Wartburg, Weida, Wolff, Wolkengedichte, Wolkenterminologie/Wolkenformen, Wolkenzeichnungen, Zach, Zelter

II. Übersichtsartikel

Einführung

Bevor die einzelnen Bereiche von Goethes Naturforschung in Übersichtsartikeln vorgestellt werden, sei zunächst ein kurzer Blick auf den wissenschaftshistorischen Hintergrund geworfen. Die Geschichte der Naturwissenschaften in der Goethezeit ist gekennzeichnet durch einen grundlegenden Wandel in den Vorstellungen des Menschen über die Natur, die Begründung neuer wissenschaftlicher Disziplinen sowie eine zunehmende Spezialisierung der einzelnen Fachwissenschaften. Goethe nahm an diesen Entwicklungen nicht nur regen Anteil, sondern er lieferte in einigen Bereichen selbst maßgebliche Beiträge. Er wusste in diesem Zusammenhang zwar um seine Außenseiterrolle als naturwissenschaftlicher Dilettant, doch schätzte er gerade dessen Funktion – im Gegensatz zum Dilettanten in der Kunst – als sehr positiv ein und wollte durchaus als Naturforscher ernstgenommen werden (→Dilettantismus). Seine Vorstellungen von der Natur und ihren Ordnungsmustern waren das Resultat lebenslanger intensiver Bemühungen, gestützt auf die gründliche Aneignung des Wissensstandes der Vorgänger und der Zeitgenossen, sei es mithilfe von Literatur, sei es im persönlichen Umgang mit Gelehrten in Weimar und →Jena sowie auf zahlreichen →Reisen. Die Antwort darauf, welchen Positionen sich Goethe anschloss und welchen er widersprach, wo er der gültigen Lehrmeinung Abweichendes entgegensetzte oder darüber Hinausgehendes vortrug, setzt voraus, sich die beherrschenden Standpunkte im naturwissenschaftlichen Weltbild des 18. Jh.s, die Streitpunkte und Wandlungen klar zu machen.

Die wesentlichen Anschauungen der zeitgenössischen Naturgeschichte und Naturlehre, wie sie im Kontext von Goethes Arbeiten vor allem durch Carl von →Linné, Georges Louis de →Buffon, Albrecht von →Haller, Charles →Bonnet und Isaac →Newton bestimmt wurden, kannte Goethe seit seiner Studienzeit in Leipzig und Straßburg. Linné hatte mit seiner Systematik versucht, den Naturreichen der Pflanzen, der Tiere und der Mineralien eine Ordnung zu geben. Der Glaube an die Schöpfungsgeschichte der Bibel und an kirchliche Dogmen machte die Vorstellung einer Artenkonstanz plausibel. Auf der Ebene der Individualentwicklung wurde diese Anschauung flankiert von der Theorie der →Evolution oder →Präformation (Einschachtelung der Lebewesen in Miniaturform im Keim oder Ei); dagegen konnten sich die →Epigenesevorstellungen Caspar Friedrich →Wolffs und Johann Friedrich →Blumenbachs zunächst nicht durchsetzen. Buffon hatte sein Augenmerk der sich selbst bildenden, durch einen einheitlichen Typus zu kennzeichnenden Natur und der Frage nach dem Charakter von organischen Kräften zugewandt, ein Problem, dem sich auch Johann Gottfried →Herder, zum Teil in enger Zusammenarbeit mit Goethe, widmen sollte. Haller wählte als Ausgangspunkt die mögliche Definition von Leben; er untersuchte die Reizbarkeit des Organismus und unterschied nach den Reaktionen (Bewegung oder Empfindung) Muskeln und Nerven voneinander. Bonnet schließlich hatte aufgrund der abgestuften Ähnlichkeit der Lebewesen und der nicht organischen Bildungen eine von anderen Autoren wiederum abgewandelte Stufenleitervorstellung entwickelt, nach der sich die Erscheinungsformen in der Natur nach dem Kriterium der Vollkommenheit ordnen ließen. Eine wichtige Grundannahme über die Wirkungsweise der Natur war durch das auf René →Descartes zurückgehende Maschinenmodell bezeichnet, nach dem die Natur insgesamt sowie das einzelne Individuum wie eine Maschine mit zahlreichen Triebrädern konstruiert sei und funktionieren sollte. Die Physikotheologie des 18. Jh.s postulierte Gott als Schöpfer der reibungslos funktionierenden Maschine, deren Perfektion umgekehrt zu einem Gottesbeweis gemacht wurde. Andere Strömungen wie der französische Materialismus verbannten Gott aus diesem Maschinenmodell und entwarfen eine atheistische, mit absolut materiellen Erklärungen arbeitende Theorie. Am Ende des 18. Jh.s wurde das Bild der Maschine für Natur, Lebewesen und Mensch zunehmend von der Anschauungsweise einer Organisation oder eines →Organismus abgelöst (Haller, Herder, →Kielmeyer, →Schelling), wodurch gleichermaßen die auf organischen Kräften oder einem

Bildungstrieb (→Bildung/Bildungstrieb) basierende Theorie der Epigenese (Wolff, Blumenbach) an Raum gewann.

Untersucht man Goethes Positionen, wie sie sich vor allem zwischen 1780 und 1800 entwickelten, so fällt auf, dass sie sich selten vorbehaltlos einer der gängigen Vorstellungen von der Natur anschlossen. Linné, dessen Einfluss auf die eigenen Naturanschauungen Goethe deutlich herausstellte, nutzte gerade durch den Widerspruch, zu dem er aufforderte. Goethe behagte das schematische Sondern der Merkmale im Rahmen des künstlichen Systems von Linné überhaupt nicht, da er in der Natur fließende Übergänge beobachtete und sein Augenmerk insgesamt mehr auf das Werdende und Bewegliche als auf die abgeschlossene Gestalt legte. In der Betonung des Beweglichen und Dynamischen ging Goethe mit einem eigenständigen Metamorphosekonzept deutlich über Linné hinaus und ersetzte die Konstanz der Arten durch eine Typenkonstanz, was ihn wiederum von einem Evolutionismus im Sinne Lamarcks oder Darwins trennte, dessen Feststellung eines historischen Wandels der biologischen Erscheinungswelt über Generationen hinweg außerhalb von Goethes Horizont lag. Zu den widerstreitenden Entwicklungstheorien, der Präformation und der Epigenese, ging Goethe gleichermaßen auf Distanz und hielt sie beide für unzureichend. Vielmehr wollte er ein eigenes Konzept entwickeln, das beide Vorstellungen auf einer morphologischen Ebene vereinigte. Eine kontinuierliche Stufenleiter, wie sie Bonnet vorgestellt hatte, lehnte Goethe nach seiner Rückkehr von der ersten Italienreise 1788 ausdrücklich ab, da sie ihm die Übergänge zwischen dem Mineral-, Pflanzen- und Tierreich zu verwischen schien. Und auch die Einheitlichkeit des Bauplans, wie sie Buffon in seinem Typus-Konzept postuliert hatte, wurde ihm zur Veranlassung, sich selbst intensiv mit diesem Problem auseinanderzusetzen und eine eigene Lösung zu erarbeiten, die schließlich 1796/1797 in der Begründung der Morphologie als einer Wissenschaft von den organischen Gestalten einen besonderen Stellenwert erhielt – wenige Jahre bevor Gottfried Reinhold Treviranus, Karl Friedrich →Burdach und Jean Baptiste de Lamarck um 1800 den übergreifenden Begriff →›Biologie‹ prägten.

Goethes Beschäftigung mit der Farbenlehre dagegen war weniger eine wohlüberlegte Reaktion auf die zeitgenössische, von Newton geprägte →Optik, zumal Goethes Gegenposition durch einen spontanen Gedanken von der Unhaltbarkeit der ihm zunächst nur ungenügend bekannten Newtonschen Theorie begründet wurde (→Prismenaperçu) und alle nachfolgenden Studien nur noch das Ziel hatten, die vorgefasste, gleichwohl irrige Meinung zu bestätigen. Die bereits 1791 anklingende Überzeugung, dass Farben letztlich nur aus einer Polarität von →Licht und Finsternis und deren Repräsentanten Gelb und Blau zu erklären seien, ließ den Erklärungen für Farbentstehung der zeitgenössischen →Physik keinen Raum und scheint in Teilen mit diesen auch prinzipiell nicht vergleichbar.

Das unbefangene Herantreten an die natürlichen →Phänomene, das unmittelbare Anschauen und Beobachten, wie es schon in den frühen Zeugnissen für Goethes Naturinteresse zum Ausdruck kommt, ist im Übrigen auch in den späteren Zeiten intensiver Naturforschung Grundlage seiner Methodik geblieben.

Man kann weitgehend rekonstruieren, wie Goethes überwiegend autodidaktische naturwissenschaftliche Ausbildung in der frühen Weimarer Zeit ausgesehen hat und welchen Autoren und Gelehrten er sich später, teilweise im persönlichen Umgang, zuwandte. Insgesamt ergibt sich der Sachverhalt eines umfassenden Kenntnisstandes, der Goethe durchaus in die Lage versetzte, selbst Naturforschung zu betreiben. Zunächst wandte er sich der →Anatomie, speziell der →Osteologie zu, die er zwischen 1780 und 1784 intensiv studierte, dann aber erst 1790 wieder aufnahm, nun im Vorfeld der Aufstellung des →Typus (1795) und der Begründung der Morphologie (1796/1797). Botanische Studien trieb Goethe ab 1784 und vor allem während und nach der ersten Italienreise (1786–88). Sie führten zur Anschauung von der →Metamorphose der Pflanzen (1790), gleichsam dem flexiblen Element des botanischen Typus.

Geologische Arbeiten waren in den 1780er Jahren auf den Ilmenauer Bergbau sowie die Kenntnis der Gebirge in Thüringen und im Harz konzentriert. Mit den Reisen nach Böhmen (1785/1786, 1797, vor allem 1806–1823) verlagerten sich die Interessen auf die geologischen Verhältnisse in der Umgebung von →Karlsbad, →Marienbad, →Teplitz und im Egerland.

Die Farbenlehre beschäftigte Goethe intensiv ab 1791. Bis 1800 waren alle wesentlichen Grundlagen geklärt, 1810 erschienen Goethes Ergebnisse im umfangreichsten Werk seines gesamten Schaffens. Mit der Wetterkunde setzte Goethe sich erst ab 1815 auseinander.

Obwohl Goethe vor allem zwischen 1780 und 1810 zahlreiche naturwissenschaftliche Abhandlungen niedergeschrieben hatte, waren bis dahin doch nur einzelne davon (vor allem *Versuch die Metamorphose der Pflanzen zu erklären*, 1790; *Beyträge zur Optik*, 1791/1792; *Zur Farbenlehre*, 1810) publiziert worden. In erster Linie fehlte ein umfassendes Werk zur Morphologie. Goethe hatte mehrfach (1795, 1798, 1806) geplant, seine Studien zur Naturgeschichte und Naturlehre zu veröffentlichen. Aber erst 1816 konnte dieses Vorhaben mit der Zeitschrift *Zur Naturwissenschaft überhaupt, besonders zur Morphologie* (1817–1824) realisiert werden, in der Goethe frühere Arbeiten, Nachträge, autobiographische und historische Anmerkungen sowie eine Reihe von neuen Beiträgen aus allen Bereichen der Naturwissenschaft publizierte.

Und auch nach 1824, vor allem in der Zeit von 1828 bis zum Lebensende am 22.3.1832, griff Goethe die Naturforschung immer wieder auf, mit dem *Versuch einer Witterungslehre* (1825), der deutsch-französischen Ausgabe *Versuch über die Metamorphose der Pflanzen* (1831) und deren zahlreichen Vorarbeiten sowie mit der differenzierten Beschäftigung mit dem →Pariser Akademiestreit zwischen Georges Cuvier und Étienne →Geoffroy Saint-Hilaire. Wenige Stunden vor seinem Tod ließ er sich von der Schwiegertochter Ottilie eine Mappe zur Farbenlehre bringen.

Schriften zur Morphologie

Der Begriff der Morphologie ist mit G.s Namen in der Wisssenschaftsgeschichte untrennbar verbunden. Bevor er ihn 1817 im Titel seiner Hefte *Zur Morphologie* und in deren Einleitung (speziell im 1806 entstandenen Aufsatz *Die Absicht eingeleitet*) verwendete und definierte, tauchte er erstmals bereits in seinem Tagebuch vom 25.9.1796 auf. Die Korrespondenz mit → Schiller vom 12. und 13.11.1796 deutet jedoch darauf hin, dass G. zunächst einen umfassenden Morphologie-Begriff unter Einschluss des Anorganischen (Geologie und Mineralogie) im Sinn hatte; erst in Zeugnissen aus der Zeit um 1807 wird der Terminus eindeutig auf organische Bildungen, also Lebewesen, bezogen. Da der Mediziner Karl Friedrich Burdach ebenfalls auf diese Begriffsbildung kam, sie in einem Werk aus dem Jahr 1800 benutzte und in die Öffentlichkeit brachte,[1] kommt diesem und nicht G. die Priorität zu. Als G. den Begriff der Morphologie als Bezeichnung für die Lehre von der Gestalt 1796 einführte, lagen bereits wichtige Arbeiten zum Gegenstand vor, so der *Versuch aus der vergleichenden Knochenlehre daß der Zwischenknochen der obern Kinnlade dem Menschen mit den übrigen Thieren gemein sey* (1784), der *Versuch die Metamorphose der Pflanzen zu erklären* (1790), die Vorstudien zur Gestalt- und Vergleichungslehre aus den Jahren 1790 bis 1794 sowie die Manuskripte zur vergleichenden Anatomie, die auf die Aufstellung eines Typus der höheren Tiere zielten (1795/1796). Erst in den folgenden Überlegungen zur eigenen Methodik, mit denen sich G. darüber klar werden wollte, wie eine Lehre der Lebewesen im Einzelnen zu begründen sei, wurde der Begriff Morphologie zunehmend relevant und im Vorsatztitel der Zeitschrift *Zur Morphologie* schließlich als »Bildung und Umbildung organischer Naturen« (FA I, 24, 399) gefasst. Als G. sich mit der Ausarbeitung seiner Morphologie auseinandersetzte (vgl. dazu die Texte in FA I, 24, 347–373), hatte er nicht nur die genannten Aufsätze vorliegen, sondern weiterhin zahlreiche Tabellen, Materialien und → Schemata, die er nun an den neuen Gedanken überprüfte und feststellte, dass seine Lehre der Morphologie zwar mit vielen zeitgenössischen Vorstellungen in Übereinstimmung zu bringen sei, aber auch darüber hinausgehe und somit etwas Eigenständiges darstelle. Und er konstatierte über die Morphologie, dass »die Phänomene, mit denen sie sich beschäftigt höchst bedeutend sind und daß die Operationen des Geistes, wodurch sie die Phänomene zusammenstellt, der menschlichen Natur angemessen und angenehm sind, so daß auch ein fehlgeschlagener Versuch darin selbst noch Nutzen und Anmut verbinden könnte« (*Betrachtung über Morphologie überhaupt*; ebd. 368 f.).

Die Morphologie beschäftigt sich mit der (Individual-) Entwicklung des einzelnen Lebewesens, der grenzenlosen Vielfalt der in Erscheinung tretenden Naturen, aber auch den für alle gemeinsam geltenden Gesetzen. Den nahezu unendlichen Formenreichtum in der Natur fasste G. in seinem Konzept der Metamorphose, die ordnenden Gesetzmäßigkeiten, die der Metamorphose schließlich eine Grenze ziehen, kamen in seinem Typus-Konzept zum Ausdruck; beides gilt es im Einzelnen in Botanik, Osteologie, Zoologie und Anatomie zu verfolgen. Als grundlegendes Ordnungsverfahren wandte G. die vergleichende Methode an. Ähnliche Formen zu vergleichen und den Grad der Ähnlichkeit für die Einordnung in ein System zu nutzen (verkürzt: die vergleichende Methode anzuwenden), war konstitutives Element in G.s Naturforschung. Das Studium der organischen Naturen hat G. sein gesamtes Leben begleitet, und im Folgenden werden diese manchmal mehr der Botanik, dann wieder der Anatomie und Osteologie gewidmeten Phasen nach chronologischer Abfolge abgehandelt. Übersehen werden darf dabei nicht, dass die im engeren Kontext der Anschauungen von den Phänomenen des Lebendigen entwickelten Vorstellungen immer auch G.s allgemeiner Naturauffassung entsprachen, dass er also Gesetzen und Leitprinzipien nachspürte, die auch für die anderen Bereiche seiner naturwissenschaftlichen Interessen, für die Farbenlehre, die Geologie und die Meteoro-

1 Karl Friedrich Burdach: *Propädeutik zum Studium der gesammten Heilkunst.* Leipzig 1800, 62 (Fußnote).

logie fruchtbar und anwendbar sein sollten. So erscheinen auch grundlegende Begriffe wie Typus und Metamorphose oder Polarität und Steigerung immer wieder von neuem, zwar in zahlreichen Facetten, aber auch immer wieder als Ordnungsmuster nutzbar.

In der Morphologie galten für G. bestimmte Gesetze und Leitvorstellungen, die er zwar nie programmatisch geschlossen niedergelegt hat, die aber den einzelnen Schriften parallel zum Voranschreiten seiner Forschungen zu entnehmen sind. Diese Grundlinien seien hier einleitend nachgezogen:

Bereits im Kontext der Studien zum menschlichen →Zwischenkieferknochen um 1784, in der Auseinandersetzung mit →Spinoza und in der gemeinsamen Arbeit mit Herder (1783/1784), hatte G. eine durchgehende Stetigkeit in den Bildungen der Natur festgestellt, die ihm zur Basis einer umfassenden Ordnung und Harmonie der gesamten Natur wurde. Das System der Natur ist durch abgestufte Ähnlichkeiten charakterisiert, die eine bestimmte Gruppierung von Lebewesen erlauben. G. fand bei Beginn seiner Studien hierzu die zeitgenössisch dominierende künstliche Systematik von Linné vor. Später zog er Autoren vor, die Pflanzen und Tieren nach einem natürlichen System ordnen wollten.

Die augenscheinlichen Ähnlichkeiten der Lebewesen bildeten die Grundlage dafür, sie miteinander vergleichen zu können. Je näher die Lebewesen im natürlichen System beieinander stehen, um so evidenter ist ihre Ähnlichkeit. Aber auch Lebewesen, die auf den ersten Blick keine Ähnlichkeit aufweisen, lassen sich durch eine Reihe vermittelnder Zwischenglieder aufeinander beziehen. So stellte G. beispielsweise beim Zwischenkieferknochen bei den einzelnen Arten große Unterschiede in der Gestalt fest, die aber um so weniger auffällig wurden, je mehr zwischen die Extreme die Glieder einer Reihe von Zwischenformen gestellt wurden, womit gleichzeitig eine Stufenfolge gebildet wurde: »Welch eine Kluft von dem Os intermaxillare [Zwischenkieferknochen] der Schildkröte und des Elefanten, und doch läßt sich eine Reihe Wesen dazwischen stellen die beide verbindet« (FA I, 24, 23). Ist eine bestimmte Bildung bei einer Art nicht (mehr) festzustellen, so wird sie aber durch die Konsequenz der Stufenfolge voraussagbar oder deutbar. So hatte G. die Frage gestellt, warum ausgerechnet dem Menschen der Zwischenkieferknochen fehlen sollte, wenn er bei den anderen von ihm untersuchten Wirbeltieren vorhanden sei.

Die variierende Ähnlichkeit von Lebewesen und die daraus resultierende Möglichkeit eines vergleichenden Verfahrens wird durch gemeinsame Baupläne bedingt. Insbesondere zeigt sich die Lage eines bestimmten Teils (in G.s Horizont: Knochen) im Gesamtbauplan stets konstant, so dass es anhand dieses Kriteriums möglich wird, auch schwach ausgebildete Teile oder Organe aufzuspüren. So folgt das Wirbeltierskelett in seiner Anordnung, so verschieden die einzelnen Knochen auch ausgebildet sein mögen, stets einem gemeinsamen Grundplan. Bei den Samenpflanzen ist die Folge der Blätter stets durch die Abfolge von Keimblättern, Laubblättern, Kelch-, Blüten-, Staub- und Fruchtblättern gegeben. Ein Bauplan (Typus) lässt sich empirisch-induktiv durch Untersuchungen am Objekt oder gedanklich-deduktiv ableiten; für G.s Typus-Begriff ist gerade eine Wechselperspektive charakteristisch, die den reellen Befund am gedanklichen Leitprinzip orientiert und dieses wiederum am konkreten Merkmal überprüft. G.s Typusbegriff schwankt zwischen realem Zugriff und idealer Bestimmung.

Während der Typus in seiner Gesamtheit letzten Endes konstant bleibt, erscheint die Bildung eines einzelnen Teils oder Organs (z.B. des →Blatts oder des Wirbels) dagegen variabel; es kann in verschiendenen Größen und Formen erscheinen, im Extremfall völlig rückgebildet oder auch außergewöhnlich groß sein, je nach dem Lebensraum im Wasser, in der Luft oder an der Erde.

Als regulierendes Gesetz des Vorherigen sah G. das Prinzip eines Naturhaushalts zwischen den einzelnen Bildungen eines Lebewesens. Nach diesem Etat kann ein Lebewesen ein Organ nur dann besonders ausprägen oder kompliziert gestalten, wenn dafür ein anderes unterdurchschnittlich entwickelt ist (Kompensationsprinzip).

Die Verhältnisse in der Natur unterliegen einem ständigen Wandel, einer Bildung und Umbildung, die G. durch den Begriff der Metamorphose bezeichnete. Im Verlauf der Lebensphasen zeigt sich die Metamorphose durch einen ständig pulsierenden Wechsel von Ausdehnung und Zusammenziehung, wie er auch dem Aus- und Einatmen oder der Systole und Diastole des Herzens zugrunde liegt. Als Grundelement, das durch Metamorphosen in verschiedene Richtungen abgewandelt und in jeder konkreten Bildung wiedergefunden werden könne, galt G. in der Botanik das Blatt, in der Anatomie der Wirbel.

Für die Lebewesen gilt als doppeltes Gesetz: Durch Umwelteinflüsse können sich die Merkmale von Lebewesen verändern, die sich als Metamorphosen der ursprünglichen Bildung zeigen. Doch können äußere Umstände nie das durch den Typus gegebene Grundmuster verändern, das als innere Natur einem Wandel entgegenwirkt. Ein in der Realität vorhandener Bauplan oder auch ein gedanklich gefasstes Grundmuster, ein idealer Typus, umfasst sämtliche Metamorphosen, die in Erscheinung treten können. Keine auch noch so ausgeprägte Metamorphose ist allerdings in der Lage, die durch den Typus gesetzten Grenzen zu überschreiten oder den Typus zu verändern.

Die hier knapp vorgestellten Leitprinzipien stellen den Hintergrund für G.s morphologische Arbeiten dar, in denen sie schrittweise entwickelt wurden. Dabei liefen botanische und zoologisch-osteologische Studien teilweise parallel, teilweise phasenweise versetzt. Über erste Annäherungen an die Natur wird in *Dichtung und Wahrheit* berichtet: beispielsweise über das Interesse des jungen G. an der Seidenraupenzucht des Vaters (um 1760), ferner über Gartenarbeit und einen Altar mit Naturprodukten, der zur Verehrung Gottes aufgebaut wurde.[2] In Leipzig und Straßburg hörte G. nicht nur naturwissenschaftliche Vorlesungen, sondern befand sich überdies im Kreise medizinisch-naturwissenschaftlich orientierter Kommilitonen in den Tischgesellschaften (1765/1766 und 1770/1771). Zwischen 1768 und 1770 beschäftigte G. sich mit Alchimie und der Frage nach den Anfängen des Lebens.

Eine bewusste Auseinandersetzung mit den Naturwissenschaften seiner Zeit begann für G. Ende der 1770er Jahre in Weimar, als er, durch amtliche Pflichten genötigt, »in die Sphäre der Wissenschaft trat« (FA I, 24, 733), um als kompetenter Berater in Fragen des Forstwesens, des Wege- und Wasserbaues, der Anlage von Gärten und Parks sowie des Bergbaues mitreden zu können.

Osteologische, anatomische und zoologische Schriften (Übersicht)

G.s Arbeiten zu diesem Themenbereich lassen sich gut verschiedenen Schaffensphasen zuordnen. Die erste, 1776 und 1781 bis 1788, umfasste die Auseinandersetzung mit Johann Kaspar →Lavaters *Physiognomischen Fragmenten* (1776), die Studien im Umkreis der Wiederentdeckung des menschlichen Zwischenkieferknochens (1783–1785), Arbeiten über →Infusionstiere (1786) bis hin zu Reflexionen über auch für die Botanik relevante Entwicklungserscheinungen von Organismen (Präformation, Epigenese) auf der ersten italienischen Reise (1786–1788). Die Arbeiten zur Gestalt-, Verwandlungs- und Vergleichungslehre (1790–1794), die mit Beobachtungen zur Wirbeltheorie des Schädels in →Venedig begannen (1790) und auch ästhetische Fragen mit einbezogen, mündeten in osteologische Vorlesungen in Jena (1794–1796) und die zentrale Abhandlung über den osteologischen Typus (1795), deren erste Kapitel im Folgejahr weiter ausgebaut wurden. Der 1795 gefasste Plan zur Herausgabe von *Beobachtungen und Betrachtungen aus der Naturlehre und Naturgeschichte* wurde indes aufgegeben. Zwischen 1796 und 1798 betrieb G. einerseits spezielle zoologische Untersuchungen, so *Entomologische Studien* zur Metamorphose der Raupe, *Naturhistorische Studien* zur *Anatomie der Schnecke* und zu den *Eingeweiden des Frosches*, vor allem aber versuchte er, eine Methodik der Wissenschaft von den Lebewesen zu etablieren, die schließlich in sein umfassendes Morphologie-Konzept mündete, wobei G. den Begriff »Morphologie« in die Wissenschaft einführte. Am 12.

2 Vgl. FA I, 14, 51 und 134f.

und 13.11.1796 kam es zum schon genannten Dialog über Morphologie im Briefwechsel mit Schiller, 1797 fasste G. den nicht ausgeführten Plan, naturwissenschaftliche Beiträge in den *Propyläen* zu veröffentlichen. Gemeinsame Studien mit Schelling in Jena schlossen sich 1798 an, in dieser Zeit wurde auch G.s Idee eines ausführlichen →Naturgedichts bekannt, die immer wieder einmal aufschimmerte, ohne dass es zu solch einer literarischen Produktion gekommen wäre. 1804 erregte Franz Joseph →Galls Schädellehre G.s Aufmerksamkeit, im Folgejahr wurden Galls Vorlesungen in →Halle besucht. Abgesehen von wenigen kurzen Beiträgen zur *Jenaischen Allgemeinen Literatur-Zeitung* (1805/1806) und bald nicht weiter verfolgten einleitenden Bemerkungen zur Morphologie in G.s *Ideen über organische Bildung* (1806/1807) kam es zu einer längeren Pause, die erst durch die Herausgabe der Hefte *Zur Naturwissenschaft überhaupt, besonders zur Morphologie* (1817–1824) überwunden wurde. Hier lieferte G. bereits vorliegende ältere Arbeiten, oft ergänzt durch Nachträge, wissenschaftsmethodische und -theoretische Reflexionen, die seine Art, Naturforschung zu betreiben, deutlich machten, auch aktuelle Beiträge und Rezensionen, in denen klar wurde, wie G. die Studien von Zeitgenossen mit Wohlwollen (vor allem bei Christian Gottfried Daniel →Nees von Esenbeck, Eduard Joseph d'→Alton oder Carl Gustav →Carus), aber auch mit Unbehagen (so z.B. bei Johann Baptist von →Spix und Lorenz →Oken) begleitete. Von sehr wenigen Stücken nach 1824 abgesehen, kam es erst ab 1828 noch einmal zu umfangreicherer morphologischer Tätigkeit, vorwiegend mit botanischem Schwerpunkt. Am Ende standen die Anteilnahme am Pariser Akademiestreit zwischen Cuvier und Geoffroy Saint-Hilaire im Jahr 1830, eine erneute Publikation der Zwischenkieferabhandlung, deren Redaktion G. aber nicht mehr selbst übernahm und Johannes →Müller überließ, und ein kleiner Text zur plastischen Anatomie, der zur lebhaften Diskussion Stellung bezog, ob man das anatomische Studium an Leichen oder Wachspräparaten betreiben solle, eine Thematik, der sich G. bereits im *Wilhelm Meister* zugewandt hatte.

Botanische Schriften (Übersicht)

Bereits 1776–1778 hatte sich G. der Anlage seines →Gartens am Stern in Weimar gewidmet und sich in diesem Zusammenhang mit Parkanlagen beschäftigt, 1779 studierte er die botanische Terminologie und Systematik gemeinsam mit August Johann Georg Karl →Batsch. 1784/1785 begann G., sich systematisch der Botanik zuzuwenden und nach Linnés Terminologie Pflanzen zu bestimmen. Unterstützung fand er bei Friedrich Gottlieb →Dietrich, der aus einer seit Generationen besonders pflanzenkundlich engagierten Familie stammte und ihn 1785 nach Karlsbad begleitete, sowie wiederum bei Batsch, der ab 1786 als Dozent und ab 1788 als Professor der Naturgeschichte in Jena wirkte. War G. beim Zwischenkiefer von einem einzelnen Merkmal ausgegangen, vom Besonderen und Vereinzelten gleichsam, so schlug er in der Botanik den umgekehrten Weg ein und nahm den allgemeinen Bauplan und den Gesamthabitus der Pflanze als Ausgangspunkt. 1786 glaubte G., sich in der Pflanzenwelt bereits gut auszukennen. In →Italien (1786–1788) stellte er die Frage, was die Pflanze zur Pflanze mache, und beantwortete sie mit der Hypothese »Alles ist Blatt, und durch diese Einfachheit wird die größte Mannigfaltigkeit möglich« (FA I, 24, 84). Die gesamte Pflanze in ihrem Habitus, der allgemeine Bauplan, bestand für ihn in einer charakteristischen Folge von verschiedenen Blattformen, die vom Keimblatt bis zur Blüte unterschiedliche Ausgestaltungen erfahren. G. verwendete für diese Vorstellung einer botanischen, alle bezeichnenden Merkmale enthaltenden Zentralform den Begriff →›Urpflanze‹, der freilich nicht phylogenetisch im Sinne der Evolutionstheorie des 19. Jh.s gedeutet werden darf. 1787 erschien die Urpflanze ihm kurzzeitig als ein real in der Natur existierender Typus, dann aber bald als eine *gedankliche* Leitfigur, die in der konkreten Natur nur in immer wieder neuen Ausgestaltungen in Erscheinung treten kann. Durch das Prinzip der Metamorphose, durch Metamorphosen des Blattes, ließ G. aus dem Pflanzenmodell, dem Typus oder der Urpflanze, die zahlreichen in der Natur tatsächlich vorkommenden Pflanzen entstehen. Diese Überlegungen standen im Mittelpunkt des *Versuchs die Metamorphose der Pflanzen zu erklären* (1790). Am 20.7.1794 kam es zum denkwürdigen Gespräch mit Schiller über die Metamorphose der Pflanzen, das die Annäherung und fruchtbare Zusammenarbeit besonders in den Jahren 1798/1799 einleitete. 1796 untersuchte G. die *Wirkung des Lichts auf organische Körper*, und die bereits genannten umfangreichen Auseinandersetzungen mit einem Morphologiekonzept zwischen 1796 und 1798 berücksichtigten freilich auch die Pflanzenwelt. Kurze Beiträge zur *Jenaischen Allgemeinen Literatur-Zeitung* (1805/1806), Botanische Vorträge (1806/1807), die Untersuchung der Pietra fungaja (1811) und gemeinsam mit Friedrich Siegmund →Voigt unternommene Studien zu den Pflanzenfarben (1815/1816) waren weitere botanische Stationen, bevor dieser Gegenstand dann intensive Berücksichtigung in den Heften *Zur Naturwissenschaft überhaupt, besonders zur Morphologie* (1817–1824) fand (s.u. S. 37–56), wobei besonders Nees von Esenbeck, Ernst →Meyer und Carl Friedrich Philipp von →Martius als Korrespondenten und botanische Autoren bedeutsam wurden. 1828, nach dem Tod von Herzog →Carl August, betrieb G. morphologische Studien in →Dornburg, verfasste mehrere botanische Monographien zu einzelnen Pflanzenarten und fasste den Plan zu einer deutsch-französischen Ausgabe des *Versuchs über die Metamorphose der Pflanzen* gemeinsam mit Frédéric →Soret. Diese wurde schließlich – nach dem Tod des Sohnes August in Rom und eigener schwerer Erkrankung (Oktober/November 1830) – 1831 stark gekürzt veröffentlicht, nachdem G. sich in den Vorjahren ab 1829 auch intensiv mit Studien zur →Spiraltendenz der Vegetation beschäftigt hatte.

Nach diesen summarischen Überblicken seien die einzelnen Texte nun genauer ins Auge gefasst.

1776, 1781–1788: *Naturgeschichtlicher Beitrag zu Lavaters Physiognomischen Fragmenten – Versuch aus der vergleichenden Knochenlehre daß der Zwischenknochen der obern Kinnlade dem Menschen mit den übrigen Thieren gemein sey* – Arbeiten zum Zwischenkieferknochen – Studien in Italien: Evolution und Epigenese

Sieht man von ersten Begegnungen mit der Anatomie in der Leipziger und vor allem Straßburger Studienzeit ab, war G.s Interesse an der Wirbeltieranatomie zunächst 1776 in seinem *Naturgeschichtlichen Beitrag zu Lavaters Physiognomischen Fragmenten* angeklungen. Den Züricher Theologen Johann Kaspar Lavater hatte G. im Sommer 1774 auf einer Rheinreise näher kennengelernt. In seinem Werk *Physiognomische Fragmente, zur Beförderung der Menschenkenntniß und Menschenliebe* (4 Bde., Leipzig, Winterthur 1775–1778) vertrat dieser die These, dass aus Merkmalen der Gesichtszüge auf die Charaktereigenschaften eines Menschen zu schließen sei. G. versuchte in seinem im Januar 1776 bearbeiteten und im gleichen Jahr in Bd. 2 von Lavaters Werk erschienenen Beitrag, dieses Postulat auch für Tierschädel nachzuweisen, anhand einer Tafel, die auf Abbildungen aus Buffons *Histoire naturelle* (Paris 1749ff.; speziell Bd. 10, 1763: *Quadrupèdes*) zurückgreift. Im Einzelnen untersuchte G. →Pferd, →Elefant, Esel, Ochse (→Stier), Hirsch, Schwein, Kamel, Tiger, →Löwe, Bär, Fischotter, Fuchs, Hund, Wolf, Widder, →Biber, Katze, Hyäne, Feldmaus und Stachelschwein. Beispielhaft zur Feldmaus: »[...] Leichtigkeit der Bemerkung des sinnlichen Gegenstandes, schnelles Ergreifen, Begierde und Furchtsamkeit, daher List. Der oft schwache Unterkiefer, die vordern, spitzig gebognen Zähne haben ihre Bestimmung zum Nagen und Kosten; sie sind fähig, das angepackte Leblose sich kräftig schmecken zu lassen; aber nichts Widerstehendes, Lebendiges, gewaltig zu fassen und zu verderben« (FA I, 24, 13). Später stand G. der physiognomischen Sichtweise auf den Menschen kritisch gegenüber, da er einen wissenschaftlichen Ansatzpunkt vermisste und er Lavaters Wirken vor allem im Sittlichen und Religiösen festmachte. Johann Peter →Eckermann äußerte sich über ein Gespräch mit G. vom 17.2.1829: »Ich fragte Goethe, ob Lavater eine Tendenz zur Natur gehabt, wie man fast wegen seiner Physiognomik schließen sollte. ›Durchaus nicht, antwortete Goethe, seine Richtung ging bloß auf das Sittliche, Religiöse. Was in Lavaters Physiognomik über Tierschädel vorkommt, ist von mir‹ « (FA II, 12, 310).

Im Herbst 1781 begann G. ein systematisches Studium der Anatomie in Jena unter Justus Christian →Loder, der 1778 als 25jähriger den Lehrstuhl für Anatomie, Chirurgie und Hebammenwesen an der Universität Jena erhalten hatte. G. ging es zunächst darum, Kenntnisse der menschlichen Anatomie als Zeichner umzusetzen, und konsequenterweise vermittelte G. das erworbene Wissen als Lehrer an der Zeichenakademie in Weimar (7.11.1781–16.1.1782). Loder war bereits 1780 mehrfach an den Weimarer Hof geladen worden, um anatomische Demonstrationen und Sektionen (so am 19.7.1780 an einer Kindesleiche) vorzuführen. Angehörige des Hofes und Staatsbeamte besuchten, zum Teil in G.s Begleitung, Loder zu ähnlichen Veranstaltungen in Jena. G. berichtete wiederholt von seinen anatomischen Studien: »Heute Abend habe ich Anatomie gezeichnet und bin fleisig« (an Charlotte von Stein, 19.10.1781). – »Loder erklärt mir alle Beine und Musklen und ich werde in wenig Tagen vieles fassen« (an dieselbe, 29.10.1781). – »Mir hat er [Loder] in diesen 8 Tagen [...] Osteologie und Müologie durch demonstrirt. Zwey Unglückliche waren uns eben zum Glück gestorben die wir denn auch ziemlich abgeschält und ihnen von dem sündigen Fleische geholfen haben« (an Carl August, 4.11.1781).

Der anatomisch geschulte G. nahm sich keineswegs gezielt der Thematik des menschlichen Zwischenkieferknochens an. Vielmehr war er seit 1780 mehrfach auf diesen Knochen und sein angebliches Fehlen beim Menschen hingewiesen worden, so beispielsweise durch Johann Heinrich →Merck (in seinem Beitrag *Ueber einige Merkwürdigkeiten von Cassel* im *Teutschen Merkur*),[3] ohne dass sein Interesse geweckt worden wäre.

3 1780. Viertes Vierteljahr, 216–229.

Konkreter Anlass, sich dem Zwischenkieferknochen zuzuwenden, war G.s gemeinsame Arbeit mit Herder in den Wintermonaten 1783/1784. Herder schrieb an den ersten Büchern seiner *Ideen zur Philosophie der Geschichte der Menschheit*, deren viertes Buch Mensch und Orang-Utan und damit die Zwischenkieferproblematik im engeren Sinne behandelt. G. erhielt zu dieser Zeit zunehmend Einblick in die Fachliteratur[4] und erfuhr immer wieder, dass viele Anatomen, darunter die zeitgenössisch führenden Gelehrten Pieter →Camper in Holland sowie Samuel Thomas →Soemmerring und Johann Friedrich Blumenbach in Deutschland, das anatomische Unterscheidungsmerkmal zwischen Mensch und (Wirbel-)Tier im Zwischenkieferknochen sahen, der einzig dem Menschen fehlen sollte.

Der paarige Zwischenkieferknochen (Os intermaxillare, Os praemaxillare, Os incisivum) schließt den Oberkiefer nach vorne ab und trägt stets die oberen Schneidezähne. Auch bei Tieren, denen Letztere fehlen, ist er vorhanden. Aufgrund der beim Menschen unterschiedlichen Sichtbarkeit der verschiedenen Trennungsnähte zum Oberkiefer – beim Erwachsenen nicht mehr vorhanden, bei Embryonen und Missbildungen noch nachweisbar – durchzieht die Medizingeschichte seit der Antike eine jahrhundertelange Kontroverse um die Existenz eines menschlichen Zwischenkiefers, an der sich namhafte Anatomen beteiligten (→Galen, Vesal, Coiter u.v.a.). In der G.zeit sprach sich die Mehrheit der Gelehrten, darunter die genannten Fachgrößen, gegen die Existenz eines menschlichen Zwischenkiefers aus, obwohl der französische Anatom Félix Vicq d'Azyr 1780 (im Druck 1784) das Vorhandensein erneut bestätigt hatte.[5] G. musste das Ableugnen des menschlichen Zwischenkiefers, dessen Fehlen auch als Voraussetzung für die Sprachfähigkeit des Menschen angesehen wurde, als Bruch im biologischen System erscheinen, zumal die Gedankenwelt Spinozas, aber auch das von Her-

4 Vgl. vor allem Bräuning-Oktavio 1956 und Wenzel 1988A.

5 Félix Vicq d'Azyr: *Observations anatomiques sur trois singes appelés le Mandrill, le Callitriche et le Macaque.* In: Histoire de l'Académie Royale des Sciences 1780. Paris 1784, 478–493, vor allem 489.

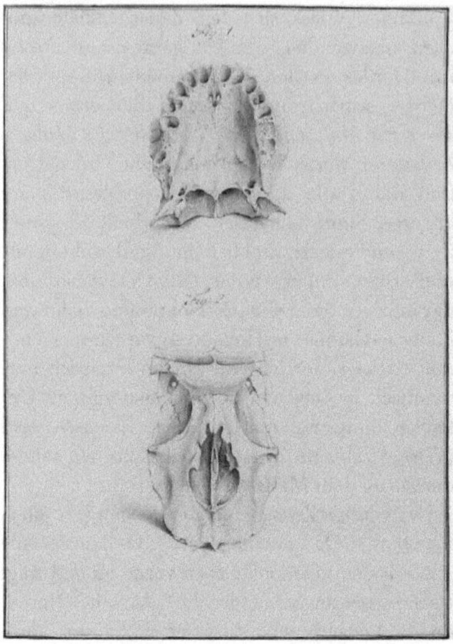

Zwischenkieferknochen des Menschen; nach einer Zeichnung von Johann Christian Wilhelm Waitz; Prachthandschrift, Tafel IX (1784)

der vermittelte Weltbild auf eine Einheit und Harmonie der Natur zielten. Herder sollte im zweiten Buch seiner *Ideen* feststellen, dass in der gesamten belebten Natur, die sich in einer Stufenfolge mit steigender Vollkommenheit ordnen lasse, das Analogon *einer* Organisation herrsche. Dennoch postulierte G. den Zwischenkieferknochen beim Menschen nicht allein theoretisch, sondern er wies ihn empirisch durch Schädeluntersuchungen nach. Der Vergleich von Tierschädeln untereinander sowie von Tier- und Menschenschädeln ist ein durchgehendes Thema in der Korrespondenz G.s in dieser Zeit. Ständig wurde neues Material von geeigneten Personen erbeten (zur Überlassung eines Elefantenschädels durch Soemmerring s. u.).

Durch »Nachdenken und Zufall« (FA I, 24, 25) war G. nach seinen eigenen Worten auf den beim Menschen umstrittenen Knochen gestoßen. Die Umstände des entscheidenden Fundes lassen sich nicht genau feststellen, auch wenn es an Hypothesen dazu nicht gefehlt hat (vgl. Bräuning-Oktovio 1956). Am 27.3.1784 teilte G. Charlotte von →Stein seine Entdeckung mit: »Es ist mir ein köstliches Vergnügen geworden, ich habe eine anatomische Entdeckung gemacht die wichtig und schön ist. Du sollst auch dein Theil dran haben. Sage aber niemand ein Wort. [...] Ich habe eine solche Freude, daß sich mir alle Eingeweide bewegen«. Unter dem gleichen Datum an Herder: »Nach Anleitung des Evangelii muß ich dich auf das eiligste mit einem Glücke bekannt machen, das mir zugestoßen ist. Ich habe gefunden – weder Gold noch Silber, aber was mir eine unsägliche Freude macht – das *os intermaxillare* am Menschen! Ich verglich mit Lodern Menschen- und Thierschädel, kam auf die Spur und siehe da ist es. Nur bitt' ich dich, laß dich nichts merken, denn es muß geheim behandelt werden. Es soll dich auch recht herzlich freuen, denn es ist wie der Schlußstein zum Menschen, fehlt nicht, ist auch da! Aber wie! Ich habe mirs auch in Verbindung mit deinem Ganzen [*Ideen zur Philosophie der Geschichte der Menschheit*] gedacht, wie schön es da wird«.

Im April und Mai 1784 wurde in enger Zusammenarbeit mit Loder das Kernstück des Manuskripts der Zwischenkieferabhandlung ausgearbeitet, bis Mitte August wurden weitere Einzelheiten ergänzt. Dieses von G.s Diener Philipp Seidel geschriebene und mehrfach umgearbeitete und korrigierte Konzept, das keinen Titel hat, ist im GSA in Weimar erhalten. Es wird in einem Umschlag aufbewahrt, dem G. später die Aufschrift »Wahrscheinlich Conzept der Abhandlung« (LA II, 9A, 470) gab. Wohl im September 1784, als Reaktion auf das Bekanntwerden von Soemmerrings Wechsel von →Kassel nach Mainz, entschloss sich G., die Abhandlung in die Form eines Briefes an Soemmerring zu kleiden, offenbar als Dank dafür, dass dieser ihn reichlich mit Tierschädeln versorgt hatte. Nach einer weiteren Bearbeitung ging eine Abschrift des nun als Brief konzipierten Manuskriptes Ende Oktober 1784 an Loder, der über die Form, nämlich die Anrede an seinen Intimfeind Soemmerring verstimmt war. G. wollte seinen Lehrer Loder nicht unnötig verärgern und gab der Abhandlung eine neutrale Form, indem er das ursprüngliche Konzept im Oktober 1784 überarbeitete. Loder fügte noch einige Anmerkungen an und beaufsichtigte die Ende November/Anfang Dezember 1784 angefertigte lateinische Übersetzung. Die Vorlage für diese Übersetzung stellt eine weitere Abschrift dar, die G. am 17.11.1784 zunächst an Carl Ludwig von →Knebel gesandt hatte; dieser reichte das Exemplar an Loder weiter. Diese bezeugten Handschriften (Briefform an Soemmerring, mit Loders Anmerkungen; Reinschrift als Vorlage für die Übersetzung) sind verschollen. Nächstes greifbares und wichtigstes Stadium der Entstehungsgeschichte ist die von G.s Schreiber Christian Georg Karl Vogel angefertigte sogenannte Prachthandschrift, die im Großfolioformat und in Halbleder gebunden, ohne Angabe des Verfassers, unter dem Titel *Versuch aus der vergleichenden Knochenlehre daß der Zwischenknochen der obern Kinnlade dem Menschen mit den übrigen Thieren gemein sey* mit dem Datum 19.12.1784 über Merck an Soemmerring gesandt wurde und die auf G.s Wunsch von dort an Camper weiterging, der sie allerdings aufgrund von Verzögerungen durch Merck erst am 15.9.1785 erhielt. In dieser Form, in der Prachthandschrift mit deutschem und lateinischem Text sowie zehn Tafeln nach Zeichnungen von Johann Christian Wilhelm →Waitz, wurden G.s Thesen der Fachwelt bekannt. Das Exemplar gelangte nach dem Tode Campers im Jahr 1789 zusammen mit dem Camper-Nachlass in die Nederlandsche Maatschappij tot Bevordering der Genees-Kunst in Amsterdam, die es 1894 der Großherzogin Sophie von Sachsen als Leihgabe überließ. 1937 ging es in den Besitz des GSA über. Darüber hinaus existieren dort noch ein Entwurf zur lateinischen Übersetzung sowie eine Liste mit Schädelpräparaten, beide von der Hand Loders. Eine weitere Reinschrift mit Tafeln sandte G. am 20.12.1784 an Herzog →Ernst II. von Sachsen-Gotha. Vom Prinzen August von Sachsen-Gotha soll sie 1785 an die Pariser Académie des Sciences weitergegeben und dort Adriaan Gilles Camper, dem Sohn von Pieter Camper, sowie Vicq d'Azyr bekannt geworden sein. Dieses Exemplar ist verschollen. Die komplizierte und lückenhafte Überlieferung der Handschriften ist hier nur in den wesentlichen Zügen genannt.[6]

6 Weitere Einzelheiten in LA II, 9A, 470, 479–481.

G.s Pläne, den Aufsatz in den 1790er Jahren in einem Werk Loders und 1807 in einer eigenen Aufsatzsammlung mit dem Titel *Ideen über organische Bildung* zu publizieren, ließen sich nicht realisieren. Gedruckt wurde die Abhandlung erstmals 1820 in G.s Zeitschrift *Zur Morphologie* sowie, mit nicht von G. stammenden Änderungen am Text, 1831 in den *Nova Acta* der Leopoldina (s. dazu unten S. 45 u. 72).

ALH, LA und MA drucken nach der Fassung von 1820, die beiden letzten fügen die Tafeln der Prachthandschrift bei. WA vermischt die Drucke von 1820 und 1831 und liefert die Tafeln von 1831. Damit wird in WA ein Text dargeboten, der teilweise nicht von G. stammt, der aber dennoch Eingang in viele G.-Editionen gefunden hat. FA richtet sich in Text und Tafeln nach der Prachthandschrift von 1784.

G. beschreibt in seiner Abhandlung zunächst den Zwischenkieferknochen und macht auf seinen wichtigen Stellenwert in der anatomischen Diskussion seit der Antike aufmerksam. In einer Tabelle stellt er anschließend die einzelnen Teile in der fachwissenschaftlichen (lateinischen) Terminologie vor. Es folgt die Charakterisierung des Zwischenkieferknochens verschiedener Tiere anhand der beigegebenen Tafeln: Pferd (Tafel 1, 3, 4), Ochse (Tafel 2), Fuchs (Tafel 5), Löwe (Tafel 6), Walroß (Tafel 7) und →Affe (Tafel 8). Schließlich wird der nur schwer zu erkennende Zwischenkiefer des Menschen diskutiert (Tafeln 9 und 10) und sein weitgehendes Verwachsen mit dem Oberkiefer begründet. Der geäußerte Plan, noch weitere Tafeln zu veröffentlichen, scheiterte am frühen Tod des Zeichners Waitz sowie an G.s Verbitterung über die mangelnde Zustimmung zu seiner Abhandlung seitens der Fachgelehrten. Erst Nees von Esenbeck, Präsident der Deutschen Akademie der Naturforscher Leopoldina, der von G. mehrere Originalzeichnungen erhalten hatte, sorgte für die Publikation im Jahr 1831. Bereits 1824 waren drei Tafeln zum Zwischenkieferknochen des Elefanten erschienen.[7]

7 *Zur vergleichenden Osteologie von Goethe*, mit Zusätzen und Bemerkungen von Dr. Ed. d'Alton. In: *Nova Acta Leopoldina* 12.1 (1824), 323–332; faksimiliert und kommentiert bei Wenzel 1994.

Gegenüber Knebel bestimmte G. am 17.11.1784 die Intention seiner Abhandlung genauer: »Hier schicke ich dir endlich die Abhandlung aus dem Knochenreiche, und bitte um deine Gedancken drüber. Ich habe mich enthalten das Resultat, worauf schon Herder in seinen Ideen deutet, schon ietzo mercken zu lassen, daß man nämlich den Unterschied des Menschen vom Thier in nichts einzelnem finden könne. Vielmehr ist der Mensch aufs nächste mit den Thieren verwandt. Die Übereinstimmung des Ganzen macht ein iedes Geschöpf zu dem was es ist, und der Mensch ist Mensch sogut durch die Gestalt und Natur seiner obern Kinlade, als durch Gestalt und Natur des letzten Gliedes seiner kleinen Zehe *Mensch*. Und so ist wieder iede Creatur nur ein Ton eine Schattirung einer grosen Harmonie, die man auch im ganzen und grosen studiren muß sonst ist iedes Einzelne ein todter Buchstabe. Aus diesem Gesichtspunckte ist diese kleine Schrifft geschrieben, und das ist eigentlich das Interesse das darinne verborgen liegt.«

G.s Zwischenkieferabhandlung lieferte in ihrem Ausblick bereits eine frühe Antizipation zu dem erst in den 1790er Jahren entwickelten Typus-Begriff, der auf stufenweiser →Vergleichung nicht eines einzelnen Knochens, sondern des gesamten Bauplans fußt. Schon 1784 wird jedoch deutlich, dass Gesetzmäßigkeiten in der Natur für G. nur im Kontext des Gedankens von Einheit und Harmonie feststellbar sind. Dabei werden die Unterschiede zwischen den einzelnen Tierarten jedoch nicht verwischt, der Mensch seiner Sonderstellung nicht beraubt (wie dies bis heute immer wieder fälschlich behauptet wird, wenn G. zum Vordenker der Evolutionstheorie Darwins erhoben wird). Zwar besitzt auch er, wie alle Wirbeltiere, den Zwischenkieferknochen, doch jedes seiner Organe und sämtliche seiner anatomischen Bildungen sind qualitativ einzigartig und charakteristisch. Der Wesensunterschied zwischen den Tieren und dem Menschen ist nach G. entgegen der herrschenden Lehrmeinung nicht an einem einzelnen Merkmal festzumachen.

Zur unmittelbaren Wirkungsgeschichte von G.s Abhandlung liegt ein dichtes Geflecht von Korrespondenzen vor, insbesondere zwischen G., Merck, Soemmerring und Camper. Obwohl G.s Hinweis auf den menschlichen Zwischenkieferknochen keineswegs abwegig war, wie die etwa zeitgleichen Arbeiten von Vicq d'Azyr und Johann Heinrich Ferdinand Autenrieth belegen, lehnten gerade die führenden Anatomen, an deren Urteil G. besonders gelegen war, seine These mit Nachdruck ab. Camper lobte gegenüber Merck die schönen Zeichnungen, bezweifelte aber die entscheidende Aussage und antwortete G. erst am 12.7.1786 (Brief nicht erhalten). Merck spielte in der Zwischenkieferfrage vor allem eine Vermittlerrolle zwischen G., Soemmerring und Camper. Über G.s zeitweiliges Geheimhalten der Entdeckung offensichtlich verärgert, wurde die Zwischenkieferfrage zu einer Belastung des persönlichen Verhältnisses und trug schließlich entscheidend zum Bruch der Freundschaft bei. G.s Hauptgegner war eindeutig Soemmerring, der sich am 27.1.1785 als Erster gegenüber Merck negativ zu G.s Arbeit äußerte und – als anerkannter Gelehrter – das Urteil in hohem Maße prägte. Wohl im Februar 1785 teilte Soemmerring seine Bewertung auch G. mit (Brief nicht erhalten): »Von Sömmring habe ich einen sehr leichten Brief. Er will mir's gar ausreden. *Ohe*!« (an Merck, 13.2.1785). G. kämpfte weiter um eine Anerkennung, lieferte Material nach, bat um neue Tierschädel. Das Verhältnis zu Merck und Soemmerring kühlte ab; diese rückten zusammen. Wiederholt erbat G. von Merck, dann von Soemmerring einen Schädel des Ameisenbären, um daran den Zwischenkiefer zu demonstrieren. Soemmerring nahm diesen Hinweis sofort auf, besorgte sich selbst von Merck den begehrten Schädel und teilte noch 1785 in der zweiten Auflage seiner Schrift *Ueber die körperliche Verschiedenheit des Negers vom Europäer* (26) mit, dass er den Zwischenkiefer des Ameisenbären entdeckt habe (den andere Autoren wie Blumenbach nicht gefunden hatten).

Soemmerring nannte zwar auch G.s Abhandlung, verschwieg aber deren wichtigste Absicht, nämlich den Zwischenkieferknochen beim Menschen nachzuweisen. 1791 lobte Soemmerring G.s Abhandlung in seiner *Knochenlehre*, sprach von »sehr richtigen Abbildungen« (159f.) und empfahl eine Publikation. Er sandte sein

Werk an G. und nach mehrjähriger Unterbrechung der Korrespondenz kam es zu einer Annäherung, der nach den persönlichen Begegnungen 1792 und 1793 in Frankfurt am Main und Mainz ein intensiver Briefkontakt folgte. Allerdings hat Soemmerring G.s Entdeckung nie anerkannt, und die lobenden Worte für G. geschahen offensichtlich aus taktischen Gründen. Die zweite Auflage der *Knochenlehre* (1800) enthielt weiterhin den lobenden Hinweis auf G., doch im persönlichen Handexemplar strich Soemmerring diese Textpassage und setzte hinzu: »Dass bisweilen bei der sogenannten Hasenscharte dieses Stück [der Zwischenkiefer] vom Oberkiefer getrennt erscheint, kann nicht dazu berechtigen, ein Os intermaxillare beim Menschen [...] im normalen Bau anzunehmen«.[8] In der bis 1828 geführten Korrespondenz zwischen G. und Soemmerring spielte die Zwischenkieferfrage ab 1791 keine Rolle mehr. Es hat den Anschein, als habe Soemmerring bewusst vermieden, seine abweichende Ansicht deutlich zu machen, um das Verhältnis nicht zu belasten, während G. der Meinung war, Soemmerring habe sich seiner Position angeschlossen. Gegenüber Eckermann bezeichnete G. ihn ausdrücklich als Gleichgesinnten in der Zwischenkieferdebatte (2.8.1830).

Blumenbach, der schon 1776 in seiner Dissertation *De generis humani varietate nativa* (33) die Existenz eines menschlichen Zwischenkiefers geleugnet hatte, hielt sich lange von der Diskussion fern und trat auch nicht gegen G. auf. In der dritten Auflage seines *Handbuchs der vergleichenden Anatomie* (1824, 24) erkannte er G.s Entdeckung an. Loder wies 1788 in seinem *Anatomischen Handbuch* auf G. hin und nannte dessen eigentliches Ziel, den Zwischenkiefer beim Menschen nachzuweisen, zum ersten Mal in der Literatur. Vicq d'Azyr hatte bereits 1780 den menschlichen Zwischenkiefer (wieder-)entdeckt und damit Priorität vor G., was dieser nie ausdrücklich feststellte. Bis heute wird unterschiedlich bewertet, ob es sich um ein bewusstes gegenseitiges Verschweigen gehandelt hat.

G. war über die Reaktionen der Fachwelt enttäuscht und verärgert, stellenweise verbittert. Sein Wunsch, von den Großen des Faches als Anatom ernstgenommen und geachtet zu werden, erfüllte sich nicht. Es dauerte Jahre, bis er sich von dieser Niederlage erholt hatte und sich wieder der Anatomie widmete. Wenn man aus heutiger Sicht G.s Fund auch nur bestätigen kann und die Nachwelt G.s Entdeckung zweifellos als bedeutende Leistung beurteilte, so hat er sie persönlich doch als ein Scheitern empfunden. Erst im hohen Alter, nachdem die Zwischenkieferabhandlung publiziert war, hat G. das Thema mit größerer Gelassenheit betrachtet und selbstkritisch darauf zurückgeblickt: »Aber davon war nicht die geringste Spur, daß er [Camper] meinen Zweck bemerkt habe: seiner Meinung entgegen zu treten und irgend etwas anderes als ein Programm zu beabsichtigen. Ich erwiderte bescheiden und erhielt noch einige ausführliche wohlwollende Schreiben, genau besehen, nur materiellen Inhalts, die sich aber keineswegs auf meinen Zweck bezogen, dergestalt, daß ich zuletzt, da diese eingeleitete Verbindung nichts fördern konnte, sie ruhig fallen ließ, ohne jedoch daraus, wie ich hätte sollen, die bedeutende Erfahrung zu schöpfen, daß man einen Meister nicht von seinem Irrtum überzeugen könne, weil er ja in seine Meisterschaft aufgenommen und dadurch legitimiert ward« (FA I, 24, 828 f.).

In engem Kontext zu G.s Zwischenkieferabhandlung stehen eine Reihe von Aufzeichnungen, die von der Hand G.s und Seidels stammen. Sie sind im GSA erhalten und dort in zwei Umschlägen mit folgenden Aufschriften verwahrt: *Beschreibung des Zwischenknochens mehrerer Tiere bezüglich auf die beliebte Einteilung und Terminologie* sowie *Versuch die Beschreibung Stylo continuo faßlicher und angenehmer darzustellen.* In mehreren G.-Ausgaben sind diese einzelnen Entwürfe, deren Abfolge nicht festzulegen ist, unter dem ersten Titel zusammengefasst.

Die meisten Abschnitte sind im Jahr 1784 entstanden, als G. nach seiner Zwischenkieferentdeckung beim Menschen versuchte, diesen Knochen bei möglichst vielen Tierarten zu untersuchen. So bat er Merck am 19.12.1784 im Begleitschreiben zur Prachthandschrift der Zwischenkieferabhandlung um die Schädel von

8 Wenzel 1988A, 320.

Myrmecophaga (Ameisenbär) und Rhinozeros (Nashorn) und fügte eine Liste bei, aus der die bereits gezeichneten Zwischenkiefer bzw. Schädel hervorgehen: Reh, Ochse, Trichechus rosmarus (Walroß), Pferd, Babirussa (Hirscheber), Fuchs, Löwe, weißer nordischer Bär, Affe, Elefant. Im Brief hieß es weiter: »Nun sey aber auch thätig und hülfreich, daß ich bald einen Beytrag von Schädeln erhalte, wenn es auch nur zum Abzeichnen ist. Denn ich möchte gar zu gerne eine vollständige Suite dieses Knochens beysammen haben«. Gegenüber der Zwischenkieferabhandlung kommen in den neuen Entwürfen Reh, Hase, Schwein und Elefant neu hinzu, die insgesamt nach der Tabelle der Zwischenkieferabhandlung vorgestellt werden. In einer Übersicht, in der die Gestalt der Vorderzähne als systematisches Merkmal verwendet wird, listete G. eine Reihe von Arten auf, von denen er aber nur vereinzelt Schädel erhalten konnte. Eine Sonderstellung nahm der Elefantenschädel ein, der G. Anfang Juni 1784 von Soemmerring aus Kassel überlassen worden war. Das gesamte Skelett dieses sogenannten →»Goethe-Elefanten« befindet sich heute – in den 1990er Jahren aufwendig restauriert – im Besitz des Naturkundemuseums der Stadt Kassel. G. hatte den Schädel zwischen August und Oktober 1784 von Waitz zeichnen lassen, kam aber zu keiner Klärung, ob die Stoßzähne als vergrößerte Schneidezähne zu betrachten und im Zwischenkiefer anzusiedeln seien. G. neigte zunächst dieser (richtigen) Auffassung zu, ließ sich aber unter dem Einfluss Loders zu der Meinung verleiten, die Stoßzähne des Elefanten säßen im Oberkiefer und seien Eckzähne. Schließlich versuchte er einen Kompromiss und postulierte eine besondere Knochenlamelle, die sich zwischen Zahn und Zwischenkiefer einschieben sollte. So sollte erklärt werden, dass die irrtümlich für Eckzähne gehaltenen Stoßzähne doch im Zwischenkiefer zu sitzen schienen. G. blieb in dieser Frage unsicher, und die Unsicherheit erklärt auch, warum G. den Elefanten nicht in der Prachthandschrift berücksichtigt hatte. In der Zukunft wurden aber gerade die Tafeln zum Elefantenschädel Gegenstand besonderer Beachtung und der gesonderten Publikation von 1824.

Auf der ersten italienischen Reise (1786–1788) wandte sich G. erstmals intensiver Fragen der Entstehung und Entwicklung der Lebewesen zu, wobei sein Hauptaugenmerk immer der Ontogenese (Individualentwicklung), nicht der Phylogenese (Stammesentwicklung) galt, die in der G.zeit allenfalls in ersten Ansätzen diskutiert wurde. Läßt man die Möglichkeit einer Urzeugung (der spontanen Entstehung von Einzellern, Würmern usw. aus Erde oder Luft), die noch bis weit ins 19. Jh. hinein Befürworter fand, außer Betracht, so gab es zwei grundlegende Vorstellungen über die Entstehung von Lebewesen. Die beherrschende Theorie war die Lehre der (noch nicht darwinistisch geprägten und nicht im heutigen Sinne zu verstehenden) Evolution; sie besagte, dass im Keim bereits alle Teile des künftigen Organismus vorgebildet seien und der Embryo schon zu Beginn seiner Entwicklung in der Keimzelle die gleiche Gestalt wie das ausgewachsene Lebewesen habe, freilich in Miniaturform. Entwicklung war in diesem Sinne weitgehend ein reiner Wachstumsprozess. Diese Vorstellung, vertreten von führenden Naturforschern des 18. Jh.s wie Haller, Bonnet, Linné oder Lazzaro Spallanzani, stand im Einklang mit dem für die zeitgenössische Biologie dominierenden Dogma der Artenkonstanz. Indem man annahm, dass auch im Keimling bereits wieder die Miniaturgestalt des Lebewesens der Folgegeneration angelegt sei, ließ sich die Evolution auch über die Individualentwicklung hinweg für die Stammesgeschichte postulieren, ohne Veränderungen in den Gestalten dieser Individuenkette zuzulassen. Statt Evolution nannte man diese Anschauung auch Präformation oder Prädelineation, nach ihrem Wirkungsprinzip über Generationen hinweg Einschachtelungslehre.

Die Gegenposition ist durch die bereits bei Joseph Needham anklingende, schließlich 1759 von Caspar Friedrich Wolff in seiner *Theoria generationis* begründete Theorie der Epigenese bezeichnet. Danach besteht der Prozess der Entwicklung aus der Differenzierung einer zunächst amorphen Masse unter Zuführung von Nährstoffen von außen, wobei das bestimmende Agens ein Bildungstrieb ist, der von verschiedenen Autoren unterschiedlich benannt und definiert wird (Wolff: Vis essentialis; Blumenbach: Nisus formativus). Obwohl die Theorie der Epigenese Phänomene wie Regenerationserscheinungen, Missbildungen oder artuntypische Merkmale besser erklären konnte als die der Evolution, blieb Letztere jedoch dominierend, vor allem weil sie besser mit dem christlichen Schöpfungsglauben in Einklang zu bringen war. »Die Einschachtelungs-Lehre schien so plausibel und die Natur mit Bonnet zu kontemplieren höchst erbaulich«, berichtete G. in der *Campagne in Frankreich* über ein Gespräch bei Friedrich Heinrich →Jacobi vom November 1792 in Pempelfort (FA I, 16, 520). Als er 1816/1817 seine Hefte *Zur Morphologie* einleitete (*Der Inhalt bevorwortet*), stellte er fest, dass sich die Einschachtelungslehre »selbst der besten Köpfe im allgemeinen bemächtigt« (FA I, 24, 402) hatte. Während G. diese Theorie der Evolution seit seiner Jugend geläufig war, lernte er Wolffs epigenetische Vorstellungen vermutlich erst 1783/1784 durch Herder im Kontext der stellenweise gemeinsamen Arbeit an den *Ideen* kennen.

Anfang 1785 hatte sich G. mit mikroskopischen Arbeiten beschäftigt und sich bis zum Monat Oktober immer wieder den *Infusions-Tieren*, meist Einzellern aus einem Heuaufguss, zugewandt.[9] Im April und Mai 1786 fertigte er zu diesen Studien mehrere nicht fortlaufend geschriebene Protokolle an und legte genaue Beobachtungen nieder. Dazu gehören mehrere, vermutlich von Waitz gezeichnete Abbildungen, die von G. ergänzt und beschriftet wurden (vgl. Abb. S. 474). Die Begeisterung am mikroskopischen Arbeiten ist durch mehrere Äußerungen belegt.[10] Auch in der Welt des Mikrokosmos ging es ihm – wie in der Zwischenkieferfrage – um einen Nachweis der Harmonie der Natur und der Ordnung der Schöpfung, wie schon Werther in der Welt der Würmchen und Mücken die »Gegenwart des Allmächtigen« (FA I, 8, 15) gefühlt hatte. Damit war auch das Problem der Entwicklung und seine Erklärung durch die Theorien von Evolution oder Epigenese verbunden, dem G. im Frühjahr 1788 auf der Rückreise von Italien weiter nachging, als ihm das anonym erschienene, von Louis Patrin verfasste Werk *Zweifel gegen die Entwicklungstheorie. Ein Brief an Herrn Senebier* (übersetzt von Georg Forster, 1788) in die Hand fiel. Patrin postulierte, dass Materie, die schon einmal organisiert war, einen Trieb besitze, sich zu neuer Organisation auszubilden. So sei auch der Keim schon ein organisiertes Gebilde; das Huhn stecke im Ei wie die Eiche in der Eichel. G. notierte dazu: »Wie ein Wesen so determiniert ist daß es indem es wächst durch eine Rückwendung in sein eigen Selbst seines gleichen hervorbringen muß so brauchts aller praeformation und praeexistenz nicht. [...] freilich steckt das Huhn im befruchteten Ei. Aber nicht die Eiche in der Eichel, auch nicht das künftig abermals gebärende Huhn im Ei. Praeformation ein Wort das nichts sagt. Wie kann etwas geformt sein eh es ist« (FA I, 24, 89f.). Andererseits äußerte G. auch Verständnis für die große Verbreitung von Präformations- oder Evolutionsvorstellungen: »Der Begriff vom Entstehen ist uns ganz und gar versagt; daher wir, wenn wir etwas werden sehen, denken, daß es schon dagewesen sei. Deshalb kommt das System der Einschachtelung uns begreiflich vor« (FA I, 25, 108).

Mögen einzelne Äußerungen auch mehr zur einen oder anderen Theorie hinneigen, so hat G. sich doch nie für eine der beiden Vorstellungen entschieden und eine Festlegung bewusst vermieden, zumal ihn Lebewesen vor allem durch ihre Gestalt faszinierten, die in den frühen Phasen der Entwicklung noch nicht anschaulich erscheint. Er beschritt schon in Italien den Weg zu dem Metamorphose-Konzept, das er 1790 in der Abhandlung *Versuch die Metamorphose der Pflanzen zu erklären* vorlegte. Damit verloren Evolution und Epigenese den Anspruch allein gültiger Theorien und wurden für ihn untergeordnete Gesichtspunkte, die sich zunächst der mithilfe der Leitbegriffe Metamorphose und Typus gewonnenen Ordnung der Natur, später dann ab 1797 der Morphologie als Wissenschaft der organischen Gestalten einfügen mussten.

Kurz nach seiner Rückkehr aus Italien, wohl noch im Sommer 1788, schrieb G. Entwürfe zur Botanik nieder, in denen er erneut auf Evolution und Epigenese einging. »Hier wird nö-

9 Vgl. dazu Dahl 1927 und Reukauf 1906/1907.
10 An F. H. Jacobi, 12.1.1785, an Charlotte v. Stein, 27.6.1785, 16.3. u. 18.4.1786.

tig werden der Einschachtlungs-Hypothese zu schmeicheln weil wirklich der menschliche Verstand gewisse Phänomene auf eine andere Weise zu begreifen kaum fähig ist ob ihm gleich eben auch diese Einschachtlung unbegreiflich bleibt. Es ist ein Beispiel besonders von einem Rohrkeime zu geben und dabei wieder auf alle Weise der Epigenese Gerechtigkeit widerfahren zu lassen, um zu zeigen wie am Ende immer der Begriff zwischen beiden Hypothesen hineinfallen muß. Im Grunde haben auch beide Hypothesen keinen Einfluß auf unsere Ausführung indem wir nur die Teile nehmen wie wir sie gewahr werden und sie also immer entweder entwickelt oder ausgebildet sind« (FA I, 24, 94f.).

Um 1798, in einer Zeit also, in der die Grundlagen der Morphologie als fundamentaler Wissenschaft der organischen Gestalten geklärt waren, kam G. erneut auf Evolution und Epigenese zurück, auch hier relativierend und den untergeordneten Charakter dieser Theorien betonend: »Das Neue, Gleiche ist anfangs immer ein Teil desselbigen [des organischen Wesens] und kommt in diesem Sinne aus ihm hervor. Dieses begünstigt die Idee der Evolution; das Neue kann sich aber nicht aus dem Alten entwickeln, ohne daß das Alte durch eine gewisse Aufnahme äußerer Nahrung zu einer Art von Vollkommenheit gelangt sei. Dieses begünstigt den Begriff der Epigenese, beide Vorstellungsarten sind aber roh und grob gegen die Zartheit des unergründlichen Gegenstandes« (ebd. 361).

Zwischen Oktober 1816 und Mai 1817 beschäftigte sich G. mit den Werken von Wolff, dem in seiner Zeit – neben Blumenbach – wichtigsten Vertreter der Epigenese. Er bezeichnete ihn zwar als »trefflichen Vorarbeiter« (ebd. 426), doch schloß er sich Wolffs Position nicht vorbehaltlos an: »Weil nämlich die Präformations- und Einschachtelungslehre, die er bekämpft, auf einer bloßen außersinnlichen Einbildung beruht, auf einer Annahme die man zu denken glaubt, aber in der Sinnenwelt niemals darstellen kann« (ebd. 432), mache Wolff den Fehler, nur das tatsächlich Sichtbare als gegeben anzunehmen. G. unterschied zwischen dem Sehen mit »Geistes-Augen« und »den Augen des Leibes« (ebd.) und verwies damit auf seine Methode, hinter dem real in der Erscheinung zu Schauenden den morphologischen Typus als Leitprinzip zu entdecken.

Als G. am 27.6.1817 durch eine Stelle in →Kants *Kritik der Urteilskraft* (§ 81) erneut auf Blumenbachs Werk *Über den Bildungstrieb und das Zeugungsgeschäfte* (1781) stieß, erwuchs daraus der Aufsatz *Bildungstrieb*, der die epigenetischen Vorstellungen Blumenbachs zu denen von Wolff in Beziehung setzte. Auch hier zeigte sich G.s Unbehagen gegenüber Evolution und Epigenese: »Kehren wir in das Feld der Philosophie zurück und betrachten Evolution und Epigenese nochmals, so scheinen dies Worte zu sein, mit denen wir uns nur hinhalten. Die Einschachtelungslehre wird freilich einem Höhergebildeten gar bald widerlich, aber bei der Lehre eines Auf- und Annehmens [der Epigenese] wird doch immer ein Aufnehmendes und Aufzunehmendes vorausgesetzt, und wenn wir keine Präformation denken mögen, so kommen wir auf eine Prädelineation, Prädetermination, auf ein Prästabilisieren, und wie das alles heißen mag was vorausgehen müßte bis wir etwas gewahr werden könnten« (FA I, 24, 452).

Botanische Schriften vor dem *Versuch die Metamorphose der Pflanzen zu erklären* von 1790

Aus den botanischen Dialogen mit Batsch und Dietrich, bei denen G. in erster Linie Lernender war, sind keine Schriften hervorgegangen; sie belegen gleichwohl, wie schnell G. sich in dieses Gebiet einarbeitete.

Eine frühe, vereinzelte Studie an niederen Pflanzen steht in Zusammenhang mit G.s Interesse an den Infusionstieren (s. o. S. 17): *Beschreibung eines großen Falten-Schwammes. Einige Bemerkungen über die sogenannte Tremella.* Das von G.s Diener Johann Georg Paul Götze niedergeschriebene und von G. korrigierte Stück stammt aus dem September/Oktober 1785. Gerade an Lebewesen mit einfachen Formen versuchte man, Hinweise auf die Entstehung von Leben zu erhalten, und die *Notizen aus Italien* zeigen, dass G. diesen Weg später noch stärker verfolgen sollte.

Weiterhin noch vor die Italienreise fallen G.s Beobachtungen zur Pflanzenkeimung, die ebenfalls im Kontext ontogenetischer Hypothesen zu sehen sind. Wahrscheinlich in der Handschrift von Fritz von →Stein, den G. schon seit 1782 Anteil an seinen Studien in der Naturforschung hatte nehmen lassen,[11] liegt ein später *Von den Kotyledonen* bezeichneter, von G. mit Korrekturen versehener Text vor (→Kotyledonen). Vermutlich ist er nicht lange vor der Abreise nach Italien im Jahr 1786 entstanden. G. besaß bereits seit Januar 1780 ein Herbarium mit 800 Pflanzen,[12] deutliche Hinweise auf das Interesse am Vorgang der Keimung liefern aber erst Briefe an Charlotte von Stein aus dem Frühjahr 1785: »Wir haben Cocos Nüsse secirt und die Anfänge dieses merckwürdigen Baums untersucht. Ich freue mich immer so offt mir iede Erfahrung bestärckt, daß ich auf dem rechten Weege bin [...]« (8.3.1785). – »Schicke mir doch das Mikroscop ich muß verschiednes ansehn. Ich bin fleisig und habe nun ein Tischgen mit Erde worinn allerley Saamens liegen. Ich habe recht schöne Offenbaarungen über dies Geschlecht« (1.4.1785) Von Knebel wird am 2.4.1785 einschlägige Literatur zur Keimung erbeten: »Gerne schickt ich dir eine kleine Botanische Lecktion wenn sie nur schon geschrieben wäre. Die Materie *von Saamen* habe ich durchgedacht, so weit meine Erfahrungen reichen wenn du mir nur den *Joseph ab Aromatariis* aus Büttners Bibliotheck verschaffen könntest.[13] Auch mögte ich die *Linnäische Dissertation de seminibus muscorum*[14] haben und was neueres über diese Materie da wäre.«

G. hat sich viel weniger als Linné für die ausgeprägte Gestalt der Pflanze interessiert. Um so genauer verfolgte er ihr Wachstum und die Übergänge der einzelnen Blattformen. Beobachtungen der Keimung und der Entwicklung der Keimblätter kamen ihm daher in besonderem Maße entgegen. Anregend wirkte eine Schrift von Friedrich Wilhelm von Gleichen: *Das Neueste aus dem Reich der Pflanzen* (Nürnberg 1764). G.s Studien zur Keimung kann man als wichtige Vorarbeiten zum *Versuch die Metamorphose der Pflanzen zu erklären* auffassen, wenn sie sich auch nur auf eine Blattform, die Keimblätter, konzentrieren. Batsch hat G.s Arbeiten zur Keimung des Dattelkerns in seinem *Versuch einer Anleitung zur Kenntnis und Geschichte der Pflanzen* (Halle 1787/1788, 1, 203) genannt: »ein berühmter Mann und eifriger Naturforscher« meint G.!

Die *Notizen aus Italien* umfassen in Italien angefertigte, meist spontane Niederschriften von botanischen Gedanken, die in kleine Hefte eingetragen oder auch auf Zettel mit Bleistift oder Tinte notiert wurden. Hinzu kommen die bereits angeführten Stichworte zur Entwicklung von Pflanzen und Tieren, die vor dem Hintergrund der Lektüre von Patrin entstanden sind (s. o. S. 17). In LA II, 9A sind beide erstmals im Zusammenhang und mit Überschriften versehen abgedruckt.

Die Entstehungssituation dieser *Notizen* wird durch zahlreiche Äußerungen G.s erhellt, die seine botanischen Eindrücke und Fortschritte in Italien beschreiben. In →Padua notierte G. einen Tag nach dem Besuch des Botanischen Gartens, am 27.9.1786, in sein Tagebuch: »Schöne Bestätigungen meiner botanischen Ideen hab ich wieder gefunden. Es wird gewiß kommen und ich dringe noch weiter«. In der *Italienischen Reise* heißt es unter dem 27.9.1786: »Hier in dieser neu mir entgegen tretenden Mannigfaltigkeit, wird jener Gedanke immer lebendiger: daß man sich alle Pflanzengestalten vielleicht aus Einer entwickeln könne. Hiedurch würde es allein möglich werden, Geschlechter und Arten wahrhaft zu bestimmen, welches, wie mich dünkt, bisher sehr willkürlich geschieht. Auf diesem Punkte bin ich in meiner botanischen Philosophie stecken geblieben und ich sehe noch nicht, wie ich mich entwirren will« (FA I, 15.1, 65 f.). Ein halbes Jahr später, in Neapel, am 13. und 25.3.1787: »Herdern bitte zu melden,

11 Vgl. an Charlotte von Stein, 25.5.1782: »Darauf sind wir in den Garten gegangen und Fritz bleibt bey mir. Wir waren in seinem Gärtgen und seine Bohnen interessiren mich mehr als meine Bäume«.

12 Vgl. Ausgabenbuch vom 20.1.1780 (LA II, 9A, 274).

13 Giuseppe Aromatari: *Epistola de generatione plantarum ex seminibus*. In: Ders.: *Disputatio de rabie contagiosa*. Venedig 1625.

14 In: Carl v. Linné: *Amoenitates Academicarum*. Bd. 2. Stockholm 1751, 284–306 (Diss. von Petrus Jonas Bergius).

daß meine botanischen Aufklärungen weiter und weiter gehen; es ist immer dasselbe Prinzip, aber es gehörte ein Leben dazu um es durchzuführen. Vielleicht bin ich noch im Stande die Hauptlinien zu ziehen. [...] spazierte ich am Meere hin und war still und vergnüglich. Da kam mir eine gute Erleuchtung über botanische Gegenstände. Herdern bitte ich zu sagen, daß ich mit der Urpflanze bald zu Stande bin, nur fürchte ich, daß niemand die übrige Pflanzenwelt darin wird erkennen wollen. Meine famose Lehre von den Kotyledonen ist so sublimiert daß man schwerlich wird weiter gehen können« (ebd. 221 u. 239). Unter dem 17.4.1787 (Palermo) findet sich die Versicherung, nun der Urpflanze unmittelbar auf der Spur zu sein: »Heute früh ging ich mit dem festen ruhigen Vorsatz meine dichterischen Träume fortzusetzen nach dem öffentlichen Garten, allein, eh ich michs versah, erhaschte mich ein anderes Gespenst, das mir schon diese Tage nachgeschlichen. Die vielen Pflanzen, die ich sonst nur in Kübeln und Töpfen, ja die größte Zeit des Jahres nur hinter Glasfenstern zu sehen gewohnt war, stehen hier froh und frisch unter freiem Himmel und, indem sie ihre Bestimmung vollkommen erfüllen, werden sie uns deutlicher. Im Angesicht so vielerlei neuen und erneuten Gebildes fiel mir die alte Grille wieder ein: ob ich nicht unter dieser Schar die Urpflanze entdecken könnte? Eine solche muß es denn doch geben! Woran würde ich sonst erkennen, daß dieses oder jenes Gebilde eine Pflanze sei, wenn sie nicht alle nach einem Muster gebildet wären. Ich bemühte mich zu untersuchen, worin denn die vielen abweichenden Gestalten von einander unterschieden seien. Und ich fand sie immer mehr ähnlich als verschieden [...]« (ebd. 285 f.). Und schließlich noch der Bericht für Herder an Charlotte von Stein vom 9.6.1787 (der in der *Italienischen Reise* unter dem fingierten Datum 17.5.1787 erscheint): »Sage Herdern daß ich dem Geheimniß der Pflanzenzeugung und Organisation ganz nah bin und daß es das einfachste ist was nur gedacht werden kann. Unter diesem Himmel kann man die schönsten Beobachtungen machen. Sage ihm daß ich den Hauptpunckt wo der Keim stickt ganz klar und zweifellos entdeckt habe, daß ich alles übrige auch schon im Ganzen übersehe und nur noch einige Punckte bestimmter werden müssen. Die Urpflanze wird das wunderlichste Geschöpf von der Welt über welches mich die Natur selbst beneiden soll. Mit diesem Modell und dem Schlüßel dazu, kann man alsdann noch Pflanzen ins unendliche erfinden, die konsequent seyn müßen, das heißt: die, wenn sie auch nicht existiren, doch existiren könnten und nicht etwa mahlerische oder dichterische Schatten und Scheine sind, sondern eine innerliche Wahrheit und Nothwendigkeit haben. Dasselbe Gesetz wird sich auf alles übrige lebendige anwenden laßen«.

Zweifellos hat die üppige südliche Vegetation G.s neue Erkenntnisse über die Pflanzengestaltung gefördert. Er registrierte dabei nicht nur die einzelnen Wuchsformen, sondern auch deren Abhängigkeit von Klima und Standort, betrieb also pflanzenökologische Studien. Was in Weimar mit einzelnen Beobachtungen begonnen wurde, wirkte in Italien übermäßig auf G. ein und lieferte die Grundlage für den *Versuch die Metamorphose der Pflanzen zu erklären* von 1790. Italien erwies sich als botanisches Paradies, Äußerungen zur Tierwelt (Muscheln, Krebse, Insekten, Fische, Vögel, Delphine und Haustiere) treten dahinter weit zurück. So heterogen die *Notizen aus Italien* auch ausfallen – berühren sie doch Bemerkungen und Skizzen über den Wechsel von Ausdehnung und Zusammenziehung bei der Entwicklung der Pflanze, Fragen der Fortpflanzung, der Frucht- und Samenbildung –, vermissen lassen sie eine Konzeption der in der *Italienischen Reise* aus der Rückschau deutlich angesprochenen Urpflanze, die G. doch gerade in Italien gesucht hatte und finden zu können glaubte. Doch durch die neu entwickelte Hypothese für die Pflanzenbildung – »Alles ist Blatt« (FA I, 24, 84) – hatte G. die Suche nach einer beständigen Form, nach der Urpflanze als etwas in Erscheinung Getretenem, im Grunde schon wieder aufgegeben, denn der Urpflanze fehlte das Moment des Variablen in der stets wirkenden Metamorphose. Bildung ohne Umbildung war für G. nicht denkbar, das sollten die in Italien gesammelten Eindrücke in der Folge erweisen.

Die Rückkehr in das rauhe Klima Weimars beklagte G. zutiefst. Einige Pflanzen hatte er mitgebracht, von anderen, in Rom zurückgelassenen, erstattete man ihm Bericht. Obwohl das Konzept der Urpflanze nicht weiter verfolgt wurde, war doch die Grundfrage, was die Pflanze zur Pflanze mache, nach wie vor aktuell. G. war zwar weiterhin auf der Suche nach einem Grundtypus für die Pflanze, aber gerade die große Formenvielfalt Italiens hatte ihm verdeutlicht, dass dieser Typus in der Natur nicht als konstante Größe, sondern immer nur in Übergängen geschaut werden konnte. Der Entwicklungsgedanke, bereits in den Beobachtungen zur Keimung angelegt, hatte nun dominierendes Gewicht erhalten, freilich immer nur im Kontext der Individualentwicklung, wie sie auch in der Diskussion von Evolution und Epigenese bei Patrin zum Ausdruck kam (s. o. S. 17).

Von Stufe zu Stufe wird nun versucht, den Gestaltwandel zu verfolgen und die damit bezeichnete Pflanzenmetamorphose auch zu *erklären*, d. h. physiologisch zu untermauern.

Wohl unmittelbar nach der Rückkehr, im Sommer 1788, ist ein aus zwei Stücken bestehender, auf Notizen aus Italien beruhender Text niedergeschrieben, dem FA den Titel *Botanik als Wissenschaft* gegeben hat. In WA erscheinen die Stücke in abweichender Anordnung als *Einleitung* und *Vorarbeiten zur Morphologie*, in LA als *Einleitung* und *Gesetze der Pflanzenbildung*, das erste von Fritz von Stein, das zweite von demselben und G. niedergeschrieben. Die beigefügten Skizzen sind von G.s Hand.

Die *Einleitung* beginnt mit Stichworten und geht allmählich in einen Entwurf über, möglicherweise für einen Vortrag, der die Konstituierung eines pflanzlichen Typus zum Ziel hat. Am Anfang wird die zeitgenössische Situation der Botanik unter dem Aspekt des Pflanzensystems und der Reduzierung der »Pflanzen auf einen Begriff« (FA I, 24, 93) beleuchtet; es folgen Ausführungen zur Ontogenese der Pflanze, wobei die Entwicklungshypothesen der Evolution und der Epigenese gegeneinander abgewogen werden. Schließlich werden dazu zwei Hypothesen formuliert, die Stufen einer Entwicklung in den Mittelpunkt stellen. G. vermag sich nicht zu entscheiden, zeigt sich aber »überzeugt daß in diesen beiden Hypothesen und zwischen diesen beiden Hypothesen das ganze Geheimnis der Hervorbringung [Entstehung] liegt« (ebd. 97).

Auch die *Vorarbeiten* bzw. *Gesetze der Pflanzenbildung* sind ein entwurfsartiger Text, obwohl sie Gedanken der *Einleitung* näher auszuführen versuchen. Zahlreiche Beispiele, aber auch der Hinweis auf die Säftelehre weisen bereits auf den bevorstehenden *Versuch die Metamorphose der Pflanzen zu erklären* von 1790 hin.

Der *Versuch die Metamorphose der Pflanzen zu erklären* (1790) und Texte aus dem Umfeld

Dreimal hat G. seine morphologische Monographie über die Pflanzenmetamorphose, im Text nahezu unverändert, veröffentlicht: 1790 in Gotha im Verlag von Carl Wilhelm Ettinger, 1817 in Morph I, 1 unter dem Titel *Die Metamorphose der Pflanzen* und in der deutsch-französischen Ausgabe *Versuch über die Metamorphose der Pflanzen* (Stuttgart 1831), mit der Übersetzung von Soret. In ALH erschien der Text erst 1842 (Bd. 58). Der erste Druck von 1790 folgte der im GSA überlieferten Vorlage von der Hand des Schreibers Vogel mit Korrekturen G.s.

Die Zeugnisse zur Entstehungsgeschichte sind spärlich. An Carl August schrieb G. am 20.11.1789:

»Indessen bin ich auch angespornt worden meine botanischen Ideen zu schreiben. Es hat den Schein daß ein auf Ostern angekündigtes Buch [von C. C. Sprengel; s. u.] mir zuvorkommen könnte. So will ich wenigstens zugleich kommen«. Offenbar weit fortgeschritten ist die Arbeit am 18.12.1789, denn G. bat den Botaniker Batsch: »Ew. Wohlgeb. sende ich den botanischen Versuch, über welchen ich mich Morgen mit Ihnen vorzüglich zu unterhalten wünschte. Ich habe ihn weder völlig endigen, noch genugsam ausarbeiten können, indeß wird er auch wie er da liegt Stoff zum Gespräch geben«. Batsch antwortete am 19.1.1790: »[...] erhalten hierbei die Abhandlung mit untertänigem Dank zurück, welche ich nach Ihrem Befehl von neuem mit allen dabei vorkommenden Veränderungen und Zusätzen durchgesehen habe. Es blieb mir nichts übrig, als einige kleine Versehen des Abschreibers zu verbessern [...]. Jede Hauptänderung würde diesem so sehr im Zusammenhange gedachten Aufsatze nachteilig sein, da Sie mir aber gnädig erlaubt haben, meine zufälligen Gedanken darüber zu sagen, so glaub ich daß dieses schicklicher und zweckmäßiger alsdenn geschehen könne, wenn Sie sich dem Geschäfte einer weitern Ausführung unterziehen, und diese Theorie durch mehrere Tatsachen unterstützen werden. So wenig als ich, außer dem von Ihnen so gütig geäußerten Zutrauen, etwas zu besitzen glaube, das mich zur geltenden Beurteilung und Schätzung dieser Arbeit berechtigte, so sehr hoffe ich auch daß Sie es keinem unwesentlichen Verhältnisse zuschreiben werden, wenn ich Ihnen nochmals die lebhafte Freude bezeuge, die mir jene schönen Vorstellungen gemacht haben. Vielleicht finden Sie in der Folge, daß ich von gewissen Ideen, so bald es ernstlich gemeint ist, nicht leicht abweiche, bis ich vollkommen überzeugt zu sein glaube, und daß es das freiwilligste Bekenntnis sei, wenn ich sage, daß jene edeln Analogien, mich, im Ganzen genommen, überrascht und hingerissen haben. Sie sind weiter auf diesem Wege gegangen als ich versuchte, schon weiß ich es nicht mehr, ob wir uns vor 5 Jahren auf ihm begegneten, oder ob ich es ganz Ihrem Winke schuldig bin, auf ihn gekommen zu sein; eines wie das andre ist für mich ehrenvolle, und teure Erinnerung« (LA II, 9A, 389).

Am 6.2.1790 konnte G. die Druckvorlage nach Gotha liefern, so dass das Werk wie geplant zur Ostermesse erscheinen konnte. Nicht ohne Stolz berichtete G. an F. H. Jacobi am 3.3.1790: »Ostern betret ich auch die Bahn der Naturgeschichte als Schriftsteller; ich bin neugierig was das gelehrte und ungelehrte Publikum mit einem Schriftchen machen wird, das über *die Metamorphose der Pflanzen* einen Versuch enthält. Im Studio bin ich viel weiter vorwärts und hoffe übers Jahr eine Schrift über *die Gestalt der Thiere* herauszugeben. Ich brauche aber wahrscheinlich Zeit und Mühe eh ich mit meiner Vorstellungs Art werde durchdringen können«. An Carl August meldete G. nach Erscheinen, am 1.7.1790: »Das botanische Werckchen macht mir Freude, denn ich finde bey jedem Spaziergange neue Belege dazu«. Und an Knebel am 9.7.1790: »Meinen Faust und das botanische Werckchen wirst du erhalten haben, mit jenem habe ich die fast so mühsame als genialische Arbeit der Ausgabe meiner Schriften geendigt, mit diesem fange ich eine neue Laufbahn an, in welcher ich nicht ohne manche Beschwerlichkeit wandeln werde. Mein Gemüth treibt mich mehr als jemals zur Naturwissenschaft, und mich wundert nur daß in dem prosaischen Deutschland noch ein Wölckchen Poesie über meinem Scheitel schweben bleibt. [...] Sollte ich irgendwo lange Stunden haben, so schreibe ich das zweyte Stück über die Metamorphose der Pflanzen, und den Versuch über die Gestalt der Thiere: beydes möchte ich künftige Ostern herausgeben«. Auch aus der Rückschau liegen im Zusammenhang mit der zweiten und dritten Veröffentlichung weitere Äußerungen G.s zu dieser für ihn so wichtigen Arbeit vor.

Bereits 1806 war geplant, die *Metamorphose der Pflanzen* als zentrales Stück eines morphologischen Werkes erneut zu edieren. Die Kriegsereignisse in Jena und Weimar vereitelten den Plan, so dass die bereits gesetzten ersten Bogen erst für die Veröffentlichung im Jahr 1817 Verwendung fanden.

G. hatte sich 1790 zur schnellen Publikation entschlossen, da das angekündigte Werk von Christian Conrad → Sprengel, *Versuch die Konstruktion der Blumen zu erklären*, als mögliche Konkurrenz angesehen werden konnte. Der erst 1793 in Berlin unter dem Titel *Das neuentdeckte Geheimnis der Natur in Bau und Befruchtung der Blumen* erschienene Band ging jedoch in eine andere, nämlich blütenökologische Richtung.

Zunächst hatte G. Verlagsprobleme, denn der aktuelle Verleger, Georg Joachim Göschen, lehnte den Druck der Schrift offensichtlich aus kommerziellen Gründen ab. Und auch Ettinger in Gotha handelte bei der Annahme der Schrift lediglich in der Hoffnung, weitere Werke G.s verlegen zu dürfen.[15]

Die Aufnahme der *Metamorphose der Pflanzen* war bei weitem nicht so negativ, wie G. sie 1817 geschildert hat, nach dessen Worten sie »kalt« und »unfreundlich« gewesen sei (FA I, 24, 402).

15 Vgl. Ettinger an Bertuch, 3.12.1789; FA I, 24, 940.

Die Rezensionen, beginnend schon im Sommer 1790, sind in LA II, 9A abgedruckt. Über die *Wirkung dieser Schrift und weitere Entfaltung der darin vorgetragenen Idee* hat G. 1831 in der deutsch-französischen Ausgabe der *Metamorphose der Pflanzen* im Detail berichtet. Während Schelling G.s Gedanken mit den eigenen Vorstellungen zur Naturphilosophie in Einklang sah und wesentliche Grundgedanken in seinem Werk *Von der Weltseele* (Hamburg 1798) aufgriff, kam aus dem Lager der romantischen Naturphilosophie Kritik, so von Franz Joseph →Schelver, der von 1803 bis 1806 an der Universität Jena lehrte und der am 7.11.1803 an Schelling schrieb: »Mit seiner [G.s] Wissenschaft sieht es nun aber freilich schlecht aus! – und was er Wissenschaft nennet z. B. seine Metamorphose der Pflanzen ist eine sehr gemeine Abstraktion. Ich hatte es anfangs höher angesehen weil ich mich an die Idee ihres Tituls gehalten hatte; jetzt sehe ich aber daß er es ganz anders meint. Er begnügt sich mit der schlechtesten empirischen Notwendigkeit, und obgleich er sich über d. Botaniker lustig macht, welche die ganze Pflanze aber unbegreiflich klein schon im Samen sitzen haben, so hat er auch nur auf eine andre Manier alles fertig, und er kommt nur über das Groß und Klein, viel und wenig hinaus. Er kann mir daher auch nicht genug wiederholen, daß man die Sachen sehr mechanisch nehmen müsse« (LA II, 9B, 213).

Eine herausragende Rolle spielte G.s Schrift für das berühmte Gespräch zwischen ihm und Schiller am 20.7.1794, das die Distanz zwischen beiden beendete und der Beginn von Freundschaft und fruchtbarer Zusammenarbeit wurde. (Dazu G.s Bericht in *Glückliches Ereignis*; s. u. S. 41.)

G.s grundlegendes Anliegen in seiner *Metamorphose der Pflanzen* ist der Versuch, von der zeitgenössisch vorherrschenden statischen Betrachtung der einzelnen Pflanzenteile abzurücken und gerade auf die Übergänge im Entwicklungsprozess das Hauptaugenmerk zu richten, »bei den Übergängen von den einen zu den andern [Pflanzenteilen] das Ununterscheidbare gleichfalls trennen, bestimmen und [zu] benamsen« (FA I, 24, 712). Das Blatt, das nach den Erfahrungen in Italien ›Alles‹ an der Pflanze ist, wan-

J. W. von Goethe

Herzoglich Sachſen-Weimariſchen Geheimenraths

Verſuch

die Metamorphoſe

der Pflanzen

zu erklären.

Gotha,

bey Carl Wilhelm Ettinger.

1790.

Titelblatt *Versuch die Metamorphose der Pflanzen zu erklären* (1790)

delt sich vielfältig ab und macht aus dem Allgemeinen das jeweilig Besondere der einzelnen Pflanze, die artspezifische Bildung also. Dabei gelten bestimmte Gesetze: Der Typus ist einem allgemeinen Bauplan mit konstanten Lagebeziehungen und einem gewissen Naturhaushalt (Naturetat) verpflichtet, der einzelne Organe vergrößern kann, andere dafür aber zurücknehmen muss. In diesen durch den Typus gesetzten Grenzen aber kann die Metamorphose variable Proportionen zwischen den einzelnen Organen ausbilden. Die Abfolge der Blätter zeigt ein wechselweises Ausdehnen und Zusammenziehen und eine Veredlung von den Keimblättern zur Blüte hin, also die Prinzipien von Polarität und Steigerung, die G. zwischen 1790 und 1800 auch zunehmend in seinen Vorstudien zur *Farbenlehre* als konstitutives Ordnungsmuster einführte. Die Gestaltumwandlungen in der Abfolge der einzelnen Blatt-Typen (Keimblätter, Laubblätter, Kelchblätter, Kronblätter, Staub- und Fruchtblätter, Staminoiden) werden genau bestimmt und beschrieben. Mit der in der aktuellen botanischen Literatur gefundenen Säftelehre, die eine stufenweise Verfeinerung der Pflanzensäfte von der Wurzel bis zur Blüte postulierte, erhält die Metamorphose, die Abwandlung der Blattgestalten, eine physiologische Begründung, letzten Endes auch eine physikalische und chemische, da die quantitativen und qualitativen Änderungen in den Säften im Sinne eines Funktionsmechanismus wirken. Während Linné in seinem 1735 begründeten Metamorphosekonzept den Schwerpunkt auf die fertige Ausgestaltung der einzelnen Blattformen legte, konzentrierte G. sich also auf die Übergänge im Prozess des Wachsens und Werdens der Pflanze. Auf der einen Seite wurde die Identität der verschiedenen Pflanzenteile und die damit zusammenhängende Beständigkeit der Arten konstatiert, andererseits aber auch der Einfluss der äußeren Bedingungen in den verschiedenen Klimazonen auf die Gestalt der Pflanzen behandelt. In erster Linie wurde dies durch genaue und fortgesetzte Beobachtungen festgestellt, aber auch in der Botanik geriet der Bauplan zumindest in Ansätzen unter ein gedankliches Leitprinzip, das G. später Schauen mit den Augen des Geistes nannte und das für die Wechselperspektive im Rahmen seines Typus-Konzeptes unabkömmlich wurde.

Als *Weitere Versuche zur Pflanzenmetamorphose* hat FA vier Stücke zusammengefasst, die auch unter den Einzeltiteln (1.) *Metamorphose der Pflanzen. Zweiter Versuch*, (2.) *Knospen, Stolonen*, (3.) *Samenhäute* und (4.) *Eigenschaften der Monokotyledonen* erschienen sind. Die beiden ersten sind von der Hand von G.s Schreiber Götze geschrieben, wahrscheinlich 1790 oder kurz danach. G. hatte Knebel am 9.7.1790 ein »zweytes Stück über die Metamorphose der Pflanzen« (FA I, 24, 214) angekündigt. Die beiden anderen Texte liegen in der Handschrift von Johann Ludwig Geist vor. Inhaltlich gibt es Anklänge an die Studien *Von den Kotyledonen*, die wohl kurz vor der Italienreise 1786 entstanden. Da Geist erst ab 1795 für G. tätig war, könnte es sich um Niederschriften nach älteren Notizen handeln. Insgesamt verfolgte G. mit diesen teilweise Fragment gebliebenen Stücken das Ziel, Ergänzungen zur Metamorphoseschrift festzuhalten, sei es im theoretischen Bereich zu Entwicklungshypothesen (1.), hinsichtlich der Knospenbildung (2.), zum speziellen Beispiel der Eichel (3.) oder zu einem Gesetz für das Wachstum der Monokotyledonen (4.).

1790–1794: Wirbelmetamorphose; Schriften zur Gestalt-, Vergleichungs- und Verwandlungslehre im Vorfeld des osteologischen Typus

Erst zu Beginn der 1790er Jahre knüpfte G. erneut an seine osteologischen Untersuchungen an, nachdem die Italienreise (1786–1788) auf naturkundlichem Gebiet schwerpunktmäßig den botanischen Studien gewidmet war. Hatte G. in der Zwischenkieferabhandlung von 1784 den anatomischen Vergleich auf einen Knochen bezogen, so trat nun der gesamte Wirbeltierbauplan ins Blickfeld. Vorarbeiten zielten darauf, einen Typus für das Tierreich aufzustellen, wobei G. sich jedoch auf die Wirbeltiere und dort speziell auf die Säugetiere beschränkte. Punktueller Anlass für das neuerliche Interesse an der vergleichenden Anatomie war ein Erlebnis, das G. auf der zweiten Italienreise in Venedig beeindruckte. Am 22.4.1790 fand er am Lido einen Schafschädel, der offenbar gerade in seinen Nähten gelöst war. Spontan glaubte G. zu erkennen, dass der Schädel aus sechs modifizierten Wirbelknochen bestehe. Über diese Wirbeltheorie des Schädels, die aus heutiger Sicht vor allem mit dem Namen von Oken verbunden wird und später zu einem ausgedehnten Prioritätsstreit mit diesem führte, publizierte G. in den 1790er Jahren nichts; erst in den Heften *Zur Morphologie* hat er 1820, 1823 und 1824 (FA I, 24, 506, 597f., 619f.) kurz darüber berichtet, jedoch mit Zurückhaltung und aus historischer Perspektive. Dennoch hat die Wirbeltheorie 1790 einen wichtigen Stellenwert für die nun erneut in Angriff genommenen Studien zur Klärung der tierischen Gestalt. Wirbeltheorie und Pflanzenmetamorphose erweisen sich in wesentlichen Punkten als analoge Vorstellungen, die gesamte Gestalt eines Organismus anschaulich aus einem seiner Grundelemente zu entwickeln. Wie bei der Pflanze das Element des Blattes den Bauplan bestimmte, so sollte beim Tier dem Wirbel diese Funktion zukommen, wobei G. mit den Extremitäten und dem Unterkiefer die Teile aussonderte, die nicht in dieses Schema passten. G. hat den Fund am Lido von Venedig als unmittelbaren Anlass bezeichnet, sich im Sommer 1790 der vergleichenden Anatomie zuzuwenden und anschließend auf seiner Schlesienreise seine Kenntnisse in der Skelettsammlung der Königlichen Naturalienkammer in Dresden zu vertiefen. In den *Tag- und Jahresheften* für 1790 heißt es dazu: »In Breslau hingegen [...] beschäftigte mich unaufhörlich, so wunderlich es auch klingen mag, die *vergleichende Anatomie* weßhalb, mitten in der bewegtesten Welt, ich als Einsiedler in mir selbst abgeschlossen lebte. Dieser Theil des Naturstudiums war sonderbarlich angeregt worden. Als ich nämlich auf den Dünen des Lido, welche die venezianischen Lagunen von dem adriatischen Meere sondern, mich oftmals erging, fand ich einen so glücklich geborstenen Schafschädel, der mir nicht allein jene große früher von mir erkannte Wahrheit: die sämmtlichen Schädelknochen seien aus verwandelten Wirbelknochen entstanden, abermals be[s]thätigte, sondern auch den Übergang innerlich ungeformter organischer Massen, durch Aufschluß nach außen, zu fortschreitender Veredelung höchster Bildung und Entwicklung in die vorzüglichsten Sinneswerkzeuge vor Augen stellte, und zugleich meinen alten, durch Erfahrung bestärkten Glauben wieder auffrischte, welcher sich fest darauf begründet, daß die Natur kein Geheimniß habe, was sie nicht irgendwo dem aufmerksamen Beobachter nackt vor die Augen stellt. Da ich nun aber einmal mitten in der bewegtesten Lebensumgebung zum Knochenbau zurückgekehrt war, so mußte meine Vorarbeit, die ich auf den *Zwischenknochen* vor Jahren verwendet, abermals rege werden. [...] ich war völlig überzeugt, ein allgemeiner, durch Metamorphose sich erhebender Typus gehe durch die sämmtlichen organischen Geschöpfe durch, lasse sich in allen seinen Theilen auf gewissen mittlern Stufen gar wohl beobachten, und müsse auch noch da anerkannt werden, wenn er sich auf der höchsten Stufe der Menschheit in's Verborgene bescheiden zurückzieht. Hierauf waren alle meine Arbeiten, auch die in Breslau, gerichtet; die Aufgabe war indessen so groß, daß sie in einem zerstreuten Leben nicht gelös't werden konnte«.

G.s Bemühungen in den Jahren 1791 bis 1796 galten dem Ziel, den Gesetzlichkeiten im Bau des Wirbeltierskeletts nachzugehen, einen allgemeinen Bauplan zu finden, den G. zwar schon früh Typus nannte, diesen aber erst über Jahre hinweg schrittweise entwickelte. Zunächst waren hiermit empirische Untersuchungen ins Auge gefasst, die an verschiedenen Knochen mit vergleichender Methode durchgeführt wurden. G. betonte in dieser Zeit gegenüber Schiller und Soemmerring seinen Empirismus und Realismus. Doch G.s Typus wurde allmählich auch gleichermaßen die Idee des Wirbeltierbauplanes, ein gedankliches Leitprinzip, das dem Skelett der Wirbeltiere zugrunde lag. Die mehrfach konstatierte Unschärfe von G.s Typus-Begriff wird aufgrund dieser Doppelperspektive plausibel. Hatte G. mit dem Zwischenkiefer einen bestimmten Knochen bei verschiedenen Tieren verglichen und anlässlich der Metamorphose der Pflanzen das Grundelement Blatt im Aufbau eines gesamten Individuums verfolgt, so wurden bei den Untersuchungen zum Typus beide Vorgehensweisen vereinigt, indem Aufbau und Lage der einzelnen Knochen sowohl innerhalb des arttypischen Skeletts als auch im Skelett verschiedener Arten im Mittelpunkt des Interesses standen. Darüber hinaus suchte G. nach einer Erklärung für das Variieren der einzelnen Skelettelemente, denn trotz der Konstanz der Lage können die einzelnen Knochen doch unterschiedlich ausgebildet sein. G. postulierte einen Naturhaushalt, einen Etat des Bildungstriebes, der bei vergrößerter Gestaltung bestimmter Elemente andere nach einem Kompensationsprinzip reduzieren müsse. So wird der Typus zu einer flexiblen Größe; er kann in unterschiedlichsten Variationen in Erscheinung treten, die jeweils durch das Bildungsgesetz der Metamorphose bestimmt werden. Andererseits legt der Typus die Grenzen für Gestaltung und Umgestaltung im Einzelnen fest, er setzt der prinzipiell grenzenlosen Metamorphose das verharrende Moment entgegen. Ein Analogon dieser Bedingungen von Rahmenvorgabe und Freiheit sah G. in der menschlichen Existenz, wie ja auch die Leitbegriffe seiner Naturforschung überhaupt, Polarität und Steigerung, viele Entsprechungen im geistigen und sittlichen Bereich des Menschen zeigen. An den Grafen Carl Friedrich Moritz Paul von Brühl schrieb G. am 28.10.1828: »Betrachten wir uns in jeder Lage des Lebens, so finden wir, daß wir äußerlich bedingt sind, vom ersten Athemzug bis zum letzten; daß uns aber jedoch die höchste Freyheit übrig geblieben ist, uns innerhalb unsrer selbst dergestalt auszubilden, daß wir uns mit der sittlichen Weltordnung in Einklang setzen und, was auch für Hindernisse sich hervorthun, dadurch mit uns selbst zum Frieden gelangen können«.

Der erste Aufsatz, der als unmittelbare Vorarbeit im Kontext von G.s Typusvorstellung angesehen werden kann, ist der *Versuch über die Gestalt der Tiere*, zu dem neben zahlreichen Entwürfen eine Niederschrift von der Hand Götzes aus G.s Nachlass im GSA vorliegt. Wie aus G.s Brief an Knebel vom 3.3.1790 hervorgeht, hatte er die Abhandlung schon vor dem Schädelfund von Venedig geplant. Dem gleichen Adressaten teilte G. am 1.1.1791 mit, dass er zwar erhebliche Fortschritte gemacht habe, den Aufsatz aber doch zurücklegen musste, da »es mit dieser mehr als abstrackten Materie« nicht fortgehen wollte. Schließlich plante G. die Veröffentlichung für Ostern 1791 (an F. H. Jacobi, 20.3.1791). Doch nun zog G. die *Beyträge zur Optik* vor, auch den *Versuch einer allgemeinen Knochenlehre*, den er zusammen mit dem bisher angesammelten osteologischen Material 1794 zu Vorträgen für die Brüder von →Humboldt in Jena verwendete. Die ersten Studien von 1790/1791 blieben Fragment und gingen 1795 in den Aufsatz *Erster Entwurf einer allgemeinen Einleitung in die vergleichende Anatomie, ausgehend von der Osteologie* ein.

Im *Versuch über die Gestalt der Tiere* verfolgte G. das bereits in der Zwischenkieferabhandlung von 1784 angewandte Prinzip, mit der vergleichenden Methode die Konsequenz des Bauplanes nachzuweisen. Ihm ging es darum, trotz aller Variation im Einzelnen die konstitutiven Gesetzlichkeiten im gesamten Knochenbau der Wirbeltiere aufzuzeigen. Der Typus wurde hier zunächst als ein Schema definiert, das die einzelnen Teile des Knochengerüstes erfasst und als Leitfaden für den Vergleich gilt. Praktisch handelte es sich dabei um eine Ausweitung der Tabelle, die G. in der Zwischenkieferabhandlung für nur einen Knochen zugrunde gelegt hatte. Schon hier wird die oben angeführte Doppelperspektive im Gedankengut der Typusvorstellung deutlich. G. empfahl, nicht allein empirisch vorzugehen, sondern auch »rationell« (FA I, 24, 164) zu arbeiten, mit der vergleichenden Analyse des Verstandes also, die dann eingesetzt werden muss, wenn bestimmte Bildungen sich den Sinnen entziehen oder durch sie kaum noch erfasst werden können.

An rudimentäre Erscheinungen wäre hier zu denken, auch an die Nähte des Zwischenkiefers beim Menschen, die G. ein gutes Beispiel für seine Forderung geliefert hatten. G. verwendete bereits den Begriff »Bild« (ebd. 172) für den Typus, sprach vom »geistigen Punkt der Vergleichung« (ebd. 174). Insgesamt sind in diesem Fragment G.s spätere methodische Prinzipien nur angedeutet. Die Wichtigkeit der Feststellung reduzierter, fehlender oder verwachsener Teile im Knochensystem, die Wirksamkeit des Naturhaushalts und die Lagekonstanz der einzelnen Knochen kommen teilweise nur in umschriebener Form und mit anderer Begriffsbildung vor.

Der *Versuch einer allgemeinen Knochenlehre*, von G. mit dem Zusatz *1. Abschnitt* versehen, ist einer von drei 1794 entstandenen Aufsätzen, die unmittelbar im Vorfeld der Ausarbeitung des osteologischen Typus stehen. Neben der Handschrift, überwiegend von Götze, zum kleineren Teil von Herders Sohn August (S. A. W. →Herder) niedergeschrieben und von G. korrigiert, sind im GSA zahlreiche Materialien und Entwürfe vorhanden, deren Zuordnung zu den einzelnen, thematisch eng verflochtenen Arbeiten nicht immer exakt getroffen werden kann. Im August 1794 hatte G. erneut die Dresdener Naturaliensammlung besucht und entsprechende Aufzeichnungen gemacht, die in den Aufsatz eingeflossen sein dürften.

Während der *Versuch über die Gestalt der Tiere* theoretische und methodologische Andeutungen und Ausblicke zur Konstituierung des Typus enthielt und das geistige Verknüpfen der gewonnenen Beobachtungen zumindest ins Blickfeld rückte, wandte sich G. hier erneut zur empirischen Untersuchung, indem er elf Knochen des Säugerschädels detailliert beschrieb. G. war bemüht um exakte Kenntnis der Formen und treffende Darstellung. Ausgehend vom Zwischenkieferknochen wird der gesamte Knochenschädel abgehandelt, vor allem nach Korrelationen zwischen den einzelnen Schädelteilen gefragt und das Problem der Ursachen für die verschiedene Gestaltbildung angeschnitten. Eine wichtige Rolle spielte der Zusammenhang zwischen der Ernährung der Tiere und der damit verbundenen spezifischen Ausbildung der einzelnen Gesichtsknochen. Jeweils versuchte G., die hervorstechenden Merkmale genau zu kennzeichnen, um so das Allgemeingültige der unterschiedlichen Bildungen in den Griff zu bekommen.

Ein von G. korrigiertes Manuskript von der Hand Friedrich Wilhelm Schumanns, verwahrt im GSA, behandelt weitere Teile des Skelettes: die Halswirbel, das Brustbein und die untere Kinnlade. Es wird in LA, MA und FA unter dem Titel *Weitere Beschreibungen zur Ergänzung der Knochenlehre* geführt. WA stellt es nicht geschlossen dar, sondern in einzelnen Textpassagen unter den Paralipomena. Eine Rechnung für Schreibarbeiten von Schumann ist auf den 12.9.1794 datiert.

Der Zusammenhang mit dem *Versuch einer allgemeinen Knochenlehre* ist offensichtlich. Neu hinzu kommen hier Fragen der osteologischen Begründung der Kopfhaltung. Die Thematisierung von Zähnen, Hörnern, Klauen und Geweihen steht im Zusammenhang mit G.s Vorstellung eines Etats der Natur, der hier als »geben« und »nehmen« (FA I, 24, 207) erscheint. Vieles ist noch angedeutet und fand erst mit der endgültigen Aufstellung des Wirbeltier-Typus 1795 seine geschliffene Darstellung.

Dem dritten Text von 1794, dem *Versuch einer allgemeinen Vergleichungslehre*, ist von G. der Zusatz *2. Abschnitt* vorangestellt, so dass auch hier die Zuordnung zum *Versuch einer allgemeinen Knochenlehre* auf der Hand liegt. Schreiber des im GSA befindlichen Manuskriptes ist Götze, von G. sind Korrekturen und Ergänzungen eingetragen.

Wie G. seinen Typus zwischen den Polen der empirischen Untersuchung am Skelett und der gedanklichen Abstrahierung zum Bildhaften schwanken ließ, so manifestieren sich diese beiden Seiten auch in der schrittweisen Entwicklung des Typus-Begriffes. Hatte G. in den letztgenannten Arbeiten am Knochenmaterial empirisch gearbeitet, so widmete sich der *Versuch einer allgemeinen Vergleichungslehre* wieder der theoretischen Seite, indem wissenschaftshistorische und philosophische Aspekte einfließen. So wandte sich G. gegen die teleologische Vorstellungsart, dass ein Lebewesen zu bestimmten, meist dem Menschen nützlichen Zwecken gebildet sei und seine spezifische Gestaltung einer schöpferischen Urkraft zu verdanken habe (→Teleologie). Dagegen hielt G. die inneren Gestaltungsbedingungen des Organismus selbst für primär, was 1795 in der Weise formuliert wird, dass »jedes Geschöpf Zweck seiner selbst« sei (FA I, 24, 234). Dabei wird das Lebewesen nicht nur gemäß seinem Typus, einem inneren Gesetz also, gebildet, sondern auch die Umgebung, Lebenselemente wie Wasser, Luft und Land, sind für die Ausprägung spezifischer Gestalten mitverantwortlich. Die wichtige Rolle der Umwelt, die G. hier betont, darf allerdings noch nicht im Kontext von Selektionsgedanken gesehen werden, wie sie im darwinistischen Denken der zweiten Hälfte des 19. Jh.s bestimmend wurden.

Das kleine Stück *Muskeln eines Ziegenkopfs*, dem Schreiber Götze diktiert, dokumentiert wiederum den empirischen Aspekt, indem Notizen bei oder nach einer Sektion niedergeschrieben wurden. Sie stehen möglicherweise im Zusammenhang mit den Vorlesungen Loders über Bänderlehre aus dem Winter 1794/1795 in Jena, an denen auch die Gebrüder von Humboldt und Johann Heinrich →Meyer teilnahmen.

Schriften zur Schönheit in der Natur (1794/1795)

Auch wenn G.s Annäherung an Schiller von dem am 20.7.1794 stattgefundenen Gespräch über die Metamorphose der Pflanzen und die Möglichkeit einer Urpflanze ihren Ausgang genommen und die realistische Position G.s sowie die idealistische Schillers an diesem Beispiel bewertet hatte, so erweiterte sich ihre Diskussion doch bald auf den Bereich von Natur und Kunst. Dass Naturforscher durchaus auch ästhetische Fragen in ihre Überlegungen einbezogen, sich auch als Zeichner oder Kupferstecher betätigten, war gerade in der zweiten Hälfte des 18. Jh.s nicht selten. Für G. galt der Grundsatz, dass der Naturgegenstand erst vollkommen erfasst sein musste, bevor man sich ihm auch aus künstlerischer Sicht nähern konnte.

Ästhetische Fragen der Naturschönheit und der Vollkommenheit organischer Bildungen stehen in zwei Texten aus dieser Zeit im Mittelpunkt. Die Abhandlung *Inwiefern die Idee: Schönheit sei Vollkommenheit mit Freiheit, auf organische Naturen angewendet werden könne*, von der Hand Schumanns mit Korrekturen G.s, galt bis 1953 als verschollen, als Günter Schulz sie im Nachlass Schillers auffand. G. hatte sie am 30.8.1794 an Schiller gesandt (»Beyliegende Blätter darf ich nur einem Freunde schicken von dem ich hoffen kann daß er mir entgegen kommt [...]«), der wiederum als Folge der Annäherung Beiträge G.s zu den *Horen* erhoffte. Schiller antwortete am 31.8.1794: »Ich enthalte mich heute ins Detail Ihres Aufsatzes zu gehen, der unsre Unterhaltungen über diesen Gegenstand gleich auf die fruchtbarste Spur einleitet. Meine eigenen, auf einem verschiedenen Wege angestellten Recherchen haben mich auf ein ziemlich damit übereinstimmendes Resultat geführt, und in beyfolgenden Papieren finden Sie vielleicht Ideen, die den Ihrigen begegnen« (SNA 27, 33). Gemeint waren damit Studien über *Freiheit in der Erscheinung ist eins mit Schönheit* und *Das Schöne der Kunst*, die später in die *Briefe über die ästhetische Erziehung des Menschen* gestellt wurden. Wiederum einen Tag später, am 1.9.1794, berichtete Schiller seinem Freund Christian Gottfried Körner: »Bei meiner Zurückkunft fand ich einen sehr herzlichen Brief von Goethe, der mir nun endlich mit Vertrauen entgegenkommt. Wir hatten vor sechs Wochen über Kunst und Kunsttheorie ein langes und breites gesprochen, und uns die Hauptideen mitgetheilt, zu denen wir auf ganz verschiedenen Wegen gekommen waren. Zwischen diesen Ideen fand sich eine unerwartete Uebereinstimmung, die um so interessanter war, weil sie wirklich aus der größten Verschiedenheit der Gesichtspunkte hervorging. Ein jeder konnte dem andern etwas geben, was ihm fehlte, und etwas dafür empfangen. Seit dieser Zeit haben diese ausgestreuten Ideen bei Goethe Wurzel gefaßt, und er fühlt jetzt ein Bedürfniß, sich an mich anzuschließen, und den Weg, den er bisher allein und ohne Aufmunterung betrat, in Gemeinschaft mit mir fortzusetzen. Ich freue mich sehr auf einen für mich so fruchtbaren Ideenwechsel [...]. Gestern erhielt ich schon einen Aufsatz von ihm, worin er die Erklärung der Schönheit: daß sie Vollkommenheit mit Freiheit sei, auf organische Naturen anwendet« (ebd. 34f.).

G. berücksichtigte in der Abhandlung nur die »sogenannten vollkommnern Tiere« (FA I, 24, 219), womit die Wirbeltiere gemeint sind. Diejenigen, bei denen ein Körperteil ein Übergewicht über die anderen hat, können keinen harmonischen Eindruck vermitteln, so dass ein solches Tier zwar vollkommen und zweckmäßig ist, aber dennoch häßlich wirkt. Als Beispiel nennt G. den Maulwurf. Dagegen gilt ihm ein Tier wie das Pferd als schön, da es neben aller Befriedigung seiner Bedürfnisse noch zu freier Bewegung als zweckloser Handlung fähig ist, »so daß das Tier nur nach freier Willkür zu handeln und zu wirken scheint« (ebd. 220). Dem Menschen dagegen stehen wie keinem Tier die Möglichkeiten des eigenen »Wollen« und des »geistigen Ausdrucks« (ebd.) offen, wodurch die Beziehungen zwischen Schönheit, Freiheit und Vollkommenheit wesentlich komplexer werden.

In die gleiche Richtung der Berücksichtigung auch ästhetischer Komponenten wäre wohl auch eine Rezension zu Pieter Campers berühmten und immer wieder diskutierten *Vorlesungen, gehalten in der Amsterdamer Zeichen-Akademie [...] und über die Schönheit der Formen* (Berlin 1793) gegangen, die G. auf Wunsch der Redaktion vom 25.1.1795 für die *Allgemeine Literatur-Zeitung* schreiben sollte. Doch es blieb bei knappen Entwürfen von Schreiberhand, G. schloß die Rezension nicht ab. Die Vorlesungen handelten - nach der weiteren ausführlichen Titelangabe - *über den Ausdruck der verschiedenen Leidenschaften durch die Gesichtszüge, über die bewundernswürdige Ähnlichkeit im Bau des Menschen, der vierfüßigen Tiere, der Vögel und Fische, und über die Schönheit der Formen*, ästhetische Fragen beim Vergleich von Mensch und Tier letztlich, und mussten G.s Interessen erregen. Allerdings bot der schmale Band nur einen kleinen Ausschnitt von Campers umfangreichen anatomisch-ästhetischen Bemühungen.

Fragen über die Schönheit in der Natur hat G. in der Folgezeit im Rahmen seiner Naturforschung nicht weiterbehandelt, Arbeiten dazu nicht veröffentlicht. Ansätze sind eingegangen in die Zeitschrift *Propyläen* (1798-1800), in deren Themenspektrum die Auseinandersetzung des Künstlers mit der Natur erscheint.

1795/1796: Die Abhandlung zum osteologischen Typus und die Ausarbeitung der ersten drei Kapitel

Der Aufsatz *Erster Entwurf einer allgemeinen Einleitung in die vergleichende Anatomie, ausgehend von der Osteologie* lieferte die Zusammenfassung von G.s anatomischen Untersuchungen und Erfahrungen und kann - neben der Zwischenkieferabhandlung - wohl als wichtigste osteologische Schrift G.s angesehen werden. Das Manuskript, das G. Maximilian →Jacobi, dem Sohn von Friedrich Heinrich Jacobi, diktierte, ist nicht erhalten. Nach der üblichen Praxis ist zu vermuten, dass es 1820 als Druckvorlage für den Erstdruck in den Heften *Zur Morphologie* verwendet und anschließend vernichtet wurde. Datiert ist die in Jena entstandene Abhandlung auf den Januar 1795.

In den *Tag- und Jahresheften* für 1795 hat G. die Entstehung der Abhandlung beschrieben: »Ganz abgelenkt und zur Naturbetrachtung zurückgeführt ward ich, als gegen Ende des Jahrs [1794] die beiden Gebrüder *von Humboldt* in Jena erschienen. Sie nahmen beiderseits in diesem Augenblick an Naturwissenschaften großen Antheil, und ich konnte mich nicht enthalten, meine Ideen über vergleichende Anatomie und deren methodische Behandlung im Gespräch mitzutheilen. Da man meine Darstellungen zusammenhängend und ziemlich vollständig erachtete, ward ich dringend aufgefordert sie zu Papier zu bringen, welches ich auch sogleich befolgte, indem ich an Max Jacobi das Grundschema einer vergleichenden Knochenlehre, gegenwärtig wie es mir war, dictirte, den Freunden Gnüge that und mir selbst einen Anhaltepunct gewann, woran ich meine weiteren Betrachtungen knüpfen konnte«. Neben den Brüdern von Humboldt zählten auch Johann Heinrich Meyer und Schiller zu G.s Zuhörern. Der Plan, die Arbeit zusammen mit Abhandlungen zur Metamorphose der Pflanzen, geologischen Studien sowie Texten zur Farbenlehre unter dem Titel *Beobachtungen und Betrachtungen über Gegenstände aus der Naturgeschichte und Naturlehre* bei Johann Friedrich Gottlieb Unger in Berlin drucken zu lassen, wurde nicht ausgeführt, so dass erst 1820 im Rahmen der Hefte *Zur Morphologie* die Publikation zustande kam. Obwohl der auf die Vorarbeiten von 1790 und 1794 zurückgreifende *Entwurf* nicht abgeschlossen war und bereits 1796 in seinen ersten drei Kapiteln überarbeitet wurde, brachte er eine weitgehende Klärung von G.s zoologisch-osteologischer Methode, indem die Gesetzmäßigkeiten, die für den Bauplan des Wirbeltieres gelten, ebenso aufgezeigt werden wie die Wege zu ihrer Erforschung.

G. nannte zwar auch in der Zwischenkieferabhandlung von 1784 bereits andere Autoren wie Galen, Camper, Blumenbach, auch Vesal, Albinus, Cheselden und John Hunter, seine eigentliche Auseinandersetzung mit der Wissenschaftsgeschichte lieferte er hinsichtlich dieser Thematik aber erst in den 1819 entstandenen *Auszügen aus alten und neuen Schriften*, die er der Publikation 1820 beigab. Die aus persönlichem Umgang und Literaturstudium sich ergebende anatomische Basis des *Entwurfs* war jedoch ungleich breiter. Zunächst mit Herder, dann mit Loder und stellenweise mit Soemmerring hatte G. die Thematik intensiv persönlich diskutiert. Blumenbachs und Campers Anschauungen kannte er aus ihren Schriften. Darüber hinaus nannte G. im *Entwurf* noch Buffon, Volcher Coiter, Louis Jean Marie →Daubenton, Joseph Guichard Duverney und Johann Wilhelm Josephi, in deren Werken zahlreiche weitere Literatur verarbeitet ist, die G. indirekt kennenlernte. Ohne Zweifel war G. ein ausgezeichneter Kenner der zeitgenössischen Anatomie, was bei seiner Einordnung als naturwissenschaftlicher Dilettant oft übersehen wird.

Dem *Entwurf* liegt in strenger Durchführung die vergleichende Methode zugrunde, die hier speziell den Elementen des Skeletts gewidmet ist. G. deshalb zum Begründer der vergleichenden Anatomie zu machen, wie dies wiederholt in der Literatur geschehen ist, greift jedoch zu weit. G. stellte fest, dass bei unterschiedlichster Ausprägung der organischen Gestalten doch die einzelnen Knochen harmonisch aufeinander abgestimmt sind und damit die Voraussetzung für die zweckmäßige Anpassung der Lebewesen an ihre Umwelt geben. Dabei wurde erneut dem lange bestimmenden teleologischen Denken widersprochen und der Charakter der verschiedenen Lebewesen aus ihrem spezifischen Aufbau und ihrer Umwelt gefolgert. In der Aufstellung des Typus sprach G. nun mehrere regulierende Gesetze klar aus, die er schon früher hatte anklingen lassen. Das Gesetz der Lagekonstanz besagt, dass jeder Knochen bei den verschiedenen Arten in Größe und Form zwar unterschiedlich gestaltet sein kann, dass er aber im Bauplan stets einen konstanten Platz einnimmt und die gleichen Nachbarknochen hat. Auf diese Weise wurde es möglich, auch unscheinbare oder besonders vom Durchschnitt abweichende Bildungen noch zu identifizieren. Mit dem Prinzip des Naturetats suchte G. das Phänomen zu erfassen, dass bei einigen Arten besonders ausgeprägte Organe stets zu Lasten anderer ausgebildet sind, dass also zwischen den Teilen eines Organismus eine Korrelation besteht. Später hat man diese Erscheinung, in der G.zeit als Ausdruck eines Bildungstriebes gedeutet, Kompensationsprinzip genannt. Die empirische Untersuchung hat die Einzelheiten jeweils am konkreten Knochenmaterial zu ermitteln, doch der Typus wird erst dadurch konstituiert, dass hinter den in der Natur vorkommenden mannigfaltigen Möglichkeiten ein einheitlicher Plan durchscheint und zu erkennen ist. Der Einheit des Bauplans liegt ein abstrahiertes, gedanklich fassbares, festes Grundmuster zugrunde, während in der Fülle der konkret zu beobachtenden Naturerscheinungen das Schwankende, Werdende und Bewegliche im Vordergrund steht. Der Typus kann demnach nicht durch die Sinnesorgane im real existierenden Lebewesen gesehen, sondern nur gedanklich erfasst werden. G. drückte diesen Tatbestand aus, indem er auf die »Idee« hinwies, die »über dem Ganzen walten und auf genetische Weise das allgemeine Bild abziehen« (FA I, 24, 230) müsse.

Der *Entwurf* ist in acht Abschnitte gegliedert. Der erste (*Von den Vorteilen der vergleichenden Anatomie und von den Hindernissen die ihr entgegen stehen*) besteht aus fünfzehn Aphorismen zur Anatomie, die erst in den *Vorträgen über die drei ersten Kapitel* von 1796 ausgearbeitet wurden. Der zweite Abschnitt handelte *Über einen aufzustellenden Typus zu Erleichterung der vergleichenden Anatomie*, wobei G. den Typus bestimmte und über seine Anwendung reflektierte. Im dritten Kapitel (*Allgemeinste Darstellung des Typus*) versuchte G., den Körperbau in erster Annäherung aus drei Hauptabschnitten zu erklären, wobei neben Wirbeltieren auch →Insekten herangezogen wurden. In der *Anwendung der allgemeinen Darstellung des Typus auf das Besondere* (vierter Abschnitt) wurden die Variabilität der Arten und ihre Anpassung an die Umwelt beschrieben, die Absage an die teleologische Denkweise formuliert und das Prinzip des Naturetats aus einem in Grenzen frei verfügbaren Bildungstrieb des Organismus abgeleitet. Der fünfte Abschnitt (*Vom osteologischen Typus insbesondere*) leitete eine zunächst grobe Bestandsaufnahme der einzelnen Knochen des Wirbeltierskeletts ein, die dann im sechsten Kapitel (*Der osteologische Typus in seiner Einteilung zusammengestellt*) geliefert wurde. Im siebenten Abschnitt (*Was bei der Beschreibung der einzelnen Knochen vorläufig zu bemerken sei*) wandte sich G. dem Vergleich der Knochen bei verschiedenen Tieren zu und wies auf Kriterien hin, mit denen dieser durchgeführt werden konnte. Hier haben die Erörterung der Lagekonstanz, Größe, Zahl, Form, Verwachsungen usw. ihren Ort; nach moderner Diktion diskutierte G. an dieser Stelle Homologiekriterien. Den achten Abschnitt schließlich (*Nach welcher Ordnung das Skelett zu betrachten und was bei den verschiedenen Teilen desselben zu bemerken sei*) widmete G. einer ausführlichen Beschreibung des Skeletts.

Es ist immer wieder kontrovers diskutiert worden, ob G.s Typus ein in der Realität zu schauendes Phänomen oder ein Leitprinzip, eine Idee, ein Gedankengebilde sei. Nach heutigem Forschungsstand, insbesondere geprägt durch die Arbeiten von Dorothea Kuhn in LA und in FA, dürfte deutlich werden, dass die Frage in dieser Form gar nicht gestellt werden kann. Vielmehr ist der Typus von G. ganz bewusst nicht exakt definiert worden, da ihm eine Anschauungsweise zugrunde liegt, die selbst durch ein Schwanken charakterisiert ist, nämlich durch einen ständigen Blickwechsel zwischen empirisch-rationalem und ideellem Vorgehen. Hatten die Vorstudien noch Schwerpunkte auf den einen *oder* anderen Aspekt gelegt, so erweisen sich in G.s *Entwurf* beide Vorgehensweisen gerade in ihrem Zusammenwirken als konstitutiv.

In der zweiten Jahreshälfte 1796 hat G. den Anfang seines *Entwurfs* als *Vorträge über die drei ersten Kapitel des Entwurfs einer allgemeinen Einleitung in die vergleichende Anatomie, ausgehend von der Osteologie* überarbeitet. Auf die Entstehung gibt es nur wenige Hinweise, die dafür sprechen, dass G. diesen Text teilweise parallel zu den *Entomologischen Studien* über die Metamorphose der Insekten aus dem Sommer 1796 und der Schrift *Wirkung des Lichts auf organische Körper* bearbeitet hat. Die Überlieferungslage ist identisch mit der des *Entwurfs*; auch hier fehlt eine Handschrift, die 1820 als Vorlage für den Erstdruck in den Heften *Zur Morphologie* gedient haben und anschließend vernichtet worden sein dürfte. In einem erhaltenen Konzept äußerte G., dass die Druckfassung nur unwesentlich mit dem Ziel einer besseren Lesbarkeit vom Manuskript abweiche.

Die beiden ersten Kapitel entsprechen denen des *Entwurfs* und arbeiten dessen Inhalt weiter aus. Das dritte Kapitel dagegen führt eine Reihe neuer Aspekte ein und greift auf die Naturgeschichte insgesamt über, indem zunächst das Mineralreich in die Darstellung einbezogen wird und anschließend Pflanzenmetamorphose und Insektenmetamorphose verglichen werden. G. unterschied hier sukzessive (epigenetische) und simultane (evolutionäre) Metamorphose. Die sukzessive Metamorphose entspricht einer zeitlichen Abfolge von Bildungen, wie sie in der Entwicklung der Insekten vom Ei zur Imago ebenso auftritt wie bei den höheren Pflanzen, bei denen nacheinander an einem Organismus kontinuierlich Blätter produziert werden. Bei der simultanen Metamorphose dagegen wird die parallele Entwicklung der verschiedenen Organe durch das differenzierte Wachstum aus der Keimzelle heraus bestimmt. Vom Beginn des Wachstums an werden die einzelnen Elemente des Organismus in bestimmte Richtungen zu ihren endgültigen Funktionen hin spezialisiert; sie treten nebeneinander, nicht sukzessiv in Erscheinung. Dass diese Form der Metamorphose auch als evolutionäre bezeichnet wird, geht auf den Evolutionsbegriff der G.zeit zurück. Dieser ist noch nicht im Kontext der Darwinschen Evolutionstheorie zu sehen und geht von einer Entwicklung durch Wachstum eines im Keimling in Miniaturform vorgeprägten Wesens aus, ist also primär auf die Ontogenese anzuwenden. Bei der Pflanze sah G. beide Formen der Metamorphose kombiniert, je nachdem, ob die Pflanze unter dem Blickwinkel des Werdens und der sukzessiven Entstehung der Stengelabschnitte gesehen wird, oder als fertige Bildung, an der verschiedene Modifikationen des Blattes nebeneinander vorkommen.

Weitere osteologisch-zoologische und botanische Schriften bis 1806

Bezüge zur botanischen Morphologie und Farbenlehre haben G.s Versuche über die *Wirkung des Lichts auf organische Körper im Sommer 1796*, die aus Protokollen über Keimung und Wachstum von Pflanzen sowie begleitenden Notizen bestehen. Erstere mit dem Titel *Versuche über die Einwirkung des Lichts auf das Wachstum von Pflanzen* sind von Mitte Juni bis Anfang August 1796 datiert, gleichzeitig wurden in den zugehörigen Notizen mit dem Titel *Wirkung des Lichts*, datiert vom 16.6. bis 9.8.1796, Ergebnisse der Versuche festgehalten. Die Niederschriften stammen, jeweils mit Korrekturen

G.s, von der Hand Geists sowie des Gärtners Dietrich, den G. bereits 1785 auf die Reise nach Karlsbad mitgenommen hatte.

Über die Arbeiten finden sich Angaben im Tagebuch (so 16., 17. u. 20.6., 25.7.1796) und in Briefen (so an Schiller, 22.6.1796). Ein aussagekräftiges Zeugnis liefert in diesem Zusammenhang der Gärtner Dietrich über G.: »Vorzugsweise war es nun die Physiologie der Pflanzen, die ihn interessirte, und die er – nächst Alexander v. Humboldt wohl der erste unter den deutschen Naturforschern – durch Experimente zu fördern suchte. Angeregt durch seine Studien über die Farbenlehre beginnt er, die Wirkung des Lichtes auf die Pflanzen zu untersuchen; im Sommer 1796 läßt er gefärbte Glastafeln anfertigen, rothe, gelbe, blaue, violette, jede einzeln in einen besonderen Rahmen gesetzt und auf Holzkästchen gelegt, deren Falzen die Rahmen umfaßten. In diese zur Hälfte mit Erde gefüllten Kästchen wurden Samen der verschiedensten Blumen gesät, deren Keime sich bei guter Pflege entwickelten. Goethe hob fast jeden Tag die Glastafeln auf, um sich augenscheinlich zu überzeugen, ob die Farbe der Gläser auf die Pflanzen Einfluß habe. Sodann untersuchte Goethe, wie sich Pflanzen ganz ohne Licht entwickeln. In einem leeren Gewächshaus läßt er 20–30 verschiedene Blumensamen in die Erde aussäen und sodann das Haus durch Läden verfinstern. Herder, der Goethe besuchte, meint, ohne Licht würden die Keime sich überhaupt nicht entwickeln können: Goethe aber besteht auf der ununterbrochenen Fortsetzung der Versuche, geht ein- bis zweimal wöchentlich hinaus, um die Läden öffnen zu lassen; er findet, daß die Samen allerdings gekeimt, daß aber die Blättchen klein und weiß geblieben sind; endlich im Juli läßt er die Läden fortnehmen, worauf die bis dahin weißen Blätter sich wieder fröhlich mit der natürlichen grünen Farbe schmückten«.[16]

Bei den Keimungsexperimenten, so an Kresse, →Bohnen und anderen Gemüsepflanzen, untersuchte G. den Einfluss von Dunkelhaltung in verschiedenen Entwicklungsstadien. Dabei stellte er das Phänomen des Etiolierens fest, das mit dem zunehmenden Fehlen von Blattgrün sowie der Bildung kleinerer Blätter und verlängerter Sproßachsen einhergeht. Im Einzelnen hat G. seine Ergebnisse erst 1810 im Didaktischen Teil seiner *Farbenlehre*, im Kapitel *LI Pflanzen* bekannt gemacht (vgl. FA I, 23.1, 205–209).

Am 30.7.1796 vermerkte G. im Tagebuch die »Beobachtung des Wachsthums der Schmetterlingsflügel«, das gleiche Datum erscheint auch im Manuskript der *Entomologischen Studien*, das überwiegend von Geist, mit Ergänzungen von G.s Hand, niedergeschrieben wurde. Vor allem von 1796 bis 1798, aber noch bis 1802 tauchen nun sporadisch Tagebuchnotizen und überlieferte Äußerungen G.s zur Metamorphose der Insekten auf, so an Schiller am 8.2.1797: »Über die Metamorphose der Insecten gelingen mir auch gegenwärtig gute Bemerkungen. Die Raupen, die sich letzten September in Jena verpuppten, erscheinen, weil ich sie den Winter in der warmen Stube hielt, nun schon nach und nach als Schmetterlinge und ich suche sie auf dem Wege zu dieser neuen Verwandlung zu ertappen«.[17] Anlass für solche Studien war die Frage nach allgemeinen Erscheinungen der Metamorphose im Pflanzen- und Tierreich. In der Botanik hatte G. diese Frage intensiv in seinem *Versuch die Metamorphose der Pflanzen zu erklären* von 1790 untersucht. In der Tierwelt hatte er sich aber bisher nahezu ausschließlich den Wirbeltieren gewidmet und im Wirbel das bewegliche Element der Metamorphose gefunden, das dem des Blattes bei den Pflanzen entsprechen sollte. In den *Entomologischen Studien* weitete G. seine Überlegungen auf wirbellose Tiere aus, ohne dass es zu einer abschließenden Darstellung gekommen wäre. Die einschlägigen Titel zur Thematik von Jan Swammerdam (*Biblia naturae sive historia insectorum*, 1737), René Antoine de Réaumur (*Histoire des insectes*, 6 Bde. 1734–1742) oder August Johann Rösel von

16 Ferdinand Cohn: *Goethe als Botaniker*. In: *Deutsche Rundschau* 28 (1881), 26–56, hier 41. Darstellung nach einem Manuskript von F. G. Dietrich.

17 Vgl. auch an Schiller, 6. u. 10.8.1796, 1.8.1800, 17.8.1802; an Christiane Vulpius, 4.9.1796; an Herzogin Luise, Ende Dez. 1796; an die Fürstin Gallitzin, 6.2.1797; Tgb, 18. u. 21.8.1796, 6.2. bis 2.3.1797.

Rosenhof (*Insektenbelustigungen*, 4 Bde. 1746–1761) waren ihm bekannt.

Zusammen mit den Manuskripten der *Entomologischen Studien* verwahrte G. zwei kleine Stücke mit dem Sammeltitel *Naturhistorische Studien* auf, die sich auf die *Eingeweide des Frosches* (datiert 30.3.1797) und die *Anatomie der Schnecke* (datiert 11.5.1797) beziehen. Augenscheinlich geht es G. darum, den Typus Tier in weiteren systematischen Gruppen zu untersuchen, hier den Mollusken (→Schnecke) und den Amphibien (→Frosch).

Am 6.9.1797 sah G. auf seiner Reise in die →Schweiz in →Stuttgart bei dem Kaufmann Gottlob Heinrich Rapp ein *Pathologisches Präparat.* Am gleichen Tag oder kurz darauf diktierte er seinem Schreiber Geist einige Zeilen, die er einer Korrektur unterzog. Unter den Papieren und Reisenotizen der Schweizreise von 1797 ist die Handschrift im GSA erhalten. Bei dem pathologischen Präparat handelte es sich um einen missgebildeten Oberkiefer einer mit neunzehn Jahren gestorbenen Frau. An einem sonderbar nach oben verschobenen Zahn war offenbar eine irreguläre Lage des Zwischenkieferknochens beteiligt. Nach seiner Rückkehr aus der Schweiz, am 27.11.1797, bat G. Rapp um die Übersendung des Präparats, ohne Erfolg, denn Rapp teilte am 18.12.1797 mit, dass der Leib- und Stadtchirurgus Klein das Stück nicht veräußern wolle. So bat G. am 15.1.1798 zumindest um eine Zeichnung. Gleichzeitig wurde der Plan geäußert, diese Zeichnung zusammen mit der Krankengeschichte der Frau und einer Beschreibung des Präparats in einer Zeitschrift Loders zu veröffentlichen. G. ließ sein Projekt fallen, nachdem ihm Rapp am 27.3.1798 mitgeteilt hatte, dass ein Stuttgarter Arzt bereits eine Publikation zu dem merkwürdigen anatomischen Präparat vorbereite.

1795–1798: Versuche, eine Methodik der Wissenschaften von den Lebewesen zu begründen; G.s Morphologie-Konzept

Neben den genannten Einzelstudien trieb G. in den Jahren 1795 bis 1798 auch seine Bemühungen voran, die Vorstellungen über Metamorphose und Typus, wie sie an zahlreichen Tier- und Pflanzenbeobachtungen zum Ausdruck gekommen waren, auf das Fundament einer Methodenlehre zu stellen. Diese fand er in seiner spezifischen Lehre von der Gestalt, der Morphologie; Schiller und Schelling begleiteten ihn dabei im kritischen Dialog. Im Tagebuch vom 25.9.1796 hatte G. erstmals den Begriff ›Morphologie‹ gebraucht; auch in einem Brief an Schiller vom 12.11.1796 verwendet er ihn in geologischem Kontext, wodurch deutlich wird, dass es G. um ein Konzept für alle Naturerscheinungen ging, die über das Tier- und Pflanzenreich hinausreichten.

Mehrere Texte bezeugen G.s Versuche, sich über eine Methodik für seine Art von Naturforschung Klarheit zu verschaffen. Der auf einem kleinen Blatt von G. niedergeschriebene Text *Morphologie*, wohl um 1795 zu datieren, stellt gleichsam G.s Grundsatzprogramm dar: »Morphologie Ruht auf der Überzeugung daß alles was sei sich auch andeuten und zeigen müsse. [...] Wir wenden uns gleich zu dem was Gestalt hat. Das Unorganische, das Vegetative, das Animale das Menschliche deutet sich alles selbst an [...]. Die Gestalt ist ein bewegliches, ein werdendes, ein vergehendes. Gestaltenlehre ist Verwandlungslehre. Die Lehre der Metamorphose ist der Schlüssel zu allen Zeichen der Natur« (FA I, 24, 349). Für die Datierung 1795 spricht, dass G. zu dieser Zeit, als Morphologie auch noch das »Unorganische«, also das Mineralreich, umfassen sollte, den nicht ausgeführten Plan hegte, *Beobachtungen und Betrachtungen aus der Naturgeschichte und Naturlehre* herauszugeben. Als 1806/1807 ein neuer Anlauf einer Publikation gemacht wurde (*Ideen über organische Bildung*), war der Begriff Morphologie bereits auf Lebewesen beschränkt.

In dem von Geist niedergeschriebenen Text zur *Ordnung des Unternehmens*, wie die folgenden Stücke zur Morphologie wohl um 1798 entstanden, werden – teilweise stichwortartig – die methodischen Möglichkeiten des Naturforschers, seine Denk- und Arbeitsweisen, thematisiert. Das Kapitel *Genetische Behandlung* zielt auf den Anwendungsbereich der Metamorphosenlehre, *Organische Einheit* stellt den Typus in den Mittelpunkt, *Organische Entzweiung* schließlich behandelt die Entwicklung der Pflanze auf der Grundlage von Einheit und Trennung. Nur die Bildungen, die als von der »idealen Einheit« (FA I, 24, 354) getrennt gedacht werden, können in Erscheinung treten.

Fragmentarisch überliefert sind die *Vorarbeiten zu einer Physiologie der Pflanzen* in der Handschrift Schumanns. Im Erstdruck in WA wird der Eindruck vermittelt, als sei der Text zusammen mit der *Betrachtung über Morphologie* (s. u.) eine zusammenhängende Einheit. G. ging es in den *Vorarbeiten* um die Frage, nach welchen Gesetzen Pflanzen gebildet werden, welche Kräfte beim Wachstum bestimmend sind. Eine interessante Übertragung dieser Gesetze auf die Entwicklung des Menschen liefert ein Entwurf zu *Dichtung und Wahrheit*: »Ehe ich diese nunmehr vorliegenden drei Bände zu schreiben anfing, dachte ich sie nach jenen Gesetzen zu bilden, wovon uns die Metamorphose der Pflanzen belehrt. In dem ersten sollte das Kind nach allen Seiten zarte Wurzeln treiben und nur wenig Keimblätter entwickeln. Im zweiten der Knabe mit lebhafterem Grün stufenweis mannigfaltiger gebildete Zweige treiben, und dieser belebte Stengel sollte nun im dritten Beete ähren- und rispenweis zur Blüte hineilen und den hoffnungsvollen Jüngling darstellen. Freilich ist es Gartenfreunden wohl bekannt, daß eine Pflanze nicht in jedem Boden, ja in demselben Boden nicht jeden Sommer gleich gedeiht, und die angewendete Mühe nicht immer reichlich belohnt; und so hätte denn auch diese Darstellung, mehrere Jahre früher, oder zu einer günstigern Zeit unternommen, eine frischere und frohere Gestalt gewinnen mögen. Sie ist aber nun, wie es jedem Gewordenen begegnet, in ihre Begrenzung eingeschlossen, sie ist von ihrem individuellen Zustand umschrieben, von dem sich nichts hinzu noch hinweg tun läßt und ich wünsche, daß dieses Werk, eine Ausgeburt mehr der Notwendigkeit als der Wahl, meine Leser einigermaßen erfreuen und ihnen nützlich sein möge. Diesen Wunsch tue ich um so angelegentlicher, als ich mich für eine Zeit lang von ihnen beurlaube: denn in der nächsten Epoche zu der ich schreiten müßte fallen die Blüten ab, nicht alle Kronen setzen Frucht an und diese selbst, wo sie sich findet, ist unscheinbar, schwillt langsam und die Reife zaudert. Ja wie viele Früchte fallen schon vor der Reife durch mancherlei Zufälligkeiten, und der Genuß, den man schon in der Hand zu haben glaubt, wird vereitelt. So geht es den Werken der Natur und der Menschen und so ging es auch mir mit meinen Arbeiten [...] « (zit. nach LA II, 9B, 368 f.).

Im *Allgemeinen Schema zur ganzen Abhandlung der Morphologie* lieferte G. in zehn durchnumerierten Gliederungspunkten einen Plan für ein größeres Werk zur Morphologie der Pflanzen und Tiere, wobei er »von den einfachsten Organisationen« ausging und mit dem »Typus der vollkommnern Geschöpfe« (FA I, 24, 359 f.) endete.

Die *Betrachtung über Morphologie*, wie der vorhergehende Text von Geists Hand, führte zunächst das *Allgemeine Schema* näher aus, thematisierte anschließend verschiedene Wissenschaftsdisziplinen und untersuchte diese in ihrer Relevanz für eine morphologische Betrachtungsweise. Insgesamt aber ging es nicht allein um Zuarbeit für andere Wissenschaften durch die Morphologie, diese sollte vielmehr eine eigenständige, »eine besondere Wissenschaft« (ebd. 368) darstellen.

Das Manuskript zu *Morphologie als Wissenschaft* von der Hand Geists findet sich in einem Faszikel zusammen mit weiteren Entwürfen zur *Einleitung in die Propyläen*. Unklar ist, ob es sich hierbei um Vorarbeiten zur *Betrachtung über Morphologie* handelt, oder um daraus ausgekoppelte und für eine Publikation in den *Propyläen* bearbeitete Gedanken. Im zweiten Fall hat G. den Plan aber nicht weiterverfolgt.

1805–1807: Beiträge zur *Jenaischen Allgemeinen Literatur-Zeitung* und der Plan der *Ideen über organische Bildung*

Für die ab 1804 erscheinende *Jenaische Allgemeine Literatur-Zeitung* (JALZ), die an die Stelle der 1803 von Jena nach Halle gewechselten *Allgemeinen Literatur-Zeitung* treten sollte, lieferte G. in der Anfangsphase – gleichsam als Geste der Unterstützung – einige kleinere Beiträge zur Morphologie.

Am 13.5.1805 erschien sein vermutlich in Zusammenarbeit mit Friedrich Wilhelm →Riemer entstandener Beitrag *Die Negation des Wortes organisch*, der an die aus G.s Sicht falsche Verwendung des Begriffs ›anorgisch‹ (statt ›anorganisch‹) durch Schelling und Henrik →Steffens anknüpft. So ist der kleine Text für Steffens bestimmt; er liefert ein Zeugnis für G.s kritische Auseinandersetzung mit der Naturphilosophie und deren Terminologie.

Die Buchanzeige *Berlin: Ideen zu einer Physiognomik der Gewächse von Alexander von Humboldt* erschien in der JALZ am 14.3.1806. Eine Handschrift ist nicht bekannt. G. hatte die »kleine Schrift« (FA I, 24, 379; vgl. Ruppert 4711), abgesandt von Alexander von Humboldt am 6.2.1806 mit einer handschriftlichen Widmung, am 22.2. erhalten. Schon am 26.2. sandte er an Heinrich Karl Abraham Eichstädt, den Redakteur der JALZ, »Anzeige und Auszug«. Humboldt beschreibt in seinem pflanzengeographischen Werk zunächst verschiedene Landschaftsformen und schildert anschließend die Ausbreitung der Pflanzenwelt von einfachen bis zu höheren systematischen Gruppen. Auf diesen zweiten Aspekt beziehen sich die von G. ausgewählten Zitate (von S. 16–26 aus Humboldts Schrift), denen eine wissenschaftshistorische Einordnung mit Rekurs auf Linné und Antoine Laurent de →Jussieu vorangeht.

Auch G.s nächster Beitrag, im *Intelligenzblatt* der JALZ am 22.12.1806 publiziert, bezieht sich auf die zeitgenössische Literatur. *Cottas Naturbeobachtungen* haben eine Textstelle in Heinrich von →Cottas Werk *Naturbeobachtungen über die Bewegung und Funktion des Saftes in den Gewächsen, mit vorzüglicher Hinsicht auf Holzpflanzen* (Weimar 1806) zum Gegenstand. Handschriftlich liegt der Text von Riemer in einem Notizbuch G.s vor. Nach dem Tagebuch hat G. Cottas Schrift sowie zugehörige Präparate am 20.6.1806 erhalten und am 9.10.1806 seinen kurzen Hinweis geliefert. Cotta war Forstwissenschaftler und G. auch persönlich bekannt. Seinen Interessenschwerpunkt bildeten morphologische Untersuchungen an Hölzern.

Einen undatierten Entwurf zu *Gall* hatte G. möglicherweise auch für einen Artikel in der JALZ niedergeschrieben. Die Lehre des Schädel- und Gehirnforschers Franz Joseph Gall berührte G. vor allem anlässlich dessen Vortragsreise durch Europa in den Jahren 1805 bis 1807. Die Annahme, dass aus Vertiefungen und Erhöhungen in den Schädelknochen der Charakter eines Menschen abzulesen sei, hatte eine gewisse Ähnlichkeit zu Lavaters früheren physiognomischen Thesen und mag daher G.s Interesse geweckt haben. So besuchte er 1805 Galls Vorträge in Halle (darüber ausführlich in den *Tag- und Jahresheften* zu diesem Jahr), war über eine negative Besprechung von Galls Lehre in der JALZ vom 25./26.3.1806 sehr verärgert und ließ sich im Oktober 1807 für Galls Sammlung durch Karl Gottlieb Weißer eine Gesichtsmaske abnehmen (zu den Zeugnissen im Einzelnen LA II, 9B, 228–249). Möglicherweise liegt dem Entwurf auch ein persönliches Gespräch mit Gall zugrunde.

Als G. Mitte Dezember 1806, zwei Monate nach der Doppelschlacht bei Jena und Auerstedt (14.10.1806) und anschließenden Plünderungen in Weimar, an Carl August schrieb, »der Gedancke an den Verlust« seiner »Papiere [sei] das schmerzlichste« gewesen, erklärte er zugleich sein neuerliches Bestreben, endlich seine morphologischen Schriften mit »leidenschaftlichem Eifer« zu publizieren. Auch die Auseinandersetzungen mit den Schriften Humboldts, Cottas und Galls hatte sein neuerliches Interesse an der Morphologie erregt. In den *Tag- und Jahresheften* zum Jahr 1806 ist an die Beschäftigung mit Heinrich von Cotta die Bemerkung geknüpft: »Abermals regte sie jene Betrachtungen auf, denen ich soviele Jahre durch nachhing, und war die Hauptveranlassung, daß ich von neuem zur Morphologie mich wendend den Vorsatz faßte, sowohl die Metamorphose der Pflanzen als sonst sich Anschließendes wieder abdrucken zu lassen«. Carl Friedrich →Zelter wurde der Plan am 26.12.1806 mitgeteilt: »Auch werden meine Ideen und Grillen über die organische Natur nach und nach redigirt und so will ich von meinem geistigen Daseyn zu retten suchen, was ich kann [...]«.

Die früheren Pläne, so 1795, als er *Betrachtungen und Beobachtungen über Gegenstände aus der Naturgeschichte und Naturlehre* mit Loders

Hilfe herausbringen wollte, und 1798, als er morphologische Schriften den *Propyläen* beigeben wollte, waren gescheitert.

Der neuerliche Anlauf, dem Verleger Johann Friedrich Cotta in Tübingen am 24.10.1806 mitgeteilt, sollte auf ein Werk mit dem Titel *Ideen über organische Bildung* hinauslaufen. Während bei Frommann in Jena bereits drei Bogen der *Metamorphose der Pflanzen* gedruckt wurden und Cotta die geplante Neuerscheinung für Ostern 1807 im Messkatalog anzeigte, verfasste G. zwei einleitende Kapitel: *Das Unternehmen wird entschuldigt* und *Die Absicht eingeleitet*. Doch G. nahm, wohl im Februar 1807, erneut Abstand von der geplanten Publikation, so dass die beiden Arbeiten erst 1817 im ersten Heft von G.s Zeitschrift *Zur Morphologie* erscheinen konnten. Zum einen war es wohl der gewaltige Arbeitsaufwand, den G. in den Jahren 1805 bis 1810 der *Farbenlehre* zukommen ließ, der das Unternehmen sozusagen im letzten Moment wieder aufhielt. Auch mag die noch nicht eindeutig sich abzeichnende Position zu den naturphilosophischen Bestrebungen von Autoren wie Oken, →Kieser, Steffens und Schelver, die in ihrer verallgemeinernden Einseitigkeit G.s Intentionen zuwiderliefen, das Zögern befördert haben.

Datiert sind die beiden einleitenden Stücke nach dem geplanten Veröffentlichungstermin mit »Jena, 1807«, tatsächlich sind sie zwischen dem 6.11. und 6.12.1806 entstanden. Zu letzterem Datum vermerkt das Tagebuch: »Einleitung zur Morphologie durchgegangen«. In *Das Unternehmen wird entschuldigt* setzte sich G. zunächst mit der Art des Menschen auseinander, der Natur zu begegnen. Empirische Vorgehensweise und die Ableitung aus einer allgemeinen Idee wurden gegeneinander abgewogen und leise Kritik an der Naturphilosophie angebracht: »Dem Verständigen, auf das Besondere Merkenden, genau Beobachtenden, auseinander Trennenden ist gewissermaßen das zur Last was aus einer Idee kommt und auf sie zurückführt. [...] dahingegen der, der sich auf höhern Standpunkten befindet, gar leicht das einzelne verachtet, und dasjenige was nur gesondert ein Leben hat, in eine tötende Allgemeinheit zusammenreißt« (FA I, 24, 389 f.). *Die Absicht eingeleitet* bietet eine Zusammenfassung von G.s Vorstellungen über Morphologie als Wissenschaft von der Bildung und Umbildung organischer Naturen: Bei der Betrachtung von Gestalten gibt es nichts Abgeschlossenes und Ruhendes, vielmehr schwanke alles »in einer steten Bewegung« (ebd. 392). Der Begriff Bildung gelte sowohl dem Hervorgebrachten als dem Hervorgebrachtwerden. »Wollen wir also eine Morphologie einleiten, so dürfen wir nicht von Gestalt sprechen; sondern wenn wir das Wort brauchen, uns allenfalls dabei nur die Idee, den Begriff oder ein in der Erfahrung nur für den Augenblick Festgehaltenes denken. Das Gebildete wird sogleich wieder umgebildet [...]« (ebd.).

Von zwei marginalen Texten abgesehen trat nun erneut eine mehrjährige Pause in den morphologischen Beschäftigungen bis zum Jahr 1816 ein: Stichwortartige Notizen, von der Hand Riemers niedergeschrieben, galten *Botanischen Vorträgen*, die G. laut Tagebuch am 6. und 13.5.1807 vor den Damen des Hofes in Weimar gehalten hat. Es ging dabei um die Vorstellung einer Reihe von Pflanzenarten; auch Humboldts Werk *Ideen zu einer Physiognomik der Gewächse* (s. o. S. 35) wurde dazu verwendet.

Ein kurzer Text zur *Pietra fungaja*,[18] dem knollenförmigen, steinartigen Körper des Pilzes Polyporus tuberaster, liegt zweimal, von Riemers Hand und als Brief an Knebel vom 20.10.1810, vor. G. hatte bereits am 4.11.1809 bei dem Mineralogen Johann Georg →Lenz in Jena angefragt, ob diesem »eine *pietra Fungaja* bekannt ist, die sich in der Basilikata in Sizilien findet«. Dieser veranlasste, dass G. am 9.10.1810 ein Exemplar vom Generalinspektor der Forsten des Königreichs Italien in Mailand, Giuseppe Gautieri, erhielt. Am 10.10.1810 meldete G. den Eingang bei Lenz und am 16. und 18.10.1810 berichtet das Tagebuch vom Studium der Schrift von Marco Antonio Severino *Epistolae duae, altera de lapide fungifero* (Padua 1649, neue Ausgabe Wolfenbüttel 1728). Es folgt G.s kurzer Aufsatz, den er auch als Brief an Knebel verfasste, und der einen Versuch ankündigte, aus der Masse wieder essbare Pilze zu züchten. Das Vorhaben scheiterte.

18 Vgl. dazu Schmid 1934 und Lohwag 1935.

Gegenüber Carl Cäsar von →Leonhard kündigte G. am 8.5.1811 eine »interessante Notiz« für dessen *Taschenbuch für die gesammte Mineralogie* an. Der Plan wurde jedoch nicht ausgeführt. G. war sich über die Natur der Pietra fungaja »auf der Gränzscheide zwischen dem Mineral- und Vegetabilreiche« (so an Leonhard) zunächst nicht klar; erst der Dankesbrief an Gautieri vom 8.6.1811 wies eine Zuordnung zum Pflanzenreich auf. Von Johann Wolfgang →Döbereiner in Jena wurde anschließend ein chemisches Gutachten erbeten (abgedruckt in LA II, 9B, 329–331), und auch Blumenbach in →Göttingen, dem G. einen Teil seines Materials von Pietra fungaja durch Friedrich Siegmund Voigt persönlich hatte überbringen lassen, nahm in einem Brief vom 8.10.1811 dazu Stellung. Später (1816–1820) hat sich G. über Pietra fungaja mit dem Botaniker Nees von Esenbeck ausgetauscht.

1817–1824: G.s Hefte *Zur Morphologie* – Konzeption und autobiographische Form

Bevor die morphologischen Abhandlungen der Zeitschrift im Einzelnen vorgestellt werden, sollen Angaben zur besonderen Form und zu den Intentionen G.s vorangehen. Eine Inhaltsübersicht der gesamten Zeitschrift, also auch des Teils *Zur Naturwissenschaft überhaupt*, der parallel mit den Heften *Zur Morphologie* erschien, liefert die tabellarische Übersicht auf S. 724–727.

Zusammen mit Riemer hatte G. im Herbst 1813 naturwissenschaftliche Manuskripte durchgesehen, aber erst 1816 wurde – nach 1795, 1798 und 1806 – ein Publikationsplan für die Studien zur Naturlehre und Naturgeschichte wieder aktuell, und dieses Mal wurde er auch in die Tat umgesetzt, nachdem 1810 bereits das große und für G. wichtigste naturwissenschaftliche Werk *Zur Farbenlehre* erschienen war. Vor allem die naturwissenschaftlichen Aufzeichnungen aus Italien, die ihm bei den Arbeiten zur *Italienischen Reise* 1816/1817 begegneten, führten G. erneut zu den Naturwissenschaften zurück. Und anders als 1806 war sein Verhältnis zur romantischen Naturphilsophie nun in einem Maße geklärt, das die eigene Position deutlich bezeichnen und gleichzeitig Schärfe gegenüber den Naturphilosophen vermeiden konnte. An Carl Ernst Schubarth schrieb er am 21.8.1819: »So eben lasse ich an meiner *Morphologie* weiter drucken. Ältere hervorgesuchte Aufsätze nöthigen mich unmittelbar wieder an die Natur, die, Gott sei Dank! immer classisch bleibt; ihre ewig unwandelbar große Wahrheit vereinigt mehr und mehr die Menschen. Ich wenigstens darf mich freuen, daß junge, tüchtige, den Gegenständen auf's Mark dringende Freunde auch in dem Sinne wandeln, aus dem ich mich seit so vielen Jahren nicht entfernen konnte«.

Konkreter Anlass, eigene frühere Studien ins Gedächtnis zu rufen und neue anzustellen, war der Dialog mit Theobald Renner, dem Leiter der Universitäts-Tierarzneischule in Jena, deren Einrichtung G. zu überwachen hatte. Unter dem 18.3.1816 findet sich im Tagebuch die Eintragung: »Redaction der naturhistorischen Papiere eingeleitet [...]«. Zum konzentrierten Studium in der Folgezeit mag auch der Tod von Christiane am 6.6.1816 beigetragen haben, vor dem sich G. in die Arbeit in Jena flüchtete. Von Juli 1817 bis Dezember 1824 erschien die Zeitschrift *Zur Naturwissenschaft überhaupt, besonders zur Morphologie* in zwei Abteilungen, die jeweils aus sechs, in unregelmäßigem Abstand erscheinenden Heften bestanden. Die ersten vier Hefte (I, 1, 1817; I, 2, 1820; I, 3, 1820; I, 4, 1822) bildeten den ersten, zwei weitere (II, 1, 1823; II, 2, 1824) den zweiten Band. Verlegt wurden sie von der J. G. Cotta'schen Buchhandlung in Tübingen, gedruckt bei Carl Friedrich Ernst Frommann in Jena, mit dem G. ständigen Kontakt hielt. Die Abteilung *Zur Naturwissenschaft überhaupt* lieferte Beiträge zur Farbenlehre, Geologie und Meteorologie (sie werden in den entsprechenden Übersichtsartikeln des vorliegenden Handbuchs thematisiert), während in der Abteilung *Zur Morphologie* botanische, zoologische, osteologische und methodische Aufsätze gesammelt wurden. In G.-Editionen, so bereits in ALH, wurden die einzelnen Beiträge in der Regel komplett oder in Auswahl den jeweiligen Fachgebieten zugeordnet, die Komposition der Hefte also auseinandergerissen. In der ursprünglich von G. gewählten Ordnung, die mit dem Untertitel: *Erfahrung, Betrachtung, Folgerung, durch Lebensereignisse verbunden* gerade den autobiographischen Bezug herausstellte, erschienen sie nur in MA 12 und – nach den beiden Abteilungen getrennt – in LA I, 8 und 9. Nur in diesen beiden Editionen sind – wie in unserer Übersicht S. 724–727 – auch die Motti und Gedichte G.s berücksichtigt worden sowie die Beiträge anderer Autoren wie d'Alton, Carus, Ernst Meyer, Nees von Esenbeck, C. L. F. Schultz u. a., die G. durchweg als Gleichgesinnte in seinen engeren Kreis aufgenommen hatte.

In QuZ 4 ist, in der Textdarbietung nicht immer zuverlässig, die Druckgeschichte der einzelnen Hefte belegt; die Zeugnisse stammen ganz überwiegend aus G.s Tagebuch und dem Schriftwechsel mit Druckhaus und Verlag. Einige markante Daten seien hier zusammengefasst: Das erste Heft erhielt G. am 17.7.1817. Die Schrift zur *Metamorphose der Pflanzen* lag überwiegend schon seit 1806 im Satz vor. Am 18.3.1816 berichtete G. vom Beginn der Redaktion älterer Papiere, am 3.9.1816 verfasste er einen Plan des Heftes, die Drucklegung war am 12.6.1817 abgeschlossen. – Ein Schema zum zweiten Heft erstellte G. am 9.6.1817, die einzelnen Beiträge erarbeitete er vor allem in der ersten Jahreshälfte 1818. Das Manuskript schloß er am 17.7.1819 ab, der Satz war am 18.1.1820 beendet. Ausgeliefert wurde das zweite Heft am 1.4.1820. – Die Arbeit am dritten Heft begann am 2.5.1820; am 7.10.1820 bereits verließen die ersten Exemplare das Druckhaus. – Vom vierten Heft existiert ein erstes Schema vom 11.4.1821, das Manuskript war bis zum Jahresende weitgehend fertiggestellt, doch noch am 15.5.1822 lieferte G. weiteres Material. Am 13.6.1822 konnte Frommann die ersten Exemplare verschicken. – Die Arbeit am fünften Heft, dem ersten des zweiten Bandes, begann G. im Herbst 1822 nach der Rückkehr aus Böhmen. Einiges gab er am 6.11.1822 zum Satz und obwohl die Weiterarbeit durch die schwere Herzkrankheit im Februar 1823 wochenlang unterbrochen werden musste, konnte das Heft bereits am 25.6.1823 erscheinen. – Im Herbst 1823 wurde das sechste Heft geplant, aber erst im Oktober 1824 lag es schließlich vor.

Weitere Hefte hat G. lediglich »durchgedacht« (Tgb, 3.11.1824), erschienen sind sie nicht mehr. Die Arbeit an ALH trat mehr und mehr in den Vordergrund.

G. hat sich vielfach zu seiner naturwissenschaftlichen Zeitschrift geäußert. Zum einen betonte er erfreut, dass seine älteren Ideen auf Widerhall gestoßen seien, so an den Verleger Cotta am 2.9.1816: »Vielleicht ist kaum erinnerlich, daß vor Jahren [1806] über *organische Bildung* und *Umbildung* eine Sammlung erscheinen sollte, wovon die dazu gehörige *Metamorphose der Pflanzen* bey Frommann schon abgedruckt liegt. Diese Dinge sind nun auch an der Zeit. Jüngere Männer, die sich nun mit Vergnügen zu den Ideen bekennen, die ich vor dreyßig Jahren emsig-mühsam aus der Natur auszuforschen trachtete, haben auf diesem Wege vieles geleistet und freuen sich meiner Theilnahme, wie ich mich ihrer Arbeiten«. Noch deutlicher gegenüber dem engen Vertrauten Johann Heinrich Meyer am 24.2.1818: »Ich, für meine Person, habe dabey die Zufriedenheit, daß meine alten Ideen sich täglich mehr bestätigen und der Einfluß meiner Arbeiten auf die Wissenschaft nach und nach anerkannt wird. Dieses kommt mir sehr zu Paß da ich wirklich einige Ermuthigung brauche wenn ich meine alten Papiere, die mir von solchen Bemühungen sehr zerstückelt übrig sind, confrontiren und redigiren soll«. Auch erwiesen sich die Hefte als willkommener Anlass, Kontakte zu knüpfen oder zu vertiefen; so G. an Nees von Esenbeck am 15.5.1817: »Ich freue mich nun [...] mit Ihnen [...] in ein noch näheres geistiges Verhältniß zu treten. Dieses ist mir gegenwärtig sehr erwünscht, da ich meine früheren Papiere, die sich auf Bildung und Umbildung organischer Wesen beziehen, um sie dem Druck zu übergeben redigire. Da sie denn mehr als ein historisches Zeugniß meiner Bemühungen gelten mögen, als daß sie, da die Wissenschaft soweit vorgerückt ist, bedeutende Würkung hervorbringen könnten. Das angenehmste jedoch, was mir dabey zu Theil werden kann, ist daß Ew. Wohlgeboren und andere Freunde höherer Naturforschung mit desto mehr Zutrauen mir ihre Entdeckungen mittheilen und ihre Gedanken an den Tag legen werden. Wie wichtig muß es mir seyn, daß ich ein Geschäft, das ich vor dreyßig Jahren einsam anfing, nunmehr in so guter Gesellschaft mit größerer Freiheit recapituliren und meine frühern Vorsätze durch andere glücklich vollendet sehen kann«. Schließlich kam auch ein Aspekt zum Ausdruck, der für das Verständnis G.s kaum überschätzt werden kann: seine Rolle als ernstzunehmender, dauerhaft tätiger Naturforscher. Dies macht ein Brief an Carl Franz Anton von Schreibers vom 19.7.1817 deutlich: »Wenn ich die Muße, die mir diesen Sommer gegönnt war, besonders dazu anwendete um ältere und neuere Arbeiten, auf Naturwissenschaft bezüglich, abdrucken zu lassen; so geschah es nicht sowohl in der Überzeugung, daß daraus für Kenner und Liebhaber großer Vortheil entspringen werde, als vielmehr um diesem würdigen Kreise meine Ehrerbietung zu bezeigen und mich insofern zu legitimiren: daß ich niemals aufgehört solchen geisterhebenden Gegenständen ruhige Aufmerksamkeit zu widmen und, wo nicht weitausgreifend doch an Grund und Hauptlehren festhaltend, mich dergestalt auszubilden daß ich nicht möge unwerth geachtet werden einer freundlichen Theilnahme auch von Seiten der Meister so anziehender Wissenschaften. Als einem solchen lege jene Hefte Ew. Hochwohlgeb. vor, mir fernere geneigte Aufmerksamkeit und Förderung erbittend«.

G. erreichte mit seiner Zeitschrift kein größeres Publikum. Die Rezensionen (verzeichnet in GS Nr. 902–917; vgl. auch S. 721–723) waren nicht unfreundlich, stellten aber weitgehend nur den Inhalt der Hefte vor. Der Verleger Cotta halbierte für die beiden letzten Hefte die Auflage von 1000 auf 500 und hatte später dennoch Bedenken, Beiträge aus der Zeitschrift auch in ALH abzudrucken – dies alles keine Zeichen für ein erfolgreiches Unternehmen. So kamen die Worte der Anerkennung auch aus dem engen Kreis der Freunde und Gleichgesinnten, so von Zelter, Carus, d'Alton, Nees von Esenbeck, Kaspar Maria Graf von → Sternberg, Sulpiz → Boisserée oder Knebel. Zelter lobte am 26.8.1817 das erste Heft: »Eine solche Art die ungeheuern Tiefen der Natur wie auf stiller Wasserfläche ruhig zu durchschwimmen, als ob man den Weg dahin selber gefunden; ohne Sorge der Verirrung und Verwirrung sich selbst in der Natur und die Natur in sich selbst zu erkennen – das war meine Freude daran« (MA 20.1, 512). Carus machte G. nach dem zweiten Heft am 30.7.1820 Mut: »[…] ich halte dafür daß alle Naturforscher Ihnen, für die Mitteilung der Ansichten, welche sich hier über vergleichende Anatomie ausgesprochen finden, und welche erst in dieser Zeit ansprechen konnten, sich höchlich verbunden fühlen müssen« (FA I, 24, 1049). D'Alton äußerte am 10.11.1820 »unendliche Freude« (ebd.), Knebel empfand »Vergnügen«, »viel Belehrung« und einen hohen »Grad von Einsicht und Klarheit« (13.11.1820; G–Knebel 2, 271). Boisserée hob am 17.6.1822 vor allem den didaktischen Aspekt hervor: »Gerade das gibt Ihren naturwissenschaftlichen Schriften noch einen ganz besondern Werth, daß man auch ohne viele speziellen Vorkenntnisse einen klaren Begriff von den Hauptpunkten erhält und so über die Gesetze des allgemeinen Naturlebens, wie sie in den behandelten Erscheinungen kund werden, sich sehr fruchtbar belehren kann« (G–Boisserée 335).

Die verschiedenen Beiträge der Zeitschrift ergeben ein heterogenes Bild: Knappe Notizen, lange Abhandlungen, immer wieder autobiographische Rückwendungen, Gedichte, Motti, Rezensionen, Aphorismen, Stücke anderer Autoren, namentlich gekennzeichnet oder anonym, Datiertes und Undatiertes – das alles wechselt miteinander ab. G. hat hier nicht – wie so oft in seinen Werken – auf einen systematischen Aufbau Wert gelegt, vielmehr nach eigenem Bekunden »Widersprüche und Wiederholungen« bewusst in Kauf genommen, »wenn das damit unzertrennbar Verknüpfte nicht gänzlich zerstört werden sollte« (FA I, 24, 441). »Bei aller Vielfalt in der Komposition, die manches Mal durch Zufälle, durch das Drängen der Setzer nach ausfüllendem Manuskript für die Druckbogen, zustande kam, bleibt in der Verflechtung der Teile und in der Wiederkehr der Themen und Ausdrucksformen Goethes Studiengang und der Weg zu seinen Kenntnissen und Erkenntnissen sichtbar. Kein Lehrgebäude entsteht, aber durch den Wechsel der Perspektiven und durch die historisch-biographischen Beiträge werden Erfahrungen, Erlebnisse und Entwürfe mit dem Ganzen der ausgebreiteten Studien verbunden zum Bekenntnis – zu einer Reflektion auf das eigene Dasein« (ebd. 1053).

1817–1824: Die Abhandlungen in G.s Zeitschrift *Zur Morphologie*

Im Folgenden werden die morphologischen Beiträge in der Reihenfolge ihres Erscheinens abgehandelt. Aufsätze, die bereits vorlagen und nun erst zum Druck gebracht wurden, sind nach der chronologischen Anlage dieser Übersicht bereits oben näher kommentiert worden und werden hier nur der Vollständigkeit halber genannt.

Erstes Heft (1817)

Dem ersten Band setzte G. ein Bibelzitat als Motto voran: »Siehe er geht vor mir über /ehe ich's gewahr werde, /und verwandelt sich /ehe ich's merke« (Hiob 9, 11). Dies gilt hier zwar dem Gestaltwandel und dem Metamorphosegedanken in der Morphologie, doch erschien G. die ständige Veränderung auch als ein → Symbol des Vergänglichen und Menschlichen. So mutet es merkwürdig an, dass er genau diese Bibelverse am 21.4.1830 auch seinem Sohn August vor der Abreise nach Rom ins Tagebuch schrieb. Wusste G. bereits von dessen angeblicher Pockenerkrankung, wusste er, dass August von dieser Reise wohl nicht zurückkehren würde?[19]

Zu den bereits 1806 entstandenen Einleitungen *Das Unternehmen wird entschuldigt* und *Die Absicht eingeleitet* (s. o. S. 36) trat zunächst ein dritter Text, *Der Inhalt bevorwortet*, den G. am 19.6.1816 und 29.3.1817 bearbeitete und am 3.4.1817 in die Druckerei gab. Kennzeichnend für diese dritte Einleitung ist das historisierende Verfahren, mit dem der eigene Weg in der Naturforschung mit der Gang der Wissenschaften in Verbindung tritt, und das mit der Empfehlung schließt: »Man sehe daher den Inhalt dieser Blätter [d. h. der kommenden Hefte, deren Anzahl 1817 noch nicht feststand], wenn man sie auch jetzt für überflüssig halten sollte, geschichtlich an, da sie denn als Zeugnisse einer stillen, beharrlichen, folgerechten Tätigkeit gelten mögen« (FA I, 24, 405).

An die einleitenden Stücke schließen sich zwanglos mehrere Texte zur Metamorphose der Pflanzen an. Vor die zentrale Abhandlung *Die Metamorphose der Pflanzen*, die bereits 1790 als *Versuch die Metamorphose der Pflanzen zu erklären* erschienen war (s. o. S. 21–24), zum größten Teil seit Ende 1806 im Satz vorlag und nun für den Druck nicht mehr verändert wurde, setzte G. zwei wissenschaftshistorisch-autobiographische Texte: *Geschichte meines botanischen Studiums* und *Entstehen des Aufsatzes über Metamorphose der Pflanzen*, die das Entstehungsumfeld erhellen. Im Anschluss – die restlichen Stücke des Hefts stehen unter dem Haupttitel *Verfolg* – befasste sich G. mit dem *Schicksal der Handschrift* und dem *Schicksal der Druckschrift*. Hier ging es zum einen um G.s Situation nach der Rückkehr aus Italien und die Bemühungen, einen Verleger zu finden, andererseits um die Reaktionen auf die gedruckte Schrift. In *Schicksal der Druckschrift* publizierte G. zudem erneut seine bereits am 17. und 18.6.1798 entstandene, an Christiane Vulpius gerichtete Elegie *Die Metamorphose der Pflanzen*, deren Verse genau mit den Paragraphen der botanischen Abhandlung in Parallele gesetzt werden können.

Von diesem größeren botanischen Komplex hat sich Handschrift nur von der Elegie erhalten. An den für die Publikation in seiner Zeitschrift *Zur Morphologie* neu verfassten Stücken hat G. vom Oktober 1816 bis Mai 1817 gearbeitet. In veränderter und erweiterter Form erschienen sie noch einmal 1831 in der deutsch-französischen Ausgabe *Versuch über die Metamorphose der Pflanzen* (s. u. S. 67–72).

Mit dem Petersburger Anatomen und Physiologen Caspar Friedrich Wolff, der 1759 in seiner Schrift *Theoria generationis* der zeitgenössisch prägenden Entwicklungslehre der Präformation seine Vorstellungen von der Epigenese – zunächst erfolglos – entgegenstellte, hatte sich G. vermutlich bereits in den 1780er Jahren im Rahmen der gemeinsamen Arbeiten mit Herder auseinandergesetzt. Nach 1807 befasste er sich zwischen Oktober 1816

19 Vgl. Fritz Ebner: *Goethes Sohn August. Ein Leben zwischen Pflicht und Flucht*. In: Ders.: *Goethe. Aus seinem Leben*. 2. Aufl. Darmstadt 2002, 243 f.

und Mai 1817 erneut intensiv mit Wolff;[20] aus dieser Zeit, in der G. wohl auch erstmals Wolffs Schriften las, resultierte für die Hefte *Zur Morphologie* der Aufsatz *Entdeckung eines trefflichen Vorarbeiters* (darin: *Caspar Friedrich Wolff über Pflanzenbildung* und *Wenige Bemerkungen*). Später sollte für Morph I, 2 ein weiterer Text, *Bildungstrieb*, hinzukommen. Manuskript ist von diesen Arbeiten, die auch in ALH 58 (1842) aufgenommen wurden, nicht überliefert. Nach Wolffs Theorie der Epigenese waren die verschiedenen Organe nicht gestaltmäßig vorgeprägt, sondern gingen aus amorphem Material hervor. So sollten auch bei den Pflanzen die Organe der Blüten modifizierte Blätter sein, eine Vorstellung, die ganz der von G.s Metamorphosenlehre entsprach. Während es G. jedoch darauf ankam, ein zentrales und mannigfach abwandelbares Element im Blatt zu entdecken, zielten Wolffs Thesen auf eine Widerlegung der Präformationsvorstellungen. Außerdem sah Wolff den Weg zur Blüte von einem Verfall von Lebenskräften begleitet, G. umgekehrt als eine Steigerung durch stets verfeinerte Säfte. Wolff machte für G. den Fehler, nur das tatsächlich Sichtbare als gegeben anzunehmen. Und so schloß er sich Wolffs Position trotz aller Sympathien auch nicht vorbehaltlos an, »weil nämlich die Präformations- und Einschachtelungslehre, die er bekämpft, auf einer bloßen außersinnlichen Einbildung beruht, auf einer Annahme die man zu denken glaubt, aber in der Sinnenwelt niemals darstellen kann« (FA I, 24, 432).

Als *Glückliches Ereignis* sah G. vor allem das intensive Gespräch mit Schiller vom 20.7.1794 über die Urpflanze, das nach langem gegenseitigen Schweigen eine Periode der Annäherung und schließlich der Freundschaft einleitete, die für die Morphologie noch im gleichen Jahr, für die Farbenlehre vor allem 1798/1799 fruchtbar wurde. Die Handschrift des Aufsatzes ist eine posthume Abschrift des Schreibers Johann Ernst Stegemann mit Korrekturen Eckermanns als Druckvorlage für ALH (60, 1842). Nach dem Erstdruck in Morph I, 1 erschien das Stück auch im *Morgenblatt für gebildete Stände* (9./10.9.1817) und im *Journal des Luxus und der Moden* (Okt. 1817). Bereits seit 1788 waren G. und Schiller flüchtig miteinander bekannt, aber erst Schillers Angebot vom 13.6.1794, an den *Horen* mitzuarbeiten, und G.s Zusage vom 24.6.1794 leiteten den engeren Kontakt ein. Bereits am 29.3.1813 zeichnete Johann Daniel →Falk nach einem Gespräch mit G. auf, was ihm dieser über seine erste Begegnung mit Schiller erzählt hatte (vgl. LA II, 9A, 430f.). G. beschäftigte sich mit dem Thema im Mai 1817, wie eine Anfrage nach Daten an den Jenaer Philologen Eichstädt vom 14.5.1817 zeigt. Am 22.5.1817 wurde der schließlich *Glückliches Ereignis* genannte Bericht über das Gespräch mit Schiller im Tagebuch erwähnt und am 16.9.1817 dankte Charlotte von Schiller für die Zusendung: »Wie innig mich der Aufsatz über Schiller gerührt, kann ich nur andeuten. Lebendiger ist das Bild der vergangnen schönen Tage in meiner Seele geworden! und ich habe Ihnen gern auch die Erinnerung dieser schönen Tage verdankt« (GJb. 1883, 284).

Schiller sah den Schwerpunkt des Gesprächs und des beginnenden Zusammenwirkens in der Ästhetik, G. in der Naturforschung.[21] So knüpfte Letzterer den Diskurs über →Idee und →Erfahrung an die Wirkungsgeschichte seiner Schrift über die Pflanzenmetamorphose und schloß damit das erste Heft zur Morphologie mit stark autobiographischer Akzentuierung.

Zweites Heft (1820)

Während das erste Heft überwiegend der Botanik vorbehalten blieb, enthielt das zweite Heft (1820) die ersten Drucke von G.s wichtigen Abhandlungen über den Zwischenkieferknochen von 1784 (s.o. S. 11–15) und über den osteologischen Typus von 1795 (*Erster Entwurf einer allgemeinen Einleitung [...]*; s.o. S. 29–31).

Es beginnt mit einem laut Tagebuch am 7. und 8.10.1817 entstandenen Zyklus von Stanzen, *Urworte. Orphisch*, die in der Handschrift des

20 So erbat G. am 30.10.1816 von dem Philologen Friedrich August Wolf eine Quellenangabe (Aufsatz von C. F. Wolff in den *Commentarien* der Petersburger Akademie der Wissenschaften 1768), die er am 9.11.1816 erhielt.

21 Vgl. Müller-Seidel 1973.

Jenaer Bibliotheksmitarbeiters Christian Ernst Friedrich →Weller als Beilage zu einem Brief G.s an Sulpiz Boisserée vom 21.5.1818 in Boisserées Nachlass in der UB Bonn überliefert sind. Nach dem Erstdruck in Morph I, 2 erschienen weitere Drucke noch im selben Jahr 1820 in KuA II, 3 mit paraphrasierender Kommentierung G.s und in ALH 3 (1827) innerhalb der Gedichtgruppe *Gott und Welt*. In zahlreichen weiteren G.-Ausgaben finden sich die Verse ebenfalls nur unter den Gedichten, doch ist die Beziehung zu den morphologischen Schriften evident, denn die fünf Gedichte mit den Titeln *Dämon* [nach einer Hs. auch *Individualität, Charakter*], *Das Zufällige*, *Liebe*, *Nötigung* [*Beschränkung, Pflicht*] und *Hoffnung* stehen auch für den ständigen Wandel der individuellen Lebenssituation mit ihrem steten Wechsel von Beschränktheit und Entgrenzung, →Systole und Diastole.[22]

Zwei weitere kleine Gedichte schließen sich an: *Müsset im Naturbetrachten* [...] und *Freuet Euch des wahren Scheins* [...], die in ALH 3 (1827) ebenfalls in der Gedichtgruppe *Gott und Welt* unter der gemeinsamen Überschrift *Epirrhema* erschienen. Von beiden ist das als Druckvorlage dienende Manuskript überliefert. Das erste Gedicht hat G. auch Julie von →Egloffstein in ein Stammbuch geschrieben. Thema ist die Natur in ihrer Wandelbarkeit, Einheit und Mannigfaltigkeit, der ständige Blickwechsel zwischen Besonderem und Allgemeinem.

Die nachstehende *Zwischenrede*, von der keine Handschrift überliefert ist, dient als Einleitung zu den folgenden Aufsätzen und betont wiederum den autobiographischen Bezug mit der Wendung, die morphologischen Hefte könnten »als Teile eines menschlichen Lebens, für Zeugnisse gelten« (FA I, 24, 441). Den abschließenden lateinischen Spruch von Thomas Campanella (aus *De sensu rerum et magia*. Frankfurt am Main 1620, Liber IV. 20, 369) – übersetzt: ›Die Natur ist unendlich, aber wer die Zeichen vernimmt, wird alles verstehen, wenn auch nicht in allem‹ – schrieb G. am 14.8.1817 dem vor allem in der physiologischen Farbenlehre Gleichgesinnten Christoph Friedrich Ludwig →Schultz ins Stammbuch.

Die beiden folgenden Aufsätze, *Einwirkung der neueren Philosophie* und *Anschauende Urteilskraft*, im Manuskript nicht überliefert, aber bereits in ALH 50 (1833) aufgenommen, gelten G.s Auseinandersetzung mit der Kantschen Philosophie. Rückblickend berichtet darüber ein Gespräch mit Eckermann vom 11.4.1827: »Ich fragte Goethe, welchen der neueren Philosophen er für den vorzüglichsten halte. ›*Kant*, sagte er, ist der vorzüglichste, ohne allen Zweifel. Er ist auch derjenige, dessen Lehre sich fortwirkend erwiesen hat, und die in unsere deutsche Kultur am tiefsten eingedrungen ist. Er hat auch auf Sie gewirkt, ohne daß Sie ihn gelesen haben. [...]‹ Haben Euer Exzellenz je zu Kant ein persönliches Verhältnis gehabt? fragte ich. ›Nein, sagte Goethe. Kant hat nie von mir Notiz genommen, wiewohl ich aus eigener Natur einen ähnlichen Weg ging als er. Meine Metamorphose der Pflanzen habe ich geschrieben, ehe ich etwas von Kant wußte, und doch ist sie ganz im Sinne seiner Lehre. Die Unterscheidung des Subjekts vom Objekt, und ferner die Ansicht, daß jedes Geschöpf um sein selbst willen existiert und nicht etwa der Korkbaum gewachsen ist, damit wir unsere Flaschen pfropfen können, dieses hatte Kant mit mir gemein und ich freute mich ihm hierin zu begegnen. [...] Schiller pflegte mir immer das Studium der Kantischen Philosophie zu widerraten. Er sagte gewöhnlich, Kant könne mir nichts geben. Er selbst studierte ihn dagegen eifrig, und ich habe ihn auch studiert und zwar nicht ohne Gewinn‹ « (FA II, 12, 242 f.). G. sind Kants Schriften keineswegs fremd oder unverständlich geblieben. Wenn er für Philosophie nach eigener Aussage »kein Organ« (FA I, 24, 442) gehabt habe, so bedeutet dies lediglich, dass er sich einem systematischen Studium dieser Wissenschaft verweigerte. Gegenüber Schultz äußerte G. am 18.9.1831: »Ich danke der kritischen und idealistischen Philosophie, daß sie mich auf mich selbst aufmerksam gemacht hat, das ist ein ungeheurer Gewinn; sie kommt aber nie zum Object, dieses müssen wir so gut wie der gemeine

22 Zur Erläuterung vor dem Hintergrund des Gelehrtenstreites zwischen den Altphilologen Gottfried Hermann und Georg Friedrich Creuzer vgl. Karl Eibl in FA I, 2, 1092–1098.

Menschenverstand zugeben, um am unwandelbaren Verhältniß zu ihm die Freude des Lebens zu genießen«. G. sah in der Natur ein allgemeines, wirkendes Grundgesetz, dem sich auch der Mensch nicht entziehen könne. Kant dagegen setzte der Natur als ungeordneter, empirischer Welt der Objekte scharf die geistig-moralische Vernunft des menschlichen Geistes als Ordnung schaffendes Prinzip entgegen. Eine solche Trennung entsprach nicht G.s Vorstellungsart, in der Subjekt und Objekt die beiden Seiten einer untrennbaren Polarität darstellen und der Naturforscher immer auch im Subjektiven verhaftet bleibt (→ Subjekt/Objekt).

Das Tagebuch weist intensive Studien G.s von Kants *Kritik der Urteilskraft* für das Frühjahr 1817 nach (vgl. 1.–3.4. und 27.5.1817). Am 3.1.1817 sandte er bereits das Manuskript einer Übersicht von Franz Volkmar Reinhard über die Kantsche Philosophie an Maria Pawlowna. Zeugnisse für die Entstehungsgeschichte der beiden Aufsätze finden sich aus den Monaten Mai und September 1817. Am 14.5.1817 notierte G.: »Kantischer Einfluß auf meine Denkweise und Studien«. Am 8.9. des gleichen Jahres heißt es: »Einwirkung der Kantischen Philosophie auf meine Studien«, am Folgetag: »Intuitiver Verstand (Kants) auf Metamorphose der Pflanze bezüglich«, am 10.9. schließlich »Anschauender Verstand«. In den *Tag- und Jahresheften* von 1817 wird das zweite Heft zur Morphologie sogar ausdrücklich mit Kant in Zusammenhang gebracht: »Ich bearbeite mit Neigung das zweite Heft der Morphologie und betrachte geschichtlich den Einfluß der Kantischen Lehre auf meine Studien«.

Der Aufsatz *Bedenken und Ergebung* wurde in der Disposition für das zweite Heft vom 17.9.1817 nicht genannt, im Druck lag er bereits am 19.5.1818 vor, so dass er in der Zwischenzeit entstanden sein dürfte. Nur das abschließende Gedicht, in ALH 3 (1827) in die Gedichtgruppe *Gott und Welt* unter die Überschrift *Antepirrhema* gestellt, ist in einer Handschrift Eckermanns überliefert. Der gesamte Aufsatz wurde in ALH 50 (1833) gedruckt. Inhaltlich schließt er sich mit der vermittelnden Diskussion verschiedener Vorstellungsarten im Kontext der Philosophie eng an die beiden vorhergehenden Abhandlungen an. Vor allem widmet er sich dem Zusammenspiel von Idee und Erfahrung, das Kant in seiner *Kritik der reinen Vernunft* angesprochen hatte und das von G. bereits anlässlich seiner ersten engeren Begegnung mit Schiller thematisiert worden war (*Glückliches Ereignis*; s. o. S. 41). G. hatte eine von ihm nicht akzeptierte Textstelle Kants über die fehlende Kongruenz von Idee und Erfahrung im Tagebuch vom 5.4.1817 notiert. Bereits Anfang Juli (1.7.?) 1799 hatte G. seine gegensätzliche Position im Tagebuch niedergeschrieben: »Die Erfahrung nöthigt uns gewisse Ideen ab. Wir finden uns genöthigt der Erfahrung gewisse Ideen aufzudringen«.

Auch der Aufsatz *Bildungstrieb*, von dem Manuskript nicht überliefert ist, gehört in den Zusammenhang von G.s Auseinandersetzung mit Kant; er setzt jedoch stärkere morphologische Bezüge und greift Gedanken auf, die G. im ersten Heft anlässlich der Beschäftigung mit Wolff geäußert hatte (s. o. S. 40 f.). Die Entstehung des Textes, der in ALH 50 (1833) aufgenommmen wurde, ist durch Tagebuchnotizen belegt. Am 27.6.1817 heißt es dort: »Bildungstrieb bey Veranlassung einer Stelle aus Kant«. Erneut am 17.9.1817: »Bildungstrieb«. G.s Aufsatz knüpft an ein Zitat aus der *Kritik der Urteilskraft* (§ 81) an, in dem Kant sich lobend über Blumenbach (*Über den Bildungstrieb und das Zeugungsgeschäfte*, Göttingen 1781) äußerte. Dieser war ein Gegner der Evolutions- oder Präformationsvorstellung, nach der im Keim bereits alle Teile des künftigen Organismus vorgebildet seien, und der bereits Wolff in seiner *Theoria generationis* von 1759 mit der Ansicht einer Epigenese entgegengetreten war (s. o. S. 40 f.). Blumenbach postulierte, dass »in allen belebten Geschöpfen vom Menschen bis zur Made […] ein besondrer, eingebohrner, Lebenslang thätiger würksamer Trieb liegt, ihre bestimmte Gestalt anfangs anzunehmen, dann zu erhalten, und wenn sie ja zerstört worden, wo möglich wieder herzustellen […] den ich hier […] um ihn von den andern Naturkräften zu unterscheiden, mit dem Namen des Bildungs-Triebes (Nisus formativus) belege« (Blumenbach 1781, 12; zit. nach LA II, 10A, 785 f.). G. setzte Blumenbachs Begriff des Bildungstriebs mit der Metamorphose in Beziehung. Er tendierte vorsichtig zu den Ansichten

Wolffs und Blumenbachs, entwickelte jedoch mit seinem Konzept von Typus und Metamorphose, das er schließlich in seiner Morphologie fasste, eine eigenständige Position.

Die drei folgenden Stücke, in FA unter dem Sammeltitel *Zur Metamorphosenschrift* zusammengefasst, widmeten sich wiederum der Botanik: *Drei günstige Rezensionen*, *Andere Freundlichkeiten* und *Nacharbeiten und Sammlungen*. Zu allen ist kein Manuskript erhalten; sie fanden Aufnahme in ALH 58 (1842). Das Stück *Drei günstige Rezensionen* ist laut Tagebuch am 10. und 11.9.1817 entstanden; bereits ein Brief an Eichstädt in Jena vom 28.4.1817 deutet auf entsprechende Materialbeschaffung. Im Gegensatz zum Titel nannte G. aber, nach einer Einführung über die Unterschiede zwischen seinen ästhetischen und wissenschaftlichen Arbeiten, nur zwei Rezensionen: aus den *Gothaischen Gelehrten Zeitungen* (31, 1791, 313–317) und der *Allgemeinen Deutschen Bibliothek* (116.2, 1794, 477). Beide, Letztere wohl von Joachim Dietrich →Brandis, sind anerkennend. Eine dritte Rezension, aus den *Göttingischen Gelehrten Anzeigen* (27. St., 1791, 269; von Johann Friedrich →Gmelin), hatte G. bereits in *Schicksal der Druckschrift* (s. o. S. 40) angeführt.

Andere Freundlichkeiten dürfte etwa zeitgleich entstanden sein und ging am 25.5.1818 in den Satz. Vor allem machte der Aufsatz G.s Befriedigung darüber deutlich, dass seine Arbeiten ernst genommen wurden und positive Reaktionen erzeugten. So wurden die frühe Pflanzenbenennung Goethia durch Batsch (1793) erwähnt, die Namensgebung →Goethit für ein Eisenmineral durch Heinrich Adolph Achenbach und Johann Daniel Engels (1806), Alexander von Humboldts Anteilnahme, die Behandlung von G.s Lehre bei Paulus Usteri, Karl Ludwig Willdenow und Kurt →Sprengel.

Nacharbeiten und Sammlungen erwähnte G. am 11.9.1817 im Tagebuch; am 16.9. beschäftigte er sich mit Georg Friedrich Jägers Werk *Über die Mißbildungen der Gewächse […]* (Stuttgart 1814), das im Mittelpunkt dieses Stückes steht und bereits am 1., 2. und 18.7.1816 sowie am 14., 16. und 17.4.1817 Gegenstand der Behandlung war. Die Zeugnisse zum Druck stammen aus dem Juni und Juli 1819. Insgesamt handelt es sich um eine Materialsammlung, die – autobiographisch eingeleitet – an unveröffentlichte botanische Stücke aus den 1790er Jahren anschließt. Das besondere Interesse an Jägers Werk und an Missbildungen bei Pflanzen ergab sich durch die Möglichkeit, anormale Bildungen als Metamorphosen, gleichsam als Experimente der Natur, betrachten zu können. Solange diese die Pflanze nicht zerstörten, war G. geneigt, sie nicht als Fehlbildungen, sondern nur als außergewöhnliche Umbildungen anzusehen, die ihm neue Erkenntnisse eröffneten.

Die im Folgenden abgedruckten Abhandlungen zur Osteologie nehmen den Hauptteil des zweiten Heftes ein; zunächst war dies der Aufsatz zum osteologischen Typus, der seit 1795 vorlag (*Erster Entwurf einer allgemeinen Einleitung* […]; zur Erläuterung s. o. S. 29–31). Die neuerliche Durchsicht und die Druckvorbereitung sind durch zahlreiche Zeugnisse belegt. G. hatte ursprünglich vor, sein altes Manuskript für den Druck zu überarbeiten, verwendete schließlich aber doch die alten Texte. Die redaktionellen Arbeiten begannen im September und Oktober 1816, ruhten danach für mehrere Jahre und wurden im Juni und Juli 1819 beendet. Mit den Druckbogen beschäftigte sich G. zwischen dem 31.7. und 21.8.1819; am 11.3.1820 erschien schließlich das Heft (Morph I, 2). Auffällig ist, dass G. seine Abhandlung zum osteologischen Typus von 1795 entgegen der Chronologie vor die Zwischenkieferschrift von 1784 plazierte und sie somit näher an die Arbeiten zur philosophisch-methodischen Auseinandersetzung am Beginn des Heftes heranrückte.

Das Hexameter-Gedicht *ΑΘΡΟΙΣΜΟΣ* (= Anhäufung, Versammlung) muss wohl als poetische Zusammenfassung des vorausgehenden *Ersten Entwurfs einer allgemeinen Einleitung […]* gesehen werden. Es liegt in zwei Handschriften vor, in einer von der Druckfassung stark abweichenden und in einer Abschrift des Erstdrucks in Morph I, 2 als Vorlage für den zweiten Druck in ALH 3. Dort hat es 1827 in der Gedichtgruppe *Gott und Welt* die Überschrift *Metamorphose der Tiere* erhalten, wohl um es als Pendant zur Elegie *Die Metamorphose der Pflanzen* (s. o. S. 40) auszuweisen. Im Gegensatz zu dieser erscheint die *Metamorphose der Tiere* nicht als abgeschlossen, sondern als Teilstück eines größeren Lehrgedichts über die Natur, das G. 1798/1799 plante. So dürfte die Entstehungszeit wohl in die erste Jahreshälfte 1799 zu setzen sein. Das Manuskript ging am 14.8.1819 in den Satz; am 5./6.10.1819 notierte Kanzler Friedrich von Müller: »[...] bei Goethe in Jena. Herrliche Gedichte aus der Morphologie« (GG 3.1, 140; →Gedichte zur Morphologie), womit das hier genannte sowie die *Urworte. Orphisch* bezeichnet sein dürften. Das Gedicht nimmt zahlreiche Aspekte der Abhandlung zum osteologischen Typus auf und kann stellenweise in Form einer Konkordanz dieser zugeordnet werden (dazu FA I, 24, 1083): die Abfolge der Wirbel, die Metamorphose der Organe, der Gedanke eines Naturhaushalts, die Absage an eine teleologische Denkweise, ausgedrückt durch die Wendung, dass der Zweck der Lebewesen in ihnen selbst liege. Und im Poetischen wird das Naturgeschichtliche darüber hinaus in die ethische Dimension erweitert.

Der Aufsatz über den Zwischenkieferknochen aus dem Jahr 1784 (zur Erläuterung s.o. S. 11–15) erschien in den Heften *Zur Morphologie* unter dem geänderten Titel *Dem Menschen wie den Tieren ist ein Zwischenknochen der obern Kinnlade zuzuschreiben* mit der Datierung Jena 1786. Nur an einer wesentlichen Stelle (Lesart »Formen« statt »Wesen«; vgl. FA I, 24, 899) weicht die hier vorgelegte erste Druckfassung von der Prachthandschrift von 1784 ab, wobei offen bleibt, wann diese Änderung vorgenommen wurde. Die Tagebucheintragung vom 16.7.1819 (»Professor Renner wegen des osteologischen Manuscripts, einige Thierschädel bringend«) könnte auf den Zwischenkieferaufsatz deuten, der am 13.8.1819 wohl einer letzten Redaktion unterzogen wurde und am Folgetag in die Druckerei ging. Beträchtlich erweitert wurde die Abhandlung nun durch auf Jena 1819 datierte *Auszüge aus alten und neuen Schriften* sowie *Nachträge*, die jedoch auch dem *Ersten Entwurf einer allgemeinen Einleitung* [...] galten. Nicht im Druck berücksichtigt wurden allerdings die Tafeln von 1784, was erst 1831 – allerdings in neuer Anordnung – geschah. Alle drei Aufsätze (Zwischenkieferschrift, *Auszüge*, *Nachträge*) wurden in ALH 55 (1833) aufgenommen. Ein Teilabdruck der *Nachträge* erschien weiterhin im *Morgenblatt für gebildete Stände* vom 4.5.1820. Handschriftlich liegen von den *Auszügen* nur zwei Passagen aus Briefen von Blumenbach an Soemmerring vor, die G. ohne Quellenangabe übernahm, bei den *Nachträgen* sind Vorarbeiten zu einer osteologischen Tabelle vorhanden, die G. in den Text einstellte. Zu beiden Stücken sammelte G. das Material – offensichtlich auf ältere Vorarbeiten zurückgreifend – zwischen dem 11.9. und Ende Dezember 1819. Mit den Druckbogen beschäftigte er sich am 15. und 16.1.1820.

Inhaltlich soll hier nur der wesentliche Aspekt genannt werden, dass G. im achten Abschnitt der *Nachträge* erstmals seine Beobachtungen zur Wirbeltheorie des Schädels aus dem Jahr 1790 (s.o. S. 24; s.u. S. 55 u. 701) vorstellte.

Als letzten Beitrag zum zweiten Heft nahm G., an die eigenen Arbeiten zu Wolff im ersten Heft anknüpfend, erstmals die Arbeit eines anderen Autors auf, Christian Ludwig Mursinnas Aufsatz *Caspar Friedrich Wolffs erneuertes Andenken*, der die große wissenschaftliche Bedeutung dieses Gelehrten in Kontrast zu seiner ärmlichen Lebenssituation setzt. Auf die Verkanntheit Wolffs zielt auch der als Abschluss stehende Vierzeiler *Mag's die Welt zur Seite weisen*, zu dem Manuskript nur als Druckvorlage für ALH 4 (1827) vorliegt.

Drittes Heft (1820)

Auf der Rückseite des Titelblattes begann G. wiederum mit einem Gedicht: *Freudig war, vor vielen Jahren* [...]. Für den Druck in ALH 3 (1827) innerhalb der Gedichtgruppe *Gott und Welt*, wo der Titel *Parabase* eingeführt wurde, ist das Manuskript überliefert. Das morphologische Grundthema des Gestaltwandels wird hier von G. erneut mit dem Autobiographischen, dem inzwischen lange anhaltenden Bestreben in der Erforschung der Natur, verknüpft.

Den Schwerpunkt des dritten Heftes bildet der Erstdruck der bereits 1796 entstandenen *Vorträge, über die ersten drei Kapitel des Entwurfs einer allgemeinen Einleitung in die vergleichende Anatomie, ausgehend von der Osteologie.* Sie sind nach der chronologischen Anordnung oben kommentiert (s. o. S. 31). G. unterzog sie für den Druck zwischen dem 2. und 4.9.1820 einer erneuten Redaktion.

Daneben trat mit *Verstäubung, Verdunstung, Vertropfung* ein größerer botanischer Text, zu dem nichts Handschriftliches überliefert ist, auch nicht die Druckvorlage für ALH 58 (1842). Der Titel bezieht sich auf verschiedene Aggregatzustände von Abscheidungen, die bei Pflanzen auftreten können, vor allem im Zusammenhang mit einem von G. nicht näher bestimmten Pilzbefall. Im Rahmen der Diskussion über die Beschaffenheit des Pollens erwies sich anschließend die Sexualität der Pflanzen als übergeordnetes Thema. Erste Notizen zum Aufsatz finden sich im Tagebuch vom 29./30.6.1820 mit Hinweisen auf die Beobachtung von Honigtau, den Döbereiner am 30.6. einer chemischen Analyse unterzog. Die entsprechende Passage aus der Mitte des Aufsatzes, die G. als *Vertropfung* einordnete, muss unmittelbar danach niedergeschrieben worden sein; zwischen dem 11. und 14.7.1820 wurde sie bereits »durchgesehen« (Tagebuch) und an Herzog Carl August darüber berichtet. Am 1.7.1820 hatte G. bereits von August Wilhelm Eduard Theodor Henschel dessen soeben in Breslau erschienenes und von seinem Lehrer und Schwiegervater Franz Joseph Schelver mit einem historischen Anhang versehenes Werk *Von der Sexualität der Pflanzen* erhalten. Am Folgetag dankte er und legte sogleich ein Schema dazu an, bevor er am 23.7.1820 das Thema der Sexualität der Pflanzen in einem Brief an Nees von Esenbeck ansprach: »[…] was sagen Sie von Henschels Werke über Sexualität der Pflanzen? Schelver hat mir längst diese Lehre [vor allem seine Kritik daran] vertraut und ich konnte ihr nicht abgeneigt seyn, denn sie ist doch im Grund eine natürliche Tochter der Metamorphose. Vertropfung und Verstäubung spielen in unserm Felde so große Rollen, daß ich mich nicht unterstände, sie dramatisch auftreten zu lassen […]«. Am 16.9.1820 wurde der Titel von G.s Aufsatz im Tagebuch genannt und da zugleich die letzten redaktionellen Arbeiten am dritten Heft verzeichnet werden, darf man daraus wohl auch auf den Abschluss des Aufsatzes schließen.

Die Thematik der Sexualität der Pflanzen, seit Rudolph Camerarius' Kreuzungsversuchen im Jahr 1694 in der botanischen Literatur behandelt, wurde in G.s Umfeld vor allem vom Botaniker und Naturphilosophen Schelver diskutiert. Er lehrte von 1803 bis 1806 in Jena, informierte G. über seine Arbeiten und legte schließlich 1812, 1814 und 1823 eine dreibändige *Kritik der Lehre von den Geschlechtern der Pflanze* vor, obwohl die überragende Autorität im Fach, Carl von Linné, längst Antheren und Fruchtknoten als männliche und weibliche Sexualorgane der Pflanzen identifiziert hatte. Einzelne Aspekte von Schelvers Kritik kamen G.s Metamorphosenlehre entgegen, andererseits wurden sie G.s Auffassung von der Blüte als höchster Steigerungsform des Pflanzenlebens nicht gerecht. So blieb G. insgesamt unverbindlich und vorsichtig, und auch sein Aufsatz *Verstäubung, Verdunstung, Vertropfung* lieferte eher eine Sammlung von Materialien und Diskussionsbeiträgen als eine geschlossene Theorie, was durch die zahlreichen eingestreuten →Maximen über die Natur und ihre Behandlung noch verstärkt wurde. Die Diskussionen über die Sexualität der Pflanzen gingen in den Jahren 1821 bis 1823 weiter, meist in Rezensionen zu G.s Heft, auch in Publikationen von Nees von Esenbeck und Ernst Meyer (vgl. dazu LA II, 10A, 827).

Mit dem kleinen Text *Freundlicher Zuruf* und einem Gedicht, das im Inhaltsverzeichnis den Titel *Unwilliger Ausruf* erhalten hat, schließt das dritte Heft ab. Handschriftlich hat sich nur die Druckvorlage für das Gedicht in ALH 3 (1827) erhalten, wo es mit der Überschrift *Allerdings. Dem Physiker* in die Gedichtgruppe *Gott und Welt* aufgenommen ist. Text und Gedicht zusammen erscheinen noch einmal in ALH 58 (1842). Das Manuskript für die Hefte *Zur Morphologie* ging am 2.10.1820 in die Druckerei. Auf den Inhalt des Textes, die freundliche Anteilnahme von gleichgesinnten Naturforschern an G.s Arbeiten, deutet auch ein Brief an Franz Nicolovius vom gleichen Tage: »Was mich aber in diesem Geschäft belebt, ist der Antheil jüngerer Männer, welche, auf gleichem Weg wandelnd, mich in ihre Gesellschaft wieder von frischem fortziehen«. Das später in ALH auf die Gegner seiner *Farbenlehre* zielende Gedicht soll hier noch den Präformisten um Albrecht von Haller gelten, aus dessen Lehrgedicht *Die Falschheit der menschli-*

chen Tugenden (1730) Verse spöttisch kommentiert werden.

Auf die Rückseite des Heftumschlags hat G. drei lateinische Verse nach Nikolaus Steno aus dessen *Opera* (Bd. 2, Kopenhagen 1910, 254) plaziert; übersetzt: »Schön ist, was wir sehen, schöner, was wir wissen, am allerschönsten, was wir nicht wissen«.

Viertes Heft (1822)

Das vierte Heft schließt den ersten Band von G.s Zeitschrift ab. Es beginnt unter dem Titel *Als Einleitung* mit Auszügen aus dem ersten Heft von Wilhelm von →Schütz' *Zur intellektuellen und substantiellen Morphologie, mit Rücksicht auf die Schöpfung und das Entstehen der Erde* (Leipzig 1821; drei Hefte bis 1823).[25] Manuskript ist nicht überliefert. Schütz war G. bereits 1808 in Karlsbad bekannt geworden, auch 1817 (vgl. TuJ) und 1818 kam es zu persönlichen Treffen, und anlässlich der neuerlichen Begegnung am 3./4.8.1821 in Marienbad überreichte Schütz sein Heft. G.s Tagebuch berichtet am 11., 13. und 14.8. von der Lektüre, am 16.9.1821 wurde ein Auszug niedergeschrieben. Der Aufsatz entstand erst im April 1822 (vgl. Tgb, 21.4.; an Riemer, 22.4.; Tgb, 26.4. und 3.5.), wobei G. den Text von Schütz mit erheblichen Abweichungen, Auslassungen und Änderungen in der Interpunktion wiedergab.

»Freund« (FA I, 24, 528) Schütz hatte G.s Zeitschrift 1820 im *Literarischen Wochenblatt* (Nr. 20–22 u. 64) und 1821 im *Literarischen Konversations-Blatt* (13.6., 527–539) positiv rezensiert, und auch im ersten Heft *Zur intellektuellen und substantiellen Morphologie* charakterisierte er ausführlich G.s Art der Naturforschung in ihrer Verbindung von Historischem und Autobiographischem. Schütz' Ausführungen sprachen nicht nur die Hefte *Zur Morphologie* an, sondern auch die *Farbenlehre*, die Hefte *Zur Naturwissenschaft überhaupt* und *Winckelmann und sein Jahrhundert*. Wie sehr sich G. von Schütz verstanden fühlte, belegt auch die Tatsache, dass er im folgenden Heft erneut Auszüge von Schütz publizierte (s. u. S. 51).

G. fügte dem Aufsatz einen aphoristischen Anhang bei (in LA und FA: *Aphoristisch*), zu dem keine Handschrift erhalten ist und der bereits in ALH 56 (1842) gedruckt wurde. Die einzelnen Aphorismen gehen wiederum auf die Ausführungen von Schütz ein und erscheinen wie ein Kommentar zu diesen. Sie wurden am Ende des vierten Heftes unter dem Titel *Betrachtungen fortgesetzt zu Seite 315* durch weitere Aphorismen und Maximen erweitert.

Unter dem Haupttitel *Botanik* lieferte G. im Anschluss vier botanische Texte, zu denen Manuskript nicht überliefert ist und die auch in ALH 58 (1842) aufgenommen wurden. Die ersten beiden haben ihre Titel nach der Aufnahme im Inhaltsverzeichnis erhalten: *Aufruf zur Einigkeit des Zusammenwirkens* und *Erschwerter botanischer Lehrvortrag*. Die beiden weiteren sind *Merkwürdige Heilung eines schwer verletzten Baumes* und *Schema zu einem Aufsatze die Pflanzenkultur im Großherzogtum Weimar darzustellen*. Alle Arbeiten entstanden laut Tagebuch zwischen dem 3.1. und 18.4.1822 oder wurden zu dieser Zeit redaktionell für den Druck bearbeitet.

Der *Aufruf* ging über die Themen von Metamorphose und Artenbildung hinaus und bezog auch Fragen ein, die G. in den philosophischen Beiträgen (s. u. S. 225 f.) behandelt hatte. Er basierte auf einer Anregung, die August Henschel in einer Rezension von Nees von Esenbecks *Handbuch der Botanik* (2 Bde., Nürnberg 1820/1821) in der JALZ (Erg. Blätter 1821, Nr. 47, Sp. 372) gegeben hatte, indem er angesichts gemeinsamer Interessen unter Gleichgesinnten vor eigensüchtigem Prioritätsstreben warnte. G. sah hier ganz seine Vorstellungen bestätigt, die er in *Meteore des literarischen Himmels* (s. u. S. 225 f.) niedergelegt hatte, und nun wies er erneut darauf hin, »daß unser tätigster, einzelner Anteil innerhalb dem Wohl des Ganzen völlig verschwinde« (FA I, 24, 534).

Unter *Erschwerter botanischer Lehrvortrag* brachte G. einen Auszug einer Rezension zu Georg Wilhelm Wenderoths *Lehrbuch der Botanik* (Marburg 1821) aus den *Göttingischen Gelehrten Anzeigen* (22. Stück vom 9.2.1822). Der Rezensent, Ernst Meyer, zeichnete nur mit einer Sigle und blieb G. zunächst unbekannt. Insbe-

23 Vgl. Sembdner 1974.

sondere die Meinung des Rezensenten und dessen Betonung der »lebendigen Metamorphose« (FA I, 24, 534) erregte G.s Sympathie und veranlasste ihn zu eigenen Nachsätzen, die in der Folge einen Brief von Ernst Meyer (vom 25.8.1822) bewirkten, in dem dieser sich als der Rezensent zu erkennen gab. Damit wurde ein intensiver Kontakt zwischen G. und Meyer geknüpft, der sich schon im folgenden morphologischen Heft mit dem Aufsatz *Problem und Erwiderung* (s. u. S. 51 f.) fruchtbar zeigen sollte.

Merkwürdige Heilung eines schwer verletzten Baumes schildert die Beobachtungen an dessen 20 Jahre zuvor versehentlich angesägtem Holz; sie schienen G. ein Zeugnis für das Wirken einer Lebenskraft zu sein. G. erhielt das Präparat am 21.12.1821 und erwähnte es am 3.1.1822 in einem Brief an Carl August, dem er am 4.2.1822 einen vollständigen Bericht erstattete, der mit einer Passage über Vegetationskraft noch über den Aufsatz hinausgeht.

Das *Schema zu einem Aufsatze die Pflanzenkultur im Großherzogtum Weimar darzustellen* stand ursprünglich im Zusammenhang mit dem Plan, den Aufsatz als einleitenden Teil eines Kataloges zu den Pflanzen im Park von Schloß Belvedere (1820) erscheinen zu lassen. G. verfolgte den Plan nicht weiter, beschäftigte sich aber am 17.4.1822 erneut mit dem *Schema* und bat Riemer am Folgetag um Durchsicht für den bevorstehenden Abdruck. G. ging nun über den Belvederer Park hinaus, erweiterte seine Gedanken auf das gesamte Herzogtum und bezog auch Aspekte der Geschichte der Gartenkunst mit ein.

Parallel zu den botanischen Aufsätzen setzte G. einen Komplex, der die Hauptüberschrift *Zoologie* trug und die folgenden Texte bis einschließlich *Fossiler Stier* (s. u. S. 49) umfasste. Die kleine *Bemerkung zu Seite 292, die Verstäubung betreffend* schloß an den botanischen Aufsatz *Verstäubung, Verdunstung, Vertropfung* aus dem dritten Heft an und widmete sich dem Verstäubungsprozess (Auflösung in Staub) bei der Fliege, der durch den Befall der toten Fliege mit dem Pilz Empusa muscae entsteht. Nachgestellt ist der Zusatz *Analogon der Verstäubung*, wo der gleiche Vorgang für die Raupe einer Kupferglucke, der Schmetterlingsart Gastropacha quercifolia, beschrieben wird. Beide Stücke sind 1822 entstanden, im Manuskript nicht überliefert und in ALH 58 (1842) aufgenommen.

Unter dem Titel *Die Faultiere und die Dickhäutigen* besprach G. die ersten beiden Hefte von d'Altons Werk *Über Skelette* (Heft 1: *Das Riesen-Faultier, Bradypus giganteus*; Heft 2: *Die Skelette der Pachydermata*; beide 1821). Manuskript ist nicht überliefert, auch nicht für die Druckvorlage in ALH 55 (1833). Mit d'Altons Brief vom 13.12.1820 hatte G. Proben aus den ersten beiden Lieferungen erhalten, erst am 19.12.1821 übersandte dieser, durch eine Reise verzögert, das zweite Heft, wofür G. am 7.1.1822 dankte. Am 1., 4. und 13.1.1822 beschäftigte sich G. mit der Rezension; Johann Heinrich Meyer sandte G. am 18.4.1822 eine Expertise zum künstlerischen Wert der Darstellungen und zwischen dem 22. und 24.5.1822 diktierte G. die Reinschrift der Rezension und einen Nachtrag.[24] D'Alton lehrte seit 1818 in Bonn und hatte sich zuvor von 1808 bis 1810 in Tiefurt bei Weimar aufgehalten, wo er Pferdezucht betrieben und G. kennengelernt hatte. Dieser nahm die Verbindung Ende 1820 wieder auf. G. zog die prachtvollen Tafelwerke mit dem auch Abstammungsfragen thematisierenden Text von Christian Pander, in denen die Skelette jeweils in die Umrisse der einzelnen Tierarten eingezeichnet sind, immer wieder mit Freude heran, und so sind auch die Rezensionen überaus wohlwollend und zustimmend. Fortgesetzt wurden diese später mit *Die Raubtiere und Wiederkäuer* (II, 1, 1823) und *Die Skelette der Nagetiere* (II, 2, 1824).

Neben d'Alton erfreute sich Carus, Arzt, Anatom und Maler in Dresden, G.s besonderer Aufmerksamkeit. Seit 1818 korrespondierte man, am 21.7.1821 traf Carus G. in Weimar – die einzige persönliche Begegnung – und berichtete ihm von der Arbeit an seinem großen Tafelwerk *Von den Ur-Teilen des Schalen- und Knochen-Gerüstes*, das den Körperbau der Tiere auf das Element eines Ur-Wirbels zurückführte, also im weiteren Sinn in die Diskussion einer Wirbeltheorie des Schädels eingriff. Nachdem Carus

24 Eine ausführliche Übersicht der Zeugnisse zur Beziehung G.s zu d'Alton zwischen 1820 und 1822 liefert LA II, 10A, 858 f.

am 28.12.1821 erneut brieflich auf sein Werk hingewiesen hatte, bat G. am 13.1.1822 um eine Anzeige,[25] die er unter dem Titel *Dr. Carus: Von den Ur-Teilen des Schalen- und Knochen-Gerüstes* mit dem nachgestellten Hinweis abdruckte, das Werk werde erst Ostern 1823 erscheinen.[26] Tatsächlich dauerte es bis zur Publikation noch bis 1828; am 21.3. dieses Jahres sandte Carus das Werk nach Weimar: »Ew Excellenz Kann ich endlich das so lange gepflegte vielfältig erwogene und mit größter Umsicht ausgeführte Werk über die Ur-Teile des Knochengerüstes vorlegen. Wie sehr es mich freuen muß demjenigen der den Keim zu diesen Bestrebungen gelegt hat eine wenigstens zu einer gewissen Reife gediehene fertige Pflanze dieser Art darbringen zu können, kann schon aus dem, was ich in der historischen Einleitung ausgesprochen habe sattsam hervorgehen« (G-Carus 50f.). Zwischenzeitlich hatte G. im ersten Heft des zweiten Bandes *Zur Morphologie* (1823) einen Vorabdruck von Carus unter dem Titel *Urform der Schalen kopfloser und bauchfüßiger Weichtiere* sowie im anschließenden zweiten Heft (1824) die Einleitung aus dem angekündigten Werk als *Grundzüge allgemeiner Naturbetrachtung* aufgenommen. Obwohl G. auf den Maler Carus und seine Bilder nicht wie von diesem erhofft reagierte, erwies sich die auf ähnlicher Naturanschauung basierende Verbindung als dauerhaft. Carus hat darüber in seiner Biographie *Goethe, zu dessen näherem Verständnis* (Leipzig 1843) berichtet und die Nachwelt überhaupt für den Naturforscher G. sensibilisiert.

Mit einem Brief vom 31.5.1821 schickte der Stuttgarter Arzt, Botaniker und Paläontologe Georg Friedrich Jäger G. seinen Aufsatz *Über einige fossile Knochen, welche im Jahr 1819 und 1820 zu Stuttgart und im Jahr 1820 zu Cannstadt gefunden worden sind* (aus den *Württembergischen Jahrbüchern* 3 u. 4., 1821, 147–171). Hier waren Überreste eines Auerochsen geborgen worden, ebenso wie in Haßleben, wovon G. von Herzog Carl August fast zeitgleich, am 1.6.1821, Kenntnis erhielt. Und noch im gleichen Jahr, am 20.11.1821, las G. einen Artikel aus *Ballenstedts Archiv für die neuesten Entdeckungen aus der Urwelt* (3, 1821, 326–331), in dem Friedrich Heinrich Wilhelm →Körte über einen Auerochsenfund in Frose bei Aschersleben berichtete. Zuvor schon, am 15.10.1821, hatte G. beim Wiener Museumsdirektor Carl Franz Anton von Schreibers um den Schädel eines rezenten ungarischen Ochsen gebeten – dies alles Belege, wie sehr G. die Materie interessierte. Aus dem Vergleich der verschiedenen Funde resultierte der vom 27. bis 29.4. sowie am 1.5.1822 niedergeschriebene Aufsatz *Fossiler Stier*, zu dem keine Handschrift überliefert ist und deren Aushängebogen G. am 4.6.1822 an Körte sandte. Einige Passagen dieser Arbeit sind immer wieder als Hinweis gedeutet worden, dass G. der Annahme einer realen stammesgeschichtlichen Abstammung im Sinne Darwins zuneigte; man darf aber nicht übersehen, dass G. hier zitiert und nicht selbst diese Aussagen verfasst hat. Eine knappe Mitteilung Riemers über Rinderhörner, deren Handschrift erhalten ist und die aus dem Vergilkommentar von Junius Philargyrius (Heidelberg 1589) stammt, stellte G. ans Ende des Aufsatzes, um den Druckbogen auszufüllen (vgl. an Riemer, 23.5.1822).

Unter der Überschrift *Nachträglich* brachte G. die folgenden beiden Texte, zunächst die im Manuskript nicht überlieferte Beschreibung einer Tafel unter dem Titel *Gemälde der organischen Natur in ihrer Verbreitung auf der Erde von Wilbrand und Ritgen; lithographiert von Päringer*, die auch in ALH 60 (1842) aufgenommen wurde. G. hatte die Tafel zusammen mit dem zugehörigen, 1821 in Gießen erschienenen, G., Alexander von Humboldt und Blumenbach gewidmeten Werk am 22.4.1822 erhalten und sprach gegenüber Wilbrand am 28.4. seinen Dank aus: »Ew. Wohlgeboren haben mich durch das vortrefflich gedachte und gründlich bearbeitete Kolossalblatt auf das angenehmste überrascht und meine Wünsche, die ich bey eigner Betrachtung des großen Gegenstandes zeither im Stillen hegte, ganz eigentlich übertroffen, auch mich, wie ich mit Rührung gestehe, durch die ehrenvolle Erwähnung meines Namens in so

25 Manuskript bei den eingegangenen Briefen in Goethes Nachlaß im GSA.

26 In den *Tag- und Jahresheften* von 1822 wies G. auf die Förderung durch Carus' Theorie über den Urwirbel hin.

guter Gesellschaft zu aufrichtigster dankbarer Anerkennung freundlichst verpflichtet. Schon die wenigen Tage, seitdem dieses erfahrungs- und gedankenreiche Werk meine Wand schmückt, haben unterrichtete Freunde den lebhaftesten Antheil daran genommen, und ich zweifle nicht, daß die ganze naturforschende Welt mit uns davon erbaut seyn werde«. Laut Tagebuch schrieb G. die Anzeige für seine Zeitschrift am 9.5.1822 nieder. Mehrere Zeugnisse bis zum 3.6.1822 dokumentieren den Druck. G. hat die Tafel mit der Darstellung der Tier- und Pflanzenwelt, die ihm offensichtlich große Freude bereitete, auch in den *Tag- und Jahresheften* von 1822 gelobt und das Werk im folgenden Heft *Zur Morphologie* erneut angezeigt. Die Verfasser, der Anatom und Naturphilosoph Johann Bernhard →Wilbrand, mit dem G. seit dem 18.5.1820 korrespondierte, und der Mediziner Ferdinand August Ritgen, der überdies die Tafel zeichnete, besuchten G. am 3.10.1823 in Weimar. Mit Wilbrand, dessen Naturphilosophie auf G.s Polaritätsdenken basierte, dieses aber in übersteigerter Form ausdehnte, hielt G. den Kontakt weiterhin aufrecht.

Eine weitere Anzeige galt der *Lebens- und Formgeschichte der Pflanzenwelt von Schelver*, zu der sich keine Handschrift erhalten hat und die auch in ALH 58 (1842) gedruckt wurde. Der Botaniker und Naturphilosoph Schelver schickte das 1822 in Heidelberg erschienene und G. gewidmete Werk, das den Untertitel *Handbuch seiner Vorlesungen über die physiologische Botanik* trägt, am 24.4.1822. Bereits am 9.5.1822 verfasste G. laut Tagebuch seine Besprechung, zusammen mit der vorhergehenden zu Wilbrand und Ritgen. In seinen Ausführungen betonte G. wiederum den historischen Aspekt und setzte das einzelne Werk in Bezug zur Geschichte. Am Ende wies er auf einen Aufsatz Schelvers (*Die Aufgabe der höheren Botanik*) im soeben erschienenen Band 10.2 der *Nova Acta* der Leopoldina hin, den ihm Nees von Esenbeck am 2.4.1822 gesandt hatte.

Zur Auffüllung des Druckbogens brachte G. mit *Luke Howard to Goethe. A biographical Scetch* die Ankündigung eines biographischen Aufsatzes, den er in ZNÜ II, 1 lieferte, nachdem die wohlwollende Auseinandersetzung mit dem englischen Meteorologen und seiner Wolkenlehre bereits in ZNÜ I, 3 und 4 Gegenstand gewesen war (s.u. S. 216f.). Auf die Voranzeige weisen Tagebucheintragungen vom 1. und 2.6.1822 hin. Zu dem Aufsatz sind verschiedene Stücke in der Handschrift, eigenhändig und von Schreiberhand, erhalten. Gedruckt wurde er auch in ALH 51 (1833), dort wie in WA in den Aufsatz *Luke Howard an Goethe* eingegliedert.

Unter dem Titel *Betrachtungen fortgesetzt zu Seite 315* (s.o. S. 47) veröffentlichte G. am Ende des Hefts weitere Aphorismen, die überwiegend wiederum der Entwicklung des Naturforschers im Spannungsfeld von Geschichte und Gesellschaft unter Einschluss der eigenen Biographie galten, bevor im letzten Teil einige Aphorismen zur Wissenschaft geliefert werden. Manuskript ist von der Hand Johann August Friedrich →Johns mit Korrekturen G.s überliefert. Nach dem Erstdruck erschienen die Aphorismen im *Morgenblatt für gebildete Stände* (21.8.1822); auch in ALH 56 (1842) sind sie aufgenommen. Die Handschrift trägt das Datum 27.3.1822; am 12.5.1822 wurden laut Tagebuch »einzelne Sprüche und Bemerkungen von Blättchen zusammengeschrieben«, bevor sie am 28.5. in die Druckerei gingen und am 3.6.1822 im Druckbogen revidiert wurden. – Am Ende des vierten Heftes, das den ersten Band abschließt, steht eine *Systematische Inhaltsübersicht*.

Fünftes Heft
(= Zweiter Band, erstes Heft; 1823)

Wie zu Beginn des ersten Bandes setzte G. auch hier ein Motto voran, und zwar auf dem Vorsatzblatt ein Zitat aus Heinrich Friedrich Wilhelm Gesenius' *De Samaritanorum Theologia ex fontibus ineditis commentatio* (Halle 1822, 16, § 1, *De Deo*; übersetzt nach CA): »Du kündest ohne Stimme dem, der Augen hat, daß du der Grund der Dinge bist, du bist wie eine Handschrift, die vollkommen ist und lesbar einem jeden, der zu sehen vermag«. Auf den Rückseiten von Vorsatz- und Haupttitelblatt folgen fünf lateinische sowie sieben griechische Maximen (vgl. im Einzelnen FA I, 24, 1116f.), die vermutlich aus der Mitarbeit des Philologen Friedrich Wilhelm Riemer resultieren.

Erster Aufsatz im zweiten Band *Zur Morphologie* ist die Anzeige *Wilhelm von Schütz zur Morphologie 2tes Heft*, zu der Manuskript nicht überliefert ist. Das erste Heft *Zur intellektuellen und substantiellen Morphologie von Schütz* hatte G. im vierten Heft unter dem Titel *Als Einleitung* vorgestellt (s. o. S. 47). Schütz übersandte sein zweites, 1822 erschienenes Heft am 21.6.1822, und es war auch beim Zusammentreffen in →Eger am 12.8.1822 Gesprächsgegenstand. Am 2.10.1822 erging an Riemer die Bitte: »Hierbey [...] das zweyte Heft der Schützeschen Morphologie. Sie werden solche gern durchlesen; ich bitte mit dem Bleystift in der Hand Stellen anzustreichen, die den Sinn des Ganzen aufhellen und vielleicht mitzutheilen sind. Freylich versirt der Verfasser mitunter in düstern Gegenden, wohin zu folgen mir ganz unmöglich ist«. So könnten die schließlich von G. mitgeteilten Auszüge (von S. 60–62, 89f., 93, 135f. und 146 des Heftes) auf Riemers Auswahl beruhen. Im Untertitel sind sie bezeichnet mit Kapitelüberschriften von Schütz: »1) Licht und Seele. 2) Rechtfertigung. 3) Das Dogma der Urreligion. 4) Eine neue Ansicht der Mythologie. 5) Über Mystik« (FA I, 24, 571). Ans Ende stellte G. (Riemer?) ein Zitat aus →Seneca, *Quaestiones naturales* (VII 31, 6), übersetzt: »Eleusis [Stadt mit Mysterienkult der Demeter und Persephone] hütet, was es den Besuchern, erst wenn sie wiederkehren, zeigen will«.

Die *Betrachtungen über eine Sammlung krankhaften Elfenbeins*, überwiegend von der Hand Johns geschrieben und auch in ALH 60 (1842) abgedruckt, widmeten sich einem Thema, das G. bereits über längere Zeit beschäftigte. In den ersten Tagen des Jahres 1798 hatte er in einer Tierschau Elefanten beobachtet. Am 6.3.1798 bekam er von Knebel aus Nürnberg Elfenbeinstücke mit Anomalien (eingeschlossene Gewehrkugeln), die für die handwerkliche Weiterverarbeitung nicht mehr taugten. Ein Manuskript dazu in der Art eines Kataloges vom 26. und 27.3.1798, das er zusammen mit der Sammlung am 30.3.1798 Loder in Jena schenkte und in den *Tag- und Jahresheften* von 1798 erwähnte, ist nicht überliefert, doch konnte G. für den Aufsatz auf alte Aufzeichnungen zurückgreifen (»da ich vorstehendes Verzeichnis unter meinen älteren Papieren finde«; FA I, 24, 581). Am 10.4.1816 schrieb er im Bemühen um neue Elfenbeinstücke erfolglos an Seebeck, und am 20.6.1818 meldet das Tagebuch: »Dr. Seebeck. Krankhafter Elephantenzahn«, wobei unklar bleibt, ob es sich nur um ein Gesprächsthema handelt oder doch noch neues Material beschafft werden konnte. Am 6. und 20.11.1822 schließlich redigierte G. den Aufsatz für seine Zeitschrift. Vor allem ging es G. darum, aus dem Heilungsprozess der durch Gewehrkugeln verwundeten Zähne allgemeine Aussagen über das Wachstum von Zähnen abzuleiten. Dies entsprach ganz seiner Auffassung, aus Missbildungen wichtige Aufschlüsse über Entwicklungsvorgänge erhalten zu können.

Auf den Aufsatz von Carus über die *Urform der Schalen kopfloser und bauchfüßiger Weichtiere*, ein Vorabdruck aus seinem großen Werk über den Wirbel als Urelement tierischer Bildung (s. o. S. 49), folgte die für das fünfte Heft zentrale Abhandlung *Problem und Erwiderung*, die zugleich einen Dialog mit dem Botaniker Ernst Meyer, zunächst in Göttingen lebend und 1826 durch G.s Vermittlung zum Direktor des Botanischen Gartens in Königsberg ernannt, darstellt. Nach einer kurzen, auf den 17.3.1823 datierten Einführung, einem Briefausschnitt an Meyer vom 2.2.1823, folgen die von G. zusammengestellten *Probleme*, die eine Beilage zu diesem Brief darstellten und im Manuskript von Schreiberhand (John) überliefert sind. Den Hauptteil nimmt die am Ende namentlich gezeichnete *Erwiderung* von Meyer ein, deren eigenhändige Ausfertigung im FDH verwahrt wird. In ALH ist der Aufsatz in Bd. 50 (1833) gedruckt.

G. hatte im vierten Heft seiner Zeitschrift dem ihm unbekannten Rezensenten von Wenderoths *Lehrbuch der Botanik* besonderes Lob gespendet (s. o. S. 47f.). Dieser gab sich in einem langen Brief vom 25.8.1822 als Ernst Heinrich Friedrich Meyer zu erkennen und erörterte bereits in diesem Brief zahlreiche botanische Fragen zur Individual- und Stammesentwicklung der Pflanzen mit der Empfehlung einer kritischen Analyse der Arten. G. bezeichnete in seiner Antwort vom 10.9.1822 die gemeinsame Position: »Lassen Sie mich das Einzige sagen, worin wir im Ganzen zusammen treffen: die

Wissenschaft, anstatt sich in die Mitte zu stellen zwischen Natur und Subject, geht darauf aus, sich an die Stelle der Natur zu setzen, und wird nach und nach so unbegreiflich als diese selbst. Will nun der unbewußte Mensch hier sich in Worten aussprechen, so haben wir den traurigen Mysticismus der das Labyrinth verwirrt«. In den *Tag- und Jahresheften* von 1822 machte G. in knapper Form der Stellenwert deutlich, den er Meyer beimaß: »Das Verhältniß zu Ernst Meyer gab mir neues Leben und Anregung«. G. hatte Meyer am 2.2.1823 noch die *Probleme* übersenden können, bevor ihn eine schwere Herzerkrankung für mehrere Wochen von jeglicher Arbeit abhielt. Doch als er Meyers Antwort vom 7.3.1823, die *Erwiderung* also, am 13.3. als »schöne Sendung« im Tagebuch festhielt, war er wieder soweit hergestellt, dass er sich gleich damit intensiver befassen konnte. Bereits am 28.3.1823 erhielt Riemer eine Satzanweisung, und als G. am 20.9.1823 das fertige Heft an Meyer sandte, bat er diesen um einen weiteren Beitrag, den Meyer aber nicht mehr lieferte. Trotzdem wurde die Korrespondenz zukünftig fortgesetzt. Die zwischen G. und Meyer ausgetauschten Fragen betrafen die natürliche Systematik der Pflanzen und deren Metamorphosen als Entwicklungserscheinungen. Besonders beeindrucken musste G., dass Meyer in seinen Ausführungen sehr genaue Kenntnis von G.s Studien zeigte und diesen in wichtigen Punkten zustimmte, wenn er auch eigene Kenntnisse und Positionen einbrachte. Gegenüber dem Göttinger Historiker Georg Sartorius bezeichnete G. schon am 26.9.1822 selbst diese Übereinstimmungen: »So haben Sie z. B. einen Doctor Ernst Meyer bey sich in Göttingen, welchem ich seinen Theil meines Nachlasses durch eine Schenkung unter den Lebendigen zu übergeben nicht nöthig habe, da er auch ohne dieß auf dem Wege, den ich schon längst für den rechten halte, fortschreitet«.

Von dem Aufsatz *Bedeutende Fördernis durch ein einziges geistreiches Wort* ist handschriftlich nur ein kleines Fragment sowie ein nicht berücksichtigter Entwurf des Schlusses erhalten. Das Stück wurde auch in ALH 50 (1833) aufgenommen. Der Leipziger Professor für Psychiatrie, Johann Christian Friedrich August →Heinroth hatte G. am 29.10.1822 sein *Lehrbuch der Anthropologie* (Leipzig 1822) zugesandt und dazu mitgeteilt: »Wenn Sie nun im vorliegenden Versuche, den Menschen vollständig aufzufassen, Seite 387fg., sich selbst als den Schöpfer des echten wissenschaftlichen Verfahrens dargestellt finden, so bitte ich Ew. Exzellenz, diese Anerkennung nur als einzeln herausgehoben aus dem Kreise von Verpflichtungen anzusehen, die auch mir Ihr geistiges Leben und Wirken auferlegt hat« (FA I, 24, 1123f.). Gegenüber Sulpiz Boisserée äußerte G. am 22.12.1822, dass »neuerlich ein werther unterrichteter Mann meine Art und Weise ein *gegenständliches Denken* genannt hat, welches nämlich immer im Angesicht des Gegenstandes sich bilde und äußere. Ich bin wohl zufrieden mit dieser Auslegung meiner Träume«. Und auch in den *Tag- und Jahresheften* von 1822 erwähnte G. den Einfluss Heinroths: »*Heinroths* Anthropologie gab mir Aufschlüsse über meine Verfahrensart in Naturbetrachtungen [...]«. Gemeint ist G.s ständiger Perspektivwechsel zwischen Beobachtung am Objekt und geistiger Verarbeitung, das Schauen zugleich mit den Augen als Sinnesorgan und den Augen des Geistes, wie G. es genannt hat. Im März und April 1823 schrieb G. den Aufsatz nieder (vgl. Tgb, 12., 21., 30. und 31.3. sowie 1. und 5.4.), im Mai/Juni weisen die Zeugnisse auf die Drucklegung. In seiner Zeitschrift *Ueber Kunst und Alterthum* (V, 2, 1825) hat G. ein weiteres Stück zu Heinroths *Anthropologie* publiziert.

Die im Manuskript nicht überlieferte und auch in ALH 50 (1833) gedruckte Rezension *Die Raubtiere und Wiederkäuer* geht auf die Hefte 3 und 6 von d'Altons Werk *Über Skelette* zurück (Heft 3: *Die Skelette der Raubtiere*; Heft 6: *Die Skelette der Wiederkäuer*; 1822/1823), die der Autor G. am 3.9.1822 und am 19.3.1823 zugesandt hatte und die diesen laut *Tag- und Jahresheften* von 1822 »belehrt und erfreut« hatten. Zum besseren Verständnis und aufgrund der Tatsache, dass G. zunehmend weitere Beiträger für seine Zeitschrift suchte (vgl. an Nees von Esenbeck, 2.2.1823), stellte er dem eigenen Beitrag den Aufsatz d'Altons *Über die Anforderungen an naturhistorische Abbildungen im allgemeinen und an osteologische insbesondere* voran, der die Techniken des Zeichnens natürlicher Gegenstände behandelte. Diesen hatte d'Alton mit der Übersendung der vierten Lieferung (= Heft 6) angekündigt; er war am 31.3.1823 in Weimar eingegangen. G. schloß an seine kurze Rezension einen Vergleich antiker Pferdeköpfe an, ein Thema, das im Tagebuch vom 26.5.1823 belegt ist und das einen Übergang von der Naturforschung zur bildenden Kunst bezeichnet.

Ein kleiner Text ohne Überschrift, im Inhaltsverzeichnis der morphologischen Hefte *Allgemeine Betrachtung* genannt, ist im Manuskript nicht überliefert und in ALH 50 (1833) unter dem Titel *Einfluß des Ursprungs wissenschaftlicher Entdeckungen* abgedruckt. Zur Entstehung liegen keine Zeugnisse vor, inhaltlich findet man Anklänge an die Entwürfe zur → Geschichte der Farbenlehre aus dem Jahr 1798.

Die neuerliche Anzeige *Gemälde der organischen Natur in ihrer Verbreitung auf der Erde, von Wilbrand und Ritgen in Gießen* griff auf die erste Bekanntmachung in Morph I, 4 zurück (s. o. S. 49 f.). Hier diente sie G. als Einleitung zu einer kurzen Rezension: *Friedr. Siegmund Voigt, Hofrat und Professor in Jena: System der Natur und ihrer* [im Originaltitel: ihre] *Geschichte. Jena 1823.* Manuskripte sind zu beiden Texten nicht überliefert, der Schlusssatz des ersten sowie der komplette zweite sind auch in ALH 60 (1842) gedruckt. Zum Satz gingen die beiden Stücke vermutlich am 27.5.1823. Friedrich Siegmund Voigt, ein Neffe von Blumenbach, war seit 1807 Professor der Botanik in Jena, nach dem Wechsel von Schelver nach Heidelberg auch Direktor des Botanischen Gartens. Mit G. stand er in ständigem Austausch, vor allem über botanische und anatomische Fragen, aber auch über Gegenstände der Farbenlehre. Da Voigt bereits in seinem *System der Botanik* (Jena 1808) G.s Metamorphosenlehre als Basis betrachtet hatte, galt er für G. als enger Vertrauter und Gleichgesinnter. In seinem von G. rezensierten Lehrbuch von 1823, das er diesem am 5.2.1823 zusandte und mit dem dieser sich an den beiden Folgetagen beschäftigte, griff er G.s Anschauungen erneut auf und wies auch auf G.s Wirbeltheorie des Schädels hin, zu einer Zeit, als Oken bereits in polemischer Weise seine Prioritätsansprüche gegenüber G. vertrat.

Sechstes Heft
(= Zweiter Band, zweites Heft; 1824)

Am Anfang des sechsten und letzten Heftes *Zur Morphologie* stand ein Aufsatz des geschätzten Botanikers Nees von Esenbeck: *Irrwege eines morphologisierenden Botanikers* (vgl. LA II, 10A, 922–924).

G.s erster Beitrag ist das Stück *Von dem Hopfen und dessen Krankheit, Ruß genannt*, den man als Nachtrag zu dem Text über *Verstäubung, Verdunstung, Vertropfung* aus Morph I, 3 ansehen kann. In der Handschrift liegen ein Entwurf zum Schluss sowie die Druckvorlage vor, jeweils von dem Schreiber John mit Korrekturen G.s. Am 17.9.1823 war G. von der Kur in Böhmen zurückgekehrt, wo er Hopfenkulturen besonderes Interesse gewidmet hatte. In Weimar verfolgte er das Thema weiter: am 20.9. entlieh er aus der Weimarer Bibliothek den 25. Band der *Ökonomischen Enzyklopädie* von Johann Georg Krünitz mit Artikeln über → Hopfen und Honigtau, am 24.9. die ersten beiden Bände von Christian Schkuhrs *Botanischem Handbuch* (Wittenberg 1791/1796), am 25.9. vermerkte das Tagebuch »Hopfenblüthen aus der Frau Gräfin Henckel Garten« und am 29.9.1823 sandte G. ein vom Rußtaupilz angegriffenes Hopfenblatt mit einer »Notiz« und »Fragen« (wohl dem Text *Von dem Hopfen [...]*) an Nees von Esenbeck. Dessen Antwort vom 17.10.1823 publizierte G. im Anschluss an seinen eigenen Text unter dem Titel *Über Ruß, Mehltau und Honigtau, mit Bezug auf den Ruß des Hopfens.* Noch einmal griff G. das Thema weiter hinten im Heft auf mit dem Aufsatz *Noch etwas über den Ruß des Hopfens, nachgebracht von Herrn Bergmeister und Justitiarius Lößl zu Falkenau*, den dieser ihm am 14.3.1824 gesandt hatte.

Unter dem Titel *Die Lepaden* lieferte G. einige Bemerkungen zur Morphologie der Entenmuscheln, die früher zu den Mollusken (Weichtieren) gestellt wurden, heute als Ordnung der Rankenfüßer oder Cirripedia zu den niederen Krebstieren gerechnet werden. Die Druckvorlage, von John geschrieben, datiert auf den 20.12.1823. Der Aufsatz wurde auch in ALH 55 (1833) gedruckt. Am 8.4.1823 hatte G. aus der Jenaer Universitätsbibliothek den zweiten Band der Pariser *Mémoires du Muséum d'Histoire naturelle* von 1815 entliehen, der auch einen Aufsatz von Georges Cuvier zu den →Lepaden enthielt. Am 13. und 14.4. begann er mit der Arbeit am Aufsatz, wenige Tage danach ließ er sich entsprechende Präparate aus Jena kommen. Am 14.12.1823 weist das Tagebuch das Diktat aus, am 19.12. die Redaktion, am 20.12. den Abschluss. Am 27. und 28.12.1823 unterzog G. den Druckbogen der Korrektur. Vor dem Enddruck sah er ihn am 25.6.1824 noch einmal durch. Eingangs äußerte sich G. zustimmend zu den Arbeiten von Carus, von dem ein Text (*Grundzüge allgemeiner Naturbetrachtung*) aus der Einleitung seines Werkes *Von den Ur-Teilen des Schalen- und Knochen-Gerüstes* (1828) in der Zeitschrift vorangeht, auf das damit zum insgesamt dritten Mal hingewiesen wurde (s. o. S. 48f.).

Sowohl Umfangsprobleme als auch die thematische Nähe zum folgenden Beitrag veranlassten G., die Rezension *Das Sehen in subjektiver Hinsicht, von Purkinje. 1819* in die morphologischen Hefte aufzunehmen, obwohl die Thematik der physiologischen und subjektiven Farben ansonsten in den naturwissenschaftlichen Heften abgehandelt wurde. Im vorliegenden Band ist der Aufsatz im Übersichtsartikel zur *Farbenlehre* behandelt (s. u. S. 128f.).

Die Anzeige von *Ernst Stiedenroth Psychologie zur Erklärung der Seelenerscheinungen Erster Teil. Berlin 1824* ist handschriftlich von Friedrich Theodor David →Kräuter und John mit Korrekturen G.s und Riemers überliefert und auf den 15.6.1824 datiert. In ALH ist sie in Bd. 50 (1833) aufgenommen. Der Theologe und Philosoph Ernst →Stiedenroth, ab 1819 in Berlin als Dozent und ab 1825 als Professor in Greifswald tätig, hatte G. sein Werk am 8.5.1824 zugesandt; dieser unterzog es zwischen dem 11. und 14.6.1824 einer intensiven Lektüre mit Anstreichungen und Randbemerkungen (dokumentiert in LA II, 10A, 115–138). Bereits am Folgetag lag das Manuskript vor, das G. am 16.6. noch einmal mit Riemer besprach. G. versuchte darüber hinaus, Näheres zu Stiedenroth in Erfahrung zu bringen und schrieb am 27.6.1824 an Schultz: »Nun aber sagen Sie mir ein Wort von *Ernst Stiedenroth*! Die Unterhaltung mit seiner *Psychologie* macht mich schon seit vier Wochen glücklich. Es ist gar zu angenehm sein inneres Leben, Streben und Treiben so außer sich gesetzt zu sehen; es ist mir noch nie vorgekommen diese Vermittlung des Abstracten, ja des Abstrusen mit dem gemeinen Menschenverstand, der uns doch eigentlich im Innern allein behaglich macht; es ist eine unglaubliche Totalität in diesem Vortrag und mag übrigens mit der Sache seyn, wie es will, so glaubt man auf einen Augenblick das Unbegreifliche zu begreifen« (zurückhaltende Antwort von Schultz am 8.7.1824). Den zweiten Teil des Werks erhielt G. im Mai 1825 mit Brief von Stiedenroth vom 30.4.1825, erwähnt ihn aber nur zwischen dem 6. und 8.5.1825 ohne weiteren Kommentar im Tagebuch. In seine Zeitschrift *Ueber Kunst und Alterthum* (V, 2, 1825) hat G. zwei Aphorismen zu Stiedenroths *Psychologie* aufgenommen (s. u. S. 59f.).

Der kurze Beitrag *Specimen anatomico-pathologicum inaugurale de labii leporini congeniti natura et origine, auctore Constant. Nicati. 1822*, von John mit Korrekturen G.s und Riemers niedergeschrieben und auch in ALH 55 (1833) gedruckt, zeigt Nicatis Bestätigung eines Zwischenkieferknochens beim Menschen an, eine Ansicht, mit der G. bei den Fachgelehrten 1784 und in den Folgejahren nicht durchgedrungen war. Ausgehend von einer Missbildung, der Hasenscharte (Labium leporini), hatte Nicati bei Embryonen den Entwicklungsprozess von Oberkiefer und Zwischenkieferknochen nachvollzogen. G. hatte Nicatis Werk, vom Autor bereits im Juni 1822 zugesandt (und in einem zweiten Exemplar am 21.5.1824 von Blumenbach mit der Kennzeichnung »wackere Schrift« erhalten; vgl. Bratranek 1, 49), zunächst unbeachtet gelassen und erst aus einer Rezension in der JALZ (Nr. 175) von Burkhard Wilhelm Seiler vom September 1823 in seiner Relevanz für die eigenen Studien erkannt. Darauf zeigte er Nicatis Thesen an, mit dem Hinweis, »daß hier abermals beinahe vierzig Jahre nötig waren« (FA I, 24, 617), um seine eigene Entdeckung anerkannt zu sehen.

Hatte G. in zwei früheren Arbeiten seine Ansichten über den Aufbau des Schädels aus Wirbeln kurz genannt (vgl. FA I, 24, 506 u. 597f.), so widmete er der Thematik am Ende seiner Hefte

Zur Morphologie noch einen eigenständigen, wenn auch kurzen Beitrag: *Das Schädelgerüst aus sechs Wirbelknochen auferbaut*, dessen Druckvorlage von der Hand Johns auf den 23.6.1824 datiert ist und der auch in ALH 55 (1833) aufgenommen wurde. G. betonte hier die große Verbundenheit mit den Arbeiten von Carus, der wie er selbst von sechs →Wirbelknochen zur Schädelbildung ausging, wenn auch die Zuordnung der Wirbelteile zu den Schädelknochen erheblich differierte. Andererseits ist eine Kritik an Oken, dessen »Lehre [1807] tumultuarisch und unvollständig ins Publikum« gelangte, und auch an Spix, auf dessen »würdiges Prachtwerk«, die *Cephalogenesis* (s. u. S. 57), »der falsche Einfluß« »am schlimmsten wirkte« (FA I, 24, 619), unübersehbar. Oken trat zu dieser Zeit sehr scharf mit eigenen Prioritätsansprüchen an der Wirbeltheorie des Schädels gegen G. auf und warf diesem vor, offen für diese Lehre erst eingetreten zu sein, nachdem er, Oken, sie in der Fachwelt durchgesetzt habe.[27]

Anlässlich neuer Skelettfunde in Haßleben (dazu an Nees von Esenbeck, 21.2.1824) nahm G. die in *Fossiler Stier* behandelte Thematik aus dem vierten Heft (s. o. S. 49) mit dem Nachtrag *Zweiter Urstier* wieder auf. Inzwischen hatte er sich laut Tagebuch vom 10.12.1823 mit Cuviers Arbeiten über fossile Stierschädel beschäftigt (»Recherches sur les Ossements fossiles. Nouvelle édition. Tome IV. p. 150«; FA I, 24, 621). Die von der Hand des Schreibers John niedergeschriebene und auf den 24.6.1824 datierte Druckvorlage ist erhalten; der Aufsatz wurde auch in ALH 55 (1833) abgedruckt. G. drückte darin die Hoffnung aus, mithilfe von d'Alton »von dem ganzen in Jena aufgestellten Skelett eines solchen Urstiers [aus Haßleben] genaue Rechenschaft zu geben« (FA I, 24, 622). Dies tat jedoch schließlich Ludwig Heinrich Bojanus, der in den *Nova Acta* der Leopoldina seinen Aufsatz *De uro nostrate ejusque sceleto commentatio* veröffentlichte (13.2, 1827, 411–478) und den Haßlebener Urstier unter dem Namen Bos primigenius als fossile Ochsenspezies näher beschrieb.

Im Anschluss wandte sich G. noch einmal der *Vergleichenden Knochenlehre* zu (mit den Abschnitten *A) Knochen die Gehörwerkzeuge betreffend, B) Ulna und Radius, C) Tibia und Fibula*). Während der erste Teil des Textes von G.s Hand offensichtlich aus den 1790er Jahren stammt und im Rahmen der Studien zur Gestalt-, Vergleichungs- und Verwandlungslehre (s. o. S. 24–27) niedergeschrieben wurde, ist der zweite Abschnitt, basierend auf Aufzeichnungen und Entwürfen der 1790er Jahre, dem Schreiber John erst für die Veröffentlichung mit dem Datum 9.7.1824 diktiert und anschließend von G. und Riemer korrigiert worden. Der Korrekturbogen trägt das Datum 20.8.1824. Der Aufsatz wurde auch in ALH 55 (1833) aufgenommen. Erneut ist hier die historisierende Art auffällig, mit der G. seine früheren Arbeiten in den Gang der Wissenschaften einordnet, nun aber von einer gesicherten Position ausgehend, zu der die Arbeiten jüngerer Forscher beitrugen. Der Aufsatz schließt mit einem zusammenfassenden Nachwort und dem Hinweis auf die inzwischen erreichte Stellung, »wo Kunst und Wissenschaft, Erkennen und Bilden sich auf sehr hohem Punkte gemeinsam wirkend, zutraulich die Hände bieten« (FA I, 24, 631).

Zum letzten Mal mit den Arbeiten d'Altons beschäftigte sich G. in der Anzeige *Die Skelette der Nagetiere* (Hefte 4 u. 5 in d'Altons Gesamtwerk *Die Skelette*; 1823/1824), deren Druckvorlage von der Hand Johns mit Korrekturen G.s und Riemers das Datum 15.8.1824 trägt. Druckort in ALH ist Bd. 55, 1833. D'Alton hatte das vierte Heft (als insgesamt fünfte Lieferung) am 16.8.1823 gegenüber G. angekündigt, das fünfte Heft erhielt G. am 2.8.1824. Am Folgetag begann er mit der Rezension, die er schon am 7.8.1824 ins Reine diktierte. Zwischen dem 11. und 14.8.1824 nahm er den Aufsatz erneut vor, der sich nicht auf die Wiedergabe von d'Altons Text beschränkte, sondern sich zu einer physiognomischen Charakterstudie der Nager entwickelte. Wie schon bei der vorhergehenden Rezension von d'Altons Lieferungen (*Die Raubtiere und Wiederkäuer*; s. o. S. 52), setzte G. auch hier ei-

27 Vgl. zum Gegenstand auch G.s Brief an Burdach, 21.7.1821, die Äußerungen von Carus unter dem gleichen Datum in seinen *Lebenserinnerungen* (GG 3.1, 262) sowie G.s Brief an Carus vom 1.1.1824.

nen Text d'Altons voran, den er wieder zur Mitarbeit an seiner Zeitschrift gewinnen konnte: eine vergleichende Besprechung von Friedrich Leopold Bürdes *Abbildungen der vorzüglichsten Pferde [...]* (Berlin 1821–1823) und Rudolph Kuntz' *Abbildungen der königlich Württembergischen Gestüts-Pferde [...]* (Stuttgart 1823), die ihm am 2.8.1824 zugegangen war und für die er am 20.8.1824 dankte, nun bereits seine Rezension zu den Nagetieren ankündigend.

Das letzte morphologische Heft wurde mit einer Besprechung der *Genera et Species palmarum, von Dr. C. F. von Martius. Fasz. I. und II. München 1823* beschlossen. Die Druckvorlage liegt von der Hand Johns mit Korrekturen G.s und Riemers vor; in ALH erschien der Text erst in Bd. 58 (1842). G.s Beziehung zu dem Münchner Botaniker und Brasilienreisenden Carl Friedrich Philipp von Martius war durch einen Brief von Nees von Esenbeck vom 14.7.1822 eingeleitet worden, der eine von Martius aus →Brasilien mitgebrachte Pflanze →Goethea benannt hatte. Martius tauchte nun im Briefwechsel mit Nees von Esenbeck und dem Grafen Sternberg auf, bevor er sich am 23.10.1823 persönlich an G. wandte und diesem erste Tafeln der *Genera et Species palmarum* sowie das Manuskript *Einiges von den Palmen, naturgeschichtlich und morphologisch* (publiziert erst 1932 von Alexander von Martius) vorlegte (→Palme); das Gesamtwerk wurde schließlich bis 1850 ausgegeben und umfasste 245 Tafeln. G. erhielt die erste Sendung am 1.11.1823, legte am Folgetag ein Schema dazu an, schrieb am 5.11. lobend an Schultz und Johann Heinrich Meyer darüber und beschäftigte sich am 7.11. erneut damit. Am 3.12.1823 dankte G. Martius, sandte das Manuskript zurück und erbat einen Beitrag für die morphologischen Hefte, worauf Martius am 9.3.1824 aber nur einen bereits gedruckten Aufsatz, die Rede *Die Physiognomie des Pflanzenreiches in Brasilien* (München 1824) zuschickte, den G. am 13.3. erhielt, studierte und schließlich in seine Rezension kurz einbezog. Erst für den 16.8.1824 – möglicherweise lag G. nun die zweite Lieferung vor – sind wieder Studien zu Martius belegbar; am 25.8. meldet das Tagebuch einen angekündigten Besuch von Martius für den 13.9.1824. Dies war wohl die Anregung, sich in den nächsten Tagen, vor allem zwischen dem 5. und 12.9., gemeinsam mit Johann Heinrich Meyer mit Martius zu beschäftigen und den Aufsatz zu konzipieren, den man Martius bei seinem Besuch am 13./14.9.1824 vorlegen konnte. Am 18.9. ging letztes Manuskript in Druck, am 1.10.1824 erhielt G. die fertigen Aushängebogen. Die Mitarbeit Johann Heinrich Meyers an den ersten Abschnitten der Rezension hat zu dem Irrtum geführt, dass der Botaniker Ernst Meyer beteiligt gewesen sei.[28]

Nicht in die Zeitschrift *Zur Naturwissenschaft überhaupt, besonders zur Morphologie* aufgenommene Stücke, Nacharbeiten zu den Heften *Zur Morphologie* (1817–1826)

Bei den folgenden, ganz überwiegend kleinen Texten handelt es sich um Nebenprodukte, Vorgesehenes, dann aber Verworfenes, für zukünftige, nicht mehr zustande gekommene Hefte Geplantes oder aus Korrespondenzen mit Carl August (*Blatt und Wurzel*) und mit Nees von Esenbeck (*Über zwei emetische Wurzeln*) Hervorgegangenes. Wichtig erscheinen vor allem der (nach dem in Morph II, 2 publizierten) zweite Aufsatz *Über Martius Palmenwerk*, der Natur- und Kunstbetrachtung zusammenführt und die beiden Pflanzenmonographien über →*Bryophyllum calycinum*, denen G. weitere in der gleichen Art folgen ließ.

Der in zwei Abschnitten, jeweils mit der Überschrift *Verbreiterung*, vorliegende Text in der Handschrift des Jenaer Bibliotheksangestellten Weller gehört vermutlich in den Kontext der *Nacharbeiten und Sammlungen* zur Pflanzenmetamorphose von 1817 (s.o. S. 44), in denen G. sich mit dem hier ebenfalls genannten Werk von Georg Friedrich Jäger, *Über die Mißbildungen der Gewächse [...]* (Stuttgart 1814), auseinandersetzte. Weller zählte seit 1818 zu G.s Schreibern. G. lehnte wie Jäger die auf Linné zurückgehende Vorstellung, dass die Missbildung einer

28 So in GS, Nr. 119 und QuZ 4, 451.

Verbreiterung durch Verwachsung von Sprossachsen entstehe, ab und brachte dagegen seine in der Schrift über die *Metamorphose der Pflanzen* entwickelte Säftelehre ins Spiel. Danach sollte das Phänomen der Verbreiterung auf »allzu starken [...] Antrieb von [...] Säften« (FA I, 24, 645) zurückzuführen sein. Heute macht man für die meist erbliche Erscheinung Störungen in den Steuerungsmechanismen der Zelle verantwortlich.

Das Stück → *Wacholder in Goethes Garten*, ursprünglich für die *Tag- und Jahreshefte* von 1809 verfasst, ist in zwei Manuskripten (Entwurf und Reinschrift) von der Hand des Bibliotheksschreibers Kräuter überliefert. Die Reinschrift wurde auf eine zugehörige Zeichnung aufgeklebt, nach G.s Tagebuch am 29.3.1819. Beschrieben wird der während eines Sturms in der Nacht vom 30. auf den 31.1.1809 im Garten am Stern an der Ilm umgestürzte Wacholderbaum, von dem G. auch ein Aquarell anfertigen ließ (vgl. Abb. S. 820; Künstler nicht eindeutig identifiziert). Während das naturwissenschaftliche Interesse der Struktur des Holzes galt (vgl. auch *Merkwürdige Heilung eines schwer verletzten Baums*; s. o. S. 48), erscheint der umgestürzte Baum auch als Symbol für eigenes Altern und Vergänglichkeit. G. ließ Erinnerungsstücke wie Brieföffner und Dosen aus dem Holz fertigen.

Ein *Kraniologie* überschriebenes Manuskript hat G. am 26.7.1820 dem Jenaer Schreiber Johann David Gottlob Compter diktiert. Der Text setzt sich kritisch mit dem Werk *Cephalogenesis sive capitis ossei structura, formatio et significatio* von Johann Baptist Spix (München 1815) auseinander, der im Sommer 1820 kurz vor der Rückkehr von einer Forschungsreise nach Brasilien stand. G. hatte bereits in den *Tag- und Jahresheften* von 1817 darüber geschrieben: »*Spix* Cephalogenesis erscheint: bei mannichfaltiger Benutzung derselben stößt man auf unangenehme Hindernisse. Methode der allgemeinen Darstellung, Nomenclatur der einzelnen Theile, beides ist nicht zur Reife gediehen; auch sieht man dem Text an, daß mehr Überliefertes als Eigengedachtes vorgetragen werde«. In gleicherweise negativem Sinn äußerte sich G. auch in Briefen gegenüber Carus (13.1.1822) und Burdach (21.7.1821), wogegen in den Heften *Zur Morphologie* die Hinweise auf Spix moderat gehalten sind (vgl. FA I, 24, 489 und 619). Spix zählte (wie auch Oken, der 1807 in Jena seine Antrittsvorlesung *Über die Bedeutung der Schädelknochen* gehalten hatte und mit G. um die Priorität in der Wirbeltheorie des Schädels stritt) zu den Vertretern der Naturphilosophie. Obwohl diese sich in der Terminologie oft an G. anlehnten und diesen für ihre Anschauungen vereinnahmen wollten, lehnte G. insbesondere ihr hemmungsloses Analogisieren sowie übertriebenes Bestreben, für G. getrennte Phänomene als Modifikationen eines einheitlichen Grundmusters zu sehen, ab. Im speziellen Fall richtete sich G.s Unmut gegen Spix' Ausführungen zu den Knochen des Gesichtsschädels, deren korrekte Ableitung aus dem Element des Wirbels eingefordert wird.

Das Schema über das heute gemeinhin als ›Goethe-Pflanze‹ bekannte Brutblatt *Bryophyllum calycinum [I]*, am 11.9.1820 dem Schreiber John in Jena diktiert, dürfte die Vorarbeit zu einem geplanten Aufsatz in den *Nova Acta* der Leopoldina darstellen; es wurde aber nicht weiter ausgeführt und erhielt erst 1826 eine kurze Fortsetzung. Bryophyllum zählt zur Familie der tropischen Dickblattgewächse (Crassulaceae) und vermehrt sich auch durch aus den Blättern hervortreibende Brutpflänzchen. Der heutige Artname für B. calycinum ist Kalanchoe pinnata. 1800 gelangte ein erstes Exemplar über Kalkutta in den Botanischen Garten in London. G. erhielt ein Brutblatt (wohl nur ein einzelnes Blatt, keine Pflanze) auf seiner Böhmenreise im Sommer 1818; am 29.10.1818 demonstrierte er es Adele Schopenhauer und am 29.12.1818 sandte er damit Carl August Neujahrswünsche: »Ew. Königlichen Hoheit wüßte nicht kürzer und anschaulicher die Wünsche Ihrer treuen Angehörigen an dem heutigen Fest darzulegen, als in beykommender botanischer Merkwürdigkeit. Möge alles was Höchstdieselben vornehmen und stiften, wie bisher nach allen Seiten Wurzel schlagen und jedes Blatt vielfach neue Pflanzen hervorbringen«. G. kultivierte die Pflanze und erwähnte sie in den *Nacharbeiten und Sammlungen* zur Metamorphoseschrift (FA, I, 24, 467 f.; s. o. S. 44) sowie im Aufsatz *Verstäubung, Ver-*

dunstung, Vertropfung (ebd. 519; s. o. S. 46). Am 24.6.1819 berichtete er Nees von Esenbeck über das Wachstum: »Sodann muß ich vermelden daß an meinem Bryophyllum, nachdem es neun einfache Blattpaare hervorgebracht, wovon die letzten an Größe zunahmen, sich die zehnten Blätter wieder in drey zu theilen anfangen«. Weitere Zeugnisse für G.s Beschäftigung mit der Pflanze liefern der Brief August von Goethes an seinen Vater vom 3.7.1820 und G.s Schreiben an Nees von Esenbeck vom 23.7.1820, in dem bereits von der geplanten »Monographie« die Rede ist, die Nees in seiner Antwort vom 26.8.1820 ausdrücklich erbittet. Am 24.10.1820 sendet G. ein Brutblatt an August, der es an die Familie Schopenhauer weiterleiten soll; mitgeliefert wird die Anleitung: »Ein schon keimendes Blatt, welches an Ort und Stelle sogleich flach auf eine nicht allzufeuchte Erde zu legen ist. Man kann den Gewächstopf mit einer leichten Pappe zudecken, oder ihn auf sonst eine Weise im Dunkeln und Kühlen halten, bis die Pflänzchen aus den Einkerbungen hervortreten und Wurzel fassen; alsdenn lieben sie Licht und Sonne und einige Feuchtigkeit, die ihnen am besten von unten herauf mitgetheilt wird«. Und auch die *Tag- und Jahreshefte* von 1820 halten für berichtenswert: »Ich fuhr fort mich mit Wartung des Bryophyllum calycinum zu beschäftigen, dieser Pflanze die den Triumph der Metamorphose im Offenbaren feiert«. Das nicht ausgeführte Schema lieferte G.s Beobachtungen zur Keimung, zur Entwicklung, zur Teilung der Stengelblätter, zur Reaktion auf Beleuchtung, Standort, Temperatur und Feuchtigkeit. Die Angaben zur Herkunft hat G. der Beschreibung von William Curtis aus dem Londoner *Botanical Magazine* (Bd. 34, 1811) entnommen (vgl. Balzer 1949).

In dem Stück *Zur Verstäubung* teilte G. Beobachtungen am Champignon mit, die er bereits in *Verstäubung, Verdunstung, Vertropfung* in Morph I, 3, 293 (FA I, 24, 513) dargelegt hatte. Da G. auf den Druckort in der Überschrift verweist, muss die Notiz nach der Drucklegung im Jahr 1820 entstanden sein. Das Manuskript liegt in der Handschrift von G.s Schreiber John vor. Eine weitere Handschrift, auf die in einem Auktionskatalog von Charavay und Thibaudeau (London 1879) verwiesen wird, ist verschollen. Dort wird der Text auf den 21.7.1822 datiert, einen Tag, den G. auf der Kur in Marienbad verbrachte.

Die *Anzeige für Mursinna* stellt einen kurzen Nachruf auf Christian Ludwig Mursinna dar, der in Morph I, 2 eine biographische Notiz über Wolff publiziert hatte (s. o. S. 45). Veranlasst wurde G. durch eine Todesanzeige in den *Berlinischen Nachrichten von Staats- und gelehrten Sachen* vom 24.5.1823. Die Handschrift ist die des Schreibers John und datiert auf den 8.6.1823. Das Stück wurde unter den Papieren zu *Ueber Kunst und Alterthum* verwahrt, fand dort aber keine Verwendung.

Auch die *Unbillige Forderung* liegt im Manuskript von G.s Schreiber John vor; datiert ist sie auf den 27.6.1824. Der Text antwortete vermutlich auf eine Kritik von Karl Heinrich Schultz (*Die Natur der lebendigen Pflanze*, Berlin 1823, § 125), G. habe sich in seinen botanischen Studien nicht genügend mit der Wurzel beschäftigt. G. verteidigte seine Position, da die Wurzel »niemals [...] eine Steigerung« (FA I, 24, 654) aufweisen könne. Tatsächlich hatte G. bereits 1787/1788 in Italien das Verhältnis von Blatt und Wurzel thematisiert (vgl. LA II, 9A, 58), ebenso 1796 in *Wirkung des Lichts auf organische Körper* (vgl. FA I, 24, 311–313; s. o. S. 31 f.). Zu einem neuerlichen Versuch, die Wurzel in sein System zu integrieren, vgl. *Blatt und Wurzel* (s. u. S. 59).

Vermutlich als Konzept einer Fortführung der Rezension zu *Genera et species palmarum [...]*, womit 1824 Morph II, 2 beschlossen wurde (s. o. S. 56), oder als weitere, möglicherweise für *Ueber Kunst und Alterthum* geplante Besprechung ist der Text *Über Martius Palmenwerk* anzusehen, der im Manuskript von der Hand Johns mit Korrekturen G.s vorliegt. Auffällig eng schloß sich G. bereits am Beginn, aber auch im weiteren Verlauf an die Rezension an. Martius hatte G. am 23.10.1823 die ersten Tafeln der *Genera et Species palmarum* zugesandt. Anders als bei der Rezension, ging G. in der neuerlichen Beschäftigung auch von kunsttheoretischen Überlegungen aus, mit denen er sein Lob an den reichen Illustrationen der naturkundlichen Gegenstände untermauerte.

Mit einem Brief vom 17.9.1824 erhielt G. von Karl Christian Gottlob Sturm, der in Tiefurt bei

Weimar einen landwirtschaftlichen Betrieb geleitet hatte und 1819 nach Bonn gewechselt war, den vierten Band der von ihm herausgegebenen *Beiträge zur teutschen Landwirtschaft und deren Hülfswissenschaften*, in dem sich (auf S. 38–46) Sturms Aufsatz *Beiträge zur Schafzucht und Wollkunde* befand. Daraus gab G. ein Zitat wieder, nämlich »daß sich eine Race durch die andere verändern lasse und dann konstant bestehe, nach dem Gesetze des Zahnwechsels« (FA I, 24, 659). Der Text wird in G.-Ausgaben unter dem Titel *Veränderlichkeit der Rassen* abgedruckt, der Titel darf aber nicht eine genealogische Verwandtschaft in der Stammesgeschichte suggerieren, die G. nicht annahm. John schrieb die kleine Notiz nieder, die auf den 4.10.1824 datiert ist.

Mit dem Aufsatz *Zur vergleichenden Osteologie von Goethe, mit Zusätzen und Bemerkungen von Dr. Ed. d'Alton*, der 1824 in den *Nova Acta* der Leopoldina erschien (12.1, 323–332; faksimiliert und kommentiert bei Wenzel 1994), kam G. zumindest teilweise einer bereits 1819 und 1820 geäußerten Bitte von Nees von Esenbeck nach, für diese Zeitschrift einen Beitrag zu leisten. Da G. sich aber weitgehend auf die Lieferung von Bildmaterial beschränkte und der Text, von einem Zitat aus G.s *Nachträgen* zur Zwischenkieferabhandlung aus Morph I, 2 zum Kasseler »Goethe-Elefanten« abgesehen (vgl. FA I, 24, 488f.), von d'Alton stammte, fehlt die Abhandlung in der Regel in G.-Ausgaben. Besonderen Wert erhält sie durch die beigegebenen drei Tafeln, von denen zwei den Schädel des jungen asiatischen Elefanten aus Kassel (die erste von vorn und hinten, die zweite von der Seite und von unten) und die dritte den Schädel des erwachsenen afrikanischen Elefanten aus dem Jenaer Museum zeigen. Die erste Tafel war bereits 1798 von Johann Heinrich Lips in Zürich gefertigt worden, die beiden anderen wurden 1823 von J. Schubert in Bonn gestochen. Zur Entstehungsgeschichte des Aufsatzes ist die Korrespondenz zwischen G. und Nees von Esenbeck sowie d'Alton zwischen dem 28.12.1820 und 20.7.1824 heranzuziehen, auf die hier nicht im Einzelnen eingegangen werden kann.

Der Aufsatz *Blatt und Wurzel* liegt als Konzept von der Hand des Schreibers John vor. Er ging am 20.3.1825 an Carl August, zusammen mit einem Begleitbrief, in dem G. die Absicht damit kennzeichnete, »einige Beyspiele des allgemeinen Wurzellebens vor Augen zu bringen. Versuche dieser Art können nicht genug empfohlen werden, indem sie die innern geheimen Absichten der Natur an den Tag fördern«. Im Gegensatz zu seinen Thesen in *Unbillige Forderung* (s.o. S. 58) wandte sich G. hier den verschiedenen Erscheinungsformen von Wurzeln in der Botanik zu.

Das Stück *Über zwei emetische Wurzeln* behandelt mit den Wurzeln von Ipecacuanha und Raiz preta zwei Pflanzenwurzeln, die für Brechmittel Verwendung fanden. Es liegt in vier Handschriften von G.s Sekretär Johann Christian →Schuchardt mit Korrekturen G.s vor, eine davon ist eine Briefbeilage zu einem Brief an Nees von Esenbeck vom 16.11.1825. Carl August hatte in der *Karlsruher Zeitung* vom 2.11.1825 einen Hinweis auf eine angebliche Heilpflanze bei Wassersucht gefunden, die der Forschungsreisende Georg Heinrich von Langsdorff in Brasilien entdeckt haben wollte und unter den Artnamen Chiococca ramosa und Ch. anguifuga, auch Raiz preta (Schwarzwurzel) genannt, beschrieben hatte. Am 10.11.1825 fragte Carl August in der Sache bei G. an; dieser übersandte am Folgetag seinen Aufsatz *Über zwei emetische Wurzeln* und holte Auskünfte (persönlich oder aus der Literatur) bei seinem Arzt Wilhelm →Rehbein (Gutachten in LA II, 10B.1, 222f.), bei Nees von Esenbeck (vgl. an Nees, 16.11.1825 und Antwort vom 25.11.) sowie bei den Brasilienreisenden Martius und – über Carl Franz Anton von Schreibers in Wien (vgl. an diesen, 29.1.1826) – Johann Baptist Emanuel →Pohl ein. Dessen Antwort konnte er am 21.7.1826 an Carl August übermitteln. Die Ermittlungen ergaben schließlich, dass das ›Wundermittel‹ aufgrund verwechselter Abbildungen fälschlich als wirksam gegen Wassersucht eingeschätzt wurde, wovon G. abschließend dem Grafen Sternberg (19./23.9.1826) und Nees von Esenbeck (27.9.1826) berichtete.

Unter dem Titel *Stiedenroths Psychologie zur Erklärung der Seelenerscheinungen* druckt LA zwei Notizen zu Stiedenroths Werk mit gleichem Titel ab, das G. bereits in Morph II, 2 (1824) rezensiert hatte (s.o. S. 54). Der Text liegt, teilweise zweifach, von der Hand Johns mit Korrekturen G.s vor. Er gehört zu einer Gruppe von Aphorismen, die im Dezember 1824 entstanden sind (vgl. Tgb vom 1., 2., 14., 19., 20., 28. und 29.12.1824) und unter dem Titel *Einzelnes* in KuA V, 2 (1825) aufgenommen wurden. Bereits unter dem Datum 5.11.1824 hatte G. das Stichwort »Stiedenroth« für die Behandlung in KuA vorgemerkt (vgl. LA II, 10A, 702). Der entsprechende Druckbogen wurde am 22.2.1825 fertiggestellt. Offenbar besaß Stiedenroths Werk für G. einen hohen Stellenwert, so dass er nicht nur in seiner morphologischen Zeitschrift darauf hinweisen und es darüber hinaus einem größeren Leserkreis bekanntmachen wollte.

Gleiches gilt für das kurze Stück *Heinroths Anthropologie*, das ebenso – mehrfach von John mit Korrekturen G.s niedergeschrieben – in die Aphorismensammlung in KuA V, 2 (1825) aufgenommen wurde, nachdem G. Johann Christian August Heinroths *Lehrbuch der Anthropologie* (Leipzig 1822) in Morph II, 1 unter dem Titel *Bedeutende Fördernis durch ein einziges geistreiches* Wort bereits ausführlich rezensiert hatte (s. o. S. 52). Zu dem Stück, das mit fünf Versen aus der Marienbader *Elegie* abschließt, existiert ein ausführlicher Entwurf (vgl. LA II, 10B.1, 22f., M 4).

Der Aufsatz *Bryophyllum calycinum [II]* schließt an das Schema *Bryophyllum calycinum [I]* (s.o. S. 57f.) an. Auf die Niederschrift durch den Schreiber John verweist wohl die Tagebuchnotiz vom 24.3.1826: »Aufsatz angefangen über Bryophyllum calycinum«. Zeitgleich schrieb G. an Nees von Esenbeck: »Seit May vorigen Jahrs wachsen wieder frische Pflanzen des Bryophyllum calycinum vor meinen Augen auf. Nach meiner Art, die sich eine symbolische Monographie liebt, macht mir die Betrachtung derselben viel Vergnügen; ich will suchen, meine Gedancken darüber und dabey ordnungsgemäß aufzuzeichnen. Eine der früheren mehrjährigen Pflanzen ist vor'm Jahr [am 14.6.1825 mit Demonstration vor der Großherzogin Luise] reichlich zur Blüthe gekommen und die älteren Stengel-Blätter brachten zugleich, in der Luft hängend, muntere frische Pflänzchen hervor. ›Alles in Einem und aus Einem‹ glaubt ich mit Augen zu sehen. Ich muß endigen, sonst möcht ich in's Abstruse geraten«. Auch im zweiten Anlauf hat G. die Thematik nicht zu einer abgeschlossenen Abhandlung geführt, obwohl bis zum Jahr 1830 zahlreiche Zeugnisse die Beschäftigung mit der Pflanze, die immer mehr zum Symbol für Verjüngung, Freundschaft und Liebe wurde, belegen, insbesondere in der Korrespondenz mit S. Boisserée und Marianne von Willemer. Diese erhielt am 12.11.1826 ein Bryophyllum mit dem Gedicht: »Was erst still gekeimt in Sachsen, / Soll am Maine freudig wachsen. / Flach auf guten Grund gelegt, / Merke wie es Wurzel schlägt! / Dann der Pflanzen frische Menge / Steigt in lustigem Gedränge. / Mäßig warm und mäßig feucht, / Ist, was ihnen heilsam deucht. / Wenn du's gut mit Liebchen meinst, / Blühen sie dir wohl dereinst« (WA I 4, 276).

Die *Mitteilungen aus der Pflanzenwelt von Goethe mit zwei Steindrucktafeln (aus den Jahren 1827 und 1828)* knüpfen an zwei Stellen aus einem von G. am 2.4.1828 an Nees von Esenbeck gesandten Brief (von der Hand Johns) an, die Nees einleitete und ausführlich kommentierte, um schließlich alles in den *Nova Acta*, der Zeitschrift der Leopoldina, zum Druck zu bringen (15.2, 1831, 363–384). Thematisch umfassen sie zwei völlig unterschiedliche Bereiche: die Beschreibung der Graslilie Anthericum comosum (später Anthericum Sternbergianum Schult., heute Chlorophytum comosum Thunb.) und die »Verstäubung todter Fliegen« (an Nees von Esenbeck, 21.9.1826), die G. bereits in Morph I, 3 und 4 thematisiert hatte (s. o. S. 46 u. 48). Als Reaktion auf diese beiden Publikationen G.s hatte Nees von Esenbeck am 10.10.1825 einen Aufsatz über die mikroskopische Untersuchung des Fliegenstaubes nach Weimar gesandt, offenbar als Beitrag für G.s Zeitschrift *Zur Morphologie*, die G. aber nicht mehr fortsetzte. So blieb der Aufsatz zunächst mit unklarer Bestimmung in Weimar liegen (vgl. an Nees von Esenbeck, 13.11.1825) und wurde schließlich am 2.4.1828 an Nees zurückgesandt. Inzwischen hatte dieser an der Thematik weitergearbeitet, teilweise mit Unterstützung seines Assistenten Franz Julius Ferdinand Meyen, und immer wieder G. darüber berichtet (zu den Einzelheiten vgl. LA II, 10B.1, 780f.). Über diese Arbeiten konnte Nees von Esenbeck nun, sein altes aus Weimar zurückerhaltenes Manuskript und die neuen Untersuchungen heranziehend, unter dem Titel *Conferven Bildung aus toten Fliegenleibern* summarisch in den *Nova Acta* berichten. Den zweiten, in der Abfolge vorangehenden Beitrag von Nees von Esenbeck stellt sein Kommentar zu G.s Beschreibung der Pflanze Anthericum comosum aus dem Brief vom 2.4.1828 dar. G. hatte anschließend, am 31.5.1828, auch ein Exemplar der Pflanze an Nees übersandt, die er 1827 durch Carl August ohne Benennung aus den Gärten von Belvedere erhalten hatte. Zuvor hatte G. eine Beschreibung der Pflanze sowie eine Blüte, später eine ganze Pflanze, dem Grafen von Sternberg übermittelt (vgl. an Graf Sternberg, 18.1. und 22.3.1828), um sie von diesem bestimmen zu lassen. Insbesondere interessierte sich G. für die vegetative Form der Vermehrung durch Stolonen, die ihm als Überlebenssymbol erschien. Am 21.1.1829 verfasste G. eine kleine Pflanzenmonographie zu Anthericum comosum (s. u. S. 64), und bis 1830 wird diese Pflanzenart in Briefwechseln und Gesprächen thematisiert. Nees von Esenbeck teilte im Anschluss an G.s Briefstelle vom 2.4.1828 seine Untersuchungen der Pflanze für den Band der *Nova Acta* mit. Dessen Erscheinen im April 1832 hat G. nicht mehr erlebt; Nees von Esenbeck sandte ein Exemplar an Ottilie von Goethe, G.s Schwiegertochter.

Arbeiten zur Morphologie 1828–1831: Botanische Studien zum Weinbau, Ergänzungen zur Metamorphosenlehre; Pflanzenmonographien; Joachim Jungius – Vorbereitende Arbeiten zu Neudruck und Übersetzung der *Metamorphose der Pflanzen* ins Französische

Die in diesem Kapitel zusammengefassten Arbeiten können ursprünglich insgesamt als Vorbereitungen zur deutsch-französischen Ausgabe *Versuch über die Metamorphose der Pflanzen* (1831) angesehen werden (s. u. S. 67–72). Teilweise sollten sie auch dort zum Druck kommen, doch machte eine Änderung der Konzeption mit drastischer Kürzung des zunächst Vorgesehenen diese Pläne zunichte, so dass diese Stücke zu G.s Lebzeiten nicht mehr publiziert wurden.

Nach dem Tod Carl Augusts am 14.6.1828 zog sich G. vom 7.7. bis 11.9. in die Einsamkeit von Dornburg zurück, und nach den intensiven Arbeiten für ALH und den zweiten Teil des *Faust* beschäftigte er sich nun wieder ausgiebig mit morphologischen, vor allem botanischen Studien, wozu sowohl die Korrespondenzen mit Nees von Esenbeck, dem Grafen Sternberg, Ernst Meyer, Carus u. a. sowie die unmittelbaren Natureindrücke beitrugen. Drei Briefe an Soret, im ersten Monat des Dornburg-Aufenthaltes verfasst, unterstreichen den wichtigen Einfluss der Lektüre von Augustin Pyrame de →Candolle, einem Lehrer Sorets, im Zusammenhang mit dem nun intensiv verfolgten Plan, die *Metamorphose der Pflanzen* erneut, und dieses Mal auch für das französische Publikum, abzudrucken. Am 21.6.1828 erfuhr Soret: »Schon seit acht Tagen beschäftigte mich Herrn De Candolle's Organographie végétale, ein merkwürdiges, gerade zu unsern Zwecken nützliches und nothwendiges Werk: man belehrt sich, wie weit die Erfahrung gelangt ist, inwiefern man das Wissen zusammengebracht hat und es wissenschaftlich aufzustellen bemüht ist. Hier tritt nun der Mensch methodisirend der Natur gegenüber, und in der Methode das Individuum mit den Gleichgesinnten. Da macht es sich denn dießmal gar hübsch: Herr De Candolle, welcher vom Besondern in's Allgemeine geht, behandelt uns andere, die wir vom Allgemeinen in's Besondere trachten, nicht unfreundlich, und gar viele der beiderseitigen Enuntiationen, wie sie sich begegnen, sind gleichlautend; an wenig Stellen erscheint ein Widerstreit, welcher keiner Auflösung bedarf; es sind nur zwey verschiedene Sprachen, und man versteht sich wohl. Wenn wir, mein Bester, zu unsern Vorsätzen Athem gewinnen, so wird uns dieses Werk von größtem Nutzen seyn, und gerade jetzt kommt es mir sehr zu statten; ich mag es aufschlagen wo ich will, so erinnert es mich an die alte, befreundete, ewig bildende und umbildende Natur, woher wir das Leben empfingen und wohin wir es wieder zurückgeben«. Eine Woche später, am 28.6.1828, wurde gegenüber dem gleichen Adressaten der

Bezug zur eigenen Schrift über die Pflanzenmetamorphose und der Plan einer Neuauflage mit Übersetzung von G. bereits deutlicher angesprochen: »Lassen Sie mich indeßen von dem wohlthätigen Einflusse sprechen, den unser botanisches Vorhaben auf mich ausübt. Bey'm Aufwachen, wo ein so großer Verlust [Tod Carl Augusts] immer wieder auf's neue lebendig wird, greife ich nach dem Werke des Herrn De Candolle und bewundere ihn, wie er alle die unendlichen Einzelheiten zu behandeln weiß. Auch wird mir immer klärer, wie er die Intentionen ansieht, in denen ich mich fortbewege und die in meinem kurzen Aufsatze über die Metamorphose zwar deutlich genug ausgesprochen sind, deren Bezug aber auf die Erfahrungs-Botanik, wie ich längst weiß, nicht deutlich genug hervorgeht. Wie er in's Licht zu setzen sey wird uns denn gar wohl gelingen, wenn es in den Sternen geschrieben ist, daß unser gemeinsames Unternehmen zu Stande kommen soll«. Am 10.7.1828 zog G. bereits ein erstes Fazit, berichtete an Soret von ersten Entwürfen, sprach auch immer wieder vom Gedenken an den verstorbenen Carl August: »Hier liegen die Weinberge vor meinem Fenster, die unser Fürst noch vor drey Jahren anlegte und deren Früchte, wie von so manchem andern Gepflanzten, die Nachkommenschaft genießen wird. In dieser absoluten Einsamkeit nun gelang es mir, die zwey Bände der Organographie des Herrn De Candolle mit stetiger Aufmerksamkeit durchzulesen, die Tafeln mit dem Text zu vergleichen, dabey aber unser Vornehmen immer im Auge zu behalten. Nun sag ich mit Vergnügen, besonders auch zu Ihrer Aufmunterung zu der in den Händen habenden Arbeit: daß dieses Werk zu unsern Zwecken höchst förderlich ist und daß es uns den besten Anlaß gibt, jene zwey wichtigen Vorstellungsweisen bey Behandlung der Natur [die analytische und synthetische] in ein glückliches und faßliches Gleichgewicht zu bringen. De Candolle ist schon so weit vorgegangen daß kein Widerstreit irgend entstehen kann, nur hie und da wird eine Ausgleichung kleiner Differenzen nöthig, wie bey jeder Annäherung, und dieß wird alles diplomatisch, zierlich und galant zu bewirken seyn, ich will im Deutschen möglichst das Maaß zu halten suchen und die französische Übersetzung mag sodann unserm Vortrag die sicherste Vollendung geben. Die Einleitung ist entworfen, ja gewissermaßen geschrieben; nun wird sich aber auch eine Schlußrede nöthig machen; jene würde das Allgemeine, diese das Besondere enthalten. Dabey dürfte, wie schon gesagt, nirgends von Differenz, sondern nur von Ausgleichung, nirgends von Gegensatz, sondern nur von Verständigung die Rede seyn. [...] Auch werden uns diese würdige und weit ausdeutende Gegenstände zu einer lebendigen Unterhaltung dienen, die Belvederischen Schätze werden uns durchaus die erwünschtesten Beyspiele liefern und wir dürfen uns diesen Betrachtungen um so freudiger hingeben, als wir dabey die hohen Absichten und Zwecke unsres verewigten Gönners immer im Auge behalten und bey unsern Bemühungen zugleich sein Andenken zu feyern berufen sind«. Das hier wiederum genannte »Vornehmen« und der Hinweis auf »die französische Übersetzung« deuten erneut auf den schon 1824 in Sorets Tagebuch festgehaltenen, aber erst im Frühjahr 1828 konkret gewordenen Plan einer deutsch-französischen Ausgabe der Schrift über *Die Metamorphose der Pflanzen*, bei der Soret schließlich als Übersetzer mitwirkte. In diesem Kontext kam es in der Folge noch zu einer ganzen Reihe kleinerer Einzelstudien, die im Folgenden vorgestellt werden, sowie auch zur näheren Beschäftigung mit der Person und dem Werk von Joachim →Jungius. Wie G. diese Arbeiten in den Neudruck der Metamorphoseschrift zu integrieren suchte, beweisen zwei Schemata. Das erste sandte er am 3.8.1828 aus Dornburg an Soret: »Das unternommene Werklein würde [...] ohngefähr Folgendes enthalten: 1) Ein *Vorwort*, worin erzählt wird, wie ich auf den Gedanken gekommen, diesen Theil der Naturlehre zu erforschen und hervorzuheben. 2) Die [Schrift über die] *Metamorphose* selbst. 3) Eine kurze Geschichte wie seit Anno 1792 gedachte Lehre in Deutschland Einfluß gewonnen und auch in Frankreich sich entfaltet. Sämmtlich mit Ihrer Übersetzung an der Seite. 4) Das Capitel aus der Organographie: Sur la Symétrie des plantes, das heißt: Von der gesetzmäßigen Pflanzen-Bildung [s. u. S. 64], im Original und mit meiner Übersetzung an der

Seite. Dazu noch einzelnes daher Bezügliche aus eben diesem Werke, vielleicht auch einiges was der Verfasser in der Théorie élémentaire hierüber ausgesprochen. 5) Hierauf wenige *Noten* zu Verständniß und Ausgleichung kleiner Differenzen, welche eigentlich nur aus der Verschiedenheit beider Sprachen entspringen. 6) *Wunsch* und *Aussicht*, was durch dieses alles auf das botanische Wissen zu wirken sey. 7) Wenn es räthlich befunden wird, wenige Worte aus der *höheren Naturlehre*; wo wir den Vortheil haben, daß wir beynahe ganz in der Terminologie sprechen können in welcher Herr Cousin seine jetzt abgeschlossenen Vorlesungen über Geschichte der Philosophie vorgetragen hat. Alles dieses bereit ich vor, damit wenn wir wieder zusammen kommen, unser Werk gefördert und abgeschlossen werde. Ich für mein Theil bin dieser glücklichen Veranlassung ein wünschenswerthes Resumé vieljähriger eigener und fremder Bemühungen schuldig«. Hier wird unter Punkt 7) ein weiterer, für die Naturforschung wesentlicher Aspekt dieser Jahre angesprochen: die Auseinandersetzung mit französische Philosophen, vor allem Victor →Cousin, die das Problem der analytischen und synthetischen Methode intensiv diskutierten. Daraus erwuchs G.s Beitrag →*Analyse und Synthese* (s.u. S. 230f.), vor allem aber stellt diese Thematik den Hintergrund für *Principes de Philosophie zoologique* dar: eine zweiteilige Rezension, in der es zentral um den Streit der analysierenden und synthetisierenden Naturforscher geht, hier festgemacht an ihren Hauptvertretern Georges →Cuvier und Étienne Geoffroy Saint-Hilaire (s.u. S. 73–75). Nachdem Soret im Winter 1828/1829 intensiv an der Übersetzung der *Metamorphose der Pflanzen* gearbeitet hatte, sandte ihm G. am 19.2.1829 ein neues Schema zu, in dem auch weitere Titel der im Folgenden vorgestellten kleineren Texte erscheinen, Ausdruck eines Plans, der so nicht zur Umsetzung kam: »[1) vermutlich Vorwort und 2) *Metamorphose der Pflanzen*; Text nicht überliefert.] 3) Geschichte der Studien des Verfassers. 4) Wirkung des Büchleins bis auf die neuste Zeit. 5) Ästhetische Pflanzenbetrachtung. 6) De Candolle Théorie élémentaire de la Botanique. 7) Dessen Kapitel: Sur la symétrie des plantes. 8) Noten zu besserem Verständnis und zu Ausgleichung kleiner Differenzien der Denkweisen und Sprachen. [am Rand: Schwierigkeiten, wo Noten a priori und a posteriori zusammentreffen.] 9) Aussichten und Einfluß dieser Lehren zu weitern Einsichten ins botanische Studium. – Monographie auf Morphologie gestützt. 10) Weinbau. Neu vorgeschlagene Methode, Prüfung derselben aus der Morphologie hergeleitet. 11) Ersparnis der Figuren, durch Bezug auf De Candolles und anderer Werke« (LA II, 10B.1, 461).

Gleich zu Beginn seines Dornburger Aufenthaltes (7.7. bis 11.9.1828) diktierte G. seinem Schreiber John die in dem neuen Schema unter 10) anklingenden *Entwürfe zu einem Aufsatz über den Weinbau*, die in mehreren unabhängig voneinander verfassten und von G. korrigierten Manuskriptteilen überliefert und auf den 5., 7. und 8.8.1828 datiert sind. Unmittelbarer Anlass waren Gespräche mit dem Hofgärtner Franz Baumann in den Dornburger Weinbergen, so am 3.8.1828, als Baumann G. auf eine Schrift über den Weinbau von Johann Sigismund Kecht hinwies: *Versuch einer durch Erfahrung erprobten Methode, den Weinbau in Gärten und vorzüglich auf Weinbergen zu verbessern* (4. Aufl. Berlin 1827). Den Vorschlägen Kechts, eines dilettierenden Weinliebhabers, folgte G. in der Folgezeit und versprach sich von ihnen Steigerungen der Ernte. Waren schon im Juli 1828 in Tagebuch und Korrespondenzen vereinzelt Hinweise auf den Weinbau gegeben worden, so beschäftigte G. sich im August intensiv mit der Thematik (Zeugnisse vom 4.–10., 12.–15., 18., 19., 21.–24., 26., 28. und 30.8.1828). Und noch die letzten Dornburger Tage Anfang September bezeugen die Lektüre von Alexander Hendersons *History of ancient and modern wines* (3.9.) und den Besuch eines Weinbergs (7.9.). Nach der Rückkehr nach Weimar hat G. dem Grafen Sternberg am 5.10.1828 über seine Weinbau-Studien in Dornburg berichtet, bis 1831 gibt es diverse Nachklänge zu dieser Zeit (vgl. z.B. an Graf Sternberg, 30.1.1829; an Zelter, 15.11.1831). Das Thema wurde jedoch schließlich im Neudruck der Metamorphoseschrift nicht berücksichtigt, die *Entwürfe* blieben fragmentarisch und ungedruckt.

Der Aufsatz *Von dem Gesetzlichen der Pflanzenbildung* stellt eine Übersetzung aus Augustin Pyrame de Candolles *Organographie végétale, ou description raisonnée des organes des plantes* (2 Bde., Paris 1827; hier Bd. 2, 236–244) dar. Manuskript des französischen Textes ist von der Hand Schuchardts überliefert; die auf Dornburg, 1. und 25.8. sowie 1. und 2.9.1828 datierte Übersetzung liegt von der Hand Johns mit Korrekturen G.s vor. G.s Plan, den Text in die deutsch-französische Ausgabe des *Versuchs über die Metamorphose der Pflanzen* aufzunehmen, wurde durch die Publikation von de Candolles Werk in deutscher Übersetzung bei Cotta überholt (*Organographie der Gewächse*, übers. von Karl Friedrich Meisner. Stuttgart, Tübingen 1828). De Candolle, dessen *Théorie élémentaire de Botanique* (Zürich 1813) G. schon seit langem kannte, war einer der Lehrer von Soret. In der *Organographie végétale*, deren Lektüre im Zentrum von G.s botanischen Studien in Dornburg stand, nahm de Candolle auch auf G. Bezug.

Ebenfalls als Beitrag zur Neuausgabe des *Versuchs über die Metamorphose der Pflanzen* war das von John am 8.9.1828 in Dornburg niedergeschriebene Stück *Ästhetische Pflanzen Ansicht* gedacht. Das Tagebuch hält dazu fest: »Ästhetische Betrachtungen über die Blumen im Gegensatz von dem Wissenschaftlichen«. Wissenschaft und Kunst, hier Botanik und Pflanzenmalerei, wurden schon 1817 im Aufsatz *Schicksal der Druckschrift* thematisiert; ausführlicher widmete sich G. dem Gegenstand im gleichen Jahr in dem in KuA I, 3 erschienenen Aufsatz *Blumen-Malerei*.

Die im Manuskript von Kräuter mit Korrekturen G.s vorliegenden, nicht datierten *Poetischen Metamorphosen* lassen sich an das vorhergehende Stück anschließen. Offensichtlich stehen auch sie im Zusammenhang mit Arbeiten zur Geschichte der Metamorphosenlehre, mit denen sich G. 1828 in Vorbereitung der deutsch-französischen Ausgabe des *Versuchs über die Metamorphose der Pflanzen* befasste.

Ebenfalls in dieses Umfeld gehören mehrere Manuskripte, sämtlich von der Hand Johns, die unter dem Obertitel *Monographie auf Morphologie gestützt* zusammengestellt wurden. In der am 19.2.1829 an Soret gesandten Disposition erschienen diese 1828 in Dornburg und in den Folgejahren entstandenen, dann aber nicht für den Druck der neuen Metamorphoseschrift aufgenommenen Arbeiten als »Aussichten und Einfluß dieser [morphologischen] Lehren zu weitern Einsichten ins botanische Studium«. Im Einzelnen handelt es sich bei diesen Stücken um eine kurze, auf den 26.8.1828 datierte Beschreibung der → *Bignonia radicans* (heute Campsis radicans, Klettertrompete), das im September 1830 entstandende Stück *Gang der Metamorphose*, in dem G. auf die verschiedenen Entwicklungsmöglichkeiten von Blütenpflanzen eingeht, sowie um Pflanzenmonographien zu → *Gesneria flacourtifolia* (Art sonst nicht nachgewiesen; Gloxiniengewächs, von G. am 23.7.1831 aus den Gewächshäusern in Belvedere erhalten), *Rhus cotinus* (heute Cotinus coggygria, Perückenstrauch; im Tgb 29.–31.8.1828 in Dornburg erwähnt), *Anthericum comosum* (heute Chlorophytum comosum; bereits in *Mitteilungen aus der Pflanzenwelt von Goethe mit zwei Steindrucktafeln [...]* im Dialog mit Nees von Esenbeck und dem Grafen Sternberg behandelt, s. o. S. 60), Beta vulgaris (*Monstroses Runkelrübenkraut*; auf den 20.9.1830 datierte Beschreibung einer Missbildung) sowie *Cissus* (heute Parthenocissus quinquefolia, Wilder Wein; im Tgb erwähnt 30.8. und 15.10.1828, im Briefwechsel mit dem Gärtner Baumann 26. und 29.9.1829).

Beim Abdruck des *Versuchs die Metamorphose der Pflanzen zu erklären* (1790) in den Heften *Zur Morphologie* (1817) hatte G. auf eine erneute Bearbeitung verzichtet. Nun, für die Neuausgabe der *Metamorphose der Pflanzen* in der deutsch-französischen Ausgabe plante er eine Ausweitung. Aus diesem Anlass entstanden eine Reihe von nicht endgültig bearbeiteten Nachträgen zu einzelnen Teilen der Metamorphoseschrift, die von John und G.s Sekretär Schuchardt niedergeschrieben und von G. mit Korrekturen versehen wurden. Im Einzelnen handelt es sich um die Texte *Bemerkungen zu dem 15. Paragraphen meiner Pflanzen-Metamorphose auf Anregung Herrn Ernst Meyer zu Königsberg*, *Zu §. 15. der Metamorphose der Pflanzen* und *Einzelnes zu Noten bestimmt.* (Weitere Notizen haben den Status von Materialien und finden sich in LA II,

10B.1, M 14 und M 18.1–18.3.) Die *Bemerkungen [...]* gehen auf einen Brief Ernst Meyers vom 11.5.1829 zurück, in dem dieser speziell auf das Internodium zwischen Wurzel und Kotyledonarknoten (heute Hypokotyl) sowie auf den folgenden Sprossabschnitt bis zum Knoten der Primärblätter eingegangen war. Mit dem Verhältnis von Blatt, Knoten und Auge hatte sich G. im 15. Paragraphen der Metamorphoseschrift beschäftigt. Er erhielt Meyers Brief am 24.5.1829 und antwortete am 26.6.1829: »Den 15. Paragraph der Metamorphose werde, sobald ich wieder an die Sache komme, gern nochmals durchdenken. Ich habe freylich gar zu wenig Respect vor den Internodien, doch will ich den Punct nach Ihrer Andeutung nochmals prüfen«. Dies tat er anschließend durch die in den *Bemerkungen [...]* geschilderte Beobachtung der Keimung von Vicia faba (Puff- oder Saubohne) mit der Feststellung, dass die ersten Seitentriebe aus Niederblättern hervorgehen.

Im Sommer 1830 hat G. die Thematik mit dem Text *Zu §. 15. der Metamorphose der Pflanzen* erneut mit weiteren Pflanzenbeispielen (aktuell Ricinus, aus früheren Studien Bryophyllum/Brutblatt und Vitis/Weinrebe) aufgegriffen.

Bei *Einzelnes zu Noten bestimmt* handelt es sich um zahlreiche Einzelstücke, die zum Teil aus älteren Beobachtungen übertragen, andererseits aus Anlass von Lektüren niedergeschrieben wurden. Über Botanisches hinausgehend werden auch die verschiedenen Forschungsweisen in der Morphologie thematisiert, denen G. sich kurz darauf nachhaltig widmen sollte. Und zu einem näherem Verständnis der Forschungsweisen sollten auch die *Noten* beitragen, wie die beiden Dispositionen zur deutsch-französischen Ausgabe der *Metamorphose der Pflanzen* vom August 1828 und Februar 1829 ausweisen. Die meisten Stücke dürften in der zweiten Jahreshälfte 1828 niedergeschrieben worden sein; am 16.7.1828 werden im Tagebuch »Aphorismen« im Zusammenhang mit der Lektüre von de Candolles *Organographie végétale [...]* und F. S. Voigts *Lehrbuch der Botanik* notiert, und ein Brief an Zelter vom 2.1.1829 scheint auf die geplante, aber schließlich nicht ausgeführte Publikation zu deuten. In der an de Candolle orientierten Tendenz zur Vermittlung unterschiedlicher Forschungsverfahren weisen die *Noten* auf G.s Position im Pariser Akademiestreit hin, die er in *Principes de Philosophie zoologique* ebenfalls in ausgleichender Weise einbrachte.

Zur Abhandlung *Leben und Verdienste des Doktor Joachim Jungius, Rektors zu Hamburg*, die als Publikation im Rahmen der deutsch-französischen Ausgabe der Metamorphoseschrift vorgesehen war, dort aber nicht aufgenommen wurde, sind elf Handschriften von John, jeweils zu verschiedenen Textabschnitten und überwiegend mit Korrekturen G.s und Riemers, überliefert. Eine analoge Überlieferungssituation besteht für die zeitgleich entstandenen *Weiteren Studien über Jungius*, die jedoch lediglich schematische und fragmentarische Entwürfe darstellen. Die Beschäftigung mit Jungius gehörte zu G.s Dornburger Studien vom Sommer 1828 und erhielt ihre erste Anregung durch die im Juni 1828 begonnene Lektüre von Augustin Pyrame de Candolles *Organographie végétale*, in deren Vorrede der Name von Jungius erscheint und in einen Zusammenhang mit G. gebracht wird. G. ließ sich daraufhin die in der Jenaer Universitätsbibliothek vorhandenen Titel von Jungius nennen (vgl. an Weller, 27.6.1828, und die Antwort mit den in Jena und Weimar vorhandenen Titeln vom 29.6.), von denen die *Doxoscopiae physicae minores [...]* (Hamburg 1662) sofort ausgeliehen und studiert wurden. Zwischen dem 30.6. und 28.7.1828 liefern Tagebuch und Briefe zahlreiche Zeugnisse zu G.s Beschäftigung mit Jungius, auch weitere Entleihungen aus der Jenaer Bibliothek kamen hinzu (*Mineralia [...]*, Hamburg 1689; *Historia vermium [...]*; Hamburg 1691; *Isagoge phytoscopica [...]*, Hamburg 1678/1679; vgl. Tgb 10., 23.–26.7.1828). An Soret schrieb G. am 2.7.1828: »Dagegen will ich mich auch mit einer Abschrift legitimiren, woraus Sie ersehen werden, wie Herr De Candolle zwey Schulen einander gegenüberstellt und die beiderseitige Methode vereinigen zu wollen den Vorsatz ausspricht. Inwiefern wir also hievon den Anlaß nehmen, uns ihm zu nähern und uns nach seiner Weise auszudrücken, so haben wir auf alle Fälle gewonnen. Den alten *Joachim Jungius*, dessen seltene Schriften, auf die er uns hinweis't, sich auf der jenaischen Bibliothek glücklicherweise befinden, studir ich sehr ernsthaft, um zu erfahren was ich mit diesem grauen Vorgänger gemein habe; bisher war er mir unbekannt geblieben. Über diese Dinge zu Franzosen zu sprechen wird jetzt um soviel leichter als vor Jahren, da gerade gegenwärtig Herr Cousin, von der deutschen Schule ausgehend, die Hauptfragen, die einer jeden Methode zum Grunde liegen, auf eine faßliche Weise zu erörtern bemüht ist [Victor Cousin: *Cours de philosophie. Introduction à l'histoire de la philosophie.* Paris 1828]. Es ist das alte, sich immer erneuernde, mit einander streitende, sich unbewußt immer helfende, in Theorie und Praxis unentbehrliche *analytische* und *synthetische Wechselwirken*; dessen vollkommenes Gleichgewicht immer gefordert und nicht erreicht wird«. Und auch Friedrich Siegmund Voigt bezog G. in seine Jungius-Studien ein. Am 28.7.1828 teilte er ihm mit: »Ew. Wohlgeboren übersende [...] einen Theil der Arbeiten des wieder in's Leben gerufenen Jungius, und zwar denjenigen der Sie besonders interessiren kann. Um Sie nicht durch die große Masse der metaphysischen Doxoskopien abgeschreckt zu sehen, bemerke daß Sie bey dem ersten blauen Zeichen finden werden, welche Art von Betrachtung und Behandlung er den *Pflanzen* gewidmet; doch ist durch das dritte Zeichen das eigentliche Werkchen angedeutet dem er wahrscheinlich seine neuere Auferstehung verdankt: Isagoge Phytoscopica, nach einem Hefte abgedruckt, welches er selbst sorgfältig durchgesehen. Es deucht mir höchst merkwürdig, welch eine Klarheit der Naturansichten sich darin hervorthut. Er muß alle jene historisch-polemisch-kritisch-metaphysischen Irrsale gegen das Ende seines Lebens völlig beseitigt haben«. Voigt antwortet umgehend am 29.7.1828 und sendet am 23.8.1828 die Werke von Jungius zurück, dem gegenüber jedoch Linné »die höchste Bewunderung« (LA II, 10B.1, 411) zukommen müsse. Am 14.1.1829 fragte G. beim Hamburger Archivar Johann Martin Lappenberg wegen möglicher unveröffentlichter Manuskripte aus Jungius' Nachlass nach, erhielt aber erst am 7.1.1831 eine unzureichende Antwort. Nachdem er laut Tagebuch vom 22., 23. und 25.10.1830 erneut Jungius' *Isagoge phytoscopica* studiert und exzerpiert sowie eine Niederschrift über Jungius Rolle in der Naturgeschichte diktiert hatte, beschäftigte sich G. zwischen Februar und April 1831 noch einmal abschließend intensiv mit dem Hamburger Naturforscher. Ein Entwurf vom 22.2.1831 brachte Jungius mit de Candolle in Beziehung, ein »Schema zum Vortrag des Ganzen« ist auf den 3.3.1831 datiert; beide Texte erscheinen zusammen mit anderen Fragmenten in G.-Ausgaben unter dem Titel *Weitere Studien über Jungius.* Zu dieser Zeit (26. u. 28.2.1831) wurden auch die Dornburger Jungius-Studien wieder vorgenommen und geordnet; Riemer erhielt sie am 3.3.1831 zum Redigieren: »Hiebey, mein Theuerster, die, unsern guten Jungius betreffenden Papiere. Denken Sie bey der gefällig unternommenen Arbeit den flüchtigen Entwurf zu einem methodischen Vortrage nochmals durch. Wenn man die Wiederholungen beseitigt, so wird das Übrige meist brauchbar seyn, indem man es umstellt und das Zusammengehörige vereinigt. Ich arbeite indessen, um den Hauptpunct zu völliger Klarheit hindurchzuführen. Da ich mich durch Ihre Theilnahme vollkommen erleichtert fühle, so seh ich erst wieder, wie angenehm eine solche Arbeit ist, welche zu denken gibt, indem sie unterrichtet«. Die Zusammenarbeit mit Riemer im Hinblick auf die Jungius-Papiere ist laut Tagebuch weiterhin für den 4. und 8.4.1831 belegt; am 10.4. stellte der Schreiber John schließlich die Reinschrift von »Joachim Jungius' Leben und Verdienst« (Tgb) her. Daneben sind eine Reihe von Materialien zur Beschäftigung mit Jungius überliefert, die in LA II, 10B.1, 52–62, M 20.1–9 wiedergegeben sind. In der Auseinandersetzung mit Leben und Werk von Jungius berühren sich mehrere Komplexe von G.s Interessen und eigenen Arbeiten: Die Beschäftigung mit de Candolles *Organographie*, die Entstehung und Wirkung von G.s botanischen Schriften, speziell der Metamorphoseschrift, die Geschichte der Farbenlehre, nicht zuletzt die Beurteilung verschiedener Forschungsweisen, mit der sich G. zeitgleich in seiner Rezension zum französischen Akademiestreit (s. u. S. 73–75) befasste. Auch im Zusammenhang mit der Tonlehre wurde Jungius für G. interessant (vgl. an Zelter, 27.7. und 16.12.1828; an F. S. Voigt, 18.7.1828).

Deutsch-französische Ausgabe des *Versuchs über die Metamorphose der Pflanzen* (1831)

Der in der Cotta'schen Buchhandlung erschienene Band umfasst in deutsch-französischem Paralleldruck folgende Teile: 1. *Die Metamorphose der Pflanzen* [Wiederabdruck von 1817] (1–105); 2. *Der Verfasser teilt die Geschichte seiner botanischen Studien mit* (107–163); 3. *Wirkung dieser Schrift und weitere Entfaltung der darin vorgetragenen Idee* (164–225); 4. *Über die Spiraltendenz* (226–239) und 5. *Appendice* (unpaginiert; Dank an Étienne Geoffroy Saint-Hilaire; nur in franz. Text).

Nachdem bereits der Sommeraufenthalt 1828 in Dornburg zu intensiven Planungen und Studien genutzt worden war (s. o. S. 61–64), wandte sich G. am 27.10.1829 an seinen Verleger Cotta, zumal der Schreiber Schuchardt soeben eine Reinschrift des bisher vorliegenden Teils des deutsch-französischen Manuskriptes angefertigt hatte: »Schon längst ist von Naturfreunden der Wunsch geäußert worden meinen älteren Aufsatz über die *Metamorphose der Pflanzen* einzeln abgedruckt zu sehen [...]. Hierauf beschäftigte ich mich, in Gesellschaft des Herrn Hofrath Soret, eine Übersetzung in's Französische auszuarbeiten. Es soll derselben eine Einleitung vorausgehen, wie der Verfasser zu diesen Studien gelangt, und dem Aufsatze selbst die Geschichte folgen, was seit mehr als vierzig Jahren von diesem Puncte der Wissenschaft aus geleistet worden. Ferner sollte es an erläuternden Noten und was sonst zur Aufklärung dieser bedeutenden wissenschaftlichen Angelegenheit dienen könnte nicht fehlen. Zu dieser Arbeit wurden wir vorzüglich aufgemuntert durch die Anerkennung welche Herr Decandolle in seiner Organographie und sonst diesen Ansichten gewidmet. Dagegen hat uns eine indessen in Genf und Paris herausgekommene Übersetzung [von Frédéric de Gingins-Lassaraz, 1829] in unserm Vornehmen nicht irren können. Das sorgfältigst in beiden Sprachen ausgearbeitete Manuscript würde über ein Alphabet [25 Bogen] betragen, wir könnten den Druck alsobald anfangen und wahrscheinlich bis Ostern vollbringen, wenn Ew. Hochwohlgeboren solches in Verlag zu nehmen, den Druck Herrn Frommann zu übergeben und ein Honorar von [Lücke im abgesandten Brief, im Konzept: 1000] Thalern, halb zu Anfang, halb nach Beendigung des Drucks, zu verwilligen geneigt wären. Eine gefällige Erklärung hierauf würde die Angelegenheit entscheiden«. Cotta stimmte am 27.12.1829 zu: »Das Werk über die *Metamorphose der Pflanzen* werde ich mit Vergnügen verlegen und bitte das Honorar dafür gütigst zu bestimmen« (G–Cotta 2, 252). Wie bei den Heften *Zur Morphologie* wurde der Druck bei Frommann in Jena ausgeführt, der Ende Januar 1830 erste Proben des Satzes lieferte. Die Konzeption sah unter Berücksichtigung der begleitenden Einzeltexte ein umfangreiches Werk von über 400 Seiten vor. Zeugnisse von Soret führen den Ablauf der Arbeiten praktisch vor Augen. An seinen Onkel Pierre Étienne Dumont berichtete er am 11.10.1828 über seine Arbeit mit G.: »Die Hauptsache davon ist die Übersetzung eines höchst merkwürdigen Aufsatzes von Goethe, der ›*Metamorphose der Pflanzen*‹, den er vor etwa vierzig Jahren schrieb und in dem sich fast die ganze Pflanzenphysiologie so findet, wie sie heute gelehrt wird. Mehrere andere botanische Schriften, die noch ungedruckt sind, fügt Goethe hinzu, und alles zusammen soll dann in einem Bande mit meiner Übersetzung daneben veröffentlicht werden. Dieser merkwürdige Umweg hat mich darauf gebracht, mich etwas ernstlich mit deutscher Philosophie und der heutigen französischen Schule zu befassen; daraus ergeben sich sehr eigenartige Diskussionen mit Goethe, der alle seine Arbeiten auf philosophischer Grundlage aufbaut [...]« (Zehn Jahre 276f.). In Sorets »Erinnerungen« ist unter dem 16.3.1829 festgehalten: »Im März begann die Revision der ›Metamorphose‹; ich ging mit Goethe die einzelnen Kapitel durch; zuerst las er meine Übersetzung, ohne seinen Text einzusehen; mit dem Gesamteindruck war er zufrieden; dann verglich er Kapitel für Kapitel, zweifelhafte oder falsche Ausdrücke strich er am Rande an, und wir sprachen darüber; darauf wurden die Kapitel dem Abschreiber übergeben« (ebd. 302f.). Parallel zur Übersetzung der zentralen Metamorphoseschrift, an der G. regen Anteil nahm, befasste sich dieser mit der Geschichte seiner botanischen Studien. Ernst Meyer und Friedrich Siegmund Voigt wurden für die Wirkungsgeschichte herangezogen. So entstanden die Beiträge *Der Verfasser teilt die Geschichte seiner botanischen Studien mit* und *Wirkung dieser Schrift und weitere Entfaltung der darin vorgetragenen Idee*, die wiederum an Soret zur Übersetzung gingen. Während die weiteren geplanten und in den Schemata angedeuteten Einzeltexte (s. o. S. 62f.) zunächst unbearbeitet blieben, wandte sich G. noch einem weiteren ergänzenden Aufsatz zu: *Über die Spiraltendenz*; dieser lieferte ein kurzes Fazit aus reichhaltigen Materialien, die G. zu diesem Thema gesammelt hatte, dem er für die botanische Wissenschaft in nächster Zeit große Bedeutung zumaß. Die Entscheidung, den ursprünglich geplanten Umfang zu Lasten zahlreicher noch vorgesehener Texte etwa um die Hälfte zu reduzieren, wurde schließlich im Dezember 1830 aus der Not geboren. Am 10.11.1830 erhielt G. die Nachricht vom Tod seines Sohnes August in Rom, am 25.11.1830 brachte ihn ein Blutsturz in Lebensgefahr. Bereits in den ersten Novembertagen war Soret überstürzt zu seinem im Sterben liegenden Vater nach Genf aufgebrochen. Obwohl das Arbeitsprogramm danach deutlich reduziert war, dauerte es doch noch bis zum 17.6.1831, als die ersten Freiexemplare des nun 240 Seiten umfassenden Bandes aus Jena kamen (zur Druckgeschichte in den Einzelheiten vgl. LA II, 10B.2, 867–872). Vom ursprünglich erwarteten Honorar von 1000 Talern erhielt G. schließlich die Häfte, die er mit Soret teilte. Wegen des geringeren Umfangs forderte der Verleger Cotta nach G.s Tod davon noch einmal die Hälfte zurück. Ein verlegerischer Erfolg war der neuen Edition der Metamorphoseschrift, die erst im November 1831 im Buchhandel erschien, nicht beschieden, mehr noch, sie wurde kaum zur Kenntnis genommen. Nur die Gleichgesinnten wie F. S. Voigt (6.6.1831), von Martius (20.8.1831) und Boisserée (15.12.1831) reagierten in Briefen (vgl. FA I, 24, 1190–1192) mit Zustimmung, ebenso Carus in einer Rezension in den →*Jahrbüchern für wissenschaftliche Kritik* (Jan. 1832, Nr. 1f., Sp. 1–11): »Ist nun irgend eine Idee der neuern Naturwissenschaft fruchtbar geworden, so ist es die der *genetischen Methode*, einer Methode, welche ihr Ziel darein setzt, die Natur nicht als Beharrendes, Erstarrtes und folglich Totes, sondern als das, was sie ihrem Namen und Wesen nach ist, nämlich als *ein stets Werdendes* zu erfassen und zu erforschen. Wir möchten sagen, der Schlüssel zum Verständnis aller der großen Fortschritte, welche die Naturwissenschaften neuerlich gemacht haben, liege wesentlich *in der Idee der Genesis*, und es ist nicht zu leugnen, daß alle Zweige der Naturwissenschaften immer erst um desto mehr den Namen der Wissenschaft verdienen, je mehr in ihnen diese Idee Eingang und Durchbildung gefunden hat. [...] Wir brauchen kaum beizufügen, daß wir, mit allen Wissenden, der bestimmten Überzeugung sind, Goethe habe eben in dem hier vorliegenden Versuch über die Metamorphose der Pflanzen eine solche neue Idee in Wahrheit ausgesprochen und dadurch eine wichtige Epoche in der Geschichte der Naturwissenschaften bezeichnet! Denn wenn wir oben die Auffassung der Genesis überhaupt für das Wesentliche und höchste Eigentum der neuern Naturwissenschaft erklärten, so ist es von allen Sachkundigen anerkannt, daß das Einführen der Idee der Genesis in der Pflanzenkunde, obwohl von manchem Andern vorbereitet, doch ganz eigentlich erst durch diese Goethische Arbeit vollkommen gelungen sei« (zit. nach LA II, 10B.1, 749). Auch Geoffroy Saint-Hilaire, an dessen Urteil G. besonders lag, reagierte in einer Besprechung in der *Revue encyclopédique* (51, 1831, 523–526) ausgesprochen freundlich.

Den ersten Nachtrag zum Wiederabdruck der Metamorphoseschrift stellt die Abhandlung *Der Verfasser teilt die Geschichte seiner botanischen Studien mit* dar, zu der die als Druckvorlage dienende Reinschrift nicht überliefert ist. Gegenüber den Aufsätzen *Geschichte meines botanischen Studiums* und *Entstehen des Aufsatzes über Metamorphose der Pflanzen*, die G. dem ersten Neudruck von 1817 in Morph I, 1 beigegeben hatte und auf denen er inhaltlich und in seiner Überlieferungsgeschichte basierte, handelte es sich um eine wesentlich detailliertere Geschichte von G.s botanischen Studien, deren Erarbeitung im Dornburger Sommer 1828 begonnen worden war. G. ließ vermutlich zunächst die beiden älteren Texte abschreiben, wovon ein handschriftliches Fragment zeugt. Daneben sind zahlreiche weiter ausgearbeitete und geänderte

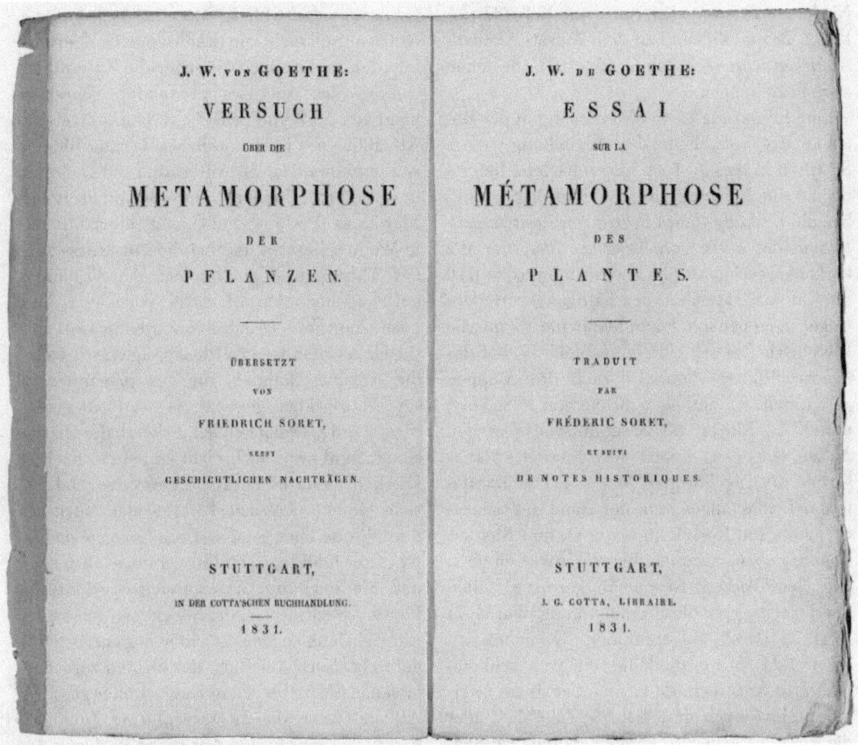
J. W. von GOETHE:
VERSUCH
ÜBER DIE
METAMORPHOSE
DER
PFLANZEN.
ÜBERSETZT
VON
FRIEDRICH SORET,
NEBST
GESCHICHTLICHEN NACHTRÄGEN.
STUTTGART,
IN DER COTTA'SCHEN BUCHHANDLUNG.
1831.

J. W. de GOETHE:
ESSAI
SUR LA
MÉTAMORPHOSE
DES
PLANTES.
TRADUIT
PAR
FRÉDERIC SORET,
ET SUIVI
DE NOTES HISTORIQUES.
STUTTGART,
J. G. COTTA, LIBRAIRE.
1831.

Titelblatt *Versuch über die Metamorphose der Pflanzen* (dt.-franz. Ausgabe, 1831; Übersetzer: Frédéric Soret)

Teile des Manuskripts, überwiegend von der Hand des Schreibers John mit Korrekturen von G. und Riemer, überliefert, weiterhin Schemata, Entwürfe und Notizen. Die zahlreichen Zeugnisse aus dem Briefwechsel mit dem Übersetzer Soret, Datierungen einzelner Notizen und Fragmente im Zeitraum vom 15.8.1828 bis 20.5.1830 sowie diesbezügliche Tagebucheintragungen belegen immer wieder die Arbeit an der Abhandlung. Riemer schrieb am 26./27.8.1828 an G.: »Nunmehr habe ich auch den Aufsatz, welcher die Pflanzenmetamorphose einleiten soll, gelesen und zwar mit der höchsten Teilnahme, ja ich könnte Rührung sagen. Die ersten Anfänge einer Wissenschaft, sind wie die ersten Anfänge einer Religion. Ein sinnlich-geistiges Bedürfnis nähert die sogenannten Stillen im Lande und läßt sie das aufsuchen, woran sie sich gemeinschaftlich so erbauen als ergetzen mögen: Ich will die Sache nicht weiter ausmalen, nur so viel sage ich, daß mir die bereits etablierte, herrschende Wissenschaft wie eine militärische Hierarchie vorkommt, wo alles auf Prunk und Parade, Exercitium und Manövre hinausläuft, wodurch aber nichts gewonnen, und nichts Gewonnenes erhalten wird« (LA II, 10B.1, 413). Unter dem irreführenden Titel *Geschichte meines botanischen Studiums* (so die Überschrift des kürzeren Aufsatzes von 1817) ist die Abhandlung auch in ALH 58 (1842) aufgenommen.

G. nutzte einzelne Arbeiten zur Geschichte der botanischen Studien auch für Teile der *Italienischen Reise*, insbesondere für den Bericht über den zweiten Aufenthalt in Rom. Auch zur

Niederschrift aus →Palermo vom 17.4.1787 (FA I, 15.1, 285 u. 401) und zu dem Aufsatz *Störende Naturbetrachtungen* (ebd. 402–404), bestehen enge Beziehungen.

Eine Ergänzung zu G.s Werdegang in der Botanik, der vor allem die Entstehung seiner Schriften in diesem Fach nachzeichnete, lieferte der zweite Nachtrag zur Metamorphoseschrift, betitelt *Wirkung dieser Schrift und weitere Entfaltung der darin vorgetragenen Idee*, der die wirkungsgeschichtliche Entwicklung seit 1790 bis hin zur aktuellen Beschäftigung mit dem Gegenstand behandelte und G. in die botanische Wissenschaftsgeschichte einordnete. G. hat das handschriftliche Material dazu in drei Mappen gesammelt: sie enthalten Briefe von F. S. Voigt und Ernst Meyer, die abschnittsweise in den Aufsatz eingegangen sind, sowie weitere Manuskripte mit zugehörigem Material. Die überlieferten Textfassungen, von der Hand des Schreibers John mit Korrekturen von G. und Riemer, stehen neben eigenhändigen Entwürfen G.s. Die Druckvorlage ist nur in geringen Teilen überliefert; auch diese Abhandlung wurde in ALH 58 (1842) aufgenommen. G. nahm mit Voigt und E. Meyer die Hilfe von zwei Fachbotanikern in Anspruch, da er offenbar daran zweifelte, selbst einen umfassenden Überblick über die Literatur geben zu können. Bereits im September 1828 bat er den in Jena tätigen Voigt um entsprechende Literaturstellen, in denen die Metamorphosenlehre thematisiert wurde. Ergänzend ging die gleiche Bitte am 30.3.1829 an den Königsberger Botaniker Ernst Meyer. Die von beiden gelieferten Angaben übernahm G. selektiv, aber kaum überarbeitet in seine Abhandlung. Er machte die Fremdzitate zwar kenntlich, verschwieg aber – selbst dem Übersetzer Soret gegenüber – die Namen der beiden Autoren. Erst im Februar/März 1831 konnte die Abhandlung mit der Behandlung von Jean Pierre Étienne Vauchers *Histoire physiologique des plantes d'Europe* (Genf 1830) abgeschlossen werden.

Der dritte und letzte Nachtrag, *Über die Spiraltendenz*, widmete sich der aktuellen botanischen Forschung, speziell den Arbeiten von Martius über die Spiraltendenz der Vegetation. Ähnlich wie beim vorhergehenden Aufsatz hat G. das handschriftliche Material dazu – Texte, Notizen, Entwürfe – in drei Mappen aufbewahrt und daraus einzelne Blätter für die Zusammenstellung des Aufsatzes verwendet. Schreiberhand von John und Schuchardt ist nachweisbar, wie üblich mit Korrekturen von G. und Riemer. Auf einzelnen Handschriften sind die Daten 21. und 27.3.1831 notiert. Der Brasilienreisende Martius (s. o. S. 56) hatte G. vom 4. bis 6.10.1828 in Weimar besucht und bei diesem Anlass auch das Thema der Spiraltendenz der Vegetation angesprochen. Am 28.3.1829 schrieb G. ihm nach München: »Wenn ich aufrichtig seyn soll, theuerster Mann, so würde ich sagen, wir haben die wenigen Stunden, die uns zusammen zu seyn so glücklich gegönnt waren, nicht genug, nicht würdig genug benützt. Scherzhafte Discussionen sind zwar auch nicht zu tadeln, noch zu schelten, denn es blickt immer Ernst und Absicht durch, vielleicht kommt man auch auf diese Weise über gewisse Differenzen eher hinweg; nur fühlt ich nach Ihrer Abreise allzu sehr, daß Sie mich mit der spiralen Tendenz des Pflanzenwachsthums, der Sie eine so geistreiche Entwickelung gegeben, nicht genugsam bekannt gemacht. Nach Anleitung der kleinen zurückgelassenen Skizze bin ich indessen weiter geschritten und finde die merkwürdigsten Zeugnisse und liebenswürdigsten Analogien zu dieser Ansicht, habe manches notirt, einzelnes stehen lassen, anderes zusammengereiht. Nun aber wünscht ich zu Beschleunigung meiner Forschung, daß Sie mir die Entwickelung Ihrer Gedanken auf die Weise mittheilten, wie Sie es in Berlin [auf der Versammlung deutscher Naturforscher und Ärzte] gethan; läßt man ja nach Tausend Nächten noch die Eine gelten, und beglücken Sie nach dreyhundert Naturforschern auch mich, als einen, der in Liebe und Leidenschaft zu diesen ewig lebenden Gegenständen niemandem nachstehen möchte. […] Da auch hiebey von einem Modell die Rede war, so würde solches gut eingepackt mit dem Postwagen, unfrankirt, zu meiner höchsten Zufriedenheit je eher je lieber anlangen. Dieß soll mir mit Ihnen, mein Werthester, eine neue mentale Geselligkeit werden, wie es jetzt schon durch die übersendete brasilianische Reise geworden ist«. Martius antwortete erst nach Anmahnung am

20.8.1829: »Euer Exzellenz beehre ich mich hier beifolgend das Modell vorzulegen [s. Abb. S. 647], durch welches ich versuche, meine Vorstellungsweise vom Blütenbau anschaulich zu machen. Schon viel früher würde die Sendung erfolgt sein, wenn ich nicht gehofft hätte, die Maschine durch einfache Springfedern in der Art zu verbessern, daß man die Stellung der verschiedenen Blätter auf einmal und zwar durch einen Druck verändern könnte. Es erwies sich jedoch, daß eine solche Komplikation das Instrument schwerfällig machen und niemals ohne große Kunstmittel herstellbar sein würde, und ich muß daher Euer Exzellenz bitten, mit diesem unvollkommenen Versuche vorlieb zu nehmen. Das Schlimmste ist, daß ich selbst die Orte, an denen die Blätter sitzen, nicht genauer angeben konnte, so daß diese *jedesmal*, je nachdem man diese oder jene Blumenform darstellen will, geordnet werden müssen. Die grüne Blätter bedeuten den Kelch, die roten die Krone, dann folgen zwei Kreise Staubfäden und endlich fünf Fruchtknotenblätter, letztere von blauer Farbe. […] Die weiteren Entwickelungen sind in meinen beiden Vorträgen zu München und Berlin, welche sich in der Isis gedruckt finden, gegeben. Ich füge nur die Bemerkung bei, daß die Stellung der wahren Blätter an den Zweigen stets eine gesetzmäßige Beziehung zu den Zahlen in der Blüte zu haben scheine« (LA II, 10B.1, 497). Das Tagebuch notierte bereits am 2.4.1829 die Lektüre von David Don, der im *Edinburgh new philosophical Journal* 1828, 21–23, »Spiralgefäße in allen Theilen der Pflanzen« festgestellt hatte, und am 13.10.1829 »Gedanken zu dem Vorkommen der Spiralgefäße in dem Bau der Pflanzen«. Am 27.12.1829 bestätigte G. in einem Brief an Martius die Lektüre der *Isis* mit dessen Texten zur Spiraltendenz [21, 1828, 522–529 und 22, 1829, 333–342]. Martius Antwort vom 18.1.1830 wurde Veranlassung, am 27.1 und 18.2.1830 das Thema der Spiraltendenz mit Eckermann zu diskutieren: »Mittags mit Goethe sehr vergnügt bei Tisch. Er sprach mit großer Anerkennung über Herrn *von Martius*. ›Sein Aperçu der Spiraltendenz, sagte er, ist von der höchsten Bedeutung. Hätte ich bei ihm noch etwas zu wünschen, so wäre es, daß er sein entdecktes Urphänomen mit entschiedener Kühnheit durchführte, und daß er die Courage hätte, ein Faktum als Gesetz auszusprechen ohne die Bestätigung allzusehr im Weiten zu suchen.‹ […] Goethe erzählte mir sodann, daß seine *Metamorphose der Pflanzen* mit *Sorets* Übersetzung gut vorrücke, und daß ihm bei der jetzigen nachträglichen Bearbeitung dieses Gegenstandes, besonders der Spirale, ganz unerwartet günstige Dinge von Außen zu Hülfe kommen. ›Wir beschäftigen uns, sagte er, wie Sie wissen, mit dieser Übersetzung schon länger als seit einem Jahre, es sind tausend Hindernisse dazwischen getreten, das Unternehmen hat oft ganz widerwärtig gestockt, und ich habe es oft im Stillen verwünscht. Nun aber komme ich in den Fall alle diese Hindernisse zu verehren, indem im Laufe dieser Zögerungen, außerhalb, bei andern trefflichen Menschen, Dinge herangereift sind, die jetzt als das schönste Wasser auf meine Mühle, mich über alle Begriffe weiter bringen, und meiner Arbeit einen Abschluß erlangen lassen, wie es vor einem Jahre nicht wäre denkbar gewesen‹ « (FA II, 12, 688 u. 441 f.). In der Folgezeit gab es nur vereinzelte Äußerungen, so am 5.5.1830 die Notiz im Tagebuch: »Die Collectanea über die Spiraltendenz der Pflanzen separirt und einigermaßen geordnet«. Auch im Oktober/November 1830 und im Januar 1831 wurde die Spiraltendenz erwähnt. Anlass, endlich einen Abschluss zu finden, war die Lektüre von Alexander Brauns Arbeit *über die Ordnung der Schuppen an den Tannenzapfen* (Nova Acta 15.1, 1831, 195–402), zu der G. am 19.2.1831 im Tagebuch vermerkte: »Dr. Alexander Braun, Spiralstellung der Schuppen an den Tannenzapfen. Erscheint höchst merkwürdig, zum Abschluß meines Aufsatzes […] mit Aufmerksamkeit studirt«. Und am Folgetag: »Fortgesetztes Studium der Braunischen Blattstellung. Rückkehr auf meine bißherigen Arbeiten, die dadurch abgeschlossen und rückwärts begünstigt werden«. Die Druckvorlage *Über die Spiraltendenz* wurde am 27.3.1831 vom Schreiber John niedergeschrieben; am 29.3.1831 war laut Tagebuch das Manuskript abgeschlossen, am 31.3.1831 ging es an Riemer. Zeugnisse aus dem April (11., 13., 15. und 18.) weisen auf die Drucklegung und die Übersetzung ins Französische hin. Die Mappe mit Pflanzendarstellungen, die G. am 19.12.1830

Maria Pawlowna schenkte, enthielt auch Aquarelle mit der Darstellung von Phänomenen der Spiraltendenz, so verbänderte Eschenzweige (LA II, 10B.2, Taf. IIIa u. b), Zwangsdrehung der Weberkarde (ebd. IIa u. b) und des Baldrian (ebd. VII).

Appendice, eine kleine Widmung für Geoffroy Saint-Hilaire, sandte G. im Manuskript am 19.5.1831 an Soret, in dessen Nachlass in Genf der Text überliefert wurde. In die deutsch-französische Ausgabe des *Versuchs über die Metamorphose der Pflanzen* wurde auf der letzten unpaginierten Seite (240) lediglich die französische Übersetzung aufgenommen. G. wollte damit Geoffroy für seinen Aufsatz *Sur des écrits de Goethe lui donnant des droits au titre de savant naturaliste* (*Annales des Sciences naturelles*, Februar 1831, 188–193) danken, der wiederum durch den ersten Teil von G.s Rezension von Geoffroys Schrift *Principes de Philosophie zoologique* veranlasst war. Geoffroy hat G. gleichermaßen als Poeten, Philosophen und Naturforscher gewürdigt, Naturwissenschaftliches in *Dichtung und Wahrheit* und in der *Italienischen Reise* aufgespürt und vor allem G.s Gedanken eines gemeinsamen Bauplans hervorgehoben, der wiederum Geoffroys Vorstellungsart eines gemeinsamen Typus für das gesamte Tierreich gedankenverwandt erschien. So endete die deutsch-französische Ausgabe der *Metamorphose der Pflanzen* gleichsam mit einem Ausblick auf G.s Rezension *Principes de Philosophie zoologique*, die eine Publikation von Geoffroy thematisierte und die verschiedenen wissenschaftlichen Vorstellungsweisen in den Mittelpunkt stellte.

Letzte morphologische Arbeiten 1830–1832: Weitere Studien zur Spiraltendenz; erneute Publikation der Zwischenkieferabhandlung; Anteilnahme am Pariser Akademiestreit zwischen Cuvier und Geoffroy Saint-Hilaire, *Plastische Anatomie*

Für den Aufsatz *Über die Spiraltendenz* (s. o. S. 70f.) innerhalb der Neuausgabe der *Metamorphose der Pflanzen* (1831) hatte G. seit April 1829 umfangreichere Materialien gesammelt, die er im Druck überwiegend nicht berücksichtigte, und auch danach bemühte er sich um Beispiele für das Phänomen, über das er Kanzler von Müller am 22.12.1829 schrieb: »[...] mich hat der Gedanke von gesetzlicher Spiralwirkung bey'm Entfalten und Ausbilden der Pflanzen vom ersten Augenblick an, als ich ihn vernommen, beschäftigt [...]«. In entsprechenden Handschriften werden Datierungen vom 5.6., 12.9. und 7.10.1831 genannt und im Tagebuch vom 25.11.1831 heißt es: »Einige angenehme Entwicklungen bezüglich auf die Vertical- und Spiraltendenz der Pflanzen gelangen mir«. Diese Beobachtungen bezogen sich sowohl auf die äußere Ausbildung der Pflanze (horizontale bzw. vertikale Wuchsform und spirales Wachstum) wie auf innere Strukturmerkmale (Spiralgefäße und Fasern), zwischen denen G. eine →Analogie herstellen wollte. Eine Auswahl von G.s Notizen zur Spiraltendenz, aus eigener →Anschauung oder aus der Literatur geschöpft, hat Eckermann unter dem Titel *Ueber die Spiral-Tendenz der Vegetation* in ALH 55 (1833) zusammengestellt. In neueren Ausgaben ist der Text in anderer Anordnung unter den Titeln *Zur Spiraltendenz* (FA) und *Weitere Studien zur Spiraltendenz* (LA) erschienen.

Ein weiterer Abdruck von G.s Zwischenkieferabhandlung noch zu seinen Lebzeiten (nach der Prachthandschrift von 1784 und dem ersten Druck von 1820) erschien 1831 unter dem Titel *Über den Zwischenkiefer des Menschen und der Tiere* in der Zeitschrift *Nova Acta* der Leopoldina (15.1, 1831, 1–48). Dieser Druck fußt auf der Publikation von 1820, musste aber im Text modifiziert werden, da die von Casimir van de Velde nach Zeichnungen von Waitz gestochenen fünf Tafeln nicht mit denen der Prachthandschrift übereinstimmten (vgl. Bräuning-Oktavio 1954). Die Änderung des Textes überließ G. der Redaktion der *Nova Acta* (vgl. G. an Johannes Müller, 24.11.1829); sie wurde schließlich von Johannes Müller, dem Bonner Anatomen, durchgeführt, der auch eine Einleitung und Anmerkungen hinzufügte. Diese nicht von G. stammende Fassung der Zwischenkieferschrift wurde in WA und von dort in viele G.-Editionen aufgenommen.

Neben den Arbeiten an der deutsch-französischen Ausgabe des *Versuchs über die Metamorphose der Pflanzen* führte die Anteilnahme am Pariser Akademiestreit zwischen den französischen Naturforschern Cuvier und Geoffroy Saint-Hilaire zur letzten größeren morphologischen Arbeit, die als zweiteilige Rezension einer 226seitigen Darstellung dieses Streites durch Geoffroy Saint-Hilaire erschien: *Principes de Philosophie zoologique discutés en Mars 1830 au sein de l'Académie Royale des Sciences par Mr. Geoffroy de Saint-Hilaire. Paris 1830.* Seit Mitte Februar 1830 waren Meldungen über die Auseinandersetzungen in Pariser Tageszeitungen erschienen, am 7.5.1830 findet sich die erste Notiz in G.s Tagebuch: »Herr Canzler von Müller. Das Gespräch kam auf die Streitigkeiten Cuviers mit St. Hilaire und überhaupt auf den Unterschied der stationären und progressiven Naturbetrachtung«. Müller berichtete, G. zitierend, wie folgt darüber: »Geoffroy de St. Hilaire hat mit seinem Urtypus aller Organisationen und mit seinem Système d'analogies ganz recht gegen Cuvier, der doch nur ein Philister ist. Ich verfiel längst auf jenen einfachen Urtypus; kein organisches Wesen ist ganz der Idee, die zu Grunde liegt, entsprechend; hinter jedem steckt die höhere Idee; das ist mein Gott, das ist der Gott, den wir alle ewig suchen und zu erschauen hoffen, aber wir können ihn nur ahnen, nicht schauen« (Unterhaltungen 190). Am 21.7.1830 entlieh G. Geoffroy Saint-Hilaires Schrift aus der Weimarer Bibliothek, später – nach dem Erscheinen des ersten Teils der Rezension – wurde er vom Verfasser selbst mit einem Exemplar bedacht. G. fertigte zunächst einen umfangreichen Buchauszug an, der neben Entwürfen, Notizen und Textvarianten heute im GSA in Weimar aufbewahrt wird, während die Druckvorlage nicht überliefert wurde. Vom 22. bis 26.7.1830 sind Lektüre und Vorarbeiten im Tagebuch belegt; ab dem 27.7.1830 diktierte G. seinem Schreiber John den Text der Rezension. Im Tagebuch vom 22.7.1830 wird vom »Streit zwischen den beyden Classen der Naturforscher, der analysirenden und synthetisirenden« gesprochen, als deren Exponenten Cuvier und Geoffroy Saint-Hilaire galten. Weithin bekannt ist die in Sorets Tagebuch festgehaltene und in Eckermanns Gespräche übersetzt unter dem Datum 2.8.1830 übernommene Darstellung, die den wichtigen Rang der wissenschaftlichen Auseinandersetzung für G. unterstreicht: »Die Nachrichten von der begonnenen Juli-Revolution gelangten heute nach Weimar und setzten Alles in Aufregung. Ich [Soret] ging im Laufe des Nachmittags zu Goethe. ›Nun? rief er mir entgegen, was denken Sie von dieser großen Begebenheit? Der Vulkan ist zum Ausbruch gekommen; Alles steht in Flammen, und es ist nicht ferner eine Verhandlung bei geschlossenen Türen!‹ Eine furchtbare Geschichte! erwiderte ich. Aber was ließ sich bei den bekannten Zuständen und bei einem solchen Ministerium Anderes erwarten, als daß man mit der Vertreibung der bisherigen Königlichen Familie endigen würde. ›Wir scheinen uns nicht zu verstehen, mein Allerbester, erwiderte Goethe. Ich rede gar nicht von jenen Leuten; es handelt sich bei mir um ganz andere Dinge! Ich rede von dem in der Akademie zum öffentlichen Ausbruch gekommenen, für die Wissenschaft so höchst bedeutenden Streit zwischen *Cüvier* und *Geoffroy de Saint-Hilaire*!‹« (FA II, 12, 726.) Zunächst ging es G. noch ganz um eine Bestätigung der eigenen Ansichten durch Geoffroy Saint-Hilaire: »Ich habe mich seit funfzig Jahren in dieser großen Angelegenheit abgemüht; anfänglich einsam, dann unterstützt, und zuletzt zu meiner großen Freude überragt durch verwandte Geister. [...] Jetzt ist nun auch Geoffroy de Saint-Hilaire entschieden auf unserer Seite und mit ihm alle seine bedeutenden Schüler und Anhänger Frankreichs. Dieses Ereignis ist für mich von ganz unglaublichem Wert, und ich jubele mit Recht über den endlich erlebten Sieg einer Sache, der ich mein Leben gewidmet habe und die ganz vorzüglich auch die meinige ist« (ebd. 727f.). Während G. Sulpiz Boisserée am 27.7., Soret am 11.8. und Knebel am 12.9.1830 über den Gegenstand und die Arbeit daran berichtete, kündigte er Carl August Varnhagen von Ense, dem Herausgeber der Berliner *Jahrbücher für wissenschaftliche Kritik*, am 10.9.1830 den ersten Teil der Rezension an: »Der Fall ist merkwürdig, und ich konnte nicht unterlassen mich selbst darüber aufzuklären, weil er bedeutende Folgen haben wird und muß. Fänden Sie Bedenken meinen Aufsatz abzudrucken, so haben

Sie die Güte mir solchen zurückzusenden. Mögen Sie ihn aufnehmen, so folgt die Fortsetzung mit der Zeit«. Am 25.9.1830 bereits erhielt G. den Abdruck aus Berlin (*Jahrbücher [...]*, September 1830, Nr. 52f., Sp. 413–422), aber während in den ersten, oben zitierten Äußerungen gegenüber Kanzler von Müller und Soret noch ganz offen für Geoffroy Saint-Hilaire Partei ergriffen worden war, hieß es im Dank an Varnhagen von Ense vom 3.10.1830 wesentlich moderater: »Zu componiren ist nicht in diesem Streite, alles käme darauf an daß beide Theile sich einander gelten ließen«. Obwohl G. bereits im Oktober 1830 am zweiten Teil der Rezension arbeitete, dauerte die Fertigstellung bis Ende 1831. Am 2.8.1831 gab er Varnhagen von Ense den unverbindlichen Zwischenbescheid, dass er nach Beendigung des ersten Teils »sogleich eine Fortsetzung, die mich in die Zeiten Buffons und Daubentons zurückführte« geschrieben habe, nun aber »weit davon abgelenkt« worden sei. Am 31.10.1831 berichtete G. an Zelter über die Redaktion am zweiten Teil, auch das Tagebuch vom 13.11.1831 hält diese Arbeiten fest. Am 20.2.1832 schließlich sandte er Varnhagen den fertigen Text nach Berlin; der Brief, gut einen Monat vor seinem Tod geschrieben, enthält die eigentümliche Wendung: »Sie wissen, wenn man sich zur Abreise anschickt, so finden sich am Ende mehr Schulden und Reste abzuthun als man denken konnte«. Das Erscheinen des abschließenden Teils der Rezension im März-Heft der *Jahrbücher* (Nr. 51–53, Sp. 401–422) hat G. nicht mehr erlebt.

Worum ging es beim Pariser Akademiestreit, den G. für so außerordentlich bedeutsam ansah? Im Mittelpunkt stand ein Disput über den Bauplan der Tiere. Diesen hatte G. selbst mit seiner Zwischenkieferabhandlung von 1784 berührt und in seinen Arbeiten zum osteologischen Typus in den 1790er Jahren die Bemühungen erheblich vertieft. Am 15.2.1830 trat der Zoologe Geoffroy Saint-Hilaire in der Pariser Akademie mit einem zustimmenden Bericht zu einer Arbeit zweier junger Kollegen auf, die sich mit dem Bauplan der Mollusken (Weichtiere) befasste und die behauptete, dass man den Bau der Cephalopoden (Tintenfische) im Vergleich zu dem der Wirbeltiere als ähnlich oder analog betrachten könne, wenn man die Halsregion nach hinten zurückgebogen denke, so dass sie der Schwanzregion angenähert sei. Dann nämlich stelle man eine Übereinstimmung in der Lage der inneren Organe fest. Cuvier, der von vier verschiedenen Grundtypen für das Tierreich ausging, widersprach am 22.2.1830 und stellte geradezu das Gegenteil fest. Bis zum 5.4.1830 wurde die Kontroverse, jeweils wöchentlich am Montag in der Pariser Akademie, fortgesetzt. Die Heftigkeit des Streits ist leicht dadurch zu erklären, dass Geoffroy Saint-Hilaire, indem er letzten Endes eine Analogie im Bauplan aller Tiere suchte, das Tierreich auf einen anatomischen Grundtypus zurückführen wollte, womit er Cuviers System überflüssig machte. G. musste Geoffroys synthetisierende Tendenz zu einer Gesamtschau und zu fließenden Übergängen, die er im Rahmen seiner Analogien postulierte, sympathisch sein, während er bei Cuvier dessen ausgedehntes systematisches Grundwissen über die verschieden Arten bewunderte. In der Gegenüberstellung des »Unterscheidenden« (Cuvier) und des »Zusammenfassenden« (Geoffroy) erkannte er schließlich die Berechtigung beider Sichtweisen an. In einer nicht in den Aufsatz eingegangenen Wendung heißt es dazu: »Sie haben beide recht, sobald sie nur einander gelten lassen« (FA I, 24, 1229); dies war G.s Kernsatz zur Problematik und fundamentale Einschätzung, die er so bereits gegenüber Varnhagen von Ense am 3.10.1830 abgegeben hatte. Im ersten Teil der Rezension präsentierte G. ausführlich die beiden Gegner, ihre Biographien, ihre Denkweisen, ihr methodischen Vorgehen sowie in kürzerer Form eine Chronologie der Auseinandersetzungen. Cuvier hatte in den beiden ersten Jahrzehnten des 19. Jh.s Standardwerke zur Anatomie, Paläontologie und Systematik vorgelegt, die ihn zu einer unumstrittenen Autorität gemacht hatten: *Leçons d'anatomie comparée* (5 Bde., Paris 1800–1805), *Recherches sur les ossemens fossiles* (4 Bde., Paris 1812) und *Le règne animal* (4 Bde., Paris 1817). Geoffroy Saint-Hilaire hatte 1793 als Professor der Zoologie am Pariser Muséum d'Histoire naturelle Cuvier eine Assistentenstelle verschafft und zunächst mit diesem zusammengearbeitet, bevor er 1798 bis 1801 Napoleons Truppen als Wissenschaftler nach Ägypten begleitete. Nach der Publikation seiner Beobachtungen und Studien (bis 1807) wurde er in die Pariser Akademie aufgenommen, der Cuvier bereits seit 1795 angehörte. Geoffroys *Philosophie anatomique* (2 Bde., Paris 1818/1822) zeigte bereits deutlich den Gegenkurs zu Cuvier, indem Wirbeltiere und Wirbellose auf einen gemeinsamen Bauplan zurückgeführt werden sollten. In den 1820er Jahren verschärfte sich der Konflikt zwischen beiden anlässlich der teratologischen Studien Geoffroys. Da im Grunde im Pariser Akademiestreit Fragen behandelt wurden, die G. selbst in seine Überlegungen zu einem allgemeinen Typus einbezogen hatte, erlaubte er sich im zweiten Teil der Rezension ein breiteres Eingehen auf die Geschichte seiner eigenen vergleichend-anatomischen Arbeiten; er ging also über eine übliche Rezension weit hinaus. Zugleich lieferte er damit ein zoologisches Gegenstück zu seinem Aufsatz *Der Verfasser teilt die Geschichte seiner botanischen Studien mit.* Während der Pariser Akademiestreit, seine allerdings nur scheinbar wichtige Rolle im Vorfeld des Evolutionsdenkens Darwins und G.s Anteilnahme daran oft und häufig kontrovers beurteilt wurden (vgl. Kohlbrugge 1913, Lubosch 1918, Cahn 1960, Uschmann 1964 und vor allem Kuhn 1967), fällt auch bei gegenwärtigen Positionen eine merkwürdig unterschiedliche Gewichtung auf. So ist der Streit bei Dorothea Kuhn eingegangen »in die Geschichte der Naturwissenschaft als wichtige und klärende Auseinandersetzung« (FA I, 24, 1230), während Hans Joachim Becker resümiert: Der Streit »förderte wenig, er retardierte nichts; er gab der Biologie keine neue Richtung, er fixierte nicht einmal die alte. [Er] erledigte sich mit Entwicklung der Abstammungslehre [...]« (GHB 3, 796). Mit Letzterem wird noch einmal - und zu Recht - darauf verwiesen, dass der Pariser Akademiestreit keine vorweggenommene Auseinandersetzung um die Evolutionstheorie gewesen sei, und dass G.s Rolle darin ihn keineswegs zu einem Vorläufer Darwins gemacht habe.

Die Denkschrift *Plastische Anatomie*, die für den Einsatz von Wachsmodellen anstelle von Leichen im Anatomieunterricht plädiert, sandte G. am 4.2.1832 an den preußischen Staatsrat Peter Christian Wilhelm Beuth nach Berlin. Dieser hatte eine am 16.12.1831 in Weimar eingegangene Sendung des Vereins der Kunstfreunde in Berlin vermittelt und war so in G.s Gesichtskreis getreten. Am 26.12.1831 berichtet das Tagebuch von einem Gespräch mit dem Jenaer Anatomen Emil Huschke, das sich um den »Mangel an Leichnamen bey der Jenaischen Anatomie« und »Vortheile der Modelle« drehte. Die daraufhin verfasste Denkschrift liegt in G.s Nachlass in vier Handschriften des Schreibers John, teilweise mit Korrekturen von G. und Riemer, vor; darunter ist auch das von Beuth nach G.s Tod an die Nachlassverwalter zurückgesandte Original. Laut Tagebuch wurde die Denkschrift am 22. und 23.1.1832 niedergeschrieben; an diesen Tagen las G. auch in den *Miszellen aus der neuesten ausländischen Literatur* (70, 1832), hg. von Friedrich Alexander Bran, einen Aufsatz über *Die Ersticker in London* (142–156), in dem über eine Verbrecherbande berichtet wird, die Menschen ermordete, um die Leichen an die Anatomie zu verkaufen. Eine längere Textpassage daraus nahm G. in die Denkschrift auf, die zwischen dem 27. und 31.1.1832 redigiert und in Reinschrift gebracht wurde, bevor sie am 4.2.1832 nach Berlin abging. Ein weiteres Exemplar sandte G. mit der Bitte um »Mitwirkung« am 20.2.1832 an den Berliner Bildhauer Christian Daniel Rauch. Der ursprüngliche Adressat, Beuth, reagierte negativ, indem er in seiner Antwort vom 23.2.1832 darauf verwies, dass es in Berlin keine Probleme mit der Leichenbeschaffung gebe und seines Erachtens Sektionen an der Leiche durch Wachspräparate nicht gleichwertig ersetzt werden könnten. Rauch reagierte nicht mehr. G. hatte bereits 1770/1771 als Student in Straßburg an Sektionen teilgenommen und 1781 bei Loder in Jena Sektionskurse besucht. 1781/1782 gab er anatomischen Unterricht an der Weimarer Zeichenschule. Unklar bleibt, ob G. 1788 die berühmten Wachsmodelle im Florentiner Museo di Fisica e Storia Naturale, genannt La Specola, betrachten konnte. Mit der Problematik der Leichenbeschaffung befasste er sich in amtlicher Funktion, als Oberaufsicht der wissenschaftlichen Anstalten der Universität Jena, und erwarb in diesem Zusammenhang 1805 eine größere

Sammlung des Jenaer Gynäkologen Franz Heinrich Martens für die Universität. 1807 betrachtete er mit Riemer in Karlsbad ein von dem Anatomen Felice Fontana veranlasstes Wachsmodell einer weiblichen Person. Auch in *Wilhelm Meisters Wanderjahren*, 1829 erschienen, spielt das Thema der anatomischen Modelle eine Rolle, als Wilhelm unter dem Eindruck der Zerstörung einer schönen weiblichen Leiche durch die Sektion und der dubiosen Praktiken der Leichenbeschaffung sich ausweichend dem künstlichen Präparat zuwendet (vgl. Enke und Wenzel 1998). Im gleichen Jahr, am 4.12.1829, wurde G. von Kanzler von Müller laut Tagebuch ein Katalog von Florentiner Wachsmodellen bekannt gemacht.

Schluss

Während die Rezeptions- und Wirkungsgeschichte der morphologischen Schriften an anderer Stelle des Handbuchs behandelt werden (s. u. S. 251–289), sollen am Ende dieser Übersicht noch einmal wesentliche Leitbegriffe G.s herausgestellt werden. In seinen osteologisch-zoologischen sowie botanischen Schriften, die nicht als isolierter Teil im Rahmen von G.s Naturforschung zu betrachten sind, entwickelte G. bis 1795 zunächst seine Konzeptionen der Metamorphose (vor allem an der Pflanze) und vom Typus (vor allem am Wirbeltier). Beide Begriffe können grundsätzlich nur gemeinsam verwendet werden, wenn es darum geht, G.s Grundgedanken über die Natur auszusprechen. Im Tier- und im Pflanzenreich bestimmen der Typus als zwar flexible, aber doch im Grundmuster verharrende Größe sowie die Metamorphose als stets die Einzelerscheinung modifizierender Antrieb die grandiose Artenvielfalt. Mit diesen Gedanken war die Voraussetzung gegeben für eine spezifische Theorie, eine Methodenlehre der organischen Gestalten, in der Typus und Metamorphose als konstitutive Elemente wirken. Für diese Lehre verwendete G. (erstmals am 25.9.1796 im Tagebuch) den Begriff »Morphologie«, womit er seine Lehre von der →Gestalt umschrieb. Dieses durch mehrere um 1798 entstandene Texte erläuterte Konzept ist vielschichtig und geht weit über die Annahme einer Harmonia mundi hinaus, wie sie G. am Ende der Zwischenkieferschrift von 1784 konstatiert hatte. Es trägt den Einwürfen Schillers Rechnung, der einen Übergang von der empirischen zur rational-ideellen Behandlung gefordert hatte, und es bezieht ebenso, auch hier entscheidend von Schiller beeinflusst, ästhetische Überlegungen ein, indem Vollkommenheit und Schönheit in der Natur untersucht werden. Am 23.8.1794, zu Beginn der gemeinsamen Arbeit, hatte Schiller an G. geschrieben: »Ihr beobachtender Blick, der so still und rein auf den Dingen ruht, setzt Sie nie in Gefahr, auf den Abweg zu gerathen, in den sowohl die Speculation als die willkührliche und bloß sich selbst gehorchende Einbildungskraft sich so leicht verirrt. In Ihrer richtigen Intuition ligt alles und weit vollständiger, was die Analysis mühsam sucht, und nur weil es als ein Ganzes in Ihnen ligt, ist Ihnen Ihr eigener Reichthum verborgen; denn leider wißen wir nur das, was wir scheiden. Geister Ihrer Art wißen daher selten, wie weit sie gedrungen sind, und wie wenig Ursache sie haben, von der Philosophie zu borgen, die nur von Ihnen lernen kann. Diese kann bloß zergliedern, was ihr gegeben wird, aber das Geben selbst ist nicht die Sache des Analytikers sondern des Genies, welches unter dem dunkeln aber sichern Einfluß reiner Vernunft nach objektiven Gesetzen verbindet. Lange schon habe ich, obgleich aus ziemlicher Ferne, dem Gang Ihres Geistes zugesehen, und den Weg, den Sie Sich vorgezeichnet haben, mit immer erneuerter Bewunderung bemerkt. Sie suchen das Nothwendige der Natur, aber Sie suchen es auf dem schweresten Wege, vor welchem jede schwächere Kraft sich wohl hüten wird. Sie nehmen die ganze Natur zusammen, um über das Einzelne Licht zu bekommen, in der Allheit ihrer Erscheinungsarten suchen Sie den Erklärungsgrund für das Individuum auf. Von der einfachen Organisation steigen Sie, Schritt vor Schritt, zu den mehr verwickelten hinauf, um endlich die verwickeltste von allen, den Menschen, genetisch aus den Materialien des ganzen Naturgebäudes zu erbauen. Dadurch, daß Sie ihn der Natur gleichsam nacherschaffen, suchen Sie in seine verborgene Technik einzudringen. Eine große und wahrhaft heldenmäßige Idee, die zur Genüge zeigt, wie sehr Ihr Geist das reiche Ganze seiner Vorstellungen in einer schönen Einheit zusammenhält« (SNA 27, 24f.).

Eine einheitliche Grundlage, eine Konzentration der Phänomene auf wesentliche Leitbegriffe als Voraussetzung für weiteres Forschen, hatte G. schon um 1800 erreicht. Zu diesem Zeitpunkt waren die Prinzipien von Typus und Metamorphose im Morphologiekonzept aufgehoben. Damit sind aber die konstitutiven Vorstellungsarten im Rahmen von G.s Naturforschung noch nicht ausreichend bezeichnet. Hinzutreten muss der Blick in ein weiteres Feld von G.s Interessen, in die Welt von Licht und Farben. Hier richtete G. seine Gedanken nicht ausschließlich, aber stärker als in der Morphologie auf die Wirksamkeit von Polarität und Steigerung aus, Begriffe, die trotz ihres wesentlichen Stellenwertes in der Naturforschung über diese hinausreichen und zu bestimmenden Elementen von G.s Welt- und Menschenbild wurden. So folgt alles Existierende einem polaren Grundmuster: »Das Geeinte zu entzweien, das Entzweite zu einigen, ist das Leben der Natur; dies ist die ewige Systole und Diastole, die ewige Synkrisis und Diakrisis, das Ein- und Ausatmen der Welt, in der wir leben, weben und sind« (FA I, 23.1, 239). Der Weg zu dieser in der *Farbenlehre* von 1810 formulierten Erkenntnis ist entscheidend mit die Entdeckung der Polarität der Farben im Jahr 1791 verknüpft.

Literatur

Appel, Toby A.: The Cuvier - Geoffroy Debate, French Biology in the Decades before Darwin. New York, Oxford 1897. - Arber, Agnes: Goethe's Botany. In: Chronica Botanica. 10 (1946), 67–124. - Baer, Carl Ernst von: Lebensgeschichte Cuviers. Braunschweig 1897. - Balzer, Georg: Die Geschichte einer Goethe-Pflanze (Chlorophytum comosum). In: GJb. (1950), 310–332. - Ders.: Gestalten aus Goethes Gärtnerbekanntschaften. In: GJb. (1952/1953), 312–333 und (1954), 312–330. - Ders.: Goethes Bryophyllum. Berlin 1949. - Bardeleben, Karl von: Goethe als Anatom. In: GJb. (1892), 163–180. - Becker, Hans J.: Komm. in MA 2.2, 3.2, 4.2, 6.2, 9, 11.2, 12, 13.2 und 18.2. - Ders.: Goethe - seine Biologie und seine räumliche Wahrnehmung. Sitzungsbericht der Bayerischen Akademie der Wissenschaften. Math.-naturwiss. Klasse 1994, 1–15. - Benn, Gottfried: Goethe und die Naturwissenschaften. In: Die Neue Rundschau. 43 (April 1932), 463–490. - Beyer, Wilhelm Raimund: Natur und Kunst. Goethes Interesse am jenenser Schelling. In: GJb. (1975), 9–28. - Bies, Michael: Im Grunde ein Bild. Die Darstellung der Naturforschung bei Kant, Goethe und Alexander von Humboldt. Göttingen 2012. - Bode, Wilhelm: Goethes Leben im Garten am Stern. Berlin 1809. - Bohley, Johanna: Christian Gottfried Nees von Esenbeck. Ausgewählter Briefwechsel mit Schriftstellern und Verlegern. Halle 2003 (Acta Historica Leopoldina 41). - Dies.: Christian Gottfried Nees von Esenbeck. Ein Lebensbild. Stuttgart 2003 (Acta Historica Leopoldina 42). - Bräuning-Oktavio, Hermann: Die Zeichnungen und Tafeln (1784–1831) zu Goethes Abhandlung über den Zwischenknochen und die Textredaktion der Nova Acta 1831. In: GJb. (1954), 289–311. - Ders.: Vom Zwischenkieferknochen zur Idee des Typus. Goethe als Naturforscher in den Jahren 1780–1786. Leipzig 1956 (Nova Acta Leopoldina, N.F., Nr. 126, 18). - Ders.: Oken und Goethe im Lichte neuer Quellen. Weimar 1959. - Ders.: Cuvier und Goethe. In: GJb. (1959), 183–212. - Brandt, Helmut (Hg.): Goethe und die Wissenschaften. Jena 1984. - Cahn, Theophile: Goethes und Geoffroy Saint-Hilaires anatomische Studien und deren Bedeutung für die Entwicklung eines naturwissenschaftlichen Denkens. In: GJb. (1960), 215–236. - Carus, Carl Gustav: Goethe, zu dessen näherem Verständnis. Leipzig 1843. - Cohn, Ferdinand: Die Pflanze. Berlin 2. Aufl. 1896. - Dahl, Maria: Goethes mikroskopische Studien an niederen Tieren und Pflanzen. In: GJb. (1927), 172–183. - Du Bois-Reymond, Emil: Goethe und kein Ende. Berlin 1882. - Engelhardt, Dietrich von, Kleinert, Andreas und Bohley, Johanna (Hg.): Christian Gottfried Nees von Esenbeck. Politik und Naturwissenschaften in der ersten Hälfte des 19. Jahrhunderts. Stuttgart 2004 (Acta Historica Leopoldina 43). - Enke, Ulrike und Wenzel, Manfred: Wißbegierde contra Menschlichkeit. Goethes ambivalentes Verhältnis zur Anatomie in seiner Dichtung und Biographie. In: GJb. (1998), 155–170. - Feistauer, Daniela, Monecke, Uta u.a. (Hg.): Christian Gottfried Nees von Esenbeck. Die Bedeutung der Botanik als Naturwissenschaft in der ersten Hälfte des 19. Jahrhunderts - Methoden und Entwicklungswege. Stuttgart 2006 (Acta Historica Leopoldina 47). - Fischer, Hans: Goethes Naturwissenschaft. Zürich 1950. - Franz, Victor: Goethes Zwischenkieferpublikation nach Anlaß, Inhalt und Wirkung. In: Ergebnisse der Anatomie und Entwicklungsgeschichte. 30 (1933), 469–543. - Froebe, Hans: ›Ulmbaum und Rebe‹. Naturwissenschaft, Alchemie und

Emblematik in Goethes Aufsatz ›Über die Spiraltendenz‹. In: JbFDtHochst. (1969), 164–193. – Graham, Ilse: Mephisto's Zoo. In: GLL. 34 (1980/1981), 17–38. – Dies.: Kompromittierung und Wiedergutmachung. Ein Versuch zu Fausts Schlußmonolog. In: JbDtSchillerges. 26 (1982), 163–203. – Grün, Klaus-Jürgen: Goethe und Darwin – war Goethe ein Evolutionstheoretiker? In: Schmidt, Alfred und ders. (Hg.): Durchgeistete Natur. Ihre Präsenz in Goethes Dichtung, Wissenschaft und Philosophie. Frankfurt am Main 2000, 115–125 und 298–300. – Guhrauer, Gottschalk Eduard: Joachim Jungius und sein Zeitalter. Stuttgart, Tübingen 1851. – Haeckel, Ernst: Die Naturanschauung von Darwin, Goethe und Lamarck. Jena 1882. – Haecker, Valentin: Goethes morphologische Arbeiten und die neuere Forschung. Jena 1927. – Hansen, Adolph: Goethes Metamorphose der Pflanzen Gießen 1907. – Ders.: Goethes Morphologie. Gießen 1919. – Hassenstein, Bernhard: Goethes Morphologie als selbstkritische Wissenschaft und die heutige Gültigkeit ihrer Ergebnisse. In: GJb. (1950), 333–357. – Heisenberg, Werner: Das Naturbild Goethes und die technisch-naturwissenschaftliche Welt. In: GJb. (1967), 27–42. – Hellen, Eduard von der: Goethes Anteil an Lavaters physiognomischen Fragmenten. Frankfurt am Main 1888. – Henel, Heinrich: Typus und Urphänomen in Goethes Naturlehre (1956). In: Ders.: Goethezeit. Frankfurt am Main 1980, 158–181. – Käfer, Dieter: Methodenprobleme und ihre Behandlung in Goethes Schriften zur Naturwissenschaft. Köln 1982. – Keller, Werner: Goethes dichterische Bildlichkeit. Eine Grundlegung, München 1972. – Kiesselbach, Anton: Goethes morphologische Schriften. Festvortrag. Regensburg 1982. – Klein, Marc: Goethe et les Naturalistes français. In: Goethe et l'esprit français. Straßburg 1958, 169–184. – Kleinschnieder, Manfred: Goethes Naturstudien. Bonn 1971. – Kohlbrugge, Jacob Hermann Friedrich: Historisch-kritische Studien über Goethe als Naturforscher. Würzburg 1913. – Korf, Horst-Werner und Storch, Gerhard: Goethes Entdeckung des Zwischenkieferknochens und seine Wirbeltheorie des Schädels. In: Schmidt, Alfred und Grün, Klaus-Jürgen (Hg.): Durchgeistete Natur. Ihre Präsenz in Goethes Dichtung, Wissenschaft und Philosophie. Frankfurt am Main 2000, 101–113 und 297f. – Kuhn, Dorothea: Komm. in LA II, 9A, 9B, 10A und 10B. – Dies.: Komm. in FA I, 24. – Dies.: Empirische und ideelle Wirklichkeit. Studien über Goethes Kritik des französischen Akademiestreites. Graz, Wien, Köln 1967. – Dies.: ›Unerwartete Bezüge‹. Erläuterungen zu einer neuerworbenen Goethehandschrift des Goethe-Museums Düsseldorf. In: JbSK. N.F. 3 (1974), 71–84. – Dies.: Grundzüge der Goetheschen Morphologie. In: GJb. (1978), 199–211. – Dies.: Versuch über Modelle der Natur in der Goethezeit. In: Genio huius loci. Fs. für Leiva Petersen. Hg. von Dorothea Kuhn und Bernhard Zeller. Wien, Köln und Graz 1982, 267–290. – Dies.: »Die Metamorphose der Pflanzen ward als Herzenserleichterung geschrieben«. Goethes Voraussetzungen und Ziele. In: Mann, Gunter, Mollenhauer, Dieter und Peters, Stefan (Hg.): In der Mitte zwischen Natur und Subjekt. Johann Wolfgang von Goethes Versuch, die Metamorphose der Pflanze zu erklären 1790–1990. Frankfurt am Main 1992, 19–31. – Dies.: Die Idee der Morphologie bei Pflanzen und Tieren. In: Schmidt, Alfred und Grün, Klaus-Jürgen (Hg.): Durchgeistete Natur. Ihre Präsenz in Goethes Dichtung, Wissenschaft und Philosophie. Frankfurt am Main 2000, 93–100. – Lohwag, Kurt: Das mykologische Wachsfigurenkabinett und die »Pietra fungaja«. In: Österreichische Botanische Zs. 84 (1935), 210–218. – Lubosch, Wilhelm: Der Akademiestreit zwischen Geoffroy St.-Hilaire und Cuvier im Jahre 1830 und seine leitenden Gedanken. In: Biologisches Zentralblatt. 38 (1918), 357–384 und 397–455. – Ders.: Was verdankt die vergleichend-anatomische Wissenschaft den Arbeiten Goethes. In: GJb. (1919), 157–191. – Magnus, Rudolf: Goethe als Naturforscher. Leipzig 1906. – Mann, Gunter: »... daß aus Knochen alles deduziert werden kann«. Über die Wirbelnatur des Kopfskeletts. In: Mann, Gunter, Mollenhauer, Dieter und Peters, Stefan (Hg.): In der Mitte zwischen Natur und Subjekt. Johann Wolfgang von Goethes Versuch, die Metamorphose der Pflanze zu erklären 1790–1990. Frankfurt am Main 1992, 53–68. – Matt, Peter von: ... fertig ist das Angesicht. Zur Literaturgeschichte des menschlichen Gesichts. München, Wien 1983. – Mattenklott, Gert: Goethe als Physiognomiker. In: Clasen, Thomas und Leibfried, Erwin (Hg.): Goethe. Vorträge aus Anlaß seines 150. Todestages. Frankfurt am Main 1984, 125–141. – Meinel, Christoph: In physicis futurum respicio. Joachim Jungius und die naturwissenschaftliche Revolution des 17. Jh.s. Göttingen 1984. – Meyer, Ernst: Die Metamorphose der Pflanzen und ihre Widersacher. In: Linnaea. 7 (1832), 401–460. – Meyer-Abich, Adolf: Biologie der Goethezeit. Stuttgart 1949. – Müller-Seidel, Walter: Naturforschung und deutsche Klassik. Die Jenaer Gespräche im Juli 1794. In: Günther, V. J. und Koopmann, H. (Hg.): Untersuchungen zur Literatur als Geschichte. Fs. für Benno von Wiese. Berlin 1973, 61–78. – Nisbeth, Hugh Barr: Goethe and the Scientific Tradition. London 1972. – Pestalozzi, Karl: Physiognomische Methodik. In: Finck, Adrien und Gréciano, Gertrud (Hg.): Germanistik aus interkultureller Perspektive: en hommage à Gonthier-Louis Fink. Straßburg 1988, 137–153. – Peyer, Bernhard: Goethes Wirbeltheorie des Schädels. Zürich 1950. – Pörksen, Uwe: Zur Wissenschaftssprache und Sprachauffassung bei Linné und Goethe. In: Freiburger Universitätsblätter. 49 (August 1975), 43–63. – Portmann, Adolf: Goethe und der Begriff der Metamorphose. In: GJb. (1973), 11–21. – Pross, Wolfgang: Die Idee der Evolution im 18. Jahrhundert und die Stellung des Menschen in der Natur bei Goethe und Herder. In: Heusser, Peter (Hg.): Goethes Beitrag zur Erneuerung der Naturwissenschaften. Bern 2000, 271–311. – Rehder, Helmut: Goethes Metamorphose der Insekten. In: Monatshefte Wisconsin. 45 (1953), 255–267. – Reukauf, Edmund: Goethe als Mikroskopiker. In: Aus der Natur. 2 (1906/1907), 449–458. – Richter, Peter H. und Schranner, Rudi: Leaf Arrangement. Geometry, Morphogenesis, and Classification. In: Naturwissenschaften. 65 (1978), 319–327. – Schmid, Günther: Goethes Metamorphose der Pflanzen. In: Walther, Johannes (Hg.): Goethe als Seher und Erforscher der Natur. Halle 1930, 205–226. – Ders.: Carlina (Karlsdistel) und die Karlslegende. In: Kritische Beiträge zur Geschichte des Mittelalters. Fs. für Robert Holtmann. Berlin 1933, 221–251. – Ders.: Pietra fungaja. In: Zs. für Pilzkunde. 18 (1934), 71–81, 110–118, 140–151. – Ders.: Der Bauernbotaniker Adam Dietrich in seiner Zeit. In: Mitteilungen des Thüringischen Botanischen Vereins. N.F. 42 (1935), 107–132. – Ders.: Über die Herkunft der Ausdrücke Morphologie und Biologie. In: Nova Acta Leopoldina. N.F. 2 (1935), 597–620. – Ders.: Der Enzian. Zur Frühgeschichte der Goethischen Botanik. In: GJb. (1942), 16–41. – Ders.: Irrlicht und Sternschnuppe. In: GJb. (1951), 268–289. – Schulz, Günther: ›In wiefern die Idee: Schönheit sey Vollkommenheit mit Freyheit, auf organische Naturen angewendet werden könne‹. In: GJb. (1952/1953), 143–157. – Schuster, Julius: Goethe: Die Metamorphose der Pflanzen. Berlin 1924. – Ders.: Goethe als botanischer Zeichner. In: Der Kunstwanderer. 6 (1924), 338–341. – Ders.: Goethe als anatomischer Zeichner. In: Der Kunstwanderer. 10 (1928), 58–62. – Ders.: Jungius' Botanik als Verdienst und Schicksal. In: Meyer, Adolf (Hg.): Beiträge zur Jungius-Forschung. Hamburg 1929, 27–50. – Schweitzer, Frank: Goethes Morphologie-Konzept und die heutige Selbstorganisations-Theorie. In: Krohn, Wolfgang, Krug, Hans-Jürgen und Küppers, Günter (Hg.): Konzepte von Chaos und Selbstorganisation. Berlin 1992, 167–193. – Sembdner, Helmut: Schütz-Lacrimas. Das Leben des Romantikerfreundes, Poeten und Literaturkritikers Wilhelm von Schütz (1776–1847). Berlin 1974. – Snyder, Caroline Grote: Goethe's Loom Poem ›Antepirrhema‹. In: Goethezeit. Fs. für Stuart Atkins. Bern und München 1981, 193–202. – Spinner, Heinrich: Goethes Typusbegriff. Zürich, Leipzig 1933. – Steiger, Günter: ›Diesem Geschöpfe leidenschaftlich zugetan‹. Bryophyllum calycinum, Goethes ›pantheistische Pflanze‹. Jena 1979. – Teller, Jürgen: Totalität, Polarität, Steigerung, Menschenbezug. Grundbegriffe von Goethes Naturauffassung. In: Brandt, Helmut (Hg.): Goethe und die Wissenschaften. Jena 1984, 128–139. – Troll, Wilhelm: Gestalt und Urbild. Halle 2. Aufl. 1942. – Ders.: Keimung und Blattbildung von Entada scandens. Ein Beitrag zur Würdigung von Goethes botanischen Studien. In: Neue Hefte zur Morphologie. 1 (1954), 13–50. – Ders.: Die Urbildlichkeit der organischen Gestaltung. In: Neue Hefte zur Morphologie. 2 (1956), 64–76. – Ders. und Wolf, Karl Lothar: Goethes morphologischer Auftrag. Tübingen 3. Aufl. 1950. – Unger, Rudolf: Zur Geschichte des Palingenesiegedankens im 18. Jh. In: DVjs. 2 (1924), 257–274. – Uschmann, Georg: Der morphobiologische Vervollkommnungsbegriff bei Goethe und seine problemgeschichtlichen Zusammenhänge. Jena 1939. – Ders.: Caspar Friedrich Wolff. Ein Pionier der modernen Embryologie. Leipzig, Jena 1955. – Ders.: Goethe und der Pariser Akademiestreit. In: Beiheft zur Schriftenreihe Geschichte der Naturwissenschaften, Technik und Medizin. Fs. für Gerhard Harig. Berlin 1964, 180–193. – Wachsmuth, Andreas Bruno: Geeinte Zwienatur. Aufsätze zu Goethes naturwissenschaftlichem Denken. Berlin, Weimar 1966. – Walther, Johannes (Hg.): Goethe als Seher und Erforscher der Natur. Halle 1930. – Wells, George A.: Goethe and the Intermaxillary Bone. In: British Journal for the History of Science. 3 (1967), 348–361. – Wenzel, Manfred: Goethe und Darwin. Goethes morphologische Schriften in ihrem naturwissenschaftshistorischen Kontext. Phil. Diss. Bochum 1982. – Ders.: Goethes Morphologie in ihrer Beziehung zum darwinistischen Evolutionsdenken. In: Medizinhistorisches Journal. 18 (1983), 52–68. – Ders.: Goethe und Darwin. Der Streit um Goethes Stellung zum Darwinismus in der Rezeptionsgeschichte der morphologischen Schriften. In: GJb. (1983), 145–158. – Ders.: Johann Wolfgang von Goethe und Samuel Thomas Soemmerring: Morphologie und Farbenlehre. In: Samuel Thomas Soemmerring und die Gelehrten der Goethezeit. Hg. von Gunter Mann und Franz Dumont. Stuttgart, New York 1985 (Soemmerring-Forschungen 1), 11–33. – Ders.: Goethes Naturforschung und die Evolutionstheorie Darwins. In: Oldenburger Jahrbuch. 87 (1987), 317–355. – Ders.: Der gescheiterte Dilettant. Goethe, Soemmerring und das Os intermaxillare beim Menschen. In: Mann, Gunter u. a. (Hg.): Gehirn – Nerven – Seele. Anatomie und Physiologie im Umfeld S. Th. Soemmerrings. Stuttgart, New York 1988 (Soemmerring-Forschungen 3), 289–329 (Wenzel 1988A). – Ders.: Die Emanzipation des Schülers. Goethe und sein Anatomie-Lehrer Justus Christian Loder. In: ebd. 239–257 (Wenzel 1988B).

– Ders.: Der »Goethe-Elefant« in Kassel, 1773–1993. In: Ders. (Hg.): Samuel Thomas Soemmerring in Kassel (1779–1784). Beiträge zur Wissenschaftsgeschichte der Goethezeit. Stuttgart, Jena, New York 1994, 267–328. – Ders.: Johann Wolfgang von Goethes »Versuch aus der vergleichenden Knochenlehre daß der Zwischenknochen der obern Kinnlade dem Menschen mit den übrigen Tieren gemein sei« (1784). In: Kieferorthopädie. 14 (2000), 57–66. – Ders.: »Ich werde mit mehr Lust arbeiten in Hoffnung Ihrer Theilnahme«. Galvanismus und vergleichende Anatomie in den Korrespondenzen zwischen Goethe, Alexander von Humboldt und Samuel Thomas Soemmerring. In: Acta Historica Leopoldina. 38 (2003), 47–62. – Wyder, Margrit: Der groteske Körper – Eine Herausforderung für Goethes Morphologie. In: Kunz, Edith Anna, Müller, Dominik und Winkler, Markus (Hg.): Figurationen des Grotesken in Goethes Werken. Bielefeld 2012, 102–128. – Zaunick, Rudolph: Oken, Carus, Goethe. Zur Geschichte des Gedankens der Wirbel-Metamorphose. In: Historische Studien und Skizzen zu Natur- und Heilwissenschaft. Fs. für Georg Sticker. Berlin 1930, 118–129. – Zellner, Julius: Zur Spiraltendenz der Vegetation. In: ChrWGV. 26 (1912), 41–43. – Zizka, Georg: Goethe und die Botanik – Morphologie im Wandel der Zeit. In: Schmidt, Alfred und Grün, Klaus-Jürgen (Hg.): Durchgeistete Natur. Ihre Präsenz in Goethes Dichtung, Wissenschaft und Philosophie. Frankfurt am Main 2000, 127–135 und 300 f.

Manfred Wenzel/Mihaela Zaharia

Farbenlehre

Einleitung

Im Selbstverständnis G.s erscheint die *Farbenlehre* als sein Hauptwerk und Vermächtnis an die Nachwelt. Ähnlich wie die Arbeit am *Faust* oder am *Wilhelm Meister* beschäftigte sie ihn über Jahrzehnte seines Lebens, mit dem Unterschied, dass er hinsichtlich seiner Dichtungen gleichrangige oder bessere Arbeiten anderer ohne Weiteres zugestand - nicht dagegen bei der *Farbenlehre*. »Auf Alles was ich als Poet geleistet habe« - so G. gegenüber →Eckermann am 19.2.1829 - »bilde ich mir gar nichts ein. [...] Daß ich aber in meinem Jahrhundert in der schwierigen Wissenschaft der Farbenlehre der Einzige bin, der das Rechte weiß, darauf tue ich mir etwas zugute [...]« (FA II, 12, 320). Sieht man von der Romantik-Kritik ab, so zeigte sich der sonst so konziliante G. auf keinem anderen Gebiet so engagiert rechthaberisch, so befremdend verständnislos, so offensichtlich ungerecht nicht nur gegenüber seinen Gegnern, den Anhängern Newtons, sondern auch den persönlich Vertrauten, die leisen Zweifel zu äußern wagten. Auch zu Zeiten scheinbarer Distanz registrierte er genau Ansichten und Neuerungen der Fachwissenschaft sowie die Reaktionen des persönlichen Umfeldes. Gut zwei Jahre vor seinem Tod, am 10.2.1830, äußerte sich G. gegenüber Eckermann selbstbewusst, aber auch resignativ über seine Farbenlehre: »Die Irrtümer meiner Gegner [...] sind seit einem Jahrhundert zu allgemein verbreitet, als daß ich auf meinem einsamen Wege hoffen könnte, noch diesen oder jenen Gefährten zu finden. Ich werde allein bleiben! - Ich komme mir oft vor wie ein Mann in einem Schiffbruch, der ein Brett ergreift, das nur einen Einzigen zu tragen imstande ist. Dieser Eine rettet sich, während alle Übrigen jämmerlich ersaufen« (ebd. 694). Bis zu seinem letzten Lebenstag beschäftigte ihn die Thematik.

G.s *Farbenlehre* entzieht sich *einem* fachwissenschaftlichen Zugang. In ihr vereinigen sich Physiologie mit →Physik und →Chemie, Kunsttheorie und Ästhetik mit handwerklicher Praxis, Wissenschaftsgeschichte mit Erkenntnistheorie. Entsprechend komplex sind die Strömungen der Wirkungsgeschichte (s.u. S. 251–289), für die G.s Kampf gegen →Newton nur *ein* Aspekt sein kann. Die *Farbenlehre* erwies und erweist sich immer wieder als funktionstüchtiger Seismograph der Wissenschaftsgeschichte. In Zeiten der Überzeugung vom durchgreifenden Siegeszug von Naturwissenschaften und Technik erschien sie obsolet und nur noch wegen ihres berühmten Autors erwähnenswert. Doch immer dann, wenn Zweifel am wissenschaftlichen Weltbild und seinem Alleinvertretungsanspruch aufkamen, immer dann, wenn der Mensch die Natur weniger als Objekt der Wissenschaften denn als konkrete, bedrohte und erhaltenswerte Umwelt im täglichen Leben begriff, erschien G.s Art, Wissenschaft zu betreiben, in der Funktion einer Mahninstanz, die zur Aktualisierung drängte.

Entstehungsgeschichte

Antizipationen, Erwachendes Interesse an den Farben in Italien, Früheste Schriften zur Farbenlehre 1790(?)/1791

Wer G.s Terminologie in seiner *Farbenlehre* näher kennt, wird nicht über einen frühen Brief vom 13.2.1769 an die Leipziger Jugendfreundin Friederike Oeser hinwegsehen können, der die Formulierung »das Licht ist die Wahrheit« enthält, zumal *ein* späterer Anspruch G.s stets darin bestand, die Wahrheit und die Einheit des Lichts gegenüber Newton zu verteidigen. Weitere Antizipationen stehen im Zusammenhang mit Wetterbeobachtungen im Kindesalter, früher Lektüre optischer Schriften (Jean Antoine →Nollet, Nicolas de →Béguelin), Schilderungen von Farbphänomenen (→Farbige Schatten) beim Brockenabstieg (10.12.1777) sowie auf der zweiten Schweizreise 1779. Sein *nachhaltiges* Interesse an den Farben bekundete G. jedoch erstmals auf der ersten italienischen Reise, zu der er in den frühen Morgenstunden des 3.9.1786 aus →Karlsbad aufbrach. Der Blick wandte sich von den Farbphänomenen in der Natur (z.B. Sonnenaufgang und -untergang, blauer Himmel) zu den Farberscheinungen im Kunstwerk, wie sie G. beispielsweise in den Gemälden der Sixtinischen Kapelle kennenlernte. Unter diesen Eindrücken wurden die Schriften von Anton Raphael →Mengs und →Leonardo da Vinci studiert. G. notierte später in diesem Zusammenhang für März 1788 die bezeichnenden Worte: »Die Farbe tritt vor« (Paralipomenon zur *Italienischen Reise*; WA I, 32, 467). Und an Johann Gottfried →Herder schrieb er am 4.9.1788, soeben nach Weimar zurückgekehrt: »[...] wenn [...] die Landschaft keine Farben hat, wie kann man leben?« Im täglichen Umgang mit →Malern entwickelte sich in →Italien schließlich die brisante Frage nach der Natur des Kolorits, nach farbästhetischen Wirkungen. Die Praktiker arbeiteten intuitiv, keiner vermochte G. nähere Aufschlüsse zu geben, warum er welche Farbkombinationen einsetzte, um die gewünschten Wirkungen zu erzielen. Diese Frage begleitete G. zurück nach Weimar.

Im Frühjahr 1791 wurde G. unverhofft zum zweiten Mal auf das Problem der Farben gestoßen, und er glaubte, in der Frage der Farbenentstehung nun das Versagen der Physiker gleichsam vor Augen zu haben. Einige Prismen aus dem Besitz von Christian Wilhelm →Büttner hatten schon Monate unbenutzt bei G. herumgelegen, als der drängende Leihgeber die ihm kostbaren Stücke durch einen Boten abholen lassen wollte. G. mochte die Angelegenheit nicht weiter verzögern und warf vor dem Einpacken noch schnell einen Blick durch ein →Prisma auf eine weiße Wand. Die Überraschung war perfekt: Statt des erwarteten farbigen →Spektrums – so hatte G. Newtons Theorie in seiner Leipziger Studienzeit verstanden – sah er weiterhin die weiße Wand in ihrer ganzen Breite, nur an den Grenzen erkannte er schmale Farbränder. Dieses Erlebnis wird in der G.-Literatur als sogenanntes →Prismenaperçu bezeichnet. Zum zweiten Mal empfand G. die Unzulänglichkeit einer fehlenden Erklärung der Farben. Die Maler in Italien hatten ihn unbefriedigt gelassen, und auch die Physiker – so jedenfalls G.s spontan gefasste, gleichwohl irrige Überzeugung – hatten keine Lösung anzubieten: Newtons Erklärung, dass die Farben im weißen Licht enthalten und durch geeignete Versuche daraus darzustellen seien, musste falsch sein! G. postulierte von nun an, dass Farben nur an den Grenzen zwischen Hellem und Dunklem entstehen können und →Licht *und* Finsternis zur Voraussetzung haben müssen. Die These praktisch vor Augen zu führen, war das Anliegen der ersten beiden Stücke der *Beyträge zur Optik*, die G. 1791/1792 niederschrieb, *ohne* die Werke Newtons näher studiert zu haben. Bisher ist überwiegend die Meinung vertreten worden, dass G.s folgenreicher Blick durch ein Prisma im Januar oder Februar 1790 stattgefunden habe (Matthaei 1949, 250; vgl. auch LA II, 3, XVIf.). Neuerdings plädierte Sölch im Anschluss an Kalischer (WA II, 5.2, 352) mit guten Argumenten für den 17.5.1791.[29] In diesem Zusammenhang bewertete er Herders Rolle bei G.s frühen Farbenstudien neu (Sölch 1998, 95–104).

Möglicherweise G.s erster Text zur Farbenlehre, der von ihm auf der Innenseite des hinteren Vorsatzes eines Kalenders für das Jahr 1789 niedergeschrieben wurde, ist ein nicht betiteltes Stück, das mit den für G.s Farbenlehre nahezu programmatischen Worten beginnt: »Die Kraft, Farben hervorzubringen, ist von der Refraktion unabhängig« (FA I, 23.2, 9). Es könnte im Januar 1790 im Gespräch mit dem Prinzen August von Gotha entstanden sein, aber auch im Winter 1790/1791 bei der Vorbereitung des ersten Stücks der *Beyträge zur Optik*, im Juli 1791 (Skizze zu Joseph Priestleys *Optik*) oder auch in der ersten Jahreshälfte 1792, als Vorarbeit zum geplanten dritten Stück der *Beyträge zur Optik*, der Abhandlung *Von den farbigen Schatten*, in der G. wie in *Die Kraft, Farben hervorzubringen [...]* die Bezeichnung »Purpur« statt »Pfirschblüt« (FA I, 23.2, 96) für die Mischung aus Blau- und Gelbrot verwendete. In dem schon hier deutlich werdenden – ganz im Gegensatz zu Newton stehenden – Bestreben, die Erscheinung von Farben von der →Refraktion, der Brechung der →Lichtstrahlen, zu trennen und auf ein höheres Gesetz zurückzuführen, liegt ein Hauptmoment von G.s frühen Vorarbeiten zur *Farbenlehre*. Das

29 Eine ausführliche Untersuchung zur strittigen Frage in Wenzel 2010.

»höhere Gesetz« (FA I, 23.2, 9) wird später im →Urphänomen der Farbentstehung aus farblosem Sonnenlicht, Finsternis des Weltalls und →Trübe der Atmosphäre (*Zur Farbenlehre*, Didaktischer Teil, § 150 f.) gefunden. Auch die Betonung der Ränder für die Farberscheinung, die in den *Beyträgen zur Optik* zentral werden sollte, ist auffällig.

Am 17.5.1791 teilte G. Herzog →Carl August mit, dass er in diesen Tagen »die Theorie der blauen Farbe« geschrieben habe. Der fragmentarische Text *Über das Blau*, dessen vermutlich über die Erscheinungen der blauen Schatten bei Kerzenlicht handelndes Mittelstück verlorengegangen ist, ist vom Schreiber Friedrich Wilhelm Schumann niedergeschrieben und lag einem Briefentwurf an den Jenaer Mathematiker Johann Heinrich →Voigt bei, der näheren Aufschluss über die Veranlassung gibt. G. verwies darin auf die Lektüre des Aufsatzes *Über einige Phänomene des Sehens* von Gaspard Monge[30] sowie des Beitrags *Déscription d'un cyanomètre, ou d'un appareil destiné à mesurer l'intensité de la couleur bleue du ciel* von Horace Bénédict de →Saussure[31]. Beide Arbeiten regten G. zur Darlegung seiner andersartigen Vorstellung über das Auftreten der blauen Farbe an. Da Voigt der Adressat war, kann möglicherweise auf eine geplante Publikation in dem von diesem herausgegebenen *Magazin für das Neueste aus der Physik und Naturgeschichte* geschlossen werden. Der Inhalt deutet auf G.s Beobachtung der farbigen Schatten beim Abstieg vom →Brocken am 10.12.1777 (ohne dass diese hier bereits physiologisch erklärt werden) sowie auf Eindrücke, die G. 1779 bei seiner zweiten Reise in die →Schweiz erhalten haben dürfte. Daneben treten eigene Experimente. Im Didaktischen Teil der *Farbenlehre* haben die hier vorgetragenen Beobachtungen ihren endgültigen Ort gefunden, und zwar in den §§ 155 (Abschnitt 1.), 577 (2.), 74 (7.) und 79 (8.).

30 *Journal der Physik*, hg. von Friedrich Albert Carl Gren, Bd. 2 (1790), 142–154.

31 *Observations sur la physique, sur l'histoire naturelle et sur les arts* 38 (1791), 199–208 u. Abb.

Mit der Datierung 28.8.1791, seinem 42. Geburtstag, lieferte G. im *Intelligenzblatt des Journals des Luxus und der Moden* (Nr. 9, 101–103) die *Ankündigung eines Werks über die Farben*; eine Handschrift ist nicht überliefert. Er wandte sich an ein Laienpublikum, nannte Damen, Künstler und Lehrer als Zielgruppe, nachdem sein *Versuch die Metamorphose der Pflanzen zu erklären* von 1790 im wissenschaftlichen Lager mit Verständnislosigkeit aufgenommen worden war. Die Opposition zu Newton und seinen Anhängern, mithin zur geltenden physikalischen Lehre, wird nur sehr zurückhaltend formuliert, Newton selbst nicht namentlich genannt.

Beyträge zur Optik

Die *Ankündigung* zielte auf die *Beyträge zur Optik*, deren erstes und zweites Stück im Oktober 1791 sowie im Mai 1792 erschienen (Manuskript ist nicht überliefert). Obwohl G. bis zur Publikation des Hauptwerks *Zur Farbenlehre* im Mai 1810 noch zahlreiche weitere Beiträge, Vorarbeiten und Entwürfe zur Thematik lieferte, gab er nur diese drei frühen Stücke zum Druck und unterstrich damit sein zunächst noch tastendes Bemühen. Das erste Stück der *Beyträge zur Optik*, im Verlag von Friedrich Johann Justin →Bertuchs Industrie-Comptoir in Weimar mit 27 lose beigelegten, zum Teil kolorierten Karten herausgebracht, beschäftigte G. von Mai bis Oktober 1791. In den *Tag- und Jahresheften* von 1791 resümierte er dazu: »Ein ruhiges, innerhalb des Hauses und der Stadt zugebrachtes Jahr! Die freigelegenste Wohnung, in welcher eine geräumige dunkle Kammer einzurichten war, auch die anstoßenden Gärten, woselbst im Freien Versuche jeder Art angestellt werden konnten, veranlaßten mich den chromatischen Untersuchungen ernstlich nachzuhängen. Ich bearbeitete vorzüglich die prismatischen Erscheinungen, und indem ich die subjectiven derselben in's Unendliche vermannichfaltigte, ward ich fähig, das erste Stück *optischer Beyträge* herauszugeben, die mit schlechtem Dank und hohlen Redensarten der Schule bei Seite geschoben wurden«.[32] Der Brief an Johann Friedrich Reichardt vom 30.5.1791 gab den ersten Hinweis auf die Arbeit am Manuskript: »Unter den Arbeiten die mich jetzt am meisten interessiren, ist eine neue Theorie des Lichts, des Schattens und der Farben. Ich habe schon angefangen sie zu schreiben, ich hoffe sie zu Michaeli fertig zu haben. Wenn ich mich nicht betrüge, so muß sie mancherlei Revolutionen sowohl in der Naturlehre als in der Kunst hervorbringen«. Am 1.7.1791 berichtete G. Carl August, er habe »diese Zeit nur im Lichte und in reinen Farben gelebt und [...] wunderbare Versuche erdacht und kombinirt [...]«. Unter dem 8.7. wurde – ebenfalls an Carl August – über die Herstellung der Kärtchen berichtet, am 8.10. war G. an der letzten Korrektur. Am 12.10.1791 schließlich gingen die ersten Exemplare an Samuel Thomas →Soemmerring nach Mainz sowie an Carl Ludwig von →Knebel.[33]

Julius Schuster bezeichnete im Nachwort seiner Faksimile-Ausgabe von 1928 das Verhältnis der *Beyträge zur Optik* zum Hauptwerk *Zur Farbenlehre* als das einer Fibel zur Bibel. In der Tat wurde hier eine Fülle von Aspekten angerissen, die fast zwanzig Jahre später in Vollendung dargeboten wurden. Insbesondere aber die Erkenntnis der →physiologischen Farben, auf die G. ab etwa 1794/1795 so viel Wert legte, fehlte zu diesem Zeitpunkt noch. So konzentrierten sich die *Beyträge zur Optik* auf die Phänomene, die G. später den →physischen Farben zuordnete, auf Beobachtungen, die sich bei →Versuchen ergeben, bei denen Grenzflächen (glatte und gezackte, schwarzweiße und farbige) und bestimmte Muster durch ein Prisma angeschaut werden (sog. →Kantenspektren). G. ging dabei didaktisch sehr geschickt vor, indem er in den ersten Paragraphen allgemein in die Erscheinungsweisen von Farben einführte, den Leser für sein Unternehmen interessierte, um ihm anschließend die Phänomene anhand der mitgelieferten Kärtchen buchstäblich vor Augen zu führen. War der Leser im Besitz eines Prismas, so konnte er selbst die Farbenerscheinungen an einer Schwarzweißgrenze feststellen; fehlte es ihm, so lieferte G. die entsprechende farbige Erscheinung auf einem der Kärtchen. Dieser Grundgedanke der praktischen Demonstration wurde jedoch durch den Buchhandel behindert, der mit der getrennten Produktion und Lieferung der Kärtchen nicht zurechtkam. Bemerkenswert erscheint, dass es stets um Eindrücke geht, die sich einem Beobachter beim unbefangenen Blick durch ein Prisma ergeben. So wie G. selbst im Frühjahr 1791 lediglich das Prisma vor eine weiße Wand gehalten und damit die Newtonsche Versuchsanordnung in der Dunkelkammer, die das Spektrum erzeugte, ignoriert hatte, so kam es ihm auch bei den hier mitgeteilten Experimenten darauf an, keine Einschränkungen zuzulassen und die Erscheinungen ins Subjektive zu wenden, d. h. dem →Auge des jeweiligen Beobachters zuteil werden zu lassen. In zahlreichen Paragraphen klingen bereits Begriffe und Sachverhalte an, die sich erst später in voller Dimension ausbreiteten. Historische Verweise (§§ 8–10) gehören ebenso dazu wie das Bild der alten Burg für die Newtonsche Lehre (§ 10), das im Polemischen Teil der *Farbenlehre* seinen endgültigen Platz fand. Fragen der Farbenharmonie werden angesprochen, die Bedürfnisse der Maler nicht vergessen. Überhaupt erscheint Farbe als ein sinnliches →Phänomen, das den Menschen erfreut, und nicht als Untersuchungsgegenstand der mathematisch operierenden Optiker mit ihren »negativen Be-

32 Vgl. zum Letzteren die Rezensionen in der *Allgemeinen Literatur-Zeitung*, Nr. 31 vom 28.1.1792, Sp. 241–245, und den *Gothaischen Gelehrten Zeitungen*, 27. St. vom 26.9.1792, 713–718, beide von unbekannten Rezensenten; die erste hat G. mit Abweichungen und verkürzt in der Erläuterung zu Tafel 10 seiner *Farbenlehre* verwendet; vgl. FA I, 23.1, 1027–1032.

33 Weitere Zeugnisse: an Friedrich Heinrich Jacobi, 1.6.1791; an Georg Joachim Göschen, 4.7.1791; an Christian Gottfried Körner, 12.9.1791; an Knebel, 8.10.1791; an Soemmerring, 12.10.1791; Böttiger, 4.11.1791, in: Gerlach-Sternke, 48; an Reichardt, 17.11.1791; an Georg Christoph Lichtenberg, 11.5.1792; geschlossen und im Kontext der weiteren publizierten und geplanten Stücke, dem zweiten Stück der *Beyträge zur Optik* sowie den Abhandlungen *Von den farbigen Schatten* und *Versuch die Elemente der Farbenlehre zu entdecken*, sind alle Entstehungszeugnisse in EGW 1, 225–275, dargeboten.

mühungen« (§ 19). G. deutete seine →Grundfarben Blau und Gelb bereits an (§ 30) und nannte schon (§ 37) die sechs Farben, aus denen er 1793 erstmalig seinen →Farbenkreis formen sollte. Bei der Suche nach dem einfachen, grundlegenden Gesetz, das dem Farbenwesen zugrunde liegen sollte (vgl. § 8), schimmerte die Formel der →Polarität durch (»der Begriff von dem Gegensatze«; §§ 50, 55). Dass G.s Vorstellungen mit der Entdeckung einer Polarität der Farben konträr zur herrschenden Lehre standen, wird unterschwellig deutlich, doch vermied G. direkte Angriffe, nannte den Namen Newton nur selten und bediente sich einer überraschend konzilianten Diktion, die im Polemischen Teil der *Farbenlehre* ins Gegenteil verkehrt werden sollte.

Mit dem ersten Stück der *Beyträge zur Optik* trat der Farbenforscher G. an die Öffentlichkeit. Die Resonanz - die »hohlen Redensarten der Schule« (s. o. S. 83) - gab bald zur Resignation Anlass. Vereinzelt gab es positive Stimmen im persönlichen Umfeld, insbesondere →Schillers Urteil gegenüber Körner vom 9.10.1794 ist zu nennen: »Seine Untersuchungen über Naturgeschichte [...] haben mich so sehr, als sein poetischer Charakter interessirt, und ich bin überzeugt, daß er sich auch hier auf einem vortrefflichen Wege befindet. Auch was er gegen die Newtonische Farbentheorie einwendet, scheint mir sehr befriedigend zu seyn« (SNA 27, 66). Das grundlegende, verbreitete Urteil jedoch war den Aufzeichnungen Karl August Böttigers aus dem Oktober 1791 zu entnehmen: »Seine [G.s] Versuche über Farben u. Lichtbrechung, wovon er jetzt die ersten Sätze in einer Schrift, die im Industriekomtoir diese Messe herauskommt, bekannt macht, erregen bei Kennern z. B. bei dem H[errn] v. Zach in Gotha, viel Achselzucken, und bei den Spöttern bons mots« (Gerlach-Sternke 33). Diese Einschätzung wurde gleichsam offiziell, als Friedrich Albrecht Carl →Gren 1793 in seinem →*Journal der Physik* (7, 3–21) *Einige Bemerkungen über des Herrn von Göthe Beyträge zur Optik* publizierte, die auch das inzwischen erschienene zweite Stück einschlossen. Gren, durch seinen *Grundriß der Naturlehre* (Halle 1793; vgl. Ruppert 4621) als Physiker ausgewiesen, bilanzierte (auf S. 4), »daß die Erklärung ganz und gar in *Newtons* Theorie der Farben und der Brechbarkeit des Lichts gegründet ist, ja daß der unsterbliche Urheber der Theorie, in dessen Händen das Prisma als Fackel der Erleuchtung so vieler bis dahin dunkeler Regionen der Naturlehre diente, auch die Erklärung davon schon gegeben habe« (zit. nach EGW 4, 280). Mit dem Negativurteil des Physikers hatte Gren für die *Beyträge zur Optik* vorweggenommen, was 1813 Christoph Heinrich →Pfaff sehr ähnlich über das Hauptwerk *Zur Farbenlehre* äußern sollte. Daran änderte auch die Tatsache nichts, dass bereits 1792 eine wohlwollende Besprechung der beiden Stücke der *Beyträge zur Optik* im *Magazin für das Neueste aus der Physik und Naturgeschichte* (8, 119–126) erschienen war.[34]

In Äußerungen von Wilhelm von →Humboldt an Schiller vom 11.12.1795 oder Friedrich Gottlieb Klopstock an Herder vom 27.11.1799 (vgl. FA I, 23.2, 316 f.) wurden weitere Bedenken gegen den Farbenforscher G. formuliert, nur Schiller glaubte an den freilich langfristigen Erfolg: »In der Optik werden seine Entdeckungen erst in künftiger Zeit ganz gewürdiget werden, denn das Falsche der Newtonischen Farbenlehre hat er bis zur Evidenz demonstriert, und wenn er alt genug wird, um sein Werk darüber zu vollenden, so wird diese Streitfrage unwiderleglich entschieden seyn« (an Charlotte Gräfin von Schimmelmann, 23.11.1800; SNA 30, 213).

Das zweite Stück der *Beyträge zur Optik* entstand zwischen Oktober 1791 (vgl. an Knebel, 5.10.1791) und April 1792. Es wurde von einer großen, lose beigelegten, doppelseitigen und kolorierten Tafel im Format 55 x 38,2 cm begleitet. Die Buchhändleranzeige des Weimarer Industriecomptoirs war auf den 20.2.1792 datiert, am 11.5.1792 sandte G. die Neuerscheinung zusammen mit dem ersten Stück der *Beyträge zur Optik* an Georg Christoph →Lichtenberg in

34 Eine weitere, neutral gehaltene, oft übersehene Rezension beider Stücke erschien am 22.10.1792 in den *Göttingischen Gelehrten Anzeigen* (169. St., 1693–1695); Autor war Abraham Gotthelf Kästner.

Großes Wasserprisma aus Goethes Besitz; abgebildet in den *Beyträgen zur Optik* (2. Stück, 1792) und in *Zur Farbenlehre* (1810), Tafel XVI.

→ Göttingen.[35] In den *Tag- und Jahresheften* von 1792 berichtete G. mit Seitenhieben auf Newton: »Das Frühjahr belebte meine chromatischen Arbeiten, ich verfaßte das zweite Stück der *optischen Beyträge* und gab es von einer *Tafel* begleitet heraus. In der Mitte des Sommers ward ich abermals [nach 1790, Schlesien] in's Feld berufen, dießmal zu ernsteren Scenen. [...] manche Langeweile stockender Tage betrog ich durch fortgesetzte chromatische Arbeiten, wozu mich die schönsten Erfahrungen in freier Welt aufregten, wie sie keine dunkle Kammer, kein Löchlein im Laden geben kann. Papiere, Acten und Zeichnungen darüber häuften sich«.

Das zweite Stück der *Beyträge zur Optik* beschränkte sich im Wesentlichen auf zwei Aspekte. Hatte G. im ersten Stück die prismatische Farbenentstehung an einer Hell-Dunkel-Grenze durch Weiß und Schwarz demonstriert, so traten hier Grau und bunte Farben hinzu, wobei die neu einbezogenen Farben jeweils gegen Weiß, gegen Schwarz oder auch gegeneinander gesetzt werden konnten. Die Versuche richteten sich gegen Newtons These einer »diversen Refrangibilität« des Lichtes (vgl. FA I, 23.1, Polemischer Teil, §§ 34–46, 310–316). Des weiteren bemühte sich G. um verschiedene Grade der Farbsättigung und Beschattung. Abschließend wurde eine Anleitung zum Bau des großen Wasserprismas geliefert, das noch heute zu den besonderen Stücken von G.s Sammlung zur Naturwissenschaft im GNM in Weimar zählt. – Eine Rezension dieses Stückes erschien am 3.12.1792 in der *Allgemeinen Literatur-Zeitung* (Nr. 316; Sp. 457 f.).

35 Weitere Zeugnisse: an F. H. Jacobi, 2.4., 16.4. und 15.6.1792; an Georg Forster, 25.6.1792; an Soemmerring, 2.7.1792.

Schriften zur Farbenlehre in der Arbeitsphase 1792 bis 1795: Auseinandersetzung mit Newton, erste Arbeiten zu den chemischen Farben, Farbenkreis, Entdeckung der physiologischen Farben

Zwei kleine Stücke, beide von der Hand Schumanns, sind wohl parallel zu den letzten Arbeiten am zweiten Stück der *Beyträge zur Optik* im März und April 1792 entstanden: *Warnung* und *Reine Begriffe* (Titel nach LA I, 3, 61–63). Die *Warnung* bezog G. auf eine angebliche Beweiskraft von Versuchen, die er den Kunststücken eines Taschenspielers gleichsetzte. Inhaltlich lassen sich Anklänge an die Abhandlung *Der Versuch als Vermittler von Objekt und Subjekt 1793* (s. u. S. 228 f.) feststellen, deren Handschrift auf den 28.4.1792 datiert ist.

Reine Begriffe läßt einige von G.s Grundüberzeugungen anklingen, die gerade im Kontext der *Farbenlehre* besondere Bedeutung besitzen: Mensch und Natur stehen in harmonischer Wechselwirkung zueinander; der menschliche Geist kann das Wirken der Natur nachvollziehen, nicht durch Aufnahme und Auswertung von Signalen aus der Umwelt, sondern indem er den äußeren Gegenständen ein gleichstrukturiertes Inneres, das Resonanz bietet, entgegensetzt und infolge dieser Wechselbeziehung gleichsam intuitiv Erkenntnis erlangt. Das Auge ist dem Licht der sichtbaren Gegenstände, das Ohr den Schwingungen des Schalls harmonisch zugeordnet. Die Wendung vom sonnenhaften Auge aus der Einleitung zur *Farbenlehre* (»Wär' nicht das Auge sonnenhaft [...]«; FA I, 23.1, 24) findet hier, bereits 1792, ihre Antizipation. In den gängigen G.-Ausgaben wird eine in *Reine Begriffe* von G. angekündigte, aber nicht ausgeführte Textstelle durch ein Zitat aus Albrecht von →Hallers *Primae lineae physiologiae* (Göttingen 1744) ergänzt. G. lieh die von Konrad Friedrich Uden unter dem Titel *Grundriß der Physiologie für Vorlesungen* besorgte deutsche Übersetzung (nach der vierten lat. Ausgabe, Berlin 1781) am 20.4.1792 aus der Weimarer Bibliothek aus (vgl. Keudell 35). Die ergänzte Stelle findet sich dort auf S. 362.

Unter dem Titel *Versuche mit Leuchtsteinen* werden zwei Texte (*Affinität des gefärbten Lichts zu den Phosphoren*, von G. eigenhändig, und *Die Chemiker*, von der Hand Schumanns, mit dem Hauptkapitel *Versuch*) zusammengefasst, die G.s erste Vorarbeiten zu den →chemischen Farben repräsentieren, die schließlich in der dritten Abteilung des Didaktischen Teils des Hauptwerks *Zur Farbenlehre* ihren endgültigen Ort finden sollten. LA datiert das erste Stück auf 1793, WA und Günther Schmid[36] datieren auf 1792. Der zweite Text, bei dessen handschriftlicher Datierung die Jahreszahl fehlt, ist am 2.5., vermutlich des Jahres 1792, entstanden.

Leuchtsteine, phosphoreszierende Mineralien aus Schwefelbarium oder Kalziumsulfid, hatte G. auf der ersten italienischen Reise kennengelernt. Unter Bologna, den 20.10.1786 notierte er: »Ich ritt nach Paderno, wo der sogenannte Bologneser Schwerspat gefunden wird, woraus man die kleinen Kuchen bereitet, welche kalziniert im Dunkeln leuchten, wenn sie vorher dem Lichte ausgesetzt gewesen, und die man hier kurz und gut Fosfori nennt« (FA I, 15.1, 117; →Bologneser Stein). G. hatte die Thematik sowohl in der Literatur verfolgt als auch mit Naturforschern darüber korrespondiert. Von Lichtenberg erbat er im Juni 1792 einen Band der *Commentarii* der Bologneser Akademie und fuhr fort: »Es scheint mir dieser Versuch [mit Leuchtsteinen] von großer Wichtigkeit, ich habe auch schon angefangen so viel als möglich ihn zu vermannichfaltigen, besonders werde ich sobald uns die Sonne wieder scheint, die beynahe seit ein paar Monaten den optischen Versuchen sehr ungünstig ist, die bekannten Körper, welche das Licht an sich ziehen und eine Zeitlang behalten,[37] untersuchen und sehen, ob es nicht möglich wäre einen Körper zu finden, der von dem gelbrothen Lichte wie der Bologneser vom blaurothen die Kraft zu leuchten annähme. Der Cantonische Phosphor[38] nimmt, so viel ich bis jetzt habe bemerken können, von keinem von beyden einigen Schein an«.

Noch umfassender erörterte G. das Thema in einem Brief an Soemmerring vom 2.7.1792, der hier ausführlich zitiert werden soll, da er allgemein einen guten Einblick in G.s Auffassungen von den Farben zu dieser Zeit bietet und auch das aussprach, was in den *Beyträgen zur Optik* nur angedeutet war, insbesondere was das allgemeine Grundgesetz der Farbenlehre angeht, das mit der Formel der Polarität umschrieben wird: »Schon lange hätte ich Ihnen die Freude bezeigen sollen, die Ihr letzter Brief [nicht überliefert] in mir erregt hat, in welchem Sie mir so schön entgegen kamen und die Hoffnung die ich habe, die Farbenphänomene unter allgemeinere Gesichtspunkte zu vereinigen, in eben dem Augenblicke belebten, als ich von vielen andern Seiten wenig Aufmunterung sah in meiner Arbeit fort zu fahren. Mir scheint wenigstens für den Augenblick, daß sich alles gut verbindet, wenn man auch in dieser Lehre zum Versuch den Begriff der *Polarität* zum Leitfaden nimmt und die Formel von *activ* und *passiv* einsweilen hypothetisch ausspricht. Wie unmöglich war es bisher die chemischen Erfahrungen mit den optischen zu verbinden, man sehe nur die ersten Kapitel einer jeden Färbekunst, selbst der neuesten von *Bertholet*,[39] in welcher wir die Fortschritte der Chemie übrigens so sehr bewundern

36 Günther Schmid: *Johann Wolfgang v. Goethe: Über den Bologneser Spat.* Halle-Burg Giebichenstein 1937, 10.

37 Sog. Phosphore, Lichtsauger oder Lichtmagnete. Dazu zeitgenössisch P. Heinrich: *Die Phosphorescenz der Körper.* 1. Abh.: *Von der durch Licht bewirkten Phosphorescenz der Körper.* Nürnberg 1811.

38 Kalziumsulfid; benannt nach dem 1768 in den *Philosophical Transactions* mitgeteilten Herstellungsverfahren von John Canton (1718–1772) durch Glühen von Austernschalen mit Schwefelpulver.

39 Claude Louis Berthollet: *Éléments de l'art de la teinture.* Paris 1791; dt. Ausgabe: *Handbuch der Färbekunst*, mit Anmerkungen von J. F. A. Göttling. Jena 1792.

müssen. Wird der Optiker sich überzeugen, daß Refraction und Reflexion nur *Fälle* sind, in denen die apparenten Farben im Organ des Auges erscheinen, wird man nicht mehr behaupten, daß überall, wo wir Farben sehen, Reflexion oder Refraction gleichsam als *oberste Bedingungen* wirken müssen, sondern daß sie als Fälle selbst höhern Bedingungen und Principien unterworfen sind, so wird alles leicht und bequem übersehen werden können. Denn im Grunde muß die Sache an sich sehr einfach sein, wie alle höhere, in's Allgemeine wirkende Principien. Wie Sie ganz richtig bemerkten, wird die Wirkung und Freundschaft der Säuren zu dem Gelben und Gelbrothen, der Alkalien zum Blauen und Blaurothen in einen schönen Zusammenhang gebracht, wozu uns die Chemie unzählige Versuche anbietet. Ich muß Ihnen bei dieser Gelegenheit einen Versuch mittheilen, der mir sehr wichtig scheint und der auf manches hindeutet. Ich warf auf die gewöhnliche Weise das farbige sogenannte Spectrum solis an die Wand und brachte einen in Bologna zubereiteten Leuchtstein in den gelben und gelbrothen Theil des Farbenbildes, und fand zu meiner Verwunderung, daß er darauf im Dunkeln nicht das mindeste Licht von sich gab. Darauf brachte ich ihn in den grünen und blauen Theil, auch alsdann gab er im Dunkeln kein Licht von sich, endlich nachdem ich ihn in den violetten Theil legte, zog er in dem Augenblicke Licht an und leuchtete sehr lebhaft im Finstern. Ich habe diesen Versuch sehr oft in Gegenwart mehrerer Freunde wiederhohlt, und er ist immer gelungen. Am schönsten macht er sich, wenn die Sonne hoch steht, da man denn das farbige Bild auf den Fußboden der dunkeln Kammer werfen kann. Man legt zwei Stücke Leuchtstein, das eine in die gelbrothe, das andere in die blaurothe Farbe, und schließt im Augenblick die Öffnung im Fensterladen. Es wird alsdann nur ein Leuchtstein glühend erscheinen, und zwar, wie oben gesagt, derjenige, der auf der blaurothen Seite gelegen. Ich habe diesen Versuch schon sehr vermannichfaltigt und werde ihn sobald als möglich wiederhohlen und ihn weiter durcharbeiten. Ich wage nicht daraus weiter zu folgern, als was er gleichsam selbst ausspricht: daß nämlich die beiden einander gegenüberstehenden Farbenränder eine ganz verschiedene Wirkung, ja eine entgegengesetzte äußern, und da sie beide nur für Erscheinung gehalten werden, einen solchen reellen und ziemlich lange daurenden Einfluß auf einen Körper zeigen«.

Neben der Betonung der Polarität als übergreifendem Ordnungsmuster werden hier Refraktion und Reflexion aus ihrer dominierenden Rolle für die Farbenentstehung entfernt und gleichsam als untergeordnete Phänomene angesehen. Die angedeutete Formel von »activ und passiv« wird ausgefüllt, indem G. den roten und gelbroten Farben die aktive, den blauen und blauroten Farben die passive Seite zuweist (→Aktive Farben, →Passive Farben). Schließlich werden die Säuren an die aktiven, die Alkalien an die passiven Farben angebunden. G. hat die *Versuche mit Leuchtsteinen* im Didaktischen Teil der *Farbenlehre* (FA I, 23.1, § 678, 220f.) nur kurz erwähnt, dann aber in *Statt des versprochenen supplementaren Teils* längere Ausführungen von Thomas Johann →Seebeck zu dieser Thematik abgedruckt (vgl. FA I, 23.1, 994–1003 und Anm.).

Das Arbeitsprogramm *Geplante Versuche* diktierte G. seinem Schreiber Vogel am 12.9.1792 vor Verdun, nur ein kleiner Teil (18. bis 20. Versuch) liegt von der Hand G.s vor. Das Stück macht den Auftakt einer Reihe von Aufsätzen und Entwürfen, die während des Frankreichfeldzugs und der Belagerung von Mainz in den Jahren 1792/1793 entstanden sind. G. begleitete Herzog Carl August, der als preußischer Generalmajor und Kommandant einer Brigade an den Kämpfen der Koalitionstruppen gegen das französische Revolutionsheer teilnahm. Die Einzelheiten dieses zunächst unglücklichen Unternehmens, das die Koalitionsmächte infolge schlechten Wetters und Krankheiten im Heer vorerst zum Rückzug zwang, hat G. in der *Campagne in Frankreich* beschrieben. Dazu kommt die *Belagerung von Mainz*, die mit der Kapitulation der französischen Truppen am 23.7.1793 endete. G. führte mehrere Werke zur *Farbenlehre* mit sich. Wenn es die Zeit erlaubte, widmete er sich der Lektüre, entwarf Abhandlungen, plante Versuche oder führte sie gar selbst aus, wobei er auch hier im Freien experimentierte, den unmittelbaren Eindruck auf das Auge des Beobachters notierte und apparativen Aufwand vermied. Inhaltlich befassen sich G.s *Geplante Versuche*, wie noch mehrere andere Texte dieser Jahre, mit Fragen der diversen Refrangibilität des Lichtes, der zu bekämpfenden These Newtons also, dass das Licht aus mehreren Komponenten bestehe, deren Aufspaltung das Farbenspektrum erzeuge. In MA wird darauf verwiesen, dass G.s chromatische Schriften dieser Zeit eine wichtige Fundgrube für seine Auseinandersetzung mit der Französischen Revolution darstellen (vgl. MA 4.2, 1064 f.). Während G. die Begegnung mit dem Jakobiner Georg →Forster in Mainz nicht scheute, freilich im Kreise Gleichgesinnter wie Soemmerring, und sich auch objektiv mit der optischen Lehre des Revolutionärs Jean Paul →Marat auseinandersetzte, distanzierte er sich in seiner Gegnerschaft zu Newton von der ›gewaltsamen‹ Lehre einer Lichtspaltung und favorisierte ein genetisches Prinzip für die Entstehung von Farben, das auf harmonischem Zusammenwirken von Licht, Finsternis und trübem Mittel basiert. Viel deutlicher als in den optischen Schriften wird G.s Abneigung gegen die Annahme eines gewaltsamen, revolutionsartigen Geschehens für die Erklärung von Naturphänomenen jedoch in seiner Polemik gegen die Vulkanisten, die die Entstehung und Gestaltung der Erde letzten Endes aus dem Wirken des Feuers, seinem Hervortreten im Vulkanausbruch und seiner zerstörenden und bestimmenden Kraft sahen (s. u. S. 157–161 u. 185–189).

Konkreter Anlass für die vorliegenden Versuchspläne waren Beobachtungen, die G. am 31.8.1792 in einem mit Wasser gefüllten Erdtrichter anstellte. In der *Campagne in Frankreich* berichtet er davon: »Auf dem großen grünen ausgebreiteten Teppich zog ein wunderliches Schauspiel meine Aufmerksamkeit an sich: eine Anzahl Soldaten hatten sich in einen Kreis gesetzt und hantierten etwas innerhalb desselben. Bei näherer Untersuchung fand ich sie um einen trichterförmigen Erdfall gelagert, der von dem reinsten Quellwasser gefüllt oben etwa dreißig Fuß im Durchmesser haben konnte. Nun waren es unzählige kleine Fischchen nach denen die Kriegsleute angelten, wozu sie das Gerät neben ihrem übrigen Gepäcke mitgebracht hatten. Das Wasser war das klarste von der Welt und die Jagd lustig genug anzusehen. Ich hatte jedoch nicht lange diesem Spiele zugeschaut, als ich bemerkte, daß die Fischlein indem sie sich bewegten verschiedene Farben spielten. Im ersten Augenblick hielt ich diese Erscheinung für Wechselfarben der beweglichen Körperchen, doch bald eröffnete sich mir eine willkommene Aufklärung. Eine Scherbe Steingut war in den Trichter gefallen, welche mir aus der Tiefe herauf die schönsten prismatischen Farben gewährte. Heller als der Grund, dem Auge entgegen gehoben, zeigte sie an dem von mir abstehenden Rande die Blau- und Violettfarbe, an dem mir zugekehrten Rande dagegen die rote und gelbe. Als ich mich darauf um die Quelle ringsum bewegte, folgte mir, wie natürlich bei einem solchen subjektiven Versuche, das Phänomen und die Farben erschienen, bezüglich auf mich, immer dieselbigen. Leidenschaftlich ohnehin mit diesen Gegenständen beschäftigt, machte mir's die größte Freude dasjenige hier unter freiem Himmel so frisch und natürlich zu sehen, weshalb sich die Lehrer der Physik schon fast hundert Jahre mit ihren Schülern in eine dunkle Kammer einzusperren pflegten. Ich verschaffte mir noch einige Scherbenstücke, die ich hinein warf, und konnte gar wohl bemerken, daß die Erscheinung unter der Oberfläche des Wassers sehr bald anfing, beim Hinabsinken immer zunahm, und zuletzt ein kleiner, weißer Körper, ganz überfärbt, in Gestalt eines Flämmchens am Boden anlangte. Dabei erinnerte ich mich daß Agrikola schon dieser Erscheinung gedacht und sie unter die feurigen Phänomene zu rechnen sich bewogen gesehn« (FA I, 16, 403 f.). Noch in den *Nachträgen zur Farbenlehre* (1822) sollte G. mit Verweis auf die hier geschilderten Beobachtungen auf dieses Phänomen zurückkommen, als er gleichartige Erscheinungen in einem Mühlteich bei Bad Tennstedt beschrieb (*Physische Farben, 11. Im Wasser Flamme*; FA I, 25, 752–755).

Schon in Frankreich ließen ihn die Eindrücke nicht ruhen, so dass er unter dem 12.9.1792 in der *Campagne in Frankreich* das Thema wieder aufnahm: »Glückselig aber der, dem eine höhere Leidenschaft den Busen füllte; die Farbenerscheinung der Quelle hatte mich dieser Tage her nicht einen Augenblick verlassen, ich überdachte sie hin und wieder um sie zu bequemen Versuchen zu erheben. Da diktierte ich an Vogel, der sich auch hier als treuen Kanzleigefährten erwies, ins gebrochene Konzept und zeichnete nachher die Figuren darneben« (FA I, 16, 419). Zwar werden die von G. beobachteten Phänomene in dem Entwurf nicht unmittelbar beschrieben, doch liefert Figur 6, als Illustration zum »Haupt-Subjektiven Versuch« (FA I, 23.2, 77), das Prinzip des Vorgehens, indem das Auge aus drei verschiedenen Positionen (wie beim Herumgehen um den Wassertrichter) auf den Gegenstand hinuntersieht. Im Text zum elften Versuch wird dann diese Figur noch einmal als »Grund von allem diesen« (ebd. 80) bezeichnet.

Die Abhandlung *Von den farbigen Schatten* sollte, wie Briefstellen an Forster vom 25.6.1792 und Lichtenberg von Ende Juni 1792 belegen, als drittes Stück der *Beyträge zur Optik* erscheinen. Sie zerfällt in mehrere Teile und ist auch hinsichtlich der Entstehungszeit kein homogenes Ganzes. Am 25.6.1792 soll sie – so an Forster – »schon ausgearbeitet« gewesen sein, auch gegenüber Lichtenberg bestätigt G. zu diesem Zeitpunkt die Arbeit daran. Den Versuchsteil (FA I, 23.2, 84–98) hat G. vor seiner Abreise zum Frankreichfeldzug am 8.8.1792 abgeschlossen. Die historischen Ausführungen, die darauf folgenden Anmerkungen und die abschließenden Betrachtungen zu Saussure sind offenbar erst im Lager von Marienborn (vor Mainz) in der zweiten Julihälfte 1793, also rund ein Jahr später, entstanden. Handschriften gingen am 24.7.1793 an Friedrich Heinrich →Jacobi (verschollen), am 11.8.1793 an Lichtenberg (von der Hand G.s; im GSA aufbewahrt) und (erst) am 25.5.1795 an Soemmerring (von der Hand Schumanns; um 2000 im Nachlass von Soemmerrings Nachfahrin Margaretha Haeberlin, Bad Nauheim, aufgefunden). Der Plan einer Publikation scheiterte. Zum einen antwortete der ins Auge gefasste Verleger Unger in Berlin im Januar 1793 negativ, andererseits kamen in der Zeit zwischen der zweiten Jahreshälfte 1793 und Sommer 1794 G.s erste Erkenntnisse über die physiologischen Farben neu hinzu. Der unmittelbare Anlass für Letztere ist umstritten. Im Briefentwurf an Soemmerring nach dem 12.8.1794 ist diese Neuorientierung bereits abgeschlossen, denn die Abhandlung soll nun »in einer ganz andern Gestalt erscheinen«. G. hatte die farbigen Schatten bereits am 10.12.1777 beim Brockenabstieg beobachtet (»man glaubte sich in einer Feenwelt zu befinden«; FA I, 23.1, 55), doch zu diesem frühen Zeitpunkt war weder der Plan einer systematischen Arbeit über die Farben im Allgemeinen noch zu den farbigen Schatten im Speziellen gefasst. G. betrachtete die Erscheinung der farbigen Schatten zunächst als Problem der physikalischen (bei G.: physischen) Farben, auf der objektiven Ebene also. Er erklärte sie durch das Auftreten zweier verschieden starker Lichtquellen. Dadurch sollte ein Doppelschatten entstehen, der durch das Zusammenwirken der beiden unterschiedlichen Lichtintensitäten bzw. von Licht und (relativer) Finsternis farbig wurde. Diese Deutung hat G. schon bald nach Beendigung des Aufsatzes fallengelassen und die farbigen Schatten den physiologischen, d.h. unter Mitwirkung des Auges entstehenden Farben zugewiesen. Ihren endgültigen Ort haben sie in den §§ 62 bis 80 des Didaktischen Teils der *Farbenlehre* erhalten. Die Abhandlung *Von den farbigen Schatten* markiert somit einen wichtigen Übergang in G.s Farbenstudien. Dieser kam jedoch nicht durch ihren Inhalt zum Ausdruck, den G. trotz des neuen Erkenntnisstandes nicht geändert hat. Vielmehr deuten die Korrespondenzen mit Lichtenberg und Soemmerring sowie schließlich die Art, wie G. sich von dem Gesagten distanzierte, auf die nun eingetretenen neuen Voraussetzungen für weitere Arbeiten. In einer Bemerkung zu Athanasius →Kircher nahm G. in der Bezeichnung des wirkenden und leidenden Charakters der gelben und blauen Schatten die Formel von den →Taten und Leiden des Lichts, wie sie im Vorwort der *Farbenlehre* von 1810 ausgedrückt wurde, vorweg (vgl. FA I, 23.1, 12). Die Gedanken zu Saussure knüpfen teilweise an das Fragment *Über das Blau* an. Da die Abhandlung nicht publiziert wurde, konnten nur die persönlich Informierten darauf reagieren. Neben Herder, der die Arbeit im September(?) 1793 wegen ihrer großen Klarheit lobte, und F. H. Jacobi, der sich um eine breitere Bekanntmachung bemühte (Jacobi an G., 16.8. und 6.12.1793; vgl. EGW 1, 251 und 258f.), ist vor allem G.s Korrespondenz mit Lichtenberg erwähnenswert, die sich sehr eingehend auch mit Details beschäftigte (Lichtenberg an G., 7.10.1793, ebd. 252–255; G.s Antwort 23.10.1793) und möglicherweise zum Initialpunkt für G.s Aufmerksamkeit auf die physiologischen Farben wurde.

Die Entstehungszeit der eigenhändig niedergeschriebenen *Betrachtungen über die Farben* gibt G. selbst auf einem überlieferten Titelblatt an: »Juni 1793. Juli unterwegs im August« (FA I, 23.2, 103). Es war die Zeit, in der die Mainzer Republik zuende ging, nachdem die Franzosen nach der Belagerung durch die Koalitionstruppen seit dem 30.3.1793 und heftigem Beschuss der Stadt durch die Preußen seit Mitte Juni 1793 am 23.7.1793 kapituliert hatten. Seit dem 28.5. hatte G. an der Belagerung im Quartier von Carl August in Marienborn teilgenommen und die Zeit immer wieder für optische Studien genutzt. Parallel liefen die abschließenden Arbeiten zur Abhandlung *Von den farbigen Schatten*, weiteres sollte in den nächsten Tagen und Wochen folgen. Am 15.6.1793 teilte G. Herder mit, dass er »optische Sätze« schreibe; am 2.7.1793 berichtete er Knebel: » [...] auch an meinen optischen Sachen habe ich viel gearbeitet, theils habe ich manches einzelne aufgeschrieben, theils habe ich mir eine Übersicht über das Ganze zu verschaffen gesucht worüber ich jetzt einen kleinen Aufsatz ausarbeite. Ich halte mich um so fester an diese Gegenstände des Denckens, da wir in diesen Augenblicken mehr als jemals der Ableiter bedürfen«. Auch wenn hier nicht immer im Einzelnen klar wird, welche Arbeiten jeweils gemeint sind, so gehören die *Betrachtungen über die Farben* zweifellos dazu. Sie beschäftigen sich mit der psychologischen Wirkung von Farben bei der Durchsicht durch farbige Gläser und knüpften an Beobachtungen des Berliner Anatomen Johann Gottlieb Walter mit zweifarbigen Brillen an. Inhaltlich ergeben sich zahlreiche Anklänge an das Kapitel *Sinnlich-sittliche Wirkung der Farbe*, das als sechste Abteilung den Didaktischen Teil der *Farbenlehre* von 1810 beschließt.

Die auf den 15.7.1793 datierte eigenhändige Übersicht *Neutonische Lehre. Maratische Lehre. Resultate meiner Erfahrungen* schickte G. am 19.7.1793 als Briefbeilage an Jacobi. Das aus dem Lager von Marienborn übersandte Schreiben hatte auf die Beilage folgendermaßen hingewiesen: »Ich lege [...] bey [...] eine Zusammenstellung der Neutonischen Lehre, der Maratischen und der Resultate meiner Erfahrungen. Ich habe mit Mühe und Anstrengung diese Tage die zwar ästimable, aber doch nach einer hypothetischen, captiosen Methode geschriebne Abhandlung Marats gelesen und mir die Hauptpunckte ausgezogen. Gib das Blat nicht weg es enthält Lästerungen«. Bei der Schrift von Jean Paul Marat handelte es sich um die *Découvertes sur la lumière [...]* (London 1780) in der deutschen Übersetzung von Christian Ehrenfried Weigel: *Entdeckungen über das Licht, durch eine Reihe neuer Versuche bestätigt* (Leipzig 1783). Vermutlich 1794, nachdem G. am 31.3.1794 einen Auszug aus Christian Ernst →Wünschs Werk *Versuche und Beobachtungen über die Farben des Lichtes* (Leipzig 1792) angefertigt hatte, wurde das Schema noch um die Position von Wünsch ergänzt.

Die Übersicht liefert die erste prägnante Zusammenfassung von G.s Vorstellungen über die Farben *vor* Einbeziehung der physiologischen Komponente. Das Licht stellt für ihn eine Einheit dar, es ist nicht zusammengesetzt, sondern homogen und kann nicht aus farbigen Komponenten bestehen, da jede einzelne Farbe dunkler als Weiß ist und eine Ansammlung von (mehr oder weniger) dunklen Farben nichts Helles ergeben könne. Die Newtonschen Bedingungen für die Farbenentstehung wie Refraktion, Reflexion und Inflexion (Brechung, Spiegelung und Beugung) gelten nur relativ: sie können mit Farben einhergehen, müssen es aber nicht. Folglich musste es andere, höhere Gesetze der Farbentstehung geben, die in einer Mäßigung des Lichtes und in einer Wechselwirkung des Lichtes mit dem Schatten gesehen wurden. Auch wenn die farbigen Schatten inzwischen physiologisch gedeutet und aus dieser Argumentation herausgenommen wurden, so hat G. doch an dem Prinzip einer Wechselwirkung von Helligkeit und Finsternis und an der These der Schattenhaftigkeit der Farben stets festgehalten. Schließlich postulierte G. schon hier die Existenz zweier Grundfarben, Gelb und Blau, aus denen sich aufgrund der jeweils inhärenten Eigenschaft des Roten sowie durch Mischung alle anderen Farben entwickeln ließen. Der wichtige Begriff der Steigerung jedoch fiel noch nicht.

Das kleine Stück *Physik*, das in der Handschrift (von G.) an die *Betrachtungen über die Farben* anschließt und zum Teil wörtlich im Kapitel *Der Physiker* von *Einige allgemeine chromatische Sätze* wieder aufgenommen und wiederholt wurde, zog ebenso einige Thesen aus *Resultate meiner Erfahrungen* heran und bildete so gleichsam ein Scharnier zwischen beiden Texten. Möglicherweise als eine Vorarbeit zu *Einige allgemeine chromatische Sätzen*, gehört es zu den Ergebnissen von G.s optischen Arbeiten im Marienborner Lager im Jahr 1793.

Einige allgemeine chromatische Sätze sind am 21.7.1793 im Lager von Marienborn verfasst und von einem unbekannten Schreiber niedergeschrieben worden. Nach einer allgemein gehaltenen Einführung, in der G. einige seiner Vorstellungen von den Farben wiederholte, behandelte er einen Arbeitsplan, der sich mit dem möglichen Beitrag von Wissenschaftlern verschiedener Disziplinen zu einer weitgefassten *Farbenlehre* befasste. Neben die Vertreter der Naturwissenschaften, die Physiker, Chemiker und Biologen (Naturhistoriker), treten die Mathematiker, die Mechaniker (als Praktiker) und die Maler, bei denen das handwerkliche Geschick durch die ästhetische Wirkung ergänzt wird. Schließlich werden die Historiker genannt und die →Geschichte der Farbenlehre erstmals in dieser Deutlichkeit zum Desiderat für eine Behandlung des gesamtes Gegenstandes gemacht. Während der Historiker möglichst unparteiisch die verschiedenen Hypothesen und Theorien vorstellen sollte, oblag es dem Kritiker, Richtiges und Falsches zu sondern, zu Unrecht Vergessenes in den Blickpunkt zu stellen. Mehrere Kapitel des Hauptwerkes von 1810 klingen hier in frühen Ansätzen an, auch wenn die endgültige Gliederung noch nicht sichtbar wird, da G. die physiologischen Farben noch überging, es sei denn, man will in einem kurzen Hinweis auf den Bau des Auges einen Brückenschlag in diesen neuen Bereich sehen.

G.s Plan einer Mitwirkung zahlreicher Gelehrter scheiterte. Zwar halfen ihm bei der *Farbenlehre* von 1810 der Maler und Kunsthistoriker Johann Heinrich →Meyer, der Altphilologe Friedrich Wilhelm →Riemer und in einigen supplementaren Kapiteln auch der Physiker Thomas Johann Seebeck, doch war G.s ursprünglich vorgesehenes ›Teamwork‹ in keiner Weise erfüllt. Schon 1793 hatte G.s Schwager, Johann Georg →Schlosser, die zukünftige Entwicklung richtig eingeschätzt. G. berichtet davon in seinen *Tag- und Jahresheften* von 1793: »Auch die Farbenlehre begleitete mich wieder an den Rhein, und ich gewann in freier Luft, unter heiterm Himmel, immer freiere Ansichten über die mannichfaltigen Bedingungen unter denen die Farbe erscheint. Diese Mannichfaltigkeit, verglichen mit meiner beschränkten Fähigkeit des Gewahrwerdens, Auffassens, Ordnens und Verbindens, schien mir die Nothwendigkeit einer Gesellschaft herbeizuführen. Eine solche dachte ich mir in allen ihren Gliedern, bezeichnete die verschiedenen Obliegenheiten und deutete zuletzt an, wie man, auf eine gleichwirkende Art handelnd, baldigst zum Zweck kommen müßte. Diesen Aufsatz legte ich meinem Schwager *Schlosser* vor, den ich nach der Übergabe von Mainz, dem siegreichen Heere weiter folgend, in Heidelberg sprach; ich ward aber gar unangenehm überrascht, als dieser alte Practicus mich herzlich auslachte und versicherte: In der Welt überhaupt, besonders aber in dem lieben deutschen Vaterlande, sei an eine reine gemeinsame Behandlung irgend einer wissenschaftlichen Aufgabe nicht zu denken. Ich dagegen, obgleich auch nicht mehr jung, widersprach als ein Gläubiger, wogegen er mir manches umständlich voraussagte, welches ich damals verwarf, in der Folge aber, mehr als billig, probat gefunden habe«.

Auch in der *Belagerung von Mainz* hat G. seinen Aufsatz über die Mitwirkung verschiedener Wissenschaftler an der *Farbenlehre* angesprochen, wobei Schlossers Urteil im Bericht aus Heidelberg (26. und 27.7.1793) noch pointierter präsentiert wird: G. sei in seinen »alten Tagen noch immer ein Kind und Neuling« (FA I, 16, 611), der sich einbilde, andere würden am dem teilnehmen, wofür er Interesse hege.

Der Aufsatz *Über die Einteilung der Farben und ihr Verhältnis gegen einander* schließt in der Handschrift (ebenfalls des unbekannten Schreibers wie beim Stück zuvor) unmittelbar an die *allgemeinen chromatischen Sätze* an und dürfte ebenfalls im Juli 1793 entstanden sein. Hatte G. die Farben seines Farbenkreises schon früher bezeichnet, so trat dieser hier selbst hervor und wurde durch ein entsprechendes Schema verdeutlicht. G. wiederholte seine Vorstellung von Blau und Gelb als den beiden einzigen reinen (Grund-)Farben, aus denen sich alle anderen ableiten lassen. Die direkte Mischung ergibt das Grün. Da das Rot im Gelben und Blauen als Eigenschaft enthalten ist, kann aus den beiden letztgenannten Farben durch →»Verdichtung« (FA I, 23.2, 118) das Gelbrote und Blaurote entstehen. Dieser Prozess, später von G. als Steigerung bezeichnet, liegt neben dem Gesetz der Polarität dem Wirkungsprinzip des Farbenkreises zugrunde. Eine Vermischung der verdichteten (gesteigerten) Farben Gelbrot und Blaurot ergibt das Purpur, die besonders prachtvolle Farbe, durch die der Farbenkreis harmonisch vollendet wird.

Das wohl im August 1793 entstandene Stück *Von den achromatischen Gläsern*, dessen Handschrift und Zeichnungen von G. stammen, kann man als eine frühe Vorarbeit zum Polemischen Teil der *Farbenlehre* ansehen, zumal die darin behandelte Achromasie später immer wieder herangezogen wurde, um Newtons Irrtum in dieser Einzelfrage auf die Brüchigkeit seiner gesamten Lehre auszudehnen. Lange Zeit hatte man angenommen, dass das Auftreten störender farbiger Ränder beim Betrachten von Gegenständen durch Linsen optischer Geräte (→Fernrohr, Mikroskop), die sogenannte chromatische Aberration, ein unvermeidliches Phänomen sei. Newton war von dieser Tatsache, die ihn nach einem Spiegelteleskop suchen ließ, überzeugt. Dass mit achromatischen Gläsern Korrekturen der unerwünschten Farberscheinungen möglich seien, wurde von Leonhard →Euler vorausgesagt und schließlich von John →Dollond unter Mitwirkung seines Sohnes Peter praktisch bewiesen, pikanterweise beim Versuch einer Rechtfertigung Newtons. Dollond erzielte die Wirkung durch eine Kombination von Linsen aus verschiedenen Glasarten (Flint- und Crownglas). G. sah durch die Dollondsche Entdeckung seine These von einer prinzipiellen Unabhängigkeit der Farbenentstehung von der Refraktion und damit seine Gegenposition zu Newton bestätigt, denn in der Linsenkombination Dollonds fanden Lichtbrechungen statt, die nicht zum Auftreten farbiger Ränder führten. Für G. war die Farbenerscheinung nicht Konsequenz der Refraktion, sondern einer besonderen farbenverbreitenden Eigenschaft des Glases, eines trüben Mittels also, das seine Wirkung an einer Granzfläche entfaltet. Den Phänomenen der Achromasie hat G. im Didaktischen Teil seiner *Farbenlehre* (§§ 285–298, §§ 345–349) Raum gegeben und sie dann im Polemischen Teil zu Unrecht verwendet, um Newtons eher marginalen Irrtum zur Diskreditierung seiner gesamten Optik heranzuziehen. Noch am 7.7.1825 gedachte G. in einem Brief an Carl August der Achromasie anlässlich der Überbringung eines »dreyfachen Prisma« durch den Jenaer Hofmechaniker Johann Christian Friedrich →Körner, »wodurch die so höchst wichtige Achromasie in ihren Bedingungen auf's bequemste darzustellen ist. Das Instrument in der Hand und vor den Augen läßt sich über diese wohl abstrus zu nennende Materie allenfalls einige Unterhaltung pflegen. Denn genau genommen sind es Facta die wir wohl schauen, darstellen, berechnen aber nicht begreifen können«.

Die in mehreren Handschriften von G. vorliegenden *Versuche mit der Berlinerblau-Lauge und den Metallkalken*, datiert auf den 4., 6. und 7.10.1793, gehören nach den *Versuchen mit Leuchtsteinen* zu den frühen Zeugnissen für G.s Beschäftigung mit den chemischen Farben. Schon in einem bei der Belagerung von Mainz geführten Notizbuch hatte G. *Metallische Farbenerscheinungen* thematisiert (vgl. LA I, 3, 147–149) und sich Aufzeichnungen zu Experimenten mit der Berlinerblau-Lauge gemacht (ebd. 463), die er nun, nach der Rückkehr nach Weimar, ausbaute. Ihren endgültigen Ort haben diese Arbeiten im Didaktischen Teil der *Farbenlehre* (§§ 504–516) gefunden. Der Text geht auf praktische, von G. vermutlich selbst angestellte

Versuche in Jena zurück. In G.s Bibliothek befanden sich mehrere Werke, denen er hier folgen konnte. Ausdrücklich erwähnte er später Karl Gottfried Hagens *Grundriß der Experimentalchemie zum Gebrauch bey dem Vortrage derselben* (2. Aufl. Königsberg 1790; Ruppert 4639; vgl. FA I, 25, 50). Die alchimistischen Zeichen (für Säure, Metallkalk oder Metalloxid und Salpetersäure) sind bei Johann Christian Polykarp →Erxleben: *Anfangsgründe der Chemie.* Mit neuen Zusätzen verm. von Johann Christian Wiegleb (Göttingen 1784, 44–47) entschlüsselt. Das Werk von Erxleben besaß G. schon seit dem 16.4.1784 (Ruppert 4526). Die Versuche bestanden in der Betrachtung gefärbter Niederschläge über einen Zeitraum von vier Tagen. Dabei wurden zunächst verschiedene Metalle, Metalloxide oder Metallsalze mit Säuren zur Reaktion gebracht. Wenige Tropfen der dabei entstehenden Metallsalzlösungen wurden jeweils in eine verdünnte Berlinerblau-Lauge (Blutlauge) gegeben, wobei ein gefärbter Niederschlag entsteht. Das chemische Prinzip dieser Versuche besteht in der Reaktion des Metallions mit einer Komplexverbindung der Blutlauge, dem sogenannten Hexacyanoferrat-Komplex.[40] Wichtiger indes als die chemischen Grundlagen, die zu G.s Zeit auch nicht in den Ansätzen bekannt waren, erscheinen im Kontext der *Farbenlehre* G.s grundlegende Bemühungen um eine Zuordnung der farbigen Metallverbindungen zu einer bestimmten Farbenfolge, angefangen vom Gegensatz Schwarz/Weiß über die aktiven Farben, Gelb und Gelbrot, und die passiven, Blau und Blaurot, bis zur Polarität des Grünen und des Purpur. Letzten Endes sind die zahlreichen Einzelbeobachtungen aber nicht zuende geführt worden, denn G. begnügte sich noch im Hauptwerk (§ 510 des Didaktischen Teils) mit der Ankündigung: »Wir geben künftig eine Tabelle, in wiefern die verschiedenen Metalle mehr oder weniger durch die verschiedenen Farben durchgeführt werden können« (FA I, 23.1, 178).

Vermutlich zwischen der ersten Oktoberhälfte 1793 und Anfang 1794 entstanden vier Texte, die die polemische Auseinandersetzung mit Newton und seinen Anhängern vorbereiten. Es ging dabei im Wesentlichen um die Ablehnung der Lehrmeinung, die das Entstehen von Farben aus der Brechung (Refraktion) des aus verschiedenen Komponenten bestehenden Lichtstrahls in seine einzelnen Bestandteile ableitete. Danach war das Licht stets etwas Zusammengesetztes, das man nur mit apparativen Mitteln zwingen konnte, seine wahre Natur zu zeigen. Für G. dagegen bedeutete Licht eine Größe, die als Einheit und Gesamtheit in ihrem Zusammenwirken mit Finsternis und trüben Mitteln Farben hervorbringt.

Der erste dieser Texte, *Über Newtons Hypothese der diversen Refrangibilität*, niedergeschrieben von Schumann, dürfte bald nach G.s Rückkehr vom Frankreichfeldzug nach Weimar (22.8.1793) entstanden sein.[41] Der Brief G.s an Lichtenberg vom 23.10.1793 könnte auf diesen Aufsatz hinweisen und eine Datierung auf Oktober 1793 plausibel machen. Die breit angelegte Einführung, die die Geschichte der Naturwissenschaften in den Mittelpunkt stellt und sich dann in einer längeren Passage Newton widmet, deutet auf den einleitenden Teil zu einem größeren Werk, das hier jedoch (noch) nicht geliefert wird. Erst in der zweiten Hälfte des Textes wird die Thematik der diversen Refrangibilität, der unterschiedlichen Brechbarkeit der Komponenten des Lichtstrahls, näher aufgegriffen. Sie ist für G. kein Faktum, sondern eine voreilig gefasste Hypothese, von der Newton – trotz besseren Wissens – nicht mehr abrücken wollte. Auch hier wird die Entdeckung der achromatischen Gläser (s. o. S. 93) ins Feld geführt, die – wäre

40 Streng genommen ist Berliner Blau als Komplex aus dreiwertigem Eisen und Hexacyanoferrat(II) definiert. Praktisch existiert jedoch ein Gleichgewicht mit dem Komplex aus zweiwertigem Eisen und Hexacyanoferrat(III). Liegt ein ausgeglichenes Molverhältnis vor, befinden sich die Substanzen in Lösung. Die Einzelheiten der verschiedenen von G. durchgeführten Versuche sind in speziellen Lehrbüchern der analytischen Chemie, meist im Kapitel über komplexe Cyanide, nachzulesen.

41 Ein schwer lesbarer Entwurf ist vor Mainz niedergeschrieben worden; vgl. WA II, 5.2, 350–352.

sie früher erfolgt – Newtons Irrtum schnell erwiesen hätte. Immer wieder zeigt sich G.s grundlegendes Anliegen, Newtons Vorstellungen nicht mit mathematischen Verfahren, sondern durch Beobachtungen in freier Natur zu widerlegen, die Phänomene unter ein einfaches allgemeines Gesetz zu bringen. Einen Plan zur eigenen Vorgehensweise liefert G. am Ende des Stücks; die Gliederung findet sich teilweise wieder in *Über die Farbenerscheinungen, die wir bei Gelegenheit der Refraktion gewahr werden*, einem wohl auch im Oktober 1793 entstandenen Fragment von der Hand Schumanns, in dem die zuvor notierten Punkte in einzelnen Passagen eine nähere Ausführung finden. Zahlreiche Abschnitte sind im Didaktischen Teil des Hauptwerkes in gleicher oder ähnlicher Form wiederzufinden: Abschnitte 9–21: *Farbenlehre*, Didaktischer Teil, §§ 195 f.; Abschnitte 24–49/§§ 197–208; Abschnitte 50–63/§§ 209–217; Abschnitte 51–54, 62/§ 210; Abschnitt 64/§§ 243–247. Nur das vierte Kapitel, Abschnitte 65 bis 83, das sich besonderen Bedingungen der Achromasie widmet, erscheint in dieser Form im Hauptwerk nicht (vgl. aber dort §§ 353–355). Auch wenn G. sich hier nur auf die Darstellung von Versuchen beschränkt und insgesamt noch weit hinter seinem späteren universalen Konzept und der Ableitung der Phänomene nach einem allgemeinen Gesetz zurückbleibt, so geht er doch über ältere Ansätze hinaus, wie er sie etwa noch in *Geplante Versuche* ausgesprochen hatte. Im Mittelpunkt stehen »Subjektive Versuche« (FA I, 23.2, 143 u. 148), also solche, in denen sich ein brechendes Mittel wie ein Prisma oder Wasserkörper zwischen dem Phänomen und dem Auge des Beobachters befindet. Davon abgegrenzt werden die objektiven Versuche, bei denen das brechende Mittel außerhalb dieses Weges lokalisiert wird und der Beobachter die Farberscheinung beispielsweise auf einem Schirm betrachtet, auf dem das Spektrum eines durch ein Prisma geworfenen Lichtstrahls aufgefangen wird. Sieht man von den Abschnitten 16 bis 21 ab, werden die objektiven Versuche jedoch im Wesentlichen nur am Ende der Abhandlung angekündigt und nicht mehr behandelt. Verbundene oder vermischte Versuche, die G. in den Abschnitten 7 und 8 angesprochen hatte, fehlen ebenso. Die Grundthese kommt trotz allem Fragmentarischen deutlich zum Ausdruck: Refraktion ist keineswegs die ausschlaggebende Bedingung für die Entstehung von Farben!

Der *Versuch die Elemente der Farbenlehre zu entdecken* ging am 29.12.1793 in der Handschrift von Schumann an Lichtenberg; er enthielt eine der ersten kolorierten Darstellungen des Farbenkreises (heute in der Staats- und Universitätsbibliothek Göttingen, Cod. Ms. Lichtenberg VI, 44, vgl. Abb. S. 825; zwei weitere Handschriften von Schumann und Goetze werden im GSA, eine vierte in Den Haag verwahrt).[42] Es spricht vieles dafür, dass diese Abhandlung das vierte Stück der *Beyträge zur Optik* darstellen sollte, mit dem sich – so G. am 25.6.1792 an Forster – »der Ballon in die Luft heben« [d. h. die Lehre abgerundet und erfolgreich sein] sollte. Die Datierung ist unsicher, vermutlich dürfte die Entstehungszeit zwischen August und Dezember 1793 liegen. Aus den Zeugnissen geht hervor, dass G. den Aufsatz, der im Gegensatz zu den vorangehenden Abhandlungen keinen fragmentarischen Charakter besitzt, Mitte(?) Dezember 1793 zunächst Knebel bekanntmachte und dabei auch die Sendung an Lichtenberg ankündigte. In der Korrespondenz mit Lichtenberg aus dem Oktober 1793 war die Thematik bereits gestreift worden, die im Mittelpunkt des Textes steht: Die Entstehung des Newtonschen ›Weiß‹.

In der *Konfession des Verfassers* am Ende seiner *Farbenlehre* konnte G. berichten, dass der »Fürst Primas« [Karl Theodor von Dalberg] neben dem allgemeinen Interesse für seine Studien den *Versuch die Elemente der Farbenlehre zu entdecken* »mit durchgehenden Randbemerkungen von eigner Hand« (FA I, 23.1, 980) begleitete,[43] die G. wiederum in einem Schreiben an Dalberg vom 19.3.1794 thematisierte. Lichtenberg dankte für das am 29.12.1793 übersandte Manuskript erst am 18.4.1794, nahm aber im

42 Vgl. auch Elmar Mittler, Elke Purpus und Georg Schwedt (Hg.): *»Der gute Kopf leuchtet überall hervor« – Goethe, Göttingen und die Wissenschaft.* Göttingen 1999, 128 u. 151.

43 Diese Notizen Dalbergs sind abgedruckt in LA I, 3, 464–474.

Gegensatz zur dort gemachten Ankündigung nicht mehr ausführlich dazu Stellung, auch nicht auf G.s Nachfrage vom 9.6.1794. Damit brach der Kontakt zu Lichtenberg in Fragen der Farbenlehre grundsätzlich ab, obwohl die Korrespondenz noch bis 1796 weitergeführt wurde.

Im Zentrum der Abhandlung steht das Verhältnis des Weißen zu den bunten Farben, wobei G. von auf Flächen aufgetragenen →Pigmenten ausgeht, nicht jedoch von Mischungen, die sich im prismatischen Bild ergeben. Dieser Ansatz erklärt auch die meisten kontroversen Punkte zwischen G. und Newton, der in der Regel Prismenfarben in den Mittelpunkt stellte. Erst Hermann von Helmholtz hat Mitte des 19. Jh.s in seiner Farbentheorie zwischen additiver und subtraktiver Farbmischung unterschieden, eine Trennung, die aus der Sicht der Sinnesphysiologie prinzipiell notwendig ist (→Additive Mischung/Subtraktive Mischung). G. versuchte, Newtons These von der prismatischen Zusammensetzung der farbigen Lichter zum Weißen dadurch zu widerlegen, dass er die gleichen Farbtöne als Pigmente vermischte und als Ergebnis eine diffuse Graufarbe erhielt. Generell ging er davon aus, dass die Mischung farbiger Pigmente immer dunkler als Weiß und heller als Schwarz ausfallen musste. Das Newtonsche Weiß nennt er daher abschätzig »Farbe der Nägel, der Asche, der Steine, des Mörtels, des Kotes« (FA I, 23.2, 181) oder einfach nur Kotweiß. Im Grunde redete G. hier an Newtons Beobachtungen vorbei, denn sie beruhen auf einem anderen Prinzip, eben der additiven Farbmischung, während G.s Versuche mit Pigmentmischungen aus einer subtraktiven Farbmischung resultieren. Bei der additiven Mischung wirken auf das Auge mehrere Farbreize ein, die einzeln nicht mehr aufgelöst werden können, so dass die Empfindung einer einheitlichen Mischfarbe entsteht. Dieser Fall liegt vor, wenn verschiedene Farbreize einen Fotorezeptor im Auge gleichzeitig treffen (Mehrfarbenprojektor, Newtons prismatische Versuche), wenn die Farben so dicht beieinander liegen, dass sie örtlich nicht mehr aufgelöst werden können (Farbbildröhre, Farbrasterdruck) oder wenn die einzelnen Farbreize nacheinander in so schneller Folge gegeben werden, dass das Auge sie zeitlich nicht mehr trennen kann (Farbenkreisel, Schwungrad, Dorle). Bei der subtraktiven Mischung werden Farbreize vor dem Eintreffen im Sinnesorgan absorbiert. Dies tritt auf, wenn Farbstoffe gemischt oder Strahlungen durch mehrere hintereinandergeschaltete Farbfilter beeinflusst werden. Je nachdem additive oder subtraktive Farbmischung vorliegt, kann das Ergebnis der Mischung der gleichen Farben ein völlig unterschiedliches Farbphänomen empfinden lassen. So ergibt das (subtraktive) Vermengen der gelben und blauen Farbe im Tuschkasten einen Grünton, wogegen additiv gemischt Gelb und Blau ein gräuliches Weiß erzeugen.

Dieser Exkurs klärt zahlreiche Widersprüche G.s gegen Newton: Im prismatischen Bild ergibt die Vereinigung sämtlicher Farben tatsächlich Weiß, während dieses Ergebnis mit Malerpigmenten selbstverständlich nicht zu erzielen ist. G. musste hier zwangsläufig ein erheblicher Fehler unterlaufen, weil er zeitbedingt additive und subtraktive Farbenmischungen nicht unterscheiden konnte. So schaltete er im *Versuch die Elemente der Farbenlehre zu entdecken* in den Abschnitten 17 bis 25 eine längere Passage aus seinem Fragment *Über die Einteilung der Farben und ihr Verhältnis gegen einander* ein (s. o. S. 93), um seine Überlegungen zu den weißen, schwarzen und grauen Flächen zu ergänzen. In § 22 ließ er irrtümlich Purpur aus der Pigmentmischung von Gelbrot und Blaurot entstehen, was *nur*, und nicht *auch* im prismatischen Bild gelingt. In anderem Zusammenhang will G. Gelb und Blau auch im prismatischen Bild zu Grün mischen können, eine falsche Behauptung, da hier eine additive Farbmischung vorliegt, die wie beim Farbenkreisel ein Grauweiß ergibt.

Der Aufsatz *Grundversuche über Farbenerscheinungen bei der Refraktion*, wohl Ende 1793 oder Anfang 1794 entstanden und von Schumann zu Papier gebracht, beschreibt in enger Anlehnung an die zugehörige Tafel eine Reihe von Versuchen, die G. schon in *Über die Farbenerscheinungen, die wir bei Gelegenheit der Refraktion gewahr werden* (s. o. S. 95) thematisiert hatte. Auf diese Versuche weist ebenso bereits Karte 16 (entspricht Tafel 25 in LA I, 3) des ersten

Stückes der *Beyträge zur Optik* hin, die G. dort noch nicht näher erläutert hatte.

Die auf den 5.7.1794 datierten, in den Handschriften von Schumann (überwiegend) und G. vorliegenden Versuchsnotizen *Blendendes Bild* haben ihren endgültigen Ort in den §§ 39–43 des Didaktischen Teils der *Farbenlehre* gefunden. Sie belegen die erste Beschäftigung mit den physiologischen Farben, die G. später als »Fundament der ganzen Lehre« (FA I, 23.1, 31) bezeichnen sollte. Es ging ihm dabei um die aktive Mitwirkung des Auges an Farbempfindungen als *natürliche* Reaktion des Sinnesorgans, während man zuvor Erscheinungen wie z. B. →Nachbilder als pathologisch angesehen hatte. Zunächst werden drei Versuchsprotokolle wiedergegeben, im Anschluss der erste Versuch kurz zusammengefasst. Danach folgen die ausführlichen Versuchsbeschreibungen, wobei zu einem geschilderten vierten Versuch kein Protokoll vorangestellt ist. Auf die physiologischen Farben war G. durch den persönlichen Kontakt mit Soemmerring im Sommer 1793 sowie die Korrespondenz mit Lichtenberg aus dem Oktober 1793 aufmerksam geworden. Da Lichtenberg den Kontakt jedoch im April 1794 abbrach, wurde Soemmerring schnell wichtigster Ratgeber in allen Fragen, die die Anatomie und Physiologie des Auges betrafen. Am 19.1.1794 übersandte dieser aus Mainz eine Literaturliste mit mehreren Titeln, die sich dem Sehvorgang widmeten (abgedruckt in G-Soemmerring 76). G. dürfte sich in den Folgemonaten damit beschäftigt haben. In einem vermutlich auf die zweite Augusthälfte 1794 zu datierenden Briefkonzept, kurz nach Entstehen von *Blendendes Bild* also, sprach G. seine gewandelte Einschätzung gegenüber Soemmerring aus: »Es ist weit mehr physiologisches bey den Farbenerscheinungen als man denkt [...]«.

Der Descartische Versuch mit der Glaskugel, datiert auf den 12.4.1795, beschäftigt sich einerseits mit den komplizierten Refraktions- und Reflexionsvorgängen an einer gläsernen Kugel, dem Modell eines Wassertropfens, andererseits liefert er ein frühes Zeugnis für G.s Beschäftigung mit der Geschichte der Farbenlehre. Der Text ist von Schumann niedergeschrieben, Überschrift, Zeichnung und deren Beschriftung stammen von G.; Hintergrund ist der Versuch, das Phänomen des →Regenbogens aufzuklären, das beim Auftreffen des Sonnenlichtes auf Wassertropfen zum Vorschein kommt. Bereits am 5.7.1791 entlieh G. aus der Weimarer Bibliothek die von Georg Simon Klügel besorgte deutsche Übersetzung von Joseph Priestleys *Geschichte und gegenwärtiger Zustand der Optik, vorzüglich in Absicht auf den physikalischen Teil dieser Wissenschaft* (Leipzig 1776; vgl. Keudell 23). In einem Auszug dieses Werks wurde bereits →Descartes notiert, dessen *Principia Philosophiae* (Amsterdam 1644) G. am 5.10.1791 ebenfalls auslieh (vgl. Keudell 27). Zwei Briefe an Carl August vom 18.5. und 1.7.1791 sprechen den Regenbogen an, zu dem aus dieser Zeit noch weitere Notizen überliefert sind. Im ersten Stück der *Beyträge zur Optik* (§ 73) werden Glaskugeln und Wassertropfen genannt – sämtlich Hinweise, dass diese Fragen der experimentellen Untersuchung der Regenbogenerscheinung G. von den ersten Anfängen der *Farbenlehre* begleitet haben. Neben Descartes sollte im Historischen Teil der *Farbenlehre* Antonius de →Dominis für die Erklärung des Regenbogens relevant werden (vgl. FA I, 23.1, 709–712 und 969–702 sowie Abb. 15). Schließlich führte G. noch kurz vor seinem Tode, im Januar und Februar 1832, eine der Thematik gewidmete Korrespondenz mit Sulpiz →Boisserée (vgl. FA I, 25, 839–846 und 1422–1424). Auch andere Quellen (Eckermann, 1.2.1827, 21.12.1831) belegen G.s Interesse gerade noch einmal in den letzten Lebensjahren. Trotz aller Bemühungen hat G. das Phänomen des Regenbogens innerhalb seiner *Farbenlehre* nicht lösen können. Seine letzten Äußerungen dazu gegenüber Boisserée am 25.2.1832 klingen ausweichend und resignierend.

Schriften zur Farbenlehre 1798/1799: Dialog mit Schiller, Harmonie der Farben, Untersuchungen an farbschwachen Personen, Temperamentenrose

Mit *Harmonie der Farben* und *Symbolische Annäherung zum Magneten* werden in den gängigen neueren G.-Ausgaben zwei beschriftete Skiz-

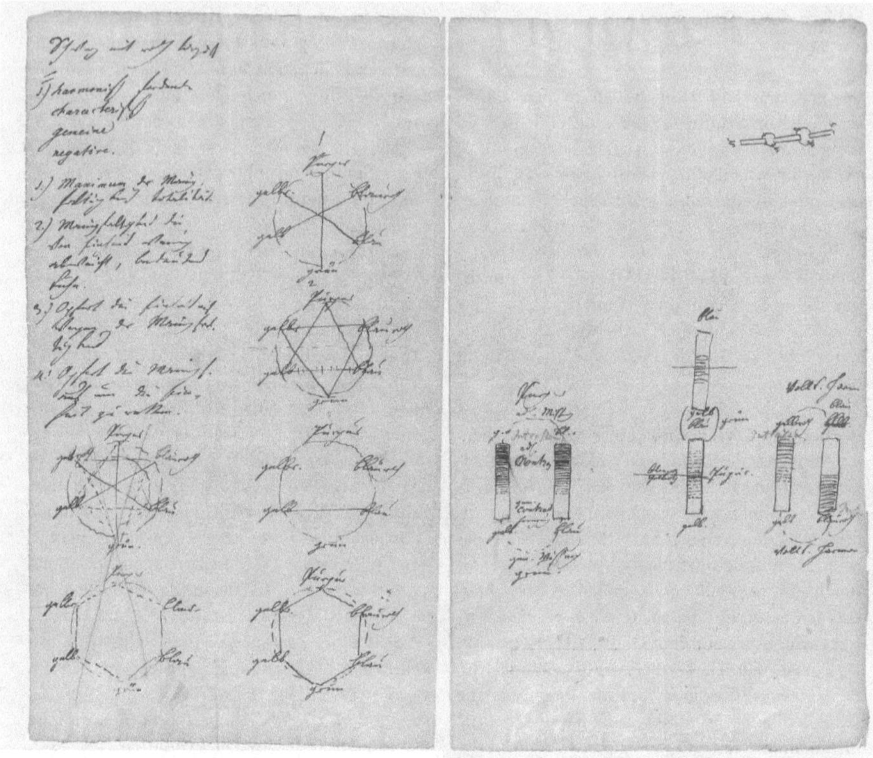

Harmonie der Farben / Symbolische Annäherung zum Magneten; gemeinsam mit Schiller am 14.11.1798 angefertigte Skizzen zur Harmonielehre

zen G.s bezeichnet, die sich jeweils auf einer Seite eines zusammengehörigen Doppelblattes befinden, sowie eine Farbtafel, die G. im Anschluss an eine der Skizzen (oben rechts) erstellte. Die Skizzen entstanden am Abend des 14.11.1798 in Schillers Wohnung in Jena. Die bereits Anfang 1798 intensiven Kontakte zu Schiller brachten vielfältige methodologische Klärungen für den Fortgang der *Farbenlehre*. G. wurde sich darüber klar, wie er den gewaltigen Stoff ordnen konnte, ebenso, wie er letzten Endes das Problem des malerischen Kolorits (die kunsttheoretische Ausgangsfrage also) an die Naturgesetze anzuschließen habe, deren Wirkungsweise stellvertretend der Magnet offenbarte. Die locker dahingeworfenen Skizzen des Doppelblattes sind nicht nur Zeugnis der ersten Niederschrift einer systematischen Harmonielehre der Farben, sie zeigen ebenso, wie sich in G.s Vorstellungen Naturwissenschaften, Poesie und Kunst zur Einheit formen, die von nur wenigen Grundgesetzen bestimmt wird. Ein Blick in G.s Tagebücher für die Monate Mai bis November 1798 deutet diese Entwicklung an. Es kam zu zahlreichen Treffen mit Schiller, am 18.6.1798 wurde »über die Möglichkeit einer Darstellung der Naturlehre durch einen Poeten« gesprochen. Mehrfach taucht die Beschäftigung mit dem Magneten auf, mit →Schelling und Martin van →Marum wurden optische und magnetische Versuche durchgeführt. Dann wieder die Rückwendung zur Kunst: G. arbeitete an der Einleitung zu den *Propyläen*, an *Diderots Versuch über die Malerei*, Farben erschienen ihm immer wieder aus der Sicht des

Malers *und* des Naturforschers. Doch blieb G. nicht bei den Farben stehen, er versuchte eine schematische Darstellung der gesamten Naturlehre, wie sie in der Tabelle *Physische Wirkungen* vom 30.7.1798 zum Ausdruck kam, die einen Tag später noch durch einen Text ergänzt wurde (vgl. FA I, 25, 128–137). Am 14.11.1798 war G. »abends bey Schiller, wo die Lehre von den verschiednen Graden der Harmonien der Farben und die Art des bequemsten Vortrags derselben durchgesprochen wurde«. Hier entstanden die beiden Skizzen, die G. am nächsten Tage (15.11.) zur Anfertigung einer Farbtafel drängten (s. Abb. S. 826). Der Inhalt ist nur vor dem Hintergrund der folgenden Äußerungen zu verstehen.

1. Aus dem Aufsatz *Physische Wirkungen*, 31.7.1798: »Wie der Magnet im Eisen wirkt, so wirkt die Farbe im Auge! und ich möchte sagen: so hoch das Auge über dem Eisen steht so viel höher steht die Farbe über der magnetischen Wirkung« (FA I, 25, 136).
2. Aus der ursprünglichen Fassung der Einleitung zu den *Propyläen*, beendet am 11.8.1798: »Die Lehre von den Farben ist bisher von dem Phisiker so behandelt worden, daß der Maler daraus nicht den mindesten Vorteil für sich ziehen konnte, die herrschende Hypothese [Newtons] hatte jede Art von lebendiger Untersuchung gehindert und die fröhligen, über die ganze Welt verbreiteten Erscheinungen in den Zauberkreis einer dunkeln Kammer gebannt. Indessen hatte den Maler sein natürliches Gefühl, eine fortdauernde Übung, eine praktische Notwendigkeit auf den rechten Weg geführt, er fühlte die lebhaften Gegensätze durch deren Vereinigung die Harmonie der Farben entsteht, er bezeichnete gewisse Eigenschaften derselben durch annähernde Empfindungen, er hat warme und kalte Farben, Farben die eine Nähe, andere die eine Ferne ausdrücken und was dergleichen Bezeichnungen mehr waren durch welche er diese Phänomene den allgemeinsten Naturgesetzen, auf seine Weise näher brachte als die Naturforscher bis jetzt gerne gestehen mochten; und was nicht lange mehr dem Widerspruch ausgesetzt bleiben kann: daß die farbigen Naturwirkungen, so gut als die magnetischen und elektrischen auf einer Dualität, einer Polarität, oder wie man die Erscheinungen dieser Art nennen mag, beruhe[n]« (FA I, 23.2, 386).
3. An Johann Heinrich Meyer, 15.11.1798: »An meiner Arbeit ist noch wenig ausgeführt, desto mehr aber schematisirt worden, worauf denn doch am Ende alles ankommt, weil man geschwinder übersieht wo Lücken sind und ob man die rechte Methode ergriffen hat. Schiller hilft mir durch seine Theilnahme außerordentlich, indem die Sache, weil ich doch gar zu bekannt damit bin, mir nicht immer ganz interessant bleiben will. Über die verschiednen Bestimmungen der Harmonie der Farben durch den ganzen Kreis hat er sehr schöne Ideen, die eine große Fruchtbarkeit versprechen, wovon Sie künftig das mehrere vernehmen werden«.
4. Aus *Diderots Versuch über die Malerei*, bearbeitet im November 1798, gedruckt 1799 in den *Propyläen*: »Es gibt nicht eine Harmonie, weil der Regenbogen, weil das Prisma sie uns zeigen, sondern diese genannten Phänomene sind harmonisch, weil es eine höhere allgemeine Harmonie gibt, unter deren Gesetzen auch sie stehen. [...] So lange nun in der Farbenlehre nicht auch klar wird, daß die Totalität der Phänomene nicht unter ein beschränktes Phänomen und dessen allenfallsige Erklärung [durch Newton] gezwängt werden kann, sondern daß jedes einzelne sich in den Kreis mit allen übrigen stellen, sich ordnen, sich unterordnen muß; so wird auch diese Unbestimmtheit, diese Verwirrung in der Kunst dauern, wo man im Praktischen das Bedürfnis weit lebhafter fühlt, anstatt daß der Theoretiker die Frage nur stille beiseite lehnen und eigensinnig behaupten darf: alles sei ja schon erklärt!« (FA I, 23.2, 387.)
5. Aus der *Konfession des Verfassers*: »Aber als ich lange genug in diesen fremden Regionen [der Naturforschung, speziell der Optik] verweilt hatte, fand ich den glücklichen Rückweg zur Kunst durch die physiologischen Farben und durch die sittliche und ästhetische Wirkung derselben überhaupt« (FA I, 23.1, 985).

Dass die beiden Pole des Magneten mit bestimmten Farben korrespondieren könnten, hatte G. bereits in einem Brief Soemmerrings vom 19.1.1794 angedeutet gefunden, ohne dass dieses zu einer weiteren Diskussion geführt hätte. Hier nun wurde das Thema ausgeschöpft, indem auf der rechten Seite des mit Schiller erstellten Doppelblatts der Farbenkreis aus den prismatischen Farberscheinungen analog zum Magneten entwickelt wurde, wodurch eine physikalische Begründung einer Harmonielehre gegeben wurde, deren Gültigkeit auf dem gegenüberliegenden Blatt auch auf den physiologischen Bereich (»harmonisch fordernde« Farben; FA I, 23.2, 199) ausgedehnt wurde. Die folgenden Erläuterungen legen die Farbtafel S. 826 zugrunde. Sie ist gegenüber der zugehörigen Skizze um zwei waagerechte Balken ergänzt worden. Ganz rechts sind zwei Halbspektren dargestellt, wie G. sie schon in § 50 des ersten Stücks der *Beyträge zur Optik* beschrieben hatte. Diese Figuren ergeben sich bei der Betrachtung einer Grenze zwischen einer weißen und schwarzen Fläche durch ein Prisma. Für sich genommen zeigen sie die Steigerung des Gelben zum Gelbroten sowie des Blauen zum Blauroten und stehen in vollkommener Harmonie zueinander. G. hat den Begriff der Steigerung erst im →Göttinger Schema zur Farbenlehre vom 2.8.1801 deutlich herangezogen; hier, wie auch in den anderen Figuren, tritt er als »Intension«, jeweils von der Hand Schillers, auf, so dass es nicht abwegig erscheint zu vermuten, dass Schiller für die Einführung des wichtigen Begriffs der Steigerung in die *Farbenlehre* verantwortlich sein könnte. Die beiden Halbspektren/Figuren des rechten Teils werden nun in verschiedener Weise zusammengefügt. Im oberen waagerechten Balken (einem umgekehrten Spektrum) grenzen Gelbrot und Blaurot, also die beiden gesteigerten Farben, aneinander und bilden Purpur, die edle Mischung; im unteren waagerechten Balken (dem ordentlichen Spektrum) sind Gelb und Blau zueinandergekehrt, wobei Grün (die gemeine Mischung) entsteht. In der mittleren vertikalen Figur sind zwei Spektren wie zwei gleich gepolte Stabmagnete hintereinandergeschaltet (wie es eine kleine Nebenskizze in der Handschrift oben rechts für mehrere Stabmagnete darstellt), wobei sich in der Berührungszone der beiden Grün (aus dem Blau des oberen und dem Gelb des unteren) ergibt; in der Skizze vom Vortag steht diese Figur gegenüber der Farbtafel auf dem Kopf. Dort ist durch Querstriche auch noch einmal auf das Erscheinen des Purpurs an der Grenzfläche des Gelbroten und des Blauroten hingewiesen. G. übersah hier erneut, dass Grün im prismatischen Bild (bei additiver Mischung) nicht aus einer Vermischung des Gelben mit dem Blauen entstehen kann, da dieses Mischungsergebnis nur bei Pigmentfarben (bei subtraktiver Mischung) zustande kommen kann.

In der linken Figur der Tafel schließlich sind die Spektren so nebeneinandergelegt, dass die beiden waagerechten Balken gleichsam zueinandergebogen werden und in den vertikalen Passagen verschmelzen. Denkt man sich Letztere weg, so entsteht aus den beiden Wölbungen der Farbenkreis mit den charakteristischen Farben, den Steigerungen des Gelben zum Gelbroten und des Blauen zum Blauroten sowie den beiden Mischungen, der edlen (Purpur) und der gemeinen (Grün).

Am 15.11.1798, dem Tag, als er die Farbtafel anfertigte, hatte G. im Tagebuch vermerkt: »Abends zu Schiller, neue Idee wegen des Rothen«. Hier handelte es sich offenbar um eine neue Vorstellung von der Entstehung des Roten durch Steigerung (oder →Intension, wie es zunächst noch heißt). Bis jetzt hatte G. das Rot stets als Eigenschaft des Gelben und Blauen angesehen, die durch »Verdichtung« dieser Farben zum Vorschein kommen könne (s. o. S. 93).

Den Magneten betrachtete G. als das herausragende Symbol für eine Dualität bzw. Polarität im Naturgeschehen und erhob ihn in den Rang eines nicht weiter erklärbaren →Urphänomens. Auch das Farbenwesen musste in Analogie zum Magneten diese Polarität zeigen, musste sich den allgemeinen Gesetzen unterordnen. Dieses Bestreben fand G. durch die *Symbolische Annäherung* [der Farben] *zum Magneten* erfüllt, indem er – wie die Nebenskizze erweist – dem Süd- und Nordpol des Magneten die gelbe und blaue Farbe zuordnete.

Die linke Seite des Doppelblattes mit der Darstellung einer Harmonielehre der Farben ist offensichtlich nach den Skizzen auf der rechten Seite entstanden; sämtliche Farbnamen stimmen überein. Auch wenn hier keine handschriftlichen

Zusätze Schillers zu finden sind, so weist doch neben dem Entstehungszusammenhang auch die dortige Verwendung der Begriffe »Mannigfaltigkeit«, »Totalität« und »Einheit« (FA I, 23.2, 199) auf Schiller, der bereits in seinem Brief vom 19.1.1798 die Kantschen Kategorien der Quantität, »Pluralität« (Vielheit), »Totalität« (Allheit) und »Einheit« genannt hatte (vgl. SNA 29, 188–191), um G.s Aufsatz *Das reine Phänomen* durch den Autor auf Vollständigkeit überprüfen zu lassen.

In den schematischen Kreisen der Skizze versuchte G., die Farbzusammenstellungen, denen er sich soeben in Analogie zum Magneten gewidmet hatte, nach dem Kriterium der Harmonie zu ordnen. Da ihm die Darstellung in zwei Kreisen zu unübersichtlich wurde (diese sind in der Handschrift durchgestrichen), legte er schließlich vier Kreise an, in denen sich einige Begriffspaare aus der ›Magnettafel‹ wiederfinden. Dort waren die Zusammenstellungen von Gelbrot und Blau sowie Gelb und Blaurot als vollkommen harmonisch bezeichnet worden. Hier nun erschienen sie zusammen mit dem Paar Purpur/Grün als »harmonisch fordernde« und bilden die oberste Stufe der Harmonie-Rangfolge, die jeweils von den Farben gebildet wird, die sich im Durchmesser des Farbenkreises gegenüberliegen und heute als →Komplementärfarben bestimmt werden. Als »charakteristisch« wird der zweite Grad der Harmonie bezeichnet; er hat seine Entsprechung im gegenüberliegenden Skizzenschema lediglich im »edlen Kontrast« zwischen den Farben Gelbrot und Blaurot. Darüber hinaus gehören hierher alle Farbzusammenstellungen, die durch Sehnen des Farbenkreises bei Überspringung einer Zwischenfarbe gebildet werden, also neben Gelbrot/Blaurot noch Purpur/Gelb, Purpur/Blau, Gelbrot/Grün und Blaurot/Grün. Für das Farbpaar Gelb/Blau würde dieses Kriterium zwar auch gelten, doch hat G. diese Farbkombination hier ausgekoppelt und als einzige der Rubrik der gemeinen Harmonie zugewiesen (im anderen Schema zum Magneten: gemeiner Kontrast, gemeine Mischung). Die unterste Stufe, die negative Harmonie, stellen Kombinationen von Farben dar, die im Farbenkreis benachbart sind. Diese Zusammenstellungen hat G. später als »charakterlos« bezeichnet. Sieht man von dieser Umbenennung ab, so kann man die hier entworfene Harmonielehre ohne größere Änderung in den §§ 803–829 des Didaktischen Teils des Hauptwerks *Zur Farbenlehre* von 1810 wiederfinden.

Neben Blendungsversuchen mit exakten Beobachtungen zu Nachbildern gehören vor allem G.s Untersuchungen an farbenschwachen Personen zu den herausragenden Leistungen im physiologischen Teil der *Farbenlehre*. G. hat sie näher beschrieben in dem Aufsatz *Von Personen, welche gewisse Farben nicht unterscheiden können*. Die hier geschilderten Versuche mit dem farbenschwachen Johann Karl Friedrich →Gildemeister, damals Student der Rechtswissenschaft in Jena, sind vom Schreiber Geist niedergeschrieben; durchgeführt wurden sie auf vier Sitzungen, am 19.11.1798 und in der Zeit vom 12.2. bis 14.2.1799. Wiederum nahm Schiller großen Anteil, wie G. rückblickend in den *Tag- und Jahresheften* von 1798 würdigte: »Er war es der den Zweifel lös'te, der mich lange Zeit aufhielt: worauf denn eigentlich das wunderliche Schwanken beruhe, daß gewisse Menschen die Farben verwechseln, wobei man auf die Vermuthung kam, daß sie einige Farben sehen, andere nicht sehen, da er denn zuletzt entschied, daß ihnen die Erkenntniß des Blauen fehle. Ein junger *Gildemeister*, der eben in Jena studirte, war in solchem Falle, und bot sich freundlich zu allem Hin- und Wiederversuchen, woraus sich denn zuletzt für uns jenes Resulat ergab«. Den Begriff der Blaublindheit oder Akyanoblepsie verwendete G. indes erst 1801 im Göttinger *Schema der Farbenlehre* sowie im Tagebuch ab Juli 1804. Möglicherweise hat erst die im Tagebuch vom 27.11.1799 dokumentierte Aussprache mit Schiller über die Versuche mit Gildemeister die Annahme der fehlenden Blauempfindung erbracht, da die Versuchsprotokolle noch nicht auf das Feststellen einer Blaublindheit schließen lassen. Auch in späteren Jahren (1804, 1806, 1811 und 1815) hat sich G. für die optischen Empfindungen von Farbenschwachen immer wieder interessiert und noch mit fünf weiteren Betroffenen experimentiert oder korrespondiert, darunter mit Joachim Dietrich →Brandis im Jahr 1811 (vgl. FA I, 25, 770–775 und Anm.).

Für die Versuche mit Gildemeister (in der Handschrift steht durchweg Güldemeister) benutzte G. zunächst offenbar vorrangig die beiden Seiten der großen Doppeltafel, die dem zweiten Stück der *Beyträge zur Optik* beigegeben war (FA I, 23.2, Abb. 30 und 31). Hiermit hat G. wahrscheinlich die Verwechslung der Farben Grün und Gelbrot nachgewiesen, während er für das Nichtunterscheiden von Blau und Rosenrot »*Karmin*, in einer weißen Porzellantasse aufgestrichen« (FA I, 23.2, 201) sowie rosenfarbenes Papier verwendete. Aus der Gesamtheit der Versuche ergibt sich die schon von der Statistik her anzunehmende Tatsache, dass Gildemeister nicht – wie von G. unter Schillers Einfluss angenommen – unter der extrem seltenen Blaublindheit litt, sondern rotblind (protanop) war. Trotz dieser Fehleinschätzung G.s enthalten die Versuchsaufzeichnungen wertvolle und zukunftsweisende Aspekte, vor allem in der Anwendung eines Farbfleckverfahrens, das erst um 1940 wieder aufgegriffen wurde (vgl. dazu die im Literaturverzeichnis genannten Arbeiten von Wolfgang Jaeger). Im Hauptwerk von 1810 beschäftigte sich G. in den §§ 101–135 des Didaktischen Teils mit den *Pathologischen Farben*, wobei die Versuche mit Farbenblinden einen großen Teil einnehmen (→ Farbenblindheit). Dabei ging G. davon aus, dass gerade auch das krankhafte Phänomen Einblick in die organischen und physiologischen Gesetzmäßigkeiten erlaubt (§ 102). Schließlich sind die Landschaftsdarstellungen aus G.s Besitz zu erwähnen, die die Farben der Umwelt aus der Sicht eines Blaublinden wiedergeben sollten. Ein solches Gemälde hatte Angelica → Kauffmann auf G.s Wunsch in Italien angefertigt (vgl. Abb. S. 829, Figur 11).

Die von Schiller beschriftete → *Temperamentenrose* ist auf einer Pappscheibe von 153 mm Durchmesser dargestellt (vgl. Abb. S. 827). Sie liefert ein wichtiges Zeugnis der gemeinsamen Arbeit von G. und Schiller im Rahmen der Harmonielehre der Farben und wurde 1941 zufällig unter den Schiller-Akten im GSA aufgefunden. G.s Tagebuch nennt den 20.1. und 22.1. sowie den 5.2. und 7.2.1799 als Daten, an denen gemeinsam daran gearbeitet wurde. Die Zeugnisse belegen im Einzelnen, dass Farben hierbei nur *ein* Aspekt waren und die Diskussionen mit Schiller vor dem Hintergrund einer allgemeineren Debatte über »Natur, Kunst und Sitten« (TuJ von 1799) betrachtet werden müssen, die vor allem Querverbindungen zur Dilettantismusfrage aufweist. In den *Tag- und Jahresheften* von 1798 berichtete G. im Anschluss an die Versuche mit dem farbschwachen Gildemeister: »Ferner um das Mentale sichtlich darzustellen, verfertigten wir [G. und Schiller] zusammen mancherlei symbolische Schemata. So zeichneten wir eine Temperamentenrose, wie man eine Windrose hat, und entwarfen eine tabellarische Darstellung, was der Dilettantismus jeder Kunst Nützliches und Schädliches bringe«. In einen größeren Zusammenhang stellte G. die *Temperamentenrose* in den *Tag- und Jahresheften* von 1799: » [...] so war auch Schiller aufgeregt, unablässig die Betrachtung über Natur, Kunst und Sitten gemeinschaftlich anzustellen. Hier fühlten wir immer mehr die Nothwendigkeit von tabellarischer und symbolischer Behandlung. Wir zeichneten zusammen jene Temperamentenrose wiederholt, auch der nützliche und schädliche Einfluß des Dilettantismus auf alle Künste ward tabellarisch weiter ausgearbeitet, wovon die Blätter beidhändig noch vorliegen. Überhaupt wurden solche methodische Entwürfe durch Schillers philosophischen Ordnungsgeist, zu welchem ich mich symbolisirend hinneigte, zur angenehmsten Unterhaltung. Man nahm sie von Zeit zu Zeit wieder auf, prüfte sie, stellte sie um, und so ist denn auch das Schema der Farbenlehre öfters bearbeitet worden«.

Die *Temperamentenrose* besteht aus drei konzentrischen Ringen, die um ein schwarz gehaltenes Zentrum geordnet sind. Der äußere Ring bezeichnet die vier Temperamente: cholerisches (reizbar, jähzornig, aufbrausend), sanguinisches (heiter, erregbar), phlegmatisches (ruhig, träge, schwerfällig) und melancholisches (schwermütig, ernst, introvertiert). Jedem Temperament sind im mittleren Ring drei typische Vertreter (für den Gesamtkreis also zwölf) zugewiesen. Der innere Ring versucht, die Temperamente mit den Farben des Farbenkreises in Beziehung zu setzen, wobei die Farbgrenzen nicht mit denen der Temperamente übereinstimmen. Es fällt auf, dass der Drehsinn der Farbenkreis umgekehrt ist, d.h. die aktiven Farben Gelb und Gelbrot hier entgegen G.s sonst durchgehend festzustellender Praxis *rechts* der Rotgrünachse aufgetragen sind. Da jeder der sechs Farbsektoren in der Mitte unterteilt ist (d.h. jede Farbe zweimal nebeneinander vorkommt), ergeben sich zwölf Farbabschnitte, die versetzt zu den zwölf Vertretern der Temperamente angeordnet sind. Eindeutige Farbzuordnungen kommen in sechs Fällen vor: Gelb - Bonvivants; Blaurot - Philosophen; Grün - Poeten; Purpur - Herrscher; Blau - Geschichtsschreiber; Gelbrot - Helden. Nur in den beiden letzten Fällen ergibt sich eine klare Zuordnung zu einem Temperament: Blau - Geschichtsschreiber - Phlegmatisch; Gelbrot - Helden - Cholerisch. Hier treffen die Hauptvertreter der passiven und aktiven Seite, der kältesten und der wärmsten Farbe aufeinander.

Rupprecht Matthaei hat in seinem Aufsatz *Die Temperamentenrose aus gemeinsamer Betrachtung Goethes mit Schiller* (in: *Neue Hefte zur Morphologie* 2, 1956, 33–46) die weiteren Zuordnungen im Einzelnen untersucht, die Entstehungsgeschichte im Detail nachgezeichnet und nachgewiesen, dass die Auswahl der Temperamente auf →Kants *Anthropologie in pragmatischer Hinsicht* (Königsberg 1798) zurückgeht. Einen weiteren Farbenkreis mit seitenverkehrter Darstellung der aktiven und passiven Farben, bei dem in ganz ähnlicher Weise wie bei der *Temperamentenrose* die Seelenkräfte »Phantasie«, »Vernunft«, »Verstand« und »Sinnlichkeit« den Farben zugeordnet werden, hat G. 1809 angefertigt; er befindet sich im FDH in Frankfurt am Main, ist z.B. auf dem Umschlag von FA I, 23.1 abgebildet und dient als beliebtes Postkartenmotiv in G.-Museen (vgl. Abb. S. 828).[44] In den gleichen Kontext gehört weiterhin ein Farbentetraeder aus G.s Arbeitszimmer (GNM), dessen Flächen die gleichen vier Begriffe wie der ›Frankfurter Farbenkreis‹ tragen (vgl. FA I, 23.2, Abb. 48). Insgesamt sind derartige Überlegungen, Farben mit Temperamenten und Charakteren zu verbinden, eingegangen in das Kapitel über die *Sinnlich-sittliche Wirkung der Farbe* im Didaktischen Teil der *Farbenlehre*. Aber auch aus dem alltäglichen Bereich finden sich vereinzelt Belege. So schrieb G. an Gottlieb Hufeland am 2.12.1799: »Der blaue Autor nimmt das Leben freylich etwas ernsthafter als der gelbe. Sie sehen aus dieser Farbvergleichung daß mir diese Phänomene einmal wieder sehr nahe liegen«.

Schriften zur Farbenlehre 1799–1807: Weitere Entwürfe, Ordnung des Unternehmens, Schemata, Geschichtliches

Zur Einleitung, in der Handschrift von Riemer, stellt einen frühen Entwurf einer Einleitung in die *Farbenlehre* dar. Die Datierung ist unsicher. Die im Text angekündigte Gliederung des Stoffes scheint sich dem Göttinger *Schema zur Farbenlehre* vom 2.8.1801 anzuschließen, andererseits deuten Begriffe wie »Einheit« und »Mannigfaltigkeit«, »Ideen« und »Erfahrung« (FA I, 23.2, 209f.) auf den Dialog mit Schiller, der zum Jahresbeginn 1798 und im Winter 1798/1799 besonders intensiv war. Vor allem aber der Schlusssatz, der auf das neue Jahrhundert zielt, läßt eine Datierung für 1799 wahrscheinlich werden. So könnte G.s Eintragung im Tagebuch vom 8.2.1799 auf den vorliegenden Text hinweisen: »Früh Farbenlehre. Allgemeine Einleitung und Wirkung der Farben auf den Menschen«. Allerdings müßte man dann annehmen, dass die Handschrift eine spätere Abschrift darstellt, da Riemer erst ab 1803 für G. arbeitete. Das eingangs erwähnte Desiderat, die *Farbenlehre* aus der Isolation innerhalb der Naturwissenschaften zu lösen, sie »der großen Kette von Wirkungen« anzuschließen und »zur Einheit« (ebd. 209) zu bringen, steht vor dem Hintergrund der Bemühungen G.s um eine Klärung der wenigen Gesetze, die allen Naturerscheinungen zugrunde liegen sollten. Die Analogisierung des Farbenwesens mit dem Magneten, aber auch mit anderen physikalischen Erscheinungen, diente diesem Zweck. Dualität bzw. Polarität war bereits als wichtige Konstante festgelegt, die Erkenntnis der Steigerung kam gerade in diesen Jahren erst zum Durchbruch. Die Gliederung des Didakti-

44 Näheres zu diesem Farbenkreis bei Schmidt 1965.

schen Teils, in der Diskussion mit Schiller festgelegt, in physiologische, physische und chemische Farben tritt hier ebenso hervor wie der Plan eines Polemischen und Historischen Teils. Ferner werden die Wirkung der Farben auf den Menschen und der ästhetische Gebrauch der Farbe genannt, womit G. wiederum seine Ausgangsfrage über die Gesetze des Kolorits in der Anwendung durch den Maler anspricht. Sieht man von der nicht sicheren Datierung ab, so belegt der Text *Zur Einleitung* dennoch, dass sich G. rund zehn Jahre vor Erscheinen seines Werkes *Zur Farbenlehre* prinzipiell über die Konzeption im Klaren war (wie dies auch zahlreiche Schemata belegen, die in Göttingen 1801 noch einmal einer Revision unterzogen wurden). Die Jahre ab 1798, dem Jahr der Wiederaufnahme der Arbeit an der *Farbenlehre*, brachten kaum neue Erkenntnisse und Entdeckungen, sie sind vielmehr eine Zeit des Ordnens, Sichtens und Schematierens. Hier vor allem hat Schiller entscheidende Förderung geleistet.

Die auf den 10.2.1799 datierte, in Jena entstandene und von Geist niedergeschriebene Übersicht *Geschichte der Farbenlehre* ist der älteste bekannte Entwurf G.s zur Geschichte der Farbenlehre. Das Tagebuch vom Vortag verzeichnet: »Das Schema zur Geschichte der Farbenlehre weiter bearbeitet und geheftet. Sodann den Character einzelner Naturforscher aus dem Gedächtniß summarisch aufgezeichnet [...]«. Obwohl G. in dieser Übersicht bereits wesentliche Namen nannte, sollte die mühsame Arbeit am Historischen Teil bis kurz vor Erscheinen des gesamten Werkes im Mai 1810 anhalten, da sich immer wieder Ergänzungen, der Bedarf und der Wunsch nach neu bekannt gewordener Literatur und zeitraubende Lektüre ergaben. Schon 1791 hatte G. erste historische Werke zur Farbenlehre ausgeliehen (Leonardo da Vinci, Priestley, →Kepler, →Grimaldi u. a.; vgl. Keudell 21, 23, 26, 28), am 26.6.1792 kam erstmals Newtons →*Opticks* in der lateinischen Fassung hinzu (Keudell 36). Im Lager bei Marienborn vor Mainz machte sich G. 1793 Gedanken über eine Arbeitsteilung (*Einige allgemeine chromatische Sätze*; s. o. S. 92) und wies dabei auch dem Historiker seinen Anteil zu. Diesen musste G. schließlich selbst übernehmen. Die biographischen Beschäftigungen, allen voran die Arbeit an *Benvenuto Cellini*, die im Februar 1796 begann, ließen G. den einzelnen Menschen ins Zentrum der Wissenschaftsgeschichte rücken: Nicht eine Geschichte des Wissens und der Meinungen wollte er fortan liefern, sondern eine Sammlung der Lebensgeschichten von Forschern, deren Charakter das jeweilige Werk bestimmte. Dieser Zugang wird schon im vorliegenden ältesten Entwurf sichtbar.

Die *Ausdehnung des Schemas* stellt ein aus 21 Einzelausarbeitungen bestehendes Konvolut von Texten zu bestimmten Kapiteln und Teilen der *Farbenlehre* dar und ist offenbar zum größten Teil am 18.11. und 19.11.1799 in Jena entstanden, zumal vier Texte auf den 18.11.1799 datiert sind. Überwiegend liegen die Texte in der Handschrift von Geist vor, zum Teil auch von G.s Hand. Vom »Schema«, »Farbenschema« und »Schema der Farbenlehre« sprechen jedoch auch zahlreiche weitere Tagebucheintragungen der folgenden Tage (21.11., 23.11.–27.11.). Ein vorläufiges Fazit zog der Brief an Soemmerring vom 30.12.1799: »An der Farbenlehre habe ich immer fortgearbeitet. Den Stoff habe ich im Engen und Klaren, über die Form des Vortrags bin ich auch mit mir völlig einig, es kommt nun jetzt auf die Ausführung an, die dann freilich von Muße, Stimmung und Glück abhängt«. Unklar ist, ob G. schon 1799 eine Gesamtübersicht vorgelegen hat, die er mit Schiller diskutierte. Die vorliegenden Texte sind es, über die G. am 2.8.1801 in Göttingen in sein Tagebuch schrieb: »Die bisherigen Excerpte und Aufsätze geordnet und geheftet«. Einige Randbemerkungen mögen erst jetzt hinzugekommen sein, vor allem aber wurde an diesem Tag das Inhaltsverzeichnis *Schema der Farbenlehre. Göttingen 1801* angelegt und vorangestellt. In dieser Form – Inhaltsübersicht und einundzwanzig Textstücke zu einzelnen Kapiteln – gelangte das Ganze in 40 durchgezählten Blättern in den im GSA verwahrten Faszikel. Schließlich existieren noch weitere Entwürfe, die um die Jahrhundertwende entstanden sein dürften und sich in das *Schema zur Farbenlehre* einordnen lassen. Eine stichwortartige *Geschichte der physiologischen Farben* (LA I, 3,

369f.) von der Hand Riemers, die 15 Autoren von → Aristoteles bis Rumford nennt, ist deshalb bemerkenswert, da ansonsten das Kapitel der physiologischen Farben nicht durch einen eigenständigen historischen Abschnitt vertreten ist.

Die letzten beiden Textstücke von *Ausdehnunng des Schemas* stellen gleichsam Keimzellen des Polemischen und des Historischen Teils dar, alle anderen Entwürfe sind in den Didaktischen Teil der *Farbenlehre* eingegangen. Hier soll nur der letzte Text besonders betrachtet werden, die *Geschichte der Arbeiten des Verfassers in diesem Fache.* Er ist nach einem entsprechenden Tagebuchvermerk möglicherweise am 21.2.1800 entstanden und stellt den ausführlichsten Entwurf zum Kapitel *Konfession des Verfassers* da, mit dem 1810 der Historische Teil des Hauptwerks abschloß. Eine Vorstufe hatte G. innerhalb seiner Übersicht zur *Geschichte der Farbenlehre* vom 10.2.1799 im Abschnitt *Der Verfasser* geliefert. Der dritte bekannte Entwurf zu den eigenen Arbeiten im Fach, nur aus wenigen von G. selbst geschriebenen Notizen bestehend, ist nicht vor 1809 entstanden.

Unter der Sammelüberschrift *Bedenken* sind (nach LA I, 3, 298–302) sieben ursprünglich unabhängige Stücke (1a-1c, 2–5) zusammengestellt, die sich vorwiegend methodischen Problemen der *Farbenlehre* widmen. Die Entstehung dürfte um die Jahrhundertwende oder (bei Handschriften von Riemer, die neben denen von G. und Geist erscheinen) zwischen 1804 und 1807 anzusetzen sein. Sie seien im Folgenden einzeln kurz charakterisiert:

1a–1c. Das Operieren mit Lichtstrahlen missachte die Tatsache, dass die Sonne immer nur als *Bild* erscheinen kann, von der einzelne Strahlen nicht zu isolieren seien, was entsprechende methodische Konsequenzen nach sich ziehe (vgl. auch §§ 394–401 des Didaktischen Teils der *Farbenlehre*).

2. Probleme bei der ›Übersetzung‹ der beobachteten Phänomene in eine Theorie; Warnung vor den Mathematikern.
3. Über die unheilvollen Wirkungen Newtons, der nicht von der unmittelbaren Erscheinung der Phänomene ausgehe.
4. Chemiker und Maler seien auf dem richtigen Weg, da sie *praktisch* an die Fragen herangehen (d.h. vom Phänomen aus).
5. Möglichkeiten und Grenzen der Sprache der Naturphilosophie.

Das bereits erwähnte Inhaltsverzeichnis *Schema der Farbenlehre. Göttingen 1801*, vorliegend in zwei Handschriften von Geist, ist benannt nach der Aufschrift eines Faszikelumschlags (im GSA), in dem G. seine 1801 in Göttingen geordneten Entwürfe *Ausdehnung des Schemas* zusammen mit dem Verzeichnis *Inhalt der Abhandlung über die Farbenlehre* aufbewahrte. Nach seiner schweren Erkrankung im Januar 1801 begab sich G. zur Kur nach Bad Pyrmont, wo er am 13.6. eintraf. Bereits vom 6.6. bis 12.6. hatte er in Göttingen Station gemacht, vor allem aber die Rückreise nutzte er ausgiebig (18.7.–14.8.) zum Studium älterer Werke zur Farbenlehre. »Mein eigentlicher Zweck bei einem längern Aufenthalt daselbst [in Göttingen] war, die Lücken des historischen Theils der Farbenlehre, deren sich noch manche fühlbar machten, abschließlich auszufüllen. Ich hatte ein Verzeichniß aller Bücher und Schriften mitgebracht, deren ich bisher nicht habhaft werden können; ich übergab solches dem Herrn Professor *Reuß* und erfuhr von ihm so wie von allen übrigen Angestellten die entschiedenste Beihülfe. Nicht allein ward mir was ich aufgezeichnet hatte vorgelegt, sondern auch gar manches, das mir unbekannt geblieben war, nachgewiesen. Einen großen Theil des Tags vergönnte man mir auf der Bibliothek zuzubringen, viele Werke wurden mir nach Hause gegeben, und so verbracht' ich meine Zeit mit dem größten Nutzen« (TuJ von 1801). Während dieser Tage, am 2.8.1801, diktierte G. seinem Schreiber Geist das Inhaltsverzeichnis, das in der Entstehungsgeschichte der *Farbenlehre* als Göttinger *Schema der Farbenlehre* einen wichtigen Abschnitt markiert.

Der mit vier Figuren versehene Aufsatz *Refraktion im allgemeinen* beschäftigt sich mit Phänomenen der – so auch der Untertitel – »Brechung und Hebung« (FA I, 23.2, 258). Er dürfte nach der Handschrift zu urteilen kurz nach Riemers Einzug bei G. (September 1803) entstanden sein, möglicherweise im Jahr 1804. Die Thematik, der sich G. wiederholt zuwandte, hat im

Hauptwerk von 1810 ihren Platz im Abschnitt über Willebrord Snellius, einem der Entdecker des Brechungsgesetzes, gefunden (vgl. FA I, 23.1, 694–696). Ähnliche Versuche werden bereits in einem Brief G.s an Schiller vom 24.1.1798 angesprochen: »Eines einzelnen Umstands muß ich erwähnen. Sie erinnern sich des Versuches mit einem gläsernen Cubus, wodurch ich so deutlich zeigte daß die senkrechten Strahlen eben so gut verändert und das Bild aus dem Grund in die Höhe gehoben wird. Snellius, der die erste Entdeckung des Gesetzes der Brechung machte, erinnerte schon eben das; allein Huygens, der jene Entdeckung eigentlich bekannt machte, geht gleich über das Phänomen hinaus, weil er es bey seiner mathematischen, übrigens ganz richtigen Behandlung der Sache nicht brauchen kann, und seit der Zeit will niemand nichts davon wissen«.

In unmittelbarem Zusammenhang zum vorhergehenden steht der Aufsatz *Refraktion ohne Farbenerscheinung*. Er schließt nicht nur in der Handschrift Riemers daran an, sondern enthält auch einen Hinweis auf die letzte Figur von *Refraktion im allgemeinen*. Daher ist die Entstehung ebenso auf Ende 1803 oder 1804 zu datieren. G. wiederholte hier noch einmal seine Grundposition, dass Refraktion keineswegs immer mit Farbentstehung verbunden sei, dass also andere Bedingungen ausschlaggebend seien, denen sich auch die Refraktion unterordnen müsse. Dieses ist eine bereits in den frühen 1790er Jahren entwickelte Auffassung (vgl. *Die Kraft, Farben hervorzubringen [...]*; s. o. S. 82f.).

Die möglicherweise 1804 von G., Riemer und Geist niedergeschriebenen *Pläne zu Versuchen* liefern eine typische Übersicht für G.s Vorgehen: Eigene Versuche wurden geplant, Fragen notiert, Literaturstellen zum Nachschlagen genannt, Vorläufer und Gegner aus der Geschichte bezeichnet. Auf diese Weise füllten sich nach und nach die Lücken, von denen G. noch 1801 in Göttingen gesprochen hatte.

Das Auge gehört zu einer Reihe von Entwürfen für die Einleitung zur *Farbenlehre*, in der der Text aber nur teilweise Verwendung fand. Die Handschrift Riemers deutet auf eine Entstehung zwischen 1804 und 1807 hin. Durch mehrere Anklänge an die *Physikalischen Vorträge* (Winter 1805/1806), aber auch angesichts von G.s →Plotin-Studien im August 1805, bei denen wiederum die Verse vom ›sonnenhaften‹ Auge eine Rolle spielen, läßt sich die Datierung vielleicht näher eingrenzen. Der Text beginnt mit stichwortartigen Notizen zur Anatomie des Auges, deren Kenntnis G. vor allem Soemmerring verdankte, der zur Thematik 1801 einen prachtvollen Tafelband (*Abbildungen des menschlichen Auges*) vorgelegt hatte. Darüber hinaus hatten sich beide mehrfach getroffen (1783, 1792/1793, 1797) und unterhielten in den neunziger Jahren einen teilweise regen Briefwechsel. Nachdem die Farbe als Voraussetzung für die Malerei und das Verhältnis zwischen Farben und Formen (Gestalten) angesprochen worden ist, bringt der letzte Teil die über die *Farbenlehre* hinausweisende Auffassung G.s von der Einheit des Auges mit dem Licht. Im Auge begegnen sich verschmelzend die Außenwelt und das Subjekt, Welt und Mensch vereinigen sich im geschauten Phänomen. Stärker als im Hauptwerk *Zur Farbenlehre* kommt hier aufgrund der gedrängten Form die überragende Rolle zum Ausdruck, die G. dem Sinnesorgan Auge zuwies. Es gehört gleichermaßen dem Licht wie dem Menschen an und spielt *die* zentrale Vermittlerrolle zwischen Mensch und Welt.

Farbe als Erscheinung trägt in der Handschrift von Riemer die Überschrift *Zur Einleitung* und verweist das Stück somit in den Kontext von *Das Auge*. Thematisiert wird eine Grundaussage G.s zur Farbenlehre: Es geht in diesem Fachgebiet um »Erscheinungen« (FA I, 23.2, 270), Phänomene, denen man mit sinnlichen Erfahrungen – und nicht mit abstrakten Theorien – entgegentreten muss, auch wenn sich die Farben bisweilen als flüchtig und als stets wandelndes »Urchamäleon« (ebd.) erweisen. G. sah sich in der Tradition von →Theophrast und Robert →Boyle, die nach G.s Recherchen bisher als einzige eine methodische Sammlung derartiger Erfahrungen angestrebt hatten. Nur auf diese Weise erschien es auch möglich, die Farben zusammen mit allen anderen Naturerscheinungen »unter eine Formel« (ebd.) zu bringen, ein Ziel, dem G. schon 1798/1799 in der Zusammenarbeit mit Schiller erheblich nähergerückt war.

Der vermutlich im Winter 1805/1806 entstandene und ebenfalls von der Hand Riemers vorliegende Text →*Zahl der Farben* diskutiert verschiedene Möglichkeiten, die Zahl der Hauptfarben festzulegen. Für fast alle der genannten Zahlen von 2 bis 8 gibt es in früheren Arbeiten G.s Hinweise (vgl. FA I, 23.2, 116: »zwei ganz reine Farben« [Gelb und Blau]; ebd. 157 f.: drei bzw. fünf Farben bei Prismenbeobachtungen; ebd. Abb. 48: vier Farben im Farbentetraeder; ebd. 176: sechs Farben in G.s Farbenkreis). Doch die Ausführungen blieben Gedankenspiel und werden im Hauptwerk nicht mehr aufgegriffen, denn wichtiger als Quantität und Quantifizierung erschien G. schon jetzt die Qualität, die Eigenschaft der einzelnen Farben. Diese Auffassung wird bereits eingangs dargelegt und am Ende des Textes noch einmal ausdrücklich bestätigt.

Das Allgemeinste über Farben besteht aus drei ursprünglich unabhängigen Stücken, die (nach LA I, 3, 368 f.) unter der Überschrift des ersten zusammengefasst sind und von G. (2. u. 3.) sowie Riemer (1.) niedergeschrieben wurden. Sie gehören zu den vielfältigen Entwürfen, die G. für die Einleitung der *Farbenlehre* verfasst hat. Im ersten Stück stellt G. seinen Farbenkreis vor und erläutert die Einteilung in physiologische, physische und chemische Farben, wie sie aus der Diskussion mit Schiller erwachsen war (vgl. Brief an Schiller, 17.2.1798). Das zweite Stück widmet sich dem Auge, das als Erfahrungsorgan für Farben durch die Finsternis im Zustand der »Determinabilität« (Bestimmbarkeit) gelassen wird, wogegen durch Licht »Determination« (Bestimmung) einsetzt (vgl. FA I, 23.2, 274). Das dritte Stück betont eine Maxime G.s: Was aus der Einheit, der Harmonie der Natur heraus in Erscheinung tritt, unterliegt dem Gesetz der Dualität bzw. Polarität. Die Datierung ist für alle drei Stücke unsicher und dürfte im weitesten Rahmen zwischen 1798/1799 und 1807 angesetzt werden.

Zwei unter dem Titel *Farben bei der Refraktion* zusammengefasste Texte (in den Handschriften von G. und Geist sowie von Riemer) enthalten Feststellungen und Versuchspläne zur Refraktion im Kontext der Auseinandersetzung mit Newton. Die Datierung ist unsicher, allenfalls sind Vermutungen aufgrund der Schreiber (Geist: 1795–1804, Riemer: ab 1803) möglich.

Zwischen dem 2.10.1805 und 11.6.1806 hielt G. jeweils an einem Mittwochvormittag naturwissenschaftliche Vorträge für einen Kreis von Damen am Weimarer Hof. Sie beschäftigten sich mit →Magnetismus, →Turmalin, →Elektrizität, →Luftdruck und →Galvanismus, aber auch mit Optik und Farbenlehre. Unter dem Titel *Physikalische Vorträge schematisiert 1805–1806* sind sie in diverse G.-Ausgaben eingegangen. Die Vorträge zur *Farbenlehre*, deren Entwürfe von G. (überwiegend) und Riemer niedergeschrieben wurden, fanden statt zwischen dem 18.12.1805 und 15.1.1806 sowie zwischen dem 12.2. und 11.6.1806. Aus technischen Gründen – G. musste wegen Schwierigkeiten mit der Versuchsanordnung das zu einem früheren Zeitpunkt vorgesehene Kapitel über den Galvanismus einschieben – bilden sie keine Einheit. Im einzelnen sind folgende Termine überliefert: 18.12.1805, 8.1., 15.1., 12.2., 19.2., 12.3., 19.3., 26.3., 2.4., 9.4. (»Halbvortrag«), 16.4., 23.4., 30.4., 7.5., 14.5., 21.5., 28.5., 4.6. und 11.6.1806. Vortragsaufzeichnungen G.s liegen bis zum 14.5.1806 vor. Wenige Tage nach dem letzten Vortrag am 11.6.1806 brach G. nach Karlsbad auf.[45]

G. konnte bei seinen Vorträgen in unterschiedlichem Maße auf bereits fertiggestellte

45 Zeugnisse liefern neben G.s Tagebucheintragungen, die die meisten Daten mit Angabe des besprochenen Themas belegen, vor allem die Aufzeichnungen von Charlotte von Schiller (vgl. BG 5, 654 f., 661–63, 667 f., 671, 673; BG 6, 2, 7, 9–11, 13–17, 22, 25, 28 f., 32, 35, 43 f., 47 f., 50 f., 56), Caroline von Wolzogen (BG 6, 3 f., 7, 10, 14 f., 22, 29, 32 f., 35, 37, 41, 44, 48, 51), Sophie von Schardt (BG 5, 655–57, 661, 663, 668, 670; BG 6, 2 f., 7, 16, 25) und Maria Pawlowna (BG 6, 29 f., 33, 35–38, 41 f., 44, 48, 51 f., 56 f., 60). Die zahlreichen Zeugnisse sind geschlossen dargeboten in EGW 4, 390–426.

Druckbogen und Manuskripte zur *Farbenlehre* zurückgreifen. Am 5.1.1806 hatte er die Korrekturbogen zum Kapitel der physiologischen Farben erhalten. Am gleichen Tag ging das Manuskript zu den pathologischen Farben an die Druckerei in Jena. So ist hinsichtlich der ersten Vorträge die Beziehung zu den einzelnen Paragraphen des Hauptwerkes besonders eng, später dürften dann Teile des Druckmanuskriptes parallel zu den Vortragsvorbereitungen entstanden sein. Johann Heinrich Meyer berichtete unter dem 21.3.1806 über die Verknüpfung der physikalischen Vorträge mit der Farbenlehre. G. habe gesagt, »daß er nämlich eines durch Nachdenken über das andere besser begreifen hätte lernen: die Forschungen über die Farben hätten ihm die Elektrizität klarer gemacht, den Magnet, den Galvanism p., und umgekehrt Nachdenken über diese Teile der Physik hätte ihm bei den Forschungen über die Farbenerscheinungen Nutzen gebracht, weil in elementarischen Dingen immer eines das Symbol für das andere sei« (GG 2, 58f.). Zu den Vorträgen außerhalb der Farbenlehre s. u. S. 233.

Das *Schema der ganzen Farbenlehre* erarbeitete G. laut Tagebuch am 17. und 18.3.1806: »Schema der Dioptrischen Farben«. – »Schema der ganzen Farbenlehre angefangen«. Die ersten Teile des Hauptwerks waren zu diesem Zeitpunkt bereits in den Druck gegangen, so dass es allein unter diesem Aspekt unwahrscheinlich ist, dass G. hier noch einmal einen Arbeitsplan entwarf. Vielmehr deutet die im Schema angesprochene »Einteilung des Vortrags wegen« (FA I, 23.2, 293) auf die unmittelbare Verwendung, nämlich die Präsentation im Rahmen der physikalischen Vorträge wohl schon in der zweiten Märzhälfte 1806. Das von G. eigenhändig geschriebene Schema gibt zunächst die grundsätzliche Einteilung in physiologische (»Farb im Auge«), physische (»Farb im farblosen Mittel«) und chemische Farben (»Farb im farbigen Körper«) wieder und charakterisiert diese Rubriken nach den Kriterien des Vorkommens (»Organismus«, »des allgemein Materiellen«, »des besondern Materiellen«), des Verbundenseins mit dem Erscheinungsort (»untrennbar«, »einigermaßen trennbar«; »trennbar meist getrennt«), der Wirkungsprinzipien und der Totalität (ebd. 292). Anschließend werden die vier Rubriken der physischen Farben vorgestellt: →katoptrische, →paroptrische, →dioptrische und diamesoptrische (später →epotische) Farben. Dass sich dabei die katoptrischen Farben den physiologischen nähern, die diamesoptrischen dagegen den chemischen, wird in § 141 des Didaktischen Teils der *Farbenlehre* näher erläutert (vgl. FA I, 23.1, 71f.). Bei den dioptrischen Farben unterscheidet G. halb und ganz durchsichtige Mittel, die er unter die Begriffe →»Trübe« und »Klare« (FA I, 23.2, 293) stellt. Im unteren Teil des Schemas verwendet G. dafür die Bezeichnungen »Das eigentl[ich] Trübe« und »Das uneigent[lich] Trübe« (ebd.). Daraus geht hervor, dass auch der klare, durchsichtige Gegenstand (wie im Allgemeinen das Prisma) in G.s *Farbenlehre* die Funktion des *trüben* Mittels erfüllt. G. handelt die damit verbundenen Phänomene, die prismatischen Erscheinungen also, als dioptrische Farben der zweiten Klasse ab. Das wichtigste Beispiel für die dioptrischen Farben der ersten Klasse sind opalische Phänomene (→Opal). Diese untersuchte G. vornehmlich an Trinkgläsern aus Karlsbad und Wien, die aus einem trüben Schmelz von Metalloxiden gefertigte Motive zeigen. Hierbei können je nach Dicke der Beschichtung vor hellem oder dunklem Hintergrund verschiedene Farben (Gelb- und Blautöne) hervortreten.

Der untere, zuerst entstandene Teil des Schemas ist allein den dioptrischen Farben gewidmet und enthält G.s Ableitung des Urphänomens der *Farbenlehre*. Bezeichnenderweise sind die dioptrischen Farben eingerahmt von der »Region der Philosophie« und der »Region des Staunens« (ebd.), ein Hinweis auf G.s Maxime, dass der Mensch nur in eingeschränktem Maße in der Lage ist, Erscheinungen wahrzunehmen und zu erfassen, sich aber nicht über eine gewisse Grenze des Schauens hinwegsetzen könne. So schrieb G. 1824 in seiner Betrachtung *Die Skelette der Nagetiere, abgebildet und verglichen von d'Alton*, das Werk versetze ihn »aus der ernsten Region des Staunens und Glaubens in die behaglichen Gegenden des Schauens und Begreifens« (FA I, 24, 632).

Im Text *Wirkung der Farben auf den Menschen*, vorliegend in den Handschriften von G. und Geist, deutet die erwähnte »Gesellschaft Frauenzimmer« (FA I, 23.2, 294) auf die Teilnehmerinnen der physikalischen Vorträge, die G. im Winterhalbjahr 1805/1806 hielt. So verweist auf diesen Text möglicherweise G.s Tagebuchnotiz vom 8.1.1806: »Früh die Damen. Physiologische Farben. biß zur Harmonie«. G. hatte im wichtigen Gespräch mit Schiller vom 14.11.1798 den Grundstein für eine Harmonielehre der Farben gelegt. Wie dort griff er auch hier auf die sechs Farben des Farbenkreises zurück, wobei er die Bezeichnung »Blaurot« durch »Violett« ersetzt und notgedrungen für die Farbe Gelbrot einen Chamois-Ton (gelbbräunlich, gemsfarben) wählen musste. Sechs Stoffstreifen (gelb, chamois, purpur, violett, blau und grün) wurden dem Kreis der Damen in allen möglichen Zweierkombinationen zur Beurteilung der Harmonie vorgelegt. In der ersten und fünften Zeile des Schemas sind jeweils Farben kombiniert, die im Farbenkreis benachbart stehen. Es handelt sich also um die Zusammenstellungen, die G. zunächst »negative«, später »charakterlose« genannt hat (s. o. S. 101): Gelb-Chamois (Gelbrot), Chamois-Purpur, Purpur-Violett, Violett-Blau, Blau-Grün und Gelb-Grün. Die zweite und vierte Zeile zeigen »charakteristische« Kombinationen (jeweils durch eine Farbe überspringende Sehnen im Farbenkreis verbunden): Gelb-Purpur, Chamois-Violett, Purpur-Blau, Violett-Grün, Gelb-Blau (1798 als »gemeine« Kombination isoliert) und Chamois-Grün. Die dritte (mittlere) Zeile bringt die harmonische Zusammenstellung der Komplementärfarben: Gelb-Violett, Chamois-Blau, Purpur-Grün. Dabei ist stets zu beachten, dass G. Chamois hier als Notlösung für Gelbrot heranziehen musste. Betrachtet man die Urteile der Damen, so muss man wohl eine Verwechslung der Nummern 12 und 15 im Katalog der persönlichen Eindrücke vermuten, da nur Position 15 eine Blau-Grün-Kombination enthält. Dieses vorausgesetzt, erfahren die von G. harmonisch genannten Farbenzusammenstellungen Zustimmung. Insgesamt findet man jedoch G.s Dreiteilung der Farbenharmonien durch den persönlichen Geschmack nicht wiedergegeben, wobei sicherlich zeitbedingte Modevorstellungen mitgewirkt haben mögen.

Der Entwurf *Farbenlehre der Alten*, angesprochen in einem Brief G.s an Knebel vom 7.10.1807 (»Ich bin nun beschäftigt, einige Betrachtungen über die Farbenlehre der Alten aufzusetzen, und dann über die Kluft des Mittelalters bis zur neuern Zeit herüberzuspringen«), kehrt im Historischen Teil des Hauptwerks stellenweise fast wörtlich wieder (vgl. FA I, 23.1, 600_{30}–602_{26}, 603_{17}–604_{2}). Andererseits erinnern bestimmte Gedankengänge des von Riemer und G. niedergeschriebenen Textes auch an frühere Stücke, z. B. die Diskussion der Bedeutung des Versuchs in *Der Versuch als Vermittler von Objekt und Subjekt 1793* (s. u. S. 228 f.) oder mit den Äußerungen über die »dynamische« und »atomistische« Vorstellungsart an die *Physikalischen Vorträge* (FA I, 25, 159_{29}).

Nachdem G. fast alle der vorgestellten Texte, Entwürfe und Materialien vorlagen und diese nach und nach in das Manuskript des Hauptwerks *Zur Farbenlehre* eingeflossen waren, konnte im Oktober 1805 der Druck beginnen. Das Unternehmen stockte jedoch zunächst immer wieder, vorwiegend aufgrund von Krankheiten G.s sowie der Kriegsereignisse im Herbst 1806 mit anschließenden Plünderungen in Weimar. Im Februar 1807 war der Druck des Didaktischen Teils abgeschlossen. G. glaubte, 1808 das gesamte Werk vorlegen zu können, so dass (heute sehr wertvolle) Separatdrucke des Didaktischen Teils mit der Jahreszahl 1808 erschienen. Die Arbeit am Polemischen Teil hatte G. im Dezember 1806 begonnen, sich Punkt für Punkt noch einmal mit Newton auseinandergesetzt, doch bald verlor er über »den dornenvollen polemischen Pfaden« (an Alexander von Humboldt, 3.4.1807) den Spaß an der Arbeit, so dass der Druck dieses Teils erst im Januar 1810 vollendet werden konnte. Die Anfänge des Historischen Teils gingen zusammen mit dem Didaktischen im Herbst 1805 in Druck, doch war G. noch im Frühjahr 1810, also unmittelbar vor Erscheinen des Gesamtwerks, bei der Arbeit. Mehrere Vertraute halfen ihm bei der Redaktion, mit Übersetzungsarbeiten oder eigenständigen Kapiteln (Friedrich August →Wolf 1802, Friedrich Wilhelm Riemer ab 1805, Johann Heinrich Meyer 1807, Carl Ludwig von Knebel 1807). Im April 1810 schließlich wurde die *Konfession des Verfassers* und damit das abschließende Kapitel des Historischen Teils vorgenommen, am 9.5.1810 bearbeitete G. die letzten Revisionsbogen. Die →Tafeln (später wegen der hohen Kosten nur nach Bedarf angefertigt) entstanden vom Herbst 1806 an, wobei G. für die Reinzeichnungen und Johann Christian Ernst →Müller, Lehrer an der Weimarer Zeichenschule, für die Kupferstiche verantwortlich war. Am 16.5.1810 erschien das Werk *Zur Farbenlehre* in zwei Oktavbänden und einem Quartheft mit Tafeln und Erläuterungen in einer Auflage von 500 Exemplaren auf weißem und 250 Exemplaren auf grauem Papier. G. bestieg unverzüglich die Kutsche nach Böhmen und empfand das Datum als »glücklichen Befreiungstag« (TuJ von 1810) nach zwanzigjähriger Auseinandersetzung mit der Thematik. Noch war ihm unbekannt, dass kurz zuvor (1808) der Franzose Étienne Louis →Malus die →Polarisation des Lichts entdeckt hatte und die *Farbenlehre* damit bereits Erweiterungen entgegensah, die G. später mit seiner Abhandlung →*Entoptische Farben* (1820) neben zahlreichen weiteren *Nachträgen zur Farbenlehre* in seiner Zeitschrift *Zur Naturwissenschaft überhaupt, besonders zur Morphologie* (1817–1824) leistete.

G.s langer und beschwerlicher Weg auf dem Gebiet der *Farbenlehre*, zu diesem »Revolutionsbuch der wissenschaftlichen gesunden Vernunft« (Knebel an seine Schwester Henriette, 21.8.1810), war also 1810 mit dem Erscheinen des Werks keineswegs abgeschlossen, im Gegenteil: Bis kurz vor seinen Tod beschäftigten G. Phänomene der *Farbenlehre*, noch im Februar 1832 korrespondierte er mit Sulpiz Boisserée über den Regenbogen, an seinem letzten Lebenstag, am 22.3.1832, ließ er sich eine Mappe zur *Farbenlehre* vorlegen.

Zur Farbenlehre (1810) – Übersicht des Inhalts

Die *Farbenlehre* besteht aus zwei Bänden und einem Heft, das eine Übersicht über das Gesamtwerk sowie 17 Tafeln mit Erläuterungen liefert.[46] Der erste Teil des ersten Bandes ist dem Didaktischen Teil gewidmet, den G. zurückhaltend *Entwurf einer Farbenlehre* nannte.

Der Didaktische Teil

Der Didaktische Teil liefert den Kern von G.s *Farbenlehre*, die Darlegung seiner eigenen Vorstellungen, die in vielen Jahren gereift waren. Am Anfang der sechs Abteilungen, die durch eine Zugabe – einen langen Brief des Malers Philipp Otto →Runge vom 3.7.1806 – ergänzt werden, steht die Diskussion der physiologischen Farben, die für G. den höchsten Stellenwert einnahmen. Die Hervorhebung der physiologischen Komponente deutet auf eine *aktive* Mitwirkung des Auges an allen Vorgängen des Farbenwesens. Die Vorstellung objektiver, außerhalb der menschlichen Existenz vorhandener Phänomene, wie sie für die Physik selbstverständlich ist, war für G. undenkbar. Licht und Farben als physikalische Qualitäten zu deuten, die lediglich als *äußere* Reize anzusehen seien, schien ihm unmöglich. Vielmehr reagiert das Auge aktiv und spezifisch auf das aus der Umgebung ihm Dargebrachte und erzeugt aus eigener Leistung in seiner Reaktion die Phänomene und Erscheinungen, die Farben genannt werden. Eine Farbempfindung ist demnach immer ein

46 Für sämtliche Teile der *Farbenlehre* ist Manuskript nur stückweise überliefert, es gibt keine durchgehenden Niederschriften oder Druckvorlagen. Das Meiste des Vorhandenen liegt von der Hand Riemers vor, daneben findet man Manuskript von G., Geist, Runge, Franke, Krause, Knebel und unbekannten Schreibern. Zu den Einzelheiten vgl. LA II, 4, 345–347 (für den Didaktischen Teil, die *Anzeige und Übersicht*, *Wirkung farbiger Beleuchtung* und *Erklärung der zu Goethes Farbenlehre gehörigen Tafeln*), LA II, 5A, 399–401 (für den Polemischen Teil) und LA II, 6, 569–574 (für den Historischen Teil).

komplexes Zusammenspiel aus äußerer, objektiver Vorgabe und spezifischer Antwort des subjektiv reagierenden Sinnesorgans Auge. Was die Physiologie schließlich als objektivierbare Sehvorgänge deuten sollte, blieb bei G. noch ganz dem jeweiligen Individuum verbunden. Die Farbenwelt ist immer in erster Linie ein Erlebnis des einzelnen, konkreten Menschen! G.s Vertrauen in das ihm wichtigste Sinnesorgan war grenzenlos. Begriffe wie →›optische Täuschung‹ oder gar ›optischer Betrug‹ wollte er nicht gelten lassen, Letzteren bezeichnete er als Gotteslästerung, denn das Auge konnte sich nach G.s Auffassung nicht irren. Nach heutiger Diktion untersuchte G. im physiologischen Teil seiner *Farbenlehre* in erster Linie Phänomene des →Simultan- und Sukzessivkontrastes, die sich bei der Beobachtung als farbige Schatten oder negative bzw. komplementäre Nachbilder einstellen. Die Physiologie seiner Zeit hat ausgesprochen positiv auf diese Aspekte von G.s *Farbenlehre* reagiert, zumal dadurch auch der Weg geebnet wurde, ursprünglich als pathologisch angesehene Vorgänge als physiologisch normale zu deuten (Johannes Evangelista →Purkinje, Johannes →Müller).

Die zweite Abteilung des Didaktischen Teils ist den physischen (d.h. physikalischen) Farben gewidmet. Hier geht es vor allem um Phänomene der Lichtausbreitung und deren Beeinflussung durch Brechung, Spiegelung oder Beugung. Dabei entwickelte G. streng systematisch seine durch Beobachtung von Kantenspektren gewonnene Überzeugung, dass Farben immer nur an einer Grenze von hellen und dunklen Flächen entstehen können, immer Licht *und* Finsternis voraussetzen, zu denen als konstitutives Element ein trübes Medium hinzukommen muss. G.s Urphänomen der *Farbenlehre*, die einfachste Basis, die dem Beobachter wahrnehmbar, aber nicht weiter erklärbar erscheint, zeigt sich in der Entstehung der Grundfarben Blau und Gelb in der Erdatmosphäre. Das Weltall ist durch totale Finsternis charakterisiert; tritt ein trübes Medium (wie hier die Erdatmosphäre) hinzu, so entsteht unter Mitwirkung des Sonnenlichtes das Blau des Himmels. Die Sonne als Licht spendender, farbloser Körper erscheint uns durch die Atmosphäre betrachtet gelb. Durch Zu- oder Abnahme der Trübe entstehen im Zusammenwirken mit Licht oder Finsternis andere Farbempfindungen wie z.B. das Rot des Morgen- oder Abendrots. Die Atmosphäre ist indes nur *ein* Beispiel für ein trübes Medium, auch der Rauch aus einem Schornstein, ein Prisma, eine Glasscheibe oder eine Linse wirken im gleichen Sinn. Diese Trübe hat ihre Entsprechung wiederum im geistig-sittlichen Bereich: »Chromatische Betrachtung und Gleichnisse. Lieben und Hassen, Hoffen und Fürchten sind auch nur differente Zustände unsres trüben Inneren, durch welches der Geist entweder nach der Licht- oder Schattenseite hinsieht. Blicken wir durch diese trübe organische Umgebung nach dem Lichte hin, so lieben und hoffen wir; blicken wir nach dem Finstern, so hassen und fürchten wir« (Tgb, 25.5.1807).

Die chemischen Farben, die G. in der dritten Abteilung des Didaktischen Teils beschreibt, sind immer mit dem sie tragenden Körper verbunden und beständig. Hier sind die Farben der Mineralien, der Pflanzen und Tiere ebenso gemeint wie die Malerfarben und Pigmente.

Es folgen mit der vierten und fünften Abteilung, *Allgemeine Ansichten nach innen* und *Nachbarliche Verhältnisse*, zwei kurze Kapitel; in Letzterem beschreibt G. die Beziehung der Farbenlehre zur Philosophie, zur Mathematik, zur Technik des Färbers, zur Psychologie und Pathologie, zur Naturgeschichte, zur allgemeinen Physik und zur Tonlehre.

Neben der physiologischen Komponente hat vor allem die sechste Abteilung des Didaktischen Teils, überschrieben mit *Sinnlich-sittliche Wirkung der Farbe*, die positiven Stimmen in der Rezeptionsgeschichte des Werks hervorgerufen. Hier setzt sich G. – erstmalig in dieser Form in der Geschichte der Farbenlehre überhaupt – mit der ästhetischen Wirkung der Farben auseinander; hier beantwortet er letzten Endes seine in Italien gestellte Ausgangsfrage über die Wirkungen des Kolorits und dessen gesetzmäßige Verwendung durch den Maler. Besonders dieser Abschnitt des Didaktischen Teils der *Farbenlehre* macht deutlich, dass selbst ein knapper Überblick nicht an wesentlichen Leitbegriffen vorbeigehen kann, die G.s Auffassung von den Phänomenen der Welt und der menschlichen Existenz, vom Körperlichen, Geistigen und Sittlichen prägen. Letztes Endes geht es G. in seiner jahrzehntelangen Auseinandersetzung mit dem Farbenwesen auch um den Nachweis, dass sich dieses, in seinen Augen bisher völlig unbefriedigend untersuchte Gebiet mit den gleichen Leitgedanken und Ideen ordnen und verstehen lasse, die jedem seiner Tätigkeitsfelder, etwa den morphologischen Bestrebungen, aber auch so scheinbar abseits liegenden Bereichen wie der *Tonlehre* zugrunde liegen. »Wenn ein paar große Formeln glücken, so muß das alles Eins werden, alles aus Einem entspringen und zu Einem zurückkehren«, hatte G. am 19.7.1810 an Georg Sartorius geschrieben. Die »paar großen Formeln« manifestieren sich in wenigen Grundbegriffen, die auch in der *Farbenlehre* manchen Zugang erlauben: →Polarität und Steigerung, Totalität und Harmonie, schließlich im schon erwähnten Urphänomen, der ›letzten Instanz‹ von G.s Erkenntnismethode. Polarität setzt zwar zwei Größen voraus; diese sind aber paarweise auftretende Einzelerscheinungen einer ursprünglichen Einheit, die auseinandertritt, um sich wieder zu finden. Ein Teil des polaren Phänomens fordert den anderen und umgekehrt: Beim Magneten kann der Südpol nicht ohne den Nordpol gedacht werden, Ausatmen setzt das Einatmen voraus, wahre Liebe wird nur möglich durch die Fähigkeit zu hassen. Auch in der *Farbenlehre* macht sich Polarität als dominierendes Ordnungs- und Erklärungsmuster ständig bemerkbar. Die Urpolarität ist gegeben durch den Gegensatz von Licht und Finsternis, die aber (anders als bei Newton, der sich ausschließlich für die Analyse des Lichts interessiert) nur im Zusammenwirken Farben hervorrufen können. Zur Polarität tritt als zweites Moment die Steigerung hinzu. G. findet sie bei den Pflanzen im Wechsel der Blattformen in ihrem Aufstieg zur Blüte; er verfolgt sie in ihren einzelnen Stufen vom Mechanisch-Zufälligen in der Materie bis zu den höchsten Dimensionen des Geistigen im Genialen (vgl. FA I, 25, 788). Der Farbenkreis spiegelt die Gesetze der Steigerung im Farbenreich wider, in dem die Farbe Purpur als edle Mischung der (aus Gelb und Blau) gesteigerten Farben Gelbrot und Blaurot und als höchste Steigerungsform gilt.

Der Polemische Teil

Der Polemische Teil ist als zweiter Teil des ersten Bandes der *Enthüllung der Theorie Newtons*, der punktuellen Auseinandersetzung mit dem ersten Buch der *Optik* von Newton gewidmet, die dieser erstmals 1704 vorgelegt hatte. Am 26.6.1792 entlieh G. zunächst die lateinische Fassung des Werkes (London 1706; vgl. Keudell 36) aus der Weimarer Bibliothek, *nachdem* er 1791 sein spontanes Negativurteil über Newton bereits formuliert hatte (s. o. S. 82). Im Sommer 1794 ließ er sich das englische Original in der 4. Aufl. 1730 von Fritz von →Stein in London besorgen. Der eigentliche Streitpunkt in G.s Newton-Polemik bezieht sich auf Newtons Entdeckung der Zerlegung des Lichts in seine →Spektralfarben. Kennzeichnend ist, dass Newton in seiner Methodik das natürliche Phänomen auf ein Minimum reduzierte und sich auf künstliche Mittel konzentrierte. Das Sonnenlicht wird auf einen winzigen Durchlass beschränkt und auf eine genau ausgemessene Abfolge von Prismen geworfen. G. war nicht in der Lage, Newtons Erkenntnismethode wirklich zu begreifen. Im Vergleich mit seiner eigenen stellte er freilich die unglaublichsten Abweichungen fest, die ihm sämtlich suspekt und abartig erschienen. In der *Farbenlehre* nannte G. Newtons Vorstellungen schließlich (wörtlich:) närrisch, lächerlich, ungereimt, abstrus und fratzenhaft. Newton erschien G. als Falschspieler, der sich selbst und andere bewusst betrog und seine ganze Energie dafür verwandte, den selbst in die Welt gesetzten →Irrtum zu erhalten und zu bestärken. G. glaubte, die Theorie Newtons »enthüllen«, sie geradezu Punkt für Punkt als Vergehen entlarven zu müssen, weil er sie trotz aller Unvergleichbarkeit als rivalisierende Theorie zu seinen eigenen Vorstellungen auffasste, von deren absoluter Richtigkeit er überzeugt war. Es gibt keinen Zweifel daran, dass G.s Newton-Polemik fachlich, d. h. bezüglich der physikalischen Erklärung der Entstehung und des Charakters der Farben, abwegig ist und in der vorgetragenen Form, mit der Unterstellung des bewussten Betrügens, einen Skandal in der Wissenschaftsgeschichte darstellt. Man darf jedoch trotz dieser drastischen Wertung nicht übersehen, dass G.s extreme Haltung gegenüber Newton keineswegs seine gesamte *Farbenlehre*, sondern nur deren physikalisch-optischen Teil bestimmt. Anders formuliert: G.s Irrtümer diskreditieren keineswegs sein gesamtes Werk. Dass der Polemische Teil jedoch oftmals als eine Art Peinlichkeit angesehen wurde, zeigt die verbreitete Nichtbeachtung dieses Abschnitts der *Farbenlehre* in früheren G.-Ausgaben (bis hin zur viel gelesenen *Hamburger Ausgabe*). Die Feststellung der sachlichen Haltlosigkeit von G.s Angriffen darf jedoch nicht den Blick für die Frage verstellen, warum G. sich geradezu zu seiner Polemik gezwungen fühlte. Newtons Lehre und Methodik hatten alle für G. im Umgang mit der Natur entscheidenden Aspekte eliminiert; sie mussten ihm nicht nur zuwider sein, sondern auch wegen ihrer großen Bedeutung für die gesamten Naturwissenschaften und die →Technik Angst machen, denn unbestritten führte der Weg Newtons weg von der sinnlich wahrnehmbaren Natur als konkreter Umwelt des lebenden Menschen in die →Abstraktion von zerlegten, apparativ zu bearbeitenden Naturobjekten, die nicht mehr in ihrem ursprünglichen Zusammenhang geschaut werden konnten. Da aber für G. die Außenwelt über die sinnliche Wahrnehmung mit dem Menschen verschmilzt, das Anschauen gleichzeitig ein Theoretisieren ist und das Auge nur seine Leistungen erbringen kann, weil es ›sonnenhaft‹, d.h. mit dem Objekt letzten Endes identisch ist, bedeutet die Entrückung des Phänomens aus der ursprünglich natürlichen Einbindung in die Experimentierstube des Naturgelehrten (z.B. die Newtonsche Dunkelkammer) gleichzeitig den Verlust des Weltbezuges für den Menschen, wobei der phänomenale Charakter des Geschauten verlorengeht.[47]

Der Historische Teil

Der Historische Teil umfasst nahezu den gesamten zweiten Band der *Farbenlehre*. Hier liefert G. eine Übersicht über die Vorstellungen von den Farben, die, nach einem knappen Kapitel über die Urzeit, mit den Griechen beginnt und sich bis in die Gegenwart erstreckt, indem sie in der *Konfession des Verfassers* mit einem Resümee des eigenen Anteils an diesem Fache abschließt. Die Darstellung wechselt zwischen eigener Schilderung, der Darbietung von Zitaten oder längeren Quellentexten sowie der knappen, kaum kommentierten Angabe von Literatur. G. war sich über die Konzeption lange Zeit nicht im Klaren. Nachdem er den frühen Plan, mit einem Historiker zusammenzuarbeiten, aufgegeben hatte, deutete er im Göttinger *Schema* von 1801 die Möglichkeit an, das Geschichtliche den Sachabteilungen des Didaktischen Teils anzugliedern. Dieses Vorgehen wurde ebenso verworfen wie der 1798 diskutierte Plan, die Geschichte der Erfahrungen (des Wissens) von der der Meinungen (der Wissenschaften) zu sondern. In allen diesen Überlegungen fand die Darstellung der Forscherpersönlichkeiten zu wenig Platz. Im endgültigen Werk ist dieser Aspekt deutlich hervorgehoben. G.s Überzeugung, dass Wissenschaft immer vom einzelnen, konkreten Menschen ausgehe, drückt sich darin aus, dass er dem biographischen Element Raum gibt. »Ja eine Geschichte der Wissenschaften, insofern diese durch Menschen behandelt worden, zeigt ein ganz anderes und höchst belehrendes Ansehen, als wenn bloß Entdeckungen und Meinungen an einander gereiht werden« (FA I, 23.1, 518), schreibt G. in seiner Einleitung.

G.s Darstellung weist über die Thematik der *Farbenlehre* oftmals hinaus. Es geht ebenso darum, bestimmte Formen der wissenschaftlichen Methodik zu charakterisieren, die Art und Weise zu bezeichnen, wie sich Menschen in den verschiedenen Jahrhunderten den Gegenständen der Natur genähert haben. Dabei wird auch in Kauf genommen, wenn das Farbenwesen nur am Rande gestreift oder gar völlig ausgeklammert wird. In diesem Sinne erhebt sich G.s Darstellung zu einer universalen Wissenschaftsgeschichte, einer Geistesgeschichte der Naturbetrachtung, die G. selbst gegenüber Knebel am 25.2.1807 »als ein Symbol der Geschichte aller Wissenschaften« bezeichnet hat. Wenn G. am 11.5.1810 an Charlotte von →Stein schrieb, er sei durch die *Farbenlehre* »zu einer Cultur gelangt,

47 Zum Verlust des Weltbezuges als gemeinsame Wurzel für G.s Newton-Polemik und Romantik-Kritik vgl. Schrimpf 1963.

die ich mir von einer anderen Seite her schwerlich verschafft hätte«, so dürfte sich dieses in erster Linie auf die zahlreichen historischen Studien in diesem Zusammenhang beziehen.

Die *Materialien zur Geschichte der Farbenlehre*, dieser »durch die Jahrtausende führende Roman des europäischen Gedankens« (Thomas Mann),[48] erscheinen nur bei oberflächlicher Betrachtung locker aneinandergereiht, vielmehr entspricht dem Aufbau des Werkes ein bestimmter Spannungsbogen, der sich in der Durchformung und Sprache der einzelnen Abschnitte bemerkbar macht. Auch G.s Stellung zu den inhaltlichen Positionen der von ihm betrachteten Autoren liefert ein Ordnungsmuster, bei dem in der Regel Zustimmung und Ablehnung wechseln.[49] Der Historische Teil der *Farbenlehre* hat in der Forschung kaum Beachtung gefunden. Ganz im Gegensatz zu einer solchen Missachtung liefert dieser Teil des Werkes zahlreiche Einblicke in G.s Wissenschaftsverständnis und seinen »Geist wahrer tiefer Humanität [...] der wissenschaftliche Mensch selbst wird gleichsam aufgerufen, vor allem ein Mensch zu seyn« (Knebel an G, 10.8.1810; G–Knebel 2, 13).

»Der Mensch an sich selbst,« so G. in einem Aphorismus, »in so fern er sich seiner gesunden Sinne bedient, ist der größte und genaueste physikalische Apparat, den es geben kann, und das ist eben das größte Unheil der neuern Physik, daß man die Experimente gleichsam vom Menschen abgesondert hat, und bloß in dem, was künstliche Instrumente zeigen, die Natur erkennen, ja was sie leisten kann dadurch beschränken und beweisen will« (FA I, 25, 104).

Damit wird noch einmal deutlich unterstrichen, dass bei G. Versuche, Beobachtungen, Studien in der Natur immer von einem konkreten Menschen, einer Forscherpersönlichkeit, ausgehen, dass sie einem Individuum vor Augen treten, dass sie Erlebnischarakter haben, dass sie durchaus eine ästhetische Komponente haben können, und dass sie eben nicht exakt definierbares Experiment mit prinzipiell austauschbarem Experimentator sind. Insofern entgeht einem der wesentliche Aspekt, *wie* G. sich den Gegenständen nähert, wenn man sich lediglich auf die Frage beschränkt, *womit* G. sich in seiner Naturforschung, oft über Jahrzehnte, beschäftigt hat. Beide Bereiche lassen sich nicht voneinander trennen, sofern man G.s Methodik ernst nimmt, nach der ein Untersuchungsgegenstand nicht dem Naturforscher gegenübersteht, sondern mit diesem gleichsam eine Einheit bildet, in der Subjekt und Objekt gleichermaßen aufgehoben sind.

In diesem Sinn äußerte sich G. gegenüber Eckermann am 26.2.1824: » [...] hätte ich nicht die Welt durch Antizipation bereits in mir getragen, ich wäre mit sehenden Augen blind geblieben und alle Erforschung und Erfahrung wäre nichts gewesen als ein ganz totes vergebliches Bemühen. Das Licht ist da und die Farben umgeben uns; allein trügen wir kein Licht und keine Farben im eigenen Auge, so würden wir auch außer uns dergleichen nicht wahrnehmen« (FA II, 12, 98).

Farbenlehre nach 1810: Übersicht

Die nach 1810 erschienenen Schriften zur Farbenlehre hat G. zwischen 1817 und 1824 in seiner Zeitschrift *Zur Naturwissenschaft überhaupt, besonders zur Morphologie* zum Druck befördert. Unpubliziert blieben lediglich die beiden letzten Arbeiten, die *Physikalische Preis-Aufgabe der Petersburger Akademie der Wissenschaften 1827*, und die *Verhandlungen mit Herrn Boisserée den Regenbogen betreffend. 1832.* Die übrigen, hier zunächst summarisch und anschließend im Einzelnen vorgestellt, lassen sich thematisch gruppieren: Die 1808 von Malus entdeckte Polarisation des Lichts konnte G. in seiner *Farbenlehre* von 1810 nicht mehr berücksichtigen, doch brachte er dem Phänomen, von dem er Ende 1812 durch Seebeck erfuhr, Interesse entgegen. Außerdem reizten ihn zwei Aufsätze des Physikers Christoph Heinrich Pfaff über den →Doppelspat, die zumindest indirekt G.s *Farbenlehre* kritisierten, zu einer Wiederaufnahme der The-

48 Thomas Mann: *Phantasie über Goethe* (1948). In: Ders.: *Leiden und Größe der Meister.* Frankfurt am Main 1982, 314.

49 Vgl. Kuhn 1960.

matik. Intensiv beschäftigte er sich daher in den nächsten Jahren mit durch Polarisation des Lichts entstehenden Farbphänomenen, die G. unter dem Terminus ›Entoptische Farben‹, d. h. Farben, die im Innern von Körpern entstehen, beschrieb. Die 1817 im ersten Heft von *Zur Naturwissenschaft überhaupt* erschienenen, von einem *Vorwort* und einem Gedicht (*Was es gilt. Dem Chromatiker*) eingeleiteten Abhandlungen *Geschichte der entoptischen Farben*, von Seebeck auf G.s Veranlassung verfasst, und *Elemente der entoptischen Farben* sowie die kurze Umschlagnotiz *Entoptische Farben* leiteten die Thematik ebenso ein wie die in diesen Kontext gehörenden Bemerkungen über die *Doppelbilder des rhombischen Kalkspats*. Zentral wurde jedoch die 1820 in ZNÜ I, 3 publizierte ausführliche Darstellung *Entoptische Farben*, die G. als ergänzendes Kapitel zu seinem Hauptwerk von 1810 betrachtete. Auch später noch hat G. nach entoptischen Erscheinungen Ausschau gehalten, wie die beiden kleinen Stücke *Neuer entoptischer Fall* und *Schöne entoptische Entdeckung*, beide 1823 in ZNÜ II, 1 erschienen, beweisen.

Neben den Schwerpunkt der entoptischen Farben, den Interferenzfarben des polarisierten Lichts, traten jedoch auch zahlreiche Ergänzungen, die G. in der Zwischenzeit zu den einzelnen Kapiteln seiner *Farbenlehre* von 1810 gesammelt hatte. G. fühlte die Notwendigkeit, hier ein Supplement zu schaffen, das an die Stelle eines ursprünglich geplanten dritten Bandes seines Hauptwerks treten sollte. Diese Texte erschienen 1822 in ZNÜ I, 4 unter dem Haupttitel *Chromatik* und folgten der Reihenfolge der einzelnen Teile im Werk von 1810. Nach zwei einleitenden →Gedichten zur Farbenlehre (*Herkömmlich* und *Die echte Konversation*) wird eine tabellarische Übersicht zur Farbenlehre gegeben, deren Titel *Auge empfänglich und gegenwirkend* den hohen Stellenwert des Sinnesorgans Auge und indirekt des physiologischen Teils der Farbenlehre andeutet. Auf zwei Einleitungen, einer *älteren* und einer *neueren*, folgen Nachträge zu den *physiologen* und den *physischen Farben*. Hier setzte sich G., ebenso wie anschließend in *Geschichtliches*, in erster Linie mit Literatur auseinander, die Stellung zum Gegenstand oder zur eigenen *Farbenlehre* bezog und die ihm erst in den letzten Jahren bekannt geworden war. Aber auch Korrespondenzen (so mit Brandis und →Hegel) wurden herangezogen, neue Beobachtungen mitgeteilt, Rezensionen gesammelt. Gleichsam Nachträge zu diesen Nachträgen liefern die Bemerkungen in *Warte-Steine*, ein Stück, das aus der Verlegenheit entstand, noch einiges Material zur Vollendung des in Druck gehenden Heftes nachzuliefern. Bezeichnend ist hier jedoch, wie G. den Streit um die Polarisationsphänomene in der Fachliteratur verfolgt, seine Vorlieben erkennen läßt, ohne sich einer der streitenden Parteien anzuschließen, die sämtlich für G.s *Farbenlehre* keinen Raum ließen.

Der wichtige Stellenwert des physiologischen Teils im Gesamtrahmen der *Farbenlehre* wurde erneut durch die 1823 in ZNÜ II, 1 erfolgte Publikation des Aufsatzes *Über physiologe Farbenerscheinungen* von Christoph Friedrich Ludwig →Schultz deutlich, den G. mehrfach in den Vorjahren erbeten und schließlich nach mehreren Umarbeitungen auch erhalten hatte. Daneben trat die Beschäftigung mit dem Werk von Johannes Evangelista Purkinje, die 1824 (Morph II, 2) in der Rezension zu *Das Sehen in subjektiver Hinsicht, von Purkinje. 1819* zum Ausdruck kam. G. ließ hier zwei Gleichgesinnte zu Wort kommen, die ihm aufgrund der zahlreichen Enttäuschungen durch das physikalische Fachpublikum besonders willkommen waren. Das galt in hohem Maße auch für Leopold Dorotheus von →Henning, der ab 1822 (bis 1835) mit Unterstützung von Hegel an der Berliner Universität über G.s *Farbenlehre* las und dessen *Einleitung zu öffentlichen Vorlesungen über Goethes Farbenlehre* dieser 1823 in ZNÜ II, 1 dankbar besprach, nachdem die eigentlich gewünschte Arbeit Hennings nicht zustande gekommen war.

1813/1817–1820: Entoptische Farben[50]

Das in der Handschrift von Eckermann mit der Überschrift von G. überlieferte, 1817 entstandene Gedicht *Was es gilt. Dem Chromatiker* leitete den Themenkomplex der entoptischen Farben ein. G. wandte sich darin gegen die von Malus vertretene Theorie von Lichtteilchen, die diesen zur Erklärung optischer Phänomenen bestimmte Pole zuwies (V. 7f.), nach G. eine ähnliche Irrlehre wie Newtons Erklärung des Farbenspektrums aus prismatischer Lichtbrechung (V. 5f.). Dass dem Menschen dabei »Sinn und Sinne stocken« (V. 10) unterstreicht wiederum G.s Kritik an einer unanschaulichen, abstrakten und den menschlichen Sinnen entfremdeten Physik.

Thomas Johann Seebeck, der einzige Physiker, der G.s *Farbenlehre* anerkannte, zeichnete für den einleitenden Aufsatz *Geschichte der entoptischen Farben* verantwortlich, der auch von seiner Hand überliefert ist. Seebeck war für G. in allen Fragen der Farbenlehre ständiger Korrespondent und Gesprächspartner. Zudem hatte er zur Thematik mehrere Abhandlungen publiziert, die G.s volle Zustimmung gefunden hatten.[51] So war es naheliegend, dass G. am 20.1.1817 um einen komprimierten wissenschaftshistorischen Beitrag zum Thema der Polarisation des Lichts für seine Zeitschrift nachsuchte: »Nun hab ich noch einen Wunsch: Ew. Wohlgeb. möchten mir eine kurze dem größeren Publikum verständliche Anzeige baldigst senden, wie in Verfolg der Untersuchungen über den Doppelspat Dieselben jene schöne Entdeckung von den entoptischen Farben gemacht, inwiefern David Brewster gleichzeitig dasselbe entdeckt, wie die Nachricht von beiden zu den Franzosen gelangt, wie diese sich dabei benommen, wie endlich der Preis zwischen Ihnen beiden geteilt worden und worin der Preis bestanden und was etwa seit jener Zeit sich weiter ergeben?« Seebeck folgte dem Wunsch und sandte am 28.3.1817 einen langen Brief mit der Darstellung seiner Entdeckungen, den G. dem Aufsatz zugrunde legte. Am 6.5.1817 konnte dieser den bevorstehenden Druck melden, Anfang Juni wurden bereits die Korrekturbogen bearbeitet, und am 8.7.1817 erhielt Seebeck den Teil des naturwissenschaftlichen Heftes, der seine Arbeit beinhaltete.

Die Arbeiten über die doppelbrechenden Kristalle, die Polarisation des Lichts und die (von G. und Seebeck so genannten) entoptischen Farben und Figuren stehen in engem wissenschaftshistorischen Zusammenhang und bedürfen darüber hinaus einer Einordnung in die historischen Vorstellungen von der Natur des Lichtes, die gerade in der G.zeit nachhaltige Änderungen erfuhren, auch wenn G. sich hierbei keinem Lager anschloß und gleichsam eine eigene Position etablierte. Einzelne wichtige optische Entdeckungen sind bereits vor den grundlegenden Streit um die Korpuskel- oder Wellennatur des Lichts, der auch noch die G.zeit beherrschte, zu datieren. So hatte etwa Erasmus Bartholin 1657 die auch in G.s Texten immer wieder thematisierte Doppelbrechung des Kalkspates entdeckt; Francesco Grimaldi beschrieb in seinem Werk *Physico-mathesis de lumine, coloribus et iride* von 1665 erstmals die Beugung des Lichtes, die er Diffraktion nannte. Von entscheidender Bedeutung für die nächsten 150 Jahre waren jedoch die gegensätzlichen Theorien über die Natur des Lichtes von Isaac Newton und Christiaan Huygens. Newtons zum Teil auf Descartes zurückgehende Vorstellungen betrachteten das Licht aus kleinen körperlichen Teilchen zusammengesetzt, die ein leuchtender Körper nach allen Seiten hin entsendet. Gemäß seinem mechanischen Ansatz postulierte Newton, dass Körperteilchen auf diese Lichtteilchen Anziehungs- und Abstoßungskräfte ausüben. Diese Theorie ging als Emissions- oder Emanationstheorie (1672) in die Wissenschaftsgeschichte ein. Sie erklärte problemlos die Er-

50 Zu den Entstehungszeugnissen dieses Komplexes im Einzelnen vgl. EGW 3, 88–110 (*Doppelbilder des rhombischen Kalkspats*), 339–404 (*Elemente der entoptischen Farben*) und 449–508 (*Entoptische Farben*).

51 Thomas Johann Seebeck: *Einige neue Versuche und Beobachtungen über Spiegelung und Brechung des Lichtes.* In: *Journal für Chemie und Physik* 7 (1813), H. 3, 259–298, mit Nachträgen auf 382–384; Ders.: *Von den entoptischen Farbenfiguren und den Bedingungen ihrer Bildung in Gläsern.* In: Ebd. 12 (1814), H. 1, 1–16 [16 mit 16a bis 16i = 9 Seiten].

scheinungen der Refraktion und totalen Reflexion des Lichtes. Nur wenige Jahre später, 1678, stellte Huygens seine auch dem zentralen Werk von 1690 (*Traité de la lumière*) zugrunde liegende Undulations- oder Schwingungstheorie dagegen. Danach galt Licht als Ausdruck von Schwingungen eines imponderablen Stoffes. Huygens konnte durch seine Thesen die Reflexion, Refraktion und Doppelbrechung des Lichtes erklären, nicht aber die Polarisationserscheinungen, wie man sie von Kalkspatkristallen kannte. Außerdem bot Huygens keine Theorie der Farben.

Das gesamte 18. Jh. stand überwiegend unter dem Einfluss der Newtonschen Theorie, auch wenn Leonhard Euler mit seinen *Lettres à une princesse d'Allemagne sur quelques sujets de physique et de philosophie* (Petersburg 1768–1772) Huygens' Vorstellungen belebte und darüber hinaus Newtons These, dass bei Lichtbrechung stets Farbenzerstreuung stattfinde, widerlegte. Infolge dieses Postulats konstruierte der englische Optiker John Dollond die von Newton und auch von ihm selbst als unmöglich erachteten achromatischen Prismen und Linsen. Kurz bevor die Debatte um die Polarisation des Lichtes begann, war dem Engländer Thomas →Young, einem Anhänger der Wellentheorie Huygens', 1802 die Entdeckung der Interferenz der Wellenbewegungen gelungen, womit er die Farben dünner Blättchen (Newtonsche Ringe) durch Interferenz des Lichtes an dünnen Schichten erklären konnte.

1808 wurden zum ersten Mal die Phänomene beobachtet, denen in den Folgejahren auch G.s ganze Aufmerksamkeit galt. Der Newton-Anhänger Malus entdeckte in Paris, angeregt durch eine Preisfrage der Pariser Akademie über die Doppelbrechung des Lichtes an Kristallen, die Polarisationsphänomene: Bei der Durchsicht durch einen Kalkspatkristall sah er statt der erwarteten zwei Bilder (Doppelspat!) bei bestimmten Stellungen des Kristalls nur ein Bild. Malus erklärte diese Erscheinung, indem er den Newtonschen Lichtteilchen Pole (wie an einem Magnet), den Lichtstrahlen verschiedene Seiten zuwies. Auch durch Spiegel ließ sich dieses Phänomen, wie auch G.s Texte zeigen, erzeugen. Malus definierte: »Ich nenne so (polarisiert) einen Lichtstrahl, der bei gleichem Einfallswinkel auf einen durchsichtigen Körper die Eigenschaft hat, entweder zurückgeworfen zu werden, oder sich der Zurückwerfung zu entziehen, je nachdem er dem Körper eine andere Seite zuwendet; und es stehen diese Seiten oder Pole des Lichtstrahls stets aufeinander unter rechten Winkeln«.[52]

In den nächsten Jahren gelang Dominique François Jean →Arago die Entdeckung der chromatischen Polarisation an sehr dünnen Glimmerblättchen; es handelte sich dabei um eben jene Interferenzerscheinungen, die G. bald darauf als *Entoptische Farben* beschrieb. Der Schotte David →Brewster wies 1813 die isochromatischen Kurven in Kristallen nach. Im Zuge seiner Untersuchungen definierte er den Einfallswinkel unter der Bedingung als Polarisationswinkel (57°), dass reflektierter und gebrochener Lichtstrahl einen rechten Winkel miteinander bilden. Dann nämlich ist das reflektierte Licht vollständig polarisiert. In seinem *Treatise on New Philosophical Instruments* (Edinburgh 1813) beschrieb Brewster die auch von G. untersuchten Phänomene etwa zeitgleich mit der ersten Publikation Seebecks (s. o.). Auch andere Forscher wie Wollaston oder Biot traten um diese Zeit mit gleichen Ergebnissen an die Öffentlichkeit.

Jean Baptiste →Biot entwickelte, um die neu beobachteten Erscheinungen an die Newtonsche Emissionstheorie anzuschließen, die erste theoretische Ableitung der entoptischen Farben, die Hypothese der mobilen Polarisation, doch insgesamt ließen sich die neuen Entwicklungen in der Optik nur durch komplizierte Zusatzannahmen für jedes Einzelphänomen mit Newtons Thesen vereinbaren. Für die 1811 von Arago am Bergkristall und später von Biot für Flüssigkeiten ermittelte Drehung der Polarisationsebene boten Letztere keine Erklärung. 1815 gelang es Augustin Jean Fresnel, die Interferenzerscheinungen des polarisierten Lichtes (die entoptischen Farben) mit der Huygensschen Wellentheorie zu verknüpfen. In gemeinsamen Unter-

52 Zit. nach Ferdinand Rosenmüller: *Die Geschichte der Physik*. Bd. 3. Braunschweig 1890, Nachdruck Hildesheim 1965, 148.

suchungen mit Arago legte er mit der Beobachtung, dass zwei rechtwinklig polarisierte Lichtstrahlen nicht interferieren können, den Grundstein für die 1817 von Thomas Young gezogene epochale Konsequenz, dass Lichtstrahlen dann in der Transversal- und nicht in der Longitudinalebene schwingen müssen. 1822 konnte Fresnel die Interferenz von Lichtstrahlen experimentell beweisen, wobei er auch das Problem der Doppelbrechungen hinreichend löste.[53]

Für G.s Untersuchungen sind folgende Beobachtungen zentral: Läßt man einen Lichtstrahl nacheinander von zwei in einer Versuchsanordnung gekoppelten Spiegeln reflektieren, so ergeben sich je nach der Lage der beiden Spiegel zueinander unterschiedliche Helligkeiten des Gesichtsfeldes. Unter der Voraussetzung, dass ein Lichtstrahl unter einem Einfallswinkel von 57°, dem sog. Polarisationswinkel, auf den ersten Spiegel trifft, wird er vom zweiten Spiegel nur dann in voller Stärke reflektiert, wenn die beiden Spiegel parallel zueinander stehen. Dreht man den zweiten Spiegel um 90° gegenüber dem ersten, so wird die Reflexion am zweiten Spiegel vollkommen verhindert. Bei weiterer Drehung um 90° erreicht man erneut ein Maximum. Diese Erscheinung wiederholt sich bei jeder weiteren Drehung um 90°, in den Zwischenstellungen ergibt sich ein graduell abgestufter Helligkeitswert. Der vom ersten Spiegel reflektierte Lichtstrahl ist polarisiert. Die Extremwerte (optimale Reflexion/keine Reflexion) umschreibt G. in allen Abhandlungen zu dieser Thematik mit den Ausdrücken »weißes Kreuz« und »schwarzes Kreuz«; in den Zwischenbereichen konstatiert er »ein Schwanken« (vgl. FA I, 25, 686f.). Bringt man Glasscheiben oder -würfel, Kristalle oder andere Materialien in den Strahlengang zwischen die beiden Spiegel, so kommt es zur Darstellung von Interferenzfarben des polarisierten Lichtes, die G. und Seebeck entoptische Farben nannten, weil sie im Innern des Versuchsobjektes erscheinen. Je nach verwendeten Substanzen, Versuchsanordnungen und weiteren Umständen der Beobachtung werden auf diese Weise eine Fülle von Farbmustern erzeugt, schwarze oder weiße Kreuze mit hellen oder dunklen Punkten in den Ecken, durch das Kreuz unterbrochene Ringe, Doppelbilder in den Komplementärfarben usw. Die Bedingungen im Einzelnen zu untersuchen und die Fülle der Phänomene schrittweise aus einem einfachen Prinzip abzuleiten, ist G.s zentrales Anliegen bei seinen Arbeiten zu den entoptischen Farben.

Der erste Aufsatz, der die *Doppelbilder des rhombischen Kalkspats* beschreibt und in der Handschrift des Schreibers Ernst John mit Korrekturen G.s vorliegt, ist auf den 12.1.1813 datiert und aus der Korrespondenz mit Seebeck erwachsen. G. hatte Seebeck bereits am 28.11.1812 über die Bilder des Doppelspats, die schon sein Interesse gefunden hatten, geschrieben: die Färbung ihrer Säume habe er gut gesehen und sich viel mit ihnen beschäftigt. Durch Seebecks Antwort vom 15.12.1812 wurde G. erneut auf das Thema gestoßen, mehr noch, Seebeck hatte ein selbstgefertigtes Prisma aus Doppelspat beigefügt, das G. zu neuen Versuchen anregte (vgl. Tgb, 17. und 18.12.1812). G.s Dankesbrief dokumentiert, dass Seebecks fortdauernde Anregung eine erneute Aufnahme der Untersuchungen zur Farbenlehre bewirkte; am 22.12.1812 schrieb er ihm: »Briefe sowohl als Apparat haben mich sehr gefreut und meinen Vorsatz, diese Dinge ruhen zu lassen, wankend gemacht. Ich mußte mich sogleich damit beschäftigen, und Ihr Doppelspaths-Prisma gab mir zugleich die schönste Belehrung [...]«. An die endgültige Fassung des Aufsatzes ging G. in der ersten Januarhälfte 1813. Am 7.1. notierte er im Tagebuch: »Etwas über den Doppelspath«. Am 9.1. beschäftigte G. sich »mit den Bildern des Doppelspaths und [er] berichtigte die zu dem kleinen Aufsatz gehörigen Tafeln«, am 10.1. vermerkte er im Tagebuch die »Beendigung des Aufsatzes über den Doppelspath und Zeichnungen hierzu«. Am 12.1. brachte G. den »Aufsatz über die Wirkung des Doppelspaths für Seebeck« in die entsprechende äußere Form und sandte ihn am 15.1.1812 an diesen ab. Die Druckgeschichte und die Anferti-

53 Weiteres bei Fritz Sauter: *Physikalische Vorstellungen über die Natur des Lichtes.* In: *Studium Generale* 13 (1960), 450–464; Ferdinand Rosenmüller: *Die Geschichte der Physik.* Bd. 3. Braunschweig 1890. Nachdruck Hildesheim 1965, 138–163, 176–189.

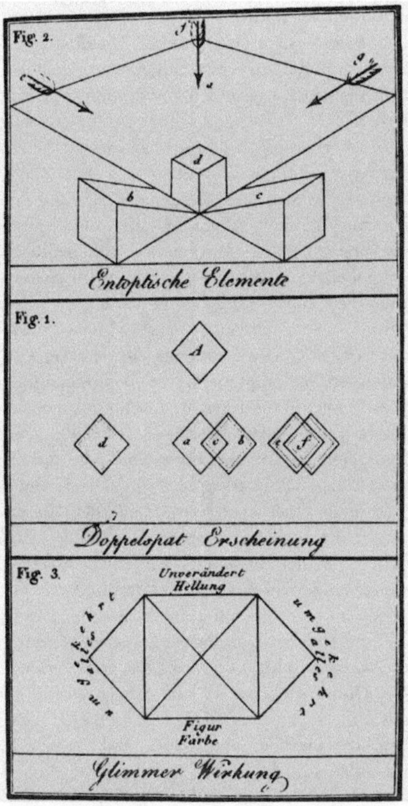

Tafel zu *Elemente der entoptischen Farben* (Fig. 2 u. 3) und *Doppelbilder des rhombischen Kalkspats* (Fig. 1); Kupferstich von Ludwig Heß nach Vorzeichnungen Goethes (ZNÜ I, 1, 1817)

gung der zugehörigen Tafel ist durch G.s Tagebuch vom 3.6. bis 5.6.1813 dokumentiert (vgl. QuZ 4, 267f., 860–862). Da der durch einen doppelbrechenden Kalkspat hindurchgehende Lichtstrahl polarisiert wird, stehen die erörterten Phänomene in engem Zusammenhang mit der Erscheinung der entoptischen Farben und werden von G. in deren Kontext abgehandelt.

Der Aufsatz *Elemente der entoptischen Farben*, der durch zwei Figuren illustriert wird und zu dem keine Handschrift überliefert ist, hatte in dem bereits am 13.4.1813 verfassten »Aufsatz wegen der Seebeckischen Entdeckung [der entoptischen Farben], der nicht abging«, eine Vorstufe (vgl. WA II, 5.2, 359–361). Ab Februar 1815 wurde dieses Themengebiet durchgehender Bestandteil des Tagebuchs. Die *Elemente* von 1817 stellen eine G. selbst nicht mehr befriedigende Vorarbeit zum ausführlichen Aufsatz *Entoptische Farben* von 1820 dar, da sie nur in ihrem letzten Teil die aktuell erworbenen Erkenntnisse über das komplizierte optische Phänomen mitteilen. Am 7.6.1817 gab G. das Manuskript in die Druckerei; als er einen Tag später die Korrekturfahnen abholte, schrieb er den Schluss »nach der neusten Ansicht« um (vgl. QuZ 4, 268, 863 und 865, Anm.) und datierte die Abhandlung auf den 8.6.1817. Genau einen Monat später schrieb er bereits an Seebeck: »Eine [gegenüber den *Elementen*] ausführlichere Arbeit über die entoptischen Farben ist vorbereitet, wo denn die Bedingungen vorausgehen müssen wodurch künstliche Körper die geforderte Eigenschaft erlangen deren Entdeckung wir Ihnen schuldig sind. Dann würden die äußern Bedingungen folgen der Beleuchtung und Spiegelung in dem Sinne, wie Sie solche in Schweiggers Hefte vorgetragen und wo mein kurzer Aufsatz [die *Elemente*] hindeutet«.

Auf die vierte, unpaginierte Seite des Umschlags von ZNÜ I, 1 setzte G. ein kleines, auf den 21.6.1817 datiertes Stück mit dem Titel *Entoptische Farben*, zu dem Manuskript nicht überliefert ist. In zahlreichen G.-Ausgaben wurde es übersehen, da es beim Zusammenbinden der Einzelhefte von G.s Zeitschrift weggefallen ist. Der Text bietet ein knappes Fazit von G.s, von ihm selbst als grundlegend empfundener Entdeckung hinsichtlich der Erscheinung der entoptischen Farben in Abhängigkeit vom jeweiligen Zustand der Atmosphäre. Noch am 8.1.1819 kam er darauf in einem Brief an C. L. F. Schultz zurück: »Und so glaub ich denn auch die entoptischen Farben nunmehr in meiner Gewalt zu haben. Das atmosphärische Verhältniß, auf dem Umschlag meines morphologischen Heftes ausgesprochen, bleibt der Grund von allem, bleibt, wie Glas und Harz [bei der Reibungselektrizität], wie Kupfer- und Zinkerscheinung [bei den galvanischen Phänomenen], immer dasselbige«.

Die große zentrale Abhandlung *Entoptische Farben* beschäftigte G., wenn man von entsprechenden Vorstudien absieht, über vier Jahre. Handschrift (vom Schreiber Johann →John) liegt nur für die Kapitel *Apparat, vierfach gesteigert* (XXVI), *Warnung* (XXVII) und *Wichtige Bemerkung eines Malers* (XL) vor. Am 15.3.1816 vermerkte G. den Beginn des Aufsatzes im Tagebuch, am 29.7.1820 wurde an gleicher Stelle der »Abschluß der entoptischen Farben« festgehalten. In der Abhandlung selbst ist die *Ansprache* auf den 20.7.1820, die *Schlußanwendung* auf den 1.8.1820 datiert. Die intensive Beschäftigung mit der Thematik wird aus dem Stellenwert verständlich, den der Aufsatz für G. besaß, verstand er ihn doch als wesentliche Ergänzung (als »Tüpfchen auf's i«; an Knebel, 7.11.1816) und erneute Bestätigung seiner *Farbenlehre* von 1810, in die sich der vorgelegte Nachtrag nach G.s Ansicht nahtlos einpassen ließ. Die Entstehungsgeschichte der *Entoptischen Farben* läßt sich durch zahlreiche Zeugnisse aus der Korrespondenz und dem Tagebuch nachzeichnen: so vor allem an Seebeck, 23.2.1815 und 21.1.1816, Tgb, 17.2. und 15.3.1816, an Seebeck, 22.3. und 11.5.1816 mit der bezeichnenden Mitteilung: »Die Spiegel sind immer aufgestellt [...], vielleicht sende ich bald einen kleinen Aufsatz und erbitte mir Ihre Gedanken darüber. Diese Phänomene dienen mir auch auf noch andere Weise zur Unterhaltung. Da nämlich der Apparat vor jedermanns Augen steht, so laß ich einen jeden Besuchenden das Hocus-Pocus betrachten, wobey denn freylich mit Betrübniß zu bemerken ist, wie wenig Organ die Menschen zu solchen Dingen haben«.[54] An Knebel schrieb G. am 7.11.1816: »Jetzt beschäftigen mich die Seebeckischen entoptische Farben sehr lebhaft. Ich schreibe ein Supplement-Capitel zu meiner Farbenlehre als ein Tüpfchen auf's i. Da meine ganze Bemühung von jeher darauf hinauslief die Phänomene klar vorzuzeigen und sie zu sondern und nach ihrer Verwandtschaft zu ordnen, so kommt mir jede neue Entdeckung zu paß, denn sie fügt sich an und füllt eine Lücke. Die Newtonische Optik, dieser Mickmack von Kraut und Rüben, wird endlich einer gebildetern Welt auch so ekelhaft vorkommen, wie mir jetzo«.[55]

In Abgrenzung zu den im historischen Überblick dargestellten Positionen (s. o. S. 116–118) ergibt sich, dass G. trotz seiner Ablehnung der Newton-Anhänger Malus und Biot keineswegs als Parteigänger der Huygensschen Wellentheorie gelten kann. Vielmehr schlug er in seinem Bemühen, auch das Phänomen der entoptischen Farben an seine allgemeine *Farbenlehre* von 1810 anzuschließen, einen anderen, eigenen Weg ein, indem er überhaupt nicht, wie die physikalische Forschung, auf die Natur des Lichts rekurrierte, sondern die beobachteten Farberscheinungen aus einem Zusammenwirken von Licht und einem trüben Mittel erklären wollte. Die Trübung fand er als Eigenschaft der entoptischen Gläser, denen durch den Prozess eines schnellen Abkühlens bei der Herstellung eine solche Eigenart verliehen wird. Das Licht ist dann in der Lage, im Zusammenspiel mit der so gearteten Materie die Farben hervorzubringen; keineswegs waren die Farben für G. schon im Licht allein enthalten. Dieser spezifisch G.sche Ansatz wird in allen Untersuchungen zu den entoptischen Farben, die überdies eine ganze Reihe von erst neuerdings (in LA II, 5B.1) publizierten Materialien umfassen, als grundlegendes Moment durchgehalten. G. ging in seiner Abhandlung schrittweise vom einfachen zum komplizierteren Sachverhalt vor, immer bemüht, auch das Komplexere auf das Einfache zurückführen zu können. In seiner Beschreibung der insgesamt vier Versuchsanordnungen (Kapitel V, VI, XVII und XXVI), mit denen die entoptischen Erscheinungen zu beobachten sind, wird seine Vorliebe für das möglichst einfache Experiment, unternommen im Freien unter klarem Himmel, deutlich. Der »vierfach gesteigerte Apparat« (Kapitel XXVI), ein Geschenk des Physikers Johann Sa-

54 Vgl. weiterhin an Schultz, 25.5. und 19.7.1816; an Seebeck, 8.6., 19.7. und 8.11.1816, Tagebuch 3.6., 11.7., 12.7., 21.7., 22.7.1816 und neunmal im November 1816.

55 Weitere Zeugnisse: TuJ von 1816; an August v. Goethe, 24.3.1817; Tgb, 24.1., 23., 24., 28. und 29.3., 5. und 8.4.1817; an Kräuter, 6.4.1817; Tgb, 25.5. und 27.7.1817; an Schultz, 8.6.1818; an Schweigger, 2.8.1819; Tagebuch 29.7.1820; an Schultz, 3. und 25.9. sowie 1.10.1820.

lomo Christoph →Schweigger (vgl. Abb. S. 254), ging für G. schon an die Grenze des Zumutbaren, denn er »verbirgt [...] noch mehr das Grund-Phänomen« (FA I, 25, 706) und wurde möglicherweise nur aus Höflichkeit gegenüber Schweigger vorgestellt. Da G. immer wieder auf die Abhängigkeit der Beobachtungen vom Sonnenstand und der Wolkenbildung am Himmel hinwies, außerdem konkrete Anweisungen für den Standort und das Verhalten des Beobachters gab, erscheint es sinnvoll, in einem knappen Exkurs die Theorie des polarisierten Himmelslichts vorzustellen.

Natürliches Sonnenlicht kann als Schwingungsvorgang aufgefasst werden, bei dem die Schwingungsrichtung der transversalen Lichtwellen ständig wechselt. Bei linear polarisiertem Licht liegt dagegen die Schwingungsrichtung in einer Ebene. Das Licht, das vom blauen Himmel kommt, ist teilweise polarisiert. Dabei sind Intensität und Schwingungsrichtung der Polarisation vom Sonnenstand abhängig. Steht die Sonne am Horizont, so weist der Himmel ein spezifisches Polarisationsmuster auf: Neben dem direkten Sonnenlicht ist das Licht an drei weiteren sogenannten neutralen Punkten, die alle auf dem Himmelsmeridian liegen, der von der Sonne über den Zenit zu ihrem Gegenpunkt verläuft, nicht polarisiert. Mit größer werdendem Winkel zur Sonne nimmt die Intensität der Polarisation zu und erreicht ihr Maximum bei 90°. Bei 180°, der Zuwendung zum Gegenpunkt der Sonne also, liegt erneut unpolarisiertes Licht vor, eine weitere Drehung um 90° (270° des Kreises) bringt den Betrachter wieder in die Stellung der maximalen Polarisation. Genau diese Gegebenheiten, die bereits auf Beobachtungen von Arago zurückgehen, liegen der G.schen Anweisung zugrunde, nach der ein Beobachter bei niedrigem Sonnenstand die entoptischen Phänomene in einem Glas unter freiem Himmel registrieren soll. Je nach Stellung des Beobachters erhält dieser die auch im Hinblick auf die Jahreszeiten verschiedenen, vom Polarisationsgrad abhängigen Farbmuster, die G. als weißes und schwarzes Kreuz mit den in den Zwischenzonen auftretenden Schwankungen bezeichnet. Deutlich wird auch, dass die kreisförmige Bewegung des Beobachters zum Sonnenstand hier die entsprechende Spiegeldrehung an den entoptischen Apparaten ersetzt. Mit steigender Sonne ändert sich das Polarisationsmuster des Himmels, so dass sich bei Beobachtungen zu verschiedenen Tageszeiten auch unterschiedliche entoptische Phänomene zeigen. Bei Wolkenbildung nimmt der Polarisationsgrad des Himmels zunehmend ab, die Erscheinungen treten geschwächt oder gar nicht mehr auf. Aus diesem Grund wies G. des öfteren auf die notwendigen Voraussetzungen des guten Wetters und klaren Himmels hin.

Am 17.5.1817 schrieb G. in das ›Denkbuch‹ der mit der Familie befreundeten Malerin Julie von →Egloffstein sein Gedicht *Entoptische Farben*, das gleichermaßen ein Widmungs- (»An Julien«) und Lehrgedicht darstellt, ähnlich wie die Elegie *Die Metamorphose der Pflanzen* an Christiane Vulpius von 1798. Selbst für diesen eng begrenzten Bereich physikalischer Phänomene, wie er sich in den Farberscheinungen des polarisierten Lichtes zeigte, galt für G. die in seinen Arbeiten zur Naturforschung durchgehende Maxime, dass der Dichter die Ergebnisse des Naturforschers als Gleichnis zu betrachten, als Metapher für die menschliche Existenz schlechthin zu nutzen weiß.

Entoptische Farben.

An Julien.

Laß dir von den Spiegeleien
Unsrer Physiker erzählen,
Die am Phänomen sich freuen,
Mehr sich mit Gedanken qualen.

Spiegel hüben, Spiegel drüben,
Doppelstellung, auserlesen;
Und dazwischen ruht im Trüben
Als Crystall das Erdewesen.

Dieses zeigt, wenn jene blicken,
Allerschönste Farbenspiele,
Dämmerlicht das beide schicken
Offenbart sich dem Gefühle.

Schwarz wie Kreuze wirst du sehen,
Pfauenaugen kann man finden;
Tag und Abendlicht vergehen
Bis zusammen beide schwinden.

Und der Name wird ein Zeichen,
Tief ist der Crystall durchdrungen:
Aug' in Auge sieht dergleichen
Wundersame Spiegelungen.

Laß den Macrocosmos gelten,
Seine spenstischen Gestalten!
Da die lieben kleinen Welten
Wirklich Herrlichstes enthalten. (FA I, 2, 505 f.)

Hier führte G. das Experiment aus dem Bereich naturwissenschaftlicher Zuständigkeit hinaus, fasste es als Weg zur Erkenntnis, dass alles, was dem Menschen scheinbar objektiv in der Natur vor Augen liegt, letzten Endes in ihm selbst angesiedelt ist. Wie ein permanentes Spiegeln die Trennung von Urbild und Abbild verwischt, so ist auch der Mensch der Welt nicht vereinzelt gegenübergestellt. Nur deshalb kann G. auch davon sprechen, dass der Mensch sich nur dann selbst kennen könne, wenn er die Welt kennt: »Jeder neue Gegenstand, wohl beschaut, schließt ein neues Organ in uns auf« (FA I, 24, 596).

Die Interpretation des Gedichts (ausführlich dazu Hölscher-Lohmeyer 1983) ergibt sich, zumindest was die physikalischen Grundlagen angeht, aus G.s Abhandlung. Die Physiker, so G.s einleitend und auch an anderer Stelle vorgebrachter Vorwurf, stellen das zu beobachtende Phänomen, über das man durchaus sinnliche Freude zeigen kann, hinter den theoretischen Erklärungsversuch. Es folgt eine Beschreibung des entoptischen Apparates: die beiden Spiegel in genau festgelegter Stellung, dazwischen ein Kristall (Doppelspat, Glimmer u. a.), der als »Erdewesen«, d. h. als trübe Materie, aufgefasst wird, die nach G.s Vorstellung im Zusammenwirken mit dem Licht erst die Farben hervorrufen kann. Auch hier legt G., wie mehrfach in seiner Abhandlung, größten Wert darauf, dass die entoptischen Farben eben *nicht* allein im Licht enthalten sind. Die entstehenden Farbphänomene sind für G. nicht in erster Linie Anlass des theoretischen Erklärungsversuches, sondern Gegenstand emotionaler Anteilnahme und darüber hinaus Gleichnis für die subjektive Erfahrung. Wie sich in den entoptischen Farben das Grundgesetz der Farbenlehre verbirgt, so gilt das am Apparat Beobachtete auch für die Physiologie des menschlichen Auges, das bei Kontrasterscheinungen genau die Empfindungen durch eigenes Vermögen auslösen kann, die ansonsten bei der Drehung der Spiegel im Versuch zustande kommen.

Übergeht man weitere Anklänge an die Thematik in einigen Gedichten (*Was es gilt. Dem Chromatiker, Müsset im Naturbetrachten […]* und *Die beiden lieben sich gar fein […]*), so verdient noch G.s kurze Niederschrift → *Wiederholte Spiegelungen* aus dem Januar 1823 Beachtung, die physikalisches und sittliches Betrachten in Parallele setzt (dazu Brednow 1976). Anlass war ein Bericht von August Ferdinand Näke, Professor der Altertumskunde in Bonn, der, durch *Dichtung und Wahrheit* angeregt, Sesenheim im Elsaß besucht und G.s Spuren an der Seite von Friederike Brion verfolgt hatte. G. betrachtete seine Erinnerungen an diese Phase seines Lebens als neunmalige »Wiederholte Spiegelungen« (WA I, 42.2, 56 f.) und betonte, sich dabei eines Symbols »aus der Entoptik« zu bedienen. Der Jüngling (G.) habe ein »jugendlich-seliges Wahnleben« in sich abgespiegelt (1); dieses Bild sei in seinem Innern hin und her gewogt (2), bis es nach langer Zeit (in *Dichtung und Wahrheit*) ausgesprochen und damit erneut abgespiegelt worden sei (3). Ein »edles Gemüt« [Näke] empfängt diese Darstellung (4) und wird angeregt, die Vergangenheit erneut zu beleben (5). Es begibt sich an den alten Ort (6) und hört dort die Eindrücke eines Zeugen (7); das längst Vergangene wird somit neu belebt (8) und kann sich zuletzt »auch wieder in der Seele des alten Liebhabers nachmals abspiegeln« (9). G. schließt: »Bedenkt man nun, daß wiederholte sittliche Spiegelungen das Vergangene nicht allein lebendig erhalten, sondern sogar zu einem höheren Leben empor steigern, so wird man der entoptischen Erscheinungen gedenken, welche gleichfalls von Spiegel zu Spiegel nicht etwa verbleichen, sondern sich erst recht entzünden, und man wird ein Symbol gewinnen dessen, was in der Geschichte der Künste und Wissenschaften, der Kirche, auch wohl der politischen Welt sich mehrmals wiederholt hat und noch täglich wiederholt«. In diesem Sinne eröffneten die entoptischen Farben G. vielfältige Perspektiven, die weit über Physik und Farbenlehre hinausgingen.

1822: *Chromatik* – Nachträge zur Farbenlehre

Unter dem Haupttitel *Chromatik* vereinigte G. in ZNÜ I, 4 (1822) eine Gruppe von Texten, die er im Inhaltsverzeichnis mit »Ausführlicher Nachtrag bei diesem Anlaß« benannte, wobei Letzterer auf die vorausgeschickte Übersichtstabelle *Auge empfänglich und gegenwirkend* deutete. ALH und, dieser folgend, WA fassen diese Texte zusammen mit anderen unter dem Titel *Nachträge zur Farbenlehre* zusammen.

In den *Tag- und Jahresheften* von 1810 hatte G. den Abschluss seiner *Farbenlehre* als Befreiung charakterisiert: »Die bisher getragene Last war so groß, daß ich den 16. Mai als glücklichen Befreiungstag ansah, an welchem ich mich in den Wagen setzte, um nach Böhmen zu fahren«. Doch durch die Diskussionen über das polarisierte Licht und die im Umfeld vor allem von Seebeck durchgeführten Arbeiten zu den entoptischen Farben wurde G. in kurzer Zeit zur Farbenlehre zurückgeführt. Behandelte er die entoptischen Farben als wesentliches Zusatzkapitel zur eigenen Farbenlehre, dessen lückenlose Vereinbarkeit mit dieser er immer wieder herausstellte, so sammelte G. auch ständig Ergänzungen, zustimmende Reaktionen und Kritik an seinem abgeschlossenen Werk von 1810. Im Laufe der Jahre hatte sich dabei so viel Material angehäuft, dass G. seine Zeitschrift *Zur Naturwissenschaft überhaupt* für eine Publikation der Nachträge ins Auge fasste. Im Herbst 1820 begann G. zu ordnen, zu rekapitulieren und zu diktieren, und die *Tag- und Jahreshefte* vom gleichen Jahr bilanzieren: »[...] sodann begab ich mich an verschiedene Paralipomena der Farbenlehre«. Vor allem im Dezember 1820 sowie im Mai und Juni 1821 war G. an der Arbeit, im Juni 1821 begann der Druck, der sich aber zu G.s Verärgerung hinzog, so dass er erst zu Jubilate 1822, dem dritten Sonntag nach Ostern, das Erscheinen des Heftes ankündigen konnte. G. schloß dieses neue Kapitel seiner Farbenlehre in den letzten Septembertagen 1822, indem er seine »Chromatica«, »chromatische Acten« und »chromatische Papiere«, ordnete und am 2.10.1822 im Tagebuch vermerkte: »Brachte die sämmtlich geordneten Chromatica in die Schubladen«.

Auch in seiner Korrespondenz hat G. die Nachträge zur Farbenlehre mehrfach summarisch erwähnt. An Schultz schrieb er am 24.9.1821: »In meinem nächsten Heft *Zur Naturwissenschaft* nehm ich die Chromatik wieder auf, indem ich ältere Aufsätze, Confessionen, Erläuterungen, Streitfragen sogar mancher Art, die bey mir, seit Jahren, nicht nur skizzirt, sondern wirklich ausgeführt, nieder- und bey Seite gelegt waren, ohne weiteres abdrucken lasse [...]«. Ähnlich an Cotta am 30.9.1821: »Aus den vier Aushängebogen des neusten Heftes zur Wissenschafts-Lehre werden Sie ersehen, daß ich eben jetzt für räthlich geachtet habe, auch die Sache [Farbenlehre] wieder zur Sprache zu bringen, wie ich denn fortfahren werde, über diese Angelegenheit und ihre Schicksale mich ferner öffentlich zu erklären«.

Wie bei der Textgruppe zu den entoptischen Farben in ZNÜ I, 1 leitete G. auch hier die Thematik lyrisch ein, mit den Gedichten *Herkömmlich* und *Die echte Konversation* (beide ohne Überschrift), die (frühestens) im Juli 1817 bzw. vor Juni 1821 entstanden sind und deren Druckbogen am 7. und 8.6.1821 bearbeitet wurden.

Auf die anschließende, nicht in die fortlaufende Paginierung aufgenommene Tabelle *Auge empfänglich und gegenwirkend*, zu der Handschriften von John sowie ein Probe- und ein Korrekturabzug vorliegen, deuten ein Tagebuchhinweis vom 18.6.1821 (Reinschrift) und ein Brief an Wesselhöft vom 20.6.1821: »Wie ich denn auch beykommende Tabelle baldigst abgedruckt wünschte«. Am 25.6. erhielt G. den Ausdruck; er war unzufrieden, denn am 30.6. teilte er Wesselhöft mit: »Was die Tabelle betrifft, so wird sie nochmals durchzugehn und hie und da anders einzurichten seyn. Ich werde deshalb eine neue Abschrift schicken, wo auf durchgezogenen Linien deutlicher zu ersehn, wie die Zeilen der verschiedenen Columnen correspondiren müssen«. Am 8.7.1821 erbat Frommann von G. »nähere Bestimmung wegen der Tabelle« (QuZ 4, 365), doch erst in der zweiten Oktoberhälfte des Jahres machte sich G. an eine Revision, die er laut Tagebuch am 28.10.1821 abschließend bearbeitete. Am 8.1.1822 kam schließlich der endgültige Bogen aus der Druckerei, und G.s Vorschlag, die Tabelle »großmüthig den Lesern als Zugabe [zu] schenken« (an Frommann, 18.1.1822), wurde akzeptiert. Bereits die Überschrift der Tabelle macht die Wichtigkeit des physiologischen Aspekts und die herausragende Stellung des Auges für die Farbenlehre deutlich. Deren drei hier näher bezeichneten Abteilungen, der physiologischen, der physi[kali]schen und der chemischen, hat G. grundlegende Gedanken seiner Anschauungsweise vorangestellt und zugeordnet. Er beginnt mit dem Grundgesetz der Entstehung von Farben durch Licht und/oder Finsternis in Wechselwirkung mit einem trüben Mittel, wie es in den §§ 150f. des Didaktischen Teils der *Farbenlehre* niedergelegt ist: Licht, »durch ein auch nur wenig trübes Mittel gesehen, erscheint uns gelb. Nimmt die Trübe eines solchen Mittels zu, oder wird seine Tiefe vermehrt, so sehen wir das Licht nach und nach eine gelbrote Farbe annehmen, die sich endlich bis zum Rubinroten steigert. [...] Wird hingegen durch ein trübes, von einem darauffallenden Lichte erleuchtetes Mittel die Finsternis gesehen, so erscheint uns eine blaue Farbe, welche immer heller und blässer wird, je mehr sich die Trübe des Mittels vermehrt, hingegen immer dunkler und satter sich zeigt, je durchsichtiger das Trübe werden kann, ja bei dem mindesten Grad der reinsten Trübe, als das schönste Violett dem Auge fühlbar wird« (FA I, 23.1, 74).

Daneben treten G.s Ableitung des Farbenkreises aus den prismatischen Farben und die Gesetze der Farbmischung. Die jeweils im Farbenkreis gegenüberliegenden Farben Rot und Grün, Blaurot (Violett) und Gelb sowie Gelbrot (Orange) und Blau nennt G. harmonisch, da sich diese Farbzusammenstellungen aus der Natur des menschlichen Auges ergeben, das diese Farbpaare als Komplementärfarben empfindet.

Die *Ältere Einleitung* greift möglicherweise auf Material bis aus den Jahren 1811/1812 zurück, so dass G. eine weitere *Neuere Einleitung* folgen ließ, die von den beendeten entoptischen Studien, also etwa vom Jahr 1820, ausgeht. Zu beiden Einleitungen ist keine Handschrift überliefert. Die entoptischen Versuche setzten mit größerer Intensität Anfang 1816 ein, so dass eine Datierung der *Älteren Einleitung*, in dem derartige Experimente gar keine Rolle spielen, vor diese Zeit wahrscheinlich ist. Das Tagebuch meldete am 26.12.1820 das »Mundum der ältern chromatischen Einleitung«, Hinweise auf die Korrektur der Druckbogen finden sich im Tagebuch vom 7. und 8.6.1821. G. lieferte mit diesem Text eine Bestandsaufnahme der schon erreichten und der noch ins Auge gefassten Ziele seiner Farbenlehre. Er verfuhr dabei historisierend, indem er einen Rückblick auf seine morphologischen Studien warf und die Beurteilung und Anerkennung einer Lehre als einen historischen Prozess begriff. Aus diesem Grund fehlt die oftmals in der Auseinandersetzung um die Farbenlehre festzustellende Schärfe. Zwar werden Newtons Methoden und deren zahlreiche Anhänger angegriffen, teilweise auch belächelt, doch dahinter spürt man das große Vertrauen, dass die Zeit G. recht geben werde, zumal einige »treffliche Mitarbeiter und Freunde« (FA I, 25, 734) für die Sache gewonnen werden konnten. G. gab einen Überblick über seine 1810 erschienene *Farbenlehre* und erläuterte damit die vorausgeschickte Tabelle *Auge empfänglich und gegenwirkend*. Den Abschluss bildeten Überlegungen zu einem möglichen Supplementband und zu einer detailliert aufzustellenden Anweisung für die notwendigen Versuche.

Zu der wesentlich knapperen *Neueren Einleitung* fühlte sich G. offenbar durch die inzwischen abgehandelten entoptischen Farben veranlasst, deren Untersuchung 1820 im Druck erschienen war. Da er am Ende ausdrücklich auf die Tabelle zur Farbenlehre (*Auge [...]*) hinwies, darf man annehmen, dass dieser Text ebenfalls in der ersten Jahreshälfte 1821 entstanden ist.[56] G. leitete die richtigen und falschen Prinzipien der Farbenuntersuchung aus der Geschichte ab und schlug dabei einen weiten Bogen von den »ältesten Vorfahren« (ebd. 739) bis zur Gegenwart, sich ausdrücklich zur Methodik von Francis → Bacon bekennend. Auch hier verknüpfte er erneut Wissenschafts- und Erkenntnistheorie mit Wissenschaftsgeschichte, die den handelnden Forscher und Menschen nicht von seinen Anschauungen isolierte.

Im Anschluss an die beiden Einleitungen folgen die durchgezählten Kapitel der Nachträge

56 Zur Druckgeschichte vgl. G.s Tgb, 7. und 8.6.1821.

zur Farbenlehre, die gemäß der Anordnung im Hauptwerk in die Rubriken *Physiologe Farben* (mit den Kapiteln 1 bis 7), *Physische Farben* (8 bis 23) und *Geschichtliches* (24 bis 31) gegliedert sind. Die Revisionsbogen der *Physiologen Farben*, zu deren einzelnen Kapiteln keine Handschriften vorliegen, bearbeitete G. Mitte Juni 1821. Er setzte sich in diesen Textstücken mit weiteren Beispielen für Helldunkelkontraste und Nachbilder in den Komplementärfarben auseinander.

Im Anschluss brachte G. im Juni und Juli 1821 die Kapitel zu den *Physischen Farben* zum Druck, zu denen Handschriften nur für die Briefe von Hegel (Kap. 21) und Brandis (Kap. 23) vorliegen. Es dominieren die Stellungnahmen zu den dioptrischen Farben; weiterhin geht es um Auseinandersetzungen mit dem Begriff der Trübe, die Kritik an abweichenden und die Zustimmung zu ähnlich gelagerten Auffassungen. Die Stücke belegen insgesamt, wie genau G. die Diskussion auch an scheinbar entlegenen Orten verfolgte, und damit indirekt auch, wie stark er sich persönlich engagierte, welchen Stellenwert er seiner *Farbenlehre* beimaß. So wird im Kap. 15 eine weitgehend von Seebeck zusammengestellte Liste der kritischen Rezensionen unter dem Titel *Widersacher* geliefert, hervorzuheben sind weiterhin Teilabdrucke der wohlwollenden Briefe von Hegel vom 20. [korrekt 24.] 2.1821 und Brandis vom 11.1.1811 in den Kap. 21 und 23.

Die unter dem Titel *Geschichtliches* versammelten Beiträge hat G. zwischen Juli und Oktober 1821 für den Druck eingerichtet. Hier trägt er vor allem erst verspätet erhaltene Literatur nach, so vor allem zu *Bernardinus Telesius* (Kap. 24), dem einzigen Stück dieser Rubrik, zu dem Handschriften (von John und Riemer) überliefert sind (→Telesius, Bernardinus). Auch ein von Riemer beigesteuerter Beitrag (*Der Ausdruck Trüb* [bei den Griechen und Römern], Kap. 27) verdient Beachtung.

Den Inhalt des im Herbst 1821 entstandenen Textes *Warte-Steine*, zu dem kein Manuskript vorliegt, hatte G. als vorläufige, später zu ergänzende Sammlung von Notizen angekündigt, als eine Gelegenheitsproduktion, die eher aus technischen Gründen notwendig erschien: »Da nunmehr aber der Raum nicht gestattet noch irgend einen bedeutenden Aufsatz einzurücken und wir außerdem noch wünschen auf künftige Hefte, deren Herausgabe uns gegönnt seyn möge! vorläufig hinzudeuten; so lassen wir Warte-Steine vorragen, damit man ahne, daß da wo unser Gebäude mangelhaft oder unausgeführt erscheinen könnte, noch wohl mancher Flügel nach unserm Entwurf zu verbinden und anzubauen seyn möchte. Aus Ueberzeugung, das Wahre könne durch Controvers gar leicht verrückt, verschoben und verdeckt werden, haben wir den Gegnern bisher nicht geantwortet, und sie wußten sich unserer Schweigsamkeit, diese vollen zehen Jahre her, zu ihrem Vortheile gar trefflich zu bedienen. Einstimmig deuteten sie mein Stillschweigen dahin, daß ich mich selbst für widerlegt halte, da ich nach ihrer Ueberzeugung genugsam widerlegt sey. Ich aber finde es nun gerade an der Zeit dagegen auszusprechen: daß sämmtliche Gegner, wie ich sie oben genannt und bezeichnet, nichts gethan als die alten Irrthümer zu wiederholen, welche durch meine Arbeiten zur Farbenlehre längst widerlegt und aufgeklärt sind; wobey ich zugleich versichere, daß ich meine Sammlung von Phänomenen noch immer für vollständig genug und meine Weise sie zu stellen, höchst vortheilhaft halte: wie sich dann die neuentdeckten entoptischen Farben sogleich den übrigen schon bekannten physischen Farben willig angeschlossen haben, anstatt daß die Schule bey jeder neuen Erscheinung eine neue und immer seltsamere Modification des Lichts entdecken wollte« (ZNÜ I, 4, 360f.).

Bezugnehmend auf die tabellarische Übersicht zur Farbenlehre (*Auge [...]*) lieferte G. hier zunächst, die Reihenfolge in seinem Hauptwerk von 1810 einhaltend, gleichsam Nachträge zu den Nachträgen zur Farbenlehre (*Chromatik*; s.o. S. 123–125), dabei auch neueste Entdeckungen und Erörterungen aus den Fachzeitschriften thematisierend. Besonderen Raum nahmen dabei die entoptischen Farben ein, die in der fachlichen Diskussion im Kontext der Polarisation des Lichts am meisten umstritten waren. Das Material über die Kontroverse zwischen den französischen Physikern Arago und Biot studierte G. zwischen dem 15. und 17.10.1821: Er verfasste laut Tagebuch einen Auszug aus den »Annales de Chimie et de Physique, Juillet 1821«, stellte »Betrachtungen über den Streit zwischen Arago und Biot« an und vermerkte erneut einen Auszug sowie »Übersetzung und Noten«. Die Revisionsbogen bearbeitete G. am 12.2.1822. Einen Hinweis auf die *Warte-Steine* gab G. schließlich im Brief an Schultz vom 24.9.1821: »Gedachtes Heft [ZNÜ I, 4] muß überhaupt wunderlich werden; denn ich denke, nach allen Seiten, aus den Mauern Warte-Steine genug hervorragen zu lassen, die für mich oder andere auf's Fernere deuten«.

1823/1824 in *Zur Naturwissenschaft überhaupt* und *Zur Morphologie* erschienene Aufsätze

Die anonym in ZNÜ II, 1 publizierte, in der Handschrift nicht überlieferte Abhandlung *Ueber physiologe Farbenerscheinungen, insbesondere das phosphorische Augenlicht, als Quelle derselben, betreffend* stammt von Christoph Friedrich Ludwig Schultz, dem Berliner Staatsrat und späteren Privatgelehrten in Wetzlar und Bonn. Die im Sommer 1814 beginnende Korrespondenz zwischen G. und Schultz ist, neben den Briefwechseln mit Seebeck und Henning, eine wichtige Fundgrube zum Thema Farbenlehre. Schon am 30.8.1814, in seinem ersten Brief an Schultz, dankte G. mit ausdrücklichem Hinweis auf die Wichtigkeit der physiologischen Komponente der Farbenlehre für Schultz' Anteilnahme und seine Bereitschaft, eigene Studien anzustellen (vgl. auch an Seebeck, 23.2.1815). So gingen der von G. in seiner Zeitschrift abgedruckten Thesenreihe von Schultz einige andere Arbeiten zur Thematik voraus, deren Geschichte hier kurz dargelegt wird. Schultz übersandte am 27.11.1814 einen ersten Aufsatz *Ueber physiologe Gesichts- und Farbenerscheinungen*, den G., nachdem er am 23.2.1816 die Erlaubnis zur Publikation von Schultz erhalten hatte, am 10.4.1816 an Seebeck weiterreichte. Dieser sandte G. das Manuskript am 19.4.1816 zurück, da Schweigger, der Herausgeber des für den Druck vorgesehenen →*Journals für Chemie und Physik*, verreist war und →Döbereiner in Jena vertretungsweise die Redaktion innehatte. Als G. am 8.6.1816 gegenüber Seebeck die Publikation von Schultz' Aufsatz in Schweiggers *Journal* bestätigte,[57] drückte er bereits seine Enttäuschung aus, dass Schultz nicht eine aktualisierte Fassung geliefert habe. Ebenfalls am 8.6.1816 übersandte G. die bereits am 25.5. angekündigten Sonderdrucke. Vom 2.8. bis 18.8.1817 besuchte Schultz Jena und Weimar und traf täglich mit G. zusammen, um den brieflich begonnenen Dialog über physiologische Farberscheinungen fortzusetzen. G.s Tagebuch verzeichnet die Diskussionen zur Farbenlehre, ebenso wie manchen Ausflug in die Umgebung. In dieser Zeit verfasste Schultz einen zweiten, ebenfalls *Ueber physiologe Gesichts- und Farbenerscheinungen* überschriebenen Aufsatz, datiert auf den 15.8.1817, den er zum Abschied G. zusandte (gedruckt in G-Schultz, 391–398). G. erwähnte diesen Aufsatz in den *Tag- und Jahresheften* von 1817; am 3.9.1817 hatte er sich bedankt und eine Abschrift anfertigen lassen; am 7.9.1817 wurde das Original an Schultz zurückgesandt, nicht ohne eine detaillierte Besprechung und Kritik einzelner Punkte, aber auch mit dem Wunsch, Schultz möge nun die beiden vorliegenden Aufsätze (den bereits gedruckten und den neuen) zu einem geschlossenen Ganzen vereinen. Schultz griff dieses Anliegen in seiner Antwort vom 20.9.1817 zwar auf und stellte eine Publikation für das nächste Frühjahr in Aussicht, doch der folgende Briefwechsel wandte sich immer mehr den Phänomenen der entoptischen Farben zu. Schultz' Beiträge zu den physiologischen Farberscheinungen wurden kaum noch angesprochen, auch wenn G. am 24.9.1817 darauf hinwies, dass »das Eisen heiß, und Zeit zu schmieden« sei. Erst die erneute persönliche Begegnung anlässlich des Besuches von Schultz zwischen dem 16.8. und 22.8.1820 in Jena ließ die Thematik wieder aktuell werden und bot unmittelbaren Anlass für die schließlich in ZNÜ II, 1 abgedruckte Abhandlung. Wenige Tage nach der Abreise, am 27.8.1820, bat G. um eine komprimierte Darstellung von Schultz' Thesen. Er erneuerte den Wunsch am 1.10.1820; auch eine schließlich nicht in den abgesandten Brief eingegangene Konzeptstelle vom 31.12.1820 sollte

57 Erschienen 1816 im 2. Heft des 16. Bandes, 121–157 sowie auch als Separatdruck, Jena 1816.

Schultz an das Gewünschte erinnern. Vom 1.7. bis 8.7.1821 hielt sich Schultz auf der Durchreise zu einer Kur in Bad Nenndorf in Weimar auf; die Farbenlehre wurde erneut durchgesprochen, und die verregneten Tage in Nenndorf ließen Schultz endlich die von G. erbetene Zusammenfassung, datiert auf den 27.7.1821, niederschreiben. Mit einem Brief vom 3.8.1821 ging der Text G. zu, der jedoch in →Marienbad seinen Kuraufenthalt verbrachte und erst am 24.9.1821 danken konnte. Am 12.6.1822 bat G. um die Erlaubnis zur Publikation, die Schultz am 16.8.1822 erteilte. Am 5.9.1822 meldete G., dass das Heft mit dem Beitrag von Schultz im Druck sei; aber erst am 19.9.1822 sandte G. das Manuskript an die Druckerei (vgl. QuZ 4, 394, 1475). Am 25.11.1822 schließlich erhielt Schultz die Aushängebogen der ersten Beiträge von ZNÜ II, 1 mit seiner eigenen Arbeit. G.s Wunsch, noch eine weitere, von Schultz am 19.7.1823 selbst angebotene Ergänzung zu erhalten, die dieser in Nenndorf unter dem Titel *Die subjektiven Höfe* (abgedruckt in G–Schultz, 398–400), datiert auf den 1.8.1821, niedergeschrieben hatte, wurde nicht erfüllt, obwohl G. noch zweimal, am 9.8.1823 und am 9.1.1824, darum bat. Nachzutragen bleiben weitere persönliche Begegnungen zwischen dem 28.9. und 9.10.1823, am 1.8.1825 sowie zwischen dem 22. und 25.7.1831, jeweils in Weimar.

Schultz führte in seinem Beitrag die physiologischen Farben auf eine phosphorische Substanz im Auge zurück, die vom Sonnenlicht, aber auch von der Wärme des Blutes zum Leuchten angeregt werde. Das Auge reagiert demnach nicht nur auf einen äußeren Reiz, sondern es entfaltet – ganz in G.s Sinne – eine Gegenwirkung und eigene, selbständige Tätigkeit, die bestimmte Farberscheinungen ›fordert‹. Schultz versuchte neben einer Erörterung einzelner durch Eigenversuche beschreibbarer Erscheinungen eine Rückführung auf das organische Wirkungsprinzip, das im Charakter und im Stoffwechsel der phosphorischen Substanz begründet sein sollte. Seine Beobachtungen trafen sich vielfach mit denen Purkinjes, über die G. sich auch ähnlich erfreut zeigte (s. u. S. 128 f.).

Der kurzen Anzeige von Hennings Schrift *Einleitung zu öffentlichen Vorlesungen über Goethes Farbenlehre*, zu der keine Handschrift überliefert ist, gingen eine mehrjährige Entstehungsgeschichte und eine Fülle von Zeugnissen im Vorfeld voraus (vgl. im Detail EGW 3, 274–327). Leopold Dorotheus von Henning (genannt von Schönhoff), Jurist, Philosoph und Hegel-Schüler, trat infolge seiner Zustimmung zu G.s *Farbenlehre* 1821 mit diesem in Kontakt. Ausschlaggebend wurde Hennings erster Besuch in Weimar am 18.10.1821, von dem G. sogleich an Zelter und in seinen *Tag- und Jahresheften* von 1821 berichtete. Schon durch Schultz informiert, erfuhr G. am 19.1.1822 auch von Henning dessen Absicht, die Farbenlehre in Berlin in Vorlesungen zu behandeln. G. dankte hocherfreut, sandte am 30.1.1822 erste Materialien, denen später, vor allem am 16. und 19.5.1822, zahlreiche weitere mit langen Anweisungen zum Einsatz folgten. Auch Henning bemühte sich, den Kontakt aufrechtzuerhalten. Den lobenden Worten für seinen Anhänger gegenüber Cotta (22.3.1822), dem Grafen →Reinhard (10.6.1822) und Schultz (12.6.1822) folgte am 13.6.1822 G.s Angebot an Henning, die Herausgabe der Schriften zur Farbenlehre für die ALH zu übernehmen. Trotz ausgesprochener Zustimmung kam es aber nicht dazu. Hennings Berliner Vorlesungen hatten unterdessen am 21.5.1822 mit organisatorischer Unterstützung von Schultz und des Ministers Karl Freiherr vom Stein zum Altenstein begonnen. Sie wurden von nun an in jedem Sommersemester bis 1835, also auch noch nach G.s Tod, angeboten. Hennings wohl im Juli 1822 geäußerte Absicht, die *Einleitung* zu seinen Vorlesungen drucken zu lassen, stimmte G. am 11.8.1822 zu; zwischen dem 16. und 18.9. sowie am 7. und 8.10.1822 kam es zu erneuten persönlichen Begegnungen in Weimar, die ganz im Zeichen der Farbenlehre standen. G. versandte die inzwischen im Druck vorliegende *Einleitung* an mehrere Freunde und Gleichgesinnte, so an Riemer (6.9.1822), an Christian Gottfried Daniel →Nees von Esenbeck und Rochlitz (20.9.1822), an Döbereiner (27.11.1822), an Boisserée (22.12.1822) und an den Grafen von →Sternberg (12.1.1823). Eine leichte Verstimmung zwischen G. und Henning trat ein, als Letzterer einen bei der persönlichen Zusammenkunft in Weimar zugesagten Aufsatz über seinen Weg in der Farbenlehre nicht ausarbeitete. G. hatte diese abgesprochene Arbeit für seine Zeitschrift *Zur Naturwissenschaft überhaupt* ins Auge gefasst; da sie nicht zustande kam, kann hier der Anlass gesehen werden, dass G. selbst die kurze Anzeige zu Hennigs *Einleitung* verfasste, auf die vermutlich eine Tagebuchnotiz vom 7.4.1823 hinweist. Das Manuskript ging am 24.5.1823 in die Druckerei, am 12.6. wurden die Korrekturbogen bearbeitet (vgl. QuZ 4, 409, 1544, und 412, 1555). Nach 1823 wurde Henning von G. nur noch vereinzelt erwähnt, so gegenüber Boisserée am 25.9.1827 mit der anerkennenden Bestätigung, dass Henning in Berlin weiter an den Vorlesungen zur Farbenlehre festhalte. Am 27.8.1830 fand in Weimar die letzte Begegnung statt.

In ZNÜ II, 1 nahm G., wenn auch nur mit zwei kleinen, handschriftlich nicht überlieferten Beiträgen, noch einmal die Thematik der entoptischen Farben auf. In *Neuer entoptischer Fall* behandelte er beim Tauen von Eisblumen festzustellende entoptischen Farben. Das Manuskript wurde vermutlich am 24.5.1823 der Druckerei eingereicht; den Korrekturbogen bearbeitete G. am 12.6.1823 (vgl. QuZ 4, 409, 1544, 412, 1555). Schon in einem Brief an Döbereiner vom 18.2.1821 hatte G. auf den Hinweis reagiert, dass »durch's Erkalten die durchsichtigen Körper entoptische Eigenschaften erlangen«, da er im schnellen Temperaturwechsel die Ursache für Entoptizität der Gläser sah. »Wenn man also ein im hohen Grad erkaltetes Glas unmittelbar in starke Wärme brächte, so wäre zu vermuthen, daß ihm die Eigenschaft, Formen und Farben hervorzubringen, mitgetheilt würde«. Gegenüber Schultz teilte G. mit Hinweis auf den kleinen Nachtrag am 9.1.1824 mit: »Bey eintretendem Frost empfehle dringend den schwarzen Glasspiegel auf die Fensterbank zu legen, und die aufthauenden baumförmigen gestalteten Eisrinden darin zu beschauen; nach Anlaß des naturwissenschaftlichen Heftes B. II. S. 96. Es ist wohl eins der angenehmsten Schauspiele in der ganzen Chromatik«.

Ferner wurde eine im Korrekturbogen am 21.6.1823 bearbeitete (vgl. QuZ 4, 414, 1562) *Schöne entoptische Entdeckung* mitgeteilt. Auf sie deutet ein Brief an Henning vom 4.11.1822, in dem es heißt: »Ihre entoptischen Plättchen dienen mir zu großer Förderniß, denn die beiden ersten einfachsten Versuche gelingen nicht allein vollkommen, sondern ich fand zu neuen und wichtigen Erfahrungen Anlaß [...]«. Wiederum ging es um die Demonstration entoptischer Farbphänomene wie schwarzer und weißer Kreuze.

Neben Schultz wurde der Prager Physiologe Johannes Evangelista Purkinje ab 1821 zum wichtigsten Gewährsmann G.s auf dem Feld der physiologischen Farben; darauf verweist eine in Morph II, 2 (1824) erschienene Rezension G.s der zentralen, wissenschaftshistorisch bedeutsamen Schrift *Das Sehen in subjektiver Hinsicht, von Purkinje. 1819.*[58] Als G. am 22.5.1821 in der Hoffmannschen Buchhandlung in Weimar Purkinjes 1819 in Prag publizierte Dissertation *Beiträge zur Kenntniss des Sehens in subjectiver Hinsicht* erwarb (vgl. Ruppert 4984), waren ihm Buch und Autor nicht mehr unbekannt. An Schultz hatte er am 27.8.1820 noch zurückhaltend geschrieben: »[...] könnten Sie mir einen anschaulichen Begriff von [...] des Purkinje Verdiensten kürzlich geben, so würde ich's mit Freuden einfügen; ich selbst muß Verzicht thun, dergleichen zu durchdringen [...]«. Bereits in den *Tag- und Jahresheften* von 1820 vermerkte er jedoch Auszüge aus Purkinjes Werk; das Tagebuch gibt darüber Auskunft, dass G. sich vom 28.12.1820 bis zum 8.1.1821 täglich an das Studium von Purkinje begeben hatte, vereinzelt dann noch im April und Mai 1821, schon hier mit dem Plan eines Beitrages für seine Zeitschrift (vgl. an Schultz, 29.4.1821; an Kanzler von Müller, 18.5.1821). Zwar wurde das Vorhaben zunächst zurückgestellt (vgl. an Riemer, 24.5.1821), doch G.s Interesse an Purkinje blieb stets stärker als sein Ärger darüber, dass Purkinjes Arbeit deutliche Kenntnis von G.s *Farbenlehre* verrät, das Werk selbst aber nicht genannt wird. In einem Gespräch mit Eckermann vom 30.12.1823 wird dieser Punkt thematisiert: »Es kam mir vor einiger Zeit eine Broschüre [Purkinjes Werk] in

58 Zu den 11 nachgewiesenen Handschriften, die sukzessiv die Druckvorlagen darstellen, vgl. LA II, 5B.2, 1655 f.

die Hand, worin Gegenstände der Farbenlehre behandelt waren; und zwar schien der Verfasser ganz durchdrungen von meiner Lehre zu sein und hatte Alles auf dieselben Fundamente gebaut und zurückgeführt. Ich las die Schrift mit großer Freude; allein zu meiner nicht geringen Überraschung mußte ich sehen, daß der Verfasser mich nicht einmal genannt hatte. Später ward mir das Rätsel gelöst. Ein gemeinschaftlicher Freund besuchte mich und gestand mir: der talentreiche junge Verfasser habe durch jene Schrift seinen Ruf zu gründen gesucht und habe mit Recht gefürchtet, sich bei der gelehrten Welt zu schaden, wenn er es gewagt hätte, seine vorgetragenen Ansichten durch meinen Namen zu stützen. – Die kleine Schrift machte Glück, und der geistreiche junge Verfasser hat sich mir später persönlich vorgestellt [vom 10. bis 12.12.1822 in Weimar] und sich entschuldigt« (FA II, 12, 523). Die unmittelbaren Druckvorbereitungen der Rezension traf G. am 8., 9. und 13.6.1824; am 28.6., 9.7. und 20./21.7.1824 wurden die Korrekturbogen bearbeitet (vgl. QuZ 4, 447f., 1702, 1705f.). Es traf auf G.s volle Zustimmung, dass Purkinje in seiner Abhandlung den physiologischen Aspekt der Farberscheinungen in den Mittelpunkt stellte, der auch in G.s *Farbenlehre* als zentraler Punkt zu gelten hat. Bereits im ersten Abschnitt der Einleitung hatte Purkinje ausgeführt, dass die dem Menschen erscheinenden Phänomene nicht ausschließlich der Außenwelt angehören, dass es manches gebe, was »am Sinne haften« bleibe, »was außerhalb der Sphäre des individuellen Organismus nicht versetzt werden« (Purkinje 1819, 3) könne. Diesen Phänomenen ging Purkinje nach, soweit sie sich mit dem Auge verbinden ließen; er untersuchte in 28 Kapiteln Licht- und Farberscheinungen, denen auch G.s ganz besondere Aufmerksamkeit galt, so die Lichtschattenfigur, die Blendungsbilder, das Doppelsehen, die Nachbilder. In die Sinnesphysiologie ist Purkinje als Entdecker der Reflexbildchen an Hornhaut sowie vorderer und hinterer Linsenfläche und als Beschreiber des sogenannten Purkinjeschen Phänomens (1825) eingegangen, bei dem zwei nebeneinander liegende gleich helle blaue und rote Flächen bei abnehmender Beleuchtungsstärke unterschiedlich hell erscheinen: Bei schwacher Beleuchtung wird die rote Fläche fast schwarz, die blaue als hellgrau gesehen. Mit der Rezension zu Purkinje enden 1824 G.s zu Lebzeiten veröffentlichte Beiträge zur Farbenlehre.

1827–1832: Letzte Schriften zur Farbenlehre

Aus dem Nachlass überliefert ist die *Physikalische Preis-Aufgabe der Petersburger Akademie der Wissenschaften 1827*,[59] die aber bereits 1833 in den *Nachgelassenen Werken* zu ALH publiziert wurde. Die Entstehung der Abhandlung ist durch mehrere Eintragungen in G.s Tagebuch dokumentiert. Am 28.1.1827 diktierte G. seinem Schreiber John »den Eingang zu einem chromatischen Aufsatz«. Dass es sich dabei um die einleitende Textpassage der *Preis-Aufgabe* handelt, beweist deren hinzugesetzte Datierung. Am 29.1. wurde der »physikalische Aufsatz fortgesetzt mit Schuchardt«, am 1.2. die Beschäftigung mit Farbenlehre »bey Gelegenheit der Petersburger Preisfragen« festgehalten. Nach einer Unterbrechung von einigen Wochen ging G. erneut Mitte April 1827 an den Aufsatz. Das Tagebuch vom 15. bis 17.4. vermerkt das Überdenken, Durchdenken und Fortdiktieren hinsichtlich der Petersburger *Preis-Aufgabe*. Über die Druckvorbereitungen unterrichtet die Korrespondenz zwischen Eckermann und Kanzler von Müller über den fünfzehnten Band der *Nachgelassenen Werke* (= ALH 55) aus dem Jahr 1833, so z. B. Eckermann an Müller vom 28.4. und 23.6.1833 (vgl. QuZ 3, 222, 278, und 240, 302). Zwei wesentliche Äußerungen G.s liegen zur *Preis-Aufgabe* vor. An den Grafen Sergej Semenowitsch Uwarow, den Präsidenten der Petersburger Akademie, der anlässlich der hundertjährigen Stiftungsfeier G.s Aufnahme als Ehrenmitglied betrieben hatte, schrieb er am 3.6.1827: »Erlauben Sie mir hiebey eine Bemerkung zu der wichtigen Aufgabe, welche die Academie den Physikern vorgelegt hat. Gerade dieser Abtheilung der Naturlehre habe ich viele Jahre her eine große Aufmerksamkeit unablässig gewidmet und fahre

59 Dazu mehrere Handschriften von G., Eckermann, John und Schuchardt, die in LA II, 5B.2, 1664f. im Detail beschrieben sind.

fort mich damit zu beschäftigen. Wenn ich also noch Ursachen habe ein längeres Leben zu wünschen, so gehört diese gewiß mit dazu: durch die Lösung jenes Räthsels, durch die Entscheidung einer einsichtigen Academie über manches aufgeklärt zu werden, welches mir so wie andern höher Gestellten bis jetzt ein Problem geblieben ist«. Und aus der Rückschau an Schultz am 29.6.1829: »Die kaiserliche Akademie der Wissenschaften zu Petersburg hat am 29. December 1826, als bey ihrer hundertjährigen Stiftungsfeyer, eine bedeutende physikalische Aufgabe, mit ausgesetztem anständigen Preise, den Naturforschern vorgelegt. Nachdem ich das Programm gelesen, welches mir, als neuernanntem Ehrenmitgliede, alsobald zukam, erklärte ich klar und unumwunden meiner Umgebung: die Akademie wird keine Auflösung erhalten und hätte sie eigentlich nicht erwarten sollen. Sie verlangt: die verschiedenen Hypothesen, die man über die dem Licht, wie man glaubt, abgewonnenen Eigenheiten und Eigenschaften nach und nach ausgesprochen, abschließlich vereinigt, versöhnt, subordinirt, unter Einen Hut gebracht zu sehen. Niemand wurde gewahr, daß sie alle miteinander mit Farbenerscheinungen verknüpft sind, man dachte nicht, daß die Phänomene, worauf jene Hypothesen gegründet sind, nochmals müßten revidirt werden, ihre Reinheit, Congruität, Einfachheit und Mannichfaltigkeit, Ursprüngliches und Abgeleitetes erst noch müßte untersucht werden. Obige meine Weissagung ist eingetroffen; die Akademie erklärte am 29. December 1828: sie habe in diesen zwey Jahren kein einziges Mémoire erhalten, prorogirt jedoch den Termin bis in den September d. J., wo gewiß auch keine Beantwortung eingehen kann und wird. Ich setzte vor zwey Jahren im ersten Anlauf eines aufgeregten Interesses mehrere Puncte auf's Papier«.

Die Preisaufgabe der Petersburger Akademie erlaubt einen in gewisser Weise typischen Einblick in die Geschichte der Optik der späteren G.zeit. Nebeneinander stehen mehrere Theorien und Hypothesen über die Natur des Lichtes, und man ist bemüht, eine übergeordnete Sichtweise zu finden, die in der Lage ist, die verschiedenen Vorstellungen zu vereinigen oder die vorrangige Berechtigung einzelner zu erweisen. Die von Newton begründete und hier durch die Namen Malus und vor allem Biot vertretene Emanations-, Emissions- oder Korpuskulartheorie des Lichtes hatte die vier in der Aufgabe genannten Problemkreise (Diffraktion, farbige Ringe, Polarisation, Doppelbrechung) zwar gelöst, ihr war es dabei jedoch nicht um die Rückführung der Phänomene auf eine physikalische Erscheinung, sondern nur um stete Addition neuer Zusatzhypothesen gegangen, so dass ein Teil der Problematik nur mathematisch beschrieben war. Die Grundaussage, dass Licht aus körperlichen Teilchen bestehe, trug zur Erklärung der vielfältigen Erscheinungen wenig bei. In der Beurteilung der Wellen- oder Undulationstheorie des Lichtes hinkte die Preisaufgabe der Petersburger Akademie dem tatsächlich schon erreichten Wissensstand hinterher, denn Thomas Young hatte bereits zwischen 1801 und 1807 wesentliche Ansätze geliefert und die geforderte Anwendung der Undulationstheorie auf die Phänomene der Polarisation und der Doppelbrechung war ab 1815 von Augustin Fresnel, wenn auch von Biot heftig bekämpft, schon geleistet worden. Das von Young und Fresnel 1817 aufgestellte Postulat, dass Lichtwellen nicht wie Schallwellen longitudinal, sondern transversal oszillierten, brachte gar einen Durchbruch für die Wellentheorie des Lichts. Die chemische Theorie des Lichtes, die von der Akademie als dritte Lösungsmöglichkeit ins Auge gefasst wurde, war von Georg Friedrich Parrot, neben Collins und Kupffer Mitglied der die eingehenden Vorschläge beurteilenden Kommission, begründet worden. Im zweiten Band seiner *Übersicht des Systems der theoretischen Physik* (Dorpat 1811) hatte Parrot die Existenz verschiedener Lichtstoffe propagiert, die jeweils den Eindruck einer anderen Farbe hervorrufen sollten. Das Verfahren, für alle physikalischen Erscheinungen besondere Materien anzunehmen, galt jedoch bereits zu dieser Zeit als völlig überholt und nicht zukunftsträchtig. Keine der sechs eingehenden Antworten auf die Preisfrage schien den Anforderungen der Kommission zu genügen; der Preis wurde daraufhin nicht vergeben. G.s Kritik war insofern bezeichnend, als sie nicht für eine der aktuell diskutierten optischen Hypothesen Partei nahm, etwa für die Wellentheorie des Lichts, die allgemein den ihm verhassten Newton-Biotschen Vorstellungen entgegenstand, eine Kontroverse, die G. in seinem Aufsatz *Warte-Steine* (s. o. S. 125 f.) thematisiert hatte. Die mögliche Ursache dafür in einer negativen Rezension des Wellentheortikers Young zu G.s *Farbenlehre* zu vermuten,[60] führt jedoch in die Irre, da G. der Name des Rezensenten wohl unbekannt geblieben ist. Vielmehr etablierte G. eine eigene Position, die in der Kritik zur Preisaufgabe zum Ausdruck kommt: Alle (!) in Frage stehenden Lösungsmöglichkeiten vernachlässigten für ihn die Farberscheinungen und die Bedingungen ihrer Entstehung. Da aber alle in der Aufgabe angesprochenen Phänomene (die Refraktion, die farbigen Ringe, die Polarisation und die Doppelbrechung) mit Farben einhergehen, die wiederum in der Preisaufgabe gar nicht vorkommen, war für G. eine Aufklärung der Frage nur in der Lösung des Problems der Farbentstehung zu suchen. Das ist G.s ›höheres Prinzip‹ – und das wiederum ist ein die zeitgenössische Physik kontrastierendes Programm, das die Tradition der in der Fachwelt isolierten *Farbenlehre* von 1810 fortsetzt. In einer Maxime formulierte G.: »Man erkundige sich ums Phänomen, nehme es so genau damit als möglich und sehe wie weit man in der Einsicht und in praktischer Anwendung damit kommen kann, und lasse das Problem ruhig liegen. Umgekehrt handeln die Physiker: sie gehen gerade aufs Problem los und verwickeln sich unterwegs in so viel Schwierigkeiten, daß ihnen zuletzt jede Aussicht verschwindet« (FA I, 25, 98). Und er folgert: »Deshalb hat die Petersburger Akademie auf ihre Preisfrage keine Antwort erhalten [...]« (ebd. 99). G.s Aufsatz hat weder in der zeitgenössischen Diskussion noch in der G.-Forschung größere Beachtung gefunden. Einen möglicherweise ins Auge gefassten Plan, selbst einen Beitrag an die Petersburger Akademie zu senden (vgl. WA II, 5.2, 406), hat er offenbar schnell wieder aufgegeben.

Unter dem Titel *Verhandlungen mit Herrn Boisserée den Regenbogen betreffend. 1832* nahmen schon die *Nachgelassenen Werke* 1833 eine kurze Korrespondenz auf, die aus zwei Briefen G.s vom 11.1. und 25.2.1832 sowie einem Brief Boisserées vom 2.2.1832 besteht. Handschriften dazu werden im GSA (Brief Boisserées, Entwürfe der G.-Briefe von der Hand Johns) und in der UB Bonn (Reinschriften der Briefe G.s von der Hand Johns) vewahrt. Über die Drucklegung orientiert der Briefwechsel zwischen Eckermann und Kanzler von Müller aus dem Jahr 1833 (QuZ 3, 222, 240). Die Thematik hatte Boisserée in einem Brief vom 15.12.1831 zunächst angesprochen, als er G. für ein geplantes Kompendium zur Farbenlehre einen Zusatz über den Regenbogen empfahl. Tagebucheintragungen vom 3. und 11.1., 8., 19. und 25.2.1832 sowie weiterere Briefe Boisserées vom 15.2. und 7.3.1832 deuten ebenso auf diesen Gegenstand. Am 8.3.1832 lieh G. mehrere Bücher zum Thema aus der Weimarer Bibliothek aus (vgl. Keudell 2273, 2275, 2276).

Gegenüber Eckermann hatte G. bereits am 1.2.1827 geäußert: »In der Farbenlehre steht mir nun noch die Entwickelung des Regenbogens bevor, woran ich zunächst gehen werde. Es ist dieses eine äußerst schwierige Aufgabe, die ich jedoch zu lösen hoffe« (FA II, 12, 233). Unter dem Datum 21.12.1831 berichtete Eckermann schließlich. »Am Schlusse dieses und zu Anfange des nächsten Jahres wandte sich G. ganz wieder seinen Lieblingsstudien, den Naturwissenschaften, zu, und beschäftigte sich teils, auf Anregung von *Boisserée*, mit fernerer Ergründung der Gesetze des Regenbogens [...]« (ebd. 492). In gewisser Hinsicht schließt sich hier ein Kreis, denn G. hatte die Problematik des Regenbogens schon zu Beginn seiner Farbstudien, im Jahr 1791, angesprochen und auch mehrfach eine Lösung in Angriff genommen. Schließlich blieb die Frage im Rahmen von G.s *Farbenlehre* unbeantwortet. So hat der Regenbogen bei G. vor allem im historischen Kontext seinen Darstellungsraum. Nach einer Niederschrift vom 12.4.1795 wurde *Der Descartische Versuch mit der Glaskugel* (s. o. S. 97) nachvollzogen, der prinzipiell mit den hier geäußerten Empfehlungen an Boisserée übereinstimmte. Im Historischen Teil der *Farbenlehre* wurden die Bemühungen von Marcus Antonius de Dominis, der 1611 als erster die richtige Vorstellung von der Entstehung des Regenbogens entwickelte, und von Descartes, der 1637 aus sei-

60 Quarterly Review 10 (1814), 427–444.

nen Beobachtungen über Brechung und Reflexion von Lichtstrahlen an wassergefüllten Glaskugeln (Modelle für Wassertropfen) seine Theorie des Regenbogens ableitete, berücksichtigt. G. erörterte das Phänomen des Regenbogens hier jedoch nicht näher, da er im Hauptwerk von 1810 ankündigte, »in der Folge dem Regenbogen einen besondern Aufsatz zu widmen« (FA I, 23.1, 700). Ein solcher Aufsatz kam aber über vereinzelte Entwürfe nicht hinaus. Insgesamt beschränkte sich auch der Austausch mit Boisserée auf die längst bekannte Feststellung, dass Refraktions- und Reflexionsvorgänge für die Bildung des Regenbogens ausschlaggebend seien. Die Entstehung der einzelnen Farben nach der Maxime seines Urphänomens der Farbenlehre aus einem Zusammenwirken von Licht, Finsternis und einem trüben Mittel zu erklären, gelang G. nicht. Er scheiterte hier mit seinem sonst erfolgreich angewandten Verfahren, die komplizierte Erscheinung aus einer einfachen, ihr zugrunde liegenden zu entwickeln. So ließen die Briefe an Boisserée auch viele Aussagen im Raum stehen und verstanden sich mehr als Anregung denn als Erklärung; sie mündeten schließlich in allgemeine erkenntnistheoretische Positionen. Neben das physikalisch interessante Phänomen trat im Regenbogen jedoch der symbolische Gehalt, mit dem G. eine Grundposition der menschlichen Existenz bezeichnete: Der Mensch ist nicht in der Lage, das Absolute, das Ursprüngliche, das Göttliche unmittelbar zu schauen, wie es für G. beispielsweise im gleißenden Licht der Sonne zum Ausdruck kam. Er muss sich bescheiden, er muss entsagen, kann sich aber am Farbenspiel des Regenbogens erfreuen. Auf diese Weise charakterisiert Faust den Regenbogen: »*Der* spiegelt ab das menschliche Bestreben. / Ihm sinne nach und du begreifst genauer: / Am farbigen Abglanz haben wir das Leben«. (V. 4725 ff.; →Abglanz)

G. überlebte seinen letzten Brief an Boisserée über den Regenbogen vom 25.2.1832 um kaum einen Monat. Am Morgen seines letzten Lebenstages – er starb am 22.3.1832 gegen 11.30 Uhr – ließ er sich von seiner Schwiegertochter Ottilie eine Mappe mit Matarialien zur Farbenlehre vorlegen. Dass »Mehr Licht« seine letzten Worte waren, ist nach den Quellen nicht eindeutig belegbar.

Literatur

Abel, Angelika: Natur als Klangphänomen. Zur Umsetzung von Goethes Methodik der Farbenlehre in der Dodekaphonie Weberns. In: Matussek, Peter (Hg.): Goethe und die Verzeitlichung der Natur. München 1998, 326–344. – Abraham, Werner: Bemerkungen zu Goethes Farbenlehre im Lichte der Wahrnehmungspsychologie und der kognitiven Psychologie. Goethe als ›Gast in einer fremden Wohnung‹. In: Euphorion. 77 (1983), 144–175 (mit Änderungen in: Eroms, Hans-Werner und Laufhütte, Hartmut (Hg.): Vielfalt der Perspektiven. Wissenschaft und Kunst in der Auseinandersetzung mit Goethes Werk. Dokumentation des Goethe-Symposions an der Universität Passau vom 17. bis 19.11.1982. Passau 1984, 57–82). – Aderholdt, August: Über Goethes Farbenlehre. Weimar 1858. – Adler, Jeremy: Goethe und Newton. Ansätze zu einer Neuorientierung am Beispiel der chemischen Verwandtschaft. In: Wittkowski, Wolfgang (Hg.): Goethe im Kontext. Kunst und Humanität, Naturwissenschaft und Politik von der Aufklärung bis zur Restauration. Tübingen 1984, 300–312. – Allesch, G. Johannes von: Die ästhetische Erscheinungsweise der Farben. Berlin 1925. – Bader, Wilhelm: Goethes Farbenlehre als Ausdruck seiner Metaphysik. Hamburg 1939. – Bähr, Johann Karl: Vorträge über Newtons und Goethes Farbenlehre gehalten im Künstler-Verein zu Dresden. Dresden 1863. – Barthel, Ernst: Goethes Wissenschaftslehre in ihrer modernen Tragweite. Bonn 1922. – Ders.: Goethes Relativitätstheorie der Farbe. Bonn 1923. – Baumann, Urs: Die Vermessung der Sinnlichkeit. Farbsysteme – oder: Die Erklärung der sichtbaren Welt. In: Kultur und Technik. 19 (1995), 35–40. – Beckerath, Kurt von: Über die Helligkeit der sechs Farben des Goetheschen Farbkreises. In: Die Farbe. 13 (1964), 74–78. – Beggerow, Hans: Der Wahrheitsgehalt von Goethes Farbenlehre. In: Preußische Jahrbücher. 221 (1930), 184–192. – Benn, Gottfried: Goethe und die Naturwissenschaften. In: Die neue Rundschau. 43, I (1932), H. 4, 463–490. – Berger, Ernst: Goethes Farbenlehre und die modernen Theorien. In: Die Kunst. 23 (1911), 133–141. – Bernays, Michael: Über ein goethesches Motto. In: Im neuen Reich. 2 (1878), 941–950 (auch in: Ders.: Schriften zur Kritik und Litteraturgeschichte. Bd. 2. Leipzig 1898, 185–199). – Bezold, Wilhelm von: Die Farbenlehre im Hinblick auf Kunst und Kunstgewerbe. 2. Aufl., neu bearb. und erg. von W. Seitz. Braunschweig 1921. – Biema, Carry van: Farben und Formen als lebendige Kräfte. Jena 1930. – Bjerke, André: Neue Beiträge zu Goethes Farbenlehre. Erster Teil [mehr nicht erschienen]: Goethe contra Newton. Stuttgart [1963]. – Blasius, Jürgen:

Zur Wissenschaftstheorie Goethes. In: Zs. für philosophische Forschung. 33 (1979), 371–388. – Bleecken, Stefan: Babylon in der modernen Naturwissenschaft. Nochmals: Goethe kontra Newton. In: Tabula rasa 4 (1996), 49–58. – Böhme, Gernot: Ist Goethes Farbenlehre Wissenschaft? In: Studia Leibnitiana. 9 (1977), 27–54 (auch in: Ders.: Alternativen der Wissenschaft. Frankfurt am Main 1980, 123–153). – Ders.: Phänomenologie der Natur. Eine Perspektive. In: Matussek, Peter (Hg.): Goethe und die Verzeitlichung der Natur. München 1998, 436–461. – Ders.: Goethes Farbenlehre als Paradigma einer Phänomenologie der Natur. In: Schmidt, Alfred und Grün, Klaus-Jürgen (Hg.): Durchgeistete Natur. Ihre Präsenz in Goethes Dichtung, Wissenschaft und Philosophie. Frankfurt am Main 2000, 31–40 und 291. – Boëtius, Henrik: Das Licht, das Dunkel und die Farben. Goethes Farbenlehre. Einblicke und Perspektiven. Lyngby 1999. [Buch und Videoband; Buchteil mit Beiträgen von Cornelius Bohlen: Das Problem der Farbe und die Struktur der Farbenlehre Goethes, 63–75; Dennis L. Sepper: Die Zukunft der Farbenlehre im Lichte von Goethes Polemik gegen Newton, 76–87; Jakob Wolf: Die Farbenlehre und eine ethische Weltanschauung, 88–98; Frederick Amrine: Goethes Platz in der Wissenschaftsgeschichte und Wissenschaftsphilosophie, 99–106; Jitendra Pal Singh Uberoi: Das Problem von Naturwissenschaft und Dichtung, 107–118 und Arthur Goethe Zajonc: Lux – Lumen, 119–125.] – Born, Max: Betrachtungen zur Farbenlehre. In: Die Naturwissenschaften. 50 (1963), 29–39. – Bothe, Margret: Goethe und Newton: Kritik an der neuzeitlichen Wissenschaft. In: Leviathan. 14 (1986), 37–60. – Bouma, Pieter Jan: Farbe und Farbwahrnehmung. Einführung in das Studium der Farbreize und Farbempfindungen. Bearb. von W. de Groot. Eindhoven 1951. – Brednow, Walter: Spiegel, Doppelspiegel und Spiegelungen – eine »wunderliche Symbolik« Goethes. Berlin 1976 (= Sitzungsberichte der Sächsischen Akademie der Wissenschaften zu Leipzig, math.-naturwiss. Klasse 112, H. 1). – Brüggemann, Heinz: Der Regenbogen, Gespräch über die Phantasie, Lektüre in Kontexten (Baudelaire, Goethe). In: Ders.: Walter Benjamin über Spiel, Farbe und Phantasie. Würzburg 2007, 168–178. – Ders.: Farbe, Raum und Gegenstand, Farberleben, Farbe und Ton (Goethe, Kandinsky, Romantik). In: Ders.: Walter Benjamin über Spiel, Farbe und Phantasie. Würzburg 2007, 192–202. – Brusatin, Manilo: Geschichte der Farben. Berlin 2003. – Buchheim, Wolfgang: Der Farbenlehrestreit Goethes mit Newton in wissenschaftsgeschichtlicher Sicht (1986). In: Bergmann, Helga (Hg.): Abstand und Nähe. Vorträge im Rückblick. Berlin 1996, 415–421. – Buchner, Georg: Zu Goethes Farbenlehre. In: Münchner kunsttechnische Blätter. 10 (1914), 78f. und 107f. – Buchwald, Eberhard: Farbenlehre als Geistesgeschichte. In: GJb. (1954), 1–13. – Ders.: Fünf Kapitel Farbenlehre. 2. Aufl. Mosbach 1957. – Ders.: Goethe und Newton in der Farbenlehre. In: Ders.: Physik – Gleichung und Gleichnis. Vorträge und Aufsätze über Physik. Mosbach 1967, 31–43. – Burchartz, Max: Gleichnis der Harmonie. Gesetz und Gestaltung der bildenden Künste. München 1949. – Burchett, Kenneth E.: A bibliographical history of the study and use of color from Aristotle to Kandinsky. Lewiston, New York 2005. – Burwick, Frederick: Goethes ›entoptische farben‹ and the Problem of Polarity. In: Journal of Social and Biological Structures. 7 (1984), 345–355. – Ders.: The Damnation of Newton: Goethe's color theory and romantic perception. Berlin, New York 1986. – Ders.: Goethes »Farbenlehre« und ihre Wirkung auf die deutsche und englische Romantik. In: GJb. (1994), 213–229. – Busch, Werner: Die »große, simple Linie« und die »allgemeine Harmonie« der Farben. In: GJb. (1988), 144–164. – Carter, Beverly Holder: Goethe's color theory as a model for artistic analysis. An examination of selected works by Paul Klee and Anton Webern. Diss. Univ. Athens, Ohio 1991. – Cassirer, Ernst: Goethe und die mathematische Physik. Eine erkenntnistheoretische Betrachtung. In: Ders.: Idee und Gestalt. 2. Aufl. Berlin 1924 (Nachdruck Darmstadt 1975), 33–80. – Chance, Burton: Goethe and his Theory of Colors. In: Annals of Medical History. N.S. 5 (1932), 360–375. – Chevreul, Eugène: Die Farbenharmonie in ihrer Anwendung bei der Malerei, bei der Fabrikation von farbigen Waren aller Art [...]. Stuttgart 1840. – Christensen, Allan C.: Newtonian and Goethean colours in the poetry of Keats. In: Barfoot, C. C. (Hg.): Victorian Keats and romantic Carlyle. Amsterdam, Atlanta 1999, 53–62. – Christian, Paul: Die Wirklichkeit des Sehens und Goethes Farbenlehre. In: Studium Generale. 2 (1949), 428–432. – Conrad-Martius, Hedwig: Farben. Ein Kapitel aus der Realontologie. In: Jb. für Philosophie und phänomenologische Forschung. Ergänzungsband: Husserl-Fs. Halle 1929, 339–370. – Crary, Jonathan: Techniken des Betrachters. Sehen und Moderne im 19. Jahrhundert. Aus dem Amerik. von Anne Vonderstein. Dresden, Basel 1996. – Crone, Robert A.: Schopenhauer und Helmholtz. Zwei- und Dreifarbentheorie. In: Mitteilungen der Julius-Hirschberg-Gesellschaft zur Geschichte der Augenheilkunde 2 (2001), 251–262. – Currie, Pamela: »Harmoniespiel der Farben«: Goethe, Meyer and Pietro da Cortona. In: OGS. 37 (2008), 173–202. – Daniel, Hermann: Demonstrationsversuche aus der Optik. Bearb. und hg. von Helmut Grüter. 2. verb. Aufl. Göttingen, Berlin, Frankfurt am Main 1960. – Debon, Günther: Goethe und Heidelberg. Zu Goethes Farbenlehre. In: Theke (1999), 24–30.

– Dittmann, Lorenz: Goethes Farbenlehre im Kontext der Koloritgeschichte. In: Richter, Karl und Sauder, Gerhard (Hg.): Goethe – Ungewohnte Ansichten. St. Ingbert 2001, 65–113. – Dosch, Hans Günter: »Und seh' ein traurig dunkles Blau«. Goethe und die exakte Naturwissenschaft. In: Naumann, Barbara (Hg.): Cassirer und Goethe. Berlin 2002, 75–96 – Dreßler, Hilmar: Goethes Ansätze für eine Analogie von Farbe und Ton und deren Bestätigung aus heutiger Sicht. In: GJb. (1990), 243–252. – Ders.: Chladnis Klang- und Seebecks Farbfiguren in Goethes Vergleich und einige Widerspiegelungsaspekte der Farb-Ton-Analogien in der Ästhetik der Goethe-Zeit. In: Ders.: »Nach Analogien zu denken ist nicht zu schelten«. Studien zu Farbe und Ton in Goethes naturwissenschaftlichem Denken – nebst eigenen Paralipomena. Jena 2005, 33–46. – Ders.: Die Farbe-Ton-Analogien im Historischen Teil von Goethes Farbenlehre. In: Ders.: »Nach Analogien zu denken ist nicht zu schelten«. Studien zu Farbe und Ton in Goethes naturwissenschaftlichem Denken – nebst eigenen Paralipomena. Jena 2005, 19–32. – Ders.: »Wir stammen unser sechs Geschwister von einem wundersamen Paar«: ein Gedicht Schillers als Zeugnis für dessen Teilnahme am Entstehen von Goethes Farbenlehre. In: Die Pforte 8 (2006), 199–215. – Du Bois-Reymond, Emil: Goethe und kein Ende. Leipzig 1883. – Düntzer, Heinrich: »Wär' nicht das Auge sonnenhaft […]«. In: GJb. (1882), 327f. – Durot, Clarisse: Mensch und Natur in Goethes »Metamorphose der Pflanzen« und der »Farbenlehre«. In: Dumiche, Béatrice (Hg.): Goethe als Neuerer und Vermittler. Essen 2003, 33–45. – Ebbecke, U.: Zur Goetheschen Farbenlehre. In: Experientia. 5 (1949), 498–501. – Ebstein, Erich: Lichtenberg und Goethe über die Theorie der Farben. Mit einem vergessenen Aufsatz Lichtenbergs. In: Archiv für die Geschichte der Naturwissenschaften und der Technik. 3 (1910), 71–78. – Eckle, Jutta: »Dieses halb philosophische halb empirische Grillenspiel«. Zur Entstehung und Bedeutung von Goethes Frankfurter Farbenkreis. In: JbFDtHochst. 2007, 149–169. – Ehrenstein, Walter: Theoretisch fruchtbare Gedanken in Goethes Farbenlehre. In: Archiv für die gesamte Psychologie. 112 (1944), 196–206. – Eiff, W. von: Die Farbenlehren Newtons, Goethes und Ostwalds in der Auffassung des Künstlers. In: Glastechnische Berichte. 12 (1934), 77–84. – Einem, Herbert von: Das Auge, der edelste Sinn. In: Wallraf-Richartz-Jb. 30 (1968), 275–286. – Élie, Maurice: Lumière, couleurs et nature. L'optique et la physique de Goethe et de la »Naturphilosophpie«. Paris 1993. – Ders.: »Objectif-Subjectif«. Doctrine et theorie des couleurs de Goethe et de Schopenhauer. In: Valentin, Jean-Marie (Hg.): Johann Wolfgang Goethe. L'un, l'autre et le tout. Paris 2000, 441–458. – Engelhardt, Dietrich von: Goethes Farbenlehre und Morphologie in den Naturwissenschaften des 19. Jahrhunderts. In: GJb. (1999), 224–233. – Evans, Tamara S.: Von der Mangelhaftigkeit des Regenbogens: Chromatische und morphologische Spuren Goethes bei Paul Klee. In: Modern Language Studies. 15 (1985), 55–63. – Falta, Wolfgang: Die farbigen Schatten – Goethe und Rumford. In: GJb. (1987), 318–331. – Fink, Karl J.: »Dualisten«, »Trinitarier«, »Solitarier«: Formen der Autorität in Goethes »Geschichte der Farbenlehre«. In: GJb. (1982), 230–249. – Ders.: Goethe's history of science. Cambridge, New York u.a. 1991. – Finley, Gerald: Pigment into light. Turner, and Goethe's »Theory of colours«. In: European Romantic Review 2.1 (1991/92) 39–60 (auch in: Burwick, Frederick und Klein, Jürgen (Hg.): The Romantic imagination. Literature and Art in England and Germany. Amsterdam, Atlanta 1996, 357–376). – Ders.: The Deluge pictures. Reflections on Goethe, J. M. W. Turner and early nineteenth-century science. In: Zs. für Kunstgeschichte 60 (1997), 530–548. – Fischer, F. P.: Zu Goethes Gedichten zur Farbenlehre. In: Gesnerus. 6 (1949), 72–110. – Freyh, Rike: Die ästhetische Funktion der Farbe in Goethes Farbenlehre. Diss. Marburg 1943. – Frieling, Heinrich: Das Gesetz der Farbe. Göttingen 1968. – Fritz, Horst: Der Krieg des Menschen gegen die Natur. Zu einigen »Vorahnungen« Goethes. In: Literatur für Leser. (1985), 116–131. – Gage, John: Die Sprache der Farben. Bedeutungswandel der Farbe in der bildenden Kunst. Ravensburg 1999. – Ders.: Kulturgeschichte der Farbe: von der Antike bis zur Gegenwart. Übers. von Magda Moses und Bram Opstelten. Leipzig 2004. – Gebhardt, Martin: Goethe als Physiker. Ein Weg zum unbekannten Goethe. Berlin 1932. – Geitel, Max: Entlegene Spuren Goethes. München und Berlin 1911. – Gerlach, Walther: Zur Frühgeschichte der Natur des Lichtes. In: Nova Acta Leopoldina. N.F. 30 (1965), 47–65. – Ders.: Farbenlehre und kein Ende. In: Holtzhauer, Helmut (Hg.): Natur und Idee. Andreas Bruno Wachsmuth zugeeignet. Weimar 1966, 67–78. – Glockner, Hermann: Das philosophische Problem in Goethes Farbenlehre. Heidelberg 1924. – Gloy, Karen: Goethes und Hegels Kritik an Newtons Farbentheorie. Eine Auseinandersetzung zwischen Naturphilosophie und Naturwissenschaft. In: Dies. und Burger, Paul: Die Naturphilosophie im deutschen Idealismus. Stuttgart, Bad Cannstatt 1993. 323–359. – Gniech, Gisla: Goethe im Experiment. Untersuchungen zur sinnlich-sittlichen Wirkung der Farben. In: Gundelach, Hansjoachim und Vatsella, Katerina (Hg.): Pfirschblüt & Cyberblau. Goethe, Farbe, Raum. 2. Aufl. Weimar 2000, 46–51. – Gögelein, Christoph: Zu Goethes Begriff von Wissenschaft auf dem Wege der Methodik seiner

Farbstudien. München 1972. – Grävell, Friedrich: Goethe im Recht gegen Newton. Berlin 1857 (Nachdruck Stuttgart 1922). – Grosse, Eduard: Goethe und die Newtonianer. In: Velhagen und Klasings neue Monatshefte. 5 (1890/1891), 121–133. – Groth, Angelika: Goethe als Wissenschaftshistoriker. München 1972. – Grün, Klaus-Jürgen: Augentäuschung und Wirklichkeit. Zur Theorie der Farben und des Lichts bei Schelling und Goethe. In: Ders. und Jung, Matthias (Hg.): Idee, Natur und Geschichte. Alfred Schmidt zum 60. Geburtstag. Hildesheim 1991, 40–65. – Gruner, Shirley M.: Goethe's Criticism of Newton's »Opticks«. In: Physis. 16 (1974), 66–82. – Güther, Reiner: Das Seebecksche Kapitel in Goethes Farbenlehre und die Vorläufer der Volumenholographie: In: GJb. (1985), 289–292. – Gustafsson, Lars: Apropos Goethes Farbenlehre: 1830. In: Neue Rundschau 110 (1999), 106. – Haarer, Dietrich: Goethes Farbenlehre aus der Sicht des Physikers. In: Goethes Bedeutung für das Verständnis der Naturwissenschaften heute. Kolloquium, 26.–28.11.1982, Bayreuth [1982], 277–312. – Hänsel, Ludwig: Newton – Goethe – Pascal. Die Farbenlehre und das Problem der Mitte. In: Castle, Eduard (Hg.): Fs. zum 200. Geburtstag Goethes (= ChWGV. 52/53). Wien 1949, 118–146 (auch in: Ders.: Begegnungen und Auseinandersetzungen mit Denkern und Dichtern der Neuzeit. Wien und München 1957, 91–174). – Hamprecht, Bodo: Goethes Farbenlehre – die andere Art, Naturwissenschaft zu betreiben. In: Mackensen, Ludolf von: Was ist Farbe? 2. Aufl. Kassel 2001, 11–64. – Hantzsch, Rudolf: Goethes Farbenlehre und die Farbenlehre der heutigen Physik. Dresden 1862. – Hassenstein, Bernhard und Hetzel, Hans-Georg: Zugänge zu Goethes Farbenlehre In: Mann, Gunter, Mollenhauer, Dieter und Peters, Stefan (Hg.): In der Mitte zwischen Natur und Subjekt. Johann Wolfgang von Goethes Versuch, die Metamorphose der Pflanze zu erklären 1790–1990. Frankfurt am Main 1992, 69–80. – Hegelmann, Emil: Zur Methodik in der Physik, insbesondere der Wärmelehre, auf der Grundlage Goethescher Erkenntnisart. Diss. Darmstadt, Gießen 1928. – Heider, Martin: »Man suche nur nichts hinter den Phänomenen: sie selbst sind die Lehre.« Exkurs über Goethes Naturphilosophie. In: Zs. für Didaktik der Philosophie. 7 (1985), 222–228. – Heimendahl, Eckard: Licht und Farbe. Ordnung und Funktion der Farbwelt. Berlin 1961. – Heinsius, Ernst: Goethes Farbenlehre in ihrer Bedeutung für die Sinnes-Physiologie. In: Medizinische Welt. 14 (1940), 16–19. – Heisenberg, Werner: Die Goethesche und die Newtonsche Farbenlehre im Lichte der modernen Physik. In: Geist der Zeit. 19 (1941), 261–275 (auch in: Ders.: Wandlungen in den Grundlagen der Naturwissenschaft. 11. Aufl. Stuttgart 1980, 85–106). – Ders.: Das Naturbild Goethes und die technisch-naturwissenschaftliche Welt. In: GJb. (1967), 27–42. – Heissenbüttel, Helmut: Farbige Schatten: Goethe gelesen mithilfe von Lichtenberg. In: Arnold, Heinz Ludwig (Hg.): Johann Wolfgang von Goethe. München 1982 (= Text und Kritik, Sonderband), 258–266. – Heitler, Walter: Der Mensch und die naturwissenschaftliche Erkenntnis. Braunschweig 2. Aufl. 1962. – Helbig, Holger: Naturgemäße Ordnung. Darstellung und Methode in Goethes Lehre von den Farben. Köln u.a. 2004. – Heller, August: Geschichte der Physik von Aristoteles bis auf die neueste Zeit. 2 Bde. Stuttgart 1882–1884 (Nachdruck Schaan/Liechtenstein 1981). – Helmholtz, Hermann von: Über Goethes naturwissenschaftliche Arbeiten. In: Allgemeine Monatsschrift für Wissenschaft und Literatur. (1853), 383–398. – Ders.: Goethes Vorahnung kommender naturwissenschaftlicher Ideen. In: Deutsche Rundschau. 72 (1892), 115–132. – Hennig, John: A Note on Goethe and Robert Blair. In: Modern Language Review. 50 (1955), 187–191. – Ders.: Goethe's Extracts from Birch's History of the Royal Society. In: Modern Language Review. 52 (1957), 239–241. – Ders.: Goethe Newton übersetzend. In: GJb. (1958), 225–232. – Hentschel, Barbara: Kandinsky und Goethe. »Über das Geistige in der Kunst« in der Tradition Goethescher Naturwissenschaft. Berlin 2000. – Hess, Walter: Das Problem der Farbe in den Selbstzeugnissen der Maler von Cézanne bis Mondrian. Mittenwald 1981. Nachdruck München 1993. – Hetzel, Hans-Georg: Der »farbige Schatten«. In: Wiss. Zs. der Hochschule für Architektur und Bauwesen Weimar 37 (1991) 240f. – Heuser, Manfred P.: Farben, die Seelen des Lichtes. Polarität und Steigerung – Goethe grüßt Newton. In: Ders. (Hg.), Seelen. Innsbruck 2000, 57–63. – Himstedt, Werner: Anmerkungen zu Goethes Farbenlehre. In: Böhme, Helmut und Gamm, Hans-Jochen: Johann Wolfgang Goethe: Versuch einer Annäherung. Darmstadt 1984, 145–154. – Hiramatsu, Tomohisa: Die heimliche Wendung in »Trüber Tag/Feld« in Goethes »Faust«: unter dem Einfluß des Hiobs und der Farbenlehre. In: Nishi-Nihon-Doitsu-bungaku 17 (2005), 31–41. – Hölscher-Lohmeyer, Dorothea: ›Entoptische Farben‹. Gedicht zwischen Biographie und Experiment.In: EGoethe 38 (1983), 56–73. – Hoelzel, Adolf: Über die kunstkrischen Ausdrucksmittel und deren Verhältnis zu Natur und Bild. In: Die Kunst für alle 20 (1904), 81–88. – Höpfner, Felix: Wissenschaft wider die Zeit: Goethes Farbenlehre aus rezeptionsgeschichtlicher Sicht. Heidelberg 1990. – Ders.: »Wirkungen werden wir gewahr [...]«. Goethes »Farbenlehre« im Widerstreit der Meinungen. In: GJb. (1994), 203–211. – Hofmann, Peter: »Faust«, die »Farbenlehre« und »das Wesen der menschlichen Freiheit«. Über Goethes Schelling-Kritik. In: Philosophisches Jahrbuch 107 (2000), 443–470. – Hollwich, Fritz: Goethes Farbenlehre in ophthalmologischer Sicht. In: Perspektiven der Philosophie 16 (1990), 255–268. - Honold, Alexander: Goethes Farbenkrieg. In: KulturPoetik 2 (2002), 24–43. - Hoppe, Edmund: Geschichte der Optik. Leipzig 1926. - Howells, Bernard: The problem with colour. Three theorists: Goethe, Schopenhauer, Chevreul. In: Collier, Peter und Lethbridge, Robert (Hg.): Artistic relations. Literature and the visual arts in nineteenth-century France. New Haven, London 1994, 76–93. - Ishihara, Aeka: Goethe und der Regenbogen. In: Herder-Studien 7 (2001), 101–118. - Jablonski, Walter: Goethes Farbenlehre. In: Hippokrates. 1 (1928/1929), 422–433. – Ders.: Die geistesgeschichtliche Stellung der Naturforschung Goethes. In: GJb. (1929), 22–61. – Ders.: Zum Einfluß der Goetheschen Farbenlehre auf die physiologische und psychologische Optik der Folgezeit. In: Archiv für Geschichte der Mathematik, der Naturwissenschaften und der Technik. 13 (1931), 75–82. - Ders.: Goethes Farbenlehre vom physiologischen und augenärztlichen Standpunkt betrachtet. In: Optische Rundschau und Photo-Optiker. 23 (1932), 75–77. - Jaeger, Wolfgang: Studien Goethes an »Personen, die gewisse Farben nicht unterscheiden können«. In: Documenta Ophthalmologica. 26 (1969), 264–272. – Ders.: Goethes Untersuchungen an Farbenblinden. In: Heidelberger Jahrbücher. 23 (1979), 27–38. - Ders.: Goethes Untersuchungen an Farbenblinden: ›Eine sehr enge Pforte, um in das Allerheiligste der Farbenlehre zu dringen‹. In: Jahrbuch der Heidelberger Akademie der Wissenschaften für 1989. Heidelberg 1990, 102–112. – Ders.: Der Begriff des ›Werdens der Farben‹ als Leitidee für Goethes Untersuchungen des Farbensinnes. In: Mann, Gunter u. a. (Hg.): In der Mitte zwischen Natur und Subjekt. Johann Wolfgang von Goethes Versuch, die Metamorphose der Pflanze zu erklären 1790–1990. Frankfurt am Main 1992, 81–91. - Jaki, Stanley L.: Goethe and the Physicists. In: American Journal of Physics. 37 (1969), 195–203. – Janich, Peter: Ist Goethes Farbenlehre eine »alternative Wissenschaft«? In: Möbius, Hanno und Berns, Jörg Jochen (Hg.): Die Mechanik in den Künsten. Marburg 1990, 121–132. – Jenkins, Francis A. und White, Harvey E.: Fundamentals of Optics. 4. Aufl. New York 1976. - Jewanski, Jörg: Ist C = Rot? Eine Kultur- und Wissenschaftsgeschichte zum Problem der wechselseitigen Beziehung zwischen Ton und Farbe. Von Aristoteles bis Goethe. Sinzig 1999. - Käuser, Andreas: Goethes Redeweise über die Farbe. In: Zs. für Germanistik N.F. 7 (1997), 249–261. – Kaiser-Schuster, Britta: Farbunterricht und Farblehren am Bauhaus. In: Scheuermann, Konrad und Bongaerts-Schomer, Ursula (Hg.): »... endlich in dieser Hauptstadt der Welt angelangt!« Goethe in Rom. Bd. 1: Essays. Mainz 1997, 148–157. – Kalenberg, Thomas: Die Befreiung der Natur. Natur und Selbstbewußtsein in der Philosophie Hegels. Hamburg 1997. – Kanajew, Iwan Iwanowitsch: Goethes Arbeiten zum Problem der Physiologie des Farbsehens. In: GJb. (1977), 113–126. – Katz, David: Die Erscheinungsweisen der Farben und ihre Beeinflussung durch die individuelle Erfahrung. Leipzig 1911. – Kaus, Rainer J.: Der Fall Goethe – ein deutscher Fall. Eine psychoanalytische Studie. Heidelberg 1994. – Kawamato, Hideo: Goethes Farbenlehre und die moderne Naturwissenschaft. In: GJb. (Gēte-nenkan) 32 (1990), 1–15. [In japan. Sprache mit dt. Zusammenfassung.] – Kirsch, H.: Goethe und die Brille! In: Klinische Monatsblätter für Augenheilkunde. 115 (1949), 109–111. – Kistner, Adolf: Geschichte der Physik. 2 Bde. Leipzig 1906. – Ders.: Goethes physikalische Apparate. In: Zentral-Zeitung für Optik und Mechanik, Elektrotechnik und verwandte Berufszweige. 37 (1916), 139f. u. 153f. – Klinckowstroem, Carl Graf von: Goethe und Ritter. In: GJb. (1921), 135–151. – Knittel, Anton Philipp: Die Vermählung von Wissenschaft und Kunst. Carl Gustav Carus, ein Universalgelehrter im Gefolge Goethes. In: Sächsische Heimatblätter 43 (1997), 385–389. – Koch, Walter: Psychologische Farbenlehre. Die sinnlich-sittliche Wirkung der Farben. Halle 1931. – Köhler, Wolfgang: Gedanken zu Goethes Farbenlehre. In: Diagonal 18 (1999), 179–184. – König, Arthur: Über Goethes Bezeichnung der von ihm beobachteten Fälle von Farbenblindheit als »Akyanoblepsie«. In: Zentralblatt für praktische Augenheilkunde. 7 (1883), 497 (auch in: Verhandlungen der physikalischen Gesellschaft in Berlin. 2 (1884), 72–74). – König, Horst: Goethes Farbenlehre. In: Fialová-Fürstová, Ingeborg und Ceralová, Lucie (Hg.): Goethe in Olmütz. Olomouc 2000, 124–162. – König, Walter: Goethes optische Studien. Festrede zur Feier von Goethes 150.Geburtstag gehalten am 26. August 1899. Frankfurt am Main 1899 (auch in: Physikalische Zs. 1 (1899/1900), 454–463 u. 467–470). – König-Hollerwöger, Werner: Die Erlebnisphilosophie Rudolf Steiners am Beispiel seiner Rezeption der Goetheschen Farbenlehre. Eine Darstellung in Abgrenzung von der Erlebnispsychologie Hubert Rohrachers mit besonderer Berücksichtigung der Aristotelischen Philosophie. Salzburg 1995. – Kötter, Rudolf: Newton und Goethe zur Farbenlehre. In: Deutsche Zs. für Philosophie 46 (1998), 585–600. – Kollert, Günter: Weimar – Cambridge und zurück: Goethe, Wittgenstein und die Welt der Farben. Stuttgart, Berlin 2008. – Kray, Ralph: Räsonieren über Farben. Einige Beobachtungen zur Darstellungsproblematik der Goetheschen »Farbenlehre« In: Diagonal (1992), H. 2, 149–156. – Kröll, Christina: Knopfdruck genügt. Goethes Farbenlehre elektronisch. In: Düsseldorfer Hefte. 16 (1971), 22f. – Kruta, Vladislav: Goethe und Purkyne. In: GJb. (1973), 233-249. – Kühl, Johannes: Goethes Farbenlehre und die moderne Physik. In: Heusser, Peter (Hg.): Goethes Beitrag zur Erneuerung der Naturwissenschaften. Bern 2000, 409-432. – Küppers, Harald: Farbe. Ursprung, Systematik, Anwendung. München 1972. – Ders.: Von Goethe zur modernen Farbenlehre. In: Kimpel, Dieter und Pompetzki, Jörg (Hg.): Allerhand Goethe. Seine wissenschaftliche Sendung aus Anlaß des 150.Todestages. Frankfurt am Main, Bern und New York 1985, 181–187. – Ders.: Das Grundgesetz der Farbenlehre. 4. Aufl. Köln 1986. – Kuhn, Dorothea: Goethes Geschichte der Farbenlehre als Werk und Form. In: DVjs. 34 (1960), 356-377. – Lacoste, Jean: Goethe, science et philosophie. Paris 1997. – Ders.: Goethe et la science anglaise. In: Espagne, Michel (Red.): Goethe cosmopolite. Paris 1999, 77-88. – Lambrecht, Werner: Die Goethesche und die Newtonsche Farbenlehre im Lichte der Erkenntnistheorie. In: Zs. für philosophische Forschung. 12 (1958), 579-595. – Lampert, Timm: Zur Wissenschaftstheorie der Farbenlehre. Aufgaben, Texte, Lösungen. Bern 2000. – Land, Edwin H.: Experiments in Color Vision. In: Scientific American. 200 (1959), 84-99. – Landgrebe, Georg: Über das Licht. Marburg 1834. – Lang, Hedwig: Beitrag zu Goethes Urphänomen der Farbenlehre. In: Kultur und Technik. 9 (1985), 166–171. – Lang, Heinwig: Goethe, Lichtenberg und die Farbenlehre. In: Photorin. 6 (1983), 12–31. – Lange, Ernst: Über Goethes Farbenlehre vom Standpunkte der Wissenschaftstheorie und Ästhetik. Diss. Berlin 1882. – Lauxtermann, P. F. H.: Hegel and Schopenhauer as partisans of Goethe's »Theory of Color«. In: Journal of the History of Ideas 51 (1990) 599-624. – Ders.: Schopenhauer's broken world-view. Colours and ethics between Kant and Goethe. Dordrecht 2000. – Leitzmann, Albert: Der Kosakenhetman in Goethes »Farbenlehre«. In: GJb. (1926), 310f. – Leonardo da Vinci: Das Buch von der Malerei. Hg. von Heinrich Ludwig. 3 Bde. Wien 1882 (= Quellenschriften für Kunstgeschichte, Bd. 15–17). – LeRider, Jacques: La non-réception française de la »Théorie des couleurs« de Goethe. In: Ecrire l'histoire de l'art. France-Allemagne 1750–1920. Paris 2000, 169–186. – Ders.: Farben und Wörter. Geschichte der Farbe von Lessing bis Wittgenstein. Wien 2000. – Ders.: War die Klassik farbenfeindlich und die Romantik farbengläubig? Von Lessings »Laokoon« zur Goethes »Farbenlehre« und deren Nachwirkung. In: Hinderer, Walter (Hg.): Goethe und das Zeitalter der Romantik. Würzburg 2002, 31–49. – Liebchen, Wilfried: Goethes »Farbenlehre« 1999. Sandberg-Kilianshof/Rhön Grabfeld 1999. – Linden, Walther: Goethes Farbenlehre im Zusammenhange seiner Weltanschauung. In: ZfDkde. (1929), 449-469. – Lippmann, Edmund Oskar von: Goethes Farbenlehre. In: Zs. für Naturwissenschaften. 74 (1901), 17-43 (auch in: Ders.: Abhandlungen und Vorträge zur Geschichte der Naturwissenschaften. Leipzig 1906, 219-246). – Lipps, Hans: Goethes Farbenlehre. Leipzig 1939 (auch in: JbFDtHochst. 1936–1940, 123-138). – Lobeck, Fritz: Farben. Binningen 1960. – Lohne, Johannes A.und Sticker, Bernhard: Newtons Theorie der Prismenfarben. Mit Übersetzung und Erläuterung der Abhandlung von 1672. München 1969. – Lorenz, Richard und Höchberg, A.: Die Stellung Goethes in der Geschichte der Entdeckung des photographischen Effekts. In: Archiv für die Geschichte der Naturwissenschaften und der Technik. 4 (1913), 323-327. – Mackensen, Ludolf von: Goethes Farbenlehre und Alexander von Humboldts Nichtverstehen: mit Experimenten. In: Acta historica Leopoldina 38 (2003), 117-126. – Maeda, Fujio: »Zur Farbenlehre« als Optik des Schattens. Goethe und der Maler Gerard de Lairesse. In: GJb. (Gēte-nenkan) 32 (1990), 17-43. [In japan. Sprache mit dt. Zusammenfassung.] – Malkowsky, Georg: Goethes Farbenlehre und die moderne Malerei. In: Moderne Kunst. 13 (1899), Nr. 14 (Beilage), 1-3. – Mancino-Cremer, Letizia: Goethe und Heidelberg. Zu Goethes Farbenlehre. In: Theke (1999), 31-35. – Martin, Maurice: Die Kontroverse um die Farbenlehre. Schaffhausen 1979. – Matsumura, Tomohiko: Goethe und Lichtenberg. In: GJb (Gēte-nenkan) 32 (1990), 69-83. [In japan. Sprache mit dt. Zusammenfassung.] – Matthaei, Heinrich: Zum hundertsten Geburtstag von Rupprecht Matthaei. In: GJb. (1995), 413f. – Matthaei, Rupprecht: Goethes Spektren und sein Farbenkreis. Darin der erste Rekonstruktionsversuch des Goetheschen Farbenkreises auf einer bunten Tafel. In: Ergebnisse der Physiologie. 34 (1932), 191-219. – Ders.: Goethes Farbenkreis. Die quellenmäßige Begründung einer Rekonstruktion. In: Euphorion. 34 (1933), 195-211. – Ders.: Goethes biologische Farbenlehre. In: GJb. (1936), 42-54. – Ders.: Die neue Darbietung der Farbenlehre im Goethe-Nationalmuseum. In: GJb. (1937), 84-108. – Ders.: Die ungeschriebenen Urkunden zu Goethes Farbenlehre. In: GJb. (1939), 312-315. – Ders.: Versuche zu Goethes Farbenlehre mit einfachen Mitteln. Jena 1939. – Ders.: Die Farbenlehre im Goethe-Nationalmuseum. Führer durch die neue Darbietung der Farbenlehre im Museum und das nachgelassene Gerät in Goethes Wohnhaus. Jena 1939. (Neuausgabe Jena 1941.) – Ders.: Goethes Auge. In: GJb. (1940), 263-274. – Ders.: Neues von Goethes Entoptischen Studien. In: ebd. 71-96. – Ders.: Zu Goethes Farbenästhetik. Eine mißverständliche Stelle, wie sie zu deuten ist und wie sie veranschaulicht werden kann. In: Natur und Volk. 75/76 (1946), 38–43. – Ders.: Mein Weg zu einer Beurteilung der Farbenlehre Goethes. In: Hamburger Akademische Rundschau 3. (1948/1949), 665–684. – Ders.: Ein Versuch Goethes zur Farbenlehre und seine Wandlung. In: Natur und Volk. 79 (1949), 165–174. – Ders.: Goethes naturwissenschaftliche Begründung einer Harmonielehre. In: Kosmos. 47 (1949), 298–304. – Ders.: Über die Anfänge von Goethes Farbenlehre. In: GJb. (1949), 249–262. – Ders.: Wie Goethe Farbenblinde untersuchte. In: Klinische Monatsblätter für Augenheilkunde. 115 (1949), 97–108. – Ders.: Joachim Jungius und Goethes Farbenlehre. In: Neue Hefte zur Morphologie. 1 (1954), 60–66. – Ders.: Die Temperamentenrose aus gemeinsamer Betrachtung Goethes mit Schiller. In: Neue Hefte zur Morphologie. 2 (1956), 33–46. – Ders.: Wiederherstellung von Goethes Versuchen mit Gildemeister wegen des Nichtunterscheidens der Farben. In: ebd. 7–32. – Ders.: Goethes Begegnung mit französischen Gelehrten bei seinen Studien zur Farbenlehre. In: Goethe et l'esprit français. Paris 1958, 105–122. – Ders.: Zur Morphologie des Goetheschen Farbenkreises. Köln 1958 (Die Gestalt 29). – Ders.: Neue Funde zu Schillers Anteil an Goethes Farbenlehre. In: GJb. (1958), 155–177. – Ders.: Ein neues Zeugnis für Goethes Beschäftigung mit Franciscus Maria Grimaldi. In: GJb. (1959), 282–287. – Ders.: Farbenlehre. In: Zastrau, 1, Sp. 2259–2280. – Ders.: Entoptik/Entoptische Farben. In: ebd. Sp. 2182–2194. – Ders.: Complementare Farben. Zur Geschichte und Kritik eines Begriffes. In: Neue Hefte zur Morphologie. 4 (1962), 69–99. – Ders.: Goethes Gesetz der Farbe. In: Mühlher, Robert und Fischl, Johann (Hg.): Gestalt und Wirklichkeit. Festgabe für Ferdinand Weinhandl. Berlin 1967, 453–475. – Ders.: Goethes Farbenkreis. Erlangen 1968. – Ders.: Die Farbenlehre im Goethe-Museum [Düsseldorf]. Düsseldorf 1973. – Ders.: Goethes Farbenlehre. 2. Aufl. Ravensburg 1988. – Maul, Gisela: Naturerfahrung und Kriegsgeschehen. In: Goethe in Trier und Luxemburg. 200 Jahre Campagne in Frankreich 1792. Trier und Luxemburg 1992, 218–227. – Mausfeld, Rainer: »Wär nicht das Auge sonnenhaft ..« Goethes Farbenlehre: Nur eine Poesie des Chromatischen oder ein Beitrag zu einer naturwissenschaftlichen Psychologie? In: ZIF Mitteilungen. 4 (1996), 3–27. – Meyer-Eckhardt, Victor: Goethes Farbenlehre. In: Preußische Jahrbücher. 227 (1932), 206–228. – Meyerhof, Otto: Über Goethes Methode der Naturforschung. Göttingen 1910. – Monjé, Manfred: Die Bedeutung der Farbenlehre Goethes für die physiologische Optik. In: Orion. 7 (1952), 881–885. – Moser, Ludwig: Über Goethes Leistungen in der Farbenlehre. In: Historische und literärische Abhandlungen der königlichen Deutschen Gesellschaft zu Königsberg. 3 (1834), 111–140. – Müller, Irmgard: Goethes Farbenlehre und Morphologie in den Naturwissenschaften des 20. Jahrhunderts. In: GJb. (1999), 234–244. – Müller-Tamm, Jutta: Farbe bekennen. Goethes Farbenlehre und die Berliner Wissenschaftspolitik um 1820. In: Osterkamp, Ernst (Hg.): Wechselwirkungen. Kunst und Wissenschaft in Berlin und Weimar im Zeichen Goethes. Bern 2002, 193–209. – Muenzer, Clark S.: Fugitive images and visual memory in Goethe's discourse on colour. In: Moore, Evelyn K. und Simpson, Patricia Anne (Hg.): The enlightened eye. Goethe and visual culture. Amsterdam 2007, 219–237. – Neubauer, John: »Ich lehre nicht, ich erzähle«. Geschichte und Geschichten in Goethes naturwissenschaftlichen Schriften. In: GJb. (1997), 163–173. – Ders.: Quellen und Wellen der Wissenschaft: Goethe und Thomas Young. In: Manger, Klaus (Hg.): Goethe und die Weltkultur. Heidelberg 2003, 17–31. – Nickol, Thomas: Zu Goethes Beobachtungen farbiger Erscheinungen an und mit Doppelspaten. In: Acta Historica Leopoldina 39 (2004), 201–224. – Ders. und Nieke, Helmut: Zu Goethes Aufsatz »Im Wasser Flamme«. In: Acta Historica Leopoldina 39 (2004), 179–190. – Nielsen, Keld: Another kind of light: The work of T. J. Seebeck and his collaboration with Goethe. In: Historical Studies in the Physical and Biological Sciences 20.1 (1989), 107–178 und 21.2 (1991), 317–397. – Nisbet, Hugh Barr: Goethe and Newton. In: Boyle, Nicolas and Guthrie, John (Hg.): Goethe and the English-speaking world. Rochester, New York 2002, 35–45. – Nussbaumer, Ingo: Zur Farbenlehre: Entdeckung der unordentlichen Spektren. Wien 2008. – Oehme, Ingrid: Drei Farbenlehren aus drei Jahrhunderten: Newton, Goethe, Ostwald. In: Benad-Wagenhoff, Volker (Hg.): Druckfarbe zwischen Alchemie und Hightech. Diepholz, Berlin 2003, 77–91. – Ostwald, Wilhelm: Die Farbenlehre. 2 Bde. Leipzig 1918/1819. – Ders.: Goethe, Schopenhauer und die Farbenlehre. Leipzig 1918. – Ott, Gerhard: Zur Entstehung der prismatischen Farben – Zum Verständnis der Farbmischung im Sinne Goethes. Basel 1965. – Ders. und Proskauer, Heinrich Oskar: Das Rätsel des farbigen Schattens. Versuch einer Lösung. Basel 1979. – Otto, Ulrich: Die Bedeutung von Goethes Farbenlehre für den Maler. In: Goethes Bedeutung für das Verständnis der Naturwissenschaften heute. Kolloquium 26.–28.11.1982, Bayreuth [1982], 423–452. – Padilla Gálvez, Jesús: Nichts ist dunkler als das Licht. Das Problem der Farben bei Wittgenstein, Goethe, Rizzetti und Newton. In: Philosophisches Jahrbuch 108 (2001), 259–273. – Paulitsch, Christian: Rekonstruktion eines Farbvariators und seine Entwicklung. In: GJb. (1995), 403–405. – Peltzer, Alfred: Die ästhetische Bedeutung von Goethes Farbenlehre. Heidelberg 1903. – Petry, Michael John: Hegels Verteidigung von Goethes Farbenlehre gegenüber Newton. In: Ders. (Hg.): Hegel und die Naturwissenschaften. Stuttgart-Bad Cannstatt 1987, 323–348. – Pfaff, Christoph Heinrich: Über Newtons Farbentheorie, Herrn von Goethes Farbenlehre und den chemischen Gegensatz der Farben. Leipzig 1813. – Pietsch, Annik: Farbentheorie und Malpraxis um 1800. Der ›Farbkörper‹ entwickelt sich aus den ›Gesetzen der Ästhetik und Physik‹. In: Busch, Werner (Hg.): Verfeinertes Sehen. Optik und Farbe im 18. und frühen 19. Jahrhundert. München 2008, 15–40. – Planck, Max: Das Wesen des Lichts. In: Ders.: Wege zur physikalischen Erkenntnis. Reden und Vorträge. 4. Aufl. Leipzig 1944, 85–97. – Podestà, Hans: Goethes »Umgewendeter Regenbogenstreif« und das umgekehrte Spektrum. In: Die Naturwissenschaften. 36 (1949), 339f. – Ders.: Goethes Lehre von den pathologischen Farben. In: Kosmos. 47 (1949), 310–316. – Proskauer, Heinrich Oskar: Goethes Farbenlehre heute im Goethejahr 1949. Basel 1949. – Ders.: Taschenbücher zum Studium von Goethes Farbenlehre. 2 Bde. Basel 1951/1953. – Ders.: Hundertfünfzig Jahre Goethes Farbenlehre und die Fruchtbarkeit ihrer Prinzipien zum Verständnis neu entdeckter Farbphänomene. In: Drei. 31 (1961), 102–119. – Ders.: Zum Studium von Goethes Farbenlehre. 4. Aufl. Basel 1985. – Ders.: The rediscovery of color. Goethe versus Newton today. Spring Valley, New York 1990. – Ders.: Zum Kampf um Goethes Farbenlehre. Amtshof 1994. – Puelma, Mario: Spectrum. Probleme einer Wortgeschichte, vom Altertum zur Neuzeit. In: Museum Helveticum. 42 (1985), 205–244. – Raehlmann, Eduard: Goethes Farbenlehre. In: GJb. (1916), 3–40. – Ders.: Goethes Farbenlehre und die Naturwissenschaft. In: Naturwissenschaftliche Wochenschrift. N.F. 16 (1917), 601–605. – Rahe, Ulrike: Goethe – bits und bytes: die Experimente zur Farbenlehre im Zeitalter digitaler Kommunikation. In: Gundelach, Hansjoachim und Vatsella, Katerina (Hg.): Pfirschblüt & Cyberblau. Goethe, Farbe, Raum. 2. Aufl. Weimar 2000, 52–59. – Rehbock, Theda: Goethe und die »Rettung der Phänomene«. Philosophische Kritik des naturwissenschaftlichen Weltbilds am Beispiel der Farbenlehre. Konstanz 1995. – Rehfus-Dechêne, Birgit: Farbengebung und Farbenlehre in der deutschen Malerei um 1800. München 1982. – Reuter, Hans-Heinrich: »Roman des europäischen Gedankens«. Goethes »Materialien zur Geschichte der Farbenlehre«. In: GJb. (1966), 1–49. – Ribe, Neil und Steinle, Friedrich: Exploratory experimentation: Goethe, Land, and the color theory. In: Physics Today 55 (2002), 43–49. – Richter, Karl: »... fand ich den glücklichen Rückweg zur Kunst durch die physiologischen Farben ...«. In: Schmoll-Eisenwerth, Helga, Schmoll, Josef Adolf und Hillert, Regina Maria (Hg.): Mythen, Symbole, Metamorphosen in der Kunst seit 1800. Fs. für Christa Lichtenstern zum 60. Geburtstag. Berlin 2004, 119–132. – Ders.: Wiederholte Spiegelungen im »West-östlichen Divan«. Die Entoptik als poetologisches Paradigma in Goethes Alterswerk. In: Scientia poetica. 4 (2000), 115–130. – Richter, Manfred: Goethes Farbenlehre im Lichte unserer Zeit. In: Deutsche optische Wochenschrift. 18 (1932), 177–181. – Ders.: Das Schrifttum über Goethes Farbenlehre mit besonderer Berücksichtigung der naturwissenschaftlichen Probleme. Diss. Dresden 1936, Berlin [1938]. – Ders.: Grundriß der Farbenlehre der Gegenwart. Dresden, Leipzig 1940. – Rinkel, Richard: Newtons und Goethes Farbenlehre. In: Zs. für den Physikalischen und Chemischen Unterricht. 43 (1930), 145–147. – Rosenberger, Ferdinand: Die Geschichte der Physik. 3 Bde. (in 2). Braunschweig 1882–1890 (Nachdruck Hildesheim 1965). – Ders.: Isaac Newton und seine Physikalischen Prinzipien. Leipzig 1895 (Nachdruck Darmstadt 1987). – Rüchardt, Eduard: Eine Entdeckung von Goethes Kammerdiener Stadelmann. In: Die Naturwissenschaften. 24 (1936), 353–356. – Rueger, Alexander: The cultural use of natural knowledge. Goethe's Theory of Color in Weimar classicism. In: Eighteenth-century studies 26.2 (1992/1993), 211–232. – Ruland, Carl: Zu Goethes naturwissenschaftlichen Forschungen. In: GJb. (1891), 152–174. – Runge, Philipp Otto: Farbenlehre, 1806–1810. In: Ders.: Hinterlassene Schriften. Hg. von seinem Bruder Daniel Runge. Bd. 1. Hamburg 1840, 84–170. – Philipp Otto Runges Verhältnis zu Goethes Farbenlehre. In: ebd. Bd. 2. Hamburg 1841, 506–510. – Ders.: Farbenkugel: Konstruktion des Verhältnisses aller Mischungen der Farben zueinander und ihrer vollständigen Affinität; mit Notizen zur Farbe und dem Briefwechsel mit Goethe. Köln 1999. – Ruppel, Wolfgang: Zur Metrik von Farbmischungen. In: Oldemeyer, Ernst (Hg.): Die Philosophie und die Wissenschaften. Simon Moser zum 65.Geburtstag. Meisenheim/Glan 1967, 78–88. – Sabra, A. I.: Theories of Light from Descartes to Newton. London 1967. – Sarris, Viktor: Goethes Farbenlehre aus heutiger wahrnehmungspsychologischer Sicht. In: Schmidt, Alfred und Grün, Klaus-Jürgen (Hg.): Durchgeistete Natur. Ihre Präsenz in Goethes Dichtung, Wissenschaft und Philosophie. Frankfurt am Main 2000, 81–90 und 296f. – Sauter, Fritz: Physikalische Vorstellungen über die Natur des Lichtes. In: Studium Generale. 8 (1960), 450–464. – Schäfer-Weiss, Dorothea: The influence of Goethe's Farbenlehre on early geological map colouring: Goethe's contribution to Christian Keferstein's General Charte von Teutschland (1821). In: Imago mundi. 57 (2005), 164–184. – Scharnowell, Viktor und Wilhelm: Von

Newton zu Goethe. Beiträge zur Entwicklungsgeschichte der Naturerkenntnis. Basel 1973. – Schawelka, Karl: Goethes Farbenlehre – heute: »Wär nicht das Auge sonnenhaft, wie könnten wir das Licht erblicken?« In: Gundelach, Hansjoachim und Vatsella, Katerina (Hg.): Pfirschblüt & Cyberblau. Goethe, Farbe, Raum. 2. Aufl. Weimar 2000, 10–25. – Scheurmann, Konrad (Hg.): color continuo 1810 … 2010 … System und Kunst der Farbe. Ausstellungskatalog. Dresden 2009. – Schlüter, Martin: Goethes Farbenlehre – Eine experimentelle Einführung. In: Heusser, Peter (Hg.): Goethes Beitrag zur Erneuerung der Naturwissenschaften. Bern 2000, 397–407. – Schmid, Günther: Schicksal einer Goetheschrift. Druckgeschichtliche Funde zur Farbenlehre. Halle/Burg Giebichenstein [1937]. – Schmidt, J. Heinrich: Zur Farbenlehre Goethes. In: Zs. für Kunstgeschichte. 1 (1932), 109–124. – Schmidt, Peter: Goethes Farbensymbolik. Untersuchungen zu Verwendung und Bedeutung der Farben in den Dichtungen und Schriften Goethes. Diss. Köln 1964. Berlin 1965. – Ders.: Goethes schematische Kreise. Ein Beitrag zum mystischen Gebrauch der Farben. In: JbFDtHochst. (1965), 168–185. – Ders.: Komm. in MA (10: Zur Farbenlehre; 12: Aufsätze zur Farbenlehre in ZNÜ; weitere Texte über diverse Bände von MA nach chronologischer Abfolge verteilt). – Schmied-Kowarzik, Wolfdietrich: Ist Goethes Naturanschauung noch eine Herausforderung gegenüber der heute herrschenden Naturwissenschaft? Eine Besprechung neuerer und älterer Goethe-Interpretationen. In: Leviathan. 14 (1986), 61–77. – Schmitz, Emil-Heinz: Handbuch zur Geschichte der Optik. 8 Bde. Bonn 1981–1989. – Schneider, Ivo: Isaac Newton. München 1988. – Schnelling, Thomas: »Fänd' ich nur immer das gleiche Blut«. Newton – Goethe – Schopenhauer. Ein notwendig mißlungener Dialog. In: Kemper, Herwart u. a. (Hg.): Schule – Bildung – Wissenschaft. Rudolstadt 1999, 95–120. – Schöne, Albrecht: Goethes Farbentheologie. München 1987. – Schöne, Wolfgang: Über das Licht in der Malerei. Berlin 1954. – Schönherr, Hartmut R.: Einheit und Werden. Goethes Newton-Polemik als systematische Konsequenz seiner Naturkonzeption. Würzburg 1993. – Schopenhauer, Arthur: Über das Sehn und die Farben. Leipzig 1816. – Schreyer, Lothar: Anmerkungen zu Goethes Farbenlehre. In: Deutsches Volkstum. Monatsschrift für das deutsche Geistesleben. 31 (1929), 274–279. – Schrimpf, Hans Joachim: Über die geschichtliche Bedeutung von Goethes Newton-Polemik und Romantik-Kritik. In: Gratulatio. Fs. für Christian Wegner. Hamburg 1963, 63–82 (erweitert in: Ders: Der Schriftsteller als öffentliche Person. Von Lessing bis Hochhuth. Berlin 1977, 126–143). – Schüphaus, Emilie: Die psychologisch-optischen Untersuchungen in Goethes Farbenlehre. Diss. Münster 1923. – Schulze, Hans: Die durchs Prisma gesehenen Farben – Goethes Mathematisieren im Qualitativen. In: Wiss. Zs. der Hochschule für Architektur und Bauwesen Weimar 37 (1991) 241–246. –Schuster, Arthur: Goethes »Farbenlehre«. In PEGS. 5 (1890), 141–151. – Schwedt, Georg: Goethe – neu colorirt. Goethes chemische Farbenexperimente. In: Kultur & Technik 22 (1998), 51–54. – Ders.: Goethe als Wissenschaftshistoriker. Göttingens Beitrag zur Geschichte der Farbenlehre. In: Mittler, Elmar, Purpus, Elke und Schwedt, Georg (Hg.): »Der gute Kopf leuchtet überall hervor«. Goethe, Göttingen und die Wissenschaft. Göttingen 1999, 131–137. – Segeberg, Harro: Literatur im technischen Zeitalter. Von der Frühzeit der deutschen Aufklärung bis zum Beginn des Ersten Weltkriegs. Darmstadt 1997. – Sepper, Dennis L.: Goethe against Newton: Towards saving the phenomenon. In: Goethe and the Sciences. A reappraisal. Hg. von F. Amrine, F. J. Zucker und H. Wheeler. Dordrecht, Boston 1987, 175–193. – Ders.: Goethe contra Newton. Polemics and the project for a new science of color. Cambridge, New York u. a. 1988. – Ders.: Goethe, colour and the science of seeing. In: Cunningham, Andrew und Jardin, Nicolas (Hg.): Romanticism and the sciences. Cambridge 1990, 189–198. – Silvestrini, Narciso und Fischer, Ernst Peter: IdeeFarbe. Farbsysteme in Kunst und Wissenschaft. Ausstellunsgkatalog. Zürich 1994. – Skramlik, Emil von: »Ein Kästchen mit Glasbrocken« in Goethes Nachlaß. In: GJb. (1944), 187–193. – Sölch, Reinhold: Phylogenetische Elemente in Goethes Farbenlehre. In: Praxis. Schweizerische Rundschau für Medizin 85 (1996), Nr. 29/30, 911–916. – Ders.: Biologisch-evolutionäre Farbentheorien. Neues Verständnis für Goethes »Farbenlehre«. In: GJb. (1997), 277–284. – Ders.: Die Evolution der Farben. Goethes Farbenlehre in neuem Licht. Ravensburg, Leipzig 1998. – Sommerfeld, Arnold: Goethes Farbenlehre im Urteile der Zeit. In: Deutsche Revue. 42, III (1917), 100–106. – Spanier, Hendryk: »Reize der Farben« – Goethes Farbenlehre und ihre Vermittlung im Museum. In: Farbe und Raum. 9 (1982), 14–19. – Speiser, Ambros P.: Goethe und der Regenbogen. Dispersion – Herausforderung für einen Dichter. In: Schweizer Monatshefte für Politik, Wirtschaft, Kultur. 76 (1996), 21 f. – Speiser, Andreas: Goethes Farbenlehre. In: Ders.: Die mathematische Denkweise. 2. Aufl. Basel 1945, 75–82. – Ders.: Goethes Farbenlehre. In: Goethe und die Wissenschaft. Frankfurt am Main 1951, 82–91. – Speyerer, Kurt: Goethes physikalische Sammlungen im Neubau des Weimarer Goethehauses. In: Geschichtsblätter für Technik, Industrie und Gewerbe. 1 (1914), 134–142. – Spillmann, Werner (Hg.): Farb-Systeme 1611-2007. Basel 2009. – Steiner, Rudolf: Die Betrachtung der Farbenwelt. In: Ders.: Goethes Weltanschauung. Weimar 1897, 147–182. – Ders.: Goethe als Vater einer neuen Ästhetik. Berlin 1921. – Ders.: Das Wesen der Farben. Dornach 4. Aufl. 1991. – Steuer, Daniel: Die stillen Grenzen der Theorie. Übergänge zwischen Sprache und Erfahrung bei Goethe und Wittgenstein. Köln 1999. – Stilling, Jacob: Über Goethes Farbenlehre. In: Straßburger Goethe-Vorträge. Zum Besten des für Straßburg geplanten Denkmals des jungen Goethe. Straßburg 1899, 147–173. – Takahashi, Yoshito: Die Farbenlehre eines Ketzers. In: GJb. (Gēte-nenkan) 32 (1990), 45–68. [In japan. Sprache mit dt. Zusammenfassung.] – Ders.: Goethes »Wahlverwandtschaften« und die »Farbenlehre«. In: Esselborn, Hans und Keller, Werner (Hg.): Geschichtlichkeit und Gegenwart. Fs. für Hans Dietrich Irmscher zum 65. Geburtstag. Köln 1994, 159–173. – Ders.: Goethes »Farbenlehre« und der Ausdruck der Natur. In: GJb. (2001), 247–259. – Ders.: Goethes »Geschichte der Farbenlehre« – ein früher Beitrag zur Kulturwissenschaft? In: Japanische Gesellschaft für Germanistik (Hg.): Kulturwissenschaft als Provokation der Literaturwissenschaft. München 2004, 73–84. – Ders.: Goethes Farbenlehre und die Identitätsphilosophie. In: GJb. (2007), 105–114. – Tantillo, Astrida Orle: The will to create: Goethe's philosophy of nature. Pittsburgh 2002. – Dies.: The subjective eye: Goethe's »Farbenlehre« and »Faust«. In: Moore, Evelyn K. und Simpson, Patricia Anne (Hg.): The enlightened eye. Goethe and visual culture. Amsterdam 2007, 265–277. – Teller, Jürgen: Der Fehler in den Grundlagen von Goethes »Farbenlehre« und seine Fruchtbarkeit. In: Historia ophthalmologica internationalis. 1 (1979/1980), 163–180. – Thommes, Armin: Die Farbe als philosophisches Problem. Von Aristoteles bis zu Ludwig Wittgenstein. St. Augustin 1997. – Torbruegge, Marilyn K.: Goethe's Theory of Color and Practicing Artists. In: The Germanic Review. 49 (1974), 189–199. – Trojan, Felix: Zur Psychologie der Farben bei Goethe. In: Zs. für Ästhetik und Allgemeine Kunstwissenschaft. 24 (1930), 232–238. – Troll, Wilhelm: Goethe und die Physik. In: Die Tat. 18 (1826), 693–704. – Tschermak-Seysenegg, Arnim: Goethes Bedeutung für die physiologische Optik. In: Bericht über die 49. Zusammenkunft der Deutschen Ophthalmologischen Gesellschaft in Leipzig 1932. München 1932, 3–16. – Ders.: Goethes Farbenlehre in ihrer Bedeutung für die physiologische Optik der Gegenwart. In: Beiträge zur ärztlichen Fortbildung. 10 (1932), 87–94. – Tyndall, John: Goethes Farbenlehre. In: Ders.: Fragmente. Neue Folge. Braunschweig 1895, 55–89. – Vogel, Martin: Johann Wolfgang Goethe: »Farbenlehre, Physiologische Farben.« In: Barner, Wilfried (Hg.): Querlektüren. Weltliteratur zwischen den Disziplinen. Göttingen 1997, 91–105. – Vogl, Joseph: Der Weg der Farbe (Goethe). In: Mülder-Bach, Inka und Neumann, Gerhard (Hg.): Räume der Romantik. Würzburg 2007, 157–168. – Wachsmuth, Andreas Bruno: Goethes Farbenlehre und ihre Bedeutung für seine Dichtung und Weltanschauung. In: GJb. (1959), 70–93. – Wagner, Karl: Goethes Farbenlehre und Schopenhauers Farbentheorie. In: Jb. der Schopenhauer-Gesellschaft. 22 (1935), 92–176. – Wassermann, Gerald S.: Color Vision. An Historical Introduction. New York 1978. – Weber, Hans H.: Goethes oder Herings Farbenkreis? In: Forschungen und Fortschritte. 16 (1940), 65–68. – Ders.: Goethes Totalitätsgesetz. In: ebd. 127f. – Weinmann, Karl Friedrich: Die Natur des Lichts. Darmstadt 1980. – Weiß, Otto: Goethes Farbenlehre. In: Schriften der Königsberger Gelehrten Gesellschaft. 7 (1930), 163–175. – Weizsäcker, Carl Friedrich von: Goethes Farbentheologie – heute gesehen. Göttingen 1991. – Weizsäcker, Viktor von: Zur Farbenlehre. In: Goethe und Heidelberg. Hg. von der Direktion des Kurpfälzischen Museums. Heidelberg 1949, 351–360. – Wells, George A.: Goethe's Qualitative Optics. In: Journal of the History of Ideas. 32 (1971), 617–626. – Ders.: Goethe's Scientific Method and Aims in the Light of his Studies in Physical Optics. In: PEGS. N.S. 38 (1968), 69–113. – Weniger, Ludwig: »Wär' nicht das Auge sonnenhaft«. In: Neue Jahrbücher für das klassische Altertum, Geschichte und deutsche Literatur. 39 (1917), 238–253. – Wenke, Lutz und Maul, Gisela: Der »Newtonsche Poltergeist«. Das Sonnenspektrum im Goethe-Nationalmuseum. Weimar 1999. – Wenke, Lutz und Zöllner, Friedrich: Sonne und Wahrheit frei nach Goethe. In: Innovation. (1999), H. 7, 18–22. – Wenzel, Manfred: Johann Wolfgang von Goethe und Samuel Thomas Soemmerring: Morphologie und Farbenlehre. In: Mann, Gunter und Dumont, Franz (Hg.): Samuel Thomas Soemmerring und die Gelehrten der Goethezeit. Stuttgart, New York 1985 (Soemmerring-Forschungen 1), 11–33. – Ders.: Komm. in FA 23.1, 23.2 und 25. – Ders.: Goethe und Christian Diedrich von Buttel. Zur Erstedition eines Goethe-Briefwechsels. In: Medizinhistorisches Journal. 28 (1993), 155–164. – Ders.: »Die Abstraktion, vor der wir uns fürchten…« Goethe und die Physik. In: Freiburger Universitätsblätter. 35 (1996) H. 133, 55–79. – Ders.: Natur – Kunst – Geschichte. Goethes Farbenlehre als universale Weltschau. In: GJb. (2007), 115–125. – Ders.: Artikel »Zur Farbenlehre«. In: Die Entstehung von Goethes Werken in Dokumenten. Hg. von Katharina Mommsen. Bd. 4. Berlin, New York 2008, 255–981. – Ders.: »… ich sprach wie durch einen Instinkt sogleich vor mich laut aus, daß die Newtonische Lehre falsch sei.« – Dokumente und Deutungen zur Datierung von Goethes Prismenaperçu.

In: Liber amicorum. Katharina Mommsen zum 85. Geburtstag. Bonn 2010, 541–570. – Werner, John S.: Aging through the eyes of Monet. In: Backhaus, Werner Goethe K., Kliegl, Reinhold und Werner, John S. (Hg.): Color vision. Perspectives from different disciplines. Berlin 1998, 3–42. – Wessely, Karl: Welche Wege führen heute noch zu Goethes Farbenlehre? In: Walther, Johannes (Hg.): Goethe als Seher und Erforscher der Natur. Halle 1930, 157–184 u. 313. – Wiedemann, Hans-Rudolf: Der »Kieler Pfaff«, die Farbenlehre und Goethe. In: Euphorion. 80 (1986), 439–447. – Wien, Wilhelm: Goethe und die Physik. Leipzig 1923. – Wiener, Christian: Die Farbe der atmosphärischen Luft und Etwas über die Goethesche Farbenlehre. In: Verhandlungen des Naturwissenschaftlichen Vereins in Karlsruhe. 13 (1895/1900), 215–222 (Sonderausgabe Karlsruhe 1896). – Wilde, Emil: Geschichte der Optik. Wiesbaden 1968 (Nachdruck der Ausgabe 1838–1843). – Wohlbold, Hans: Führer durch Goethes Sammlung optischer Apparate zugleich als Einführung in die Farbenlehre. Weimar [um 1910]. – Ders.: Die Physik, die Urphänomene und die Geisteswissenschaften. In: Das Reich. 2 (1917/1918), 426–447. – Wolf, Karl Lothar und Trieschmann, H. Goethe: Kepler, Newton und Goethe. In: Zs. für die gesamte Naturwissenschaft 1. (1935), 71–73. – Wolfschmidt, Gudrun (Hg.): Colours in Culture and Science. Hamburg 2011 (Nuncius Hamburgensis. Beiträge zur Geschichte der Naturwissenschaften 22). – Worbs, Erich: Goethe und der schlesische Physiker Johann Wilhelm Ritter. In: Schlesien. 12 (1967), 196–202. – Wußing, Hans: Isaac Newton. 3. Aufl. Leipzig 1984 (= Biographien hervorragender Naturwissenschaftler, Techniker und Mediziner, 27). – Yamamoto, Atsushi: Aktualität von Goethes »Farbenlehre«. Wirkung auf das frühe Bauhaus (mit einem Beispiel: Hirschfeld-Mack). In: GJb. (Gēte-nenkan) 43 (2001), 123–141 [in japan. Sprache mit dt. Zusammenfassung, S. 64] – Zang, Hee-Chang: Die Aktualität von Goethes Farbenlehre. In: Goethe-Yŏngu 11 (1999), 173–189. [In korean. Sprache mit dt. Zusammenfassung.] – Zehe, Horst: Etwas über »das Exemplar von Newtons Optik, welches Goethe gebraucht [...] hat«. In: GJb. (1987), 360–362. – Ders.: »Gott hat die Natur einfältig gemacht, sie aber suchen viel Künste« – Goethes Reaktion auf die Fraunhoferschen Entdeckungen. Berlin, Heidelberg u. a. 1990 (Sitzungsberichte der Heidelberger Akademie der Wissenschaften, math.-naturwiss. Klasse, Abhandl. 7). – Ders.: »Für den Eingeweihten in diese Kenntnisse haben wir auf jeden Fall zu viel gesagt.« In: Zur Edition naturwissenschaftlicher Texte der Goethezeit. Leopoldina-Meeting vom 22. bis 23.5.1992. Halle 1992, 57–70. – Ders.: »Die Ungleichheit der färbigen Räume, im Spectro verschiedner brechender Mittel« (ein Brief Friedrich Körners an Goethe). In: Sudhoffs Archiv 80 (1996), 229–234. – Ders.: Vom »Furor Wertherinus« zu »Göthens Farbengeschichte«. Goethe, Göttingen und Lichtenberg. In: Mittler, Elmar, Purpus, Elke und Schwedt, Georg (Hg.): »Der gute Kopf leuchtet überall hervor«. Goethe, Göttingen und die Wissenschaft. Göttingen 1999, 143–160. – Ders.: »Pfauenaugen kann man finden«. Prosaisches zu Goethes entoptischen Farben. In: Acta Historica Leopoldina 39 (2004), 191–200. – Ziegler, Manfred: Der Farbenkreis – ein Bild des Menschen. In: Wiss. Zs. der Hochschule für Architektur und Bauwesen Weimar. 37 (1991), 246–258. – Zika, Fay: Colour theory beyond Wittgenstein's Goethe. In: DVjs. 75 (2001), 71–86. – Zimmermann, Rolf Christian: Goethes Verhältnis zur Naturmystik am Beispiel seiner Farbenlehre. In: Faivre, Antoine und ders.: Epochen der Naturmystik. Hermetische Tradition im wissenschaftlichen Fortschritt. Berlin 1979, 333–363. – Zweiböhmer, Natalie: »und faßte einen lebendigen Sinn in einen lebendigen Ausdruck«. Studien zur poetischen Funktion der Farben in Goethes Lyrik. Münster 1997.

Manfred Wenzel

Geologie bis 1800

Einleitung

Das Interesse für den Bau und die Geschichte der Erde hat G. über einen großen Teil seines Lebens begleitet; es bewegte ihn zu zahlreichen Studien sowie zum Aufbau einer rund 18.000 Stücke umfassenden Sammlung von Gesteinen und →Mineralien (→Naturwissenschaftliche Sammlungen). Seine Arbeiten zur Geologie fallen in eine Epoche, in der sich die Erdwissenschaften, zunächst noch →»Geognosie« genannt, in rascher Entwicklung befanden. Von den ersten genauen Untersuchungen über die Folge und Lagerung der Gesteinsschichten (Stratigraphie) bis zu den Hebungstheorien des frühen 19. Jh.s (Tektonik) erlebte G. die Wendungen der theoretischen Anschauungen mit. Der von der Bibelexegese vorgegebene Zeitrahmen von wenigen tausend Jahren vom Zeitpunkt der Schöpfung an wurde gesprengt und durch eine viele Epochen umfassende Entwicklungsgeschichte der Erde ersetzt, ohne jedoch schon annähernd die heute berechneten Zeitdimensionen von Jahrmilliarden zu erreichen. Die Plattentektonik, die jetzt zur Erklärung der Gebirgsbildung anerkannt ist, hat ihren Siegeszug gar erst in der zweiten Hälfte des 20. Jh.s begonnen. Vulkanistische und neptunistische Hypothesen (→Neptunismus/Vulkanimus), deren Vertreter sich in der Zeit G.s hart bekämpften, sind mittlerweile verbunden in der Theorie vom Kreislauf der Gesteine in der Erdkruste: →Erosion und Ablagerung bilden Sedimente, die am Rand von kollidierenden Platten in die Tiefe absinken und dort durch Hitze und Druck verformt oder aufgeschmolzen werden. Die metamorphen und die Erstarrungsgesteine gelangen wieder an die Erdoberfläche, wo sie erneut der Erosion ausgesetzt sind.

Befand sich G. in den 1780er Jahren mit seinen Studien zum →Granit noch an vorderster Front der Forschung, so blieb er nach der Jahrhundertwende hinter der sich rasch entwickelnden Spezialisierung des Fachs zurück. Nicht das Alter, sondern die Entstehungsbedingungen definieren eine bestimmte Gesteinsart – diese sich immer mehr durchsetzende Erkenntnis hat auch G. bereits wahrzunehmen begonnen, doch wollte er nicht von der Vorstellung eines →Urozeans abrücken, durch dessen allmähliche Absenkung fast alle Gesteine entstanden sein sollten.

Einer breiten Öffentlichkeit wurde G.s Beschäftigung mit der Geologie erst ab 1806 bekannt, als er in dem Aufsatz *An Freunde der Geognosie*, der im *Intelligenzblatt der Jenaischen Allgemeinen Literatur-Zeitung* erschien, die von ihm neu geordnete Steinsammlung Joseph →Müllers aus →Karlsbad vorstellte. Ab 1808 publizierte Carl Cäsar von →Leonhard in seinem *Taschenbuch für die gesammte Mineralogie*, einer renommierten Fachzeitschrift, einige Beiträge G.s, darunter auch den später *An Herrn von Leonhard* genannten Aufsatz, worin G. einige seiner geologischen Grundüberzeugungen darlegte. In der von ihm selbst herausgegebenen Heftreihe *Zur Naturwissenschaft überhaupt* (ZNÜ) erschienen von 1817 bis 1824 zahlreiche Aufsätze zur Geologie und Mineralogie, die sich vor allem G.s Sommeraufenthalten in →Böhmen verdankten. Später verzichtete er darauf, seine Ansichten in wissenschaftlichen Kontexten zu veröffentlichen, da sie mit den im ersten Drittel des 19. Jh.s aufkommenden tektonischen Theorien nicht konform waren. Mit der Befürwortung der Eiszeithypothese fand G. in den letzten Jahren seines Lebens aber nochmals Anschluss an die aktuellen Fragestellungen der Forschung.

Das geologische Vermächtnis des alten G. wird in literarischen Texten wie dem Streitgespräch am Bergfest in *Wilhelm Meisters Wanderjahren* (II, 9) oder in Fausts Replik auf Mephistos Interpretation der Erdgeschichte im 4. Akt von *Faust II* ausgesprochen:

Gebirgesmasse bleibt mir edel-stumm,
Ich frage nicht woher und nicht warum?
Als die Natur sich in sich selbst gegründet,
Da hat sie rein den Erdball abgeründet.
Der Gipfel sich, der Schluchten sich erfreut,
Und Fels an Fels und Berg an Berg gereiht;
Die Hügel dann bequem hinabgebildet,
Mit sanftem Zug sie in das Tal gemildet.
Da grünts und wächst's, und um sich zu erfreuen
Bedarf sie nicht der tollen Strudeleien.
(V. 10.095–10.104)

Im Gegensatz zur Morphologie und teilweise auch zur Farbenlehre fand G. in der Geologie keine Nachfolger. Zu sehr unterschieden sich seine Ideen zur →Erdbildung von den Erkenntnissen der modernen geologischen Forschung, die ohne Tektonik nicht denkbar ist. Doch bleiben G.s Studien wissenschaftsgeschichtlich von Bedeutung und lohnen auch durch ihre sprachliche Form die Lektüre. Seine präzisen Beobachtungen landschaftlicher Formen und geologischer Phänomene lassen sich in den von ihm beschriebenen Regionen bis heute mit Gewinn nachvollziehen.

Eine eingehende kritische Würdigung von G.s Leistungen in der Geologie und Mineralogie unternahm 1914 als erster Max Semper. Von den neueren Fachwissenschaftlern haben Helmut Hölder, Otfried Wagenbreth, Wolfgang Schirmer und Wolf von Engelhardt G. in seinem historischen Umfeld verortet und die Ernsthaftigkeit und Konsequenz seines Forschens anerkannt; Rudolph Trümpy hingegen sah G.s geologische Studien als gescheiterten Versuch zum Aufbau »eines humanen Weltbildes in der Geognosie« (Trümpy 1968, 36). Aus anthroposophischer Sicht versuchte Dankmar Bosse, G.s Metamorphosegedanken auch in der Erdgeschichte zu verfolgen. – G. selbst hat allerdings die Reichweite des Begriffs »Morphologie« nach 1806 weitgehend auf das Organische beschränkt; nur die morphologische Methode der Reihenbildung wandte er weiterhin bei den Gesteinen an (vgl. Engelhardt 1992).

Publikationen zu einzelnen Orten und Regionen, deren geologische Phänomene G. beschrieben hat (Ilmenau, Harz, Böhmen etc.), liegen in relativ großer Zahl vor und werden unter dem Stichwort »Geotourismus«[61] wohl auch in Zukunft ein interessiertes Publikum finden. Schließlich haben in den letzten Jahren, beginnend mit Uwe Pörksen, die sprachliche Form von G.s geologischen Beobachtungen und Hypothesen, die Visualisierung seiner Vorstellungen sowie G.s Zeitbegriff vermehrt Aufmerksamkeit in der kultur- und literaturwissenschaftlichen Forschung gefunden.[62]

Frühe Erfahrungen im Reich der Steine: bis 1776

Die erste Beschäftigung G.s mit Steinen und Mineralien, wie sie von ihm selbst in *Dichtung und Wahrheit* beschrieben worden ist, spielte sich im Rahmen damals üblicher Umgangsweisen mit der Natur ab. Das unterste der drei →Naturreiche war in der Naturaliensammlung vertreten, die G.s Vater besaß und aus der sich der Knabe die schönsten Exemplare heraussuchte, um damit »stufenweise« (→Stufenleitermodell) einen Altar zu bestücken, vor dem er Gott »in seinen Werken« verehrte (FA I, 14, 51). Doch das →Erdbeben von Lissabon am 1.11.1755 hatte bereits den durch die Aufklärung genährten Glauben an einen »weise und gnädig« (ebd. 37) wirkenden Gott, der sich auch in der Natur offenbarte, erschüttert. Im illustrierten Lehrbuch *Orbis Sensualium Pictus* von Amos Comenius lernte der Privatschüler G. die Namen und eine einfache Ordnung von Gesteinen, Metallen und Mineralien kennen (vgl. LA II, 7, 3–5, M 1). Der Frankfurter Juwelier Georg Friedrich Lautensack weihte den 14jährigen Jüngling in die Edelsteinkunde ein (vgl. FA I, 14, 169).

Als Student in Leipzig hörte G. die Diskussionen seiner Kommilitonen von der medizinischen Fakultät mit an, die auch →Buffons Werke betrafen (ebd. 282). Der französische Naturforscher hatte in G.s Geburtsjahr 1749 als ersten Band seiner großen *Histoire naturelle* eine *Théorie de la terre* veröffentlicht, die ihn in Konflikt mit den zeitgenössischen Theologen bringen sollte. Denn die biblische Schöpfungsgeschichte wurde im 18. Jh. noch als historische Wahrheit gelehrt. Größte Breitenwirkung erzielten des-

61 Vgl. Matthias Geyer u.a.: *Goethe und die Geologie – Ein geotouristisches Nutzungskonzept zu den geologischen Betrachtungen in den Schriften Johann Wolfgang von Goethes*. In: *Geotope – Dialog zwischen Stadt und Land. Abhandlungen der geologischen Bundesanstalt 60/ Schriftenreihe der Deutschen Gesellschaft für Geowissenschaften* 51 (2007), 61–66.

62 Zu nennen sind etwa die Arbeiten von Rüdiger Görner, Shu Ching Ho, Peter Schnyder und Margrit Wyder.

halb diejenigen Forscher, welche die naturwissenschaftlichen Erkenntnisse mit den biblischen Aussagen harmonisierten. Der aus England stammende und vom Schweizer Arzt und Alpenforscher Johann Jacob Scheuchzer auf dem Kontinent verbreitete »Diluvialismus« deutete die →Fossilien und überhaupt den gegenwärtigen Zustand der Erdoberfläche als Ergebnis der Sintflut. Die Erde schien auf immer gezeichnet von dieser urzeitlichen Katastrophe, deren Überreste G. im Sommer 1770 auf einer →Reise ins Unterelsaß und in das Saarland erstmals bewusst wahrnahm. Die Höhe des Baschbergs (Bastbergs) bei Buchsweiler fand er »ganz aus verschiedenen Muscheln zusammengehäuft« (ebd. 454). Für G. war offensichtlich, dass es sich bei den Fossilien um Reste von Lebewesen handelte und nicht einfach um »Naturspiele«, wie Voltaire im *Dictionnaire philosophique* (1764) aus antibiblischen Beweggründen und andere Zeitgenossen aus Unwissenheit behauptet hatten (ebd. 529). Im Saarland besuchte G. Anlagen des →Bergbaus und eine Glashütte und wurde insbesondere vom »Brennenden Berg« bei →Dudweiler beeindruckt, wo ein Steinkohlenflöz (→Flöz) sich entzündet hatte (ebd. 458f.). Diese Erfahrung könnte seine späteren Stellungnahmen zu vulkanischen Phänomenen mit beeinflusst haben, die er stets als oberflächennahe Erscheinungen verstand.

Auf der ersten Schweizer Reise (→Schweiz) im Sommer 1775 setzte sich G. der Bergwelt der →Alpen mit allen Sinnen aus und versuchte sie auch zeichnerisch festzuhalten (vgl. Abb. S. 437). Noch fehlte ihm aber der Blick des Naturwissenschaftlers und Sammlers, wie er in *Dichtung und Wahrheit* selbst betont hat. Immerhin erinnerte er sich, im Naturalienkabinett des Klosters Einsiedeln einen in blauen Schieferton eingebetteten fossilen Schweinskopf gesehen zu haben (ebd. 803). Ansonsten war diese Reise, die schließlich auf den →Gotthard führte, noch weitgehend geprägt vom Genialisch-Erlebnishaften und von Reminiszenzen an die Tellenlegende. Mit den ihm unterwegs angebotenen Bergkristallen (→Kristall) mochte G. sich hingegen nicht beschweren (ebd. 806). Auf dem Weg zur Passhöhe war die im Tagebuch vom 20.6.1775 als »allmächtig schröcklich« bezeichnete Schöllenenschlucht mit ihren imposanten Wänden aus →Granit zu durchwandern. Hier und auf den kahlen Höhen des Gotthards zeigte sich unverhüllt die Mächtigkeit der zentralalpinen Granitmassen. Der Name dieses Gesteins war G. damals vielleicht noch nicht bekannt; doch das in der *Dritten Wallfahrt nach Erwins Grabe im Juli 1775* als »grauer Gotthard« (FA I, 18, 181) angesprochene Bergmassiv hinterließ einen tiefen Eindruck.

Bald nach der Rückkehr aus der Schweiz, im September 1775, zog G. nach Weimar, wohin ihn der junge Herzog →Carl August eingeladen hatte. Mit dem Eintritt in den Geheimen Rat am Weimarer Fürstenhof im Juni 1776 sollte für G. eine langjährige Beschäftigung mit der Erde und ihren mineralischen Produkten ihren Anfang nehmen.

Vom Bergbau zum Gebirgsbau: 1776–1779

Der Übergang vom ästhetischen Landschaftserlebnis der frühen Naturlyrik und der *Werther*-Zeit zum wissenschaftlich geprägten Blick vollzog sich bei G. über den Weg des praktisch-ökonomischen Interesses. In Zusammenhang mit dem Projekt einer Wiederaufnahme des Bergbaus auf Silber und Kupfer in →Ilmenau, von der neue Einkünfte für das kleine Herzogtum Sachsen-Weimar erhofft wurden, begann er sich zunehmend mit Gesteinskunde und geologischen Theorien zu befassen. Der Bergbau war seit langem ein Ansatzpunkt für die wissenschaftliche Beschäftigung mit der Erde und ihrer Geschichte gewesen und hatte dazu geführt, dass in den traditionellen Montanrevieren Mitteldeutschlands im 18. Jh. Pionierwerke der geologischen Forschung und Darstellung entstanden waren. Die Bergakademien von →Freiberg im sächsischen Erzgebirge und von →Clausthal im →Harz, die 1765 bzw. 1775 gegründet worden waren, legten Wert auf eine praktisch und theoretisch fundierte Ausbildung von Bergingenieuren. Die rasche Erweiterung der Kenntnisse über die unterschiedlichen →Gesteinsarten und den Bau der Erde machte die Wissenschaft der Geognosie bzw. Geologie zukunftsträchtig und attraktiv. Das Sammeln von Gesteinen und Mineralien wurde gegen Ende des 18. Jh.s geradezu Mode und fand in weiten Kreisen Interesse.

Nachdem sich der seit dem 3.9.1775 in Weimar regierende Herzog Carl August schon im Februar 1776 entschlossen hatte, die Wiederaufnahme des Bergbaus in Ilmenau an die Hand zu nehmen, gehörte zu G.s ersten Amtshandlungen als Mitglied des Geheimen Rats der Auftrag an den kursächsischen Vizeberghauptmann Friedrich Wilhelm Heinrich von →Trebra, ein Gutachten über die Erfolgsaussichten einer erneuten Erzförderung in Ilmenau zu erstellen. Im Juli 1776 versammelte der junge Herzog Trebra und andere Experten in Ilmenau, um über die zu treffenden Maßnahmen zu beraten. Auch G. nahm an diesen Beratungen teil, die mit einem positiven Urteil endeten – obwohl, wie Steenbuck (1995) in der bisher ausführlichsten Studie zum Ilmenauer Unternehmen zeigte, eine genaue Auswertung der alten Bergwerks-Akten zu einer wenig optimistischen Einschätzung der Abbauwürdigkeit des Kupferschieferflözes hätte führen müssen. Nachdem der Entschluss zur Wiederaufnahme des Bergbaus gefasst war, sollte es wegen rechtlich-ökonomischer Probleme aber noch mehrere Jahre dauern, bis mit den Arbeiten tatsächlich begonnen werden konnte.

Als Mitglied und ab 1780 Leiter der 1777 gegründeten Weimarer Bergwerkskommission arbeitete sich G. in die Fachsprache und die Techniken des Bergbaus ein. Die erste Reise in den →Harz im Spätherbst 1777 diente – zumindest in ihrem äußeren Ablauf – der Instruktion über bergbautechnische Einrichtungen und gab G. die Möglichkeit, »das Bergwesen in seinem ganzen Komplex, und wär' es auch nur flüchtig, mit Augen zu sehen und mit dem Geiste zu fassen« (*Campagne in Frankreich*; FA I, 16, 532). Weniger dem praktischen Interesse als dem Erlebnis der unterirdischen Welt diente die erste erdkundliche Station der Reise, die Baumannshöhle, die G. von →Elbingerode aus zweimal besuchte. Die Eindrücke von diesen Höhlenfahrten bewegten ihn in einem brieflichen Bericht an Charlotte von →Stein am Abend des 2.12.1777 zum emphatischen Ausruf: »Wie doch nichts abenteuerlich ist als das natürliche, und nichts gros als das natürliche, und nichts ppppppppp als das natürliche!!!!!« Nach einem anonymen Besuch bei dem schwermütigen *Werther*-Leser Friedrich Victor Leberecht Plessing in Wernigerode ritt G. nach →Goslar und erkundete dort laut Tagebuch am 5.12. den Rammelsberg »bis ins tiefste«. In den folgenden Tagen befuhr er die Gruben in →Clausthal und St. Andreasberg, wo Gangerze abgebaut wurden. Höhepunkt der Reise war jedoch die Besteigung des →Brockens am 10.12.1777. Das Gelingen dieses Aufstiegs trotz Schnee und anfänglichem Nebel empfand G. als besondere Gunst Gottes, und so wurde ihm der Gipfel des Brockens zum »Altar des lieblichsten Danks« (FA I, 1, 324), wie er es im Gedicht *Harzreise im Winter* formulierte. Dass der Brocken aus Granit bestand, dürfte ihm auch als bedeutend erschienen sein; denn mittlerweile war ihm aus einer Schrift des Ilmenauer Markscheiders Johann Gottfried Schreiber bekannt geworden, dass unter Ilmenau ein Granitgebirge liege und dass diese Gesteinsart zugleich die höchsten Gipfel und den tiefsten Grund der Erde bilde (vgl. LA II, 7, 6f., M 3).

Die letzte Strophe der *Harzreise im Winter* beginnt mit einer direkten Anrede an den Berg: »Du stehst mit unerforschtem Busen / Geheimnisvoll offenbar / Über der erstaunten Welt, / Und schaust aus Wolken / Auf ihre Reiche und Herrlichkeit, / Die du aus den Adern deiner Brüder / Neben dir wässerst« (FA I, 1, 324). Engelhardt (1987 und 2003, 34–45) hat dieses viel kommentierte Gedicht in den Kontext der biographischen Situation und der geologischen Interessen G.s gestellt. Nach G.s eigenem späteren Kommentar des Gedichts in *Über Goethe's Harzreise im Winter* (1821) ist hier »leise auf den Bergbau gedeutet. Der unerforschte Busen des Hauptgipfels wird den Adern seiner Brüder entgegengesetzt. Die Metalladern sind gemeint, aus welchen die Reiche der Welt und ihre Herrlichkeit gewässert werden« (FA I, 1, 1038). Engelhardt wollte den Begriff »wässerst« dagegen eher auf das ausgedehnte Bewässerungssystem beziehen, das zur Energieversorgung der Gruben im Harz angelegt worden war und eine viel bestaunte technische Meisterleistung darstellte.

Im Herbst 1778 legte Carl August mit dem Ankauf des Naturalienkabinetts des verstorbenen Jenaer Professors Johann Ernst Immanuel Walch den Grundstein für eine Herzogliche Mineralogische Sammlung, die im Jenaer Schloss entstehen sollte. Magister Johann Georg →Lenz, ein Schüler Walchs, wurde zu Ostern 1780 als Unteraufseher angestellt; er widmete sich in den folgenden Jahren mit großem Einsatz der Erweiterung und Katalogisierung der Sammlung, die von G. gern aufgesucht wurde.

Im September 1779, als G., diesmal zusammen mit Herzog Carl August, zum zweiten Mal in die Schweiz reiste, besaß er bereits eine gewisse Kenntnis von aktuellen Theorien über die Erdbildung. Der Ritt durch die Birsschlucht im →Jura – der erste landschaftliche Höhepunkt auf Schweizer Boden – machte dies deutlich. G.s Beschreibung in einem Brief an Ch. v. Stein vom 3.10.1779 offenbart ein differenziertes Vokabular für die Wahrnehmung und Bezeichnung der einzelnen Felsgestalten. Schon in dieser frühen Phase der Beschäftigung mit geologischen Phänomenen zeigte sich seine Präferenz für ruhige und geordnete Abläufe in der Erdgeschichte, denn im gleichen Brief schrieb G.: »Es mag geschehen seyn wie und wann es wolle, so haben sich diese Massen nach der Schweere und Aehnlichkeit ihrer Theile gros und einfach zusammengesezt. Was für Revolutionen sie nachhero bewegt, getrennt, gespalten haben, so sind auch diese auch nur einzelne Erschütterungen gewesen und selbst der Gedanke einer so ungeheuren Bewegung giebt ein hohes Gefühl von ewiger Festigkeit«. Und er zog das Fazit: »Man fühlt tief, hier ist nichts willkührliches, alles langsam bewegendes ewiges Gesez«. Die chaotischen Felstrümmer, denen G. in der Schlucht begegnete, sind ihm durch die historisch-wissenschaftliche Perspektive zu Zeugen einer großen Ordnung geworden. Die geologischen →»Revolutionen« erscheinen demgegenüber als untergeordnete Phänomene.

Aus eigener Anschauung lernte G. auf dieser Reise neben dem Jura das Berner Oberland und die Savoyer, Walliser und Urner Alpen kennen. Immer wieder erscheinen nach der Birs-Passage einzelne Feststellungen, die auf geologische Vorkenntnisse und darauf aufbauende eigene Überlegungen hindeuten. So notierte sich G. zuhinterst im Lauterbrunnental am 10.10.1779 ins Tagebuch: »der Stein alles Granit«. An einem überraschenden Ort findet so dieses ihm in den kommenden Jahren so wichtig werdende Gestein in G.s Aufzeichnungen erstmals Erwähnung – der Granit ist hier unter mächtigen Sedimentschichten aufgeschlossen, und G.s Feststellung kann nur auf selbständigen Beobachtungen beruhen. Denn erst nach dieser Exkursion trat er auf seiner Reise in Kontakt mit den Schweizer Alpenforschern Jacob Samuel →Wyttenbach in Bern und Horace-Bénédict de →Saussure in Genf.

Bemerkungen zur Talbildung finden sich in der Vallée de Joux im französischsprachigen Jura. G. konstatierte am 28.10.1779 in einem Brief an Ch. v. Stein, das Tal sei »von der Natur eingegraben (ich mögte sagen, eingeschwemmt, da auf allen diesen Kalchhöhen die Würkungen der uralten Gewässer sichtbar sind)«. Damit bezog er sich auf die damals bei vielen Theoretikern verbreitete Annahme, abfließende Meeresfluten hätten durch ihre Strömungen die großen Täler gebildet. Ein expliziter Verweis auf Buffon und das von ihm in dem 1778 erschienenen Werk *Epoques de la nature* beschriebene Tal von Langres im französischen Jura findet sich in einer Tagebuchnotiz vom November 1779 (vgl. LA II, 7, 284).

Der Weg von Genf nach Chamonix durch das Tal der Arve, der nach den Empfehlungen de Saussures gewählt wurde, bot Anschauungsmaterial zum geschichteten Bau der Alpen. Mit der den Reisenden begegnenden Abfolge der Gesteine Kalk – Schiefer – →Gneis – Granit war nach der damaligen Theorie auch ein zunehmendes Alter der Bergketten verbunden, und G. notierte bei der Annäherung an den Montblanc: »Gefühl, daß man näher ins Heilige komme. Vorhof der Kalchgeb[irge]« (ebd.). Die beinahe senkrechten Klüftungen im Granit der Aiguilles bei Chamonix, die de Saussure als steil aufgerichtete Sedimentschichten deutete, bemerkte G. ebenso; hier zeichnete er wohl seine ersten erhaltenen geologischen Skizzen.[63] – Im Wallis

63 Vgl. Corpus VB, Nr. 156 und 156R. Die schlecht erkennbaren Bleistiftzeichnungen und -notizen sind erläutert in LA II, 7, 280.

legte G. eine Hypothese zur Talbildung vor, die den starken Einfluss der Erosion berücksichtigte. Er meinte nämlich gemäß Carl Augusts Tagebuch, dass das Tal von Chamonix und der Talboden der Rhone »sonst enge Schluchter gewesen sind, in erstaunlich langer Zeit aber durch die Wasser immer nach und nach zugefüllt worden« (LA II, 7, 283).

Nach einem anstrengenden Übergang über den verschneiten Furkapass gelangte G. am 13.11.1779 erneut zum Gotthard, den er nun, angeregt von Wyttenbach, als zentrales Gebirgsmassiv der Alpen erkannte und der ihm wie manchem Forscher noch für mindestens ebenso hoch wie der Montblanc galt, wie er in der ersten Fassung der *Briefe aus der Schweiz* schrieb (vgl. Wyder 2009, 12). Zugleich sah sich G. hier wieder umgeben von Granit. Auf der Rückreise wurde in Luzern das »merkwürdige« (an Knebel, 4.6.1780) Relief der Zentralschweiz von Franz Ludwig Pfyffer von Wyher besichtigt, das erste große Landschaftsmodell Europas.[64] Es erlaubte die visuelle Orientierung in einer Gebirgstopographie, die von den Kartenherstellern damals noch nicht bewältigt werden konnte, und inspirierte G. vielleicht zu seiner späteren Idee eines geologischen →Modells. Insgesamt vermittelte diese Reise ihm einen Eindruck vom komplexen Bau der Alpen, den er aber in den kommenden Jahren nicht aus eigener Erfahrung vertiefen konnte. Zugleich legte G. in der Schweiz den Grundstock zu einer eigenen geologischen und mineralogischen Sammlung, denn er brachte von der Reise »schöne Sachen« (LA II, 7, 288) mit nach Hause.

Geologische Studien und Projekte: 1780–1783

Nach der Rückkehr aus der Schweiz begann für G. eine Epoche vertiefter Auseinandersetzung mit geologischen Theorien. So studierte er mit wachsender Begeisterung Buffons *Epoques de la nature* und wehrte sich in einem Brief an den Freund Johann Heinrich →Merck vom 7.4.1780 entschieden gegen die Abwertung von Buffons Werk als »Roman«, wie das Johann Georg Adam →Forster im *Göttingischen Magazin der Wissenschaften* (1, 1780, 140) getan hatte. Er selbst lobte das Werk dagegen als »vortrefflich« und schrieb an Merck: »Es soll mir keiner etwas gegen ihn im Einzelnen sagen, als der ein größeres und zusammenhängenderes Ganze machen kann. Wenigstens scheint mir das Buch weniger Hypothese etc. als das erste Capitel Mosis zu seyn«. Mit dieser Aussage setzte sich G. explizit von der Gültigkeit der biblischen Schöpfungsgeschichte für die Wissenschaft ab. Aus dem August 1780 ist von dem ebenfalls geologisch interessierten Schriftsteller Johann Anton Leisewitz überliefert, G. habe mit ihm »von dem Alter der Welt und der Narrheit dieses Alter auf 6000 Jahr zu schätzen« gesprochen (FA II, 2, 283). Damit bezog sich Leisewitz auf die aus dem 17. Jh. stammende und lange Zeit als verbindlich angesehene Berechnung des Alters der Erde von Erzbischof James Usher, dem Primas von Irland. Aufgrund der Generationenfolgen in der Bibel hatte Usher die Schöpfung auf den 23.10.4004 vor Christi Geburt datiert. Diese Chronologie wurde teilweise auch in der King-James-Bibel gedruckt und erfuhr so weite Verbreitung.

Buffon dagegen hatte schon 1749 die Planeten aus Sonnenmasse entstehen lassen, die vor etwa 75.000 Jahren durch den Aufprall eines →Kometen abgespalten worden war. In den *Epoques de la Nature* brachte er seine Hypothese über die Bildung der Erde 1778 erneut an die Öffentlichkeit, wobei er vorsichtshalber eine Gliederung in sieben Epochen analog zur biblischen *Genesis* einhielt und den hypothetischen Charakter seiner Folgerungen betonte. Den gegenwärtigen Zustand der Erdoberfläche erklärte Buffon als Folge der allmählichen Abkühlung der Erdkugel. Die Gebirgsketten waren für ihn Schrumpfungsfalten, und das Meer entstand danach durch die Kondensation der Atmosphäre. Das sich niederschlagende Wasser wurde zur Wiege der ersten Tiere und Pflanzen. Nach einer Periode der Sedimentation floß das Meer ab, und seine Ströme bildeten dabei die breiten Täler,

64 Zur Bedeutung dieses Reliefs vgl. Andreas Bürgi: *Relief der Urschweiz. Entstehung und Bedeutung des Landschaftsmodells von Franz Ludwig Pfyffer*. Zürich 2007.

die in Westfrankreich das Relief dominieren. Vulkanische Ausbrüche verwüsteten später die Erdoberfläche, bis nach diesen Revolutionen eine Periode der Ruhe eintrat, welche das Erscheinen von Menschen erlaubte (vgl. Wagenbreth 1999, 25).

Ebenfalls im Sommer 1780 lernte G. die von Buffon in manchem abweichende Theorie des Neptunismus genauer kennen, wie sie von Abraham Gottlob →Werner an der Freiberger Bergakademie gelehrt wurde. Sie lehnte sich enger an die biblische Überlieferung an als Buffon. Auch Werner sah großräumige Wirkungen des Wassers auf der Erde, doch schrieb er sie weder den Niederschlägen und abfließenden Wassern einer erkaltenden Erde noch der Sintflut zu, sondern dem langsamen Absinken eines →Urozeans. Dieses Szenarium ließ sich mit den Anfangssätzen der *Genesis* vereinbaren, wonach der Geist Gottes vor der Schöpfung über den Wassern schwebte (1. Mose 1,2). Werner erklärte fast alle Gesteine als sukzessive Niederschläge dieses sich stetig absenkenden Urozeans. Das »Grundgebirge«, das sich als erstes chemisch verfestigt hatte, bestand nach Werners Definition aus Granit und Gneis; danach hatten sich die Sandsteine und Steinkohlenlager des »Flözgebirges« auf mechanische Weise niedergeschlagen, und als letztes waren die Konglomerate und Kiese des »Aufgeschwemmten Gebirges« abgelagert worden. Störungen im horizontalen Verlauf der Schichten stammten Werner zufolge von den ursprünglichen Unebenheiten des Grundgebirges. Um 1790 sah er sich veranlasst, zwischen Grund- und Flözgebirge ein »Übergangsgebirge« mit Grauwacken und Kalken einzuführen (vgl. Wagenbreth 1999, 31f.). Die Theorie Werners fand breite Unterstützung, weil sie mit der Topographie Mitteldeutschlands übereinzustimmen schien. Der Neptunismus wies jeder Gesteinsart einen unveränderlichen Platz in der Schichtenfolge zu, der zugleich ihrem relativen Alter entsprach.

Die neptunistische Lehre wurde G. durch einen Absolventen der Freiberger Bergakademie vermittelt, den 27jährigen Johann Carl Wilhelm →Voigt. Der jüngere Bruder des Weimarer Regierungsrates Christian Gottlob →Voigt fand in Ilmenau vorerst keine Beschäftigung, als er nach dreijähriger Ausbildung im Mai 1780 aus Freiberg zurückkehrte. G. suchte für den jungen Bergingenieur eine Aufgabe; er verfasste deshalb einen Arbeitsplan, der bereits ein allgemeines Wissen über die Gesteinsvorkommen in →Thüringen verrät. G.s *Instruktion für den Bergbeflissenen J. K. W. Voigt 1780* sah vor, das Gebiet des Herzogtums erstmals systematisch auf alle vorkommenden Gesteinsarten hin zu untersuchen. Ausgehend vom Ettersberg nördlich von Weimar, waren danach die »übrigen Hügel des Landes« (FA I, 25, 309) mit den am Ettersberg vorgefundenen Gesteinslagen und Versteinerungen zu vergleichen. Dem Ilmlauf entlang sollte Voigt bis hinauf nach Berka alle Aufschlüsse beobachten, und zwar sowohl »wegen des Zusammenhangs der mannigfaltigen Gegenden« (ebd. 310) wie auch im Hinblick auf die Nutzungsmöglichkeiten einzelner Gesteinsarten. Schließlich war eine Exkursion in den Eisenacher Landesteil des Herzogtums vorgesehen, die bis zum bereits im Gothaischen liegenden Inselsberg vorstoßen sollte.

G. verfolgte die Unternehmung von Voigt mit großem Interesse und beschaffte sich selbst mineralogische Lehrbücher, so das 1774 erschienene zentrale Bestimmungswerk Werners *Von den äußerlichen Kennzeichen der Fossilien*. Er erwarb 1780 auch den ersten Band von de Saussures *Voyages dans les Alpes* (1779) und Werke von französischen Geologen wie Barthélemy Faujas de Saint-Fond oder dem Abbé Jean Louis Giraud Soulavie. Zudem ersuchte er Merck, Wyttenbach und andere Freunde und Bekannte um Granitstücke für seine Sammlung.

Im Herbst 1780 schloss sich G. dem »Bergbeflissenen« Voigt wahrscheinlich auf einer Exkursion in die Rhön an. »Die Welt kriegt mir nun ein neu ungeheuer Ansehn«, schrieb er am 8.9.1780 an Ch. v. Stein; das praktische Interesse rückte dagegen immer mehr in den Hintergrund. G. war den Erdwissenschaften jetzt »mit einer völligen Leidenschaft ergeben«, wie er am 11.10.1780 an Merck schrieb, und er fand »in meiner Art zu sehen, das bischen Metallische, das den mühseligen Menschen in die Tiefen hineinlockt, immer das Geringste«. Stolz meldete er dem Freund auch, »unstreitige Vulkans« entdeckt zu haben. Sichtbares Ergebnis der Erkun-

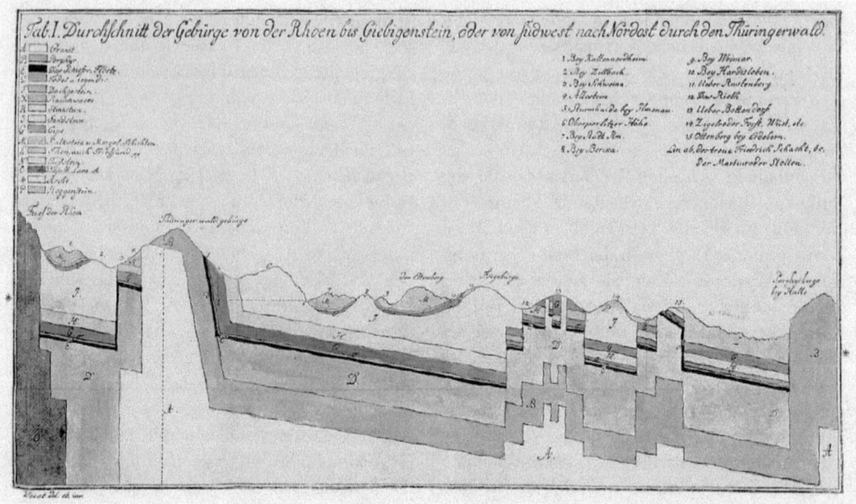

Profil durch Thüringen von Johann Carl Wilhelm Voigt, in enger Zusammenarbeit mit Goethe entstanden; Tafel I aus Voigts *Mineralogische Reisen durch das Herzogthum Weimar und Eisenach und einige angränzende Gegenden* (1781/82)

dungen mit Voigt waren eine Gesteinssammlung sowie eine große und mehrere lokale Profilzeichnungen, die zu den frühesten ihrer Art zählen (→Profil, geologisches). Ein ausführlicher Bericht Voigts (vgl. LA II, 7, 12–24, M 11) zeigt, dass er sich genau an die Vorgaben in G.s *Instruktion* gehalten hatte.

In den Anfängen seiner geologischen Forschungstätigkeit bemühte sich G. sehr um eine saubere Trennung von Theorie und empirischen Befunden. Die Entwicklung seiner eigenen Ideen zur Erdgeschichte in diesen Jahren spiegelt sich in den Briefen an Interessierte und Freunde. Im Schreiben an Merck vom 11.10.1780 gab G. vorerst noch an, er habe »jetzt die allgemeinsten Ideen und gewiß einen reinen Begriff, wie alles auf einander steht und liegt, ohne Prätension auszuführen, wie es auf einander gekommen ist«. Die Profilzeichnungen Voigts, die G. am 27.12.1780 als bildliches Resultat der geologischen Erforschung Thüringens zusammen mit einer Kollektion der gesammelten Steine und Mineralien an Herzog →Ernst II. von Sachsen-Gotha-Altenburg schickte, wurden von einem ausführlichen Brief begleitet, in dem G. einige aufschlussreiche Bemerkungen zum Zustandekommen und zur Deutung der Ergebnisse machte. So lenkte er den Blick des wissenschaftlich interessierten Landesherrn auf ein scheinbar marginales Detail, nämlich »zwei kleine Sternchen« am Rand des Blattes, welche eine Linie markierten, die das aus »bergmännischer Erfahrung« gewonnene Profil von dem nur erschlossenen trenne. Vier Fünftel des Profils liegen unterhalb dieser Linie, sind also hypothetisch. Voigts Konstruktion täuschte somit eine Gewissheit vor, die in der Natur nicht gegeben war. Dies legte G. aber offen. Er hütete sich auch – jedenfalls in dieser halb-offiziellen Stellungnahme – vor Erklärungsversuchen, die das Vorgefundene in eine Theorie einordnen wollten. »Es ist dies meist die Thorheit derjenigen, die ein Paar Berge beschrieben, daß sie zugleich etwas zur Erschaffung der Welt mit beitragen wollen«, spottete er im Brief an Herzog Ernst. Doch andererseits konnte G. auch nicht beim reinen Sammeln und Aufzeichnen stehen bleiben. Erstmals berief er sich in demselben Schreiben auf seine spezifische Art des Erkenntnisgewinns: »Bei dieser Sache, wie bei tausend ähnlichen, ist der anschauende Begriff dem wissenschaftlichen unendlich vorzuziehen«. Der Gewinn aus dieser Vorstellungsart zeigte sich für G. darin, dass man als Erforscher der Berge »mit dem lebhaften Anschauen *so ist's* einen dunkeln Wink in der Seele fühlt *so ist's erstanden*!«

Um seine Sicht und die daraus entspringenden Ideen zur Erdbildung erstmals einer breiteren Öffentlichkeit mitzuteilen, hat G. ein Projekt begonnen, das er Ch. v. Stein gegenüber am 7.12.1781 als »meinen neuen →Roman über das Weltall« bezeichnete. – Zwei frühere Briefstellen, am 9. und 10.9.1780 in Stützerbach südlich von Ilmenau verfasst und an dieselbe Empfängerin gerichtet, könnten nach Ansicht einzelner Kommentatoren[65] auf eine schon 1780 beginnende Beschäftigung mit diesem oder einem vergleichbaren Plan deuten: Am 9.9.1780 berichtete G., er sei nicht dazu gekommen, »an meinem Roman« zu schreiben, am 10.9. heißt es: »Früh hab ich einige Briefe des grosen Romans geschrieben«. In den Tagen zuvor hatte G. zusammen mit Voigt den Thüringer Wald bereist und am 7.9.1780 der Freundin begeistert gemeldet: »Wir sind auf die hohen Gipfel gestiegen und in die Tiefen der Erde eingekrochen, und mögten gar zu gern der grosen formenden Hand nächste Spuren entdecken. Es kommt gewiss noch ein Mensch der darüber klaar sieht. Wir wollen ihm vorarbeiten«. Von einem entsprechenden Text in Briefform sind allerdings keine Spuren erhalten. Auch dass G. den Romanplan 1781 als »neu« bezeichnet hat, könnte gegen diese Interpretation der Briefstellen von 1780 sprechen.

Ab 1781 befasste sich G. auch mit anatomischen Studien und begann sich in der Folge für →Fossilien zu interessieren. Als Leser Buffons war es für ihn selbstverständlich, dass die Fossilienfunde unterschiedlichen Alters sein mussten, und er prophezeite dem als Amateurpaläontologen bekannten Freund Merck am 27.10.1782 in einem ausführlichen Brief: »Es wird nun bald die Zeit kommen, wo man Versteinerungen nicht mehr durch einander werfen, sondern verhältnißmäßig zu den Epochen der Welt rangiren wird«. Meldungen, die Buffons Epochenabfolge zu durchkreuzen schienen, behandelte G. mit Skepsis. Den Fund eines »Alligators« bei Altdorf in Mittelfranken – es handelte sich um einen Saurier aus dem Liaskalk des Fränkischen Juras – kommentierte er im selben Brief als »merkwürdiges Phänomen«, »weil ich nur Schaalenthiere in den Marmorn kenne und ich nicht weiß, ob man in dem eigentlichen Marmor Fische oder was noch mehr ist, Amphibien bisher gefunden hat«. Diese Bemerkung G.s zeigt deutlich, dass er von einem sukzessiven Erscheinen der Geschöpfe im Laufe der Erdgeschichte und einer Progression von den Wasser- zu den Landtieren ausging. Diese Reihenfolge wäre durch den Altdorfer Fund widerlegt worden. Der scheinbare Widerspruch ergab sich deshalb, weil Buffons Theorie ebenso wie diejenige Werners ausschloss, dass gleichartige Gesteine zu unterschiedlichen Zeiten entstanden sein konnten. – Andererseits zeigte sich G. aber bereit, einen von Soulavie postulierten »granite secondaire« anzunehmen, der nach dem Granit des Urgebirges entstanden wäre (vgl. LA II, 7, 313). Solche Probleme nötigten ihn im November 1782 zum Eingeständnis an Merck: »Ich sehe alle Tage mehr daß wir zwar werden auf Büffons Weege fortgehen aber von denen Epochen die er festsezt abweichen müßen. Die Sache wird, wie mir scheint, immer konplicirter«.

»Die Cosmogonie und die neusten Entdeckungen darüber«, die G. damals ständig umgaben (an Knebel, 21.11.1782), führten zu immer neuen Plänen. So schrieb er im November 1782 an Merck: »Ich habe große Lust bald eine mineralogische Charte von ganz Europa zu veranstalten« (→Karte, geologische). Wie der »Roman über das Weltall« wurde auch diese pionierhafte Idee von G. nicht verwirklicht. Regionale Ansätze dazu hat er aber verfolgt: Im Sommer 1783 widmete er sich einem Projekt, das schon im Brief an Herzog Ernst II. vom 27.12.1780 als Weiterführung der mineralogischen Erkundung von Thüringen angekündigt worden war. G. hatte dort geschrieben, er wolle den Vizeberghauptmann Trebra bitten, »daß er auf eben die Weise vom Gipfel des Brocken, der aus Granitfelsen besteht, bis in die tiefsten Schachten der Harzer

65 Vgl. FA II, 29, 907 und MA 2.2, 892 (mit unrichtigem Zitat).

Bergwerke, wie ich es gethan, die Schichten stufenweise verfolgen möge«. Am 14.11.1781 hatte G. im Hinblick auf die geologischen Arbeiten Voigts im Gebiet des Hochstifts Fulda nochmals bekräftigt, er wolle dafür sorgen, »daß das übrige Stück von Thüringen und vielleicht der Harz nach gleichen Grundsätzen und mit eben der Terminologie beschrieben wird«.

Die zweite Harzreise, die G. im September 1783 zusammen mit Charlottes Sohn Fritz von →Stein und dem Diener Christoph Erhard Sutor unternahm, sollte demnach der Vereinigung der in mehreren Regionen bis dahin getrennt erarbeiteten Erkenntnisse dienen und erwies sich in dieser Hinsicht auch als fruchtbar. Am 11.9. erstiegen die Reisenden die Roßtrappe und durchwanderten das tief in den Granit eingeschnittene Bodetal. G. bemerkte hier rhombische Formen des Gesteins, die seine Ideen zur Entstehung der Gebirge beeinflussen sollten. Von Blankenburg aus besuchte man am 12.9.1783 die Baumannshöhle und die Marmorbrüche bei Rübeland. Nach einem mehrtägigen Aufenthalt in Halberstadt ging die Reise weiter in den Westharz. Am 18.9. traf G. bei dem seit 1779 in Zellerfeld lebenden Vize-Berghauptmann Trebra ein. Gemeinsam bestiegen sie auf einer dreitägigen Exkursion den Brocken. Zusammen mit Trebra entdeckte G. danach am Rehberger Graben bei St. Andreasberg »einen geologisch höchst wichtigen Punkt« (an C. G. Voigt, 9.11.1812), nämlich eine Stelle, wo der abrupte Übergang vom Granit zu einem darüber liegenden dunklen Tongestein aufgeschlossen war. G. nahm sogar eine gefährliche Kletterpartie auf sich, um diese Linie mit der Hand berühren zu können (vgl. LA II, 7, 321); denn er war überzeugt, eine Nahtstelle zwischen zwei Erdepochen gefunden zu haben, die erste Abwandlung des Urgebirges. – In der modernen Geologie gilt dieser Aufschluss beim sogenannten Goethe-Platz als typisches Beispiel einer Kontaktmetamorphose: Die Grauwacke wurde durch den Kontakt mit einer magmatischen Schmelze, die von unten in die Ablagerungen eindrang, chemisch zu Hornfels umgewandelt. Dass der Brockengranit jünger sein könnte als die über ihm liegenden Gesteine, war nach der neptunistischen Theorie nicht denkbar.

Im Herbst 1783 trat G., nach einer längeren Phase der Entfremdung, über das gemeinsame Interesse an den Naturwissenschaften wieder in enge Verbindung mit J. G. →Herder, der damals am ersten Teil seiner *Ideen zur Philosophie der Geschichte der Menschheit* arbeitete. Für G. bot sich durch Herder die willkommene Gelegenheit, seine Studien und Erkenntnisse in einen größeren Zusammenhang einzubringen; er beteiligte sich interessiert an dem entstehenden Werk. Herder strebte in gewissem Sinn eine Neufassung der *Genesis* an, die dem damaligen Stand der Wissenschaften entsprechen sollte. Das progressionistische →Stufenleitermodell der Natur, das er vertrat, schien sich mit den geologischen Forschungen G.s verbinden zu lassen. Fragen nach den »Uranfängen der Wasser-Erde, und der darauf von altersher sich entwicklenden organischen Geschöpfe« (FA I, 24, 405) standen daher im Zentrum ihrer Diskussionen. Herders Werk gab G. wohl auch den Anstoß, seine Ansichten zur Gebirgsbildung nun schriftlich niederzulegen.

Fragen zum Granit: 1784–1786

Eine eigene Hypothese G.s zur Entstehung des Granits und der aus Urgestein bestehenden Gebirge ist im Winter 1783/1784 herangereift, nachdem er auf der zweiten Harzreise die zeitgenössischen Theorien zur Gebirgsbildung mit eigener Anschauung ergänzt hatte. Die Werke von Jean Baptiste Louis Romé de l'Isle zur →Kristallographie dienten ihm als weitere Anregung. Am 20.12.1783 teilte Forster dem gemeinsamen Freund Friedrich Heinrich →Jacobi mit, G. habe ihm brieflich anvertraut, er wolle »vom *Granit* schreiben«.[66] – Alle maßgeblichen Autoren betrachteten zu der Zeit den Granit als Grundgerüst der Gebirgszüge, an das sich die später entstandenen Schichtgesteine angelagert hatten. Demnach stellte G. als erstes die Frage nach der Definition und dem Ursprung dieses anscheinend ältesten Gesteins. Am 18.1.1784

66 Georg Forster: *Werke. Sämtliche Schriften, Tagebücher, Briefe.* Berlin 1978, Bd. 13, 516.

diktierte er, wie er an Ch. v. Stein schrieb, an seiner »Abhandlung über den Granit« – vermutlich entstand nun der Text *Granit I*. Der Schreiber des Diktats war wahrscheinlich der 11jährige F. v. Stein, der ihn in den Harz begleitet hatte. In diesem Text kündigte G. eine Abhandlung über alle »Gebürgs-Lagen« an, und zwar »in der Ordnung wie wir solche auf- und nebeneinander finden« (FA I, 25, 311). Der Granit als unterstes erkennbares Gestein sollte den Anfang machen.

Granit I hält sich eng an eine Zusammenfassung von de Saussures Ausführungen in den *Voyages dans les Alpes*, die G. von Trebra erhalten hatte (vgl. LA II, 7, 92–101, M 49). Die auffallende Besonderheit des Granits wird darin gesehen, dass er zwar aus sichtbaren Teilen besteht, aber ohne dass eine Komponente als Grundmasse erkennbar wäre. Die drei mineralischen Bestandteile Quarz, Feldspat und Glimmer scheinen vielmehr »zugleich mit ihrem Ganzen das sie ausmachen entstanden« (FA I, 25, 311). Für G. ist diese Struktur des Granits durch eine »lebendige, bei ihrem Ursprung innerlich sehr zusammengedrängte Kristallisation« (ebd. 312) zu erklären.

Bei diesem Versuch, die »Uranfänge« (ebd.) der Erde zu verstehen, berief sich G. erneut auf ein Verständnis der Naturprozesse, wie er es schon bei der Beschreibung der Birsschlucht zum Ausdruck gebracht hatte. Der Text richtet sich gegen »die Poeten« – angespielt wird vor allem auf Ovids *Metamorphosen* –, die ein »streitendes uneinig tobendes Chaos« an den Anfang der Welt gestellt hätten, und gegen die Annahme, »daß die Natur heftige Mittel gebraucht um große Dinge hervorzubringen« (ebd.). An dieser Überzeugung hat G. ein Leben lang festgehalten, auch wenn spätere Theorien dem Vulkanismus mehr Einfluss auf die Erdbildung geben wollten.

Große Hoffnungen setzte G. in dieser Zeit auch in die praktische Anwendung geologischer Erkenntnisse, wie es in der *Nachricht von dem am 24sten Februar 1784 geschehenen feierlichen Wiederangriff des Bergwerks zu Ilmenau* festgehalten ist. In seiner Festrede vor den Honoratioren und der Bergknappschaft in Ilmenau gab G. der Zuversicht Ausdruck, dass der Schacht »Neuer Johannes«, dessen Lage »mit Beistimmung der verständigsten Kenner aller Zeiten« bestimmt worden sei, »zu einem neuen, frischen Felde« führe, »wo wir gewisse, unangetastete Reichtümer zu ernten hoffen« (FA I, 26, 467). Mit einer bergmännischen Keilhaue vollzog G. selbst den symbolischen ersten Hieb zum Bau des Schachtes. Die Schachtarbeiten sollten aber Jahre dauern, weil eindringende Grubenwässer sie behinderten, was aufwendige technische Anpassungen der Pumpanlagen notwendig machte.

Die Entdeckung des →Zwischenkieferknochens beim Menschen im März 1784 animierte G. zu vertieften anatomischen Studien. Mit geologischen Beobachtungen im Gelände fuhr er erst im Sommer 1784 in der Umgebung von →Eisenach fort. An Ch. v. Stein schrieb G. am 17.6.1784, dass er bei seinen »Felsen Spekulationen« vorwärts komme und »einige Grundgeseze der Bildung entdeckt« habe, die er aber »als ein Geheimniß behalte«. Schon de Saussure hatte in seinen *Voyages dans les Alpes* die regelmäßige Klüftung der Granitwände betont, so dass G. schließlich auf eine kristalline Struktur nicht nur des einzelnen Steins, sondern ganzer Gebirge schloss. Ein Berg wie der Brocken war aus dieser Sicht ein immenser Kristall aus Granit, der über die später abgelagerten Schichten hinaus ragte.

Als Begleiter von Herzog Carl August, der am 8.8.1784 zu politischen Verhandlungen nach Braunschweig aufbrach, konnte G. seine Ansichten zur Erdbildung auf einer dritten Harzreise überprüfen und vertiefen. Über Osterode wurde Clausthal erreicht, wo G. bis zum 14.8. blieb. Zusammen mit dem Weimarer Zeichner Georg Melchior →Kraus versuchte er die Formvarianten der Gesteine in Zeichnungen und Skizzen festzuhalten. Nach einem Aufenthalt G.s in Braunschweig folgte vom 1. bis zum 10.9.1784 eine Wanderung mit Kraus von Goslar durch das Okertal zum Brocken; von dort gelangten sie über Schierke, Elend und Elbingerode nach Thale. G.s besonderes Interesse galt diesmal den Klüftungen im Gestein, die er nicht als nachträgliche Risse, sondern als Kristallflächen deutete. Er vermaß mit dem Bergmannskompass das Streichen und Fallen, d.h. die Himmelsrichtungen und die Neigung der Klüfte, und führte auf der Reise ein *Geognostisches Tagebuch* (vgl. LA II, 7, 104–118, M 52).

Zur Visualisierung seiner »Felsen Spekulationen« plante G. ein dreidimensionales geologisches →Modell – eine damals noch pionierhafte Idee, die höchstmögliche Anschaulichkeit erlaubte. Zu einer Zeichnung von Kraus, die deutlich geklüftete Schichten von Grauwacke zeigt, schrieb G.: »darnach ist das Model zu fertigen« (ebd. 105; vgl. Abb. S. 443). Auch in den Aufzeichnungen *Verhältnis zur Wissenschaft, besonders zur Geologie*, einer Rückschau aus dem Jahr 1820, hat G. angegeben, dass die Zeichnungen von Kraus als »Vorarbeiten an der Natur« (FA I, 25, 583) für dieses Modell gedacht waren. G. betonte weiter, bei all diesen Zeichnungen sei »durchaus auf die Ablösungen, Trennung und Gestaltung der Gebirgs- und Felsenpartieen Rücksicht genommen worden« (ebd.). In einem Brief an Merck vom 2.12.1784 stellte G. die Vervollständigung durch weitere Zeichnungen in Aussicht und nannte als Ziel eine Darstellung von sämtlichen Gesteinsarten. Zu den weit ausgreifenden Plänen, die damals nicht realisiert wurden, gehörte auch ein auf Ende August 1784 datierter Entwurf Trebras zur Gründung einer internationalen geologischen Gesellschaft, die ihren Sitz in Jena oder Weimar haben sollte. Offenbar hatte G. dazu die Anregung gegeben (vgl. LA II, 7, 127–131, M 59). – Trebra sollte schließlich 1786 mit andern Bergleuten zusammen in Glashütten bei Schemnitz in der Slowakei eine kurzlebige internationale *Societät der Bergbaukunde* gründen, die G. als Ehrenmitglied aufführte.[67]

Über die im Harz gesammelten Gesteine schrieb G. am 6.9.1784 aus Elbingerode an Herder: »Die kleinsten Abweichungen, und Schattirungen die eine Gesteinsart der andern näher bringen und die das Kreuz der Systematiker und Sammler sind weil sie nicht wissen wohin sie sie legen sollen, habe ich sorgfältig aufgesucht und habe sie durch Glück gefunden«. Nicht die charakteristische Ausbildung eines einzelnen Minerals oder Gesteins interessierte ihn also hauptsächlich auf dieser Reise, sondern die Übergänge vom einen zum andern. Die gezielte Suche nach Übergangsformen konnte nur einen Sinn haben: Was es zu belegen galt, war die Kontinuität in der Erdbildung. Damit wurde für G. die in den *Ideen* Herders angeführte Hypothese der Erdentstehung durch eine sukzessive Wirkung chemischer Prozesse prinzipiell bestätigt.

Noch im Herbst 1784 erklärte G. dem jungen F. v. Stein »die zwey ersten Bildungsepoquen der Welt nach meinem neuen System« (an Ch. v. Stein, 5.10.1784). Auf welchen theoretischen Annahmen dieses »System« beruhte, kann man seinen Notizen aus dieser Zeit entnehmen: G. sah eine lineare Abnahme der »Krystallisation« vom Granit bis zu den Sedimentgesteinen, während gleichzeitig die »Gravitation« als gesteinsbildende Kraft immer mehr zugenommen habe (vgl. LA II, 7, 147, M 67). Sein »System« war also nicht eine klassifikatorische Ordnung, sondern eine historisch-genetische Erklärung der Gesteinsarten. Doch wie sollte G. einem breiteren Publikum das, was er in der Natur sah oder erahnte, deutlich machen? Es existieren mehrere schriftliche Vorstufen zu einer illustrierten Publikation, die jedoch Fragment geblieben sind. Am 7.6.1785 meldete er Ch. v. Stein, er habe »etwas an meiner Gebürgs Lehre geschrieben«. Das vom geologischen Neptunismus geprägte Werk zur Mineralogie von Richard Kirwan nannte er als aufmunternde Lektüre dazu. Die Texte *Granit II*, *Form und Bildung des Granits*, *Epochen der Gesteinsbildung*, *Die Granitgebürge* und *Quarziges Tongestein* sind vermutlich alle in dieser Zeit entstanden.

Am bekanntesten wurde die mit literarischen Mitteln gestaltete Skizze *Granit II*, die in früheren Werkausgaben auch den Titel *Über den Granit* trug. Sie ist als Einleitung konzipiert. Nach Ansicht einiger Kommentatoren sollte es sich hierbei um einen fragmentarisch gebliebenen Beitrag zu dem von G. 1781 geplanten »Roman über das Weltall« handeln – doch dieser Plan hatte sich inzwischen zu einer viel konkreteren »Gebürgs Lehre« verwandelt. Der Text beginnt mit einer wiederum an de Saussure orientierten Rückschau auf die Verwendung des

67 Vgl. Kurt Steenbuck: *Friedrich Wilhelm Heinrich von Trebra, Johann Wolfgang von Goethe und die Societät der Bergbaukunde*. In: *Erzmetall* 39/12 (1986), 605–613.

Granits bei den alten Ägyptern; danach wird die besondere geologische Stellung dieses Gesteins als »Grundfeste unserer Erde« (FA I, 25, 313) festgehalten. G. rechtfertigt sich in Ich-Form, dass er »von Betrachtung und Schilderung des menschlichen Herzens« als jüngstem Teil der Schöpfung »zu der Beobachtung des ältesten, festesten, tiefsten, unerschütterlichsten Sohnes der Natur« gekommen sei (ebd. 313 f.), und fordert die Leser auf, ihm in die »große leise sprechende Natur« zu folgen (ebd. 314). Schließlich wird ein Standpunkt auf einem »hohen nackten Gipfel« (ebd.) angenommen – es dürfte sich dabei um den Brocken handeln. Der Granit als jene ursprüngliche Gesteinsart, »deren Gipfel nie das alles umgebende Wasser erreichte« (ebd. 313), erlaubt dem Beobachter den direktest möglichen Kontakt zur »Urwelt« (ebd. 314); er ist hier oben aber auch dem Himmel am nächsten. Die Granitberge hat G. hier mit einem geradezu religiösen Vokabular geschildert: Sie sind »vor allem Leben und über alles Leben«, ein »Altar«, »der unmittelbar auf die Tiefe der Schöpfung gebaut ist« (ebd.). Von dieser hohen Warte aus werden in einer visionären Schau, die in die Vergangenheit der Erde zurück führt, die Vorgänge der Urzeit nach Buffons Epochenabfolge geschildert. Der Text wendet sich schließlich zu dem Problem der als ungeordnete »Trümmer« (ebd. 316) erscheinenden Granitfelsen und fordert abschließend eine eindeutige Definition des Gesteins, die allerdings »mehr für Ausländer, wenn diese Schrift bis zu ihnen kommen sollte« (ebd.), nötig sei.

In den kurzen Notizen *Form und Bildung des Granits* wird die »ungezweifelte Entstehung des Granits durch Kristallisation« (ebd. 317) vorausgesetzt und dann auf die Gesetzmäßigkeiten der Klüftung verwiesen, die G. aber erst 1824 in dem Aufsatz *Gestaltung großer anorganischer Massen* näher ausführen sollte. Angeregt von einer am 30.9.1784 erworbenen Publikation von Franz Güßmann[68] unterscheidet G. zudem die beiden Möglichkeiten einer ursprünglichen »Auflösung im nassen und trocknen Wege« (ebd.), d.h. entweder waren die Bestandteile der Gesteine einst im Wasser gelöst oder sie lagen als Schmelze vor.

Der Text *Epochen der Gesteinsbildung* bringt G.s Abkehr von Buffons Abkühlungstheorie zugunsten einer neptunistisch geprägten Ansicht über die Entstehungsweise der ältesten Gesteine in eine chronologisch erzählte Abfolge. Ausgehend von einem flüssigen Zustand der Erdmasse werden die Vorgänge bei der Entstehung der einzelnen Gesteine geschildert. Im Gegensatz zu Buffons Theorie soll diese ursprüngliche Flüssigkeit keine Schmelze gewesen sein; aber auch Wasser allein war nicht als Lösungsmittel vorstellbar. G. nimmt deshalb einen Zustand der »Auflösung« durch ein »innerliches Feuer« an (ebd. 318). Deutlich gegen Buffon gerichtet ist der Satz: »Risse und Spaltungen durch Kristallisation, nicht durch Erkältung« (ebd.). Nach der →Kristallisation des Granits klärte sich gemäß G.s Überlegungen die flüssige Grundmasse in weiteren Schritten durch Ausfällungen von Gneis, Tonschiefer, Jaspis, Kalk etc. immer mehr, bis zuletzt die Trümmergesteine im Wasser mechanisch abgelagert wurden.

An die Grenzen der sprachlichen Vermittelbarkeit ist G. im Aufsatzfragment *Die Granitgebürge* gestoßen, wo er versuchte, die »Spaltungen« in den Urgebirgen zu erklären. Die Annahme von mehreren Schnittebenen im Gestein strapaziert das räumliche Vorstellungsvermögen: Neben den durch waagrechte und senkrechte oder schräge Klüfte entstandenen Hauptabteilungen, »die große parallelepipedische oder rhombische Massen bilden«, führte G. noch »Unterabteilungen« (ebd. 320) ein. Bereits sein Entwurf zu dem Aufsatz nimmt deshalb Bezug auf zugehörige erläuternde Tafeln, denn »es würde unmöglich seyn mit blosen Worten ein deutliches Bild zu geben« (LA II, 7, 149, M 68). Die ausgearbeitete Fassung des Aufsatzes endigt ebenfalls mit der Ankündigung von Illustrationen. Ein Entwurf dazu ist erhalten geblieben (vgl. Abb. S. 438): Mit Bleistift schwach vorgezeichnet sind mehrere gegen einander geneigte Felswände; die vorderste, mit Tinte bearbeitet, zeigt das Klüftungsschema mit den Haupt- und

68 Franz Güßmann: *Beyträge zur Bestimmung des Alters unserer Erde, und ihrer Bewohner der Menschen.* 2 Bde. Wien 1782/1783. Der Autor gehörte dem Jesuitenorden an und versuchte in seinem Werk eine Verteidigung der Zeitrechnung der Bibel.

Unterabteilungen, wie es G. im Text zu beschreiben versucht hat. Es handelt sich offenbar um eine Darstellung von steilen Granitwänden, wie sie auch von de Saussure im Montblanc-Gebiet beschrieben wurden.[69] Neben der Zeichnung wird in *Die Granitgebürge* wiederum explizit ein Modell als Visualisierungsmöglichkeit genannt: Insbesondere die »Unterabteilungen« der Felsmassen können nach G.s Ansicht »ohne Gegenwart des Felsens ohne ein Modell oder Zeichnung nicht verstanden werden« (FA I, 25, 320).

In einem Brief an Karl Ernst Adolf von →Hoff vom 6.9.1822 hat G. Jahrzehnte später geäußert, dass die Studien zum Granit nur der Anfang zu einer umfassenden Darstellung der Erdbildung sein sollten, doch »konnte bei langsamem und bedächtigem Vorschreiten wenig Hoffnung erscheinen, daß ich mich bis auf die letzten Epochen mit eigenen Kräften würde durcharbeiten können«. Als Fortsetzung der Studien über den Granit hinaus ist aus dem Jahr 1785 einzig die Notiz *Quarziges Tongestein* erhalten, worin G. verschiedene Gesteinsarten wie den Tonschiefer oder die Grauwacke als »Abstufungen« (FA I, 25, 322) des Quarzigen Tongesteins durch graduelle Veränderung der mineralischen Zusammensetzung deutete. Nach neptunistischer Ansicht waren diese Gesteinsarten als nächste über dem aus Granit und Gneis bestehenden Urgebirge abgelagert worden. Hier fällt erstmals der Begriff →»porphyrartig« (ebd.) – eine Bezeichnung, die G. ab 1807 für mehrere heterogene Gesteinsarten wie z. B. →Breccien benutzt hat; solche Bildungen wollte er nicht durchgehend als Ergebnis mechanischer Prozesse sehen. Beispiele zu seinen aus dem Sommer 1785 stammenden Aufzeichnungen finden sich in der *Folge der Gebürgsarten des Harzes*. Dabei handelt es sich um eine Liste, die wohl im Frühjahr 1785 entstand, als G. mit Hilfe von J. C. W. Voigt die auf den Harzreisen von 1783 und 1784 gesammelten Gesteine ordnete. Die Sammlung diente G. als empirischer Beleg für seine Hypothese der Gesteinsbildung.

Zu Anfang des Jahres 1785 beschäftigte sich G. auch mit »metallischen Vegetationen« (vgl. LA II, 7, 133–136, M 63), also mit Kristallbildungen, die wegen ihres baumartigen Wachstums bei manchen Naturforschern damals noch als Übergangsformen zwischen belebter und unbelebter Natur galten (→Stufenleitermodell). An den Freund Jacobi schrieb G. am 12.1.1785: »Ich mag und kann dir gar nicht vorerzählen worauf ich in allen Naturreichen ausgehe«. Im Laufe dieses Jahres wurde für G. das Studium der Botanik immer wichtiger, während die geologischen Interessen etwas zurücktraten. Trotzdem kam es noch zu einer geologisch inspirierten Reise: Schon 1783 hatte G. eine Exkursion ins →Fichtelgebirge geplant (an Knebel, 14.11.1783). Er erhoffte sich davon zusätzliches Anschauungsmaterial für seine Studien zur Klüftung des Granits. Der Plan ließ sich jedoch erst im Sommer 1785 in Verbindung mit einer Fahrt nach →Karlsbad verwirklichen. In Begleitung →Knebels und des pflanzenkundigen Friedrich Gottlieb →Dietrich kam G. am 30.6.1785 nach Wunsiedel. Während des dreitägigen Aufenthalts zeichnete er einige der Felsen auf dem Ochsenkopf, auf dem Nusshardt und bei der Luchsburg (Luisenburg). Die gigantischen Granittrümmer der Luchsburg sollte G. erst 35 Jahre später nochmals aufsuchen. Der nach diesem zweiten Aufenthalt von 1820 entstandene Aufsatz *Die Luisenburg bei Alexanders-Bad* erklärt die bizarren Felsgestalten korrekt als Verwitterungserscheinungen.

Die Reisenden besichtigten im Fichtelgebirge auch technische Einrichtungen des Bergbaus; auf der Rückreise von Karlsbad sah G. sich in den erzgebirgischen Bergbauorten Joachimsthal, Johanngeorgenstadt und Schneeberg um. Die Kobaltgruben von Schneeberg konnte er jedoch erst im folgenden Jahr, am 14.8.1786 befahren, da es dazu einer Bewilligung der sächsischen Behörden bedurfte. Während sich sein Mineralienkabinett durch Kauf, Tausch und Geschenke ständig erweiterte, bemerkte G. am 16.8.1786 in einem Brief an Ch. v. Stein halb unwillig: »In der Mineralogie kann ich ohne Chymie nicht einen Schritt weiter [...] und habe sie auch darum beiseite gelegt werde aber immer wieder hineingezogen und gerissen«.

69 Wagenbreth (1999, 42) hat dazu eine schematische Rekonstruktion von G.s Zeichnung innerhalb eines neptunistischen Gebirgsprofils geliefert.

Erfahrungen mit dem Vulkanismus: 1786–1789

Mit der Abreise aus Karlsbad am frühen Morgen des 3.9.1786 sollte eine neue Epoche in G.s Leben beginnen. Der fast zwei Jahre dauernde Aufenthalt in →Italien ermöglichte ihm in geologischer Hinsicht vor allem die Begegnung mit unterschiedlichsten vulkanischen Phänomenen. Die Reise brachte aber auch eine Bestätigung seiner in Mitteleuropa erworbenen Erkenntnisse vom gesetzmäßigen Bau der Erde. Während der Hinfahrt durch Bayern und →Tirol notierte sich G. Angaben zu Landschaftsformen, Bodenbeschaffenheit und Gesteinsvorkommen. Die Annäherung an die alpine Wasserscheide führte von den »zusammengeschlemmten Kieshügeln« (Tgb, 7.9.1786) bei München durch die Kalkalpen vor Innsbruck und zum Brennerpass. Die Fahrt Richtung Süden wurde für G. Anlass, sich erneut Gedanken über die Veranschaulichung seiner Hypothese zur erdgeschichtlichen Entwicklung zu machen. Seine Reiseroute war gemäß der neptunistischen Theorie ja zugleich eine Reise zurück in der Zeit, von den jüngsten »Aufgeschwemmten Gebirgen« – so lautete Werners Bezeichnung – bis zu den ältesten Erhebungen. Auf dem Brennerpass erwartete G. denn auch, auf das granitische Urgebirge zu stoßen, wie er es am Gotthard erlebt hatte. Das Vorkommen von Glimmerschiefer wurde ihm zum Zeichen dafür, »daß hier oben nicht ferne der Granitstock sein muß an dem sich das alles anlehnt« (Tgb, 9.9.1786). Auf der Höhe des Brennerpasses wurden seine geologischen Projekte wieder lebendig. So scheint ein umfassendes Werk in der Art, wie er es Ch. v. Stein gegenüber als »meinen neuen Roman über das Weltall« angekündigt hatte, ihn weiter beschäftigt zu haben, wenn er ins Reise-Tagebuch schrieb: »Zu meiner Weltschöpfung hab ich manches erobert. Doch nichts ganz neues noch unerwartetes« (Tgb, 8.9.1786). Ebenso war die Idee des geologischen Modells noch lebendig, wenn es anschließend heißt: »Auch hab ich viel geträumt von dem Model, von dem ich solang rede und an dem ich Euch lieben Layen allein das alles anschaulich machen könnte was immer mit mir herumreist« (ebd.).

Als Leitfaden für die Fahrt durch die Ostalpen dienten G. gemäß seinen Angaben in der *Italienischen Reise* zwei Werke: die *Briefe aus Wälschland* (1773) von Johann Jacob Ferber und Balthasar Hacquets *Physikalisch-politische Reise auf die [...] Norischen Alpen* (1785). Die Porphyre um Bozen, über deren Entstehungsweise sich die beiden Naturforscher nicht einig waren, fanden G.s besonderes Interesse; Ferber hielt sie für vulkanische Produkte. G. nahm Probestücke mit und lobte die neptunistische Herleitung des Porphyrs durch Hacquet (vgl. *Italienische Reise*, 14.9.1786). Am 17.9. besichtigte er laut Tagebuch im Palazzo Canossa in Verona eine Sammlung fossiler Fische vom Monte Bolca (→Fossilien), von denen er viele Jahre später auch einige Exemplare für seine paläontologische Sammlung erhalten sollte. Johann Jacob Volkmanns *Historisch-kritische Nachrichten aus Italien* (1770/1771) dienten als Reiseführer durch die Poebene, wo G. im Straßenpflaster von →Padua vulkanische Gesteine aus den Euganeischen Hügeln vorfand (vgl. *Italienische Reise*, 26.9.1786). Die von ihm auf der Italienreise gesammelten Suiten sollten schließlich über 200 Exemplare umfassen.

In der Lagune von Venedig sah G. zum ersten Mal das Meer und erhielt einen Eindruck von der Wirkung der Gezeiten. Gemäß der neptunistischen Lehre ging er davon aus, dass eine langsame Abnahme des Meeresspiegels immer noch andauerte (vgl. *Italienische Reise*, 9.10.1786). In den norditalienischen Städten beobachtete er, welche Gesteinsarten als Baumaterial verwendet wurden, was ihm einen »großen Vorsprung in der Kunst« (FA I, 15.1, 85) vermittelte. Diese Aufmerksamkeit auf die lokalen Gesteinsarten und ihren Wechsel behielt G. trotz des schnellen Reisetempos auf dem Weg nach Rom. Von Bologna aus nahm er sich am 20.10.1786 sogar einen ganzen Tag Zeit, um den Monte Paderno aufzusuchen, den Fundort des so genannten →»Bologneser Steins«. Es handelt sich dabei um Schwerspat (Baryt), der nach der Kalzination im Dunkeln leuchtet – ein Phänomen, das im 17. Jh. entdeckt worden war und für das die Wissenschaftler damals noch keine Erklärung hatten. In der *Italienischen Reise* verglich sich G. nach diesem Ausflug mit dem der griechischen Mythologie entstammenden Antäus, »der sich immer neu gestärkt fühlt, je kräftiger man ihn mit seiner Mutter Erde in Berührung bringt« (ebd. 117).

Die Apenninen, die er vom 21. bis 23.10.1786 überquerte, sah G. als Produkte der Verwitterung; am 25.10. stellte er den Unterschied zu den südlich angrenzenden toskanischen Hügeln fest, deren weichere Formen er auf ihre Lage unter dem früheren Meeresspiegel zurückführte. Am 28.10.1786 notierte G. am Tiber vor Civita Castellana den Wechsel von Kalken zu vulkanischen Gesteinen.

Nach der Ankunft in Rom am 29.10.1786 war G.s Beschäftigung mit Steinen und Mineralien keineswegs beendet: Das aus aller Welt herangeführte Material von Bauten und Skulpturen in der Stadt diente ihm nun als Anschauungsmaterial. »Das Steinreich hat hier seinen Thron«, schrieb er am 17.11.1786 an Knebel. Unterstützt wurde G. bei diesem Vorhaben vom Maler Johann Heinrich Wilhelm Tischbein, bei dem er damals auch wohnte. Die Betrachtung der ägyptischen Obelisken brachte G. auf die Idee, deren Form aus den natürlich vorkommenden Formen des Rohmaterials Granit herzuleiten: Man habe für die Obelisken einst passende »Granit-Keile ausgesucht und hervorgezogen« (FA I, 18, 206), schrieb er in dem 1789 im *Teutschen Merkur* veröffentlichten Aufsatz *Zur Theorie der bildenden Künste*.

Im November 1786 gelangte die Nachricht von einer Eruption des →Vesuvs nach Rom. Die Frage nach dem Ursprung der Vulkane hatte seit der Entdeckung der erloschenen Vulkane in der Auvergne ab der Mitte des 18. Jh.s eine neue Aktualität gewonnen. Allgemein glaubten die Naturforscher damals an eine oberflächennahe Entstehung des vulkanischen »Feuers«, das man in der Art einer Esse innerhalb des Vulkankegels vermutete; nach Buffon war das Erdinnere erstarrt, bevor die Epoche des Vulkanismus begann (vgl. Wagenbreth 1999, 25). Wegen der meist an Meeresküsten liegenden Vulkanketten wurde eine Beteiligung des Wassers bei der chemischen Entzündung der Vulkane angenommen. Schwefelkies sollte die Brandursache sein – Werner machte ab 1789 brennende Kohlenflöze im Untergrund dafür verantwortlich. Seiner Ansicht nach waren Vulkane nur lokale Erscheinungen, die für die Erdgeschichte kaum Bedeutung hatten.

Nun wollte sich G. selbst ein Bild von den vulkanischen Gewalten machen und reiste mit Tischbein nach Neapel, wo sie am 25.2.1787 eintrafen. Unterwegs vermerkte G. einen mehrmaligen Wechsel zwischen Kalkfelsen und vulkanischen Gesteinen. Am 1.3.1787 besuchte er in Gesellschaft ein besonderes vulkanisches Phänomen, die westlich von Neapel liegenden Phlegräischen Felder. Dort sah er die Solfatara, das Kraterbecken eines halb erloschenen Vulkans; doch auch die Reste eines als Serapistempel gedeuteten Gebäudes in →Pozzuoli waren bemerkenswert, weil sich an seinen Säulen Fraßspuren von Bohrmuscheln weit über der Höhe des jetzigen Meeresspiegels zeigten. Dies hatte zur Hypothese einer einstigen vorübergehenden Hebung des Meeresspiegels geführt, die G. nicht akzeptieren konnte. Nach der Rückkehr aus Sizilien sollte er bei einem zweiten Besuch in Pozzuoli am 19.5.1787 eine eigene Erklärungshypothese für das Phänomen aufstellen (vgl. LA II, 7, 181–183, M 89f.); diese hat er aber erst 1823 in dem Aufsatz *Architektonisch-naturhistorisches Problem* veröffentlicht (vgl. Abb. S. 601).

Mit Hilfe einheimischer Führer wagte G. am 2.3.1787 die erste von drei Besteigungen des Vesuvs, doch gelangten sie nicht bis zum Gipfel, weil Rauch und Wolken die Atmung und die Sicht behinderten. G. bemerkte aber tropfsteinartige schweflige Sublimate, die sich an den Innenwänden schornsteinartiger Kegel – heute Hornitos genannt – auf der Decke frischer Lavaströme fanden. Am 6.3.1787 konnte G. zusammen mit Tischbein dann den Krater des Vesuvs umrunden und wagte mit einem Führer zwischen zwei Eruptionen den gefährlichen Blick in den Kraterschlund. Ein Steinhagel zwang sie zum schnellen Rückzug. Am Hang des Vulkans beobachtete G. den Formenreichtum der erstarrten Laven unterschiedlichen Alters. Er fand auch große, aus der Tiefe stammende Blöcke, die »einer Urgebirgsart völlig ähnlich« sahen (FA I, 15.1, 211) und die er offenbar nicht als Erstarrungsgestein, sondern als losgerissene Stücke des Grundgebirges deutete. – Nachdem er die Ausgrabungen in Pompeji besucht hatte, erfuhr G. in Neapel von einem frischen Lava-

Ausbruch am Vesuv und stieg am 19.3. (nicht 20.3., wie in der *Italienischen Reise* angegeben) zum dritten Mal auf den Vulkan. Er näherte sich dabei dem Ursprung des Lavastroms so weit wie möglich und beobachtete das Fließen und fortwährende Erstarren des glühenden Gesteins.

Ende März setzte G. mit dem Landschaftsmaler Christoph Heinrich Kniep nach Sizilien über; am 2.4.1787 landeten sie im Hafen von →Palermo. Für die geologische Erkundung der Insel nahm G. die Schriften des Grafen Michael Jean Borch als Führer. Eine geplante Besteigung des Ätnas unterließ er aber – Giuseppe Gioeni, Professor für Naturgeschichte in Catania, den er am 4.5.1787 besuchte, riet ihm davon ab, weil in der Höhe noch zuviel Schnee liege. So bestieg G. stattdessen den vorgelagerten Monte Rosso, wo sich Laven eines Ausbruchs von 1669 fanden.

In Sizilien war für G. »der Schlüssel zu Allem« (FA I, 15.1, 271), wie er in der *Italienischen Reise* unter dem Datum des 13.4.1787 vermerkt hat. Neben intensiven Anregungen auf botanischem Gebiet sollte G. hier auch eine Bestätigung für die von den Neptunisten gehegte Überzeugung erfahren, dass die Vulkane nur oberflächliche und lokale Phänomene waren.[70] Denn an vielen Orten in Sizilien fand sich Kalkstein, wie er notierte; erst vor Catania zeigten sich Spuren vulkanischer Gesteine sowie von Basalten, die G. in der *Italienischen Reise* mit dem in Deutschland sich anbahnenden Streit um die Entstehungsweise dieses Gesteins verband (→Basaltstreit). – Nach dem Besuch der vom →Erdbeben von 1783 noch schwer gezeichneten Stadt Messina verließen G. und Kniep Sizilien am 12.5.1787; am Vulkan Stromboli vorbeisegelnd erreichten sie nach gefährlicher Schifffahrt wieder den Hafen von Neapel.

G.s Meinung über die untergeordnete Bedeutung des Vulkanismus in der Erdgeschichte änderte sich durch die Erfahrungen in Süditalien nicht; vielmehr hielt er nach dem zweiten Besuch der Phlegräischen Felder bei Pozzuoli schriftlich fest, »daß die Vulkanischen Würckungen keine sehr tiefe Ursachen haben« (LA II, 7, 181, M 89; im Original hervorgehoben). Anfang Juni 1787 wurde G. in Neapel nochmals Zeuge eines großen Lava-Ausbruches am Vesuv, dessen Anblick bei hereinbrechender Nacht er in der *Italienischen Reise* eindrücklich geschildert hat (vgl. FA I, 15.1, 367–370). Er fand jedoch vor der Abreise nach Rom keine Zeit mehr, sich dem Berg zu nähern.

Der *Zweite Römische Aufenthalt* begann mit G.s Rückkehr aus Neapel am 6.6.1787; er war neben Kunststudien auch der Beobachtung des Pflanzenwachstums gewidmet. Zwei längere Ausflüge in die Umgebung von Rom führten G. und seine Freunde im Oktober und Dezember 1787 nochmals in die als alte vulkanische Gegend bekannten Albaner Berge. Deren einstige Bewegung war aber »so in Ruhe übergegangen, daß ihre Bewohner sich schon Jahrtausende eines friedlichen Sitzes erfreuen«, wie G. am 23.10.1787 an Carl August schrieb. In dieser Zeit machte G. noch die persönliche Bekanntschaft mit dem französischen Geologen Déodat de Dolomieu (an Knebel, 21.12.1787), der ihm schon als Autor eines Buches über die Erdbeben in Kalabrien bekannt war (vgl. LA II, 7, 369).[71]

Im Frühjahr 1788 war G.s Rückkehr nach Deutschland unausweichlich geworden; am 24.4.1788 nahm er schweren Herzens Abschied von Rom, das er nie wiedersehen sollte. Für den Rückweg wählte G. eine Route, die ihn durch einen ihm noch unbekannten Teil der Alpen führte. Die Annäherung ans Gebirge begann mit einem Besuch bei dem durch geologische Veröffentlichungen bekannten Pater Ermengildo Pini in Mailand. Dort kaufte G. auch einen Geologenhammer, wie er es am 24.5.1788 in einem Brief an Knebel angekündigt hatte. Bitter schrieb er dazu dem Freund: »In Rom wurde kein Stein mehr angesehen wenn er nicht gestaltet war. Die Form hatte allen Anteil an der Materie verdrängt. Jetzt wird eine Crystallisation schon

70 Für Bertaux war die Bestätigung des neptunistischen Weltbilds die eigentliche Entdeckung G.s in Sizilien. Vgl. Pierre Bertaux: *Goethes »Italienische Reise« als Anti-Herder.* In: Paolo Chiarini (Hg.): *Bausteine zu einem neuen Goethe.* Frankfurt am Main 1987, 43–54.

71 Dolomieu sollte 1791 als erster das später nach ihm benannte Gestein »Dolomit« beschreiben, das er in einem Teil der Südalpen vorfand. Nach diesem Kalzium-Magnesium-Karbonat ist dann auch das Gebirgsmassiv der »Dolomiten« getauft worden.

wieder wichtig und ein unförmlicher Stein zu etwas. So hilft sich die menschliche Natur, wenn nicht zu helfen ist«.

G.s Reiseroute durch die Alpen führte vom Comersee über den Splügenpass und dann dem Lauf des Rheins entlang bis zur Einmündung in den Bodensee. Im Gegensatz zur Hinfahrt nach Italien machte er unterwegs, diesmal in eher trüber Stimmung, keine Notizen, und er sammelte auch nur wenige Gesteinsproben. Es entstanden aber einige Landschaftsskizzen, u.a. von der »Via mala« in Graubünden (vgl. Corpus II, Nr. 397ff.). Über Ulm und Nürnberg gelangte G. nach Weimar, wo er am 18.6.1788 eintraf.

Während G.s Aufenthalt in Italien hatte sich unter den deutschen Geologen eine Debatte über die Entstehungsweise einiger Gesteinsarten angebahnt, die von Werner in seiner *Kurzen Klassifikation und Beschreibung der verschiedenen Gebirgsarten* von 1787 als Sedimente eingestuft worden waren. Ausgelöst wurde der »Basaltstreit« durch zwei Preisfragen in dem in Zürich herausgegebenen *Magazin für die Naturkunde Helvetiens*. Dessen Redakteur, der Apotheker Albrecht Höpfner, fragte 1787 nach der Natur einiger Gesteine, u.a. des »Hornschiefers«; 1788 stellte er die Natur des Basalts zur Debatte. G., der von J. C. W. Voigt am 16.12.1787 um Mitteilung seiner Erfahrungen mit dem »Hornschiefer« in Italien gebeten worden war (vgl. LA II, 7, 399f.), sah den Zündstoff voraus und bat von Rom aus am 9.2.1788 seinen Amtskollegen C. G. Voigt, mäßigend auf den Bruder einzuwirken. Er selbst sah keine Belege dafür, dass der »Hornschiefer« als vulkanisches Produkt anzusehen sei, wie er im selben Brief meldete.[72] Doch der Streit eskalierte. J. C. W. Voigt erhielt mit seinen Beiträgen, die eine vulkanische Entstehung beider Gesteinsarten begründeten, jeweils den zweiten Preis, während der erste Preis an einen Neptunisten ging. In anderen Publikationsorganen griff Voigt seinen ehemaligen Lehrer Werner in polemischer Weise an. Werners Hauptargumente im Basaltstreit waren die flächige Ausdehnung der Basaltvorkommen – aus heutiger Sicht durch die dünnflüssige Konsistenz der Basaltmasse erklärbar – und das Fehlen von Vulkanschloten unter den Lagern. Da der Basalt in Deutschland nur in stark erodierten Resten vorkommt und eine mikroskopische Untersuchung von Gesteinen noch nicht üblich war, ließ sich die Streitfrage mit den damaligen Mitteln der Geologie nicht entscheiden (vgl. Wagenbreth 1955).

Am 17.9.1789 traf G. in Jena Werner zu einem Gespräch und ließ sich von dessen Argumenten in der Sache überzeugen. Ein vielleicht von ihm vermitteltes Treffen zwischen Werner und J. C. W. Voigt führte zur Verbesserung des persönlichen Umgangstons, aber nicht zu einer Einigung in der Sache. G.s *Vergleichs Vorschläge die Vulkanier und Neptunier über die Entstehung des Basalts zu vereinigen*, die wohl nach dem Gespräch mit Werner entstanden, blieben ohne nachweisbaren Einfluss auf die weitere Debatte. Es gibt keinen Beleg dafür, dass der nur in einem flüchtigen Entwurf erhaltene Text, in dem G. den Basalt als Abscheidung aus einem sekundär aufgeheizten Urozean zu deuten versuchte, den Kontrahenten bekannt wurde. Seine Idee war, dass das Meer nach dem Niederschlag der Grundgebirge »in einen siedenden Zustand geriet, indem gewisse Teile der darin enthaltenen Materien auf einander freier und kräftiger als vorher wirkten« (FA I, 25, 511), und dass der Basalt dann aus dem siedenden Wasser abgelagert worden sei. So ließen sich die Basaltvorkommen ohne Vulkanschlote erklären; zugleich sah G. in den Resten der »erhitzbaren Materie« (ebd.) den Grund für den bis in die Gegenwart andauernden Vulkanismus. Doch stand seine Hypothese in Widerspruch zu Werners Beobachtung, dass die Basaltlager sich über den teilweise fossilführenden Schichten des Flözgebirges fanden, also jungen Datums sein mussten. – Die Kontroverse, an der sich auch Alexander von →Humboldt und weitere Geowissenschaftler beteiligten, nahm an Intensität noch zu und flaute erst nach 1795 langsam ab. G. verfolgte seine Idee nicht weiter, sondern ließ die geologischen Themen vorerst ruhen und wandte sich

72 Voigt verstand unter »Hornschiefer« einen dichten Basalt, wie er ihn in der Rhön gefunden hatte, und erklärte ihn deshalb für vulkanisch. Mit demselben Namen wurden damals aber verschiedene dunkle und harte Gesteine bezeichnet, darunter auch eindeutig als Sedimente erkennbare (vgl. LA II, 7, 400).

mit ganzer Energie der Botanik zu, um die in Italien gewonnenen Erkenntnisse zur →Metamorphose der Pflanzen zu vertiefen.

Der Aufenthalt in Italien war für G. eine Lehre des differenzierenden Sehens geworden. Signal für seine neue Herangehensweise an die Natur ist der Aufsatz *Naturlehre*, der 1789 im *Teutschen Merkur* erschien. Darin beantwortete G. einen Brief von Knebel, worin dieser Eisblumen mit Pflanzenformen verglichen hatte, und setzte sich für die Eigenständigkeit der drei →Naturreiche ein. Er warnte vor einem »bequemen Mystizismus« (FA I, 25, 20) und meinte: »Das Unterscheiden ist schwerer, mühsamer, als das Ähnlichfinden, und wenn man recht gut unterschieden hat, so vergleichen sich alsdann die Gegenstände von selbst« (ebd. 18). Deshalb verlangte G., man solle »die drei großen in die Augen fallenden Gipfel, Kristallisation, Vegetation, und animalische Organisation, niemals einander zu nähern suchen« (ebd. 19). Diese Grenzziehung war die Voraussetzung für die morphologischen Studien bei Tieren und Pflanzen, die ihn in den kommenden Jahren beschäftigen sollten. Auch den Versuchen zur Farbenlehre widmete er ab 1791 viele Stunden. Die geologischen Studien reduzierten sich hingegen auf G.s Beobachtungen auf Reisen und auf das Sammeln von Gesteinen und Mineralien.

Reisen und Sammeln: 1790–1799

In die 1790er Jahre fallen einige mehrwöchige Reisen G.s, die ihn in verschiedene Regionen Europas führten. Sie wurden oft unfreiwillig unternommen, doch nutzte er die Zeit auch für naturwissenschaftliche Beobachtungen und Exkursionen; zudem erweiterte er dabei seine geologische und mineralogische Sammlung. Anzunehmen ist, dass G. schon bei einem im Herbst 1789 unternommenen Truppenbesuch in Aschersleben – Carl August war dort mit seinem preußischen Regiment stationiert – den östlichen Harz aufgesucht hatte, doch sind davon keine Zeugnisse überliefert. Besser dokumentiert ist G.s zweite Reise nach Italien, die von März bis Mai 1790 dauerte. Er sollte die von ihrer Italienreise zurückkehrende Herzogin-Mutter Anna Amalia in →Venedig erwarten und sie nach Hause begleiten. Von der Hinreise über Fernpass und Brenner finden sich in G.s Tagebuch einige Bebachtungen zu Gesteinsvorkommen und Bodenbeschaffenheit; auf der gemeinsamen Rückfahrt, die wiederum über Innsbruck führte, notierte die Hofdame Luise von →Göchhausen Bemerkungen über das Vorkommen verschiedener Gesteine in ihr Reistagebuch, die von G. inspiriert sein dürften.

Wenige Wochen nach der Rückkehr aus Venedig musste sich G. erneut zu einer Reise bereit machen. Diesmal sollte er dem in militärischer Mission nach →Schlesien aufgebrochenen Carl August als Gesellschafter dienen. Er traf den Herzog im Feldlager bei Zirlau an, wo dieser mit seinen Truppen den preußischen Aufmarsch gegen Österreich und die Türkei unterstützte. Nach den Reichenbacher Beschlüssen entspannte sich die politische Lage, doch musste man mehrere Wochen auf das Eintreffen der Zustimmung aus der Türkei warten. Ab dem 12.8.1790 hielt sich G. in →Breslau auf; er nutzte die Wartezeit zu einer Exkursion in die gebirgige Grafschaft Glatz, wo er u.a. in der Bergstadt Reichenstein die mineralogische Sammlung besichtigte. Vom 3. bis 10.9. unternahm G. mit dem Herzog und dem preußischen Bergbaudirektor Graf Friedrich Wilhelm von Reden eine Exkursion in die oberschlesischen Bergbaugebiete und nach Polen. Die Besichtigung der Blei- und Silbergruben von →Tarnowitz ermöglichte den Vergleich mit Ilmenau, wo das erzführende Flöz wegen wiederholter Wassereinbrüche auch sechs Jahre nach Baubeginn noch nicht erreicht war. G. sah hier erstmals »Feuermaschinen« zur Entwässerung der Gruben im Einsatz (an C. G. Voigt, 12.9.1790).[75]

Das Salzbergwerk von Wieliczka, mit seinen ausgeschmückten unterirdischen Hallen schon damals ein Anziehungspunkt für Reisende, wurde auch für G. und Carl August ein Ziel bei

75 Die Einführung der Dampfkraft im deutschen Bergbau geschah ab 1785; vgl. Otfried Wagenbreth, Helmut Düntzsch und Albert Gieseler: *Die Geschichte der Dampfmaschine. Historische Entwicklung, Industriegeschichte, technische Denkmale.* Münster 2002, 131–205.

ihrer kurzen »Lustfahrt« nach Polen (TuJ von 1790). G.s Besteigung der Schneekoppe im Riesengebirge am 22.9. war ebenfalls mehr der touristischen Neugier geschuldet, doch besichtigte er vorher wahrscheinlich die Bergbauanlagen von Waldenburg und danach vermutlich noch die damals berühmten Vitriolwerke bei Schreiberhau (vgl. Ziolko 57). Die den Herders am 10.8.1790 mitgeteilte Absicht G.s, auf dem Weg nach Hause in Freiberg Station zu machen, ist wohl nicht realisiert worden, da es für einen solchen Aufenthalt keine Belege gibt.

Das Aufbereiten der erzhaltigen Gesteine durch Pochen und Schlämmen, das er in Tarnowitz gesehen hatte, schien G. auch in Ilmenau anwendbar, wie er am 15.10.1790 nach der Rückkehr aus Schlesien an C. G. Voigt schrieb. Der Text *Schiefer* entstand vermutlich ebenfalls im Oktober 1790. G. nennt darin Gründe für die Möglichkeit einer mechanischen Schweretrennung des gerösteten Kupferschiefers statt der aufwendigen Gewinnung des Rohmetalls im Schmelzofen und verweist auf chemische Versuche mit geschlämmtem Kupferschiefer, die er offenbar von Johann Friedrich August →Göttling in Jena anstellen ließ. In einem Pochwerk sollte das geförderte Gestein zermahlen und durch Schlämmen in Wasser die Erze angereichert werden; die so erhaltenen »Schliche« (FA I, 25, 514) sollten dann mit dem neuen Verfahren der Amalgamierung behandelt werden, um die erwünschten Metalle chemisch auszuziehen. – Diese Idee stieß aber bei den Praktikern auf berechtigte Bedenken; die nasse Aufbereitung von Schiefer war, wie Steenbuck (1995, 287) dargelegt hat, auf Dauer nirgendwo erfolgreich.

Auch in den folgenden Jahren bestimmte die Politik G.s Reisepläne. Die lange erwartete Nachricht, dass der Schacht in Ilmenau das Kupferschieferflöz erreicht hatte – es gelang am 3.9.1792 –, erhielt er im Feldlager bei Verdun. Im August 1792 war G. aufgebrochen, um mit Carl August und seinen Truppen die *Campagne in Frankreich* zu bestehen. Das schlechte Wetter und die einförmige Landschaft der Champagne waren für geologische Untersuchungen wenig förderlich, doch entdeckte G. im dortigen Kreidekalk Schwefelkies-Konkretionen und beschrieb, wie durch einfaches Graben im Feld die für die Uniformpflege der Soldaten benötigte Kreide zu erhalten war.

Wieder zuhause in Weimar, musste G. zur Kenntnis nehmen, dass die Erzausbeute des Ilmenauer Flözes so gering war, dass sich die Aufbereitung weder durch Schmelzen noch durch mechanische oder chemische Verfahren lohnte. Man begann nun in der Horizontalen weiter vorzustoßen, um ergiebigere Zonen des Flözes zu suchen. Nach weiteren vier Jahren des Vortriebs kam es jedoch im Oktober 1796 zu einem Bruch im Entwässerungsstollen, der zur Überflutung des Schachtes »Neuer Johannes« führte und alle Hoffnungen auf nahen Erfolg begrub (vgl. Abb. S. 317). – Aus Ilmenau, wo sich G. wegen des Stollenbruchs aufhielt, schrieb er am 12.11.1796 an →Schiller, er habe nun durch diesen »Zufall« seine Betrachtungen über das Steinreich erneuern können, »ohne welche denn doch die berühmte *Morphologie* nicht vollständig werden würde«. Bald musste er jedoch erkennen, dass die morphologischen Gesetze bei den Mineralien nur beschränkt anwendbar waren (vgl. Engelhardt 1992).

Es sollte zwei Jahre dauern, bis der Betrieb des Ilmenauer Bergwerks technisch wieder möglich war – danach fehlte aber das Geld für weitere Arbeiten. Auch ein Aufenthalt des mit G. seit 1794 bekannten Naturforschers A. v. Humboldt in Jena und Weimar von Februar bis Mai 1797 brachte nicht den von G. erhofften Anstoß. Wegen der schlechten Luftverhältnisse im Bergwerk kam eine von Humboldt erfundene Grubenlampe mit künstlicher Sauerstoffzufuhr bei den Rekognoszierungsarbeiten zum Einsatz. Humboldt fand keine Zeit, um selbst nach Ilmenau zu gehen – doch der junge Obergrat mit den ausgedehnten Fachkenntnissen bereicherte G. in vielen Gebieten der Wissenschaft.

Als G. im Herbst 1797 zum dritten Mal in die Schweiz reiste, fuhr er dem von einem Studienaufenthalt in Italien in seine Heimat zurückgekehrten Freund Johann Heinrich →Meyer entgegen. Seit 1795 war ein Plan zu einem umfassenden Werk gereift: Zusammen mit Meyer wollte G. eine Enzyklopädie über Italien »von unten herauf« schreiben (an Schiller, 14.9.1795); das Werk sollte von den geologischen und geographischen Grundlagen bis zu Kunst und Kultur des Landes führen. Während sich Meyer deswegen bereits im Herbst des Jahres 1795 nach Italien begeben hatte, befasste sich G. mit der geologischen Literatur über das Land und wartete auf eine günstige Gelegenheit zur erneuten Reise in den Süden. Der geplante gemeinsame Aufenthalt in Italien musste zuerst der politischen Lage wegen, dann aufgrund einer Erkrankung Meyers aufgeschoben werden.

Bei der Hinfahrt war die Hoffnung G.s noch nicht völlig geschwunden; so wurden ihm die durchreisten Gegenden Deutschlands und der Schweiz vorbereitend zum Studiengebiet, dem er wissenschaftliche Aufmerksamkeit widmete. Ein »ziemlich umständliches Tagebuch« (an C. G. Voigt, 17.10.1797), das er seinem Diener Johann Ludwig Geist diktierte, hielt G.s Beobachtungen auf der Reise fest, die zunächst über Frankfurt und Darmstadt nach Heidelberg führte. Den Neckar entlang erreichte G. Tübingen, und über Tuttlingen und den Hegau[74] gelangte er nach Schaffhausen. Gesteinsvorkommen, Landwirtschaft und sonstige ökonomische Verhältnisse in den durchreisten Gebieten fanden sein besonderes Augenmerk.

In Schaffhausen blieb G. zwei Tage, um von dort aus mehrmals den Rheinfall aufzusuchen. Das imposante Naturschauspiel wurde unter verschiedenen Aspekten beobachtet. Als geologische Besonderheit fiel ihm auf: »Der Kalkstein, an dem man vorbey fährt, ist sehr klüftig so wie auch der drüben bey Laufen. Das wunderbarste Phänomen beym Rheinfall ist mir daher die Felsen, welche sich in dessen Mitte so lange erhalten, da sie doch wahrscheinlich von derselben Gebirgsart sind« (Tgb, 18.9.1797). G. beobachtete also eine unterschiedliche Festigkeit des Gesteins, die Anlass zum Auftreten von bizarren Verwitterungsformen wurde – eine Feststellung, die ihn später auch zur korrekten Erklärung der Steingebilde der Luisenburg im Fichtelgebirge befähigen sollte.

In Stäfa am Zürichsee, wo sich Meyer bei seinen Verwandten eingerichtet hatte, wurde G. angesichts der nahen Alpenkette an die vergangenen Schweizer Reisen erinnert, und er fühlte, wie er an Schiller schrieb, »ein wundersames Verlangen jene Erfahrungen zu wiederholen und zu rectificiren« (14.10.1797). So brach er am 28.9.1797 mit Meyer zu einer elftägigen Reise auf, die nochmals auf dem Gotthard kulminierte. – Kurz vor dem Beginn der Alpenwanderung hatte G. in einem Brief an C. G. Voigt (26.9.1797) »die Aufsätze eines Herrn Escher von Zürch« gelobt, die ihm eine »geschwinde Übersicht« dessen gegeben hätten, was auf der »kleinen vorgenommenen Tour« zu erwarten sei. Bei den »Aufsätzen«, die G. wenige Tage vorher in Zürich erhalten hatte, handelte es sich um die ersten Veröffentlichungen eines großen Kenners der alpinen Topographie: Der Zürcher Hans Conrad Escher, der spätere Erbauer des Linthkanals, hatte sie verfasst.[75]

G. ließ sich von der alpinen Umgebung und der begleitenden Lektüre zu genauen Beobachtungen der Gebirgsformen animieren. Die Reise vom Zürichsee über Schwyz zum Gotthard ist nicht nur mit dem detaillierten Tagebuch, sondern auch mit zahlreichen Musterstücken dokumentiert. In den Kalkfelsen am Urnersee und im Reußtal sah G. Faltenstrukturen, die sich der neptunistischen Theorie zu widersetzen schienen und die für Escher nur durch gewaltsame Revolutionen zu erklären waren. Für den Neptunisten G. konnten schief liegende Gesteinsschichten nicht Folgen von späteren Verlagerungen sein. Vorerst blieb es bei der im Tagebuch festgestellten »Confusion der Flötze« (30.9.1797), und er schrieb in einem Brief an Karl August Böttiger von den »formlosen Gebirgen« (25.10.1797), in denen er geweilt habe. Erst viele Jahre später, in den Aufzeichnungen *Zur Geologie November 1829*, formulierte G. eine der neptunistischen Lehre gemäße Erklärung für die in einer »widernatürlichen Lage« (FA I, 25, 645) vorgefundenen Gesteinsschichten: Er glaubte an ihre Entstehung in Form eines chemischen Niederschlags, der sich seitlich oder

74 Vgl. dazu Albert Schreiner: *Goethes geologische Bemerkungen bei seiner Reise durch den Hegau.* In: *Hegau* 6 (1961), 104–107.

75 Die Aufsätze waren 1796 im zweiten und dritten Band von Johann Caspar Fäsis *Bibliothek der Schweizerischen Staatskunde, Erdbeschreibung und Litteratur* erschienen.

sogar von unten an die Überhänge des Grundgebirges angelagert habe. Um dies zu begründen, musste man zugleich annehmen, »daß in den ersten Epochen unsrer Erdbildung alles Chemische und überhaupt alles Dynamische kräftiger und stärker wirksam gewesen« war (ebd.) als in der Gegenwart. – Die Methode des Aktualismus, nach der in der Geologie nur Kräfte angenommen werden dürfen, die auch heute noch beobachtbar sind, war noch nicht anerkannt; sie setzte sich erst im Laufe des 19. Jh.s durch (vgl. Wagenbreth 1999, 62ff.). Angesichts der Schwierigkeiten, die stark gefalteten Gesteinsschichten in den Alpen zu erklären, hielt sich G. lieber an die Mineralien, die er bei Sammlern und Händlern in Andermatt und bei der Köchin des Gotthard-Hospizes erwerben konnte.

Auf dem Rückweg nach Stäfa sollte G. bei Küssnacht am Rigi noch eine für ihn später wichtig werdende geologische Beobachtung machen. Im Tagebuch vom 7.10.1797 heißt es: »Gesprengte Granitblöcke lagen an der Seite, man hatte sie von einer Matte, die man reinigte, herüber an die Straße geschafft, wahrscheinlich liegen sie dort als ungeheure Geschiebe. Die Steinart ist die des Gotthardts, nur weniger blättrig«. – Es handelte sich tatsächlich um Aaregranit aus dem Gotthardgebiet. Mit dieser Bemerkung richtete G. erstmals bewusst seine Aufmerksamkeit auf das Phänomen der im Alpenvorland zahlreich vorkommenden Findlinge oder →erratischen Blöcke. Das von ihm verwendete Wort »Geschiebe« verweist auf die damals von de Saussure und anderen Geologen vertretene Erklärungshypothese, wonach Wasser in den Alpen gestaut worden sei und schließlich die Talriegel durchbrochen habe, so dass starke Schlammströme die Findlinge aus den Bergen weggespült hätten. G. nahm auch von diesem Granit ein Probestück mit (vgl. LA II, 7, 224, M 114, 4). – Drei Jahrzehnte später sollte er im Zusammenhang mit der aktuell werdenden Hypothese einer →Eiszeit wieder auf den Fund zurückkommen.

In Zürich besuchte G. vor der Rückreise nach Weimar Ende Oktober 1797 noch einige Mineralienkabinette. Zum Ordnen seiner eigenen Kollektionen aus der Schweiz gelangte er erst im Februar 1798; offenbar war eine Veröffentlichung der Reise-Dokumente geplant gewesen, denn Böttiger schrieb am 5.3.1798 an den Historiker Johannes von Müller: »Goethe arbeitet an sehr feinen geologisch-naturhistorischen Bemerkungen über die Schweiz, wozu ihm sein letzter Exkurs reichen Stoff geliefert hat« (GG, 1, 690). Die von G. begonnene Bearbeitung der Schweizer Reise kam jedoch nicht zustande. Er ahnte wohl, dass er dem Bau der Alpen mit seinen von Werner geprägten geologischen Ansichten nicht beikommen würde und ihm die wiederholte Anschauung fehlte, um im Detail mitreden zu können. 1823/1824 ließ er die Unterlagen von der dritten Schweizer Reise abschreiben, um sie →Eckermann im Hinblick auf eine Publikation zur Redaktion übergeben zu können. Doch erst nach G.s Tod sollte Eckermann die Aufzeichnungen aus dem Nachlass zusammenstellen und veröffentlichen.

In Jena war der mittlerweile zum Professor ernannte und zum Leiter der Herzoglichen Mineralogischen Sammlung aufgestiegene Lenz emsig tätig. Die Sammlung, der G. oft seine Aufmerksamkeit widmete, wurde nach Werners System geordnet. 1796 schritt Lenz zur Gründung einer »Societät für die gesammte Mineralogie zu Jena« (vgl. Salomon). Präsident dieser international ausgerichteten Gesellschaft, die am 7.1.1798 mit der ersten Versammlung der Mitglieder ihren offiziellen Stiftungstag feierte, wurde der ungarische Graf Dominik Teleki von Szék. G. erhielt die Ernennung zum Ehrenmitglied. Nach dem Tod des Grafen noch im selben Jahr wurde die Vereinigung ab 1799 von Fürst Dimitrij von Gallitzin präsidiert. Als auch dieser bereits 1803 verstarb, übernahm G. die Präsidentschaft.

Die letzten Jahre des 18. Jh.s sollten G. neue Anreize zur Beschäftigung mit den großen Zusammenhängen in der Natur geben. Durch den Kontakt mit dem jungen →Schelling, dessen Frühwerke *Ideen zu einer Philosophie der Natur* und *Von der Weltseele* 1797 bzw. 1798 erschienen, sah sich G. in seinen eigenen Ansichten bestärkt. Schelling beschrieb die Natur als Einheit, die sich in stetiger ideeller Entwicklung befand. Da für Schelling der Erdmagnetismus eine entscheidende Rolle bei der Gesteinsentstehung spielte, befasste sich G. zu Beginn des Jahres

1800 auch mit den magnetischen Eigenschaften von Gesteinen und Mineralien (vgl. an Johann Gottfried Steinhäuser, 31.1.1800; LA II, 7, 487). Den spekulativen Ideen Schellings zu einer anorganischen Metamorphose der Gesteine folgte er aber nicht. In einem Brief an Schiller bekannte G. am 30.6.1798, dass er weder »mit den Naturphilosophen, die von oben herunter«, noch »mit den Naturforschern, die von unten hinauf leiten wollen«, einig gehen könne, und beschrieb seine eigene Methode als eine des Ausgleichs zwischen den Extremen: »Ich wenigstens finde mein Heil nur in der Anschauung, die in der Mitte steht«.

Margrit Wyder

Zur Literatur s. S. 204f.

Zu G.s geologischer Forschung nach 1800

G.s geologisch-mineralogische Feldforschung nach 1800 fand meistens während seiner sommerlichen Kuraufenthalte statt. »Mein ganzes Heil kommt von der geologischen Seite her« (G-Sternberg 287), heißt es in einem Briefkonzept an den Grafen →Sternberg vom 12.1.1823. Die »Geduld der Erde«, die »sich täglich dreht / Und jährlich so wie jährlich geht« (*Beispiel*; WA I, 2, 290), ist für G. ein *Beispiel* der Beständigkeit und der Dauer. Wie der Erdsohn Antäus suchte er »durch Berührung des Urbodens wieder gestärkt und neu gekräftet« zu werden (an J. C. Loder, 22.2.1829). Zu den für die geologisch-mineralogischen Forschungen bedeutenden Kuraufenthalten zählen neben den ab 1806 bis 1823 immer wiederholten böhmischen →Reisen nach →Karlsbad, →Teplitz, →Marienbad und →Eger auch die Fahrten nach →Pyrmont (über →Göttingen, 1801), nach Wiesbaden bzw. an den Rhein und Main (1814/1815) sowie der Aufenthalt in →Tennstedt (1816). Die hierbei angestellten Beobachtungen zu den geologischen Formationen sowie die gesammelten Gesteinsproben bildeten die Grundlagen von G.s geologisch-mineralogischen Studien: Das »Vorkommen eines Minerals ist mir alles, das Mineral selbst ist eine Zugabe zu höheren Gewinn« (G-Sternberg 287). Auf diesem Wege gelangte G. durch die »Steigerung des Begriffs von frischem gesundem Gestein zur leitenden geologischen Idee«.[76] Wie er seine Dichtung als Gelegenheitsdichtung bezeichnete, betrachtete er seine geologische Forschung in ähnlicher Weise als »Erfahrung, Betrachtung, Folgerung durch Lebensereignisse verbunden« (LA I, 8, 1). Dieses Motto stellte G. seiner Schriftreihe *Zur Naturwissenschaft überhaupt, besonders zur Morphologie* (1817–1824) voran.

76 So der Titel eines Aufsatzes von K. W. Nose; vgl. LA II, 8B.1, 82, M 41.

»Das Wunder im Innern der Erde« – Ganglehre, Erdmagnetismus, Göttingen, Pyrmont

Obwohl G.s geologisch-mineralogische Studien um die Jahrhundertwende gegenüber anderen Naturforschungen (vor allem in der Farbenlehre) eher in den Hintergrund traten, beschäftigte er sich doch fortwährend mit Gesteinssammlungen sowie mit der Theorie der Erde.

Ende 1799/Anfang 1800 studierte er über mehrere Tage die 1799 erschienene Schrift von J. F. W. T. v. →Charpentier *Beobachtungen über die Lagerstätten der Erze*, besprach sich mit →Schiller darüber und sandte die Schrift zur weiteren Lektüre an Schelling. Semper wies darauf hin, dass »Goethes ganzes geologisches System auf Beobachtungen über den Verlauf von Felsklüften beruhte und unter diesen die erzerfüllten Gangspalten die wichtigsten und bekanntesten sind« (Semper 129).

Dieses »Wunder im Innern der Erde auf Gänge und Klüften« (FA I, 10, 647) findet auch in *Wilhelm Meisters Wanderjahren* Ausdruck (vgl. Ho 2008). In der Szene *Walpurgisnacht* von *Faust I* läßt Mammon die Erzadern durchs tote Gestein hindurchscheinen:

»Wie seltsam glimmert durch die Gründe / Ein morgenrötlich trüber Schein! / Und selbst bis in die tiefen Schlünde / Des Abgrunds wittert er hinein. / Da steigt ein Dampf, dort ziehen Schwaden, / Hier leuchtet Glut aus Dunst und Flor, / Dann schleicht sie wie ein zarter Faden, / Dann bricht sie wie ein Quell hervor, / Hier schlingt sie eine ganze Strecke, / Mit hundert Adern, sich durch's Tal, / Und hier in der gedrängten Ecke / Vereinzelt sie sich auf einmal« (*Faust I*, V. 3916–3927; FA I, 7.1, 169 f.).

Das Phänomen der adernartig durch das Gebirge verlaufenden Gesteins-, Mineral- oder Erzgänge wurde in einem Brief an →Zelter zum Gleichnis für die von diesem initiierte Berliner Singschule, die »sich durch Zeit und Umstände« hindurchziehe, »wie Gänge und Klüfte durch die Gebirgsmassen; bald metallhaltig bearbeitet man sie mit Vortheil, bald ist es aber auch nur Gangart, die zuletzt selbst so schmal wird und zu verschwinden droht« (an Zelter, 23.2.1814). Neben seinem geologisch-mineralogischen Vorhaben, in der Gesteinswelt eine Idee von ihrer Bildung zu finden, trug auch die poetische Ausgestaltung von Gängen und Klüften dazu bei, dass G. sich von der Deutung A. G. →Werners abwandte und sich der seinem Weltbild entsprechenden Meinung Charpentiers anschloss, nach der die Gang- und Erzarten im Gebirgsgestein durch eine Verwandlung des Nebengesteins erzeugt wurden.

Während Werners Lehre von den Gängen, die von einer Erzauffüllung der Spalten von oben ausging, immer breitere Anerkennung erfuhr, setzte sich G. über Jahrzehnte für Charpentiers →Ganglehre ein. Die unmittelbare Beobachtung der von schmalen Quarzgängen durchsetzten und in verschiedenen Richtungen sich kreuzenden Tonschiefermassen im Lahntal veranlasste G. 1815 dazu, sich erneut mit der Theorie der Bildung von Erz- und Mineralgängen auseinanderzusetzen und dies zwei Jahre später schriftlich niederzulegen.[77] Wie viele seiner geologischen Entwürfe und Notizen sind auch diese Texte zu G.s Lebzeiten unveröffentlicht geblieben. Nur im Vorwort von ZNÜ I, 1 (1817) machte er eine vorläufige Bemerkung über »Das vielleicht nie zu lösende Rätsel: Die Entstehung der Gänge [...]« (FA I, 25, 1219).

Erst in dem 1824 entstandenen Aufsatz *Gebirgs-Gestaltung im Ganzen und Einzelnen*, abgedruckt in ZNÜ II, 2 – dem abschließenden Heft dieser Schriftreihe –, trat G. öffentlich für Charpentiers Bemühungen ein, die »abgelehnt, beseitigt, mißgeachtet, vergessen und zuletzt gar nur durch Hohnrede wieder zur Erinnerung gebracht wurden« (ebd. 629).

Um die Jahrhundertwende machte G. sich durch den Umgang mit Schiller, Schelling, →Fichte und Niethammer mit der neueren Philosophie, vor allem mit derjenigen von →Kant, vertraut und studierte diese eifrig. Die kritische Philosophie war nicht nur für seine *Metamorphose der Pflanzen* und die *Farbenlehre* von Belang, vielmehr hat die Erkenntnislehre Kants G. auch dazu veranlasst, sich mit der geologischen Forschungsmethode auseinanderzusetzen, was vor allem in seinen Kammerberg-Studien zum Ausdruck kam.

Auch wenn die Naturphilosophie G. nicht in jeder Hinsicht zusagte, haben Schellings *Entwurf eines Systems der Naturphilosophie* (1799) sowie H. →Steffens *Beiträge zur inneren Naturgeschichte der Erde* (1801) ihn angeregt, sich mit der Erdgeschichte zu beschäftigen, was sich im *Entwurf einer allgemeinen Geschichte der Natur* (1805)[78] sowie in Vortragsentwürfen für die »Mittwochsgesellschaft« (1806)[79] niederschlägt. Wohl auf Schellings Anregung hin befasste sich G. vor allem im Januar 1800 mit dem Erdmagnetismus und den magnetischen Eigenschaften von Gesteinen und →Mineralien. G. zog B. →Franklins Theorie über die Bildung der Erde heran, nach welcher der Erdmagnetismus auf Eisen im Erdinneren zurückgeführt wird (vgl. LA II, 7, 485), sowie A. v. →Humboldts Beobachtungen über einen Serpentin aus dem →Fichtelgebirge, der magnetisch war, ohne sichtbaren Magnetit zu enthalten.[80] Dazu betrachtete er auch J. G. Steinhäusers Beitrag aus dem *Allgemeinen Journal für Chemie* (1, 1798, 274–286) über Gesteine, »die einer dauerhaften magnetischen Kraft fähig sind«.[81]

G.s geologisch-mineralogische Forschung um die Jahrhundertwende beruhte zunächst vorwiegend auf der Beschäftigung mit Gesteinssammlungen. Erst die Reise nach Bad Pyrmont im Sommer 1801 ermöglichte es ihm, »einen theilnehmenden Blick auf die Welt [zu] werfen« sowie »die Folge der Gegend und die Abwechselung der Landesart« kennenzulernen (TuJ 1801). Während dieses Kuraufenthaltes experimentierte G. mit »lustig tanzenden Seifenblasen« und brennendem Stroh in der Dunsthöhle am Nordrand von Pyrmont, wo Kohlendioxid austrat und sich am Boden ablagerte. Er besuchte bei Lüdge, südlich von Pyrmont, »den Krystallberg [...], wo man bei hellem Sonnenschein die Äcker von tausend und aber tausend kleine Bergkrystallen widerschimmern sieht« (ebd.), und machte sich

77 *Zur Lehre von den Gängen*, FA I, 25, 558f.; *Bekänntnisse über die Erzlager*, LA II, 8A, 108, M 79.

78 Vgl. LA II, 7, 234f., M 123.

79 *Bildung der Erde*; FA I, 25, 527–539.

80 Vgl. dazu an J. G. Steinhäuser, 31.1.1800.

81 An J. G. Steinhäuser, 10.3.1800; LA II, 1A, 586f.

Im Bodetal (Harz); Zeichnung von Georg Melchior Kraus (1784)

Gedanken über die Bildung der aus Keupersandstein ausgewitterten Quarzkristalle, die für ihn ein »neueres Erzeugniß« darstellten. Bei Dransfeld westlich von Göttingen besuchte G. die Basaltbrüche am Hohen Hagen, in Göttingen traf er J. F. →Blumenbach, der ihm die Museen zeigte und zu dessen Steinsammlungen er am 7.6.1801 im Tagebuch festhielt: »Mineralien von den Südseeinseln, viel talkartiges Gestein, besonders schöner Nephrit. Ein Stückchen Steinregen. Aërolith, eine Art von feinkornigen grauem Tuff mit wenigem Eisen und Eisenkies«.

In den folgenden Jahren entwickelte sich zwischen G. und Blumenbach eine bedeutende naturwissenschaftliche Korrespondenz. G. berichtete Blumenbach am 11.10.1801 über den Fund eines Mammutzahns in Pleistozän-Ablagerungen bei Gelmeroda westlich von Weimar, sandte ihm dazu einen Bericht[82] und besuchte gemeinsam mit ihm am 10.10.1802 die Fundstelle. Er schickte ihm weiterhin eine nicht überlieferte Abhandlung über das Schwerspat-Vorkommen bei Bologna (sog. →Bologneser Stein, Leuchtstein)[83], übersandte →Fossilien und Mineralien, darunter ein Musterstück eines fossilen Baumstamms aus dem Manebacher Steinkohlenflöz[84] und Proben von Scheinbaren →Breccien, vulkanischem Ruß, den er am →Vesuv gesammelt hatte, sowie →Granit aus Karlsbad, zusammen mit einer Beschreibung dieser Produkte.[85]

J. F. →Blumenbach machte G. am 20.8.1803 auf das Phänomen der Meteoriten aufmerksam, übersandte Bruchstücke des Exemplars von Ensisheim im Elsaß und berichtete ihm vom Steinfall von L'Aigle in der Normandie am 16.4.1803 (vgl. LA II, 7, 512 f.).

Eine Reise, die G. zusammen mit seinem Sohn August (A. v. →Goethe) vom 14. bis zum 25.8.1805 von →Halle über Magdeburg, Helmstedt, Halberstadt und durch den →Harz unternahm, bot ihm die Gelegenheit, das Bodetal »und den längst bekannten Hammer« wieder zu besuchen; »von hier ging ich [...] das von Granitfelsen eingeschlossene rauschende Wasser hinan, und hier fiel mir wiederum auf, daß wir durch nichts so sehr veranlaßt werden über uns selbst zu denken, als wenn wir höchst bedeutende Gegenstände, besonders entschiedene charakteristische Naturscenen, nach langen Zwischenräumen endlich wiedersehen und den zurückgebliebenen Eindruck mit der gegenwärtigen Einwirkung vergleichen. Da werden wir denn im Ganzen bemerken, daß das Object immer mehr hervortritt, daß wenn wir uns früher an den Gegenständen empfanden, Freud' und Leid, Heiterkeit und Verwirrung auf sie übertrugen, wir nunmehr bei gebändigter Selbstigkeit ihnen das gebührende Recht widerfahren lassen, ihre Eigenheiten zu erkennen und ihre Eigenschaften, sofern wir sie durchdringen, in einem höhern Grade zu schätzen wissen. Jene Art des Anschauens gewährt der künstlerische Blick, diese eignet sich dem Naturforscher, und ich mußte mich, zwar anfangs nicht ohne Schmerzen, zuletzt doch glücklich preisen daß, indem jener Sinn mich nach und nach zu verlassen drohte, dieser sich in Aug' und Geist desto kräftiger entwickelte« (TuJ 1805).

Mit dieser Erkenntnis setzte G. nach Schillers Ableben seine geologisch-mineralogischen Forschungen 1806 in der Karlsbader Gegend fort.

»Das Unorganische ist die geometrische Grundlage der Welt«. Gesteine und ihre Bildungsprozesse – Die »Urgegend« Karlsbad, »ein höchst interessantes Mährchen«

»Die Lage von Carlsbad ist sehr interessant zwischen den alten Granitfelsen. Aus den nächsten Übergangsgebirgen entspringt das heiße Wasser, und die ganze umliegende Gegend fordert zum Mineralogisiren auf«, schrieb G. am 14.7.1806 an Zelter, als er nach elf Jahren wieder in Karlsbad eintraf. Über die Unerschöpflichkeit dieser »Urgegend« (FA I, 25, 345) urteilte G. zwei Jahre später, nachdem er begonnen hatte, die Umgebung geologisch-mineralogisch zu erforschen: »So sehr man auch die Gegend kennt, so wird man doch immer durch ihre bedeutende Mannigfaltigkeit überrascht. Sie kommt mir jetzt vor, wie ein höchst interessantes Mährchen, das man oft gehört hat, und nun wieder vernimmt. Die Verwunderung ist abgestumpft; aber man fährt doch immer fort zu bewundern und man

82 *Eine Versteinerung*; FA I, 25, 516.
83 Vgl. an J. F. Blumenbach, 11.10.1801.
84 Vgl. an J. F. Blumenbach, 20.4.1802.
85 *Mit einer Mineraliensendung*; FA I, 25, 518 f.; vgl. Tgb, 6.8.1803.

weiß nicht recht, wie einem zu Muthe ist« (an A. v. Goethe, 3.6.1808).

Über vier Jahrzehnte hinweg besuchte G. Karlsbad immer wieder und beschäftigte sich mit dessen geologisch-mineralogischen Phänomenen: »und ich entfernte mich niemals von dem geliebten Ort, ohne Gewinn an Belehrung und Bildung« (*Karlsbad*; FA I, 25, 345). Karlsbad hatte für G. »nicht allein etwas sui generis, sondern wirklich etwas individuelles, das frappirt und, ohne daß man es selbst weiß, eine gewisse Cultur giebt« (an Knebel, 23.8.1807).

Bereits während seines ersten Aufenthaltes im Sommer 1785 hatte G. geologische Erkundungen unternommen. Er beobachtete die Abwandlung des Granits im Tepl-Tal und machte sich Gedanken über den Ursprung der heißen Quellen. Er besuchte die in der Umgebung liegenden Bergstädte Schlaggenwald, Joachimsthal, Johann-Georgenstadt und Schneeberg.

1786 begegnete G. in Karlsbad J. F. Frh. v. →Racknitz, der die geologisch-mineralogische Schrift *Briefe über das Karlsbad und die Naturprodukte der dortigen Gegend* (Dresden und Leipzig 1788) veröffentlichen sollte, auf die G. sich später noch oft bezog. Gemeinsam mit Racknitz und in Begleitung des Steinschneiders J. →Müller durchwanderte G. in diesem Sommer die Karlsbader Gegend. In der Rückerinnerung schilderte er die »gesellige Unterhaltung [...] mit geprüften Freunden so wie mit Neubekannten« über die damals »aufkeimende Wissenschaft« des Mineralreiches als einen »glücklichen Sommer an der heißen Heilquelle« (FA I, 25, 344). Dass die geologischen Erkundungen für G. auch eine Form der geselligen Bildung bedeuteten, zeigt sich vor allem in seiner folgenden Schilderung: »In freier Luft, bei jedem Spaziergang, er führe nun durch's ruhige Tal, oder zu schroffen, wilden Klippen, war Stoff und Gelegenheit zu Beobachtung, Betrachtung, Urteil und Meinung; die Gegenstände blieben fest, die Ansichten bewegten sich aufs mannigfaltigste. Nötigte ein widerwärtiges Wetter die Naturfreunde ins Zimmer, so hatten sich auch da so viele Musterstücke gehäuft, an denen man das Andenken der größten Gegenstände wieder beleben, und die, auch den kleinsten Teilen zu widmende Aufmerksamkeit prüfen und schärfen konnte« (ebd. 344 f.).

Die Erforschung der böhmischen Geologie gewann jedoch erst große Bedeutung, als G. 1806, knapp zwei Monate vor seinem 57. Geburtstag, Karlsbad zum vierten Mal besuchte. In den vergangenen Jahren war er sich der Erkenntnisproblematik bewusst und von der Naturphilosophie dazu angeregt worden, die Erdgeschichte auch aus philosophischem Blickwinkel zu betrachten. Die botanische Studie über den *Versuch die Metamorphose der Pflanzen zu erklären* war 1790 gedruckt worden; der Bildungsroman *Wilhelm Meisters Lehrjahre*, dessen Entwurf G. bereits 1785 parallel zu seiner »Gebürgs Lehre« schrieb (vgl. an Ch. v. Stein, 7.6.1785), war 1795/1796 erschienen. Die literarische Welt wartete auf eine Fortsetzung dieses Romans. G. suchte eine für diesen »Weltentwurf« (Ho 2008, 128) geeignete Form, die sich in den folgenden Jahren während seiner Aufenthalte in →Böhmen allmählich konkretisierte. Seine Ansicht, wonach ohne das »Steinreich [...] die berühmte *Morphologie* nicht vollständig werden würde« (an Schiller, 12.11.1796), schien ihn zunächst noch bei der geologisch-mineralogischen Erforschung der Karlsbader Umgebung zu begleiten. G. verfolgte hier die Abwandlungen des Granits bis hin zum Erzgebirge aufmerksam: »Man sieht den Granit vor Granit nicht mehr. Man hat einen alten, neuen, neusten, verwandelten, regenerierten, Gänge, Stockwerke, Keile, und es ist immer dasselbige in einem lebendigen Wirken, das man sich zwar in einer Sukzession, aber nicht allein in einer fortschreitenden, sondern auch in einer schwankenden und rückkehrenden denken kann« (*An Herrn Assessor Leonhard*, 1808; FA I, 25, 413).

In der Mineralogie und Geologie hielt G. eine genetische Betrachtung für wünschenswert: »Alles was wir entstanden sehen, und eine Sukzession dabei gewahr werden davon verlangen wir dieses sukzessive Werden einzusehen« (*Bildung der Erde*; FA I, 25, 533). Wie für die meisten Geologen seiner Zeit waren auch für G. die innere Struktur und die äußere Form der Mineralien und Gesteine Ausgangspunkte seiner Beobachtung: »Nicht auf der grünen Erde nur / Am heitern Sonnenschein / Erfreut sich mannichfach Natur; / Auch in die Felsen tief hinein / Zeigt sich der Form und Farbe Spur« (*Aus dem naturhistorischen Bilder- und Lesebuch von Jakob Glatz*, 1803; WA I, 4, 366). Die »Mannigfaltigkeit des Granits« in Karlsbad, die sich »neben einander in einem ziemlich engen Raume« beobachten ließ, kam G. bedeutsam vor. Obwohl der Granit »groß-, grob- und feinkörnig mit verschiedener Proportion und Verbindungsweise der Bestandteile öfters mit einander« abwechselt, beobachtete er, »wie genau alles zusammenhängt, und wie eine durchgehend allgemeine Eigenschaft jenes Mannigfaltige verbindet« (*An Herrn von Leonhard*; FA I, 25, 364). G. sah die Formenvielfalt des Granits und seiner Bestandteile, die »an- und nebeneinander bestehn und sich selbst untereinander festhalten« (*Granit I*; ebd. 311), nun »als Ganzes einer *simultan* gebildeten Mannigfaltigkeit« an (Engelhardt 2007, 245). Diese Ansicht hing mit seinen Forschungsmaximen zusammen, die er in seinem Brief *An Herrn von Leonhard* vom 25.11.1807 (veröffentlicht in Leonhards *Taschenbuch für die gesammte Mineralogie* 2, 1808) äußerte, wonach seine Art »die Gegenstände der Natur anzusehen und zu behandeln, von dem Ganzen zu dem Einzelnen, vom Totaleindruck zur Beobachtung der Teile fortschreitet« (FA I, 25, 363).

Im Juli 1806 besuchte G. Müller beinahe täglich und unternahm mit ihm mineralogische Exkursionen. Müllers Beobachtungen, die dem »Übergangsgestein« bei Karlsbad gewidmet waren, schienen G. »den größten Gewinn« zu versprechen. Es handelte sich dabei um »einen mit Hornstein durchgezogenen Granit«, der »Schwefelkies und [...] Kalkspath enthält«, woraus G.s Ansicht zufolge die heißen Quellen unmittelbar entsprangen. G. übernahm Müllers Auffassung zu diesem geologischen Phänomen, nach der »in dieser auffallenden geologischen Differenz durch den Zutritt des Wassers, Erhitzung und Auflösung [...] das geheimnißvolle Räthsel der wunderbaren Wasser aufgehellt« wurde (TuJ 1806). Mit Müller suchte G. dieses Gestein auf; über dem Hammer erforschten sie die dem Granit aufsitzenden Basalte sowie die in der Nähe zu findenden Zwillingskristalle. In →Engelhaus studierten die beiden den dort vorkommenden Schriftgranit und bestiegen den Klingsteinfelsen.

Auf diesem Wege machte G. sich mit dem Vorkommen der verschiedenen →Gesteinsarten und ihrer Lagerung im Gelände sowie Müllers Ansicht über den Ursprung der heißen Quellen und die Bildung der Sprudelsteine vertraut, welche der Deutung A. G. Werners widersprach.

Im Sommer 1806 traf G. in Karlsbad auch den Mineralogen und russischen Legationsrat H. C. G. v. →Struve. Sie beschäftigten sich gemeinsam mit der Müllerschen Sammlung und der geologischen Beschaffenheit der Karlsbader Gegend. Später kamen auch Werner und S. A. W. →Herder hinzu, mit denen G. sich in dieser Sache unterhielt. Obwohl G. Werner in vielerlei Hinsicht zustimmte, schilderte er in den *Tag- und Jahres-Heften* von 1806 auch ihre Kontroverse: »Wenn nun auch, wie bei wissenschaftlichen Unterhaltungen immer geschieht, abweichende, ja contrastirende Vorstellungsarten an den Tag kommen, so ist doch, wenn man das Gespräch auf die Erfahrung hinzuwenden weiß, gar vieles zu lernen. Werners Ableitung des Sprudels von fortbrennenden Steinkohlen-Flötzen war mir zu bekannt, als daß ich hätte wagen sollen ihm meine neusten Überzeugungen mitzutheilen, auch gab er der Übergangsgebirgsart vom Schloßberge, die ich so wichtig fand, nur einen untergeordneten Werth«.

G. legte eine auf Müllers Musterstücken basierende Mineraliensammlung an, die er nach der Rückkehr aus Karlsbad mit Hilfe von J. G. →Lenz neu ordnete und beschrieb. Dieser Mineralienkatalog erschien am 6.10.1806 unter dem Titel *An Freunde der Geognosie* mit einer kurzen Biographie Müllers im *Intelligenzblatt* der JALZ (Nr. 94; FA I, 25, 337–343). G. teilte die Gesteine nach dem Schema von Werner von Ur- und Übergangsgraniten bis zum Basalt und Mandelstein in acht Rubriken (A bis H) ein. In dieser Ordnung erhielten die hundert Musterstücke der Müllerschen Sammlung eine neue Bedeutung als Zeugen der Erdgeschichte, als Produkte aufeinander folgender Epochen der Erdvergangenheit. Aus den lokalen Gesteinen und Mineralien Karlsbads versuchte G., ein allgemeingültiges Gesetz für die Erdgeschichte herzuleiten (vgl. Engelhardt, LA II, 8B.2, 902).

Diese geologischen Ideen verdeutlichten sich in Entwürfen zu Vorträgen über die *Bildung der*

Erde für die »Mittwochsgesellschaft«, welche G. parallel zu seiner Beschäftigung mit der Müllerschen Sammlung für den Herbst 1806 plante. Obwohl diese Vorlesungen aufgrund der damaligen Besetzung Weimars durch die Truppen Napoleons nicht zustande kamen, deuten die Vorarbeiten darauf hin, dass die Hauptepochen der Erdgeschichte in »Urgebirg«, »Übergangsgebirg« und »Flötzgebirg« nach Werners Theorie dargestellt werden sollten. Die Intention fasste G. zusammen als »Neigung zu Vergegenwärtigung des Vergang[enen] / Historisches / Genetisches / Das Vergangene im Gegenwärtigen zu sehn« (LA II, 8A, 18f., M 8f.).

Erst am 1. und 8.4.1807 hielt G. *Geognostische Vorlesungen* vor der Hofgesellschaft. Am 1.4. sprach er u.a. von der »Konstruktion der Welt überhaupt« (FA I, 25, 540) und stellte seine diesbezügliche »naturgemäßere« Theorie, die auf der »Idee der Kristallisierung« beruhte, der »Tumultuarischen Theorie« gegenüber. »Das Unorganische ist die geometrische Grundlage der Welt. Die geometrischen messbaren Formen sind ihr Anteil« (FA I, 25, 570) - diese im Entwurf *Neigung des Materiellen, sich zu gestalten* (1818) ausgesprochene Ansicht wird in der Vortragsnotiz vom 1.4.1807 durch die Stichworte »Elementar-Erscheinung (Geom[etrische] Elem[ente]) / Grund- und Urphänomene« (ebd. 541) angedeutet.

Geleitet von A. v. Humboldts Werk *Ideen zu einer Geographie der Pflanzen nebst einem Naturgemälde der Tropenländer* (1807) stellte G. in diesem Vortrag eine von ihm entworfene Landschaft vor und setzte die Höhe der Berge im alten und neuen Kontinent in Relation zueinander. Daraus sollte die 1813 veröffentlichte Bildtafel *Höhen der alten und neuen Welt bildlich verglichen* hervorgehen (→Höhenkarte, vergleichende).[86]

Am 8.4.1807 sprach G. in der »Mittwochsgesellschaft« von dem »Trost in der innern regelmäßigen Konsequenz der Natur. / Große Massen einfache Formen / Mannigfaltigere bis zur vollkommensten Form / Mannigfaltigste der Mensch« sowie von der »Ähnlichkeit, ja Gleichheit der Steinarten. / Wichtigkeit, da wir mit wenigem Aufwand von Aufmerksamkeit die ganze Welt kennen lernen« (ebd. 542).

Die zentralen Gedanken, die G. in diesen Vortragsentwürfen nannte, kamen erneut im Sommer 1807 bei der Interpretation und Erläuterung der einhundert von Müller zusammengestellten Musterstücke des »von uralten Zeiten her entstandenen, und noch täglich vor unsern Augen entstehenden Gesteins« (ebd. 353) zum Ausdruck. »Je genauer man in diese Sache hineinsieht, je mehr bewundert man die stetige Folge merkwürdiger Epochen« (an C. G. v. Voigt, 18.7.1807). G.s Abhandlung über die *Joseph Müllerische Sammlung*, die ursprünglich Hauptteil der in Karlsbad 1807 für die Kurgäste gedruckten Broschüre *Sammlung zur Kenntnis der Gebirge von und um Karlsbad* war, erschien 1808 in Leonhards *Taschenbuch für die gesammte Mineralogie*. 1817 nahm G. diesen Aufsatz mit einer Einleitung (*Karlsbad*) und Nachträgen noch einmal unter autobiographischem Gesichtspunkt in ZNÜ I, 1 auf.[87]

Nachdem Müller 1817 verstorben war und sein Verwandter David Knoll den Mineralienhandel fortsetzte, half G. diesem beim Ordnen des Müllerschen Nachlasses und überließ ihm seinen 1807 niedergeschriebenen Text für eine neue Auflage der Müllerschen Sammlung. Auch beriet er Knoll 1821 hinsichtlich der Musterstücke für eine neu zusammenzustellende Sammlung und verfasste dafür den Aufsatz *Echte Joseph Müllerische Steinsammlung angeboten von David Knoll zu Karlsbad*.[88] Noch im Dezember 1831 entwarf G. auf Knolls Bitte für eine weitere Auflage der Müllerschen Mustersammlung sowie eine neue Sammlung von Karlsbader Sprudelsteinen die Texte *Joseph Müllerische jetzt David Knollsche Sammlung zur Kenntnis der Gebirge von und um Karlsbad* und *David Knollsche Sammlung von Sprudel-Steinen, roh oder geschliffen*.[89]

Die Müllersche Sammlung, mit der G. sich über zwei Jahrzehnte hinweg immer wieder beschäftigte, bildete den Mittelpunkt seiner geologisch-mineralogischen Forschung. Mittels dieser

86 Vgl. FA I, 25, 523–526.

87 Vgl. FA I, 25, 344–362.

88 Vgl. FA I, 25, 370ff.

89 Vgl. FA I, 25, 373–376 und 377f.

Sammlung brachte G. seinen geologischen Weltentwurf zum Ausdruck, indem er die hundert Musterstücke der Karlsbader Gesteine »als Dokumente weltweit sich wandelnder Bedingungen der Gesteinsbildung in aufeinander folgenden Epochen der Erdgeschichte« (LA II, 8A, 655) deutete.

Die Abhandlung über die *Joseph Müllerische Sammlung* ist teilweise gleichzeitig mit den fünf Novellen der *Wanderjahre* entstanden und hatte für den Roman prägende Bedeutung.

Während G. im Harz den Granit als »Grundfeste unserer Erde« (FA I, 25, 313) bewunderte, faszinierten ihn in Karlsbad die auf die Granitepoche folgenden Übergangsformationen. Seine Ansicht vom Karlsbader Übergangsgebirge, der Granit-Hornstein-Breccie, stimmte mit der Wernerschen Stratigraphie nicht vollkommen überein. Es stellte für G. vielmehr eine »Abänderung, gewissermaßen eine Degenerationserscheinung des Granits dar« (Trümpy 22). Für ihn deutete »das Hervortreten der Gemengteile im Granit auf einen ›Übergang in eine andere Epoche‹ der Urgebirgsformation, auf das nahende Ende der Epoche der Granitbildung« (Semper 105).

G.s Beschreibung der mineralogisch-petrographischen Bauformen ineinander verschlungener Gesteinsgänge und Mineralienteile galt nicht nur tektonischen Strukturen, sondern deutete darüber hinaus auf die nicht organische Formung überhaupt hin. So schilderte er den feinkörnigen Granit, der »schmale Gänge von Hornstein« enthält. Diese kamen erst als »Haarklüfte« vor, »sodann in der Breite einer Linie bis über zwei Zoll, gehen [sie] in dem Granit neben einander her, und fassen, indem sie sich durch einander schlingen, größere oder kleinere Teile desselben [...]. Die stärkeren Gänge des reinen Hornsteins enthalten kleine Nester von Granit [...]. Nunmehr findet sich auch die Masse des Hornsteins mächtiger, welche größere oder kleinere Granitteile in sich enthält [...], die jedoch dergestalt eingesprengt und verwachsen sind, daß man die enthaltende Masse mit der enthaltenen als gleichzeitig ansprechen muß [...]. Innerhalb dieser Steinart tritt nun auch der Kalk bedeutend hervor, indem er zuerst schmale Klüfte und kleine Räume zwischen dem Granit und Hornstein, als ein feiner weißer Kalkspat ausfüllet [...]. Hier zeigt sich zugleich der Hornstein von einem Eisenocker durchdrungen und überzogen. Er wird im Bruche erdiger und matter, und legt nach und nach seinen entschiedenen Charakter völlig ab. Der Kalkspat nimmt überhand, so, daß er zuletzt schichtweise, teils dicht, teils kristallisiert vorkommt [...]. Nicht weniger findet sich ein Kalkstein von körnigem Gefüge und isabellgelber Farbe, der in größeren Partien einen Bestandteil des Ganzen ausmacht [...], bis sich zuletzt abermals der Kalkspat als eine über zwei Zoll starke Schale von Eisenocker durchdrungen, und schwarzbraun gefärbt, an die Gebirgsart anlegt [...]. Auch kommt in dieser Gesteinart der Schwefelkies vor, in dem Hornstein eingeschlossen, von Quarz durchdrungen, in unbestimmten Figuren, doch manchmal zum Viereck sich hinneigend [...]. Daß diese Gebirgsart auf der Oberfläche durchlöchert, verwittert, mit Eisenocker überzogen, in einer unscheinbaren wilden Gestalt sich finde, läßt sich aus dem obigen schließen« (FA I, 25, 350 f.).

Lange hat man den verborgenen Horizont des geologischen Weltentwurfs nicht beachtet, in dem sich G.s Welterfahrung während der Kriegsjahre um 1806 verbirgt. In einer für zeitgenössische Geologen ungewöhnlichen Sprache veranschaulicht der 57jährige die Verwitterung und Verwandlung einer Form des Granits, in welchem die braunroten Kristalle in Porzellanerde übergehen, und zeichnet sie metaphorisch nach, als ob er in dieser anorganischen Wandlung sein eigenes Altersbewusstsein ausdrücken wollte: »Erleidet [...] dieses Gestein den Einfluß der Witterung, so fängt die Veränderung von außen an, da, wo die Kristalle mit dem Muttergestein zusammenhängen, und zieht sich nach und nach gegen das Innere. Die rote Farbe verschwindet und macht der weißen Platz, welche den ganzen Kristall endlich durchdringt, der nun aber auch zugleich seine Konsistenz verliert, und beim Zerschlagen des Steins seine Form nicht mehr entschieden behalten kann« (ebd. 348).

G. wurde besonders auf einen Karlsbader Granit aufmerksam, »in welchem große, meist Zwillingskristallen von Feldspat vorkommen, welche sich unter gewissen Bedingungen vollständig aus der Masse ablösen, oft aber auch von ihr unzertrennlich sind« (*Über den Ausdruck porphyrartig*; ebd. 544). Er beschrieb dieses Gestein, das sich bei Petschau unfern der Tepl über Karlsbad findet, bei seinem Übergang in →Gneis: »Jene Zwillingskristalle in ihrer noch völlig entschiedenen Form und Eigenschaft, erleiden Einfluß durch den Glimmer, dessen flache Richtung sich hier zu manifestieren anfängt. Sie erscheinen selbst verflechtet, gestreckt, indem der Glimmer in sie übergegangen, und auf sie eingewirkt hat. Sie dagegen bestimmen die Gestalt des ganzen Steins, indem das Flasrige desselben ganz allein durch sie hervorgebracht wird« (ebd. 544f.).

In dieser Abwandlung sah G. die »Offenbarung neuer Eigenschaften« (*Schema zum geologischen Aufsatz*; ebd. 559) beim »Auslaufen des Granits« (ebd.) in verschiedenen Formationen, in denen die »Konstante Dreiheit« (ebd.) – das Gleichgewicht zwischen Feldspat, Glimmer und Quarz – innerhalb des Granits gefährdet war und die Anteile in ungleichgewichtigen Proportionen und Konstellationen erschienen. Dabei zeigte sich das »Übergewicht des einen Teils« oder das »Übergewicht des andern« (ebd.). Das »Auslaufen des Granits« ereignete sich auf verschiedene Weise und ging in Gneis oder in verwandte Gesteinsarten über bis hin zum Erscheinen von Kalk und Metall. Mit dem Eintreten der Epoche der →»Zinnformation« begann für G. etwas grundsätzlich Neues und der »Name Granit soll schon aufhören« (ebd. 560).

G. verfolgte diese »Granitmetamorphose« (Engelhardt 1950, 208) im Gebiet des Erzgebirges. In →Elbogen ballte sich förmlich der Glimmer in Kugeln und fing an, »eine Hauptrolle zu spielen, er legt sich zu Blättern und nötigt die übrigen Anteile sich gleichfalls zu dieser Lage zu bequemen« (*Zur Geologie besonders der böhmischen*; FA I, 25, 481). In Schlaggenwald dagegen beobachtete G. »Felsmassen [...], die ganz aus Quarz bestehen, Flecken jedoch von einem dergestalt durchquarzten Glimmer enthalten, daß er als Glimmer kaum mehr zu erkennen ist« (ebd.). »Die schönste Metamorphose des unorganischen Reiches ist, wenn bei'm Entstehen das Amorphe sich in's Gestaltete verwandelt« (MuR 1259). Als Beispiel für diese Veredelung fügte G. hinzu: »Der Glimmerschiefer verwandelt sich in Granaten und bildet oft Gebirgsmassen, in denen der Glimmer beinahe ganz aufgehoben ist und nur als geringes Bindungsmittel sich zwischen jenen Krystallen befindet« (ebd.).

Die »Osteologie [der Knochenbau] der Erde« (FA I, 25, 532) führte G. das Gegensätzliche von Organischem und Anorganischem klar vor Augen (vgl. an C. H. Schlosser, 2.12.1814); der alte G. war sich bewusst, dass die mineralogische und die organische Welt »ganz verschiedene Tendenzen haben, und daß von der einen zur andern keineswegs ein stufenartiges Fortschreiten Statt findet«, wie er am 23.2.1831 →Eckermann gegenüber formulierte (FA II, 12, 450). Die »Aggregation der unorganischen Körper«, welche den »Formen der Mineralien« (LA II, 9B, 29, M 32a) zugrunde liegt, hob G. vor allem in seinen 1820 in Morph I, 3 veröffentlichten *Vorträgen, über die drei ersten Kapitel des Entwurfs einer allgemeinen Einleitung in die vergleichende Anatomie, ausgehend von der Osteologie* hervor: »Diese [die Mineralkörper], in ihren mannigfaltigen Grundteilen so fest und unerschütterlich, scheinen in ihren Verbindungen, die zwar auch nach Gesetzen geschehen, weder Grenze noch Ordnung zu halten. Die Bestandteile trennen sich leicht, um wieder neue Verbindungen einzugehn; diese können abermals aufgehoben werden und der Körper, der erst zerstört schien, liegt wieder in seiner Vollkommenheit vor uns. So vereinen und trennen sich die einfachen Stoffe, zwar nicht nach Willkür, aber doch mit großer Mannigfaltigkeit, und die Teile der Körper, welche wir unorganisch nennen, sind, ohngeachtet ihrer Anneigung zu sich selbst, doch immer wie in einer suspendierten Gleichgültigkeit, indem die nächste, nähere, oder stärkere Verwandtschaft sie aus dem vorigen Zusammenhange reißt und einen neuen Körper darstellt, dessen Grundteile, zwar unveränderlich, doch wieder auf eine neue, oder, unter andern Umständen, auf eine Rück-Zusammensetzung zu warten scheinen« (FA I, 24, 273f.).

Das Gestaltungsprinzip der Natur in den organischen Reichen (→Naturreich) verläuft nach hierarchischen Strukturen. Dagegen ist das Hauptkennzeichen der »Mineral-Körper [...] die Gleichgültigkeit ihrer Teile in Absicht auf ihr

Zusammensein, ihre Ko- oder Subordination« (ebd. 274). Bei ihnen besteht die Möglichkeit, »daß der Grundteil einer neuen Verbindung unmittelbar auf die Gestalt wirke, und sie sogleich bestimme« (ebd.). Diese Verbindung kann »auch eben so leicht wieder aufgelöst werden« (ebd.).

Auch wenn die Gestaltung der Mineralien und Gesteine der äußeren Einwirkung völlig ausgesetzt und willkürlich zu sein schien, suchte G. »ein allgemeines Gesetz« im Bereich des Anorganischen, »nach welchem alle materielle Massen sich gestalten« (*Neigung des Materiellen, sich zu gestalten*; FA I, 25, 570): »Alles Materielle kommt uns formlos vor wenn wir unaufmerksam sind. Aber es hat eine unwiderstehliche Neigung sich zu gestalten« (ebd. 569). Die für Gesteine und Mineralien wichtigen »allgemeinen« Formen wie Kubus, Parallelepiped, Rhomboid, Pyramide und Keil können gebildet werden, »wenn das Materielle seine eigentümliche Form verleugnend, sich dem Gesetz unterwirft welches allen unorganischen Massen vorgeschrieben ist« (ebd.) – »dieses Gesetz offenbaren uns die Gebirge [...]. Gestaltung einer Masse setzt nicht allein voraus daß sie sich in Teile trenne sondern daß sie auf eine entschiedene Weise in unterscheidbare untereinander ähnliche Teile sich trenne« (ebd. 570).

Angeregt von G. B. →Brocchis *Abhandlung über das Thal von Fassa in Tirol* (aus dem Italienischen übersetzt von K. A. Blöde, Dresden 1817) unterschied G. am 14.12.1817 drei *Epochen bei der Weltbildung*: Erstens die »Kristallisationslust, Bestreben zu einander, sich an einander zu schließen, sich zu durchdrängen, zu gestalten«, zweitens die »Epoche des Isolierens, die Elemente treten für sich, weisen die andern ab, sind selbständig, halten sich rein« und drittens: »Die Elemente werden gleichgiltig, vermischen sich, sind nebeneinander«. G. zufolge behielt die anorganische Natur alle diese Eigenschaften, »lebendig für ewige Zeiten, sie schiebt aber diese ihre Reihenfolge wie Neperische Stäbchen an einander hin, und bringt eben dadurch die inkalkulabeln Erscheinungen hervor, die den Anschein der Vorzeit, Mitzeit und Nachzeit mit sich tragen« (FA I, 25, 561).

Die vielfältigen Bildungsbedingungen und -möglichkeiten in der Gesteinswelt beobachtete G. aufmerksam. Bereits am 6.8.1803 sandte er Blumenbach eine entsprechende Mitteilung über *Scheinbare Breccien* (ebd. 518), und im Brief *An Herrn von Leonhard* vom 25.11.1807 äußerte er sich über die chemischen Prozesse bei der Gesteinsbildung. Hier stellte G. nicht nur Resultate seiner Beobachtungen dar, sondern sprach seine Methode wie eine Konfession aus, »daß ich in manchem Gestein, das andere für ein Konglomerat, für ein aus Trümmern zusammengeführtes und zusammengebackenes halten, ein auf Prophyrweise aus einer heterogenen Masse in sich selbst geschiedenes und getrenntes und sodann durch Konsolidation festgehaltenes zu schauen glaube. Hieraus folgt, daß meine Erklärungsart sich mehr zur chemischen als zur mechanischen hinneigt« (ebd. 363).

K. v. →Raumer hat in seiner 1811 erschienenen Schrift *Geognostische Fragmente* die Entstehung der Komponenten in Konglomeraten des Rotliegenden im Thüringer Wald und der Grauwackenformation des Harzes als einen Prozess chemischer Abscheidungen beurteilt. Seine Vorstellung stimmte mit der von G. überein und regte diesen 1812 an, einen Aufsatz *Über den Ausdruck porphyrartig* niederzuschreiben, in dem er den Terminus →»porphyrartig« für Gesteine einführte: Wenn in einer einfachen Gesteinsmasse Teile enthalten waren, die sich durch Gestalt und Farbe davon unterschieden, nannte G. dieses Gestein Porphyr. Das Hauptkennzeichen bestand darin, »daß etwas fremdartig Scheinendes, aber in der Masse selbst uranfänglich Entwickeltes und zugleich mit ihr Konsolidiertes, in derselben sich, mehr oder weniger gebildet, zeigt« (FA I, 25, 544). In diesem zu seinen Lebzeiten unveröffentlichten Text beschrieb G. sieben verschiedene porphyrartige Gesteinsarten und veranschaulichte zugleich den Prozess des Werdens in der anorganischen Welt. Einen Granit, der in Karlsbad und an der Eger entlang bis ans Fichtelgebirge hin vorkam, nannte er »Porphyrartigen Granit [...], in welchem große, meist Zwillingskristallen von Feldspat vorkommen, welche sich unter gewissen Bedingungen vollständig aus der Masse ablösen, oft aber auch von ihr unzertrennlich sind« (ebd.). Jenen oben (S. 174) bereits erwähnten Granit, welcher sich bei Petschau fand, bezeichnete er aufgrund seines

Übergangs in Gneis als »Porphyrartigen Gneis« (ebd.). Ein weiteres Gestein, das sich bei Karlsbad in all seinen Abstufungen nachweisen ließ, nannte er »Porphyrartiges Quarzgestein« (ebd. 546) und beschrieb dessen Entstehen aus dem splittrigem Bruch einfach gebildeten Quarzes, in dem sich »nach und nach einzelne, hellere Quarzpunkte« entwickeln, »welche immer häufiger werden, so daß sie die Grundmasse nach und nach zu verdrängen scheinen, ja sogar zuletzt in einer undeutlich kristallinischen Form unter einander ursprünglich sich berührend, den Sinnen wie ein förmliches Konglomerat erscheinen« (ebd.). Ein ähnlicher Prozess fand sich bei einem körnigen, schieferartigen Sandstein aus der Nähe von Bad Lauchstädt, welcher vollkommen gleichförmig erschien, in dem »sich nach und nach Punkte entwickeln, welche zugleich heller und fester sind« (ebd. 550).

1817 kam G. erneut auf die Entstehung der Gesteine zurück, während er sich *Dichtung und Wahrheit* widmete und gleichzeitig an seinen naturwissenschaftlichen Heften (Morph und ZNÜ) arbeitete. Um seine Vorstellungen über die Gesetzmäßigkeiten der chemischen Veränderungen und Abwandlungen in Kristallisationsprozessen bei der Gesteinsbildung zu verdeutlichen, zog er Milch als analogen animalischen Fall heran: »Ein geringer Umstand macht sie entschieden gerinnen und offenbart in ihr zwar verwandte, aber verschiedene, sich von einander ablösende, aber doch innerhalb einander vorhandene Teile« (*Das Gerinnen*; FA I, 25, 555). Dementsprechend sah G. »Augenblicke des Werdens dieser Art« (ebd.), in denen heterogene Gesteinsgefüge durch innere chemische Verwandlungen entstehen, bei Totliegendem, Konglomeraten, Breccien und Trümmergesteinen. Am Beispiel von Marmor erläuterte G. den »Begriff des uranfänglichen Gerinnens«, wobei »schwarzer und weißer Marmor im Entstehen sich sonderte und innerhalb eines durch weiße Seen und Ströme gebildeten Zusammenhangs schwarze Inseln schwimmen« (ebd. 556). Er war der Ansicht, dass »alles im Kalk« bzw. Marmor »willkürlicher, freier, unentschiedener geschieht«. Manchmal trennen sich zwar die weißen Gänge von der schwarzen Grundmasse, wie es bei dem Waldecker Marmor der Fall ist, jedoch meinte G.: »[...] wenn man schon weiß, wie die Natur verfährt, wenn Gang auf Gang, Kluft auf Gang trifft; so erkennt man auch hier das Gesetzliche« (ebd.). Über das Regelmäßige hinaus interessierte G. vor allem die *Gestörte Formation* bei Trümmer-Porphyren und Trümmer-Achaten: »Ein Gestein das ein Ganzes war scheint zertrümmert und ist doch wieder ein Ganzes. *Wir* nennen dieses [...] gestörte Formation, ein Gestein wollte sich bilden, es ward gestört und bildete sich doch. [...] durch irgend einen physischen Reiz ward ein Werdendes geschröckt, im Innersten erschüttert aber nicht zerbrochen, um weniges verschoben, aber nicht gewaltsam verrückt. Es lassen sich diese Erscheinungen bis aufs Zarteste nachweisen« (ebd. 556f.). G. betrachtete dieses Phänomen als »Entwickelungen aus einem Innern, dessen Trennung und Suchen bei der Solideszenz zu einem abermaligen Trennen und Suchen aufgefordert wird« (ebd. 557). Unter den »gestörten Gebirgsarten« hob G. vor allem »die ägyptische Breccie« (ebd.) hervor: »Es sollte ein grüner Jaspis entstehen, dessen heterogene Teile jedoch vereinigten sich nicht, und so ging eine Scheidung vor, ein Gerinnen, wodurch Teile sich sonderten und in einem Zustand aneinander fügten, der wieder eine Art Vereinigung erlaubte, ja forderte« (ebd.) In beinahe metaphorischem Sinn erläuterte er die sogenannte »Gestörte Bildung«: »Auch hier sollte ein Band-Jaspis entstehen, aber zu viel fremde Teile hinderten die Bildung. Ein roter Feldspat mit jenem karneolartigen Schein drängt sich dazwischen, und das Ganze sieht trümmerhaft« (ebd.).

Der *Trümmer-Porphyr zu Ilmenau im Ratssteinbruche* schien G. ein »in seinem Werden gestörter Porphyr«, welcher »anfangs einer gestörten Entwickelung und zuletzt einer zusammengeschobenen Masse ähnlich sieht« (ebd. 558f.).

Diese zu G.s Lebzeiten unveröffentlichten Texte zeigen eindringlich G.s »in die tiefsten Klüfte der Erde« reichende Erfahrung, »daß in der Menschennatur etwas Analoges zum starrsten und rohsten vorhanden sei« (*Wanderjahre* III, 14; FA I, 10, 729).

In der anorganischen Welt erkannte G. das »Bestreben daß die Masse sich in der Form veredeln will« (FA I, 25, 553); auf Anregung C. C.

v. Leonhards schrieb er am 26.3.1816 den Aufsatz *Über Bildung von Edelsteinen*: »Alle Gebirgsmassen trennen und bilden sich kosmisch; innerhalb der Masse aber erzeugt sich eine Neigung sich eigenst gestaltet darzustellen« (ebd.). In der Ausformung der Gebirgsmassen, im Gefüge von Granit, Gneis und den porphyartigen Gesteinen, in alpinen Klüften mit Kristallen von Quarz, Feldspat und Hornblende erblickte G. die Ausprägung dieser Tendenz; »Ja die Metalle selbst Zinn Wolfram und das Verwandte haben in Masse Gestalt angenommen« (ebd.). Dieses Bestreben »geht durch alle Epochen ja bis auf den heutigen Tag« (ebd.); G. traute »der Natur zu daß sie noch am heutigen Tage Edelsteine uns unbekannter Art bilden könne« (ebd. 554). Die Veredelung schien G. nur »in Freiheit« möglich, »wenn die Masse Räume läßt daß in denselben von den frühsten bis in die spätesten Zeiten ewig zirkulierende Gasarten die Eigentümlichkeiten des Gebirgs auflösen, befreien, verwandeln, zu Verwandtem Geselligkeit verstatten. Hier scheinen diejenigen Körper entstanden, die wir Edelsteine nennen« (ebd. 553).

Nicht nur Formbildungsprozesse, sondern auch Formenveränderungen und -verfall hat G. erforscht, insbesondere im Kontext seiner Auseinandersetzung mit dem Vulkanismus. Hier interessierten ihn die durch Feuer veränderten geschmolzenen Gesteine, aber auch »das schmelzbare Unschmelzende« (*Von den Augiten insbesondere*; FA I, 25, 598) sowie die Einwirkung der Marienbader Quelle auf das feste Gestein, wodurch »die verschiedensten originären Gebirgsarten, ihrer Natur und Art gemäß, auf die mannigfaltigste Weise verändert und gestört erscheinen« (*Durch das Gas des Marienbrunnens angegriffenes Grund-Gebirg*; FA I, 25, 501).

So zeigen G.s geologisch-mineralogische Schriften nicht nur seine wissenschaftliche Kenntnis, vielmehr läßt sich in ihnen zugleich der verborgene Horizont seiner Welterfahrung erahnen: »Steinchen um Steinchen verzettelt die Welt, / Wissende haben's zusammen gestellt; / Trittst du begierig zu Sälen herein, / Siehst du zuerst nicht den Stein vor dem Stein. / Doch unterscheidest und merkest genau: / Dieser ist roth und ein andrer ist blau, / Einer, der klärste, von Farben so rein, / Farbig erblitzet der edelste Stein. / Aber die Säulchen wer schliff sie so glatt, / Spitzte sie, schärfte sie glänzend und matt? / Schau' in die Klüfte des Berges hinein, / Ruhig entwickelt sich Stein aus Gestein. / Ewig natürlich bewegende Kraft / Göttlich gesetzlich entbindet und schafft; / Trennendes Leben, im Leben Verein, / Oben die Geister und unten der Stein« (*Wiegenlied dem jungen Mineralogen Walter von Goethe. Den 21. April 1818*; WA I, 4, 47).

Wahrheit oder Schein, Erkenntnis oder Vorstellung in der geologischen Forschung – G.s Kammerberg-Studien

Während seines Aufenthalts in Franzensbad im Juli und September 1808 besuchte G. mehrmals den etwa 30 Meter hohen →Kammerberg (Kammerbühl) in der Ebene zwischen Franzensbad und Eger, dessen »Vulkanismus« ihn »sehr interessiert« (an Riemer, 19.7.1808). Er sammelte Proben, betrachtete ihn genau, beschrieb und zeichnete ihn (s. Abb. S. 178). Im Zeitraum von 1808 bis 1823 beschäftigte sich G. mit dem Kammerberg – »diese ewig merkwürdige, immer wieder besuchte, betrachtete und immer wieder problematisch gefundene, weit und breit umherschauende, mäßige Erhöhung« (*Kammer-Bühl*, 1822; FA I, 25, 421). Trotz seiner »unterbrochenen, unzulänglichen Bemühungen« (ebd. 606) suchte G. die Entstehung des Kammerbergs zu erschließen. Anders als zeitgenössische Geologen war G. kein Fachtheoretiker; immer deutlicher trat er in der geologischen Diskussion als Kritiker auf.

Bereits in seinem Brief *An Herrn von Leonhard* vom 25.11.1807 gab G. der geologisch-mineralogischen Forschungswelt zu bedenken: »Gewiß würde man, nach meiner Überzeugung, über Gegenstände des Wissens, ihre Ableitung und Erklärung viel weniger streiten, wenn jeder vor allen Dingen sich selbst kennte und wüßte, zu welcher Partei er gehöre, was für eine Denkweise seiner Natur am angemessensten sei. Wir würden alsdann die Maximen, die uns beherrschen ganz unbewunden aussprechen und unsere Erfahrungen und Urteile diesem gemäß

Kammerberg bei Eger; Zeichnung von Goethe (1808)

ruhig mitteilen, ohne uns in irgend einen Streit einzulassen: denn bei allen Streitigkeiten kommt am Ende doch nichts weiter heraus, als daß sich zwei entgegengesetzte nicht zu vereinigende Vorstellungsarten recht deutlich aussprechen, und jeder auf der seinigen nur desto fester und strenger beharrt« (FA I, 25, 364).

Oft hat G. darauf hingewiesen, dass geologische Deutung auf individueller Vorstellung beruht: »Es ist freylich mit allen Vorstellungsarten so eine Sache, und der Mensch gewöhnt sich an die unbequemste; doch kann man es nicht lassen, mit eignen Augen zu sehen und sich selbst zu überzeugen. Vielleicht mögen andre künftig auf diesem oder auf eigenen Wegen zu gleicher Überzeugung gelangen« (an Knebel, 23.8.1807). Die Problematik der Abwägung zwischen Erkenntnis, Vorstellung und Einbildungskraft in der geologischen Forschung demonstrierte G. vor allem in seinen Kammerberg-Studien. Er konnte hierbei über einen langen Zeitraum hinweg keine eindeutige Position beziehen, er schwankte zwischen zwei differierenden Meinungen. In den Jahren zwischen 1808 und 1822 hat G. vier Abhandlungen über seine fortwährenden Beobachtungen und unterschiedlichen Ansichten verfasst und veröffentlicht.

In seiner Auslegung von 1808[90] betrachtete G. den Kammerberg als vulkanischen Ursprungs, denn das Gestein und die dort gefundenen Proben ähnelten dem, was er am Ätna und am Vesuv gesehen hatte. Die Schrift von I. v. Born, der den Kammerberg in seinem *Schreyben über einen ausgebrannten Vulcan bey der Stadt Eger* (Prag 1773) behandelt hatte, kannte G. zu diesem Zeitpunkt noch nicht.

F. A. →Reuß, Badearzt in →Bilin, betrachtete den Kammerberg jedoch als »pseudovulcanisch«, durch den Brand oberflächennaher Kohlelager entstanden. G. fühlte sich genötigt, der Reußischen Meinung zu widersprechen. Er war sich bewusst, dass sein Aufsatz »für sich selber sprechen mag«. Die Problematik könnte durch diesen »wohl nicht gelös't« werden, »und eine Rückkehr zu der Reußischen Auslegung gar wohl räthlich sein«, so G. in den *Tag- und Jahresheften* von 1808. Zu dieser Zeit war er noch der Auffassung, dass die sich widersprechenden Meinungen in der geologischen Forschung aus unterschiedlichen Denkweisen hervorgingen und dass ein Konflikt durch aufmerksame Beobachtung und eindeutige Vorlage dinglicher Beweise behoben werden könne. Es war ihm ein Anliegen, ein wissenschaftliches Verfahren zu finden, »um das was einander in der Meinung wirklich entgegen steht, bedeutend und obgleich antinomisch doch von beiden Seiten verständig ist, von dem zu sondern, was nur scheinbare Widersprüche oder gar nur absurde Einreden sind« (FA I, 25, 414). G. war der Ansicht, »wenn jeder die Maximen ausspräche, wonach er urteilt, so würde man sich im großen und nicht im einzelnen streiten, und man würde in einem

90 *Der Kammerberg bei Eger*; im Druck: Taschenbuch für die gesammte Mineralogie 3, 1809, später auch in ZNÜ I, 2, 1820; FA I, 25, 399–410.

höhern Sinne Partei nehmen als es gewöhnlich in der Wissenschaft geschieht« (ebd.).

G. legte in seinem ersten Aufsatz zur Entstehung des Kammerbergs von 1808 mit einer undogmatischen Darstellungsart emphatisch seine Anschauungsweise dar, um zu verdeutlichen, dass er solchen Arbeiten generell keinen dogmatischen Wert beimaß. Er wolle »vielmehr Jeden auffordern, seinen Scharfsinn gleichfalls an diesem Gegenstand zu üben« (FA I, 25, 409). Dabei machte er darauf aufmerksam, »daß alle solche Versuche die Probleme der Natur zu lösen, eigentlich nur Konflikte der Denkkraft mit dem Anschauen sind. Das Anschauen gibt uns auf einmal den vollkommenen Begriff von etwas Geleistetem; die Denkraft die sich doch auch etwas auf sich einbildet, möchte nicht zurückbleiben, sondern auf ihre Weise zeigen und auslegen, wie es geleistet werden konnte und mußte. Da sie sich selbst nicht ganz zulänglich fühlt, so ruft sie die Einbildungskraft zu Hülfe, und so entstehen nach und nach solche Gedankenwesen (entia rationis) denen das große Verdienst bleibt uns auf das Anschauen zurückzuführen, und uns zu größerer Aufmerksamkeit, zu vollkommenerer Einsicht hinzudrängen« (ebd.). G. hob die bedeutsame Rolle der Einbildungskraft in geologischen Forschungen und Deutungen hervor. Seine Auffassung der Einbildungskraft als regulatives Vermögen im Konflikt zwischen Denkkraft und Anschauung erinnert an die Kantische Lehre von der Einbildungskraft als Vermittlung zwischen Sinnlichkeit und Verstand. Im Gespräch mit S.→Boisserée vom 2.8.1815 berief sich G. auf die Antinomie der Vorstellungsart von →Kant, um auf die »wunderliche Bedingtheit des Menschen auf seine Vorstellungsart« aufmerksam zu machen; »so muß es mir mit Gewalt abgenötigt werden, wenn ich etwas für vulkanisch halten soll, ich kann nicht aus meinem Neptunismus heraus« (GG 2, 1029). Nach Kant wohnen »Wahrheit oder Schein [...] nicht im Gegenstande, so fern er angeschaut wird, sondern im Urteile über denselben, so fern er gedacht wird. Man kann also zwar richtig sagen: daß die Sinne nicht irren, aber nicht darum, weil sie jederzeit richtig urteilen, sondern weil sie gar nicht urteilen. Daher sind Wahrheit sowohl als Irrtum, mithin auch der Schein, als die Verleitung zum letzteren, nur im Urteile, d. i. nur in dem Verhältnisse des Gegenstandes zu unserm Verstande anzutreffen« (*Critik der reinen Vernunft*, 2. Aufl. Riga 1787, 350). Die Gegenstände der Anschauung bleiben gleich, während die Meinungen über sie variieren. G. glaubte Ansichten, über die man aufgrund unterschiedlicher Denkweisen streitet, durch die Anschauung verbinden und verständlich machen zu können, weil ihm die Anschauung frei von bereits fixierten subjektiven Urteilen schien: »Denn wenn man gleich mit Worten vieles leisten kann, so ist es doch wohlgetan bei natürlichen Dingen die Sache selbst oder ein Bild vor sich zu nehmen, indem dadurch Jedermann schneller mit dem bekannt wird, wovon die Rede ist« (FA I, 25, 399).

So versuchte G. 1808, mit ausdrücklichem Bemühen und vorsichtiger Darstellungsweise im Aufsatz über den Kammerberg zu zeigen, wie die Gegenstände durch die sinnliche Anschauung wahrgenommen werden und wie die Einbildungskraft die Anschauung zu Hilfe nimmt, so dass eine wechselseitige Dynamik zwischen Sichtbarem und Unsichtbarem, zwischen Werden und Gewordenem, Bewegung und Ruhe vergegenwärtigt wird. Das Abwesende sollte durch das Anwesende hervorgerufen werden. G. inszenierte ein Wechselspiel zwischen Vergangenem und Gegenwärtigem und zeigte dabei, wie sehr die geologische Deutung der Erdvergangenheit von der Einbildungskraft abhängen kann.

Nachdem er den Kammerberg in dieser ersten Abhandlung noch als vulkanisch eingeschätzt hatte, bestieg er ihn am 28.5.1820 in Begleitung von J. S. →Grüner erneut und unterzog die regelmäßigen Schichten, die nun erst wegen der für den Straßenbau unternommenen Abgrabungen sichtbar geworden waren, einer genauen Betrachtung. Aufgrund dieser Inspektion kehrte G. wieder zur Überzeugung von Reuß zurück und sah die Entstehung des Kammerbergs nun als pseudovulkanisch an. »Diese Überzeugung einem frischen Anschauen gemäß, kostete mich nichts selbst gegen ein eignes gedrucktes Heft [Nat I, 2] anzunehmen; denn wo ein bedeutendes Problem vorliegt, ist es kein Wunder wenn ein redlicher Forscher in seiner Meinung wechselt« (TuJ 1820). G.s gewandelte Anschauung enthält der zweite Aufsatz *Kammerberg bei Eger*, der in ZNÜ I, 3, 1820 erschien.

Am 30.7.1822 bestieg G. den Kammerberg erneut, dieses Mal zusammen mit Graf Sternberg, dem Stockholmer Chemiker J. J. →Berzelius, dem Wiener Botaniker und Brasilienreisenden J. B. E. →Pohl und Grüner. Berzelius bezeichnete den Kammerberg als einen erloschenen Vulkan und sah sich durch den Fund eines Olivins in dieser Sichtweise bestätigt. In seiner Autobiographie schilderte er: »Goethe war über den Fund ganz entzückt und ganz besonders noch darüber, wie man a priori dazu gekommen war. Er erklärte, daß er seine Überzeugung jetzt geändert habe, und machte Sternberg den Vorschlag, einen Durchstich des Vulkans der Tiefe nach vorzunehmen« (LA II, 8B.1, 266). Grüner berichtete dagegen: »Goethe hörte bloß zu, ohne eine Meinung abzugeben. Später äußerte er sich gegen den Grafen Sternberg, daß, solange der Hügel nicht von der Sohle bis zu dem vorgeblichen Krater durchfahren sei, er problematisch bleiben werde« (GG 3.1, 388).

Die kontroverse Wahrnehmung dieser Exkursion schlug sich in zwei Texten G.s nieder, dem Exkursionsbericht *Kammer-Bühl* und einem fiktiven Gespräch, das mit *Wunderbares Ereignis* betitelt wurde; beide erschienen in ZNÜ II, 1, 1823. Im zweiten Text trägt »ein junger munterer Badegast« G. seine Meinung über den Kammerberg als Pseudovulkan vor. »Ich zeigte ihm die Schwierigkeiten, die bei dieser Erklärungsart noch übrig blieben, und trug ihm meine Hypothese als befriedigend vor, wogegen er mir neue Schwierigkeiten nachzuweisen wußte. Und so standen wir gegen einander, durch ein doppeltes Problem geschieden, durch Klüfte, die keiner zu überschreiten sich getraute, um zu dem andern zu gelangen; ich aber, nachdenklich, glaubte freilich einzusehen, daß es mehr Impuls als Nötigung sei, die uns bestimmt, auf eine oder die andere Seite hinzutreten« (FA I, 25, 422). Am Ende fügte G. seine wichtige Maxime in der naturwissenschaftlichen Forschung hinzu: »Hiedurch mußte bei mir eine milde, gewissermaßen versatile Stimmung entstehen, welche das angenehme Gefühl gibt, uns zwischen zwei entgegengesetzten Meinungen hin und her zu wiegen, und vielleicht bei keiner zu verharren. Dadurch verdoppeln wir unsere Persönlichkeit [...]« (ebd. 423). Den in seinen Kammerberg-Studien zu findenden Ansatz zur geologischen Forschungsmethode nahm G. später in der Auseinandersetzung mit dem Vulkanismus wieder auf.

»Zufluchtswinkel in böser Zeit« – Teplitz und die Zinnformation

Die geologischen Verhältnisse um Teplitz beobachtete G. bereits 1810 und 1812 anlässlich der Fahrten von Karlsbad dorthin. Auch fuhr er 1810 nach Bilin und zeichnete den Borschen, eine Vulkankuppe aus Phonolith (vgl. FA I, 25, Abb. 23 u. 24). 1812 war G. auf der Straße nach Bilin auf Klingstein, Quarzgestein und gebrannten Ton aufmerksam geworden; in Aussig an der Elbe, östlich von Teplitz, fand er Quadersandstein der Kreideformation (vgl. Tgb, 21. und 26.7.1812).

Erst 1813 begann G. während eines längeren Aufenthaltes in Teplitz (26.4. bis 10.8.) damit, die Umgebung näher zu erforschen, was ihm neue geologische Phänomene offenbarte. G. beobachtete und sammelte ›pseudovulkanische Produkte‹. In Begleitung von Reuß besuchte er erneut den Borschen (28.4., 12. und 28.5.) und studierte in der Nähe von Bilin zu findende Granate. In Aussig erhielt er vom dortigen Arzt, J. A. Stolz, eine systematische Beschreibung der im Leitmeritzer Kreis vorkommenden Gesteinsarten (vgl. LA II, 8A, 61–63, M 39). Geologische Exkursionen nach →Dux (5., 7. und 16.5.) unternahm G., um die dortige »Steinkohlengrube« zu erkunden. In der Notiz *Braunkohlengrube bei Dux* beschrieb er seine Beobachtungen über die Lage dieser Grube und die darin ablaufenden Prozesse, wobei die hier zu beobachtende Selbstentzündung der Kohleschichten seine Hypothese über den Ursprung von pseudovulkanischen Produkten zu stützen schien.

Am 13.5. reiste G. über Janegg und Wernsdorf nach Klostergrab und Niklasberg nordwestlich von Teplitz, wo Bergbau auf Silber betrieben wurde. Die in Gneis eingelagerten Quarzgänge mit Silber beachtete er folglich besonders. »Hier bin ich fleißig in dem Gebirge, um mich von der Gegend zu unterrichten wie ich es in Carlsbad gethan habe. Auch da finde ich was von allem Wissen und allen Wissenschaften gilt, daß nur der Anfang leicht sey, je weiter man im Text kommt, desto incommensurabler wird alles« (an T. J. Seebeck, 16.5.1813).

Im Rahmen der Erkundungen in →Graupen (29.4., 14.5. und 15.7.), →Zinnwald und →Altenberg (9. bis 11.7.) studierte G. die Zinnlagerstätten, sammelte Zinnstufen und beschrieb die Zinnformation dieser Gegend. Von dem Zinnwalder Steinscheider J. G. Mende sowie dem Altenberger Bergamtsassessor F. A. Schmid ließ er sich unterrichten »von der Gleichheit, der Ähnlichkeit und Verschiedenheit des Vorkommens jenes Urmetalles« (an Trebra, 24.11.1813) sowie von Berg- und Gangarrten, die sich vor allem in der Altenberger Pinge fanden, einem 200 Meter tiefen Krater, der im Jahr 1620 durch den Zusammenbruch von Stollen und Schächten entstanden war.

Bereits 1785 hatte G. Zinnstufen zusammengetragen; während seines Aufenthalts in Karlsbad im Jahr 1811 besuchte er am 21.6. in Schlaggenwald das Zinnbergwerk und den Schmelzofen. Er berichtete Carl August am 27.6.1811: »Es war mir interessant, einen so wichtigen und seltnen Naturpunkt auch nur oberflächlich zu betrachten. Das Vorkommen des Zinns wird wohl immer den Geologen wo nicht ein Räthsel, doch gewiß ein Zankapfel bleiben«. Am 22.8.1812 sprach er in Karlsbad mit dem Freiberger Kommissionsrat Busse über Zinnwerke und informierte sich über den Handel mit Zinn in Sachsen und Böhmen. Jenseits des ökonomischen Interesses hatte die Zinnformation, welche die Granitepoche vollkommen ablöste, für G. eine beinahe symbolische Bedeutung. Im November 1813 stellte G. alle Stufen von Zinnerzen aus seinen Sammlungen zusammen, notierte Literaturangaben über Zinnvorkommen in Frankreich und auf Sumatra, bat →Trebra um Proben von Zinnerzen und Nachrichten über deren Vorkommen, und wünschte von Lenz in Jena alles zu erfahren, was dieser über Lagerstätten von Zinn zu berichten wusste. Am 26.11.1813 begann er mit der Abfassung eines Aufsatzes über die *Zinnformation*, vom dem ein Entwurf und der Beginn einer Ausführung erhalten sind.[91] G. betrachtete die »in verschiedenen Richtungen sich durchschneidenden Gänge« (FA I, 25, 479) der Zinnformation als Produkte einer auf die Urzeit der Granitbildung folgenden »Scheidungs-Epoche«, in der »die einmal von der Natur hergebrachten Bestandteile mit einander gekämpft und eben weil das frühere Gleichgewicht aufgehoben worden, sich einander wechselweis besiegt haben« (ebd. 478).

Über das geologische Interesse hinaus bedeuteten die Zinnformation-Studien für G. auch »einen Zufluchtswinkel in böser Zeit« des Krieges (an Leonhard, 30.12.1813); an Trebra schrieb er am 24.11.1813: »Du wirst vielleicht lächlen aber doch nicht unvernünftig finden, daß ich mich aus der Zeit in die Urwelt flüchte, wo zwar die Elemente, aber noch nicht die Menschen mit einander kämpften«.

Im Januar 1814 erhielt G. von Trebra Zinnerzstufen von verschiedenen Vorkommen und von →Knebel Zinnsand aus dem Fichtelgebirge. Zu Beginn des Jahres 1815 sandte G. Leonhard einen Artikel über Zinn, den dieser 1817 in seine *Propädeutik der Mineralogie* aufnahm. G. bemühte sich weiterhin, seine Zinn-Sammlungen zu vervollständigen. 1817 erhielt er eine weitere Folge von Zinnstufen aus Cornwall, die J. →Mawe zusammengestellt hatte.

Am 25.8.1818 besuchte G. die Zinnlagerstätte Schlaggenwald südwestlich von Karlsbad. Dort beobachtete er »Schörlnester im Granit. Andeutung von Glimmerkugeln in demselben. Diese Glimmerkugeln erscheinen häufiger und größer in dem Verhältnis in welchem der Granit seine Dreieinigkeit aufgibt. Feldspat Glimmer und Quarz spielt ein jeder nunmehr seine eigene Rolle. Diese Glimmerkugeln finden sich sehr groß bei Elnbogen in dem Granit wo der Feldspat sich zu jenen Zwillingskristallen bildete den Glimmer abstieß und ihm die Freiheit ließ sich selbst zu sammeln […]. Es ist höchst unterhaltend und unterrichtend wie die drei Wesen Quarz Feldspat und Glimmer aus einander treten und jeder für sich sein eigenes Reich grün-

91 Vgl. LA II, 8A, 71–74, M 48 und FA I, 25, 477ff.

det« (*Bildung des Granits und Zinnvorkommen*; FA I, 25, 473f.).

Natur- und Kulturgeschichte – Rhein-, Main- und Neckargegend – Lahntal, Laacher See, Darmstadt, Tennstedt

In der Zeit von 1814 bis 1817 unternahm G. keine Reisen nach Böhmen. Hingegen lernte er auf den Sommerreisen in die Rhein-, Main- und Neckargegend in den Jahren 1814 und 1815 sowie 1816 während des Kuraufenthaltes in Tennstedt neue geologisch bedeutende Regionen kennen.

In Begleitung seines Dieners Karl Wilhelm Stadelmann brach G. am 25.7.1814 nach Wiesbaden auf, wo er vom 29.7. bis zum 12.9. zur Kur weilte. Danach besuchte er vom 12. bis 23.9. seine Heimatstadt Frankfurt und hielt sich anschließend bis zum 8.10. in Heidelberg auf. Von dort fuhr er über Darmstadt, Frankfurt und → Hanau nach Weimar zurück, wo er am 27.10.1814 eintraf.

G.s neptunistische Deutung des Rheintals vor Bingen floss in die Landschaftsschilderung seines Reiseberichtes *Sankt Rochus-Fest zu Bingen*[92] ein, in dem die Bildung des Rheinbetts in der Urzeit vor Augen geführt wird: »Wie man sich Rüdesheim nähert, wird die niedere Fläche links immer auffallender, und man faßt den Begriff, daß in der Urzeit, als das Gebürge bei Bingen noch verschlossen gewesen, das hier aufgehaltene, zurückgestauchte Wasser diese Niederung ausgeglichen, und endlich, nach und nach ablaufend und fortströmend, das jetzige Rheinbett daneben gebildet habe« (FA I, 16, 346). Der Hügel, an dessen östlichem Ende die Rochuskapelle steht, erstreckt sich von »Bingen heraufwärts […] nahe am Strom, […] gegen das obere flache Land. Er läßt sich als Vorgebirg in den alten höheren Wassern denken« (ebd.).

Im *Supplement des Rochus-Festes*, dem 1814 entstandenen Bericht *Im Rheingau Herbsttage*,[93] in dem G. von seinem Besuch auf dem Landgut der Familie Brentano in Winkel am Rhein vom 1. bis 8.9. berichtete, beschrieb er auch die Wanderung am 2.9. zum Johannisberg und ließ hier ebenfalls die geologisch-mineralogischen Beobachtungen in die Landschaftsbeschreibung einfließen: »Die Grenze des Weinbaues bezeichnet zugleich die Grenze des aufgeschwemmten Erdreichs, wo die Acker anfangen zeigt sich die ursprüngliche Gebirgsart. Es ist ein Quarz, dem Tonschiefer verwandt, der sich in Platten und Prismen zu trennen pflegt« (FA I, 16, 377). Auch in Geisenheim auf dem Weg zum Niederwald fand G. am 3.9. »das Quarzgestein wieder und weiter oben eine Art von Totliegendem« (ebd. 378). In diesem Zusammenhang wies er darauf hin, dass die geologische Kenntnis für die Landschaftsdarstellung unentbehrlich sei: »Wer sich in der Folge bemühte den Niederwald besser darzustellen, müßte im Auge behalten, wie das Grundgebirge von Wiesbaden her immer mehr an den Rhein heranrückt, den Strom in die westliche Richtung drängt, und nun die Felsen des Niederwaldes die Grenzen sind wo er seinen nördlichen Weg wieder antreten kann« (ebd. 379f.). Am 4.9. fand G. – nach heutiger geologischer Interpretation – sogenannte »marine Sande der Tertiärformation« (Engelhardt 2003, 271) in der Talebene zwischen Weinheim und Nieder-Ingelheim links des Rheins und beobachtete »ganz eigentliche Dünen, in den ältesten Zeiten vom Wasser abgesetzt, nun ihr leichter Sand vom Winde hin und hergetrieben. Unzählige kleine Schnecken waren mit demselben vermengt, ein Teil davon den Turbiniten ähnlich die sich im Weinheimer Kalktuffe befinden« (FA I, 16, 380f.). Am 5.9. berichtete G. in Bingen vom »Spaziergang am Ufer, Gyps ausgeladen, viel mit grauem Ton vermischt« und fragte sich: »Woher derselbe kommen mag?« (ebd. 382). Während er sich »zu der niemals genug zu schauenden Aussicht« von der Höhe der Rochuskapelle wandte, untersuchte er das Gestein und lieferte eine authentische Beschreibung von dessen mineralogischer Zusammen-

92 *Ueber Kunst und Alterthum in den Rhein- und Mayn-Gegenden* I, 2, 1817, 63–132.

93 Ebd. I, 3, 1817, 5–36.

setzung: »Auf der Höhe besteht es aus einem dem Tonschiefer verwandten Quarz, am Fuße gegen Kempten zu aus einer Art Totliegendem, welches aus scharfkantigen Quarzstücken, fast ohne Bindungsmittel besteht. Es ist äußerst fest und hat außen durch die Witterung den bekannten Chalcedon-Überzug erlangt. Es wird billig unter die Urbreccien gerechnet« (ebd. 382f.). Diese Quarzfelsen erschienen G. bedeutsam; auf sie sollte er 1824 in seinem Aufsatz *Gebirgsgestaltung im Ganzen und Einzelnen* (ZNÜ II, 2) zurückkommen.[94] Er betrachtete die scharfkantigen Quarztrümmer, welche »durch eine frische flüssige kräftige Quarzmasse zu dem festesten Gestein verbunden« sind, als Beispiel eines »Halbgewordenen, Gestörten und wieder zum ganzen Gefügten [...] wie wir ja auch im Organischen ersehen, daß ein geheilter Knochen vor einem Bruche an derselben Stelle sicherer ist als am benachbarten Gesunden« (ebd.). Diese Quarzfelsen stellten sich G. in Analogie zur nach Kriegsverderben wieder aufgebauten Rochuskapelle dar. In den erdgeschichtlichen Ereignissen sah er somit auch die Menschheitsgeschichte abgebildet. Die geologisch-mineralogischen Gegebenheiten werden zur Metapher für das aus dem Gebrochenen, Zerstörten heraus wiederhergestellte neue Ganze.

So stehen in diesen Reiseberichten die geologischen Phänomene neben den Kultureigenheiten der Gegend; Natur- und Kulturgeschichte durchdringen sich vielfältig. Vergleichbares findet sich in vielen Schriften G.s über die böhmische Geologie, in denen er neben geologisch-mineralogischen Beschreibungen ebenfalls kulturgeschichtliche Aspekte berücksichtigt hat. Entsprechend erkundigte er sich 1815 während der Entstehung des *West-östlichen Divans* bei Leonhard nach der Mineralogie Persiens (an Leonhard, 17.3.1815), ebenso wie er 1813 während der Beschäftigung mit dem chinesischen Schrifttum auf die geologisch-mineralogischen Besonderheiten in China aufmerksam wurde (vgl. an Knebel, 10.11.1813 und Lektürenotizen zu G. Staunton; LA II, 8A, 70, M 47). Auch über die geologisch-mineralogischen Verhältnisse in →Brasilien, →Amerika und Rußland informierte G. sich im Laufe der Zeit, um seine Weltvorstellung im umfassenden Sinn zu bilden.

Auf dem Rückweg von seiner ersten Rheinreise besuchte G. vom 20. bis 24.10.1814 in Hanau den Herausgeber des *Taschenbuchs für die gesammte Mineralogie*, C. C. v. Leonhard, und studierte seine über 7.000 Exemplare umfassende Sammlung.

In Wiesbaden lernte G. den Oberbergrat L. W. →Cramer kennen (vgl. Tgb, 4.8.1814), dessen Kabinett in seinen Augen »ein vorzüglicher Schmuck dieses Ortes« war. Mit Cramers Sammlung, die »eine vollständige systematische Folge der Mineralien, und außerdem belehrende Prachtstücke aus den wichtigsten Bergwerken des Westerwaldes« enthielt (*Ueber Kunst und Alterthum* I, 1, 1816, 53f.), beschäftigte sich G. intensiv vor allem im August 1814. Der dazu entworfene Katalog zeugt von diesen eifrigen Studien.[95] Mit dieser 125 Positionen umfassenden Kollektion von Versteinerungen, Gesteinen, Mineralien und Erzen aus dem Herzogtum Nassau, der Eifel und dem Siebengebirge lernte G. zum ersten Mal Stücke aus älteren paläozoischen Formationen der Rheingegend kennen, die Werner dem Übergangsgebirge zurechnete und die in den G. bisher bekannten Regionen nicht in dieser Ausbildung vorkamen (vgl. Engelhardt 2003, 272 und LA II, 8B.2, 911). In Begleitung von Cramer unternahm G. Exkursionen nach Mühltal, Flörsheim und Weilbach. Weitere Funde aus der Gegend erhielt G. am 17.8.1814 vom nassauischen Hofkammerrat C. F. Habel in Schierstein bei Wiesbaden.[96]

Als G. sich 1815 wieder in Wiesbaden aufhielt, begleitete Cramer ihn vom 21. bis 23.7. über Idstein nach Limburg und von dort durch das Lahntal bis Nassau, wobei er ihn mit den Erzvorkommen und Bergwerken der Gegend bekannt machte.

Am 14./15.7.1815 las G. die *Theorie der Verschiebungen älterer Gänge mit Anwendungen auf den Bergbau* von J. C. L. Schmidt (Frankfurt am Main 1810) und wurde dadurch veranlasst, sich in diesen Tagen erneut mit Werners Gangtheorie von 1791 zu beschäftigen (s. o. S. 166f.). Am

94 Vgl. FA I, 25, 635.

95 Vgl. LA II, 8A, 79–84, M 58.

96 Vgl. LA II, 8A, 84f., M 59; LA II, 8B.2, 911.

23.7.1815 beobachtete G. im Lahntal bei Holzappel, wo Bergbau auf Silber und Blei betrieben wurde, einen »höchst merkwürdigen« Gang. »Diese wichtige, von mir so oft betrachtete und immer geheimnißvoll bleibende Erscheinung trat mir abermals vor die Seele« (TuJ 1815). Im Lahntal, Kloster Arnstein gegenüber, fand er »Thonschieferplatten mit kreuzweis laufenden sich mehr oder weniger verschiebenden Quarzgängen [...], wo das Grundphänomen mit Augen gesehen, wenn auch nicht begriffen doch wenigstens ausgesprochen werden kann« (ebd.). Die hier gefundenen Platten wurden in einem Holzkasten unter Glas in G.s Arbeitszimmer in Weimar aufbewahrt, was seine andauernde Auseinandersetzung mit diesem geologischen Phänomen der Gangbildung belegt.

Zwei Jahre später berichtete G. von diesen Beobachtungen in dem am 18.9.1817 entstandenen Text *Zur Lehre von den Gängen*. Ausgehend von den Tonschieferplatten des Lahntals erläuterte er seine Auffassung über die Bildung von Erz- und Mineralgängen. Für G. gab die »ganze Tonschiefermasse«, von »schieferigen Trümmern« umlagert, von »schmalen Quarzgängen durchsetzt [...] in mancherlei Richtung sich durchkreuzend« (FA I, 25, 558), wichtige Aufschlüsse über die Lehre der Gänge, wie Charpentier sie 1799 in seinen *Beobachtungen über die Lagerstätte der Erze* beschrieben hatte. Dieser beobachtete »die verschiedenen Übergänge und die öftern Abwechselungen in der Breite, Lage und Berührung der Ganglagen«, die »sich so oft in ihrer Form verändern, und nicht durchaus und allenthalben bestimmte Gränzen haben. Das oft scheinbar regelmäßige gewinnt unerwartet durch ein dazwischen kommendes fremdartiges Stück ein ganz andres Ansehen. Krystallisirte und unkrystallisirte Theile liegen unter einander« (*Beobachtungen* 70). Entgegen der Auffassung von Werner stimmte G. mit Charpentier darin überein, dass die Gänge gleichzeitig mit dem sie umgebenden Gebirge »bei dessen Solideszenz und Gestaltung entstanden« seien. Die »durchschneidenden Gänge oder Klüfte« bewirkten »meist eine Verrückung, Verschiebung« (FA I, 25, 558). In diesem Zusammenhang gab G. zu bedenken: »Das Große Überkolossale der Natur eignet man so leicht nicht an, denn wir haben nicht reine Verkleinerungsgläser, wie wir Linsen haben um das unendlich Kleine zu gewahren. Und da muß man doch noch Augen haben wie Carus und Nees wenn dem Geiste Vorteil entstehen soll« (ebd. 559). Die Natur ist G. zufolge »im Größten wie im Kleinsten sich immer gleich« (ebd.).

Diese Bemerkungen hat G. zu Lebzeiten nicht veröffentlicht. Dagegen richtete er im Vorwort des ersten Heftes *Zur Naturwissenschaft überhaupt* (1817) eine »stille Kriegserklärung« gegen Werner: »Das vielleicht nie zu lösende Rätsel: Die Entstehung der Gänge, liegt mir immer im Sinne, und ich kann mich nicht enthalten lieber nur eine Annährung an das Verständnis zu versuchen, als mich mit faßlich erscheinenden Erklärungen einzuschläfern« (FA I, 25, 1219).

S. Boisserée berichtete über eine Äußerung G.s vom 2.8.1815 bezüglich der Basaltsteine von Niedermendig und beim Anblick des Laacher Sees. Unter Berufung auf Kants Antinomie der Vorstellungsarten habe G. erklärt, dass er aus seinem Neptunismus nicht heraus könne (s.o. S. 179). Ihm erschien die Bildung der Erdoberfläche um den Laacher See als eine allmähliche und kontinuierliche, wie sie in der neptunistischen Deutung angenommen wird: »warum sollte denn das Wasser nicht auch löcherige Steine machen können wie die Bimssteine und die Menniger Steine? Daß das Gewässer, ehe es sich gesetzt, zuletzt noch einmal große Bewegung gemacht, wie im ersten Anfang, warum das nicht?« (GG 2, 1029.)

Er anerkenne – so G. – Vulkane durchaus, wenn er von deren Charakter »überzeugt und überwältigt« sei, hier aber »möchte es dem Vulkanismus schwerer fallen, die Menniger Steine als Lava durchzuführen und zu erklären« (ebd.).

In seinen Reflexionen über die zeitgenössischen geologischen Ansichten machte G. die Antinomie der Vorstellungsarten dafür verantwortlich, »warum wir Menschen nie aufs Reine kommen können mit einem gewissen Maß von Wissen, sondern immer alte Wahrheiten und Irrtümer auf eine neue Weise aussprechen – warum wir über viele Dinge uns nie ganz verständlich machen können – und ich daher oft zu mir sagen muß: darüber [...] kann ich nur mit Gott reden, wie das in der Natur ist [...]; was geht es nun weiter die Welt an. Sie faßt entweder meine Vorstellungs-Art, oder nicht, und im letztern Falle hilft mir alle Menschheit nichts« (ebd. 1029 f.).

Als G. auf der Reise von Frankfurt nach Heidelberg am 18.9.1815 Darmstadt erreichte, sandte er seinen Diener Stadelmann zu einem Basaltsteinbruch bei Roßdorf, östlich von Darmstadt, um Proben zu sammeln. Daraus resultierte der nach der Rückkehr nach Weimar diktierte Text *Trappformation bei Darmstadt*, der Basalte mit Blasenlöchern, Zwischenräumen und Überlagerungen von rotem Ton beschreibt. Die von G. als Trappformation bezeichneten Gesteine sollten nach neptunistischer Auffassung durch Wasser gebildete Basalte darstellen. Anhand von elf Proben schilderte G. die sedimentäre Schichtfolge im Steinbruch von oben nach unten.

Seine Ansichten zur Trappformation hat G. 1817 in den Texten *Epochen bei der Weltbildung* und *Chemische Kräfte bei der Gebirgsbildung* dargelegt, in denen er versuchte, sogenannte Fazies (nach der heutigen geologischen Terminologie), gleiche Sedimentgesteine, gleichen lokalen Entstehungsbedingungen zuzuordnen (vgl. Wagenbreth 1964 und Wagenbreth 1999, 64).

Vom 24.7. bis 9.9.1816 hielt sich G., nachdem die geplante Reise nach Heidelberg und Baden-Baden wegen eines Kutschenunfalls aufgegeben wurde, zu einem Kuraufenthalt in Tennstedt auf, wo es, wie in Berka,[97] eine Schwefelquelle gab. G. beschrieb in dem Text *Tennstedt* seine Vorstellung zum geologischen Werdegang dieser Gegend und ließ die menschliche Zivilisation den Naturereignissen folgen, so dass in seiner Schilderung die Kulturgeschichte die Naturgeschichte fortsetzt und erweitert.

Die Gesteinsproben der Tennstedter Gegend versuchte G. nach der Schichtfolge einzuordnen, die ihm aus der Zusammenarbeit mit J. C. W. Voigt in den ersten Weimarer Jahren vertraut war, doch ist ihm dies nicht ganz gelungen. Voigt war damals auf seinen *Mineralogischen Reisen durch das Herzogthum Weimar und Eisenach* nicht in die Gegend von Tennstedt gereist; daher war ihm die damals noch unbekannte Keuperformation entgangen, die G. hier nun bemerkte. G. fand Tuffstein mit Pflanzenresten und Schneckenschalen, »nach heutigem Verständnis pleistozäne Süßwasserkalke« (Engelhardt 2003, 279). Am Ende seines Textes erwähnte er »Urgebirgsgeschiebe aus den hiesigen Kieshügeln« (FA I, 25, 330), die heute als kristalline Gesteine aus den im nördlichen Thüringen verbreiteten eiszeitlichen Moränen gesehen werden. Bereits im Mai 1816 war G. dieser Art von Gestein begegnet, als ihn sein Schwager C. A. Vulpius darum gebeten hatte, seinen Aufsatz über Bodenfunde steinzeitlicher Geräte oder Waffen um ein gesteinskundliches Gutachten zu ergänzen. In seiner Stellungnahme vom 11.5.1816, *Die steinernen Waffen betreffend*, wies G. darauf hin, dass das Material von drei Geräten »sämtlich fremde, bei uns nicht vorkommende Steinarten« sind, denen ähnlich, »die an Ufern und Inseln der Ostsee zu Hause sind« (FA I, 25, 326).

»In der Geologie mehr vielleicht als überall anderswo haben wir noch nicht genug Tatsachen beisammen« – G.s Auseinandersetzung mit dem Vulkanismus

Am 30.6.1817 verstarb A. G. Werner. Was die Entstehung der Gänge betraf, widersprach G. Werners Meinung entschieden (s. o. S. 167), genauso im Hinblick auf den Ursprung der Karlsbader heißen Quellen. G. erkannte durchaus dogmatische Züge in Werners Lehren: »Und so wiederhol ich zum Allgemeinen das Besondere, daß die Werner'sche Infiltrations-Theorie der Geologie schlimmer entgegen steht, als das Pabstthum dem Evangelium, sie muß erst ganz für nichtig erklärt werden, bis die Geologen nur

97 1812 wurde G. vom Erbprinzen Carl Friedrich mit der Untersuchung beauftragt, ob sich in Berka, wo eine Schwefelquelle vorhanden war, ein Heilbad einrichten ließe. Unter der Mitwirkung von Döbereiner und Kieser legte G. ein Memorandum vor (vgl. LA II, 8A, 293 f.), in dem er aufgrund seiner Einschätzung der geologischen Verhältnisse die Einrichtung eines Kurbetriebs und die Nutzung des Quellwassers befürwortete.

athmen können« (Briefkonzept an Leonhard, 7.11.1816). Trotz dieser deutlichen Kritik bezeichnete sich G. andererseits in Bezug auf die neptunistische Erklärung der erdgeschichtlichen Vorgänge als Werners Schüler (→Neptunismus/Vulkanismus). Nach Werners Ableben verbreitete sich der Vulkanismus, der vor allem durch seinen Schüler L. v. →Buch vertreten wurde, rasch und fand in der Forschungswelt zunehmend Anerkennung. G. brachte diese Tendenz in den *Zahmen Xenien* zum Ausdruck: »Wie man die Könige verletzt, / Wird der Granit auch abgesetzt; / Und Gneis der Sohn ist nun Papa! / Auch dessen Untergang ist nah: / Denn Pluto's Gabel drohet schon / Dem Urgrund Revolution; / Basalt, der schwarze Teufels-Mohr, / Aus tiefster Hölle bricht hervor, / Zerspaltet Fels, Gestein und Erden, / Omega muß zum Alpha werden. / Und so wäre denn die liebe Welt / Geognostisch auch auf den Kopf gestellt« (WA I, 3, 358). Und mit ausdrücklicher Nennung Werners: »Kaum wendet der edle Werner den Rücken, / Zerstört man das Poseidaonische Reich; / Wenn alle sich vor Hephästos bücken, / Ich kann es nicht sogleich; / Ich weiß nur in der Folge zu schätzen. / Schon hab' ich manches Credo verpaßt; / Mir sind sie alle gleich verhaßt, / Neue Götter und Götzen« (ebd. 359).

Lebenslang blieb G., seiner Weltauffassung von einer langsamen, kontinuierlichen Entwicklung entsprechend, der neptunistischen Erklärung der Erdgeschichte geneigt. Als er im Januar 1819 das von dem italienischen Geologen S. Breislack verfasste Werk *Institutions géologiques* (3 Bde. und Atlas, Mailand 1818) las, in dem der Autor die sogenannten Urgebirgsarten wie Granit und Gneis als aus einer feurig-flüssigen Schmelze entstanden erklärte und alle vulkanischen Gesteine, zu denen er auch den Basalt rechnete, als Produkte eines vulkanischen, durch Steinöl unterhaltenen Feuers betrachtete, schrieb G. am 8.1.1819 an Leonhard: »Breislacks [...] geologisches Werk giebt zu mancherley Betrachtungen Anlaß. Werners ruhige Seele war kaum von uns geschieden, als die Flöz-Trapp-Formation, die uns bisher beschwichtigte, auf einmal wieder in feurigen Tumult gerieth. Alles eilt, wieder zu den Fahnen des Vulkanismus zu schwören, und weil einmal eine Lava sich säulenförmig gebildet hat, sollen alle Basalte Laven seyn, als wenn nicht alles Aufgelöste, durch wässerige, feuerige, geistige, luftige oder irgends eindringende Mittel in Freiheit gesetzt, sich so schnell als möglich zu gestalten suchte. Wenn ich Zeit finde, so setze ich hierüber mein Glaubensbekenntniß auf. Wie Sie in so viel jüngeren Jahren, der Sie noch eine Weile der Sache zusehen können, es damit halten wollen, bin ich verlangend, früher oder später zu erfahren«.

Leonhard teilte in seinem Brief an G. vom 26.4.1819 mit, dass er »im sehr gemäßigten Sinne [...] zum Feuer« übergegangen sei (LA II, 8A, 549). Er empfahl G. den Aufsatz L. v. Buchs *Über die Zusammensetzung der basaltischen Inseln und über Erhebungs-Cratere*, den dieser am 18.5.1818 in der Berliner Akademie vorgetragen hatte (abgedruckt in Leonhards *Taschenbuch für die gesammte Mineralogie* 13, 1819).

Am 22.3. und am 16.7.1819 starben G.s Amtskollege, der Weimarer Minister C. G. v. Voigt, und sein langjähriger Freund und geologischer Begleiter Trebra. Irritiert vom »aufblühenden Vulkanismus« (LA II, 8A, 145) und am Verlust von Gleichgesinnten leidend, blieb für G. »nur eine öde Welt übrig« (an Trebra, 14.4.1819, um seinen nahen Tod wissend).

Obwohl G. vom 28.8. bis zum 26.9.1819 wieder in Karlsbad war, erneut die hundert Musterstücke der Müllerschen Sammlung zusammenbrachte und die am linken Ufer der Eger bei Fischern (5.9.) und nahe der Kobes-Mühle (7.9.) gelegenen Basaltvorkommen erforschte, schrieb er an J. J. Willemer am 8.9.1819 resignierend, dass er sich »auf einmal wieder im Angesicht schroffer Felsenwände« befinde, denen er »kaum mit Schlägel und Eisen einige Erklärung abgewinnen« könne.

Nachdem G. am 12.9.1819 die beiden Exkursionsberichte *Unter Fischern* und *Kobes-Mühle* verfasst hatte (vgl. FA I, 25, 382f.), in denen er kugelförmigen Basalt und Mandelstein sowie schwere Schlacken mit bezeichnender, brei- und wurmartig geflossener Oberfläche beschrieb, entwarf er am 18.9.1819 *Eines verjährten Neptunisten Schlußbekänntniß. Abschied von der Geologie*. »In wiefern eine Erfahrung beweist. sie beweist sich nur selbst«, heißt es dort, »Mir scheint der Hauptknoten zu liegen im

Übertragen des Beweises daß was in Auvergne gilt auch am Thüringer Wald gelten soll« (LA II, 8A, 145f., M 110). G. erwähnte in dieser Niederschrift Horatius Cocles, den römischen Helden, der Rom rettete, indem er eine Tiberbrücke solange gegen den Angriff der Etrusker verteidigte, bis die Römer sie abgerissen hatten (vgl. dazu das Distichon *Der letzte Kämpfer*; WA I, 5.1, 298). »Wir besitzen glücklicherweise noch Männer, die an diesem Felsen fest halten und sich nicht durch die Welle des Tags losreißen und hin und her treiben lassen«, schrieb G. am 17.7.1819 an C. F. A. v. Schreibers in einem Briefkonzept – mit allen diesen Äußerungen seine mehr und mehr isolierte Stellung im Festhalten am Neptunismus andeutend. Die Stimmung von Niedergeschlagenheit und Verlassenheit äußerte sich vor allem in einem Brief an den »Urfreund« Knebel vom 20.9.1819: »Aber auch dafür danke herzlich, daß du dich zu bekannten und unbekannten Freunden gesellen mochtest, um mich an dem Tage [G.s Geburtstag] fühlen zu lassen, daß man nicht allein sey. Es ist dieß nöthiger als je: denn man findet doch überall ein Irrsal unter den Menschen, das sie vom Vertrauen lostrennt, indem sie es anzuknüpfen wünschen«.

Die im *Schlußbekänntniß* aufgezeichneten Zeilen: »Nord Amerikaner glücklich keine Basalte zu haben / Keine Ahnen und keinen klassischen Boden« (LA II, 8A, 145) erinnern an das Gedicht *Den Vereinigten Staaten*: »Amerika, du hast es besser / Als unser Continent, das alte, / Hast keine verfallenen Schlösser / Und keine Basalte. / Dich stört nicht im Innern, / Zu lebendiger Zeit, / Unnützes Erinnern / Und vergeblicher Streit [...]« (WA I, 5.1, 137).

Die gedrückte Stimmung trieb G. jedoch an, seine geologischen Ansichten in der ihm wohlbekannten Karlsbader Gegend erneut zu überprüfen. Am 19.9.1819, einen Tag nach der Entstehung des *Schlußbekänntnißes*, schrieb er an Leonhard im Hinblick auf dessen Brief vom 26.4.1819 mit der Empfehlung L. v. Buchs: »Die Mittheilungen über Basalt-Genese interessiren mich sehr. Haben Sie die Gefälligkeit, mich auf alles aufmerksam zu machen, was in diesem Capitel vorkommt. Obgleich ein verjährter Neptunist, habe ich doch die Acten nie für geschlossen gehalten«.

Diesem Bekennntnis entsprechend hat G. im folgenden Jahr 1820 die geologischen Studien in Böhmen wieder aufgenommen und dazu eine Reihe von Abhandlungen verfasst, die er in ZNÜ I, 3 (1820) drucken ließ, um seine antivulkanistischen Ansichten öffentlich zu äußern. Eingeleitet durch den Text *Zur Geologie, besonders der böhmischen* folgten der bereits 1813 entstandene Aufsatz *Ausflug nach Zinnwalde und Altenberg*, danach sechs weitere Stücke von 1820: *Problematisch*, *Karl Wilhelm Nose*, *Der Horn*, *Kammerberg bei Eger*, *Produkte böhmischer Erdbrände* und *Die Luisenburg bei Alexanders-Bad*. Außer der Buchbesprechung *Karl Wilhelm Nose* (→Nose, Karl Wilhelm) sind alle diese Aufsätze Berichte über geologische Erkundungen im Sommer 1820.

Am 23.4.1820 war G. mit Stadelmann von Jena aus nach Karlsbad aufgebrochen und hatte, wie schon auf der ersten Reise im Jahr 1785 gemeinsam mit Knebel, den Weg über Wunsiedel eingeschlagen. Am 25.4. erreichten sie das südlich von Wunsiedel gelegene Alexandersbad, um dort in der Nähe die Granitfelsen der Luisen- oder Luchsburg zu untersuchen (vgl. Abb. S. 404). Im Aufsatz *Die Luisenburg bei Alexanders-Bad* legte G. seine Ansichten über die Granitklüftung dar, über welche die bereits 1784 während der Harzreise entstandenen Zeichnungen von Felsgestalten unterrichten. G. bemerkte die »ungeheure Größe der, ohne Spur von Ordnung und Richtung, über einander gestürzten Granitmassen«, die auf →Erosion zurückzuführen sind, und sah sie als Beispiel dafür an, dass »die Natur, ruhig und langsam wirkend, auch wohl Außerordentliches vermag«, ohne »Fluten [...], Erdbeben, Vulkane« (FA I, 25, 331) zur Erklärung heranziehen zu müssen.

Am 26.4.1820 lernte G. in Eger anlässlich einer Passkontrolle den zuständigen Polizeirat J. S. Grüner kennen, der ihn auf neue Grabungen am Kammerberg durch den Grafen Sternberg aufmerksam machte. Grüner begleitete G. während der Rückreise am 28.5.1820 zu einer neuerlichen Exkursion dorthin. Vom Krater aus hatte man bis auf den Glimmersand einen Schacht vorangetrieben, durch den man Proben aus den einzelnen Gesteinsschichten erhielt. Diese regten G. dazu an, sich aufs neue mit der Entstehung des Kammerbergs auseinanderzusetzen (s. o. S. 177–180).

In Karlsbad hatte G. 1820 auch Gelegenheit, die am linken Tepl-Ufer vom Bernhardsfelsen bis zum Neubrunnen durch Bauarbeiten offengelegten frischen Anbrüche der von Hornstein durchsetzten Granitbreccien, aus denen die heißen Quellen entspringen, zu studieren. »Um die Wichtigkeit der ersten Übergänge des Granits in ein anderes, mehr oder weniger ähnliches, oder unähnliches, ja ganz verschiedenes Gestein bemerklich zu machen« (*Problematisch*; FA I, 25, 388), beschrieb G. ausführlich die Strukturen und Gesteinsgefüge der Varietäten der Breccien am Bernhardsfelsen und vom rechten Tepl-Ufer. Er sprach seine 1807 nur angedeutete Meinung, dass die Karlsbader Quellen durch eine chemische Reaktion zwischen dem Wasser der Tepl und den vorhandenen Gesteinen entstehen, nun deutlich aus.

Auch setzte G. die vorjährige Erkundung in Fischern und an der Kobes-Mühle am 12.5.1820 auf einer Fahrt an das linke Egerufer in Richtung Hohendorf und Lessau fort und untersuchte »das durchgebrannte Gestein, es sei der lockere, gelbe, schiefrige Porzellanjaspis, oder ein anderes verändertes Mineral, bis unmittelbar unter die Oberfläche des gegenwärtigen Bodens, so daß die Vegetation ihre schwächeren und stärkeren Wurzeln darin versenkte« (*Produkte böhmischer Erdbrände*; FA I, 25, 391). Es erscheint bedeutsam, dass G. hier das Hineindringen des Organischen ins Anorganische thematisierte und in der Folge auf die Beobachtung des Formverfalls in der Gesteinswelt hingelenkt wurde. Als *Produkte böhmischer Erdbrände* beschrieb er die aufgefundenen Gesteine, die »durch Feuerglut verändert, gebacken, verschlackt, angeschmolzen« waren; »diese Gestein-Lagen« seien »mit vegetabilischen Resten, Braunkohlen und sonstigem genugsam verteilten Brennbaren durchschichtet gewesen, welches also, im Falle eines Erdbrandes, gar wohl von unten nach oben, von oben nach unten, nach allen Seiten hin glimmen, die einzelnen Gesteinteile mehr oder weniger angreifen, erfassen und verändern konnte« (ebd. 391 f.).

Um die ursprüngliche Gesteinsart zu entdecken, aus welcher die veränderten hervorgingen, ließ G. im Mai 1820 Proben von Granit, Konglomeraten und Quarzgesteinen im Brennofen der Steinzeugfabrik zu Dallwitz behandeln.[98] Nach seiner Rückkehr aus Böhmen setzte er im Juli, August und September 1820 die Versuche im Brennofen der Töpferei in Zwätzen bei Jena fort.[99]

Am 24. und 25.7. sowie am 1.8.1820 las G. die Schrift des Bonner Geologen K. W. Nose, *Historische Symbola, die Basalt-Genese betreffend, zur Einigung der Parteien dargeboten* (Bonn 1820), und fertigte am 2.8.1820 einen »Auszug« an, den er für die Rezension des Werks unter dem Titel *Karl Wilhelm Nose* heranzog (ZNÜ I, 3, 1820; vgl. FA I, 25, 572–580). Noses *Symbola* boten G. einen philosophischen, theoretischen Ansatz, um seinen Anti-Vulkanismus zu ergründen: »ich wagte mich über gewisse Naturgegenstände und Verhältnisse freier auszusprechen als bisher, ja als ein so teurer Vorgänger und Mitarbeiter, welcher, wie es sich gar leicht bemerken läßt, des neusten Vulkanismus hereinbrechende Laven fürchtend, sich auf einen alten bewährten Ur-Felsboden flüchten möchte, um von dort her seine Meinung, ohne sich einer unerfreulichen Kontrovers auszusetzen, Wissenden und Wohlwollenden vorzutragen« (ebd. 572). G. skizzierte in seiner Rezension die Geschichte der Basalttheorie seit Mitte des 18. Jh.s und betonte dabei, dass »die Geschichte der Wissenschaft [...] die Wissenschaft selbst« (ebd.) sei. Er sah den jahrzehntelang andauernden →Basaltstreit sich über den Gegenstand selbst erheben: »man deutet auf das mehrfache menschliche Fehlsame, auf die Unzulänglichkeit der Individuen, die denn doch was ihnen persönlich, oder ihren Zwecken gemäß ist, gern zu einer allgemeinen Überzeugung umwandeln möchten« (ebd. 579). Am Ende warf G. die Frage auf, »inwiefern wir ein Unerforschtes für unerforschlich erklären dürfen, und wie weit es dem Menschen vorwärts zu gehen erlaubt sei, ehe er Ursache habe vor dem Unbegreiflichen zurückzutreten oder davor stille zu stehen?« (ebd.; →Unerforschliches).

98 Vgl. Tgb, 19.5.1820; LA II, 8A, 156 f., M 120 und 8B.2, 921.

99 Vgl. Tgb, 3., 9. und 23.7., 13.8., 17.9.1820; LA II, 8A, 158 ff., M 121 f.

G. war der Meinung, »daß es dem Menschen gar wohl gezieme ein Unerforschliches anzunehmen, daß er dagegen aber seinem Forschen keine Grenze zu setzen habe; denn wenn auch die Natur gegen den Menschen im Vorteil steht und ihm manches zu verheimlichen scheint, so steht er wieder gegen sie im Vorteil, daß er, wenn auch nicht durch sie durch, doch über sie hinaus denken kann. Wir sind aber schon weit genug gegen sie vorgedrungen, wenn wir zu den Urphänomenen gelangen, welche wir, in ihrer unerforschlichen Herrlichkeit, von Angesicht zu Angesicht anschauen und uns sodann wieder rückwärts in die Welt der Erscheinungen wenden, wo das, in seiner Einfalt, Unbegreifliche sich in tausend und aber tausend mannigfaltigen Erscheinungen bei aller Veränderlichkeit unveränderlich offenbart« (ebd. 580).

Diese Auffassung hat für die Darstellungsweise seiner späteren geologischen Schriften prägende Bedeutung. G. berichtete darin über seine Beobachtungen und ließ die Erklärungen offen. Diese Vorgehensweise zeigt auch bereits das kleine Stück *Der Horn* (1820), ein Aufsatz über den Basaltberg bei Elbogen südwestlich von Karlsbad. G. fand, dass die dortigen Basaltschotter sämtlich »eine entschiedene Gestalt« haben, auch wenn sie sich »bis ins Unendliche mannigfaltig erweisen« (FA I, 25, 389). Aus Ton formte er Modelle, um diese »Grundform, diese Grundintention der Natur« zu begreifen, die »überall, auch in den unförmlichsten Individuen wieder zu finden ist« (ebd.).

Dem »Zeitsinn« (an Nees von Esenbeck, 12.3.1820) zunehmend entrückt, neigte sich G. verstärkt Reflexionen über die geologische Forschungsmethode zu. In einem am 7.10.1820 entstandenen Entwurf, der später unter dem Titel *Verhältnis zur Wissenschaft, besonders zur Geologie* in die *Weimarer Ausgabe* aufgenommen wurde (vgl. FA I, 25, 581–584), bemerkte er, dass »jeder die Wissenschaften nach seinem Charakter« behandle und so »eigentlich das Subjektive auch in den Wissenschaften waltet«. G. zufolge schreitet man in der wissenschaftlichen Forschung erst voran, wenn »man anfängt sich selbst und seinen Charakter kennen zu lernen«. Da das Individuum jedoch »von der Zeit abhängt, wohin es gesetzt, von dem Ort wohin es gestellt ist, so haben diese Zufälligkeiten Einfluß auf das notwendig Gegebene« (ebd. 581). G. sah in den Wissenschaften »einen ewigen Kreislauf[,] nicht daß die Gegenstände sich änderten sondern daß bei neuen Erfahrungen jeder Einzelne in den Fall gesetzt wird sich selbst geltend zu machen Wissen und Wissenschaften nach seiner eigenen Weise zu behandeln« (ebd. 582). Angesichts dieses subjektiven Moments entwickelte G. einen distanzierenden Schreibstil in seinen wissenschaftlichen Texten: »Zur Darstellung meines geologischen Ganges werde veranlaßt, daß ich erlebe wie eine, der meinigen ganz entgegengesetzte Denkweise hervortritt, der ich mich nicht fügen kann, keineswegs sie jedoch zu bestreiten gedenke. Alles was wir aussprechen sind Glaubensbekenntnisse [...]« (ebd.).

Wie kein anderer Geologe seiner Zeit war sich G. bewusst, dass der geologische Weltentwurf auf Glauben und Erkenntnis – auf Vorstellungsarten – des Individuums fußt. Auf diese Weise versuchte er, die seinem Weltbild gänzlich widersprechende Theorie des Vulkanismus aufzunehmen. Das Schema *Ursache der Vulkane wird angenommen* (1823), welches anlässlich der Vorlesung von A. v. Humboldt *Über den Bau und die Wirkungsart der Vulkane* die neptunistische und vulkanistische Theorie in einer tabellarischen Gegenüberstellung skizzierte, zeigt seine diesbezüglichen Bemühungen (vgl. FA I, 25, 614). Auch setzte sich G. mit Humboldts Vorlesung, deren Inhalt er in der Hauptsache – der vulkanistischen Deutung der Erdgeschichte – nicht beistimmen konnte, vorsichtig und differenziert auseinander. Ohnehin stand ihm jedes Urteil unter dem einschränkenden Vorbehalt: »In der Geologie mehr vielleicht als überall anderswo haben wir noch nicht genug Tatsachen beisammen« (Gespräch mit Soret, 25.5.1824; Zehn Jahre 115).

»Die Urbildung verhält sich in allen Weltteilen gleich« – Marienbad, Eger und Umgebung

1821 entwarf G. für C. →Kefersteins geologische →Karte eine Farbentabelle nach der Bestimmung der *Sinnlich-sittlichen Wirkung der Farbe* seiner *Farbenlehre* (1810) und wirkte beim Illuminieren dieser Karte mit (vgl. Abb. S. 818). Vor allem die Harmonie der Farben, welche Keferstein – nach seiner Aussage – selbst nicht zu erreichen vermochte, hatte er G.s Beihilfe zu verdanken. In seinem Brief an G. vom 7.71821 prophezeite Keferstein: »Ihre Farbentafel wird gewiß klassisch bleiben, wenn meine Ansichten auch längst vergessen werden« (LA II, 8B, 202). Tatsächlich werden einige der von G. vorgeschlagenen Farben bis heute in geologischen Karten verwendet (→Karte, geologische).

Im Sommer 1821 begann G. mit der geologischen Erkundung der Umgebung des Kurorts Marienbad, den er ein Jahr zuvor, am 27.4.1820, zum ersten Mal betreten hatte. »Mir war es als befänd ich mich in den nordamerikanischen Wäldern, wo man in drey jahren ein Stadt baut« (an A. v. Goethe, 28.4.1820). Anders als in Karlsbad, wo »die Felsen überall steil, ausgesprochen von Natur, oder durch Steinbrüche aufgeschlossen, und von mehreren Seiten zugänglich gefunden werden«, ist in der Umgebung von Marienbad »alles in Rasen, Moor und Moos verhüllt, von Bäumen überwurzelt, durch Holz- und Blättererde verdeckt, so daß man nur hie und da Musterstücke hervorragen sieht« (FA I, 25, 488). Noch kein Geologe hatte diese Naturlandschaft untersucht. Der Marienbader Brunnenarzt K. J. →Heidler gab G. erste geologische Auskünfte.

Beim Sommeraufenthalt vom 29.7. bis 25.8.1821 wurde eine erste Sammlung von Gesteinen und Mineralien aus Marienbad und der näheren Umgebung zusammengestellt. G. versuchte, die Gebirgszeugnisse in ähnlicher Weise wie diejenigen aus Karlsbad zu ordnen, gemäß seiner Ansicht, dass »die Urbildung sich in allen Weltteilen gleich verhält« (*Marienbad überhaupt und besonders in Rücksicht auf Geologie*; FA I, 25, 489). Ihm fielen allerdings die »große Abänderlichkeit, das Schwanken der Urbildung gegen dieses und jenes Gestalten« sowie »partielle Abweichungen« in Marienbad auf, »die wir nicht recht zu benennen wissen« (ebd. 488). G.s nacheinander verfasste Gesteinskataloge zeigen seine Bedenken, die Marienbader Gesteine zu einer Reihe ineinandergreifender Formationen zu ordnen.[100] Ein *Anleitender Katalog* von 84 Proben, der – wie die Karlsbader Sammlungen – seinen Anfang beim Granit nimmt und mit Kalkstein, Basalt, Serpentin und Pechstein endet, soll darauf hinweisen, dass »in diesem Gebirge zur Urzeit nahe auf einander folgende, in einander greifende verwandte Formationen sich betätigt, die wir, nach Grundlage, Abweichung, Sonderung, Wirkung und Gegenwirkung geordnet haben« (FA I, 25, 493). Wie bei seinen Kammerberg-Studien beanspruchte G. für seine Ansichten nicht unumstößliche Richtigkeit, sondern bemerkte, wie »alles nur als Resultat des eigenen Nachdenkens zu gleichem Nachdenken, nach überstandener Mühe zu gleicher Mühe und Weise auffordern kann« (ebd.). Seine Auffassung über eine einheitliche Urgebirgsmasse, das Gebiet von Karlsbad bis in die Gegend von Marienbad umspannend, stimmt mit der heutigen Einschätzung der geologischen Situation überein (vgl. LA II, 8B.2, 924).

Vom 25.8. bis 12.9.1821 hielt sich G. in Eger auf. Er besuchte den dortigen Scharfrichter und Sammler C. →Huß, der eine Münz- und Mineraliensammlung besaß. G. hatte ihn bereits 1806 kennengelernt und in den Jahren 1807, 1808, 1820 erneut aufgesucht, um seine anwachsenden Sammlungen zu bewundern.

Am 9.9.1821 unternahm G. mit Grüner eine Exkursion zum Fundort des →Egeran, einer von Werner benannten Varietät des Vesuvians, bei →Haslau. Mit Hilfe einer von dem Egerer Straßenkommissär Alwertha gefertigten Karte beschrieb G. die Lokalität des Fundorts und die Gebirgsart des Vorkommens (vgl. an Carl August, 12.9.1821). In bildhafter Sprache schilderte und veranschaulichte er die Struktur des Egerans (vgl. G.s Aufsatz *Egeran*; FA I, 25, 424). Nach der Rückkehr nach Jena ließ G. das Mineral am 26.9.1821 durch →Döbereiner analysieren. G.

100 Vgl. LA II, 8B.1, 6–10, M 6 und 16–21, M 10; FA I, 25, 489–495; vgl. LA II, 8B.2, 924.

erschien der Egeran bedeutsam, da er »die Eigenschaften des höchst reinen Kalks [...] und dessen innigste Verbindung mit einem grünlichen Quarzgestein« zeige (an Döbereiner, 24.9.1821).

Das »merkwürdige und höchste Naturereigniß« – G.s Beschäftigung mit Edelsteinen und der Kristallographie

Anfang 1822 kam W. L. v. →Eschwege, der ›Vater‹ der brasilianischen Geologie, nach Weimar und bot Großherzog Carl August Diamanten aus Brasilien zum Kauf an. Carl August beauftragte G. mit der Auswahl der Steine sowie mit der Festsetzung des Preises und übergab ihm am 18.1.1822 die früher angekaufte Edelsteinsammlung des Braunschweiger Anatomen U. F. B. Brückmann (→Edelsteine). Dies veranlasste G., sich über die →Kristallisation der Diamanten Gedanken zu machen. Obwohl er bereits am 29.8.1818 in Karlsbad mit C. S. →Weiß, dem Begründer der mathematischen →Kristallographie, über »Diamante Chrystallisationen und deren Entwicklungsfolge« (Tgb) gesprochen und eine schematische Darstellung der Systematik der →Kristalle aufgezeichnet hatte,[101] erhielt G. nun erstmals Gelegenheit, 50 rohe, durch F. J. →Soret nach ihrer Gestaltung beschriebene und geordnete Diamantkristalle zu betrachten und »eine ganz neue Ansicht über dieses merkwürdige und höchste Naturereigniß« zu gewinnen (TuJ 1822).

Leonhard hatte G. bei seinem Besuch in Weimar am 27.10.1821 von seiner Methode berichtet, für die Vielfalt der Kristallflächen einer Mineralart durch das Abschneiden der Kanten und Ecken eine Grundform zu entwickeln, die er in seinem *Handbuch der Oryktognosie* (Heidelberg 1821) erläutert hatte. G. wiederum versuchte, sich diese Vorgehensweise anhand einer Zeichnung zu veranschaulichen (vgl. LA II, 8B.1, 23, M 14). Die Diamanten vor Augen, bat G. Leonhard am 18.1.1822 um einige Modelle und gestand diesem, »in früheren Jahren« mit der Kristallographie »manche Schwierigkeiten gehabt [zu] haben, da mir das Organ für Zahlen und Zeichen gänzlich abzugehn scheint«. Doch fürchtete G. sich »auch in den alten Tagen nicht für [vor] dem Neusten«. Er war davon überzeugt, dass er sich mit erklärenden Worten und anschaulichen Modellen dieses Gebiet aneignen könne.

Soret, der bei dem Mineralogen und Kristallographen R. J. →Haüy in Paris studiert hatte, brachte G. die neue Wissenschaft der Kristallographie näher. G. fühlte sich zugleich hingezogen und abgestoßen, da ihm die Terminologie unzugänglich war. Noch am 22.2.1829 schrieb er anlässlich eines Mineraliengeschenks von J. C. →Loder an diesen, dass er »in diese Wissenschaft, der zu nähern ich mich seit einiger Zeit gehütet hatte, gleichsam wider Willen hineingezogen« werde, und kritisierte zugleich die »neue Sprache« der Kristallographie »mit ihren wundersamen Worten, Ausdrücken, Terminologieen, Ausmessungen und Berechnungen«. Mit derartig zwiespältigen Gefühlen las G. am 9.1.1826 das erste wichtige Lehrbuch dieser Wissenschaft in deutscher Sprache, den *Grundriß der Kristallographie* (Leipzig 1826) von K. F. →Naumann. G. forderte eine Darstellungsart in den Naturwissenschaften, welche die →Empirie berücksichtige und nicht nur für den Experten, sondern auch für den Liebhaber und Studierenden verständlich sei (vgl. Briefkonzept an Naumann, 24.1.1826). Die ineinander greifenden Gebiete der »Krystallographie, stöchiometrischen und elektrischen Chemie« erschienen ihm »gränzenlos unübersehbar« (ebd.). Für ihn wäre es wünschenswert gewesen, wenn es von diesen dreien »eine allgemeine vielleicht nur historische Kenntniß« gegeben hätte, die mit »einer faßlichen Mineralogie« (ebd.) in Zusammenhang gebracht worden wäre.

G. sah in den sich immer weiter ins Detail verzweigenden Wissenschaften die Gefahr, dass die Mineralogie oder Oryktognosie vom benachbarten allgemeineren Wissen aufgezehrt würde. Er gab dem Kristallographen das Recht, auf diesem Gebiet zu herrschen, da »die Gestalt immer das Höchste bleibt« (*Über Mathematik und deren*

101 Vgl. LA II, 8A, 132f., M 98.

Mißbrauch [...], 1826; FA I, 25, 71), und »das Anorganische nur in so fern es gestaltet ist, zu erkennen, zu schätzen und zu ordnen« (ebd.), während der Chemiker wenig auf das Gebildete achte und nur den allgemeinen Gesetzen der Natur nachspüre, welche sich auch im Mineralreich offenbaren. Auch sah G. die Mineralogie von Seiten der Geologie bedroht, welche alle Mineralien, ihre Kristallgestalten, ihre äußerlichen Kennzeichen und chemischen Eigenschaften, nur insofern für wert und wichtig hielt, als sie, auf der Erde vorkommend, in einer gewissen Folge und unter gewissen Umständen auf die Erdgeschichte hindeuteten (vgl. ebd. 72).

»Wunderbares Ereignis« – Marienbad und Eger 1822

Am 19.6.1822 traf G. in Begleitung von Stadelmann erneut in Marienbad ein und begann sogleich mit der Zusammenstellung einer neuen Gesteinssammlung. Am 29.6. nahm er die Arbeit an dem auf den 23.7.1822 datierten neuen Katalog *Verzeichniß der um Marienbad vorkommenden Gebirgs- und Gangarten* in Angriff,[102] der gegenüber dem *Anleitenden Katalog* von 1821 um einige Musterstücke und Fundorte reicher war. Bis Ende Juli hatte Stadelmann so viele Mineralien gesammelt, dass G. insgesamt vier Sammlungen komplettieren konnte, welche er nach Weimar, an den Badearzt Heidler (vgl. Tgb, 22./23.7.1822), an Graf Sternberg für das Museum in Prag (vgl. an A. v. Goethe, 25.7.1822) und an das Stift →Tepl (vgl. an C. Eckl, 22.7.1822) schickte.

Während G. sich nicht auf ein geologisches Gespräch mit L. v. Buch einließ, der ihn am 1.7.1822 besuchte und sich dabei als »Ultra-Vulkanist« angekündigt hatte, war für ihn die erste persönliche Begegnung mit dem Grafen Sternberg am 11.7.1822 von großer Bedeutung. Zwei Wochen lang wohnten sie unter einem Dach, wo »Tausendfältiges zur Sprache kam« (an Carl August und Luise, 1.8.1822). Bis zu G.s Abreise nach Eger am 24.7.1822 kam es zu 21 Erwähnungen Sternbergs im Tagebuch, in vielen seiner Briefe berichtete er begeistert von dem glücklichen Zusammensein. Diese Begegnungen förderten den seit 1820 unterhaltenen Briefwechsel, der zu den wichtigsten naturwissenschaftlichen Korrespondenzen des alten G. zählt. Dieser unterstützte Sternbergs Vorhaben, in Prag ein Vaterländisches Museum zu errichten und sandte ihm hierfür mehrere Gesteinssammlungen (→Gesellschaft des vaterländischen Museums in Böhmen).

Vom 24.7. bis 26.8.1822 hielt sich G. in Eger auf, von wo er am 26.7., von Grüner begleitet, eine Fahrt zu den Eisengruben in Pograd, südöstlich von Eger, unternahm. Neben der geologisch-mineralogischen Erkundung interessierte ihn wohl das Phänomen des Übergangs des Organischen ins Anorganische. Seinem Sohn berichtete er über »das zu Eisen verwandelte Holz« (an A. v. Goethe, 29.7.1822). In seinem Exkursionsbericht *Fahrt nach Pograd* (FA I, 25, 435–439) schilderte G. den Weg »durch aufgeschwemmtes Erdreich« mit »losen Kieseln« und »Breccien«, darunter eine »von weißen, größern und kleinern Quarzkieseln, durch ein Bindungsmittel von schmalem, zartem Brauneisenstein zusammengekittet« (ebd. 435). G. beschrieb die Lage dieses Eisenerzvorkommens und die Schichtung der Sedimente: zunächst »ein weißgilbliches, tonartiges, gebröckeltes Gestein«, »in weniger Tiefe [...] die Eisensteine«. Im »zum Grunde liegenden zusammengebackenen Konglomerat [...] findet sich Holz, zerstückt, zerstreut, mit dem Gestein verwachsen, auch versteint«. Nach G.s Vermutung durchdrang der »Eisengehalt« in der Frühzeit »ein solches braunkohlenartiges Holz [...] und verwandelte solches in seine Natur« (ebd.). G.s Deutung der Sedimente der Tertiärformation entspricht etwa der heutigen Erklärung (vgl. LA II, 8B.2, 809). Er besuchte überdies ein Lager von feuerfestem Ton, der zur Herstellung von Versandflaschen für die Mineralwässer von Franzensbad und Marienbad verwendet wurde (vgl. FA I, 25, 437 f.).

Der Exkursionsbericht *Fahrt nach Pograd*, erschienen 1824 in ZNÜ II, 2, wurde durch den kurzen Text *Zur Geognosie und Topographie von Böhmen* eingeleitet (FA I, 25, 434), in dem G. Böhmen – wie bereits in dem Aufsatz *Marien-*

102 Vgl. LA II, 8B.1, 30–36, M 20.

bad überhaupt und besonders in Rücksicht auf Geologie (ebd. 487–500) geäußert – als Ort eines früheren, bis an den Fichtelberg reichenden Binnenmeers betrachtete.

Am 27.7.1822 fuhr G. mit Grüner nach Dölitz, wo in einem nahen Kalksteinbruch ein *Fossiler Backzahn, wahrscheinlich vom Mammut* gefunden worden war (ZNÜ II, 1, 1823; FA I, 25, 432 f.). Das Original gelangte ins Vaterländische Museum in Prag, einen Abguss sandte G. zur Begutachtung an E. d' →Alton in Bonn, dessen Antwort vom 5.12.1822 G. in seinen Aufsatz aufnahm.

Am 28.7.1822 besuchte G. erneut den Kammerberg bei Eger, am 30.7. wiederholte er diese Exkursion mit dem Grafen Sternberg, Berzelius, Pohl und Grüner (s. o. S. 180). Wie bereits erwähnt, sind zu dieser Erkundung zwei Aufsätze, *Kammer-Bühl* und *Wunderbares Ereignis*, überliefert.

Im August 1822 fuhr G. in Begleitung von Grüner zum Braunkohlenwerk Falkenau (3.8.), westlich von Karlsbad gelegen, wo das im Aufsatz *Brandschiefer* beschriebene Material gesammelt wurde;[103] er besuchte den Grafen Auersperg auf Schloß Hartenstein (4.8.), der eine beachtliche Mineraliensammlung besaß, außerdem den Pfarrer und Mineraliensammler J. A. Martius im sächsischen Grenzort Schönberg (7.8.) und schließlich, jenseits der böhmisch-bayerischen Grenze, W. K. Fikentscher, Inhaber einer chemischen Fabrik mit Glashütte, in Marktredwitz (13.–18.8.; →Marktredwitz, →Fikentscher).

Am 23.9.1822 sandte Grüner eine Probe von Mineralien (Prescher Nr. 7494–7499) aus dem Silberbergwerk Sangerberg des C. Frh. v. Junker-Bigatto an G. (vgl. LA II, 8B.1, 287 f.). Das Ergebnis der vom Jenaer Chemiker C. C. F. Goebel am 6.10.1822 durchgeführten chemischen Analyse ließ G. später als Anfang seines Aufsatzes *Anthrazit mit gediegenem Silber* abdrucken (ZNÜ II, 1, 1823; FA I, 25, 504 f.). Am 12.10.1822 erkundigte sich G. bei Grüner erneut nach dem »höchst merkwürdigen Vorkommen von gediegenem Silber«, zumal Goebel nach dem »Fundort dieses silberhaltigen Anthrazits« gefragt hatte. Er wünschte weitere Exemplare dieses Minerals sowie der Gebirgsarten aus der Umgegend, um nähere Betrachtungen darüber anzustellen. Im folgenden Jahr, am 18.7.1823, besuchte Junker G. in Marienbad, überbrachte ihm »bedeutende Stufen vom Sangerberg« und schilderte ihm die Lage des Bergwerkes. G. hielt »die Erscheinung eines solchen Minerals« für »sonderbar genug« und »das geologische Vorkommen« für »wunderbar« (FA I, 25, 504), so dass er Junker bat, das Mitgeteilte schriftlich niederzulegen. Am 22.7.1823 brachte Junker den erbetenen Aufsatz über sein Silberbergwerk zu Sangerberg »nebst einer sehr schönen belehrenden Gebirgs- und Stufenfolge«. Junkers Bericht ließ G. in ZNÜ II, 2 (1824) abdrucken (vgl. LA I, 8, 351 f.). In seinem Aufsatz *Anthrazit mit gediegenem Silber* lokalisierte G. den Fundort der Silbererze anhand von »Spezial-Karten von Böhmen« (FA I, 25, 504) und beschrieb das Verfahren ihrer Gewinnung.

103 Vgl. FA I, 25, 430 f.

»So klar beweglich bleibt das Bild der Lieben, / Mit Flammenschrift, in's treue Herz geschrieben« – Die letzte böhmische Reise 1823

Zu seiner letzten böhmischen Reise brach G. zwei Monate vor seinem 74. Geburtstag, am 26.6.1823, in Begleitung von Stadelmann und seinem Schreiber J. A. F. →John auf. Am 2.7.1823 traf er in Marienbad ein. Schon in der Liste der Gesteinsproben aus dem im Juni 1822 in ZNÜ I, 4 veröffentlichten Text *Marienbad überhaupt und besonders in Rücksicht auf Geologie* (FA I, 25, 487–500) wurden »Gneis« und »Hornblende, [...] angegriffen von der Marienquelle« verzeichnet (ebd. 491 f.). Erst jetzt aber setzte sich G., angeregt durch den Grafen Sternberg, näher mit diesen Gesteinsbildungen auseinander. Mit Hilfe von Stadelmann trug er eine Sammlung der Proben zusammen, »in welcher die verschiedensten originären Gebirgsarten, ihrer Natur und Art gemäß, auf die mannigfaltigste Weise verändert und gestört erscheinen« (ebd. 501). G. beobachtete das Veränderliche und das Unveränderliche der Mineralien und beschrieb den Einfluss der »dort so stark wirkenden Dunstarten« auf das Urgestein, »indem sie einige Teile desselben völlig aus- und aufzehrten, andere unverändert stehen ließen und so ein löchriges oft blasenartiges Gestein darstellten. Feldspat und Glimmer war es eigentlich den sie feindselig behandelten, selbst die Almandine blieben nicht ausgeschlossen, der Quarz indessen blieb fest, starr und unberührt« (ebd. 506). Diese Erscheinung bestätigte G.s Überzeugung: »Die Natur, in ihren Wirkungen höchst mannigfaltig, vermag Ähnliches, Gleichscheinendes auf ganz verschiedenen Wegen hervorzubringen« (ebd. 502). Er sah die »gelindeste«, aber kontinuierliche »Naturwirkung« des kohlensäurehaltigen Wassers der Marienquelle die Gesteine derartig modifizieren, dass sie »angefressen, löchrig, durchaus blasenartig« wie »Laven« oder »Bimssteine« erscheinen, die durch vulkanische Wirkung entstehen. Den zunächst zu diesen Mineralien verfassten Text *Durch das Gas des Marienbrunnens angegriffenes Grund-Gebirg* (FA I, 25, 501 ff.) ersetzte G. für die Publikation in ZNÜ II, 2 (1824) durch das etwas zurückhaltender formulierte Stück *Recht und Pflicht* (ebd. 506). Unter dem ursprünglichen, ersten Titel erschien ein Mineralienkatalog, der 24 Positionen umfasste (ebd. 507 f.). G. zufolge soll »der Naturforscher sein Recht einer freien Beschauung und Betrachtung behaupten«, indem er sich verpflichte, »die Rechte der Natur zu sichern; nur da wo sie frei ist, wird er frei sein, da wo man sie mit Menschensatzungen bindet, wird auch er gefesselt werden« (ebd. 506). G. war der Ansicht, dass das Wirken der Natur über die menschliche Vorstellung hinausgehe und seinen eigenen Gesetzen folge. »Eins der größten Rechte und Befugnisse der Natur ist: dieselben Zwecke durch verschiedene Mittel erreichen zu können, dieselben Erscheinungen durch mancherlei Bezüge zu veranlassen« (ebd.). Im Zusammenhang mit der Marienbader Quelle schien ihm das Wirken des Wassers das gleiche Resultat hervorbringen zu können wie das des vulkanischen Feuers, wie er es ähnlich am 2.8.1815 S. Boisserée gegenüber hinsichtlich der »Menniger Steine« (s. o. S. 184) formulierte.

Im Sommer 1823 untersuchte G. sowohl die Einwirkung des Wassers als auch die des Feuers auf Gesteine; mit Letzterem standen die Erkundungen des → Wolfsbergs und des Rehbergs im Zusammenhang. Die Sammlungen am Wolfsberg bei Czerlochin, 20 km südöstlich von Marienbad, wurden durch Stadelmann zusammengetragen.

Den Rehberg südlich von Eger zwischen Boden und Altalbenreuth besuchte G. von Eger aus am 23.8.1823 in Begleitung von Grüner, nachdem dieser in seinem ausführlichen Bericht über eine frühere, allein durchgeführte Exkursion vom 5.7.1823 von einem »Krater« und der »wichtigen Entdeckung vulkanischer Gegenstände« berichtet hatte.[104] In dem Aufsatz *Uralte neuentdeckte Naturfeuer- und Glutspuren*, erschienen in ZNÜ II, 2 (1824), beschrieb G. die Erkundung des aus Tonschiefer bestehenden Rehbergs, wo er am Fuße basaltische Tuffe vorfand. Am Nordhang des Rehbergs sah er einen »Kegel«, der »ganz aus Schlacken« bestand und »oben in der Mitte eine geringe Vertiefung« aufwies (FA I, 25, 444). Dies bestätigte ihm den vulkanischen Charakter der Gegend. In kleineren kugelartig geformten Klumpen fand G. Hornblende-Kristalle, die »durch Feuer« angeschmolzen und »mit ihrer Gebirgsrinde« zusammengesintert waren, in größeren entsprechende Kristalle, die »eine bis zum unkenntlichen durchs Feuer veränderte Grundsteinart« aufwiesen (ebd.). In einer Sandgrube bei Altalbenreuth erkannte G. einen »aufgeschwemmten vulkanischen Tuff« (ebd. 445). Im beigegebenen Verzeichnis der am Rehberg gesammelten Gesteine verzeichnete er u. a. ein bis »zur Unkenntlichkeit verändertes Urgestein mit frischem Bruch«, vom »Feuer stark angegriffene Hornblende-Kristalle mit der tonigen Gebirgsart zusammengeschmolzen. Diese Kristalle haben einen so gewaltsamen Grad des Feuers ausgestanden, daß im Innern kleine Höhlen wie vom Wurme gestochen gebildet sind« (ebd.).

G. verglich die Gesteine vom Wolfsberg, vom Rehberg und vom Kammerberg bei Eger und fand »übereinstimmende und abweichende Erscheinungen« (ebd. 446). Der Wolfsberg zeigte »ein an Hornblende-Kristallen sehr reiches Ur-

104 Vgl. LA II, 8B.1, 55–61, M 36.

gestein«. Das Pyrotypische äußerte sich darin, »daß die Hornblende-Kristalle zwar vom Feuer angegriffen aber eigentlich nicht im höchsten Grade verändert, die Augitkristalle dagegen noch ganz frisch erhalten« waren (ebd.). Letztere ließ G. nach seiner Rückkehr in Jena untersuchen (→Augit).

G.s vergebliche Werbung um Ulrike von Levetzow im Sommer 1823 scheint nicht nur in eindeutiger Weise in der Marienbader *Elegie* zum Ausdruck gebracht worden zu sein, sondern auch Anklänge an Thematik und Sprache der geologisch-mineralogischen Schriften zu zeigen. So prägend der Feuereinfluss auf die untersuchten Gesteine sein konnte, »so klar beweglich bleibt das Bild der Lieben, / Mit Flammenschrift, in's treue Herz geschrieben« (*Elegie*; WA I, 3, 23). In einer durch das Scheitern der Heiratspläne ausgelösten verzweifelten Stimmung, in der »Tod und Leben grausend sich bekämpfen« (ebd. 25), halfen G. Naturbegegnung und Erdforschung: »Verlaßt mich hier, getreue Weggenossen! / Laßt mich allein am Fels, in Moor und Moos; / Nur immer zu! Euch ist die Welt erschlossen, / Die Erde weit, der Himmel hehr und groß; / Betrachtet, forscht, die Einzelheiten sammelt, / Naturgeheimniß werde nachgestammelt« (ebd. 25 f.). Am 11.9.1823 trat G. von Eger aus die Rückreise an; danach reiste er nie wieder nach Böhmen.

»Der letzte Akt des Werdens« – Abschluss der Zeitschrift *Zur Naturwissenschaft überhaupt*

Im 1824 erschienenen zweiten Heft des zweiten Bandes von *Zur Naturwissenschaft überhaupt*, mit dem die Zeitschrift abgeschlossen wurde, äußerte G. in zwei Aufsätzen eine Idee, die er schon 40 Jahre zuvor konzipiert hatte, zum ersten Mal öffentlich. In der Abhandlung *Gestaltung großer anorganischer Massen* beschrieb er die von ihm und dem Maler G. M. →Kraus während der Harzreise von 1784 angefertigten 27 großen und 11 kleinen Zeichnungen, in denen »das Unsichtbare durch das Sichtbare« sich verdeutlichen lasse und der allgemeine »Charakter im Kleinen wie im Ungeheuren« anschaulich werde (FA I, 25, 623).

In der scheinbar regellosen Klüftung, welche die Form der Granitklippen bestimmt, ahnte G. die Grundlage einer verborgenen Gesetzlichkeit. Ihm schien die Klüftung ein von innen heraus Entwickeltes, worin sich die Eigentümlichkeit des Gesteins offenbare. Hatte er vier Jahrzehnte zuvor bildhaft die Koexistenz der parallel verlaufenden Kluftscharen, der einander überkreuzenden Kluftnetze, der asymmetrischen Flächenverteilung und der sprunghaften Richtungsänderungen dieser geologischen Struktur der Granitfelsen beschrieben, versuchte er nun, diese »steingewordene Geometrie« (Cloos 214) in ihrer Entstehung zu verfolgen.

G. verglich die Gestalt der Felsen mit der Form der Eismassen auf den höchsten Gebirgen. Da »Schneemassen, sobald sie solideszieren und aus einem staub- und flockenartigen Zustande in einen festen übergehen«, sich »in regelmäßige Gestalten« trennen (FA I, 25, 622), sah er einen analogen Vorgang im Mineralreich beim Kristallisationsprozess. Ausgehend von den Granitmassen, die »als große Wände auf den Berggipfeln wie die mauer-, turm- und säulenartigen« Formen »auf den Bergreihen« stehen (ebd.), untersuchte G. die Phänomene der Kristallisation in der Erdgeschichte: »Nicht allein alle Felsarten des Urgebirges sondern bis herauf zum bunten Sandstein und weiter haben das Bedürfnis sich in mannigfachen, regelmäßigen Richtungen zu trennen, so daß Parallelepipeden entstehen, welche wieder in der Diagonale sich zu durchschneiden die Geneigtheit haben« (ebd.). Um eine solche Gestaltung der Steinmassen zu verdeutlichen, »fingiere man« ein vierseitiges, durch sie hindurchgehendes »Gitterwerk [...] wodurch so viele einzelne Körper abgeschnitten werden, kubisch, parallelepipedisch, rhombisch, rhomboidisch, säulen- oder plattenförmig« (ebd.). Um den hypothetischen Charakter dieser »Anschauung in die Vorzeit« (ebd. 621) zu verdeutlichen, betonte G.: »Diese Trennung sei anzusehen als ideell, als potentiâ, der Möglichkeit nach, und sei daher teilweise sowohl an eine ewige Ruhe gebunden, als einer früheren oder späteren Erscheinung anheim gegeben« (ebd.

623). Nach seiner Auffassung gelangten »nicht alle intentionierten Sonderungen jedesmal zur Wirklichkeit«, so dass man sie »nur hie und da actu in der Gegenwart vorzeigen kann, indem an großen Gebirgskörpern oben angedeutete Formen bald einzeln ausgebildet hervortreten, bald aber in großen Massen verschlungen und darin versteckt gedacht werden müssen« (ebd.).

Der zweite Aufsatz, *Gebirgs-Gestaltung im Ganzen und Einzelnen*, setzte den Gedankengang des vorherigen fort. G. sprach hier seine Ansichten über die Entstehung der Gänge sowie die Bildung der porphyrartigen Gesteine, die er bereits in den Entwürfen aus den Jahren 1812 (*Über den Ausdruck porphyrartig*) und 1817 (*Zum geologischen Aufsatz September 1817*: *Zur Lehre von den Gängen*) skizziert hatte, öffentlich aus. Seiner Meinung nach gestalteten sich große anorganische Massen »solideszierend und zwar regelmäßig« (FA I, 25, 628). Unter Solideszieren verstand G. den »Übergang aus dem Weichen in das Starre«, der »eine Scheidung« ergebe, die mit einer »Urdurchgitterung« einhergehe (→Erstarrung).

In der Solideszenz (→Erstarrung) – nach G. »*mit Erschütterung verbunden*« (ebd. 630) wie Wasser nahe am Gefrierpunkt, das durch einen Schlag zur Kristallisation gebracht werden kann –, vollzog sich für G. »der letzte Akt des Werdens, aus dem Flüssigen durchs Weiche zum Festen hingeführt, das Gewordene abgeschlossen darstellend« (ebd. 628).

Die Scheidung könne »dem Ganzen angehörig« sein wie bei der parallelepipedischen Trennung von Gesteinsmassen, denn jede Scheidung werde »von der Hauptgestaltung mit fortgerissen und fügt sich in die Richtungen jenes Gitterwerks« (ebd. 629). Oder sie ereigne sich »im Innersten der Massen« (ebd. 628), wodurch die Gänge und die porphyrartigen Gesteine entstehen. Das »Reinste, oder vielmehr Homogenste« sondere sich hierbei »nicht sowohl vom Unreinen als vielmehr vom Fremdartigen, das Einfachere vom Zusammengesetzten, das Enthaltene vom Enthaltenden, und zwar so, daß man oft die Identität beider nachweisen kann« (ebd. 629). Nach G. ist in vielen Fällen »das Enthaltene dem Enthaltenden nahe verwandt«. Da er die Entstehung der Gänge auf einen chemischen Vorgang zurückführte, wies G. auf die »in beengender Masse« sich ereignende Gestaltung und »die durch geistige Auflösung befreiten auf leeren Gebirgsklüften und Schluchten herumgeführten Ur-Teilchen« hin, welche »sich noch reiner abtrennen und die gleichartigen sich einander zugesellen« (ebd.). So sah G. »die ganz reinen Kristallbildungen« (ebd. 630) wie die Gebirgsgestaltung im allgemeinen nach seiner Grundüberzeugung verfahren, »die uns das makro-mikromegische Verfahren der Natur einzusehen fähig macht: denn diese tut nichts im Großen was sie nicht auch im Kleinen täte, bewirkt nichts im Verborgenen was sie nicht auch am Tagslicht offenbarte« (ebd. 631).

G. schilderte weiterhin die Richtungen und das Zusammentreffen der Mineraliengänge. »Der schwächere Gang auf dem stärkeren, vertikal im rechten Winkel anlangend, scheint von seinem Wege nicht abgelenkt, doch gehen genau betrachtet zwei Gänge niemals durch einander ohne daß sie einigermaßen in ein Schwanken gerieten und eine leise Wirkung solches Zusammentreffens andeuteten« (ebd. 632). Wenn »der schwächere Gang den stärkeren verschiebt« (ebd.), deutet dies darauf hin, dass »ein ganz leeres Klüftchen den Gang aus seiner Richtung bringt, ihn aber nicht rückwärts lenkt sondern vorwärts zu schieben die Eigenschaft hat« (ebd.). G. beschrieb beinahe metaphorisch einen Fall, bei dem »der schwächere Gang den stärkeren vertikal durchkreuzend ihn beinahe um seine Breite niederdrückt« (ebd.). Diese im Tonschiefer manifestierte Beobachtung finde im Kieselschiefer, der »vielfach durchzogen und durchklüftet« sei, zwar keine »bedeutenden Beispiele«, ebensowenig im Marmor, in dem alles »leichtfertiger und unsicherer« erscheine, doch fehle es auch hier nicht an »einer gewissen konsequenten Bestimmtheit« (ebd.).

G. führte verschiedene Arten von Gesteinen an, »wodurch die Erschütterung bei der Solideszenz uns vor Augen gebracht wird« (ebd.), so den Florentinischen Ruinenmarmor. Er vermutete dessen Bildung »aus einer eingesinterten Gangart, die an einer Seite sich bandartig zu bilden im Begriff war, als ein gewisses Zucken die zarten Streifen mit vertikalen Klüftchen durchschnitt und die horizontalen Linien bedeutend verrückte, daß die einen höher gehoben, die andern niedergehalten wurden« (ebd. 632f.). Dadurch sei »die Gestalt einer lückenhaften Mauer« entstanden. Zugleich schien G. »am entgegengesetzten Salband die Masse breiartig in Bewegung; diese, von jenen Erklüftungen wenig erleidend erscheint nun bei geschnittenen und polierten Tafeln über der Landschaft als Bewölkung« (ebd. 633).

G. schilderte überdies ein anderes Beispiel desselben Marmors, dessen Masse »aus hellerem Grunde zu mehr oder weniger hellern Bestandteilen sich sondert«, und nicht bandartig sich zu bilden neige, sondern »unbestimmt durch Scheidung neben einander« (ebd.) schwimme. Sie werde »bei der Solideszenz von Erschütterung ergriffen, durch unzählige sichtbare Klüftchen durchkreuzt« (ebd.). Die »verschiedenfarbigen gesonderten Bestandteile« (ebd.) werden »gradlinig in bestimmte Räumchen eingefaßt« (ebd.) und erscheinen in »Dreiecken, Vierecken, alles meist rhombisch spitz- und stumpfwinklig« (ebd.).

G. verglich den Florentiner Ruinenmarmor mit dem Riegelsdorfer Flöz bei Bebra und bewunderte die große Ähnlichkeit zwischen ihnen. Dies bestätigt ihn in seiner Annahme, »daß die Natur nicht später gewaltsame Mittel anzuwenden braucht um dergleichen Erscheinungen mechanisch hervor zu bringen, sondern daß sie in ihren ersten Anlagen ewige aber ruhende Kräfte besitzt, die, in der Zeit hervorgerufen, bei genugsamer Vorbereitung das Ungeheure so wie das Zarteste zu bilden vermögen« (ebd.).

Als weitere Beispiele einer ähnlichen Naturwirkung zog G. den bei →Ilmenau vorkommenden Bandjaspis, den Trümmerachat und den Altdorfer Marmor heran. Aus den Strukturen von Bandjaspis und Florentiner Marmor leitete er die Konsequenz ab, »daß das Ganze noch weich, noch determinabel in einem gewissen Grade von Erharschung muß gewesen sein, als die schmalen mit einer gilblichen Masse ausgefüllten Klüfte in grader Richtung obgleich wellenförmig durch das Ganze hindurch liefen und alles was sie durchschnitten von der Stelle schoben« (ebd. 635). So versuchte G., den chemischen Vorgang der Gesteinsbildung durch Solideszenz und Erschütterung zu erläutern und sprach zugleich von »einem solchen Halbgewordenen, Gestörten und wieder zum Ganzen Gefügten« (ebd.) wie von einem Naturkunstwerk.

»Wenn man von Uranfängen spricht, so sollte man uranfänglich reden« – G. und die Eiszeit

Der betagte G. beharrte auf der seinem Weltbild entsprechenden neptunistischen Betrachtungsweise der Erdgeschichte, während viele seiner Zeitgenossen immer mehr dem Vulkanismus zugeneigt waren. Graf Sternberg schrieb ihm im August und am 6.9.1824 über seine geologischen Erkundungen in Mitteldeutschland und am Rhein und sprach von den vulkanischen Wirkungen der Vorzeit, die sich auf den Basalt ausgewirkt haben (vgl. LA II, 8B.1, 437–440). G. dankte zurückhaltend, in der »Hoffnung einer ferneren so ausführlichen als gründlichen Belehrung« (an Graf Sternberg, 21.9.1824).

Der erste Teil von K. E. A. v. →Hoffs preisgekrönter Schrift *Geschichte der durch Überlieferung nachgewiesenen natürlichen Veränderungen der Erdoberfläche* (Gotha 1822; Ruppert 4682), mit der dieser durch die Annahme, die Erdvergangenheit sei durch die noch gegenwärtig wirkenden und zu beobachtenden Kräfte erklärbar, den Aktualismus in der Geologie begründete, regte G. dazu an, den Aufsatz *Architektonisch-naturhistorisches Problem* für ZNÜ II, 1 (1823) über das geologische Phänomen vom Tempel des Jupiter Serapis bei →Pozzuoli zu verfassen, an dessen Säulen sich in einer bestimmten Zone Muschelanbohrungen finden (vgl. FA I, 25, 599–605). Während Hoff dies durch eine vorübergehende Überflutung durch das Mittelmeer erklärte, ging G. von einem nur lokal entstandenen kleinen See aus, dessen Wasser wieder abgelaufen sei. Hoff stimmte G.s Deutung zu. Im zweiten Teil seines Werks (Gotha 1824) behandelte Hoff die *Geschichte der Vulkane und der Erdbeben* und schloss sich weitgehend der Meinung von L. v. Buch und A. v. Humboldt an. In einem Brief an den Grafen Sternberg vom 14.12.1824 sprach G. vom »bösen Humor, in den mich Herrn von Hoffs tumultuirender zweyter Band versetzt hatte«. In einem zugehörigen Konzept heißt es darüber hinaus, es sei »nun einmal in mir idiosynkratisch daß ich nicht leiden kann wenn man die Erklärung (Ableitung) eines Phänomens in die Weite und Ferne schiebt. Gott und die Natur haben uns Organe für die Gegenwart, für das Nächste gegeben, deshalb wird mir die neue Plutonische Küche nichts Schmackhaftes bereiten« (WA IV, 39, 288). »Bey'm Bilden der Erdoberfläche« konnte G. »dem Feuer nicht soviel Einfluß zugestehn«, da er gemäß dem damaligen Forschungsstand darin »keine leitende Idee« erblickte, die für ihn »ein der höheren Anschauung correspondirendes Wahre [...] zu entwickeln vermocht hätte« (an Nees von Esenbeck, 13.6.1823). Er kritisierte die voreilige Verallgemeinerung und Aufwertung einer Hypothese zu einer gültigen Theorie.

In dem kurzen Aufsatz *Freimütiges Bekenntnis* (ZNÜ II, 2, 1824) sprach G. seine Ansicht aus: »Die Natur, kraft ihrer Alltätigkeit, wirkt in und an der Nähe, so wie von fern her und in die Ferne; beide Wirkungen sind immerfort zu beachten, keine Beobachtungsweise darf und kann die andere verdrängen« (FA I, 25, 394). G. liebte die Natur, »wie sie still wirkt« (an Soret, 13.8.1828). Die Lehre vom Vulkanismus dagegen, welche zerstörerische und umwälzende Naturkatastrophen als gestaltende Kraft der Erdoberfläche betrachtete, widersprach seiner Auffassung vom sukzessiven Werden der Natur und der »Konstruktion der Welt überhaupt« (FA I, 25, 540).

G.s Widerstand gegen vulkanistische Erklärungen war darüber hinaus auch Ausdruck seiner eigenen strengen Forschungsmethode und Kritik an der geologischen Forschung seiner Zeit, die an die Stelle gründlicher Untersuchung der Phänomene Verallgemeinerungen und Hypothesen gesetzt habe und Modeerscheinungen hinterherlaufe. Gleichwohl versuchte G., neue Ansichten als Vorstellungsarten zu begreifen und sie an der sich selbst gestellten Frage bei der Betrachtung der Natur zu messen: »Ist es der Gegenstand oder bist du es, der sich hier ausspricht?« (*Kirchers Pyrophylacium wieder hergestellt*; FA I, 25, 636). Er bemerkte »in der Weltgeschichte so in der Geschichte der Wissenschaften [...], daß der menschliche Geist sich in einem gewissen Kreise von Denk- und Vorstellungsarten herumbewege. Man mag sich noch so sehr bemühen, man kommt nach vielen Umwegen immer in demselben Kreise auf einen gewissen Punct zurück« (ebd.). Als G. am 9. u. 10.2.1825 Athanasius Kirchers *Mundus subterraneus* las (3. Aufl. Amsterdam 1678), sah er dessen Vorstellungen, wonach im Innersten der Erde ein Feuer brenne, in den Ansichten der vulkanistischen Erdgestaltung wiederkehren: »Dieser älteren anfänglichen Vorstellung ist die neuere ganz gleich. Man nimmt eine Feuerglut an, unter unserm Ur- und Grundgebirge, die hie und da sich andeutet, ja hervorbricht, und überall hervorbrechen würde, wenn die Urgebirgsmassen nicht so schwer wären, daß sie nicht gehoben werden können. Und so sucht man überall problematische Data dahin zu deuten, daß dieses ein oder das anderemal geschehen sei« (ebd.).

Obwohl sich die Geologie auf reale Funde und Vorkommen berief, sah G. in der geologischen Theorienbildung, welche das Vergangene durch das Gegenwärtige nachzuweisen versuchte, das Gewordene durch das aktuell Werdende, ein fiktionales Moment. Er betrachtete das neue aktualistische Prinzip der geologischen Forschung kritisch, denn der »Gang vom Neuen zum Alten ist dem Irrthum unterworfen. Weil hiebey das Besondere gar leicht zum allgemeinen wird« (LA II, 8B.1, 98, M 61). Genauso skeptisch beurteilte G. das umgekehrte Verfahren einer hypothetischen Annahme, die Erdvergangenheit auch noch in der Gegenwart wirksam zu sehen: »Der Gang vom Alten zum Neuen ist gleichfalls dem Irrthum unterworfen, denn hier wird das Nichterfahrene zum Grund gelegt« (ebd.). Der Werdegang der unerfahrbaren ältesten geologischen Vergangenheit stimmte für G. mit dem des Gegenwärtigen nicht vollkommen überein: »Wenn man von Uranfängen spricht, so sollte man uranfänglich reden, d. h. dichterisch; denn was unsrer tagtäglichen Sprache anheimfällt: Erfahrung, Verstand, Urteil, alles reicht nicht hin« (*Höherer Chemismus des Elementaren*; FA I, 25, 638).

Die von G. scharf kritisierte, auf der Erkenntnis der Hebung von Skandivanien und den Südtiroler →Alpen beruhende tektonische Theorie L. v. Buchs, welche die Vorstellungen über Gebirgsbildung jahrzehntelang bestimmte, sowie die Anschauung von A. v. Humboldt, wonach das →Himalaya-Gebirge aus der Tiefe emporgestiegen sei, kleidete er in *Faust II* durch die Figur des Seismos, der die Schwelle zwischen oberem und unterem Peneios sowie die Gebirge und die Götterthrone Parnaß und Olymp aus der Tiefe hob, mythologisch ein. Den neptunistisch-vulkanistischen Streit griff er in *Faust II* im kontroversen Gespräch zwischen →Thales und →Anaxagoras auf; hierin ließ er Meinung und Gegenmeinung als dramatische Spannung zu Poesie werden. Ebenso kamen G.s Ansichten über die Herkunft der erratischen Blöcke und die Eiszeit, die er in seinen unveröffentlichten Texten *Herrn von Hoffs geologisches Werk* (FA I, 25, 593–597), *Hausmanns Vorlesung* (ebd. 657 f.), *Umherliegende Granite* und *Kälte* (ebd. 643 ff.), *Gespräch über die Bewegung von Granitblöcken durch Gletscher* (ebd. 646 f.) sowie *Geologische Probleme und Versuch ihrer Auflösung. Februar 1831* (ebd. 653–656) vorstellte, in den Streitgesprächen über die Erdvergangenheit auf dem Bergfest in *Wilhelm Meisters Wanderjahren* zum Ausdruck (s. u. S. 200 f.).

Hoff hielt in seiner Schrift *Geschichte der durch Überlieferung nachgewiesenen natürlichen Veränderungen der Erdoberfläche* (1, 1822, 420–428) die zerstreut liegenden Felsen an der schwedischen Ostküste, welche A. Celsius als Beweis für das Absinken des Meeresspiegels ansah, für große abgerissene Geschiebe, ohne Zusammenhang mit dem nahen Grundgebirge. Hoff schloss sich der Meinung von E. O. Runeberg an, dass die zahlreichen einzeln stehenden Blöcke kristalliner Geschiebe rings um die Ostsee in Norddeutschland, Polen und Livland durch Eisgang oder Meeresbewegung am Ufer angehäuft worden seien. Hoffs Bemerkungen bewogen G. zu einer Niederschrift, in der er seine eigenen, schon längst gebildeten Vorstellungen äußerte. Er wies in diesem Zusammenhang auf den alten geologischen Weggefährten J. C. W. Voigt hin, mit dem er sich schon in den 1780er Jahren »über die wunderbaren Erscheinungen der Blöcke, über Thüringen und über die ganze nördliche Welt ausgebreitet« (*Herrn von Hoffs geologisches Werk*; FA I, 25, 597), besprochen hatte. Voigt war auf den Gedanken gekommen, »diese Blöcke durch große Eistafeln herantragen zu lassen« (ebd.; vgl. auch Voigt: *Drei Briefe über die Gebirgslehre [...]* Weimar 1786, 52). Es schien ihm unzweifelhaft, dass in der Erdvergangenheit »die Ostsee bis ans sächsische Erzgebirge und an den Harz herangegangen sei« und »daß bei laueren Frühlingstagen in Süden die großen Eistafeln aus Norden herangeschwommen seien«, als Transportmittel für »große Urgebirgsblöcke, wie sie unterwegs an hereinstürzenden Felswänden, Meerengen und Inselgruppen aufgeladen« (FA I, 25, 597) und weiter südlich wieder abgesetzt worden seien. Abschließend berichtete G. über die von A. K. v. Preen am 8.4.1820 aus Rostock erhaltene Nachricht, dass in diesem Frühling große Eismassen mit Granit beladen über den Sund der Ostsee nach Mecklenburg gelangt seien. – Dieser Transport durch Eisdrift schien G. jedoch nur für kleinere Geschiebe möglich. In seinem 1828 in den Heften *Ueber Kunst und Alterthum* (VI, 2) erschienenen Aufsatz *Granitarbeiten in Berlin* (ebd. 639 ff.) äußerte er angesichts der mächtigen Markgrafensteine bei Fürstenwalde die Hoffnung, dass »Granit hier wirklich in seiner Urlage anstehend gefunden würde« (ebd. 641).

Preen hatte vermutet, dass die Eisdrift-Hypothese sich auch auf die alpinen Findlinge anwenden lasse, wie sie G. selbst 1797 bei Küssnacht am Rigi bemerkt hatte (Tgb, 7.10.1797). Diese Idee nahm G. in seinen Texten von 1828 bis 1831 wieder auf.

Auf Grundlage des Berichts der Schweizer Alpenforscher Johann Rudolph und Hieronymus Meyer über den Transport von Gesteinsschutt durch Gletscher in tiefere Täler[105] schrieb G. den Aufsatz *Hausmanns Vorlesung*, einen Text, der auf die am 27.8.1827 in der Göttinger Akademie vorgetragene Abhandlung von J. F. L. →Hausmann *De origine saxorum per Germaniae septentrionalis regionis arenosas dispersorum commentatio* Bezug nimmt (zur Neudatierung vgl. Wyder 2012). Hier läßt G. vor dem inneren Auge des Lesers »bei noch hohem Wasserstand der Erde die Gletscher noch wei-

105 Vgl. LA II, 8B.1, 133 f., M 80.

ter nach dem Lande und dem Genfer See sich ausdehnen. Auf dieses Eismeer stürzen noch täglich große Felsmassen herunter; diese werden […] von dem vorschiebenden Eise fortgeschoben und gelangen endlich auf einen Boden, weit entfernt von ihrem Ursprunge« (FA I, 25, 657). Auf diese Weise hätten sie sich durch das Tal der Arve kommend im Rhonetal südwestlich ausgebreitet und wären am Ufer des Genfer Sees niedergesunken. Die Granitgeschiebe in Nord- und Mitteldeutschland ließ G. aus Skandinavien »durch ein aufgetautes Eis herüberführen« (ebd.).

Am 5.11.1829 äußerte G. in der Notiz *Kälte* zusammenfassend seine »Vermutung, daß eine Epoche großer Kälte wenigstens über Europa gegangen sei, etwa zur Zeit, als die Wasser das Kontinent noch etwa bis auf 1000 Fuß Höhe bedeckten und der Genfer See zur Tauzeit noch mit den nordischen Meeren zusammenhing. Damals gingen die Gletscher des Savoyer Gebirgs bis an den See und die noch bis auf den heutigen Tag auf den Gletschern niedergehenden langen Steinreihen, mit dem Eigennamen Gufferlinien bezeichnet, [die sich] eben so gut durch das Arve- und Transetal herunter ziehen und die oben sich ablösenden Felsen unabgestumpft und -abgerundet in ihrer natürlichen Schärfe bis an den See bringen konnten, wo sie uns noch heut zu Tag bei Thonon scharenweis in Verwunderung setzen« (ebd. 644f.). Damit verarbeitete G. Informationen zur Verteilung der Findlinge um den Genfersee, die er einer Broschüre von J.-A. de Luc d. J. entnommen hatte (vgl. LA II, 8B.2, 881; Ruppert 4849). G. kombinierte den Gletschertransport mit einer Eisdrift über die Alpenseen: »Taut im hohen Sommer der See auf so trägt er wohl auch solche Massen auf sich herum nach den Seiten an das gegenseitige Ufer und legt sie nieder wo wir sie noch finden. […] Wenn am Luzerner See das Ähnliche geschehen so ist es nicht schwer eben dergleichen Trümmer auf den Weg nach Küßnacht zu bringen« (*Gespräch über die Bewegung von Granitblöcken durch Gletscher*, FA I, 25, 646).

L. Agassiz (1837) und J. de Charpentier (1841), die die Existenz einer großen Eiszeit durch Beobachtungen in den Alpen nachweisen konnten, anerkannten beide G.s »ideelle Priorität« (LA II, 8B.2, 939; → Eiszeit, → Erratische Blöcke).

In der zweiten Fassung von *Wilhelm Meisters Wanderjahren* (II, 9) stellte G. anhand des Streitgesprächs auf dem Bergfest die verschiedenen Vorstellungen seiner Zeitgenossen über die geologische Gestaltung der Erde (»Erschaffung und Entstehung der Welt«) sowie seine eigene Vermutung über eine Eiszeit in der Erdvergangenheit dar: »Mehrere wollten unsere Erdgestaltung aus einer nach und nach sich senkend abnehmenden Wasserbedeckung herleiten; sie führten die Trümmer organischer Meeresbewohner auf den höchsten Bergen so wie auf flachen Hügeln zu ihrem Vorteil an. Andere heftiger dagegen ließen erst glühen und schmelzen, auch durchaus ein Feuer obwalten, das nachdem es auf der Oberfläche genugsam gewirkt, zuletzt in's Tiefste zurückgezogen, sich noch immer durch die ungestüm sowohl im Meer als auf der Erde wütenden Vulkane betätigte, und durch sukzessiven Auswurf und gleichfalls nach und nach überströmende Laven die höchsten Berge bildete; wie sie denn überhaupt den anders Denkenden zu Gemüte führten, daß ja ohne Feuer nichts heiß werden könne, auch ein tätiges Feuer immer einen Herd voraussetze. So erfahrungsgemäß auch dieses scheinen mochte, so waren manche doch nicht damit zufrieden; sie behaupteten: mächtige in dem Schoß der Erde schon völlig fertig gewordene Gebilde seien, mittelst unwiderstehlich elastischer Gewalten, durch die Erdrinde hindurch in die Höhe getrieben und zugleich in diesem Tumulte manche Teile derselben weit über Nachbarschaft und Ferne umher gestreut und zersplittert worden; sie beriefen sich auf manche Vorkommnisse, welche ohne eine solche Voraussetzung nicht zu erklären seien. Eine vierte, wenn auch vielleicht nicht zahlreiche, Partie lächelte über diese vergeblichen Bemühungen und beteuerte: gar manche Zustände dieser Erdoberfläche würden nie zu erklären sein, wofern man nicht größere und kleinere Gebirgsstrecken aus der Atmosphäre herunterfallen und weite breite Landschaften durch sie bedeckt werden lasse. Sie beriefen sich auf größere und kleinere Felsmassen, welche zerstreut in vielen Landen umherliegend gefunden und sogar noch in unsern Tagen als von oben herabstürzend aufgelesen werden. Zuletzt wollten zwei oder drei stille Gäste sogar einen Zeitraum grimmiger Kälte zu Hülfe rufen und aus den höchsten Gebirgszügen, auf weit in's Land hingesenkten Gletschern, gleichsam Rutschwege für schwere Ursteinmassen bereitet, und diese auf glatter Bahn, fern und ferner hinausgeschoben, im Geiste sehen. Sie sollten sich, bei eintretender Epoche des Auftauens, niedersenken und für ewig in fremdem Boden liegen bleiben. Auch sollte sodann durch schwimmendes Treibeis der Transport ungeheurer Felsblöcke von Norden her möglich werden. Diese guten Leute konnten jedoch mit ihrer etwas kühlen Betrachtung nicht durchdringen. Man hielt es ungleich naturgemäßer die Erschaffung einer Welt mit kolossalem Krachen und Heben, mit wildem Toben und feurigem Schleudern vorgehen zu lassen. Da nun übrigens die Glut des Weines stark mit einwirkte, so hätte das herrliche Fest beinahe mit tödlichen Händeln abgeschlossen« (FA I, 10, 533 f.).

»Liebe und Leidenschaft für die Naturkunde ist mit den Jahren nur gewachsen« – Tiefbohrtechnik, Leitfossilien, Reflexionen über die geologische Forschung

Auch wenn der betagte G. meinte, dass die Entwicklung der Geologie in eine Richtung gelenkt werde, bei der er nicht mehr gänzlich mithalten könne, verfolgte er die neuen technologischen Verfahren in der Forschung mit Aufmerksamkeit.

1823 begann der Bohrunternehmer und spätere Salinendirektor in →Stotternheim, K. C. F. →Glenck, mit ersten Tiefbohrungen zur Erschließung von Salzvorkommen in Thüringen. G. erkannte sofort die Bedeutung dieser Versuche für die Geologie. Glenck gab G. bei seinem Besuch am 4.1.1828 »über alle die neuen Bohrunternehmungen in Thüringen Auskunft« und zeichnete »eine geognostische Tabelle in Bezug auf die verschiedenen Salzformationen«, mit der G. sich am 5. und 10.1.1828 beschäftigte (vgl. an Glenck, 20.1.1828). Die durch die Bohrungen von Glenck erschlossenen Schichtenfolgen bestätigten G.s »alten Glauben an die Konsequenz der Flözbildung und vermehrte den Unglauben in betreff des Hebens und Drängens Aufwälzen und Quetschens [...] Schleudern und Schmeißens« (FA I, 25, 649). G. dankte Glenck dafür, dass er es ihm ermöglicht hatte, »diejenigen Naturerscheinungen im Einzelnen und in mannichfaltiger Folge zu übersehen, die mir bey meinen bisherigen Studien nur im Allgemeinen bekannt geworden« (an Glenck, 20.1.1828). Er bat den Salinisten vor allem um nähere Auskunft über die Keuperformation, die den Muschelkalk überlagert und die »in früherer Zeit nicht genug beachtet worden« sei. G.s Ahnung von dem in der zweiten Hälfte des 19. Jh.s für die Erstellung einer Zeitskala der Erdgeschichte eingeführten Prinzip der Leitfossilien, die er in seinem Brief an J. H. →Merck vom 27.10.1782 bereits angedeutet hatte (»Es wird nun bald die Zeit kommen, wo man Versteinerungen [...] verhältnißmäßig zu den Epochen der Welt rangiren wird«), schien ihn ein halbes Jahrhundert später immer noch zu beschäftigen, als er am 11.3.1832 an Zelter schrieb, dass sich »manche Exemplare einer vor allen geschichtlichen Zeiten versenkten organischen Welt« bei ihm eingefunden hätten. »Fossile Thier- und Pflanzenreste versammeln sich um mich, wobey man sich nothwendig nur an Raum und Platz des Fundorts halten muß, weil man bey fernerer Vertiefung in die Betrachtung der Zeiten wahnsinnig werden müßte«.

Im Januar 1828 gelang es Glenck, in Stotternheim bei Erfurt durch eine 230 Meter tiefe Bohrung konzentrierte Salzsole aus der Zechsteinformation zu erschließen. Zur offiziellen Überreichung der ersten Salzproben anlässlich des Geburtstages von Großherzogin Luise am 30.1.1828 verfasste G. das Gedicht *Die ersten Erzeugnisse der Stotternheimer Saline* (LA II, 8B.1, 584–587). Darin wurde in einem Wechselgespräch zwischen einem Berggeist (»Gnome«), der →Geognosie und der →Technik die große Bedeutung von Glencks Unternehmen für das »Leben so wie für die Wissenschaft« (an Frommann, 3.2.1828) gepriesen. Mittels Korrespondenz und persönlicher Gespräche nahm G. in der Folgezeit an den weiteren Bohrtätigkeiten

Glencks Anteil.[106] Er sah diese als Ausdruck einer bedeutsamen, modernen und fortschrittlichen Technologie, welche die geologische Erkundung auf bisher unzugängliche Tiefen des Untergrundes ausdehnen konnte.

Nicht weniger aufmerksam verfolgte G. die Entwicklung der Geologie. Am 30. und 31.8.1828 ließ er John in Dornburg das »geologische Thermometer« (Tgb, 30.8.), eine Liste aus sechs zusammengeklebten, zum Aushang bestimmten Folioblättern, abschreiben, die geologische Schriften seit dem 17. Jh. verzeichnete[107] und auf eine Publikation des Geologen A. Boué in Leonhards *Zeitschrift für Mineralogie* (1828, 617–634) zurückgeht. Geologen und ihre Werke waren darin entlang einer Temperaturskala angeordnet, die bei 100 Grad mit ›heißen‹ Vulkanisten und Plutonisten begann und bei 0 Grad mit ›kühlen‹ Neptunisten endete (vgl. LA II, 8B.2, 939 f.). Die Abschrift zeigt G.s Intention, sich die aktuellen geologischen Theorien sowie deren historischen Werdegang vor Augen zu führen.

Am 8.7.1829 schrieb G. an den Grafen Sternberg: »Noch habe schließlich zu melden daß ich meine Stellung gegen Geologie, Geognosie und Oryctognosie klar zu machen suche, weder polemisch noch conciliatorisch sondern positiv und individuell; das ist das Klügste was wir in alten Tagen thun können. Die Wissenschaften, mit denen wir uns beschäftigen, rücken unverhältnißmäßig vor, manchmal gründlich, oft übereilt und modisch, da dürfen wir denn nicht unmittelbar nachrücken, weil wir keine Zeit mehr haben auf irgend eine Weise leichtsinnig in der Irre zu gehen; um aber nicht zu stocken und allzuweit zurückzubleiben sind Prüfungen unsrer Zustände nothwendig«. Diese Einstellung brachte G. in mehreren Texten zum Ausdruck, die in einem Umschlag mit der Aufschrift *Zur Geologie November 1829* zusammengefasst wurden. In dem *Dogmatismus und Skepsis* genannten Text bezeichnete G. die »Wernerische Lehre« als »Dogmatismus«. Er war sich bewusst, »daß jene Lehre unerklärte Probleme zurückließ« (FA I, 25, 642). Für ihn fing die Skepsis – »in der natürlichen Unruhe und Zweifelsucht der Menschen« begründet – »mit den Ausnahmen an das Dogma zu befeinden«. Die Kraft des Geistes bestehe darin, die »Veränderung theoretischer Ansichten über Naturgegenstände [...] auf einer höheren philosophischen Ansicht« (ebd.) zu beurteilen.

Im zweiten Stück, *Induktion*, setzte sich G. mit der Methodik auseinander, aus Einzelbeobachtungen auf allgemeine Gesetze zu schließen. Er selbst habe sich dieses Verfahrens nie bedient: »Ich ließ die Fakten isoliert stehen / Aber das Analoge sucht ich auf« (ebd. 643) – so beschrieb er seine Forschungsmethode, die auf der Beobachtung der Natur aus immer wieder anderen Perspektiven beruhte. Dagegen sei Induktion »nur demjenigen nütze der überreden will. Man gibt zwei, drei Sätze zu, auch einige Folgerungen / Und man ist sogleich verloren« (ebd.).

Reflexionen über die eigenen geologischen Studien finden sich vor allem in einem Briefentwurf G.s an K. F. v. →Klöden, den Eckermann später unter *Verschiedene Bekenntnisse* in die *Ausgabe letzter Hand* aufnahm. G. legte hier geologische Konfessionen ab und erklärte, warum ihm die Theorien des »Hebens und Schiebens« des französischen Geologen Elie de Beaumont so erscheine, »als wenn irgend ein christlicher Bischof einige Wedams für kanonische Bücher erklären wollte« (ebd. 649). Er habe sich mit der »Geognosie befreundet, veranlaßt durch den Flözbergbau. Die Konsequenz dieser übereinander geschichteten Massen zu studieren verwandte ich mehrere Jahre meines Lebens. Diesen Ansichten war die Wernerische Lehre günstig und ich hielt mich zu derselben [...] Da ich hier nur Konfessionen niederschreibe so ist nur von mir und meiner Denkweise die Rede; es ist nicht das erstemal in meinem Leben, daß ich das was andern denkbar ist unmöglich in meine Denk- und Fassungskraft aufzunehmen vermag« (ebd. 648 f.).

Immer weniger glaubte G. an eine allgemeingültige objektive Wahrheit in den Naturwissenschaften. »Wenn man der Nachwelt etwas Brauchbares hinterlassen will, so müssen es Confessionen seyn, man muß sich als Individuum hinstellen wie man's denkt, wie man's

106 Vgl. z. B. Glenck an G., 17.3., 18.5., 30.10.1828, 23.5., 7.8., 30.10.1829; LA II, 8B.1, 597–601, 606 ff., 634, 655, 665, 673.

107 Vgl. LA II, 8B.1, 105–117, M 72.

meint, und die Folgenden mögen sich heraussuchen was ihnen gemäß ist und was im Allgemeinen gültig seyn mag« (an Zelter, 1.11.1829). Aber »sobald man in der Wissenschaft einer gewissen beschränkten Konfession angehört, ist sogleich jede unbefangene treue Auffassung dahin. Der entschiedene Vulkanist wird immer nur durch die Brille des Vulkanisten sehen, sowie der Neptunist und der Bekenner der neuesten Hebungstheorie durch die seinige. Die Weltanschauung aller solcher in einer einzigen ausschließenden Richtung befangener Theoretiker hat ihre Unschuld verloren und die Objekte erscheinen nicht mehr in ihrer natürlichen Reinheit. Geben sodann diese Gelehrten von ihren Wahrnehmungen Rechenschaft, so erhalten wir, ungeachtet der höchsten persönlichen Wahrheitsliebe des Einzelnen, dennoch keineswegs die Wahrheit der Objekte; sondern wir empfangen die Gegenstände immer nur mit dem Geschmack einer sehr starken subjektiven Beimischung« (Eckermann, 18.5.1824; FA II, 12, 538).

In diesem Sinne führte G. auch seine Auseinandersetzung mit dem Vulkanismus, den er – trotz wachsenden Rückhalts in der Fachwelt – als Modeerscheinung abtat und dessen führenden Vertreter er als unwissend darstellte: »Von der früheren Organisation der Erde hat man gar keinen Begriff, und ich kann es Herrn *von Buch* nicht verdenken, wenn er die Menschen endoktriniert, um seine Hypothesen zu verbreiten. Er weiß nichts, aber niemand weiß mehr, und da ist es denn am Ende einerlei was gelehret wird, wenn es nur einigermaßen einen Anschein von Vernunft hat« (Eckermann, 5.4.1829; FA II, 12, 329).

In *Geologische Probleme und Versuch ihrer Auflösung*, entstanden im Februar 1831, wendete G. seine Kritik ins Polemische: »Die Sache mag sein wie sie will so muß geschrieben stehen daß ich diese vermaledeite Polterkammer der neuen Weltschöpfung verfluche und es wird gewiß irgend ein junger geistreicher Mann aufstehen der sich diesem allgemeinen verrückten Konsens zu widersetzen Mut hat. [...] Im ganzen denkt kein Mensch daß wir als sehr beschränkte schwache Personen uns ums Ungeheure beschäftigen ohne zu fragen wie man ihm gewachsen sei? Denn was ist die ganze Heberei der Gebirge zuletzt als ein mechanisches Mittel, ohne dem Verstand irgend eine Möglichkeit, der Einbildungskraft irgend eine Tulichkeit zu verleihen. Es sind bloß Worte, schlechte Worte, die weder Begriff noch Bild geben« (FA I, 25, 653).

In der Tat wurde die von G. scharf kritisierte Erhebungstheorie von Buch, die trotz ihres wegweisenden Charakters eine zu starke Verallgemeinerung erfuhr, 1875 durch die Kontraktionstheorie von E. Sueß überwunden. Diese Tatsache bestätigte nachträglich G.s berechtigte Zweifel an einer übereilten Deutung von empirischen Fakten. G. dagegen setzte auf große Behutsamkeit in seiner Forschungsmethode und in der wissenschaftlichen Terminologie: »Als ich mich in diese wüsten Felsklüfte vertiefte, war es das erstemal daß ich die Poeten beneidete« (ebd. 638). Werner äußerte gegenüber seinem Schüler A. Breithaupt: »Goethe ist zwar ein großer Poet, aber in seinen mineralogischen und geognostischen Ansichten doch nicht so poetisch wie man erwarten sollte, vielmehr nüchtern« (zit. nach Biedermann 117). Und J. C. W. Voigt urteilte in einem Brief an Knebel vom 30.8.1806: »Wenn Werner [...] mehr solche einsichtsvolle und scharfe Beobachter hätte, wie ein Goethe war, gewiß er würde in seinen prognostischen Grundsätzen die wahre Natur weniger verfehlen« (LA II, 8A, 184).

Bis zu seinem Lebensende hat G. sein Interesse an der mineralogisch-geologischen Forschung aufrecht erhalten. Noch sieben Tage vor seinem Tod, am 15.3.1832, schrieb er an Sternberg über die von August von Herder an ihn gesandten Erze und Mineralien aus →Freiberg und berichtete ihm davon, dass er sich »in der vielleicht niemals ganz aufzuklärenden Geschichte der Gebirgsgänge« durch diese Sammlung, die ihn »nun fast ein Jahr« lang beschäftige, gefördert fühle. »Eine Dämmerung von Einsicht, der ich schon lange gefolgt bin, wie man in dunkler Nacht auf einen fernen Lichtschein zureitet, in Hoffnung, es werde kein Irrlicht seyn, scheint mich auch hier weiterzuführen. Das Wunderbarste ist dabey daß das Beste unsrer Überzeugungen nicht in Worte zu fassen ist. Die Sprache ist nicht auf alles eingerichtet und wir wissen oft nicht recht, ob wir endlich sehen, schauen, denken, erinnern, phantasiren oder glauben. Das ist es was mich manchmal betrübt, besonders da in diesem Fache mir gegenwärtig kein Wechselgespräch zu Hülfe kommt«.

Shu Ching Ho

Literatur

Von den Publikationen zu Goethes Beschäftigung mit einzelnen Ländern, Regionen und Orten sind hier nur die neuesten und/oder umfassendsten aufgeführt. Weitere Literatur dazu, zu einzelnen Personen und zu anderen Spezialthemen ist unter den jeweiligen Stichworten im lexikalischen Teil (ab S. 291) zu finden.

Biedermann, Woldemar von: Goethe und das sächsische Erzgebürge. Stuttgart 1877. – Baumann, Ludwig, Prescher, Hans und Weber, Wolfgang: Goethes Freiberger Lagerstättensammlung. Leipzig 1979 (Abhandl. Staatl. Museum für Mineralogie und Naturkunde Dresden 29), 7–39. – Boehm, Albert: Goethe und der Bergbau. In: Zs. für das Berg-, Hütten- und Salinenwesen im Preußischen Staate. 79 (1931), B 507–B 555. – Ders: Der Anteil des Bergbaus an Goethes naturwissenschaftlicher Forschungsarbeit. In: Zs. für das Berg-, Hütten- und Salinenwesen im Preußischen Staate. 80 (1932), B 257–B 270. – Böhme, Hartmut: Goethes Erde zwischen Natur und Geschichte. Erfahrungen von Zeit in der »Italienischen Reise«. In: GJb. (1993), 209–225. – Bosse, Dankmar (Hg.): Johann Wolfgang Goethe: Die Metamorphose des Granits. Substanz- und Gestaltbildung des Erdorganismus. Stuttgart 1994. – Busch, Werner: Der Berg als Gegenstand von Naturwissenschaft und Kunst. Zu Goethes geologischem Begriff. In: Schulze, Sabine (Hg.): Goethe und die Kunst. Ostfildern 1994, 485–497. – Cloos, Hans: Einführung in die Geologie. Berlin 1936. – Engelhardt, Wolf von: Goethes Geologie. In: Die Naturwissenschaften. 37 (1950), 205–210. – Ders.: Goethes Sammlungen von Mineralien und Gesteinen bis zum Jahre 1786. In: Neue Hefte zur Morphologie. 4 (1962), 100–128. – Ders.: Goethes Beschäftigung mit Gesteinen und Erdgeschichte im ersten Weimarer Jahrzehnt. In: Kuhn, Dorothea und Zeller, Bernhard (Hg.): Genio Huius Loci. Dank an Leiva Petersen. Wien, Köln und Graz 1982, 169–204. – Ders.: Goethes Harzreise im Winter 1777. In: GJb. (1987), 192–211. – Ders.: Morphologie im Reich der Steine? In: Mann, Gunther u. a. (Hg.): In der Mitte zwischen Natur und Subjekt. Johann Wolfgang von Goethes »Versuch, die Metamorphose der Pflanze zu erklären«. 1790–1990. Frankfurt am Main 1992, 33–51. – Ders. und Kuhn, Dorothea: Nicht von Goethe: »Der Dynamismus in der Geologie«. In: GJb. (1996), 273–275. – Ders.: Goethe und die Geologie. In: Schnitzler, Günter und Schramm, Gottfried (Hg.): Ein unteilbares Ganzes. Goethe, Kunst und Wissenschaft. Freiburg 1997, 245–273. – Ders.: Goethe im Gespräch mit der Erde. Landschaft, Gesteine, Mineralien und Erdgeschichte in seinem Leben und Werk. Weimar 2003. – Ders.: Goethes Weltansichten. Auch eine Biographie. Weimar 2007. – Fischer, Emil: Goethe und die Müllersche Steinsammlung. In: Forschungen und Fortschritte. 33 (1959), 257–264. – Fuchs, Friderun und Müller, Renate: Goethes Landschaften heute. »Italienische Reise« vom Brenner bis Venedig. Frankfurt am Main 2003 (Frankfurter Geographische Hefte 65). – Gnam, Andrea: »Geognosie, Geologie, Mineralogie und Angehöriges«. Goethe als Erforscher der Erdgeschichte. In: Luserke, Matthias (Hg.): Goethe nach 1999. Positionen und Perspektiven. Göttingen 2001, 79–87. – Görner, Rüdiger: Granit. Zur Poesie eines Gesteins. In: Ders.: Goethe. Wissen und Entsagen – aus Kunst. München 1995, 50–62. – Ho, Shu Ching: Goethes Entwurf der Kantischen Philosophie. In: Schnitzler, Günter und Schramm, Gottfried (Hg.): Ein unteilbares Ganzes. Goethe, Kunst und Wissenschaft. Freiburg 1997, 199–244. – Dies.: Über die Einbildungskraft bei Goethe. System und Systemlosigkeit. Freiburg 1998 (Darin: Der Kammerberg bei Eger, 83–92 und Über den Granit, 92–98). – Dies.: Knochenbau der Erde als Konstruktion der Welt. Zur Bedeutung der Geologie in »Wilhelm Meisters Wanderjahren«. In: GJb. (2008), 122–135. – Hoffmann, K. O.: Goethe als Geolog. In: Zs. für Mineralogie, Geologie und Paläontologie 2 (1908), Nr. 7. – Hölder, Helmut: Geologie und Paläontologie in Texten und ihrer Geschichte. Freiburg und München 1960. – Ders.: Kurze Geschichte der Geologie und Paläontologie. Berlin u. a. 1989. – Ders.: Goethe als Geologe. In: GJb. (1994), 231–245. – Ders.: Goethes Geognosie als Bildungswert. In: Naturwissenschaftliche Monatschrift. 66 (1958), 121–125. – Juranek, Christian (Hg.): Abenteuer, Natur, Spekulation. Goethe und der Harz. Halle 1999. – Krafft, Maurice: Vulkane, Feuer der Erde. Die Geschichte der Vulkanologie. Bearbeiter: Keller, Jörg; Redaktion: Behrendt-Roden, Ursula. Ravensburg 1993. – Krüger, Tobias: Die Entdeckung der Eiszeiten. Internationale Rezeption und Konsequenzen für das Verständnis der Klimageschichte. Basel 2008. – Laube, Gustav C.: Goethe als Naturforscher in Böhmen. Prag 1879. – Linck, Gottlob: Goethes Verhältnis zur Mineralogie und Geognosie. Jena 1906. – Ders.: Goethes mineralogisch-geologische Grundideen. In: Forschungen und Fortschritte. 8 (1932), 92 f. – Milch, Ludwig: Goethe und die Geologie. In: Bode, Wilhelm (Hg.): Stunden mit Goethe. Bd. 2, H. 2. Berlin 1906, 102–127. –

Oldroyd, David R.: Die Biographie der Erde. Zur Wissenschaftsgeschichte der Geologie. Frankfurt am Main 2007. – Philippson, Robert: Hat Goethe die Eiszeit entdeckt? In: GJb. (1927), 157–171. – Pörksen, Uwe: Raumzeit. Goethes Zeitbegriff aufgrund seiner sprachlichen Darstellung geologischer Ideen und ihrer Visualisierung. In: Matussek, Peter (Hg.): Goethe und die Verzeitlichung der Natur. München 1998, 101–127. – Prescher, Hans: Suiten böhmischer Zinnerze in den Sammlungen von J. W. v. Goethe in Weimar. Ergebnisse neuerer Untersuchungen. In: Rozpravy Národního Technického Muzea v Praze. 43 (1970), 27–36. – Prescher = Prescher, Hans: Goethes Sammlungen zur Mineralogie, Geologie und Paläontologie. Katalog. Berlin 1978. – Ders. (Hg.): Geologen der Goethezeit. Leipzig 1979. 2. Aufl. Essen 1981. – Ders. (Hg.): Leben und Wirken deutscher Geologen im 18. und 19. Jahrhundert. Leipzig 1985. – Rudwick, Martin J. S.: Bursting the limits of time. The reconstruction of geohistory in the age of revolution. Chicago 2005. – Ders.: Worlds before Adam. The reconstruction of geohistory in the age of reform. Chicago 2008. – Sachtleben, Peter: Hat Goethe die Eiszeit entdeckt? In: GJb. (1994), 199–302. – Salomon, Johanna: Die Sozietät für die gesamte Mineralogie zu Jena unter Goethe und Johann Georg Lenz. Köln und Wien 1990. – Schirmer, Wolfgang und Spies, Heike: Goethe, Gneis und Granit. Düsseldorf 2005. – Schnyder, Peter: Die Dynamisierung des Statischen. Geologisches Wissen bei Goethe und Stifter. In: Zs. für Germanistik. N.F. 19.3 (2009), 540–555. – Seifert, Hans: Mineralogie und Geologie in Goethes Lebenswerk. In: Philosophia Naturalis. 2 (1952), 72–99. – Semper, Max: Die geologischen Studien Goethes. Beiträge zur Biographie Goethes und zur Geschichte und Methodenlehre der Geologie. Leipzig 1914. – Serlo, Walter: Auf den Spuren Goethes im Bergbau an der Lahn. In: Zs. für das Berg-, Hütten- und Salinenwesen im Preußischen Staate. 80 (1932), B 270–B 274. – Srbik, Robert v.: Goethe und die Geologie. In: Geologische Rundschau. 23 (1932), 1–12. – Steenbuck, Kurt: Silber und Kupfer aus Ilmenau. Ein Bergwerk unter Goethes Leitung. Weimar 1995 (SchrGG. 65). – Steiner, Walter: Die Parkhöhle von Weimar. Abwasserstollen, Luftschutzkeller, Untertagemuseum. Weimar 1996. – Steininger, Fritz F. und Kossatz-Pompé, Anne (Hg.): Quer durch Europa – Naturwissenschaftlich Reisen mit Johann Wolfgang von Goethe. Frankfurt am Main 1999. – Trümpy, Rudolf: Goethes geognostisches Weltbild. Zürich 1968. – Vollrath, Heinrich: Goethes Reisen in das Fichtelgebirge. Hof 1982. – Voigt, Julius: Goethe und Ilmenau. Leipzig 1912. – Wagenbreth, Otfried: Abraham Gottlob Werner und der Höhepunkt des Neptunistenstreites um 1790. In: Freiberger Forschungshefte. D 11 (1955), 183–241. – Ders.: Fazies und Formation. Eine geologiegeschichtliche Betrachtung. In: Berichte der Geologischen Gesellschaft in der DDR. 9 (1964), 149–158. – Ders.: Die geologischen, mineralogischen und bergbaulichen Handskizzen Goethes. In: Wissenschaftliche Zs. der Hochschule für Architektur und Bauwesen. 15 (1968), 63–80. – Ders.: Goethes Stellung in der Geschichte der Geologie. In: Brandt, Helmut (Hg.): Goethe und die Wissenschaften. Jena 1984, 59–77. – Ders.: Geschichte der Geologie in Deutschland. Stuttgart 1999. – Walther, Johannes: Goethe und das Reich der Steine. In: Ders. (Hg.): Goethe als Seher und Erforscher der Natur. Halle 1930, 253–300. – Wyder, Margrit: Wissen sichtbar machen. Zu Goethes Visualisierungsmethoden in der Geologie. In: Mackensen, Ludolf von (Hg.): Wir wandeln alle in Geheimnissen. Neue Erfahrungen mit Goethe. Kassel 2002, 87–125. – Dies.: Goethes geologische Passionen: vom Alter der Erde. In: GJb. (2008), 136–146. – Dies.: »Höhen der alten und neuen Welt«. Goethes Beitrag zum Genre der vergleichenden Höhendarstellung. In: Cartographica Helvetica 39 (2009), 11–26. – Dies.: Gotthard, Gletscher und Gelehrte. Schweizer Anregungen zu Goethes naturwissenschaftlichen Studien. In: Ruf, Oliver (Hg.): Goethes Schweiz (im Druck). – Dies.: Noch einmal: Goethe und die Eiszeit. In: GJb. (2012, im Druck). – Ziolko, Karl-Heinz: Goethes Schlesische Reise. München 1992. – Zittel, Karl Alfred von: Geschichte der Geologie und Paläontologie bis Ende des 19. Jahrhunderts. München und Leipzig 1899.

Schriften zur Meteorologie

Anklänge bis 1815

Vor dem Jahr 1815, das als Beginn von G.s intensiver Beschäftigung mit Witterungsphänomenen bezeichnet werden kann, findet sich eine ganze Reihe von Belegstellen, in denen G. Wolken und Atmosphäre beschreibt, den Versuch einer Erklärung des Wettergeschehens unternimmt oder auf meteorologische →Instrumente wie →Barometer und Thermometer hinweist. Diese stehen jedoch vereinzelt da, werden nur kurz und beiläufig aufgegriffen und können nicht als Ausdruck eines kontinuierlichen Interesses gewertet werden. In rückschauender Perspektive haben manche von ihnen freilich den Charakter von Antizipationen der später im Zusammenhang geäußerten Vorstellungen. In der frühen Weimarer Zeit sind es vor allem die Briefe an Charlotte von →Stein aus dem November 1779, geschrieben auf der zweiten Schweizreise,[108] in denen des öfteren Wetter- und Wolkenerscheinungen in den Gebirgen thematisiert werden. Diese dienen jedoch vorrangig der Illustration des durch die Landschaft vermittelten Gefühls des Erhabenen (»Nachts die klarsten Himmel, früh mit Sonnenaufgang leicht auf- und absteigende Nebel, die erhabensten Lufterscheinungen«; 28.9.1779), sind hier noch nicht Anlass zur wissenschaftlichen Auseinandersetzung. Im *Reise-Tagebuch 1786* (in WA unter dem Titel *Tagebuch der italienischen Reise für Frau von Stein*) finden sich drei ausdrücklich der Wetterbeobachtung gewidmete und G.s Witterungslehre antizipierende Textpassagen: Dieses sind die *Gedanken über die Witterung* beim Übergang über den Brenner (9.9.1786), der Abschnitt *Witterung* (13.9.1786) sowie das ebenso überschriebene Kapitel vom 17.9.1786. Vor allem im ersten dieser Stücke läßt G. seine erst viel später ausgeführte, in den Grundlagen dann aber modifizierte Theorie anklingen, indem er der Atmosphäre eine →Elastizität zuschreibt. Bei hoher Elastizität werden die Wolken aufgelöst, indem sie der Erde, hier den Gebirgen, entrissen werden. Bei geringer Elastizität vermögen die Gebirge die Atmosphäre an sich zu binden. Daraus resultieren letztlich gutes oder schlechtes Wetter. Derartige Gedanken werden jedoch in der Folgezeit nicht wieder aufgenommen, noch einmal kurz in den Vortragsaufzeichnungen *Physikalische Vorträge schematisiert 1805–1806* notiert und erst ab 1816 unter anderen Vorzeichen erneut thematisiert.

Im Winterhalbjahr 1805/1806 hält G. in der sogenannten →»Mittwochsgesellschaft« physikalische Vorträge. Im Abschnitt →*Luft* notiert er für seine Vorlesung: »Anziehung der Erde. Elastizität der Luft. Fall den ich in Tirol gesehen« (FA I, 25, 166). Auch hier erscheint dieser Aspekt eingebettet und vereinzelt in einem umfangreichen Kapitel über die physikalische Auseinandersetzung mit der Luft.

Die tiefere und konkretere Beschäftigung mit der Meteorologie in ihrer Gesamtheit bringt erst das zweite Jahrzehnt des 19. Jh.s. Erster Anlass dürfte die 1811 von Herzog →Carl August beschlossene Gründung einer →Sternwarte in Jena gewesen sein, die im September 1813 ihre Beobachtungen aufnehmen konnte und der von Anfang an nicht nur astronomische, sondern auch meteorologische Aufgaben übertragen wurden (dazu G.s Aufsatz *Jenaische Museen und Sternwarte*; s. u. S. 235f.). Entscheidend wurde aber das Jahr 1815, in dem Carl August nicht nur die Anlage einer meteorologischen Station in →Schöndorf auf dem Ettersberg, nördlich von Weimar, plante, sondern das auch die erste Auseinandersetzung G.s mit der Wolkenklassifikation des Engländers Luke →Howard brachte. Welchen Eindruck diese Lehre auf G. machte, beweisen eindrucksvoll die *Tag- und Jahreshefte* von 1815: »Über meiner ganzen naturhistorischen Beschäftigung schwebte die *Howardische* Wolkenlehre«. Nun verdichtet sich G.s vorher nur stellenweise aufflackerndes Interesse, und seine Bereitschaft, selbst kontinuierlich Wolkenbeobachtungen vorzunehmen, nimmt deutlich zu. In dieser Phase, vor allem durch die Beschäftigung mit Howards →Wolkenterminologie geprägt und grob auf 1815 bis 1819 zu datieren, stehen für G. in erster Linie die Wolken als Gestaltphänomene im Vordergrund.

108 Erstmalig 1796 im 8. Stück der *Horen* unter dem Titel *Briefe auf einer Reise nach dem Gotthard* veröffentlicht.

G. und Howard

Howards Wolkenlehre war bereits 1803 unter dem Titel *On the Modification of Clouds, and on the Principles of their Production, Suspension, and Destruction* in Tillochs *Philosophical Magazine* erschienen.[109] Der erste Teil wurde 1804 von Marc Auguste Pictet ins Französische übersetzt;[110] diese unvollständige Übersetzung mit einigen Anmerkungen Pictets übertrug Ludwig Wilhelm →Gilbert 1805 für seine Zeitschrift →*Annalen der Physik* ins Deutsche.[111] Aber erst ein ausführlicher Artikel Gilberts zu Howards Wolkenterminologie, in der gleichen Zeitschrift 1815 unter dem Titel *Versuch einer Naturgeschichte und Physik der Wolken* publiziert,[112] fand in Weimar Verbreitung. Er geht auf eine neue Bearbeitung des Themas zurück, die Howard für den Artikel *Clouds* in Abraham Rees' *Cyclopedia or Universal Dictionary of Arts, Sciences and Literature* (1802–1820) vornahm. Gilbert legte seiner Darstellung einen Wiederabdruck des Lexikon-Artikels zugrunde.[113]

Auf einen Hinweis Carl Augusts las G. die zweite, ausführliche deutsche Fassung in Gilberts *Annalen der Physik* am 8. und 9.12.1815; das Original Howards hat er wohl erst 1818 kennengelernt. Die Entstehung der ersten meteorologischen Abhandlungen G.s fällt in das Jahr 1817; diese setzen, falls sie über Gelegenheitsnotizen wie z.B. *Nordlicht* (s.u. S. 212) hinausgehen, fast ausnahmslos an Howards Wolkenlehre an. Ein typisches Beispiel liefert der Aufsatz →*Camarupa* (s.u. S. 212f.), in dem der Inhalt von Howards Darstellungen von G. referiert und durch eigene Beobachtungen erläutert und erweitert wird. Howard hatte, nach den auch in anderen Naturwissenschaften üblichen systematisierenden Verfahren (so bei Carl von →Linné in der Biologie, Torbern →Bergman in der Mineralogie), die Wolkenformationen in sieben Gruppen eingeteilt:

1. einfache Modifikationen (1.1. Cirrus – Federwolke; 1.2. Cumulus – Haufenwolke; 1.3. Stratus – Schichtwolke);
2. Zwischen-Modifikationen (2.1. Cirro-cumulus; 2.2. Cirro-stratus, nach G.s Terminologie: Strato-zirrus) und
3. zusammengesetzte Modifikationen (3.1. Cumulo-stratus, nach G.s Terminologie: Stratokumulus; 3.2. Nimbus – Regenwolke).

Bemerkenswert ist, dass G. diese Wolkensystematik zunächst nicht mit einer meteorologischen Theorie verbindet. Vielmehr interessieren ihn primär die Wolkengestalten, denen er sich später auch künstlerisch nähert (Gedichte, Zeichnungen), sowie – allerdings sekundär und mehr von Carl August beeinflusst – der Vorhersagewert der Wolkenformen für die Wetterentwick-

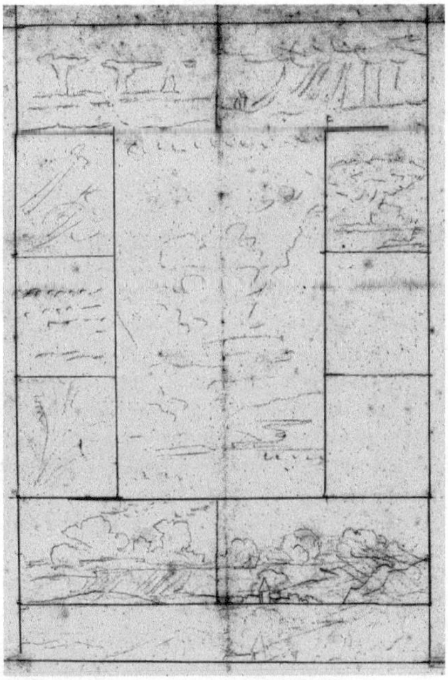

Wolkenzeichnungen von Goethe nach Beobachtungen in Karlsbad (1820)

109 Bd. 16, Nr. 62, 97–107; Nr. 64, 344–357; Bd. 17, Nr. 65, 5–11.

110 *Bibliothèque britannique, Sciences et Arts* 27 (1804), 185–208.

111 *Ueber die Modificationen der Wolken*. In: *Annalen der Physik* 21 (1805), 10. St., 137–159.

112 *Annalen der Physik* 51 [N.F. 21] (1815), 9. St., 1–48.

113 Luke Howard: *A Natural History of Clouds*. In: *A Journal of Natural Philosophy, Chemistry, and the Arts* 30 (1812), 35–62.

lung. Hinsichtlich der Wolkenklassifikation ist G., wenn auch weithin unbeachtet, in die Geschichte der Meteorologie eingegangen, indem er den sieben von Howard unterschiedenen Wolkenformationen eine achte, die sogenannte →Paries (Wand), hinzufügte, eine Erweiterung, die sich aber nicht lange behauptete.

Die Beschäftigung mit der Wolken- und Wetterbeobachtung, die neben den Aufzeichnungen aus *Karlsbad, Anfang September 1819* (s. u. S. 214) vor allem durch das teilweise schon über die reine Beobachtung hinausgehende ausführliche Wolken- und Wettertagebuch *Wolkengestalt nach Howard* (s. u. S. 214–216) von 1820 repräsentiert wird, hat G. auch dazu geführt, sich intensiv mit der Person Howards auseinanderzusetzen, so wie es generell seine Art war, den Gegenstand nicht vom Forscher zu trennen und aus der Biographie wesentliche Hinweise für den Stellenwert der Theorie zu entnehmen. So bat G. seinen Londoner Korrespondenten Johann Christian →Hüttner im Jahr 1821 um biographische Daten über Howard und war hocherfreut, als dieser selbst ihm einen Lebenslauf zukommen ließ (dazu *Luke Howard to Goethe. A biographical Scetch* und *Luke Howard an Goethe*, s. u. S. 216 u. 218). In den Kontext der von voller Zustimmung und Anerkennung getragenen Beschäftigung mit Howard gehören weiterhin die Howard gewidmeten Gedichte *Atmosphäre, Howard's Ehrengedächtnis* (mit den Erläuterungen von G.: *Goethe zu Howards Ehren*) sowie *Wohl zu merken* (→Gedichte zur Meteorologie). Aus dem Spektrum von G.s Schriften zur Meteorologie sind, von geringfügigen Ausnahmen abgesehen, lediglich die Arbeiten, die sich unmittelbar mit der Person Howards und seiner Wolkenlehre beschäftigen, zu G.s Lebzeiten zwischen 1820 und 1823 in der Zeitschrift *Zur Naturwissenschaft überhaupt* veröffentlicht worden.

Läßt man die frühen, nur punktuellen Zeugnisse der zweiten Schweizreise und der ersten Italienreise außer Betracht, so kann man in G.s Auseinandersetzung mit den Witterungsphänomenen ab 1815 bzw. 1817 drei Phasen feststellen, die in den folgenden Abschnitten kurz charakterisiert werden.

G.s Wolkenmorphologie

Bis etwa 1819/1820 ist die Anlehnung an Howards Gestaltbeschreibungen der Wolken besonders stark. In dieser Zeit ist die Wolke für G. ein selbständiges, selbst agierendes Phänomen, das den Prinzipien der Metamorphose und der Steigerung unterliegt. Wie in seinen Arbeiten zur Zoologie und Botanik geht es G. nicht um eine nach trennenden Aspekten verfahrende Systematik (wie man Howards Lehre auch verstehen und anwenden könnte), sondern um die aus der Verwandlung einer hier nicht näher bezeichneten Urgestalt möglich werdende Formenvielfalt, in diesem Fall auf die Wolkenerscheinungen in der Atmosphäre angewandt. Nicht also meteorologische Fachwissenschaft mit Zahlenwerten und Tabellen, die später in Weimar und →Jena auch intensiv betrieben wurde, sondern eine beschreibende Naturgeschichte der Luft und der Wolken steht in der ersten Phase von G.s meteorologischen Interessen im Vordergrund. Howards Terminologie wird für G. zum »Versuch die Metamorphose der Wolken zu erklären« (Schöne 1968, 29). So übernimmt G. im Zusammenhang der Wolkenbeschreibungen mit ›Camarupa‹ den Namen einer indischen Gottheit, die an Gestaltveränderungen Freude hat.

Der Himmel als Konfliktzone

Mit der Abhandlung *Wolkengestalt nach Howard* (s. u. S. 214–216) von 1820 tritt zum Moment der gestalthaften Verwandlung der Erscheinungen am Himmel das Motiv einer Konfliktsituation, wobei die Vorgänge in der Atmosphäre als ein beständiges Streiten um die Vorherrschaft gesehen werden. Damit wird die Metamorphose der einzelnen Wolke in einen größeren Zusammenhang gestellt, indem sie ihren Charakter als selbsttätig handelndes Agens verliert und von außen wirkenden Kräften ausgesetzt wird. Die Wolkenbildung ist »dem Konflikt der obern und untern Region, der austrocknenden und anfeuchtenden« (FA I, 25, 216) unterworfen. Auch diese Vorstellung hat eine frühe Antizipation in G.s Brief an Charlotte von Stein vom 6.11.1779 aus der →Schweiz, in dem G. beim Aufstieg auf den Col de Balme feststellt, »wie die Geister der Luft sich unter uns zu streiten schienen«.

G. entwickelt nun eine Vorstellung von unterschiedlichen Zonen, denen er die verschiedenen Wolkenformen zuordnet, die aber stets nur vorläufig festgelegt und den veränderbaren Stärkeverhältnissen der einzelnen Himmelsregionen untergeordnet werden. In dieser Phase prägt sich G.s Interesse am Barometer weiter aus, das er schon im Herbst 1784 angeschafft und in den physikalischen Vorträgen von 1805/1806 wiederholt thematisiert hatte; es wird für ihn zum wichtigsten Instrument der Meteorologie, was bei G.s sonst an den Tag gelegter Scheu vor physikalischen Apparaten und technischen Hilfsmitteln (bis hin zur Brille) zunächst überrascht.

Schon in den *Tag- und Jahresheften* von 1816 hatte G. sein Bestreben festgehalten, die Howardsche Terminologie »mit dem Barometerstand zu parallelisiren«. Nun wird das Barometer für G. zur entscheidenden Informationsquelle über den Konflikt in den verschiedenen Himmelszonen und damit über das Wettergeschehen. G.s Wertschätzung für das Barometer (und damit für ein physikalisches Gerät!) wird plausibel, wenn man bedenkt, dass die hier behandelten Phänomene einer unmittelbaren sinnlichen Anschauung, für G. sonst oberste Maxime, entzogen sind. Um steigenden oder fallenden Luftdruck festzustellen, ist das Barometer als Medium, als Vermittler zwischen ablesendem Beobachter und atmosphärischer Erscheinung unabdingbar. Unter dem Aspekt, dass das Barometer die Sachverhalte in eben der Form anzeigt, wie sie dem Betrachter gerade noch zugänglich sind, kann man vielleicht das meteorologische Gerät in die Nähe einer Erkenntnisquelle für ein →Urphänomen rücken, das im ständig wechselnden Luftdruck zum Ausdruck kommt, denn das Barometer – so eine Zettelnotiz G.s – ist »das Instrument, durch welches die größten Geheimnisse der Natur uns offenbar werden« (WA II, 12, 233).

Pulsierende Schwerkraft

Als maßgebliche Ursache für die unterschiedlichen Barometerstände und damit letztlich die Witterungserscheinungen betrachtet G. etwa ab 1822 die Vorgänge im Innern der Erde, die sich in einer pulsierenden Anziehungskraft, einem →›Ein- und Ausatmen‹ der Erde, offenbaren. Zwar erscheint am Anfang der *Italienischen Reise* (bearbeitet 1814) derselbe Gedanke bis in die Wortwahl hinein (»Pulsieren« der »Anziehungskraft«), doch bezeichnet G. diese Überlegungen dort ausdrücklich als »Grille« (nicht ernstzunehmende Idee), nennt sie »seltsame Theorien« eines »ambulanten Wetterbeobachters« (FA I, 15.1, 20f.). Nun, 1822, und schließlich im *Versuch einer Witterungslehre 1825* (s.u. S. 221f.) will G. diese These keineswegs mehr als belustigende Spekulation verstanden wissen. In diesem Zusammenhang lehnt er im Gegensatz zu vielen Zeitgenossen den Einfluss anderer Planeten (auch des Mondes) auf das Wettergeschehen ab und läßt nur rein →tellurische (d.h. auf die Erde bezogene) Erklärungen gelten, die ihm in seiner Vorstellung einer Mutter-Erde als großem Organismus zur Erklärung der Phänomene völlig ausreichen.

Mit der Deutung einer pulsierenden Schwerkraft findet G. vor allem Anschluss an sein Denken in Polaritäten, für das Begriffspaare wie Ein- und Ausatmen, →Systole und Diastole konstitutiv erscheinen. Man darf daher G.s wetterkundliche Thesen nicht isoliert als Gegenstand der Naturforschung betrachten, sondern muss ihre Relevanz für den Dichter und Menschen G. deutlich herausstellen. Obwohl G. die Hypothese der pulsierenden Schwerkraft erst 1823 in seinem Aufsatz *Über die Ursache der Barometerschwankungen* (auch mit den Titeln *Meteorologische Nachschrift* oder *In vorstehendem Aufsatz [...]* bezeichnet; s.u. S. 219f.) wissenschaftlich formuliert und, wenn auch eher beiläufig, publiziert hat, von wo sie in sein wichtigstes, da systematisches meteorologisches Werk, den aus dem Nachlass überlieferten *Versuch einer Witterungslehre 1825* eingegangen ist, lassen sich auch hier wieder Antizipationen dieses Gedankens bis in die Zeit der ersten Italienreise verfolgen. Im *Reise-Tagebuch 1786* für Charlotte von Stein finden sich erste Anklänge im September 1786 (s.o. S. 206), deutlicher spricht sich G. in einem physikalischen Vortrag vor einem Kreis Weimarer Damen am 27.11.1805 aus: »Veränderung der Anziehungskraft der Erde, vorzügliche Ursache der Veränderung der Witterung[.] Zuerst Betrachtung des Barometers« (FA I, 25, 163).

Die vielfach in der Literatur zu findende These, Meteorologie sei ausschließlich ein Betätigungsfeld des alten G. gewesen, sollte vielleicht an diesen früheren Äußerungen nicht ganz vorbeigehen, zeigen doch gerade diese, wie sich keimhaft angelegtes Gedankengut bei G. entwickelt und zur endgültigen Anschauung reift.

G.s Thesen von der tellurischen Ursächlichkeit aller Wettererscheinungen in Abhängigkeit schwankender Schwerkraftwerte sind nicht haltbar, da sich Letztere gar nicht auf das Barometer auswirken würden. G.s vermeintliches, aus den Beobachtungen im regionalen Umfeld abgeleitetes Argument, dass die Barometerwerte an allen Beobachtungsstationen einen Gleichlauf zeigen, gilt nicht weltweit und wäre durch ein weiteres Netz von Beobachtungsstationen schnell zu widerlegen gewesen. Somit entspringt G.s Theorie, die er seinem *Versuch einer Witterungslehre 1825* zugrunde legte, einem fundamentalen Irrtum. Dennoch bleibt sie bezeichnend und erhellend für G.s Denken, das Naturforschung stets auch als Ausdruck von Weltanschauung und Poesie auffasste, in einer wechselseitigen Beziehung Anregungen empfangend und zurückgebend.

Meteorologische Beobachtungen und Wetterstationen

Es war vor allem Herzog Carl Augusts Intention, durch die Einrichtung von Wetterstationen und systematische Wetterbeobachtungen zu längerfristigen Wetterprognosen zu gelangen. Obwohl dies für G. zunächst ein sekundärer Aspekt gewesen sein mag und er sich darüber hinaus später sehr skeptisch über Wettervoraussagen äußerte (vgl. an Zelter, 4.3.1829), hat er sich doch intensiv um den Aufbau eines Stationsnetzes bemüht und zu diesem Zweck viele Kontakte gepflegt. Berührten ihn die Howardschen Wolkenformationen persönlich als Naturforscher und Dichter, um »*Wolkenformen und Himmelsfarben* mit Wort und Bild einzuweben« (an Zelter, 16.2.1818), so setzte sich G. mit Aufbau und Unterhaltung der Wetterstationen in erster Linie in seiner Eigenschaft als Oberaufsicht der Anstalten für Kunst und Wissenschaft im Großherzogtum Sachsen-Weimar-Eisenach auseinander. Freilich lassen sich beide Bereiche nicht streng voneinander absondern, wie es ein typischer Zug G.s schlechthin ist, einmal Erarbeitetes und Aufgefasstes auch über den engeren Bereich der ursprünglichen Veranlassung zu nutzen.

Meteorologische Beobachtungen in Sachsen-Weimar-Eisenach hatten zunächst Bibliotheksangestellte in Weimar, ab 1813 die an der Sternwarte in Jena Tätigen durchgeführt. Mit der ab 1815/1816 geplanten und 1818 umgesetzten Einrichtung eines Observatoriums in Schöndorf auf dem Ettersberg begann der Aufbau eines breiter angelegten Stationsnetzes mit dem Ziel einer systematischen Auswertung der gesammelten Daten. 1817 verfasste G. seine *Instruction für die Beobachter bei den Großherzogl[ichen] meteorologischen Anstalten* (WA II, 12, 203–218), die später noch dreimal (1821, 1824 und 1826) bearbeitet und modifiziert wurde. Schließlich konnten bis 1824 neben den erwähnten Stationen in Jena und Schöndorf mit →Eisenach, der →Wartburg, Frankenheim (Rhön), →Ilmenau, →Weida bei Gera, →Allstedt und Weimar-Belvedere weitere Observatorien eingerichtet werden; ab Anfang 1821 gab es die ersten amtlich organisierten Beobachtungen, nachdem der Jenaer Hofmechaniker Johann Christian Friedrich →Körner für die instrumentelle Ausstattung gesorgt hatte und die Stationen in der Regel mit interessierten Laien besetzt worden waren.

Die von G. in diesem Zusammenhang geführten Korrespondenzen, in erster Linie mit Johann Friedrich →Posselt, dem nach Carl Dietrich von →Münchow zweiten Direktor der Jenaer Sternwarte, und, nach Posselts frühem Tod, mit dem engagierten Nachfolger Ludwig Heinrich →Schrön, darüber hinaus mit Herzog Carl August (vgl. z. B. 19.4.1821) sowie G.s vor allem im Tagebuch von 1821 (vgl. 14.2., 18.4., 19.4., 28.4., 15.6., 16.6., 27.6., 19.10., 20.10., 21.10.) notierte Besprechungen und Anregungen sind so zahlreich, dass hier nur summarisch auf sie verwiesen werden kann. Ein ausführliches Verzeichnis einschlägiger Quellen liefert Günther Schmid (vgl. GS, 83f., 87–93).[114] Die Messdaten der Einrichtungen von Jena, Ilmenau und der Wartburg erschienen ab Mai 1822 in →Frorieps *Notizen aus dem Gebiete der Natur-und Heilkunde.* Ab 1823 wurde ein Jahrbuch der →meteorologischen Anstalten mit den jeweiligen Einzeldaten publiziert: *Meteorologische Beobachtungen des Jahres 1823, aufgezeichnet in den Anstalten für Witterungskunde im Großherzogthum Sachsen-Weimar-Eisenach, mitgetheilt von Großherzoglicher Sternwarte zu Jena.* (Nebentitel: *Meteorologisches Jahrbuch des Großherzogthums Sachsen-Weimar-Eisenach*) Weimar 1824. Vom Jahrbuch erschienen zwischen 1823 und 1828 sechs Bände für die Beobachtungsjahre 1822 bis 1827.

1825 begannen, begleitet von G.s immer größer werdenden Zweifeln an der Möglichkeit einer Wettervorhersage, die ersten organisatorischen Schwierigkeiten, vor allem in finanzieller Hinsicht bezüglich der doch recht aufwendigen Publikation der Jahrbücher. G. und Carl August, der 1828 starb, hatten im Lauf der Zeit zunehmend das Interesse an einer systematischen Auswertung in größerem Stil verloren. Als am 24.2.1832, knapp einen Monat vor G.s Tod, die Aufhebung der Beobachtungen (mit Ausnahme der Station in Jena) verfügt und die Arbeiten am 31.3.1832 eingestellt wurden, war es allein dem persönlichen und uneigennützigen Einsatz von Schrön zu verdanken, dass in Jena bis in die sechziger Jahre des 19. Jh.s weiterhin gewissenhaft Daten gesammelt wurden.

In der blühenden Phase der meteorologischen Feldforschung in Sachsen-Weimar-Eisenach jedoch hat auch G. mehrere Beispiele penibler Aufzeichnungen gegeben, so vor allem in seinen meist mit Badereisen nach Böhmen verknüpften Wolkentagebüchern. Sind die ersten beiden (Februar 1818 aus Jena; WA II, 13, 481f.; *Karlsbad, Anfang September 1819*; s.u. S. 214) noch relativ knapp gehalten, so bieten G.s Ausführungen aus Böhmen von April/Mai 1820 (innerhalb des Aufsatzes *Wolkengestalt nach Howard*, s.u. S. 214–216) sowie von Juni bis September 1823 (WA II, 13, 484–508) reichhaltiges Anschauungsmaterial, mit welcher Genauigkeit und Liebe zum Detail er den Himmel beobachtete.

114 Dort auch unter den Nummern 333–336 und 343–399 eine Bibliographie aller meteorologischen Publikationen, die aus der Arbeit der Wetterstationen in Sachsen-Weimar-Eisenach hervorgingen.

Zur sachlichen Richtigkeit und Gültigkeit von G.s Thesen

Etwas verallgemeinert läßt sich sagen, dass G. überall da, wo er über reine Wolken- und Himmelsbeschreibungen hinausging und meteorologische Thesen oder gar Theorien formulierte, in die Irre ging. Vor allem gilt das für G.s schon skizzierte Vorstellung, dass die Erde eine pulsierende Schwerkraft aufweise. Eine wichtige Ausnahme macht lediglich seine zutreffende Annahme, dass das Witterungsgeschehen auf der Erde nicht von anderen Himmelskörpern beeinflusst werde.

Auch wenn es immer wieder Versuche gegeben hat, G.s Ansichten wohlwollend zu beurteilen und seine Irrtümer mit dem Wissensstand der Meteorologie seiner Zeit zu begründen, einzelne seiner Thesen gar zu rechtfertigen, kommt man nicht darum herum, G.s meteorologische Vorstellungen als schon zu seiner Zeit überholte zu bezeichnen. Die Begründung hierfür kann freilich nur eine detaillierte Auseinandersetzung mit der zeitgenössischen meteorologischen Literatur liefern, wie sie an dieser Stelle nicht zu leisten ist.

Mögen auch G.s theoretische Stellungnahmen zur Witterungskunde einer fachlichen Überprüfung nicht standhalten, so darf man doch nicht übersehen, dass es sich hier für G. nicht allein um einen naturwissenschaftlichen Gegenstand handelte. Vielmehr gingen Wolken, atmosphärische und meteorologische Erscheinungen in großem Umfang auch in sein dichterisches Werk ein und gewannen so eine neue Dimension.

Wolken und Atmosphäre in G.s Dichtungen

Der Naturforscher G. ist vom Dichter G. nicht zu trennen. Weit über die Aufnahme einzelner Motive aus den verschiedensten Gebieten der Naturforschung hinausgehend, werden in der Naturschau behandelte Gegenstände oft zu konstitutiven Elementen in Gedichten, Szenen, ganzen Werken, man denke etwa an den chemischen Affinitätsbegriff und die *Wahlverwandtschaften*.

Hinsichtlich des meteorologischen Spektrums konstatiert Werner Keller für das dichterische Werk eine »ungewöhnliche Häufigkeit, mit der Wolkenbilder verwandt werden« (Keller 1968, 202). In den sogenannten Wolkengedichten zur Würdigung Luke Howards (s. u. S. 216–218) wird das Thema direkt angesprochen, ebenso beispielsweise in den das Barometer beschreibenden Versen für Ulrike von Levetzow (1823) oder in einer gleichgearteten *Zahmen Xenie* (vgl. zu beiden Schöne 1968, 34 u. 37). Daneben steht eine Fülle von Belegstellen, in denen die Wolke symbolisch die Gottheit ankündigt oder das Schöne und Erhabene trägt. In der Bergschluchten-Szene von *Faust II* (1830 entstanden und nach Schöne 1968, 41, G.s »letzte Schrift zur Wolkenlehre«) findet sich eine Entsprechung der Phasen von Fausts Himmelfahrt und den meteorologischen →Regionen am Himmel, die bis in die Wortwahl hineinreicht. Neben Faust wird auch Ganymed von Wolken emporgehoben; im Gedicht *Ilmenau*, wie *Ganymed* ein G.sches Frühwerk, läßt sich die Bildfunktion der Wolke eindeutig nachweisen. Es kann hier nicht der Ort sein, »die atmosphärischen Vorgänge, die Goethe immer wieder in seine Dichtung aufnimmt« (Keller 1968, 210) näher zu verfolgen.[115]

G.s meteorologische Schriften

G.s erster meteorologischer Text im engeren Sinn ist die auf den 11.2.1817 datierte Beschreibung eines drei Tage zuvor beobachteten →*Nordlichts*. Das Stück in der Handschrift von →Kräuter wurde aus G.s Nachlass überliefert; eine zunächst geplante Publikation in ZNÜ I, 3 (1820) kam nicht zustande. Auch für 1783, 1818 und 1831 sind Beobachtungen von Nordlichtern bezeugt, im letzten Fall knüpfte G. daran eine längere Korrespondenz mit Marianne v. Willemer. Am 13.3.1831 schenkte ihm Siegismund Gottfried Dittmar seine soeben erschienene Schrift *Der Polarschein oder Das Nordlicht* (Berlin 1831; Ruppert 4493).

Der Aufsatz *Camarupa* stellt die erste ausführliche Auseinandersetzung mit der Wolkenlehre Luke Howards dar. Die Überlieferungssituation ist kompliziert, da der Text keine geschlossene Abhandlung bildet, sondern mehrere Niederschriften G.s von Ende 1817 vereinigt, die teilweise später ergänzt und umgearbeitet worden sind. Insgesamt liegen sechs Handschriften von Johann Michael Christoph →Färber, Heinrich Ludwig Friedrich Schrön (dem damaligen Gehilfen der Jenaer Sternwarte) und von einem unbekannten Schreiber vor. Drei davon sind in die von G. erarbeiteten →Instruktionen für Wetterbeobachter eingegangen (zu den Einzelheiten vgl. LA II, 2, 640 f.). Die Wiedergabe des Textes weicht in verschiedenen G.-Ausgaben voneinander ab. So haben ALH und danach WA Howards Wolkenterminologie in den späteren Aufsatz *Wolkengestalt nach Howard* (s. u. S. 214–216) integriert, erst in LA (und danach MA und FA) wird diese Textpassage wieder als Teil von *Camarupa* abgedruckt.

Nach der ersten Lektüre von Howards Aufsatz am 8. und 9.12.1815 (s. o. S. 207) gibt es mehrere Belege aus dem Jahr 1816 für das Studium von Wolken nach Howards Terminologie. Am 17.1.1816 schreibt G. an Carl August: »Die Wolkenerscheinungen werden stark studirt und Musterbilder der verschiedenen Fälle aufgesucht. Nächstens hoffe den Cirrus in der größten Vollkommenheit vorzustellen«. Und die *Tag- und Jahreshefte* von 1816 bilanzieren: »*Howards* Wolkenterminologie ward fleißig auf die atmosphärischen Erscheinungen angewendet, und man gelangte zu besonderer Fertigkeit sie mit dem Barometerstand zu parallelisiren«. In seinem Brief vom 20.1.1817 gab G. Carl Dietrich von Münchow, dem ersten Direktor der Jenaer

115 Vgl. zu Einzelheiten Valentin 1899, Lohmeyer 1927, Badt 1951, Schöne 1968 und Keller 1968.

Sternwarte, eine Übersicht über die Howardschen Wolkenformen. Als die wetterkundlichen Beobachtungen in Schöndorf auf dem Ettersberg begannen, äußerte Herzog Carl August den Wunsch, von G. entsprechende Anweisungen für das eingesetzte Personal zu erhalten. G. unterzog sich dieser Aufgabe im Dezember 1817; am 9.12. hat er laut Tagebuch die »von Serenissimo bestellte Wolkenlehre durchgedacht«, am 12.12. ist es die »Hauptbeschäftigung des Tags, Howards Wolken-Terminologie auszuarbeiten«, die nächsten Tage liefern weitere Zeugnisse aus dem Tagebuch. Schon am 14.12. kann G. dem Herzog melden: »Instrucktion für den Meteorologen des Ettersberg mit bildlicher Darstellung wird so eben in's Reine gebracht und gegen Weynachten aufwarten«. Am 23.12. folgt die Notiz im Tagebuch: »*An Serenissimum* die Wolkenlehre«. G.s ausführliche Anweisungen für den meteorologischen Beobachter (abgedruckt in WA II, 12, 203–218) erläutern eine tabellarische Erfassung des Wettergeschehens nach zahlreichen Rubriken, so Zeit, Mondwechsel, Barometer, Thermometer, Hygrometer, Bewölkung, Niederschläge, Wind usw. Zu den Wolkenformen ist eine eingehende Beschreibung nach der Howardschen Terminologie beigegeben. Dass G. gerade hier seinen Schwerpunkt sah, geht indirekt aus dem Ende des schon erwähnten Schreibens an Carl August vom 14.12.1817 hervor: »Hier sey mir erlaubt zu schließen und meinen Wolcken-Boten nochmals auf Weynachten anzukündigen«. Der ›Wolkenbote‹, Name eines von G. mehrfach erwähnten und vor allem Ende März 1817 studierten indischen Epos (*Megha Duta*) von Kálidása, 1814 in englischer Übersetzung erschienen, lieferte die Anregung, den Namen der indischen Gottheit Camarupa als Leitbegriff für den Gestaltwechsel der Wolken auszuwählen.

Unter chronologischen Gesichtspunkten handelt es sich bei *Camarupa* um eine der ersten systematischen Darstellungen der Howardschen Terminologie in G.s Werk, die – wie G. selbst schreibt – unmittelbar auf die erste Lektüre in den *Annalen der Physik* von 1815 zurückgeht. Im 1820 publizierten Aufsatz *Wolkengestalt nach Howard* fehlt wider Erwarten eine nähere Bestimmung der Wolkenformen, sie wird vielmehr bereits vorausgesetzt. Unter diesem Aspekt stellt *Camarupa* eine wichtige, im Grunde unverzichtbare Vorstufe zum Verständnis der *Wolkengestalt nach Howard* dar.

Der Aufsatz *Farben des Himmels* hängt wie *Camarupa* eng mit den Instruktionen für die Wetterbeobachter zusammen und zeigt mit fünf erhaltenen Handschriften eine ähnliche Überlieferungssituation. Entstanden ist der Text vermutlich zwischen dem 17.1. und 2.2.1818; am 4.2. wurde er Christian → Koch, dem Beobachter auf der Messstation Schöndorf, übergeben. G. wendet darin Grundprinzipien der *Farbenlehre*, vor allem die Lehre vom trüben Medium, auf atmosphärische Erscheinungen an. Inhaltlich korrespondiert mit dem Stück der Abschnitt → *Cyanometer* der Instruktionen (§ 19): »Auch die Farben des wolkenleeren Himmels, welche vermittelst des Cyanometers [Blaumessers] über dessen Theorie im Anhang unter *Beilage* 4 [d.i. *Farben des Himmels*] nachzusehen ist, bestimmt werden, haben für die Witterungskunde viele Bedeutung. Durch eine Vergleichung der Farben des Cyanometers mit den Farben des Himmels werden die Grade des ersteren aufgefunden und nebst der Bemerkung der Farbe roth, gelb oder blau in die Tabelle eingetragen [...] wenn der ganze Himmel mit Wolken bedeckt ist, bleibt diese Rubrik unausgefüllt« (WA II, 12, 211). G. kannte seit 1791 Horace Bénédict de → Saussures Beschreibung eines Cyanometers.[116] Gegenüber Saussure verringerte G. die Zahl der Blaustufen und führte stattdessen Gelb- und Rotstufen ein (vgl. Abb. S. 832). In der Praxis erwies sich der Einsatz des Himmelsfarbenmessers – G. sprach auch von Luftfarbenmesser – als problematisch, da die Segmente mit den Vergleichsfarben außerordentlich klein waren und den Beobachter vor eine schwierige Entscheidung in der exakten Festlegung stellten (→ Himmelsfarben).

Den Aufsatz *Disposition der Atmosphäre* diktierte G. seinem Schreiber Färber am 5.2.1818. In WA

116 *Déscription d'un cyanomètre, ou d'un appareil destiné à mesurer l'intensité de la couleur bleue du ciel.* In: *Observations sur la physique, sur l'histoire naturelle et sur les arts* 38 (1791), 199–208 u. Abb. nach 248.

trägt er den Titel *Concentrische Wolkensphären*, in anderen G.-Ausgaben auch *Wolkensphären*. Auf die darin erwähnte Höhenkarte weisen bereits die *Tag- und Jahreshefte* von 1817 hin: »Da aus näherer Betrachtung der Howardischen Wolkenformen hervorzugehen schien, daß ihre verschiedenen Formen verschiedenen atmosphärischen Höhen eigneten, so wurden sie versuchsweise auf jene frühere Höhentafel [*Höhen der alten und neuen Welt bildlich verglichen*, 1813; s. o. S. 172] sorgfältig eingetragen [...]«. Obwohl G. prinzipiell an Howards Terminologie festhielt, so distanziert er sich hier jedoch von den zusammengesetzten Wolkenformationen wie Cirro-cumulus oder Cumulo-stratus, da solche »Nebenbestimmungen nicht ausreichen ja vielmehr nur verwirren dürfte[n]« (FA I, 25, 208).

Das Stück *Karlsbad, Anfang September 1819*, ein Wettertagebuch anlässlich einer mehrwöchigen Kur in →Karlsbad, liegt in zwei Handschriften vor: von der Hand Karl Wilhelm Stadelmanns mit Korrekturen G.s und →Riemers sowie in einer wesentlich später angefertigten von Johann Ernst Stegemann (auch Stägemann) mit Korrekturen Riemers, die als Druckvorlage für ALH dienen sollte, wo der Aufsatz dann aber nicht aufgenommen wurde. Der Text, der vereinzelt auch unter dem Titel *Karlsbader Beobachtungen 1819* erschienen ist, entstand zwischen dem 12. und 15.9.1819 in Karlsbad; er fußt auf Tagebucheintragungen aus der ersten Septemberhälfte 1819 und wurde von G. noch am Tage der Fertigstellung an Carl August gesandt, der am 19.9.1819 antwortete: »Wir haben hier fast dasselbe Wetter, wie die Carlsbader, zu Folge deiner Beschreibung« (Wahl 2, 253).

Bevor G. die Wettererscheinungen aus der ersten Septemberhälfte 1819 in Karlsbad Tag für Tag beschrieb, lieferte er eine theoretische Einleitung über »den Wettstreit der Atmosphäre den sie mit Dunst und Nebel und Wolken aller Art zu bestehen hat« (FA I, 25, 210). Das Barometer weise den Elastizitätsgrad der Luft nach, der dafür verantwortlich sei, ob Feuchtigkeit aufgelöst werde und schönes Wetter entstehe, oder ob sich Feuchtigkeit ansammeln und schließlich abregnen könne. Wie schon in *Disposition der Atmosphäre* gliedert G. die Atmosphäre in verschiedene Regionen, hier eine untere und obere, die er durchaus als Konfliktzonen für das Wettergeschehen ansieht.

Am 17.7.1820 schrieb G., vermutlich nach einer Spazierfahrt von Jena in Richtung Winzerla, eine meteorologische Notiz über eine spezielle Wolkenformation nieder: den *Wetterbaum*, auch Wind- oder Luftbaum genannt. Es handelt sich um eine Zirrusformation mit feiner Streifenbildung, die als Wettervorbote gilt: Wind soll bald darauf aus der Richtung kommen, in die die Wolkenspitzen weisen.

Mit *Wolkengestalt nach Howard* trat der Wolken- und Wetterforscher G. zum ersten Mal an die Öffentlichkeit. G. verfasste den Beitrag für ZNÜ I, 3 (1820); er fand auch in ALH 51 (1833) Berücksichtigung. Beigegeben war eine Tafel mit einem von Ludwig →Heß gefertigten Kupferstich, auf dem die verschiedenen Wolkenformationen zu sehen sind. Bereits bei der Behandlung des Aufsatzes *Camarupa* von 1817 (s. o. S. 212f.) wurde darauf hingewiesen, dass WA und ALH daraus eine Textpassage zu Howards Wolkenterminologie in diese drei Jahre später entstandene Abhandlung inkorporieren. Im Zentrum von *Wolkengestalt nach Howard* steht ein umfangreiches, vom 23.4. bis 31.5.1820 auf der Reise nach und in Karlsbad geführtes Wolkentagebuch. Am 28./29.4. berichtete G. an den Sohn August: »Die Athmosphärischen Erscheinungen dieser sieben Tage waren unschätzbar«. Und an →Zelter am 2.5.: »Vom 23. April an habe ich acht schöne Tage verlebt, vollkommen heiteres Wetter, leidlich Befinden, zur Beobachtung aufgelegt, Wetterzustand und Wolkenbildung mit Theilnahme betrachtend«. Den konkreten Plan zu Aufsatz und Publikation teilte G. nur wenige Tage später, am 7.5.1820, an Herzog Carl August mit: »Das heitere Wetter auf der ganzen achttägigen Reise war mir vielfach erwünscht, da zu so manchen andern Vortheilen sich auch noch der gesellte, daß ich, bey dem höchsten Barometerstande [...] von Jena abreisend, so vom flachen Lande bis in's Gebirg und fernerhin, das Wolkenwesen und Treiben auf's genaueste zu beobachten Gelegenheit fand. Da ich nun, täglich vor Sonnenaufgang aufstehend, zufällig immer gegen Morgen [Osten] wohnte, sodann den ganzen Tag, unter freyem Himmel dahin fahrend, den Witterungsgang in seinem Verlauf, der Reihe nach, betrachten konnte, so habe ich, weil ein solcher Fall wohl selten wiederkehren möchte, alles sorgfältig von Stunde zu Stunde niedergeschrieben. Ich bereite einen kleinen Aufsatz darüber, mit bildlicher Darstellung, der dieser interessanten Lehre wohl zum Vorteil gereichen könnte, da sich am Ende dieselbigen Phänomene immer wiederholen und ihre Entwickelung aus einander allein den wahren Begriff geben kann«. Gleich nach der Rückkehr nach Jena ließ G. den Bibliotheksschreiber Compter am 1. und 2.6.1820 die Wetteraufzeichnungen abschreiben und verfasste am 7.6. eine Einleitung dazu. Der abschließende Teil muss nach dem 24.6. entstanden sein, da dieses Datum im Text erwähnt wird. Die beiden Druckbogen, auf die der Aufsatz verteilt ist, erhielt G. am 20.7. und 4.8.1820. Am 13.8. erklärte er gegenüber Carl August seine Absicht: »Hiebey nehme mir die Freyheit zu übersenden: 1. Den Schluß meiner kleinen Wolkenverhandlung. Die Absicht war, die Howardische Lehre ganz in die Enge zurück zu ziehen, ihre Anwendung durch fünfwöchentliche Beobachtung durchzuführen und einiges Allgemeine bey dieser Gelegenheit zu sagen. Diese Darstellungen haben große Schwierigkeiten. Die wichtigste liegt darin, daß die sämmtlichen Wolkencharaktere zwar durch's Jahr und durch sämmtliche Weltgegenden durchgehen, daß sie aber nach Jahreszeiten, klimatischen und Höhe-Verhältnissen Ausdruck und Bedeutung verändern. Find ich im Herbst Gelegenheit, wieder vier Wochen einer bedeutenden atmosphärischen Folge nachzugehen, so ergiebt sich wohl ein interessanter Parallelismus mit der Frühlingszeit«. Schließlich hielt G. seine Arbeit an *Wolkengestalt an Howard* auch in den *Tag- und Jahresheften* von 1820 fest: »Auf einer Reise nach Karlsbad beobachtete ich die Wolkenformen ununterbrochen und redigirte die Bemerkungen daselbst. Ich setzte ein solches Wolkendiarium bis Ende Juli und weiter fort, wodurch ich die Entwicklung der sichtbaren atmosphärischen Zustände aus einander immer mehr kennen lernte, und endlich eine Zusammenstellung der Wolkenformen auf einer Tafel in verschiedenen Feldern unternehmen konnte«.

G.s unablässige und penible Beobachtungen werden auch durch zahlreiche Äußerungen von Zeitgenossen belegt; als Beispiel mag hier der Bericht von Joseph Sebastian →Grüner vom 2.9.1821 stehen: »Auf dem Wege dahin [nach Franzensbad] betrachtete Goethe den Wolkenlauf. Sehen Sie, sagte er, wie sich jene gegen Osten wieder auflösen, er gab der Wolke auch einen Namen, den ich wieder vergessen habe. Kann man, fragte ich, schon bestimmte Resultate aus dem Wolkenlaufe ziehen? Goethe antwortete: Bisher hat sich bloß der Engländer Howard darauf gelegt; ich glaube, daß, wenn die Beobachtungen durch viele Jahre ernstlich fortgesetzt werden, auch dieser Sache etwas abzugewinnen sei« (GG 3.1, 316 f.).

Im einleitenden Teil von *Wolkengestalt nach Howard*, einem kleinen Stück Wissenschaftsgeschichte unter autobiographischer Perspektive, berichtet G. über die Anlässe, die ihn näher an die Wetterkunde heranführten. Das kindliche Auffassen, der Blick des Dichters – das sind für lange Zeit die einzigen Aspekte dieser Entwicklung, bis Herzog Carl August eine Wetterstation in Schöndorf auf dem Ettersberg einrichtet und G. gleichzeitig auf die Lehre von Luke Howard aufmerksam macht. »Ich ergriff die Howardische Terminologie [von G. schon drei Jahre zuvor, 1817, in *Camarupa* dargestellt] mit Freuden, weil sie mir einen Faden darreichte den ich bisher vermißt hatte« (FA I, 25, 215). G. präzisiert sogleich, warum ihm diese Lehre weiterhin entgegenkam: Ihr Schwerpunkt zielte »auf das dem Sinne der Augen Erfaßliche«, für G. oberste Maxime wissenschaftlicher Erkenntnismöglichkeit, denn: »Den ganzen Komplex der Witterungskunde, wie er tabellarisch durch Zahlen und Zeichen aufgestellt wird, zu erfassen oder daran auf irgend eine Weise Teil zu nehmen war meiner Natur unmöglich« (ebd.). Hinzu kommen nun aber (1820) verstärkt die Auseinandersetzung mit meteorologischen Instrumenten wie Barometer und Thermometer, aber auch die kunstgerechte Umsetzung des Beobachteten, zu der G. bald kompetentere Zeichner wie Friedrich →Preller heranzieht. Die Rezeption der meteorologischen Fachliteratur wendet sich neben Howard vor allem Thomas Forster (*Researches about atmospheric Phaenomena*, London 1815; vgl.

Ruppert 4559) und Heinrich Wilhelm →Brandes (*Beiträge zur Witterungskunde*, Leipzig 1820) zu, und auch schon eine erste Theorie des Wettergeschehens, die G. den »Konflikt der obern und untern Region« (FA I, 25, 216) nennt und die er im Anschluss an sein ausführliches Wolkentagebuch (ebd. 216–231) im Zusammenhang mit den einzelnen Wolkenformationen diskutiert, wird angeboten. So stark die Abhandlung auch, wie der Titel ausweist, *Wolkengestalt nach Howard* beschreibt, so geht sie doch über diesen Zugriff auf das Wettergeschehen schon hinaus, indem sie zwischen den ausführlichen Darstellungen von Wolkenformen theoretische Erklärungen anklingen läßt, die etwa zwei Jahre später (1822) in G.s meteorologische Basistheorie einer pulsierenden Schwerkraft der Erde münden. Was dort jedoch einer tellurischen Zuständigkeit zugewiesen und dem sinnlichen Erfahrungsraum entzogen wird, der schließlich im Ablesen des Barometers seine Rettung findet, erscheint hier noch in seinen Symptomen, den anschaulichen Erscheinungen des Wolkenspiels am Himmel, das herrliche Momente und erfreuliche Wochen schafft.

Da in Morph I, 4 (1822) noch ein Druckbogen aufzufüllen war, nutzte G. die Gelegenheit, unter dem Titel *Luke Howard to Goethe. A biographical Scetch* den ausführlichen Aufsatz *Luke Howard an Goethe* für ZNÜ II, 1 (1823) anzukündigen. Das Manuskript liegt zweifach von der Hand Färbers mit Korrekturen G.s vor, daneben existieren drei Entwürfe zu einzelnen Textteilen von G.s Hand (vgl. LA II, 2, 678). Die Arbeit an der Anzeige fällt auf den 1. und 2.6.1822, am 3.6. wurde bereits der nun vervollständigte Druckbogen einer Revision unterzogen.

Howards Autobiographie (in ZNÜ II, 1), ihre Vorankündigung (in Morph I, 4) sowie die ›Howard-Gedichte‹, vor allem *Howard's Ehrengedächtnis* mit der Erläuterung *Goethe zu Howards Ehren* (beides in ZNÜ I, 4) bilden zusammen einen thematischen Komplex, der G.s Interesse und seine Auseinandersetzung mit dem Forscher und Menschen Luke Howard dokumentiert.

Bereits in ZNÜ I, 3 (1820) hatte G. eine erste Fassung seines Gedichtes *Howard's Ehrengedächtnis* publiziert, zu der keine Handschrift überliefert ist. In vier Strophen werden die Wolkenformen Stratus, Kumulus, Zirrus und Nimbus poetisch beschrieben. Entgegen verbreiteter Auffassung ist das Gedicht mit hoher Wahrscheinlichkeit nicht im Dezember 1817, sondern im Zusammenhang mit *Wolkengestalt nach Howard* (1820) entstanden, denn die letzten Zeilen dieser Abhandlung verweisen darauf, und weiterhin wurde es direkt im Anschluss an *Wolkengestalt nach Howard* abgedruckt. Nachdem das Gedicht in England von John Bowring übersetzt worden war, plante Johann Christian Hüttner, der Vermittler des Weimarer Hofes für literarische Angelegenheiten in London, die Publikation und berichtete am 15.12.1820 nach Weimar: »Das herrliche Gedicht Howard's Ehrengedächtniss werde ich nebst dem Kupfer [wohl die Tafel aus *Wolkengestalt nach Howard* mit den Wolkenformationen] so gut als möglich anzubringen suchen und davon zu seiner Zeit Bericht erstatten« (WA IV, 34, 366). Doch am 23.2.1821 äußerte Hüttner dazu ein Anliegen: »In dem bewussten Gedichte hat keiner von uns hier Spürkraft genug, die Beziehung auf Howard ausfindig zu machen. Wollen Ew. Excellenz geruhen, ein paar Winke darüber zu ertheilen, so daß die Verse auch einem grösseren Publicum verständlich werden, so wird man die Übersetzung derselben [...] mit Vergnügen lesen« (ebd.). G. kam dem Wunsch in zweifacher Hinsicht nach: er verfasste am 31.3.1821 nicht nur die erwünschte Erläuterung, sondern (am 25.3.) auch drei weitere Strophen zu dem Gedicht. Beides ist von der Hand des Schreibers Johann →John, teilweise mehrfach, überliefert. Am 3.4.1821 ist die »Sendung nach London, wegen Howards Ehrengedächtniß, abgeschlossen« und unter dem gleichen Datum berichtet G. an Hüttner nach London: »Nachdem ich aufmerksam geworden daß dem bewußten, Howards Ehrengedächtniß gewidmeten Gedicht wirklich etwas abgehe, um gerundet und verständlich zu seyn, entschloß ich mich drey Strophen als Einleitung zu schreiben, wodurch zwar jenem Mangel wohl abgeholfen seyn möchte, doch füge, um meine Absicht deutlich zu erklären, noch einige Bemerkungen hinzu«. Diese »Bemerkungen« wurden unter dem Titel *Goethe zu Howards Ehren* fast wörtlich der Publikation des Gedichtes vorangestellt, die in *Gold's London Magazine* (4, 1821, Nr. 19, Juli-Heft) in deutscher und englischer Fassung erfolgte. Hüttner konnte das Heft bereits am 3.7.1821 übersenden; G. dankte am 25.9.1821: »Alles Vorstehende ist mir richtig zugekommen. [...] Was die Übersetzungen betrifft, möchte ich noch Folgendes hinzufügen: Die drey ersten [neuen] Strophen [von Soane übersetzt] finde ich ganz vollkommen verstanden und ausgedruckt; bey den vier letzteren [von Bowring übersetzt] mag wohl einiges Abweichen vom Texte sich daher schreiben, daß der Übersetzer, um gewissen schwierigen und dunkeln Stellen des Originals aus dem Wege zu gehen, einige unsichere Tritte gethan, wodurch die Klarheit des Ganzen etwas gefährdet ist«.

G. bereitete nun die Publikation des Gedichtes in Deutschland vor und wählte dafür seine eigene Zeitschrift (ZNÜ). Am 19.9.1821 wurden laut Tagebuch »Original und Übersetzung [von *Howard's Ehrengedächtnis*] gegen einander gestellt«. Im Zuge der redaktionellen Bearbeitung rückte G. das Gedicht vor die ebenfalls deutsch und englisch publizierten Erläuterungen, kürzte das englische Vorwort, und er verfasste die umrahmenden kurzen Gedichte *Die Welt sie ist so groß und breit [...]* (*Atmosphäre*) sowie *Und wenn wir unterschieden haben [...]* (*Wohl zu merken*). Am 21. und 28.10.1821 bearbeitete er die Korrekturbogen. In summarischer Form blickte G. in den *Tag- und Jahresheften* von 1821 zurück: »Schon seit einigen Jahren hatte mich die Wolkenbildung nach Howard beschäftigt und große Vortheile bei Naturbetrachtungen gewährt. Ich schrieb ein Ehrengedächtniß in vier Strophen [bereits 1820 erschienen], welche die Hauptworte seiner Terminologie enthielten; auf Ansuchen Londoner Freunde sodann noch einen Eingang von drei Strophen zu besserer Vollständigkeit und Verdeutlichung des Sinnes. [...] Eine Übersetzung von Howards Ehrengedächtniß zeigte mir daß ich auch den Sinn der Engländer getroffen und ihnen mit der Hochschätzung ihres Landsmannes Freude gemacht«.

Das Gedicht verknüpft in für G. typischer Weise naturwissenschaftlichen Gegenstand (Howards terminologisch-systematische Leistung) mit Wolkensymbolik. Es drückt leitende Ideen von G.s Weltanschauung aus wie die Begriffe von Metamorphose (Gestaltwandel der Wolken), Polarität (Kumulus und Nimbus als Systole, Stratus und Zirrus als Diastole, beides jeweils abwechselnd: Stratus-Kumulus-Zirrus-Nimbus) und Steigerung (vom Stratus zum Zirrus: »Doch immer höher steigt der edle Drang!«; FA I, 25, 240), die jedoch nicht haltlos ins Unendliche strebt und so transzendentale Dimensionen erreicht, sondern durch die Nimbus-Strophe irdisch begrenzt und wiederum von der Polarität eingefangen wird. Zur weiteren Erläuterung kann vor allem G.s eigene Stellungnahme (*Goethe zu Howards Ehren*) herangezogen werden. Eine eingehende Interpretation liefert Keller 1968, 218–230.

Howard's Ehrengedächtnis und *Goethe zu Howards Ehren* werden von zwei kleinen Gedichten umrahmt. *Die Welt sie ist so groß und breit [...]* liegt in der Handschrift von G.s Schreiber John vor und ist im Herbst 1821 entstanden. Im Erstdruck fehlt eine Überschrift, in ALH 3 (1827) erhielt das Gedicht in der Gedichtgruppe *Gott und Welt* den Titel *Atmosphäre*, in ALH 51 (1833) ist nur die zweite Strophe gedruckt und erscheint als Einleitung zu *Howard's Ehrengedächtnis*. Die erste Strophe ist als Fragestellung eines fiktiven Gesprächspartners aufzufassen, dem dann mit einer G.schen Grundposition geantwortet wird: Der Analyse, dem Unterscheiden, muss stets die Synthese, das Verbinden, folgen. Nur eine Kombination dieser wissenschaftsmethodischen Positionen verspricht Erkenntnis. G. hat diese Anschauung vielfach ausgesprochen, so in der *Erläuterung zu dem aphoristischen Aufsatz ›Die Natur‹* (s. u. S. 237 f.), in der Abhandlung →*Analyse und Synthese* (s. u. S. 230 f.) oder in der Rezension zu Étienne →Geoffroy Saint-Hilaires *Principes de Philosophie zoologique* (s. o. S. 73–75).

Und wenn wir unterschieden haben [...], das abschließende Gedicht der Textgruppe, entstand laut Tagebuch am 24.10.1821: »Howards Ehrengedächtniß abgeklatscht. Gedicht zur letzten Seite«. Es ist in der Handschrift von →Eckermann als Druckvorlage für ALH erhalten, wo es im dritten Band (1827) in der Gedichtgruppe *Gott und Welt* mit der Überschrift *Wohl zu merken* erschien. In ALH 51 (1833) dagegen wird der falsche Eindruck erweckt, als handle es sich um die beiden abschließenden Strophen von *Howard's Ehrengedächnis*. Im Erstdruck in ZNÜ fehlt eine Überschrift. Das Gedicht nimmt den in *Atmosphäre* geprägten Gedanken wieder auf, das Unterschiedene durch Verbindung erneut zu vereinen. Nur so kann dieses als Gegenstand des Lebens, des Organischen, erscheinen. Der Hinweis auf den Poeten und Maler schlägt wiederum die Brücke zwischen Poesie und Wissenschaft, für G. nicht zu isolierende Bereiche.

Die in ZNÜ II, 1 (1823) abgedruckte Abhandlung *Luke Howard an Goethe* stellt die von G. angefertigte Übersetzung eines biographischen Abrisses dar, den Howard selbst verfasste. Eine Handschrift ist nicht überliefert. Am 25.9.1821 – im gleichen Brief, mit dem er für das Juli-Heft von *Gold's London Magazine* mit der Übersetzung von *Howard's Ehrengedächtnis* dankte – bat G. Hüttner: »Dürfte ich nun noch bitten, mir von dem, noch lebenden, gefeyerten Meteorologen einige Kenntniß, Nachricht über seine näheren Verhältnisse zu geben und mich dadurch auf's neue zu verbinden«. Hüttner ließ daraufhin seine Kontakte spielen und schrieb am 13.12.1821 an Howard, der die Angelegenheit – eine Anfrage G.s! –zunächst für einen Scherz hielt. Er konnte jedoch veranlasst werden, selbst über sich zu berichten. Wohl Anfang bis Mitte Februar 1822 verfasste er seine Lebensgeschichte, die Hüttner am 22.2.1822 aus London nach Weimar sandte, wo sie am 6.3.1822 eintraf. G. zeigte sich begeistert und schrieb gleich am Folgetage an Hüttner: »Nur mit den wenigsten Worten vermelde eiligst, daß mir lange nichts so viel Freude gemacht als die erhaltene Selbstbiographie des Herrn Howards, die ich seit gestern Abends durchlese und durchdenke. Haben Sie Gelegenheit dem wackern Manne danken zu lassen, so bitte versäumen Sie solche nicht. Auch hier ergibt sich die Erfahrung auf's neue, daß zarte sittliche Gemüther für Naturerscheinungen die offensten sind. So eben erfolgt am Morgen die gefällige Sendung der zwey Bände Climate of London [Autor Howard], zu deren genauer Betrachtung ich mich anschicke. Ich hoffe im May mein neustes Heft zur Wissenschafts-Lehre gedruckt zu sehen, wo auch jenes vollständige Gedicht nebst Übersetzung [*Howard's Ehrengedächtnis*] wieder vorkommt; ich schreibe alsdann dankbar an Herrn Howard selbst und bitte Ew. Wohlgeboren um Vermittelung«. Zwei Tage später, am 9.3.1822, wiederholte G. seinen Dank an Hüttner: »Ew. Wohlgeboren wiederhole meinen verpflichteten Dank für die übersendete Selbstbiographie des Herrn Luke Howard [...] Fürwahr! es hätte mir nicht Erfreulicheres begegnen können, als das zarte religiöse Gemüth eines so vorzüglichen Mannes gegen mich dergestalt aufgeschlossen zu sehen, daß er mir die Geschichte seiner Schicksale und Bildung, so wie die innigsten Gesinnungen so treulich eröffnen mögen. Ich werde gewiß nicht versäumen, auf irgend eine schickliche Weise zu seiner Zufriedenheit einiges beyzutragen«. Zwischen dem 10. und 12.4.1822 fertigte G. die Übersetzung an, las sie Riemer vor und kündigte am 31.5.1822 Hüttner an: »Der biographische Aufsatz, für welchen abermals schönstens danke, ist schon von mir treulich übersetzt und werde davon sobald er gedruckt ist Exemplare übersenden«. Das Tagebuch notiert zwischen dem 2.9. und 4.9.1822 die Druckvorbereitungen, am 5.9. heißt es gegenüber Christoph Friedrich Ludwig →Schultz: »Das nächste Heft *zur Wissenschaft* schwebt schon unter der Presse. *Luke Howards Selbstbiographie* eröffnet solches«. Am 17.9. hielt G. den ersten Revisionsbogen in Händen. Die hohe Wertschätzung, die G. Howard entgegenbrachte, spricht auch aus einem Bericht des Kanzlers Friedrich von Müller vom 11.6.1822: »Als wir uns auf die freundliche Bank nah am Gartenhause [...] niederließen, kam das Gespräch gar bald auf *Howard*, den Quäcker, und auf seine neuste Schrift über die Londoner Witterung [*The Climate of London*], die G. ungemein lobte. Sein von ihm selbst aufgesetztes Leben hat G. für die Morphologie [korrekt ZNÜ] übersezt; ›er spricht lange nicht so duckmäuserig als ein Herrnhuther, sagte er, sondern heiter und frey; er ist Christ wie er einmal ist, lebt und webt er ganz in dieser Lehre, knüpft alle seine Hofnungen für die Zuckunft und für diese Welt daran und das alles so folgerecht, so klar, so verständig, daß Man, während Man ihn ließt, wohl *gleichen Glauben haben zu können* wünschen möchte; wiewohl auch in der That viel Wahres in dem liegt, was er sagt. Er will die Nationen sollen sich wie Glieder einer Gemeinde betrachten, sich wechselseits anerkennen‹ « (Unterhaltungen 56).

Im gleichen Heft von ZNÜ (II, 1), in dem Howards Lebengeschichte erschien, druckte G. auch eine Rezension von dessen Werk *The Climate of London* ab, um die er Johann Friedrich Posselt, den Leiter der Jenaer Sternwarte, gebeten hatte. G. setzte der Rezension wenige Seiten hinzu, die zu seinen bedeutendsten meteorologischen Äußerungen gezählt werden müssen, da er darin seine Vorstellung einer pulsierenden Schwerkraft der Erde entwickelte. Der Text, zu dem handschriftlich von John nur eine neunzeilige Variante vorliegt – die Druckvorlage für ZNÜ II, 1 wurde offenbar vernichtet – erscheint in G.-Ausgaben unter drei verschiedenen Titeln: *In vorstehendem Aufsatz […]* (nach dem Textbeginn), *Meteorologische Nachschrift* (nach dem Inhaltsverzeichnis von ZNÜ; danach LA im Kolumnentitel und MA) und *Über die Ursache der Barometerschwankungen* (nach dem inhaltlichen Schwerpunkt; danach WA und FA, in LA so nur im Register). Dem Aufsatz ist eine Tafel von Ludwig Schrön, *Vergleichende graphische Darstellung der Barometer-Stände verschiedener Orte* [→Karlsruhe, →Halle, Jena, Wien, London, Boston, Wartburg, Ilmenau, →Tepl] *im Monat December 1822*, beigegeben, die im letzten Teil näher erläutert wird. Die Tafel mit handkolorierten Kurven ist im GSA überliefert. Die Bearbeitung der beiden Druckbogen, auf die der Text verteilt ist, notiert das Tagebuch am 9.11.1822 und 16.4.1823. Im ersten Teil sieht G. hinsichtlich der »meteorologischen Tabellen« den »Barometer-Stand als Grund des Ganzen« (FA I, 25, 255) an und führt diesen auf eine tellurische, d. h. von der Erde bestimmte Ursache für das Wettergeschehen zurück, die in einer pulsierenden Schwerkraft zum Ausdruck komme. Der zweite Teil widmet sich dem Zusammenhang zwischen Barometerstand und Wolkenbildung und liefert dazu ein Wolkentagebuch, das G. im Juni 1822 in →Marienbad führte. Anschließend wird der Barometerstand mit dem

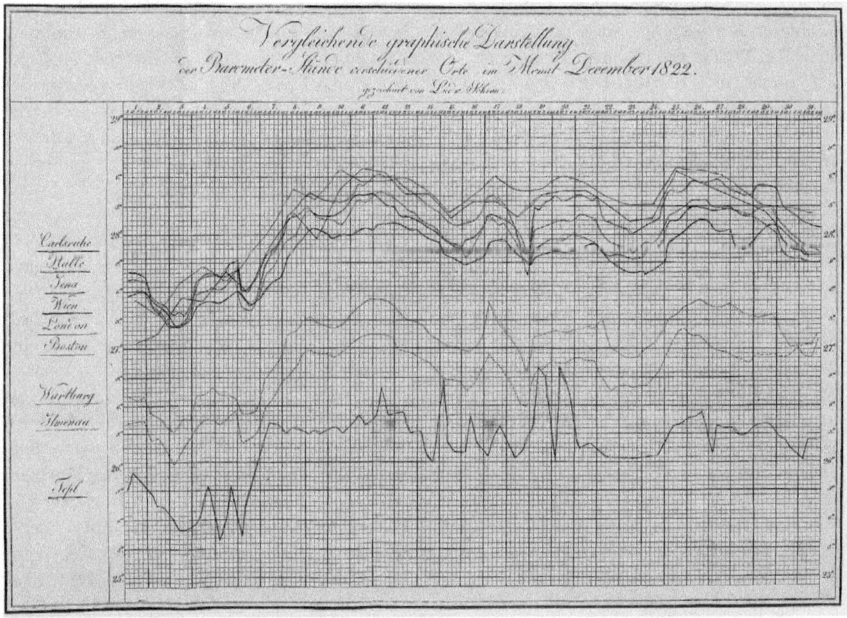

Barometerkurven für verschiedene Orte, gezeichnet von Ludwig Schrön; zu Goethes Text *In vorstehendem Aufsatz* … oder *Über die Ursache der Barometerschwankungen* (ZNÜ II, 1, 1823)

Wassergehalt der Atmosphäre, den Windrichtungen und dem Thermometerstand in Bezug gesetzt. Die Hypothese einer pulsierenden Schwerkraft der Erde als zentrale, dem Barometerstand zugrunde liegende und letztlich die Witterungserscheinungen bestimmende Ursache, die die Grundbedingung des Wettergeschehens in einer tellurischen (irdischen) Kondition festlegt, hat G. wiederholt seinem Umfeld erläutert: Gegenüber Schultz, der den ersten Druckbogen vorab erhalten hatte, heißt es am 9.12.1822: »Wenn Sie aber meinem Gedanken: *den Grund der Meteorologie als tellurisch anzusprechen*, so herrlichen Beyfall ertheilen, ist er mir vom größtem Werthe. Ermessen Sie es daraus, daß ich diese Vorstellungsart schon mehrere Jahre mit mir herumtrage und sie auch jetzo nur mit Scheu und gleichsam zufällig ausgesprochen habe. [...] Wenn man, wie ich fordere, alles Kosmische, Solarische, Planetarische, auch das nächste Lunarische, einstweilen ablehnt, auch die sämmtlichen atmosphärischen Erscheinungen als Symptome behandelt und alles bey der jung-alten Mutter [Erde] selbst sucht, so muß sich gar manches hervorthun«. G. glaubte, eine pulsierende Schwerkraft durch den ähnlichen Verlauf von Barometerkurven an verschiedenen Orten bestätigen zu können; an Posselt schrieb er am 25.12.1822: »Die beygelegte graphische Darstellung der barometrischen Curven zu London, Paris, Genf und Dürrenberg gibt dasselbe Resultat, was unsere graphischen Darstellungen [in Thüringen] bisher gegeben, daß nämlich die Barometer-Bewegung durchaus an allen bezeichneten Orten obschon relativ, doch völlig gleich auf- und absteige. Gilt dieses nun schon von obgenannten vier Orten, so ist es höchst bedeutend zu erfahren, wie sich dieses Phänomen rings durch die Meridiane so wie durch die Breitenkreise in allen Graden verhalte«. In den *Tag- und Jahresheften* von 1822 wird dieses Anliegen ebenfalls festgehalten: »Ich erhalte *Howards* Klima von London, zwei Bände. Posselt schreibt eine Recension. Die inländischen Beobachtungen gehen nach allen Rubriken fort und werden regelmäßig in Tabellen gebracht. Director Bischof von Dürrenberge dringt auf vergleichende Barometer-Beobachtungen, denen man entgegen kommt. Zeichnungen der Wolkengestalten wurden gesammelt, mit Aufmerksamkeit fortgesetzt. Beobachten und Überlegen gehen gleichen Schrittes, dabei wird durch synoptisch graphische Darstellung der gleichförmige Gang so vieler, wo nicht zu sagen aller Barometer, deren Beobachtungen sich von selbst parallel stellten, zum Anlaß eine tellurische Ursache zu finden und das Steigen und Fallen des Quecksilbers innerhalb gewisser Gränzen einer stetig veränderten Anziehungskraft der Erde zuzuschreiben«. Diese Vorstellungen wurden auch gegenüber Kanzler von Müller (vgl. dessen Bericht vom 20.9.1823; Unterhaltungen 73) und Johann Peter Eckermann geäußert, der unter dem 22.3.1824 vermerkte: »Goethe sprach darauf sehr viel über das Steigen und Fallen des Barometers, welches er die Wasserbejahung und Wasserverneinung nannte. Er sprach über das Ein- und Ausatmen der Erde nach ewigen Gesetzen; über eine mögliche Sündflut bei fortwährender Wasserbejahung. Ferner: daß jeder Ort seine eigene Atmosphäre habe, daß jedoch in den Barometerständen von Europa eine große Gleichheit Statt finde« (FA II, 12, 103). Dass G. im Laufe der Jahre (vor allem nach 1825) vermehrt Zweifel kamen, über Barometerstände zu Wettervorhersagen zu kommen, wird durch einen Bericht der Großherzogin Luise an →Knebel vom 25.2.1828 belegt: »Goethe, der Beschützer des Barometers, fängt an, an dessen Zuverlässigkeit zu zweifeln, und weiß nicht recht, wie er dessen unbegreifliches Steigen und Fallen entschuldigen soll« (GG 3.2, 252).

An das Vorangehende schließt in ZNÜ II, 1 ein Text ohne Überschrift an, der in G.-Ausgaben unter dem Titel *Über die Gewitterzüge in Böhmen* geführt wird und zu dem eine Handschrift nicht überliefert ist. Es handelt sich um eine Kommentierung dreier Textstellen aus Laurenz Albert Dlask: *Versuch einer Naturgeschichte Böhmens mit besonderer Rücksicht auf Technologie.* Teil 1 [mehr nicht erschienen]: *Geognosie Böhmens.* Prag 1822, 516f. G. erhielt das Werk am 12.7.1822 in Marienbad von dem Botaniker und Paläontologen Kaspar Maria Graf von →Sternberg und beschäftigte sich in den Folgetagen damit. In geologischem Zusammenhang wird es auch in den *Tag- und Jahresheften* von 1822 sowie im Tagebuch am 5.7.1823 genannt. Hinweise auf die Druckgeschichte gibt die Erwähnung der

Revisionsbogen im Tagebuch vom 16.4., 8. und 10.5.1823. Die abschließend geäußerte Anregung, Graf Sternberg um weitere Auskunft zur Thematik der böhmischen Gewitter zu bitten, beantwortete dieser mit der Anfertigung eines eigenen Aufsatzes mit gleichem Titel, den G. in ZNÜ II, 2 (1824) abdruckte.

Zwischen 1823 und 1825 verfasste G. einige, meist kleinere Notizen zur Meteorologie, die aus Beobachtungen, Lektüren oder spontanen Gedanken hervorgingen und aus G.s Nachlass überliefert wurden. Sie seien hier kurz skizziert. Die ersten vier Texte findet man unter dem Titel *Meteorologische Beobachtungen* zusammengefasst. Es handelt sich um 1) *Der atmosphärische Charakter [...]*, eine Wetterbeobachtung in Weimar am 8.6.1823 (Handschrift John), 2) *Wolkenzüge, den 8. Juli 1823* (Handschrift John), die G. in Marienbad beobachtete; 3) *Konzentrische Zirrus-Streifen [...]* (Handschrift G.), eine weitere Beobachtung in Marienbad, wohl nach dem 7.7.1823 und 4) *Weimar d. 9. Mai 1824* (Handschrift John), ein Wetterbericht von diesem Tage.

Witterungskunde, vermutlich im Mai oder Juni 1823 entstanden, ist ein kurzer Text von der Hand Johns, der die Barometerschwankungen von Stift Tepl bei Marienbad und dem St. Bernhard in der Schweiz vergleichend behandelt. Barometerdaten vom St. Bernhard wurden bereits in *In vorstehendem Aufsatz [...]* (letzte Revision 10.5.1823) als Desiderat erwähnt: »Wie belehrend wird es sein, wenn wir von dem Barometerstand auf den höchsten Bergen vergleichende Kenntnis erhalten, wie es denn vom St. Bernhard tunlich ist [...]« (FA I, 25, 264).

Bisherige Beobachtung und Wünsche für die Zukunft, von der Hand Johns niedergeschrieben und vermutlich 1825 entstanden, liefert eine Übersicht über Berichterstatter an verschiedenen Orten bzw. Regionen (Königsberg, Paris, Dieppe, Chamberi, Südamerika, Indischer Ozean und Heidelberg), von denen Beobachtungen zur täglichen →Oszillation des Barometers geliefert wurden.

Das Stück *Meteorologische Beobachtungsorte*, in der Handschrift von Johann Christian →Schuchardt, ist wohl im Juni oder Juli 1824 entstanden und behandelt die Tätigkeit der meteorologischen Stationen im Großherzogtum Sachsen-Weimar-Eisenach, die unter G.s Oberaufsicht eines der ersten staatlichen Messnetze im deutschsprachigen Raum darstellten.[117] Die Datierung ergibt sich aus der Erwähnung der im Mai 1824 eingerichteten Station Frankenheim/Rhön sowie großer Nähe zu einigen Passagen des Briefes an Carl August vom 28.6.1824.

Feuerkugel (in der Handschrift Schuchardts), datiert auf den 21.11.1825, teilt zunächst die Beobachtung dieser Leuchterscheinung durch Johann Heinrich Mädler, den späteren Leiter der Berliner Sternwarte, mit, wie sie in den *Berlinischen Nachrichten von Staats- und gelehrten Sachen* (November 1825, Nr. 267) erschienen war. Da G. den Barometerstand als wichtigstes Phänomen für die Beurteilung der Wettererscheinungen ansah, versuchte er in seinem Zusatz, ihn auch mit außergewöhnlichen Ereignissen wie Erdbeben, Vulkanausbrüchen oder Feuerkugeln in Beziehung zu setzen.

Der *Versuch einer Witterungslehre 1825* stellt G.s zentrale meteorologische Abhandlung dar. Obwohl sie zu G.s Lebzeiten ungedruckt blieb, liefert sie das Resümee rund zehnjähriger Bemühungen in der Meteorologie und den Versuch einer zusammenfassenden Darstellung für dieses Gebiet der Naturforschung. Die einzelnen Kapitel behandeln: [1.] Einleitendes und Allgemeines. [2.] Barometer. [3.] Thermometer. [4.] Manometer. [5.] Die Windfahne. [6.] Atmosphäre. [7.] Wasserbildung. [8.] Wolkenbildung. [9.] Elektrizität. [10.] Winderzeugung. [11.] Jahreszeiten. [12.] →Mittellinie. [13.] Sogenannte Oszillation. [14.] Wiederaufnahme. [15.] Bändigen und Entlassen der Elemente. [16.] Analogie. [17.] Anerkennung des Gesetzlichen. [18.] Selbstprüfung. – Zu den einzelnen Kapiteln des Aufsatzes liegen durchweg mehrere Handschriftenschichten vor; die Manuskripte wurden hauptsächlich von John, auch von Schuchardt, Stadelmann und Eckermann niedergeschrieben.

117 Dazu lieferte Schrön in ZNÜ II, 2, 1824, 217–220 einen genaueren Bericht.

Korrekturen sind überwiegend von G. eingetragen, daneben von Eckermann und Schrön, ab 1823 Leiter der Sternwarte in Jena, die für die meteorologischen Beobachtungen die zentrale Institution darstellte. Veranlassung für G., seine Gedanken zur Meteorologie nach rund zehn Jahren bisweilen sehr intensiver Beschäftigung mit dem Gegenstand systematisch niederzuschreiben und eine Theorie der Witterungserscheinungen zu liefern, war ein Brief Carl Augusts vom 17.1.1825 (vgl. Wahl 3, 162f.). Dort teilte dieser seine Beobachtungen über die Beziehungen zwischen Barometerstand und Wettergeschehen in einer längeren Passage mit, G. indirekt zur Stellungnahme auffordernd. In seinen Briefen vom 17., 22. und 26.1.1825 kündigte G. seine Antwort an und berichtete von der begonnenen Arbeit. Am 17.1.1825 heißt es: »Was die barometrischen Erscheinungen betrifft, so erbitte mir, sobald meine Geister wieder etwas besser beysammen sind, die Erlaubniß aus, mein Glaubensbekenntniß bescheiden vorzulegen und die Art, wie ich das Problem für mich zu lösen trachte, in einer sinnigen Folge darzustellen«. Am 22.1.1825: »Wegen des meteorologischen Votums erbitte noch einige Nachsicht; ich möchte wenigstens die Hauptpuncte worauf es ankommt klar zusammenfassen«. Insbesondere nach den Tagebucheintragungen läßt sich rekonstruieren, dass G. bereits Ende 1824, ohne hier schon an einen längeren Aufsatz zu denken, an einzelnen Kapiteln gearbeit hat, systematisch am 19.1.1825 mit der Arbeit begonnen und dann vom 23. bis 26.1. sowie vom 9. bis 17.2.1825 daran weitergearbeitet hat; die Handschrift ist auf den 16.2.1825 datiert. Vor allem aus G.s Brief an Schultz vom 31.5.1825 geht hervor, dass damit noch kein Abschluss der Abhandlung erreicht war: »Ich habe nach meiner Überzeugung einen umständlichen Aufsatz niedergeschrieben, der nur darum weitläufig geworden weil ich das Mannichfaltigste an das Einfachste heranzuziehen suchte. Leider bedarf dieser Aufsatz noch eines zweyten Durcharbeitens und ich werde ihn deshalb sobald nicht mittheilen können«. In erster Linie waren es wohl John Frederic Daniells *Meteorological Essays and Observations* (London 1823), die G. Ende Juli 1825 studierte, aber auch briefliche Mitteilungen, etwa von Carl Friedrich Philipp von →Martius, der ihm mit Brief vom 13.1.1825 einen *Die Bildung der Wolken* überschriebenen Aufsatz übersandte, und auch von Graf Sternberg, die noch in die Abhandlung eingingen. Erst am 8.1.1826 vermerkt das Tagebuch das Diktat der »Einleitung zur Meteorologie« an Eckermann.

Der *Versuch einer Witterungslehre 1825* ist die geschlossenste Darstellung von G.s meteorologischen Ansichten, soweit diese über reine Wolkenbeobachtungen und -beschreibungen hinausgehen. Mit allem Nachdruck wird hier die Bedeutung des Barometerstandes als Ausdruck einer pulsierenden Erdschwerkraft, eines Ein- und Ausatmens der Erde, herausgestellt. Der Stand des Barometers ist für G. »das Einfachste«, dem er »das Mannichfaltigste« (s.o. an Schultz, 31.5.1825) zuzuordnen suchte. Zu diesem Zweck bemühte sich G. auch um die systematische Erfassung und Einordnung anderer meteorologischer Phänomene wie Temperatur, Wind, Elektrizität usw. sowie die Darstellung von sämtlichen ihm bekannten meteorologischen Instrumenten. So ist auch diese Abhandlung letztlich Zeugnis von G.s Bestreben, das Besondere auf das Allgemeine zurückzuführen, die Spuren des Allgemeinen wiederum im Besonderen zu verfolgen. G.s Aufsatz wurde erst nach seinem Tode, in ALH 51 (1833), veröffentlicht. Die Fachwelt hat ihn nicht zur Kenntnis genommen.

Nach dem *Versuch einer Witterungslehre 1825* hat G. nur noch drei meteorologische Gelegenheitsnotizen niedergeschrieben, denen in G.-Ausgaben der Rang von Texten gegeben wird. *Professor Meinecke in Halle*, in der Handschrift von Schuchardt mit Korrekturen G.s, liefert G.s Stellungnahme zu Johann Ludwig Georg Meineckes Aufsatz *Ueber den Antheil, welchen der Erdboden an den meteorischen Processen nimmt. Eine Vorlesung, gehalten in der öffentlichen Sitzung am Stiftungsfeste der naturforschenden Gesellschaft zu Halle den 3. Juli 1823.*[118] In diesem wird G.s Vorstellung, Luftdruckschwankungen und Wettergeschehen nicht auf kosmische, sondern auf

118 Erschienen in: *Taschenbuch für die gesammte Mineralogie.* Hg. von Carl Caesar von Leonhard. 18.1 (1824), 74–118.

tellurische (irdische) Ursachen zurückzuführen, in ähnlicher Weise vertreten (ohne auf G. einzugehen). In G.s Bibliothek befinden sich der gesamte Zeitschriftenband von 1824 (Ruppert 4208) sowie ein Einzeldruck, Halle 1823, mit Widmung des Verfassers (Ruppert 4876). G. hatte laut Tagebuch am 25.1.1826 das von Leonhard übersandte »mineralogische Taschenbuch von 1824« durchgesehen und war sogleich auf den Beitrag von Meinecke gestoßen: »besonders S. 74: Rede des Professors Meinecke in Halle«. Am folgenden Tag befasste er sich erneut mit »Professor Meinecke zur Witterungskunde«. Vermutlich ist das Stück an diesen Tagen entstanden, da ein Verweis auf den März 1826 auf einen späteren Zusatz am Rand der Handschrift zurückgeht. Inhaltlich schließt sich G.s Zustimmung zu Meineckes Thesen an das Kapitel *Barometer* im *Versuch einer Witterungslehre 1825* an.

Unter dem Titel *Zur Winderzeugung* wird in G.-Ausgaben eine meteorologische Gelegenheitsnotiz über Windentstehung durch aufgewärmte Luftmassen vom 20.10.1829 abgedruckt, die in der Handschrift von John die Überschrift *Meteorologie* trägt. Vermutlich machte G. seine Beobachtungen anlässlich eines Ausflugs nach Belvedere (im Text erwähnt).

Ebenfalls eine Gelegenheitsnotiz, datiert auf den 9.9.1830, ist der Text *Wirkung der Sonne auf Bergeshöhen* in der Handschrift von John. Der Text knüpft an einen Zeitungsartikel aus der *Österreichisch-kaiserlich privilegierten Wiener Zeitung* (Nr. 35, 13.2.1830, 175) über die 1828 bis 1830 stattgefundene Sibirien-Expedition von Christopher Hansteen an. In einem neben der Handschrift aufgeklebten Ausschnitt aus dem Artikel wird von einer Abhandlung von Louis François Ramond de Carbonnières berichtet, in der es unter anderem um die starke Sonnenstrahlung auf einem Pyrenäengipfel geht.[119] G. erinnerte sich bei der Lektüre an seine über 50 Jahre zurückliegende Brockenbesteigung vom 10.12.1777, gibt als Datum aber irrigerweise den 7.12. an: »Hier nun schien die Sonne so heiß daß die Wolle meines Biberrockes [...] einen branstigen Geruch von sich gab wie sonst in der Nähe des Feuers« (FA I, 25, 303).

Wenn auch die Zeugnisse für G.s meteorologische Tätigkeit in seinen letzten Lebensjahren spärlicher werden, so hat ihn dieses Gebiet der Naturforschung doch bis zu seinem Tod am 22.3.1832 begleitet. Erst einen Monat zuvor, am 24.2.1832, hatte er in seiner Funktion als Oberaufsicht über die wissenschaftlichen Anstalten und Museen des Großherzogtums gegenüber Schrön die Schließung aller meteorologischen Beobachtungsstationen außer Jena verfügt: »Wenn Man sich, bei genauer Untersuchung der, seit so viel Jahren sorgfältig durchgeführten meteorologischen Beobachtungen, nicht ohne Zufriedenheit, versichern kann, daß für die Wissenschaft, dadurch manche Resultate gewonnen sind, deren Anerkennung, in der Folge, sich von bedeutendem Einfluß erweisen wird; so hat Man sich doch auch bei genauster Einsicht überzeugen können, daß fernerhin, auf diesem Wege, vorerst nichts weiter zu erreichen sei; indem ja selbst die ersten Naturforscher unbewunden ausgesprochen haben: man müsse dergleichen fernere Beobachtungen den wissenschaftlich Bemühten in den tropischen Ländern überlassen, als wo eine regelmäßigere Barometerbewegung die Beobachtungen sicherer und fruchtbarer machen werde. In dieser Betrachtung hat Man beschlossen, die sämtlichen Beobachtungen auf denen bisher bestandenen Plätzen aufzuheben und die dabei Angestellten von ihren bisherigen Obliegenheiten zu entbinden. Was bei einer solchen Hauptveränderung übrigens zu bedenken und wie die Einleitung zu treffen sei, daß mit dem 1n April d. J. diese Anstalt zessiere, wird Herr Inspektor Dr. Schrön genau überlegen und was deshalb zu verfügen sein möchte anher berichtlich anzeigen« (MA 18.2, 642).

119 *Sur l'état de la végétation au sommet du Pic du midi de Bagnères*; in: *Mémoires de l'Académie Royale des Sciences de l'Institut de France* 6 (1823), 81–174, hier 120f.

Literatur

Badt, Kurt: Goethes Wolkengedichte im Zusammenhange mit den Wolkenstudien Constables und anderer zeitgenössischer Maler. In: PEGS. 20

(1951), 21–52. – Bendt, Franz: Goethe als Meteorologe. In: Die Gegenwart. 31 (1888), 134–136. – Bernhardt, Karl-Heinz: Goethe, die Meteorologie – und kein Ende? In: Sitzungsberichte der Leibniz-Sozietät. 43 (2000), H. 8, 63–104. – Ders.: »Gestalt« versus »Element« – zum Wirken J. W. Goethes und A. v. Humboldts auf dem Gebiete der Meteorologie. In: Banse, Gerhard und Wollgast, Siegfried (Hg.): Philosophie und Wissenschaft in Vergangenheit und Gegenwart. Berlin 2003 (Abhandlungen der Leibniz-Sozietät 13), 55–66. – Börnstein, Richard: Goethes Meteorologie. In: Deutsche Revue. 32.2 (1907), 106–119. – Brosche, Peter: Eine Goethe-Zeichnung des Zodiakallichts. In: Die Sterne. 36 (1960), H. 11/12, 235–237. – Busch, Werner: Die Ordnung des Flüchtigen – Wolkenstudien der Goethezeit. In: Schulze, Sabine (Hg.): Goethe und die Kunst. Ostfildern 1994, 519–570. – Carus, Carl Gustav: Zwölf Briefe über das Erdleben. Stuttgart 1841. – Deinhardt, Eva Maria: Die Art wie Goethe beobachtet. In: Gymnastik. 7 (1932), 71–80. – Ficker, Heinrich von: Bemerkungen über Goethes »Versuch einer Witterungslehre«. In: Sitzungsberichte der Preußischen Akademie der Wissenschaften. Phys.-Math. Klasse. 8 (1932), 47–52. – Ders.: Goethe und die Meteorologie. In: Forschungen und Fortschritte. 8 (1932), 95 f. – Fox-Howard, Elizabeth: Goethe and Luke Howard. In: The Friends' Quarterly Examiner. (July 1932), 222–228. – Fricke, Hermann: Goethe als Entdecker einer neuen Meteorologie. In: Ders.: Die im Innern erdähnliche Sonne. Eine neue Anschauung von Aether, Schwerkraft und Sonne. Weimar 1934, 65–71. – Hennig, John: Goethe's Interest in British Meteorology. In: MLQu. 10 (1949), 321–337. – Ders.: A Note on Goethe's Relations with Luke Howard. In: MLQu. 12 (1951), 446–450. – Ders.: Goethe's Relations with Hüttner. In: The Modern Language Review. 46 (1951), 404–418. – Irmscher, Hans Dietrich: Wilhelm Meister auf der Sternwarte. In: GJb. (1993), 275–296. – Ishihara, Aeka: Makarie und das Weltall. Astronomie in Goethes »Wanderjahren«. Köln 1998. – Dies.: Goethe und die Astronomie seiner Zeit. Eine astronomisch-literarische Landschaft um Goethe. In: GJb. (2000), 103–117. – Kaßner, Carl: Goethe und der Wetterdienst im Großherzogtum Sachsen-Weimar-Eisenach. In: Das Wetter. Zs. für angewandte Meteorologie. 59 (1942), 277 f. – Keller, Werner: »Die antwortenden Gegenbilder«. Eine Studie zu Goethes Wolkendichtung. In: Jb FDtHochst. 1968, 191–236. – Liepe, Gertrud: Luke Howard (1772–1864). In: JbFDtHochst. 1972, 59–107. – Loewicke, Fritz: Goethe und die Meteorologie. In: Das Wetter. Zs. für angewandte Meteorologie 60. (1943), 392–396. – Lohmeyer, Karl: Das Meer und die Wolken in den beiden letzten Akten des ›Faust‹. In: GJb. (1927), 106–133. – Martin, Günther: Goethes Wolkenlehre im Atomzeitalter. In: GJb. (1992), 199–206. – Ders.: Goethes Wolkentheologie. In: ZfdPh. 114 (1995), 182–198. – Nickel, Gisela: Neues von »Camarupa«. Zu Goethes frühen meteorologischen Arbeiten. In: GJb. (2000), 118–125. – Dies.: Goethe und Humboldt als Wetterkundler – Wechselseitige Anregung oder Nichtbeachtung? In: Acta Historica Leopoldina. 38 (2003), 97–113. – Dies.: Das meteorologische Meßnetz des Großherzogtums Sachsen-Weimar-Eisenach. In: Acta Historica Leopoldina. 39 (2004), 161–168 u. 213 f. – Phelps, Leland R.: Goethe's Meteorological Writings. In: Monatshefte für Deutschen Unterricht, Deutsche Sprache und Literatur. 48 (1956), 317–324. – Pleninger, Robert: War Goethe meteorologisch gebildet? In: Universum. 16 (1961), 41–44. – Schiff, Julius: Goethe, die Schlesische Vaterländische Gesellschaft und die ersten meteorologischen Beobachtungen auf der Schneekoppe. In: Der Wanderer im Riesengebirge. 45 (1925), 218–220. – Schmid, Irmtraut: Die Oberaufsicht über die naturwissenschaftlichen Institute an der Universität Jena unter Goethes Leitung. In: Impulse. 4 (1982), 148–193. – Schneider-Carius, Karl: Goethes Erlebnis und Erforschung der atmosphärischen Erscheinungen. In: GJb. (1950), 276–309. – Ders.: Meteorologie. In: Femmel, Gerhard (Hg.): Corpus der Goethezeichnungen. Bd. VB. Leipzig 1967, 105–119 und Nr. 224–264. – Schöne, Albrecht: Über Goethes Wolkenlehre. In: JbAkadWissGöttingen. 1968, 26–48. – Schönwiese, Christian-Dietrich: Wolken und Witterung aus der Sicht Goethes und heute – »Ein Angehäuftes, flockig löst sich's auf«. In: Schmidt, Alfred und Grün, Klaus-Jürgen (Hg.): Durchgeistete Natur. Ihre Präsenz in Goethes Dichtung, Wissenschaft und Philosophie. Frankfurt am Main 2000, 177–185 und 307. – Schulze, Walter Max Hans: Goethe und die Meteorologie. In: Wissenschaftliche Annalen. 6 (1957), 101–116. – Scott, Douglas F. S.: Luke Howard and Goethe. In: Durham University Journal. 45 (1953), 94–103. – Ders.: Luke Howard (1772–1864). His correspondence with Goethe and his continental journey of 1816. York 1976. – Sommerhalder, Mark: »Pulsschlag der Erde!« Die Meteorologie in Goethes Naturwissenschaft und Dichtung. Bern u.a. 1993. – Staiger, Emil: Goethes Wolkengedichte. In: Ders.: Spätzeit. Studien zur deutschen Literatur. Zürich, München 1973, 55–78. – Valentin, Veit: Wolken in Vision und Wissenschaft bei Goethe. In: Neue Jahrbücher für das klassische Altertum, Geschichte und Deutsche Litteratur und für Pädagogik. 2.3 (1899), 385–401. – Wasielewski, Waldemar von: Goethes meteorologische Studien. Leipzig 1910. – Weickmann, Ludwig: Witterungslehre zu Goethes Zeit und heute. Leipzig o.J. [1943]

Manfred Wenzel/Mihaela Zaharia

Schriften zur Allgemeinen Naturlehre

Im Folgenden wird ein Überblick über die Texte gegeben, die sich nicht eindeutig einem der großen Sachbereiche (Morphologie, Farbenlehre, Geologie und Meteorologie) zuordnen lassen und die weder zeitlich noch inhaltlich eine Einheit bilden. Hierzu gehören Aufsätze zur Wissenschaftsgeschichte und -theorie, teilweise mit der eigenen Biographie verknüpft, Reflexionen über das eigene methodische Vorgehen, die Schriften zur Mathematik und den verschiedenen Disziplinen der →Physik, naturphilosophische Betrachtungen, Aphorismensammlungen, an aktuelle Ereignisse gebundene Aufsätze (z.B. anlässlich der Gründung der →Sternwarte in Jena), schließlich G.s vor allem im Dialog mit →Zelter geführte Auseinandersetzung mit der Tonlehre, die in den verbreiteten G.-Ausgaben den naturwissenschaftlichen Schriften zugeordnet wird, obwohl sie vor allem musikalisches Verständnis voraussetzt. Im Gegensatz zu den anderen Übersichtsartikeln, die weitgehend chronologisch vorgehen, werden die Texte hier nach den genannten Themengruppen abgehandelt.

Wissenschaftsgeschichtliche und -theoretische Arbeiten

Der 1817 entstandene, in der Handschrift von Johann →John mit Korrekturen von G. und →Eckermann überlieferte Aufsatz *Erfinden und Entdecken* behandelt wissenschaftliche Entdeckungen und Prioritätsfragen und steht in engem Zusammenhang mit dem Stück *Vorschlag zur Güte* und der Abhandlung *Meteore des literarischen Himmels*, an die er ursprünglich – zu folgern aus einer erhaltenen Überleitung – angehängt werden sollte. Im Gegensatz zu den beiden Letzteren, die 1820 in ZNÜ I, 2 (1820) publiziert wurden, erschien er erst nach G.s Tod, 1833 in ALH 50. G. macht in dem Aufsatz seine grundsätzliche Abneigung gegen jede Art von Prioritätsstreitigkeiten deutlich, in die er selbst in seiner Auseinandersetzung mit Lorenz →Oken angesichts der →Wirbeltheorie des Schädels verwickelt wurde. Er formuliert dagegen den Wunsch nach harmonischer Zusammenarbeit der Gelehrten, gegenseitigem Respekt und Einander-Geltenlassen. Dies müsse gerade auch für den Zuarbeiter gelten, der ein Fachgebiet nicht völlig überschaue, aber dem Wissenschaftler wertvolle Hinweise geben könne. G. führt hierzu einige historische Fallstudien vor, wie Entdeckungen zustande kamen und wie sie behandelt wurden (John und William →Hunter, →Galilei, Pallas, Kolumbus).

In *Vorschlag zur Güte*, am 2.9.1817 entstanden und in der Handschrift nicht überliefert, schließt G. an allgemeine Reflexionen über die Art des Menschen, sich mit der Natur auseinanderzusetzen, die Frage nach der wissenschaftlichen →Priorität an und läßt diese in einen Ausblick auf die eigene Arbeit in der Naturforschung münden.

Am eingehendsten hat sich G. mit der Prioritätsfrage in seiner Abhandlung *Meteore des literarischen Himmels* beschäftigt. Bereits in einem Brief an Zelter vom 7.11.1816 klingt das Thema an: »Die sämmtlichen Narrheiten von Prä- und Postoccupationen, von Plagiaten und Halbentwendungen sind mir so klar und erscheinen mir läppisch«. Wohl am 26.4.1817 hat G. den Aufsatz konzipiert, zwei Tage später werden ein zweites Schema und der Titel im Tagebuch erwähnt. Am 3.9.1817 ist G. bei der Ausarbeitung: »Meteore des litterarischen Himmels. Die drey ersten Rubriken [Priorität, Antizipation, Präokkupation]«. Eine Handschrift ist nicht überliefert. Die von G. sachlich und distanziert vorgetragenen Fragen des wissenschaftlichen Entdeckens, der Prioritätsstreitigkeiten und der Ausbildung wissenschaftlicher Schulen finden Entsprechungen in G.s Biographie und haben dort Anlass zu Wut, Verbitterung und Polemik gegeben. So zielen die Kapitel *Antizipation* und *Präoccupation* auf die Auseinandersetzung mit Oken um die Wirbeltheorie des Schädels, *Posseß* und *Usurpation* heben auf den Streit mit Isaac →Newton in der Farbenlehre ab. Was G.

hier im Zusammenhang vorträgt, ist auch immer wieder Gegenstand in Briefen oder in einzelnen Aphorismen. Der Titel des Aufsatzes verwendet ein Bild aus der Witterungslehre: →Meteore bezeichneten speziell Sternschnuppen, waren aber auch ein Sammelbegriff für verschiedenste Witterungserscheinungen. Anklänge an den Aufsatz finden sich auch in einer *Vorbetrachtung*, mit der G. ZNÜ II, 1 (1823) eröffnete: »[...] werden wir bei Mitteilung unserer Arbeiten desto wachsamer auf uns sein und lieber das worauf wir beharren einfach bezeichnen, als uns mit anders Gesinnten in Widerspruch und Streit einlassen« (FA I, 25, 53). Den Text der *Vorbetrachtung* sandte G. in der Handschrift von John als Beilage zu einem Brief vom 20.9.1822 an Christian Gottfried Daniel →Nees von Esenbeck.

Eine enge Verzahnung von Wissenschaftsgeschichte und Autobiographie liefert das im Nachlass vorgefundene, in der Handschrift von John überlieferte Schema *Naturwissenschaftlicher Entwicklungsgang*, das auf den 11.4.1821 datiert ist und offenbar eine Vorarbeit zu einem nicht ausgeführten größeren Aufsatz darstellt. Elektrizität, Blitzableiter, →Regenbogen, →Wincklers physikalische Vorlesungen in Leipzig, der Wandel in der →Chemie, →Galvanismus, →Ballonfahrt, Elektromagnetismus (→Magnetismus), tierischer Magnetismus (→Mesmer, Franz Anton) - das sind einige Stichworte, die notiert werden. Interessant ist, dass das Schema mit dem Zeitalter der Naturphilosophie abbricht, dessen Einschätzung G. zunächst nicht leicht fiel (s. o. S. 35 f.).

Ein weiterer wissenschaftshistorischer Text, *Johann Kunckel*, in der Handschrift nicht überliefert und in ZNÜ II, 1 (1823) veröffentlicht, stellt das wichtige Standardwerk dieses Autors zur →Glasmacherkunst und Glastechnologie vor: *Ars vitraria experimentalis oder vollkommene Glasmacher-Kunst*, erschienen in drei Ausgaben 1679, 1689 und 1743. G. beschäftigte sich intensiv wohl mit der dritten Ausgabe, als er nach seiner zweiten Kur in →Marienbad (19.6. bis 24.7.1822) noch gut einen Monat in →Eger verbrachte und von dort auf Joseph Sebastian →Grüners Anregung einen mehrtätigen Besuch in →Marktredwitz (13. bis 18.8.1822) unternahm. Dort leitete der Chemiker und Glashüttenbesitzer Wolfgang Kaspar →Fikentscher mit seinem Sohn Friedrich Christian ein für die damalige Zeit bedeutendes Unternehmen. Besonders Letzterer führte G. die Arbeit in den Glashütten vor Augen und erfüllte dessen großen Wunsch, gefärbte und entoptische Gläser für den Apparat zur Farbenlehre zu erhalten. Am 15.8.1822 meldet das Tagebuch die Lektüre von →Kunckels Werk (aus Fikentschers Bibliothek?), nur einen Tag später wird in *Notirtes und Gesammeltes auf der Reise vom 16. Jun. bis 29. August* der Plan notiert, »eine Übersicht dieses Werks zu geben« (WA III, 8, 298). Glashüttenwesen und Glasmacherkunst sind ein durchgehendes Thema in G.s Tagebuch vom August 1822. Bald nach der Rückkehr aus →Böhmen verwirklichte G. den Plan: zwischen dem 22. und 27.9.1822 wird der Aufsatz zu *Johann Kunckel* niedergeschrieben, das Manuskript sendet er vermutlich am 13.10.1822 zum Satz, und am 9.11.1822 wird der Revisionsbogen bearbeitet. Vom 21.11.1822 bis 6.3.1823 hatte G. die erste Ausgabe von Kunckels Werk (1679) aus der Weimarer Bibliothek entliehen. Unklar bleibt, ob er einen Vergleich mit der dritten Ausgabe (1743) vornehmen oder einen Ersatz für das Exemplar von Fikentscher beschaffen wollte, das inzwischen wohl nach Marktredwitz zurückgesandt worden war.

Der letzte primär wissenschaftsgeschichtliche Beitrag, *Zu den Versammlungen deutscher Ärzte und Naturforscher*, liegt in einer Handschrift von John mit Korrekturen G.s und →Riemers vor. Der aus dem Nachlass überlieferte und erst 1895 im GJb. unter dem irreführenden Titel *Goethes Beziehungen zur Versammlung deutscher Naturforscher und Ärzte in Berlin 1828* gedruckte Text war ursprünglich für den sechsten Band von *Ueber Kunst und Alterthum* vorgesehen. Der gesamte zweite Teil folgt fast wörtlich einem Brief des Grafen →Sternberg vom 30.10.1827 (G–Sternberg 178 f.), in dem dieser über die Münchener Versammlung von 1827 berichtete. Von G. stammen nur die beiden ersten Absätze. Die →Versammlungen der deutschen Naturforscher und Ärzte gehen auf eine Initiative von G.s

Widersacher Oken zurück, der das erste Treffen 1822 in Leipzig anregte. Der Teilnehmerkreis sowie G.s Interesse an den Versammlungen wurden in den Folgejahren stets größer. Hatte er den Kongress 1826 in Dresden nur beiläufig im Tagebuch erwähnt (vgl. 29.9.1826), so nahm er am Münchener Treffen von 1827 größeren Anteil; auch zu den Versammlungen in Berlin 1828, Heidelberg 1829 und Hamburg 1830 liegen mehrere Äußerungen vor (vgl. die Übersicht in FA I, 25, 918f.). G.s Äußerungen zur Thematik sind überwiegend positiv und zustimmend, da er die persönliche Bekanntschaft der Gelehrten und ihren gegenseitigen Austausch, wie er ihn selbst in seinem Haus und auf Reisen nach Möglichkeit pflegte, als Gelegenheit zu künftiger Zusammenarbeit hoch einschätzte.

Schriften zur Wissenschafts- und Erkenntnistheorie

Bereits kurz nach der Rückkehr aus Italien, 1788/1789, kam es zu einer bedeutenden, zwischen G. und →Knebel geführten Auseinandersetzung über die Frage, wie die Wissenschaft die verschiedenen Naturreiche zu fassen und abzugrenzen habe. Knebel hatte G. Ende 1788 einen (von unbekannter Hand niedergeschriebenen und im GSA verwahrten) Aufsatz mitgeteilt, in dem es um *Die Formen des gefrierenden Waßers als Analogien höherer Naturbildungen* ging. Darin verwies er auf die große Ähnlichkeit von Eisblumen mit Pflanzenformen, Vogelfedern und Vogelflügeln. G. reagierte darauf mit einem fingierten Brief, datiert »Neapel, den 10. Jan. 178–.«, den er anonym unter dem Titel *Naturlehre* im Februar-Heft 1789 von Wielands *Teutschem Merkur* in der Rubrik *Auszüge aus einem Reise-Journal* (Nr. 9, erster Teil) publizieren ließ. Die erhaltene Handschrift von →Riemer ist eine spätere, vermutlich 1808 entstandene Abschrift. G. wies in seiner Antwort auf die große Gefahr hin, von einem Naturreich in das andere vorschnell überzugehen, vielmehr solle man lieber beobachten, wie die Phänomene sich voneinander unterscheiden als sie übereilt zu analogisieren. Schon hier werden Gedanken formuliert, die G. später vor den Verfahrensweisen einer unkritischen Naturphilosophie zurückschrecken ließen: »Die Wissenschaft ist eigentlich das Vorrecht des Menschen; und wenn er durch sie immer wieder auf den großen Begriff geleitet wird, daß das alle[s] nur ein harmonisches Eins [...] sei: so wird dieser große Begriff weit reicher und voller in ihm stehen, als wenn er in einem bequemen Mystizismus ruhte, der seine Armut gern in einer respektablen Dunkelheit verbirgt« (FA I, 25, 20). Knebel war zutiefst verärgert, auf seine persönliche Mitteilung eine gedruckte Entgegnung zu erhalten (vgl. vor allem seine Tagebuch-Eintragungen in WA IV, 9, 344). Diese muss ihm Ende Januar 1789 zugekommen sein, denn bereits am 28.1.1789 bemühte sich G., durch Karl Philipp →Moritz über Knebels Verstimmung informiert, ohne Erfolg in einem Brief an Knebel um Schadensbegrenzung. Knebel selbst informierte Johann Gottfried →Herder am 2.2.1789 ausführlich über den Vorgang und den weiteren Verlauf der Angelegenheit (vgl. GG 1, 466f.), vor allem, dass er selbst unter dem Titel *Schreiben an einen Freund, über einen aus Neapel datierten Brief im Teutschen Merkur Februar 1789* (gedruckt bei Eckle und Kuhn 2005) eine Antwort verfasst habe, die G. unter der durch Moritz als Vermittler überbrachten Androhung, die Beziehung für immer abzubrechen, gelesen habe, wodurch die Irritation ausgeräumt und die Freundschaft erneuert worden sei. Während Knebels verbitterte Antwort zumindest zeitnah ungedruckt blieb, reagierte G. nun erneut ausgleichend und lenkte seinerseits wiederum anonym mit einer *Antwort* ein, die im März-Heft 1789 des *Teutschen Merkur* als Nr. 10 der *Auszüge aus einem Reise-Journal* erschien. Beide Stücke, *Naturlehre* und *Antwort*, finden sich auch unter anderen Titeln in G.-Ausgaben, so in JA 39 als *Kristallisation und Vegetation*.

Der im Grunde beiläufige und schnell ausgeräumte Streit zwischen G. und Knebel ist in zweierlei Hinsicht bemerkenswert: Zum einen überrascht die Tatsache, dass der sonst stark auf Gesamtschau und Synthese gerichtete Blick G.s hier der scharfen Trennung der Naturreiche breiten Raum und Berechtigung gibt. Trennung und Analyse, die Kenntnisse über das Einzelne, werden hier als Voraussetzungen für die Erkenntnis einer Harmonie des Gesamten gewertet. Aufgrund der genauen Bestandsaufnahme der Natur im Detail wird der Irrweg vermieden, ihre Einheit aus einer mystifizierenden Naturphilosophie abzuleiten, die G. zeitlebens bekämpfte. Weiterhin gibt die Kontroverse mit Knebel einen wertvollen Hinweis auf G.s Einschätzung des zeitgenössisch dominierenden, vor allem von Charles →Bonnet prägnant vertretenen Stufenleitergedankens. Wie Herder lehnte G. eine durchgehende Ketten- oder Leitervorstellung für die gesamte Natur ab und sprach sich klar für eine Trennung von Anorganischem und Organischem (»Ein Salz ist kein Baum«) sowie von Flora und Fauna (»ein Baum kein Tier«; FA I, 25, 19) aus. Gerade das zeitgenössische Bestreben, *alles* – vom Mineral bis zu Gott – in ein künstliches System zu zwängen, konnte für G. nicht Gegenstand der Naturforschung, sondern allenfalls einer Naturmystik sein, die einem fruchtbaren Zusammenwirken von analytischen *und* synthetischen Forschungsmethoden den Weg verstellte. Eine gleichsam vorweggenommene Stellungnahme G.s zu der von Knebel behandelten Frage von Eisblumen und →Kristallisation findet sich in einem Brief an seinen Diener Philipp Seidel vom 29.12.1787.

Das Stück *Über die Notwendigkeit von Hypothesen* (so in LA, MA und FA, in WA unter dem Titel *Hypothese über die Erdbildung* abgedruckt), in dem G. sich über den Stellenwert von Theorien, Hypothesen, Erfahrungen und Beobachtungen äußert, ist nicht eindeutig zu datieren. Nach der Schreiberhand von Götze, der bis 1794 in G.s Diensten stand, könnte es in die Jahre 1789/1790 zu setzen sein. Max Morris (JA 40, 329) stellt den Text zusammen mit einem weiteren (geologischen) aus dem Jahr 1806 unter die Überschrift *Über die Bildung der Erde* und bezeichnet G.s Plan von 1781, einen →»Roman über das Weltall« zu schreiben (an Charlotte von Stein, 7.12.1781) als thematische Klammer. Möglicherweise ist dieser Text über naturwissenschaftliche Hypothesenbildung auch lediglich als eine Einleitung zu betrachten, da er an einer Stelle abbricht, an der die eigentliche Hypothese erst ausgedrückt werden soll (aus diesem Grund auch die Titeländerung durch LA).

Von großem Stellenwert für die Erklärung von G.s methodischem Vorgehen in der Naturforschung ist der von Schumann niedergeschriebene und von G. mehrfach korrigierte Aufsatz *Der Versuch als Vermittler von Objekt und Subjekt 1793*. Er liegt in einer auf den 28.4.1792 datierten ersten Fassung vor sowie in einer weiteren für den Druck in ZNÜ II, 1 (1823) bearbeiteten. Der Titel wurde mit großer Wahrscheinlichkeit erst vor der Drucklegung gewählt; so bat G. Riemer am 10.9.1822: »Mögen Sie, mein Werthester, beykommenden alten, aber hoffentlich nicht veralteten Aufsatz durchlesen, beachten und mir Ihre Bemerkungen gönnen. Zugleich wünschte Titel und Überschrift, die ich jetzt so wenig als vormals zu finden wüßte«. Gegenüber →Schiller nannte G. die Abhandlung am 18.7.1798 »Cautelen [Vorsichtsmaßnahmen, Bedingungen] des Beobachters«. Die Wendung »Kautelen bei den Versuchen« (FA I, 23.2, 257) findet sich auch im Göttinger *Schema der Farbenlehre* von 1801 (s. o. S. 105).

1791/1792 hatte G. seinen ersten beiden Stücke der *Beyträge zur Optik* [mehr nicht erschienen] herausgebracht, und auch *Der Versuch als Vermittler [...]* steht zunächst im Kontext erkenntnistheoretischer Probleme der Farbenlehre, verweist aber darüber hinaus auf grundlegende Fragen des Experiments in der Naturforschung. Obwohl G. bis zu diesem Zeitpunkt Newton eher über die Sekundärliteratur kannte (erste Ausleihe der lat. Ausgabe der →*Opticks* am 26.6.1792), macht dieser Aufsatz nachdrücklich den Gegenkurs zu seinem großen Kontrahenten deutlich, denn im Gegensatz zu Newton, der durch ein entscheidendes Experiment (→Experimentum crucis) einen naturwissenschaftlichen Beweis erbringen wollte, postulierte G. gerade die Gegenposition: »Ich wage nämlich zu behaupten: daß Ein Versuch, ja mehrere Versuche in Verbindung nichts beweisen, ja daß nichts gefährlicher sei als irgend einen Satz unmittelbar durch Versuche bestätigen zu wollen, und daß die größten Irrtümer eben dadurch entstanden sind, daß man die Gefahr und die Unzulänglichkeit dieser Methode nicht eingesehen«

(FA I, 25, 30f.). Als 1798 der fruchtbare Dialog mit Schiller über die Farbenlehre einsetzte, übersandte G. gleich zu Beginn des Jahres, am 10.1., seinen Aufsatz von 1792: »[...] es wird Sie gewiß unterhalten zu sehen wie ich die Dinge damals nahm«. Schiller nahm die Abhandlung mit großer Zustimmung auf, stimmte explizit G.s Vorbehalten gegen die Beweiskraft eines einzelnen Versuchs zu und erwies sich bis zu seinem Tod 1805 als Newton-Gegner an G.s Seite. Wichtiger aber ist, dass der Aufsatz laut seinem Antwortbrief vom 12.1.1798, der das Stück als eine geplante Einleitung zur *Farbenlehre* erscheinen läßt, »eine trefliche Vorstellung und zugleich Rechenschaft [hinsichtlich G.s] naturhistorischen Verfahrens« gab und »die höchsten Angelegenheiten und Erfodernisse aller rationellen Empirie« (SNA 29, 186) berührte. G. hat noch 1823 in seinem Aufsatz *Bedeutende Fördernis durch ein einziges geistreiches Wort* (s. o. S. 52) auch auf seine Abhandlung *Der Versuch als Vermittler [...]* verwiesen, um »auszusprechen, wie ich die Natur anschaue, zugleich aber gewissermaßen mich selbst, mein Inneres, meine Art zu sein, in so fern es möglich wäre, zu offenbaren« (FA I, 24, 595).

Das von Schiller gelieferte Stichwort der →»rationellen Empirie« für G.s Vorstellungsart einer wissenschaftlichen Methodik wurde von G. in seinem Aufsatz *Das reine Phänomen*, den er Schiller am 13.1.1798 ankündigte und am 17.1.1798 übersandte, unmittelbar aufgegriffen. Die Handschrift stammt von Geist und ist auf den 15.1.1798 datiert. Im GSA wird das Stück in einem Faszikel *Physik überhaupt 1798/99* aufbewahrt. Der Erstdruck in WA trägt den Titel *Erfahrung und Wissenschaft*. Wie eng dieser Aufsatz mit dem *Versuch als Vermittler [...]* in Verbindung steht, wird aus G.s Ankündigung gegenüber Schiller deutlich, er wolle mit *Das reine Phänomen* »ein Aperçu über das Ganze schreiben, um von meiner Methode, vom Zweck und Sinn der Arbeit Rechenschaft zu geben«. Und auch Schiller stellte in seinem Antwortbrief vom 19.1.1798 gleich eine Verbindung zwischen beiden Arbeiten her: »Es wird Ihnen interessant und belehrend seyn, wenn Sie Ihre Gedanken, die in jenem ältern *[Der Versuch als Vermittler ...]* und in Ihrem neuesten Aufsatz *[Das reine Phänomen]* aufgestellt sind, nach den *Kategorien* durchgehen [...]« (SNA 29, 188). Es folgte Schillers elementare Betrachtung anhand der sogenannten Kategorienprobe, wobei er G.s Vorstellungen an der Kantschen Philosophie, speziell an der Tafel der Kategorien maß, wie sie →Kant in der *Kritik der reinen Vernunft* (2. Aufl. Riga 1787, 106) niedergelegt hatte: Quantität (Einheit, Vielheit, Allheit), Qualität (Realität, Negation, Limitation), Relation (Substanz, Kausalität, Wechselwirkung) und Modalität (Wirklichkeit, Möglichkeit, Notwendigkeit). Schiller konstatierte eine Vereinbarkeit, indem er G. mitteilte: »Ihr Urtheil wird ganz bestätigt werden, und es wird ihnen zugleich ein neues Vertrauen zu dem regulativen Gebrauch der Philosophie in Erfahrungssachen erwachsen« (SNA 29, 188). Es erscheint fraglich, ob G. trotz seiner prinzipiellen Zustimmung vom 20.1.1798 dieser Feststellung in letzter Konsequenz beipflichtete, zumal für ihn Anschauen, Besinnen und Theoretisieren zusammenfielen und eine Anwendung isolierter philosophischer Überlegungen auf Erfahrungsgegenstände nicht seiner Denkart entsprach. Dennoch wird deutlich, dass G.s Dialog mit Schiller aus dem Jahr 1798 nur vor dem Hintergrund der Kantschen Philosophie überhaupt verständlich werden kann, die G. sich niemals in umfassender Weise angeeignet hat. Aus den gründlicheren Kant-Studien im Jahr 1817 erwuchsen später die Aufsätze *Einwirkung der neueren Philosophie* und *Anschauende Urteilskraft*. Im ersten reflektiert G. aus der Rückschau über sein Verhältnis zu Schiller: »Wie wunderlich es denn auch damit [G.s Kant-Rezeption und Unterschiede der Denkarten] gewesen sei trat erst hervor, als mein Verhältnis zu Schillern sich belebte. Unsere Gespräche waren durchaus produktiv oder theoretisch, gewöhnlich beides zugleich« (FA I, 24, 445). Nicht nur die Auseinandersetzung mit der Kantschen Philosophie, sondern auch wissenschaftstheoretische Fragen anderer Natur, wie sie sich aus der Ordnung der Papiere zur Farbenlehre 1798/1799 ergaben, müssen als Bezugsrahmen zu *Das reine Phänomen* gesehen werden. Wie →Phänomene einem Beobachter erscheinen und wie dabei →Subjekt und Objekt voneinander geschieden werden können, war für das methodische Vorgehen bei den Farbenstudien von äußerster Brisanz. Von besonderer Bedeutung ist die Tatsache, dass G. in *Das reine Phänomen* eine frühe Fassung des für seine Art, Wissenschaft zu betreiben, konstitutiven Begriffs des →Urphänomens vorlegt.

In engem Zusammenhang mit den vorgenannten Arbeiten steht das kleine, wohl auch im Januar 1798 entstandene Stück *Beobachten und Ordnen* (in WA *Beobachtung und Denken*), das in der Handschrift von Geist vorliegt. Auch hier geht es um die Fragen des Wissenschaftlers nach Erscheinungsweisen der Phänomene, ihrer Bearbeitung im →Versuch, der Scheidung von Subjekt und Objekt. G. kam zu dem Ergebnis, dass in einer Ordnung im Sinne einer zusammenfassenden Betrachtung die spezifischen Einzelphänomene als Teile eines übergeordneten Gesamtphänomens zu gelten haben. Das Besondere war ihm Teil des Allgemeinen, der einzelne Versuch Glied in einer Kette von mannigfaltigen Versuchen, deren Funktion es ist, das Phänomen unter möglichst vielen Bedingungen und in immer wieder neuer Perspektive zu sehen, um seiner Komplexität gerecht zu werden.

Eine späte Auseinandersetzung mit wissenschaftstheoretischen Fragen liefert der Aufsatz *Analyse und Synthese* aus dem Jahr 1829. Er liegt in der Handschrift von →Schuchardt mit Korrekturen Eckermanns vor und ist möglicherweise noch zu G.s Lebzeiten für den Druck in ALH vorbereitet worden, zumal auch die Gespräche mit Eckermann (wie *Analyse und Synthese*) mehrfach den französischen Philosophen und Schriftsteller Victor →Cousin erwähnen. Dieser hatte mehrfach Deutschland bereist, war mit →Schelling und →Hegel in Kontakt getreten und hatte G. zweimal, 1817 und 1825, in Weimar besucht. Die in *Analyse und Synthese* genannte Vorlesung von Cousin fand im Jahr 1829 statt; G. hat sie laut Tagebuch im Mai und Juli dieses Jahres studiert. Den ersten Band von Cousins dreibändigem Werk *Cours de l'Histoire de la Philosophie* mit dem Bandtitel *Introduction à l'Histoire de la Philosophie* (Paris 1828) hatte G. bereits am 24.6.1828 erworben (vgl. Ruppert 3039). Über die Lektüre berichtet das Tagebuch vereinzelt in der zweiten Jahreshäfte 1828, verstärkt dann in der Zeit zwischen Januar und April 1829. Die Bände 2 und 3 erschienen als *Histoire de la Philosophie du 18. siècle* (Bde. 1 u. 2, Paris 1829). Weitere Zeugnisse über G.s Beschäftigung mit Cousin bieten neben den Gesprächen mit →Soret und Eckermann vom 17.10.1828, 17.2., 2. u. 3.4.1829 die Bestellungen beim Frankfurter Buchhändler Carl Jügel und die Briefe an Soret vom 2.7. und 3.8.1828. Die von G. im Aufsatz gewählten Beispiele von »falschen Synthesen« (FA I, 25, 83) wie die Erklärung der Zerlegung des Lichts durch Newton sowie die der →Polarisation durch →Malus gehören zwar in den Kontext der Farbenlehre, doch ist der Text für G.s Art der Naturforschung insgesamt bedeutsam. Nicht nur, weil er an die Beispiele eine allgemeine Auseinandersetzung mit wissenschaftsmethodischen Fragen anknüpft, sondern vor allem, weil er das später in mehreren Rezeptionsphasen vermittelte Bild des Naturforschers G. als eines ausschließlich an der Gesamtschau orientierten Synthetikers korrigiert, der die Analyse als trennendes und den Zusammenhang zerstörendes Verfahren grundsätzlich abgelehnt habe. Die Abhandlung *Analyse und Synthese* entlarvt dieses Bild jedoch als äußerst einseitig, ging es G. doch gerade darum, Analyse *und* Synthese in ihrem Zusammenwirken als durchaus fruchtbar für die Wissenschaften zu erweisen, »denn nur beide zusammen, wie Aus- und Einatmen, machen das Leben der Wissenschaft« (FA I, 25, 84). Analyse und Synthese ›funktionieren‹ damit nach G.s Prinzip der Polarität, das jeweils von zwei Größen ausgeht, die sich gegenseitig bedingen, und das eine Störung erleidet, wenn sich eine davon vereinzelt in den Vordergrund schiebt. So warnt G. in *Analyse und Synthese* nicht nur vor der unkritischen Analyse, die bei ihren Trennungsverfahren das übergeordnete Ganze aus den Augen verliert, sondern auch vor der falschen Synthese, der voreilig auf vereinzelte Versuche gegründeten Behauptung eines hypothetischen Gesamtzusammenhangs. Im biologischen Bereich kann die Analyse zwar die Bestandteile der Lebewesen benennen und beschreiben, sie kann aber damit das Funktionieren eines Organismus nicht erklären, der eben nur als Gesamtsystem denkbar ist. Und auch im physikalischen und chemischen Kontext läßt sich für G. der isolierte analysierende Versuch nicht zur Grundlage erheben und zum Träger einer allgemeinen Vorstellung entwickeln. Gerade hier setzte G.s Kritik an Newton an, der mit der Spaltung des Lichts im sog. Experimentum crucis ein isoliertes Phänomen zum Beweis seiner gesamten Lehre habe machen wollen. Einen ähnlichen Vermittlungsversuch zwischen analytisch und synthetisch denkenden Naturforschern hat G. 1830, kurz nach der Entstehung von *Analyse und Synthese*, in seiner Rezension zu *Principes de Philosophie zoologique* von →Geoffroy Saint-Hilaire unternommen (s. o. S. 73–75).

Schriften zur Physik und zu einzelnen physikalischen Disziplinen

1798, im Rahmen der Diskussionen mit Schiller über Wissenschaftstheorie und Methodenlehre, versuchte G. auch, sich über die verschiedenen Disziplinen der Physik eine Übersicht zu verschaffen. Bei dem Stück *Physische Wirkungen*, in der Handschrift von Geist mit Korrekturen G.s erhalten, handelt es sich ursprünglich um eine aus verschiedenen Streifen (für die einzelnen Disziplinen) zusammengesetzte Tabelle, die G. im Anschluss durch einen kleinen Aufsatz erläuterte. Der Erstdruck in WA verwendet den Titel *Physikalische Wirkungen*, wobei generell anzumerken ist, dass G. den Begriff ›physisch‹ im Sinne von ›physikalisch‹, und nicht – wie heute üblich – von ›physiologisch‹ verwendet. Das Manuskript des Aufsatzes ist wie *Das reine Phänomen* und *Beobachten und Ordnen* Teil des Faszikels *Physik überhaupt 1798/99*. Inhaltlich weiterentwickelt hat G. seine Tabelle erst 1805/1806 in den *Physikalischen Vorträgen schematisiert*.

Über die Entstehungsgeschichte unterrichten mehrere Zeugnisse. Am 13.7.1798 wird laut Tagebuch »Das Schema der dualistischen Naturwirkungen aufgestellt«. Einen Tag später schreibt G. an Schiller, er habe »ein Schema aufgestellt worin ich jene Naturwirkungen, die sich auf eine Dualität zu beziehen scheinen, parallelisire und zwar in folgender Ordnung: /Magnetische, / elektrische, /galvanische, /chromatische und / sonore. / Ich werde des Geruchs und Geschmacks nach Ihrem Wunsche nicht vergessen«. Wiederum einen Tag später, am 15.7.1798, berichtet G. an Schiller: »Mein Schema [...] macht mir recht guten Humor, indem ich dadurch in der kurzen Zeit schon manche nähere Wege gewonnen habe. Am Ende kommts vielleicht gar aufs Alte heraus, daß wir nur wenig wissen können und daß blos die Frage ist ob wir es gut wissen«. Schiller regte am Folgetag in seiner Antwort an, auch chemische Phänomene zu berücksichtigen. Als G. am 30.7.1798 sein Schema zur endgültigen Tabelle umschrieb, beachtete er diesen Hinweis nicht, nahm aber als neue Kategorien turmalinische und perkinische Wirkungen auf. Das Mineral →Turmalin hat die Fähigkeit, sich bei Erwärmung oder Abkühlung elektrisch aufzuladen und leichte Substanzen wie Asche oder Papierschnipsel anzuziehen. Unter Perkinismus verstand man die von dem amerikanischen Arzt Elisha Perkins begründete und von seinem Sohn Benjamin in Europa verbreitete Methode, entzündete oder schmerzende Körperteile durch Berührung mit Stahl- oder Messingstäben zu behandeln.

Am 31.7.1798 schrieb G. laut Tagebuch den erläuternden Aufsatz zur Tabelle, in dem er das Schmeckbare und Riechbare, das Schiller berücksichtigt haben wollte, aus dem physikalischen Spektrum ausgliederte und an die Chemie verwies.

In der Folgezeit wandte sich G. vor allem dem →Magnetismus zu. Mit dem Titel *Magnet 1799* liegt in der Handschrift von Geist eine thesenartige Übersicht dazu vor, archivalisch bezeichnet die Überschrift jedoch einen Faszikel, der neben G.s Übersicht einen Brief des Jenaer Medizinstudenten Friedrich Wilhelm Voigt mit einer Konstruktionszeichnung eines Instruments zu magnetischen Versuchen (vgl. LA II, 1A, 535 f.) sowie die Korrespondenz mit dem Plauener Advokat Johann Gottfried Steinhäuser enthält, der später Professor für Mathematik und Physik in Wittenberg sowie für Bergwissenschaften in Halle wurde. Insbesondere dieser zwischen dem 17.9.1799 und 11.8.1800 geführte Briefwechsel (vgl. dazu Eckle 2006) zeigt G.s Bemühen, seine gründliche Beschäftigung mit dem Magnetismus im Zusammenhang mit den Texten *Physische Wirkungen* und *Magnet 1799* weiter zu vertiefen, hier speziell dem Erdmagnetismus zugewandt. Darüber hinaus wurden bei Steinhäuser zahlreiche magnetische Gerätschaften bestellt, die dieser auch teilweise nach Weimar lieferte. 40 Jahre nach den ersten, in *Dichtung und Wahrheit* (IV, 1) beschriebenen kindlichen Versuchen mit einem »Magnetstein« war G. von der Thematik vollständig ergriffen worden. Bereits am 16.7.1798 hatte G. Wilhelm von →Humboldt mitgeteilt: »Seit einigen Wochen habe ich die magnetischen Phänomene nach meiner Art auf- und zusammengestellt. Schiller nimmt an diesen Studien immer mehr Antheil, und Sie wissen was sein Antheil heißt«. Die Untersuchung magnetischer Phänomene und Überlegungen zur Farbenlehre gingen bei G. Hand in Hand. Einen deutlichen Beweis davon liefert die am 15.11.1798 im Anschluss an eine Unterhaltung des Vorabends mit Schiller angefertigte Farbtafel *Symbolische Annäherung zum Magneten* (s. o. S. 100). Nach G.s Auffassung mussten sich Leitideen seiner Naturanschauung wie Polarität und Steigerung, Einheit und Harmonie, phänomenale Vielfalt und einfache Grundmuster in allen Bereichen der Naturlehre, in den magnetischen Erscheinungen ebenso wie in der Farbenlehre, in Elektrizität und Galvanismus wie in der Chemie zeigen. Der methodischen Durchführung dieses Grundgedankens diente bereits die Tabelle *Physische Wirkungen* aus dem Juli 1798. Aber auch, wenn G. im Folgenden in den praktischen physikalischen Versuchen ins Detail ging, blieb dieser Grundgedanke stets sichtbar.

Zwischen dem 2.10.1805 und 11.6.1806 hielt G. jeweils an einem Mittwochvormittag physikalische Vorlesungen für einen Kreis von Damen am Weimarer Hof, darunter Herzogin Luise, Charlotte von Stein, Sophie von Schardt, Charlotte von Schiller u. a. Diese sogenannte →»Mittwochsgesellschaft« beschäftigte sich mit den Themen Magnetismus (2., 9. und 16.10.1805), Turmalin (23.10.1805), Elektrizität (30.10. und 20.11.1805), Luft (27.11., 4. und 12.12.1805) und Galvanismus (22. und 31.1., 7.2.1806), aber auch mit Optik und Farbenlehre (s. o. S. 107 f.). Unter dem Titel *Physikalische Vorträge schematisiert 1805–1806* sind diese Vorlesungen in G.-Ausgaben eingegangen. In der Regel handelt es sich um stichwortartige Notizen für den mündlichen Vortrag, bei dem jeweils die Versuchsdemonstrationen im Vordergrund standen.

An Zelter schrieb G. am 18.11.1805, er »habe auch wöchentlich einen Morgen eingerichtet, an dem ich einer kleinen Societät meine Erfahrungen und Überzeugungen, natürliche Gegenstände betreffend, vortrage. Ich werde bey dieser Gelegenheit erst selbst gewahr, was ich besitze und nicht besitze«. Luise von →Göchhausen hatte bereits am 4.11.1805 Karl August Böttiger mitgeteilt: »*Goethens* wissenschaftliche Bemühungen zu Gunsten eines kleinen Zirkels von Damen [...] haben wieder ihren guten Fortgang. Mittwochs von 10–1 Uhr hält er über verschiedentliche naturhistorische Gegenstände Vorlesungen [...]. Diese sind wirklich sehr lehrreich und unterhaltend« (EGW 4, 395).

G. konnte für die Vorträge zumindest partiell auf große Kompendien seiner Zeit zurückgreifen: Johann Samuel Traugott Gehlers *Physikalisches Wörterbuch [...]* (6 Bde., Leipzig 1787–1796) hatte er bereits teilweise auf der Campagne in Frankreich (1792/1793) mit sich geführt. Von Johann Carl Fischers *Physikalischem Wörterbuch [...]* (10 Bde., Göttingen 1798–1828) besaß er die ersten fünf Bände (Ruppert 4554). Der gleiche Autor hatte auch eine achtbändige *Geschichte der Physik [...]* (Göttingen 1801–1808) verfasst, deren erste vier Bände in G.s Bibliothek nachgewiesen sind (Ruppert 4553). Bei der Konzeption der Vorträge war G. auch die soeben erschienene und von Ludwig Wilhelm →Gilbert erweiterte 2. Aufl. von Johann Gottlieb Friedrich Schraders *Grundriß der Experimentalnaturlehre [...]* (Hamburg 1804; Ruppert 5082) hilfreich. Daneben standen die zahlreichen Schriften von Johann Friedrich August →Göttling (Ruppert 4607–4614), der *Grundriß der Naturlehre* des wegen seiner Kritik an den *Beyträgen zur Optik* ungeliebten Friedrich Albert Carl →Gren (Halle 1793; Ruppert 4621), die großen, G. aber unsympathischen Werke der Franzosen Jean Baptiste →Biot und René Just →Haüy

(Ruppert 4387 u. 4648), die Beiträge Johann Wilhelm →Ritters zum Galvanismus (Ruppert 5021 f.) sowie zahlreiche weitere, teilweise sehr spezielle Titel zur Naturlehre.

Auf den 2.10.1805 ist die *Einleitung* zu den physikalischen Vorträgen datiert. Teile dieses Textes, der überwiegend von Riemer mit Ergänzungen von G. niedergeschrieben ist, wurden von G. mehrfach überarbeitet. Sie zeigen den vermittelnden Charakter dieser Aufzeichnungen zwischen methodologischen Überlegungen zur Physik und dem konkreten Anlass, physikalische Disziplinen einem Publikum vorzustellen. Im Zentrum steht die Darstellung von Polarität als allgemeinem Naturphänomen. Wohl aus diesem Grund druckte WA diese *Einleitung* unter dem Titel *Polarität* ab. Auffällig sind viele Wendungen, die G. noch in seinem Alterswerk als Aphorismen und Sentenzen verwendete und die als konstitutiv für seine Naturforschung gelten können, beispielsweise: »Und so führt uns das Besondre immer zum Allgemeinen, das Allgemeine zum Besondern«. Oder: »Was in die Erscheinung tritt, muß sich trennen um nur zu erscheinen. Das Getrennte sucht sich wieder und es kann sich wieder finden und vereinigen [ ]« (FA I, 25, 142 f.).

Das Stück *Symbolik*, von G.s Hand überliefert, leitete den Vortrag über Elektrizität am 30.10.1805 ein. Offenbar weist eine Äußerung Riemers vom 21.10.1805 darauf hin: »Alle unsere Erkenntnis ist symbolisch. Eins ist das Symbol vom andern: die magnetischen Erscheinungen Symbol der elektrischen, zugleich dasselbe und zugleich ein Symbol der andern. Ebenso die Farben durch ihre Polarität symbolisch für die Pole der Elektrizität und des Magnets. Und so ist die Wissenschaft ein *künstliches* Leben, aus Tatsache, Symbol, Gleichnis wunderbar zusammengeflossen« (BG 5, 661). Genauere Aufschlüsse über G.s Ausführungen liefern die Aufzeichnungen von Charlotte von Schiller und Sophie von Schardt (vgl. EGW 4, 394 f.).

Zu den einzelnen Vorträgen können an dieser Stelle nur einige Angaben zur Überlieferung gemacht werden. Informationen zum wissenschaftsgeschichtlichen Hintergrund und Belegstellen aus den oben genannten Kompendien liefert der Kommentar in FA I, 25, 964 f. (Magnetismus), 968 f. (Turmalin), 971–973 (Elektrizität), 977–979 (Luft) und 984 f. (Galvanismus). – Die Vorträge zum Thema *Magnet* vom 2., 9. und 16.10.1805 sind in einer Handschrift von Riemer überliefert. Im Erstdruck in WA sind sie mit *Magnet 1799* (s. o. S. 231 f.) zu einem Text verschmolzen. – Die Ausführungen über den Turmalin vom 23.10.1805 sind ebenfalls von Riemer niedergeschrieben. Der Erstdruck in WA trennt den letzten Absatz des Textes ab und bringt diesen an anderer Stelle unter dem Titel *Allgemeines*. – Mit *Elektrizität*, wiederum von der Hand Riemers überliefert, beschäftigten sich die Vorträge am 30.10. und 20.11.1805. Die irreführende Gliederung in WA wurde von LA korrigiert. Aus einem Brief Charlotte von Steins an ihren Sohn Fritz vom 24.11.1805 geht hervor, dass weitere Versuche zur Elektrizität am Abend des 22.11.1805 vorgesehen waren, doch Herzogin Luise wünschte »einen Abend einmahl vor sich zu haben« (EGW 4, 396). – Die Vorlesungen über *Luft* vom 27.11., 4. und 12.12.1805 liegen als Konzept von G.s Hand vor. Zwei im Erstdruck in WA unter den Lesarten gedruckte Stellen wurden von LA dem Text zugefügt. Der letzte Termin war ausnahmsweise ein Donnerstag. Das Thema wurde auch außerhalb der »Mittwochsgesellschaft« aufgegriffen. Unter dem 24.11.1805 notierte Knebel in sein Tagebuch: »Nachm. bey Hofr. Voigt die Experimente mit der Luftpumpe in Göthes Gesellschaft gesehen« (BG 5, 669). – Die Vorträge über *Galvanismus* fanden am 22. und 31.1. sowie 7.2.1806 statt und liegen in der Handschrift überwiegend von Riemer, mit Ergänzungen G.s, vor. LA stellte gegenüber dem Erstdruck in WA die richtige Anordnung her. Das Tagebuch erwähnt zwischen dem 15.1. und 7.2.1806 mehrfach Versuchsvorbereitungen, die Vorträge selbst und weitere Einzelheiten zum Thema. Bei der Zusammenstellung des galvanischen Apparats konnte G. auf seine gemeinsamen Experimente mit Johann Wilhelm Ritter zurückgreifen (vgl. Klinckowström 1921).

Eine Fortsetzung der Vorträge über Physik und Farbenlehre aus den Jahren 1805/1806 liefern die *Physikalischen Vorlesungen 1808*, die in G.s Handschrift erhalten sind. Bereits auf den Herbst 1806 datieren Entwürfe zu einem geologischen Vortrag (*Bildung der Erde*; vgl. FA I, 25, 527–539), den G. aber nicht gehalten hat. Am 1.4. und 8.4.1807 sprach G. über geologische Themen (vgl. ebd. 540–542) und am 8.4., 6.5. sowie 13.5.1807 über botanische Gegenstände (vgl. FA I, 24, 396f. und 1038). Im Winter 1807/1808 hat G. die Gesellschaft nachweisbar am 23. und 30.12.1807, am 6., 13., 20. u. 27.1., am 10.2., am 2., 9., 16., 23. u. 30.3. sowie am 6.4.1808 zu Gast gehabt. Nur für das letzte Datum, das auch in *Physikalische Vorlesungen 1808* genannt wird, ist eine physikalische Themenstellung zu verifizieren. Der erste undatierte Teil bezieht sich auf Magnetismus und schließt an die entsprechenden Vorträge bzw. Stoffsammlungen von 1799 (*Magnet 1799*) und 1805 (*Magnet*: 2., 9. und 16.10.1805) an. Eine Vorlesung zum Magnetismus aus dem Jahr 1808 ist jedoch nicht belegbar. Im zweiten Teil mit dem Datum 6.4.1808 behandelte G. die neuesten Erkenntnisse des Galvanismus, die sich aus der elektrolytischen Darstellung der Elemente Natrium und Kalium im Jahr 1807 durch Humphry Davy in England (vorgeführt am 19.11.1807 auf der Sitzung der Royal Society in London) ergeben hatten. Diese Experimente wurden in Deutschland sowohl von Johann Wilhelm Ritter, der in seiner Jenaer Zeit um 1800 zusammen mit G. galvanische Phänomene demonstriert hatte, an der Bayerischen Akademie der Wissenschaften in München als auch von Thomas Johann →Seebeck in Jena nachvollzogen. Einen detaillierten Einblick erlaubt die Korrespondenz zwischen G. und Seebeck aus dieser Zeit (vgl. Hecker 1924: G–Seebeck). Am 26.1.1808 hatte Seebeck G. von Davys Entdeckung unterrichtet; am 16.2. konnte er die erfolgreiche Wiederholung in Jena bestätigen (vgl. auch Knebel an G., 26.2.1808; Ch. von Stein an Knebel, 8.3.1808). Ein erster Bericht Seebecks erschien im *Intelligenzblatt* der JALZ (Nr. 10 vom 26.2.1808).

G. hatte schon am 24.2.1808 Seebeck zu dessen Erfolgen gratuliert und mit gleichem Datum Caroline von Wolzogen eine mögliche Demonstration angekündigt. Als er am 7.3.1808 als Beilage eines Briefes vom 28.2. von Friedrich Heinrich →Jacobi, dem Präsidenten der Bayerischen Akademie der Wissenschaften, Ritters Manuskript über den Gegenstand erhielt, reichte er es noch am gleichen Tage an Seebeck weiter, mit der Bitte, einen Auszug für das *Intelligenzblatt* der JALZ anzufertigen (erschienen in Nr. 14 vom 16.3.1808; dazu G. an Jacobi, 31.3.1808). Seebeck hatte inzwischen auch Nachrichten von Ritter aus München bekommen.

Schon am 7.3.1808 hatte G. gegenüber Seebeck geäußert, er »wünsche [...] nun nichts mehr als bald in Jena selbst Zeuge von Ihren glücklichen Bemühungen zu seyn«. Am 29.3.1808 folgte die Einladung G.s an Seebeck zur Demonstration in Weimar (G–Seebeck 165), nachdem G. in der Zwischenzeit (17.–21.3.) in Jena selbst Einblick in die Versuche hatte nehmen können (dazu Tgb, 20.3.1808; an Charlotte von Stein, 27.3. und 4.4.1808). Die Experimente wurden am 6., 7. und 8.4.1808 mehrfach in G.s Haus demonstriert (vgl. Tgb, 4.–8.4.1808). Gäste waren Herzog Carl August, Bernhard August von →Lindenau, Maria Pawlowna, Johanna Schopenhauer u. a.

Über methodische Fragen der Physik reflektiert G. in seinem Aufsatz *In Sachen der Physik contra Physik*, der von der Hand Riemers erhalten ist. Hinweise auf die Entstehung liefert das Tagebuch vom 16.4.1819 (»Das Trennungs-Schema der Physik durchgedacht.«) und vom 19.7.1819 (»Fortgesetzte Gedanken über das Verhältniß der Mathematik zur Physik.«). Eine erste Niederschrift muss jedoch bereits früher geschehen sein, denn anlässlich der Neubesetzung des Direktorats der Jenaer Sternwarte nach dem Ausscheiden Carl Dietrich von Münchows schrieb G. am 31.3.1819 an Bernhard August von Lindenau: »Und so will ich denn gleich jetzt nicht verhehlen, daß ich mich schon längst mit dem Gedanken trage, mathematische und chemische Physik zu trennen [...]. Sind Ew. Hochwohlgeboren diesem Gedanken nicht ganz abgeneigt, so kann ich ein längst entworfenes Schema mittheilen, wo ich tabellarisch einen Theilungstractat aufgeführt habe, um zu bezeichnen, was dem Mathematiker und dem Chemiker zufiele; einer verwiese sodann auf den andern, einige Capitel behandelten sie gemeinschaftlich; alles was über die Erfahrung hinaus geht, überließen sie den Philosophen«. G. nahm in seinem Schema zwei wesentliche Einteilungen vor. Zunächst verwies er das Metaphysische, über die Erfahrung Hinausgehende, an den Philosophen, ein Verfahren, das er z. B. schon 1796 in einem Brief an →Soemmerring angewendet hatte (vgl. G-Soemmerring 106 f.), als er in dessen Werk *Über das Organ der Seele* eine Vermischung der empirisch-naturwissenschaftlichen und metaphysisch-philosophischen Ebene festzustellen glaubte. In einem zweiten Schritt verteilte G. die physikalischen Disziplinen auf die Zuständigkeiten von Mathematik und Chemie. Hierbei ging es G. vor allem um das Desiderat einer vernünftigen Arbeitsteilung und Zusammenarbeit, schließlich den Wunsch, die Vormachtstellung einer Wissenschaft auf Kosten einer anderen zu verhindern (wie er es in seinem Aufsatz *Über Mathematik und deren Mißbrauch so wie das periodische Vorwalten einzelner wissenschaftlicher Zweige* unmißverständlich ausgesprochen hat, s. u. S. 240 f.). Das Schema stellt insofern ein bezeichnendes wissenschaftshistorisches Dokument dar, als es im Ansatz den Trend zur Spezialisierung am Beginn des 19. Jh.s wiedergibt. Nannten sich die wesentlichen Lehrbücher um die Jahrhundertwende noch *Naturlehren*, so verlangten hier die Einzeldisziplinen eine gesonderte Thematisierung ihrer Inhalte. Die großen Entdeckungen dieser Zeit, wie sie mit den Stichworten der Lavoisierschen Chemie, des Galvanismus oder der Elektrochemie umschrieben werden können, drängten zu einer Neuordnung des wissenschaftlichen Stoffes.

Schriften im physikalischen Kontext aus konkreter Veranlassung

Der Aufsatz *Jenaische Museen und Sternwarte*, von dem eine Handschrift nicht überliefert ist, steht in engem Zusammenhang mit der Gründung einer Sternwarte in Jena. G. ließ ihn im *Intelligenzblatt* der JALZ (Nr. 2, Januar 1814) ohne Verfasserangabe abdrucken, zusammen mit einer näheren Beschreibung der darin erwähnten Luftpumpe durch den Jenaer Hofmechaniker Johann Christian Friedrich →Körner und einer Tafel dazu. Die wohl in den ersten Tagen des Jahres 1814 entstandene Abhandlung wurde vermutlich in Zusammenarbeit mit Carl Dietrich von Münchow, dem ersten Direktor der Sternwarte in Jena, verfasst.

In Thüringen war bereits in den achtziger Jahren des 18. Jh.s eine Sternwarte auf dem Seeberg bei Gotha durch Herzog →Ernst II. von Sachsen-Gotha und Altenburg eingerichtet und unter die Leitung des Freiherrn Franz Xaxer von →Zach gestellt worden. Ob G. daran Anteil hatte, wird kontrovers diskutiert (vgl. Wattenberg 1969, 80–84). Der von Herzog Carl August 1811 entworfene Plan, auch in Jena eine Sternwarte zu begründen, wurde durch astronomische Ereignisse der Vorjahre mitveranlasst: die Entdeckung der Kleinplaneten zwischen Mars und Jupiter sowie das Auftreten eines Kometen im Frühjahr 1811. Da G. die Oberaufsicht über die herzoglichen Anstalten für Kunst und Wissenschaft innehatte (vgl. Schmid 1979), denen 1812 gegen G.s Wunsch auch die in Planung befindliche Sternwarte unterstellt wurde, wird die Gründungsentscheidung des Herzogs in enger Beratung mit G. gefallen sein. Bis 1831 werden die amtlichen Pflichten hinsichtlich der Sternwarte in den Tagebüchern hin und wieder erwähnt (z. B. am 24.1.1824 und 24.1.1831).

Der Bau der Sternwarte auf dem ehemals von Schiller bewohnten Grundstück fällt vornehmlich in die zweite Jahreshälfte 1812. Im gleichen Jahr wurde Carl Dietrich von Münchow zum ersten Direktor berufen; 1819 folgte Friedrich Posselt von der Göttinger Sternwarte, nach dessen frühem Tod 1823 mit Ludwig Schrön ein Landvermesser, der eine mathematische und keine astronomische Fachausbildung genossen hatte. Im Laufe der im September 1813 begonnenen Beobachtungstätigkeit der zunächst gut ausgestatteten Sternwarte (vgl. Kaiser 1951) verlagerte sich der Schwerpunkt immer mehr von der Astronomie auf die Meteorologie. Hier lagen auch G.s engere Verbindungen zur Jenaer Sternwarte, wie auch der Stellenwert der Meteorologie gegenüber der Astronomie in G.s Gesamtwerk unterstreicht. G. war zwar kein ausgesprochener Gegner der Astronomie, gegenüber Eckermann bekannte er jedoch am 1.2.1827, dass er sich »nie mit Astronomie beschäftiget habe, weil hiebei die Sinne nicht mehr ausreichen, sondern weil man hier schon zu Instrumenten, Berechnungen und Mechanik seine Zuflucht nehmen muß, die ein eigenes Leben erfordern und die nicht meine Sache waren« (FA II, 12, 233). Astronomische Aspekte finden sich auch in G.s Dichtungen, vor allem in *Wilhelm Meisters Wanderjahren*, so der Besuch Wilhelms auf der Sternwarte (I, 10) und Makariens Ansichten über das Sonnensystem (III, 15). Vgl. hierzu im Einzelnen Wattenberg 1969, Irmscher 1993 und vor allem Ishihara 1998.

Den Aufsatz *Physisch-chemisch-mechanisches Problem*, von dem eine Handschrift nicht überliefert ist, veröffentlichte G. in ZNÜ II, 1 (1823). Der thematisierte Sachverhalt - verkohlte Holzkugeln nach Blitzeinschlag in einer Mühle - ist Gegenstand einer mehrschichtigen Korrespondenz zwischen dem Greifswalder Mathematiker und Physiker Johann Karl Fischer, dem Mineralogen Johann Georg →Lenz, G. und dem Chemiker Johann Wolfang →Döbereiner. Fischer hatte das behandelte Phänomen im November 1822 Lenz mitgeteilt. G. bekam davon am 29.11.1822 durch Lenz und am 1.12.1822 von Döbereiner (der wiederum von Lenz informiert worden war) Kenntnis. Am 6.4.1823 erhielt G. von Lenz das Original der ersten Anzeige von Fischer und dessen inzwischen angestellte Interpretation des Vorgangs. Beides sandte G. am 30.4.1823 an Döbereiner, dessen Ergebnisse inzwischen längst (unter dem Datum 12.1.1823) in den von Ludwig Wilhelm Gilbert herausgegebenen *Annalen der Physik und der physikalischen Chemie* (13, 1823, 113 f.) erschienen waren. Döbereiner antwortete am 5.5.1823. Darauf folgt G.s Aufsatz, der wohl am 14.5.1823 in die Druckerei nach Jena ging (vgl. Tgb und QuZ 4, 408, 1540). Die Druckbogen bearbeitete G. am 12.6.1823 (vgl. Tgb und QuZ 4, 412, 1555). Die genannten Zeugnisse der Entstehungsgeschichte sind im Zusammenhang abgedruckt bei Schmid 1935.

Christian Heinrich Müller berichtete im *Siebenten Bulletin der naturwissenschaftlichen Section der schlesischen Gesellschaft für vaterländische Cultur im Jahre 1825* (Außerordentliche Beilage zu No. 135 der *Neuen Breslauer Zeitung* vom 27.8.1825) auf S. 24: »Auf die im 2ten Band ›Zur Naturlehre von Hr. v. Göthe‹ [ZNÜ II, 1] enthaltene Aufforderung wegen Entstehung der Kugeln von verkohlten Holzspähnen, die man in den Höhlungen einer vom Blitz getroffenen Windmühl-Welle gefunden hat, und die Prof. Döbereiner in Gilberts Annalen, (73. Band [entspricht Bd. 13 der *Annalen der Physik und der physikalischen Chemie*] p. 114.), als durch den Blitz gebildet betrachtet, erwähnte der Sekretair d.[er] G.[esellschaft], daß schon vor vielen Jahren der verstorbene Hütten-Rath Abt, eine von solchen Kugeln dem Hr. Ass. Dr. Günther gegeben hat, die sich in den Zapfen-Erweiterungen der Welle eines nicht vom Blitz getroffenen Werkes fanden, und die sich offenbar blos als abgeriebene Holztheilchen der Welle zeigten, die durch deren Rotation verkohlt, und zu Kugeln zusammengeballt worden waren« (mit Verweis auf diese Quelle fast textgleich auch im *Archiv für die gesammte Naturlehre*, hg. von Kastner, 6, 1825, 479).

Die Diskussion des mitgeteilten Phänomens konzentrierte sich auf die Frage, ob die beschriebene Erscheinung nur durch die Beteiligung eines Blitzes erklärt werden könne. Döbereiner war zunächst davon überzeugt, wie sein Brief an G. vom 1.12.1822 sowie sein Artikel in den *Annalen der Physik und der physikalischen Chemie* von Anfang 1823 beweisen. Fischer, der Initiator der Diskussion, neigte der gegenteiligen Meinung zu, und auch Döbereiner nahm später, nachdem er Fischers Interpretation kennengelernt hatte, seine Thesen teilweise wieder zurück (vgl. Döbereiner an G., 5.5.1823). Tatsächlich handelte es sich bei dem Phänomen »um eine rezente unter gleichmäßiger Rotation langsam entstandene Braunkohlenbildung«, eine Erscheinung also, die ohne jegliche Mitwirkung von Elektrizität abläuft (vgl. Schuster 1911, 727).

Interessant ist, dass G. in seinem Aufsatz wohl Lenz und Döbereiner, nicht aber Fischer nennt, obwohl er dessen Mitwirken an der Diskussion kannte. Günther Schmid neigt in seiner Analyse der Entstehungsgeschichte der Auffassung zu, dass dies kein Zufall sei und in Fischers Ablehnung von G.s *Farbenlehre* begründet liege (vgl. Schmidt 1935, 167 f.).

Naturphilosophische Schriften

G.s Art, die Natur zu betrachten und ihren grundlegenden Gesetzen nachzuspüren, belegen zumindest im Ansatz die beiden naturphilosophischen Stücke *Die Natur* und *Studie nach Spinoza.* Beide sind früh, in den 1780er Jahren, entstanden. Die *Studie* macht in der ersten intensiven Auseinandersetzung mit der Philosophie →Spinozas wesentliche Positionen G.s, so die Ablehnung der teleologischen Denkweise in der Naturforschung, deutlich. Das *Natur*-Fragment gilt, obwohl von Georg Christoph →Tobler verfasst, als beispielhafte Demonstration, wie G. in seiner frühen Weimarer Zeit die Natur sah, eine Vorstellung, die sich aber mit der Zwischenkieferentdeckung (1784) und der ersten italienischen Reise (1786–1788) maßgeblich modifizierte. Rund 45 Jahre später (1828) hat G. in seiner *Erläuterung zu dem aphoristischen Aufsatz ›Die Natur‹* auf diese frühen Gedanken zurückgeblickt.

Die Handschrift des Aufsatzes *Die Natur* von G.s Diener Philipp Seidel, mit Korrekturen G.s, diente als Manuskriptvorlage für das in nur elf Exemplaren handschriftlich vervielfältigte *Tiefurter Journal*, in dessen 32. Stück, Ende 1782 oder Anfang 1783, die Abhandlung erstmalig erschien. Ein Exemplar befindet sich im Thüringischen Hauptstaatsarchiv Weimar (→Journal von Tiefurt). Der Name der ›Zeitschrift‹ weist auf Schloß Tiefurt im Nordosten Weimars, ab 1781 Sommersitz der Herzogin Anna Amalia und Ort zahlreicher Zusammenkünfte und Abendgesellschaften. So kann das *Tiefurter Journal*, zwischen 1781 und 1784 mit Beiträgen von G., Herder, Knebel u.a. von der Herzogin herausgegeben, als Dokument gesellig-literarischen Austausches in Weimar gelten.

Der Titel der Abhandlung über die Natur wechselte mehrfach. Das *Tiefurter Journal* wählte (von Friedrich Hildebrand von Einsiedels Hand) die Überschrift *Fragment*, für ALH nahmen Eckermann und Riemer den Titel *Die Natur. Aphoristisch. (Um das Jahr 1780.)* (vgl. dazu F. v. Müller an Eckermann, 20.3.1833; QuZ 3, 177).

Der gemäß den Gepflogenheiten des *Tiefurter Journals* anonym erschienene Beitrag stammte, auch entgegen den ersten zeitgenössischen Urteilen, nicht von G., sondern von Georg Christoph Tobler, einem Schwager Lavaters. G. hatte Tobler auf seiner zweiten Reise in die →Schweiz (1779) kennengelernt. Dieser hielt sich 1780/1781 in Weimar und Jena auf. Das Fragment stammt aus der Zeit zwischen 1780 und 1782. Die Autorschaft Toblers ist durch einen Brief Charlotte von Steins an Knebel vom 28.3.1783 bezeugt: »Goethe ist nicht der Verfasser wie Sie es glauben von dem tausendfältigen Ansichtenbilde der Natur; es ist von Tobler« (FA I, 25, 861). Knebel hatte G. für den Verfasser gehalten (vgl. Knebels Tgb vom 20.1.1783), was dieser selbst gegenüber Knebel am 3.3.1783, allerdings ohne Namensnennung Toblers, korrigierte: »Der Aufsatz im Tiefurther Journale deßen du erwehnest ist nicht von mir, und ich habe bißher ein Geheimniß draus gemacht von wem er sey. Ich kann nicht läugnen daß der Verfasser mit mir umgegangen und mit mir über diese Gegenstände oft gesprochen habe. Es hat mir selbst viel Vergnügen gemacht und hat eine gewiße Leichtigkeit und Weichheit, die ich ihm vielleicht nicht hätte geben können«.

Der Aufsatz wird in der Regel in G.-Ausgaben aufgenommen, da er einen guten Einblick in G.s typische Naturauffassung der frühen Weimarer Zeit bietet. In hymnischem und rhapsodischem Stil wird die Allmacht der Natur gepriesen, deren Mutter- und Künstlercharakter unter zahlreichen Aspekten angesprochen wird. Die Diktion des Fragments erscheint stark zeitbedingt und steht unter dem Einfluss von →Leibniz und Shaftesbury. Doch hat G. die hier dargestellte Anschauung der Natur mit ihren stark antithetischen Wirkungsweisen und vermittelten Stimmungslagen schon bald überwunden, die Antithetik in der Vorstellung der Polarität aufgehoben und relativiert und schließlich das Moment der Steigerung zusätzlich eingeführt. Die maßgebliche in diesem Sinne vorgenommene Kommentierung des *Natur*-Fragments stammt von G. selbst:

Die *Erläuterung zu dem aphoristischen Aufsatz ›Die Natur‹* liegt von Schreiberhand mit Korrekturen Eckermanns vor. G. verfügte noch, sie in ALH aufzunehmen. Die Überschrift stammt von

Eckermann und lehnt sich eng an einen Vorschlag von G.s Testamentsvollstrecker Friedrich v. Müller an, dem G. 1828 die *Erläuterung* hatte zukommen lassen (vgl. Müller an Eckermann, 20.3.1833 sowie die Antwort Eckermanns vom gleichen Datum; QuZ 3, 176f.). Veranlassung für den Aufsatz war eine Anfrage des Kanzlers Friedrich von Müller vom 23.5.1828, über die G. in sein Tagebuch unter gleichem Datum notierte: »Herr Canzler von Müller brachte einen merkwürdigen naturphilosophischen Aufsatz aus der brieflichen Verlassenschaft der Frau Herzogin Amalie [Anna Amalia]. Frage: ob er von mir verfaßt sey?« Darauf folgte umgehend G.s auf den 24.5.1828 datierte *Erläuterung*, die Müller am Folgetag kommentierte: »Vorstehender Aufsatz, ohne Zweifel von Göthe, wahrscheinlich für das Tiefurter Journal bestimmt, von Einsiedeln dazu mit Nr. 3 bezeichnet, und also etwa aus den ersten 80ger Jahren, jedoch vor der Metamorphose der Pflanzen geschrieben, wie G. selbst mir die Vermuthung äußerte, war mir am 24. May 1828 von ihm communicirt [...]. Da er ihn drucken lassen wird, so habe ich kein Bedenken gefunden, ihn vorläufig abzuschreiben. G. drückt sich sehr anmuthig darüber aus. Er nannte es ein Comparativ, der auf ein Superlativ hindeute, der ihn noch nicht bringe. Der Verfasser befindet sich *besser* dran als ein Philister. Er ist *weiter*, aber es fehlt noch die Vollendung« (Unterhaltungen 276). Ergänzend notierte Müller wenige Tage später, nun Seidel für den Autor haltend: »Nach einem Gespräch (den 30. May 1828) bekennet sich G. nicht mit voller Überzeugung ganz dazu; und auch mir hat geschienen, daß es zwar seine Gedanken aber nicht von ihm selbst sondern per traducem niedergeschrieben. Die Handschrift ist Seidels, des nachherigen Rentbeamten, und da dieser in Goethes Vorstellungen eingeweiht war, und eine Tendenz zu solchen Gedanken hatte, so ist es wahrscheinlich [...] daß jene Gedanken als aus Goethes Munde collectiv von ihm niedergeschrieben. Auch Serenissimus [Carl August], der diesen Aufsatz aus dem Nachlass der Herzogin Amalie an Goethen dieser Tage mitgetheilt, soll einer ähnlichen Meinung seyn, nämlich daß der Aufsatz von Seidels Hand und Auffassung herrühre« (Unterhaltungen 276; vgl. auch Müller an den Grafen Reinhard, 14.7.1828; Unterhaltungen 349).

Gewichtigstes Moment von G.s Kommentierung ist die Eindämmung des Euphorischen sowie die Relativierung der negativen Wirkungen der Natur durch den Hinweis auf Polarität und Steigerung – beides Schlüsselbegriffe zum Verständnis von G.s Natur- und Weltanschauung – als die »zwei großen Triebräder aller Natur« (FA I, 25, 81), womit auch ein Fazit seines naturphilosophischen Denkens gezogen wird. Gegensätze werden als Teile eines zusammengehörenden Ganzen betrachtet; das vereinzelt Herausgelöste und Betrachtete kann nur in seiner erneuten Verbindung mit dem Ganzen sinnvoll werden, wie die Einsicht in die umfassende verbindende Ordnung erst ein Trennen und Analysieren möglich macht und dieses gleichermaßen voraussetzt. Diese Maxime durchzieht G.s sämtliche naturwissenschaftliche Schriften, wird aber auch als erkenntnistheoretisches Problem gesondert thematisiert (vgl. *Analyse und Synthese*, s. o. S. 230f.).

Die Handschrift der *Studie nach Spinoza*, von G. ohne Titel wohl Ende 1784 oder Anfang 1785 Charlotte von Stein diktiert, wurde in G.s Nachlass aufgefunden (dazu Suphan 1891). Der Erstdruck im GJb. (1891) trug die Überschrift *Aus der Zeit der Spinoza-Studien Goethes. 1784–85.*

G. erwähnte Spinoza erstmalig im Februar 1770 in den *Ephemerides* (Steiger/Reimann 1, 346) und sprach in diesem Zusammenhang, möglicherweise in Anlehnung an das von Gottsched übersetzte *Dictionnaire historique et critique* (1741–1744) des Pierre Bayle, das in der Bibliothek von G.s Vater stand, von einer Irrlehre. Weitere, aber noch nicht sehr tiefgehende Studien fielen in den April und Mai 1773, als sich G. mit dem Werk des Johannes Colerus *Das Leben des Benedict von Spinoza* von 1733 auseinandersetzte; darüber berichtete er am Anfang des 16. Buches von *Dichtung und Wahrheit* (vgl. FA I, 14, 728–733). An Ludwig Julius Friedrich Höpfner in Gießen schrieb G. am 7.5.1773: »Ihren Spinoza hat mir Merck geben. Ich darf ihn doch ein wenig behalten? Ich will nur sehn wie weit ich dem Menschen in seinen Schachten und Erzgängen nachkomme«. In dieser Zeit wirkt die Spinoza-Lektüre auch in den Diskussionen mit →Lavater und in der Hymne *Prometheus* (wohl Herbst 1774) nach.

Intensive Studien über Spinozas Werk, vor allem die *Ethik*, brachten die Jahre 1784 und 1785, die Zeit, aus der auch - so die bis vor kurzem allgemein vertretene Ansicht (s. u.) - die *Studie nach Spinoza* stammt. Sie standen in engem Kontext der Diskussionen mit F. H. Jacobi und J. G. Herder und sind durch zahlreiche Zeugnisse belegt (Zusammenstellung bei Warnecke 1908, 50–53). Jacobi hatte sich vom 18. bis 29.9.1784 in Weimar aufgehalten. In den Gesprächen war es auch um Spinoza gegangen, zumal Jacobi bereits Ende 1783 den ersten Teil seines Manuskriptes *Über die Lehre des Spinoza in Briefen an den Herrn Moses Mendelssohn*, 1785 erschienen und zum Auslöser des sog. Pantheismusstreits zwischen Jacobi und Mendelssohn geworden, nach Weimar gesandt hatte. G. wurde nicht zuletzt das persönliche Zusammentreffen mit Jacobi zum Anlass, selbst die *Ethik* des Spinoza zu studieren; dieses geschah gemeinsam mit Charlotte von Stein, die von Spinoza bald ähnlich fasziniert war wie G.; dies belegen zahlreiche Zeugnisse: An Charlotte von Stein, 9.11.1784: »Diesen Abend bin ich bey dir und wir lesen in denen Geheimnissen fort, die mit deinem Gemüth so viel Verwandtschafft haben«. An Knebel, 11.11.1784: »Ich lese mit der Frau v. Stein die Ethik des Spinoza. Ich fühle mich ihm sehr nahe obgleich sein Geist viel tiefer und reiner ist als der meinige«. An Charlotte von Stein, 19.11.1784: »Ich bringe den Spinoza lateinisch mit wo alles viel deutlicher und schöner ist […]«. An Jacobi, 12.1.1785: »Ich übe mich an Spinoza, ich lese und lese ihn wieder, und erwarte mit Verlangen biß der Streit über seinen Leichnam losbrechen wird. Ich enthalte mich allen Urtheils, doch bekenne ich, daß ich mit Herdern in diesen Materien sehr einverstanden bin«. (Vgl. auch Herder an Jacobi, 20.12.1784.) In diesen Monaten entstand wohl auch die *Studie*, in der G. sich mit dem Verhältnis der Dinge untereinander und dem des beschränkten Einzeldings (des organischen Wesens) zum Unendlichen auseinandersetzt, wobei der Mensch das Dasein gleichsam auf seine eingeschränkte Ebene reduzieren muss, um es anschauen und ethisch-ästhetisch beurteilen zu können.

Eine neue Dimension gewann die Diskussion, als G. durch Herders Vermittlung im April 1785 das vollständige Manuskript von Jacobis *Über die Lehre des Spinoza in Briefen an den Herrn Moses Mendelssohn* einsehen konnte; das Werk erhielt er schließlich im September 1785 von Jacobi (vgl. G. an Jacobi, 11.9.1785). Dieser hatte dort G.s *Prometheus*-Hymne ohne dessen Einverständnis abgedruckt. Jacobi setzte Spinozismus mit Atheismus gleich, da Spinoza die Vorstellung eines außerweltlichen persönlichen Gottes abgelehnt habe. Weiterhin behauptete Jacobi, auch Lessing habe sich, anlässlich der durch ihn ermöglichten *Prometheus*-Lektüre, in einem Gespräch am 7.7.1780 zum Spinozismus (und damit Atheismus) bekannt. Der weitere Verlauf des nun einsetzenden sog. Atheismus-Streits mit Gegenschriften und zahlreichen Wortmeldungen kann hier nicht Gegenstand der Darstellung sein (vgl. Suphan 1881); entscheidend ist, dass G. von Anfang an deutlich gegen Jacobis Thesen Stellung nahm. So schrieb er ihm am 9.6.1785: »Du erkennst die höchste Realität an, welche der Grund des ganzen Spinozismus ist, worauf alles übrige ruht, woraus alles übrige fliest. Er beweist nicht das Daseyn Gottes, das Daseyn ist Gott. Und wenn ihn andre deshalb Atheum schelten, so mögte ich ihn theissimum ia christianissimum nennen und preisen«. Und am 21.10.1785: »Du weißt daß ich über die Sache selbst nicht deiner Meinung bin. Daß mir Spinozismus und Atheismus zweyerley ist. Daß ich den Spinoza wenn ich ihn lese mir nur aus sich selbst erklären kann, und daß ich, ohne seine Vorstellungsart von Natur selbst zu haben, doch wenn die Rede wäre ein Buch anzugeben, das unter allen die ich kenne, am meisten mit der meinigen übereinkommt, *die Ethik* nennen müsste«. Schließlich am 5.5.1786: »Dein Büchlein [*Über die Lehre des Spinoza in Briefen an den Herrn Moses Mendelssohn*] habe ich mit Anteil gelesen, nicht mit Freude. Es ist und bleibt eine Streitschrifft. […] An dir ist überhaupt vieles zu beneiden! Haus, Hof und Pempelfort [bei Düsseldorf], Reichthum und Kinder, Schwestern und Freunde und ein langes pppp. Dagegen hat dich aber auch Gott mit der

Metaphisick gestraft und dir einen Pfal ins Fleisch gesezt, mich dagegen mit der Phisick gesegnet, damit mir es im Anschauen seiner Werke wohl werde [...]. Ich halte mich fest und fester an die Gottesverehrung des Atheisten [Spinoza] [...] und überlasse euch alles was ihr Religion heisst und heissen *müsst* [...]. Wenn du sagst man könne an Gott nur *glauben* [...] so sage ich dir, ich halte viel aufs *schauen* [...]«.

Die letzte Phase von G.s Beschäftigung mit Spinoza fällt in die Jahre 1809 bis 1813. Die Tagebucheintragungen vom 27.8., 29.8., 15.9. und 7.10.1813 dokumentieren die Entstehungsgeschichte des Spinoza-Kapitels in *Dichtung und Wahrheit*. Zuvor hatte es eine neue, intensive Auseinandersetzung mit Spinoza in Zusammenhang mit Jacobis Schrift *Von den göttlichen Dingen und ihrer Offenbarung* gegeben, die Ende 1811 in Leipzig erschien. Am Morgen des 12.11.1811 ging G. an die Lektüre, schon am Nachmittag und an den beiden folgenden Tagen griff er zu Spinozas *Ethik*. Wie schon anlässlich der Meinungsverschiedenheiten von 1785 musste G. Jacobis Offenbarungsbegriff, der Natur und Gott strikt trennte, auf das äußerste ablehnen. Die darüber einsetzende Krise in der Beziehung G.s zu Jacobi, für die wiederum Spinoza als Kristallisationspunkt erscheint, wurde bis zum Tod Jacobis im Jahr 1819 nicht mehr überwunden. Ein Resümee von G.s Einschätzung Spinozas bringt sein Brief an Zelter vom 7.11.1816, in dem →Linné, Shakespeare und Spinoza als die für seine eigene Entwicklung wichtigsten Persönlichkeiten bezeichnet werden.

Eine neue Datierung der *Studie nach Spinoza* auf Winter 1788/1789 hat 2011 LA II, 1B, 1115 vorgeschlagen. Danach soll der Text aus Gesprächen in Weimarer Zirkeln hervorgegangen sein, die während der Anwesenheit von Karl Philipp Moritz in Weimar (4.12.1788 bis 1.2.1789) stattgefunden haben, mit der Wiederaufnahme von Themen, die bereits zwischen G. und Moritz in Rom im Herbst 1787 zur Diskussion standen anlässlich der Lektüre von Herders im selben Jahr erschienener Schrift *Gott. Einige Gespräche*.

Wolf von Engelhardt hatte zuvor (2007) die Ansicht geäußert, dass die *Studie nach Spinoza* »nicht von Goethe« verfasst sei (Engelhardt 2007, 164–166).

Schriften zur Mathematik

G.s zentrale Auseinandersetzung mit der Mathematik findet sich in dem Aufsatz *Über Mathematik und deren Mißbrauch so wie das periodische Vorwalten einzelner wissenschaftlicher Zweige*. Die Handschrift von verschiedenen Schreibern enthält Korrekturen G.s und Eckermanns, von Letzterem stammt der Titel. Kurz nach G.s Tod wurde der Text in ALH 50 (1833) gedruckt. Die Entstehungsgeschichte der aus drei Stücken bestehenden Abhandlung, die ursprünglich für *Wilhelm Meisters Wanderjahre* bestimmt war, ist durch G.s Tagebuch belegt. So findet sich dort bezüglich des Abschnittes I (D'→Alembert) unter dem 14.10.1826 der Eintrag: »d'Alembert angefangen. Dessen Präliminar-Discurs zur Encyclopädie«. Am 10.11.1826 wurde »Die Stelle aus d'Alembert übersetzt«.

Die Abschnitte II und III stehen in engem Zusammenhang mit G.s Lektüre im März 1826. Den 1825 erschienenen *Traité élémentaire de Physique* von César Mansuète Despretz (behandelt im Abschnitt II) erhielt G. am 8.3.1826 und studierte ihn an diesem Tag sowie am 11.3.1826. Die von G. zitierte und übersetzte Besprechung dieses Werks durch Alexandre Bertrand in *Le Globe* (Nr. 104, 7.5.1825) war ihm bereits Anfang 1826 durch den Chefredakteur der Zeitung, Paul François Dubois, zugänglich gemacht worden (vgl. Ruppert 369). Nach Hamm, S. 137, ist das Manuskript zu Abschnitt II (*Le Globe Nr. 104 [...] Despretz*) auf den 11.11.1826 datiert.

Auf die Kenntnisnahme des Briefes von Lodovico Maria →Ciccolini an Franz Xaver von Zach (behandelt im Abschnitt III) läßt G.s Tagebuch vom 27.3.1826 schließen: »Bemerkungen des Ritter Ciccolini über die Sonnenuhren«. Am 11. und 12.11.1826 diktierte G. vermutlich alle drei Teile der Abhandlung seinem Schreiber Schuchardt: »An Schuchardt das Verhältniß der Mathematik zu den Naturwissenschaften und dieser unter einander«. – »Einige Naturbetrachtungen an Schuchardt dictirt«.

G. ging es darum, anhand dreier, die eigene Position stützender Textbeispiele sein Verhältnis zur Mathematik näher zu umreißen. Zunächst setzte er sich mit d'Alemberts *Discours préliminaire de l'encyclopédie* (1751) auseinander, um mit diesem den grundsätzlichen Fehler der Mathematik zu belegen, einfache, dem gemeinen Menschenverstand unmittelbar einsichtige Sätze durch vielfältige Operationen zu verkomplizieren, offensichtlich Anschauliches durch immer wieder neue Formen und Formeln zu verwirren, die einfache Idee zu vernebeln und uneinsichtig zu machen. Im Gegensatz zu Leibniz oder Kant bestritt G. eine neue qualitative Kategorie abgeleiteter mathematischer Formeln, die er nur als monströse Auswüchse einer einfachen Grundformel sah, deren Kenntnis allein, ohne alle weiteren mathematischen Operationen, vollkommen ausreiche.

Die Rezension von Despretz' Werk *Traité élémentaire de Physique* aus *Le Globe* führte G. als Musterbeispiel eines Missbrauchs von Mathematik an, der sich in einer Verselbständigung mathematischer Methoden (»eine Vorliebe für den Calcul«; FA I, 25, 68) in der Physik zeige. Damit einher ging die bereits im Titel der Abhandlung angesprochene Dominanz einzelner Wissenschaftsdisziplinen, die G. in ihrer Einseitigkeit scharf ablehnte. So durfte für ihn die mathematische Behandlungsweise ebensowenig die Physik bestimmen wie etwa die zeitgenössisch hervortretende Kristallographie die Geologie. Vielmehr sollten sich Mathematik und Kristallographie als Hilfswissenschaften begreifen, die als zuarbeitende Disziplinen wichtige Funktionen erfüllen, in isolierter Herausstellung jedoch einen unzulässigen Anspruch erheben.

Aus dem auf den 15.12.1825 datierten und in der *Correspondance astronomique [...]* (14, 1826, 53–72) erschienenen, in französischer Sprache abgefassten Brief des Ritters Ciccolini an Zach legte G. eine Teilübersetzung vor und illustrierte damit nicht nur den bereits angesprochenen Hang der Mathematik, Einfaches ohne Notwendigkeit durch Komplizierteres zu ersetzen und es so dem fachlich nicht ausgewiesenen Betrachter zu entziehen (hier am Beispiel der Konstruktion von Sonnenuhren), sondern er empörte sich auch über die Unredlichkeit mancher Mathematiker, die mit Verweis auf gleichartig arbeitende Kollegen keinerlei Wert auf Klarheit und Verständlichkeit legen und sich ausschließlich an ein Fachpublikum richten.

Zu G.s Stellung zur Mathematik können hier nur wenige Hinweise gegeben werden: Im Frankfurter Elternhaus wurde G. durch Privatlehrer und Bekannte wie Wilhelm Friedrich Hüsgen, Johann Friedrich Moritz und Johann Heinrich Thym in die Mathematik eingeführt, ohne dass man von einem systematischen Unterricht sprechen könnte. In der Leipziger Studienzeit hörte er im 1. Semester die mathesis pura als Pflichtvorlesung; aus dieser Zeit existieren mit den Briefen an Johann Jacob Riese vom 20.10.1765 und an die Schwester Cornelia vom 6.12.1765 zwei entsprechende Zeugnisse. Am 21. und 23.5.1786 berichtete G. Charlotte von Stein von seinem Algebra-Unterricht bei Johann Ernst Basilius →Wiedeburg in Jena. Obwohl sich in G.s Bibliothek rund 30 mathematische Werke fanden, darunter die *Einleitung zur mathematischen Bücherkenntnis* (Neuntes Stück) von Johann Ephraim Scheibel (Breslau 1777; Ruppert 4150), waren seine Kontakte zur Mathematik oder zu Mathematikern nur sporadisch und unsystematisch. Lorey hat 1930 diese Berührungen zusammengestellt und einen fundierten Überblick über die Mathematiker gegeben, mit denen G. persönlich bekannt war, darunter etwa Georg Simon Klügel oder Johann Friedrich Posselt, der für G. zu einem wichtigen Korrespondenten in meteorologischen Fragen wurde. Von besonderer Bedeutung war die Mathematik für G. im Kontext der *Farbenlehre*. Ursprünglich hatte er im letzten Jahrzehnt des 18. Jh.s den Plan, auch einen Mathematiker daran mitwirken zu lassen. Nachhaltige Entfremdung trat jedoch ein, als G. seine ersten beiden Stücke zur Farbenlehre 1791/92 mit *Beyträge zur Optik* überschrieb und damit in der Terminologie ein Gebiet bezeichnete, das außerordentlich stark von der Mathematik beeinflusst war. Die Fachleute konnten jedoch keinerlei mathematische Aspekte in G.s Abhandlungen entdecken und vermochten auch deshalb seinen Thesen kaum Wert abzugewinnen. Auf diese Tatsache führte G. später zahlreiche Missverständnisse zurück und bedauerte, in seinem Titel den Begriff *Optik* statt *Farbenlehre* verwendet zu haben (vgl. *Wohl zu erwägen*; FA I, 25, 759 f.).

Dass G. – wie in der Literatur vereinzelt behauptet – die Mathematik völlig ignorierte, ist nicht zutreffend, setzte er sich doch z.B. mit →Euler, Laplace oder →Lagrange auseinander.

G. thematisierte die Mathematik weiterhin in seinen Aphorismen *Ferneres über Mathematik und Mathematiker* (s.u. S. 243), im Didaktischen Teil der *Farbenlehre*, §§ 722–729 (*Verhältnis zur Mathematik*), im 10. Kapitel des ersten Buches von *Wilhelm Meisters Wanderjahren*, in den Maximen *Über Naturwissenschaft im allgemeinen. Einzelne Betrachtungen und Aphorismen* (s.u. S. 244), Nr. 72, 73, 150–154, in der Abhandlung *Der Versuch als Vermittler von Objekt und Subjekt 1793* (s.o. S. 228f.), in den Stücken *Naturphilosophie* (s.u. S. 243) und *Symbolik* (s.o. S. 233). Hinzu kommen zahlreiche Äußerungen in Briefen, Gesprächen und Tagebüchern, die in größter Vollständigkeit Dyck 1956 aufgelistet hat. Hier seien nur wenige Beispiele aus verschiedenen Lebensphasen G.s gegeben. An Knebel schrieb er am 25.11.1808: »Eine mir sehr angenehme und lehrreiche Unterhaltung giebt mir Dr. Werneburg. Er bringt das allerfremdeste, was in mein Haus kommen kann, die Mathematik an meinen Tisch; wobey wir jedoch schon eine Convention geschlossen haben, daß nur im alleräußersten Falle von Zahlen die Rede seyn darf«. An Zelter heißt es im Kontext der *Farbenlehre* am 28.2.1811: »Die Mathematiker sind närrische Kerls, und sind so weit entfernt auch nur zu ahnden, worauf es ankommt, daß man ihnen ihren Dünkel nachsehen muß. Ich bin sehr neugierig auf den ersten, der die Sache einsieht und sich redlich dabey benimmt: denn sie haben doch nicht alle ein Brett vor dem Kopfe, und nicht alle haben bösen Willen. Übrigens wird mir denn doch bey dieser Gelegenheit immer deutlicher [...], daß diejenige Cultur, welche die Mathematik dem Geiste giebt, äußerst einseitig und beschränkt ist«. An den gleichen Adressaten am 18.1.1823: »Mit Philologen und Mathematikern ist kein heiteres Verhältniß zu gewinnen«. Im Gespräch mit Eckermann vom 20.12.1826: »Ich ehre die Mathematik als die erhabenste und nützlichste Wissenschaft, so lange man sie da anwendet, wo sie am Platze ist; allein ich kann nicht loben, daß man sie bei Dingen mißbrauchen will, die gar nicht in ihrem Bereich liegen, und wo die edle Wissenschaft sogleich als Unsinn erscheint. Und als ob alles nur dann existierte, wenn es sich mathematisch beweisen läßt. Es wäre doch töricht, wenn jemand nicht an die Liebe seines Mädchens glauben wollte, weil sie ihm solche nicht mathematisch beweisen kann!« (FA II, 12, 187.) Schließlich noch einmal an Zelter am 17.5.1829: »Daß aber ein Mathematiker, aus dem Hexengewirre seiner Formeln heraus, zur Anschauung der Natur käme und Sinn und Verstand, unabhängig, wie ein gesunder Mensch brauchte, werd ich wohl nicht erleben«.

Die von G. gefällten Urteile sind insgesamt äußerst heterogen, sie reichen von scharfer Verurteilung bis zu uneingeschränktem Lob. Je nachdem, welche Auswahl man präsentiert, erhält man ein vollkommen anderes Bild. Die Forschung hat versucht, durch differenzierende Kriterien Klarheit in die scheinbaren Widersprüche zu bringen. So schlägt z.B. Dyck 1956 vier entsprechende Gesichtspunkte vor: ob G.s Urteil der Mathematik (eher günstig) oder den Mathematikern (eher ungünstig) gelte, ob er sich auf reine oder angewandte Mathematik beziehe, ob er über die ›Pseudomathematik‹ des 18. Jh.s richte, die den Namen Mathematik noch gar nicht verdiene, ob schließlich G. selbst spreche oder seine Äußerungen von anderen (Riemer, Eckermann) überspitzt wiedergegeben würden. Verspricht die Anwendung dieser Kriterien auch einige Aufklärung, so ist sie doch nicht unwidersprochen geblieben, so etwa, wenn Neubauer 1976 betonte, dass es nicht G.s Art sei, zwischen der Wissenschaft und den sie betreibenden Personen zu unterscheiden, da beide für ihn eine Einheit bilden.

Insgesamt wogt in der Literatur das Urteil hinsichtlich eines die Mathematik streng ablehnenden (Leitmeier, Neubauer) und eines differenzierenden, den Stellenwert der Mathematik in der jeweiligen Situation beurteilenden G. (Steiner, Dyck) hin und her. Die Abhandlung *Über Mathematik und deren Mißbrauch [...]* scheint die letztere Einschätzung zu stützen, sieht G. hier doch einen Missbrauch der Mathematik jeweils nur unter ganz bestimmten Konstellationen, die sämtlich auf unnötige Komplizierung, isolierte Hervorhebung, Ausschließlichkeitsanspruch und Vertuschung einer einfachen Grundlage hinauslaufen. Tatsache bleibt, dass

G. der formalistischen Seite der Mathematik nichts abgewinnen konnte, da sie gerade Sachverhalte in Formeln transponiert, während G.s grundlegende Methode vom unmittelbaren Anschauen des Gegenstandes ausging. Die Phänomene erschienen ihm als die Lehre selbst; sie wurden für ihn nicht besser erklärbar, indem man sie durch Formelsprache scheinbar vereinfachte. Somit wurde G. die Mathematik immer dort verdächtig, wo sie die Wirklichkeit zu erfassen vorgab. Blieb sie im Rahmen eines in sich geschlossenen und logischen Systems, verdiente sie G.s uneingeschränkte Bewunderung, und das um so mehr, als G. selbst entsprechende Fähigkeiten eines Mathematikers völlig abgingen. Man hat versucht, G. Stellung zur Mathematik durch zahlreiche Gegensatzpaare zu verdeutlichen: der Mathematik gehe es um Quantität, G. sei auf das Qualitative gerichtet gewesen; die Logik der Mathematik habe G. durch Anschauung ersetzt, an die Stelle der Ratio sei dichterische Phantasie getreten usw. So berechtigt derartige Thesen im Einzelfall sein mögen, so muss man sich doch davor hüten, sie als Pauschalurteile gelten zu lassen. G. neigte in seinem Wesen viel eher zu einem Ausgleich verschiedener Standpunkte als zu einseitiger Parteinahme. So muss man auch in seinen Urteilen über Mathematik und Mathematiker differenziert betrachten, wodurch Ablehnung und Zustimmung jeweils bedingt werden.

Das kleine Stück *Naturphilosophie*, in der Handschrift von Schuchardt mit G.s Korrekturen vorliegend und erstmals in *Ueber Kunst und Alterthum* (VI, 1; 1827) gedruckt, trägt in einigen G.-Ausgaben den Titel *Das Grundwahre*; in HA 12 steht es unter den *Maximen und Reflexionen* (632–634 und 831). Zur Druckgeschichte vgl. G. an Frommann, 15. und 20.4.1827 (QuZ 4, 499f.). Der Inhalt weist einen engen Zusammenhang mit G.s Abhandlung *Über Mathematik und deren Mißbrauch […]* auf, zu deren erstem Teil (*D'Alembert*) hier gleichsam ein Kommentar geliefert wird.

Aphorismensammlungen

Im Spektrum von G.s naturwissenschaftlichen Schriften existieren drei Aphorismensammlungen: *Ferneres über Mathematik und Mathematiker*, *Älteres, beinahe Veraltetes* und *Über Naturwissenschaft im allgemeinen. Einzelne Betrachtungen und Aphorismen.*

Die erste besteht aus 18 Texten in der Länge von einem Satz bis zu einer halben Seite. In der Handschrift liegen sie meist auf losen Blättern und Zetteln von Schreiberhand und von Eckermann vor, der Titel folgt der Beschriftung des gemeinsamen Umschlags. Auf diese Texte weist wohl zumindest teilweise G.s Tagebuchnotiz vom 1.3.1829 hin: »Mittag Dr. Eckermann. Wir besprachen die Redaction einiger Aufsätze die Mathematik betreffend«. Die Publikation erfolgte nach G.s Tod in ALH 50 (1833). Inhaltlich werden Gedanken zur Mathematik und zu Mathematikern und Physikern geäußert, so zu Tycho →Brahe, Newton, Lagrange und Joseph von →Fraunhofer. Erneut wandte sich G. gegen unnötige Komplizierung durch die Mathematik und deren ihm ungerechtfertigt erscheinende Einmischung in andere Disziplinen.

Die Sammlung *Älteres, beinahe Veraltetes*, Aphorismen und Reflexionen zur Wissenschaft, die nur noch in Bruchteilen handschriftlich vorliegen, publizierte G. in ZNÜ II, 1 (1823). Noch im Jahr des Erstdrucks erschien sie auch im *Morgenblatt für gebildete Stände* (17, 1823, Nr. 230, 25.9., Nr. 234, 30.9., Nr. 239–241, 6.–8.10.). In ALH ist der Titel ausschließlich *Aelteres*. Die einzelnen Abschnitte werden in den verschiedenen G.-Ausgaben geschlossen oder auch verstreut unter den *Maximen und Reflexionen* dargeboten, auch in Einzelausgaben der *Maximen und Reflexionen* sind sie zu finden. Die Texte wurden von G. nicht im Zusammenhang konzipiert; eine Entstehungszeit ist nicht anzugeben. Die Revisionsbogen bearbeitete G. am 25.6.1823. Inhaltlich umfasst das Spektrum der Texte Überlegungen zur Wissenschaftsgeschichte, zur Naturphilosophie und zur Wissenschaftstheorie. In der Auseinandersetzung mit Newton spürt man auch hier die persönliche Anteilnahme: Wissenschaftsgeschichte erschien für G. nicht allein als ein historischer Prozess, sondern sie wurde in erster Linie durch das Leben und Wirken einzelner Menschen beschreibbar, die man wiederum nicht von ihrem Werk isolieren durfte.

Die Sammlung *Über Naturwissenschaft im allgemeinen. Einzelne Betrachtungen und Aphorismen* ist überwiegend handschriftlich erhalten und erschien zuerst in ALH 50 (1833). Während sie in einigen G.-Ausgaben in den *Maximen und Reflexionen* aufging, wurde sie in WA, LA und FA, I, 25 in der ursprünglichen Anordnung publiziert. In der 164 meist knappe Einzeltexte umfassenden Sammlung sind nur die auf Natur, Naturwissenschaft und Naturgelehrte zielenden Aphorismen wiedergegeben. Zur Auswahl und zum Anordnungsprinzip gibt G.s Gespräch mit Eckermann vom 15.5.1831 wichtige Hinweise: »Wir wurden einig, daß ich [Eckermann] alle auf Kunst bezüglichen Aphorismen in einen Band über Kunstgegenstände, alle auf die Natur bezüglichen in einen Band über Naturwissenschaften im Allgemeinen, so wie alles Ethische und Literarische in einen gleichfalls passenden Band dereinst zu verteilen habe« (FA II, 12, 486). Im gleichen Gespräch wird ebenso erläutert, warum ein Teil der Aphorismen bereits in *Wilhelm Meisters Wanderjahren* zum Abdruck kam, und zwar die Nummern 53–90 zusammen mit weiteren Reflexionen unter dem Titel *Aus Makariens Archiv*, die Nummern 91–161 als *Betrachtungen im Sinne der Wanderer*: G. hatte sich im Umfang des Manuskripts der *Wanderjahre* verschätzt und war vom Verleger zur Abgabe einer weiteren Druckvorlage aufgefordert worden. In dieser Verlegenheit unterbreitete G. Eckermann den Vorschlag, hier an zwei Manuskriptbündel zu denken, die »Einzelnheiten, vollendete und unvollendete Sachen, Aussprüche über Naturforschung, Kunst, Literatur und Leben, alles durcheinander« (ebd. 485) enthielten. Für ALH wurden aus den beiden Sammlungen aus *Wilhelm Meisters Wanderjahren* die naturwissenschaftlich orientierten Aphorismen ausgezogen (Nummern 53–161) und um weitere aus dem Nachlass (Nummern 1–52) ergänzt. Die Nummern 162–164 stammen aus einem Brief G.s an Carl Gustav →Carus und Eduard Joseph d'→Alton vom 7.1.1826.

Die Entstehungszeit der Aphorismen kann nur in Einzelfällen mit Sicherheit bestimmt werden, sie liegt jedoch fast ausschließlich in der Zeit nach 1800, überwiegend handelt es sich um Reflexionen aus dem letzten Lebensjahrzehnt. G. notierte diese Sentenzen und spontanen Gedanken oft auf einzelne Zettel, Briefumschläge oder auch in Manuskripte, so dass sich spätere Bearbeiter immer wieder dem Problem der vollständigen Erfassung und vor allem der Anordnung ausgesetzt sahen.

Tonlehre

Gemeinhin wird auch G.s *Tonlehre* den naturwissenschaftlichen Schriften zugeordnet. Sie ist in zwei weitgehend identischen Versionen, als Tabelle und als durchgehender Text, überliefert. Von der Tabelle sind mehrere Handschriften erhalten, neben dem Entwurf vom Juli und August 1810 in der Handschrift Riemers mit Korrekturen G.s noch zwei weitere von Schreiberhand. Eine von diesen beiden sandte G. im September 1826 an Zelter, die andere wurde 1827 angefertigt (vgl. Tgb vom 21.7. und 24.8.1827). Vermutlich die von Zelter zurückgesandte Tabelle war in G.s Schlafzimmer im GNM aufgehängt (Abb. bei Bode 1912, 2, nach 316), wurde am 16.10.1966 gestohlen und durch eine Kopie ersetzt. Der fortlaufende Text ist von der Hand Schuchardts mit Korrekturen von Eckermann überliefert. Er ist vermutlich im Sommer 1826 entstanden, da G. unter dem 2.9.1826 in sein Tagebuch notierte: »Schuchardt brachte die Abschrift der Tonkunsttabelle«. Der Erstdruck der *Tonlehre* erschien 1834 innerhalb von Riemers Edition des Briefwechsels zwischen G. und Zelter, in geschlossener Tabellenform erst bei Stein 1917.

G.s *Tonlehre* entstand nach den Eintragungen im Tagebuch im Juli und August 1810 in →Karlsbad und →Teplitz, im zeitlichen Gesamtspektrum von G.s Äußerungen zur Akustik, die sich über den Zeitraum von 1791 bis 1831 nachweisen lassen, genau in der Mitte. Der Plan von 1791, die *Farbenlehre* unter der Perspektive der verschiedenen Disziplinen anzugehen, fand seinen Ausdruck auch in einem Schreiben an Johann

Friedrich Reichardt vom 17.11.1791, in dem G. diesen vergeblich für die Mitarbeit in der Akustik zu gewinnen suchte. Im Dialog mit Schiller entstand 1798 das Schema *Physische Wirkungen* (s. o. S. 231), das auch eine Rubrik der sonoren, also der Klangwirkungen vorsah. 1799 setzte sich G. in seiner in den *Propyläen* erschienenen Abhandlung *Diderots Versuch über die Malerei* kritisch mit der Parallelisierung von Farb- und Tonerscheinungen auseinander, wie sie Diderot mit dem Vergleich zwischen dem Regenbogen und dem Grundbass in der Musik vorgenommen hatte. Anfang 1803 war es ein Besuch des von G. geschätzten Ernst Florens Friedrich →Chladni, dessen 1787 in Leipzig erschienenen *Entdeckungen über die Theorie des Klanges* (Ruppert 4461) das Thema der Akustik wieder aktuell werden ließ.[120]

Unmittelbaren Bezug zur Entstehung der *Tonlehre* hat jedoch erst G.s Korrespondenz mit Zelter aus dem Jahr 1808 (vgl. an Zelter, 20.4. und 22.6.1808). Der hier ausgefochtene Streit um die Molltöne in der Musik und die Natur der kleinen Terz wird erneut aufgegriffen, als sich G. und Zelter im Juli und August 1810 in Karlsbad und Teplitz begegnen. Das Tagebuch dieser Monate dokumentiert die nachhaltige Beschäftigung mit der *Tonlehre*, die Entstehung und Umarbeitung des Schemas, so etwa unter dem 29.7.1810: »Schema der Tonlehre in Parallelism mit der Farbenlehre«. Am 22.8.1810 wird notiert: »Tabelle der Tonlehre«, wodurch die Vorüberlegung (das Schema) zu einem vorläufig Endgültigen wird. In den *Tag- und Jahresheften* von 1810 hat G. rückblickend festgehalten: »Weil man aber einmal des Mühens und Bemühens gewohnt, sich immer sehr gern und leicht neue Lasten auflegt, so entwickelte sich, bei nochmaliger schematischer Übersicht der Farbenlehre, der verwandte Gedanke: ob man nicht auch die Tonlehre unter ähnlicher Ansicht auffassen könnte, und so entsprang eine ausführliche Tabelle, wo in drei Columnen Subject, Object und Vermittelung aufgestellt worden«. Wie sehr diese Bemühungen unter dem Aspekt standen, ein einheitliches Prinzip aller Naturerscheinungen zu erweisen, macht ein Brief an Georg Sartorius vom 19.7.1810 deutlich: »Zelter ist gegenwärtig hier [in Karlsbad] und wahrscheinlich komm ich durch seine Gegenwart weiter in meinem alten Wunsch, der Tonlehre auch von meiner Seite etwas abzugewinnen, um sie unmittelbar mit dem übrigen Physischen und auch mit der Farbenlehre zusammenzuknüpfen. Wenn ein paar große Formeln glücken, so muß das alles Eins werden, alles aus Einem entspringen und zu Einem zurückkehren«. Nur zwei Monate zuvor, am 16.5.1810, war G.s *Farbenlehre* erschienen, in der es im Didaktischen Teil, §§ 747–750, heißt: »Daß ein gewisses Verhältnis der Farbe zum Ton statt finde, hat man von jeher gefühlt [...]. Vergleichen lassen sich Farbe und Ton unter einander auf keine Weise; aber beide lassen sich auf eine höhere Formel beziehen [...]. Beide sind allgemeine elementare Wirkungen nach dem allgemeinen Gesetz des Trennens und Zusammenstrebens, des Auf- und Abschwankens, des Hin- und Wiederwägens wirkend, doch nach ganz verschiedenen Seiten, [...] für verschiedene Sinne. [...] so würde die Tonlehre, nach unserer Überzeugung, an die allgemeine Physik vollkommen anzuschließen sein, da sie jetzt innerhalb derselben gleichsam nur historisch abgesondert steht. [...] Aber eben darin läge die größte Schwierigkeit, die für uns gewordene positive, auf seltsamen empirischen, zufälligen, mathematischen, ästhetischen, genialischen Wegen entsprungene Musik zu Gunsten einer physikalischen Behandlung zu zerstören und in ihre ersten physischen Elemente aufzulösen« (FA I, 23.1, 243 f.).

Die intensive Diskussion mit Christian Friedrich →Schlosser aus dem Jahr 1815 sowie die Wiederaufnahme des Themas in der Korrespondenz mit Zelter zwischen 1826 und 1831 zeigen, dass G.s Interesse an der *Tonlehre* über das Jahr 1810 hinweg anhielt. Alle Zeugnisse werden präsentiert in LA II, 5B.1 und 2.

Hintergrund von G.s Abhandlung und Tabelle zur *Tonlehre* war das Bestreben, die Grundsätze der *Farbenlehre* auch auf die *Tonlehre* zu übertragen, den allgemeinen Gesetzen für Licht und

120 Vgl. an Schiller, 26.1.1803; an Zelter, 31.1. und 10.3.1803; an Wilhelm von Humboldt, 14.3.1803; später analogisierte G. die Chladnischen Klangfiguren mit Seebecks entoptischen Darstellungen (vgl. FA I, 25, 711 f.).

Farbe diejenigen für Töne, Klänge und Rhythmen gegenüberzustellen. Wie in der *Farbenlehre* für G. eben nicht die Methodik des exakten Physikers mit ihrem erheblichen Apparateaufwand zum Erfolg führte, so waren es auch in der *Tonlehre* nicht die mathematisch-physikalischen Gesetze der (später von Hermann von Helmholtz analysierten) Obertonreihe. Vielmehr erschließt sich dem Menschen das musikalisch Hörbare durch das organisch-subjektive Empfinden, das für G.s Betrachtungen zentral wurde. Ausgangspunkt ist G.s am 20.4.1808 an Zelter gestellte Frage, woher in der Musik die Tendenz nach den Molltönen komme. Zelters ausführliche Antwort mit der Hauptthese, die Natur der Molltöne werde durch die kleine Terz bewirkt, die aber in der natürlichen, diatonischen Tonleiter nicht vorkomme und als ein Kunstprodukt aufgefasst werden müsse, verärgerte G. zutiefst. Damit war eine Ungleichwertigkeit von Dur- und Molltönen konstatiert, die seiner Erfahrung widersprach. Seinem Brief vom 22.6.1808 fügte G. eine Beilage hinzu, die in neun Punkten die Thesen Zelters rekapitulierte, diskutierte und ablehnte. Vor allem kritisierte G. die Anschauung Zelters, dass die diatonische Tonleiter allein natürlich sei, und verwarf dessen physikalisch-mathematisches Argument, dass man dieses aus der Teilung der Saiten herleiten könne. Im Anschluss an die Detailkritik folgte nun die für G.s Wissenschaftsauffassung und Erkenntnistheorie so überaus wichtige Feststellung, die in ihren Konsequenzen weit über die *Tonlehre* hinausgeht: »Der Mensch an sich selbst, insofern er sich seiner gesunden Sinne bedient, ist der größte und genaueste physicalische Apparat den es geben kann. Und das ist eben das größte Unheil der neuern Physik daß man die Experimente gleichsam vom Menschen abgesondert hat, und blos in dem was künstliche Instrumente zeigen die Natur erkennen, ja was sie leisten kann dadurch beschränken und beweisen will. Eben so ist es mit dem Berechnen. Es ist vieles wahr was sich nicht berechnen läßt, so wie sehr vieles, was sich nicht bis zum entschiedenen Experiment bringen läßt. Dafür steht ja aber der Mensch so hoch, daß sich das sonst Undarstellbare in ihm darstellt. Was ist denn eine Saite und alle mechanische Theilung derselben gegen das Ohr des Musikers?«

In seiner *Tonlehre* hat G. die Zeltersche Argumentationsebene vermieden, indem er den mathematisch-objektiven Gesichtspunkten des Klanges die organisch-subjektiven Aspekte entgegenstellte und in der Diskussion der Instrumente eine Mischung dieser beiden Kategorien anstrebte. Hier wurde das physikalisch-mathematische Phänomen der akustischen Erscheinung gerade nicht vom Menschen isoliert, sondern der subjektiven Größe, dem Menschen als Erzeuger und Rezipienten von Schall, Ton und Klang, ergänzend zugeordnet.

Als G. 16 Jahre nach der Entstehung der *Tonlehre* die Tabelle in seinem Musikschrank fand (vgl. Tgb, 4.8.1826) und sie (am 6./9.9.1826) Zelter übersandte, machte er nachdrücklich sein anhaltendes Interesse an dem Gegenstand deutlich (an Zelter, 11.10.1826 und 9.1.1827). Am 9.6.1827 bat G. um Rücksendung und hängte die Tabelle anschließend über dem Waschtisch in seinem Schlafzimmer auf. Die erneuerte Diskussion mit Zelter über die *Tonlehre* beendete G. ein knappes Jahr vor seinem Tod, am 31.3.1831, indem er prägnant das tiefere Anliegen bezeichnete, das er mit der *Tonlehre* verfolgte: »Nun erinnerst du dich wohl, daß ich mich der kleinen Terz immer leidenschaftlich angenommen und mich geärgert habe, daß Ihr theoretischen Musikhansen sie nicht wolltet als ein donum naturae [Geschenk der Natur] gelten lassen. Wahrhaftig eine Darm- und Drathsaite steht nicht so hoch, daß ihr die Natur allein ausschließlich ihre Harmonien anvertrauen sollte. Da ist der Mensch mehr werth, und dem Menschen hat die Natur die kleine Terz verliehen, um das Unnennbare, Sehnsüchtige mit dem innigsten Behagen ausdrücken zu können; der Mensch gehört mit zur Natur, und er ist es, der die zartesten Bezüge der sämmtlichen elementaren Erscheinungen in sich aufzunehmen, zu regeln und zu modificiren weiß«.

Wie sehr die *Tonlehre* als beispielhaft für G.s allgemeine Naturauffassung angesehen werden kann, zeigt die Korrespondenz mit Christian Friedrich Schlosser aus der ersten Jahreshälfte 1815. G. hatte Schlosser am 6.2.1815 eine Abschrift der *Tonlehre*-Tabelle zugesandt, wobei er den analogen Aufbau zur *Farbenlehre* betonte: »[...] erst finden Sie das Allgemeine, sodann das

Besondere in 3 Abtheilungen. Hier steht das Subjectiv-Organische [wie bei den physiologischen Farben] wieder voraus, das Objectiv-Physische, Mathematische ihm entgegen. Aus beyden bildet sich durch Mechanik eine technische Mitte, und durch das Gegeneinanderarbeiten dieser drey Thätigkeiten entspringt die Möglichkeit einer Kunstbehandlung [...]«. Schlosser antwortete am 11.2.1815 mit einem ausführlichen 12-Punkte-Katalog, den G. bereits am 19. und 20.2. bearbeitete, aber erst am 5.5.1815 beantwortete. Zur großen Zufriedenheit G.s nahm Schlosser für den Mollton, im Gegensatz zu Zelter, keine künstliche und damit unnatürliche Ursache an, sondern fand den »Grund des sogenannten Moll [...] innerhalb der Tonmonade selbst« (LA II, 5B.1, 595). G. dazu: »Dieß ist mir aus der Seele gesprochen. Zur nähern Entwicklung dieses Urgegensatzes bahnte vielleicht Folgendes den nähern Weg. Dehnt sich die Tonmonade aus, so entspringt das Dur, zieht sie sich zusammen, so entsteht das Moll. Diese Entstehung habe ich in der Tabelle, wo die Töne als eine Reihe betrachtet sind, durch Steigen und Fallen ausgedrückt; beyde Formeln lassen sich dadurch vereinigen, daß man den unvernehmlichen tiefsten Ton als innigstes Centrum der Monade, den unvernehmbaren höchsten als Peripherie derselben ansieht«. Und weiterhin stimmte G. Schlosser vollkommen zu, wenn dieser sich gegen eine Erfassung der Klangverhältnisse durch Zahlen wandte: »Die Zahlen sind wie unsere armen Worte nur Versuche die Erscheinungen zu fassen und auszudrücken, ewig unerreichende Annäherungen«.

G. übertrug den Durton als ausgedehnte Monade auf eine entsprechende Wirkung auf die menschliche Natur, die durch ihn zum Objektiven, zur Tätigkeit, zum Streben in die Peripherie angehalten werde. Der Mollton dagegen förderte als zusammengezogene Monade auch den Hang zur Konzentration, zum ins Subjektive Gewandten, letztlich zur Wehmut. Dieses ließ sich auf die verschiedensten Arten von Musik anwenden: Im lebhaften Tanz »bring[en] Diastole und Systole im Menschen das angenehme Gefühl des Athemholens hervor, dagegen ich nie was Schrecklicheres gekannt habe als einen kriegerischen Marsch aus dem Mollton«.

So wurden G. letztlich auch die Phänomene der Musik, des Tones, des Klanges und des Rhythmus, Ausdruck einer dem Menschen und der Welt eigentümlichen Polarität, die sich jedem einseitigen Zugriff (wie dem mathematischen der »Musikhansen«) entzieht. Die punktuelle Auseinandersetzung mit der *Tonlehre* wurde auch hier zum Gleichnis des allbeherrschenden Gesetzes: Dur und Moll ebenso wie Harmonie und Melodie als gleichwertige, sich einander bedingende Seiten einer Polarität, in der Abwechslung den Menschen erfreuend, in der einseitigen Betonung zum Erschrecken Anlass gebend, wie auch die Farbe von Licht und Schatten lebt, der Mensch von Liebe und Hass, die Erde von Anziehen und Abstoßen, einer pulsierenden Schwerkraft.

Literatur

Zu einzelnen Schriften zur allgemeinen Naturlehre und Naturphilosophie (in der Reihenfolge der Behandlung im vorangehenden Artikel)

Johann Kunckel
Rau, Günter H.: Johann Kunckel. Geheimer Kammerdiener des Großen Kurfürsten, und sein Glaslaboratorium auf der Pfaueninsel in Berlin. In: Medizinhistorisches Journal. 11 (1976), 129–148.

Zu den Versammlungen deutscher Naturforscher und Ärzte
Brednow, Walter: Goethe und naturwissenschaftliche Gesellschaften. In: Zs. für die gesamte innere Medizin. 4 (1949), 449–454 – Hochstetter, Friedrich: Goethe und die Versammlungen deutscher Naturforscher und Ärzte. In: Deutsche medizinische Wochenschrift. 60 (1934), 1395–1398. – Steiner, Rudolf: Erläuterungen zum Erstdruck. In: GJb. (1895), 52 u. 54ff.

Naturlehre
Eckle, Jutta und Kuhn, Dorothea: »Wie dauern Sie mich, armer Freund«. Ein Fundstück zu Goethes Aufsatz *Naturlehre*. In: Splinter, Susan, Gerstengarbe, Sybille u. a. (Hg.): Physica et Historia. Fs. für Andreas Kleinert zum 65. Geburtstag. Stuttgart 2005 (Acta Historica Leopoldina 45), 243–253.

Der Versuch als Vermittler von Objekt und Subjekt 1793 / Zu Goethes Auffassung vom Versuch
Freundlich, Herbert: Einige Bemerkungen zu Goethes Aufsatz *Der Versuch als Vermittler von Objekt*

und Subjekt. In: Scientia. 52 (1932), 374–380. – Kümmel, Werner Friedrich: Alexander von Humboldt als Experimentalphysiologe und Goethes Auffassung vom »Versuch«. In: Sonderschriften der Akademie gemeinnütziger Wissenschaften zu Erfurt 17. (1992), 53–67. – Neubauer, John: Der Schatten als Vermittler von Objekt und Subjekt. Zur Subjektbezogenheit von Goethes Naturwissenschaft. In: Böhme, Gernot und Schiemann, Gregor (Hg.): Phänomenologie der Natur. Frankfurt am Main 1997, 64–84. – Steinle, Friedrich: »Das Nächste ans Nächste reihen«: Goethe, Newton und das Experiment. In: Philosophia naturalis. Archiv für Naturphilosophie und die philosophischen Grenzgebiete der exakten Wissenschaften und Wissenschaftsgeschichte. 39 (2002), 141–172.

Physik, Chemie, Pharmazie, Technik, Ballonfahrt

Adler, Jeremy: »Eine fast magische Anziehungskraft«. Goethes ›Wahlverwandtschaften‹ und die Chemie seiner Zeit. München 1987. – Döbling, Hugo: Die Chemie in Jena zur Goethezeit. Jena 1928. – Eckle, Jutta: »Ganz neue Ansichten dieses philosophischen Steines«. Goethes Briefwechsel mit Johann Gottfried Steinhäuser über Magnetismus. In: GJb. (2006), 218–246. – Fraunberger, Fritz: Elektrizität im Barock. Köln o.J. [1964] – Ders.: Vom Frosch zum Dynamo, Köln o.J. [1965] – Gebelein, Helmut und Grabner, Erich-Walter: Chemie und Alchemie in Goethes poetischen und wissenschaftlichen Werken. Versuche zum Anschauen und Begreifen. In: Schmidt, Alfred und Grün, Klaus-Jürgen (Hg.): Durchgeistete Natur. Ihre Präsenz in Goethes Dichtung, Wissenschaft und Philosophie. Frankfurt am Main 2000, 161–176 und 306. – Gebhardt, Martin: Goethe als Physiker. Berlin 1932. – Geitel, Max: Entlegene Spuren Goethes. München, Berlin 1911. – Gutbier, Alexander: Goethe, Großherzog Carl August und die Chemie in Jena. Jena 1926. – Hecker, Max (Hg.): Goethe und Seebeck. Dreißig unbekannte Briefe Goethes, veröffentlicht und erläutert von Max Hecker. In: GJb. 10 (1924), 163–189. – Hegelmann, Emil: Zur Methodik in der Physik, insbesondere der Wärmelehre, auf der Grundlage Goethescher Erkenntnisart. Diss. Darmstadt. Gießen 1928. – Horn, Carl: Goethe als Energetiker. Leipzig 1914. – Kapitza, Peter: Zeitgenosse im chemischen Zeitalter. Zu Goethes Rezeption der Chemie. In: GJb. [Gētenenkan]. Hg. von der Goethe-Gesellschaft in Japan. 14 (1972), 11–31. – Klinckowstroem, Karl von: Goethe und Ritter. In: GJb. (1921), 135–151. – Kuhn, Dorothea: Goethe und die Chemie. In: Medizinhistorisches Journal. 7 (1972), 264–278. – Linke, Dietmar: »...noch immer meine heimliche Geliebte.« Goethe und die Chemie in Jena. In: Urania. 51 (1975), 68–71. – Ders.: Goethe und die Chemie. Von der »heimlichen Geliebten« bis zur »Revolution auf akademischem Boden«. In: Wissenschaft und Fortschritt. 32 (1982), 246–250. – Linnemann, Irene: Zur Rolle der Technik in Goethes Denken. In: Deutsche Zs. für Philosophie. 31 (1983), 860–866. – Ostwald, Wilhelm: Die Entwicklung der Elektrochemie in gemeinverständlicher Darstellung. Leipzig 1910. – Pierschala, Sigrid: Die Pharmazie der Goethezeit. Diss. Frankfurt am Main 1986. – Rosenberger, Ferdinand: Die Geschichte der Physik. 3 Bde. Braunschweig 1882–1890 (Nachdruck, 2 Bde. Hildesheim 1965). – Scheffler, Armin: Goethe und die Chemie. In: Heusser, Peter (Hg.): Goethes Beitrag zur Erneuerung der Naturwissenschaften. Bern 2000, 359–377. – Schiff, Julius: Chemie und Pharmazie an der Universität Jena zur Goethezeit. In: Pharmazeutische Zs. 74 (1929), 588–592. – Schwedt, Georg: Goethe als Chemiker. Berlin 1988. – Siemsen, Fritz und Stützle, Norbert: Goethe und der Elektromagnetismus. Im Anfang war die Tat. In: Schmidt, Alfred und Grün, Klaus-Jürgen (Hg.): Durchgeistete Natur. Ihre Präsenz in Goethes Dichtung, Wissenschaft und Philosophie. Frankfurt am Main 2000, 41–56 und 291–295. – Speyerer, Kurt: Goethes physikalische Sammlungen im Neubau des Weimarer Goethehauses. In: Geschichtsblätter für Technik, Industrie und Gewerbe. 1 (1914), 134–142. – Strube, Wilhelm: Der historische Weg der Chemie. 2 Bde. Leipzig 1976–1981. – Troll, Wilhelm: Goethe und die Physik. In: Die Tat. 18 (1926), 693–704. – Walden, Paul: Goethe als Chemiker und Techniker. Berlin 1932. – Wenzel, Manfred: »Die Abstraktion, vor der wir uns fürchten...« – Goethe und die Physik. In: Freiburger Universitätsblätter. 35 (1996) H. 133, 55–79. – Ders.: Zur Frühgeschichte der Ballonfahrt in Deutschland im Umfeld Soemmerrings (1783/84). In: Ders. (Hg.): Samuel Thomas Soemmerring in Kassel (1779–1784). Beiträge zur Wissenschaftsgeschichte der Goethezeit. Stuttgart, Jena, New York 1994 (Soemmerring-Forschungen 9), 329–352. – Wien, Wilhelm: Goethe und die Physik. Leipzig 1923. – Worbs, Erich: Goethe und der schlesische Physiker Johann Wilhelm Ritter. In: Schlesien. 12 (1967), 196–202.

Sternwarte in Jena / Astronomie

Archenhold, F. S.: Goethe und die Kometen. In: Das Weltall. 16 (1915), 7–9. – Brosche, Peter: Eine Goethe-Zeichnung des Zodiakallichts. In: Die Sterne. Monatsschrift über alle Gebiete der Himmelskunde. 36 (1960), H. 11/12, 235–237. – Ders.: Goethes Zodiakallicht. In: Beiträge zur Astronomiegeschichte. 3 (2000), 204f. – Deetjen, Werner: Die Geschichte eines Teleskops. Mit ungedruckten Dokumenten von Lichtenberg, Kästner und Goethe. In: Hannoversche Geschichtsblätter. 1916, H.

4, 412–418. – Irmscher, Hans Dietrich: Wilhelm Meister auf der Sternwarte. In: GJb. (1993), 275–296. – Ishihara, Aeka: Makarie und das Weltall. Astronomie in Goethes »Wanderjahren«. Köln 1998. – Dies.: Goethe und die Astronomie seiner Zeit. In: GJb. (2000), 103–117. – Kaiser, E.: Zu Goethes Himmelsbeoabchtungen. In: Das Weltall. 43 (1943), 161–164. – Ders.: Goethes Anteil an der Gründung und Entwicklung der Universitäts-Sternwarte in Jena. In: Sterne. 27 (1951), 46–48. – Knopf, Otto: Die Astronomie an der Universität Jena von der Gründung der Universität im Jahre 1558 bis zur Entpflichtung des Verfassers im Jahre 1927. Jena 1937 (Zs. des Vereins für Thüringische Geschichte und Altertumskunde, N.F. 19. Beiheft). – Kritzinger, H. H.: Über eine von Goethe im Jahre 1828 beobachtete Planetenkonstellation. In: Himmel und Erde. 22 (1910), 186–188. – Schielicke, Reinhard: Die Gründung der Herzoglichen Sternwarte und ihre ersten Direktoren. In: Ders.: Astronomie in Jena. Jena 1988, 28–39. – Ders.: Zeugnisse über die Einrichtung des Observatoriums und das Wirken der Astronomen an der Sternwarte zu Jena am Beginn des 19. Jahrhunderts. In: Reichtümer und Raritäten. Denkmale, Sammlungen, Akten und Handschriften. Jenaer Reden und Schriften 1990, 132–144. – Ders. und Blumenstein, Kathrin: Herzog Carl August, Goethe und die Einrichtung der Herzoglichen Sternwarte zu Jena. In: GJb. (1992), 174–180. – Ders.: Über 200 Jahre altes Teleskop restauriert. In: Sterne und Weltraum. 6 (2000), 492f. – Schmid, Irmtraut: Die naturwissenschaftlichen Institute bei der Universität Jena unter Goethes Oberaufsicht. Diss. Jena 1979 (140–173: Sternwarte). – Siedentopf, H.: Astronomie in Deutschland: Die Sternwarte zu Jena. In: Die Himmelswelt. 45 (1935), 56–59. – Wattenberg, Dietrich: Goethe und die Sternenwelt. In: GJb. (1969), 66–111. – Wittig, J.: Friedrich Körner und die Anfänge des wissenschaftlichen Gerätebaus in Jena in der ersten Hälfte des 19. Jahrhunderts. In: Internationale Zs. für Geschichte und Ethik der Naturwissenschaften, Technik und Medizin. 18 (1981), 217–228.

Physisch-chemisch-mechanisches Problem

Schmid, Günther: Physisch-chemisch-mechanisches Problem. Entstehungsgeschichte des Goetheschen Aufsatzes. In: Archiv für das Studium der neueren Sprachen. 90 (1935), Bd. 168, 161–169. – Schuster, Julius: Goethes physisch-chemisch-mechanisches Problem. In: Berichte der Deutschen Botanischen Gesellschaft. 29 (1911), 722–728.

Die Natur

Dilthey, Wilhelm: Zu Goethes Philosophie der Natur. In: Archiv für Geschichte der Philosophie. 2 (1889), 45–48. – Dornseiff, Franz: Die antike Quelle von Goethe-Tobler's Aufsatz ›Die Natur‹. In: Die Antike. 15 (1939), 274–276. – Ders. und John, Friedrich: Goethe und Orpheus. In: Forschungen und Fortschritte. 26 (1950), 178–181. – Els, Rüdiger: Ralph Waldo Emerson und ›Die Natur‹ in Goethes Werken. Frankfurt am Main 1977. – Funck, Heinrich: Georg Christoph Tobler, der Verfasser des pseudogoethischen Hymnus ›Die Natur‹. In: Zürcher Taschenbuch auf das Jahr 1924. N.F. 44 (1924), 71–97. – Geiger, Karl: Zu Goethes Fragment ›Die Natur‹. In: Archiv für Literaturgeschichte. 14 (1886), 324–326. – Heider, Martin: »Man suche nur nichts hinter den Phänomenen: sie selbst sind die Lehre.« Exkurs über Goethes Naturphilosophie. In: Zs. für Didaktik der Philosophie. 7 (1985), 222–228. – Hering, Robert: Der Prosahymnus ›Die Natur‹ und sein Verfasser. In: GJb. (1927), 138–156. – Kistler, Mark O.: The Sources of the Goethe-Tobler-Fragment ›Die Natur‹. In: Monatshefte für Deutschen Unterricht, Deutsche Sprache und Literatur. 46 (1954), 383–389. – Ludwig, Emil: Hier irrt Goethe. In: Die Weltbühne. 23 (1927), 677–680. – Schneider, Hermann: Goethes Prosahymnus ›Die Natur‹. In: Archiv für das Studium der neueren Sprachen und Literaturen. 62 (1908), 120. Bd., 257–281. – Schulz, Franz: Der pseudogoethische Hymnus an die Natur. In: Internationale Forschungen zur deutschen Literaturgeschichte. Julius Petersen zum 60. Geburtstag. Leipzig 1938, 79–100. – Steiner, Rudolf: Zu dem ›Fragment‹ über die Natur. In: Hellen, 393–398. – Wernle, Paul: Der Verfasser des Fragments ›Natur‹ im Journal von Tiefurt. In: Sonntagsblatt der Basler Nachrichten vom 11.1.1920.

Studie nach Spinoza

Bollacher, Martin: Der junge Goethe und Spinoza. Studien zur Geschichte des Spinozismus in der Epoche des Sturms und Drangs. Tübingen 1969. – Brass, Friedrich: Zu Goethes philosophischem Aufsatz. In: GJb. (1897), 174–181. – Costazza, Alessandro: Ein Aufsatz aus der Zeit von Moritz' Weimarer Aufenthalt. Eine Revision der Datierung und Zuschreibung von Goethes Spinoza-Studie. In: GJb. (1995), 259–274. – Dilthey, Wilhelm: Aus der Zeit der Spinoza-Studien Goethe's. In: Archiv für Geschichte der Philosophie. 7 (1894), 317–341. – Nicolai, Heinz: Goethe und Jacobi. Studien zur Geschichte ihrer Freundschaft. Stuttgart 1965. – Suphan, Bernhard: Goethe und Spinoza. 1783–86. In: Fs. zur 2. Säkularfeier des Friedrich-Werdersehen Gymnasiums. Berlin 1881, 159–193. – Ders.: Aus der Zeit der Spinoza-Studien Goethes. 1784–85. In: GJb. (1891), 7–12. (Kommentar zum Erstdruck.) – Warnecke, Friedrich: Goethe, Spinoza, und Jacobi. Weimar 1908.

Mathematik

Cassirer, Ernst: Goethe und die mathematische Physik. Eine erkenntnistheoretische Betrachtung. In: Ders.: Idee und Gestalt. Goethe. Schiller. Hölderlin. Kleist. Darmstadt 1975 (Nachdruck der 2. Aufl. Berlin 1924.) – Dyck, Martin: Goethe und die Mathematik. Diss. Manitoba 1954. – Ders.: Goethe's Views on Pure Mathematics. In: The Germanic Review. 31 (1956), 49–69. – Ders.: Goethes Verhältnis zur Mathematik. In: GJb. (1961), 49–71. – Epstein, Paul: Goethe und die Mathematik. In: GJb. (1924), 76–102. – Ders.: Goethes Stellung zur Mathematik. In: Forschungen und Fortschritte. 8 (1932), 86–88. – Laugwitz, Detlef: Mathematik um Goethe. In: Böhme, Helmut und Gamm, Hans-Jochen (Hg.): Johann Wolfgang Goethe. Versuch einer Annäherung. Darmstadt 1984, 289–314. – Leitmeier, Hans: Mathematik. In: Zeitler 2, 523f. – Locher, Louis: Goethes Verhältnis zur Mathematik. In: Goetheanum. 15 (1936), 227–230. – Lorey, Wilhelm: Goethes Stellung zur Mathematik. In: Walther, Johannes (Hg.): Goethe als Seher und Erforscher der Natur. Halle 1930, 131–156 und 309–312. – Meschkowski, Herbert: Goethes Stellung zur Mathematik. In: Humanismus und Technik. 8 (1961), 110–114. – Neubauer, John: »Die Abstraktion, vor der wir uns fürchten«. Goethes Auffassung der Mathematik und das Goethebild in der Geschichte der Naturwissenschaft. In: Dürr, Volker und Molnár, Géza von (Hg.): Versuche zu Goethe. Fs. für Erich Heller. Heidelberg 1976, 305–320. – Steiner, Rudolf: Goethe und die Mathematik. In: DNL. 34, 67–69. (Auch in Ders.: Goethes naturwissenschaftliche Schriften. Stuttgart 1962, 170–173.) – Theus, Richard: Goethe über Mathematik und deren Mißbrauch. In: Aufstieg. Zs. des Berliner Abendgymnasiums. H. 9 (1932), 15–18.

Tonlehre

Blume, Friedrich: Goethe und die Musik. Kassel 1948. – Bode, Wilhelm: Die Tonkunst in Goethes Leben. 2 Bde. Berlin 1912. – Bücken, Ernst: Die Grundlagen der Goetheschen Tonlehre. In: Technische Mitteilungen für Malerei. 32 (1915/1916), 137–139. – Dreyer, Ernst-Jürgen: Versuch, eine Morphologie der Musik zu begründen. Mit einer Einleitung über Goethes Tonlehre. Bonn 1976, 218–240. – Ders.: Die Tonmonade. In: Zs. für Musiktheorie. 8 (1977), 4–14. – Ders.: Goethes Ton-Wissenschaft. Frankfurt am Main 1985. – Düntzer, Heinrich: Goethes Tonlehre. In: Morgenblatt für gebildete Stände. 52 (1858), 517–521, 535–539. – Hey'l, Bettina: Der Briefwechsel zwischen Goethe und Zelter. Lebenskunst und literarisches Projekt. Tübingen 1996. – Hiller, Ferdinand: Goethe's musicalisches Leben. Köln 1883. – John, Hans: Goethe und die Musik. Langensalza 1927. – Kienzle, Ulrike: Des Menschen Stimme und die Unendlichkeit der Musik. Goethes anthropologische »Tonlehre«. In: Schmidt, Alfred und Grün, Klaus-Jürgen (Hg.): Durchgeistete Natur. Ihre Präsenz in Goethes Dichtung, Wissenschaft und Philosophie. Frankfurt am Main 2000, 188–204 und 307–311. – Küchler, Ferdinand: Goethes Musikverständnis. Zürich 1935. – Moser, Hans Joachim: Goethe und die musikalische Akustik. In: Fs. zum 90. Geburtstag von Rochus Freiherr von Liliencron. Leipzig 1910, 138–172. – Ders.: Goethe und das Tonreich. In: Ders.: Goethe und die Musik. Leipzig 1949, 65–67. – Pischner, Hans: Johann Wolfgang Goethe und die Harmonielehre. In: Ders.: Musik – Theater – Wirklichkeit. Ausgewählte Schriften und Reden. Berlin 1979, 60–67, 217f. – Riemer, Friedrich Wilhelm (Hg.): Briefwechsel zwischen Goethe und Zelter in den Jahren 1796 bis 1832. Bd. 4. Berlin 1834. – Schaefer, Hans Joachim: Goethe und die Musik. Kassel 1992. – Ders.: Goethes Freundschaft mit Carl Friedrich Zelter. Kassel 1999. – Stein, Robert: Goethes Übersichtstafeln. In: Das literarische Echo. 19 (1817), 1309. – Walwei-Wiegelmann, Hedwig (Hg.): Goethes Gedanken über Musik. Frankfurt am Main 1985.

Manfred Wenzel

Rezeptions- und Wirkungsgeschichte

Die Situation zu G.s Lebenszeit

Zu seinen Lebzeiten hat G. als Naturforscher – abgesehen von einzelnen positiven Rückmeldungen (wie z. B. von Christian Gottfried Daniel →Nees von Esenbeck und Carl Gustav →Carus) – keine größere Wirkung erzielt. Als sein naturwissenschaftliches Hauptwerk, *Zur Farbenlehre*, 1810 erschien, hatte er bereits das 60. Lebensjahr vollendet. Vorausgegangen waren nur wenige Publikationen: *Der Versuch die Metamorphose der Pflanzen zu erklären* von 1790 veranlasste einige Rezensionen, die insgesamt nicht so ablehnend waren, wie G. das aus der Rückschau beschrieben hat. Die nach dem 2. Stück abgebrochenen *Beyträge zur Optik* (1791/1792) waren auf Kopfschütteln und Unverständnis gestoßen und ließen G. fortan auf diesem Gebiet in der Öffentlichkeit bis 1810 schweigen. Zu vernachlässigen sind G.s nur wenigen Personen bekannte Beiträge zu →Lavaters *Physiognomischen Fragmenten* (1776), und auch die später in den Vordergrund gerückte Debatte um seine Entdeckung des menschlichen →Zwischenkieferknochens (1784) fand zeitgenössisch in Briefwechseln von Gelehrten, allenfalls einer beiläufig gedruckten Passage in einem Lehrbuch Beachtung, nicht aber in einem breiteren Publikum. In der Geschichte der →Wirbeltheorie des Schädels, die in der ersten Hälfte des 19. Jh.s bis zu ihrer endgültigen Widerlegung durch Thomas Henry Huxley im Jahr 1859 maßgeblich war, fand G. zwar Berücksichtigung, doch wurden seine kurzen Bemerkungen dazu von den Prioritätsstreitigkeiten, die Lorenz →Oken immer wieder in polemischer Weise auffrischte, überlagert. Auch vereinzelte Beiträge in der JALZ (1805/1806; s. o. S. 34 f.), wenige geologische Aufsätze, die zwischen 1806 und 1809 bekannt wurden (vgl. GS Nr. 38, 41 und 50) sowie ein Brief G.s an Johann Wilhelm →Ritter vom 7.3.1801 über Herschels thermometrische Versuche, den eine chemische Fachzeitschrift abdruckte (ebd. Nr. 47), ließen G. in der Öffentlichkeit allenfalls vorübergehend als Naturforscher erscheinen, der neben seiner Berufung als Dichter vereinzelte Blicke in dieses ihm eigentlich fremde Gebiet warf. In krassem Gegensatz zu diesem nur scheinbar zutreffenden und von G. vehement abgelehnten Eindruck steht die Tatsache, dass G. bis zum Jahr 1810 alle Leitprinzipien für seine Arbeiten in der Morphologie, Farbenlehre und Geologie bereits vollkommen entwickelt hatte und dass auf diesen Gebieten zahlreiche Aufsätze, Entwürfe, Schemata sowie Korrespondenzen vorlagen, von denen einiges nach mehreren vergeblichen Anläufen (1795, 1798, 1807) erst ab 1817 an die Öffentlichkeit trat, als G. im 68. Lebensjahr mit der Publikation seiner Zeitschrift *Zur Naturwissenschaft überhaupt, besonders zur Morphologie* begann, die er 1824 in 2 Bänden mit insgesamt 12 Heften abschloß. Aufgrund der geringen Auflage – zunächst 1000, dann (ab Bd. 2) 500 Exemplare – war die Resonanz zwar wiederum nur schwach, doch wurde G. nun zunehmend in der Fachwelt beachtet, und gerade auch jüngere Forscher, an deren Urteil G. besonders gelegen war, meldeten sich teilweise zustimmend zu Wort. Gab es in den Jahrzehnten zuvor nur einzelne dauerhafte Kontakte, in der Regel zu Fachgelehrten in Jena wie zu Justus Christian →Loder in der Anatomie, Karl →Batsch und Franz Joseph →Schelver in der Botanik, Friedrich Siegmund →Voigt sowie im Freundeskreis (ab 1794) →Schiller, erweiterten sich nun die Korrespondenzen und auch die Liste der Besucher in Weimar: Nees von Esenbeck, Ernst →Meyer, Carus, der für die Rezeptionsgeschichte des Naturforschers G. eine bedeutende Rolle spielen sollte, Eduard Joseph d'→Alton, Johannes (Jan) Evangelista →Purkinje, Johannes →Müller, Carl Friedrich Philipp von →Martius, Kaspar Maria Graf von →Sternberg – das sind einige, längst nicht alle der hier zu nennenden Namen. Selbst mit international führenden Wissenschaftlern wie Hans Christian →Oersted oder Jöns Jacob →Berzelius kam es nun zu persönlichen Begegnungen, die Beziehungen zu Alexander von →Humboldt bestanden bereits seit den 1790er Jahren. Man wird sagen dürfen, dass G. in seinem letzten Lebensjahrzehnt große Genugtuung durch die Tatsache erfuhr, in breiteren Kreisen als Naturforscher anerkannt und geachtet zu werden, wobei das Pendel jedoch eindeutig zu den morphologischen, stellenweise auch geologischen Arbeiten ausschlug. In der Farbenlehre fühlte sich G. trotz einzelner hoffnungsvoller Ausnahmen (wie durch die Anteilnahme von Christian Diedrich von →Buttel) bis zu seinem Tod isoliert und unverstanden.

Für die morphologischen Schriften kann eine Wirkungsgeschichte zu G.s Lebzeiten nicht summarisch nachgezeichnet werden, da sich die Inhalte auf viele verschiedene Einzelfragen beziehen. Hier sind die jeweiligen Korrespondenzen und weitere Zeugnisse hinzuzuziehen, wie sie insgesamt in LA 9A, 9B, 10A und 10B (chronologisch) vorliegen sowie in alphabetischer Ordnung von G.s Einzelschriften in EGW bis zum Buchstaben G erschienen sind und in den nächsten Jahren sukzessiv vervollständigt werden. Sieht man jedoch von den wenigen Rezensionen von G.s naturwissenschaftlicher Zeitschrift (Morph/ZNÜ, vgl. S. 722) und einzelnen später sich ergebenden Publikationen (in den *Nova Acta* der Leopoldina) ab, so verblieben Reaktionen, die man im weiteren Sinne im Kontext von Wirkungsgeschichte beschreiben kann, überwiegend im privaten Raum, der sich erst nach G.s Tod dem allgemeinen Publikum öffnete, so vor allem mit den Schriften von Carus.

Anders war die Situation bei der *Farbenlehre*; hier wurden nicht einzelne, meist nur wenige Seiten umfassende Beiträge vorgelegt wie bei der Morphologie, sondern ein umfangreiches Werk von fast 1500 Seiten. Nachdem im Mai 1810 die ersten Exemplare der *Farbenlehre* erschienen waren, ließen die Reaktionen nicht lange auf sich warten. Aus dem Weimarer Kreis, von den Freunden und Mitarbeitern, waren sie – wie nicht anders zu erwarten – rundum zustimmend bis begeistert: →Riemer hatte bei der Redaktion des Werkes eng mit G. zusammengearbeitet, Johann Heinrich →Meyer hatte zwei Kapitel zum historischen Teil beigesteuert, Herzog →Carl August das Entstehen des Werks aus der Nähe verfolgt. Weitere positive Stellungnahmen, freilich nur im privaten Austausch, kamen von Charlotte von Schiller und →Knebel. Der Schriftsteller Johann Daniel →Falk aus Weimar erwies sich als der einzige aus diesem Umfeld, der seine Zustimmung auch sofort öffentlich bekannt machte;[121] auch die Besprechung seines Werkes durch Karl Joseph →Windischmann und Heinrich Friedrich →Link, die jedoch erst 1813 erschien, stellte für G. ein angenehmes Zeugnis dar.[122] 1814 begann die Korrespondenz mit Christoph Friedrich Ludwig →Schultz, dessen Thesen zu den physiologischen Farben ganz in G.s Sinne lagen.[123] Auch die Beziehung zu Thomas Johann →Seebeck, mit G. ab Dezember 1803 persönlich bekannt, erlebte ihren Höhepunkt erst um 1815, also einige Jahre nach Erscheinen der *Farbenlehre*, die Seebeck im Gegensatz zu seinen Physikerkollegen zustimmend aufnahm, bevor er sich in den 1820er Jahren mehr und mehr davon distanzierte. Wenn G. am 4.2.1811 an Georg Sartorius nach →Göttingen meldete, dass er »in Privatbriefen sehr angenehme Zeugnisse von stiller Wirkung« erhalten habe, dagegen »altum silentium im gelehrten Publicum« herrsche, so mag das seinem Empfinden entsprochen haben, es traf jedoch nicht ganz die Situation. In den bis dahin erschienenen Rezensionen, insbesondere von Karl Brandan →Mollweide[124], Jakob Friedrich →Fries[125] sowie von einem unbekannten Autor in der *Neuen Oberdeutschen Allgemeinen Literaturzeitung*[126] wurde deutlich G.s unge-

121 Johannes Daniel Falk: *Erstes Sendschreiben über die Goethesche Farbenlehre. An ****. In: *Morgenblatt für gebildete Stände*, Nr. 226, 227, 901 f. und 905–907, 20./21.9.1810 (FA I, 23.2, 641–649).

122 *Ergänzungsblätter zur Jenaischen Allgemeinen Literatur-Zeitung* 1 (1813), Bd. 1, Nr. 3, Sp. 17–24; Nr. 4, Sp. 25–32; Nr. 5, Sp. 33–40; Nr. 6, Sp. 41–44 (FA I, 23.2, 720–753).

123 Vgl. G-Schultz.

124 *Auszug aus einem Schreiben des Herrn Doktor Mollweide; Halle, am 5. Jun[i] 1810.* In: *Monatliche Korrespondenz zur Beförderung der Erd- und Himmels-Kunde.* Hg. vom Freiherrn F. von Zach, 22 (1810), 91–93 (FA I, 23.2, 613 f.).

125 *Heidelbergische Jahrbücher der Literatur, Abt. Mathematik, Physik und Kameralwissenschaften* 3 (1810), H. 7, 289–307 (FA I, 23.2, 650–668).

126 *Neue Oberdeutsche Allgemeine Literaturzeitung*, München, 5.7.1810 (FA I, 23.2, 614–621).

rechtfertigte Kritik an →Newton angegriffen und für Letzteren Partei genommen. Mollweide ließ noch eine ausführliche Besprechung in diesem Sinne folgen,[127] weitere Rezensenten teilten bei durchaus wohlwollender Feststellung von G.s Leistungen die grundsätzliche Einschätzung, dass G.s Angriffe gegen Newton in der Sache völlig unbegründet und in der Form in peinlicher Weise verfehlt seien. Damit ist das ablehnende Urteil gegenüber der *physikalischen* Aussage G.s, das sich im Grunde bis heute erhalten hat, noch im Erscheinungsjahr von G.s *Farbenlehre* bezeichnet. Die Verdammung des Polemischen Teils, der als Synonym für G.s Auseinandersetzung mit Newton steht, als Schattenseite eines großen Werkes und gleichzeitige Zustimmung zu wesentlichen Thesen des Didaktischen Teils (insbesondere zu den Kapiteln über die physiologischen Farben und die *Sinnlich-sittliche Wirkung der Farbe*) sowie allgemeine Bewunderung gegenüber dem großartigen Gedankengebäude des Historischen Teils – dies dürfte bis heute als weitverbreitetes Rezeptionsmuster gelten, das sich bereits in mehreren Rezensionen unmittelbar nach Erscheinen der *Farbenlehre* andeutete. Schon wenige Jahre nach der Publikation lagen die ersten Monographien zur Thematik vor, die direkt an die Phase der Rezensionen anschlossen. Sie waren gewissermaßen exemplarische Reaktionen mit vorprägendem Charakter, deren Extrempositionen jedoch in der Folge mehr und mehr relativiert wurden. 1813 erschien in Leipzig die Abhandlung des Kieler Physikprofessors Christoph Heinrich →Pfaff *Ueber Newton's Farbentheorie, Hrn. v. Goethe's Farbenlehre und den chemischen Gegensatz der Farben. Ein Versuch in der experimentalen Optik.* Pfaff widerlegte darin in ausführlicher Form G.s Kritik an Newton. Da er so dreist war, seine Schrift G. zuzusenden (am 13.12.1812; G.s Antwort am 29.12.1812), sah er sich des öfteren G.s Spott ausgesetzt. So etwa in dem Gedicht *Absurder Pfaffe!*, das auf den Namen Pfaffs anspielte.[128] An Knebel schrieb G. am 28.11.1812: »Da hat ein Hans Narr, der sonst belobte Herr Pfaff aus Kiel, in Widerlegung meiner darzuthun gesucht, daß das reine weiße Licht aus einem Doppelgrau bestehe. Der Newtonsche einfache Schmutz hat also durch diese neuste Entdeckung ein Brüderchen bekommen. Es soll mir viel Spaß werden, wenn ich die Geschichte der Farbenlehre bis auf unsere Tage fortsetzen und auch diese Menächmen [Zwillingsbrüder: Newton und Pfaff] mit reinem weißen Licht beleuchten kann«.[129]

Sofern sie nicht nur als Polemik gegen Newton gelesen, sondern aus der Naturphilosophie G.s heraus gedeutet wurde, fand die *Farbenlehre* auch Zustimmung unter den Zeitgenossen, wie in der Untersuchung *Göthe's naturwissenschaftliche Ansichten* (1837) von Ernst Freiherr von Feuchtersleben, der G.s Naturforschungen in Ansatz und Ergebnis schwärmerisch würdigte: »Die Unschuld, Reinheit, Klarheit, Schärfe und Unmittelbarkeit seiner Beobachtungen hat in der Geschichte der Naturwissenschaften nicht ihresgleichen; [...] Wenn er geschaut und gedacht, unterschieden und verglichen, da ward eine Welt vor seinem Geiste licht, und bescheiden nannte er das ein Aperçu, was Philosophen ein System genannt hätten«.[130]

Nicht unerwähnt bleiben sollte, dass bereits zu G.s Lebzeiten eine Reihe von Naturforschern für einzelne Aspekte von G.s *Farbenlehre* eintraten. Genannt seien der Physiker Johann Salomo Christoph →Schweigger, der 1818 einen Polarisationsapparat als Geburtstagsgeschenk nach →Karlsbad sandte, Franz Paula von →Gruithuisen und Ludwig Friedrich Kämtz, der am 20.3.1824 vor der Naturforschenden Gesellschaft

127 *Allgemeine Literatur-Zeitung*, Nr. 30–33, Sp. 233–247, 249–251, 29.–31.1.1811 (FA I, 23.2, 668–690).

128 »Absurder Pfaffe! wärst du nicht / In Unnatur verschlämmet, / Wer hätte dir eignes Augenlicht / Vom Urlicht abgedämmet?/ Du Esel! willst zur Demut mich / Demütigsten ermahnen, / Höre doch den Narrenstolz und dich / Und Pfäfferei yahnen!« Zit. nach Albrecht Schöne: *Goethes Gedichte zur Farbenlehre*. In: Schöne 1987, 165–230, hier 202.

129 Vgl. auch Hans-Rudolf Wiedemann: *Der »Kieler Pfaff«, die Farbenlehre und Goethe*. In: *Euphorion* 80 (1986), 439–447.

130 Feuchtersleben 1837; zit. nach Mandelkow 1977, II, 171 f.

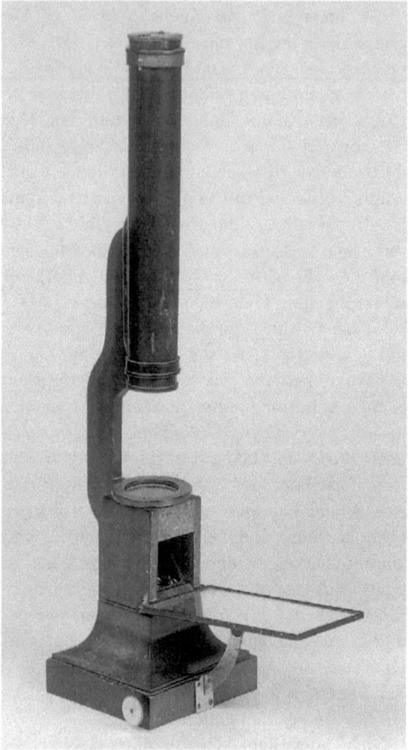

Entoptischer oder Polarisations-Apparat; Geburtstagsgeschenk von Johann Salomo Christoph Schweigger zu Goethes 69. Geburtstag (1818)

in →Halle über G.s *Farbenlehre* referierte und eine Verwandtschaft zur Wellentheorie des Lichts feststellte. Heinrich →Zschokke baute in seinem am 10.1.1826 von der Naturforschenden Gesellschaft in Aarau gehaltenen Vortrag *Die farbigen Schatten, ihr Entstehen und Gesetz* (Aarau 1826) auf G. auf; schließlich nahm Hermann Lövy in seiner Prager Dissertation von 1831 *Über Polarirät* zustimmend auf G.s *Farbenlehre* Bezug. In der Schrift des Weimarer Physik- und Mathematiklehrers Johann Christian Friedrich →Werneburg, *Merkwürdige Phänomene an und durch verschiedene Prismen* (Nürnberg 1817), vermutet man indes eher unkritische Parteinahme, da Werneburg sich des öfteren mit persönlichen Anliegen an G. wandte.

Die herausragenden Gelehrten, die G.s Thesen zu den physiologischen Farben verbreiteten und zu einem wichtigen Fundament der Sinnesphysiologie der folgenden Jahrzehnte machten, somit schließlich das bis heute weitverbreitete Urteil von der wissenschaftshistorischen Dominanz dieses Teils der *Farbenlehre* begründeten, waren die Physiologen Purkinje und Johannes Müller. G. hatte Purkinjes Dissertation *Beiträge zur Kenntniss des Sehens in subjectiver Hinsicht* von 1819 in seinen Heften *Zur Morphologie* vorgestellt,[131] sofort den Gleichgesinnten erkennend. Purkinje, der die Anregungen durch G.s in der Fachwelt umstrittenes Werk zur *Farbenlehre* zunächst nicht zugegeben hatte, erweiterte bald darauf seine Abhandlung zu einem zweibändigen Werk, dessen zweiten Band er G. widmete.[132]

Johannes Müller, Physiologe, Anatom und Lehrer von Hermann von Helmholtz und Emil Du Bois-Reymond, hat G. ausdrücklich als seinen Lehrer bezeichnet, auf dessen Vorstellungen er selbst aufgebaut habe (Johannes Müller an G., 5.2.1826), um die vormals als pathologisch angesehenen Phänomene als Reaktionsformen des gesunden Auges zu erweisen (→Nachbilder, →Simultan- und Sukzessivkontrast, →Fliegende Mücken u.a.). Besonders stark war Müllers Affinität zu G. in der Monographie *Zur vergleichenden Physiologie des Gesichtssinnes des Menschen und der Thiere nebst einem Versuch über die Bewegung der Augen und über den menschlichen Blick* (1826): »Insbesondere scheue ich mich nicht zu bekennen, daß ich der *Goethe*'schen Farbenlehre überall dort vertraue, wo sie einfach die Phänomene darlegt und in keine Erklärungen sich einläßt, wo es auf die Beurtheilung der Hauptcontroverse ankommt«.[133] Im *Handbuch der Physiologie des Menschen* (1840) nahm Müller vor allem gegenüber G.s physikalischen Aussagen eine distanziertere, teilweise die früheren Äußerungen widerrufene Haltung

131 FA I, 25, 817–827.

132 Johannes Evangelista Purkinje: *Beobachtungen und Versuche zur Physiologie der Sinne.* 2 Bde. Prag 1823/1825; Bd. 2: *Neue Beiträge zur Kenntnis des Sehens in subjektiver Hinsicht.*

133 Müller 1826, 395f.

ein.[134] Im Kontext der positiven Rezeption Müllers verwies Kaspar Theobald Tourtual 1827 in seiner Monographie *Die Sinne des Menschen in den wechselseitigen Beziehungen ihres psychischen und organischen Lebens* auf G.s *Farbenlehre* als begründendes Werk der wissenschaftlichen Sinnesphysiologie.

Die bis zu G.s Lebensende maßgeblichen Rezeptionstendenzen, die Bestätigung der Beobachtungen über die Reaktionsweisen des Auges durch die Physiologen sowie die totale Ablehnung des Polemischen Teils und damit des Newton-Verrisses durch die Physiker, fanden Eingang und entsprechende Gewichtung im summarischen Artikel *Farbe* von Heinrich Wilhelm →Brandes.[135] Bezeichnend ist ebenfalls, dass hier, in einem naturwissenschaftlichen Kompendium, die Newton ablehnende Naturphilosophie ebenso wenig Beachtung fand wie erste kunsttheoretische Rezeptionsmuster, die vor dem Hintergrund von G.s Auseinandersetzung mit Philipp Otto →Runge etwa durch den Münchener Hofmaler Matthias →Klotz (*Gründliche Farbenlehre*, München 1816) vertreten waren.

In ihrem naturphilosophischen Ansatz wurde die *Farbenlehre* von den Philosophen des deutschen Idealismus, von →Schelling (1801),[136] →Schopenhauer und →Hegel befürwortet. Schopenhauer empfand die allgemeine Kritik an G.s *Farbenlehre* als große Ungerechtigkeit, wie es noch 1849 seine Eintragung in das Frankfurter G.-Album zum 100. Geburtstag G.s dokumentierte.[137] Dass aber daraus noch nicht auf eine völlige Übereinstimmung mit G.s Lehre geschlossen werden darf, geht nachhaltig aus Schopenhauers Schrift *Über das Sehn und die Farben* (1816) hervor, die letzten Endes auch bei G. Missstimmung hervorrief. Schopenhauer war von G. persönlich ab 1813 zur Beschäftigung mit der Optik angeregt und unterrichtet worden, mit dem Erfolg, dass Schopenhauer die prinzipielle Richtigkeit von G.s Lehre anerkannte und zeitlebens ein Gegner der Newtonschen Theorie blieb. Doch der Schüler entwickelte bald eigene Ideen: So leugnete er G.s stets wiederholte These, dass aus den einzelnen Farben nicht wieder das Weiße zusammengesetzt werden könne. Auch das für G. so wichtige →Urphänomen, die Entstehung der →Grundfarben Blau und Gelb aus einer Verbindung von →Licht und Finsternis bzw. nur von Licht mit dem →Trüben, akzeptierte Schopenhauer nicht und stand insgesamt auf dem Standpunkt, dass G. erst Materialien zu einer Theorie von der Entstehung der Farben, nicht aber die Theorie selbst geliefert habe, die er, Schopenhauer, nun vollenden werde. Konsequenterweise interpretierte Schopenhauer G.s *Farbenlehre* als Vorarbeit, seine eigene physiologische Farbentheorie dagegen als »eine starke Stütze seiner [G.s] physikalischen Grundansicht«.[138] G. ging nach dieser Enttäuschung auf höfliche Distanz, ein Prozess, der sich am Briefwechsel nachvollziehen läßt.[139] Noch Schopenhauers Schüler Friedrich Grävell setzte sich in den 1850er Jahren ebenfalls in mehreren Schriften für die Anerkennung der G.schen Farbenlehre und die Ablehnung der Newtonschen Optik ein,[140] was 1858 zu vehementem Widerspruch durch August Aderholt führte.[141]

Im Gegensatz zu Schopenhauer blieb G.s Verhältnis zu Hegel, der ausschließlich als Rezipient der *Farbenlehre* auftrat, die gemeinsame Gegnerschaft zu Newton in seiner *Enzyklopädie* (1817) indirekt hervorhob[142] und an G.s dualistischem Modell von Licht und Finsternis Gefallen

134 Vgl. Müller 1840, vor allem 298–300.
135 In: Johann Samuel Traugott Gehler (Hg.): *Physikalisches Wörterbuch.* Bd. 4. Leipzig 1827, 39–131.
136 Bereits 1801 aufgrund der *Beyträge zur Optik* in der von ihm selbst hg. *Zeitschrift für spekulative Physik* (Bd. 2, H. 2, 60f.; vgl. auch LA II, 3, 135f.).
137 Schopenhauer 1851, 164–167.
138 Zit. nach Mandelkow 1977, II, 372.
139 Arthur Schopenhauer: *Der Briefwechsel mit Goethe.* Hg. von Ludger Lütkehaus. Zürich 1992.
140 Vgl. Grävells jeweils in Berlin erschienenen Schriften *Göthe im Recht gegen Newton* (1857), *Charakteristik der Newton'schen Farbentheorie* (1858), *Ueber Licht und Farben* (1859) und *Die zu sühnende Schuld gegen Göthe* (1860).
141 Aderholt 1858 (mit Anhang *Grävells Bemühungen zur Rechtfertigung Goethes*).
142 Hegel 1817, 156.

fand, ungetrübt. Einen Brief Hegels vom 24.2.1821 nahm G. sogar (unter dem falschen Datum 20.2.1821) in seine *Nachträge zur Farbenlehre* auf.[143] Hegels akademische Berufung von Heidelberg nach Berlin (wie jene Seebecks in die Physikalische Klasse der Königlichen Akademie der Wissenschaften) haben der *Farbenlehre* Rezeptionswege in Berlin geöffnet, die durch den Staatsrat Schultz, den Geheimen Oberregierungsrat Johannes Schulze und die Unterstützung des Ministers Freiherr von Stein zum Altenstein gefördert wurden.

Zwei Schüler Hegels, Karl Rosenkranz, der 1844 eine *Apologie der Goetheschen Farbenlehre* verfasste, und Leopold Dorotheus von →Henning, traten in der Folgezeit für G.s *Farbenlehre* ein. Besonders Letzterer erreichte eine größere Wirkung, indem er über zehn Jahre, von 1822 bis 1835, an der Berliner Universität Experimentalvorlesungen über *Die Farbenlehre nach Goethe vom Standpunkte der Naturphilosophie aus* hielt,[144] so dass die Verbreitung der *Farbenlehre* in Berlin mit ministerieller Unterstützung in den 1820er Jahren durchaus von Erfolg gekrönt war.

Blickt man auf die ersten Reaktionen auf G.s *Farbenlehre* zurück, so fällt eine merkwürdige Parallele auf. Genauso, wie hier vehementer Widerspruch von seiten der Physiker durch Pfaff und Unterstützung von seiten der Philosophen Schopenhauer und Hegel kamen, war man Jahrzehnte zuvor G.s erstem chromatischen Werk, den *Beyträgen zur Optik* (1. Stück, 1791) begegnet. Hier hatten Friedrich Albert Carl →Gren die Rolle des naturwissenschaftlichen Opponenten, Schelling die des philosophischen Advokaten übernommen. Schon früheste Zeugnisse wie eine anonyme Rezension in den *Gothaischen Gelehrten Zeitungen* vom 26.9.1792 zu den *Beyträgen zur Optik* (1791/1792) positionierten im Übrigen G.s naturwissenschaftliche Ambitionen als »unerwartet und befremdend«[145] angesichts seiner Dichtungen und konzedierten der morphologischen Studie über die *Metamorphose der Pflanzen* (1790) einen höheren wissenschaftlichen Gehalt als den ›optischen‹ Untersuchungen.

G. selbst hat die Rezeption seiner naturwissenschaftlichen Schriften mit Interesse verfolgt, da er, sich als Mitglied der zeitgenössischen Forschungsgemeinschaft verstehend – wie es sein reger, bereits 1874 von Franz Thomas Bratranek herausgegebener Briefwechsel mit Naturforschern belegt –, auf die Akzeptanz in Fachkreisen hoffte. Briefe an Sartorius (19.7.1810) und an →Zelter (4.2.1832) belegen seine große Anteilnahme an der Meinungsbildung um die von ihm erarbeiteten Ergebnisse in den verschiedenen Bereichen, und sein Gesprächspartner →Eckermann berichtete wiederholt über G.s Gereiztheit wegen der äußerst kritischen Rezeption seines Hauptwerks, der *Farbenlehre* (z.B. Gespräch vom 19.2.1829).

Der ästhetische Ausgangspunkt der *Farbenlehre* – die Frage nach der adäquaten Kolorierung von Gemälden in Italien – hat durch deren Bezugsetzung zur Malerei einen bis heute wenig untersuchten Strang ihrer Rezeption zur Folge gehabt. Gleichermaßen positiv wie das Urteil der Physiologen erscheinen die Äußerungen, die aus späterer Sicht über G.s Anmerkungen zur psychologischen Wirkung der Farben, seine Harmonielehre und Ästhetik der Farben gefällt wurden. Diese Arbeiten G.s verfehlten ihre Wirkung auf Maler nicht.[146] Dank der Vermittlung von Staatsrat Schultz in Berlin wurde der Hofmaler Karl Joseph Raabe bereits 1819 bis 1821 zur Dokumentation von Kunstwerken und zu einem Studium der farblichen Harmonie nach Italien geschickt, das durch G.s *Farbenlehre* angeregt worden war. Mit Philipp Otto Runge, der sich ebenfalls – wie seine Schrift *Farben-Kugel oder Construktion des Verhältnisses aller Mischungen der Farben zueinander* von 1810 ausweist – mit der Farbenmischung und -harmonie beschäftigte, korrespondierte G. seit 1806; einen langen Brief von ihm (vom 3.7.1806) hatte G. zum Abschluss des Didaktischen Teils der *Farbenlehre* abdrucken lassen. Runge wiederum hat sich nicht unmittelbar G. gegenüber,

143 Vgl. FA I, 25, 767–769, Kommentar 1321, 1364f.

144 Henning 1822; vgl. FA I, 25, 813f., Kommentar 1393–1401.

145 Zit. nach Höpfner 1990, 31.

146 Otto 1982.

sondern in einem Brief an den Verleger Friedrich Perthes über die vielfältigen Eindrücke zu G.s Studien geäußert,[147] ein näheres Eingehen auf die *Farbenlehre* verhinderte sein früher Tod noch im Erscheinungsjahr von G.s Werk.

Der Münchener Hofmaler Matthias Klotz, der G.s *Farbenlehre* rezensierte,[148] verfasste selbst eine 1816 in München erschienene *Gründliche Farbenlehre*, die er als kritischen Kommentar zu G.s Vorstellungen über die Farben verstand. Der Heidelberger Maler Jakob Wilhelm Christian →Roux, der 1817 für G. entoptische Farbenerscheinungen festgehalten hatte, gab im dritten Heft seiner Abhandlung *Die Farben* (Heidelberg 1829) eine Farbenerklärung in G.s Sinne. Im Jahr 1840 übersetzte der Maler und Präsident der Londoner Akademie, Sir Charles Eastlake, den Didaktischen Teil der *Farbenlehre* ins Englische. Ein englischer Maler, William →Turner, war es daraufhin, der 1843 zwei Gemälde mit ausdrücklicher Berufung auf G.s *Farbenlehre* anfertigte. Es handelt sich um die heute in der Londoner Tate Gallery befindlichen Bilder »Shade and Darkness – the Evening of the Deluge« (»Schatten und Finsternis – der Abend der Sintflut«) und »Light and Colour – the Morning after the Deluge – Moses writing the Book of Genesis« (»Licht und Farbe – der Morgen nach der Sintflut – Moses schreibt das Buch der Genesis«).

Ausblick: Friedrich Theodor Vischer hat 1847 in seiner *Aesthetik oder Wissenschaft vom Schönen* der Darstellung von G.s *Farbenlehre* ein Kapitel gewidmet; auch die Vorträge von Johann Karl →Bähr, die 1863 im Künstler-Verein zu Dresden stattfanden, setzten die G.sche und die Newtonsche Farbenlehre in Gegensatz zueinander und lösten diesen zu G.s Gunsten. Der Psychologe und Philosoph Wilhelm Wundt nannte G. mit Bezug auf dessen Untersuchungen über die Gefühlswirkungen der Farben den »Begründer der Eindrucksmethode«.[149]

Mit seiner Lehre von den Komplementärfarben, gleichermaßen innerhalb des physiologischen Teils seines Werkes sowie im Kapitel über die *Sinnlich-sittliche Wirkung der Farbe* bedeutend, hatte G. die Basis für eine Harmonielehre der Farben gelegt, die auch in späteren Farbenlehren eine wichtige Rolle spielte, und zwar um so mehr, je stärker sich der Ausdruckswert der Farben von der Gestalt des darzustellenden Gegenstandes emanzipierte. Die Kontrastfarben spielen eine ausschlaggebende Rolle im Werk der Nazarener (Cornelius, Overbeck) sowie bei Eugène Chevreul. Adolf Hoelzel, sein Schüler Johannes Itten sowie Carry von Biema (*Farben und Formen als lebendige Kräfte*, Jena 1930) haben die Harmonielehre der Farben ganz in G.s Sinne weitergeführt, ebenso sind Verbindungen zu den Farbentheorien von Paul Klee, Robert Delaunay, August Macke, Franz Marc oder Wassilij Kandinski unübersehbar.

Rezeptions- und Wirkungsgeschichte nach G.s Tod bis zur Mitte des 19. Jh.s

Im 19. Jh. ist die Rezeptionsgeschichte des Naturforschers G. insgesamt von einer Polarisierung geprägt, die Skepsis, Unbehagen und Nicht-Achtung einerseits, Euphorie und Überhöhung auf der anderen Seite zeigt. G. war zunächst ganz überwiegend in seiner herausragenden Rolle als Kulturpersönlichkeit und Dichter bekannt, in deren Schatten dem Naturforscher ein eher sekundäres Dasein mit vorrangiger Bedeutung auf der biographischen Ebene bestimmt wurde. Neben der Trennung zwischen dem Dichter und dem Naturforscher, die schon zu Lebzeiten G.s zugunsten der Dichtung vorgenommen wurde, spielte auch der innerhalb der Geschichte der Naturwissenschaften im 19. Jh. in vielen Disziplinen stattgefundene Paradigmawechsel eine Rolle bei der Ausgrenzung, aber auch bei der Inanspruchnahme G.s, freilich in sehr unterschiedlicher Weise in den einzelnen Wissenschaften, denen er sich gewidmet hatte. G.s Auffassung von Naturforschung und der Rolle des Forschers war dem 18. Jh. verpflichtet; dadurch beging er andere Wege als die Wissen-

147 Vgl. Mandelkow 1980, I, 181.

148 *Kritischer Anzeiger für Litteratur und Kunst*, 28.7., 4., 11. und 18.8.1810 (FA I, 23.2, 621–636).

149 Wundt 1902, 274.

schaften des 19 Jh.s, auf die das heutige Verständnis von Wissenschaftlichkeit vornehmlich rekurriert. Grundsätzlich und vereinfacht gilt, dass im Bereich der Morphologie G.s Leistungen überwiegend anerkannt und gewürdigt, teilweise zu einer Vorläuferrolle der modernen Wissenschaften übersteigert wurden, während in der *Farbenlehre* (vor allem aufgrund des Polemischen Teils, der sich ausdrücklich gegen Newtons Optik richtete) die prominente Stellung seines Gegners bestätigt und G.s Glaubwürdigkeit mehr oder weniger drastisch in Zweifel gezogen wurde. Schließlich hatte G. keine eigene Schule durch seine optischen Studien begründet, die seine Interessen nach seinem Ableben hätte vertreten können; dieser Umstand begünstigte zunächst die Isolierung G.s in diesem Bereich der Wissenschaftsgeschichte.

Unter den frühen Beiträgen nach G.s Tod sind Ludwig Mosers Vortrag *Über Goethes Leistungen in der Farbenlehre* (1834), Ernst von Feuchterslebens bereits zitierter Aufsatz *Göthe's naturwissenschaftliche Ansichten* (1837), der die *Farbenlehre* vorbehaltlos anerkannte, und Carus' Schrift *Göthe. Zu dessen näherem Verständniß* (1843) bemerkenswert. Die beiden Letzteren wiesen auf den bisher durchweg verkannten Stellenwert der Naturwissenschaften in G.s Gesamtwerk hin und schärften überhaupt erst einmal den Blick für dieses Tätigkeitsfeld. Damit deuteten sie noch zurückhaltend die erst viel später allgemein anerkannte These an, dass G.s Gesamtwerk nicht dichotomisch in Dichtung und Naturforschung zu trennen sei. So verwies Carus auf die literarischen ›Spuren‹, die die *Farbenlehre* in G.s Dichtung hinterlassen habe, und arbeitete diese Beobachtungen an mehreren Texten aus wie z. B. bei *Zart Gedicht, wie Regenbogen* (*Sprichwörtlich*). Carus betrachtete die Kenntnis der Naturforschungen G.s als Notwendigkeit für den Leser, um das Werk überhaupt ergründen zu können: »Das Eine freilich ist gewiß, daß ein Dichter, dessen Geist erfüllt ist von Erkenntnissen, wie sie nur wissenschaftliche Bestrebungen uns verleihen, und der nun mit diesen Erkenntnissen auch gebart, der sie bald als Gleichnisse verwendet, bald die innere Göttlichkeit der Erscheinung selbst zum Vorwurf des Gedichts werden läßt, voraussetzen muß, daß auch seine Leser einigermaßen unterrichtet seien, daß ihnen die Beziehungen, welche er in seine Dichtung verwebt, nicht ganz fremd blieben und daß der Kreis ihrer Anschauung der Welt von dem des Dichters nicht allzu weit abstehe«.[150] In seiner Rezension der deutsch-französischen Ausgabe des *Versuchs über die Metamorphose der Pflanzen* mit der Übersetzung von Soret (1831) hielt Carus G.s Pionierleistung in der Anwendung der genetischen Methode in der Naturforschung fest: »Wir brauchen kaum beizufügen, daß wir, mit allen Wissenden, der bestimmten Überzeugung sind, Goethe habe eben in dem hier vorliegenden ›Versuch über die Metamorphose der Pflanzen‹ eine solche neue Idee in Wahrheit ausgesprochen und dadurch eine wichtige Epoche in der Geschichte der Naturwissenschaften bezeichnet! denn wenn wir oben die Auffassung der Genesis überhaupt für das Wesentliche und höchste Eigentum der neuern Naturwissenschaft erklärten, so ist es von allen Sachkundigen anerkannt, daß das Einführen der Idee der Genesis in der Pflanzenkunde, obwohl von manchem andern vorbereitet, doch ganz eigentlich erst durch diese Goethische Arbeit vollkommen gelungen sei«.[151]

In der G.-Philologie gelangte Wilhelm von →Humboldt noch zu G.s Lebzeiten zu dem modellweisenden Interpretationsparadigma, den Dichter G. nicht vom Naturforscher zu trennen. Ihm offenbarte sich eine erstaunliche Parallelität zwischen G.s Erkenntnisprozess im Aufspüren der Gesetze der Natur, wie sie der Gestaltung organischer Bildungen und anorganischer Strukturen zugrunde liegen, und seinem Vorgehen in der dichterischen Produktion. Diesen Gleichklang im Umsetzen einer Idee in Gestalten, der sich sowohl im schöpferischen Prozess der Natur wie in der Geistestätigkeit des Dichters zeigt, brachte er 1830 in seiner Rezension von G.s *Zweitem Römischen Aufenthalt* zum Ausdruck: »Goethes Dichtungstrieb [...] und sein Drang, von der Gestalt und dem äußeren Objekt aus dem inneren Wesen der Natur-

150 Carus 1843; zit. nach Mandelkow 1977, II, 254.
151 Carus 1831; zit. nach Mandelkow 1975, I, 499.

gegenstände und den Gesetzen ihrer Bildung nachzuforschen, sind in ihrem Prinzip eins und ebendasselbe, und nur verschieden in ihrem Wirken. Denn so rein und entschieden sich auch Goethe, wenn man nicht gerade auf diesen Zusammenhang achtet, als Dichter und Naturforscher, zu diesen getrennten Richtungen hinwendet, so scheint es gewiß, daß, ohne jene Naturansicht, sein Dichten ein verschiedenes sein würde, und so entsteht gar sehr die Frage, ob, hätte ihn nicht das Dichten so mächtig gedrängt, die Worte in Anschauung zu verwandeln, und gerade in der sinnlichen Erscheinung eine reinere und tiefere Wahrheit zu suchen, er zu dieser eigentümlichen, sich nur in eignen Entdeckungen bewegenden Erforschungsweise der Natur gekommen wäre?«[152]

Dieser affirmativen Rezeption widersetzte sich jene, für die stellvertretend Georg Gottfried Gervinus zitiert werden kann. In der 3. Auflage seiner *Geschichte der poetischen National-Literatur der Deutschen* (1852) lautete der Tenor seiner deutlichen Ablehnung einer harmonischen Koexistenz der beiden Bereiche in G.s Schaffen: »Diese [G.s] Wendung von Poesie zur Wissenschaft und Prosa zeigt den Verfall der ersteren überall an«. Die »wunderlichen symbolischen Schemata und tabellarischen Darstellungen [im Rahmen der Naturforschung], mehr Spiele als methodische Tätigkeit des Geistes« hätten nur als »einige sonderbare Reste«[153] nachgewirkt, keineswegs als Ergebnisse einer ernstzunehmenden eigenständigen wissenschaftlichen Tätigkeit.

152 Wilhelm von Humboldt: Rezension zu Goethe, *Zweiter römischer Aufenthalt*. In: *Jahrbücher für wissenschaftliche Kritik* 1830, Nr. 45–47 (September); zit. nach Mandelkow 1975, I, 481.

153 Gervinus 1852; zit. nach Mandelkow 1980, I, 182f.

Hermann von Helmholtz und die Wiederaufnahme seiner Gedanken durch Werner Heisenberg

G.s Ansatz wurde ab der Mitte des 19. Jh.s verstärkt auch von Naturwissenschaftlern zur Kenntnis genommen, die seine Forschungen nicht von vornherein als dilettantisch bezeichneten. Der Physiker und Physiologe Hermann von Helmholtz, von dem in der Mitte des 19. Jh.s der größte Einfluss ausging, zitierte in seinen populärwissenschaftlichen Vorträgen immer wieder aus G.s literarischem Werk, das er als Erläuterung für seine eigenen physikalischen Theorien einsetzte. So sah er in seinem Vortrag zur Stiftungsfeier der Berliner Universität, *Die Tatsachen der Wahrnehmung* (1878), das nach ihm benannte Gesetz der Erhaltung der Kraft durch die Worte des Erdgeistes in *Faust I* versinnbildlicht. Auch seine erkenntnistheoretische Überzeugung, dass Wirklichkeit über Sinneseindrücke nicht unmittelbar erschließbar sei, sondern als Gleichnis wahrgenommen werde, begründete Helmholtz durch wiederholte G.-Bezüge (*Faust*, *Grenzen der Menschheit*). Fausts Beispiel weise nach, dass der Mensch erst durch die Tat Kenntnis der Gesetzmäßigkeiten der empirischen Wirklichkeit erlange; diesen Forschungsansatz vertrat Helmholtz in Auseinandersetzung mit einer metaphysisch fundierten Naturphilosophie. Obwohl er optische Erkenntnisse G.s durch eigene Versuche widerlegte und als Gegner von G.s *Farbenlehre* gelten muss, schloss Helmholtz durch sein Fazit, dass Bilder nicht auf der Netzhaut im Auge, sondern im Gehirn entstehen, auf G.s analoge Denkschemata. Helmholtz maß die G.schen Fehlschlüsse in der Optik nicht am wissenschaftlichen Ethos des 19. Jh.s., sondern an G.s ästhetischer Perspektive über die Ganzheit der Natur, die – wie er in seinem bekanntesten Aufsatz *Ueber Goethe's naturwissenschaftliche Arbeiten* (1853) ausführte – »durch die Eingriffe des Experimentierenden in ihrer Harmonie gestört, gequält, verwirrt«[154] werde. Dieses methodische Verfahren sei, entgegen jenem Newtons, in der

154 Helmholtz 1853; zit. nach Mandelkow 1977, II, 408f.

Geschichte der →Physik nicht befürwortet und angewendet worden, stattdessen seien G.s Ergebnisse in der →Osteologie und in der Morphologie durch Darwins Evolutionstheorie fortgeführt worden. In seiner Abhandlung *Goethe's Vorahnungen kommender naturwissenschaftlicher Ideen* (1892) wertete Helmholtz G.s Ansatz als »einen Maßstab von unschätzbarem Werte für das Echte und Ursprüngliche in der geistigen Natur des Menschen«[155] und stellte damit klar, dass G. auch für einen führenden Physiker des 19. Jh.s. in der Gesamtheit seines Wirkens den genius loci verkörperte. Helmholtz sah die Morphologie als adäquate Disziplin für den spekulativ-intuitiven Dichter, dem hier wichtige Einsichten gelungen seien, wogegen die *Farbenlehre* weitgehend als physikalische Problematik erscheint, bei der G. aufgrund des mangelnden Verständnisses für die Methoden exakter Wissenschaft nicht habe mitreden können und versagen musste. Er vertrat weitgehend die Dichotomie einer würdigenden Beurteilung der morphologischen Schriften bei gleichzeitiger Ablehnung der *Farbenlehre*, die sich bis ins 20. Jh. hinein – wenn auch unterschiedlich akzentuiert – verfolgen läßt.

Modifiziert nahm Werner Heisenberg ab 1941 die Position von Helmholtz wieder auf. Der Begründer der modernen Atomphysik verdeutlichte, dass die in der Quantenmechanik geforderte Wissenschaftssprache eine bildliche Unschärfe erlangt habe, wie sie der Dichtung eigen sei; als Beleg hierfür zitierte er in seinem Aufsatz *Sprache und Wirklichkeit in der modernen Physik* (1960) Mephistos Sprachkritik. Auch Heisenberg untersuchte die Auseinandersetzung G.s mit Newton aus der Perspektive einer Wissenschaftsgeschichte, die sich in Richtung von Abstraktion und Technisierung entwickelt habe. Heisenberg, der sich auch mit der *Bedeutung des Schönen in der exakten Naturwissenschaft* (1970) auseinandersetzte, maß G.s *Farbenlehre* dagegen eine Wertstellung zu, die auf ihren ästhetischen Ansatz gründe. Zuerst führte er dies in seinem 1941 in Budapest gehaltenen Vortrag *Die Goethesche und die Newtonsche Farbenlehre im Lichte der modernen Physik* aus: »Dieser Wirklichkeit, die zwar subjektiv, aber sicher nicht weniger kräftig als jene andere ist, gilt auch Goethes Farbenlehre; jede Art von Kunst meint diese Wirklichkeit und jedes bedeutende Kunstwerk bereichert uns mit neuen Erkenntnissen in ihrem Bereich«.[156] In seinem Aufsatz *Das Naturbild Goethes und die technisch-naturwissenschaftliche Welt* (1967) fasste Heisenberg die Ablehnung G.s gegenüber dem Fortschrittsglauben der exakten Wissenschaften zusammen: G.s Kritik an Newton sei durch die in den modernen Naturwissenschaften übliche quantitative, mathematisch messende Form des Experiments hervorgerufen worden; diese Tendenz zur Abstraktion habe G. abgelehnt, weil er darin dämonische Kräfte erkannt habe, die er in der Gestalt des Mephisto personifiziert habe. In der Gegenwart jedoch seien die Naturwissenschaften bestrebt, ähnlich wie es G. für bedeutend erachtet hatte, »in der bunten Vielfalt der Erscheinungen das Einfache zu erkennen« und ein einheitliches Weltbild wiederherzustellen. Heisenbergs Fazit lautete: »Wir werden von Goethe auch heute noch lernen können, daß wir nicht zugunsten des einen Organs, der rationalen Analyse, alle anderen verkümmern lassen dürfen; daß es vielmehr darauf ankommt, mit allen Organen, die uns gegeben sind, die Wirklichkeit zu ergreifen und sich darauf zu verlassen, daß diese Wirklichkeit dann auch das Wesentliche, das ›Eine, Gute, Wahre‹ spiegelt«.[157] (Weiteres zu Heisenberg im Kontext der Rezeptionsgeschichte nach dem Zweiten Weltkrieg s. u. S. 280f.)

Neben Helmholtz trat in der Mitte des 19. Jh.s der Jenaer Botaniker Oscar Schmidt mit einem Vortrag im wissenschaftlichen Verein zu Berlin, *Göethe's Verhältniß zu den organischen Naturwissenschaften* (1853), hervor, der im morphologischen Umfeld die Konzepte der Urpflanze und des Typus sowie die Wirbeltheorie des Schädels thematisierte. Schmidt erwies sich später (1871, 1873) als entschiedener Haeckel-Gegner, als G.s angebliche Vorläuferrolle zu Darwin in den Mittelpunkt rückte.

155 Helmholtz 1892; zit. nach Mandelkow 1979, III, 227.

156 Heisenberg 1941; zit. nach Mandelkow 1984, IV, 239.

157 Heisenberg 1967, 30 u. 42.

G. – ein Vorläufer Darwins? Der Streit um Ernst Haeckels Einordnung G.s (1866) in die Geschichte der Evolutionstheorie

Nachdem Charles Darwins epochales Werk *On the Origin of Species* 1859 in London erschienen war, nannte Karl Meding in seiner kleinen Schrift *Goethe als Naturforscher in Beziehung zur Gegenwart* (1861) erstmals die Namen G.s und Darwins zusammen in einer Publikation. Im gleichen Jahr wurde Rudolf Virchows Aufsatz *Göthe als Naturforscher und in besonderer Beziehung auf Schiller* publiziert, den Mandelkow als eines »der wichtigsten Zeugnisse der Auseinandersetzung der nachromantischen Naturwissenschaft mit dem Naturforscher Goethe im zweiten Drittel des 19. Jahrhunderts«[158] bezeichnete. Virchow sah G.s herausragende Leistung – wie schon Carus – in der Begründung einer genetischen Methode, freilich noch nicht in phylogenetischem Kontext. Nur wenige Jahre später sollte sich diese Einschätzung grundlegend ändern, denn mit dem Darwin-Verehrer Ernst Haeckel wurde ab 1866 eine über Jahrzehnte andauernde Phase in der Rezeptionsgeschichte des Naturforschers G. eingeleitet, die diesen als direkten Vorläufer Darwins, teilweise sogar als Mitbegründer der Deszendenztheorie sah.[159] So widmete Haeckel den zweiten Band seiner *Generellen Morphologie der Organismen* (1866) den Naturforschern Darwin, G. und Lamarck und überschrieb die einzelnen Kapitel mit G.-Zitaten. Zunächst warb Haeckel darum, G. als Naturforscher ernstzunehmen: »Wir Deutschen pflegen in der Regel unseren grössten Dichter, um den uns alle Nationen beneiden müssen, nicht als Naturforscher zu betrachten, und weil er in seiner ›Farbenlehre‹ auf einen Irrweg gerathen war, das viel tiefere Verständniss der organischen Natur gänzlich zu übersehen, welches sich in einem wahrhaft überraschenden Grade an zahlreichen Stellen von *Goethe's* Werken ausspricht«.[160] Auch G.s methodische Verknüpfung von Analyse und Synthese erschien Haeckel geradezu vorbildlich geeignet, in den Naturwissenschaften angewendet zu werden: »*Induction* und *Deduction* stehen nach unserer Ansicht in der innigsten und nothwendigsten Wechselwirkung, in ähnlicher Weise, wie es *Goethe* von der *Analyse* und *Synthese* ausspricht: ›Nur Beide zusammen, wie Aus- und Ein-Athmen, machen das Leben der Wissenschaft.‹«[161] Darüber hinaus ging Haeckels naturphilosophisch-monistische Auffassung von G.s →Pantheismus und der darin zum Ausdruck kommenden Zusammengehörigkeit von Geist und Materie aus, zu der er beispielhaft den G. zugeschriebenen Aufsatz *Die Natur* (s. o. S. 237) paraphrasierte. Ihm lag daran, »den ganzen Geist seiner großartigen, durch und durch *einheitlichen* Naturanschauung«[162] zu erfassen, der sich in G.s gesamten naturwissenschaftlichen Schriften, in der Geologie und Osteologie, vor allem jedoch in der Morphologie wiederfinde, wie er in *Die Naturanschauung von Darwin, Goethe und Lamarck* (1882) ausführte. Haeckel, der in Jena einen Teil von G.s institutionellen Nachlass betreute, empfand sich in gewissem Sinn als Nachfolger G.s und unterließ es bei kaum einem Vortrag, G. zu zitieren. Er sah G.s naturwissenschaftliche, speziell morphologische Vorstellungen – Zwischenkieferentdeckung, →Urpflanze, →Typus und →Metamorphose – explizit als Belege für eine enge Gedankenverwandtschaft zwischen G. und Darwin und interpretierte zahlreiche Textstellen unter diesem Aspekt, wobei er mit zunehmender Beschäftigung immer mehr Bestätigung für seine Grundthese des G.schen Vorläuferstatus zu Darwin fand. Obwohl Haeckel auch erheblichen und teilweise polemischen Widerspruch erfahren hat, kann man den tiefgreifenden Einfluss seiner Anschauungen für die letzten Jahrzehnte des 19. Jh.s kaum hoch genug einschätzen. Haeckels oft radikale Parteinahme und weltanschauliche Ausdeutung von G.s naturwissenschaftlichen Ansichten hat zu einer Polarisierung in der Rezeptionsgeschichte G.s geführt,

158 Mandelkow 1980, I, 154.
159 Zu diesem Komplex ausführlich Wenzel 1983.
160 Haeckel 1866, 2, 157.
161 Ebd. 1, 83.
162 Haeckel 1882; zit. nach Mandelkow 1979, III, 95.

die nur ganz allmählich überwunden wurde. So standen die meisten Arbeiten dieser Jahre im Zeichen einer angestrebten Bestätigung oder Widerlegung der Haeckelschen Thesen; neue Ansätze sind kaum zu finden. Haeckels Überzeugung, G. habe sein Urpflanze phylogenetisch aufgefasst, sein durch Metamorphose abwandelbarer Typus sei ein im Laufe der Evolution wandelbares und gewandeltes Grundmuster, wurde durch Salomon Kalischer ab 1876 in die G.-Philologie eingeführt (s. u. S. 264). Auch Friedrich Albert Langes *Geschichte des Materialismus* (1866) sowie die Arbeiten von Ludwig Büchner (1868), Georg Seidlitz (1871), David Friedrich Strauß (1871) und der Botaniker Ferdinand Cohn (1881) und Anton Kerner von Marilaun (1880) können unter verschiedenen Aspekten als Fortführung bzw. Verbreitung des Haeckelschen Rezeptionsmusters verstanden werden. In den siebziger Jahren des 19. Jh.s formierte sich ein Kreis von Opponenten gegen Haeckel; hierzu gehörten neben dem bereits erwähnten Oscar Schmidt (1871) Autoren wie Zacharias (1876), Leyser (1877), Kossmann (^{2}1877) und Cattie (1877). Will man den Grundgedanken dieser Arbeiten benennen, so lag er in erster Linie in der Hervorhebung des symbolisch-ideellen Charakters der von G. für den Bereich der Natur etablierten Vorstellungen. So seien ›Metamorphose‹ und ›Typus‹ primär Bilder für Naturgegenstände und -abläufe, nicht aber Ausdruck eines realen Wandels.

Der Haeckel-Schüler und -Biograph sowie populärwissenschaftliche Schriftsteller Wilhelm Bölsche übernahm von seinem Lehrer die Wertschätzung G.s und wandte sie in seinem Aufsatz *Goethes Wahlverwandtschaften im Lichte moderner Naturwissenschaft* (1889) in einer physiologisch-psychologischen Literaturinterpretation an.[163] Er war vor allem darum bemüht, in der deutschen Literatur Beispiele für moderne Tendenzen nachzuweisen, die den aktuellen französischen (Balzac, Flaubert, Zola) nicht nachstanden. Den Nachweis dafür erbrachte er seines Erachtens nach anhand der *Wahlverwandtschaften*, einem Roman, »gebaut wie ein Rechenexempel, in dem nichts herrscht als eiserne Logik«.[164] Die Struktur des Romans und die einzelnen Charaktere führte Bölsche auf G.s Beschäftigung mit den Naturwissenschaften zurück: »Goethe war mehr und mehr Naturforscher geworden. Mochte er im praktischen Streben auch seine seltsamen Irrwege gewandelt sein: mit dem mächtigen Hellblick seines harmonisch geschulten Auges hatte er den innersten Nerv der Theorie erfaßt, die unser ganzes Jahrhundert beherrscht; die Metaphysik, in die seine Zeitgenossen aus der Philosophie sich hoffnungslos verbohrten, weit von sich werfend war er in die lichte Halle der wirklichen Physik eingetreten, hatte er darin sogar den meisten Naturforschern seiner Zeit voraus, erkannt, daß auch das Menschliche den mechanischen Gewalten, dem Physikalischen unterworfen sei, – Ideen, die später erst Darwin und seine Schüler ausbauen sollten, waren in ihm aufgestiegen, in einsamer Größe war er in gewissem Sinne vielen Jahrzehnten voraufgewandelt«.[165] Bölsches G.-Verehrung erreichte einen Höhepunkt in seiner Festrede für diverse öffentliche Massenveranstaltungen, *Goethe im 20. Jahrhundert* (1900), in der er vorbehaltlos G. als »Menschheitsgestalt« und »*Menschheitsideal*«[166] huldigte. An G.s gesamtem Wirken erkannte er als Hauptzug den »Entwickelungsgedanken«: »Erst durch den Entwickelungsgedanken hat das Wort Natur in Goethes Munde einen Sinn. Durch den Entwickelungsgedanken wurde für ihn aus dem Begriff Empirie eine Weltanschauung. [...] Aber der Entwickelungsgedanke sitzt bei Goethe als solcher viel tiefer. Er legte ihn seinen botanischen und osteologischen Studien unbefangen zugrunde (obwohl das damals eine Ketzerei genau so groß war, wie seine Angriffe auf Newton), weil der Gedanke einfach aus seiner Weltanschauung herauskam. In der steckte er aber mit universaler Wucht. In diesem seinem Allgemeindenken war Goethe nicht ein Vorläufer Darwins, sondern er ist ein Entwickelungsdenker gewesen, wie die ganze Zeit bisher auch nicht annähernd einen mehr hervorgebracht

163 Vgl. Bölsche 1889.

164 Ebd.; zit. nach Mandelkow 1979, III, 171.

165 Ebd.

166 Bölsche 1900; zit. nach Mandelkow 1979, III, 315.

hat. Bis jetzt kann es sich da nur um *Nachfolger Goethes* handeln, aber um nichts weiter.«[167] Anders als Haeckel machte Bölsche, vor allem in seinen späteren Schriften, deutlich, dass die Erkenntnis einer Entwicklung noch nichts mit einer Evolutionstheorie im Darwinschen Sinne zu tun habe. Insofern leistete er letzten Endes eine Korrektur des G.-Bildes Haeckels.

Emil Du Bois-Reymonds G.-Kritik (1882) und deren Widersacher

Der pejorativ als »Byzantinismus«[168] abgetanen Rezeption der naturwissenschaftlichen Schriften G.s, vor allem durch Haeckel und seine Adepten, stellte der Physiologe Emil Du Bois-Reymond in seiner Berliner Rektoratsrede *Goethe und kein Ende* (1882, im Druck 1883) eine scharfe Kritik entgegen, die auch G.s Dichtung (*Faust*) mit einbezog. Du Bois-Reymond warf G. eine unzeitgemäße Ablehnung der Kausalitätsgesetze vor, die schließlich dazu geführt habe, dass die *Farbenlehre* als wissenschaftlich irrelevantes Werk zu gelten habe: »Deshalb blieb seine [G.s] Farbenlehre, abgesehen von deren subjektivem Teil, trotz den leidenschaftlichen Bemühungen eines langen Lebens, die totgeborene Spielerei eines autodidaktischen Dilettanten«.[169] Er billigte G. allenfalls auf morphologischem Gebiet Glaubwürdigkeit zu: »Fehlte Goethe das Organ für theoretische Naturwissenschaft in ihrer höchsten Gestalt, so hinderte dies ihn nicht, mit Erfolg in Gebieten tätig zu sein, wo plastische Phantasie und künstlerische Anschauung genügen, um in verwandten Formen das Gemeinsame und Wesentliche aufzufassen, und von diesem Punkt aus eine Mannigfaltigkeit von Erscheinungen in dem Sinne zu verstehen, wie dies Wort in morphologischen Betrachtungen genommen wird«.[170] Seine Polemik führte Du Bois-Reymond dahingehend weiter, dass er G. einen Platz in der Wissenschaftsgeschichte aufs schärfste absprach: »Mit den vielen, die ein leidenschaftliches Interesse daran nehmen, den Heros in jeder Beziehung untadlig zu wissen, wollen wir uns über solchen Erfolg freuen, ohne viel zu fragen, ob Goethe für sich und die Welt nicht besser getan hätte, wie auf Clairauts Rat Voltaire, naturwissenschaftliche Studien lieber denen zu überlassen, die nicht zugleich große Dichter seien. Doch ist mir unmöglich, meine persönliche Überzeugung zu verhehlen, daß auch ohne Goethes Beteiligung die Wissenschaft heute so weit wäre, wie sie ist«.[171] Scharfen Widerspruch für seinen Verriss erntete Du Bois-Reymond von Salomon Kalischer in dessen Streitschrift *Goethe als Naturforscher und Herr Du Bois-Reymond als sein Kritiker* (1883).

Bölsche und Du Bois-Reymond vertraten im Übrigen trotz ihres völlig unterschiedlichen Interpretationsansatzes einer Verherrlichung bzw. scharfen Kritik im Grunde dieselbe Tendenz gegenüber einem national geprägten G.-Bild, das nach 1871 in der G.-Philologie und in der Rezeption des Naturforschers G. zu bemerken war. In einer polemisch überspitzten Form äußerte sich diese deutschtümelnde Rezeption in Julius Langbehns Schrift *Rembrandt als Erzieher. Von einem Deutschen* (1890) mit einer Kritik an Du Bois-Reymond und einer für G. vorteilhaften Gegenüberstellung mit Newton in einem national-patriotischen Wortlaut: »Newton sah die Natur, Goethe hatte sie. Dies Verhältnis der beiden Männer zur Natur ist zugleich ein solches zum Volk; Goethe steht im Volk, Newton ihm gegenüber; wie der echte Künstler immer im Volke, der Gelehrte, auch wenn er echt ist, ihm immer gegenüber steht«.[172]

167 Ebd. 312f.
168 Du Bois-Reymond 1883; zit. nach Mandelkow 1979, III, 115.
169 Ebd. 113.
170 Ebd. 114.
171 Ebd.
172 Langbehn 1890; zit. nach Mandelkow 1979, III, 185.

Der Naturforscher G. in der G.-Philologie am Ende des 19. Jh.s

Für die von der Philologie getragene Rezeption des Naturforschers G. wirkte in den letzten Jahrzehnten des 19. Jh.s Salomon Kalischer bestimmend, der die naturwissenschaftlichen Schriften für die *Hempelsche Ausgabe* (1877–1879)[173] sowie die *Farbenlehre* für die *Weimarer Ausgabe* (1890–1906) herausgab, Haeckels Thesen unterstützte und Du Bois-Reymond bekämpfte, und schließlich für Albert Bielschowskys vielgelesene und in zahlreichen Auflagen erschienene G.-Biographie *Goethe. Sein Leben und seine Werke* (1904) das Kapitel *Goethe als Naturforscher* verfasste. Die naturwissenschaftlichen Schriften G.s erfuhren durch Kalischers editorische Tätigkeit und die damit einhergehenden Studien eine für die G.-Philologie insgesamt verbindliche Aufwertung: »Wenn nun die Neigung zu den Naturwissenschaften in dem Dichter so tief wurzelte, die Arbeit auf diesem Felde wie eine Naturnothwendigkeit, als ein Ausfluß seines innersten Wesens erscheint, wenn sie einen so hervortretenden unaustilgbaren Zug in seinem Gesammtbilde ausmachen, so kann es nicht als Zufall angesehen werden, daß seine vorzüglichsten naturwissenschaftlichen Leistungen der Epoche seiner mit Riesenschritten sich der Vollkommenheit nähernden künstlerischen Entwickelung angehören und mit manchen seiner unsterblichen Kunstschöpfungen nahe zusammenfallen«.[174] Sowohl Natur- als auch Kunstbetrachtung habe G. nach dem Vorbild der Antike betrieben und nicht gemäß den wissenschaftlichen Prinzipien der Zeitgenossen, die Wert auf Induktion und auf diskursive Vernunft gelegt hätten. Kalischer vertrat die Ansicht, dass G.s Gesamtwerk durch die Naturwissenschaften abgerundet werde und dass die daraus gewonnenen methodologischen Erkenntnisse für seine Dichtungen ausschlaggebend gewesen seien: »Das Einzigartige der Persönlichkeit Goethes beruht im letzten Grunde auf der innigen Harmonie seiner Naturerforschung und seines Kunstlebens. Beide Richtungen seines Schaffens, die künstlerische wie die naturwissenschaftliche, entspringen derselben Quelle, stehen in lebendiger Wechselwirkung zueinander und durchdringen sich gegenseitig«.[175] Und weiter: »Goethes Kunstphilosophie beruht demnach durchaus auf den Gesetzen, die er der Natur abgelauscht. Die großen Prinzipien der Naturbeherrschung, der Einheitsgedanke und die Idee der Entwickelung, sind auf die Kunst übertragen das Typische und die individuelle Freiheit zur Herausbildung und Behauptung der Persönlichkeit – höchstes Glück der Erdenkinder –, und ihre Verbindung stellt die innere Einheit und die Naturwahrheit der Schöpfungen seiner Muse dar und verleiht ihnen das Gepräge der Ewigkeit. [...] Also wird die Kunst gleichsam Prüfstein der erkannten Naturgesetze, wie sie andererseits Naturgesetze zu offenbaren vermag«.[176] Kalischers psychologisierende biographische Darstellung war streng darum bemüht, ihrem Gegenstand keinen Abbruch zu tun im Hinblick auf die Leistungen der zeitgenössischen Naturwissenschaften. Er unterstrich G.s vorausweisende, ja wissenschaftsfundierende Leistungen in der Osteologie, der Botanik, der Evolutionslehre (G. sei ein »Deszendenztheoretiker«[177]) und schließlich in der Morphologie insgesamt: »Damit schuf Goethe nicht bloß einen Namen für die Wissenschaft, sondern diese selbst. Er ist der Begründer der wissenschaftlichen Morphologie [...]«.[178] In anderen Bereichen, in denen die Wissenschaftsgeschichte eine derartig gewichtige Einordnung nicht zuließ, wurde G. immerhin die Übereinstimmung mit den Hauptprinzipien der betreffenden Fächer zugesprochen, so in der Mineralogie und Geologie sowie in der Meteorologie. Wenn auf theoretischem Gebiet G. keine bahnbrechenden Erkenntnisse zugeschrieben werden konnten, hob Kalischer stattdessen seine praktischen Verdienste hervor: seine administrative Tätigkeit, die Sammelleidenschaft, und, vor allem in der Farbenlehre, die zahlreichen selbst durchgeführten Versuche.

173 Die Einleitungen auch separat in Kalischer 1877.
174 Kalischer 1877, XXV.
175 Kalischer 1904; zit. nach 15. Aufl. 1908, 412.
176 Ebd. 430.
177 Ebd. 437.
178 Ebd. 433.

Rudolf Steiner und die Situation am Beginn des 20. Jh.s

Der Erfolg der G.-Biographie Bielschowskys (nach 10 Jahren, 1914, erschien bereits ihre 28. Aufl.) und damit auch die Verbreitung der Interpretation Kalischers ging einher mit einer Richtung der Rezeptionsgeschichte, die durch Rudolf Steiner und dessen Schüler und Anhänger geprägt wurde. Andererseits sind die Arbeiten Steiners, dessen Edition von G.s naturwissenschaftlichen Schriften innerhalb der Kürschnerschen G.-Ausgabe (DNL) zwischen 1883 und 1897 in 5 Bänden erschien, auch als wesentliches Korrektiv zu Haeckel zu betrachten, denn Steiner sah Autoren wie G. und Darwin als Vertreter verschiedener, in ihrer Synthese äußerst gewinnbringender Arbeitsweisen und betonte auch erstmals eine prinzipielle Unvergleichbarkeit von G.s Naturforschung mit der exakten, positivistischen Wissenschaft. Auf dieser Position bauten in den ersten Jahrzehnten des 20. Jh.s Autoren wie Houston Stewart Chamberlain, dessen G.-Biographie (1912) wie die von Georg Simmel (1913) den Stellenwert der Naturwissenschaften in G.s Gesamtwerk betonte, vor allem aber Hans Wohlbold und Wilhelm Troll auf, die G. jedoch in einseitiger positiver Bewertung und im Sinne einer konservativen Kulturkritik gegen eine vor allem durch die modernen Naturwissenschaften, die ihren geistesbildenden Wert weitgehend verloren hätten, bewirkte Isolierung in Anspruch nahmen.

Die Rezeption der naturwissenschaftlichen Schriften G.s durch Rudolf Steiner stellt gleichzeitig die Vorgeschichte der Anthroposophie dar. Steiner, der hinsichtlich seines Interesses für Optik und Farbenlehre in der Physik keine angemessene Erklärung fand, befürwortete in seinen einleitenden Studien im Rahmen von Kürschners Edition, so in *Goethes Naturanschauung gemäß den neuesten Veröffentlichungen des Goethe-Archivs* (1894) die These, dass G.s Naturphilosophie eine Alternative zum mechanistischen Deutungsparadigma der modernen Naturwissenschaften sei und nicht in Gegenüberstellung zu dieser, sondern autonom zu deuten sei: »Es handelt sich darum, aus der Betrachtungs- und Denkart Goethes selbst, nicht aus der äußerlichen Vergleichung mit wissenschaftlichen Ideen der Gegenwart, in den Geist seiner Naturanschauung einzudringen. Wenn wir Goethe recht verstehen wollen, so kommen die einzelnen Leistungen, in denen sein reicher Geist die wissenschaftlichen Gedanken niedergelegt hat, weniger in Betracht als die Absichten und Ziele, aus denen sie hervorgegangen sind«.[179] Angeregt auch durch Helmholtz' Vortrag von 1892 (s.o. S. 260), den er inhaltlich jedoch ablehnte, maß Steiner die Bedeutung G.s in den Naturwissenschaften nicht an Prioritätsfragen, sondern an den spezifischen Inhalten seiner Naturphilosophie: »Goethe möchte auch die Betrachtung der rein physikalischen Erscheinungen an das Menschlich-Persönliche soweit als möglich heranrücken. [...] Was in der übrigen Natur nur verborgen ist, erscheint, seiner Ansicht nach, im Menschen in seiner ureigenen Gestalt. Der Menschengeist ist für Goethe die höchste Form des Naturprozesses, das Organ, das sich die Natur anerschaffen hat, um durch es ihr Geheimnis offen an den Tag treten zu lassen«.[180] Diese Naturphilosophie G.s grenzte Steiner sowohl von den positivistischen Naturwissenschaften als auch, in ihrer erkenntnistheoretischen Dimension, vom Neukantianismus ab.[181]

Auch für Friedrich Nietzsche war im Übrigen die Antinomie zu →Kant ein definitorisches Merkmal seiner G.-Rezeption, so in *Götzen-Dämmerung oder: Wie man mit dem Hammer philosophirt* (1889): »Er [G.] nahm die Historie, die Naturwissenschaft, die Antike, insgleichen Spinoza zu Hülfe, vor allem die praktische Tätigkeit [...]. Was er wollte, das war *Totalität*; er bekämpfte das Auseinander von Vernunft, Sinnlichkeit, Gefühl, Wille (– in abschreckendster Scholastik durch *Kant* gepredigt, den Antipoden Goethes), er disziplinierte sich zur Ganzheit, er *schuf* sich«.[182] Diesen Gegensatz führte Georg

179 Steiner 1894; zit. nach Mandelkow 1979, III, 247.

180 Ebd. 246.

181 Vgl. Steiner 1886 und Steiner 1962 (= Separatdruck von Steiners Einleitungen zur Edition von 1883–1897).

182 Nietzsche 1889; zit. nach Mandelkow 1979, III, 135f.

Simmel im Sinne der Polarität einer erkenntnistheoretischen und einer metaphysischen Weltsicht weiter (*Kant und Goethe. Zur Geschichte der modernen Weltanschauung*, 1906 sowie *Goethe*, 1913).[183]

Die Ansicht, dass die Naturwissenschaften einen Anteil an der »Entwicklung« G.s haben, vertrat explizit z.B. Wilhelm Dilthey in seiner Schrift *Das Erlebnis und die Dichtung* (1906): »Er mußte dann, indem er sich der objektiven Naturerkenntnis zuwandte, seine phantasiemäßige Auffassung derselben gegenüber der mechanischen Naturwissenschaft behaupten, und man ermißt die Größe seiner Phantasiebegabung erst ganz, indem man erwägt, wie der Anschauung einer poetischen Welt in Shakespeare und Cervantes das ganze Zeitalter entgegenkam, wie dagegen Goethe sie im Widerstreit gegen seine Umgebung zu verteidigen genötigt war. Indem er zu dem Einblick in die Bildungsgesetze der Natur fortschritt, durch welche das Schaffen der Natur mit dem des Künstlers verbunden ist, entstand ihm hieraus eine Größe der dichterischen Naturdarstellung die in der ganzen Literatur ohnegleichen ist«.[184]

Allein die um die Wende zum 20. Jh. vorliegenden Editionen der naturwissenschaftlichen Werke G.s (besorgt vor allem von Kalischer und Steiner sowie Max Morris[185]) und seines Briefwechsels mit Naturforschern, hg. 1874 in zwei Bänden von Franz Thomas Bratranek, belegen hinreichend, dass G.s Beschäftigung mit den Naturwissenschaften dem Vorwurf des Dilettantismus standhalten konnte und begünstigten die aufgefächerten Detailforschungen über den Naturforscher G. während des Kaiserreichs, zu denen Adolph Hansens *Goethes Metamorphose der Pflanzen. Geschichte einer botanischen Hypothese* (1907) und *Goethes Morphologie (Metamorphose der Pflanzen und Osteologie). Ein Beitrag zum sachlichen und philosophischen Verständnis und zur Kritik der morphologischen Begriffsbildung* (1919) ebenso gehörten wie Max Sempers *Die geologischen Studien Goethes. Beiträge zur Biographie Goethes und zur Geschichte und Methodenlehre der Geologie* (1914). Auch in der akademischen Lehre fand dieser Bereich der G.-Forschung verstärkt Beachtung, wie beispielsweise die von dem Pharmakologen Rudolf Magnus 1906 an der Heidelberger Universität gehaltenen Vorlesungen belegen.[186] Schließlich förderten Arbeiten im Kontext des Naturalismus, wie Wilhelm Bölsches *Die naturwissenschaftlichen Grundlagen der Poesie. Prolegomena einer realistischen Ästhetik* (1887), das Interesse für den Stellenwert der Naturforschungen G.s, während fachintern die Rezeption G.s durch neue Entwicklungen wie die Wiederentdeckung der Mendelschen Gesetze (1900/1901) sowie die Theorie von der Mutabilität der Erbguts durch Hugo de Vries, durch die die Debatten um die Evolutionstheorie Darwins deutlich abflauten, beeinflusst wurde – Spezialfragen, die bis heute nicht näher untersucht sind.[187]

Jacob Hermann Friedrich Kohlbrugge unterzog 1913 in seiner Schrift *Historisch-kritische Studien über Goethe als Naturforscher* G.s naturwissenschaftliche Schriften einer herben Kritik, indem er sie weitgehend als Plagiate bezeichnete, denen nur Opportunisten ihren Beifall schenkten. Wilhelm Lubosch antwortete 1919 für den Bereich des Organischen mit dem Aufsatz *Was verdankt die vergleichend-anatomische Wissenschaft den Arbeiten Goethes?*, in dem er durchaus Bezugspunkte zwischen G.s Naturforschung und der aktuellen Wissenschaft sichtbar machte, die G.s bedeutende Rolle in der Wissenschaftsgeschichte unterstreichen sollten.

Vor allem zwischen 1914 und 1916 kam es zum sogenannten Münchener G.-Streit um die *Farbenlehre*. Ausgelöst wurde er durch zahlreiche Schriften des Realschullehrers Karl Horn und des Malers Paul Kaemmerer in den *Technischen Mitteilungen für Malerei*, dem Organ der A. W.

183 Vgl. Simmel 1906 und Simmel 1913.

184 Dilthey 1906; zit. nach Mandelkow 1979, III, 333.

185 In der von Eduard von der Hellen hg. *Jubiläumsausgabe* (40 Bde. und Reg.-Bd., Stuttgart, Berlin 1902–1912).

186 Gedruckt in Rudolf Magnus: *Goethe als Naturforscher*. Leipzig 1906.

187 Immerhin ist festzustellen, dass G.s Positionen im Sinne einer Alibifunktion immer dann eingebracht wurden, wenn eine Theorie noch heftig umstritten war und man sozusagen einen Ahnherrn in der Wissenschaftsgeschichte benennen wollte.

Keim-Gesellschaft für rationelle Malverfahren,[188] in denen diese heftig gegen die Angriffe gegen G.s *Farbenlehre* von seiten der Naturwissenschaften polemisierten. Im Gegensatz zu vielen anderen Stimmen wurden dabei gerade G.s physikalische Vorstellungen gegenüber Newton verteidigt, wobei zeitbedingt nationale Motive mitschwangen. Obwohl sich vereinzelt Gegner von Horn und Kaemmerer zu Wort meldeten (wie z.B. Kurt Speyerer), sah sich das Bayerische Staatsministerium aufgrund des allgemeinen Aufsehens schließlich veranlasst, ein Gutachten in Auftrag zu geben, das der angesehene Physiker Arnold Sommerfeld 1917 erstellte. Aus einer parallelen Publikation Sommerfelds geht hervor, dass er die Argumentation von Horn und Kaemmerer verwarf und sich in seiner Beurteilung der G.schen Physik auf Helmholtz berief.[189]

Der Bonner Philosoph Ernst Barthel trat in seinen fanatischen Verteidigungsschriften der G.schen *Farbenlehre* zunächst ebenfalls in den *Technischen Mitteilungen für Malerei* auf. Bis in die dreißiger Jahre des 20. Jh.s hinein ergriff Barthel immer wieder für G.s *Farbenlehre*, speziell die darin vertretenen physikalischen Vorstellungen, Partei. Seine größeren Arbeiten sind: *Goethes Wissenschaftslehre in ihrer modernen Tragweite* (Bonn 1922) und *Goethes Relativitätstheorie der Farbe* (Bonn 1923). Die Abwegigkeit der Barthelschen Äußerungen wurde bereits von zahlreichen Zeitgenossen konstatiert. Heute mögen sie als besonders greller Tupfer in der wechselvollen Rezeptionsgeschichte von G.s *Farbenlehre* gelten.

1918 legte Wilhelm Ostwald, durch zahlreiche Arbeiten zu einer eigenen Farbenlehre ausgewiesen, seine Abhandlung über *Goethe, Schopenhauer und die Farbenlehre* vor. Zwar erkannte Ostwald die physiologischen Verdienste G.s an, doch lehnte er die Wissenschaftsmethodik G.s, die in einen Irrweg gemündet sei, scharf ab.

Ein weiterer anerkannter Naturgelehrter, der sich zu G.s *Farbenlehre* äußerte, war der Begründer der Quantentheorie, Max Planck. Zusammen mit den Studien von Albert Einstein hatten die Arbeiten Plancks der positivistischen Physik den Todesstoß versetzt, so dass auch die Position Newtons relativiert werden musste, die bisher als Dogma der mechanistisch-kausalanalytischen Lehre gegolten hatte. Die Ausführungen Plancks, die er in seinem Vortrag *Das Wesen des Lichts* von 1919 vorbrachte, belegen das gewandelte Verhältnis der Fachphysiker zu G.s Naturforschung, das nicht mehr von breiter Konfrontation ausging.

Dass solche neuen Töne noch nicht allgemein registriert, das Ende der positivistischen Physik noch nicht allgemein transparent wurde, zeigt die Abrechnung mit den modernen Naturwissenschaften durch Ernst Michel, der als eine der tragenden Figuren des Reformkatholizismus gilt. Unter dem Titel *Weltanschauung und Naturdeutung* hielt Michel im Herbst 1919 in Karlsruhe Vorlesungen über G.s Naturanschauung. Im Gegensatz zu den modernen Naturwissenschaften, denen Tendenzen wie Mechanisierung, Kausalität, mathematische Abstraktion und Vorliebe für ein rein mechanisches Erklärungsmodell: »das, was sich als Maß, Zahl und Bewegung fassen läßt«, zugrunde liegen, habe G. in seiner Auffassung von Naturwissenschaft »die Überwindung der Tatsachenfülle durch ihre vollkommene Umwandlung in *erschaute Einheit der Gestalt*«[190] erstrebt. Michels Ausführungen erscheinen als ein typisches Beispiel für die zahlreichen Wortmeldungen, die G. als Alternative zur etablierten Naturwissenschaft propagierten, ohne zur Kenntnis zu nehmen, dass sich durch die neuen Entdeckungen in der Quantenphysik gerade ein revolutionärer Umbruch vollzog.

188 Vgl. Richter 1938, 52–55, 57–59.
189 Vgl. Sommerfeld 1917.
190 Michel 1920; zit. nach FA I, 23.2, 851.

Der Naturforscher G. in der konservativen Kulturkritik – G. als Antipode der modernen Naturwissenschaften von Chamberlain bis Benn (1914 bis 1932)

Die konservative Kulturkritik[191] stilisierte den Naturforscher G. zum ideologischen Gegenpol zu Kant und stellte seine Naturauffassung der mechanizistischen Weltsicht der modernen Wissenschaften und damit auch der Aufklärung entgegen. G. wurde nun »zum Antipoden der modernen Naturwissenschaft«,[192] wie es beispielhaft Houston Stewart Chamberlain in seiner G.-Biographie aus dem Jahr 1912 formulierte: »Wohl ist Goethes *Stoff* derselbe wie der unserer Naturforscher: er erblickt ihn aber mit anderen Augen; wohl ist sein *Ziel* ein analoges, nämlich Gestaltung: seine Auffassung von ›Gestalt‹ unterscheidet sich aber so sehr, daß sie gleichsam einer anderen Welt angehört, weswegen Goethe mit der Zeit einsehen mußte, sein Ziel ›bleibe den Männern vom Fach unfaßlich, eben weil sie anders denken.‹ Dazu kommt noch als Drittes die *sittliche Triebfeder* zu diesen Studien, ein Punkt, den man nicht übersehen darf und in bezug auf den Goethe *in toto* von unseren Fachmännern abweicht«.[193] Humanität, Sensualismus und Totalität seien die drei entscheidenden Merkmale, die G. als »Naturerforscher« von den aktuell tätigen Naturforschern unterscheiden. G.s Augenmerk sei in der Wissenschaft nicht dem abstrakten Wissen, sondern dem Menschen zugewandt gewesen; er habe auf seine Sinne vertraut und nicht auf die abstrahierend vorgehende Vernunft; er habe nicht die Erkennung eines Schemas in der Natur verfolgt, sondern deren Architektonik. Mit der Kritik an Kant und an den modernen Naturwissenschaften verband Chamberlain gleichzeitig den Geniekult um G.: »An reiner Anschauung der Natur so reich wie nur irgendein zuhöchstbegabter Fachmann, an historischer Kenntnis und Einsicht, somit namentlich an Urteil über Wesen und Bedürfnis des Menschengeistes ihnen allen weit überlegen, fordert Goethe im Namen dieses Prinzips sein Recht: sein Recht, die Wissenschaft als Kunst zu denken, die ›grenzenlose Empirie‹ zu durchsichtiger Klarheit zu gestalten – und zwar nicht für sich allein denn da bedürfte es keiner Erlaubnis – sondern sein Recht gehört zu werden, sein Recht, die gefährdete Kultur aus den Klauen der ›atomistischen Beschränktheit‹ zu erretten, sein Recht, die Natur wieder schön, übersichtlich, faßlich zu gestalten, sein Recht, die edle, klassische Freiheit gegen die barbarische Neoscholastik der Schulen zu verfechten und sittliche Größe und schöpferische Begabung höher zu stellen als die alleinseligmachenden Lehren der Herren Physiker und Chemiker und als die maschinellen Triumphe, die weder in Herz noch Hirn einen Funken schlagen, kurz, das Recht des Genies, das Recht, das die mächtige Gilde – ›ein anderes Papsttum‹, wie sie Goethe nennt – ihm durch jede Gewalt und Tücke zu schmälern sucht und für das wir noch heute nach hundert Jahren kämpfen müssen, heute, wo die neueste Taktik des Unverstandes darin besteht, den so lange von der exakten Wissenschaft anathematisierten [mit einem Bann belegten] Goethe auf das Niveau der nichtigen Tagesmeinungen herabzuziehen, ihn freundlich patronisierend zu einem ›Vorläufer Darwins‹ zu stempeln, seine Farbenlehre als ›nützlich für Künstler‹ passieren zu lassen, und was es sonst noch alles an empörenden Plattheiten gibt«.[194] Chamberlain instrumentalisierte G. in seinen Ausführungen gegen die Abstraktheit der modernen Wissenschaften und die fortschreitende Technisierung und deutete auch die politische Lage der Gegenwart aus einer forciert germanisierenden Perspektive: G. vermittle gleichsam zwischen einer hellenistischen und

191 Zum nicht naturwissenschaftlichen Aspekt dieses Rezeptionsstranges vgl. Georg Bollenbeck: *Goethe als kulturkritische Projektion bei Chamberlain, Simmel und Gundolf.* In: Jochen Golz und Justus H. Ulbricht (Hg.): *Goethe in Gesellschaft. Zur Geschichte einer literarischen Vereinigung vom Kaiserreich bis zum geteilten Deutschland.* Köln u. a. 2005, 13–32.

192 Mandelkow 1980, I, 195.

193 Chamberlain 1912; zit. nach Mandelkow 1979, III, 383.

194 Ebd. 388.

einer germanischen Naturbetrachtung, so dass Chamberlains G.-Zitate auch dazu dienten, den eigenen, auch antisemitisch eingefärbten Gedankengang zu stützen, wobei er G. aus dem wissenschaftshistorischen Kontext isolierte.

In derselben Tradition der zivilisationskritischen G.-Rezeption erhob Hans Wohlbold, ein Schüler Steiners, in der Einleitung seiner Edition der *Farbenlehre* (1928) den Naturforscher G. zum Vorbild und Meister der Gegenwart und Gegenspieler der etablierten Naturwissenschaften. Die *Farbenlehre* sei nicht als ein fachwissenschaftliches Werk zu deuten, denn G.s Zielpublikum seien nicht die Physiker, sondern alle Menschen: »Wer einmal erkannt hat, um was es sich handelt, der weiß, daß der Naturforscher Goethe, der das deutsche Wesen in seiner höchsten Vollendung zum Ausdruck bringt, der erste große Führer auf einem neuen Weg ist. Es wird viel von Goethe gesprochen, aber solange man über seine naturwissenschaftlichen Erkenntnisse so urteilt, wie dies im allgemeinen heute geschieht, bleibt die Beziehung zu ihm nur eine ganz äußerliche. Man wird ein inneres Verhältnis zu ihm erst dann gewinnen, wenn man einmal gerade auf naturwissenschaftlichem Gebiet darauf verzichtet, ihn an den geltenden Anschauungen und Theorien zu messen«.[195] Auf die Gefahren solcher nicht unpolitischen Projektionen verwies Walter Benjamin in seiner Rezension der Wohlbold-Ausgabe.[196]

Die Vereinnahmung G.s im Rahmen der Debatte ›Kultur versus Zivilisation‹ im Kaiserreich, wie sie von Langbehn, Chamberlain und später Wohlbold betrieben wurde, ging einher mit einem Prestigeverlust der cartesianisch geprägten modernen Naturwissenschaft in dieser Zeit, zu der wie bereits betont auch die neuen Erkenntnisse in der Physik beitrugen, die in der Folge der Planckschen Quantenphysik und der Relativitätstheorie Einsteins die ausschließliche Gültigkeit der Newtonschen Physik widerlegt hatten. Dieser Umstand begünstigte die Gegenüberstellung von G. und Newton dahingehend, dass, auch in der Rezeption der *Farbenlehre*, sich nunmehr Stimmen mehrten, G. die wissenschaftliche Überlegenheit seiner Naturbetrachtung zuzugestehen, weil sie im Zusammenspiel mit seiner künstlerischen Anschauung entstanden sei. Nicht in einzelnen Bereichen, sondern in seinem gesamten naturwissenschaftlichen Wirken, das in Beziehung zu seiner Dichtung zu stellen sei, wurde G. gewürdigt und als Universalgenie dem Typus des spezialisierten Wissenschaftlers entgegengestellt. In der Folge dieser zivilisationsfeindlichen Auslegung von G.s naturwissenschaftlichen Arbeiten, gestützt durch den Zusammenbruch eines Weltbildes, das auf Fortschrittsglauben und Technisierung beruhte und den positivistischen Wissenschaften eine bedeutende Rolle eingeräumt hatte, verstärkte sich die konservative Rezeption G.s in den 1920er Jahren.

Der Neukantianer Ernst Cassirer hatte schon in seinem Aufsatz *Freiheit und Form* (1916) ausgelotet, unter welchen Umständen G.s Naturforschung an die aktuellen Naturwissenschaften angenähert werden könnte. Wiederholt griff Cassirer den Gegensatz von modernen naturwissenschaftlichen Verfahren und G.s Einheitsbestreben in seinen Schriften auf, wobei er davon ausging, dass er zu überwinden sei, wenn er nicht von den etablierten, nunmehr klassischen Naturwissenschaften aus betrachtet, sondern als Deutungsraster der »Standpunkt der reinen mathematischen und physikalischen Erkenntnis«[197] herangezogen werde. Dies führe zu einer neuen, zeitgemäßen Rezeption der naturwissenschaftlichen Schriften G.s, vor allem der *Farbenlehre:* »Was ihm indes in diesem Punkte die dogmatische Naturwissenschaft seiner Zeit nicht gewähren konnte, das würde ihm die moderne Physik und die moderne Erkenntniskritik gern und willig zugestehen«.[198] Cassirer legte 1921 in seiner Studie *Goethe und die mathematische Physik. Eine erkenntnistheoretische Betrachtung* G.s Forschungsansatz in Übereinstimmung mit den Naturwissenschaften fest: »Man erkennt jetzt, daß der positive Wert, den Goethe dem Verfahren der exakten Wissenschaft abzugewinnen

195 Wohlbold 1928; zit. nach Mandelkow 1984, IV, 66.

196 Vgl. Benjamin 1972.

197 Cassirer 1916; zit. nach Mandelkow 1989, II, 40.

198 Ebd. 41.

vermag, auf einem doppelten Moment beruht: auf dem Gedanken der Kontinuität und auf der Methode des genetischen Aufbaus«.[199] Während sich G.s Ansatz zur Bezugsetzung vom Allgemeinen und Spezifischen in der Morphologie habe bestätigen lassen, sei er in der Optik im Gegensatz zur Methodologie der Physik verfahren: »Somit ist es ein bestimmtes *Reihenprinzip*, das Goethe, gleich dem mathematischen Physiker, in der Auffassung der Einzelerscheinungen durchführt und zur Geltung bringt; – aber wenn Letzterer dieses Reihenprinzip dem Gebiete der Zahl, der abstrakten Grundform der Reihe überhaupt, entnimmt, so verlangt Goethe, die Reihe, auf die er alle übrigen bezieht, selbst noch als Lebensphänomen, als Gesetz und Rhythmus des konkreten Gesamtlebens der Natur, anschauen und sie sich in diesem Anschauen innerlich aneignen zu können. Nicht weil er Gegner der Analyse als solcher ist, tritt daher Goethe der Mathematik entgegen. Er weiß vielmehr und spricht es aus, daß – entsprechend der ewigen Systole und Diastole der Natur – Analyse und Synthese die beiden notwendig zusammengehörigen Grundfunktionen aller Erkenntnis sind, die sich wie Ein- und Ausatmen wechselseitig bedingen. Aber er faßt die Elementarphänomene und Elementarprozesse, auf die er das Geschehen zurückführt, nicht als Momente, die, wie die Differentialgleichungen der Physik, das Ganze der Wirklichkeit bloß begrifflich *vertreten* sollen, sondern die dieses Ganze noch unmittelbar *bedeuten* und *sind*«.[200] In seiner Studie *Goethe und die geschichtliche Welt* (1932) interpretierte Cassirer die Beschäftigung G.s mit den Naturwissenschaften als einen organischen Bildungsweg des Dichters: »Im stetigen Fortschritt geht Goethe von der Mineralogie zur Geologie, von der Botanik zur allgemeinen Morphologie, von der vergleichenden Anatomie zur Physiologie, von der Farbenlehre zu den Grundproblemen der Physik fort. Und jeder Schritt auf diesem Wege gibt ihm ein erhöhtes Empfinden der Sicherheit, der ›Solidität‹. Die Naturwissenschaften – so erklärt er – sind die einzigen, die uns auf einen sicheren, festen Grund führen. Hier schließt sich ihm das Göttliche unmittelbar auf, und es bedarf für ihn keiner anderen Offenbarung«.[201] Obwohl er von einer »wesentlichen Einheit«[202] zwischen den naturwissenschaftlichen und den dichterischen Werken G.s ausging, trennte Cassirer die beiden Bereiche im Hinblick auf das subjektive Moment der Erfahrung: »Für den Dichter, insbesondere für den Lyriker, wird die objektive Einzelanschauung immer nur zum Träger eines seelischen Gesamtprozesses. [...] Die *theoretische* Naturbetrachtung indessen sucht den einzelnen Gegenstand und das einzelne Phänomen nicht in dieser reinen künstlerischen Ablösung auf, in der es gleichsam nur sich selbst gehört und rein in seinem eigenen Mittelpunkt ruht. Ihr Blick ist vielmehr von Anfang an auf das Medium gerichtet, in dem die besondere Erscheinung steht, und auf die Regel, durch die sie mit der Gesamtnatur zusammenhängt«.[203] Zur Überwindung der Polemik angesichts der Unvereinbarkeit der Positionen plädierte Cassirer für die gleichberechtigte Betrachtung innerhalb eines »Koexistenzmodells«[204] wie dieses vor allem nach dem Zweiten Weltkrieg von der zeitgenössischen Physik, speziell durch Heisenberg und Weizsäcker, verstärkt gefordert wurde.

Parallel zu solchen um Ausgleich bemühten Positionen verfestigte sich jedoch auch die These, dass der Naturforscher G. den Fachgelehrten überlegen sei, da er seine Untersuchungen, so nach der Ansicht des Botanikers Wilhelm Troll in seiner Edition von G.s morphologischen Schriften (1926), nicht als Gelehrter, sondern als ein Weiser betrieben habe: »Und sein morphologisches Werk ist nicht geschrieben zur Mehrung unseres Wissens *über* die Natur, sondern zu Klärung unseres Wissens *um* die Natur. Es ist nicht so sehr Naturwissenschaft als Naturdeutung«.[205] In der Analyse des Naturphilosophen Adolf Meyer-Abich, vorgelegt in *Goethes Naturerkenntnis. Ihre Voraussetzungen in der Antike, ihre Krönung durch Carus* (1929), ist

199 Cassirer 1921; Nachdruck 1975, 44f.
200 Ebd. 50f.

201 Cassirer 1932; zit. nach der Ausgabe Hamburg 1995, 3f.
202 Cassirer 1921; Nachdruck 1975, 77.
203 Ebd.
204 Mandelkow 1989, II, 41.
205 Troll 1926; zit. nach Mandelkow 1980, I, 43.

diese Position einer Naturphilosophie, die auch G. vertrat, charakteristisch für die Antike, während die modernen Naturwissenschaften der Renaissance verpflichtet seien. Meyer-Abich sah G. und Carus als moderne Vertreter der antiken Naturphilosophie, vor allem im Bereich der Biologie.[206] Einen ähnlichen Ansatz zeigte auch Hermann Glockner in seinem Habilitationsvortrag von 1924, *Das philosophische Problem in Goethes Farbenlehre*, indem er die Totalität der *Farbenlehre* betonte und sich im Einklang mit G. »gegen den Ausbau jedes einzelwissenschaftlich begründeten Weltbildes«[207] wandte. Walter Jablonski schloß sich dieser Stoßrichtung in mehreren Beiträgen prinzipiell an.[208]

Auch Gottfried Benns zentraler Aufsatz *Goethe und die Naturwissenschaften* (1932) ging von der Fortführung der antiken Denktraditionen durch G. aus: »Es ist aus dem Hellenischen geschöpft, um im Olympischen zu enden, wenn er das höchste Glück des Menschen nennt, das Erforschliche erforscht zu haben und das Unerforschliche ruhig zu verehren. Es ist die antike, die primäre, noch einmal vor der relativierten, der raumneurotisch entarteten Ratio in dieser Kombination von Kausalität und Mythe, die die größte Erkenntnis, die vom Wesen und Kern der Dinge, als für den Menschen erreichbar und erreicht betrachtet«.[209] Für Benn bestand durch den Rekurs auf die Antike nachweislich eine interne Kohäsion von Dichtung und Naturwissenschaft in G.s Werk: »Es schlägt sich ein Bogen, es zieht sich eine metaphysische Spannung von des Thales Primärvorstellung: alles ist Wasser, das heißt alles ist Eins, zu jenem Hymnus über die Natur aus dem Jahr 1782 und zu der Vorstellung der Urphänomene, die Goethes ganzes Schaffen durchzieht: die Spannung der Anschauung gegenüber der Analyse, der Idee gegenüber der Erfahrung, der Größe gegenüber dem Beweis«.[210] G.s Polemik gegen Newton bewertete Benn als einen Beleg für die Existenz zweier unterschiedlicher Forschungsgegenstände: »Was den berühmten Streit zwischen Goethe und Newton angeht, so kann man es zunächst einmal so formulieren, daß eigentlich gar keine Differenz zwischen ihnen bestand insofern, als Goethe sich mit der Psychologie und Physiologie der Farben befaßte, Newton mit den physikalischen Formeln des Lichts«.[211] Die *Farbenlehre* trennte Benn von der eigentlichen Newton-Polemik und tat so, als wenn es sich um zwei verschiedene Werke handle: »Übrigens stand er [G.] isoliert nur hinsichtlich seiner Polemik mit Newton, seiner handgreiflichen Mißdeutungen von dessen Experimenten, seiner Gegenbeweise gegen dessen Theorie, nicht jedoch mit seiner ›Farbenlehre‹, die seit dem Erscheinen bis auf den heutigen Tag eine seiner bewundertsten Schriften ist«.[212] Der Essay Benns wurde 1933 in dem Band *Der neue Staat und die Intellektuellen* wieder abgedruckt und aufgrund seiner stilistischen Schärfe und Pointierung in der schroffen Absage an die Rationalität und als Plädoyer für das Irrational-Genialische auch als öffentliche Befürwortung der nationalsozialistischen Ideologie gedeutet. Somit reihte sich Benns Aufsatz mit Nachdruck in jene rezeptionsgeschichtliche Tendenz ein, die G.s naturwissenschaftliche Schriften einer zeit- und zivilisationskritischen Auslegung unterzog. Nach Mandelkow ergriff er die Gelegenheit, »die polemische Auseinandersetzung mit dem 19. Jahrhundert, dem Jahrhundert des Fortschritts, des Positivismus und des Darwinismus im Horizont einer an Nietzsches Nihilismusbegriff orientierten Geschichtsphilosophie des Verfalls zum Bezugsrahmen einer Goetheinterpretation zu machen«.[213]

Der Naturforscher G. im Urteil der Leopoldina (1930)

Der verbreiteten kulturkonservativen Interpretation G.s in den 1920er Jahren widersetzten sich namhafte Fachwissenschaftler. G.s Verhältnis zu den Naturwissenschaften widmete die Kaiser-

206 Vgl. Meyer-Abich 1929.
207 Glockner 1924, 10.
208 Vgl. vor allem Jablonski 1929.
209 Benn 1932; zit. nach Mandelkow 1984, IV, 117.
210 Ebd. 116.
211 Ebd. 108.
212 Ebd. 110.
213 Mandelkow 1989, II, 43.

lich Leopoldinische Deutsche Akademie der Naturforscher zu Halle 1930 den Sammelband *Goethe als Seher und Erforscher der Natur. Untersuchungen zu Goethes Stellung zu den Problemen der Natur.* Der Herausgeber und Präsident der Akademie, Johannes Walther, umriss in seinem Vorwort, *Goethe und die Leopoldina*, den Adressatenkreis des Bandes: »So wendet sich dieses Buch zunächst an die Mitglieder unserer Akademie, die in Goethe ein Vorbild eigener Forschung sehen und zugleich an alle diejenigen, die der Naturforschung ferner stehend, in Goethes Schriften mit Verwunderung sehen, welche große Rolle die Naturbeobachtung und das Denken über natürliche Erscheinungen im Leben des Werdenden wie des Vollendeten spielte«.[214] Der einleitende Aufsatz des ehemalige Präsidenten der Leopoldina, Carl Gustav Carus, *Goethes Verhältnis zur Natur und Naturwissenschaft*, stellt einen Auszug aus dessen Werk *Goethe. Zu dessen näherem Verständnis* aus dem Jahr 1843 dar. Obwohl fast 100 Jahre alt, prägte er die Gesamtperspektive des Bandes. Carus erklärte die Einstellung G.s zur Natur und zu den Wissenschaften von der Natur durch die ästhetische, »poetisch-pantheistische« Veranlangung des Dichters, der die Naturbetrachtung »als ein Priesteramt«[215] betrieben habe: »Nicht eine ursprüngliche analytische Tendenz seines Geistes, nicht ein Bestreben sich selbst durch möglichst feine Zergliederungen des Naturlebens hervorzutun und Ruhm zu schaffen, noch weniger irgend das Bedürfnis in die Untersuchung der Natur für Zwecke des praktischen Lebens einzugehen, brachten ihn der Naturwissenschaft näher, sondern, wie Plato sagt, daß die Philosophie überhaupt mit der Bewunderung beginnen müsse, so war es bewundernde Liebe und tieferes Vereinleben mit der Natur, welches ihn nötigte, auch einer wissenschaftlichen Naturbetrachtung sich angelegentlich zu widmen und hinzugeben«.[216] Im Hinblick auf die Naturwissenschaften der G.zeit unterschied Carus drei Typen der naturwissenschaftlichen Erkenntnis und klassifizierte G.s naturwissenschaftliche Thesen aufgrund dieser Typologie. G.s Parteinahme für die neptunistische Theorie der Erdbildung gehöre, nach Carus, zu den Forschungsergebnissen »vergänglicher Natur«,[217] die durch die Wissenschaftsgeschichte überholt worden seien. Die Erklärung von G.s Ansichten lieferte Carus in psychologisierender Weise: »Ein gewisses Prinzip der Stabilität und Widerwille gegen alle revolutionäre Zerwürfnis verleidete ihm entschieden diese neueren Ideen [des Vulkanismus] und machte, daß er sie höchstens im Munde des Mephistopheles im zweiten Teile des Faust statuierte«.[218] Carus umschrieb kurz G.s Ergebnisse in der Botanik, Geologie und Farbenlehre und zog daraus den Schluss: »so können wir nicht leugnen, daß Goethe wirklich auf eine bedeutende und nachhaltige Weise auf die Naturwissenschaften gewirkt hat«.[219] Trotz des schwülstig ausgebreiteten G.-Kultes, dem auch die Naturforscher der Leopoldina in unmittelbarem Zeitbezug 1930 weitgehend folgten, sprach aus ihren Abhandlungen eine gewisse Skepsis gegenüber dem Gegenstand der Anthologie. So behauptete Theodor Ziehen in seinem Aufsatz *Goethes naturphilosophische Anschauungen*, der G.s Naturphilosophie erschloss und dabei die Denktradition, an der diese zu messen sei, an der Sekundärliteratur kritisch überprüfte: »Man kann sich den *Dichter* Goethe vielleicht auch ohne den Philosophen Goethe denken; der *Naturforscher* Goethe ist sicher untrennbar mit dem Philosophen Goethe verbunden. Das Allgemein-menschliche, was Goethe selbst als ein Merkmal seiner naturwissenschaftlichen Arbeiten hervorhebt [...], ist im letzten Grunde nichts anderes als das philosophische Moment, das während seines ganzen Lebens sein naturwissenschaftliches Denken beherrscht hat und auch überall in seiner Lebensweisheit wirksam ist. Und gerade darin liegt auch seine Bedeutung für die Gegenwart«.[220] Für den gesamten Band ist kennzeichnend, dass Kritik an G. ausgespart wurde und das G.-Bild der Leopoldina zumindest öffentlich keinen mangelhaften Punkt auf-

214 Walther 1930, 11.
215 Ebd. 23.
216 Ebd. 20.
217 Ebd. 26.
218 Ebd.
219 Ebd. 29.
220 Ebd. 56f.

weisen sollte. Stellvertretend kann dafür der auch den Titel des Sammelbandes liefernde Aufsatz des Herausgebers Johannes Walther, *Goethe als Seher und Erforscher der Natur*, genannt werden, in dem G. ahistorisch und apriorisch eine Sonderstellung auch innerhalb der Naturwissenschaften zugewiesen wird: »Wohl hat er mit seiner Zeit geirrt; aber er sucht sich doch stets über den Kampf der Meinungen zu erheben, und wenn er auf vielen Gebieten der Naturwissenschaft als Mitforscher eine bedeutende Rolle gespielt hat, so überragt er doch alle seine Zeitgenossen als ›Seher‹«.[221] Der Band vereinte Beiträge eher biographischen und populärwissenschaftlichen Inhalts (Hans Schulz, *Goethe und sein Hallescher Freundeskreis*; Ferdinand von Wolff, *Über den Goethit*; George Karsten, *Über die Pflanzengattung Goethea*; Johannes Walther, *Eine Alraune aus Goethes Hand*; Wilhelm Lorey, *Goethes Stellung zur Mathematik*) mit streng wissenschaftlichen Abhandlungen. Zu den Letzteren zählte vor allem Karl Wesselys Aufsatz *Welche Wege führen noch heute zu Goethes Farbenlehre?* Wessely, ein Münchner Augenarzt, kritisierte darin jene unkritische G.-Rezeption, die auch die wissenschaftlichen Fehlleistungen des Dichters uminterpretierte: »Aber nun besteht die viel größere Gefahr, daß sich modernes Halbwissen nach fast 14 Dezennien auch seiner physikalischen Irrtümer nochmals bemächtigt und ihn mit diesen zum Wegbereiter einer neuen Naturphilosophie erkürt«.[222] Wessely lehnte sich gegen die unkritische Aufwertung der gesamten G.schen Naturanschauung auf und versuchte zu differenzieren; im Bereich der Sinnesphysiologie würdigte er die *Farbenlehre*, nicht aber deren Polemischen Teil und seinen den modernen Naturwissenschaften fremden Ansatz; auch der empirisch vorgehende G. war nicht von vornherein Gegenstand seiner Kritik: »Nicht im System seiner Versuche liegt also der Abweg, sondern darin, daß er ihnen die subjektiv vorweg erfaßte Meinung aufzwingt und widersprechende Deutung nicht anerkennen will«.[223] Aus der polemischen Diskussion um die Farbenlehre folgerte Wessely, dass sich die Wissenschaftsgeschichte an ihrem Beispiel vor eine Aufgabe gestellt sehe, deren Lösung noch nicht gefunden wurde: »So wollen wir denn, indem wir von dem Werke Goethes scheiden, das an Irrtümern, aber auch an tiefsten Wahrheiten so reich ist, wie kaum ein anderes, uns klar bleiben, daß auch wir Nachfahren noch darum ringen, die möglichen Gegensätze in wissenschaftlicher Haltung wie in ethischer Gesinnung in der Einheit einer prinzipiellen Fragestellung zu begreifen; den Dualismus von Erleben und Erkennen, von unmittelbar sinnlicher Erfahrung und exakt wissenschaftlicher Analyse zu einer Harmonie zu verschmelzen«.[224] Ein ›Zurück zu G.‹ dürfe es angesichts seiner Irrtümer nicht geben.

Mit der Metamorphose setzten sich in kultur- und naturwissenschaftlicher Hinsicht zwei Aufsätze auseinander: *Die Metamorphose in Religion und Dichtung der Antike* von Otto Kern sowie *Die Metamorphose der Pflanzen* von Günther Schmid. Auch Schmid führte die ahistorische Betrachtung G.s, die dem Band zugrunde liegt, am Beispiel der Botanik aus: »Wenn Goethe als Botaniker, seine Metamorphose der Pflanzen dargelegt und gewertet werden soll, wäre der Weg verfehlt, seine Pflanzenlehre vom Standpunkt der Fachwissenschaft von heute wie ausschließlich von damals oder ganz plump von einer einzelnen Forschungsrichtung aus betrachten zu wollen. Goethe bedeutet eine aus vielerlei Anfängen und versteckten Entwicklungslinien geknotete Gedanken- und Wissenschaftsmasse, komplex mit dieser Persönlichkeit selber verwachsen, lockerungsfähig im Fluß weiteren Geschehens, doch nicht bis aufs letzte in ihren Bestandteilen trennbar. Wir dürfen Goethes wissenschaftshistorische Erscheinung nur von ihm selber her betrachten. [...] Dies ist wesentlich: Goethe ist als Forscher nicht, wie gewöhnlich, Funktion seines wissenschaftlichen Gebietes, sondern seine Wissenschaft eine Funktion des lebendigen Totalmenschen«.[225] Mit den Aufsätzen *Die anatomischen Arbeiten Goethes* von Rudolf Disselhorst und *Goethe und das Reich der*

221 Ebd. 92.
222 Ebd. 158.
223 Ebd. 179.
224 Ebd. 183.
225 Ebd. 206f.

Steine von Johannes Walther wurden noch zwei weitere Teilbereiche aus G.s Schaffen thematisiert. Im Leopoldina-Band zeichnet sich insgesamt in aller Deutlichkeit eine von Fachleuten geäußerte Skepsis gegenüber dem Naturforscher G. ab. Trotz aller Vorbehalte, an ihm offen Kritik zu üben, wurde sein naturwissenschaftliches Werk aus der Wissenschaftsgeschichte herausgelöst und als jenes eines »ernsthaften Dilettanten« (Günther Schmid)[226] unmissverständlich als anachronistisch abgetan.

Diesen Standpunkt vertraten weitgehend auch weitere Fachgelehrte, u. a. der Mathematiker Andreas Speiser, der seine These in der Schrift *Die mathematische Denkweise* (1932) unumwunden auf den Punkt brachte: »Goethes Farbenlehre ist keine Physik, keine Naturwissenschaft, sondern eine Beschreibung von Seelenkräften«.[227]

Der Philosoph Rudolf Carnap betonte in seiner Abhandlung *Physikalische Begriffsbildung* (1926), dass die Physik sehr bald an die Grenze ihrer Erkenntnis gestoßen wäre, wenn sie G., und nicht Newtons quantifizierendem Verfahren gefolgt wäre. Wenn auch Physiker wie Max Planck (*Das Wesen des Lichts*, 1919) und Wilhelm Wien (*Goethe und die Physik*, 1923) die *Farbenlehre* aufgrund der neueren physikalischen Erkenntnisse zunehmend wertneutral betrachteten, wurden G.s Arbeiten zu Optik und Farbenlehre insgesamt weniger beachtet als jene zur Morphologie. Diese wurden vielmehr als der Bereich angesehen, in dem G. naturwissenschaftliche Studien von Bestand seien. Julius Schuster, 1924 als Herausgeber der *Metamorphose der Pflanzen* mit zahlreichen bisher unveröffentlichten Illustrationen hervorgetreten, sah in seiner editorischen Arbeit und den damit geschaffenen Rezeptionsvorbedingungen gute Voraussetzungen zur Neubewertung dieser Schriften in der Öffentlichkeit.[228]

226 Ebd. 207.
227 Speiser 1932, 81.
228 Vgl. Schuster 1932.

G.s Morphologie als Universallehre im Rahmen seiner Naturforschung

Im Zuge der Etablierung einer »deutschen Naturwissenschaft«[229] durch die nationalsozialistische Ideologie wurden jedoch in den 1930er Jahren auch Umwertungen vorgenommen, wie z. B. durch Wilhelm Troll und Karl Lothar Wolf, die G.s Morphologie in einer streng anticartesianischen Interpretation deuteten. Troll und Wolf gingen in ihrer programmatischen Abhandlung *Goethes morphologischer Auftrag*, mit der sie die Schriftenreihe *Die Gestalt* eröffneten, davon aus, dass G.s *Metamorphose der Pflanzen* »in knappen Umrissen eine universale Lehre von der Gestalt umschließt und insofern das Vorbild für *Goethes* gesamte naturwissenschaftliche Bemühungen abzugeben geeignet ist«.[230] Die moderne Naturforschung, die wegen ihres »stoffgläubigen, mathematisch-formalen Mechanismus«[231] kritisiert wurde, habe in ihren neueren Entwicklungstendenzen G.s Naturauffassung entsprochen; eine angemessene Rezeption der naturwissenschaftlichen Schriften G.s sei jedoch der Zukunft vorbehalten: »so daß die Wirkung von *Goethes* in die Mitte der gesamten Naturwissenschaft gerichteten Absichten noch der Zukunft angehört«.[232] Während die Geschichte der deutschen Naturforschung durchaus Annäherungen gegenüber G.s »gestalthafter Naturbetrachtung«[233] vorweisen könne, habe durch den Einbruch des Rationalismus in Deutschland eine Übernahme der mechanistischen Weltsicht stattgefunden. Die Rückbesinnung auf G.s Morphologie sei dementsprechend gleichzusetzen mit der Wiederentdeckung einer eigenen Forschungstradition: »So wird hier wie dort allein eine morphologische, eine urbildliche Behandlung die Bahn für ein echtes, den Gegenstand seinem vollen Umfang nach erfassendes Verständnis freizumachen vermögen. Darauf gründet sich letztlich der Anspruch, den die in *Goethe* zur schönsten Blüte gereifte schöpferisch-realistische Denkweise im Gesamtbereich der Naturwissenschaft zu erheben berechtigt ist.

229 Troll und Wolf 1940, 2.
230 Ebd. 1
231 Ebd. 3
232 Ebd. 2
233 Ebd.

Sie auch läßt erst eine sinnvolle Auffassung von der Einheit der Wissenschaft im Ganzen zu, wie sie der Mechanismus niemals geben konnte. [...] Demgegenüber erhebt die von *Goethe* vertretene, das Weltganze umfassende Betrachtungsart die Forderung nach Integrität der einzelnen, ihrer Fragestellung nach autonomen Zweige der Wissenschaft«.[234] Troll und Wolf sahen G.s Morphologie als Grundlage einer allgemeingültigen naturwissenschaftlichen, auch für die Farbenlehre relevanten Morphologie, die nicht nur mit anderen aktuellen Ansätzen unvergleichbar sei, sondern auch einen Alleinvertretungsanspruch habe. Explizit gegen Heisenberg gewandt, unterstrich Wolf noch 1967 in seinem Aufsatz *Goethe und die Naturwissenschaft*[235] seine Ablehnung jeglicher Überbrückungsversuche und zog eine scharfe Trennungslinie zwischen G.schem Mythos und Newtonschem Logos.

Dieselbe Hochschätzung der Morphologie als Methode des gesamten, auch des dichterischen Schaffens G.s kennzeichnete Ferdinand Weinhandls Werk *Die Metaphysik Goethes* (1932). In seiner umfangreichen Untersuchung hob er den Universalismus der G.schen Anschauung hervor und unterstrich die Differenzen zur Kantschen Philosophie. Auch in Günther Müllers Beitrag *Die Gestaltfrage in der Literaturwissenschaft und Goethes Morphologie* sowie in seiner Programmschrift *Morphologische Poetik* (beide 1944) wurden Versuche vorgelegt, mit der Morphologie ein umfassendes Interpretationsmodell für G.s Gesamtwerk, ja für die Literaturwissenschaft überhaupt auf zentrale Begriffe von G.s Naturanschauung zurückzuführen.

Rezeptionstendenzen nach dem Zweiten Weltkrieg

Nach dem Zweiten Weltkrieg trat die Rezeption der naturwissenschaftlichen Schriften in eine neue Phase, die sich in mehreren Studien abzeichnete. In aller Deutlichkeit verwies Andreas B. Wachsmuth, der damalige Präsident der G.-Gesellschaft, in seinem Aufsatz *Goethes Naturforschung und Weltanschauung in ihrer Wechselbeziehung* (1952/1953) auf den von G. noch nicht in heutigem Sinn verwendeten Begriff der Weltanschauung, der bei ihm noch mit dem Auffassen der Welt durch die Sinne verbunden sei und eine Kategorie bezeichne, der Bescheidenheit, ja Demut zukomme. Wachsmuth weiter: »Man ist seitdem auf diesem Gebiet viel anmaßlicher und anspruchsvoller geworden, vor allem aber so fürchterlich intolerant. Im Namen der Weltanschauung führte man Kriege wie früher für die Religion, und sie erteilt Absolution fast für jede Gewalttat. [...] Für Goethe hingegen ruht die sogenannte Weltanschauung auf dem resignierenden Grundgefühl, daß sie doch immer nur als Bruchstück menschlicher Konfession auftreten kann und stets nur eine Teilaussage über das dem Menschen zugängliche Erfahrungs- und Weltganze darstellt«.[236] Nach den übertrieben nationalen Interpretationen der vorangegangenen Zeit war Wachsmuths These jene des Ausgleichs zwischen dem Naturforscher G. und den Naturwissenschaftlern im Allgemeinen: »Es lag nun niemals in Goethes Absicht, mit seiner Morphologie die Naturwissenschaft der mathematischen Formeln und des kausalmechanischen Denkprinzips zu verdrängen oder für überflüssig zu halten. Nur unzureichende Kenntnis des Naturforschers Goethe kann solches von ihm behaupten. Er hat es immer für selbstverständlich gehalten, daß die Naturwissenschaft der kausal-mechanischen Gesetzlichkeit und die von der Formgesetzlichkeit einander ergänzen sollten«.[237] G.s Bestreben sei es gewesen, die Gestaltungsgesetze der Natur zu finden, und »auf dem Wege dahin sind ihm wissenschaftliche Leistungen von Rang gelungen, so der Nachweis des Zwischenkieferknochens beim Menschen, der geniale Geistesblitz, die Schädelknochen seien umgewandelte Wirbelknochen, das Gesetz von der Metamorphose der Pflanze und die erste methodische Grundlegung der vergleichenden Anatomie«.[238] Indem er G.s Naturforschung in die humanistische Tradition

234 Ebd. 3f.
235 Wolf 1967.
236 Wachsmuth 1952/1953, 45.
237 Ebd. 56.
238 Ebd. 57.

des 18. Jh.s einordnete, trennte Wachsmuth dessen naturwissenschaftlichen Werke vom Rezeptionskontext des 20. Jh.s; sein Aufsatz signalisierte auch angesichts von G.s Zielen eine Wende in der Rezeption dieser Schriften: »Goethes Naturwissenschaft hat dem Zweck gedient, zu einer Auskunft über den Menschen zu gelangen, und ist damit eine Anthropologie, sie ist menschbezogen«.[239]

Diesen Ansatz, den Wachsmuth unter Berufung auf die Morphologie formulierte, führte Eberhard Buchwald weiter und übertrug ihn in seinem Aufsatz *Farbenlehre als Geistesgeschichte* (1954) auch auf die *Farbenlehre*: »Nicht die Schönheit der Farbenlehre ist es oder ihre Nützlichkeit für viele Berufe vom Tuchfärber bis zum Kunstmaler, Physiker, Physiologen, Psychologen, die gerade sie zum Kampfplatz einer der großen geistesgeschichtlichen Auseinandersetzungen gemacht hat, denen wir nicht dankbar genug sein können, der zwischen *Goethe* und dem rund ein Jahrhundert älteren *Newton*, man kann auch sagen der zwischen *Goethe* und der Fachphysik; denn als Fachphysiker, als ›zünftiges Pack‹, wie uns Goethe gescholten hat, sind wir Newtonianer. Daß sie teil hat an so vielen Gebieten der Naturwissenschaften, das macht sie reich und bedeutungsvoll und geeignet, an einem Sonderfall allgemeine Zusammenhänge zu durchschauen. Ich sehe sie wie eine Stufenpyramide des Alten Reichs: einen unteren Sockel der mathematischen Wissenschaften und darauf, sich verjüngend, die Sockel Physik, Chemie, Physiologie und Psychologie. Jeder Sockel ist notwendig zum Tragen der höheren, keiner der höheren ist notwendig, tiefer liegende zu stützen. Und alle, von der Mathematik bis zur Psychologie, sind durchzogen von einem Aderwerk der geschichtlichen Beziehungen, das in seiner Verflechtung die ganze Pyramide vom Boden bis zur Spitze wiederum zu einer Einheit macht«.[240] Deutlich wurde in den 1950er Jahren die Absage an die unmittelbar vorangegangene G.-Rezeption, auch am Beispiel der naturwissenschaftlichen Schriften: Die Beschäftigung mit ihnen ging einher mit der kritischen Reflexion der eigenen Fachgeschichte bzw. der G.-Philologie. So formulierte Walther Gerlach 1956 in seiner Abhandlung *Aufgabe und Wert der Naturwissenschaft im Urteil Goethes*: »[...] so sind gerade [...] die Urteile bedeutender Forscher über Goethes Gedanken zu naturwissenschaftlichen Problemen von großem Wert: Die Spiegelung an ihrem Geist, die Art, wie sie seine Gedanken aufnehmen, wie sie sich zu ihnen stellen, lassen uns die zeitlichen Strömungen in der Geschichte dieser Wissenschaft ersehen, das Gleiche oder Wechselnde in ihrer Stellung zu speziellen und allgemeinen Fragen, vor allem auch zu den ewigen Fragen der Menschheit; denn diese stehen bei Goethe immer an der ersten Stelle; sie durchdringen auch sein naturforschendes Denken und Fragen«.[241]

In seiner Dankesrede anlässlich der Verleihung des G.-Preises der Stadt Frankfurt am Main am 31.8.1958, *Goethe und die Natur*, umriss der Physiker Carl Friedrich von Weizsäcker ein idealisiertes Bild G.s, in dem er den Dichter und den Naturwissenschaftler zu einer harmonischen Einheit verband. G.s Naturverständnis, das sich von jenem der modernen Naturwissenschaften abhebe, erschien in Weizsäckers Beschreibung unter der Perspektive der durch Metamorphosen gewandelten Gestalt: »Natur ist für ihn die allbelebende Macht in jeweils einmaliger Gestalt, ›geprägte Form, die lebend sich entwickelt‹. Indem sie sinnlich gegenwärtige Gestalt ist, ist sie auch Gestaltwandel, ist sie Metamorphose, denn alles Gegenwärtige wandelt sich. Indem sie Gestaltwandel ist, ist sie die lebendige Einheit der Gegensätze. Diese Weise des Sehens zeigt sich in allen Einzelheiten seiner [G.s] naturwissenschaftlichen Forschung. In der Fülle des gegenwärtig Sinnlichen entdeckte er die Erscheinungen, die wir subjektive Farben nennen. Geleitet vom Gedanken der Verbundenheit der Gestalten in der Metamorphose fand er den menschlichen Zwischenkieferknochen und schloß damit eine

239 Ebd. 58.

240 Buchwald 1954, 2.

241 Gerlach 1956, 1. – Gerlachs Aufsatz geht auf den Festvortrag vor der Hauptversammlung der G.-Gesellschaft 1956 in Weimar zurück; dies gilt ebenso für die unten behandelten Arbeiten von Heisenberg 1967 und Portmann 1973, während der Festvortrag von Manfred Eigen (*Goethe und Darwin*, 1981) nicht gedruckt wurde.

von Anatomen behauptete Kluft zwischen dem Körperbau des Menschen und des Affen«.[242] Gleichzeitig stellte Weizsäcker »eine unüberbrückbare Fremdheit«[243] zwischen G.s Naturbegriff und jenem der neuzeitlichen Wissenschaft fest. Diese Fremdheit umschrieb er mit dem anthropologischen Begriffspaar »männlich/weiblich«, wobei er »Goethes empfangendes, harmonisierendes und individualisierendes Schauen«[244] dem Weiblichen und die neuzeitliche Wissenschaftsentwicklung mit der ihr zugeordneten Planung, dem Ausgriff und dem Zwang zur Technisierung dem Männlichen zuordnete. Beide seien in einem »gemeinsamen geistigen Raum«[245] entstanden, der von →Platons Abbildungstheorie bestimmt worden sei. Darüber hinaus folge die neuzeitliche Wissenschaft der aristotelischen Logik, und entferne sich, streng den Kausalgesetzen folgend, bis zur atomaren Katastrophe hin, von dem Ursprünglichen, der Gestalt. Im Schlussteil seiner Rede erhob Weizsäcker G. zu einem kulturellen Muster, da er durch seine »schweigende Fremdheit« sowohl zu Lebzeiten als auch später eine Einheit von Denken und Handeln belege, die »gegen jene, die in Gedanken und Tat die Reife des Seins nicht abwarten«,[246] gerichtet sei. Weizsäckers positives Bild des Naturforschers G. nahm damit die Rezeptionstendenz wieder auf, die in der Hauptsache von einer berechtigten Koexistenz mit den modernen Naturwissenschaften ausging. Ihren editorischen Niederschlag fand diese Rezeption in der Hamburger G.-Ausgabe, zu deren 13. Band Weizsäcker ein Nachwort beisteuerte,[247] das einen detaillierten und tiefgründigen Einblick in G.s naturwissenschaftliches Denken lieferte. Auf der einen Seite gliederte es, durch den wiederholten, durch Zitate belegten Zugang zur Dichtung, G.s naturwissenschaftliche Schriften in das Gesamtwerk des Dichters ein. Als weiteres Anliegen Weizsäckers trat hervor, die Hauptgedanken der G.schen Naturwissenschaft im Hinblick auf die Philosophie der G.zeit und auf die Wissenschaftsgeschichte der modernen Naturwissenschaften zu interpretieren. »Goethe und die neuzeitliche Naturwissenschaft haben einen gemeinsamen Grund, der ihr Gespräch ermöglicht. Wir können ihn durch die Formel andeuten: Platon und die Sinne. Das Gespräch scheitert, wo beide auf diesem Grund verschiedene Gebäude errichten. Die platonische Idee wird in der Naturwissenschaft zum Allgemeinbegriff, bei Goethe zur Gestalt; die Teilhabe der Sinnenwelt an der Idee wird in der Naturwissenschaft zur Geltung von Gesetzen, bei Goethe zur Wirklichkeit des Symbols«.[248] Weizsäckers Fazit lautete: »Goethes Naturwissenschaft hat eine dichterische Voraussetzung. Die Frage nach der Wirklichkeit des Symbols hängt zusammen mit der Frage nach der Wahrheit der Dichtung. Man muß der Dichtung in so strengem Sinne eine Wahrheit zusprechen wie der Wissenschaft, aber diese Wahrheiten sind verschieden«.[249] So sei G.s Licht »nicht das des Leuchtturmes […], der den Hafen anzeigt, sondern das eines Sterns, der uns auf jeder Reise begleiten wird«.[250]

Während von namhaften Naturgelehrten G.s naturwissenschaftliche Schriften aufgewertet wurden, tendierten Philologen und Philosophen eher dazu, sie in ihrer Bedeutung herabzusetzen. In seiner Dankesrede für den Erhalt des G.-Preises im Jahr 1947, *Unsere Zukunft und Goethe*, mahnte Karl Jaspers zu einer kritischen Selbstbesinnung im Zeichen G.s: »Im Schatten der geschichtlich bezeugten und erwarteten Menschenwirklichkeit im Ganzen sehen wir nun unsere eigene. Wir *Deutschen* stehen, innerhalb des Gesamtprozesses der Menschheit, in einer besonderen weltpolitischen Situation: Wir sind in dem Übergang der Geschichte von den europäischen Nationalstaaten auf die Weltmächte als politische Großmacht abgetreten, und zwar endgültig, weil unsere militärische Vernichtung in diesem einmaligen Augenblick geschehen ist«.[251] Mit G. habe die aktuelle Lage nur noch wenig zu tun: »Goethes Welt ist der

242 Weizsäcker 1958, 556.
243 Ebd.
244 Ebd.
245 Ebd.
246 Ebd. 557.
247 1. Aufl. 1955, 537–554.
248 Ebd. 538.
249 Ebd. 553.
250 Ebd. 554.
251 Jaspers 1947; zit. nach Mandelkow 1984, IV, 289.

Abschluß von Jahrtausenden des Abendlandes, eine letzte, noch erfüllte, und überall doch schon in Erinnerung und Abschied übergehende Verwirklichung. Es ist die Welt, aus der zwar die unsrige hervorgegangen ist, von der sich aber die unsrige schon so weit entfernt hat, daß Goethe Homer näher zu stehen scheint als uns«.[252] In dieser Lesart erschienen Jaspers auch G.s naturwissenschaftliche Werke anachronistisch: »Goethes schöpferische Gestaltung der *Naturanschauung* ist unbestritten. Durch seine Morphologie, durch seine Farbenlehre, durch sein Erschauen dessen, was er die Urphänomene nennt, hat er Unverlierbares geleistet. [...] Goethes Unverständnis und seine ahnungsvoll schaudernde Verwerfung gegenüber der eigentümlich modernen – wenn auch heute immer noch nur Wenigen eigenen – Denkungsart, aus der die Naturwissenschaft und Technik großen Stils, anders als alle frühere Technik, hervorgegangen sind, das bannt ihn für uns in eine zwar wunderbar geschlossene, aber vergangene Welt. Diese Welt ist verloren vor dem, was jetzt jedenfalls unser Schicksal ist und was eine Größe des Menschen bedeutet und eine neue unerhörte Aufgabe, die wir ergreifen müssen, wenn wir leben wollen«.[253] G. erscheint bei Jaspers als Figur eines überwundenen Zeitalters, das heraufkommende Neue, den Siegeszug der Naturwissenschaften habe er nicht begreifen können und sich deshalb dagegen gesperrt. In dieser Argumentation schwang auch deutliche Kritik gegenüber all jenen mit, die G. als Mahninstanz reklamieren wollten.

Für Theodor Litt war das anachronistische Moment der naturwissenschaftlichen Schriften G.s ausschlaggebend für ihre Neueinschätzung in Abgrenzung zur skeptisch begutachteten Wissenschaftsgeschichte. In *Naturwissenschaft und Menschenbildung* formulierte er 1954: »In seiner Farbenlehre haben wir das klassische Dokument der menschlichen Haltung vor uns, die erst und gerade im Widerstreit zu dem Absolutheitsanspruch der rechnenden Naturwissenschaft zum vollen Selbstbewußtsein durchdringt«.[254] Litt führte weiter aus: »Nimmt man die auf die Umgestaltung der Lebenspraxis bezüglichen Andeutungen mit der Kritik der Theorie zusammen, die sich in diese Praxis hinein fortsetzt, dann erkennt man: die Farbenlehre ist, entgegen der durch ihren Titel angeregten Erwartung, auch und gerade ein Markstein in der Entwicklung der *Bildungs*problematik. Der Gegensatz, der in ihr durchgefochten wird, ist nicht nur auch, sondern in erster Linie als der Gegensatz zu verstehen, der zwei Grundauffassungen vom Wesen der Bildung scheidet. Es geht darum, das Recht des Menschen zu wahren, der nicht gewillt ist, sich sein Verhältnis zu der ihm begegnenden und ihn für sich fordernden Welt durch irgend welche wissenschaftliche Einreden trüben oder zerstören zu lassen«.[255]

Der Biologe Adolf Portmann ging in seinem Aufsatz *Goethes Naturforschung* (1953) von der These aus, »daß Goethes Schaffen den Gang der Naturforschung nicht entscheidend beeinflußt hat«.[256] Gleichzeitig beschrieb er, orientiert an der Metapher des vor und hinter den Kulissen ablaufenden Bühnenspiels, G.s Wirken in den Naturwissenschaften als jenes eines beobachtenden Zuschauers: »Ein wesentlicher Teil der vielen Mißverständnisse um Goethes Naturforschen rührt davon her, daß die meisten der heutigen Naturforscher hinter der Lebensbühne forschen, während Goethe zu der Gruppe gehört, die das lebendige Geschehen wie ein Schauspiel vor der Bühne in seinem Sinn zu erfassen sucht«.[257] G.s Haltung sei geprägt von »Ehrfurcht vor dem Geschaffenen«[258] und von Gewaltlosigkeit gegenüber der Natur, während die moderne Naturforschung durch ihre Experimente zerstörend gewirkt habe. G. könne durch diese Einstellung als Vorbild für ein neues, ökologisches Bewusstsein in den Naturwissenschaften gelten: »Aber gerade die Forscher, welche um eine produktive Eingliederung der heutigen Naturforschung in eine neue, noch zu schaffende Gesellschaftsordnung ringen, gerade sie werden die Haltung

252 Ebd. 291.
253 Ebd. 293f.
254 Litt 1954; zit. nach FA I, 23.2, 880.

255 Ebd. 883.
256 Portmann 1953/1954; zit. nach Mandelkow 1984, IV, 375.
257 Ebd. 378.
258 Ebd. 380.

Goethes in tiefer Ergriffenheit in ihrem wahren Wert erkennen, eine Haltung, die, vom zentralen Motiv der Ehrfurcht geleitet, die Entsagung, den Verzicht auf den zerstörenden Eingriff durchführt. Sie verwirklicht, sie predigt nicht bloß eine Art von Gewaltlosigkeit in der Naturforschung, der niemand Größe absprechen, niemand die innerste Hochachtung versagen kann. Die extreme Konsequenz, mit der Goethe diese Haltung bewahrt hat, wird vielleicht nicht immer genügend beachtet und ist doch eine der großen Konstanten in diesem an Wandlungen so reichen, langen Geistesleben«.[259] Im Gesamtwerk G.s erkannte Portmann die eigentliche, sprachlich gestaltende Leistung des Dichters für die Naturwissenschaft: »Daß Goethe in diesem seinem naturwissenschaftlichen Wirken die Schranken der Naturforschung sprengt, das ist die Größe und die Grenze zugleich seines wissenschaftlichen Tuns – das ist zugleich aber auch die Macht dieser Werke, die uns immer wieder zu ihnen hinführt, während die Taten der schlichteren Forschung stetsfort in der anonymen Flut der Wissenschaft vergehen«.[260]

Eine derartige Sichtweise, die aus der Perspektive eines Biologen G. durchaus Aktualität in der modernen Naturforschung zuschrieb, erfuhr auch vehementen Widerspruch, so von dem Anglisten und Germanisten Heinrich Henel, der G. in Bezugsetzung zu Newtons Lehre auf einem Irrweg sah und in seinem Aufsatz *Goethe und die Naturwissenschaft* (1949) betonte, dass G.s Naturbetrachtung unzeitgemäß und mit der Entwicklung der modernen Wissenschaften unvereinbar sei. Henel stellte klar, »daß unsere Darstellung von der Überzeugung getragen ist, daß Goethes Naturlehre etwas radikal anderes ist als Naturwissenschaft [...]«.[261] In seiner Abhandlung *Typus und Urphänomen in Goethes Naturlehre*, zuerst 1956 in englischer Sprache erschienen, verlagerte Henel die Diskussion auf die ästhetische Ebene: »Er [G.] betrachtete Dinge, wie der Künstler sie betrachtet: nicht um Daten zu sammeln und, vom Besonderen abstrahierend, ein Gesetz zu erkennen, sondern um eine persönliche Fähigkeit, eine Meisterschaft zu erwerben«.[262]

Maßgebliche Beiträge zu G.s Naturforschung nach 1960

In der G.-Biographie von Richard Friedenthal (1963) wurde eine derart ablehnende Einschätzung des Naturforschers G. weiter verschärft. Dessen Kritik an Newton und an den Mathematikern sei unzumutbar und nicht mit der Wirklichkeit übereinstimmend, da G. seinen vermeintlichen Gegner Newton geradezu dämonisiert habe. Die Farbenlehre stellte für Friedenthal keine wissenschaftliche Abhandlung dar, sondern »eine Mythologie von eigner Art«.[263] Friedenthal argumentierte für diesen Standpunkt unter Rückbezug auf kulturwissenschaftliche Deutungsraster: »Das Licht Goethes ist nicht das Licht der Physiker, weder in seiner Zeit oder Newtons noch später, es ist jenseits der Physik, ›meta-physisch‹. [...] Auf der anderen Seite, der Nachtseite, steht die Finsternis, ebenfalls kein Begriff der Physik, sondern uraltes theologisches Erbgut, in vielen Religionen als Gegenkraft des Lichtes, des Göttlichen, verstanden und verdammt. In Goethes Religion wird sie nicht verdammt. Sie ist der gleichberechtigte Partner des Lichtes, sie tritt mit ihm in Wechselwirkung, so wie sein Mephisto der notwendige Gegenspieler seines Faust ist. Goethe stellt sich nach dem Bild des Magneten, der ihm den Gedanken der Polarität eingegeben hat, vor, daß Licht und Finsternis wie Nord- und Südpol miteinander in Wettstreit liegen: Jeder kann den andern in seiner Wirkung beeinflussen, zurückdrängen«.[264] In der Deutung Friedenthals, einem der wohl schärfsten Verdammungsurteile G.s seit Du Bois-Reymonds Rektoratsrede von 1882, schien die G.sche Polemik gegen Newton eher durch G.s Charakter und nicht durch den Gegenstand bedingt.

259 Ebd. 382.
260 Ebd. 387.
261 Henel 1980, 133.
262 Ebd. 179.
263 Friedenthal 1963; zit. nach der Ausgabe Frankfurt am Main 1978, 540.
264 Ebd.

Der Vortrag des Physikers Max Born über *Betrachtungen zur Farbenlehre* (1963) lieferte einen streng wissenschaftlich begründeten Einblick in die Farbtheorie und Farbengeometrie und deren Anwendung in der Technik. G.s Beitrag zur Farbenlehre sei nicht an der Auseinandersetzung mit Newton zu messen: »Man kann ruhig zugeben, daß er auf dem Gebiete der Physik der Farben gegenüber *Newton* den kürzeren gezogen hat, ohne seine Größe zu beeinträchtigen. Die physische und logische Zergliederung von Phänomenen lag ihm nicht. Er wollte die Natur als Ganzes sehen und begreifen. Man braucht nur den didaktischen Teil der Farbenlehre aufzuschlagen, insbesondere die Fünfte Abteilung, ›Nachbarliche Verhältnisse‹, und die Sechste, ›Sinnlich-sittliche Wirkung der Farben‹, um zu sehen, wie weit der Bogen ist, den er mit dem Hilfsmittel der Farben über alle menschlichen Tätigkeiten und Bestrebungen spannt, wie er die psychische, ästhetische, allegorische, symbolische, mystische Wirkung der Farben abwägt und versucht, zu einer Harmonie der Farben durchzudringen«.[265]

Ebenfalls 1963 (dt. Ausgabe 1985/1987) legte Kurt Robert Eissler sein Werk *Goethe. A Psychoanalytic Study, 1775–1786* vor, das G.s polemische Abgrenzung gegenüber Newtons Theorien des Lichts nach Kategorien der Psychoanalyse interpretierte, wobei er Newton mit der Vaterfigur, das Licht mit der jungfräulichen Mutterfigur gleichsetzte und G.s *Farbenlehre* nunmehr als *Die Geschichte einer partiellen Psychose*[266] verstehen wollte, deren Beginn mit der Geburt des eigenen Sohnes zusammenfalle und G.s angebliches Idealbild einer unbefleckten Empfängnis sublimiere. Die Diskussionen über den Wert oder die Richtigkeit von G.s *Farbenlehre* erscheinen bei Eissler als völlig unwichtig, da G.s überzogene Einschätzung des Werks Resultat einer Selbsttäuschung gewesen sei.

Der Bochumer Germanist Hans Joachim Schrimpf trat 1963 mit seiner Studie *Über die geschichtliche Bedeutung von Goethes Newton-Polemik und Romantik-Kritik*[267] hervor, in der er – von Heisenberg später ausdrücklich mit Zustimmung erwähnt – nachwies, dass Newton-Polemik und Romantik-Kritik bei G. gemeinsame Wurzeln haben. Dem Weg in die Abstraktion bei Newton entspreche der Weg in das Innere der Seele bei den Romantikern, in beiden Fällen gehe der Weltbezug, die sinnlich erfahrbare Außenwelt – entscheidende Voraussetzung für G.s Begegnung mit der Natur – verloren.

Werner Heisenberg ging gleich am Anfang seines am 21.5.1967 auf der Hauptversammlung der G.-Gesellschaft in Weimar gehaltenen Vortrags *Das Naturbild Goethes und die technisch-naturwissenschaftliche Welt* noch einmal kritisch auf Jaspers Stellungnahme von 1947 (s. o. S. 277 f.) ein: »Dabei [bei der Prüfung von G.s Ideen aus der Sicht der modernen Naturwissenschaften] wollen wir uns nicht von vornherein von der pessimistischen Auffassung leiten lassen, wie sie etwa bei Karl Jaspers anklingt, daß Goethe, eben weil er sich vor der heraufkommenden technischen Welt verschloß, weil er die Aufgabe, in dieser neuen Welt den Weg des Menschen zu finden, nicht erkannte, uns heute an dieser Stelle nichts mehr zu sagen habe. Vielmehr wollen wir die Goetheschen Forderungen ruhig gelten lassen, sie unserer heutigen Welt gegenüberstellen, gerade weil wir nicht so viel Grund zum Pessimismus zu haben glauben«.[268] Heisenbergs G.-Bild ist ein komplexes und vielschichtiges, denn neben den Naturwissenschaftler stellt er den Dichter des *Faust*, auf dessen Verse er wiederholt anspielt. Es seien experimentelle und mathematische Verfahren der Abstraktion in den modernen Naturwissenschaften, die G. abgelehnt habe: »Die Grenze zum Abstrakten soll also nicht überschritten werden. Dort wo die Grenze des Schauens erreicht ist, soll der Weg nicht fortgesetzt werden, indem man das Schauen durch abstraktes Denken ersetzt. Goethe war überzeugt, daß das Lösen von der sinnlich wirklichen Welt, das Betreten dieses grenzenlosen Bereichs der Abstraktion zu mehr Schlechtem als Gutem führen müsse. Aber die Naturwissenschaft war schon seit Newton

265 Born 1963, 37 f.

266 So der Titel des Kapitels über G. als Naturforscher.

267 Schrimpf 1963.

268 Heisenberg 1967, 27.

andere Wege gegangen. Sie hat die Abstraktion von Anfang an nicht gefürchtet, und ihre Erfolge bei der Erklärung des Planetensystems, bei der praktischen Anwendung der Mechanik, bei der Konstruktion optischer Apparate und vielem anderen haben ihr scheinbar recht gegeben, und sie haben schnell dazu geführt, daß die Warnungen Goethes überhört wurden«.[269] Heisenberg ging davon aus, dass G. mit kritischem Blick auf die Wissenschaftsgeschichte die Entfremdung wahrgenommen habe, die den modernen Naturwissenschaften eigen ist. In seinen naturwissenschaftlichen Werken, in Gesprächen und im Briefwechsel, vor allem aber in seiner Dichtung habe G. vor den Gefahren dieser Entmenschlichung gewarnt: »Die Gefahren, vor denen Goethe sich hier fürchtete, hat er wohl nirgends genau bezeichnet. Aber die berühmteste Gestalt aus Goethes Dichtung, sein Faust, läßt uns ahnen, worum es sich handelt. Faust ist neben vielem anderem auch ein enttäuschter Physiker. [...] Der Weg, der aus dem natürlichen Leben heraus in die abstrakte Erkenntnis führt, kann also beim Teufel enden. Das war die Gefahr, die Goethes Haltung der naturwissenschaftlich-technischen Welt gegenüber bestimmte. Goethe spürte die dämonischen Kräfte, die in dieser Entwicklung wirksam werden, und er glaubte, ihnen ausweichen zu sollen«.[270] Nicht der humanistische Anspruch der G.schen Naturbetrachtung stehe der modernen Technik entgegen, vielmehr sei es sogar gerade »die göttliche Ordnung der Naturerscheinung«,[271] die dem Abstraktionsgrad der modernen Wissenschaftsentwicklung entspreche. Heisenbergs Fazit lautete: »In der Naturwissenschaft, wie in der Kunst, ist die Welt seit Goethe den Weg gegangen, vor dem Goethe gewarnt hat, den er für zu gefährlich hielt. Die Kunst hat sich von der unmittelbaren Wirklichkeit ins Innere der menschlichen Seele zurückgezogen, die Naturwissenschaft hat den Schritt in die Abstraktion getan, hat die riesige Weite der modernen Technik gewonnen und ist bis zu den Urgebilden der Biologie und bis zu den Urformen vorgedrungen, die in der modernen Wissenschaft den platonischen Körpern entsprechen. Gleichzeitig sind die Gefahren so bedrohlich geworden, wie Goethe es vorausgesehen hat. [...] Aber der lichte Bereich [...] den Goethe überall durch die Natur hindurch erkennen konnte, ist auch in der modernen Naturwissenschaft sichtbar geworden, dort wo sie von der großen einheitlichen Ordnung der Welt Kunde gibt«.[272]

Wiederum Adolf Portmann erläuterte 1973 in seinem Weimarer Festvortrag *Goethe und der Begriff der Metamorphose*, dass G.s Einengung des Fachbegriffes u. a. auf die seriale Metamorphose der einjährigen Pflanzen eine Erklärung dafür darstelle, dass G.s Schrift über die *Metamorphose der Pflanzen* in der Fachgeschichte der Biologie unterschiedliche Bewertungen erfahren habe. Neuere Forschungen hätten jedoch auch einige bis dahin angezweifelte Thesen G.s bestätigt: »Eine Umschau in der naturwissenschaftlich begründeten heutigen Morphologie zeigt einerseits, daß Goethe an der ursprünglichen Formulierung und der Ausbreitung der Ideen von der Metamorphose der Blütenpflanzen zwar nicht unmittelbar mitgewirkt hat, daß ihm aber in der Erkenntnis der von seiner Metamorphosentheorie erklärten Zusammenhänge als selbständiger Forscher und Denker ein hoher Rang zuerkannt wird«.[273] Über die Grenzen des Fachwissens hinausweisend sei jedoch G.s »Einsicht in das Sein der lebendigen Gestalten und damit auch in das des Menschen und der Welt überhaupt«.[274] Der von Alchimie und Kunst gleichermaßen beeinflusste G. habe in der Natur »Grundformen des Erlebens wie Harmonie, Polarität und Steigerung«[275] identifiziert. Für die Entwicklung der Morphologie, von Verhaltens- und Umweltforschung sei G.s Ansatz beispielhaft: »Unsere Nachfahren werden mit neuen Einsichten ihre neuen Deutungen ausbauen; wenn sie offenen Sinnes sind, wird ihnen das Schaffen Goethes Vorbild sein für geistigen Aufschwung zu einer umfassenden Naturbeziehung, welche die strenge Wissenschaft nicht geben

269 Ebd. 29.
270 Ebd. 31.
271 Ebd. 36.
272 Ebd. 41.
273 Portmann 1973, 14.
274 Ebd. 15.
275 Ebd. 21.

kann. In der Kühnheit des Schauens und Denkens hat uns das Bild der Pflanzen-Metamorphose die Größe des Lebendigen vor Augen gestellt«.[276]

1977 unternahm der Darmstädter Naturphilosoph Gernot Böhme mit seinem Aufsatz *Ist Goethes Farbenlehre Wissenschaft?* einen Vorstoß zur Rehabilitation G.s als Naturwissenschaftler, indem er die umstrittene *Farbenlehre* auf ihren erkenntnistheoretischen Ertrag überprüfte und sie als »eine Alternative *zur* neuzeitlichen Naturwissenschaft«[277] bestimmte. Im Unterschied zur Wissenschaft der Moderne, die ihren Gegenstand durch exhaustive Selektion festlege, setze G. sein von Spinoza-Lektüre geprägtes Ganzheitskonzept in eine harmonische Naturauffassung und in eine Beschreibung und Klassifikation der Farb-Phänomene um. G.s Auffassung nach sei die Entstehung der Farben nicht auf gegenständliche, apparative Versuchsbedingungen zurückzuführen, denn die Farben seien als solche Phänomene, die auf das Urphänomen vom Zusammenwirken von Licht, Finsternis und Trübe zurückgehen. Diese Farben werden nicht als singuläre Phänomene beschrieben, sondern in eine Systematik eingeordnet; darin treten sie in Polarität zueinander oder als Totalität harmonisch bzw. komplementär auf. Somit seien sie für G. nicht auf einen primären Baustein, eine monokausale Ableitung, zu vereinfachen; im Gegensatz dazu habe Newton die Refrangibilität des Lichtes als Maßstab für eine Skalierung der Farben angenommen. Zu den Merkmalen des neuzeitlichen Wissenschaftsbegriffes zählt Böhme Idealisierung, Exhaustion, Elementarismus, deduktive Theorienbildung, theoretisches Konstrukt der Phänomene, Cartesianismus und Ahistorizität. In der Polemik gegen Newton distanziere sich G. von diesen Anforderungen der modernen Wissenschaft und begründe einen Wissenschaftsbegriff, der – nach Böhme – gerade im Gegenspiel zu Newtons optischen Forschungen verdeutliche, wodurch sich die Physik als moderne Wissenschaft etabliert habe. Auch das wissenschaftliche Gesamtkonzept der *Farbenlehre*, das die Fachgeschichte mit berücksichtigte, als deren Bestandteil G. seine Farbforschungen betrachtet habe, während der moderne Wissenschaftlertypus solche Vorkenntnisse zwar besitze, sie aber nicht als Voraussetzungen seiner eigenen Studien expliziere, stelle eine weitere Abweichung von der modernen Wissenschaftszielsetzung dar. Der unterschiedliche Ansatz von G.s und Newtons optischen Studien biete eine erste Erklärung für ihre Standpunkte: während Newton vor allem eine praktische Zielsetzung hatte, um die chromatische Aberration bei der Lichtbrechung durch Linsen auf ihre Ursachen zurückzuführen und diese zu beseitigen, war G.s Anlass für das Studium der Farben ästhetischer Art; den Zugang zur Farbenlehre bot ihm die Malerei. Dadurch traten für G. die angemessene Darstellung, der Zusammenhang und die Wirkungen der untersuchten Farben in den Vordergrund und nicht eine auf funktionale Prinzipien reduzierte Klassifikation. Die Vorhaben Newtons und G.s seien derartig scharf voneinander zu trennen – so Böhme –, dass ein Vergleich kaum auf einer angemessenen Basis aufzustellen sei. Hinter dem jeweiligen Theorienkonstrukt jedoch seien zwei deutlich voneinander abgegrenzte Einstellungen zum Gegenstand einerseits und zur Selbstpositionierung andererseits zu erkennen: »Denn Thema [bei G.] ist nicht wie bei Newton das Scharf-Sehen, sondern das Farbig-Sehen. Sind für ersteres, wie Newton zeigt, die äußeren Bedingungen relativ gleichgültig, so werden sie für letzteres wesentlich. Gerade weil, wie auch Newton sagt, die Farben nicht Eigenschaften des Lichtes sind, sind die Bedingungen ihres Hervortretens für Goethe das Hauptthema der Farbenlehre«.[278] Eine weitere Differenzierung der beiden Theorien sei durch die unterschiedliche Wertung des forschenden Subjekts vorgegeben. Dieses sei für Newton, dem sich entwickelnden modernen Verständnis gemäß, ein Entscheidungsfaktor, der hinter der instrumental gesicherten Objektivität der physikalischen Apparatur zurücktrete und dieser den Vorrang einräume. Dagegen seien für G. die Farben nicht im physikalischen Sinn als solche erkennbar, sondern sie werden in der wiederholten, man-

276 Ebd.
277 Böhme 1977, zit. nach Böhme 1980, 123.
278 Ebd. 135.

nigfaltigen Auffächerung des Versuchs durch das erkennende Subjekt in ihrer Existenz bestätigt, weil G. »wie vielleicht das ganze 18. Jahrhundert, an vollständiger, extensiver Phänomene-Sammlung interessiert war«.[279] Böhmes Fazit im Abgleich von Newtons und G.s ›Optiktheorie‹ bestätigt den wissenschaftlichen Anspruch der *Farbenlehre* G.s: »Sie ist eine methodisch vorgehende Erkenntnisunternehmung, die auf die systematische Ordnung eines Gegenstandsbereiches abzielt, die erlaubt, ihre Phänomene aus Prinzipien abzuleiten und zwischen ihnen Gesetze anzugeben. [...] Überall aber, wo Goethes Wissenschaft von einem essential neuzeitlicher Naturwissenschaft abweicht, läßt sich eine analoge Struktur, ein funktionales Äquivalent angeben«.[280] Den Gewinn einer solchen Interpretation der *Farbenlehre* sieht Böhme darin, dass sie eine Anregung für das Überdenken des Status heutiger Wissenschaften bedeuten könne und einen erkenntnistheoretischen Gewinn durch die Verlagerung von der allgemein angestrebten Akkumulation von faktischem Wissen hin zu einer »Wahrnehmungswissenschaft«[281] erzielen könne. Böhmes G.-Rezeption interpretiert in einer provokanten Lesart Wissenschaftsgeschichte aus dem ungenutzten Potential ihrer abgelegenen, nicht in die Überlieferungstradition aufgenommenen und isoliert gebliebenen Episode der G.schen Farbenlehre, deren Wirkungsmöglichkeiten unzureichend aufgearbeitet worden seien. Einem dem Original verpflichteten ganzheitlichen Prinzip folgend, das das Subjekt (Forscher/Mensch) dem Objekt (Natur) seiner Untersuchung nicht gegenüberstellt, sondern mit diesem verbindet, plädiert Böhme für eine subjektbezogene wissenschaftliche Reflexion in den gegenwärtigen Naturwissenschaften.

279 Ebd. 145.
280 Ebd. 149.
281 Ebd. 150.

Die heterogenen Zugänge zum Naturforscher G. nach 1980

Die Wirkung der naturwissenschaftlichen Schriften G.s in den 1980er Jahren ist in verschiedenen Bereichen der Natur- und Kulturwissenschaften erkennbar. Für die ökologische Deutung in der Nachfolge Portmanns setzte sich 1982 der Theologe und Biologe Günter Altner ein.[282]

Michael Böhler stellte 1984 für die Rezeption von G.s naturwissenschaftlichen Schriften eine deskriptive Sytematik auf, beruhend auf vier Argumentationsschemata. Nach Böhler seien diese: 1. die Imaginationstheorie, die G. als begabten Dilettanten betrachte; 2. die Vorläufertheorie, laut der G.s Gründerleistungen gewürdigt werden; 3. die Universalismustheorie, die G. für ein Universalgenie halte und die naturwissenschaftlichen Schriften in sein Gesamtwerk integriere; 4. die Hagiographentheorie, die G. über jede Kritik erhebe.[283]

Einen theologischen Interpretationsansatz verfolgte in der G.-Philologie Albrecht Schöne in seinem Buch *Goethes Farbentheologie* (1987). Der Titel deutete an, dass für Schöne G.s Kontroverse mit Newton keinen wissenschaftlichen Streit, sondern die Konsequenz einer gleichsam theologischen Position darstellte, an der – einem Dogma gleich – nicht zu rütteln sei. So trete G.s Abrechnung mit (dem Ketzer) Newton in den Status der Verdammung einer Irrlehre; die große Darstellung der Geschichte der Farbenlehre im Historischen Teil weist nach Schöne Parallelen zu Gottfried Arnolds *Unpartheyischer Kirchen- und Ketzerhistorie* auf, die G. nach seiner Rückkehr aus Leipzig 1768 kennenlernte. Ausgehend von dieser Verwurzelung im theologischen Bereich, kann es für Schöne auch keinen Kompromiss über G.s *Farbenlehre* geben, der Leistungen und Fehler nebeneinanderstellt. Das ganze Werk mit seiner schillernden Vielfalt an Gedanken sei eine Heilswahrheit, mithin unteilbar. Eine gegen die modernen Naturwissenschaften gerichtete Aktualisierung verbietet sich für Schöne, da G.s Gedankenhorizont prinzipiell vorneuzeitlich sei.

282 Vgl. Altner 1982.
283 Vgl. Böhler 1984, 315f.

Mit dieser Beurteilung vertritt Schöne eine der extremsten Positionen in der Wirkungsgeschichte der *Farbenlehre* überhaupt, denn er eliminiert das Werk nicht nur aus der Wissenschaftsgeschichte der meisten Disziplinen, die sich damit seit dem Erscheinen im Jahr 1810 beschäftigt und G. als seriösen Vertreter in der Geschichte des eigenen Faches angesehen hatten, sondern er spricht auch einer differenzierenden Betrachtung der einzelnen Gesichtspunkte in G.s Argumentation mit dem Hinweis auf nur im Ganzen zu akzeptierende Totalität eine Berechtigung ab.

Neben Schöne sprach sich vor allem Hans Blumenberg gegen den Versuch einer Aktualisierung G.s im naturwissenschaftshistorischen Kontext aus.[284] Beide Autoren sehen G. der Antike und dem Mittelalter entschieden stärker angenähert als der Neuzeit. So biete G.s Naturverständnis vor allem einen günstigen Ansatz zur zeitgenössischen kritischen Auseinandersetzung mit der Aufklärung.

Die spezielle Verknüpfung von Naturwissenschaft und Dichtung ist ein weiteres Thema der neueren G.-Rezeption. Jeremy Adler ging in seiner Untersuchung *»Eine fast magische Anziehungskraft«. Goethes ›Wahlverwandtschaften‹ und die Chemie seiner Zeit* (1987) dem schon seit der Antike benutzten und G. wohl bekannten chemischen Fachterminus der →Wahlverwandtschaft nach und überprüfte seine literarische Resonanz in G.s Roman. Die Dissertationen von Safia Azzouni, *Kunst als praktische Wissenschaft. Goethes »Wilhelm Meisters Wanderjahre« und die Hefte »Zur Morphologie«* (2005), sowie Aeka Ishihara, *Makarie und das Weltall. Astronomie in Goethes »Wanderjahren«* (1998), thematisierten ebenfalls den Brückenschlag zwischen Naturforschung und Dichtung.

Der Einordnung G.s unter die *Klassiker der Naturphilosophie* (1989) war der tiefgründige Aufsatz der beiden Hg. der *Leopoldina-Ausgabe*, Dorothea Kuhn und Wolf von Engelhardt, gewidmet. Sie wiesen darauf hin, dass G. nie ein philosophisches System entwickelt habe, in dem Natur und Naturforschung ihren Platz gefunden hätten. Vielmehr habe er umfangreiche naturwissenschaftliche Schriften verfasst; diese »bezeugen Goethes lebenslanges Bemühen um Erkenntnis in weit auseinanderliegenden Regionen der Natur. Sie sind in ihrer Gesamtheit miteinander verbunden durch die Vorstellung oder Idee eines objektiven Ganzen der Natur, deren geheimnisvoller Ordnung Goethe sich von verschiedenen Seiten her zu nähern versuchte«.[285]

Die ausführlichste Rezeptionsgeschichte der *Farbenlehre* als *Wissenschaft wider die Zeit* mit einer Untersuchung von Belegen aus dem 18. bis 20. Jh. lieferte 1990 Felix Höpfner.

Für das G.-Bild der Gegenwart sah Gernot Böhme 1991 in G.s naturwissenschaftlichen Schriften und der darin geäußerten Naturanschauung die Funktion eines humanistischen Bildungsideals mit pädagogischer Funktion.[286] Der gleiche Autor unternahm 1997 den Versuch, G.s naturwissenschaftliche Arbeiten in das Konzept einer allgemeinen *Phänomenologie der Natur*[287] zu integrieren.

Der von Peter Heusser zum G.-Jahr 1999 herausgegebene Sammelband *Goethes Beitrag zur Erneuerung der Naturwissenschaften* (2000) fasste die Vorträge einer Ringvorlesung zusammen, die anlässlich des 250. Geburtstags G.s an der Universität Bern gehalten worden waren. Ähnliche, hier nur exemplarisch genannte Zusammenstellungen verschiedener Aufsätze zu G.s Naturforschung waren bereits 1930 unter Federführung der Akademie deutscher Naturforscher Leopoldina (s. o. S. 271–274), zum Frankfurter Gelehrtenkongress 1949 (*Goethe und die Wissenschaft*, 1951) sowie 1984, 1987, 1998 und 2000 erschienen.[288]

1999 fand die Jahreshauptversammlung der G.-Gesellschaft in Weimar unter dem Thema *Goethe und das 20. Jahrhundert* statt. Der Naturforscher G. wurde in zwei Vorträgen thematisiert: In der kontroversen Rezeptionsgeschichte der Farbenlehre und der Morphologie im 19. Jh.

284 Blumenberg 1979, vor allem 433–604 (4. Teil): *Gegen einen Gott nur ein Gott.*

285 Engelhardt und Kuhn 1989, 220 und 222.

286 Vgl. Böhme 1991.

287 Vgl. Böhme und Schiemann 1997.

288 Vgl. Brandt 1984; Amrine, Zucker und Wheeler 1987; Matussek 1998, Schmidt und Grün 2000.

identifizierte Dietrich von Engelhardt zwei miteinander konkurrierende Epochen, jene der Romantik und des Idealismus sowie jene der empirisch-positivistischen Naturvorstellung.[289] Irmgard Müller lieferte ergänzend einen Überblick über die Rezeptionsgeschichte des Naturforschers G. im 20. Jh.[290]

In dem von Ludolf von Mackensen 2001 herausgegebenen Sammelband *Was ist Farbe?* unterstrich Bodo Hamprecht vor allem das subjektive Moment in G.s Forschung, entgegen dem objektivierenden Standpunkt der modernen Naturwissenschaften: »Im gängigen naturwissenschaftlichen Weltbild [...] bestimmt der Mensch sich selbst und seine Position im Kosmos auf der Grundlage von Untersuchungen, die ihn als Subjekt soweit wie möglich eliminieren, obwohl es ohne Subjekte weder Wissenschaft noch die Empfänger des von ihr erzeugten Weltbildes gäbe. Vollends paradox wird die Sache, wenn das Subjekt ein Weltbild solchen Ursprungs gedanklich oder gefühlsmäßig auf sich selbst bezieht. Wir blicken heute auf schreckliche Indizien dafür, daß diese Paradoxie nicht nur eine theoretische Nebensächlichkeit für weltfremde Philosophen ist, sondern der Bereitschaft zu Ausbeutung, Verantwortungslosigkeit und Gewalt Vorschub leistet«.[291]

2007 widmete sich die Jahreshauptversammlung der G.-Gesellschaft in Weimar dem Thema *Goethe und die Natur*, wobei nahezu alle Bereiche von G.s Naturforschung in Vorträgen Beachtung fanden. Diese wurden in den *Goethe-Jahrbüchern* für die Jahre 2007 und 2008 publiziert.

2010 wurde das 200jährige Jubiläum der *Farbenlehre* an mehreren Orten (so in Wetzlar, Dresden, Berlin, Hamburg, Dornach und Budapest) mit Ausstellungen und Tagungen gewürdigt (vgl. die Kataloge unter Eichler 2011, Kühl 2010 und Scheurmann 2009). Zur Ausstellung der Klassik-Stiftung in Weimar, *Augengespenst und Urphänomen*, lag die angekündigte Publikation bei Redaktionsschluss noch nicht vor. Aus einem interdisziplinären Symposion an der Universität Hamburg ging ein voluminöser Tagungsband hervor (vgl. Wolfschmidt 2011).

Bibliographien und Werkausgaben

1940 erschien die erste umfassende Bibliographie zum Naturforscher G.: *Goethe und die Naturwissenschaften* von Günther Schmid. Erst 1996 erfuhr dieses Unternehmen mit der bis zum Jahr 1990 geführten Literatursammlung von Frederick Amrine, *Goethe in the History of Science*, eine spezielle Ergänzung. Ansonsten war die Literatur zum Naturforscher G. nur über Gesamtbibliographien erschließbar, wie z.B. durch die jährlich im GJb. erschienenen sowie die im Jahr 2000 publizierte *Goethe-Bibliographie 1950–1990* von Siegfried Seifert, die für die Jahre ab 1991 als *Weimarer Goethe-Bibliographie online* weitergeführt wurde und schließlich auch den Bestand ab 1950 bis in die Gegenwart in Form einer Datenbank online bereitstellen soll.

Abschließend sei darauf verwiesen, dass die Aufnahme und Beurteilung eines Autors letzten Endes immer von einer verlässlichen Textpräsentation abhängig ist. Umgekehrt lässt die Vorlage von Texten, gerade wenn es sich um Auswahlausgaben handelt, Rückschlüsse auf den Stellenwert zu, den man einem Autor auf einem bestimmten Gebiet zugesteht. Auffallend ist, dass die in der zweiten Hälfte des 20. Jh.s meistgelesene und -zitierte G.-Ausgabe, die *Hamburger Ausgabe*, G.s Schriften zur Naturwissenschaft nicht nur selektiv berücksichtigt, sondern dass sogar maßgebliche Teile des Hauptwerks *Zur Farbenlehre* wie der Polemische Teil und auch längere Passagen des Historischen Teils nicht aufgenommen wurden. Viel zu wenig wurde im allgemeinen Bewusstsein und auch von G.-Interessenten zur Kenntnis genommen, dass zu G.s Naturforschung als erstem Gebiet seines Schaffens heute mit der historisch-kritischen *Leopoldina-Ausgabe* (LA; 1947–2011) eine verlässliche Ausgabe abgeschlossen vorliegt (Übersicht s. u. S. 728), die die zweite Abteilung der *Weimarer Ausgabe* (Naturwissenschaftliche Schriften) endgültig ersetzte. Den gleichen Textbestand wie LA liefern mit der *Frankfurter Aus-*

289 Vgl. Engelhardt 1999.
290 Vgl. I. Müller 1999.
291 Hamprecht 2001, 15.

gabe (FA) und der *Münchner Ausgabe* (MA; jeweils 1985–1999) zwei moderne, reichhaltig kommentierte Editionen.[292]

Den Quellenkontext zu G.s einzelnen Schriften, vor allem aus Briefen und Tagebüchern, liefern die alphabetisch nach Titeln angelegten Artikel der noch nicht abgeschlossenen Dokumentensammlung *Die Entstehung von Goethes Werken* (EGW), in denen die Entstehungszusammenhänge minutiös nachgezeichnet werden, wobei gleichsam ein Blick in G.s Werkstatt eröffnet wird.[293]

Literatur

Aderholt, August: Über Goethes Farbenlehre. Weimar 1858. – Adler, Jeremy: »Eine fast magische Anziehungskraft«. Goethes ›Wahlverwandtschaften‹ und die Chemie seiner Zeit. München 1987. – Günter Altner: Der Gestaltwandel der Welt: Goethes Morphologie – Ist sie noch von Bedeutung für die moderne Biologie? In: Deutsches Allgemeines Sonntagsblatt. Nr. 11 (14.3.1982), 15. – Amrine, Frederick, Zucker, Francis J. und Wheeler, Harvey (Hg.): Goethe and the sciences. A Reappraisal. Dordrecht 1987. – Amrine, Frederick (Hg.): Goethe in the History of Science. 2 Bde. New York u.a. 1996. – Azzouni, Safia: Kunst als praktische Wissenschaft. Goethes »Wilhelm Meisters Wanderjahre« und die Hefte »Zur Morphologie«. Köln u.a. 2005. – Bähr, Johann Karl: Vorträge über Newtons und Goethes Farbenlehre gehalten im Künstler-Verein zu Dresden. Dresden 1863. – Barthel, Ernst: Goethes Wissenschaftslehre in ihrer modernen Tragweite. Bonn 1922. – Ders.: Goethes Relativitätstheorie der Farbe. Bonn 1923. – Benjamin, Walter: Gesammelte Schriften. Bd. 3. Hg. von Hella Tiedemann-Bartels. Frankfurt am Main 1972. – Benn, Gottfried: Goethe und die Naturwissenschaften. In: Die neue Rundschau. 4 (1932), 463–490. – Blumenberg, Hans: Arbeit am Mythos. Frankfurt am Main 1979. – Böhler, Michael: Naturwissenschaft und Dichtung bei Goethe. In: Wittkowski, Wolfgang (Hg.): Goethe im Kontext. Kunst und Humanität, Naturwissenschaft und Politik von der Aufklärung bis zur Restauration. Tübingen 1984, 313–340. – Böhme, Gernot: Ist Goethes Farbenlehre Wissenschaft? In: Studia Leibniziana. 9 (1977), 27–54; Nachdruck in: Ders.: Alternativen der Wissenschaft. Frankfurt am Main 1980, 123–154. – Ders.: Goethe – Naturwissenschaft, Humanismus, Bildung: ein Versuch über die Gegenwart klassischer Bildung. Frankfurt am Main u.a. 1991. – Ders. und Schiemann, Gregor (Hg.): Phänomenologie der Natur. Frankfurt am Main 1997. – Bölsche, Wilhelm: Die naturwissenschaftlichen Grundlagen der Poesie. Prolegomena einer realistischen Ästhetik. Leipzig 1887. – Ders.: Goethes Wahlverwandtschaften im Lichte moderner Naturwissenschaft. In: Die Gesellschaft. 9 (1889), 1330–1340. – Ders.: Goethe im 20. Jahrhundert. Berlin 1900. – Born, Max: Betrachtungen zur Farbenlehre. In: Die Naturwissenschaften. 2 (1963), 29–39. – Brandt, Helmut (Hg.): Goethe und die Wissenschaften. Jena 1984. – Buchwald, Eberhard: Farbenlehre als Geistesgeschichte. In: GJb. (1954), 1–13. – Büchner, Ludwig: Sechs Vorlesungen über die Darwinsche Theorie [...] Leipzig 1868. – Carnap, Rudolf: Physikalische Begriffsbildung. Karlsruhe 1926. – Carus, Carl Gustav: [Rez. in:] Berliner Jahrbücher für wissenschaftliche Kritik. Nr. 1 (1832), Sp. 1–8; Nr. 2, Sp. 9–11. – Ders.: Göthe. Zu dessen näherem Verständniß. Leipzig 1843. – Cassirer, Ernst: Goethe. In: Ders.: Freiheit und Form. Studien zur deutschen Geistesgeschichte. Berlin 1916, 269–414. – Ders.: Goethe und die mathematische Physik. Eine erkenntnistheoretische Betrachtung. In: Ders.: Idee und Gestalt. Goethe, Schiller, Hölderlin, Kleist. Berlin 1921, 27–76. Nachdruck Darmstadt 1975, 33–80. – Ders.: Goethe und die geschichtliche Welt. Drei Aufsätze. Berlin 1932; Ausgabe Hamburg 1995, hg. von Rainer A. Bast. – Cattie, J. Th.: Göthe ein Gegner der Descendenztheorie. Eine Streitschrift gegen Ernst Haeckel. Utrecht 1877. – Chamberlain, Houston Stewart: Goethe. München 1912. – Cohn, Ferdinand: Goethe als Botaniker. In: Deutsche Rundschau. 8 (1881), 26–56. – Dilthey, Wilhelm: Das Erlebnis und die Dichtung. Lessing, Goethe, Novalis, Hölderlin. Leipzig 1906. – Du Bois-Reymond, Emil: Goethe und kein Ende. Rede bei Antritt des Rectorats der Universität zu Berlin am 15. October 1882. Leipzig 1883. – Eichler, Anja (Hg.): Goethes »Farbenlehre« und die Lehren von den Farben und vom Färben. Petersberg 2011. – Eissler, Kurt Robert: Goethe. Eine psychoanalytiche Studie, 1777–1786. Basel, Frankfurt am Main 1985 (amerik. Originalausgabe Detroit 1963). – Engelhardt, Dietrich von: Goethes Farbenlehre und Morphologie in den Naturwissenschaften des 19. Jahrhunderts. In: GJb. (1999), 224–233. – Engelhardt, Wolf von und Kuhn,

292 Naturwissenschaftliche Schriften in FA in den Bänden 23.1, 23.2, 24 und 25 (1987–1991), in MA aufgrund der chronologischen Anordnung der Ausgabe auf zahlreiche Bände verteilt.

293 Bde. 1 u. 2, 1958. Nach Wiederaufnahme des Projekts in der 1990er Jahren: Bde. 3 (2006), 4 (2008) u. 6 (2010) bis einschließlich Buchstabe G. Weitere Bde. i. Vorb.

Dorothea: Johann Wolfgang Goethe (1749–1832). In: Böhme, Gernot (Hg.): Klassiker der Naturphilosophie. Von den Vorsokratikern bis zur Kopenhagener Schule. München 1989, 220–240. – Feuchtersleben, Ernst Freiherr von: Göthe's naturwissenschaftliche Ansichten. In: Ders.: Beiträge zur Literatur, Kunst- und Lebens-Theorie. Wien 1837, 99–140. – Flegel, Eva: »Alles ist Wechselwirkung« – Dilettantismus als Lebens-Kunst-Programm: Naturwissenschaftler in der Nachfolge Goethes. Hamburg 2010. – Friedenthal, Richard: Goethe. Sein Leben und seine Zeit. Frankfurt am Main 1978. Gerlach, Walther: Aufgabe und Wert der Naturwissenschaft im Urteil Goethes. In: GJb. (1956), 1–25. – Gervinus, Georg Gottfried: Neuere Geschichte der poetischen National-Literatur der Deutschen. Leipzig 1842. 3. verb. Auflage 1852. – Glockner, Hermann: Das philosophische Problem in Goethes Farbenlehre. Heidelberg 1924. – Goethe und die Wissenschaft. Vorträge gehalten anläßlich des internationalen Gelehrtenkongresses zu Frankfurt am Main im August 1949. Frankfurt am Main 1951. – Grävell, Friedrich: Göthe im Recht gegen Newton. Berlin 1857. – Ders.: Charakteristik der Newton'schen Farbentheorie. Berlin 1858. – Ders.: Ueber Licht und Farben. Berlin 1859. – Ders.: Die zu sühnende Schuld gegen Goethe. Berlin 1860. – Haeckel, Ernst: Generelle Morphologie der Organismen. Allgemeine Grundzüge der organischen Formenwissenschaft, mechanisch begründet durch die von Charles Darwin reformierte Descendenztheorie. 2 Bde. Berlin 1866. – Ders.: Die Naturanschauung von Darwin, Goethe und Lamarck. In: Deutsche Rundschau. 33 (1882), 81–85, 87–89, 90–92. – Hamprecht, Bodo: Goethes Farbenlehre – die andere Art, Wissenschaft zu betreiben. In: Mackensen, Ludolf von (Hg.): Was ist Farbe? Aufsätze, Farbexperimente und Optikkatalog aus dem Museum für Astronomie und Technikgeschichte der Staatlichen Museen Kassel. Kassel 2001, 11–64. – Hansen, Adolph: Goethes Metamorphose der Pflanzen. Geschichte einer botanischen Hypothese. Gießen 1907. – Ders.: Goethes Morphologie (Metamorphose der Pflanzen und Osteologie). Ein Beitrag zum sachlichen und philosophischen Verständnis und zur Kritik der morphologischen Begriffsbildung. Gießen 1919. – Hegel, Georg Wilhelm Friedrich: Encyclopädie der philosophischen Wissenschaften. Heidelberg 1817. – Heisenberg, Werner: Die Goethesche und Newtonsche Farbenlehre im Lichte der modernen Physik. In: Geist der Zeit. 19 (1941), 261–275. – Ders.: Das Naturbild Goethes und die technisch-naturwissenschaftliche Welt. In: GJb. (1967), 27–42. – Ders.: Die Bedeutung des Schönen in der exakten Naturwissenschaft. In: Ders.: Schritte über Grenzen. Gesammelte Reden und Aufsätze. München 1971, 288–305. – Ders.: Sprache und Wirklichkeit in der modernen Physik. In: ebd., 160–181. – Helmholtz, Hermann von: Ueber Goethe's naturwissenschaftliche Arbeiten. In: Allgemeine Monatsschrift für Wissenschaft und Literatur. (Mai 1853) 383–398. – Ders.: Die Thatsachen der Wahrnehmung. Berlin 1878. – Ders.: Helmholtz, Hermann von: Goethe's Vorahnungen kommender naturwissenschaftlicher Ideen. In: Deutsche Rundschau. 72 (1892), 115–132. – Henel, Heinrich: Goethezeit. Ausgewählte Aufsätze. Frankfurt am Main 1980. – Henning, Leopold Dorotheus von: Einleitung zu öffentlichen Vorlesungen über Göthe's Farbenlehre. Berlin 1822. – Heusser, Peter (Hg.): Goethes Beitrag zur Erneuerung der Naturwissenschaften. Bern, Stuttgart, Wien 2000. – Höpfner, Felix: Wissenschaft wider die Zeit. Goethes Farbenlehre aus rezeptionsgeschichtlicher Sicht. Heidelberg 1990. – Ishihara, Aeka: Makarie und das Weltall. Astronomie in Goethes »Wanderjahren«. Köln u.a. 1998. – Jaspers, Karl: Unsere Zukunft und Goethe. In: Die Wandlung. 2 (1947), 559–578. – Jablonski, Walter: Goethes Farbenlehre. In: Hippokrates. 1 (1929), 422–433. – Kalischer, Salomon: Goethe's Verhältniß zur Naturwissenschaft und seine Bedeutung in derselben. Berlin 1877. – Ders.: Goethe als Naturforscher und Herr Du Bois-Reymond als sein Kritiker. Berlin 1883. – Ders.: Goethe als Naturforscher. In: Bielschowsky, Albert: Goethe. Sein Leben und seine Werke. München 1904 (15. Aufl. 1908), 2, 412–461. – Kerner von Marilaun, Anton: Goethe und Darwin. In: Neue Freie Presse Nr. 5628, Wien, 29.4.1880. – Kohlbrugge, Jacob Hermann Friedrich: Historisch-kritische Studien über Goethe als Naturforscher. Würzburg 1913. – Kossmann, Robby: War Goethe ein Mitbegründer der Descendenztheorie? Eine Warnung vor E. Häckel's Citaten. Heidelberg 2. Aufl 1877. – Kühl, Johannes (Hg.): Experiment Farbe. 200 Jahre Goethes Farbenlehre. Dornach 2010. – Langbehn, Julius: Rembrandt als Erzieher. Von einem Deutschen. Leipzig 1890. – Lange, Friedrich Albert: Geschichte des Materialismus und Kritik seiner Bedeutung in der Gegenwart. Iserlohn und Leipzig 1866. 9. Aufl. Leipzig 1914. – Leyser, Jakob A.: Goethe kein Vorläufer Darwins. Wider Haeckel. Dürkheim 1877. – Litt, Theodor: Naturwissenschaft und Menschenbildung. Heidelberg 2. Aufl. 1954. – Lubosch, Wilhelm: Was verdankt die vergleichend-anatomische Wissenschaft den Arbeiten Goethes? In: GJb. (1919), 157–191. – Mandelkow, Karl Robert (Hg.): Goethe im Urteil seiner Kritiker. Dokumente zur Wirkungsgeschichte Goethes in Deutschland. Bd. 1: 1773–1832. München 1975. Bd. 2: 1832–1870. München 1977. Bd. 3: 1870–1918. München 1979. Bd. 4: 1918–1982. München 1984. – Ders.: Goethe in Deutschland. Rezeptionsgeschichte eines Klassikers. Bd. 1: 1773–1918. München 1980. Bd. 2: 1919–1982. München 1989. – Matussek, Peter (Hg.): Goethe und die Verzeitlichung der Natur. München 1998. – Meding, Karl Heinrich: Goethe als Naturforscher in Beziehung zur Gegenwart. Dresden 1861. – Meyer-Abich, Adolf: Goethes Naturerkenntnis. Ihre Voraussetzungen in der Antike, ihre Krönung durch Carus. In: JbFDtHochst. (1929), 196–233. – Ders.: Die Vollendung der Morphologie Goethes durch Alexander von Humboldt. Göttingen 1970. – Meyerhof, Otto: Über Goethes Methode der Naturforschung. Göttingen 1910. – Michel, Ernst: Weltanschauung und Naturdeutung. Vorlesungen über Goethes Naturanschauung. Jena 1920. – Moser, Ludwig: Über Goethes Leistungen in der Farbenlehre. In: Historische und literärische Abhandlungen der königlichen Gesellschaft zu Königsberg. 3 (1834), 11–140. – Müller, Günther: Die Gestaltfrage in der Literaturwissenschaft und Goethes Morphologie (1944); Morphologische Poetik (1944): In: Müller, Elena (Hg.): Günther Müller: Morphologische Poetik. Gesammelte Aufsätze. Darmstadt 1968, 146–224, 225–246. – Müller, Irmgard: Goethes Farbenlehre und Morphologie in den Naturwissenschaften des 20. Jahrhunderts. In: GJb. (1999), 234–244. – Müller, Johannes: Zur vergleichenden Physiologie des Gesichtssinnes des Menschen und der Thiere nebst einem Versuch über die Bewegung der Augen und über den menschlichen Blick. Leipzig 1826. – Ders.: Handbuch der Physiologie des Menschen für Vorlesungen. Bd. 2. Koblenz 1840. – Müller-Tamm, Jutta: Farbe bekennen. Goethes Farbenlehre und die Berliner Wissenschaftspolitik um 1820. In: Osterkamp, Ernst (Hg.): Wechselwirkungen. Kunst und Wissenschaft in Berlin und Weimar im Zeichen Goethes. Bern, Berlin u.a. 2002, 193–209. – Nietzsche, Friedrich: Götzen-Dämmerung oder: Wie man mit dem Hammer philosophirt. Leipzig 1889. – Ostwald, Wilhelm: Goethe, Schopenhauer und die Farbenlehre. Leipzig 1918. – Otto, Ulrich: Die Bedeutung von Goethes Farbenlehre für den Maler. In: Goethes Bedeutung für das Verständnis der Naturwissenschaften heute. Kolloquium 26.–28.11.1982. Bayreuth [1982], 423–452. – Partenheimer, Maren: Goethes Tragweite in der Naturwissenschaft. Hermann von Helmholtz, Ernst Haeckel, Werner Heisenberg, Carl Friedrich von Weizsäcker. Berlin 1989. – Pfaff, Christoph Heinrich: Ueber Newton's Farbentheorie, Herrn von Goethe's Farbenlehre und den chemischen Gegensatz der Farben. Ein Versuch in der experimentalen Optik. Leipzig 1813. – Planck, Max: Das Wesen des Lichts (1919). In: Ders.: Wege zur physikalischen Erkenntnis. Reden und Vorträge. 4. Aufl. Leipzig 1944, 85–97. – Portmann, Adolf: Goethes Naturforschung. In: Neue Schweizer Rundschau. N.F. 21 (1953/1954), 406–422. – Ders.: Goethe und der Begriff der Metamorphose. In: GJb. (1973), 11–21. – Richter, Manfred: Das Schrifttum über Goethes Farbenlehre mit besonderer Berücksichtigung der naturwissenschaftlichen Probleme. Berlin 1938. – Rosenkranz, Karl: Apologie der Goetheschen Farbenlehre. In: Ders.: Georg Wilhelm Friedrich Hegels Leben. Berlin 1844, 339f. – Runge, Philipp Otto: Farben-Kugel. Hamburg 1810. – Schelling, Friedrich Wilhelm Josef von: [Rez. in:] Zs. für spekulative Philosophie. 2, (1801), H. 2, 60. – Scheurmann, Konrad (Hg.): color continuo 1810 … 2010 … System und Kunst der Farbe. Ausstellungskatalog. Dresden 2009. – Schmid, Günther: Goethe und die Naturwissenschaften: eine Bibliographie. Hg. im Namen der Kaiserlich Leopoldinisch-Carolinisch Deutschen Akademie der Naturforscher von Emil Abderhalden. Halle 1940. – Schmidt, Alfred und Grün, Klaus-Jürgen (Hg.): Durchgeistete Natur: ihre Präsenz in Goethes Dichtung, Wissenschaft und Philosophie. Frankfurt am Main u.a. 2000. – Schmidt, Oscar: Goethes Verhältnis zu den organischen Naturwissenschaften. Berlin 1853. – Ders.: War Goethe ein Darwinianer? Graz 1871. – Schöne, Albrecht: Goethes Farbentheologie. München 1987. – Schopenhauer, Arthur: Über das Sehn und die Farben. Leipzig 1816. – Ders.: Parerga und Paralipomena: kleine philosophische Schriften. Bd. 2. Berlin 1851. – Schrimpf, Hans Joachim: Über die geschichtliche Bedeutung von Goethes Newton-Polemik und Romantik-Kritik In: Gratulatio. Fs. für Christian Wegner. Hamburg 1963, 63–82. (Auch in: Ders.: Der Schriftsteller als öffentliche Person. Von Lessing bis Hochhuth. Berlin 1977, 126–143.) – Schuster, Julius: Goethes Botanik als Gestaltlehre. In: Forschungen und Fortschritte. 8 (1932), 96–98. – Seidlitz, Georg: Die Darwin'sche Theorie. Leipzig 1871. – Semper, Max: Die geologischen Studien Goethes. Beiträge zur Biographie Goethes und zur Geschichte und Methodenlehre der Geologie. Leipzig 1914. – Simmel, Georg: Kant und Goethe. Zur Geschichte der modernen Weltanschauung. Berlin 1906. – Ders.: Goethe. Leipzig 1913. – Sommerfeld, Adolf: Goethes Farbenlehre im Urteile der Zeit. In: Deutsche Revue. 42 (1917), III, 100–106. – Speiser, Andreas: Die mathematische Denkweise. Zürich 1932. – Steiner, Rudolf: Grundlinien einer Erkenntnistheorie der Goetheschen Weltanschauung mit besonderer Rücksicht auf Schiller. Berlin 1886. – Ders.: Goethes Naturanschauung gemäß den neuesten Veröffentlichungen des Goethe-Archivs 1893. In: Berichte des Freien Deutschen Hochstifts. 10 (1894), 1–18. – Ders.: Goethes naturwissenschaftliche Schriften. Dornach 1962. – Strauß, David Friedrich: Der alte und der neue Glaube. Ein Bekenntniß. Bonn 1872. – Tourtual, Kaspar Theobald: Die Sinne des Menschen in den wechselseitigen Beziehungen ihres psychischen und organischen Lebens. Münster 1827. – Troll, Wilhelm: Goethes morphologische Schriften. Jena 1926. Neuausgabe Jena 1932. – Troll, Wilhelm und Wolf, Karl Lothar: Goethes morphologischer Auftrag. Leipzig 1940. – Virchow, Rudolf: Göthe als Naturforscher und in besonderer Beziehung auf Schiller. Berlin 1861. – Vischer, Friedrich Theodor: Aesthetik oder Wissenschaft vom Schönen. 2. Tl., 1. Abt. Reutlingen und Leipzig 1847. – Wachsmuth, Andreas B.: Goethes Naturforschung und Weltanschauung in ihrer Wechselbeziehung. In: GJb. (1952/1953), 43–62. – Walther, Johannes (Hg.): Goethe als Seher und Erforscher der Natur. Untersuchungen über Goethes Stellung zu den Problemen der Natur. Leipzig 1930. – Weinhandl, Ferdinand: Die Metaphysik Goethes. Berlin 1932. – Weizsäcker, Carl Friedrich von: Goethe und die Natur. In: Die Gegenwart. 13, Nr. 320 (6.9.1958), 555–557. – Ders.: Nachwort. In: Kuhn, Dorothea und Wankmüller, Rike (Hg.): Goethes Werke [Hamburger Ausgabe]. Bd. 13. Naturwissenschaftliche Schriften. Hamburg 1966, 537–554. – Wenzel, Manfred: Goethe und Darwin. Goethes morphologische Schriften in ihrem naturwissenschaftshistorischen Kontext. Diss. Bochum 1983. – Ders.: Goethe und Darwin. Der Streit um Goethes Stellung zum Darwinismus in der Rezeptionsgeschichte der morphologischen Schriften. In: GJb. (1983), 145–158. – Wien, Wilhelm: Goethe und die Physik. In: Ders.: Aus dem Leben und Wirken eines Physikers. Leipzig 1930, 79–102. – Wohlbold, Hans (Hg.): Goethes Farbenlehre. Jena 1928. Neuausgabe Jena 1932. – Wolf, Karl Lothar: Goethe und die Naturwissenschaft. In: GJb. (1967), 289–293. – Wolfschmidt, Gudrun (Hg.): Colours in Culture and Science. 200 Years Goethe's Colour Theory. Hamburg 2011. – Wundt, Wilhelm: Grundzüge der physiologischen Psychologie. Bd. 2. 5. Aufl. Leipzig 1902. – Zacharias, Otto: Ist Goethe als ein Vorläufer Darwins zu betrachten? In: Die Gegenwart. 9 (1876), 110f.

Bianca Bican/Manfred Wenzel

III. Lexikon

Abel, Johann Gotthelf Lebrecht (1749 oder 1750–1822)

Der in Düsseldorf tätige Arzt von F. H. →Jacobi behandelte G. 1792 in Pempelfort, wo dieser auf der Rückreise vom Frankreichfeldzug einen Hexenschuss erlitten hatte. In der *Campagne in Frankreich* berichtet G. über Abel (»ein sehr geschickter, geistreicher Arzt«) und seine Therapie mit Kampfer (vgl. FA I, 16, 525). *WZ*

Abglanz

»Das Wahre mit dem Göttlichen identisch, läßt sich niemals von uns direkt erkennen, wir schauen es nur im Abglanz, im Beispiel, Symbol, in einzelnen und verwandten Erscheinungen [...]« (FA I, 25, 274). Diese von G. an den Anfang seines Aufsatzes *Versuch einer Witterungslehre 1825* gestellten Worte weisen dem Abglanz bildhaft einen Stellenwert im menschlichen Erkenntnisvermögen zu, der diesen im Kontext der *Farbenlehre* als die dem Menschen allein zugängliche Form des Lichts erscheinen lässt, die als Farbe in Erscheinung tritt. In der Dichtung findet sich dazu eine Entsprechung: Faust kann den gleißenden Glanz der Sonne nicht ertragen; er muss sich abwenden und sich mit der Betrachtung des Regenbogens begnügen, bei dessen Anblick er die fundamentale Erkenntnis äußert: »Am farbigen Abglanz haben wir das Leben« (*Faust*, V. 4727). Im Sinne eines solchen Abglanzes ist Farbe als Zeichen des Lebens und das Entweichen der Farbe zur Illustration des Todes ein vielverwandtes Motiv in G.s Dichtungen, aber auch wiederkehrende Formel in seinen Briefen oder Gesprächen. Riemer überliefert unter dem Datum des 3.12.1808 folgende Äußerung: »Licht, wie es mit der Finsternis die Farbe wirkt, ist ein schönes Symbol der Seele, welche mit der Materie den Körper bildend belebt. So wie der Purpurglanz der Abendwolke schwindet und das Grau des Stoffes zurückbleibt, so ist das Sterben des Menschen. Es ist ein Entweichen, ein Erblassen des Seelenlichtes, das aus dem Stoff weicht. Daher sehe ich keinen Toten. Alle meine gestorbenen Freunde sind mir so verblichen und verschwunden, und das Scheinbild von ihnen bleibt mir noch im Auge« (Riemer 298). *WZ*

Abstraktion

Der vor allem im Kontext der *Farbenlehre* relevante Begriff diente G. im Allgemeinen zur Kennzeichnung der Newtonschen Methode und bezeichnete somit ein Verfahren des Erkenntnisgewinns, das er strikt ablehnte. An einer zentralen Stelle zur G.schen Methodik in der Naturforschung, im *Vorwort* der *Farbenlehre*, wird Abstraktion zum Gegenbegriff von sinnlicher Erfahrung, der für G. obersten Maxime in der Art, sich den Gegenständen der Natur zu nähern: »Denn das bloße Anblicken einer Sache kann uns nicht fördern. Jedes Ansehen geht über in ein Betrachten, jedes Betrachten in ein Sinnen, jedes Sinnen in ein Verknüpfen, und so kann man sagen, daß wir schon bei jedem aufmerksamen Blick in die Welt theoretisieren. Dieses aber mit Bewußtsein, mit Selbstkenntnis, mit Freiheit, und um uns eines gewagten Wortes zu bedienen, mit Ironie zu tun und vorzunehmen, eine solche Gewandtheit ist nötig, wenn die Abstraktion, vor der wir uns fürchten, unschädlich, und das Erfahrungsresultat, das wir hoffen, recht lebendig und nützlich werden soll« (FA I, 23.1, 14).

Newtons Methodik hatte alle für G. im Umgang mit der Natur entscheidenden Aspekte eliminiert; sie mußte ihm nicht nur zuwider sein, sondern auch wegen ihrer großen Bedeutung für die gesamten Naturwissenschaften und die Technik Angst machen, denn unbestritten führte der Weg Newtons weg von der sinnlich wahrnehmbaren Natur als konkreter Umwelt des lebenden Menschen in die Abstraktion von zerlegten, apparativ zu bearbeitenden Naturobjekten, die nicht mehr in ihrem ursprünglichen Zusammenhang geschaut werden konnten. Da aber für G. die Außenwelt über die sinnliche Wahrnehmung mit dem Subjekt eine Einheit bildet und das Anschauen gleichzeitig ein Theoretisieren war, bedeutete die Versetzung des Phänomens aus der ursprünglich natürlichen Einbindung in die Experimentierstube des Naturgelehrten (z.B. die Newtonsche Dunkelkammer) gleichzeitig den Verlust des Weltbezuges für den Menschen, wobei der phänomenhafte Charakter des Geschauten verlorenging. Bei G. kann der Untersuchungsgegenstand grundsätzlich nicht vom Beobachter getrennt werden, so dass es eine reine Objektebene in der Art seiner Naturforschung nicht gibt. *WZ*

Additive Mischung/ Subtraktive Mischung

Diese erst Mitte des 19. Jh.s durch H. v. Helmholtz getroffene Unterscheidung erklärt im Kontext von G.s *Farbenlehre* zahlreiche Missverständnisse, die G. zwangsläufig in seiner Untersuchung der Newtonschen Optik unterlaufen mussten. Wenn Newton von Farbmischungen spricht, geht er in der Regel von Prismenfarben aus, die sich additiv mischen. Im Wahrnehmungsapparat (Auge und Gehirn) des Betrachters überlagern sich die Wellenlängen der verschiedenen Farben zur Farbempfindung Weiß. Die von G. heftig bestrittene These Newtons, dass alle Farben sich zu Weiß vereinigen, ist leicht vor Augen zu führen, wenn man die prismatischen Farben übereinanderprojiziert.

Wenn G. von Farbmischungen spricht, meint er im Gegensatz zu Newton stets körperliche Farben oder Farbmittel; speziell Malerfarben (Pigmente), die auf einer Palette miteinander (subtraktiv) gemischt werden. Hierbei gilt G.s These, dass jede einzelne Farbe dunkler als Weiß ist und in der Mischung mit anderen Farben daher niemals Weiß ergeben kann (vielmehr zeigt sich bei einem Zusammenführen sämtlicher verschiedenfarbiger Farbmittel ein dunkles Braungrau). Bei solchen Mischungen von Farbmitteln kommt es zu einer Zusammenfügung der subtraktiven Wirkungen (Absorptionen) der einzelnen Komponenten.

Die Konfusion, die sich bei G. in der Auseinandersetzung mit der Newtonschen Theorie hinsichtlich von Farbmischungen oftmals zeigt, hat letztlich ihre Ursache darin, dass mit dem Begriff ›Farbe‹ sowohl das färbende Mittel wie auch der Farbeindruck des Beobachters bezeichnet wird. Subtraktive Mischung geht immer auf eine Farbmittelmischung zurück, während additive Mischung auf Farbreizen im Auge beruht, die im Gehirn eine Farbempfindung hervorrufen. Ohne diese Differenzierung, die G. zu seiner Zeit noch nicht leisten konnte, kommt man zwangsläufig zu Fehlurteilen, wie sie G. in der Ausdeutung Newtonscher Befunde unterliefen. *WZ*

Affe

In seinem *Systema naturae* (1758) hatte C. v. →Linné die Primaten in die vier Gattungen aufgeteilt: Homo (Mensch), Simia (Menschenaffen und andere Affen), Lemur (Lemuren und andere niedere Affen) und Vespertilio (Fledermäuse). J. F. →Blumenbach hatte zur Abgrenzung zwischen Mensch und Affe die Unterteilung in ›Bimana‹ und ›Quadrumana‹ (Zwei- und Vierhänder) vorgeschlagen.

Seit der Antike bis in die frühe Neuzeit galt der Affe trotz seiner Menschenähnlichkeit als Symbol des Bösen, in bestimmten Kontexten auch als Abbild des Teufels. Während G. im Allgemeinen eine tiefe Abneigung gegen Affen zeigte, sie als hässliche Verzerrungen des Menschlichen empfand und auch im dichterischen Werk diese Aversionen kundtat (vgl. *Reineke Fuchs* XI, V. 180ff.; *Wahlverwandschaften* II, 7), behandelte er ›den Affen‹ in der Naturforschung als eine biologische Art unter vielen, insbesondere im Kontext von Knochenbeschreibungen (vgl. FA I, 24, 181, 190, 195f., 249, 626, 628). Die zeitgenössisch verbreitete Auffassung, dass der Affe mit dem Menschen über das Mittelglied des »Mohren« verbunden sei, lehnte G. ab: »man kan nicht (oder kaum) sagen daß wir durch die Mohren mit den Affen gränzen« (LA II, 9 A, 201).

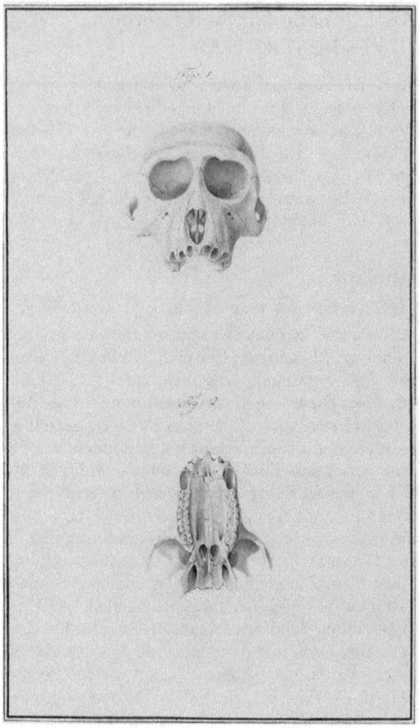

Zwischenkieferknochen des Affen; nach einer Zeichnung von Johann Christian Wilhelm Waitz; Prachthandschrift, Tafel VIII (1784)

Besonderen Stellenwert nahm der Affe im Kontext von G.s Zwischenkieferstudien (1784/1785) ein. Auf Tafel 8 der Prachthandschrift der Zwischenkieferabhandlung bildete G. einen Affenschädel von vorn und dessen Oberkiefer von unten ab. Durch die deutlich sichtbaren Facialnähte auf beiden Seiten der Nase ist der →Zwischenkieferknochen dort als eigenständiger Knochen sichtbar, während diese Nähte beim (erwachsenen) Menschen aufgrund von Knochenverwachsung nicht mehr ausgeprägt sind und auf diese Weise vielen zeitgenössischen Anatomen als Begründung für die These dienten, der Mensch besitze keinen Zwischenkieferknochen. »[…] der vortreffliche Camper glaubte den Unterschied zwischen Affen und Menschen darin gefunden zu haben, daß jenem ein Zwischenknochen der obern Kinnlade zugetheilt sei, diesem aber ein solcher fehle«, so G. in *Principes de Philosophie zoologique* (FA I, 24, 827). *EN/WZ*

Agricola (Bauer), Georg (1494–1555)

Der als Arzt in Joachimsthal und Chemnitz tätige, vor allem aber als Mineraloge, Geologe und Bergbauexperte bekannt gewordene Agricola galt G. als »Muster einer menschenverständigen Anschauung« (TuJ 1806). Bereits unter dem 31.8.1792 berichtete er in der *Campagne in Frankreich* von optischen Versuchen an einem Wassertrichter (vgl. FA I, 16, 404) mit Verweis auf Agricola. Aus dessen Werk *De natura eorum quae effluunt ex terra* (Basel 1546) zitierte er in ZNÜ I, 4 (1822) im Aufsatz *Im Wasser Flamme* eine Passage über den gleichen Sachverhalt, dass nämlich ein im Wasser hinabsinkender Stein von einem feurigen Schein begleitet werde.

Die ausführlichste Würdigung hat G. Agricola im historischen Teil der *Farbenlehre*, im Kapitel *Baco von Verulam*, zukommen lassen (vgl. FA I, 23.1, 683), nachdem er am 26.8.1806 sein Werk *De re metallica libri 12 [...]* (Basel 1621) entliehen und am 28.8.1806 daraus das erste Buch, *De ortu et causis subterraneorum*, studiert hatte. Agricola habe, so G., »in Absicht auf das Bergwesen, dasjenige geleistet was wir für unser Fach [Farbenlehre] hätten wünschen mögen [...]. So bewundern wir ihn noch jetzt in seinen Werken, welche den ganzen Kreis des alten und neuen Bergbaus [...] umfassen und uns als ein köstliches Geschenk vorliegen« (ebd.).

WZ

Aguillon, François (Aguilonius, Franciscus; 1566–1617)

Dem Mathematiker und Physiker sowie Lehrer am Jesuitenkolleg in Antwerpen hat G. im historischen Teil der *Farbenlehre* ein eigenes Kapitel gewidmet (vgl. FA I, 23.1, 702ff.), das Aguillons Werk *Opticorum libri sex Philosophis iuxta ac Mathematicis utiles* (Antwerpen 1613, Ruppert 4318) behandelt. Trotz aller Kritik im Einzelnen (»im Theoretischen [...] bis ins Kleinliche«; Fehlen physiologischer Erklärungen) sieht G. in Aguillon einen »ernsten und tüchtigen Mann« (FA I, 23.1, 703). In der *Anzeige und Übersicht des Goethischen Werkes zur Farbenlehre* folgt das ausdrückliche Lob, Aguillon sei »der erste [gewesen] der das Kapitel von den Farben ausführlich behandelt« (ebd. 1052).

Schon am 30.7.1794 hatte F. v. →Stein G. mit einem aus London übersandten Bücherverzeichnis auf das Werk von Aguillon hingewiesen. Für die Arbeit an der *Farbenlehre* ist die Beschäftigung mit diesem Autor laut Tagebuch für den 3.10.1807, 5., 6. u. 9.12.1808, 16. u. 28.2. sowie 3.3.1809 belegt. Als G. kurz vor seinem Tod gemeinsam mit →Eckermann den Plan einer kompakteren Ausgabe der *Farbenlehre* verfolgte, wurde Aguillon noch einmal am 30.12.1831 (Tgb) erwähnt.

WZ

Akademie- und Sozietätsmitgliedschaften

In einem selbst angelegten Verzeichnis hat G. bis zum März 1829 insgesamt 53 Diplome gelehrter Gesellschaften aufgeführt, in denen er den Status eines Mitglieds oder Ehrenmitglieds hatte (vgl. den Artikel in GHB. 4.1, 13f.). Hier sollen nur die wichtigsten angeführt werden, die speziell dem Naturforscher G. galten.

Höchsten Stellenwert besitzt G.s am 26.8.1818 mit dem Beinamen *Arion* vollzogene Aufnahme in die ›Deutsche Akademie der Naturforscher Leopoldina‹ unter deren damaligem, zu dieser Zeit noch in Erlangen tätigen Präsidenten C. G. D. →Nees v. Esenbeck. Mit diesem korrespondierte G. ab 1816 bis zu seinem Tod, nachdem der Sitz der Akademie nach Ortswechseln ihres Präsidenten zunächst nach Bonn, später nach Breslau verlegt worden war. Zwischen 1824 und 1831 erschienen in den *Nova Acta*, der Zeitschrift der ›Leopoldina‹, drei Aufsätze, die auf Texten G.s beruhen und für den Druck redaktionell bearbeitet wurden (s. o. S. 59, 60f. u. 72).

Die Mitgliedschaft G.s in der ›Royal Irish Academy‹ in Dublin (30.11.1825) ging vor allem auf G.s geologische und mineralogische Interessen und seine Kontakte mit dem Mineralogen C. L. Metzler v. Giesecke an der Universität Dublin zurück, mit dem G. ab 1819 korrepondierte.

Die Ehrenmitgliedschaft in der ›Kaiserlichen Akademie der Wissenschaften zu St. Petersburg‹ (29.12.1826) wurde für G. zum Anlass, sich mit der *Physikalischen Preisaufgabe der Petersburger Akademie der Wissenschaften 1827* über die Natur des Lichts (s. o. S. 129–131) in einem längeren Aufsatz zu beschäftigen (vgl. FA I, 25, 828–838).

Die Ehrenmitgliedschaft der ›Kaiserlichen Universität Charkow‹, die G. im September 1827 mitgeteilt wurde, dürfte nicht unerheblich darauf zurückzuführen sein, dass G. Charkow wiederholt in meterologischem Zusammenhang (Vergleich von Barometerständen) erwähnte.

Die →›Schlesische Gesellschaft für vaterländische Kultur‹ in Breslau verlieh G. am 16.6.1822 die Ehrenmitgliedschaft unter ihrem Präsidenten F. v. →Stein, Sohn der Ch. v. →Stein. Auch hier waren G.s meteorologische Beobachtungen Anknüpfungspunkt.

Wesentliche Mitgliedschaften im Umfeld Weimars (vgl. auch →»Mittwochsgesellschaft«, →»Freitagsgesellschaft«) bestanden in Erfurt (›Akademie gemeinnütziger Wissenschaften‹, 15.11.1811) und Jena (→›Naturforschende Gesellschaft‹: von G. 1793 mitbegründet, ab 1804 Präsident; ›Herzogliche Sozietät für die gesamte Mineralogie‹: G. Ehrenmitglied seit der Gründung am 8.12.1797; →Lenz).

G.s häufiges Reiseziel →Böhmen ist durch die →›Gesellschaft des vaterländischen Museum in Böhmen‹ mit Sitz in Prag vertreten, die ihm am 1.11.1820 das Diplom als Ehrenmitglied ausstellte (→Sternberg).

In der Heimatstadt Frankfurt am Main machte die ›Senckenbergische Naturforschende Gesellschaft‹ G. am 1.3.1821 zum korrespondierenden Mitglied, in →Göttingen wurde G. in der ›Königlichen Gesellschaft der Wissenschaften‹ am 22.11.1823, wohl auf Betreiben von J. F. →Blumenbach, zum auswärtigen Mitglied der physischen Klasse ernannt.

In der ›Naturforschenden Gesellschaft in Halle/ Saale‹ erhielt G. 1827 die Ehrenmitgliedschaft, in den *Annalen* der in →Hanau ansässigen ›Wetterauischen Gesellschaft für die gesamte Naturkunde‹ wurde G. bereits 1809 als Ehrenmitglied geführt.

Zu weiteren (Ehren-)Mitgliedschaften (darunter in Batavia 1826, Edinburgh 1811/1820, Gent 1824) vgl. die Aufstellung in GS, 127–142.

Literatur
Schmid, Günther: Goethe und die Nova Acta der Leopoldinisch-Carolinischen Deutschen Akademie der Naturforscher. In: Leopoldina. Berichte der Deutschen Akademie der Naturforscher zu Halle. 6 (1930), 15–61. – Walther, Johannes: Goethe und die Leopoldina. In: Ders. (Hg.): Goethe als Seher und Erforscher der Natur. Halle 1930, 1–12 und 301 f.

WZ

Aktive Farben

In der Abteilung *Sinnlich-sittliche Wirkung der Farbe* im didaktischen Teil der *Farbenlehre* (FA I, 23.1, 247–284), in der G. die psychologische und ästhetische Farbwirkung auf den Menschen untersucht, definiert er neben dem Pol der passiven auch die aktiven, dem Licht sich zuneigenden Farben. Diese sind identisch mit den beiden warmen Farben Gelb und (dem daraus gesteigerten) Rotgelb (Orange) sowie dem zwischen ihnen und dem Purpur (Rot) eingeschalteten, im Bildschema des →Farbenkreises nicht berücksichtigten Gelbrot (identisch mit den Farbstoffen Mennig und Zinnober). Gelb, Gelbrot und Rotgelb werden auch als Plusseite des Farbenkreises bezeichnet.

Während die aktiven Farben insgesamt »regsam, lebhaft, strebend« (ebd. 248) stimmen, nimmt ihre energetische Wirkung zu, je näher sie dem Purpur als der am höchsten gesteigerten Farbe kommen: Besitzt das Gelb als »nächste Farbe am Licht [...] eine heitere, muntere, sanft reizende Eigenschaft« (ebd. 249), zeigt sich das Rotgelb bereits energetischer und erzeugt ein »Gefühl von Wärme und Wonne« (ebd. 251). Das Gelbrot hingegen, gesteigert »bis zum unerträglich Gewaltsamen« und »eine unglaubliche Erschütterung« hervorbringend (ebd.), besitzt die höchste Energie der aktiven Seite.

In Kunst und Alltagspraxis sollten diese Farben mit den passiven kombiniert werden, um einen harmonischen Eindruck zu erzielen (→Passive Farben). *SS*

Alchimie

Krank vom abgebrochenen Studium in Leipzig nach Frankfurt am Main zurückgekehrt, wandte sich G. in den Jahren 1768–1770 theoretisch und praktisch der Alchimie zu und studierte, unter dem Einfluss des pietistischen Kreises der S. K. v. →Klettenberg und deren Arzt J. F. →Metz, der G. am 7.12.1768 von einer von ihm selbst als lebensbedrohlich empfundenen Verdauungsstörung heilte, die Werke von →Paracelsus, B. Valentinus, J. B. v. Helmont, G. Starkey und die →*Aurea Catena Homeri*, ausgehend vor allem von der Lektüre von G. Wellings *Opus mago-caballisticum*. In den *Ephemerides* von 1770, in der Hauptsache aber in *Dichtung und Wahrheit* (II, 8) hat G. darüber berichtet. Die mystisch-okkulte Kunst der Alchimie, die die Geheimnisse der Natur zu enträtseln, den ›Stein der Weisen‹ zu erlangen und schließlich einen Urstoff zu erzeugen versprach, der dauerhafte Gesundheit ebenso in Aussicht stellte wie die Fähigkeit, aus unedlen Metallen Gold herzustellen – die Mischung aus chemischer Kunst, Magie und Aberglauben letztlich – übte auf den jungen G. eine starke Faszination aus. Mit dem Studium in Straßburg 1770/1771 orientierte sich G. unter dem Einfluss der Anatomie, praktischen Heilkunde und Geburtshilfe, wie sie ihm von J. F. Lobstein, G. F. →Ehrmann und J. C. Ehrmann vermittelt wurden, in deutlicher Abkehr von der Alchimie hin zur empirischen Betrachtungsweise der Natur. Alchimistische Motive wurden später in der Dichtung noch verbreitet verwendet (vgl. *Faust*: *Vor dem Tor*, V. 1034–1055, *Hexenküche*, V. 2529–2586, *Laboratorium*-Szene, ab V. 6819; das *Mährchen*; vgl. vor allem dazu den Artikel in GHB. 4.1, 13 f.). Im Kontext der Naturforschung nahm G. jedoch eine deutlich distanziertere Haltung zur Alchimie ein. Obwohl er selbst auch nach einem durchgehenden Gesetz (»ein paar große Formeln«) für alle Erscheinungsweisen in der Natur suchte (vgl. an G. Sartorius, 19.7.1810), fehlte seiner Forschungspraxis gänzlich das spekulative Moment und das Ergehen in ausufernden Analogien, wie es für die Alchimisten kennzeichnend war. Vor allem im November 1807 entstand das Kapitel *Alchymisten* für den historischen Teil der *Farbenlehre* (vgl. FA I, 23.1, 663 ff.), in dem G. eine klare Position bezieht: Unter den

Alchimisten befanden sich nach seinem Urteil »wenig originelle Geister«, die »immer tiefer zur Geheimniskrämerei ihre Zuflucht nehmen«. Die Entstehung der Alchimie erweise sie als eine »Art Aberglauben«, als »Mißbrauch des Echten und Wahren, ein Sprung von der Idee, vom Möglichen, zur Wirklichkeit, eine falsche Anwendung echter Gefühle, ein lügenhaftes Zusagen«; »zur höchsten irdischen Glückseligkeit [...] durch ein einziges Mittel« zu gelangen, führe »zu sehr angenehmen Betrachtungen, wenn man den poetischen Teil der Alchymie [...] mit freiem Geiste behandelt. Wir finden ein [...] auf einen gehörigen Naturgrund aufgebautes Märchen« (ebd. 663 f.). Damit wies G. der Alchimie eine Position außerhalb ernsthafter Bestrebungen von Naturforschung zu und hielt sie zu deren Zwecken für nicht brauchbar.

Literatur
Gray, Ronald D.: Goethe the Alchemist. Cambridge 1952. – Habrich, Christa: Von der Alchemie zur Förderung der chemischen Wissenschaft und Technik. Goethe zwischen hermetischem Denken und Pragmatismus. In: Schrader, Hans-Jürgen und Weder, Katharina (Hg.): Von der Pansophie zur Weltweisheit. Goethes analogisch-philosophische Konzepte. Tübingen 2004, 9–30. – Sahmland, Irmtraut: »Die Natur in einer schönen Verknüpfung«: Goethes Adaption der »Aurea Catena Homeri«. In: ebd. 55–84. *WZ*

Alembert, Jean Le Rond d' (1717–1783)

Der französische Mathematiker, Physiker, Philosoph und Literat der Aufklärung, Mitglied der Akademien in Paris und St. Petersburg, trat neben seinen fachlichen Arbeiten (u. a. zur Hydrodynamik, zur Analysis und Zahlentheorie, zu dem nach ihm benannten Prinzip der Mechanik) vor allem durch seine Mitherausgeberschaft der *Encyclopédie* (1751–1772) hervor. Als Vorläufer und Mitbegründer des Positivismus lehnte d'Alembert die Reduktion wissenschaftlicher Prinzipien auf mathematische Algorithmen ab.

G. zog ihn vor allem als Kronzeugen in seiner negativen Beurteilung der Mathematik heran. In seinem Aufsatz *Über Mathematik und deren Mißbrauch so wie das periodische Vorwalten einzelner wissenschaftlicher Zweige* ist der erste Abschnitt mit *d'Alembert* überschrieben (vgl. Tgb, 14.10.1826). G. gab hier eine von ihm selbst laut Tagebuch am 10.11.1826 mit Auslassungen übersetzte Stelle aus d'Alemberts *Discours préliminaire de l'encyclopédie* (1751) wieder (vgl. FA I, 25, 65–68), um auf einen – nach G.s Auffassung – grundlegenden Fehler der Mathematik aufmerksam zu machen: einfache, dem gemeinen Menschenverstand unmittelbar einsichtige Sätze durch mathematische Operationen zu verkomplizieren und letzten Endes unverständlich zu machen. In G.s Übertragung werden die von d'Alembert kritisierten Ableitungen mathematischer Axiome bzw. die »Verkettung mehrerer geometrischer Wahrheiten« als »Übersetzungen« bezeichnet (ebd. 67), denen aber nicht derselbe Wert wie dem Original zukomme. Das kleine Stück *Naturphilosophie* (ebd. 77 f.) liefert gleichsam G.s Kommentar zur Textstelle von d'Alembert, indem es betont, »daß auf Inhalt, Gehalt und Tüchtigkeit eines zuerst aufgestellten Grundsatzes [...] alles in den Wissenschaften beruhe« (ebd. 77). Ableitungen dagegen, wie sie die Mathematik verwendet, können diesem Anspruch nicht gerecht werden, da sie den wahren Gehalt verschleiern.

In anderem Zusammenhang verteidigte G. d'Alembert gegenüber Ch. Palissots karikierender Darstellung in *Les Philosophes* (1760) (vgl. Anm. zur Übersetzung von Diderots *Rameaus Neffe*; WA I, 45, 189–196). *BI/WZ*

Allstedt

Der Ort nördlich von Bad Frankenhausen im weimarischen Verwaltungsbezirk Apolda wird in der Übersicht der →»Meteorologischen Anstalten« von L. Schrön (in ZNÜ II, 2, 1824) genannt. Unter den Beobachtungspunkten im gesamten Messnetz hatte Allstedt die geringste Höhe über dem Meeresspiegel. Durchgeführt wurden die Messungen und Beobachtungen (→Instruktionen) »auf dem Schlosse bei Allstedt als dem nördlichsten Punkte in einer freien Ebene« (LA I, 8, 421).

Während →Carl August die Bedeutung von Allstedt als meteorologischem Beobachtungspunkt, vor allem gegenüber →Ilmenau, nicht sehr hoch einschätzte (vgl. an G., 22.5.1821; LA II, 2, 373 f.), war Schrön, ab 1823 Leiter der →Sternwarte in Jena, bei der Einführung einer neuen Beobachtungstabelle im Jahr 1827 gerade von den Angaben aus Allstedt begeistert (»der Allstedter [Beobachter] hat sich selbst übertroffen«; Schrön an Kräuter, 31.12.1826, LA II, 2, 544). Schrön besuchte Allstedt regelmäßig auf Inspektionsreisen (vgl. G.s Tgb, 20.7.1828 und 6.9.1830). In einem Brief an C. W. v. Fritsch vom 29.4.1830 bezeichnete G. Allstedt als einen der »fünf Mittelpuncte« von »unserm atmosphärischen Reich«, neben »Jena, [der] Wartburg, Ilmenau und Frankenhain [Frankenheim/Rhön]«. *ZA*

Alpen

Das zentraleuropäische Hauptgebirge erlebte G. auf drei →Reisen in die →Schweiz und zwei Reisen nach →Italien. Die starken Eindrücke der ersten

Alpenwanderung, die im Sommer 1775 durch die Zentralschweiz zum →Gotthard führte, wurden von G. in einem fragmentarischen Tagebuch und mehreren Zeichnungen festgehalten und Jahrzehnte später in *Dichtung und Wahrheit* (IV, 18) beschrieben. Bei der zweiten Reise im Herbst 1779, festgehalten in den 1780 bearbeiteten *Briefen aus der Schweiz. Zweite Abteilung*, erwarb sich G. eine gute Kenntnis der alpinen Topographie. Er lernte neben dem Gotthardmassiv auch das Berner Oberland, das Montblanc-Gebiet und das Wallis kennen und bestand zusammen mit Herzog →Carl August die existenzielle Herausforderung einer Furka-Überquerung im Tiefschnee. Das beginnende Interesse G.s an geologischen Fragestellungen zeigte sich in Besuchen bei den Alpenforschern J. S. →Wyttenbach in Bern und H.-B. de →Saussure in Genf.

Auf dem Weg nach Italien lernte G. 1786 →Tirol und auf dem Rückweg 1788 das Hinterrheintal kennen. Bei diesen Alpenüberquerungen wie auch bei derjenigen, die ihn 1790 wiederum durch Tirol nach →Venedig und zurück führte, betrachtete er das Gebirge mit den Augen eines vom geologischen →Neptunismus beeinflussten Naturforschers. Bei der ersten Fahrt durch Tirol notierte er zudem meteorologische Erwägungen und botanische Beobachtungen zum Einfluss der Höhenlage auf das Pflanzenwachstum. Auf der dritten und letzten Schweizer Reise von 1797, die wiederum zur Gotthardpasshöhe führte, dokumentierte G. unterwegs detailliert den Wechsel der →Gesteinsarten und ergänzte seine Sammlung von Gesteinen und →Mineralien.

Der komplexe Bau des Gebirges war auf diesen wenigen und ohne längere Aufenthalte in den Bergen durchgeführten Reisen aber nicht zu ergründen. Erst im 19. Jh. kamen Alpenforscher wie Hans Conrad Escher von der Linth aus Zürich zu richtigeren Erkenntnissen. Neue geologische Theorien wie diejenige Chr. L. von →Buchs, die eine Hebung der Alpen annahmen, vermochte G. nicht anzuerkennen. In der Szene *Hochgebirg* im 4. Akt von *Faust II* ironisierte er die damals aktuelle wissenschaftliche Auseinandersetzung um die Gebirgsentstehung. In mehreren Texten aus den Jahren 1828 bis 1831 bezog G. hingegen in positivem Sinn Stellung zur Hypothese einer →Eiszeit, die sich damals aus der Gletscherforschung in den Schweizer Alpen entwickelte.

Vgl. auch den Artikel in GHB. 4.1, 20–22.

Literatur
Binder, Wolfgang: Das Ungeheure und das Geordnete. Die Schweiz in Goethes Werk. Zürich 1979. – Wyder, Margrit: Gotthard, Gletscher und Gelehrte. In: Ruf, Oliver (Hg.): Goethes Schweiz (im Druck). *WY*

Altenberg

In seinem Aufsatz *Ausflug nach Zinnwalde und Altenberg* berichtete G. über das »an einem sanften Abhange« (FA I, 25, 461) liegende Städtchen im sächsischen Erzgebirge, südlich von Dresden, sowie über seine Wanderung mit dem Bergbeamten Johann Gottlieb Mende am 10.7.1813 von →Zinnwald aus zu den Berggräben, welche das Wasser vom höher gelegenen Zinnwald nach Altenberg zum Betrieb der dortigen Maschinen in den Zinnbergwerken leiteten.

Über die große Pinge, einen 200 Meter tiefen Krater, der 1620 durch den Zusammenbruch von Stollen und Schächten entstanden war, teilte G. mit: »Man muß sich vorstellen, daß die sämtlichen Gruben an dem Abhange eines Berges gelegen, und da sie zusammengestürzt, so hat sich ein Trichter gebildet, mit Wänden von ungleicher Höhe [...]. Sie nennen diesen Trichter, nach dem gewöhnlichen bergmännischen Ausdruck, die *Binge*« (ebd.). G. beschrieb die Pinge, die sich zugleich als ein »Objekt der Erzlagerstättenlehre« erwies (vgl. Wagenbreth und Steiner 1985, 142).

Wegen eines Feiertages konnte G. nur die oberirdischen Anlagen und Halden besichtigen. Von den Steinhaufen der Altenberger Pochwerke nahm er Musterstücke mit, und er erfuhr, »daß wirklich das ganze Gebirg zinnhaltig sei« (FA I, 25, 462). Mit Mende ging G. von einer Halde zur anderen und entdeckte »sehr viele Abweichungen desselben Gesteines«, bis sie »zuletzt keine neue Abänderung mehr fanden« (ebd.). Die hier gesammelte und in G.s Sammlungen erhaltene Kollektion wird als *Altenberger Suite* bezeichnet (vgl. ebd. 470f. und Prescher 5722–5754). G. erwähnte vor allem einen am Mundloch eines Versuchsstollens vorkommenden schönen »Syenit-Porphyr« (vgl. ebd. 463).

Wieder nach Zinnwald zurückgekehrt, erhielt G. am Abend des 10.7.1813 Besuch vom Altenberger Bergamtsassessor Friedrich August Schmid, der ihm detailliert über den Altenberger Bergbau berichtete. In seinem Brief an Schmid vom 20.7.1813 bedankte sich G. für das »belehrende Abend-Gespräch«, das seinen »nur allzu eiligen Besuch in Altenberg erst interessant und nützlich gemacht« habe. Das Gespräch mit Schmid lieferte G. Daten, die in seinem Aufsatz *Ausflug nach Zinnwalde und Altenberg* genaue Angaben über die Verhältnisse des Altenberger Bergbaus, die Ursache des Zusammensturzes von 1620 und den Wiederaufbau ermöglichten (vgl. FA I, 25, 463–465).

Neben den selbst gesammelten Mineralien, der *Altenberger Suite* (s. o.), erhielt G. mit einem Brief vom 20.7.1813 von Schmid eine weitere Suite aus Altenberg und dem umgebenden Bergrevier, die ihm durch Mende zukam (vgl. LA II, 8A, 64f., M

41; Prescher 5755–5776). G.s Wunsch, Altenberg bald wieder zu besuchen, erfüllte sich nicht.

Eine dritte Suite von Altenberg wurde G. am 4.8.1813 in →Teplitz vom bayerischen Kämmerer Alexander Freiherr von Miltitz überreicht (vgl. LA II, 8A, 65f., M 42; Prescher 5777–5788).

Am 18.6.1827 erwähnte G. in einem Brief an Schmid die Fortsetzung seiner Sammlung zur →Zinnformation und wünschte »vielleicht irgend eine Stufe merkwürdigen neueren Vorkommens«, welche Schmid ihm am 20.12.1827 zusandte (vgl. LA II, 8B.1, 573 und Prescher 7832–7857).

Im Zusammenhang mit G.s Studien zur Zinnformation spielte Altenberg eine bedeutende Rolle (vgl. auch LA II, 8A, 73, M 48).

Literatur

Wagenbreth, Otfried und Steiner, Walter: Geologische Streifzüge. Landschaft und Erdgeschichte zwischen Kap Arkona und Fichtelberg. Leipzig 1985. *HO*

Alton, Eduard Joseph Wilhelm d' (1772–1840)

Der von G. sehr geschätzte Anatom, Archäologe und Kupferstecher hatte von 1808 bis 1810 in Tiefurt bei Weimar im Auftrag von Herzog →Carl August eine Pferdezucht betrieben, bevor er nach Würzburg und 1818 als außerordentlicher Professor (1826 o. Prof.) der Archäologie und Kunstgeschichte nach Bonn ging, wo er mit G.s Vertrautem →Nees von Esenbeck in engem Kontakt stand. Gemeinsam mit Christian Heinrich Pander legte d'Alton 1817 *Beiträge zur Entwickelungsgeschichte des Hühnchens im Eie* vor, ein wissenschaftshistorisch bedeutendes Werk zur Embryonalentwicklung. Im gleichen Jahr unternahmen beide eine Reise durch Holland, England, Frankreich und Spanien, um in wichtigen anatomischen Sammlungen Studien für ein geplantes vergleichend-anatomisches Tafelwerk, *Über Skelete*, anzustellen, das schließlich zwischen 1821 und 1828 in zwölf Heften in Bonn erschien (vgl. Ruppert 4322–4333). Den ersten sechs Folgen schenkte G. besondere Aufmerksamkeit, indem er sie in seiner Zeitschrift *Zur Morphologie* lobend vorstellte. *Das Riesen-Faulthier, Bradypus giganteus [...]* (Heft 1) und *Die Skelete der Pachydermata* (Heft 2) behandelte G. unter dem Titel *Die Faultiere und die Dickhäutigen [...]* in Morph I, 4, 1822 (vgl. FA I, 24, 545–551); in der Rezension erwähnte er zweimal d'Altons zweibändige *Naturgeschichte des Pferdes* (Weimar 1811/1816), die aus der Tiefurter Zeit hervorgegangen war. Einem Aufsatz d'Altons, *Über die Anforderungen an naturhistorische Abbildungen im allgemeinen und an osteologische insbesondere*, den er in Morph II, 1, 1823 aufgenommen hatte (vgl. LA I, 9, 311–314), ließ G. eine Anzeige des dritten und sechsten Heftes der *Skelete* (*Die Skelete der Raubthiere [...]* und *Die Skelete der Wiederkäuer [...]*) folgen (vgl. FA I, 24, 602–604). Das vierte und fünfte Heft, den *Skeleten der Nagethiere* gewidmet, rezensierte er in Morph II, 2, 1824. Mit diesem Heft von Morph endete G.s Zeitschrift, so dass er zu den restlichen Fortsetzungen nichts mehr publizierte, die ihm regelmäßig von d'Alton zugesandt wurden – das letzte über die *Skelete der Beutelthiere* am 2.6.1828 (vgl. LA II, 10B.1, 377). In Morph II, 2 nahm G. wiederum einen Beitrag d'Altons, eine Rezension zweier Tafelwerke mit Pferdeabbildungen auf (vgl. LA I, 9, 369–373; Tgb, 2.8.1824), die die Kompetenz des Autors als Naturforscher und Künstler belegte.

Eine besondere Freude war es für G., dass 1824 in der Zeitschrift *Nova Acta Leopoldina* (12.1, 323–332) der Aufsatz *Zur vergleichenden Osteologie von Goethe, mit Zusätzen und Bemerkungen von Dr. Ed. d'Alton* erschien (Faksimile bei Wenzel 1994). Es handelte sich dabei um einen von d'Alton erläuterten Abdruck von drei Tafeln zu Elefantenschädeln, mit denen sich G. bereits ab 1784 intensiv befasst hatte (→Elefant, →»Goethe-Elefant«; zur Korrespondenz mit d'Alton im Vorfeld der Publikation vgl. Wenzel 1994, 301 ff.).

Von den frühen »geist- und kenntnisvollen Gesprächen«, mit denen d'Alton G. in Weimar »zu unterhalten, nicht weniger durch wissenschaftliche und artistische Mitteilungen zu fördern wußte« (FA I, 24, 545), ist nichts überliefert, jedoch deuten Tagebucheinträge G.s vom 19.10.1808 und 9.5.1809 darauf hin: »War d'Alton angekommen. [...] Abends zu Major von Knebel, wo ich d'Alton nebst Familie fand. Er sprach von Pferdeliebhaberey, wie er dazu gekommen und was daran so sehr interessiren könne«.

Erst ab 1820 wurden die Kontakte wieder angeknüpft. So äußerte sich d'Alton in seinem Brief vom 10.11.1820 begeistert über das aktuelle Heft von G.s *Morphologie* (I, 2) und von Nees von Esenbeck erfuhr G. mit Brief vom 26.8.1820, dass sich d'Alton viel mit der »Wiederkehr der Wirbel im Schädel«, der →Wirbeltheorie des Schädels also, beschäftige, in der G. →Priorität gegenüber →Oken beanspruchte (vgl. G–Nees von Esenbeck 114).

Den Abguss eines 1822 bei Dölitz in der Nähe von Eger gefundenen fossilen Zahnes sandte G. zur Begutachtung an d'Alton; dessen Antwort vom 5.12.1822 nahm er in seinen Aufsatz *Fossiler Backzahn, wahrscheinlich vom Mammut* auf (ZNÜ II, 1, 1823; FA I, 25, 432f.).

Über das erste Wiedersehen zwischen G. und d'Alton nach langer Zeit, vom 11. bis 16.4.1825 in Weimar, berichtete Eckermann: »D'Alton ist ein

Mann ganz nach Goethes Sinne; auch findet zwischen Beiden ein sehr schönes Verhältnis statt. In seiner Wissenschaft erscheint er von großer Bedeutung, so daß Goethe seine Äußerungen wert hält und jedes seiner Worte beachtet. Dabei ist D'Alton als Mensch liebenswürdig, geistreich, und von einer Redegabe und einer Fülle hervorquellender Gedanken, daß er wohl Wenige seines Gleichen hat [...] Goethe konnte nicht satt werden, immer noch mehr einzelne Facta zu vernehmen (FA II, 12, 556f.).

Als d'Alton G. am 11.5.1825 erneut besuchte, ließ dieser am Folgetag ein Porträt des Gastes durch Johann Joseph Schmeller anfertigen. Am 9./10.7.1826 und am 26.7.1830 kam es zu weiteren Besuchen d'Altons in Weimar.

G. erfuhr von den Aktivitäten d'Altons immer wieder durch Briefe Nees von Esenbecks, so z.B., dass er im Leidener Museum zeichne (2.10.1822) und dass er Tafeln zur Gattung Goethea bearbeite (9.1.1823).

G. sprach d'Alton mehrfach seine Wertschätzung aus, so am 15.6.1822: »Genuß und Theilnahme an Tafeln und Text Ihres Werkes [*Über Skelete*] nimmt täglich zu [...]«. Und auch gegenüber anderen äußerte er sich über die »trefflichen Arbeiten d'Altons [...]. Solche Bemühungen müssen freylich Bewunderung und Erstaunen erregen [...]« (an Carus, 13.1.1822).

In einem Brief, den G. am 7.1.1826 an d'Alton und Carus schrieb, sah er sich beim »neusten Vorschreiten der Naturwissenschaften« als »Wanderer, der in der Morgendämmerung gegen Osten ging, das heranwachsende Licht mit Freuden anschaute und die Erscheinung des großen Feuerballens mit Sehnsucht erwartete, aber doch bey dem Hervortreten desselben die Augen wegwenden mußte, welche den gewünschten gehofften Glanz nicht ertragen konnten. [...] Rege« wurde ihm dieses »Gefühl, wenn ich d'Altons Arbeit betrachte [...]. Ich gedenke, wie ich seit einem halben Jahrhundert auf eben diesem Felde aus der Finsterniß in die Dämmerung, von da in die Hellung unverwandt fortgeschritten bin, bis ich zuletzt erlebe, daß das reinste Licht, jeder Erkenntniß und Einsicht förderlich, mit Macht hervortritt, mich blendend belebt und indem es meine folgerechten Wünsche erfüllt, mein sehnsüchtiges Bestreben vollkommen rechtfertigt«.

Literatur

Gaedertz, Karl Theodor: Eduard d'Alton. Ein Lebensbild mit Briefen Goethes. In: Ders.: Bei Goethe zu Gaste. Leipzig 1900, 279–290. – Wenzel, Manfred: Der »Goethe-Elefant« in Kassel, 1773–1993. In: Ders. (Hg.): Samuel Thomas Soemmerring in Kassel (1779–1784). Beiträge zur Wissenschaftsgeschichte der Goethezeit. Stuttgart, Jena und New York 1994 (Soemmerring-Forschungen 9), 301–328. *ZA*

Amerika

Unter »Amerika« verstand G. meist nur den Norden des Kontinents, während er Südamerika eigens bezeichnete. Sein frühes Amerikabild wurde von literarischen, meist idealisierenden Quellen geprägt. Wegen seiner Naturbeziehung nannten seine Jugendfreunde ihn auch – nach der Bezeichnung eines Indianerstammes – den »Huronen« (*Dichtung und Wahrheit* IV, 16). Von der wissenschaftlichen Erforschung der neuen Welt erhielt G. durch Reisebeschreibungen und Gespräche mit Besuchern Kenntnis. 1807 gab ihm A. v. →Humboldt mit seinem Band *Ideen zu einer Geographie der Pflanzen, nebst einem Naturgemälde der Tropenländer* Anlass, eine vergleichende →Höhenkarte der europäischen und südamerikanischen Gebirge zu zeichnen. C. F. P. v. →Martius eröffnete mit seinen botanischen Werken über →Brasilien G. Einblick in eine exotische Pflanzenwelt. Die geologische Literatur über Nordamerika wurde ihm ab 1818 durch J. G. →Cogswell zugänglich gemacht; die Werke des schottischen Neptunisten (→Neptunismus/Vulkanismus) William MacLure und des amerikanischen Geologen P. →Cleaveland waren in G.s Sinn verfasst. Sie schienen zu belegen, dass es in Nordamerika keine Spuren von Vulkanismus gab – und auch »keine Basalte« (FA I, 2, 739), wie G. in dem 1827 (möglicherweise schon 1819?) entstandenen Gedicht *Den Vereinigten Staaten* vermerkte. Der →Basaltstreit, der die europäischen Geologen entzweit hatte, konnte hier also keine Grundlage finden. Auch die Lektüre der 1822 erschienenen *Beyträge zur Mineralogie und Geologie des nördlichen Amerika's* von H. Chr. G. v. →Struve bestärkte G. in dieser Sicht. Er bemerkte in seinem Kommentar zu dem Werk eine »große Uebereinstimmung jenes Welttheils mit dem unsrigen, wodurch sich die großen Reihen einer folgerechten Entwickelung der Natur darthun« (LA II, 8B.1, 47, M 27). Hingegen sah sich G. bei der Lektüre von A. v. Humboldts Schrift *Über den Bau und die Wirkungsart der Vulkane* (1823) durch dessen Darstellung des Vulkanismus in Südamerika in seinen neptunistischen Ansichten erschüttert. Es entstanden drei kurze Texte, in denen er zu diesem Werk Stellung nahm (vgl. FA I, 25, 610–614).

Die Amerikareise Prinz Bernhards von Sachsen-Weimar im Jahr 1825 verfolgte G. mit besonderem Interesse; er befasste sich den ganzen Sommer 1826 mit dem Tagebuch des Prinzen und anderer Literatur über Amerika und sorgte für die Drucklegung des Reisejournals. Die in den *Wanderjahren* behandelten Auswanderungspläne erwog G. hin und wieder auch im eigenen Leben. So äußerte er im Gespräch mit Sulpiz Boisserée am 2.8.1815 in Bezug auf die Farbenlehre und die →Metamorphose der Pflanzen, er habe sich wie die Siedler seine »Blockhäuser in die Physik hineingebaut [...]. Da kann mir keiner vorbei, ohne daß ich darauf schieße«. G. sah im neuen Kontinent eine Chance für eine Behandlungsweise in den Naturwissenschaften, die nicht von alten Traditionen beeinflusst wäre, und schwärmte: »was möchte daraus geworden sein, wenn ich mit wenigen Freunden vor 30 Jahren nach Amerika gegangen wäre und von →Kant usw. nichts gehört hätte?« (Weitz-Boisserée 1, 225.) In den letzten Lebensjahren ließ sich G. von den Bestrebungen einer Deutsch-Mexikanischen Bergwerksgesellschaft mit Sitz in Elberfeld unterrichten, die ihm auch Gesteins- und Mineralproben aus Mexiko schenkte (vgl. LA II, 8B.1, 102, M 68).

Vgl. auch den Artikel in GHB. 4.1, 30–33.

Literatur
Beutler, Ernst: Von der Ilm zum Susquehanna. Goethe und Amerika in ihren Wechselbeziehungen. In: Ders.: Essays um Goethe. Bremen 6. Aufl. 1957, 580–629. – Hinderer, Walter: Goethe und Amerika. In: Ders. (Hg.): Goethe und das Zeitalter der Romantik. Würzburg 2002, 489–505. *WY*

Analogie

Nach Analogien zu suchen, hielt G. prinzipiell für ein legitimes und fruchtbares Verfahren des Naturforschers. Insbesondere in einigen Aphorismen hat sich G. mit diesem Thema auseinandergesetzt: »Mitteilung durch Analogien halt ich für so nützlich als angenehm; der analoge Fall will sich nicht aufdringen, nichts beweisen; er stellt sich einem andern entgegen, ohne sich mit ihm zu verbinden. Mehrere analoge Fälle vereinigen sich nicht zu geschlossenen Reihen, sie sind wie gute Gesellschaft, die immer mehr anregt als gibt« (FA I, 25, 93f.; ähnlich MuR 532). In einem Brief an den Naturforscher C. F. P. v. →Martius vom 29.1.1825 stellte G. dessen Vorliebe fest, »nach Analogien zu verfahren, welches auf der Höhe, wo sich gegenwärtig wissenschaftliche, ästhetische, sittliche Cultur begegnen und ergreifen, unvermeidlich wird«. Gegenüber C. D. v. →Buttel verwies G. am 3.5.1827 allerdings ausweichend auf die Anwendung der »*Analogie*, um uns selbst und Andere einstweilen zu überreden und zu beschwichtigen« (G-Buttel 57). Entscheidend für den Nutzen bei der Verwendung von Analogien war für G. letztlich das Maß, in welchem diese eingesetzt werden: »Jedes Existierende ist ein Analogon alles Existierenden; daher erscheint uns das Dasein immer zu gleicher Zeit gesondert und verknüpft. Folgt man der Analogie zu sehr, so fällt alles identisch zusammen; meidet man sie, so zerstreut sich alles ins Unendliche« (FA I, 25, 110). Eine übersteigerte Anwendung analogisierender Verfahren sah G. vor allem bei naturphilosophischen Autoren wie →Oken, →Spix, →Schelver, →Kieser u.a., denen er die »zwei Verirrungen« der Analogie vorwarf: »einmal sich dem Witz hinzugeben, wo sie in Nichts zerfließt; die andere, sich mit Tropen und Gleichnissen zu umhüllen« (ebd. 111). Diese Kritik war zumindest teilweise ausschlaggebend dafür, dass G. solchen Vertretern der →Naturphilosophie, die im Grunde auf seinen eigenen Positionen aufbauten, aufgrund ihrer hemmungslosen Vorliebe für Analogisierungen nicht weiter zu folgen bereit war.

Im Sinne von Ähnlichkeiten im tierischen Bauplan verwendet G. den Begriff »Analogie« z.B. bei seiner Charakterisierung von É. →Geoffroy Saint-Hilaire in *Principes de Philosophie zoologique* (FA I, 24, 811 u. 814). Und bei der Bestimmung der Relation von →Idee und →Erfahrung gibt er dem Philosophen recht, der »zugibt daß Idee und Erfahrung analog sein können, ja müssen« (FA I, 24, 449).

WZ

Analyse/Synthese

G. sah im Begriffspaar von Analyse und Synthese einen Dualismus, dessen gegenläufige Verfahrensweisen des Trennenden und des Zusammenfügenden sich gegenseitig bedingen. Solche Dualismusformen erschienen G. als natürliches Prinzip: Auch die Begriffspaare →Systole und Diastole, Induktion und Deduktion, Einatmen und Ausatmen, das Allgemeine und das Besondere reflektieren sämtlich das der Natur in →Makrokosmos und Mikrokosmos zugrunde liegende Prinzip eines Dualismus oder einer →Polarität. Der spezielle Dualismus von Analyse und Synthese wird in G.s Aufsatz *Analyse und Synthese* (1829), der bereits 1833 in die *Ausgabe letzter Hand* aufgenommen wurde, wissenschaftshistorisch und -theoretisch erörtert. Dabei wies G. einmal mehr auf den aus seiner Sicht grundlegenden →Irrtum →Newtons hin, der das Licht in Einzelteile zerstückelt und seiner Einheit beraubt habe und im Sinne einer »falschen Synthese« durch einen einzelnen Versuch letztlich »die mannigfaltigsten grenzenlosesten Erscheinungen erklären« (FA I, 25, 83f.) wolle. Ähnliche Kritik übte G. an den Tendenzen der zeitgenössischen →Chemie, die trenne, »was die Natur vereinigt hatte; wir heben die Synthese der Natur auf, um sie in getrennten Elementen kennen zu lernen« (ebd. 85).

In dem 1830 von É. →Geoffroy Saint-Hilaire gegen G. →Cuvier geführten →Pariser Akademiestreit erkannte G. neuerlich eine Auseinandersetzung um das der Natur innewohnende Prinzip der unabdingbaren gegenseitigen Abhängigkeit der Begriffe von Analyse und Synthese, hier am Beispiel des Trennenden und des Gemeinsamen im Bauplan der Tiere. *CS*

Anatomie

G.s Beschäftigung mit der vergleichenden Anatomie der Wirbeltiere, die ihn 1784 zur Wiederentdeckung des menschlichen →Zwischenkieferknochens führte, 1795 einen osteologischen →Typus aufstellen und noch wenige Wochen vor seinem Tod 1832 eine Denkschrift über Plastische Anatomie und den Ersatz von Leichen durch Wachspräparate verfassen ließ, ist im vorliegenden Handbuch ausführlich dokumentiert (s. o. S. 6–80).

Auch in diesem Bereich setzte G. das antithetische Begriffspaar von →Analyse und Synthese ein, das ihm als Schlüssel zur Erkenntnis natürlicher Sachverhalte diente. Die Anatomie der organischen Natur, vor allem im Tierreich, war für G. untrennbar verbunden mit einer ständigen Wechselperspektive: der Erforschung der einzelnen Teile (hier Knochen) und der anschließenden geistigen Zusammensetzung zu einem allgemeinen Bauplan.

Im Rahmen der *Vorträge, über die drei ersten Kapitel des Entwurfes einer allgemeinen Einleitung in die vergleichende Anatomie, ausgehend von der Osteologie 1796* handelt das erste Kapitel *Von den Vorteilen der vergleichenden Anatomie und von den Hindernissen, die ihr entgegen stehen.* Darin führte G. über die Anatomie aus, sie könne »zwar nur trennen, sie gibt aber dem menschlichen Geiste Gelegenheit das Tote mit dem Lebenden, das Abgesonderte mit dem Zusammenhängenden, das Zerstörte mit dem Werdenden zu vergleichen, und eröffnet uns die Tiefen der Natur mehr als jede andere Bemühung und Betrachtung« (FA I, 24, 264). Das physiologische Zusammenspiel der Teile illustrierte als weiteres Beispiel die Notwendigkeit beider Vorgehensweisen, der Analyse sowohl als der Synthese: »Allein noch wäre zu wünschen, daß, zu einem schnellern Fortschritte der Physiologie im ganzen, die Wechselwirkung aller Teile eines lebendigen Körpers sich niemals aus den Augen verlöre: denn bloß allein durch den Begriff daß in einem organischen Körper alle Teile auf Einen Teil hinwirken und jeder auf alle wieder seinen Einfluß ausübe, können wir nach und nach die Lücken der Physiologie auszufüllen hoffen« (ebd. 265). G.s Ziel war es nicht nur, aus der anatomischen Untersuchung des Menschen und der Säugetiere Einblick in die artspezifische Morphologie zu gewinnen und sie mit den physiologischen Funktionen der Organe in Beziehung zu setzen. Vielmehr ging es ihm auch darum, aus dem Vergleich der anatomischen Verhältnisse verschiedener Arten Aufschlüsse über deren Ähnlichkeit und jener zum Menschen zu ermitteln. In diesem gedanklichen Ansatz offenbarte sich G.s Nähe zur Position É. →Geoffroy Saint-Hilaires, die im →Pariser Akademiestreit gegen G. →Cuvier von 1830 einen gemeinsamen Bauplan für das gesamte Tierreich postulierte und die sich in G.s Konzept eines allen Tieren zugrunde liegenden (ideellen) →Typus einfügte. G. hatten gerade die anatomischen Gemeinsamkeiten bzw. Unterschiede im Bau des Organsystems zwischen Mensch und Tier interessiert. Er hatte bereits ab 1780 den Sektionen und anatomischen Demonstrationen des Jenaer Professors der Anatomie, J. C. →Loder, beigewohnt und durch eigene Anschauung Einblick in die morphologischen Verhältnisse erworben. Der durch Verwachsung kaum noch sichtbare Zwischenkieferknochen beim Menschen war nur ein besonders prominentes Beispiel hierfür. Über die Vermittlung der einzelnen Befunde hinaus ging es G. aber letzten Endes um die geistige Erstellung eines Typus, eines gedachten allgemeinen Bauplans, der allen besonderen Tierformen zugrunde liegen und dessen Aufstellung schließlich der vergleichenden Anatomie ein Ordnungssystem geben sollte (*Über einen aufzustellenden Typus zu Erleichterung der vergleichenden Anatomie*; FA I, 24, 268–273). In seiner *Anwendung der allgemeinen Darstellung des Typus auf das Besondere* (ebd. 233–237) gab G. auch eine Anleitung, wie dieses Ziels zu erreichen sei und verwies a priori auf die allgemeinen Grundelemente des Bauplans: auf Kopf, Thorax und Abdomen, um nach und nach von dem Allgemeinen auf das Besondere überzugehen. Aus dem nachfolgenden Kapitel *Vom osteologischen Typus insbesondere* (ebd. 238 f.) ging die Grundbedeutung des Skelettsystems für G.s Fragestellung hervor; zum einen, da sich auch Knochen bereits ausgestorbener Tiere erhalten haben und sich in anatomisch-morphologische Untersuchungen einbeziehen ließen, zum anderen aber, weil G. aus dem Skelettsystem auch die durch →Metamorphose sich funktionell auswirkenden Modifikationen zu erschließen und auf die innere Lage der Weichteile in Beziehung zu setzen vermochte.

Nachdem die der Anatomie zur Verfügung gestellten Leichen Seltenheitswert erlangt hatten, da der Sektion von Leichen vielfach ethische Bedenken entgegenstanden, erblickte G. in der Plastischen Anatomie ein willkommenes technisches Hilfsmittel. Organnachbildungen wurden zu seiner Zeit aus Wachs oder Gips geformt. Solcherart geschaffene Formen beurteilte er als »ein würdiges Surrogat, das, auf ideelle Weise, die Wirklichkeit ersetzt, indem sie derselben nachhilft« (ebd. 844).

Literatur
Enke, Ulrike und Wenzel, Manfred: Wißbegierde contra Menschlichkeit. Goethes ambivalentes Verhältnis zur Anatomie in seiner Dichtung und Biographie. In: GJb. (1998), 155–170. – Ishihara, Aeka: Die Rückkehr zum ganzen Körper: Goethe und die plastische Anatomie. In: Kimura, Naoji und Moser von Filseck, Karin (Hg.): Universalitätsanspruch und partikulare Wirklichkeiten: Natur- und Geisteswissenschaften im Dialog. Beiträge des Humboldt-Kollegs »Die deutsche Tradition der Universalwissenschaften« am 29./30. Okt. 2005 an der Sophia-Universität. Tokyo, Würzburg 2007, 243–249. – Kuhn, Dorothea: Typus und Metamorphose. Goethe-Studien. Marbach am Neckar 1988. – Nisbet, Hugh B.: Lucretius in 18th century Germany: with a commentary on Goethe's »Metamorphose der Tiere«. In: MLR. 100, Suppl. (2005), 115–133. – Wyder, Margrit: Goethes Naturmodell. Die Scala naturae und ihre Transformationen. Köln u. a. 1998.
CS

Anaxagoras (um 500–428 v. Chr.)

Der ionische Naturphilosoph, der als erster Dualist den Einfluss des Geistes neben dem Körperlichen betonte und als vorwiegend synthetisierender Denker das Gestalthafte in den Vordergrund stellte (im Gegensatz vor allem zu Demokrit), tritt bei G. als Dramenfigur auf. In der *Klassischen Walpurgisnacht* in *Faust II* (V. 7851 ff.) vertritt er als Gegenspieler des →Thales von Milet die Theorie des Vulkanismus, nach der dem Feuer – nicht dem Wasser – die bestimmende Kraft bei der Erdbildung zukomme. G. hat diese Anschauungsweise, zeitgenössisch vor allem von A. v. →Humboldt und L. v. →Buch vertreten, bis an sein Lebensende abgelehnt und ihr allenfalls lokal eine wirksame Bedeutung zugestanden (→Neptunismus/Vulkanismus). *WZ*

Annalen der Physik

Die 1799 gegründete Fachzeitschrift, von 1819 bis 1824 unter dem Titel *Annalen der Physik und der physikalischen Chemie*, erschien ab 1824 als *Annalen der Physik und Chemie*. Die Zeitschrift setzte die Reihe des von dem deutschen Chemiker Friedrich Albert Carl →Gren (1760–1798) gegründeten *Neuen Journals der Physik*, vormals →*Journal der Physik*, fort und wurde von Ludwig Wilhelm →Gilbert (1769–1824) herausgegeben. In Literaturverweisen wurden die *Annalen* oft nach ihrem jeweiligen Herausgeber zitiert, d. h. ab 1824 unter Johann Christian Poggendorff (1796–1877) als *Poggendorffs Annalen*. Die *Annalen* erschienen bis 1808 bei der Rengerschen Buchhandlung in Halle, danach bei Johannes Ambrosius Barth in Leipzig. G.s Verhältnis zum langjährigen Herausgeber Gilbert war gespannt; in G.s Bibliothek sind die *Annalen* nur mit einem Stück (Jg. 1802, 1. St.; Ruppert 4174) vertreten. *CS*

Anschauung

Der Begriff »Anschauung« beschreibt zunächst G.s Methodik, sich den Gegenständen der →Natur unmittelbar zu nähern, nämlich diese ›mit den Augen zu schauen‹. In einem zweiten Schritt ging G. jedoch über die reine Beobachtung des Objekts hinaus und verknüpfte das Anschauen unmittelbar mit dem subjektiven Urteil. G. hat diesen Prozess im *Vorwort* der *Farbenlehre* beschrieben: »Jedes Ansehen geht über in ein Betrachten, jedes Betrachten in ein Sinnen, jedes Sinnen in ein Verknüpfen, und so kann man sagen, daß wir schon bei jedem aufmerksamen Blick in die Welt theoretisieren« (FA I, 23.1, 14). So war die Beobachtung mit dem Sinnesorgan →Auge für G. stets mit dem Schauen mit den ›Augen des Geistes‹ verknüpft. Ein Beispiel, das berühmte Gespräch G.s mit →Schiller über die →Urpflanze vom 20.7.1794, beschrieben in seinem Aufsatz *Glückliches Ereignis*, macht die doppelte Perspektive der Anschauung deutlicher: Nachdem G. Schiller seine Vorstellung von der →Metamorphose der Pflanzen dargelegt hatte, zeichnete er eine symbolische Pflanze (in den 1780er Jahren noch →Urpflanze genannt), die alle charakteristischen Bildungen der Pflanzen (mit Ausnahme der Wurzel) zu vereinigen suchte. Schillers Urteil: »das ist keine Erfahrung, das ist eine Idee« (FA I, 24, 437) sollte unterstreichen, dass es sich hier nicht um eine unmittelbare Anschauung, sondern um ein geistiges Konstrukt handle. G. reagierte mit der Bemerkung: »das kann mir sehr lieb sein daß ich Ideen habe ohne es zu wissen, und sie sogar mit Augen sehe« (ebd.).

Auch im Aufsatz *Einwirkung der neueren Philosophie* hat G. diese Form seiner Erkenntnis unterstrichen: er »glaubte wirklich«, er sehe seine »Meinungen vor Augen« (ebd. 443).

Als J. C. F. A. →Heinroth in seinem *Lehrbuch der Anthropologie* (Leipzig 1822) G.s Erkenntnismethode näher beschrieb, sah sich dieser dadurch wesentlich gefördert und dankte mit seinem Aufsatz *Bedeutende Fördernis durch ein einziges geistreiches Wort.* Heinroth »bezeichnet meine Verfahrungsart als eine eigentümliche: daß nämlich mein Denkvermögen *gegenständlich* tätig sei, womit er aussprechen will: daß mein Denken sich von den Gegenständen nicht sondere, daß die Elemente der Gegenstände, die Anschauungen in dasselbe eingehen und von ihm auf das innigste durchdrungen werden, daß mein Anschauen selbst ein Denken, mein Denken ein Anschauen sei« (ebd. 595). Das Auge sah demnach nicht nur die äußere Welt, sondern führte sie auch der Erkenntnis im Denken des Subjekts zu. In diesem Sinne konnte G. feststellen: »Der Mensch kennt nur sich selbst, insofern er die Welt kennt, die er nur in sich und sich nur in ihr gewahr wird. Jeder neue Gegenstand, wohl beschaut, schließt ein neues Organ in uns auf« (ebd. 596).

G. betrachtete in diesem Zusammenhang die Erscheinungsweisen der Natur als rein diesseitige Phänomene, einen transzendentell aufzufassenden Gott lehnt er ab. Schon als Kind hatte er Gott in seinen anzuschauenden Werken suchen wollen (vgl. WA I, 26, 63f.), und auch der Streit mit F. H. →Jacobi, der Gott im Glauben begegnen wollte, während G. mit →Spinoza die Schöpfungen Gottes in der Natur zu schauen vermochte, belegt diese Position der unmittelbaren Anschauung natürlicher Phänomene als wesentliche Erkenntnisquelle – »als wenn die Außenwelt dem, der Augen hat, nicht überall die geheimsten Gesetze [der Natur] täglich und nächtlich offenbarte!« (WA I, 42.2, 85).

Die Grenze des Schauens und der fruchtbarste Punkt der Erkenntnis kann mit G.s Begriff des →Urphänomens bezeichnet werden: Hier werden die Erscheinungsweisen der Natur auf ein allgemeines Gesetz zurückgeführt, das nicht weiter hinterfragt werden kann – ein Punkt, an dem sich der Mensch bescheiden und der Natur nur noch mit Ehrfurcht entgegentreten kann (→Unerforschliches). Vgl. auch den Artikel in GHB. 4.1, 50ff. *WZ*

Anthericum comosum (Graslilie)

Am 18.1.1828 übersandte G. dem Grafen →Sternberg ein »Blümchen« der Pflanzengattung Anthericum, die zu den Liliaceen gehört. Am 22.3.1828 folgte auf Anweisung Herzog →Carl Augusts ein vollständiges Exemplar dieser »problematischen Pflanze«, die seit Juli 1827 im Garten von Belvedere vorhanden war. Sternberg beschäftigte sich näher damit und veröffentlichte im zweiten Jahrgang der *Monatsschrift der Gesellschaft des vaterländischen Museums in Böhmen* (Oktober 1828, 336–339) seine auf den 10.9.1828 datierte Abhandlung *Anthericum comosum. Eine neue Pflanzen-Species*, begleitet von einer Tafel.

Am 2.4.1828 beschrieb G. in einem Brief an →Nees von Esenbeck die Pflanze (vgl. G-Nees von Esenbeck 294), ohne sie systematisch einordnen zu können. Diese Textpassagen hat Nees später in dem Aufsatz *Mitteilungen aus der Pflanzenwelt von Goethe* in der Zeitschrift *Nova Acta Leopoldina* (15.2, 1831) veröffentlicht. Er verwendet dort den Pflanzennamen Anthericum sternbergianum, tatsächlich geht die Erstbeschreibung auf den schwedischen Botaniker Carl Peter Thunberg (1800) zurück; heute heißt sie Clorophytum comosum und ist eine beliebte Zierpflanze.

G. verfasste am 21.1.1829 einen kurzen Aufsatz zu dieser Pflanzenart (vgl. FA I, 24, 697f.; zu den Entstehungszeugnissen vgl. EGW 1, 87–97).

Die aus Südafrika stammende Pflanze bildet herabhängende Ausläufer (Stolonen), an deren Knoten wiederum Laubblätter und Luftwurzeln gebildet werden, so dass sie sich als Ampelpflanze eignet. G. galt sie dank ihrer besonderen Fruchtbarkeit als Symbol des höchsten Alters und Hoffnungsträger für das Weiterleben. Er bemerkte in ihr das »Bestreben, ihre Existenz so lange wie möglich fortzusetzen« (Eckermann, 21.2.1830; FA II, 12, 385). Über viele Jahre hat er sie als eine seiner Lieblingspflanzen beobachtet, an weitere Korrespondenten wie Georg Jäger (15.11.1828) und Ernst Meyer (23.4.1829) gesandt und sich immer wieder zu ihr geäußert (vgl. die Zusammenstellung bei Balzer 1950).

Literatur

Balzer, Georg: Die Geschichte einer Goethe-Pflanze (Anthericum comosum oder Sternbergs Grünlilie). In: GJb. (1950), 310–332. *ZA*

Anthropologie

Im Kontext der Naturforschung ist der insgesamt uneinheitlich besetzte Begriff einzuschränken auf die physische Anthropologie, die sich in der G.zeit vor allem mit der Natur und dem Ursprung der Menschenrassen und deren Abgrenzung zum Tier, speziell dem →Affen, auseinandersetzte. Interessanterweise gibt es von G., der sich ansonsten mit nahezu allen Fragen der Naturforschung seiner Zeit auseinandersetzte, fast keine Äußerungen über die Menschenrassen (lediglich Hinweise auf Vergleiche von »Menschenracen unter einander« beim Skelettaufbau und auf die »Vergleichung von Menschenracen«, bei der man »fleißig und aufmerksam« im Hinblick auf die »Naturgeschichte des Menschen« gewesen sei; FA I, 24, 230 u. 272). Auch im biologisch-morphologischen Bereich verwendete G. den Begriff der Rasse äußerst selten (fossiler →Stier als »Stamm-Race«, »Racenpferde«; FA I, 24, 553 u. 603).

In einem Gespräch mit dem Naturforscher und Brasilienreisenden C. F. P. v. →Martius, über das Eckermann unter dem Datum 7.10.1828 berichtete, sprach sich G. entgegen der vorherrschenden Meinung für einen polyphyletischen Ursprung der Menschheit aus, also für einen mehrfach unabhängig voneinander in verschiedenen Weltgegenden stattgefundenen Prozess, der dem biblischen Schöpfungsmodell mit Adam und Eva als (einzigem) Stammpaar der Menschheit entgegenstand. Gewährsmann dürfte hier Christoph Meiners sein, dessen Werk *Untersuchungen über die Verschiedenheiten der Menschennaturen [...]* (Tübingen 1811–1815; Ruppert 4120) G. im Mai 1812 studierte.

An der regen und kontroversen Diskussion über die Menschenrassen in den beiden letzten Jahrzehnten des 18. Jh.s, an der sich vor allem →Blumenbach, →Kant, G. →Forster und J. G. →Herder beteiligten, hat G. vermutlich keinen Anteil genommen, da er durch die Ablehnung seiner Zwischenkieferentdeckung beim Menschen durch fast die gesamte Fachwelt (s. o. S. 14f.) in den Jahren nach 1784 tief enttäuscht war (→Zwischenkieferknochen). Im Alter scheint G. eine systematisch trennende Rassenkunde nicht sympathisch gewesen zu sein, musste diese doch zwangsläufig seinem eher synthetisch ausgerichteten Denken zuwiderlaufen, das mehr auf die Betonung von Gemeinsamkeiten ausgerichtet war.

Literatur

Mann, Gunter und Dumont, Franz (Hg.): Die Natur des Menschen. Probleme der Physischen Anthropologie und Rassenkunde (1750–1850). Stuttgart, New York 1990 (Soemmerring-Forschungen 6).

WZ

Aperçu

G. verwendete den Begriff für die Bezeichnung einer intuitiven Erkenntnis in den Naturwissenschaften, so etwa des Zusammenhangs zwischen Ursache und Wirkung, als induktiven Schluss eines allgemeinen Phänomens aus einer Vielzahl von Einzelerscheinungen oder als Erkennen von gemeinsamen Eigenschaften in der Variabilität (z. B. bei der Entdeckung des →Zwischenkieferknochens, der ›Urpflanze, der ›Wirbeltheorie des Schädels, des →Newtonschen Irrtums). Damit unterscheidet sich G.s Sprachgebrauch vom aktuellen, nach dem der Begriff für eine prägnante, rhetorisch gewandte Sentenz steht. Auch vom französischen Gebrauch weicht er ab, der mit *Aperçu* eine knappe Synopsis bzw. eine kurze Darlegung eines Zusammenhanges meint. →Prismenaperçu

Literatur

Kato, Yoshimitsu: Begriff und Verfahren der eidetischen Anschauung bei Goethe. Untersuchungen über die Auswirkungen der eidetischen Anschauung in Goethes Naturforschung, Kunstauffassung und Dichtung. Tokyo 1995. *CS*

Arago, Dominique François Jean (1786–1853)

Der französischer Physiker, Mathematiker, Astronom und Politiker, seit 1809 Mitglied des Institut de France, gilt als Entdecker der chromatischen Polarisation (1811) und – gemeinsam mit A. J. Fresnel – als Urheber der Wellentheorie des Lichts. Genannt wird er zunächst in T. J. →Seebecks Darstellung der *Geschichte der entoptischen Farben*, die G. für ZNÜ I, 1 (1817) in Auftrag gegeben und dort abgedruckt hatte.

Eine intensive Auseinandersetzung widmete G. laut Tagebuch vom 15.–17.10.1821 dem Streit Aragos mit seinem Pariser Physikerkollegen J. B. →Biot, der in den *Annales de chimie et de physique* (Bd. 17, 1821) ausgetragen wurde. In seinem Aufsatz *Warte-Steine* hat G. in ZNÜ I, 4 (1822) über diese Kontroverse kommentierend berichtet und Passagen von Arago wörtlich abgedruckt. Der wissenschaftshistorische Hintergrund kann hier nur angerissen werden (ausführlich dazu LA II, 5B.2, 1630–1635): Das Juli-Heft der *Annales* von 1821 (Annales [...] 17, 1821, 225–258) begann mit Biots Aufsatz *Remarques de M. Biot sur un Rapport lu, le 4 juin 1821, à l'Académie des Sciences, par MM. Arago et Ampère*, der eine heftige Kritik an dem im Mai-Heft der gleichen Zeitschrift erschienenen, G. offenbar nicht bekannten Bericht von Ampère und Arago: *Rapport fait à l'Académie des Sciences, le lundi 4 juin 1821, sur un Mémoire de M. Fresnel relatif aux couleurs des lames cristallisées douées de la double réfraction* (80–102) lieferte. Nach Darstellung von Ampère und Arago habe Fresnel Biots Hypothese einer mobilen →Polarisation für die Erklärung der Farben doppelbrechender Kristallblättchen kritisiert und eine neue Erklärung aufgrund von Interferenz zweier →Lichtstrahlen gegeben. Gegen Biots Zurückweisung im Juli-Heft (s. o.), die seine eigene Theorie mit der von Fresnel als vereinbar und Letztere auf der seinigen gegründet sah, trat wiederum Arago auf: *Examen des Remarques de M. Biot* (ebd. 258–273). Aus dieser Schrift fertigte G. den im Tagebuch vom 15.10.1821 genannten »Auszug« an (vgl. FA I, 25, 793).

G. ging es bei der Darstellung des Streits, der in *Warte-Steine* gleichsam als Nachtrag zum Kapitel der →entoptischen Farben (aus ZNÜ I, 3, 1820) erscheint, weniger um eine Parteinahme für Arago und gegen Biot, als vielmehr um eine grundsätzliche Kritik der dem Streit zugrunde liegenden Lehre von der →Polarisation des Lichts, so wie sie von den Physikern vorgetragen wurde. In den *Tag- und Jahresheften* von 1821 hielt er fest: »[...] merkwürdig genug daß zu gleicher Zeit [1821] eine Fehde zwischen Biot und Arago laut zu werden anfing, woraus für den Wissenden die Nichtigkeit dieser ganzen Lehre [von der Polarisation des Lichts] noch mehr an den Tag kam«.

Im Zusammenhang mit G.s *Farbenlehre* sind über Arago zwei gegensätzliche Urteile überliefert. So berichtete G. F. A. v. Longueval, Graf v. →Buquoy in seinem *Journal meiner Reise nach Paris 1815* unter dem 4.9.1815: »Über Goethes Farbenlehre ist er [Arago] wie überhaupt die französischen Physiker nicht gut zu sprechen« (LA II, 5B.1, 624). C. L. F. →Schultz hielt in einer Notiz vom 4.11.1816, die einem Brief →Zelters an G. vom gleichen Tag beigelegt war, die optimistische Einschätzung fest, dass hinsichtlich der *Farbenlehre* »die Hoffnung, in Paris die rechte Einsicht zu erwecken, nach einigen Äußerungen des Akademikers Arago, nicht so gar fern zu sein scheint« (ebd. 718). *WZ*

Aristoteles (384–322 v. Chr.)

Den griechischen Philosophen aus Stagira und Platonschüler sowie Begründer der Peripatetischen Schule und des Lykeions schätzte G. außerordentlich, auch wenn er dessen Werke nicht in umfassender Weise kannte. →Riemer überlieferte unter dem 5.4.1808 folgende Äußerung G.s: »In der Cultur der Wissenschaften haben die Bibel, Plato und Aristoteles hauptsächlich gewirkt, und auf diese drey Fundamente komme man immer wieder zurück« (EGW 4, 507). In der Naturforschung sah G. in Aristoteles – in Abgrenzung zu →Plato – vor allem den Systematiker und empirischen Forscher: »Aristoteles hingegen steht zu der Welt wie ein Mann, ein baumeisterlicher. Er ist nun einmal hier und soll hier wirken und schaffen [...]. Er umzieht einen ungeheuren Grundkreis für sein Gebäude, schafft Materialien von allen Seiten her, ordnet sie, schichtet sie auf und steigt so in regelmäßiger Form pyramidenartig in die Höhe [...]« (FA I, 23.1, 619).

Während Äußerungen zu und Hinweise auf Aristoteles in der Physiognomik (vgl. an Lavater, Ende Februar 1776), der Meteorologie (vgl. Tgb, 11.12.1826) und der Morphologie (vgl. z.B. Zitat aus C. W. v. →Schütz in *Als Einleitung*; in Morph I, 4, 1822) vereinzelt dastehen, wird er in der *Farbenlehre* ausführlich herangezogen. Dort ist ihm im historischen Teil ein eigenes Kapitel gewidmet (vgl. FA I, 23.1, 530–539), in dem G. übersetzte Stellen aus den Werken *De sensu et sensibilibus* (Kap. 2–4), *De anima* (Buch 2, Kap. 7) und *De somniis* (Kap. 2) wiedergibt. Darauf folgt G.s Übersetzung des Werkes *De coloribus* (ebd. 539–560), das dem Aristoteles oder Theophrast zugeschrieben wurde (dazu ausführlich →Theophrast).

Den Vergleich mit Plato und die Wirkung auf die Nachwelt findet man im historischen Teil der *Farbenlehre*, im Kapitel *Überliefertes*, behandelt (FA I, 23.1, 616–621), dessen maßgebliche Stellen im vorliegenden Band im Artikel →Plato zitiert werden.

In einer Vorarbeit zum historischen Teil, *Farbenlehre der Alten* aus dem Jahr 1807 (vgl. FA I, 23.2, 295–298), sprach G. aber auch deutlich aus, wo er die Grenzen des Aristoteles und seiner Zeitgenossen sah: »Den Alten fehlte hauptsächlich die Kunst, Versuche anzustellen. Die Versuche sind Vermittler zwischen Natur und Idee. Die zerstreute Erfahrung zieht uns zu sehr nieder und ist, wie man an dem Beispiel des Aristoteles und der Alten sieht, sogar hinderlich, auch nur zum Begriff zu gelangen« (ebd. 296f.).

In späten Zeugnissen überwiegen eindeutig die positiven, wenn auch abwägenden Urteile über Aristoteles, so an Zelter am 29.3.1827: »Es ist über alle Begriffe was dieser Mann erblickte, sah, schaute, bemerkte, beobachtete, dabey aber freylich im Erklären sich übereilte. Thun wir das aber nicht bis auf den heutigen Tag? An Erfahrung fehlt es uns nicht, aber an der Gemüthsruhe, wodurch das Erfahrne ganz allein klar, wahr, dauerhaft und nützlich wird«. Ähnlich im Gespräch mit Eckermann vom 1.10.1828: Aristoteles habe »die Natur besser gesehen als irgend ein Neuerer, aber er war zu rasch mit seinen Meinungen« (FA II, 12, 273).

Literatur
Günzler, Claus: Die Bedeutung des aristotelischen Hylemorphismus für die Naturbetrachtung Goethes. In: Zs. für philosophische Forschung. 21 (1967), 208–241. – Petersen, Peter: Goethe und Aristoteles. Berlin u.a. 1914. – Schlechta, Karl: Goethe in seinem Verhältnis zu Aristoteles. Frankfurt am Main 1938. – Schmidt, Franz: Aristotelica bei Goethe. In: GJb. (1964), 239–247. *WZ*

Arnika

Von G. wurde diese Pflanze – neben dem →Enzian – an exponierter Stelle in seinem Aufsatz *Geschichte meines botanischen Studiums* (Morph I, 1, 1817) hevorgehoben. Hinsichtlich der botanischen Exkursionen auf der Fahrt nach →Karlsbad 1785 mochte G. in »vergnüglichem Erinnern [...] noch gerne gedenken, mit wie frohem Erstaunen wir die Arnica montana, nach erstiegener vogtländischer Bergeshöhe, an sanften, sonnigen Abhängen [...] erblickten« (FA I, 24, 410).

Am 16.8.1821 berichtete G. an →Carl August aus →Marienbad, dass er »im Rehauer Wald [...] Arnica montana« gefunden habe, »welche nun auf den hiesigen Höhen in ihrer ganzen Vollkommenheit erscheint«.

Arnika schätzte G. als Heilpflanze; mit Arnika-Tee wurde er nach seinem Herzinfarkt im Februar 1823 behandelt. Der Kanzler von Müller hielt unter dem 24.2.1823 fest: »Mit Wohlgefallen hörte Er [G.], daß Man ihm Arnica geben wolle, und hielt ganz behaglich eine kleine botanische Vorlesung über diese Blume, die er häufig und sehr schön in Böhmen getroffen« (Unterhaltungen 64). *HO*

Astronomie s. ÜA Meteorologie

Atomismus/Dynamismus

Atomistische und dynamische Vorstellungen haben in der europäischen Philosophie- und Wissenschaftsgeschichte eine Tradition, die bis in die Antike zurückreicht. Der Atomismus versteht die Natur als mechanisches Zusammenspiel von einzelnen Teilchen; der Dynamismus geht dagegen von Kräften aus, welche die Materie durchwirken. Seit seiner Begegnung mit der →Alchimie sah G. die Natur als eine dynamisch wirkende Macht an; einen Abscheu empfand er dagegen vor mechanistischen Naturerklärungen, wie sie im 18. Jh. etwa P. H. D. v. →Holbach vertrat (vgl. *Dichtung und Wahrheit* III, 11). In →Herders *Ideen zur Philosophie der Geschichte der Menschheit* fand G. hingegen den seinen verwandte Ansichten. →Kants Eintreten für einen dynamischen Begriff der Materie rückte die Unterscheidung zwischen Atomismus und Dynamismus ins Bewusstsein der Zeitgenossen und hatte u.a. Einfluss auf die →Naturphilosophie des jungen →Schelling.

G. hat die dynamische Denkweise aber nicht verabsolutiert. Dies wird in seiner Kritik am Aufsatz *Der Dynamismus in der Geologie* (vgl. LA II, 8A, 85–88, M 60) deutlich – er wurde früher G. selbst zugeschrieben, stammt aber von C. H. →Schlosser. In dem Aufsatz, den G. im November 1814 erhielt, wird die »atomistische Betrachtung« (ebd. 86) der Gesteine zurückgewiesen und eine dynamische Sicht der →Erdbildung vertreten; zuletzt sollten aus der sich ständig entwickelnden Materie auch organische Formen entstanden sein. G. missfielen die naturphilosophischen Phrasen des Textes. In einem Brief an Schlosser vom 23.11.1814 riet er diesem, »das anorganische Reich, dem ich seine dynamischen Verdienste nicht absprechen will, anfangs rein atomistisch zu behandeln, nur zu sehen, und nicht zu denken«.

1820 stellte G. in den Aufzeichnungen *Verhältnis zur Wissenschaft, besonders zur Geologie* »atomistische und dynamische Vorstellungen« unter die →Polarität der »menschlichen Denkweisen«, von denen auch bei einem Individuum nie eine ganz allein herrsche (FA I, 25, 582). Gegen den »atomistischen Sinn« wandte sich G. z.B. bei der Herleitung von Trümmergesteinen wie den →Breccien (an C. C. v. →Leonhard, 9.3.1814). Auch zur Erklärung von steil gestellten oder gar überhängenden →Flözen, die in einer mechanistischen Betrachtungsweise durch geologische →Revolutionen verursacht waren, suchte G. Hilfe beim Dynamismus: In den Texten *Lage der Flöze* und *Geologische Probleme und Versuch ihrer Auflösung Februar 1831* nahm er an, in den frühen Epochen der Erdbildung sei »alles Dynamische kräftiger als späterhin« gewesen (FA I, 25, 654); so hätten die kristallisierten Felsmassen des Urgebirges die sich niederschlagenden Teilchen der Flöze auch entgegen der Schwerkraft angezogen.

Literatur
Engelhardt, Wolf von und Kuhn, Dorothea: Nicht von Goethe: »Der Dynamismus in der Geologie«. In: GJb. (1996), 273–275. – Engelhardt, Wolf von: Goethes Weltansichten. Auch eine Biographie. Weimar 2008. *WY*

Aubuisson de Voisins, Jean François d' (1769–1841)

Der Schüler von A. G. →Werner in →Freiberg und Ingénieur en Chef de Mines de France verfasste einen zweibändigen *Traité de Géognosie* (Straßburg und Paris 1819), in dem er eine klare Darstellung der von G. bevorzugten Wernerischen neptunistischen Geognosie lieferte. 1821/1822 erschien in Dresden eine deutsche Übersetzung, mit deren erstem Band sich G. am 2.10.1821 beschäftigte. Er fühlte sich »im Allgemeinsten [...] gefördert« (TuJ 1821) und verfasste eine kurze Rezension, die in ZNÜ I, 4 (1822) veröffentlicht wurde. G. lobte darin die klare Darstellung der Kenntnisse in der Geognosie und Nomenklatur, »wodurch wir denn in den Fall gesetzt werden, uns über die Erscheinungen im allgemeinen zu verständigen, was und wie man es vorgetragen zu erfahren, wo wir gleich denken beizustimmen, wo wir eine andere Vorstellung haben solches zu bemerken; wir finden einen ernsten festen Grund und Mittelpunkt, woran sich Altes und Neues anzuschließen aufgerufen wird, das Allgemeine der Erscheinungen wird uns gesichert« (FA I, 25, 590).

Am Ende der Rezension sprach G. davon, dass die Menschen »in allem Praktischen auf ein gewisses Mittlere gewiesen sind, so ist es auch im Erkennen. [...] Eben dies gilt von der Geognosie: das mittlere Wirken der Welt-Genese sehen wir leidlich klar und vertragen uns ziemlich darüber, Anfang und Ende dagegen, jenen in den Granit, dieses in den Basalt gesetzt, werden uns ewig problematisch bleiben« (ebd. 591).

In einem Aphorismus äußerte sich G. kritisch über d'Aubuisson de Voisins *Geognosie.* Sie fördere ihn »auf vielfache Weise, ob sie mich gleich im Hauptsinne betrübt; denn hier ist die Geognosie, welche doch eigentlich auf der lebendigen Ansicht der Weltoberfläche ruhen sollte, aller Anschauung beraubt, und nicht einmal in Begriffe verwandelt, sondern auf Nomenklatur zurückgeführt« (FA I, 25, 95).

D'Aubuisson de Voisins schloss sich nach einem Besuch der Auvergne der vulkanistischen, von G. weitgehend abgelehnten Theorie der Erdbildung an (→Neptunismus/Vulkanismus). *HO*

Auge

Als einer der zentralen Begriffe G.s erscheint »Auge« über 1200mal in seinen naturwissenschaftlichen Schriften. Hatte G. selbst eine starke eidetische Veranlagung, war das Auge »das Organ, womit ich die Welt faßte« (*Dichtung und Wahrheit* II, 6; FA I, 14, 246), so betrachtete er den Sehsinn als wichtigsten Zeugen wissenschaftlicher Evidenz. Eine rein empirische Beweisführung jedoch lehnte G. ab. Er forderte, dass das sinnlich Wahrgenommene durch die Vernunft reflektiert werden soll, »daß die Geistes-Augen mit den Augen des Leibes in stetem lebendigen Bunde zu wirken haben, weil man sonst in Gefahr gerät zu sehen und doch vorbeizusehen« (*Wenige Bemerkungen* [über Caspar Friedrich Wolff]; FA I, 24, 432).

Die »Welt des Auges« – so G. über das Projekt seiner *Farbenlehre* – wird »durch Gestalt und Farbe« erschöpft (an Schiller, 15.11.1796). Gründet sich einerseits G.s Morphologie besonders auf den Sinn des Auges, ohne den die Gestalt nicht erfassbar ist, wird andererseits das Auge in seinem Bezug zur Farbe in G.s chromatischen Arbeiten selbst zum Analyseobjekt. Die →*Physiologischen Farben*, die allein durch die gesetzmäßige Mitwirkung des Auges entstehen, stellt G. im didaktischen Teil seiner *Farbenlehre* als wichtigste Abteilung im Sinne einer Rangfolge an den Anfang. In dieser untersucht er Phänomene wie die →farbigen Schatten, →Nachbilder oder →Sukzessiv- und Simultankontrast, bei denen das Auge die Totalität des →Farbenkreises selbsttätig abschließt, indem es nach Wahrnehmung einer vorgegebenen Farbe die Komplementärfarbe erzeugt (z.B. grünes Nachbild nach Betrachtung von Rot).

Neben anatomischen Analysen – G. betrachtete die Netzhaut (Retina) als eigentliches Organ des Sehens – beschäftigte er sich mit antiken Wahrnehmungstheorien wie →Plotins Auffassung vom ruhenden Licht im Auge, welches das Sehen erst ermöglichte. G. verstand das Auge als ein Medium zwischen dem Körperinneren und -äußeren, in dem sich »von außen die Welt, von innen der

Augenvignette auf dem Umschlag des Kartensatzes zu den *Beyträgen zur Optik* (1. Stück, 1791) mit der Darstellung von Goethes rechtem Auge

Mensch« spiegelt: »Die Totalität des Innern und Äußern wird durchs Auge vollendet« (*Das Auge*; FA I, 23.2, 269). Dies erschien in G.s neoplatonischer Denkweise nur möglich aufgrund der engen Verwandtschaft von Auge und Licht (»Das Auge hat sein Dasein dem Licht zu danken. [...] Wär' nicht das Auge sonnenhaft, Wie könnten wir das Licht erblicken?«; FA I, 23.1, 24).

In seinen späten Farbenstudien sieht G. die Verobjektivierung des Auges im entoptischen Glas: »es ist ein fein-getrübtes Wesen, sensibel für direkten und obliquen Widerschein, und zugleich für die zartesten Übergänge empfindlich« (*Das Sehen in subjektiver Hinsicht, von Purkinje. 1819*; FA I, 25, 822).

G. schuf eines der ersten Augenselbstporträts: Dem ersten Stück der *Beyträge zur Optik* (1791) legte er ein Kartenspiel bei, auf dessen Umschlag eine Augenvignette dargestellt ist, die G.s rechtes Auge gespiegelt und umgeben von Wolken, →Regenbogen, Spiegel und →Prisma zeigt.

Zu G.s Auffassung, dass sich das Auge nicht täuschen könne, →Optische Täuschung. Zum Augenmotiv im Kontext der Dichtung auch GHB. 4.1, 89–92.

Literatur

Matthaei, Rupprecht: Goethes Auge. In: GJb. (1940), 265–274. – Ders.: Auge. In: Zastrau 1, Sp. 454–477. – Sarauw, Christian: Goethes Augen. Kopenhagen 1919. *SS*

Augit

Augit (nach →Werner) oder Pyroxen (nach →Haüy) tritt als Silikat von Magnesium, Eisen oder Kalzium auf und ist Bestandteil von Basalten. In G.s Sammlung befinden sich Augite aus Böhmen, Schweden, Norwegen und aus der Gegend von Neapel.

G. hatte 1821 einen Augitkristall aus der Sammlung von C. →Huß aus →Eger als Gegengeschenk für Münzen erhalten und am 2.12.1821 J. S.→Grüner gebeten, bei Huß nach dessen Fundort nachzufragen. G.s Erkundung des →Wolfsberges bei Czerlochin, zu dem er mehrfach seinen Diener Stadelmann zwischen Ende Juli und Mitte August 1823 von →Marienbad aus schickte, soll vor allem der Suche nach Augitkristallen gegolten haben. Stadelmann brachte vom Wolfsberg eine große Menge von Gesteinsproben mit.

»Das Pyrotypische« der Gesteine vom Wolfsberg – also die Reaktion auf große Hitze – äußerte sich darin, »daß die Hornblende-Kristalle zwar vom Feuer angegriffen aber eigentlich nicht im höchsten Grade verändert, die Augitkristalle dagegen noch ganz frisch erhalten seien« (*Uralte neuentdeckte Naturfeuer- und Glutspuren*; FA I, 25, 446). Die unschmelzbaren Augitkristalle vom Wolfsberg übergab G. nach seiner Rückkehr am 16.9.1823 in Jena dem Universitätsmechaniker J. C. F. →Körner, um deren Verhalten im Schmelzofen überprüfen zu lassen. In dem Aufsatz *Von den Augiten insbesondere*, der zu G.s Lebzeiten nicht veröffentlicht wurde, berichtete G. von dem Ergebnis dieser Feuerprobe: »Der natürliche vom Feuer unangetastete Augitfels gibt am Stahl keine Funken ihn ritzt der Splitter eines Augitkristallen. Diese Gebirgsart oder vielmehr diese Masse, die Augiten reichlich enthält, ist eigentlich das schmelzbare Unschmelzende. Sie kann schon völlig zur glasigen Schlacke verwandelt sein und der Augitkristall liegt noch wenig verändert in derselben; oft scheint es als ob er durch die Glutgewalt etwas an seinem Volum verloren habe, denn er ist in der Lücke beweglich. Sehr selten findet man ihn an einer Seite eingeschmolzen und zum Teil gewissermaßen verzehrt; sollte er sich nicht etwa gar wie der Diamant durch gewaltsames freies Feuer verflüchtigen lassen« (ebd. 598). Aufgrund der Unschmelzbarkeit möchte G. den Augit auch »Apyr« (ebd.) nennen.

→Soret half G. dabei, die von ihm aus Böhmen mitgebrachten Augite bzw. Pyroxene zu ordnen und zu katalogisieren. Der entsprechende Katalog von Soret wurde in ZNÜ II, 2 (1824) unter dem Titel *Catalogue raisonné des variétés d'Amphibole et de Pyroxène rapportées de Bohème par S. E. Monsieur le Ministre d'Etat de Goethe* veröffentlicht (vgl. LA I, 8, 397–403). HO

Aurea Catena Homeri

Das alchimistische Werk (»Goldene Kette Homers«; vgl. *Ilias* VIII 18f.) erschien anonym 1723 und wurde vermutlich von dem Rosenkreuzer Anton Joseph Kirchweger verfasst. G. las es im Rahmen seiner Lektüre ähnlicher Schriften während der Erholung von der Leipziger Krankheit im Jahr 1769 in Frankfurt und berichtete darüber in *Dichtung und Wahrheit* (II, 8): »Mir wollte besonders die Aurea Catena Homeri gefallen, wodurch die Natur, wenn auch vielleicht auf phantastische Weise, in einer schönen Verknüpfung dargestellt wird« (FA I, 14, 373). →Alchimie (dort Lit.) *WZ*

Bachmann, Karl Friedrich (1785–1855)

Der Philosoph und Mineraloge, ab 1810 Universitätslehrer in Jena (Philosophie, Moral, Politik), 1830 Prodirektor der Mineralogischen Sozietät, 1832 als Nachfolger von J. G. →Lenz Direktor der Großherzoglichen mineralogischen Anstalten, war ab 1830 Korrespondent G.s in Angelegenheiten der Mineralogischen Gesellschaft in Jena. Schon zuvor, am 8.11.1828, hatte man sich laut G.s Tagebuch über diese Einrichtung ausgetauscht. Vereinzelt wird Bachmann ab 1821 erwähnt: Am 1.10.1821 überbrachte er G. Gesteine aus dem →Fichtelgebirge; →Knebel berichtete am 25.11.1823 über den Erhalt von »Bronzit aus Wrisberg im Vogtlande« (LA II, 8B.1, 401) und lobte Bachmann am 3.2.1826: »ein sehr fleißiger und wohlunterrichteter Mineralog« (ebd. 497). *WZ*

Bacon, Francis; Baco von Verulam (1561–1626)

Francis Bacon, Lord of Verulam, Viscount of St. Albans, englischer Jurist und Staatsmann, gilt als Propagandist des Empirismus und als Programmatiker einer positivistischen Naturwissenschaft, obwohl er selbst kaum Leistungen auf diesem Gebiet erbrachte. Unter König Jakob I. wurde er 1617 Großsiegelbewahrer, 1618 Lordkanzler. 1621 wegen Bestechlichkeit aller Ämter enthoben und im Tower inhaftiert, kam er durch Begnadigung wieder frei.

G. nannte F. Bacon bereits 1793 in seinem Aufsatz *Über Newtons Hypothese der diversen Refrangibilität*, und zwar als Beispiel, »warum so schwer auf dem Wege der reinen Erfahrung Fortschritte gemacht werden« (FA I, 23.2, 129). Bacons fragmentarische Utopie *Nova Atlantis* (posthum 1626), die eine Gruppe von Forschern an die Spitze des idealen Staates stellen will, entlieh G. am 9.5.1805 in einer Ausgabe von 1643 aus der Weimarer Bibliothek (Keudell 414), die *Opera omnia philosophica, moralica [...]* (Ausgabe Frankfurt am Main 1665) waren vom 9.10.1807 bis 15.2.1809 in G.s Haus (Keudell 498). Insbesondere im Oktober 1807 sowie im Januar und Februar 1809 hat G. Bacons Werke studiert und ihm schließlich im historischen Teil der *Farbenlehre* ein eigenes Kapitel gewidmet (FA I, 23.1, 675–686, vgl. auch ebd. 710, 787f., 791, 843 u. 1052). Weitere Zeugnisse zu G.s Beschäftigung mit F. Bacon finden sich im Briefwechsel mit →Schiller (21.2. und 23.2.1798) sowie mit F. H. →Jacobi (7.3.1808; Bacon dort als »Hercules [...] der einen Stall von dialectischem Miste reinigt, um ihn mit Erfahrungsmist füllen zu lassen«).

Zentrale Aussage G.s über Bacon ist, dass dieser als starke Persönlichkeit unter Missachtung jeder Tradition und Theorie allein auf Erfahrungen gesetzt habe, mit der Konsequenz, dass die Menschen »Unordnung und Wust als das wahre Element ansahen, in welchem das Wissen einzig gedeihen könne« (FA I, 23.1, 677), ein Vorwurf, den G. später noch in →Newtons Wirken in der Folge von Bacons Einfluss bestätigt sah. Eine entsprechende Notiz zu Bacon lautet: »Was die Alten für das wirkliche Wissen geleistet hatten, ward in jener Zeit nicht genugsam hervorgehoben. Er strich also, wie es kräftige Menschen zu tun pflegen, die ganze Vergangenheit durch« (LA II, 6, 66). Bacon habe – so G.s Gleichnis – ein altes Haus in Frage gestellt und teilweise zerstört, bevor er ein neues erbaut habe. Zahlreiche Vorarbeiten und Entwürfe zum Bacon-Kapitel in der *Farbenlehre* (vgl. LA II, 6, 59–69, M 46–69) belegen die Intensität von G.s Auseinandersetzung mit diesem Autor. Vgl. auch den Artikel in GHB. 4.1, 94ff.

Literatur

Hennig, John: A Note on G. and Francis Bacon. MLQu. 12 (1951), 201ff. – Nisbet, Hugh Barr: Goethe and the Scientific Tradition. London 1972, 23–47. *WZ*

Bacon, Roger (um 1214–1294)

Dem englischen Franziskanermönch, latinisiert Baco, Physiker und Philosoph, Professor der Mathematik und Physik in Oxford, werden zahlreiche Entdeckungen zugeschrieben, in der Optik angeblich die Erfindung der Vergrößerungsgläser. Wegen scharfer Kirchenkritik wurde er unter dem Vorwand, Magie zu treiben, mehrmals ins Gefängnis gebracht. G.s Beschäftigung mit R. Bacon, der im historischen Teil der *Farbenlehre* in einem separaten Kapitel behandelt wird (vgl. FA I, 23.1, 623–634, auch 637, 673, 685, 705, 843, 1051), setzte 1807 ein. Zeugnisse sind Tagebucheintragungen vom 23.–25.9., 30.9. und 25. 11.1807, 12.–16.8., 26.8., 22. und 23.9.1808 sowie die *Tag- und Jahreshefte* von 1807. G.s Urteil ist im Brief an F. H. →Jacobi vom 7.3.1808 formuliert: »So habe ich eine unbedingte Verehrung für Roger Baco gefaßt« [folgt Negativurteil über seinen Namensvetter Francis →Bacon].

Am 16.10.1807 hatte G. bei H. A. O. Reichard in Gotha die Werke R. Bacons bestellt (vgl. EGW 4, 482). Unter dem Datum des 14.12.1808 berichtete Kanzler F. v. Müller, dass ihm G. »die Einleitung zu Roger Bacons Leben« (BG 6, 605) vorgelesen habe. Ausführlich handelt ein von J. D. →Falk aufgezeichnetes Gespräch mit G. vom 26.2.1809 über R. Bacon: »Dieser sinnige Mönch, ebensoweit vom Aberglauben, als vom Unglauben entfernt, hat alles in der Idee, nur nicht in der Wirklichkeit gehabt. Die ganze Magie der Natur ist ihm, im schönsten Sinne des Worts, aufgegangen. Er sah alles, was kommen mußte [...]; kurz, aus der Erscheinung des einzigen Mannes konnte man abnehmen, was für Fortschritte das Volk, zu dem er gehörte, im Gebiete der Erfindungen, Künste und Wissenschaften zu machen berufen war« (LA II, 6, 365). *WZ*

Bähr, Johann Karl Ulrich (1801–1869)

Der aus Riga stammende Maler und Autor besuchte G. bei der Durchreise nach Italien am 14.5.1827 in Weimar. 1846 wurde er Professor an der Kunstakademie Dresden und trat in mehreren Schriften für G.s *Farbenlehre* ein, unter denen die *Vorträge über Newton's und Göthe's Farbenlehre* (Dresden 1863) den größten Bekanntheitsgrad erreicht haben. *WZ*

Ballonfahrt

In der 1821 verfassten Übersicht *Naturwissenschaftlicher Entwicklungsgang* hielt G. fest: »Die Luftballone werden entdeckt. Wie nah ich dieser Entdeckung gewesen. Einiger Verdruß es nicht selbst entdeckt zu haben Baldige Tröstung« (FA I, 25, 50). G. hat die Anfänge der Ballonfahrt intensiv verfolgt. Von den Pionierleistungen der Brüder J.-E. und J.-M. Montgolfier (5.6.1783), J. A. C. Charles (27.8.1783) sowie J.-F. Pîlatre de Rozier (12.10.1783) unterrichtete er sich aus dem *Journal de Paris* und Wielands *Teutschem Merkur* (IV, 1783; I, 1784).

Als G. am 30.9.1783 den Anatomen S. T. →Soemmerring in →Kassel besuchte, war dieser gerade mit Ballonexperimenten beschäftigt. Soemmerring teilte J. H. →Merck am 8.5.1784 über G. mit: »Der gute Mann half mir noch füllen, allein die Uebereilung machte den Versuch nicht gelingen« (Wenzel 86). Auch Merck in Darmstadt und G. C. →Lichtenberg in →Göttingen unternahmen praktische Versuche und versuchten die französischen Vorbilder, wenn auch in kleineren Dimensionen, nachzuahmen, was G. zumindest indirekt verfolgen konnte. In Weimar bemühte sich der Hofapotheker W. H. S. →Buchholz eifrig, aber überwiegend erfolglos um Ballonversuche, wobei er mit Wasserstofffüllungen arbeitete. Ende 1783 entschloss sich G. zum aktiven Eingreifen, wie sein Brief an →Knebel vom 27.12.1783 belegt: »Buchholz peinigt vergebens die Lüffte, die Kugeln wollen nicht steigen [...]. Ich habe nun selbst in meinem Herzen beschlossen, stille anzugehen, und hoffe auf die Montgolfiers Art [mit Heißluft] eine ungeheure Kugel gewiß in die Lufft zu jagen«. Während es am Weimarer Hof zu einer Art Gesellschaftsspiel wurde, kleine Ballone aus Ochsenblasen steigen zu lassen – so im Wittumspalais am 4.2.1784 –, arbeitete G. unter strenger Geheimhaltung (vgl. an Ch. v. Stein, 19.5.1784) am eigenen Experiment, das schließlich am 1.6.1784 stattfand: »In Weimar haben wir einen Ballon auf Montgolfierische Art steigen lassen [...]. Es ist ein schöner Anblick, nur hält sich der Körper nicht lange in der Luft, weil wir nicht wagen wollen, ihm Feuer mitzugeben. [...] Er wird ehstens hier steigen« (an Soemmerring, 9.6.1784).

Auch an der ersten Ballonfahrt auf deutschem Boden, die von J.-P. Blanchard am 3.10.1785 unternommen wurde und von Frankfurt am Main nach Weilburg an der Lahn führte, hat G. Anteil genommen. F. v. →Stein wurde eigens nach Frankfurt geschickt, um das Unternehmen Blanchards zu verfolgen und darüber zu berichten. An Ch. v. →Stein schrieb G. ungeduldig am 20.9.1785: »Wie bin ich auf Fritzens beschreibung neugierig [...]«.

Unabhängig vom anhaltenden naturwissenschaftlich-technischen Interesse an der Ballonfahrt ist in G.s dichterischem Werk der aufsteigende Ballon zum Symbol für das menschliche Streben geworden, sich Gott zu nähern, wobei aber das Scheitern droht, wenn das Steigen nicht rechtzeitig begrenzt wird, um die Rückkehr zur Erde einzuleiten. So zeigt sich letzten Endes auch in der Ballonfahrt G.s Prinzip von Steigerung (Aufsteigen des Ballons) und Polarität (Steigen und Sinken) sowie die notwendige Entsagung des Menschen vor dem Erreichen eines Absoluten.

Literatur
Wenzel, Manfred: »Buchholz peinigt vergebens die Lüffte ...«. Das Luftfahrt- und Ballonmotiv in Goethes naturwissenschaftlichem und dichterischem Werk. In: JbFDtHochst. 1988, 79–111. *WZ*

Barometer

Trotz seiner ausgesprochenen Skepsis gegenüber physikalischen Instrumenten schätzte G. das Barometer außerordentlich und erhob es nahezu in den Rang eines →Urphänomens. In seinem zu Lebzeiten unveröffentlicht gebliebenen *Versuch einer Witterungslehre 1825* ist dem Barometer ein eigenes Kapitel gewidmet, in dem »der Barometerstand als Hauptphänomen, als Grund aller Wetterbeobachtungen angesehen« wird (FA I, 25, 270). Da das Netz der meteorologischen Beobachtungsstationen relativ eng war, glaubte G. irrigerweise, dass das »Steigen und Fallen [des Barometers] an verschiedenen, näher und ferner, nicht weniger in unterschiedenen Längen, Breiten und Höhen gelegenen Beobachtungsorten *einen fast parallelen Gang habe*« (ebd. 277). G. ging davon aus, dass es dafür eine »tellurische Ursache«, d. h. eine an den Planeten Erde gebundene Erklärung geben müsse und lehnte kosmische Einflüsse, wie z. B. eine Wirkung des Mondes, ab (vgl. Eckermann, 11.4.1827; FA II, 12, 237 f.). Den Grund für die verschiedenen Barometerstände sah G. in einer wechselnden, pulsierenden Anziehungskraft der Erde, die gleichsam ein- und ausatme und dabei die Atmosphäre an sich binde oder entlasse (Wasserbejahung und -verneinung). G. besaß seit 1784 ein Barometer, intensiv nutzte er es aber erst, als er 1815 mit der

Wolkenterminologie von Luke →Howard Bekanntschaft machte. In den *Tag- und Jahresheften* von 1816 hielt G. fest, die Howardschen Wolkenformen »mit dem Barometerstand zu parallelisiren«.

Obwohl G. seine Hypothese einer pulsierenden Schwerkraft erst 1823 in seinem Aufsatz *Über die Ursache der Barometerschwankungen* (FA I, 25, 255–264) thematisierte, finden sich bereits im Reisetagebuch an Charlotte von Stein vom 9.9.1786 (auf dem Brenner) und im Rahmen der physikalischen Vorträge von 1805/1806 (Kapitel *Luft*, 27.11., 4. und 12.12.1805; ebd. 162–166) entsprechende Anklänge. In einem Paralipomenon zum *Versuch einer Witterungslehre 1825* heißt es: »Der Barometerstand bedingt alle übrigen atmosphärischen Wirkungen [...]« wie Wolkenbildung, Niederschläge, Winde oder Temperaturen; das Barometer sei »das Instrument, durch welches die größten Geheimnisse der Natur uns offenbar werden« (WA II, 12, 233). Es fungierte für G. als Vermittler zwischen dem den jeweiligen Barometerstand ablesenden Betrachter und den mit den Sinnen nicht unmittelbar zu erfassenden atmosphärischen Erscheinungen und somit als Scharnier zwischen Subjekt und Objekt an der Grenze des Erforschbaren, was den hohen Stellenwert des Instruments für G. plausibel macht.

In vielen Briefen meteorologischen Inhalts, insbesondere der Jahre 1824 und 1825, stellen Barometerdaten ein zentrales Thema dar. Manchmal erscheint G.s Einschätzung des Barometers auch naiv, so wenn er – Ursache und Wirkung verwechselnd – feststellte: »So stark ist mein Glauben an das Barometer. Ja ich sage immer und behaupte: wäre in jener Nacht der großen Überschwemmung von Petersburg [19.11.1824] das Barometer gestiegen, die Welle hätte nicht herangekonnt« (Eckermann, 11.4.1827; FA II, 12, 237). *ZA*

Basaltstreit

Der jahrzehntelange Streit um die Natur des Basalts – als ein Erzeugnis des Wassers in der Deutung der Neptunisten oder als ein Produkt des Feuers (erstarrte Lava) in der Deutung der Vulkanisten – gewann »so etwas wie Symbolcharakter« (Hölder 41) in der Auseinandersetzung zwischen diesen beiden wissenschaftlichen Lagern. Die meisten Geologen und Mineralogen wurden im ausgehenden 18. und zu Beginn des 19. Jh.s von diesem Streit berührt, so auch G., zumal dessen frühester geologisch-mineralogischer Gewährsmann, J. C. W. →Voigt, als Vertreter des Vulkanismus gegen seinen Lehrer A. G. →Werner in →Freiberg auftrat, der die sedimentäre Entstehung des Basalts aus Meeresabscheidungen befürwortete.

Bis zur Mitte des 18. Jh.s war die Theorie einer neptunistischen Gesteinsbildung vorherrschend. C. v. →Linné hatte 1741 das Basaltlager auf der Kuppe des Kinnekulle in Schweden für Sediment gehalten (vgl. *Westgöta resa*, Stockholm 1747). Selbst J. É. Guettard, der als erster die Auvergne in Mittelfrankreich als von erloschenen Vulkanen geprägte Landschaft erkannt hatte (*Mémoire sur quelques montagnes de France qui ont été des volcans*, 1756), teilte die These der sedimentären Entstehung des Basalts. Dieser Deutung schlossen sich der Däne M. T. Brünnich, der Schwede T. O. →Bergman, der Ire R. Kirwan und der Schotte Sir J. Richardson sowie J. F. W. T. von →Charpentier in Sachsen, F. A. →Reuß in Bilin, G. F. Rößler in Württemberg und J. W. Baumer in Erfurt an.

Der französische Geologe N. Desmarest entdeckte in der Auvergne Säulenbasalt als eindeutigen Bestandteil von Lavaströmen und veröffentlichte dieses Ergebnis im Jahr 1771 (im Druck 1774: *Mémoire sur l'origine et la nature du basalte à grandes colonnes*). Die Theorie des vulkanischen Ursprungs von Basalt vertrat zu gleicher Zeit auch J. Montet. Dieser Meinung schlossen sich D. G. S. de Dolomieu, B. Faujas de Saint-Fond, J. A. de Luc (Deluc) und Sir W. Hamilton an. Auch der Deutsche R. E. Raspe, zuvor Neptunist, sprach sich später für die vulkanische Natur der hessischen Basalte aus. J. J. Ferber vertrat in seinen Beiträgen zur Mineralgeschichte von Böhmen ebenfalls diese Ansicht.

Als Werner 1775 nach Freiberg kam, überwog dort die vulkanistische Basaltdeutung. Seiner neptunistischen Denkweise zufolge war jedoch das jeweils aufliegende Gestein gemäß dem Lagerungsgesetz jünger als das darunterliegende, demnach war für ihn der oft zwischen die Schichtgesteine eingelagerte Basalt von wässriger Herkunft. Werners Schüler Voigt verglich 1783 in seiner *Mineralogischen Beschreibung des Hochstifts Fuld* die dortigen Basalte mit analogen Gesteinen bei Andernach, am Laacher See und bei Frankfurt. Nachdem er eine Reise in die Rhön unternommen und die dortigen Basalte als vulkanische Laven erkannt hatte, war er fest von einem vulkanischen Ursprung des Basalts überzeugt. Seit 1786 war die Kristallbildung in Schmelzen bekannt. 1787 formulierte A. F. von →Veltheim eine übersichtliche Zusammenfassung der Gründe, die für eine vulkanische Basaltbildung sprachen (*Etwas über die Bildung des Basalts*).

Am 20.10.1788 publizierte Werner seine *Bekanntmachung einer von ihm am Scheibenberger Hügel über die Entstehung des Basaltes gemachten Entdeckung* (*Intelligenzblatt* der ALZ, Nr. 57), mit der er die Bildung des Basalts aus dem Wasser zu beweisen suchte. Voigt trat am 23.11.1788 mit einer *Berichtigung über die neue Entdeckung von [...] Werner* auf (ebd. Nr. 60).

Zu einer Fülle von Streitschriften kam es darüber hinaus anlässlich der vom Bieler Apotheker A. Höpfner in seiner Zeitschrift *Magazin für die Naturkunde Helvetiens* gestellten Preisaufgaben. Zur ersten über die Charakterisierung verschiedener Gesteine (in Bd. 3, 1788) legte Voigt eine Schrift über Tonschiefer, Hornschiefer und Wacke vor, in der er Hornschiefer als ein mit dem Basalt verwandtes und daher vulkanisches Gestein definierte. Damit widersprach er erneut Werners Hypothese über die Basaltbildung. Auf die zweite Preisaufgabe - *Was ist Basalt, ist er vulkanisch oder nicht vulkanisch?* (Bd. 4, 1789) - antwortete Voigt wiederum im Sinne der Vulkanisten bestätigend, der Werner-Schüler J. F. W. Widenmann für die Neptunisten ablehnend.

Viele zeitgenössische Geologen wie A. v. →Humboldt, F. A. Reuß, D. L. G. Karsten, I. E. v. Born, J. F. v. →Racknitz, C. →Keferstein und K. W. →Nose verfassten ihrerseits Schriften, um sich entweder für oder gegen die Vulkanität des Basalts auszusprechen oder Kompromissvorschläge zu machen.

Aus heutiger Sicht »hatten in gewissem Sinne die Neptunisten in der Deutung der Lagerungsform des Basalts, die Vulkanisten in dessen Deutung als vulkanische Substanz recht, wobei Letztere streng genommen endgültig erst mit der Klärung von Mineralbestand und Gefüge erfolgen konnte, was bei dem dichten Basalt erst mit der Gesteinsmikroskopie möglich wurde. So wird der Sieg der Neptunisten in dem Streit um 1790 von der Sache her verständlich« (Wagenbreth 39).

Dass den Anschauungsweisen der beiden streitenden Parteien bezüglich des damaligen Forschungsstandes gleichermaßen ein gewisses Recht zukam, erklärt, warum G. diese Streitfrage als Methodenfrage verstanden hat.

G. hatte die Arbeit von Voigt intensiv verfolgt und diesem zugestimmt, als er 1780 nach seiner Reise durch die Rhön die dortigen Basalte als vulkanische Laven deutete. Zu Voigts 1788 veröffentlichtem Aufsatz schrieb er jedoch an dessen Bruder, den Ministerkollegen C. G. v. Voigt, am 9.2.1788 aus Rom: »Wegen der Hornschiefer kann ich ihm schlechten Trost geben. Ich habe keine Lava die ihm ähnlich wäre gefunden und habe ihn schon in Deutschland nicht für vulkanisch gehalten. Er soll gegen seine Widersacher nur defensive gehn. Komme ich einmal zurück und kann wieder an diese Materie dencken; so giebt es vielleicht ein Mittel beyde Parteyen mit Ehren zu vereinigen«.

Werner gelang es, bei seinem Besuch in Jena am 17.9.1789 G. vollkommen von der sedimentären, also neptunistischen Entstehung des Basalts zu überzeugen (→Werner). An C. G. v. Voigt schrieb G. zwei Tage darauf: »Mit Herrn Werner haben wir einige angenehme Stunden zugebracht, ich habe nun den ganzen Umfang seiner Meynung über die Vulkane gefaßt. Er hat die Materie sehr durchdacht und mit viel Scharfsinn zurecht gelegt. Er wird immer mehr Beyfall finden und wir müssen nur sehen daß wir Ihrem Bruder den Rückzug decken und ihm zu ehrbaren Friedensbedingungen helfen«.

Vermutlich im Oktober 1789 entstand G.s zu seinen Lebzeiten nicht veröffentlichter Aufsatz *Vergleichs Vorschläge die Vulkanier und Neptunier über die Entstehung des Basalts zu vereinigen* (FA I, 25, 511–513), mit dem Ziel, den seit 1788 zwischen Werner und Voigt über die Entstehung des Basalts ausgetragenen Streit zu schlichten. G. hat demnach die Problematik des Basaltstreits, der damals wegen unzureichender Beweismöglichkeiten geführt wurde und nicht aufzulösen war, als Ausdruck unterschiedlicher Anschauungsweisen erfasst: »Die Ähnlichkeit der Basalten und Laven sowohl in ihren Bestandteilen, als ihrem äußren Ansehn, die Nähe beider Steinarten in den Gebirgen, die Übergänge beider in einander haben den Gedanken erregt und befestigt daß die Basalte vulkanisch seien. Bei näherer Untersuchung fanden sich Schwierigkeiten; man konnte die Krater nicht entdecken woraus isolierte Basaltfelsen, große Basaltstrecken im flüssigen Zustande hervorgequollen sein sollten, man fand eine große Verwandtschaft des Basalts mit andern unstreitigen Wasserproducten, man fand daß sie sich bald der Grundgebirgs- bald der Flözgebirgsart näherten, und wie man vor einiger Zeit zu viel dem Feuer zuschrieb wollte man nun auch wieder dem Wasser alles vindizieren. Die nahe Verwandtschaft der Basalte und Vulkane ist unleugbar, und die Neptunier, dadurch daß sie die Laven für geschmolzne Basalte anerkennen wollen, erkennen sie dadurch nunmehr auch an. Waren also die Basalte nicht vulkanisch, so wären doch die Laven basaltisch und wir schlagen auf diesem Punkte beiden Teilen die Vereinigung vor« (ebd. 511).

G. war zwar der Wernerschen Theorie zugeneigt, doch war er dieser gegenüber nicht unkritisch. So äußerte er in dem 1820 verfassten Aufsatz *Karl Wilhelm Nose*, in dem er wie Nose den Basaltstreit historisch und philosophisch betrachtete: »Werner, in Sachsen, Schlesien, Böhmen, hauptsächlich nur auf Granit und Gneis den Basalt aufgesetzt findend, mußte ihn zu den Urgebirgsarten zählen. Im Verfolg der Zeit jedoch fand man ihn gelagert auf und in einer Menge Gebirgsarten von den verschiedensten Altern, bis zu den jüngsten hinab; dies deutete auf ein spätestes Naturerzeugnis« (ebd. 573).

Der Basaltstreit wurde schließlich durch die Beobachtungen, die L. v. →Buch in der Auvergne, am

Vesuv und auf den Kanarischen Inseln machte, zugunsten der vulkanistischen Theorie entschieden. Von Buchs am 18.5.1818 in der Berliner Akademie der Wissenschaften gehaltenem Vortrag *Über die Zusammensetzung der basaltischen Inseln und über Erhebungs-Kratere* (im Druck 1821; Auszug in *Taschenbuch für die gesammte Mineralogie* 13, 1819) berichtete C. C. v. →Leonhard G. am 26.4.1819, als Reaktion auf einen Brief G.s vom 8.1.1819, in dem dieser geschrieben hatte: »Alles eilt, wieder zu den Fahnen des Vulkanismus zu schwören [...]. Wenn ich Zeit finde, so setze ich hierüber mein Glaubensbekenntniß auf«.

Am 18.9.1819 entwarf G. in Karlsbad *Eines verjährten Neptunisten Schlußbekänntniß Abschied von der Geologie*; darin heißt es: »In wiefern eine Erfahrung beweist. sie beweist sich nur selbst. Mir scheint der Hauptknoten zu liegen in Übertragungen des Beweises daß was in Auvergne gilt auch am Thüringer Wald gelten soll« (LA II, 8A, 145). Hier findet sich auch die Bemerkung »Nord Amerikaner glücklich keine Basalte zu haben«, aufgegriffen im Gedicht *Den Vereinigten Staaten*: »Amerika, du hast es besser / Als unser Continent, das alte, / Hast keine verfallene Schlösser / Und keine Basalte. / Dich stört nicht im Innern, / Zu lebendiger Zeit, / Unnützes Erinnern / Und vergeblicher Streit« (ebd. 146).

G. gab den Kampf jedoch nicht auf und schrieb am 19.9.1819 an von Leonhard: »Die Mittheilungen über Basalt-Genese interessiren mich sehr. Haben Sie die Gefälligkeit, mich auf alles aufmerksam zu machen, was in diesem Capitel vorkommt. Obgleich ein verjährter Neptunist, habe ich doch die Acten nie für geschlossen gehalten.«

1820 fand G. in K. W. Nose einen Gleichgesinnten, der seine Schrift *Historische Symbola die Basalt-Genese betreffend, zur Einigung der Parteien dargeboten* (Bonn 1820) veröffentlichte und historisch vorzugehen versuchte, um »den langwierigen, noch fortdauernden, Basaltstreit der Entscheidung etwas näher zu bringen« (zit. nach LA II, 8A, 742). G. schloss sich daraufhin der wissenschaftshistorischen Argumentation von Nose an, um den Vulkanismus in Frage zu stellen, den G. zeitgenössisch immer noch nicht als bewiesen ansah.

Insgesamt verwies G. angesichts der Streitigkeiten mit Nose »auf das mehrfache menschliche Fehlsame, auf die Unzulänglichkeit der Individuen, die denn doch was ihnen persönlich, oder ihren Zwecken gemäß ist, gern zu einer allgemeinen Überzeugung umwandeln möchten« (FA I, 25, 579). Daraus leitete G. eine Grundfrage der naturwissenschaftlichen Methodik ab: »[...] inwiefern wir ein Unerforschtes für unerforschlich erklären dürfen, und wie weit es dem Menschen vorwärts zu gehen erlaubt sei, ehe er Ursache habe vor dem Unbegreiflichen zurückzutreten oder davor stille zu stehen? Unsere Meinung ist: daß es dem Menschen gar wohl gezieme ein Unerforschliches anzunehmen, daß er dagegen aber seinem Forschen keine Grenze zu setzen habe [...]« (ebd. 579f.; →Unerforschliches).

Literatur

Engelhardt, Wolf von: Die Entwicklung der geologischen Ideen seit der Goethe-Zeit. In: Abhandlungen der Brauschweigischen Wissenschaftlichen Gesellschaft. 30 (1979), 2–83. – Ders.: Neptunismus und Plutonismus. In : Fortschritte der Mineralogie. 60 (1982), 21–43. – Fischer, Walter: Neptunismus und Vulkanismus. In: Ders.: Gesteins- und Lagerstättenbildung im Wandel der wissenschaftlichen Anschauung. Stuttgart 1961, 14–36 (zum Basaltstreit 20–22). – Hölder, Helmut: Der Streit um den Basalt. In: Ders.: Kurze Geschichte der Geologie und Paläontologie. Berlin, Heidelberg u. a. 1989, 41–46. – Riedel, Gerd-Rainer, Klauß, Jochen und Feiler, Horst: Der Neptunistenstreit. Goethes Suche nach Erkenntnis in Böhmen. Uckerland 2009. – Wagenbreth, Otfried: Geschichte der Geologie in Deutschland. Stuttgart 1999, 36–39. *HO*

Batsch, August Johann Georg Karl (1761–1802)

Der Botaniker, Mediziner und Schriftsteller wirkte nach dem Studium der Medizin und Naturgeschichte an der Universität Jena und der Promotion zum Dr. phil. (1781) von 1782 bis 1783 als Privatdozent für Botanik und Zoologie in Jena. Von 1784 bis 1786 war er Verwalter der Gräflich Reuß-Plauischen Naturaliensammlung in Köstritz.

Nach der Promotion zum Dr. med. bei Justus Christian →Loder im Jahr 1786 wurde Batsch, auch dank der Unterstützung G.s., 1787 außerordentlicher Professor (besonders für Botanik und Chemie) und 1792 (als Prof. der Philosophie) Ordinarius für Naturgeschichte an der Medizinischen Fakultät Jena. In der Empfehlung an den Ministerkollegen Jakob Friedrich von Fritsch beschrieb G. Batsch am 4.2.1786 als »einen bescheidnen iungen Mann, der innerlichen Trieb zu seiner Wissenschaft empfindet und sie im Stillen ohne Aufmunterung immer verfolgt«.

Durch seine Beschäftigung mit Fragen eines natürlichen Systems der Pflanzen – erstmalig dargelegt im frühen zweibändigen *Versuch einer Anleitung zur Kenntnis und Geschichte der Pflanzen* (Halle 1787/1788) – war Batsch im Winter 1785/1786 mit G. ins Gespräch gekommen; die Treffen mit Batsch wurden zu einem festen Bestandteil von G.s Aufenthalten in Jena. Hierbei beriet Batsch G. kenntnisreich in botanischen Fragen, so auch bei den Vorarbeiten zum *Versuch die Metamorphose der Pflanzen zu erklären* (vgl. z. B. G.s Brief an Batsch vom 18.12.1789), worüber sich G. später in der *Geschichte meines botanischen Studiums* (1817) und in *Wirkung dieser Schrift* (1831) äußerte (vgl. FA I, 24, 411 und 754).

Am 14.7.1793 gründete Batsch die →*Naturforschende Gesellschaft zu Jena*, als deren Direktor er G. am 6.8.1793 wegen dessen »großer Liebe zur Natur« die Ehrenmitgliedschaft (»Ehrendiplom«) antrug (vgl. LA II, 9A, 422). Nach Batschs frühem Tod im Jahr 1802 übernahm G. 1804 die Präsidentschaft der *Naturforschenden Gesellschaft*, jedoch wurden fast nur noch deren Sammlungen und die Bibliothek genutzt.

In dem 1794 eröffneten Botanischen Garten in Jena fungierte Batsch, der diesen nach dem natürlichen Pflanzensystem von Antoine Laurent de →Jussieu (1686–1758) eingerichtet hatte, als Direktor. Batschs Pflanzensystem, nach dem zeitweise auch G.s Hausgarten am Frauenplan angelegt war, grenzte sich von dem an den Fortpflanzungsorganen orientierten künstlichen Linnéschen System ab und näherte sich den Gruppierungen Jean-Jacques →Rousseaus an, der wie auch andere französische und Schweizer Botaniker bemüht war, natürliche Familien zu bilden, die in augenfälligen Merkmalen übereinstimmten.

Batschs Ordnungsliebe, seine Hilfsbereitschaft und sein Fleiß wurden von G. hoch geschätzt. Batsch war nicht nur Empfänger von mehr als dreißig G.-Briefen, in G.s Bibliothek befanden sich insgesamt 18 Schriften Batschs meist botanischen bzw. mineralogischen Inhalts (Ruppert 4347–4364), darunter *Analyses florum e diversis plantarum generibus* (Halle 1790), der erste Band der *Beiträge und Entwürfe zur pragmatischen Geschichte der drei Natur-Reiche* (Weimar 1800), *Botanische Bemerkungen* (Halle 1791), *Synopsis universalis analytica generum plantarum* (2 Bde., Jena 1793/1794) und die *Botanischen Unterhaltungen für Naturfreunde [...] über die Verhältnisse der Pflanzenbildung* (2 Bde., Jena 1793).

Literatur
Hansen, Adolph: Goethe und Prof. Batsch in Jena. In: Ders.: Goethes Metamorphose der Pflanzen. Bd. 1. Gießen 1907, 350–366. *EN*

Baumannshöhle s. Elbingerode

Béguelin, Nicolas de (1714–1789)

Der Schweizer Jurist aus Courtelary, Erzieher des Preußenkönigs Friedrich Wilhelm II., Professor der Mathematik in Berlin und Mitglied der dortigen Akademie, veröffentlichte 1769 eine Abhandlung über die farbigen Schatten (*Memoire sur les ombres colorées.* In: Histoire de l'Academie Royale des Sciences et Belles-lettres. Année 1767, 27–40), die G. wiederum 1770 in den *Ephemerides* notierte. Dennoch ist es unsicher, ob G. die Arbeit Béguelins tatsächlich näher kannte, denn im historischen Teil seiner diesbezüglichen Abhandlung *Von den farbigen Schatten* – entstanden wohl im Juli 1793 – zitierte er sie nur indirekt aus J. Priestleys *Geschichte der Optik* (vgl. FA I, 23.2, 99). In einem Brief vom 7.10.1793 wies G. C. →Lichtenberg G. auf Béguelin hin, und G. behauptete in seinem Antwortbrief vom 23.10.1793, diesen zu kennen, aber »nichts besonderes in seinen Erfahrungen, nichts entscheidendes in seiner Meynung« zu finden. In der *Farbenlehre* von 1810 verwies G. im historischen Teil nur zweimal beiläufig auf Béguelin (vgl. FA I, 23.1, 913 u. 943).

In *Über physiologe Farbenerscheinungen* (ZNÜ II, 1, 1823, 20–28) beschrieb C. F. L. →Schultz eine Beobachtung Béguelins über die Illusion, schwarze Schrift auf weißem Papier unter bestimmten Bedingungen rot zu sehen, was als unheilbringendes Blutzeichen gedeutet wurde (vgl. FA I, 25, 806 u. 1391). *WZ*

Beireis, Gottfried Christoph (1730–1809)

Der Bürgermeistersohn aus Mühlhausen absolvierte nach einem Jurastudium in Jena und größeren Reisen 1756 bei Lorenz Heister an der Julia Carolina in Helmstedt ein Medizinstudium. 1759 zum ordentlichen Professor der Physik und 2. Professor der Chemie ernannt, übernahm er 1762 zusätzlich die medizinische, 1768 auch die chirurgische Professur. Als praktischer Arzt in Helmstedt genoss er großes Ansehen, wurde 1767 Hofrat und 1803 Leibarzt des Herzogs von Braunschweig. Besonders seine Kenntnisse in der Chemie verhalfen ihm zu großem Reichtum, der es ihm gestattete, die Rolle des Sonderlings mit Grandezza zu spielen. Seine Sammlungen an Kunstschätzen, Naturalien und technischen Objekten waren im wörtlichen Sinne legendär; so gab er sich den Anschein, den Stein der Weisen zu besitzen, und wies ausgewählten Besuchern einen gänseeigroßen Diamanten vor, den G. jedoch nur als Bergkristall gelten lassen mochte.

G. suchte Beireis vom 17.–20.8.1805 in Helmstedt auf und ließ sich seine Schätze vorführen. In den *Tag- und Jahres-Heften* schildert er die Begegnungen mit dem wunderlichen Mann nicht ohne Bewunderung für dessen erfolgreiches gesellschaftliches Auftreten. Die liederliche Bewahrung der Kabinette, insbesondere der Bildersammlung und der drei ruinösen Automaten des französischen Mechanikers Jacques Vaucanson, die Beireis für 3000 Gulden erworben hatte, erregte sein Missfallen. Das Naturalienkabinett fand er in verwahrlostem Zustand vor. Achtung zollte er dem numismatischen Wissen des Polyhistors; den zahlreichen Anekdoten und geheimnisvollen Anspielungen des »Zauberers« begegnete er mit amüsierter Skepsis. Beireis erscheint als Vertreter einer überholten Auffassung von Wissenschaft und Naturgeschichte, die sich in der Anschauung von Kuriositäten erschöpft.

Literatur

Heister, Carl von: Nachrichten von Gottfried Christoph Beireis, Professor zu Helmstedt von 1759 bis 1809. Berlin 1860. *LEU*

Berends, Karl August Wilhelm (1754–1826)

Den in Frankfurt/Oder, Breslau und Berlin tätigen Professor der Medizin traf G. 1818 und 1819 in Karlsbad. Während für 1818 nur eine Tagebucherwähnung vom 11.9. vorliegt, sind zwischen dem 30.8. und 24.9.1819 zahlreiche gegenseitige Besuche und Gedankenaustausche belegt. G. schätzte Berends offenbar als Gesprächspartner, konkrete medizinische Maßnahmen sind von ihm vermutlich nicht durchgeführt worden. *WZ*

Bergbau

Der Bergbau gehörte lange Zeit zu den wichtigsten Erwerbszweigen im mittleren Deutschland. Schon in prähistorischer Zeit wurden hier Erze prospektiert, abgebaut und verhüttet. Im →Harz und im Erzgebirge existierte ab dem Mittelalter eine ununterbrochene Tradition der Erzgewinnung mittels Stollen und Schächten. Das reich illustrierte Werk *De re metallica* (1577) von Georg Bauer, genannt →Agricola, markiert einen Höhepunkt in den Geowissenschaften der Renaissance. Die Bergbau- und Hüttentechnik war innovativ, und die Probleme der Prospektion förderten die Erforschung der geologischen Verhältnisse in den potenziellen Abbaugebieten. Vom Ende des 17. bis zur Mitte des 19. Jh.s nahm Mitteldeutschland deshalb eine führende Rolle in der geologischen Forschung ein. Hier entstanden auch die ersten veröffentlichten Querschnitte von ganzen Landstrichen in der Geschichte der Geologie (→Profil, geologisches). Die relativ ungestörten Schichtungen der perm- und triaszeitlichen Gesteine erleichterten stratigraphische Untersuchungen. A. G. →Werners neptunistische Theorie, die fast alle Gesteine als Ablagerungen eines →Urozeans deutete, konnte sich auf dieses gleichsam vor der Tür liegende Anschauungsmaterial stützen. Werners Tätigkeit an der 1765 gegründeten Bergakademie von →Freiberg in Sachsen prägte eine ganze Generation von Geologen und Montanwissenschaftlern. Aber auch die seit 1775 bestehende Bergakademie von →Clausthal sollte schnell wissenschaftliche Bedeutung erlangen.

Für G. bot der Bergbau den Anstoß zur wissenschaftlichen Beschäftigung mit Gesteinen und →Mineralien, aber auch eine Quelle für die Bildlichkeit seiner Sprache. So schrieb er etwa in Bezug auf →Spinoza: »Ich will nur sehn wie weit ich dem Menschen in seinen Schachten und Erzgängen nachkomme« (an Ludwig Julius Friedrich Höpfner, 7.5.1773). Früheste Erfahrungen mit dem Bergbau hatte G. aber in einem Kohlerevier gewonnen: Im Sommer 1770 besichtigte er im Saarland Anlagen des Hüttenwesens und besuchte den »Brennenden Berg« bei →Dudweiler. Auch in der Nähe von Weimar, wo G. ab dem 7.11.1775 lebte, wurde Steinkohle abgebaut; im Mai 1776 suchte er bei seinem ersten Aufenthalt in →Ilmenau die Gruben von Manebach und Kammerberg auf. Der Bergbau auf Silber und Kupfer, der in Ilmenau über Jahrhunderte betrieben worden war, ruhte seit einem Wassereinbruch im Jahre 1739. Als Mitglied und ab 1780 Leiter der 1777 gegründeten Bergwerkskommission übernahm G. die Aufgabe, das Bergwerk wieder zu eröffnen. Er erwarb sich Kenntnisse in Bergbautechnik und Mineralogie und fand dadurch immer mehr Interesse an geologischen Fragestellungen.

Als Vorbereitung für seine Tätigkeit in Ilmenau reiste G. im Spätherbst 1777 erstmals in den →Harz. Die Bunterzvorkommen im Harz gehörten zu den ergiebigsten der Welt, doch sind sie geologisch anders entstanden als das Ilmenauer Kupferschieferflöz (→Flöz), das am Nord- und Südrand des Thüringer Beckens zu Tage tritt. Bei den technischen Anlagen zur Wasserführung und zur Verhüttung konnte G. aber wertvolle Anschauungen gewinnen. Auf seiner ersten Harzreise besuchte er den Rammelsberg bei →Goslar und hielt sich länger in Clausthal auf, wo er mit F. W. H. v. →Trebra mehrere Gruben befuhr. Literarische Anspielungen auf den Bergbau finden sich im Theater-Dialog zwischen Bergmann und Bauer in *Wilhelm Meisters Lehrjahren* (II, 4) und in einzelnen Gedichten G.s. Doch aus wissenschaftlicher Sicht fand er, dass »die poetisch-figürliche, an sich sehr lebhafte und interessante Bergmannssprache« für Verwirrung in der Terminologie sorge, wie er am 27.12.1780 an Herzog →Ernst II. von Sachsen-Gotha schrieb. Zwei weitere Harzreisen in den Jahren 1783 und 1784 waren hauptsächlich von geologischen Interessen geleitet. G. fand mittlerweile »das bischen Metallische, das den mühseligen Menschen in die Tiefen hineinlockt, immer das Geringste« (an →Merck, 11.10.1780).

Nach langwieriger Vorbereitung konnten im Februar 1784 in Ilmenau die Schachtarbeiten aufgenommen werden; sie wurden aber ständig von eindringenden Grubenwässern bedroht. In den Jahren des Wartens auf das Erreichen des über 200 m tief liegenden Kupferschieferflözes konnte G. wiederum Beispiele für erfolgreiche Bergbauunternehmen kennen lernen. So besuchte er 1785 auf der Hinfahrt nach →Karlsbad das Zinnwerk auf dem Seeberg im →Fichtelgebirge; auf der Rückreise sah er sich in den erzgebirgischen Bergbauorten Joachimsthal, Johanngeorgenstadt und Schneeberg um. Die Kobaltgruben von Schneeberg konnte er jedoch erst im folgenden Jahr, am 14.8.1786 befahren, da es dazu einer Bewilligung der sächsischen Behörden bedurfte.

Während G.s Aufenthalt in →Italien 1786 bis 1788 leitete sein Amtskollege Chr. G. →Voigt die Arbeiten in Ilmenau; G. nahm jedoch über den Briefverkehr weiterhin Anteil am Unternehmen und blieb Mitglied der Bergwerkskommission. Im Sommer und Herbst 1790 führte ihn eine politisch motivierte Exkursion im Gefolge von Carl August nach →Schlesien. Dort besuchte er mit dem Herzog Anfang September das aufstrebende oberschlesische Bergbaugebiet von →Tarnowitz. Hier sahen sie eine englische Dampfmaschine, die zur Entwässerung der Stollen im Einsatz war, und G. fand sich angesichts des auch an diesem Ort Probleme verursachenden Grubenwassers »über Ilmenau getröstet« (an Chr. G. Voigt, 12.9.1790). Das Pochen und Schlämmen des Gesteins, das G. hier beobachtete, wollte er auch in Ilmenau einführen. Im polnischen Wieliczka wurde das berühmte Salzbergwerk besichtigt, dessen riesige Kavernen schon damals touristisch genutzt wurden. Der Steinkohlebergbau im schlesischen Waldenburg, den G. auf der Rückreise nach Weimar besuchte, informierte ihn über das Verfahren des Verkoksens (vgl. LA II, 7, 197–199, M 102c).

Die großen Hoffnungen, die man auf den Bergbau in Ilmenau gesetzt hatte, erfüllten sich nicht. Trotz gewaltigem finanziellem und technischem Aufwand scheiterte das Unternehmen. Als 1792 der erste Kupferschiefer gewonnen wurde, erwies sich das Flöz als beinahe erzleer. Mitten im Vortrieb auf die erhofften ergiebigeren Bereiche des Flözes ereignete sich im Oktober 1796 ein Stollenbruch, der zu einem Rückstau der Abwässer im Martinrodaer Stollen und zur Überflutung des Hauptschachtes führte. Der Bergbau musste eingestellt werden und wurde auch nach den zwei Jahre dauernden Räumungsarbeiten nicht wieder aufgenommen, weil die Finanzen fehlten. Für G. war der Misserfolg von Ilmenau eine Erfahrung, die er lange nicht verschmerzen konnte.

Erst ab dem Sommer 1810 zeigte G. wieder Interesse am Bergbau. Er schrieb damals an den geologischen Kapiteln von *Wilhelm Meisters Wanderjahren* (I, 3 und 4), wo mit der Figur des Jarno-Montan ein Gesteinskundiger erscheint, dem G. eigene Züge verliehen hat. Die in diesem Jahrzehnt unternommenen Besuche von Bergwerken standen jeweils im Zusammenhang mit G.s sommerlichen Kuraufenthalten. So wählte er im September 1810 für die Rückreise von Karlsbad den Weg über →Freiberg, wo er mit F. W. H. v. →Trebra die Grube »Beschert Glück«, die Pochwerke und das Amalgamierwerk besichtigte. Im folgenden Jahr besuchte G. am 21.6.1811 die Zinnbergwerke von Schlaggenwald südwestlich von Karlsbad, was sein Interesse am Vorkommen dieses Metalls verstärkte. Schon 1785 hatte er dort Erzstufen gekauft. Auskünfte über die damals bedeutendsten Zinnlagerstätten der Region, die Bergwerke von Zinnwald und Altenberg im Erzgebirge, erhielt G. 1812 in Karlsbad vom Freiberger Kommissionsrat Busse. Die Kursaison 1813 verbrachte G. in →Teplitz; von dort aus erkundete er im April und Mai die Zinnbergwerke bei Graupen, die Silberbergwerke Klostergrab und Niklasberg sowie zwei Kohlengruben. Wie die Aufzeichnungen von der *Braunkohlengrube bei Dux* dokumentieren, konnte G. dabei einen Erdbrand beobachten. Vom 9. bis 11.7.1813 reiste G. schließlich von Karlsbad aus ins Erzgebirge, um die dortigen Zinnbergwerke selbst in Augenschein zu nehmen. Von seinen Beobachtungen zeugt der Aufsatz *Ausflug nach Zinnwalde und Altenberg*, den er 1820 in den Heften *Zur Naturwissenschaft über-*

Der Bruch im Martinrodaer Stollen des Ilmenauer Bergwerks; Zeichnung von Goethe (1796)

haupt veröffentlichte. Für G. waren die von ihm an mehreren Orten aufgesuchten Zinnlagerstätten Anlass, die Existenz einer →»Zinnformation« anzunehmen, die sich nach der Granitepoche mit dem Verschwinden des Feldspats ausdifferenziert haben sollte. Ein Aufsatz zur *Zinnformation* blieb jedoch Entwurf.

Auch von Wiesbaden aus, wo G. den Sommer 1815 verbrachte, besuchte er Bergwerksanlagen. Auf einer Reise durch das Lahntal besichtigte er im Juli die Grube Holzappel, wo Blei, Silber, Kupfer und Zink gewonnen wurde. Dabei sammelte er im Abraum einer Halde bei Obernhof mehrere von Quarzgängen durchzogene Tonschieferplatten, die er für die →Ganglehre bedeutend fand.

Im August 1818 begab sich der fast 69jährige G., wiederum von Karlsbad aus, erneut zur Zinnlagerstätte Schlaggenwald. Dabei widmete er sich vornehmlich den Mineralien, die ihm der dortige Bergmeister Anton Beschorner vorwies. Ab 1823 verfolgte G. mit großem Interesse die Bohrungen auf Steinsalz, die der Salinist K. Ch. F. →Glenck u. a. in →Stotternheim bei Erfurt durchführen ließ. Die neue Technik ergab mit relativ wenig Aufwand geologische Informationen über die Beschaffenheit der Gesteinsschichten bis in 400 m Tiefe. Die Berichte von F. →Soret, der 1829 den Harz und 1830 das Erzgebirge besuchte, erinnerten den alten G. an seine eigenen Reisen in diese Bergbaugebiete.

Nachdem er Ilmenau lange gemieden hatte, kam G. in den letzten Jahren seines Lebens wieder mit Bergprodukten aus der Gegend in Berührung. Im Abraum der Steinkohlenwerke von Manebach und Kammerberg fand der Ilmenauer Rentamtmann J. H. Ch. →Mahr fossile Pflanzenreste (→Fossilien), die G. mit größtem Interesse aufnahm.

Vgl. auch den Artikel in GHB. 4.1, 104–107.

Literatur

Biedermann, Woldemar von: Goethe und das sächsische Erzgebürge. Stuttgart 1877. – Boehm, Albert: Goethe und der Bergbau. In: Zs. für das Berg-, Hütten- und Salinenwesen im Preußischen Staate. 79 (1931), B 507-B 555. – Ders.: Der Anteil des Bergbaus an Goethes naturwissenschaftlicher Forschungsarbeit. In: Zs. für das Berg-, Hütten- und Salinenwesen im Preußischen Staate. 80 (1932), B 257-B 270. – Cologne, Paul: Goethe und der Bergbau. In: Germanica. 16 (1995), 41–58. – Dürler, Josef: Die Bedeutung des Bergbaus bei Goethe und in der deutschen Romantik. Frauenfeld, Leipzig 1936.

WY

Bergman, Torbern Olof (1735–1784)

Der schwedische Chemiker und Physiker, ein Schüler C. v. →Linnés, Dozent für Physik (1758), außerordentlicher Professor für Mathematik (1761), schließlich Professor für Chemie (1767) an der Universität Uppsala, ist in der Geschichte der →Chemie vor allem durch seine analytischen Untersuchungen, die darauf aufbauende Klassifizierung von →Mineralien und Arbeiten über chemische Affinität hervorgetreten.

Zu Letzteren gehörte die *Disquisitio de attractionibus electivis*, in der Bergman 1775 (in erweiterter Version 1783), den Begriff prägte, der in C. E. Weigels Übersetzung von Bergmans *Vorrede zu H. T. Scheffers chemischen Vorlesungen* (1779) als ›Wahlverwandtschaften‹ erschien und so auch in der deutschen Übersetzung der *Disquisitio* durch H. Tabor innerhalb von Bergmans *Kleinen physischen und chymischen Werken* (Bd. 3, 1785) verwendet wurde. G. wurden Bergmans Erkenntnisse über die Anziehungskräfte im Rahmen der chemischen Affinitätslehre vor allem durch den Jenaer Chemiker J. F. A. →Göttling vermittelt, dessen *Versuch einer physischen Chemie für Jugendlehrer beym Unterricht* G. 1792 gleich nach Erscheinen erwarb (vgl. Ruppert 4613) und studierte, so dass er in seinen Notizen *Versuche mit der Berlinerblau-Lauge und den Metallkalken* vom Oktober 1793 das Schema einer doppelten Wahlverwandschaft verwendete, das »Bergmans Schema fast genau folgt« (Adler 1987, 77).

Im Gespräch mit →Riemer vom 14.7.1809 bezeichnete G. die »Wahlverwandtschaft vom großen Bergmann erfunden und gebraucht« als Beispiel für die »sittlichen Symbole in den Naturwissenschaften«. Sie »lassen sich eher mit Poesie, ja mit Sozietät verbinden als alle übrigen« (Riemer 308), womit G. auf die Titelgebung seines im Oktober dieses Jahres erschienenen Romans *Die Wahlverwandtschaften* deutete (→Wahlverwandtschaft).

In seinem geologischen Aufsatz *Karl Wilhelm Nose* erwähnte G. Bergman als einen Befürworter der neptunistischen Entstehungstheorie der Basalte (vgl. FA I, 25, 573; dazu Bergmans Aufsatz *Producta ignis subterranei*. In: Nova Acta Regiae Societatis scientiarum Upsaliensis 3, 1777). Bemerkenswert ist im Übrigen, dass Bergmans Werk *Physikalische Beschreibung der Erdkugel* (in der Übersetzung von L. H. Röhl, Greifswald 1769) dem von G. wegen seiner neptunistischen Vorstellungen verehrten A. G. →Werner eine wesentliche Grundlage lieferte.

Literatur

Adler, Jeremy: »Eine fast magische Anziehungskraft«. Goethes ›Wahlverwandtschaften‹ und die Chemie seiner Zeit. München 1987.

WZ

Bergwerkskommission s. Bergbau

Bertuch, Friedrich Johann Justin (1747–1822)

Der vorliegende Artikel über den Verleger, Verlagsbuchhändler, Schriftsteller, Übersetzer, Herausgeber und Großindustriellen – eine der zentralen Figuren im klassischen Weimar – ergänzt die ausführliche Darstellung in GHB. 4.1, 109–112 (dort weitere Literatur) lediglich um einige für G.s Naturforschung relevante Aspekte.

1774 legte Bertuch den Entwurf für eine Zeichenschule (»Zeichen Akademie«) in Weimar vor, die 1776 von Herzog Carl August als »Fürstliche freye Zeichenschule« gegründet und von Georg Melchior →Kraus geleitet wurde. Dort hielt G. im Winter 1781/1782 osteologische Vorträge über vergleichende Anatomie für Künstler; vgl. an Lavater, 14.11.1781: »Auf unserer Zeichenakademie habe ich mir diesen Winter vorgenommen mit den Lehrern und Schülern den Knochenbau des menschlichen Körpers durchzugehen [...]. Zugleich behandle ich die Knochen als einen Text, woran sich alles Leben und alles menschliche anhängen läßt [...]«.

G.s *Ankündigung eines Werks über die Farben* erschien im September 1791 im *Intelligenzblatt* (Nr. 9) des von Bertuch 1786 gegründeten *Journals des Luxus und der Moden*, das zur erfolgreichsten zeitgenössischen Modezeitschrift avancierte. Die mit der *Ankündigung* bezeichneten ersten beiden Stücke der *Beyträge zur Optik* (1791/1792, mehr nicht erschienen) konnten dann bereits im Verlag des Industrie-Comptoirs (ab 1802: Landes-Industrie Comptoir) publiziert werden, das die Landesindustrie fördern, Arbeiter ausbilden und den Wohlstand steigern sollte. Dafür hatte Bertuch 1791 das fürstliche Privileg erhalten.

Neben seinen vielfältigen unternehmerischen Aktivitäten fand Bertuch Zeit für die Beschäftigung mit der Naturgeschichte, insbesondere der Botanik. Seine *Tafeln der allgemeinen Naturgeschichte nach ihren drey Reichen [...]. Mineral-Reich, Gewächs-Reich, Tier-Reich* (Weimar 1801) befanden sich in G.s Bibliothek (Ruppert 4383). Von 1784 bis 1800 fungierte Bertuch als Verwalter des herzoglichen Parks.

Die von Bertuch 1785 gegründete *Allgemeine Literatur-Zeitung (ALZ)*, deren Übersiedlung nach Halle im Jahr 1803 die Beziehung zu G. merklich abkühlen ließ und zur Gründung der *Jenaischen Allgemeinen-Literatur Zeitung (JALZ)* führte, war stets auch ein Forum für die zeitgenössischen Naturwissenschaften. Als G. Bertuch am 13.5.1803 eine Rezension zur Einleitung der Vorlesungen des neu nach Jena berufenen Botanikers Franz Joseph →Schelvers ankündigte, lehnte Bertuch diese mit dem Hinweis auf Unparteilichkeit der ALZ ab (vgl. LA II, 9B, 209).

Erst durch naturwissenschaftliche Themen kam es wieder zu einer Annäherung, zunächst 1813, als Bertuch G.s Karte *Höhen der alten und neuen Welt bildlich verglichen* (vgl. Farbtafel S. 817) in seiner auch von G. gelesenen (vgl. z.B. Tgb, 29.3.1807) Zeitschrift *Geographische Ephemeriden* (Bd. 41) und als Einzeldruck publizierte (→Höhenkarte, vergleichende).

Ein weiteres wichtiges Projekt, das vom Landes-Industrie-Comptoir betreut wurde, war die Zeitschrift und Kartensammlung *Teutschland, geognostisch-geologisch dargestellt von Chr. Keferstein*, von der zwischen 1821 und 1831 trotz mangelnden Absatzes insgesamt sieben Bände mit jeweils zwei (Bd. 2 u. 7) oder drei Heften erschienen (→Keferstein, Christian). G. hatte Vorschläge für die Farbgestaltung der Karten unterbreitet und damit richtungsweisend gewirkt (vgl. Schäfer-Weiss und Versemann 2005). Die Verhandlungen und Korrespondenzen zu diesem Thema wurden vor allem zwischen Dezember 1820 und März 1821 zwischen G. und Bertuchs Schwiegersohn Ludwig Friedrich von →Froriep geführt, der 1818 die Leitung des Comptoirs übernommen hatte.

Dagegen tauschte sich G. mit Bertuch persönlich aus, als es 1820 um den Druck des *Hortus Belvedereanus Oder Verzeichnis der bestimmten Pflanzen, welche in dem Groß-Herzoglichen Garten zu Belvedere, bei Weimar, bisher gezogen worden* ging (Ruppert 4254a). G. sollte als Vertreter der Oberaufsicht die Publikation im Landes-Industrie-Comptoir überwachen, die 1820 und 1821 in zwei Lieferungen erfolgte. Aus Zeitgründen kam eine geplante Vorrede G.s nicht zustande, die schließlich durch den Aufsatz *Schema zu einem Aufsatze die Pflanzenkultur im Großherzogtum Weimar darzustellen*, erschienen in den Heften *Zur Morphologie* (I, 4, 1822, 320–328), ersetzt wurde.

Literatur

Macher, Heinrich: Goethe und Bertuch, der Dichter und der homo oeconomicus im klassischen Weimar. In: Kaiser, Gerhard R. und Seifert, Siegfried (Hg.): Friedrich Justin Bertuch (1747–1822). Verleger, Schriftsteller und Unternehmer im klassischen Weimar. Tübingen 2000, 55–77. – Middel, Katharina: »Die Bertuchs müssen doch in dieser Welt überall Glück haben«. Der Verleger Friedrich Justin Bertuch und sein Landes-Industrie-Comptoir um 1800. Leipzig 2002. – Schäfer-Weiss, Dorothea und Versemann, Jens: The influence of Goethe's *Farbenlehre* on early geological map colouring. Goethe's contribution to Christian Keferstein's *General Charte von Teutschland* (1821) In: Imago mundi. 57 (2005) 164–184.

EN

Berzelius, Jöns Jacob (1779–1848)

Bereits am 19.3.1816 vermerkte G. in seinem Tagebuch: »Berzelius über die verschiedenen Mineral Systeme« (s. u.). Dem »tüchtigsten und heitersten Chemiker« (an Knebel, 23.8.1822) aus dem schwedischen Stockholm begegnete G. persönlich erst im Sommer 1822 in →Eger. Mit Berzelius, →Pohl, Graf von →Sternberg und →Grüner besuchte er am 30.7.1822 den nahegelegenen →Kammerberg, den Berzelius als einen mit den Bildungen in der Auvergne vergleichbaren Vulkan erkannte und G. durch das Abschlagen eines dort vorgefundenen Olivin dessen vulkanischen Charakter demonstrierte. Nach Berzelius' Bericht war G. von dem Fund entzückt und »machte Sternberg den Vorschlag, einen Durchstich des Vulkans der Tiefe nach vorzunehmen« (GG 3.1, 393f.).

Die gemeinsame Exkursion mit Berzelius hat G. in seinem Aufsatz *Kammer-Bühl* (erschienen 1823 in ZNÜ II, 1) als Anlass zu einer erneuten Untersuchung des Kammerbergs hervorgehoben. In einer Notiz drückte er jedoch seine Zweifel an Berzelius' Deutung des Kammerberges aus (vgl. LA II, 8B.1, 43, M 23).

Die Begegnungen am 30. und 31.7.1822 in Eger, bei denen G. die von ihm zusammengetragenen Mineralien vorzeigte, fanden im Tagebuch Niederschlag: »Berzelius, von einförmiger Krystall-Gestalt, bey gleicher quantitativer Verbindung verschiedner Salze mit Wasser«. – »Nachher Löthrohr Versuche durch Berzelius«, die G. besonders beeindruckten. Berzelius berichtete darüber: »Goethe war von der genauen Auskunft, die das Instrument gab, so eingenommen, daß ich eine Menge der von ihm gesammelten Sachen mit dem Lötrohr prüfen mußte [...] und noch am andern Morgen, vor der Abreise, mußte ich ihm einige Mineralien untersuchen« (GG 3.1, 394).

Über die lehrreiche Begegnung mit Berzelius hat G. in vielen seiner Briefe aus dem Jahre 1822 (an Carl August und Luise, 1.8., an A. v. Goethe, 2.8., an Knebel, 23.8., an Schultz, 5.9., an E. Meyer, 10.9.) berichtet.

Im Oktober 1822 sandte Berzelius G. »une couple d'échantillons de mine d'étain de Suède« (LA II, 8B.1, 290). Am 3.1.1823 bat G. ihn um Zusendung von Titan-Mineralien, die in seiner Sammlung fehlten.

Am 24.12.1822 erhielt G. von der Hoffmannschen Buchhandlung Berzelius' Schrift *Neues System der Mineralogie* (in der Übersetzung von Gmelin und Pfaff; Nürnberg 1816; Ruppert 4384), die er aus eigenem Interesse angeschafft hat. »Die chemisch-oryktognostischen Ansichten« machte er sich »durch persönliche Bekanntschaft des Herrn Berzelius [...] theilnehmender zu eigen« (an Leonhard, 6.1.1823).

Im August 1823 veranlasste Berzelius die Zusendung seiner *Untersuchung der Mineral-Wasser von Karlsbad, von Teplitz und Königswart* (Leipzig 1823; vgl. Ruppert 5311).

Am 20.8.1828 besuchte Berzelius G. zusammen mit den Chemikern E. Mitscherlich und H. Rose in Dornburg; vermutlich hat er an diesem Tag auch von der Entdeckung der Harnstoffsynthese durch seinen Schüler F. Wöhler berichtet (→Harnstoffsynthese). In seiner Autobiographie bemerkte Berzelius, G. habe ihn in Dornburg in einer Weise empfangen, als ob er die erste Begegnung in Eger vergessen habe.

Literatur

Kahlbaum, Georg: Goethe und Berzelius in Karlsbad [sic]. In: Janus. 8 (1903), 86f., 251–254. – Köbke, P.: Aus Jacob Berzelius: Själfbiografiska anteckningar. In: GJb. (1911), 31–33. – Schiff, Julius: Eine Begegnung zwischen Goethe und Berzelius. In: Schlesische Gesellschaft für Vaterländische Cultur, Abt. 2: Naturwissenschaften. 86 (1908), 50–53. – Schwedt, Georg: Goethe als Chemiker, Heidelberg und New York 1998, 169–176. *HO*

Biber

Der Biber (Castor fiber), innerhalb der höheren Säugetiere (Mammalia) zur Ordnung der Nagetiere (Rodentia) gehörend, tritt als Figur in *Reineke Fuchs* auf, vor allem aber diente er in G.s naturwissenschaftlichen Betrachtungen als Gegenstand physiognomischer, morphologischer und vergleichender osteologischer Untersuchungen, so bei der vergleichenden Untersuchung der Extremitätenknochen, wo G. →Gestalt und Funktion miteinander in Beziehung setzte: »Getrennt [...] sind Ulna [Elle] und Radius [Speiche] noch bei verschiedenen Tieren, beim Schwein, Biber, Marder, allein sie liegen doch fest auf einander und scheinen durch Ligamente, ja manchmal durch Verzahnung an und in einander gefügt zu sein, daß man sie fast für unbeweglich halten möchte« (*Vergleichende Knochenlehre*; FA I, 24, 627). »Beim Biber, der durchaus ein eigen Geschöpf ausmacht, entfernen sich Tibia [Schienbein] und Fibula [Wadenbein] in der Mitte und bilden eine ovale Öffnung, unten verwachsen sie« (ebd. 628). Bereits in seinem *Naturgeschichtlichen Beitrag zu Lavaters Physiognomischen Fragmenten* von 1776 hatte G. den Biber als Vertreter der Nager, »der gierigen Tiere ohne Grausamkeit« charakterisiert: »sie sind fähig, das angepackte Leblose sich kräftig schmecken zu lassen; aber nichts Widerstehendes, Lebendiges, gewaltig zu fassen und zu verderben« (ebd. 13).

Das Skelett eines Bibers befand sich im osteologisch-zoologischen Museum in Jena, das aus der

1700 eingerichteten und 1781 nach Jena transferierten Weimarischen Kunstkammer hervorgegangen war. Es verdankt sich der Vermittlung Carl Franz Anton von Schreibers, dem Direktor der Naturwissenschaftlichen Museen in Wien, mit dem Großherzog →Carl August seit 1815 in Kontakt stand (vgl. FA I, 24, 484; LA II, 10A, 809 f.). *EN*

Bignonia radicans (Klettertrompete)

In seinem Aufsatz *Der Verfasser teilt die Geschichte seiner botanischen Studien mit* (1831) erinnerte sich G. auch an den Besuch des Botanischen Gartens in →Padua (26./27.9.1786), »wo mir eine hohe und breite Mauer mit feuerroten Glocken der Bignonia radicans zauberisch entgegen leuchtete« (FA I, 24, 747). In der *Italienischen Reise*, in der G. mit dem Botanischen Garten in Padua »den Gedanken« verband, »daß man sich alle Pflanzengestalten vielleicht aus Einer entwickeln könne« (FA I, 15.1., 65), wird die Bignonia nicht erwähnt. Die zu den Bignoniaceen gehörende, aus Nordamerika stammende Pflanze – zu G.s Zeit auch Tecoma grandiflora genannt – heißt heute Campsis radicans oder Campsis grandiflora und fällt durch ihre leuchtend roten oder rotgelben trompetenförmigen Blüten und gefiederte Blätter auf.

Auch in →Dornburg, wohin sich G. nach dem Tod →Carl Augusts in den Sommermonaten 1828 zurückzog, wuchs eine markante Bignonia, die der Großherzog an der Schlossmauer hatte pflanzen lassen und die G. nun an den Verstorbenen erinnerte. Zwischen dem 26.8. (Konzept) und 3.9.1828 (Korrektur) entstand ein kleiner Aufsatz zur Bignonia radicans (FA I, 24, 692–695; Entstehungszeugnisse in EGW 1, 277 f.), in dem G. eingangs auf den Eindruck hinwies, den die Bignonia bereits in Padua auf ihn gemacht hatte, so »daß ich dieser Pflanze besonders gewogen blieb« und sie »auch im eigenen Garten immer mit besonderer Aufmerksamkeit betrachtete« (FA I, 24, 692). G. interessierten insbesondere die Haftwurzeln, gehemmte Erdwurzeln von einfacher Struktur, die in rankendem Zustand in großer Zahl an der Pflanze angelegt werden. *ZA*

Bildung/Bildungstrieb

Den zentralen Begriff der »Bildung« verwendete G. in verschiedenen Zusammenhängen, das *Goethe-Wörterbuch* (Bd. 2, Sp. 698–711) zählt etwa 900 Belege, wovon zwei Drittel dem pädagogischen Themenkreis zuzuordnen sind. »Bildung« beinhaltet neben der übertragenen Bedeutung der Formung, Gestaltung und Aus-Bildung gemäß des klassischen Humanitätsideals bei G. die →Gestalt im Sinne eines sich Entwickelnden (Hervorbringenden, Erzeugenden). Diesem dynamischen, prozessualen Inhalt steht der statische, resultative Begriff der Bildung im physiognomischen Sinn als der vorhandenen äußeren Gestalt oder Form (Wuchs, Gesichtszüge) gegenüber: »Daher unsere Sprache das Wort Bildung sowohl von dem Hervorgebrachten, als von dem Hervorgebrachtwerdenden gehörig genug zu gebrauchen pflegt« (FA I, 24, 392; *Die Absicht eingeleitet;* Einleitung zur Morphologie, 1807).

Der Gebrauch im naturwissenschaftlichen Kontext – im Sinne von Gestaltung oder Gestaltwerdung – setzt bereits mit G.s Mitarbeit an →Lavaters *Physiognomischen Fragmenten* 1776 ein, findet sich gelegentlich in den 1780er und 1790er Jahren in den botanischen und anatomischen Arbeiten und wird schließlich in markanter Weise an den 1796 erstmals verwendeten Morphologie-Begriff geknüpft. In der um 1798 entstandenen *Betrachtung über Morphologie* definierte G.: »Die Morphologie soll die Lehre von der Gestalt der Bildung und Umbildung der organischen Körper enthalten« (ebd. 365). Im *Vorwort* zum ersten Heft *Zur Naturwissenschaft überhaupt* (1817) verwies G. darauf, dass die parallele Reihe *Zur Morphologie* »die auf Bildung und Umbildung organischer Naturen sich beziehenden älteren Papiere« (FA I, 25, 661) berücksichtigen solle. »Bildung« wurde damit Umschreibung von ständig sich ändernden Gestalten.

Auch in geologischen Texten ist der Begriff nachzuweisen: »Kristallbildungen« (ebd. 630), »die Natur in ihren Bildungen« (ebd. 644).

Der von Johann Friedrich →Blumenbach 1780 geprägte Begriff »Bildungstrieb« (nisus formativus) bezeichnete ein in der Bildung organischer Stoffe und Formen zutage tretendes Wirkungsprinzip. Nach Blumenbach war dies eine allen lebenden Organismen innewohnende »Lebenskraft«, welche die Prozesse der »Generation, Nutrition und Reproduction« steuere, aber insbesondere im Zeugungsprozess wirksam sei. Fortpflanzung, Ernährung und Regenerationsfähigkeit sollten Modifikationen derselben Kraft sein, die nur durch ihr Ergebnis sichtbar werde, deren Wirkungsmechanismus aber im Dunkeln läge (qualitas occulta). Mit seiner Annahme, der Bildungstrieb wirke auf den ungeformten rohen Zeugungsstoff, den er organisiere und forme, vertrat Blumenbach wie vor ihm Caspar Friedrich →Wolff eine epigenetisch ausgerichtete Zeugungstheorie, fasste aber die von ihm angenommene Bildungskraft weiter als Wolffs »vis essentialis« und erweiterte sie durch die Eingliederung der Regenerationsfähigkeit zu einem Prinzip, das »lebenslang thätig« sei. Bei normaler Entwicklung liegen Richtung und Ziel des Bildungstriebes fest, nur quantitative Abweichungen wie Länge und Größe eines Merkmals, nie aber qualitative Änderungen seien möglich. Damit kann sich der Bildungstrieb nur gemäß der einer Gattung innewohnenden Möglichkeiten entfalten. Störungen der Entwicklungsrichtung sind nach dieser Theorie möglich, sie machen sich als Fehl- oder Missbildung bemerkbar.

In der neueren Forschung ist darauf hingewiesen worden, dass es keine →Epigenese ohne →Präformation geben könne: Das gattungsgemäß Mögliche müsse in der Materie vorgegeben, präformiert sein; dem Bildungstrieb müsse ein richtunggebendes Prinzip, ein Präexistierendes im Sinne eines Programms, innewohnen. Der Trieb strebt zu einem Ziel, das qualitativ relativ bestimmt, quantitativ aber relativ variabel ist. Er ist somit arterhaltend, konservativ und bezüglich der Gattung präformiert. Unentschieden bleibt, inwieweit der Begriff gemäß seiner Bezeichnung als zielgerichtete bildende Kraft ein teleologisches Prinzip im Sinne der aristotelischen Zweckursache beinhaltet.

Blumenbachs Schrift *Über den Bildungstrieb und das Zeugungsgeschäfte* (Göttingen 1781) nahm in der Diskussion um die Generation und die Vererbung der Individuen und der Arten eine Schlüsselposition ein. Für die Kontroverse Präformation versus Epigenese (→Evolution) bedeutete ihr Erscheinen einen Wendepunkt hin zur epigenetischen Theorie, die damit ihren endgültigen Durchbruch erzielte.

Parallel zu Blumenbach, aber offenbar ohne Kenntnis seiner Schrift entwickelte Johann Gottfried →Herder 1785 im 2. Teil der *Ideen zur Philosophie der Geschichte der Menschheit* (7. Buch) eine Entwicklungsgeschichte der natürlichen Arten, wobei er eine »eingeborne, genetische Lebenskraft« voraussetzte, die das entstehende Lebewesen bilde und ausforme und ebenfalls lebenslang »erhaltend, belebend, nährend« wirke. Philosophisch und literarisch wurde der Begriff von Wilhelm von →Humboldt (*Bildung des Menschen*, 1793) und August Ludwig von Hülsen (*Ueber den Bildungs-Trieb*, 1798) aufgegriffen, im Sinne einer schöpferisch-poetischen Kraft verwendete ihn Friedrich Hölderlin.

1820 (in Morph I, 2) würdigte G., mit Berufung auf →Kant, die Bedeutung der Blumenbachschen Wortbildung mit seinem am 17.9.1817 entstandenen Aufsatz *Bildungstrieb*. Wie Blumenbach bevorzugte G. die Bezeichnung »Trieb« statt »Kraft« (vis) für das bildende Prinzip: »Das Wort Kraft bezeichnet zunächst etwas nur Physisches, sogar Mechanisches, und das was sich aus jener Materie organisieren soll bleibt uns ein dunkler unbegreiflicher Punkt« (FA I, 24, 451). Blumenbach habe das »Wort des Rätsels« »anthropomorphosiert«; er »nannte das wovon die Rede war, einen nisus formativus, einen Trieb, eine heftige Tätigkeit, wodurch die Bildung bewirkt werden sollte« (ebd.).

Der Theorie selbst begegnete G. mit Zurückhaltung und wünschte sie durch die Idee der →Metamorphose ergänzt: »So viel aber getraue ich mir zu behaupten, daß wenn ein organisches Wesen in die Erscheinung hervortritt, Einheit und Freiheit des Bildungstriebes ohne den Begriff der Metamorphose nicht zu fassen sei« (ebd. 452).

Generell zeigte G. die Tendenz, sich nicht einer der kontroversen zeitgenössischen Entwicklungstheorien von Epigenese und Präformation anzuschließen, sondern mit seinem durch →Typus und Metamorphose bestimmten Konzept der Morphologie einen eigenen Weg zu gehen.

Vgl. auch den Artikel in GHB. 4.1, 130f.

Literatur

Blumenbach, Johann Friedrich: Über den Bildungstrieb und das Zeugungsgeschäfte. Göttingen 1781, 2. Aufl. 1789; Auszüge in: Ders.: Über den Bildungstrieb (nisus formativus) und seinen Einfluß auf die Generation und Reproduction. In: Göttingisches Magazin der Wissenschaften und Litteratur. 1 (1780), 5. St., 247–266. – Enke, Ulrike: Der »Trieb in uns, das Ungebildete zu bilden ...«. Der Begriff ›Bildungstrieb‹ bei Blumenbach und Hölderlin. In: Hölderlin-Jahrbuch. 30 (1996/97), 102–118. – Jantzen, Jörg: Theorien der Reproduktion und Regeneration. In: Friedrich Wilhelm Joseph Schelling. Ergänzungsband zu Werke Bd. 5–9. Stuttgart 1994, 566–668. – Kullmann, Wolfgang: Wesen und Bedeutung der ›Zweckursache‹ bei Aristoteles. In: Berichte zur Wissenschaftsgeschichte. 5 (1982), 25–39. – McLaughlin, Peter: Blumenbach und der Bildungstrieb. Zum Verhältnis von epigenetischer Embryologie und typologischem Artbegriff. In: Medizinhistorisches Journal. 17 (1982), 357–372. *EN*

Bilin

Die südlich von Teplitz, am Fuße des Borschen und am Fluss Biela gelegene Stadt besuchte G. am 24.8.1810 von Teplitz aus. Den Borschen, eine Vulkankuppe aus Phonolith (Klingstein), zeichnete er sogleich (vgl. Corpus V B, 208) neben anderen Motiven. Das geologische Interesse geht aus einem Brief an Knebel aus Teplitz vom 30.8.1810 hervor: »[...] die Gegend ist heiter und frey, an der mittägigen [südlichen] Seite des Erzgebirges, und hat an der andern Seite das wunderliche basaltische, porphyrschiefrige, pseudovulkanische, sogenannte Mittelgebirg. Der Bilinerfels [Borschen] besonders ist prächtig anzusehen, wegen der ungeheuren, ernsthaften und durch manche malerische Theile interessanten ausgesprochnen Gestalt. Wir haben einen sehr vergnügten Tag an dessen Fuße zugebracht und bringen einige Zeichnungen mit«.

Die Biliner Ansichten ließ G. noch 1810 von Christian Gottlieb Hammer in Kupfer stechen; 1821 stellte er 22 seiner Handzeichnungen zusammen, darunter vier Motive aus Bilin, drei davon mit dem Borschen: »[...] der berühmte Fels; er besteht aus Klingstein, der sich erst flach legt, dann säulenförmig aufsteigt. Er ruht unmittelbar auf Gneis, von dem er hie und da Stücke in sich aufgenommen hat« (WA I, 49.1, 342).

Während G.s Teplitz-Aufenthalt im Jahr 1812 wird nur eine »Spazierfahrt die Biliner Straße. Auf der Chausee Klingstein, Quarzgestein, gebrannter Thon« verzeichnet (Tgb, 21.7.1812).

Erst im Jahre 1813 fand G.s geologisch-mineralogische Erkundung in Bilin in Begleitung des Biliner Arztes und Geologen Franz Ambrosius →Reuß statt. G. fuhr zunächst in Richtung Bilin die »Pseudovulcanische Chaussee« (28.4.1813) und in die »pseudovulcanische Grube, woraus die Chaussee beschüttet wird« (4.5.1813). Die vulkanischen Gesteine der Tertiärformation wurden von G. hier als pseudovulkanische Produkte unterirdischer Kohlenbrände gedeutet.

Am 12.5.1813 traf G. in Bilin mit Reuß zusammen und besichtigte eine aus der Granatlagerstätte von Meronitz stammende Sammlung (vgl. dazu an Konstanze v. Fritsch, 16.5.1813). Am 28.5.1813 besuchte er erneut Reuß in Bilin und ging mit ihm »nach dem Felsen, den das Volk Borschen nennt. [...] Der Biliner Fels ruht unmittelbar auf Gneis, von welchem man Stücke im Klingstein entdeckt« (Tgb). Auch in den *Tag- und Jahresheften* von 1813 berichtete G. über seine Bilin-Aufenthalte; dort »erfreute« er sich »der Leitung des erfahrnen klar denkenden Dr. *Reuß*; ich gelangte unter seiner Führung bis an den Fuß des Biliner Felsens, wo auf dem Klingstein in Masse der säulenförmige unmittelbar aufsteht; eine geringe Veränderung der Bedingungen mag die Veränderung dieses Gestaltens leicht bewirkt haben«.

In seinem für Herzog Carl August verfassten Aufsatz *Aus Teplitz* ging G. auf Bilin, den Borschen und die Granatensammlung ein (vgl. FA I, 25, 453f.). Die Letztere beschrieb er ausführlich und bestellte »ein Mustersortiment für die Freunde der Mineralogie« (ebd. 454).

Mehrfach noch befuhr G. von Teplitz aus die Straße nach Bilin, um Mineralien zu sammeln (vgl. Tgb, 30.5.1813: »Strontian im Basalt«; 27.6.1813: »Vergeblicher Versuch, den stänglichen Eisenstein [...] zu finden; an August v. Goethe, 27.6.1813).

Am 18.7.1813 besuchte er mit Herzog Carl August und Ludwig Wilhelm Friedrich Prinz von Hessen-Homburg Bilin. An →Trebra schrieb G. am 13.3.1814 über die Besonderheiten der geologischen Verhältnisse in Bilin: »Der Gneis in dem Prophyr ist eine merkwürdige Erscheinung. Ich besitze gleichfalls Massen von Klingstein, in welche Gneis eingeschlossen ist. Dieses Phänomen kam, an einer einzigen Stelle, am Fuße des Biliner Felsens vor«.

HO

Biologie

Die Biologie als Wissenschaft oder Lehre vom Leben wurde unter diesem Begriff erstmals um 1800 als Forschungsgebiet entworfen, das zugleich eine Abgrenzung gegenüber der unbelebten Natur gestattete und damit die traditionelle Fächerabgrenzung der »Naturgeschichte« (die neben der Botanik und Zoologie noch die Mineralogie umfasste) durchbrach. Auch wenn sich der Terminus bis ins 17. Jh. zurückverfolgen lässt, waren es vier Autoren aus G.s teils weiterem, teils näherem Umfeld, die ihn geprägt haben: Der Braunschweiger Arzt Theodor Georg August Roose (1797), der Leipziger Medizinprofessor Karl Friedrich →Burdach (1800), der Bremer Arzt Gottfried Reinhold Treviranus (1802) sowie der Botaniker Jean-Baptiste de Lamarck (1802) in Frankreich. So fasste Treviranus die »verschiedenen Formen und Erscheinungen des Lebens [...], die Bedingungen und Gesetze, unter welchen dieser Zustand statt findet, und die Ursachen, wodurch derselbe bewirkt wird«, unter dem »Namen der *Biologie* oder *Lebenslehre*« zusammen (Biologie oder Philosophie der lebenden Natur für Naturforscher und Aerzte. Bd. 1. Göttingen 1802, 4). In der Folge wurde der Begriff in durchaus abweichender Bedeutung von Lorenz →Oken (1805), Ernst Bartels (1808) und Carl Gustav →Carus (1811) aufgegriffen, die alle drei von der romantischen →Naturphilosophie beeinflusst waren und im Gegensatz zu Treviranus von einem Leben des Weltalls sprachen (Kanz 2006). Bis zu G.s Tod konnte der Terminus ›Biologie‹ jedoch keine allgemeine Geltung erlangen, da weiterhin die Physiologie als eigentliche Lehre vom Leben galt, während die Erforschung der Lebewesen durch die mittlerweile verselbständigten Fächer Botanik und Zoologie erfolgte. ›Biologie‹ selbst taucht als Diziplinbegriff sogar erst im zweiten Drittel des 19. Jh.s. auf (Kanz 2007).

Erstaunlicherweise standen alle die wissenschaftlichen Werke der ersten zwei Jahrzehnte des 19. Jh.s, die ›Biologie‹ im Titel oder Untertitel geführt haben, nicht in G.s Bibliothek (vgl. Ruppert). Obwohl der Terminus in G.s Umfeld mehrfach benutzt und facettenreich rezipiert wurde, findet er sich überraschenderweise in G.s Oeuvre selbst nur einmal, noch dazu indirekt in einem Zitat d'→Altons, der in seinem Aufsatz *Über die Anforderungen an naturhistorische Abbildungen [...]* – von G. in Morph II, 1 (1823) aufgenommen – Treviranus' Werk *Biologie oder Philosophie der lebenden Natur*

[...] (s. o.) verkürzt als »Biologie« anführte (vgl. LA I, 9, 311; GWb 2, Sp. 728). G.s Interessen für die organische Natur und seine diesbezüglichen Publikationen lassen sich vielmehr unter dem von ihm 1796 geprägten Begriff ›Morphologie‹ für die Lehre von der »Bildung und Umbildung organischer Naturen« (FA I, 24, 399) subsumieren. Seine morphologischen Schriften wurden später allerdings mehrfach, wohl in erster Linie aus Gründen der heutigen Begriffsverwendung, unter dem Titel »Schriften zur Biologie« (Dietzfelbinger 1982) oder »Goethes Biologie« (Becker 1999) neu herausgegeben, wobei die Editoren diese Titelwahl nicht näher begründeten. Ebenso galt G.s Morphologie der älteren Forschung als »eine Gesamtwissenschaft des Lebenden, ein Betrachten des lebendigen Alls; kurz: Biologie im heutigen Sinne« (Hirsch 1912, 309). Eine Reihe weiterer Aufsätze hat sich mit »G. und die Biologie« beschäftigt (Reichenbach 1899, Schuster 1932, Spiro 1932, Kuhn 1996), wobei vielfach eher unreflektiert die Begrifflichkeit des 20. Jh.s auf G.s naturwissenschaftliche Forschungen angewandt wurde.

So modern und zukunftsweisend die Prägung des Terminus ›Biologie‹ um 1800 aus heutiger Perspektive sein mag und so auffallend zugleich G.s Nichtbeachtung dieser terminologischen Innovation erscheint, so befand dieser sich damit überwiegend in Übereinstimmung mit den zeitgenössischen Ärzten und Naturforschern.

Literatur

Becker, Hans Joachim (Hg.): Goethes Biologie. Die wissenschaftlichen und autobiographischen Texte, eingeleitet und kommentiert. Würzburg 1999. – Dietzfelbinger, Konrad (Hg.): Johann Wolfgang von Goethe. Schriften zur Biologie. München, Wien 1982. – Hirsch, Gottwalt Chr.: Goethe als Biologe. In: Annalen der Naturphilosophie. 11 (1912), 307–372. – Kanz, Kai Torsten: »... die Biologie als die Krone oder der höchste Strebepunct aller Wissenschaften.« Zur Rezeption des Biologiebegriffs in der romantischen Naturforschung (Lorenz Oken, Ernst Bartels, Carl Gustav Carus). In: NTM. Internationale Zs. für Geschichte und Ethik der Naturwissenschaften und der Medizin. N. S. 14 (2006), 77–92. – Ders.: Biologie: die Wisenschaft vom Leben? – Vom Ursprung des Begriffs zum System biologischer Disziplinen (17. bis 20. Jahrhundert). In: Höxtermann, Ekkehard u. a. (Hg.): Lebenswissen. Eine Einführung in die Geschichte der Biologie. Rangsdorf 2007, 100–121. – Kuhn, Dorothea: Goethe und die Biologie. Freiburger Universitätsblätter. 133 (1996), 81–96. – M[eyer-] A[bich], [Adolf]: Biologie. In: Zastrau 1, Sp. 1213–1264. – Reichenbach, Hermann: Goethe und die Biologie. Frankfurt am Main 1899, 119–155. – Schuster, Julius: Goethe und die Biologie. Sitzungsberichte der Gesellschaft naturforschender Freunde zu Berlin. (1932), 295–322. – Spiro, Karl: Goethe und die Biologie. In: Drei Basler Goethe-Reden. Basel 1932, 41–71.

KA

Biot, Jean Baptiste (1774–1862)

Der französische Physiker und Astronom, ab 1803 Mitglied des Institut de France, trat ab 1810 im Kontext der Untersuchungen französischer Gelehrter über die Natur des Lichts in G.s Horizont. Nach →Newton kann er als einer derjenigen Naturforscher gelten, über die die heftigsten Negativurteile G.s überliefert sind.

Zunächst hatte T. J. →Seebeck, der auf G.s Wunsch eine *Geschichte der entoptischen Farben* für ZNÜ I, 1 (1817) geschrieben hatte, auf Biots Arbeiten im *Moniteur universel* hingewiesen (vgl. FA I, 25, 664). Biot hatte als erster eine theoretische Erklärung der →entoptischen Farben, der Interferenzfarben des polarisierten Lichts, vorgelegt, wobei er mit dem Postulat einer mobilen Polarisation eine komplizierte Zusatzhypothese aufstellte, die die →Polarisation des Lichts mit der Newtonschen Korpuskulartheorie, nach der Licht aus Teilchen bestehe, in Einklang bringen sollte. In den *Tag- und Jahresheften* von 1817 stellte G. dazu fest: »Das Widerwärtigste aber, was mir jemals vor Augen gekommen, war *Biots* Capitel über die entoptischen Farben, dort Polarisation des Lichts genannt. So hatte man denn, nach falscher Analogie eines Magnetstabs, das Licht auch in zwei Pole verzerrt und also, nicht weniger als vorher [bei Newton], die Farben aus einer Differenzierung des Unveränderlichsten und Unantastbarsten [des Lichts] erklären wollen«. G. bezieht sich hier auf Biots vierbändigen *Traité de physique expérimentale et mathématique* (Paris 1816), den er am 23.7.1817 und 4.1.1822 aus der Weimarer Bibliothek auslieh (Keudell 1092 u. 1416). In seiner Bibliothek befanden sich Biots *Anfangsgründe der Erfahrungs-Naturlehre* (Berlin 1819; Ruppert 4387), eine Übersetzung der *Précis élémentaire de physique experimentale* (Paris 1817).

Am Ende von ZNÜ I, 4 (1822) lieferte G. unter dem Titel *Warte-Steine* Nachträge zur *Farbenlehre*, in denen er auch auf eine fachliche Kontroverse um die mobile Polarisation des Lichts zwischen Biot und →Arago einging. Hier erscheint Biots »stark beleibte Physik«, gemeint ist der vierbändige *Traité* von 1816, als »Abrakadabra von Zahlen und Zeichen«, der »manches Unnütze und Falsche« (FA I, 25, 792) enthalte. Wesentlich drastischer fiel G.s Kommentar in den *Tag- und Jahresheften* von 1820 aus: »Dagegen betrachtete ich ein Beispiel des fürchterlichsten Obscurantismus mit Schrecken, indem ich die Arbeiten *Biot's* über die Polarisation des Lichtes näher studirte. Man wird wirklich krank über ein solches Verfahren; dergleichen Theorien, Beweis- und Ausführungsarten sind wahrhafte Nekrosen, gegen welche die lebendigste Organisation sich nicht herstellen kann«. (Ein weiteres Urteil im Brief an C. F. L. →Schultz vom 24.11.1817.)

Als G. im März 1826 den *Traité élémentaire de physique* von C. M. Despretz (Paris 1825) las, fand er dort den Hinweis, dass Biots Werke nicht wenig dazu beigetragen hätten, die Wissenschaften auf mathematische Weise zu behandeln. G. zitierte in seinem Aufsatz *Über Mathematik und deren Mißbrauch [...]* (Abschnitt II.) die Textpassage im Zusammenhang und schloss die Bemerkung an: »Diese Stelle [...] gibt die deutlichsten Beispiele vom Mißbrauch der Mathematik. Eben diese Vorliebe für die Anwendung von Formeln macht nach und nach diese zur Hauptsache. Ein Geschäft das eigentlich nur zu Gunsten eines Zweckes geführt werden sollte, wird nun der Zweck selbst, und keine Art von Absicht wird erfüllt. Wir erinnern hier was wir auf gleiche Weise bei der Gelegenheit gesagt haben, wo wir die grenzenlosen Zauberformeln anklagten, womit der Grundsatz von Polarisation des Lichtes dünenartig zugedeckt wurde, so daß niemand mehr unterscheiden konnte, ob ein Körper oder ein Wrack darunter begraben lag« (FA I, 25, 69). *WZ*

Birch, Thomas (1705–1766)

Der von 1752 bis 1765 als Sekretär der Royal Society of London tätige Theologe und Historiker publizierte 1756/57 in London eine vierbändige *History of the Royal Society*, aus der G. umfangreiche Auszüge anfertigte (vgl. LA II, 6, 159–182). G. hatte das Werk 1801 in →Göttingen durch den Oberbibliothekar der Universitätsbibliothek, C. G. Heyne, erhalten. Für die beiden letzten Bände erbat er am 15.11.1802 an G. Sartorius eine Fristverlängerung. Mit der Geschichte der Royal Society hat sich G. zwischen dem 16. und 19.6.1804 besonders intensiv befasst, speziell vor dem Hintergrund der Frage, welche Rolle →Newton darin einnahm; die *Tag- und Jahreshefte* von 1804 bilanzieren: »Die Protokolle dieser Gesellschaft, herausgegeben von *Birch*, sind dagegen unbestritten ganz unschätzbar. Die Anfänge einer so großen Anstalt geben uns genug zu denken. Ich widmete diesem Werke jede ruhige Stunde, und habe von dem was ich mir davon zugeeignet, in meiner Geschichte der Farbenlehre kurze Rechenschaft gegeben. Hier darf ich aber nicht verschweigen, daß diese Werke von der Göttinger Bibliothek, durch die Gunst des edlen *Heyne* mir zugekommen [...]«. G. erwog offenbar, das Werk privat oder für die Weimarer Bibliothek anzuschafffen, denn am 2.5.1805 fragte er bei F. A. →Wolf in Halle an: »Wollten Sie doch wohl, wenn Sie nach England schreiben, sich erkundigen, was Thomas Birch History of the Royal [Lücke] Society of London. London 1756. 4 Bände in 4°. kosten könnte. Es ist ein Buch, das keiner Bibliothek fehlen sollte«.

Im historischen Teil der *Farbenlehre* werden Birch und sein Werk mehrfach genannt (vgl. FA I, 23.1, 780, 782f., 1053).

Literatur

Hennig, John: Goethe's Extracts from Birch's History of the Royal Society. In: MLR. 52 (1957), 239ff.
WZ

Blatt

Unter Notizen aus Italien, das aufgrund seiner üppigen Vegetation für G.s botanische Studien wesentliche Anregungen gab, findet sich die wesentliche Eintragung: »Alles ist Blatt, und durch diese Einfachheit wird die größte Mannigfaltikeit möglich« (FA I, 24, 84). In dieser Einschätzung ist G.s Metamorphosenlehre, die er nach der Rückkehr aus Italien ausarbeiten und 1790 zum Gegenstand des *Versuchs die Metamorphose der Pflanzen zu erklären* machen sollte, bereits angelegt. Über vierzig Jahre später, zitierte G. in seinem Aufsatz *Über die Spiraltendenz* (1831) den Botaniker Carl Friedrich Philipp von Martius, der den »Fortschritt in Kenntnis des Pflanzenlebens« als »Resultat jener morphologischen Ansicht« sah, »welche man die Metamorphose der Pflanzen benennt. Alle Organe der Blüte: Kelch, Krone, Staubfäden und Fruchtknoten sind umgestaltete Blätter. Sie sind also im Wesen gleiche, nur durch die Potenz ihrer Metamorphose verschiedene Blätter« (FA I, 24, 770).

Im Wachstum der Pflanze sah G. das Blatt als Grundelement eine Folge verschiedener Ausgestaltungen durchlaufen, die von einem abwechselnden Ausdehnen und Zusammenziehen begleitet war. So erscheinen nacheinander die Keimblätter, Laubblätter, Kelchblätter, Kronblätter, Staub- und Fruchtblätter. In der Zusammenfassung seiner Thesen zur *Metamorphose der Pflanzen* drückte G. seine Ansicht pointiert aus: »Es mag nun die Pflanze sprossen, blühen oder Früchte bringen, so sind es doch nur immer *dieselbigen Organe* welche in vielfältigen Bestimmungen und unter oft veränderten Gestalten die Vorschrift der Natur erfüllen. Dasselbe Organ welches am Stengel als Blatt sich ausgedehnt und eine höchst mannigfaltige Gestalt angenommen hat, zieht sich nun im Kelche zusammen, dehnt sich im Blumenblatte [Kronblatt] wieder aus, zieht sich in den Geschlechtswerkzeugen zusammen, um sich als Frucht zum letztenmal auszudehnen. [...] Denn wir können eben so gut sagen: ein Staubwerkzeug sei ein zusammengezogenes Blumenblatt, als wir von dem Blumenblatte sagen können: es sei ein Staubgefäß im Zustand der Ausdehnung; ein Kelchblatt sei ein zusammengezogenes [...] Stengelblatt, als wir von einem Stengelblatt sagen können, es sei ein [...] ausgedehntes Kelchblatt« (FA I, 24, 149–151).

In der *Italienischen Reise* charakterisierte G. seine Entdeckung als Einsicht, »daß in demjenigen Organ der Pflanze, welches wir als Blatt gewöhnlich anzusprechen pflegen, der wahre Proteus verborgen liege, der sich in allen Gestaltungen verstecken und offenbaren könne. Vorwärts und rückwärts ist die Pflanze immer nur Blatt [...]« (FA I, 15.1, 402).

Neben dem theoretischen Konzept, aus Metamorphosen der Blattgestalt jede einzelne vorkommende Pflanze ableiten zu können, war das Blatt für G. auch wesentlicher Untersuchungsgegenstand, z. B. als er 1796 *Versuche über die Einwirkung des Lichts auf das Wachstum der Pflanzen* machte oder am 17.5.1813 das »Abweißen« der Palmen, also die Unterdrückung des Ergrünens der Blätter durch Lichtentzug, untersuchte.

Die Möglichkeit, aus Blättern oder Teilen davon neue Pflanzen zu ziehen – besonders markant bei →Bryophyllum calycinum mit in Blattkerben sitzenden Brutknospen – ließ G. das Blatt als pflanzliches Individuum betrachten.

Gelegentlich wandte G. sein Interesse vor allem einer charakteristischen Blattform zu, so bei →Ginkgo biloba. *ZA*

Blau s. Farben

Blaurot s. Farben

Blumenbach, Johann Friedrich (1752–1840)

Der Anthropologe und vergleichende Anatom – einer der bedeutendsten Naturforscher der G.zeit –, 1776 in Göttingen zum außerordentlichen, 1778 zum ordentlichen Professor ernannt, besuchte Weimar vom 30.4. bis 2.5.1783 und urteilte: »Goethe, den ich oft [...] gesehen habe [...] unglaublich offen, hell und doch tief penetrierend in seinem Urteile; und doch überaus billig, gar nicht decisiv« (Blumenbach an C. G. Heyne, 4.5.1783; LA II, 9A, 285). 1793 begann eine teilweise mehrere Jahre unterbrochene, vor allem osteologischen, botanischen und mineralogischen Themen gewidmete Korrespondenz, die bis 1829 fortgesetzt wurde, als G. einen »musterhaften altgermanischen Kiefer« sandte (Blumenbach an G., 1.5.1829; LA II, 10B.1, 481).

Nach einem neuerlichen Besuch bei G. in Weimar am 14.10.1796, bei dem Blumenbach »einen sehr interessanten Mumienkopf bey sich« hatte (vgl. an Schiller, 15.10.1796), begegneten sich beide im Juni und Juli 1801 in Göttingen, wo G. Blumenbachs berühmte »Schädelsammlung«, »Zeichnung und Malerey verschiedener Völker«, »die Zähne des Ohiotieres«, »Mineralien von den Südseeinseln« und weitere Gesteine und Versteinerungen sah (vgl. Tgb, 7.6.1801; auch 21. und 26.7. sowie 7.8.1801). Nach der Rückkehr nach Weimar sandte G. am 11.10.1801 zunächst die Beschreibung eines »seltsamen Fossils« (vgl. *Eine Versteinerung*; FA I, 25, 516f.), eines bei Gelmeroda westlich von Weimar gefundenen Mammutzahnes; am 20.4.1802 folgten Proben davon zusammen mit einem Stück eines pflanzlichen Fossils aus der Manebacher Steinkohlengrube. Als Blumenbach im Oktober 1802 wieder nach Weimar kam, besuchte er mit G. gemeinsam die Gelmerodaer Schlucht, die für ihre pleistozänen Fossilienfunde bekannt ist (vgl. Tgb, 10.10.1802).

Am 6.8.1803 sandte G. drei mineralogische Objekte, *Scheinbare Breccien*, *Vulkanischen Ruß* und *Granit aus Karlsbad*, die er jeweils mit einer kurzen Beschreibung versah (vgl. FA I, 25, 518f.).

Als der Jenaer Naturforscher Friedrich Siegmund →Voigt, mit dem G. in engem Kontakt stand, seinen Onkel Blumenbach im September 1811 besuchte, gab G. ihm ein Exemplar des damals rätselhaften Pilzes Pietra fungaja (vgl. FA I, 24, 398) als Geschenk mit (vgl. Blumenbach an G., 8.10.1811; LA II, 9B, 336f. und G. an Blumenbach, 15.2.1812). Im Laufe der Jahre wurden zahlreiche weitere naturkundliche Objekte und Schriften in gegenseitigem Austausch auf den Weg gebracht.

G. benutzte die anatomischen, osteologischen, naturgeschichtlichen und anthropologischen Werke Blumenbachs regelmäßig; acht von ihnen standen in seiner Bibliothek (vgl. Ruppert 4391–4398). In der 3. Auflage des *Handbuchs der vergleichenden Anatomie* (1824) erkannte Blumenbach G.s Entdeckung des menschlichen →Zwischenkiefers (1784) an, dessen Existenz er in seiner Dissertation *De generis humani varietate nativa* (1776, 33) und danach noch bestritten hatte. Vorausgegangen waren zwei harmonische Begegnungen in Jena (8. bis 10.10.1820) und in Weimar (10. bis 12.10.1822).

Bereits am 27.3.1820 schrieb G. an Blumenbach Worte, die wie ein Fazit der Beziehung klingen: »Wenn ich zurücksehe, was wir [...] Ew. Wohlgeboren [...] schuldig geworden [...]; so freue ich mich einer Zeit, die solche Genossen erweckte und sie so lange neben einander und mit einander wirken ließ. Meine Dankbarkeit so wie die meines Sohns kann sich nicht vermindern, in beiden wirkt der Anstoß fort, der uns, persönlich, in Schriften und Briefen, aufgeregt und gefördert hat [...]«.

G. hat sich intensiv mit dem von Blumenbach geprägten Begriff »Bildungstrieb« (*Über den Bildungstrieb und das Zeugungsgeschäfte*, 1781) auseinandergesetzt und den Terminus, mit Berufung auf Kant, in seinem am 17.9.1817 entstandenen Aufsatz *Bildungstrieb* (erschienen in Morph I, 2, 1820) gewürdigt (→Bildung/Bildungstrieb, →Epigenese). *ZA*

Böhmen

Von 1785 bis 1823 hielt G. sich siebzehnmal zu einem Kuraufenthalt in Böhmen auf, zusammengerechnet etwa dreieinhalb Jahre. Nicht nur für seine literarischen Schöpfungen waren diese Aufenthalte von großer Bedeutung, sondern besonders auch für seine Naturforschung. Vorwiegend besuchte G. →Karlsbad (1785, 1786, 1795, 1806 bis 1808, 1810 bis 1812, 1818 bis 1820, 1823), später auch →Teplitz (1810, 1812, 1813), von 1821 bis 1823 hauptsächlich →Eger und →Marienbad, durchweg begleitet von zahlreichen Ausflügen in die jeweilige Umgebung, auf Berge, in Steinkohlengruben und zu Erzlagerstätten.

»Ich wüßte mir keinen angenehmern und bequemern Aufenthalt«, schrieb G. am 16.7.1807 an Christiane über Karlsbad. »Man kann hier in großer Gesellschaft und ganz allein seyn, wie man will, und alles, was mich interessirt und mir Freude macht, kann ich hier finden und treiben.« Die Weltbegegnungen während dieser Kuraufenthalte haben G. schöpferisch angeregt. Die Badesommer waren ihm ein Gleichnis des Menschenlebens. Zahlreiche (etwa 90) seiner Gedichte sind in Böhmen entstanden. Zu den dort (zumindest teilweise) verfassten Werken zählen u.a. *Pandora*, *Die Wahlverwandtschaften*, *Dichtung und Wahrheit*, *West-östlicher Divan* und *Wilhelm Meisters Wanderjahre*. Aus G.s großer Liebe zu Ulrike von Levetzow, der er in den Jahren 1821 bis 1823 in Marienbad begegnete und um deren Hand er 1823 warb, entstand die Marienbader *Elegie*, die zu den bedeutenden literarischen Spätwerken G.s gehört.

Für seine naturwissenschaftlichen Forschungen, vor allem in den Bereichen der Geologie, Mineralogie und Meteorologie, spielten die Aufenthalte in Böhmen geradezu eine entscheidende Rolle. Bereits während seines ersten Karlsbader Aufenthaltes im Sommer 1785 hat sich G. – trotz der aktuell starken botanischen Interessen – nicht nur mit der böhmischen Flora beschäftigt, sondern auch erste geologisch-mineralogische Erkundungen unternommen.

Mit den geologisch-mineralogischen Phänomenen der Karlsbader Umgebung befasste sich G. beinahe über vier Jahrzehnte hinweg. »Die Geologie der hiesigen Umgebung beschäftigt mich schon mehrere Jahre: denn da die Ärzte sagen, man solle weder lesen noch schreiben und zuletzt auch nicht einmal denken; so möchte denn doch wohl das ruhige Anschauen der Natur unterhaltend und erquicklich bleiben. Hier sind es nun vor allem Felsen und Gestein, was unsre Aufmerksamkeit an sich zieht, Ältestes, Neueres und Neustes in die Tiefen der Vorwelt eingeschlossenes, sodann im Gegensatz an jedem Tage erzeugtes, wodurch man denn immer von der Wirkung zur Ursache und von der Ursache auf ein Höheres geleitet wird. In diesem Sinne habe ich nun seit bald vierzig Jahren Carlsbad besucht, immer Neues bemerkt und Bewundernswerthes gefunden« – so schrieb G. am 23.5.1820 an Carl Franz Anton von Schreibers aus Karlsbad über seine dortige Erdforschung. »Der geologische Bestand des Urgebirgs in seinen wunderlichsten Abweichungen, bis zuletzt die großen Kohlenlagerungen sich ansiedelten und diese wieder Erdbrände verursachten, giebt zu [so] mannichfaltigen Betrachtungen Anlaß, daß der Curgast sich selbst und seine Übel vergißt und man für lauter Denken nicht zum Denken kommt.«

Als G. 1806 Böhmen zum vierten Mal aufsuchte, begann eine neue Epoche seiner geologisch-mineralogischen Forschung. In Begleitung des Steinschneiders Joseph →Müller durchstreifte er die Karlsbader Umgebung, suchte Orte wie →Elbogen, →Engelhaus, Fischern, Kobes-Mühle, Joachimsthal, Schlaggenwald u.a. auf. Vor Ort machte er sich mit den Vorkommen der verschiedenen →Gesteinsarten und ihrer Lagerungsverhältnisse sowie mit Müllers Ansichten über den Ursprung der heißen Quellen und die Bildung der Sprudelsteine vertraut, die G. zusagten, allerdings der Deutung von Abraham Gottlob →Werner widersprach. Auch kam es im Laufe der Jahre zu gemeinsamen Exkursionen mit den Geologen Josef Friedrich Freiherr von →Racknitz, Heinrich Christian Gottfried von →Struve, Abraham Gottlob Werner und August von →Herder.

Die ersten Resultate dieser Erkundungen hat G. am 6.10.1806 unter dem Titel *An Freunde der Geognosie* im *Intelligenzblatt* der JALZ (Nr. 94) und 1807 in der in Karlsbad als Einzeldruck erschienenen Abhandlung *Sammlung zur Kenntniß der Gebirge von und um Carlsbad* (mit dem Aufsatz *Joseph Müllerische Sammlung* und einem *Recapitulation* überschriebenen Mineralienverezichnis) niedergelegt, die G.s Ansichten über die aufeinanderfolgenden Erdepochen ausdrücken. Als Letztere Abhandlung in →Leonhards *Taschenbuch der gesammten Mineralogie* (2, 1808) veröffentlicht wurde, verfasste G. weitere, auf den 25.11.1807 datierte Ergänzungen (*An Herrn von Leonhard*), in denen er seine geologischen Forschungsmaximen zum ersten Mal als »von dem Ganzen zu dem Einzelnen, vom Totaleindruck zur Beobachtung der Teile« (FA I, 25, 363) fortschreitend formulierte. Die *Joseph Müllerische Sammlung*, mit der G. sich über zwei Jahrzehnte hinweg immer wieder beschäftigte, bildete den Mittelpunkt von G.s geologisch-mineralogischer Forschung. Mittels dieser Sammlung hat G. gleichsam seinen geologischen Weltentwurf zum Ausdruck gebracht. Die insgesamt hundert Musterstücke von Karlsbader Gesteinen wurden »als Dokumente weltweit sich wandelnder Bedingungen der Gesteinsbildung in aufeinander folgenden Epochen der Erdgeschichte« gedeutet (Wolf v. Engelhardt: Komm. in LA II, 8A, 655).

Bei einem längeren Aufenthalt in Franzensbad (Franzenbrunn) im Jahr 1808 begann G., »den problematischen Kammerberg bei Eger« (TuJ von 1808) zu erforschen, mit dessen zwischen Vulkanisten und Neptunisten kontrovers diskutierter Entstehung er sich beinahe zwei Jahrzehnte lang beschäftigte. Er verfasste hierzu die Aufsätze *Der Kammerberg bei Eger* (1808, Druck im *Taschenbuch für die gesammte Mineralogie* 3, 1809; später in ZNÜ I, 2, 1820), *Kammerberg bei Eger* (ZNÜ I, 3, 1820), *Kammer-Bühl* (ZNÜ II, 1, 1823) und *Wunderbares Ereignis* (ZNÜ II, 1, 1823). Während G. in seiner ersten Abhandlung von 1808 den →Kammerberg für vulkanischen Ursprungs hielt, überwog in den späteren Abhandlungen die pseudovulkanistische Deutung, in denen der Brand unterirdischer Kohlenlager angenommen wurde.

Während seines Aufenthaltes in Teplitz im Jahr 1813 unternahm G. eine geologische Exkursion nach →Graupen, →Altenberg und →Zinnwald, um dort die →Zinnformationen zu studieren. In →Dux besichtigte er das Braunkohlenbergwerk, in →Bilin besuchte er mit dem dort ansässigen Geologen und Arzt Franz Ambrosius →Reuß den Borschen genannten Felsen.

1820 hielt sich G. zum ersten Mal kurz (27./28.4.) in Marienbad auf. Der dortige Bad- und Brunnenarzt Karl Joseph →Heidler unterrichtete ihn über die geologische Lage der Umgebung. Als G. im Sommer 1821 wieder nach Marienbad – nun für fast einen Monat – zurückkehrte, begann er mithilfe seines Dieners Stadelmann die geologische Erkundung der Umgebung. G. legte Steinsammlungen an und schrieb den Aufsatz *Marienbad überhaupt und besonders in Rücksicht auf Geologie* (FA I, 25, 487–500), der im vierten Heft des ersten Bandes *Zur Naturwissenschaft überhaupt* (1822) erschien.

Im Sommer 1822 traf G. in Marienbad den »Ultra-Vulkanisten« Leopold von →Buch, blieb aber aufgrund der verschiedenen geologischen Vorstellungen auf Distanz (vgl. Tgb, 1.7.1822; an August v. Goethe, 2.7.1822: »so ward denn mit dem ersten Geologen von Deutschland kein geologisches Wort gesprochen«). Höchst erfreulich war dagegen die erste persönliche Begegnung mit dem Geologen und Paläobotaniker Kaspar Maria Graf →Sternberg am 11.7.1822, die für G.s geologische, morphologische und meteorologische Forschung in der Folge von großer Bedeutung war. Sternberg, auf dessen Besitz in Bržezina sich Pflanzenfossilien führende Kohlegruben befanden, erschien G. als »ein unerreichtes Muster einer Welt- und wissenschaftlichen Existenz« (an Carl August, 1.8.1824). Die Begegnung in Marienbad entwickelte sich zu einer der bedeutsamsten Freundschaften des alternden G.

Mit vielen Sendungen von →Mineralien und →Fossilien unterstützte dieser das 1818 von Graf Sternberg u.a. in Prag gegründete Vaterländische Museum. G. war seit Februar 1823 Ehrenmitglied der soeben zu dessen Förderung ins Leben gerufenen →*Gesellschaft des vaterländischen Museums in Böhmen* (vgl. FA I, 25, 606–609). In seiner Rezension des ersten Jahrgangs der Monatsschrift dieser Gesellschaft entwarf G. eine umfassende Natur- und Kulturgeschichte von Böhmen (vgl. WA I, 42.1, 20–54).

Seit 1819 haben G.s Reisen ins böhmische Land zunehmend an Bedeutung für seine meteorologische Forschung gewonnen. Der Aufsatz *Karlsbad, Anfang September 1819* schilderte dort beobachtete Wetterphänomene (vgl. FA I, 25, 210–212), vom 23.4. bis 28.5.1820 führte G. ein Wolkentagebuch von seiner Böhmenreise, das zentraler Bestandteil der in ZNÜ I, 3 (1820) gedruckten Abhandlung *Wolkengestalt nach Howard* wurde (vgl. ebd. 214–234). Wetteraufzeichnungen aus Marienbad von Ende Juni 1822 wurden in der Schrift *Über die Ursache der Barometerschwankungen* (ZNÜ II, 1, 1823) mitgeteilt, in der G. auch auf die Beobachtungen im Stift →Tepl bei Marienbad hinwies, das er am 21.8.1821 und 9.7.1822 besucht hatte. Eine Tabelle mit vergleichenden Wetterdaten aus Tepl und Jena aus dem August 1821 druckte G. überdies in seinem Aufsatz *Marienbad überhaupt [...]* ab (vgl. FA I, 25, 498). Mit dem Grafen Sternberg beobachtete G. Gewitterzüge sowie andere meteorologische Phänomene in Böhmen (vgl. ebd. 265f. u. 1069).

Obwohl G. bereits am 5.8.1806 den Schafrichter und Sammler Carl →Huß in Eger kennengelernt und ihn in den darauf folgenden Jahren (1807, 1808, 1820 bis 1823) wiederholt besucht und seine wachsenden Sammlungen bewundert hatte, begannen G.s Studien über das Egerland erst, als er am 26.4.1820 in Eger mit dem Polizeirat Joseph Sebastian →Grüner zusammentraf. Mit Grüner fand G. »belehrende Unterhaltung über den Egerkreis; Größe, Verhältniß. [...] Sitten, Gebräuche« (Tgb,

28.5.1820). In den folgenden Jahren begleitete Grüner G. auf zahlreichen geologischen Exkursionen im Egerland wie z.B. nach Liebenstein, Redwitz, Boden, Altalbenreuth, Rossenreuth, Pograd, Falkenau und →Haslau. Die Texte *Egeran*, *Fahrt nach Pograd*, *Fossiler Backzahn, wahrscheinlich vom Mammut* sowie *Uralte neuentdeckte Naturfeuer- und Glutspuren* zählen zu den Resultaten dieser Erkundungen.

Nachdem G. in Böhmen ein Gebiet vom Riesengebirge bis hin zu den Umgebungen von Karlsbad, Marienbad, Teplitz, Franzensbad und Eger befahren und studiert hatte, sprach er aus topographischer Sicht von Böhmen als einem Land, »dessen beinahe viereckte Räumlichkeit, rings von Gebirgen eingeschlossen, nirgends hin verzweigt ist, eine große mannichfaltige Flußregion, fast durchaus von eignen Quellen bewässert, ein Continent mitten im Continente, wenig unter tausend Quadratmeilen enthaltend« (*Monatschrift der Gesellschaft des vaterländischen Museums in Böhmen*; WA I, 42.1, 20f.). In Anlehnung an seine neptunistische Deutung der Erdentstehung sah G. Böhmen als ursprüngliches »Binnenmeer«, seine aktuelle Erdoberfläche als Folge der »Restagnationen des uralten Meers« (FA I, 25, 434).

Obwohl G. nach 1823 Böhmen nicht wiedersah, hat er den Plan einer erneuten Reise nie aufgegeben. Noch am 28.2.1828 schrieb er an Zelter: »[...] der Frühling scheint mich mehr als jemals zu erfreuen, meine Sehnsucht geht wenigstens in den Kreis der Umgegend, wenn mich die steigende Sonne nicht gar wieder nach Böhmen hineinführt«.

Zumindest wünschte G., »in einiger Verbindung mit [...] dem lieben Böhmen zu bleiben« (an Grüner, 27.1.1826). Noch wenige Tage vor seinem Tod schrieb er an den Grafen Sternberg (15.3.1832): »Die neuen Stücke der böhmischen Zeitschrift [der Gesellschaft des vaterländischen Museums] haben in mir abermals den Wunsch erregt, das werthe Reich wieder zu besuchen, wo ich soviel Jahre Genuß und Unterricht fand, auch nun alle Ursache hätte, mich jenen freundschaftlich anblickenden Gegenden zu nähern«.

Vgl. auch den Artikel in GHB. 4.1, 131–137, vor allem 134. – Zu einem Böhmen-Bezug der *Farbenlehre* →Karlsbader Glas.

Literatur

Bader, Hans-Jürgen: Goethe und die Geschichte Böhmens. Ludwigsburg 2007. – Burghoff, Ingrid und Lothar: Reisen zu Goethe. Wirkungs- und Gedenkstätten. Berlin, Leipzig 1982. – Engelhardt, Wolf von: Goethe im Gespräch mit der Erde. Weimar 2003, 237–267 und 306- 319. – Fejfar, Oldrich: Goethe in Böhmen. Brunnengast, Geolog und Spaziergänger. In: Steininger, Fritz und Kossatz-Pompé, Anna (Hg.): »Quer durch Europa«. Naturwissenschaftlich Reisen mit Johann Wolfgang von Goethe. Katalog. (Kleine Senckenberg Reihe 30). Frankfurt 1999, 39–75. – Göres, Jörn (Hg.): »Was ich dort gelebt, genossen ...«. Goethes Badeaufenthalte 1785–1823. Königstein 1982. – Güse, Ernst Gerhard und Maul, Gisela (Hg.): Goethe in Böhmen und seine Karlsbader Sammlungen. Katalog. Weimar 2006. – Handrick, Willy (Hg.): Goethe und Böhmen 1785–1832. Ausstellungskatalog. Weimar 1964. – Laube, Gustav C.: Goethe als Naturforscher in Böhmen. In: Mitteilungen des Vereins für Geschichte der Deutschen in Böhmen. 17 (1879), 16–37. – Schopf-Beige, Monika: Goethe in Böhmen. Ludwigsburg 2005. – Semper, Max: Die geologischen Studien Goethes. Leipzig 1914, 100–135. – Urzidil, Johannes: Goethe in Böhmen. Zürich, München 1962. *HO*

Boerhaave, Herman (1668–1738)

Der niederländische Mediziner und Botaniker gehörte zu den herausragenden Persönlichkeiten der Medizin seiner Zeit und war Lehrer u.a. von Albrecht von →Haller (1708–1777), Gerard van Swieten (1700–1772) und Anton de Haen (1704–1776). Ab 1709 hatte Boerhaave den Lehrstuhl für Medizin und Botanik in Leiden inne, der zu dieser Zeit angesehensten protestantischen Universität Europas. Seine *Institutiones medicae in usum annuae exercitationis* (Leiden 1708 und öfter, zuletzt Wien 1775) wurden in die meisten lebenden Sprachen übersetzt. Bei den ebenfalls weit verbreiteten *Aphorismi de cognoscendis et curandis morbis* (Leiden 1709ff.; Ruppert 4401), die G. wie die *Institutiones et experimenta chemiae* (Paris 1724) während seiner Frankfurter Rekonvaleszenzzeit im Januar 1769 studierte, handelte es sich um ein Lehrbuch der praktischen Medizin, das eine neuartige Klassifikation der Krankheiten vornahm. G.s erster Kontakt mit Boerhaaves Schriften resultierte aus seinen chemischen Versuchen, verbunden mit dem Studium des »chemischen Kompendiums« – die erwähnten *Institutiones* –, das G. »gewaltig« anzog (*Dichtung und Wahrheit* II, 8; FA I, 14, 376). Es repräsentierte die moderne, d.h. empirische chemische Wissenschaft im Gegensatz zur →Alchimie. Exzerpte aus den *Aphorismi* finden sich in G.s Straßburger *Ephemerides* von 1770 (vgl. ebd. 1166). *EN*

Bohne (Bohn), Johann Georg Heinrich

Der in Weimar (und Jena) tätige Mechaniker findet in Zusammenhang mit physikalischen Instrumenten Erwähnung in G.s Tagebüchern (8.9. und 20.12.1822, 16.1.1823, 4., 5., 13., 23. u. 27.8., 8. u. 11.9.1826, 27.1. u. 26.2.1827) und in der Korrespondenz, so anlässlich der Revision eines »Amicischen Mikroskops«, das Samuel Thomas →Soemmerring nach Frankfurt geschickt werden sollte (G. an Carl August, 25.1.1827; an F. S. Voigt, 27.1.1827). Für ein »Objektiv-Glas« (16.10.1824), eine »Brille mit grünen Gläsern« (Januar 1827) und die Reparatur von »elektrischen Apparaten« (15.11.1830) sind Rechnungen Bohnes überliefert (LA II, 5B, 1155 u. 1224; LA II, 1B, 1075). Am 7.4.1829 bestellte G. bei Bohne einen Heronsbrunnen (vgl. auch Tgb, 27.4.1829).

EN

Bohne

Der Begriff für die zur Familie der Hülsenfrüchte (Fabaceae oder Leguminosae) gehörende Nutzpflanze bezeichnet sowohl den Bohnenkern als auch die Bohnenschote (eigentlich Bohnenhülse) oder das gesamte Gewächs, wobei es sich um verschiedene Gattungen wie Gartenbohne (Phaseolus vulgaris) oder Ackerbohne (Vicia faba, auch Saubohne, Dicke Bohne oder Puffbohne) handeln kann. G. verwendete das Wort auch für den Samen der Mimosa scandens (Entada scandens; vgl. LA II, 9A, 118).

Der Bohnenkern war für G. Gegenstand morphologischer Studien, von Wichtigkeit insbesondere beim Studium der →Metamorphose des →Blattes und der Analyse der Keimblätter (dazu G.s Aufsatz *Von den Kotyledonen*; FA I, 24, 62–72, zur Bohne 66–68). Im Zusammenhang mit seinem *Versuch die Metamorphose der Pflanzen zu erklären* (1790) ließ G. Aquarelle von Schülern der Weimarer Zeichenschule anfertigen. Darunter befanden sich auch zwei frühe Darstellungen zur Keimung der Gartenbohne (FA I, 24, Abb. 22), die vermutlich 1786 vor der Italienreise im Zusammenhang mit dem Aufsatz *Von den Kotyledonen* entstanden sind. Darauf bezog sich G.s Bemerkung: »Ich rechne solche [Bohnen] zu denen Pflanzen welche so wohl untere als obere Kotyledonen haben, beide sind auf der dritten Tafel deutlich vorgestellt« (ebd. 66).

Zur Keimung der Bohne fertigte G. Notizen in Italien an (vgl. ebd. 78–80), und 1807 stellte er in dem später die Hefte *Zur Morphologie* einleitenden Aufsatz *Die Absicht eingeleitet* fest: »Man stellt die Bohne gewöhnlich als ein deutliches Muster der Keimung auf« (ebd. 393), die er im Folgenden näher beschrieb.

Die Bohne war weiterhin Untersuchungsobjekt im Rahmen der *Wirkung des Lichts auf organische Körper im Sommer 1796* (ebd. 285–313), wovon auch das Tagebuch vom 16., 17. und 20.6.1796 berichtete: »Die Bohnen [...] unter die farbigen Gläser. [...] Bohnen [...] unter den Topf. [...] Pflanzen und Samen unter den Kasten«.

Im Tagebuch vom 14.11.1807 ist ein »lustiges Experiment eines Engländers«, nämlich der Versuch des englischen Pflanzenzüchters und Botanikers Thomas Knight (1759–1838) mit Bohnen notiert, welcher den Einfluss der Schwerkraft bzw. der Zentrifugalkraft auf die Wachstumsbewegungen der Pflanzen beobachtete. *EN*

Boisserée, Sulpiz (1783–1854)

G.s Beziehung zu dem Kunstsammler und Kunsthistoriker, die von 1810 bis 1832 währte und von einem umfangreichen Briefwechsel begleitet wird, ist bereits in GHB. 4.1, 137–139 gewürdigt worden. Hier sind einige Aspekte nachzutragen, die speziell den Naturforscher G. betreffen.

Allgemein läßt sich sagen, dass Boisserées Tagebücher eine Quelle für G.s naturwissenschaftliche Arbeiten darstellen, da sie diesen Aspekt aus den gemeinsamen Gesprächen nicht ausblenden. So verzeichnen sie beispielsweise zahlreiche Äußerungen G.s zur Farbenlehre in Wiesbaden, Frankfurt und auf der Gerbermühle im August und September 1815, die wohl der Anlass waren, dass G. Boisserée am 21.12.1815 sein Werk *Zur Farbenlehre* übersandte. Dieser war nun für dieses Thema im Umgang mit G. sensibilisiert, sandte ihm am 30.12.1816 einen Brief über Farben im Kunstwerk sowie am 23.6.1817 einige Seiten aus Hegels gerade erschienener *Enzyklopädie der philosophischen Wissenschaften im Grundrisse* (Heidelberg 1817, §§ 220–222, 153–156), die G.s Gefallen finden mussten.

Aus der Betrachtung von Kunstwerken bei schwachem Licht entwickelte sich 1817 eine von Boisserée ausgehende, umfangreiche Korrespondenz zu Phänomenen, die man sinnesphysiologisch als Dämmerungssehen bezeichnet (vgl. Boisserée an G., 10.7., 17.8., 24.9., 21.11.1817; an Boisserée, 29.7., 5.9., 17.10.1817).

Am 1.8.1817 bat Boisserée G. um nähere Aufklärung zu den Phänomenen der entoptischen Farben; die Angelegenheit verlief zunächst im Sande, doch am 16.8.1822 konnte sich Boisserée befriedigt über die Lektüre des Aufsatzes *Entoptische Farben* im dritten Heft des ersten Bandes der Zeitschrift *Zur Naturwissenschaft überhaupt* (1820) äußern. G. informierte Boisserée nicht nur regelmäßig über seine Aktivitäten in der Naturforschung, sondern er sandte ihm auch andauernd, wenn auch manchmal verspätet, Druckbogen und fertige Hefte seiner naturwissenschaftlichen Zeitschrift (1817–1824), die auch eine Reihe *Zur Morphologie* umfasste.

Auf diese bezog sich Boisserée, als er G. am 15.1.1820 auf Wunsch des Autors Georg Friedrich Jägers Werk *Über die Mißbildungen der Gewächse* (Stuttgart 1814) zusandte, das G. intensiv rezipierte.

Auch von der 1828 begonnenen Arbeit an der deutsch-französischen Ausgabe des *Versuchs über die Metamorphose der Pflanzen* (1831) wurde Boisserée aus Weimar unterrichtet; am 8.9.1831 sandte G. ihm das vollendete Werk zu.

In den letzten Lebenswochen G.s kam es zu einer kurzen Korrespondenz über den Regenbogen, die seit der Edition in der *Leopoldina-Ausgabe* (1970) unter dem Titel *Verhandlungen mit Herrn Boisserée den Regenbogen betreffend 1832* zusammengefasst wird (an Boisserée, 11.1.1832; Boisserée an G., 2.2.1832; an Boisserée, 25.2.1832; vgl. FA I, 25, 839–846). Auch hierin kam es nicht zu einer Lösung in der Erklärung des Regenbogens, die G. schon seit 1810 vergeblich angestrebt hatte. Von Boisserée verabschiedete er sich mit der vielzitierten Formel: »Für freundliche Teilnahme dankbar, Fortgesetzte Geduld wünschend, Ferneres Vertrauen hoffend« (ebd. 846). *WZ*

Bologneser Stein (Bononischer Stein)

Der phosphoreszierende, d.h. nach Bestrahlung durch Sonnenlicht rotgelb nachleuchtende Schwerspat (Schwefelbarium, Baryt) kommt in gips- oder schwefelkieshaltigen Tonen vor. Die alternative Bezeichnung ›Bononischer Stein‹ deutet auf die lateinische Bezeichnung des Fundortes (Bononia = Bologna).

Bereits der junge G. wurde von der Faszination dieses Licht spendenden Steins angezogen. In den *Leiden des jungen Werthers* heißt es: »Man erzählt von dem Bononischen Stein, daß er, wenn man ihn in die Sonne legt, ihre Strahlen anzieht und eine Weile bey Nacht leuchtet« (Erstausgabe Leipzig 1774, 68).

Den Fundort des Bologneser Spats, den Monte Paderno in der Nähe von Bologna, erkundete G. am 20.10.1786 und berichtete darüber in seiner *Italienischen Reise*. Neben den aus diesem Stein zubereiteten »kleinen Kuchen [...], welche calcinirt im Dunkeln leuchten, wenn sie vorher dem Lichte ausgesetzt gewesen, und die man hier kurz und gut Fosfori nennt« (WA I, 30, 171), beschrieb G. sehr genau die Lokalität, wo der Schwerspat vorkommt, und das mit Schwefelkies vermischte schiefrige Tongestein, in welchem der Bologneser Stein entsteht; weiterhin untersuchte er die innere Struktur sowie die →Kristallisation dieses Steines. Dazu ist G.s Mineralienliste *Zur Naturgeschichte des Bologneser Schwerspats* überliefert (vgl. LA II, 7, 186).

Einige der in →Italien gesammelten Stücke schickte G. am 19.2.1787 an Ch. v. →Stein und an →Knebel. Letzterem schrieb er bereits am 17.11.1786 aus Rom, dass der »Bologneser Gypsspat, welcher nach der Calcination [dem Glühen mit Holzkohle] leuchtet«, ihm »besonders wegen seiner auserordentlichen specifischen Schweere gegen den übrigen Gyps merckwürdig« sei.

1788 gab G. dem Jenaer Chemiker →Göttling »eine Partie Bolongneser Spat zu Versuchen« (an Knebel, 25.10.1788) und kündigte eine – schließlich unterbliebene – »mineralogische Beschreibung« als Beitrag für Trebras Bergbaukunde (2 Bde., Leipzig 1798/1790) an.

Ende Juni 1792 berichtete G. →Lichtenberg von seinen Versuchen mit Leuchtsteinen und erbat von diesem einschlägige Literatur (vgl. WA IV, 9, 315f.); am 2.7.1792 teilte er →Soemmerring seine Beobachtung mit, dass nicht das rote und gelbe, sondern allein das violette Licht des Spektrums den Bologneser Stein zum Leuchten bringe (vgl. ebd. 318). Diese Feststellung G.s, wonach das Leuchten des Bologneser Steins nur nach Beleuchtung mit gewissen Teilen des Sonnenspektrums erfolgt, war eine damals völlig unbeachtete, aber wichtige Entdeckung (vgl. Seifert 1965, 94).

G. hat seine Versuche ausführlich beschrieben; der auf den 2.5.1792 datierte, zu Lebzeiten nicht veröffentlichte Text ist zusammen mit anderen Stücken in G.-Ausgaben unter dem Titel *Versuche mit Leuchtsteinen* zu finden (vgl. FA I, 23.2, 71–75).

Am 3. oder 4.4.1801 hat G. die Experimente gegenüber →Schiller erwähnt (vgl. EGW 4, 363) und Anfang Juni 1801 bei seinem Besuch in →Göttingen →Blumenbach einen Aufsatz über Leuchtsteine versprochen. Die nicht überlieferte Schrift mit dem Titel *Über das geologische Vorkommen des Bologneser Spates* sandte G. am 11.10.1801 an Blumenbach und bat ihn darum, auf seinen Aufsatz einen »Reisenden aufmerksam [zu] machen, daß er uns eine genauere und den Einsichten unserer Zeit gemäßere Beschreibung lieferte, auch die undeutliche Krystallisation bis zu einer höhern Deutlichkeit verfolgte und gute Exemplare nach Deutschland lieferte [...]. Ich war freylich [1780] als ich jene Gegenden besuchte noch mehr Laye in diesen Wissenschaften als gegenwärtig. Die näheren Bestimmungen, welche Sie in dem Aufsatze finden werden, verdanke ich Herrn Bergrath Werner, welcher mich vor einiger Zeit [20.9.1801] besuchte«.

In seiner *Farbenlehre* (1810) erwähnte G. die Thematik der Leuchtsteine nur kurz (Didaktischer Teil, 3. Abt. *Chemische Farben*, §§ 678f.; FA I, 23.1, 220f.) und überließ sie weitgehend T. J. →Seebeck zur Bearbeitung, dessen Aufsatz in *Statt des versprochenen supplementaren Teils* unter dem Titel *Wirkung farbiger Beleuchtung* erschien (vgl. ebd. 994–1009; auch Tgb, 3.1. und 9.4.1810).

»Das Vorkommen des Bolognesersteins, welcher unter den bekannten Mineralien seines Gleichen nicht hat«, hob G. auch 1812 in seinem geologischen Aufsatz *Über den Ausdruck porphyrartig* hervor und stellte die Frage, »ob nicht dieser reine weiße Schwerspat porphyrartig in dem Gestein enthalten sei« (FA I, 25, 549 f.).

Am 6.3.1818 bat G. den Mineraliensammler E. G. von Odeleben um ein »Exemplar [...] Bologneserspath [...] Gyps, krystallisirt, von M.[onte] Donato bey Bologna«.

Literatur
Burdach, Konrad: Die Disputationsszene und die Grundidee in Goethes *Faust*. In: Euphorion. 27 (1926), 1-69 (zum Bologneser Stein 29-36). - Schmid, Günther (Hg.): Goethe, Johann Wolfgang: Über den Bologneser Spat. Halle/Burg Giebichenstein 1937. - Seifert, Hans: Mineralogie und Geologie in Goethes Lebenswerk. In: Philosophia naturalis. 2 (1965), 72–99. - Winderlich, Rudolf: Goethe und die Leuchtsteine. In: Chemiker-Zeitung (Köthen), 29.2.1936, Nr. 18, 188. *HO*

Bonnet, Charles (1720–1793)

Der Schweizer Naturforscher, der als Privatgelehrter in Genf lebte, war einer der wichtigsten Vertreter der Lehre von der →Präformation und trat darüber hinaus vor allem mit seinem zweibändigen Werk *Contemplation de la nature* (Amsterdam 1764), das G. am 17.3.1783 anschaffte, als Popularisator eines Stufenleitermodells oder einer kontinuierlichen Kette von Mineralien, Pflanzen, Tiere und Menschen auf, die nach dem Kriterium der Vollkommenheit geordnet sein sollte. 1740 war Bonnet der Nachweis der Jungfernzeugung bei Blattläusen gelungen, woraus er folgerte, dass diese im Prinzip bei allen Lebewesen möglich sein müsse.

Auf der zweiten Schweizreise besuchte G. Bonnet am 29.10.1779, wovon nur Carl Augusts Tagebuch Zeugnis ablegt (vgl. LA II, 9A, 273), das von den Regenerationsversuchen Bonnets an Salamandern berichtet. Bei G. findet sich lediglich der Hinweis: »wir haben Bonnet [...] gesehen« (an Ch. v. Stein, 2.11.1779).

G. hat später mehrfach die Einfachheit, ja Naivität der Bonnetschen Naturvorstellungen kritisiert. Bei einem Besuch im Hause Jacobis in Pempelfort im November 1792 stellte er resigniert fest: »Die Einschachtelungs-Lehre [Präformation] schien so plausibel und die Natur mit Bonnet zu kontemplieren höchst erbaulich« (FA I, 16, 520). G. sah Bonnets weit verbreitete Vorstellungen als Hindernis für die Durchsetzung eigener Ansichten. In *Schicksal der Druckschrift* - ein Aufsatz, der die Wirkung seiner Schrift über die *Metamorphose der Pflanzen* von 1790 verfolgt - beschreibt er die Reaktion »von auswärtigen Freunden«: »sie antworteten alle mehr oder weniger in Bonnets Redensarten: denn seine Kontemplation der Natur hatte, durch scheinbare Faßlichkeit, die Geister gewonnen, und eine Sprache in Gang gebracht in der man etwas zu sagen, sich untereinander zu verstehen glaubte. Zu meiner Art mich auszudrücken wollte sich niemand bequemen« (FA I, 24, 423).

Die deutsche Ausgabe von Bonnets *Recherches sur l'usage des feuilles dans les plantes* (Göttingen und Leiden 1754), *Untersuchungen über den Nutzen der Blätter bei den Pflanzen* (Nürnberg 1762), hat G. im Rahmen von morphologischen Notizen festgehalten (vgl. LA II, 9B, 55, M 51).

Literatur
Gauss, Julia: Goethe und die Genfer Naturforscher. In: JbFDtHochstift. 1978, 28–46, hier 35–39. *ZA*

Borschen s. Bilin

Botanik s. ÜA Morphologie

Botanische Gärten

Aufgrund seiner lebenslangen botanischen Interessen haben Botanische Gärten jederzeit G.s besondere Aufmerksamkeit erregt. Für die Verwaltung und Aufsicht des Botanischen Gartens in Jena war G. seit der Gründung (1794) zuständig und hat mit den zu seinen Lebzeiten eingesetzten Direktoren →Batsch (1794–1802), →Schelver (1803–1806) und F. S.→Voigt (ab 1807) stets eng und harmonisch zusammengearbeitet. Ab 1817 nahm G. bei seinen Aufenthalten in →Jena wiederholt Quartier im Inspektorenhaus des Botanischen Gartens.

Der Schlosspark von Belvedere südlich von Weimar wurde von →Carl August unter Mithilfe G.s zu einem weithin bekannten Botanischen Garten (Schwerpunkt exotische Pflanzen, Palmenhaus) umgestaltet. 1820/1821 erschien unter reger Anteilnahme G.s der von A. W. Dennstedt herausgegebene Pflanzenkatalog *Hortus Belvedereanus [...]*, zu dem G. ursprünglich ein Vorwort beisteuern wollte. Da dieses nicht rechtzeitig fertig wurde, diente ihm das bisher gesammelte Material zu dem *Schema zu einem Aufsatze die Pflanzenkultur im Großherzogtum Weimar darzustellen*, das 1822 in Morph I, 4 veröffentlicht wurde.

Auf der ersten Italienreise besuchte G. am 26./27.9.1786 den ältesten Botanischen Garten Europas in →Padua; auf der Suche nach der →Urpflanze begeisterte er sich dort für die üppige Vegetation Südeuropas. Die Gärten der Villa Giulia in →Palermo (kein Botanischer Garten im engeren Sinne) erneuerten am 17.4.1787 die botanischen Bemühungen und brachten G. zur Überzeugung, dass alle Teile des Pflanze modifizierte Blätter seien (→Blatt).

Ohne Anspruch auf Vollständigkeit seien in chronologischer Folge genannt die Besuche der

Botanischen Gärten in →Kassel (Auegarten, 14.9.1779), Verona (Garten Giusti, 19.9.1786), Vicenza (21.9.1786), Rom (2.2.1787), Dresden (Anfang August 1794 mit J. H. Seidel), →Göttingen (8.6.1801 mit G. F. Hoffmann), →Halle (wohl 11.7.1802 mit K. →Sprengel), Frankfurt am Main (4.10.1814) und →Karlsruhe (4.10.1815 mit K. C. →Gmelin).

Schriftenaustausche, Pflanzen- oder Samenlieferungen, überwiegend aber Erwähnungen in Briefen sind hinsichtlich folgender Botanischer Gärten (in alphabetischer Folge) bekannt: Amsterdam (→Carl August, Anfang Februar 1817), Berlin (H. F. Link durch Vermittlung →Zelters, 1830), Bonn-Poppelsdorf (→Nees von Esenbeck, ab 1819), Breslau (L. C. Treviranus, 1825), Brühl (Nees von Esenbeck, 1819), Buitenzorg/Java (Nees von Esenbeck, 1825), Darmstadt (Heß, 1825), Dorpat (E. H. F. →Meyer, 1826), Erlangen (Nees von Esenbeck, 1818), Kew/London (Carl August, 1820), Königsberg (E. H. F. Meyer, ab 1826), Leipzig (Graf →Sternberg, 1822), Mantua (in G.s Aufsatz *Weitere Studien zur Spiraltendenz*), Paris (W. v. →Humboldt, 1797; F. S. v. Voigt, 1809), Prag (Graf von Sternberg 1822, F. S. Voigt 1828), München (Graf Sternberg, 1822, 1824), St. Petersburg (E. H. F. Meyer, 1826), Stra an der Brenta/Italien (Carl August, 1819), →Stuttgart (G. F. Jäger, 1830) und Wien (Carl August, 1819/20, C. F. A. v. Schreibers, ab 1820).

Ob G. bei seinem Aufenthalt in Gießen am 18./19.8.1772 den ältesten, bis heute am ursprünglichen Ort gelegenen Botanischen Garten Deutschlands aufsuchte, ist nicht belegbar, obwohl sein Besuch bei L. J. F. Höpfner in die unmittelbarste Nachbarschaft führte. *WZ*

Boyle, Robert (1627–1691)

Der englische Chemiker, Physiker und Philosoph war Mitbegründer der Royal Society of London, deren Präsidentschaft er jedoch 1680 ausschlug. Bereits in dem um 1805 entstandenen Stück *Farbe als Erscheinung*, fünf Jahre vor Erscheinen der *Farbenlehre*, hat G. Boyle neben →Theophrast als den einzigen bezeichnet, der es unternommen habe, eine »vollständige Sammlung der Erfahrungen [von den Farben] einigermaßen methodisch aufzustellen« (FA I, 23.2, 270); insofern hat G. ihn als Vorgänger betrachtet.

Boyles zentrales optisches Werk, *Experiments and considerations upon colours with a letter containing observations on the diamond that shines in the dark* (London 1663), besaß G. in den beiden lateinischen Ausgaben London 1665 und Rotterdam 1671 (Ruppert 4414f.). Darüber hinaus entlieh G. zwischen dem 6.5. bis 18.6.1805 sechs weitere Schriften von Boyle aus der Weimarer Bibliothek (Keudell 407–412), um sich ein Gesamtbild von seinem Wirken zu machen.

Die erste Beschäftigung mit seinem Werk über die Farben ist nach dem Tagebuch bereits am 4.2.1798 nachweisbar. Am 10.2.1798 folgte das ausführliche Urteil darüber in einem Brief an →Schiller: »Ich habe diese Tage das Werk des Robert Boyle über die Farben gelesen und kenne in diesem ganzen Felde noch keine schönere Natur. Mit einer entschiednen Neigung zu einer gewissen Erklärungs Art, die freylich auf den chemischen Theil, den er bearbeitet, noch so leidlich paßt, erhält er sich eine schöne Liberalität, die ihn einsehen läßt daß für andere Phänomene andere Vorstellungsarten bequemer sind. Die Unvollkommenheiten seiner Arbeit erkennt er sehr klar, und seine Darstellung ist in diesem Sinne sehr honett. Er unterläßt nicht seine Meinung vorzutragen und auszuführen, aber immer wie einer der mit einem Dritten spricht, mit einem jungen Manne, und diesen immer ermahnt alles noch besser zu untersuchen und zu überdenken. Er berührt fast alle bedeutende Fragen und beurtheilt das meiste mit sehr viel Sinn. [...] Sein Buch kam ein Jahr früher heraus ehe Newton auf seine Hypothese fiel und mit derselben [...] dieses Feld tyrannisirte. Wären nur noch zwey Menschen auf Boyle gefolgt welche dieses Fach in seiner Art fortbearbeitet hätten, so wäre uns nichts zu thun übrig geblieben und ich hätte meine Zeit vielleicht besser anwenden können«.

Obwohl Boyle bereits in den *Tag- und Jahresheften* von 1807 als »Hauptschriftsteller« genannt wird, belegt das Tagebuch die intensive Beschäftigung mit diesem Autor für den historischen Teil der *Farbenlehre* erst für 1808 und 1809 (vgl. 5., 6. u. 9.12.1808, 22. u. 24.3. sowie 9.4.1809). Das umfangreiche Kapitel zu *Robert Boyle* in der *Farbenlehre* bringt Auszüge aus seinem optischen Werk (1. Tl., 5. Kap.) in deutscher Übersetzung (vgl. FA I, 23.1, 735–742). Die überaus zahlreichen weiteren Erwähnungen Boyles, auch im didaktischen Teil (ebd. 23, 31, 66, 68, 168, 208, 720, 755f., 784, 809f., 815, 830, 838, 890, 896–98, 906, 1052; eine Notiz zum Boyle-Kapitel in LA II, 6, 260f.), weisen auf den wichtigen Stellenwert, den dieser Autor für G. hatte. *WZ*

Brahe, Tycho (1546–1601)

Der berühmte dänische Astronom baute mit Unterstützung des Königs auf der Insel Hven die Sternwarten Uranienburg und Sternenburg auf, deren optimale Ausstattungen die mathematische Berechnung von Planetenörtern und die Ableitung der Bewegungsgesetze der Planeten erlaubten. 1599 wurde Brahe Hofastronom von Rudolph II. in Prag. Bereits 1588 hatte er das nach ihm benannte Tychonische System entwickelt, ein Planetensystem, in dem die Planeten zwar die Sonne umkreisen, diese aber den fixen Stern Erde.

In der Art seines Irrens sah G. im historischen Teil der *Farbenlehre* eine Parallele zu →Newton; Brahe habe fälschlicherweise »das Untergeordnete für das Herrschende in seinem Weltsystem« betrachtet (FA I, 23.1, 797) – genau wie Newton den besonderen und vereinzelten Fall des →Experimentum crucis zur Grundlage seiner →*Opticks* gemacht habe. Zwar sei Brahe von seinem Schüler →Kepler sehr geschätzt worden, doch G. erschien er als »einer von den beschränkten Köpfen, die sich mit der Natur gewissermaßen im Widerspruch fühlen und deswegen das komplizierte Paradoxe mehr als das einfache Wahre lieben und sich am Irrtum freuen« (ebd. 691) – Vorwürfe, die nahezu identisch auf Newton übertragen werden könnten.

Im physiologischen Teil der *Farbenlehre* berichtete G. von Brahes Feststellung, »daß der Mond in der Konjunktion (der finstere) um den fünften Teil kleiner erscheine, als in der Opposition (der volle helle)« (ebd. 35), ein Beispiel für die Erfahrung, dass dunkle Gegenstände generell kleiner erscheinen als helle von der gleichen Größe.

In der Aphorismensammlung *Ferneres über Mathematik und Mathematiker* werden Brahe und Newton in zwei aufeinanderfolgenden Texten kritisiert. Brahe, »ein großer Mathematiker, vermochte sich nur halb von dem alten System loszulösen [...]; er wollte es [...] aus Rechthaberei durch ein kompliziertes Uhrwerk ersetzen, das weder den Sinnen zu schauen, noch den Gedanken zu erreichen war« (FA I, 25, 87). *WZ*

Brandes, Heinrich Wilhelm (1777–1834)

Den Physiker, Mathematiker, Astronomen und Meteorologen, ursprünglich Deichinspektor an der Weser, von 1811 bis 1826 Professor für Mathematik in Breslau, anschließend Professor für Physik in Leipzig, lernte G. nie persönlich kennen, er schätzte aber außerordentlich sein Werk *Beiträge zur Witterungskunde. Untersuchungen über den mittleren Gang der Wärme-Aenderungen durchs ganze Jahr; über gleichzeitige Witterungs-Ereignisse in weit von einander entfernten Weltgegenden; über die Formen der Wolken, die Entstehung des Regens und der Stürme; und über andere Gegenstände der Witterungskunde* (Leipzig 1820), das er am 27.4.1820 erwarb (Ruppert 4417) und am 30.4. sowie am 11./12.5.1820 in Karlsbad las. Herzog Carl August hatte das Werk am 10.3.1820 empfohlen, sein eigenes Exemplar aber »nicht aus der Hand geben« wollen (LA II, 2, 337). »Mit Brandes konnte ich mich bald befreunden«, meldete G. am 7.5.1820 dem Herzog und in den *Tag- und Jahresheften* von 1820 hielt G. fest: »Von Büchern förderte mich am meisten *Brandes* Witterungskunde und sonstige Bemühungen in diesem Fache«.

In seinem Aufsatz *Wolkengestalt nach Howard* (ZNÜ I, 3, 1820) setzte G. Brandes auch öffentlich ein Denkmal: »Eine frische Aufmunterung genoß ich zuletzt durch Herrn Brandes und dessen Beiträge zur Witterungskunde. Hier zeigt sich wie ein Mann, die Einzelnheiten ins Ganze verarbeitend, auch das Isolierteste zu nutzen weiß. Ich war dadurch angeregt manches aus meinen Papieren mitzuteilen [...]« (FA I, 25, 216).

Ende 1820 war es Brandes' »Vorschlag zu einer meteorologischen Zeitschrift« (Tgb, 11.12.1820), der G.s Interesse fand und der in der Folgezeit immer wieder thematisiert wurde, jedoch an einem fehlenden Verleger scheiterte (vgl. Tgb, 13.12.1820; Carl August an G., 19. und 21.12.1820; an Carl August, 20.12.1820, Tgb, 19.1.1821; an Posselt, 20.1.1821; an Carl August, 24.1.1821; an Helbig, 27.1.1821; Carl August an G., 14.3. und 22.3.1821; alle Zeugnisse in LA II, 2).

G. stand mit der Schlesischen Gesellschaft für vaterländische Kultur in Breslau über deren Präsidenten Fritz von Stein in gutem Kontakt; in dieser wiederum war Brandes für die meteorologischen Themen zuständig. So erhielt G. ein Verzeichnis von schlesischen Orten, an denen Wetterdaten erhoben werden sollten (vgl. LA II, 2, 115, M 8.13); gegenüber C. L. F. Schultz lobte G. am 25.9.1820: »In Breslau haben sie einen wackern Mann in diesem Fach an Brandes« (vgl. auch an Carl August, 13.1.1822).

Die im Großherzogtum Sachsen-Weimar-Eisenach erhobenen Daten (→Meteorologische Anstalten) wurden fortan nach Breslau gesandt (vgl. Fritz von Stein an G., 8.3.1822; LA II, 2, 402; an Carl August, 26.3.1822). Brandes schickte seinerseits Beobachtungs- und Messergebnisse aus Schlesien (vgl. LA II, 2, 116–121, M 8.14 und 8.15), bis er 1826 nach Leipzig wechselte. *ZA*

Brandis, Joachim Dietrich (1762–1842)

Der Arzt und Medizinprofessor in Braunschweig und Kiel, ab 1810 Leibarzt in Kopenhagen, hatte E. →Darwins *Zoonomia, or the laws of organic life* ins Deutsche übersetzt (3 Bde., Hannover 1795–1799; Bde. 1 und 2 in G.s Bibliothek; Ruppert 4486.). Darin befand sich auch die G. vor allem interessierende Arbeit von Darwins Sohn, R. W. →Darwin, *On the Ocular Spectra of Light and Colours*, die G. im historischen Teil der *Farbenlehre* vorstellte, wobei er den »sonst so verdienstvollen Übersetzer« (FA I, 23.1, 942), also Brandis, dafür kritisierte, dass er ›Ocular Spectra‹ nicht mit ›Augengespenst‹, sondern mit ›Augentäuschungen‹ übersetzt hatte (→Optische Täuschung).

Brandis hatte G. bereits 1795 seinen *Versuch über die Lebenskraft* zugesandt (Ruppert 4418); er knüpfte nach Erscheinen der *Farbenlehre* im Jahr 1810 daran an, indem er G. am 11.1.1811 einen anerkennenden Brief schrieb (»Ihr Buch zur Farbenlehre hat mich ganz wieder erweckt. Ich möchte es jedem Arzt und Naturforscher als Muster darbieten [...]«; FA I, 25, 770), sich darin als Akyanobleps (›Blaublinder‹, tatsächlich eine Person mit einer Rot-Grün-Sehschwäche) zu erkennen gab und seine diesbezüglichen Erfahrungen schilderte (→Farbenblindheit). Wie sehr Brandis damit G.s Interessen traf, zeigt die Tatsache, dass G. den Brief – wenn auch erheblich gekürzt – noch 1822 in ZNÜ I, 4 in seinen Nachträgen zur *Farbenlehre* im Kapitel *Physische Farben* als *Älteste aufmunternde Teilnahme* veröffentlichte (FA I, 25, 770–775). Bereits unmittelbar nach Erhalt des Briefes hatte G. am 7.3.1811 ausführlich gedankt: »Es freut mich gar sehr, daß Sie in dem, was ich zur Farbenlehre beytragen können, die frühere Denkweise wieder finden [...]. Sehr wichtig ist mir's, daß sich in einem so denkenden und forschenden Manne ein Akyanobleps hervorthut. Schon aus dem Platz, wo ich dieses Phänomens erwähne, zeigt sich, daß ich es zwischen die physiologischen und pathologischen hinein stelle. [...] Ich gestehe gern, daß ich diese abnorme Erscheinung eher für physiologisch als für pathologisch ansprechen möchte. [...] Was mich besonders reizt das Phänomen von dieser Seite zu betrachten, ist die Überzeugung, daß hier eine Pforte befindlich ist, obgleich eine sehr enge, um in das Allerheiligste der Farbenlehre zu dringen [...]. Vielleicht gelingt es, mit Ew. H. Beyhülfe; weswegen ich die Sache, die Ihnen so nahe liegt, mehr als jemals zu beachten Sie ersuche«.

Zu einem weiteren Austausch über die Phänomene der Rot-Grün-Schwäche kam es jedoch nicht mehr. Stattdessen kündigte Brandis am 6.6.1812 die Absendung von chinesischen Farben, um die G. gebeten hatte, und Proben chinesischer Seide an (vgl. LA II, 5B.1, 518). *WZ*

Brasilien

G.s vielfältige Berührungspunkte mit Brasilien drücken sich in Literaturstudien wie in persönlichen Kontakten aus. Bevor sich G. ab 1816 intensiver mit der Naturgeschichte Brasiliens auseinandersetzte, gab es bereits einige Anklänge. 1782 übersetzte er zwei Lieder aus Montaignes *Essais* (*Todeslied eines Gefangenen* und *Liebeslied eines Wilden*), denen er jeweils den Untertitel *Brasilianisch* gab. Am 8.12.1802 übersandte G. →Blumenbach ein offenbar nicht identifiziertes, lateinisches Werk, dessen »handschriftliche Zusätze [...] sich vorzüglich auf Brasilien« beziehen. Am 23.12.1814 erwähnte er Brasilien im Tagebuch in Zusammenhang mit »Belvedere«, wo →Carl August ein Gewächshaus mit exotischen Pflanzen unterhielt.

Nachdem sich Brasilien 1808 von Portugal gelöst hatte, setzte in den Folgejahren das Interesse von Reisenden, speziell auch Forschungsreisenden, an diesem Land ein. Die Expedition des Prinzen Maximilian zu Wied-Neuwied in den Jahren 1815 bis 1817 erregte bereits G.s Aufmerksamkeit. Er erkundigte sich am 29.12.1816 in einem Brief an J. I. Gerning, »ob schon etwas von den Brasilianischen Producten nach Neuwied gekommen« sei. Die Reisebeschreibung des Prinzen (*Reise nach Brasilien [...]*, 2 Bde., Frankfurt 1820/1821) hat G. hoch geschätzt (»das Wundersame der Gegenstände schien mit der künstlerischen Darstellung zu wetteifern«; TuJ 1821).

Am 29.11.1817 beschäftigte sich G. mit E. A. W. Zimmermanns Übersetzung von J. →Mawes *Reisen in das Innere von Brasilien* (Bamberg 1816) und hob in den *Tag- und Jahresheften* von 1817 hervor: »*Mawe's* Aufsatz über Brasilien und die dortigen Edelsteine gab uns von dieser Seite eine nähere Kenntniß jener Länder«.

1818 erhielt G. durch den Wiener Museumsdirektor C. F. A. v. Schreibers Nachricht über die österreichisch-bayerische Expedition, die 1817 als wissenschaftliche Begleitung der Prinzessin Leopoldina, der Tochter Franz I. und der Verlobten des künftigen Kaisers Don Pedro I., nach Brasilien aufgebrochen war. Nach der Lektüre der »Instructionen, welche der brasilianischen Expedition ertheilt worden«, schrieb er am 17.7.1819 an Schreibers, dass er diese »mit Bewunderung gelesen und wieder gelesen habe«.

Am 24.2.1820 kündigte Schreibers die Übersendung von drei Exemplaren der *Nachrichten von den kaiserl. österreichischen Naturforschern in Brasilien [...]* an (H. 1, Brünn 1820; Ruppert 4111), des von ihm veröffentlichten ersten Berichts über die Expedition (vgl. dazu an Carl August und Tgb, 10.3.1820 sowie TuJ 1820). G. stellte eine Rezension in der JALZ in Aussicht (vgl. an Schreibers, 10.5.1820), die aber wohl unterblieb.

Das zweite Heft des Expeditionsberichts (1822) sandte Schreibers am 13.5.1823 (vgl. Tgb, 14. bis 16.6.1823). G.s Dank an Schreibers vom 22.6.1823 erwies hier besonders sein geologisches Interesse, das auch in einem Brief vom 9.6.1823 an C. C. von →Leonhard zum Ausdruck kam.

1818 und 1819 beschäftigte sich G. mit W. L. v. →Eschwege, dem ›Vater‹ der brasilianischen Geologie, und seinem *Journal von Brasilien* (H. 1 u. 2, Weimar 1818; Ruppert 4102). Die Lektüre ist laut

Tagebuch für den 1. und 2.3.1818, 2.2.1819 und 30.10.1822 belegt. Zwischen dem 16.1. und 11.5.1822 ist G. Eschwege mehrfach persönlich in Weimar begegnet. Dieser wollte dem Großherzog Carl August Diamanten und andere Juwelen aus Brasilien zum Kauf anbieten. G. wurde mit der Auswahl der Steine und der Preisverhandlung beauftragt (Nachweis der Zeugnisse in LA II, 8B.1, 233). Als Eschwege am 30.10.1822 wieder nach Weimar kam, brachte er G. »Gebirgsarten von Brasilien« mit (Tgb). Aus diesen schloss G., »daß die Gebirgsarten der neuen Welt mit denen der alten in der ersten Urerscheinung vollkommen übereinstimmen« (TuJ 1822). Für G. trug der Aufenthalt Eschweges in Weimar dazu bei, dass Brasilien als »immenser Welttheil doch immer klärer« werde (an Schultz, 5.9.1822).

Zu Eschweges Carl August gewidmeter Monographie *Geognostisches Gemälde von Brasilien* (Weimar 1822) notierte G. Stichworte für eine Besprechung (vgl. FA I, 25, 592), die jedoch unterblieb. G. erhielt das Werk als Geschenk vom Autor am 11.5.1822 (Ruppert 4531).

G. bekam auch von Schreibers »brasilianische Producte« (an Carl August, 13.1.1822). Am 16.1.1822, dem Tag, als Eschwege ihn zum ersten Mal besuchte, besprach G. mit →Knebel »brasilianische Neuigkeiten aus Wien«.

Am 21.2.1822 konnte er Carl August soeben von Schreibers eingegangene »brasilianische Saamen von Wien« senden und erhielt noch am gleichen Tag weitere Aufträge, neue Pflanzen aus Brasilien zu besorgen. So schrieb G. am 27.2.1822 an Schreibers: »Serenissimus finden an den Samen durchaus neue Sorten und hoffen davon in den zu erweiternden Glashäusern zunächst viel Vergnügen. Zugleich soll ich anfragen, ob kein Same von Araucaria excelsa und von Artocarpus nach Wien gekommen sey? [...] Wenn wieder Gelegenheit nach Brasilien ginge, wünscht mein Fürst, so möge man doch von beiden einen hübschen Vorrath bestellen«.

Am 30. und 31.7.1822 begegnete G. in Eger dem Botaniker und Mediziner J. B. E. →Pohl, einem der Wissenschaftler der österreichisch-bayerischen Brasilien-Expedition: »Aus den fernsten Weltgegenden [...] ergaben sich Mittheilungen aller Art« (an Carl August und Luise, 1.8.1822).

G. nahm lebhaften Anteil an der Auswertung der Forschungsergebnisse über Brasilien. Am 12.1.1823 schrieb er an den Grafen →Sternberg: »v. Martius [ein weiterer Teilnehmer der Expedition] ist noch im Spätherbst an den Rhein gekommen, und ich weiß durch Nees v. Esenbeck [in Bonn] ungefähr, wie es mit den besondern und den gemeinsamen Vorarbeiten der brasilianischen Schätze allenfalls werden kann. [...] Unser Präsident ist nicht ohne Hoffnung, daß die preußischen Brasiliensia sich gleichfalls anschließen werden«.

Auf G.s Anregung begab sich Graf Sternberg nach Wien, um »wegen der brasilianischen Angelegenheiten auf die übrigen deutschen Anstalten zu wirken« (an Carl August, 26.5.1823).

Nach der Lektüre eines Artikels in der *Carlsruher Zeitung* erkundigte sich Carl August bei G. am 10.11.1825 über die Benennung und die Heilkräfte einer von Eschwege aus Brasilien mitgebrachten Pflanze (*Raiz preta, Schwarze Brechwurzel*) und leitete damit eine breite Diskussion ein. G. schrieb bereits am 11.11.1825 einen kleinen Aufsatz dazu (*Über zwei emetische Wurzeln*), den er zusammen mit einem Bericht seines Arztes W. →Rehbein am 16.11.1825 an den Botaniker →Nees von Esenbeck nach Bonn zu weiterer Aufklärung sandte. Dieser lieferte am 25.11.1825 ein ausführliches Gutachten, holte die Meinung des Brasilienexperten von →Martius ein, ohne dass aber eine Klärung erreicht wurde.

Da sich die »Herren Botaniker nicht vereinigen« konnten (an Carl August, 30.12.1825), wandte sich G. am 29.1.1826 an Schreibers in Wien mit der Bitte, den ebenfalls brasilienerfahrenen Botaniker Pohl mit einem Gutachten zu betrauen, das dieser unter dem Datum 4.3.1826 erstellte (vgl. LA II, 10B.1, 262), von Schreibers aber erst am 12.7.1826 nach Weimar gesandt wurde.

In einem Brief an Graf Sternberg vom 19./21.9.1826 berichtete G.: »Vorstehendes [Pohls Gutachten] wäre als der Abschluß einer weitläufigen Correspondenz zu betrachten, welche [...] zwischen Herrn Nees v. Esenbeck, Martius, mir und andern, mit Theilnahme unsres gnädigsten Herrn und einiger hiesigen Ärzte geführt ward. Hieraus erhellet, daß die Irrung hauptsächlich durch eine falsche Abbildung [bei Eschwege] verursacht war, an der nun wohl weiter nichts aufzuklären seyn dürfte«.

Am 7.12.1826 kam die erste Lieferung von Pohls bis 1831 erscheinendem Prachtwerk *Plantarum Brasiliae icones et descriptiones* (Wien 1827) in Weimar an, die G. sogleich durchsah und am 9.12.1826 an Carl August weiterreichte (»Das illuminirte Exemplar ist besonders erfreulich, und mir war höchst angenehm das Geschlecht Manihot so gut ausgestattet zu sehen; die Stengelblätter der utilissima haben schon einen bedeutenden habitus, auf sonstige merkwürdige Eigenschaften der Pflanze hindeutend.«).

Die Sendung des dritten Heftes erfolgte mit Schreibers Brief vom 26.2.1828, in dem auch das vierte Heft als Abschluss des ersten Bandes für Ostern 1828 angekündigt wurde (vgl. auch an Carl August, 16.3.1828). Dieses konnte Schreibers erst am 5.2.1829 senden; G. erwartete »dankbar die nächste Sendung« (an Schreibers, 16.2.1829).

Das zwischen 1820 und 1825 in Wien veröffentlichte dreibändige Werk *Delectus florae et fauna brasiliensis* von J. C. →Mikan entlieh G. am 9.6.1827 aus der Weimarer Bibliothek. Mikan hatte Brasilien in den Jahren 1717 und 1718 besucht. In seiner im März 1830 in den *Jahrbüchern für wissenschaftliche Kritik* erschienenen Rezension des ersten Jahrgangs der *Monatsschrift der Gesellschaft des vaterländischen Museums in Böhmen* (Prag 1827) erwähnte G. Mikan in Zusammenhang mit dem Botanischen Garten in Prag als »vorzüglichen Botaniker [...], der Brasilien und so manche berühmte Anstalt gesehen« (WA I, 42.1, 41).

Der G. am nächsten stehende Brasilienreisende war C. F. P. v. Martius. Noch bevor sich die beiden am 13.9.1824 in Weimar persönlich kennenlernten, hatte Martius gemeinsam mit Nees von Esenbeck eine brasilianische Malvengattung mit dem Namen →*Goethea* benannt (vgl. dazu Nova Acta Leopoldina 11.1, 1823, 89–102; Nees von Esenbeck an G., 20.7.1821, 14.7.1822 und 5.4.1823).

Am 23.10.1823 sandte Martius G. das erste Heft seiner *Genera et species palmarum* (München 1823) als »eine Zugabe zu jener holden Malvenblumen« (LA II, 10A, 624).

Anfang November 1823 beschäftigte sich G. gründlich damit und dankte Martius am 3.12.1823 mit dem Bekenntnis, er habe »dieß schöne gründlich-lebendige Heft gelesen und wieder gelesen, und immer hat sich ein klareres, wenn schon gleich mildes Licht über das Ganze verbreitet« (→Palme).

Da ein erbetener Beitrag von Martius für G.s Zeitschrift *Zur Morphologie* ausblieb, verfasste G. eine kurze Anzeige der ersten beiden Hefte der *Genera et species palmarum* (Morph II, 2, 1824; vgl. FA I, 24, 638–641). Aus dem Nachlass ist ein weiterer Text zur Thematik überliefert (*Über Martius Palmenwerk*; vgl. FA I, 24, 655–658).

Am 9.3.1824 sandte Martius G. seinen Münchener Vortrag *Die Physiognomie des Pflanzenreiches in Brasilien* (Ruppert 4865). Zum Besuch am 13.9.1824 in Weimar vermerkte G. im Tagebuch über Martius: »zugleich in die Localitäten von Brasilien, Palmen und andere Geschlechter schöne Einsichten mittheilend. [...] Ich hatte die große brasilianische Karte aufgehängt. Er ging sie mit mir durch«.

Nicht nur das gemeinsame Interesse an Brasilien bewirkte eine tiefe Verbundenheit zwischen G. und Martius; auch die ähnliche Forschungsmethode, das Verfahren nach Analogien, brachte die beiden einander näher. »Durch die brasilianische Reise, auf deren Wirkung nach innen hin mich nichts so sehr vorbereitet hatte, als Spinoza und Ihr Faust, war mir das Bild des allgemeinen Lebens in großen Zügen vorgehalten« (LA II, 10B.1, 201), schrieb Martius am 18.5.1825 an G., übersandte ihm sein *Specimen Materiae medicae brasiliensis* (München 1824) und das vierte Heft der *Genera et species palmarum* (vgl. Ruppert 4864 und 4866). Am 4.10.1828 kam es zu einem weiteren Besuch von Martius in Weimar. G. berichtete Boisserée am 15.12.1828 von der »Durchreise des vielseitigen Herrn v. Martius, wodurch ich aufgeregt, erquickt und innigst gestärkt worden«.

Die von Martius gemeinsam mit J. B. →Spix verfasste Beschreibung der *Reise in Brasilien [...] in den Jahren 1817–1820* erschien zwischen 1823 und 1831 in München in drei Bänden mit einem begleitenden Atlas. Den ersten Band entlieh G. am 14.9.1824 aus der Weimarer Bibliothek und befasste sich in diesem Monat immer wieder damit. Am 15.10.1824 besorgte er sich auch den Atlasband. Im Juli 1825 erhielt er den ersten Band noch einmal gemeinsam mit dem neu erschienenen zweiten vom Verlag.

Am 29.3.1829 schrieb G. an Martius, dass er ihm beim Durchlesen seiner »brasilianischen Reise [...] immer zur Seite« sei. Am 23.3.1831 entlieh G. erneut den Atlas und in der Agenda von diesem und dem Folgemonat tauchte jeweils das Stichwort »Brasilien« auf (vgl. WA III, 13, 266f.). Eine Tagebuchnotiz vom 22.9.1831 – »von Martius Brasilianische Reise war angekommen« – deutet auf den letzten Teil der Reisebeschreibung, den Martius am 20.8.1831 angekündigt hatte. Bis zu seinem letzten Lebensjahr nahm G. somit lebhaften Anteil an der aktuellen Erforschung Brasiliens.

Literatur
Feder, Ernst: Goethes Liebe zu Brasilien. In: GJb. (1951), 142–177. – Schneider, Sylk: Goethes Reise nach Brasilien. Gedankenreise eines Genies. Weimar 2008. *HO*

Breccien

Als Breccien oder Brekzien werden Gesteine bezeichnet, die sekundar aus meist eckigen, also nicht abgerundeten Trümmern entstanden sind. Am 6.8.1803 sandte G. an J. F. →Blumenbach einige Gesteine und Mineralien, zu denen auch »Scheinbare Breccien« aus Lauchstädt gehörten, deren Entstehung G. »nicht mechanisch«, sondern »chemisch« erklären wollte (FA I, 25, 518). Angeregt dazu wurde er vielleicht durch eine Publikation von Franz Güßmann, die er am 30.9.1784 erworben hatte (vgl. LA II, 7, 603f.). Blumenbach fand G.s Idee »für philosophische Lithogenie [...] höchstintressant« und meinte, sie sei vor G. »noch ganz unbemerkt geblieben« (LA II, 7, 512). Nach LA II, 7, 604 waren vielleicht in den Lauchstädter Sandsteinproben, die G. am 21.5.1802 gesammelt hatte, tatsächlich auch chemisch entstandene Konkretionen vorhanden. In den vermutlich 1806 niedergeschriebenen Entwürfen zu Vorlesungen über die →Erdbildung gab G. die mechanische Bildung nur für jüngere Breccien zu, bei älteren Gesteinen nahm er jedoch wiederum eine chemische Entstehungsweise an, die er als →»porphyrartig« bezeichnet hat. Von da an äußerte G. immer bestimmter seine Überzeugung, dass viele als Breccien geltende Gesteine eigentlich primäre Bildungen seien, entstanden durch einen dem Gerinnen ähnlichen Vorgang, den er »Solideszenz« (→Erstarrung) nannte. Zu diesen scheinbaren oder Pseudo-Breccien zählte G. auch Konglomerate (aus gerundeten Komponenten verbackene Trümmergesteine) wie den englischen Puddingstone oder die im Alpenvorland häufige Nagelfluh. In einem Brief an C. C. v. →Leonhard vom 25.11.1807, der 1808 in Leonhards *Taschenbuch für die gesammte Mineralogie* erschien, äußerte sich G. erstmals öffentlich zu seiner »Vorstellungsart« und bekannte, »daß ich da noch oft simultane Wirkungen erblicke, wo andere schon eine sukzessive sehen« (FA I, 25, 363). 1824 nahm er diesen Text unter dem Titel *An Herrn von Leonhard* mit wenigen Änderungen auch in die Hefte *Zur Naturwissenschaft überhaupt* (II, 2) auf.

Literatur

Güßmann, Franz: Beyträge zur Bestimmung des Alters unserer Erde, und ihrer Bewohner der Menschen. 2 Bde. Wien 1782/83, Bd. 2, 79ff., 251. – Zastrau 1, Sp. 1393–1395. *WY*

Breslau

Die schlesische Hauptstadt suchte G. 1790 (10. bis 26.8., 1. bis 3.9., 10. bis 19.9.) als Begleiter von Herzog Carl August auf, der an preußischen Manövern teilnahm. In den *Tag- und Jahresheften* von diesem Jahr berichtete G., dass ihn in Breslau in der Folge seiner Entdeckung der Wirbelnatur der Schädelknochen (→Wirbelknochen) in →Venedig im April 1790 »unaufhörlich [...] die *vergleichende Anatomie*« beschäftigte. »In der bewegtesten Lebensumgebung zum Knochenbau zurückgekehrt«, stellte G. Studien an, die ihm im tierischen Bauplan einen →Typus offenbaren sollten, der auf »die sämmtlichen organischen Geschöpfe« anwendbar sei. »Hierauf waren alle meine Arbeiten, auch die in Breslau, gerichtet.«

Von Breslau aus brach G. am 3.9.1790 zu einer Reise in das oberschlesische Bergbaugebiet auf, wo er am Folgetag in der Friedrichsgrube von Tarnowitz den Einsatz der ersten Dampfmaschinen sah (→Schlesien).

Weitere Kontakte nach Breslau ergaben sich ab 1821 hinsichtlich der dort ansässigen →Schlesischen Gesellschaft für vaterländische Kultur, deren Präsident (ab 1820) Fritz von →Stein, der jüngste Sohn der Charlotte von →Stein, war. Die in den 1820er Jahren geführte Korrespondenz behandelte vor allem geologisch-mineralogische und meteorologische Themen und wurde von einem Austausch von Mineralien und Wetterdaten begleitet (→Brandes). So berichtete F. T. D. Kräuter am 22.5.1820 an G., dass Herzog Carl August, der an den meteorologischen Beobachtungen besonders interessiert war, »alle Witterungstabellen, so früh sie nur da sind zusammensuchen und ausziehen läßt um das Resultat nach Breslau zu schicken« (LA II, 2, 343). G. äußerte sich wiederholt zu Barometer- und Wetterdaten, die mit Breslau ausgetauscht wurden (vgl. an Carl August, 26.3.1822; Tgb, 22.4. und 8.5.1822; Agenda Mai/Juni 1822, LA II, 2, 405; an Fritz von Stein, 11.6.1823; Tgb, 2.2.1825 und 27.2.1826).

Der Breslauer Pädagoge und Paläontologe Johann Gottlieb Rhode sandte G. die ersten beiden Lieferungen seiner *Beiträge zur Pflanzenkunde der Vorwelt* (Breslau 1821–1823; vgl. Rhode an G., 10.4. und 14.12.1821; LA II, 10A, 437 und 477). *ZA*

Brewster, Sir David (1781–1868)

Den schottischen Physiker und Anhänger einer Korpuskulartheorie des Lichts fand G. zunächst in dem Bericht T. J. →Seebecks über die *Geschichte der entoptischen Farben* (ZNÜ I, 1, 1817) erwähnt, den er selbst in Auftrag gegeben hatte. Obwohl G. Brewster in seinen Schriften nur selten und beiläufig nannte (vgl. FA I, 25, 684 u. 829), kannte er doch einen Teil seiner einschlägigen Schriften, meist aus den Korrespondenzen mit Seebeck und F. →Körner (Einzelnachweis in LA II, 5B.2, 1728). Die Bedeutung Brewsters liegt vor allem in der maßgeblichen Weiterentwicklung der Forschungen Seebecks zur →Polarisation des Lichts und den damit verbundenen Interferenzfarben (→entoptische Farben). 1816 erhielten beide gemeinsam für diese Arbeiten einen Preis der Pariser Akademie.

Literatur

Zehe, Horst: »Pfauenaugen kann man finden«. Prosaisches zu Goethes entoptischen Figuren. In: Acta Historica Leopoldina. 39 (2004), 191–200, 218–220 (mit Beschreibung von Brewsters Versuchen 194ff.). *WZ*

Brocchi, Giovanni Battista (1772–1826)

Der italienische Geologe war Professor der Naturgeschichte in Brescia und Inspektor der Bergwerke des Königreichs →Italien. Seine *Mineralogische Abhandlung über das Thal von Fassa in Tirol* studierte G. in der deutschen Übersetzung Ende 1817. Das Fassatal in Südtirol (→Tirol) ist reich an plutonischen Gesteinen und Mineralien; Brocchi, ein Schüler von A. G. →Werner, erklärte sie aber nach der Theorie des →Neptunismus als Meeresablagerungen, womit er G.s Beifall fand. Das Problem der Trappformation (s. o. S. 185), die Brocchi im Fassatal in unterschiedlichen Höhenlagen vorgefunden hatte, versuchte G. in Übereinstimmung mit der neptunistischen Theorie zu bringen, indem er sie aus den Entstehungsbedingungen herleitete (vgl. Abb. S. 678). Auch G.s Notiz *Epochen bei der Weltbildung* wurde von Brocchis Werk angeregt (→Erdbildung). Im Dezember 1817 ließ G. eine Ehrenmitglieds-Urkunde der Mineralogischen Gesellschaft in →Jena für Brocchi ausstellen und erhielt als Dank von diesem eine Mineraliensendung. Im Januar 1818 las G. Brocchis Hauptwerk zu den →Fossilien Italiens, die 1814 erschienene *Conchiologia fossile subappennina*. – Der 1826 verstorbene Brocchi kann (entgegen LA II, 10B.1, 740) nicht identisch sein mit dem Autor »B.«, der 1831 in der *Biblioteca Italiana* eine Würdigung von G.s naturwissenschaftlichem Werk veröffentlichte.

Literatur

Berti, Giampietro D.: Un naturalista dall'Ancien Régime alla Restaurazione. Giambattista Brocchi (1772–1826). Bassano 1988. – Zastrau 1, Sp. 1450.

WY

Brocken

Der Brocken im →Harz ist mit 1142 m ü. M. der höchste Berg im nördlichen Deutschland. G. hat seinen Gipfel dreimal bestiegen – ebenso oft wie den gleichfalls aus →Granit bestehenden →Gotthard. Sowohl in der Volkssage, die auf seiner Höhe teuflische Rituale ansiedelte, wie in G.s persönlicher Mythologie galt der Brocken als ein besonderer Berg. Den ersten Aufstieg vom Torfhaus am 10.12.1777 musste sich G. erkämpfen, weil Schnee und Nebel hinderlich schienen. Bei sinkendem Hochnebel erreichte er trotzdem das Ziel, geführt vom Torfhaus-Förster Christoph Degen. Im Gedicht *Harzreise im Winter* wird der Gipfel zum »Altar des lieblichsten Danks« (FA I, 1, 324) – Dank des Autors für das Gelingen seiner abenteuerlichen Reise, wie G. in einem Brief an Ch. v. →Stein (10.12.1777) angab. Im Gegensatz zu den niedrigeren Bergen das Harzes, die von Stollen durchzogen waren, stand der Brocken für G. »mit unerforschtem Busen / Geheimnisvoll offenbar / Über der erstaunten Welt« (FA I, 1, 324). Im Abstieg erlebte er bei Sonnenuntergang das Phänomen der →Farbigen Schatten, das er in seiner *Farbenlehre* (Didaktischer Teil, § 75) beschrieben hat.

Auf seiner zweiten Reise in den Harz war G. mit Vize-Berghauptmann F. W. H. v. →Trebra, F. v. →Stein und dem Diener Sutor von Zellerfeld (→Clausthal-Zellerfeld) aus zum Brocken unterwegs. Am 21.9.1783 erreichten sie den Gipfel und übernachteten anschließend auf der Heinrichshöhe. Über Schierke und Elend absteigend, erreichten sie am 23.9. wieder Zellerfeld.

Auf der dritten Harzreise bestieg G. mit dem Zeichner G. M. →Kraus, vom Okertal her kommend, am 3. und 4.9.1784 nochmals den Brocken. Kraus zeichnete die beiden Granitklippen Teufelskanzel und Hexenaltar. Nach der Übernachtung auf der Heinrichshöhe entstanden anderntags Zeichnungen vom Ahrensklint und den Feuersteinklippen bei Schierke, während G. mit dem Geologen-Kompass die Felsen vermaß; die Ergebnisse sind in einem »Geognostischen Tagebuch« (vgl. LA II, 7, 104–127, M 52–58) festgehalten. Am 5.9. wurden ebenso die Schnarcherklippen südöstlich von Schierke gezeichnet und vermessen, bevor G. und Kraus in Richtung Bodetal weiter zogen. Der Text *Granit II* mit seiner visionären Schau von einem Granitgipfel dürfte 1785 in Erinnerung an den Blick vom Brocken entstanden sein. Literarisch gingen G.s Brockenkenntnisse in die *Walpurgisnacht*-Szene von *Faust I* und 1799 in die Ballade *Die erste Walpurgisnacht* ein. Einzelne Anspielungen auf den Harz finden sich auch in der *Klassischen Walpurgisnacht* und an anderen Stellen von *Faust II*.

Literatur

Dennert, Friedrich: Goethe und der Harz. Quedlinburg 1920. – Engelhardt, Wolf von: Goethes Harzreise im Winter 1777. In: GJb. (1987), 192–211. – Juranek, Christian (Hg.): Abenteuer, Natur, Spekulation. Goethe und der Harz. Halle 1999. – Leistner, Bernd: Harzreise im Winter. In: GHB. 1, 159–163. – Meißner, Christine und Meißner, Markus: »In der Freiheit der Berge«. Auf Goethes Spuren im Harz. Weimar 1989.

WY

Brown, Robert (1773–1858)

Der schottische Botaniker – Entdecker des Zellkerns (1831) und der nach ihm benannten Molekularbewegung (1827) –, den A. v. →Humboldt als »Botanicorum facile princeps« (»unbestrittener Fürst der Botaniker«) bezeichnete, hatte 1801 bis 1805 an der Expedition von Kapitän M. Flinders nach Australien teilgenommen, von wo er etwa 4000 in Europa zumeist unbekannte Pflanzenarten mitbrachte. 1810 wurde Brown von Sir J. Banks zu seinem Bibliothekar und Konservator seiner Sammlung ernannt, die 1823 nach dem Tod von Banks wie auch die Bibliothek in das Britische Museum kam.

In seiner 1810 in London erschienenen Schrift *Prodromus Florae Novae Hollandiae et Insulae Van-Diemen* (auch Leipzig 1819) wurden 1500 australische Pflanzenarten beschrieben. L. →Oken hat diese Abhandlung in seiner Zeitschrift *Isis* 1819 (H. 6, Sp. 801–984) wieder abgedruckt. Darüber hinaus behandelte Brown in vielen seiner Aufsätze von anderen Reisenden gesammelte Pflanzen, besonders von der Polargegend und aus den Tropen.

Mehr als durch seine vielen botanischen Beiträge hat Brown G. durch seine Bemühungen, das natürliche System der Pflanzen auszubauen, angesprochen.

In dem von G. und dem Göttinger, später Königsberger Botaniker E. →Meyer gemeinsam verfassten Aufsatz *Problem und Erwiderung* (Morph II, 1, 1823) schrieb Letzterer über Browns Schriften, dass er in ihnen »mit Bewunderung erkenne, wie diese Männer, ihrem Genius vertrauend, wenigstens hie und da so gearbeitet haben, als ob alles was wir noch vermissen, längst fertig ihnen zu Gebot gestanden hätte« (FA I, 24, 592).

→Nees von Esenbeck hat zusammen mit anderen die Werke Browns übersetzt und sie mit Anmerkungen unter dem Titel *Vermischte botanische Schriften* herausgegeben (5 Bde., Schmalkalden, Leipzig und Nürnberg 1825–1830; Ruppert 4426, Bd. 1–4). In vielen seiner Briefe teilte er G. die Ansichten und Beobachtungen von Brown mit und verglich in seiner Vorrede der *Schriften*, deren Bände 1 bis 4 er G. am 14.5. und 17.11.1825 sowie am 4.4.1827 und 5.11.1830 zusandte, die verwandten Betrachtungsweisen G.s und Browns über die Pflanzenwelt. G. schrieb dazu am 16.12.1824 an Nees von Esenbeck: »Auf's genauste glaube ich zu fassen was Sie bey Gelegenheit der bewußten Vorrede sagen; ich erwidere nur soviel: Hier ist die Frage von der Wirkung aus dem Centrum zu der Peripherie und umgekehrt von der Peripherie nach dem Centrum. Jenes mußte meine Tendenz seyn und bleiben; das Letztere ist Browns Weg und wäre denn doch genau betrachtet immer das beste Verfahren einer rationellen Empirie. Denn wer kann dieß lebendige Aus- und Einathmen, das doch ganz allein Wissenschaft zu nennen wäre, in Einem Sinn und Busen vereinigen«.

Trotz der methodischen Unterschiede war G. »höchst verlangend«, den von allen Kennern hoch geschätzten Botaniker näher kennenzulernen und wünschte sich »mit Ungeduld einen deutlichen Begriff von dem vorzüglichen Manne« (an Nees von Esenbeck, 10.1.1825). Nees von Esenbeck hatte G. bereits am 4.11.1820 eine Abschrift der Übersetzung von der Abhandlung Browns über die Syngenesisten (*Some observations on the plants called Compositae*, in: Transactions of the Linnean Society of London 12.1, 1817, 76–142) zugesandt, die G. »mit großem Interesse« las (an Nees von Esenbeck, 3.12.1820).

Obwohl Brown in seinen Schriften die Metamorphosenlehre G.s nicht erwähnte, hat Nees von Esenbeck in der Übersetzung seines Aufsatzes über die Pflanzengattung Rafflesia auf die Übereinstimmung mit G. hingewiesen (vgl. *An account of a new genus of plants, named Rafflesia*, in: Transactions of the Linnean Society of London 13.1, 1821, 201–234; deutsch in Browns *Vermischten botanischen Schriften*, Bd. 2, Nürnberg 1826, 605–674).

In seinem Aufsatz *Wirkung dieser Schrift* (1831) hat G. diese auf die Metamorphose der Pflanzen bezogene Anmerkung aufgenommen: »In dieser Reihe dürfen wir uns auch eines Namens von Bedeutung rühmen, *Robert Browns*. Es ist die Art dieses großen Mannes, die Grundwahrheiten seiner Wissenschaft selten im Munde zu führen, während doch jede seiner Arbeiten zeigt, wie innig er mit ihnen vertraut ist. [...] Auch über die Metamorphose hat er sich nirgends vollständig erklärt. Nur gelegentlich einmal, in einer Anmerkung zu seinem Aufsatz über die Rafflesia, spricht er es aus, daß er alle Blütenteile für modifizierte Blätter halte [...]« (FA I, 24, 764f.). Damit hatte Brown 1821 exakt G.s Vorstellung aus dem *Versuch die Metamorphose der Pflanzen zu erklären* von 1790 formuliert, dass alle Teile der Pflanze auf das Blatt als Grundelement zurückgeführt werden können. *HO*

Brunnenärzte

Sporadische Ärztebekanntschaften schloss G. bei seinen Bäderreisen; eine intensivere medizinische Behandlung ist damit in der Regel nicht verbunden gewesen. Ohne Anspruch auf Vollständigkeit seinen genannt: Ambrosius in Teplitz 1810, 1812 und 1813; K. J. →Heidler, Edler von Heilborn (1792–1866), Arzt bei den drei Kuren in →Marienbad 1821–1823 und geologischer Gesprächspartner; F. A. L(o)ehr (1771–1831), Stadt- und Brunnenarzt in Wiesbaden 1815; H. M. Marcard (1747–1817), Badearzt in Pyrmont 1801; B. Mitterbacher (1767–1839), Brunnenarzt in Karlsbad (1807, 1808, 1810–1812). *WZ*

Bryophyllum calycinum (Brutblatt)

Die heute als Kalanchoë pinnata bezeichnete Pflanze, ein Dickblattgewächs tropischer Zonen aus der Familie der Crassulaceae, gilt – neben Ginkgo biloba – als *die* G.-Pflanze schlechthin. Aus zahlreichen Brutknospen, die in Kerben des Blattes sitzen, können nach dem Abfallen jeweils neue Pflanzen entstehen. Diese hohe vegetative Reproduktionskraft sowie die Tatsache, dass nach G.s schon in Italien gefasster Hypothese »Alles ist Blatt« (FA I, 24, 84) aus dem einzelnen Blatt, G.s Grundelement der Pflanzenbildung, wieder neue Individuen hervorgehen können, ließ G. Bryophyllum in den *Tag- und Jahresheften* von 1820 als die Pflanze bezeichnen, »die den Triumph der Metamorphose im Offenbaren feiert«. Im Laufe seiner Beschäftigung mit dieser Art, von 1818 bis 1830, wurde sie für G. immer mehr zum Symbol von Verjüngung, Freundschaft, Sehnsucht und Liebe, des Lebendigen überhaupt.

Bedenkt man, dass die von G. beobachtete Pflanzenart erst 1800 über Kalkutta in den Botanischen Garten von London kam, muss G. als einer der ersten gelten, der sich derart intensiv mit ihr auseinandergesetzt hat. Wiederholt versandte G. Blätter mit Brutknospen als Zeichen seiner Freundschaft, so an Marianne von Willemer am 12.11.1826, die eine Anleitung zur Kultivierung der Pflanze in Gedichtform erhielt (vgl. WA I 4, 276).

G. plante eine - schließlich nicht ausgeführte - Monographie über Bryophyllum calycinum, da er »leidenschaftlich diesem Geschöpfe zugetan« war (an Nees von Esenbeck, 23.7.1820). Dazu sind zwei Vorarbeiten, entstanden am 11.9.1820 und 24.3.1826, überliefert (dazu ausführlich mit weiteren Zeugnissen oben S. 57f. u. 60).

Literatur
Balzer, Georg: Goethes Bryophyllum. Berlin-Kleinmachnow 1949. *ZA*

Buch, Christian Leopold von (1774–1853)

Der Geologe und Paläontologe wurde bereits als 16jähriger Schüler von Abraham Gottlob →Werner in →Freiberg (bis zum Herbst 1793). Anschließend studierte er in →Halle und →Göttingen und wurde 1796 Referendar beim Schlesischen Oberbergamt in Breslau. Bis dahin hatte er bereits geologische Erkundungen im Erzgebirge und in Böhmen unternommen, den →Harz, →Thüringen und das →Fichtelgebirge kennengelernt und einen Entwurf über die geognostische Beschreibung von Schlesien verfasst. Aus dem Staatsdienst ausgeschieden, begab er sich ab 1797 immer wieder auf ausgedehnte Forschungsreisen durch Europa.

Buchs Forschungen über die geologische Bedeutung vulkanischer und tektonischer Prozesse begründeten eine neue Geologie, die die neptunistische Geognosie Werners überwand. Sie betrafen u.a. bahnbrechende Beobachtungen über die Entstehung des Basalts in der Auvergne, die Erkenntnis der Hebung von Skandinavien und eine Vulkantheorie der Erhebungskrater.

G. las laut Tagebuch Buchs *Reise nach Norwegen und Lappland* (Berlin 1810) vom 13. bis 17.8.1810 und machte dazu eine Notiz (vgl. LA II, 8A, 46, M 27). Erst 1822 wurden die grundlegend verschiedenen Standpunkte deutlich. Nachdem G. Buch laut Tagebuch am 26.6. in Marienbad »am Brunnen« nur gesehen hatte, führte sich dieser am 1.7. als »Ultra-Vulkanist« ein. G. blieb auf Distanz: »Ich äußerte nicht das mindeste, weder dafür noch dagegen«. An den Sohn August schrieb G. am 2.7.1822: »so ward denn mit dem ersten Geologen von Deutschland kein geologisches Wort gesprochen«. Laut G.s Tagebuch erzählte ihm Buch am 8.7.1822 »von seinen letzten Exkursionen«. Lange nach G.s Tod berichtete dieser (am 3.4.1845 gegenüber K. F. Naumann) über die Begegnung: »Die neueren Ansichten der Geognosie haben für mich wenig Reiz, hat mir der Göthe gesagt; [...] ich [...] antwortete: daran ist es mir gar wenig gelegen. Sie sind der Sache nicht capax [gewachsen] [...] wer den Steinschneider [Müller] in Carlsbad so hervorheben kann, wie soll seine Billigung mir von großem Wert sein?« (Sieben [...] Briefe 108.)

Auch beim Zusammentreffen in →Eger kurz darauf hat sich G. mit Buch »höflichst aus einander gehalten« (an August, 29.7.1822). Die *Tag- und Jahreshefte* von 1822 berichten allerdings - wohl auf das Gespräch vom 8.7. bezogen - von einem »angenehmen und lehrreichen Einsprechen« von Buch.

Am 14.9.1822 erhielt G. einen Brief des Grafen →Sternberg, in dem dieser von der Lektüre des *Tiroler Boten* vom 26.7.1822 berichtete, in dem Buch seine Vorstellungen über Hebungen in Südtirol bekannt machte (→Tirol). In der Abhandlung über den *Dolomit in Tirol* behaupte Buch, »daß die ganze Porphyr Formation des Südlichen Tirols [...] durch den Alpen Kalkstein heraufgehoben worden sei, und den auf den Alpenkalkstein aufgelagerten Dolomit par compagnie emporgehoben habe« (LA II, 8B.1, 286). G. ließ diese Passage zweimal abschreiben und formulierte seine Kritik mit der folgenden Bemerkung: »daß ich einen solchen wilden willkürlichen Erdboden nicht bewohnen, wenigstens nicht betrachten werde, denn wie sieht es in meinem Kopf aus wenn ich mich quäle zu dencken und zu imaginiren daß [...] die Erde bald hie bald da klafft und gähnt um fertige unten ausgekochte Bergmassen empor zu heben [...]« (LA II, 8B.1, 51).

Buchs Abhandlung sowie eine weitere zur gleichen Thematik (*Über geognostische Erscheinungen im Fassathal [...]*) wurden in →Leonhards *Taschenbuch für die gesammte Mineralogie* gedruckt (18, 1824, 272–287 und 343–396). Buch erweiterte darin seine für die Deutung der Vulkane entwickelte Theorie der Erhebungskrater zu seiner allgemeinen Erhebungstheorie der Gebirge, die jahrzehntelang die Vorstellungen über die Gebirgsbildung bestimmte.

G. setzte sich mit Buch in vielfacher Weise - meist polemisch - auseinander. In einem Briefkonzept an den Grafen Sternberg vom 12.1.1823 heißt es: »ich glaube über diesen Ultravulkanisten klar zu seyn; er ist eigentlich ein geologischer Abenteurer, der um etwas zu bedeuten, immer den Ort wechselt, da und dort einen gewissen Eindruck zurückläßt, nicht Stand hält, weil das Vorurtheil verschwinden würde, das man allenfalls für ihn faßt [...]«.

Neben Buchs zum Dogmatismus neigenden Schriften ließen vor allem die gegensätzlichen Auffassungen der Natur keine Gemeinsamkeiten mit G. zu. Buch behauptete, dass die Natur sich widerspreche, was G.s Glauben an die Konsequenz der Natur in Frage stellte. In Buchs Beobachtungen von Pergine bei Trient heißt es: »Hier verstehe ich die Menschen nicht mehr und kaum die Natur. Chaotisch scheinen hier die Gebirgsarten durcheinander geworfen [...]. Mit ängstlicher Wehmut sah ich ein Gebäude zusammenstürzen [...]« (Gesammelte Schriften 1, 328). G. dagegen verwies in seinem Aufsatz *Gebirgs-Gestaltung im Ganzen und Einzelnen* darauf, »daß die Natur nicht später gewaltsame Mittel anzuwenden braucht um dergleichen Erscheinungen mechanisch hervor zu bringen, sondern daß sie in ihren ersten Anlagen ewige aber ruhende Kräfte besitzt, die, in der Zeit hervorgerufen, bei genugsamer Vorbereitung das Ungeheure so wie das Zarteste zu bilden vermögen« (FA I, 25, 633).

Am 31.7.1825 erhielt G. von Buch dessen neu erschienenes Werk *Physikalische Beschreibung der Kanarischen Inseln* (Berlin 1825; Ruppert 4095) sowie im April 1826 den zugehörigen Atlas. Nach der Lektüre am 1.8.1825 versicherte G. in seinem Dankesbrief vom 22.8.1825 (der Buch nicht erreichte), dass er das Werk »mit dem größten Antheil beachten und studiren« werde, und dies »um so eifriger als man bey Ihren Nachrichten und Darstellungen die Natur selbst vor Augen zu haben glaubt«.

Durch Carl Caesar von Leonhard war G. über die Forschungen Buchs stets gut informiert, auch wenn er ihren Ergebnissen nicht zustimmte. Im Gespräch mit Eckermann vom 13.2.1829 kritisierte er: »Herr *von Buch* [...] hat ein neues Werk herausgegeben, das gleich im Titel eine Hypothese enthält. Seine Schrift soll von Granitblöcken handeln, die hier und dort umherliegen, man weiß nicht wie und woher. Da aber Herr v. Buch die Hypothese im Schilde führt, daß solche Granitblöcke durch etwas Gewaltsames von Innen hervorgeworfen und zersprengt worden, so deutet er dieses gleich im Titel an, indem er schon dort von *zerstreuten* Granitblöcken redet, wo denn der Schritt zur *Zerstreuung* sehr nahe liegt und dem arglosen Leser die Schlinge des Irrtums über den Kopf gezogen wird« (FA II, 12, 307). [Möglicherweise ist hier aber nicht – wie bisher angenommen – Buchs Aufsatz *Über die Ursache der Verbreitung großer Alpengeschiebe* (vgl. LA II, 8B. 1, 588), sondern Jean André Delucs *Mémoire sur le phénomène des grandes pierres primitives alpines* (Genf 1827) Gegenstand des Gesprächs gewesen (vgl. Wyder 2012, im Druck); Hg.-Zusatz.]

Im Gegensatz zu Buch hat G. zur Erklärung der Granitgeschiebe eine →Eiszeit in der Erdvergangenheit angenommen, in der die Natur keine gewaltsamen Mittel gebraucht habe, sondern durch ruhige und langsame Wirkung Außerordentliches verrichtet habe. Einer solchen Sichtweise musste die von Buch vertretene vulkanistische Theorie der Erdbildung gänzlich zuwider sein. In einem Briefkonzept an Zelter vom 7.11.1829 schrieb G.: »Zeigen mir doch die Mayländer ganz erstaunt neuerlich an, Herr von Buch wolle ihnen augenfällig sehen lassen, das Euganäische Gebirg [...] sey plötzlich irgend einmal aus dem Erdboden aufgestiegen [...]. Und ihr könnt Gott danken, daß es dem Erdbauche nicht irgend einmal einfällt sich zwischen Berlin und Potsdamm auf gleiche Weise seiner Gährungen zu entledigen. Die Pariser Akademie sanctionirt die Vorstellung: der Montblanc sey ganz zuletzt, nach völlig gebildeter Erdrinde aus dem Abgrund hervorgestiegen. So steigert sich nach und nach der Unsinn und wird ein allgemeiner Volks- und Gelehrtenglaube [...]«.

Als Buch G. noch einmal am 23.4.1829 in Weimar besuchte, vermerkte Eckermann in seinem Tagebuch: »Gespräch über Mineralogie vermieden« (GG 3.2, 401).

Literatur

Buch, Leopold von: Sieben unveröffentlichte Briefe an Carl Naumann. In: Geologie. 2 (1953), 104–114. – Ewald, Julius W. u. a. (Hg.): Leopold von Buch: Gesammelte Schriften. 4 Bde. Berlin 1867–1885. – [Giebel, Chr. Gottfr. Andr.:] Leopold von Buch, sein Leben und seine wissenschaftliche Bedeutung. Berlin 1853. – Wagenbreth, Otfried: Leopold von Buch und die Entwicklung der Theorien über Gebirgsbildung und Vulkanismus. In: Bergakademie Freiberg. 5 (1953), 332–338 u. 369–374. – Wyder, Margrit: Noch einmal: Goethe und die Eiszeit. In: GJb (2012, im Druck). *HO*

Buchholz, Wilhelm Heinrich Sebastian (1734–1798)

Der Arzt und Chemiker, 1791 unter den Begründern des Gelehrtenkreises der →»Freitagsgesellschaft«, war ab 1763 Besitzer der Hofapotheke in Weimar. G. berichtete über ihn in seiner Übersicht *Naturwissenschaftlicher Entwicklungsgang* in Zusammenhang mit der eigenen Auseinandersetzung mit der Chemie mit den Stichworten »Zu Hause [in Frankfurt] alchemisches Tasten. [...] Eigentliches Beginnen. In Weimar Durch Buchholz Charakter desselben Eigentlich Gönner Wohlhabend, tätig ehrbegierig Sucht eine Ehre drin alles Neue zu zeigen« (FA I, 25, 50). Ausgeführt hat G. diese Skizze in *Geschichte meines botanischen Studiums* von 1817: »Die Stadt Weimar selbst besaß einen Mann, der, in mehr als einer Hinsicht, Hochachtung verdiente. Doktor *Buchholz*, Besitzer der einzigen Apotheke, wohlhabend und lebelustig, richtete, mit ruhmwürdiger Lernbegierde, seine Tätigkeit auf Naturwissenschaften […]« (ebd. 24, 407). Erst in der erweiterten Fassung dieser *Geschichte*, 1831 unter dem Titel *Der Verfasser teilt die Geschichte seiner botanischen Studien mit* erschienen, wies G. auf Buchholz' Ballonversuche hin, wobei er – die französischen Pionierleistungen vor Augen – »eine der ersten Montgolfieren von unsern Terrassen, zum Ergötzen der Unterrichteten, in die Höhe steigen« (ebd. 736) ließ (→ Ballonfahrt).

In privater Korrespondenz (so G. an Knebel, 27.12.1783) stellten sich die meisten Versuche eher als Misserfolge da, die G. zu eigenen Taten anregten. Dennoch war Buchholz in seinen naturwissenschaftlichen Interessen und Tätigkeiten offenbar äußerst vielseitig und konnte G. vor allem in botanischen und chemischen Fragen als wichtiger Ratgeber dienen.

Literatur

Wenzel, Manfred: Die Ballonexperimente des Arztes und Hofapothekers Wilhelm Heinrich Sebastian Buchholz. In: Ders.: Ärzte-Geschichten aus Alt-Weimar. Taunusstein 1991, 101–108. *WZ*

Büttner, Christian Wilhelm (1716–1801)

Der aus Wolfenbüttel stammende, ab 1758 als Professor für Naturgeschichte und Chemie in Göttingen wirkende Universalgelehrte mit »unbegränzter Neigung zum wissenschaftlichen Besitz, beschränkter Genauigkeitsliebe und völligem Mangel an […] Ordnungsgeiste« (TuJ 1802) trug eine umfangreiche Naturaliensammlung zusammen, welche 1773 die Grundlage für die Eröffnung des Göttinger Akademischen Museums bildete. Büttner, »das alte lebendige Encyclopädische Dicktionair« (an Ch. v. Stein, 8.3.1785), verkaufte 1783 bei seiner Übersiedlung nach Jena seine etwa 40.000 Bände umfassende Bibliothek gegen eine Leibrente und Wohnrecht im Jenaer Schloss an Herzog → Carl August. G. war in die Verkaufsverhandlungen einbezogen (→ Göttingen).

Nach dem Tod Büttners (1801) wurde G. mit der Auflösung seines Nachlasses, vor allem mit der Eingliederung der Bibliothek in die Jenaer Bestände beauftragt (vgl. TuJ 1802; an C. G. v. Voigt, 22.1.1802).

In seinen botanischen Arbeiten zur Aufstellung eines natürlichen Pflanzensystems kam Büttner G.s Intentionen entgegen. Dieser fühlte sich dadurch »unbeschreiblich gefördert«, worüber er in seinem Aufsatz *Geschichte meines botanischen Studiums* (Morph I, 1, 1817) berichtete: Büttner »unterhielt sich über Botanik mit Vorliebe. Hier verleugnete er nicht, sondern bekannte vielmehr mit einiger Leidenschaft, daß er, als Zeitgenosse Linnés, mit diesem ausgezeichneten […] Manne, still gewetteifert, dessen System niemals angenommen, vielmehr sich bemüht habe die Anordnung der Gewächse nach Familien zu bearbeiten […]. Ein Schema hiervon zeigte er gern […], worin die Geschlechter nach diesem Sinne gereiht erschienen, mir zu großer Erbauung und Beruhigung« (FA I, 24, 411 f.).

Die botanischen Manuskripte Büttners, heute in seinem Nachlass im GSA, zog G. nicht nur 1817 für den zitierten Aufsatz, sondern noch einmal 1828 heran, als er für die deutsch-französische Ausgabe des *Versuchs über die Metamorphose der Pflanzen* (1831) einen autobiographischen Abriss der eigenen botanischen Studien plante (vgl. an Riemer, 24.8.1828). Nun gab er sie (am 30.8.1828) an F. S. → Voigt weiter, um »darüber wissenschaftlich aufgeklärt zu werden«. Mit seinem Schreiben vom 4.9.1828 erstattete dieser ausführlich Bericht (vgl. LA II, 10B.1, 418).

In einer Mappe G.s mit Notizen zur Physiologie aus den Jahren 1798/1799 fand sich ein von Büttner im August 1778 aufgezeichneter *Versuch mit einem Laubfrosche* (abgedruckt in LA II, 9B, 40). *HO*

Buffon, Georges Louis Leclerc, Comte de (1707–1788)

Der Naturforscher und (ab 1739) Intendant des Jardin des Plantes in Paris veröffentlichte in G.s Geburtsjahr 1749 die drei ersten Bände seiner *Histoire naturelle générale et particulière*, die in Paris bis 1789 in 36 Bänden (und weiteren Supplementbänden) erschien. Die deutsche Ausgabe (Berlin 1771–1774), von F. H. W. Martini übersetzt, befand sich in G.s Bibliothek (vgl. *Das älteste Verzeichnis […]*; in: GJb. 1962).

G. lernte die Werke Buffons schon während seiner Leipziger Studienzeit (1765–1768) kennen (vgl. *Dichtung und Wahrheit* II, 6; FA I, 14, 282), ab 1780 zog er sie zu eigenen naturwissenschaftlichen Studien heran. Buffons »dessein primitif et général« (Histoire naturelle, Bd. 4, 1753, 379) kann als Vorläuferkonzeption zu G.s Typus angesehen werden. Das Wechselspiel von Metamorphose und Typus, das die vielfältigen Erscheinungen im Pflanzen- und Tierreich bestimmt, ist ebenso bei Buffon angelegt: »Es gibt in der Natur bei jedweder Art ein allgemeines Urbild, wornach jedwedes einzelne Tier gebildet ist: welches sich aber, wenn es zur

Wirklichkeit kömmt, nach den Umständen zu verschlimmern oder vollkommener zu werden scheint; so daß es [...] eine seltsame Mannigfaltigkeit, und zugleich etwas Unveränderliches gibt [...]« (zit. nach LA II, 9A, 520).

Eine ausführliche Charakterisierung Buffons hat G. erst in seiner letzten naturwissenschaftlichen Schrift, im zweiten Abschnitt der *Principes de Philosophie zoologique* (1832), gegeben, wo er seine Denkweise mit denen von →Daubenton, →Cuvier und →Geoffroy Saint-Hilaire in Relation setzt. Buffon führe »die Kreatur in ihrer Ganzheit vor, besonders gern in Bezug auf den Menschen [...]. Er bemächtigt sich alles Bekannten [...]. Aus diesem Standpunkte weiß er sich aus dem Einzelnen das Umfassende zu bilden [...]. Seine Tendenz geht in das Ganze, insofern es lebt, in einander wirkt und sich besonders auf den Menschen bezieht. [...] Buffon nimmt die Außenwelt, wie er sie findet, in ihrer Mannigfaltigkeit als ein zusammengehörendes, bestehendes, in wechselseitigen Bezügen sich begegnendes Ganze« (FA I, 24, 821–823). In Buffons zeitweisem Mitarbeiter Daubenton sah G. den »fortwährend im Trennen und Sondern« (ebd. 823) begriffenen Anatomen, und schließlich zog er im Rahmen der verschiedenen Anschauungsweisen der Natur eine wissenschaftshistorische Verbindung von Daubenton zu Cuvier sowie von Buffon zu Geoffroy Saint-Hilaire, wobei Letzterer aber »nicht wie Buffon ins Vorhandene, Bestehende, Ausgebildete, sondern ins Wirkende, Werdende, sich Entwickelnde« dringe (ebd. 822).

Für G.s geologische Studien erwies sich Buffons *Les Époques de la Nature* (Paris 1778) als maßgebliche Schrift für frühe Vorstellungen über die →Erdbildung (s. dazu oben S. 148f. sowie Notizen, November 1779; LA II, 7, 284; Tgb, 2. und 13.4.1780). Im Brief an Merck vom 7.4.1780 verwahrte sich G. gegen die Abwertung von Buffons Werk als »Roman« durch G. Forster (s. o. S. 148). Buffon hatte die Entstehung der Erde in sieben Epochen postuliert und den aktuellen Zustand der Erdoberfläche als Folge einer allmählichen Abkühlung der Erdkugel gedeutet. Im Brief an Merck vom November 1782 erklärte G., »daß wir zwar werden auf Büffons Weege fortgehen aber von denen Epochen die er festsezt abweichen müßen«. In *Epochen der Gesteinsbildung* (1785) gab G. schließlich Buffons Abkühlungstheorie auf und favorisierte von nun an eine neptunistisch geprägte Anschauung der Gesteinsentstehung durch Kristallisation im Urozean.

Literatur

Kanajew, Iwan Iwanowitsch: Goethe und Buffon. In: GJb. (1971), 157–177. *ZA*

Buquoy (auch Bucquoy, Bouquoy, Bouquoi, Boukuoj), Georg Franz August von Longueval, Graf von (1781–1851)

G. kannte den böhmischen Großgrund- und Glashüttenbesitzer sowie Naturforscher bereits seit August 1807, als er ihm erstmals in →Karlsbad begegnet war. Auch in den folgenden Jahren traf man sich in den Kurbädern (1810 u. 1818 Karlsbad; 1812 u. 1813 →Teplitz).

Am 23.7.1813 führte Graf Buquoy G. einen von ihm entwickelten Strahlenbrechungsmesser vor, der den Brechungsindex von erdnahen Luftschichten metrisch bestimmen sollte (zu weiteren Einzelheiten vgl. LA II, 5B.1, 553; Abb. in EGW 4, Abb. IX). Offenbar übersandte der Graf auch ein Manuskript oder eine Vorarbeit zu seinem Aufsatz *Ein Instrument zur Bestimmung der irdischen Strahlen-Brechung in jedem Standpunkte*, der 1814 in den *Annalen der Physik* (46, N. F. 16, 307–314 u. Tafel III) erschien. G. antwortete darauf am 4.8.1813, nicht ohne die von Graf Buquoy angesprochenen Phänomene nach seiner *Farbenlehre* zu erklären.

In nicht veröffentlichten Notizen unter dem Titel *Das Wichtigste aus der neueren Literatur über Mathematik, Chemie, Physik, Technologie, Staatswissenschaft etc. seit Oktober 1814* hielt Graf Buquoy jedoch fest: »Diese Lehre [G.s *Farbenlehre*] ist durch ihren hinreißenden Vortrag sehr verführerisch, kann aber als ein befriedigendes System der Farben nicht bestehen [...] Goethe zur Farbenlehre; interessante Biographien; verwirft Newtons Lehre. Eigene Ansichten« (Teichl 1905, 23f.; zit. nach LA II, 5B.1, 586).

1818 tauschte man sich in Karlsbad erneut über die *Farbenlehre* aus (vgl. z.B. Tgb, 2., 6., 8., 9. u. 12.8.1818), ohne dass nähere Einzelheiten dazu bekannt sind.

Literatur

Teichl, Robert: Goethe und Georg Graf von Buquoi. In: ChrWGV. 19 (1905), 17–30. *WZ*

Burdach, Karl Friedrich (1776–1847)

Der Physiologe und Anatom studierte ab 1793 in Leipzig Medizin; nach der Habilitation ließ er sich dort 1799 als Arzt und Dozent nieder und wurde 1807 zum außerordentlichen Professor an der Universität ernannt. 1811 übernahm Burdach den Lehrstuhl für Anatomie, Physiologie und Gerichtliche Medizin in Dorpat, wo er insbesondere über Entwicklungsgeschichte, Physiologie und vergleichende Anatomie des Gehirns und des Rückenmarks forschte. 1814 nahm er einen Ruf nach Königsberg an.

Unabhängig von G. (vgl. Tgb, 25.9.1796) prägte Burdach den Begriff »Morphologie«, den er als erster in einer Publikation nannte (*Propädeutik zum Studium der gesammten Heilkunst*, Leipzig 1800, 62).

Burdach sandte G. regelmäßig seine Schriften, so am 23.11.1817 *Über die Aufgabe der Morphologie* (Leipzig 1817; Ruppert 4437). Die Abhandlung, so Burdach, bilde den Auftakt für weitere Arbeiten, durch welche er mit G.s »Ideen zusammen zu treffen« glaube (an G., 23.11.1817). G.s freundliche Reaktion (an Burdach, 25.1.1818) ließ das Verhältnis zunächst ungetrübt erscheinen. Am 3.5.1819 folgte die Übersendung des Werks *Vom Baue und Leben des Gehirns* (Bd. 1, Leipzig 1819; Ruppert 4438), am 25.6.1821 sandte Burdach seinen *Vierten Bericht von der Königlich anatomischen Anstalt zu Königsberg* (Königsberg 1821; Ruppert 4229) nach Weimar. Darin behandelte er *Nachträge zur Morphologie des Kopfs*, nannte im Gegensatz zu G.s Vorstellung lediglich drei Schädelwirbel und erwähnte in diesem Zusammenhang (auf Seite 50) auch G., der Burdach am 21.7.1821 zurechtwies: »Ew. Wohlgeboren dießmalige Sendung hat mich, wenn ich es gestehen darf, wirklich betrübt, indem ich aus Ihrem Heft ersehe, daß Sie das was ich, *Zur Morphologie*, zweytes Heft Seite 251, 1820 [in den Nachträgen zur Zwischenkieferabhandlung] über diesen Gegenstand [Wirbeltheorie des Schädels] geäußert, entweder nicht gekannt, oder nicht geachtet haben, welches ich mir denn freylich muß gefallen lassen. Sie sagen Seite 45 ›*Vor dem Keilbeine giebt es keinen Wirbel mehr*‹ und sprechen hiedurch den Irrthum aus, an welchem die Wissenschaft schon seit zwölf Jahren leidet. Vor dem vorderen Keilbeine, behaupte ich, liegen noch drey Wirbel, die sich auch wohl nach und nach dem Aug' und Geist der Naturforscher entfalten werden. [...] suchen Sie sich von Zeit zu Zeit von Irrthümern los zu machen [...]. Der beste Kopf ist, auch mit dem besten Willen, in großer Beschränktheit befangen, und wer hat nicht mehr als einmal im Leben sich selbst die angebotene Aufklärung verkümmert?«

Burdach reagierte beleidigt und antwortete nicht mehr, eine Reaktion, die er später bedauerte (vgl. *Rückblick auf mein Leben*, Leipzig 1848, 232). *EN*

Burggrave, Johann Philipp (1700–1775)

Der kurmainzische Leibmedicus behandelte – wie schon sein gleichnamiger Vater (1673–1746) sowie Philipp Bernhard Pettmann (1726–1790) – die Familien Goethe und Textor in Frankfurt am Main als Hausarzt. Er wurde hinzugezogen, als G. in der Kindheit an Windpocken, Masern und (im Alter von 9 Jahren) an Pocken erkrankte, entgegen verbreiteter Angaben in der Literatur aber vermutlich nicht, als G. 1768 krank aus Leipzig zurückkehrte (→ Metz, Johann Friedrich). Erwähnung in *Dichtung und Wahrheit* (I, 5: »den Arzt«). *WZ*

Buttel, Christian Diedrich von (1801–1878)

Als 26jähriger Sekretär am Landgericht Jever wandte sich Buttel in einem langen Brief vom 18.4.1827 an G., um seine Zustimmung zu dessen *Farbenlehre* auszudrücken und mitzuteilen, dass er als Begründer der Physikalischen Gesellschaft in Jever mit einigen Gleichgesinnten G.s Werk behandle und die Versuche nachvollziehe. Dabei verschwieg er auch kritische Punkte nicht, die Buttel vor allem in G.s Vorstellung von den → Nebenbildern ausmachte. G., im Hinblick auf seine *Farbenlehre* weitgehend isoliert und bisweilen resignierend, war außerordentlich erfreut über die Reaktion des jungen Mannes und dankte mit einem freundlichen Brief am 3.5.1827, dem er die zweite Strophe des soeben entstandenen, gegen → Newton gerichteten Gedichts *Warnung eigentlich und symbolisch zu nehmen* beigab. Es entspann sich bis zum Jahresende 1827 ein kurzer Briefwechsel, der neben der *Farbenlehre* auch die Geologie Helgolands behandelte. G. sandte außer der *Farbenlehre* auch die beiden Bände seiner Zeitschrift *Zur Naturwissenschaft überhaupt, besonders zur Morphologie* nach Jever. An C. F. L. → Schultz schrieb G. am 29.6.1829 resümierend: »Ihre Ahnung, mein Theuerster, von Dissemination des Interesses an diesen Erscheinungen [der Farbenlehre] hat sich aber auch schon vorläufig erfüllt, indem ich vom Rande des Continents, aus Ostfriesland, von Jever, Nachricht einer Freundes-Versammlung erhielt, die in Berlin [bei → Hegel und L. D. v. → Henning] die erste Anregung gewann und diese Angelegenheit nunmehr mit Neigung zu behandeln fortsetzt [...]« (G–Buttel 81).

Literatur

Wenzel, Manfred (Hg.): Goethe und Buttel. Briefwechsel 1827. Oldenburg 1992. *WZ*

Camarupa

Diesen »Namen einer indischen Gottheit, die an *Gestaltveränderungen Freude hat*«, bezog G. »aufs Wolkenspiel« (FA I, 25, 199) und wählte ihn als Titel für seinen ersten, Ende 1817 entstandenen Aufsatz zu einem wolkenkundlichen Thema. Die Überlieferungssituation dieser Abhandlung, einer »von Serenissimo [Carl August] bestellten Wolkenlehre« (Tgb, 9.12.1817), ist kompliziert (vgl. dazu LA II, 2, 640f.). Nachdem in → Schöndorf auf dem Ettersberg eine meteorologische Beobachtungsstation eingerichtet worden war, wurde G. vom Herzog beauftragt, →Instruktionen für den dort tätigen Wetterbeobachter zu verfassen, die auch für ein noch einzurichtendes Messnetz mit mehreren Stationen Gültigkeit haben sollten. G. delegierte die technischen, auf Instrumente bezogenen Teile an den Jenaer Universitätsmechaniker F. Körner. Nach einer ersten, am 23.12.1817 eingereichten Version verfasste G. auf Wunsch des Herzogs eine kürzere, am 28.12.1817 beendete Fassung, die Erfahrungsberichte mit Witterungsbeschreibungen eliminierte und sich nur noch auf *Howards Wolkenformen* beschränkte, somit eine wichtige Vorstufe zu G.s 1820 in ZNÜ I, 3 (1820) veröffentlichtem Aufsatz *Wolkengestalt nach Howard* darstellt (in WA werden beide Texte verschmolzen).

Themenschwerpunkt von *Camarupa* sind die verschiedenen Erscheinungsformen der Wolken und deren Gestaltwandel, wobei G. den von L. →Howard beschriebenen (Stratus, Kumulus, Zirrus und ihren Zwischenformen sowie Nimbus) eine weitere (Paries) hinzufügte. Gegenüber Carl August bezeichnete G. am 14.12.1817 seine Ausführungen als »Wolken-Boten«, womit er auf den Titel eines indischen Epos (*Megha-Duta*) von →Kálidása anspielte (→Wolkenterminologie, →Wolkenformen).

Die gekürzte Fassung wurde durch eine von J. W. C. →Roux angefertigte farbige Wolkenbestimmungstafel (vgl. LA II, 2, Tafel VI) ergänzt, dem Beobachter der Schöndorfer Station, F. C. Koch, als Anleitung für Wolkenbetrachtungen übergeben und ging somit in die meteorologischen Instruktionen ein. Ein enger Entstehungszusammenhang besteht mit G.s Aufsatz *Farben des Himmels* (→Himmelsfarben).

Literatur

Nickel, Gisela: Neues von »Camarupa«. Zu Goethes frühen meteorologischen Arbeiten. In: GJb. (2000), 118–125. *ZA*

Camper, Pieter (Petrus) (1722–1789)

Da der holländische Anatom – Professor der Philosophie, Anatomie und Medizin an den Universitäten Franeker, Amsterdam und Groningen, schließlich Privatgelehrter auf seinem Landgut Klein Lankum – als unbestrittene Autorität in seinem Fach galt, ließ G. ihm über →Merck und →Soemmerring seine sogenannte Prachthandschrift des *Versuchs aus der vergleichenden Knochenlehre daß der Zwischenknochen der obern Kinnlade dem Menschen mit den übrigen Thieren gemein sey* mit deutschem und lateinischem Text sowie zehn Tafeln zukommen (vgl. an Merck, 19.12.1784). In diesem Aufsatz nannte G. Camper (und →Blumenbach) als die herausragenden Vertreter der herrschenden Lehrmeinung, die einen Zwischenkieferknochen beim Menschen ablehnte (vgl. FA I, 24, 16).

Da Merck zunächst mit Soemmerring über G.s Abhandlung disputierte, verzögerte sich die Weitersendung, so dass Camper G.s Aufsatz erst am 15.9.1785 erhielt. Seine Reaktion geht aus drei Briefen an Merck hervor (16. u. 19.9.1785, 21.3.1786: »L'os intermaxill. n'existe pas dans l'homme«; LA II, 9A, 324ff., 331): Die Abhandlung und die Zeichnungen seien sehr elegant ausgeführt, G.s Beobachtungen seien für alle behandelten Tiere zutreffend, auch habe er den Zwischenkieferknochen beim Walross entdeckt, die These der Existenz dieses Knochens für den Menschen sei jedoch falsch. Erst am 12.7.1786 meldete G. an Soemmerring einen »sehr interessanten Brief« von Camper (G–Soemmerring 56), der nicht überliefert ist. Da G. an Campers Urteil besonders gelegen war, musste dessen negative Reaktion in hohem Maße enttäuschend sein. Erst kurz vor seinem Tod äußerte sich G. in *Principes de Philosophie zoologique* zu dem Brief des »vortrefflichen Camper«: »Ich erhielt [...] eine sehr ausführliche, wohlwollende Antwort, worin er die Aufmerksamkeit [...] höchlich lobte; [...] guten Rat erteilte [...] er nahm als Vater und Gönner allen billigen Anteil an der Sache. Aber davon war nicht die geringste Spur, daß er meinen Zweck bemerkt habe: seiner Meinung entgegen zu treten [...]. Ich erwiderte bescheiden und erhielt noch einige [...] Schreiben [...] nur materiellen Inhalts, die sich aber keineswegs auf meinen Zweck bezogen, dergestalt, daß ich zuletzt, da diese eingeleitete Verbindung nichts fördern konnte, sie ruhig fallen ließ [...]« (FA I, 24, 828f.; →Dilettantismus).

Camper, auch als Zeichner und Stecher ausgebildet, hielt vor der Amsterdamer Malerakademie Vorlesungen über seine Zeichenmethode und die Behandlung der Gesichtslinie. Spektakulär war Campers Verfahren, durch wenige Striche die Profile oder Skelette verschiedener Säugetiere, Vögel oder Fische ineinander oder auch in menschliche zu überführen, »wodurch das Vorrücken der Stirn, als Gefäß des geistigen Organs, über die untere mehr tierische Bildung anschaulicher« wurde (ebd. 825), ebenso aber G.s Grundsatz Bestätigung fand, dass »alle nach Einem Urbilde geformt seien« (ebd. 268). In seinem Aufsatz über den Zwischenkiefer berief sich G. für die beigegebenen Tafeln 3 und 7 ausdrücklich auf die »Camperische Methode« (ebd. 23).

Im Rahmen seiner morphologischen Schriften erwähnte G. Camper auch in seinen Abhandlungen zum osteologischen Typus 1795/1796 (vgl. ebd. 238 u. 268).

Zu einer nicht ausgeführten Rezension von Campers *Vorlesungen [...] über die bewundernswürdige*

Ähnlichkeit im Bau des Menschen, der vierfüßigen Tiere, der Vögel und Fische, und über die Schönheit der Formen (Berlin 1793), die G. am 25.1.1795 von der Redaktion der ALZ angetragen wurde, ist ein Entwurf überliefert (vgl. FA I, 24, 223f.). Die Berücksichtigung ästhetischer Aspekte und die Anwendung anatomischer und physiognomischer Gesichtspunkte auf die bildende Kunst, wie sie Camper betrieb, rief G.s Interesse hervor.

Trotz der persönlichen Enttäuschung in der Zwischenkieferfrage stellte G. Campers dominierenden Rang in der Fachwissenschaft nie in Frage. In einem seine Hefte *Zur Morphologie* einleitenden Stück heißt es 1817: »[...] *Camper* erschien als Meteor von Geist, Wissenschaft, Talent und Tätigkeit« (ebd. 403). Zu einer persönlichen Begegnung mit dem großen Gelehrten ist es nie gekommen.

Literatur
Wenzel, Manfred: Der gescheiterte Dilettant. Goethe, Soemmerring und das Os intermaxillare beim Menschen. In: Mann, Gunter und Dumont, Franz (Hg.): Gehirn – Nerven – Seele. Anatomie und Physiologie im Umfeld S. Th. Soemmerrings. Stuttgart, New York 1988 (Soemmerring-Forschungen 3), 289–329. *ZA*

Candolle, Augustin Pyrame de (1778–1841)

Der Schweizer Botaniker und Naturforscher hatte einem Medizinstudium in Paris ab 1804 ein Studium der Biologie bei Georges →Cuvier und Jean-Baptiste de Lamarck angeschlossen. 1808 übernahm er einen Lehrstuhl für Botanik an der Naturwissenschaftlichen Fakultät in Montpellier, gleichzeitig war er Leiter des dortigen Botanischen Gartens. 1816 kehrte er in seine Heimatstadt Genf zurück, wo er bis 1834 die Professur für Botanik und Zoologie innehatte. 1817 gründete er den *Jardin botanique des Bastions* in Genf. Zu seinen Schülern zählte Frédéric Jacques →Soret, der Prinzenerzieher in Weimar, mit dem G. seine deutsch-französische Ausgabe des *Versuchs über die Metamorphose der Pflanzen* (1831) erarbeitete.

1818 versuchte G. zunächst vergeblich, de Candolles *Théorie élémentaire de la botanique* (Paris 1813) zu bestellen (vgl. an Weigel, 10.2.1818, an Carl August, 3.4.1818), so dass →Carl August das Werk aus Straßburg kommen ließ. G. scheint sich zu dieser Zeit nicht weiter darum gekümmert zu haben, denn in den Heften *Zur Morphologie* (1817–1824) wird de Candolle nicht erwähnt.

Erst Mitte 1828 häufen sich die Zeugnisse zu G.s Beschäftigung mit dem Genfer Botaniker. Am 12.6.1828 erhielt G. vom Frankfurter Buchhändler Jügel de Candolles soeben erschienenes Werk *Organographie végétale ou Description raisonnée des organes des plantes* (2 Bde., Paris 1827), das er sofort las (vgl. an Soret, 21. und 28.6.1818; Tgb, 13., 14. und 16.6.1818). G. stellte dabei de Candolles Arbeitsweise fest, »von der Peripherie nach dem Centrum zu gehen« (Tgb, 14.6.), die seiner eigenen Methodik gerade zuwiderlief, aber als Ergänzung aufgefasst werden konnte. So mischen sich in G.s Urteilen über de Candolle Bewunderung und Kritik.

Als G. sich nach dem Tod Carl Augusts vom 7.7. bis 11.9.1828 nach →Dornburg zurückzog, versuchte er, sich durch intensive botanische Studien abzulenken. Hier fertigte er aus de Candolles Werk eine Übersetzung des dritten Kapitels des zweiten Bandes (*De la Symétrie végétale*) unter der Überschrift *Von dem Gesetzlichen der Pflanzenbildung* an (vgl. im Einzelnen dazu EGW 2, 59–73). Der Plan, diese Arbeit – wie viele weitere – als Anhang der deutsch-französischen Ausgabe der *Metamorphose* beizugeben, wurde nicht ausgeführt.

Während G. und Soret noch an Letzterer arbeiteten, erschien 1829 in Genf eine französische Übersetzung von G.s *Versuch die Metamorphose der Pflanzen zu erklären* durch Frédéric de Gingins-Lassaraz, die de Candolle rezensierte und dabei bemerkte, G. – der »illustre poète« – habe mit seiner Metamorphosenlehre »en passant une découverte importante« (LA II, 10B.1, 524) gemacht. G. stellte dies verärgert in seinem Aufsatz *Der Verfasser teilt die Geschichte seiner botanischen Studien mit* richtig (vgl. FA I, 24, 752; ausführlicher dazu s. o. S. XX, Vorwort).

In der kleinen Pflanzenmonographie *Rhus cotinus* zitierte G. aus der inzwischen in 2. Auflage (Paris 1819) vorliegenden *Théorie élémentaire de la botanique* (vgl. FA I, 24, 695f.), vor allem aber beschäftigte er sich noch einmal ausgiebig mit de Candolle – diesem »vorzüglichen«, »scharfsichtigen Mann« – in seiner Übersicht *Wirkung dieser Schrift* (1831), welche die Geschichte der eigenen Metamorphosenlehre nachzeichnen sollte (vgl. FA I, 24, 765–767, 771–773). Hier gedachte G. der Lektüre de Candolles als »Lehrstunden«, die »zu besuchen« »er das Glück hatte« (ebd. 771); er machte aber auch das Trennende deutlich: »Es ist zwar mit allem Dank zu bemerken, daß ein so wichtiger Mann [...] die Identität aller Pflanzenteile anerkennt [...]. Allein wir können den Weg nicht billigen, den er nimmt [...]. Nach unserer Ansicht tut er nicht wohl von der *Symmetrie* auszugehen [...]. Der würdige Mann setzt eine gewisse [...] Regelmäßigkeit voraus, und nennt alles was mit derselben nicht übereintrifft, Aus- und Abwüchse [...]. Die *Metamorphose* ist ein höherer Begriff, der über dem Regelmäßigen und Unregelmäßigen waltet [...]« (ebd. 773f.).

De Candolles *Organographie* verdankte G. den Hinweis auf Joachim Jungius, der darin als Vorläufer G.s bezeichnet wurde, was G.s Interesse an einer eingehenden Beschäftigung mit →Jungius weckte.

Unter den in G.s Bibliothek vorhandenen Werken de Candolles (vgl. Ruppert 2979f., 4445–4447) befand sich auch der *Essai élémentaire de géographie botanique* (Sonderdruck aus dem *Dictionnaire des sciences naturelles*, um 1828) mit handschriftlicher Widmung des Autors.

Literatur

Bungener, Patrick: Un botaniste dans la République des sciences: Augustin-Pyramus de Candolle et ses correspondants scientifiques. In: Dix-huitième siècle. 40 (2008), 153–172. – Ders.: Mémoires et souvenirs d'Augustin-Pyramus de Candolle ou l'autobiographie d'un savant botanique. In: Archives des sciences. 57 (2004), H. 1, 39–44. – Gauss, Julia: Goethe und die Genfer Naturforscher. In: JbFDtHochst. 1978, 28–46. – Hennig, John: Goethe and De Candolle. In: MLQ. 13 (1952), 277–284.

EN

Cardanus, Hieronymus (1501–1576)

Dem Professor der Medizin und der Mathematik in Mailand, Pavia, Bologna und Rom widmete G. ein Kapitel in der vierten Abteilung *Sechszehntes Jahrhundert* im historischen Teil seiner *Farbenlehre* (FA 23.1, 669–671), in dem er feststellte: »Bei großen angebornen Vorzügen konnte er sich doch nicht zu einer gleichmäßigen Bildung erheben; es blieb immer etwas Wildes und Verworrenes in seinen Studien, seinem Charakter und ganzen Wesen zurück. [...] Wie Cardan die Farben behandelt, ist nicht ohne Originalität. Man sieht, er beobachtete sie und die Bedingungen unter welchen sie entspringen. Doch tat er es nur im Vorübergehen [...]« (ebd. 669f.).

Cardanus' Naturgeschichte wurde 1550 in Nürnberg (und 1552 in Paris) unter dem Titel *De subtilitate libri XXI* publiziert. G. besaß die Ausgabe Lyon 1554 (vgl. Ruppert 511) mit dem *Liber quartus, De Luce & Lumine* (155–195).

Teile der Gesamtausgabe (*Hieronymi Cardani [...] operum tomus tertius; quo continentur physica.* Lyon 1663, darin ebenfalls: *Liber quartus, De Luce & Lumine*, 417–434) entlieh G. zwischen dem 1.11.1808 und dem 15.2.1809 sowie im Januar 1815 aus der Weimarer Bibliothek (Keudell 533 u. 960).

G. beschäftigte sich laut Tagebuch am 4. u. 5.11.1808 sowie am 28.1.1809 mit Cardanus, meist im Zusammenhang mit →Scaligers Streitschrift gegen ihn.

WZ

Carl August von Sachsen-Weimar-Eisenach (1757–1828)

In Ergänzung zum Artikel in GHB. 4.1, 150–155 soll an dieser Stelle verdeutlicht werden, warum Carl August für G. als Freund und Korrespondent, aber auch als Landesherr mit seinen zumindest in seinem (Groß-)Herzogtum vielfältigen Möglichkeiten eine speziell für seine naturwissenschaftlichen Interessen bedeutende Persönlichkeit war. G. selbst hat darauf kurz nach Carl Augusts Tod am 14.6.1828 auf Schloss Graditz bei Torgau in einem Gespräch mit Eckermann am 23.10.1828 hingewiesen: »Sie sehen [...] wie sein außerordentlicher Geist das ganze Reich der Natur umfaßte. Physik, Astronomie, Geognosie, Meteorologie, Pflanzen- und Tier-Formen der Urwelt, und was sonst dazu gehört, er hatte für Alles Sinn und für Alles Interesse« (FA II, 12, 675). In die gleiche Richtung weist ein Bericht A. v. →Humboldts vom 5.9.1828, der Carl August kurz vor seinem Tode sprach: »Als ich ihn vier und zwanzig Stunden vor [seinem Tode] sah, [...] fragte er noch lebendig nach den von Schweden herüber gekommenen Granitgeschieben baltischer Länder, nach Kometschweifen, welche sich unserer Atmosphäre trübend einmischen können, nach der Ursache der großen Winterkälte an allen östlichen Küsten. [...] In Potsdam saß ich mehrere Stunden allein mit ihm auf dem Kanapee [...]. Er war heiter, aber sehr erschöpft. In den Intervallen bedrängte er mich mit den schwierigsten Fragen, über Physik, Astronomie, Meteorologie und Geognosie, über Durchsichtigkeit eines Kometenkerns, über Mond-Atmosphäre, über die farbigen Doppelsterne, über Einfluß der Sonnenflecke auf Temperatur, Erscheinen der organischen Formen in der Urwelt, innere Erdwärme« (FA II, 12, 673f.).

Sowohl die Einrichtung der →Sternwarte in Jena 1812 als auch der Aufbau eines Netzes von meteorologischen Stationen mit dem Ziel einer Wettervorhersage ab 1816 (→Meteorologische Anstalten) gingen auf Anregungen von Carl August zurück, wenn auch G. als Aufsichtsführender den Hauptanteil der Arbeit zu leisten hatte. So sind Wetter- und Himmelserscheinungen, Barometerstände, Wolkenbeobachtungen und Naturkatastrophen durchgehende Themen in der Korrespondenz zwischen beiden. Ebenso war die Einrichtung einer Tierarzneischule 1816 in Jena überwiegend Carl Augusts Bestreben.

Das sowohl von G. wie von Humboldt genannte Interesse an organischen Formen der Vorwelt bezog sich vor allem auf Fossilfunde im Weimarer Raum, aber auch darüber hinaus. Besonders intensiv war der Dialog mit G. über ein 1821 im Torfbruch bei Haßleben aufgefundenes Auerochsen-Skelett (vgl. dazu G.s Aufsätze *Fossiler Stier* und

Zweiter Urstier; s. o. S. 49 u. 55). Carl August empfahl G. am 8.10.1821, von C. F. A. v. Schreibers, dem Direktor des Wiener Naturalienkabinetts, »ein paar Ochsenhörner vom Ungarischen Weißen Ochsen« kommen zu lassen, »ich möchte sie gerne mit dem Haßleber vergleichen« (Wahl 3, 46).

Einen großen Anteil hatte Carl August vor allem an Projekten, die nicht nur naturwissenschaftlich-technisches Interesse weckten, sondern auch ökonomischen Nutzen versprachen: z. B. am →Ilmenauer →Bergbau, an der Entwicklung einer dafür geeigneten Grubenlampe (1796/1797), an der Steinkohlenförderung am Gelmerodaer Berg südlich von Weimar (1797/1798), an der Untersuchung der Mineralquellen von Vippach-Edelhausen (1796–1798), an der Erprobung einer Straßenbeleuchtung mit Gas.

Carl Augusts besondere Liebe und Leidenschaft galt jedoch stets der Botanik, in der er im Laufe seines Lebens durchaus Kenntnisse eines Fachgelehrten erwarb. Zwischen 1778 und 1786 hatte er mit Unterstützung G.s den Park an der Ilm nach dem Vorbild des Wörlitzer Parks in eine öffentliche Gartenanlage im Stil englischer Landschaftsgärten umgestaltet.

Den Schlosspark von Belvedere mit der Orangerie baute Carl August zu einem vorbildhaften Botanischen Garten mit zahlreichen exotischen Pflanzen aus, wobei er sich zu einem Spezialisten für umsetzbare Gewächshäuser und sogenannte Erdhäuser entwickelte, die zur Energieeinsparung in die Erde eingelassen wurden. Verschiedene sachkundige Besucher, so der Fürst Hermann von Pückler-Muskau, zählten Belvedere zu den führenden Botanischen Gärten Europas. Im Briefwechsel Carl Augusts mit G. werden zahlreiche Pflanzen erwähnt, um derentwillen ein Besuch in Belvedere lohnenswert erschien: z. B. die zu den Bananengewächsen gehörende, herrlich blühende Strelitzia reginae oder Protea speciosa nigra, der sudafrikanische Zucker- oder Federbusch.

Carl August nutzte seine Reisefreudigkeit immer wieder auch für Besuche in →Botanischen Gärten. G. nannte in diesem Zusammenhang Reisen des Herzogs nach Frankreich, England, in die Niederlande und in die Lombardei (vgl. FA I, 24, 540); 1824 besuchte Carl August die Ausstellung der Botanischen Gesellschaft in Gent. In der Regel wurden bei solchen Anlässen außergewöhnliche Pflanzen oder Saatgut eingekauft und nach Weimar geschickt. Allmählig erwarb sich Carl August auch im Ausland den Ruf eines ausgezeichneten Botanikers; so wurde er als ordentliches Mitglied in die Gesellschaft des Gartenbaues zu London aufgenommen, 1825 von der Société Linnéenne in Paris sogar zum Ehrenmitglied ernannt.

Nach Beginn der Korrespondenz (1816) zwischen G. und dem Botaniker →Nees von Esenbeck in Erlangen, später in Bonn, nutzte Carl August G. als Mittelsmann für den botanischen Austausch. So erfährt man – neben dem direkten Briefwechsel zwischen G. und Carl August – auch aus dieser Korrespondenz G.s viele botanische Details, die Carl August betrafen. Dazu einige Beispiele: Am 21.4.1818 berichtete G. an Nees, dass Carl August ein Herbarium österreichischer Pflanzen aus Wien mitgebracht habe. Nees von Esenbeck teilte G. am 20.6.1819 über Carl Augusts (ersten) Besuch beim ihm mit: »Gestern war [...] der Großherzog von Weimar hier, und vertraute mir mehrere seltne Pflanzen, die Er in Holland gekauft hat, und hier niederstellen will, um einen Transport aus England [...] zu erwarten. Mehrere, zum theil seltne Saamenarten, die Er bey sich hatte, durfte ich für den hiesigen Garten [in Bonn-Poppelsdorf] theilen« (G–Nees von Esenbeck 73). Am 18.3.1820 übersandte Nees von Esenbeck zwei Exemplare des ersten Katalogs des Botanischen Gartens in Bonn für G. und Carl August. Als Gegensendung wurde das soeben erschienene Pflanzenverzeichnis von Belvedere (*Hortus Belvedereanus [...]*, Heft 1, Weimar 1820) auf den Weg gebracht, für das Nees von Esenbeck am 19.4.1820 voller Bewunderung dankte: »Der Reichthum dieser herrlichen Pflanzensammlung ist selbst noch auf dem dünnen Postpapier durch Maße und Schwere kenntlich genug und der Garten in Bonn mag sich Glück wünschen, wenn er hier anklopfen darf [...]« (G–Nees von Esenbeck 101).

1825 teilte G. Carl Augusts Beobachtungen über die Rußkrankheit an Orangenbäumen nach Bonn mit, die an seine eigenen Untersuchungen über den Ruß beim Hopfen anknüpften (s. o. S. 53); Nees von Esenbeck nahm ausführlich Stellung, besorgte noch im gleichen Jahr für Carl August ein Verzeichnis der Pflanzen des Botanischen Gartens in Java und schaltete sich in den Erwerb von Pflanzen aus Harlem und aus England für Weimar ein.

Auf Carl August geht weiterhin eine umfangreiche Korrespondenz zurück, an der neben G. Nees von Esenbeck, →Rehbein, Schreibers sowie die Brasilienforscher →Martius und →Pohl beteiligt waren. Carl August hatte in der *Carlsruher Zeitung* von einer brasilianischen Pflanze gelesen, die gegen Wassersucht helfen sollte, und G. am 10.11.1825 um nähere Ermittlungen dazu gebeten (zu den Einzelheiten s. o. S. 59 zu G.s Aufsatz *Zwei emetische Wurzeln*). Offenbar hatte Carl August ein spezielles Interesse an medizinisch wirksamen Pflanzen, denn am 24.5.1827 bat G. im Auftrag Carl Augusts Nees von Esenbeck, eine Aloë littoralis aus Holland zu beschaffen, die »ein ausgezeichnetes Augenmittel in Ostindien« (G–Nees von Esenbeck 284) sei.

Eine spezielle Untersuchung über Carl Augusts naturwissenschaftliche Interessen steht noch aus, stellt aber zweifelsohne ein wichtiges Desiderat dar, da sie den Blick auf das Verhältnis zwischen G. und seinem Herzog um eine wichtige Dimension erweitern könnte. *WZ*

Carus, Carl Gustav (1789–1869)

Der vielseitig begabte Arzt, Anatom, Gynäkologe, Naturforscher, Philosoph, Autor und Landschaftsmaler zählt zu den herausragenden Persönlichkeiten des 19. Jh.s. Das Studium der Medizin und der Naturwissenschaften in seiner Heimatstadt Leipzig schloss Carus 22jährig mit zwei Doktortiteln ab und hielt Vorlesungen über vergleichende Anatomie. Ab 1814 leitete er die königliche Hebammenschule in Dresden, wo er 1815 die Chirurgisch-Medizinische Akademie mitbegründete. Im gleichen Jahr erhielt er die Professur für Geburtshilfe an der dortigen Universität. Zu seinen zahlreichen Ehrungen und Auszeichnungen zählen die Titel des Leibarztes von König Anton von Sachsen (1827) und der des Ersten Leibarztes König Friedrich Augusts II. (1853). 1862 wurde Carus zum Präsidenten der Leopoldina gewählt.

Neben seiner ärztlichen Tätigkeit beschäftigte sich Carus seit seiner Jugend mit der Malerei (dazu weiteres im Artikel in GHB. 4.1, 157f.).

Aus seinem umfangreichen Œuvre ragen das *Lehrbuch der Zootomie* (Leipzig 1818), das *Lehrbuch der Gynäkologie* (2 Bde., Leipzig 1820), die *Grundzüge der vergleichenden Anatomie und Physiologie* (3 Bde., Dresden 1828) und *Von den Ur-Theilen des Knochen- und Schalen-Gerüstes* (Leipzig 1828) heraus. In G.s Bibliothek befanden sich zahlreiche Werke von Carus (vgl. Ruppert 2397, 3159, 4213, 4451–4458), von den aufgeführten jedoch nur das *Lehrbuch der Zootomie*, das der Autor am 10.2.1818 an G. sandte. Mit dieser Sendung wurde ein bis 1831 andauernder reger Briefwechsel eröffnet, der zumeist zoologischen Fragen auf der Basis genetischer Naturbetrachtung gewidmet war (vgl. Grosche 2001). Carus sogenannte, auf Herder fußende genetische Methode, aus dem Werdenden das Gewordene zu verstehen – bezogen vor allem auf Gestaltveränderungen in der Individualentwicklung – traf in hohem Maße mit G.s Intentionen zusammen, der sein Wirken durch einen Jüngeren fortgesetzt sah und diesem sogleich am 23.3.1818 sein erstes Heft *Zur Morphologie* übersandte. Später sollte G. Carus zur Mitarbeit einladen (vgl. an Carus 13.1.1822) und drei Aufsätze von ihm in seine Zeitschrift übernehmen: *Dr. Carus: Von den Ur-Theilen des Schalen- und Knochen-Gerüstes* (Morph I, 4, 1822, 338–342), *Urform der Schalen kopfloser und bauchfüßiger Weichtiere* (Morph II, 1, 1823, 16–27) und *Grundzüge allgemeiner Naturbetrachtung* (Morph II, 2, 1824, 84–95). An Letzteren schloss sich G.s Aufsatz *Die Lepaden* an, in dem G. einleitend feststellte: »Die tiefgeschöpften und fruchtreichen Mitteilungen des Herrn Dr. *Carus* sind mir von dem größten Werte; eine Region nach der andern des grenzenlosen Naturreiches [...] klärt sich auf und ich erblicke was ich im allgemeinen gedacht und gehofft, nunmehr im einzelnen [...]. Hierin finde ich nun die größte Belohnung eines treuen Wirkens [...]« (FA I, 24, 610). Schon in seinem ersten Brief an Carus vom 23.3.1818 hatte G. geschrieben: »Das Alter kann kein größeres Glück empfinden als daß es sich in die Jugend hineinwachsen fühlt und mit ihr nun fortwächst«.

Von besonderer Bedeutung war für G., dass Carus in seinen Anschauungen zur Wirbeltheorie des Schädels vollkommen mit ihm übereinstimmte und von sechs Kopfwirbeln ausging. Als er sich mit →Burdach darüber stritt, schrieb er diesem am 21.7.1821, dem Tag der einzigen persönlichen Begegnung zwischen Carus und G. in Weimar: »So eben als ich schließe, besucht mich Herr Hofrath Carus von Dresden; derselbe, ein trefflicher Beobachter, geübter Zeichner, stimmt wegen der sechs Hauptwirbel vollkommen mit mir überein«. G. begleitete die Entstehung von Carus' dieser Thematik zentral gewidmetem Werk *Von den Ur-Theilen des Knochen- und Schalen-Gerüstes* (1828) über viele Jahre, erhielt Probetafeln und tauschte sich mit dem Autor darüber aus. Am 7.3.1822 und am 20.2.1823 übersandte Carus große tabellarische Übersichten zu den Wirbelknochen des Kopfes (vgl. LA II, 10A, 496f. und 572f.).

Am 23.11.1825 und 12.6.1827 legte Carus seinen Briefen die ersten beiden Hefte der *Erläuterungstafeln zur vergleichenden Anatomie* (Leipzig 1826 und 1827) bei, die das Werk *Von den Ur-Theilen [...]* ergänzen sollten.

Mit besonderer Freude registrierte G. Carus' Rezension der deutsch-französischen Ausgabe *Versuch über die Metamorphose der Pflanzen* (1831), die im Januar 1832 in den *Jahrbüchern für wissenschaftliche Kritik* erschien und noch einmal die Geistesverwandtschaft betonte.

Meinungsverschiedenheiten (Farbenlehre, Psychologie) wurden in der Korrespondenz weitgehend ausgeklammert. Carus präsentierte sich in seinen Briefen nicht so sehr als junger G.-Verehrer, sondern vielmehr als eigenständiger Naturforscher, der mit G. – vergeblich – auch einen künstlerischen Austausch suchte. Carus' G.-Schriften, die nach dessen Tod erschienen (*Goethe. Zu dessen näherem Verständnis*, Leipzig 1843; *Goethe und seine Bedeutung für diese und die künftige Zeit*, Dresden 1849; *Goethe. Dessen Bedeutung für unsere und die kommende Zeit*, Dresden 1863), zeigten ihn als dezidierten Kritiker von G.s *Farbenlehre.* G. dagegen konnte die im Briefwechsel stets übergangenen psychologischen Forschungsinteressen von Carus nicht teilen (*Vorlesungen über Psychologie, gehalten im Winter 1829/30 zu Dresden*, Leipzig 1831).

Carus muss als einer der ersten gelten, die nach G.s Tod auf den wichtigen Stellenwert der Naturforschung für G. überhaupt erst aufmerksam machten.

Literatur
Carl Gustav Carus – Natur und Idee. Katalog. Berlin, München 2009. – Grosche, Stefan (Hg.): »Zarten Seelen ist gar viel gegönnt«. Naturwissenschaft und Kunst im Briefwechsel zwischen C. G. Carus und Goethe. Göttingen 2001. *EN*

Castel, Louis Bertrand (1688–1757)

Den Jesuiten und Newton-Gegner hat G. im historischen Teil der *Farbenlehre* ausführlich in einem eigenen Kapitel behandelt, das laut Tagebuch am 3.1.1810 entstand (vgl. FA I, 23.1, 878–884, auch 237, 251, 765, 871, 886, 901, 905, 1054). Bereits ein Brief an →Schiller vom 23.12.1793 berichtete von der Lektüre der Schrift *L'optique des couleurs, fondée sur les simples observations* (Paris 1740), die G. schließlich am 13.10.1798 erwarb (vgl. Ruppert 4459). Schon im ersten Urteil gegenüber Schiller sah G. in Castel einen Verbündeten: »[...] der lebhafte Franzos macht mich recht glücklich. Ich kann künftig ganze Stellen daraus abdrucken lassen und der Heerde zeigen, daß das wahre Verhältnis der Sache [der angebliche Irrtum Newtons] schon 1739 in Frankreich öffentlich bekannt gewesen, aber auch damals unterdruckt worden ist«. Als G. am 10.2.1799 verschiedene Autoren zu einer *Geschichte der Farbenlehre* zusammenstellte, charakterisierte er Castel mit den Worten: »Sein Werk enthält die schätzbaren Bemerkungen, die aus einer aufmerksamen Anschauung der Phänomene und wahrem Sachinteresse herfließen. Er zeigt deutlich [...], daß die Newtonische Schule das Phänomen falsch vorstelle [...]« (FA I, 23.2, 216). Offenbar eine Vorarbeit seiner Zusammenstellung hatte G. am 20.1.1798 an Schiller geschickt, der sich am 23.1.1798 darüber wunderte, »daß sich die Lebhaftigkeit der Franzosen [darunter Castel] so bald einschüchtern und ermüden ließ« (EGW 4, 318). Hinsichtlich seiner Gedanken über »beschränkte Vorstellungsarten, Starrsinn, Selbstbetrug und Unredlichkeit« (an Schiller, 10.2.1798) berief sich G. ausdrücklich auf Castels Einschätzung von →Newton. Und in der *Farbenlehre* leitete G. Zitate aus Castels Werk von 1740 mit der Bemerkung ein: »Seine Invektiven gegen die Newtonische Darstellung des Spektrums übersetzen wir um so lieber, als wir sie sämtlich unterschreiben können. Hätte Castels Widerspruch damals gegriffen und auch nur einen Teil der gelehrten Welt überzeugt, so wären wir einer sehr beschwerlichen Mühe überhoben gewesen« (FA I, 23.1, 880). *WZ*

Charpentier, Johann Friedrich Wilhelm Toussaint von (1738–1805)

Der Professor für Mathematik und Zeichenkunst an der 1765 begründeten Bergakademie in →Freiberg war ab 1802 als Oberberghauptmann und Leiter des Montanwesens in Sachsen tätig. Wie sein bekannter Freiberger Kollege A. G. →Werner lehnte Charpentier vulkanische Kräfte bei der Erdentstehung ab, trug seine Ansichten aber weniger dogmatisch vor.

G. stimmte mit Charpentiers geologischen Anschauungen in hohem Maße überein. Seine *Mineralogische Geographie der Chursächsischen Lande* (Leipzig 1778) schätzte er so sehr, dass er J. C. W. →Voigt, der in Freiberg studiert hatte, mit einer ähnlichen Arbeit beauftragte.

Zu den Materialien für G.s frühe geologische Texte über die Bildung des Granits zählt auch ein 1785 angefertigter Auszug aus Charpentiers *Mineralogischer Geographie* (von Seite 122).

Am 4.7.1780 trat G. mit Charpentier brieflich in Kontakt, erkundigte sich nach der Fertigstellung der Karte des Ilmenauer Bergreviers durch den Leipziger Kupferstecher A. Zingg (vgl. auch an Charpentier, 31.7.1780) und bestellte eine Suite kursächsischer Gesteine, die am 28.1.1781 eintraf. Bei dieser Gelegenheit versicherte er Charpentier, dass er aus seinen »so sehr beliebten Schriften so manches Nützliche« erfahren habe.

Charpentiers *Mineralogische Geographie* enthielt eine der ersten geologischen Karten mit Flächenkolorierung (→Karte, geologische). Gegenüber →Merck äußerte G. im November 1782, dass er durch Voigt die »Charpentierische mineralogische Charte [habe] erweitern laßen, so daß sie nun vom Harze biß an den Fichtelberg, von dem Riesengebürge biß an die Rhön reicht. [...] Ich habe große Lust bald eine mineralogische Charte von ganz Europa zu veranstalten [...]«.

In seiner 1799 in Leipzig erschienenen Schrift *Beobachtungen über die Lagerstätte der Erze, hauptsächlich aus den sächsischen Gebirgen* (Ruppert 4460) begründete Charpentier in der Vorrede (I) seine auf Beobachtungen beruhende Forschungsmethode mit dem Zitat aus G.s *Beyträgen zur Optik* (§ 14), dass »reine Erfahrungen zum Fundament der ganzen Naturwissenschaft liegen sollten, daß man eine Reihe derselben aufstellen könne, ohne auf irgend einen weitern Bezug Rücksicht zu nehmen; daß eine Theorie nur erst alsdann schätzenswert sei, wenn sie alle Erfahrungen unter sich begreift und der praktischen Anwendung derselben zu Hilfe kommt« (FA I, 23.2, 19).

G. hat sich mit Charpentiers *Beobachtungen*, die nach J. C. W. Voigt »sozusagen die ganze Wernerische Theorie« der Entstehung von Erzgängen »vernichten« (LA II, 7, 486) vom 27.12.1799 bis zum 1.1.1800 beschäftigt. Er machte sich Notizen (vgl. LA II, 7, 228 f., M 116), besprach das Werk mit →Schiller (31.12.1799) und lieh es (am 19.4.1800) →Schelling zur Lektüre. Im Gegensatz zur Auffassung →Werners, wonach die Erz- und Mineralgänge durch Füllung offener Spalten von oben her entstanden seien, hielt Charpentier die Gang- und Erzarten für im Gebirgsgestein selbst und gleichzeitig mit dem Nebengestein gebildet. Damit unterstützte er G.s Ansicht, »in der Gesteinswelt Bildungen zu finden, die *simultan* entstanden« (Engelhardt 2003, 217).

E. Schmidt hat im *Faust*-Kommentar der Jubiläumsausgabe (Bd. 13, 1903, zu V. 3916–3927) auf die Einwirkung von Charpentier auf G.s Schilderung des leuchtenden Erzes in der Szene *Walpurgisnacht* hingewiesen.

G. hat sich immer wieder mit Charpentier und seinem Werk beschäftigt, so am 28.7.1806 und im August 1808 in Karlsbad. Am 17.10.1810 entlieh er die *Beobachtungen* aus der Weimarer Bibliothek, am 30.12.1813 die *Mineralogische Geographie* (vgl. auch Tgb, 30.11. und 1.12.1813; an Trebra, 5.1.1814). In den *Tag- und Jahresheften* von 1813 sind im Rahmen des »Bücherstudiums [...] Charpentiers Werke zu nennen«.

Am 7.11.1816 erneuerte G. gegenüber →Leonhard sein Bekenntnis, in der Lehre der Erzgänge Charpentier, und nicht Werner, gefolgt zu sein, da er »seit dreißig Jahren überzeugt« sei, »Charpentier sey besser gegründet, ob er gleich nicht hat durchkommen können«. Am 24.12.1816 äußerte er gegenüber dem gleichen Adressaten die Hoffnung, dass aus Charpentiers *Beobachtungen* (»seinem zurückgeschobenen Büchlein«) »unserer Ganglehre, die gar sehr im Argen liegt, früh oder spät ein Heil hervorgehen« müsse.

Da jedoch nicht Charpentiers chemische, sondern Werners mechanische →Ganglehre allgemeine Anerkennung gewann, kam G. auf die Kontroverse 1817 mit dem Text *Zur Lehre von den Gängen* (FA I, 25, 558 f.) zurück (vgl. Tgb, 14.7.1817, die Notiz *Bekänntnisse über die Erzlager* vom 15.7.1817 in LA II, 8A, 108, M 79 und TuJ 1817). Im Vorwort des ersten Heftes *Zur Naturwissenschaft überhaupt* (I, 1, 1817) bekannte G.: »Das vielleicht nie zu lösende Rätsel: Die Entstehung der Gänge, liegt mir immer im Sinne [...]« (FA I, 25, 1219) und etwa zum Jahreswechsel 1817/1818 entstand der Text *Chemische Kräfte bei der Gebirgsbildung*, in dem G. deutlich aussprach: »Die Lehre von den Gängen wie sie Werner anno [1791; *Neue Theorie der Gänge*] vorträgt ist unhaltbar. Charpentiers Werk muß zu Ehren kommen wenn in diesem Punkt etwas vorwärts gelingen soll« (ebd. 567).

Auch im letzten Heft *Zur Naturwissenschaft überhaupt* (II, 2, 1824) bemerkte G. in seinem Aufsatz *Gebirgs-Gestaltung im Ganzen und Einzelnen*: »Man erinnere sich der Füllungs-Theorie [von Werner], welche so überhand nahm, daß eines werten Mannes *von Charpentiers* verständige Bemühungen abgelehnt, beseitigt, mißgeachtet, vergessen und zuletzt gar nur durch Hohnrede wieder zur Erinnerung gebracht wurden. Eine Wiederaufnahme der Arbeiten eines höchst sinnigen Vorfahrs würde gerade jetzt einen guten Eindruck machen und vielleicht von erfreulichen Folgen sein« (FA I, 25, 629).

Literatur

Engelhardt, Wolf von: Goethe im Gespräch mit der Erde. Weimar 2003, 217, 290. *HO*

Chemie

Wie auch andere Naturwissenschaften unterlag die Chemie der G.zeit einem grundlegenden Wandel: Alchimistische Traditionen wurden endgültig überwunden (→Alchimie); die Anzahl analytischer Verfahren nahm sprunghaft zu, wobei durch zunehmende Beachtung von Gewichtsverhältnissen die quantitative Analyse eingeführt wurde; A. L. Lavoisier – die ›Lavoisiersche Revolution‹ (Novalis) – begründete die moderne Sauerstoffchemie und überwand die →Phlogistontheorie von G. E. Stahl, nach der bei allen Verbrennungsvorgängen eine hypothetische Substanz, Phlogiston, entweichen sollte.

G.s Beschäftigung mit chemischen Fragen, deren Beginn in die frühe Weimarer Zeit zu setzen ist, gingen die von S. K. v. →Klettenberg geförderten alchimistischen Studien in Frankfurt am Main (1769) sowie die bereits unter empirischem, pharmazeutisch-praktischem Aspekt zu sehenden Unterweisungen in der Chemie durch J. R. →Spielmann in Straßburg (1770/71) voraus. In der Leipziger Studienzeit (1765–1768) scheinen ausschließlich physikalische Vorlesungen durch J. H. →Winckler stattgefunden zu haben. Nicht auszuschließen ist, dass G. im Kreis der überwiegend aus Medizinern bestehenden Tischgenossen in Leipzig und Straßburg auch von chemischen Gegenständen hörte. Chemie war zu dieser Zeit kein eigenständiges Lehrfach an Universitäten und wurde in aller Regel nur im Rahmen der Pharmazie für Mediziner unterrichtet.

In der Zusammenstellung *Naturwissenschaftlicher Entwicklungsgang* von 1821 hat G. nach dem

»alchemischen Tasten« in Frankfurt eine »große Pause« und ein »eigentliches Beginnen. In Weimar« (FA I, 25, 50) festgehalten. Hier nannte er zunächst W. H. S.→Buchholz, den Besitzer der Hofapotheke, der wie später auch A. N. →Scherer chemische Vortragsveranstaltungen anbot. Beide galten den neuesten Entdeckungen gegenüber als aufgeschlossen und bemühten sich, den aktuellen Forschungsstand zu vermitteln. Buchholz' Vorträge veranlassten G., im Juli 1791 die →»Freitagsgesellschaft« zu gründen, die dem wissenschaftlichen Austausch dienen sollte; Scherer wiederum war Mitbegründer der →Naturforschenden Gesellschaft in Jena.

Der frühere Mitarbeiter der Hofapotheke, J. F. A. →Göttling, wurde 1789 zum ersten Lehrstuhlinhaber für das Fach Chemie in Jena berufen; bald entwickelte er sich zu G.s wichtigstem Berater in chemischen Fragen, der auch die chemisch-technischen Voraussetzungen für G.s Versuche schuf. Neben gemeinsam diskutierten Detailfragen, beispielsweise der Herstellung von →Zucker aus Rüben (1799), ist vor allem Göttlings Unterstützung für die antiphlogistische Position des französischen Chemikers Lavoisier festzuhalten. In seinem Roman *Die Wahlverwandtschaften* (1809), dessen Titel auf die Lehre Torbern →Bergmans über die chemischen Attraktionskräfte (1775) zurückgeht (→Wahlverwandtschaft), folgte G. in der chemischen Nomenklatur sowie in Auswahl und Anordnung der Beispiele Göttlings *Versuch einer physischen Chemie für Jugendlehrer beim Unterricht* (1792). Obwohl mit Göttlings Tätigkeit in Jena, die mit seinem Tod 1809 endete, die Chemie eine Aufwertung und Förderung erreichte, ließ der knappe Etat keine größeren Projekte zu.

J. W. →Ritter, der geniale Elektrochemiker und Entdecker des ultravioletten Lichts, und T. J. →Seebeck, einer der ersten Beschreiber der auch von G. untersuchten entoptischen Figuren und Entdecker der Thermoelektrizität - der einzige Physiker im Übrigen, der G.s *Farbenlehre* zustimmte -, orientierten G. 1801 und 1806 über die neuesten galvanischen Versuche. Die positiv und negativ geladenen elektrischen Teilchen, wie sie noch im Kontext der Reibungselektrizität von G. C. →Lichtenberg mit den Symbolen »+« und »–« bezeichnet worden waren, fanden eine Entsprechung in der →Polarität der magnetischen Pole und auch in der Oxidation und Desoxidation, der Säuerung und Entsäuerung, die der galvanischen Kette zugrunde lagen. G. schloss diese Ergebnisse an seine *Farbenlehre* an, im Allgemeinen hinsichtlich der Polarität von Licht und Finsternis als treibende Kraft zur Erzeugung der Farben, im Speziellen in den Gegensätzen des Gelben und Gelbroten sowie des Blauen und Blauroten, die er als →aktive und →passive Farben mit den Säuren und Alkalien analogisierte. So erscheint ein wesentliches Grundprinzip von G.s Naturforschung, wie es im Begriff der Polarität zum Ausdruck kommt, stets mit der aktuellen naturwissenschaftlichen Forschung der Zeit verbunden. Die Naturphilosophie →Schellings legte den Gedanken nahe, eine chemische Verbindung als Einheit entgegengesetzter Größen zu verstehen und kam so G.s Polaritätsdenken ebenfalls entgegen.

Auch mit dem Nachfolger Göttlings in Jena, J. W. →Döbereiner, arbeitete G. ab 1810 überaus fruchtbar zusammen. Er ließ sich von ihm in Stöchiometrie (»diesem wunderlichen Schachspiel der Elemente«, an Carl August, 14.11.1812) unterweisen und nahm Anteil an Döbereiners Arbeiten zur Zucker- und Gasfabrikation, zur Stahlbereitung und zu den chemisch-balneologischen Untersuchungen im nahe Weimar gelegenen Bad Berka.

F. F. Runge, der Entdecker des Atropins und des Coffeins, besuchte G. am 3.10.1819 in Jena. Mit H. W. F. →Wackenroder, dem Professor für Pharmazie an der Universität Jena, stand G. in seinen letzten Lebensjahren in Kontakt. Begegnungen mit J. J. →Berzelius 1822 in →Eger, der G. durch sein experimentelles Geschick mit dem Lötrohr beeindruckte und ihn erneut 1828 in →Dornburg mit seinen Schülern E. Mitscherlich und H. Rose aufsuchte, sind weitere Stationen in G.s Auseinandersetzung mit der Chemie. Insgesamt ist das Maß seiner Sachkenntnis und seiner ständigen Anteilnahme überraschend groß, auch wenn G. die Aufsicht über die jenaischen Institute innehatte und in dieser Funktion zahlreiche Kontakte pflegte.

Die beiden Jenaer Chemiker, zunächst Göttling, dann Döbereiner, wurden vielfach auch zu Projekten der angewandten Chemie und Technik herangezogen, wobei G.s und vor allem Herzog →Carl Augusts Interesse nicht nur wissenschaftlicher, sondern auch ökonomischer Natur war. Hierbei ging es u.a. um den →Ilmenauer →Bergbau (1790), speziell um die Entwicklung einer dafür geeigneten Grubenlampe (1796/1797), die Steinkohlenförderung am Gelmerodaer Berg südlich von Weimar (1797/1798) und die Untersuchung der Mineralquellen von Vippach-Edelhausen (1796–1798). Döbereiner beschäftigte sich u.a. mit Bier- und Branntweinherstellung, der Produktion von Zucker aus Stärke, der Stahlfabrikation und der Gasbeleuchtung.

Obwohl G. sich für die Etablierung des Faches Chemie als eigenständige, von der Medizin unabhängige Disziplin an der Universität Jena einsetzte und die Chemie nicht mehr ausschließlich von Gewerbetreibenden behandelt sehen wollte, fasste er persönlich diese Disziplin doch in erster Linie als Hilfswissenschaft für die eigenen Forschungen auf, was auch an einer Vielzahl von Aufträgen deutlich wird, die G. den Jenaer Chemikern erteilte (z. B. Analyse von Gesteins- und Pflanzenproben, Herstellung trüber und entoptischer Gläser). Die mathematischen Verfahren der Stöchiometrie und der quantitativen Chemie, die sich aus dem Wirken Lavoisiers schrittweise ergeben hatten, mussten ihm ebenso fremd bleiben wie die überwiegend analytische Ausrichtung der Chemie seiner Zeit, die G. zumindest in ihrer Einseitigkeit ablehnte, wenn er das synthetisierende Moment allzu sehr vermisste, das ihm allein das Einheitliche und Ganze der Natur zu garantieren schien.

Literatur

Adler, Jeremy: »Eine fast magische Anziehungskraft«. Goethes ›Wahlverwandtschaften‹ und die Chemie seiner Zeit. München 1987. – Dilg, Peter (Hg.): Pharmazie und Chemie in Goethes Leben und Werk. Stuttgart 2010. – Döbling, Hugo: Die Chemie in Jena zur Goethezeit. Jena 1928. – Gutbier, Alexander: Goethe, Großherzog Carl August und die Chemie in Jena. Jena 1926. – Kuhn, Dorothea: Goethe und die Chemie. In: Medizinhistorisches Journal 7. (1972), 264–278. – Schwedt, Georg: Goethe als Chemiker. Berlin 1988. *WZ*

Chemische Farben

Neben den →physiologischen und →physischen Farben in der ersten und zweiten Abteilung hat G. die chemischen Farben in der dritten Abteilung des didaktischen Teils seiner *Farbenlehre* von 1810 ausführlich behandelt. Darunter sind Farben zu verstehen, die fest mit einem Körper verbunden sind (»Die Dauer ist meist ihr Kennzeichen«; FA I, 23.1, 172), so dass sie auch als colores corporei (körperliche Farben), c. materiales (materielle F.), c. veri (wirkliche F.), c. permanentes (dauerhafte F.) und c. fixi (beibende F.) bezeichnet wurden.

Die Abteilung der chemischen Farben läßt folgende Gliederung erkennen: §§ 486–490 bringen Begriffsbestimmungen; §§ 491–550 bilden das erste Hauptstück und widmen sich den chemischen Bedingungen der Farben; §§ 551–604 untersuchen die Mischung und Mitteilung der Farben; es folgt eine Nomenklatur (§§ 605–612), an die sich das zweite Hauptstück (§§ 613–672) anschließt, in dem G. die Farben bei Mineralien, Pflanzen und Tieren behandelt. Ein Anhang (§§ 673–687) thematisiert die Wirkung farbiger Beleuchtung und chemische Aspekte der Achromasie.

Läßt man die alchimistischen, durch S. K. v. →Klettenberg angeregten Experimente nach G.s Rückkehr aus Leipzig im Jahre 1768 sowie die 1770/1771 in Straßburg gehörten Chemie-Vorlesungen von J. R. →Spielmann außer acht, so begann die praktische Auseinandersetzung G.s mit der →Chemie seiner Zeit in der frühen Weimarer Zeit. Speziell mit der chemischen Farbenlehre beschäftigte er sich erst ab 1793. In den aus diesem Jahr stammenden *Versuchen mit der Berlinerblau-Lauge und den Metallkalken* (FA I, 23.2, 124–127) verwandte er noch die aus der Jugend bekannten alchimistischen Zeichen. Im Kontext dieser Experimente schrieb G. am 9.9.1793 an F. H. →Jacobi: »Die chemische Farbenlehre bearbeite ich jetzt, es ist soviel vorgearbeitet daß das Zusammenstellen viel Freude macht und sehr interessante Resultate darbietet«. Die Ausarbeitung des Kapitels für die *Farbenlehre* von 1810 fiel jedoch erst in die Zeit von Ende April bis Mitte Dezember 1806, nachdem sich G. 1798 über die Gliederung seines Stoffes in physiologische, physische und chemische Farben klar geworden war. *WZ*

Chladni, Ernst Florens Friedrich (1756–1827)

Der Begründer der experimentellen Akustik und Meteoritenforscher trat 1787 mit seinem Erstlingswerk *Entdeckungen über die Theorie des Klanges* hervor, in dem er seine berühmten Klangfiguren beschrieben hat. G. kannte das Werk bereits kurz nach Erscheinen; überliefert ist ein Bericht Charlotte von Kalbs vom 5.–7.9.1788, in dem G. als Experimentator mit solchen Klangfiguren, die durch Schwingungen von mit feinem Sand bestreuten Platten auftreten, beschrieben wird (vgl. LA II, 5B.1, 425). Akustische Phänomene haben G. seit den 1790er Jahren unter dem Aspekt seiner *Farbenlehre*, im Rahmen einer möglichen Parallelisierung von Farb- und Tonerscheinungen, interessiert (vgl. an Reichardt, 17.11.1791).

Am 29.5.1795 berichtete der Botaniker →Batsch aus Jena über Chladni, eine dabei ins Auge gefasste Begegnung mit G. in Weimar ist aber erst für den 26.1.1803 belegt, als Chladni seine soeben erschienene *Akustik* (Leipzig 1802) vorlegte (vgl. an Schiller, 26.1.1803; an Zelter, 31.1.1803). G. entlieh dieses Werk, in dem dieser »Theil der Physik recht brav, vollständig und gut geordnet abgehandelt« wurde und das Hören »mit seinen Bedingungen, als ein Zweig einer lebendigen Organisation« (an W. v. Humboldt, 14.3.1803) erscheint, später wiederholt aus der Weimarer Bibliothek (28.4.1806, 1.5.1810) und zog es 1810 bei der Erarbeitung seiner *Tonlehre* heran. Anfang Februar 1803 führte Chladni in Weimar auch sein neu erfundenes Tasteninstrument (Clavicylinder) vor.

Nach Besuchen am 9.8.1810 und 19.6.1812 trafen G. und Chladni am 20.7.1816 wiederum zusammen, zu einer »Unterhaltung über Meteorsteine und Klangfiguren« (vgl. an Zelter, 22.7.1816: Chladni arbeite »für eine Zeit, wo man sich wieder freuen wird von andern zu lernen und dankbar zu benutzen, was sie, durch Aufopfrung ihres Lebens, mehr für andere als für sich gewonnen haben«).

Als Christian Gottlob von →Voigt eine (später nicht erfolgte) Berufung Chladnis nach Jena erwog, reagierte G. zustimmend und lobte seine Verdienste: »Die Klangfiguren hat er jetzt auf einfachere Elemente zurückgeführt und dadurch der Naturlehre einen wahrhaften Dienst geleistet, indem dadurch analoge Erscheinungen andrer Regionen herangebracht und verglichen werden können. So ist seit einigen Jahren eine ganz ähnliche Erscheinung in der Farbenlehre entdeckt und sorgfältig bearbeitet worden« (an C. G. Voigt, 26.8.1816). Hier sprach G. die Parallele zu den von Thomas Johann →Seebeck zunächst beschriebenen und von ihm selbst eingehend studierten →entoptischen Farben, den Interferenzfarben des polarisierten Lichtes, an, der er in seinem Aufsatz *Entoptische Farben* ein eigenes Kapitel widmete (*Chladnis Tonfiguren*; vgl. FA I, 25, 711 f.; dazu auch Tgb, 27.7.1820 und TuJ von 1820).

Während G. Chladnis akustischen Arbeiten zustimmte, hat er sich mit seiner Behandlung der Meteoriten nur ansatzweise auseinandergesetzt. Am 18.3.1820 las er laut Tagebuch »Chladni über Feuermeteore«. Es handelte sich dabei um Auszüge aus Chladnis Werk *Ueber Feuer-Meteore, und über die mit denselben herabgefallenen Massen* (Wien 1819), die im *Neuen Journal für Chemie und Physik* erschienen waren (26, 1819, 156–195; Ruppert 4191). Nicht nur der Begriff »Feuer-Meteore« erinnerte G. an die Theorie des Vulkanismus, sondern auch die These vom kosmischen Ursprung der Meteoriten überzeugte ihn nicht: »Wie könnten wir zu einem Anschauen der Natur gelangen, wenn wir sie nicht zu schauen hätten?« (an Schreibers, Konzept, 13.9.1820). Dennoch bezeichnete er Chladni als »Zierde der Nation« (*Schicksal der Handschrift* zur Metamorphose der Pflanzen; Morph I, 1, 1817). G. zufolge zeigten Chladnis Arbeitsgebiete, »daß ein geistreicher aufmerkender Mann zwei der entferntesten Naturvorkommenheiten seiner Betrachtung aufgedrungen fühlt, und nun eines wie das andere stetig und unablässig verfolgt« (FA I, 24, 418).

Nach einem letzten Besuch am 15.12.1825 in Weimar starb Chladni am 3.4.1827 auf einer Vortragsreise in Breslau. Eine Art Nachruf schrieb G. am 22.4.1827 an →Zelter: »es war ein thätiger und guter Mensch, der dem Gegenstande dem er sich einmal ergeben hatte treu blieb, und so hat er in den entgegengesetztesten Dingen recht glücklich gewirkt. Man sieht er konnte sich rein interessiren [...]«.

Am 29.6.1829 äußerte G. gegenüber Schultz die Ansicht, dass eine Präsentation in der Art Chladnis selbst seiner *Farbenlehre* zum Durchbruch verholfen hätte: »Was meiner Farbenlehre eigentlich ermangelte, war, daß nicht ein Mann wie Chladni sie ersonnen oder sich ihrer bemächtigt hat; es mußte einer mit einem compendiosen Apparat Deutschland bereisen, durch das Hokus Pokus der Versuche die Aufmerksamkeit erregen, einen methodischen Zusammenhang merken lassen und das Practische unmittelbar mittheilen, das Theoretische einschwärzen, den Professoren der Physik überlassen, ihrer verworrenen Bornirtheit gemäß sich zu betragen [...]. Auf solche Weise wäre die Sache lebendig geworden, irgend ein paar gute Köpfe hätten sich derselben bemächtigt und sie durchgeführt«.

Literatur

Hoppe, Günther: Goethes Ansichten über Meteorite und sein Verhältnis zu dem Physiker Chladni. In: GJb. (1978), 227–240. – Loewenfeld, Kurt: Ernst Florens Friedrich Chladni. In: Abhandlungen aus dem Gebiete der Naturwissenschaften. 22 (1929), 117–144. – Neuß, Erich: Goethe und das wissenschaftliche Leben an der Universität Wittenberg. In: 450 Jahre Martin-Luther-Universität Halle-Wittenberg. Bd. 1. Halle 1952, 407–413. – Schuster, Federico: Der gute Doctor Chladni. In: Du. Kulturelle Monatsschrift. 22 (1962), 32–34, 68–76. – Ullmann, Dieter: Chladni und die Entwicklung der Akustik 1750–1860. Basel 1996. *HO*

Ciccolini, Lodovico Maria (1767–1854)

Der ehemalige Malteser-Ritter (bei G.: »Ritter Ciccolini«) und italienische Mathematiker, Professor der Astronomie und Direktor der Sternwarte in Bologna, später in Rom, hatte unter anderem die von Alexander von →Humboldt am 28.10.1799 beobachtete Sonnenfinsternis in Cumaná für die *Connaissance des temps* (1802) berechnet. Von G. wurde er mehrfach im Kontext mathematischer Betrachtungen erwähnt, so auch in seinem Brief »Ritter Ciccolini in Rom an Baron von Zach in Genua« (FA I, 25, 72–76), der dritter Teil der Abhandlung *Über Mathematik und deren Mißbrauch so wie das periodische Vorwalten einzelner wissenschaftlicher Zweige* war. G.s Tagebucheintrag vom 27.3.1826 deutet darauf mit den »Bemerkungen des Ritters Ciccolini über die Sonnenuhren«. G. übersetzte den genannten Brief aus der *Correspondance astronomique* [...] (14, 1828, 53–72). Seine kommentierenden Einschübe machen deutlich, dass Ciccolini für G. Verfechter einer der Anwendung verpflichteten Mathematik ist; als Beispiel wird auf die Gnomonik, die Berechnung der Sonnenuhren, verwiesen. Die Analytiker des 18. Jh.s »erschwerten« nach Ciccolini dagegen, »was leicht war [...]. Leider ist dies noch immer der Fehler mehrerer Mathematiker unserer Tage« (FA I, 25, 73). G. sah in Ciccolinis Brief den Vorwurf, dass mathematische Verfahren unnötig kompliziert seien und selbst da Anwendung fänden, wo man gar nicht auf sie hätte zurückgreifen müssen.

Auch in den nachgelassenen Sentenzen *Ferneres über Mathematik und Mathematiker* findet Ciccolini Erwähnung, wo dessen Zitat über den französischen Mathematiker Joseph Louis →Lagrange (1736–1813) aus dem Brief an →Zach wiederholt wird: »ich wünschte wohl, daß alle Mathematiker in ihren Schriften des Genies und der Klarheit eines *La Grange* sich bedienten [...]« (FA I, 25, 88). G. wandte sich mit dem Zitat gegen die gängigen mathematischen Kalkulationen von Erscheinungen, die auf diese Weise das eigentliche, sichtbare und beobachtbare Phänomen in den Hintergrund stellten.

Literatur

Rajna, Michele: L'Astronomia in Bologna. In: Il nuovo Cimento. 6, 1 (1903), 93–108. *EN*

Cissus s. Wein

Clausthal-Zellerfeld

Die beiden Bergstädte im Oberharz sind erst seit 1924 zu einem Ort vereinigt. Im 16 Jh. gegründet, prosperierten das zu Hannover gehörende Clausthal und das braunschweigische Zellerfeld zu G.s Zeit; mit über 8000 bzw. 4500 Bewohnern waren sie zusammen doppelt so groß wie das 6000 Einwohner zählende Weimar. G. hat die Orte auf allen drei →Reisen durch den →Harz aufgesucht. Die Gewinnung der hier vorkommenden silberreichen Blei-Zink-Gangerze erforderte große technische Anstrengungen, da die Erzgänge bis in Tiefen von mehreren hundert Metern verfolgt werden mussten. Die 1775 in Clausthal gegründete Bergakademie sollte schnell wissenschaftliche Bedeutung erlangen. Im Hinblick auf die Wiederaufnahme des →Bergbaus in →Ilmenau dürften G. die Anlagen zur Entwässerung der Gruben besonders interessiert haben. Am 7.12.1777 kam er von →Goslar nach Clausthal und befuhr anderntags die Gruben Caroline, Dorothea und Benedikte, wobei er mit Glück einem ausbrechenden Stück Fels entging (an Ch. v. →Stein, 9.12.1777). Am 9.12. besuchte er eine Schmelzhütte und besichtigte die Mineraliensammlung des Apothekers Johann Christian Ilsemann, bevor er zum →Brocken aufbrach. Auf der zweiten Harzreise erreichte G. mit F. v. →Stein und dem Diener Sutor am 18.9.1783 Zellerfeld, wo seit 1779 Vize-Berghauptmann F. W. H. v. →Trebra lebte. Nach einer gemeinsamen Brockenbesteigung (21.–23.9.) wurden von Zellerfeld aus weitere geologische und Bergbau-Exkursionen unternommen, bevor die Reisenden am 26.9. den Ort in Richtung →Göttingen verließen. Am 10.8.1784 gelangte G. im Tross des nach Braunschweig reisenden Herzogs →Carl August erneut nach Clausthal und Zellerfeld. Mit dabei war auf G.s Wunsch auch der Zeichner G. M. →Kraus. Gemeinsam mit dem Herzog wurden die Gruben Caroline und Dorothea befahren und Ausflüge in die Bergstädte Wildemann und Bad Grund sowie zur Hanskühnenburg unternommen. Am 15.8. zog die Reisegesellschaft über Goslar nach Braunschweig weiter, während Kraus noch eine Woche länger bei Trebra blieb, um weitere Felsen in der Gegend zu zeichnen.

Literatur

Juranek, Christian (Hg.): Abenteuer, Natur, Spekulation. Goethe und der Harz. Halle 1999. – Meißner, Christine und Meißner, Markus: »In der Freiheit der Berge«. Auf Goethes Spuren im Harz. Weimar 1989. *WY*

Cleaveland, Parker (1780–1858)

G. ist auf den amerikanischen Geologen in Boston durch seinen Schüler J. G. →Cogswell, der G. zwischen 1817 und 1819 drei Mal in Weimar und Jena traf, aufmerksam geworden. Die erste Auflage von Cleavelands *An elementary treatise on mineralogy and geology* (Boston 1816) übermittelte Cogswell etwa im Mai/Juni 1818 (Ruppert 4464). Unter dem 16.6.1818 ist im Tagebuch die Lektüre »bis zu Nacht um 11 Uhr« verzeichnet. Am 21.6.1819 berichtete J. G. →Lenz aus Jena, dass Cleaveland sein Werk der dortigen Mineralogischen Gesellschaft zugesandt habe (vgl. LA II, 8A, 553). G. veranlasste daraufhin, dass Cleaveland zum Mitglied der »Sozietät für die gesamte Mineralogie« in Jena ernannt wurde (vgl. an Cogswell, 29.7.1819: »lege ich ein Diplom [...] für Herrn Parker Cleaveland [...] bey«).

Dieser sandte die zweite Ausgabe seiner Schrift *An elementary treatise [...]* (2 Bde., Boston 1822; Ruppert 4465) mit handschriftlicher Widmung an die mineralogische Sozietät. Nachdem G. sich am 9./10.4. und am 19.6.1823 mit Cleaveland beschäftigt hatte, schrieb er dem Grafen →Sternberg am 20.6.1823: »Wie doch das Herkömmliche, schon lange Zeit Bekannte, sich nach und nach möglichst Entwickelnde und Erweiternde freundlich zusagt, habe ich erst jetzt wieder erfahren an der zweyten Ausgabe der *Mineralogie von Cleaveland* in Boston; er hat in Freiberg studirt [...]. Es ist noch der alte Grund und Boden, auf dem man wandelt, der nicht jeden Augenblick mit uns auf- oder niederzugehen droht; und doch findet man das Werk vorschreitend und bis auf die neusten Zeiten hinlänglich

[...]«. Am 7.10.1826 nahm G. das Werk erneut vor. Es galt ihm als Beispiel für dem Liebhaber willkommene »Bücher [...], die uns sowohl das neu empirisch Aufgefundene als die neu beliebten Methoden darlegen« (MuR 1270). Die Beschäftigung mit der amerikanischen Mineralogie und Geologie hat sich in G.s Gedicht *Den Vereinigten Staaten* (»Amerika, du hast es besser [...]«) und in der Notiz *Eines verjährten Neptunisten Schlußbekänntniß Abschied von der Geologie* (LA II, 8A, 145, M 110) niedergeschlagen.

Literatur
Riley, Thomas A.: Goethe and Parker Cleaveland. In: PMLA. 67 (1952), 350–374. *HO*

Cogswell, Joseph Green (1786–1871)

Der in Ipswich, Massachusetts geborene, ursprünglich als Jurist ausgebildete Bibliothekar und Geologe war ein weitgereister und vielseitig gebildeter Mann. Er reiste nach Indien und hielt sich 1809 bis 1811 in Südeuropa auf, bevor er sich als Anwalt in Belfast niederließ. 1813 wurde er Tutor am Harvard College. 1815/1816 war Cogswell erneut am Mittelmeer. Als er von 1816 bis 1820 zum dritten Mal nach Europa kam, bereiste er mehrere Länder und hielt sich u.a. für Studien in →Göttingen auf. Die erste Begegnung mit G. fand am 27.3.1817 in den Räumen der Mineralogischen Gesellschaft in →Jena statt und begründete eine herzliche Freundschaft. Cogswell sandte G. Literatur zur Geologie Nordamerikas (→Amerika) und blieb mit ihm im Briefwechsel. Am 10.5.1819 kam es in Weimar zu einer erneuten Begegnung; Ende August nahm Cogswell in Jena Abschied von G. Nach Amerika zurückgekehrt, wurde er Bibliothekar und Professor für Mineralogie und Chemie am Harvard College. Auf seine Anregung hin stiftete G. der dortigen Bibliothek eine Ausgabe seiner Werke. Cogswell wurde später Mitgründer der klassisch-humanistisch ausgerichteten Round-Hill-Schule in Northampton und baute als Bibliothekar die Astor Library in New York auf.

Literatur
Mackall, Leonard L. (Hg.): Briefwechsel zwischen Goethe und Amerikanern. In: GJb. (1904), 3–37. – Ticknor, Anna Elliot (Hg.): Life of Joseph Green Cogswell as sketched in his letters. Cambridge 1874 (Reprint Cornell University Library 2008). *WY*

Cook, James (1728–1779)

Auf den englischen Seefahrer und Entdecker (u.a. Australiens) war G. im Dezember 1781 durch die Lektüre von *Johann Reinhold Forster's Reise um die Welt während den Jahren 1772 bis 1775* (2 Bde., Berlin 1778/1780) aufmerksam geworden. Der Herausgeber des Werks, Georg →Forster, hatte als 17jähriger mit seinem Vater diese zweite Weltreise Cooks begleitet. Auf der dritten Expedition wurde Cook 1779 auf Hawaii (Sandwich-Inseln) von Ureinwohnern erschlagen, seine Leiche zerstückelt.

G. war von den Umständen von Cooks Tod tief beeindruckt. An Ch. v. →Stein schrieb er am 19.12.1781: »Es ist eine grose Catastrophe eines grosen Lebens, und schön daß er so umkam. Ein Mensch der vergöttert wird, kann nicht länger leben, und soll nicht, um seint und andrer willen«. Und am Folgetag: »Cocks Todt kommt mir nicht aus dem Sinne, möge doch das Schicksal iedem den es liebt einen Todt geben der so analog zu seinem Leben sey wie dieser war. Er ist in allem Betracht schön [...]«.

→Schillers Vorschlag vom 13.2.1798, Cooks Leben episch zu behandeln, lehnte G. einen Tag später ab. *WZ*

Cotta, Heinrich von (1763–1844)

Der in Klein-Zillbach bei Eisenach geborene Forstmann, zunächst von seinem Vater ausgebildet, später Student in Jena, stand von 1789 bis 1810 in Weimarischen Diensten. 1811 wurde er als königlich-sächsischer Forstrat nach Tharandt bei Dresden berufen, seine Lehranstalt 1816 zu einer königlichen Forstakademie erhoben.

Im September und Oktober 1806 (Tgb 20.9., 1. und 9.10.; an Riemer, 30.9.) beschäftigte sich G. mit Cottas soeben erschienener Schrift *Naturbeobachtungen über die Bewegung und Funktion des Saftes in den Gewächsen, mit vorzüglicher Hinsicht auf Holzpflanzen* (Ruppert 4468) und den dazu gehörenden Pflanzenpräparaten. In dieser Schrift veranschaulichte Cotta die Anatomie der Hölzer durch Beschreibungen, Abbildungen und mittels einer beigefügten Sammlung und trug so »zur Erkenntnis der Gewebedifferenzierung im Bereich des Stammes und besonders in dem der Abschlußgewebe« bei (LA II, 9B, 496). Zwischen dem 6. und 9.10.1806 verfasste G. eine kurze Anzeige der *Naturbeobachtungen* (FA I, 24, 384), die ohne Titel mit der Unterschrift »S. S.« am 22.10.1806 im *Intelligenzblatt* der JALZ (Nr. 97, Sp. 799f.) erschien. Hier diskutierte G. vor allem die Natur der von Cotta »Saftknötchen« genannten Endungen der Markstrahlen des Holzes (dazu im Einzelnen LA II, 9B, 496).

Im Einvernehmen mit dieser botanischen Beobachtung, die seiner Metamorphosenlehre entsprach, hob G. in den *Tag- und Jahresheften* von 1806 hervor, dass »*Cotta's* Naturbetrachtung über das Wachsthum der Pflanzen, nebst beigefügten

Musterstücken von durchschnittenen Hölzern«, ihm »eine sehr angenehme Gabe« gewesen sei und gleichzeitig »die Hauptveranlassung, daß ich von neuem zur Morphologie mich wendend den Vorsatz faßte, sowohl die Metamorphose der Pflanzen als sonst sich Anschließendes wieder abdrucken zu lassen«.

Am 23.4.1813 besuchte G. Cotta in Tharandt. Neben der »interessanten Unterhaltung« sah G. »merkwürdige Muschelversteinerungen im Sandstein« und erhielt »Nachricht von einem unmittelbaren Übergang aus dem Porphyr in den Sandstein in der sächsischen Schweiz«.

Nach zwei Besuchen Cottas in Weimar (23.5.1819 und 3.5.1822) folgte eine Reihe von Sendungen: Im Juni 1822 weist G.s Büchervermehrungsliste Cottas *Die Verbindung des Feldbaues mit dem Waldbau oder die Baumfeldwirtschaft* (Bd. 1, Dresden 1819) aus; auch der zweite Band (Dresden 1822) befand sich in G.s Bibliothek (vgl. Ruppert 2981). Aus seinen Sammlungen sandte Cotta am 25.6. und 13.8.1822 Mineralien und Fossilien (vgl. LA II, 8B, 251 und 275; Prescher 2706 und 2725). Am 22.9.1829 erhielt G. von Cotta einen verkieselten Stamm eines Baumfarnes (Prescher 2790).

In seinem *Beytrag zur Untersuchung über die Entstehung des Kammerbühls bey Eger*, den Cotta am 19.9.1826 vor der Mitgliederversammlung deutscher Naturforscher und Ärzte in Dresden vortrug (gedruckt in Isis 20, 1827, Sp. 324–329), zitierte er aus G.s Abhandlung *Der Kammerberg bei Eger* (1808), die ihm als Anregung für seine Forschungen gedient habe. Ebenso zog er aus dem Aufsatz *Wunderbares Ereignis* (ZNÜ II, 1, 1823) G.s Äußerungen zu den gegensätzlichen Meinungen über die Entstehung des →Kammerbergs heran, den er als Vulkan ansah.

Als Cottas Sohn Karl Bernhard G. am 10.1.1832 seine Schrift *Die Dendrolithen in Beziehung auf ihren inneren Bau* (Dresden, Leipzig 1832; Ruppert 4467) zusandte, dankte G. in einem seiner letzten Briefe, am 15.3.1832, mit herzlichen Empfehlungen an den Vater auch für dessen Anregungen, die er »seinen frühern Bemühungen um das Pflanzenwachsthum schuldig geworden«.

Literatur

Beyer, Conrad: Wilhelm Braumüller und Heinrich Cotta. Wien 1881. – Burckhardt, Hartmut: Das Walddorf Zillbach und Heinrich Cotta. Gotha 1997. – Fröhlich, Joachim (Hg.): Heinrich Cotta: Briefwechsel, Biographie, Erinnerungen. Tharandt 1995. – Richter, Albert: Heinrich Cotta. Leben und Werk eines deutschen Forstmanns. Radebeul, Berlin 1950. *HO*

Cousin, Victor (1792–1867)

Der französische Philosophieprofessor an der Pariser Sorbonne und Staatsmann, Platon-Übersetzer und Descartes-Herausgeber, unternahm mehrere Reisen nach Deutschland, auf denen er u. a. →Hegel und →Schelling kennenlernte. Bei G. in Weimar war Cousin am 18.10.1817 (G.s Tagebuch: »um die deutsche Philosophie näher kennen zu lernen«) und am 28.4.1825 zu Gast.

Mit Cousin, dem die Begründung des Eklektizismus zugeschrieben wird, befasste sich G. zunächst 1826 (*Fragmens philosophiques*; vgl. Tgb, 14.4.1826 und Ruppert 3040), dann intensiver 1828/1829 anlässlich seiner Vorlesungen, die in dem dreibändigen Werk *Cours de l'Histoire de la Philosophie* veröffentlicht wurden. Den ersten Band mit dem Titel *Introduction à l'Histoire de la Philosophie* (Paris 1828) erwarb G. am 24.6.1828 (vgl. Ruppert 3039). Über die Lektüre berichtet das Tagebuch gelegentlich in der zweiten Jahreshäfte 1828, stärker danach in der Zeit zwischen Januar und Juli 1829 (vgl. EGW 1, 49–52). Die Bände 2 und 3 erschienen als *Histoire de la Philosophie du XVIIIe siècle* (Bde. 1 u. 2, Paris 1829). Cousin betrachtete in seinen Vorlesungen die Geschichte der Philosophie als einen wiederkehrenden zyklischen Ablauf von vier Systemen: Sensualismus, Idealismus, Skeptizismus und Mystizismus.

G.s Beschäftigung mit Cousin ist auch Gegenstand von Gesprächen mit →Soret und →Eckermann (17.10.1828, 17.2., 2. u. 3.4.1829) sowie in Briefen an Soret (2.7. u. 3.8.1828).

Die am Anfang von G.s Aufsatz →*Analyse und Synthese* (vgl. FA I, 25, 83) genannte Vorlesung von Cousin fand im Jahr 1829 statt; G. kommentierte dessen Urteil über den Vorrang der Analyse gegenüber der Synthese in der Betrachtung der Philosophie des 18. Jh.s zustimmend. *BI/WZ*

Cramer, Ludwig Wilhelm (1755–1832)

Dem seit 1803 in Wiesbaden als Oberbergrat Tätigen, der in →Halle und →Freiberg Geologie studiert hatte, ist G. zunächst im August und September 1814 auf seiner Rheinreise begegnet (vgl. Tgb, 4.8.1814; anschließend zahlreiche Nennungen). In *Ueber Kunst und Alterthum in den Rhein und Mayn Gegenden* (H. 1, 1816, 53f.) hat G. im Abschnitt *Wisbaden* Cramers Kabinett beschrieben, das »eine vollständige systematische Folge der Mineralien, und außerdem belehrende Prachtstücke aus den wichtigen Bergwerken des Westerwaldes« enthalte und einen »vorzüglichen Schmuck dieses Ortes« darstelle. »Der gefällige, theoretisch und praktisch gebildete Besitzer, auch als Schriftsteller seines Faches geschätzt, widmet Curgästen und Durchreisenden jede freye Stunde zur Unterhaltung und Unterricht« (vgl. auch an Christiane, 19.8.1814).

Cramer überließ G. in dieser Zeit eine Sammlung, zu der dieser einen 125 Positionen umfassenden Katalog verfasste (vgl. LA II, 8 A, 79–84, M 58; Prescher 5961–6083), den er in einer Abschrift am 26.12.1814 an →Schelver sandte. Vom 15. bis 17.8.1814 besuchte G. mit Cramer das St. Rochus-Fest in Bingen. Gemeinsam mit ihm erkundete er auch die Umgebung von Wiesbaden, so am 9.9.1814 von Winkel aus die Kalksteinbrüche des Mühltales, am 12.9.1814 auf der Fahrt nach Frankfurt Flörsheim, wo G. auf »Kalk Tuff mit Conchylien« aufmerksam wurde, und am gleichen Tag den Schwefelbrunnen von Weilbach.

Bereits am 8.8.1814 erwähnte G. Cramers Schrift *Vollständige Beschreibung des Berg-, Hütten- und Hammerwesens in den sämtlichen Hochfürstlichen Nassau-Usingischen Landen* (Frankfurt 1805; Ruppert 5357), die ihm ebenso wie die Exkursionen die Geologie und Mineralogie des Gebietes um Nassau erschloss.

Die *Tag- und Jahreshefte* von 1814 hielten fest: »Naturwissenschaft wurde sehr gefördert durch gefällige Mittheilung des Bergrath *Cramer* zu Wiesbaden an Mineralien und Notizen des Bergwesens auf dem Westerwalde«.

Am 29.5.1815 traf sich G. mit Cramer in Wiesbaden wieder. Bis zum August kam es erneut zu zahlreichen Begegnungen mit Cramer. Schon wußte G. sich »die metallreichen Gegenden, bis nach der Grafschaft Mark hin, besser zu vergegenwärtigen und der Umgang mit diesem biedern, verständigen, unterrichteten Mann ist mir belehrend und erheiternd« (an Christiane, 4.6.1815). Nach den Erinnerungen von Cramers Tochter Dorothea gingen G. und ihr Vater nach der gemeinsamen Beschäftigung mit Mineralien gewöhnlich zusammen auf den Geisberg, »auf welchem Goethe mit besonderer Vorliebe verweilte« (GG 2, 948).

Vom 21. bis 23.7.1815 begleitete Cramer G. auf einer geologischen Erkundung von Wiesbaden über Idstein nach Limburg, von dort über Dietz, Holzappel durch das Lahntal nach Nassau (vgl. dazu G.s Text *Zur Lehre von den Gängen*; FA I, 25, 558). Sie passierten auch Lange Hecke, den berüchtigten Unterschlupf des 1802 in Mainz hingerichteten Räubers Schinderhannes (Johann Böckler).

Nach den Begegnungen 1814/1815 standen G. und Cramer noch bis 1828 vielfach brieflich in Kontakt, im Mittelpunkt stand stets der Austausch von Mineralien. Am 4.1.1828 bedankte sich G. bei Cramer für die Übersendung seiner Schrift *Geognostische Fragmente von Dillenburg und der umliegenden Gegend* (Gießen 1827; Ruppert 4471) und für Mineralien, darunter ein Stück Goethit: »Das geognostische Heft zeugt mir von Ihren fortgesetzten Studien, die bedeutenden Mineralien von dauernder Neigung, mir etwas Angenehmes zu erzeigen, denn wenige Schubladen meiner Sammlungen kann ich aufziehen, ohne mich jener erfreulich-belehrenden Stunden zu erinnern«.

In seinem Aufsatz *Andere Freundlichkeiten* (Morph I, 2, 1820) setzte G. Cramer ein literarisches Denkmal: »Wohlwollende Männer auf dem Westerwald entdecken ein schönes Mineral und nennen es mir zu Lieb und Ehren *Goethit*; [...] Herrn Cramer [...] bin ich dafür noch vielen Dank schuldig« (FA I, 24, 455; →Goethit). *HO*

Cuvier, Georges Léopold Chrétien Frédéric Dagobert, Baron de (1769–1832)

Der aus Mömpelgard (Montbéliard) stammende französische Zoologe und Paläontologe befasste sich nach beendeten Studien der Rechte und der Ökonomie an der Hohen Karlsschule in Stuttgart intensiv mit Naturgeschichte, bevor ihn der französische Naturforscher Henri-Alexandre Tessier (1741–1837) an den Zoologen Étienne →Geoffroy Saint-Hilaire (1772–1844) am Musée d'Histoire Naturelle in Paris empfahl. 1795 folgte Cuvier seiner Bestellung nach Paris, wurde noch im gleichen Jahr Mitglied des neugegründeten Institut de France und Lehrer für Naturgeschichte an der École centrale. 1799 erhielt Cuvier als Nachfolger von →Daubenton den Lehrstuhl für Naturgeschichte am Collège de France, 1802 die Professur für vergleichende Anatomie am Jardin des Plantes; 1808 wurde er Direktor des Musée d'Histoire Naturelle.

Als Mitglied renommierter gelehrter Gesellschaften reorganisierte Cuvier unter Napoleon I. die akademischen Institute in Italien, in den Niederlanden und in Süddeutschland. Ab 1802 war er zudem ständiger Sekretär der mathematisch-physikalischen Klasse der Akademie der Wissenschaften in Paris.

Cuviers wissenschaftliches Werk umfasste die Begründung der vergleichenden Anatomie unter Einbeziehung fossiler Arten und damit der Paläontologie (vgl. die Hauptwerke *Leçons d'anatomie comparée.* 5 Bde. Paris 1805; *Recherches sur les ossemens fossiles.* 4 Bde. Paris 1812; *Le règne animal; distribué d'après son organisation.* 4 Bde. Paris 1817). Er teilte das Tierreich in vier Stämme (Typen) ein (Wirbel-, Weich-, Glieder- und Strahltiere). Diese Systematik stand im →Pariser Akademiestreit (1830) mit Geoffroy Saint-Hilaire im Mittelpunkt, an dem G. regen Anteil nahm. Cuvier vertrat die mosaische Schöpfungslehre und betrachtete in seinem Werk *Discours sur les Révolutions de la surface du Globe, et sur les changemens qu'elles ont produits dans le règne animal* (Paris

1825) fossile Funde als Zeugen von in der Sintflut umgekommenen Lebewesen (Katastrophentheorie).

G. benutzte Cuviers Werke immer wieder (vgl. Einzelnachweise in LA II, 9B, 531 und II 10B.2, 1126–1128), so z. B. für seine Arbeiten *Die Lepaden* (1824), *Zweiter Urstier* (1824) oder *Plastische Anatomie* (1832).

Die Korrespondenz zwischen beiden ist jedoch spärlich. Cuvier sandte G. mit Schreiben vom 3.7.1826 einige Nachrufe auf französische Wissenschaftler; am 2.8.1831 bedankte er sich für die Übersendung der deutsch-französischen Ausgabe des *Versuchs über die Metamorphose der Pflanzen* an die Pariser Akademie, die aber gar nicht von G. ausgegangen, sondern von Geoffroy Saint-Hilaire lanciert worden war. G. antwortete, mit Hilfe von →Soret in französischer Sprache, am 28.8.1831 mit Dank und Hochachtung.

Über Cuviers Tochter Clémentine erhielt G. mit Schreiben vom 16.10.1826 eine Sammlung von Fossilien vom Montmartre (Paris); beides brachte der Oberbaudirektor Clemens Wenzeslaus Coudray am 19.11.1826 von seiner Paris-Reise mit. Zu den aktuellen paläontologischen Forschungen seiner Zeit fand G. jedoch kaum noch einen Zugang (vgl. z. B. seine fragenden Bemerkungen im Brief an Soemmerring vom 12.8.1827; G–Soemmerring 146).

Literatur

Bräuning-Oktavio, Hermann: Cuvier und Goethe. In: GJb. (1959), 183–211. – Cheung, Tobias: Die Organisation des Lebendigen. Die Entstehung des biologischen Organismusbegriffs bei Cuvier, Leibniz und Kant. Frankfurt am Main 2000, 17–39. – Loesche, Martin: Die Typenlehre bei Cuvier und Goethe. Frankfurt am Main 1950. – Rudwick, Martin J. S.: Georges Cuvier, fossil bones, and geological catastrophes. New translations & interpretations of the primary texts. Chicago 1997, 82–92. – Taquet, Philippe: Georges Cuvier: Naissance d'un génie. Paris 2006. *CS*

Cyanometer (Blaumesser)

Diese Skala zur Bestimmung der Himmelsbläue wurde vom Schweizer Naturforscher H.-B. de →Saussure entwickelt und 1791 in seinem Aufsatz *Description d'un cyanomètre, ou d'un appareil destiné à mesurer l'intensité de la couleur bleue du ciel* beschrieben und abgebildet (*Observations sur la physique, sur l'histoire naturelle et sur les arts* 38, 199–208; Ruppert 4205; vgl. Farbtafel S. 832). In einem Briefentwurf an J. H. →Voigt (vor 17.5.1791) ist G.s Lektüre bezeugt; sie stand in Zusammenhang mit dem fragmentarisch überlieferten Aufsatz *Über das Blau* (FA I, 23.2, 10 f.), den G. laut seinem Brief an Carl August vom 17.5.1791 »in diesen Tagen« schrieb.

Im vermutlich im Juli 1793 entstandenen historischen Abschnitt des Aufsatzes *Von den farbigen Schatten* verwies G. wiederum auf das Cyanometer: »Es ist bekannt, daß der Himmel immer dunkler blau erscheint, je höher wir uns über den niedern Dunstkreis erheben. *De Saussure* hatte die Farbe des Himmels auf dem Montblanc genau zu bestimmen einige Schattierungen blaues Papier mitgenommen« (FA I, 23.2, 102).

Ein Tagebucheintrag vom 29.9.1797 – auf der dritten Schweizreise – vermerkt, dass die Reisenden »kein Kyanometer« mitführten und auch im Zusammenhang mit der *Farbenlehre* wird das Instrument erwähnt (vgl. FA I, 23.1, 975 f.; FA I, 25, 790; an Schopenhauer, 16.11.1815, Beilage).

Vor allem hat sich G. aber Anfang 1818 im Zusammenhang mit der meteorologischen →Instruktion für den Wetterbeobachter in Schöndorf auf dem Ettersberg mit dem Saussureschen Cyanometer auseinandergesetzt, als er den Aufsatz *Farben des Himmels* verfasste (vgl. Tgb, 4.2.1818) und das Instrument weiterentwickelte. Saussure hatte 1791 auf einer Pappscheibe 40 Sektoren abgebildet, die zwischen Weiß und Schwarz kontinuierlich abgestufte Blautöne in immer stärkerer Intensität zeigten. G. weitete mit seinem Himmels- oder Luftfarbenmesser das Cyanometer auf die Farben Gelb und Rot aus, indem er die Zahl der Blautöne verringerte und eine Hälfte der Scheibe für die neu berücksichtigten Farben verwandte (vgl. Farbtafel S. 832).

Dass der Farbenmesser zum Einsatz kam, belegen die überlieferten ausgefüllten Tabellen der Wetterbeobachter (für September 1819 und Juli 1825 abgebildet in LA II, 2, 70 u. 97) und die ausführlichen Anwendungsanleitungen in der Instruktion in den Fassungen von 1821 und 1824 (»X. Cyanometer. § 19.«, ebd. 79), denen G.s Aufsatz *Farben des Himmels* als Beilage 4 beigegeben war. Als Ende 1820 mit der Wartburg und Weida weitere →meteorologische Anstalten vor der Gründung standen, wurden zu diesem Zweck neue Cyanometer angefertigt (vgl. Helbig an A. v. Goethe, 22.11.1820; LA II, 2, 353), die G. bei dem Weimarer Maler und Zeichner C. W. Lieber in Auftrag gab (vgl. Tgb, 15. u. 17.12.1820; an J. H. Meyer, 28.12.1820; Meyer an G, 4.1.1821, LA II, 2, 360; Tgb, 5.1.1821). Probleme bei der Verwendung belegt der Hinweis G.s an C. E. Helbig vom 5.1.1821, »zu jedem [Cyanometer] möchte ein Portefeuille zu besorgen seyn, damit, nach jedesmaligem Gebrauch, die Tafel für [vor] Licht könne bewahrt werden, welches die Farben nach und nach, mehr oder weniger aufzehrt«.

In der Neubearbeitung der Instruktion vom Jahr 1827 ist die Rubrik »Cyanometer« entfallen, vermutlich weil sich die Zuordnung der Himmelsfarbe zu einem einzelnen Farbsegment der Scheibe als unpraktikabel erwies und man keine Standardisierung der Farben erreichen konnte. *ZA*

Dämmerung

Am 13.2.1769 schrieb G. an Friederike Oeser über die Schönheit: »Sie ist nicht Licht und nicht Nacht. Dämmerung; eine Gebuhrt von Wahrheit und Unwahrheit. Ein Mittelding. In ihrem Reiche liegt ein Scheideweg so zweydeutig, so schielend, ein Herkules unter den Philosophen könnte sich vergreiffen«. Nach dieser frühen, vereinzelten und im Hinblick auf die spätere *Farbenlehre* weitgehend im Dunkeln bleibenden Stelle hat sich G. erst wieder in deren Kapitel über die →physiologischen Farben (1810) mit der Dämmerung auseinandergesetzt. Hier erscheint sie ihm als Übergang vom Hellen zum Dunkeln, als Zustand, in dem der Mensch aufgrund der Umstellung des →Auges Farben und Bilder gar nicht oder verändert wahrnimmt (vgl. FA I, 23.1, 32f.), so z.B. eine weiße Fläche als grau (ebd. 40). Auch das Phänomen der blitzenden Blumen, bereits am 19.6.1799 →Schiller mitgeteilt, bei dem sich eine Farberscheinung um die Blüte herum in der →Komplementärfarbe zeigt (so Blaugrün bei den intensiv rot gefärbten Blütenblättern des orientalischen Mohns), ist an die Dämmerung gebunden: »Die Dämmerung ist Ursache, daß das Auge völlig ausgeruht und empfänglich ist, und die Farbe des Mohns ist mächtig genug, bei einer Sommerdämmerung der längsten Tage, noch vollkommen zu wirken und ein gefordertes Bild hervorzurufen« (ebd. 47). Schließlich ist die Beobachtung →farbiger Schatten in der Natur und im Versuch bei Dämmerung gut durchzuführen (ebd. 51f.).

Am 10.7.1817 berichtete S.→Boisserée G. über veranderte Farbwahrnehmungen in der Dämmerung an dem Gemälde *Anbetung der Könige* von Rogier van der Weyden und bat um G.s Stellungnahme, die dieser ausführlich am 29.7.1817 nach den Grundsätzen seiner *Farbenlehre* lieferte (vgl. WA IV, 28, 198ff.). Danach entstehen Farben beim Durchgang durch →trübe Mittel, ausgeführt im Kapitel →*Dioptrische Farben der ersten Klasse* in der zweiten Abteilung →*Physische Farben* des didaktischen Teils (§§ 145–177, FA I, 23.1, 73–82). Sinnesphysiologisch lassen sich die von Boisserée geschilderten Beobachtungen als Phänomene des Dämmerungssehens von Farben erklären, über die es in der Folge zu einer weiteren Diskussion kam (vgl. Boisserée an G., 17.8., 24.9. u. 21.11.1817; an Boisserée, 5.9. u. 17.10.1817). G. plante eine Publikation zum Thema in ZNÜ I, 2 (1820), die aber schließlich unterblieb (vgl. LA II, 5B.1, 159, M 43 unter 3.d). *WZ*

Darwin, Erasmus (1731–1802)

Der englische Arzt wurde durch seine Lehrgedichte berühmt; er schrieb aber auch wissenschaftliche Werke zur Physiologie. G. besaß die deutsche Fassung des 1795 erschienenen ersten Teils von *Zoonomie oder Gesetze des organischen Lebens* (Originaltitel: *Zoonomia, or the Laws of Organic Life*); darin wies der Übersetzer J. D. →Brandis auf Parallelen zu G.s *Metamorphose der Pflanzen* hin. In einem Brief an S. Th. →Soemmerring äußerte G. am 17.2.1795 gewisse Vorbehalte dem Werk gegenüber. Er benutzte aber mit Gewinn den im zweiten Teil enthaltenen Beitrag *Ueber die Augentäuschungen (Ocular Spectra) durch Licht und Farben* von Robert Waring →Darwin (1766–1848). Der ebenfalls als Arzt tätige Sohn von E. Darwin beschrieb in dem Aufsatz die »Augengespenster«, die G. unter dem Thema →»Physiologische Farben« behandelte. In den *Materialien zur Geschichte der Farbenlehre* fasste G. den Beitrag R. W. Darwins zusammen (vgl. FA I, 23.1, 940–943).

An →Schiller schrieb G. am 30.12.1795, E. Darwin habe »auch das Unglück« gehabt, vor seinen wissenschaftlichen Publikationen als Dichter berühmt geworden zu sein. Mit Darwins populärstem Lehrgedicht, *The Botanic Garden* (1791), befasste sich G. 1798, als er selbst die Möglichkeit didaktischer Naturgedichte erwog; Schiller gegenüber kritisierte er am 26.1.1798 das Werk, da es »eine Menge theoretisches Zeug« mit gesuchten Allegorien und Gleichnissen darbiete. Als der Frankfurter Arzt Aloys Clemens 1825 seine Bearbeitung und Übersetzung des 1803 erschienenen Darwinschen Lehrgedichts *The Temple of Nature, or the Origin of Society* G. widmen wollte, zeigte sich dieser aber dankbar für die Anregungen, die er durch Vater und Sohn Darwin erhalten habe (an Clemens, 15.1.1826). – Die Arbeiten von Charles Robert Darwin (1809–1882), dem Enkel E. Darwins und Begründer der Evolutionstheorie, sollte G. nicht mehr kennenlernen.

Literatur

Arnott, Robert und Smith, Christopher U. M. (Hg.): The Genius of Erasmus Darwin. Bodmin 2004. – Jäger, Hans Wolf: Didaktische Dichtung. In: GHB. 4.1, 203–206. *WY*

Darwin, Robert Waring (1766–1848)

Der in Leiden ausgebildete praktische Arzt aus Shrewsbury, Sohn von Erasmus Darwin und Vater von Charles Darwin, veröffentlichte 1785 in den *Philosophical Transactions* (76, 313–348) einen Aufsatz *On the Ocular Spectra of Light and Colours.* Dieser wurde auch in E. →Darwins *Zoonomia, or the laws of organic life* (London 1794–1796) aufgenommen, ein Werk, das J. D. →Brandis kurz darauf ins Deutsche übersetzte (Hannover 1795–1799; Ruppert 4486). G. wurde von S. T. →Soemmerring auf den Aufsatz hingewiesen und sprach diesem gegenüber am 17.2.1794 von »schönen Bemerkungen« Darwins, »doch geht er in den Fesseln der Theorie gar ängstlich einher« (G–Soemmerring 78; zum weiteren Kontext ebd. 79 u. 94).

Darwins Arbeit über →Nachbilder im →Auge trug wesentlich dazu bei, dass G. den →physiologischen Farben einen entscheidenden Stellenwert in seiner *Farbenlehre* (1810) zumessen sollte. Im historischen Teil der *Farbenlehre* stellte er die Schrift in einem eigenem Kapitel vor (vgl. FA I, 23.1, 940–943; zur Entstehung vgl. Tgb, 24. u. 25.3.1810).

G. verwendete für die »ocular spectra« den deutschen Begriff »Augengespenster«, womit er die Phänomene bezeichnete, die als Nachbilder in Erscheinung treten. Die Übersetzung von Brandis mit »Augentäuschungen« wünschte er »ein für allemal verbannt. Das Auge täuscht sich nicht […]« (FA I, 23.1, 942; →Optische Täuschung). *WZ*

Daubenton, Louis Jean Marie (1716–1799)

Den französischen Arzt, ab 1742 Mitarbeiter →Buffons und Beiträger zu dessen *Histoire naturelle générale et particulière*, ab 1778 Professor der Zoologie in Paris, hat G. im zweiten Abschnitt der *Principes de Philosophie zoologique* (1832) vor allem in seiner, derjenigen Buffons entgegengesetzten Denk- und Arbeitsweise und als wissenschaftshistorischen Vorläufer von →Cuvier geschildert: Buffons »Tendenz geht in das Ganze […]. Für das Detail bedarf er eines Gehülfen und beruft Daubenton […]. Dieser faßt die Angelegenheit von der entgegengesetzten Seite, ist ein genauer scharfer Anatomiker. Dieses Fach wird ihm viel schuldig, allein er hält sich dergestalt am Einzelnen, daß er auch das Nächstverwandte nicht aneinander fügen mag. Leider veranlaßt diese ganz verschiedene Behandlungsart auch zwischen diesen beiden Männern eine nicht herzustellende Trennung. […] Daubenton […] zieht sich in →Geoffroy de Saint-Hilaire einen jüngern Mitarbeiter heran. […] Daubenton, als Anatom, fortwährend im Trennen und Sondern begriffen, hütet sich irgend das was er einzeln gefunden, mit einem andern zusammenzufügen, sorgfältig stellt er alles neben einander hin, mißt und beschreibt ein jedes für sich. In demselben Sinne, nur mit mehr Freiheit und Umsicht, arbeitet Cuvier […]« (FA I, 24, 822f.).

In einer Spezialfrage, die G. sehr interessierte, ist dieser Daubentons zutreffender Analyse nicht gefolgt. Im 11. Band der *Histoire naturelle* (Paris 1754, 118f. und 128; vgl. LA II, 9A, 24, M 9) hatte Daubenton nachgewiesen, dass es sich bei den Stoßzähnen des →Elefanten nicht um Eck-, sondern um Schneidezähne handle, die ihren Sitz im Zwischenkieferknochen haben. G. hatte zunächst dieser auch von →Merck vertretenen Meinung zugestimmt (vgl. an Merck, 6.8.1784), war dann aber unter dem auf das Gegenteil drängenden Einfluss seines Mentors →Loder derart in Zweifel geraten, dass er den Elefanten in seinem *Versuch aus der vergleichenden Knochenlehre daß der Zwischenknochen der obern Kinnlade dem Menschen mit den übrigen Thieren gemein sey* (1784) gar nicht behandelte und schließlich seine geänderte, nunmehr irrige Meinung in dem zu Lebzeiten nicht veröffentlichten Aufsatz *Beschreibung des Zwischenknochens mehrerer Tiere […]* (FA I, 24, 25–42, hier 28) niederschrieb (zu den Einzelheiten Wenzel 297f.).

Literatur

Wenzel, Manfred: Der gescheiterte Dilettant. Goethe, Soemmerring und das Os intermaxillare beim Menschen. In: Mann, Gunter und Dumont, Franz (Hg.): Gehirn – Nerven – Seele. Anatomie und Physiologie im Umfeld S. Th. Soemmerrings. Stuttgart, New York 1988 (Soemmerring-Forschungen 3), 289–329. *ZA*

Delaval, Edward Hussey (1729–1814)

Der englische Privatgelehrte und Gutsbesitzer in Northumberland, der auch Mitglied der Royal Society of London war, legte 1777 eine Untersuchung zu den Farben vor, die 1788 in Berlin und Stettin in einer von L. F. F. Crell besorgten deutschen Übersetzung erschien: *Versuche und Bemerkungen über die Ursache der dauerhaften Farben undurchsichtiger Körper* (Ruppert 4488 und 4811). Bereits im Juni 1792, also in den Anfängen der Beschäftigung mit der *Farbenlehre*, erwarb G. das Werk in der Hoffmannschen Buchhandlung in Weimar. Das Tagebuch verzeichnet die Beschäftigung mit Delaval zuerst für den 12.2.1798 (vgl. die frühe Notiz zu diesem Autor in LA II, 6, 264). Im Zusammenhang mit den physikalischen Vorträgen vor Weimarer Damen griff G. am 13.5.1806 wiederum auf Delaval im Kontext der →chemischen Farben zurück. Im historischen Teil der *Farbenlehre* hat sich G. mit ihm ausführlich auseinandergesetzt (vgl. FA I, 23.1, 946–950, 1057). Im Delaval gewidmeten Kapitel, das laut Tagebuch am 23. u. 24.3.1810 entstand, sprach G. diesem Verdienste im Bereich der chemischen Farbenlehre zu, mit dem Hinweis, »ihn seit langen Jahren geschätzt« (ebd. 947) zu haben. Doch insgesamt überwog die Kritik: »Des Verfassers Vortrag hingegen ist keiner von den glücklichsten. Seine Überzeugung trifft mit der Newtonischen nicht zusammen, und doch kann er sich von dieser nicht losmachen [...] und macht dadurch den Leser verworren« (ebd.). »Er kehrt zu der Newtonischen Lehre zurück, ohne sie doch in ihrer ganzen Reinheit beizubehalten; dadurch entsteht bei ihm [...] ein unglückliches eklektisches Schwanken« (ebd. 950). So fiel G.s Fazit in der *Anzeige und Übersicht* zur *Farbenlehre* eher zurückhaltend aus: »Delaval macht auf die dunkle schattenhafte Natur der Farbe aufmerksam, vermag aber [...] keine Wirkung hervorzubringen« (ebd. 1057).

Am 10.11.1805 hatte G. noch ein weiteres Werk Delavals aus der Weimarer Bibliothek entliehen: *Recherches expérimentales sur la cause des changemens de couleurs dans les corps opaques et naturellement colorés* (Paris 1797). Offensichtlich fand es bei ihm keine Berücksichtigung. *WZ*

Desaguliers, Jean Théophile (1683–1744)

Der als hugenottischer Flüchtling in Oxford als Geistlicher und Professor der Physik Tätige veröffentlichte mehrere optische Arbeiten in den *Philosophical Transactions*, in denen er für →Newtons Lehre gegen →Mariotte und →Rizzetti auftrat: *An account of some experiments of light and colours, formerly made by Sir Isaac Newton, and mentioned in his Opticks* (29, 1716), *An account of an optical experiment made before the Royal Society* (32, 1722), *Optical experiments made in the beginning of August 1728 upon occasion of Rizzettis Opticks* (35, 1728). 1734 erschien in London Desaguliers Lehrbuch der Experimentalphysik unter dem Titel *A course of experimental philosophy* (London 1734).

G. beschäftigte sich bereits im Sommer 1801 in →Göttingen mit Desaguliers (vgl. Tgb, 22.7.1801); intensiv setzte er sich mit ihm im Juli und November 1809 auseinander (vgl. Tgb, 10.7., 2.–4.11., 7.11. und 11.11.1809). Bände der *Philosophical Transactions* mit Arbeiten von Desaguliers entlieh G. am 15.5.1805, 12.7. und 4.11.1809 aus der Weimarer Bibliothek (Keudell 418, 589 u. 605). Am 4.11.1809 erbat er von G. Sartorius in Göttingen »den 29ten und 32ten Band der Philosophischen Transactionen«, da die Weimarer Exemplare unvollständig seien.

Im historischen Teil der *Farbenlehre* behandelte G. Desaguliers sowie seine Auseinandersetzungen mit Mariotte und Rizzetti ausführlich in drei eigenständigen Kapiteln (vgl. FA 23.1, 829ff., 831–836, 839–842). Desaguliers erschien darin als Beispiel für einen »Natural- und Experimental-Philosophen«, der von seinem Lehrer J. Keill »die Fertigkeit Newtonische Experimente rezeptgemäß nachzubilden, so wie die Neigung zu dieser Theorie geerbt hatte« (ebd. 830f.). »Das was Desaguliers gegen Mariotte und später gegen Rizzetti versucht und vorgetragen, wird von der Newtonischen Schule seit hundert Jahren als ein Schlußverfahren angesehn. Wie war es möglich, daß ein solcher Unsinn sich in einer Erfahrungswissenschaft einschleichen konnte?« (Ebd. 835.) *WZ*

Descartes, René (Cartesius, Renatus) (1596–1650)

Der französische Philosoph, Mathematiker und Physiker – Begründer des Rationalismus und Subjektivismus in der neuzeitlichen Erkenntnistheorie und Urheber der Neuformulierung des Lichtbrechungsgesetzes von Willebrord Snellius – wird in G.s morphologischen Schriften nur beiläufig als Zeitgenosse von J. →Jungius erwähnt; um so häufiger erscheint sein Name in den Arbeiten zur *Farbenlehre*, ebenso in Gedanken und Aphorismen zur Naturlehre.

Am 5.7.1791 entlieh G. aus der Weimarer Bibliothek die von G. S. Klügel besorgte deutsche Übersetzung von J. Priestleys *Geschichte und gegenwärtiger Zustand der Optik [...]* (Leipzig 1776). In einem Auszug aus diesem Werk wurde bereits Descartes notiert, dessen *Principia Philosophiae* (vermutlich in der Ausgabe Amsterdam 1672) sich G. kurz darauf, am 5.10.1791 (und später noch einmal am 17.2.1809 und 18.4.1826), aus der gleichen Bibliothek besorgte.

Am 12.4.1795 schrieb G. das kleine Stück *Der Descartische Versuch mit der Glaskugel* nieder, wobei ihm die Glaskugel als Modell des Wassertropfens diente und die Farbenerscheinungen beim →Regenbogen plausibel machen sollte, ein Phänomen, das G. außerordentlich interessierte. Die beigegebenen Zeichnungen verglichen: »Fig. 1 Meine Erfahrung und Auslegung [...]. Fig. 2 Cartesii Erfahrung und Deutung. Meteora. Cap. 8« (FA I, 23.2, 198). G. bezog sich hier auf Descartes' *Discours de la méthode pour bien conduire sa raison, & chercher la verité dans les sciences. Plus la Dioptrique, Les Meteores, et La Geometrie* [...]. Leiden 1637 (lat. Fassung: *Specimina philosophiae, seu Dissertatio de methodo recte regendae rationis et veritatis in scientiis investigandae, Dioptrice et Meteora* [...]. Amsterdam 1644).

Mit der Ausleihe der *Principia Philosophiae* am 17.2.1809 und der gleichzeitigen Lektüre der *Dissertatio de methodo [...]* begann die Entstehungsgeschichte des Descartes-Kapitels der *Farbenlehre*, das in der fünften Abteilung *Siebzehntes Jahrhundert* des historischen Teils Platz fand (FA I, 23.1, 709–712; darüber hinaus zahlreiche Erwähnungen: ebd. 60, 413, 699, 719, 724, 732, 737f., 740, 743, 746, 754, 789, 803f., 810, 849f., 867, 878, 896, 999, 1052). Am Folgetag entlieh G. Adrien Baillets *La vie de monsieur Descartes* (Paris 1691), dessen Lektüre laut Tagebuch für den 18., 20. und 26.2. sowie für den 6., 7. und 17.3.1809 bezeugt ist. In einem Auszug hielt G. über Descartes fest: »Zartheit im Sittlichen [...] Grobe Vorstellungen im Physischen« (LA II, 6, 91).

Am 22.3.1809 zog G. aus der Weimarer Bibliothek noch eine weitere Quelle heran: Johann Gottlieb Buhles *Geschichte der neueren Philosophie für die Epoche der Wiederherstellung der Wissenschaften* (6 Bde., Göttingen 1800–1804), in deren drittem Band (S. 3–86) Descartes behandelt wird. Am 23. und 24.3.1809 studierte G. das entsprechende Kapitel.

In seiner Behandlung von Descartes im Rahmen der *Farbenlehre* würdigte G. dessen »Verdienste um den Regenbogen« (FA I, 23.1, 711). Seine »Lehre von den Farben« leide jedoch unter mechanizistischen Vorstellungen, »seine verschiedenen Materien, seine Wirbel, seine Schrauben, Haken und Zacken« seien »niederziehend für den Geist, und wenn dergleichen Vorstellungsarten mit Beifall aufgenommen wurden, so zeigt sich daraus, daß eben das Roheste, Ungeschickteste der Menge das Gemäßeste bleibt« (ebd. 710). Diese Kritik zielte beispielsweise auf die im vierten und letzten Teil der *Principia Philosophiae* geäußerte Vorstellung von den magnetischen Kräften, unter denen sich Descartes außerhalb des magnetischen Körpers auftretende Wirbel aus Teilchen vorstellte. Das Licht deutete Descartes als aus materiellen Körperchen bestehend, deren Eigenschaften (hier die Rotationsgeschwindigkeit) die bestimmten Farben bewirkten. Diese mechanische Lichttheorie mündete in →Newtons Korpuskulartheorie des Lichts. Gegen die Vorstellung von ›Lichtkügelchen‹ polemisierte G. auch später anlässlich der Entdeckung der →Polarisation des Lichts durch →Malus (vgl. FA I, 25, 662f.).

Unter dem 24.7.1809 überlieferte →Riemer folgende Äußerung G.s: »Es ist seltsam (singulier), daß eine so geistreiche Nation wie die französische sich mit solchen mathematischen, wie *die* des Cartesius sind, mit solchen Figuren, als seine Wirbel vorstellen, hat befassen mögen, die so unbegreiflich als irgendein andres der geoffenbarten Religion auch sind. Aber es scheint so, daß, wenn man sich des Unbegreiflichen in irgendeinem Falle abtut und es nicht anerkennen will, man zur Genugtuung in eine andre unbegreifliche Vorstellungsart verfällt, wie z.B. die Cartesianische und Newtonische sind« (Riemer 308).

Wenn G. in einem Aphorismus über Descartes dessen Werk *De methodo [...]* mit den Worten »wie es jetzt liegt kann es uns doch nichts helfen« (FA I, 25, 97, Nr. 34) charakterisiert, so richtet sich die Kritik vor allem gegen die darin propagierte rationalistische Denkweise, die analytische Methode und die streng mechanistische Erklärungsart – Ansätze, die die Wissenschaften für G. nicht vor grundlegenden Irrtümern bewahrt haben und die immer wieder aus historischer Perspektive zu hinterfragen sind. *WZ*

Diastole s. Systole/Diastole

Dietrich, Friedrich Gottlieb (1765–1850) und Familie

In den Erinnerungen an sein botanisches Studium hat G. die Bauernfamilie Dietrich in Ziegenhain bei Jena hervorgehoben, welche über vier Generationen und über 100 Jahre die Universität Jena, Apotheken, Kräuterhändler und Pflanzenliebhaber mit Pflanzen versorgte (vgl. FA I, 24, 409, 737–739).

Die Familie war im 18. Jh. weithin bekannt: Bereits A. v. →Haller lobte in der Vorrede zu der von ihm neu herausgegebenen *Flora Jenensis* von H. B. Rupp (Jena 1745) den Stammvater Adam Dietrich (1711–1782) als einen fleißigen und in der Aufspürung von Pflanzen glücklichen Mann. Wohl durch diese Quelle wurde C. v. →Linné auf Adam Dietrich aufmerksam (vgl. Schmid 1936), den auch E. G. Baldinger 1773 in der Vorrede zu seinem *Index plantarum horti et agri Ienensis* als scharfsinnigen Pflanzenkenner mit großen systematischen Kenntnissen erwähnte.

Nach seinem Ableben trat 1782 sein Sohn Johann Adam Dietrich (1739–1794) an seine Stelle, wurde u.a. G.s erster Pflanzenlieferant und legte den Grundstein für dessen Kenntnis der jenaischen Flora. »Noch einen größeren Einfluß aber auf meine Belehrung hatte der Enkel Friedrich Gottlieb *Dietrich*« (FA I, 24, 409), berichtete G. in seinem Aufsatz *Geschichte meines botanischen Studiums* (1817). Spontan entschloss sich G. am 22./23.6.1785, Dietrich nach →Karlsbad mitzunehmen. Auf der Reise wurde am 30.6.1785 von Wunsiedel aus der Ochsenkopf, mit 1014 Metern einer der höchsten Berge des Fichtelgebirges, bestiegen. G. lobte Dietrichs botanische Kenntnisse: »sein glückliches Gedächtnis hielt alle die seltsamen Benennungen fest, und reichte sie ihm jeden Augenblick zum Gebrauche dar [...]. In gebirgigen Gegenden [...] brachte er mit eifrigem Spürsinn alles Blühende zusammen, und reichte mir die Ausbeute wo möglich an Ort und Stelle sogleich in den Wagen herein, und rief dabei nach Art eines Herolds die Linnéischen Bezeichnungen, Geschlecht und Art, mit froher Überzeugung aus [...]. Hiedurch ward mir ein neues Verhältnis zur freien herrlichen Natur, indem mein Auge ihrer Wunder genoss und mir zugleich wissenschaftliche Bezeichnungen des Einzelnen, gleichsam aus einer fernen Studierstube, in das Ohr drangen« (ebd. 738).

Dietrich berichtete ebenfalls von der Reise, z.B. wie G. auf dem Ochsenkopf eine Drosera rotundifolia in die Hand nahm und sich »über die wunderbare Gestalt und regelmäßige Stellung der mit reizbaren Drüsenhaaren bekränzten Blätter belehrend aussprach, insonderlich über die Irritabilität (Reizbarkeit) der Pflanzen im allgemeinen« (GG 1, 366). In Karlsbad ging Dietrich mit Sonnenaufgang ins Gebirge und brachte G. die gesammelten Pflanzen an den Brunnen, »alle Mitgäste nahmen Teil, die welche sich dieser schönen Wissenschaft befleißigten besonders« (FA I, 24, 738).

Später betonte Dietrich bescheiden seine geringe Rolle, die er an der Ausarbeitung von G.s *Metamorphose der Pflanzen* (1790) gehabt habe, indem er lediglich »die Pflanzen, welche zu seinen Beobachtungen dienten, und die er seiner Idee gemäß benutzte, herbeischaffte« (LA II, 9A, 398).

G. veranlasste Herzog →Carl August, Dietrich ein Studium in Jena zu ermöglichen (bis 1792) und Studienreisen durchzuführen. Danach war dieser als Gärtner (ab 1794 Hofgärtner) in Weimar und Belvedere angestellt und beteiligte sich im Sommer 1796 an G.s Experimenten über die Einwirkung des Lichts auf das Wachstum der Pflanzen (vgl. dazu Dietrichs Bericht in LA II, 9B, 87f.). 1802 ging er als Garteninspektor nach Wilhelmsthal bei Eisenach, wo er den herzoglichen botanischen Garten begründete, erhielt 1823 den Professorentitel und 1831 das Amt eines Gartendirektors. Zwischen 1802 und 1840 veröffentlichte Dietrich sein *Vollständiges Lexicon der Gärtnerei und Botanik [...]* in 30 Bänden. In der Vorrede des 10. Bandes (1810) erwähnte Dietrich, dass er G., »diesem großen allgemein geschätzten und beliebten Gelehrten« seine Bildung »größtentheils zu verdanken« habe (Dietrich X).

Am 6.1.1816 und 2.5.1825 trafen G. und Dietrich noch zweimal in Weimar zusammen. Laut Tagebuch bekannte Dietrich bei dem letzten Besuch, dass er mit der gemeinsamen Reise nach Karlsbad 1785 »seinen Eintritt in die höhere Kultur zu rechnen habe«.

Der jüngere Bruder von Dietrich, Johann Michael (1767–1837), lieferte als privilegierter Universitätsbotanikus in Jena noch jahrzehntelang Pflanzen für den Unterricht. G. zählte ebenso zu seinen Abnehmern und erwähnte ihn noch am 23.4.1829 gegenüber E. →Meyer als »Pflanzen- und Kräutermann von Ziegenhain«.

Johann Michael Dietrichs Sohn Johann David Nicolaus (1799–1888), Privatgelehrter in Jena, veröffentlichte 1821 zusammen mit K. Zenker das Herbarium *Musci Thuringici* (vgl. Ruppert 5300). G. erhielt es laut Tagebuch am 23.9.1821. Am 10.10.1829 bat G. den Museumsschreiber J. M. C. →Färber, sich bei ihm nach einer Sammlung inländischer Käfer zu erkundigen, für die sich der Mailänder Mineralienhändler G. de Cristofori interessierte.

Für seine Recherchen im Kontext des Aufsatzes *Geschichte meines botanischen Studiums* (Morph I, 1, 1817) ließ sich G. einen Auszug aus dem Kirchenbuch von Ziegenhain fertigen, der einen Stammbaum der Botanikerfamilie Dietrich wiedergibt (abgedruckt in LA II, 10A, 65, M 6).

Literatur
Cohn, Ferdinand: Insectenfressende Pflanzen. In: Deutsche Rundschau. 7 (1876), 440–456; darin 443f.: Dietrich, Friedrich Gottlieb: Beobachtung und Erforschung der Natur auf Reisen mit Herrn v. Goethe. (Wiederabdruck in: Cohn, Ferdinand: Die Pflanze. Breslau 1882, 365.) – Ders.: Goethe als Botaniker. In: Deutsche Rundschau. 28 (1881), 26–56. – Dietrich, Friedrich Gottlieb: Vollständiges Lexicon der Gärtnerei und Botanik [...]. Bd. 10. Berlin 1810. – Rothmaler, Werner: Biographien alter thüringischer Floristen. In: Mitteilungen des Thüringischen botanischen Vereins. N. F. 41 (1933), 46–60. – Schmid, Günther: Des Bauern in Ziegenhain Adam Dietrich Beziehungen zu Linné. In: Das Thüringer Fähnlein. 5 (1936), 351–359, hier 357f. – Ders.: Der Bauernbotaniker Adam Dietrich in seiner Zeit. In: Mitteilungen des Thüringischen botanischen Vereins. N. F. 42 (1935), 107–132. *HO*

Dilettantismus

Die höchste Bedeutung des Dilettantismus liegt für G. im Streben nach einer Totalität des Daseins, indem der Mensch die allseitigen Fähigkeiten durch das freie Sich-Bilden zu vollenden versucht. So lautet der in der Forschung als Selbstschilderung bekannte Text vom August 1797: »Seitdem er hat einsehen lernen, daß es bey den Wissenschafften mehr auf die Bildung des Geists der sie behandelt als auf die Gegenstände selbst ankommt, seitdem hat er das, was sonst nur ein zufälliges unbestimmtes Streben war, hat er dieser Geistesthätigkeit nicht entsagt, sondern sie nur mehr regulirt und lieber gewonnen« (WA I, 42.2, 506).

Die Selbstcharakteristik, ein Dilettant in der →Wissenschaft, ein »Liebhaber der Naturlehre« zu sein, hat G. in vielen seiner naturwissenschaftlichen »Konfessionen« geäußert. Er hob den Vorzug eines Dilettanten in der Naturforschung in vieler Hinsicht hervor und erkannte dessen Beiträge zu derselben an, auch wenn er in dem umfassenden Schema zum Dilettantismus aus dem Frühjahr 1799 die Naturwissenschaft nicht mit einbezog.

In seiner Naturforschung holte G. nicht nur Gutachten von akademisch ausgebildeten Fachleuten ein, sondern er berücksichtigte auch gerne die Beobachtungen von Laien und praktisch Tätigen, etwa des Handwerkers, des Steinschneiders oder des Bergmeisters. Beispielsweise ist seine geologische Erforschung der Karlsbader Gegend stark mit seinem Umgang mit dem Steinschneider Joseph →Müller verbunden. Aber nicht nur G., sondern auch viele Fachgelehrte der Geologie des 19. Jh.s wurden von Joseph Müller durch die Karlsbader Gegend geführt, selbst Abraham Gottlob →Werner suchte jenen auf und ließ sich von ihm mit den lokalen Verhältnissen vertraut machen.

Im Zeitalter der sich erst spezialisierenden Wissenschaften waren Kontakte zwischen Gelehrten von Universitäten oder Akademien und Dilettanten nicht ungewöhnlich, die Grenzen zwischen ihnen noch überschreitbar. Für G. galt das in ganz besonderem Maße, wenn man einen Blick auf seine Kontakte zu maßgeblichen Forschern seiner Zeit wirft.

Die Biographie von John →Hunter faszinierte G., da er ganz ohne Schulausbildung und aus eigener Neigung und Intuition heraus ein bedeutender Naturforscher seiner Zeit geworden war (vgl. FA I, 25, 37). In seiner botanischen Konfession *Der Verfasser teilt die Geschichte seiner botanischen Studien mit* (1831) hat G. seine Begegnung mit dem Bauernburschen Friedrich Gottlieb →Dietrich, der ihn 1785 in die Pflanzenwelt einführte, hervorgehoben und dessen lebendige Einwirkung an die Seite von →Linné, →Batsch, →Büttner und →Rousseau gestellt (vgl. FA I, 24, 737–744).

Nach G.s Auffassung »mag der Dilettant gern vom Dilettanten lernen. Dieses wäre freilich in Absicht auf Gründlichkeit bedenklich, wenn nicht die Erfahrung gäbe, daß Dilettanten zum Vorteil der Wissenschaft vieles beigetragen. Und zwar ist dieses ganz natürlich: Männer vom Fach müssen sich um Vollständigkeit bemühen und deshalb den weiten Kreis in seiner Breite durchforschen; dem Liebhaber dagegen ist darum zu tun, durch das Einzelne durchzukommen, und einen Hochpunkt zu erreichen, von woher ihm eine Übersicht, wo nicht des Ganzen, doch des Meisten gelingen könnte« (ebd. 743 f.).

Im Schlusswort des didaktischen Teils der *Farbenlehre* hat G. darauf hingewiesen, dass »bei wissenschaftlichen Gegenständen« gerade »der Liebhaber etwas Erfreuliches und Nützliches zu leisten im Stande ist. Die Wissenschaften ruhen weit mehr auf der Erfahrung als die Kunst, und zum Erfahren ist gar mancher geschickt. Das Wissenschaftliche wird von vielen Seiten zusammengetragen, und kann vieler Hände, vieler Köpfe nicht entbehren. [...] Es ist daher niemand, der nicht seinen Beitrag den Wissenschaften anbieten dürfte« (FA I, 23.1, 293). So sei in der Geschichte der Naturwissenschaften »manches Vorzüglichere von Einzelnen in einzelnen Fächern, sehr oft von Laien geleistet worden« (ebd.).

Der Dilettant, fachlich nicht ausgebildet und sich aus Neigung und Interesse der Natur zuwendend, hat nach G. einen noch unbefangeneren Blick, wohin »irgend die Neigung, Zufall oder Gelegenheit den Menschen führt, welche Phänomene besonders ihm auffallen, ihm einen Antheil abgewinnen, ihn festhalten, ihn beschäftigen, immer wird es zum Vorteil der Wissenschaft sein« (ebd.).

G. hat nicht nur die Leistung von Laien in der Wissenschaft anerkannt, sondern sie auch bewusst gefördert. Er legte den wissenschaftlichen Resultaten »keinen dogmatischen Wert« bei, vielmehr forderte er – beispielsweise bei seinen Studien des →Kammerberges bei →Eger – alle auf, ihren »Scharfsinn gleichfalls an diesem Gegenstand zu üben« (FA I, 25, 409). Auch bemühte sich G. in seinen naturwissenschaftlichen Schriften um eine Darstellungsart, die nicht nur dem ›Meister‹, sondern vor allem auch dem ›Liebhaber‹ zugänglich sein sollte.

Die Entdeckung des menschlichen →Zwischenkiefers 1784 und ihre Behandlung durch die zeitgenössisch führenden Anatomen wie →Soemmerring und →Camper empfand G. als Scheitern des Dilettanten an der Fachwissenschaft (vgl. dazu Wenzel 1986). Sein Schweigen war aber nur vorübergehend. 1790 erschien mit dem *Versuch die Metamorphose der Pflanzen zu erklären* seine erste botanische Schrift, mit der sich der Dilettant im Laufe der Jahre auch unter den Fachgelehrten durchsetzte – so G.s eigene Schilderung in *Wirkung dieser Schrift* (1831). Wie stark das positive Bild des naturwissenschaftlichen Dilettanten im Selbstverständnis G.s ausgeprägt war, macht vor allem die Tatsache deutlich, dass er sich mit der *Farbenlehre* gegen die gesamte Zunft der Physiker stellte und nicht daran zweifelte, als einziger die Wahrheit gefunden zu haben. G. glaubte, selbst den führenden Fachgelehrten auf ihren Gebieten (wie →Newton in der →Optik, Camper in der →Anatomie) grundlegende Irrtümer nachgewiesen zu haben, gleichzeitig aber auch, »daß man einen Meister nicht von seinem Irrtum überzeugen könne, weil er ja in seine Meisterschaft aufgenommen und dadurch legitimiert ward« (FA I, 24, 829).

Vgl. auch den Artikel in GHB. 4.1, 212–214.

Literatur

Baumann, Gerhart: Goethe: Ueber den Dilettantismus. In: Euphorion. 46 (1952), 348–369. – Bitzer, Hermann: Goethe über den Dilettantismus. Bern 1969. – Blechschmidt, Stefan und Heinz, Andrea (Hg.): Dilettantismus um 1800. Heidelberg 2007. – Federhofer, Marie-Theres: »Moi simple amateur«. Johann Heinrich Merck und der naturwissenschaftliche Dilettantismus im 18. Jahrhundert. Hannover 2001. – Golz, Jochen: Dilettanismus bei Goethe. Anmerkung zur Geschichte des Begriffs: In: Blechschmidt u. Heinz (s. o.), 27–39. – Vaget, Hans Rudolf: Dilettantismus und Meisterschaft. Zum Problem des Dilettantismus bei Goethe. München 1971. – Wenzel, Manfred: »... daß der Liebhaber etwas Erfreuliches und Nützliches zu leisten im Stande ist.« Goethe, Soemmerring und das Os intermaxillare beim Menschen. In: Berichte zur Wissenschaftsgeschichte. 9 (1986), 161–166. – Wertheim, Ursula: Über den Dilettantismus. In: Dies.: Goethe-Studien. Berlin u. a. 1968, 36–63. – Wiese, Benno von: Goethes und Schillers Schemata über den Dilettantismus. In: Ders.: Von Lessing bis Grabbe. Studien zur deutschen Klassik und Romantik. Düsseldorf 1968, 58–107. *HO*

Dioptrische Farben

In G.s Farbenterminologie gehören die dioptrischen Farben zu den →physischen (physikalischen) Farben (vgl. *Zur Farbenlehre*, §§ 136–365, speziell §§ 143–194). Sie entstehen, wenn Licht durchscheinende (dioptrische Farben erster Klasse: z. B. Rauch, Dunst der Erdatmosphäre, kolloidale Flüssigkeiten, →Opal) oder durchsichtig-klare Medien (dioptrische Farben zweiter Klasse: vor allem Glas in Form des →Prismas) passiert. Alle vom Licht durchdrungenen Gegenstände gelten für G. als →trübe Mittel (auch das klare Prisma!), die eine unabdingbare Voraussetzung für das Entstehen von →Farben darstellen. So leitet G. sein →Urphänomen der Farbenlehre, die Entstehung der Farben Gelb und Blau in der Erdatmosphäre, aus einem Zusammenwirken von farblosem Licht der Sonne, der Finsternis des Weltalls und der Erdatmosphäre als trübem Mittel ab, wobei dieses das Sonnenlicht gelb, das Weltall blau erscheinen lasse.

Die von G. besonders geliebten Gegenstände, die je nach hellem oder dunklem Hintergrund eine Gelb- oder Blaufärbung zeigen (wie das →Karlsbader Glas mit einem Schlangenmotiv, oder der Flakon mit einer →Napoleonbüste als Verschluss, den →Eckermann aus Straßburg mitgebracht hatte), weisen somit dioptrische Farben der ersten Klasse auf, während zu den dioptrischen Farben der zweiten Klasse vor allem die Prismenfarben zu zählen sind, die bei der →Refraktion (Brechung) von Licht entstehen und auf die G. in der Auseinandersetzung mit →Newton besonders einging. *WZ*

Döbereiner, Johann Wolfgang (1780–1849)

Der Chemiker und Apotheker, Vorbereiter des Periodensystems der Elemente und Entdecker der Platinkatalyse, wurde 1810 auf Betreiben →Carl Augusts und auf Empfehlung des Münchener Chemikers Adolf Ferdinand Gehlen als Nachfolger Johann August Friedrich →Göttlings außerordentlicher und 1819 ordentlicher Professor der Chemie, Pharmazie und Technologie in Jena. Neben den Lehrverpflichtungen oblag ihm die Aufsicht über Brennereien, Brauereien und ähnliche Einrichtungen im Herzogtum Sachsen-Weimar.

Am 8.11.1810 machte Döbereiner seinen Antrittsbesuch bei G.; sofort begann man mit zahlreichen Maßnahmen, um ein leistungsfähiges chemisches Laboratorium aufzubauen (vgl. G. an Döbereiner, 10.11.1810 und FA I, 27, 653–663 und 930–936), wobei der Weimarer Hof, insbesondere Maria Pawlowna, sich großzügig zeigten. G. sorgte dafür, dass die Laborausstattung Döbereiners durch den Ankauf von Apparaten aus Weimarer und Jenaer Privatlaboratorien sowie aus dem Nachlass seines Vorgängers stark verbessert wurde, so dass zum ersten Mal in Deutschland, noch vor Justus Liebig in Gießen praktischer Studentenunterricht im Laboratorium möglich wurde (vgl. Kuhn 1988, 16).

Am 29.4.1812 konnte G. Friedrich Albrecht Gotthelf von Ende mitteilen: »Es ist unglaublich wie rasch er [Döbereiner], sowohl in practischer Fertigkeit, als in theoretischer Einsicht, nicht weniger in literarischer Kenntniß vorschreitet«. Und an Thomas Johann →Seebeck am gleichen Tage: »Döbereiner beträgt sich sehr lobenswürdig [...]. Die [...] Instrumente und sonstigen Erfordernisse sind theils schon angeschafft theils im Werke. [...] Worauf ich mich besonders freue, ist eine chemische Präparatensammlung [...]«.

Bis 1830 stand Döbereiner in regem mündlichen und schriftlichen Verkehr mit G., wovon neben der Korrespondenz zahlreiche Besuche und Tagebucheintragungen G.s zeugen. Im Laufe der Zeit nahm das Verhältnis freundschaftliche Züge an. Die Berührungen mit Döbereiner waren so zahlreich, da G. ihn zum einen als Berater bei den eigenen naturwissenschaftlichen Arbeiten sah, zum anderen auch in seiner Funktion als Oberaufsicht über die naturwissenschaftlichen Anstalten der Universität ständig an den Projekten Döbereiners beteiligt war.

So fertigte dieser für G. beispielsweise trübe und entoptische Gläser, Farben und trübe Flüssigkeiten für die Untersuchungen zur Farbenlehre; er war G. in analytisch-chemischen Fragen, z. B. bei →Mineralien, behilflich und analysierte Reagenzien für G.s Versuche mit Pflanzenfarbstoffen. Auch Theorien zum Übergang vom organischen Leben in anorganische Materie erörterte G. mit ihm. (Die nicht summarisch darstellbaren Einzelfragen umfassen alle Bereiche von G.s naturwissenschaftlicher Tätigkeit und sind über die Register der Bände LA II, 1B, 5 B.2, 8 B.2 sowie 10 B.2 zu erschließen.)

In G.s Bibliothek befanden sich elf Werke Döbereiners chemischen Inhalts (vgl. Ruppert 4494–4504), darunter das »Handbuch« (*Lehrbuch der allgemeinen Chemie*, 3 Bde., Jena 1811/1812; vgl. Ruppert 4500), dem G. sich widmete, »um mich mit der Sprache, den Ausdrücken, der Terminologie, der Symbolik immer mehr bekannt zu machen« (an Döbereiner, 26.12.1812).

Als chemischer Berater des Großherzogs Carl August beschäftigte sich Döbereiner unter Anteilnahme G.s mit der Verbesserung von Fabrikationsverfahren und dem Aufbau verschiedener Betriebe, die sich gewinnbringend nutzen ließen. So wirkte er u.a. mit an der Errichtung einer Schwefelsäurefabrik sowie einer Fabrik zur Gewinnung von →Zucker aus Stärke (1812) und an der Einführung der Produktion von Essigsäure. Döbereiner entwickelte Verfahren zur Gewinnung und Verwertung von Indigo als Ersatz für Färberwaid und unternahm 1816 Versuche zur Gaserzeugung für Beleuchtungszwecke (vgl. Stolz 2008, 200–205). G.s *Tag- und Jahreshefte* von 1812 berichten über »geognostische und chemische Betrachtungen« in Berka an der Ilm, das zum Schwefelheilbad gemacht werden sollte: »Hiebei zeigte sich Professor Döbereiner auf das lebhafteste theilnehmend und einwirkend«. Weithin bekannt geworden ist Döbereiners Platin-Feuerzeug (1823).

Wenige Wochen vor G.s Tod wurde am 27.1.1832 von Großherzog Carl Friedrich der Neubau eines »Technisch-chemischen Laboratoriums« bewilligt, in dem Döbereiner von 1833 bis zu seinem Tod 1849 wirkte. Die Inschrift auf seinem Grabstein auf dem Jenaer Johannisfriedhof lautet: »Berater Goethes. Schöpfer der Triadenlehre. Entdecker der Platinkatalyse.«

Zum 15.12.1817, Döbereiners 37. Geburtstag, verfasste G. ein Gedicht im Namen seiner Kinder (*Wenn wir dich, o Vater, sehen [...]*).

Literatur

Döbling, Hugo: Die Chemie in Jena zur Goethezeit. Jena 1928, 52–155. – Kuhn, Dorothea: Goethe und der Chemiker Döbereiner. In: Dies.: Typus und Metamorphose. Goethe-Studien. Hg. von Renate Grumach. Marbach am Neckar 1988, 14–17. – Dies.: Goethe und die Chemie. In: ebd. 106–119. – Mittasch, Alwin: Döbereiner, Goethe und die Katalyse. Stuttgart 1951. – Schiff, Julius (Hg.): Briefwechsel zwischen Goethe und Johann Wolfgang Döbereiner. Weimar 1914. – Stolz, Rüdiger: Goethe und seine Chemiker. Weimar 2008, 165–214. *EN*

Dollond, John (1706–1761)

Zusammen mit seinem Sohn Peter (1730–1820) betrieb Dollond ab 1752 eine optische Werkstatt in London. Dort gelang ihm 1757 bei der Konstruktion eines Fernrohres erstmals durch die Kombination von bleihaltigem, stark refrangierenden Flintglas mit bleiarmem, schwach refrangierenden Crownglas die Herstellung eines achromatischen Linsensystems, das bei der Anwendung keine störenden Farbränder produzierte. →Newton hatte dies für unmöglich gehalten; G. sah ihn als Physiker durch Dollonds Entdeckung disqualifiziert. Er maß dieser einen solchen Stellenwert bei, dass er danach im historischen Teil der *Farbenlehre* das 18. Jh. in zwei »Epochen« einteilte: »Von Newton bis auf Dollond« und »Von Dollond bis auf unsere Zeit« (FA I, 23.1, 780 u. 913). *WZ*

Dominis, Marcus Antonius de (1566–1624)

Der Mathematiker, Jesuit, Bischof von Segni und Erzbischof von Spoleto, floh vor der Inquisition 1618 nach England und bekämpfte als Dekan von Windsor die römische Kirche. Ein vorgetäuschtes Angebot, Kardinal zu werden, lockte ihn 1622 nach Rom, wo er verhaftet wurde und in den Kerkern der Engelsburg starb. Sein Werk *De radiis visus et lucis in vitris perspectivis et iride tractatus* (*Über die Seh- und Lichtstrahlen in durchsichtigen Gläsern und über den Regenbogen*, Venedig 1611), aus dem G. einen Auszug anfertigte (vgl. LA II, 6, 83–89, M 65), lieferte eine weitgehend richtige, später von →Descartes vervollständigte, von den optischen Vorgängen am Wassertropfen ausgehende Theorie des →Regenbogens sowie des Prinzips des Fernglases, ohne jedoch für G. eine fundierte Erklärung der Farben zu geben. So schreibt dieser in einem Entwurf: »Dilettant mit Sachinteresse dringt sehr tief in das Phänomen des Regenbogens, doch was die Farbenerscheinung betrifft so zeigt er sie mehr an als daß er ihren Ursprung ableitete«. G. beschäftigte sich bereits 1797 auf dem Weg in die Schweiz in der Tübinger Universitätsbibliothek mit Antonius de Dominis (Tgb, 12.9. bis 14.9.1797), später wieder bei der Arbeit an der *Farbenlehre* am 16.2., 5.3. und 6.3.1809 sowie am 13.1.1810 (Tgb). Am 3.5.1809 erbat G. bei H. K. A. Eichstädt biographische Informationen zu Dominis. Im historischen Teil der *Farbenlehre* ist diesem ein eigenes Kapitel gewidmet (vgl. FA 23.1, 696–702, auch 711, 715, 799f., 803, 991, 1038, 1052, Tafel XV; dazu auch LA II, 6, 259_{32-36}). *WZ*

Doppelbilder s. Doppelspat, s. Nebenbilder

Doppelspat (Kalkspat)

G. hat sich 1817 im ersten Heft seiner Zeitschrift *Zur Naturwissenschaft überhaupt*, im Aufsatz *Doppelbilder des rhombischen Kalkspats* (datiert auf den 12.1.1813), mit dem Phänomen der doppelbrechenden →Kristalle auseinandergesetzt (s.o. S. 118f.). Da ein durch einen entsprechend präparierten doppelbrechenden Kalkspat (Kalzit) hindurchgehender Lichtstrahl polarisiert wird, steht die Untersuchung in engem Kontext zu den Arbeiten über →entoptische Farben, die Interferenzfarben des polarisierten Lichts zum Gegenstand haben. Bereits 1806 hatte G., teilweise gemeinsam mit →Riemer, mit einem Doppelspat experimentiert und einen solchen in einem physikalischen Vortrag vor Weimarer Damen am 23.4.1806 berücksichtigt. Zu diesem Zeitpunkt sah G. den Doppelspat als Beispiel für das Auftreten von →epoptischen Farben (Interferenzfarben an Oberflächen) und Doppelbildern. 1812 wurde er durch einen Aufsatz von C. H. Pfaff erneut auf das Thema gestoßen, als dieser ihm die fehlende Berücksichtigung des Doppelspats in der *Farbenlehre* von 1810 vorwarf (*Ueber die farbigen Säume der Nebenbilder des Doppelspaths, mit besonderer Rücksicht auf Hrn. v. Göthes Erklärung der Farbenentstehung durch Nebenbilder.* In: *Journal für Chemie und Physik* 6 (1812), 177–204, hier 180). G. prüfte die Versuche Pfaffs nach und reagierte mit dem oben genannten Aufsatz. G.s geschilderte Experimente wiederum wurden 2004 von T. Nickol nachvollzogen und mit Bildbeigaben dokumentiert, was insbesondere zu einer Kritik an der von G. beigegebenen Kupfertafel Anlass gab (s.o. S. 119).

Literatur

Nickol, Thomas: Zu Goethes Beobachtungen farbiger Erscheinungen an und mit Doppelspaten. In: Acta Historica Leopoldina. 39 (2004), 201–212, 221–224 (Abb.). *WZ*

Dornburg

Die thüringische Stadt an der Saale, nördlich von →Jena, die G. am 16.10.1776 zum ersten Mal besuchte, wird durch drei Schlösser geprägt: das Alte Schloss (Sitz des Herzogs Ernst August von Sachsen-Weimar-Eisenach, nach seinem Auszug 1717 verfallen, Renovierungen durch Carl Alexander ab 1883), das Renaissance-Schloss (1739 vom Herzogtum Sachsen-Weimar-Eisenach erworben, veräußert und erst 1824 von →Carl August erneut gekauft; auch G.-Schloss genannt) und das Rokoko-Schloss (ab 1736 von Ernst August erbaut; ab 1776 von G. im Zuge seiner amtlichen Geschäfte als Quartier genutzt).

G. besuchte Dornburg mehr als zwanzig Mal. Für G.s Naturforschung war der lange Aufenthalt vom 7.7. bis 11.9.1828 nach dem Tod des Herzogs Carl August im Renaissance-Schloss von besonderer Bedeutung. In den Erinnerungen der Bertha Weber heißt es über diese Zeit: »Am 7. Juli flüchtete Goethe in die Stille des Landlebens fern von allem Treiben der Welt, um seinen tiefen Schmerz um den verlornen Freund und Jugendgenossen mit sich allein zu ertragen [...]. Oft blieb Goethe [im Schlossgarten] stehen, bewegte die Arme und sprach laut mit sich selbst. Die Vorübergehenden blieben stehen und bemerkten den sonderbaren Mann. Es waren die Sträucher und Blumen, die er oft betrachtete [...]« (GG 3.2, 348).

G. begann ein intensives botanisches Studium und schrieb Texte nieder, die er der deutsch-französischen Ausgabe des *Versuchs über die Metamorphose der Pflanzen* (1831) beigeben wollte: *Von dem Gesetzlichen der Pflanzenbildung* (eine Übersetzung aus A. P. de →Candolles *Organographie végétale*, 2 Bde., Paris 1827), *Ästhetische Pflanzen-Ansicht, Bignonia radicans, Rhus cotinus, Cissus.* Er las F. S.→Voigts *Lehrbuch der Botanik* (2. Aufl. Jena 1827) sowie J. F. Schouws *Grundzüge einer allgemeinen Pflanzengeographie* (Berlin 1823) und beschäftigte sich immer wieder mit dem Thema Weinbau, wozu er J. Kechts Werk *Verbesserter praktischer Weinbau in Gärten und vorzüglich auf Weinbergen* (Berlin 1827) sowie A. Hendersons *History of ancient and modern wines* (London 1824) heranzog. Entsprechende Notizen zur Thematik sind in aktuellen G.-Ausgaben unter dem Titel *Entwürfe zu einem Aufsatz über den Weinbau* zusammengestellt (vgl. FA I, 24, 669–679).

Auch eine intensive Beschäftigung mit den Werken von J. →Jungius, auf die er durch die Lektüre Candolles gestoßen war, fällt zum größten Teil in die Dornburger Zeit 1828. Daraus erwuchsen die Stücke *Leben und Wirken des Doktor Joachim Jungius, Rektors zu Hamburg* sowie *Weitere Studien über Jungius.*

In Dornburg empfing G. zahlreiche Besucher; aus Jena kamen wiederholt der bereits genannte Botaniker Voigt sowie der Chemiker J. W. →Döbereiner. Am 20.8.1828 stellte sich mit dem Chemiker J. J. →Berzelius ein besonders prominenter Gast ein, der G. vermutlich an diesem Tag über die Entdeckung der →Harnstoffsynthese durch seinen Schüler F. →Wöhler informierte.

Literatur

Sckell, Karl August Christian: Goethe in Dornburg. Gesehenes, Gehörtes und Erlebtes. Jena u.a. 1864.

WZ

Dudweiler

Das Dorf nordöstlich von Saarbrücken im Saarkohlenbecken besuchte G. am 7.7.1770 auf seiner Reise durch das Saarland und beschrieb in *Dichtung und Wahrheit* (II, 10) den »Brennenden Berg« bei Dudweiler. Ein Steinkohlenflöz (→Flöz) hatte dort im Jahr 1668 durch Selbstentzündung zu brennen begonnen; es schwelt noch heute. Durch den Brand wurde der umgebende Alaunschiefer geröstet, den man im Tagebau gewann und zur Alaunherstellung nutzte. Der Eindruck dieses Erdbrandes könnte G.s spätere Einschätzung vulkanischer Aktivitäten als oberflächliche Erscheinungen beeinflusst haben (→Neptunismus/Vulkanismus). 1816 erhielt G. mit einer Mineraliensendung aus der Pfalz, der Eifel und dem Saarland auch Stücke von Alaunschiefer mit Abdrücken von fossilen Palmblättern sowie Porzellanjaspis vom brennenden Berg bei Dudweiler (vgl. LA II, 8A, 99, M 69).

Literatur

Beyer, Friedrich und Kirnbauer, Franz: Johann Wolfgang von Goethe am Brennenden Berg bei Dudweiler (1770). Wien 1970 (Leobener Grüne Hefte 110). *WY*

Du Mont de Courset, George Louis Marie (1746–1824)

Mit der Schrift des französischen Agronomen *Le botaniste cultivateur, ou description et usages de la plus grande partie des plantes étrangers* (5 Bde., Paris 1802; 2. Aufl. 7 Bde., Paris 1811–1814) hatte sich G. bereits vom 21. bis 24.12.1813 beschäftigt.

Am 22.5.1817, als er in Jena an den morphologischen Heften arbeitete, ließ sich G. das Werk aus Weimar kommen, las darin »abends und nachts«. Nachdem er sich am Folgetag erneut damit befasst hatte, berichtete er Herzog →Carl August über den »alten Freund« Du Mont de Courset: »Den *Botaniste Cultivateur* in Jena zu studiren macht mir doppelte Freude, indem daraus hervorgeht daß wir vor so viel Jahren sehr wohl gethan, mit Beystimmung des Hofrath Büttners, auf Überzeugung des guten Batsch, den botanischen Garten nach dem natürlichen System angelegt zu haben. Denn schon damals war uns klar, was jetzt aus dem belobten Buche unwidersprechlich hervorgeht, daß man gar wohl nach dem Familiensystem, nicht aber nach dem Linneischen *kultiviren* könne« (an Carl August, 23.5.1817). Auch als Nachschlagewerk für Pflanzenarten diente *Le botaniste cultivateur* G. im Sommer 1817 (vgl. Tgb, 4.8.1817).

Am 3.4.1818 schrieb G. an Carl August, Du Mont de Courset als »sorgfältiger denckend-praktischer Pflanzenfreund« mache ihm »große Freude. Wer die Resultate will muß auf die Mittel achten«, und so habe dieser »die beiden Haupterfordernisse Boden und Klima immer im Auge«. *HO*

Dux

Die südwestlich von →Teplitz liegende barocke Stadt hat G. während seiner Aufenthalte in Teplitz als Ausflugsziel angefahren. Am 2.9.1810 besuchte er den Grafen Waldstein im Schloss von Dux (Gemäldesammlung, Bibliothek, Naturalienkabinett). Am 4.9.1810 besichtigte G. die Parkanlage und betrachtete geschnittene Steine.

Als G. knapp drei Jahre später, am 7.5.1813, erneut die »Merkwürdigkeiten« von Schloss Dux besah, wurde er laut Tagebuch aufmerksam auf »zwey Centauren von Bronze fußhoch von Giacomo Zoffoli mit viel Kenntniß des menschlichen und pferdischen Körpers vortrefflich ausgearbeitet und erhalten«. In seinem Aufsatz *Aus Teplitz* (1813) hat G. diese modernen Bronzen hervorgehoben: »die Bewegung heftiger, das Detail ausführlicher als es ein Alter würde gemacht haben; doch kann man einen schönen Kunstsinn und viel Geschmack den Werken nicht ableugnen« (FA I, 25, 454).

Bereits am 5.5.1813 machte G. eine Spazierfahrt »nach der Steinkohlengrube gegen Dux hin«. In der Notiz zur *Braunkohlengrube bei Dux* (ebd. 451) beschrieb er die Lagerungsverhältnisse in der Grube und die darin befindliche Kohle, die mit Schwefelkies durchzogen war – für G. eine Bestätigung der Erdbrandtheorie von A. G. →Werner, denn selbst »im Tiefsten dieser Grube geschieht es, daß die Lagen sich entzünden«. G. sah hier »diesen Fall über Tage bei einer eingestürzten Halde, an der ein ganz feiner Saum zwischen Kohle und Ton fortbrannte, welcher [...] auch unterm Schnee fortgeglüht haben soll« (ebd.). Diese Beobachtung bestärkte G. in seiner Anschauung über die Entstehung von pseudovulkanischen Produkten durch Kohlebrände (→Dudweiler). Eine weitere Fahrt nach Dux ist für den 16.5.1813 belegt. *HO*

Dynamismus s. Atomismus/ Dynamismus

Eckardt, Johann Christian Ludwig (ab 1792: von) (1732–1800)

Der Jurist aus Coburg war als Hof- und Regierungsrat in Weimar tätig. Ab 1777 gehörte er mit Kammerpräsident Johann August Alexander von Kalb und G. der neu gegründeten Bergwerkskommission an. Nach dem Austritt von Kalb im April 1780 führte er bis 1783 mit G. zusammen die Geschäfte der Kommission und kümmerte sich vor allem um die komplizierten rechtlichen Probleme vor der Wiederaufnahme des →Bergbaus in →Ilmenau. Eckardt weilte vom 25.6. bis 11.7.1781 mit G. in Ilmenau, wo eine Bergwerkskonferenz mit den Vertretern von Gotha und Kursachsen stattfand. Eine 1777 von Eckardt entworfene Schrift zur Einwerbung von Kapital und zur Gründung einer Gewerkschaft (bergmännische Kapitalgesellschaft) erschien nach zahlreichen Verzögerungen und Änderungen am 28.8.1783 unter dem Titel *Nachricht von dem ehmaligen Bergbau bei Ilmenau* (LA I, 1, 32–55). Im selben Jahr war Eckardt aus der Kommission ausgeschieden, um als erster Professor für Staatsrecht in →Jena zu wirken, wo er laut F. v. →Stein (an G., 1.12.1792) langweilige Vorlesungen hielt.

Literatur

Steenbuck, Kurt: Silber und Kupfer aus Ilmenau. Ein Bergwerk unter Goethes Leitung. Weimar 1995 (SchrGG. 65). *WY*

Eckermann, Johann Peter (1792–1854)

Die Biographie Eckermanns, seine ambivalente Rolle an G.s Seite seit der ersten Begegnung am 10.6.1823 in Weimar, schließlich die *Gespräche*, die ihn berühmt machten, aber nicht seiner Armut entgehen lassen sollten, sind Gegenstand des Artikels in GHB. 4.1, 218–223.

Hier gilt es nachzutragen, inwiefern Naturforschung im Verhältnis der beiden eine Rolle gespielt hat.

Eckermann hatte sich im Herbst 1823 gerade entschieden, in Weimar zu bleiben, als ihm G. erstmalig Farbexperimente vorführte. Eckermann berichtete darüber: »Der Gegenstand war mir jedoch durchaus fremd, ich verstand so wenig das Phänomen als das, was er darüber sagte [...]« (FA II, 12, 56). Da Eckermann schnell den großen Stellenwert erkannte, den die *Farbenlehre* für G. hatte, bemühte er sich um rasche Einarbeitung in dieses für ihn schwierige Gebiet. Am 17.8.1826 hielt G. im Tagebuch fest, dass Eckermann »die Geschichte der Farbenlehre [den historischen Teil] angefangen« habe. Unter dem 20. und 27.12.1826 berichtete Eckermann von gemeinsamen Experimenten zu den →farbigen Schatten, die G. mit der Bemerkung abschloss: »Es ist mir sehr lieb [...], daß Sie für die Farbe dieses Interesse haben; es wird Ihnen eine Quelle von unbeschreiblichen Freuden werden« (FA II, 12, 191).

Am 1.2.1827 lasen die beiden gemeinsam das Kapitel über die →physiologischen Farben aus dem didaktischen Teil der *Farbenlehre* (vgl. ebd. 228f.) und unterhielten sich »über die Art, wie Goethe seine Farbenlehre vorgetragen, daß er nämlich dabei alles aus großen Ur-Gesetzen abgeleitet und die einzelnen Erscheinungen immer darauf zurückgeführt habe« (ebd. 230). In den Folgetagen setzte G. seine Instruktionen systematisch fort, so dass F. v. Müller am 3.3.1827 an C. F. v. →Reinhard melden konnte: »Er [G.] hat sich seit einigen Monaten wieder von neuem in die Farbenlehre geworfen und mit Prismen, figurierten Tafeln und wunderlichem Apparat umgeben. Herr Eckermann zieht großen Vorteil davon, da er diesem, zu eigner Rekapitulation, sein ganzes System erklärt« (GG 3.2, 103). Im August 1827 (vgl. Tgb 5., 12., 18., 20. u. 22.8.) wurden die Gespräche fortgesetzt.

Nachdem Eckermann unter dem 16.12.1828 über ein Gespräch mit G. über die Entstehung des Blauen berichtet hatte (vgl. FA II, 12, 292ff.), erhielt der 1823 in diesen Dingen noch Ahnungslose von G. am 15.2.1829 ein weitreichendes Angebot: »Werfen Sie sich auf die Natur, sagte er [G.], Sie sind dafür geboren, und schreiben Sie zunächst ein Kompendium der Farbenlehre« (ebd. 309).

Auch wenn dieses Kompendium – ein Handbuch mit den wesentlichen Themenschwerpunkten – niemals zustande kam, so zeigte doch die folgende erneute intensive und dieses Mal kontroverse Diskussion über die farbigen Schatten (die blauen Schatten im Schnee) vom 19.2.1829, dass Eckermann inzwischen in Sachen *Farbenlehre* ein ernsthafter Gesprächspartner geworden war. Wie immer bei der leisesten Kritik auf diesem Gebiet reagierte G. ungehalten: »Ich [Eckermann] hatte aber kaum zu reden angefangen, als Goethes erhaben-heiteres Wesen sich verfinsterte, und ich nur zu deutlich sah, daß er meine Einwendungen nicht billige« (ebd. 319). Kurz danach folgt die wohl wichtigste Stelle aus Eckermanns *Gesprächen* über G.s *Farbenlehre*: »Wenn es nun problematisch erscheinen mag, daß Goethe in seiner Farbenlehre nicht gut Widersprüche vertragen konnte, während er bei seinen poetischen Werken sich immer durchaus läßlich erwies und jede gegründete Einwendung mit Dank aufnahm, so löset sich vielleicht das Rätsel, wenn man bedenkt, daß ihm, als Poet, von außen her die völligste Genugtuung zu Teil ward, während er bei der Farbenlehre, diesem größten und schwierigsten aller seiner Werke, nichts als Tadel und Mißbilligung zu erfahren hatte. Ein halbes Leben hindurch tönte ihm der unverständigste Widerspruch von allen Seiten entgegen, und so war es denn wohl natürlich, daß er sich immer in einer Art von gereiztem kriegerischen Zustand, und zu leidenschaftlicher Opposition stets gerüstet, befinden mußte. Es ging ihm in Bezug auf seine Farbenlehre, wie einer guten Mutter, die ein vortreffliches Kind nur desto mehr liebt, je weniger es von Andern erkannt wird. ›Auf Alles was ich als Poet geleistet habe, pflegte er wiederholt zu sagen, bilde ich mir gar nichts ein. Es haben treffliche Dichter mit mir gelebt, es lebten noch Trefflichere vor mir, und es werden ihrer nach mir sein. Daß ich aber in meinem Jahrhundert in der schwierigen

Wissenschaft der Farbenlehre der Einzige bin, der das Rechte weiß, darauf tue ich mir etwas zu gute, und ich habe daher ein Bewußtsein der Superiorität über Viele«« (ebd. 320).

Nach Eckermanns Schilderung hat sich G. dennoch seiner abweichenden Meinung zu den blauen Schatten im Schnee angeschlossen (vgl. Gespräch vom 20.2.1831; ebd. 443f.)

Als Eckermann 1830 an der Seite von G.s Sohn August eine Italienreise antrat, von der Letzterer nicht zurückkehren sollte, trennten sich am 25.7.1830 in Genua die Wege, da Eckermann erkrankt war und die Heimreise antrat. Dies hinderte ihn nicht, noch in Genua Charles James Sterling, Sohn eines englischen Konsuls, und in Genf Espérance Sylvestre, eine ehemalige Hofdame in Weimar, mit G.s *Farbenlehre* bekannt zu machen. Aus Genf berichtete er am 14.9.1830 G. darüber; auch stellte er ein interessantes Gedankenexperiment über die verschiedenen Farben (blau und grün) der verzweigten Arme der Rhone in Genf im Sinne von G.s Erklärung der Farben an (vgl. ebd. 415f.).

Am 6.10.1830 schilderte Eckermann G. aus Mainz seinen Besuch in Straßburg, wo er in den letzten Septembertagen im Schaufenster eines Frisörs eine →Napoleonbüste entdeckt hatte, die das →Urphänomen von G.s *Farbenlehre* zeigte (vgl. LA II, 5B.2, 1388). Eckermann erwarb das Stück und machte es G. zum Geschenk, der geradezu begeistert reagierte. In einem Briefkonzept vom 26.(?)10.1830 heißt es: »Der lebhafte Eindruck den Sie beym Anblick des merkwürdigen Brustbildes empfunden, [...] der gute Gedanke mir solches als Reisegabe zu verehren, das alles deutet darauf: wie durchdrungen Sie sind von dem capitalen Urphänomen, welches hier in allen seinen Äußerungen hervortritt. Dieser Begriff, dieses Gefühl wird Sie mit seiner Fruchtbarkeit durch Ihr ganzes Leben begleiten und sich noch auf manche fruchtbare Weise bey Ihnen legitimiren. [...] Haben Sie den schönsten Dank für diese unerwartete Bekräftigung der mir so werthen Lehre«.

In seinem Testament vom 22.1.1831 bestimmte G. für den Abdruck seiner noch ausstehenden Werke in der *Ausgabe letzter Hand*, darunter die Schriften zur Naturwissenschaft: »Sollte mir diese selbst zu vollenden nicht gelingen, so erklärt sich Herr Dr. Eckermann hiezu bereit, welcher schon bisher bei Redaction, Revision und Anordnung gedachter Bände eine vielfache Bemühung unternommen [...]« (WA I, 53, 335f.; vgl. auch Ergänzung vom 15.5.1831, ebd. 340f. und Eckermanns *Gespräche* vom 15.5.1831, FA II, 12, 484). Wie sehr G. Eckermann hierbei gerade in der *Farbenlehre* vertraute, zeigt eine Äußerung gegenüber Zelter am 1.2.1831: Eckermann sei »durchdrungen [...] von dem hohen Begriff, daß Licht und Dunkel im Trüben die Farben hervorbringen«.

Zwischen dem 26.4. und 2.5.1831 vermerkte G.s Tagebuch gemeinsame Versuche mit Eckermann mit dem Schwungrad (auch Dorle), mit dem Farbmischungen demonstriert werden sollten. Zum Jahreswechsel 1831/1832 verfasste Eckermann zur Thematik einen Aufsatz (*Von der Mischung*; abgedruckt in LA II, 5B.1, 374–379), der als Ergänzungskapitel in G.s *Farbenlehre* aufgenommen werden sollte. Ab 18.11.1831 ging G. gemeinsam mit Eckermann an die Redaktion des historischen Teils, die bis zum Jahresende bezeugt ist.

Ab 9.2. (bis 17.2.) 1832 standen wieder Versuche mit dem Schwungrad auf dem Programm, wozu sich Soret am 17.2.1832 ironisch äußerte: »Rings um ihn [G.] lagen Pappschachteln voll buntscheckiger Dorlen, die sich Eckermann ausgedacht hatte; sie dienen zu optischen Experimenten, um, wenn sie in Bewegung sind, die sich daraus ergebende Farbenmischung zu studieren. Das ist so ein lustiger Zeitvertreib zwischen dem Doktor [Eckermann] und Sr. Exzellenz. Ich gelte mindestens als verdächtig, weil ich [...] Goethes Farbenlehre nicht in Bausch und Bogen als Evangelium betrachte [...]. Als er meiner ansichtig wurde, packte er schnell seine Dorlen und Kartons zusammen [...]« (Zehn Jahre 628f.).

In Eckermanns *Gesprächen* finden sich nicht nur zahlreiche Stellen zur *Farbenlehre*, sondern auch zu den weiteren Bereichen von G.s. Naturforschung. Wenig bekannt ist, dass Eckermann nach G.s Tod diesen in einem Artikel in Brockhaus' *Conversations-Lexikon der Gegenwart* (1839) noch vor C. G. →Carus' Schrift *Göthe. Zu dessen näherem Verständniß* (1843) als Naturforscher würdigte: »Das Licht und die Farbe, die Wolke in ihrer Bildung und Umbildung, das Erdreich der Täler und Flächen, das Heer der Pflanzen, die es bekleiden und schmücken, die Geschlechter der Tiere vom Löwen herab bis zur seidespinnenden Raupe, und endlich der Mensch mit seiner Kunst, seinen Taten und Leidenschaften, und dieses alles bis auf Jahrtausende rückwärts: ein solches Universum war lebenslänglicher Gegenstand seines Forschens, seines Wissens und seiner Darstellung« (zit. nach Freytag 94).

Literatur

Freytag, Egon: Der Streit um die »blauen Schatten im Schnee«. Goethe und Eckermann sprechen über Naturwissenschaften. In: Schlichting, Reiner (Hg.): Johann Peter Eckermann. Leben im Spannungsfeld Goethes. Weimar 1992, 91–98. *WZ*

Edelsteine

Der mineralogisch nicht definierte Begriff bezeichnet harte, meist durchsichtige und seltene Mineralien, die als Schmucksteine, bisweilen auch wegen ihrer angeblichen magischen und heilenden Kräfte (vgl. *Zur Farbenlehre*; FA I, 23.1, 247), hoch geschätzt wurden. In einem Brief vom 23.11.1813 kündigte C. C. v. →Leonhard G. an, dass er mit einer Arbeit beschäftigt sei, die sich auf »das Vorkommen der Edelgesteine im allgemeinen« (LA II, 8A, 323) beziehe und die er G. vorstellen möchte. In seinem Antwortbrief vom 3.12.1813 sprach G. daraufhin von einem »sehr interessanten Punct, über welchen eine gründliche und geistreiche Belehrung höchst wünschenswerth ist«. Am 15.12.1813 schilderte Leonhard G. ausführlich seine Ansicht über die Bildung der Edelsteine (vgl. LA II, 8A, 328ff.), worauf dieser am 30.12.1813 für die »Übersicht welche Sie mir über das schöne Reich der Edelsteine gegeben« dankte, die ihm »höchst interessant« gewesen sei.

1816 kamen beide auf die Thematik zurück, als Leonhard G. am 15.2.1816 seine Überlegungen zur Antrittsvorlesung an der Münchner Akademie mitteilte, die sich mit der Natur und dem Alter der Edelsteine beschäftigen sollte, und G.s Meinung dazu erbat. Leonhards Vermutung, dass Edelsteine Bildungen der ältesten Erdzeitalter seien, regte G. zum Widerspruch an, den er in seinem auf den 26.3.1816 datierten Aufsatz *Über Bildung von Edelsteinen* (vgl. FA I, 25, 553f.; LA II, 8A, 101f., M 70f. u. 704) formulierte: »Alle Gebirgsmassen trennen und bilden sich kosmisch; innerhalb der Masse aber erzeugt sich eine Neigung sich eigenst gestaltet darzustellen. [...] Dieses Bestreben daß die Masse sich in der Form veredeln will, geht durch alle Epochen ja bis auf den heutigen Tag« (FA I, 25, 553).

Zur Bildung von →Kristallen, zur »Veredelung in Freiheit«, komme es, wenn »die Masse Räume läßt daß in denselben von den frühsten bis in die spätesten Zeiten ewig zirkulierende Gasarten die Eigentümlichkeiten des Gebirgs auflösen, befreien, verwandeln, zu Verwandtem Geselligkeit verstatten. Hier scheinen diejenigen Körper entstanden, die wir Edelsteine nennen. Vom Gotthard« habe er – so G. – »die Seite eines Ganges mit dessen Nebengestein aus Quarz, Feldspat und Hornblende« mitgebracht, alle Bestandteile hätten sich »bewundernswürdig jedes für sich kristallisiert [...] gefunden. [...] Was mich betrifft so traue ich der Natur zu daß sie noch am heutigen Tage Edelsteine uns unbekannter Art bilden könne« (ebd. 553f.).

Am 29.4.1816 schrieb G. an Leonhard, dass »die Natur, wie sie im anorganischen Reiche die höhern chemischen Wirkungen niemals aufgeben kann, auch in jeder Zeit-Epoche die Veredlung an Form und Farbe pp. [zu Edelsteinen] sich vorbehalten habe«. So sei der Diamant ein Beispiel für einen Edelstein, den man in jüngsten geologischen Formationen gefunden habe.

Anfang 1822 kam W. L. v. →Eschwege, einer der ersten Beschreiber der Geologie →Brasiliens, nach Weimar und bot Großherzog →Carl August Diamanten von dort zum Kauf an. Dieser beauftragte G. mit der Auswahl der Steine und Festsetzung des Preises und übergab ihm am 18.1.1822 sein »Juwelenschränkchen«, in dem sich auch die aus dem Nachlass des Braunschweiger Anatomen und Mineralogen U. F. B. Brückmann angekaufte Edelsteinsammlung befand. »Eine Zahl von 50 rohen Demantkrystallen [...] gab mir eine ganz neue Ansicht über dieses merkwürdige und höchste Naturereigniß« (TuJ 1822).

G. zog die *Abhandlung von Edelsteinen* von Brückmann (Braunschweig 1773) sowie die *Abhandlung von den Demanten und Perlen* (Danzig 1756) des Londoner Juweliers D. Jeffries heran (vgl. Ruppert 4427 und 4726f.) und empfand »das Geschäft [...] so belehrend als ergötzlich« (an Carl August, 21.2.1822). Erst am 29.3.1822 wurde die Arbeit abgeschlossen (vgl. Tgb).

Dies wurde G. zum Anlass, mit →Soret Forschungen über die →Kristallisation der Diamanten anzustellen (vgl. LA II, 8B.1, 47f., M 28). Obwohl G. bereits am 29.8.1818 mit C. S.→Weiß, dem Berliner Professor für Mineralogie, in →Karlsbad über »Diamante. Chrystallisationen und deren Entwicklungsfolge« gesprochen und eine schematische Darstellung der Systematik der Kristalle, mit der Weiß die moderne Kristallographie begründete, aufgezeichnet hatte (vgl. LA II, 8A, 132f., M 98), bekam er nun die Gelegenheit, die durch Soret beschriebenen und geordneten Diamantkristalle, »merkwürdig einzeln, noch mehr der Reihe nach betrachtet« (TuJ 1822), in Augenschein zu nehmen.

Bei seinem Besuch in Weimar hatte Leonhard am 27.10.1821 G. über die von ihm in seinem *Handbuch der Oryktognosie* (Heidelberg 1821) erläuterte Methode informiert, aus der Vielfalt der Kristallflächen einer Kristallart durch Abschneiden der Kanten und Ecken eine Grundform zu entwickeln (dazu Zeichnungen G.s; vgl. LA II, 8B.1, 23, M 14).

Nun, im Januar 1822, da G. die Diamantkristalle »so klar vor Augen sehe«, bat er Leonhard, »um ein oder ein paar Modelle [...] wodurch mir klar würde, wie aus der Kernform des regelmäßigen Oktaeders die flache doppelt dreyseitige Pyramide, die sich vortrefflich darunter befindet, auf diesem Wege entstehen könne« (an Leonhard, 18.1.1822).

Der Umgang mit Soret ab Herbst 1822, der bei R. J. →Haüy, dem Begründer der Theorie der Kristalle, in Paris studiert hatte, erweiterte G.s Kenntnisse über die neue Wissenschaft der Kristallographie erheblich.

Als G. im Januar 1829 die von J. C. v. →Loder aus Moskau zugesandte Sammlung »russischer Krystalle« (Tgb, 11.1.1829) auspackte, haben diese »nicht Mineralien, sondern wahrhafte Juwelen« (an Loder, 22.2.1829) G.s Beschäftigung mit der Thematik erneuert. *HO*

Eger

Die nordböhmische Stadt passierte G. oftmals auf seinen Reisen in die böhmischen Badeorte (zwischen 1785 und 1823). Zunächst beschränkten sich die Aufenthalte auf eine Nacht bis maximal zwei Tage.

1808 erkundete G. oft von Franzensbad aus den →Kammerberg bei Eger, eine Basaltkuppe, mit der er sich über zwei Jahrzehnte lang beschäftigen sollte. Das Resultat dieser frühen Untersuchungen beschrieb er noch im gleichen Jahr in seiner ersten Abhandlung über den *Kammerberg bei Eger* (publiziert 1809; 1820 auch in ZNÜ I, 2). Zog zuerst (ab 1806) die Sammlung des Scharfrichters Carl →Huß G. immer wieder nach Eger, gewann das Egerland ab 1820 zunehmende Bedeutung für seine geologischen Erkundungen. Ermutigt wurde er darin durch den dortigen Polizeirat Joseph Sebastian →Grüner, den er auf der Durchreise am 26.4.1820 kennenlernte (vgl. GG 3.1, 164–166).

Auf der Rückreise von →Karlsbad machte G. erneut in Eger Station und besuchte am 28.5.1820 mit Grüner den Kammerberg (vgl. ebd. 175–179). Von dieser Exkursion berichtete G.s (zweiter) Aufsatz *Kammerberg bei Eger*, der in ZNÜ I, 3 (1820) erschien.

In den folgenden drei Jahren hielt sich G. jeweils länger in Eger auf. 1821 passierte er den Ort, von Asch und Franzensbad kommend, am 28./29.7. und hielt gleich eine geologische Beobachtung fest: »Bey'm Eintritt in den Egerbezirk herrliche Chaussée von kleinen Quarztrümmern, in welche der Fels von Natur zersplittert ist« (Tgb, 28.7.1821). Auf der Rückreise von →Marienbad blieb G. vom 25.8. bis zum 13.9.1821 in Eger und notierte zahlreiche Eindrücke ausführlich im Tagebuch, so vom »St. Vincenztag«, einem Volksfest mit »großer Procession« (26.8.). Am gleichen Tag fuhr er mit Grüner nach Liebenstein, wo er »schöne große Feldspat-Zwillingscrystalle, tafelartiger als die Carlsbader« fand.

Beim Besuch des Grafen Auersperg (27.–29.8.) auf Schloss Hartenberg bei Falkenau studierte G. u.a. dessen Mineralien-Kabinett. Bei den Ausflügen in die Umgebung von Eger achtete G. auf die Wolkenbildung und – soweit möglich – auf den Barometerstand, vor allem aber beschäftigte er sich mit Geologie und Mineralogie, verfasste für ZNÜ I, 4 (1822) die Aufsätze *Echte Joseph Müllerische Steinsammlung angeboten von David Knoll zu Karlsbad* (2.9.) und *Bildung des Erd-Körpers* (4.9.), betrachtete »Schöne Blätter in Sandstein« (31.8.) und »Thonschiefer-Felsen« am linken Egerufer (3.9.). Am 4.9. wurden die »Naturaliensammlungen« von Joseph Gabler Ritter zu Adlersfeld inspiziert, am 9.9. besuchte G. mit Grüner →Haslau, um den Fundort des Minerals →Egeran zu erkunden (vgl. an Carl August, 12.9.1821).

1822 hielt sich G., von Marienbad kommend, für fast fünf Wochen, vom 24.7. bis 27.8.1822, in Eger auf. In Begleitung von Grüner kam es zu zahlreichen Exkursionen, die vor allem geologischen Studien galten und die im Tagebuch im Einzelnen dokumentiert sind. Auf dem Programm standen Pograd (26.7.; dazu G.s Aufsatz *Fahrt nach Pograd*), erneut der Kammerberg (28. und 30.7., mit dem Wiener Botaniker und Brasilienreisenden Johann Baptist Emanuel →Pohl, mit dem Chemiker →Berzelius und Graf →Sternberg; dazu G.s Aufsatz *Kammer-Bühl* für ZNÜ II, 1, 1823), Falkenau (3./4.8.), Schloß Hartenberg (4./5.8.), Schönberg am Fuß des Kappelbergs (7. und 9.8.) und Redwitz (13. bis 18.8.; →Marktredwitz).

Bereits auf der Hinreise nach Marienbad hatte G. am 19.6.1822 bei Grüner in Eger einen fossilen Elefanten-Zahn gesehen, der in einem Kalkbruch in Dölitz gefunden worden war (dazu G.s Aufsatz *Fossiler Backzahn, wahrscheinlich vom Mammut* in ZNÜ II, 1, 1823). Am 27.7.1822 zeigte Grüner G. den Fundort des Stückes, das an das Vaterländische Museum in Böhmen (Prag) gelangte, während G. für sich einen Abguss fertigen ließ (vgl. TuJ von 1822).

1823, im Jahr des letzten Böhmenaufenthalts, besuchte G. Eger vom 29.6. bis 2.7., 20. bis 25.8. und 7. bis 11.9. In Begleitung von Grüner fuhr G. am 23.8. zum Rehberg, nach Boden und Altalbenreuth. In seinem Aufsatz *Uralte neuentdeckte Naturfeuer- und Glutspuren* (ZNÜ II, 2, 1824; FA I, 25, 443–447) berichtete er vom Ergebnis dieser Exkursion. Tagebuchaufzeichnungen und Briefe von den Tagen in Eger bezeugen G.s intensive Auseinandersetzung mit der Geologie des Egerlandes, aber auch mit Brauchtum, Sprache und Geschichte der Egerländer.

Literatur

Dietrich, Alfred: Goethe im Egerlande. Eger 1932. – Engelhardt, Wolf von: Goethe im Gespräch mit der Erde. Weimar 2003, 309f. – Ders.: Goethes geologische Studien. Überblick 1806–1832. In: LA II, 8B.2, 901–944. – Urzidil, Johannes: Goethe in Böhmen. Zürich, München 3. Aufl. 1981, 122f., 127f., 131. *HO*

Egeran

Das von Abraham Gottlob →Werner benannte Mineral ist eine Varietät des Vesuvians, eines Silikats von Calcium, Magnesium, Eisen und Aluminium (vgl. LA II, 8B.2, 799; zu Exemplaren in G.s Sammlungen Prescher 421 f.; 7151–7156, 7158).

Bereits am 16.9.1819 versprach G. seinem Sohn August, aus →Karlsbad »schöne Egerane« mitzubringen. Am 2.5.1820 bat er →Grüner, ihm »ein bedeutendes Stück Egeran, wo die aus einem Mittelpuncte ausgehenden Strahlen deutlich und die Crystallisationsweise dieses Minerals entschieden zu sehen wäre«, zu besorgen. Schon einen Tag später konnte G. seinem Sohn schreiben, dass sein Diener Stadelmann »einen trefflichen Egeran angeschafft« habe, »sieben Zoll lang, dreye breit und zwey hoch; [...] Dieses Stück wird dir viel Vergnügen machen«. Am 17.6.1820 hielt das Tagebuch die »Ankunft eines Kästchens mit Egeran« fest, das Grüner gesandt hatte (vgl. an Grüner, 9.7.1820).

Im nächsten Jahr besuchte G. während seines Aufenthalts in →Eger am 9.9.1821 in Begleitung von Grüner den Fundort des Egeran bei →Haslau. Mithilfe einer von dem Egerer Straßenkommissär Alwertha gefertigten Karte (Abb. in EGW 3, 178) beschrieb G. die Lokalität des Fundorts und das Nebengestein sowie die Gebirgsart des Vorkommens. So lautete sein Tagebucheintrag: »besonders notirt zu der Geologischen Tecktur« (vgl. auch an Carl August, 12.9.1821). Am gleichen Tag entstand der Aufsatz *Egeran* (FA I, 25, 424), der erst aus dem Nachlass publiziert wurde: »Das Gestein ist im ganzen schiefrig, ein fester, schwerer, grünlicher Quarz wechselt in dünnsten Schichten mit einer schneeweißen Kalkart ab [...]. In dieses Gestein ist der Egeran oft kaum merklich eingesprengt [...] bis er zuletzt derb erscheint, unmittelbar ins Kristallisierte übergeht und die Eigenschaft sich konzentrisch zu kristallisieren offenbart« (ebd.).

G. übermittelte dem Mineralogischen Museum in Jena eine Sammlung von Egeranen und ließ gleich nach seiner Rückkehr nach Jena das Mineral durch den Chemiker →Döbereiner untersuchen (vgl. an Döbereiner, 24.9.1821), der es in seiner Analyse vom 26.9.1821 als »Tafelspat« (heute Wollastonit) identifizierte. Am 15.10.1821 notierte G. eine Besprechung mit Döbereiner »wegen des Egerans«.

Im Januar 1822 verschaffte Grüner G. neue »sehr interessante Egerane« aus Haslau (vgl. an Grüner, 10.2.1822). Als Graf →Sternberg, der österreichische Botaniker →Pohl und der schwedische Chemiker →Berzelius 1822 G. in Eger besuchten, erkundeten sie am 31.7. auch den Fundort des Egerans, brachten G. »ein paar schöne Mineralstufen« mit und sprachen mit ihm darüber (vgl. dazu den Bericht von Berzelius; LA II, 8B.1, 266 f.).

Mit Schreiben vom 30.7.1831 übersandte Nathalie Gräfin von Kielmannsegge G. einen in Haslau gefundenen »Aplomgranaten« (Calcium-Eisengranat mit Aluminiumbeimengung), worauf G. am 20.8.1831 mit einem »Geognostischen Dank« Haslau und dem Egeran ein poetisches Denkmal setzte: »Haslau's Gründe, Felsensteile, / Vielbesucht und vielgenannt, / Seit der Forscher thätige Weile / Uns den Egeran genannt. / Was wir auch beginnen mochten, / War das Eine nur gethan, / Wie wir klopften, wie wir pochten, / Immer war's der Egeran« (WA, I, 4, 304).

Literatur
EGW 3, 176–182. *HO*

Egloffstein, Julie von (1792–1869)

In Weimar, wo Julie 1800–1804 einen Teil ihrer Kindheit verbrachte, erregten das hübsche talentierte Kind und seine Zeichnungen gleichermaßen Entzücken. Nach ihrer Übersiedlung 1816 beschäftigte sie sich in G.s Umkreis umfassend mit Kunstfragen und bildete sich an der ›Freien Zeichenschule‹ weiter.

Im Sinne der »Kunst-Diät«, die G. dem Wunsch-»Töchterchen« angedeihen lassen wollte, war sie wiederholt die freundschaftlich-väterlich hofierte Adressatin von Gelegenheitslyrik. So trug G. am 17.5 1817 in ihr Stammbuch das Lehrgedicht *Entoptische Farben. An Julien* ein. Indem er sie in seine Experimente zur Farbenlehre – hier speziell zu den Interferenzfarben des polarisierten Lichts – einwies, auf die doppelten Spiegelungen und individuellen Wahrnehmungsmuster seines Versuchsaufbaus aufmerksam machte, beschränkte er ihre Kunst einmal mehr auf die Darstellung der »lieben kleinen Welten« (FA I, 25, 1318).

1820 erlernte Julie von Eggloffstein an der Dresdner Akademie die Ölmalerei. Ihren Wegzug von Weimar 1823/1824 akzeptierte G. nicht. Sie erhielt ein Atelier im Fürstenhaus und malte vorwiegend Ölporträts, darunter mehrere kleinformatige von G. Der Dienst als Hofdame, den sie im Gegenzug zu leisten hatte, beeinträchtigte ihre labile Gesundheit und ihr künstlerisches Fortkommen gleichermaßen. 1829 ging sie nach Italien und kehrte erst nach G.s Tod im Mai 1832 nach Deutschland zurück. Auf zahlreichen Reisen erschloss sie sich einen illustren Kundenkreis. Als Adelige wie als Frau eingeschränkt, blieb ihre künstlerische Professionalisierung dennoch konfliktreich und ließ sie, deren Porträts und Historienbilder höchste Anerkennung fanden, als »unvollendet« in die Kunstgeschichte eingehen.

Literatur
Boetzkes, Manfred (Hg.): Goethes glückliche Zeichnerin? Das unvollendete Künstlerleben der Julie von Egloffstein (1792–1869). Hildesheim 1992 (mit Bibliographie). – Zum Lehrgedicht *Entoptische Farben* s. o. S. 121 f. *LEU*

Ehrmann

Die Straßburger Medizinerfamilie, mit der G. 1770/1771 bei seinem Studium in Straßburg in Kontakt trat, hat in der G.-Forschung für einige Irritationen gesorgt, da in *Dichtung und Wahrheit* (II, 9 und III, 11) die Verwandtschaftsverhältnisse falsch wiedergegeben werden. Johann Christian Ehrmann d. J. (1749–1827), Sohn des gleichnamigen Vaters (1710–1797), wies G. in einem Brief vom 12./13.12.1812 darauf hin, dass er selbst zur fraglichen Zeit geburtshilfliche Kollegien abgehalten hatte (vgl. EGW 2, 435 ff.); bei diesen hatte G. an Entbindungen teilgenommen. Die von G. in *Dichtung und Wahrheit* als »Klinikum des ältern Doktor Ehrmann« (FA I, 14, 408) bezeichnete Einrichtung hatte jedoch nicht, wie G. glaubte, seinem Vater, Johann Christian d. Ä., sondern seinem Halbbruder Georg Friedrich Ehrmann (1739–1794) unterstanden, dessen Lebensdaten in der G.-Literatur fast durchweg falsch mit 1740–1800 angegeben werden.

Johann Christian d. J. richtete 1779 in Frankfurt am Main eine Arztpraxis ein, gründete um 1809 den ›Orden der verrückten Hofräte‹ (Mitglieder u. a. Jung-Stilling, S. →Boisserée und G.) und traf G. im August und September 1815 in Frankfurt wieder.

Literatur
Prem, S. M.: Goethes Freund [Johann Christian] Ehrmann [d. J.], Martin Greifs Urgroßvater. In: Zs. für den deutschen Unterricht. 23 (1909), 414–422. – Stricker, Wilhelm: Johann Christian Ehrmann [d. J.]. In: Ders.: Beiträge zur ärztlichen Culturgeschichte. Frankfurt am Main 1865, 1–22. *WZ*

Eichler, Andreas Chrysogon (1762–1841)

Der böhmische Hofrat und Polizeibeamte in →Teplitz veröffentlichte 1820 in Prag das Büchlein *Böhmen, vor Entdeckung Amerikas ein kleines Peru, als Aufmunterung zum Bergbau, und mit einem besondern Blick auf das Niklasberger und Moldauer Erzrevier.* Zweck des Werkes war es, den seit den viel ergiebigeren Funden in →Amerika vernachlässigten und durch zahlreiche Kriegsereignisse beeinträchtigten →Bergbau in →Böhmen wiederzubeleben. Eichler schöpfte dafür aus historischen Quellen, fügte aber auch ein aktuelles Register der Bodenschätze in Böhmen bei und schlug Maßnahmen zur Förderung des Bergbaus vor. G. befasste sich während eines Aufenthalts in →Eger im September 1821 mit dem Werk und veröffentlichte in den Heften *Zur Naturwissenschaft überhaupt* (I, 4, 1822) die empfehlende Rezension *Böhmen, vor Entdeckung Amerikas ein kleines Peru.* Darin bekannte er: »Wir haben auf unserer diesjährigen Laufbahn viel Nutzen von diesem Büchlein gezogen« (FA I, 25, 425). Der Aufsatz enthält auch ergänzende Bemerkungen G.s zu Chr. →Kefersteins geologischer →Karte von Böhmen. Am 20.7.1823 kam es in →Marienbad zu einem Besuch Eichlers bei G.; es blieb die einzige dokumentierte Begegnung. *WY*

Ein- und Ausatmen der Erde

G. verwendete für die Erde wiederholt das Bild eines Organismus, einer Mutter-Erde: »Ich denke mir die Erde mit ihrem Dunstkreise gleichnisweise als ein großes lebendiges Wesen, das im ewigen Ein- und Ausatmen begriffen ist. Atmet die Erde ein, so zieht sie den Dunstkreis an sich, so daß er in die Nähe ihrer Oberfläche herankommt und sich verdichtet bis zu Wolken und Regen. Diesen Zustand nenne ich die Wasser-Bejahung; dauerte er über alle Ordnung fort, so würde er die Erde ersäufen. Dies aber gibt sie nicht zu; sie atmet wieder aus und entläßt die Wasserdünste nach oben, wo sie sich [...] dergestalt verdünnen, daß nicht allein die Sonne glänzend herdurchgeht, sondern auch sogar die ewige Finsternis des unendlichen Raumes als frisches Blau herdurch gesehen wird«. Diesen Zustand der Atmosphäre nenne ich die Wasser-Verneinung. Denn wie bei dem entgegengesetzten nicht allein häufiges Wasser von oben kommt, sondern auch die Feuchtigkeit der Erde nicht verdunsten und abtrocknen will; so kommt dagegen bei diesem Zustand nicht allein keine Feuchtigkeit von oben, sondern auch die Nässe der Erde selbst verfliegt und geht aufwärts, so daß bei einer Dauer über alle Ordnung hinaus, die Erde, auch ohne Sonnenschein, zu vertrocknen und zu verdörren Gefahr liefe« (Eckermann, 11.4.1827; FA II, 12, 238).

Als Ursache von Einatmen, Wasserbejahung und schlechtem Wetter auf der einen, Ausatmen, Wasserverneinung und schönem Wetter auf der anderen Seite sah G., von seinem Polaritätsdenken bestimmt, eine pulsierende →Erdanziehungskraft (Schwerkraft) an, die unmittelbar am Fallen und Steigen des →Barometers abzulesen sei, für den geübten Beobachter auch an den sich ballenden oder auflösenden Wolkenformationen (vgl. Eckermann, 22.3.1824; FA II, 12, 103).

In seinem Aufsatz *Über die Ursache der Barometerschwankungen* nannte G. das »Pulsieren« ein

»Aus- und Einatmen der tellurischen Schwerkraft«, das stets »in gewissen von der Natur vorgeschriebenen Grenzen« bleibe (FA I, 25, 263). Katastrophen wie Überschwemmungen entstehen, wenn das naturgegebene Gleichgewicht außer Kraft gesetzt wird: »Er [G.] sprach über das Ein- und Ausatmen der Erde nach ewigen Gesetzen; über eine mögliche Sündflut bei fortwährender Wasserbejahung. Ferner: daß jeder Ort seine eigene Atmosphäre habe, daß jedoch in den Barometerständen von Europa eine große Gleichheit Statt finde. Die Natur sei inkommensurabel, und bei den großen Irregularitäten sei es sehr schwer, das Gesetzliche zu finden« (Eckermann, 22.3.1824; FA II, 12, 103).

Obwohl G. lokale Differenzen zugestand und auch auf Besonderheiten des Barometerstandes in den Tropen hinwies (→Oszillation), musste seine Vorstellung vom am Barometer abzulesenden Ein- und Ausatmen der Erde darauf hinauslaufen, weltweit zumindest ein ähnliches Steigen oder Fallen des Barometers anzunehmen. Aus diesem Grund bemühte sich G. immer wieder um Messwerte aus möglichst weit entfernten Orten, möglichst noch über Europa hinaus, die sich freilich in diese Erwartungshaltung nicht einordnen ließen. So stellte die Großherzogin Luise am 25.2.1828 gegenüber Knebel fest: »Goethe, der Beschützer des Barometer, fängt an, an dessen Zuverlässigkeit zu zweifeln, und weiß nicht recht, wie er dessen unbegreifliches Steigen- und Fallen entschuldigen soll« (GG 3.1, 252). *ZA*

Eisenach

Der Landesteil des Herzogtums Sachsen-Weimar-Eisenach stand ab 1780 im Blickfeld von G.s erwachenden geologischen Interessen (vgl. an Merck, 3.7.1780), als J. C. W. →Voigt auf eine geologisch-mineralogische Erkundungsreise gesandt wurde und dazu 1782 seine Schrift *Mineralogische Reisen durch das Herzogthum Weimar und Eisenach* (Ruppert 5222) publizierte. In dieser Zeit war G. mehrfach für längere Zeit in Eisenach (1777, 1778, 1781, 1784) und berichtete gelegentlich über eigene geologische Exkursionen in die Umgebung (vgl. an Knebel, 17.4.1782; an Ch. v. Stein, 5.6.1784). Voigt wies am 29.5.1797 auf eine bei Eisenach gefundene »Basaltart mit weißen Körnern« und auf einen Mineralienkauf in Eisenach hin (vgl. LA II, 7, 439). Unter dem 24.10.1823 verzeichnete G. im Tagebuch den Eingang »Eisenachischer Mineralien« von Herzog Carl August.

Die Stadt Eisenach am Fuß der →Wartburg wurde 1820 in das Netz der →Meteorologischen Anstalten aufgenommen und lieferte fortan Mess- und Beobachtungsergebnisse an die Sternwarte Jena, wo die Daten zusammenliefen. Am 20.10.1820 erhielt G. durch F. →Körner die »Eisenachischen An- und Vorschläge zur Meteorologie«, d.h. die Pläne zur Einrichtung der meteorologischen Station.

Mit einer Höhe von »681 Par[iser] Fuß über dem Meere« diente sie »teils als Mittelglied zur Verbindung der an den Grenzen beobachteten meteorologischen Erscheinungen, teils um die Einwirkungen der Lokalitäten näher kennen zu lernen« (LA I, 8, 421).

Noch im gleichen Jahr wurden »von Eisenach Wetterbeobachtungen eingesendet« (TuJ 1820). In den Folgejahren verzeichnete G. mehrfach im Tagebuch die »meteorologischen Tafeln«, die von den verschiedenen Stationen geliefert wurden. Aus dem entsprechenden Eintrag vom 15.2.1822 ist zu entnehmen, dass in Eisenach der Hofuhrmacher G. F. Wenderoth als Wetterbeobachter tätig war. Am 14.10.1823 sandte H. L. F. →Schrön, der neue Leiter der Jenaer Sternwarte, der regelmäßig Inspektionsreisen zu den Stationen unternahm (vgl. Tgb, 30.9.1827), zahlreiche Barometerdaten an G., darunter auch die »Barometerlinien für den Dezember 1822 von [...] Eisenach« (LA II, 2, 442). Mit dem Monat März 1830 wurden die Beobachtungen in Eisenach eingestellt.

Literatur

Berg, Friedewald: Goethe in Eisenach. Hg. von Volkmar Schumann. Eisenach 1999. *ZA*

Eiszeit

Der Begriff »Eiszeit« wurde erst nach G.s Tod vom Münchner Botaniker Karl Schimper (1837) geprägt. Schon in den 1820er Jahren war aber die Idee einer »Epoche großer Kälte« (FA I, 25, 644) in die Diskussion um die Herkunft der → erratischen Blöcke eingeführt worden. In *Wilhelm Meisters Wanderjahren* (II, 9) und mehreren unveröffentlichten Aufzeichnungen aus den Jahren 1828 bis 1831 (*Gespräch über die Bewegung von Granitblöcken durch Gletscher, Zur Geologie November 1829, Hausmanns Vorlesung, Geologische Probleme und Versuch ihrer Auflösung Februar 1831*) stellte G. diese Hypothese als einer der ersten in zustimmendem Sinn vor, da sie seiner vom →Neptunismus geprägten Überzeugung vom gewaltlosen Ablauf geologischer Prozesse entsprach. Ob er selbständig auf diese Lösung kam oder z.B. durch F. →Soret über entsprechende Diskussionen unter Schweizer Naturforschern informiert wurde, konnte bisher nicht geklärt werden, doch erscheint die erste Möglichkeit wahrscheinlicher. - Auf seinen →Reisen durch die →Schweiz hatte G. mehrere der großen Alpengletscher im Montblanc-Gebiet, im Berner Oberland und an der Furka gesehen und teilweise auch betreten. Weiteres Wissen über die Transportfähigkeiten der Gletscher bezog er aus einer Publikation über die Erstbesteigung der Jungfrau im Jahre 1811, die er am 17.10.1829 las (vgl. LA II, 8B.1, 133f., M 80).

Wegen der schlechten klimatischen Bedingungen im frühen 19. Jh. wurde das schnelle Vorrücken der Gletscher im Alpenraum ab 1815 als wissenschaftliches und praktisches Problem aktuell. So informierte G. im Januar 1820 → Carl August *Über das Wachstum der Schweizer Gletscher* (FA I, 25, 571). Die von ihm in dem Text erwähnte Preisfrage der Schweizerischen Naturforschenden Gesellschaft gewann der Walliser Kantonsingenieur Ignaz Venetz 1822 mit Hinweisen auf weit stärkere Gletschervorstöße in alten Zeiten, was durch die Lage von Moränen belegt wurde. Venetz vertiefte danach seine Nachforschungen, die im Sommer 1829 – also nach Erscheinen der *Wanderjahre* – an die Öffentlichkeit gelangten. 1823/1824 war der dänische Neptunist Jens Esmark auch in Norwegen auf Spuren von einstigen Gletschervorstößen aufmerksam geworden; seine Entdeckung fand aber wenig Resonanz. Die Schweizer Wissenschaftler Jean de Charpentier und Louis Agassiz bauten die neuen Erkenntnisse zu einer Theorie aus, die bis in die 1860er Jahr noch stark umkämpft war. Sie nahmen G. als Vorläufer wahr und erhofften sich von seinem Namen Unterstützung. Die einstige großflächige Vergletscherung des europäischen Nordens wurde ebenfalls erst in der zweiten Hälfte des 19. Jh.s als wissenschaftliche Tatsache akzeptiert.

Literatur

Krüger, Tobias: Die Entdeckung der Eiszeiten. Internationale Rezeption und Konsequenzen für das Verständnis der Klimageschichte. Basel 2008. – Philippson, Robert: Hat Goethe die Eiszeit entdeckt? In: GJb. (1927), 157–171. – Sachtleben, Peter: Hat Goethe die Eiszeit entdeckt? In: GJb. (1994), 299–302. – Semper, Max: Die geologischen Studien Goethes. Beiträge zur Biographie Goethes und zur Geschichte und Methodenlehre der Geologie. Leipzig 1914. – Wyder, Margrit: Noch einmal: Goethe und die Eiszeit. In: GJb. (2012, im Druck).

WY

Elastizität

Bereits in seinen 1805 gehaltenen Vorlesungen in der → »Mittwochsgesellschaft« erschien G. die atmosphärische Luft »als eine permanente elastische Flüssigkeit. Man schreibt ihr Druck und Schwere zu« (20.11.1805, FA I, 25, 162; vgl. auch H. von Knebel an Knebel, 14.12.1805, GG 2, 47). Im Vortrag vom 12.12.1805 stellte G. die »Elastizität der Luft« in den Kontext der »Anziehung der Erde« und verwies auf einen »Fall den ich in Tirol gesehen« (FA I, 25, 166). G. deutete damit auf seine Beobachtungen 1786 auf dem Weg nach Italien. Unter dem 9.9.1786 schrieb er im Tagebuch auf dem Brenner »Gedancken über die Witterung« nieder, in denen es heißt: »*daß eine Elastischere Athmosphäre die Wolcken aufzehrt* [...] Wenn sich die Elasticität der Luft vermehrt [der Luftdruck steigt], vermehrt sich ihre Anziehungskrafft und die Wolcken verlassen die Berge und werden [...] von der Luft gehoben und verzehrt, umgekehrt ist die Würckung umgekehrt [...]«.

In dem 30 Jahre später, 1816, erschienenen ersten Band der *Italienischen Reise* sprach G. hinsichtlich seiner Beobachtungen auf dem Brenner nicht mehr von der Anziehungskraft der Luft auf die Wolken, sondern von der Anziehungskraft der Erde: »Ich glaube nämlich, daß die Masse der Erde überhaupt, und folglich auch besonders ihre hervorragenden Grundfesten [Gebirge], nicht eine beständige, immer gleiche Anziehungskraft ausüben, sondern daß diese Anziehungskraft sich in einem gewissen Pulsieren äußert, [...] sich [...] bald vermehrt, bald vermindert. [...] Vermindert sich jene Anziehungskraft im geringsten, alsobald deutet uns die verringerte Schwere, die verminderte Elastizität der Luft diese Wirkung an. Die Atmosphäre kann die Feuchtigkeit [...] nicht mehr tragen, Wolken senken sich, Regen stürzen nieder [...]. Vermehrt aber das Gebirg seine Schwerkraft, so wird alsobald die Elastizität der Luft wieder hergestellt [...] welche nun wieder mehr Wasser zu fassen, aufzulösen und zu verarbeiten fähig ist« (FA I, 15.1, 20f.). G. nannte diese Gedanken hier noch »seltsame Theorien« eines »ambulanten Wetterbeobachters« (ebd. 21), aber ab 1822 wurden sie allmählich Teil einer geschlossenen Vorstellung von den Ursachen des Wettergeschehens, wie G. sie zusammenfassend am 5.10.1828 Zelter dargestellt hat: »Da ich bey allem [...] das → Barometer mit allen Erscheinungen durchaus in Bezug setze, so spreche zuletzt den Hauptpunct aus: daß ich jene Elasticität, Schwere, Druck, wie man es nennen will, wodurch sich eine sonst unmerkliche Eigenschaft der Atmosphäre merklich macht, der vermehrten oder verminderten Anziehungskraft der Erde zuschreibe. Vermehrt sie sich, so wird sie Herr über das Feuchte; vermindert sie sich, so nimmt die Masse des Feuchten überhand [...]«.

Der Grad der Elastizität der Luft bzw. der Atmosphäre ist ein Wert, »der sich an unseren Barometern bezeichnen läßt« (FA I, 25, 210).

In G.s Nachlass fand sich die Abschrift eines Zeitungsartikels(?) von der Hand Knebels, in dem der belgische Chemiker J. B. F. A. J. van Mons *Einige meteorologische Betrachtungen vom Jahre 1815* mitteilte und dabei feststellte, »daß die Luft mehr durch ihre Elasticität als Schwere drückt« (LA II, 2, 143, M 9.2).

ZA

Elbingerode

Von Ilfeld kommend, nahm G. auf seiner ersten Harzreise (→Harz) am 1.12.1777 in dieser Bergstadt im Mittelharz Quartier, um den Nachmittag und den ganzen folgenden Tag in der Baumannshöhle bei Rübeland zu verbringen. Die Karsthöhle, benannt nach ihrem vermutlich fiktiven Entdecker Friedrich Buhmann oder Baumann, wurde 1546 von →Agricola erstmals erwähnt, 1654 von Matthäus Merian als erste natürliche Höhle überhaupt abgebildet und seit 1668 von einem beamteten Höhlenführer überwacht. Ein prominenter Besucher im 17. Jh. war G. W. →Leibniz, der die Höhle in seiner *Protogaea* beschrieben hat. Im 18. Jh. untersuchten zahlreiche Wissenschaftler die Örtlichkeit, wobei die Versinterungen und die Knochenlagen von Höhlenbären besonderes Interesse fanden. Während der zweiten Harzreise besuchte G. mit F. v. →Stein von Blankenburg aus am 12.9.1783 die Baumannshöhle und die Marmorbrüche bei Rübeland.

Auf seiner dritten Harzreise gelangte G. am 5.9.1784 von Schierke kommend mit dem Zeichner G. M. →Kraus erneut nach Elbingerode und blieb dort bis zum 7.9. Diesmal galt sein Interesse dem Bergbau auf Eisenerz in der Umgebung. In seinem »Geognostischen Tagebuch« (vgl. LA II, 7, 104–127, M 52–58) ist der Besuch mehrerer Eisensteingruben erwähnt. Am 7.9.1784 zogen G. und Kraus bodeabwärts an der Susenburg vorbei, wo ein quarzreicher Gang aufgeschlossen ist, um wahrscheinlich am 11.9. von Blankenburg aus nochmals die Baumannshöhle aufzusuchen. Kraus zeichnete dabei den damaligen Eingang - er wurde 1928 verlegt - und einen Blick ins Innere der Höhle. Am 11.7.1816 lernte G. den englischen Geologen William Buckland kennen; dieser glaubte u. a. mithilfe der Knochenfunde in der Baumannshöhle die Sintflut als geologische Tatsache nachweisen zu können. Im Juni 1828 las G. laut Tagebuch das 1824 in zweiter Auflage erschienene Buch Bucklands *Reliquiae diluvianae*, das er mit einer Widmung des Autors erhalten hatte.

Literatur

Kempe, Stephan u. a.: Die Baumannshöhle im Harz, ihre Bedeutung für die frühe Wissenschaftsgeschichte, ihre Darstellung durch Johann Friedrich Zückert, der Arzneygelahrtheit Doctor, 1763, und was heute noch davon zu sehen ist. München 1999. - Reinboth, Fritz: Die Geschichte der Höhlenforschung im Harz. In: Karst und Höhle. (1994/95), 64–80. *WY*

Elbogen

Die südwestlich von →Karlsbad »über alle Beschreibung schön« gelegene Stadt - »ein landschaftliches Kunstwerk von allen Seiten« (an Knebel, 1.7.1807) - besuchte G. während seiner Aufenthalte in Karlsbad oft. So berichtete er am 2.7.1808 an →Knebel: »In Ellbogen [...] bin ich auch schon gewesen und habe durch die Bemühung, die ich mir vor einem Jahre mit den hiesigen Fossilien [Mineralien] gegeben, eine recht schöne Vorbereitung über diese Gegenstände mehr zu denken [...]«.

Am 23.8.1818 besuchte G. mit dem Geologen Franz Xaver Reupel (Riepl) Elbogen und die dortige Porzellanfabrik. Im Tagebuch vermerkt wurden »Feldspatcrystalle. Steinkohlen [Braunkohlen]. Betrachtung über die große Mulde dieses nützliche Fossil [Gestein] enthaltend«. Zwei Tage später machte er auf der Rückreise von Schlackenwerth erneut in Elbogen Station: »Glimmerkugeln im Granit«. Das mineralogische Phänomen in Elbogen legte G. nahe, eine Metamorphose des →Granits zu erwägen, an der er später aber nicht mehr festhielt. In seiner Sammlung von Mineralien aus der Gegend von Karlsbad sah G. dem Elbogner Gestein eine besondere Rolle zugewiesen: »Der Ellbogner Granit hat sich durch die grenzenlose production von Zwillingskrystallen und Isolirung des Feldspats den Glimmer frey gegeben der sich nun auch in große Kugeln zusammenballt. Das dieses eine und eben dieselbe lebendige Formation sey sieht man da diese Glimmerkugeln wieder Granit enthalten« (LA II, 8A, 142, M 108; ähnlich in *Bildung des Granits und Zinnvorkommen*, FA I, 25, 473; vgl. auch TuJ von 1818).

Über die Besuche in Elbogen am 9. und 16.9.1819 berichtete G. am 20.9.1819 aus Karlsbad an Knebel: »Meine erste Beschäftigung hier war, die Müller'sche [Mineralien-]Sammlung wieder vor mir aufzulegen. [...] Durch diese Veranlassung habe ich denn auch wieder die Gegend umher meist gesehen: [...] Elbogen zweymal, wo der [im Rathaus verwahrte] Überrest des Meteorsteins höchst merkwürdig ist. Jammerschade, daß man so ein kostbares Naturproduct in Stücken schnitt [...]« (vgl. auch an Zelter, 7.10.1819).

In vielen seiner geologischen Aufsätze erwähnte G. die Elbogener Zwillingskristalle. In der Abhandlung *Zur Geologie besonders der böhmischen* (ZNÜ I, 3, 1820) hob G. den Bezirk Elbogen hervor, von dem »man sagen kann die Natur habe sich mit der kristallinischen Feldspat-Bildung übernommen und sich in diesem Anteile völlig ausgegeben« (FA I, 25, 481). G. sah hier die Abwandlung des Granits darin, dass der Feldspat um Karlsbad und bei Elbogen dergestalt überhand nimmt, »daß seine sowohl säulen- als tafel- und doppeltafelförmige Kristallen durchaus vorwalten und die beiden andern Bestandteile [Quarz und Glimmer] beinah verdrängen« (*Zinnformation*; ebd. 477).

Die fossile Blätterflora aus Altsattel bei Elbogen, eine der ältesten Europas, erwähnte G. im Tagebuch vom 26.9.1819 und 31.8.1821 (zu Pflanzenabdrücken in G.s Sammlungen vgl. Prescher 7146).

Im Mai 1820 beschäftigte sich G. mit den »kleinen Basalten vom Horn, einem hohen Berge in der Nähe von Elbogen, denen man bei der Größe einer Kinderfaust oft eine bestimmte Gestalt abgewinnen kann« (TuJ von 1820; vgl. dazu G.s Aufsatz *Der Horn*, FA I, 25, 389 f.).

1823, bei seinem letzten Böhmen-Aufenthalt, besuchte G. Elbogen in Begleitung der Amalie von Levetzow mit ihren drei Töchtern an seinem 74. Geburtstag, am 28.8.1823. In der Porzellanfabrik erhielt er Zwillingskristalle, von den Levetzows ein böhmisches Trinkglas, eingraviert das Datum und die Vornamen der Töchter. Kurz darauf sollte der Heiratsantrag an Ulrike von Levetzow abgewiesen werden.

Literatur

Frank, Ernst: Goethe im Elbogener Ländchen. Elbogen 1932. *HO*

Elefant

Bei der zu den höheren Säugetieren (Mammalia) gehörenden Familie der Rüsseltiere (Elephantidae) unterscheidet man die Gattungen Elephas und Loxodonta. Zur ersten gehört der Asiatische Elefant (Elephas maximus) mit relativ kleinen Ohren und abfallendem Rücken, zu Loxodonta zählen der Wald- oder Rundohrelefant (Loxodonta cyclotis) sowie der Spitzohr-Elefant (Loxodonta africana) mit großen Ohren und zweifingrigem Rüsselende.

In Europa errangen die exotischen Tiere insbesondere durch die Haltung in den höfischen Tiergärten Bekanntheit, wo sie zu den Prestigeobjekten zählten. Die Menagerie im Tower of London besaß schon im 13. Jh. einen Elefanten; Manuel I. von Portugal hatte zu Beginn des 16. Jh.s indische Elefanten (darunter den bekannten »Hanno«) für sein Wildgehege einführen lassen.

In G.s frühem Beitrag zu →Lavaters *Physiognomischen Fragmenten* (1776) über Tierschädel zeigt der Elefant »am meisten Schädel, am meisten Hinterhaupt, und am meisten Stirn – wie wahrer natürlicher Ausdruck von Gedächtnis, Verstand, Klugheit, Kraft, und – Delikatesse« (FA I, 24, 15).

Auch in der Folge interessierte sich G. weniger für das Tier selbst (»eine der größten Unformen der organischen Natur«, an Schiller, 3.1.1798; »Ungeheuer«, an Soemmerring, 9.6.1784; »Bestien-Charakter«, FA I, 24, 633) als vielmehr für sein Skelett, speziell die Knochen seines Schädels, den er im Rahmen seiner Zwischenkieferstudien (in den Jahren 1784/1785) untersuchen wollte. In diesem Zusammenhang ergab sich auch die für den Sachverhalt bedeutende Nebenfrage, ob es sich beim Elefantenstoßzahn um einen Schneidezahn handelt (welcher stets im Zwischenkiefer sitzt), was G. zu Unrecht ablehnte (vgl. FA I, 24, 239). Objekte der vergleichend-anatomischen Studien bildeten zum einen der Schädel eines Afrikanischen Elefanten aus dem Jenaer Museum, hauptsächlich aber der Kopf eines von →Soemmerring präparierten neun Jahre alten Asiatischen (indischen) Elefanten aus der Kasseler Menagerie, der im August 1780 durch einen Sturz zu Tode gekommen war (→»Goethe-Elefant«) und dessen Knochennähte des Schädels deutlich zu erkennen waren (»[...] stehen die Knochen sogar daselbst noch von einander«, Soemmerring an Merck, 7.1.1783), was G. das Auffinden des →Zwischenkieferknochens (Os intermaxillare) erleichterte (vgl. an Charlotte von Stein, 7.6.1784). Vier Zeichnungen dieses Schädels fertigte Johann Christian Wilhelm →Waitz zwischen August und Oktober 1784 in Weimar an. Im *Versuch aus der vergleichenden Knochenlehre daß der Zwischenknochen der obern Kinnlade dem Menschen mit den übrigen Thieren gemein sey*, der sogenannten Prachthandschrift (1784), wird der Elefant nur beiläufig erwähnt (vgl. FA I, 24, 23; dazu Wenzel 1994, 297 f.), mehrfach genannt wird er in den Nachträgen zur erst 1820 erfolgten Publikation (vgl. FA I, 24, 483, 488 f.). Eine ausführliche Behandlung erfährt er 1785 in dem zu G.s Lebzeiten nicht publizierten Aufsatz *Beschreibung des Zwischenknochens mehrerer Tiere [...]* (vgl. FA I, 24, 27–29) und schließlich 1824 in *Zur vergleichenden Osteologie von Goethe, mit Zusaetzen und Bemerkungen von Dr. Ed. d'Alton* (in: *Nova Acta Leopoldina* 12.1). Die der letzten Schrift beigegebenen Kupfertafeln von Johann Heinrich Lips und J. Schubert haben den Schädel des Kasseler Elefanten (»Schädel eines jungen asiatischen Elephanten«) und den Schädel aus dem Museum in Jena (»Schädel eines ausgewachsenen africanischen Elephanten«) zur Vorlage.

Darüber hinaus gibt es Zeugnisse zur Beschäftigung mit fossilen Elefantenskelettfunden, zunächst in der Korrespondenz mit →Merck in den 1780er Jahren (vgl. LA II, 9A, 280, 282 f., 290), später zu Funden aus den Thüringer Tuffsteinlagern (Mammutskelett bei Gräfentonna), dem Kies der Gelmerodaer Schlucht und der Süßenborner Kiesgrube (»[...] in dem aufgeschwemmten Kies finden wir Elephanten [...]«, an Soemmerring, 21.4.1818).

Das »Ohiotier« – die fossile Gattung des Elefanten, nach →Cuvier »Mastodon« – wird im Tagebuch vom 26. und 27.12.1820 genannt, wohl bezug-

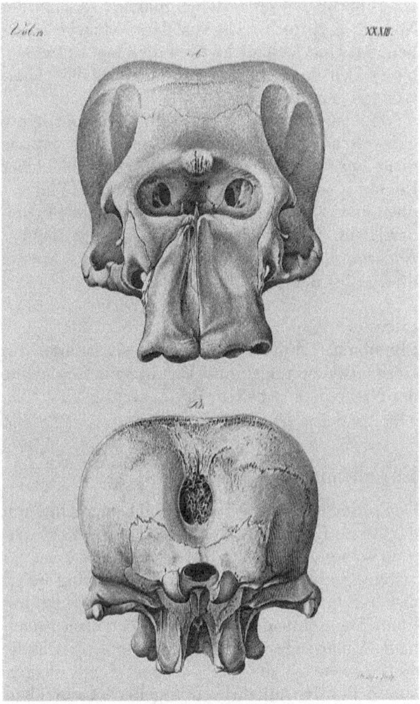

Tafel zum Kasseler Elefantenschädel (Ansicht von vorn und von hinten) aus *Zur vergleichenden Osteologie von Goethe* ... (1824); Stich von Johann Heinrich Lips (1798) nach Zeichnungen von Johann Christian Wilhelm Waitz (1784)

nehmend auf Proben aus Eduard d'Altons *Die Skelette der Pachydermata* (Bonn 1821; vgl. LA II, 10A, 413, 861). Den Begriff »Ohio-Elefanten« verwendet G. auch in seiner Rezension von d'Altons Schrift für die Hefte *Zur Morphologie* (I, 4, 1822; vgl. FA I, 24, 548f.). Im ersten Heft des zweiten Bandes (1823) veröffentlichte G. einen Aufsatz *Betrachtungen über eine Sammlung krankhaften Elfenbeins* (ebd. 575–581).

Literatur

Wenzel, Manfred (Hg.): Goethe und Soemmerring. Briefwechsel 1784–1828. Textkritische und kommentierte Ausgabe. Stuttgart, New York 1988 (Soemmerring-Forschungen 5). – Ders.: Der »Goethe-Elefant« in Kassel, 1773–1993. In: Ders. (Hg.): Samuel Thomas Soemmerring in Kassel (1779–1784). Beiträge zur Wissenschaftsgeschichte der Goethezeit. Stuttgart, Jena, New York 1994 (Soemmerring-Forschungen 9), 267–328 (mit Abdruck der Schrift von G. und d'Alton: *Zur vergleichenden Osteologie*, 1824). *EN*

Elektrizität

Zu den zu G.s Lebzeiten bekannten Formen von Elektrizität – Reibungselektrizität, ab etwa 1790 →Galvanismus als tierische Elektrizität (Galvani) und Kontaktelektrizität (Volta) – sowie Elektromagnetismus (→Oersted) und G.s Anteilnahme daran: →Physik.

Elektromagnetismus s. Magnetismus/ Elektromagnetismus

Empedokles (um 495–434 v. Chr.)

Die Anschauungen über das Sehen und die Farben des griechischen Naturphilosophen aus Agrigent (Akragas), der im Exil die sizilianische Medizinerschule begründete, gibt G. im historischen Teil der *Farbenlehre* in der ersten Abteilung *Griechen* nach →Theophrast, Stobäus und →Plutarch wieder (FA I, 23.1, 524f.). Nach Empedokles sind alle Naturerscheinungen von verschiedenen Konstellationen der Elemente Feuer, Wasser, Luft und Erde bestimmt; das Innere des Auges sei Feuer und Wasser, die äußere Umgebung Erde und Luft, eine Vorstellung, der sich G. »mit Vertrauen und Zuversicht« (FA I, 23.1, 599) nähern kann: »Denn die Art, wie das Äußere und Innere eins für das andre da ist, eins mit dem andern übereinstimmt, zeigt [zeugt] sogleich von einer höhern Ansicht, die durch jenen allgemeinen Satz: Gleiches werde nur von Gleichem erkannt, noch geistiger erscheint« (ebd.). *WZ*

Empirie

Obwohl die Annäherung an die Natur durch sinnliche Wahrnehmung und ihr Kennenlernen durch zunehmendes Erfahrungswissen (Empirie) konstitutive Methoden innerhalb von G.s Naturforschung sind, werden diese doch immer im Sinne einer →Polarität auch von der theoretischen Seite betrachtet und unterliegen so einer ständigen Wechselperspektive. In Begriffspaaren wie Empirie und Theorie (→Theorie/Hypothese), Induktion und Deduktion, →Erfahrung und →Idee läßt sich G.s Ansatz nie einseitig auf die eine oder andere Komponente festlegen; dieser stellt sich damit auch gegen Phasen der Wissenschaftsgeschichte, die allein in einer Vorgehensweise (z.B. im Experiment) den Weg zur Erkenntnis sahen.

Dass Empirie und theoretische Durchdringung des Gegenstandes im Grunde eine Einheit darstellen, hat G. pointiert im Vorwort der *Farbenlehre* ausgedrückt: »Denn das bloße Anblicken einer Sache kann uns nicht fördern. Jedes Ansehen geht über in ein Betrachten, jedes Betrachten in ein Sinnen, jedes Sinnen in ein Verknüpfen, und so kann man sagen, daß wir schon bei jedem aufmerksamen Blick in die Welt theoretisieren« (FA I, 23, 14). →Schiller hat für diese Vorgehensweise G.s 1798 den Begriff der →rationellen Empirie geprägt, womit er bezeichnen wollte, »daß nur die vollkommene Wirksamkeit der freien Denkkräfte mit der reinsten und ausgebreitetsten Wirksamkeit der sinnlichen Wahrnehmungsvermögen zu einer wißenschaftlichen Erkenntniß führt« (Schiller an G., 19.1.1798; EGW 4, 317), dass also Vernunft und Beobachtung, Theorie und Empirie zusammenwirken müssen.

G.s Leitbegriffe in der Erforschung des Lebendigen, →Typus und →Metamorphose, unterliegen dieser Wechselperspektive; sie bezeichnen gleichermaßen in der Natur zu beobachtende Phänomene wie gedanklich-theoretische Prinzipien. So kann z. B. der Typus konkret in der Ausgestaltung eines Skeletts betrachtet werden, zugleich ist er aber auch Idee eines allgemeinen Bauplans, dem sämtliche Skelette der Wirbeltiere folgen. Das gegenseitige Durchdringen solcher Kategorien bezeichnet G., wenn er in einem späten Brief an →Zelter vom 5.10.1828 schreibt: »Es gibt eine zarte Empirie, die sich mit dem Gegenstand innigst identisch macht und dadurch zur eigentlichen Theorie wird«.

Einzelne Äußerungen oder Texte G.s mögen ihn stärker als Empiriker oder Theoretiker ausweisen, in der Gesamtschau sind beide Ansätze Seiten einer untrennbaren Polarität. *WZ*

Encheiresis naturae

Der mit »Handgriff der Natur« zu übersetzende Terminus geht auf den Chemiker, Mediziner und Pharmazeuten J. R. →Spielmann (*Institutiones chemiae*, 1763) zurück, bei dem G. im Wintersemester 1770/1771 chemische Vorlesungen in Straßburg hörte. Der Begriff bezeichnet die Fähigkeit der Natur (im engeren Sinne: des Organismus) zur Synthese organischer Substanzen aus ihren einzelnen Bestandteilen (→Harnstoffsynthese), eine Thematik, die zu G.s Zeiten nahezu unerforscht war. In diesem Sinn schrieb G. kurz vor seinem Tod, am 21.1.1832, an den Chemiker H. W. F. →Wackenroder: »Es interessirt mich höchlich, inwiefern es möglich sey, der organisch-chemischen Operation des Lebens beyzukommen [...] denn ob wir gleich gern der Natur ihre geheime *Encheiresis*, wodurch sie Leben schafft und fördert, zugeben und, wenn auch keine Mystiker, doch zuletzt ein Unerforschliches eingestehen müssen, so kann der Mensch [...] doch nicht von dem Versuche abstehen, das Unerforschliche so in die Enge zu treiben, bis er sich dabey begnügen und sich willig überwunden geben mag«.

Mephisto (*Faust I*, V. 1936–1941) verspottet mit Hinweis auf den Begriff der Encheiresis naturae nicht nur den Mangel an naturwissenschaftlicher Kenntnis, sondern auch das Verfahren des Philosophen bzw. Logikers: »Dann hat er die Teile in seiner Hand, / Fehlt leider! nur das geistige Band. / *Encheiresin naturae* nennt's die Chemie, / Spottet ihrer selbst und weiß nicht wie«.

Literatur

Lippmann, Edmund O.: Encheiresis naturae. In: Ders.: Abhandlungen und Vorträge zur Geschichte der Naturwissenschaften. Bd. 2. Leipzig 1913, 439–449. *WZ*

Engelhaus

Das südöstlich von →Karlsbad gelegene Dorf mit der Ruine Engelsburg besuchte G. mehrfach während seiner Aufenthalte in Karlsbad. Die erste Erwähnung mit geologischer Kommentierung liefert das Tagebuch vom 22.7.1806: »Nach Tische mit [dem Steinschneider Joseph] Müller nach Engelhaus. Unterweges das Quarzgestein [...]. Basalte vom Glasberge auf die schönangelegte Pragerstraße. Bey der Auffahrt von Engelhaus Granitübergänge mit Schörl, schillerndem Feldspath, abgesondertem Quarz und Schriftgranit. Schöne landschaftliche Gegenstände. [...] Klingsteinfelsen. Ruinen. Einiges gezeichnet. [...] Der Fels von Engelhaus tritt [...] besonders merkwürdig hervor. Nach Hause gefahren. Einen Theil zu Fuß gemacht wegen des Granits, in dem sich Speckstein findet und eine Art Specksteinkrystallen«. Der Fels von Engelhaus besteht aus Phonolith (Klingstein, auch Porphyrschiefer), »einem vulkanischen Gestein, das den umgebenden Granit durchbrochen hat« (LA II, 8A, 561). In den *Tag- und Jahresheften* von 1806 schilderte G. ebenfalls die Fahrt nach Engelhaus: »Wir [...] bemerkten im Orte selbst den Schriftgranit und anderes vom Granit nur wenig abweichendes Gestein. Der Klingsteinfelsen ward bestiegen und beklopft [...]« (vgl. auch an Carl August, 4.8.1806).

Von der mineralogischen Erkundung in Engelhaus berichtete G. in seinem Aufsatz *Sammlung zur Kenntniß der Gebirge von und um Karlsbad* (Karlsbad 1807; später unter dem Titel *Joseph Müllerische Sammlung* in ZNÜ I, 1, 1817; vgl. FA I, 25, 349). »Schriftgranit« und »Klingstein« aus Engelhaus sind in der zugehörigen Mineralienliste unter den Nummern 20 und 95 genannt (vgl. FA I, 25,

360 und 362). Den Kontakt zwischen →Granit und Phonolith behandelte G. in seinem Aufsatz *An Herrn von Leonhard* (vgl. ebd. 366). Eine längere Passage über den Granit von Engelhaus und seine Besonderheiten findet sich weiterhin in einem zu G.s Lebzeiten nicht publizierten Aufsatz, den G. Riemer am 15. und 17.7.1807 diktiert hat (vgl. LA II, 8A, 31, M 14). In der Gegend von Engelhaus sowie in →Bilin beobachtete G. ein Phänomen, das er als »Auslaufen des Granits« bezeichnete (vgl. FA I, 25, 366).

G. besuchte Engelhaus erneut am 28./29.6.1808 (vgl. an Knebel, 2.7.1808) und am 14.9.1819 (Tgb: »ich ging unten umher, Karl [Stadelmann] erstieg den Felsen«; vgl. auch an Knebel, 20.9.1819; an Zelter, 7.10.1819). Am 17.8.1821 bat G. →Riemer, der Mineralienhändler D. Knoll in Karlsbad möge Pechstein, ein dunkles vulkanisches Glas, aus Engelhaus liefern (vgl. Knoll an G., 25.8. und 17.12.1821). Einen letzten Ausflug an diesen Ort machte G. am 30.8.1823 mit der Familie von Levetzow. *HO*

Entelechie

Der Begriff für die innere, auf sich selbst gerichtete Kraft bzw. deren Konsequenz geht auf →Aristoteles zurück, der ihn in seiner *Metaphysik* (Buch IX) vorstellt. Unter Entelechie versteht man eine Kraft, die innerhalb der Form aus dieser eine neue Form oder Funktion hervorbringt. Sie ist in gesetzmäßiger Weise präformiert (→Evolution, →Präformation) und richtet sich auf ein vorausbestimmtes Ziel hin. G. erachtet den von Johann Friedrich →Blumenbach geprägten Begriff des →Bildungstriebs (Nisus formativus) als Entelechie, die zu der durch ihn bewirkten →Gestalt führt. Er stellt den Begriff der Entelechie in unmittelbare Nähe zu jenem der →Monade. Diese definiert er in seinen *Maximen und Reflexionen* als »Entelechie, die unter gewissen Bedingungen zur Erscheinung kommt« (MuR 1397; vgl. auch MuR 1365: »Die Griechen nannten Entelecheia ein Wesen, das immer in Function ist«). Als eine von Materie und Zeit zu sondernde Energie, als ein Kraftzentrum, begreift G. die Entelechie als unsterblich, indem sie stets von neuem nach der ihr vorgegebenen Gesetzmäßigkeit die in ihr präformierte Form erzeugt, denn »jede Entelechie nämlich ist ein Stück Ewigkeit, und die paar Jahre, die sie mit dem irdischen Körper verbunden ist, machen sie nicht alt« (FA II, 12, 656).

G. nennt gegenüber →Eckermann (11.3.1828) eine »Entelechie mächtiger Art« als Voraussetzung, um »ihr Vorrecht einer ewigen Jugend fortwährend geltend zu machen« (ebd.); er nimmt demnach eine Hierarchie der Entelechien an, die einen von »einem untergeordneten Dienst und Dasein [...]. Andere dagegen sind gar stark und gewaltig. Die letzten pflegen daher alles, was sich ihnen naht, in ihren Kreis zu reißen und in ein ihnen Angehöriges, das heißt in einen Leib, in eine Pflanze, in ein Tier [...] zu verwandeln. Sie setzen dies so lange fort, bis die kleine oder große Welt, deren Intention geistig in ihnen liegt, auch nach außen leiblich zum Vorschein kommt« (GG 2, 771).

Den Begriff der Freiheit setzt G. zu jenem der Entelechie in Beziehung. Freiheit bedeutet demnach die Fähigkeit des Individuums, sich seiner Entelechie gemäß zu entwickeln. Diese Freiheit werde ihm genommen, sofern es sich nicht seinen Begabungen gemäß ausleben könne. Subjektiv erfahre der Mensch die innere Entelechie als Sehnsucht, die sich erst in der künstlerischen Gestaltung sichtbar mache und erfülle. Auch die Seele setzt G. in einen höheren Zusammenhang mit der Entelechie, indem er jene als hierarchisch geordnetes Entelechien-Systems deutet.

Vgl. dazu ausführlicher den Artikel in GHB. 4.1, 264f.

Literatur

Arnold, Uwe: Die Entelechie. Systematik bei Platon und Aristoteles. Wien, München 1965. – Hilgers, Klaudia: Entelechie, Monade und Metamorphose. Formen der Vervollkommnung im Werk Goethes. München 2002. *CS*

Entoptische Farben

Mit den entoptischen Farben hat sich G. erst nach Abschluss seiner *Farbenlehre* (1810) auseinandergesetzt, zunächst in dem kleinen Aufsatz *Elemente der entoptischen Farben* (ZNÜ I, 1, 1817), ausführlich in der Abhandlung *Entoptische Farben* (ZNÜ I, 3, 1820). Es handelt sich bei diesen eindrucksvollen Farbenmustern um Interferenzfarben des polarisierten Lichtes, das 1808 von E. L. →Malus entdeckt und meist an doppelbrechenden →Kristallen (→Doppelspat) demonstriert wurde. G. beschäftigte sich, oft in enger Zusammenarbeit mit T. J. →Seebeck, über viele Jahre (1812–1820) mit diesen Phänomenen, entwickelte zahlreiche Versuchsanordnungen und bemühte sich, sie in Einklang mit seiner *Farbenlehre* zu bringen. Nähere Erläuterungen, auch zum wissenschaftshistorischen Hintergrund und zum Eingang der entoptischen Farben in die Dichtung, bieten die Darstellungen zu G.s entsprechenden Aufsätzen (s. o. S. 116–122). *WZ*

Enzian (Gentiana)

Im Aufsatz *Geschichte meines botanischen Studiums* (Morph I, 1, 1817) schilderte G. u. a. die Fahrt nach →Karlsbad 1785 und hielt fest, »wie angenehm [...]

mannigfaltige Gentianen [Enziane] uns begegneten« (FA I, 24, 410). Herzog →Carl August berichtete er am 16.8.1821 aus →Marienbad, dass »Gentiana auf abgemähten Wiesen zum Vorschein« komme, ein Beleg für die Aufmerksamkeit G.s gerade für diese Pflanze.

Enzian schätzte G. auch als Heilpflanze; in seinem 1831 publizierten Aufsatz *Der Verfasser teilt die Geschichte seiner botanischen Studien mit* hat er den Enzianarten des Thüringer Waldes und ihren Heilwirkungen eine wichtige Rolle für sein eigenes Interesse an der Botanik zugewiesen: »es war eine angenehme Bemühung, dieses reiche Geschlecht nach seinen verschiedenen Gestalten als Pflanze und Blüte, vorzüglich aber die heilsame Wurzel näher zu betrachten. Dieses war das erste Geschlecht, welches mich im eigentlichen Sinne anzog, dessen Arten kennen zu lernen ich auch in der Folgezeit bemüht war« (FA I, 24, 735).

Dass G. dem Enzian als Heilpflanze »von je her eine besondere Aufmerksamkeit gewidmet« hat (an Nees von Esenbeck, 15.10.1817), dürfte auf Jugenderlebnisse zurückgehen: sein Großvater J. W. Textor belehrte ihn über pflanzliche Arzneistoffe, sein Vetter G. A. Melber betrieb in Frankfurt einen Arzneihandel, C. Behaghel einen Arzneimittelstand auf dem Römerberg und auch eine für den jungen G. bedeutsame Freundin, S. K. v. →Klettenberg, eine Arzttochter, war entsprechend geschult.

In den *Ephemerides* (1770/1771) finden sich mehrere pharmazeutische Aufzeichnungen, und bei der Augenoperation →Herders (1770), die G. in Straßburg unmittelbar verfolgte, vertraute man auf die antiseptische Wirkung der Enzianwurzel.

Der *Werther* (1774) erwähnte die Apothekerpflanze Tausendgüldenkraut, die bis ins 19. Jh. zu den Enzianen gezählt wurde.

Nach Schmid hat G. im Thüringer Wald Laboranten beim Einsammeln von Enzianarten begleitet, wodurch das Interesse an dieser Pflanze – wohl bereits durch A. v. →Hallers *Die Alpen* geweckt – zugenommen habe (Schmid 1942, 20–25).

In vielen Reiseberichten erwähnte G. den Enzian: Im *Tagebuch der Italienischen Reise für Frau von Stein* vermerkte er im Bericht vom 9.9.1786 (»Note c. Uber Pflanzen [...]«), dass er am Walchensee »die erste Gentiana« gesehen habe. Die einzigen botanischen Bemerkungen von der Schlesienreise 1790 beziehen sich auf den Enzian, den er Mitte September auf der Schneekoppe antraf (vgl. LA II, 9A, 395).

In der *Reise in die Schweiz 1797* vermerkte G. unter dem 17.9. auf der Schwäbischen Alb »Gentianen in ganzen Massen« (WA I, 34.1, 351).

Die Enzian-Bestellungen für den eigenen Hausgarten und die Gärten in Belvedere (vgl. Tgb und an J. M. Färber, 23.2.1817; Färber an G., 7.3.1817; an Färber, 29.6.1821 und 13.2.1822) sowie die Anforderung von Enziansamen der verschiedenen österreichischen Arten aus Wien (vgl. an Schreibers, 9.3.1817) bezeugen G.s andauerndes Interesse an dieser Pflanze.

Vor allem in den Jahren 1817/1818 spielte der Enzian eine bedeutende Rolle in dem Briefwechsel zwischen G. und →Nees von Esenbeck. Anfang Oktober 1817 schickte dieser seine auf G.s Metamorphosenlehre beruhende Schrift *Über die bartmündigen Enzianarten* (in: *Nova Acta Leopldina* 9, 1818, 141–179; vgl. Ruppert 4914).

G.s Dank vom 15.10.1817 betonte vor allem den Bezug zur eigenen Metamorphosenlehre: »Wenn Sie die Anwendung der Idee, des Begriffs der Metamorphose [...] der kindlichen, ja beynah kindischen Sorgfalt vergleichen, mit der ich, gerade vor dreyßig Jahren, diesem Gedanken nachgehangen [...], so werden Sie Sich des Lächelns nicht enthalten. Ich aber darf zufrieden seyn, daß meine Prophezeyungen durch thätige, junge Männer in Erfüllung gegangen [...]«. Nees von Esenbeck wandte in seiner Abhandlung G.s Metamorphosen- und Typenlehre an und ordnete einundzwanzig Enzianarten in vier Reihen nach Verzweigung, Blattgestalt, Kelch- und Kronblättern.

Mit Schreiben vom 17.3.1818 sandte Nees von Esenbeck gepresste Enziane, die G. »unter Glas fassen« wollte. »In einer getrockneten österreichischen Flora, die unser Großherzog mit von Wien gebracht, kommen herrliche Species hervor [...]. Leider können wir diese hochgesinnten Pflanzen nicht in unsere niedrigen Gärten herunter ziehen« (an Nees von Esenbeck, 21.4.1818).

In einem Briefkonzept an Nees von Esenbeck vom 17.5.1818 kam G. noch einmal auf die erhaltenen Enziane zurück, drückte sein »größtes Glück« aus und sprach davon, dass »alles mit meinen eigenen Hoffnungen und Wünschen nicht etwa nur übereinstimmt, sondern sie eigentlich belebt und verwirklicht [...]. Die Gentianen unter Glas lassen mich nun abermals mit Augen sehen, daß durch die Systole und Diastole der Metamorphose die Species hervorgebracht werden, wie die Geschlechter auch [...]. Durch die Behandlung der Geschlechter, Arten und Varietäten nach dem Begriff von Wandelung und Umwandelung, wie Sie uns über die Gentianen ein *Specimen* gegeben, beginnt eine neue Epoche für die Beschreibung der Gewächse [...]« (vgl. auch an Nees von Esenbeck, 5. bis 7.11.1818).

In einem einleitenden Text zu einem geplanten Aufsatz über den Weinbau hob G. ebenfalls Nees von Esenbecks Schrift über die Enziane hervor, die ihm, »da ich diesem Geschlecht besondere Aufmerksamkeit widmete, zu großer Aufklärung gedieh« (FA I, 24, 669).

In *Nacharbeiten und Sammlungen* (Morph I, 2, 1820) lobte G. Nees von Esenbeck: er habe »an völlig entschiedenen Geschlechtern gezeigt, wie man bei Sonderung der Arten dergestalt zu Werke gehen könne, daß eine aus der andern sich reihenweise entwickele. [...] Er feiere mit uns den Triumph der physiologen Metamorphose [...]« (FA I, 24, 469f.).

Eine Bemerkung aus G.s Aufsatz *Problem und Erwiderung* (Morph II, 1, 1823) weist nicht nur auf seine Erforschung der Variabilität der Enzianarten hin, sondern lässt auch eine symbolische Bedeutung erahnen: »Es gibt Geschlechter [...], welche Charakter haben, den sie in allen ihren Spezies wieder darstellen [...]; sie verlieren sich nicht leicht in Varietäten [...]; ich nenne die *Gentianen* [...]« (FA I, 24, 583).

In den *Wanderjahren* (I, 3) wird der Knabe Felix »von den wunderbaren Genzianen angezogen« (FA I, 10, 288).

Literatur

Schmid, Günther: Der Enzian. Zur Frühgeschichte der Goethischen Botanik. In: GJb. (1942), 16–41.

HO

Epigenese

Der mit »nachträgliche Entstehung« zu übersetzende Begriff bezeichnet eine in der G.zeit vertretene Theorie über die Entstehung der Lebewesen (Ontogenese), die davon ausgeht, dass sich im Verlauf der Individualentwicklung durch Stoffzuwachs mithilfe regulierender oder steuernder Kräfte neue Strukturen herausbilden, die nicht in der Uranlage vorhanden oder vorgebildet (präformiert) waren.

Nach epigenetischen Vorstellungen werden Entwicklungsvorgänge in der Ontogenese als sukzessive Herausbildung und Differenzierung von →Form und →Gestalt aus einer zuvor amorphen Masse, dem Zeugungsstoff, angesehen. Der werdende →Organismus ist Gegenstand einer sich nach Art einer Kettenreaktion schrittweise vollziehenden Entwicklung, wobei als Movens eine unterschiedlich benannte und definierte Kraft wirkt.

Als erster Vertreter der Epigenese gilt →Aristoteles (*De generatione animalium*), der von einem höheren biologisches Prinzip (»eidos«; griech. εἶδος) ausging, das zuständig für die zielgerichtete Entwicklung sei. →Galen von Pergamon (129– um 200), ein weiteren Fürsprecher der Epigenese, billigte beiden Samen – als den weiblichen betrachtete er den Tubenschleim – formende und stoffliche Bestandteile zu, was er u.a. aus der gleichberechtigten Weitergabe individueller Merkmale beider Elternteile an ihre Nachkommen ableitete. Wie bei Aristoteles begann die Entwicklung mit der ungeformten Samenstufe und führte über die Stufe der »tria principia« (Leber, Herz, Gehirn) über weitere Zwischenformen zur Ausbildung der deutlich differenzierten Teile. Im 17. Jh. nahm William Harvey (*De generatione animalium*, 1651) unter Berufung auf Aristoteles im »Ei«, worunter er ein allgemeines Substrat der Entwicklung jeglichen Lebens verstand, eine eingepflanzte Neigung zum fertigen Lebewesen, ein inneres Bewegungsprinzip, an, das den Impuls des Samens umsetzte, wobei sowohl der Impuls als auch das Bewegungsprinzip Teile der »anima vegetativa«, der göttlichen Wirkkraft, waren. Gegen die im 18. Jh. vorherrschende Präformationstheorie grenzten sich als Epigenetiker Caspar Friedrich →Wolff, der die wirkende Kraft als »vis essentialis« bezeichnete, und Johann Friedrich →Blumenbach, der einen Bildungstrieb (»nisus formativus«) als Movens annahm, ab. Blumenbach konnte mithilfe des Bildungstriebes Phänomene wie Missbildungen und Regenerationserscheinungen erklären und somit der Epigenesistheorie gegenüber der Präformationslehre zur endgültigen Anerkennung verhelfen.

Man kann davon ausgehen, dass sich G. seit 1784 mit der Theorie der Epigenese beschäftigte, insgesamt finden sich in seinen Schriften zehn Belege des Begriffs, die stets in Gegenüberstellung zu →Präformation (»Einschachtelungslehre«, »Evolution«) verwendet werden. Vermutlich über →Herder hatte G. um 1784 Wolffs *Theoria generationis* kennengelernt; das lateinische Original (1759) und die deutsche Übersetzung (1764) (beide mit hs. Eintrag →»Loder« bzw. »J Loder«) wurden jedoch erst später in G.s Bibliothek eingegliedert (vgl. Ruppert 5288f.). Früheste schriftliche Belege für eine Auseinandersetzung G.s mit der Theorie der Epigenese gibt es in einem Notizbuch, das 1788 auf der Rückreise von →Italien geführt wurde (vgl. FA I, 24, 89f.; zit. auch in GHB. 4.1, 285), als G. sich mit der Schrift des Epigenetikers Eugène Louis Melchior Patrin *Zweifel gegen die Entwicklungstheorie* (übersetzt von Georg Forster, Göttingen 1788; Ruppert 4962, mit Anstreichungen G.s) beschäftigte. 1788/1789, bald nach der Rückkehr aus Italien, schrieb G. verschiedene Entwürfe zur Botanik nieder, in denen die Thematik ebenfalls eine Rolle spielte, so in *Einleitung* (FA I, 24, 94f.; zit. auf S. 21) und *Gesetze der Pflanzenbildung* (FA I, 24, 99). In dem im Februar 1789 im *Teutschen Merkur* unter dem Titel *Naturlehre* erschienenen fiktiven Brief an →Knebel aus Italien, ist »Epigenese« für G. ein unverbindlicher Begriff: »Lassen Sie uns die Worte [...] Epigenese, Evolution, nach unsrer Bequemlichkeit brauchen, je nachdem, eins oder das andere, zu unsrer Beobachtung am besten zu passen scheint« (FA I, 25, 20).

G. kann nicht als Epigenetiker bezeichnet werden. Als er für das erste Heft *Zur Morphologie* (1817) die Aufsätze über Caspar Friedrich Wolff vorbereitete (vgl. FA I, 24, 426–433) und Notizen zu dessen Werken niederschrieb, hielt er fest: »Es sollte nicht Evolution seyn auch nicht Epigenese im angenommenen Sinn, nicht Präformation nicht Prädelineation, weil alle diese Worte den Begriff eines freyen Werdens beschräncken« (LA II, 10A, 72).

Zu weiteren ähnlichen Zitaten, die G.s Abstand zu den zeitgenössischen Entwicklungstheorien zeigen, vgl. FA I, 24, 361, 432, 452; auch zit. auf S. 18 (→Evolution, →Präformation und →Bildung/ Bildungstrieb). *EN*

Epikur (341–270 v. Chr.)

Den griechischen Philosophen und Begründer einer eigenen Schule in Athen (307/306 v. Chr.) erwähnte G. mehrfach in Briefen, vor allem im Zusammenhang mit seiner Auffassung von Glückseligkeit als Fehlen von körperlichem Schmerz und seelischer Angst (z.B. an Ch. v. Stein, 11.5.1810) und dem passiv-ruhigen Verhalten seiner Götter, denen sich G. auch im hohen Alter nicht »an die Seite [...] setzen« wollte (an Zelter, 27.7.1828).

Im historischen Teil der *Farbenlehre* werden in der ersten Abteilung *Griechen* Epikurs Ansichten über das Sehen und die Farben nach →Plutarchs *De placitis philosophorum* (IV, 14, p. 901c) und *Adversus Coloten* (8, p. 1110c) wiedergegeben: Danach ist Ursache des Sehens, »daß Bilder von den Gegenständen sich absondern und ins Auge kommen«. Farben sind nicht mit Körpern verbunden, sondern »entständen durch gewisse Stellungen und Lagen der Körper gegen das Gesicht [Auge]; und auf diese Weise könne ein Körper eben so wenig farblos sein, als Farbe haben« (FA I, 23.1, 526). Epikur galt G. darüber hinaus als Beispiel dafür, dass »die originellen Lehrer immer noch das Unauflösbare der Aufgabe empfinden, und sich ihr auf eine naive gelenke Weise zu nähern suchen. Die Nachfolger werden schon didaktisch, und weiterhin steigt das Dogmatische bis zum Intoleranten« (ebd. 598).

Zur Erkenntnis führen nach Epikur vor allem die sinnliche Wahrnehmung und das Gefühl; insofern mag Epikur G. als ›naiver‹ Gegenpol zu Newton, dem »Intoleranten«, sympathisch gewesen sein. *WZ*

Epoptische Farben

In G.s Farbenterminologie werden die epoptischen Farben den →physischen (physikalischen) Farben subsumiert (vgl. *Zur Farbenlehre*, §§ 429–485). In einem Schema aus dem Jahr 1799 treten sie noch als diamesoptrische oder mesoptrische Farben auf (vgl. FA I, 23.2, 224). Diese Farben stellen Interferenzfarben an Oberflächen dar; Beispiele dafür sind die sog. Newtonschen Ringe, Farben an aneinander gepressten Glasplatten, an Seifenblasen oder Bierschaum, an erhitzten Metallen. *WZ*

Erdanziehungskraft

Für seinen physikalischen Vortrag über die Luft vom 27.11.1805 vor der →»Mittwochsgesellschaft« notierte G. die Stichworte: »Veränderung der Anziehungskraft der Erde, vorzügliche Ursache der Veränderung der Witterung/Zuerst Betrachtung des Barometers« (FA I, 25, 163). Im ersten Band der *Italienischen Reise* (1816) führte G. dies weiter aus (Zitat in →Elastizität) und brachte diese Gedanken mit Beobachtungen auf dem Brenner am 8.9.1786 in Zusammenhang (vgl. Tgb), wo sie aber in dieser Form nicht erscheinen, da dort nur von einer »Anziehungskrafft« der Luft auf die Wolken die Rede ist. Erst ab 1822, zunächst in seinem Aufsatz *Über die Ursache der Barometerschwankungen*, sprach G. immer wieder seine These aus, dass der Grund für die Veränderungen des Barometerstandes »innerhalb des Erdballes« zu finden sei (→tellurisch): »die Erde verändert ihre Anziehungskraft und zieht also mehr oder weniger einen Dunstkreis an; dieser hat weder Schwere, noch übt er irgend einen Druck aus, sondern stärker angezogen scheint er mehr zu drücken und zu lasten; die Anziehungskraft geht aus von der ganzen Erdmasse, wahrscheinlich vom Mittelpunkt bis zu der uns bekannten Erdoberfläche, sodann aber vom Meere an bis zu den höchsten Gipfeln und darüber hinaus abnehmend und sich zugleich durch ein mäßig-beschränktes Pulsieren offenbarend« (FA I, 25, 256).

Als »Anlaß« für diese Erklärung nannte G. den »durch synoptisch-graphische Darstellung« festgestellten »gleichförmigen Gang so vieler, wo nicht zu sagen aller Barometer« (TuJ 1822), eine Beobachtung, die allenfalls regional begrenzt im Herzogtum Gültigkeit haben konnte, durch Einbeziehung weiter entfernter Orte aber widerlegt werden musste. G. war sich darüber hinaus nicht im Klaren darüber, dass eine Veränderung der Erdanziehungskraft gar keine Auswirkung auf das Barometer hätte.

→Barometer, →Ein- und Ausatmen der Erde

ZA

Erdatmosphäre s. Erdanziehungskraft

Erdbeben

Starke Erschütterungen der Erdrinde, wie sie vor allem an den Rändern von sich verschiebenden Kontinentalplatten entstehen, sind bis heute unvorhersehbar und haben auch während G.s Lebenszeit mehrmals zu Katastrophen geführt. Vom Erdbeben von Lissabon, das am 1.11.1755 Zehntausende von Opfern forderte, hörte er als sechsjähriger Knabe erzählen. G. berichtet in *Dichtung und Wahrheit* (I, 1), dass er die damaligen Diskussionen mitverfolgte und das Ereignis seinen kindlichen Glauben an einen guten Schöpfergott erschüttert habe. Den Beginn der schweren Erdbeben von 1783 in Kalabrien und Sizilien, die zur Zerstörung von Messina führten, soll G. in Weimar bei einem Blick in den nächtlichen Himmel bemerkt haben (vgl. Eckermann, 13.11.1823; FA II, 12, 71 f. u. an Ch. v. Stein, 6.4.1783). Während der *Italienischen Reise* kam G. mehrmals durch Erdbebengebiete; vom Ausmaß der Schäden in Messina konnte er am 11.5.1787 selbst einen Eindruck gewinnen. Während G.s Aufenthalt in Rom richtete ein starkes Erdbeben am Weihnachtstag 1786 in Rimini und Umgebung Unheil an, wovon er aber weiter südlich nichts spürte (vgl. FA I, 15.1, 206). Über Erderschütterungen, die am 12.12.1811 im sächsischen Erzgebirge bemerkt wurden, erhielt G. einen ausführlichen Bericht von F. W. H. v. →Trebra mit einem Hinweis auf →Lichtenbergs Ansicht, dass Erdbeben »gewitterartige Erscheinungen« seien (Trebra an G., 28.1.1812; LA II, 8A, 273). Im Frühjahr 1824 korrespondierte G. mit Herzog →Carl August über Erdbeben im Erzgebirge, die im Januar des Jahres aufgetreten waren.

Die damaligen wissenschaftlichen Hypothesen erklärten Erdbeben meist als Folge von Einstürzen natürlicher Hohlräume im Erdinneren. G. meinte dagegen in einer Notiz von 1822, dass die Erde »virtuell« zusammenhänge, »nicht durch Hölungen und Klüfte. Sondern durch stetigen Bau und unmittelbare Berührung« (LA II, 8B.1, 28, M 19). Er nahm deshalb an, dass galvanische Prozesse (→Galvanismus), die er auch als Ursache des Vulkanismus vermutete, die Erdbeben auslösten. In den Hebungstheorien der neueren Vulkanisten (→Neptunismus/Vulkanismus) war die Entstehung von Gebirgen ebenfalls von Erdbeben begleitet, worauf G. in der *Klassischen Walpurgisnacht* mit dem Erscheinen des Gottes Seismos aus dem Erdinnern angespielt hat (vgl. *Faust II*, V. 7503 ff.).

Literatur
Zastrau 1, Sp. 2208–2210. – Zeuch, Ulrike: Goethes Sinngebung des Erdbebens von Lissabon. Zur Funktion der Seismos-Episode im »Faust II«. In: Lauer, Gerhard und Unger, Thorsten (Hg.): Das Erdbeben von Lissabon und der Katastrophendiskurs im 18. Jahrhundert. Göttingen 2008, 173–187.

WY

Erdbildung

Mehrmals in seinem Leben hat G. versucht, die Geschichte der Erde im Zusammenhang darzustellen. Aus dem Jahr 1781 stammt der Plan zu einem →»Roman über das Weltall«. G. war seit 1779 bekannt mit →Buffons Epochenabfolge; im folgenden Jahr hatte er auch die neptunistischen Ansichten von H.-B. de →Saussure und A. G. →Werner kennengelernt (→Neptunismus/Vulkanismus). In Übereinstimmung mit den geologischen Theorien der Zeit glaubte G., die verschiedenen →Gesteinsarten seien in einer gesetzmäßigen Folge entstanden, beginnend mit dem →Granit. Die Erdbildung war für ihn ein langsamer, einmaliger Prozess der Ausdifferenzierung aus einer homogenen, wässrig-flüssigen Grundmasse. Erste erhaltene Fragmente zu einer eigenen Theorie der Erdbildung stammen aus dem Jahr 1784, nachdem G. im Winter 1783/84 die Erfahrungen der zweiten Harzreise (→Harz) ausgewertet hatte und mit J. G. →Herder in Diskussionen über die »Uranfänge der Wasser-Erde« (FA I, 24, 405) eingetreten war. Die Texte *Granit I* und *II*, *Form und Bildung des Granits* sowie *Epochen der Gesteinsbildung* entstanden in der Zeit bis 1785 und zeigen, dass G. versuchte, eine Abfolge vom flüssigen Zustand der Erde über den Niederschlag der einzelnen Gesteinsarten bis zu den aus der »Dekomposition« (→Erosion) der Gebirge mechanisch entstandenen →Breccien herzustellen. Entscheidend für G.s »neues System« (an Ch. v. →Stein, 5.10.1784) war seine Beobachtung der regelmäßigen Gestaltung von Gesteinsmassen. So sah er zu Beginn der Erdbildung das Prinzip der →Kristallisation herrschen, das nach und nach von der Wirkung der Schwerkraft abgelöst wurde, was zu einer mechanischen Sedimentation führte (vgl. LA II, 7, 147–149, M 67). Für seine Gesteinssammlung hat G. bezeichnenderweise nicht nur Musterexemplare jeder Steinart gesucht, sondern gerade solche Exemplare bevorzugt, »die eine Gesteinsart der andern näher bringen« (an J. G. →Herder, 6.9.1784); diese Übergangsgesteine sollten die Kontinuität in der Erdbildung belegen.

G. versuchte, die Lehre von den Steinen anfänglich auch in die Morphologie einzugliedern (vgl. an Schiller, 12.11.1796), doch musste er erkennen, dass im anorganischen Bereich andere Prioritäten galten. Hier herrschte zwar auch eine Neigung zur Gestaltung, doch schien das Prinzip der →Steigerung dem Organischen vorbehalten. Im Sommer 1806 nahm G. das Thema *Bildung der Erde* wieder auf und skizzierte ein Schema in 15 Punkten, das ihm vermutlich für seine Vorträge in der →»Mittwochsgesellschaft« dienen sollte. Zu einzelnen Punkten existieren ausführlichere Entwürfe (vgl. FA I, 25, 527–539). Die Kriegsereignisse im Herbst 1806 ließen den Plan jedoch nicht zur Ausführung gelangen. In späteren Skizzen wie dem Text *Epochen bei der Weltbildung* (1817), der von einem Werk G. B. →Brocchis angeregt war, nahm G. auch neue Erkenntnisse der Geologie auf und ging davon aus, dass gleiche Gesteinsarten mehrmals in der Erdgeschichte entstehen konnten, wenn die physikalischen Bedingungen dafür gegeben waren. Die sich mehrenden Belege für eine rege vulkanische Tätigkeit in der Erdkruste, die der Neptunismus nicht überzeugend erklären konnte, nahm er dagegen nur widerwillig zur Kenntnis. Die »vermaledeite Polterkammer der neuen Weltschöpfung« (FA I, 25, 653) ließ sich nicht mit seinem Naturkonzept vereinbaren. Für G. blieb die Erdbildung nur denkbar als ein langsamer, stetiger Prozess, bei dem gewaltsame Ereignisse wie →Erdbeben und →Revolutionen lediglich eine marginale Rolle spielten.

Literatur
Engelhardt, Wolf von: Morphologie im Reich der Steine? In: Mann, Gunther u. a. (Hg.): In der Mitte zwischen Natur und Subjekt. Johann Wolfgang von Goethes »Versuch, die Metamorphose der Pflanze zu erklären«. 1790–1990. Frankfurt am Main 1992, 33–51. *WY*

Erfahrung

Ganz so einfach, wie G. als 20jähriger gegenüber Friederike von Oeser betonte, er »halte die Erfahrung für die einzige ächte Wissenschaft« (8.4.1769), läßt sich dieser Begriff in seinem späteren Denken und Wissenschaftsverständnis nicht fassen, da sich ›Erfahrung‹ als isolierter Terminus bei G. nicht beschreiben läßt und immer die Ergänzung durch die →›Idee‹ im Sinne einer nicht aufhebbaren →Polarität fordert. Nur durch die Kategorie der Idee konnte in der grenzenlosen Erfahrungswelt (»millionenfache Hydra der Empirie«, an Schiller, 17.8.1797) ein Überblick garantiert, eine Ordnung geschaffen werden.

In seinem Aufsatz *Der Versuch als Vermittler von Objekt und Subjekt 1793* hat sich G. erstmals ausführlich mit dem Erfahrungsbegriff auseinandergesetzt: »Daß die Erfahrung, wie in allem was der Mensch unternimmt, so auch in der Naturlehre [...], den größten Einfluß habe und haben solle, wird niemand leugnen [...]. Allein wie diese Erfahrungen zu machen und wie sie zu nutzen, wie unsere Kräfte auszubilden und zu brauchen, das kann weder so allgemein bekannt noch anerkannt sein« (FA I, 25, 27 f.). Die am einzelnen →Versuch gemachte Erfahrung (wie bei →Newtons →Experimentum crucis) galt G. als problematisch, ja gefährlich, da sie seiner Meinung nach leicht zu Fehlschlüssen verleitete. Eine Reihe von Versuchen dagegen, die unmittelbar aneinander grenzen, machen »nur Eine Erfahrung unter den mannigfaltigsten Ansichten [...]. Eine solche Erfahrung, die aus mehreren andern besteht, ist offenbar von einer *höhern Art*. [...] Auf solche Erfahrungen der höheren Art los zu arbeiten halt' ich für höchste Pflicht des Naturforschers [...]« (ebd. 34). Zwar sollen auch hier bereits derartige Erfahrungen auf einen »allgemeinen Satz«, auf »ein höheres Prinzip« (ebd. 35 f.) hinauslaufen, doch beschränkte sich G. noch weitgehend auf das Erfahrungserlebnis beim Versuch.

Bald kam in seinen Vorstellungen jedoch eine wesentliche Ergänzung hinzu, die G. in zwei Aphorismen folgendermaßen umschrieben hat: »Wenn Künstler von Natur sprechen, subintelligiren sie [denken sie stillschweigend auch] immer die Idee [...]. Eben so geht's allen, die ausschließlich die Erfahrung anpreisen; sie bedenken nicht, daß die Erfahrung nur die Hälfte der Erfahrung ist« (MuR 1071 f.).

Dieser Aspekt des Zweiseitigen, Ergänzungsbedürftigen der Erfahrung entwickelte sich bei G. Mitte der 1790er Jahre und wurde durch die Annährung an →Schiller im Juli 1794 entscheidend befördert. In den überwiegend anekdotisch gehaltenen Bemerkungen über Erfahrung von E. W. Behrisch und eines Offiziers aus der Leipziger Zeit, über die in *Dichtung und Wahrheit* (II, 7) berichtet wird, ist er noch nicht enthalten. Auch im Kontext der Naturforschung, bei der Suche nach der →Urpflanze 1787 in den →Botanischen Gärten →Italiens, hielt G. dieses Muster aller Pflanzen noch für direkt erfahrbar, d. h. allein durch vergleichende Beobachtung und Anschauung auffindbar.

In der Schrift über die *Metamorphose der Pflanzen* von 1790 wurde der Begriff der Urpflanze bereits nicht mehr verwendet, und als G. Schiller nach einer Sitzung der →Naturforschenden Gesellschaft in Jena am 20.7.1794 seine Metamorphose-Vorstellungen anhand einer Skizze einer »symbolischen Pflanze« erläuterte, »schüttelte er [Schiller] den Kopf und sagte: das ist keine Erfahrung, das ist eine Idee. Ich stutzte, verdrießlich einigermaßen: denn der Punkt der uns trennte, war dadurch aufs strengste bezeichnet [...], ich nahm mich aber zusammen und versetzte: das kann mir sehr lieb sein daß ich Ideen habe ohne es zu wissen, und sie sogar mit Augen sehe « (FA I, 24, 434).

Als G. kurz darauf, im Januar 1795, Max →Jacobi seinen Aufsatz *Erster Entwurf einer allgemeinen Einleitung in die vergleichende Anatomie, ausgehend von der Osteologie* diktierte, mit dem sein

Konzept des osteologischen Typus dargelegt wurde, war der Zugang von der Erfahrungsseite nur noch die eine von zwei notwendigen Perspektiven: »Die Erfahrung muß uns vorerst die Teile lehren, die allen Tieren gemein sind, und worin diese Teile verschieden sind. Die Idee muß über dem Ganzen walten und auf eine genetische Weise das allgemeine Bild abziehen« (ebd. 230). Zur Untersuchung eines einzelnen Knochens bei verschiedenen Tieren heißt es: »Man wird alsdann die möglichen Abweichungen dieser Form teils aus dem Begriff [im Sinne von ›Idee‹], teils aus der Erfahrung herleiten und abstrahieren können« (ebd. 252f.). Die Doppelperspektive des Typus-Konzepts ist durch ein ständiges Schwanken zwischen dem am Skelett erhobenen Befund (Beobachtung, →Anschauung, Erfahrung) und dessen Prüfung an einer leitenden Idee, an einem ideellen Grundbauplan, bestimmt.

Gegenüber Naturforschern wie S. T. →Soemmerring hat G. zwar noch am 28.8.1796 die Formel »wir Empiriker und Realisten« (G–Soemmerring 107) für den gemeinsamen Standort verwendet, wesentlich mehr Belege lassen sich jedoch dafür anführen, dass G. zu diesem Zeitpunkt den Erfahrungsaspekt deutlich relativiert hat. So stellte er etwa zeitgleich fest, »daß zuletzt die Erfahrung aufhören das Anschauen eines Werdenden eintreten und die Idee zuletzt ausgesprochen werden muß« (FA I, 24, 353). In der durch Schiller eingeleiteten Verbindung der reellen mit der ideellen Welt war es nicht mehr nötig, »die Erfahrung der Idee entgegen zu setzen[,] wir gewöhnen uns vielmehr die Idee in der Erfahrung aufzusuchen, überzeugt daß die Natur nach Ideen verfahre, ingleichen daß der Mensch in allem was er beginnt eine Idee verfolge« (ebd. 706).

Diese Position wurde noch einmal Anfang 1798 intensiv mit Schiller diskutiert, dem G. kurz zuvor, am 14.10.1797 aus Stäfa in der Schweiz, anlässlich von Beschreibungen J. H. →Meyers über italienische Kunstwerke geschrieben hatte: »Man erfährt wieder bei dieser Gelegenheit, daß eine vollständige Erfahrung die Theorie in sich enthalten muß« (FA I, 16, 231). Im kleinen Aufsatz *Das reine Phänomen* (in der *Weimarer Ausgabe* noch *Erfahrung und Wissenschaft*) vom 15.1.1798 grenzte G. das empirische Phänomen, das jedem Individuum zugänglich sei, vom wissenschaftlichen, bereits eingeordneten und reinen, geistig durchdrungenen Phänomen ab (s. o. S. 229). An Letzteres knüpfte Schiller den Begriff der →›rationellen Empirie‹ für G.s Denkweise.

Im Vorwort der *Farbenlehre* hat G. den Bezug und die Verbindung von Erfahrung und Idee mit den Worten beschrieben: »Denn das bloße Anblicken einer Sache kann uns nicht fördern. Jedes Ansehen geht über in ein Betrachten, jedes Betrachten in ein Sinnen, jedes Sinnen in ein Verknüpfen, und so kann man sagen, daß wir schon bei jedem aufmerksamen Blick in die Welt theoretisieren« (FA I, 23.1, 14).

In dieser Einschätzung wusste G. sich mit Kant einig, über den er in *Einwirkung der neueren Philosophie* schrieb, dass er allen »Freunden vollkommen Beifall« gegeben habe, »die mit Kant behaupteten: wenn gleich alle unsere Erkenntnis mit der Erfahrung angehe, so entspringe sie darum doch nicht eben alle aus der Erfahrung« (FA I, 24, 443).

In zahlreichen Aphorismen hat G. versucht, das Verhältnis von Erfahrung zur Idee oder Theorie näher zu bestimmen. Hier seien einige exemplarisch genannt: »Erfahrung kann sich in's Unendliche erweitern, Theorie nicht in eben dem Sinne reinigen und vollkommener werden. Jener steht das Universum nach allen Richtungen offen, diese bleibt innerhalb der Gränze der menschlichen Fähigkeiten eingeschlossen« (MuR 308). – »Die Erfahrung nutzt erst der Wissenschaft, sodann schadet sie, weil die Erfahrung Gesetz und Ausnahme gewahr werden läßt. Der Durchschnitt von beiden gibt keineswegs das Wahre« (MuR 615). – »Theorie und Erfahrung/Phänomen stehen gegen einander in beständigem Conflict. Alle Vereinigung in der Reflexion ist eine Täuschung; nur durch Handeln können sie vereinigt werden« (MuR 1231). – »Die Erfahrung nötigt uns gewisse Ideen ab. Wir finden uns genötigt, der Erfahrung gewisse Ideen aufzudringen« (Tgb, 2.7.1799). Die letzte Feststellung belegt G.s Auffassung, dass das Subjekt einen Erkenntnisgewinn nicht durch bloße Beobachtung des Äußeren erringt, sondern selbst aktiv daran mitwirkt, indem seine geistige Produktivität den Erfahrungstatsachen ein System gibt.

Kennzeichnend ist das ständige Schwanken zwischen den beiden Polen der Erfahrung und der Idee, das immer wieder nötigt, rechtzeitig eine Gegenbewegung einzuleiten, um nicht einseitig zu verfahren: »die Idee ist in der Erfahrung nicht darzustellen, kaum nachzuweisen, wer sie nicht besitzt, wird sie in der Erscheinung nirgends gewahr; wer sie besitzt, gewöhnt sich leicht über die Erscheinung hinweg, weit darüber hinauszusehen und kehrt freilich nach einer solchen Diastole, um sich nicht zu verlieren, wieder an die Wirklichkeit zurück und verfährt wechselsweise wohl so sein ganzes Leben« (FA I, 24, 535). Verallgemeinert liest es sich so: »Durch die Pendelschläge wird die Zeit, durch die Wechselbewegung von Idee zu Erfahrung die sittliche und wissenschaftliche Welt regiert« (FA I, 24, 710).

Vgl. ergänzend den Artikel in GHB. 4.1, 272ff.

Literatur

Eichhorn, Peter: Idee und Erfahrung im Spätwerk Goethes. Freiburg, München 1971. – Selm, Jutta von: Erfahrung und Theorie bei Goethe: der »erste« und der »reine« Eindruck. Von den italienischen Erfahrungen zu den Theorien in Natur und Kunst. In: GoetheYb. 2 (1984), 121–136. *WZ*

Ergo bibamus

Der lateinische Trinkspruch (»Also laßt uns trinken!«), auch Titel eines im März 1810 entstandenen und von →Zelter vertonten Gedichts (vgl. Riemer 363f.), geht in G.s Umfeld auf den starken Trinker J. B. Basedow zurück, der ihn zu den verschiedensten (positiven und negativen) Anlässen verwendete. G. übernahm ihn im Rahmen seiner Newton-Polemik, indem er →Newton unterstellte, aus den unterschiedlichsten Versuchsergebnissen stets auf die verschiedene Brechbarkeit (diverse Refrangibilität) der →Lichtstrahlen zu schließen (vgl. FA I, 23.1, 432f., 444, 469, 484). Am Ende des polemischen Teils der *Farbenlehre* heißt es in diesem Sinne spöttisch: »Das ergo bibamus des Autors [Newton] übergehen wir und eilen mit ihm zum Schlusse« (ebd. 509). *WZ*

Ernst II. Ludwig, Herzog von Sachsen-Gotha-Altenburg (1745–1804)

Von 1772 bis zu seinem Tod regierte Ernst II. als liberaler und aufgeklärter Landesherr in dem Weimar benachbarten Herzogtum Gotha. Er hatte eine sorgfältige Ausbildung durch ausgewählte Hauslehrer genossen und war 1768/1769 mit seinem Bruder August durch die Niederlande, England und Frankreich gereist. Ernst II. förderte Wirtschaft, Bildungswesen, Wissenschaften und Künste in seinem Territorium, das damit die Spitzenstellung der sächsischen Herzogtümer in →Thüringen erreichte. So entstanden hier 1785 der kartographische Verlag Justus Perthes und 1796 die Forstakademie Waltershausen. Das Herzogtum Gotha gehörte außerdem zu den vier ernestinischen Unterhalterstaaten der Universität →Jena. Das besondere Interesse von Ernst II. galt der Astronomie und →Physik. Er holte den Astronomen F. X. v. →Zach nach Gotha und ließ 1786 bis 1791 auf dem Seeberg eine Sternwarte bauen. G. wurde bereits im Dezember 1775 erstmals in Gotha empfangen. Er nutzte mehrmals das physikalische Kabinett des Herzogs und fand in ihm einen interessierten Gesprächspartner für seine Studien in Geologie, vergleichender →Anatomie und Farbenlehre.

Literatur

Greiling, Werner, Klinger, Andreas und Köhler, Christoph (Hg.): Ernst II. von Sachsen-Gotha-Altenburg. Ein Herrscher im Zeitalter der Aufklärung. Köln, Weimar 2005. – Zeyß, Edwin: Goethes Besuche am Herzoglichen Hofe in Gotha. Sondernummer Thüringer Land. Heimatblätter 4. Weimar 1927.

WY

Erosion

Den Begriff »Erosion« gebrauchte G. noch nicht, doch soweit er die »Decomposition« von Gesteinen als eine still und langsam wirkende Kraft sah, räumte er ihr einen Platz in seinen geologischen Theorien ein. Die landschaftsbildende und -verändernde Wirkung der Erosion bemerkte G. unter dem Einfluss der Schriften →Buffons erstmals 1779 auf seiner zweiten Reise in die →Schweiz. Im →Jura und im Wallis sah er die Spuren der erodierenden Kraft des Wassers; so nahm er an, dass der flache Talboden der Rhone aus einem ursprünglich tief eingeschnittenen Flusstal durch Auffüllung mit Schutt aus den →Alpen entstanden sei (vgl. LA II, 7, 283). Auf den Harzreisen (→Harz) von 1783 und 1784 konnte er zahlreiche Beispiele von durch Erosion modellierten Klippen wahrnehmen. Bei einer Exkursion ins →Fichtelgebirge im Sommer 1785 ahnte G. wohl bereits, dass auch das Gesteinslabyrinth der Luchsburg durch Verwitterung zu erklären war, was er 1820, nach einem erneuten Besuch, deutlich erkannte und in dem Aufsatz *Die Luisenburg bei Alexanders-Bad* in Wort und Bild erläuterte (vgl. Abb. S. 404). Die Abtragung ganzer Gebirge war ihm jedoch, auch wegen des geringen Zeithorizonts in der damaligen Geologie, nicht vorstellbar. Ebenso ging G. nie auf die Theorie von J. →Hutton ein, die einen ewigen Kreislauf von Erosion und erneuter Gebirgsbildung annahm. Er bevorzugte in der Naturwissenschaft allgemein dynamische Erklärungen (→Atomismus/Dynamismus) vor mechanischen. Ältere →Breccien und Konglomerate wie die Nagelfluh sah G. deshalb nicht als Zeugnisse für die Abtragung einstiger Gebirge an, sondern versuchte sie als ursprüngliche Bildungen zu erklären. Nur jüngere, eindeutig auf mechanische Kräfte der Abtragung zurückzuführende Erscheinungen wie Kieslager, die auch →Fossilien enthalten konnten, nahm er als Erosionsfolge an. Die Bekanntschaft mit dem Werk von K. E. A. v. →Hoff ließ G. ab 1822 weitere landschaftsverändernde Wirkungen der Erosion erkennen. *WY*

Erratische Blöcke

Das Phänomen der im Alpenvorland und in Nord- und Mitteldeutschland vorkommenden Findlinge oder erratischen Blöcke kannte G. aus eigener Anschauung. Zur Erklärung der Herkunft von Findlingen in →Thüringen diskutierte J. C. W. →Voigt bereits 1780 mit G. die Hypothese einer Eisdrift, die bei noch höher liegendem Meeresspiegel des →Urozeans jeweils im Frühling von Norden her über die Ostsee möglich gewesen wäre (vgl. *Herrn von Hoffs geologisches Werk*; FA I, 25, 593 u. 597). Bei Küssnacht am Rigi bemerkte G. auf seiner dritten Schweizer Reise (→Schweiz) große Blöcke aus →Granit, die von den weiter entfernten Urgebirgen der →Alpen herstammen mussten (Tgb, 7.10.1797). Die wissenschaftlichen Erklärungen im 18. Jh. gingen davon aus, dass diese Steine durch katastrophale Schlamm- oder Meeresfluten an ihren Fundort gespült worden waren.

Einzig J. →Hutton hatte 1788 einen Hinweis auf Gletschertransport der Findlinge gegeben, doch wurde diese Idee vorerst nicht aufgenommen. Mit dem Aufkommen von Hebungstheorien in der Geologie postulierten Forscher wie A. v. →Humboldt oder Chr. L. v. →Buch, die im Schweizer Jura gefundenen erratischen Blöcke seien bei der plötzlichen Gebirgsbildung der Alpen durch starke Stoßfluten an ihre Fundorte gelangt. G. zeigte sich der tektonischen »Schleudermacht« (*Faust II*, V. 10.112; FA I, 7.1, 393) gegenüber ablehnend und bevorzugte die neue Idee einer →Eiszeit. Er stellte diese Hypothese in einem 1828 niedergeschriebenen Gespräch unter Geologen in *Wilhelm Meisters Wanderjahren* (II, 9) als erster einer breiteren Öffentlichkeit vor. In mehreren kurzen Texten, die zu Lebzeiten unpubliziert blieben, führte er in den folgenden Jahren den Transport der alpinen Findlinge auf gewaltige Gletscher zurück, die bis an den Rand der Alpenseen vorgestoßen seien, kombiniert mit einer Eisdrift über die Seen. Der im Mai 1831 aufgezeichnete Agenda-Eintrag: »Neufchatel sporadische Granit Blöcke 800 F[uß] üb. dem See« (WA III, 13, 269) ließ sich mit dieser Hypothese aber nicht mehr vereinbaren. So können die in derselben Zeit entstandenen Verse von *Faust II*: »Da liegt der Fels, man muß ihn liegen lassen, / Zu Schanden haben wir uns schon gedacht« (V. 10.114f.; FA I, 7.1, 393) als G.s Fazit zu den hoch über dem Spiegel des Neuenburger Sees im →Jura gefundenen Granitblöcken gelesen werden.

G. unterschied zwischen der Herleitung der alpinen und der in Nord- und Mitteldeutschland vorkommenden erratischen Blöcke. Letztere versuchte er zu ihrem größeren Teil als autochthone Reste eines granitischen Grundgebirges zu deuten (vgl. *Granitarbeiten in Berlin*, *Gespräch über die Bewegung von Granitblöcken durch Gletscher*, *Zur Geologie November 1829*, *Geologische Probleme und Versuch ihrer Auflösung. Februar 1831*); für die eindeutig als Geschiebe erkennbaren Blöcke schloss er sich der Eisdrifttheorie an, die im Rahmen der Eiszeithypothese wieder aktuell wurde, so auch in den 1829 (nicht 1832) entstandenen Aufzeichnungen zu *Hausmanns Vorlesung*.

Literatur
Krüger, Tobias: Die Entdeckung der Eiszeiten. Internationale Rezeption und Konsequenzen für das Verständnis der Klimageschichte. Basel 2008. – Wyder, Margrit: Noch einmal: Goethe und die Eiszeit. In: GJb. (2012, im Druck). *WY*

Erstarrung (»Solideszenz«)

Der Vorgang des Erstarrens führt Materie von einem flüssigen in einen festen Aggregatzustand über. Da der Begriff in der Geologie für das Erkalten und Festwerden einer glutflüssigen Masse gebraucht wurde, wie G. es an den Laven des →Vesuvs selbst beobachtet hatte, verwendete er lieber das Fremdwort »Solideszenz«, das er als Oberbegriff für die →Kristallisation und alle weiteren chemischen Niederschläge aus dem →Urozean verstand. In den Aufzeichnungen *Zum geologischen Aufsatz September 1817* verglich G. den Vorgang mit dem Gerinnen von Milch. Durch eine solche Sonderung bei gleichzeitiger Verfestigung erklärte sich für ihn sowohl die Lehre von den Gängen (→Ganglehre) wie die Bildung derjenigen Gesteine, die er wegen ihrer heterogenen Erscheinung als →»porphyrartig« bezeichnet hat.

In dem 1824 in den Heften *Zur Naturwissenschaft überhaupt* (II, 2) erschienenen Aufsatz *Gebirgs-Gestaltung im Ganzen und Einzelnen* definierte G.: »Solideszenz ist der letzte Akt des Werdens, aus dem Flüssigen durchs Weiche zum Festen hingeführt, das Gewordene abgeschlossen darstellend« (FA I, 25, 628). Diesen Vorgang hielt er für »höchst bedeutend« (ebd.), da sich damit die frühen Phasen der →Erdbildung und verformte Gesteinsschichten auf nicht-mechanische Weise und ohne geologische →Revolutionen erklären ließen. Im selben Aufsatz nannte G. ein Phänomen, das beim Erstarren oft auftrete: »*Solideszenz ist mit Erschütterung verbunden*« (ebd. 630). Was beim Festwerden von Quecksilber, Phosphor oder Wasser bemerkt worden war, wollte G. in diesem Text auch auf das »Solideszieren« von Gesteinen und →Mineralien anwenden. In zahlreichen Beispielen aus seiner Sammlung glaubte er die Wirkung der Erschütterung während des Verfestigens zu erkennen, so beim Florentinischen Ruinenmarmor oder beim Bandjaspis aus →Ilmenau. Ebenso sah er Parallelen zu den →Chladnischen Klangfiguren. *WY*

Erxleben, Johann Christian Polykarp (1744–1777)

Der (ab 1771 außerordentliche, ab 1775 ordentliche) Professor der Physik in →Göttingen war Autor eines verbreiteten Kompendiums, der *Anfangs-*

gründe der Naturlehre (Göttingen 1772). Nach dem frühen Tod Erxlebens wurde das Werk ab der 3. Auflage 1784 durch seinen Freund G. C. →Lichtenberg jeweils aktualisiert herausgegeben. Diese sowie die 5. Auflage 1791 befanden sich in G.s Bibliothek (Ruppert 4527f.). G. hatte am 11.5.1792 seine Korrespondenz mit Lichtenberg auch vor dem Hintergrund begonnen, dass seine *Beyträge zur Optik* (1791/92) in Erxlebens Kompendium Berücksichtigung finden könnten. Tatsächlich zeigt eine Notiz aus Lichtenbergs Nachlass, dass dieser »Göthens Farbengeschichte« (Zehe 160) für die Aufnahme in die 6. Auflage 1794 notiert hatte. Warum dies unterblieb, ist nicht bekannt. G. beklagte sich am 21.11.1795 gegenüber →Schiller: »Was sagen Sie z.B. dazu, daß Lichtenberg, mit dem ich in Briefwechsel über die bekannten optischen Dinge, und übrigens in einem ganz leidlichen Verhältniß stehe, in seiner neuen Ausgabe von Erxlebens Compendio, meiner Versuche auch nicht einmal erwähnt, da man doch grade nur um des neuesten willen ein Compendium wieder auflegt [...]«.

In der *Farbenlehre* hat G. Erxlebens Werk mehrfach erwähnt (vgl. FA I, 23.1, 396, 901, 904, 909, 980).

Literatur

Zehe, Horst: Vom »Furor Wertherinus« zu »Göthens Farbengeschichte« - Goethe, Göttingen und Lichtenberg. In: Mittler, Elmar, Purpus, Elke und Schwedt, Georg (Hg.): »Der gute Kopf leuchtet überall hervor«: Goethe, Göttingen und die Wissenschaft. Göttingen 1999, 143–164. *WZ*

Eschwege, Wilhelm Ludwig von (1777–1855)

Der aus einer althessischen Familie stammende Eschwege trat 1803 als Hüttendirektor in portugiesischen Dienst. 1810 wurde er als Direktor des königlichen Mineralien-Kabinetts in Rio de Janeiro nach Brasilien versetzt, wo er 10 Jahre lang tätig war. Als Leiter des portugiesischen und brasilianischen Bergwesens leistete er insbesondere für die Geologie Brasiliens Pionierarbeit, so dass er oft ›Vater‹ der brasilianischen Geologie genannt wurde.

Zu G.s Beschäftigung mit Eschweges *Journal von Brasilien* (1818/1819), den persönlichen Begegnungen in Weimar 1822, dem Handel mit →Edelsteinen, der dadurch veranlassten Erforschung der →Kristallisation von Diamanten sowie G.s Beschäftigung mit den von Eschwege überbrachten brasilianischen Gebirgsarten: →Brasilien.

Eschweges *Journal* wurde von G. auch für meteorologische Studien herangezogen. J. F. →Posselt, den Leiter der →Jenaischen Sternwarte, unterrichtete G. am 31.1.1823 darüber, »was Herr v. Eschwege aus Brasilien mitgetheilt [...]. Das beygefügte Journal liefert auch schon eine Jahresreihe [von Barometerdaten] am Meeresufer von Brasilien [...]. Sollten Sie über einzelne Puncte dieser brasilianischen Mittheilungen nähere Auskunft verlangen, so bitte mir solches anzuzeigen, Herr v. Eschwege wird gern an Hand gehen«. Meteorologische Notizen G.s, die aus der Lektüre von Eschweges *Journal* resultieren, sind überliefert (abgedruckt in LA II, 2, 147f., M 9.8).

Mitte April 1824 richtete G. an Eschwege, der seit Juni 1823 in Lissabon als Oberberghauptmann tätig war, eine Anfrage bezüglich einer im *Diario do Governo* vom 22.1.1821 beschriebenen Naturkatastrophe am Rio Douro. Die Antwort Eschweges vom 2.6.1824 führte das Ereignis auf einen Wasser- und Dampfausbruch zurück, was G. als Bestätigung seiner Deutung der Karlsbader Quellen ansah. Er veröffentlichte eine Passage aus Eschweges Brief mit kurzem Kommentar in ZNÜ II, 2 (1824) unter dem Titel *Auszug eines Schreibens des Herrn Barons v. Eschwege* (FA I, 25, 395).

Die von Eschwege in seinem *Journal von Brasilien* als Raiz preta abgebildete Heilpflanze führte 1825/1826 anlässlich einer Anfrage des Großherzogs →Carl August zu einer mehrschichtigen Korrespondenz, zu der G. das Stück *Über zwei emetische Wurzeln* lieferte (Einzelheiten: →Brasilien, →Pohl).

Literatur

Beck, Hanno: Ergebnisse der Wilhelm Ludwig von Eschwege-Forschung. In: Zs. des Vereins für hessische Geschichte und Landeskunde. 67 (1956), 164–173. – Feder, Ernst: Goethes Liebe zu Brasilien. In: GJb. (1951), 142–177 (zu Eschwege 147–151). – Sommer, Friedrich: Wilhelm Ludwig von Eschwege. Das Lebensbild eines Auslanddeutschen mit kulturgeschichtlichen Erinnerungen aus Deutschland, Portugal und Brasilien 1777–1855. Stuttgart 1928.

HO

Ettersberg s. Schöndorf

Euler, Leonhard (1707–1783)

Der Schweizer Mathematiker, Physiker und Astronom, Mitglied zahlreicher Akademien, war einer der bedeutendsten Gelehrten des 18. Jh.s und wurde von Friedrich dem Großen als Präsident an die Berliner Akademie berufen. Von seinen nahezu 900 Werken erschienen für G. wohl nur die auf die Theorie des Lichts bezüglichen interessant, die in den drei Bänden der *Opuscula varii argumenti* (Berlin 1746–1751) zusammengefasst sind (Bde. 1 u.

3: *Nova theoria lucis et colorum*; Bd. 2: *Conjectura physica circa propagationem soni ac luminis*).

Euler hatte darin eine Wellentheorie des Lichts vertreten und die gleichgerichtete frühere Schwingungslehre von Christiaan Huygens gegen →Newtons Ansichten wiederbelebt. G. widmete sich laut Tagebuch am 23.1.1806 »Betrachtungen über die Newtonische und die Eulerische Vorstellung vom Lichte«.

Eine wesentlich größere Verbreitung erfuhren Eulers Vorstellungen durch die populärwissenschaftlichen *Lettres à une princesse d'Allemagne sur quelques sujets de physique et de philosophie* (Petersburg 1768–1772), deren deutsche Ausgabe (*Briefe an eine deutsche Prinzessin über verschiedene Gegenstände aus der Physik und Philosophie*, Leipzig u. a. 1773–1776) G. am 29.6.1799 aus der Weimarer Bibliothek entlieh (Keudell 154). In G.s Bibliothek befanden sich weiterhin Eulers *Neue Entdeckungen betreffend die Refraktion oder Strahlenbrechung in Gläsern [...]* (übersetzt von J. L. Steiner, Zürich 1765; vgl. Ruppert 4533).

Im frühen Schema zur *Geschichte der Farbenlehre* vom 10.2.1799 tauchte Euler mit dem Kommentar G.s auf: »Genie, widerspricht der Materialität des Lichts, bringt die dynamische Erklärung wieder in Aufnahme. Die Farbenlehre wird dadurch nicht gefördert« (FA I, 23.2, 217). Hier zeigt sich, dass G. der Rivalität zwischen Korpuskular- und Undulationstheorie des Lichts, dem Streit, ob Licht aus Teilchen oder Wellen bestehe, wenig Bedeutung beimaß, da beide Positionen seiner Auffassung nach der Farbe zu wenig Beachtung schenkten. Trotz Eulers überragender wissenschaftshistorischer Bedeutung hat G. diesen in der *Farbenlehre* nicht mit einem eigenen Kapitel bedacht. Euler wird darin zwar mehrfach, aber eher beiläufig, zum Teil in Literaturaufzählungen, erwähnt: er habe »die Schwingungslehre wieder angeregt« (FA I, 23.1, 447) und das Verhalten von Leuchtsteinen (→Bologneser Stein) in diesem Sinne interpretiert (vgl. ebd. 1000).

Nur ein Punkt war G. eine längere Passage wert: Eulers aus Beobachtungen am menschlichen Auge abgeleitete These, dass Lichtbrechung auch ohne Farbenerscheinung möglich sei (vgl. ebd. 914f.), denn diese widersprach Newtons Behauptung, dass an Linsensystemen unweigerlich farbige Ränder auftreten müssen, die unvermeidbar seien. In der Tat irrte Newton hier, und G. glaubte offenbar, diesen ihm so bedeutenden, objektiv eher marginalen Irrtum durch die Autorität Eulers noch verstärken zu können. So bezeichnete er Euler in diesem Zusammenhang als »außerordentlichen Menschen«, einen »von denjenigen Männern, die bestimmt sind, wieder von vorn anzufangen, wenn sie auch in eine noch so reiche Ernte ihrer Vorgänger geraten« (ebd. 914). Euler hatte für G. das Verdienst, Newton in der Frage der chromatischen Aberration (der nicht zu vermeidenden Farbränder) widerlegt zu haben, indem J. →Dollond beim Versuch, Newtons Ansichten durch praktische Versuche mit Linsen zu belegen, entdeckte, dass Eulers Position die richtige war. G. glaubte, dass damit Newtons Lehre »eine tödliche Wunde beigebracht« worden sei (ebd. 915).

In G.s Aufsatz *Physikalische Preis-Aufgabe der Petersburger Akademie der Wissenschaften 1827*, die sich auf die Natur des Lichts bezog, wurde Euler in der Preisfrage zweimal im Kontext der Wellentheorie des Lichts erwähnt (vgl. FA I, 25, 829f.). Hier kritisierte G. wiederum, dass in der Diskussion um die Natur des Lichts der für ihn wesentliche Punkt der Farbenentstehung ausgeblendet werde – und so die Preisfrage gar nicht beantwortet werden könne.

WZ

Evolution

G. deutete Gestaltungsprozesse in der Natur, vor allem im Mineralreich, im Sinne eines evolutiven, d. h. langsam und kontinuierlich verlaufenden Geschehens, das gewaltsame Ursachen, eruptive Vorgänge und plötzliche Veränderungen weitgehend ausschloss (→Neptunismus/Vulkanismus). Gleichwohl hat weder eine solche, am heutigen Sprachverständnis orientierte Auffassung, noch gar die von Darwin im 19. Jh. entwickelte Theorie der Evolution zur Erklärung der Gesetze der Stammesgeschichte (Phylogenese) etwas mit dem vorwiegend auf die Individualentwicklung (Ontogenese) ausgerichteten Evolutionsbegriff des 18. Jh.s zu tun, wie er in der G.zeit und von G. selbst – meist mit kritischer Distanz – verwendet wurde.

Läßt man die Möglichkeit einer Urzeugung (der spontanen Entstehung von Einzellern, Würmern usw. aus Erde oder Luft), die noch bis weit ins 19. Jh. hinein Befürworter fand, außer Betracht, so gab es in der G.zeit zwei grundlegende Vorstellungen über die Entstehung von Lebewesen. Die beherrschende Theorie war die Lehre der Evolution; sie besagte, dass im Keim bereits alle Teile des künftigen Organismus vorgebildet seien und der Embryo schon zu Beginn seiner Entwicklung in der Keimzelle die gleiche Gestalt wie das ausgewachsene Lebewesen habe, freilich in Miniaturform. Entwicklung war in diesem Sinne weitgehend ein reiner Wachstumsprozess. Diese Vorstellung, vertreten von führenden Naturforschern des 18. Jh.s wie A. v. →Haller, C. →Bonnet, C. v. →Linné oder L. Spallanzani, stand im Einklang mit dem für die zeitgenössische →Biologie dominierenden Dogma der Artenkonstanz. Indem man annahm, dass auch im Keimling bereits wieder die Miniaturgestalt des

Lebewesens der Folgegeneration angelegt sei, ließ sich die Evolution auch über die Individualentwicklung hinweg für die Stammesgeschichte postulieren, ohne Veränderungen in den Gestalten dieser Individuenkette zuzulassen. Statt Evolution nannte man diese Anschauung auch →Präformation oder Prädelineation, nach ihrem Wirkungsprinzip über Generationen hinweg Einschachtelungslehre.

Die Gegenposition ist durch die bereits bei J. T. Needham anklingende, schließlich 1759 von C. F. →Wolff in seiner *Theoria generationis* begründete Theorie der →Epigenese bezeichnet (dt. erweiterte Ausgabe: *Theorie von der Generation*, 1764). Danach bestand der Prozess der Entwicklung aus der Differenzierung einer zunächst amorphen Masse unter Zuführung von Nährstoffen von außen, wobei das bestimmende Agens ein →Bildungstrieb sein sollte, der von verschiedenen Autoren unterschiedlich benannt und definiert wurde (Wolff: Vis essentialis; J. F. →Blumenbach: Nisus formativus). Obwohl die Theorie der Epigenese Phänomene wie Regenerationserscheinungen, Missbildungen oder artuntypische Merkmale besser erklären konnte als die der Evolution, blieb Letztere jedoch dominierend, vor allem weil sie besser mit dem christlichen Schöpfungsglauben in Einklang zu bringen war. »Die Einschachtelungs-Lehre schien so plausibel und die Natur mit Bonnet zu kontemplieren höchst erbaulich«, berichtete G. in der *Campagne in Frankreich* über ein Gespräch bei F. H. →Jacobi vom November 1792 in Pempelfort (FA I, 16, 520). Als er 1816/1817 seine Hefte *Zur Morphologie* einleitete (*Der Inhalt bevorwortet*), stellte er fest, dass sich die Einschachtelungslehre, »selbst der besten Köpfe im allgemeinen bemächtigt« hatte (FA I, 24, 402). Während G. diese Theorie der Evolution seit seiner Jugend geläufig war, lernte er Wolffs epigenetische Vorstellungen vermutlich erst 1784/1785 durch J. G. →Herder im Kontext der stellenweise gemeinsamen Arbeit an den *Ideen zur Philosophie der Geschichte der Menschheit* kennen.

G. hatte sich Anfang 1785 mit mikroskopischen Arbeiten beschäftigt und sich im Spätsommer und Herbst dieses Jahres den →Infusionstieren, meist Einzellern aus einem Heuaufguss, zugewandt. Im April und Mai 1786 fertigte er zu diesen Studien mehrere Protokolle an und legte genaue Beobachtungen nieder, ohne jedoch zu diesem Zeitpunkt bereits auf das Problem der Entwicklung und seine Erklärung durch die Theorien von Evolution oder Epigenese einzugehen. Diese Frage eröffnete sich ihm erst im Frühjahr 1788 auf der Rückreise von →Italien, als ihm das anonym erschienene, von L. Patrin verfasste Werk *Zweifel gegen die Entwicklungstheorie. Ein Brief an Herrn Senebier* (übersetzt von G. Forster, 1788) in die Hand fiel. Patrin postulierte, dass Materie, die schon einmal organisiert war, einen Trieb besitze, sich zu neuer Organisation auszubilden. So sei auch der Keim schon ein organisiertes Gebilde; das Huhn stecke im Ei wie die Eiche in der Eichel. G. notierte dazu: »Wie ein Wesen so determiniert ist daß es indem es wächst durch eine Rückwendung in sein eigen Selbst seines gleichen hervorbringen muß so brauchts aller praeformation und praeexistenz nicht. [...] freilich steckt das Huhn im befruchteten Ei. Aber nicht die Eiche in der Eichel, auch nicht das künftig abermals gebärende Huhn im Ei. Praeformation ein Wort das nichts sagt. Wie kann etwas geformt sein eh es ist« (FA I, 24, 89f.). Andererseits äußerte G. auch Verständnis für die große Verbreitung von Präformations- oder Evolutionsvorstellungen: »Der Begriff vom Entstehen ist uns ganz und gar versagt; daher wir, wenn wir etwas werden sehen, denken, daß es schon dagewesen sei. Deshalb kommt das System der Einschachtelung uns begreiflich vor« (FA I, 25, 108).

Mögen einzelne Äußerungen auch mehr zur einen oder anderen Theorie hinneigen, so hat G. sich doch nie für eine der beiden Vorstellungen entschieden und eine Festlegung bewusst vermieden, zumal ihn Lebewesen vor allem durch ihre →Gestalt faszinierten, die in den frühen Phasen der Entwicklung noch nicht anschaulich erscheint. Er beschritt schon in Italien den Weg zu dem →Metamorphose-Konzept, das er 1790 in der Abhandlung *Versuch die Metamorphose der Pflanzen zu erklären* vorlegte. Damit verloren Evolution und Epigenese den Anspruch allein gültiger Theorien und wurden für ihn untergeordnete Gesichtspunkte, die sich zunächst der mithilfe der Leitbegriffe Metamorphose und →Typus gewonnenen Ordnung der Natur, später dann der Morphologie als Wissenschaft der organischen Gestalten einfügen mussten.

Kurz nach seiner Rückkehr aus Italien, wohl noch im Sommer 1788, schrieb G. Entwürfe zur Botanik nieder, in denen er erneut auf Evolution und Epigenese einging. »Hier wird nötig werden der Einschachtlungs-Hypothese zu schmeicheln weil wirklich der menschliche Verstand gewisse Phänomene auf eine andere Weise zu begreifen kaum fähig ist ob ihm gleich eben auch diese Einschachtlung unbegreiflich bleibt. Es ist ein Beispiel besonders von einem Rohrkeime zu geben und dabei wieder auf alle Weise der Epigenese Gerechtigkeit widerfahren zu lassen, um zu zeigen wie am Ende immer der Begriff zwischen beiden Hypothesen hineinfallen muß. Im Grunde haben auch beide Hypothesen keinen Einfluß auf unsere Ausführung indem wir nur die Teile nehmen wie wir sie gewahr werden und sie also immer entweder entwickelt oder ausgebildet sind« (FA I, 24, 94f.).

Um 1798, in einer Zeit also, in der die Grundlagen der Morphologie als fundamentale Wissenschaft der organischen Gestalten geklärt waren, kam G. erneut auf Evolution und Epigenese zurück, auch hier relativierend und den untergeordneten Charakter dieser Theorien betonend: »Das Neue, Gleiche ist anfangs immer ein Teil desselbigen [des organischen Wesens] und kommt in diesem Sinne aus ihm hervor. Dieses begünstigt die Idee der Evolution; das Neue kann sich aber nicht aus dem Alten entwickeln, ohne daß das Alte durch eine gewisse Aufnahme äußerer Nahrung zu einer Art von Vollkommenheit gelangt sei. Dieses begünstigt den Begriff der Epigenese, beide Vorstellungsarten sind aber roh und grob gegen die Zartheit des unergründlichen Gegenstandes« (FA I, 24, 361).

Zwischen Oktober 1816 und Mai 1817 beschäftigte sich G. mit den Werken von Wolff, dem in seiner Zeit – neben Blumenbach – wichtigsten Vertreter der Epigenese. Er bezeichnete ihn zwar als »trefflichen Vorarbeiter«, doch schloß er sich Wolffs Position nicht vorbehaltlos an, »weil nämlich die Präformations- und Einschachtelungslehre, die er bekämpft, auf einer bloßen außersinnlichen Erfahrung beruht, auf einer Annahme die man zu denken glaubt, aber in der Sinnenwelt niemals darstellen kann« (ebd. 432). Wolff mache den Fehler, nur das tatsächlich Sichtbare als gegeben anzunehmen. G. unterschied zwischen dem Sehen mit »Geistes-Augen« und »den Augen des Leibes« und verwies damit auf seine Methode, hinter dem real in der Erscheinung zu Schauenden den morphologischen Typus zu entdecken (ebd.).

Als G. am 27.6.1817 durch eine Stelle in Kants *Kritik der Urteilskraft* (§ 81) erneut auf Blumenbachs Werk *Über den Bildungstrieb und das Zeugungsgeschäfte* (1781) stieß, erwuchs daraus der Aufsatz *Bildungstrieb*, der die epigenetischen Vorstellungen Blumenbachs zu denen von Wolff in Beziehung setzte. Auch hier zeigte sich G.s Unbehagen gegenüber Evolution und Epigenese: »Kehren wir in das Feld der Philosophie zurück und betrachten Evolution und Epigenese nochmals, so scheinen dies Worte zu sein, mit denen wir uns nur hinhalten. Die Einschachtelungslehre wird freilich einem Höhergebildeten gar bald widerlich, aber bei der Lehre eines Auf- und Annehmens [der Epigenese] wird doch immer ein Aufnehmendes und Aufzunehmendes vorausgesetzt, und wenn wir keine Präformation denken mögen, so kommen wir auf eine Prädelineation, Prädetermination, auf ein Prästabilisieren, und wie das alles heißen mag was vorausgehen müßte bis wir etwas gewahr werden könnten« (FAI, 24, 452).

Mit Darwin wurde ab 1859 der Evolutionsbegriff gegenüber der G.zeit völlig neu besetzt; er bezeichnete nun den Ablauf der Stammesgeschichte und dessen Erklärung durch Variabilität der Populationen und Selektion durch die Umwelt, wobei der genealogische Zusammenhang aller Arten und ihre Veränderung im Zentrum standen. Wie ist es zu erklären, dass G. – vor allem im ausgehenden 19. Jh. – als möglicher Vorläufer dieses neuen Evolutionsdenkens erschien? Ohne Zweifel sind in seinem Werk, insbesondere um 1784 bis 1786, zahlreiche Wendungen zu finden, die aus rückschauender Sicht wie Vorahnungen oder Andeutungen der Evolutionstheorie des 19. Jh.s klingen. Dies betrifft ebenso Äußerungen in G.s Umfeld, beispielsweise von Herder in seinen *Ideen.* Bei kritischer Prüfung jedoch ist G.s Einordnung als Vorausahner der Darwinschen Theorie Ergebnis mehrerer krasser Missdeutungen, wie sie vor allem von E. Haeckel und seinen Anhängern vorgetragen wurden, wobei auch der Aspekt eine wichtige Rolle spielte, G.s geistesgeschichtliche Größe zur Legitimierung der modernen Wissenschaften heranzuziehen. Speziell wurden vier Themenbereiche aus G.s morphologischem Werk vor dem Hintergrund der Evolutionsproblematik diskutiert: die Zwischenkieferentdeckung beim Menschen (1784), das in Italien entwickelte Konzept der → Urpflanze (1787), die Leitbegriffe von G.s Naturanschauung, Metamorphose und Typus (1790–1795), sowie G.s Stellungnahme zum → Pariser Akademiestreit zwischen É. Geoffroy Saint-Hilaire und G. Cuvier (1830–1832).

Die gegen führende Anatomen der Zeit vertretene Ansicht, der Mensch besitze wie alle anderen Wirbeltiere einen → Zwischenkieferknochen, wollte G. in erster Linie als Nachweis für die Harmonie der Natur verstanden wissen (vgl. an Knebel, 17.11.1784), die sich hier in der Konsequenz des osteologischen Bauplanes – im Einklang mit der Gedankenwelt → Spinozas, dem Typusbegriff G. L. L. de → Buffons und den von Herder vermittelten Ansichten über die Natur – offenbare. G. ging es darüber hinaus gerade nicht darum, den Menschen seiner Sonderstellung zu berauben, ihn also im Darwinschen Sinne in den genealogischen Zusammenhang aller biologischen Arten einzuordnen. Vielmehr betonte G. die qualitative Einmaligkeit jedes Lebewesens in allen Teilen seines biologischen Bauplanes, die es absurd erscheinen ließ, die Sonderstellung des Menschen an einem einzelnen Knochen festmachen zu wollen.

Mit dem Terminus »Urpflanze« bezeichnete G. eine zunächst als real gedachte, dann nur noch theoretisch postulierte morphologische Zentralform für Blütenpflanzen, aus der alle tatsächlich existierenden Pflanzen gedanklich durch Metamorphosen abzuleiten sein sollten. Eine stammesgeschichtliche Urform – wie der Begriff unter der Perspektive des Darwinschen Evolutionsdenkens offenbar stark suggerierte – lag völlig außerhalb seines Horizontes.

Typus und Metamorphose nannte G. seine beiden zwischen 1790 und 1795 zunehmend geklärten Leitbegriffe, die der Erscheinungsvielfalt in der Natur zugrunde lagen. Der Typus sollte dabei ein Grundmuster vorgeben, dem enge Grenzen gesetzt seien, beispielsweise im Wirbeltierskelett, in dem die einzelnen Knochen zwar in verschiedener Größe und Form, aber doch in konstanter Lage und Beziehung zueinander vorkommen. Die Metamorphose dagegen sollte das bewegliche Element darstellen, den Typus in der konkreten Ausgestaltung der Lebewesen in vielfacher Weise abwandeln und so die unerschöpfliche Fülle der verschieden gestalteten Arten erklären. G. schwankte dabei zwischen einem rein empirischen Vorgehen (→Empirie, →Erfahrung), das auf Erkenntnisse am konkreten Material bedacht war, und einer ideellen Sichtweise (→Idee, →Theorie/Hypothese), die über das sinnlich Fassbare hinaus eine verallgemeinernde Vorstellung anstrebte. Dieses Schwanken zwischen Erscheinung und Idee stand einer exakten Definition von G.s Typusbegriff im Wege. Möglicherweise verführte das im Kontext der Darwinismus-Diskussion um G. dazu, in kaum nachvollziehbarer, plumper Weise den Typus mit einer Darwinschen Stammform und die Metamorphose mit den Kräften der Selektion gleichzusetzen.

Der Pariser Akademiestreit schließlich handelte zentral über die Berechtigung verschiedener Typenlehren, die von einem Grundtypus (Geoffroy Saint-Hilaire) bzw. vier Grundtypen (Cuvier) in der Ordnung des Tierreichs ausgingen. Man darf ihn daher kaum als einen vorweggenommenen Kampf um eine darwinistisch geartete Evolutionstheorie ansehen. Darüber hinaus nahm G. eine vermittelnde Position ein und hegte keineswegs – wie immer wieder unterstellt worden ist – ausschließlich Sympathie für Geoffroy und seinen Vorschlag eines einzigen Grundmusters.

Aus der Fülle der Titel und Autoren, die die Rezeptionsgeschichte von G.s morphologischen Schriften im Hinblick auf die Evolutionstheorie bestimmen, können hier nur wenige genannt werden (ausführlich bei Wenzel 1982; zusammengefasst bei Wenzel 1983). Nachdem K. Meding 1861 in seiner Schrift *Goethe als Naturforscher in Beziehung zur Gegenwart* erstmals die Namen G. und Darwin zusammen genannt hatte, feierte E. Haeckel in seiner *Generellen Morphologie der Organismen* von 1866, deren zweiter Band den Naturforschern Darwin, G. und J. B. de Lamarck gewidmet ist, sowie in weiteren Schriften G. als den großen Vorläufer Darwins und versuchte in teilweise absurder Weise, G.s Vorstellungen explizit als Belege für dessen enge Gedankenverwandtschaft mit Darwin zu deuten. Haeckel erfuhr zwar auch viel Widerspruch, wofür Streitschriften und eine extrem polarisierte Diskussion zeugen, doch schlossen sich ihm vielgelesene Autoren wie der Neukantianer F. A. Lange in seiner *Geschichte des Materialismus* (1866) oder der Philosoph und Theologe D. F. Strauß in seinem Werk *Der alte und der neue Glaube* (1872) in der Tendenz an und priesen G. als frühen Verkünder eines neuen, auf die Naturwissenschaften gegründeten Glaubensbekenntnisses. In der G.-Philologie wurde Haeckels Position durch S. Kalischer gestärkt, der als Herausgeber der naturwissenschaftlichen Schriften an der *Hempelschen* und *Weimarer Ausgabe* sowie an weiteren Editionen mitwirkte.

Gegenströmungen sind durch E. Du Bois-Reymonds Berliner Rektoratsrede von 1882 (*Goethe und kein Ende*), vor allem aber durch R. Steiners Edition von G.s naturwissenschaftlichen Schriften innerhalb der *Kürschnerschen G.-Ausgabe* (1883–1897) bezeichnet. Steiner sah G. und Darwin als Vertreter verschiedener, in ihrer Synthese äußerst gewinnbringender Arbeitsweisen und betonte auch erstmals eine prinzipielle Unvergleichbarkeit von G.s Naturforschung mit der sogenannten exakten Wissenschaft, eine Einschätzung, die im 20. Jh. vor allem durch H. J. Schrimpf und W. Heisenberg vertreten worden ist.

Nachdem die Mendelschen Gesetze (1865, wiederentdeckt 1900) und die Lehre von den Mutationen (1904) sich mit der Evolutionstheorie als vereinbar erwiesen hatten, nachdem Letztere schließlich um 1942 in der Synthetischen Theorie der Evolution aufgegangen war und so eine unumstrittene Stellung erreicht hatte, war die Brisanz des Themas endgültig dahin, und die Frage nach der Position G.s wurde immer seltener gestellt. G. wurde kaum noch in Relation zur Evolutionstheorie gesehen, wohl aber zur jeweils aktuellen Lage der Naturwissenschaften. Als man in den ersten Jahrzehnten des 20. Jh.s die Evolutionstheorie mit dafür verantwortlich machte, dass die sogenannte exakte Forschung zur Isolierung der Wissenschaften und zum Verlust eines geistesbildenden Wertes geführt habe, entdeckte man G. als Warn- und Mahninstanz, die allein den Weg zur wahren Kultur weisen könne (H. S. Chamberlain, H. Wohlbold). G.s Anschauungen als Ausdruck einer mahnenden Gegenposition zu einem rein naturwissenschaftlich-exakten Denken standen schließlich auch in den Wortmeldungen großer Gelehrter wie A. Portmann, C. F. v. Weizsäcker oder Heisenberg im Mittelpunkt (vgl. ausführlich dazu den Übersichtsartikel Rezeptions- und Wirkungsgeschichte, S. 261–263).

Literatur

Chamberlain, Houston Stewart: Goethe, Linné und die exakte Wissenschaft der Natur. In: Wiesner-Fs.

Wien 1908, 225–238. – Erhard, Hubert: Goethe und die Urzeugung. In: Gesnerus. 7 (1950), 76–79. – Heisenberg, Werner: Das Naturbild Goethes und die technisch-wissenschaftliche Welt. GJb. (1967), 27–42. – Portmann, Adolf: Goethes Naturforschung. In: Neue Schweizer Rundschau. N. F. 21 (1953/54), 406–422. – Schrimpf, Hans Joachim: Über die geschichtliche Bedeutung von Goethes Newton-Polemik und Romantik-Kritik. In: Ders.: Der Schriftsteller als öffentliche Person. Von Lessing bis Hochhuth. Berlin 1977, 126–143. – Weizsäcker, Komm. in HA 13, 539–555. – Wenzel, Manfred: Goethe und Darwin. Goethes morphologische Schriften in ihrem naturwissenschaftshistorischen Kontext. Diss. Bochum 1982. – Ders.: Goethe und Darwin. Der Streit um Goethes Stellung zum Darwinismus in der Rezeptionsgeschichte der morphologischen Schriften. In: GJb. (1983), 145–158. – Ders.: Goethes Naturforschung und die Evolutionstheorie Darwins. In: Oldenburger Jb. 87 (1987), 317–355. – Wohlbold, Hans: Goethe und die Deszendenztheorie. In: Das Reich. 3 (1918), 195–218.

WZ

Experiment s. Versuch

Experimentum crucis

Den sechsten Versuch des ersten Buches seiner → *Opticks* (1704) hatte → Newton in früheren optischen Abhandlungen, insbesondere in seiner als Brief 1672 an die Royal Society gesandten *New theory about light and colours* (in: *Philosophical Transactions* 6, 1672, Nr. 80, 3075–3087; Faksimiledruck München 1965) als »experimentum crucis« bezeichnet, als entscheidendes Experiment also, das den Nachweis für die Richtigkeit seiner Lehre liefern sollte. Der Begriff (»Experiment am Kreuz- oder Scheideweg«) wurde von F. → Bacon in seinem ab 1620 entstandenen *Novum Organum* erstmalig in der Wendung »de natura iudicare per instantias crucis & experimenta lucifera« gebraucht, später von R. → Hooke in seiner *Micrographia* (London 1665) als »experimentum crucis« im Sinne einer maßgeblichen Entscheidung für die Richtigkeit einer Hypothese. Hatte Newton sein »experimentum crucis« zunächst als Beweis dafür angesehen, dass das aus verschiedenen Strahlenkomponenten bestehende Licht im Prisma nicht verändert, sondern lediglich verschieden stark gebrochen und dadurch aufgefächert werde, dass weißes Licht also aus farbigen Lichtern zusammengesetzt sei, so war er 1704 in seinem Werk *Opticks* wesentlich vorsichtiger: Der Begriff »experimentum crucis« taucht hier gar nicht mehr auf, auch wenn G. daran seine Kritik knüpfen sollte. Newtons Zurückhaltung war durch den Widerspruch seiner Zeitgenossen (Lucas, Hooke, Huygens) bedingt und auch berechtigt. Denn offensichtlich darf man aus diesem Versuch nicht schließen, dass das ungebrochene weiße Licht dieselben Eigenschaften besitzt, welche man nach dem Durchgang durch das Prisma bei den gebrochenen farbigen → Lichtstrahlen findet. Nach LA II, 5A, 265 verwendete Newton die Bezeichnung nicht mehr, »weil er bei der Fülle der hier [im Werk *Opticks*] angehäuften Beweise einem einzelnen Versuche eine solche Bedeutung nicht mehr zuerkennen mochte«. Zum Versuchsaufbau des »experimentum crucis« vgl. ebd. 163 f.

Literatur

Kaiser, Walter: Das Problem der »entscheidenden Experimente«. In: Berichte zur Wissenschaftsgeschichte. 9 (1986), 109–125. – Lohne, Johannes A.: Experimentum crucis. In: Notes and Records of the Royal Society. 23 (1968), 169–199. *WZ*

Färber, Johann Michael Christoph (1778–1844)

Der ab 1814 in der Nachfolge seines verstorbenen Bruders J. H. D. Färber (1775–1814) als Bibliotheks- und Museumsdiener und -schreiber in Jena tätige Färber wurde von G. immer wieder zu den verschiedensten Aufträgen herangezogen. Meist ging es um Literatur oder naturwissenschaftliche Gerätschaften, die von Jena nach Weimar oder umgekehrt zu transportieren waren, da G. sie für seine aktuellen Arbeiten benötigte. Aufgrund Färbers Zuverlässigkeit entwickelte sich ein Vertrauensverhältnis, auf das auch die von G. in vielen Briefen verwendete Anredeformel »mein guter Färber« deutet. *WZ*

Falk, Johannes Daniel (1768–1826)

Der Schriftsteller, Journalist und Pädagoge ist als wichtige Persönlichkeit des klassischen Weimar in seinem wechselvollen Verhältnis zu G. in GHB. 4.1, 289 f. dargestellt worden. Sein bereits 1824 entstandenes, vom Verleger Brockhaus zurückgehaltenes und erst unmittelbar nach G.s Tod 1832 in Leipzig erschienenes Werk *Goethe aus näherm persönlichen Umgange dargestellt* gilt als wichtigstes Zeugnis seiner G.-Verehrung. Darin sind beispielsweise bedeutende Äußerungen G.s über die Geschichte der Wissenschaften (28.2.1809) überliefert worden (vgl. LA II, 6, 364 f.).

Falk erwies sich als der Einzige aus G.s Weimarer Umfeld, der seine Zustimmung zur *Farbenlehre* sofort öffentlich bekannt machte, indem er im *Morgenblatt für gebildete Stände* am 20.9.1810 unter dem Titel *Erstes Sendschreiben über die Goethesche Farbenlehre. An**** eine Rezension lieferte (Nr. 226 u. 227, 901f. u. 905ff.; LA II, 4, 218–223). Schon Monate zuvor, am 19.6.1810, hatte G. von seiner Frau Christiane die vertrauliche Mitteilung erhalten: »Übrigens wird Deine Farbenlehre von Falk so gepredigt, daß er nie ausgeht, ohne ein Prisma bei sich zu haben, und im Geheimen hält er sogar einigen Damen Vorlesung darüber; er hat mich auch durch einige Freundinnen ersuchen lassen, ihm die großen Schirme von Dir zu leihen, ich werde es auf einige Tage tun, doch ehe ich weggehe, sie mir wieder ausbitten« (LA II, 4, 206). Im Nachlass Falks (im GSA) sind Aufzeichnungen zur *Farbenlehre* erhalten.

Weiterhin überlieferte Falk ein Gespräch vom 29.3.1813, in dem G. sein für die Naturforschung so bedeutendes Treffen mit →Schiller vom 20.7.1794 schilderte (aus dem Nachlass; vgl. LA II, 9A, 430f.), und auch die ausführlichen Gesprächswiedergaben über Monadenlehre, Botanik und →Metamorphose vom 25.1., 15. und 29.3.1813 (LA II, 9B, 360–366) sind im Kontext der naturwissenschaftlichen Schriften G.s wichtig. *WZ*

Farben

G.s in Italien antizipierte und ab 1791 nach dem →Prismenaperçu intensivierte Beschäftigung mit den Farben ist im Übersichtsartikel *Farbenlehre* (S. 81–142) dargelegt worden. Sie endete nicht mit dem Erscheinen seines Hauptwerks *Zur Farbenlehre* im Mai 1810, sondern hielt mit unterschiedlichen Schwerpunktsetzungen bis zu seinem letzten Lebenstag an.

G. ging bereits 1791 von den →Grundfarben Gelb und Blau aus, die ihm als Repräsentanten von Licht und Finsternis erschienen. Im Aufsatz *Über die Einteilung der Farben und ihr Verhältnis gegen einander*, vermutlich im Juli 1793 entstanden, ordnete G. die Farben in seinem →Farbenkreis. G. wiederholte hier seine Vorstellung von Blau und Gelb als den beiden einzigen reinen (Grund-)Farben, aus denen sich alle anderen ableiten lassen. Die direkte Mischung beider ergibt das Grün. Da das Rot nach G.s Auffassung im Gelben und Blauen enthalten ist, kann aus diesen beiden Farben durch →»Verdichtung« (FA I, 23.2, 118), einer Form der Intensivierung, das Gelbrote und Blaurote entstehen. Dieser Prozess, später von G. als Steigerung bezeichnet, liegt neben dem Gesetz der Polarität (→Polarität/Steigerung) dem Wirkungsprinzip des Farbenkreises zugrunde. Eine Vermischung der verdichteten (gesteigerten) Farben Gelbrot und Blaurot ergibt das Purpur, die besonders prachtvolle Farbe, durch die der Farbenkreis harmonisch vollendet wird.

Die Polarität der Farben des Farbenkreises kann mehrfach bestimmt werden: Einerseits liegt eine Grundpolarität zwischen den →aktiven Farben Gelb und Gelbrot sowie den →passiven Blau und Blaurot, den beiden Seiten des Farbenkreises also, vor. Weiterhin bilden die sich im Farbenkreis gegenüberliegenden Farben, die →Komplementärfarben Purpur-Grün, Blaurot-Gelb und Gelbrot-Blau, polare Gegensätze.

Während diese Überlegungen auf die veschiedenen Farbwertigkeiten zielen, hat G. im Rahmen seiner *Farbenlehre* weiterhin eine Farbenterminologie geschaffen, die die Entstehungsweisen und den örtlichen Bezug der Farben bezeichnet: →Physiologische (im →Auge entstehende), →physische (im farblosen Mittel, z.B. →Prisma, entstehende) und →chemische (mit der Materie/dem Körper verbundene) Farben. Diese drei Rubriken bilden gleichzeitig die ersten drei Abteilungen des didaktischen Teils der *Farbenlehre*.

Die physischen Farben hat G. nach den Entstehungsweisen unterteilt in →dioptrische (beim Durchgang von Licht durch durchscheinende oder durchsichtig-klare Mittel, →Refraktion), →katoptrische (bei der Spiegelung/Reflexion des Lichts), →paroptische (parenoptrische, perioptrische; bei der Beugung/Inflexion, Diffraktion des Lichts), →epoptische (diamesoptrische, mesoptrische; Interferenzfarben an Oberflächen) und →entoptische (Interferenzfarben des polarisierten Lichts).

Gemäß seines komplexen Ansatzes verfolgte G. letztlich das Ziel einer repräsentativen Gesamtschau der Farben, denen er sich aus den Perspektiven von Sinnesphysiologie, →Physik, →Chemie, Psychologie, Handwerk, Kunst und Geschichte näherte und nach Möglichkeit auch Wechselwirkungen zu benachbarten Gebieten (→Tonlehre) aufgriff. *WZ*

Farbenblindheit

Nach J. Priestley (1777) und J. Dalton (1798; s. u.) beschäftigte sich G. als einer der ersten mit der Farbenblindheit bzw. Farbenschwäche. 1798/1799 führte er entsprechende Versuche mit dem Jenaer Jurastudenten J. K. F. →Gildemeister durch. In der *Farbenlehre* (1810) verwies G. »auf zwei [ihm bekannte] Subjekte« (FA I, 23.1, 63), die eine Abweichung in der gewöhnlichen Farbwahrnehmung zeigten. Die Identität des zweiten Probanden – neben Gildemeister – ist nicht ganz sicher; vermutlich handelte es sich (nach G.s Altersangabe »nicht über zwanzig Jahr«; ebd.) um den späteren Kunsthistoriker C. F. L. F. v. Rumohr, mit dem G. am Abend des 4.7.1804 Versuche im Hause von J. H. Voß d. Ä. in Jena durchführte. Nicht geklärt ist, auf wen sich G.s Brief an Eichstädt vom 20.11.1804 bezieht: »Ew. Wohlgeb. kennen, wie ich höre, einen Studirenden, der nicht alle Farben unterscheidet. Dürft' ich um seinen Namen und sein Quartier bitten?«

Am 4. und 15.1.1806 stellte G. die pathologischen Farben in der →»Mittwochsgesellschaft« vor. Unter den Stichworten, die G. zu diesem Zweck anfertigte, war auch »Akyanoblepsie« (Blaublindheit; vgl. FA I, 23.2, 279f., hier 280).

Am 15.7.1806 notierte G. in Karlsbad über einen Diener von H. G. W. v. Tümpling: »Wahrscheinlich ein Akyanobleps [...] weswegen wir ihm farbige Papiere mitgeben wollen«.

Anlässlich einer »Erinnerung an Akyanoblepsie« hielt G. am 19.8.1806 im Tagebuch neben dem Bediensteten Tümplings noch die Namen »Bibra in Meiningen« und »Ritter« fest. Hierbei kann es sich um den Kammerrat C. F. W. G. von Bibra oder den Oberhofmeister L. C. v. Bibra gehandelt haben; »Ritter« deutet vermutlich auf den bekannten Physiker und Naturphilosophen J. W. →Ritter.

Mit einem Brief vom 22.6.1807 wies Charlotte v. Schiller G. auf einen Aufsatz von P. Prévost hin (*Exposé succinct d'une recherche expérimentale, relative à cette question: Tous les hommes ont-ils les mêmes sensations par les mêmes objets?* In: *Archives littéraires de l'Europe* 13, 1807, 137–185), in dem auch J. Daltons Abhandlung *Extraordinary facts relating to the vision of colours* (in: *Memoirs of the Literary and Philosophical Society of Manchester* 5, 1798, 28–45) erwähnt wurde. Dalton war als Entdecker der Rotblindheit (1794) einer der Pioniere auf dem Gebiet der Farbenschwäche und erregte sofort G.s Interese (vgl. zu einer geplanten, aber nicht ausgeführten »Gegenschrift« G. an C. F. v. Reinhard, 16.11.1807).

In einem Brief vom 11.1.1811 – als Reaktion auf G.s *Farbenlehre* – teilte J. D. →Brandis aus Kopenhagen G. seine »Akyanoblepsie« mit und schilderte ausführlich seine Farbwahrnehmungen. G. dankte am 7.3.1811 und noch 1822 veröffentlichte er den Brief von Brandis mit Kürzungen als Abschnitt *23. Aelteste aufmunternde Theilnahme* in seinen Heften *Zur Naturwissenschaft überhaupt* (I, 4, 295–301) innerhalb des Kapitels →*Physische Farben* (nicht – wie zu erwarten gewesen wäre – unter *Physiologe Farben*).

Als G. am 3.9.1815 auf der Gerbermühle weilte, traf er laut Tagebuch mit dem Frankfurter Syndikus C. F. W. Schmid(t) erneut einen Akyanobleps (vgl. dazu C. F. v. Reinhard an G., 9.10.1818; G–Reinhard 220f.).

Alle von G. untersuchten Farbenschwachen verwechselten sowohl die Farben im Blau-Violett-Rotpurpur-Bereich als auch Orange und Grün. Durch →Schiller beeinflusst (1798), interpretierte G. diese Form des Farbenfehlsehens fälschlicherweise als Blaublindheit und bezeichnete sie mit dem griechischen Wort »Akyanoblepsie«. Die spätere Nachstellung der Versuche bewies, dass G.s Probanden höchstwahrscheinlich die häufigste Form einer Farbensinnstörung, die Rotblindheit (Protanopie), aufwiesen, die als Sonderform der Rot-Grün-Blindheit gilt.

In seinen Untersuchungen zeigte G. eine große methodische Sorgfalt. Er konnte sich an keinerlei Vorbildern orientieren, da die Analysemethoden für Farbenblindheit erst im Entstehen begriffen waren. Den Versuchsprotokollen ist zu entnehmen, dass G. unterschiedliche Methoden anwendete: Er ließ die Probanden Gegenstände durchs Prisma betrachten, zeigte ihnen Farbproben, rieb Farben in Tassen auf, um verschiedene chromatische Sättigungsgrade zu demonstrieren und mischte Farben auf Papier, womit er moderne Farbfleckverfahren zur Diagnostizierung von Farbenblindheit vorwegnahm.

G.s Feststellung, dass der Farbenblinde »im Verhältnis gegen die Farben ein Sonntagskind sei und nicht sowohl ihre Körper als ihre Geister, nicht sowohl ihr Sein als ihr Werden erkenne« (FA I, 23.2, 204: *Erste Versuche mit Herrn Güldemeister [...]*), verwies darauf, dass er durch die abweichende Wahrnehmung der Farbenblinden seine Harmonielehre der Farben bestätigt fand.

Im didaktischen Teil der *Farbenlehre* ordnete G. die Farbenblindheit den *Pathologischen Farben* zu (vgl. FA I, 23.1, 62–69, hier 62–65), ließ jedoch die Frage offen, ob dieses Phänomen als Krankheit aufzufassen sei, da es angeboren und nicht ›heilbar‹ sei. Die erste Tafel zur *Farbenlehre* (vgl. Abb. S. 829) enthält u. a. ein nach Angelica →Kauffmann gefertigtes Bild, das die wahrgenommene Welt eines Blaublinden zeigen soll, und einen →Farbenkreis ohne Blau (Figuren 11 u. 2).

Literatur

Matthaei, Rupprecht: Wie Goethe Farbenblinde untersuchte. In: Klinische Monatsblätter für Augenheilkunde. 115 (1949), 97–108. – Weitere Lit.: →Gildemeister.

WZ

Farbenkreis

Bereits im 1793 verfassten Aufsatz *Über die Einteilung der Farben und ihr Verhältnis gegen einander* (FA I, 23.2, 116–119, hier 118) entwickelte G. das endgültige Schema des Farbenkreises, das er später im didaktischen Teil der *Farbenlehre* ausführlich erläuterte, vor allem in dessen 6. Abteilung: *Sinnlich-sittliche Wirkung der Farbe.* Mit dem Farbenkreis stellte G. die Ergebnisse seiner chromatischen Studien in kompaktester Form dar (vgl. Farbtafeln S. 825 u. 828).

In G.s Schema – das nicht wie →Newtons Farbenkreis sieben, sondern sechs Farben enthält – sind →Polarität und Steigerung wichtige Ordnungskriterien: So liegen die →Komplementärfarben diametral (polar) zueinander; dem Purpur oben korrespondiert das Grün unten, den →aktiven Farben Gelb und Gelbrot der rechten stehen die →passiven Farben Blau und Blaurot der linken Seite gegenüber, wobei Gelb und Blaurot sowie Blau und Gelbrot Komplementärfarben bilden. Während sich die zwei →Grundfarben Gelb und Blau im Gleichgewicht zur gemeinen (subtraktiven) Mischung des Grünen vereinigen, entsteht die höchste und vollkommenste Farbe, die edle Mischung des Purpurs, aus der Steigerung des Gelben und Blauen zum Gelb- und Blauroten und deren Überlagerung.

Das Schema bildet – wie jeder Kreis – eine in sich geschlossene Einheit, die jedoch zugleich offen ist, da zwischen die sechs Farben unzählige andere gestellt werden können, z.B. durch Nuancierung der einzelnen Farben weitere 6, 12 usw. Weil der Farbenkreis ein Maximum an Mannigfaltigkeit repräsentiert, sieht G. in ihm das Prinzip der Totalität gewährleistet. Die Möglichkeit, einzelne polare Farbenpaare darzustellen und verschiedene Steigerungs- und Mischungsverhältnisse am Farbenkreis abzulesen, ist Basis für G.s Harmonielehre der Farben, die er in der Abteilung der *Sinnlich-sittlichen Wirkung der Farbe* ausführlich beschreibt.

Im Farbenkreis überlagern sich ästhetische, physikalische und physiologische Komponenten: Versuchte G. beispielsweise, →Schiller im November 1798 die →Harmonie der Farben zu erklären, indem er zwei seitenverkehrt zueinander liegende, wie Stabmagnete aussehende Farbenspektren zu einem Kreis verband, zeigten die polaren Farbenpaare sowohl die physiologisch bedingten Komplementärfarbenstrukturen (→Nachbilder) als auch die Farbharmonien nach →Mengs' Theorie der Künstlerfarben. Im Gegensatz zu den aufwendigeren dreidimensionalen Farbordnungen wie →Runges Farbenkugel oder →Lamberts Farbenpyramide berücksichtigte G. den Helligkeitswert der einzelnen Farben durch das Zusetzen von Weiß oder Schwarz nicht.

Literatur
Matthaei, Rupprecht: Goethes Farbenkreis. Die quellenmäßige Begründung einer Rekonstruktion. In: Euphorion. 34 (1933), 195–211. – Ders.: Zur Morphologie des Goetheschen Farbenkreises. Köln 1958 (Die Gestalt 29). – Ders.: Goethes Farbenkreis. Erlangen 1968. *SS*

Farbige Schatten

Auf die farbigen Schatten in der Natur wurde G. bereits in seiner Kindheit aufmerksam; als Teil einer »Feenwelt« (FA I, 23.1, 55) empfand er sie beim Brockenabstieg am 10.12.1777 (→Brocken), und er betrachtete sie auch auf seiner ersten Italienreise (1786/1788). Ausführlich wandte sich G. diesem Phänomen, das in der Natur helle Flächen durch die Streuwirkung der Luftmoleküle bei Sonnenauf- und -untergang blau oder grün erscheinen lässt, in seinem 1792/1793 entstandenen Aufsatz *Von den farbigen Schatten* zu (FA I, 23.2, 84–102). Hier beschrieb und interpretierte G. jedoch vor allem die experimentelle Erzeugung der farbigen Schatten in 18 Versuchen: In einer dunklen Kammer standen auf einer weißen Fläche zwei Objekte, die von zwei Lichtquellen – Kerzen- und durch einen engen Spalt fallendes Sonnen- bzw. Mondlicht – beschienen wurden. Die Objekte waren so plaziert, dass jeder Körper einen Schatten auf die weiße Fläche warf, von dem wiederum ein Teil beleuchtet wurde. Der vom stärkeren Schatten geworfene und vom schwächeren Licht beschienene erschien blau, der von den umgekehrten Lichtverhältnissen erzeugte gelb. Daraus schloss G., dass die Farbe der Schatten unabhängig von der Lichtfarbe aus Energiedifferenzen entstehen müsse, womit er ihre Erscheinung als objektiv bedingt betrachtete und zu den später physisch (d.h. physikalisch) genannten Farben stellte.

Nachdem ihn →Lichtenberg mit Brief vom 7.10.1793 (vgl. EGW 1, 252–255) auf eine mögliche Mitwirkung des →Auges bei Erzeugung dieser Phänomene hinwies und auch →Soemmerring immer wieder auf den wichtigen Stellenwert der Physiologie des Auges drängte (so im Brief vom 26.7.1794; G-Soemmerring 82), hat G. diese Schrift, die ursprünglich als drittes Stück der *Beyträge zur Optik* erscheinen sollte, nicht veröffentlicht.

Er analysierte die Experimente mit den farbigen Schatten neu, die erst im didaktischen Teil der *Farbenlehre* 1810, nun unter den →*Physiologischen Farben*, ihren Platz fanden (FA I, 23.1, 51–57): Im Grundversuch stand ein Bleistift zwischen Dämmerlicht und Kerze auf einer weißen Fläche. Der von der Kerze geworfene und vom schwachen Tageslicht erhellte Schatten erschien blau, da die durchs Kerzenlicht rötlichgelb wirkende Fläche die blaue, ins Violett gehende Farbe im Auge forderte. Nun ließ die Schattenfläche nach G. eine im Auge »erregte Farbe« (ebd. 52) vermuten, die als geforderte Farbe auf die vorgegebene reagierte. Einmal mehr machten damit die farbigen Schatten G. die Mitwirkung des Auges an der Farberscheinung bewusst. Im Gegensatz zu anderen Autoren, z.B. Benjamin Count Rumford, der bei diesen Versuchen von der Trughaftigkeit der Sinne ausging, sah G. hier ein gesetzmäßiges Handeln des physiologisch gesunden Auges.

Noch in den letzten Lebensjahren hat G. mehrfach mit Eckermann über die farbigen Schatten diskutiert (vgl. Eckermann, 20. und 27.12.1826, 19. und 20.2.1829, 20.2.1831; EGW 4, 874–877, 934–938, 965f.).

Literatur
Falta, Wolfgang: Die farbigen Schatten – Goethe und Rumford. In: GJb. (1987), 318–331. – Heissenbüttel, Helmut: Farbige Schatten: Goethe gelesen mit Hilfe von Lichtenberg. In: Arnold, Heinz Ludwig (Hg.): Johann Wolfgang von Goethe. München 1982 (Text und Kritik, Sonderband), 258–266. – Hetzel, Hans-Georg: Der »farbige Schatten«. In: Wissenschaftliche Zs. der Hochschule für Architektur und Bauwesen Weimar. 37 (1991) 240f. – Ott, Gerhard und Proskauer, Heinrich Oskar: Das Rätsel des farbigen Schattens. Versuch einer Lösung. Basel 1979. *SS*

Fassatal s. Brocchi, Giovanni Battista

Faultier

Zu den Faultieren (Bradypodidae, Baumfaultiere) gehören das Dreizehenfaultier (Ai, darunter Bradypus tridactylus), das Zweizehenfaultier (darunter der Unau, Choloepus didactylus) sowie das ausgestorbene Riesenfaultier Megatherium.

Der Bonner Anatom Eduard Joseph d'→Alton sandte G. Ende 1821 die ersten beiden Hefte seiner 12 Teile umfassenden Reihe *Über Skelette* (Bonn 1821–1828; Ruppert 4322–4333). Das erste Heft beschäftigte sich mit dem *Riesen-Faultier, Bradypus giganteus, abgebildet, beschrieben und mit den verwandten Geschlechtern verglichen.*

Unter dem Titel *Die Faultiere und die Dickhäutigen abgebildet, beschrieben und verglichen, von Dr. E. d'Alton* verfasste G. im vierten Heft des ersten Bandes seiner Zeitschrift *Zur Morphologie* (1822) eine Rezension der beiden Hefte (vgl. FA I, 24, 545–551).

D'Altons Grundgedanken kamen G.s Begriff des →Typus entgegen: »Wir teilen mit dem Verfasser die Überzeugung von einem allgemeinen Typus, so wie von den Vorteilen einer sinnigen Nebeneinanderstellung der Bildungen, wir glauben auch an die ewige Mobilität aller Formen in der Erscheinung« (ebd. 546). So empfand G. d'Altons Arbeiten als Bestätigung seiner vergleichend anatomischen Tätigkeit, mit denen eigene Anschauungen durch einen Jüngeren fortgesetzt wurden. *CS*

Fernrohr (Teleskop)

Trotz seiner prinzipiellen Abneigung gegen physikalische Instrumente nutzte G. das Fernrohr, bisweilen auch »Perspektiv« oder einfach nur »Tubus« genannt, vor allem für Mondbeobachtungen. So berichtete er: »Im August und September [1799] bezog ich meinen Garten am Stern, um einen ganzen Mondswechsel durch ein gutes Spiegel-Teleskop zu beobachten, und so ward ich denn mit diesem, so lange geliebten und bewunderten Nachbar endlich näher bekannt« (TuJ 1799). Zu den Beobachtungen liegen mehrere Zeugnisse vor (an J. G. R. de Fouquet, 21.8.1799; Tgb, 23. u. 27.8., 13. u. 18.9.1799). G. verwendete ein von dem Weimarer Hofmechaniker J. A. Auch konstruiertes oder in Stand gesetztes Teleskop und schrieb Schiller am 21.8.1799 über die langen Abende »meist bis Mitternacht«: »Es ist eine sehr angenehme Empfindung einen so bedeutenden Gegenstand, von dem man vor kurzer Zeit so gut als gar nichts gewußt, um so viel näher und genauer kennen zu lernen«. G. begleitete seine Beobachtungen durch das Studium einschlägiger Literatur, die er am 10. und 19.8.1799 aus der Weimarer Bibliothek ausgeliehen hatte: J. H. Schroeters *Selenotopographische Fragmente zur genauern Kenntniß der Mondfläche [...]* (Lilienthal und Helmstedt 1791) und J. Hevelius' *Selenographia sive lunae descriptio [...]* Danzig 1647.

Am 27.1.1800 trat Knebel, der ein aus dem Nachlass seines Bruders geerbtes »Herschelsches Teleskop von Schrader« verkaufen wollte, an G. heran, der das Instrument schließlich selbst erwarb (vgl. zur entsprechenden Korrespondenz LA II, 2, 251–257) und 1812 an die →Sternwarte in Jena weitergab.

Am 11.2.1800 lud G. Schiller »zu einer astronomischen Partie« in sein Gartenhaus ein, das neben einem Teleskop aus dem Besitz der Familie v. Stein das Gerät von Auch und nun auch den »sechsfüßigen Herschel« (TuJ 1800) beherbergte. Am 26.10.1800 hielt das Tagebuch eine »observ[atio] lunae« mit dem Ehepaar Herder, J. H. Meyer und dem Mechaniker Auch fest. G. machte sich »mit den bedeutendsten Lichtgränzen bekannt, wodurch ich denn einen guten Begriff von dem Relief der Mondoberfläche erhielt« (TuJ 1800).

1811 fasste Herzog Carl August den Plan, in Jena eine Sternwarte einzurichten (vgl. G.s Aufsatz *Jenaische Museen und Sternwarte*; s.o. S. 235f.). In diesem Zusammenhang war G. in oberaufsichtlicher Funktion mit der Gerätebeschaffung befasst, die auch leistungsfähige Fernrohre einschloss.

Am 16.4.1813 schrieb G. an den ersten Direktor der Sternwarte, C. D. v. Münchow: »Das parallactische Rohr [...] werden Dieselben unter Ihrer Anleitung [...] verfertigen lassen«. Damit wurde der Jenaer Universitätsmechaniker F. →Körner beauftragt, der ein sechsfüßiges achromatisches Fernrohr in parallaktischer Aufstellung anfertigen sollte (Erläuterungen in LA II, 2, 289). Als vorhanden wurden ein »zweifüßiger Achromat«, ein Fernrohr mit einem Linsensystem aus Konvex-und Konkavlinsen, aus der Werkstatt von J. Ramsden in London und ein »achtfüßiges Spiegelteleskop von Schrader« registriert (FA I, 25, 189) – eben das Instrument, das G. vierzehn Jahre zuvor als »sechsfüßigen Herschel« (TuJ 1800) charakterisiert hatte – ein Nachbau des von dem in England lebenden deutschen Astronom F. W. Herschel konstruierten Teleskops durch den früheren Physikprofessor in Kiel, J. G. F. Schrader.

Zu einer Benutzung des Teleskops durch G. nach 1799/1800 liegt lediglich ein Zeugnis vor: »Das große Perspecktiv [Teleskop] erbitte mir. [...] Ich habe weit umher zu schauen!« (an A. v. Goethe, 3.2.1818.) *ZA*

Fichte, Johann Gottlieb (1762–1814)

Im Mai 1794 kam Fichte als Nachfolger des Kantianers K. L. Reinhold nach Jena, eine Berufung, die G. angesichts Fichtes öffentlicher Bekenntnisse zur französischen Revolution in den *Tag- und Jahresheften* von 1794 rückschauend als »Kühnheit, ja Verwegenheit« bezeichnete. Fichte erschien G. als »eine der tüchtigsten Persönlichkeiten, die man je gesehen, und an seinen Gesinnungen in höherm Betracht nichts auszusetzen«, mit der Einschränkung: »aber wie hätte er mit der Welt, die er als seinen erschaffenen Besitz betrachtete, gleichen Schritt halten sollen?« (ebd.; vgl. auch TuJ 1795, 1797 und 1803 sowie die Xenien *Fichte und Er*, *Fichte* und *Fichte's Wissenschaftslehre*; WA I, 5.1, 233, 283 u. 291).

Als Fichte seine Stelle in Jena antrat, verfasste er die Programmschrift *Ueber den Begriff der Wissenschaftslehre oder der sogenannten Philosophie*, die am 11.5.1794 im Weimarer Verlag des Industrie-Comptoirs erschien. G.s intensive Auseinandersetzung mit dieser Schrift belegen zahlreiche Unterstreichungen und Randbemerkungen in seinem Handexemplar (vgl. Ruppert 3049; dazu Engelhardt 2004). Sie zeigen G.s Aufmerksamkeit gegenüber der von Fichte in seiner Vorrede angekündigten kritischen Stellungnahme zur Transzendentalphilosophie und unterstreichen die Zustimmung zu seiner Forderung, dass eine Wissenschaft – für G. die Naturwissenschaft – auf einem Grundsatz beruhen müsse, der keines Beweises bedarf, auf keinen höheren Satz zurückzuführen sei und daher vorausgesetzt werden könne.

G.s Konzept des →Urphänomens in den Naturerscheinungen, »die sich [...] nicht durch Worte und Hypothesen dem Verstande, sondern gleichfalls durch Phänomene dem Anschauen offenbaren« (*Zur Farbenlehre*; FA I, 23.1, 81), ähnelt den Grundsätzen in Fichtes System des menschlichen Wissens.

Am 23.5.1794 sandte G. ein Exemplar von Fichtes Programm an F. H. →Jacobi und spielte im Begleitbrief auf Fichtes Terminologie an: »Möchtest du liebes *Nicht ich* gelegentlich meinem *Ich* etwas von deinen Gedancken darüber mittheilen«.

Am 21.6.1794 übersandte Fichte G. den ersten Bogen der *Grundlage der gesammten Wissenschaftslehre* (Leipzig 1794; Ruppert 3051) und schrieb ihm dazu: »So lange hat die Philosophie Ihr Ziel noch nicht erreicht, als die Resultate der reflektirenden Abstraktion sich noch nicht an die reinste Geistigkeit des Gefühls anschmiegen. Ich betrachte Sie, und habe Sie immer betrachtet als den Repräsentanten der letztern auf der gegenwärtig errungnen Stufe der Humanität. An Sie wendet mit Recht sich die Philosophie: Ihr Gefühl ist derselben Probierstein« (Fichte 143, 211). G. bedankte sich am 24.6.1794 (im bisher einzigen überlieferten Brief an Fichte) mit den Worten: »Das Übersendete enthält nichts, das ich nicht verstände [...], nichts, das sich nicht an meine gewohnte Denkweise willig anschlösse. Nach meiner Überzeugung werden Sie durch die wissenschaftliche Begründung dessen, worüber die Natur mit sich selbst in der Stille schon lange einig zu sein scheint, dem menschlichen Geschlechte eine unschätzbare Wohlthat erweisen [...]. Was mich betrifft, werde ich Ihnen den größten Dank schuldig sein, wenn Sie mich endlich mit den Philosophen versöhnen, die ich nie entbehren und mit denen ich mich niemals vereinigen konnte«.

Fichte besuchte G. am 28.6.1794 in Weimar, worüber dieser am gleichen Tag Ch. v. Kalb berichtete: »Seine Nachbarschaft ist mir sehr angenehm und bringt mir manchen Nutzen; es konversirt sich auch mit ihm sehr gut und da er uns verspricht den Menschenverstand mit der Philosophie auszusöhnen, so können wir Andre nicht aufmerksam genug sein«. Jacobi gegenüber bezeichnete G. jedoch am 8.9.1794 Fichtes *Wissenschaftslehre* als »sonderbare Producktion« und gestand ein, dass er »zu wenig oder vielmehr gar nicht in dieser Denckart geübt« sei und »nur mit Mühe und von ferne folgen« könne. Im Brief an Jacobi vom 2.2.1795 nannte G. Fichte einen »wunderlichen Kauz [...]. Er hat bey einem sehr rigiden Sinne, doch viel Behendigkeit des Geistes und mag sich gern in alles einlassen«.

Der fünfte Band (1797) des von Niethammer und Fichte herausgegebenen *Philosophischen Journals einer Gesellschaft teutscher Gelehrten*, in dem Fichtes Aufsatz *Versuch einer neuen Darstellung der Wissenschaftslehre* enthalten ist, befand sich in G.s Bibliothek (Ruppert 3011). Am 14. und 16.3.1797 wohnte G. W. v. →Humboldts Lesung dieser Abhandlung in →Schillers Haus bei und besprach sich am 19.3.1797 mit diesen und Niethammer darüber. Obwohl G. sich dessen bewusst war, dass für diejenigen, die »eigentlich zu Künstlern geboren sind [...] die Speculation, so wie das Studium der elementaren Naturlehre falsche Tendenzen« bleiben (an H. Meyer, 18.3.1797), sprach er während der gemeinsamen Lektüre von Fichtes Wissenschaftslehre »viel mit Schiller über die Tendenz zur Speculation« (Tgb, 16.3.1797) sowie »über die Wirkung des Verstandes und der Natur bey der Handlung der Menschen, besonders derer, die sich für frey erklären« (ebd. 8.3.1797). Gegenüber →Knebel bekannte G. am 28.3.1797, dass er »bey der speculativen Tendenz des Kreises« manchmal nicht wisse, »wo einem der Kopf steht«.

Über den zweiten Teil von Fichtes *Grundlagen des Naturrechts nach Principien der Wissenschaftslehre* (Jena und Leipzig 1797; Ruppert 2752) äußerte sich G. gegenüber Schiller in einem Brief vom 5.5.1798: » [...] ich habe aus der Mitte heraus einiges gelesen und finde vieles auf eine beyfallswürdige Art deducirt, doch scheinen mir, praktischem Skeptiker, bey manchen Stellen die empirischen Einflüsse noch stark einzuwirken. Es geht mir hier wie ich neulich von den Beobachtungen sagte: nur sämmtliche Menschen erkennen die Natur, nur sämmtliche Menschen leben das Menschliche. Ich mag mich stellen wie ich will, so sehe ich in vielen berühmten Axiomen nur die Aussprüche einer Individualität, und grade das was am allgemeinsten als wahr anerkannt wird ist gewöhnlich nur ein Vorurtheil der Masse, die unter gewissen Zeitbedingungen steht, und die man daher eben so gut als ein Individuum ansehen kann«.

Als Schiller sich über Fichte beklagte (vgl. Schiller an G., 28.8.1798), antwortete G. ihm: »Nutzen Sie das neue Verhältniß zu Fichten für sich so viel als möglich und lassen es auch ihm heilsam werden. An eine engere Verbindung mit ihm ist nicht zu denken, aber es ist immer sehr interessant ihn in der Nähe zu haben« (an Schiller, 29.8.1798).

In den *Tag- und Jahresheften* von 1803 nahm G. ausführlich zu Fichtes Entlassung im April 1799 aufgrund von Atheismus-Vorwürfen Stellung, der G. nach anfänglicher Parteinahme für Fichte schließlich zustimmte (vgl. an Wilhelm von Humboldt, 16.9.1799), und brachte diese Vorgänge mit der Krise der Universität Jena im Jahr 1803 in Zusammenhang. Nach Fichtes Weggang erkundigte G. sich noch nach ihm, seinen Arbeiten und seinem Befinden (vgl. J. M. Fichte an Fichte, 5.10.1799; Bode 2, 151). Am 8. und 11.8.1810 trafen sich beide in →Teplitz wieder.

G. zufolge fasste Fichte in der Philosophie nach →Kant »vorzugsweise das Subjekt auf, daher stammt sein Ich und Nicht-Ich [...]; seine Subjektivität kömmt aber auf einer andern Seite herrlich zum Vorschein, nämlich in seinem Patriotismus [...]; da war es an der Stelle, das Subjekt hervorzuheben. Wo Objekt und Subjekt sich berühren, da ist Leben« (Gespräch mit G. F. Parthey, 28.8.1827; GG 3.2, 181).

Vgl. auch den Artikel in GHB. 4.1, 290–292.

Literatur

Bergmann, Ernst: Fichte und Goethe. In: Kant-Studien. 20 (1915), 139–145 u. 347–356. – Beyer, Waltraud: Fichte in Jena. Zum Verhältnis Fichte und Goethe. In: Impulse. 7 (1984), 56–94. – Engelhardt, Wolf von (Hg.): Goethes Fichtestudien. Faksimilie-Edition von Goethes Handexemplar der Programmschrift »Ueber den Begriff der Wissenschaftslehre«. Weimar 2004 (SchrGG. 71). – Ders.: Goethes Weltansichten. Auch eine Biographie. Weimar 2007, 199–209. – Fichte, Johann Gottlieb: Gesamtausgabe der Bayerischen Akademie der Wissenschaften. Hg. von Reinhard Lauth und Hans Jacob. Abt. 3: Briefe, Bd. 2 (Briefwechsel 1793–1795). Stuttgart-Bad Cannstatt 1970. – Molnár, Géza von: Goethes Einsicht in die »Wissenschaftslehre«. In: Athenäum. Jahrbuch für Romantik. 7 (1997), 167–192. – Neumann, Robert: Goethe und Fichte. Diss. Berlin 1904. *HO*

Fichtelgebirge

Das Granitgebirge in Oberfranken begann G. im Jahr 1783 im Zusammenhang mit seinen Studien zur Klüftung des →Granits zu interessieren. Der bald nach der Rückkehr von der zweiten Harzreise (→Harz) geäußerte Plan einer Exkursion »auf den Fichtelberg« (an →Knebel, 14.11.1783) wurde jedoch erst im Sommer 1785 verwirklicht. Zusammen mit Knebel und dem pflanzenkundigen F. G. →Dietrich kam G. am 30.6.1785 nach Wunsiedel. Sie blieben drei Tage, bevor sie in Richtung →Karlsbad weiter reisten. Zwei Ausflüge ins Gebirge sind in Knebels Tagebuch verzeichnet: Am 1.7. bestiegen sie den Seehugel, wo eine Zinnwasche besichtigt wurde (→Bergbau), dann den Ochsenkopf und schließlich den Nußhardt. In einem Moor stießen sie auf Sonnentau und beobachteten die Irritabilität der fleischfressenden Pflanzen. Am 3.7. wurde trotz Gewitterregen die Luchsburg mit ihren gigantischen Granittrümmern aufgesucht; einige Zeichnungen G.s dokumentieren die Wanderung (vgl. Corpus I, 280 und Corpus VB, 179–183). Auf der Rückfahrt von G.s zweiter Reise nach →Italien (1790) zeugt ein Vermerk in Luise v. →Göchhausens Tagebuch davon, dass wohl auf G.s Hinweis hin das Vorkommen von Granit hinter Bad Berneck beachtet wurde.

35 Jahre nach dem ersten Besuch kam es auf einer weiteren Reise G.s nach Karlsbad zu einem zweiten Aufenthalt in der Gegend von Wunsiedel. G. nahm Quartier im nahen Alexandersbad und besuchte am 25.4.1820 erneut das Felsenlabyrinth

bei der Luchsburg. Dieses war seit 1805 zu einem Kurpark umgestaltet und zu Ehren der preußischen Königin Luise in »Luisenburg« umbenannt worden. Anfang Mai entstanden in Karlsbad Zeichnungen und ein erläuternder Text G.s, der noch im selben Jahr in den Heften *Zur Naturwissenschaft überhaupt* (I, 3) erschien. Der Aufsatz *Die Luisenburg bei Alexanders-Bad* erklärt die bizarren Felsgestalten korrekt als Verwitterungserscheinungen (→Erosion). G. nahm dafür eine unterschiedliche »Solideszenz« (→Erstarrung) des Gesteins an; diese Erklärungsart sei den bisher vorliegenden, die Natur als »gewaltsam« betrachtenden Hypothesen vorzuziehen (FA I, 25, 332). Drei Phasenzeichnungen zeigen verschiedene Möglichkeiten von Erosionsverläufen (vgl. Abb.).

Granitfelsen der Luisenburg im Fichtelgebirge; Darstellung von Carl Wilhelm Lieber nach einer Vorlage Goethes (1820); zu Goethes Aufsatz *Die Luisenburg bei Alexanders-Bad* (ZNÜ I, 3, 1820)

Vom 13. bis 18.8.1822 hielt G. sich schließlich in Marktredwitz auf, wo er auf Vermittlung von J. S. →Grüner die chemische Fabrik von W. K. →Fikentscher besichtigte. In der zugehörigen Glashütte ließ er trübe und entoptische Gläser herstellen.

Literatur

Kahler, Marie-Luise: Erfolgreiche Spurensuche im Fichtelgebirge. In: GJb. (1999), 362–364. – Keppler, Stefan und Schrenk, Johann: Goethes Franken. Gunzenhausen 2005. – Mainberger, Sabine: Hypothetische Landschaften. Zu geologischen Zeichnungen Goethes. In: Naumann, Barbara u. Wyder, Margrit (Hg.): »Ein Unendliches in Bewegung«. Künste und Wissenschaften im medialen Wechselspiel bei Goethe. Bielefeld 2012, 264–294. – Schaller, Christoph: Goethe im Fichtelgebirge. In: Archiv für Geschichte von Oberfranken. 53 (1973), 303–322. – Vollrath, Heinrich: Goethes Reisen in das Fichtelgebirge. Hof 1982. – Wyder Margrit: Zeit im Bild. Zur Entstehung geologischer Phasendarstellungen bei Goethe. In: Naumann und Wyder (s. o.), 290–323. *WY*

Fikentscher, Wolfgang Kaspar (1770–1837) und Friedrich Christian (1799–1864)

Kaspar, der Vater, gilt als einer der frühen Pioniere der chemischen Industrie. Nach einer Lehre zum Apothekergehilfen gründete er am 24.7.1788 in →Marktredwitz (Oberfranken) die erste chemische Fabrik Deutschlands, der später eine Glashütte angegliedert wurde. Zu den wichtigsten Produkten gehörten zunächst Quecksilberpräparate, Salpeter-, Salz- und Schwefelsäure sowie Glaubersalz. Letzteres, ein Nebenprodukt der Quecksilbersalzherstellung, setzte Fikentscher bereits 1790 anstelle von Soda zur Glasherstellung ein. Fikentscher wusste auf die Bedürfnisse des Marktes zu reagieren: Seine Fabrik vergrößerte sich schnell, und seine Kontakte erstreckten sich über die ganze Welt.

Der Sohn, der Chemiker Friedrich Christian Fikentscher, war 1817/1818 an Johann Bartolomäus Trommsdorffs Erfurter ›Chemisch-physikalisch-pharmazeutischem Institut‹ ausgebildet worden, der lange Zeit führenden wissenschaftlichen Schule auf dem Gebiet der Pharmazie und Chemie. 1824 folgte ein Studienaufenthalt in Paris, 1830 unternahm er eine große Besichtigungsreise nach England und Schottland, während der er für das Unternehmen kaufmännische Beziehungen anknüpfte. In Marktredwitz hatte Friedrich zunächst die Leitung der Glashütte inne.

G.s Kontakt mit Vater und Sohn Fikentscher ist seinem Interesse für die Glasproduktion und

→Glasmacherkunst geschuldet, das sich im Rahmen der Arbeiten zur *Farbenlehre* zeigte. Vom 13. bis 18.8.1822 hielt er sich auf Vermittlung von Polizeirat →Grüner von →Eger anreisend in Fikentschers Glashütte in Redwitz auf, am 15.8. begann er mit der erneuten Lektüre von Johann →Kunckels Standardwerk *Ars vitraria experimentalis oder vollkommene Glasmacherkunst* (Frankfurt am Main, Leipzig 1769), das er bereits 1795 genannt hatte und dessen Inhalt nach dem Besuch der Fabrik Fikentschers für G. nachvollziehbarer geworden war. Einen Monat nach dem Besuch in Redwitz verfasste G. (vom 22. bis 27.9.1822) die biographische Schrift *Johann Kunckel.*

Mit Vater und Sohn Fikentscher stand G. anschließend in sporadischem brieflichen Kontakt. Die zur Demonstration von G.s →Urphänomen der *Farbenlehre* notwendigen trüben »Glasscheiben, die bey veränderter weißer und schwarzer Unterlage Gelb oder Blau darstellen«, wurden »zu Dutzenden gefertigt, so daß das einfache Credo meiner Farbenlehre jedem Naturfreunde sogleich in die Hände« gegeben werden konnte (an Knebel, 23.8.1822). »Auch entoptische Glaskörper erhielt ich dort durch schnelle Verkühlungen« (ebd.). Die Tagebucheintragungen vom August 1822 zeichnen ein genaues Bild von G.s Besuch bei den Fikentschers. In der Folgezeit war G. damit beschäftigt, die »trüben Glastäfelchen« an Freunde und Gleichgesinnte wie den Grafen →Sternberg, →Henning, →Schultz, →Boisserée, → Carus u.a. zu verteilen.

Literatur
Biedermann, Woldemar von: Goethe und die Fikentscher. Dresden 1878. – Lauterbach, Irene R.: Friedrich Christian Fikentscher (1799–1864), ein früher Chemie-Fabrikant. Stuttgart 2012. – Schwedt, Georg: Goethe als Chemiker. Berlin, Heidelberg u.a. 1998, 195–200. – Zu weiterer Literatur →Marktredwitz. *EN*

Findlinge s. Erratische Blöcke

Fliege s. Insekten

Fliegende Mücken

Unter Fliegenden Mücken oder Mouches volantes versteht man altersbedingte Glaskörpertrübungen im →Auge, in der Regel ohne pathologischen Stellenwert. G. hatte die Erscheinung bereits im Rahmen seiner physikalischen Vorträge am 15.11.1806 angesprochen: »Pathologische Farben [...] Mücken, Fliegen« (FA I, 23.2, 280) und war auch in seiner *Farbenlehre* darauf eingegangen (didaktischer Teil, § 119; FA I; 23.1, 66).

Als G. sich 1820/1821 mit J. E. →Purkinjes Werk *Beiträge zur Kenntniss des Sehens in subjectiver Hinsicht* (Prag 1819; Ruppert 4984) beschäftigte, wurde er erneut auf das Thema gestoßen (128–131: Kap. *XXI. Fliegende Mücken*). Über den Nachstich von Purkinjes Tafel durch C. A. Schwerdgeburth berichtete G. in den *Tag- und Jahresheften* von 1821, dass der Künstler die Arbeit gerne übernommen habe, »weil er in früherer Zeit durch ähnliche Erscheinungen [Fliegende Mücken] geängstigt worden, und nun mit Vergnügen erfuhr, daß sie als naturgemäß keinen krankhaften Zustand andeuteten«. Darüber berichtete G. auch an C. F. L. →Schultz (Brief vom 29.4.1821), und bei F. S.→Voigt erkundigte er sich am 16.5.1821: »[...] ich wünschte nämlich zu erfahren, wo der kleine Aufsatz [sich finde], den der gothaische Lichtenberg [L. C. Lichtenberg, Bruder von G. C. →Lichtenberg] über die dem Auge manchmal vorschwebenden Mücken geschrieben hat«. Da Voigt nicht helfen konnte, bleibt der von G. gesuchte Titel im Dunkeln, doch war die Thematik zeitgenössisch bereits zum Ende des 18. Jh.s aktuell (vgl. z.B. A. L. F. Meister: *Etwas über die Mouches volantes.* In: *Göttingisches Magazin der Wissenschaften und Litteratur* 1, 1780, St. 4, 127–132; J. G. Büsch: *Guter Raht bei verschiedenen Fehlern der Augen* [...]. In: Ders.: *Erfahrungen.* Bd 2. Hamburg 1790, 261–344, bes. 309ff.). *WZ*

Flöz

»Flöze« oder »Flötze« hießen in der Bergmannssprache die abbauwürdigen flächenhaften Lagerstätten von Kohle oder Erz in geschichteten Gesteinen. Vom →Bergbau wurde der Begriff in die frühe Geologie übernommen, wo er jedes geschichtete Gestein bezeichnen konnte. A. G. →Werner definierte die »Flözgebirge« als jüngere Ablagerungen des →Urozeans und zählte Sedimente wie Kalke und Sandsteine dazu, aber auch den →Basalt. G. verwendete die Bezeichnung in Werners Sinn. Im späten 19. Jh. wurde der Gebrauch des Begriffs »Flöz« wieder eingeschränkt auf Lagerstätten im Bergbau. *WY*

Fontenelle, Bernard le Bovier de (1657–1757)

Der Jurist und Schriftsteller in Paris, von 1699 bis 1741 Sekretär der Académie Royale des Sciences, trat vor allem durch seine populärwissenschaftliche Verbreitung naturwissenschaftlicher Gegenstände hervor. Sein Werk *Entretiens sur la pluralité des mondes* (Paris 1686; dt. *Gespräche über die Mehrheit der Welten*, Berlin 1780) »hatte der Damen Philosophie den Weg gebahnt« (EGW 4, 469) –

wie es G. gegenüber C. F. v. →Reinhard am 9.7.1807 in →Karlsbad ausdrückte. G. entlieh den Titel (als Bd. 2 der franz. Werkausgabe Amsterdam 1710) am 29.12.1809 aus der Weimarer Bibliothek und beschäftigte sich damit am 6.1.1810 für das *Fontenelle*-Kapitel im historischen Teil der *Farbenlehre* (FA I, 23.1, 858–865, auch 872, 878, 1054), in dem er dem Autor bescheinigte: »Aber dem lebhaften, geselligen, mundfertigen Franzosen schien nichts zu schwer, und gedrängt durch die Nötigung eine großen gebildeten Masse unternahm er eben Himmel und Erde mit all ihren Geheimnissen zu vulgarisieren« (ebd. 858). Im Zentrum von G.s Auseinandersetzung mit Fontenelle stand jedoch dessen *Éloge de Newton*, die im zweiten Band der dreibändigen *Éloges historiques des académiciens mort depuis le renouvellement* (Paris 1719) publiziert wurde. G. hatte diesen Nachruf bereits am 24. und 25.7.1801 in →Göttingen studiert; nun lieferte er für die *Farbenlehre* eine gekürzte Übersetzung, die er mit teilweise bissigen Kommentaren zu →Newton und Fontenelles »rednerischen Schwung und Schwank« (FA I, 23.1, 864) begleitete.

Als →Riemer G. am 17.1.1810 den Vorschlag unterbreitete, »seine Farbenlehre in einen Roman zu bringen à la Fontenelle« (EGW 4, 565), ihre Inhalte also wie in Fontenelles *Entretiens sur la pluralité des mondes* zu popularisieren, missfiel G. die Idee keineswegs.

Literatur

Hennig, John: Goethe's Translation from Fontenelle's ›Eloge de Newton‹. In: MLQu. 16 (1955), 339–343. *WZ*

Form

»Form« erscheint neben »Stoff« und »Gehalt« als zentraler Begriff vor allem für G.s Ästhetik (vgl. den Artikel in GHB. 4.1, 291 ff.). Bei der Diskussion des Stellenwerts von Farbe und Form stellte G. in dem kleinen Stück *Das Auge* fest: »Die Freude an Farben [...] empfindet das Auge als Organ [...]. Die Freude an Form liegt in des Menschen höherer Natur, und der innere Mensch teilt sie dem Auge mit« (FA I, 23.2, 268).

In der organischen Natur ersetzte G. den Formbegriff weitestgehend durch den Terminus →»Gestalt«. Seine Morphologie verstand er als Gestaltenlehre, Gestaltung und Umgestaltung als wesentliche Kräfte der Natur: »Wir wenden uns gleich zu dem was Gestalt hat. [...] Die Gestalt ist ein bewegliches, ein werdendes, ein vergehendes. Gestaltenlehre ist Verwandlungslehre. Die Lehre der Metamorphose ist der Schlüssel zu allen Zeichen der Natur« (FA I, 24, 349).

Einige Ausnahmen, bei denen G. den Begriff »Form« verwendete, verdienen jedoch Beachtung. Als G. am 9./10.7.1786 Ch. v. →Stein von seinen Fortschritten in der Botanik berichtete, sprach er vom »Gewahrwerden der wesentlichen Form, mit der die Natur gleichsam nur immer spielt und spielend das manigfaltige Leben hervorbringt«. Dies zielte bereits auf die wenige Monate später in →Italien gesuchte →Urpflanze, die als »Urform« (im Sinne von Zentralform) aller Pflanzengestalten gedacht war und zunächst als fertige, vollkommen ausgebildete Pflanze (im Gegensatz zur beweglichen, im Werden befindlichen) angesehen wurde.

In der *Dämon*-Strophe von *Urworte. Orphisch*, erschienen in *Zur Morphologie* I, 2 (1820), lauten die Schlussverse: »Und keine Zeit und keine Macht zerstückelt / Geprägte Form die lebend sich entwickelt«. Hier ist – gerade im morphologischen Kontext – wiederum auch an das Beständige des →Typus (im Sinne einer Urform) zu denken, dessen vorgegebene Grenzen trotz aller diversen Ausgestaltung im Formenreichtum der Natur nicht überschritten werden können.

Als G. 1820 seine bereits 1784 niedergeschriebene Abhandlung über den Zwischenkieferknochen zum Druck beförderte, veränderte er den Text nur an einer einzigen Stelle wesentlich: Zwischen diesen so unterschiedlich ausgebildeten Knochen bei der Schildkröte und beim Elefanten könne man »eine Reihe Wesen dazwischen stellen die beide verbindet« (FA I, 24, 23), so hatte er 1784 formuliert. Im Druck von 1820 erschien stattdessen: »eine Reihe Formen«. Vermutlich wollte G. damit den Blick auf die verschiedene endgültige Ausformung gerade dieses Knochens bei unterschiedlichen Tierarten richten; auch hier verwendete er »Form« für die abgeschlossene Bildung, während »Gestalt« immer das Fließende, die Umgestaltung, mit beinhaltete.

Häufiger benutzte G. den Form-Begriff im Rahmen der Naturforschung in meteorologischem Kontext, wo er als »Wolkenform« (vgl. FA I, 25, 199, 204, 208, 215, 268) neben dem häufigeren »Wolkengestalt« erscheint (ebd. 214, 229, 232, 233, 257, 258, 259, 283, 286). Eine Analyse des Wortgebrauchs zeigt, dass G. die beiden Begriffe nicht als Synonyme verwendete. Wenn von der nach L. →Howards Wolkenterminologie idealtypischen Wolke (wie Kumulus, Zirrus usw.), gleichsam dem Musterhaften oder dem Vorbild, die Rede ist, überwiegt »Form«; im Kontext von Wolkenbeobachtungen und ständig sich ändernden Wolkenformationen am Himmel bevorzugte G. dagegen »Gestalt« und damit den Begriff, der im Rahmen seiner Wolkenmorphologie wiederum auf das bewegliche Moment hindeutete. *WZ*

Forster, Johann Georg Adam (1754–1794)

Den um 1780 bereits berühmten Naturforscher, der zusammen mit seinem Vater Johann Reinhold Forster (1729–1798) an der zweiten Weltreise von J. →Cook auf der *Resolution* (1772–1775) teilgenommen hatte, lernte G. am 14.9.1779 in →Kassel kennen, wo Forster seit 1778 eine Professur am Collegium Carolinum innehatte. Eine zweite Begegnung fand Anfang Oktober 1783 ebenfalls in Kassel statt, wo gemeinsame Interessen an der gerade aufgekommenen →Ballonfahrt verfolgt wurden, bevor Forster 1784 nach Wilna wechselte. Nach der Eheschließung mit der Professorentochter Therese Heyne in →Göttingen besuchte das Paar G. auf der Rückreise am 12./13.9.1785 in Weimar. Eine letzte Begegnung fand am 20./21.8.1792 in Mainz statt, wo Forster seit 1788 als Bibliothekar tätig war. In der *Campagne in Frankreich* berichtete G. unter dem 23.8.1792, er habe dort »zwei muntere Abende« verbracht. »Von politischen Dingen war die Rede nicht, man fühlte, daß man sich wechselseitig zu schonen habe« (FA I, 16, 387). Damit deutete G. auf die wachsende Entfremdung, die vor allem mit Forsters Parteinahme für die Französische Revolution zusammenhing.

Das vielschichtige Verhältnis zwischen G. und Forster findet sich in seinen literarischen und politischen Dimensionen in GHB. 4.1, 294–298 dargestellt. Was den Bereich der Naturforschung angeht, so war es zunächst G.s Interesse, den Kontakt zu einem der zeitgenössisch prominentesten Forscher herzustellen, mit dem es ab 1780 zu einem mehrjährigen, überwiegend nicht überlieferten Briefwechsel kam. So sandte G. Forster am 12.10.1791 das erste Stück seiner *Beyträge zur Optik*, im Begleitbrief seine Intentionen deutlicher aussprechend als in der Schrift selbst: »Ich hoffe die Lehre dieser farbichten Erscheinung aus dem engen Kreise zu befreien in welchen sie Newton durch die Zauberformel der *diversen Refrangibilität* auf 100 Jahre gebannt hatte«. Am 25.6.1792 übersandte G. die Fortsetzung, das zweite Stück der *Beyträge zur Optik*, und erläuterte Forster seine weiteren Pläne für die Farbenlehre.

Nachdem Forster am 10.1.1794 als Deputierter des rheinisch-deutschen Nationalkonvents in Paris vereinsamt gestorben war, lieferte G. gegenüber S. T. →Soemmerring am 17.2.1794 den merkwürdig anmutenden Kommentar: »So hat der arme Forster denn doch auch seine Irrthümer mit dem Leben büßen müssen!« (G-Soemmerring 78), wiederum auf die unterschiedlichen politischen Standorte anspielend.

Aus der Rückschau hat G. in der *Konfession des Verfassers* innerhalb seiner *Farbenlehre* (1810) Forster zu denjenigen Gelehrten gezählt, die »von ihrer Seite Beistand leisteten« (FA I, 23.1, 980). In einer Bemerkung zu den Oberflächenfarben von Fischen verwies G. auf Forsters Beobachtungen in Tahiti (ebd. 212), die er in dessen Beschreibung seiner Weltreise (*A Voyage round the world*. London 1777; dt. Berlin 1778–1780) im 8. Hauptstück gefunden hatte. In G.s Bibliothek (Ruppert 3946) befand sich die 1783 in Berlin erschienene, von G. Forster besorgte deutsche Ausgabe von J. R. Forsters *Bemerkungen über Gegenstände der physischen Erdbeschreibung, Naturgeschichte und sittlichen Philosophie auf seiner Reise um die Welt*.

Von J. F. →Blumenbach erhielt G. Mitte Dezember 1802 eine Zeichnung der Oberseite des rechten Hinterfußes einer »See-Bären«-Art (Phoca jubata) aus Feuerland, die auf eine Handzeichnung Forsters zurückging (vgl. LA II, 9B, 201 f. mit Abb.).

Literatur

Leitzmann, Albert: Georg Forsters Beziehungen zu Goethe und Schiller und seine Verteidigung Schillers. In: Archiv. 46 (1892), 129–156. – Rasmussen, Detlef (Hg.): Goethe und Forster. Studien zum gegenständlichen Denken. Bonn 1985. *WZ*

Fossilien

Seit →Agricola verstand man unter »Fossilien« alle aus dem Boden gegrabenen Materialien, doch im Laufe des 18. Jh.s engte sich der Begriff auf die Überreste von prähistorischen Pflanzen und Tieren ein. Die Deutungen solcher Versteinerungen als »Naturspiele« oder als Zeugen der Sintflut wurden zugleich immer seltener. Die versteinerten Muscheln auf dem Bastberg im Elsaß waren 1770 die ersten von G. bewusst wahrgenommenen Fossilien, wie er in *Dichtung und Wahrheit* (I, 10) schrieb. Mit dem von der Lektüre →Buffons und der Theorie von A. G. →Werner geförderten Glauben an eine in Epochen gegliederte Entwicklung der Erde (→Erdbildung) und ihrer Geschöpfe war es für G. selbstverständlich, dass die Fossilien aus verschiedenen Erdzeitaltern stammen mussten. Im Briefwechsel mit dem Amateurpaläontologen →Merck sagte er voraus, dass man nun bald die Versteinerungen »nicht mehr durch einander werfen, sondern verhältnißmäßig zu den Epochen der Welt rangiren« werde (an Merck, 27.10.1782).

Den Aufschwung der paläontologischen Forschung im 19. Jh. verfolgte G. interessiert. 1801 und 1802 korrespondierte er mit J. F. →Blumenbach über einen Fund aus dem Travertin bei Weimar, worin er Schwimmfüsse eines Tiers zu erkennen glaubte (*Eine Versteinerung*). Auch im Briefwechsel mit S. Th. →Soemmerring spielten paläontologische Themen immer wieder eine Rolle. Besonderes

Interesse zeigte G. an Wirbeltierresten. Sein Aufsatz *Fossiler Stier* (→Stier) über Funde in Haßleben, Stuttgart, Cannstadt und Frose (1819 bis 1821) enthält lamarckistische Gedanken zur Entwicklung der Rinderrassen über Generationen hinweg. Zahlreich fanden sich in Deutschland auch die Reste von Mammuts, die man damals noch für eine tropische Elefantenart hielt. Besonders intensiv befasste sich G. 1822 mit einem fossilen Zahn, der in einem Kalkbruch bei Dölitz in der Nähe von →Eger gefunden worden war und den er im Text *Fossiler Backzahn, wahrscheinlich vom Mammut* beschrieb. Einen Abguss des Zahns sandte er zur Bestimmung an E. J. d' →Alton nach Bonn, der trotz »einer unverkennbaren Verwandtschaft mit dem Mastodont« (an K. M. v. →Sternberg, 12.1.1823) keine eindeutige Zuordnung vornehmen konnte.

Die Leistungen →Cuviers bei der Rekonstruktion ausgestorbener Tierarten verfolgte G. mit Bewunderung und trat schließlich in brieflichen Kontakt mit ihm. Persönlich bekannt war er mit dem Paläobotaniker E. F. v. →Schlotheim; die paläontologischen Werke von G. B. →Brocchi und Barthélemy Faujas de Saint-Fond las G. mit Interesse. In den letzten Lebensjahren korrespondierte er vor allem mit Graf K. M. v. Sternberg und mit dem Ilmenauer Berginspektor J. H. Chr. →Mahr über versteinerte Pflanzen und förderte die paläontologische Sammlung, die von seinem Sohn (→Goethe, August von) betreut wurde. – Gerade im Alter empfand G. »für alle fossilen Gegenstände [...] eine besondere Vorliebe« (an Karl Bernhard Cotta, 15.3.1832), ohne jedoch auf die Frage nach dem absoluten Alter der Fossilien einzugehen. Davor schreckte er zurück, wie er am 11.3.1832 an Carl Friedrich Zelter schrieb, »weil man bey fernerer Vertiefung in die Betrachtung der Zeiten wahnsinnig werden müßte«.

Literatur

Hölder, Helmut: Geologie und Paläontologie in Texten und ihrer Geschichte. Freiburg, München 1960. – Prescher 118–156. – Steiner, Walter: Die Parkhöhle von Weimar. Abwasserstollen, Luftschutzkeller, Untertagemuseum. Weimar 1996. – Wenzel, Manfred (Hg.): Samuel Thomas Soemmerring: Schriften zur Paläontologie. Stuttgart u. a. 1990 (Soemmerring Werke 14). *WY*

Franklin, Benjamin (1706–1790)

Der amerikanische Naturwissenschaftler, Staatsmann und Literat, der als Unterzeichner der amerikanischen Unabhängigkeitserklärung (1776) sowie durch die Erfindung des Blitzableiters (1753) hervorgetreten ist, galt zeitgenössisch als weithin geachtete Persönlichkeit.

Ob G. seine physikalischen Arbeiten (*Experiments and observations*, London 1769) kannte, ist nicht belegt. Am 5.10.1810 las er (wie später noch im April 1817 und zur Jahreswende 1828/1829) eine nicht ermittelte Ausgabe von Franklins *Autobiography*, erstmals 1791 erschienen und bis 1810 in verschiedenen englischen, französischen und deutschen Ausgaben vorliegend.

Im kurzen Kapitel innerhalb des historischen Teils der *Farbenlehre*, das sich mit *Benjamin Franklin* beschäftigte (FA I, 23.1, 912 f.), lieferte G. lediglich ein Zitat zu den →physiologischen Farben aus dessen *Kleinen Schriften*, die der Gothaer Privatgelehrte G. G. Schatz (1763–1795) 1794 in Weimar herausgegeben hatte.

Als G. am 28.2.1811 gegenüber →Zelter über die Mathematiker spottete (»Die Mathematiker sind närrische Kerls, und sind so weit entfernt auch nur zu ahnden, worauf es ankommt, daß man ihnen ihren Dünkel nachsehen muß«), berief er sich u. a. auf Franklin, der »eine besondre Aversion gegen die Mathematiker, in Absicht auf geselligen Umgang, klar und deutlich ausgedrückt« habe. Der Hinweis bezog sich auf den Mathematiker T. Godfrey (1704–1749), der nach Franklin »bei jeder armseligen Kleinigkeit« widersprach oder »haarscharfe Distinctionen« machte (*Kleine Schriften*, Bd. 1, Weimar 1794, 165).

Am 28.3.1829 sandte Zelter G. eine Briefbeilage von L. Bendavid (1762–1832), Philosoph und Mathematiker in Berlin, auf der dieser ein Zitat Franklins zu physiologischen Farberscheinungen, zur Beobachtung von →Nachbildern, notiert hatte. Es handelte sich exakt um die von G. im historischen Teil der *Farbenlehre* veröffentlichte Stelle (s. o.). Da G. die Zusendung offenbar als Anfrage verstand, reagierte er im Brief an Zelter vom 2.4.1829 verärgert, da die geschilderten Phänomene sämtlich durch seine *Farbenlehre* erklärt seien und kritisierte »gebildete Menschen [...], die noch als sechzig, siebzig Jahre zurück an Problemen herumtasten, deren Verhältniß, Ableitung und Erklärung schon längst am hellen Tage liegt, ohne anerkannt zu werden [...]«.

Erwähnungen Franklins finden sich auch in *Dichtung und Wahrheit* (III, 13; IV, 17). *WZ*

Fraunhofer, Joseph von (1787–1826)

Der Glasschmelzer, Optiker und Physiker, Mitinhaber und Direktor des Optischen Instituts in Benediktbeuren, ab 1823 Professor in München, trat durch herausragende Erfindungen und Entdeckungen auf dem Gebiet der Optik hervor. G. indes stand seinen Arbeiten ähnlich verständnislos gegenüber wie denjenigen →Newtons und begegnete ihnen vorwiegend mit Polemik. Neben der Erfindung eines Beugungsgitters zur Messung von Lichtwellenlängen trat Fraunhofer vor allem durch die Entdeckung des nach ihm benannten Absorptionsspektrums, der dunklen Linien im Sonnenspektrum, hervor. Diese hatte Fraunhofer 1814 beobachtet und darüber in seiner Abhandlung *Bestimmung des Brechungs- und Farbenzerstreuungs-Vermögens verschiedener Glasarten, in bezug auf die Vervollkommnung achromatischer Fernröhre* berichtet (*Denkschriften der Königlichen Akademie der Wissenschaften zu München für die Jahre 1814 und 1815*. Bd. 5. München 1817, 193-226; Auszug in: *Journal für Chemie und Physik* 19, 1817, 77-81). Die scharfen, dunklen Linien (sog. Fraunhofersche Linien) im Spektrum des Sonnenlichts entstehen beim Durchgang des Lichts aus dem Innern der Sonne durch die Gase der Sonnenatmosphäre. Dabei absorbieren die einzelnen Gase jeweils die Lichtstrahlen mit derjenigen Wellenlänge, die sie selbst ausstrahlen. Fraunhofers Entdeckung wurde Grundlage für die Spektralanalyse, mit der die Identifizierung von Elementen aufgrund ihres Spektrums möglich ist.

Fraunhofers Arbeiten wurden in Weimar durchaus zur Kenntnis genommen. So bat G. am 29.6.1817 den Jenaer Hofmechaniker J. C. F. →Körner, Fraunhofers Versuche nachzuvollziehen und besprach die Ausführung laut Tagebuch am 30.6.1817 mit ihm. Der Astronom C. D. v. →Münchow zeigte G. am 30.7.1817 entsprechende Abbildungen in der Literatur. Offenbar sind die Bemühungen zu dieser Zeit aber im Sande verlaufen. Nächtes greifbares Zeugnis ist G.s Negativurteil, das er am 12.1.1823 gegenüber dem Grafen →Sternberg aussprach: »Fraunhofers Bemühungen kenn ich; sie sind von der Art die ich ablehne, mehr darf ich nicht sagen. Gott hat die Natur einfältig gemacht, sie aber suchen viel Künste«. Ähnlich verständnislos klingen Aphorismen aus dem Jahr 1826, die in die Sammlung *Ferneres über Mathematik und Mathematiker* eingereiht wurden: »Man spricht geheimnisvoll von einem wichtigen Experimente, womit man die Lehre erst recht befestigen will; ich kenn es recht gut und kann es auch darstellen: das ganze Kunststück ist, daß zu obigen Bedingungen noch ein paar hinzugefügt werden, wodurch das Hokuspokus sich noch mehr verwickelt«. – »Der Frauenhoferische Versuch, wo Querlinien im Spektrum erscheinen, ist von derselben Art [...] doppelt und dreifach kompliziert« (FA I, 25, 89).

Herzog →Carl August, der offenbar Fraunhofers Autorität anerkannte und sogar Proben seines Hofmechanikers Körner zur Begutachtung und Kritik nach Bayern sandte (vgl. Carl August an G., 24.7.1825; EGW 4, 857), veranlasste eine Wiederholung der Fraunhoferschen Versuche durch den Jenaer Physikprofessor J. F. →Fries, zu denen Körner das Instrumentarium liefern musste (vgl. Fries an G., 12.8.1826; Körner an G., 18.8.1826; Tgb 17. u. 19.8.1826; alle in EGW 4, 873). Offenbar hat G. im Januar 1827 Körner erneut mit der »Anstellung des Fraunhoferschen Versuchs auf große Entfernung« beauftragt (Körner an G., 26.1.1827; EGW 4, 879). Körner machte dazu Vorschläge, ohne dass Näheres über die Ausführung bekannt wurde.

Um den 15.3.1827 sandte S. T. →Soemmerring G. »ein ausgemahltes Exemplar des Frauenhoferischen prismatischen Spectrums [...] eine der allerwichtigsten Entdeckungen« (EGW 4, 887), zu dem sich G. gegenüber Carl August am 23.3.1827 trotz aller Aversion gegen Fraunhofer lobend äußerte.

Umgekehrt wurde der Naturforscher G. von Fraunhofer offenbar auch nicht geschätzt. Unter dem Datum 5.11.1827 berichtete der Kanzler F. v. Müller von einem Gespräch in München, bei dem »Frauenhofers hartes Urtheil« (Unterhaltungen 171) gegen G.s *Farbenlehre* Gegenstand der Diskussion war, offenbar in einer Rückschau, denn Fraunhofer war zu diesem Zeitpunkt bereits verstorben.

Literatur

Brachner, Alto: Joseph von Fraunhofer, Johann Wolfgang von Goethe, Carl Zeiss. In: Naturwissenschaftliche Rundschau. 41 (1988), 135–140. – Zehe, Horst: »Gott hat die Natur einfältig gemacht, sie aber suchen viel Künste« – Goethes Reaktion auf die Fraunhoferschen Entdeckungen. Berlin, Heidelberg u.a. 1990 (Sitzungsberichte der Heidelberger Akademie der Wissenschaften, math.-naturwiss. Klasse, Abhandl. 7). *WZ*

Freiberg

Die Bergstadt Freiberg im sächsischen Erzgebirge, stark geprägt durch ihren Mineralienreichtum und die Montanwissenschaft, erlebte ihre Glanzzeit, als Abraham Gottlob →Werner 1775 als Inspektor und Lehrer für Mineralogie und Bergbaukunde an die 1765 gegründete Bergakademie berufen wurde. In seiner 40jährigen Tätigkeit hat Werner von Freiberg aus die Geologie als Wissenschaft entscheidend mitgeprägt, in Teilen begründet. Als unbestrittene Autorität seiner Zeit schuf er in Freiberg eine einflussreiche Schule: Die meisten bedeutenden Geologen der Zeit haben dort studiert.

Der als erster Student der Bergakademie immatrikulierte Friedrich Wilhelm Heinrich von →Trebra weckte 1776 bei der Wiederaufnahme des →Ilmenauer Bergbaus G.s Interesse für die Freiberger Montanwissenschaft. Als G. seinem Aufsatz *Zur Kenntnis der böhmischen Gebirge* (in ZNÜ I, 1, 1817) mit dem Abschnitt →*Karlsbad* einen historischen Rückblick beigab, enthielt dieser den Hinweis: »[...] die Akademie in Freiberg wirkte mächtig auf Sachsen, auf Deutschland, unser umsichtige junge *Fürst* [Carl August] hatte Carl Wilhelm *Voigt* dorthin gesandt, um sich theoretisch und praktisch zu solchen Geschäften auszubilden« (FA I, 25, 344).

Nachdem →Voigt bei Werner und →Charpentier in Freiberg studiert hatte, vermittelte er G. durch seine »außerordentlich reine Nomenclatur und eine ausgebreitete Kenntniß des Details« ein genaueres Verständnis der Geologie. »Die Freiberger Akademie verdient wirklich vieles Lob« (an Merck, 11.10.1780). In späteren Jahren hat G. oft den Wunsch geäußert, in Freiberg zu studieren.

Zahlreiche Geologen und Montanwissenschaftler, denen G. begegnete, hatten in Freiberg ihre Ausbildung erhalten, so auch Johann Friedrich Mende, Sachverständiger für Bergwerksmaschinen, der G. am 14./15.8.1786 durch das Schneeberger Bergrevier führte, und sein Schüler Karl Gottfried Baldauf, der 1790 für das Ilmenauer Bergwerk eine Wasserbewältigungsmaschine baute.

Ob G. 1790 bei seiner Rückkehr aus →Schlesien Freiberg (wie geplant) passierte, ist nicht belegt. Ein nachweislicher Besuch fand erst vom 26. bis 28.9.1810 statt, auf der Rückreise von →Teplitz über Dresden. Trebra, der seit 1801 als Oberberghauptmann in Freiberg tätig war, führte G. am 26.9. durch das »Academische Gebäude«, die Bergakademie, sowie durch das »Laboratorium« (Tgb). Am nächsten Tag fuhr G. in die »Grube *beschert Glück*« ein und besichtigte das »Amalgamirwerck«. In seinem Brief an →Reinhard vom 7.10.1810 berichtete G., dass »Freyberg mit seiner unter- und oberirdischen Thätigkeit« ihm eine »sehr erfreuliche und unterhaltende Rückreise« beschert habe. Noch in einem Schreiben an August Friedrich Breithaupt vom 24.5.1827 hoffte G., seinen »Blick auf die Natur«, den er »freylich nur von Zeit zu Zeit in ihre herrlichen Reiche hinwenden kann, neu zu beleben und zu schärfen« und wünschte, sich »in Freyberg einmal wieder an der Quelle [der Mineralien] recht zu erquicken«.

Dass Sigmund August Wolfgang von →Herder, G.s Patenkind, nach Trebras Tod im Jahre 1819 als Vizeberghauptmann und seit 1826 als Oberberghauptmann in Freiberg wirkte, bestärkte G.s Verbindung zu diesem Ort. Zwei Jahre vor seinem Tod gestand G. ihm gegenüber am 28.4.1830: »wenn mich irgend ein Gedanke zu einem Ausflug anwandelt, er vor allem sich nach Freyberg richtet« (vgl. auch an A. v. Herder, 19.1.1831). Auch wenn die Hoffnung, »das gehaltreiche Freyberg zu besuchen«, keine Erfüllung mehr fand, freute sich G. nach wie vor über die (neptunistische) Freiberger Schule, die »sich durch das [vulkanistische] wildgräßliche Gepolter neuester Gebirgsaufwiegelungen [...] nicht im mindesten in Erschütterung bringen ließ« (an A. v. Herder, 21.7.1830).

Die von Herder zusammengestellte Mineraliensendung aus dem Schneeberger Gebiet, angekündigt am 10.11.1830 und eingegangen in Weimar am 28.11.1830, begleitet von einem Katalog, einer kurzen geognostischen Übersicht und einer petrographischen Karte der Gegend von Schneeberg (vgl. LA II, 8B.1, 141–143, M 88), beschäftigte G. laut Tagebuch ab dem 12.5.1831.

Eine weitere Sendung Freiberger Mineralien, bereits am 22.12.1829 von G. bestellt, erreichte ihn am 16.4.1831 (zur Verwechslung der Sendungen vgl. LA II, 8B.1, 735). Am 30.6.1831 teilte G. Graf →Sternberg mit: »Eine unschätzbare, aus beynahe 100 ausgewählten Stücken bestehende Sammlung bezüglich auf *Gangformation*, in Freiberg mit besonderer Gunst zusammengestellt, nöthigt mich zu fortgesetztem Nachdenken über diese Angelegenheit«. Eine Woche vor seinem Tod kam er wieder darauf zurück und berichtete Graf Sternberg davon, »daß ich in der vielleicht niemals ganz aufzuklärenden Geschichte der Gebirgsgänge von Freyberg aus auf das freundlichste bin gefördert worden. Eine reiche Sammlung [...] beschäftigt mich nun fast ein Jahr. Eine Dämmerung von Einsicht [...] scheint mich auch hier weiterzuführen. Das Wunderbarste ist dabey daß das Beste unsrer Überzeugungen nicht in Worte zu fassen ist« (15.3.1832).

Literatur

Baumann, Ludwig, Prescher, Hans und Weber, Wolfgang: Goethes Freiberger Lagerstättensammlung. In: Prescher, Hans (Hg.): Geologen der Goethezeit. Leipzig 1979, 7–39. – Herrmann, Walther: Goethe und Freiberg. In: Ders.: Bergbau und Kultur. Beiträge zur Geschichte des Freiberger Bergbaus und der Bergakademie. Berlin 1953, 61–87 und 108–109. – Ders.: Goethe und Trebra. Freundschaft und Austausch zwischen Weimar und Freiberg. Berlin 1955. – Ders.: Neue Untersuchungen über Goethes Verhältnis zu Trebra. In: GJb. (1965), 119–140. – Ders.: Goethes Verhältnis zur Freiberger Montanwissenschaft. In: GJb. (1973), 186–199. *HO*

»Freitagsgesellschaft«

Die »Freitagsgesellschaft«, ein von G. am 5.7.1791 in Weimar gegründeter und bis Anfang 1797 bestehender Kreis von wissenschaftlich, literarisch und künstlerisch interessierten Vertretern des Bildungsbürgertums, traf sich ab dem 9.9.1791 zunächst am ersten Freitag des Monats (später in unregelmäßigen Abständen) im Wittumspalais der Herzogin Anna Amalia, später auch in G.s Wohnhaus.

Die behandelten Themen reichten von naturwissenschaftlichen Experimenten bis hin zu den jüngsten Werken der Literatur und Geschichte und wurden jeweils von einzelnen Teilnehmern vorgestellt. Auf eine positive Ausprägung von wissenschaftlicher Streitkultur wurde Wert gelegt im Hinblick auf die potentielle Entwicklung neuer Standpunkte. Dazu G. in seiner Eröffnungsrede: »Auch der Streit ist Gemeinschaft, nicht Einsamkeit, und so werden wir selbst durch den Gegensatz hier auf den rechten Weg geführt« (AS 2.1, 199). Mit den Zusammenkünften beabsichtigte G. eine in weitere Kreise wirkende Bildung. Gründungsmitglieder der »Freitagsgesellschaft« waren neben G. der Dichter Christoph Martin Wieland (1733–1813), der Minister Christian Gottlob von →Voigt (1743–1819), der Verleger Friedrich Justin →Bertuch (1747–1822), Johann Gottfried →Herder (1744–1803), der Musiker und Übersetzer Johann Joachim Christoph Bode (1730–1793), Carl Ludwig von →Knebel sowie der Hofapotheker Wilhelm Heinrich Sebastian →Buchholz (1734–1798); weitere, zunächst von den Mitgliedern als Gäste eingeführte Teilnehmer waren u. a. der Mediziner Christoph Wilhelm →Hufeland (1762–1836), der aus der Schweiz nach Weimar gerufene Maler Johann Heinrich →Meyer (1760–1832), der Maler Georg Melchior →Kraus (1737–1806), der Gymnasialdirektor Karl August Böttiger (1760–1835), der in seinen *Literarischen Zuständen und Zeitgenossen* (2 Bde., Leipzig 1838) auch über die »Freitagsgesellschaft« berichtete sowie verschiedene Professoren der Universität Jena, gelegentlich auch der Herzog →Carl August.

Besonderer Erwähnung bedarf die Tatsache, dass G. in der »Freitagsgesellschaft« erstmals vor Publikum in aller Schärfe gegen →Newtons Farbentheorie auftrat. Bereits im Protokoll des ersten Treffens vom 9.9.1791 ist vermerkt: »Endesunterzeichneter [G.] las eine Einleitung in die Lehre des Lichts und der Farben« (BG 3, 390), über die sich Böttiger prompt herablassend äußerte (vgl. EGW 4, 274). Über die Fortsetzung am 4.11.1791 notierte dieser: »Er [G.] erklärte sich hier im kleinern Zirkel grade zu gegen Newtons Farbentheorie, die durch seine Versuche ganz umgeworfen wird [...]« (BG 3, 400).

Auch über Botanik sprach G. in der »Freitagsgesellschaft«, indem er am 2.3.1792 Passagen aus dem erst 1797 in Wien erschienenen Lehrgedicht *Hymnus an die Flora* des →Linné-Schülers Karl Emil Freiherr von der Lühe vortrug (vgl. ebd. 414).

Vgl. auch den Artikel in GHB. 4.1, 323–325.

Literatur

Dreyer, Kirsten: Die Salons der Romantik in Weimar und Berlin. In: Henningsen, Bernd (Hg.): Wahlverwandtschaft. Skandinavien und Deutschland 1800–1914. Berlin 1997, 280f. *CS*

Fries, Jakob Friedrich (1773–1843)

Der Philosoph und Naturforscher, 1801 Privatdozent in Jena, lehrte dort als Professor der Philosophie 1805 nur kurz, bevor er auf eine Professur für Philosophie und Elementarmathematik nach Heidelberg wechselte. Von dort kehrte er 1816 nach Jena zurück, wo er 1818 wegen der Teilnahme am Wartburgfest (1817) seines Amtes enthoben wurde, bevor er 1824 erneut eine Professur (für Mathematik und Physik) erhielt.

Fries hatte 1810 eine Rezension zu G.s *Farbenlehre* verfasst (*Heidelbergische Jahrbücher* 1810, IV. Abt., 7. Heft, 289–307), die zwar nicht durchweg negativ erscheint, dennoch aber deutlich die Partei →Newtons ergriff und G. als Irrenden sah. Dieser reihte Fries daraufhin in die Liste seiner »Widersacher« (FA I, 25, 757) ein. Daher verwundert es zunächst, wenn sich G. zur Rückkehr von Fries nach Jena gegenüber C. G. v. →Voigt am 21.4.1816 zustimmend äußerte: »Friesens Berufung muß ich sehr billigen«. Doch schien Fries G. offenbar nur das kleinere Übel unter den verschiedenen Kandidaten zu sein: »Ich habe zwar nichts mit ihnen zu verkehren, ja sie sind meine Widersacher, ich will aber doch ihre Wirksamkeit lieber in der Nähe haben, als die der andern Seite [→Schelling], der ich viel näher stehe, deren dunkles, grenzenloses Treiben aber mir höchst zuwider ist«.

S.→Boisserée hatte G. am 9.10.1816 auf »das anmaßende hie und da in eine heuchlerische Wahrheitsliebe versteckte seichte Gerede von Fries« hingewiesen, das in Heidelberg »eine vollkommen ungünstige Würkung bei allen unbefangenen gemacht« habe (EGW 4, 716).

Erst 1827 finden sich wieder dezidierte Urteile G.s über Fries, nachdem er am 28.11.1826 dessen *Lehrbuch der Naturlehre. Zum Gebrauch bey akademischen Vorlesungen. Theil 1: Experimentalphysik* (Jena 1826) aus der Weimarer Bibliothek entliehen hatte. Das Herzog →Carl August gewidmete Werk, von dem kein weiterer Teil erschienen ist, wurde bereits bei der Lektüre am 1.2.1827 als »Friesens Absurditäten« gekennzeichnet. Ausführlicher fiel das Urteil gegenüber →Zelter am 29.3.1827 aus: »Man sehe die Lehre von Licht und Farbe, wie sie vor meinen sichtlichen Augen Professor Fries in Jena vorträgt; es ist die Hererzählung von Übereilungen, deren man sich seit mehr als hundert Jahren im Erklären und Theoretisiren schuldig macht. Hierüber mag ich öffentlich nichts mehr sagen [...]«. In einem nicht abgesandten Brief an den gleichen Adressaten (nach 21.6.1827) ist »Professor Fries« derjenige, »der in Jena den alten Newtonischen Unsinn noch immer fortlehrt [...]«.

Obwohl Fries G. gelegentlich besuchte (1805, 1817, 1824, 1829), war das Verhältnis aufgrund der genannten Konfliktpunkte distanziert und kühl. *WZ*

Froriep, Ludwig Friedrich (seit 1810: von) (1779–1847)

Der Arzt, Hochschullehrer und spätere Verleger wurde nach dem Studium der Medizin in Jena (Promotion 1799) 1801 Privatdozent und stellvertretender Direktor des dortigen privaten Instituts für Geburtshilfe und 1802 außerordentlicher Professor an der Universität Jena. Am 29.4.1801 heiratete er in Weimar Charlotte Bertuch (1779–1839), die Tochter des Verlegers und Industriellen Friedrich Justin →Bertuch.

1804 nahm Froriep den Ruf auf die Professur für Geburtshilfe an die Universität Halle an, nach deren Auflösung durch Napoleon (1806) war er dort als praktischer Arzt tätig. 1808 wurde Froriep Professor für Chirurgie und Geburtshilfe an der Universität Tübingen (ab 1810 auch Lehrer im Fach Anatomie). Ab 1814 Leibarzt Friedrichs I., König von Württemberg, schied Froriep nach dessen Tod 1816 aus württembergischen Diensten aus.

Der Wechsel nach Weimar im gleichen Jahr sollte seinen Schwiegervater Bertuch, den Leiter des Landes-Industrie-Comptoirs, entlasten. Froriep wurde dessen Teilhaber und ab 1818 Direktor des Comptoirs; in dieser Funktion initiierte er zahlreiche naturwissenschaftliche und medizinische Reihenwerke. In Weimar trat er als Sachsen-Weimarischer Obermedizinalrat in die Führung des Gesundheitswesens des Großherzogtums ein.

Froriep war bekannt als Anhänger der Schädellehre Franz Joseph →Galls. Seine diesbezügliche Schrift *Darstellung der neuen, auf Untersuchungen der Verrichtungen des Gehirns gegründeten, Theorie der Physiognomik des Hn. Dr. Gall in Wien* (Weimar 1801) befand sich neben zwei weiteren Arbeiten in G.s Bibliothek (vgl. Ruppert 4567–4569).

In Weimar war Froriep zwar häufig Gast bei G., das Verhältnis scheint jedoch eher oberflächlicher und konventioneller Natur gewesen zu sein und beschränkte sich auf geschäftliche Kontakte. Einige Beispiele:

Am 9.12.1817 trat G. mit Froriep in Kontakt hinsichtlich einer geplanten Tafel, um nach dem Muster von G.s *Höhen der alten und neuen Welt bildlich verglichen* (1813) »Howards Lehre von den Wolken-Formen höchst anschaulich darzustellen, auch geognostische Probleme bequem vor's Auge zu bringen«.

Zwischen Dezember 1820 und März 1821 kam es zu einem Austausch über Christian Kefersteins Kartenprojekt *Teutschland, geognostisch-geologisch dargestellt*, zu dem G. Vorschläge für die Farbgestaltung unterbreiten sollte (→Keferstein, Christian).

Den Leiter der →Jenaer Sternwarte, Johann Friedrich →Posselt, verwies G. gelegentlich an Froriep, um die Darstellung der meteorologischen Daten aus Sachsen-Weimar-Eisenach in den *Notizen aus dem Gebiete der Natur- und Heilkunde* abzuklären (vgl. z.B. an Posselt, 20.5.1821). In dieser von Froriep herausgegebenen Zeitschrift erschienen zwischen 1822 und 1825 die Beobachtungsergebnisse der meteorologischen Stationen des Messnetzes Sachsen-Weimar-Eisenach (vgl. dazu Ludwig Schrön: *Die meteorologischen Anstalten des Großherzogtums Sachsen-Weimar-Eisenach*, 1824; LA I, 8, 421 f.). Posselt wiederum versandte Belegexemplare an Interessenten (vgl. Posselt an G., 20.6.1822).

1827 plante G. erneut, eine neue Darstellung der Howardschen →Wolkenformen zu liefern und sich deswegen »mit Herrn v. Froriep zu associiren« (an Graf Sternberg, 27.11.1827), ein Plan, der nicht mehr ausgeführt wurde. *EN/ZA*

Frosch

Auf den 30.3.1797 ist eine zu G.s Lebzeiten nicht publizierte Niederschrift datiert, die den Titel *Eingeweide des Frosches* trägt und ein vergleichendes Sektionsprotokoll eines männlichen und eines weiblichen Frosches darstellt (vgl. FA I, 24, 341 f.). Das Tagebuch vermerkt entsprechende Arbeiten am 9.3.1797, und eine nicht näher datierbare Notiz aus den 1790er Jahren belegt, dass G. auch A. J. Rösel von Rosenhofs *Historia naturalis ranarum nostratium oder: die natürliche Historie der Frösche hiesigen Landes* (Nürnberg 1758) kannte. G. erweist sich hier als praktischer Empiriker, der neben der Beobachtung und Beschreibung der Präparate auch mikroskopische Befunde erhob und chemische Experimente durchführte. *WZ*

Galen, Galenos von Pergamon (um 129–um 216)

Der vorwiegend in Rom tätige griechische Arzt, Anatom und medizinische Schriftsteller (lat. Galenus, in frühneuzeitlichen Drucken auch Galienus) stammte aus dem damals griechischen Pergamon (heute Bergama, Türkei) und wurde zunächst von seinem Vater, dem Architekten Nikon, in der aristotelischen Philosophie, in Mathematik und Naturlehre unterrichtet. Daran schloss sich ein Studium der Medizin in Pergamon, Smyrna (heute Izmir) und schließlich in Alexandria an. Hier hatte Galen Gelegenheit, die am Skelett betriebene Anatomie des menschlichen Körpers zu studieren. Aufgrund seiner guten Reputation als Arzt in den führenden Kreisen der römischen Gesellschaft entwickelten sich Beziehungen zum Kaiserhof. Als wissenschaftliche Autorität wurde Galen aufgrund öffentlicher Sektionen und literarisch ausgetragener Kontroversen berühmt, seine außerordentlich fruchtbare Tätigkeit als Schriftsteller erstreckte sich bis ins hohe Lebensalter und umfasste anatomische und physiologische Themenkreise sowie Pharmakologie, Diätetik, Krankheitslehre und -therapie.

Auf die Medizin der Folgezeit übte Galen einen nachhaltigen Einfluss aus. Seine Schriften wurden jedoch wegen der umständlichen Gelehrsamkeit weniger als praxisnahe Nachschlagewerke, sondern vielmehr als Quellenwerke genutzt, aus denen die Nachfolger Material in Form von Exzerpten entnahmen. Galens Gesamtwerk wurde zuerst in lateinischer Sprache (Venedig 1490) herausgegeben, die Werkausgabe des griechischen Textes erschien 1525 ebenfalls in Venedig.

G. beschäftigte sich mit Galen im Rahmen seiner osteologisch-anatomischen Studien. In der Abhandlung über den →Zwischenkieferknochen (1784) schrieb er: »Die Alten kannten schon diesen Knochen« (FA I, 24, 16) und verwies in der zugehörigen Anmerkung auf Galens Buch *De ossibus*, das in der Ausgabe Helmstedt 1599 in der Weimarer Bibliothek vorhanden war. Bereits am 14.11.1781 hatte G. von Charlotte von →Stein »das Lateinische Büchel in Oktav« erbeten, vermutlich Galens Schrift, in der G. im dritten Kapitel eine Darstellung der Knochen des Oberkiefers finden konnte, die allerdings an Tierschädeln gewonnen worden war.

Als G. 1819 die Publikation seines Zwischenkieferaufsatzes in den Heften *Zur Morphologie* (I, 2, 1820) vorbereitete, setzte er sich erneut mit Galen auseinander: »Galen: De ossibus. Hierauf bezügliche Manuscripte aus früherer Zeit«. – »John am Zwischenknochen dictirt. [...] Galen de ossibus. [...] Die osteologischen Studien fortgesetzt« (Tgb, 1. und 2.12.1819).

Zugleich entlieh G. eine lateinische Werkausgabe Galens (Basel 1592) und *De ossibus* in der Ausgabe Frankfurt am Main 1630 aus der Weimarer Bibliothek (vgl. Keudell 1276 f.).

In den *Auszügen aus alten und neuen Schriften*, die er nun seinem Aufsatz als Anhang beigab, behandelte G. Galen ausführlich, zunächst kritisch: »Galens Büchlein von den Knochen ist, wenn man es auch noch so ernstlich angreift, für uns schwer zu lesen und zu nutzen; man kann ihm zwar eine sinnliche Anschauung nicht ableugnen; das Skelett wird zu unmittelbarer Besichtigung vorgezeigt, aber wir vermissen einen durchdachten methodischen Vortrag« (FA I, 24, 476). Dennoch sah G. in Galen einen Vorläufer, der die Existenz eines Zwischenkiefers beim Menschen anerkannt habe; ihm war entscheidend, »daß Galen bei Beschreibung des Schädels, und zwar offenbar des Menschenschädels, unsres Zwischenknochens gedenkt« (ebd.). Dass Galen den Zwischenkieferknochen gekannt habe, schien G. nach den Quellen unstrittig, doch letzten Endes räumte er seine Unsicherheit ein: »ob er aber solchen am Menschen gesehen wird wohl immer zweifelhaft bleiben« (ebd.).

Bei der Arbeit zu seiner Rezension von Étienne →Geoffroy Saint-Hilaires *Principes de Philosophie zoologique* zog G. am 6.9.1830 erneut Galen heran, speziell sein Werk *De usu partium corporis humani* (vgl. dazu LA II, 10B.1, 583 und 726). *EN*

Galilei, Galileo (1564–1642)

Der Professor der Mathematik und Physik an den Universitäten in Pisa (ab 1589) und Padua (ab 1592), ab 1610 am Hofe Cosimos II. in Florenz, wurde 1633 wegen der Befürwortung des Kopernikanischen Weltsystems von der Inquisition in Rom verhört und verurteilt.

Am Beginn des kurzen Kapitels zu Galilei im historischen Teil der *Farbenlehre* (FA I, 23.1, 689 f.; auch 709, 717, 732, 808, 1052) gestand G.: »Wir nennen diesen Namen mehr um unsere Blätter damit zu zieren, als weil sich der vorzügliche Mann mit unserm Fache beschäftigt« (ebd. 689). Er galt G. als Beweis, »daß dem Genie Ein Fall für tausend gelte [...]. Alles kommt in der Wissenschaft auf das an, was man ein Aperçu nennt, auf ein Gewahrwerden dessen, was eigentlich den Erscheinungen zum Grunde liegt« (ebd.).

G.s Bemerkungen gehen nicht auf die Lektüre von Originalschriften, sondern auf das Studium der am 18.3.1809 aus der Weimarer Bibliothek entliehenen Galilei-Biographie von C. J. Jagemann (*Geschichte des Lebens und der Schriften des Galileo Galilei*, Weimar 1783) zurück, das für den 18. bis 20.3.1809 im Tagebuch belegt ist.

Erst am 24. und 27.6.1831 las G. erstmals direkt in Galileis Werken, »höchst bewundernd womit und auf welche Weise man sich damals beschäftigte«. Den Band mit den astronomischen Werken *Systema cosmicum* und *Tractatus de motus* (Leiden 1699) hatte er ebenfalls aus der Weimarer Bibliothek entliehen.

In den physikalischen Vorträgen aus dem Jahr 1805 wurde Galilei unter dem 27.11. im Zusammenhang mit seinen Arbeiten zum begrenzten Anstieg von Flüssigkeitssäulen (Diskussion um den ›horror vacui‹) genannt (vgl. FA I, 25, 163).

In seinem Aufsatz *Erfinden und Entdecken* berichtete G. von Galileis Methode, Entdeckungen in sofort publizierten Anagrammen (Buchstabenversetzrätseln) niederzulegen, um sich auf diese Weise die Priorität zu sichern (vgl. ebd. 38).

Literatur

Hennig, John: Goethes Kenntnis von Schriften italienischer Philosophen. In: Kant-Studien. 72 (1981), 490–494. *WZ*

Gall, Franz Joseph (1758–1828)

In einem verworfenen Titelentwurf von 1806 sprach G. von der »Gallischen Epoche« (LA II, 9B, 66, M 52), wobei ungeklärt ist, ob er damit auf die französische Besetzung von Weimar oder auf Galls Schädellehre – oft auch als Phrenologie bezeichnet – anspielte, die seit 1804 größeres Interesse bei ihm beanspruchte. Der Schädel- und Gehirnforscher Gall nahm an, dass man aus Vertiefungen und Erhöhungen der Schädelknochen seelische und geistige Qualitäten, letztlich den Charakter eines Menschen ablesen könne. Seine Argumentation ähnelte den früheren physiognomischen Thesen →Lavaters, für die G. zeitweise aufgeschlossen war. Gall versuchte seine umstrittenen Thesen auf einer ausgedehnten Vortragsreise durch Europa in den Jahren 1805 bis 1807 populär zu machen. Dabei traf er in Halle im Hause des Altphilologen F. A. Wolf mit G. zusammen, der sich zwischen dem 8. und 22.7.1805 in Halle aufhielt. G. hörte dort nicht nur Galls Vorlesungen über das menschliche Gehirn, Letzterer bemühte sich sogar, als G. erkrankte, zu anatomischen Demonstrationen an dessen Krankenbett. Auf der Weiterreise machte Gall bis Mitte August 1805 auch in Jena und Weimar Station (dazu Oehler-Klein 54 ff.), während G. – »jetzt [...] ein gewaltiger Patron von Galls Sätzen« (Froriep an Bertuch, 19.7.1805; LA II, 9B, 235) – sich nach Lauchstädt begab.

In den *Tag- und Jahresheften* von 1805 hat G. außergewöhnlich umfangreich über den Besuch Galls in Halle berichtet; wichtige Passagen lauten: »Seine Lehre mußte gleich so wie sie bekannt zu werden anfing, mir dem ersten Anblicke nach zusagen. Ich war gewohnt das Gehirn von der vergleichenden Anatomie her zu betrachten [...]. Man konnte den Mord-, Raub- und Diebsinn so gut als die Kinder-, Freundes- und Menschenliebe unter allgemeinere Rubriken begreifen und also gar wohl gewisse Tendenzen mit dem Vorwalten gewisser Organe in Bezug setzen. [...] Bei'm Anfang seiner Vorträge brachte er einiges die Metamorphose der Pflanze Berührendes zur Sprache, [...] zu verwundern war es, daß er, ob er gleich diese Analogie gefühlt haben mußte, in der Folge nicht wieder darauf zurück kam, da doch diese Idee gar wohl durch sein ganzes Geschäft hätte walten können. Außer diesen öffentlichen, vorzüglich craniologischen Belehrungen entfaltete er privatim das Gehirn selbst vor unsern Augen, wodurch denn meine Theilnahme sich steigerte. Denn das Gehirn bleibt immer der Grund und daher das Hauptaugenmerk, da es sich nicht nach der Hirnschale, sondern diese nach jenem zu richten hat [...]. Galls Vortrag durfte man wohl als den Gipfel vergleichender Anatomie anerkennen, [...] stand doch alles mit dem Rückenmark in solchem Bezug, daß dem Geist vollkommene Freiheit blieb sich nach seiner Art diese Geheimnisse auszulegen. Auf alle Weise war die Gallische Entfaltung des Gehirns in einem höheren Sinne als jene in der Schule hergebrachte [...]. Doctor Gall war in der Gesellschaft, die mich so freundlich aufgenommen hatte, gleichfalls mit eingeschlossen, und so sahen wir uns täglich, fast stündlich, und das Gespräch hielt sich immer in dem Kreise seiner bewundernswürdigen Beobachtung; er scherzte über uns alle und behauptete, meinem Stirnbau zufolge: ich könne den Mund nicht aufthun, ohne einen Tropus auszusprechen; worauf er mich denn freilich jeden Augenblick ertappen konnte. Mein ganzes Wesen betrachtet, versicherte er ganz ernstlich, daß ich eigentlich zum Volksredner geboren sei. Dergleichen gab nun zu allerlei scherzhaften Bezügen Gelegenheit, und ich mußte es gelten lassen, daß man mich mit Chrysostomus in Eine Reihe zu setzen beliebte«. (Zeugnisse, die G.s Besuch der Gallschen Vorlesungen thematisieren, sind in LA II, 9B, 232–235 abgedruckt.) N. →Meyer, der als Medizinstudent in Jena mit G. verkehrt hatte, trat an diesen am 23.7.1805 heran, um Gall für Vorträge in Bremen zu gewinnen (vgl. ebd. 235).

Bereits am 18.11.1800 hatte F. J. J. →Bertuch an seinen späteren Schwiegersohn L. F. →Froriep, der über Gall publizierte, geschrieben, dass diese Veröffentlichungen »auf Goethe Sensation« machten (LA II, 9B, 175). Zweimal lehnte G. Lustspiele, die sich polemisch mit Galls 1801 zeitweise als religionsgefährdend verbotener Lehre befassten, für das Weimarer Theater ab, 1803 den *Schädelkenner* von J. J. Willemer (vgl. an Willemer, 24.1.1803), 1805 vermutlich *Die Schädellehre* von Karl Stein (vgl. an Eichstädt, 16.11.1805). Gegenüber Willemer betonte G., dass er »nicht gern die Gallische wunderliche Lehre [...] dem Gelächter Preis geben« wolle. Am 23.2.1807 sah er dagegen ohne Einwände die Komödie *Die Organe des Gehirns* des mit Gall befreundeten A. v. Kotzebue.

Auch in G.s engerem Umfeld wurde Galls Lehre bei Laien und Fachleuten kontrovers aufgenommen. H. Voß berichtete G. am 31.7.1805 über den Weimarer Barbier Stichling, der Gall mit dem berühmten →Galen verglich und ihn für »noch größer« hielt (ebd. 236). Unter den Fachgelehrten traten Froriep in Weimar, J. C. v. →Loder in Jena und J. C. →Reil in Halle für Gall ein.

C. A. Vulpius, Christianes Bruder, sah in Gall »wirklich ein bißchen Charlatan mit unter« (an N. Meyer, 30.8.1805; LA II, 9B, 239). In Halle bezog H. →Steffens (vgl. Loder an Böttiger, 1.8.1805; ebd. 236), in Jena F. J. →Schelver (vgl. C. G. Voigt an G., 8.8.1805; ebd. 237) gegen Gall Position. Auch Herzog →Carl August konnte sich an Galls

Methode »noch gar nicht gewöhnen« (an G., 13.8.1805; Wahl 1, 337), während Ch. v. →Stein »ergötzt« war und die »Bemerkungen und Erfahrungen [...] sehr interessant« fand, »wenn auch vielleicht die Schlüsse falsch wären« (an F. v. Stein, 20.8.1805; LA II, 9B, 238).

Einen undatierten Entwurf zu *Gall* (vgl. FA I, 24, 385), der vielleicht auf einem persönlichen Gespräch beruht, schrieb G. möglicherweise für einen Artikel in der JALZ. Über eine negative Besprechung von Galls Lehre in dieser Zeitung (vom 25./26.3.1806) durch K. A. Rudolphi zeigte er sich außerordentlich verärgert (vgl. an Eichstädt, 12.4.1806).

Anlässlich eines Besuchs Galls in Weimar am 16./17.10.1807 ließ sich G. für dessen Sammlung durch K. G. Weißer eine Gesichtsmaske abnehmen.

Noch am 8.3.1830 schrieb G. an D. d'Angers: »Den physiologischen und kraniologischen Lehren Lavaters und Galls nicht abgeneigt, fühl ich das lebhafteste Bedürfniß, solche Personen, deren Verdienste mir auf irgend eine Weise bekannt geworden, auch individuell im Bilde näher kennen zu lernen und die Gestalt mit dem Werke, mit der That vergleichen zu können«.

Literatur

Möbius, Paul Julius: Goethe und Gall. In: Ders.: Ausgewählte Werke. Bd. 3. (= Goethe, Bd. 2). Leipzig 1903, 209–260. – Oehler-Klein, Sigrid: Theoretische Auseinandersetzung mit der Lehre Galls in der Goethezeit. In: Dies.: Die Schädellehre Franz Joseph Galls in Literatur und Kritik des 19. Jahrhunderts. Stuttgart, New York 1990 (Soemmerring-Forschungen 8), 211–256. – Schneider, Manfred: Die Lesbarkeit des Schädels. Lesarten bei Gall, Hegel, Goethe. In: Schmidt, Dietmar (Hg.): Körper-Topoi: Sagbarkeit, Sichtbarkeit, Wissen. Weimar 2002, 209–223. *ZA*

Galvanismus

Als Alessandro Giuseppe Volta (1745–1827) den Begriff »Galvanismus« schuf, bezog er sich dabei auf die zufällige Entdeckung des italienischen Anatomen Luigi Galvani (1737–1798), der zwischen 1780 und 1790 an Froschpräparaten die Kontraktion von Muskeln unter dem Einfluss von Metallen beobachtet hatte. Galvani erkannte, dass für die Auslösung eines Muskelzuckens die Berührung der Muskeln oder Nerven mit einem Bogen aus zwei verschiedenen Metallen entscheidend war. Als Mediziner ging er irrigerweise davon aus, die Quelle der Elektrizität in das tierische Gewebe zu legen, den Muskel als eine Form von Kondensator anzusehen. Die Befunde publizierte Galvani 1792 in der Schrift *De viribus electricitatis in motu musculari commentarius*, deren deutsche Übersetzung *Abhandlung über die Kräfte der thierischen Elektrizität auf die Bewegung der Muskeln* (Prag 1793) G. sofort nach Erscheinen erwarb (vgl. Ruppert 4581). Volta zeigte wenige Jahre später, dass die verschiedenen Metalle im Medium einer leitenden Flüssigkeit die nachzuweisende Elektrizität produzierten.

Die romantische Naturphilosophie sah in galvanischen Phänomenen den Hinweis auf eine aller lebendigen Natur innewohnende ›Lebenskraft‹ in der spekulativen Einheit von Materie und Geist. Mit Ausnahme einiger galvanischer Experimente, die G. am 22. und 31.1. sowie am 7.2.1806 in der →»Mittwochsgesellschaft« vorführte, trat er selbst nie mit Beiträgen zum Galvanismus an die Öffentlichkeit. Umso mehr diskutierte er hingegen die Bedeutung des Galvanismus mit Alexander von →Humboldt (vgl. G.s Tgb vom 3., 5., 6. und 8.3.1797), der unter den *Aphorismen aus der chemischen Physiologie der Pflanzen* (1794) auf der Suche nach der ›Lebenskraft‹ galvanische und chemisch-physiologische Experimente angeführt hatte. G. war es schließlich, der Humboldt zur Publikation derselben in dessen Werk *Versuche über die gereizte Muskel- und Nervenfaser* (2 Bde., 1797) bewog.

Weitere galvanische Experimente unternahm G. 1800/1801 mit dem Jenaer Naturphilosophen Johann Wilhelm →Ritter, der 1798 den *Beweis, daß ein beständiger Galvanismus den Lebensproceß in dem Thierreich begleite* vorgelegt hatte, sowie 1802 mit dem Physikprofessor Ludwig Wilhelm →Gilbert in →Halle (→Physik).

Literatur

Richards, Robert: The Romantic conception of life. Science and philosophy in the age of Goethe. Chicago 2002, 317. – Seyffer, Otto Ernst Julius: Geschichtliche Darstellung des Galvanismus. Stuttgart, Tübingen 1848. *CS*

Ganglehre

Der bergmännische Ausdruck »Gang« bezeichnet eine mit Erzen oder Mineralien ausgefüllte Spalte im Gestein. Über die Entstehung von Gängen, wie sie z. B. in den G. bekannten Gruben von →Clausthal und Zellerfeld ausgebeutet wurden, bestand in der G.zeit kein Konsens, obwohl diese für den →Bergbau von großer praktischer Bedeutung war. Manche Bergfachleute glaubten an eine Entstehung und Füllung der Gänge von unten her. 1791 nahm A. G. →Werner in seiner *Neuen Theorie von der Entstehung der Gänge* hingegen an, dass Gänge einst offene Spalten waren, die nachträglich von oben her ausgefüllt worden seien und somit nach unten hin auskeilten. Ende 1799 las G. die *Beob-*

achtungen über die Lagerstätten der Erze, hauptsächlich aus den sächsischen Gebirgen von Johann Friedrich Wilhelm von Charpentier und schloss sich der von dem sächsischen Geologen aufgestellten Hypothese an, wonach die Erze und Ganggesteine fast gleichzeitig mit dem Nebengestein durch chemische Umwandlungen entstanden seien.

Ab 1815 befasste sich G. zunehmend mit der Frage nach der Entstehung der Gänge. Am 23.7.1815 fand er auf einer Exkursion bei Obernhof im Lahntal Tonschieferplatten, die von schmalen Quarzgängen durchsetzt waren (vgl. LA I, 2, Taf. II). Er beschrieb sie 1817 in den Aufzeichnungen *Zur Lehre von den Gängen* und im 1824 publizierten Aufsatz *Gebirgs-Gestaltung im Ganzen und Einzelnen* (ZNÜ II, 2). Im Alter sah G. bei der Gesteinsbildung immer mehr das Simultane gegenüber dem Sukzessiven vorherrschen, womit er auch die Entstehung von →Breccien erklärte; für ihn waren die Gänge deshalb während der »Solideszenz« (→Erstarrung) des Gesteins entstanden und nicht nachher. In der oft beobachtbaren Verwerfung der Gänge sah er eine »Verrückung« und vermutete eine Analogie zur Brechung des Lichts. Im November 1830 erhielt G. eine Anfrage von Oberberghauptmann S. A. W. →Herder, der einen tief liegenden Stollen von Meißen her in den Untergrund von →Freiberg treiben wollte und dafür G.s Meinung zur Natur der Gänge erbat (vgl. LA II, 8B.1, 714ff.); dieser antwortete am 7.6.1831 ausweichend und verwies auf mündliche Mitteilung. Vom 10.6.1831 an studierte G. immer wieder die Sammlung zu den Gangformationen, die ihm im Frühjahr aus Freiberg zugekommen war. Auch im Briefwechsel mit K. M. v. →Sternberg blieb er in dieser Frage zurückhaltend. Am 15.3.1832 schrieb ihm G. zur Ganglehre, »daß das Beste unserer Überzeugungen nicht in Worte zu fassen ist«.

Literatur

Boehm, Albert: Der Anteil des Bergbaus an Goethes naturwissenschaftlicher Forschungsarbeit. In: Zs. für das Berg-, Hütten- und Salinenwesen im Preußischen Staate. 80 (1932), B 257-B 270. – Serlo, Walter: Auf den Spuren Goethes im Bergbau an der Lahn. In: Zs. für das Berg-, Hütten- und Salinenwesen im Preußischen Staate. 80 (1932), B 270-B 274. *WY*

Garten/Gärten

Am 26.4.1776 erwarb G. mit dem Haus (›Gartenhaus‹) und dem Grundstück im Ilmtal sein erstes eigenes Besitztum in Weimar (vgl. auch Tgb, 21.4.1776); für die Finanzierung sorgte Herzog →Carl August. Sofort begann G., den verwilderten Garten umzugestalten. Vor dem Hause, hangabwärts, entstand der Nutzgarten. Auf den Beeten gediehen unter anderem Spargel, Salat, Bohnen, Kartoffeln und Erdbeeren. Die Rabatten waren mit Rosen, Malven, Reseda, Nelken und anderen Blumen bepflanzt.

Hinter dem Haus, hangaufwärts, erstreckte sich der ›englische‹ Garten, den geschlängelte Wege, Laub- und Nadelholzpartien sowie verschiedene Ruheplätze charakterisierten. In nördlicher Richtung schloss sich eine große Obstwiese an.

Am 5.4.1777 wurde auf dem Rondell am Ende des Hauptweges ›agathe tyche‹, der ›Stein des guten Glücks‹, errichtet. Im Herbst 1782 ließ G. auf dem oberen Sitzplatz am Hang eine Steintafel mit dem Epigramm »Hier gedachte still ein Liebender seiner Geliebten [...]« anbringen. Auch nach dem Umzug in die Stadt im Sommer 1782 verblieb der ›untere Garten‹ in G.s Eigentum. Noch 1830 ließ er die klassizistischen weißen Gartentore anfertigen und das Pflaster aus Saalekieseln legen.

1792 kaufte G. das Haus am Frauenplan, das er zuvor als Mieter bewohnt hatte. Es wurde ihm, Christiane Vulpius und Sohn August zum gemeinsamen Heim. Damals war der Hausgarten kleiner als heute. Der östliche Teil mit dem Pavillon, der später G.s Gesteinssammlung aufnahm, wurde erst 1817 hinzu erworben. Die Zusammenlegung beider Gärten bedingte einige gestalterische Veränderungen, wobei die traditionelle Form des Hausgartens mit den sich kreuzenden geraden Wegen beibehalten wurde. Anfangs vom Hausherrn als botanisches Versuchs- und Beobachtungsfeld genutzt – so 1794 für Anpflanzungen nach dem natürlichen System von →Jussieu, dem G. gegenüber dem künstlichen von →Linné den Vorzug gab –, wurden die Beete später von Christiane bewirtschaftet. Sie baute, um den großen Hausstand zu versorgen, Gemüse an und zog Obstbäume, Beerensträucher und Weinstöcke. Die Wege wurden von Blumenrabatten gesäumt.

Vgl. auch den Artikel in GHB. 4.1, 334–336.

Literatur

Aepfler, Gertraut und Ahrendt, Dorothee: Goethes Gärten in Weimar. Leipzig 1994. – Bode, Wilhelm: Goethes Leben im Garten am Stern. Berlin 1920.

AH

Gauß, Carl Friedrich (1777–1855)

Obwohl 1819 mit J. F. →Posselt ein Gauß-Schüler mit der Leitung der →Sternwarte in Jena betraut wurde, hatte G. zu dem herausragenden Mathematiker, Physiker und Astronomen selbst, der ab 1807 Direktor der Sternwarte in →Göttingen war, keinerlei Kontakte – und beide scheinen sie bewusst vermieden zu haben.

N. →Meyer, den G. am 6.9.1803 gebeten hatte, sich nach Rezensenten für die neu gegründete JALZ umzusehen, verwies G. am 23.9.1803 auf eine Empfehlung des Astronomen H. W. Olbers, man solle sich an Gauß wenden; »dieser werde für den Arithmetischen Theil alles leisten, was man wünschen könne« (G–N. Meyer 111). Zu einer Mitarbeit von Gauß an der JALZ kam es aber nicht.

G. Sartorius, der für G. die Reaktionen auf seine *Farbenlehre* in Göttingen registrieren sollte, schrieb bereits am 8.4.1810, vor Erscheinen des Werks: »Die Mathematiker stehn bereits in voller Rüstung [...]« (EGW 4, 577). Am 6.8.1810, als G.s Werk schon fast drei Monate vorlag, berichtete er: »Unsere hiesigen Schützen halten sich aber bis jetzt ganz still [...]; das aber können Sie als sicher annehmen, daß alle Mathematiker Banditen-Gesinnungen hegen« (ebd. 598). Gauß, der führende Göttinger Mathematiker, auf →Newtons Seite stehend und in seinem Verhältnis zur Mathematik geradezu eine Antipode G.s, ließ sich zu keiner Stellungnahme verleiten; er ignorierte die *Farbenlehre*, die sich in seiner Bibliothek befand, und bot G. somit keinerlei Angriffspunkt.

K. B. →Mollweide, der anonym eine äußerst kritische Rezension zu G.s *Farbenlehre* in der ALZ publiziert hatte (30–32, 29.–31.1.1811), äußerte am 11.4.1811 gegenüber Gauß den Wunsch, dass sie seinen »Beifall haben möge« (LA II, 5B.1, 485). B. v. →Lindenau, ab 1808 Nachfolger →Zachs auf der Gothaer Sternwarte, unterrichtete Gauß zweimal, am 9.6.1810 und 10.6.1817, von seiner ablehnenden Haltung gegenüber G.s *Farbenlehre* (vgl. Biermann 207, Anm. 56; dort mit der Datierung des ersten Briefes auf 9.6.1809). In beiden Fällen sind keine Antworten von Gauß überliefert.

Am 13.10.1819 berichtete Posselt seinem Lehrer Gauß, dass G. »den Newton fast immer falsch verstanden hat, wo es auch nur auf die kleinste Quantität Mathematik ankommt« (ebd. 879).

Literatur

Biermann, Kurt-Reinhard: Gauß und Goethe. Versuch einer Interpretation ausgebliebener Begegnung. In: GJb. (1975), 195–219. *WZ*

Gautier (auch Gauthier) d'Agoty, Jacques Fabien (um 1717–1785)

Der französische Maler, Kupferstecher, Anatom und Physiker war Schüler von Christophe le Blond, dem Erfinder des Vierfarbendrucks. G.s Interesse richtete sich vor allem auf seine, auf Erfahrungen im Farbdruck basierenden polemischen Schriften gegen →Newton, die ihn zu einem Gleichgesinnten und Vorläufer G.s machten, so dass dieser ihm schließlich im historischen Teil seiner *Farbenlehre* ein umfangreiches Kapitel widmete (FA I, 23.1, 886–893, auch 894, 931, 1054). Dort bescheinigte G. Gautier d'Agoty, dass er ihm »gar manches schuldig geworden« sei und dass er sich freue, »sein Andenken, obgleich spät, zu rehabilitieren« (ebd. 893).

Am 7.2.1798 wandte sich G. an A. v. →Humboldt in Paris, mit der Bitte, ihm das in Deutschland nicht erhältliche Werk Gautier d'Agotys *Chroa-génésie ou génération des couleurs, contre le système de Newton* (2 Bde., Paris 1750/1751; Nebentitel: *Nouveau système de l'univers. Sous le titre de chroa-génésie [...])* zu besorgen (Ruppert 4583). Humboldt bemühte sich vergeblich, und erst die Einschaltung des Verlegers J. F. Cotta in Tübingen mit Brief vom 23.9.1800 führte letztlich zum Erfolg, so dass G. im Tagebuch vom 29.1.1801 notieren konnte: »Gauthier [...] erhalten« (vgl. auch an Cotta, 29.1.1801).

Bereits am 4.11.1799 hatte G. bei A. C. Thiele, Bücherkommissionär in Leipzig, nach einem anderen Werk von Gautier d'Agoty nachgefragt, das er in einem Auktionskatalog entdeckt hatte: *De optice errores Isaaci Newtonis [...] demonstrans* (London 1750; lat. Übersetzung von C. N. Jenty; Ruppert 4585). Da es auch einen anderen Interessenten gab, zog sich der Kauf in die Länge; erst am 31.1.1800 war das Werk laut Tagebuch in G.s Besitz (vgl. zu den Einzelheiten an Thiele, 4.11.1799; Thiele an G., 11.11.1799, RA 3, 424; Tgb, 5.12.1799; Thiele an G., 19.12.1799 u. 25.1.1800, EGW 4, 351 ff.).

Von Gautier d'Agotys *Observations sur l'histoire naturelle, sur la physique, et sur la peinture, avec des planches imprimées en couleur* bestellte G. am 16.2.1801 bei Cotta 18 Hefte (Paris 1752–1755), von denen er offenbar nur die ersten vier erhielt, die sich in seiner Bibliothek fanden (Ruppert 4584).

Nach der erfolgreichen Materialsammlung hat sich G. wohl erst 1806 näher mit Gautier d'Agoty beschäftigt; nach den *Tag- und Jahresheften* von 1806 wurde »im Geschichtlichen nebenher Gauthiers Chroagenesie betrachtet«, worauf auch die Tagebucheintragungen vom 25. und 26.5.1806 deuten.

Die Arbeit am Gautier-Kapitel für die *Farbenlehre* ist im Tagebuch vom 15. bis 17.1.1810 belegt. Hier zog G. vor allem den zweiten Band der *Chroagénésie* und daraus die *Seconde Partie, ou dissertation sur les expériences physiques, qui établissent la génération des couleurs, & qui détruisent le système de Newton* (49–174) heran, wobei er »die [16] antinewtonischen Versuche« (FA I, 23.1, 890) in der Numerierung von Gautier in knapper Zusammenfassung vorstellte.

Gautier d'Agoty gab neben seinen Schriften gegen Newton weiterhin große anatomische Tafelwerke heraus, so die 1746 und 1748 in Paris erschienenen Ausgaben von G. J. Duverneys *Myologie complette en couleur et grandeur naturelle [...]* und *Anatomie de la tête en tableaux imprimés [...]*, wobei er sich vor allem durch die mit einer neuen Farbdrucktechnik gefertigten Tafeln verdient machte. Beide Werke waren zusammengebunden in der Jenaer Universitätsbibliothek vorhanden. G. besprach sich darüber mit J. H. →Meyer am 24.1.1810 und sandte ihm zwei Tage später den Band, um am 19.2.1810 »um eine kurze Recension der Gautierschen Tafeln« zu bitten (abgedruckt in LA II, 6, 203f., M 102). Eine Tagebucheintragung vom 23.2.1810 deutet vermutlich auf die Beschäftigung mit Meyers Text und die endgültige Fertigstellung des Gautier-Kapitels der *Farbenlehre*.

Am 25.3.1818 erwähnte G. »Gautiers Farbenbekenntniß« noch einmal im Tagebuch, ohne dass weitere Anknüpfungspunkte deutlich werden. *WZ*

Gedichte zur Farbenlehre

Im Anhang seines Buches *Goethes Farbentheologie* (vgl. dazu S. 283f.) hat A. Schöne 66 Gedichte G.s zur *Farbenlehre* zusammengestellt und kommentiert. Dass G. Gegenstände seiner Naturforschung auch in Gedichten behandelt hat, ist nicht außergewöhnlich (vgl. vor allem die Elegie *Die Metamorphose der Pflanzen*, das Hexametergedicht *Metamorphose der Tiere* und *Howard's Ehrengedächtnis*; →Gedichte zur Morphologie, →Wolkengedichte, →Naturgedicht). Im Bereich der *Farbenlehre* fällt jedoch die Häufigkeit und meist auch die polemische Tendenz auf, die sich gegen →Newton und seine Anhänger richtet.

Beispielhaft sei das überwiegend im April 1810 entstandene Gedicht *Katzenpastete* genannt, dessen Botschaft, dass ein guter Mathematiker noch längst kein guter Physiker sein müsse, auf Newton zielt. So trug eine Variante ursprünglich den Titel *Newton als Physiker*. In dem Gedicht geht es um einen »braven Koch«, der sich als Jäger versuchte und statt eines Hasen eine Katze schoss, die er dann zubereitet den Gästen servierte. Das Fazit: »Die Katze, die der Jäger schoß, / Macht nie der Koch zum Hasen«. (Schöne 195) deutet auf Newton, der sich als anerkannter Mathematiker an die Physik und die Farbenlehre heranwagte und damit seinen Kompetenzbereich verließ. Mit mathematischen Verfahren behandelte er physikalische Gegenstände und betrog somit nach G.s Auffassung den Leser gleichermaßen wie der als Jäger gescheiterte Koch seine Gäste.

Einige Gedichte wie *Triumpf der Schule*, *Zweifel des Beobachters* oder *Die Zergliederer* richten sich gegen Newtons Methode der Spaltung des Lichtes, die G. immer wieder verurteilte, andere wie *Menschlichkeiten*, *Wer glaubt's?* oder *Exempel* sprechen Newton direkt an, wiederum andere zielen auf seine Anhänger, so *Antikritik* (gegen L. H. Tobiesen), *Newtonisch Weiß den Kindern vorzuzeigen [...]* (gegen K. B. →Mollweide) oder *Absurder Pfaffe! wärst du nicht* ... (gegen C. H. →Pfaff). In weiteren Gedichten hat G. seine eigenen Vorstellungen niedergelegt, vor allem in *Entoptische Farben*. *An Julien* (Widmungsgedicht für Julie von →Egloffstein), *Die beiden* [Licht und Finsternis] *lieben sich gar fein [...]* und – besonders eindrucksvoll – in der zweiten Stophe von *Warnung eigentlich und symbolisch zu nehmen*: »Wenn der Blick an heitern Tagen / Sich zur Himmelsbläue lenkt, / Beim Siroc [warmer Südwind in Italien] der Sonnenwagen / Purpurrot sich niedersenkt, / Da gebt der Natur die Ehre, / Froh, an Aug' und Herz gesund, / Und erkennt der Farbenlehre / Allgemeinen ewigen Grund« (Schöne 209).

Einzelne Gedichte hat G. im Rahmen seiner *Farbenlehre* abgedruckt, so *Wär' nicht das Auge sonnenhaft [...]* (FA I, 23.1, 24) und *Wir stammen unser sechs Geschwister [...]* (von Schiller; ebd. 988).

Literatur

Fischer, F. P.: Zu Goethes Gedichten zur Farbenlehre. In: Gesnerus. 6 (1949), 72–110. – Schöne, Albrecht: Goethes Gedichte zur Farbenlehre. In: Ders.: Goethes Farbentheologie. München 1987, 165–230. *WZ*

Gedichte zur Morphologie

G.s Bestreben, Poesie und Wissenschaft zu verbinden, äußert sich auch in der dichterischen Gestaltung naturwissenschaftlicher Inhalte. Neben →Gedichten zur Farbenlehre und zur Geologie sowie →Wolkengedichten hat er auch in seiner Zeitschrift *Zur Morphologie* mehrere, zum Teil sehr unterschiedliche Gedichte veröffentlicht.

In seinen Aufsatz *Schicksal der Druckschrift* (Morph I, 1, 1817), der sich mit der Geschichte der Abhandlung über die *Metamorphose der Pflanzen* (1790) auseinandersetzt, nahm G. erneut seine Elegie mit gleichem Titel auf, die am 17. und 18.6.1798 entstanden und an Christiane Vulpius gerichtet war; sie wurde zunächst in Schillers *Musen-Almanach für das Jahr 1799* publiziert, der bereits im Herbst 1798 erschien. C. C. A. Neuenhahn aus Nordhausen veranlasste einen Abdruck im *Archiv für die Botanik* (2, 1799, St. 1), bevor das Gedicht im dritten Druck in G.s *Neuen Schriften* (Bd. 7, 1800) seine endgültige Gestalt erhielt. Mit hoher Wahrscheinlichkeit ist diese Dichtung in Distichenform – wie auch *Die Metamorphose der Tiere* – als Teil eines größeren →Naturgedichts anzusehen (vgl. an Knebel, 16.7.1798), das G. vor allem 1799 plante und dann Schelling überließ, der es nicht ausführte. Ein ähnliches Vorhaben in epischer Form hatte G. bereits mit seinem →Roman über das Weltall verfolgt (vgl. an Ch. von Stein, 7.12.1781).

Im Kontext seiner morphologischen Schriften, innerhalb derer G. 1817 zunächst den Wiederabdruck des *Versuchs die Metamorphose der Pflanzen zu erklären* betrieb, glaubte er, dass das Gedicht hier »verständlicher werden dürfte, als eingeschaltet in eine Folge zärtlicher und leidenschaftlicher Poesien« (FA I, 24, 420). In der Tat können die Verse der Elegie genau mit den Paragraphen der botanischen Abhandlung in Parallele gesetzt werden.

Polarität und Steigerung sind auch hier als Grundgesetze der Natur dargestellt. Im ersten Teil wird die »Geliebte« mit der »tausendfältigen Mischung dieses Blumengewühls über den Garten umher« (ebd.) konfrontiert und auf das »geheime Gesetz« hingewiesen, das ihr die Ordnung im Pflanzenreich offenbaren soll. Es folgt der Inhalt von G.s botanischer Abhandlung über die Pflanzenmetamorphose in poetischer Form, bevor im abschließenden dritten Teil wiederum die Geliebte angeredet wird und ihr die Gültigkeit der morphologischen Gesetze auch für den Menschen deutlich gemacht wird, bei dem die »höchste Frucht gleicher Gesinnungen« in der »heiligen Liebe« Erfüllung findet, »damit in harmonischem Anschaun / Sich verbinde das Paar, finde die höhere Welt« (ebd. 421).

Neben der Polarität der wechselweisen Ausdehnung und Zusammenziehung der Blätter im Wachstum kommt die Steigerung zur Blüte und zur Frucht zum Ausdruck; beim Menschen entspricht diese Steigerung dem Weg von der Bekanntschaft zur Freundschaft bis hin zur Liebe – dem Vervollkommnungsprozess der Natur wird die sittliche Dimension gegenübergestellt.

Deutlicher als die Elegie *Die Metamorphose der Pflanzen* ist das Hexameter-Gedicht *ΑΘΡΟΙΣΜΟΣ* (= Anhäufung, Versammlung), dem G. später für die *Ausgabe letzter Hand* den Titel *Metamorphose der Tiere* gab, als nicht abgeschlossener Teil des geplanten Lehrgedichts über die Natur zu erkennen. Zum Lehrgedicht hielt G. in *Ueber Kunst und Alterthum* (VI, 1, 1827) fest, dass man keine »didaktische« Dichtungsart als eigene Kategorie aufstellen dürfe: »Alle Poesie soll belehrend sein, aber unmerklich; sie soll den Menschen aufmerksam machen, wovon sich zu belehren werth wäre; er muß die Lehre selbst daraus ziehen wie aus dem Leben« (WA I, 41.2, 225). Die *Metamorphose der Tiere*, vermutlich Anfang 1799 entstanden, kann man als poetische Zusammenfassung des in Morph I, 2 (1820) vorausgehenden *Ersten Entwurfs einer allgemeinen Einleitung […]* (s. o. S. 29–31) ansehen. Das Gedicht nimmt zahlreiche Aspekte dieser Abhandlung zum osteologischen Typus auf und kann stellenweise direkt auf diese bezogen werden (dazu FA I, 24, 1083), so in der Abfolge der Wirbel, in der Metamorphose der Organe, im Gedanken eines Naturetats und in der Ablehnung einer teleologischen Denkweise, wobei im Poetischen – wie bei seinem botanischen Pendant – das Naturgeschichtliche durch die ethische Dimension Erweiterung findet.

Mit dem Gedicht *Urworte Orphisch*, das er in einem Brief an S. Boisserée vom 21.3.1818 »uralte Wundersprüche über Menschen-Schicksale« nannte, eröffnete G. das besonders umfang- und inhaltsreiche zweite Heft *Zur Morphologie* (Morph I, 2, 1820). Der am 7. und 8.10.1817 entstandene Stanzenzyklus wurde 1820 auch in *Ueber Kunst und Alterthum* (II, 3) abgedruckt, danach in der *Ausgabe letzter Hand* (3, 1827) innerhalb der Gedichtgruppe *Gott und Welt.* Das Gedicht korrespondiert mit den autobiographischen und morphologischen Aufsätzen von Morph I, 2; die fünf Gedichte mit den Titeln *Dämon* [nach einer Hs. auch *Individualität, Charakter*], *Das Zufällige*, *Liebe*, *Not* oder *Nötigung* [*Beschränkung*, *Pflicht*] und *Hoffnung* deuten auf das Wechselhafte der Lebenssituationen mit ihrem steten Schwanken zwischen Beschränktheit und Entgrenzung.

Der Zyklus ging aus G.s Anteilnahme an dem Gelehrtenstreit über die antike Urmythologie zwischen G. Hermann und G. F. Creuzer (vgl. deren gemeinsame Publikation *Briefe über Homer und Hesiodus*, 1818; bereits im September 1817 in G.s Hand) und der anschließenden Lektüre der von F. G. Welcker herausgegebenen *Abhandlungen* von G. Zoega (Göttingen 1817) über die »heiligen Worte der Orphiker« hervor (vgl. Tgb, 26./27.9, 1.–3. und 6./7.10.1817), »jene altgriechischen, auf den Sänger Orpheus zurückverweisenden *Urworte* […]«, von Hermann als »bildlich dargestellte Philosopheme«, »Sagen« oder »mythische Lehren«, von Creuzer als »uranfängliche Bilder der Tempelpoesie: großartige, vielsagende Typen« angesehen (LA II, 10A, 762).

Im zweiten Druck in *Ueber Kunst und Alterthum* (II, 3, 1820) fügte G. den einzelnen Gedichten des Zyklus einen erläuternden Kommentar bei (vgl. Tgb, 2.5.1820; LA II, 10A, 763–767). Für G.s morphologische Auffassungen sind vor allem zwei oft zitierte Verse des ersten Gedichts maßgeblich, die das Primat der Gestalt unterstreichen: »Und keine Zeit und keine Kraft zerstückelt / Geprägte Form die lebend sich entwickelt« (FA I, 24, 439).

Im Anschluss an die *Urworte Orphisch* führte G. mit den beiden einstrophigen, unbetitelten Gedichten *Müsset im Naturbetrachten […]* und *Freuet euch des wahren Scheins […]*, die erst 1827 in der *Ausgabe letzter Hand* den gemeinsamen Titel *Epirrhema* [Zuspruch] bekamen, wieder an die

Naturforschung im engeren Sinn heran, indem er deren Einheit und Ganzheit, aber auch die Vielfalt ihrer einzelnen Erscheinungsformen betonte.

Dem Aufsatz *Caspar Friedrich Wolffs erneuertes Andenken* von C. L. Mursinna (Morph I, 2, 1820) fügte G. das Gedicht *Mag's die Welt zur Seite weisen [...]* an, das auf die fehlende Würdigung von Wolff anspielt, die von »edlen Schülern« (FA I, 24, 507) – zu denen G. sich selbst zählte – überwunden werden könne.

Mit dem nicht betitelten Gedicht *Freudig war, vor vielen Jahren [...]*, in der *Ausgabe letzter Hand* unter dem Titel *Parabase*, beginnt das dritte Heft *Zur Morphologie* (1820). Es steht für den Rückblick in die 1790er Jahre, in denen G. osteologische Studien trieb. Dazu präsentiert das Heft im Anschluss die 1796 entstandenen *Vorträge über die drei ersten Kapitel des Entwurfs einer allgemeinen Einleitung in die vergleichende Anatomie [...]* (s. o. S. 31). Bildung und Umbildung in der Natur, ihre Einheit und Vielheit, schließlich das »Erstaunen« (FA I, 24, 507) des Naturforschers sind die Themen des Gedichts.

Dem kleinen Stück *Freundlicher Zuruf*, mit dem G. im dritten Heft *Zur Morphologie* (I, 3, 1820) seine Zufriedenheit darüber ausdrückt, »mit nahen und fernen, ernsten tätigen Forschern glücklich im Einklang« zu stehen (FA I, 24, 522), hat er als »heiteres Reimstück« ein Gedicht angefügt, das nicht überschrieben ist, im Inhaltsverzeichnis des Heftes als *Unwilliger Ausruf*, in der Gesamtübersicht des ersten Bandes als *Unfreundlicher Ausruf* bezeichnet wird. In der *Ausgabe letzter Hand* erhielt es 1827 schließlich den Titel *Allerdings./Dem Physiker*. Die darin vorkommenden Verse »Ins Innere der Natur / O du Philister! / Dringt kein erschaffner Geist. [...] Glückselig! wem sie nur / Die äußere Schale weist!« (ebd. 523) geben leicht modifiziert im 18. Jh. oft zitierte Verse aus dem Lehrgedicht *Die Falschheit menschlicher Tugenden* von A. v. Haller (1730) wieder. G. wandte sich gegen diese Auffassung Hallers, indem er das Gegenteil betonte, dass die Natur »weder Kern / Noch Schale« habe und er sich gleichwohl »im Innern« wähnte. Zeitgenössische Rezensenten monierten, dass G. Haller »lächerlich gemacht« habe (vgl. LA II, 10A, 445). Während im Zusammenhang mit diesem auch an eine Kritik der Vertreter der Lehre von der →Präformation zu denken ist, deutete G. durch die neue Titelgebung *Dem Physiker* später auf die Gegner seiner *Farbenlehre*.

Literatur

Dietze, Walter: Urworte, nicht sonderlich orphisch. In: GJb. (1977), 11–37. – Heselhaus, Clemens: Metamorphose-Dichtungen und Metamorphose-Anschauungen. In: Euphorion. 47 (1953), 121–146. – Hübscher, Arthur: Das fünfte Urwort. In: Dürr, Volker und Molnár, Géza von (Hg.): Versuche zu Goethe. Fs. Erich Heller. Heidelberg 1976, 133–140. – Overbeck, Gertrud: Goethes Lehre von der Metamorphose der Pflanzen und ihre Widerspiegelung in seiner Dichtung. In: PEGS. N. F. 31 (1961), 38–59. – Richter, Karl: Morphologie und Stilwandel. In: JbDtSchillerges. 21 (1977), 192–215. – Willems, Gottfried: Mit »Phisick gesegnet« oder mit »Metaphisick gestraft«. Goethes Gedichte über »Gott und Welt« und das Problem ihrer Auslegung. In: GJb. (1991), 191–205. *ZA*

Gedichte zur Meteorologie

Die meisten der zu dieser Gruppe zu zählenden Gedichte widmen sich den Wolken und ihrer Behandlung durch L. →Howard und sind daher unter →Wolkengedichte vorgestellt.

Vereinzelt hat G. auch andere meteorologische Gegenstände lyrisch gestaltet. So thematisiert das Ulrike von Levetzow im letzten böhmischen Sommer 1823 gewidmete, nicht betitelte Gedicht *Wenn sich lebendig Silber neigt [...]* das Barometer mit seiner auf- und absteigenden Quecksilbersäule. G. sandte das Gedicht zusammen mit einem weiteren, *Du Schüler Howards wunderlich [...]*, am 14.8.1823 an seine Schwiegertochter Ottilie und nannte beide »einige Fallsterne, wie sie in schöner klarer Nacht vorüber streifen«.

Im Gedicht *An Lida* (1781), ursprünglich an Ch. v. Stein gerichtet, leuchtet die Gestalt der Geliebten durch den Wolkenflor hindurch »freundlich und treu / Wie durch des Nordlichts bewegliche Strahlen/ Ewige Sterne schimmern« (FA I, 1, 240). Ein →Nordlicht beobachtete G. vermutlich schon im Januar 1770.

Im *Divan*-Gedicht *Phaenomen* (1814) stellte G. dem Regenbogen einen Nebelbogen zur Seite, der an besonders kleinen Wassertropfen entsteht (vgl. dazu FA I, 3.1, 931–935). Das Motiv des Regenbogens findet sich auch in den Gedichten *Hochbild* (*Divan, Buch Suleika*), *Im Namen der Bürgerschaft von Carlsbad* (für Maria Ludovica; »So freut die Erde sich am Himmelsbogen / Von farbigen Juwelen aufgebaut«), *Regen und Regenbogen*, *Äolsharfen* und *Grau und trüb und immer trüber [...]*, das Letztere zu dem symbolischen Bild *Regenbogen über den Hügeln einer anmutigen Landschaft*, mit dem G.s Haus zum 50jährigen Amtsjubiläum von Carl August am 3.9.1825 geschmückt war (vgl. FA I, 2, Abb. 23 unten). *ZA*

Gelb s. Farben

Gelbrot s. Farben

Geoffroy Saint-Hilaire, Étienne (1772–1844)

Der französische Zoologe studierte zunächst Naturphilosophie am Collège de Navarre in Paris. Nach einem anschließenden Theologiestudium erhielt er eine Stelle als Kanonikus in seiner Heimatstadt Étampes. Er kehrte jedoch nach Paris zurück, studierte hier Rechtswissenschaft und ab 1789 Medizin, wo er u. a. bei L. J. M. →Daubenton vergleichende Anatomie hörte, der ihn 1793 für die Professur für Zoologie der Wirbeltiere am neugegründeten Musée d'Histoire Naturelle in Paris vorschlug. Hier traf Geoffroy Saint-Hilaire mit J.-B. Lamarck zusammen und berief 1795 G. →Cuvier als Assistenten. Gemeinsam mit Letzterem veröffentlichte er das grundlegende Werk *Sur la classification des mammifères* (1795). Seinen wissenschaftlichen Durchbruch erreichte er jedoch mit seiner entwicklungsgeschichtlichen – gegen die Ansichten Cuviers gerichteten – Schrift *Histoire des Makis, ou singes de Madagascar* (1796), worin er die These eines einheitlichen Bauplans der Lebewesen vorstellte. Von 1798 bis 1802 war Geoffroy Teilnehmer der napoleonischen Expedition nach Ägypten, wo er reiche Sammlungen zusammentrug. 1807 wurde er in die Académie des Sciences aufgenommen, 1809 erhielt er den ersten Lehrstuhl für Zoologie an der Universität Paris. Die Jahre 1809 bis 1822 waren durch eingehende anatomische und teratologische Studien geprägt, die sich vor allem in der Publikation der zweibändigen *Philosophie anatomique* (Paris 1818–1822) sowie in dem *Essay de classification des monstres* (Paris 1821) niederschlugen.

Obwohl Geoffroy zu dieser Zeit als einer der profiliertesten Naturforscher Europas gelten konnte, nahm G. erst spät von ihm Notiz. Am 10.12.1819 entlieh er aus der Weimarer Bibliothek die gemeinsam mit Cuvier publizierte *Histoire naturelle des mammifères* (Heft 1, Paris 1820; vgl. Keudell 1287).

Am 23.2.1826 berichtete G. dem Mediziner J. C. Stark d. J. von der Präsentation eines missgebildeten Pferdeschädels durch Geoffroy Saint-Hilaire in der Pariser Akademie am 28.3.1825; die Nachricht hatte er in der Zeitschrift *Le Globe* (Bd. 1, Nr. 488, 438) vom 31.3.1825 gefunden (vgl. LA II, 10B.1, 247f.).

Zu einem direkten Kontakt kam es erst nach dem zwischen dem 15.2. und 29.3.1830 ausgetragenen →Pariser Akademiestreit zwischen Geoffroy und Cuvier, der von deren Dissens in der Frage nach der Einheitlichkeit bzw. entwicklungsgeschichtlichen Unabhängigkeit der Baupläne im Tierreich bestimmt wurde. Im September 1830 erschien in den *Jahrbüchern für wissenschaftliche Kritik* (Nr. 52f., Sp. 413–422) G.s Stellungnahme zum Streit in Form des ersten Abschnittes seiner Rezension zu Geoffroy Saint-Hilaires Schrift *Principes de Philosophie zoologique* (Paris 1830). Im Dezember 1830 erschien in der *Revue médicale française et étrangère* (4, 1830, 445–457) eine französische Übersetzung, auf die F. J. →Soret G. bereits am 21.11.1830 hinwies.

Geoffroy Saint-Hilaire hatte am 23.10.1830 in der Zeitschrift *Gazette médicale de Paris* über eine Akademiesitzung vom 11.10.1830 berichtet und dabei zum ersten Mal G.s Rezension zu seinen *Principes* erwähnt. Den Beitrag (abgedruckt in EGW 6, 275f.) erhielt G. erst am 19.3.1831.

Am 7.12.1830 sandte Geoffroy, für den ersten Teil von G.s Rezension dankend, diesem ein Exemplar seiner *Principes* nach Weimar. Weiterhin würdigte er G. als Naturforscher in einem Aufsatz, der einem erneuten Abdruck der Übersetzung von G.s Rezension in den *Annales des sciences naturelles* (22, 1831, 179–188) nachgestellt war: *Sur des Écrits de Goethe lui donnant des droits au titre de savante naturaliste* (ebd. 188–193).

Als G. diesen Aufsatz am 19.5.1831 erhielt, war er gerade gemeinsam mit Soret mit den letzten Korrekturen an der deutsch-französischen Ausgabe des *Versuchs über die Metamorphose der Pflanzen* beschäftigt. Noch am gleichen Tag schrieb er an Soret: »Durch die drey letzten Blätter des beykommenden Heftes, welches ich so eben von Paris erhalte, werd ich veranlaßt, die letzte uns noch übrige Seite zu einer Anerkennung jener Artigkeit zu benutzen und zwar, da für beide Sprachen nicht Raum ist, nur die französische Übersetzung, um welche ich hiemit ersuche, abdrucken zu lassen. [...] [G.s Entwurf in der Beilage:] *Annales des Sciences naturelles, Février* 1831. So eben als wir unsre Arbeit abzuschließen gedenken und uns nur noch Eine Seite übrig bleibt, erfahren wir daß in obgedachter Zeitschrift Herr Geoffroy de St. Hilaire die Freundlichkeit hatte, auf wenigen Blättern, die Bemühungen zu conzentriren, die er, unsern Gang in dem Felde der Naturwissenschaften zu erforschen und zu verfolgen, sich freundlichst gegeben. Wir freuen uns voraus, zu sehen, daß ihm die ausführliche Darstellung und die Bekenntnisse, wie wir solche in unseren ersten Nachtrag [*Der Verfasser teilt die Geschichte seiner botanischen Studien mit*] hingelegt, willkommen seyn werden, deshalb wir ihm gedachten Aufsatz, so wie das ganze Heft, hiermit, dankbar, zum besten empfehlen wollen«.

Der aus diesem Entwurf resultierende französische Text erschien unter dem Titel *Appendice* als Abschluss des *Versuchs über die Metamorphose der Pflanzen* (240; abgedruckt in LA II, 10B.1, 65f., M 21.5).

Sofort nach Erscheinen sandte G. Geoffroy Saint-Hilaire am 2.7.1831 ein Exemplar mit persönlicher Widmung nach Paris. Geoffroy dankte noch im gleichen Monat und fügte einen auf den 25.7.1831 datierten Bericht bei, mit dem er G.s neues Werk (sein Widmungsexemplar) an die Pariser Akademie übergeben wollte. Er vermittelte dabei in Paris offenbar den Eindruck, G. habe ihn darum ersucht, so dass sich Cuvier als ständiger Sekretär der Akademie zu einem offiziellen Dankschreiben (vom 2.8.1831) bewogen fand. Auch wenn man darüber in Weimar nicht gerade glücklich war – vor allem Soret äußerte seine Missbilligung –, so sah man doch in Geoffroy Saint-Hilaire in erster Linie den Verbündeten und Gleichgesinnten, der sein Wohlwollen noch einmal mit einer Rezension des *Versuchs über die Metamorphose der Pflanzen* zum Ausdruck brachte (erschienen in: *Revue encyclopédique* 51, 1831, 523–526; abgedruckt in LA II, 10B.1, 740ff.).

Den zweiten Teil von G.s Rezension zu seinen *Principes*, der im März 1832 wiederum in den *Jahrbüchern für wissenschaftliche Kritik* erschienen war (Nr. 51–53, Sp. 401–422), erhielt Geoffroy Saint-Hilaire erst nach G.s Tod über A. v. →Humboldt, dem gegenüber er am 10.5.1832 seinen Dank und seine Bewunderung für G. aussprach (vgl. Jahn).

Literatur

Cahn, Théophile: Goethes und Geoffroy Saint-Hilaires anatomische Studien und deren Bedeutung für die Entwicklung eines naturwissenschaftlichen Denkens. In: GJb. (1960), 215–236. – Ders.: La vie et l'oeuvre d'Étienne Geoffroy Saint-Hilaire. Paris 1962. – Geoffroy Saint-Hilaire, Isidore: Vie, travaux et doctrine scientifique d'Étienne Geoffroy Saint-Hilaire. Paris 1847. – Jahn, Ilse: Étienne Geoffroy Saint-Hilaire an Alexander von Humboldt über Goethes Stellungnahme zum Pariser Akademiestreit. In: NTM. Schriftenreihe zur Geschichte der Natruwissenschaften, Technik und Medizin. 10 (1973), 59–67. – LeGuyader, Hervé: Étienne Geoffroy Saint-Hilaire, 1772–1844: un naturaliste visionnaire. Paris, Berlin 1998. – Weitere Lit. →Pariser Akademiestreit *WZ*

Geognosie/Geologie

In *Dichtung und Wahrheit* (IV, 18) unterscheidet G. zwei Arten der Wissenschaft von der Erde, wenn er bei der Nacherzählung seiner ersten →Reise in die →Schweiz kommentiert: »Noch hatte mich die zwar höchst löbliche aber doch den Eindruck der schönen Erd-Oberfläche vor dem Anschauen des Geistes zerstückelnde Geognosie nicht angelockt, noch weniger eine phantastische Geologie mich in ihre Irrsale verschlungen« (FA I, 14, 803). Der einflussreiche →Freiberger Dozent A. G. →Werner hatte sein Forschungsgebiet »Geognosie« genannt, wörtlich Erderkennung oder Erdbeobachtung, nach der vom Rudolstädter Hofmedicus Georg Christian Füchsel 1762 eingeführten »Scientia Geognostica«. Daneben setzte Werner noch die »Oryktognosie« als Wissenschaft von der Ordnung der →Mineralien nach ihren äußerlichen Kennzeichen. Der Begriff »Geologie« hingegen wurde 1778 von dem Genfer Naturforscher und Theologen Jean-André de Luc verwendet, um damit seine theoretischen Aussagen über die Erde und ihre Entstehung zu charakterisieren. Diese Bezeichnung setzte sich im französischen und englischen Sprachraum bald durch. G. nahm in den frühen Jahren seiner Beschäftigung mit Gesteinen und Mineralien für sich in Anspruch, die auf Erfahrung beruhende und nur beschreibende Tätigkeit des Geognosten zu betreiben. In einem Brief an Herzog →Ernst II. von Sachsen-Gotha verlangte er vom Beobachter: »Er sondere sorgfältig das, was er gesehen hat, von dem, was er vermuthet oder schließt« (27.12.1780). Seine Gedanken zur →Erdbildung wollte G. damals außerhalb des streng wissenschaftlichen Kontextes im Rahmen eines →»Romans über das Weltall« darstellen.

Nach 1800 wertete die in Deutschland sich verbreitende naturphilosophische Bewegung (→Naturphilosophie) das spekulativ-theoretische Vorgehen der Geologie auf, so dass auch G. nun öfters diese Bezeichnung wählte, wenn er Hypothesen zur Erdbildung aufstellte. Dies, obwohl er in einer Maxime die theoretische Berechtigung einer mit Prinzipien der Vernunft (Logos) operierenden »Geo-Logie« verneinte: »Die Vernunft hat nur über das Lebendige Herrschaft; die entstandene Welt, mit der sich die Geognosie abgibt, ist tot. Daher kann es keine Geologie geben, denn die Vernunft hat hier nichts zu tun« (FA I, 25, 118). – Eine Verbindung zwischen Beobachtung und Theorie erhoffte G. sich über längere Zeit von einem geologischen →Modell, denn es sollte dazu dienen, »geognostische Erfahrungen, geologische Gedanken in ein folgerechtes Anschauen einzuleiten« (TuJ von 1804). Im deutschen Sprachraum wurde der Begriff »Geognosie« noch bis zum Ende des 19. Jh.s verwendet, doch setzte sich die Bezeichnung »Geologie« schließlich durch, auch weil sie parallel zu Fachbezeichnungen wie Zoologie oder Biologie gebildet war.

Literatur

Wagenbreth, Otfried: Geschichte der Geologie in Deutschland. Stuttgart 1999, 35. *WY*

Geologische Gesellschaften

G.s geologische Interessen sowie seine teilweise sogar über Europa hinausgehende Sammlungstätigkeit, die schließlich einen Bestand von rund

18.000 Mineralien zusammentrug, machten ihn bei zahlreichen Geologen, Sammlern und Händlern bekannt, so dass schließlich auch geologische Fachgesellschaften aufmerksam wurden und G. die (Ehren-)Mitgliedschaft antrugen. Dabei mögen auch Eigeninteressen im Spiel gewesen sein, da es nicht allein um eine Würdigung G.s, sondern auch um eine Aufwertung der jeweiligen Gesellschaft durch einen berühmten Namensträger ging.

Schon 1789 wurde G. als Ehrenmitglied der 1786 unter seiner Mitwirkung gegründeten Sozietät für Bergbaukunde im damals ungarischen Schemnitz geführt (vgl. GS 706). Als selbstverständlich erschien G.s Aufnahme in die Herzogliche Sozietät für die gesamte Mineralogie in Jena (→Lenz), wo er bereits bei der Gründung am 8.12.1797 zum Ehrenmitglied ernannt wurde, zu einem Zeitpunkt, als vor allem seine umfangreichen geologischen Untersuchungen in Böhmen und die damit verbundenen Publikationen noch ausstanden. Nachdem G. 1817 im ersten Heft seiner Zeitschrift *Zur Naturwissenschaft überhaupt* auch als geologischer Autor aufgetreten war (*Zur Kenntniß der böhmischen Gebirge*), kam es zu mehreren Ehrenbezeugungen: Auf den 7.9.1818 war das Diplom datiert, das G. zum Mitglied der Gesellschaft für Mineralogie in Dresden machte; wenige Tage später, am 18.9.1818, erreichte G. die Aufnahmeerklärung der Russisch-Kaiserlichen Gesellschaft für die gesamte Mineralogie in St. Petersburg, die ihm in Weimar übergeben wurde; das Datum 12.8.1820 trug die Urkunde, mit der G. Ehrenmitglied der nach A. G. →Werner benannten Wernerian Natural History Society in Edinburgh wurde.

Die Mitgliedschaft G.s in der Royal Irish Academy in Dublin (30.11.1825) ging vor allem auf die Kontakte mit dem Mineralogen C. L. Metzler von Giesecke an der Universität Dublin zurück, mit dem G. ab 1819 korrespondierte.

Weiterhin war G. Mitglied in zahlreichen Gesellschaften, die nicht ausschließlich, aber auch geologische Themen behandelten (z. B. Senckenbergische Naturforschende Gesellschaft in Frankfurt am Main, ab 1.3.1821; Deutsche Akademie der Naturforscher Leopoldina, Erlangen, später Bonn und Breslau, ab 26.8.1818) →Akademie- und Sozietätsmitgliedschaften *WZ*

Geschichte der Farbenlehre

Die *Materialien zur Geschichte der Farbenlehre* stellen den dritten und umfangreichsten Teil von G.s Hauptwerk *Zur Farbenlehre* (1810) dar und bieten, chronologisch geordnet, eine Übersicht von der Urzeit und Antike bis hin zur Gegenwart und G.s eigenen Arbeiten in diesem Fach (*Konfession des Verfassers*). Die Arbeit daran war in den Jahren 1806 bis 1810 besonders intensiv, doch schon zu Beginn seiner Farbenstudien im Jahr 1791 berücksichtigte G. historische Werke (→Kepler, →Grimaldi) und entlieh J. Priestleys *Geschichte und gegenwärtiger Zustand der Optik [...]* (Leipzig 1776) aus der Weimarer Bibliothek (Keudell 23). Der Aufsatz *Von den farbigen Schatten* (1792/93) enthält erstmals historische Abschnitte und in *Einige allgemeine chromatische Sätze* (1793) wird unter den Wissenschaftlern, die sich mit der Farbe auseinanderzusetzen haben, ausdrücklich der Historiker genannt. Ein frühes Zeugnis für G.s Beschäftigung mit historischen Aspekten ist weiterhin das Stück *Der Descartische Versuch mit der Glaskugel*, datiert auf den 12.4.1795.

Eine Zusammenstellung, an der G. jeweils zu Beginn der Jahre 1798 und 1799 arbeitete, stellt vermutlich (mit wohl mehreren nicht überlieferten Vorstufen aus dem Jahr 1798) den ältesten Entwurf zur *Geschichte der Farbenlehre* dar, der bereits folgende Autoren berücksichtigt: →Theophrast, Alhazen (Ibn al-Haitham), Antonius →Thylesius, Simon →Portius, →Kepler, Antonius de →Dominis, →Aguillon, →Descartes, →Kircher, →Grimaldi, →Boyle, →Newton, →Mariotte, Algarotti, Smith, Martin, →Castel, →Euler, →Gautier d'Agoty, Johann Tobias →Mayer d. Ä., →Lambert, →Scherffer, →Dollond, Priestley, Klügel, →Marat, →Hassenfratz, →Delaval, Blair, →Klotz, →Wünsch und Voigt, einen nicht näher bekannten →Gren-Schüler in →Eisenach.

Das in →Göttingen nach intensiven historischen Studien an der dortigen Bibliothek erstellte *Schema der Farbenlehre* vom 2.8.1801 belegt, dass G. zu dieser Zeit noch den Plan verfolgte, das Geschichtliche den jeweiligen Abteilungen des didaktischen Teils anzuhängen, also separat eine Geschichte der →physiologischen, →physischen und →chemischen Farben zu schreiben. Dieses Vorhaben wurde in den Folgejahren zugunsten eines gemeinsamen historischen Teils für das Gesamtwerk aufgegeben. Zeugnis der gewandelten Ansicht sind die *Tag- und Jahreshefte* von 1804, in denen es heißt: »Je weiter ich in meinen chromatischen Studien vorrückte, desto wichtiger und liebwerther wollte mir die Geschichte der Naturwissenschaften überhaupt erscheinen. Wer dem Gange einer höhern Erkenntniß und Einsicht getreulich folgt, wird zu bemerken haben, daß Erfahrung und Wissen fortschreiten und sich bereichern können, daß jedoch das Denken und die eigentlichste Einsicht keineswegs in gleicher Maße vollkommener wird, und zwar aus der ganz natürlichen Ursache, weil das Wissen unendlich und jedem neugierig Umherstehenden zugänglich, das Überlegen, Denken und Verknüpfen aber innerhalb eines gewissen Kreises der menschlichen Fähigkeiten eingeschlossen ist; dergestalt, daß das Erkennen der vorliegenden Weltgegenstände, vom Fixstern bis zum kleinsten lebendigen Lebepunct, immer deutlicher und ausführlicher werden kann, die wahre Einsicht in die Natur dieser Dinge jedoch in sich selbst gehindert ist und dieses in dem Grade, daß nicht allein die Individuen, sondern ganze Jahrhunderte vom Irrthum zur Wahrheit, von der Wahrheit zum Irrthum sich in einem stetigen Kreise bewegen.«

Zu weiteren Einzelheiten von G.s Beschäftigung mit der *Geschichte der Farbenlehre* vgl. den Übersichtsartikel *Farbenlehre* (s. o. S. 81–142).

Literatur
Kuhn, Dorothea: Goethes Geschichte der Farbenlehre als Werk und Form. In: DVjs. 34 (1960), 356–377. – Wenzel, Manfred: »[...] mit Ernst und Liebe gemacht« – Goethes *Materialien zur Geschichte der Farbenlehre* als wissenschaftshistorisches Werk und Form einer biographischen Wissenschaftsgeschichte. In: Eichler, Anja (Hg.): Goethes »Farbenlehre« und die Lehren von den Farben und vom Färben. Ausstellungskatalog. Petersberg 2011, 15–25. *WZ*

Gesellschaft des vaterländischen Museums in Böhmen

G.s Einsatz für die ›Gesellschaft des vaterländischen Museums in Böhmen‹ im letzten Jahrzehnt seines Lebens hing mit seiner Freundschaft zu Kaspar Graf von →Sternberg zusammen, mit dem er seit 1820 korrespondierte und dem er am 11.7.1822 in →Marienbad erstmals persönlich begegnete.

Das bereits 1814 begonnene Vorhaben, ein böhmisches Nationalmuseum zu errichten, führte Graf Sternberg gemeinsam mit anderen 1818 zum Erfolg. Zusammen mit dem Oberstburggrafen Franz Anton von Kolowrat-Liebsteinský bemühte er sich, diese wissenschaftliche Einrichtung, die ihren Sitz auf dem Prager Hradschin hatte, durch eine fördernde Gesellschaft zu begleiten, die zunächst provisorisch tätig war, 1820 ihre Genehmigung erhielt und am 23.12.1822 offiziell als ›Gesellschaft des vaterländischen Museums in Böhmen‹ zusammentrat und Sternberg zum Präsidenten wählte. Auf dessen Anregung wurde G. im Februar 1823 zum Ehrenmitglied ernannt, der diese Ehrung als eines der »schönsten Zeugnisse des Andenkens und Teilnehmens mit Aufforderung zur Teilnahme« betrachtete. Die Ehrenmitgliedschaft »knüpfte mich noch mehr an eine Anstalt, der ich von ihren ersten Anfängen an zugetan gewesen und aus wahrhafter Neigung zu ihrem würdigen Stifter und Beförderer manche Früchte meiner böhmischen Naturstudien gewidmet hatte« (*Dankbare Gegenwart*; MA 14, 571).

Im Sommer 1823 verfasste G. den Aufsatz *Die Gesellschaft des vaterländischen Museums in Böhmen* (FA I, 25, 606–609), der noch im gleichen Jahr (in ZNÜ II, 1) veröffentlicht wurde. G. bezeichnete es darin als »höchst erfreulich [...] daß in der Hauptstadt Prag ein allgemeines Museum im Werke sei, welches nicht allein die Gegenstände der Naturgeschichte, sondern was auch von historischer und literarischer Bedeutung ist, in sich aufnehmen und versammeln werde« (ebd. 606). Er bedauerte, dass »spätern Jahren jene Regsamkeit nicht eigen ist, die mich früher innerhalb dieses Kreises beglückt. Doch soll auch das, was zu leisten mir noch Kräfte übrig bleiben, dieser hohen und würdigen Anstalt angehören und treulich gewidmet sein. [...] die Gesellschaft setzt sich in den Mittelpunkt eines ausgedehnten und doch geeinigten konzentrierten Reiches [...]. Denkt man, was dazu gehört, die einzelnen Fähigen zur Bildung eines so wichtigen Zentrums heranzufordern und hier Produkte aller Art zu sammeln; dann aber wieder auf alle hinaus zu wirken, so daß der Zentralbesitz bis an die Peripherie lebendig werde: so überschaut man im allgemeinen mit Bewunderung die übernommene Aufgabe, und sieht, daß zu ihrer Lösung nicht allein wohlwollende und unterrichtet tätige Männer, sondern zugleich an hohen Stellen wirkende Personen, der obersten Macht näher stehende Gewalthaber erfordert werden« (ebd. 608 f.).

Graf Sternberg stiftete alle seine wissenschaftlichen Sammlungen dieser Anstalt, darunter ein Mineralienkabinett mit vielen seltenen Exemplaren, eine geognostische und Petrefakten-Sammlung, ein wertvolles Herbarium getrockneter Pflanzen, welches 9.000 zumeist seltene Arten in sehr schönen Exemplaren enthielt, und eine Bibliothek, die 4.061 Bände mit insgesamt 42.290 Kupferstichen zählte, zumeist seltene Exemplare und Prachtwerke.

Nach der ersten Begegnung G.s mit Graf Sternberg im Juli 1822 begab sich dieser auf eine Reise »nach München, um sich dort im Naturfache umzusehen, so wie in andern, da sein Hauptgeschäft gegenwärtig zu seyn scheint, das Museum in Prag zu errichten, wohin er patriotisch seine bedeutende Sammlung zu stiften geneigt ist« (an Carl August und Luise, 1.8.1822).

Am 21.8.1822 beriet sich G. in →Eger mit Joseph Sebastian →Grüner über die Frage, »was für das Prager Museum zu thun« sei, mit Schreiben vom 25.9.1822 berichtete ihm Josef Stanislaus Zauper ausführlich über die Einrichtung des Museums (vgl. LA II, 8B.1, 288). G. sandte diesem im Laufe der Zeit mehrere Suiten von Gesteinen und Mineralien aus böhmischen Gegenden sowie einen fossilen Mammutzahn aus Dölitz zu (vgl. Sternberg an G., 7.12.1822; TuJ von 1822; an die Gesellschaft des vaterländischen Museums, 16.8.1823; an Graf

Sternberg, 10.9.1823, 30.4. und 14.12.1824). Auch versuchte er, andere Stifter für das Museum zu gewinnen.

Zum ersten Jahrgang der *Monatsschrift der Gesellschaft des vaterländischen Museums in Böhmen* (1827) verfasste G. eine umfangreiche Besprechung, in der er auf seine »vierzigjährige Bekanntschaft mit diesem Lande« (an Varnhagen von Ense, 19.2.1828) verwies und die böhmische Kultur-, Literatur- und Naturgeschichte thematisierte. Diese Rezension wurde 1830, von Varnhagen von Ense redigiert, in den *Jahrbüchern für wissenschaftliche Kritik* veröffentlicht (vgl. WA I, 42.1, 20–54).

Literatur
Nebeský, Wenzel: Geschichte des Museums des Königreiches Böhmen. Prag 1868. – Schweizer, Claudia: Johann Wolfgang von Goethe und Kaspar Maria von Sternberg. Wien 2004, 135–149 (zum Museum und der Gesellschaft). *HO*

Gesneria flacourtifolia

Die Pflanze aus der Familie der Gesneriaceen (Gloxiniengewächse), in Deutschland mit Gewächshauspflanzen (Usambaraveilchen, Gloxinie) vertreten, ist im tropischen Südamerika beheimatet. Die von G. in einer kleinen Pflanzenmonographie beschriebene Art *Gesneria flacourtifolia* (vgl. FA I, 24, 695) ist sonst nicht nachgewiesen. →Soret, der G. am 23.7.1831 auf in Belvedere gezogene Exemplare und auf deren Blattstellung aufmerksam gemacht hatte (vgl. Zehn Jahre 565 f.), hielt den »Beinamen flacourtifolia« für »etwas zweifelhaft« (LA II, 10B.1, 700). Er veranlasste, dass G. am gleichen Tag durch den Gärtner J. C. Sckell die Pflanze erhielt, an der G. festzustellen glaubte, »welche Willkür sie in der Blattstellung am Stengelchen hinauf sich erlauben dürfe« (LA I, 24, 695). *ZA*

Gestalt

Der Begriff bildet bei G. ein Bindeglied zwischen Ästhetik und Natur, indem in beiden Bereichen determinierte Substanz gemäß innerer Regeln und Gesetze eine aus ihnen folgende, sich zu einem bestimmten Stadium einstellende vorgeschriebene →Form annimmt. Diese unterliegt einem Entwicklungsprozess, der die eine Form durch eine nachfolgende abzulösen befähigt ist. Darüber hinaus verwendete G. den Begriff für abstrakte Daseinsformen als Metapher ihrer inneren Organisation, so etwa, wenn er an das Individuum appelliert, es möge seinem Leben »Gestalt« verleihen oder wenn er in *Wilhelm Meisters Wanderjahren* (VIII, 7) feststellte: »Eigentlich aber weil die meisten Menschen selbst formlos sind, weil sie sich und ihrem Wesen selbst keine Gestalt geben können, so arbeiten sie, den Gegenständen ihre Gestalt zu nehmen, damit ja alles loser und lockrer Stoff werde, wozu sie auch gehören« (WA I, 23, 251 f.). Diese Ermahnung richtete er vor allem an Künstler, für deren ästhetische Gestaltungsfähigkeit er die Gestaltung des eigenen Lebens aus ihrem Inneren heraus als Voraussetzung sah. Er erblickte im »wirklichen Talent« einen »angeborenen Sinn für die Gestalt« (Eckermann, 10.4.1829; FA II, 12, 351).

Begriffsgeschichtlich ging der vorklassische G. zunächst von der anorganischen Natur aus und sprach zunächst von der Gestalt von Bergformationen. In diesem Zusammenhang diente der Begriff als unverzichtbarer Terminus der →Geognosie. Erst in der Klassik dehnte G. den Begriff auf die organische Natur aus. Mit dem Postulat einer →Urpflanze bzw. eines →Typus rückte die sich wandelnde und abwandelnde Grundgestalt ins Zentrum seiner Überlegungen mit dem Ziel des »Gewahrwerdens der wesentlichen Form« (an Charlotte von Stein, 9. und 10.7.1786). Den Begriff der »Gestalt« dominierte zeitgenössisch die bis zum Ende des 18. Jh.s vorherrschende Präformationslehre (→Präformation). Sie ging aus den mikroskopischen Entdeckungen der holländischen Naturforscher Antonie von Leeuwenhoek (1632–1723) und Jan Swammerdam (1637–1680) hervor, wonach entweder in den Spermien (nach Ansicht der Animalkulisten) oder den Eizellen (Ovulisten) die spätere Gestalt eines Individuums bereits in Miniaturform enthalten sei und nur noch der exakt bestimmbaren kontinuierlichen Entfaltung bedürfe, um die a priori festgelegte Gestalt makroskopisch auszuprägen. G. war weder ein Anhänger der Präformationslehre noch der konkurrierenden Vorstellung von der →Epigenese (→Evolution) und versuchte, mit seinem Morphologiekonzept einen eigenen Weg zu gehen.

In diesem erschien G. die Gestalt nie als ein endgültig Abgeschlossenes, sondern als eine Momentaufnahme in einem stetigen Umformungsprozess, als bestimmtes Stadium einer →Metamorphose. Am prägnantesten findet sich G.s Gestaltbegriff in dem das erste Heft *Zur Morphologie* einleitenden Stück *Die Absicht eingeleitet* formuliert: »Der Deutsche hat für den Komplex des Daseins eines wirklichen Wesens das Wort Gestalt. Er abstrahiert bei diesem Ausdruck von dem Beweglichen, er nimmt an, daß ein Zusammengehöriges festgestellt, abgeschlossen und in seinem Charakter fixiert sei. Betrachten wir aber alle Gestalten, besonders die organischen, so finden wir, daß nirgend ein Bestehendes, nirgend ein Ruhendes, ein Abgeschlossenes vorkommt, sondern daß vielmehr alles in einer steten Bewegung schwanke. Daher unsere Sprache das Wort Bildung sowohl von dem

Hervorgebrachten, als von dem Hervorgebrachtwerdenden gehörig genug zu brauchen pflegt. Wollen wir also eine Morphologie einleiten, so dürfen wir nicht von Gestalt sprechen; sondern wenn wir das Wort brauchen, uns allenfalls dabei nur die Idee, den Begriff oder ein in der Erfahrung nur für den Augenblick Festgehaltenes denken« (FA I, 24, 392).

Besonders anschaulich kommt G.s Vorstellung von der stetigen Abwandlung der Gestalt in der ›Morphologie der Wolken‹ zum Ausdruck, die G. zwar nach der Wolkenlehre Luke →Howards (1772–1864) klassifizierte (vgl. FA I, 25, 214–234), sich aber dabei bewusst war, dass die einzelnen Wolkengestalten wie Kumulus, Stratus, Zirrus usw. Idealtypen darstellen, die ständigen Wandlungen unterliegen. Einen Aufsatz zu Howards verschiedenen Wolkengestalten überschrieb G. mit →*Camarupa*, dem »Namen einer indischen Gottheit, die an *Gestaltsveränderung Freude hat*« (ebd. 199).

Mit dem Gestaltungsprozess in der Natur nach dieser innewohnenden Gesetzen analogisierte G. wiederum den ästhetischen Gestaltungsprozess nach dessen spezifischer Gesetzmäßigkeit. Somit setzte G. zwei einander gegenüberstehende Welten – die materielle und die ideelle – in Beziehung zueinander: Natur und Kunst, Natur und Geist, »diese beiden Welten gegen einander zu bewegen, ihre beiderseitigen Eigenschaften in der vorübergehenden Lebenserscheinung zu manifestiren, das ist die höchste Gestalt wozu sich der Mensch auszubilden hat« (WA I, 25.1, 272f.).

Vgl. auch den Artikel in GHB. 4.1, 381–383.

Literatur

Dosch, Hans Günter: Goethes Naturforschung im Gegenlicht der exakten Naturwissenschaft. In: Borchmeyer, Dieter (Hg.): Goethe im Gegenlicht. Kunst, Musik, Religion, Philosophie, Natur, Politik. Heidelberg 2000, 85–108. – Kahler, Marie-Luise: Alle Gestalten sind ähnlich. Goethes Metamorphose der Pflanzen. Weimar 1991. – Lichtenstern, Christa: »Geprägte Form, die lebend sich entwickelt«. Goethe und die Skulptur. In: Richter, Karl (Hg.): Goethe: ungewohnte Ansichten. Beiträge zu einer Ringvorlesung der Philosophischen Fakultäten der Universität des Saarlandes im Wintersemester 1999/2000, St. Ingbert 2001, 23–64. – Wachsmuth, Andreas Bruno: Goethes naturwissenschaftliche Lehre von der Gestalt. In: Ders.: Geeinte Zwienatur. Berlin, Weimar 1966, 57–85. – Weinhandl, Ferdinand: Der Gestaltgedanke in Goethes Lebenswerk. In: GoetheJb Wien. 65 (1961), 12–38. *CS*

Gesteinsarten

Als G. 1776 mit der Verantwortung für die Wiederaufnahme des →Bergbaus in →Ilmenau betraut wurde, standen Terminologie und Definition der Gesteine und →Mineralien noch in ihren Anfängen. In Ilmenau und auf der ersten Reise in den →Harz lernte G. vorerst nur die »unbestimmte Terminologie« der Bergleute kennen (an Herzog →Ernst II. von Sachsen-Gotha, 27.12.1780). Auf der zweiten Schweizer Reise von 1779 (→Schweiz) unterschied er im Gelände selbständig →Granit, →Gneis, Schiefer und Kalkstein. Gemäß der damaligen Lehrmeinung in der Geologie war G. davon überzeugt, dass sich die unterschiedlichen Gesteinsarten sukzessiv in einer einmaligen Abfolge von Erdepochen gebildet hatten, beginnend mit den Urgebirgsarten Granit und Gneis. Später entstanden waren demnach das Rotliegende, die Schiefer sowie marine Sedimente wie die Kalksteine, die von einer ausgedehnten Wasserbedeckung der Erde zeugten.

A. G. →Werner stellte 1774 mit seiner Publikation *Von den äußerlichen Kennzeichen der Fossilien* die Klassifizierung von Gesteinen und Mineralien auf eine zuverlässigere Grundlage. G. lernte die »außerordentlich reine Nomenclatur« der →Freiberger Schule (an →Merck, 11.10.1780) im Sommer 1780 durch deren Absolventen J. C. W. →Voigt kennen und übernahm damit auch die neptunistische Epocheneinteilung (→Neptunismus/Vulkanismus) der Gesteine. Im systematischen Bemühen um eine gründliche Kenntnis aller Gesteinsarten begann G. 1783 mit Studien zum Urgestein Granit, über dessen Bildungsweise noch Unklarheit herrschte. Im Fragment *Granit II* forderte er eine international verbindliche Definition dieses Gesteins. Nach G.s damaligem Plan sollte G. M. →Kraus, der ihn 1784 auf der dritten Harzreise begleitete, alle Gesteinsarten in ihrer charakteristischen Struktur zeichnen; ihre Abfolge sollte später in einem geologischen →Modell dargestellt werden. Da G. von einer Stetigkeit in der →Erdbildung ausging, suchte er besonders nach Übergängen zwischen den einzelnen Gesteinsarten (an J. G. →Herder, 6.9.1784).

In dem 1807 verfassten Text *An Herrn von Leonhard* bekannte G., dass er »da noch oft simultane Wirkungen erblicke, wo andere schon eine sukzessive sehen« (FA I, 25, 363). So wollte er Trümmergesteine wie →Breccien oder Nagelfluh nur in jüngeren Schichten als mechanische Bildungen anerkennen; bei den älteren vermutete er dagegen eine chemische Entstehung, die das Enthaltene und das Enthaltende gleichzeitig fest werden ließ. Für solche Gesteine prägte er den Begriff →»porphyrartig«. Durch neue Forschungen wurde im 19.

Jh. das einfache Schema des Neptunismus mit seiner Annahme eines einmaligen Prozesses der Gesteinsbildung im absinkenden →Urozean immer mehr in Frage gestellt. G. wandte sich in den Aufzeichnungen *Chemische Kräfte bei der Gebirgsbildung* (1817/1818) gegen die neuen Theorien, die eine mehrmalige Wasserbedeckung der Erde annahmen. Er schloss aber nicht mehr aus, dass Granit und andere Gesteine mehr als einmal in der Erdgeschichte entstehen konnten. In einer Skizze zur Trappformation von 1817 (vgl. Abb. S. 678) näherte er sich nach Wagenbreth (1999, 64) dem modernen geologischen Begriff der Fazies an, indem er gleichartige Sedimentgesteine aus gleichen lokalen Entstehungsbedingungen herleitete.

Literatur

Wagenbreth, Otfried: Goethes Stellung in der Geschichte der Geologie. In: Brandt, Helmut (Hg.): Goethe und die Wissenschaften. Jena 1984, 59–77. – Ders.: Geschichte der Geologie in Deutschland. Stuttgart 1999. *WY*

Gilbert, Ludwig Wilhelm (1769–1824)

Der ab 1801 als Professor für Chemie und Physik in →Halle Tätige, ab 1808 auch Dr. med., ab 1811 Professor für Physik in Leipzig, war von 1799 bis 1824 Herausgeber der *Annalen der Physik*, einer der wichtigsten zeitgenössischen Fachzeitschriften, die in umfassender Weise auch über die bedeutendste ausländische Fachliteratur informierte. Daraus lernte G. beispielsweise 1815 die Wolkenlehre von L. →Howard kennen, die ihn über Jahre beschäftigen sollte (s. o. S. 207). Die Zeitschrift wird in G.s naturwissenschaftlicher Korrespondenz immer wieder in Zusammenhang mit Literaturangaben erwähnt.

G. lernte Gilbert am 10.7.1802 in Halle kennen, wo er laut Tagebuch »Früh bey Gilbert galvanische Versuche« (wie auch am 19.7.) durchführte. Nach A. v. →Humboldt (1795/1797) und J. W. →Ritter (1800/1801) war Gilbert damit der dritte Naturforscher, mit dem G. zusammen galvanische Experimente unternahm.

In den *Annalen der Physik* erschienen auch mehrere gegen G.s *Farbenlehre* gerichtete Arbeiten, so die von Gilbert angefertigte deutsche Übersetzung der Rezension von E. L. →Malus (*Annalen der Physik* 40, 1812, 103–115) oder F. T. Poselgers Aufsatz *Der farbige Rand eines durch ein biconvexes Glas entstehenden Bildes, untersucht, mit Bezug auf Herrn von Göth'es Werk: Zur Farbenlehre* (*Annalen der Physik* 37, 1811, 135–154), der gegen G.s Erklärung der Farbentstehung gerichtet war.

Auch dürfte es G. getroffen haben, dass Gilbert in einer Anmerkung zu einem Aufsatz von T. →Young kritisierte, dass G. seine Zeitschrift zu wenig beachtet und deshalb die gegen →Newton gerichteten Arbeiten von Young übersehen habe (*Annalen der Physik* 39, 1811, 220; vgl. LA II, 5A, 59f.).

Insgesamt mussten G. die Zeitschrift und auch Gilbert persönlich als wichtige Verkünder der zeitgenössischen physikalischen Lehrmeinung erscheinen, die er in seiner *Farbenlehre* gerade bekämpfte. Auffällig ist, dass in G.s Bibliothek Gilberts *Annalen* nur mit einem Stück (Jg. 1802, 1. St.; Ruppert 4174) vertreten sind, während vom *Journal für Chemie und Physik*, das von dem G. sympathischeren J. S. C. →Schweigger herausgegeben wurde, 51 Bände (1811–1827) gesammelt wurden (Ruppert 4196). *WZ*

Gilbert, William (1544–1603)

Der englische Naturforscher und Philosoph, Leibarzt der Königin Elisabeth I., gilt als Begründer der Lehre vom Erdmagnetismus, sein Werk *De magnete, magneticisque corporibus et de magno magnete tellure* (London 1600) als Beginn der wissenschaftlichen Erforschung des →Magnetismus. Die Schrift lieferte Anleitungen zur Herstellung von Kompassnadeln, behandelte Probleme der Navigation, beschrieb elektrische und magnetische Erscheinungen und betrachtete die Erde als großen Magneten.

G. entlieh Gilberts Werk im Mai 1810 aus der Jenaer Schloßbibliothek (vgl. Keudell/Bulling 5); diesem Exemplar angebunden war der *Tractatus, sive physiologia nova de magnete [...]* (Stettin 1633).

Der Verfasser fand in der *Neueren Einleitung* zu G.s Nachträgen zur *Farbenlehre* (unter dem Haupttitel *Chromatik* in: ZNÜ I, 4, 1822) Erwähnung: Man wolle gedenken, »wie im 15. und 16. Jahrhundert die unendlichste Masse von einzelnen Erfahrungen auf die Menschen eindrang, [...] und wie Gilbert am Magneten zeigte, daß man auch ein einzelnes Phänomen in sich abschließen könne« (FA I, 25, 739).

Bereits in einem Bericht über den Zustand der Jenaer Museen hatte G. Gilbert am 22.11.1812 unter die »trefflichen Köpfe« gezählt (LA II, 1 A, 769), wenn er dort auch seinen Namen falsch schrieb (»Gildert«). *EN*

Gildemeister, Johann Karl Friedrich (1779–1849)

Der Jurist und spätere Bremer Senator, Sohn einer Schwester des Schriftstellers A. F. F. Kotzebue, stellte sich in seiner Jenaer Studienzeit als Hauptestant für G.s Versuche mit Farbenschwachen zur Verfügung (→Farbenblindheit). G.s Aufsatz *Von Personen welche gewisse Farben nicht unterscheiden können* (FA I, 23.2, 201–207) besteht aus vier Protokollen, die auf Sitzungen mit Gildemeister (in der Handschrift stets: Güldemeister) am 19.11.1798, 12., 13. u. 14.2.1799 aufgezeichnet wurden. Ferner liegen dazu ein Blatt mit Pinselausstrichen zu den Versuchen (Corpus V A, 134) und weitere Notizen zu Akyanobleponten (»Blaublinden«) vor (vgl. WA II, 5.2, 36f. und LA I, 3, 278f. mit Komm. in LA II, 3, 303–308). Diese Vorarbeiten sind schließlich in den didaktischen Teil der *Farbenlehre* (§§ 101–113, FA I, 23.1, 62–65) eingegangen.

In den *Tag- und Jahresheften* von 1798 gedenkt G. vor allem → Schillers Mitwirkung an den Versuchen mit Gildemeister: »Er [Schiller] war es der den Zweifel lös'te, der mich lange Zeit aufhielt: worauf denn eigentlich das wunderliche Schwanken beruhe, daß gewisse Menschen die Farben verwechseln, wobei man auf die Vermuthung kam, daß sie einige Farben sehen, andere nicht sehen, da er denn zuletzt entschied, daß ihnen die Erkenntniß des Blauen fehle. Ein junger *Gildemeister*, der eben in Jena studirte, war in solchem Falle, und bot sich freundlich zu allem Hin- und Wiederversuchen, woraus sich denn zuletzt für uns jenes Resultat ergab«.

Über den Ablauf der Versuche gibt ein Brief G.s an J. H. → Meyer vom 12.2.1798 Auskunft: »Heute früh hatte ich wieder eine Session mit dem jungen Güldemeister, der die Farben so wunderlich sieht, und machte diesmal die Versuche mit drey Tassen, in welche Karmin [Rot], Gummigutt [Gelb] und Berlinerblau eingerieben waren. Die Resultate sind zwar immer dieselben, doch kamen, bey veränderten Umständen, einige neue Aussichten. Dieser außerordentliche Fall muß uns, durch seine innere Consequenz, über das Gewöhnliche noch schöne Aufschlüsse geben«.

Schillers Diagnose war falsch: nicht die extrem seltene Blaublindheit (Akyanoblepsie) lag vor, sondern eine verbreitete Rot-Grün-Schwäche; Gildemeister war rotblind (protanop). G. hielt jedoch durchgehend an Schillers Deutung fest. Zur Wahrnehmung des Akyanobleps lieferte er in der *Farbenlehre* auf Tafel 1 (Abb. S. 829) die Figuren 2, 8 und 11 (mit den jeweiligen Entwürfen in Corpus V A, 124, 138f., 155ff.). Für die 11. Figur verwendete G. ein Motiv nach Angelica → Kauffmann, die er bereits in Italien – allerdings unter kunsttheoretischen Aspekten – gebeten hatte, eine Landschaft ohne Blautöne zu malen (vgl. EGW 4, 271).

Trotz der Fehldeutung enthalten die Versuchsaufzeichnungen zukunftsweisende Aspekte, vor allem in der Anwendung eines Farbfleckverfahrens, das erst um 1940 als Analyseverfahren zur Diagnostizierung der Farbenblindheit in die Augenheilkunde eingeführt wurde (vgl. dazu Jaeger).

Literatur

Jaeger, Wolfgang: Studien Goethes an »Personen, die gewisse Farben nicht unterscheiden können«. In: Documenta Ophthalmologica. 26 (1969), 264–272. – Ders.: Goethes Untersuchungen an Farbenblinden. In: Heidelberger Jahrbücher. 23 (1979), 27–38. – Ders.: Goethes Untersuchungen an Farbenblinden: ›Eine sehr enge Pforte, um in das Allerheiligste der Farbenlehre zu dringen‹. In: Jahrbuch der Heidelberger Akademie der Wissenschaften für 1989. Heidelberg 1990, 102–112. – Matthaei, Rupprecht: Wiederherstellung von Goethes Versuchen mit Gildemeister wegen des Nichtunterscheidens der Farben. In: Neue Hefte zur Morphologie. 2 (1956), 7–32. *WZ*

Ginkgo biloba

G. kannte den aus Ostasien eingeführten Baum, den er ›Gingo‹ schrieb, bereits in Weimar, wo er seit etwa 1800 von den Hofgärtnern gezüchtet wurde. Von besonderer Bedeutung wurde er für ihn und die Nachwelt im Jahr 1815, als er, speziell sein zweigeteiltes, fächerförmiges Blatt, zum Gegenstand eines Gedichts für Marianne von Willemer wurde, das seinen Platz im *Buch Suleika* des *West-östlichen Divans* fand. Sulpiz → Boisserée notierte am 15.9.1815, dem Tag, auf den das Gedicht datiert ist, in sein Tagebuch: »Heiterer Abend; G. hatte der Wilmer ein Blatt des Ginkho biloba als Sinnbild der Freundschaft geschickt aus der Stadt. Man weiß nicht ob es eins, das sich in 2 teilt, oder zwei die sich in eins verbinden. So war der Inhalt des Verses« (Weitz-Boisserée 1, 269).

Am 27.9.1815, einen Tag nach der letzten Begegnung mit Marianne im Heidelberger Schlosspark, sandte G. das mit mehrfacher Bedeutung unterlegte Gedicht auch an deren Stieftochter Rosine Städel. Es entstand in einer Phase intensiver emotionaler Beanspruchung, im Schnittpunkt von Liebe und Abschiedswehmut, kurz bevor sich G. nach wochenlangem Aufenthalt bei dem Ehepaar Willemer auf der Gerbermühle von dem Paar trennte. Im Manuskript sind unter der Handschrift zwei gepresste Ginkgo-Blätter aufgeklebt. Die Sinnhaftigkeit der Pflanze, die G. aus ihrer → Anschauung ableitete, wird schon in der ersten Strophe angesprochen: »Dieses Baum's Blatt, der von Osten / Meinem Garten anvertraut, / Giebt geheimen Sinn zu kosten, / Wie's den Wissenden erbaut« (FA I, 3.1, 78). Das Exotische der aus dem »Osten« stammenden Pflanze kontrastiert mit dem Heimischen »meines Gartens« und weist sie als Metapher des Dualismus von Einheit und Trennung aus, die in der morphologischen Gestalt des tief eingeschnittenen Ginkgoblattes in der zweiten Strophe erneut aufgenommen wird: »Ist es Ein lebendig Wesen? /

Das sich in sich selbst getrennt, / Sind es zwey? die sich erlesen, / Daß man sie als Eines kennt« (ebd. 79).

Die durch den Blatteinschnitt bedingte Herzform verweist die Antithese von Einheit und Trennung auf den Liebestopos. Das Gedicht gipfelt in der dritten Strophe in einem Perspektivwechsel auf den Dichter, in dessen Produkten sich der dualistische Sinngehalt erneut bestätigt: »Solche Frage zu erwiedern / Fand ich wohl den rechten Sinn; / Fühlst du nicht an meinen Liedern / Daß ich Eins und doppelt bin?« (ebd.).

Damit erfüllt sich die doppelte Metaphorik der Ginkgopflanze in der Doppelnatur des Dichters: des Liebenden und des Dichtenden. Dass die Sinnerkenntnis dem Eingeweihten vorbehalten bleibe – wie in der ersten Strophe formuliert –, mag sich hier auf die Person der Adressatin beziehen, wird jedoch im *West-östlichen Divan* mehrfach thematisiert.

Literatur

Bockholt, Werner und Kircher, Bernadette: Dieses Baumes Blatt. Ginkgo–Goethe–Gartentraum. Warendorf 2003. – Hein, Wolfgang-Hagen und Andernacht, Dietrich: Der Garten des Apothekers Peter Saltzwedel und Goethes Ginkgo biloba. In: Ohm, Anneliese und Reber, Horst (Hg.): Fs. für Peter Wilhelm Meister zum 65. Geburtstag am 16. Mai 1974. Hamburg 1975, 303–311. – Unseld, Siegfried: Goethe und der Ginkgo – ein Baum und ein Gedicht. Frankfurt am Main, Leipzig 2002. *CS*

Glasmacherkunst

Die Herstellung des Werkstoffes Glas, einer amorphen, nichtkristallinen Masse aus Quarzsand (Siliziumdioxid), Kalk, Soda (Natriumcarbonat) oder einem weiterem Salz wie Pottasche (Kaliumcarbonat), kann durch Funde von Glasperlen in Mesopotamien und Ägypten bis auf 3000 v. Chr. rückdatiert werden. Durch schriftliche Zeugnisse nachgewiesen ist aus menschlicher Produktion stammendes Glas seit 1600 v. Chr. (Ugarit, heute Nord-Syrien). Europäische Glasproduktionsstätten der Frühen Neuzeit waren Venedig (Murano) und waldreiche Gebiete Mitteleuropas wie Böhmen und Schlesien, in denen das Waldglas hergestellt wurde. Seit 1679 produzierte die Potsdamer Glasmanufaktur das von dem deutschen Alchimisten und Glasmacher Johannes →Kunckel (um 1640–1703) erfundene Rubinglas.

Bereits aus dem Juni/Juli(?) 1793 ist eine im Lager von Marienborn bei Mainz niedergeschriebene Äußerung G.s überliefert, die Kunckel und die Glasmacherkunst erwähnte: »Auf gemalten Fensterscheiben war die eine Gewandfarbe beim Durchsehen durchsichtig hoch gelb, beim Draufsehen trüb Türkisfarb. Kunckels Glasmacherkunst. Versuch, den Braunstein mit Glas zu schmelzen, ob man nicht auch grün Glas erhalten kann« (LA I, 3, 378). Möglicherweise machte G. diese Beobachtungen an einer Fensterscheibe der am 16.4.1793 vollständig ausgebrannten Katholischen Kirche in Weisenau.

Später wandte sich G. der Glasherstellung und der Glasmacherkunst wegen seines Interesses an geschliffenem, trübem, gefärbtem oder entoptischem Glas überwiegend im Zusammenhang mit Versuchen und Erörterungen zur Optik und zur Farbenlehre zu. Im August 1822 machte er von →Eger aus nicht nur einen Besuch in der Glashütte Wolfgang Kaspar →Fikentschers in →Marktredwitz, wo er entsprechende Gläser ganz nach seinen Wünschen erhielt, sondern er beschäftigte sich auch erneut mit Kunckel.

Literatur

Spiegl, Walter: Die Geschichte vom Glasmachen 1550–1700. Waldglas, venezianisches »cristallo«, böhmisches Kreideglas. © 2002 by Walter Spiegl (http://glas-forschung.info/pageone/pdf/cristallo.pdf) *EN*

Glenck, Karl Christian Friedrich (1779–1845)

Der Jurist, Geologe und Bergbaufachmann aus Schwäbisch Hall wurde bei den Zeitgenossen berühmt wegen der zahlreichen Bohrungen auf Steinsalz, die er in Deutschland und der →Schweiz (Saline Schweizerhalle, 1837) durchführte. Seine Bohrmethode, mit der Tiefen bis 400 Meter erreicht wurden, ersetzte den vorher üblichen Bau von Schächten zur Steinsalzgewinnung und eröffnete auch der geologischen Forschung einen neuen Weg. 1819 konnte Glenck als erste die Saline Ludwigshall in Wimpfen am Neckar eröffnen. In →Thüringen führte er drei erfolgreiche Bohrungen durch: In Köstritz bei Gera, in Bufleben und in →Stotternheim nördlich von Erfurt. 1823 ließ sich Glenck in Gotha nieder. Seit dieser Zeit stand G. in persönlicher Verbindung mit dem Salinisten und verfolgte mit Interesse die Bohrung in Stotternheim, aus der er zu Neujahr 1828 die erste Sole erhielt. Eine geologische Tabelle der durch die Bohrungen erreichten Schichten, die Glenck erarbeitet hatte, beschäftigte G. über längere Zeit (vgl. LA II, 8B.1, 597–601). Er bewunderte die erfolgreiche Tätigkeit des »tüchtig praktischen Mannes« (Tgb, 7.1.1832), die ihm zugleich seinen »alten Glauben an die Konsequenz der Flözbildung« (FA I, 25, 649) zu bestätigen schien.

Literatur
Arnold, Werner und Lock, Ernst: Karl Christian Friedrich Glenck (1779 bis 1845), sein Wirken bei der Suche und dem Aufschluß von Salzlagerstätten in Thüringen und Sachsen und sein Verhältnis zu Johann Wolfgang von Goethe. In: Prescher, Hans (Hg.): Leben und Wirken deutscher Geologen im 18. und 19. Jahrhundert. Leipzig 1985, 140–161. – Carlé, Walter: Die Salinistenfamilie Glenck. 18. und 19. Jahrhundert. In: Miller, Max und Uhland, Robert (Hg.): Lebensbilder aus Schwaben und Franken 11. Stuttgart 1969, 118–149. *WY*

Gmelin

Mit mehreren Angehörigen der Familie Gmelin ist G. im Laufe seines Lebens in Berührung gekommen. Johann Friedrich Gmelin (1748–1804) aus Tübingen, der 1775 einen Ruf nach Göttingen erhielt und ab 1778 dort die ordentliche Professur für Medizin und Chemie bekleidete, rezensierte in den *Göttingischen Anzeigen von gelehrten Sachen* (27. Stück vom 14.2.1791) G.s 1790 erschienene Schrift *Versuch die Metamorphose der Pflanzen zu erklären* (vgl. LA II, 9A, 399f.). G. hat dazu in seinem Aufsatz *Schicksal der Druckschrift* (in Morph I, 1, 1817) Stellung genommen: »Eine günstige Rezension [...] konnte mir nur halb genügen. Daß ich mit ausnehmender Klarheit meinen Gegenstand behandelt war mir zugestanden, [...] wohin es aber deute war nicht ausgesprochen, und ich daher nicht gefödert« (FA I, 24, 424; als »Günstige Rezension« auch genannt in *Wirkung dieser Schrift*; ebd. 754).

G. begegnete Gmelin am 9.6.1801 in →Göttingen im Hause des Theologen und Orientalisten J. G. Eichhorn, vermutlich auch am Folgetag bei einem persönlichen Besuch. Auf der Rückreise von →Pyrmont nach Weimar kam es am 9.8.1801 in Göttingen bei dem Theologen K. F. Stäudlin erneut zu einem Treffen. Am 23.9.1808 fertigte G. bei der Arbeit an der *Farbenlehre* aus Gmelins Werk *Geschichte der Chemie* (Bd. 1, Göttingen 1797, 186) einen Auszug über »Färbe Materialien« an (vgl. LA II, 4, 68f., M 58).

Leopold Gmelin (1788–1853), der Sohn Johann Friedrichs, Chemiker, ab 1817 Ordinarius in Heidelberg, veröffentlichte ein dreibändiges *Handbuch der theoretischen Chemie* (Frankfurt 1817–1819). Daraus zitierte →Nees von Esenbeck in seiner Abhandlung *Über Ruß, Mehltau und Honigtau, mit Bezug auf den Ruß des Hopfens* (Morph II, 2, 1824), die wiederum durch G.s davor abgedruckten Text *Von dem Hopfen und dessen Krankheit, Ruß genannt* veranlasst war.

Mit einem Brief an →Wackenroder vom 14.8.1830 übersandte G. einen kurzen geologischen Text, *Verglaste Burgen* (FA I, 25, 651 f.). Dazu wurde er durch den amtlichen Bericht, »welcher über die Versammlung deutscher Naturforscher und Ärzte in Heidelberg im September 1829 von den damaligen Geschäftsführern, den Herren Professoren Tiedemann und Gmelin mitgetheilt worden« (Ruppert 4226), angeregt. Weiterhin besaß G. Gmelins zusammen mit →Leonhard verfasste mineralogische Schrift *Nephelin im Dolerit am Katzenbuckel* (Heidelberg 1822; Ruppert 4806), die ihm Leonhard am 20.8.1822 zugesandt hatte.

Ferdinand Gottlieb von Gmelin (1782–1848), ein Cousin von L. v. Gmelin, war Mediziner und Professor an der Universität Tübingen. Am 20.7.1804 hatte er G. in Weimar besucht. Mit Brief vom 8.8.1826 sandte er ihm einen Sonderdruck seiner *Beiträge zur Kenntnis der Metamorphose der Gewächse, namentlich in Hinsicht ihrer inneren und äußeren Bedingungen* (Naturwissenschaftliche Abhandlungen 1, 1826, 73–132 und 271–306; Ruppert 4602), versehen mit handschriftlicher Widmung. In der Einleitung dieser Schrift hob Gmelin G.s Verdienste um die Metamorphosenlehre hervor. Vor allem bezüglich der Blatt- und Blütenbildung sowie bei der Behandlung der Säftelehre stimmte Gmelin G.s Auffassungen zu.

Der Botaniker und Mediziner Karl Christian Gmelin (1762–1837), Professor der Naturgeschichte, Direktor des Botanischen Gartens und des Naturalienkabinetts in Karlsruhe, war Bruder des Kupferstechers Friedrich Wilhelm Gmelin (1760–1820) und gehörte der oberbadischen Linie der Gmelin-Familie an. Am 4./5.10.1815 führte er G. durch den Botanischen Garten und das Naturalienkabinett (vgl. Tgb). Schilderungen dieser Besichtigung lieferten F. v. Biedenfeld (vgl. GG 2, 1116ff.) sowie S.→Boisserée (vgl. LA II, 9B, 406f.). In seinem Brief an →Carl August vom 8.10.1815 berichtete G.: »Geh. Hofr. Gmelin demonstrirte, den Linné in der Hand, wiederholt das Conchylien Kabinet, wobey sich mir der alte Spruch bewahrheitete: Um einsichtig zu werden müsse man das fürtreffliche betrachten. Und gewiß, ich fühle mich eingeführt in ein Feld, in welchem ich immer fremd geblieben«.

Am 3.9.1817 sandte G. Gmelin ein Stück Dornburger Cölestin im Namen der Großherzogin Luise. In seinem Begleitbrief gedachte er »mit dem größten Vergnügen der so angenehmen als lehrreichen Stunden«, die er in Karlsruhe Gmelins »besonderer Gefälligkeit verdankte«.

Mit einem Brief vom 14.12.1819 erhielt G. von Gmelin die Beschreibung einer Achatkugel, die im Karlsruher Mineralienkabinett aufbewahrt wurde (vgl. LA II, 8A, 572). *HO*

Gneis

Das schiefrig strukturierte Gestein ist nach heutiger Ansicht bei großem Druck und Hitze aus granitischen oder sedimentären Ausgangsgesteinen entstanden. In der Theorie des →Neptunismus galt der Gneis als Urgesteinsart, die sich im →Urozean gleich nach und damit über dem →Granit in Schichten abgelagert hatte. G. verwendete den aus der deutschen Bergmannssprache stammenden Begriff »Gneiß« oder »Gneuß« ab 1780, wohl unter dem Einfluss von J. C. W. →Voigt, während er im November 1779 in den Briefen aus der →Schweiz an Ch. v. →Stein noch von »Gestellstein« geschrieben hatte. – Der Name war wegen der Verwendung von feuerfesten Glimmerschiefern in den Hochöfen entstanden.

In Übereinstimmung mit der neptunistischen Theorie war G. in seinen Studien zur →Erdbildung vorerst davon überzeugt, dass der Gneis zeitlich und räumlich stets direkt auf den Granit folge. Nach dem →Karlsbader Aufenthalt von 1806 beschrieb er den Gneis morphologisch als einen der möglichen Übergänge des Granits in andere Gesteinsarten; die blättrige Struktur des Gesteins erklärte er aus vermehrt in der Grundmasse vorkommendem Glimmer. G. hielt aber auch eine »Rückkehr zum Granit« nach der Gneisbildung für denkbar (LA II, 8A, 44, M 22). Zwischen 1810 und 1814 fand man immer mehr Belege für das spätere Eindringen von Granit in Gneis (vgl. Semper 140). Die Behauptung, dass Gneise älter sein können als Granite, bedeutete für G. vorerst eine inakzeptable Umkehr der normalen Abfolge. In den *Zahmen Xenien* dichtete er ironisch: »Gneis der Sohn ist nun Papa!« (FA I, 2, 678). Mit der Annahme, dass gleichartige Gesteine auch mehrmals in der Erdgeschichte entstehen konnten, versuchte G. in den Aufzeichnungen *Epochen bei der Weltbildung* und *Chemische Kräfte bei der Gebirgsbildung* von 1817/1818 den Widerspruch zu den ursprünglichen Annahmen der neptunistischen Theorie aufzulösen. Die nomenklatorische Umkehr von »Granit-Gneis« in »Gneis-Granit« hingegen sah er in *Warte-Steine* und in einem Xenion aus dem Nachlass (»So wie ich weiß / Hieß es Granit-Gneis […]«, FA I, 2, 861) als letztlich unerheblich an; es besage nicht mehr, als dass »beide Gebirgsarten, als nah verwandt, in einander übergehend gefunden werden« (FA I, 25, 796).

Literatur

Schirmer, Wolfgang und Spies, Heike: Goethe, Gneis und Granit. Düsseldorf 2005. – Semper, Max: Die geologischen Studien Goethes. Beiträge zur Biographie Goethes und zur Geschichte und Methodenlehre der Geologie. Leipzig 1914. *WY*

Göchhausen, Luise Ernestine Christiane Juliane von (1752–1807)

Die Gesellschafterin und ab 1783 Hofdame der Herzogin-Mutter Anna Amalia von Sachsen-Weimar war klein gewachsen und bucklig, aber mit einem wachen Geist und viel Humor begabt. Sie fertigte nicht nur die Abschriften des →*Journals von Tiefurt* und des sogenannten *Urfaust* an, sondern interessierte sich auch für die Naturwissenschaften. »Thusnelda« – so lautete der Spitzname der Luise von Göchhausen – ließ sich von G. in die Mineralogie einführen und legte 1780 eine eigene mineralogische Sammlung an, die G. ordnete (vgl. LA II, 7, 288 u. 300). In ihrem während der Italienreise (→Italien) als Begleiterin Anna Amalias geführten Tagebuch (1788–1790) notierte die Hofdame verschiedentlich wissenschaftliche Besuche und Gespräche. So besichtigte die Gesellschaft die naturwissenschaftlichen Sammlungen in Verona, Bologna und Florenz; unter Anleitung von Lord William Hamilton wurden vulkanische Phänomene besprochen, und Giuseppe Gioeni zeigte chemische Experimente. Im September 1789 beschaffte Luise von Göchhausen für G. in Neapel Musterplättchen mit Marmorarten. Auf der Rückreise von →Venedig nach Weimar, als G. die Gesellschaft begleitete, notierte die Hofdame im Tagebuch öfters das Vorkommen von →Gesteinsarten.

Literatur

Brandsch, Juliane: »Es sind vortreffliche Sachen daselbst«. Luise von Göchhausens Tagebuch ihrer Reise mit Herzogin Anna Amalia nach Italien vom 15. August 1788 bis 18. Juni 1790. Göttingen 2008 (SchrGG. 72). – Deetjen, Werner (Hg.): Die Göchhausen. Briefe einer Hofdame aus dem klassischen Weimar. Berlin 1923. – Harnack, Otto (Hg.): Zur Nachgeschichte der italienischen Reise. Weimar 1890 (SchrGG. 5). *WY*

Goethe, Julius *August* Walther von (1789–1830)

Dem erstgeborenen Sohn von G. und Christiane Vulpius – vier weitere gemeinsame Kinder waren aufgrund einer Rhesusunverträglichkeit nicht lebensfähig – ist in GHB. 4.1, 391 ff. ein Artikel gewidmet. Hier soll nur von Interesse sein, inwieweit August für G.s Naturstudien eine Rolle gespielt hat. Schon früh bezog G. seinen Sohn in die Naturforschung ein, fing mit dem Sechsjährigen Frösche in Jena (Tgb, 30.5.1796), nahm ihn 1801 mit auf die Reise nach Göttingen und Pyrmont, auf der August »Leidenschaft […] für die Fossilien des Hainberges« (TuJ 1801) zeigte (vgl. auch an Christiane, 31.7.1801). Aus Jena sandte G. Anfang 1802 mehrfach Mineralien für August (vgl. Tgb, 19. u. 22.1., 9. u. 12.2., 9.3.1802). Mitte Dezember 1802 lieferte →Blumenbach aus Göttingen »einige Scherflein zu des lieben August Sammlung« (LA II, 7, 511), am 1.11.1804 sandte →Lenz aus Jena Mineralien, mit dem Hinweis, »mein lieber August wird sie schon zu ordnen wissen« (ebd. 527). Hier wurde die Basis gelegt für Augusts lebenslanges Interesse an der Mineralogie, das der Vater stets förderte, vor allem, als er ihn später mit der Einrichtung und Katalogisierung seiner paläontologischen Sammlung betraute, die fortan August unterstand.

In der Hauptsache waren es aber Hilfsdienste, mit denen dieser seinem Vater in der Naturforschung zuarbeitete, insbesondere, nachdem er 1811 seine Beamtenlaufbahn in Weimar begonnen hatte, 1815 offiziell Mitarbeiter der ›Oberaufsicht über die unmittelbaren Anstalten für Wissenschaft und Kunst‹ geworden war und in dieser Funktion G. mit zunehmendem Alter immer häufiger vertrat. Das Spektrum von Augusts Tätigkeiten umfasste die Lieferung von gewünschten Büchern, Manuskripten oder Gegenständen an den in Jena arbeitenden Vater, die Registrierung und Meldung der Posteingänge während G.s Kuraufenthalten, die Korrespondenz in Vertretung für den abwesenden, erkrankten oder stark belasteten Vater (z.B. A. v. Goethe an Posselt, 12.3.1823; an Döbereiner, 26.12.1825) – dies alles bezog sich nicht speziell, aber zumindest teilweise auch auf G.s Naturstudien oder entsprechende Korrespondenzen. Die außerordentlich zahlreichen jeweiligen Anliegen und Einzelheiten, die aus dem ständigen Umgang erwuchsen, sind über den seit 2005 vorliegenden Briefwechsel zwischen Vater und Sohn (vgl. Sanford) sowie über die Register der *Leopoldina-Ausgabe* zu erschließen.

August zeigte sich naturwissenschaftlichen Gegenständen gegenüber aufgeschlossen. So besuchte er 1814 die neue Sternwarte in Jena und war offenbar so begeistert, dass G. dem Direktor, C. D. v. →Münchow am 11.5.1814 berichtete: »Er [August] kann sich keine erfreulichere und besser geordnete Einrichtung denken, als die Ihrer Sternwarte, und bittet um Erlaubniß seinen Besuch öfterer abstatten zu dürfen«. In amtlicher Funktion war August in Fragen der Ausstattung der Sternwarte eingebunden (vgl. z.B. seinen Brief an den Vater vom 2.4.1817; LA II, 2, 313; Tgb, 27.9.1824). Auch Wetterbeobachtungen wurden zwischen G. und seinem Sohn immer wieder angesprochen. Eckermann berichtete unter dem 11.4.1827 über G.s Äußerung: »Mein Sohn glaubt beim Wetter an den Einfluß des Mondes [...]« (FA II, 12, 237), eine Ansicht, die G. ablehnte, aber offenbar tolerierte.

Von seinen Reisen sandte G. wiederholt ausführliche Auszüge seines Tagebuchs an August, immer auch mit Informationen zu seinen Naturstudien. Von der letzten Böhmenreise berichtete er am 30.8.1823: »Stadelmann setzte seine Bergforschungen, John seine Wetterbeobachtungen fort, und in beiden bin ich [...] wirklich weiter gekommen«.

Die wenigen Beispiele mögen belegen, wie eng August in G.s Naturforschung eingebunden war. Von seiner letzten Reise, die mit dem Tod am 27.10.1830 in Rom endete, lieferte er dem Vater zahlreiche Berichte über die italienische Flora und Fauna.

Literatur

Sanford, Gerlinde Ulm (Hg.): Goethes Briefwechsel mit seinem Sohn August. 2 Bde. Weimar 2005.

ZA

»Goethe-Elefant« (um 1771–1780)

Dieses Exemplar der zu den Asiatischen Elefanten gehörenden indischen Elefanten (nach →Soemmerring »Ceylonesischer Elefant«) aus der Kasseler Menagerie wurde durch G.s Zwischenkieferstudien bekannt. Der 1773 nach →Kassel gekommene Elefant – möglicherweise ein Hochzeitsgeschenk des holländischen Statthalters Wilhelm V. von Oranien (1748–1806) an Landgraf Friedrich II. von Hessen-Kassel (1720–1785) – wurde nach seinem durch einen Sturz verursachten Tod (Schädelbruch) im August 1780 von dem im Kassel lehrenden Anatomen Samuel Thomas Soemmerring seziert; die Präparation des Skeletts erfolgte mit den Ligamenten (Bändern; Letztere nicht erhalten). G., der den Elefanten am 14.9.1779 in der Menagerie gesehen und mit Soemmerring am 30.9.1783 in persönlichen Kontakt getreten war, lieh den Schädel 1784 für osteologische Studien nach →Eisenach und Weimar aus. Die Korrespondenzen mit Johann Heinrich →Merck und Soemmerring aus dieser Zeit (vgl. an Soemmerring, 14.5., 9.6., 5.8., 16.9.1784) dokumentieren die Beschäftigung mit dem Elefantenschädel genauer.

Die auf 1777 datierte Tuschezeichnung von Johann Heinrich Ramberg (1763–1840) zeigt den lebenden Elefanten sechsjährig, Petrus →Camper zeichnete ihn am 18.10.1779, eine Sepiazeichnung von Johann Heinrich Tischbein d.J. (1742–1808) wurde 1790 publiziert, die Bilder Johann Georg Pforrs (1745–1798) und Johann Heinrich Wilhelm Tischbeins (1751–1829) sind zerstört bzw. verschollen. Fotografien der mit Holzstückchen ausgestopften Elefantenhaut und des vollständigen Skeletts sind bei Wenzel 1994, 286f. abgebildet. In Weimar wurde der Schädel von Johann Christian Wilhelm →Waitz (1784) und G. selbst gezeichnet, die Kupferstiche stammen von Johann Heinrich Lips (1798,

Abzüge für das Jenaer Museum 1803) und J. Schubert (1824). Zur Publikation der Tafeln →Elefant. Das Skelett des »Goethe-Elefanten« ist bis heute erhalten und im Kasseler Naturkundemuseum (Ottoneum) ausgestellt.

Literatur

Wenzel, Manfred: Der »Goethe-Elefant« in Kassel, 1773–1993. In: Ders. (Hg.): Samuel Thomas Soemmerring in Kassel (1779–1784). Beiträge zur Wissenschaftsgeschichte der Goethezeit. Stuttgart, Jena, New York 1994 (Soemmerring-Forschungen 9), 267–328. *EN*

Goethia/Goethea

Der von G. geförderte Jenaer Botaniker A. J. G. K. →Batsch wählte 1793 für eine heute Bacopa genannte tropische Gattung der Scrophulariaceen (Braunwurzgewächse) den Namen Goethia (*Synopsis universalis analytica generum plantarum [...]*, Jena 1793, 60). G. war es vor allem sympathisch, dass Batsch die Pflanze zu den Dickblattgewächsen mit der Gattung Sempervivum (Immerlebende) gestellt hatte. Von der Ehrung hatte er jedoch zunächst gar nichts erfahren und war erst durch seine Korrespondenz mit C. C. A. Neuenhahn darauf gestoßen worden (vgl. Neuenhahn an G., 22.8.1798 und 16.7.1800; LA II, 9B, 149f. u. 172f.). Der Name verschwand bald wieder aus der botanischen Systematik.

Bleibend war dagegen die Bezeichnung »Goethea« für eine Gattung der Malvengewächse (Malvaceae), die der Prinz zu Wied-Neuwied auf seiner Reise nach Brasilien (1815 bis 1817) entdeckt, C. F. P. von →Martius von dort mitgebracht und C. G. D. →Nees von Esenbeck 1821 nach G. benannt hatte (vgl. Nees von Esenbeck an G., 20.7.1821 u. 14.7.1822; LA II, 10A, 454f. u. 522f.). Ihre Erstbeschreibung erschien in einer gemeinsamen Publikation von Martius und Nees von Esenbeck: *Goethea, novum plantarum genus* (*Nova Acta Leopoldina* 11.1, 1823, 89–102, Tafeln VII u. VIII). Von den beiden zunächst bestimmten Arten Goethea semperflorens und Goethea cauliflora hielt sich nur die Letztere; später kamen neu entdeckte Arten hinzu (G. strictiflora, G. alnifolia, G. makoyana, G. garckeana).

Nees v. Esenbeck übersandte den Aufsatz zur Goethea am 5.4.1823 (LA II, 10A, 581), G. dankte am 24.4.1823 dafür, »daß Sie mich bey so einer herrlich ausgezeichneten Pflanze zum Gevattersmann berufen und meinem Namen dadurch eine so schöne Stelle unter den wissenschaftlichen Gegenständen anweisen« (vgl. auch Martius an G., 23.10.1823; LA II, 10A. 623f.).

1828 benannte der Dresdner Botaniker H. G. L. Reichenbach eine Unterfamilie der Sterculiaceen (Stinkbaumgewächse) als Goetheaceae (Goethegewächse); 1892 schlug der Berliner Botaniker M. Gürke für eine Sektion der Malvaceen-Gattung Pavonia den Namen »Goethoides« vor. *ZA*

Goethit

1806 wurde ein rubinroter Eisenglimmer oder Rubinglimmer, dessen Fundort auf der Eisenzeche bei Siegen lag, von Johann Georg →Lenz, dem Professor für Mineralogie in Jena, unter dem Namen *Göthit* in die mineralogische Nomenklatur aufgenommen (*Tabellen über das gesammte Mineralreich*, Jena 1806, 46 und Anm. 94). In seinem Aufsatz *Andere Freundlichkeiten* (Morph I, 2, 1820) bemerkte G. dazu: »Wohlwollende Männer auf dem Westerwald entdecken ein schönes Mineral und nennen es mir zu Lieb und Ehren *Goethit*; denen Herrn *Cramer* und *Achenbach* bin ich dafür noch vielen Dank schuldig, obgleich diese Benennung auch schnell aus der Oryctognosie verschwand. Es hieß auch Rubinglimmer, gegenwärtig kennt man es unter der Bezeichnung Pyrosiderit. Mir war es genug daß bei einem so schönen Naturprodukt man auch nur einen Augenblick an mich gedacht hatte« (FA I, 24, 455).

Durch Ludwig Wilhelm →Cramers Vermittlung erfolgte die Namensgebung auf Vorschlag des Pfarrers Heinrich Adolf Achenbach und des Bergmeisters Johann Daniel Engels, beide aus Siegen (Briefe an Lenz, jeweils 14.1.1806; vgl. Franke und Wahl 1978, 245). Achenbach und Engel schlugen den Namen *Goethenit* bzw. *Göthenit* vor; die Änderung zu *Goethit* geht auf →Riemer zurück, den Lenz konsultiert hatte.

Nach heutiger Bestimmung kommen zwei Modifikationen des Eisenoxydhydrats vor, die sich in ihrer Kristallstruktur unterscheiden, der Rubinglimmer (γ-FeOOH) und das Nadeleisenerz (α-FeOOH). Nur die zweite wird heute als Goethit bezeichnet, während Achenbach und Engel wohl die erste Form vorlag (vgl. LA II, 8A, 414).

Entgegen G.s Skepsis (»Benennung [...] schnell [...] verschwand«) hat sich der Name des Minerals durchgesetzt und bis heute erhalten.

Literatur

Franke, Horst und Wahl, Volker: Zur Entstehung des Mineralnamens ›Göthit‹. In: GJb. (1978), 241–247. – Wolff, Ferdinand von: Über den Goethit. In: Walther, Johannes (Hg.): Goethe als Seher und Erforscher der Natur. Halle 1930, 111–116. *HO*

Göttingen

G. hatte sich Göttingen als Studienort gewünscht, doch auf Drängen des Vaters fiel die Wahl auf Leipzig (vgl. *Dichtung und Wahrheit* II, 6). Bevor er Göttingen im Rahmen der zweiten Harzreise persönlich kennenlernte (26.–29.9.1783), begegnete G. der Stadt bereits 1782 in amtlicher Funktion, als der Ankauf der umfangreichen Bibliothek von C. W. →Büttner und deren Überführung von dort nach →Jena zu organisieren waren (vgl. an Carl August, Anfang August 1782).

Mit dem Vorsatz, alle Professoren am Ort zu besuchen, kam G. 1783 auf der Rückreise aus dem Harz nach Göttingen, damals Zentrum der Aufklärung und wohl wichtigster Wissenschaftsstandort in Deutschland. Am 27.9.1783 wohnte er einer Privatvorlesung G. C. →Lichtenbergs in dessen Hause bei, dem er am 11.5.1792 seine *Beyträge zur Optik* schickte, ohne die erhoffte Resonanz zu finden.

Wichtiger wurden für G. die beiden, von der Kur in →Pyrmont unterbrochenen Aufenthalte in Göttingen vom 6.–12.6. und 18.7.–14.8.1801. Besonders das Studium historischer Werke zur Farbenlehre, die in Weimar und Jena nicht greifbar waren, brachte ihn in der Universitätsbibliothek unter Mithilfe des Altphilologen C. G. Heyne wesentlich voran (vgl. dazu: *Goethes Bücherliste für die »Göttinger Bibliotheck«*, in: Mittler u.a. 254–261). In Göttingen entstand am 2.8.1801 das *Schema der Farbenlehre*, das einen wichtigen Abschnitt in deren Entstehungsgeschichte markiert (→Göttinger Schema).

Intensiv verkehrte G. unter den Naturforschern mit J. F. →Blumenbach, dessen Schädel- und Mineraliensammlungen er in Augenschein nehmen konnte, und F. B. Osiander, der als Leiter des Accouchierhauses die Geburtshilfe weiterentwickelte. Es ergab sich ebenso ein engeres Verhältnis zu G. Sartorius, für dessen Sohn G. 1809 die Patenschaft übernahm und der ein wichtiger Korrespondenzpartner wurde, auch im Kontext von G.s Naturforschungen und Reaktionen aus Göttingen darauf. G. lernte den Mediziner J. F. →Gmelin kennen, der den *Versuch die Metamorphose der Pflanzen zu erklären* in den *Göttingischen gelehrten Anzeigen* rezensiert hatte (14.2.1791), besuchte mit dem Botaniker G. F. Hoffmann den Botanischen Garten, das Akademische Museum mit seinen berühmten Sammlungen zur Völkerkunde, Zoologie und Geologie, schließlich die Sternwarte.

In den *Tag- und Jahresheften* von 1801 berichtete G. von einem Vortrag zur Farbenlehre, den er auf Wunsch Göttinger Professoren hielt: »Auch hatte derselbe [Sartorius] in Gesellschaft mit Professor *Hugo* die Geneigtheit einen Vortrag von mir zu verlangen, und was ich denn eigentlich bei meiner Farbenlehre beabsichtige, näher zu vernehmen. Einem solchen Antrage durft' ich wohl, halb Scherz, halb Ernst, zu eigner Fassung und Übung nachgeben; doch konnte bei meiner noch nicht vollständigen Beherrschung des Gegenstandes dieser Versuch weder mir noch ihnen zur Befriedigung ausschlagen«. Unklar ist, ob dieser Vortrag am 1.8.1801 in der Akademie der Wissenschaften im Anschluss an einen Besuch von Sartorius und Hugo gehalten wurde.

Eine weitere Verbindung zu Göttingen bestand später durch den Botaniker E. H. F. →Meyer, der ab 1819 als Privatdozent in der Stadt tätig war, bevor er unter Mithilfe G.s 1826 eine Professur in Königsberg erhielt. Meyer, ein Anhänger von G.s Metamorphosenlehre, war Co-Autor des Aufsatzes *Problem und Erwiderung*, den G. 1823 in den Heften *Zur Morphologie* (II, 1) veröffentlichte (s.o. S. 51f.).

Unter dem 8.10.1827 überlieferte Eckermann einen Traum G.s, in dem dieser »sich nach Göttingen versetzt gesehen und mit dortigen Professoren seiner Bekanntschaft allerlei gute Unterhaltung gehabt« (FA II, 12, 637).

Literatur

Mittler, Elmar, Purpus, Elke und Schwedt, Georg (Hg.): »Der gute Kopf leuchtet überall hervor«: Goethe, Göttingen und die Wissenschaft. Göttingen 1999. – Schwedt, Georg: Goethe in Göttingen und zur Kur in Pyrmont. Göttingen 1999. *WZ*

Göttinger Schema

Das *Schema der Farbenlehre Göttingen 1801* (FA I, 23.2, 254–257) lieferte im Wesentlichen ein vorläufiges Inhaltsverzeichnis zum didaktischen Teil der *Farbenlehre*. Nach seiner schweren Erkrankung im Januar 1801 begab sich G. zur Kur nach Bad →Pyrmont, wo er am 13.6.1801 eintraf. Bereits vom 6.6. bis 12.6. hatte er in Göttingen Station gemacht, die Rückreise nutzte er ausgiebig (18.7. bis 14.8.) zum Studium älterer Werke zur *Farbenlehre* (vgl. TuJ 1801). Während dieser Tage, am 2.8.1801, diktierte G. seinem Schreiber Geist das *Schema*, das er mit der Überschrift *Inhalt der Abhandlung über die Farbenlehre* versah und das in der Entstehungsgeschichte der *Farbenlehre* einen wichtigen Abschnitt bezeichnet.

Vermutlich bereits zwischen dem 18. und 27.11.1799 hatte G. in Jena ein aus 20 Einzeltexten bestehendes Konvolut von Texten zu bestimmten Kapiteln und Teilen der *Farbenlehre* angelegt (*Ausdehnung des Schemas*; FA I, 23.2, 224–248). Hierauf bezog sich G.s Tagebucheintrag vom 2.8.1801: »Die bisherigen Excerpte und Aufsätze geordnet und geheftet«. Diese Arbeiten waren wohl auch der Anlass, das vorläufige Inhaltsverzeichnis anzulegen.

Nach dem ersten Ordnungsversuch des bisher Vorliegenden, den G. Anfang 1798 auf →Schillers Anraten nach →Kants Tafel der Kategorien aus der *Kritik der reinen Vernunft* (2. Aufl. Riga 1787, 106) durchführte, wurden nun – 1801 – unter der Überschrift *Das Allgemeinste über Farben* die sechs Abteilungen des didaktischen Teils bezeichnet: →*Physiologische Farben*, →*Physische Farben*, →*Chemische Farben*, *Allgemeine Ansichten* (in der *Farbenlehre* von 1810: *Allgemeine Ansichten nach innen*), *Verbindung mit den übrigen physischen Elementarphänomenen* (1810: *Nachbarliche Verhältnisse*) und *Wirkung der Farbe auf den Menschen* (1810: *Sinnlich-sittliche Wirkung der Farbe*).

Obwohl G. bereits in den *Tag- und Jahresheften* von 1800 festgehalten hatte, dass ihm »die Haupteintheilung der Farbenlehre in die drei Hauptmassen, die didaktische, polemische und historische, zuerst ganz klar geworden« sei, ließ das *Schema* von 1801 diese klare Einteilung vermissen. Der spätere polemische Teil wurde lediglich als Punkt des Anhangs unter *Darstellung der Newtonischen Lehre mit allen falschen, beschwerlichen, kaptiosen Experimenten* (FA I, 23.2, 257) angedeutet, der historische Teil erschien als *Geschichte der Farbenlehre; vielleicht* und *Geschichte der Arbeiten des Verfassers in diesem Fache* (ebd.; daraus wurde 1810 die *Konfession des Verfassers* am Ende des historischen Teils).

Andere genannte Themen wie *Von Personen, welche gewisse Farben nicht unterscheiden können* wurden später der physiologischen Abteilung zugeordnet oder unterblieben ganz (wie *Apparat* oder *Vortrag des Regenbogens*).

So muss das *Schema* als eine die endgültige Gliederung der *Farbenlehre* bereits teilweise wiedergebende Vorarbeit betrachtet werden, die aber ebenso ein Zeugnis für G.s noch tastende Suche nach einem Gesamtkonzept liefert. *WZ*

Göttling, Johann Friedrich August (1755–1809)

Der aus der Nähe von Halberstadt stammende Göttling wurde in der Apotheke von J. C. Wiegleb in Langensalza ausgebildet und trat 1774 als Provisor in die von W. H. S. →Buchholz geleitete Weimarer Hofapotheke ein. Durch G.s Vermittlung studierte Göttling, von →Carl August finanziell unterstützt, 1784 bis 1787 an der Universität Göttingen und unternahm anschließend eine Reise nach Holland und England, um dort chemische Betriebe und andere gewerbliche Anlagen kennenzulernen. 1789 trat er die erste Professur für Chemie an der Universität Jena an.

G. schätzte Göttling, der über verschiedene Gasarten, Schwefel- und Arsenverbindungen, Kampfer, Harze, Äther und Phosphorverbindungen arbeitete, als Experimentator und förderte sein chemisches Laboratorium.

Als einer der ersten sprach sich Göttling in Deutschland für Lavoisiers Sauerstoffchemie aus (→Phlogiston), was G. in den *Tag- und Jahresheften* von 1794 hervorhob: »Professor *Göttling*, der [...] unter die allerersten zu zählen ist, die den allerdings hohen Begriff der neuern französischen Chemie in sich aufnahmen [...]« (vgl. zur Thematik auch Göttling an G., 1.4.1794 und G.s Antwort vom 28.4.1794; LA II, 1A, 456f. und 133–149, M 16). Noch in einem Schema aus dem Jahr 1821 zu seinem *Naturwissenschaftlichen Entwicklungsgang* vermerkte G.: »Französische Chemie. Göttling erklärt sich dafür« (FA I, 25, 50). Bereits am 1.7.1791 berichtete G. Carl August über entsprechende Versuche Göttlings. Dieser veröffentlichte hierzu den *Beitrag zur Berichtigung der antiphlogistischen Chemie* (2 Bde., Weimar 1794/1798; Ruppert 4608). G. fand darin »sehr zarte und dabey sehr einfache Versuche mit vielem Scharfsinn angestellt« (an Göttling, 28.4.1794).

G. tauschte sich mit Göttling über zahlreiche chemische, physikalische, mineralogische und technische Fragen aus, z. B. über die Humboldtsche Grubenlampe (an Göttling, 7.12.1796), »chemische Versuche über die Insecten« (Tgb, 1.3.1797) oder »wegen der Bearbeitung der Runkelrüben auf Zucker« (ebd. 7.4.1799). Göttling wurde noch vor Antritt seiner Professur zu chemischen Analysen herangezogen, z. B. eines weißen Salzes, das G. im Juli 1781 oder Mai 1782 an den Mauern des Schlosses Schwarzburg gesammelt hatte und das Göttling als Bittersalz identifizierte (vgl. LA II, 7, 58, M 35), oder zur Untersuchung des Gesundbrunnens in Ilmenau (vgl. an Carl August, 28.10.1784).

Besondere Bedeutung hatte für G. die Zusammenarbeit in Fragen der Farbenlehre. 1788 ließ er Göttling Proben von nachleuchtendem Bologneser Schwerspat untersuchen (vgl. an Knebel, 25.10.1788; →Bologneser Stein). Darüber berichtete G. in einem auf den 2.5.1792 zu datierenden Text über *Versuche mit Leuchtsteinen* (vgl. FA I, 23.2, 72). 1794 gelang Göttling die »Entdeckung [...], daß Phosphor auch in Stickluft brenne« (TuJ 1794; vgl. auch an Göttling, 28.4.1794).

Am 22.1.1806 unternahmen G. und Göttling laut Tagebuch »Versuche des gelb- und trüben Glases«, vergeblich: »Ein Versuch, Glasscheiben trübe zu machen, wollte unserm wackern Göttling nicht gelingen« (TuJ 1806). Erst 1822 gelangen diese Versuche zu G.s Zufriedenheit in der Glashütte von →Fikentscher in →Marktredwitz (→Opal). G. nannte in der *Konfession des Verfassers*, mit der der historische Teil der *Farbenlehre* schließt, Göttling unter den Gelehrten, »die mir von ihrer Seite Beistand leisteten« (FA I, 23.1, 980).

Das durch die Figur des Hauptmanns im Roman *Die Wahlverwandtschaften* (1809) eingeführte chemische Gespräch (I, 4) geht auf Göttlings *Versuch einer physischen Chemie für Jugendlehrer beym Unterricht* von 1792 zurück (→Wahlverwandtschaft).

Literatur

Möller, Rudolf: Chemiker und Pharmazeut der Goethezeit. Eine Skizze des Lebens und Schaffens Johann Friedrich August Göttlings. In: Die Pharmazie. 17 (1962), 624–634. – Schiff, Julius: Johann Friedrich August Göttlings Briefe an Goethe. In: GJb. (1928), 130–146. – Ulrich, K.: Göttling, Goethe und der Rübenzucker. In: Zs. für die Zuckerindustrie. 5 (1955), 83–85. – Zekert, Otto: Apotheker um Goethe. In: Ders.: Deutsche Apotheker. Berlin, Wien 1942, 52–62. *HO*

Goslar

Als eine »Reichsstadt die in und mit ihren Privilegien vermodert«, bezeichnete G. in seinem Tagebuch am 7.12.1777 die alte Hansestadt mit der ehemaligen Kaiserpfalz im Norden des →Harzes, wo er sich auf seiner ersten Harzreise vom 4. bis 7.12.1777 aufhielt. Goslar, im Mittelalter durch den Erzhandel reich geworden, war damals im Niedergang begriffen, während die Bergstädte →Clausthal und Zellerfeld aufblühten. Im nahen Rammelsberg fand sich eine der weltweit ergiebigsten Lagerstätten für Kupfer und Zink, die mindestens seit dem 3. Jh. ausgebeutet wurde. Auch Gold, Silber, Blei und Vitriol wurden hier gewonnen. Anders als die Gangerze des Oberharzes sind die Erze des Rammelsbergs vermutlich als Ausfällung heißer untermeerischer Quellen zur Zeit des Devons, vor ca. 400 Mio. Jahren, entstanden. Am 5.12.1777 hat G. laut Tagebuch den Rammelsberg »bis ins tiefste befahren«. Am folgenden Tag besichtigte er die Messinghütte im nahen Ort Oker, und am 7.12. reiste er nach Clausthal weiter. Auch auf der zweiten und dritten Harzreise kam G. nach Goslar. 1783 war der Aufenthalt auf dem Weg von Halberstadt nach Zellerfeld wahrscheinlich nur kurz, ebenso wie die Durchreise von Zellerfeld nach Braunschweig im August 1784. Sicher befuhr G. aber am 1.9.1784 nochmals den Rammelsberg, als er mit Herzog →Carl August aus Braunschweig zurückkehrte. Sie beobachteten dabei das traditionelle Feuersetzen, mit dem das Gestein durch Abbrennen von großen Holzstößen in den Stollen zermürbt wurde. Eine Zeichnung von G. M. →Kraus zeigt die abgeholzte Kuppe des Rammelsbergs; G. skizzierte die Lagerung des Schiefers auf dem Berg (Corpus V B, 165). Am folgenden Tag wanderte er mit Kraus durch das Okertal hinauf und zum Torfhaus, um nochmals den →Brocken zu besteigen.

Literatur

Juranek, Christian (Hg.): Abenteuer, Natur, Spekulation. Goethe und der Harz. Halle 1999. – Meißner, Christine und Meißner, Markus: »In der Freiheit der Berge«. Auf Goethes Spuren im Harz. Weimar 1989. *WY*

Gotthard

Als geographische Grenze und historischer Übergang zwischen Nord- und Südeuropa sowie als europäische Hauptwasserscheide nahm das von kristallinen Gesteinen geprägte Gotthardmassiv in G.s Denken immer eine besondere Stelle ein. Auf allen drei Schweizer Reisen (→Schweiz, →Reisen) stieg er zur Passhöhe auf, ohne sie aber zu überschreiten. Beim ersten Besuch im Juni 1775 imponierte ihm vor allem der Anblick der aus →Granit bestehenden Wände der Schöllenenschlucht und das Erlebnis des Hochgebirges. Mehrere Zeichnungen dokumentieren die dabei empfangenen Eindrücke. Angeregt von J. S. →Wyttenbach, sah G. beim zweiten Aufenthalt auf dem Pass am 13./14.11.1779 im Gotthard das geographische Zentrum und den höchsten Punkt der Schweizer →Alpen. Beim letzten Besuch des Passes am 3.10.1797, in Begleitung von J. H. →Meyer, zeigte G. sich hauptsächlich mineralogisch interessiert und erwarb u. a. mehrere Stücke der im Gotthardgebiet vorkommenden durchsichtigen Feldspäte, die nach dem lateinischen Namen des Gotthardgebiets (Adula) als Adularien bezeichnet wurden.

Literatur

Wyder, Margrit: Gotthard, Gletscher und Gelehrte. In: Ruf, Oliver (Hg.): Goethes Schweiz (im Druck). *WY*

Granit

Das kristalline Gestein war G. seit der Beschäftigung mit dem →Bergbau in →Ilmenau bekannt (vgl. LA II, 7, 6f., M 3). In den geologischen Theorien der damals führenden Wissenschaftler hatte der Granit eine besondere Stellung: Er galt als Grundgerüst aller Gebirge und damit als ältestes Gestein; ebenso schien er die höchsten Berggipfel zu bilden. Auf seinen →Reisen widmete G. den aus Granit bestehenden Gipfeln von →Brocken, Montblanc und →Gotthard besondere Aufmerksamkeit. Erste Erwähnung in seinen erhaltenen Aufzeichnungen findet das Gestein im hinteren Lauterbrun-

Scheideblick nach Italien; Zeichnung von Goethe; entstanden am 22.6.1775 auf der Gotthard-Passhöhe

nental im Berner Oberland (Tgb, 10.10.1779). Nach der Rückkehr aus der Schweiz begann G. Granite aus verschiedenen Gegenden zu sammeln.

Die wissenschaftliche Diskussion, ob Granit eine erstarrte Schmelze sei oder den ersten Niederschlag aus einem →Urozean darstelle – denn manche Forscher glaubten in diesem Gestein auch Schichten zu erkennen –, wurde erst im 19. Jh. zugunsten der Erstarrungshypothese entschieden. In mehreren kurzen Texten hat G. 1784 und 1785 seine Fragen und Gedanken zur Entstehung des Granits formuliert. Von Beobachtungen H.-B. de →Saussures angeregt sind vor allem die Fragmente *Granit I* und *Granit II*. Die Art der Zusammensetzung des Granits aus Feldspat, Quarz und Glimmer, wozu noch wenig Schörl (Turmalin) kommt, erlaubte es nach G.s Ausführungen in *Granit I* nicht, auf seine Entstehungsweise zu schließen. Er vermutete aber »eine lebendige, bei ihrem Ursprung innerlich sehr zusammengedrängte Kristallisation« (FA I, 25, 312). Die Zusammensetzung des Granits aus drei mineralischen Hauptbestandteilen hat G. mehrmals als geheimnisvolle »Dreieinigkeit« bezeichnet, z.B. in *Bildung des Granits und Zinnvorkommen* (ebd. 473).

Was die Gestalt von ganzen Granitgebirgen betrifft, so entwickelte G. dazu ebenfalls in den Jahren 1784/1785 eine eigene Hypothese. In den Aufzeichnungen *Epochen der Gesteinsbildung* versuchte er die Gebirgsbildung zu erklären, indem er die →Kristallisation auch im Großen als Grundlage der Formen postulierte: Er sah die Granitgebirge als gigantische →Kristalle, die sich im Urozean als erstes gebildet hatten, wobei er die Klüftungsrisse als Kristallflächen deutete. So heißt es im selben Text: »Risse und Spaltungen durch Kristallisation, nicht durch Erkältung« (ebd. 318). Die von der →Erosion geprägten Granitfelsen im →Harz und im →Fichtelgebirge versuchte G. auch bildlich festzuhalten. Aus den von ihm als »parallelepipedisch« bezeichneten natürlichen Felsformen des Granits glaubte er in dem 1789 im *Teutschen Merkur* veröffentlichten Text *Zur Theorie der bildenden Künste* die Form der ägyptischen Obelisken herleiten zu können, die er in Rom gesehen hatte (vgl. FA I, 18, 205 f.). Auch später interessierte sich G. für den Granit als Material von Kunstwerken, wie sein Aufsatz *Granitarbeiten in Berlin* belegt.

Klüftungsschema von Granitwänden; Skizze von Goethe (um 1785)

Das vermutete Vorkommen als äußerste erkennbare Schicht des Erdkerns und Untergrund aller Gebirge verlieh dem Granit in G.s Denken eine metaphysische Bedeutung. Schon im 1777 entstandenen Gedicht *Harzreise im Winter* erscheint der Brocken »Geheimnisvoll offenbar / Über der erstaunten Welt« (FA I, 1, 324). Literarische Ansätze, die vielleicht zum Plan eines →Romans über das Weltall gehörten, finden sich auch im Fragment *Granit II*, wo mit Anklängen an die religiöse Sprache ein Granitgipfel als »Altar« bezeichnet wird, dessen Felsen »vor allem Leben und über alles Leben« seien (FA I, 25, 314). Der Ich-Erzähler kann sich sagen: »Hier ruhst du unmittelbar auf einem Grunde, der bis zu den tiefsten Orten der Erde hinreicht, keine neuere Schicht, keine aufgehäufte zusammengeschwemmte Trümmer haben sich zwischen dich und den festen Boden der Urwelt gelegt« (ebd.). Problematisch schien deshalb das Vorkommen von jüngerem Gestein, das Abbé Jean Louis Giraud Soulavie als »granite secondaire« bezeichnet hatte (vgl. LA II, 7, 313). G. glaubte dies gegenüber →Merck (November 1782) mit einer Umkehrung der Bildung von →Gneis erklären zu können, und fragte: »Warum sollte er [der Gneis] aufgelöst nicht auch wieder als Granit zum zweitenmale zur Festigkeit gelangen«?

Erst ab 1806 befasste sich G. erneut mit dem relativen Alter des Granits, wozu besonders seine Aufenthalte in →Karlsbad und andern böhmischen Bädern beitrugen. In einem Entwurf zu dem Aufsatz *An Herrn Assessor Leonhard* (→Leonhard), der vom November 1808 stammen dürfte, schlug G. eine Lösung vor, die theoretisch auch jüngere Granite möglich machte: Die Abfolge der Gesteinsbildung wäre demnach immer gleich, aber sie lief nicht überall gleichzeitig ab; es gab also »örtliche Epochen« (FA I, 25, 413). In den Texten *Epochen bei der Weltbildung* und *Chemische Kräfte bei der Gebirgsbildung* von 1817/1818 hat G. diese Annahme über die Ungleichzeitigkeit der Epochenfolge wiederholt.

Gemäß seiner Aussage, dass er »da noch oft simultane Wirkungen erblicke, wo andere schon eine sukzessive sehen« (ebd. 363), hielt G. sich aber nach 1800 mit Annahmen zum historischen Ablauf der Erdgeschichte immer mehr zurück. Stattdessen leitete er nach morphologischen Gesichtspunkten aus der in Karlsbad beobachteten »Mannigfaltigkeit des Granits« (ebd. 364) die Übergänge in andere →Gesteinsarten ab: Durch Überhandnehmen je eines der mineralischen Granit-Bestandteile Feldspat, Quarz, Glimmer und Schörl konnte, wie es in *Bildung des Granits und Zinnvorkommen* heißt, »jeder für sich sein eigenes Reich«

bilden (ebd. 474); so wäre etwa der Gneis bei vermehrt vorkommendem Glimmer entstanden. Der Granit blieb damit für G. das urtypische Gestein, dessen Übergänge zu anderen Gesteinsarten er in seinen Sammlungen in kontinuierlichen Reihen nachweisen zu können glaubte.

Literatur
Görner, Rüdiger: Granit. Zur Poesie eines Gesteins. In: Ders.: Goethe. Wissen und Entsagen – aus Kunst. München 1995, 50–62. – Pörksen, Uwe: Raumzeit. Goethes Zeitbegriff aufgrund seiner sprachlichen Darstellung geologischer Ideen und ihrer Visualisierung. In: Matussek, Peter (Hg.): Goethe und die Verzeitlichung der Natur. München 1998, 101–127. – Raff, Thomas: Die Sprache der Materialien. Anleitung zu einer Ikonologie der Werkstoffe. München 1994, 110–125. – Schirmer, Wolfgang und Spies, Heike: Goethe, Gneis und Granit. Düsseldorf 2005. – Schnyder, Peter: Goethes Text *Über den Granit* als »Ur-Ei« der Wissensrepräsentation. In: Naumann, Barbara und Wyder, Margrit (Hg.): »Ein Unendliches in Bewegung«. Künste und Wissenschaften im medialen Wechselspiel bei Goethe. Bielefeld 2012, 245–263. *WY*

Graphische Darstellungen

Im Gegensatz zu Skizzen, die G. in der Morphologie und Farbenlehre häufig zeichnete (z. B. für die Darstellung von Versuchsaufbauten, Blättern und Pflanzen, →Infusionstieren, →Insekten, Knochen), wendete G. graphische Darstellungen als Ausdruck einer mathematischen Operation (Graph, Diagramm) im Rahmen seiner naturwissenschaftlichen Arbeiten nur selten an. Eine Ausnahme machten die zahlreichen bei Heinrich Ludwig Friedrich →Schrön (1799–1875) in Auftrag gegebenen Darstellungen meteorologischer Messdaten, von denen G. eine, die *Vergleichende graphische Darstellung der Barometer-Stände verschiedener Orte im Monat Dezember 1822*, in das erste Heft des zweiten Bandes seiner Zeitschrift *Zur Naturwissenschaft überhaupt* (1823) aufnahm (vgl. Abb. S. 219). In seinem (nicht publizierten) *Versuch einer Witterungslehre 1825* verwies G. auf die »von Dr. Schrön ausgearbeitete graphische Darstellung […], wo die mittleren Barometerstände von Jena, Weimar, Schöndorf, Wartburg und Ilmenau vom Jahre 1823 übereinander gezeichnet sind« (FA I, 25, 277 und Abb. 10). Auch eine *Vergleichende graphische Darstellung der fünftägigen mittleren Temperatur zu Allstedt, Jena, Wartburg, Ilmenau und Frankenheim vom Jahre 1826* ist überliefert (vgl. LA II, 2, Tafel XIV).

CS

Graupen

Die durch ihre Zinnbergwerke bekannte nordböhmische, nordöstlich von →Teplitz gelegene Stadt besuchte G. mehrfach während seiner Kuraufenthalte in Teplitz.

Eine erste Fahrt nach Graupen (mit Riemer und Zelter) ist für den 17.8.1810 belegt. An diesem Tag zeichnete G. die Schlossruine und die Rosenburg.

Den mineralogischen Interessen waren die Besuche im Jahr 1813 gewidmet. Am 29.4.1813 fuhr G. laut Tagebuch »Auf die Grube Regina«, wo er »schöne Zinnstufen« fand, die er am gleichen Abend der Erbprinzessin von Sachsen-Weimar-Eisenach, Maria Pawlowna, vorzeigte. Am Abend des 14.5.1813 besuchte G. in Graupen den Bergmeister Johann Zechel und sprach mit ihm »über Zinnbergwerke und was sonst in der Nähe bricht« (vgl. auch an Konstanze v. Fritsch, 16.5.1813). Zu einem weiteren Aufenthalt in der Bergstadt und einem erneuten Gespräch mit dem Bergmeister kam es am 15.7.1813.

Eine Schilderung von Graupen findet sich in G.s Aufsatz *Aus Teplitz*. Der Ort habe »immer etwas Erfreuliches durch seine Lage […]. Der Bergbau, den sie auf schmalen, aber sehr reichen Zinngängen in Gneis treiben, geht sachte, die Zinngraupen, von denen das Örtchen den Namen hat, sind die schönsten der Welt« (FA I, 25, 455; vgl. auch an Trebra, 24.11.1813).

Während G. Graupen in mehreren Texten zur →Zinnformation nur kurz erwähnte (vgl. FA I, 25, 475, 479, 482), enthält ein Entwurf eine ausführliche Darstellung der dortigen Zinngänge (vgl. LA II, 8A, 72, M 48). *HO*

Gren, Friedrich Albert Carl (1760–1798)

Der zunächst als Apotheker in Erfurt, dann als Professor für Chemie und Medizin in →Halle tätige Gren wird in G.s *Farbenlehre* (1810) überwiegend kritisch genannt (vgl. FA I, 23.1, 488: »mit pfäffischem Stolz«; 982: »mit […] dünkelhafter Selbstgefälligkeit«; weiter: 1023, 1026, 1028). Die Ursache für G.s Ärger über Gren lag zu dieser Zeit schon knapp 20 Jahre zurück, denn dieser hatte 1793 in dem von ihm herausgegebenen *Journal der Physik* (7, 3–21) *Einige Bemerkungen über des Herrn von Göthe Beyträge zur Optik* publiziert und über G.s Versuche bilanziert, »daß die Erklärung ganz und gar in Newtons Theorie der Farben und der Brechbarkeit des Lichtes gegründet ist, ja daß der unsterbliche Urheber der Theorie, in dessen Händen das Prisma als Fackel der Erleuchtung so vieler bis dahin dunkler Regionen der Naturlehre diente, auch die Erklärung davon schon gegeben habe«.

Auch in seinem *Grundriß der Naturlehre* (Halle 1793), den G. im Februar 1794 erwarb (vgl. EGW 4, 285 und Ruppert 4621) nahm Gren in § 593 entsprechend auf G.s *Beyträge zur Optik* Bezug. G. fertigte aus dem Werk Auszüge an (abgedruckt in LA I, 3, 210–217).

Das Urteil Grens nahm die durchweg ablehnende Haltung der Fachwissenschaft gegenüber G.s optischen Studien vorweg, was auch von G.s Umfeld registriert wurde. So schrieb W. v. →Humboldt am 11.12.1795 an →Schiller: »Daß er [G.] sich über Stillschweigen in Ansehung seiner optischen Schrift beklagt, darin hat er doch kaum halb recht. Bald nach ihrer Erscheinung hat Gren in Halle sie *angeblicherweise* völlig widerlegt, d. h. gezeigt, daß die von Goethe aufgestellten Phänomene sich recht gut nach der Newtonischen Theorie erklären ließen und also keine neue brauchten. [...] Wenn jetzt einer schweigt, so geschieht's doch wohl, weil er jener Widerlegung beitritt und aus Diskretion es nicht öffentlich erklären will« (FA I, 23.2, 316).

Literatur

Seils, Markus: Friedrich Albert Carl Gren in seiner Zeit 1760–1798. Spekulant oder Selbstdenker? Stuttgart 1995. *WZ*

Grimaldi, Franciscus Maria (1618–1663)

Der Jesuitenpater und Professor der Mathematik in Bologna entdeckte die von ihm Diffraktion genannte Beugung (Inflexion) des Lichts und arbeitete damit der Wellentheorie vor. G. entlieh Grimaldis einziges Werk, *Physico-mathesis de lumine, coloribus et iride* (posthum, Bologna 1665), bereits am 5.10.1791 in Weimar (Keudell 28; vgl. auch an Knebel, 8.10.1791) als eines der ersten historischen Werke zur Farbenlehre überhaupt. Weitere Ausleihen erfolgten am 5.6.1799 und am 8.3.1832, zwei Wochen vor G.s Tod (vgl. Keudell 149 u. 2276). Vor allem aber war das Weimarer Bibliotheksexemplar vom 12.9.1806 bis zum 10.3.1811 in G.s Hand (Keudell 458). Das Tagebuch erwähnt Grimaldi während der Entstehung des historischen Teils der *Farbenlehre* am 12.9.1806, vor allem aber wiederholt im März 1809 (19.–22., 26. u. 27.3.). G. hat Randbemerkungen in Grimaldis Werk notiert (abgedruckt in LA II, 6, 600 ff.) und ihn bereits in einer Vorarbeit zur *Geschichte der Farbenlehre* aus den Jahren 1798/1799 mit dem Kommentar berücksichtigt: »Seine Versuche zeigen viel Sachinteresse« (FA I, 23.2, 214).

Im historischen Teil der *Farbenlehre* wird Grimaldi mit einem eigenen, anerkennenden Kapitel bedacht (vgl. FA I, 23.1, 731–734, auch 451, 743, 810, 837, 916, 927, 1052) und als »kenntnisreich, scharfsinnig, fleißig« (ebd. 731) charakterisiert. Ein Fazit lautet: »Die Farben werden also [...] bei Gelegenheit der Refraktion, Reflexion und Inflexion bemerkt; sie sind das Licht selbst, das nur auf eine besondre Weise für den Sinn des Gesichts fühlbar wird. Doch geht der Verfasser wohl auch so weit, daß er im Licht bestimmte Arten der Farbe annimmt und also die Newtonische Lehre unmittelbar vorbereitet« (ebd. 734).

Literatur

Matthaei, Rupprecht: Ein neues Zeugnis für Goethes Beschäftigung mit Franciscus Maria Grimaldi. In: GJb. (1959), 282–287.

Grün s. Farben

Grüner, Joseph Sebastian (1780–1864)

»Übrigens muß ich Ihnen sagen, daß ich seit dreißig Jahren mit niemandem auf einem so vertraulichen Fuße stehe, als mit Ihnen« (GG 3.1, 505) – mit diesen Worten begrüßte G. Grüner am 29.6.1823 in →Eger. Zu diesem Zeitpunkt kannten sich die beiden gut drei Jahre: am 26.4.1820 war es Grüners Aufgabe als Polizeirat, G.s Pass in Eger auf der Fahrt nach →Karlsbad zu kontrollieren. Zwischen dem 40 Jahre alten Grüner und dem 71jährigen G. kam es gleich zu einem folgenreichen Gespräch. Neben »verschiedenen Fragen« im Hinblick auf »Kleidertracht, Sprache und Geschichte des Egerlandes« erkundigte sich G. vor allem nach dem →Kammerberg, den er ab 1808 erforschte (vgl. ebd. 164–166). Grüner machte G. auf dortige neue Grabungen aufmerksam und begleitete ihn auf seiner Rückreise am 28.5.1820 selbst zu diesem Ort.

Die Anteilnahme des »so unterrichteten als tätigen und gefälligen Herrn Polizei-Rat Grüner« (FA I, 25, 419) an seinen Studien zum Kammerberg hob G. in der im Jahre 1820 entstandenen zweiten Abhandlung zum *Kammerberg bei Eger* (ZNÜ I, 3, 1820) hervor. Mit Grüner fand G. bereits kurz nach ihrer Bekanntschaft stets »belehrende Unterhaltung über den Egerkreis; Größe, Verhältniß. [...] Sitten, Gebräuche« (Tgb, 28.5.1820).

In den Jahren 1820 bis 1823 wurde Grüner auf G.s Ermutigung hin zu einem eifrigen Mineraliensammler. Im August 1822 schenkte G. ihm einen Mineralienschrank mit 14 Schubkästen, von denen er bereits einige mit Anschauungsmaterial gefüllt hatte (vgl. GG 3.1, 408). Zurück in Weimar, sandte er ihm am 29.10.1822 das *Vollständige Handbuch der Mineralogie* von J. G. →Lenz (Gießen 1819–1822) als geeignetes Nachschlage- und Bestimmungswerk. Kurz zuvor war Grüner bereits zum Mitglied der ›Herzoglichen Societät für die gesammte Mineralogie zu Jena‹ ernannt worden.

Erfreut, dass Grüner »seit einem Jahre die wundervollsten Schritte in der Mineralogie gethan« habe, berichtete G. seinem Sohn August am 30.6.1823 von dessen Eifer: »Das Lenzische Compendium, das ich ihm schickte, hat er zum Grund gelegt und seine Sammlung, die schon sehr angewachsen ist, darnach geordnet [...] er hat die Sache so angegriffen wie ein tüchtiger Geschäftsmann, dem ein neues Fach anvertraut würde. Zugleich ist er unermüdet im Bergbesteigen und hat herrliche Sachen gefunden [...]. Von jedem schafft er viele Exemplare zusammen und fing schon an zu tauschen [...]. Seine Leidenschaft für die Sache wird durch Bemühung und Gelingen nur noch mehr erhöht«. Grüner setzte »seine mineralogischen und geognostischen Geschäfte mit unglaublicher Thätigkeit fort« und wurde »bald von allen Kunstgenossen [...] respectirt« (an A. v. Goethe, 24.8.1823).

G.s geologische Exkursionen im Egerland wurden stets von Grüner begleitet (→Eger, →Egeran). Dessen detaillierte Berichte von den gemeinsamen Unternehmungen portraitieren den betagten G. in seinem Umgang mit der Natur, sein genaues Beobachten und sein vorsichtiges Urteil. Grüner war entzückt von G.s Begeisterung – »wie ein Jüngling« (23.8.1823; GG 3.1, 545) – über neue Entdeckungen. Er besorgte ihm Mineralien, unter anderem den Egeran. Zur gemeinsamen Erkundung des Fundortes in →Haslau verfasste G. den Aufsatz *Egeran* und legte eine vollständige Reihe der Gesteinsfolge für das Jenaer Museum vor. »Polizeyrath Grüner ist zu allem diesen gar behülflich«, berichtete G. Großherzog →Carl August am 12.9.1821, »in seinem Amt musterhaft, ergötzt er mich wenn er auf jeder Spazierfarth Polizey übt«.

Grüner informierte G. über den in einem Kalkbruch in Dölitz bei Eger gefundenen fossilen Elefantenzahn und begleitete ihn am 27.7.1822 zum Fundort. G.s Aufsatz *Fossiler Backzahn, wahrscheinlich vom Mammut* berichtet von dieser Erkundung. Einen Abguss des Zahns sandte G. an E. →d'Alton. Das Original ging an das Vaterländische Museum nach Prag.

Am 26.7.1822 begleitete Grüner G. auf der Fahrt nach Pograd, wo es zur »Eisensteingrube; zum Ölberge; in's Thal zur Thongrube, hinauf zu Kiesberg« ging. G. legte ein *Verzeichnis der bei Pograd vorkommenden Steinarten* an (vgl. LA II, 8B.1, 39) und verfasste an diesem Tag den Aufsatz *Fahrt nach Pograd*, der in ZNÜ II, 2 (1824) publiziert wurde (vgl. auch Grüners Bericht in GG 3.1, 380f.).

Grüner übermittelte G. einen ausführlichen Bericht über seine *Mineralogische Exkursion von Eger nach Albenreuth am 5. Juli 1823* (vgl. LA II, 8B.1, 55–61, M 36) und veranlasste ihn dazu, am 23.8.1823 die geologisch-mineralogischen Vorkommen südlich von Eger mit ihm zu erkunden. Das Ergebnis dieser Exkursion beschrieb G. in dem Aufsatz *Uralte neuentdeckte Naturfeuer- und Glutspuren* (ZNÜ II, 2, 1824); auch Grüner schilderte ausführlich diese gemeinsame Untersuchung (GG 3.1, 544ff.). »Bey allen diesen Unternehmungen begünstigte mich die Neigung des Polizeyrath Grüner, der [...] durch seinen Charakter Neigung und Zutrauen erwerben mußte«, berichtete G. am 23.8.1822 an →Knebel.

Grüner half G. während seiner Egerer Aufenthalte die Mineralien zu ordnen, bezeichnete die Gebirgsarten und war stiftendes Mitglied des von G. unterstützten Vaterländischen Museums in Prag. Er gab G. Auskünfte über die geologisch-mineralogischen sowie paläontologischen Besonderheiten der Gegend und vermittelte ihm Kontakte zu Sammlern in dieser Umgebung. »Lassen Sie uns auf dem Wege der guten wechselseitigen Neigung, wie auf den Pfaden der Geognosie treulich verharren«, forderte G. Grüner am 22.7.1823 auf und schied von ihm am 11.9.1823 nach Grüners Bericht »wie von einem alterprobten Freunde mit einer mir unvergeßlichen Herzlichkeit« (GG 3.1, 555).

Vom 1. bis 11.9.1825 besuchte Grüner G. in Weimar und empfing von Carl August einen Orden. G. stellte Grüner Dubletten aus seiner Mineraliensammlung zur Verfügung (vgl. LA II, 8B.1, 482f.). Die Korrespondenz wurde bis in G.s Todesjahr 1832 geführt.

Literatur

Briefwechsel und mündlicher Verkehr zwischen Goethe und dem Rathe [Joseph Sebastian] Grüner. Leipzig 1853. – Sauer, August (Hg.): Goethes Briefwechsel mit Joseph Sebastian Grüner und Joseph Stanislaus Zauper (1820–1832). Prag 1917 (Bibliothek deutscher Schriftsteller aus Böhmen 17). *HO*

Gruithuisen, Franz von Paula (1774–1852)

Der Professor für Astronomie und Direktor der Sternwarte in München übersandte G. am 5.9.1825 einen Sonderdruck seines 1824 erschienenen Aufsatzes *Entdeckung vieler deutlichen Spuren der Mondbewohner, besonders eines colossalen Kunstgebäudes derselben*, »Mondkarten« (*Selenographische Fragmente*; Ruppert 4624f.) sowie seine Abhandlung *Philosophische Reflexionen über die naturgesetzlichen Mobilitätsverhältnisse verständiger Wesen auf dem Monde* (1825) und setzte im Begleitschreiben das Unverständnis über seine »Entdeckung« mit den negativen Reaktionen auf G.s *Farbenlehre* gleich. G. kannte Gruithuisens Thesen über die Mondbewohner bereits (vgl. an Nees von Esenbeck, 31.10.1823) und F. v. Müller berichtete unter dem 22.3.1824, »Gruithuisens [...] Behauptung, im Monde eine Festung entdeckt zu haben, mache ihn [G.] wütend; denn den Unsinn verbreitet [...] zu sehen, sei das Schrecklichste, was einem Vernünftigen begegnen könne« (GG 3.1, 668f.). Das Tagebuch vom 26.5.1825 sprach von »Mondsphantasien«, Carl August am 12.6.1825 von »Mondspastete [...] von Anfang an ganz unzernagbar« (Wahl 3, 184).

Anlässlich der Sendung vom 5.9.1825 beschäftigte sich G. erneut mit dem Thema (vgl. Tgb, 11. u. 12.9.1825); am 29. und 30.9.1825 war Gruithuisen bei G. in Weimar zu Gast und äußerte sich erstaunt über dessen Kenntnisse über den Mond (vgl. GG 3.1, 830).

Das persönliche Kennenlernen änderte G.s Meinung über den nun »grundguten« Gruithuisen in höchstem Maße (vgl. an Nees von Esenbeck, 13.11.1825): man werde »ihm gern erlauben, sich Vorstellungen zu machen die ihn zu fernerem Streben Lust und Muth erneuen«. Als Gruithuisens Thesen über das Leben auf dem Mond 1826 im Kölner Karneval verspottet wurden, schrieb G. am 24.3.1826 an Nees von Esenbeck: »[...] auch verdient der gute Gruithuisen eine solche Behandlung nicht. Was er gesehen und mittheilt ist aller Ehren werth«.

Zwischen 1828 und 1831 gab Gruithuisen *Analekten für Erd- und Himmelskunde* in sieben Heften heraus (Ruppert 4171), die er G. regelmäßig zusandte (vgl. Gruithuisen an G., 24.12.1828, 12.7.1829, 17.2., 25.8. u. 7.11.1830, 31.8.1831; LA II, 2, 585, 592, 599, 604ff., 617). *ZA*

Grundfarben

Gelb und Blau stellen in G.s chromatischer Lehre die Grundfarben dar. Als »zwei ganz reine Farben [...] ohne einen Nebeneindruck zu geben« (FA I, 23.2, 173) – so im *Versuch die Elemente der Farbenlehre zu entdecken* von 1793 – sind sie diejenigen Farberscheinungen, die Weiß und Schwarz am nächsten liegen. Da G. die Entstehung dieser beiden Farben aus →Licht und Finsternis unter Vermittlung eines trüben Mediums als →Urphänomen, als Grenze des Erforschbaren, betrachtete, hinterfragte er sie nicht weiter. Aus Gelb und Blau leitete er durch Mischung und Steigerung alle anderen Farben ab. Entsprechend seines für alle Naturerscheinungen geltenden Polaritätsgedankens haben diese als zwei Grundkräfte im Farbenreich wirkenden Phänomene »eine Neigung gegeneinander, als zwei entgegengesetzte, aber nicht widersprechende Wesen« (ebd.), denen er verschiedene Eigenschaften zuschrieb: Gelb wurde mit dem Aktiven, Warmen und Kräftigen gleichgesetzt, Blau im Gegensatz dazu mit dem Passiven, Kalten und Schwachen (*Zur Farbenlehre*, didaktischer Teil, §§ 765–771 u. 778–785). Nebeneinander gestellt machen sie einen angenehmen Eindruck aufs Auge, da sich ihre Wirkungen ausgleichen. →Farbenkreis, →Harmonie der Farben *SS*

Haberle, Karl Constantin (1764–1832)

Der Botanik, Meteorologie und Geologie betreibende Erzieher und Privatgelehrte aus Erfurt zog 1805 nach Weimar, wo er 1807 in F. J. J. →Bertuchs Verlag eine *Sammlung von Krystall-Modellen [...] für Anfänger im Studium der Mineralogie* veröffentlichte (→Kristall/Kristallographie). Vermutlich war dies der Grund, weshalb ihm G. 1807 die Anlage zu seinem geologischen →Modell zur weiteren Ausarbeitung übergab. Laut F. W. →Riemer war geplant, es für eine Vervielfältigung in Bertuchs »Landes-Industrie-Comptoir« tauglich zu machen (vgl. LA II, 8A, 193). Die Ansichten von Haberle in der Geologie und Meteorologie entsprachen jedoch nicht G.s Überzeugungen. Mit der Abreise des Gelehrten aus Weimar im Jahr 1812 verschwand auch das Modell, dessen Kern im zweiten Band von Haberles Handbuch *Das Mineralreich* (1807) abgebildet ist. Haberle wurde 1817 Professor für Botanik in Budapest; 1832 fiel er dort einem Raubmord zum Opfer.

Literatur

Bugyi, Balázs: Über einen vergessenen deutschen Gelehrten: Carl Constantin Haberle (1764–1832), Lehrstuhlinhaber der medizinischen Botanik an der Universität in Pesth/Ungarn. In: Verhandlungen des XX. Internationalen Kongresses für Geschichte der Medizin, Berlin, 22.–27.8.1966. Hildesheim 1968, 54–57. *WY*

Halle an der Saale

Abgesehen davon, dass Halle G. auch als Salzlagerstätte bekannt und somit von geologischem Interesse war, verbinden sich mehrere persönliche Beziehungen mit der Stadt.

Beim ersten Besuch im Dorf Giebichenstein bei Halle vom 22. bis 24.5.1802 traf G. mehrfach den Altphilologen Friedrich August →Wolf, den er als Mitarbeiter für seine *Farbenlehre* gewinnen konnte. Vom 9. bis 20.7.1802 hielt sich G. erneut in Halle und Giebichenstein auf. Gemeinsam mit dem Physiker Ludwig Wilhelm →Gilbert machte er am Vormittag des 10.7.1802 galvanische Versuche. An der Mittagstafel bei Wolf traf er an diesem Tag auch den Mediziner Johann Christian →Reil und den Physiker und Mathematiker Georg Simon Klügel. Am 11.7.1802 besuchte er mit dem Botaniker Kurt →Sprengel den von diesem geleiteten Botanischen Garten und machte mit ihm »mikroscopisch physio-

Abbildung von Goethes geologischem Modell; Tafel II.2 aus Karl Constantin Haberles Werk *Das Mineralreich*... Bd. 2 (1807)

logische Beobachtungen«. Am 12.7. sah er sich die berühmte anatomische Sammlung Johann Friedrich Meckels d. Ä. an (vgl. TuJ 1802); wohl auch an diesem Tag besuchte er das Pädagogium der Franckeschen Stiftung, wo er den Physiker Karl Brandan →Mollweide – später ein strikter Gegner von G.s *Farbenlehre* – traf, den »steifen dünkelhaften Gesellen«, der »ein verständiges Kind in meiner Gegenwart recht tüchtig aus[schalt], das auf der Scheibe des Schwungrades Grau sah, wo er wollte Weiß gesehen haben« (an Carl Friedrich Reinhard, 7.10.1810).

Am 19.7.1802 hatte G. laut Tagebuch ein rein naturwissenschaftliches Programm: »Fahrt nach Langenbogen in das Braunkohlenwerk, sodann auf Wettin in das Steinkohlenwerk. Hrn. Oberbergmeister Grillo besucht. [...] Abends Prof. Gilbert, die Versuche des Verbrennens des Goldes durch Galvanismus«.

Auch der kurze Besuch im Jahr 1803, vom 5.–9.5., berührte die Naturforschung: am 7.5. wurde der Petersberg (schon 1780 erwähnt), eine Quarzporphyrkuppe nördlich von Halle, besucht, am Folgetag das Mineralienkabinett des Bergwerk- und Salzamtsdirektors Friedrich Wilhelm von Leyser in Augenschein genommen.

1804 machte G. von Lauchstädt aus einen kleinen Abstecher nach Halle (23.–26.8.1804), wo er neben Wolf auch den langjährigen Vertrauten, den Anatomen Justus Christian →Loder, wiedersah, der im Vorjahr nach Halle gegangen war.

Am 8.7.1805 traf G. erneut – von Lauchstädt kommend – in Halle ein (dort bis 22.7.), um die Vorlesungen des Hirnforschers und Phrenologen Franz Joseph →Gall über das menschliche Gehirn zu hören, die ihn außerordentlich beschäftigten. Gall zog aus der Schädelform Schlüsse auf den Bau des Gehirns und letztlich auf die menschlichen Charakterzüge. In den *Tag- und Jahresheften* von 1805 hat G. außergewöhnlich umfangreich über den Besuch Galls berichtet. Als G. während der Vorlesungen erkrankte, wiederholte Gall einige Demonstrationen an G.s Krankenbett. Die Krankheit, Nierenkoliken, führte zu einer Annäherung an Reil, der darüber ein Gutachten erstellte.

Literatur

Kertscher, Hans-Joachim: »Der Geist ist selten, die Kunst ist schwer« – Goethe und die Universität zu Halle. Halle 2010. – Schulz, Hans: Goethe und Halle. Halle 1918. – Ders.: Gleichzeitige Stimmen über Galls Vorlesungen in Halle. In: Archiv für Geschichte der Medizin. 12 (1920), 59–69. – Ders.: Goethe und sein hallischer Freundeskreis. In:

Walther, Johannes (Hg.): Goethe als Seher und Erforscher der Natur. Halle 1930, 101–110 u. 307.
CS

Haller, Albrecht von (1708–1777)

Mit dem 1732 erschienenen *Versuch Schweizerischer Gedichte*, insbesondere dem zivilisationskritischen Lehrgedicht *Die Alpen*, erlangte der Berner Arzt und Botaniker europaweite Bekanntheit. 1736 bis 1753 wirkte er als überragender Lehrer und Forscher an der neu gegründeten Universität →Göttingen und publizierte zahlreiche anatomische und physiologische Entdeckungen, bevor er nach Bern zurückkehrte, um dort in den Staatsdienst einzutreten. G. schätzte den Stil von Haller, dessen literarische Werke im Elternhaus präsent waren (vgl. *Dichtung und Wahrheit* I, 2 und II, 7); dieser rezensierte in einer bei Guthke (1962, 152) erstmals veröffentlichten Kritik von 1775 durchaus wohlwollend den *Werther*. Die wissenschaftlichen Leistungen Hallers lernte G. in der Leipziger Studienzeit kennen (ebd. II, 6). Bei aller Hochachtung für einen Mann, der eine der eigenen ähnliche Mehrfachbegabung besaß und in der Medizin »das Unglaubliche geleistet« hatte (FA I, 14, 715), sah G. in Haller auch einen wissenschaftlichen Gegner, weil dieser für die Theorie der →Präformation eingetreten war. 1820 nahm G. im Gedicht *Allerdings* zwei damals viel zitierte erkenntnisskeptische Verse von Haller zum Anlass, sich gegen die Trennung von »Innerem« und »Äußerem« in der Natur auszusprechen und die grundsätzliche Erkennbarkeit der Natur zu behaupten. Seine Kritik zielte damit auch auf →Kants Erkenntnistheorie, wie Engelhardt (2008, 312–315) dargelegt hat.

Literatur

Boschung, Urs, Proß, Wolfgang und Steinke, Hubert (Hg.): Albrecht von Haller. Leben und Werk. Göttingen 2008. – Engelhardt, Wolf von: Goethes Weltansichten. Auch eine Biographie. Weimar 2008. – Guthke, Karl S.: Haller und die Literatur. Göttingen 1962.
WY

Hanau

In der Stadt östlich von Frankfurt am Main lebte der bekannte Geologe und Mineraloge C. C. v. →Leonhard, bevor er 1815 nach München wechselte. G. betrachtete am 28.7.1814, auf der Reise an den Rhein, dessen umfangreiche Gesteins- und Fossiliensammlung und berichtete darüber noch am gleichen Tage in einem Brief an Christiane; den Gelehrten selbst traf er jedoch erst auf der Rückreise, als er vom 20. bis 24.10.1814 in Hanau bei Leonhard logierte. In *Ueber Kunst und Alterthum* (I, 1, 1816, 103–119) berichtete G. ausführlich über die Aktivitäten der Hanauer Naturforscher (Gärtner, Leisler, Kopp, Schaumburg, Leonhard). *WZ*

Harmonie der Farben

Die Harmonie der Farben fasste G. – neben der Totalität, der →Polarität und der Steigerung – als entscheidendes Prinzip des →Farbenkreises auf. Er entwickelte diese Lehre am 14. und 15.11.1798 gemeinsam mit →Schiller in Analogie zur Wirkungsweise des Magneten anhand mehrerer Skizzen (vgl. FA I, 23.2, 199) und beschrieb sie 1810 im Kapitel über die *Sinnlich-sittliche Wirkung der Farbe* (*Zur Farbenlehre*, didaktischer Teil, 6. Abt.), das die psychologischen und ästhetischen Einflüsse der Farben auf den Menschen erläuterte. War der Magnet mit seinem Nord- und Südpol bei G. Symbol für die dualistische Auffassung der Naturerscheinungen, so betrachtete er in der *Farbenlehre* den Dualismus der Grundfarben Gelb und Blau, die er mit entgegengesetzten Eigenschaften wie aktiv/passiv und warm/kalt konnotierte, als Basis der Farbenharmonie. Aus dieser entwickelte er die harmonischen Zusammenstellungen der im Farbenkreis diametral liegenden Farben Gelb/Blaurot (Violett), Blau/Gelbrot (Orange) und Grün/Purpur (Rot).

Diese Ableitungen basierten im Wesentlichen auf den von Robert Waring →Darwin, G. selbst u.a. durchgeführten Versuchen zu →Nachbildern sowie →Sukzessiv- und Simultankontrasten, bei denen das Auge auf einen äußeren einfarbigen Reiz die entsprechende →Komplementärfarbe selbst hervorbringt. Nach G.s Ansicht befreite es sich damit aus einer ihm aufgezwungenen einseitigen Lage, indem es sich und seine Umwelt in ein harmonisches Verhältnis setzte und so die Totalität des Farbenkreises im Rahmen einer physiologischen Reaktion vollendete.

Andererseits konnten Harmonie und Totalität auch in einer objektiven Farbkombination ›von außen‹ auf den Menschen wirken, wie Anton Raphael →Mengs' Theorie der Künstlerfarben bewies, der von den gleichen Farbharmonien wie G. ausging. G. legte Kombinationen von verschiedenfarbigen Stoffstreifen – am 8.1.1806?; Tgb: »Früh die Damen. Physiologische Farben. biß zur Harmonie«. – einer »Gesellschaft Frauenzimmer« vor und befragte sie nach ihren Eindrücken zur Farbharmonie (vgl. FA I, 23.2, 294; *Wirkung der Farben auf den Menschen*).

Durchzieht das Prinzip der Farbenharmonie zwar ein Ausgleichsgedanke – komplementäre Farben ergänzen sich und heben die einseitige Wirkung auf –, so ist dieses doch immer auch auf eine Differenz angewiesen, die G. ästhetisch begründet: »Sämtliche Farben zusammengemischt behalten ihren allgemeinen Charakter als σκιερόν [Skieron, Schattenhaftes], und da sie nicht mehr neben einander gesehen werden, wird keine Totalität, keine Harmonie empfunden [...]« (FA I, 23.1, 189).

Bereits in den Vorarbeiten, den Skizzen von 1798, versuchte G., die Farbzusammenstellungen nach dem Kriterium der Harmonie zu ordnen. Die Kombinationen von Gelbrot und Blau, Gelb und Blaurot sowie Purpur und Grün bilden als »*harmonisch fordernde*« (1. Skizze; FA I, 23.2, 199) die oberste Stufe der Harmonie-Rangfolge, die jeweils von den Farben gebildet wird, die sich im Durchmesser des Farbenkreises gegenüberliegen und als Komplementärfarben bestimmt werden können. Als »*charakteristisch*« (ebd. 2. Skizze) wird der zweite Grad der Harmonie bezeichnet. Hierher gehören alle Farbzusammenstellungen, die durch Auslassung einer Zwischenfarbe im Farbenkreis gebildet werden, also Gelbrot und Blaurot, Purpur und Gelb, Purpur und Blau, Gelbrot und Grün sowie Blaurot und Grün. Für das Farbenpaar Gelb und Blau würde dieses Kriterium zwar auch gelten, doch hat G. diese beiden Farben ausgesondert und als einzige der Rubrik der »*gemeinen*« Harmonie zugewiesen (ebd. 3. Skizze). Die unterste Stufe, die »*negative*« Harmonie (ebd. 4. Skizze), stellen Farbkombinationen aus Farben dar, die im Farbenkreis benachbart sind. Diese Zusammenstellungen hat G. später auch als »charakterlos« (FA I, 23.1, 262) bezeichnet. Sieht man von dieser Umbenennung ab, so kann man die 1798 entworfene Harmonielehre ohne größere Änderung in den Paragraphen 803 bis 829 des Hauptwerkes *Zur Farbenlehre* von 1810 (ebd. 257–263) wiederfinden.

Literatur
Matthaei, Rupprecht: Goethes naturwissenschaftliche Begründung einer Harmonielehre. In: Kosmos. 45 (1949), 298–304. *SS*

Harnstoffsynthese

Die 1828 von F. →Wöhler vollzogene Harnstoffsynthese lieferte das erste Beispiel für die Herstellung einer organischen Substanz aus einer anorganischen, was man bisher nur der Fähigkeit eines Organismus und einer von verschiedenen Autoren unterschiedlich definierten Lebenskraft zugestanden hatte (→Bildung/Bildungstrieb).

Es ist nicht belegbar, aber doch wahrscheinlich, dass G. von dieser bahnbrechenden Leistung am 20.8.1828 in →Dornburg erfuhr, als ihn Wöhlers Lehrer, J. J. →Berzelius, besuchte, der von seinem Schüler am 22.2.1828 in allen Einzelheiten informiert worden war. Möglicherweise meldete auch der Jenaer Chemiker J. W. →Döbereiner bereits am 12.8.1828 die Neuigkeit, denn G.s Tagebuch hielt über seinen Besuch fest: »sehr viel Bedeutendes vernommen«.

Mit der nun erlangten Kenntnis der Harnstoffsynthese änderte G. die Konzeption der Szene *Laboratorium* in *Faust II*. Sollte dort →Homunculus ursprünglich durch einen alchimistischen Versuch nach →Paracelsus entstehen, wurde in der 1829 fertiggestellten Szene an die Stelle einer organisierenden Lebenskraft der Natur das Ergebnis einer kristallisierenden chemischen Synthese gesetzt: »Behüte Gott! wie sonst das Zeugen Mode war / Erklären wir für eitel Possen. [...] Was man an der Natur geheimnisvolles pries, / Das wagen wir verständig zu probieren, / Und was sie sonst organisieren ließ, / Das lassen wir kristallisieren« (V. 6838 f., 6857–6860). Allerdings gelingt das Experiment nur halb, Homunculus ist nur in einer Phiole lebensfähig; erst als diese (in der Szene *Felsbuchten des Ägäischen Meers*) am Muschelwagen der Galatee zerschellt, kann er im Wasser sein freies Leben beginnen. Schöne hat G.s Neukonzeption der *Laboratorium*-Szene zum Anlass genommen, hieran eine umfassende evolutionstheoretische Deutung im Sinne von C. Darwin und M. Eigen anzuknüpfen (→Evolution), dabei jedoch nach Kuhn »Goethes Stellung in der Wissenschaftsgeschichte außer acht lassend« (Komm. in LA II, 10B.1, 622).

Literatur
Schöne, Albrecht: Komm. zu *Faust*. In: FA I, 7.2, 504–508, 510 f. *WZ*

Harz

Drei längere →Reisen belegen das besondere Interesse G.s an diesem deutschen Mittelgebirge. Durch seine reichen Erzvorkommen war das Harzgebiet zu einem Brennpunkt des →Bergbaus in Europa geworden. Das Gebirge hat eine komplexe geologische Geschichte: Im Oberkarbon, vor ca. 295 Millionen Jahren, wurden die in einem Meeresbecken abgelagerten Sedimentschichten der Harzregion durch Druck von Südosten aufgefaltet. Gegen Ende der Faltung drangen in Rissen magmatische Ströme nach oben. Einer dieser Ströme, der in den Deckschichten als Pluton stecken blieb, bildete den →Brocken. Die →Erosion der Deckschichten hat den Brockengranit schließlich im Gipfelbereich freigelegt. In den viele Kilometer tiefen Gangspalten stiegen mit dem Magma auch heiße metallhaltige Lösungen auf, die mit fortschreitender Abkühlung als Minerale und Erze in den Gängen ausfällten. So bildeten sich die Gangerze des Oberharzes, die wegen ihres hohen Silbergehalts das Montanrevier berühmt machten. Im Rammelsberg bei →Goslar sind dagegen Metalle und Mineralien aus untermeerischer Vulkantätigkeit angereichert, die schon zur Zeit des Devons, vor rund 400 Millionen Jahren, stattgefunden hat und eine der größten Buntmetallkonzentrationen der Erde bildete; der Rammelsberg wurde bis 1988 ausgebeutet. Die Roteisensteine bei →Elbingerode im Mittelharz stammen aus einem zweiten Vererzungszyklus.

Im Frühwinter 1777 (29.11. bis 15.12.) begab sich G. unter dem Pseudonym »Maler Weber« erstmals in den Harz. Verschiedene Motive bestimmten die Wahl der Reiseroute: Als Mitglied der Weimarer Bergwerkskommission, die eine Wiederaufnahme des Bergbaus in →Ilmenau zum Ziel hatte, wollte sich G. in den Montanrevieren des Harzes zu mineralogischen und technischen Fragen informieren und praktische Anschauungen gewinnen. Entsprechende Fachliteratur hatte er sich Anfang November bereits beschafft (vgl. LA II, 7, 255). Zudem nutzte G. die Gelegenheit, den schwermütigen *Werther*-Leser Friedrich Viktor Leberecht Plessing in Wernigerode aufzusuchen, der ihn um Rat angeschrieben hatte. Ein heimlich gehegter Wunsch war die Besteigung des Brockens; dabei begleitete ihn die Hoffnung, sich in der Einsamkeit über sein Leben klar zu werden. Die Reise, im Tagebuch und in Briefen an Ch. v. →Stein gut dokumentiert, führte über Ilfeld nach →Elbingerode, wo G. am 1. und 2.12.1777 die Baumannshöhle erkundete. Am folgenden Tag besuchte er Plessing, ohne aber sein Pseudonym zu lüften. Von Wernigerode ritt G. nach Goslar, um den Bergbau im Rammelsberg und die Hüttenwerke bei Oker kennen zu lernen. Nächste Station der Reise waren die Bergstädte →Clausthal und Zellerfeld, wo G. mehrere Gruben befuhr. Im Hinblick auf Ilmenau dürfte ihn auch das berühmte Wasserwirtschaftssystem im Oberharz interessiert haben. Über Altenau gelangte G. am 10.12.1777 zum Torfhaus und von da auf den Brocken; anderntags wanderte er vom Torfhaus zurück nach Clausthal. Der 12.12. war der Besichtigung der Silbergruben von St. Andreasberg gewidmet, wo G. u. a. den Schacht Samson befuhr, damals mit 600 m Tiefe einer der tiefsten Schächte weltweit, was ihm laut Tagebuch »sehr sauer« wurde. Über die Königshütte und Duderstadt begab sich G. anschließend nach →Eisenach, wo er am 15.12.1777 zur Jagdgesellschaft von →Carl August stieß. Das Gedicht *Harzreise im Winter* zeigt G.s Erlebnisse und Befindlichkeiten in diesen Tagen. Im *Entwurf einer Farbenlehre* (Didaktischer Teil, § 75) beschrieb er später die beim Abstieg vom Brocken erlebte Erscheinung der →Farbigen Schatten. Aus noch größerer zeitlicher Distanz hat G. die Reise in seiner 1821 entstandenen Rezension von Karl Ludwig Kannegießers Schrift *Über Goethes Harzreise im Winter* (vgl. FA I, 1, 1035–1039) und in der *Campagne in Frankreich* (1822) behandelt.

Am 6.9.1783 brach G. zu seiner zweiten Harzreise auf, begleitet vom fast elfjährigen F. v. →Stein und dem Diener Christoph Erhard Sutor. Diesmal bewegten ihn Fragen zur →Erdbildung. Vom Gut Langenstein aus, wo die Reisenden Gäste der Freifrau Maria Antonia von Branconi waren, wurde am 11.9. die Roßtrappe erstiegen und das tief in den →Granit eingeschnittene Bodetal durchwandert. G. bemerkte hier rhombische Formen des Gesteins, die seine Ideen zur Entstehung der Gebirge beeinflussen sollten. Nächste Reisestation war Blankenburg; von dort besuchte man am 12.9. die Baumannshöhle und die Marmorbrüche bei Rübeland. Nach einem mehrtägigen Aufenthalt in Halberstadt beim Domherrn Ernst Ludwig von Spiegel, wo sich auch Herzogin-Mutter Anna Amalia aufhielt, ging die Reise weiter in den Westharz. Am 18.9. traf G. bei dem seit 1779 in Zellerfeld lebenden Vize-Berghauptmann G. W. H. v. →Trebra ein. Gemeinsam bestiegen sie auf einer dreitägigen Exkursion den Brocken. Auf dem Rückweg entdeckten G. und Trebra am Rehberger Graben einen Aufschluss, wo eine deutliche Grenze zwischen Brockengranit und Hornfels sichtbar war (heute Goethe-Platz). – Es handelt sich um den Übergang vom Brockengranit zur Harzer Grauwacke, einem Sedimentgestein, das von dem von unten eindringenden Brockenpluton durch Kontaktmetamorphose zu Hornfels umgewandelt worden ist. Nach der Lehre des →Neptunismus sah G. darin aber eine Epochengrenze, bei der der Granit als ältestes Gestein von einer später abgelagerten Gesteinsschicht überdeckt worden war. Im Oktober 1812 sollte G. von Trebra eine aus dem Gestein des Kontaktbereichs geschnittene Tischplatte zum Geschenk erhalten, worüber er sich sehr freute (s. u. S. 672).

Von Zellerfeld aus wurden auf dieser Reise vom September 1783 noch Bad Grund, Iberg und der Hübichenstein besucht. Der Rückweg führte über →Göttingen, wo G. mit seinen zwei Begleitern am 26.9. eintraf. Die zweite Harzreise ist mit einigen Briefen an Frau von Stein und wenigen geologischen Notizen (vgl. LA II, 7, 61–65, M 40–43) nur bruchstückhaft dokumentiert. In den Lebenserinnerungen Trebras sind zusätzliche Details zu den gemeinsamen Ausflügen zu finden (vgl. LA II, 7, 321). Das im Harz Gesehene war für G. eine Bestätigung seiner »Spekulationen über die alte Kruste der neuen Welt« (an Ch. v. Stein, 20.9.1783). Dem Granit, den er gemäß den damals geltenden geologischen Lehren als älteste Gesteinsart deutete, widmete er nun immer mehr Aufmerksamkeit. Am 18.1.1784 diktierte G., wie er in einem Brief an Frau von Stein berichtete, an seiner »Abhandlung über den Granit« – wahrscheinlich *Granit I* –, worin er die Frage nach der Entstehungsart dieses Gesteins behandelte.

Die im Sommer 1784 in Briefen aus Eisenach mehrfach erwähnten »Felsen Spekulationen« wurden von G. auf einer dritten Harzreise weitergeführt. Er unternahm sie als Begleiter von Herzog Carl August, der am 8.8.1784 zu politischen Verhandlungen nach Braunschweig aufbrach. Auf der Hinreise nahm die Reisegesellschaft vom 10. bis 15.8. Aufenthalt in Clausthal oder Zellerfeld. Am 13.8. befuhren G. und der Herzog die Gruben Caroline und Dorothea. Auf G.s Ersuchen war der Zeichner G. M. →Kraus mit von der Partie. Er sollte charakteristische Gesteinsformen festhalten, die G. für seine Theorie der →Erdbildung auszuwerten hoffte. Gemeinsam mit dem Herzog und Trebra wurden Wildemann, Bad Grund, der Hübichenstein und die Hanskühnenburg aufgesucht. Am 15.8. reisten G. und der Herzog über Goslar nach Braunschweig, während Kraus noch einige Tage im Harz blieb, um zu zeichnen. Am 1.9. kehrte die Reisegesellschaft nach Goslar zurück. Hier wurde in den Rammelsberg eingefahren. Während der Herzog nach Dessau weiter zog, besuchte G. in den folgenden Tagen mit Kraus zusammen das Okertal, den Brocken, die Klippen bei Schierke und Elend und die Umgebung von Elbingerode (5. bis 7.9.1784). Kraus zeichnete die auffälligen Bildungen, G. skizzierte ebenfalls und vermaß mit dem Geologen-Kompass das Streichen, d.h. die Abweichungen der Klüftungen von der Nordrichtung, und das Fallen, die Abweichung von der Horizontalen. Am 10.9. erreichten sie das Bodetal und die Teufelsmauer. Nach dem Besuch der Baumannshöhle am 11.9. führte die Reise zu Frau von Branconi nach Langenstein. Am 14.9.1784 kamen G. und Kraus wieder in Weimar an.

In den auf dieser dritten Harzreise entstandenen Briefen an Frau von Stein und das Ehepaar →Herder zeigte sich G. überzeugt, der Lösung seiner geologischen Fragestellungen nahe zu sein. Ein »Geognostisches Tagebuch« von der Reise (vgl. LA II, 7, 104–127, M 52–58) hält die Beobachtungen G.s und seine Messungen der Streich- und Fallrichtung der Gesteine fest. Die Zeichnungen von Kraus dokumentieren charakteristische Klüftungserscheinungen. Zudem sammelte G. zahlreiche Gesteinsproben, wobei ihn besonders »die kleinsten Abweichungen und Schattirungen die eine Gesteinsart der andern nahe bringen« interessierten (an Herder, 6. 9.1784). Zugleich äußerte er aber bereits einen gewissen Überdruss am Thema.

Die Auswertung der Reise blieb Stückwerk. Das gilt sowohl für mehrere schriftliche Vorstufen zu einer illustrierten Publikation wie für die Zeichnungen von Kraus, die zu einer Darstellung aller Gesteinsarten erweitert werden sollten (vgl. an Merck, 2.12.1784) und auch als Vorlage für ein geologisches →Modell gedacht waren. Die Erkenntnisse, die G. aus dieser dritten Harzreise zog, sind in den Fragmenten *Granit II*, *Form und Bildung des Granits*, *Epochen der Gesteinsbildung*, *Die Granitgebirge* und *Quarziges Tongestein* festgehalten. Zur Gesteinssammlung fertigte G. unter dem Titel *Folge der Gebürgsarten des Harzes 1785* eine kommentierte Liste an, die von J. C. W. →Voigt ergänzt wurde. Die Zeichnungen von Kraus hielt G. in hohen Ehren. Er benutzte sie für seine geologischen Vorlesungen und diskutierte darüber u. a. 1797 und 1826 mit A. v. →Humboldt und 1821 mit C. G. →Carus. Für die Hefte *Zur Naturwissenschaft überhaupt* katalogisierte G. am 21.9.1824 die Zeichnungen und beschrieb sie im Aufsatz *Gestaltung großer anorganischer Massen*, wobei ihm aber einige Fehler in der Zuschreibung und Lokalisierung unterliefen.

Für kürzere Besuche war G. ein viertes und fünftes Mal im Harz. Im Herbst 1789 nutzte er vermutlich anlässlich eines Aufenthalts bei dem von Carl August befehligten preußischen Regiment in Aschersleben (18.9. bis 8.10.) die Zeit auch für Ausflüge in den östlichen Harz. Am 14.8.1805 kam G. mit seinem Sohn August (→Goethe, A. v.) bei der Rückkehr von einem Besuch bei G. Chr. →Beireis in Helmstedt nach Thale, wo die beiden das Bodetal hinauf wanderten. Anderntags wurde der Stubenberg bei Gernrode bestiegen, womit G. nun zum letzten Mal eine Höhe des Harzes aufsuchte (vgl. TuJ von 1805). Die Beobachtungen und Zeichnungen von diesen Reisen und die gesammelten Harzsuiten dienten ihm aber auch später noch als Vergleichsmaterial für die Verhältnisse in anderen Gebirgen. Mit Interesse nahm G. schließlich die Berichte von F. →Soret auf, der im Sommer 1829 mit Erbprinz Carl Alexander von Sachsen-Weimar den Harz bereiste.

Vgl. auch den Artikel in GHB. 4.1, 460–465.

Literatur

Dennert, Friedrich: Goethe und der Harz. Quedlinburg 1920. – Juranek, Christian (Hg.): Abenteuer, Natur und Spekulation. Goethe und der Harz. Halle 1999. – Ließmann, Wilfried: Historischer Bergbau im Harz. Ein Kurzführer. 3. Aufl. Berlin 2009. – Meißner, Christine und Meißner, Markus: »In der Freiheit der Berge«. Auf Goethes Spuren im Harz. Weimar 1989. – Mohr, Kurt: Geologie und Minerallagerstätten des Harzes. 2. Aufl. Stuttgart 1993. – Nickol, Thomas: Über eine Landkarte des Harzes aus Goethes »Miscellan-Atlas«. In: GJb. (2000), 92–102. – Schliephake, Hellmut: Goethes Harzreisen. Wetzlar 1998. *WY*

Haslau

Der in →Böhmen, nordwestlich von →Eger, gelegene Ort war für G. als Fundstätte des Minerals →Egeran wichtig. Gemeinsam mit →Grüner besuchte er ihn am 9.9.1821. Als Grüner am 31.8.1825 nach Weimar reiste, erinnerte er sich an die mehrmaligen Erkundungen mit G.: »in einer kleinen Entfernung rechts hinter Haslau an einer mit Bäumen bepflanzten Berglehne kömmt der von Werner entdeckte Eg[e]ran mit Kalk, Tremolith, Opal, Granat, Malakolith und Feldspat vor, wovon Goethe stets mehrere Exemplare, sorgfältig eingepackt, mitnahm. Vor der Waldung, welche Himmelreich heißt, liegt an der Chaussee ein großes Stück Quarzfels, auf welchem Goethe, von Weimar zur Kursaison kommend, stets sich niederließ und sich an der schönen Aussicht labte. Auf der Anhöhe rechts zieht sich eine lange Kette Quarzfels nordwärts in schönen Gruppierungen hin, welche, gezeichnet, den Geognosten umso willkommener sein würden, da sie einzig in ihrer Art sein dürften« (vgl. GG 3.1, 564). *HO*

Hassenfratz, Jean Henri (1755–1827)

Der Mineraloge und Physiker aus Paris verfasste 1782 eine Schrift über die →farbigen Schatten (*Observations sur les ombres colorées*), auf die G. durch einen Brief von G. C. →Lichtenberg vom 7.10.1793 aufmerksam gemacht wurde (vgl. EGW 1, 252f.). Da der Autorenname auf dem Titelblatt zu dem Kürzel »H. F. T.« zusammengezogen war, blieb G. die Identität verborgen, so dass sowohl in einer auf den 10.2.1799 datierten Übersicht G.s zur *Geschichte der Farbenlehre* wie auch im Hauptwerk *Zur Farbenlehre* von 1810 der Name nur in Form dieser Abkürzung genannt wird (vgl. FA I, 23.2, 219 und 23.1, 929). Gegenüber F. H. →Jacobi stellte G. am 18.11.1793 fest, dass »H. F. T.« »ähnliche Resultate« wie er selbst erhalten habe, doch fasste G. im Gegensatz zu Hassenfratz die farbigen Schatten als subjektiv-physiologische Phänomene, als Reaktionen des Auges, auf.

Am 9.6.1794 bat G. Lichtenberg, das von diesem entliehene Werk von »H. F. T.« noch behalten zu dürfen, »es hat mir zu einigen schönen Versuchen die mir fehlten geholfen«. In der *Farbenlehre* widmete G. »H. F. T.« ein eigenes Kapitel (vgl. FA I, 23.1, 929–934), das laut Tagebuch am 22.3.1810 entstand.

Am 6./10.10.1807 berichtete C. F. v. Reinhard aus Paris G. einige Neuigkeiten über die Académie des Sciences und erwähnte in diesem Zusammenhang den Namen Hassenfratz als »keinen unbedeutenden« und zwei Arbeiten von ihm (vgl. EGW 4, 480). G. nannte Hassenfratz und seine Schriften von nun an gelegentlich (an Reinhard, 16.11.1807 und 31.12.1809; an Knebel, 17.12.1808; Tgb, 27.2.1810), ohne dass ihm jedoch bewußt wurde, dass es sich um die von ihm als »H. F. T.« bezeichnete Person handelte. *WZ*

Hausmann, Johann Friedrich Ludwig (1782–1859)

Am 30.8.1807 vermerkte G. im Tagebuch den Besuch des Diplomaten und Mineralogen H. C. G. v. →Struve, der u.a. von J. F. L. Hausmann, einem Bergamtsangestellten in Clausthal, berichtete. »Der letztere ist ein junger Mineralog von etwa 25 Jahren, vom Harz, der sich viele Mühe gegeben und neuerlich in Norwegen gewesen ist, auch von daher schöne Sachen mitgebracht.« 1811 wurde Hausmann Professor für Bergwissenschaft und Mineralogie in Göttingen, im gleichen Jahr erschien der erste Band seines fünfbändigen Werks *Reise durch Skandinavien in den Jahren 1806 und 1807* (Göttingen 1811–1818).

Durch →Berzelius' Werk *Neues System der Mineralogie* (Nürnberg 1816; Ruppert 4384) lernte G. Hausmanns Auffassung aus seinem *Entwurf eines Systems der unorganisirten Naturkörper* (Kassel 1809) kennen (vgl. an Berzelius, 3.1.1823), welche ihn neben den Wernerischen, Karstenschen und Haüyschen Mineralsystemen beschäftigte. Hausmanns Schrift *Untersuchungen über die Formen der leblosen Natur* (Göttingen 1821) erhielt G. am 3.3.1831 von →Soret und behielt sie bis zum 9.6.1831.

Von Hausmanns Abhandlung *De origine saxorum, per Germaniae septentrionalis regiones arenosas dispersorum commentatio*, am 27.8.1827 in der Göttinger Akademie vorgetragen und 1832 in den *Commentationes Societatis Regiae Scientiarum Gottingensis* im Druck erschienen, wurde am 22.9.1827 in den *Göttingischen gelehrten Anzeigen* (St. 151f.) eine ausführliche deutsche Zusammenfassung publiziert. Anlässlich dieser »vorzüglichen Darstellung« (FA I, 25, 657) fühlte G. sich veranlasst, eine Stellungnahme zur Frage der Herkunft der in Norddeutschland verstreuten Granitmassen im Zusammenhang mit einer möglichen →Eiszeit niederzuschreiben (zur Datierung vgl. Wyder 2012).

Literatur

Wyder, Margrit: Noch einmal: Goethe und die Eiszeit. In: GJb. (2012, im Druck). *HO*

Haüy, René Just (1743–1822)

Von dem französischen Mineralogen besaß G. die zweibändige, von C. S. →Weiß besorgte und mit Anmerkungen versehene Übersetzung seines *Traité élémentaire de physique* (Paris 1803), die 1805 in

Leipzig unter dem Titel *Handbuch der Physik für den Elementarunterricht in den französischen National-Lyceen ausgearb[eitet]* erschien (Ruppert 4648). Der Übersetzer, Weiß, war ein strikter Gegner von G.s *Farbenlehre.*

G. hat die Parteinahme Haüys für →Newton in der *Farbenlehre* erwähnt (vgl. FA I, 23.1, 438) und in einem Brief an C. F. v. Reinhard vom 28.9.1807 scharf kritisiert: »Eigentlich aber ist das Schlimmste, daß Hauy, der nach Verdienst in großem Ansehen steht und, so viel ich weiß, ein kluger, leise auftretender, einflußreicher Mann ist, der des Kaisers Gunst hat, daß dieser in seinem Compendium der Physik die Newtonische Theorie nächst viel andern als ein himmlisches Palladium aufgeführt und sie zur Norm beym Schulunterricht in den Lyceen aufgestellt hat. Aus Erfahrung weiß ich nun sehr wohl, daß ein Gelehrter das, was er einmal hat drucken lassen, nicht leicht zurücknimmt, sondern wenn er ja eines bessern überzeugt wird, seine Meinung nur nach und nach verschwinden läßt, und eben so nach und nach das rechte unmerklich unterschiebt, wodurch denn die Welt gewissermaßen nicht gebessert wird, weil eine gewisse Indifferenz von Wahrheit und Irrthum auf diesem Wege entstehen muß«.

G.s Beschäftigung mit Haüy ist laut Tagebuch für den 6.1.1807 belegt; er muss dessen Werk aber bereits 1806 studiert haben, wie es nicht nur eine nicht näher datierbare Notiz aus diesem Jahr belegt (vgl. LA II, 4, 126), sondern auch durch Überlieferungen →Riemers plausibel wird, die G.s Polemik im Umgang mit diesem Autor unterstreichen. Unter dem 26./27.12.1806 heißt es: »Hauy gehört zu den wiederkäuenden Tieren, wie die Newtonianer sind, bei denen der Schlund sich in lauter aufeinanderfolgende Magen zusammenfaltet. Das Newtonische Heu schlucken sie hinunter; aber sie können's im Magen weder verdauen, noch sonst loswerden. Sie ruminieren [wiederkäuen, neu erwägen] es also durch alle Magen herauf und können's immer nicht digerieren [verdauen], dahingegen andere edlere Tiere das ihrem Magen Widerspenstige gleich von sich geben«. – »Den *Hauy* müßte man in ein Ragout zerpflücken (diszerpieren) und ihn recht zierlich auf einem silbernen Teller über einer Lampe à la ***zurechtemachen!« (Riemer 264).

Vom 27.12.1807 stammt eine Notiz aus Riemers Nachlass: »Bei *Hauy* müsse gezeigt werden, daß die Franzosen sich Unrecht thäten, des alten Engländers [Newtons] Irrthum in ihren Prytaneen [hier: gelehrte Gesellschaften, Kompendien] zu verewigen. Da sie überall aufs Exstirpiren [Ausrotten] der Engländer ausgingen, so müßten sie es auch hier und diejenigen ihrer Landsleute: Castel, Mariot [Mariotte], Gautier u. a., welche durch Voltaire und andre Journalisten – die blos um Phrasen, nie um die Sache sich bekümmern – unterdrückt worden wären, wieder zu der verdienten Ehre bringen« (GJb. 1970, 281).

G. beschäftigte sich auch mit dem neuen mineralogischen System von Haüy (*Traité de minéralogie*, 4 Bde., Paris 1804), das er am 25.6.1804 studierte (→Kristallographie). *WZ*

Hegel, Georg Friedrich Wilhelm (1770–1831)

Auf keinen anderen Naturforscher hat Hegel in seinen Vorlesungen über die Philosophie der Natur mehr Bezug genommen als auf G. Von der *Farbenlehre* über die *Metamorphose der Pflanzen* bis hin zur Knochenbildung nehmen die Ergebnisse von G.s Naturforschung eine entscheidende Stellung in Hegels Naturphilosophie ein. Im Zusatz zu seiner *Enzyklopädie der philosophischen Wissenschaft im Grundrisse* bezieht sich Hegel bezüglich der Subordination der Teile zum Ganzen im Organismus auf G.s Morphologie, auf dessen →Typusgedanken, weiterhin auf die meteorologischen Studien zu Gewitterzügen und →Wolkenformen.

Bereits in seiner Jenaer Zeit war Hegel auf G.s Naturforschung aufmerksam geworden. Er berichtete →Schelling, dass G. »sehr auf das Reelle und Apparate« losgehe (Hegel an Schelling, 16.11.1803; BG 5, 396; weiterhin 27.2.1804, LA II, 3, 150) und sich »ganz ans Empirische« halte, »statt [...] zum Begriffe, überzugehen« (Hegel an Schelling, 23.2.1807; GG 2, 188). Mit großem Interesse verfolgte er G.s Arbeiten an der »Farbengeschichte«, den geplanten Druck der »Metamorphose der Pflanzen« und seine »Abhandlungen über den tierischen Organismus« (ebd.).

G. schätzte Hegels mathematische und physikalische Vorkenntnisse mehr als die von Schelling. Auch wenn er sich mit Hegels Philosophie letztlich nicht anfreunden konnte, war die Anteilnahme Hegels an seiner Naturforschung und das Eintreten für seine *Farbenlehre* für ihn von unschätzbarer Bedeutung. Hegels »Zustimmung« ermutigte G. und ließ ihn erkennen, »wie ein Philosoph von dem was ich meinerseits nach meiner Weise vorgelegt, nach seiner Art Kenntniß nehmen und damit gebaren mögen. Und hierdurch war mir vollkommen vergönnt das geheimnißvoll klare Licht, als die höchste Energie, ewig, einzig und untheilbar zu betrachten« (TuJ 1817). Erfreut schrieb G. an Hegel am 3.5.1824: »Erhalten Sie mir eine so schöne, längst herkömmliche Neigung und bleiben überzeugt, daß ich mich derselben als einer der schönsten Blüthen meines immer mehr sich entwickelnden Seelenfrühlings zu erfreuen durchaus Ursache finde«.

Obwohl G. Hegel von Anfang an schätzte, dauerte es lange, bis die Beziehung zwischen beiden diesen Höhepunkt erreichte. Hegel besuchte G. erstmals am 21.10.1801, kurz nach seiner Habilitation in Jena. Während seiner dortigen Zeit als Privatdozent und außerordentlicher Professor (bis 1807) stand Hegel G. zunächst nicht nahe, auch wenn dieser bereits Hegels Beiträge im *Kritischen Journal der Philosophie* (1802) verfolgte und sich lobend über ihn äußerte (vgl. an Schiller, 27.11.1803). Nachdem G. und Hegel am 2., 3. und 8. 12.1803 in Jena zusammengetroffen waren, bot er ihm am 15.12.1803 eine Rezension für die JALZ an, zu der es aber nicht kam. Noch am 17.2.1829 hob G. »Hegels Urteile als Kritiker« hervor und lobte seine Rezension über Hamann in den Berliner *Jahrbüchern für wissenschaftliche Kritik* (Eckermann; FA II, 12, 311).

Am 30.1.1804 wurde Hegel zum Assessor der Herzoglichen Mineralogischen Sozietät und im Februar 1805 zum außerordentlichen Professor der Philosophie in Jena ernannt. In den *Tag- und Jahresheften* von 1806 berichtete G., dass er »nach alter akademischer Weise mit *Hegel* manches philosophische Kapitel durchgesprochen« habe (vgl. Tgb 27. bis 29.8. sowie 1. und 3.10.1806). Am 20.8.1806 hielt G. im Tagebuch fest: »Dr. Hegel; Dr. Seebeck in der camera obscura. Versuche wegen der mehr oder weniger wärmenden Kraft der gefärbten Lichter.«

Auch wenn Hegel sich Ende Januar 1807 vergeblich um die Direktorenstelle des Botanischen Gartens in Jena bewarb und kurz darauf Jena verließ, nahm G. stets Anteil an seinem Werdegang. »Ich verlange endlich einmal eine Darstellung seiner Denkweise zu sehen. Es ist ein so trefflicher Kopf und es wird ihm so schwer, sich mitzutheilen!« (an Knebel, 14.3.1807).

Dass G. »nichts Näheres von der Hegelschen Philosophie wissen« wollte, »wie wohl Hegel selbst mir ziemlich zusagt« (vgl. Gespräch mit F. v. Müller, 16.7.1827; Unterhaltungen 153), bedeutet nicht, dass er diese nicht verstand, vielmehr war er skeptisch gegenüber Hegels dialektischer Methode. Deutlich zeigte sich dies bei G.s Reaktion auf die Lektüre von I. P. V. Troxlers Schrift *Blicke in das Wesen des Menschen* (Aarau 1812; vgl. an Eichstädt, 22.11.1812), die in der Vorrede eine Passage aus Hegels *Phänomenologie des Geistes* zitiert. Die Stelle lautet: »Die Knospe verschwindet in dem Hervorbrechen der Blüthe, und man könnte sagen, daß jene von dieser widerlegt wird; eben so wird durch die Frucht die Blüthe für ein falsches Daseyn der Pflanze erklärt, und als ihre Wahrheit tritt jene an die Stelle von dieser« (zit. nach G.s Brief an Seebeck, 28.11.1812). Für G. war es nicht möglich, »etwas Monstroseres zu sagen. Die ewige Realität der Natur durch einen schlechten sophistischen Spaß vernichten zu wollen«, schien ihm eines »vernünftigen Mannes« wie Hegel »ganz unwürdig« (ebd.). Von dieser aus Hegels dialektischer Methode resultierenden Behauptung war G. tief getroffen: »Wenn der irdisch gesinnte Empiriker gegen Ideen blind ist, so wird man ihn bedauern und nach seiner Art gewähren lassen, ja von seinen Bemühungen manchen Nutzen ziehen. Wenn aber ein vorzüglicher Denker, der eine Idee penetrirt und recht wohl weiß, was sie an und für sich werth ist [...], wenn der sich einen Spaß daraus macht, sie sophistisch zu verfratzen und sie durch künstlich sich einander selbst aufhebende Worte und Wendungen zu verneinen und zu vernichten, so weiß man nicht, was man sagen soll« (ebd.). G. bat Seebeck in diesem Brief weiterhin, ihn über den Kontext der Stelle in Hegels Werk aufzuklären. Erst als Seebeck das Zitat im Gesamtzusammenhang lieferte (Seebeck an G., 13.12.1812; LA II, 9B, 356f.), konnte G. sich beruhigen: »Die Stelle, die mir einzeln so sehr zuwider war, wird durch den Zusammenhang neutralisirt. Man sieht wohl was der Verfasser will, aber man sieht es nur durch und wem es beliebt, der kann ihn mißverstehn« (an Seebeck, 15.1.1813). Nicht auf Hegels Gedankengang, sondern auf seine Formulierungen hin merkte G. an: »Hätte er das auf die Metamorphose der Pflanzen sich beziehende Gleichniß im Conjunctiv ausgesprochen, so sähe man gleich, daß er es zu seinem Zweck nur bedingungsweise annimmt, welches jedem Redner gar wohl erlaubt ist. Allein er spricht es positiv aus, und begünstigt dadurch den leidigen Irrthum, daß wir unsern Vorfahren nichts schuldig sind, ob er gleich, wie man im Zusammenhange sieht, das Entgegengesetzte sagen will!« (ebd.) In der auf der dialektischen Methode beruhenden provozierenden Formulierung von Hegel, die auch in der Nachwelt oft Missverständnisse verursachte und sich in der Hegel-Forschung zum »Kampfplatz endloser Streitigkeiten« (Horstmann und Petry 1986, 11) verwandelte, sah G. eine in Hegels Philosophie verborgene Gefahr, auf die er ihn noch bei seinem Besuch in Weimar vom 16. bis 18.10.1827 ansprach (vgl. dazu das von →Eckermann überlieferte sog. Dialektik-Gespräch vom 18.10.1827, in dem G. »das Studium der Natur« als »dem unendlich und ewig Wahren« gewidmet bezeichnete: »Auch bin ich gewiß, daß mancher dialektisch Kranke im Studium der Natur eine wohltätige Heilung finden könnte«; FA II, 12, 648f.). In vielen Äußerungen, vor allem in Gesprächen, erkannte G. Hegels Philosophie nur begrenzt an und betrachtete sie als eine noch im Werden befindliche, unvollendete philosophische Bemühung. »Wenn Hegel mit seiner Identitätsphilosophie sich mitten zwischen Object und Subject hineinstellt und diesen Platz behauptet, so wollen wir ihn loben« (Gespräch mit G. F. Parthey, 28.8.1827; GG 3.2, 181).

Vor allem war Hegels »entschiedene Theilnahme« (an Boisserée, 5.9.1817) an seiner *Farbenlehre* für G. von großer Bedeutung. Hegels geistreiche Bemerkungen halfen ihm so, »daß meine Arbeit mir nun selbst erst recht durchsichtig geworden« (an C. L. F. Schultz, 10.3.1821). Bereits im ersten, 1812/1813 erschienenen Band seiner *Wissenschaft der Logik* kritisierte Hegel →Newtons Optik (vgl. LA II, 5B.1, 508), im zweiten Band (1816) wies er auf G.s *Farbenlehre* hin. Obwohl von Rezensenten deshalb angegriffen, trat Hegel in seiner im Mai 1817 erschienenen *Encyklopädie der philosophischen Wissenschaften im Grundrisse* ausdrücklich für G. ein (§ 121, vgl. LA II, 5B.1, 143–145, M 37). →Boisserée sandte G. mit Brief vom 23.6.1817 vermutlich den Aushängebogen 10 dieses Werks, der auf den Seiten 153 bis 156 die Paragraphen 220 bis 222 über Licht und Farbe enthält (vgl. Tgb, 29.6.1817). Ermutigt dadurch, dass Hegel ihm »so mächtig zu Hülfe kommt«, schrieb G. am 1.7.1817 an Boisserée: »Da nunmehr die höhere Philosophie dem Licht seine Selbstständigkeit, Reinheit und Unzerlegbarkeit vindicirt, so haben wir andern gewonnenes Spiel, und können in unserer Naivität ganz gelassen den höchsten Betrachtungen vorarbeiten«.

Am 8.7.1817 schickte G. Hegel die Aushängebogen von ZNÜ I, 1 (1817) mit den Aufsätzen *Geschichte der entoptischen Farben* (von Seebeck), *Doppelbilder des rhombischen Kalkspaths* und *Elemente der entoptischen Farben*. Er bedankte sich bei ihm für die »entschiedene Art sich zu Gunsten der uralten nur von mir auf's neue vorgetragenen Farbenlehre zu erklären« (vgl. auch an Seebeck, 8.7.1817 und Boisserée an G., 10.7.1817; EGW 4, 734).

Im Brief vom 7.10.1820, dem ein Exemplar von ZNÜ I, 3 (1820) mit dem ausführlichen Aufsatz *Entoptische Farben* beilag, schrieb G. an Hegel: »Sie haben in Nürnberg [bei Seebeck] dem Hervortreten dieser schönen Entdeckung beygewohnt, Gevatterstelle übernommen und auch nachher geistreich anerkannt, was ich gethan, um die Erscheinung auf ihre ersten Elemente zurückzuführen«. Hegels Antwortbrief vom 24.2.1821 nahm G. (unter dem Datum 20.2.1821) als *Neueste aufmunternde Teilnahme* in ZNÜ I, 4 (1822) auf, worauf wiederum Hegel in seiner 1827 erschienenen 2. Auflage der *Encyclopädie* (§ 319) hinwies. In der *Aufmunternden Teilnahme* bezeichnete Hegel G.s Darstellung von den Phänomenen der entoptischen Farben als »geistigen Odem«: »Das Einfache und Abstrakte, was Sie sehr treffend das Urphänomen nennen, stellen Sie an die Spitze, zeigen dann die konkretern Erscheinungen auf [...] und regieren den ganzen Verlauf so, daß die Reihenfolge von den einfachen Bedingungen zu den zusammengesetztern fortschreitet, und [...] das Verwickelte nun [...] in seiner Klarheit erscheint. Das Urphänomen auszuspüren [...] dies halte ich für eine Sache des großen geistigen Natursinns [...] in diesem Zwielichte, geistig und begreiflich durch seine Einfachheit, sichtlich oder greiflich durch seine Sinnlichkeit – begrüßen sich die beiden Welten, unser Abstruses, und das erscheinende Dasein, einander« (FA I, 25, 767 ff.).

Das →Urphänomen, dessen abstrakte Idee als sinnlich-geistige Erscheinung anschaulich wird, schien Hegel geradezu für »den philosophischen Nutzen verwenden« (ebd. 768) zu können, indem es – wie G.s Metamorphosegedanken – als innere Einheit der Natur der mit G. gemeinsam bekämpften →Abstraktion in den von Newton geprägten Naturwissenschaften entgegengesetzt werden konnte.

G. bedankte sich am 13.4.1821 mit der Ankündigung: »Da Sie so freundlich mit den Urphänomenen gebaren, ja mir selbst eine Verwandtschaft mit diesen dämonischen Wesen zuerkennen, so nehme ich mir die Freyheit, zunächst ein Paar dergleichen dem Philosophen vor die Thür zu bringen«, womit er auf ein an Hegel gesandtes Trinkglas und ein Prisma anspielte. Das Glas (heute im Schiller-Nationalmuseum in Marbach) hatte G. bei dem Glashändler Mattoni in Karlsbad anfertigen lassen; das aufgebrachte Motiv erscheint je nach hellem oder dunklem Hintergrund gelb oder blau (→Karlsbader Glas). Ein beigefügtes Widmungsblatt, vermutlich vom 24.6.1821, trägt die Aufschrift: »Dem Absoluten / empfielt sich / schönstens / zu freundlicher Aufnahme / das Urphaenomen / Weimar Sommer Anfang / 1821«. Dieser Text ist vielfach zum Ausgangspunkt für die Interpretation einer grundlegenden, um die Pole Nähe und Distanz kreisenden Differenz zwischen G.s und Hegels Gedankenwelt geworden (vgl. dazu GHB. 4.1, 468 f.). G. schrieb an Zelter am 13.8.1831: »Die Natur thut nichts umsonst, ist ein altes Philister-Wort. Sie wirkt ewig lebendig, überflüssig und verschwenderisch, damit das Unendliche immerfort gegenwärtig sey, weil nichts verharren kann. Damit glaube ich sogar mich der Hegelischen Philosophie zu nähern, welche mich übrigens anzieht und abstößt; der Genius möge uns allen gnädig seyn«.

Im letzten Lebensjahrzehnt äußerte sich G. mehrfach mit Lob und Dankbarkeit über Hegel: an Reinhard, 5.3.1821: »dieser wundersam scharf und fein denkende Mann ist [...] Freund meiner physischen Ansichten überhaupt, besonders auch der chromatischen«; an Knebel, 14.11.1827: »Hegels Gegenwart [...] war mir von großer Bedeutung [...], weil wir gewahr werden, daß wir in den Grundgedanken und Gesinnungen mit ihm übereinstimmen«.

Auch gegenüber Hegel direkt äußerte G. seine Wertschätzung: »Daß Sie mein Wollen und Leisten, wie es auch sey, so innig durchdringen und ihm einen vollkommenen motivirten Beyfall geben, ist mir zu großer Ermunterung und Förderniß« (13.4.1821). – »Da Ew. Wohlgeboren die Hauptrichtung meiner Denkart billigen, so bestätigt mich dieß in derselben nur um desto mehr [...]. Möge alles, was ich noch zu leisten fähig bin, sich immer an dasjenige anschließen, was Sie gegründet haben und auferbauen« (3.5.1824).

Am 11.9.1829 besuchte Hegel G. noch einmal in Weimar. Im September 1830 und im März 1832 erschien in den von Hegel und Varnhagen von Ense herausgegebenen *Jahrbüchern für wissenschaftliche Kritik* G.s Rezension zu →Geoffroy Saint-Hilaires *Principes de Philosophie zoologique* (in zwei Abschnitten) und damit seine letzte naturwissenschaftliche Publikation.

Von 1822 bis 1835 hielt der Hegel-Schüler L. D. v. →Henning, unterstützt durch Hegel selbst und seinen Gönner, den preußischen Kultusminister Freiherr vom Stein zum Altenstein, in Berlin Vorträge über G.s *Farbenlehre*.

Vgl. auch den Artikel in GHB. 4.1, 468–471.

Literatur

Beyer, Wilhelm Raimund: Goethe – ein Sonderposten im Denkhaushalt Hegels. In: Hegel-Jb. 1989, 87–103. – Breidbach, Olaf: Das Organische in Hegels Denken. Studie zur Naturphilosophie und Biologie um 1800. Würzburg 1982. – Bubner, Rüdiger: Hegel und Goethe. Heidelberg 1978. – Ders.: Hegel und Goethe. In: Ders.: Innovationen des Idealismus. Göttingen 1995, 175–207. – Falkenheim, Hugo: Goethe und Hegel. Tübingen 1934. – Gloy, Karen: Goethes und Hegels Kritik an Newtons Farbentheorie: eine Auseinandersetzung zwischen Naturphilosophie und Naturwissenschaft. In: Dies. und Burger, Paul (Hg.): Die Naturphilosophie im deutschen Idealismus. Stuttgart-Bad Cannstatt 1993, 323–359. – Johann Wolfgang von Goethe und Georg Wilhelm Friedrich Hegel: Briefwechsel. Mit einem Nachwort von Hermann Bauer. Stuttgart 1970. – Hamm, Heinz: Goethe und Hegel. In: Ders.: Der Theoretiker Goethe. Berlin 1975, 146–166. – Henrich, Dieter (Hg.): Ist systematische Philosophie möglich? Bonn 1977 (Hegel-Studien 17, Beiheft). – Honegger, Rudolf: Goethe und Hegel. Eine literarhistorische Untersuchung. In: GJb. (1925), 38–111. – Hoffmeister, Johannes: Goethe und der deutsche Idealismus. Eine Einführung zu Hegels Realphilosophie. Leipzig 1932. – Horstmann, Rolf Peter und Petry, Michael John (Hg.): Hegels Philosophie der Natur. Beziehungen zwischen empirischer und spekulativer Naturerkenntnis. Stuttgart 1986. – Houdremont, Eduard: Über das Urphänomen. Gedanken zur naturwissenschaftlichen Betrachtungsweise Goethes und der Physiker. Essen 1945 (Schriften der Essener Goethe-Gesellschaft 2). – Kahle, Werner: Zum Hegel-Bild in den Briefen Goethes. In: GJb. (1974), 24–32. – Lommel, Hermann: Das Goethe-Hegel-Glas. In: Hegel-Jb. 1966, 49–51. – Petry, Michael John: Hegels Verteidigung von Goethes Farbenlehre gegenüber Newton. In: Ders. (Hg.): Hegel und die Naturwissenschaften. Stuttgart 1987, 323–347. – Rosenkranz, Karl: Georg Wilhelm Friedrich Hegel's Leben. Berlin 1844. – Schubert, Johannes: Goethe und Hegel. Leipzig 1933. – Schumm, Karl: »Das Urphänomen dem absoluten Geist«. Eine Freundschaftsgabe Goethes an Hegel. In: Schwäbische Heimat. 20 (1969), 270–272. *HO*

Heidler, Karl Joseph Edler von Heilborn (1792–1866)

Gleich am ersten Tag, den G. in →Marienbad verbrachte (27.4.1820), besuchte ihn der dort tätige Bade- und Brunnen-Arzt, für G. »ein gar verständiger, lieber junger Mann«, der ihm »geologische Notizen« gab, am Folgetag »ein Stück Wavellit« schenkte und ihn ausführlich über die geologischen Verhältnisse der Marienbader Gegend unterrichtete.

In den Jahren 1821 und 1822 haben sich G. und Heidler oftmals in Marienbad getroffen. Meist war Heidler dabei geologischer Gesprächspartner (z. B. Tgb, 29. und 30.7., 1.8.1821), er beriet G. bei Bedarf aber auch ärztlich. Am 14.8.1821 wurde »über natürliche und künstliche Wärme der Mineralwasser« gesprochen, am 23.8.1821 erhielt G. von Heidler »Spießglanzstufen«. Bereits 1820 hatte G. eine Analyse des Marienbader Kreuzbrunnens durch den Jenaer Chemiker →Döbereiner veranlasst (vgl. G–Döbereiner 126).

Bei seiner Kur im Jahr 1822 las G. am 28.6. Heidlers soeben in Wien publizierte Schrift *Marienbad nach eigenen bisherigen Beobachtungen und Ansichten ärztlich dargestellt*, die ihm der Autor am 16.4.1822 zugesandt hatte (vgl. Ruppert 5321). Vor allem bemühte er sich um die Vervollständigung der Sammlung Marienbader Gesteine (vgl. dazu das Verzeichnis vom 23.7.1822 in LA II, 8B.1, 30–35, M 20). Eine komplette Suite kam »völlig zu Heidler« (23.7.1822; vgl. auch an A. v. Goethe, 25.7.1822), am Vortag erhielt dieser einen »Steinschrank«. In den *Tag- und Jahresheften* von 1822 erwähnte G.: »[...] ward die geologische Sammlung der Marienbader Gegend [...] vervollständigt [...]. In einem Schranke wurden solche, wohlgeordnet, bei der Abreise Dr. Heidler übergeben, als Grundlage für künftige Naturforscher«.

G.s Mineralienverzeichnis sowie seinen Aufsatz *Marienbad überhaupt und besonders in Rücksicht auf Geologie* (ZNÜ I, 4, 1822) hat Heidler als Einleitung zum zweiten Abschnitt (§§ 5–8) seiner 1837 in Prag erschienenen Schrift *Pflanzen und Gebirgsarten von Marienbad* unter der Überschrift *Gang- und Gebirgs-Arten von Marienbad gesammelt und beschrieben von [...] J. W. von Goethe* verwendet.

Literatur

Heidler, Gisbert: Karl Josef Heidler 1792–1866. Sein Leben und Werk für Marienbad. Eine Studie zur Jahrtausendwende über den ersten Brunnenarzt zu Marienbad. Brno 1999. *HO*

Heim, Johann Ludwig (1741–1819)

Den ersten Band des dreibändigen Werks des Meininger Konsistorialrats, *Geologische Beschreibung des Thüringer Waldgebürges: Von der äußern Gestalt des Thüringer Waldgebürgs* (Meiningen 1796), erwähnte G. bereits in einer Notiz aus dem Jahr 1796 (vgl. LA II, 7, 221). Ausführlich erfuhr er durch einen Brief von Johann Carl Wilhelm →Voigt vom 27.3.1810 über Heims Vorstellungen von der Entstehung des Basalts, die sich weder denen der Neptunisten noch denen der Vulkanisten anschlossen, aber aufgrund der These von gewaltigen Erdrevolutionen G. nicht zusagten (vgl. auch Voigt an G., 9.7.1812; LA II, 8A, 251–253 und 279).

Bei seinem Besuch in →Ilmenau im August 1813 wurde G. von Voigt auf den dritten Band von Heims *Geologischer Beschreibung* (Meiningen 1812) aufmerksam gemacht, den G. daraufhin las und Auszüge bezüglich des →Granits im →Fichtelgebirge notierte (vgl. LA II, 8A, 69, M 46). G. hielt Heims Werk für »Epochenweise vortrefflich, und wieder Epochenweise sehr schwach« (an Knebel, 5.9.1813). In »einer Folge von Mustern« versuchte er sich »die hübsche Bemerkung unsers Heims, daß die Zinnformation östlich des Thüringerwaldes anfange und längst dem Erzgebirge hin [...] sich erstrecke« zu vergegenwärtigen (an Knebel, 22.1.1814).

Am 18.3.1814 setzte sich G. erneut mit Heims Werk auseinander und sandte es zwei Tage später an Voigt zurück: »Ich habe mich dadurch in manchen Ideen [...] bestärkt gefunden [...]. Dieser Ehrenmann stellt sich so schön zwischen die ältere mechanische Vorstellungsart und die neue transscendirende, dergestalt daß man sich sehr gern zu ihm bekennen mag«.

Auf eine Anmerkung Heims über Meteoriten (Bd. 3, 124) kam G. am 12.3.1820 gegenüber →Nees von Esenbeck zurück. Er tadelte, dass Heim »Fichtelgebirg und Thüringer Wald, Petersberg und Harz vom Himmel fallen« ließ, »dem Vulkanisten war und ist es etwas Leichtes dergleichen Massen aus der Tiefe herauszubefördern. [...] wer möchte sich mit einer solchen Polterkammer nur noch abgeben?«

1816 vermachte Heim seine Sammlung dem Jenaer Mineralogischen Museum (vgl. an Voigt, 10.6.1816; an Lenz, 23.6.1816), zusammen mit einem Katalog (vgl. Tgb, 28. und 29.6.1816), der für G. »von unglaublicher Aufmerksamkeit des Mannes auf diese Gegenstände« zeugte (an Carl August, 19.7.1816). G. dankte Heim am 25.9.1816 mit den Worten, dass auch ihm hätte »kein größeres Geschenk werden können: denn bey fleißiger Lesung Ihrer geologischen Schriften konnte mir nicht verborgen bleiben, daß Hochdieselben die Übergänge, die ich auch mit Sorgfalt, wenn es Gelegenheit gab, aufgesucht, vorzüglich beachtet und deren große Bedeutung hervorgehoben haben, davon mich nun auch der Catalog auf's neue belehrt«.

Die *Tag- und Jahreshefte* von 1816 resümieren: »Im Mineralreiche waren wir sehr begünstigt; Geheimerath *Heims* zu Meiningen wichtige Sammlung gelangte [...] nach Jena [...]. Von einzelnen Merkwürdigkeiten verdient der Kugel-Syenit von Vallinco aus Corsica vorzüglich Erwähnung« (zu G.s Besuchen der Sammlung vgl. Tgb, 31.3. und 6.6.1817, 27.4. und 17.6.1818).

Am 28.7.1817 erwarb G. Heims Schrift *Über die Bildung der Täler* (in: *Voigts mineralogische und bergmännische Abhandlungen*, Bd. 3, Weimar 1791) und beschäftigte sich damit am 20.8.1817.

Gelegentlich hat sich G. in geologischen Texten auf Heim berufen, so in seiner Niederschrift vom 13.2.1818 unter dem Titel *Hornblendekugel bei Weimar* (vgl. FA I, 25, 331). *HO*

Heinroth, Johann Christian Friedrich August (1773–1843)

Der Leipziger Psychiatrieprofessor sandte G. mit einem Brief vom 29.10.1822 sein *Lehrbuch der Anthropologie* (Leipzig 1822), welches G. laut Tagebuch am 4.12.1822 beschäftigte. Am 12.12.1822 las er zusammen mit dem Arzt Wilhelm →Rehbein »das Capitel von den Temperamenten«.

In einem Brief an →Boisserée vom 22.12.1822 erschien Heinroth als »ein werther unterrichteter Mann«, der »meine Art und Weise *ein gegenständliches Denken* genannt hat, welches nämlich immer im Angesicht des Gegenstandes sich bilde und äußere. Ich bin wohl zufrieden mit dieser Auslegung meiner Träume«.

Heinroths »Aufschlüsse« über G.s »Verfahrungsart in Naturbetrachtungen« (TuJ von 1822) erschienen diesem so treffend und wichtig, dass er sich im März 1823 entschloss, in das soeben in Arbeit befindliche Heft *Zur Morphologie* (II, 1, 1823) einen Aufsatz mit dem Titel *Bedeutende Förderniß durch ein einziges geistreiches Wort* aufzunehmen, in dem er sich mit Heinroths These auseinandersetzte, dass G.s »Denkvermögen *gegenständlich* tätig sei, womit er aussprechen will: daß mein Denken sich von den Gegenständen nicht sondere, daß die Elemente der Gegenstände, die Anschauungen in dasselbe eingehen und von ihm auf das innigste durchdrungen werden; daß mein Anschauen selbst ein Denken, mein Denken ein Anschauen sei« (FA I, 24, 595).

G. bekannte, dass »ich eben dasselbe Verfahren auch bei naturhistorischen Gegenständen zu beobachten genötigt war. Welche Reihe von Anschauung und Nachdenken verfolgt ich nicht, bis die Idee der Pflanzenmetamorphose in mir aufging! [...] durch das Wort *gegenständlich* ward ich auf einmal aufgeklärt, indem ich deutlich vor Augen sah, daß alle Gegenstände, die ich seit funfzig Jahren betrachtet und untersucht hatte, gerade die Vorstellung und Überzeugung in mir erregen mußten, von denen ich jetzt nicht ablassen kann« (ebd. 597 f.).

Heinroths Terminus des gegenständlichen Denkens wurde in der Rezeptionsgeschichte von G.s naturwissenschaftlichen Schriften zur Bezeichnung von G.s Methodik immer wieder herangezogen.

Ein weiteres Stück zu Heinroths *Anthropologie* veröffentlichte G. 1825 in *Ueber Kunst und Alterthum* (V, 2, 175 f.; dazu ein Entwurf in LA II, 10B.1, 22, M 4).

Überliefert aus G.s Nachlass ist weiterhin die Abschrift einer nicht identifizierten Kritik an Heinroths Werk (abgedruckt in LA II, 10A, 112 f., M 52).

Am 15.9.1827 besuchte Heinroth G. in Weimar.

HO

Henning (genannt von Schönhoff), Leopold Dorotheus von (1791–1866)

Der Jurist, Naturfoscher und Philosoph, →Hegel-Schüler und ab 1825 Professor der Philosophie in Berlin, hielt von 1822 bis 1835, von Hegel begünstigt und gegen den Widerstand von Physiker-Kollegen, an der Berliner Universität jeweils im Sommersemester Vorlesungen über G.s *Farbenlehre* und brachte seine *Einleitung zu öffentlichen Vorlesungen über Goethes Farbenlehre* 1822 zum Druck. G. war zwar über die dadurch erzielte Breitenwirkung erfreut und unterstützte Henning in jeder Hinsicht, seine Versuche, Henning als Autor eines Kompendiums zu seiner *Farbenlehre* und als Mitarbeiter seiner Zeitschrift *Zur Naturwissenschaft überhaupt* zu gewinnen, scheiterten jedoch ebenso wie der Plan, durch Henning G.s Arbeiten zur Farbenlehre in der JALZ rezensieren zu lassen (in der C. G. D. →Nees von Esenbeck die morphologischen, J. J. Nöggerath die geologischen Anteile behandelt hatten). So begnügte sich G. mit einer kurzen Anzeige von Hennings *Einleitung zu öffentlichen Vorlesungen [...]* in ZNÜ II, 1 (1823). G.s Kontakte zu Henning und die Korrespondenz sind im Einzelnen in EGW 3, 274–327 dokumentiert.

Am 18.10.1821 besuchte Henning G. zum ersten Mal in Weimar, worüber dieser sogleich an →Zelter und auch in seinen *Tag- und Jahresheften* von 1821 berichtete. Am 19.1.1822 teilte Henning seinen Plan mit, G.s *Farbenlehre* in Berlin vorzustellen. G. sandte dazu umgehend am 30.1.1822 erste Materialien, weitere folgten am 16. und 19.5.1822, mit langen Anweisungen zur Handhabung. Die weitere Korrespondenz hielt bis zum August 1831 an. Gegenüber J. F. Cotta (22.3.1822), dem Grafen C. F. v. →Reinhard (10.6.1822), C. F. L. →Schultz (12.6.1822) und S.→Boisserée (6.9.1822) lobte G. das Projekt und seinen jungen Anhänger und machte diesem am 13.6.1822 das Angebot, die Herausgabe seiner Schriften zur Farbenlehre für die *Ausgabe letzter Hand* zu übernehmen. Trotz einer Zusage verlief die Angelegenheit im Sande.

Die Berliner Vorlesungen hatten inzwischen am 21.5.1822 mit Unterstützung von Schultz und des Ministers Karl Freiherr vom Stein zum Altenstein begonnen. Hennings wohl erstmals im Juli 1822 geäußerte Absicht, die *Einleitung* der Vorlesungen drucken zu lassen, begrüßte G. am 11.8.1822. Vom 16.–18.9. sowie am 7. u. 8.10.1822 war Henning erneut in Weimar: Die Begegnungen standen ganz im Zeichen der *Farbenlehre*. G. versandte die inzwischen gedruckte *Einleitung* an →Riemer (6.9.1822), Nees von Esenbeck und J. F. Rochlitz (20.9.1822), J. W. →Döbereiner (27.11.1822), Boisserée (22.12.1822) und an den Grafen K. M. v. →Sternberg (12.1.1823).

Eine leichte Verstimmung trat ein, als Henning einen in Weimar zugesagten Aufsatz über seine Anteilnahme an der *Farbenlehre* nicht ausarbeitete. Dies war Anlass, dass G. selbst die Anzeige zu Hennigs *Einleitung* verfasste, worauf das Tagebuch vom 7.4.1823 deutet. Nach 1823 kam es nur noch zu einzelnen Erwähnungen Hennings (so an Hegel, 17.8.1827; an Boisserée, 25.9.1827; an C. D. v. →Buttel, 23.10.1827; Tgb, 21.8.1828; an Schultz, 16.5.1829), doch Henning setzte seine Besuche in Weimar weiterhin regelmäßig fort (3.10.1823; 29.9.1825; 4./14.9.1827; 23.4. und 27.8.1830; 25.10.1831).

WZ

Herder, Johann Gottfried (1744–1803)

Dem in Ostpreußen geborenen Philosophen und Theologen ist bereits ein ausführlicher Artikel von Günter Arnold in GHB. 4.1, 481–486 gewidmet. Herder hatte in Königsberg bei →Kant studiert und sich bereits an seinem ersten Wirkungsort Riga mit literaturkritischen Schriften einen Namen gemacht. Bei einem Aufenthalt in Paris lernte er 1769 einige der bedeutendsten französischen Aufklärer kennen. G. traf Herder im Herbst 1770 in Straßburg und ließ sich durch den fünf Jahre Älteren in die Weltliteratur und in geschichtsphilosophische Überlegungen einführen (vgl. *Dichtung und Wahrheit* II, 10). 1771 bis 1776 wirkte Herder als Oberpfarrer in Bückeburg; im Oktober 1776 trat er sein Amt als Generalsuperintendent des Herzogtums Sachsen-Weimar an, das ihm durch G. vermittelt worden war. Nach einer Periode der Entfremdung wurde die Freundschaft 1783 erneuert, und G. beteiligte sich intensiv an der Entstehung von Herders Hauptwerk *Ideen zur Philosophie der Geschichte der Menschheit*. Im ersten Teil, der 1784 erschien, stellte Herder ein progressionistisches Modell der Natur vor, das einem verzeitlichten →Stufenleitermodell entsprach. Er forderte eine »genetische«, d. h. vom Ursprung ausgehende Behandlung aller Phänomene. G. sah in seiner Entdeckung des →Zwischenkieferknochens beim Menschen eine Bestätigung dieser Darstellung (vgl. an Herder, 27.3.1784). Herder vermittelte G. die bei französischen Naturphilosophen kursierende Idee eines »prototype« (→Typus) und machte ihn auf die epigenetische Theorie von C. F. →Wolff aufmerksam. Herders Gespräche über *Gott*, die er in →Italien las, sah G. als gültige naturphilosophische Grundlage für seine empirische Einzelforschung an (vgl. *Italienische Reise*, 28.8.1787). 1795 kam es, vor allem durch den Einfluss von Herders Frau Caroline, zum endgültigen Zerwürfnis der beiden Freunde, was G. im Rückblick bedauerte. Erhalten blieb aber G.s Kontakt zu Herders zweitem Sohn S. A. W. →Herder, der sich den Erdwissenschaften widmete.

Literatur

Nisbet, Hugh B.: Goethe, Herder, and the Natural Type. In: PEGS. N. S. 37 (1967), 83–119. – Ders.: Herder and the Philosophy and History of Science. Cambridge 1960. – Proß, Wolfgang (Hg.): Johann Gottfried Herders Werke. München 1984–2002. – Wenzel, Manfred: Die Anthropologie Johann Gottfried Herders und das klassische Humanitätsideal. In: Mann, Gunter und Dumont, Franz (Hg.): Die Natur des Menschen. Probleme der physischen Anthropologie und Rassenkunde 1750–1850. Stuttgart, New York 1990 (Soemmerring-Forschungen 6), 137–167. *WY*

Herder, Sigmund August Wolfgang von (1776–1838)

Herders zweiter Sohn, ab 1819 Vizeberghauptmann, ab 1826 Oberberghauptmann in →Freiberg, nahm bereits in der Kindheit an G.s geologisch-mineralogischer Forschung Anteil und besaß schon als 7jähriger eine Sammlung von Gesteinen. G. weckte sein Interesse für die Naturforschung und beeinflusste seine Berufswahl, die vom Vater abgelehnt wurde.

Während G.s Verhältnis zu den Eltern in den 1790er Jahren abkühlte, blieb die Beziehung zu August Herder weiterhin freundschaftlich. So schilderte dieser im Brief vom 22.11.1794 Naturbeobachtungen aus Neuchatel, auf die G. in den *Tag- und Jahresheften* von 1795 reagierte: »Junge Männer die von Kindheit auf [...] an meiner Seite heraufgewachsen, sahen sich nunmehr in der Welt um, und die von ihnen mir zugehenden Nachrichten mußten mir Freude machen [...]«.

Am 8.12.1798 meldete sich Herder aus Freiberg, wo er mit einem Stipendium von Herzog →Carl August seit 1797 – nach drei Semestern in Jena und Göttingen – Bergbauwissenschaft studierte: »Bey allen meinen Arbeiten denke ich so gern an Sie, daß mein ganzes Leben es Ihnen sagen möge, wie sehr ich Sie liebe und verehre« (GJb. 1887, 35; auch G. an Carl August, 5.1.1798).

Im August 1806 begegnete G. ihm in →Karlsbad (vgl. Tgb, 3.8.1806): »Herder theilte mir einige schöne Erfahrungen von dem Gehalt der Gebirgsgänge mit [...]. Es ist immer schön, wenn man das Unbegreifliche als wirklich vor sich sieht« (TuJ von 1806).

Wiederum in Karlsbad notierte G. zwei Jahre später, am 13.8.1808, in sein Tagebuch: »Abends [...] Herder spazieren, viel disserirt [disputiert], auch über den Egerischen Cammerberg. Hornsteingänge [...]« (vgl. auch TuJ von 1808).

Nachdem G. 1813 zusammen mit →Trebra und →Werner die Patenschaft für Herders Sohn Wolfgang übernommen hatte, trafen sie sich am 17.5.1819 in Berka wieder, wo sie über »schwedische Geologie und Bergbau« sprachen. Am 10.9.1819 besuchte Herder G. in Karlsbad (vgl. auch Tgb, 13. und 16. 9.1819). In seinem Brief an den Sohn August vom 16.9.1819 drückte G. die Vermutung aus, dass Herder nach Trebras Tod (1819) »viel Einfluß gewinnen« werde. »Er hat sich mit großem Muth und Freyheit den Begriff seines Metiers gebildet, kennt das Einzelne recht gut [...]«. Tatsächlich wurde Herder in diesem Jahr zum Vizeberghauptmann ernannt.

1826 wurde der Kontakt erneuert, als Herder zum Oberberghauptmann befördert wurde. Am 30.7.1826 erbat G. im Auftrag von Maria Pawlowna sächsische Mineralien und fügte in einer Nachschrift vom 3.8. hinzu: »Wenn ich mir nun in diesem Augenblick die sämmtliche Vorzeit wieder zurückrufe und Sie [...], vom Knaben auf, bis zu jetzigem hohen Gelingen im Fortschritt zu denken habe, so muß ich auch dieß als einen Segen des hohen Alters erkennen [...]. Ich sehe Sie an einer Stelle, wo ich einen geprüften Freund [Trebra] viele Jahre thätig wußte [...]«.

Mit einem Brief vom 3.4.1830 ließ Herder durch drei russische Studenten Mineralien überbringen (vgl. LA II, 8B.1, 688) und kündigte eine Suite vom Schneeberg an. G. dankte am 3.4.1830 mit der Andeutung, →Freiberg noch einmal besuchen zu wollen.

Am 10.11.1830, dem Tag, an welchem G. vom Tod seines Sohnes in Rom erfuhr, bestätigte Herder den Abgang der Sendung, die Kobalterze sowie andere Mineralien und Gesteine vom Schneeberg umfasste, und fügte ein Verzeichnis, eine geognostische Übersicht und eine petrographische Karte der Gegend bei (vgl. LA II, 8B.1, 141–143, M 88). Herders Brief mit den Beilagen traf am 22.11., die Kiste mit den Mineralien am 28.11.1830 in Weimar ein (zur Verwechslung der Sendung mit einer bereits früher bestellten vgl. LA II, 8B.1, 735).

Im einem Brief vom 10.11.1830 teilte Herder auch sein Vorhaben mit, einen tiefen Stollen vom Elbtal bei Meißen an das Freiberger Revier heranzutreiben, und er legte G. einen Auszug aus dem entsprechenden Gutachten (vgl. ebd. 143f., M 89), einen Profil- und Grundriss sowie eine geognostische Karte bei. Herder bezeichnete »alle großartigen Pläne« als G.s »geistiges Eigentum« (ebd. 715) und bat G. um seine Meinung über die Erzführung der Gänge, die für dieses Unternehmen von großer Wichtigkeit war (→Ganglehre).

G., noch gezeichnet vom Verlust des Sohnes, antwortete am 19.1.1831 mit dem Bekenntnis, Herders Brief gebe ihm »die tröstliche Übersicht: wie die liebenden Glieder einer ausgebreiteten Familie für mich gesinnt seyen, und ich mich nicht ganz sohnlos auf dieser Erde zu halten habe«.

Herder kondolierte am 30.5.1831 zum Tod August v. Goethes und versicherte, G. sei schon in seiner Jugend »geliebtes Vorbild« gewesen, das ihm auch in seinem »bergmännischen Leben, als teures Ideal [...] ununterbrochen« vorschwebe (LA II, 8B.1, 735).

Mit dem Brief übersandte Herder Mineralien, was er auch in den folgenden Monaten bis zu G.s Tod fortsetzte (vgl. Herder an G., 15. und 20.9. sowie 28.12.1831; ebd. 755f., 770; an Herder, 30.9.1831; G.s Tgb, 19. und 23.9.1831 sowie 6.1.1832). Noch eine Woche vor seinem Tod schrieb G. an Graf →Sternberg am 15.3.1832, dass er sich fast ein Jahr lang mit der Sammlung Herders vom Schneeberg (s. o.) befasst habe.

Literatur

Herrmann, Walther: G. und Freiberg. In: Ders.: Bergbau und Kultur. Beiträge zur Geschichte des Freiberger Bergbaus und der Bergakademie. Freiberger Forschungshefte, Reihe D: Kultur und Technik, H. 2, Berlin 1953, 61–87 (zu G.s Verhältnis zu A. v. Herder 81–87). *HO*

Heß, Christian Carl Ludwig (1776–1853)

Der Kupferstecher fertigte nach einer Vorlage von →Roux die Tafel zu G.s Aufsatz *Wolkengestalt nach Howard* für ZNÜ I, 3 (1820) an (s. Abb. S. 708). G. war mit der Arbeit offensichtlich sehr zufrieden, beauftragte ihn mit weiteren →Wolkenzeichnungen, für die er am 28.2.1821 dankte, und bat darum, mit der Arbeit »wie es die Witterung erlaubt [...] fortzufahren«. Ergänzend verlangte er »ein kurzes Verzeichniß: / a, die Stelle wo der Zeichner gestanden, / b, die Weltgegend wo das Phänomen erschienen, / c, der Tag und die Stunde, in welcher es vorgekommen«. Die im GNM vorhandenen Wolkenzeichnungen mit dem nach diesen Kriterien erstellten Verzeichnis werden allerdings bisher F. →Preller zugeordnet. *ZA*

Himalaja

Nach 1815 wurden in Europa die Vermessungen englischer Ingenieur-Geographen bekannt, die den höchsten Gipfeln Zentralasiens über 8000 Meter zuerkannten. Für G. waren diese Höhen vorerst unvorstellbar. 1807 hatte er versucht, mit einer vergleichenden →Höhenkarte die bis dahin mit über 6000 Metern als höchste Berge der Welt geltenden Andengipfel anschaulich zu machen. Er lehnte es ab, seine Darstellung *Höhen der alten und neuen Welt bildlich verglichen* (vgl. Farbtafel S. 817) um die Himalaja-Gipfel zu erweitern, wie das bereits in England geschehen war (an L. F. v. →Froriep, 9.12.1817) – in F. J. J. →Bertuchs *Bilderbuch für Kinder* erschien 1821 aber eine solche ergänzte Darstellung. Als G. von →Carl August ein englisches Werk mit Darstellungen des Himalajas zur Ansicht erhielt, äußerte er dem Herzog gegenüber am 23.12.1820 ein Unbehagen angesichts der »ängstlichen Unfruchtbarkeit« des gewaltigen Gebirges. Die tektonischen Hypothesen von A. v. →Humboldt über eine schnelle Hebung des Himalajas standen für G. schließlich völlig »außer den Gränzen meines Kopfes« (an Zelter, 5.10.1831).

Literatur

Wyder, Margrit: Vom Brocken zum Himalaja. Goethes »Höhen der alten und neuen Welt« und ihre Wirkungen. In: GJb. (2004), 141–164. *WY*

Himly, Karl Gustav (1772–1837)

Der Ophthalmologe, einer der Begründer der Augenheilkunde als eigenständiger medizinischer Disziplin in Deutschland, war zunächst in Braunschweig tätig und hatte von 1801 bis 1803 eine außerordentliche Dozentur an der Universität in Jena inne, auf der er spezielle Pathologie und Therapie sowie medizinische Chirurgie lehrte. G. erwähnte ihn erstmalig in einem Brief an F. H. → Jacobi vom 23.11.1801: »[...] habe ihn [Himly in Jena] verschiedentlich gesehen. Er gefällt mir im Ganzen recht wohl, auch habe ich verschiedenes von ihm gelesen, wo er mir auf guten Wegen zu seyn scheint«. G. meinte damit die *Ophthalmologischen Beobachtungen und Untersuchungen oder Beyträge zur richtigen Kenntniss und Behandlung der Augen im gesunden und kranken Zustande* (Bremen 1801), von denen nur ein Stück erschienen ist (Ruppert 4669) und das er später noch einmal, am 25.10.1805, aus der Weimarer Bibliothek entlieh.

Auf die im Tagebuch vom 19. und 23.8.1802 notierten Besuche bei Himly deutet das Resümee, das G. in den *Tag- und Jahresheften* von 1802 zog: »[...] mit *Himly* gar vieles über das subjective Sehen und die Farbenerscheinung verhandelt. Oft verloren wir uns so tief in den Text, daß wir über Berg und Thal bis in die tiefe Nacht herum wanderten«.

In diesen ausführlichen Diskussionen über das Verhältnis von Sehen und Farbe hat Himly G.s Auffassung von den →physiologischen Farben beeinflusst.

Im von Himly am 28.11.1802 übersandten 2. Stück des 1. Bandes der *Ophthalmologischen Bibliothek*, die er gemeinsam mit Johann Adam Schmidt herausgab – G. besaß die beiden ersten Bände mit jeweils 22 Stücken; vgl. Ruppert 4187 – erschien 1803 Himlys Aufsatz *Einiges über die Polarität der Farben* (1–20), in welchem er G.s in den *Beyträgen zur Optik* dargelegte Auffassung von den Farben verteidigte. Himly stellte für diesen Beitrag nicht nur G.s Versuche nach, sondern er machte auch auf die Abhängigkeit der Farbempfindung von der Sensibilität des Auges aufmerksam: Je sensibler das →Auge reagiert, um so weniger Zeit und Farbintensität benötigt ein Mensch, die Farbe zu empfinden.

Am 14.4.1818 sandte Himly aus →Göttingen, wo er seit 1803 tätig war, einen Sonderdruck seiner Schrift *Streit der Sinne; ein Morgentraum des Herausgebers* (in: *Bibliothek für Ophthalmologie, Kenntnis und Behandlung der Sinne überhaupt in ihrem gesunden und kranken Zustande* 1, 1816, 1–38; Ruppert 4671) und erinnerte sich im Begleitbrief an »die glücklichen Stunden [...], welche das Schicksal mir vergönnt hat, ehemals in Ihrer Nähe zu genießen«. Am 17. und 21.4.1827 kam es noch zu zwei persönlichen Besuchen in Weimar. *SS*

Himmelsfarben

Über die *Farben des Himmels*, die »genau mit dem Witterungszustande« zusammenhängen (FA I, 25, 206), verfasste G. vermutlich am 17.1.1818 einen kurzen Aufsatz, der – »expediert den 2tenFebruar 1818« (ebd.) – Teil der meteorologischen →Instruktionen für den Wetterbeobachter in →Schöndorf wurde. Der Text steht in engem Zusammenhang mit den Ausführungen zu den Wolkenformen (→Wolkenterminologie) in →*Camarupa*, die ebenfalls den Beobachter anleiten sollten und in denen G. einen speziellen Aufsatz zu den Himmelsfarben bereits angekündigt hatte, den er schließlich am 4.2.1818 C. →Koch, der für die Station in Schöndorf eingeteilt war, übergab.

Die atmosphärischen Farberscheinungen führte G. auf Grundprinzipien seiner *Farbenlehre* von 1810, vor allem auf die Lehre vom trüben Medium, zurück. Als Hilfsmittel für die korrekte Erfassung der Farbtöne entwickelte G. einen die Farben Blau, Rot und Gelb in unterschiedlichen Intensitäten tragenden Himmelsfarbenmesser (vgl. Farbtafel S. 832), der am →Cyanometer (Blaumesser), einer von H.-B. de →Saussure erfundenen Messskala, orientiert war.

In den 1827 revidierten Instruktionen war eine Erfassung der Himmelsfarben nicht mehr vorgesehen. Zuvor gab es in der Schöndorfer Wettertabelle unter »Farbe des Himmels« Eintragungen wie z.B. »100 [Grad] blau«, »135 [Grad] roth« oder »20 [Grad] gelb« (vgl. Abb. in LA II, 2, 70). *ZA*

Hirschfeld, Christian Cay Lorenz (1742–1792)

Der Kieler Professor der Philosophie und Gartenarchitekt war Autor eines Werks über *Das Landleben* (Bern 1767) und verfasste eine verbreitete *Theorie der Gartenkunst* (5 Bde., Leipzig 1779–1785), die den englischen Landschaftsgarten favorisierte.

In einem biographischen Schema erwähnte G. die Stichworte: »[...] Forstkultur in Deutschland. [...] Hirschfeld. Tendenz nach der Natur. Landschaftliche. Engländer vorausgegangen. Parkanlagen« (WA I, 53, 385). Hier deutete G. Hirschfelds Einfluss auf die von Carl August und G. betriebene Umgestaltung des Parks an der Ilm in den 1780er Jahren an, auf die er noch einmal in seinem *Schema zu einem Aufsatze die Pflanzenkultur im Großherzogtum Weimar darzustellen* (Morph I, 4, 1822) zurückkam, wo er die Parks von Dessau und Weimar in Relation setzte: »[...] eine flache, freie wasserreiche Gegend [Dessau] hatte mit einer hügelig-abwechselnden nichts gemein. Man wußte ihr den eigenen Reiz abzugewinnen, und in Vergleichung beider zu untersuchen was einer jeden zieme [...], so wie die Neigung zu ästhetischen Parkanlagen überhaupt durch Hirschfeld aufs höchste gesteigert ward« (FA I, 24, 538). *ZA*

Höhenkarte, vergleichende

Der ihm gewidmete Band von A. v. →Humboldts Reisebeschreibung *Ideen zu einer Geographie der Pflanzen nebst einem Naturgemälde der Tropenländer* veranlasste G. im März 1807 dazu, eine vergleichende Darstellung der europäischen und südamerikanischen Berghöhen mit ihren unterschiedlichen Schneelinien, Vegetations- und Siedlungsgrenzen zu zeichnen (vgl. Farbtafel S. 817). Die »halb im Scherz, halb im Ernst« entworfene Landschaft (an A. v. Humboldt, 3.4.1807) nutzte G. zugleich für eine Hommage an die Erforscher der größten Höhen in Europa und →Amerika: H.-B. de →Saussure winkt vom Gipfel des Mont Blanc Humboldt zu, der am Chimborazo bis zu einer Höhe von 5760 Metern gelangt war. Zwischen beiden schwebt der französische Atmosphärenphysiker Joseph Louis Gay-Lussac in seinem Forschungsballon, mit dem er 1804 bei Paris die Höhe von 7000 Metern über dem Meer erreicht hatte (→Ballonfahrt). Am 1.4.1807 stellte G. das Blatt in der →»Mittwochsgesellschaft« vor. Eine anschließend zur Korrektur an Humboldt gesandte Kopie wurde von diesem nicht weiter bearbeitet. 1813 publizierte F. J. J. →Bertuch in seinen *Allgemeinen Geographischen Ephemeriden* eine Aquatinta-Version von G.s Zeichnung unter dem Titel *Höhen der alten und neuen Welt bildlich verglichen*, die großen Anklang fand. Es kam zu Nachstichen in Frankreich und England. G. verwendete das bei Bertuch erschienene Blatt später auch als Vorlage für die Darstellung der Wolkenformen nach L. →Howard. In Bertuchs *Bilderbuch für Kinder* erschien 1821 eine um die Berghöhen des →Himalaja ergänzte Version von G.s Darstellung.

Literatur
Beck, Hanno und Hein, Wolfgang-Hagen: Humboldts Naturgemälde der Tropenländer und Goethes ideale Landschaft. Stuttgart 1989. – Nickel, Gisela: »Höhen der alten und neuen Welt bildlich verglichen«. Eine Publikation Goethes in Bertuchs Verlag. In: Kaiser, Gerhard R. und Seifert, Siegfried (Hg.): Friedrich Justin Bertuch (1747–1822). Verleger, Schriftsteller und Unternehmer im klassischen Weimar. Tübingen 2000, 673–688. – Wyder, Margrit: Vom Brocken zum Himalaja. Goethes »Höhen der alten und neuen Welt« und ihre Wirkungen. In: GJb. (2004), 141–164. – Dies.: »Höhen der alten und neuen Welt« – Goethes Beitrag zum Genre der vergleichenden Höhendarstellung. In: Cartographica Helvetica. 39 (2009), 11–26. *WY*

Hoff, Karl Ernst Adolf von (1771–1837)

Der Gothaer Jurist, von 1791 bis 1826 Beamter in der Geheimen Kanzlei, danach Konferenzrat im Ministerium und 1829 Konsistorialdirektor, hatte schon während seines Studiums in →Göttingen unter →Lichtenberg und →Blumenbach seine Liebe zur Naturforschung entdeckt und entwickelte sich gleichsam nebenberuflich zu einem wichtigen Geologen seiner Zeit. 1798 wurde Hoff Mitglied der mineralogischen Sozietät in Jena, von 1801 bis 1804 gab er die Zeitschrift *Magazin für die gesamte Mineralogie, Geognosie und mineralogische Erdbeschreibung* heraus. 1826 übernahm er die Leitung der Sternwarte in Gotha, 1832 die Direktion der naturwissenschaftlichen Sammlungen.

G. ließ Hoff 1808 durch den Kanzler Friedrich von Müller seine Abhandlung *Der Kammerberg bei Eger* zukommen, wofür Hoff sich mit einem Brief vom 27.11.1808 bedankte, »die hie und da ausgelöschten Vulkane« ansprach, von denen er aber noch keinen selbst gesehen habe und daher »ein sehr wenig oder gar nicht kompetenter Urteiler über Gegenstände dieser Art« sei (LA II, 8A, 237).

Am 15.8.1811 hielt Hoff unter Anwesenheit von G. anlässlich der Geburtstagsfeier Napoleons in der Erfurter Akademie der Wissenschaften einen Vortrag über seine *Gemälde der physischen Beschaffenheit, insbesondere der Gebirgsformationen von Thüringen* (Erfurt 1812; vgl. Ruppert 4681). Die Schrift taucht auch – neben Hoffs und Jacobs *Der Thüringer Wald* (Gotha 1807) – in einer Literaturliste G.s zur Geologie aus dem Jahr 1817 auf (vgl. LA II, 8A, 120, M 92).

Am 9.3.1814 lobte G. gegenüber →Leonhard den in dessen *Taschenbuch für die gesammte Mineralogie* erschienenen Aufsatz von Hoff *Beschreibung des Tonschiefer- und Grauwackengebirges im Thüringer- und Frankenwalde […]* und die darin vertretene Ansicht, »daß man nicht alles, was breccienartig erscheint, für trümmerhaft halten solle. Gar manches sogenannte Todtliegende ist wirklich porphyrartig, das heißt, die in der Grundmasse enthaltenen, fremdartig scheinenden Theile haben sich vor oder bey der Solidescenz chemisch abgesondert, und eine mehr oder weniger deutliche Crystallisation […] angenommen« (vgl. auch an Johann Carl Wilhelm Voigt, 20.3.1814).

1817 kamen Hoff und G. im Zuge amtlicher Tätigkeiten miteinander in Berührung. In seiner Eigenschaft als Kommissar für die Angelegenheiten der Universität Jena hatte Hoff als Gothaer Vertreter einen Plan zur neuen Einrichtung der Universitätsbibliothek vorgelegt. G. dankte am 19.4.1819 für Hoffs Beitrag, der ihm »wie ein leuchtender Stern aus einer umwölkten Nacht« erschienen sei« (vgl. auch an Hoff, 18.8.1818).

Am 3.9.1822 sandte Hoff G. den von der königlichen Gesellschaft zu Göttingen ausgezeichneten ersten Teil seiner Schrift *Geschichte der durch Überlieferung nachgewiesenen natürlichen Veränderungen der Erdoberfläche* (Gotha 1822; Ruppert 4682). Hoff leitete darin aus Beobachtungen der jüngsten geologischen Ereignisse das später vor allem durch Charles Lyell propagierte Prinzip des Aktualismus ab, nach dem die aktuell wirksamen Kräfte und Prozesse auch für das Bildungsgeschehen der Erdvergangenheit anzunehmen seien. G. dankte am 6.9.1822 und hielt in den *Tag- und Jahresheften* von 1822 fest: »Die Veränderung der Erdoberfläche von Herrn *von Hoff* gab neuen Reiz. Hier liegt ein Schatz, zu welchen man immer etwas hinzuthun möchte, indem man sich daran bereichert«.

Am 17. und 18.1.1823 entwarf G. eine Besprechung (*Herrn von Hoffs geologisches Werk*; FA I, 25, 593–597), in der er – durch Hoffs Behandlung des Vorkommens kristalliner Geschiebe rings um die Ostsee angeregt – versuchte, für das Problem der Herkunft fremdartiger → Granite und → Gneise in Thüringen und Norddeutschland eine Erklärung zu finden. Am 28.4. sowie am 15. und 16.7.1823 beschäftigte sich G. erneut mit Hoffs Schrift, die ihn »aus tiefer Wintereinsamkeit in die weite Welt geführt« hatte (ebd. 593).

Die von Hoff behandelte Erosionskraft des Wassers regte G. an, seine Überlegungen zum Tempel zu → Pozzuoli, mit dem er sich bereits 1787 befasst hatte, wieder aufzunehmen und unter dem Titel *Architektonisch-Naturhistorisches Problem* in ZNÜ II, 1 (1823) zu veröffentlichen (vgl. dazu an Hoff, 9.2. und 2.6.1823 sowie Hoffs Stellungnahme vom 7.6.1823; LA II, 8B.1, 345f).

Während der erste Teil der *Veränderungen der Erdoberfläche* G. produktiv anregte, versetzte der 1824 in Gotha erschienene »tumultuirende zweyte Band« über die *Geschichte der Vulkane und der Erdbeben*, in dem Hoff im Sinne von Alexander von → Humboldt und Leopold von → Buch vulkanistisch argumentierte, G. in »bösen Humor« (an Graf Sternberg, 14.12.1824).

Mit Hoff setzte G. die mit Literatur- und Mineralienaustausch verbundene Korrespondenz weiter fort (Hoff an G., 18. und 29.1.1825; an Hoff, 20.1.1825; vgl. LA II, 8B.1, 455–457, 459). Hoff übersandte am 7.4.1825 seine *Geognostischen Bemerkungen über Karlsbad* (Gotha 1825), am 22.9.1828 seine Schrift *Höhen-Messung einiger Orte und Berge zwischen Gotha und Coburg durch Barometerbeobachtung* (Gotha 1828) und bedankte sich bei G. dafür, dass er seinen geologischen Bemühungen »immer ein so geneigtes und nachsichtsvolles Interesse geschenkt« habe (LA II, 8B.1, 628). Im Brief an → Soret vom 11.10.1828 lobte G. die »schätzenswerthen und besonders auch den geologischen Betrachtungen höchst günstigen, neusten Arbeiten des verdienten Herrn v. Hoff«.

Auf dessen letzte Sendung vom 13.1.1831, einen Sonderdruck seiner Arbeit *Der See von Salzungen und Einiges von Erderschütterungen in Thüringen* (in: *Annalen der Physik und Chemie* 19, 1831; Ruppert 4684) antwortete G. nicht mehr.

Literatur

Martens, Thomas: Karl Ernst Adolf von Hoff (1771–1837) – Begründer des Aktualismus in der Geologie. In: Gothaer Museumsheft. Abhandlungen und Berichte des Museums der Natur. Gotha 1987, 3–18. – Möller, Rudolf: Einige Beziehungen Karl Ernst Adolf von Hoffs zu Goethe. In: Gothaer Museumsheft. Abhandlungen und Berichte des Museums der Natur. Gotha 1969, 19–22. – Reich, Otto: Karl Ernst Adolf von Hoff. Der Bahnbrecher moderner Geologie. Eine wissenschaftliche Biographie. Leipzig 1905. *HO*

Holbach, Paul Henri Thiry (Paul Heinrich Dietrich), Baron d' (1723–1789)

Der deutsch-französische Philosoph und Literat der Aufklärung, Mitglied der Akademien in Berlin (1754) und St. Petersburg (1780), übersetzte wissenschaftliche Fachliteratur aus der → Chemie, Mineralogie und Metallurgie aus dem Deutschen ins Französische und trat als Verfasser zahlreicher, meist anonym oder pseudonym veröffentlichter antireligiöser und antikirchlicher Streitschriften auf. Von 1752 bis 1765 schrieb er über 400 Beiträge für die *Encyclopédie*, deren Herausgabe er teilweise aus eigenen Mitteln förderte. Sein philosophisches Hauptwerk *Système de la nature ou Des loix du monde physique et du monde moral* (1770) unternahm eine radikal materialistische und atheistische Deutung von Kosmologie, Geologie und Entwicklungsgeschichte. Holbachs Ansatz, Psychologie, Ethik und Politik aus der Biologie und Physik abzuleiten, wurde schon von Zeitgenossen kritisiert, so von Voltaire und Friedrich dem Großen.

G. brach die Lektüre von Holbachs *Système* 1771 in Straßburg ab. Auf eine erneute Beschäftigung mit dem Werk (Ausgabe London 1781) deuten die Buchentleihung vom 23.10.1812 (vgl. Keudell 796) sowie die Tagebucheintragungen vom 25.10., 4. u. 9.11.1812, dieses Mal im Zusammenhang mit der Arbeit an *Dichtung und Wahrheit* (III, 11), wo G. das *Système* aus der Rückschau zu den »zum Feuer verdammten Büchern, welche damals großen Lärmen machten« zählt. »Wir begriffen nicht, wie ein solches Buch gefährlich sein könnte. Es kam uns so grau, so cimmerisch [düster], so totenhaft vor, daß wir Mühe hatten, seine Gegenwart auszuhalten

[...]« (FA I, 14, 534). Im Gegensatz zum Titel fand G. sich in der Erwartung getäuscht, etwas über die Natur zu erfahren, mit der Folge, »daß wir aller Philosophie [...] recht herzlich gram wurden und blieben, dagegen aber aufs lebendige Wissen, Erfahren, Tun und Dichten uns nur desto lebhafter und leidenschaftlicher hinwarfen« (ebd. 536).
BI/WZ

Homöopathie s. Paar, Johann Baptist Graf von

Homunculus (Miniaturform des Menschen, ›Menschlein‹)

Der Begriff beruht auf der mittelalterlichen Vorstellung, in der Retorte einen Menschen herzustellen. Die alchimistische Literatur des späten Humanismus und des Barock, wie etwa Werke des →Paracelsus (*De generatione rerum naturalium*, um 1530) und des Praetorius (*Anthropodemus Plutonicus*, 1666; *Blockes-Berges Verrichtung*, 1668), griff diese Anschauungen auf.

Im zweiten Akt von G.s *Faust II* erscheint Homunculus zunächst als immaterielles Symbol geistiger Universalität. Im Verein mit Mephisto erzeugt Wagner ein Menschlein in der Retorte, das – nur in einer Phiole lebensfähig – nach Taten und voller Menschwerdung drängt. Von Proteus in das Urelement des Wassers als lebenspendendes Medium getragen, zerschellt die Phiole am Muschelwagen der Galatea. Homunculus wird so ins Wasser entlassen.

Nachdem ihn Jöns Jacob →Berzelius vermutlich am 20.8.1828 in →Dornburg mit der durch seinen Schüler Friedrich →Wöhler zu Beginn des Jahres erstmalig durchgeführten →Harnstoffsynthese, der ersten Synthese einer organischen Substanz überhaupt, bekannt gemacht hatte, änderte G. die Konzeption der Szene *Laboratorium*, in der Homunculus hergestellt wird. Er erscheint nun nicht mehr, wie zunächst beabsichtigt, als Ergebnis eines alchimistischen Versuchs, sondern als Produkt einer chemischen Synthese.

Literatur
Bietak, Wilhelm: Homunculus und die Entelechie. In: GoetheJbWien. 76 (1972), 12–28. – Höfler, Otto: Goethes Homunculus. Graz u. a. 1964. – Lutz, Bernd: Homunculus. In: Jeßing, Benedikt, Lutz, Bernd und Wild, Inge (Hg.): Metzler Goethe Lexikon. Stuttgart, Weimar 1999, 238–240. – Parkes-Perret, Ford Briton: Homunculus: Entstehungsrede und Ledatraumvision. In: GJb. (1984), 244–249. – Skwara, Erich Wolfgang: Homunculus und Euphorion. In: Literatur und Kritik. 131 (1979), 19–24. *CS*

Hooke, Robert (1635–1703)

Der englische Physiker, der durch zahlreiche Erstbeobachtungen und Erfindungen hervortrat (Pflanzenzelle, Kristallaufbau, optischer Telegraph), legte in seinem Hauptwerk *Micrographia* (London 1665) auch eine Theorie zur Entstehung der Farben vor. 1662 wurde er Curator of experiments der Royal Society of London, 1678 nach dem Tod von H. Oldenburg deren Sekretär; ab 1664 war er Professor am Gresham College in London. Hooke, ein Schüler von R. →Boyle, erwies sich speziell in der Optik als Gegner →Newtons und wies in einem Gutachten zu dessen *New theory about light and colours* (1672) auf Unzulänglichkeiten hin. Unklar bleibt, ob Newton sein Hauptwerk *Opticks* (1704) bewusst erst ein Jahr nach dem Tod von Hooke veröffentlichte.

G. widmete Hooke, von zahlreichen weiteren Erwähnungen abgesehen, zwei Kapitel im historischen Teil seiner *Farbenlehre*, in denen er sich einerseits mit dessen Farbenvorstellungen, zum anderen mit seiner Funktion als Sekretär der Royal Society auseinandersetze (vgl. FA I, 23.1, 742 f. u. 795). Dabei beschrieb G. vor allem die Schwierigkeiten, die der eigensinnige und in zahlreiche Prioritätsstreitigkeiten verwickelte Hooke der Royal Society bereitete. Seine Farbenlehre hielt G. für »freilich barock«, gestand ihm aber Verdienste um die →epoptischen Farben zu, deren Erscheinungen Hooke jedoch »nicht zusammenbringen noch rubrizieren« konnte (ebd. 743). G.s Arbeiten an den Teilen zu Hooke sind laut Tagebuch für den 10. u. 11.4., 7.5. und 1.7.1809 belegt.

Über Hookes Experimente vor der Royal Society hatte G. durch T. →Birch Kenntnis (*The History of the Royal Society*, London 1756). Einen seiner Versuche gab G. im polemischen Teil der *Farbenlehre* im Wortlaut Newtons wieder und diskutierte ihn ausführlich (vgl. FA I, 23.1, 505 ff., §§ 667–672; dazu erläuternd LA II, 5A, 388 f.).

Originalschriften von Hooke befanden sich weder in G.s Besitz noch sind Entleihungen aus den Weimarer und Jenaer Bibliotheken nachgewiesen, so dass G. für die entsprechenden Kapitel offensichtlich neben Birch auch auf J. Priestleys *Geschichte und gegenwärtiger Zustand der Optik* (übersetzt von G. Klügel, Leipzig 1776) zurückgegriffen hat.
WZ

Hopfen

Bei seinem Sommeraufenthalt in →Böhmen vom 29.6. bis 11.9.1823 hatte G. den dortigen Hopfenkulturen besondere Aufmerksamkeit geschenkt. Gleich nach seiner Rückkehr entlieh er am 20. u. 24.9.1823 Nachschlagewerke zur weiteren Orientierung aus der Weimarer Bibliothek und sandte am

29.9.1823 ein vom Ruß befallenes Hopfenblatt an den Botaniker C. G. D. →Nees von Esenbeck nach Bonn zur Begutachtung. Am gleichen Tag verfasste G. den Aufsatz *Von dem Hopfen und dessen Krankheit, Ruß genannt*, den er in Morph II, 2 (1824) veröffentlichte. Der durch den zu den Rostpilzen gehörenden Pilz Fumago salicinia hervorgerufene Rußtau stand auch weiterhin im Blickpunkt von G.s Interessen. Zunächst erhielt er von Nees von Esenbeck am 17.10.1823 einen sieben Seiten umfassenden Aufsatz *Über Ruß, Mehltau und Honigtau, mit Bezug auf den Ruß des Hopfens*, den G. im Anschluss an seine eigene Abhandlung in *Zur Morphologie* drucken ließ. Danach wandte er sich am 31.10.1823 an den Bergmeister I. Lößl in Falkenau, um weitere Auskünfte über die von Ruß befallenen Hopfenpflanzen zu erhalten, speziell zur Frage, ob darunter auch männliche und wild wachsende Exemplare seien. Da sich der Druck verzögerte (vgl. Tgb, 3., 5. und 29.11.1823 zu Druckbogen 5), konnte G. auch noch Lößls verspätete Stellungnahme vom 14.3.1824 unter dem Titel *Noch etwas über den Ruß des Hopfens* in das morphologische Heft aufnehmen.

Auch nach Erscheinen der Arbeiten über den Hopfen von G., Nees von Esenbeck und Lößl – das Heft wurde im Dezember 1824 ausgeliefert – blieb der Gegenstand in der Diskussion, da sich am 17.1.1825 Herzog →Carl August zu Wort meldete und die Untersuchung der Rußkrankheit an Orangenbäumen empfahl, was wiederum zur Einbeziehung von Nees von Esenbeck in die Debatte führte, der in einem ausführlichen Schreiben vom 1.2.1825 mit Beilagen seine Stellungnahme abgab (vgl. *Zwey Aufsätze von Praesident Nees von Esenbeck erster in Bezug auf den Ruß besonders der Orangenbäume [...]*; G–Nees von Esenbeck 329–334). In diesem Zusammenhang wurde auch die Erzeugung von Blattläusen durch das Pflanzengewebe diskutiert, weder bestätigt noch ausgeschlossen. *WZ*

Howard, Luke (1772–1864)

Der englische Pharmazeut, Chemiker und Apotheker, ein engagierter Quäker, betätigte sich auch als dilettierender Meteorologe und war Verfasser einer Klassifikation und Terminologie der →Wolkenformen. Howard interessierte sich schon früh für Wetter- und Himmelsphänomene. Nach dem Besuch einer Grammar School begann er 1787 eine Lehre als Drogist, studierte aber zugleich Chemie, Botanik und Französisch. 1796 wurde er Mitglied der »Askesian Society«, einer naturphilosophischen Gesprächsrunde Gleichgesinnter. Hier hielt Howard im Dezember 1802 seinen Vortrag *On the Modification of Clouds, and on the principles of their production, suspension, and destruction* (publiziert 1803 in: *Philosophical Magazine* 16, 97–107, 344–357; 17, 5–11), in welchem er seine Gedanken zur Kategorisierung der Wolken ausführte. Er legte damit den Grundstein für die noch heute gültige Klassifikation der Wolken in Feder-, Schicht-, Haufen- und Regenwolken (Cirrus, Stratus, Cumulus, Nimbus) mit ihren entsprechenden Zwischenformen (Cirro-Cumulus, Cirro-Stratus). Howard, der auch als Pionier der Stadtklimatologie gilt (*The Climate of London*, 1818/1820), wurde 1821 aufgrund seiner Verdienste um die Meteorologie in die Royal Society aufgenommen.

Das neue Klassifikationssystem, das sich an die botanische Taxonomie Carl von →Linnés anlehnte, verbreitete sich schnell und fand zahlreiche Unterstützer, so auch G., der am 8. u. 9.12.1815 mit Howards Wolkenlehre durch den von Ludwig Wilhelm →Gilbert übersetzten und bearbeiteten Aufsatz *Versuch einer Naturgeschichte und Physik der Wolken* (in: *Annalen der Physik* 51 [= N. F. 21], St. 9, 1–48) bekannt wurde. Die *Tag- und Jahreshefte* von 1815 und 1816 berichteten: »[...] über meiner ganzen naturhistorischen Beschäftigung schwebte die *Howardische* Wolkenlehre«. – »*Howards* Wolkenterminologie ward fleißig auf die atmosphärischen Erscheinungen angewendet, und man gelangte zu besonderer Fertigkeit sie mit dem Barometerstand zu parallelisiren«. (Zu weiteren Erwähnungen Howards bzw. seiner Wolkenlehre vgl. die *Tag- und Jahreshefte* von 1817, 1818, 1821 und 1822.)

Wichtigste Zeugnisse für G.s Beschäftigung mit Howard sind zunächst die Aufsätze →*Camarupa* (FA I, 25, 199–205) von 1817 und *Wolkengestalt nach Howard* (ebd. 214–234), der weitgehend aus einem Wolkentagebuch von der Reise nach →Karlsbad in den Monaten April und Mai 1820 besteht. Letzteren veröffentlichte G. in seiner Zeitschrift *Zur Naturwissenschaft überhaupt* (I, 3, 1820), mit dem Bekenntnis: »Ich ergriff die Howardische Terminologie mit Freuden, weil sie mir einen Faden darreichte den ich bisher vermißt hatte« (FA I, 25, 215).

Im Anschluss an den Aufsatz erschien ein vierstrophiges Gedicht über die Wolken mit dem Titel *Howard's Ehrengedächtnis*. Als ihm sein Londoner Agent Johann Christian →Hüttner jedoch am 23.2.1821 mitteilte, dass darin die Bezüge zu Howard nicht deutlich würden, entschloss sich G. zu einer größeren Textgruppe über Howard (für ZNÜ I, 4, 1822). Einem einleitenden Gedicht (*Atmosphäre*: »Drum danket mein beflügelt Lied / Dem Manne der Wolken unterschied«; FA, I, 25, 237) stellte er eine um drei erklärende Eingangsstrophen erweiterte Version von *Howard's Ehrengedächtnis* nach. Im Anschluss folgte der Text *Goethe zu Howards Ehren*, in dem G. dieses Gedicht erläuterte, bevor mit einem weiteren Gedicht, *Wohl zu merken*, der Komplex abgeschlossen wurde.

Mit Ausnahme der beiden umrahmenden Gedichte waren diese Beiträge G.s in deutscher und englischer Fassung bereits zuvor in *Gold's London Magazine* (4, 1821, Nr. 19, Juli-Heft) erschienen. G. blickte darauf in den *Tag- und Jahresheften* von 1821 zurück: »Schon seit einigen Jahren [ab 1815] hatte mich die Wolkenbildung nach Howard beschäftigt und große Vortheile bei Naturbetrachtungen gewährt. Ich schrieb ein Ehrengedächtniß in vier Strophen [für ZNÜ I, 3], welche die Hauptworte seiner Terminologie enthielten [die Wolkenformationen *Stratus, Cumulus, Cirrus, Nimbus*]; auf Ansuchen Londoner Freunde sodann noch einen Eingang von drei Strophen, zu besserer Vollständigkeit und Verdeutlichung des Sinnes [...]. Von außen, auf mich und meine Arbeiten bezüglich, erschien gar manches Angenehme. Eine Übersetzung von Howards Ehrengedächtniß [des nun siebenstrophigen Gedichts mit der Erläuterung] zeigte mir daß ich auch den Sinn der Engländer getroffen und ihnen mit der Hochschätzung ihres Landsmannes Freude gemacht«.

Da G. wissenschaftliche Gegenstände nie von den Forscherpersönlichkeiten trennte, bemühte er sich, über Howard nähere Einzelheiten zu erfahren und schrieb am 25.9.1821 an Hüttner in London: »Dürfte ich nun noch bitten, mir von dem, noch lebenden, gefeyerten Meteorologen einige Kenntniß, Nachricht über seine näheren Verhältnisse zu geben und mich dadurch auf's neue zu verbinden«. Zu G.s großer Freude konnte Hüttner am 22.2.1822 nicht nur ein Exemplar von Howards Werk *The Climate of London* nach Weimar senden, sondern auch einen längeren autobiographischen Text, den Howard als Reaktion auf G.s Wunsch verfasst hatte. G. dankte überschwenglich (vgl. an Hüttner, 7.3. u. 9.3.1822) und kündigte einen Brief an Howard an, der aber unterblieb. Stattdessen übersetzte er vom 10. bis 12.4.1822 die Autobiographie und rückte sie - nach einer kurzen Ankündigung in Morph I, 4, 1822 - in das erste Heft des zweiten Bandes *Zur Naturwissenschaft überhaupt* (1823) unter dem Titel *Luke Howard an Goethe* ein.

G.s Zeichnungen zur Systematik der Wolkenformen nach Howard sind im *Corpus der Goethe-Zeichnungen* (V B, 247–253; vgl. auch FA I, 25, Tafel 1–9) wiedergegeben. Howards Schriften *On the Modification of Clouds* und *The Climate of London* befanden sich in G.s Bibliothek (Ruppert 4690f.); zur Rezension der Letzteren durch Johann Friedrich →Posselt verfasste G. einen Nachtrag, in dem er seine These einer pulsierenden Schwerkraft (→Erdanziehungskraft) zur Erklärung des Barometerstandes und des Wettergeschehens zum ersten Mal formulierte (vgl. ZNÜ II, 1, 1823, 62–76; FA I, 25, 255–264).

Literatur
Hamblyn, Richard: Die Erfindung der Wolken. Wie ein unbekannter Meteorologe die Sprache des Himmels erforschte. Frankfurt am Main 2001. – Hennig, John: Goethe's Interest in British Meteorology. In: MLQ. 10 (1949), 321–337. – Liepe, Gertrud: Luke Howard (1772–1864). In: JbFDtHochst. 1972, 59–107. – Wenzel, Manfred: Goethe und Howard. Komm. in FA I, 25, 1021–1023. *EN*

Hüttner, Johann Christian (1766–1847)

Nach Abschluss seiner Studien in Leipzig schloss sich Hüttner als Erzieher des Sohnes von George Staunton 1793/1794 Lord George Macartneys Gesandtschaftsreise nach China an. Nach seiner Rückkehr wurde London sein ständiger Wohnsitz. 1809 trat er eine Stelle als Sekretär und Dolmetscher im britischen Außenministerium an und betätigte sich als Schriftsteller.

Hüttner fungierte für G. und Herzog →Carl August als Vermittler in allen Angelegenheiten, die England betrafen. Speziell half er bei der Besorgung von englischer Literatur (vgl. C. G. K. Vogel an G., 23.2.1817; LA II, 5B.1, 731). Er stellte auch den Kontakt zu dem Mineralologen und Mineralienhändler J. →Mawe her, der G. Anfang 1818 Zinnstufen aus Cornwall lieferte.

Von besonderer Bedeutung war Hüttners Hilfe bei der Beschaffung von Informationen über den englischen Naturforscher L. →Howard, dessen Wolkenklassifizierung G.s besonderes Interesse fand. G. schrieb in dieser Angelegenheit am 25.9.1821 an Hüttner (vgl. WA IV, 35, 109) und war freudig überrascht, als er am 6.3.1822 einen ausführlichen autobiographischen Aufsatz Howards erhielt, den er im ersten Heft des zweiten Bandes seiner Zeitschrift *Zur Naturwissenschaft überhaupt* (1823) veröffentlichte (vgl. dazu weiterhin an Hüttner, 7. u. 9.3., 31.5.1822). Howard bezeichnete Hüttner darin als G.s »Freund in London« (FA I, 25, 245). G. selbst hatte Hüttner in einer Ankündigung von Howards Autobiographie ähnlich »einen stets tätigen gefälligen Freund [...] in London« (ebd. 235) genannt.

Schon ein Jahr zuvor hatte sich Hüttner bemüht, für G.s Gedicht *Howard's Ehrengedächnis* (erste Fassung in vier Strophen 1820, von J. Bowring ins Englische übersetzt) eine Publikationsmöglichkeit in England zu finden (vgl. Hüttner an G., 15.12.1820), dann aber am 23.2.1821 mitgeteilt, dass der Bezug auf Luke Howard nicht deutlich genug werde. Daraufhin erweiterte G. das Gedicht um drei einleitende Strophen (vgl. an Hüttner, 3.4.1821 und TuJ 1821), und schon am 25.9.1821 konnte er Hüttner den Erhalt des Erstdrucks in deutscher und englischer Sprache (in *Gold's London Maga-*

zine, 1821, Nr. 19) bestätigen, bevor G. das Gedicht in gleicher Form in *Zur Naturwissenschaft überhaupt* (I, 4, 1822) abdruckte. Die intensive Beschäftigung G.s mit der Lebensgeschichte Howards und seine in England vorgelegten Publikationen zu Howard wären ohne die zuverlässigen Dienste Hüttners nicht möglich gewesen.

Literatur

Hennig, John: Goethe's Relations with Hüttner. In: MLR. 46 (1951), 404–418. – Proescholdt, Catherine W.: Johann Christian Hüttner (1766–1847): a link between Weimar and London. In: Boyle, Nicholas und Guthrie, John (Hg.): Goethe and the English-speaking world. Essays from the Cambridge Symposium for his 250th anniversary. Woodbridge 2002, 99–110. *WZ*

Hufeland, Christoph Wilhelm (1762–1836)

Der zunächst als Arzt in Weimar, ab 1793 als Professor der Medizin in Jena und ab 1801 als Leibarzt der königlichen Familie und Professor der Medizin in Berlin tätige Hufeland – ein Vertreter des Vitalismus und Begründer der Makrobiotik – gilt als einer der bekanntesten Ärzte der G.zeit und zentrale Figur der medizinischen Aufklärung. Sein medizintheoretischer Ansatz ging von einer Lebenskraft aus, die er weiter differenzierte, allgemein aber als Selbsterhaltungsprinzip des →Organismus verstand. Durch sein Plädoyer für sanfte Behandlung, Nutzung der Heilkraft der Natur (vis mediatrix naturae) und Anwendung der physikalischen Therapie hatte er großen Einfluss auf die Naturheilkunde des 19. Jh.s. Insbesondere in seinem *Journal der practischen Arzneykunde* (83 Bände von 1795 bis 1836) bot er den medizinischen Strömungen seiner Zeit ein lebendiges Diskussionsforum. Seine intensive Publikationstätigkeit, die 1785 mit →*Mesmer und sein Magnetismus* ihren Anfang genommen hatte, endete 1836, im Jahr seines Todes, mit dem *Enchiridion medicum, oder Anleitung zur medicinischen Praxis* als der letzten von mehr als 400 Veröffentlichungen.

1780 hatte der als Sohn Johann Friedrich Hufelands (1730–1787) – seit 1765 Leibarzt der Herzogin Anna Amalia – geborene Hufeland sein Medizinstudium an der Universität Jena begonnen, wechselte jedoch schon 1781 nach →Göttingen, wo er sein Studium mit der Promotion bei Georg Christoph →Lichtenberg (*Dissertatio inauguralis medica sistens Usum vis electricae in asphyxia experimentis illustratum*, Göttingen 1783) beendete. Die Schrift, in G.s Besitz (Ruppert 4694), behandelte den Scheintod. Nach dem Tod des Vaters 1787 wurde er als dessen Nachfolger Hofmedikus, nicht jedoch Leibarzt in Weimar. Zu seinen Patienten zählten dort neben G. auch →Schiller, →Herder und Wieland.

Von 1793 bis 1801 lehrte Hufeland neben Justus Christian →Loder als Medizinprofessor an der Universität Jena. In diese von ihm als glanzvoll erlebte Zeit fällt die Veröffentlichung seiner bedeutendsten Schrift *Die Kunst, das menschliche Leben zu verlängern* (Jena 1797, in 3. Auflage von 1803 unter dem Titel *Makrobiotik*). Weitere Schriften handelten vom Magnetismus, von den Vorteilen der Pockenimpfung, der Nützlichkeit der öffentlichen Bäder sowie der Einrichtung von Leichenhäusern. Das erste Haus dieser Art wurde, der großen Angst der Bevölkerung von dem lebendig Begrabenwerden gerecht werdend, 1792 in Weimar in Betrieb genommen.

1801 wechselte Hufeland als Leibarzt der königlichen Familie, Direktor des Collegium Medicum und erster Arzt der Charité nach Berlin, wo er sich weiterhin den Fragen der Gesundheitspolitik sowie der Sozial- und Seuchenhygiene widmete. Mit Minister Karl vom und zum Stein sowie Wilhelm von →Humboldt bereitete er die Gründung der Berliner Universität (1810) und eine Neuordnung des preußischen Medizinalwesens vor. Als Staatsrat war er leitender Beamter der Abteilung Gesundheitswesen im Innenministerium, außerdem stand er der reorganisierten Medizinisch-chirurgischen Militärakademie vor. 1810 eröffnete er darüber hinaus eine Poliklinik zur Behandlung der Armen.

Die Beziehung G.s zur Familie Hufeland war in erster Linie geprägt durch ein Arzt-Patient-Verhältnis: Hufelands Vater war von 1776 bis 1782 G.s Hausarzt in Weimar (vgl. an Charlotte von Stein, 23.11.1780 und 19.11.1781); ihm folgte von 1783 bis 1793 Christoph Wilhelm. Nicht zuletzt durch G.s Förderung, die Hufeland viel beachtete Vorträge in der →»Freitagsgesellschaft« *Über die verschiedenen Mittel, seine Lebensdauer zu verlängern* ermöglichte (6.1. und 2.3.1792), wurde Herzog →Carl August auf den jungen Mediziner aufmerksam und verschaffte ihm 1793 eine Professur an der Landesuniversität Jena (vgl. TuJ 1796).

G. blieb mit Hufeland nach dessen Weggang nach Berlin in sporadischem Kontakt, am 5.9.1817 sandte er ihm das 1. Heft seiner Zeitschrift *Zur Morphologie*. Hufeland hatte G. seit Beginn seiner Professur in Jena eigene Schriften geschickt, so am 22.9.1794 seine *Gemeinnützigen Aufsätze zur Beförderung der Gesundheit, des Wohlseins und vernünftiger medizinischer Aufklärung* (Ruppert 4693) und am 10.8.1795 die *Ideen über Pathogenie und Einfluß der Lebenskraft auf Entstehung und Form der Krankheiten* (Ruppert 4697). Am 1.7.1805 folgte aus Berlin Ernst Bischoffs *Darstellung der Gallschen Gehirn- und Schädellehre […] nebst Bemerkungen über diese Lehre von C. W. Hufeland* (Ruppert 4388), in der Gewissheit, dass G. »sich für alles, was Naturforschung ist« (zit. nach RA 5, 149), interessiere und →Gall sicher auch nach Weimar kommen werde. Tatsächlich lernte G. Gall in diesen ersten Juli-Tagen 1805 in Halle kennen. Am 1.6.1817 brachte Hufeland die *Erläuterungen seiner Zusätze zu J. Stieglitz' Schrift über den animalischen Magnetismus* (Ruppert 4695) auf den Weg, am 3.10.1823 seine Schrift *Atmosphärische Krankheiten und atmosphärische Ansteckung* (Ruppert 4698). G. dankte mit Schreiben vom 15.10.1823 (und der Übersendung von Morph II, 1).

Zu Besuchen Hufelands bei G. in Jena kam es am 10.8.1806, 16./17.5.1816 und 14.9.1820, in Weimar begegneten sich beide am 11.12.1812 sowie am 29.9., 6. und 13.10.1817.

Literatur

Ewers, Hans: Christoph Wilhelm Hufeland – ein Freund Goethes und der Menschen. In: GJb. (1987), 382–386. – Goldmann, Stefan: Christoph Wilhelm Hufeland im Goethekreis. Eine psychoanalytische Studie zur Autobiographie und ihrer Topik. Stuttgart 1993. – Wenzel, Manfred: »Hufland hat mir ein böses Frühstück geschickt«. Medizingeschichtliches aus dem alten Weimar. In: Gießener Universitätsblätter. 24 (1991), 31–40. – Ders.: Christoph Wilhelm Hufeland – Das Wirken des großen Arztes in Weimar am Beginn seiner Karriere. In: Ders.: Ärzte-Geschichten aus Alt-Weimar. Taunusstein 1991, 65–99. *EN*

Humboldt, Alexander von (1769–1859)

Die folgenreiche Begegnung zwischen A. v. Humboldt und G. begann 1794, als Humboldt, nach seinem Studium an der Bergakademie →Freiberg Oberbergmeister (ab 1793) in Ansbach und Bayreuth, seinen Bruder Wilhelm in Jena besuchte (vgl. TuJ 1794). Während das Zusammentreffen vom 17. bis 19.12.1794 als gesichert gilt, muss offen bleiben, ob es bereits am 9.3.1794 bei einem Besuch im Hause W. v. →Humboldts zu einer Begegnung kam, die sich – trotz entsprechender Angaben in der Literatur – nach derzeitigem Forschungsstand offenbar nicht zweifelsfrei belegen lässt.

Zwischen dem 29.3. und 2.5.1795 traf G. erneut mit beiden Humboldts in Jena zusammen, worüber er in den *Tag- und Jahresheften* von 1795 berichtete: »Sie nahmen beiderseits [...] an Naturwissenschaften großen Antheil, und ich konnte mich nicht enthalten, meine Ideen über vergleichende Anatomie und deren methodische Behandlung im Gespräch mitzutheilen. [...] *Alexander von Humboldts* Einwirkungen verlangen besonders behandelt zu werden. Seine Gegenwart in Jena fördert die vergleichende Anatomie [...]«. Angeregt von A. v. Humboldt diktierte G. Max →Jacobi, damals Medizinstudent in Jena, im Januar 1795 den *Ersten Entwurf einer allgemeinen Einleitung in die vergleichende Anatomie, ausgehend von der Osteologie.*

Am 21.5.1795 übersandte Humboldt G. einige Schriften, darunter vermutlich seine *Florae Fribergensis Specimen* (Berlin 1793) und die separat erschienene Übersetzung des Anhangs unter dem Titel *Aphorismen aus der chemischen Physiologie der Pflanzen* (Leipzig 1794), in dem galvanische und physiologische Experimente zur Erforschung einer Lebenskraft (→Bildung/Bildungstrieb) geschildert werden (vgl. Ruppert 4701 u. 4706). G. hat die Schriften von Humboldt »gleich gelesen, studirt« (an Humboldt, 18.6.1795) und notierte dessen Untersuchung zum Ergrünen der Blätter (vgl. LA II, 9A, 221, M 137). In zwei weiteren Notizen setzte er sich mit den *Aphorismen* Humboldts kritisch auseinander (vgl. Ho 2003; LA II, 9A, 227f., M 139 und 9B, 14, M 12).

»In wissenschaftlichen Dingen kann man sich nie übereilen. Was man richtig beobachtet hat, wirkt tausendfältig auf andere und von ihnen wieder auf uns zurück. Wenn man etwas übersieht oder aus gewissen Datis zu geschwinde folgert, das braucht man sich nicht reuen zu lassen,« schrieb G. in seinem Brief an Humboldt vom 18.6.1795 und erfasste sodann die Grunddifferenz ihrer Naturstudien: »Da Ihre Beobachtungen vom *Element*, die meinigen von der *Gestalt* ausgehen, so können wir nicht genug eilen, uns in der Mitte zu begegnen«.

Das im Brief vom 21.5.1795 von Humboldt angekündigte botanische Werk mit dem Titel *Über die Vegetation im Innern des Erdkörpers* (vgl. LA II, 9A, 446), das er G. widmen wollte und für das bereits 40 Tafeln mit Pflanzenzeichnungen fertiggestellt waren, ist nicht erschienen. Aus den Kontakten mit G. und →Schiller erwuchs allerdings die Schrift *Die Lebenskraft oder der rhodische Genius* für die *Horen* (1795).

Von G. ermutigt, veröffentlichte Humboldt seine *Versuche über die gereizte Muskel- und Nervenfaser nebst Vermuthungen über den chemischen Proceß des Lebens in der Thier- und Pflanzenwelt* (2 Bde., Posen und Berlin 1797/1798; in G.s Bibliothek nur Bd. 1; Ruppert 4712). Obwohl er diese Schrift →Soemmerring widmete, würdigte er darin auch G.s Verfahren einer vergleichenden Anatomie zur Aufstellung eines →»Typus« und die von G. untersuchte »allgemeine →Metamorphose«. Humboldt hob die »Ähnlichkeit der Organisation in Formen, die so weit von einander abzustehen scheinen« hervor und fügte hinzu: »Dieses noch ganz unbebauete Feld der *Zoonomie* hat sich einer reichen Erndte zu erfreuen, wenn Herr von *Göthe* sich [...] entschließet, seine mit so vieler anatomischen

Gründlichkeit bearbeiteten Fragemente über die Knochenbildung, und allgemeine Metamorphose im Thierreiche dem Publikum mitzutheilen« (2, 284f.).

Nachdem Humboldt Ende 1796 seinen Dienst in Bayreuth quittiert hatte, um sich auf zukünftige Forschungsreisen vorbereiten zu können, kam es zwischen dem 1.3. und 30.5.1797 zu vielen, fachlich überwiegend dem Galvanismus und der Anatomie gewidmeteten Begegnungen in Jena und in Weimar (vgl. z.B. Tgb, 3., 5. und 6.3.; an Schiller, 26.4.1797).

G. berichtete Anfang März 1797 an →Carl August über Humboldt: »Sein Umgang ist äußerst interessant und lehrreich. Man könnte in 8 Tagen nicht aus Büchern herauslesen was er einem in einer Stunde vorträgt«. Und an →Knebel am 28.3.1797: »Dabey bringt noch die Gegenwart des jüngern von Humboldt, die allein hinreichte eine ganze Lebensepoche interessant auszufüllen, alles in Bewegung was nur chemisch, physisch und physiologisch interessant seyn kann [...]« (vgl. auch an Unger, 28.3.1797 und TuJ 1797). G. plante bereits 1795 eine gemeinsame Reise zum →Ilmenauer Bergwerk, die jedoch nicht zustande kam.

A. v. Humboldt widmete G. seine erste Schrift nach der Amerikareise (1799 bis 1804), die *Ideen zu einer Physiognomik der Gewächse* (Berlin 1806; Ruppert 4711), in der er die Botanik in weltweitem geographischen Zusammenhang behandelte und eine Vereinigung von Naturwissenschaft und Kunst anstrebte. In einem Brief an C. v. Wolzogen vom 14.5.1806 äußerte Humboldt: »[...] in den Wäldern des Amazonenflusses wie auf dem Rücken der hohen Anden erkannte ich, wie von Einem Hauche beseelt von Pol zu Pol nur Ein Leben ausgegossen ist in Steinen, Pflanzen und Thieren und in des Menschen schwellender Brust. Ueberall ward ich von dem Gefühl durchdrungen, wie mächtig jene jenaer Verhältnisse auf mich gewirkt, wie ich, durch Goethe's Naturansichten gehoben, gleichsam mit neuen Organen ausgerüstet worden war« (zit. nach Bruhns 1, 417f.)

Während Humboldt in seinen frühen Schriften der atomistisch-mechanistischen Naturforschung zugewandt war, hatte er nun – ganz in G.s Sinn – die dynamisch-organische Natur als ein belebtes Ganzes vor Augen (vgl. Ho 2003).

G. besprach Humboldts *Ideen zu einer Physiognomik der Gewächse* in der JALZ (Nr. 62, 14.3.1806, Sp. 489–492). Dabei betrachtete er seinen Ansatz als eine Ergänzung und Erweiterung der bisherigen Botanik, indem Humboldt »die über die Erdfläche verteilten Pflanzengestalten in lebendigen Gruppen und Massen« vergegenwärtige und andeute, »wie das einzeln Erkannte, Eingesehene, Angeschaute, in völliger Pracht und Fülle dem Gefühl zugeeignet, und wie der so lange geschichtete und rauchende Holzstoß, durch einen ästhetischen Hauch, zur lichten Flamme belebt werden könne« (FA I, 24, 378f.). In den *Tag-und Jahresheften* von 1806 hielt G. fest: »Alexander *von Humboldts* freundliche Sendungen riefen uns in die weit' und breite Welt«.

Am 16.3.1807 erhielt G. das ihm gewidmete Werk Humboldts und Bonplands *Ideen zu einer Geographie der Pflanzen nebst einem Naturgemälde der Tropenländer* (Tübingen und Paris 1807; Ruppert 4710). Humboldt hatte für das Werk von dem dänischen Bildhauer B. Thorvaldsen in Rom eine Vignette fertigen lassen, die – auf der nur einem Teil der Ausgabe beigegebenen Widmungsseite für G. – den Dichter als Apoll zeigt, der der Natur, dargestellt durch die ephesische Diana, den Schleier entreißt (vgl. Humboldt an G., 6.2.1806; LA II, 9B, 248). Die Inschrift einer auf dem Boden zwischen Apollo und Diana liegenden Steinplatte verwies auf G.s »Metamorphose der Pflanzen«.

Nachdem er sich in der zweiten Märzhälfte 1807 wiederholt mit Humboldts *Geographie der Pflanzen* beschäftigt hatte, begann G. am 1.4.1807 seinen geognostischen Vortrag vor der →»Mittwochsgesellschaft« mit einem Bericht über diese Schrift (vgl. *Geognostische Vorlesungen 1807*; FA I, 25, 540ff.). Wegen der noch ausstehenden »Profilcarte« (eingegangen erst am 5.5.1807) unternahm G. selbst einen Versuch, nach Humboldts Angabe »einen gewissen Raum, mit Höhenmaßen an der Seite, in ein landschaftliches Bild zu verwandeln. Nachdem ich [...] die tropische rechte Seite mir ausgebildet [...] setzt' ich zur linken [...] die europäischen Höhen, und so entstand eine symbolische Landschaft, nicht unangenehm dem Anblick. Diese zufällige Arbeit widmete ich inschriftlich dem Freunde, dem ich sie schuldig geworden war« (TuJ 1807). 1813 erschien diese Bildtafel in den *Allgemeinen Geographischen Ephemeriden* als *Höhen der alten und neuen Welt bildlich verglichen* (vgl. Farbtafel S. 817, →Höhenkarte, vergleichende).

Angeregt von G.s Idee der Urpflanze hatte Humboldt »unter den zahllosen Gewächsen der Erde gewisse Urformen« gesucht, wobei er »die spezifische Verschiedenheit als Wirkung der Ausartung und als Abweichung von einem Prototypus« betrachtete. Er stellte die Frage, »ob es Pflanzen gibt, die allen Klimaten, allen Höhen und allen Erdstrichen eigen sind?« (*Ideen zu einer Geographie der Pflanzen*; Humboldt 1, 53.) »Die Metamorphose des Lebens und die Beharrlichkeit der Arten«, die im »Schema [...] symbolischer Naturwissenschaft der Pflanzenwelt« für G. die »Brennpunkte« der »Ellipse« darstellten (*Problem und Erwiderung*; FA I, 24, 590), übernahm Humboldt in seinen programmatischen Entwurf und setzte sich zugleich davon ab, indem er die Blickrichtung auf das Überdauern der Lebenskraft unter allen möglichen Umständen lenkte.

In Anlehnung an G. erkannte Humboldt das bildende Vermögen der dynamischen Natur, auf das er in den *Einleitenden Betrachtungen* zu seinem letzten Werk, *Kosmos. Entwurf einer physischen Weltbeschreibung* (Bd. 1, Stuttgart und Augsburg 1845), wieder zurückkam: »In der Mannigfaltigkeit und im periodischen Wechsel der Lebensgebilde erneuert sich unablässig das Urgeheimnis aller Gestaltung, ich sollte sagen: das von Goethe so glücklich behandelte Problem der Metamorphose; eine Lösung, die dem Bedürfnis nach einem idealen Zurückführen der Formen auf gewisse Grundtypen entspricht« (Humboldt 7.1, 30).

In den *Wahlverwandtschaften* (1809) ließ G. Ottilie in ihr Tagebuch (II, 8) schreiben: »Nur der Naturforscher ist verehrungswert, der uns das Fremdeste, Seltsamste, mit seiner Lokalität, mit aller Nachbarschaft, jedesmal in dem eigensten Elemente zu schildern und darzustellen weiß. Wie gern möchte ich nur einmal Humboldten erzählen hören« (FA I, 8, 452). Als G. den Roman Humboldt am 5.10.1809 zusandte, bemerkte er: »Sie werden gewiß freundlich aufnehmen, daß darin Ihr Name von schönen Lippen ausgesprochen wird. Das was Sie uns geleistet haben, geht soweit über die Prose hinaus, daß die Poesie sich wohl anmaßen darf, Sie bey Leibesleben unter ihre Heroen aufzunehmen.«

Humboldt erwiderte ihm im Schreiben vom 3.1.1810, mit dem er die erste Lieferung seiner *Vues des Cordillères* (Paris 1810; Ruppert 4108) nach Weimar schickte: »Natur und Kunst sind in meinem Werke eng verschwistert. [...] möchten Sie in einzelnen Ansichten Sich Selbst, Einfluß Ihrer herrschenden Nähe erkennen!« (G–Humboldt 304).

Als Humboldt dem um die am 5.6.1816 verstorbene Christiane trauernden G. seinen Aufsatz *Sur les lois que l'on observe dans la distribution des formes végétables* (*Annales de Chimie et de Physique* 1, 1816) sandte, dankte G. ihm mit dem auf den 12.6.1816 datierten Widmungsgedicht *An Alexander von Humboldt* und den Versen: »Die Welt in allen Zonen grünt und blüht / Nach ewigen beweglichen Gesetzen« (WA I, 4, 250). Er lobte Humboldts »geringblättriges aber höchstbedeutendes Werk«, welches ihn »trotz aller Verwirrung, auf die so lang betretenen und gewohnten Naturpfade wieder hinstieß, und so ist der dunkle Grund des gegenwärtigen Augenblicks durch heitere, erfreuliche und bunte Bilder geschmückt« (an Boisserée, 24.6.1816).

Nach über 20 Jahren ungetrübter wissenschaftlicher Begegnungen bedankte sich G. am 16.5.1821 für Druckbogen (vgl. WA III, 8, 311) aus Humboldts *Relation historique du Voyage aux régions équinoxiales du Nouveau Continent* (Paris 1825; vgl. Ruppert 4107) mit den Worten, »daß ich Sie nie aus dem Sinne gelassen, mit frommem Wunsch und treuem Willen Sie jederzeit begleitet. Wie ich denn hinzusetzen muß, daß unter den angenehmsten Erinnerungen früherer Zeit mir das Zusammenleben mit Ihnen und Ihrem Herrn Bruder immer ein lichtester Punct bleibt: denn wie viele hoffnungs- und thatenreiche Anfänge habe ich denn in meinem Leben so folgereich fortsetzen und glanzreich wachsen sehen?«

Doch wurde die Freundschaft zwischen G. und Humboldt auf eine harte Probe gestellt, als Letzterer 1823 für L. von →Buch und dessen Theorie der vulkanistischen Erdbildung eintrat. Die Berührungspunkte zwischen G. und Humboldt im Bereich der Geologie zeigten sich bereits bei früheren Begegnungen. Am 16.7.1795 sandte Humboldt Mineralien (vgl. LA II, 7, 427), 1797 zeigte G. ihm »die *Krausischen* Zeichnungen der Harzfelsen« (TuJ 1797; erneut bei Humboldts Besuch am 13.12.1826) und sprach mit ihm »über die Bildung und das Streichen der Gebürge« (Tgb, 11.3.1797). Am 29.4.1797 bemerkte G. bei einer Zusammenkunft in Jena im Tagebuch: »Der Humboldtische Serpentinstein bewegt die Magnetnadel sehr stark, zieht aber nicht den geringsten Eisenfeil auf«. Diese Beobachtung Humboldts über einen Serpentin aus dem Fichtelgebirge, veröffentlicht im *Intelligenzblatt* der ALZ (14.12.1796, 29.3. und 27.5.1797), erwähnte G. während seiner Beschäftigung mit dem Erdmagnetismus erneut am 31.1.1800 in der Korrespondenz mit J. G. Steinhäuser, der 1798 im *Allgemeinen Journal der Chemie* einen *Beytrag zu des Hrn. Obergraths von Humboldt Entdeckung der merkwürdigen magnetischen Polarität einer Serpentinstein-Gebirgskuppe* verfasst hatte (vgl. LA II, 1A, 566).

Obwohl Humboldt in einer frühen Schrift (*Mineralogische Beobachtungen über einige Basalte am Rhein*, Braunschweig 1790; Ruppert 4703) die neptunistische Position der →Erdbildung vertreten hatte, hielt er, inzwischen überzeugt von L. v. Buchs Auffassung, am 24.1.1823 in der Berliner Akademie der Wissenschaften eine Vorlesung zum Thema *Über den Bau und die Wirkungsart der Vulkane in verschiedenen Erdstrichen.* Die gedruckte Schrift mit handschriftlicher Widmung (Ruppert 4702) erhielt G. von Humboldt in der ersten Märzhälfte 1823.

Betroffen verfasste G. eine Besprechung, die in zwei Fassungen überliefert ist, in einem unveröffentlichten »kurzen Aufsatz« (FA I, 25, 610ff.), geschrieben am 16.3.1823, und in einer knappen Anzeige, entstanden am 3.4.1823 (für ZNÜ II, 1, 1823; FA I, 25, 613). Während G. in vielen Briefen und mündlichen Mitteilungen Humboldts Ansichten kritisierte (vgl. z. B. Gespräch mit F. Müller, 18.9.1823; GG 3.1, 577), zeigte er in der publizierten

Fassung seine Bereitschaft, die Auffassung Humboldts begreifen zu wollen: »Das fleißigste Studium dieser wenigen Blätter [...] soll mir eine wichtige Aufgabe lösen helfen, soll mich fördern, wenn ich versuche zu denken, wie ein solcher Mann; welches jedoch nur möglich ist, wenn sein Gegenständliches mir zum Gegenständlichen wird, worauf ich denn mit allen Kräften hinzuarbeiten habe. Gelingt es, dann wird es mir nicht zur Beschämung, vielmehr zur Ehre gereichen, mein Absagen der alten, mein Annehmen der neuen Lehre in die Hände eines so trefflichen Mannes und geprüften Freundes niederzulegen« (FA I, 25, 613). In einem Schema *Ursache der Vulkane wird angenommen* (ebd. 614) versuchte G., die unterschiedlichen und sich widersprechenden Theorien der neptunistischen und vulkanistischen Erdbildung einander gegenüberzustellen.

Allerdings sind zahlreiche, oft polemische Äußerungen G.s gegen Humboldts vulkanistische Ansichten überliefert, so im Gespräch mit F. v. Müller vom 6.3.1828: »Wenn Humboldt oder die andern Plutonisten mir's zu toll machen, werde ich sie schändlich blamieren; schon zimmere ich Xenien genug im stillen gegen sie; die Nachwelt soll wissen, daß doch wenigstens Ein gescheiter Mann in unserm Zeitalter gelebt hat, der jene Absurditäten durchschaute« (GG 3.2, 255). In seinem Aufsatz *Geologische Probleme und Versuch ihrer Auflösung Februar 1831* sprach G. von der »vermaledeiten Polterkammer der neuen Weltschöpfung« (FA I, 25, 653) und gegenüber W. v. Humboldt bekannte er am 1.12.1831 nach dem Besuch des Bruders, daß ihm dessen »Ansicht der geologischen Gegenstände aufzunehmen und darnach zu operiren [...] ganz unmöglich wird«.

Auch wenn G.s und Humboldts geologische Ansichten über den Vulkanismus divergierten, dauerte ihre Freundschaft doch an. Humboldts Besuche in Weimar vom 11. bis 13.12.1826 (auf der Reise von Paris nach Berlin) und am 26./27.1.1831, als Humboldt von seiner Sibirien-Expedition im Jahr 1829 und – G.s Position eines einheitlichen Bauplans zustimmend – vom Pariser Akademiestreit zwischen Cuvier und Geoffroy Saint-Hilaire aus dem Jahr 1830 berichtete, erlebte G. als wesentliche Bereicherung. Als dieser 1826 die Wanderjahre umarbeitete, nannte er A. v. Humboldt in einem Wortspiel den »Hauptwanderer« (an W. v. Humboldt, 22.10.1826). Wie er am 1.3.1829 an W. v. Humboldt schrieb, betrachtete er sich bei den Reisen Alexanders in Gedanken als ständiger Begleiter (vgl. auch an A. v. Humboldt, 16.5.1821: »ich [...] stürzte mich mit Ihnen in die wildesten Gegenden, wo mächtige Flüsse nicht allein für sich unaufhaltsam dahin strömen, sondern sich auch [...] zu vereinigen suchen«).

G. bewunderte A. v. Humboldt als einen Mann, der »an Kenntnissen und lebendigem Wissen nicht seines Gleichen« hat: »Und eine Vielseitigkeit, wie sie mir gleichfalls noch nicht vorgekommen ist! Wohin man rührt, er ist überall zu Hause und überschüttet uns mit geistigen Schätzen. Er gleicht einem Brunnen mit vielen Röhren, wo man überall nur Gefäße unterzuhalten braucht und wo es uns immer erquicklich und unerschöpflich entgegenströmt« (Eckermann, 11.12.1826; FA II, 12, 183).

G.s *Farbenlehre* wurde von Humboldt öffentlich gelobt. Nach einem Bericht des *Berliner Conversations Blattes für Poesie, Literatur und Kritik* (Nr. 130 vom 5.7.1828; vgl. LA II, 5A, 147) hat Humboldt »des Dichters [...] optischer Arbeiten ruhmvolle Erwähnung getan. [...] auch den Optiker und Anti-Newtonianer hat Hr. v. Humboldt in Goethe anerkannt, und ihn auch in dieser Beziehung ›den Stolz der deutschen Nation‹ genannt«. In völligem Kontrast dazu steht eine briefliche Äußerung Humboldts vom 31.(?)10.1840 an C. L. Michelet, nach der er bereits im März 1797 zu denen gehört haben will, die »des Dichters Farbentheorie keine Überzeugung abgewinnen« konnten, und der seinen »Unglauben [...] dem großen Manne oftmals und sehr frei geäußert« habe, »ein Unglaube, der sich auch auf seine geologischen und meteorologischen Phantasien ausdehnte«. Er habe aber stets »in anderen geistreichen Männern die Freimütigkeit« geachtet, »mit der sie ihren entgegengesetzten Glauben vertheidigen« (EGW 4, 303).

Vgl. auch den Artikel von Ilse Jahn in GHB. 4.1, 501 ff.

Literatur

Beck, Hanno: Alexander von Humboldt. 2 Bde. Wiesbaden 1959/1961. – Biermann, Kurt-R.: Alexander von Humboldt. 3. Aufl. Leipzig 1983. – Ders.: Goethe in vertraulichen Briefen Alexander von Humboldts. In: GJb. (1985), 11–33. – Böhme, Hartmut: Goethe und Alexander von Humboldt: Exoterik und Esoterik einer Beziehung. In: Osterkamp, Ernst (Hg.): Wechselwirkungen. Kunst und Wissenschaft in Berlin und Weimar im Zeichen Goethes. Bern 2002, 167–192. – Bratranek, Franz Theodor (Hg.): Goethes Briefwechsel mit den Gebrüdern von Humboldt (1795–1832). Leipzig 1876. – Bruhns, Karl: Alexander von Humboldt. Eine wissenschaftliche Biographie. 3 Bde. Leipzig 1872. – Engelhardt, Dietrich von: Das Allgemeine und das Einzelne, der Begriff und die Erscheinung – Johann Wolfgang von Goethe und Alexander von Humboldt im Kontext der Philosophie und Wissenschaft der Natur um 1800. In: Jahn und Kleinert (s. dort), 151–167. – Engelhardt, Wolf von: Goethe und Alexander von Humboldt – Bau und Geschichte der Erde. In: Jahn und Kleinert (s. dort), 21–31. – Geiger, Ludwig (Hg.): Goethes Briefwechsel mit Wilhelm und Alexander von Humboldt. Berlin 1909. – Hein, Wolfgang-Hagen: Humboldt und Goethe. In: Ders. (Hg.): Alexander von Humboldt. Leben und Werk. Frankfurt am Main 1985, 46–55. – Helmreich, Christian: Theorie und Geschichte der Naturwissenschaft bei Goethe und Alexander von Humboldt. In: GJb. (2007), 167–177. – Ho, Shu Ching: Vom atomistischen Weltbild zum organischen Universum – Goethes Einfluß auf den jungen Alexander von Humboldt. In: Jahn und Kleinert (s. dort), 81–96. – Humboldt, Alexander von: Studienausgabe. Hg. von Hanno Beck. 7 Bde. Darmstadt 1987–1997. – Jahn, Ilse und Kleinert, Andreas (Hg.): Das Allgemeine und das Einzelne – Johann Wolfgang von Goethe und Alexander von Humboldt im Gespräch. Halle, Stuttgart 2003 (Acta Historica Leopoldina 38). – Kümmel, Werner Friedrich: Alexander von Humboldt als Experimentalphysiologe und Goethes Auffassung vom ›Versuch‹. In: Geschichte und Tradition. Festgabe aus Anlaß des 65. Geburtstag von Horst Rudolf Abe. Sonderschriften der Akademie gemeinnütziger Wissenschaften zu Erfurt. 17 (1992), 53–67. – Leitner, Ulrike: Alexander von Humboldts Schriften – Anregungen und Reflexionen Goethes. In: Jahn und Kleinert (s. dort), 127–149. – May, Walther: Goethe und Humboldt. In: Ders.: Goethe. Humboldt. Darwin. Haeckel. Berlin 1906, 7–48. – Möbius, Martin: Goethe und Alexander von Humboldt. In. Euphorion. 22 (1915), 711–736. – Muthmann, Friedrich: Alexander von Humboldt und sein Naturbild im Spiegel der Goethezeit. Zürich, Stuttgart 1955. – Nickel, Gisela: Goethe und Humboldt als Wetterkundler – wechselseitige Anregung oder Nichtbeachtung? In: Jahn und Kleinert (s. dort), 97–113. – Schneider-Carius, Karl: Goethe und Alexander v. Humboldt. In: GJb. (1959), 163–182. – Wachsmuth, Andreas B.: Goethe und die Gebrüder von Humboldt. In: Holtzhauer, Helmut und Zeller, Bernhard (Hg.): Studien zur Goethezeit. Fs. für Liselotte Blumenthal. Weimar 1968, 446–464. – Wenzel, Manfred: »Ich werde mit mehr Lust arbeiten in Hoffnung Ihrer Theilnahme.« Galvanismus und vergleichende Anatomie in den Korrespondenzen zwischen Goethe, Alexander von Humboldt und Samuel Thomas Soemmerring. In: Jahn und Kleinert (s. dort), 47–62. – Wyder, Margrit: Vom Brocken zum Himalaja: Goethes »Höhen der alten und neuen Welt« und ihre Wirkungen. In GJb. (2004), 141–164. *HO*

Humboldt, Wilhelm von (1767–1835)

Die Beziehung G.s zu dem preußischen Gelehrten, Staatsmann, Sprachforscher und Bildungsreformer wird in GHB. 4.1, 503–506 geschildert. Sie war wesentlich enger und freundschaflicher als die zu seinem Bruder Alexander v. →Humboldt, stand aber aus der Perspektive der Naturforschung hinter dieser deutlich zurück.

Ende Dezember 1789 war es zu ersten flüchtigen persönlichen Begegnungen in Weimar gekommen, bevor Wilhelm v. Humboldt im Februar 1794 seinen Wohnsitz nach Jena verlegte, wo G. mit diesem vom Sommer an, mit beiden Brüdern vom 17. bis 19.12.1794 zusammentraf (vgl. TuJ 1794: Wilhelm, »ein klares Interesse nach allen Seiten hinrichtend, theilte Streben, Forschen und Unterricht« in der Naturforschung).

Wie Alexander und G. besuchte auch Wilhelm, der aus Interesse bei →Lichtenberg in Göttingen Physik gehört hatte, Anatomie-Vorlesungen von →Loder in Jena, wo alle drei zwischen dem 29.3. und 2.5.1795 erneut zusammentrafen. In den *Tag- und Jahresheften* von 1795 berichtete G. über die Brüder: »Sie nahmen beiderseits [...] an Naturwissenschaften großen Antheil, und ich konnte mich nicht enthalten, meine Ideen über vergleichende Anatomie und deren methodische Behandlung im Gespräch mitzutheilen. [...] *Alexander von Humboldt* [...] und sein älterer Bruder bewegen mich, das noch vorhandene allgemeine Schema zu dictiren«. Gemeint ist der *Erste Entwurf einer allgemeinen Einleitung in die vergleichende Anatomie, ausgehend von der Osteologie*.

Ende Januar 1795 sandte Wilhelm aus Jena ein selbst gefertigtes Pfauenskelett und teilte mit, G.s Abhandlungen, wohl zum Zwischenkieferknochen, zu lesen und Schädel zu sammeln (vgl. LA II, 9A, 442f.) – sämtlich Belege für die Tatsache, dass in der Zeit des ersten gemeinsamen Arbeitens Wilhelm von G. durchaus auch als Naturforscher wahrgenommen wurde. Diese Periode endete mit der Abreise Wilhelms nach Berlin im Juli 1795. Zwischen November 1796 und April 1797 war dieser noch einmal für wenige Monate in Jena. Über diese Zeit berichtete G.: »Die Gebrüder *von Humboldt* waren gegenwärtig, und alles der Natur Angehörige kam philosophisch und wissenschaftlich zur Sprache. Mein osteologischer Typus von 1795 gab nun Veranlassung die öffentliche Sammlung so wie meine eigene rationeller zu betrachten und zu benutzen«.

Aus Paris schrieb Wilhelm Anfang April 1798 über den Jardin des Plantes, das Museum d'Histoire naturelle, Cuvier sowie zwei aus Holland gekommene Elefanten und bot Beschreibungen über »seltene Skelette« an (vgl. LA II, 9B, 140f.).

Später standen im Briefwechsel berührte Themen aus der Naturforschung durchweg mit Alexander von Humboldt in Verbindung, so die Hinweise auf dessen Arbeiten und Neuerscheinungen (vgl. z.B. W. v. Humboldt an G., 5.6.1805, LA II, 9B, 230; an W. v. Humboldt, 24.6.1816).

G. sandte vereinzelt Hefte seiner naturwissenschaftlichen Zeitschrift (Morph/ZNÜ), so am 13.11.1823 das erste Heft des zweiten Bandes, nicht aber – was er ausdrücklich in seinem Brief vom 1.12.1831 erwähnte – die deutsch-französische Ausgabe der *Metamorphose der Pflanzen*, die er wohl als uninteressant für Humboldt einschätzte.

Am 1.3.1829 erwähnte G. im Briefwechsel die bevorstehende Rußland-Expedition Alexanders, von der er »herrliche Früchte« erwarte. Am 26./27.1.1831 berichtete dieser selbst in Weimar von der Forschungsreise und G. meldete Wilhelm am 1.12.1831 »einige Stunden offner freundlicher Unterhaltung«, gestand ihm aber auch, dass es seinem »Cerebralsystem ganz unmöglich wird«, Alexanders »Ansicht der geologischen Gegenstände aufzunehmen und darnach zu operiren«; gemeint waren dessen Vorstellungen über den Vulkanismus und die Entstehung von Gebirgen.

Wilhelm von Humboldt war der erste, der 1830 in einer Rezension auf die Parallelität von G.s dichterischem Schaffensprozess und seiner Erkenntnismethode in der Naturforschung hinwies, somit auch auf die Gleichberechtigung dieser Tätigkeitsfelder im Wirken G.s (vgl. dazu S. 258f.). *ZA*

Hunter, John (1728–1793) und William (1718–1783)

Die schottischen Brüder, bedeutende Anatomen und Chirurgen, William auch namhafter Geburtshelfer, zog G. vor allem bei seinen Überlegungen zu Fragen der wissenschaftlichen →Priorität heran.

Bereits in der Abhandlung *Versuch aus der vergleichenden Knochenlehre daß der Zwischenknochen der obern Kinnlade dem Menschen mit den übrigen Thieren gemein sey* (1784) erwähnte G. John Hunters Werk *Natural history of the human teeth* (London 1771–1778; dt. *Natürliche Geschichte der Zähne*, Leipzig 1780; vgl. FA I, 24, 21 und an Ch. v. Stein, 1.4.1784). Aus dieser frühen Zeit stammt auch eine Bemerkung, nach der J. Hunter für G. »ein ganz auserordentlicher Mensch« war, »der aber auch ein Glück gemacht hat das seinen Talenten proportionniret ist« (an Merck, 2.4.1783).

Als G. am 27. und 28.4.1817 die von J. Adams verfassten *Memoirs of the life and doctrines of the late John Hunter* (London 1817; Ruppert 143) las, erschien ihm dessen Leben als »höchst wichtig, als Denkmal eines herrlichen Geistes, der sich bei geringer Schulbildung an der Natur edel und kräftig entwickelte« (TuJ 1817).

G. übersetzte einen Abschnitt aus dem Anhang des Werkes zu J. Hunters »Bereitwilligkeit sowohl sich selbst zu unterrichten, als andern Gerechtigkeit wiederfahren zu lassen« (*Mr. Hunter's Education*, 235; vgl. LA II, 1A, 282, M 65; Anstreichungen vgl. ebd. 290f., M 69). Unter der Überschrift *Bruderzwist* (ebd. 292f., M 70) skizzierte G. den in den *Memoirs* geschilderten Prioritätsstreit zwischen John und seinem Bruder William, woraus der zu G.s Lebzeiten nicht veröffentlichte Aufsatz *Erfinden und Entdecken* (FA I, 25, 37ff.) hervorging.

Die Thematik von Priorität, Antizipation, Plagiat u.a. behandelte G. in weiterem Kontext, aber ohne Nennung der beiden Hunter auch in seinem Aufsatz *Meteore des literarischen Himmels* (ZNÜ I, 2, 1820).

Am 10.7.1818 entlieh G. William Hunters *Anatomische Beschreibung des schwangern menschlichen Uterus* (dt. Übersetzung von Froriep, Weimar 1802; Original lat./engl. Birmingham 1774) aus der Weimarer Bibliothek, nachdem er vergeblich um Auskunft über dessen Bruder John bei dem Bibliothekar C. A. Vulpius gebeten hatte (vgl. LA II, 10A, 281). Dieses Werk war ursächlich für den Streit der Brüder Hunter, da William hier angeblich Forschungsergebnisse von John in unzulässiger Weise verwendete, eine Auseinandersetzung, die selbst »auf dem Todbette« (FA I, 25, 38) von William (1783) nicht geschlichtet werden konnte. *HO*

Huschke, Wilhelm Ernst Christian (1760–1828)

Der Weimarer Arzt fungierte ab 1788 als Leibarzt der Herzogin Anna Amalia; 1792 wurde er Hofmedicus und Theaterarzt, 1811 erster Hofarzt. Den Hausarzt in den Familien Wielands, Herders und Schillers hatte G. 1790 näher kennengelernt, als er die Reisegesellschaft von Anna Amalia auf der Rückreise aus Italien ab →Venedig begleitete. Seit diesem Jahr sah G. auch Huschke – neben C. W. →Hufeland, der 1793 eine Professur in Jena antrat – als seinen Hausarzt an. Ab 1817 behandelte Huschke G. auch gemeinsam mit W. →Rehbein, so vor allem bei der schweren Erkrankung (Herzinfarkt) im Februar 1823. Auch mit Huschkes Söhnen Emil (1797–1858) und Johann Friedrich Karl (1796–1883), beide ebenfalls Mediziner, stand G. gelegentlich in Kontakt. *WZ*

Huß, Carl (1761–1838)

Den Scharfrichter von →Eger lernte G. dort am 5.8.1806 auf der Rückreise von →Karlsbad kennen. Huß besaß eine Sammlung von Mineralien, Münzen, Waffen und Kuriosa, die stetig weiter anwuchs und die G. bei seinen Besuchen in Eger in der Folgezeit wiederholt aufsuchte.

Während seine Gespräche mit Huß sich zuerst meistens auf die Geschichte bezogen, gewann ab 1821 der Umgang mit ihm für G.s mineralogisch-geologische Forschung an Bedeutung. So erhielt er von ihm laut Tagebuch am 1.9.1821 »einige Basalte«. Gegen ein Münzgeschenk bekam G. durch die Vermittlung →Grüners von Huß einen ersehnten →Augiten (vgl. Grüner an G., 25.11.1821; LA II, 8B.1, 227). Erfreut, »daß Herr Huß den geheimen Schatz herausgegeben«, ließ G. ihm durch Grüner »eine bedeutendere Sendung von mancherlei altem Gemünzten« zukommen und forderte diesen in seinem Brief vom 2.12.1821 auf, er solle »bey solcher Gelegenheit dem vortrefflichen Huß einige Daumenschrauben ansetzen, damit er bekenne den eigentlichen Fundort jener sogenannten Augiten, weil daran dem Geognosten gar viel gelegen ist, und das Vorkommen eines Minerals Licht über das Mineral selbst verbreitet«.

Vermutlich handelte es sich bei dem von Huß verschwiegenen Ort um den →Wolfsberg bei Czerlochin, den G. in seinem Aufsatz *Der Wolfsberg* in ZNÜ II, 2 (1824) beschrieb (vgl. FA I, 25, 440f.). Am 8.2.1822 ließ er Huß durch Grüner für den Augiten danken, in der Hoffnung, dass dieser »noch einige dergleichen, vollkommen ausgebildet, verschaffen« könne, vor allem »wenn sie noch im Granit steckend gefunden würden«.

Am 27.7.1822 trafen sich G. und Huß erneut in Eger; dem Bericht Grüners zufolge überbrachte Huß »einen sehr schönen Bleispat von Bleistadtl mit starken deutlichen Kristallen« (GG 3.1, 382). Weitere Begegnungen vermerkte das Tagebuch am 29.7. und 8.8.1822. *HO*

Hutton, James (1726–1797)

Nach Ausbildungen in Medizin und Landwirtschaft wandte sich der Privatgelehrte aus Edinburgh den Naturwissenschaften zu und wurde durch sein zweibändiges Werk *Theory of the Earth* (1788/1795) zu einem Begründer der modernen Geologie. Er beschrieb darin die Erde als ein stabiles System, das sich in einem ewigen Kreislauf von →Erosion und Sedimentation auf der einen Seite, von Aufschmelzung und Hebung der Gesteine auf der andern Seite befinde. Diese als »Plutonismus« bezeichnete Theorie erkannte den →Granit richtig als Produkt einer aus dem Erdinnern aufsteigenden Schmelze. Hutton ging zudem von einer Gleichartigkeit der Naturkräfte über alle Zeiten hinweg aus – in der Geologie als Uniformi(tari)smus oder Aktualismus eine bis heute gültige Annahme –, und er publizierte als erster die Idee, dass die →erratischen Blöcke im Alpenvorland durch Gletscher transportiert worden waren.

Huttons plutonistische Theorie wurde von den Vertretern des →Neptunismus angegriffen und auch von religiöser Seite bekämpft. Mehr Bekanntheit und Zustimmung erhielt das Werk erst, als John Playfair 1802 die *Illustrations of the Huttonian Theory of the Earth* herausgab. G. scheint sich nie direkt mit Hutton befasst zu haben, obwohl J. F. →Blumenbach schon 1790 im *Magazin für das Neueste aus der Physik und Naturgeschichte* (IV, 4, 17–27) dessen Theorie zusammenfassend darstellte. Zugleich mit dem Hinweis darauf sandte Blumenbach im November 1808 an G. ein Stück Granit aus dem schottischen Portsoy, dessen Struktur Hutton als Beweis für das Erstarren des Granits aus einer Schmelze angeführt hatte (vgl. LA II, 8A, 238). G. glaubte solche Phänomene jedoch mit seiner Theorie einer »Solideszenz« oder →Erstarrung ohne Feuerhitze erklären zu können. In anderen Werken ist G. auch später wiederholt auf Huttons Namen gestoßen, etwa in K. W. →Noses Kritik an der geologischen Theorie von Scipio Breislak (vgl. LA II, 8B.1, 69, M 39).

Literatur

Hölder, Helmut: Kurze Geschichte der Geologie und Paläontologie. Berlin u. a. 1989. – Repcheck, Jack: Der Mann, der die Zeit fand. James Hutton und die Entdeckung der Erdgeschichte. Stuttgart 2007. – Trümpy, Rudolf: James Hutton und die Anfänge der modernen Geologie. In: Brühlmeier, Daniel, Holzhey, Helmut und Mudroch, Vilem (Hg.): Schottische Aufklärung. »A Hotbed of Genius«. Berlin 1996, 75–89. *WY*

Hypothese s. Theorie/Hypothese

Idee

Der von zeitgenössischen Wörterbüchern mit mehrfacher Bedeutung nachgewiesene Begriff wird auch von G. mit unterschiedlicher Semantik belegt. In einer →Plotin-Übersetzung verwendete G. »Idee« in der Bedeutung von »Gestalt« bzw. »Form« (vgl. MuR 636, 637, 639). Für den jungen G. stellte »Idee« sowohl einen Einfall als auch einen schöpferisch-genialen Gedanken dar (vgl. WA I, 37, 279). Erst seine naturwissenschaftlichen Studien bewirkten ab 1780 eine nähere terminologische Festlegung. Einerseits bedeutete nun »Idee« das göttliche Organisationsprinzip der Natur, wohl abgeleitet u. a. aus der Naturphilosophie →Platons, →Leibniz' und →Spinozas. Andererseits ermöglichte die Idee bei der Beobachtung der →Phänomene die Erkennung der Naturgesetze bzw. →Urphänomene, lieferte gleichsam die den Einzelerscheinungen in der Natur zugehörigen Urbilder. Dabei lieferte der →Versuch als »Vermittler zwischen Natur und Begriff, zwischen Natur und Idee, zwischen Begriff und Idee« (FA I, 23.1, 603) das geeignete empirische Verfahren, das G. auch seiner *Farbenlehre* zugrunde legte. In einem rationalistisch abgeleiteten Verständnis wird »Idee« mehrfach belegt, als »jene drei erhabenen, unter einander im innigsten Bezug stehenden Ideen, Gott, Tugend und Unsterblichkeit, die höchsten Forderungen der Vernunft« (ebd. 662). Die von G. skeptisch beurteilte →Alchimie, die nicht der wissenschaftlich nachvollziehbaren Kausalität folgt, forciert dadurch einen »Sprung von der Idee, vom Möglichen, zur Wirklichkeit« (ebd.). Der Idealtypus des Naturwissenschaftlers hingegen entwickelt selbständig »eine Welt aus sich selbst«, die »mit den Ideen des Weltgeistes zusammentrifft« (ebd. 796).

Spätestens seit G.s →Kant-Studien um 1790 und dem Dialog mit →Schiller ab 1794 muss »Idee« bei G. als Ordnungsprinzip der →Erfahrungen angesehen werden. So formulierte G. bei der Aufstellung seines osteologischen →Typus 1795: »Die Idee muß über dem Ganzen walten und auf eine genetische Weise das allgemeine Bild abziehen« (FA I, 24, 230). Wie sehr aber Idee und Erfahrung in ständiger Wechselperspektive bei G. ineinanderflossen, macht das berühmte Gespräch mit Schiller vom 20.7.1794 deutlich, als dieser auf G.s Pflanzenskizze zur Metamorphosenlehre mit der Bemerkung reagierte: »das ist keine Erfahrung, das ist eine Idee« und G. antwortete: »das kann mir sehr lieb sein daß ich Ideen habe ohne es zu wissen, und sie sogar mit Augen sehe« (ebd. 437).

In diesem Sinne stellen Idee und Erfahrung eine G.sche →Polarität dar, bei der das eine nicht ohne das andere gedacht werden kann: »die Idee ist in der Erfahrung nicht darzustellen, kaum nachzuweisen, wer sie nicht besitzt, wird sie in der Erscheinung nirgends gewahr; wer sie besitzt, gewöhnt sich leicht über die Erscheinung hinweg, weit darüber hinauszusehen und kehrt freilich nach einer solchen Diastole, um sich nicht zu verlieren, wieder an die Wirklichkeit zurück und verfährt wechselsweise wohl so sein ganzes Leben« (FA I, 21, 535).

G. thematisierte den Begriff der Idee überdies in den *Maximen und Reflexionen* (MuR 262–64, 375, 541, 799, 800, 803, 1113, 1135–1138) und in seinem Aufsatz *Bedenken und Ergebung* (1820). Im literarischen Zusammenhang ist »Idee« synonym zu »Thema« (so im Gespräch mit Eckermann, 6.5.1827 und in *Spanische Romanzen*, 1823).

Vgl. auch den Artikel in GHB. 4.1, 510f. sowie →Erfahrung.

Literatur
Eichhorn, Peter: Idee und Erfahrung im Spätwerk Goethes. Freiburg, München 1971. – Rheker, Gisela: Wort und Begriff der Idee bei Goethe. Diss. Bonn 1947. *BI/WZ*

Ilmenau

Der →Bergbau auf Kupfer und Silber in Ilmenau hatte schon im Mittelalter begonnen. Der Ort am Nordrand des Thüringer Waldes gehörte zunächst zur Grafschaft Henneberg. Durch die Erbteilung von 1583 fiel das Gebiet an das Herzogtum Sachsen-Weimar, doch blieben mehrere Fürstenhöfe gemeinsam für den Bergwerksbetrieb zuständig. Nach einem Niedergang des Bergbaus im Laufe des 17. Jh.s sorgten sie 1680 für dessen Neubelebung. Im Jahr 1717 wurde der etwa 8 km lange Martinrodaer Stollen vollendet; er war 1592 begonnen worden, um das den Gruben von Roda und an der Sturmheide bei Ilmenau zufließende Wasser abzuleiten. Diese zweite Epoche des Bergbaus endete 1739, als es durch einen Dammbruch zu großen Verwüstungen im Ilmtal kam. Weil die Pumpen ohne Wasserzufuhr nicht mehr funktionierten, ersoffen die Gruben. Der Bergbau in den tiefsten Schächten musste eingestellt werden; wegen Misswirtschaft der Bergwerksleitung blieben hohe Schulden zurück. Arbeitslosigkeit und zwei Stadtbrände 1752 und 1776 stürzten die Bevölkerung ins Elend. G. kam am 3.5.1776 wegen des Brandes zum ersten Mal nach Ilmenau und orientierte sich dort auch über die Reste der alten Bergwerksanlagen.

Schon im Februar 1776 hatte sich der seit dem 3.9.1775 in Weimar regierende Herzog →Carl August entschlossen, eine Wiederaufnahme des Ilmenauer Bergbaus zu versuchen. Er erhoffte sich davon neue Einnahmen für die Staatskasse des kleinen Herzogtums. Zu G.s ersten Amtshandlungen als Mitglied des Geheimen Rats gehörte im Juni 1776 der Auftrag an den kursächsischen Vizeberghauptmann F. W. H. v. →Trebra, ein Gutachten über die Chancen einer erfolgreichen Wiederaufnahme des Bergbaus in Ilmenau zu erstellen. Im Juli desselben Jahres versammelte der Herzog Trebra und andere Experten in Ilmenau, um über die zu treffenden Maßnahmen zu beraten. Am 14.11.1777 berief Carl August eine Kommission, die mit allen Bergwerksangelegenheiten betraut wurde. Ihr gehörten Kammerpräsident Johann August Alexander von Kalb, G. und der Jurist J. L. →Eckardt an. Es vergingen jedoch mehrere Jahre, bis die Arbeiten in Ilmenau aufgenommen werden konnten. Zuvor mussten die rechtlich-ökonomischen Probleme überwunden werden, die aus der Beteiligung mehrerer Höfe am ehemaligen hennebergischen Bergbau entstanden. Auch die Schulden aus der Zeit vor 1739 stellten eine Belastung dar, die G. durch einen Vergleich lösen wollte. Im Mai 1781 schrieb er eine *Nachricht von dem ilmenauischen Bergwesen* (vgl. LA I, 1, 15–28), worin die rechtliche Lage zusammengefasst wurde. G.s Interesse lag aber viel mehr bei den wissenschaftlichen und technischen Aspekten des Bergbaus. Die mehrfachen Aufenthalte in Ilmenau waren zum Anreiz geworden, sich durch eigene Anschauung und mithilfe geologischer Fachliteratur mit den unterirdischen Gegebenheiten vertraut zu machen, und führten schließlich zu eigenen Studien in der Geologie.

Als die juristischen Fragen weitgehend geklärt waren, erschien zu G.s Geburtstag am 28.8.1783 eine von Eckardt bereits 1777 entworfene Schrift (vgl. LA I, 1, 32–55) zur Einwerbung von Kapital und zur Gründung einer Gewerkschaft (bergmännische Kapitalgesellschaft); sie war mit einer von G. in Auftrag gegebenen →Karte des Gebiets versehen. Die 1000 Kuxe (Anteilscheine) zu 20 Talern waren in kurzer Frist alle gezeichnet. Zugleich musste die Bergwerkskommission neu bestellt werden, nachdem von Kalb schon 1780 ausgeschieden war und Eckardt 1783 eine Professur in Jena antrat. Er wurde durch Chr. G. →Voigt ersetzt, der im Laufe der Jahre zu einem der wichtigsten Vertrauten G.s werden sollte. Sein jüngerer Bruder J. C. W. →Voigt war nach einer Ausbildung an der Bergakademie von →Freiberg schon mehrfach geologisch tätig geworden und erhielt nun eine Stelle als Bergsekretär bei der Kommission. Das im September 1783 entstandene Gedicht *Ilmenau* spiegelt diese hoffnungsvolle Zeit. Nun schien sich der Wunsch zu erfüllen, den G. am 7.9.1780 aus Ilmenau an Ch. v. →Stein übermittelt hatte: »Könnten wir nur auch den armen Maulwurfen von hier bald Beschäfftigung und Brod geben«.

Aus heutiger geologischer Sicht handelt es sich bei den Metallvorkommen in Ilmenau um chemische Ausfällungen in marinen Sedimenten, die am Beginn der Zechsteinperiode, vor 258 Millionen Jahren, entstanden sind und weite Teile von →Thüringen und Hessen unterziehen. In einer 20–50 cm mächtigen bituminös-mergeligen Schieferschicht kam es zur Anreicherung mit Metallsalzen, die auch in den darunter liegenden Sandstein einwanderten (»Sanderz«). Der Metallgehalt war aber unterschiedlich und gerade in der Ilmenauer Gegend relativ gering. Eine lokale Anreicherung des Kupferschiefers erfolgte durch tektonische Vorgänge: Bei der Erhebung des Thüringer Waldes vor 100 bis 30 Millionen Jahren wurden die Schichten am Rand der aufsteigenden Erdkrustenscholle steil aufgestellt, teilweise auch überkippt oder durch Verwerfungen zerrissen. In den dadurch geklüfteten Gesteinen zirkulierten heiße Wässer. Sie lösten Metalle aus dem Gestein und schieden sie an einigen Stellen in konzentrierter Form wieder ab. Durch diese Umlagerungsprozesse bildete sich eine räumlich eng begrenzte Kupfererzlagerstätte, die sich auf 3 km Länge und 200 m Tiefe zwischen Ilmenau und Roda erstreckte. Diese stark vererzten Partien waren aber im 18. Jh. schon weitgehend abgebaut. – Dass der Metallreichtum an die tektonische Störungszone gebunden war, konnten die Experten der G.zeit noch nicht wissen. Der in Freiberg nach der Lehre des →Neptunismus ausgebildete J. C. W. Voigt nahm an, dass das steil gestellte Kupferschieferflöz (→Flöz) bei Ilmenau umknicke und sich in der Tiefe gegen Norden flacher fortsetze, wie er es schon in einem 1780 erstellten →Profil dargestellt hatte (vgl. Abb. S. 150); er hoffte dort eine ebenso große Ausbeute vorzufinden.

Am 24.2.1784 erfolgte der »feierliche Wiederangriff« des Bergwerks in Ilmenau mit dem ersten Hieb und einer Rede G.s (vgl. LA I, 1, 63–67). Ein senkrechter Schacht, der »Neue Johannes«, wurde nun voran getrieben, der das in einer Tiefe von 200 m vermutete Kupferschieferflöz in der Nähe der Umknickung von der flachen zur steilen Lagerung erreichen sollte, da an dieser Stelle erfahrungsgemäß mit der größten Erzkonzentration zu rechnen war (vgl. den Profilriss in LA I, 1, Taf. VII.2). G. äußerte sich am 15.3.1784 gegenüber Herzog →Ernst II. von Sachsen-Gotha optimistisch: »Nicht leicht habe ich etwas mit so viel Hoffnung, Zuversicht und unter so glücklichen Aspecten begonnen«. Ein geologisches Problem bereitete den Bergbautechnikern jedoch viel Mühe: Der über dem Kupferschieferflöz liegende Zechsteingips enthielt Hohlräume mit großen Mengen Wasser. Das Wasser drang in die Schächte und Stollen ein und musste ständig aus der Grube abgepumpt werden. Zur Information der Gewerken erschienen bis 1794 sieben von G. und Chr. G. Voigt unterzeichnete *Nachrichten* über den Fortgang der Arbeiten (alle abgedruckt in LA I, 1).

Im Juni 1785 war der Schacht »Neuer Johannes« zur Hälfte abgeteuft und stieß in 104 m Tiefe wie geplant auf den Martinrodaer Stollen. Im September 1787 fehlten schließlich nur noch wenige Meter bis zum Kupferschieferflöz, als große Mengen Grundwasser einbrachen und den Schacht bis zur halben Höhe hinauf füllten. Auch nach dem Einbau von Pumpen kam es zu weiteren Wassereinbrüchen. G. berief daraufhin für Juni 1791 einen Gewerkentag ein, auf dem Verstärkungen der Pumpanlagen bewilligt wurden. Im Sommer 1792 war endlich das flach liegende Flöz erreicht: Am 3.9.1792, dem Geburtstag von Carl August, konnte die erste Tonne Kupferschiefer gefördert werden. – G. und der Herzog befanden sich damals auf der *Campagne in Frankreich*. Der Metallgehalt der untersuchten Proben erwies sich aber als so gering, dass sich eine Verhüttung nicht lohnte. Im Nachhinein hat J. C. W. Voigt in seinem Werk *Geschichte des Ilmenauischen Bergbaues* (1821) die Ursache des Misserfolgs in einer Fehldeutung der geologischen Verhältnisse gesehen: Die Knickstelle des Flözes habe wegen einer Überkippung viel weiter südlich gelegen, als man zuerst angenommen hatte. – Steenbuck (1995, 280) nimmt dagegen an, dass es sich nicht um eine Knickung, sondern um eine Überschiebung handelte, die das Flöz abbrechen ließ.

Mitten im Vortrieb auf die vermutete ergiebigere Zone des Flözes ereignete sich in der Nacht vom 22. zum 23.10.1796 ein Bruch im Martinrodaer Stollen, der zu einem Rückstau der Abwässer und zur Überflutung des Johannes-Schachts führte. Die zwölf dort arbeitenden Bergleute konnten im letzten Moment gerettet werden. G. begab sich sofort vor Ort und zeichnete die Lage des Stollenbruchs auf, wie sie ihm berichtet wurde (vgl. Abb. S. 317). Zwei Jahre dauerte es, bis der an fünf Stellen verbrochene Martinrodaer Stollen wieder durchgängig offen war. Als problematisch erwiesen sich dabei die schlechten Luftverhältnisse im Stollen. Deshalb wurde 1797 auch eine von A. v. →Humboldt erfundene Grubenlampe mit künstlicher Sauerstoffzufuhr zu den Arbeiten eingesetzt. Da die Gewerken neue finanzielle Zuwendungen verweigerten, konnte keine Wiederaufnahme des Kupferschieferabbaus erfolgen. Mit einem Rundschreiben vom 18.8.1800 enden nach Steenbuck (1995, 326) die offiziellen Schriftstücke zum Ilmenauer Bergwerk, an denen G. beteiligt war. Carl August ließ die Anlagen noch bis 1814 unterhalten; dann löste er die Bergwerkskommission auf, und man liquidierte das verlustreiche Unternehmen. Ein persönliches Fazit zum Ilmenauer Unternehmen hat G. am 16.3.1824 im Gespräch gegenüber Kanzler von Müller geäußert: »Ilmenau hat mir viel Zeit, Mühe und Geld gekostet, dafür habe ich aber auch etwas dabei gelernt und mir eine Anschauung der Natur erworben, die ich um keinen Preis vertauschen möchte«.

Nach 1796 hielt sich G. nur noch zwei Mal in Ilmenau auf. Er verbrachte dort die Geburtstage der Jahre 1813 und 1831 – beim ersten Mal auf Einladung von Carl August, beim zweiten und letzten Mal zusammen mit seinen Enkeln Walter und Wolfgang. Mit Rentamtmann J. H. Chr. →Mahr aus Ilmenau, der ihn seit 1821 mit →Fossilien und →Mineralien aus der Gegend beliefert hatte, stieg G. noch einmal auf den Kickelhahn und fand dort gerührt das alle drei →Naturreiche umfassende Gedicht *Wandrers Nachtlied* (»Über allen Gipfeln ist Ruh [...]«) wieder, das er 1780 an die Wand der Jagdhütte gekritzelt hatte.

1821 erhielt Ilmenau eine Station zur Wetterbeobachtung, die der Amtsaktuar A. F. W. Conta betreute, und wurde somit in das Netz der →Meteorologischen Anstalten einbezogen (vgl. Carl August an G., 22.5.1821, LA II, 2, 373; Tgb, 3. u. 15.2.1822).

Vgl. auch den Artikel in GHB. 4.1, 519–521.

Literatur
Hansen, Volkmar: Goethe und der (Ilmenauer) Bergbau. In: Sent, Eleonore (Hg.): Bergbau und Dichtung. Weimar 2003, 127–149. – Steenbuck, Kurt: Silber und Kupfer aus Ilmenau. Ein Bergwerk unter Goethes Leitung. Weimar 1995 (SchrGG. 65). – Voigt, Johann Carl Wilhelm: Geschichte des Ilmenauischen Bergbaues. Sondershausen, Nordhausen 1821. – Voigt, Julius: Goethe und Ilmenau. Leipzig 1912 (Nachdruck Leipzig 1990). – Wagenbreth, Otfried: Goethe und der Ilmenauer Bergbau. Weimar 1983. – Wenzel, Manfred: Der Ilmenauer Bergbau und sein Einfluß auf Goethe als Dichter und Naturforscher. In: Medizinhistorisches Journal. 22 (1987), 3–27. *WY*

Industrie s. Technik

Infusionstiere

Infusionstiere sind mikroskopisch kleine Lebewesen, Einzeller wie Wimpertierchen, Wurzelfüßer oder Geißeltierchen, die in künstlichen Aufgüssen entstehen, indem sie aus Dauerstadien durch Feuchtigkeit wieder in eine aktive Phase übergehen. In der G.zeit war umstritten, ob es sich um spontan, durch Urzeugung entstehende Lebewesen handeln konnte. G. untersuchte Infusionstiere vor allem 1785/1786, angeregt durch die Werke F. W. v. Gleichens, gen. Rußworm: *Auserlesene mikroskopische Entdeckungen bey den Pflanzen, Blumen und Blüthen, Insekten und andern Merkwürdigkeiten* (2 Bde., Nürnberg 1777–1781) und *Abhandlung über die Saamen- und Infusionsthierchen, und über die Erzeugung [...]* (Nürnberg 1778). Der erste Hinweis auf diese Arbeiten stammt aus einem Brief an F. H. →Jacobi vom 12.1.1785; danach folgen eine Fülle von Zeugnissen, die gleichermaßen das benötigte Mikroskop wie die Beobachtungen selbst thematisieren (vgl. z.B. an Knebel, 27.2.1785; an Ch. v. Stein, 4., 21. u. 28.3.1785). Am 27.6.1785 schrieb G. an Charlotte aus Neustadt an der Orla: »Mein Mikroscop bring ich mit, es ist die beste Zeit die Tänze der Infusionsthiergen zu sehen. Sie haben mir schon groses Vergnügen gemacht« (vgl. auch an die gleiche Adressatin, 1.9. und 10.10.1785). 1786 wurden die Beobachtungen fortgesetzt: »ich habe Infusions Thiergen von der schönsten Sorte« – »Ich habe nunmer schon Thiere die sich den Polypen nahen, fressende Infusionsthiere [wohl Amöben]« (an Ch. v. Stein, 16.3. und Mitte April 1786). Zwischen dem 8.4. und 11.5.1786 entstanden als Ergebnis der zahlreichen Studien ein Folioheft aus 15 Bogen mit der Aufschrift *Infusions Thiere* sowie drei Bogen mit Zeichnungen (vgl. FA I, 24, 46–61 mit Abb. 12–16 nach 864).

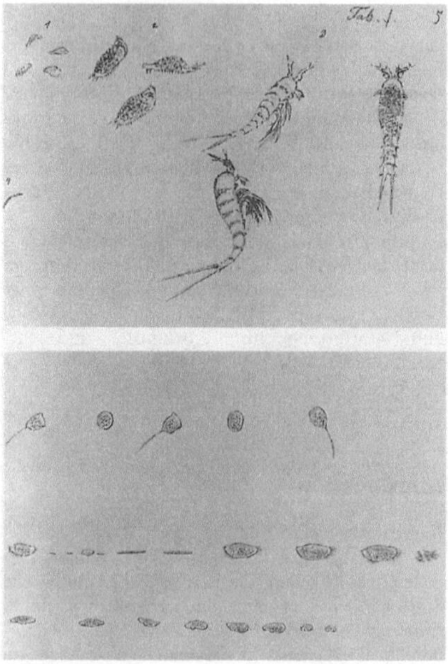

Skizzen zu Infusionstieren; Zeichnungen von Johann Christian Wilhelm Waitz? (1786)

Als G. 1816 für die geplante Zeitschrift *Zur Morphologie* seine älteren Papiere sichtete, notierte er im Tagebuch unter dem 18.3.1816 auch »Infusionsthiere«. Offenbar plante er, einen Aufsatz zur Thematik zu veröffentlichen, was aber unterblieb. Am 8.3.1821 tauschten sich G. und →Carl August kurz über Kleinlebewesen, vermutlich Rotatoria (Rädertiere), aus.

Ein letztes Mal wurde das Thema aktuell, als C. G. Ehrenberg G. am 12.10.1830 sein neu erschienenes Werk *Organisation, Systematik und geographisches Verhältnis der Infusionstierchen* (Berlin 1830; in G.s Bibliothek mit handschriftlicher Widmung des Autors; Ruppert 4519) zusandte. Am 21.10. traf die Sendung in Weimar ein, G. dankte am 6.11.1830 mit einem historischen Rückblick: »Ew. Wohlgeboren haben sich durch die reichhaltige Sendung ein großes Verdienst um mich erworben; es sind vierzig Jahre verflossen, seit ich mich auch um jene geheimnißvollen Tiefen bemühte, als ein treffliches Mikroskop auf einer Reise mir dergestalt beschädigt wurde, daß eine verspätete und nicht einmal glückliche Wiederherstellung mich von ganz andern Beschäftigungen und Neigungen befangen antraf, und ich bisher alle einzelnen Versuche mich wieder dorthin zu begeben vereitelt sah. Nun aber kann ich mit größter Bequemlichkeit und Klarheit mich wieder ungescheut in solche Abgründe wagen, deren Schätze Sie uns zugänglich an das Tageslicht hervorheben«.

Kuhn hat darauf hingewiesen, dass G.s Ehrenberg-Lektüre Einfluss auf die Gestaltung des Schlusses des 2. Aktes von *Faust II* (Dezember 1830) genommen hat, indem dort auch von Einzellern erzeugtes Meeresleuchten auf die Entstehung von Leben hinweist (vgl. Komm. in LA II, 10B.1, 596).

Literatur
Dahl, Maria: Goethes mikroskopische Studien an niederen Pflanzen und Tieren. In: GJb. (1927), 172–183. – Reukauf, Edmund: Goethe als Mikroskopiker. In: Aus der Natur. 2 (1906/07), 449–458.

WZ

Insekten

Erste Bekanntschaft mit der Lebensweise und der →Metamorphose von Insekten machte der junge G. im elterlichen Haus, wo er eine vom Vater eingerichtete Seidenraupenzucht zu betreuen hatte (vgl. *Dichtung und Wahrheit* I, 4). In seinen wissenschaftlichen Studien der 1790er Jahre sah G. unter dem Einfluss des →Stufenleitermodells in den Insekten »unvollkommene« Tiere (vgl. FA I, 24, 231 f.), die aber innerhalb der Individualentwicklung eine morphologische Differenzierung durchlaufen konnten. Im Sommer 1796 begann er systematische entomologische Studien: G. beobachtete und dokumentierte die Entwicklung des Stachelbeerspanners, er sezierte und konservierte die Schmetterlinge in verschiedenen Stadien der Metamorphose und ließ einige davon zeichnen (vgl. FA I, 24, 314–340 und die Erläuterungen LA II, 9B, 440–446). Die Entfaltung der Schmetterlingsflügel bezeichnete G. am 6.8.1796 in einem Brief an →Schiller als »das schönste Phänomen, das ich in der organischen Natur kenne«. Die entomologischen Studien zogen sich über mehrere Jahre hin; 1802 beobachtete G. die Metamorphose des Wolfsmilchschwärmers (vgl. TuJ von 1802).

Bei seinen Bemühungen um einen tierischen →Typus versuchte G., die Insekten einzubeziehen; er gelangte im *Ersten Entwurf einer allgemeinen Einleitung in die vergleichende Anatomie, ausgehend von der Osteologie* von 1795 aber nicht über die »Allgemeinste Darstellung des Typus« in Form einer Dreiteilung des Körpers hinaus (FA I, 24, 231 f.). Die weitergehenden Ansätze von F. S. →Voigt und von C. G. →Carus verfolgte G. interessiert; geradezu begeistert zeigte er sich von der Urwirbel-Theorie, mit der Carus in seinem Werk *Von den Ur-Theilen des Schalen- und Knochengerüstes* (1828) das Innenskelett der Wirbeltiere mit dem Außenskelett der Insekten in Vergleich brachte (vgl. an Graf K. M. v. →Sternberg, 10.6.1828). Als Folge seiner morphologischen Studien glaubte G. auch das philosophische Potenzial der Insektenmetamorphose über die traditionelle Seelenmetapher hinaus neu begründen zu können. Dies wird etwa im Gedicht *Selige Sehnsucht* und in Fausts postmortalem »Puppenstand« (*Faust II*, V. 11.982) deutlich. Auch die sogenannte »Verstäubung« der Fliegen, eine tödliche Pilzerkrankung, die eine »Aura« um das Insekt bildet, deutete G. in Briefen an Chr. G. →Nees von Esenbeck (13.11.1825 und 27.9.1826) als einen Sieg des Lebens über den Tod. Er widmete dem Phänomen zudem Betrachtungen in den Heften *Zur Morphologie* (vgl. FA I, 24, 513f.; 543f.).

Literatur
Graham, Ilse: Mephistos Zoo. Einer von Goethes sehr ernsten Scherzen. In: Dies.: Goethe. Schauen und Glauben. Berlin, New York 1988, 72–103. – Kuhn, Dorothea: Komm. in LA II, 9A, 440–456. – Rehder, Helmut: Goethes Metamorphose der Insekten. In: Monatshefte für Deutschen Unterricht, Deutsche Sprache und Literatur. 45 (1953), 255–267.
WY

Instruktionen, meteorologische

In seiner oberaufsichtlichen Funktion für die Anstalten für Wissenschaft und Kunst in Weimar und Jena lieferte G. Ende 1817 auf Wunsch des Herzogs Carl August eine *Instruction für den Beobachter des meteorologischen Observatoriums zu Schöndorf*. Den auf Wolkenbeobachtungen bezogenen Teil hatte G. aus seinem Aufsatz →*Camarupa* ausgezogen und am 28.12.1817 beendet. Ergänzt wurde er durch einen technischen, auf die Instrumente bezüglichen Teil, der von dem Jenaer Universitätsmechaniker F. Körner stammte (Entwurf in LA II, 2, 64–70, M 8.1), sowie eine Anleitung zur Bestimmung der →Himmelsfarben von G. (vgl. G.s Aufsatz *Farben des Himmels*), zu der ein Himmelsfarbenmesser gehörte (Abb. S. 832). Die Mess- und Beobachtungsdaten (Barometer, Thermometer, Hygrometer, Windfahne, Anemometer, Elektrometer und Hyetometer) wurden in eine Tabelle eingetragen. In den Jahren 1821, 1824 und 1827 fasste man die Instruktion neu. Hatte man zunächst (ab 1818) nur in Schöndorf auf dem Ettersberg, Weimar und Jena Daten erhoben, sollte das Messnetz ab 1820 ausgebaut werden. Aus diesem Grund fielen die zweite *Instruction für die Beobachter bey den Großherzogl. meteorologischen Anstalten* sowie die zugehörige Tabelle von 1821 wesentlich umfangreicher aus (vgl. LA II, 2, 72–97, M 8.2).

Ein Bericht C. H. Müllers, des Sekretärs der naturwissenschaftlichen Sektion der →Schlesischen Gesellschaft für vaterländische Kultur, vom 10.11.1824, der in deren *Neuntem Bulletin* erschien, hielt zu der 1824 überarbeiteten, von G. am 20.8.1824 an Fritz von →Stein nach Breslau gesandten Instruktion zusammenfassend fest: »Sie enthält eine überaus faßliche Angabe, wie alle meteorologischen Beobachtungen anzustellen sind, worauf bei ihnen vorzüglich Rücksicht zu nehmen ist, wie die dazu erforderlichen Instrumente zu gebrauchen sind und wie die Resultate durch kurze, sinnreich ersonnene Zeichen aufzunotieren und in bequeme Tabellen zu einer leichten Übersicht zusammen zu ordnen sind, und die Abfassung der Instruktion selbst ist von der Art, daß sie die Beobachter zur Erkenntnis der Wichtigkeit dessen, was sie zu beobachten haben, nicht verfehlen kann. – Die abgehandelten Artikel sind folgende: Barometer, Thermometer, Hygrometer, atmosphärische Elektrizität, Winde, Hyetometer, Bewölkung, Cyanometer, Gewitter, wäßrige und andere Meteore, als: Sonnen- und Mondhöfe, Nebensonnen und Nebenmonde, Morgen- und Abendröte, Regenbogen, Fallsterne und Feuerkugeln; Wetterleuchten und Nordlichter; Witterung im allgemeinen; wozu noch als Beilagen gehören eine Anweisung zur Bestimmung der mittleren Zeit; eine Beilage über die Windskale; eine über die Farbe des Himmels und eine über die Wolkenformen nach Howard« (LA II, 2, 474f.). Müller nannte im Folgenden auch die neu hinzugekommenen Beobachtungsstationen Wartburg und Ilmenau (→Meteorologische Anstalten).

1827 wurde die *Instruction* noch einmal überarbeitet (vgl. LA II, 2, 98–106, M 8.3).

Eine weitere, auch astronomische Aufgaben umfassende Instruktion verfasste G., als H. L. F. →Schrön 1823 die Leitung der Jenaer Sternwarte übernahm. *ZA*

Instrumente, astronomische

G. war zeitweise im Besitz mehrerer →Fernrohre oder Teleskope; 1799 betrieb er ausgedehnte Mondbeobachtungen.

Als 1812 die →Sternwarte in Jena gegründet und G. gegen anfängliche Widerstände (vgl. an F. C. F. v. Müffling, 31.3.1812) mit der Aufsicht betraut wurde, stellte sich auch die Frage der instrumentellen Ausstattung. G. hatte den Vormittag seines 52. Geburtstages (28.8.1801) auf der Sternwarte von Gotha auf dem Seeberg verbracht, die seinerzeit europaweit als mustergültig galt, so dass er gewisse Vorkenntnisse mitbrachte. Angaben zu den Instrumenten der Sternwarte Jena haben sowohl G. in seinem Aufsatz *Jenaische Museen und Sternwarte* als auch deren erster, bis 1819 tätige Direktor, C. D. v. Münchow, in seinem Bericht aus dem Sommer 1813 gemacht, der in der *Monatlichen Correspondenz zur Beförderung der Erd- und Himmels-Kunde* (28, 1813, 192–195) veröffentlicht wurde. So waren im Jahr der Einrichtung vorhanden: 1) ein vom Herzog von Gotha, August Emil Leopold, geschenktes »vierschuhiges Mittagsfernrohr« oder »Passagen-Instrument«, das 1806 von J. F. Schroeder in Gotha gebaut worden war und zur Bestimmung von Meridiandurchgängen bzw. zur astronomischen Zeitbestimmung diente; 2) eine »gute Pendeluhr von [B. L.] Vulliamy zu London«; 3) ein durch genauen Gang ausgezeichnetes, tragbares »Chronometer von Emery (Nr. 1161)«; 4) ein »zweifüßiger Quadrant, aus der Schenkung des Herzogs von Gotha« zur Messung der Höhe von Himmelskörpern; 5) ein »achtfüßiges Spiegel-Teleskop von Schröder«, womit das von J. G. F. Schrader gefertigte, 1800 von Carl August durch Vermittlung G.s gekaufte Gerät aus dem Nachlass von Knebels Bruder gemeint ist (→Teleskop); 6) ein »zweifüßiger Achromat von Ramsden«, ein von J. Ramsden konstruiertes Fernrohr mit einem speziellen Linsensystem zur Vermeidung störender Farbränder; 7) ein »Spiegel-Sextant« zur Messung des Winkelabstandes zweier Sterne oder zur Höhenbestimmung über dem Horizont; 8) ein »Kometen-Sucher« (→Kometensucher) sowie 9) die »nötigen Barometer [...] Thermometer« und Hygrometer für meteorologische Beobachtungen. Mitte 1813 bestellt wurden »eine parallaktische Maschine, mit einem fünf- bis sechsfüßigen Achromaten, und ein 18zolliger Wiederholungskreis« zur Bestimmung von Horizontalwinkeln (LA II, 2, 290f.). Mit der Fertigung sowie mit Reparaturen an den vorhandenen Geräten wurde der Jenaer Mechaniker →Körner beauftragt.

Die Produktion der »parallaktischen Maschine« wurde nach einigen Querelen erst 1817 beendet (vgl. Tgb, 13.–16.4.1817). In einem Brief an C. G. v. Voigt vom 12.5.1815 berichtete G. detailliert über die Zusammensetzung des Instruments mit seinen »astronomischen Köpfen«.

1816 erhielt die Sternwarte einen von G. F. Reichenbach gefertigten Theodolithen, ein Gerät zur Höhen- und Horizontalwinkelmessung (vgl. Carl August an G., 3.10.1816; Wahl 2, 164). *ZA*

Instrumente, meteorologische

Als 1818 mit der Station →Schöndorf die →Meteorologischen Anstalten im Großherzogtum ihre Wetterbeobachtungen aufnahmen, hatte sich G. zuvor um entsprechende →Instruktionen bemüht, die das Vorgehen systematisieren sollten. Während er zu den Wolken (→Wolkenterminologie) und →Himmelsfarben selbst Vorschriften anfertigte, wurden alle auf Instrumente bezüglichen Teile an den Jenaer Mechaniker →Körner delegiert. In der ersten Instruktion von 1817 (vgl. LA II, 2, 64–72, M 8.1) beschrieb dieser den Einsatz von →Barometer, Thermometer, Hygrometer, Windfahne, Anemometer, Elektrometer und Hyetometer, die zur Messung des Luftdrucks, der Temperatur, der Feuchtigkeit, der Windrichtung, der Windgeschwindigkeit bzw. -stärke, der Elektrizität und der Niederschlagsmenge Verwendung fanden. Hinzu kam ein von G. entwickelter Himmelsfarbenmesser (→Cyanometer), der Blau-, Rot- und Gelbtöne erfasste. In der überarbeiteten Instruktion von 1821 (vgl. LA II, 2, 72–97, M 8.2) wurden die Anweisungen differenzierter dargestellt; ein Thermo(metro)graph als Gerät zur selbständigen Temperaturaufzeichnung trat neu hinzu.

In seinem *Versuch einer Witterungslehre 1825* widmete G. dem Barometer und Thermometer sowie der Windfahne eigene Kapitel (vgl. FA I, 25, 276–279, 281). Hinzu kam hier das »bei atmosphärischen Beobachtungen nicht mehr zu Rate gezogene« (ebd. 279f.), also nur noch historisch interessante Manometer, eine von O. v. Guericke erfundene luftleere Kupferkugel, die in dichterer Luft steigt, in dünnerer fällt. In G.s Besitz befand sich ein Manometer mit Glaskugel.

Die mit Abstand größte Bedeutung hatte für G. das Barometer, dessen Stand ihm »als Hauptphänomen, als Grund aller Wetterbetrachtungen« erschien (ebd. 276). Das Barometer sollte die Schwankungen der →Erdanziehungskraft, das →Ein- und Ausatmen der Erde anzeigen, woraus wiederum Konsequenzen für die Wolkenbildung mit ihren verschiedenen Formen, Niederschläge und Winde resultierten. *ZA*

Intension

Als G. am 14.11.1798 in einer Skizze den →Farbenkreis aus zwei zueinander seitenverkehrt liegenden →Spektren und analog zum Magneten ableitete (*Symbolische Annäherung zum Magneten*; vgl. Abb. S. 98 und Farbtafel S. 826), fügte →Schiller an den Stellen, an denen sich die Farben mit dem Gelbroten und dem Blauroten dem Purpur nähern, den Begriff »Intension« ein. Die hier anzuwendende Bedeutung des lateinischen Verbs »intendere« lautet »vermehren«, »verstärken«, »steigern« und beschreibt G.s Auffassung vom Rot bzw. Purpur – von G. oft synonym verwendet – sehr treffend: Das Rot existiert nicht als eigenständige →Grundfarbe, sondern entsteht – wie in den prismatischen Versuchen – durch Überlagerung bzw. →additive Mischung der zu Gelbrot und Blaurot verdichteten Farben Gelb und Blau, die sich im Roten zu einer neuen Qualität potenzieren. In einem Jahr später, 1799, entstandenen Entwürfen hat G. bereits den Begriff »Intension« durch den Terminus »Steigerung« ersetzt (vgl. FA I, 23.2, 226, 233–236, 240), bevor er schließlich 1828 »*Polarität* und [...] *Steigerung*« als die »zwei großen Triebräder aller Natur« bezeichnen sollte (an Kanzler von Müller, 24.5.1828: *Erläuterung zu dem aphoristischen Aufsatz ›Die Natur‹*; FA I, 25, 81).

→Verdichtung, →Polarität/Steigerung *SS*

Irrtum

Der Begriff ist bereits unter Einbeziehung von »Wahrheit« in weiterem Kontext in GHB. 4.2, 1117–1120 behandelt worden. Hier soll nur der für G.s Naturforschung relevante Bezug betont werden, bei dem »Irrtum« nahezu immer mit dem Namen →Newton verbunden ist und primär dessen Postulat bezeichnet, dass die →Farben im weißen Licht enthalten seien. Verschärfend kommt hinzu, dass G. Newton einen bewussten Irrtum unterstellte, den er mit großem Aufwand habe verschleiern wollen und der damit zum Betrug geworden sei.

Im Vorwort der *Farbenlehre* beschrieb G. die Zielsetzung des polemischen Teils mit dem Hinweis, die »alten Irrtümer« seien »wegzuräumen« (FA I, 23.1, 14); an anderer Stelle sprach er davon, Newtons »bis zum Überdruß wiederholten Irrtum zu vertilgen« (ebd. 383). Man mag hier noch an einen Fehler im Sinne eines menschlichen Irrens denken, den G. Newton im Rahmen von dessen hypothetisch-deduktiver, mathematisch orientierter Erkenntnismethode zuschrieb, bei der Irrtümer für G. ohnehin näherlagen als bei seinem den Sinnen vertrauendem Zugang zur Natur.

Der historische Teil der *Farbenlehre* zeigt jedoch, dass G. den Irrtum vor allem als ethisches Problem in der Wissenschaft beurteilte, das im Charakter Newtons seine Begründung finden müsse. Die Auseinandersetzung mit dem Irrtum wird so zentraler Bestandteil des Kapitels über *Newtons Persönlichkeit*: »Newtons Charakter würden wir unter die starken rechnen [...]. Was uns gegenwärtig betrifft, so berühren wir eigentlich nur den Bezug des Charakters auf Wahrheit und Irrtum« (ebd. 846): Newton sei einem Irrtum verfallen und habe »als Mann von Charakter, als Sektenhaupt, seine Beharrlichkeit eben dadurch am kräftigsten betätigt, daß er diesen Irrtum [...] bis an sein Ende fest behauptet [...]« (ebd. 847). Der Mensch sei zwar dem Irren unterworfen (vgl. MuR 1379), doch »ängstlich aber ist es anzusehen, wenn ein starker Charakter, um sich selbst getreu zu bleiben, treulos gegen die Welt wird, und um innerlich wahr zu sein, das Wirkliche für eine Lüge erklärt und sich dabei ganz gleichgültig erzeigt, ob man ihn für halsstarrig, verstockt, eigensinnig, oder für lächerlich halte« (ebd. 847f.).

In noch stärkerem Maße verurteilte G. diejenigen, die einen fremden Irrtum übernehmen, hier also die Anhänger Newtons: »die Hartnäckigkeit der Irrtumskopisten macht verdrießlich und ärgerlich«; die Newtonsche Schule zeichne sich durch »Inkompetenz und Dünkel, [...] Faulheit und Selbstgenügsamkeit, [...] Ingrimm und Verfolgungsgelüst« (ebd. 850) aus.

G. hat sich mit dem Begriff des Irrtums auch in zahlreichen Aphorismen auseinandergesetzt, die nicht auf die Auseinandersetzung mit Newton zielten (vgl. MuR 92, 117, 149f., 166, 282, 292, 310, 323, 331, 440, 911, 1250), doch auch in dieser literarischen Form kam er immer wieder auf den Irrtum seines großen Antipoden zurück: »Newton als Mathematiker steht in so hohem Ruf, daß der ungeschickteste Irrthum, nämlich, das klare, reine, ewig ungetrübte Licht sei aus dunklen Lichtern zusammengesetzt, bis auf den heutigen Tag sich erhalten hat [...]« (MuR 1285, vgl. auch 1293, 1297f.). *WZ*

Isis

Im März 1816 – die Zensur war in Sachsen-Weimar-Eisenach soeben aufgehoben worden – gründete Lorenz →Oken (1779–1851) die *Isis oder Encyclopädische Zeitung*, die von Friedrich Arnold Brockhaus (1772–1823) verlegt wurde. Das liberale Blatt, das ab dem 1.8.1816 erschien und politische, philosophische sowie naturwissenschaftliche Beiträge druckte, sorgte aufgrund der kritisch-polemischen Ausrichtung ihres Herausgebers bald für Unmut bei →Carl August, der darin einen »Mißbrauch der Preßfreiheit« sah (Carl August an G., Anfang Okt. 1816) und G. um ein Gutachten bat, das zu einem Verbot der Zeitschrift riet, da die »ungehinderte Verwogenheit täglich wächst und ihre gränzenlose Natur offenbart« (an Carl August, 5.10.1816). Carl August schonte Oken jedoch vorerst noch, bis er ihn 1819 auf außenpolitischen Druck vor die Alternative stellte, entweder die *Isis* oder seine Professur in Jena aufzugeben. Oken wählte Letzteres, blieb aber noch bis 1827 als Privatgelehrter in Jena und ließ die *Isis* außerhalb des Herzogtums drucken. Ab 1824 entwickelte sie sich zu einer rein naturwissenschaftlichen Zeitschrift und bestand noch bis 1848.

G. war ein eifriger Leser der *Isis* und nahm vor allem die dort gedruckten naturwissenschaftlichen Abhandlungen zur Kenntnis. Bereits in seinem Tagebuch vom 24.7.1817 notierte er: »Cuviers und Okens Zoologien neben einander aufgestellt in den 144 – 146. der Isis«.

In der Nummer 173/174 von 1817 erschien ein Aufsatz über *Die Universität in der preußischen Rheinprovinz* (Sp. 1377–1392), in dem im Zusammenhang mit den Farbengeheimnissen alter Maler auch G. genannt wird: »Göthe und andere Naturkundige haben neudings bewiesen, daß sie für die Chemie ein ganz vorzügliches Interesse haben [...].

Wie gesagt, Göthe und andere Naturforscher haben erst den wahren Werth jener Bilder für die Wissenschaft bekannt gemacht«.

Als G. 1818 im 6. Heft der *Isis* einen mit »F.« signierten Aufsatz *Von der Metamorphose der Botanik* las, in dem der Verfasser G. als »freundlichen, milden Vater« der neuen Botanik begrüßte, schrieb er an den Bonner Botaniker und Leopoldina-Präsidenten Christian Gottfried Daniel Nees von →Esenbeck am 5.11.1818, ohne zu wissen, dass dieser der Autor war: »Denn eben neulich begegnete mir das Unerwartete: in der Isis ein anmuthiges Wort zu finden. Der wunderliche Redacteur [Oken] hat, seit seinem ersten Eintritt bey uns, ohne Veranlassung, ohne Noth und Vortheil sich gegen mich sehr unartig und was schlimmer ist, gewissenlos betragen [...]. Ich wünschte den Verfasser zu kennen, da ich ihn nicht errieth«.

Erwähnungen der *Isis* im Tagebuch finden sich weiterhin am 30.7.1816 (»Isis als Hydra«), 11.8.1816, 1.–3. u. 6.10.1816, 9.3.1817, 22. u. 24.1.1818, 9.10.1818 (sechstes Heft), 8.5.1819 (drittes Heft), 5.8.1819 (fünftes Heft), 11.12.1819 (achtes Heft), 15.11.1820 (zehntes Heft), 22.10.1821 (zehntes Heft; vgl. dazu an Georg Gottlieb Güldenapfel, 23.10.1821), 27.12.1829 und 14. u. 15.1.1831. Die Nummern 106 bis 113 von 1817 standen in G.s Bibliothek (vgl. Ruppert 299). Ausleihungen aus der Weimarer Bibliothek sind für den 5.8.1819, 31.8. und 7.9.1829 sowie 14.1.1831 dokumentiert. Nicht immer sind die Hintergründe und Bezüge deutlich.

Der Hinweis im Tagebuch auf das achte Heft am 11.12.1819 mit dem Stichwort »Osteologica« bezieht sich auf verschiedene Beiträge zu den Schädelknochen, darunter eine Rezension von Johann Baptist →Spix' *Cephalogenesis* durch Oken (Sp. 1342–1345).

Die unter dem 8.3.1821 im Tagebuch verzeichnete Rezensionslektüre (ohne Erwähnung der *Isis*) zielt auf Johann Bernhard →Wilbrands Besprechung von Auguste Pyrame de →Candolles und Kurt →Sprengels *Grundzüge der wissenschaftlichen Pflanzenkunde* (Leipzig 1820), die Oken in die *Isis* (1821, H. 2, Sp. 146–162) einrückte.

Vor allem die Abhandlungen von Carl Friedrich Philipp von →Martius über die →Spiraltendenz der Pflanzen, die in der *Isis* von 1828 (21, Sp. 522–529) und 1829 (22, Sp. 333–341) abgedruckt wurden und auf die das Tagebuch vom 27.12.1829 sowie 14. u. 15.1.1831 hinweist, waren eine entscheidende Anregung für G.s Beschäftigung mit dieser Thematik. Diese Bände entlieh G. am 14.1.1831, als er an seinem Aufsatz *Über die Spiraltendenz* arbeitete (s. o. S. 70 f.).

Literatur

Pfannenstiel, Max und Zaunick, Rudolph: Lorenz Oken und J. W. von Goethe. In: Sudhoffs Archiv für Geschichte der Medizin und der Naturwissenschaften. 33 (1941), 114–173. – Schweizer, Claudia: Lorenz Okens »Isis«. In: Dies.: Johann Wolfgang von Goethe und Kaspar Maria Sternberg. Naturforscher und Gleichgesinnte. Münster 2004, 179–190. – Taszus, Claudia: Lorenz Okens »Isis« (1816–1848): zur konzeptionellen, organisatorischen und technischen Realisierung der Zeitschrift. In: Blätter der Gesellschaft für Buchkultur und Geschichte. 12/13 (2008/09), 85–154. – Vogel, Carl: Der Großherzog Carl August, Goethe und Oken's Isis. In: ChrWGV. 9 (1895), 33–40. *CS/HO*

Itacolumit

Das von W. L. v. →Eschwege beschriebene und benannte Mineral, ein biegsamer, diamanthaltiger Sandstein aus →Brasilien, kam durch Vermittlung von W. →Rehbein 1822 in G.s Sammlung (vgl. Prescher 163 f.). Der Name geht auf den Fundort am Berg Itakolumi, nördlich von Rio de Janeiro, zurück und ist aus den indianischen Wörtern »Ita« (Stein) und »Columi« (Sohn) zusammengesetzt (vgl. Eschwege: *Geognostisches Gemälde von Brasilien.* Weimar 1822, 21).

Am 9.6.1823 kündigte G. gegenüber C. C. v. →Leonhard die Sendung »einer in Deutschland gefundenen Gebirgsart, dem *Itakolumit* des Herrn von Eschwege [...] ganz nahe verwandt« an, mit der Anfrage, »ob bey Ihrer ausgebreiteten Umsicht schon dergleichen vorgekommen? Ich gehe nun drauf aus, ob nicht auch hier wie in Brasilien der biegsame Stein sich in der Nähe findet«.

Bezugspunkt dieser Äußerung war eine Mineraliensendung (von Mandelsteinen) von F. v. →Stein aus Breslau vom 5.5.1823, für die G. am 11.6.1823 mit der Aufforderung dankte: »lassen Sie aber nicht nach, bis wir eine Abweichung ebendesselben finden, wo die spindelförmigen Körper sich allmählig verlieren und ein gleichförmigeres Sandgestein erscheint. Sie werden zu weiterer Forschung gewiß bewogen, wenn ich Ihnen sage, daß es alsdann dem brasilianischen *Itakolumit* sehr ähnlich wird, einem Gestein, das außer dem südlichen Amerika sich sonst nicht finden soll [...]. Ihre mir übersendeten Stücke sehen auf den natürlichen Ablösungen ihm schon völlig gleich«.

Am 22.6.1823 bat G. den Wiener Museumsdirektor C. F. A. v. Schreibers »um einige Musterstücke des [...] Sandsteins, welchen Herr v. Eschwege Itakolumit benannt hat [...]. Ich bin auf der Spur, ein gleiches oder ähnliches Gestein in Deutschland zu entdecken«.

So stand G.s Beschäftigung mit dem Itakolumit und die Suche nach einer Entsprechung in Deutschland in Zusammenhang mit seiner Überzeugung, »daß die Gebirgsarten der neuen Welt mit denen der alten in der ersten Urerscheinung vollkommen übereinstimmen« (TuJ 1822). *HO*

Italien

Das südeuropäische Land war für G. nicht nur eine entscheidende Lebensstation in persönlicher und künstlerischer Hinsicht; die →Reisen nach Italien wurden auch für die Entwicklung seiner Ideen in den Naturwissenschaften bedeutsam. Der erste Aufenthalt in den Jahren 1786 bis 1788 ermöglichte ihm die Begegnung mit vulkanischen Phänomenen und mit einer vielfältigen und oft neuartigen Vegetation – Voraussetzung für die Lehre von der →Metamorphose der Pflanzen. 1790 folgte eine kurze Reise nach →Venedig, die neue Erkenntnisse zur Morphologie brachte. Der Plan zu einer weiteren Reise nach Italien beschäftigte G. von 1795 bis 1797.

Aus der Zeit der ersten Reise sind Tagebuch-Aufzeichnungen G.s für die Route von →Karlsbad bis Rom und einige Briefe erhalten; von der Rückreise zeugt ein Notizheft, das auch botanische Bemerkungen enthält. Die ausführlichste Dokumentation der bei diesem Aufenthalt gewonnenen Erkenntnisse bildet aber die *Italienische Reise*. Das Werk besteht aus der in den Jahren 1813 bis 1817 redigierten Fassung der Reise-Erinnerungen, die G. unter dem Titel *Aus meinem Leben. Zweite Abteilung* 1816 und 1817 in zwei Teilen veröffentlichte. Bei der Redaktion hat G. einige Akzente anders gesetzt und vor allem in den botanischen Aufzeichnungen einen Entwicklungsgang seiner Ideen verdeutlicht. Der dritte Teil, genannt *Zweiter Römischer Aufenthalt*, erschien erst 1829 im Rahmen der *Ausgabe letzter Hand*, nun zusammen mit den beiden ersten Teilen erstmals unter dem Gesamttitel *Italienische Reise*. Der *Zweite Römische Aufenthalt* umfasst die Zeit von Juni 1787 bis zum Abschied von Rom im April 1788. Er ist, wie für G.s Alterswerke typisch, als Collage von Dokumenten angelegt, die mit einem Kommentar verbunden sind.

Die erste Italienreise begann mit G.s heimlicher Abfahrt von →Karlsbad am 3.9.1786. Unterwegs notierte er in einem für Ch. v. →Stein bestimmten Reise-Tagebuch Beobachtungen zu Landschaftsformen, Bodenbeschaffenheit und Vegetation. Die Fahrt durch →Tirol und die Überquerung der →Alpen erlebte er als Bestätigung neptunistischer Ansichten über die Gebirgsbildung (→Neptunismus/Vulkanismus). Auf dem Brennerpass schrieb G. am 9.9.1786 Hypothesen zur →Meteorologie nieder; er vermutete eine Beeinflussung der Witterung durch die wechselnde »Elasticität der Luft« (FA I, 15.1, 617). Ebenso notierte er sich Beobachtungen und Ideen zum Einfluss der Höhenlage auf das Pflanzenwachstum.

Die seit 1785 von G. intensiv betriebenen botanischen Studien erhielten in Italien einen entscheidenden Anstoß. Bei der Fahrt über die Alpen in den Süden konnte er den Wechsel der Vegetation über verschiedene Klimazonen hinweg eindrücklich erleben. Während die Begegnung mit dem Botaniker A. →Turra in Vicenza (am 21.9.1786) eher enttäuschend verlief, wurde der Besuch im Botanischen Garten von →Padua am 26. und 27.9.1786, den er 1790 wiederholen sollte, für G. – vor allem aus der Rückschau – zu einer wichtigen Erfahrung. Hier fand er nach seinen eigenen Angaben »schöne Bestätigungen meiner botanischen Ideen« (Tgb, 27.9.1786). Die Blattfolge einer Fächerpalme, die er aufbewahrte, war als Beispiel für die spezielle Metamorphose dabei ebenso wichtig wie die Vielfalt der Arten; dies weckte in G. – wie er, ebenfalls rückblickend, in der *Italienischen Reise* bemerkte – die Idee, »daß man sich alle Pflanzengestalten vielleicht aus Einer entwickeln könne« (FA I, 15.1, 65).

Der erste Anblick des Meeres in der Lagune von →Venedig vermittelte G. einen Eindruck von der Wirkung der Gezeiten und von der spezifischen Strandvegetation. Die am 9.10.1786 bei Ebbe beobachtete »Wirtschaft« der Muscheln und Taschenkrebse veranlasste ihn zum Ausruf: »Was ist doch ein Lebendiges für ein köstliches, herrliches Ding! Wie abgemessen zu seinem Zustande, wie wahr, wie seiend!« (FA I, 15.1, 99).

Durch die ganze *Italienische Reise* zieht sich die Aufmerksamkeit auf die lokalen Gesteinsarten und ihren Wechsel. Die von G. unterwegs gesammelten Suiten sollten schließlich über 200 Exemplare umfassen. Einen ganzen Tag nahm er sich Zeit, um von Bologna aus am 20.10.1786 den Fundort des so genannten →»Bologneser Steins« aufzusuchen, dessen Fähigkeit, im Dunkeln zu leuchten, Wissenschaftler und Laien gleichermaßen verblüffte. Nach der Überquerung der Apenninen notierte er am 28.10.1786 bei Civita Castellana den Wechsel von Kalken zu vulkanischen Gesteinen.

Die Ankunft in Rom am 29.10.1786 bedeutete für G. nicht nur die Erfüllung eines jahrzehntelang gehegten Wunsches, sondern ermöglichte ihm auch eine geistige »Wiedergeburt« (an das Ehepaar →Herder, 2.–9.12.1786). Den Vorsatz, sich möglichst ohne Vorurteil auf alles Neue einzulassen, versuchte er in Kunst und Natur gleichermaßen konsequent umzusetzen; seine »Übung, alle Dinge zu sehen, wie sie sind und abzulesen« (*Italienische Reise*, 10.11.1786; FA I, 15.1, 144), brachte ihm reiche Früchte. Unterstützt vom Maler Johann Heinrich Wilhelm Tischbein, lernte G. in der Stadt das Material von Bauten und Skulpturen kennen. »Das Steinreich hat hier seinen Thron«, schrieb er am 17.11.1786 an →Knebel. Zur gleichen Zeit schürte die Nachricht von einer Eruption des

→Vesuvs das Interesse an einer Reise in den Süden des Landes.

Am 22.2.1787 brach G. mit Tischbein von Rom nach Neapel auf. Im März erkundete er die Phlegräischen Felder bei →Pozzuoli (vgl. Abb. S. 601) und bestieg dreimal den Vesuv, der sich in einer sehr aktiven Phase befand. Ende März setzte er, nun mit dem Landschaftsmaler Christoph Heinrich Kniep, nach Sizilien über; am 2.4.1787 landeten sie im Hafen von →Palermo. Für die geologische Erkundung der Insel benutzte G. die Schriften des Grafen Michael Jean Borch als Führer. Eine geplante Besteigung des Ätnas unterließ er aber – Giuseppe Gioeni, Professor für Naturgeschichte in Catania, den er am 4.5.1787 besuchte, riet ihm davon ab, weil in der Höhe noch zu viel Schnee liege. So bestieg G. stattdessen den Monte Rosso, wo sich Laven vom Ausbruch von 1669 fanden.

Sizilien war für G. »der Schlüssel zu Allem« (FA I, 15.1, 271), wie er in der *Italienischen Reise* unter dem Datum des 13.4.1787 vermerkt hat. In Bezug auf die Naturwissenschaften boten die Vegetation und die Gesteine reiches Anschauungsmaterial. Im öffentlichen Garten der Villa Giulia von Palermo war ihm angesichts der vielen fremdartigen Gewächse die »alte Grille« wieder eingefallen, »ob ich nicht unter dieser Schar die →Urpflanze entdecken könnte?« (FA I, 15.1, 286.) Neben den intensiven Anregungen auf botanischem Gebiet sollte G. hier auch eine Bestätigung für die von den Neptunisten gehegte Überzeugung erfahren, dass die Vulkane nur oberflächliche und lokale Phänomene waren. An zahlreichen Orten in Sizilien bemerkte er das Vorkommen von Kalkstein; erst vor Catania zeigten sich Spuren vulkanischer Gesteine sowie von Basalten, die G. in der *Italienischen Reise* mit dem in Deutschland ausgebrochenen Streit um die Entstehungsweise dieses Gesteins verband (→Basaltstreit). – Bertaux sieht die eigentliche Entdeckung G.s in Sizilien in der Bestätigung des neptunistischen Weltbilds. Nach dem Besuch der vom →Erdbeben von 1783 noch schwer gezeichneten Stadt Messina verließen G. und Kniep Sizilien am 12.5.1787. Am Vulkan Stromboli vorbeisegelnd, erreichten sie nach gefährlicher Schifffahrt wieder den Hafen von Neapel.

Der *Zweite Römische Aufenthalt*, der mit G.s Rückkehr aus Neapel am 6.6.1787 begann, war überwiegend Kunststudien gewidmet. Doch beobachtete er weiterhin das Pflanzenwachstum und entdeckte im Garten der befreundeten Malerin Angelica →Kauffmann eine durchgewachsene Nelke, die ihm als Beispiel für die Fruchtbarkeit der Blattorgane galt (vgl. Abb. S. 566). Herders Gespräche über *Gott*, die er im September erhielt, waren für G. eine theoretische Bestätigung seiner Überzeugung von dem schöpferischen Wirken der Natur (vgl. FA I, 15.1, 423; 434). Auch zur Vorbereitung der *Farbenlehre* trug G.s Aufenthalt in Italien einiges bei. Die Wahrnehmung von Licht und Farben des Südens, Kunststudien sowie Übungen im Aquarellieren schärften das Bewusstsein für Fragen des Kolorits. In regem Austausch mit der deutschen Künstlerkolonie in Rom suchte er nach den Gesetzen der Farbgebung. So malte Angelica Kauffmann, wie G. in dem abschließenden Kapitel des historischen Teil der *Farbenlehre*, *Confession des Verfassers*, schrieb, für ihn eine Landschaft ohne Blau. In Rom begann auch die lebenslange Freundschaft mit dem Schweizer Maler J. H. →Meyer, der ein treuer Helfer für die *Farbenlehre* werden sollte.

Kleinere Ausflüge von Rom aus führten im Oktober und Dezember 1787 nochmals in die Albaner Berge, die G. als alte vulkanische Gegend bekannt waren. Doch im folgenden Frühjahr war seine Rückkehr nach Deutschland unausweichlich geworden; am 24.4.1788 brach G. von Rom auf. Seine Reiseroute – sie ist durch das Ausgabenbuch des ihn begleitenden Komponisten Philipp Christoph Kayser belegt – führte diesmal den Comersee entlang und über den Splügenpass in die →Schweiz. Dann folgte G. dem Lauf des Rheins bis zur Einmündung in den Bodensee. Über Ulm und Nürnberg gelangte er nach Weimar, wo er am 18.6.1788 wieder eintraf. Ein Notizheft von der Rückreise enthält Ideen zur Pflanzenmetamorphose; hier notierte G. erstmals seine Hypothese für das Pflanzenreich: »Alles ist Blatt« (FA I, 24, 84). Nach der Rückkehr widmete sich G. weiterhin bevorzugt den botanischen Studien, die zur 1790 veröffentlichten Schrift *Versuch die Metamorphose der Pflanzen zu erklären* führten.

Die zweite Reise nach Italien unternahm G. nur widerwillig. Im März 1790 fuhr er wiederum über den Brennerpass nach Venedig, wo er die aus dem Süden zurückkehrende Herzogin-Mutter Anna Amalia erwarten sollte. Wenige Tagebuch-Einträge und Briefe von G. dokumentieren diese Reise. Bei der Betrachtung eines Schafschädels auf dem jüdischen Friedhof von Venedig »sah« G., dass die Schädelknochen sechs metamorphosierte Wirbel darstellten – ein →»Aperçu«, das zu seiner →Wirbeltheorie des Schädels führte. Analog zu seiner beim ersten Aufenthalt in Italien gemachten Entdeckung, dass alle Pflanzenorgane sich vom Blatt ableiten ließen, glaubte G. nun den Wirbel als Grundorgan des tierischen Skeletts erkennen zu können. Geologische und pflanzengeographische Beobachtungen, die wohl von G. angeregt wurden, finden sich auf der gemeinsamen Rückfahrt von Venedig nach Deutschland im Mai und Juni 1790 im Tagebuch von Anna Amalias Hofdame Luise von →Göchhausen.

Eine dritte Italienreise wurde von G. ab 1795 geplant. Ihr Ziel war die Erarbeitung einer Enzyklopädie über Italien, die von den geologischen und geographischen Grundlagen bis zu Kunst und Kultur des Landes reichen sollte. Umfangreiche Materialien dazu haben sich erhalten (vgl. FA I, 15.2, 935–1038). G.s Freund und Mitarbeiter Meyer reiste bereits im September 1795 in den Süden, um kunsthistorische Studien für das gemeinsame Werk zu treiben. Vor dem Hintergrund der *Farbenlehre* beachtete Meyer besonders die Behandlung des Kolorits bei verschiedenen Malern. 1796 wollte G. ebenfalls nach Italien kommen, doch verzögerte sich die Reise aus verschiedenen Gründen. Der schwer erkrankte Meyer musste schließlich zur Genesung in die heimatliche Schweiz zurückkehren. G. fuhr ihm im Herbst 1797 entgegen und verbrachte einige Wochen mit dem Freund in Stäfa am Zürichsee. G. nutzte die Gelegenheit, um Ende September nochmals zur europäischen Wasserscheide am →Gotthard aufzusteigen und seine Mineraliensammlung zu ergänzen. Die politische Lage vereitelte schließlich die geplante Reise nach Süden ganz.

Als einziges seiner Reiseziele, das über Mitteleuropa hinausführte und so geographisch wie klimatisch alternative Beobachtungen ermöglichte, blieb Italien zeitlebens eine wichtige Referenz in G.s naturwissenschaftlichen Schriften. Die Erfahrung der lebendigen Gegenwart, die er dem Aufenthalt im Süden verdankte, drängte in seinem Denken die geschichtliche Betrachtung der Natur zurück und öffnete den Weg für G.s Idee des →Urphänomens als überzeitlicher Größe.

Vgl. auch den Artikel in GHB. 4.1, 546–553.

Literatur

Baum, Richard: Der Genius Italiens – Goethes dritte Reise in den Süden als Wendepunkt im Schaffensprozeß. In: Hirdt, Willi und Tappert, Birgit (Hg.): Goethe und Italien. Bonn 2001, 1–55. – Bertaux, Pierre: Goethes Italienische Reise als Anti-Herder. In: Chiarini, Paolo (Hg.): Bausteine zu einem neuen Goethe. Frankfurt am Main 1987, 43–54. – Blumenthal, Liselotte (Hg.): Ein Notizheft Goethes von 1788. Weimar 1965 (SchrGG. 58). – Fuchs, Friderun und Müller, Renate: Goethes Landschaften heute. »Italienische Reise« vom Brenner bis Venedig. Frankfurt am Main 2003 (Frankfurter Geographische Hefte 65). – GJb. (1988) [mehrere Beiträge zu G. in Italien]. – Heimböckel, Dieter: Von Karlsbad nach Rom. Goethes »Reise-Tagebuch« für Frau von Stein und die »Italienische Reise« bis zum ersten römischen Aufenthalt. Bielefeld 1999. – Schneider, Fritz: Goethes Heimkehr aus Italien. »Es geht ein neues Leben an«. Heidenheim/Br. 1957. – Steininger, Fritz F. und Kossatz-Pompé, Anne (Hg.): Quer durch Europa – Naturwissenschaftlich Reisen mit Johann Wolfgang von Goethe. Frankfurt am Main 1999. – Wild, Reiner: Italienische Reise. In: GHB. 3, 331–369. *WY*

Jacobi, Carl Wigand Maximilian (»Max«) (1775–1858)

G. lernte den jüngsten Sohn des Schriftstellers Friedrich Heinrich →Jacobi im November 1792 bei seinem Besuch in Pempelfort kennen (vgl. FA I, 16, 522: »der Sohn ernst und hoffnungsvoll«). Als Jacobi von 1793 bis 1795 in Jena Medizin studierte, nahm G. ihn gastfreundlich (zeitweise als Hausgast) auf und berichtete dem Vater über seine Fortschritte (vgl. an F. H. Jacobi, 9.9. und 18.11.1793). Im Januar 1795 diktierte er Jacobi, von den Gebrüdern von →Humboldt veranlasst, in Jena den Aufsatz *Erster Entwurf einer allgemeinen Einleitung in die vergleichende Anatomie, ausgehend von der Osteologie* (vgl. an F. H. Jacobi, 2.2.1795). Darüber berichtete G. später in den *Tag- und Jahresheften* von 1795, in seinen Nachträgen zur Zwischenkieferabhandlung (in Morph I, 2, 1820; vgl. FA I, 24, 495) und in seinem Aufsatz *Erläuterung zu dem aphoristischen Aufsatz ›Die Natur‹* von 1828 (vgl. FA I, 25, 82).

Jacobi setzte sein Medizinstudium im Frühjahr 1795 in →Göttingen fort (darüber Jacobi an G., 21.6.1795; LA II, 9A, 448), danach bis 1797 in Edinburgh. Im Dezember 1796/Januar 1797 besuchte er Weimar, Jena und Erfurt und legte seine medizinischen Examen ab. Seine Dissertation *Ideae quaedam ad animantium physiologiam spectantes* (Erfurt 1797) befand sich, mit handschriftlicher Widmung versehen, in G.s Bibliothek (Ruppert 4719).

Von 1797 bis 1800 war Jacobi als Arzt in Vaels bei Aachen tätig, danach in Eutin. 1805 wurde er Direktor des Bayerischen Gesundheitswesens in München, 1816 Medizinalrat in Düsseldorf. 1825 gründete er in der Funktion eines Irrenarztes die Heilanstalt in Siegburg, wo er gemäß seiner christlichen Grundorientierung eine zwangarme Psychiatrie nach dem englischen Vorbild des ›No restraint‹ zu verwirklichen suchte. Über die genaueren Umstände und den Fortgang der Anstaltsgründung, aber auch über seine persönlichen Verhältnisse unterrichtete Jacobi G. am 5.5.1825; Jacobi erinnerte in diesem Brief mit Dankbarkeit an seine Studienzeit in Jena sowie an den letzten Besuch am 5./6.2.1821 in Weimar und übersandte sein Werk *Die psychischen Erscheinungen und ihre Beziehungen zum Organismus im gesunden und kranken Zustande* (Elberfeld 1825), das Geisteskrankheiten als durch körperliche Einflüsse veranlasst sah.

Der Briefwechsel verzeichnet 15 Briefe Jacobis an G. (vor allem 1793–1797) sowie einen Brief G.s an Jacobi (vom 16.8.1799).

Literatur

Herting, Johannes: Karl Wigand Maximilian Jacobi, ein deutscher Arzt. Görlitz 1930. *EN*

Jacobi, Friedrich Heinrich (»Fritz«) (1743–1819)

Jacobi und seine Beziehung zu G., die mit enthusiastischer Freundschaft begann und in totaler Entfremdung endete, sind bereits in GHB. 4.1, 558–561 ausführlich dargestellt worden.

Zur Belohnung für die mühsam absolvierte kaufmännische Lehre durfte der an philosophischen und religiösen Fragen interessierte Sohn aus einer Düsseldorfer Kaufmanns- und Bankiersfamilie drei Jahre in Genf seine Bildung vertiefen, ehe er den väterlichen Manufakturwarenhandel übernahm. 1772 trat Jacobi als Hofkammerrat in den Dienst des pfälzischen Kurfürsten Karl Theodor und folgte ihm 1779 nach München, scheiterte jedoch mit seinen Reformplänen und kehrte nach Düsseldorf zurück. Sein nahe gelegener Landsitz Pempelfort wurde zum Ort der Geselligkeit. 1794 floh Jacobi unter großen finanziellen Einbußen vor den französischen Revolutionstruppen und ließ sich für zehn Jahre in Eutin nieder, bevor er 1805 einen Ruf an die Königlich Bayerische Akademie der Wissenschaften nach München erhielt. 1812 quittierte er infolge der Auseinandersetzung mit →Schelling das Amt des Präsidenten, das er seit 1807 innehatte, und widmete sich der Herausgabe seiner Werke.

War Jacobi in Verbindung mit seinem empfindsam dichtenden Bruder Johann Georg zunächst Ziel von literarischen Polemiken G.s, so löste ihre erste Begegnung im Juli 1774 eine zeitgemäß enthusiastische Freundschaft aus. Deren erste empfindliche Trübung, als G. 1779 Jacobis zweiten Roman *Woldemar* karikierend überarbeitete und im Ettersburger Park an einen Baum nagelte, konnte nur mühsam beigelegt werden.

Neben der Tatsache, dass G. Jacobi gelegentlich, wenn auch zunehmend beiläufig, über seine naturwissenschaftlichen Studien unterrichtete (vgl. z. B. 12.7.1786; 3.3.1790 *Metamorphose der Pflanzen*; 1.6.1791 *Beyträge zur Optik I*; 20.3.1791; 2.4.1792 *Beyträge zur Optik II*; 16.4.1792; 15.6.1792; 1.2.1793; 17.4.1792; 7., 19., 24. und 27.7.1793; 9.9.1793; 18.11.1793; 29.12.1794; 2.1.1800; 23.11.1801; 11.1.1808; 7. und 31.3.1808) und dieser ihm als Präsident der Münchener Akademie vereinzelt hilfreich sein konnte, verdient an dieser Stelle der für G.s Naturauffassung wichtige Spinoza- oder Pantheismus-Streit Beachtung. Als Jacobi sich vom 18. bis 29.9.1784 in Weimar aufhielt, war der Philosoph →Spinoza Diskussionsgegenstand, da Jacobi Ende 1783 den ersten Teil seines Manuskriptes *Über die Lehre des Spinoza in Briefen an den Herrn Moses Mendelssohn* (1785 publiziert und Auslöser des sog. Pantheismusstreits zwischen Jacobi und Mendelssohn; erweiterte Auflage 1789) nach Weimar gesandt hatte. G. studierte daraufhin zusammen mit Charlotte von →Stein Spinozas *Ethik* (vgl. an Charlotte von Stein, 9.11.1784; an Knebel, 11.11.1784; an Charlotte von Stein, 19.11.1784; an Jacobi, 12.1.1785).

Im April 1785 konnte G. durch →Herders Vermittlung das vollständige Manuskript von Jacobis *Über die Lehre des Spinoza [...]* einsehen; das Werk, dem Jacobi G.s *Prometheus*-Hymne ohne dessen Einverständnis auf einer losen Einlage beigegeben hatte, erhielt er schließlich im September 1785 von Jacobi (vgl. G. an Jacobi, 11.9.1785). Darin setzte Jacobi Spinozismus mit Atheismus gleich, da Spinoza die Vorstellung eines außerweltlichen persönlichen Gottes abgelehnt habe. Weiterhin behauptete Jacobi, auch Lessing habe sich, anlässlich der durch ihn ermöglichten *Prometheus*-Lektüre, in einem Gespräch am 7.7.1780 zum Spinozismus (und damit Atheismus) bekannt. Nicht nur gegen den →Pantheismus Spinozas, sondern auch gegen →Kants Transzendentalphilosophie verfocht Jacobi einen personalen Gottesbegriff. In seiner Auseinandersetzung mit →Fichte führte er den Begriff des Nihilismus in die philosophische Debatte ein, den er im Widerstreit gegen Schellings Naturphilosophie ebenfalls zum Atheismusvorwurf radikalisierte.

G. nahm von Anfang an gegen Jacobis Thesen Stellung. So schrieb er ihm am 9.6.1785: »Du erkennst die höchste Realität an, welche der Grund des ganzen Spinozismus ist, worauf alles übrige ruht, woraus alles übrige fliest. Er beweist nicht das Daseyn Gottes, das Daseyn ist Gott. Und wenn ihn andre deshalb Atheum schelten, so mögte ich ihn theissimum ia christianissimum nennen und preisen. [...] Hier [in Ilmenau] bin ich auf und unter Bergen, suche das göttliche in herbis et lapidibus« (vgl. weiterhin an Jacobi, 21.10.1785 und 5.5.1786).

Nach schwankendem Verlauf der Beziehung in den Folgejahren und einer insgesamt versöhnlichen Begegnung in Weimar (23.6. bis 1.7.1805), die aber inhaltliche Differenzen nicht ausräumte, wurde der endgültige Bruch zwischen G. und Jacobi durch dessen Schrift *Von den göttlichen Dingen und ihrer Offenbarung* (Leipzig 1811) bewirkt. In der Auseinandersetzung mit Schelling ergriff G. vehement dessen Partei und bezichtigte Jacobi der Intoleranz. Wie schon anlässlich der Meinungsverschiedenheiten von 1785 musste G. Jacobis Offenbarungsbegriff, der Natur und Gott strikt trennte, auf das Äußerste ablehnen. Während Jacobi Gott durch die Natur verborgen und nur dem menschlichen Geist zugänglich sah, entsprach genau das Gegenteil G.s Auffassung, nach der Gott mit jedem offenen Blick in die Natur unmittelbar im Diesseits zu schauen sei (vgl. an Jacobi, 10.5.1812 und 6.1.1813: »als Dichter und Künstler bin ich Polytheist, Pantheist hingegen als Naturforscher, und eins so entschieden als das andre«). So resümierte G. zur endgültigen Trennung nach vierzig Jahren aufgrund der gegensätzlichen Gottesvorstellungen: »Jacobi hatte den Geist im Sinne, ich die Natur, uns trennte was uns hätte vereinigen sollen« (*Aus dem Zusammenhang der TuJ*; MA 14, 328).

Zu weiteren Einzelheiten s. o. S. 239f.

Literatur

Christ, Kurt: »Antinomien der Überzeugung« oder »Wunderlicher Zwiespalt«. Ein Beitrag zur Freundschaftsbeziehung zwischen Goethe und Jacobi und ihrer Rückwirkung auf das Werk Goethes. In: Euphorion. 88 (1994), 390–405. – Götz, Carmen: Friedrich Heinrich Jacobi im Kontext der Aufklärung. Diskurse zwischen Philosophie, Medizin und Literatur. Hamburg 2008 (Studien zum achtzehnten Jahrhundert 30). *LEU*

Jahrbücher für wissenschaftliche Kritik

Zu der 1827 begründeten, von einer ›Societät für wissenschaftliche Kritik‹ in Berlin herausgegebenen Zeitschrift, hinter der vor allem →Hegel und Varnhagen von Ense standen, steuerte G. in seinen letzten Lebensjahren einige Beiträge bei, nachdem er mit einem Schreiben der Herausgeber vom 6.3.1827 zur Mitarbeit eingeladen worden war, die er am 15.3.1827 zusagte. G. verfasste eine Rezension des ersten Jahrgangs (1827) der *Monatsschrift der →Gesellschaft des vaterländischen Museums in Böhmen*, die, bereits im Februar 1828 begonnen, erst im März 1830 veröffentlicht wurde. Die *Jahrbücher* wurden Ort von G.s letzter naturwissenschaftlicher Publikation, *Principes de Philosophie zoologique*, die in zwei Fortsetzungen im September 1830 und im März 1832 erschien und dem →Pariser Akademiestreit zwischen →Cuvier und →Geoffroy Saint-Hilaire gewidmet war.

Im Januar 1832 erschien in den *Jahrbüchern* eine ausführliche Rezension von G.s deutsch-französischer Ausgabe *Versuch über die Metamorphose der Pflanzen* (1831) von C. G. →Carus, für die G. Varnhagen von Ense am 20.2.1832 herzlich dankte: »Es ist so erfreulich, ein klares Wort über das zu hören was uns im Innersten glücklich macht!«

Bisweilen äußerte sich G. gegenüber Hegel und Varnhagen von Ense auch über Inhalte der *Jahrbücher*, so wenn er am 17.8.1827 Hegel mitteilte: »Ihre literarischen Blätter lese ich mit großem Antheil, ob ich gleich […] hie und da den Kopf schüttele. Diese gerühmte Heautognosie [Selbsterkenntnis] sehen wir schon seit geraumer Zeit nur auf Selbstqual und Selbstvernichtung hinauslaufen, ohne daß auch nur der mindeste praktische Lebensvortheil daraus hervorgegangen wäre«. Die Kritik bezog sich auf J. E. →Purkinjes Rezension von zwei Schriften von J. →Müller im Februar-Heft 1827, die G. am 3.7.1827 studiert hatte. Auf Varnhagens Rückfrage vom 25.10.1827 präzisierte G. seine Einwände am 8.11.1827: »Wenn z. E. Purkinje ganz unbewunden und zuversichtlich ausspricht: daß man die wahre, dem Menschen so nöthige *Heautognosie* bey Hypochondristen, Humoristen, Heautontimorumenen lernen solle, so ist dieses eine so gefahrvolle Äußerung als nur irgend eine; denn nichts ist bedenklicher als die Schwäche zur Maxime zu erheben. Leidet doch die bildende Kunst der Deutschen seit dreyßig Jahren an dem Hegen und Pflegen des Schwach- und Eigensinnes und des daraus hervorgehenden Dünkels und einer dadurch bewirkten Unverbesserlichkeit«. *WZ*

Jena

Zusammengenommen etwa fünf Jahre seines Lebens hat G. in Jena – 20 km von Weimar entfernt – verbracht, und in vielen Fällen spielte bei den Aufenthalten dort G.s Naturforschung eine Rolle. Mit der 1548 gegründeten Universität, wo in der G.zeit Gelehrte wie →Schiller, →Fichte, →Schelling, →Hegel, Feuerbach, →Batsch, →Hufeland, →Loder, →Döbereiner, →Seebeck, →Oken u.v.a. wirkten, stellte Jena den geistigen Mittelpunkt des Herzogtums Sachsen-Weimar-Eisenach dar. G. sah Jena und Weimar jedoch stets zusammen als intellektuell-kulturelles Zentrum, um dessen Ausbau und Geltung er sich selbst in erster Linie die größten Verdienste erwarb. Dazu trug entscheidend bei, dass er bei der Auswahl der Professoren ein Mitspracherecht hatte. Über den naturwissenschaftlichen Rahmen hinaus wird G.s Beziehung zu Jena in GHB. 4.1, 564–568 ausführlich behandelt. Im Folgenden sollen für die Naturforschung wichtige Aspekte in chronologischer Folge genannt werden.

Nach dem ersten Besuch Jenas am 23.12.1775 war G. 1778/1779 für Herzog →Carl August am Ankauf des Naturalienkabinetts von J. E. I. Walch beteiligt (Besichtigungen 22./23.9.1778 und 22.4.1779). Ab 13.7.1780 kam es zu einer näheren Beziehung zum Jenaer Anatomen J. C. Loder, bei dem G. vom 28.10. bis 2.11.1781 Knochen- und Muskellehre hörte. Bei gemeinsamen Arbeiten gelang G. im März 1784 die Entdeckung des menschlichen →Zwischenkieferknochens (vgl. an Herder, 27.3.1784); strittig ist, ob im Turm der Jenaer Anatomie (so die verbreitete Version) oder in der im Schloss aufbewahrten anatomischen Sammlung. Die Untersuchungen an diversen Tierschädeln wurden bis ins Jahr 1785 fortgesetzt. Loder blieb bis zu seinem Weggang aus Jena 1803 anatomischer Ansprechpartner G.s.

Vom 6. bis 12.3.1785 wurden gemeinsam mit C. L. v. →Knebel und A. J. G. K. Batsch botanische

Studien in Jena betrieben; Letzterer wurde mit G.s Protektion 1786 Dozent und 1788 Professor für Naturgeschichte und bis zu seinem frühen Tod im Jahr 1802 wichtigster botanischer Ratgeber G.s in Jena. Am 22./23.6.1785 lernte G. den pflanzenkundlichen Dilettanten J. G. →Dietrich aus Ziegenhain bei Jena kennen; spontan lud er ihn als botanischen Begleiter zu der in diesem Jahr stattfindenden ersten Reise nach →Karlsbad ein.

Nach ersten Gesprächen über die Einrichtung eines chemischen Laboratoriums (1785) wurde 1789 mit dem ursprünglichen Weimarer Apothekergehilfen J. F. A. →Göttling erstmals ein Professor für Chemie nach Jena berufen. G. arbeitete mit ihm ebenso gut zusammen wie mit seinem Nachfolger J. W. →Döbereiner (ab 1810) und H. W. F. →Wackenroder, der ab 1828 die Fächer Chemie und Pharmazie in Jena vertrat.

Vom 17. bis 27.9.1789 – Schiller war seit kurzem Professor für Geschichte in Jena – kam es zu Gesprächen mit A. G. →Werner, einem der führenden Geologen seiner Zeit, dessen neptunistischer Erklärung von der Erdentstehung sich G. dauerhaft anschloss (→Neptunismus/Vulkanismus). Vom 20. bis 25.12.1789 arbeitete G. in ständigem Austausch mit Batsch in Jena an seinem *Versuch die Metamorphose der Pflanzen zu erklären* (Gotha 1791).

Im März 1794 wurde der seit 1790 geplante Botanische Garten in Jena begründet. G. übernahm gemeinsam mit C. G. v. →Voigt die Verwaltung, zum Direktor wurde Batsch berufen (Nachfolger: F. J. →Schelver, 1802–1806 und F. S. →Voigt, ab 1807). Im gleichen Monat waren die Brüder von Humboldt in Jena, wobei es am 9.3.1794 vermutlich zur ersten Begegnung mit A. v. →Humboldt kam.

Nach einer Sitzung der 1793 von Batsch gegründeten →Naturforschenden Gesellschaft, deren Präsident G. 1804 wurde, kam es am 20.7.1794 zu einem ausführlichen Gespräch mit Schiller, das die Freundschaft und Zusammenarbeit in der Naturforschung (vor allem Farbenlehre) begründete.

Vom 11. bis 23.1.1795 hörte G. gemeinsam mit J. H. →Meyer und den Brüdern von Humboldt in Jena Bänderlehre bei Loder. Angeregt durch die beiden Humboldts diktierte G. seinen Aufsatz *Entwurf einer allgemeinen Einleitung in die vergleichende Anatomie, ausgehend von der Osteologie* an M. →Jacobi. Regelmäßig notierte G. in diesem Jahr Besuche des neuen Botanischen Gartens.

1796 wurde in Jena die Mineralogische Gesellschaft durch J. G. →Lenz gegründet. Im Herbst beschäftigte sich G. mit entomologischen Studien (→Insekten); am 25.9.1796 verwendete er im Tagebuch erstmals den Begriff »Morphologie«.

Im März 1797 kam A. v. Humboldt erneut nach Jena; vor allem über Galvanismus tauschte er sich mit G. aus.

1798 begann in Jena die engere Zusammenarbeit mit Schiller in Fragen der Farbenlehre. Am 28.5.1798 fand bei Schiller die erste persönliche Begegnung mit Schelling statt, dessen Polaritätsdenken G. in Fragen der Naturforschung – allerdings nur für einige Jahre bis etwa 1803 – förderte, bevor ein Entfremdungsprozess einsetzte. Mitte Juni 1798 entstand die Elegie *Die Metamorphose der Pflanzen*.

Im Januar und Februar 1799 entwarfen G. und Schiller in gemeinsamer Arbeit die →*Temperamentenrose* (vgl. Farbtafel S. 827). G. experimentierte mit dem farbenschwachen J. K. F. →Gildemeister zum Thema der Farbwahrnehmung.

Im September 1800 lernte G. in Jena J. W. →Ritter persönlich kennen und führte mit ihm Anfang Oktober Versuche zum →Galvanismus durch (im Februar 1801 in Weimar fortgesetzt).

Das Jahr 1803 erwies sich als besonders turbulent. G. übernahm (zusammen mit C. G. v. →Voigt) die Oberaufsicht über die Museen in Jena und war gleich besonders gefordert. Neben Schelling verließ auch Loder die Universität und nahm seine bedeutende anatomische Sammlung mit nach Halle. G. erhielt den Auftrag zum Aufbau einer neuen Sammlung im Jenaer Schloss. Vergeblich bemühte er sich darum, S. T. →Soemmerring für Jena zu gewinnen. Dessen Schüler J. F. Ackermann wurde Nachfolger Loders, blieb aber nur zwei Jahre in Jena. Um die mineralogische Sammlung zu sichern, wurde die Mineralogische Gesellschaft als ›Herzogliche Sozietät‹ privilegiert und G. zu deren Präsidenten gewählt.

Am 3.12.1803 kam es zur ersten Begegnung mit dem Physiker T. J. →Seebeck, die sich ab 1806 intensivierte: Seebeck arbeitete an G.s *Farbenlehre* mit und wurde zu ihrem einzigen Fürsprecher unter den Physikern.

In den Folgejahren besuchte G. immer wieder die Sammlungen und Museen in Jena, um ihre Entwicklung in Augenschein zu nehmen (27. bis 31.5.1804, 26. bis 28.6. und 10. bis 15.10.1805, 16. bis 20.5. und 15. bis 28.6.1806). Ab 1806 trat G. von Jena aus seine Reisen zur Kur in →Böhmen an, bis 1812 jährlich nach Karlsbad.

Bis 1810, dem Erscheinungsjahr der *Farbenlehre*, ist dieses Thema durchgängig bei den Arbeiten in Jena belegt, oft gemeinsam mit Seebeck, gelegentlich mit Döbereiner (vor allem August und Ende September 1806, Mai, November und Dezember 1807, März 1808, Mai bis September 1809, März bis Mai 1810).

1809 erhielt G. – gemeinsam mit C. G. v. Voigt – die (ab 1815 so bezeichnete) Oberaufsicht über die unmittelbaren Anstalten für Wissenschaft und Kunst in Jena und Weimar; die davon erfassten Jenaer Einrichtungen unterstanden somit nicht der Universität, sondern dem Herzog →Carl August direkt. G. bemühte sich in dieser Funktion immer wieder um den Botanischen Garten (unter F. S. Voigt), die Naturhistorischen Sammlungen (unter J. F. Fuchs), das Chemische Institut (ab 1810 unter Döbereiner) und die Mineralogischen Sammlungen (unter →Lenz); bis 1827 sind im Tagebuch entsprechende Inspektionen dieser Einrichtungen belegt. Der Jenaer Hofmechaniker J. C. F. →Körner wurde immer wieder herangezogen, wenn es um naturwissenschaftliche Instrumente ging. G. nutzte die Besuche bei ihm oft zum gemeinsamen Experimentieren, zur Demonstration neuer Versuche - die amtliche Tätigkeit war stets mit dem naturwissenschaftlichen Interesse verknüpft. Nicht selten wurden auswärtige Gäste daran beteiligt, gelegentlich stellte sich auch Carl August dabei ein. 1811, 1812 und 1815 erstattete G. umfassende Berichte an den Herzog über die Jenaer Einrichtungen. Wie vielfältig und intensiv diese Tätigkeit im Einzelnen war, ergibt sich aus den von I. und G. Schmid zusammengestellten Dokumenten (vgl. FA I, 27, 289–1022).

1812 kamen mit der auf Carl Augusts Drängen eingerichteten →Sternwarte in Jena (zunächst unter C. D. v. →Münchow) und 1816 mit der Tierarzneischule (unter T. Renner) weitere Anstalten hinzu, für die G. die Verantwortung trug.

1817 wurde in Jena ein Botanisches Museum eingerichtet. Im gleichen Jahr begann die Herausgabe von G.s Zeitschrift *Zur Naturwissenschaft überhaupt, besonders zur Morphologie* (jeweils 6 Hefte zur Naturwissenschaft und zur Morphologie bis 1824). Wegen des persönlichen Kontaktes zum Druckhaus Frommann war G. der Aufenthalt in Jena zunächst besonders angenehm, abgesehen von kurzen Besuchen in Weimar (und den Badekuren in Karlsbad 1818 bis 1820) war er vom 21.3. bis 7.8.1817 und 21.11.1817 bis 23.7.1818 in Jena, bis zum 26.8.1819 überwogen dann kürzere Abstecher von Weimar aus, bevor wieder längere Aufenthalte vom 29.9. bis 24.10.1819 und 31.5. bis 4.11.1820 folgten. Viele Aufsätze zu seiner naturwissenschaftlichen Zeitschrift hat G. in Jena erarbeitet, so wie generell gilt, dass er Jena als Ort für konzentriertes Arbeiten schätzte, während in Weimar viele Ablenkungen (Hof, Besucher) unvermeidbar waren.

Neben die in Jena wirkenden Professoren, die G.s ständige Gesprächspartner waren, traten andere Naturforscher und Gelehrte: z. B. der Chemiker F. Runge, der G. 1819 in Jena seine Pupillenversuche mit Atropin an einer Katze vorführte, oder der Botaniker C. G. D. →Nees von Esenbeck, der G. 1816 in Jena besuchte (und 1823 eine Pflanze nach ihm benannte; →Goethea).

Vom 15.9. bis 4.11.1821 war G. zum letzten Mal eine längere Zeit in Jena: die aus Marienbad mitgebrachte Mineraliensammlung wurde katalogisiert, die Erweiterung der Tierarzneischule besprochen, die anatomische Sammlung besucht. In den Folgejahren waren es nur zwei Wochen (1822) bis wenige Tage (1823, 1824), die G. auf Inspektionsreisen in Jena verbrachte. Für 1825 und 1826 sind keine Besuche belegt, 1827 war G. mit →Eckermann für zwei Tage dort, die Erinnerung an Schiller wurde in dessen Garten gepflegt. Am 19./20.6.1830 besuchte G. zum letzten Mal den Botanischen Garten und die Museen im Schloss; das Tagebuch vermerkt dazu: »Fand alles in bester Ordnung. [...] Überall gute Ordnung und Zucht. Reinlichkeit auf's Neue empfohlen. [...] Um 4 Uhr abgefahren«.

Literatur

Dwars, Jens-Fietje: Mit Lichtbehagen. Der Jenaer Goethe. Bucha bei Jena 2003. – Hartmann, Leopold: Goethe in Jena. Jena 1970 u.ö. – Koch, Herbert: Goethes Jena-Aufenthalte 1779–1798. In: GJb. (1966), 315–318. – Steiger, Guenther: Goethe, die Universität Jena und die Naturwissenschaften. Jena 1986. *WZ*

Jenaische Naturforschende Gesellschaft s. Naturforschende Gesellschaft zu Jena

John, Johann August Friedrich (1794–1854)

Von der Hand des ab 1814 bis März 1832 als G.s Schreiber und Sekretär zuverlässig und gewissenhaft Tätigen stammen auch zahlreiche naturwissenschaftliche Manuskripte. Diktate an und Abschriften und Munda durch John werden vielfach im Tagebuch erwähnt.

Bisweilen wurde John auch zu besonderen Tätigkeiten herangezogen. So sandte ihn G. am 30.1.1825 »nach Mattstedt, vier Stunden von Weimar«, um »von dem verlassenen Kohlenwerk noch einige Stücke Kohlen auch die Gebirgsarten [...] zu sammeln«, worüber John ausführlich schriftlich berichtete (vgl. LA II, 8B, 461 f.). Er beschriftete die Schubladen der Mineralienschränke (31.3.1825) und brachte G. »Stücke von Birkenstämmen« für Studien über die →Spiraltendenz der Vegetation (9.6.1830).

1823 begleitete John G. auf seiner Böhmenreise und wurde dort für Wetterstudien eingesetzt: »John beobachtet Barometer und Wolken« (an Ottilie v. Goethe, 14.8.1823; vgl. auch an C. L. F. Schultz, 8.7. u. 8.9.1823). Am 16.8.1823 zeichnete er den Wolfsberg bei Marienbad, am 10.9.1823 las er mit G. das Barometer in der Apotheke von Eger ab.

An G.s Sammlungen, Rechnungen und Haushaltsführung beteiligt, genoss John G.s Vertrauen in vielerlei Hinsicht. *ZA*

Journal der Physik

Die von Friedrich Albert Carl →Gren herausgegebene Fachzeitschrift erschien zwischen 1790 und 1794 in 8 Bänden und wurde anschließend als *Neues Journal der Physik* (4 Bde., 1795–1797) vom gleichen Herausgeber weitergeführt, bevor sie 1799 unter dem Titel →*Annalen der Physik* von Ludwig Wilhelm →Gilbert übernommen wurde (bis 1824).

In Band 7, 1793 (3–21) erschienen von Gren *Einige Bemerkungen über des Herrn von Goethe Beyträge zur Optik*, die zu G.s Ergebnissen lapidar festhielten, »daß die Erklärung ganz und gar in Newtons Theorie der Farben und der Brechbarkeit des Lichtes gegründet ist [...]«. *CS*

Journal für Chemie und Physik

Von der von J. S. C. →Schweigger herausgegebenen Fachzeitschrift erschienen zwischen 1811 und 1833 insgesamt 69 Bände (31, 1821 bis 60, 1830 unter dem Titel *Neues Journal für Chemie und Physik*; 61, 1831 bis 69, 1833 unter dem Titel *Neues Jahrbuch der Chemie und Physik*). In G.s Bibliothek befanden sich die ersten 51 Bände (1811–1827; vgl. Ruppert 4196). *WZ*

Journal von Tiefurt

Das Periodikum, dessen erste Nummer in wenigen kopierten Exemplaren am 16.8.1781 herauskam, entlieh seinen Namen und die anfängliche Aufteilung von der beliebten französischen Tageszeitung *Journal de Paris*, die handschriftliche Verbreitung an einen ausgewählten Kreis persiflierte Melchior Grimms an avantgardistischen deutschen Höfen ebenfalls autograph verbreitete *Corréspondance littéraire, philosophique et critique*. Was, benannt nach dem unweit von Weimar gelegenen Sommersitz der Herzoginwitwe Anna Amalia, als Mittel gegen die ländlich-höfische Langeweile begann, brachte es bis April 1784 bei anfangs wöchentlichem, später unregelmäßigem Erscheinungsturnus auf 47 Hefte von je einem Bogen Umfang. Enthalten waren Gedichte, Rätsel, literarische Übersetzungen, gelehrte Abhandlungen und Antworten auf Preisfragen.

Der Tiefurter Zirkel begriff sich als »eine Gesellschaft von Gelehrten, Künstlern, Poeten und Staatsleuten, beyderley Geschlechtes«, die »alles was Politick, Witz, Talente und Verstand, in unsern dermalen so würdigen Zeiten, hervorbringen, in einer periodischen Schrift den Augen eines sich selbst gewählten Publikums« vorlegen wolle (so Kammerherr Friedrich Hildebrand von Einsiedel in der gedruckten Ankündigung des Unternehmens). »Die Verfasser sind Hätschelhanz [G.], Wieland, Herder, Knebel, Kammerherr Seckendorff und Einsiedel«, teilte Anna Amalia am 23.11.1781 G.s Mutter Katharina Elisabeth mit. Auch Herzog →Carl August beteiligte sich.

Das 32. Stück, herausgekommen um die Jahreswende 1782/1783, enthielt ein anonymes, der Natur gewidmetes und mit »Fragment« überschriebenes Stück, dessen Autorschaft bis heute als ungelöst gilt. Der Redaktion des *Journal von Tiefurt* lag der Text von der Hand von G.s Schreiber Philipp Seidel vor. Die Zuschreibung an seine Person wies G. zunächst an den Schweizer Theologen Georg Christoph →Tobler weiter. 1828 erneut befragt, bekannte sich G. zu den naturphilosophischen Ideen des Inhalts, die, in der Personifikation der Natur als »Mutter« und »Künstlerin«, der Sturm-und-Drang-Ästhetik des jungen G. ebenso nahestanden wie die rhapsodisch-hymnische Form. Zusammen mit G.s *Erläuterung zu dem aphoristischen Aufsatz ›Die Natur‹* nahmen →Eckermann und →Riemer 1833 den Text in die Werkausgabe letzter Hand auf. Die Emphase des Naturbegriffs, die Elemente von Steigerung und Polarität, Fülle und Widerspruch veranlassten Rudolf Steiner zu einer Interpretation, die den Text in die Geschichte der Anthroposophie einbindet. Durch diese sublime Wirkungsgeschichte wird der Sachverhalt überlagert, dass G.s Verfasserschaft nicht zuletzt aufgrund der mangelnden konkreten Anschaulichkeit des Textes fraglich erscheint.

Vgl. auch den ausführlichen Artikel in GHB. 4.1, 573–575 sowie →Polarität/Steigerung.

Literatur

Heinz, Jutta und Golz, Jochen (Hg.): »Es ward als Wochenblatt zum Scherze angefangen«. Das Journal von Tiefurt. Unter Mitarbeit von Cornelia Ilbrig, Nicole Kabisius und Matthias Löwe. Göttingen 2011 (SchrGG. 74). – Hellen, Eduard von der (Hg.): Das Journal von Tiefurt. Mit einer Einleitung von Bernhard Suphan. Weimar 1892 (SchrGG. 7; dort Steiners Aufsatz 393–398). *LEU*

Jungius, Joachim (1587–1657)

Der prominente Arzt, Mathematiker, Naturforscher und Philosoph war als Professor der Mathematik in Gießen (1609–1614) und Rostock (1624–1628) tätig. Zwischenzeitlich hatte er ein Medizinstudium in Rostock und Padua absolviert, so dass er 1628/1629 für kurze Zeit eine Medizinprofessur in Helmstedt annahm, bevor er sich 1629 in Hamburg als Direktor des Johanneums, des Akademischen Gymnasiums der Stadt, niederließ.

Fast 200 Jahre später, am 13.6.1828, wurde G. auf Jungius aufmerksam, als er A. P. de →Candolles Werk *Organographie végétale* (2 Bde., Paris 1827) las, in dem Jungius als Vorläufer G.s in der Botanik bezeichnet wurde (Lektüre fortgesetzt: 14.–16.6., 8. u. 16.7.1828; dazu mehrere Erwähnungen in Briefen an und von F. J. →Soret vom 21., 23., 28. und 30.6.1828; vgl. WA IV, 44, 146 u. 161, LA II, 10B.1, 383 u. 385).

Am 29.6.1828 erhielt G. von C. E. F. →Weller aus der Jenaer Bibliothek das angeforderte Werk von Jungius *Doxoscopiae physicae minores, sive isagoge physica doxoscopia [...]* (Hamburg 1662) sowie eine Liste sämtlicher dort vorhandener Titel dieses Autors und einige Angaben zu seiner Biographie.

Am 30.6.1828 verzeichnete das Tagebuch die Lektüre von Jungius; am 2.7.1828 schrieb G. an Soret mit Verweis auf die Ausführungen von de Candolle: »Den alten *Joachim Jungius*, dessen seltene Schriften [...] sich auf der jenaischen Bibliothek glücklicherweise befinden, studir ich sehr ernsthaft, um zu erfahren was ich mit diesem grauen Vorgänger gemein habe; bisher war er mir unbekannt geblieben«.

Nach erneuter Lektüre am 5.7. hieß es am 6.7.1828 gegenüber Soret: »[...] höchst merkwürdig ist dieser Mann als einer von denen dem es zu seiner Zeit Ernst ist um die Sache, weshalb er denn die herrlichen Naturgegenstände soviel als möglich aus dem alten Wortkram zu retten sucht«.

Am 10.7.1828 musste Weller für den inzwischen in →Dornburg weilenden G. weitere sechs Werke von Jungius ausleihen, darunter die *Mineralia* (1689), die *Historia vermium* (1691) und die *Logica Hamburgensis* (1681). Um 14 Uhr kam der Wagen aus Jena, noch am gleichen Tag vermerkte G. im Tagebuch: »Die von Jena mitgekommenen Bücher hatten mir zu mancherley Nachdenken Anlaß gegeben«.

Bis in den August hinein sind weitere Lektüre und die Anfertigung von Konzepten belegt, die schließlich in G.s Aufsatz *Leben und Verdienste des Doktor Joachim Jungius, Rektors zu Hamburg* münden sollten (vgl. Tgb 23.–26. u. 28.7.1828; an Zelter, 28.7. u. 9.8.1828; an F. S. Voigt, 28.7.1828).

Nach der Rückkehr aus Dornburg beschäftigte sich G. im Oktober 1828 erneut mit Jungius (vgl. an Weller, 15.10.1828) und ließ wiederum Titel aus der Bibliothek ausleihen. Am 14.1.1829 wandte er sich vergeblich nach Hamburg, um eventuell auf ungedrucktes Material aus dem Nachlass von Jungius zu stoßen (vgl. an J. M. Lappenberg, 14.1.1829 und dessen unbefriedigende Antwort vom 7.1.1831; LA II, 10B.1, 627).

Im Oktober 1830 sowie im Februar und März 1831 arbeitete G. seinen Aufsatz über Jungius aus, das Mundum wurde unter dem 10.4.1831 festgehalten (vgl. Tgb, 22., 23. u. 25.10.1830, 24., 26. u. 28.2., 2.–4.3.1831). G. gab zunächst eine Übersicht über die Biographie und die (durchweg posthum) erschienenen Werke, erkannte dabei »Fleiß«, »Umsicht«, den »liebenswürdigen Sinne eines ruhig beschauenden Naturfreundes«, »eine heitere, oft sehr lebhafte Freude an [...] Erscheinungen der organischen Natur« (FA I, 24, 718f.). Besonders die *Isagoge phytoscopia*, das »Heft der botanischen Grundlehre« kam G. entgegen: »Man erkennt daran einen klar sehenden, die Gegenstände genau betrachtenden Mann, der die organische Natur in einer gewissen Folge und Vollständigkeit zu behandlen im Falle ist« (ebd. 720). Allerdings musste G. auch feststellen, dass er bei Jungius – entgegen dem Urteil de Candolles einer Vorläuferschaft – nichts fand, das seiner eigenen Lehre von der →Metamorphose der Pflanzen entsprach. G. lieferte dazu die Erklärung, dass die Zeit im 17. Jh. für diese Idee noch nicht reif gewesen sei, Jungius diese »gar nicht hat aussprechen *können*« (ebd. 721).

Die überlieferten Texte, die nicht in G.s Abhandlung eingegangen sind, werden in aktuellen G.-Ausgaben unter dem Titel *Weitere Studien über Jungius* abgedruckt (vgl. FA I, 24, 722–727).

Literatur

Guhrauer, Gottschalk Eduard: Joachim Jungius und sein Zeitalter, nebst Goethes Fragmenten über Jungius. Stuttgart, Tübingen 1850. – Matthaei, Rupprecht: Joachim Jungius und Goethes Farbenlehre. In: Neue Hefte zur Morphologie. 1 (1954), 60–66. *WZ*

Jura

Das hauptsächlich aus verfalteten Kalksedimenten des Erdmittelalters bestehende Juragebirge erstreckt sich vom Hochrhein bis südlich des Genfersees. G. lernte es auf seiner zweiten Schweizer Reise (→Schweiz, →Reisen) kennen. Der Ritt von Basel nach Moutier (Münster) durch die Birsschlucht regte ihn zur Beschäftigung mit geologischen Fragestellungen an. »Man ahndet im Dunkeln die Entstehung und das Leben dieser seltsamen Gestalten«, schrieb er am 3.10.1779 an Ch. v. →Stein; im scheinbaren Chaos der Felsformen vermutete er ein »ewiges Gesetz«. In der weiter südlich gelegenen Vallée de Joux stellte G. in einem weiteren Brief an Frau v. Stein vom 28.10.1779 fest, das Tal sei »von der Natur eingegraben (ich mögte sagen, eingeschwemmt, da auf allen diesen Kalchhöhen die Würkungen der uralten Gewässer sichtbar sind)«, was auf eine Kenntnis der geologischen Theorien von →Buffon schließen lässt. Die Herkunft der zahlreich an den Jurahängen und am benachbarten Mont Salève bei Genf vorkommenden →erratischen Blöcke aus →Granit bildete lange Zeit ein wissenschaftliches Rätsel, das auch G. beschäftigte.

Literatur
Wyder, Margrit: Gotthard, Gletscher und Gelehrte. In: Ruf, Oliver (Hg.): Goethes Schweiz (im Druck).
WY

Jussieu, Antoine Laurent de (1748–1836)

Der aus einer Lyoner Botanikerfamilie stammende Professor der Botanik und Direktor des Botanischen Gartens in Paris begründete 1789 nach Vorarbeiten seines von C. v. →Linné geschätzten Onkels Bernard de Jussieu (1699–1776) das natürliche System der Pflanzen, in dem diese nach dem Gesamthabitus und den Verwandtschaftsverhältnissen, nicht aber nach künstlichen Merkmalen (wie bei Linné) geordnet werden sollten.

Im September 1793 schaffte G. Jussieus Hauptwerk *Genera plantarum secundum ordines naturales disposita* (1789) in der Ausgabe mit Anmerkungen von Paulus Usteri (Zürich 1791; Ruppert 4734) an. Die Beschäftigung damit wird zunächst durch mehrere Verzeichnisse von Pflanzenarten nach Jussieus Systematik belegt (vgl. LA II, 9A, 183–190, M 118–120). Außerdem verfasste G. Lernverse »Zum bequemen Gedächtniß der 15 natürlichen Classen« Jussieus (vgl. ebd. 191, M 121).

Jussieus Verfahren, gemeinsame Merkmale als Ordnungsprinzip zu nutzen und aus den einzelnen Befunden allgemeine Schlüsse zu ziehen, entsprach G.s Vorstellung im Kontext der *Metamorphose der Pflanzen* (1790). Auch Jussieus Feststellung von Verwandlungen (»conversiones«) der Blütenteile (*Genera plantarum*, XVI) lag G.s These von der Abwandlung des →Blattes in allen Teilen der Pflanzen nahe.

Anfang 1800 las G. Jussieus Werk erneut und versuchte, eine nach dessen System angeordnete Folge von Pflanzenabbildungen zu erstellen (vgl. Tgb, 5.2.1800; an Schiller, 23.3.1800). Darüber berichtete er auch in den *Tag- und Jahresheften* von 1800: »Um mir im Botanischen das Jussieu'sche System recht anschaulich zu machen, brachte ich die sämmtlichen Kupfer mehrerer botanischen Octav-Werke in jene Ordnung; ich erhielt dadurch eine Anschauung der einzelnen Gestalt und eine Übersicht des Ganzen, welches sonst nicht zu erlangen gewesen wäre«.

F. S. →Voigt, der Jenaer Botaniker, machte 1809 während seines Pariser Aufenthalts die Bekanntschaft von Jussieu (»ein vornehmer, Achtung einflößender, und dabei sehr gefälliger Mann«) und berichtete G. regelmäßig darüber (vgl. Voigt an G., 7.9. und 15.10.1809, 12.2.1810; LA II, 9B, 305, 307, 312; auch Tgb, 7.4.1811).

In seiner Niederschrift *Eigenschaften der Monokotyledonen* (vermutlich Mitte der 1790er Jahre) berief sich G. auf Jussieu (vgl. FA I, 24, 159). Im Aufsatz *Andere Freundlichkeiten* (Morph I, 2, 1820) verwies er darauf, dass Jussieu »der Metamorphose gedacht« habe, »aber nur bei Gelegenheit der gefüllten und monstrosen Blumen. Daß hier auch das Gesetz der regelmäßigen Bildung zu finden sei ward nicht klar« (FA I, 24, 454). In *Nacharbeiten und Sammlungen* (1820) sprach G. davon, dass ihm »Usteris Ausgabe des Jussieuschen Werks gar wohl zustatten« kam (ebd. 459).

In seiner Rezension von A. v. →Humboldts *Ideen zu einer Physiognomik der Gewächse* (JALZ Nr. 62, 14.3.1806) stellte er heraus, dass »die Jussieu [Antoine Laurent und sein Onkel Bernard] das große Ganze [der Pflanzengestalten] schon naturgemäßer [als Linné] aufgestellt« hatten.

Aus G.s botanischem Umfeld berichtete F. G. →Dietrich, dass G. um 1790 »auf den Gedanken kam, die natürlichen Pflanzenfamilien im lebenden Zustand zu sehen [...]. Dieser Plan war im Jahr 1794 realisiert. In dem Garten des Herrn von Goethe wurden hiezu schickliche Beete abgeteilt, dann die einheimischen, auch ausländischen Gewächse, die in unserm Klima unter freiem Himmel gedeihen, angeschafft, auf die bestimmten Beete gepflanzt und in Gruppen zusammengestellt, so wie in Jussieus natürlichem System die Gattungen aufeinander folgen« (GG 1, 557). Auch der 1794 gegründete Botanische Garten in Jena wurde durch A. J. G. K. →Batsch unter dem Einfluss G.s nach Jussieus System angelegt.

Unklar ist, ob die Rezension zu der von F. C. J. Gingins-Lassaraz übersetzten französischen Ausgabe von G.s *Metamorphose der Pflanzen* (1829) im *Bulletin des sciences naturelles* (17, 1829) von Jussieu oder seinem Sohn Adrien stammt. *HO*

Kálidása

G. kannte den indischen Dichter (5. Jh.) als Autor des Liebesdramas *Sakuntala* seit 1791, als er mit Begeisterung die deutsche Übersetzung von G. Forster las. Kálidásas Gedicht *Megha-Duta* (*Der Wolkenbote*), in dem eine vorbeiziehende Wolke einem auf die Höhen des Himalaja Verbannten als Liebesbote für die weit entfernte Gattin dient, las G. Ende März 1817 in der 1815 entstandenen englischen Version von H. H. Wilson (vgl. TuJ 1817) und anlässlich der deutschen Übersetzung durch J. G. L. Kosegarten erneut am 4.4.1821 (vgl. TuJ 1821). In G.s Gedicht *Howard's Ehrengedächtnis* (ZNÜ I, 4, 1822), das dem Erstbeschreiber der verschiedenen →Wolkenformen ein Denkmal setzt, wird der Gestaltwechsel der Wolken als andauernde Metamorphose der indischen Gottheit →Camarupa dargestellt. Die Anregung verdankte G. dem Epos *Megha-Duta*. *ZA*

Kalkspat s. Doppelspat

Kammerberg bei Eger

Der Kammerberg (Kammerbühl), eine ca. 30 Meter hohe vulkanische Basaltkuppe, liegt in der Ebene zwischen Franzensbad und →Eger. Von seinem ersten Besuch an (Tgb, 14.7.1808: »Schöne Aussicht und interessanter Vulkanismus«) machte sich G. Gedanken über »diese ewig merkwürdige, immer wieder besuchte, betrachtete und immer wieder problematisch gefundene, weit und breit umherschauende mäßige Erhöhung« (FA I, 25, 421). Allein im Jahr 1808 suchte G. den Kammerberg neunmal auf (14., 15., 17. und 24.7.; 1., 6., 8., 9. und 10.9.; vgl. TuJ 1808).

Im Brief an M. von Eybenberg vom 17.7.1808 bezeichnete G. ihn als »vulkanischen Hügel«; in diesem Sinne, aus den Tiefen des Erdinnern entstanden, beschrieb er den Kammerberg auch in seiner ersten, in diesem Jahr (3. bis 5.9.) entstandenen Abhandlung *Der Kammerberg bei Eger* (gedruckt in Leonhards *Taschenbuch für die gesammte Mineralogie* 3, 1809; später in ZNÜ I, 2, 1820).

In seinem 1773 veröffentlichten, G. im Jahr 1808 noch nicht bekannten *Schreyben über einen ausgebrannten Vulcan bey der Stadt Eger* hatte I. v. Born den vulkanischen Ursprung des Kammerbergs erkannt, während F. A. →Reuß, Badearzt und Geologe in →Bilin, ihn für pseudovulkanisch, durch den Brand unterirdischer Kohlelager entstanden, hielt. G. dagegen: »Ich finde mich veranlaßt von der Reußischen Meinung [...] abzugehen und ihn für vulcanisch zu erklären. In diesem Sinne schreib' ich einen Aufsatz [...]« (TuJ 1808).

Als G. am 28.5.1820 in Begleitung von J. S. →Grüner den bedingt durch Wegebaumaßnahmen immer weiter erschlossenen Kammerberg erneut besuchte, inspizierte er die regelmäßigen Schichten desselben genau (vgl. Grüners Bericht; GG 3.1, 175–179): »Hier war ein mit Kohlen geschichteter Glimmerschiefer wie dort spätere Thonflötzlager durchglüht, geschmolzen und dadurch mehr oder weniger verändert« (TuJ 1820). Aus diesem Grund widerrief G. seine 1809 veröffentlichte (und 1820 mit einem Zusatz erneut gedruckte) Ansicht einer vulkanischen Entstehung und stufte den Kammerberg wie Reuß als pseudovulkanisch ein: »Diese Überzeugung einem frischen Anschauen gemäß, kostete mich nichts selbst gegen ein eignes gedrucktes Heft [ZNÜ I, 2] anzunehmen; denn wo ein bedeutendes Problem vorliegt, ist es kein Wunder wenn ein redlicher Forscher in seiner Meinung wechselt« (TuJ 1820). Die gewandelte Anschauung machte G. in seinem Aufsatz *Kammerberg bei Eger* (ZNÜ I, 3, 1820) deutlich.

Am 28.7.1822 erneut auf dem Kammerberg, notierte G. in sein Tagebuch: »Ob ein Pseudovulkan? Pro und Contra«. Hier deuteten sich bereits wiederum Zweifel an, die noch zunahmen, als am 30.7.1822 eine gemeinsame Exkursion mit dem Grafen →Sternberg, →Berzelius, →Pohl und Grüner zum Kammerberg unternommen wurde. Berzelius hielt den Kammerberg für einen erloschenen Vulkan und legte zum Beweis einen dort gefundenen Olivin vor (vgl. Berzelius' Bericht in LA II, 8B.1, 265–267; darin: »Goethe war über den Fund ganz entzückt [...]. Er erklärte, daß er seine Überzeugung jetzt geändert habe [...]«).

Nach Grüners Darstellung aber hörte G. »bloß zu, ohne eine Meinung abzugeben. Später äußerte er gegenüber dem Grafen Sternberg, daß, solange der Hügel nicht von der Sohle bis zu dem vorgeblichen Krater durchfahren sei, er problematisch bleiben werde« (GG 3.1, 388).

Zur Exkursion von 1822 verfasste G. zwei Texte, einen Exkursionsbericht mit dem Titel *Kammer-Bühl* und die Wiedergabe eines fiktiven Gesprächs mit einem Brunnengast (unter dem Titel *Wunderbares Ereignis*); beide erschienen in ZNÜ II, 1, 1823. Während im ersten Text von einer pseudovulkanischen Entstehung des Kammerbergs keine Rede mehr ist, wird sie im zweiten Text durch den Brunnengast wiederum erwogen. Die ungelöste Kontroverse gab G. zu denken: »Hiedurch mußte bei mir eine milde, gewissermaßen versatile Stimmung entstehen, welche das angenehme Gefühl gibt, uns zwischen zwei entgegengesetzten Meinungen hin und her zu wiegen, und vielleicht bei keiner zu verharren. Dadurch verdoppeln wir unsere Persönlichkeit [...]« (FA I, 25, 323).

G. legte sich auf keine eindeutige Meinung zur Entstehung des Kammerbergs fest, vielmehr forderte er jeden auf, »seinen Scharfsinn gleichfalls an diesem Gegenstand zu üben« (ebd. 409).

Über einem Zeitraum von 15 Jahren versuchte G. die Entstehung des Kammerbergs zu erklären. Mit diesen Studien reflektierte er zugleich die geologische Forschungsmethode sowie das Verhältnis zwischen Erkenntnis, Vorstellung und Einbildungskraft in der Naturforschung. Im Gespräch mit →Boisserée vom 2.8.1815 berief sich G. auf die »Antinomie der Vorstellungs-Art« von →Kant, um auf die »wunderliche Bedingtheit des Menschen auf seine Vorstellungs-Art« (GG 2, 1029) aufmerksam zu machen: »[...] so muß es mir mit Gewalt abgenötigt werden, wenn ich etwas für vulkanisch halten soll, ich kann nicht aus meinem Neptunismus heraus« (ebd.).

G.s Kammerbergstudien waren wegweisend für spätere Naturforscher: G. A. Goldfuß und K. G. Bischoff beschrieben in ihrem Werk *Physikalisch-statistische Beschreibung des Fichtelgebirges* (2 Bde., Nürnberg 1817; hier 2, 133 ff.) den Kammerberg als ehemals brennenden Vulkan und zitierten dabei G.s Aufsatz von 1808.

Ebenso verfuhr H. v. →Cotta am Beginn seines *Beitrags zur Untersuchung über die Entstehung des Kammerbühls bey Eger* (gedruckt in: Isis 20, 1827, Sp. 324–329), den er am 19.9.1826 vor der Mitgliederversammlung Deutscher Naturforscher und Ärzte in Dresden vortrug.

Die Anregung G.s im Aufsatz von 1820, zu weiterer Aufklärung einen Stollen durch den Kammerberg zu treiben, konnte Graf Sternberg erst in den Jahren 1834 bis 1837 verwirklichen.

Literatur
Engelhardt, Wolf von: Goethe im Gespräch mit der Erde. Weimar 2003, 245–248. – Fejfar, Oldrich: Brunnengast, Geolog und Spaziergänger. In: Steininger, Fritz F. und Kossatz-Pompé, Anne (Hg.): »Quer durch Europa«. Naturwissenschaftlich Reisen mit Johann Wolfgang von Goethe. Frankfurt am Main 1999, 49–75. – Ho, Shu Ching: Der Kammerberg bei Eger (1808). In: Dies.: Über die Einbildungskraft bei Goethe. Freiburg 1998, 83–92. – Dies.: G.s Entwurf der Kantischen Philosophie. In: Schnitzler, Günter und Schramm, Gottfried (Hg.): Ein unteilbares Ganzes. Goethe: Kunst und Wissenschaft. Freiburg 1997, 199–244 (zum Kammerberg 231–239). – John, Alois: Goethe und der Kammerbühl. In: G.-Fs. aus Anlaß der Enthüllung des Goethe-Denkmals in Franzensbad. Franzensbad 1906, 47–60. – Semper, Max: Die geologischen Studien Goethes. Leipzig 1914, 117–122. *HO*

Kant, Immanuel (1724–1804)

»Kant hat nie von mir Notiz genommen, wiewohl ich aus eigener Natur einen ähnlichen Weg ging als er. Meine Metamorphose der Pflanzen habe ich [1789/1790] geschrieben, ehe ich etwas von Kant wußte, und doch ist sie ganz im Sinne seiner Lehre. Die Unterscheidung des Subjekts vom Objekt, und ferner die Ansicht, daß jedes Geschöpf um sein selbst willen existiert und nicht etwa der Korkbaum gewachsen ist, damit wir unsere Flaschen pfropfen können, dieses hatte Kant mit mir gemein und ich freute mich ihm hierin zu begegnen. Später [1792] schrieb ich die Lehre vom Versuch, welche als Kritik von Subjekt und Objekt und als Vermittlung von beiden anzusehen ist« (Eckermann, 11.4.1827; FA II, 12, 243).

Die »schöne Uebereinstimmung« G.s »philosophischen Instinktes mit den reinsten Resultaten der spekulierenden Vernunft« (MA 8.1, 15) hat →Schiller als erster erkannt und in seinem berühmten Geburtstagsbrief vom 23.8.1794 formuliert.

Nach der Untersuchung von G.s Handexemplaren der *Kritik der reinen Vernunft* (3. Aufl. 1790) und der *Kritik der Urteilskraft* (1. Aufl. 1790) durch Molnár (1994) wurde G.s Kant-Verständnis in der Forschung neu bewertet, nachdem man bis dahin oftmals das G.-Zitat bemüht hatte: »Für Philosophie im eigentlichen Sinne hatte ich kein Organ [...]« (FA I, 24, 442). Vor allem in Hinblick auf G.s Naturforschung erweist sich die Kantische Philosophie von erheblicher Bedeutung.

G. fand den Zugang zu Kant, als er sich nach der Rückkehr aus Italien (1788) um eine Darstellung seiner Ansichten über die Pflanzenmetamorphose bemühte (vgl. Wieland an K. L. Reinhold, vor 18.2.1789; Reinhold an Kant, 14.6.1789 und Körner an Schiller, 6.10.1790; vgl. BG 3, 274 und 361, Vorländer 1907, 140). G.s Notizheft *Eigene Philosophische Vorarbeiten und Kantische Philosophie circa 1790* (LA II, 1 A, 72–77, M 7), Buchauszüge aus Kants *Kritik der reinen Vernunft* (ebd. 78–84, M 9f.) sowie die Anmerkungen, Unterstreichungen und Randnotizen in seinen Handexemplaren der *Kritik der reinen Vernunft* (ebd. 32–72, M 6) und der *Kritik der Urteilskraft* (ebd. 84–105, M 11) belegen seine eifrigen Studien zwischen 1789 und 1791. Hinsichtlich der *Urteilskraft* beschäftigte G. vor allem die Frage der Zweckmäßigkeit der organischen Naturen. Zu keinem anderen Werk Kants hat G. jedoch so viele Anmerkungen hinterlassen wie zur *Kritik der reinen Vernunft.*

Auf der Suche nach »einer naturgemäßen Methode« zur »Darstellung des Versuchs der Pflanzen-Metamorphose« (FA I, 24, 442) war die Kantische Erkenntniskritik für G. von zentraler Bedeutung. Das berühmte Gespräch zwischen G. und Schiller über die →Urpflanze im Anschluss an eine Sitzung der →Naturforschenden Gesellschaft in Jena am 20.7.1794 beruhte auf der Kantischen Frage in der transzendentalen Deduktion der *Kritik der reinen Vernunft*: »Wie kann jemals Erfahrung gegeben werden, die einer Idee angemessen sein sollte? denn darin besteht eben das Eigentümliche der letzteren, daß ihr niemals eine Erfahrung kongruieren könne« (FA I, 24, 437). Diese mit Schiller 1794 diskutierte Frage notierte G. am 5.4.1817 in sein Tagebuch, als er an mehreren Aufsätzen für seine Zeitschrift *Zur Morphologie* arbeitete (s. u.).

Schiller machte G. auf den Unterschied zwischen →Idee und →Erfahrung aufmerksam, ebenso auf das Verfahren, beide Begriffe mittels der analytischen Methode voneinander zu trennen, wodurch empirische Naturforschung erst möglich werde. Vor allem Anfang 1798, als G. sich über sein methodisches Vorgehen in der *Farbenlehre* Klarheit verschaffen wollte, wies jener ihn auf die Kantischen zwölf Kategorien des reinen Verstandes hin (s. o. S. 229). Durch Schillers Einwirkung gewann die Kantische Erkenntnislehre für G. an produktiver Bedeutung, so dass die Frage nach der Möglichkeit wissenschaftlicher Erkenntnis bei der Erforschung der physischen Welt für G. insbesondere 1798 im

Kontext der *Farbenlehre* zentral wurde. Wenn nach Kant die Dinge an sich unerkennbar blieben, wie könne dann Naturforschung möglich sein, deren Eigenheit darin besteht, sich mit der Natur außer uns zu befassen und deren Gegenstände nur bezogen auf sie selbst und auf ihre Verhältnisse untereinander zu beobachten? Diese Frage, mit welcher sich die nachkantische Philosophie befasste, beschäftigte bereits G. (vgl. an Schiller, 6.1.1798). Mit doppelten Randstrichen vermerkte er den für ihn problematischen Ansatz Kants in der *Kritik der reinen Vernunft*: »[…] subjective Bedingungen des Denkens sollten objective Gültigkeit haben« (LA II, 1A, 38). In der Bedingung der Möglichkeit der Erfahrung liegen zugleich Möglichkeiten und Grenzen von Naturforschung und Theorienbildung.

G.s Aufsatz *Der Versuch als Vermittler von Objekt und Subjekt 1793* ist eine unmittelbare Auseinandersetzung mit der Kantischen Erkenntnislehre und der wissenschaftlichen Methode. Schillers aus der Kantischen transzendentalen Deduktion der *Kritik der reinen Vernunft* entlehnte Kategorienprobe gab G. Anregungen bei seinem Entwurf *Geschichte der Farbenlehre* (10.2.1799), bei der Harmonielehre der Farben (14.11.1798) sowie bei der Gliederung des didaktischen Teils der *Farbenlehre* (vgl. an Soemmerring, 30.12.1799; TuJ 1799 und 1800).

Die gemeinsame Auseinandersetzung G.s und Schillers mit Kants Schrift *Anthropologie in pragmatischer Hinsicht* (1798; vgl. an Schiller, 19.12.1798) schlug sich in dem Schema der *Temperamentenrose* nieder (vgl. Tgb, 20. und. 22.1. sowie 5. und 7.2.1799 und Farbtafel S. 827).

In seiner 1808 entstandenen geologischen Abhandlung *Der Kammerberg bei Eger* (→Kammerberg) legte G. die Erkenntnisproblematik zwischen Wahrheit und Schein, die Kant in der transzendentalen Dialektik aufgeworfen hatte, als Konflikt zwischen Denkkraft und Anschauung dar, welcher durch das regulative Vermögen der Einbildungskraft behoben werde. Vor allem im Kampf gegen die Positionen des Vulkanismus bezog sich G. des öfteren auf Kant. Im Gespräch mit S.→Boisserée vom 2.8.1815 berief sich G. auf die »Antinomie der Vorstellungs-Art« von Kant, um auf die »wunderliche Bedingtheit des Menschen auf seine Vorstellungs-Art« (GG 2, 1029) aufmerksam zu machen: »[…] so muß es mir mit Gewalt abgenötigt werden, wenn ich etwas für vulkanisch halten soll, ich kann nicht aus meinem Neptunismus heraus« (ebd.).

1817, während G. am zweiten Heft seiner Zeitschrift *Zur Morphologie* arbeitete, reflektierte er Kants Einfluss auf die eigene Denkweise und die bisher vorliegenden naturwissenschaftlichen Studien. In diesem Zusammenhang entstanden die Aufsätze *Glückliches Ereignis* (Morph I, 1, 1817; vgl. Tgb, 22.5.1817), *Einwirkung der neueren Philosophie*, *Anschauende Urteilskraft* und *Bildungstrieb* (alle in Morph I, 2, 1820; vgl. Tgb, 27.6., 8. bis 10.9. und 17.9.1817; TuJ 1817), die sich sämtlich mit Kant und der eigenen Position zu ihm auseinandersetzen (vgl. dazu im Einzelnen FA I, 24, 1064–1067, 1070–1077).

Über die Erkenntnistheorie, Ästhetik, Ethik und Anthropologie hinaus berief sich G. auch auf Kants naturwissenschaftliche Schriften. In der *Campagne in Frankreich* schrieb er unter *Pempelfort, November 1792*: »Ich hatte mir aus Kant's Naturwissenschaft nicht entgehen lassen daß Anziehungs- und Zurückstoßungskraft zum Wesen der Materie gehören und keine von der andern im Begriff der Materie getrennt werden könne; daraus ging mir die Urpolarität aller Wesen hervor, welche die unendliche Mannigfaltigkeit der Erscheinungen durchdringt und belebt« (FA I, 16, 520). Diese Gedanken hatte Kant vor allem in seiner Schrift *Metaphysische Anfangsgründe der Naturwissenschaft* (1786) entwickelt.

Am 29.7.1824 beschäftigte sich G. mit Kants »Betrachtungen über's Weltgebäude«, der *Allgemeinen Naturgeschichte und Theorie des Himmels* (1755), und schrieb dazu in seinem *Versuch einer Witterungslehre 1825*: »Von dem frühsten Unterricht meiner Lehrjahre bis auf die neueren Zeiten erinnere ich mich gar wohl daß der große und unproportionierte Raum zwischen Mars und Jupiter jedermann auffallend gewesen und zu gar mancherlei Auslegungen Gelegenheit gegeben. Man sehe unseres herrlichen Kants *Bemühungen sich* über dieses Phänomen einigermaßen *zu beruhigen*« (FA I, 25, 299). Diese astronomische Bemerkung floss in *Wilhelm Meisters Wanderjahre* ein. In der Aphorismen-Sammlung *Aus Makariens Archiv* heißt es, dass »Kant sorgfältig bewiesen hatte, daß die beiden genannten Planeten [Mars und Jupiter] alles aufgezehrt und sich zugeeignet hätten, was nur in diesen Räumen zu finden gewesen von Materie« (MuR 714).

Noch im Februar 1832 notierte G. bei der Lektüre einer Kant-Rezension in der JALZ (Nr. 23–25): »Kant hat schon ausgesprochen: daß der Mond keinen Einfluß auf die Witterung habe« (LA II, 2, 221).

Vgl. auch den Artikel in GHB. 4.1, 594–596.

Literatur

Cassirer, Ernst: Rousseau, Kant und Goethe. Hamburg 1991. – Ders.: Goethe und Kant. In: Ders.: Nachgelassene Manuskripte und Texte. Bd. 10: Kleinere Schriften zu Goethe und zur Geistesgeschichte, 1925–1944. Hg. von Barbara Naumann. Hamburg 2006, 81–116. – Engelhardt, Wolf von: Der Versuch als Vermittler von Objekt und Subjekt. Goethes Aufsatz im Lichte von Kants Vernunftkritik. In: Athenäum. 10 (2000), 9–28. – Ders.: Naturforschung im Zeichen von Kants Vernunftkritik. In: Ders.: Goethes Weltansichten. Auch eine Biographie. Weimar 2007, 167–186. – Gauss, Julia: Goethe und die Prinzipien der Naturforschung bei Kant. In: Studia Philosophica. 29 (1969), 54–71. – Günzler, Claus: Das Teleologieproblem bei Goethe und Kant. Freiburg 1964. – Ho, Shu Ching: Goethes Entwurf der Kantischen Philosophie. In: Schnitzler, Günter und Schramm, Gottfried (Hg.): Ein unteilbares Ganzes. Goethe: Kunst und Wissenschaft. Freiburg 1997, 199–244. – Dies.: Über die Einbildungskraft bei Goethe. System und Systemlosigkeit. Freiburg 1998. – Dies.: Ausgleich der Gegensätze. Zur Bedeutung der Kantischen Philosophie im Briefwechsel zwischen Schiller und Goethe. In: Fischer, Bernhard und Oellers, Norbert (Hg.): Der Briefwechsel zwischen Schiller und Goethe. Berlin 2011, 101–119. – Hofmann, Peter: Goethes Theologie. Paderborn 2001. – Ivánka, Endre von: Kants Kritik der Urteilskraft und Goethe. In: GoetheJbWien. 66 (1962), 5–17. – Molnár, Géza von: Goethes Kantstudien. Weimar 1994. – Ders.: Goethe and critical philosophy. In: Bernd, Clifford A. (Hg.): Romanticism and beyond. New York 1996, 57–77. – Rabel, Gabriele: Goethe und Kant. Wien 1927. – Reed, Terence J.: Goethe und Kant. Zeitgeist und eigener Geist. In: GJb. (2001), 58–74. – Rehbock, Theda: Goethe und die Rettung der Phänomene. Philosophische Kritik des naturwissenschaftlichen Weltbilds am Beispiel der Farbenlehre. Konstanz 1995. – Schieren, Jost: Anschauende Urteilskraft, methodische und philosophische Grundlage von Goethes naturwissenschaftlichem Erkennen. Düsseldorf 1998. – Schmidt, Franz: Goethes Kantianismus und Pragmatismus. Mit einer neuen Quelle zu Goethes Kantstudien. In: Zs. f. Religions- und Geistesgeschichte. 23 (1971), 50–59. – Seidel, Fritz: Goethe gegen Kant. Goethes wissenschaftliche Leistung als Naturforscher und Philosoph. Berlin 1948. – Simmel, Georg: Goethe und Kant. Zur Geschichte der modernen Weltanschauung. Stuttgart, Berlin 1906. – Suphan, Bernhard: Goethe an die Großfürstin Maria Paulowna über Kants Philosophie. In: GJb. (1898), 34–48. – Vorländer, Karl: Goethe und Kant. In: GJb. (1898), 167–185. – Ders.: Kant. Schiller. Goethe. Leipzig 1907 (2. Aufl. Leipzig 1923). – Westra, P.: Goethe und Kant. In: EG. 6 (1951), 240–251.

HO

Kantenspektren

Im klassischen Versuch →Newtons, bei dem Licht durch eine winzige Öffnung im Fensterladen (oder in der Diablende des Projektors) auf ein Prisma geleitet wird, entsteht ein kontinuierliches Spektrum von sieben ineinander übergehenden Hauptfarben. G. hat die Prämisse für Newtons Versuch, die kleine Öffnung, nie akzeptiert und die These vertreten, dass dem Licht dadurch Gewalt angetan werde. Vergrößert man die Öffnung, entstehen nur an den gegenüberliegenden Schwarz-Weiß- (oder Hell-Dunkel-) Grenzen Farben, an den Rändern oder Kanten also, deren Farberscheinungen man deshalb Kantenspektren nennt. Je nach Lage der schwarzen und weißen Fläche erhält man das sog. kalte Kantenspektrum mit den Farben Blau und Blaurot (Violett) oder das warme mit den Farben Gelb und Gelbrot. Diese Beobachtung beim Blick durch ein Prisma am 17.5.1791 (→Prismenaperçu), bei der die weiße Farbe überwiegend erhalten bleibt, führte G. zu der Ansicht, dass Newtons Lehre falsch sein müsse, und er führte daraufhin zahlreiche weitere Versuche zu den Kantenspektren durch, die er in den *Beyträgen zur Optik* 1791/1792 dem Publikum mit entsprechenden Abbildungen und Anleitungen zur Versuchsdurchführung vorlegte (vgl. Farbtafeln S. 822 u. 823). Zudem sah G. in den beiden verschiedenen Kantenspektren eine ursprüngliche →Polarität der Farben verwirklicht, die er im →Farbenkreis 1793 mit den beiden Seiten der →aktiven/warmen und →passiven/kalten Farben sowie der Polarität der im Kreis gegenüberliegenden →Komplementärfarben weiter präzisierte (→Farben).

WZ

Kapp, Christian Ehrhard (1739–1824)

Den praktischen Arzt in Leipzig (später Dresden) lernte G. bereits 1765 während seines Studiums beim gemeinsamen Mittagstisch im Hause von C. G. →Ludwig kennen. 1807 und 1808 fungierte Kapp in →Karlsbad gleichermaßen als anregender Gesprächspartner und medizinischer Berater; 1813 begegneten sich beide in →Teplitz. In den *Tag- und Jahresheften* von 1807 hat G. ein aussagekräftiges Zeugnis über Kapp hinterlassen: »Dr. Kapp von Dresden nenne ich zuerst [als einen der Karlsbad besuchenden Ärzte], dessen Anwesenheit im Bade mich immer glücklich machte, weil seine Unterhaltung überaus lehrreich und seine Sorgfalt für den, der sich ihm anvertraute, höchst gewissenhaft war«.

WZ

Karlsbad

Zwischen 1785 und 1823 war G. im Rahmen seiner 17 Reisen nach Böhmen in 13 Jahren in Karlsbad, teilweise mehrfach in einem Jahr (1785, 1786, 1795, 1806, 1807, 1808, 1810, 1811, 1812, 1818, 1819, 1820, 1823). Neben schöpferischer Anregung, die in vielen Werken Ausdruck fand (→Böhmen), waren es vor allem geologische Forschungen zu dieser »Urgegend«, die G. mit diesem Zentrum der Weltbegegnungen seiner Zeit verbanden. G. sprach von Karlsbad als »dem geliebten Ort«, wovon er sich »niemals [...] ohne Gewinn an Belehrung und Bildung« entferne (FA I, 24, 345).

Bereits während des ersten Aufenthalts (5.7. bis 18.8.1785), gemeinsam mit →Knebel und F. G. →Dietrich, begann G. mit der mineralogischen und botanischen Erkundung der Gegend (vgl. LA II, 7, 154–163, M 73): »Vom Granit, durch die ganze Schöpfung durch, bis zu den Weibern, Alles hat beygetragen mir den Aufenthalt angenehm und interessant zu machen« (an Carl August, 15.8.1785).

1786 (24.7. bis 2.9.) begegnete G. in Karlsbad J. F. Frh. v. →Racknitz; an die gemeinsamen geologischen Exkursionen erinnerte er später in seinem Aufsatz *Karlsbad* (ZNÜ I, 1, 1817). Schon jetzt waren ihm gesammelte Gesteine »Musterstücke [...], an denen man das Andenken der größten Gegenstände wieder beleben, und die, auch den kleinsten Teilen zu widmende Aufmerksamkeit prüfen und schärfen konnte« (FA I, 25, 345).

1795 (5.7. bis 11.8.) ist wenig von Naturforschung die Rede.

1806 (2.7. bis 4.8.) war das erste Jahr der intensiven geologischen Exkursionen mit dem bereits 1785 angetroffenen Steinschneider J. →Müller, aus denen G.s Aufsatz *An Freunde der Geognosie* (*Intelligenzblatt* der JALZ Nr. 94, 6.10.1806) resultierte. Im Sommer 1806 traf G. die Mineralogen H. C. G. v. →Struve, A. G. →Werner und S. A. W. v. →Herder.

1807 (28.5. bis 7.9.) veröffentlichte G. in Karlsbad als Einzeldruck seine *Sammlung zur Kenntniß der Gebirge von und um Carlsbad* (mit dem Aufsatz *Joseph Müllerische Sammlung* und einem Mineralienverzeichnis), die 1808 erneut in C. C. v. →Leonhards *Taschenbuch für die gesammte Mineralogie* (Jg. 2) erschien. Dazu verfasste G. auf den 25.11.1807 datierte Ergänzungen (*An Herrn von Leonhard*). Die *Joseph Müllerische Sammlung* stand über lange Zeit im Mittelpunkt G.s geologisch-mineralogischer Forschung. Am 27.7.1807 lernte G. den Geologen K. G. v. →Raumer und den Naturforscher und Arzt G. H. →Schubert in Karlsbad kennen; Letzterer trug G. seine Theorie des Sonnensystems vor. Auch Werner traf wenige Tage vor G.s Abreise wieder ein.

1808 (15.5. bis 9.7. und 22.7. bis 30.8.) führte G. in Karlsbad die geologischen Dialoge mit Müller und Werner fort; im Zentrum des geologischen Interesses stand jedoch in diesem Jahr der →Kammerberg, den G. von Franzensbad aus aufsuchte. Ein Gespräch mit Riemer vom 17.5.1808 wurde im Tagebuch festgehalten: »Über Metamorphose und deren Sinn; Systole und Diastole des Weltgeistes, aus jener geht die Specification hervor, aus dieser das Fortgehn in's Unendliche«. Am 30.6.1808 besuchte der polnische Geologe Stanislaus Graf Borkowski G. und brachte zwei »meteorische Steine« mit, die am 12.5.1808 bei Stannern in Mähren niedergegangen waren (vgl. an Knebel, 2.7.1808). Zwei weitere Besucher, der Kammerrat Johannes Jakob Karl von Flanz und der Arzt Christian Heinrich Jani aus Gera, kamen am 1.7.1808 und sprachen mit G. über die »Geraische Schaumerde« und ihre »Entdeckung durch einen Kaufmann, der zuerst die Decken seiner Zimmer damit abweißen lassen«. Sowohl die Schaumerde als auch die Meteoriten erwähnte G. in seinem Brief *An Herrn Assessor Leonhard* vom 18.11.1808 (vgl. FA I, 25, 413–418), welcher 1809 in Leonhards *Taschenbuch für die gesammte Mineralogie* (Jg. 3) veröffentlicht wurde.

1810 (19.5. bis 4.8.) begann G. in Karlsbad (am 28.7.) damit, den geologischen Teil der *Wanderjahre* zu verfassen. Der Umgang mit Müller wurde fortgesetzt (bis zu dessen Tod 1817), auch wenn dieser G. manche Mineralienfundorte verschwieg. Am 21.5.1810 hielt G. eine Missbildung an Lindenstämmen im Tagebuch fest, die ihm in der Gegend der Carlsbrücke aufgefallen war. An →Carl August berichtete er am 24.5.1810 ausführlich über den Karlsbader Sprudel, der am 2.9.1809 explosionsartig ausgebrochen war und Schäden verursacht hatte. Am 29.5.1810 besichtigte G. die Mineraliensammlung des russischen Grafen Gregor Razumovskij; am 31.5.1810 besuchte er den Steinbruch, »wo die Quader zu dem neuen Brücken- und Straßenbau zugehauen wurden«. Im Gegensatz zu den hauptsächlich vorkommenden Granitformationen um Karlsbad handelte es sich hierbei um »ältesten Sandstein«. Am 28. und 29.7.1810 entstand in Karlsbad das »Schema der Tonlehre in Parallelism mit der Farbenlehre«, das G. ab dem 8.8.1810 mit →Zelter in →Teplitz erörterte.

1811 (17.5. bis 28.6.) arbeitete G. in Karlsbad vorwiegend an *Dichtung und Wahrheit*. Die Steinsammlung wurde vor allem mit Quarzgesteinen ergänzt. Am 11.6.1811 fuhr G. mit Riemer nach Hohendorf und Lessau wegen »pseudovulkanischer Reste«, am 21.6.1811 ging es nach Schlaggenwald, wo das Zinnbergwerk mit dem Schmelzofen besichtigt wurde (vgl. an Carl August, 27.6.1811). An diese Erfahrungen knüpfte sich G.s spätere Beschäftigung mit der →Zinnformation in der Gegend von Teplitz an (1813).

1812 hielt sich G. vom 3.5. bis 12.7. und 12.8. bis 12.9. in Karlsbad auf. Die neu aufgenommenen Bauarbeiten am Neubrunnen interessierten ihn, da »man den Felsen abstufen mußte« und neues Gestein freigelegt wurde (vgl. Tgb, 5.5.1812 und an Carl August, 13.5.1812), wobei man »eine bisher noch unbekannte Abänderung des bekannten Gesteins, welches meistens aus einem graulich weißen, glänzenden, beynahe schillernden Feldspath besteht«, fand. G. forschte nach der Ursache der Bräunung des Sprudelsinters und begutachtete die Quarzgesteine des Egertals. Am 22.8.1812 diskutierte er mit dem Freiberger Kommissionsrat von Busse über den Unterschied der sächsischen und böhmischen Zinnbergwerke des Erzgebirges, am 27.8.1812 sprach er mit dem Berliner Arzt und Staatsrat Johann Gottfried Langermann »über die Materialien zur Carlsbader Quelle« und die Ursache von deren Wärme. Exkursionen führten zur Kobes-Mühle (1.9.), zum Bernhardsfelsen (2.9.), nach Dallwitz und Hohendorf (3.9.), wo G. die Basaltvorkommen als pseudovulkanisch erklärte.

Bereits am 12.5.1812 war G. auf den Gedanken gekommen, mit »Döbereiner zu überlegen, ob man nicht auf anderem Weg als durch Erwärmung mehrere Krystalle zur Turmalinität disponiren könne«, d. h. elektrostatisch wirksam zu machen (→ Turmalin), und schlug einen Versuch mit Karlsbader Zwillingskristallen vor (vgl. auch Tgb, 7., 8. und 14.5.1812). G. beschäftigte sich auch mit der Herstellung von Zucker aus Kartoffelstärke (→ Zucker). Am 19.6.1812 traf G. in Karlsbad mit E. F. F. → Chladni zusammen.

1818 (26.7. bis 13.9.) besuchte G. das böhmische Bad erstmals wieder nach einer Pause von sechs Jahren. Zunächst kümmerte er sich um den Nachlass des im Vorjahr verstorbenen J. Müller (vgl. an O. v. Goethe, 1.8.1818), den der Kaufmann David Knoll übernommen hatte. G. verfasste ein Gutachten über die Bestände (an Knoll, 11.8.1818) und stand mit ihm von nun an bis 1832 in Kontakt. Mit dem Mineralogen und Geologen Franz Xaver Riepl besuchte G. am 23.8.1818 → Elbogen; dieser schenkte ihm zum Geburtstag am 28.8. eine kolorierte geologische Karte von Böhmen. Zwischen dem 26.8. und 8.9.1818 traf G. wiederholt mit dem Berliner Kristallographen C. S. → Weiß zusammen. Weitere Dialogpartner waren die Grafen → Paar und → Buquoy. Letzterer interessierte sich vor allem für G.s *Farbenlehre* und brachte ein in Paris von D. F. J. → Arago gefertigtes Instrument zur Erzeugung polarisierten Lichtes mit, das bei G. keinen Beifall fand. Zur gleichen Zeit schenkte der ebenfalls in Karlsbad anwesende Erlanger Physiker und Chemiker J. S. C. → Schweigger G. einen Polarisationsapparat, der nach dessen Urteil alles leistete, »was man in diesem Capitel verlangen kann« (TuJ 1818). Das Tagebuch überliefert für den August 1818 eine rege Beschäftigung G.s mit den entoptischen Farben und mehrere Begegnungen mit Schweigger aus diesem Anlass.

1819 (28.8. bis 26.9.) wurden in Karlsbad die *Tag- und Jahreshefte* schematisiert und zahlreiche geologische Exkursionen in die Umgebung unternommen: zunächst nach Fischern (5.9.), wo »Mandelsteine und Basalte geklopft« wurden (dazu G.s Aufsatz *Unter Fischern*; FA I, 25, 382), und nach Rohlau (6.9.) zum Besuch der dortigen Porzellanfabrik (zu den gesammelten Proben vgl. LA II, 8B, 139 f., M 107; Prescher 6614–6641). Am 7.9. schickte G. seinen Diener Stadelmann zur Kobes-Mühle, um von dort »Basalte und schwere Schlacken zu holen« (dazu G.s Aufsatz *Kobes-Mühle*; FA I, 25, 383), am 8.9. besuchte er Lessau (»Porzellanjaspis«), am 9.9. Elbogen; am 10.9. kam A. v. Herder nach Karlsbad. Am 11.9. untersuchte G. die »Basalte vom Horn«, eines Berges bei Elbogen, und fuhr zur Kobes-Mühle, um die dortigen »Basalte, Quasi-Ätiten, schwere Schlacken« selbst zu erforschen. Am 12.9. erkundete er die südlich von Karlsbad gelegene Dorotheen Aue, am 14.9. in südöstlicher Richtung → Engelhaus mit seinen Klingstein- und Schriftgranitvorkommen, am 16.9. war G. wieder in Elbogen. Aus den Vorräten Müllers und durch Aufsammlung neuer Proben wurde unter Stadelmanns Mithilfe eine erweiterte Müllerische Sammlung zusammengestellt, zu der G. am 15.9. ein Verzeichnis anlegte (vgl. LA II, 8B.1, 140–144, M 108). Auch meteorologische Beobachtungen stellte G. 1819 in Karlsbad an (vgl. die durchgehenden Notizen zum Wetter im Tgb). Vom 12. bis 15.9. verfasste er den Bericht *Karlsbad, Anfang September 1819* (FA I, 25, 210–212), den er am 15.9.1819 an Carl August schickte.

1820 (29.4. bis 28.5.) knüpfte G. an den meteorologischen Gegenstand an, indem er dieses Mal über die gesamte Reisedauer ein Wetter- und Wolkentagebuch führte, das er in ZNÜ I, 3 (1820) unter dem Titel *Wolkengestalt nach Howard*, von einer Tafel mit den verschiedenen Wolkenformationen begleitet, veröffentlichte. Er studierte (am 30.4., 11. und 12.5.) H. W. → Brandes *Beiträge zur Witterungskunde* (Leipzig 1820) und sprach (am 16. und 17.5.) mit dem Altenburger Steuersekretär J. K. Buddeus über farbige Wolkenerscheinungen. Mit »Skizzen zu Wolkenzügen, so wie zu Granitfelsen, die Trümmer der Luisenburg zu erklären« (dazu G.s Aufsatz *Die Luisenburg bei Alexanders-Bad*; FA I, 25, 332 f.), beschäftigte sich G. am 1.5., am 7.5. betrachtete er die »Basalte vom Horn« und »pseudovulcanisches Gebirg« (dazu G.s Aufsätze *Der Horn* und *Produkte böhmischer Erdbrände*; FA I, 25, 389–393). Die Untersuchung des Bernhardsfelsens am 9. und 10.5. veranlasste den Aufsatz *Problematisch* (ebd. 384–388), am 12. und 19.5. wurden auf dem Weg nach bzw. von Hohendorf und Lessau »Erdbrands-Produkte eingesammelt«, am 24.5. auf dem Weg zum Horn Basalte.

In den Folgejahren 1821 bis 1823 besuchte G. weiterhin Böhmen, gab aber → Marienbad den Vorzug vor Karlsbad. Dorthin kam er nur noch einmal vom 25.8. bis 5.9.1823, als er Ulrike von Levetzow und ihrer Familie nachgereist war, noch auf eine Eheschließung mit der 19jährigen hoffend. Trotz der emotional aufwühlenden Tage verzeichneten Tagebuch und Briefe auch jetzt »Felsengänge [...] Meteorstein [...] Zwillings-Krystalle« (28.8.), »Bergforschungen« und »Wetterforschungen« (an Carl August, 30.8.), »Basalt und Mandelstein« (2.9.) und »eine Ladung Steine« (an Grüner, 4.9.).

Über die Karlsbader Gegend, für G. von unerschöpflichem wissenschaftlichen Reichtum, schrieb er bereits am 3.6.1808 an den Sohn August: »Sie kommt mir jetzt vor, wie ein höchst interessantes Mährchen, das man oft gehört hat, und nun wieder vernimmt. Die Verwunderung ist abgestumpft; aber man fährt doch immer fort zu bewundern und man weiß nicht recht, wie einem zu Muthe ist«.

Vgl. auch den Artikel in GHB. 4.1, 596ff.

Literatur
Babůrek, Jiří jr.: Goethe und die Geologie in und um Karlsbad. In: Zs. für geologische Wissenschaften. 17 (1989), 619–627. – Engelhardt, Wolf von: Goethe im Gespräch mit der Erde. Weimar 2003, 237–248. – Göres, Jörn (Hg.): »Was ich dort gelebt, genossen ...« Goethes Badeaufenthalte 1785–1823. Königstein 1982. – Hlawacek, Eduard und Ruß, Viktor: Goethe in Karlsbad. Karlsbad u. a. 1883. – Karell, Victor: Goethe als Karlsbader Kurgast. Karlsbad, Leipzig 1939. – Prescher 220f. (Granite, verschiedne Sorten und andere Gesteine um Karlsbad, Aufsammlung), 222–224 (1785/1786 Karlsbader Sammlung), 307f. (1806 Karlsbader Sammlung), 386f. (1818 Karlsbader Reise). – Puchtinger, Franz: Goethe in Karlsbad. Karlsbad, Leipzig 1922. – Semper, Max: Die geologischen Studien Goethes. Leipzig 1914, 100–117. – Suphan, Bernhard: Karlsbad 1785. In: GJb. (1890), 123–134. *HO*

Karlsbader Glas

Am 7.6.1820 notierte der Kanzler F. v. Müller in sein Tagebuch: »Hokuspokus Goethens mit dem trüben Glas, worauf eine Schlange. ›Das ist ein *Urphänomen*, das muß man nicht weiter erklären wollen.‹ ›Gott selbst weiß nicht mehr davon als ich«« (GG 3.1, 179).

G. war vor wenigen Tagen aus →Karlsbad zurückgekommen und hatte dort bei dem Glashändler und -maler A. V. P. Mattoni ein Glas erworben, dessen Schlangenmotiv vor schwarzem Hintergrund blau, vor weißem jedoch gelb erscheint (vgl. Farbtafel S. 831). Diese Farbkonstellation, die er auch in der Erdatmosphäre im Zusammenwirken von der Finsternis des Weltalls und dem Sonnenlicht gegeben sah, hatte G. als nicht weiter zu hinterfragendes →Urphänomen seiner *Farbenlehre* zugrunde gelegt. In dem Karlsbader Glas fand er nun eine neue Erscheinungsform dafür, die ihn nachhaltig begeisterte. Er stellte es in einem kleinen Text, *Trüber Schmelz auf Glas* (FA I, 25, 749f.), im Rahmen der Nachträge zur Farbenlehre in ZNÜ I, 4 (1822) vor.

Zuvor war das Glas in Weimar auf vielfältige Art Gesprächsthema. Herzog →Carl August wollte zufällig gefunden haben, dass »schwefelsaures Silberoxyd« die Ursache des Phänomens der Farbwechsel sei, »nach welchen Döbereiner verunglückte Versuche anstellte« (Carl August an G., 21.?12.1820; Wahl 2, 323). Tatsächlich hat man erst in neuester Zeit im Glas enthaltene Nanopartikel aus Silber als ursächlich herausgefunden (vgl. GJb. 2008, 204–218).

In den *Tag- und Jahresheften* von 1821 hielt G. die Bemühung fest, gewisser »Wiener Trinkgläser habhaft zu werden, auf welchen eine trübe Glasur das Phänomen schöner als irgendwo darstellte«. Tatsächlich bemühte er sich aber stärker in Karlsbad als in Wien, so zunächst bei Mattoni, dem er am 9.3.1821 schrieb: »Im vorigen Jahre erhielt ich von Ihnen [...] einen Glasbecher, worauf eine Schlange gemalt war, welche, je nachdem man sie gegen Licht oder Schatten hielt, die Farben gar anmuthig wechselte. Ich wünschte noch einige dergleichen zu besitzen, und lege daher vierzig Gulden Schein bey, mit dem Ersuchen, mir für diese Summe dergleichen Gläser baldigst zu senden, wohlgepackt mit der fahrenden Post«. Am 14.6.1821 »kamen [...] die Carlsbader Gläser« in Weimar an; eines von ihnen ging am 24.6.1821 als Geschenk an →Hegel nach Berlin mit der Widmung: »Dem Absoluten / empfielt sich / schönstens / zu freundlicher Aufnahme / das Urphaenomen / Weimar Sommer Anfang / 1821«. Zelter konnte schon am 8.7.1821 berichten: »Vorgestern haben wir aus dem herrlichen Urglase, welches Du Hegeln geschickt hast aller Urseelen Gesundheit getrunken. Vale!« (MA 20.1, 661.) Dieses Glas, für das Hegel am 2.8.1821 dankte, befindet sich heute im Schiller-Nationalmuseum in Marbach.

Da G. 1821 nach Marienbad reiste, wurde →Riemer am 9.7.1821 »höflichst ersucht, bey dem Glasschneider Herrn Mattoni [in Karlsbad] auf der Wiese anzufragen, ob etwa von den bewußten farbenwechselnden Gläsern für Unterzeichneten etwas vorräthig sey. Auch sich gelegentlich bey dem weiter oben liegenden Glashändler darnach umzusehen. Dieser Letztere hat überhaupt schöne gemalte Gläser von Wien in Commission«. Riemer erstattete am 11.8.1821 ausführlich Bericht über das Angebot in Karlsbad (vgl. LA II, 5B.2, 977f.) und erhielt von G. am 17.8.1821 Kaufanweisungen. Am 6.10.1821 meldete Riemer die glückliche Ankunft der Gläser in Weimar (vgl. ebd. 984), und G. gab am Folgetag Nachricht, sie bis zu seiner Rückkehr aus Jena aufzubewahren. Wie aus einem Brief G.s vom 23.3.1822 an L. D. v. →Henning hervorgeht, war er mit der Sendung Mattonis aus dem Juni 1821 und auch mit Riemers Ausbeute offenbar unzufrieden: »Mit den kunstreich getrübten Trinkgläsern ist es mir vergangenen Sommer [1821] in Böhmen nicht geglückt; unter einem Dutzend sind blos zwey einzige, die das Phänomen vollkommen darstellen [...]«.

Am 21.7.1821 hatte C. G. →Carus aus Dresden seinen ersten und einzigen Besuch bei G. gemacht und in seiner Autobiographie darüber festgehalten: »[...] es brachte ihn dies [ein Gespräch über →entoptische Farben] darauf, Karlsbader Glasbecher mit gelber durchsichtiger Malerei herbeibringen zu lassen, an denen er mich die fast wunderbar scheinenden Verwandlungen von Gelb in Blau und Rot in Grün, je nachdem die Beleuchtung auf eine oder die andere Weise geleitet wurde, wahrnehmen ließ. [Fußnote:] Ich hatte damals sehr den Wunsch, solchen Glasbecher zu erlangen, allein der verehrte Mann sagte mir, *der*gleichen wären jetzt nicht mehr zu haben [...]« (GG 3.1, 263). Carus hatte seine Bitte um einen Bezugsnachweis für ein Karlsbader Glas mit Schreiben vom 20.2.1823 ausgesprochen (vgl. G-Carus 29) und erhielt von G. am 14.4.1823 die Antwort: »Sehr gern würde ich ein Trinkglas, wie Sie bey mir gesehen, überlassen, wenn noch eins vorräthig wäre; das vorgezeigte ist mein letztes; sie sind überhaupt seltener, als ich anfangs dachte; bey meinem vorjährigen Aufenthalt in Böhmen konnte keins erlangen«.

Der nächste Reisende, bei dem das Karlsbader Trinkglas Eindruck hinterließ, war F. v. Paula →Gruithuisen, der in seinem Reisebericht über den Besuch bei G. am 29.9.1825 festhielt: »Am ersten Tage hatte Hochderselbe die Gnade, mir ein gemaltes Glas zu zeigen, welches, je nachdem ich eine Stellung hatte, von Gelb in Purpur, in Blau und in Grün eine äußerst frappante Verwandlung zeigte. Die so spielenden Farben hatten die Lieblichkeit derer des Opals und die Intensität jener des Labradors in seinem höchsten Farbabglanze. Der Herr Minister v. Goethe schloss diese Vorzeigung mit den wenigen Worten: *»Dieses ist mein Farbensystem«*, und entfernte sich mit dem Glase. Diese Erscheinungen, daß eine und dieselbe auf das Glas hingeschmolzene Substanz, außer den schillernden Zwischenspielen die drei Farben (Gelb, Purpur und Blau), aus welchen alle übrigen Farben komponiert werden können, so äußerst rein zu geben vermögen, konnte ich auf der Stelle schlechterdings nicht deuten, und dieses brachte mich um so mehr in Verlegenheit, als ich kurz vorher mich (und ich glaube mit Recht) rühmte, ich hätte Seiner Exzellenz Werk *Zur Farbenlehre* gewiß so aufmerksam studiert, als irgend ein anderer« (GG 3.1, 829).

Im Juli 1827 bemühte sich Ulrike von Pogwisch vergeblich in verschiedenen Kurorten um die gesuchten Gläser; Ottilie von Goethe war am 12.6.1828 in Karlsbad erfolgreicher und fand »ein Glas für den Papa« (vgl. EGW 4, 908 u. 920).

Am 18.2.1829 knüpfte G. an ein Karlsbader Trinkglas tiefgründige Bemerkungen über das Urphänomen. Eckermann überlieferte: »Wir sprachen über die Farbenlehre, unter andern über Trinkgläser, deren trübe Figuren gegen das Licht gelb und gegen das Dunkele blau erscheinen, und die also die Betrachtung eines Urphänomens gewähren. ›Das Höchste, wozu der Mensch gelangen kann, sagte Goethe bei dieser Gelegenheit, ist das Erstaunen; und wenn ihn das Urphänomen in Erstaunen setzt, so sei er zufrieden; ein Höheres kann es ihm nicht gewähren, und ein Weiteres soll er nicht dahinter suchen; hier ist die Grenze. Aber den Menschen ist der Anblick eines Urphänomens gewöhnlich noch nicht genug, sie denken es müsse noch weiter gehen, und sie sind den Kindern ähnlich, die, wenn sie in einen Spiegel geguckt, ihn sogleich umwenden, um zu sehen was auf der anderen Seite ist‹« (FA II, 12, 311).

Einen letzten Hinweis auf den von G. so geliebten Gegenstand gibt das Tagebuch von Heiligabend 1830: »Mittags in den vordern Zimmern mit Dr. Eckermann. Betrachtung des schönen geschliffenen Bechers aus getrübtem Glase«. *WZ*

Karlsruhe

Von G.s drei Besuchen in Karlsruhe (17.–23.5.1775, 18.–21.12.1779 und 3.–5.10.1815) hat nur der letzte einige naturwissenschaftliche Bezüge aufzuweisen. G. besichtigte mit K. C. →Gmelin den Botanischen Garten (von wo er noch 1829 »amerikanische Bäume und Sträucher« erhielt; vgl. Tgb, 11.3.1829) und das Naturalienkabinett, wo er »Muscheln; Vögel; Versteinerungen« fand (Tgb, 4.10.1815) und am Folgetag das »Conchyliensystem« festhielt. Begleitet wurde G. teilweise von S. →Boisserée und F. v. Biedenfeld, die ebenfalls Notizen zu G.s Besuch hinterlassen haben (vgl. LA II, 9B, 406f.). In den *Tag- und Jahresheften* von 1815 vermerkte G.: »In Karlsruhe war uns, durch Geneigtheit des Herrn *Gmelin*, eine zwar flüchtige aber hinreichende Übersicht des höchst bedeutenden Kabinetts [...]«.

Literatur

Laudenberg, Beate (Hg.): »Gemütlichste Gespräche«. Goethe in Karlsruhe. Karlsruhe 2010. *WZ*

Karte, geologische

Die ersten Karten, die das Vorkommen von Gesteinsformationen und Bodenschätzen zeigten, entstanden in der zweiten Hälfte des 18. Jh.s. Der an der Bergakademie von →Freiberg tätige Johann Friedrich Wilhelm von →Charpentier veröffentlichte 1778 eine *Petrographische Charte des Churfürstentums Sachsen* mit Signaturen für Erz- und Gesteinsvorkommen. Durch Vermittlung Charpentiers ließ G. im Auftrag der Weimarer Bergwerkskommission in Freiberg eine 1776/1777 erstellte Karte des →Ilmenauer Bergreviers stechen (G. an Charpentier, 4. und 31.7.1780); sie wurde der von J. Chr. L. →Eckardt verfassten *Nachricht von dem ehmaligen Bergbau bei Ilmenau* beigefügt, die 1783 zu G.s Geburtstag erschien (vgl. die Abb. LA I, 1, Taf. II/III). Mit der Intensivierung seiner erdwissenschaftlichen Interessen entwickelte G. Pläne zur geologischen Kartierung größerer Landstriche. An →Merck schrieb er im November 1782, er habe »die Charpentierische mineralogische Charte erweitern lassen« – sie reiche nun vom →Harz bis zum →Fichtelgebirge und vom Riesengebirge bis an die Rhön. Zudem habe er »große Lust bald eine mineralogische Charte von ganz Europa zu veranstalten«. Diese pionierhafte Idee wurde jedoch nicht verwirklicht.

Zu Beginn des Jahres 1821 erhielt G. eine Anfrage, bei der Farbwahl für die erste geologische Karte von Deutschland zu helfen. Der geologisch tätige Chr. →Keferstein war im Dezember 1820 mit dem Vorschlag zur Herausgabe eines solchen Kartenwerks an den Weimarer Verlagsleiter L. F. v. →Froriep herangetreten. Nachdem Froriep Interesse bekundet hatte, regte Keferstein die Mitwirkung G.s an. Dieser sagte zu und wählte im März 1821 die Farben zur Kennzeichnung der elf Gesteinsarten nach den Erkenntnissen seiner Farbenlehre. Von Kefersteins Zeitschrift *Teutschland, geognostisch-geologisch dargestellt* erschienen 1821 bis 1831 sieben Bände. Dem ersten Band mit der allgemeinen geologischen Karte von ganz Deutschland bzw. Mitteleuropa (vgl. Farbtafeln S. 818 u. 819) folgten geologische Karten und Beschreibungen einzelner Regionen. G. besprach Kefersteins Kartenwerk lobend in seinen Aufsätzen *Bildung des Erd-Körpers* und *Böhmen vor Entdeckung Amerikas ein kleines Peru*; es wurde aber kein kommerzieller Erfolg. Eine von Chr. L. v. →Buch erstellte Karte von Deutschland in 42 Blättern, die 1826 erschien und 48 farblich unterschiedene Formationen enthielt, fand viel stärkere Beachtung. Wie weit die von G. festgelegte Kolorierung die Geschichte der Farbgebung von geologischen Karten beeinflusst hat, ist umstritten.

Literatur

Schäfer-Weiss, Dorothea und Versemann, Jens: The Influence of Goethe's »Farbenlehre« on Early Geological Map Colouring: Goethe's Contribution to Christian Keferstein's »General Charte von Teutschland«. In: Imago Mundi. 57 (2005), 164–184. – Steiner, Walter: Christian Keferstein und das Erscheinen der ersten geologischen Übersichtskarte von Mitteleuropa im Jahre 1821. In: Prescher, Hans (Hg.): Geologen der Goethezeit. 2. Aufl. Leipzig 1981, 99–147.

WY

Kassel

G. hat Kassel viermal besucht: vom 14.–16.9.1779 am Beginn der zweiten Schweizreise, vom 30.9.–5.10.1783 auf dem Rückweg von der zweiten Harzreise aus →Göttingen kommend, am 13./14.12.1792 auf der Rückreise vom Frankreichfeldzug, und vom 15.–21.8.1801 auf der Rückreise von der Kur in →Pyrmont und dem Studienaufenthalt in Göttingen. Für den Bereich der Naturforschung waren nur die beiden ersten Aufenthalte in Kassel maßgeblich. 1779 lernte G. dort den Weltreisenden und Naturforscher G. →Forster kennen und in der Menagerie betrachtete er einen dort seit 1773 lebenden jungen indischen →Elefanten (vgl. LA II, 9A, 272). Beim zweiten Besuch 1783 kam es am 30.9. zur ersten Begegnung G.s mit S. T. →Soemmerring, der anschließend Korrespondenzpartner (bis 1828) wurde. Soemmerring unternahm in Kassel zusammen mit Forster (wie auch G. C. →Lichtenberg in Göttingen und J. H. →Merck in Darmstadt) Ballonexperimente nach dem französischen Vorbild der Brüder Montgolfier. G. wurde dadurch angeregt, auch in Weimar entsprechend tätig zu werden (→Ballonfahrt). In erster Linie arbeitete Soemmerring jedoch als Anatom am Collegium Carolinum, und in dieser Eigenschaft war ihm im August 1780 die Präparation des am Kasseler Auehang tödlich verunglückten Elefanten zugefallen. 1783 konnte G. sowohl das Skelett wie das ausgestopfte Ganzkörperpräparat besichtigen. Im Rahmen seiner Arbeiten zum →Zwischenkieferknochen lieh er den Elefantenschädel 1784 nach Eisenach und Weimar aus. Der Kasseler Elefant bzw. sein Skelett haben G. bis in die 1820er Jahre begleitet (1824 Publikation der Tafeln des Schädels); als →»Goethe-Elefant« erhielt er einen maßgeblichen, bis heute anhaltenden Stellenwert.

Literatur

Wenzel, Manfred (Hg.): Samuel Thomas Soemmerring in Kassel (1779–1784). Beiträge zur Wissenschaftsgeschichte der Goethezeit. Stuttgart, Jena, New York 1994 (Soemmerring-Forschungen 9) [darin alle Bezugspunkte des Naturforschers G. zu Kassel].

WZ

Katoptrische Farben

In G.s Farbenterminologie werden die katoptrischen Farben den →physischen (physikalischen) Farben zugeordnet (vgl. *Zur Farbenlehre*, §§ 366–

388). Es handelt sich dabei um Interferenzfarben, die bei der Reflexion (Spiegelung) des farblosen Lichtes an der Oberfläche des reflektierenden Mediums entstehen. G. nennt ziselierte Metalle, chemisch behandelte (rauhe) Silberflächen, Perlmutt oder Vogelfedern als Beispiele. *WZ*

Kauffmann, Angelica (1741–1807)

Als G. während seiner Italienreise regelmäßig mit Angelica Kauffmann zusammentraf, war sie bereits eine europäische Berühmtheit. Johann Joachim Winckelmann, den sie 1768 in Rom traf, schätzte und förderte sie ebenso wie Joshua Reynolds während ihres fünfzehnjährigen Aufenthalts in England, wo sie als Porträtistin, aber auch mit ersten Historiengemälden außerordentlich erfolgreich war. Ihr repräsentatives Atelier nahe der Kirche Trinità dei Monti, das sie seit 1782 betrieb, war der Treffpunkt aller Kollegen und Kunstinteressierten, die sich in Rom aufhielten. Mehr noch als durch den Nimbus der Frühbegabung und der körperlichen Schönheit entsprach sie dem zeitgemäßen Idealbild einer Künstlerin durch den ostentativen Verzicht auf genialische Autonomie. Bei ihr, die in G.s Aufzeichnungen stets ›Angelica‹ heißt, kam ein gewisser melancholischer Wesenszug ihres ›engelsgleichen‹ Charakters mit der Konzilianz und Zartheit in der Auswahl der Sujets und der Ausführung ihrer Bilder überein, was zwar zahlreiche Kunden und Auftraggeber anzog, ihre Bewertung in der Kunstkritik jedoch ins Abschätzige, bestenfalls Gönnerhafte, gleiten ließ.

Darin bildete auch G. keine Ausnahme. Nur wo es seine eigenen Interessen berührte, war G. ihr Werk erwähnenswert. Im historischen Teil der *Farbenlehre* gestand Johann Heinrich →Meyer in seinem von G. eingeschalteten Aufsatz *Geschichte des Kolorits seit Wiederherstellung der Kunst* Angelica zwar »schönes Talent« und »natürliche Neigung zum Gefälligen, Milden, Sanften« zu, sprach ihr, die G.s Bedürfnis nach Anschauung durch eine farbig lasierte Grisaille und eine Bild ganz ohne Blautöne nachgekommen war, →»Harmonie der Farben« und »Musterhaftigkeit« jedoch entschieden ab (FA I, 23.1, 778f.). Im Gegensatz dazu wertete G. im gleichen Werk, im Kapitel *Konfession des Verfassers*, die genannte »Landschaft ohne Blau« als »ein sehr hübsches harmonisches Bild« (ebd. 973) und bildete ein nachempfundenes – seinen Zwecken entgegenkommend – auf Figur 11 der ersten Tafel zur *Farbenlehre* ab (vgl. Farbtafel S. 829).

Eine im Garten Angelicas gepflanzte und noch mehrfach im Briefwechsel thematisierte Kiefer deutet auf G.s morphologisch-botanische Interessen während der Italienreise hin (→Pinie).

G.s Brustbild in Oval, das Angelica Kauffmann 1787 begann, verwandelte sich den Porträtierten an, dem sie die unmittelbare Anmut und Sensibilität der eigenen Physiognomie verlieh. Angelicas allegorisches Deckengemälde *Die Farbe*, das sie 1780 für die Royal Academy in London entworfen hatte und das Herder 1787 zu dem Gedicht *Die Farbengebung* inspirierte, adaptierte ihr scharfer Kritiker, Johann Heinrich Meyer, als *Iris mit dem Regenbogen* 1792 für das Treppenhaus im G.-Haus am Frauenplan.

Vgl. auch den Artikel in GHB. 4.1, 602f.

Literatur

Baumgärtel, Bettina (Hg.): Angelika Kauffmann. Ausstellungskatalog Düsseldorf, München, Chur 1998/99. Ostfildern-Ruit 1998. *LEU*

Keferstein, Christian (1784–1866)

Der Hallenser Jurist und Geologe, der G. am 23.11.1817 in Jena besucht hatte, wandte sich am 1.12.1820 an den Leiter des Weimarer Landesindustriecomptoirs, L. F. v. →Froriep, mit der Bitte, die Publikation einer Zeitschrift zu übernehmen, die die geologischen Verhältnisse Deutschlands in einer Reihe von Karten mit begleitenden Aufsätzen darstellen sollte. Unter dem Titel *Teutschland, geognostisch-geologisch dargestellt* erschienen zwischen 1821 und 1831 sieben Bände (aus jeweils zwei oder drei Heften), an denen G. regen Anteil nahm (vgl. Farbtafel S. 818).

Froriep machte G. am 16.12.1820 mit Kefersteins Plan bekannt (vgl. LA II, 8A, 623f.); Anfang Januar 1821, als er seine »illuminierte General-Karte« und den ersten Teil der »geognostischen Beschreibung von Deutschland« einreichte, bat Keferstein Froriep, G.s Meinung über die Auswahl der Farben für die verschiedenen geologischen Formationen einzuholen (vgl. LA II, 8B.1, 181).

In der zweiten Märzhälfte konferierte G. laut Tagebuch mehrfach mit Froriep darüber, am 18.3.1821 entwarf er eine »Tabelle der Farben« (vgl. an Froriep, 18.3.1821). Keferstein reichte am 2.4.1821 eine allgemeine Karte ein, die nach G.s Farbentabelle illuminiert war, sowie zwei Entwürfe einer orographischen Karte und bat Froriep darum, sich mit G. gemeinsam zu überlegen, welchen von beiden sie für den zweckmäßigeren hielten (vgl. LA II, 8B.1, 182f.). Nach G. lag »in der Reinheit und Unterscheidbarkeit der Farben der ganze Werth des Blattes« (ebd. 3), denn durch das Illuminieren würde die Gesteinsfolge angedeutet (vgl. an Schreibers, 19.5.1821). Am 10.4.1821 besprach G. die Angelegenheit mit dem Kupferstecher J. C. E. →Müller und verfasste Anweisungen zur Herstellung der Karte (vgl. LA II, 8B, 3f., M 1)

Auf einem Zettel trug G. Farbproben auf, die er den verschiedenen Gesteinen zuordnete: Karminrot-Granit; Gelbgrün-Schiefer; Orange-Roter Sandstein; Violett-Alpenkalk; Grau-Porphyr, Steinkohlen; Chamois-Bunter Sandstein; Blau-Muschelkalk; Gelb-Quadersandstein; Spangrün-Jura-Kalk; Schwarz-Basalt (vgl. Farbtafel S. 819).

Am 28.4.1821 sandte Keferstein G. seinen ersten Entwurf der geologischen Karten von den sächsischen Fürstentümern und bat ihn um Verbesserungen. In seiner Antwort vom 12.5.1821 wies G. bezüglich der Farbgebung darauf hin, »daß man [...] mit grauer Farbe die Abdrücke mache, die Farben, welche die verschiedenen Gebirgsarten bezeichnen sollen, genau von einander sondere und in gleicher Stärke, wie man es im Ganzen nöthig findet, die verschiedenen Farben aufträgt«.

Am 7.7.1821 übersandte Keferstein G. das erste Heft seiner Zeitschrift, das eine gedruckte Widmung an G. enthielt. Keferstein bedankte sich für G.s Mitwirkung: »[...] was [...] mir zu erreichen ohnmöglich war, die Harmonie der Farben, verdanke ich Ihrer gütigen Beihülfe [...]. Ihre Farbentafel wird gewiß klassisch bleiben, wenn meine Ansichten auch längst vergessen werden« (LA II, 8B.1, 202). In der Tat werden einige der von G. vorgeschlagenen Farben noch heute in der geologischen Kartographie verwendet.

G. dankte am 12.7.1821 für die »so wünschenswerthe Gabe«, die ihn an seine eigene geologische Forschung erinnerte: »Seit 50 Jahren durchwanderte gar manchen Theil, den Sie bezeichnen, manche Stellen kenne ich genau, an alles was ich wußte werd ich erinnert und finde mit meinen Erfahrungen nirgends Widerspruch [...]«.

Am 30.8.1821 erhielt G. in →Eger das zweite Heft, das neben weiteren Durchschnitten eine geologische Karte von →Tirol enthielt. Zu beiden Heften verfasste G. in den folgenden Tagen eine Besprechung, die unter dem Titel *Bildung des Erd-Körpers* 1822 in ZNÜ I, 4 veröffentlicht wurde (vgl. FA I, 25, 585 ff.). Hier legte er seine auf dem Kapitel der *Sinnlich-sittlichen Wirkung der Farbe* aus der *Farbenlehre* (1810) beruhenden Maximen zur Färbung der Karten dar (→Karte, geologische), wobei vor allem Gesichtspunkte der →Harmonie und der Totalität ausschlaggebend waren.

In den *Tag- und Jahresheften* von 1821 resümierte G. über das Unternehmen: »Die Absicht Kefersteins einen geologischen Atlas für Deutschland herauszugeben, war mir höchst erwünscht, ich nahm eifrig Theil daran und war gern was die Färbung betrifft mit meiner Überzeugung beiräthig. Leider konnte durch die Gleichgültigkeit der ausführenden Techniker gerade dieser Hauptpunct nicht ganz gelingen. Wenn die Farbe zu Darstellung wesentlicher Unterschiede dienen soll, so müßte man ihr die größte Aufmerksamkeit widmen«.

G. zog Kefersteins Hefte immer wieder heran (vgl. z.B. Tgb, 30.1. und 16.11.1822, 3.1. und 14.2.1823) und erwähnte sie mehrfach in Briefen (so an Schübler und Lenz, jeweils 18.2.1822; an Graf Sternberg, 12.1.1823). Am 1.8.1822 traf G. mit Keferstein in Eger zusammen.

Regelmäßig erhielt G. bis 1830 die neu erscheinenden Hefte (vgl. Ruppert 4209). Er freute sich, dass Keferstein »seine Kniee nicht vor Baal dem Erschütterer« beugte (Tgb, 10.7.1829) und »sich, nach seiner ruhigen Art, gegen das Heben und Schieben, Brennen und Sengen deutlich erklärt und bey einer ruhigern, menschenverständlichern Ansicht treu und fest hält« (an Soret, 1.8.1829; →Neptunismus/Vulkanismus). Am 15.8.1829 betonte G. gegenüber Keferstein, »daß ich es für bedeutend halte, in unsern wunderlich hypothetischen Tagen einen klaren Blick und reinen Sinn so entschieden ausgesprochen zu sehen. Halten Sie sich des Beyfalls aller derjenigen versichert, welche vom Strome des Augenblicks nicht fortgerissen werden«.

Kefersteins Werk wurde bereits 1826 durch die *Geognostische Karte von Deutschland und den umliegenden Staaten in 42 Blättern*, von L. v. →Buch anonym publiziert, in den Schatten gestellt. Der Absatz blieb weit hinter den Erwartungen von Autor und Verleger zurück. G. hielt dennoch stets an Keferstein fest. Noch am 24.3.1830 beschäftigte er sich mit »Kefersteins Deutschland 6. Bandes 3. Heft [...]. Die alten Harzer Erinnerungen, hier durch trockene Worte aufgefrischt, machten mir viel Vergnügen« (Tgb, 24.3.1830).

Literatur

Keferstein, Christian: Erinnerungen aus dem Leben eines alten Geognosten und Ethnographen. Halle 1855. – Polenz, Kathrin: Christian Keferstein – Ein Amateurgeologe im mitteldeutschen Raum um 1800 und seine Zeitschrift »Teutschland, geognostisch-geologisch dargestellt«. In: Sudhoffs Archiv. Zs. für Wissenschaftsgeschichte. 95 (2011), 30–47. – Steiner, Walter: Zur Geschichte der geologischen Karte. In: Zs. für angewandte Geologie. 3 (1957), 417–424. – Ders.: Christian Keferstein. Ein Wegbereiter der regionalen Geologie Deutschlands. In: Berichte der Deutschen Gesellschaft für geologische Forschungen. Wiss. Reihe A 14 (1969), 269–320. – Ders.: Christian Keferstein und das Erscheinen der ersten geologischen Übersichtskarte. In: Prescher, Hans (Hg.): Geologen der Goethezeit. Leipzig 1979 (Abhandlungen des Staatlichen Museums für Mineralogie und Geologie zu Dresden 29), 99–147. – Ders.: Die erste geologische Karte Mitteleuropas. (Stadtmuseum) Weimar 1997.

HO

Kepler, Johannes (1571–1630)

Der Astronom und Mathematiker, der als Begründer der geometrischen →Optik gilt, wurde 1600 am Hof Rudolphs II. in Prag Mitarbeiter von Tycho →Brahe, bevor er 1612 nach Linz wechselte. Kepler bewies das Kopernikanische Weltsystem und begründete durch die nach ihm benannten drei Keplerschen Gesetze (1609, 1618) die Kinematik der Planetenbewegung. Seine Himmelsphysik steht im Zusammenhang mit einer von Gott vorgegebenen Weltharmonik, die an geometrischen und musikalischen Proportionen zu erkennen ist und den Übergang von einem animistischen zu einem mechanistischen Weltbild bestimmt. K.s optische Studien am menschlichen →Auge boten einen Beitrag zum Sehvorgang. Ferner lieferte Kepler eine Theorie der Lichtausbreitung und Beiträge zur Optik der Linsen sowie des Teleskops (→Fernrohr).

Am 9.7.1807 verfasste Carl Friedrich von →Reinhard ein Protokoll über ein Gespräch mit G. in Karlsbad zur *Geschichte der Farben-Lehre*, in dem G. Keplers Äußerung über die Farben festhielt, »er könnte sich nicht damit befassen« (EGW 4, 468). Im Gegensatz zu diesem – indirekt überlieferten – Zeugnis beschäftigte sich G. intensiv mit Kepler im Kontext des historischen Teils der *Farbenlehre*. Dessen Schrift *Ad Vitellionem paralipomena quibus astronomiae pars optica traditur* (Frankfurt am Main 1604) kannte G. schon früh (Entleihungen aus der Weimarer Biblitohek: 5.10.1791, 14.11.1798 u. 22.8.1800; vgl. Keudell 26, 135, 216). Die erneute Ausleihe vom 17.3.1809 (Keudell 567) führte zu einem ausgiebigen Studium, nachdem G. sich um weitere Arbeiten Keplers bei Hans Karl Abraham Eichstädt in Jena und Heinrich August Ottokar Reichard in Gotha bemüht hatte (vgl. 3., 5. u. 6.5.1809: an Eichstädt; 5.4. u. 20.7.1809: an Reichard), darunter die 1611 in Frankfurt am Main erschienene *Dioptrice*, die u.a. von der Entdeckung eines astronomischen Fernrohrs berichtet, sowie die Schrift *Tertius interveniens* (Frankfurt am Main 1610). Die *Harmonices mundi*, in denen Kepler seine Planetengesetze entwickelte, befanden sich in einer Ausgabe von 1619 in der Weimarer Bibliothek; eine Ausleihe durch G. ist nicht belegt.

Die Bearbeitung von Keplers Werken, die im Tagebuch vom 3.4. sowie 6.–8. u. 11.5.1809 belegt ist, mündete schließlich in das Kapitel *Johann Kepler* in der fünften Abteilung *Siebzehntes Jahrhundert* des historischen Teils der *Farbenlehre* (vgl. FA I, 23.1, 690–93, auch 35, 717f., 991, 1052). Darin zitierte G. einen Satz aus dem ersten Kapitel der Schrift *De natura lucis* (*Propositio XV.*, 11) wörtlich (»Color est lux in potentia […]«; FA I, 23.1, 692) und übersetzte anschließend den bei Kepler folgenden Text (ebd. 692f.).

G. betrachtete Kepler als Beispiel dafür, »daß der wahre Genius alle Hindernisse überwindet«, als einen Wissenschaftler, der »das Wahre anerkennt, nur Gott und die Natur, nicht aber sich selbst zu ehren scheint« (ebd. 691).

Im didaktischen Teil der *Farbenlehre* führte G. Kepler als Kronzeugen für die Beobachtung an, dass der Gegensatz zwischen Schwarz und Weiß als Äquivalent von Ruhe und Bewegung gelten könne (ebd. 35).

In den von Reichard am 5.4.1809 erbetenen *Epistolae ad Joannem Kepplerum* (Leipzig 1718) fand G. (auf Seite 573) einen Ausspruch, der später Eingang in die *Maximen und Reflexionen* fand: »Kepler sagte: ›Mein höchster Wunsch ist, den Gott, den ich im Äußern überall finde, auch innerlich, innerhalb meiner gleichermaßen gewahr zu werden.‹ Der edle Mann fühlte, sich nicht bewußt, daß eben in dem Augenblicke das Göttliche in ihm mit dem Göttlichen des Universums in genauster Verbindung stand« (MuR 812).

Literatur

Carrier, Martin und Mittelstraß, Jürgen: Johannes Kepler (1571–1630). In: Böhme, Gernot (Hg.): Klassiker der Naturphilosophie. München 1989, 137–157.

BI/WZ

Kielmeyer, Carl Friedrich von (1765–1844)

Der Naturforscher Carl Friedrich (von) Kielmeyer war nach dem Studium der Medizin in Stuttgart (Dr. med. 1786) und einem Aufenthalt bei →Blumenbach in →Göttingen seit 1790 als Lehrer (1792 als Professor) für Chemie und Zoologie an der Stuttgarter Hohen Karlsschule tätig. Nach deren Auflösung wechselte er 1796 als Professor der Chemie an die Universität Tübingen, wo er seit 1801 mit großem Lehrerfolg die Fächer Botanik, vergleichende Anatomie und Materia medica vertrat. 1817 als Staatsrat und Direktor der wissenschaftlichen Sammlungen und des Botanischen Gartens nach →Stuttgart zurückberufen, wirkte er in dieser Stellung bis zum Eintritt in den Ruhestand 1839 vornehmlich administrativ (vgl. Kanz 1991). Kielmeyer gilt heute als Mitbegründer der vergleichenden Zoologie und zählt zu den Wegbereitern des Entwicklungsgedankens (Kanz 1994).

In erster Linie durch seine akademische Rede *Ueber die Verhältniße der organischen Kräfte unter einander in der Reihe der verschiedenen Organisationen, die Geseze und Folgen dieser Verhältniße* (Stuttgart, 11.2.1793) hervorgetreten (Kielmeyer 1993), beeinflusste Kielmeyer zahlreiche Ärzte, Naturwissenschaftler und Philosophen der G.zeit (vgl. Bach

2001). In seiner Rede zeigte er, dass in der aufsteigenden Reihe der Organismen (die ansatzweise evolutiv gedacht war) »organische Kräfte« (die Trias aus Irritabilität, Sensibilität und Reproduktionskraft) in bestimmten Verhältnissen wirksam sind, die ebenso in der Individualentwicklung vom Embryo zum erwachsenen Organismus zutage treten. Damit formulierte er eine kräfte-physiologische Variante des später von Ernst Haeckel so genannten »Biogenetischen Grundgesetzes«. Durch diese Lehre von der hierarchischen Stufung »organischer Kräfte« hat Kielmeyer die Organismusvorstellungen der romantischen Naturforschung und die Naturphilosophie des Deutschen Idealismus maßgeblich beeinflusst. In der Zeit nach Darwin wurde er auch als Vorläufer der Evolutionstheorie bezeichnet.

Mittelbar wirkte Kielmeyer aber auch durch seine unpubliziert gebliebenen Vorlesungen, deren Abschriften in ganz Deutschland zirkulierten und dadurch eine Wirkung auch über den direkten Kreis seiner Schüler hinaus (darunter aus dem G.-Umfeld Georg Friedrich von Jäger, Christoph Heinrich →Pfaff, Karl Eberhard Schelling) entfalten konnten.

Kielmeyer gehörte nicht zum großen Kreis der naturwissenschaftlichen Korrespondenten G.s, doch die Lektüre seiner Rede von 1793, die auch in G.s Bibliothek stand (Ruppert 4745), ist schon um den Jahreswechsel 1794/1795 belegt (vgl. Brief an J. G. Herder, WA IV 10, 132). Erwähnt wird Kielmeyer auch in etwa zeitgleich entstandenen Materialien zu G.s Aufsatz *Erster Entwurf einer allgemeinen Einleitung in die vergleichende Anatomie, ausgehend von der Osteologie* (vgl. LA II, 9A, 238).

Die einzige persönliche Begegnung mit Kielmeyer fand während G.s Schwabenreise auf dem Weg in die →Schweiz am 10.9.1797 in Tübingen statt; das Tagebuch berichtet: »Früh mit Professor Kielmeyer, der mich besuchte, verschiedenes über Anatomie und Physiologie organischer Naturen. [...] Er trug mir verschiedene Gedanken vor, wie er die Gesetze der organischen Natur an allgemeine physische Gesetze anzuknüpfen geneigt ist, z. B. der Polarität, der wechselseitigen Stimmung und Correlation der Extreme, der Ausdehnungskraft expansibler Flüssigkeiten«. Ebenso besprachen sie »die Idee, daß die höhern organischen Naturen, in ihrer Entwicklung einige Stufen vorwärts machen, auf denen die andern hinter ihnen zurückbleiben« (vgl. auch G.s Tgb, 9.11.1806).

G. und Kielmeyer trafen sich in ihrem gemeinsamen Bemühen, einheitliche Bildungsgesetze des Organischen aufzufinden. Dabei suchte der studierte Mediziner Kielmeyer den physiologischen Zugang über eine Hierarchie von organischen Kräften, wogegen G. die »Bildung und Umbildung organischer Naturen« (FA I, 24, 399) morphologisch interpretierte und von der →Metamorphose einer Grundgestalt ausging. Ob man mit der Lektüre von Kielmeyers Rede einen Wendepunkt in G.s naturwissenschaftlicher Entwicklung ansetzen und damit seine Morphologie als direkte Visualisierung von Kielmeyers organischen Kräften ansehen muss (Bersier 2005), sei dahingestellt.

Literatur
Bach, Thomas: Biologie und Philosophie bei C. F. Kielmeyer und F. W. J. Schelling. Stuttgart-Bad Cannstatt 2001. – Bersier, Gabrielle: Visualizing Carl Friedrich Kielmeyer's organic forces: Goethe's morphology on the threshold of evolution. In: Monatshefte für deutschsprachige Literatur und Kultur. 97 (2005), H. 11, 18–32. – Kanz, Kai Torsten: Kielmeyer-Bibliographie. Stuttgart 1991. – Ders. (Hg.): Philosophie des Organischen in der Goethezeit. Studien zu Werk und Wirkung des Naturforschers Carl Friedrich Kielmeyer (1765–1844). Stuttgart 1994. – Kielmeyer, Carl Friedrich: Gesammelte Schriften. Hg. v. F.-H. Holler. Berlin 1938. – Ders.: Über die Verhältnisse der organischen Kräfte unter einander [...]. Faksimile der Ausgabe Stuttgart 1793 mit Einleitung von Kai Torsten Kanz. Marburg 1993. *KA*

Kieser, Dietrich Georg von (1779–1862)

Der Professor der Medizin (ab 1812) und Psychiater in Jena, später Präsident der Leopoldina (1858), war ein Vertreter der von →Schelling stark beeinflussten naturphilosophisch-romantischen Medizin. Kieser trat durch botanische Arbeiten hervor, galt als Fachmann für das Bäderwesen und befürwortete tierischen Magnetismus (→Mesmer) und Hypnose.

Mit G. plante er die Eröffnung des Heilbades Berka an der Ilm (1812/1813; vgl. Tgb, 3., 8., 9., 13., 18. u. 23.11.1812), wo Kieser 1813 Brunnenarzt wurde und G. ein Jahr später zur Kur weilte (13.5.–18.6.1814).

Kieser war Mitherausgeber des *Archivs für den Thierischen Magnetismus*, von dem sieben Hefte aus den Jahren 1817/1818 in G.s Bibliothek vorhanden waren (vgl. Ruppert 4183).

G. schätzte Kieser vor allem wegen seiner Zustimmung und Verbreitung der Metamorphosenlehre, zu deren Geschichte G. 1831 den Aufsatz *Wirkung dieser Schrift* (FA I, 24, 753–775) vorlegte, in dem gleich drei Werke Kiesers in der Tradition des Metamorphosegedankens genannt werden: *Aphorismen aus der Physiologie der Pflanzen* (Göttingen 1808), *Mémoire sur l'organisation des plantes* (Haarlem 1814) sowie der deutsche Auszug aus Letzterem, *Elemente der Phytotomie* (Tl. 1, Jena 1815; vgl. FA I, 24, 756 u. 758 f.). G. bestätigte Kieser »entschiedene Anerkennung und glückliche Anwendung der Idee der Metamorphose« (ebd. 756), die Einsicht, dass »Metamorphose [...] Grund und Seele des Ganzen ist«, wobei »das Eigentümliche der Schule, zu der sich der Verfasser bekennt [die romantische Naturphilosophie], weniger störend für anders Denkende« hervortrete (ebd. 758). Alle genannten Schriften befanden sich in G.s Bibliothek (vgl. Ruppert 4746, 4751, 4747), ebenso Kiesers Antrittsvorlesung von 1812 *Ueber das Wesen und die Bedeutung der Examtheme* (Ruppert 4752), in deren hinteren Umschlag G. Bemerkungen zu Warzen und Hühneraugen notierte.

Nach Kiesers erstem Besuch bei G. am 27.4.1812 sind bis zum 29.1.1818 zahlreiche Begegnungen in G.s Tagebuch festgehalten. Bei C. F. E. Frommann in Jena, der einige von G.s Schriften für den Cotta-Verlag druckte, war man bisweilen gemeinsam Gast. Gelegentlich zeigte Kieser sich dabei wohl von seiner spekulativ-naturphilosophischen Seite, so am 2.7.1816, als G. festhielt: »Kieser abstrus«.

WZ

King Coal

Unter diesem Titel verfasste G. eine aus dem Nachlass überlieferte Inhaltsangabe des ersten Teils von *King Coal's Levee, or Geological Etiquette, with explanatory notes* (London 1819; Ruppert 1519), ein anonym erschienenes Lehrgedicht von John Scafe, der Mitglied der geologischen Gesellschaft zu London und Besitzer einer Kohlenmine in Northumberland war. In diesem von G. sehr geschätzten Epos wurde - nach dem in *Ueber Kunst und Alterthum* (VI, 1, 1827) erschienenen Aufsatz *Über das Lehrgedicht* - »die Geognosie zu einem didaktischen Gedicht und zwar einem ganz imaginativen« (WA I, 41.2, 227) herangezogen und in den zugehörigen »notes« der mineralogisch-geologische Sachverhalt dargelegt. G. sah dadurch das Problem gelöst, »ein Werk aus Wissen und Einbildungskraft zusammenzuweben: zwei einander entgegengesetzte Elemente in einem lebendigen Körper zu verbinden« (ebd.).

Das »durchaus muntere und glücklich humoristische« Gedicht vermittelte den Gebirgsbau im Sinne der →Wernerschen Schule und sollte »die geognostischen Kenntnisse nicht etwa popular machen sondern vielmehr geistreiche Menschen zur Annäherung berufen« (FA I, 25, 617). →Eckermann berichtet unter dem 18.5.1824, dass G. mit Begeisterung ihn und →Riemer mit diesem Lehrgedicht unterhielt und ihnen daraus »erzählungsweise eine improvisierte Übersetzung mit so vielem Geist, Einbildungskraft und guter Laune« darbot, »daß jede Einzelnheit lebendig vor Augen trat, als wäre Alles eine im Moment entstehende Erfindung von ihm selber« (FA II, 12, 536f.). Nach G. war »ein solches Gedicht [...] ganz darauf berechnet, die Weltleute zu amüsiren, indem es zugleich eine Menge nützlicher Kenntnisse verbreitet, die eigentlich Niemandem fehlen sollten. Es wird dadurch in höhern Kreisen der Geschmack für die Wissenschaft angeregt [...]« (ebd. 537). Auch sah G. darin »viel Gutes in der Folge aus einem so unterhaltenden Halb-Scherz entstehen«, um den Laien zu ermutigen, »im Kreise seines persönlichen Bereichs selber zu beobachten. Und solche individuelle Wahrnehmungen aus der uns umgebenden nächsten Natur sind oft um so schätzbarer, je weniger der Beobachtende ein eigentlicher Mann vom Fache war « (ebd.).

In seiner Besprechung rühmte G. die englische Nation, »einen großen Vorzug vor andern« dadurch zu haben, »daß ihre wissenschaftlichen Männer das ins Ganze Versammelte so wie das einzeln Gefundene bald möglichst in Tätigkeit zu bringen suchen; am sichersten kann dies geschehen durch allgemeine Verbreitung des Gewußten. Hiezu verschmähen sie kein Mittel«, indem sie »durch Gedichte ernster und scherzhafter Art das, was jedermann wissen sollte unter die Menge bringen« (FA I, 25, 617).

Am 15.10.1829 las G. das Gedicht »mit neuem Interesse und Bewunderung so geistreicher Behandlung eines schwerfälligen Stoffes«. Von John Murray d. J., der ihn am Vortag besucht hatte, erfuhr er in einem Brief von Januar 1830 ebenso den Namen des anonymen Verfassers wie zuvor am 18.11.1829 durch ein Schreiben des englischen Besuchers J. L. Guillemard. Erst am 29.3.1831 dankte G. Murray mit der Bitte: »Können Sie Herrn Scafe [...] meiner Theilnahme an seiner geistreichen Arbeit versichern lassen, so werden Sie ihm eine gute Stunde machen«.

HO

Kircher, Athanasius (1601–1680)

Der Jesuit und Professor der Philosophie, Mathematik und Orientalistik lehrte zunächst in Würzburg, ab 1635 in Avignon, später in Rom. 1646 erschien dort sein Werk *Ars magna lucis et umbrae* (überarbeitet Amsterdam 1671), das u.a. frühe Beschreibungen der →physiologischen Farben, der Fluoreszenz (am Beispiel des ›Nierenholzes‹, Lignum nephriticum) und von Leuchtsteinen liefert (→Bologneser Stein) sowie eine Erstbeschreibung der Laterna magica (Zauberlaterne, eine Art Dia-Projektor) gibt.

G. erwähnte Kircher bereits am 30.11.1769 gegenüber E. T. Langer in abschätziger Weise; im Kontext der *Farbenlehre* erschien das Urteil jedoch gewandelt. Im historischen Abschnitt des Aufsatzes *Von den farbigen Schatten* (Juli 1793) fasste G. Kirchers Ansichten mit der Formel »color, lumen opacatum« – Farbe ist beschattetes Licht – zusammen und fuhr fort: »Könnte man einen angemessenern Ausdruck für die farbigen Schatten finden? Ja, wollte man die Benennung lumen opacatum dem gelben Schatten zueignen, so würden wir den entgegengesetzten blauen Schatten gar wohl mit umbra illuminata [beleuchteter Schatten] bezeichnen können, weil in jenem das Wirkende, in diesem das Leidende prävaliert und der wechselwirkende Gegensatz sich durch eine solche Terminologie gewissermaßen ausdrücken ließe« (FA I, 23.2, 100). Hier ist bereits 1793 die vielzitierte Aussage aus der Einleitung der *Farbenlehre* von 1810 antizipiert: »Die Farben sind Taten des Lichts, Taten und Leiden« (FA I, 23.1, 12).

In einer Zusammenstellung zur *Geschichte der Farbenlehre* (1798/1799) waren G.s Urteile wiederum ambivalent: »Neigung zum Sonderbaren«, »macht auf schöne Phänomene aufmerksam«, »fördert die Lehre nicht« (FA I, 23.2, 214).

Für das Kircher-Kapitel im historischen Teil der *Farbenlehre* (FA I, 23.1, 712–717, auch 52, 719f., 731, 747, 758, 800, 803, 1052), eine Mischung aus Übersicht und übersetzten Stellen, hat G. die *Ars magna lucis et umbrae* am 13.2.1809 aus der Weimarer Bibliothek entliehen (Keudell 557) und sie am 3.5.1809 von H. K. A. Eichstädt auch aus der Jenaer Universitätsbibliothek erbeten (Keudell/Bulling 20, Anm. 52). Laut Tagebuch hat G. das Werk am 16.2., 3.–5.3., 7.3., 14.4., 5. u. 7.5.1809 studiert. »Zum erstenmal« – so G. – »wird deutlich und umständlich [ausführlich] ausgeführt, daß Licht, Schatten und Farbe als die Elemente des Sehens zu betrachten; wie denn auch die Farben als Ausgeburten jener beiden ersten dargestellt sind« (FA I, 23.1, 712), eine Position, die ganz derer G.s entsprach. Ansonsten sah G. auch hier wiederum eine Verquickung aus »leichter Fassungskraft« und »Heiterkeit« auf der einen Seite, aber auch eine »Wiederholung und mannigfaltige Anwendung eben derselben Erscheinung, eben desselben Gesetzes [...] wodurch zwar die Kenntnis verbreitet, die Ausübung erleichtert, Wissen und Tun aber zuletzt geistlos wird« (ebd. 716f.).

Kurz vor dem Lebensende, am 30.12.1831, hat sich G. laut Tagebuch noch einmal mit Kirchers *Ars magna lucis et umbrae* beschäftigt, als er mit →Eckermann historische Werke zur *Farbenlehre* diskutierte.

Auch in geologischem Zusammenhang hat G. Kircher herangezogen. Am 8.2.1825 entlieh er das Werk *Mundus subterraneus [...]* (3. Aufl. Amsterdam 1678) aus der Weimarer Bibliothek. Die zuerst 1665 erschienene Schrift beschreibt Hydrophylacien (Wasserverließe), die, unter den Gebirgen gelegen, die auf den Bergen entspringenden Quellen versorgen sollten, und tiefer unter der Oberfläche angesiedelte Pyrophylacien (Feuerverließe), die mit dem zentralen Feuer des Erdinnern kommunizieren und die Verbindungen zu Vulkanen herstellen sollten. Entsprechende Gedanken, geologische Gestaltungskräfte aus dem tiefen und heißen Inneren der Erde abzuleiten, sah G. mit Skepsis bei zeitgenössischen Geologen wie A. v. →Humboldt und L. v. →Buch. Am 9. und 10.2.1825 studierte G. Kirchers Werk und verfasste einen kurzen Aufsatz, der in aktuellen G.-Editionen unter dem Titel *Kirchers Pryophylacium wiederhergestellt* erschienen ist. Außerdem entstand vermutlich zeitgleich das Xenion: »Je mehr man kennt, je mehr man weiß, / Erkennt man, alles dreht im Kreis; / Erst lehrt man jenes, lehrt man dieß, / Nun aber waltet ganz gewiß / Im innern Erdenspatium / Pyro-Hydrophylacium, / Damit's der Erden Oberfläche / An Feuer und Wasser nicht gebreche. / Wo käme denn ein Ding sonst her, / Wenn es nicht längst schon fertig wär'? / So ist denn, eh' man sich's versah, / Der Pater Kircher wieder da. / Will mich jedoch des Worts nicht schämen: / Wir tasten ewig an Problemen« (WA I, 3, 360f.). *WZ*

Klettenberg, Susanna Katharina von (1723–1774)

Die Tochter eines Arztes und Ratsherrn aus dem Frankfurter Großbürgertum interessierte sich von klein auf für →Alchimie und Medizin. Ihr unbeirrbarer Plan zu wahrhaftiger Lebensführung brachte Klettenberg zunächst dem Halleschen, dann dem Herrnhuter Pietismus nahe, ehe sie einen eigenständigen, radikalen Weg der geistigen Auseinandersetzung zwischen Glauben und Gesellschaft einschlug. So löste sie ihre Verlobung und verweigerte konsequent die Rolle der Ehefrau und Mutter.

Als im Sommer 1768 eine schwere Erkrankung G.s Rückkehr aus dem Leipziger Studium ins Elternhaus erzwang, nahm sich Klettenberg, eine Freundin der Mutter, seiner Pflege an. Sie machte den 19jährigen mit ihren naturmystischen und pansophischen Erfahrungen und alchimistischen Experimenten bekannt. Die Lektüre der Schriften von →Paracelsus und →Swedenborg, besonders aber von Wellings *Opus Mago-Cabbalisticum et Theosophicum* (im Druck 1735) sollte in der *Faust*-Dichtung intertextuelle Anwendung finden (vgl. auch das Kapitel *Alchymisten* im historischen Teil der *Farbenlehre*; FA I, 23.1, 662–665).

Im Rahmen des physiognomischen Dialogs mit →Lavater sandte G. diesem am 20.5.1774 den Schattenriss der Klettenberg (»diese himmlische Seele«).

Im 8. und 13. Buch von *Dichtung und Wahrheit*

betonte G. die zentrale Bedeutung der »edlen Freundin« bei seiner Suche nach einem sinnstiftenden Weltbild. »Bekenntnisse einer schönen Seele« nannte er den dichterischen Nachvollzug von Klettenbergs Werdegang und Weltanschauung, den er in das 6. Buch von *Wilhelm Meisters Lehrjahre* einrückte. Die Standes- und Geschlechtskonflikte, die Klettenberg für ihre selbstbestimmte Lebensführung in Kauf genommen hatte, werden dort allerdings nicht thematisiert.

Literatur

Becker-Cantarino, Barbara: Die ›Bekenntnisse einer schönen Seele‹: Zur Ausgrenzung und Vereinnahmung des Weiblichen in der patriarchalen Utopie von ›Wilhelm Meisters Lehrjahren‹. In: Wittkowski, Wolfgang (Hg.): Verantwortung und Utopie. Zur Literatur der Goethezeit. Ein Symposium. Tübingen 1988, 70–86. – Zimmermann, Rolf Christian: Das Weltbild des jungen Goethe. Bd. 1: Elemente und Fundamente. 2. durchges. u. erw. Auflage. München 2002. Bd. 2: Interpretation und Dokumentation. München 1979. *LEU*

Klöden, Karl Friedrich von (1786–1856)

Der Berliner Geograph und Geologe, seit 1824 Direktor der dortigen Gewerbeschule, hatte G. am 23.9.1823 sein Werk *Grundlinien zu einer neuen Theorie der Erdgestaltung, in astronomischer, geognostischer, geographischer und physikalischer Hinsicht* (Berlin 1824; Ruppert 4767) übersandt. G. erwähnte Klöden zuerst im Jahr 1828, als er in *Ueber Kunst und Alterthum* (VI, 2, 425f.) einen allgemeinen Hinweis auf das *Programm zur Prüfung der Zöglinge der Gewerbeschule, von Direktor Klöden* (Berlin 1828; vgl. WA I, 49.2, 133f.) gab. Das Programm enthielt das erste Stück von Klödens *Beiträgen zur mineralogischen und geognostischen Kenntnis der Mark Brandenburg* (Ruppert 4765). Als G. die Lithographie *Der Markgrafenstein auf dem Rauhischen Berge bei Fürstenwalde* von Julius Schoppe sah, für *Ueber Kunst und Alterthum* (VI, 2, 1828, 422f.) besprach und die Gegend mit ihrer ungewöhnlichen Höhe als merkwürdig erachtete, äußerte er in der Hoffnung auf Klärung dieses Phänomens die Erwartung der Fortsetzung der *Beiträge* von Klöden (vgl. WA, I, 49.2, 200).

Mit einem Brief an →Zelter vom 9.8.1828 versuchte G., über Abraham Mendelssohn-Bartholdy einen Kontakt zu Klöden herzustellen, hinsichtlich seiner »Wünsche wegen der Fürstenwalder Granite«. G. vermutete, dass diese →Granite in den Rauenschen Bergen bei Fürstenwalde Teile des Urgebirges seien und keine aus Skandinavien stammenden →erratischen Blöcke. Am 17.4.1829 sandte Zelter, von Klöden am 9.4. beauftragt, dessen *Zweites Stück* der *Beiträge* (Berlin 1829). In seinem Dank vom 28.4.1829 sprach G. von einem »willkommnen Heft«, lobte Klödens »klare geologische Umsicht« und bezeichnete ihn als einen der »Männer, mit denen ich von Zeit zu Zeit conversiren möchte«.

Zelter gab G.s Urteil an Klöden weiter; dieser übersandte daraufhin am 18.9.1829 die zweite Auflage seiner *Grundlinien [...] der Erdgestaltung* (s.o.), die nun unter dem Titel *Über die Gestalt und die Urgeschichte der Erde, nebst den davon abhängenden Erscheinungen in astronomischer, geognostischer, geographischer und physikalischer Hinsicht* (Berlin 1829; Ruppert 4766) erschien. Klöden erklärte darin das Entstehen von großen Gebirgen durch Eruptionen der flüssig-heißen Masse des Erdinneren, wobei die erstarrte äußere Erdrinde gesprengt worden sei, eine Vorstellung, die G. »unmöglich in [s]eine Denk- und Fassungskraft aufzunehmen vermag« (FA I, 25, 649; →Erdbildung).

G. las die Schrift von Klöden am 15.11.1829 (vgl. Tgb). Eine in G.s Nachlass befindliche »Konfession« über seine geologischen Studien (vgl. FA I, 25, 648ff.) deutet auf einen Briefentwurf an Klöden hin: »Wenn ich aber zu meinem Anfang zurückkehre und nun Ihr Werk betrachte so seh ich daß Sie von der allgemeinsten Seite in dieses Geschäft hereingegangen sind; Astronomie physische Geographie, Physik, Chemie und was sonst noch allgemein ist, waltet über das Ganze und dient zu Unterstützung jeder Ihrer Schritte. Ich hatte schon Kenntnis von der ersten Ausgabe und beschäftige mich dankbar mit der gegenwärtigen ungewiß was ich daraus mir aneignen und in meine gegen diese ungeheuren Allgemeinheiten beinahe abgeschlossenen Richtungen werde benutzen können. Auf alle Fälle sind einige Kapitel mir schon höchst belehrend gewesen, da Ihre ausgebreiteten Studien sich über das Neuste der Entdeckungen erstrecken, denen ich in meiner Lage nicht folgen kann« (FA I, 25, 649f.).

Mit einem Brief vom 13. bis 15.6.1830 sandte Zelter auf Klödens Wunsch das *Dritte Stück* der mineralogischen und geognostischen *Beiträge* (Berlin 1830), das eine handschriftliche Widmung des Autors enthielt. »Dergleichen Sendungen von vorzüglichen Männern lenken gar angenehm meine Aufmerksamkeit in solche Regionen, wohin ich aus eigenem Antrieb kaum mehr gelange«, antwortete G. am 8.7.1830 dem Berliner Freund. *HO*

Klotz, Matthias (1748–1821)

Der zuvor in Mannheim tätige Münchner Hofmaler und Rezensent von G.s *Farbenlehre* war neben P. O. →Runge einer der wenigen Maler, mit denen G. einen Austausch über diese Thematik gepflegt hat. Ohne die Identität des Autors zu kennen, war G. schon früh auf eine vermutlich von Klotz stammende (anonyme) Ankündigung und Skizzierung eines Werks mit »neuen Ideen von den Farben« gestoßen, die am 17.3.1792 in der JALZ (*Intelligenzblatt*, Nr. 36) erschienen war (abgedruckt in LA I, 3, 59f.). In einer Aufstellung zur *Geschichte der Farbenlehre*, datiert auf den 10.2.1799, hielt G. dazu fest: »*Ein Unbekannter* / 1792 / Ein Maler, der über das Kolorit nachgedacht hat und auf die Spur gekommen zu sein scheint, daß die Idee von der Dualität in die Farbenlehre eingeführt werden müsse. Er kam darauf wahrscheinlich, weil die Maler ihre Farben als kalt und warm einander entgegensetzen. Wieweit er übrigens mit der Sache und mit sich selbst im Reinen ist, läßt sich aus der kurzen Nachricht davon, die im Anzeiger [*Intelligenzblatt*] der allgem[einen] Litteraturzeitung stand, nicht wohl einsehen« (FA I, 23.2, 221).

Am 25.7.1797 stieß G. laut Tagebuch erneut auf eine Ankündigung von Klotz: »Aussicht auf eine Farbenlehre für alle Gewerbe, die ihre Arbeiten mit Farben zieren oder karackterisiren wollen. zur Grundlage einer Färbungs Lehre für den Maler. von Hofmahler Klotz. Berlinisches Archiv d. Zeit und ihres Geschmacks 1797. Juni. [518–532]«, ohne dass er dem Hinweis zunächst weiter nachging.

Erst am 19.10.1807 kam er in einem Brief an J. C. v. Mannlich, den Direktor der Bayerischen Kunstsammlungen, angeregt durch einen Besuch von F. J. →Gall, auf den Münchner Maler zurück und äußerte den Wunsch, »mit Herrn Klotz in einige Verbindung zu gelangen, um so mehr, als ich gegenwärtig an der Redaction meiner Arbeiten in diesem Fache [Farbenlehre] beschäftigt bin, und schon mehr das Vergnügen gehabt habe, mit Künstlern [Runge] zusammenzutreffen, denen mein Unternehmen ganz unbekannt war [...] so wünschte ich, daß er mir nur kürzlich die Hauptmaximen mittheilte, in welchen sich seine Überzeugung concentrirt«.

In einem Brief vom 4.11.1807 wurde G. von Klotz umfassend über dessen Farbenforschungen informiert, am 8.11. übersandte Mannlich eine Beilage von Klotz, in der dieser sein Farbensystem ausführlich vorstellte und der er eine weitere Anzeige seines geplanten Werkes (*Meldung einer Farbenlehre und eines Farbensystems*, München 1806) beifügte (vgl. EGW 4, 484–490). Am 17.11.1807 studierte G. zusammen mit →Riemer die aus München erhaltenen Unterlagen und berichtete darüber am 11.1.1808 an F. H. →Jacobi: »In München befindet sich ein Maler, Klotz genannt, der sich mit der Farbenlehre viel Mühe gegeben hat. Schon 1797 wurde ich durch einen Aufsatz von ihm im Archiv der Zeit aufmerksam. Nun hat er 1806 eine Meldung von seinen Erfindungen und Ansichten einzeln drucken lassen. Auch hat er mir auf meinen Wunsch manches über seine Vorstellungen und seinen Apparat geschrieben. Es geht ihm wie mehreren Künstlern in diesem Fache: Man kann sagen er ist in der rechten Gegend aber nicht auf dem rechten Wege. Zu Entwicklung der Räthsel, die ihm noch übrig bleiben, soll hoff' ich meine Farbenlehre dienen, und ich werde im historischen Theil seiner in allem Guten gedenken [nicht geschehen]. Möchtest du wohl Bekanntschaft mit ihm machen, dir seine Ansichten vortragen lassen und dich durch Beförderung seines gutmüthigen und eifrigen Strebens als einen wahrhaften Academischen Präsidenten bezeigen. Ich will nicht sagen, daß du eben völlige Satisfaction durch ihn erlangen werdest. Ein Practiker, der sich zu theoretisiren genöthigt fühlt, ohne vorgängige theoretische Bildung, gebärdet sich immer seltsam, und wenn man seinen Ernst und seine Treue nicht zu schätzen weiß, so muß er einem oft lächerlich vorkommen«. Jacobi bestätigte zwar am 23.2.1808 seine Bekanntschaft mit Klotz, meldete aber nichts über die von G. angeregten Kontakte.

Erst am 1.9.1809 erfuhr G. wieder etwas von Klotz, dieses Mal von Bettina Brentano, die den Maler als »ägyptisches Ungeheuer« bezeichnete, dessen »trockne sandige Natur hier [in München] verfault«; Klotz werde »von Farben verfolgt, gepeinigt, gezwickt, gemartert, endlich unter der Gewalt ihrer Geister erliegend, sein 25jähriges Werk endend« (EGW 4, 546). Die Bemerkung zielte auf die erst 1816 in München publizierte *Gründliche Farbenlehre*, deren erste Ankündigung 1792 erfolgt war! Spöttisch fuhr Bettina fort: »[...] und so sind seine Reden ausartend in irdische Rätsel, die nicht der Mühe lohnen sie zu lösen; am meisten klagte er mir, daß Du ihm auf einen demütigen, aufrichtigen Brief von ihm [vom 4.11.1807] keine Antwort gegeben [...] – ich konnte dem armen Manne nicht begreiflich machen, daß er die Perlen mit den Kleien gemischt und daß wahrscheinlich beides zusamt von den Schweinen gefressen werde« (ebd.). In seiner Antwort vom 11.9.1809 ging G. nicht auf die Polemik ein und stellte über Klotz' Arbeiten nur kurz fest: »Was er mir geschickt ist schwer zu beurtheilen«. Doch Bettina legte am 19.10.1809 noch einmal nach: »Mit dem Maler Klotz ist nichts anzufangen; ich habe mich mit Teilnahme zum Teil mit Langerweile durch sein 25jähriges Manuskript gearbeitet [...]. Nachdem ich eine wahre Marter bei ihm ausgestanden hatte, besonders durch sein häßliches Gesicht, so war ich nach endlich geendigten Collegen nicht mehr zu bewegen, ihn zu besuchen, und kam mir eine seltsame Furcht an, wenn ich ihn auf der Straße witterte. [...] Nun fing er an sein System von Grund aus in meine Seele einzukeilen, damit ich den Unterschied von Goethes Ansicht ja recht auffasse; auch lud er mich ein! um mir seine Lichttheorie auf französisch vorzulesen [...]« (EGW 4, 550).

Nachdem Klotz 1810 in München eine weitere (die vierte) Ankündigung seiner Farbentheorie (1816) unter dem Titel *Erklärende Ankündigung einer Farbenlehre und des daraus entstandenen Farbensystems* veröffentlicht hatte, in der er auch G.s Brief an Mannlich vom 19.10.1807 abdruckte, wandte er sich G.s soeben erschienener *Farbenlehre* zu und publizierte im *Kritischen Anzeiger für Litteratur und Kunst* in mehreren Fortsetzungen (28.7., 4., 11. u. 18.8.1810) eine Rezension. G. hatte Klotz in seinem Werk nur kurz genannt (vgl. FA I, 23.1, 993: »Klotz in München [verspricht] gleichfalls [wie Runge] von der Kunstseite einen ansehnlichen Beitrag«; vgl. auch die Notiz in LA II, 6, 112f., M 73).

In seiner Rezension verwies Klotz auf »das eigne Kollisionsverhältniß zwischen ihm [G.] und mir« (EGW 4, 595), ausführlich auf seine eigene geplante Farbenlehre und die Ankündigungen dazu eingehend. Klotz nahm für sich in Anspruch, »die einzig wahren Grundlinien eines Farblehrgebäudes in Beziehung auf Kunst und Aesthetik erfunden« (ebd.) zu haben und bemühte sich um den Nachweis, dass er G. »nicht nachgeschrieben habe« (ebd. 596). Klotz schloss seine Rezension mit dem Fazit, »daß der Verfasser vorliegenden Werkes den wärmsten Dank von der Kunst sowohl als von der Wissenschaft verdiene. Für die Erstere hat er nun mit seiner, auf wahres Verdienst sich gründenden, und allgemein anerkannten Autorität, der gebildetern Welt im Ganzen, und den Künstlern insbesondere erwiesen, daß eine Farbenlehre und deren Farbensystem der Kunst bis jetzt noch gänzlich fehlt, ungeachtet sie ihr so wesentlich nothwendig ist. Der Verf. hat so deutlich, wie es noch nie geschehen ist, angezeigt, was für Vortheile der Wissenschaft in allen ihren Abzweigungen aus einer Farbenlehre entstehen. Höchst rühmlich ist die Präzision und Deutlichkeit, mit der er alle die mühsam sich erworbenen Erfahrungen und unzählige Versuche in Beziehung auf diese Materie vorträgt, wovon selbst das meiste noch ungekannt, oder doch noch nicht nach seinem Werthe gewürdigt war. Eben so lobenswerth und verdienstvoll ist sein Bemühen, womit er alles, was in dieser Angelegenheit von allen uns bekannten Nationen, und in uns bekannten Zeiten geleistet worden ist, sammelte, prüfte und ordnete. Wie sehr ist es zu bewundern, daß ein Mann von so schönem Geiste, dessen Thätigkeit bisher nur gewohnt war, in den freyern Regionen einer dichterischen Phantasie sich herumzutreiben, nun auch aus Liebe zur Wahrheit und Wissenschaft, zur Natur und Kunst, viele Jahre hindurch so abstrakten und großentheils so trockenen Arbeiten mit beinahe beispielloser Beharrlichkeit sich freywillig unterzogen hat« (ebd. 596f.).

In seiner *Gründlichen Farbenlehre* (München 1816), die →Schopenhauer gegenüber G. am 7.2.1816 als »einfältiges Produkt« (ebd. 694) kennzeichnete, ging Klotz im *Vorbericht* noch einmal auf sein Verhältnis zu G.s *Farbenlehre* ein (vgl. LA II, 5A, 108–111). *WZ*

Knebel, Carl Ludwig von (1744–1834)

Der Offizier, Lyriker und Übersetzer, der G. am 11.12.1774 in Frankfurt aufgesucht hatte und der von 1774 bis 1779 Erzieher des Prinzen Constantin von Sachsen-Weimar-Eisenach war, gilt als »Urfreund« G.s (vgl. WA I, 4, 83). Seine Biographie (Ende 1781 bis Sommer 1784 in Nürnberg und Ansbach, danach wieder in Weimar, ab 1786 in Jena, 1798 bis 1804 in Ilmenau, danach wieder in Jena) und sein Verhältnis zu G. finden sich in GHB. 4.1, 613–616 dargestellt. Hier werden einige G.s Naturforschung betreffende Aspekte nachgetragen.

Schon in den 1780er Jahren beschäftigte sich auch Knebel – wie G. – mit Naturwissenschaften; er hörte in Jena bei →Büttner Botanik und bei →Loder Anatomie. Bereits unter dem 3.11.1781 schrieb Knebel seiner Schwester Henriette: »Fand Goethen alleine mit Loder im Schloß, unter Totengerippen und Schädeln [...]. Ich setzte mich zu ihnen nieder, und hörte mit zu. Es wurde mir wohl da. [...] Wir gingen zusammen mit Loder zu seiner Lehrstunde in die Anatomie, wo zwei tote Körper waren [...]« (LA II, 9A, 277).

Als Knebel nach fast dreijähriger Abwesenheit 1784 aus Franken nach Weimar zurückgekehrt war, ließ G. ihn an seinen eigenen naturwissenschaftlichen Arbeiten teilnehmen, die gerade den Studien zum →Zwischenkieferknochen galten. Am 26.11.1784 berichtete G. an →Carl August: »Bey Knebeln bin ich einigemale gewesen, er findet sich nach und nach in die Einsamkeit und in die Naturlehre. Diese Wissenschafft hoffe ich soll ihm von grosem Nutzen seyn [...]. Im Anfange kam sie ihm fremd vor [...], ietzt aber wird ihm nach und nach der Sinn aufgeschlossen mit dem man die alte Mutter [Natur] verehren muß«. Und an Charlotte von Stein am 7.3.1785: »Knebel [...] ist ein eifriger Schüler und es wird ihm Licht«.

Für Knebel wurde möglicherweise der Aufsatz *Von den Kotyledonen* geschrieben (vgl. an Charlotte von Stein, 2.4.1785); im Sommer 1785 galt die gemeinsame Reise mit G. ins →Fichtelgebirge auch den bei beiden vorhandenen geologischen Interessen; am 2.4.1786 sah Knebel bei G. »Infusionstierchen« (LA II, 9A, 331; →Infusionstiere), am 28.4.1786 mikroskopierten beide erneut (vgl. ebd. 333).

Am 12.8.1787 berichtete →Schiller an Körner in Bezug auf Knebel, G. habe »alle Menschen, die sich zu seinem Zirkel zählen, gemodelt. [...] Da sucht man lieber Kräuter oder treibt Mineralogie, als daß man sich in leeren [philosophischen] Demonstrationen verfinge« (ebd. 369). Am 15.9.1789 hielt Knebels Tagebuch nachmittags und abends bei G. »Botanik« fest (ebd. 386). In zahlreichen Eintragungen verwies auch G.s Tagebuch auf Knebels Beteiligung an naturwissenschaftlichen Studien (vgl. z. B. 29.9. und 4.10.1806, 18.5.1807).

Knebel pflegte freundschaftliche Beziehungen mit Jenaer Naturforschern aus G.s Kreis, vornehmlich mit →Batsch und später Friedrich Siegmund →Voigt, von denen er sich auch unterrichten ließ.

G.s mit *Naturlehre* überschriebener fingierter Brief aus Neapel, dessen Anlass ein Vergleich Knebels zwischen Eisblumen an Fensterscheiben und echten Pflanzen war, – gerichtet an den »teuren«, »werten Freund« (FA I, 25, 18 f.) – führte wegen der nicht abgesprochenen Veröffentlichung im *Teutschen Merkur* (Februar 1789) zu ernsthaften Spannungen, die G. mit einer selbst verfassten *Antwort* auf den eigenen Brief im März-Heft der gleichen Zeitschrift zu mildern suchte (s. o. S. 227 f.).

Seit Ende der 1780er Jahre beschäftigte sich Knebel mit einer Übersetzung von →Lukrez' *De rerum natura*, die erst 1821 in zwei Bänden erschien (Titus Lucretius Carus: *Von der Natur der Dinge*. Leipzig 1821; vgl. Ruppert 1405). Diese Übersetzung begleitete G. über Jahrzehnte, zumal er selbst den (schließlich nicht ausgeführten) Plan gefasst hatte, ein großes →Naturgedicht zu schreiben. In den historischen Teil der *Farbenlehre* rückte er im Kapitel über Lukrez die Verse 707–815 des zweiten Buches von *De rerum natura* in Knebels Übersetzung ein (im Druck 1821 V. 730–841; vgl. FA I, 23.1, 565–569). Knebel hatte G. die Übersetzung mit seinem Brief vom 2.12.1805 zugesandt, der sie unter Mitarbeit →Riemers durchsah und an einigen Stellen änderte (vgl. auch Knebels Tagebuch, 2.12.1805; Knebel an G., 6.12.1805; G. an Knebel, 7. und 25.12.1805; Knebel an G., 30.12.1805; sämtlich in EGW 4, 397–399). Am 7.10.1807 bat G. erneut um eine Abschrift, da Teile des Manuskriptes verlorengegangen waren. (Knebels Antwort am 9.10.1807; vgl. ebd. 478 f.)

In der umfassenden Korrespondenz zwischen G. und Knebel ist die Thematik der Naturforschung stets präsent, und zwar auf allen Gebieten, mit denen G. sich beschäftigte.

Ob es um die Abhandlung zum Zwischenkiefer (1784) oder den *Versuch die Metamorphose der Pflanzen zu erklären* (1790) ging, um die fast zwanzigjährige Entstehungsgeschichte der *Farbenlehre* (1810), die Zeitschrift *Zur Naturwissenschaft überhaupt, besonders zur Morphologie* (1817–1824), um geologische oder meteorologische Einzelfragen – immer wurde Knebel beteiligt und lieferte seinerseits Reaktionen. Unter diesem Aspekt ist G.s Beziehung zu Knebel bisher nicht aufgearbeitet worden, und sie lässt sich wegen der Faktenfülle auch nicht summarisch darstellen. Knebels Anteilnahme an G.s Naturforschung kann man bisher nur über die Register der *Leopoldina-Ausgabe* erschließen: LA II, 1B, 1610 (Allgemeine Naturlehre); 2, 779 (Meteorologie); 3, 447, 4, 371, 5 B.2, 1770, 6, 622 (Farbenlehre); 7, 623, 8 B.2, 984 (Geologie); 9 B, 561, 10 B.2, 1188 (Morphologie). (→Fernrohr)

Literatur
Otto, Regine und Rudnik, Christa: Karl Ludwig von Knebel – Goethes ›alter Weimarischer Urfreund‹. In: Golz, Jochen (Hg.): Das Goethe- und Schiller-Archiv 1896–1996. Beiträge aus dem ältesten deutschen Literaturarchiv. Weimar, Köln, Wien 1996, 293–320. *EN*

Knoll, David s. Müller, Joseph

Koch, Christian Friedrich

Der Leibjäger von Herzog Carl August wurde ab Ende 1817 auch als Beobachter an der meteorologischen Station →Schöndorf eingesetzt. So berichtete →Körner dem Herzog am 1.1.1818, dass nach Kochs Angaben »am 25.[12.] früh bei dem geringen Schneegestöber die Luftelektrizität sehr stark gewesen sei« (LA II, 2, 321).

Am 4.2.1818 vermerkte G. im Tagebuch eine »meteorologische Unterhaltung« mit Koch und übergab ihm seinen Aufsatz über die →Himmelsfarben, der Teil der meteorologischen →Instruktionen war. Am 27.5.1819 besuchte G. mit Ulrike von Pogwisch »den Wetterbeobachtungs-Turm« in Schöndorf und sprach mit Koch »über diese Dinge«, also über Meteorologisches. *ZA*

Körner, Johann Christian Friedrich (1778–1847)

Der seit etwa 1810 als Hofmechaniker in Weimar Tätige wurde 1816 als Universitätsmechaniker nach Jena versetzt, wo er 1818 den Doktorgrad erwarb und in den Lehrkörper der Universität aufgenommen wurde. Im Kontext von G.s Naturstudien tritt Körner als Korrespondent auf und wird darüber hinaus häufig erwähnt, da er immer wieder herangezogen wurde, wenn es um die Anschaffung, Herstellung oder Wartung physikalischer, optischer, meteorologischer oder astronomischer Instrumente ging, so vor allem bei der Ausstattung der →Sternwarte in Jena (ab 1813) oder der →Meteorologischen Anstalten (ab 1817) im Großherzogtum. Auch für kleinere handwerklich-technische Arbeiten war Körner zuständig.

G. war mit den anspruchsvollen Arbeiten Körners zufrieden und sprach anlässlich seiner Versetzung nach Jena davon, dass man damit einen »geschickt-gewandten thätigen Mann den dortigen Anstalten in die Nähe« gebracht habe (TuJ 1817; vgl. auch TuJ 1821). Da Körner in seiner Arbeit überlastet war, gab es bisweilen Unstimmigkeiten wegen allzu langer Lieferzeiten von bestellten Geräten, z. B. bei einem Teleskop für die Sternwarte, das Mitte 1813 in Auftrag gegeben, aber erst im April 1817 aufgestellt wurde (→Instrumente, astronomische).

Für G. war Körners Mitwirkung vor allem im Zusammenhang mit seiner *Farbenlehre* wichtig. So baute Körner beispielsweise einen Apparat zur Darstellung der →entoptischen Farben nach französischem Vorbild (vgl. Tgb, 24.10. u. 18.12.1821), produzierte Gläser, die die von G. gewünschten entoptischen Farbmuster zeigten (vgl. Körner an G., 23.9.1822, 28.10.1828, 19.12.1828; LA II, 5B, 1070, 1319f., 1324), berichtete über entoptische Farberscheinungen an gefrorenen Fensterscheiben (Körner an G., 8. u. 11.12.1829; ebd. 1371ff.) und versuchte, G. die Versuche →Fraunhofers zum Absorptionsspektrum näherzubringen (vgl. an Körner, 29.6.1817; Tgb 30.6. u. 21.7.1817, 17. u. 19.8.1826; Körner an G., 18.8.1826, 26.1.1827, 12.6.1830, LA II, 5B, 1206, 1220f., 1378f.). Zahlreiche Zeugnisse berichten über Körners Versuche zur Flintglasherstellung (Tgb, 20.9.1821, 14.10.1825, TuJ 1821, Körner an G., 12.7., 26.8. u. 18.10.1825, 10.4.1826, LA II, 5B.2, 1167, 1171, 1178, 1196).

1824 wurde Körner aus bisher nicht geklärtem Anlass für kurze Zeit aus dem Dienst entlassen, nach einer Belehrung aber wieder eingestellt (vgl. ebd. 1170). Allerdings schien das Vertrauen von Herzog Carl August erschüttert. Wohl ohne Wissen Körners sandte er eine Flintglasprobe an Fraunhofer, den führenden Experten in München, zur Begutachtung und bat G., Körner die mitgeteilte Kritik zu überbringen (vgl. Carl August an G., 24.7.1825; LA II, 5B.2, 1169). Eine späte Tagebuchnotiz G.s vom 30.5.1829 läßt auch auf gewisse Spannungen schließen: »Dr. Körner von Jena, neue Glasproben bringend und wie gewöhnlich viel Worte machend. Das Resultat schwebte wie immer in der Luft«.

Literatur

Zehe, Horst: »Die Ungleichheit der färbigen Räume, im Spectro verschiedner brechender Mittel«: ein Brief Friedrich Körners an Goethe. In: Sudhoffs Archiv. 80 (1996), 229–234. *ZA*

Körte, Friedrich Heinrich Wilhelm (1776–1846)

Der Literarhistoriker und Domvikar in Halberstadt, ein Neffe J. W. L. Gleims, dessen Werke er herausgab – weiterhin verfasste er eine Biographie Gleims und war dessen Nachlassverwalter –, erschien für G. vor allem als naturwissenschaftlicher Dilettant interessant.

Kennengelernt hatte er Körte am 22./23.8.1805 im Gleimhaus in Halberstadt (vgl. TuJ 1805). Als im Frühjahr 1821 im Torfmoor von Haßleben das Skelett eines fossilen Stieres gefunden und nach Jena gebracht wurde (→Stier), war das »Gelegenheit ein früheres freundliches Verhältniß zu erneuern« (TuJ 1821) und mit Körte erneut in Kontakt zu treten. Am 20.(oder 21.)11.1821 las G. zunächst Körtes Abhandlung *Urstier-Schädel*, die einen Fund aus Frose bei Aschersleben aus dem Mai 1820 behandelte (in: *Ballenstedts Archiv für die neuesten Entdeckungen aus der Urwelt* 3, 1821, 326–331; die Abb. daraus in LA II, 10B.2 als Tafel XIII). Am 13.4.1822 schrieb er hinsichtlich eines angestrebten Vergleichs verschiedener Stierfunde – aus Frose, dem Vogtland, des neu gefundenen aus Haßleben und eines über Wien besorgten Stierschädels aus Ungarn – an Körte, einen »alten Wohlwollenden« (TuJ 1822), der am 21.4.1822 antwortete. Nachdem erste Notizen bereits auf den 6.4.1822 datiert sind, arbeitete G. nun bis zum 11.5.1822 seinen Aufsatz *Fossiler Stier* aus, der im vierten Heft des ersten Bandes seiner Zeitschrift *Zur Morphologie* (1822) erschien. Am 4.6.1822 sandte G. die Aushängebogen des Aufsatzes, am 15.6.1822 ein komplettes Heft an Körte, der am 2.7.1822 dankte.

Über einen zweiten Urstier-Fund im Sommer 1823, ebenfalls in Haßleben, von G. im zweiten Heft des zweiten Bandes *Zur Morphologie* (1824) vorgestellt, tauschte er sich mit Körte nicht mehr aus.

Mit seiner Frau Wilhelmine, einer Tochter von F. A. →Wolf, besuchte Körte am 14.6.1829 G. in Weimar.

Literatur

Richter, Arthur: Fs. zur Feier des zweihundertjährigen Jubiläums der Wiederherstellung des halberstädter Dom-Gymnasiums und zur Einweihung des neuen Schulgebäudes. Beiträge zur Geschichte des Stephaneums zu Halberstadt, Beilage. Halberstadt 1875, 69f. *WZ*

Komet

G. interessierte sich für außerordentliche Himmelserscheinungen, so neben dem →Nordlicht auch für Kometen. 1808 schenkte ihm J. H. Voigt seine Schrift *Entwickelung der physischen Beschaffenheit der Kometen und ihres dadurch begründeten natürlichen Einflusses auf andere Weltkörper. Bei Gelegenheit des Kometen von 1807* (Rudolstadt 1808; Ruppert 5214; vgl. J. H. Voigt an G., 19.9.1808, LA II, 2, 270). Schon im Vorjahr hatte Knebel G. von vergeblichen Versuchen berichtet, in Jena einen Kometen zu beobachten (Knebel an G., 30.1.1807; G-Knebel 1, 295), wozu Voigt »seinen ganzen Apparat [...] geliehen« habe. Am 8.4.1807 erschien »Kometen« als Stichwort für G.s *Geognostische Vorlesungen 1807* (FA I, 25, 542).

Am 21.10.1807 gelang G. in Weimar eine »Betrachtung des erscheinenden Kometen«, die er am Folgetag durch die Lektüre des Artikels *Kometen, Haarsterne, Schwanzsterne* in J. K. Fischers *Physikalischem Wörterbuch* (Bd. 3, Göttingen 1800, 141–154; Ruppert 4554) nachbereitete.

Eine weitere Beobachtung eines »herrlichen langverweilenden Kometen« vermerkte G. für das Jahr 1811 (TuJ; auch Tgb, 7. u. 10.9.1811). B. v. →Lindenau, der Leiter der Sternwarte in Gotha-Seeberg, berichtete darüber und sandte G. seine Publikation zu (*Resultate der neuesten Beobachtungen über den großen Cometen von 1811*. In: *Monatliche Correspondenz zur Beförderung der Erd- und Himmels-Kunde* 14, 1811, 289–318; Ruppert 4815). G. dankte ausführlich mit größter Freundlichkeit, obwohl Lindenau auf der Liste seiner »Widersacher« in der *Farbenlehre* stand (vgl. FA I, 25, 758).

Die 1812 gegründete →Sternwarte in Jena wurde mit einem →Kometensucher ausgestattet.

Am 29.3.1819 sandte Lindenau G. vergleichende Daten über die Beobachtung des sogenannten Enckeschen Kometen in den Jahren 1805 und 1818 (vgl. LA II, 2, 328 f.).

Am 4.7.1819 beobachtete G. wiederum selbst einen Kometen, der am Folgetag den Weimarer Prinzessinnen (Marie und Auguste) gezeigt wurde.

Am 8.10.1824 erging eine Verfügung an den Leiter der Sternwarte Jena, H. L. F. →Schrön, in der als Aufgabe u.a. das »Aufsuchen und Beobachten entdeckter Kometen so wie das Eintragen ihres Laufs in die Stern Karten« vorgesehen war (LA II, 2, 470). Am 13.7.1825 wurde Schrön angewiesen, die »beobachtete Bahn des letzten Kometen durch den großen Bären anschaulich darzustellen und zu zeichnen« (ebd. 496).

Als für 1832 das Erscheinen eines neuen Kometen prognostiziert wurde, ließ G. Schrön darüber einen (nicht überlieferten) Bericht anfertigen. Eckermann berichtete unter dem 21.3.1831: »Als ich ging, gab er [G.] mir einen Aufsatz von *Schrön* über den zunächst kommenden Kometen, damit ich in solchen Dingen nicht ganz fremd sein möchte« (FA II, 12, 472). *ZA*

Kometensucher

Ein solches Teleskop (→Fernrohr) mit verhältnismäßig großem Objektiv und kurzer Brennweite war aufgrund des großen Gesichtsfeldes und hoher Lichtstärke zur Auffindung lichtschwacher Himmelsobjekte (Kometen) geeignet. Ein von F. Körner angefertigter Kometensucher gehörte zum Inventarium der Sternwarte in Jena (vgl. FA I, 25, 189). Herzog Carl August besaß ebenfalls ein solches Instrument: »Serenissimus hatten einen Kometensucher mitgebracht« (Tgb, 2.8.1820). *ZA*

Komplementärfarben

Den Begriff der »Komplementärfarben« verwendete unter den G. bekannten Autoren beispielsweise Benjamin Count Rumford in seinen Experimenten mit den farbigen Schatten (*An account of some experiments on coloured shadows*, in: *Philosophical Transactions* 84, 1794, 107–118; vgl. Falta 1987, 325), bei denen er die Mitwirkung des →Auges an der Farbentstehung nachwies, allerdings vor dessen Täuschungsmöglichkeiten warnte. Auf eine vorgegebene objektive Farbe erzeugt das Auge gesetzmäßig eine bestimmte andere, so dass die bereits von Robert Waring →Darwin (*On the ocular spectra of light and colours*, 1785) festgestellten Farbenpaare Rot/Grün, Gelb/Violett und Blau/Orange als Vorgabe und Reaktion darauf zugeordnet werden können. Rumford erklärte die physiologisch erzeugten Farben nach →Newtons Theorie der Prismenfarben: Da die beiden Farben der genannten Farbpaare zusammen Weiß ergeben, ist die eine Farbe immer die Ergänzung, das Komplement der anderen.

G. beschrieb die Entstehung von Komplementärfarben in zahlreichen Versuchen, wollte aber im Gegensatz zu Rumford demonstrieren, dass das Auge die zeitlich versetzten Nachbildfarben sowie die zeitgleichen Simultanfarben nach denselben physiologischen Gesetzmäßigkeiten erzeugt: »Das Auge täuscht sich nicht; es handelt gesetzlich [...]« (FA I, 23.1, 942). In den *Nachträgen zur Farbenlehre* (in Nat I 4, 1822) findet sich ein Kapitel über die *Komplementaren Farben*: »Nun erinnern wir uns sogleich, daß [...] auch die Farben sich ihrem Gegensatze nach unmittelbar fordern [...]. Deswegen hat man auch die geforderten Farben, nicht mit Unrecht, *komplementare* genannt, indem die Wirkung und Gegenwirkung den ganzen Farben-Kreis darstellt [...]« (FA I, 25, 744). In G.s →Farbenkreis sind die jeweiligen Komplementärfarben diametral angeordnet.

Zur Verwendung des Begriffs »Komplementärfarben« bei Jean Henri →Hassenfratz und G.s vergebliche Bemühungen um seine Pariser Akademierede *Sur les couleurs complémentaires* (April 1805) vgl. Matthaei 1962, der Hassenfratz als Urheber des Begriffs der Komplementärfarben sieht, und G.s Korrespondenz mit Carl Friedrich von Reinhard (EGW 4, 479 ff., 490 ff.).

Literatur
Falta, Wolfgang: Die farbigen Schatten – Goethe und Rumford. In: GJb. (1987), 318–331. – Matthaei, Rupprecht: Complementare Farben. Zur Geschichte und Kritik eines Begriffes. In: Neue Hefte zur Morphologie. 4 (1962), 69–99. *SS*

Kotyledonen (Keimblätter)

Die ersten Blätter des Keimlings der Samenpflanzen, auch Samenblätter oder Samenlappen genannt, sind ein wichtiges systematisches Merkmal in der Botanik, denn nach ihrer Anzahl werden nach →Jussieu Monokotyledonen (Pflanzen mit einem Keimblatt, Einkeimblättrige) von Dikotyledonen (Zweikeimblättrige) unterschieden.

Dem natürlichen System von Jussieu, das im Gegensatz zum künstlichen von →Linné stand, folgte der von G. unterstützte Botaniker →Batsch, so dass im 1794 angelegten Botanischen Garten in Jena »die Klasse der Monokotyledonen auf einigen beisammen liegenden Beeten angepflanzt« wurde (Bericht Schelver, 3. u. 8.4.1805; LA II, 9B, 228), ebenso wie die Vertreter einzelner Pflanzenfamilien, »wodurch das vergleichende Studium erleichtert, und schon in äußerer Einrichtung der Blick [...] auf das Wesentliche hingezogen wird« (ebd.).

Nachdem G. 1776 seinen →Garten in Besitz genommen und 1780 ein erstes Herbarium erworben hatte, dürften in der Zeit bis zum Aufbruch nach →Italien (1786) auch zahlreiche Keimungsversuche unternommen worden sein. Besonders 1785 deuten mehrere Zeugnisse darauf hin (vgl. an Ch. v. Stein, 8.3. u. 1.4.1785; an Knebel, 2.4.1785: »Die Materie *von Saamen* habe ich durchgedacht [...]«). Batsch hat 1787/1788 in seinem *Versuch einer Anleitung zur Kenntnis [...] der Pflanzen* (1, 203) auf G.s Versuche zur Keimung des Dattelkerns hingewiesen.

G. betrachtete die Pflanze vor allem unter dem Aspekt des Wachstums und der Übergänge der einzelnen Blattformen. Die von G. vor der Italienreise zur Keimung niedergeschriebenen Notizen haben in G.-Ausgaben den Titel *Von den Kotyledonen* erhalten (vgl. FA I, 24, 62–71). Darin unterschied G. untere und obere Kotyledonen – Letztere meinen die Primärblätter – und beschrieb seine Beobachtungen an Mais, Bohne, Kürbis, Wicke und Dattelpalme. G. ließ vermutlich von Schülern der Weimarer Zeichenschule eine Reihe von Aquarellen anfertigen, die man den frühen Keimungsversuchen zuordnen kann (vgl. ebd. 1253f. u. Abb. 21–26).

Der Begriff der Kotyledonen erscheint in zahlreichen botanischen Aufsätzen und Notizen G.s. Im *Versuch die Metamorphose der Pflanzen zu erklären* (1790) behandelte er die Kotyledonen unter der Überschrift *Von den Samenblättern* (§§ 10–18). Den *Eigenschaften der Monokotyledonen* ist eine spezielle Niederschrift gewidmet (FA I, 24, 159f.), in der G. ein allgemeines Gesetz für den Bau und das Wachstum dieser Pflanzen formulieren wollte.

In den Aufzeichnungen zur *Wirkung des Lichts auf organische Körper im Sommer 1796* (ebd. 285–313) hat G. der Entwicklung der Kotyledonen unter verschiedenfarbigen Gläsern oder bei Dunkelheit besondere Aufmerksamkeit geschenkt.

In seinem botanischen Vortrag vor der →»Mittwochsgesellschaft« am 8.4.1807 begann G. mit der »Allgemeinen Einteilung [der Pflanzen] nach Kotyledonen« (FA I, 25, 396) und zeigte der Jahreszeit entsprechend frühblühende Monokotyledonen vor.

Für die deutsch-französische Ausgabe *Versuch über die Metamorphose der Pflanzen* (1831) plante G. zahlreiche Nachträge, die aber überwiegend verworfen wurden. In den nicht publizierten Stücken *Gang der Metamorphose*, *Bemerkungen zu dem 15. Paragraphen meiner Pflanzen-Metamorphose [...]* und *Zu §. 15 der Metamorphose* setzte er sich erneut mit den Keimblättern auseinander, nachdem ihm der Königsberger Botaniker E. H. F. →Meyer am 11.5.1829 ausführlich zur Thematik der Internodien zwischen Wurzel, Kotyledonarknoten (Hypokotyl) und Knoten der Primärblätter geschrieben und dabei auf die (nach heutiger Bestimmung epigäische) Keimung von Ricinus hingewiesen hatte, der G. schließlich nachging und auch entsprechende Untersuchungen mit der Sau- oder Puffbohne (Vicia faba) anstellte.

Für die Akotyledonen – Pflanzen ohne Keimblätter, zu denen Linné Farne, Moose, Algen und Pilze zählte – interessierte G. sich nicht (vgl. FA I, 24, 459). *ZA*

Kräuter, Friedrich Theodor David (1790–1856)

Der zunächst 1805 als Bibliotheksschreiber in Erscheinung Getretene wurde für G. in den Folgejahren immer mehr zu einem unverzichtbaren Mitarbeiter, was nicht speziell, aber auch immer wieder auf die naturwissenschaftlichen Aktivitäten und Sammlungen zu beziehen ist.

An der Bibliothek in Weimar wurde Kräuter 1814 Akzessist, 1816 Sekretär, 1837 – nach G.s Tod – Bibliothekar; ab 1811 arbeitete er auch als Sekretär G.s und ab 1815 offiziell für dessen Behörde, die Oberaufsicht der Anstalten für Wissenschaft und Kunst in Weimar und Jena. 1817 machte G. Kräuter zum Verwalter seiner Bibliothek; nach G.s Tod 1832 wurde er Verwalter der G.schen Sammlungen, darunter der Naturaliensammlung. Dazu hatte G. am 5.12.1830 testamentarisch festgelegt: »Ich Unterzeichneter wünsche, Herr Biblioth. Secr. Kräuter möge die Custodie und Sorgfalt für meine sämmtlichen Sammlungen in der Maaße und gleicher Verpflichtung, wie die der Großherzogl. Bibliothek übernehmen« (FA I, 17, 474).

Neben Johann Christian →Schuchardt blieb Kräuter stets eine wichtige Bezugsperson für den Sammler G. Er lobte dessen »Fleiß, Genauigkeit und Zuverlässigkeit« (an C. G. von Voigt, 19.12.1815). Von Juni 1816 bis März 1832 war Kräuter Empfänger von 72 G.-Briefen zumeist dienstlichen Inhalts, die G., mit Aufträgen versehen, überwiegend aus Jena nach Weimar sandte.

1822 beauftragte G. Kräuter mit der Anlage eines Verzeichnisses der in seinen Schränken und Regalen verwahrten Manuskripte (vgl. Tgb, 7.5. und 2.9.1822 sowie TuJ von 1822). Unter den 27 Rubriken wurden fünf für die Naturforschung eingerichtet: »Chromatica«, »Naturlehre, Chemie und Physik«, »Mineralogie und Bergwerkskunde«, »Naturgeschichte und Botanik«, »Vergleichende Anatomie und Morphologie« (LA II, 5B.1, 258). Vgl. dazu im Einzelnen LA II, 2, 217f. (M 12), 5 B.1, 261–263 (M 95), 10 B.1, 161f. (M 35).

Unmittelbar nach G.s Tod begann Kräuter gemeinsam mit Kanzler von Müller, →Riemer, →Eckermann und Schuchardt mit der Inventarisierung der wichtigsten Teile des G.-Nachlasses. *EN*

Kraus, Georg Melchior (1737–1806)

Der Frankfurter Maler, Zeichner und Radierer war Schüler von Johann Heinrich Wilhelm Tischbein in →Kassel und bildete sich 1762 bis 1766 in Paris aus. Mehrere Reisen und ein Aufenthalt in Weimar folgten. 1775 nahm G. in Frankfurt bei Kraus, den er meist mit der Namensvariante »Krause« benannte, Zeichenunterricht. Die von seinem Lehrer vermittelten Darstellungen und Beschreibungen von Weimarer Persönlichkeiten und Landschaften förderten G.s Entschluss, der Einladung von →Carl August nach Weimar Folge zu leisten (vgl. *Dichtung und Wahrheit* IV, 20). Zusammen mit F. J. J. →Bertuch hatte Kraus schon 1774 eine Denkschrift zur Errichtung einer Zeichenschule in Weimar eingereicht. Diese wurde 1776 vom jungen Herzog realisiert, der Kraus als Direktor einsetzte. Von G. in *Dichtung und Wahrheit* als »der angenehmste Gesellschafter« (FA I, 14, 836) beschrieben, gehörte Kraus bald zum Kreis um Herzogin-Mutter Anna Amalia. Auf G.s dritter Reise in den →Harz im Spätsommer 1784 betätigte sich Kraus als wissenschaftlicher Zeichner. Er hatte den Auftrag, »alle Felsarten nicht mahlerisch, sondern wie sie dem Mineralogen interessant sind«, abzubilden (an →Merck, 2. 12.1784). So entstanden etwa 20 Zeichnungen zur Dokumentierung des Gesehenen und als Anfang eines Archivs der →Gesteinsarten, das G. anstrebte (vgl. ebd.). Eine dieser Zeichnungen nannte G. als Vorbild für sein geplantes geologisches →Modell (vgl. Abb. S. 443). In dem 1820 entstandenen Text *Verhältnis zur Wissenschaft, besonders zur Geologie* schrieb G. in Erinnerung an die Harzzeichnungen von Kraus, »daß durchaus auf die Ablösungen, Trennung und Gestaltung der Gebirgs- und Felsenpartien Rücksicht genommen worden« sei (FA I, 25, 583). 1824 beschrieb er die von ihm sehr geschätzten und oft auch Besuchern vorgeführten Zeichnungen im Aufsatz *Gestaltung großer anorganischer Massen*, der in den Heften *Zur Naturwissenschaft überhaupt* (II, 2) erschien. Dabei unterliefen ihm aber einige Fehler in der nachträglichen Zuschreibung und Lokalisierung.

Die von Kraus geleitete »Fürstliche freye Zeichenschule« förderte G.s naturwissenschaftliche Studien. So hielt dieser im Winter 1781/1782 dort Vorträge über →Anatomie für Künstler. Die Aquarelle zur geplanten illustrierten Fortsetzung der *Metamorphose der Pflanzen* wurden vermutlich von Schülern Kraus' hergestellt. Nach seinem Tod im Jahr 1806 wurde J. H. →Meyer Direktor der Zeichenschule.

Vgl. auch den Artikel in GHB. 4.1, 622–624.

Literatur

Knorr, Birgit: Georg Melchior Kraus (1737–1806). Maler – Pädagoge – Unternehmer. Biographie und Werkverzeichnis. Jena 2003 (Elektronische Version). – Kröll, Christina: Der Maler Georg Melchior Kraus (1733[sic]–1806). Katalog. Düsseldorf 1983. – Meißner, Christine und Meißner, Markus: »In der Freiheit der Berge«. Auf Goethes Spuren im Harz. Weimar 1989. – Oswald, Gabriele: Goethe und Kraus als Zeichner der Harzer Landschaft. In: Juranek, Christian (Hg.): Abenteuer, Natur, Spekulation. Goethe und der Harz. Halle 1999, 237–249. – Paul, Konrad: Die ersten hundert Jahre 1774–1873. Zur Geschichte der Weimarer Mal- und Zeichenschule. Weimar 1996. *WY*

Kristall/Kristallographie

Erste Bekanntschaft mit Kristallen machte G. als Knabe. Er baute die schönsten Exemplare aus der Naturaliensammlung seines Vaters zu einem Altar auf, der dem Schöpfergott geweiht war (vgl. *Dichtung und Wahrheit* I, 1). Selbst zu sammeln begann G. erst, als er sich mit der Geologie und Mineralogie vertraut machte. Noch auf der ersten Reise in die →Schweiz im Jahr 1775 hatte er keinen der ihm im Reußtal angebotenen Bergkristalle erwerben wollen (vgl. ebd. IV, 18); von der zweiten Schweizer Reise im Herbst 1779 brachte G. hingegen »schöne Sachen« mit (LA II, 7, 288). Das ästhetische Interesse an Kristallen war bei G. aber nicht vorherrschend; ihn interessierte ebenso sehr das Prinzip der →Kristallisation, dem er die entscheidende Rolle bei der →Erdbildung zusprechen sollte. 1783 und 1784 las er zwei kristallographische Werke des französischen Neptunisten (→Neptunismus/Vulkanismus) Jean Baptiste Louis Romé de l'Isle; dieser verstand unter dem Begriff »Kristall« nicht nur einheitliche Mineralkörper, sondern auch geformte Gesteinskörper wie Basaltsäulen (LA II, 7, 147–149, M 67). G. hielt sich an Romé de l'Isles Angaben; so konnte er auch Granitfelsen (→Granit) als Kristalle bezeichnen. Er schaffte sich Kollektionen von Kristallmodellen an, wie sie zur Veranschaulichung der verschiedenen Kristallformen in der Mineralogie üblich waren (→Haberle, Karl Constantin). Der Kristall war für G. die Grundform der anorganischen Natur (→Naturreiche). Mit einzelnen Kristallen befasste er sich intensiver; dazu gehörten Feldspäte wie die Adularien (durchsichtige Feldspatkristalle) oder die Karlsbader Zwillinge (vgl. C. S. →Weiß).

Um 1800 entwickelte sich die Kristallographie als moderne Wissenschaft. Von den verschiedenen Ordnungsmodellen setzte sich dasjenige des französischen Mineralogen R. J. →Haüy durch. G. musste jedoch feststellen, dass ihm die mathematisch und geometrisch vorgehende moderne Kristallographie nicht entsprach. Im Herbst 1821 beschäftigte er sich mit C. C. v. →Leonhards Darstellung der Kristallographie in dessen *Handbuch der Oryktognosie* (vgl. LA II, 8B.1, 23f., M 14). Als G. im Januar 1822 eine Sammlung von Diamanten aus →Brasilien bestimmen wollte, die W. L. v. →Eschwege an →Carl August verkauft hatte, zeigte sich sein Unvermögen. Er bat deshalb Leonhard am 18.1.1822 um Modelle zur Veranschaulichung, da ihm selbst »das Organ für Zahlen und Zeichen gänzlich abzugehen« scheine – allerdings vergeblich. Im Herbst 1822 ließ G. eine weitere Diamantenlieferung Eschweges deshalb durch F. →Soret kristallographisch bestimmen. Soret, der in Paris bei Haüy ausgebildet worden war, ordnete und beschrieb die Kristallformen nach Haüys Systematik (vgl. LA II, 8B.1, 47f., M 28). Die 1823 am Wolfsberg bei Czerlochin von G.s Diener Karl Wilhelm Stadelmann gesammelten Augitkristalle wurden ebenfalls von Soret kristallographisch bearbeitet. Seine Abhandlung erschien in den Heften *Zur Naturwissenschaft überhaupt* (II, 2) unter dem Titel *Catalogue raisonné des variétées d'amphybole et de pyroxènes répétées de Bohème.*

Am 3.1.1826 übersandte K. F. →Naumann seinen *Grundriss der Krystallographie* (Leipzig 1826). G. las nur die ersten 45 Seiten (vgl. Tgb, 9.1.1826) und hielt am 10.1.1826 einen »Aufsatz« dazu fest, vielleicht einen Entwurf zum Abschnitt über Kristallographie in *Über Mathematik und deren Mißbrauch [...]* (vgl. FA I, 25, 71f.). Am 18.1.1826 bekannte G. gegenüber Naumann, er sei »völlig unfähig durch Zeichen und Zahlen, mit welchen sich höchst begabte Geister leicht verständigen, auf irgend eine Weise zu operiren«.

Seine Skepsis gegenüber der wissenschaftlichen Kristallographie hat G. auch in den *Maximen und Reflexionen* geäußert: »Sie ist nicht produktiv, sie ist nur sie selbst und hat keine Folgen« (FA I, 25, 107), heißt es hier; er sah darin »etwas mönchisch-Hagestolzenartiges« (ebd.) und ließ sie allenfalls als »angewendete Wissenschaft« gelten (Tgb, 14.1.1829). Doch die Faszination für »die ganz reinen Kristallbildungen, an denen wir uns höchlich erfreuen, unser Wissen daran bilden und ordnen können« (FA I, 25, 630) blieb ihm bis ans Lebensende erhalten. Im Sommer 1830 beschäftigte sich G. mit den bei Hüttenprozessen gebildeten Kristallen, die er im April des Jahres von A. W. →Herder aus →Freiberg erhalten hatte. Am 21.7.1830 äußerte er in einem Brief an Herder größtes Interesse an den künstlichen Gebilden; von dem Aufsatz, den G. laut eigenen Angaben dazu entworfen hatte, ist aber nichts überliefert. *WY*

Kristallisation

In einer Notiz zur →Erdbildung aus dem Jahr 1785 stellte G. fest: »Der ganze Bau unserer Erde ist aus der Krystallisation zu erklären« (LA II, 7, 147, M 67). Die vom geologischen →Neptunismus geprägten Werke von Jean Baptiste Louis Romé de l'Isle, Richard Kirwan und H.-B. de →Saussure legten dies nahe. Angeregt durch Bemerkungen de Saussures über den Bau des Montblanc-Massivs, glaubte G. die Urgebirge sogar als riesenhafte →Kristalle aus →Granit ansehen zu können, die im →Urozean als erstes gewachsen waren. Klüftungsrisse im Granit verstand er als Kristallflächen.

Auch das Gestein Granit selbst, von anderen zeitgenössischen Wissenschaftlern für eine erstarrte Schmelze gehalten, war für G. mit den Neptunisten als Produkt einer Kristallisation aus einer ursprünglichen »Auflösung« am besten zu erklären, wie er in dem vermutlich im Sommer 1785 entstandenen Text *Epochen der Gesteinsbildung* schrieb; die Masse sollte »durch ein innerliches Feuer [...] das mit einem Schmelzfeuer nicht zu vergleichen ist«, in Auflösung gehalten worden sein (FA I, 25, 318). Im Laufe der Erdgeschichte habe sich dann die Kraft der Kristallisation allmählich vermindert und die Wirkung der Schwerkraft erhöht, so dass sich im Meer schließlich nur noch Sedimentgesteine bildeten (vgl. LA II, 7, 147f., M 67). – Nach der Lektüre von G. B. →Brocchis Schrift über das Fassatal notierte sich G. 1817 im Text *Epochen bei der Weltbildung* abweichend von dieser frühen Hypothese, dass die Epochen der »Kristallisationslust«, des »Isolierens« und des Ver-

Mögliche Klüftungsmuster innerhalb eines Gitterrasters; Zeichnung von Goethe zur »Urdurchgitterung« (1824)

mischens der Elemente zwar nacheinander folgten; diese Epochenfolge sei aber nicht nur einmal in der Erdgeschichte vorgekommen, sondern sie konnte an verschiedenen Orten immer wieder ablaufen, so dass sich lediglich der »Anschein der Vorzeit, Mitzeit und Nachzeit« ergebe (FA I, 25, 561).

Seinem morphologischen Interesse folgend, versuchte G. die Gestaltbildung, die ihm »als schönste Metamorphose des unorganischen Reiches« (FA I, 13, 72) erschien, zu verallgemeinern. Die eigentlichen →Kristalle deutete er als einen zur Vollendung gelangten Spezialfall von einem allgemeinen »Bestreben daß die Masse sich in der Form veredeln will« (FA I, 25, 553), wie es in dem Text *Über Bildung von Edelsteinen* von 1816 heißt. Nur bei unaufmerksamer Betrachtung, so meinte er in den Aufzeichnungen *Neigung des Materiellen sich zu gestalten*, die wahrscheinlich 1817/1818 entstanden, erscheine das Materielle formlos: »Aber es hat eine unwiderstehliche Neigung, sich zu gestalten« (ebd. 569). Die Formen der Basaltsäulen oder von gesprungenen Lehmflächen dienten G. als Beispiele. Im Aufsatz *Gestaltung großer anorganischer Massen*, der 1824 in den Heften *Zur Naturwissenschaft überhaupt* (II, 2) erschien, stellte G. die 1784 im →Harz entstandenen Zeichnungen von G. M. →Kraus als weitere Beispiele vor. Als Fortsetzung dieses Textes schrieb G. den Aufsatz *Gebirgs-Gestaltung im Ganzen und Einzelnen*, worin er eine sogenannte »Urdurchgitterung« (ebd. 628) anorganischer Massen postulierte. In einer schematischen Zeichnung hat G. dieses als potenziell verstandene »Gitterwerk« (ebd.) auch bildlich dargestellt. – Als typische Organisationsweise der anorganischen Natur stand die Kristallisation für G. im Gegensatz zum organischen Wachstum (→Naturreiche). Die stolze Bemerkung Wagners bei der Entstehung des →Homunculus: »Was man an der Natur geheimnisvolles pries,/ Das wagen wir verständig zu probieren,/ Und was sie sonst organisieren ließ,/ Das lassen wir kristallisieren« (*Faust II*, V. 6857–6860) entlarvt ihn selbst als einen Forscher, der der Natur ins Handwerk pfuscht. *WY*

Kunckel (ab 1693: von Löwenstjern), Johann (um 1640–1703)

Nach einer Glasmacherlehre bei seinem Vater trat Kunckel 1660 in die Dienste des Herzogs Carl von Sachsen-Lauenburg und leitete auf Schloss Neuhaus die Hof- und Leibapotheke. 1670 wurde er in Dresden Direktor des kurfürstlichen Labors von Johann Georg II. von Sachsen, ab 1679 war er in Berlin und Potsdam für den Kurfürsten Friedrich Wilhelm von Brandenburg tätig und errichtete für diesen zwischen 1686 und 1688 ein Glaslabor auf der Pfaueninsel in Berlin. 1693 trat Kunckel in die Dienste des schwedischen Königs Carl IX.

Nach einer frühen Erwähnung aus dem Jahr 1793 (→Glasmacherkunst) taucht Kunckels Name erst 1822 wieder bei G. auf. Die *Tag- und Jahreshefte* aus diesem Jahr hielten fest: »Indem ich zu meiner eigenen Aufklärung *Kunkels* Glasmacherkunst, die ich bisher in düsterem Vorurtheil und ohne wahre Schätzung betrachtet hatte, genauer zu kennen und anschaulicher zu machen wünschte«, habe er sich mehrfach mit dem Jenaer Chemiker →Döbereiner ausgetauscht. Auf Kunckels Werk *Ars vitraria experimentalis oder vollkommene Glasmacherkunst* (dritte Ausgabe, Nürnberg 1743), das G. als ein »kollektives aus vielen Teilen zusammengesetztes Werk« ansah, das »durch einen tüchtigen, erfahrenen, seiner Sache gewissen, praktisch ausgebildeten Mann zur Einheit umgeschaffen worden« sei (*Johann Kunckel*; FA I, 25, 57), war G. bei seinem Besuch der chemischen Fabrik von Wolfgang Kaspar →Fikentscher im August 1822 in →Marktredwitz gestoßen. Ab 15.8.1822 las er vermutlich dessen Exemplar (vgl. Tgb). Zurück in Weimar wurde am 22.9.1822 ein »Auszug aus Kunckels Glasmacherkunst schematisirt« (abgedruckt in LA II, 5B.1, 290f., M 100) und »die erste Abtheilung des zweyten Bandes von Kunckel vom Glasbrennen gelesen«. Am 27.9. konnte G. seinen Aufsatz über *Johann Kunckel* abschließen, der in ZNÜ (II, 1, 1823) erschien (vgl. FA I, 25, 54–57). Vermutlich hat G. erst am 10.11.1822 Fikentschers Exemplar an dessen Sohn Friedrich Christian zurück nach Marktredwitz gesandt, denn am 21.11. entlieh er das Werk Kunckels aus der Weimarer Bibliothek, dieses Mal in der ersten Ausgabe (Frankfurt am Main, Leipzig 1679).

Kunckels Schrift, die auf ein Traktat des Florentiner Glasmachers und Priesters Antonius Neri (1576–1614), *L'arte vetraria* (Florenz 1612), zurückgriff, handelte u.a. von der Glasfärbung, die G. bei seinen Studien zur *Farbenlehre* besonders interessierte. So verband dieser in seinem Aufsatz über Kunckel das Historische mit dem Aktuellen, indem er abschließend auf die Ergebnisse der Versuche in Fikentschers Glashütte in Marktredwitz hinwies: »Lange vermißten wir die trüben Scheiben, die bei hellem Grunde Gelb, bei dunklem Blau zeigen; eben so konnten wir nicht mit Gewißheit zu entoptisierten Gläsern gelangen. Beide Körper können nun den Freunden der Chromatik nach Lust und Belieben zugestellt werden« (FA I, 25, 57).

Literatur

Rau, Günter und Monica: Das Glaslaboratorium des Johann Kunckel auf der Pfaueninsel in Berlin. Berlin 2009. *EN*

Kyanometer s. Cyanometer

Lagrange, Joseph Louis de (LaGrange, Lodovico; Lagrange, Luigi) (1736–1813)

Der französisch-italienische Mathematiker, in Turin, Berlin sowie Paris tätig und 1766 Nachfolger →Eulers an der Berliner Akademie der Wissenschaften, wirkte bahnbrechend auf fast allen Gebieten der Mathematik. Er begründete die analytische Mechanik, schrieb 1788 das erste Lehrbuch über theoretische Physik und arbeitete über das Planetensystem.

Trotz seiner ausgeprägten Vorbehalte gegen Mathematiker und ihren Einfluss in den Naturwissenschaften bezeichnete G. Lagrange als ein mit Klarheit und Gründlichkeit tätiges Genie, das einen Prototyp zukünftiger Mathematiker darstelle (vgl. FA I, 25, 88). Dieses Urteil übernahm er allerdings von Lodovico Maria →Ciccolini, der in seinem Brief *Ritter Ciccolini in Rom an Baron von Zach in Genua* (dritter Teil von G.s Abhandlung *Über Mathematik und deren Mißbrauch so wie das periodische Vorwalten einzelner wissenschaftlicher Zweige*; vgl. FA I, 25, 72–76, hier 74) Lagrange als Vorbild gelobt hatte. G. übersetzte den genannten Brief aus der *Correspondance astronomique* [...] (14, 1828, 53–72) und war auf diese Weise indirekt auf Lagrange gestoßen. *BI/WZ*

Lambert, Johann Heinrich (1728–1777)

Der elsässische Mathematiker, Physiker und Philosoph, Mitglied der Akademien der Wissenschaften in Berlin und München; hatte 1760 mit seinem Werk *Photometria sive de mensura et gradibus luminis colorum et umbrae* (Augsburg 1760) die exakte Photometrie begründet (Lichtstärkemessung; Lambert-Beersches Gesetz von der Abnahme der Lichtmenge in Abhängigkeit vom Lichtweg). G. erwarb das Buch mit einer Lieferung aus einer Frankfurter Auktion am 27.2.1797 (vgl. Ruppert 4477 und LA II, 3, 98f.). Am 17.1.1798 beschäftigte er sich laut Tagebuch mit Lamberts Werk und teilte →Schiller am 21.2.1798 darüber mit: »Es war mir neulich sehr interessant Lamberts Photometrie durchzugehen der wirklich liebenswürdig erscheint, indem er seinen Gegenstand für unerreichbar erklärt und zugleich die äußerste Mühe anwendet ihm beyzukommen«.

In G.s *Farbenlehre* (1810) wird Lamberts *Photometrie* nur beiläufig erwähnt (vgl. FA I, 23.1, 57); daneben wird – in Zusammenhang mit P. O. →Runge – sein Werk *Beschreibung einer mit dem Calauischen Wachse ausgemalten Farbenpyramide* (Berlin 1772) angeführt, obwohl dieses G. nicht vorlag (vgl. FA I, 23.1, 909f., 1055). In einem Brief vom 19.11.1807 hatte Runge G. auf Lamberts Thesen hingewiesen: »Denn das ist sehr auffallend, daß z. B. Lambert in seiner *Farben-Pyramide* ordentlich sagt, woraus die Grundfarben, welche er angenommen, gemischt sind; daß er nämlich, um das eigentliche Blau herauszubringen, er Berlinerblau mit Weiß vermischt. Wo liegt denn hier das Eigentlich? Oder wie hat er dies Material erwählen können, ohne auf die Tiefe des Berlinerblau aufmerksam zu werden? Es ist mir ein unbegreiflicher Leichtsinn, bloß um ein kompendioses System auszustaffieren, die besten Grundeigenschaften so vorüberzugehn. Auch ist es schon sonderbar, ein Blau, was nur durch Weiß heller gemacht worden, als einen Gegensatz von Zinnober oder Karmin anzunehmen. Wenn wir einen Lack hätten, der so hochrot wäre, und ein Zinnober, was denselben Ton hielte, würden wir uns einfallen lassen, daß wir dies Lack so viel mit Weiß vermischen könnten, daß, wenn es in der Helligkeit wie Zinnober erschiene, es damit verwechselt werden könnte? Es ist unmöglich, es zu denken, geschweige wenn wirs sähen. Diese Ansicht ist freilich in Lamberts Farben-Pyramide nicht gemeint, man sollte es aber doch nicht aus der Acht lassen« (EGW 4, 494).

Als G. am 9.10.1809 in einem Brief an H. →Steffens Runge lobte, verglich er dessen Farbensystem mit dem von Lambert: »Da der Verfasser [Runge] von der Seite der Pigmente in das Farbenreich hereintritt, so ist er auf einem gefährlichen Punkte, weil uns hier leicht eine etwas materielle Vorstellungsart in Gefahr bringt; allein da er ein genialer geistreicher Maler ist, so hebt er sich über jene Schwierigkeiten hinüber, und es glückt ihm besser, als vorzüglichen Männern z. E. [...] Lambert. So läßt sich in der ganzen Geschichte der Farbenlehre bemerken, daß Praktiker und Techniker reinere und richtigere Ansichten hatten, als naturforschende Gelehrte«. *WZ*

Lavater, Johann Kaspar (1741–1801)

Das spannungsreiche Verhältnis G.s zu dem Zürcher Theologen – Briefwechsel ab 1773, persönliche Bekanntschaft 1774 in Frankfurt –, das von den verschiedenen religiösen Anschauungen geprägt wurde, wird in GHB. 4.2, 645 ff. behandelt. Aus der Perspektive von G.s Naturforschung ist hervorzuheben, dass aus G.s Verbindung zu Lavater und dem Interesse an dessen Werk *Physiognomische Fragmente zur Beförderung der Menschenkenntnis und Menschenliebe* (4 Bde., Leipzig, Winterthur 1775–1778), das er später mit zunehmender Distanz betrachtete, seine erste naturwissenschaftliche Publikation hervorging. Durch Lavater kam die Physiognomik, nach der Charakterzüge eines Menschen durch Kriterien der Gestalt, vor allem des Schädels und der Gesichtszüge, näher zu bestimmen seien, erstmals zu größerer Verbreitung. G. hatte Lavater die Mitarbeit an seinem Projekt zugesagt und machte im Januar/Februar 1776 den Versuch, aus Tierschädeln das Charakterwesen der jeweiligen Arten abzuleiten (vgl. an Lavater, Ende Februar 1776; in WA IV, 3, 42 auf »etwa 20. März 1776« datiert). G. nannte und beschrieb, teilweise Gruppen zusammenfassend, →Pferd, →Elefant, Esel, Ochse, Hirsch, Schwein, Kamel, Tiger, →Löwe, Bär, Fischotter, Fuchs, Hund, Wolf, Widder, →Biber, Katze, Hyäne, Feldmaus und Stachelschwein.

Der Aufsatz, der in G.-Ausgaben unter dem Titel *Naturgeschichtlicher Beitrag zu Lavaters Physiognomischen Fragmenten* zu finden ist, erschien in deren zweitem Band (1776; 137–142) und war von einer Tafel mit 21 Figuren begleitet, die überwiegend →Buffons *Histoire naturelle générale et particulière*, insbesondere dem zehnten Band (*Quadrupèdes*, 1763), entnommen waren. Mit der These, dass »die Knochen die Grundfesten der Bildung sind« (FA I, 24, 12), nahm G. eine wesentliche Position seiner späteren Morphologie vorweg. Was ihm bei Tierschädeln plausibel erschien, dass nämlich die Schädelbildungen »die Eigenschaften eines Geschöpfes umfassen«, würde – wie G. korrekt prognostizierte – »bei der Anwendung auf die Verschiedenheit der Menschenschädel großen Widerspruch zu leiden haben« (ebd.). An den verschiedenen Tierschädeln suchte G. Eigenschaften wie Zahmheit, Gier, Furchtsamkeit, List, Grausamkeit, Gefräßigkeit, Schnelligkeit, Klugheit usw. auszumachen. Beispielsweise sprach er der Katze »aufmerksame Genäschigkeit«, dem Hund »Treue und Geradheit«, den Nagern »Leichtigkeit der Bemerkung des sinnlichen Gegenstandes, schnelles Ergreifen, Begierde und Furchtsamkeit, daher List« zu (ebd. 13 f.).

In seinem Aufsatz *Der Inhalt bevorwortet*, der 1817 die Hefte *Zur Morphologie* einleitete, blickte G. auf diese Anfänge in der Naturforschung zurück: »Im Laufe der Physiognomik mußte Bedeutsamkeit und Beweglichkeit der Gestalten unsre Aufmerksamkeit wechselweise beschäftigen, auch war mit *Lavatern* gar manches hierüber gesprochen und gearbeitet worden« (ebd. 403).

Eckermann berichtete unter dem 17.2.1829 von seiner Frage an G., »ob Lavater eine Tendenz zur Natur gehabt, wie man fast wegen seiner Physiognomik schließen sollte. ›Durchaus nicht, antwortete Goethe, seine Richtung ging bloß auf das Sittliche, Religiöse. Was in Lavaters Physiognomik über Tierschädel vorkommt, ist von mir‹« (FA II, 12, 310).

Später hat G. ähnliche Versuche, aus der Schädelausformung auf charakterliche Eigenschaften zu schließen, noch einmal in der Auseinandersetzung mit der Schädellehre von F. J. →Gall aufgenommen.

Literatur
Hellen, Eduard von der: Goethes Anteil an Lavaters Physiognomischen Fragmenten. Frankfurt am Main 1888. - Stauf, I.: Goethe und die Physiognomik. Diss. Frankfurt am Main 1949. *ZA*

Leibniz, Gottfried Wilhelm (1646–1716)

Der Philosoph hat für G.s Naturforschung nur eine untergeordnete Rolle gespielt. In einer Notiz über →Newton erwähnte G. dessen »Streit mit Leibnitz« (LA II, 6, 184), was offenbar auf die Prioritätsstreitigkeiten über die Differential- und Infinitesimalrechnung hindeutet. Am 15.1.1817 studierte G. Leibniz' *Protogaea oder Abhandlung von der ersten Gestalt der Erde [...]* (Leipzig, Hof 1749), in der Fossilien aus bedeutenden Fundstätten (Einhornhöhle bei Scharzfeld, Baumannshöhle bei →Elbingerode) beschrieben werden. Um Leibniz' Monadenlehre (→Monade) ging es in einem Gespräch mit J. D. →Falk am 25.1.1813, dem Tage der Bestattung Wielands (vgl. LA II, 9B, 360ff.).

Literatur
Börnsen, Hans: Leibniz' Substanzbegriff und Goethes Gedanke der Metamorphose. Stuttgart 1985. - Breger, Herbert: Gottfried Wilhelm Leibniz. In: Böhme, Hartmut (Hg.): Klassiker der Naturphilosophie. München 1989, 187–202. - Harnack, Otto: Ueber Goethe's Monadenlehre. In: Ders.: Essays und Studien zur Literaturgeschichte. Braunschweig 1899, 281–286. - Mahnke, Dietrich: Leibniz und Goethe. Die Harmonie ihrer Weltansichten. Erfurt 1924. *WZ*

Lenz, Johann Georg (1745 [nicht 1748]–1832)

Am jahrzehntelangen gemeinsamen Wirken mit dem Stifter und Gründer der *Societät für die gesammte Mineralogie zu Jena* (1796/1798), der G. ab 1803 als Präsident vorstand, rühmte dieser »den hohen Werth eines thätig übereinstimmenden Zusammenseyns« (an Lenz, 16.4.1823).

Der aus Schleusingen stammende Lenz studierte ab 1765 in Jena Theologie und orientalische Sprachen, erwarb 1770 den Magistertitel, und wandte sich erst 1773, als er eine Stelle als Lektor im Herzoglichen Konviktorium erhielt, der Naturforschung zu. Besonders beeinflusst und gefördert wurde er durch seinen Lehrer Johann Ernst Immanuel Walch, der als erster in Jena die Mineralogie vertrat und sich mit →Fossilien beschäftigte. Nach dessen Tod (1778) kaufte Herzog →Carl August Walchs Naturalienkabinett an (1779) und ließ es zusammen mit Weimarer Beständen im Jenaer Schloss aufstellen. Ab Ostern 1780 war Lenz als Unteraufseher für das Kabinett zuständig und widmete sich fortan ganz der Naturkunde, 1781 hielt er die erste Vorlesung über Mineralogie. Auf G.s Veranlassung erhielt Lenz 1786 den Titel eines Bergsekretärs, in Anerkennung seiner Bemühungen um den naturkundlichen Unterricht und die Ausgestaltung der ihm unterstellten Sammlungen. 1788 wurde Lenz - nach Vorlage seiner Dissertation über die Bildung von Erzgängen - Privatdozent, 1794 schließlich Professor der Mineralogie und Direktor der mineralogischen Sammlungen in Jena. Im Unterschied zu den meisten Geologen und Mineralogen seiner Zeit hat Lenz nicht in Freiberg studiert, obwohl er A. G. →Werners Anhänger war. In Jena wurde Mineralogie nicht - wie sonst üblich - in der Medizinischen Fakultät im Rahmen der Materia Medica, sondern als selbständiges Fach der Philosophischen Fakultät gelehrt.

Im April 1784 wandte G. sich erstmals im Zusammenhang mit einer Anfrage von →Merck zu Elefantenfossilien und Literatur in fachlichem Kontext an Lenz (vgl. LA II, 9A, 291). Am 4.11.1791 zeigte Lenz in der Sitzung der →»Freitagsgesellschaft« »Intestinalwürmer in Spiritus« (ebd. 408).

Sein *Mineralogisches Handbuch durch weitere Ausführung des Werner'schen Systems* (Hildburghausen 1791) hat G. »viel Vergnügen gemacht« (an Lenz, 2.6.1791).

Am 4.4.1793 sandte Lenz seinen *Grundriß der Mineralogie nach dem neuesten Wernerschen Systeme* (Hildburghausen 1793); am 1.8.1793 folgte eine gedruckte Tabelle mit Mineralienbeschreibungen, die Lenz in die *Mustertafeln der bis jetzt bekannten einfachen Mineralien* (Jena 1794; Ruppert 4789) aufnahm.

Während G. Lenz' Aktivitäten in vielfältiger Weise förderte und sich von ihm in mineralogischen Fragen beraten ließ, beschaffte dieser für G. immer wieder Mineralienproben, auch »Torf aus Bremen« (vgl. z.B. Lenz an G., 17.11.1795, 28.10. und 8.11.1796; LA II, 7, 428, 435). Die außerordentlich umfangreiche, oftmals der Mineralienbeschaffung und dem Mineralientausch gewidmete Korrespondenz läßt sich hier nicht im Detail darstellen; sie ist in den Bänden II, 7 und 8 der *Leopoldina-Ausgabe* erschlossen.

Der dauernde Bund zwischen G. und Lenz bestand vor allem in der gemeinsamen Tätigkeit für die von Lenz 1796 gegründete, aber erst 1798 öffentlich bekannt gemachte Mineralogische Sozietät. Ein auf den 8.12.1797 datiertes Diplom, das Lenz am 10.1.1798 an G. sandte, machte diesen zum Ehrenmitglied. Am 13.2.1798 berichtete Lenz, dass die »mineralogische Sozietät [...] täglich an Mitgliedern und an Ruf im Auslande« (LA II, 7, 467) gewinne und äußerte den Vorschlag, die durch Schenkungen rasch anwachsende Mineraliensammlung dem Kabinett von Herzog Carl August zuzuführen. Im Gegenzug wünschte er eine Bestätigung der Sozietät durch den Herzog, welche erst am 16.12.1803 durch G.s Mitwirkung erfolgte (vgl. dazu die TuJ von 1803).

Nachdem die ersten beiden Präsidenten jeweils nach kurzer Amtszeit verstorben waren, wurde G. 1803 als dritter Präsident der Sozietät gewählt. Während der gemeinsamen Tätigkeit von G. und Lenz erreichte diese weltweite Anerkennung. Schenkungen bereicherten die Sammlung immer von Neuem, so dass G. die von Lenz als Ehrenbezeugung ausgestellten Mitgliedsurkunden als »Papiergeld seiner Diplome« bezeichnete, wofür von den Empfängern »mit baaren Steinen bezahlt« werde (an C. G. v. Voigt, 1.5.1810).

Am 8.1.1803 konnte G. Lenz mitteilen, dass Carl August ihm »aus eigner Bewegung« den Titel eines Bergrates verliehen habe. In vielen seiner Briefe lobte G. Lenz' unermüdliche Tätigkeit, die »nach allen Seiten gleich bleibt und wie gut er wisse, fremde und entfernte Personen für unsre Zwecke zu interessiren« (an C. G. v. Voigt, 19.4.1815). Und gegenüber →Grüner am 1.9.1825: »Lenz weiß alles zum Vorteile des Kabinetts einzuleiten, seine Haupteigenschaft ist: Er will immer haben und nichts ablassen, nichts geben« (GG 3.1, 808).

Zeitweise packten G. und Lenz die neu eingegangenen Mineralien zusammen aus, numerierten und katalogisierten sie. Gemeinsam berieten sie über die Möglichkeiten der Erweiterung der Sammlung und über potentielle neue Mitglieder der Gesellschaft. Von seinen Reisen brachte G. stets Sammlungen ortstypischer Mineralien nach Jena.

G. nahm sowohl am Geschäft als auch an Lenz' Person Anteil und forderte ihn auf: »Lassen Sie, was an uns ist, die gegönnten Tage mit Freudigkeit, zu dem so lange verfolgten edlen Zweck, treulich benutzen« (an Lenz, 16.4.1823). Bereits in seinem Aufsatz *Mineralogische Gesellschaft* (*Intelligenzblatt* der JALZ, Nr. 39, 8.4.1803) hatte G. ausführlich von Lenz' Bemühungen um die Sammlung der Sozietät berichtet (vgl. FA I, 25, 520 f.). Rund 20 Jahre später, am 18.2.1822, bestätigte G. Lenz, dass »ich mich des guten Fortgangs unseres Geschäfts unter Ihrer treuen und aufmerksamen Leitung jederzeit erfreue« (ähnlich an Lenz, 28.2. und 21.4.1824).

Jahrzehntelang wirkten Lenz und G. »mit Kraft und Muth vereint« zusammen (an Lenz, 1.12.1822). Oft erbat G. Auskunft zu speziellen Fragen, von denen einige exemplarisch genannt seien. Im April 1806 wurde Lenz um ein mineralogisches Gutachten zu Schiefertonstücken mit Metallglanz gebeten, die bei einer Brunnengrabung gefunden worden waren (vgl. LA II, 8A, 171); im September des gleichen Jahres wurde er herangezogen, um die gesammelten Karlsbader Mineralien zu ordnen und zu katalogisieren (vgl. Tgb, 26. bis 30.9.1806 und TuJ von 1806 und 1807). Am 19.9.1808 ersuchte G. Lenz um eine Beschreibung der äußeren Kennzeichen des »problematischen basaltähnlichen Gesteins in welchem bey Schleiz der Amirant vorkommt«, am 4.11.1809 wandte er sich wegen des Pilzes Pietra fungaja an Lenz, der ihm das gewünschte Objekt besorgte. Am 25.11.1813 bat G. ihn um die Übersendung von allem »was die *Zinnformation* betrifft, es sey gedruckt, geschrieben oder Ihnen sonst bekannt«. Am 3.12.1813 verlangte G. von Lenz »eine gute Beschreibung von dem Schlackenwalder Zinnbergwerke wie sie uns Herr Charpentier von den sächsischen geliefert hat«. Am 29.11.1822 erfuhr G. durch Lenz von in Greifswald aufgefundenen Kugeln von verkohlten Holzspänen. Die Korrespondenz zwischen dem Greifswalder Mathematiker und Physiker Johann Karl Fischer und Lenz sowie die Untersuchung des Phänomens durch →Döbereiner regte G. zu seinem Aufsatz *Physisch-chemisch-mechanisches Problem* an (s. o. S. 236).

Lenz' *Vollständiges Handbuch der Mineralogie* (3 Bde., Gießen 1819–1822; Ruppert 4788) diente G. in vielfältiger Weise, so der dritte Band zur Anordnung der eigenen Sammlung von Metallen (vgl. an Lenz, 27.6.1821). Am 29.10.1822 sandte G. »das Lenzische Kompendium« an Grüner (an A. v. Goethe, 2.7.1823), als Leitfaden zur Ordnung von dessen mineralogischer Sammlung. Im *Jährlichen untertänigsten Bericht über den Zustand der Museen und anderer wissenschaftlicher Anstalten zu Jena* vom 22.11.1812 lobte G. Lenz' Werk *Erkenntnislehre der anorganischen Naturkörper* (2 Bde., Gießen 1812/1813; Ruppert 4787) dafür, »daß es nicht etwa aus Büchern und Schriften kompiliert worden, sondern daß der Verfasser seine beschreibende Lehre auf die unmittelbare Anschauung der Gegenstände selbst gründet« (LA II, 8A, 292). G. zog es für seine Abhandlung *Doppelbilder des rhombischen Kalkspats* von 1813 heran (vgl. FA I, 25, 675) und gedachte in seinem Aufsatz *Entoptische Farben* (1820) des Anteils, den Lenz an seinen Bemühungen hatte (vgl. ebd. 682).

Dank Lenz ist die Benennung des Minerals ›Göthit‹ von Bestand geblieben, der den Namen in seine *Tabellen über das gesammte Mineralreich* (Jena 1806, 46 und Anm. 94) aufnahm (→Goethit).

Lenz, den »trefflichen unermüdeten Mann«, hielt G. für eine der Personen, die »unbezwingliche thätige und hoffende Naturen« sind, und die »für die Ausbreitungen und Ehre der Wissenschaft« viel getan haben (WA IV, 19, 510 und an C. G. Voigt, 1.12.1807). »Niemand kann größeren und aufrichtigeren Antheil daran nehmen als ich, der Sie so lange und ununterbrochen hat wirken sehen« (an

Lenz, 2.10.1822). Vom 16. bis 18.4.1818 schrieb G. ein Gedicht zur Taufe seines am 9.4. geborenen Enkels Walther Wolfgang, das im Erstdruck den Titel trägt: *Den frischen Ankömmling Wolfgang von Goethe begrüßt, belehrt und verbündet eine Gesellschaft Mineralogen, den 21. April 1818*; G. sprach es Lenz' Privatbesitz zu.

Bei allen schätzenden Urteilen G.s (»lobenswürdiger Fleiß«, an C. G. Voigt, 19.8.1806; »an seiner Thätigkeit läßt sich nichts aussetzen«, an C. G. Voigt, 23.8.1806; »große Gabe, sich mit aller Welt in Verhältniß zu setzen und sich in gutem Vernehmen zu erhalten«, an Lenz, 2.10.1822; »unschätzbare Thätigkeit«, an Lenz, 1.12.1822) gab es bisweilen auch Kritik. Nicht nur August v. →Goethe beschwerte sich gegenüber seinem Vater am 18.9.1819 über »Lenzens immer zunehmende Plattheit, ja man kann sagen Gemeinheit « (LA II, 8A, 563), sondern auch der junge Mineraloge und Kollege Karl Friedrich →Naumann geriet mit Lenz in Konflikt. G. war sich der Befangenheit von Lenz bewusst und riet Carl August am 25.6.1824, »das Mineralienkabinett der naturforschenden Gesellschaft, zu Gunsten Naumanns, ohne Lenzens Mitwirkung zu erweitern«.

Zum 50jährigen Dienstjubiläum von Lenz am 25.10.1822 verfasste G. das Gedicht *An Bergrath Lenz, am Tage der Jubelfeier seiner funfzigjährigen Dienstzeit, dem 25. October 1822*, das mit der Zeile »Erlauchter Gegner alle Vulcanität!« begann (WA I, 4, 263); zudem erhielt Lenz auf Veranlassung von Carl August eine Torte, auf der die schottische Basaltinsel Staffa mit einem Vulkan dargestellt war, dessen Krater mit 100 Dukaten und der goldenen Verdienst-Medaille gefüllt war (vgl. WA I, 5.2, 158 f.). Diesen Scherz mit Lenz, der gerade den Vulkanismus ablehnte, erzählte G. gern.

Während dieser sich stets über neue wissenschaftliche Entwicklungen informierte, hing Lenz »von dem Freyberger Orakel« ab (an C. G. Voigt, 23.8.1806). G. übte auch Kritik am altersschwachen Lenz – er starb am 28.2.1832 wenige Tage vor G. selbst. Beim Besuch des Bonner Mineralogen Johann Jakob Nöggerath in Jena habe Lenz »aus Faseley und Großthun« die Mineralien des Museums nicht korrekt behandelt, »der gute Alte mag sich gar närrisch benommen haben« (an A. v. Goethe, 21.10.1828). Am 25.6.1830 äußerte G. gegenüber seinem Sohn die Sorge, dass der bevorstehende Besuch des mineralogischen Museums in Jena durch die herzogliche Familie »bei Lenzens völlig geistig-leiblichem Zurücktreten« zum Problem werden könne.

Literatur

Franke, Horst und Wahl, Volker: Zur Entstehung des Mineralnamens ›Göthit‹. In: GJb. (1978), 241–247. – Salomon, Johanna: Goethe und J. G. Lenz. In: GJb. (1961), 232–244. – Dies.: Geschichte der ›Societät für die gesammte Mineralogie‹ zu Jena unter ihrem Gründer Johann Georg Lenz und ihrem Förderer und Präsidenten Johann Wolfgang von Goethe (1796–1830). Diss. Jena 1957 (Auszug in: Wiss. Zs. der Friedrich-Schiller-Universität, math.-natwiss. Reihe. 8 (1958/59), H. 1, 45–72). – Dies.: Die Sozietät für die gesamte Mineralogie zu Jena unter Goethe und Johann Georg Lenz. Köln, Wien 1990. *HO*

Leonardo da Vinci (1452–1519)

Den toskanischen Maler, Bildhauer, Architekten, Ingenieur und an Erfahrungswissen und Experiment orientierten Naturforscher kannte G. vor allem als Maler, der ihm wichtige Einsichten, besonders über die blaue Farbe, vermittelte.

In der *Konfession des Verfassers*, mit der der historische Teil der *Farbenlehre* (1810) schließt, hatte G. über seine Zeit in Italien (1786–1788) geschrieben: »Indessen versäumte ich nicht, die Herrlichkeit der atmosphärischen Farben zu betrachten, wobei sich die entschiedenste Stufenfolge der Luftperspektive, die Bläue der Ferne so wie naher Schatten, auffallend bemerken ließ« (FA I, 23.1, 972 f.). Eine undatierte Aufzeichnung aus Rom notierte »den blauen Schatten am Ende des Corso«, beim Besuch der Villa Medici am 12.1.1788 erschienen »die Schlagschatten der Fenster Gesimse auf der weisen Wand völlig blau wie der Himmel« und auf der Rückreise bemerkte G. im Juni 1788 in Nürnberg zum Schatten von Passanten: »Blau. Als wenn mir die Schatten in einem dunkelblauen Spiegel gezeigt würden [...]« (EGW 1, 227). Beim Venedigaufenthalt vom 31.3. bis 22.5.1790 hielt G. schließlich im Tagebuch fest: »Venedig. Schatten auf [aus?] Schwarzblau«.

In diesen verschiedenen Beobachtungen des Blauen wurde G. durch die Lektüre von Leonardo da Vincis *Tractat von der Mahlerey* bestärkt, über die er unter dem 9.2.1788 aus Rom berichtete (vgl. FA I, 15.1, 554; die erste deutsche Ausgabe erschien, übersetzt von J. G. Böhm d. Ä., 1724 in Nürnberg. Welche Ausgabe G. in Italien benutzte, ist nicht ermittelt.)

Am 17.5.1791 meldete G. Herzog →Carl August, dass er seine Bemerkungen *Über das Blau* »in diesen Tagen«, also unmittelbar zuvor, geschrieben habe (s. o. S. 83). Bei diesem fragmentarischen Text sind Bezüge zu Leonardos *Tractat von der Mahlerey* offensichtlich, wenn z. B. das Auftreten der blauen Farbe mit einer Beraubung des Lichts gleichgesetzt und die blaue Farbe auf Schnee im Schatten oder bei einbrechender Dunkelheit beschrieben wird. Bei Leonardo heißt es dazu: »Da Weiß keine Farbe ist, aber potentiell jede Farbe annehmen kann, sind auf dieser Farbe alle Schatten blau, wenn sie auf dem Land zu sehen ist« (zit. nach Ausgabe München 1990, 264). Am 17.5.1791, am gleichen Tag also, an dem er die Theorie der blauen Farbe Carl August anzeigte, entlieh G. aus der Weimarer Bibliothek Leonardo da Vincis *Tractat* in der Übersetzung von Böhm (Nürnberg 1724); ob er an diesem Tag noch letzte Hand an den Text anlegte oder einen Abgleich mit Leonardos Beobachtungen beabsichtigte, muss unentschieden bleiben.

Im historischen Teil des Aufsatzes *Von den farbigen Schatten* (1793) wurde die Erklärung der blauen Schatten nach Leonardo, »von der *Reflexion* der Farbe des reinen Himmels« (FA I, 23.2, 99), angeführt. Dagegen ging G. im Hauptwerk *Zur Farbenlehre* (1810) auf Leonardo da Vinci nicht näher ein und erwähnte ihn nur beiläufig (vgl. FA I, 23.1, 279, 764, 930).

Als G. für die Hefte *Zur Naturwissenschaft überhaupt* Nachträge zur Farbenlehre zusammenstellte, fertigte er zunächst am 4.12.1817 einen Auszug aus Leonardos *Tractat* an (Ausgabe Nürnberg 1724; abgedruckt in LA II, 4, 19 ff., M 15). Am 19.12.1817 bat er seinen Sohn August um die Ausleihe der italienischen Ausgabe Florenz 1792 aus der Weimarer Bibliothek, was dieser umgehend erledigte, so dass G. schon am Folgetag »Leonard da Vinci im Original« studieren konnte. In den *Tag- und Jahresheften* von 1817 hielt er dazu fest: »Der Aufsatz Leonardo da Vinci's über die Ursache der blauen Farbenerscheinung an fernen Bergen und Gegenständen [in einer Vorarbeit: über die farbigen Schatten, oder wenn man will über die Luftbläue], machte mir wiederholt große Freude. Er hatte als ein die Natur unmittelbar anschauend auffassender, an der Erscheinung selbst denkender, sie durchdringender Künstler ohne weiters das Rechte getroffen«.

Am 12.2.1818 wurde aus der Weimarer Bibliothek die soeben neu erschienene italienische Ausgabe des *Tractats* (Rom 1817) besorgt, die G. am 19.2.1818 las. Nach erneuter Ausleihe dieser und der deutschen Edition von 1724 bearbeitete G. am 30.5., 2. u. 10.6.1821 den Text *Würdigste Autorität* [= Leonoardo da Vinci], der eine Passage zum »Blau der Luft« (FA I, 25, 781) aus der italienischen Ausgabe von 1817 mit G.s Übersetzung wiedergibt. Das Stück erschien in ZNÜ I, 4 (1822) und sollte gleichsam Leonardo ein Denkmal setzen.

Literatur

Leonardo da Vinci: Sämtliche Gemälde und die Schriften zur Malerei. Hg. [...] von André Chastel. München 1990. *WZ*

Leonhard, Carl Cäsar von (1779–1862)

»Wissen und Wissenschaft thun solche eilige Schritte, daß nur ein so rüstiggewandter Mann, wie Sie, denselben nachkommen kann« (an Leonhard, 3.2.1826). Mit diesen Worten lobte G. den Hanauer Mineralogen, der nach dem Studium in Marburg und Göttingen 1804 Verwaltungsbeamter im kurhessischen →Hanau wurde, 1815 Mitglied der math.-physikal. Klasse der Akademie der Wissenschaften in München und ab 1818 Professor der Philosophie und Kameralwissenschaften in Heidelberg, wo er auch Vorlesungen über Mineralogie und Geognosie hielt. Als Autor und Herausgeber von Lehr- und Handbüchern war Leonhard einer der bedeutenden Geologen seiner Zeit, ab 1807 spielte er in der geologischen Korrespondenz G.s eine wichtige Rolle. Eine Mineralienhandlung, die er ab 1802 betrieb, ging später in eine Stiftung über und förderte den Mineralienaustausch seiner Zeit. Zahlreiche Mineralien in G.s Sammlung tragen Etiketten von Leonhards Hand.

Am 28.9.1807 wandte G. sich an Leonhard und bot ihm seinen Aufsatz *Sammlung zur Kenntniß der Gebirge von und um Karlsbad*, der in diesem Jahr in →Karlsbad als Separatdruck erschienen war, zur Veröffentlichung in dem von Leonhard neu herausgegebenen *Taschenbuch für die gesammte Mineralogie* an. Dieser setzte ihn an die erste Stelle des zweiten Jahrgangs (1808) und druckte im gleichen Band einen Brief G.s an Leonhard vom 25.11.1807 ab, in dem G. ausführte, dass seine »Art, die Gegenstände der Natur anzusehen und zu behandeln, von dem Ganzen zu dem Einzelnen, vom Totaleindruck zur Beobachtung der Teile fortschreitet« (FA I, 25, 363). Im dritten Jahrgang von Leonhards *Taschenbuch* (1809) erschienen G.s Abhandlung *Der Kammerberg bei Eger* sowie ein weiterer Brief G.s an Leonhard vom 18.11.1808.

Ab Ende 1813 beschäftigte sich Leonhard mit dem Vorkommen von Edelsteinen, ein Thema, auf das in der Korrespondenz mit G. vom 23.11.1813 bis 29.4.1816 eingegangen wurde (→Edelsteine).

G. betrachtete am 28.7.1814, auf der Reise an den Rhein, Leonhards umfangreiche, 7000 Stücke umfassende Gesteins- und Fossiliensammlung und berichtete darüber am gleichen Tag in einem Brief an Christiane; den Gelehrten selbst traf er jedoch erst in Wiesbaden am 6.8.1814 sowie auf der Rückreise, als er vom 20. bis 24.10.1814 in Hanau bei Leonhard logierte (vgl. an C. H. Schlosser, 23.11. und 2.12.1814).

Nach der persönlichen Begegnung setzte ein intensiver Mineralientausch zwischen G. und Leonhard ein. In *Ueber Kunst und Alterthum* (I, 1, 1816, 103–119) berichtete G. ausführlich über die Aktivitäten der Hanauer Naturforscher, nach einer Vorlage, die ihm Leonhard geliefert hatte (vgl. an Leonhard, 20.10.1815; Tgb, 2. und 3.11.1815).

Ab 1814 arbeitete Leonhard zusammen mit Johann Heinrich Kopp und Karl Ludwig Gärtner an dem Tabellenwerk *Propädeutik der Mineralogie* (Frankfurt am Main 1817), von dem er G. vor der Drucklegung einzelne Teile zuschickte und ihn um »Zurechtweisung« und »Bereicherung« bat (Leonhard an G., 26.1.1815; LA II, 8B.1, 380). G.s Artikel »Zinn« nahm Leonhard in die *Propädeutik* auf (vgl. FA I, 25, 472). In seinem Werk hat Leonhard als einer der ersten die hohe Bedeutung der Paragenese, des gemeinsamen Vorkommens verschiedener Minerale nebeneinander (von ihm »Kennzeichen aus dem Vorkommen« genannt), erkannt und ihr einen besonderen Stellenwert eingeräumt (vgl. *Propädeutik*, 113–115). G. lobte ihn im Brief vom 27.2.1815: »Für die *Kennzeichen aus dem Vorkommen* sollen Sie gepriesen seyn; ich halte sie, wo nicht wichtiger, doch eben so wichtig als alle übrige«.

Obwohl Leonhard in den Jahren 1818/1819 Aufsätze von Leopold von →Buch in sein *Taschenbuch* aufnahm und sich zu der von diesem und Alexander von →Humboldt vertretenen, von G. abgelehnten Vulkanismus-Theorie bekannte, hielt der wissenschaftliche Kontakt an. So sandte Leonhard G. die Aushängebogen seines *Handbuchs der Oryktognosie* (Heidelberg 1821) und bat G. um dessen Einschätzung (vgl. Leonhard an G., 18.12.1820, 5.3. und 7.9.1821; LA II, 8A, 625, 8B.1, 178f., 214). Am 5.1.1822 erhielt G. das fertige Werk vom Buchbinder (Ruppert 4802). 1823 verfasste G. eine kurze Besprechung des *Handbuchs* für ZNÜ II, 1 (1823; vgl. FA I, 25, 615f.).

Nach dem Besuch von Leonhard am 27.10.1821 in Jena und der dabei vollzogenen »Betrachtung über dessen Nomenclatur der Krystallgestalten« setzte sich G. weiter mit dieser Thematik auseinander (vgl. an Leonhard, etwa 31.10.1821; Tgb, 30.11.1821 und 17.1.1822; an Leonhard, 18.1.1822), vor allem, als er sich im Januar 1822 mit der aus dem Nachlass von Urban Friedrich Benedict Brückmann angekauften Edelsteinsammlung sowie den von Ludwig Wilhelm von →Eschwege aus →Brasilien mitgebrachten, in Weimar zum Kauf angebotenen Diamanten auseinandersetzte. Im Brief vom 18.1.1822 bat G. Leonhard um die Zusendung von Modellen der Kristallformen, damit er sich auf anschauliche Weise und mit erklärenden Worten dieses Gebiet aneignen könne.

Zwischen dem 10.4. und 26.7.1823 übersandte Leonhard nach und nach die Aushängebogen des ersten Teils seiner *Charakteristik der Felsarten* (Heidelberg 1823/1824; Ruppert 4799), die G. »mit Leidenschaft wie Zeitungen« erwartete und las. »Aufmerksamkeit und Theilnahme erhält sich von einem Sendungs-Tage zum andern« (an Leonhard, 9.6.1823). Die *Charakteristik der Felsarten* – »ein großes ersehntes Geschenk« (an Leonhard, 18.8.1824) – bezeichnete G. als Beispiel für dem Liebhaber willkommene »Bücher [...], die uns sowohl das neu empirisch Aufgefundene als die neu beliebten Methoden darlegen« (MuR 1270).

Durch Leonhard und sein *Taschenbuch für die gesammte Mineralogie* war G. stets über den neuen Stand der geologisch-mineralogischen Forschung informiert.

Über *Die verglasten Burgen in Schottland* referierte Leonhard am 19.9.1829 auf der →Versammlung Deutscher Naturforscher und Ärzte in Heidelberg. G. setzte sich daraufhin mit diesem Gegenstand auseinander und verfasste am 12.8.1830 eine Stellungnahme zu Leonhards auf Feuergewalt beruhender Deutung des Phänomens (vgl. FA I, 25, 651). Über die verglasten Burgen entspann sich anschließend eine Korrespondenz, in deren Rahmen G. von Leonhard auch Musterstücke von der Burg Craig Phadric erhielt (vgl. an Wackenroder, 14.8.1830; Wackenroder an G., 15.8.1830; Leonhard an G., 18.12.1830, 1./2.1.1831; an Leonhard, 24.12.1830).

Literatur
Milch, Ludwig: Goethes Beziehungen zu dem Mineralogen Carl Caesar von Leonhard. In: GJb. (1908), 113–127. *HO*

Lepaden

Im zweiten Heft des zweiten Bandes *Zur Morphologie* (1824) veröffentlichte G. einen Aufsatz über die heute der Ordnung der Cirripedia oder Rankenfüßer zugeordneten Lepaden oder Entenmuscheln, die bis etwa 1835 aufgrund ihrer Gestalt noch zu den Mollusken (Weichtieren) gestellt wurden. Am 8.4.1823 entlieh G. den einschlägigen Aufsatz über die Anatomie der Lepaden von G. →Cuvier aus den *Mémoires du Muséum d'histoire naturelle* (Bd. 2, 1815) aus der Weimarer Bibliothek aus, entwarf am 13.4. ein entsprechendes Schema zur Thematik und ließ sich am 16.4. die Lepas-Präparate aus dem Jenaer zoologischen Kabinett kommen. Aber erst im Dezember 1823, als im Druckhaus in Jena Manuskript für die morphologischen Hefte benötigt wurde, kam es zum Diktat (14.12.) und zur abschließenden Redaktion (19./20.12.1823). Schon am 25. und 27.12.1823 konnte G. den Druckbogen korrigieren, aber erst Anfang Dezember 1824 wurde das fertige Heft ausgeliefert.

Die beschreibende Darstellung der Anatomie von Lepas endet mit einem Ausblick ins Ästhetische und Symbolische: »Wer das Glück hatte, diese Geschöpfe im Augenblick, wenn das Ende des

Schlauches sich ausdehnt und die Schalenwerdung beginnt, mikroskopisch zu betrachten, dem müßte eins der herrlichsten Schauspiele werden die der Naturfreund sich wünschen kann. Da ich nach meiner Art zu forschen, zu wissen und zu genießen, mich nur an Symbole halten darf, so gehören diese Geschöpfe zu den Heiligtümern, welche [...] durch ihr seltsames Gebilde, die nach dem Regellosen strebende, sich selbst immer reglende und so im kleinsten wie im größten durchaus Gott- und menschenähnliche Natur sinnlich vergegenwärtigen« (FA I, 24, 612 f.). *WZ*

Licht und Finsternis

Nach G.s Vorstellung entsteht die Farbe durch das polare Zusammenwirken von Licht und Finsternis im trüben Mittel (→ Trübe). Diese Erklärung stand im Gegensatz zum herrschenden physikalischen Paradigma → Newtons, der das Licht als etwas Heterogenes betrachtete, da nach seiner Auffassung alle Farben in ihm enthalten sind. G.s Ansatz ist keineswegs neu, hat er doch in → Aristoteles oder → Leonardo da Vinci prominente Vorläufer.

In seinen Stichworten zu den *Physikalischen Vorträgen* vor der → »Mittwochsgesellschaft« am 18.12.1805 und 8.1.1806 hielt G. fest: »Finsternis und Licht. Zwei ungeheure Gegensätze. [...] Finsternis als der Ab- und Urgrund des Seins. Als gehaltvolle Unterlage. Mehreren Sinnen gemäß. Ihre Wirkung nicht hindernd. Licht wirkendes, vielleicht in alles hinein und durch und durch. Gegenwärtig betrachtet als an allem hin, auf allem weg wirkend. [...] Sichtbare Welt, aus Licht und Finsternis aufzubauen; oder sie in L[icht] und F[insternis] aufzulösen. Das ist die Aufgabe; denn die sichtbare Welt, die wir für eine Einheit halten, ist aus jenen beiden Uranfängen auf das freundlichste zusammengebaut« (FA I, 25, 277 f.) Charlotte von Schiller notierte in ihrer Mitschrift: »Licht und Dunkelheit sind die Bedingungen der Erscheinung, u. die Bedingungen des Lebens« (EGW 4, 398).

Während die Finsternis meist in einem passiven Zustand verharrt, kommen dem Licht sowohl eine aktive wie eine passive Rolle zu, wie die Formulierung aus der *Farbenlehre*, die Farben seien »Taten des Lichts, Taten und Leiden« (FA I, 23.1, 12) erweist.

Als sich der junge Jurist Christian Diedrich von → Buttel in einem langen Brief vom 18.4.1827 an G. zustimmend zur *Farbenlehre* äußerte, schmückte er G.s Erklärung der Farbenentstehung poetisch aus und sprach von der »Lehre *vom Trüben*, diesem Brautbette gleichsam, worin sich Licht u. Finsterniß hochzeitlich zur Farbe vermählen, weilen wohnen u erfreuen. Das Licht bleibt dabey jungfräulich rein, wird nicht *in sich selbst* getrübt oder gezwiespaltet oder gar [wie bei Newton] gesiebenspaltet [...]« (EGW 4, 893). G. reagierte in seinem Antwortbrief vom 3.5.1827 geradezu gerührt und kommentierte die zitierte Stelle zu einem zentralen Prinzip seiner *Farbenlehre* mit den Worten: »Lieblicher hat mir lange nichts geklungen als Ihre Worte [...]«.

Mit dem Verhältnis von »Licht und Finsternis zum Auge« (FA I, 23.1, 32–34) setzte sich G. am Beginn seiner Ausführungen zu den → physiologischen Farben auseinander. *SS*

Lichtbrechung s. Refraktion

Lichtenberg, Georg Christoph (1742–1799)

Der Professor für Physik, der in → Göttingen ein vielbeachtetes Kollegium über Experimentalphysik hielt, war zeitgenössisch als Fachgelehrter über Deutschland hinaus bekannt. Grundlage seiner Vorlesungen waren die *Anfangsgründe der Naturlehre* von J. C. P. → Erxleben (1. Aufl. Göttingen 1772), die Lichtenberg nach dem Tod des Autors ab der 3. Aufl. 1784 mit eigenen Kommentaren und Erweiterungen herausgab (diese wie die 5. Aufl. 1791 in G.s Bibliothek; vgl. Ruppert 4527 f.).

Am 27.9.1783 lernte G., aus dem Harz kommend, Lichtenberg in Göttingen kennen und wohnte einer Privatvorlesung in dessen Hause bei; es sollte die einzige persönliche Begegnung der beiden bleiben.

Fast neun Jahre später, am 11.5.1792, sandte G. Lichtenberg die beiden Stücke seiner *Beyträge zur Optik*: »Da die Versuche, welche ich in meinem ersten und zweyten Stücke der optischen Beyträge den Liebhabern der Naturlehre empfehle, sich alle auf einen einzigen Hauptversuch zurückführen lassen und in einer Reihe betrachtet lehrreich sind, wenn sie einzeln genommen den Beobachter mehr verwirren können, so sind die kleinen überzogenen Gestelle [mit beweglichen Schirmen] bequem, sie im Ganzen zu übersehen, und die mannigfaltigen Verhältnisse und Verbindungen mit Einem Blicke zu beobachten. Wenn Ew. Wohlgeb. sie in Ihrem Musäo aufzustellen für werth halten, so wird es mir zum größten Vergnügen gereichen. Sie erlauben mir, daß ich Denenselben so wie ich fortfahre, weiter von meinen Arbeiten Rechenschaft gebe«. Lichtenbergs Antwort ist unbekannt, doch G. fühlte sich im Brief von Ende Juni 1792 »sehr aufgemuntert«, kündigte seinen Aufsatz *Über die farbigen Schatten* an, berichtete von eigenen Versuchen zu Leuchtsteinen (→ Bologneser Stein) und bat Lichtenberg um Literatur und weitere Angaben.

Am 11.8.1793 übersandte G. ein 41seitiges Manuskript zu den →farbigen Schatten (heute im GSA) und erhielt vom Lichtenberg mit Brief vom 7.10.1793 eine neunseitige Antwort, in der dieser auf viele Phänomene im Einzelnen einging und auf weitere Literatur aufmerksam machte. Lichtenbergs Interesse an G.s Arbeiten zur Farbenlehre schien geweckt, so dass G. am 18.11.1793 F. H. →Jacobi berichten konnte: »[...] besonders freut und fördert mich Lichtenbergs Theilnehmung«. G. hatte den Brief Lichtenbergs allerdings Mitte Oktober 1793 an J. G. →Herder mit der skeptischen Bemerkung weitergeleitet, »daß noch manches zu thun ist ehe wir vom Gesetz erlößt uns einer evangelischen Gemeinschaft erfreuen können«, d. h. in der physikalischen Lehrmeinung bestehen können. G. antwortete Lichtenberg fast ebenso ausführlich am 23.10.1793, weiterhin auf »Gewogenheit« hoffend.

Am 29.12.1793 übersandte G. seinen Aufsatz *Versuch die Elemente der Farbenlehre zu entdecken*, ursprünglich als viertes Stück der *Beyträge zur Optik* geplant. Darin ging es vor allem um das Verhältnis der Farben zum Weißen, an dem G.s Gegenposition zu →Newton besonders deutlich wird. So endet der Aufsatz auch mit dem scharfen Urteil, »daß die Newtonische Propositon falsch und kaptiös gestellt, [...] daß aus farbigen Pigmenten ebenso wie aus Weiß und Schwarz nur ein Grau zusammengesetzt werden könne« (FA I, 23.2, 184), während Newton alle Farben aus dem weißen Licht ableitete. Dem Aufsatz beigefügt war eine der ersten kolorierten Darstellungen von G.s →Farbenkreis (vgl. Farbtafel S. 822). Lichtenberg dankte für das am 2.1.1794 erhaltene Manuskript erst am 18.4.1794, gestand aber gegenüber C. Olufsen am gleichen Tag, soeben erst hineingeschaut zu haben, immerhin mit der Bemerkung über G.: »Der gute Kopf leuchtet überall hervor« (Zehe 1992, 324). Die Antwort an G., ebenfalls vom 18.4.1794, kündigte diesem zwar eine Stellungnahme an, doch Lichtenberg äußerte sich – trotz einer Nachfrage G.s vom 9.6.1794: »Seyn Sie nur versichert daß ich jede Art von Recktification und Widerspruch vertragen kann« – nicht mehr dazu. Damit brach der Kontakt zu Lichtenberg in Fragen der Farbenlehre grundsätzlich ab, obwohl die Korrespondenz noch bis 1796 weitergeführt wurde. Lichtenberg verharrte an Newtons Seite, während G. seine Auseinandersetzung mit diesem nach Lichtenbergs Tod 1799 erst noch intensivieren sollte.

G. hatte den Briefwechsel mit Lichtenberg auch vor dem Hintergrund geführt, seine *Beyträge zur Optik* (1791/92) in Erxlebens Kompendium *Anfangsgründe der Naturlehre* berücksichtigt zu sehen. Eine Notiz aus Lichtenbergs Nachlass beweist, dass dieser »Göthens Farbengeschichte« (Zehe 1999, 160) für die Aufnahme in die 6. Aufl. 1794 vorgesehen hatte, was aber unterblieb. G. reagierte am 21.11.1795 tief enttäuscht gegenüber →Schiller: »Was sagen Sie z. B. dazu, daß Lichtenberg, mit dem ich in Briefwechsel über die bekannten optischen Dinge, und übrigens in einem ganz leidlichen Verhältniß stehe, in seiner neuen Ausgabe von Erxlebens Compendio, meiner Versuche auch nicht einmal erwähnt, da man doch grade nur um des neuesten willen ein Compendium wieder auflegt [...]«.

G. nannte Lichtenberg in seiner *Farbenlehre* von 1810 zwar mehrfach (vgl. FA I, 23.1, 195, 396, 904f., 909, 948, 950, 980), betonte dabei aber die verschiedenen Wege. So habe Lichtenberg »seiner Zeit und Lage nach der hergebrachten Vorstellung [Newtons] folgen« müssen (ebd. 195). Das Fazit brachte die *Konfession des Verfassers* am Ende des historischen Teils: »Mit Lichtenberg korrespondierte ich [...]. Eine Zeit lang antwortete er mir; als ich aber zuletzt dringender ward und das ekelhafte Newtonische Weiß mit Gewalt verfolgte, brach er ab über diese Dinge zu schreiben und zu antworten; ja er hatte nicht einmal die Freundlichkeit, ungeachtet eines so guten Verhältnisses, meiner Beiträge in der letzten Ausgabe seines Erxleben zu erwähnen. So war ich denn wieder auf meinen eigenen Weg gewiesen« (ebd. 980). Der dissonant klingende Schluss sollte nicht vergessen lassen, dass G. – neben dem persönlichen Kontakt mit S. T. →Soemmerring im Sommer 1793 – in der Korrespondenz mit Lichtenberg, vor allem über die farbigen Schatten, auf die Wichtigkeit der →physiologischen Farben gestoßen wurde, die ihm später zum »Fundament der ganzen Lehre« (ebd. 31) wurden.

Zum weiteren Kontext der Beziehung vgl. GHB. 4.2, 660–663.

Literatur

Ebstein, Erich: Lichtenberg und Goethe über die Theorie der Farben. In: Archiv für die Geschichte der Naturwissenschaften und der Technik. 3 (1912), 71–78. – Lang, Heinwig: Goethe, Lichtenberg und die Farbenlehre. In: Photorin. 6 (1983), 12–31. – Zehe, Horst: »Der gute Kopf leuchtet überall hervor« – Lichtenbergs Reaktion auf Goethes Beiträge zur Optik. In: Joost, Ulrich u. a.: Georg Christoph Lichtenberg (1742–1799). Wagnis der Aufklärung. München 1992, 324–330. – Ders.: Vom »Furor Wertherinus« zu »Göthens Farbengeschichte« – Goethe, Göttingen und Lichtenberg. In: Mittler, Elmar, Purpus, Elke und Schwedt, Georg (Hg.): »Der gute Kopf leuchtet überall hervor«: Goethe, Göttingen und die Wissenschaft. Göttingen 1999, 143–164.

WZ

Lichtstrahlen

G. hat diesen für die Newtonsche Optik (→Opticks) zentralen Begriff als ein geometrisches Hilfsmittel angesehen, das aber zunehmend mit dem physikalischen Gegenstand selbst verwechselt worden sei und daher zu manchem Irrtum Anlass gegeben habe. Licht wurde für G. nicht in Form von Strahlen ausgesandt, sondern immer als ein vollständiges Bild, als eine unzerteilte Einheit. →Newton dagegen habe das Phänomen durch eine fiktive Konstruktion, durch Linearzeichnungen, ersetzt. In einigen schwer datierbaren Notizen (um 1800? 1804–1807?), die erst 1906 in der *Weimarer Ausgabe* gedruckt wurden, hat G. seine Kritik am deutlichsten ausgedrückt: »Wir haben bei unserer Darstellung das Wort Lichtstrahl sorgfältig vermieden, es ist ein angenommener Kunstausdruck, der an seiner Stelle gute Dienste leisten kann, aber wenn man physi[kali]sche Erscheinungen damit bezeichnen will, zu einem Irrtum nach dem andern verleitet. In der Erfahrung kann man von keinem leuchtenden Körper einen Strahl abzwacken, um damit zu operieren, es ist immer sein ganzes Bild, das wirkt, und zwar als Bild wirkt«. – »So ist in der Lehre vom Licht und den Farben dadurch eine große Verwirrung entstanden, daß man diese abstrakten Geistesprodukte [Lichtstrahlen] als wirklich existierende physische Wesen ansah. [...] Jene zu gewissem Behuf dienliche Supposition muß daher der Physiker durchaus von sich entfernen, so lange er Versuche anstellt und die Bedingungen, unter denen die Phänomene erscheinen, genau bestimmen will« (FA I, 23.2, 249f.). Hier formulierte G. ein Gegenprogramm zu Newton, dem es gerade darauf ankam, vom natürlichen Phänomen abzusehen und mit dem Modell des isolierten Lichtstrahls zu arbeiten – für seine Art des Erkenntnisgewinns eine unabdingbare Voraussetzung. *WZ*

Lindenau, Bernhard August von (1779–1854)

Der mit Herzog Carl August befreundete Jurist und Astronom wurde 1808 (bis 1822) Leiter der Gothaer Sternwarte als Nachfolger von F. X. v. →Zach. Damit war die Übernahme der Schriftleitung der von Zach herausgegebenen *Monatlichen Correspondenz zur Beförderung der Erd- und Himmels-Kunde* verbunden, in deren 22. Band Lindenau 1810 die erste öffentliche Kritik an G.s *Farbenlehre* durch →Mollweide einrückte und sich mit dessen Verurteilung von G.s falscher Wiedergabe von Newton-Zitaten in einer Anmerkung solidarisierte (vgl. Biermann 1979, 226). Gleichzeitig schrieb Lindenau am 9.6.1810 an Deutschlands führenden Mathematiker, →Gauß in Göttingen, in diesem Zusammenhang über G.: »Lieb ist mir's, wenn dem Unfug der Naturphilosophen, die mir ein wahrer Greuel sind, Einhalt geschieht« (ebd.).

In Band 23 der *Monatlichen Correspondenz* (1811) erschien ein Aufsatz Lindenaus mit einem erneuten Seitenhieb auf G.: »Ungern erwähnen wir einer im vorigen Jahre erschienenen Farbenlehre, deren hauptsächlichster Zweck Umsturz der Newtonschen Theorie ist [...] lebhaft wird jeder Unbefangene wünschen, daß der ganze didactisch-polemische Theil ungeschrieben geblieben seyn möchte, da es ein unangenehmes Gefühl giebt, einen Mann, dessen Genialität die ganze literarische Welt dankbar anerkennt, ein Feld betreten zu sehen, wo ungünstiger Erfolg im Voraus zu erwarten war, da hier nur Mathematik vor Irrthum sichern kann« (FA I, 23.2, 690). G. nahm daraufhin Lindenau in die Liste seiner *Widersacher* in der *Farbenlehre* auf (vgl. FA I, 25, 758), die er in ZNÜ I, 4 (1822) öffentlich machte.

Noch am 10.6.1817 spottete Lindenau gegenüber Gauß über G., der »in der Farbenlehre und in der sogenannten höhern Naturlehre ersoffener als jemals« sei (LA II, 5B.1, 764).

Während G. in vergleichbaren Fällen auf größte Distanz ging, litt das persönliche Verhältnis zu Lindenau – den ersten Besuch vermerkt das Tagebuch am 6.4.1808 – unter den Meinungsverschiedenheiten über die *Farbenlehre* kaum, vermutlich, weil Carl August ihn immer wieder als Fachmann in astronomischen und meteorologischen Fragen hinzuzog, vor allem in Zusammenhang mit der →Sternwarte in Jena.

1811 konnte G. einen »herrlichen langverweilenden →Kometen« beobachten (vgl. TuJ; auch Tgb, 7. u. 10.9.1811), über den Lindenau einen Aufsatz verfasste, den er G. am 12.10.1811 zusandte (*Resultate der neuesten Beobachtungen über den großen Cometen von 1811.* In: *Monatliche Correspondenz zur Beförderung der Erd und Himmels-Kunde* 14, 1811, 289–318; Ruppert 4815). G. befasste sich eingehend damit (vgl. Tgb, 18., 20., 22. u. 31.10.1811) und sandte Lindenau am 20.10.1811 ein überaus schmeichelhaftes Dankschreiben mit der Versicherung, »daß ich nichts mehr wünsche als in Ihrer Nähe von jenen erhabenen Gegenständen, insofern es mir gegönnt seyn möchte, genauere Kenntniß zu erlangen, und mich mit Ihnen über manches zu unterhalten, wodurch ich nicht geringe Förderung mir versprechen könnte«.

G.s Reaktion stand auch mit seinem Wunsch in Verbindung, der zu diesem Zeitpunkt bereits geplanten Sternwarte in Jena die Unterstützung der »großen Anstalt«, der Sternwarte in Gotha, zu sichern (vgl. an Lindenau, 17.9.1812); allerdings stand Lindenau dem Direktor der Jenaer Sternwarte, C. D. v. →Münchow, sehr skeptisch gegenüber (vgl. Biermann 1979, 230).

1818 wurde Lindenau über die Aufnahme der Tätigkeit der meteorologischen Station in →Schöndorf informiert; dieser teilte dem Großherzog daraufhin am 12.7.1818 meteorologische Daten vom Gothaer Seeberg und aus Augsburg mit (vgl. LA II, 2, 325 f.); ebenso übermittelte er Carl August Daten über den sogenannten Enckeschen Kometen, der 1805 und 1818 von ihm beobachtet worden war (Lindenau an Carl August, 29.3.1819; ebd. 328 f.) sowie über Erdbeben und meteorologische Beobachtungen in Rußland (24.4.1824; ebd. 459).

Als G. im Rahmen seiner Wetterstudien auf die tagesperiodischen Schwankungen des Luftdrucks in den Tropen aufmerksam geworden war, bat er am 8.4.1824 Carl August, Lindenau nach einer Erklärung des Phänomens zu fragen. Aus dessen Antwort vom 17.4., die ihm »zur völligen Aufklärung« diente (an Carl August, 19.4.1824), fertigte G. einen Auszug an (vgl. LA II, 2, 177 f., M 9.13). Hier wird erneut deutlich, dass G. vor allem an dem guten Verhältnis zwischen Carl August und Lindenau partizipierte, dessen Gegnerschaft zu seiner *Farbenlehre* somit leichter zu tolerieren war.

Literatur

Biermann, Kurt-Reinhard: Bernhard von Lindenau in seinen Beziehungen zu Goethe und Alexander von Humboldt. In: Altenburger Geschichtsblätter 5. Altenburg 1986. – Ders.: Bernhard August von Lindenau. Weggefährte und »Widersacher« Goethes. In: GJb. (1979), 221–242. – Strumpf, Manfred: Goethe und die Gothaer Astronomen. In: 10 Jahre Goethe-Gesellschaft Gotha. Fs. Gotha 1996, 30–33. *ZA*

Link, Heinrich Friedrich (1767–1851)

G.s Verhältnis zu dem Professor der Chemie, Zoologie, Botanik und Naturgeschichte in Rostock, später in Breslau und Berlin, wo er auch den Botanischen Garten leitete, ist durch gegenseitige scharfe Kritik geprägt. In den Ergänzungsblättern der JALZ war 1813 (Nr. 3, Sp. 17–24, Nr. 4, Sp. 25–32, Nr. 5, Sp. 33–40, Nr. 6, Sp. 41–44) eine umfangreiche Rezension von G.s *Farbenlehre* erschienen, dessen größter, von C. J. H. →Windischmann verfasster Teil überaus wohlwollend urteilte, während die einleitenden Spalten (17–19) von Link ablehnend waren, da dieser auf die Seite →Newtons trat und G.s Beobachtungen durch ihn bereits erklärt sah (vgl. LA II, 5A, 84–87). Aus diesem Grund nahm G. die Rezension – in ihrer Gesamtheit zu Unrecht – in das Kapitel *Widersacher* seiner Nachträge zur Farbenlehre auf (ZNÜ I, 4, 1822; vgl. FA I, 25, 758).

Mit umgekehrtem Vorzeichen erwies sich G. später als scharfer Kritiker von Links botanischen Werken. In einem Paralipomenon zu *Wirkung dieser Schrift* (1831) heißt es zu Links *Prodromus philosophiae botanicae* (Berlin 1798): »Der Verfasser gedenkt meines Aufsatzes über die Metamorphose der Pflanzen mit keinem Worte, trägt aber den wesentlichen Inhalt derselben [...] vor [...]« (LA II, 10B.1, 78). Speziell Links 1824 in Berlin erschienenes Werk *Elementa philosophiae botanicae* erregte G.s Zorn. Am 26.6.1829 schrieb er darüber an E. H. F. →Meyer: »Gräßlicher aber ist mir nichts entgegen gekommen als Links *Philosophia botanica.* Die Organisation meines Gehirns wird von einer Art Wahnsinn bedroht, wenn ich mir jene lieben und beliebten Gegenstände mit ihren Eigenschaften und Wesenheiten in solchen Combinationen denken soll. Ich mußt es bey Zeiten weglegen«. Ähnlich das Tagebuch vom 11.3.1831: »Botanica. Link, *Philosophia plantarum* [*Elementa philosophiae botanicae*] abermals fleißig durchgesehen. Das unseligste und unmethodischste Werk von der Welt. Ich bejammere diejenigen, die danach in diese schönen Studien eingeführt werden«. *WZ*

Linné, Carl von (1707–1778)

G. hat in seinem 1817 erschienenen Aufsatz *Geschichte meines botanischen Studiums* das Verhältnis zu Linné und dessen Einfluss auf seine eigenen Arbeiten wie folgt charakterisiert: »[...] vorläufig aber will ich bekennen, daß nach *Shakespeare* und *Spinoza* auf mich die größte Wirkung von *Linné* ausgegangen und zwar gerade durch den Widerstreit zu welchem er mich aufforderte. Denn indem ich sein scharfes, geistreiches Absondern, seine treffenden, zweckmäßigen, oft aber willkürlichen Gesetze in mich aufzunehmen versuchte, ging in meinem Innern ein Zwiespalt vor: das was er mit Gewalt auseinander zu halten suchte, mußte, nach dem innersten Bedürfnis meines Wesens, zur Vereinigung anstreben« (FA I, 24, 408 f.).

Linné, 1707 im schwedischen Råshult geboren und seit 1741 Professor in Uppsala (1742 Leiter des Botanischen Gartens), gilt als bedeutendster Systematiker der Biologiegeschichte. Er fasste alle ihm bekannten Pflanzen nach Blütenmerkmalen – Anordnung, Zahl und Verwachsungsart der Staub- und Fruchtblätter – in einem künstlichen Ordnungssystem zusammen und prägte mit der Einführung der bis heute verwendeten binären Nomenklatur, die jedes Lebewesen mit Gattungs- und Artnamen beschreibt, die botanische Terminologie.

G. war zwar einerseits von Linnés Verfahren fasziniert, in die grenzenlose Artenvielfalt der Pflanzenwelt eine grundlegende Ordnung zu bringen und diese überhaupt erst überschaubar zu machen, gleichsam ein »Alphabet der Pflanzengestalten« (ebd. 378) aufzustellen. Andererseits war G.s Blick aber gerade auf das Werdende, Flexible und

Bewegliche in der Natur gerichtet, und so fiel es ihm von Anfang an schwer, Linnés striktes Unterscheidungsverfahren, das die Merkmale für alle Pflanzen gleichsam schubladenartig unverrückbar festlegte, zu akzeptieren. Linné vertrat lange Zeit die Position einer strengen Konstanz der Arten – erst im Alter schenkte er der Variabilität mehr Aufmerksamkeit –; G. jedoch erkannte schon zu Beginn seiner botanischen Studien, dass sich manche Pflanzenarten in ihrer konkreten Ausgestaltung als überaus flexibel erweisen und eine klare Einordnung bisweilen kaum möglich ist, eine Problematik, die er noch 1823 in dem Aufsatz *Problem und Erwiderung* mit dem Botaniker E. H. F. →Meyer diskutierte.

Bei den Leipziger Gesprächen am Mittagstisch von Hofrat C. G. →Ludwig – so wird in *Dichtung und Wahrheit* (II, 6) berichtet – wurden 1765/1766 im Kreise von Medizinern die Namen Linné, G.-L. L. de →Buffon und A. v. →Haller voller Hochachtung genannt, aber es blieb hier bei ersten Eindrücken.

Den Naturwissenschaften trat G. erst in Weimar näher. Die Botanik beschäftigte ihn bereits bei der Anlage seines Gartens am Stern 1776/1777, 1780 erwarb er sein wohl erstes Herbarium mit 800 Pflanzen. Eine erste intensive Auseinandersetzung mit den Werken des inzwischen – 1778 – verstorbenen Linné deutete sich erst 1784/1785 an. Am 8. und 9.11.1785 schrieb G. an Ch. v. →Stein aus Ilmenau: »Ich habe Linnées Botanische Philosophie [*Philosophia botanica*, 1751] bey mir, und hoffe sie in dieser Einsamkeit endlich einmal in der Folge zu lesen, ich habe immer nur so dran gekostet. […] Dieses ist aber vorzüglich nicht zum lesen sondern zum recapituliren gemacht und thut mir nun treffliche Dienste, da ich über die meisten Punckte selbst gedacht habe«. Am 13.8.1786 pries G. gegenüber seinem Diener Ph. Seidel aus Karlsbad – kurz vor dem Aufbruch nach Italien – Linnés »unsterbliche Verdienste«.

Rückschauend gab G. 1817 einen Überblick über die botanischen Aktivitäten dieser Jahre und die Beziehung zu Linné: »*Linnés Terminologie* [*Termini botanici explicati*, 1767], *die Fundamenta* worauf das Kunstgebäude sich erheben sollte, *Johann Geßners* Dissertationen zu Erklärung Linnéischer *Elemente* [*Caroli Linnaei Fundamenta botanica; Dissertationes in quibus Linnaei elementa botanica dilucide explicantur*, 1747], alles in Einem schmächtigen Hefte vereinigt, begleiteten mich auf Wegen und Stegen […]. Linnés *Philosophie der Botanik* [*Philosophia botanica*, 1751] war mein tägliches Studium« (FA I, 24, 408). Linnés *Genera plantarum* – in der 4. Aufl. Halle 1752 – war eines der wenigen Werke, die G. nach Italien mitnahm.

Am 3.10.1787 klagte er gegenüber →Knebel aus Frascati: »Leider daß ich so ganz von allen Büchern, die zu diesem [botanischen] Studio gehören, entfernt bin! Die Genera Plantarum und noch dazu eine alte Edition, sind der ganze Vorrath meines Robinson Crusoeischen Musei«.

Nach Weimar zurückgekehrt, bat G. am 28.9.1788 seinen Leipziger Verleger G. J. Göschen: »Senden Sie mir doch: Linné Genera Plantarum cur. Reichard. Francof. ad M. 1778. auch wünschte ich Linné Systema Naturae ed. XII. Holm. [Stockholm] 1766–68 zu besitzen«.

Mit A. J. G. K. →Batsch, seit 1788 Professor der Naturgeschichte in Jena, besprach G. nun intensiv Linnés künstliches System und die Möglichkeiten seiner Überwindung durch ein natürliches, auf den gesamten Habitus der Pflanze zielendes System. A. L. de →Jussieu sollte bald darauf ein bedeutendes Werk hierzu vorlegen (*Genera plantarum secundum ordines naturales disposita*, 1789), und auch Batsch machte, von G. wohlwollend begleitet, einen entsprechenden Vorschlag zu einem natürlichen System (*Synopsis universalis analytica generum plantarum*, 1793/1794).

Im Rahmen der botanischen Studien zwischen 1784 und 1790, in →Italien, im Vorfeld der Schrift *Versuch die Metamorphose der Pflanzen zu erklären* (1790) und in diesem Werk selbst, wird immer wieder deutlich, dass G. Linnés System für zu theoretisch und vor allem zu statisch hielt. Ihm wurde es der im ständigen Wechsel befindlichen Erscheinungsvielfalt in der Natur nicht gerecht. Während Linné sich eine →Metamorphose nur als Entwicklung der ganzen Pflanze vom Keimling bis zur Blüte und als zeitlichen Wechsel der nacheinander erscheinenden Blattorgane vorstellen konnte, sich also auf die fertige Ausgestaltung der einzelnen Blattformen konzentrierte (vgl. dazu vor allem *Metamorphoses plantarum*. In: *Amoenitates academicae*. Bd. 4. Stockholm 1759, 368–386), kam es G. gerade auf die Übergänge der Blattformen an, die er in Italien im Kontext seiner Hypothese vom →Blatt als Grundorgan der Pflanzenorganisation ausgiebig beobachtet hatte. Man darf daher G.s Metamorphosenlehre als durchaus eigenständiges Konzept ansehen.

Vor allem in den Paragraphen 107 bis 111 der Schrift über die *Metamorphose der Pflanzen* hat sich G. mit Linnés Theorie von der Antizipation auseinandergesetzt, die in der Abhandlung *Prolepsis plantarum* (1763) erstmals veröffentlicht worden war. Nach dieser Theorie bildet ein Baum Blüten, wenn die normalerweise in den nächsten sechs Jahren nacheinander austreibenden Schößlinge auf einmal hervorbrechen. G. sah hierin nichts als eine modifizierte Präformationstheorie der Entwicklung (→Präformation) und empfand Linné durchaus als Widersacher, der mit einer »dem Zeitgeist gemäßeren Vorstellungsart« (FA I, 24, 402) dem Metamorphosegedanken in seinem Sinne – als einem der Morphologie vorgelagerten eigenständigen Konzept – im Wege stand.

Als G. 1816 das erste Heft seiner Zeitschriftenreihe *Zur Morphologie* vorbereitete, in dem er einleitend einen Abriss über die *Geschichte meines botanischen Studiums* geben wollte, griff er erneut zu Linné und berichtete darüber am 14.10.1816 an →Zelter: »Ich habe diese Tage Linnés Schriften wieder vorgenommen in denen er die Botanik begründet und sehe jetzt recht gut, daß ich sie auch nur symbolisch benutzt habe, d. h. ich habe diese Methode und Behandlungsart auf andere Gegenstände zu übertragen gesucht und mir dadurch ein Organ erworben, womit sich viel thun läß«. Sein Urteil, dass er lediglich Linnés Methodik genutzt, dessen botanische Beobachtungen im engeren Sinne bei ihm aber wirkungslos geblieben seien, wiederholte G. am 7.11.1816 an den gleichen Adressaten: »Diese Tage hab ich wieder Linné gelesen und bin über diesen außerordentlichen Mann erschrocken. Ich habe unendlich viel von ihm gelernt, nur nicht Botanik«. Trotzdem fügte G. auch in diesem Brief die maßgebliche Einschätzung an, die er in *Geschichte meines botanischen Studiums* noch ausführen sollte: »Außer Shakespeare und Spinoza wüßt ich nicht, daß irgend ein Abgeschiedener eine solche Wirkung auf mich gethan«.

Gegenüber Herzog →Carl August grenzte G. am 23.5.1817 noch einmal das künstliche Linnéische System gegenüber dem neueren natürlichen von Jussieu ab. Er freute sich dabei, »daß wir vor so viel Jahren [1790] sehr wohl gethan [...] den botanischen Garten [in Jena] nach dem natürlichen System angelegt zu haben. Denn schon damals war uns klar [...], daß man gar wohl nach dem Familiensystem, nicht aber nach dem Linneischen *kultiviren* könne. Die Linneische Anordnung war zu ihrer Zeit geeignet ein unendliches Wissen zu versammeln, und brachte, durch scharfes Trennen, Sondern und Bestimmen, der Pflanzenkunde großen Vortheil. Das von *Jussieu* hingegen, nach vieljährigen Vorarbeiten sämmtlicher Botaniker, endlich aufgestellte System [*Genera plantarum*, 1789] verdient auch darum das natürliche genannt zu werden, weil es der zusammenstehenden Pflanzen eigenthümliche Cultur andeutet«.

Vom 9. bis 14.7.1817 beschäftigte sich G. noch einmal eingehend mit Linnés Metamorphosevorstellungen. In späteren Jahren erscheint der Name Linnés fast ausschließlich nur noch in Zeugnissen, die an G. gerichtet waren.

Literatur

Celakovsky, Ladislav: Linné's Anteil an der Lehre von der Metamorphose der Pflanze. In: Botanische Jahrbücher für Systematik, Pflanzengeschichte und Pflanzengeographie. 6 (1885), 146–186. – Chamberlain, Houston Stewart: Goethe, Linné und die exakte Wissenschaft der Natur. In: Wiesner-Fs. Wien 1908, 225–238. – Gauss, Julia: Der Weg von Linné zu Kant. In: Dies.: Goethe-Studien. Göttingen 1961, 40–66, 98–101. – Hansen, Adolph: Die angebliche Abhängigkeit der Goethischen Metamorphosenlehre von Linné. In: GJb. (1904), 128–141. – Larson, James L.: Goethe and Linnaeus. In: JHI. 28 (1967), 590–596. – Pörksen, Uwe: Zur Wissenschaftssprache und Sprachauffassung bei Linné und Goethe. In: Freiburger Universitätsblätter. 14 (1975), H. 49, 43–63. *WZ*

Lobstein, Johann Friedrich (1736–1784)

Der bekannte Straßburger Anatom und Chirurg unterrichtete G. 1770/1771 »beim Eintritt des zweiten Semsters« in Straßburg (*Dichtung und Wahrheit* II, 9; FA I, 14, 395); als Anatomisches Theater diente die umgebaute Kapelle des Alten Bürgerspitals. Bei Lobsteins erfolgloser Tränenfistel-Operation J. G. →Herders war G. anwesend: »Hier kamen mir jene Übungen gut zu Statten, durch die ich meine Empfindlichkeit abzustumpfen versucht hatte; ich konnte der Operation beiwohnen und einem so werten Manne auf mancherlei Weise dienstlich und behülflich sein« (ebd. 440).

An Lobsteins Sohn Johann Friedrich d. J. (1777–1835) ist ein Brief G.s vom 29.6.1817 überliefert, in dem er an die »vielfache Belehrung die ich Ihrem Herrn Vater schuldig geworden« erinnert.

WZ

Loder, Justus Christian von (1753–1832)

Der durch persönliche Empfehlung von Herzog Carl August 1778 auf den Lehrstuhl für Anatomie, Chirurgie und Hebammenkunst der Universität Jena Berufene wurde zunächst G.s Lehrer in der Anatomie, später sein Berater vor allem in osteologischen Fragen. G. erwähnte am 6.7.1780 (Tgb) erstmals ein Treffen in Jena. Bei anatomischen Demonstrationen Loders in Weimar waren neben G. Herzog Carl August, seine Frau Luise, Herder und J. F. Hufeland anwesend.

Vom 28.10. bis 4.11.1781 ließ sich G. täglich von Loder in Jena unterrichten: »Loder erklärt mir alle Beine und Musklen und ich werde in wenig Tagen vieles fassen« (an Ch. v. Stein, 29.10.1781) – »Loder ist das geschäfftigste und gefälligste Wesen von der Welt. [...] Mir hat er in diesen 8 Tagen [...] Osteologie und Müologie durch demonstrirt. Zwey Unglückliche waren uns eben zum Glück gestorben die wir denn auch ziemlich abgeschält und ihnen vom sündigen Fleische geholfen haben« (an Carl August, 4.11.1781).

Von Loder geschult, hielt G. von November 1781 bis Januar 1782 Vorlesungen an der Weimarer Zeichenakademie. Als Herder im Winter 1783/1784 an den ersten Büchern seiner *Ideen zur Philosophie der Geschichte der Menschheit* schrieb, nahm G. daran regen Anteil. Er studierte nicht nur intensiv die anatomische Fachliteratur, sondern stellte auch praktische Untersuchungen unter Mitwirkung von Loder an, in deren Rahmen ihm im März 1784 die (Wieder-)Entdeckung des menschlichen →Zwischenkieferknochens (Os intermaxillare) gelang. »Ich verglich mit Lodern Menschen- und Thierschädel, kam auf die Spur und siehe da ist es« (an Herder, 27.3.1784).

Im April und Mai 1784 arbeitete G. in enger Zusammenarbeit mit Loder ein Manuskript aus, das am 19.12.1784 unter dem Titel *Versuch aus der vergleichenden Knochenlehre daß der Zwischenknochen der obern Kinnlade dem Menschen mit den übrigen Thieren gemein sey* über →Merck an →Soemmerring und →Camper gesandt wurde. Mehrfach fügte Loder in den Entwürfen Anmerkungen hinzu, führte die Aufsicht über die beigegebene lateinische Übersetzung (vgl. FA I, 24, 18) und sorgte auch dafür, dass die ursprünglich als Brief an seinen Intimfeind Soemmerring konzipierte Abhandlung eine neutrale Form erhielt (vgl. zur Feindschaft G. an Soemmerring, 17.2.1794).

Während G.s Adressaten, beide führende Anatomen, die Zwischenkieferentdeckung bestritten, pflichtete Loder G. bei und machte dessen Entdeckung in seinem *Anatomischen Handbuch* (1788, 89) als erster bekannt, indem er auf die nicht publizierte Abhandlung G.s hinwies. Unklar ist, warum Loder dies erst 1788 tat, da er bereits 1786 die Gelegenheit eines Hinweises in zwei Rezensionen für die ALZ hatte.

Im November 1788 und im Winter 1790/1791 nahm G. wiederum in Jena an Kursen Loders zur Muskellehre teil. Im Dezember 1794 und Januar 1795 ließ er sich, teilweise zusammen mit W. und A. v. →Humboldt, von Loder intensiv in der Bänderlehre unterweisen. Die gemeinsamen Gespräche, in die auch →Schiller und J. H. →Meyer einbezogen wurden, veranlassten G. Anfang 1795 zur Niederschrift seines *Ersten Entwurfs einer allgemeinen Einleitung in die vergleichende Anatomie, ausgehend von der Osteologie.*

Als 1797 G.s immer noch ungedruckte Abhandlung zum Zwischenkiefer in einem geplanten, aber schließlich nicht ausgeführten Werk Loders erscheinen sollte, berichtete G. am 3.6.1797 an Böttiger darüber: »Er [Loder] wird anatomische Observationen, mit Kupfern, in klein Folio, bey Dietrich herausgeben, und es ist schon eine alte Abrede, daß ich meine Arbeiten über comparirte Anatomie anschließen will«.

Am 30.3.1798 erhielt Loder von G. eine Sammlung von pathologischen Elfenbeinpräparaten, die dieser von Knebel bekommen hatte (vgl. TuJ 1798).

1803 folgte Loder einem Ruf nach Halle. Der Wechsel war für die Universität Jena wie für G. ein großer Verlust, zumal Loder seine bedeutende anatomische Sammlung mitnahm. Auch die Verlagerung der ALZ von Jena nach Halle 1804 war maßgeblich auf Loders Wechsel zurückzuführen; mit der Neugründung der JALZ kamen erhebliche Aufgaben auf G. zu. Der Kontakt beschränkte sich nun auf einzelne Begegnungen in Halle 1804 und 1805 – auch ein gemeinsamer Besuch der Vorlesungen →Galls fand statt – und brach danach für etliche Jahre ab, weil Loder bereits 1806 nach Moskau ging, von wo er nicht mehr nach Deutschland zurückkehrte. In der G.-Literatur genannte Zusammenkünfte zwischen 1808 und 1811 dürften sich auf Loders Sohn Eduard beziehen. Im August 1824 nahm Loder die Korrespondenz mit G. wieder auf und sandte sein im Vorjahr erschienenes, G. gewidmetes Werk *Elementa anatomiae humani corporis.* Es entwickelte sich noch einmal, insbesondere zwischen 1827 und 1831, ein regelmäßiger Briefwechsel, der von zahlreichen wechselseitigen Geschenksendungen – Mineralien, Medaillen, der vierzigbändigen *Ausgabe letzter Hand* u. a. – begleitet wurde.

G. hat besonders die gemeinsame Zeit in Jena im Rückblick stets als fruchtbar beurteilt. Wohl noch mehr als den Anatomen schätzte er den Didaktiker Loder und seine »unermüdliche Belehrungsgabe«, durch die sich G. ab 1781 »gar bald einiger Einsicht in tierische und menschliche Bildung erfreuen« konnte (FA I, 24, 403; vgl. auch ebd. 486). Und auch menschlich stand man sich, trotz der durch Loders Abschied von Jena entstandenen Turbulenzen, recht nahe.

Literatur

Bargmann, Wolfgang: Der Anatom Justus Christian von Loder. In: Anatomischer Anzeiger. 79 (1934/35), 350–366. – Dotzauer, Verena und Impris, Alexander: Zur Biographie Justus Christian von Loders (1753–1832). Diss. Berlin 1987. – Hagen, Benno von: Loder als Chirurg. In: Wiss. Zs. der Karl-Marx-Universität Leipzig. Math.-natwiss. Reihe. 5 (1955/56), H. 1/2, 73–79. – Sensing, Helga: Justus Christian Loders Verdienste um die Geburtshilfe in Jena. Diss. Jena 1957. – Vogel, Werner: Goethe und Loder. In: Goethe-Kalender auf das Jahr 1936. Leipzig 1936, 211–219. – Wenzel, Manfred: Die Emanzipation des Schülers: Goethe und sein Anatomie-Lehrer Justus Christian Loder. In: Mann, Gunter und Dumont, Franz (Hg.): Gehirn – Nerven – Seele. Anatomie und Physiologie im Umfeld S. Th. Soemmerrings. Stuttgart, New York 1988 (Soemmerring-Forschungen 3), 239–257. *ZA*

Löwe

Der Löwe (Panthera leo), eine zu den höheren Säugetieren (Mammalia) zählende nachtaktive Großkatze, zur Ordnung der Raubtiere (Carnivora) und der Familie der Katzen (Felidae) gehörend, tritt in G.s *Reineke Fuchs* als König Nobel auf, vor allem aber wird er in G.s naturwissenschaftlichen Betrachtungen zum ausgewählten Gegenstand vergleichend-osteologischer Untersuchungen.

Schon der frühe Beitrag zu →Lavaters *Physiognomischen Fragmenten* (1776) über Tierschädel berücksichtigt den Löwen (»dieser herrliche Schädel«, »Die Wölbung, wie edel«; FA I, 24, 14); intensiver ist er Gegenstand der Untersuchung im Zusammenhang mit G.s Zwischenkieferstudien (1784/1785). Den Anatomen Samuel Thomas →Soemmerring ersuchte G. am 5.8.1784 um ein Verzeichnis von Tierschädeln; am 16.9.1784 bat er ihn um eine Schädelsendung, darunter auch um ein Exemplar vom Löwen (vgl. G–Soemmerring 44). Die der Prachthandschrift *Versuch aus der vergleichenden Knochenlehre daß der Zwischenknochen der obern Kinnlade dem Menschen mit den übrigen Thieren gemein sey* (1784) beigegebene Tafel VI, zu dieser Zeit nicht publiziert, zeigt in zwei Figuren das Os intermaxillare (→Zwischenkieferknochen) des Löwen von oben und unten. Bemerkenswert sei »die Sutur [Naht], welche die Apophysin palatinam maxillae superioris von dem Ossi intermaxillari trennt« (FA I, 24, 20). Mit dem Menschen verglichen zeige sich »dieselbe Sutur beim Löwen [...] auf das deutlichste« (ebd. 22). In der *Beschreibung des Zwischenknochens mehrerer Tiere* (1785) hat G. den Löwen ausführlich berücksichtigt (vgl. ebd. 37f.), ihn weiterhin 1790 im *Versuch über die Gestalt der Tiere* (ebd. 173), 1820 in den Nachträgen zum Zwischenkieferaufsatz (für Morph I, 2; ebd. 488) und in dem im März 1832 erschienenen zweiten Abschnitt der Rezension zu →Geoffroy Saint-Hilaires *Principes de Philosophie zoologique* (ebd. 831) erwähnt.

Im späten, leicht veränderten Abdruck des Zwischenkieferaufsatzes in den *Nova Acta Leopoldina* (1831), dem erstmals in einem Druck Tafeln beigegeben waren, erschien der Zwischenkiefer des Löwen zusammen mit denen des Eisbären und des Wolfes auf Tafel III; die Vorlage war bereits am 20.10.1798 von Johann Heinrich Lips aus Zürich übersandt worden, fand nun aber erst Verwendung.

In der Abhandlung *In wiefern die Idee: Schönheit sei Vollkommenheit mit Freiheit, auf organische Naturen angewendet werden könne*, die 1794 im Diskurs mit →Schiller über Natur und Kunst eine Rolle spielte, stellte G. über den Löwen fest: »Ist bei einem Körper [...] der Gedanke von Kraftäußerung zu nahe mit dem Dasein verknüpft; so scheint der Genius des Schönen uns sogleich zu entfliehen, daher bildeten die Alten selbst ihre Löwen in dem höchsten Grade von Ruhe und Gleichgültigkeit, um unser Gefühl, mit dem wir Schönheit umfassen, auch hier anzulocken« (FA I, 24, 221).

Der Aufsatz über den osteologischen →Typus (1795) erwähnt den Löwen als Beispiel, dass »Hitze und Trockenheit die vollkommensten und ausgebildetsten Geschöpfe« hervorbringen (ebd. 236), die Nachträge zum Aufsatz über den Zwischenkiefer (1820) bringen einen tabellarischen Vergleich der Wirbelknochen von Löwe, →Biber und Dromedar (vgl. ebd. 498–503).

In *Vergleichende Knochenlehre* sind »Ulna und Radius« (Elle und Speiche) mit dafür verantwortlich, dass »Löwe und Tiger [...] eine sehr schöne schlanke Bildung« haben (ebd. 626f.), ebenso sei die »Fibula« (das Wadenbein) »höchst zierlich beim Löwen« (ebd. 628). *EN*

Ludwig, Christian Gottlieb (1709–1773)

Bei dem Leipziger Hofrat und Professor der Medizin, der als Afrikaforscher auch mit C. v. →Linné korrespondierte, nahm G. – wie später auch in Straßburg – in Gesellschaft zahlreicher Medizinstudenten seinen Mittagstisch von Oktober 1765 bis Ostern 1766 (während der Leipziger Studienzeit 1765–1768). Ludwig »war Medicus, Botaniker, und die Gesellschaft bestand [...] in lauter angehenden oder der Vollendung näheren Ärzten. Ich hörte nun in diesen Stunden gar kein ander Gespräch als von Medizin oder Naturhistorie, und meine Einbildungskraft wurde in ein ganz ander Feld hinüber gezogen. Die Namen *Haller*, *Linné*, *Büffon* hörte ich mit großer Verehrung nennen [...]« (*Dichtung und Wahrheit* II, 6; FA I, 14, 282). An die Schwester Cornelia berichtete G. am 6.12.1765: »Dr. Ludwig unser Wirth. Ein Mann, dem 50 Jahre, vieles ausgestandene Elend, und die große Menge seiner Geschäfte, nichts von der Munterkeit die er im 20[.] Jahre gehabt wegnehmen können [...] ein auserordentlicher Leutseeliger und wohltätiger Mann« [folgt Beschreibung von Tischgenossen]. Über das gute Essen bei Ludwig vgl. an J. J. Riese, 20./21.10.1765. *WZ*

Luft/Luftdruck

Die durch chemische Experimente erzielten Ergebnisse über die Zusammensetzung der im natürlichen Zustand geruchs- und geschmacklosen Luft – definiert als das Gasgemisch der Erdatmosphäre, das hauptsächlich aus den zwei Gasen Stickstoff und Sauerstoff besteht – gehen auf die im letzten Drittel des 18. Jh.s durchgeführten Forschungen

Carl Wilhelm Scheeles (1742–1786), Joseph Priestleys (1733–1804), Jan Ingenhousz' (1730–1799) und Antoine Laurent Lavoisiers (1743–1794) zurück. Unabhängig voneinander entdeckten Priestley und Scheele den Sauerstoff, Lavoisier deutete Oxidationen als Verbrennungsvorgänge, und Ingenhousz beschrieb die Photosynthese- und Atmungsvorgänge bei Pflanzen. Der in der Luft enthaltene Sauerstoff wird umgangssprachlich ebenfalls als »Luft« bezeichnet und ist für alle aeroben Landlebewesen lebensnotwendig, wohingegen Pflanzen das in der Luft enthaltene Kohlendioxid zur Photosynthese benötigen.

Bereits im *Versuch die Metamorphose der Pflanzen zu erklären* (1790) hatte G. die Ausbildung der Frucht von »reineren Luftarten« (FA I, 24, 136) – im Sprachgebrauch der Zeit: Sauerstoff – abhängig gemacht. In Notizen aus dieser Zeit verwies G. darauf, dass die »Schoten des Blasenbaum« (Colutea arborescens) »reine Luft« enthalten (LA II, 9A, 126).

Noch 1830 ließ er auf der Suche nach verschiedenen Gasarten in Pflanzen den Jenaer Chemiker →Wackenroder den Blasenstrauch untersuchen, wozu dieser am 1.8.1830, 28.8. und 23.12.1831 umfangreiche chemische Analysen vorlegte (vgl. LA II, 10B.1, 562f., 567f., 719f. u. 737f.).

Der Luftdruck bezeichnet die Gewichtskraft der von der Erdanziehung beschleunigten Luftsäule. Er ist abhängig vom jeweiligen Messpunkt, von der Temperatur und sonstigen Wetterbedingungen. Die physikalische Beschäftigung mit dem Luftdruck begann im 16. Jh., als Bergbauingenieure feststellten, dass sich Wasser mit einer Saugpumpe nicht unbegrenzt heben ließ. Galileo →Galilei (1564–1647) konnte experimentell nachweisen, dass auch andere Flüssigkeiten nur bis zu einer bestimmten Höhe angesaugt werden konnten, wobei der Grenzwert abhängig war von der Dichte der Flüssigkeit. Evangelista Torricelli (1608–1647) und Vincenzo Viviani (1622–1703) schließlich erklärten nach Versuchen mit Quecksilber den begrenzten Anstieg einer Flüssigkeitssäule durch den Druck der Atmosphäre auf die freie Oberfläche der zu überprüfenden Flüssigkeit. Perfektioniert wurden die Experimente zu Luftdruck und Vakuum durch Otto von Guericke (1602–1686) und Robert →Boyle (1626–1691), der gemeinsam mit Robert →Hooke (1635–1703) Vakuumpumpen konstruierte und, wie auch Guericke, Experimente mit der Antlia pneumatica (Luftpumpe) beschrieb.

G. hielt vor diesem wissenschaftshistorischen Hintergrund Vorträge über die Physik der Luft im Rahmen der Zusammenkünfte der →»Mittwochsgesellschaft« am 27.11. sowie am 4. und 12.12.1805 (vgl. FA I, 24, 162–167), wobei die Demonstration der Versuche im Vordergrund stand. Vortragsnotizen dazu liegen von Charlotte von Schiller und Sophie von Schardt vor (vgl. EGW 4, 397), ebenso ein Brief Henriette von Knebels an ihren Bruder Carl Ludwig →Knebel: »Goethe hat [...] gar schön über die Elastizität der Luft gesprochen [...]« (ebd. 398).

Literatur

Wenzel, Manfred: Luft. Komm. in: FA I, 25, 976–982. *EN*

Luisenburg s. Fichtelgebirge

Lukrez, Titus Lucretius Carus (um 98–55 v. Chr.)

Das aus sechs Büchern bestehende Hexameter-Lehrgedicht *De rerum natura* des römischen Dichters, das eine Erklärung der Welt auf der Grundlage von Atomen geben wollte, begleitete G.s Naturforschung in vielfältiger Weise. In einem Brief an F. L. v. Stolberg vom 2.2.1789 betonte G., dass er »an der Lehre des Lucrez mehr oder weniger hänge«. Zu dieser Zeit hatte G. bereits anatomische Entdeckungen und botanische Beobachtungen gemacht (→Zwischenkieferknochen, →Urpflanze) und stand dabei unter dem Einfluss von J. G. →Herder, der Harmonie und Einheitlichkeit in der Natur propagierte, und vor allem von →Spinoza, der wie Lukrez einen transzendentellen Gott ablehnte.

G. besaß die lateinischen Lukrez-Ausgaben Amsterdam 1626 und Zweibrücken 1782 (vgl. Ruppert 1403f.). In den 1780er Jahren begann →Knebel mit einer Übersetzung von *De rerum natura*, die im Briefwechsel und in G.s Tagebuch wiederholt erwähnt wird (vgl. z.B. Tgb, 18.1. u. 7.11.1799; 26. u. 27.1., 12.2.1800; 29.0.1810; 27.7.1817; 12. u. 17.7.1819; 12.–14. u. 20.–22.2., 7., 17., 18. u. 28.3., 7. u. 28.4., 2., 19. u. 23.11.1821; 12.1.1822). Knebels Übersetzung erschien, zusammen mit dem lateinischen Text, 1821 bei Göschen in Leipzig, eine zweite Auflage ebd. 1831 (vgl. Ruppert 1405f.).

G.s rege Anteilnahme an Knebels Arbeit lag einerseits in der Tatsache begründet, dass er selbst zeitweise ein großes →Naturgedicht plante, von dem mit der Elegie *Die Metamorphose der Pflanzen* (1798) und möglicherweise auch mit einem Entwurf zu *Metamorphose der Tiere* (vgl. FA I, 2, 1089) bereits Teile vorlagen. So schrieb G. am 22.1.1799 an Knebel, nachdem er das erste Buch des Lukrez in der Übersetzung erhalten hatte: »seit dem vorigen Sommer habe ich oft über die Möglichkeit eines Naturgedichtes in unsern Tagen gedacht«, und K. A. Böttiger berichtete dem Historiker J. v. Müller am gleichen Tage: »Von Goethe haben wir vielleicht bald ein Gedicht über die Natur der Dinge im Geiste Lukrez zu erwarten« (LA II, 9B, 159). Der Plan wurde etwa im Oktober 1800 aufgegeben, das Gedicht →Schelling übertragen, der es nicht ausführte. Ebenso nur eine Absichtserklärung blieb G.s Ankündigung eines ausführlichen Aufsatzes über Lukrez (vgl. WA I, 41.1, 364f.)

Zum anderen zog G. Knebels Lukrez-Übersetzung auch für eigene Werke, vor allem die *Farbenlehre*, heran. An den Anfang der zweiten Abteilung *Römer* des historischen Teils stellte G. einen längeren Abschnitt aus Lukrez' *De rerum natura* (Buch 2, V. 709–815; vgl. FA I, 23.1, 565–569). Knebel hatte G. seine Übersetzung mit Brief vom 2.12.1805 zugesandt, der sie unter Mitarbeit →Riemers durchsah und an einigen Stellen änderte (vgl. auch Knebel Tgb, 2. u. 3.12.1805; Knebel an G., 6.12.1805; G. an Knebel, 7. u. 25.12.1805; Knebel an G., 30.12.1805; Knebel Tgb, 7. u. 9.5.1806; EGW 4, 396–399, 420f.). Am 7.10.1807 bat G. erneut um eine Abschrift, da Teile des Manuskriptes verlorengegangen waren. (Knebels Antwort am 9.10.1807; EGW 4, 479.)

Auch im Kapitel *Intentionelle Farben* zitierte G. aus Lukrez' Naturgedicht (Buch 4, V. 74–85; vgl. FA I, 23.1, 708). Während er die Originaltexte nicht kommentierte, heißt es an anderer Stelle: »Betrachten wir nun [...] *Lukrez*, so gedenken wir einer allgemeinen Bemerkung, daß die originellen Lehrer immer noch das Unauflösbare der Aufgabe empfinden, und sich ihr auf eine naive gelenke Weise zu nähern suchen« (ebd. 598).

Zum weiteren literarischen Kontext vgl. den Artikel in GHB. 4.2, 673f. Die dort erwogene Abhängigkeit des Gedichts *Howard's Ehrengedächtniß* von Lukrez erscheint allerdings spekulativ.

Literatur
Bapp, Karl: Goethe und Lukrez. In: GJb. (1926), 47–67. – Nisbet, Hugh Barr: Lucretius in Eighteenth-Century Germany. In: MLR. 81 (1986), 97–115. – Ders.: Karl Ludwig von Knebel's Hexameter Translation of Lucretius. In: GLL. 41 (1988), 413–425. *WZ*

Magnetismus/Elektromagnetismus

In *Dichtung und Wahrheit* (I, 4) berichtete G. über die Eindrücke, die die »geheime Anziehungskraft« eines »bewaffneten Magnetsteins« (FA I, 14, 131) auf ihn im kindlichen Alter gemacht haben. Systematische magnetische Versuche, vor allem mit →Schiller, sind erst für die Monate Mai bis Juli 1798 belegt. Daraus erwuchs das Schema *Physische Wirkungen*, ursprünglich auf mehrere Papierstreifen notiert, die bis zum 30.7.1798 zu einer Tabelle ergänzt (vgl. FA, 25, 128–133) und am Folgetag mit einem erläuternden Aufsatz versehen wurden (ebd. 134–137). G. ging es hierbei um einen Analogisierung von Naturerscheinungen, wobei den magnetischen Wirkungen elektrische, galvanische, chromatische u.a. an die Seite gestellt wurden (s.o. S. 231).

Im September und Oktober 1799 wurden erneut magnetische Experimente durchgeführt. In diesem Zusammenhang begann G. am 17.9.1799 eine Korrespondenz mit dem Plauener Advokat J. G. Steinhäuser, der sich besonders mit dem Thema befasste: »Da mich die magnetischen Erscheinungen seit einiger Zeit besonders interessiren, so wünsche ich mit einem Manne in Verhältniß zu kommen, der in diesem Fache vorzügliche Kenntnisse besitzt. [...] Wo könnte man ein magnetisches Magazin wie Sie besitzen [...] verfertigen lassen, und wie theuer würde es zu stehen kommen? Wie ist die Art und Einrichtung desselben? Was für eine Kraft übt es auf magnetisches und unmagnetisches Eisen aus? Was ist bey dessen Verwahrung etwa zu beobachten, daß es an Kraft nicht verliere und was könnte sonst überhaupt dabey zu bemerken seyn? Würden Sie die Gefälligkeit haben wenn man Ihnen stählerne Nadeln von verschiedenen Formen zuschickte, die man zu gewissem Behufe zu gebrauchen denkt, solchen die magnetische Kraft mitzutheilen? Worin besteht überhaupt gegenwärtig ein vollkommner magnetischer Apparat, bey dem nichts überflüssiges, und nichts was einer Spielerey ähnlich sieht befindlich ist? Ich besitze manches, doch wünschte ich den Apparat zu completiren. Haben Sie etwa Arbeiter in der Nähe, bey denen man etwas dergleichen bestellen könnte? Ich bitte um gefällige Antwort und um die Erlaubniß alsdann über die Sache selbst einen Briefwechsel fortzusetzen«. Insgesamt wurden bis zum 11.8.1800 dreizehn Briefe über spezielle Fragen des Magnetismus gewechselt (vgl. Eckle). Unter dem Titel *Magnet 1799* hat G. eine Liste zum Thema mit 41 durchgezählten Bemerkungen und Beobachtungen niedergeschrieben (vgl. FA I, 25, 139ff.). Durch →Schelling angeregt, machte G. im Januar 1800 magnetische Versuche.

Am 2., 9. und 16.10.1805 hielt G. Vorträge über Magnetismus vor einem Kreis Weimarer Damen (vgl. FA I, 25, 145–150; →»Mittwochsgesellschaft«). Dazu sind ausführliche Mitschriften von Charlotte v. Schiller und Sophie von Schardt überliefert (vgl. EGW 4, 391ff.). Für den 6.4.1808 ist erneut ein Vortrag G.s zum Thema ›Magnet‹ in diesem Kreise belegt (vgl. FA I, 25, 176–179).

Hauptziel von G.s Beschäftigungen mit dem Magnetismus ist ein Anschluss dieser physikalischen Phänomene an seine *Farbenlehre*, der in deren §§ 737 bis 746 unter dem Titel *Verhältnis zur allgemeinen Physik* erörtert wird. Jede Naturerscheinung »müsse entweder eine ursprüngliche Entzweiung, die einer Vereinigung fähig ist, oder eine ursprüngliche Einheit, die zur Entzweiung gelangen könne, andeuten […]«. Das magnetische Eisen zeigt diese Eigenschaften und erscheint als »ein Urphänomen, das unmittelbar an der Idee steht und nichts Irdisches über sich erkennt« (FA I, 23.1, 239f.). Auch in einem Aphorismus hat G. formuliert: »Der Magnet ist ein Urphänomen, das man nur aussprechen darf, um es erklärt zu haben; dadurch wird es denn auch ein Symbol für alles Übrige, wofür wir keine Worte noch Namen zu suchen brauchen« (MuR 434). Die »Farbe, obgleich unter eben den Gesetzen [wie der Magnetismus und die Elektrizität] stehend«, erhebt »sich doch viel höher […]. Welch ein ungleich mannigfaltigeres Schema entspringt hier nicht, als dasjenige ist, worin sich Magnetismus und Elektrizität begreifen lassen. Auch stehen diese letzten Erscheinungen auf einer niedern Stufe, so daß sie zwar die allgemeine Welt durchdringen und beleben, sich aber zum Menschen im höheren Sinne nicht heraufbegeben können […]« (FA I, 23.1, 242).

Was G. hier allgemein naturphilosophisch formuliert hatte, die Verwandtschaft der Naturphänomene untereinander, wünschte er freilich in den Einzelheiten belegt zu sehen. So gestand er gegenüber →Knebel am 20.1.1813: »Ich leugne nicht, daß die Verbindung des Erd- und Eisenmagnetismus mit den übrigen Polaritäten der physisch-chemischen Natur, welche bisher noch nicht hat glücken wollen, ein wissenschaftliches Ereigniß wäre, welches ich zu erleben wünsche, da ich an der Möglichkeit gar nicht zweifle«. Kurz zuvor war er durch eine Mitteilung T. J. →Seebecks vom 11.12.1812 geradezu alarmiert worden, die auf »eine Anzeige von Versuchen, mittelst des violetten prismatischen Lichtes Magnetismus in Eisendrähten zu erregen« (LA II, 5B.1, 531), durch D. P. Morichini in Rom hingewiesen hatte. Die Sache stellte sich als Falschmeldung heraus.

Erst in den *Tag- und Jahresheften* von 1820 konnte G. begeistert festhalten: »Der sich immer mehr an den Tag gebende, und doch immer geheimnißvollere Bezug aller physikalischen Phänomene auf einander ward mit Bescheidenheit betrachtet […] als auf einmal in der Entdeckung des Bezugs des Galvanismus auf die Magnetnadel, durch Prof. *Oersted*, sich uns ein beinahe blendendes Licht aufthat«. H. C. →Oersted, der Entdecker des Elektromagnetismus, besuchte G. am 16.12.1822 in Weimar, wenige Tage danach wurden dort am Hof die historischen Versuche durch den Jenaer Chemiker J. W. →Döbereiner nachvollzogen (vgl. TuJ 1822).

Oersted berichtete seiner Frau über den Besuch bei G., wobei dieser »viel über meine elektromagnetische Erfindung sprach. Es wurde ein Brief hervorgeholt, [mit einem] Vorschlag zu einer elektromagnetischen Untersuchung […]. Ich erörterte die Schwierigkeiten dabei und beschrieb, wie der Versuch angestellt werden mußte. Goethe verstand es vollkommen, und es wurde beschlossen, daß Döbereiner ihn zusammen mit Goethe in den Weihnachtstagen anstellen sollte« (GG 3.1, 430). →Physik (dort weitere Lit.).

Literatur

Eckle, Jutta: »Ganz neue Ansichten dieses philosophischen Steines« – Goethes Briefwechsel mit Johann Gottfried Steinhäuser über Magnetismus. In: GJb. (2006), 218–246. *WZ*

Magnetismus, tierischer/Mesmerismus s. Mesmer, Franz Anton

Mahr, Johann Heinrich Christian (1787–1869)

Der wissenschaftlich interessierte weimarische Beamte wurde 1821 Rentamtmann in →Ilmenau und Leiter des Steinkohlenbergwerks in Kammerberg. Die dort und im benachbarten gothaischen Manebach gefundenen pflanzlichen →Fossilien waren schon zu Beginn des 18. Jh.s bekannt geworden. Im frühen 19. Jh. hat E. F. v. →Schlotheim die Funde wissenschaftlich ausgewertet. Mahr belieferte G. erstmals am 15.6.1821 mit Fossilien und wurde dafür vom dankbaren Empfänger zum Mitglied der Mineralogischen Gesellschaft in →Jena ernannt, für die Mahr auch sammeln sollte. Zudem wirkte er als Beobachter an der meteorologischen Station (→Meteorologische Anstalten) in Ilmenau. G. seinerseits half, die 1822 drohende Verpachtung des Bergwerks in Kammerberg zu verhindern. Nach einer fünfjährigen Unterbrechung der Korrespondenz sandte Mahr ab 1828 erneut Versteinerungen und Abdrücke fossiler Pflanzen an G., darunter am 31.3.1829 einen großen fossilen Palmstamm, über den G. mit dem Paläobotaniker Graf K. M. v. →Sternberg korrespondierte. Die Sendungen Mahrs dienten G. zur Bereicherung seiner paläontologischen Sammlung und als Tauschmaterial im Verkehr mit Sternberg. 1830 erhielt G. einen von Mahr bei Stützerbach entdeckten lavaartigen Quarzporphyr zugesandt, weshalb er Schmelz- und Schürfversuche anstellen ließ (vgl. Prescher 536f.); G. erklärte das Gestein schließlich für möglicherweise vulkanischen Ursprungs! Bei G.s letztem Aufenthalt in →Ilmenau im August 1831 sahen die beiden Männer sich täglich und bestiegen zusammen den Kickelhahn.

Intensiv beschäftigt hat sich G. noch im Winter 1831/32 mit einem von Mahr gefundenen Pflanzenfossil. Am 15.3.1832 bezeichnete G. in seinem letzten Brief an Mahr dieses Fossil – es handelte sich um den Abdruck eines Schachtelhalm-Gewächses (Calamites) – als »höchst wichtigen Übergang vom Farnkraut zum Cactus« (→Stufenleitermodell). 1831 zum Ehrenmitglied der Mineralogischen Gesellschaft in Jena ernannt, dürfte Mahr auch nach G.s Tod weiter gesammelt haben. Sein Sohn, Hermann Mahr, wurde sein Nachfolger. Wertvolle Funde aus dem Rotliegenden →Thüringens sind als »Sammlung Mahr« im Berliner Museum für Naturkunde aufbewahrt.

Literatur

Barthel, Manfred: Johann Christian Mahr (1787–1869), Goethes Fossiliensammler im Steinkohlenvorkommen Manebach – Kammerberg. In: Prescher, Hans (Hg.): Leben und Wirken deutscher Geologen im 18. und 19. Jahrhundert. Leipzig 1985, 162–182. – Voigt, Julius: Goethe und Ilmenau. Leipzig 1912 (Nachdruck Leipzig 1990). *WY*

Makrokosmos/Mikrokosmos

Die von →Paracelsus, J. →Kepler, J. Böhme, B. Valentinus, G. v. Welling u.a. vertretene pansophische Lehre verstand unter dem Begriff des Makrokosmos das gesamte Universum, das die Gestirne, den Himmel und die Erde sowie die Natur im weitesten Sinne umfasste. Demgegenüber stand der Begriff des Mikrokosmos, als kleine Welt des Menschen, als mit dem Makrokosmos in magischer Verbindung stehender Teil des Alls. Die Figur der Makarie in G.s *Wilhelm Meister* ist die einzige, die an beiden Kosmen teil hat. Im 1. Akt von *Faust I* erkennt Faust aus dem »Buch, Von Nostradamus eigner Hand« (V. 419f.) den Makrokosmos als vom Menschen erdachte Weltharmonie und das sinnvolle Wirken der einander bedingenden Naturkräfte. Der von ihm angerufene Erdgeist vertritt die in ihrer Wirkung auf die Erde beschränkten Naturgewalten.

G.s Rezeption des Makrokosmos-Mikrokosmos-Gedankens und dessen Darstellung in seinem Werk, insbesondere im *Faust* und in der zweiten Fassung von *Wilhelm Meisters Wanderjahre*, sind Gegenstände des Artikels in GHB. 4.2, 682ff.

Im Rahmen von G.s Naturforschung, in der die Magie gerade ausgeblendet wird, verschieben sich die Begriffsinhalte von Makrokosmos und Mikrokosmos erheblich. Hier erscheint das Interesse für das Universum, für Planeten und Himmelserscheinungen zwar nicht gänzlich fehlend, aber doch deutlich eingeschränkt durch G.s Bekenntnis gegenüber Eckermann vom 1.2.1827, dass er sich »nie mit Astronomie beschäftiget habe, weil hiebei die Sinne nicht mehr ausreichen, sondern weil man hier schon zu Instrumenten, Berechnungen und Mechanik seine Zuflucht nehmen muß, die ein eigenes Leben erfordern und die nicht meine Sache waren« (FA II, 12, 233). Makrokosmos wird in G.s Naturforschung weitgehend reduziert auf den Bereich der dem Menschen zugänglichen Natur, bei deren Erforschung eine bestimmte Grenze vorgegeben ist, jenseits derer nur noch Ehrfurcht vor der Natur möglich ist. ›Makrokosmisch‹ heisst hier das mit den Sinnen des Menschen Erfassbare, während die mikrokosmische Welt etwa der entspricht, die heute ›mikroskopisch‹ genannt wird, also nur noch mit dem Hilfsmittel des Mikroskops den Sinnen erfahrbar ist. Auf diesem Gebiet waren die technischen Möglichkeiten der G.zeit noch deutlich eingeschränkt, doch hat sich G. auch diesem Untersuchungsfeld mit großem Interesse genähert (→Infusionstiere). Grundsätzlich war G. der Auffassung, dass die Gesetze des Lebendigen für alle Bereiche der organischen Natur gleichermaßen gelten müssen, doch war sein bereits am 9. u. 10.7.1786 gegenüber Ch. v. →Stein geäußerter Ansatz, der auf ein »Gewahrwerden der wesentlichen Form«, also auf etwas Gestalthaftes, zielte, nicht geeignet, die Welt des Mikrokosmos im Rahmen seiner Naturforschung adäquat zu behandeln. *WZ*

Malebranche, Nicolas (1638–1715)

Der französische Theologe und Philosoph wird bereits in den *Ephemerides* (1770) erwähnt (vgl. MA 1.2, 526); für die *Farbenlehre* (1810) entstand vermutlich im Januar 1810 ein Kapitel, das seine Vorstellungen vom Licht in Zitaten zusammenfasst, die dem Aufsatz *Réflexions sur la lumière et les couleurs, et la génération du feu*, erschienen 1699 in den *Mémoires de l'Académie Royale des Sciences*, entnommen sind (FA I, 23.1, 743–746 mit Nachtrag 856f.; siehe auch 446, 754f., 1052, 1054). Malebranche legte dem Licht Schwingungen zugrunde und betrachtete die Farben analog zu den Tönen. Nach G.s Ansicht »ist dadurch eigentlich gar nichts getan« (ebd. 857), die »Schwingungen des *Malebranche* fördern die Farbenlehre nicht« (ebd. 1054). *WZ*

Maler

Im Rahmen der Zielsetzung eines Handbuchs zu G.s Naturforschung ist das Stichwort nur sehr selektiv zu behandeln, und zwar im Kontext der *Farbenlehre.* Auf der ersten Italienreise 1786–1788 entwickelten sich zahlreiche Beziehungen zu Malern, die teilweise zu lang anhaltenden Freundschaften führten; genannt seien Angelica →Kauffmann, J. H. W. Tischbein, J. H. →Meyer, J. G. Schütz, Ph. Hackert und C. H. Kniep.

G. hat über die Zeit in →Italien in der *Konfession des Verfassers*, dem abschließenden Kapitel des historischen Teils der *Farbenlehre*, berichtet: »Von einem einzigen Punkte wußte ich mir nicht die mindeste Rechenschaft zu geben: es war das Kolorit. Mehrere Gemälde waren in meiner Gegenwart erfunden, komponiert, die Teile, der Stellung und Form nach, sorgfältig durchstudiert worden, und über alles dieses konnten mir die Künstler, konnte ich mir und ihnen Rechenschaft, ja sogar manchmal Rat erteilen. Kam es aber an die Färbung, so schien alles dem Zufall überlassen zu sein [...]. Bei den Lebendigen war kein Trost, ebenso wenig bei den Abgeschiedenen, keiner in den Lehrbüchern, keiner in den Kunstwerken. [...] Je weniger mir nun bei allen Bemühungen etwas erfreulich Belehrendes entgegenschien, desto mehr brachte ich diesen mir so wichtigen Punkt überall wiederholt, lebhaft und dringend zur Sprache [...]. Aber ich konnte nur bemerken, daß die lebenden Künstler bloß aus schwankenden Überlieferungen und einem gewissen Impuls handelten, daß Helldunkel, Kolorit, Harmonie der Farben immer in einem wunderlichen Kreise sich durcheinander drehten. Keins entwickelte sich aus dem andern, keins griff notwendig ein in das andere. Was man ausübte, sprach man als technischen Kunstgriff, nicht als Grundsatz aus. Ich hörte zwar von kalten und warmen Farben, von Farben die einander heben, und was dergleichen mehr war; allein bei jeder Ausführung konnte ich bemerken, daß man in einem sehr engen Kreise wandelte, ohne doch denselben überschauen oder beherrschen zu können. [...] Indessen versäumte ich nicht, die Herrlichkeit der atmosphärischen Farben zu betrachten, wobei sich die entschiedenste Stufenfolge der Luftperspektive, die Bläue der Ferne so wie naher Schatten, auffallend bemerken ließ. Beim Scirocco-Himmel, bei den purpurnen Sonnenuntergängen waren die schönsten meergrünen Schatten zu sehen, denen ich um so mehr Aufmerksamkeit schenkte, als ich schon in der ersten Jugend bei frühem Studieren, wenn der Tag gegen das angezündete Licht heranwuchs, diesem Phänomen meine Bewunderung nicht entziehen konnte. [...] Sobald ich nach langer Unterbrechung endlich Muße fand, den eingeschlagenen Weg weiter zu verfolgen, trat mir in Absicht auf Kolorit dasjenige entgegen, was mir schon in Italien nicht verborgen bleiben konnte. Ich hatte nämlich zuletzt eingesehen, daß man den Farben, als physischen Erscheinungen, erst von der Seite der Natur beikommen müsse, wenn man in Absicht auf Kunst etwas über sie gewinnen wolle« (FA I, 23.1, 971–974).

Dass G. selbst hier in der Rückschau einen Neuansatz in dem Bemühen, über die Farben Klarheit zu erlangen, ausdrückt, widerspricht letzten Endes der verbreiteten These, der Weg zur *Farbenlehre* sei bereits in Italien eingeschlagen worden. Vielmehr verdient es Beachtung, dass G. in Italien nicht einen einzigen Text verfasst hat, der in die Entstehungsgeschichte der *Farbenlehre* eingereiht werden könnte. Die Produktivität auf diesem Gebiet setzte erst ein, als der Widerspruch zu →Newton entscheidend geweckt war (→Prismenaperçu).

Gleichwohl hat sich G. in der *Farbenlehre* gewissermaßen als Anwalt der Maler und Praktiker verstanden. Dies hat zum einen mit seiner Vorliebe für das unmittelbar geschaute Phänomen (gegenüber dem Ergebnis von Versuchen) zu tun, andererseits mit seiner Tendenz, unter Farben und Farbmischungen viel stärker Malerfarben (→Pigmente) zu verstehen als prismatische Erscheinungen. So war ihm besonders daran gelegen, dass seine *Farbenlehre* den Malern nützlich sei, die ihm in Italien so wenig beim Problem des Kolorits hatten helfen können. *WZ*

Malus, Étienne Louis (1775–1812)

Der französische Physiker und Ingenieur entdeckte 1808 am Kalkspat (→Doppelspat) die →Polarisation des Lichts und gab damit G. den Anlass, sich ab 1812 mit den Interferenzfarben des polarisierten Lichts zu beschäftigen, die G. und T. J. →Seebeck →entoptische Farben nannten. Malus erklärte Polarisationserscheinungen, indem er dem Licht viereckige Strahlen und Teilchen von oktaedrischer Form zuwies. Die Seitenflächen des Lichtstrahls sollten zudem paarweise verschieden sein. Für G. war diese Erklärung nichts als eine »abenteuerliche Theorie« (FA I, 25, 61). Die Darstellung der Geschichte dieser neuen optischen Entdeckungen überließ er Seebeck, der in ZNÜ I, 1 (1817) einen Aufsatz publizierte, in dem er die einzelnen Schriften der beteiligten Autoren wie Malus, J. B. →Biot und D. F. J. →Arago vorstellte.

Malus, der →Newton in der These vom Teilchencharakter des Lichts bestärkte, trat 1811 durch eine Rezension von G.s *Farbenlehre* in den *Annales de Chimie* (79, 199–219; Auszüge in LA II, 5A, 55–59) hervor, die Partei für Newton nahm. Sie wurde von L. W. →Gilbert ins Deutsche übertragen und in den *Annalen der Physik* (40; N. F. 10, 1812, 103–115) erneut publiziert. G. nahm sie in seine Liste der »Widersacher« auf (FA I, 25, 758). *WZ*

Mammut s. Elefant

Marat, Jean Paul (1744–1793)

Der französische Mediziner und Politiker, einer der radikalsten Führer der Französischen Revolution, an den Septembermorden (1792) und als Präsident des Jakobinerklubs am Sturz der Girondisten entscheidend beteiligt, Herausgeber des *Ami du Peuple*, 1793 von Charlotte Corday ermordet, trat auch als Naturforscher hervor. Speziell arbeitete er über →Newtons optische Lehre und modifizierte sie. G. besaß mehrere Werke Marats: die *Découvertes sur le feu, l'électricité et la lumière* (Paris 1779), die er am 27.2.1797 durch J. I. Gerning zugesandt bekam (Ruppert 4857; vgl. EGW 4, 303), die von C. E. Weigel unter dem Titel *Herrn Marat [...] Entdeckungen über das Licht, durch eine Reihe neuer Versuche bestätigt* (Leipzig 1783) besorgte und mit vielen Anstreichungen und Bemerkungen G.s versehene Übersetzung der *Découvertes sur la lumière* (London 1780; Ruppert 4858) sowie das 1784 in Paris erschienene Werk *Notions élémentaires d'optique* (Ruppert 4859).

G. befasste sich bereits im Juli 1793 im Lager bei Marienborn vor Mainz mit den Arbeiten Marats. Frucht dieser Studien war die auf den 15.7.1793 datierte und am 19.7. an F. H. →Jacobi gesandte Übersicht, in der G. die Lehren Newtons und Marats sowie seine eigenen Erfahrungen tabellarisch gegenüberstellte (*Newtonische Lehre. Maratische Lehre. Resultate meiner Erfahrungen*). Im Begleitbrief an Jacobi schrieb G.: »Ich habe mit Mühe und Anstrengung diese Tage die zwar ästimable, aber doch nach einer hypothetischen, captiosen Methode geschriebne Abhandlung Marats [*Entdeckungen über das Licht*] gelesen und mir die Hauptpunckte ausgezogen. Gieb das Blat nicht weg es enthält Lästerungen«.

Obwohl G. sich gleichermaßen gegenüber Newton wie Marat abgrenzen wollte, wurde von F. G. Klopstock eine Abhängigkeit G.s von Marat konstatiert; so an J. G. →Herder, 27.11.1799: »Haben Sie gelesen, was *Göthe* [in den *Beyträgen zur Optik*] über die Farben gegen *Newton* geschrieben; und haben Sie, was vor ziemlicher Zeit *Marat*, da er noch nicht rasend war, über eben diese Sache (mich däucht im »Merkur«) und auch gegen *Newton*! Wenn Sie haben, so können Sie mir vermuthlich sagen, was *Göthe* von *Marat* genommen hat. Denn er ist (vielleicht nur zu Zeiten) ein gewaltiger Nehmer« (EGW 4, 349 f.).

Als G. am historischen Teil der *Farbenlehre* arbeitete, berücksichtigte er Marat mit einem Kapitel, das laut Tagebuch am 20. und 21.3.1810 entstand. Hierzu sind weiterhin ein Buchauszug (*Entdeckungen über das Licht*) mit Randbemerkungen G.s und eine Notiz überliefert (vgl. LA II, 6, 229–233, M 121 f.). Während der Bericht des Grafen C. F. v. →Reinhard vom 9.7.1807 »aus Göthens Munde« über Marat festhält: »macht einige ganz gute Einwendungen gegen N.[ewton] aber er sezt eine noch ungereimtere Theorie an die Stelle« (EGW 4, 469), ist G.s Beurteilung in der *Farbenlehre* (FA I, 23.1, 926–929, 1056) freundlicher: »Was uns betrifft, so halten wir dafür, daß Marat mit viel Scharfsinn und Beobachtungsgabe die Lehre von den Farben, welche bei der Refraktion und sogenannten Inflexion [Beugung] entstehen, auf einen sehr zarten Punkt geführt habe, der noch fernerer Untersuchung wert ist, und von dessen Aufklärung wir einen wahren Zuwachs der Farbenlehre zu hoffen haben« (ebd. 929).

Literatur

Rozbroj, Hugo: Jean-Paul Marat (1743–93). Ein Naturforscher und Revolutionär, sein Zusammentreffen in der Geisteswelt mit Goethe [...]. Berlin 1937. *WZ*

Marienbad

Am 27./28.4.1820 hielt sich G. bei der Durchreise nach →Karlsbad zum ersten Mal in Marienbad auf. Anders als in Karlsbad, wo »die Felsen überall steil, ausgesprochen von Natur, oder durch Steinbrüche aufgeschlossen, und von mehreren Seiten zugänglich gefunden werden«, war in der Umgebung von Marienbad »alles in Rasen, Moor und Moos verhüllt, von Bäumen überwurzelt, durch Holz- und Blättererde verdeckt, so daß man nur hie und da Musterstücke hervorragen sieht« (FA I, 25, 488). Poetisch drückte G. es in seinem *Gedicht an zwei Gebrüder, eifrige junge Naturfreunde* aus: »Am feuchten Fels, den dichtes Moos versteckt [...]«. Vom »Gestein hinauf zur Atmosphäre« (WA I, 4, 55) regte die Marienbader Umgebung G.s Forschungsinteresse an.

Als G. im Sommer 1821, nun für längere Zeit (29.7. bis 25.8.), wieder nach Marienbad kam, begann er sogleich in Begleitung seines Dieners Stadelmann mit der geologischen Erkundung der Landschaft um den neuen Kurort. Mit dem Marienbader Bad- und Brunnenarzt K. J. →Heidler, der G. bereits 1820 »von der Lage des Ganzen unterrichtete« und ihm »gar manche, besonders auch geologische Notizen gab« (Tgb, 27.4.1820), sprach G. über »die Gebirgsarten der nächsten Umgebung« (Tgb, 1.8.1821). Eine Sammlung von Gesteinen und Mineralien wurde zusammengetragen, parallel dazu verfasste G. seinen Aufsatz *Marienbad überhaupt und besonders in Rücksicht auf Geologie* (ZNÜ I, 4, 1822), der einen *Anleitenden Katalog* zu den gefundenen Gesteinen und eine Übersicht der Thermo- und Barometerdaten des Stiftes →Tepl für die Zeit vom 18. bis 21.8.1821 enthält (vgl. FA I, 25, 487–500). Die von G. zusammengestellte Suite der Gesteinsarten war reichhaltig und berücksichtigte auch manche Proben, deren Vorkommen erst durch ihn bekannt wurden (z. B. Serpentin nördlich des Ortes). Die Sammlung wurde am 16.8. expediert und nach der Rückkehr ab 22.9.1821 in →Jena ausgepackt. Vom 5. bis 12.10. neu geordnet, diktierte G. am 13.10.1821 einen *Raisonirten Catalog* (abgedruckt in LA II, 8B.1, 16–20, M 10) und packte am 14.10. die »Hauptsammlung nach Weimar«.

Im Sommer 1822 (19.6. bis 24.7.) wurden die geologischen Unternehmungen fortgesetzt; schon am 22.6. hatte »Stadelmann [...] viel Steine zusammengetragen«. Am 29.6. wurde ein neuer »Catalog der Marienbader Mineralien angefangen«, der auf den 23.7.1822 datiert ist (vgl. LA II, 8B.1, 30–35, M 20). Insgesamt stellte G. vier Kollektionen zusammen, die nach Jena bzw. Weimar, an das Vaterländische Museum in Prag, an das Stift Tepl und den Badearzt Heidler gingen.

Während sich das Treffen mit dem »Ultra-Vulkanisten« L. v. →Buch am 1.7.1822 unerfreulich gestaltete (»Ich äußerte nicht das mindeste«), hatte die erste persönliche Begegnung mit dem Grafen →Sternberg am 11.7. für G.s weitere geologische, paläontologische und meteorologische Forschung große Bedeutung.

Im Sommer 1823 (2.7. bis 20.8.) kam G. zum letzten Mal nach Marienbad, wo er nun vergeblich um Ulrike von Levetzow als Braut warb. Während in seinem Innern »Tod und Leben grausend sich bekämpfen« (*Elegie*, V. 118), suchte er in der Naturforschung Rettung. »Stadelmann klopft noch immer im Lande herum, John beobachtet Barometer und Wolken, da ich denn beiden in Gedanken folge« (an O. v. Goethe, 14.8.1823). Neue Sammlungen (»Duplicate und Triplicate«; an Schultz, 8.7.1823) wurden zusammengetragen, erstmalig auch Proben des vom kohlensäurehaltigen Wasser der Marienquelle zersetzten Nebengesteins der Quellspalte, auf das ihn im Jahr zuvor Graf Sternberg aufmerksam gemacht hatte. Dazu verfasste G. seinen Aufsatz *Durch das Gas des Marienbrunnens angegriffenes Grund-Gebirg*, der in ZNÜ II, 2 (1824) veröffentlicht werden sollte, schließlich aber durch die kürzere Abhandlung *Recht und Pflicht* ersetzt wurde.

Intensiv beschäftigte sich G. im Sommer 1823 mit Karl Wilhelm →Noses *Kritik der geologischen Theorie [...]* (Bonn 1821) sowie seiner *Fortgesetzten Kritik [...]* (Bonn 1822), zu denen er ausführliche Bemerkungen niederschrieb (vgl. LA II, 8B.1, 64–72, M 39; Tgb, 6., 9., 12. und 14.7.1823).

Am 18.7.1823 traf G. in Marienbad den Freiherrn von Junker-Bigatto, aus dessen Silberbergwerk die Mineralproben vom Vorjahr stammten, die G. zu seinem Aufsatz *Anthrazit mit gediegenem Silber* veranlasst hatten (ZNÜ II, 1, 1823). Nun erhielt G. weitere Gesteinsproben und bat Junker-Bigatto bei diesem Anlass um eine eigene, umgehend am 22.7.1823 gelieferte Darstellung, die er in ZNÜ II, 2 (1824) veröffentlichte (*Über die Auffindung und den Fortgang des Freiherrlich von Junker-Bigattoischen Bergbaues [...]*).

Von Marienbad aus schickte G. Stadelmann am 22.7. und 11.8.1823 zum →Wolfsberg, um dort Steinproben zu sammeln, worüber G. vor allem im Aufsatz *Der Wolfsberg*, auch in der Abhandlung *Von den Augiten insbesondere*, berichtete.

Literatur

Engelhardt, Wolf von: Goethe im Gespräch mit der Erde. Weimar 2003, 306–319. – Fischl, Friedrich: Goethe in Marienbad. Prag 1904. – Urban, Michael: Goethe in Marienbad. In: Prager medizinische Wochenschrift. 37 (1912), 352–359. – Urzidil, Johannes: Goethe in Böhmen. 3. Aufl. Zürich, München 1981, 114–134. *HO*

Mariotte, Edme (1620–1684)

Der französische Priester und Naturgelehrte, Prior des Klosters St. Martin-sous-Beaune bei Dijon, war für G. als früher Gegner →Newtons interessant. Als eines der ersten Mitglieder der 1666 gegründeten Pariser Académie publizierte er *Observations sur l'organe de la vision* (1666), den *Essai de la nature des couleurs* (1681) mit einer bis dahin nicht erreichten Erklärung der farbigen Höfe um Sonne und Mond sowie das von G. benutzte Werk *Traité de la nature des couleurs* (1686). Mariotte, der auch als Entdecker des blinden Flecks im Auge gilt, wandte sich vor allem gegen →Descartes, →Grimaldi und Newton, dessen Versuche er als nicht reproduzierbar ansah. Insbesondere hielt er violette Lichtstrahlen im Gegensatz zu Newton für nicht homogen und damit weiter zerlegbar.

Die *Oeuvres de Mr Mariotte, de l'Académie royale des Sciences, divisées en deux tome [...]* (Leiden 1717; darin 1, 195–320: *Quatrième Essay. De la Nature des Couleurs*) erhielt G. am 4.7.1809 von G. Sartorius aus →Göttingen, wo er sie bereits 1801 eingesehen hatte (vgl. an Sartorius, 21.6.1809; Sartorius an G., 30.6.1809). Vom 5.–7.7. sowie am 9. u. 10.7.1809 beschäftigte sich G. intensiv mit Mariotte und lieh zudem in diesen Tagen aus der Weimarer Bibliothek die *Acta eruditorum* aus den Jahren 1723 und 1724 aus; im Jg. 1723 (91 u. 470) werden Newton, Mariotte und →Desaguliers erwähnt. Am 6.7.1809 dankte G. Sartorius mit dem Hinweis, Mariottes Schriften würden »sogleich benutzt, um bald wieder zurückzukehren. Es füllt dieses Werk eine Hauptlücke aus in der Epoche die ich jetzt bearbeite und die ich wohl die Hauptepoche nennen kann: denn es soll darin historisch gezeigt werden, wie sich Newton erst übereilt und dann verstockt; warum seine Gegner, ob sie gleich großentheils Recht gehabt, gegen ihn nicht aufkommen können; und wie seine Schule gleichfalls durch Übereilung sodann durch Vorurtheil und Verstockung Fuß gefaßt und sich über die Welt ausgebreitet«. Am 2.11.1809 nahm G. Mariotte erneut vor, bevor er am 4.11. das Werk an Sartorius zurücksandte.

Frucht der Beschäftigung mit Mariotte waren zwei umfangreiche Kapitel im historischen Teil der *Farbenlehre.* Zunächst gab G. die Grundthesen des *Traité de la nature des couleurs* wieder (FA, I, 23.1, 823–829) und wertete abschließend: »Im ganzen läßt sich nicht ableugnen, daß Mariotte eine Ahndung des Rechten gehabt und daß er auf dem Wege dahin gewesen. Er hat uns manches gute Besondere aufbewahrt [...]« (ebd. 829). Anschließend schilderte G. die Auseinandersetzung zwischen Desaguliers und Mariotte (ebd. 831–836), wobei er sich klar auf die Seite von Mariotte stellte: »Das was Desaguliers gegen Mariotte [...] vorgetragen, wird von der Newtonischen Schule seit hundert Jahren als ein Schlußverfahren angesehn. Wie war es möglich, daß ein solcher Unsinn sich in einer Erfahrungswissenschaft einschleichen konnte?« (ebd. 835; vgl. zu weiteren Erwähnungen von Mariotte auch 390, 397, 855, 863, 865, 875, 881, 890, 898, 902, 905, 1053 f.). *WZ*

Marktredwitz

Früher Redwitz; Ort in Oberfranken, den G. von →Eger aus auf Veranlassung von J. →Grüner vom 13.–18.8.1822 besuchte, um die Glashütte und chemische Fabrik von Wolfgang Kaspar →Fikentscher zu besuchen, die dieser mit seinem Sohn Friedrich Christian betrieb. G. wohnte bei Fikentscher und konnte eine reiche Ausbeute von trüben Scheiben (→Opal) und entoptischen Gläsern mitnehmen. G. hat mehrfach über diesen Besuch berichtet, so aus Eger an →Knebel am 23.8.1822: »Mit ihm [Grüner] gelang mir auch ein Ausflug nach Redwitz [...]. Ich wohnte in dem Hause eines Fabrikherrn [...]. Sein Sohn [...] hat mir sogleich mit Glück die Glasscheiben, die bey veränderter weißer und schwarzer Unterlage Gelb oder Blau darstellen, zu Dutzenden gefertigt, so daß [ich] das einfache Credo meiner Farbenlehre jedem Naturfreunde sogleich in die Hände geben kann. [...] Auch entoptische Glaskörper erhielt ich dort durch schnelle Verkühlungen. [...] Eigentlich muß man reisen, um sein Erworbenes anzubringen und neu zu erwerben; was ich hier in einem Tage fand, daran laborire ich in Jena zwey Jahre, ohne zum Zweck zu gelangen«.

Literatur

Chemische Fabrik Marktredwitz (Hg.): Goethe im chemischen Laboratorium zu Marktredwitz. Berlin 1938. – Gebhardt, Oskar: Goethes Aufenthalt in Marktredwitz vom 13.–18. August 1822. In: Siebenstern. 3 (1929), 133 ff. – Müller, Erwin: Goethe in Marktredwitz. Hg. von Hermann Braun. Marktredwitz 1981. *WZ*

Martius, Carl Friedrich Philipp von (1794–1868)

Der Münchner Botaniker und Direktor des dortigen Botanischen Gartens hatte in den Jahren 1817 bis 1820 an einer vielbeachteten Forschungsreise nach Brasilien teilgenommen und berichtete darüber gemeinsam mit J. B. v. →Spix (*Reise in Brasilien [...]*, 3 Bde. und Tafelbd., München 1823–1831; Ruppert 4114). G. erfuhr davon vor allem durch den Direktor der Wiener naturkundlichen Sammlungen, C. F. A. v. Schreibers (vgl. TuJ 1820; Schreibers an G., 24.2.1820, LA II, 10A, 356; Tgb, 10.3.1820). →Nees von Esenbeck erwähnte erstmals den Namen von Martius am 14.7.1822 G. gegenüber in Zusammenhang mit einer neuen brasilianischen Pflanzengattung, der er den Namen →Goethea gegeben habe (vgl. LA II, 10A, 522 f.). Deren Erstbeschreibung erschien in einer gemeinsamen Publikation von Martius und Nees von Esenbeck: *Goethea, novum plantarum genus* (*Nova Acta Leopoldina* 11.1, 1823, 89–102, Tafeln VII u. VIII).

Am 23.10.1823 wandte sich Martius selbst an G. und sandte ihm das erste Heft seiner *Genera et species palmarum* (München 1823), dem bis 1825 drei weitere Hefte folgten (→Palmen). G. rezensierte die ersten beiden 1824 in Morph II, 2 in zustimmendem Sinne. Seinem ersten Brief hatte Martius weiterhin einen Aufsatz, *Einiges von den Palmen naturgeschichtlich und morphologisch*, beigefügt, den G. gegenüber C. L. F. Schultz am 5.11.1823 als »höchst liebenswürdig, über den Wachsthum der Palmen, vom ersten Keim aus der Nuß an bis zu Blüthe und Frucht [...]« bezeichnete.

Am 9.3.1824 übersandte Martius seinen Vortrag *Die Physiognomie des Pflanzenreiches in Brasilien*, den er am 14.2.1824 vor der Bayerischen Akademie der Wissenschaften gehalten hatte (vgl. Ruppert 4865). G. tauschte sich darüber mit →Carl August aus (vgl. an Carl August, 22.3.1824).

Am 13.9.1824 besuchte Martius G. in Weimar und teilte zunächst über »die Localitäten von Brasilien, Palmen und andere Geschlechter schöne Einsichten« mit (Tgb). Nach dem Essen wurde über »brasilianische Zustände« und »die zwey Lieferungen Palmen« weiter gesprochen. Martius blieb »bis 8 Uhr«, G. »entließ ihn ungern« (ebd.). In der Folgezeit beschäftigte sich G. immer wieder mit Martius' Palmenwerk und seiner Beschreibung der Reise nach Brasilien (vgl. Tgb, 14. u. 16.9., 21.–24.9., 28.9., 1.10.1824). Am 10.12.1824 sandte Martius das dritte Heft seiner »Palmen« und sprach von seinem Besuch in Weimar als »unvergeßlichen 13. September« (vgl. G–Martius 58). Das vierte und letzte Heft folgte am 18.5.1825. G. legte es am 23.6.1825 der Großherzogin Luise vor und äußerte einen Tag später gegenüber J. H. →Meyer, dass man Martius »unter den mitlebenden Naturforschern sehr hoch zu stellen hat«.

Vom 4. bis 6.10.1828 machte Martius auf der Rückreise von der Versammlung Deutscher Naturforscher und Ärzte in Berlin nach München in Weimar Station und führte mit G. drei Tage lang botanische Gespräche. Thema war nun vor allem die →Spiraltendenz der Vegetation, die Martius in Berlin vorgestellt hatte (vgl. Isis 22, 1829, Sp. 333–341). Über »den spiraligen Umlauf der Blätter in der Blumenbildung« hatte Martius bereits am 10.11.1827 an G. geschrieben (vgl. LA II, 10B.1, 341). Diesen interessierte das Thema außerordentlich in Zusammenhang mit seinen Metamorphose-Auffassungen der Pflanzenentwicklung, und er bat Martius am 28.3.1829 um weitere Erläuterungen, da er trotz der langen Gespräche während des Besuchs mit der Spiraltendenz »nicht genugsam genug bekannt gemacht« worden sei. Vor allem bat er Martius um ein Modell zur Veranschaulichung, von dem ihm F. v. Müller berichtet hatte, der dieses bei seinem Besuch in München am 28.10.1827 gesehen hatte (vgl. Unterhaltungen 171). Martius sandte das Modell mit einer Anleitung am 20.8.1829 als Geschenk zu G.s 80. Geburtstag (vgl. LA II, 10B.1, 497f.). Später wurde es aus G.s Nachlass von Ottilie v. Goethe an ihren Wohnsitz Wien mitgenommen, wo es heute im Besitz des G.-Vereins ist.

G. widmete sich dem Thema der Spiraltendenz nun intensiv (vgl. Tgb, 13.10.1829; an F. v. Müller, 22.12.1829; Eckermann, 27.1.1830, FA II, 12, 688f.; Tgb, 21.1., 25.4., 4.5., 26.–28.10., 6.11.1830). 1831 veröffentlichte er einen kurzen Aufsatz (*Über die Spiraltendenz*) als Anhang zu seiner deutsch-französischen Ausgabe des *Versuchs über die Metamorphose der Pflanzen.* Weiterhin befinden sich zu diesem Thema zahlreiche Materialien, Notizen und Entwürfe in G.s Nachlass, die unpubliziert blieben (vgl. FA I, 24, 785–808 und LA II, 10B.1, 110–128, M 24.1–24.21).

Martius hat G. auch bei seinen meteorologischen Studien unterstützt. So sandte er ihm am 13.1.1825 einen wohl beim Besuch am 13.9.1824 erbetenen Bericht über *Die Bildung der Wolken* im Bereich des Äquators (vgl. LA II, 2, 50–56, M 7.8), den G. am 24.1.1825 im Tagebuch erwähnte und den er »von dem größten Interesse« fand (an Carl August, 26.1.1825).

Literatur
G-Martius. *ZA*

Marum, Martin van (1750–1837)

In den *Tag- und Jahresheften* von 1798 notierte G.: »Gar manche Vortheile die wir im Naturwissenschaftlichen gewannen, sind wir einem Besuch schuldig geworden, den uns *Herr van Marum* gönnen wollte«. Marum, Direktor des Haarlemer Naturalienkabinetts und seinerzeit Besitzer der größten Elektrisiermaschine der Welt, besuchte G. im Juli 1798 in Weimar (vgl. Tgb, 17., 20. u. 21.7.1798). Man experimentierte gemeinsam (»optische und magnetische Versuche«), stellte »physikalische Betrachtungen« an und besah G.s Sammlungen. Marum hielt in seinem Tagebuch (20.7.) fest, dass G. ihm seine »Ansichten über die Naturspiele luxuriierender Pflanzen« – wohl Pflanzen mit durchgewachsenen Blüten – mitteilte und ihm »sein Werkchen über die Metamorphose der Pflanzen« schenkte (LA II, 9B, 145). *WZ*

Maschinenwesen s. Technik

Mathematik s. ÜA Allgemeine Naturlehre

Mawe, John (1766–1829)

Am 23.6.1817 erkundigte sich G. beim Kanzleirat Christian Georg Karl Vogel nach einer Möglichkeit, Gesteine und Mineralien aus den Zinnlagerstätten in Cornwall zu erhalten. Durch die Vermittlung von Johann Christian →Hüttner (vgl. Hüttner an Vogel, 15.7.1817; Hüttner an G., 22.7., 10.10. und 4.11.1817; LA II, 8A, 465f., 482, 489f.), des Weimarer Korrespondenten und Agenten in London, war Mawe – ein Londoner Mineraloge und Mineralienhändler, der eine Expedition nach →Brasilien unternommen und darüber *Travels in the interior of Brazil* verfasst hatte – bereit, die erwünschten Stufen für G. zusammenzustellen. Vom 5.9.1817 bis 20.7.1818 entlieh G. Mawes Schrift *A descriptive Catalogue of Minerals* (2. Aufl. London 1816) aus der Weimarer Bibliothek. Am 20.9.1817 veranlasste G., dass Mawe zum Mitglied der Jenaer Mineralogischen Sozietät ernannt wurde (vgl. an Lenz, 26.9.1817; Lenz an G., 30.9.1817; LA II, 8A, 479) und verwies dabei auf dessen Schriften *The Mineralogy of Derbyshire* (London 1802), *Travels in the interior of Brazil* (London 1812) und *Treatise on Diamonds and others precious Stones* (London 1813). Vom 23. bis 25.10.1817 las G. Mawes *Abhandlung über die Demanten und andre Edelsteine* (Leipzig 1816; Ruppert 4870), mit der er sich am 16.11.1819 erneut beschäftigte.

Am 24.11.1817 erhielt G. ein Schreiben Mawes vom 31.10.1817 mit einem ausführlichen Bericht über seine letzte Exkursion nach Cornwall, die er zur Beschaffung der Mineralien unternommen hatte. (vgl. LA II, 8A, 486–488). Noch am Tag der Ankunft, am 24.11.1817, hat G. Mawes Bericht studiert, »entziffert und durchgedacht« und am nächsten Tag die »Übersetzung des Aufsatzes von Mawe, über die Steinkohlen von Bovey« in Angriff genommen, womit er sich ab 17.12.1817 weiter beschäftigte. Datiert auf den 21.12.1817 und versehen mit einem Anhang (*Bemerkung und Wunsch*) wurde die Übersetzung unter dem Titel *Herr Mawe. Nachricht von seinen letzten Expeditionen im Oktober 1817* abgeschlossen (vgl. FA I, 25, 562–565) und am gleichen Tag eine Abschrift für Mawe bei Vogel in Auftrag gegeben (vgl. Tgb, 21. und 26.12.1817; Vogel an G., 25.12.1817). »Der Wintertag, der mir die Zinnstufen aus Cornwallis bringt, soll mit einem Stern bezeichnet werden. Überhaupt wird das ganze Studium so klar und consequent, daß ich hoffen kann, meine Ideen beynahe ohne mein Zuthun realisirt zu sehen« (an August v. Goethe, 28.11.1817).

Die deutsche Übersetzung der *Travels* von Eberhard August Wilhelm Zimmermann (*Reisen in das Innere von Brasilien*; Bamberg 1816) las G. am 29.11.1817.

In den *Tag- und Jahresheften* von 1817 hielt er fest: »*Mawe's* Aufsatz über Brasilien und die dortigen Edelsteine gab uns von dieser Seite eine nähere Kenntniß jener Länder. Ich aber trat in ein unmittelbares Verhältniß zu ihm, und erhielt durch seine Vorsorge eine schöne Sammlung englischer Zinnstufen, wie immer, unmittelbar vom Urgebirg gewonnen, und zwar dießmal im Chloritgestein«.

G. studierte die von Mawe zugesandten Zinnmineralien aus Cornwall am 11. und 12.1.1818 in Jena und nannte diese in seiner Abhandlung *Zur Geologie besonders der böhmischen* (ZNÜ I, 3, 1820) eine »vollkommen befriedigende Sammlung« (FA I, 25, 482). Hüttner teilte G. am 6.2.1818 Mawes Dank und einige Berichtigungen mit (vgl. LA II, 8A. 502f.). Am 10. und 13.3.1818 stellte G. laut Tagebuch eine Sendung für Mawe zusammen (vgl. ebd. 130f., M 97) und sandte ihm über Vogel ein Verzeichnis dazu (vgl. Tgb, 14. und 16.7.1818). Daraufhin teilte Hüttner G. am 11.8.1818 mit, dass Mawe die meisten der angebotenen Stücke »nicht wohl brauchen kann« (LA II, 8A, 524) und legte eine Liste mit dessen Wünschen bei.

Eine neue Auflage (die dritte von 1818?) von Mawes *A descriptive Catalogue of Minerals* vermerkte G. im Tagebuch vom 13.1.1826 und lobte am Folgetag bei der Lektüre: »Mawe Mineralogie, Betrachtung über die Facilität und Faßlichkeit dieser Compendien gegen die schwierige Ausführlichkeit der unsrigen«. *HO*

Maximen

Die *Maximen und Reflexionen*, in vielen G.-Editionen zu Unrecht und gegen die Intention ihres Autors wie ein geschlossenes Werk G.s behandelt, sind eine Sammlung von »Einzelnem«, wie G. seine vermischte Kurzprosa vornehmlich nannte, so z. B. in seinem Testament vom 15.5.1831, in dem er für den fünften Band der naturwissenschaftlichen Schriften festlegte: »Natur im Allgemeinen, Einzelnes« (FA I, 13, 463).

Es kann hier weder der Ort sein, die Geschichte dieser Textgruppe nachzuzeichnen (dazu Fricke in FA I, 13, 457–480), noch eine terminologische Abgrenzung der einzelnen damit verbundenen Begriffe (wie Leitspruch, Aphorismus, Sentenz u. a.) zu leisten. Wesentlich ist vielmehr festzuhalten, dass diese *Sprüche in Prosa* – so der Bandtitel in FA, I, 13 statt *Maximen und Reflexionen* – vom kurzen Satz bis zum kleinen Essay, Lebensweisheiten, Überlegungen, →Aperçus, Kommentare, Gleichnisse, Notizen und Anmerkungen, auch einen wichtigen Stellenwert in G.s naturwissenschaftlichen Schriften besitzen.

Als für die zweite Fassung von *Wilhelm Meisters Wanderjahren* (1829) noch Druckbogen zu füllen waren, beauftragte G. →Eckermann mit der Zusammenstellung solcher Kurztexte, die unter den Titeln *Betrachtungen im Sinne der Wanderer* und *Aus Makariens Archiv* am Ende des 2. und 3. Buchs erschienen. Aus diesen Sammlungen entnahm Eckermann für den zehnten Band der *Nachgelassenen Werke* (1833) alles auf Naturforschung Bezügliche, ergänzte um weitere 51 *Sprüche* aus dem Nachlass und drei Stellen aus einem Brief G.s an C. G. →Carus und E. d' →Alton vom 7.1.1826 und veröffentlichte so unter dem Titel *Über Naturwissenschaft im allgemeinen. Einzelne Betrachtungen und Aphorismen* die in dieser Form noch in der *Leopoldina-Ausgabe* und in der *Frankfurter Ausgabe* gedruckte umfangreichste Zusammenstellung.

Bereits 1810 erschien im historischen Teil der *Farbenlehre* (Dritte Abteilung: *Zwischenzeit*) mit dem Kapitel *Lücke* (FA I, 23.1, 611–616) eine Aphorismensammlung. Auch eine Reihe von Beiträgen für die Zeitschrift *Zur Naturwissenschaft überhaupt, besonders zur Morphologie* lassen sich (nach Fricke) als solche charakterisieren: In der naturwissenschaftlichen Reihe sind dies *Vorschlag zur Güte* (I, 2, 1820; FA I, 25, 40f.), *Vorbetrachtung* (II, 1, 1823; ebd. 52f.), *Älteres, beinahe Veraltetes* (II, 1, 1823; ebd. 58–64) und die letzten drei Absätze von *Warte-Steine* (I, 4, 1822; ebd. 795–797); in der morphologischen Reihe *Aphoristisch* (I, 4, 1822; FA I, 24, 531f.), *Aufruf zur Einigkeit des Zusammenwirkens* (I, 4, 1822; ebd. 533f.), *Betrachtungen fortgesetzt zu Seite 315* (I, 4, 1822; ebd. 565–568).

Folgt man der grundlegenden Neuordnung, die Fricke 1993 in FA I, 13 vorgelegt hat, so sind auch Aufsätze oder Teile davon als *Sprüche in Prosa* zu klassifizieren, so die letzten fünf Abschnitte von *Zur Einleitung* (I, 4, 1822; FA I, 24, 529f.), *Recht und Pflicht* (II, 2, 1824; FA I, 25, 506) sowie der in *Ueber Kunst und Alterthum* (VI, 1, 1827) erschienene Text *Naturphilosophie* (FA I, 25, 77f.).

Erst aus dem Nachlass erschienen *Erfinden und Entdecken* (ebd. 37–39), *Ferneres über Mathematik und Mathematiker* (ebd. 87–91) und *Über die Notwendigkeit von Hypothesen* (ebd. 24f.)

Als Beispiele für die von Fricke vorgeschlagene Ordnung sollen einige seiner Textgruppen angeführt werden: *Ehrenrettung der Gebirge* (FA I, 13, 383f.; in FA I, 25, 106f. als 79 u. 80), *Groß und klein in der Natur* (FA I, 13, 401; in FA I, 25, 558f. als Teil von *Zur Lehre von den Gängen*), *Nutzen neuer Lehrbücher* (FA I, 13, 402; in FA I, 25, 94f. unter Nr. 15 bis 20), *Fortschritte der Naturwissenschaft* (FA I, 13, 404f.; in FA I, 25, 94f. unter 162 bis 164), *Versuch und Formelsprache* (FA I, 13, 406ff.; in FA I, 25, 87ff. als Teil von *Ferneres über Mathematik und Mathematiker*) und *Zu einer physikalischen Preisfrage* (FA I, 13, 409; in FA I, 25, 98f. unter 41 u. 42).

Allein die hier nicht in Einzelheiten gehende Übersicht macht deutlich, in welch großem inhaltlichen Spektrum sich G.s *Sprüche in Prosa* im Rahmen seiner Naturforschung bewegen.

Literatur

Cases, Cesare: Goethe und Lichtenberg oder: Maxime und Aphorismus. In: Ders. und Reichardt, Dagmar (Hg.): Ade, Ihr Zöpfe der Loreley. Über Deutschland, die Deutschen und die deutsche Literatur. Hamburg 1996, 123–132. – Fricke, Harald: Komm. in FA I, 13. *WZ*

Mayer, Johann Tobias d. Ä. (1723–1762)

In einem Brief an H. →Steffens vom 9.10.1809, der sich mit Ph. O. →Runges Farbenlehre auseinandersetzte, zählte G. Mayer, ab 1751 Professor der Ökonomie und Mathematik in →Göttingen sowie Leiter der dortigen Sternwarte, zu den »vorzüglichen Männern«. Dessen *Opera inedita* wurden posthum 1775 in Göttingen von G. C. →Lichtenberg herausgegeben und Anfang Februar 1798 erstmals von G. aus der Weimarer Bibliothek entliehen. Darin fand sich die G. vor allem interessierende Schrift aus dem Jahr 1758: *De affinitate colorum commentatio.* 1806 in den *Agenda* (vgl. LA II, 4, 126) noch einmal erwähnt, wurde sie 1810 für die Aufnahme in den historischen Teil der *Farbenlehre* (vgl. FA I, 23.1, 905–909 u. 1055) Gegenstand intensiver Bearbeitung: am 24.2.1810 erneut aus der Weimarer Bibliothek entliehen (vgl. Keudell 665), vermerkt das Tagebuch das Studium am 27.2., 1. u. 14.3.1810. Während der »Newtonische Wortkram [...] von allen deutschen Kathedern ausgeboten« werde, herrsche in Mayers Abhandlung, deren Inhalt G. in 30 Paragraphen wiedergibt, der »gesunde Menschenverstand«. Obwohl »seine Behandlung keineswegs zulänglich« sei, da er Pigmentmischungen mathematisch erfassen wolle, habe er doch »seine Unzufriedenheit mit der Newtonischen Terminologie zu erkennen gegeben«, was ihm »nicht den besten Willen seiner Kollegen und der gelehrten Welt überhaupt« zuzog (FA I, 23.1, 906 u. 909). J. G. Röderer warf Mayer in seinen Vorlesungen in Göttingen vor, Farbe und Pigment zu verwechseln; A. G. Kästner nahm die Kritik in seine *Anfangsgründe der angewandten Mathematik* (4. Aufl. 1792) auf und wurde darin u.a. von Lichtenberg unterstützt. Mayers Verdienst bestand darin, als einer der ersten versucht zu haben, alle Farben in ein Bezugssystem zu bringen, wozu er sich einer Doppelpyramide bediente (Abb. bei Küppers 115).

Wegen der Namensgleichheit wird Mayer bisweilen mit Johann Tobias Mayer d. J. (1752–1830) verwechselt. Dieser war Professor der Mathematik und Physik in Altdorf, Erlangen und ab 1799 in Göttingen, wo er als Direktor des Physikalischen Kabinetts zum Nachfolger Lichtenbergs wurde. G. besaß Mayers Kompendium *Anfangsgründe der Naturlehre* (Göttingen 1801) in der 6. Aufl. Göttingen 1827 (vgl. Ruppert 4872). Mayer d. J., der durch eine kritische Rezension von G.s *Farbenlehre* hervortrat (vgl. LA II, 5A, 49–55), wird in dieser dreimal negativ erwähnt (vgl. FA I, 23.1, 904, 909, 916f.: »[...] wer in der Kürze einen eminenten Fall sehen will, wie man mit der größten Gemütsruhe und Behaglichkeit einen neuen Lappen auf ein altes Kleid flickt, der lese in den Anfangsgründen der Naturlehre von Johann Tobias Mayer die kurze Darstellung von der Theorie der Farben [...]«).

Literatur

Küppers, Harald: Farbe – Ursprung, Systematik, Anwendung. München 1972. *WZ*

Megha Duta s. Kálidása

Mengs, Anton Raphael (1728–1779)

Den zu den einflussreichsten Künstlern und Theoretikern des Neoklassizismus gezählten Hofmaler in Dresden (1746) und Madrid (1761), zwischenzeitlich 1751 bis 1760 in Rom Lehrer und Freund J. J. Winckelmanns, schätzte G. außerordentlich. Unter den in seinem Besitz befindlichen Schriften von Mengs (vgl. Ruppert 2415–2418) waren die *Gedanken über die Schönheit und über den Geschmack in der Malerey* (Zürich 1774) sowie eine italienische Ausgabe der *Opere* (Parma 1780). An →Knebel schrieb G. bereits am 26.2.1782: »Neuerlich lese ich die Schriften des verstorbenen Mengs und da lernt man sich bescheiden, daß eigentlich Niemand als ein solcher Künstler über die Kunst reden sollte«. Daneben deuten Tagebuch-Eintragungen vom 29.7.1778, 26.2. und 5.3.1782 auf Mengs.

In der *Italienischen Reise* berichtete G. im Kapitel *Zweiter Römischer Aufenthalt* unter dem 1.3.1788 über die Lektüre der »neuen Ausgabe von Mengsens Schriften« (FA I, 15.1, 564); nach FA I, 15.2, 1437 handelte es sich um die soeben erschienene, von Carlo Féa hg. Werkausgabe in italienischer Sprache (Rom 1787), die u.a. die Manuskripte *Träume über die Schönheit* und *Fragment einer neuen Abhandlung über die Schönheit* berücksichtigte. Im Anschluss an diese Lektüre habe er – so G. – »allerlei Spekulationen über Farben gemacht« (FA I, 15.1, 564). In einem Paralipomenon heißt es gar: »Mengs Schriften. Die Farbe tritt vor« (WA I, 32, 467). Diese Zeugnisse belegen, dass Mengs für G.s Interesse an den Farben während seiner Italienreise ein zentraler Autor war.

Erst am 15. u. 16.1.1799 beschäftigte sich G. wieder mit ihm, laut Tagebuch mit seinem Leben und seinen Briefen; gemeint ist wohl die in G.s Besitz befindliche Werkausgabe, hg. von J. N. d'Azara (Parma 1780), die durch einen biographischen Abriss eingeleitet wird. In der *Farbenlehre* wird Mengs mehrfach, wenn auch überwiegend beiläufig erwähnt (FA I, 23.1, 772, 777f.). In dem ihm gewidmeten Kapitel des historischen Teils, das am 24.3.1810 entstand, zitierte G. aus den *Lezioni pratiche di pittura*, Teil der genannten Werkausgabe (vgl. ebd. 943f. u. 1056), und resümierte: »Und so fand sein offner Sinn und guter Geschmack die einfachen Gesetze der Farbenharmonie, ohne jedoch ihren physiologischen Grund einzusehen« (ebd. 943). *WZ*

Merck, Johann Heinrich (1741–1791)

»Dieser eigne Mann, der auf mein Leben den größten Einfluß gehabt« – so bilanzierte G. in *Dichtung und Wahrheit* (III, 12) sein Verhältnis zu Merck, den er im Dezember 1771 kennengelernt hatte. Zu dieser Zeit bereitete Merck, im Brotberuf Kriegsrat am Darmstädter Hof, zusammen mit Johann Georg →Schlosser und dem Verleger Deinet die Herausgabe der *Frankfurter gelehrten Anzeigen* vor, an deren berühmtem Jahrgang 1772 G. dann mitarbeitete. In seinem Darmstädter Verlag brachte Merck mehrere Schriften des jungen G. heraus, so die Erstdrucke zu *Götz von Berlichingen* und *Von deutscher Baukunst*. Begünstigt durch den Zirkel der ›Darmstädter Empfindsamen‹, an dem G. wiederholt teilnahm, entstand eine intensive lebenslange Freundschaft zwischen den beiden Männern (vgl. Merck, Briefwechsel, Bd. 5, 52–62).

Etwa 1780 verlagerte sich Mercks Interesse auf die Naturforschung. Er legte umfangreiche mineralogische, zoologische und paläontologische Sammlungen an und beförderte zehn Abhandlungen zum Druck, darunter die drei sogenannten »Knochenbriefe« (im Selbstverlag 1782, 1784 und 1786) über fossile Funde im Gebiet Hessen-Darmstadt, in denen er als einer der ersten vergleichende Anatomie betrieb. Von Darmstadt aus knüpfte Merck Kontakte zu führenden Gelehrten Europas, die ihn, den »simple amateur«, als einen der Ihren gelten ließen.

Das erste Zeugnis für G.s erwachendes Interesse an der Mineralogie findet sich in einem Brief an Merck vom 5.8.1778 (WA IV, 3, 729; revidiert in Merck, Briefwechsel, Bd. 2, 294). Wiederholt sorgte Merck, der besonders in der Vulkanologie forschte, für Ergänzungen zu G.s Gesteinsammlungen. Auch auf osteologischem Gebiet sah G. den acht Jahre älteren Merck als Mentor an, der seine Entdeckung des →Zwischenkieferknochens beim Menschen (1784) an die Spezialisten vermitteln sollte. Obwohl er sich auch hier von Merck reichlich mit Material versehen ließ, verschwieg er seinen Forschungsgegenstand bis zum Abschluss der Pieter →Camper zugedachten ›Prachthandschrift‹ *Versuch aus der vergleichenden Knochenlehre daß der Zwischenknochen der obern Kinnlade dem Menschen mit den übrigen Thieren gemein sey*, die G. Merck am 19.12.1784 zur Weiterleitung an Samuel Thomas →Soemmerring und Camper sandte. Als diese sich negativ äußerten, stand Merck, gekränkt durch G.s lange Geheimhaltung, ihm nicht bei. Ihre Freundschaft erfuhr eine empfindliche Trübung. Gleichwohl vermittelte G. Hilfe, als Merck 1788 eine finanzielle und psychosomatische Krise durchlebte. Auf den Freitod des Freundes am 27.6.1791, ausgelöst durch Mercks politisches Bekenntnis zur Französischen Revolution, scheint G. nicht reagiert zu haben. In seinen autobiographischen Schriften äußerte er sich ambivalent zu Mercks Persönlichkeit und stilisierte ihn zum Vorbild des Mephistopheles.

In G.s Bibliothek haben sich die ersten beiden »Knochenbriefe« (*Lettre à Monsieur de Cruse [...]* und *Seconde Lettre [...]*, 1782 u. 1784) sowie die Studie *Von dem Krokodil mit dem langen Schnabel. Crocodilus maxillis elongatis teretibus subcylindricis* (in: *Hessische Beiträge zur Gelehrsamkeit und Kunst* 2, 1787, 73–87) erhalten (vgl. Ruppert 4879f.).

Merck war Mitglied mehrerer wissenschaftlicher Gesellschaften, darunter der ›Société des Sciences physiques de Lausanne‹ und der ›Königlich böhmischen Gesellschaft der Wissenschaften‹.

Vgl. auch den Artikel in GHB. 4.2, 696–700.

Literatur

Bräuning-Oktavio, Hermann: Goethe und Johann Heinrich Merck. Die Geschichte einer Freundschaft. In: GJb. (1950), 177–217 und (1952/53), 209–244. – Federhofer, Marie-Theres: »Moi simple amateur«. Johann Heinrich Merck und der naturwissenschaftliche Dilettantismus im 18. Jahrhundert. Hannover 2001. – Leuschner, Ulrike: Merck. Hannover 2010.– Merck, Johann Heinrich: Briefwechsel. Hg. von Ulrike Leuschner in Verbindung mit Julia Bohnengel, Yvonne Hoffmann und Amélie Krebs. 5 Bde. Göttingen 2007. *LEU*

Merrem, Blasius (1761–1824)

Der Bremer Kaufmannssohn nahm nach dem Erlernen der klassischen Sprachen und des Arabischen 1778 in →Göttingen das Studium der Theologie auf, ehe er sich als Schüler →Blumenbachs den Naturwissenschaften zuwandte und 1781 Privatdozent in diesem Fach wurde. 1785 erfolgte der Ruf nach Duisburg als Professor der Mathematik und Physik, ab 1794 lehrte er zudem Kameralistik. 1804 wurde er Professor der Kameralistik und zeitweise der Botanik in Marburg, ab 1817 auch Direktor des zoologischen Museums.

Dem gelehrten Göttingen blieb Merrem als Korrespondent der dortigen ›Sozietät der Wissenschaften‹ (seit 1785) und als Mitarbeiter der *Göttingischen gelehrten Anzeigen* (1782–1818) verbunden.

In seiner 1781 in Göttingen veröffentlichten Dissertation setzte sich Merrem kritisch mit der Naturgeschichte des →Plinius auseinander. Die Naturgeschichte beherrschte Merrem in vollem Umfang, und er spezialisierte sich neben der Ornithologie, in der er als führend galt, besonders auf Nager und Amphibien, wobei sein Verdienst auf klassifikatorischem Gebiet lag.

Bei seinem Treffen mit Merrem erfuhr G. »einige recht gute Ideen über die Wissenschaft die mir so sehr am Herzen liegt« (an F. H. Jacobi, 10.12.1792). Den Besuch am 5.12.1792 in Duisburg schilderte er in der *Campagne in Frankreich* (erschienen 1822). Als Geschenk nahm er ein »Werk über die Schlangen« (MA 14, 489) mit; zwei Hefte der *Beyträge zur Naturgeschichte* (Duisburg, Lemgo u. Leipzig 1790) sind heute noch in G.s Bibliothek vorhanden (vgl. Ruppert 4881). Ein anderer »Nutzen« (MA 14, 489), den G. aus dieser Bekanntschaft zog, erwies sich im August 1817, als Merrem ihm das Ernennungsdiplom zum ordentlichen Mitglied der »Gesellschaft zur Beförderung der gesamten Naturwissenschaften« in Marburg übersandte (vgl. RA 7.1, 1179). *LEU*

Mesmer, Franz Anton (1734–1815)

Der Begründer der Lehre vom animalischen Magnetismus (»Mesmerismus«) hatte Philosophie an der Jesuitenuniversität Dillingen (1750 bis etwa 1753) und anschließend Theologie in Ingolstadt studiert, bevor er sich ab 1759 der Medizin – als Schüler u. a. von Gerard van Swieten und Anton de Haën in Wien – zuwandte. Mesmers 1766 erschienene Dissertation *De planetarum influxu* (Über den Einfluss der Planeten) gilt als wichtiges Dokument der Entstehungsgeschichte des Mesmerismus. Obwohl akademische Kommissionen in Wien und Paris, Mesmers Wohnort seit 1778, seiner Theorie äußerst kritisch gegenüberstanden, wurde sie als innovative Heilmethode von den Patienten begeistert aufgenommen.

Mesmer und seine Anhänger nahmen an, dass der tierische Magnetismus (›Lebensmagnetismus‹) als unbekannte Kraft auf das ›Nervenfluidum‹ der Lebewesen wirke; entsprechend entwickelte man der Hypnose verwandte Heilpraktiken, bei der man elektrische und magnetische Kräfte zur Behandlung der Kranken einsetzte.

Während seiner physikalischen Vorträge (1805/1806) dozierte G. am 7.2.1806 über »Frühere Annäherung des Eisenmagnetismus zu menschlichen Kuren«, wobei er auch »Mesmerische Wannen« (FA I, 25, 175) – die nach Mesmer benannten Wannen zur Anwendung des Magnetismus in der Krankenheilung – erwähnte. Gegenüber →Eckermann äußerte G. sich am 7.10.1827: »Wir haben Alle etwas von elektrischen und magnetischen Kräften in uns, und üben, wie der Magnet selber, eine anziehende und abstoßende Gewalt aus, je nachdem wir mit etwas Gleichem oder Ungleichem in Berührung kommen« (FA II, 12, 634).

Trotz seines Interesses an magnetischen Phänomenen (→Magnetismus/Elektromagnetismus) stand G. dem Mesmerismus distanziert gegenüber. Als ihm →Nees von Esenbeck, der eine Neigung dafür zeigte, am 28.6.1820 seine Schrift *Entwickelungsgeschichte des magnetischen Schlafs und Traums* (Bonn 1820; Ruppert 4913) zusandte, antwortete G.: »Da haben Sie mich denn […] in ziemliche Versuchung geführt; denn nur an Ihrer treuen Hand konnt ich ein paar Schritte gegen die Nachtseite wagen. Mit meinem besten Willen aber mußt ich bald wieder umkehren: denn ich bin nun einmal dazu nicht berufen«. G. vermochte den animalischen Magnetismus nicht im Bereich seiner Naturforschung anzusiedeln. (Weitere Einzelheiten zu G.s Brief in LA II, 1B, 885f.)

Literatur

Barkhoff, Jürgen: Magnetische Fiktionen. Literarisierung des Mesmerismus in der Romantik. Stuttgart 1995. – Ego, Anneliese: »Animalischer Magnetismus« oder »Aufklärung«. Eine mentalitätsgeschichtliche Studie zum Konflikt um ein Heilkonzept im 18. Jahrhundert. Würzburg 1991. – Kiefer, Klaus H.: Goethe und der Magnetismus. Grenzphänomene des naturwissenschaftlichen Verständnisses. In: Philosophia naturalis. 20 (1983), 264–311. – Schott, Heinz (Hg.): Franz Anton Mesmer und die Geschichte des Mesmerismus. Beiträge zum internationalen wissenschaftlichen Symposion anläßlich des 250. Geburtstags von Mesmer. Stuttgart 1985. *EN*

Metamorphose

Mit den Begriffen von →Typus und Metamorphose suchte G. die Grundgesetze seiner morphologischen Vorstellungen zu umschreiben. Dabei fasste er die nahezu unendliche Formenvielfalt in der Natur mit seiner Anschauung der Metamorphose, dem ständigen Gestalten und Umgestalten, Bilden und Umbilden, während die ordnenden Gesetzmäßigkeiten, die dem Wirken der Metamorphose schließlich eine Grenze ziehen, in seinem Typus-Konzept zum Ausdruck kamen. In dieser Weise bezeichnen Typus und Metamorphose eine grundlegende →Polarität, die den Naturerscheinungen zugrunde liegt (→Systole/Diastole). Aus der Rückschau hielt G. für das Jahr 1790 die Erkennntnis fest, »ein allgemeiner, durch Metamorphose sich erhebender Typus gehe durch die sämmtlichen organischen Geschöpfe durch« (TuJ 1790). Dabei umfasst die Metamorphose gleichsam alle vorhandenen Möglichkeiten der Natur, vom Grundmuster oder Typus abzuweichen.

Gegenüber der griechischen Mythologie, in der Metamorphose Verwandlung im weitesten Sinne bezeichnet, ist der Begriff bei G. enger zu verstehen und überwiegend auf das Pflanzen- und Tierreich bezogen. Gegenüber der modernen Begriffsverwendung im Rahmen der Entwicklung von der Larve zum ausgewachsenen Tier bei den →Insekten erscheint er dagegen weiter, als Umbildung von Lebewesen überhaupt, auch wenn G. sich zeitweise mit der Metamorphose der Insekten beschäftigt hat.

G. verstand seinen Metamorphose-Begriff auch als Gegenkonzept zu den zeitgenössisch bestimmenden Entwicklungstheorien von →Präformation und →Epigenese; so beendete er seinen Aufsatz →*Bildungstrieb* (Morph I, 2, 1820), der an →Kants Hinweis auf →Blumenbach anknüpfte, mit den Worten: »So viel aber getraue ich mir zu behaupten, daß wenn ein organisches Wesen in die Erscheinung hervortritt, Einheit und Freiheit des Bildungstriebes ohne den Begriff der Metamorphose nicht zu fassen sei« (FA I, 24, 452).

Die große Tragweite von G.s Metamorphose-Konzept bringt es mit sich, dass der Begriff in unterschiedlichen Facetten erscheint, auf der einen Seite als empirisch fassbares, der Beobachtung zugängliches Phänomen: »Die Metamorphose ist ein Phänomen das sich mir bey Betrachtung der Pflanzen jederzeit aufdringt [...]. Die Metamorphose ist ein Naturgesetz nach welchem die Pflanzen in einer stetigen Folge ausgebildet werden« (Notizen zur Metamorphose der Pflanzen; LA II, 9B, 3). Auf der anderen Seite naturphilosophisch ausgedeutet und überhöht, so wenn S. →Boisserée im seinem Tagebuch vom 3.8.1815 G.s Äußerung festhält: »Alles ist Metamorphose im Leben – bei den Pflanzen und bei den Tieren bis zum Menschen und bei diesem auch. Je vollkommener je weniger Fähigkeit aus einer Form in die andere überzugehen« (Weitz-Boisserée 1, 229).

Metamorphose bezeichnet bei G. allmählichen Wandel in einem kontinuierlichen Prozess, niemals plötzliche, mit Zerstörung verbundene Veränderung. Der Verlauf der Metamorphose im Sinne eines Entwicklungsprozesses ist mit dem Moment der Steigerung zum Höheren, einer Vervollkommnung verbunden (→Polarität/Steigerung), so z. B. mit einer Verfeinerung der Pflanzensäfte auf ihrem Weg zur Blüte.

Der zweifellos wichtigste Text G.s zur Metamorphosenlehre ist der *Versuch die Metamorphose der Pflanzen zu erklären* von 1790, der 1817 in Morph I, 1 und 1831 in einer deutsch-französischen Ausgabe nahezu identisch wieder abgedruckt wurde. Auf der Suche nach der →Urpflanze in Italien hatte sich bei G. 1787 in Sizilien die Überzeugung durchgesetzt, dass die Entwicklung der Pflanze allein aus Metamorphosen des →Blatts zu erklären sei: Keimblätter, Laubblätter, Kelchblätter, Kronblätter, Staub- und Fruchtblätter erwiesen sich als nacheinander, sukzessiv erscheinende Varianten eines Grundelements, wenn man den Prozess des Werdens der Pflanze betrachtete. Aus der Perspektive der endgültig ausgebildeten Pflanze konnte man alle Metamorphosen des Blattes zugleich, simultan, betrachten. Diese Blickrichtungen liegen G.s Begriffen der simultanen und sukzessiven Metamorphose zugrunde.

Hinsichtlich der Pflanzenentwicklung unterschied G. drei Arten von Metamorphose: die regelmäßige oder fortschreitende, die den Normalfall darstellt; die unregelmäßige oder rückschreitende, die ohne erkennbare Ursache und ohne Einwirkung von außen einen »unkräftigen und unwirksamen Zustande« bewirkt (FA I, 24, 111) und die zufällige, mit der Missbildungen durch äußere Ursachen, z. B. Insekten oder Temperatur, einhergehen. Gerade die beiden letzten waren G. wichtig, da sie oft besondere Aufschlüsse über den normalen Entwicklungsgang boten. G.s Metamorphosekonzept erweist sich als eigenständig und unabhängig gegenüber dem von →Linné. Es ist auf die Individualentwicklung (Ontogenese) gerichtet und kann nicht zur Begründung eines evolutiven Artenwandels herangezogen werden (→Evolution).

Sein gesamtes Leben hindurch hat sich G. bemüht, seine Schrift über die Pflanzenmetamorphose zu ergänzen oder mit neuen Entdeckungen in Einklang zu bringen. Schon in den 1790er Jahren entstanden hierzu die Aufsätze *Metamorphose der Pflanzen. Zweiter Versuch, Knospen. Stolonen, Samenhäute, Eigenschaften der Monokotyledonen* und *Wirkung des Lichts auf organische Körper im Sommer 1796.* Vor allem 1816 und 1817 befasste sich G. mit G. F. Jägers Werk *Über die Mißbildungen der Gewächse, ein Beitrag zur Geschichte und Theorie der Mißentwicklungen organischer Körper* (Stuttgart 1814), das er in seinen *Nacharbeiten und Sammlungen* (Morph I, 2, 1820) thematisierte. C. F. P. v. →Martius' Arbeiten zur →Spiraltendenz der Vegetation sah G. in großer Übereinstimmung mit seinen Ansichten zur Metamorphose. Zu den Stücken, die er der deutsch-französischen Ausgabe *Versuch über die Metamorphose der Pflanzen* (1831) ursprünglich im Anhang beigeben wollte, zählen *Gang der Metamorphose, Bemerkungen zu dem 17.* [15.] *Paragraphen meiner Pflanzenmetamorphose auf Anregung Herrn Ernst Meyers aus Königsberg* und *Zu § 15. der Metamorphose der Pflanzen.*

Im Zusammenhang mit seinen Studien zum osteologischen →Typus machte sich G. um 1795 auch Gedanken zu den verschiedenen Formen der Metamorphose bei Tieren (vgl. z.B. LA II, 9B, 29f., M 32a), wobei er das dem Blatt in der Botanik entsprechende Grundelement im →Wirbelknochen sah, aus denen er die Knochen des Schädels ableitete.

Zwischen 1796 und 1802 betrieb G. systematische entomologische Studien und beobachtete dabei Entwicklung und Metamorphose des Stachelbeerspanners und des Wolfmilchschwärmers (→Insekten). J. D. Falk überlieferte unter dem 15.3.1813 die Äußerung G.s: »Das Gesetz, wonach sich alles in der Natur aufbaut, habe ich in der Metamorphose der Pflanzen angegeben [...]. Es rast nach diesem immer prächtiger in gesteigerten höheren Verbindungen. In der Metamorphose der Pflanzen fliegt die Blume nicht weg. Dies ist aber in der Metamorphose der Insekten wirklich der Fall« (LA II, 9B, 364).

Am 16.10.1812 berichtete Knebel von »Leislers [...] Entdeckung, daß mehrere Vögelarten [...] bei ihrem Mausern Gestalt und Farbe verändern« (ebd. 349). Er bezog sich auf einen Aufsatz von J. P. A. Leisler *Über verschiedene Möwen* in dessen *Nachträgen zu Bechsteins Naturgeschichte Deutschlands* (2 Hefte, Hanau 1812/1813). G. bezeichnete in seinem Antwortbrief vom 17.10.1812 die Mauser als »Metamorphose der Vögel«.

G. wandte den Begriff auch im geologisch-mineralogischen, also anorganischen Bereich an: »Die schönste Metamorphose des unorganischen Reiches ist, wenn bei'm Entstehen das Amorphe sich in's Gestaltete verwandelt. Jede Masse hat hiezu Trieb und Recht. Der Glimmerschiefer verwandelt sich in Granaten und bildet oft Gebirgsmassen [...]« (MuR 1259).

In der Sekundärliteratur ist G.s Wolkenlehre mehrfach als Darstellung einer Metamorphose der Wolken beschrieben worden (→Kálidása).

Bisweilen hat G. die Reichweite seines Metamorphose-Begriffs über die Naturbeschreibung im engeren Sinne hinaus ausgedehnt, so wenn er die Metamorphose als »Systole und Diastole des Weltgeistes« bezeichnete (Tgb, 17.5.1808) oder gegenüber Eckermann am 10.1.1830 von der »ewigen Metamorphose des irdischen Daseins, des Entstehens und Wachsens, des Zerstörens und Wiederbildens« als »der Mütter nie aufhörender Beschäftigung« sprach (FA II, 12, 375). Auch die Gespräche mit Falk über Metamorphose vom 25.1., 15. und 29.3.1813 beziehen naturphilosophische Aspekte vor dem Hintergrund von Monadenlehre und Unsterblichkeit ein (vgl. LA II, 9B, 360–366).

In seinen Überlegungen zur Autobiographie wies G. auf Parallelen zur Metamorphosevorstellung hin (vgl. Tgb, 18.5.1810; Gespräch mit Riemer, 29.6.1811, GG 2, 670f.). In einem im Sommer 1813 entstandenen Entwurf einer Vorrede zum dritten Teil von *Dichtung und Wahrheit* heißt es: »Ehe ich diese nunmehr vorliegenden drey Bände zu schreiben anfing, dachte ich sie nach jenen Gesetzen zu bilden, wovon uns die Metamorphose der Pflanzen belehrt. In dem ersten sollte das Kind nach allen Seiten zarte Wurzeln treiben und nur wenig Keimblätter entwickeln. Im zweyten der Knabe mit lebhafterem Grün stufenweis mannigfaltiger gebildete Zweige treiben, und dieser belebte Stengel sollte nun im dritten Beete ähren- und rispenweis zur Blüte hineilen und den hoffnungsvollen Jüngling darstellen« (WA I, 28, 356).

In das dritte Heft der ersten Bandes von *Ueber Kunst und Alterthum* (1821) nahm G. die Maxime auf: »Metamorphose im höhern Sinn durch Nehmen und Geben, Gewinnen und Verlieren, hat schon Dante trefflich geschildert«, wobei er sich vor allem auf den 25. Gesang des *Purgatorio* bezog, in dem die Entwicklung des Organismus dargestellt wird (vgl. LA II, 9B, 55).

Der Begriff der Metamorphose erscheint auch im Titel von G.s Elegie *Die Metamorphose der Pflanzen* (1798) und des erst in der *Ausgabe letzter Hand* so genannten Hexametergedichts *Metamor-*

phose der Tiere (vermutlich 1799), die als Teile eines umfassenden →Naturgedichts verstanden werden können, das nicht zustande kam (→Gedichte zur Morphologie).

Vgl. auch den Artikel in GHB. 4.2, 700ff.

Literatur
Hansen, Adolf: Die angebliche Abhängigkeit der Goethischen Metamorphosenlehre von Linné. In: GJb. (1904), 128–141. – Ders.: Goethes Metamorphose der Pflanzen. 2 Bde. Gießen 1907. – Kuhn, Dorothea: Typus und Metamorphose. Goethe-Studien. Marbach am Neckar 1988. – Lichtenstern, Christa: Die Wirkungsgeschichte der Metamorphosenlehre Goethes. Von Philipp Otto Runge bis Joseph Beuys. Weinheim 1990. – Michel, Christoph: »Eine Ausgeburt mehr der Nothwendigkeit als der Wahl«. Goethes Autobiographie und die Metamorphose der Pflanzen. In: Philosophia naturalis. 20 (1983), 339–364. – Portmann, Adolf: Goethe und der Begriff der Metamorphose. In: GJb. (1973), 11–21. – Schmid, Günther: Goethes Metamorphose der Pflanzen. In: Walther, Johannes (Hg.): Goethe als Seher und Erforscher der Natur. Halle 1930, 205–226. *ZA*

Meteore

Der Begriff bezeichnet atmosphärische Erscheinungen verschiedenster Art. Aufgrund der →Instruktionen für die →Meteorologischen Anstalten im Großherzogtum (in der ersten Überarbeitung von 1821) lassen sich die Meteore näher differenzieren (dazu LA II, 2, 80–83). Unterschieden werden »Gewitter, wässrige und andere Meteore«. Zu den wässrigen Meteoren zählen »Schnee«, »Graupeln, Schloßen und Hagel«, »Nebel«, »Reif und Höherauch«. Unter den »anderen Meteoren« sind »Höfe um Sonne und Mond«, »Nebensonnen und Nebenmonde«, »Morgen- und Abendröthe, Regenbogen«, »Fallsterne und Feuerkugeln«, schließlich »Wetterleuchten, Nordlicht und andere [nicht näher bezeichnete] Meteore« zu verstehen. In den Instruktionen werden alle Phänomene näher beschrieben, um die Beobachter in die Lage zu versetzen, korrekte Aufzeichnungen zu liefern (→Regenbogen, →Nordlicht, →Kometen).

Im übertragenen Sinn hat G. den Begriff in seinem Aufsatz *Meteore des literarischen Himmels* (ZNÜ I, 2, 1820) verwendet. Dort bezieht er sich auf den ›literarischen Himmel‹, auf Wissenschaften und Künste (zu Meteoriten →Chladni).

Literatur
Kühl, Johannes: Höfe, Regenbögen, Dämmerung. Die atmosphärischen Farben und Goethes Farbenlehre. Stuttgart 2011. *ZA*

Meteorologische Anstalten

Nach einigen in ihren Zusammenhängen ungeklärten Vorüberlegungen (vgl. Tgb, 26.3.1808; an Seebeck, 29.3.1808) kam es ab 1816 im Großherzogtum Sachsen-Weimar-Eisenach zur systematischen Einrichtung von meteorologischen Stationen und zum Aufbau eines der ersten staatlichen meteorologischen Messnetze im deutschsprachigen Raum überhaupt. Von →Carl August ging die Initiative aus, G. beteiligte sich in seiner Amtstätigkeit als Oberaufsicht über die Anstalten für Kunst und Wissenschaft maßgeblich am Aufbau und an der Betreuung der einzelnen Stationen und der Publikation der Beobachtungsergebnisse. Ziel des Unternehmens war die Möglichkeit längerfristiger Wetterprognosen.

Meteorologische Beobachtungen hatten bereits die Bibliotheksangestellten F. Th. D. →Kräuter und C. A. Vulpius in Weimar und ab 1813 der Direktor der 1812 neu gegründeten →Sternwarte in Jena, C. D. v. →Münchow, angestellt. Mit der ab 1816 geplanten und bis März 1818 umgesetzten Einrichtung eines Observatoriums in →Schöndorf auf dem Ettersberg ging die erste Station in Betrieb. Ende 1817 verfassten G. und der Jenaer Hofmechaniker F. →Körner für den Wetterbeobachter →Instruktionen, die noch dreimal (1821, 1824 und 1827) überarbeitet wurden und schließlich für alle Stationen galten. Körner war für die Ausstattung mit Instrumenten und deren Beschreibung verantwortlich, G. steuerte die Vorgaben für die Beobachtung der Wolkenformen (→Wolkenterminologie) und →Himmelsfarben bei. Ende 1821 umfasste das Messnetz die sieben Stationen Schöndorf, Weimar, Jena, →Eisenach, →Wartburg, →Ilmenau und →Weida bei Gera, die in der Regel mit interessierten Laien als Beobachtern besetzt wurden. 1824/1825 kamen noch Frankenheim (Rhön) und →Allstedt hinzu. Alle Daten liefen in der Jenaer Sternwarte zusammen.

G. tauschte sich in diesem Zusammenhang mit J. F. →Posselt, ab 1819 Direktor der Jenaer Sternwarte, und seinem Nachfolger L. H. →Schrön aus, der regelmäßig die einzelnen Stationen inspizierte; darüber hinaus mit Herzog Carl August. Vor allem für 1821 sind zahllose Gespräche über die Arbeit der Stationen in G.s Tagebuch notiert (vor allem April, Juni und Oktober).

Die Messdaten aus Jena, Ilmenau und von der Wartburg erschienen ab Mai 1822 in Frorieps *Notizen aus dem Gebiete der Natur- und Heilkunde*. Ab 1823 wurde ein *Meteorologisches Jahrbuch* publiziert, von dem bis 1828 sechs Bände für die Beobachtungsjahre 1822 bis 1827 erschienen. Die zahlreichen Publikationen, die aus der Arbeit der Wetterstationen resultierten, sind in GS (83f., 87–93, 333–336 u. 343–399) verzeichnet.

G. versuchte im Rahmen seiner Korrespondenzen, auch Daten für einen internationalen Vergleich der Messwerte zu erhalten. Es gelang ihm, auf diese Weise Messergebnisse aus Archangelsk, Boston (Großbritannien), Dublin, Genf, London, St. Petersburg, Pilsen und Wien zu sammeln. Mit dem Stift →Tepl bei Marienbad und der →Schlesischen Gesellschaft für vaterländische Kultur (Breslau) hatte er einen Austausch der Daten vereinbart.

1825 zeigten sich erste organisatorische Probleme, vor allem in finanzieller Hinsicht. Nach Carl Augusts Tod (1828) nahm das Interesse auch bei G. spürbar ab, zumal die Barometerdaten G.s These einer pulsierenden Schwerkaft der Erde (→Ein- und Ausatmen der Erde, →Erdanziehungskraft) nicht belegen konnten.

Nachdem die Station Weida bereits ab Herbst 1826 keine Ergebnisse mehr lieferte, Schöndorf im Dezember 1829, Eisenach im März 1831 und Weimar einen Monat später die Arbeiten einstellten, wurde am 24.2.1832 die Aufhebung aller Beobachtungen verfügt; nur die Station in Jena arbeitete bis in die 1860er Jahre weiter.

In ZNÜ II, 2 (1824) publizierte G. einen Aufsatz von Schrön über *Die meteorologischen Anstalten des Großherzogtums Sachsen-Weimar-Eisenach*, in dem dieser die einzelnen Stationen mit ihren jeweiligen Höhenlagen vorstellte (vgl. LA I, 8, 421f.), von Jena als tiefstem Punkt bis Frankenheim, »auf der hohen Rhön [...] gelegen. Es ist der höchste Punkt im Großherzogtum (2299 Par[iser] Fuß über dem Meere) auf einem kahlen Bergrücken« (ebd.). Dort wurde der Dorfschullehrer J. N. Bley als Beobachter eingesetzt.

Literatur

Kaßner, Carl: Goethe und der Wetterdienst im Großherzogtum Sachsen-Weimar-Eisenach. In: Das Wetter. Zs. für angewandte Meteorologie. 59 (1942), 277f. – Nickel, Gisela: Das meteorologische Messnetz des Großherzogtums Sachsen-Weimar-Eisenach. In: Acta Historica Leopoldina. 39 (2004), 161–168 u. 213f. *ZA*

Metz, Johann Friedrich (1724–1783)

Der seit 1765 in Frankfurt am Main tätige Arzt, dessen Geburtsjahr nach WA auch oft mit 1721 angegeben wird, behandelte G. im Winter 1768/1769 nach der Rückkehr aus Leipzig, vermutlich auf Empfehlung der S. K. v. →Klettenberg. Wie sie stammte er aus pietistischem Kreise und war vertraut mit der alchimistisch-okkultischen Literatur, für die er G. zu interessieren vermochte (→Alchimie).

G. schildert die Behandlung in *Dichtung und Wahrheit* (II, 8): zunächst habe Metz mit Unterstützung des Chirurgen Crisp eine »Geschwulst am Halse« entfernt und ihn später, am 7.12.1768, von einer als lebensbedrohlich empfundenen Krankheit geheilt, indem er »tief in der Nacht« ein »Gläschen krystallisierten trocknen Salzes« herbeiholte (FA I, 14, 371 u. 374). Es handelte sich wohl um einfaches Glaubersalz, das eine quälende Verstopfung rasch beseitigen konnte. Der schnelle Behandlungserfolg erhöhte die Autorität des Arztes und den Einfluss der durch ihn vermittelten alchimistischen Schriften auf G., wovon sich Nachklänge in *Faust* finden (vgl. V. 1034–1055, 2529–2586, 6819ff.). *WZ*

Meyer, Ernst Heinrich Friedrich (1791–1858)

Der Göttinger Botaniker hatte in den *Göttingischen gelehrten Anzeigen* (22. St. vom 9.2.1822, 209–214) Georg Wilhelm Franz Wenderoths *Lehrbuch der Botanik* (Marburg 1821) rezensiert und dabei G. in zustimmender Weise zu dessen Metamorphosenlehre zitiert. G. würdigte die Rezension in seinem Aufsatz *Erschwerter botanischer Lehrvortrag* (vgl. FA I, 24, 534f.) und nannte den ihm unbekannten Rezensenten »Freund und Mitarbeiter« (ebd. 535). Dieser gab sich daraufhin in einem langen Brief an G. vom 25.8.1822 zu erkennen. Auch eine weitere Rezension Meyers (zu Nees v. Esenbeck: *Handbuch der Botanik*. 2 Bde., Nürnberg 1820/21; *Göttingische gelehrte Anzeigen*, 84. St. vom 27.5.1822, 833–839) ging auf G.s Metamorphosenlehre ein. Im gemeinsamen Aufsatz *Problem und Erwiderung* (FA I, 24, 582–594) zu Fragen der natürlichen Pflanzensystematik, erschienen 1823 in Morph II, 1, fanden die 1822 geknüpften Kontakte einen ersten Ausdruck (vgl. an Meyer, 2.2.1823; Meyer an G., 7.3.1823; LA II, 10A, 576).

1826 wurde Meyer durch G.s Vermittlung Professor der Botanik und Direktor des Botanischen Gartens in Königsberg. Die 1822 begonnene Korrespondenz zwischen G. und Meyer wurde bis zum 18.8.1831 fortgesetzt (vgl. LA II, 10A u. 10B.1). Für G.s Aufsatz *Wirkung dieser Schrift*, der als Anhang der deutsch-französischen Ausgabe des *Versuchs über die Metamorphose der Pflanzen* (Stuttgart 1831) auf den Seiten 164 bis 225 erschien, lieferte Meyer mehrere Beiträge (ebd. 174–178, 184–188, 192, 204–206). Für *Ueber Kunst und Alterthum* (VI, 1, 1827, 112f.) steuerte er das Gedicht *Der Pflanzenfreund aus der Ferne* bei.

Nach G.s Tod veröffentlichte Meyer eine Verteidigung von G.s Metamorphosenlehre: *Die Metamorphose der Pflanzen und ihre Widersacher. Kritische Blätter von Ernst Meyer.* In: *Linnaea* 7 (1832), 401–460. Vermutlich an den Herausgeber der *Linnaea*, D. F. L. v. Schlechtendal, schrieb Meyer Ostern 1832: »Ich kann Ihnen nicht sagen, wie mich dieser lang gefürchtete Schlag [G.s Tod] anfangs zwar nur wenig, doch je länger er wirkt, desto tiefer erschüttert. Ich muß mich zehnmal täglich mit Gewalt von dem Gebet an ihn losreißen. Und hier [in Königsberg] ist niemand, den ich es nur möchte ahnden laßen, was ich verloren« (zit. nach GS 1737).

Literatur

Geiger, Ludwig (Hg.): Briefwechsel zwischen Goethe und Ernst Meyer. In: GJb. (1884), 134–176. – Neumann, Rudolph: Professor Ernst Meyer und seine Beziehungen zu Göthe. In: Botanische Zeitung. 18 (1859), 112–116. *EN*

Meyer, Johann Heinrich (1760–1832)

Den Schweizer Maler und Autor (›Kunscht-Meyer‹) aus Stäfa am Zürichsee traf G. zum ersten Mal am 2.11.1786 in Rom. Aufgrund des freundschaftlichen Verhältnisses konnte G. ihn im November 1791 für Weimar gewinnen, wo Meyer (bis 1803) auch G.s Hausgenosse wurde. 1795 Lehrer, 1806 Direktor an der Freien Zeichenschule, fungierte Meyer über vier Jahrzehnte als künstlerischer Berater G.s und des Weimarer Hofes, nahm an mehreren Reisen G.s teil (Teil der dritten Schweizreise 1797, Kassel 1801, Karlsbad 1811), arbeitete an Schillers *Horen*, den *Propyläen*, *Ueber Kunst und Alterthum* und der JALZ mit. 1795 bis 1797 berichtete Meyer ausführlich aus →Italien von seinen dortigen Aktivitäten, die für ein großes, von G. geplantes, aber nicht zustande gekommenes Werk über die Kulturgeschichte Italiens Material sammeln sollten. Meyer ist in GHB. 4.2, 702–706 und GHB. Suppl. 3, 522–524 ausführlich behandelt worden.

Im Kontext der Naturforschung muss seine Mitarbeit an der *Farbenlehre*, vor allem an deren historischem Teil, herausgestellt werden, die G. selbst in der *Konfession des Verfassers* beschrieb: »Ein Freund, Heinrich *Meyer*, dem ich schon früher in Rom manche Belehrung schuldig geworden, unterließ nicht, nach seiner Rückkehr, zu dem einmal vorgesetzten Zweck, den er selbst wohl ins Auge gefasst hatte, mitzuwirken. Nach angestellten Erfahrungen, nach entwickelten Grundsätzen machte er manchen Versuch gefärbter Zeichnungen, um dasjenige mehr ins Licht zu setzen und wenigstens für uns selbst gewisser zu machen, was gegen das Ende meines Entwurfs über Farbengebung mitgeteilt wird. [...] Höchst bedeutend aber ward für das ganze Unternehmen die fortgesetzte Bemühung des gedachten Freundes, der sowohl bei wiederholter Reise nach Italien, als auch sonst bei anhaltender Betrachtung von Gemälden die Geschichte des Kolorits zum vorzüglichen Augenmerk behielt und dieselbige entwarf, wie wir sie in zwei Abteilungen unsern Lesern vorgelegt haben: die ältere, welche hypothetisch genannt wird, weil sie, ohne genugsame Beispiele, mehr aus der Natur des Menschen und der Kunst, als aus der Erfahrung zu entwickeln war; die neuere, welche auf Dokumenten beruht, die noch von jedermann betrachtet und beurteilt werden können« (FA I, 23.1, 985). Über Meyers »ältere« *Hypothetische Geschichte des Kolorits* (ebd. 570–596), die G. zur zweiten Abteilung (*Römer*) stellte und die auf dem 34. und 35. Buch der Naturgeschichte des →Plinius beruht, urteilte G. am 7.10.1807 gegenüber →Knebel: »Meyer hat einen gar schönen Beytrag gegeben, die Geschichte des Kolorits bey den Griechischen Malern betreffend, meist nach Plinius [...].« Am Ende der fünften Abteilung (*17. Jahrhundert*) folgte die *Geschichte des Kolorits seit Wiederherstellung der Kunst* (ebd. 761–779). Beide Beiträge sind eingegangen in Meyers *Geschichte der Kunst*, die erst 1974 aus dem Nachlass ediert wurde (SchrGG. 60). Die in EGW 4, 255–981 präsentierten Zeugnisse zur *Farbenlehre* machen Meyers Rolle als Korrespondent und aktiv Mitwirkendem in G.s Umfeld in den Einzelheiten deutlich. *WZ*

Meyer, Nicolaus (1775–1855)

Der Bremer Senatorensohn und spätere Arzt, Medizinalrat, Redakteur und Schriftsteller (Pseudonyme: Corti; N. Langbein; Philharmon; Viktor; Victoro) hatte sein Medizinstudium 1793 in Halle begonnen, 1794 in Kiel und 1798 in Jena fortgesetzt. Im Winter 1799/1800 ab 28.12.1799 oft willkommener Gast im Hause G.s in Weimar, nutzte er dessen osteologische Sammlung zum →Zwischenkieferknochen für eigene anatomische Studien und präparierte Mäuse »zum Entsetzen der kleinen Freundin Vulpia auf dem Küchenherde« (GG 1, 774). Mit der von G. angeregten *Dissertatio inauguralis anatomico-medica sistens Prodromum anatomiae murium* (Jena 1800), die eine gedruckte Widmung an G. enthält, erfolgte am 27.6.1800 die Promotion zum Dr. med. in Jena (Schrift in G.s Bibliothek; Ruppert 4889). →Blumenbach nannte den Zwischenkieferknochen der Maus daraufhin nach Meyer »Os transversum Meyeri«.

Aus dem Aufenthalt in Weimar erwuchs ein umfangreicher Briefwechsel mit G., Christiane Vulpius und G.s Sohn August, wobei Meyer, der sich 1802 in Bremen und 1809 in Minden niederließ, auch portugiesische Weine und andere Spezialitäten sandte. Nach dem Tod des Botanikers →Batsch 1802 setzte G. Meyer vergeblich als Vermittler ein, um Albrecht Wilhelm Roth aus Bremen-Vegesack als Nachfolger zu gewinnen (vgl. LA II, 9B, 200). Meyer bemühte sich um ein Walskelett für Jena (ebd. 176), berichtete am 6.5.1802 vom Skelett des

→»Goethe-Elefanten« in Kassel (ebd. 195) und bot am 19.10.1804 Tierpräparate zum Kauf an (ebd. 224). Über G. versuchte er am 23.7.1805 offenbar mit Erfolg, →Gall für Vorträge in Bremen zu gewinnen (ebd. 235), und am 28.11.1814 berichtete er - nach seinem Umzug nach Minden - über Fossilien im Weserbergland (ebd. 389). Noch am 29.12.1828 notierte G. im Tagebuch den Eingang von »schönen Versteinerungen« von Meyer aus Minden.

Bis zu G.s Tod 1832 blieb der Kontakt bestehen (vgl. *Freundschaftliche Briefe von Goethe und seiner Frau an Nicolaus Meyer: aus den Jahren 1800 bis 1831.* Leipzig 1856). Meyer besuchte G. vom 11. bis 14.8.1806 in Weimar und am 16.8.1806 in Jena. Weitere Besuche (in Weimar) fanden vom 6. bis 18.12.1808, 14. bis 21.9.1809 und 8. bis 10.11.1828 statt.

Literatur
Kasten, Hans (Hg.): Goethes Bremer Freund Dr. Nicolaus Meyer. Briefwechsel mit Goethe und dem Weimarer Kreis. Bremen 1926. - Knebel, Karl: Nikolaus Meyer als Freund Goethes und Förderer des geistigen Lebens in Westfalen. Diss. Münster 1908.

EN

Mikan, Johann Christian (1769–1844)

Der Sohn eines böhmischen Naturforschers widmete sich nach Abschluss seines Medizinstudiums 1793 an der Universität Prag vornehmlich der Entomologie und Botanik. 1800 erhielt er dort die Professur für Naturgeschichte und unternahm 1811 eine Forschungsreise nach Malta, Spanien und den Balearen. Diese Expeditionserfahrung kam ihm für die Berufung als wissenschaftlicher Begleiter im Rahmen der bayerisch-österreichischen Brasilienexpedition (1817–1835) zugute. Nach seiner Rückkehr aus →Brasilien (bereits 1818) bestand sein naturwissenschaftliches Wirken vornehmlich in der Bearbeitung der an das Hofnaturalienkabinett in Wien gelangten brasilianischen Sammlungen. Zwischen 1820 und 1825 veröffentlichte Mikan in Wien sein dreibändiges Werk *Delectus florae et faunae brasiliensis*, auf das C. F. A. v. Schreibers G. am 13.5.1823 hinwies. Dieser entlieh das Gesamtwerk am 9.6.1827 für fünf Tage aus der Weimarer Bibliothek.

In seiner erst im März 1830 in den *Jahrbüchern für wissenschaftliche Kritik* erschienenen Rezension des ersten Jahrgangs der *Monatsschrift der Gesellschaft des vaterländischen Museums in Böhmen* (Prag 1827) erwähnte G. Mikan in Zusammenhang mit dem Botanischen Garten in Prag als »vorzüglichen Botaniker [...], der Brasilien und so manche berühmte Anstalt gesehen« (WA I, 42.1, 41). Ein Brief von F. S. →Voigt an G. vom 10.3.1828 belegt allerdings, dass dieser das Urteil über Mikan nahezu wörtlich von Voigt übernommen hat (vgl. LA II, 10B.1, 353).

WZ

Mineralien

Ein Mineral ist ein Bestandteil der Erdrinde, der bezüglich seiner physikalischen und chemischen Beschaffenheit stofflich einheitlich ist. Die →Gesteinsarten setzen sich aus Mineralien zusammen, so etwa der →Granit aus Feldspat, Quarz und Glimmer. Meistens besitzen diese Stoffe eine kristalline Struktur, sind also →Kristalle, doch gibt es auch amorphe Mineralien wie z.B. →Opal. Das Sammeln von schönen und/oder seltenen Mineralien entwickelte sich in der G.zeit zu einer beliebten Beschäftigung. Schon G.s Vater besaß einige Stufen (vgl. *Dichtung und Wahrheit* I, 1). Für G. selbst wurden Mineralien erst im Zusammenhang mit seiner Verantwortung für die Bergwerke von →Ilmenau wichtig. Er erlernte ab 1780 ihre Bestimmung durch die damals wegweisenden Publikationen von A. G. →Werner zur »Oryktognosie« - so nannte Werner die Wissenschaft von der Ordnung der Mineralien. Im Laufe der Jahrzehnte trug G. eine eigene Sammlung von Gesteinen und Mineralien zusammen, die schließlich rund 18.000 Stück umfasste und in den Jahren 1783, 1785 und 1813 katalogisiert wurde. Auch die Herzogliche Mineralogische Sammlung in →Jena wurde von ihm mit aufgebaut. G. erlebte mit, wie zahlreiche neue Mineralien entdeckt wurden, und erfuhr 1806 sogar die Ehre, dass ein Eisenmineral nach ihm als →Goethit benannt wurde. Mit dem bekannten Mineralogen C. C. v. →Leonhard korrespondierte er über einzelne Exemplare, mit vielen anderen Fachleuten und Liebhabern stand er ebenfalls in einem regen Tausch- und Geschenkverkehr. Auch Ankäufe wurden immer wieder getätigt. Die in G.s Besitz befindliche *Systematische Mineralien-Sammlung*, die nach der Wernerschen Klassifikation geordnet wurde, erreichte so 1599 Nummern (Prescher 25–92); dazu kamen diverse geographische Suiten.

Obwohl G. schon am 16.8.1786 in einem Brief an Ch. v. →Stein zugegeben hatte: »In der Mineralogie kann ich ohne Chymie nicht einen Schritt weiter«, hat er sich nie eingehend mit den chemischen Grundlagen der Mineralogie befasst. - Der Zusammenhang zwischen äußerer Erscheinungsform und chemischer Zusammensetzung eines Minerals war in seiner Zeit auch noch nicht gesichert. Von den zur Einteilung der Mineralien im 19. Jh. entstandenen neuen Systemen nahm G. aber Kenntnis und befasste sich mit einigen näher. So las er im Juni 1804 in R. J. →Haüys *Minéralogie* und studierte im November 1808 mit Interesse die *Mineralogischen Tabellen* von Dietrich Ludwig Gustav Karsten;

mehrmals beschäftigte er sich mit dem *Neuen System der Mineralogie* von J. J. →Berzelius (1816), das eine Übersicht zu den bekannten Systemen bot. 1825 setzte er sich mit der Klassifikation von Johann Friedrich Mohs, Schüler und Nachfolger Werners in →Freiberg, auseinander, von dem die heute noch verwendete zehnteilige Härteskala für Mineralien stammt. Auch Leonhards *Propädeutik der Mineralogie* (1817) und die Hilfestellung von J. G. →Lenz trugen zur Aktualisierung von G.s Mineraliensammlung bei.

Die von ihm unter systematischen Gesichtspunkten zusammengetragenen oder als lokale Aufsammlungen erhaltenen Mineralien und Gesteine ordnete G. gern in Reihen an, die von einem typischen Exemplar ausgehend in Nuancen abwichen; seine Suiten oder »Folgesammlungen« sollten möglichst alle vorkommenden Varianten einer Mineral- oder Gesteinsart enthalten. In den kontinuierlichen Übergängen sah G. den Prozess der Natur niedergelegt. Dieses Ordnungsprinzip zeigen exemplarisch seine böhmischen Suiten (→Böhmen). Von andern Sammlern erhaltene mineralogische Suiten versuchte G. aber in ihrem ursprünglichen Zusammenhang zu belassen, um damit auch den zugrunde liegenden Erkenntnisprozess zu überliefern. Kritisch äußerte er sich über die »disparate Nomenclatur« in der Mineralogie, weil es dieser Wissenschaft, »die auf dem Anschaun ruht«, von großem Schaden sei, »wenn nahverwandte Gegenstände mit himmelweit entfernten, aus fremden Sprachen entlehnten disparaten Klängen und Tönen benannt werden« (an August Klaus v. Preen, 29.10.1817). Auch die Farbbezeichnungen für Mineralien schienen ihm unsystematisch und ungeschickt gewählt, weil sie von den gemischten Malerfarben und nicht von der Natur abgeleitet worden seien (vgl. FA I, 23.1, 204).

Literatur

Bach, Thomas: Mineralogische Suiten – ein Weg von der Anschauung zur Erkenntnis. In: Bertsch, Markus und Grave, Johannes (Hg.): Räume der Kunst: Blicke auf Goethes Sammlungen. Göttingen 2005, 289–312. – Kreher-Hartmann, Birgit: Mineralogische Suiten – am Beispiel der böhmischen Suiten. Ebd. 313–321. – Prescher. – Uray, Johannes: Chemische Theorie und mineralogische Klassifikationssysteme von der chemischen Revolution bis zur Mitte des 19. Jahrhunderts. In: Hubmann, Bernhard, Schübl, Elmar und Seidl, Johannes (Hg.): Die Anfänge geologischer Forschung in Österreich. Graz 2010, 107–125. *WY*

Mineralogische Gesellschaft zu Jena
s. Lenz, Johann Georg

Mittellinie

Mit dem Begriff, dem im *Versuch einer Witterungslehre 1825* ein eigenes Kapitel gewidmet ist, bezeichnete G. den durchschnittlichen Stand des →Barometers, die »aus mehrjährigem höchstem und niedrigstem Barometerstand eines Ortes gezogene Mitte; deswegen sie denn auch den Indifferenzpunkt gewissermaßen darstellt von wo alle Veränderungen ausgehen. [...] Sie kann mit Recht als den veränderlichen Zustand andeutend angesehen werden; denn da man nie voraus wissen kann, ob das Quecksilber darüber steigen oder darunter fallen werde, so kann man sich doch versichert halten, daß das Quecksilber im Steigen auf einen klaren heitern, im Sinken auf einen bewölkten Zustand hindeute« (FA I, 25, 288 f.).

Auf eine Anfrage von Carl August vom 10.10.1824, der »schöne Witterung« bei »sehr niedrigen Stande des Barometers« bemerkt hatte (vgl. Wahl 3, 144), musste G. jedoch in seiner Antwort am Folgetag einräumen, »daß, obgleich [...] der Barometerstand [...] unter und über der Mittellinie sich bewegt, die Witterung jedoch [n]icht genau hiernach bestimmt werde«.

Nachdem G. am 13.12.1824 festgestellt hatte, »wie das Quecksilber [Barometer] den ganzen November über unter der Mittellinie hinkriecht« (Tgb), begann er am 22.12.1824 mit einem Aufsatz »über die Mittellinie des Barometers«, der für die Großherzogin Luise bestimmt war. Vermutlich handelte es sich um den Text, der 1825 in den *Versuch einer Witterungslehre* inkorporiert wurde. Auch einige Vorarbeiten und Materialien sind dazu überliefert (vgl. LA II, 2, 49, 57, 62, M 7.7, M 7.9, M 7.13 u. 7.14. *ZA*

»Mittwochsgesellschaft«

Die von 1805 bis etwa 1820 bestehende »Mittwochsgesellschaft« bestand aus einem Kreis Weimarer Damen, der sich einmal wöchentlich zwischen 10 und 13 Uhr bei G. versammelte. Zu den Teilnehmern gehörten die Herzogin Luise, Prinzessin Caroline, Maria Pawlowna, Charlotte von →Stein, Sophie von Schardt, Caroline von Wolzogen, Luise von →Göchhausen, Charlotte von Schiller, Henriette von Knebel, bisweilen auch Herzog →Carl August, →Knebel und Wieland.

Nur in den Jahren zwischen 1805 und 1808 sind naturwissenschaftliche Experimental-Vorlesungen G.s belegt. Zwischen dem 2.10.1805 und 11.6.1806 widmete sich G. der →Physik, und zwar den Themenbereichen →Magnetismus (2., 9. u. 16.10.1805), →Turmalin (23.10.1805), Elektrizität (30.10. u. 20.11.1805), →Luft (27.11., 4. u. 12.12.1805), →Galvanismus (22. u. 31.1., 7.2.1806) und →Optik

(18.12.1805, 8. u. 15.1., 12.2. bis 11.6.1806). Zu den zahlreichen behandelten Gegenständen und dem wissenschaftshistorischen Hintergrund liefert der Komm. in FA I, 25, 956–993 Einzelheiten. Aus dieser Zeit liegen Vorlesungsmitschriften von Charlotte von Schiller, Sophie von Schardt, Caroline von Wolzogen und Maria Pawlowna vor (abgedruckt in EGW 4, 391–398, 402–426). G.s eigene Notizen und Entwürfe zu den Vorträgen werden unter den Titeln *Physikalische Vorlesungen schematisiert 1805–1806* und *Physikalische Vorlesungen 1808* in G.-Ausgaben geführt (vgl. FA I, 25, 142–179 u. 23.2, 277–291 sowie oben S. 232–234).

Von den zahlreichen (in EGW 4 vollständig präsentierten) Zeugnissen sei ein Brief Luise von Göchhausens an K. A. Böttiger vom 12.1.1806 zitiert: »Goethe fährt noch immer fort, uns naturhistorische Vorlesungen zu halten. Er verläugnet *hier* das Genialische seines Geistes nicht, der da weiß, einen großen Gegenstand groß zu behandeln« (EGW 4, 409).

Aus dem Herbst 1806 ist der Entwurf zu einem geologischen Vortrag überliefert (vgl. FA I, 25, 527–539), den G. aber nicht gehalten hat. Erst am 1. u. 8.4.1807 sprach er über geologische Themen, am 8.4., 6. u. 13.5.1807 über Botanik (vgl. FA I, 24, 396f.) und erst am 6.4.1808 wieder über Physik, nämlich die neuesten Erkenntnisse über den Galvanismus, die elektrolytische Darstellung von Natrium und Kalium durch H. Davy in London am 19.11.1807. Zahlreiche weitere belegte Termine der »Mittwochsgesellschaft« galten literarischen Interessen (vgl. dazu den Artikel in GHB. 4.2, 709–711).

In der Widmung der *Farbenlehre* für Herzogin Luise hat G. zurückgeblickt: »Denn hätten Ew. Durchlaucht nicht die Gnade gehabt, über die Farbenlehre so wie über verwandte Naturerscheinungen einem mündlichen Vortrag Ihre Aufmerksamkeit zu schenken; so hätte ich mich wohl schwerlich im Stande gefunden, mir selbst manches klar zu machen, manches auseinander Liegende zusammenzufassen und meine Arbeit, wo nicht zu vollenden, doch wenigstens abzuschließen« (FA I, 23.1, 11).

Literatur

Bruford, Walter H.: Kultur und Gesellschaft im klassischen Weimar 1775–1806. Göttingen 1966. – Dreyer, Kirsten: Die Salons der Romantik in Weimar und Berlin. In: Henningsen, Bernd (Hg.): Wahlverwandtschaft. Skandinavien und Deutschland 1800–1914. Berlin 1997, 280f. *WZ*

Modell, geologisches

Modelle waren in den Wissenschaften des 18. Jh.s und in besonderem Maße für den stets auf Anschaulichkeit bedachten G. eine wichtige Visualisierungstechnik. Die Idee zu einem Modell der von

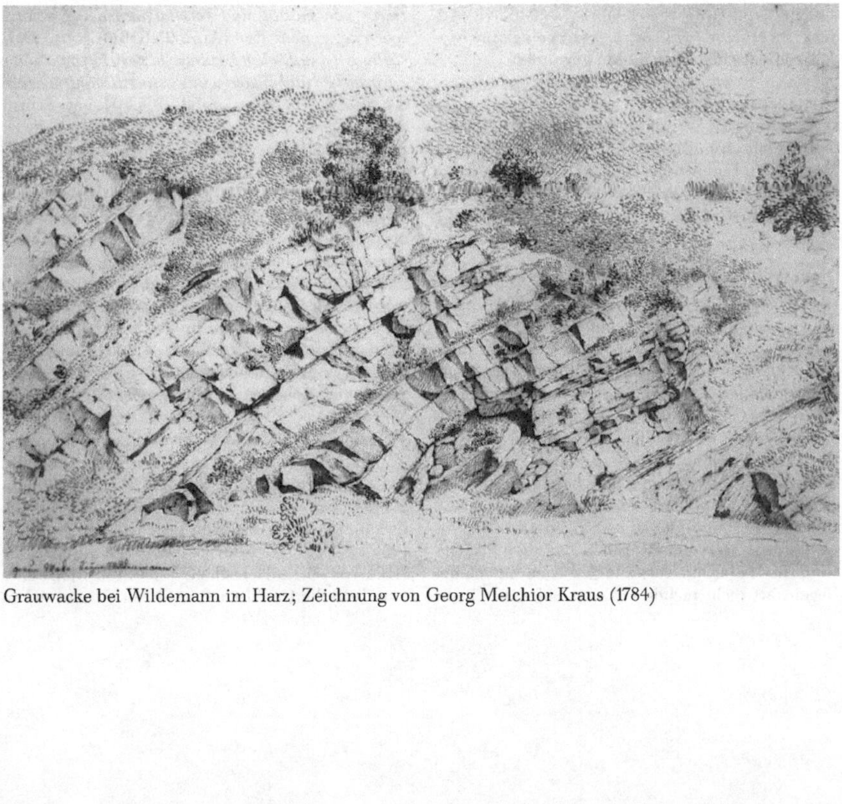

Grauwacke bei Wildemann im Harz; Zeichnung von Georg Melchior Kraus (1784)

ihm als →Kristallisation gedeuteten Klüftung von →Granit und anderen Gesteinen findet sich bei G. erstmals im Jahr 1784. Eine Zeichnung zur Grauwacke, die G. M. →Kraus auf G.s dritter Harzreise (→Harz) erstellte, sollte als Vorlage dienen. Der Plan erweiterte sich zu einer Darstellung der Schichtenfolge nach der Theorie A. G. →Werners und war G. noch auf dem Brennerpass gegenwärtig (vgl. Tgb, 8.9.1786). Nur der französische Naturforscher Jean-Louis Giraud Soulavie, dessen Werk G. seit 1782 kannte, hatte vorher ein solches Modell verwirklicht. Eine Anregung durch das Relief der Zentralschweiz von Franz Ludwig Pfyffer von Wyher, das G. 1779 in Luzern besichtigt hatte, ist ebenfalls möglich.

Zwischen 1804 und 1807 versuchte G. sein Modell zu realisieren, indem er auf einen den Granit darstellenden Kern Schichten von farbigem Wachs übereinander legte. Es sollte »auf der Oberfläche eine Landschaft vorstellen, die aus dem flachen Lande bis in das höchste Gebirg sich erhob«, und beim Aufklappen die geologischen →Profile zeigen (TuJ von 1807). Wegen technischer Schwierigkeiten gab G. das Projekt in die Hände von K. C. →Haberle, der es ebenso wenig zu Ende brachte, den Kern des Modells jedoch im zweiten Band seines Handbuchs *Das Mineralreich* (1807) abbildete (vgl. Abb. S. 443). Mit dem Scheitern des Projekts wurde auch die geplante Vervielfältigung in F. J. J. →Bertuchs »Landes-Industrie-Comptoir« hinfällig (vgl. LA II, 8A, 193). – G.s Modell wäre das erste kommerziell vertriebene geologische Modell im deutschen Sprachraum geworden.

Literatur
Wyder, Margrit: Wissen sichtbar machen. Zu Goethes Visualisierungsmethoden in der Geologie. In: Mackensen, Ludolf von (Hg.): Wir wandeln alle in Geheimnissen. Neue Erfahrungen mit Goethe. Kassel 2002, 87–125. *WY*

Mollweide, Karl Brandan (1771–1825)

Der Mathematiker und Astronom, bis 1811 Lehrer am Pädagogium der Franckeschen Stiftungen in →Halle, ab 1811 Professor in Leipzig, war ein strikter Gegner von G.s *Farbenlehre* und trat – auch gegenüber anderen wie C. E. →Wünsch (vgl. T. J. Seebeck an G., 23.1.1807; LA II, 4, 131) – als Verteidiger Newtons auf. G. hatte bereits am 12.7.1802 eine unangenehme Begegnung mit ihm, als er Mollweides Unterricht in Halle besuchte, worüber er am 7.10.1810 an C. F. v. →Reinhard berichtete: »Es ist ein steifer dünkelhafter Gesell. [...] Vor mehreren Jahren schon schalt er, auf dem Pädagogium zu Halle, ein verständiges Kind in meiner Gegenwart recht tüchtig aus, das auf der Scheibe des Schwungrades Grau sah, wo er wollte Weiß gesehen haben. Er ist recht dazu gemacht den Newtonischen Unsinn aber- und abermals zu wiederholen«. G. hat diese Begebenheit offenbar mehrfach mitgeteilt, denn auch in den Aufzeichnungen von Caroline von Wolzogen nach G.s Vortrag vom 28.5.1805 vor Weimarer Damen (→»Mittwochsgesellschaft«) findet sie sich: »Vielstreifige Scheiben, die im Drehen nur die Farbe die das Auge fodert zeigt. Mischung aller Farben erzeugt das Grau. Proffesor [Mollweide] Wollte die Zöglinge sollten weiß statt grau sehen« (BG 6, 51).

Als G.s *Farbenlehre* 1810 erschien, trat Mollweide nur wenige Tage später als erster gegen sie auf. In einem Schreiben von 5.6.1810 an den Herausgeber der *Monatlichen Correspondenz zur Beförderung der Erd- und Himmels-Kunde*, F. X. v. →Zach (abgedruckt im Juli-Heft, 91 ff.; vgl. LA II, 4, 205), heißt es: »Man arbeitet jetzt von mehrern Seiten darauf los, die Newtonische Farben-Theorie umzustoßen. Besonders hat Herr von *Goethe* dies sich recht angelegen sein lassen [...]. Ich traute meinen Augen kaum [...] Fehler, den ich kaum einem meiner Schüler in der Mathematik verzeihen würde. – Ich werde nächstens eine ausführliche Prüfung der *Goethe*schen Farbentheorie und eine Verteidigung der *Newton*schen besonders bekannt machen«.

Tatsächlich kündigte Mollweide durch seinen Verleger K. A. Kümmel zur Leipziger Herbstmesse 1810 unter den Titeln *Prüfung der Farbenlehre des Herrn von Goethe und Verteidigung der Newtonischen gegen denselben* (ALZ, 23.6.1810) sowie *Darstellung der optischen Irrtümer in des Herrn v. Göthe Farbenlehre und Widerlegung seiner Einwürfe gegen die Newtonische Theorie* (ebd. 18.4.1811) eine Schrift an, die aber nie erschien (vgl. GS 2353). Auch G. Sartorius in →Göttingen berichtete G. am 6.8.1810 von Mollweides Absichten (vgl. EGW 4, 598). G. reagierte darauf am 7.10.1810 gegenüber Reinhard: »Das Manifest des närrischen Mollweide habe ich noch nicht gesehen«. Noch am 19.1.1811 berichtete erneut Sartorius: »Ich habe stets aufgemerkt, was für eine Wirkung Ihre Farbenlehre hervorbringen werde, aber außer Herrn Mollweide, der sie sogleich widerlegen wollte und nicht widerlegt hat, ist alles mäuschenstill« (EGW 4, 610). Auch T. J. →Seebeck wartete vergeblich auf Mollweides Schrift (vgl. Seebeck an Hegel, 13.6.1811; EGW 4, 627).

Stattdessen lieferte Mollweide eine anonyme kritische Rezension, die vom 29.–31.1.1811 in der ALZ erschien (Nr. 30, Sp. 233-240, Nr. 31, Sp. 241-247, Nr. 32, Sp. 249-251; LA II, 5A, 35–48), und trat auch in Vorträgen gegen G. auf, wie das Protokoll der Naturforschenden Gesellschaft zu Halle vom 9.2.1811 festhält: »Hr. Prof. Mollweide unterhielt die Gesellschaft mit einer so lehrreichen als angenehm unterhaltenden Abhandlung ›Über die Harmonie der Farben‹ mit welcher sich derselbe gegen einige in dem bekannten u. durch den Namen des Verfassers so berühmt gewordenen Werke *Zur Farbenlehre* von v. Goethe, aufgestellte Hypothesen erklärte« (LA II, 5A, 46). An C. F. →Gauß schrieb Mollweide am 11.4.1811, dass er dessen »Beifall [...] in Rücksicht der Rezension von Goethes Farbenlehre in der hiesigen allgem. Literaturzeitung [Halle] wünsche. Ich glaube wenigstens einen Hauptpunkt der Goetheschen Theorie, seine Lehre von den Nebenbildern von der rechten Seite gefaßt und dieselben ins Reich der Non-entien verwiesen zu haben« (LA II, 5B.1, 485). Vermutlich war es ebenfalls Mollweide, der am 1.8.1815 C. H. →Pfaffs Monographie *Ueber Newton's Farbentheorie, Hrn. von Goethe's Farbenlehre und den chemischen Gegensatz der Farben. Ein Versuch in der experimentalen Optik* in der *Leipziger Literatur-Zeitung* (1815, Sp. 1473–1480; vgl. LA II, 5A, 101–107) im gleichen Sinne besprach.

Als →Schopenhauer am 7.2.1816 G. auf »*Mollweides* elendes Lateinisches Programm« hinwies (vgl. EGW 4, 694), womit er vermutlich dessen Schrift *Demonstrationem novam propositionis, quae theoriae colorum Newtoni fundamenti loco est, exhibet* (Leipzig 1811) bezeichnete, machte G. am 10.4.1816 einen letzten Versuch, an die von Mollweide angekündigte, gegen ihn gerichtete Abhandlung zu kommen und bestellte diese im Weimarer Buchhandel. Mollweides Verleger, Kümmel, notierte auf dem Bestellzettel: »ist gar nicht erschienen« (LA II, 5B.1, 682).

Literatur

Schmid, Günther: Goethe und Mollweide in Halle. Halle 1939. *WZ*

Monade

Der auf den Mathematiker und Naturphilosophen G. W. →Leibniz (1646–1716) zurückgehende Begriff wurde von diesem ab 1695 entwickelt und in der *Monadologie* (1714) vorgestellt. Er deutet auf die letzte, nicht weiter teilbare Einheit einer geistigen Existenz und entspricht dem Grundbaustein von Leibniz' mechanistischer Naturphilosophie. Danach folgen Monaden ihrem eigenen Entwicklungsplan und führen diesen in einer harmonisch aufgefassten Weltordnung aus. Im Gespräch mit J. D. →Falk vom 25.1.1813 (vgl. LA II, 9B, 360ff.) setzte G. Monaden mit den »letzten Urbestandteilen aller Wesen« im Sinne einer Lebenskraft gleich, wie sie auch in →Aristoteles' Begriff der →Entelechie ausgedrückt wurde. So seien Fragen der tierischen Instinkte »nur durch den Begriff von Monaden und Entelechien« auflösbar (MuR 1397). An →Zelter schrieb G. am 19.3.1827: »Die entelechische Monade muß sich nur in rastloser Thätigkeit erhalten; wird ihr diese zur andern Natur, so kann es ihr in Ewigkeit nicht an Beschäftigung fehlen«, sich gleich danach entschuldigend, »in solchen Sprecharten sich mitzutheilen [...], da wo die Vernunft nicht hinreichte [...]«. Vgl. auch die Gespräche mit →Eckermann vom 11.3.1828 (»Jede Entelechie nämlich ist ein Stück Ewigkeit [...]«; FA II, 12, 656) und 3.3.1830: »[...] so kommen wir auch wieder auf die Entelechie. ›Die Hartnäckigkeit des Individuums und daß der Mensch abschüttelt was ihm nicht gemäß ist, sagte Goethe, ist mir ein Beweis daß so etwas existiere.‹ [...] ›*Leibnitz*, fuhr er fort, hat ähnliche Gedanken gehabt, und zwar, was wir mit dem Ausdruck Entelechie bezeichnen, nannte er Monaden‹« (ebd. 388f.) *WZ*

Mondfinsternis

Wie alle atmosphärischen Erscheinungen hat G. auch Mondfinsternisse aufmerksam registriert. Am 29.12.1787 berichtete er Herzog Carl August aus Rom, dass Christus »dieses Jahr mit einer Mondsfinsterniß und einem starcken Donnerwetter seine Geburtsnacht gefeyert« habe.

Am 22.9.1800 meldete der Bibliotheksangestellte C. A. Vulpius an G., er wolle »die Mondfinsternis Sache [...] bestens besorgen« (LA II, 2, 258), offenbar die Suche von Fachliteratur zur vorbereitenden Lektüre einer Mondfinsternis, die G. am 30.3.1801 in Oberroßla in sein Tagebuch notierte. Weitere Daten, an denen eine Mondfinsternis festgehalten wurde, waren der 20.4.1818 und der 29.3.1820 (jeweils Tgb).

Am 17.1.1823 bekam C. E. Helbig von G. die Empfehlung, durch »Vorausberechnung und Zeichnung der dießjährigen Mondfinsternisse« einen guten Eindruck bei Herzog Carl August zu machen.

In die Instruktionen für die an der →Sternwarte in Jena zu leistenden Arbeiten für →Schrön vom 8.10.1824 wurde auch die »Berechnung, Zeichnung und Beobachtung der Sonnen- und Mondfinsternisse« aufgenommen (LA II, 2, 470).

Eine totale Mondfinsternis am 14.11.1826 war aufgrund der Bewölkung in Jena und Weimar kaum sichtbar (vgl. an Carl August, 12. u. 16.11.1826; Tgb, 15.11.1826; Schrön an G., 14.11.1826, LA II, 2, 540; an Schrön, 17.11.1826). *ZA*

Montgolfier, Gebrüder s. Ballonfahrt

Morhof, Daniel Georg (1639–1691)

Der Universalgelehrte und Professor der Poesie und Rhetorik in Rostock und Kiel publizierte erstmals 1688–1692 ein großes Kompendium sämtlicher Wissenschaften, dessen 4. Aufl. 1747 G. am 24.1.1809 aus der Weimarer Bibliothek entlieh, als er intensiv am historischen Teil der *Farbenlehre* arbeitete. Das Werk trägt den Titel *Polyhistor literarius, philosophicus et practicus. Cum accessionibus a Johannes Frick et Johannes Moller. Ed. 4, cui praefationem praemisit Johann Albert Fabricius, notitiamque diariorum litterariorum Europae, nunc auctam et ad a. 1747 continuatam a J. Joachim Schwab.* (3 Bde. in 2. Lübeck 1747). G.s Tagebuch weist aus, dass er sich damit am 24. u. 27.1. sowie am 26.3. und 3.4.1809 beschäftigte. In der *Farbenlehre* findet Morhofs *Polyhistor* keine Erwähnung. *WZ*

Moritz, Karl Philipp (1756–1793)

Wie wichtig Moritz, den er bereits Mitte November 1786 in Rom kennengelernt hatte, für G. als Gesprächspartner hinsichtlich seiner botanischen Studien war, vermerkte G. unter »Frascati den 28 September 1787.« in der *Italienischen Reise*: »Mit Moritz hab' ich recht gute Stunden, und habe angefangen ihm mein Pflanzensystem zu erklären, und jedesmal in seiner Gegenwart aufzuschreiben, wie weit wir gekommen sind. [...] Wie faßlich aber das Abstrakteste von dieser Vorstellungsart wird, wenn es mit der rechten Methode vorgetragen wird, und eine vorbereitete Seele findet, seh' ich an meinem neuen Schüler. Er hat eine große Freude daran, und ruckt immer selbst mit Schlüssen vorwärts« (FA I, 15.1, 429).

Moritz' Anteilnahme an seiner Ideenbildung über die →Metamorphose der Pflanzen hob G. im Bericht vom September 1787 hervor: »Die über organische Natur, deren Bilden und Umbilden mir gleichsam eingeimpften Ideen erlaubten keinen Stillstand, und indem mir Nachdenkendem eine Folge nach der andern sich entwickelte, so bedurfte ich, zu eigner Ausbildung, täglich und stündlich irgend einer Art von Mitteilung. Ich versuchte es mit Moritz und trug ihm [...] die Metamorphose der Pflanzen vor; und er, ein seltsames Gefäß, das immer leer und inhaltsbedürftig nach Gegenständen lechzte, die er sich aneignen könnte, griff redlich mit ein« (ebd. 434).

Vom 4.12.1788 bis 1.2.1789 hielt sich Moritz als Gast G.s in Weimar auf. In dieser Zeit versuchte er im Streit zwischen G. und →Knebel über G.s Aufsatz *Naturlehre* (s.o. S. 227f.) zu vermitteln (vgl. Knebel an Herder, 26.1./2.2.1789; BG 3, 266f.). Nach LA II, 1B, 1115 soll zeitgleich – entgegen der Datierung in anderen G.-Ausgaben – aus den Gesprächen, an denen Moritz beteiligt war, auch G.s Aufsatz *Studie nach Spinoza* hervorgegangen sein.

Vgl. auch den Artikel in GHB. 4.2, 715–717. *HO*

Morphologie s. ÜA Morphologie

Müller, Johann Christian Ernst Müller (1766–1824)

Der ab 1788 als Lehrer an der Freien Zeichenschule in Weimar Tätige arbeitete als Zeichner und Kupferstecher an den Tafeln zu G.s *Farbenlehre* (1810) mit (vgl. LA II, 4, 129 und Corpus VA, 39). In G.s Tagebuch wird er am 12.11.1806, 5. u. 13.1., 12.2.1807 sowie am 13.1., 13.4. u. 7.5.1810 genannt. Die Tafeln wurden nach Bedarf angefertigt; erst bei den Nachauflagen 1818 und 1821 erscheint Müller in den Zeugnissen erneut (vgl. Tgb, 25.3. u. 10.4.1818; Müller an G., 31.3., 20.5. u. 13.6.1818; an C. F. E. Frommann, 2.4.1818; A. v. Goethe an G., 24.6.1818; Tgb, an Müller u. an Kräuter, 21.9.1821; A. v. Goethe an G., 22., 26. u. 29.9., 20.10.1821 – alle Zeugnisse in EGW 4, 753ff., 757, 804–807). →Steiner *WZ*

Müller, Johannes (1801–1858)

Der bekannte Physiologe und Anatom, Schüler von C. G. D. →Nees von Esenbeck, 1824 Privatdozent, 1830 Professor in Bonn, ab 1833 in Berlin, bekannte sich in mehreren seiner Schriften zu dem Einfluss, den G. auf ihn gehabt habe. Veranlasst durch dessen Nachträge zur Farbenlehre in ZNÜ I, 4 (1822) wandte er sich am 5.2.1826 erstmals brieflich an G. und übersandte seine Werke *Über die Entwickelung der Eier im Eierstock bei den Gespenstheuschrecken und eine neuentdeckte Verbindung des Rückengefäßes mit den Eierstöcken bei den Insekten* (*Nova Acta Leopoldina* 12.2, 1825, 553–672; Ruppert 4899) und *Zur vergleichenden Physiologie des Gesichtssinnes des Menschen und der Tiere, nebst einem Versuch über die Bewegung der Augen und über den menschlichen Blick* (Leipzig 1826; Ruppert 4901). In Letzterem hatte Müller festgehalten: »Ich meines Teils trage kein Bedenken, zu bekennen, wie sehr viel ich den Anregungen durch die *Goethe*sche Farbenlehre verdanke, und kann wohl sagen, daß ohne mehrjährige Studien derselben in Verbindung mit der Anschauung der Phänomene selbst, die gegenwärtigen Untersuchungen wohl nicht entstanden wären« (FA I, 23.2, 768f.). Im Begleitbrief der Sendung hatte Müller G.s Arbeiten als »eine Aussaat, die in allen Zweigen der Naturwissenschaft die herrlichsten Früchte dem scheidenden und bleibenden Geschlecht entlockt, noch größere dem kommenden entlocken wird« (Bratranek 1, 393f.), bezeichnet. Ob Müller noch ein drittes Werk, *Ueber die phantastischen Gesichtserscheinungen* (Koblenz 1826), beilegte, ist umstritten (vgl. Ruppert 4099 und LA II, 10B.1, 244).

Wie immer, wenn ein junger Forscher seine Gedanken aufnahm, reagierte G. sehr erfreut, als Müllers Geschenk am 23.1.1826 in Weimar ankam, befasste sich umgehend damit und diktierte noch am gleichen Tag das Konzept einer Antwort, die er aber erst am 29.3.1826 absandte. Darin bestätigte er Müller, dass er nach der »Art und Weise, die ich auch für die rechten halte, im Reiche der Natur vorzudringen bemüht« sei. G. schloss bedeutende Reflexionen über die Arbeit der Naturforscher und seine eigene Position an: »Freylich ist die Region, in der wir uns umthun, so weit und breit, daß von einem gemeinsamen Wege eigentlich die Rede nicht seyn kann; und gerade die, welche vom Centrum nach der Peripherie gehen, können, obgleich nach einem Ziele strebend, unmöglich parallelen Schritt halten, und sie müssen daher, insofern ihnen die Thätigkeiten anderer bekannt werden, immer nur drauf achten, ob ein jeder seinem Radius, den er eingeschlagen, getreu bleibt. In diesem Sinne habe ich die Bemühungen der Mitlebenden, Älterer und Jüngerer, seit geraumer Zeit zu betrachten gesucht. Die Divergenzen der Forscher sind unvermeidlich; auch überzeugt man sich bey längerem Leben von der Unmöglichkeit irgend einer Art des Ausgleichens. Denn indem alles Urtheil aus den Prämissen entspringt, und, genau besehen, jedermann von besonderen Prämissen ausgeht, so wird im Abschluß jederzeit eine gewisse Differenz bleiben, die dem einzelnen Wissenden angehört und erst recht von der Unendlichkeit des Gegenstandes zeugt, mit dem wir uns beschäftigen, es sey nun, daß wir uns selbst, oder die Welt, oder was über uns beiden ist, als Ziel unsrer Betrachtungen in's Auge fassen«.

Am 3.7.1827 las G. eine Rezension von J. E. →Purkinje zu Müllers Werken *Zur vergleichenden Physiologie des Gesichtssinnes* und *Ueber die phantastischen Gesichtserscheinungen* in den *Jahrbüchern für wissenschaftliche Kritik* (Jg. 1827, H. 12-14, Sp. 190-228); so wurde er erneut auf Müller gestoßen und vermutlich zu einer Erwähnung in einem nicht abgesandten Briefkonzept an Nees v. Esenbeck veranlasst (nach 13.?8.1827): »An Herrn Müller […] haben wir einen treu-fleißigen Mitarbeiter in den köstlichsten Fächern; grüßen Sie ihn und danken zum schönsten. Freylich muß man sich in die jungen Leute zu finden wissen. Von seinen chromatischen Aufsätzen sagt er: sie seyen in meinem Sinne gedacht und geschrieben; ich möchte lieber sagen: durch meine Arbeiten angeregt. Denn auch bey ihm zeigt sich die Eigenheit deutscher Individuen, von irgend einem gebahnten Wege abzuweichen, anstatt sich des dargebotenen Vortheils zu bedienen und die Angelegenheit schneller in's Praktische zu führen«.

Müller besuchte G. am 10.10.1828 in Weimar und besprach mit ihm sein Werk *Ueber die phantastischen Gesichtserscheinungen*, das er vielleicht erst jetzt als Gastgeschenk überbrachte (s. o.). Spätere briefliche Kontakte gab es mit Müller in seiner Eigenschaft als Sekretär der Deutschen Akademie der Naturforscher Leopoldina in Bonn. Als deren Präsident, Nees von Esenbeck, eine erneute Publikation von G.s Aufsatz über den →Zwischenkieferknochen plante, G. sich aber nicht mehr bereit fand, einen begleitenden Text zu liefern, übernahm Müller die Redaktion der Abhandlung, die 1831 unter dem Titel *Über den Zwischenkiefer des Menschen und der Thiere* erschien (*Nova Acta Leopoldina* 15.1, 1831, 1–48 u. Taf. I-V mit Müllers Einleitung ebd. 3).

Literatur

Müller-Tamm, Jutta: Farbe bekennen. Goethes Farbenlehre und die Berliner Wissenschaftspolitik um 1820. In: Osterkamp, Ernst (Hg.): Wechselwirkungen. Kunst und Wissenschaft in Berlin und Weimar im Zeichen Goethes. Bern u. a. 2002, 193–209. – Scherer, Christoph: Zum Briefwechsel zwischen Goethe und Johannes Müller. Eine wissenschaftsgeschichtliche Untersuchung. Bamberg 1936. – Sudhoff, Karl: Goethe und Johannes Müller. In: Düsseldorfer Nachrichten. 15 (1899), Nr. 233. *WZ*

Müller, Joseph (1727–1817) und Knoll, David

Dem aus dem böhmischen Liebenau stammenden Wappen- und Steinschneider, der sich 1760 in →Karlsbad niedergelassen hatte, begegnete G. bereits am 6.7.1785 während seines ersten Karlsbad-Aufenthalts. Nach G.s Schilderung hatte Müller, »auf das treufleißigste behülflich […] zuerst die Karlsbader Sprudelsteine, die sich vor allen Kalksintern der Welt vorteilhaft auszeichnen, in ihrer eigentümlichen Schönheit und Mannigfaltigkeit, gesammelt, geschnitten, geschliffen und bekannt gemacht […]; er verschaffte die merkwürdigen, aus dem verwitternden Granit sich ablösenden Zwillingskristalle und andere Musterstücke der an mannigfaltigen Erzeugnissen so reichen Gegend« (*Karlsbad*, in ZNÜ I, 1, 1817; FA I, 25, 345). Neben G. ließen sich auch Mineralogen und Geologen wie Joseph Friedrich Freiherr von →Racknitz, Abraham Gottlob →Werner, August von →Herder und Heinrich Christian Gottfried von →Struve von Müller durch die Karlsbader Umgebung führen, um sich mit den Steinarten und heißen Quellen vertraut zu machen.

Müller stellte die Karlsbader Gesteine zu Mustersammlungen zusammen, die er an Kurgäste verkaufte. 1806, im Jahr des vierten Karlsbadaufenthaltes und des ersten mit intensiven geologischen Studien, erwarb G. eine solche Sammlung für Jena und bearbeitete sie im September/Oktober 1806 zusammen mit Johann Georg →Lenz. Am 6.10.1806 stellte G. sie unter dem Titel *An Freunde der Geognosie* im *Intelligenzblatt* der JALZ (Nr. 94) vor und fügte biographische Notizen zu Müller an (vgl. FA I, 25, 337–343).

Was an Müllers Untersuchungen für G. den größten Gewinn versprach, »war die Aufmerksamkeit, die er dem Übergangsgestein geschenkt hatte, das sich dem Granit des Hirschensprungs vorlegt, einen mit Hornstein durchzogenen Granit darstellt, Schwefelkies und auch endlich Kalkspath enthält«. Müller zeigte G. »sorgfältig die Spuren obgedachten Gesteins, welches nicht leicht zu finden ist [...]. Wir zogen sodann zusammen durch die Gegend, besuchten die auf dem Granit aufsitzenden Basalte über dem Hammer [...]. Wir fuhren nach Engelhaus, bemerkten im Orte selbst den Schriftgranit [...]. Der Klingsteinfelsen ward bestiegen und beklopft [...]« (TuJ von 1806).

Im Sommer 1807 komplettierte G. die Müllerische Sammlung und erläuterte diese als Beispiel »von uralten Zeiten her entstandenen, und noch täglich vor unsern Augen entstehenden Gesteins« (FA I, 25, 353) in ihren Übergängen und Lagerverhältnissen in der Landschaft, deutete sie unter theoretischen Erwägungen in Zusammenhang mit der Entstehung der warmen Karlsbader Quellen und betrachtete sie als Dokument weltweit sich wandelnder Bedingungen der Gesteinsbildung in aufeinander folgenden Epochen der Erdgeschichte. Im August 1807 ließ G. hierzu seine Abhandlung *Sammlung zur Kenntniß der Gebirge von und um Karlsbad* drucken (vgl. FA I, 25, 346–362; TuJ von 1807) und an Freunde verschicken. In Leonhards *Taschenbuch für die gesammte Mineralogie* (2, 1808) wurde sie neben einem Brief an →Leonhard vom 25.11.1807 (FA I, 25, 363–369) noch einmal gedruckt wie auch in ZNÜ I, 1 (1817), wo sie unter dem Sammeltitel *Zur Kenntniß der böhmischen Gebirge* um ein Motto, den einleitenden Text *Carlsbad* und Nachträge ergänzt wurde (FA I, 25, 344–362; dazu auch LA II, 8A, 25–40, M 13–M 15). Müllers Bemerkungen über die Petrefakten des Karlsbader Mineralwassers und die Entstehung der Karlsbader Sprudelsteine (vgl. ebd. 3–16, M 2–M 4) bildeten die Grundlage für G.s Abhandlungen.

Die gemeinsame Tätigkeit mit Müller, die durch unzählige Tagebucheintragungen in den Zeiten von G.s Karlsbadbesuchen belegt ist, beschrieb G. in seinem Aufsatz *Carlsbad*: »[...] ich fand die Gegend immer dieselbe, so auch den wackern Müller, an Tagen älter, in ununterbrochener Jünglingsthätigkeit; er hatte seine Studien über die ganze Gegend ausgedehnt, und seine Sammlung, vom Grundgebirge an, durch alle Übergänge bis zu den pseudovulkanischen Erscheinungen verbreitet [...] und so wurden auch die Gedanken dieses braven Mannes, insofern ich sie mir aneignen konnte, mit meinen Überzeugungen verschmolzen« (FA I, 25, 345).

Auch wenn G. sich darüber beklagte, dass Müller über die Fundorte einiger Gesteine schwieg, weil er den Verlust seines Monopols befürchtete (vgl. TuJ von 1807), besuchte er ihn 1808 weiterhin »täglich auf dem Wege nach dem Neubrunnen zu einer immer erfreulichen belehrenden Unterhaltung« (TuJ von 1808). Für G. war es beeindruckend, dass Müller »sich unaufhörlich, auch sogar im hohen Alter« mit seinen Sammlungen beschäftigte, »wo ihm die, sonst so dienstfertigen Füße versagten, und er, nur noch liegend, doch mit heiterem Geiste, bei dem gleichen Beruf unermüdlich verharrte; bis im Jahr 1817 im 84sten des Lebens, seinem ununterbrochenen eifrigen Bemühen ein Ziel gesteckt ward« (FA I, 25, 375).

Nachdem Müller verstorben war, hatte der Kaufmann David Knoll seinen Nachlass übernommen, der sich in chaotischem Zustand befand. Knoll bat G. um Hilfe, eine neue Sammlung mit begleitendem Katalog zusammenzustellen. 1818 und 1819 bemühte sich G. vor Ort um Ordnung und Ergänzung der Sammlung, am 2.12.1820 übersandte er Knoll einen neuen einleitenden Text zum Gesteinskatalog unter dem Titel *Echte Joseph Müllerische Steinsammlung angeboten von David Knoll in Karlsbad* (veröffentlicht in ZNÜ I, 4, 1822; vgl. FA I, 25, 370–372).

Am 12.8.1831 überbrachte Karl Friedrich Anton von Conta G. eine Karlsbader Sprudelsteinsammlung von Knoll, der G. im beiliegenden Brief vom 4.8.1831 um eine Beurteilung bat. Nachdem Knoll am 5. und 11.11.1831 seine Angaben noch einmal präzisiert hatte, machte sich G. am 14.11.1831 an die Arbeit und übersandte bald darauf »1) Ein neues Vorwort zu der ehemalig Joseph Müllerischen, nun David Knollischen Sammlung. [...] 2) Ein Vorwort zu der David Knollischen Sammlung vom Sprudelstein, sowohl rohem als geschliffenem« (an Knoll, 6.1.1832). Unter den Titeln *Joseph Müllersche jetzt David Knollsche Sammlung zur Kenntnis der Gebirge von und um Karlsbad, angezeigt und erläutert von Goethe 1807; erneut 1832* (FA I, 25, 373–376) und *David Knollsche Sammlung von Sprudel-Steinen, roh oder geschliffen, angezeigt und eingeführt von Goethe* (ebd. 377 f.) wurden beide in G.s Todesjahr 1832 in Prag gedruckt.

Literatur

Engelhardt, Wolf von: Goethe im Gespräch mit der Erde. Weimar 2003, 241–245 u. 343 f. – Fejfar, Oldrich: Goethe in Böhmen. Brunnengast, Geolog und Spaziergänger. In: Steininger, Fritz und Kossatz-Pompé, Anna (Hg.): »Quer durch Europa«. Naturwissenschaftlich Reisen mit Johann Wolfgang von Goethe. Katalog (Kleine Senckenberg Reihe 30). Frankfurt 1999, 51 ff. – Fischer, Emil: Goethe und die Müllerische Steinsammlung. In: Forschungen und Fortschritte. 33 (1959), 257–264. – Ho, Shu

Von David Knoll in Karlsbad vertriebene Sammlung mit 25 oder 50 Sprudelsteinen; dazu Goethes Beschreibung *David Knoll'sche Sammlung von Sprudel-Steinen, roh oder geschliffen* … (1832)

Ching: Knochenbau der Erde als Konstruktion der Welt. In: GJb. (2008), 122–135. – Puchtinger, Franz: Goethes mineralogische Studien und der Steinschneider Müller. In: Karlsbader Mitteilungen für die ärztliche Praxis. 1 (1938), H. 1, 14–17. – Westen, Walter von Zur: Ein Plakat des Karlsbader Mineralienhändlers David Knoll. In: Zs. für Bücherfreunde. 40 (1936), 23–26. *HO*

Münchow, Carl Dietrich von (1778–1836)

Der ab 1810 in Jena tätige Astronom wurde 1812 Leiter der neu gegründeten →Sternwarte; 1819 wechselte er nach Bonn. Da G. im Zuge seiner amtlichen Tätigkeiten mit der Aufsicht über die Sternwarte betraut war, stand er mit Münchow vielfach in Kontakt. Zunächst ging es dabei vor allem um die Einrichtung und die zu leistenden Arbeiten der Sternwarte.

Am 31.10.1811 erwähnte G. Münchow zum ersten Mal in seinem Tagebuch, unter dem 23.4.1812 sind Gespräche »über die astronomische Wissenschaft« vermerkt, am 28.4.1812 wurde Münchow die Sternwarte rückwirkend zum 1.4. offiziell übergeben. G. besuchte die neue Einrichtung zunächst häufig (vgl. Tgb, 2.10., 11.11.1812) und berichtete Carl August am 14.11.1812 von Münchows »großer Schärfe und Genauigkeit«, auch, dass dieser »durch Thätigkeit und Aufmerksamkeit rasch vorwärts« komme.

Ein erster Bericht Münchows an G. vom 16.11.1812 über den Instrumentenbedarf ist nicht überliefert; seine Aufstellung über die aktuelle Ausstattung der Sternwarte aus dem Sommer 1813 wurde in der *Monatlichen Korrespondenz zur Beförderung der Erd- und Himmels-Kunde* (28, 1813, 192–195) veröffentlicht (→Instrumente, astronomische).

In seinem Bericht über die Jenaer Museen vom 22.11.1812 hielt G. über die Sternwarte fest: »Bei der zu diesem Geschäft vorzüglich geeigneten Persönlichkeit des Professor von Münchow konnte eine so wichtige und bedenkliche Anstalt mit Sicherheit gegründet werden« (LA II, 2, 285). Auch spätere Urteile sind positiv, so an Carl August vom 19.2.1814: »er ist an seiner Stelle sorgsam und thätig«.

B. A. v. →Lindenau dagegen, der Leiter der optimal ausgestatteten Sternwarte in Gotha-Seeberg, fragte am 28.5.1813 bei →Bertuch an, »was Münchow eigentlich treibt« und hielt ihn für »unfruchtbar wie Abrahams Frau« (zit. nach Biermann 1979, 230).

Münchow erhielt neben den kontinuierlich auszuführenden Tätigkeiten an der Sternwarte gelegentlich besondere Aufträge, so die Beobachtung der Bedeckung des Aldebaran, des hellsten Sterns im Sternbild Stier, durch den Mond (vgl. an Carl August, 14.11.1812; Münchow an G., 15.12.1812, LA II, 2, 287), oder die Berechnung der Höhen asiatischer Gebirge (Tgb, 10.12.1817). Er war auch in G.s Bemühungen um die Wolkenformen (→Wolkenterminologie) eingebunden (vgl. an Münchow, 20.1.1817) und erhielt von G. den hierzu verfassten Aufsatz →*Camarupa* (vgl. Tgb, 17.12.1817).

Nach seinem Weggang aus Jena (vgl. Carl August an G., 16.2.1819; Wahl 2, 236) besuchte Münchow G. noch zweimal in Weimar (8.4.1823 u. 17.11.1826).

Literatur

Biermann, Kurt-Reinhard: Bernhard August von Lindenau. Weggefährte und »Widersacher« Goethes. In: GJb. (1979), 221–242. *ZA*

Nachbilder

Es handelt sich hierbei um nach Betrachtung eines Objekts, z.B. der Sonne oder eines farbigen Gegenstandes, vom →Auge selbst erzeugte →Phänomene, die bei anschließendem Blick auf eine weiße Fläche oder bei geschlossenem Auge am deutlichsten wahrnehmbar sind. Diesen Erscheinungen verlieh G. unter allen Phänomenen der →*Physiologischen Farben* das meiste Gewicht, verwiesen sie ihn doch sowohl auf die Beteiligung des Subjekts an der Farbentstehung als auch auf den zeitlichen Aspekt der Farbentwicklung. Nach G.s Vorstellung von der →Harmonie der Farben reagiert das Auge durch die Erzeugung von Nachbildern und simultan auftretenden Erscheinungen auf einen einseitigen äußeren Reiz und schafft durch die Produktion einer →Komplementärfarbe oder eines Hell-Dunkel-Ausgleichs ein phänomenales Gleichgewicht zwischen Mensch und Umwelt, →Subjekt und Objekt.

Schon in den auf den 5.7.1794 datierten Versuchs- und Ergebnisprotokollen, die unter dem Titel *Blendendes Bild* in G.-Ausgaben erschienen sind (vgl. FA I, 23.2, 194–196), sind Versuche G.s mit Nachbildern überliefert. So sah er beispielsweise fünf Sekunden lang auf eine helle Lichtquelle und notierte nach deren Abdunklung Zeitraum und Art der Farbempfindungen, die sein Auge daraufhin produzierte.

Bei seiner Analyse beachtete er nicht nur die Abhängigkeit der Versuchsergebnisse von äußeren Faktoren wie der Lichtintensität, sondern auch von körperlich-subjektiv bedingten wie Ermüdung, Krankheit, Kurz- und Weitsichtigkeit, die sämtlich Farbe und Dauer des Nachbilds beeinflussen können. Differenziert beschrieb er den Zusammenhang von Farben- und Formänderung, Dauer der abklingenden Nachbilder sowie den Kontext von Nachbildgröße und objektiven Raumverhältnissen (vgl. im Einzelnen FA I, 23.1, 31–50).

Wurden derartige Nachbilder zu G.s Zeiten noch als »außerwesentlich, zufällig, als Täuschung und Gebrechen betrachtet«, worauf auch Bezeichnungen wie »Scheinfarben; Augentäuschungen und Gesichtsbetrug« hinwiesen (ebd. 31), da sie – körperlich erzeugt – nicht nach den mathematisch-optischen Gesetzen erklärbar waren, betrachtete G. sie wegen ihres gesetzmäßigen Auftretens als »physiologische [...] dem gesunden Auge« angehörig, »weil wir sie als die notwendigen Bedingungen des Sehens betrachten« (ebd.). Besonders die Schriften Georges →Buffons (*Sur les couleurs accidentelles*, 1743), Robert Waring →Darwins (*On the ocular spectra of light and colours*, 1785) und Benjamin Count Rumfords (*An account of some experiments on coloured shadows*, 1794), die er ab 1793 rezipierte, beeinflussten neben den eigenen Experimenten G.s Nachbildstudien.

Mit diesen regte G. Wissenschaftler wie Jan Evangelista →Purkinje, Johannes →Müller und Hermann von Helmholtz nachhaltig an und wurde auf diese Weise zu einem wichtigen Vorläufer der modernen Sinnesphysiologie.

→Sukzessivkontrast/Simultankontrast, →Farbige Schatten *SS*

Napoleonbüste

Auf der gemeinsam mit G.s Sohn August begonnenen Reise nach Italien (auf der dieser am 27.10.1830 in Rom starb), erkrankte →Eckermann in Genua und trat von dort über Genf und Straßburg die Heimreise an. Vermutlich in den letzten Septembertagen 1830 entdeckte er im Schaufenster eines Straßburger Frisörs einen Flakon aus →Opal, der als Verschluss eine kleine Napoleonbüste trug (vgl. Farbtafel S. 824). Dieser zeigte das von G. geliebte →Urphänomen seiner Farbenlehre, vor hellem Hintergrund gelbe, vor dunklem Hintergrund blaue Farbtöne zu erzeugen (→Karlsbader Glas). Eckermann erstand den Flakon und sandte ihn von Mainz aus nach Weimar, wo G. geradezu enthusiastisch auf das Geschenk reagierte, das heute in seinem Arbeitszimmer im Weimarer G.haus aufgestellt ist. Zu den Einzelheiten vgl. Eckermann, 14.9.1830 (FA II, 12, 418); Eckermann an G., 6., 14. und 21.10.1830; G. an Eckermann, 26.?10.1830 (EGW 4, 961 f.). *WZ*

Natur

G.s Naturbegriff ist – auch im Kontext seiner Naturforschung – in einer ausführlichen Abhandlung von Alfred Schmidt in GHB. 4.2, 755–776 behandelt worden. An dieser Stelle werden einzelne Aspekte skizziert, die besondere Beachtung verdienen.

G.s intensiver Umgang mit der Natur durchzog sein gesamtes Leben. Schon der Knabe errichtete einen Altar mit Naturprodukten, um Gott zu preisen (*Dichtung und Wahrheit* I, 1), wobei bereits die Einstellung mitschwang, Gott im durch die Natur Repräsentierten zu sehen, eine Ansicht, die sich durch die Beschäftigung mit →Spinoza (1773 und 1784/85) zur pantheistischen Anschauung einer Gott-Natur verdichtete. In den *Tag- und Jahresheften* von 1811 sprach G. von seiner »reinen, tiefen, angebornen und geübten Anschauungsweise, die mich Gott in der Natur, die Natur in Gott zu sehen unverbrüchlich gelehrt hatte«. Bereits im Brief an F. H. →Jacobi vom 9.6.1785 wollte G. »das götttliche in herbis et lapidibus« finden.

Zu diesem Zeitpunkt hatte G. seine erste Phase in der Begegnung mit der Natur, die durch ausgeprägte Emotionen, Naturbegeisterung und Naturkult (*Mailied*, *Werther*) gekennzeichnet und an die Auseinandersetzungen mit J. G. →Herder, J. J. →Rousseau, Klopstock und Ossian gebunden war, die Stimmungslage des Menschen für das jeweilige Naturbild als ausschlaggebend ansah und Natur vor allem als Teil des dichterischen Ichs wahrnahm, bereits überwunden.

Als die Naturforschung in G.s Leben trat – erste Wendungen zur empirischen Denkweise bereits 1770/1771 in Straßburg, »eigentliches Beginnen« (FA I, 25, 50) aber erst in Weimar nach 1775 –, sah G. den Menschen zwar weiterhin als Teil der Natur im Sinne einer Ganzheit, doch die Anschauungsweise der Natur hatte sich entscheidend geändert. Markantestes Zeugnis dieses Wandels ist ein Vergleich der ersten Schweizreise (1775) und ihrer zahlreichen Zeugnisse einer Naturbegeisterung mit der Harzreise im Winter 1777, der sich sowohl auf die Natursicht auf den Reisen selbst wie auf die Darstellung der Natur im gleichnamigen Gedicht (*Harzreise im Winter*) beziehen lässt. Hier wird eine eindeutige Abkehr von jedem sentimentalistischen, ›abenteuerlichen‹ Umgang mit der Natur deutlich; nicht mehr das gefühlsmäßige Hingeben, sondern das Erstaunen gegenüber der Erhabenheit der Natur steht im Mittelpunkt; hinzu kommt das Bestreben, diese Welt zu erforschen. Im ersten Stück seiner *Beyträge zur Optik* (1791) sah G. die Voraussetzung für ein methodisches wissenschaftliches Vorgehen darin, »daß die Seele des Beobachters aus der Zerstreuung sich sammle und von dem Staunen zur Betrachtung übergehe« (FA I, 23.2, 26).

Zunächst, in den 1780er Jahren, versuchte G., sich der Natur vor allem empirisch-induktiv zu nähern, der unvoreingenommenen Beobachtung am Objekt das Primat einzuräumen. Seit den 1790er Jahren, vor allem nach dem ersten →Kant-Studium um 1790 und der entscheidenden Annäherung an →Schiller 1794, war G.s Naturforschung von einer ständigen Wechselperspektive zwischen →Erfahrung und →Idee, realer Betrachtung und ideeller

Deutung, Beschreibung des einzelnen Phänomens und Rückbezug auf ein zugrunde liegendes allgemeines Gesetz bestimmt. Der →Typus-Begriff (1795), mit dem G. zunächst die osteologische Formenvielfalt ordnen wollte, ist bereits vollständig von diesem doppelten Zugang zur Natur geprägt, während die Vorstellung von der →Metamorphose der Pflanze (publiziert 1790) erst den Charakter einer allgemeinen Leitidee bekam, nachdem G. sein Postulat einer →Urpflanze, einer tatsächlich aufzufindenden, also empirisch erfahrbaren Pflanze mit allen charakteristischen Eigenschaften, in →Italien 1787 noch hartnäckig verfolgt, endgültig aufgegeben hatte. Mehrfach hat G. später formuliert, dass sich die Beobachtung, die Begegnung mit einem →Phänomen, nicht von der →Theorie trennen lasse (vor allem in der *Einleitung* zur *Farbenlehre*; vgl. FA I, 23.1, 14).

G.s Äußerungen über die Natur würden ein Buch füllen; sie erscheinen vielschichtig, manchmal widersprüchlich, wie auch G. als Naturforscher Phasen von Befriedigung und Zustimmung sowie von Resignation und Ablehnung erlebt hat.

Auf der einen Seite hat G. betont, dass es dem Menschen trotz aller Bemühungen letztes Endes unmöglich sei, die Natur in ihren unendlichen Facetten vollständig zu erfassen. In *Problem und Erwiderung* heißt es im ersten, an den Botaniker E. H. F. →Meyer gerichteten Teil: »Die Natur hat kein System, sie hat, sie ist Leben und Folge aus einem unbekannten Zentrum, zu einer nicht erkennbaren Grenze. Naturbetrachtung ist daher endlos [...]« (FA I, 24, 582). Die Tatsache, dass der Mensch ein Unerforschliches zu akzeptieren habe, hinderte G. nicht daran, mit »Ideen« und »Begriffen« eine stete Annäherung an die Natur zu versuchen: »Wir können bei Betrachtung des Weltgebäudes [...] uns der Vorstellung nicht erwehren daß dem Ganzen eine Idee zum Grund liege, wornach Gott in der Natur, die Natur in Gott, von Ewigkeit zu Ewigkeit, schaffen und wirken möge. Anschauung, Betrachtung, Nachdenken führen uns näher an jene Geheimnisse. Wir erdreisten uns und wagen auch Ideen, wir bescheiden uns und bilden Begriffe, die analog jenen Uranfängen sein möchten« (ebd. 449). – »Die Natur hat sich so viel Freiheit vorbehalten, daß wir mit Wissen und Wissenschaft ihr nicht durchgängig beikommen oder sie in die Enge treiben können« (MuR 439).

Trotz dieser Einschränkungen verwies G. immer wieder auf die Freude, die ihm die Beschäftigung mit der Natur – gleich einer angenehmen Lektüre – mache: »Wie lesbar mir das Buch der Natur wird kann ich dir nicht ausdrücken, mein langes Buchstabiren hat mir geholfen, ietzt ruckts auf einmal, und meine stille Freude ist unaussprechlich« (an Ch. v. Stein, 15.6.1786). In der *Italienischen Reise* heißt es unter dem 9.3.1787 aus Neapel: »die Natur ist doch das einzige Buch das auf allen Blättern großen Gehalt bietet« (FA I, 15.1, 212).

Was G. im Umgang mit der Natur stets optimistisch stimmte, war der Glaube an ihre Einheit, der wiederum nach seiner Auffassung einfache Gesetze zugrunde liegen mussten. »Die Natur, so mannigfaltig sie erscheint, ist doch immer ein Eines, eine Einheit [...]« (Riemer, 19.3.1807; Riemer 270). – »Die Natur ist ganz praktisch, deswegen müssen ihre Maximen ganz einfach seyn« (an C. F. L. Schultz, 24.11.1817).

G. war der Überzeugung, die Natur durch die Erkenntnis weniger Leitprinzipien zumindest so weit erkennen zu können, wie es einem Menschen überhaupt möglich ist; er war sicher, »[...] daß die Natur kein Geheimniß habe, was sie nicht irgendwo dem aufmerksamen Beobachter nackt vor die Augen stellt« (TuJ 1790). In den Wirkungen des Magneten glaubte G. ein solches Geheimnis, in seiner Terminologie ein →Urphänomen, vor Augen zu sehen. Bereits am 2.7.1792 hatte er gegenüber S. T. →Soemmerring geäußert, »daß sich alles gut verbindet, wenn man auch in dieser Lehre [von den Farben; wie beim Magnetismus, in der Chemie und bei der Elektrizität] zum Versuch den Begriff der *Polarität* zum Leitfaden nimmt und die Formel von *activ* und *passiv* einstweilen hypothetisch ausspricht« (G–Soemmerring 62). Im Dialog mit Schiller 1798/1799 wurde der latent bereits vorhandene Begriff der Steigerung näher bestimmt.

Waren im morphologischen Bereich, für die Naturgeschichte, mit den Vorstellungen von Metamorphose und Typus bereits zwei zentrale Konzepte präsentiert worden, auf die sich die Formenvielfalt der Natur beziehen und durch welche sie sich erfassen lasse, so traten hierfür in den physikalischen Disziplinen, in der Naturlehre, stärker die Begriffe von →Polarität und Steigerung hervor, die G. schließlich 1828 als die »zwei großen Triebräder aller Natur« (FA I, 25, 81) bezeichnen sollte.

»Wenn ein paar große Formeln glücken, so muß das alles Eins werden, alles aus Einem entspringen und zu Einem zurückkehren«, hatte G. am 19.7.1810 an G. Sartorius geschrieben. Die »paar großen Formeln« manifestierten sich für den Zugang zur Natur in wenigen Grundbegriffen: Polarität und Steigerung, Typus und Metamorphose, schließlich im Urphänomen, dem vor die Augen tretenden Naturgeheimnis.

Noch ein wesentlicher Aspekt sei genannt: die Verbundenheit von Natur und Subjekt des Betrachters. G. war der festen Überzeugung, mit der Erforschung der Natur auch über die eigene Persönlichkeit Erkenntnisse zu gewinnen und einen subjektiven Bildungsprozess zu durchlaufen: »Es ist ein angenehmes Geschäft, die Natur zugleich und sich selbst zu erforschen, weder ihr noch seinem Geiste Gewalt anzutun, sondern beide durch gelinden Wechseleinfluß miteinander ins Gleichgewicht zu setzen« (MuR 1140). In diesem Sinne hielt G. fest: »Der Mensch kennt nur sich selbst, insofern er die Welt kennt, die er nur in sich und sich nur in ihr gewahr wird. Jeder neue Gegenstand, wohl beschaut, schließt ein neues Organ in uns auf« (FA I, 24, 596).

Was hier in knapper Form zu G.s Naturbegriff zusammengestellt ist, wird durch zahlreiche Artikel im vorliegenden Handbuch weiter ausgeführt und erläutert (vor allem →Anschauung, →Empirie, →Erfahrung, →Idee, →Phänomen, →Polarität/Steigerung, →Rationelle Empirie, →Subjekt/Objekt, →Theorie/Hypothese, →Urphänomen).

Literatur
Böhme, Gernot und Schiemann, Gregor (Hg.): Phänomenologie der Natur. Frankfurt am Main 1997. – Breidbach, Olaf: Goethe Naturverständnis. München 2011. – Schmidt, Alfred: Goethes herrlich leuchtende Natur. Philosophische Studie zur deutschen Spätaufklärung. München, Wien 1984. – Weiland, Werner: Goethes Naturbetrachten. Schauen mit Augen des Geistes. Kassel 1982. *WZ*

Naturforschende Gesellschaft zu Jena

Die »Naturforschende Gesellschaft zur Belebung des akademischen Unterrichts und zur Förderung der Studenten« wurde am 14.7.1793 von dem zu dieser Zeit als Professor für Philosophie an der Universität Jena tätigen Botaniker August Johann Georg Karl →Batsch (1761–1802) mit 74 (auch auswärtigen) Gründungsmitgliedern ins Leben gerufen. Für das Gründungsjahr sind 17 ordentliche, 25 korrespondierende und 54 Ehrenmitglieder – darunter Alexander von →Humboldt, Christoph Wilhelm →Hufeland, Antoine Laurent de →Jussieu, G., →Schiller und →Herder – ausgewiesen.

Die Gesellschaft stellte ein interdisziplinäres Unternehmen im Rahmen der Naturwissenschaften dar, das sich die Förderung der Naturforschung und des damit einhergehenden wissenschaftlichen Dialogs zur Aufgabe machte. Sie verfügte über weitläufige Sammlungen, die durch Kauf, Tausch und Stiftungen ständig erweitert wurden (1804: 108 ausgestopfte Tiere, 100 Skelette, etwa 1000 Insektenpräparate, über 2000 konservierte Pflanzen, 200 chemische Präparate, 200 Instrumente u. a.). Besonders gefördert wurden das Herbarium sowie die Bestände des 1794 gegründeten Botanischen Gartens in →Jena, aber auch die Bibliothek der Gesellschaft erwies sich als unverzichtbar sowohl für den Unterricht der Studenten als auch für die naturforschenden Interessen der Frühromantiker.

Nach einer der monatlichen Sitzungen der Gesellschaft im Hause von Batsch (Löbderstraße 4), die G. häufig besuchte, kam es am 20.7.1794 zu seiner Begegnung mit Schiller und zur Diskussion über die →Urpflanze; danach entwickelte sich rasch eine enge Freundschaft (vgl. *Glückliches Ereignis*, 1817).

Nach Batsch' frühem Tod im Jahr 1802 übernahm G. 1804 das Präsidentenamt, das er formal bis zu seinem Tod ausübte, obwohl die Gesellschaft bereits ab 1806 im Niedergang begriffen war (Ausgleichszahlungen an die Witwe von Batsch, Kriegsereignisse, geringe Mitgliederzahl, Teilverkäufe der Sammlungen). Berichte und Erwähnungen der Gesellschaft wurden von nun an immer seltener, nach G.s Tod wurde sie von Friedrich Siegmund →Voigt betreut. Nach dessen Tod im Jahr 1850 wurden die Sammlungen der Gesellschaft wie auch die Bibliothek im Folgejahr in die Universitätsbestände integriert. Im entsprechenden Ministerialbeschluss vom 14.3.1851 ist von der »längst entschlafenen Naturforschenden Gesellschaft zu Jena« (Skramlik 1955, 298) die Rede.

Mit der Gründung der Medizinisch-Naturwissenschaftlichen Gesellschaft zu Jena im Jahr 1853 fand die offiziell niemals aufgelöste Naturforschende Gesellschaft eine Nachfolgerin.

Literatur
Skramlik, Emil von: Die Naturforschende Gesellschaft zu Jena und ihre Beziehungen zu Goethe. In: GJb. (1955), 274–301. – Ziche, Paul: Die Jenaer Naturforschende Gesellschaft und ihre Bedeutung für die Naturforschung in Jena. In: Döring, Detlev und Nowak, Kurt (Hg.): Gelehrte Gesellschaften im mitteldeutschen Raum (1650–1820). Teil 2. Leipzig 2002, 107–131. *CS*

Naturgedicht

Die Lyrik als die Gattung, in der ein Ich seinen Platz in der Welt zu bestimmen sucht, weist generell eine enge Verbindung mit Themen und Motiven aus der Natur auf. Das Naturgedicht vergegenwärtigt in ›intimer Distanz‹ (Häntzschel) menschliche Subjektivität in naturhaften Phänomenen. War dabei die Natur als ›natura naturata‹ lange Zeit das Objektreservoir mimetischer Dichtung, so wird sie als ›natura naturans‹ in der Genieästhetik der zweiten Hälfte des 18. Jh.s zum Paradigma der Schöpfungskraft des Dichters selbst. Mit seiner frühen Lyrik gilt G. als wichtigster Vertreter dieser Bewegung. Wird in Klopstocks Ode *Der Zürchersee* der »Mutter Natur« das lyrische Ich entgegengesetzt, so entdeckt es in G.s Adaption *Auf dem See* seine Geborgenheit als Kind der Natur im Einklang subtilster Naturbeobachtungen. Als naturhaft wird andererseits die Volksdichtung angesehen; zu →Herders Sammlung trägt G. bei, den Volksliedton auch in der eigenen Lyrik anwendend (*Heidenröslein*). In der »Trotzgebärde« (Korff) der großen Sturm-und-Drang-Hymnen kündigt sich →Pantheismus an, das Gefühl der eigenen inneren Göttlichkeit erweitert sich diastolisch zur Göttlichkeit der Natur, deren Ziel der Mensch ist.

Naturgedichte sind in G.s Gesamtwerk allgegenwärtig. In der klassischen Periode gliedert G. den eruptiven Überschwang in die kosmische Ordnung der Natur ein. Komplementär zur analytischen Methode der Wissenschaft und ihr, nach Hamanns Diktum von der »Poesie als Muttersprache des menschlichen Geschlechts« (*Aesthetica in nuce*), immer schon voraus, verleiht die Poesie, einen Rest von Unaussprechlichkeit bewahrend, den »gespensterhaften Schemen« (*Zur Morphologie*; MA 12, 74) wissenschaftlicher Systematik Sinnlichkeit und Gefühl. So soll das Lehrgedicht *Die Metamorphose der Pflanzen* durch synästhetische Sinnlichkeit die Geliebte mit der »abstrakten Gärtnerei« G.s aussöhnen (ebd.), so konnte das Gedicht *Ginkgo biloba* aus dem *West-östlichen Divan* zum zeitlos gültigen Gleichnis menschlicher Liebesbeziehung werden. Im Spätwerk, beispielhaft in den Gedichten *Dem aufgehenden Vollmonde* und *Dornburg, September 1828*, stehen Naturgedichte im engen Zusammenhang mit G.s Studien zur Farbenlehre und zur Meteorologie.

In den *Tag- und Jahresheften* von 1799 verwies G. auf »ein großes Naturgedicht, das mir vor der Seele schwebte«. Geplant war ein umfassendes Lehrgedicht über die gesamte Natur nach dem Vorbild von →Lukrez' *De rerum natura*, dessen Übersetzung durch →Knebel (erschienen 1821) G. über viele Jahre begleitete. Das Vorhaben wurde zwar aufgegeben, doch belegen zahlreiche Zeugnisse aus den späten 1790er Jahren G.s anhaltendes Interesse (vgl. dazu den Artikel *Naturgedicht* in EGW, i. Vorb.). Möglicherweise kann das Hexametergedicht *Metamorphose der Tiere* als Bruchstück zu diesem Projekt gelten (→Gedichte zur Morphologie).

Literatur

Breuer, Ulrich: »Farbe im Reflex«: Natur/Lyrik im 19. Jahrhundert. In: Martus, Steffen, Scherer, Stefan und Stockinger, Claudia (Hg.): Lyrik im 19. Jahrhundert. Gattungspoetik als Reflexionsmedium der Kultur. Bern, Berlin u.a. 2005 (Publikationen zur ZfG. N. F. 11), 141–164. – Häntzschel, Günter: Naturlyrik. In: Fricke, Harald (Hg.): Reallexikon der deutschen Literaturwissenschaft. Bd. 2. 3. neubearb. Auflage Berlin u.a. 2000, 691–693. – Korff, Hermann August: Geist der Goethezeit. Versuch einer ideellen Entwicklung der klassisch-romantischen Literaturgeschichte. 1. Teil: Sturm und Drang. 8. Auflage Leipzig 1966, 274. *LEU*

Naturphilosophie, romantische

G.s ambivalentes Verhältnis zur romantischen Naturphilosophie zwischen begeisterter Aufnahme und schnell eintretender zunehmender Distanz erweist sich im Allgemeinen von seinen eigenen naturwissenschaftlichen Interessen und Anschauungen abhängig, im Besonderen auch von seiner örtlichen Nähe zu →Jena, wo (zumindest zeitweise) mit →Schelling, →Ritter, →Oken, →Schelver, →Kieser, →Steffens u.a. herausragende Vertreter der Naturphilosophie wirkten. Deren grundlegende Ansätze und Positionen in der Nachfolge der Kantschen Transzendentalphilosophie sind in GHB. 4.2, 778ff. zusammengefasst, hier sollen einige Bezüge zu G.s Naturforschung besonders herausgestellt werden.

Am 1.1.1798 las G. Schellings *Ideen zu einer Philosophie der Natur* (1797) und tauschte sich darüber mit →Schiller aus. Am 28.5.1798 lernte er Schelling persönlich kennen und studierte wenige Tage später dessen Werk *Von der Weltseele* (1798). Im Dialog mit Schiller über gemeinsame magnetische Versuche machte G. am 30.6.1798 Bemerkungen, die auch auf Schelling zielten: »Sie haben einen recht wichtigen Punct berührt: die Schwierigkeit im praktischen etwas vom theoretischen zu nutzen. Ich glaube wirklich daß zwischen beyden, sobald man sie getrennt ansieht, kein *Verbindungsmittel* statt finde, und daß sie nur in so fern verbunden sind, als sie von Haus aus verbunden wirken, welches bey dem Genie von jeder Art statt findet. Ich stehe gegenwärtig in eben dem Fall mit den Naturphilosophen, die von oben herunter, und mit den Naturforschern, die von unten hinauf leiten wollen. Ich wenigstens finde mein Heil nur in der Anschauung, die in der Mitte steht«.

Hier findet sich angelegt, was G.s Kritik an den Vertretern der romantischen Naturphilosophie noch Jahre später hervorrufen sollte: die Einseitigkeit der Position, das rein deduktive Vorgehen (»von oben herunter«), der Natur ein System zu unterlegen. Als Schelling schließlich den menschlichen Geist als identisch mit der Natur erklären wollte, vermochte G. ihm darin nicht zu folgen, obwohl ihm vor allem Schellings Polaritätsdenken wesentliche Impulse für die *Farbenlehre* gegeben hatte. Ab etwa 1803 trat zunehmende Entfremdung ein.

Die Idee der Naturphilosophen, dass alle Naturerscheinungen (wie Magnetismus, Elektrizität, Chemie) und Naturreiche auf ein gemeinsames Grundprinzip zurückgeführt werden könnten, war G. prinzipiell sympathisch. Aus diesem Grund reagierte er begeistert auf die Bekanntschaft mit J. W. →Ritter am 20.9.1800, der diesen Weg verfolgte, 1801 das ultraviolette Licht entdeckte und maßgebliche Arbeiten in der Elektrochemie vorlegte. Auf der anderen Seite erschienen G. Ritters naturphilosophische Arbeiten als »freylich dunkel« (an Schiller, 25.7.1798), so dass auch dieser Kontakt schließlich nur für einige Jahre bestand.

Die maßlose Übertreibung in der Anwendung analogisierender Verfahren, die in ihrer verallgemeinernden Einseitigkeit G.s Intentionen zuwiderliefen, die Nähe zu umstrittenen Heilverfahren wie dem tierischen Magnetismus (→Mesmer) oder auch persönliche Streitigkeiten (Prioritätsdebatte mit Oken über die →Wirbeltheorie des Schädels) ließen G. die Beziehungen zu den meisten Naturphilosophen abbrechen oder auf ein höflich-distanziertes Verhältnis beschränken. Generell waren G.s Ideen von diesen zwar durchweg positiv aufgenommen worden, was sie aber daraus – oft rein theoretisch ohne jeden Bezug zur Natur – entwickelten, kannte G. nicht mehr als eigene Positionen an.

Literatur

Takahashi, Yoshito: Goethes Farbenlehre und Schellings Identitätsphilosophie. In: GJb. (2007), 105–114. *WZ*

Naturreiche

Seit dem 17. Jh. werden die drei großen Gruppen der Tiere, Pflanzen und Mineralien als »Naturreiche« bezeichnet. →Linné entwickelte darauf aufbauend sein *Systema naturae* mit dem Begriff des »Reichs« (Regnum) als höchster Klassifikationskategorie der Lebewesen. Unter dem Einfluss des →Stufenleitermodells war im 18. Jh. das Interesse an Übergangsformen zwischen den hierarchisch angeordneten Naturreichen besonders groß. G. befasste sich in den Jahren 1785 und 1786 intensiv mit Infusionstierchen und »metallischen Vegetationen« (an F. H. →Jacobi, 12.1.1785). Nach der Rückkehr aus →Italien beantwortete er aber einen Brief von →Knebel, worin dieser Eisblumen mit Pflanzenformen verglich, mit einem kritischen Aufsatz, der im Februar 1789 im *Teutschen Merkur* erschien. Unter dem Titel *Naturlehre* setzte G. sich nun für die Eigenständigkeit der Naturreiche ein. Man solle »die drei großen in die Augen fallenden Gipfel, Kristallisation, Vegetation, und animalische Organisation, niemals einander zu nähern suchen« (FA I, 25, 19). Auch später betonte G. mehrfach aus morphologischer und ästhetischer Sicht die parallele Entwicklung vom Einfachen zum Komplexen im Pflanzen- wie im Tierreich. Im Mineralreich hingegen stellte er eine zum Organischen gegenläufige Tendenz fest – bei den Gesteinen und Mineralien schien ihm »das Einfachste das Herrlichste« (Eckermann, 23.2.1831; FA II, 12,450), also der →Kristall.

Literatur

Wyder, Margrit: Goethes Naturmodell. Die Scala Naturae und ihre Transformationen. Köln, Weimar und Wien 1998. *WY*

Naturwissenschaftliche Sammlungen

Am 3.7.1780 teilte G. dem naturwissenschaftlichen Dilettanten J. H. →Merck mit, dass J. C. W. →Voigt auf eine mineralogische Exkursion durch Weimar, Eisenach und Jena, die drei Landesteile des Herzogtums, geschickt worden sei: »Er bringt alle Steinarten [...] mit, woraus ein sehr einfaches, aber für uns interessantes Cabinet entsteht«.

Damit war der Grundstein für die geowissenschaftlichen Sammlungen gelegt, die sich bald auf die Botanik, Zoologie und Anatomie, die Farbenlehre sowie die Physik und Chemie ausdehnten, bis zu G.s Tod ständig erweitert wurden und heute einen Bestand von etwa 23000 Objekten umfassen.

F. v. Müller berichtete unter dem 19.11.1830 von einem Gespräch mit G. über dessen »Nachlassenschaft«, in dem dieser auf deren Bedeutung »nicht bloß für meine Nachkommen, sondern auch für das ganze geistige Weimar, ja für ganz Deutschland« hinwies. »Meine [...] Sammlungen jeder Art, sind der genausten Fürsorge wert. Nicht leicht wird jemals so vieles und so vielfaches an Besitztum interessantester Art bei einem einzigen Individuum zusammen kommen. Der Zufall, die gute Gesinnung meiner Mitlebenden, mein langes Leben haben mich ungewöhnlich begünstigt. Seit sechzig Jahren habe ich jährlich wenigstens 100 Dukaten auf Ankauf von Merkwürdigkeiten gewendet, noch weit mehr habe ich geschenkt bekommen. Es wäre schade, wenn dies alles auseinander gestreut würde. Ich habe nicht nach Laune oder Willkür, sondern jedesmal mit Plan und Absicht zu meiner eignen folgerechten Bildung gesammelt und an jedem Stück meines Besitzes etwas gelernt. In diesem Sinne möchte ich diese meine Sammlungen konserviert sehen« (GG 3.2, 723).

Schon früh hielt G. seinen Sohn August zur Sammeltätigkeit an, im Umfeld besaß Herzog Carl August ein physikalisches Kabinett – diese Bestände wurden später in G.s Sammlungen integriert. Vor allem mineralogische Objekte, die für die Sammlungen in Jena vorgesehen waren, kamen in G.s Besitz, während daraus umgekehrt Bestände nach Jena verlagert wurden, wenn G. zu längeren Arbeitsaufenthalten dorthin übersiedelte oder den Anstalten für Wissenschaft und Kunst, die er in offizieller Funktion beaufsichtigte, etwas zukommen lassen wollte.

Vor allem G.s Korrespondenz mit Naturforschern, aber auch mit entsprechenden Händlern, teilweise über Kontaktleute geführt, belegt die Intensität, mit der G. sammelte und schon bei geringstem Interesse versuchte, Objekte zu erwerben. Oft bot G. einen Tausch an, so bei Pflanzen oder Pflanzensamen aus dem Botanischen Garten in Jena oder aus den Beständen der dortigen Mineralogischen Gesellschaft (→Lenz), freilich auch aus eigenem Besitz. In vielen Fällen wurde es aber auch als Ehre aufgefasst, G. beschenken zu dürfen.

Im physikalisch-technischen Bereich wurden benötigte Instrumente in der Regel bei Mechanikern in Auftrag gegeben.

Nur für die geologisch-mineralogische Sammlung wurden bereits zu G.s Lebzeiten mehrere Versuche (1783, 1785, 1813) einer Erfassung gemacht (vgl. Prescher 14f.), zu Gesteinsammlungen aus →Karlsbad hat G. 1807 (und öfter) selbst publiziert (s. o. S. 172). Andere Bestandsaufnahmen, zur Botanik und Optik, kamen zunächst über Ansätze nicht hinaus.

Auf die geowissenschaftliche Sammlung entfallen etwa 18000 Objekte, auf die Botanik etwa 2500, auf die Zoologie (einschließlich menschlicher Präparate) etwa 1000, auf Physik, Chemie und Meteorologie rund 1500, von denen etwa 1100 der Farbenlehre zugeordnet werden können. Die Sammlungen sind in GHB. 4.2, 797–801 ausführlicher beschrieben worden, im Folgenden werden nur die wesentlichen Daten angeführt.

Die geologisch-mineralogische Sammlung (in 9034 Nummern katalogisiert und heute im Vorraum von G.s Arbeitszimmer sowie in den drei Etagen des östlichen Gartenpavillons des G.hauses aufbewahrt) hat den Charakter einer Arbeits- und Belegsammlung zu G.s geologischen Forschungen und wurde von G. in 18 eigens dafür angefertigten Schränken und mehreren Glasaufsätzen aufbewahrt. 6244 Objekte betreffen etwa 100 regionale Gesteinsfolgen aus Deutschland und Europa (darunter die frühen aus Thüringen und dem Harz, 1781–1784, sowie die Karlsbader und Marienbader Suiten, aber auch Folgen aus der Schweiz, England, Norwegen u. a.). Eine Sammlung geschliffener Gesteine enthält vor allem Marmorfolgen aus Italien. Nach A. G. →Werners Mineraliensystem ist eine Sammlung von 1599 Nummern, nach L. G. Karstens Gebirgskunde und eigenen neptunistischen Auffassungen eine weitere mit 475 Nummern vorhanden. 718 Positionen umfasst die Sammlung zur Paläontologie, die G. später seinem Sohn August zur Betreuung übergeben hatte.

Die botanische Sammlung, vom Umfang die zweitgrößte und nahezu zeitgleich mit der geowissenschaftlichen begonnen, enthält vor allem ein Herbarium im Umfang von etwa 2000 Blatt, dessen Grundstock von 800 Pflanzen bereits im Jahr 1780 erworben, 1785 ergänzt und bis zum Lebensende stetig erweitert wurde. Es belegt G.s intensive Beschäftigung mit der botanischen Terminologie, denn ein Teil (929 Blatt) ist – mithilfe des Botanikers →Batsch – nach dem künstlichen System von C. v. →Linné, das G. im Grunde ablehnte, geordnet worden. Ein weiterer größerer, dabei nicht berücksichtigter Bestand (629 Blatt) wurde erst 1914 von dem Gießener Botaniker A. Hansen, der sich intensiv mit G.s Arbeiten zur →Metamorphose der Pflanzen beschäftigt hat, nach dem natürlichen Pflanzensystem angeordnet, wie es zu G.s Zeit von A. L. de →Jussieu vertreten wurde. (Nach diesem System erfolgten auch Pflanzungen in G.s Hausgarten sowie im Botanischen Garten in Jena.)

Ein kleinerer Bestand von 57 Blatt ist speziell G.s Schrift *Versuch die Metamophose der Pflanzen zu erklären* von 1790 zugeordnet und enthält Variationen von Laubblättern bei verschiedenen Arten. Des Weiteren sind acht Teilsammlungen mit regionalen Bezügen oder speziellen Aufbewahrungstechniken zu verzeichnen.

Unter den weiteren 500 Objekten der botanischen Sammlung befinden sich eine Samen- und Früchtekollektion (etwa 170 Stücke) sowie eine vierteilige Holzsammlung (über 160 Stücke), die vermutlich einen Überblick über die verschiedenen Eigenschaften der Baumarten und deren ökonomischer Bedeutung geben sollte.

Von besonderem Interesse für G. war schließlich die Sammlung von Missbildungen, da ihm diese für die Erkennntis der Entwicklungsgesetze besonders aufschlussreich erschienen. Dazu gehören z. B. spiralig aufgewundene Eschenzweige (sogenannte Bischofstäbe), Weberkarde und Baldrian mit Zwangsdrehungen, Runkelrübe mit Verbänderungen, Fichte mit Auswüchsen. Die Sammlung zur Botanik befindet sich seit 1960 im Naturwissenschaftlichen Kabinett des G.-Nationalmuseums.

Die zoologisch-anatomische Sammlung verdankt ihr Entstehen G.s morphologisch-osteologischen Arbeiten (zum →Zwischenkieferknochen 1784/1785 und zum →Typus 1790–1796), bei denen er auf Anschauungsmaterial nicht verzichten konnte, sowie der Anschaffung oder Schenkung von Kuriositäten. Unter den rund 1000 Präparaten befinden sich 50 Menschen- und Tierschädel sowie Schädelfragmente, 26 montierte Skelette, etwa 100 Teile (z. B. Geweihe, Zähne, Vogelfedern) sowie Präparate von Wirbeltieren, etwa 100 Meerestiere wie Korallen, Krebse, Seesterne und Seeigel sowie über 700 Schalen und Gehäuse von Muscheln und

Schnecken. Etwa 30 Gipsabgüsse von Menschenschädeln sowie Kuriositäten ergänzen diesen Bestand. Einzelne Teilsammlungen haben sich nicht erhalten: so ist von der Insektensammlung nur noch ein exotischer Brillantkäfer vorhanden. Ein Teil der Präparate, die G. 1784 bei der Wiederentdeckung des menschlichen Zwischenkieferknochens heranzog, befindet sich heute im Anatomischen Museum der Universität Jena.

Die Sammlung zur Farbenlehre, seit 1914 im Naturwissenschaftlichen Kabinett des G.-Nationalmuseums untergebracht, bewahrt das Material, das G. für die *Beyträge zur Optik* (1791/1792), sein naturwissenschaftliches Hauptwerk *Zur Farbenlehre* (1810) und spätere Ergänzungen, vor allem zu den *Entoptischen Farben* (1820), zusammengetragen hat und für unzählige Versuche verwendete. Besondere Erwähnung verdienen die beim Beginn der Farbenstudien entworfenen optischen Kärtchen (vgl. oben S. 83f. und Abb. S. 823), ein selbst entwickeltes großes Wasserprisma (s. Abb. S. 86), im zweiten Stück der *Beyträge zur Optik* abgebildet, diverse Prismen, Linsen und Lupen, vor allem aber trübe Gläser zur Demonstration des →Urphänomens der Farbenlehre.

An den Trinkgläsern aus Böhmen mit Schlangenmotiv (→Karlsbader Glas), das vor hellem oder dunklem Hintergrund die Farbe wechselt (gelb/blau) sowie an dem Flakon mit →Napoleonbüste, der das gleiche Phänomen zeigt (ein Geschenk →Eckermanns aus Straßburg, heute auf dem Pult in G.s Arbeitszimmer aufgestellt), hatte G. besondere Freude (s. Abb. S. 831 u. 824). Einen differenzierteren Einblick in den vielfältigen Apparat gibt das Verzeichnis, das G. 1815 vom Bibliotheksschreiber J. M. C. →Färber anfertigen ließ (vgl. WA II, 5.2, 422–428), oder dasjenige zu den entoptischen Farben, das er am 16.5.1822 (zusammen mit den dort erwähnten Objekten) an L. D. v. →Henning nach Berlin sandte (ebd. 455–459). Eine komplette Bestandsaufnahme findet sich bei Matthaei 1941.

Die Sammlung zur Physik und Chemie mit etwa 400 Objekten dokumentiert in erster Linie G.s Interesse an den Forschungen und Entdeckungen seiner Zeit, steht aber auch im Zusammenhang mit G.s eigener Vortragstätigkeit vor einer Gruppe Weimarer Damen 1805/1806 (s. o. S. 107 u. 233, →»Mittwochsgesellschaft«). Hierzu zählen drei Elektrisiermaschinen (nach dem bis in die 1790er Jahre allein bekannten Prinzip der Reibungselektrizität), Magnete, galvanische Platten für eine Voltaische Säule, ein Apparat zur Elektrolyse von Wasser, Ausstattungen für Vakuumversuche, auch Geräte, die J. W. →Döbereiner und T. J. →Seebeck (Thermoelement) entwickelt hatten.

Hinzu kommen eine kleinere Zahl meteorologischer Instrumente: Stab-Barometer, Zimmer- und Reisethermometer, Manometer, Haar-Hygrometer sowie Wettergläser, wie sie heute in Weimar als Andenken verkauft werden. Das meiste davon wurde erst in G.s letztem Lebensjahrzehnt angeschafft und war Ausdruck der meteorologischen Interessen, die ab 1815 mit der Kenntnis von L. →Howards →Wolkenterminologie begannen und 1825 in den *Versuch einer Witterungslehre* mündeten.

G. war bei seinen naturwissenschaftlichen Studien nicht ausschließlich auf die eigenen Sammlungen angewiesen. Herzog Carl August war ebenfalls ein eifriger Sammler und tauschte sich mit G. aus; einige an der Universität in Jena tätige Professoren, wie z. B. der Anatom J. C. v. →Loder, ließen G. an der eigenen Sammlung partizipieren. Vor allem ab 1803, als G. neben dem Minister C. G. v. →Voigt für die Aufsichtsführung über die Jenaer Museen eingesetzt wurde, wuchsen die Sammlungen dieser Einrichtungen erheblich.

Literatur

Germann, Dietrich, Knöll, Hans und Otto, Ludwig: Über Goethes Mikroskope. In: Acta Historica Leopoldina. 9 (1975), 361–401. – Hansen, Adolf: Die Aufstellung von Goethes naturwissenschaftlichen Sammlungen im Neubau des Goethehauses zu Weimar. In: Naturwissenschaftliche Wochenschrift. N. F. 13 (1914), 576–581. – Ders.: Die botanische Sammlung. In: Das Goethe-Nationalmuseum in Weimar. 2. Aufl. Bd. 2. [Weimar] 1922, 40–53. – Kahler, Marie-Luise: Goethes Herbarium. In: GJb. (1970), 292–313. – Dies.: Goethes Sammlung zur Botanik. Weimar 1987. – Kahlke, Hans-Dietrich: Fossilfunde aus den Travertinen von Weimar in der Sammlung Johann Wolfgang von Goethes. In: Quartärpaläontologie. 5 (1984), 37–54. – Lehrs, Philipp: Goethes Sammlungen zur Zoologie und vergleichenden Anatomie. In: Das Goethe-Nationalmuseum in Weimar. 2. Aufl. Bd. 2. [Weimar] 1922, 26–39. – Matthaei, Rupprecht: Die Farbenlehre im Goethe-Nationalmuseum. Jena 1941. – Prescher, Hans: Goethes Sammlungen zur Mineralogie, Geologie und Paläontologie. Katalog. Berlin 1978. – Schuchardt, Christian: Goethe's Sammlungen. Dritter Theil: Mineralogische und andere naturwissenschaftliche Sammlungen. Jena 1849. – Semper, Max: Die Steinsammlungen Goethes. In: Das Goethe-Nationalmuseum in Weimar. 2. Aufl. Bd. 2. [Weimar] 1922, 54–69. – Speyerer, Kurt: Goethes Sammlungen zur Physik und Chemie. In: ebd. 6–25. *WZ*

Naumann, Karl Friedrich (1797–1873)

Am 22.1.1823 fragte K. F. A. v. Conta bei G. an, ob »der junge Doktor Naumann aus Dresden, von seinen mineralogischen Reisen und Studien in Schweden, Dänemark und Norwegen zurückgekommen« (LA II, 8B.1, 323), seine Aufwartung machen dürfe. G. empfing den 1819 in Jena promovierten Naumann am 8.5.1823. Der soeben zum Privatdozent in Jena Ernannte übergab G. seine Habilitationsschrift *De granite iuxta calcem transitoriam posito* (Jena 1823; Ruppert 4907).

Am 16.9.1823 und am 14.4.1824 befasste sich G. mit den soeben erschienenen Bänden von Naumanns *Beyträgen zur Kenntniß Norwegen's* (2 Bde., Leipzig 1824; Ruppert 4073; vgl. auch Naumann an G., 14.4.1824); am 4.12.1823 übersandte Naumann seine *Andeutungen zu einer Gesteinslehre [...]* (Leipzig 1824; Ruppert 4905).

Naumann war die Lehrsammlung des Mineralienkabinetts der →Naturforschenden Gesellschaft in Jena anvertraut worden (vgl. Naumann an G., 30.3.1824; LA II, 8B.1, 418f.). In seinem Brief an →Carl August vom 23.6.1824 unterstützte G. die Erweiterung dieser Sammlung durch Naumann ohne die Mitwirkung des Direktors J. G. →Lenz (vgl. auch Tgb, 2.2.1824). Naumann verließ bereits im September 1824 Jena (vgl. Tgb, 18.9.1824) und ging als außerordentlicher Professor nach Leipzig; 1826 wurde er als Professor der Kristallographie nach →Freiberg berufen.

Am 3.1.1826 übersandte Naumann seinen *Grundriss der Krystallographie* (Leipzig 1826), das erste Werk, das nach der von C. S.→Weiß eingeführten Systematik der →Kristalle verfuhr. Am 9.1.1826 hat G. das Werk »bis Seite 45 wiederholt betrachtet« und am Folgetag einen »Aufsatz« dazu entworfen. Am 18.1.1826 gestand er Naumann, dass er bei der Lektüre an eine Grenze gekommen sei, »welche Gott und Natur meiner Individualität bezeichnen wollen. Ich bin auf Wort, Sprache und Bild im eigentlichsten Sinne angewiesen und völlig unfähig durch Zeichen und Zahlen, mit welchen sich höchst begabte Geister leicht verständigen, auf irgend eine Weise zu operiren« (dazu Naumanns Antwort vom 2.4.1826; LA II, 8B.1, 500f.). 1828 kam G. noch einmal auf diese Schrift Naumanns zurück (vgl. an Färber, 3.12.1828).

Am 31.10.1826 schickte Naumann G. seinen *Entwurf der Lithurgik oder ökonomischen Mineralogie [...]* (Leipzig 1826; Ruppert 4906), den G. am 13.11.1826 las.

Als Naumann G. am 4.8.1828 sein *Lehrbuch der Mineralogie* (Berlin 1828; Ruppert 4908) zusandte, glaubte er »den Wunsch erfüllt zu haben«, den G. hinsichtlich der *Krystallographie* ausgesprochen hatte, nämlich diese »den Zwecken des deutschen Studirenden anzunähern, damit solche junge Männer [...] nicht abgeschreckt werden« (an Naumann, 18.1.1826). G. erhielt das Werk am 22.9.1828, unterhielt sich am 29.9. mit F. J. →Soret darüber und befasste sich am Folgetag näher damit. Als G. Ende Dezember 1828 eine Sendung sibirischer Mineralien durch J. C. v. →Loder erhielt, zog er am 11.1.1829 Naumanns *Mineralogie* bei der Prüfung heran; und auch eine Anfrage an J. M. C. →Färber vom 27.3.1829 zu einem »Tiroler Mineral in Säulenform« belegt, dass G. dieses Werk als maßgebliches Kompendium einschätzte.

Literatur

Wagenbreth, Otfried: Der sächsische Mineraloge und Geologe Carl Friedrich Naumann (1797–1873). In: Prescher, Hans (Hg.): Geologen der Goethezeit. 2. Aufl. Leipzig 1981, 313–396. *HO*

Nebenbilder

Während »Nebenbild« zeitgenössisch auch als Synonym von »Doppelbild« (→Doppelspat) verwendet wurde, wie es als Folge der Wirkung doppelbrechender →Kristalle auftrat, hat G. beide Begriffe genauestens unterschieden (vgl. *Zur Farbenlehre*, §§ 228–230), weil ihm das Nebenbild in der Funktion eines trüben Mittels zur Erklärung der Farberscheinungen beim Lichtdurchgang durch das →Prisma (im Gegensatz zu →Newtons These der verschiedenen Brechbarkeit von →Lichtstrahlen) dienen sollte. G. postulierte, dass durch die Wirkung des Prismas Haupt- und Nebenbilder entstehen, wobei das Nebenbild als trübes Medium über das Hauptbild geschoben würde (oder umgekehrt) und für das Entstehen von Farben verantwortlich sein sollte. Diese unhaltbare Vorstellung wurde bereits 1813 von C. H. →Pfaff widerlegt (*Ueber Newton's Farbentheorie, Herrn von Goethe's Farbenlehre und den chemischen Gegensatz der Farben.* Leipzig 1813, 35: »Sie [die Nebenbilder] sind ein wahres *Gespenst [...]*«), und auch C. D. v. →Buttel und K. M. Marx erhoben in ihren Briefen an G. vom 18.4.1827 und 24.6.1827 völlig berechtigte Einwände gegen die Vorstellung von Nebenbildern, ohne dass G. darauf überzeugend antworten konnte (vgl. an Buttel, 3.5.1827; an Marx, 2.7.1827; EGW 4, 897ff. u. 905ff.). *WZ*

Nees von Esenbeck, Christian Gottfried Daniel (1776–1858)

Der Botaniker, Entomologe und Naturphilosoph, ausgebildet in Jena 1795–1799, kurzzeitig Arzt in Frankfurt am Main und anschließend Privatgelehrter in Sickershausen, war G. seit 1804 als Rezensent der JALZ bekannt. Sein Bemühen, Nees von Esenbeck für die Universität Jena zu gewinnen (1805), blieb vergeblich. 1810 ernannte man ihn zum Mitglied der Sozietät für die gesamte Mineralogie zu Jena, die von G. geleitet wurde. 1818 wurde Nees Professor für Botanik in Erlangen; 1819 wechselte er nach Bonn, 1831 nach Breslau, womit sich auch jeweils der Sitz der Deutschen Akademie der Naturforscher Leopoldina, deren Präsident Nees von Esenbeck war, verlagerte.

Nees war ein glühender Verehrer von G.s Metamorphosenlehre, die er in seinen Schriften (wie *Die Algen des süßen Wassers*, 1814; *Das System der Pilze und Schwämme*, 1816f.) zu verbreiten suchte. »*Nees von Esenbecks* ausführlichste Arbeit über Pilze und Schwämme« – so G. in den *Tag- und Jahresheften* von 1816 – »ließ mich ein treffliches Mikroskop bedauern, das mir ein seltsames Schicksal [...] zerstört hatte«.

Am 18./19.3.1819 (nicht am 28.6.1816, wie mehrfach in der Literatur zu finden) kam es zur ersten persönlichen Begegnung in Weimar, ein weiterer Besuch folgte am 31.5.1819 bei der Durchreise von Nees von Berlin nach Bonn. Bereits im Vorjahr, wenige Tage nach seiner Wahl zum Präsidenten am 8.8.1818, hatte Nees die Aufnahme G.s als Mitglied der Leopoldina (unter dem Beinamen Arion IV.) veranlasst, 1820 widmete er ihm den ersten Band seines *Handbuchs der Botanik*. Auf Nees von Esenbeck und C. F. P. v. →Martius geht die Benennung einer Malvengattung mit dem Namen →›Goethea‹ (1823) zurück.

Zwischen dem 12.5.1816 und dem 25.7.1831 führten G. und Nees eine intensive, vor allem, aber nicht nur morphologischen Fragen gewidmete Korrespondenz, die mit 155 Briefen zu den bedeutendsten des älteren G. und zu den umfangreichsten mit einem Naturforscher überhaupt zählt, oft begleitet von der Sendung von Büchern, Pflanzen, Samen oder Mineralien. G. sah in Nees von Esenbeck nicht nur einen Fachbotaniker, den er jederzeit um Rat fragen konnte, sondern er wusste um dessen gute Kenntnis seiner Werke und die vielfältigen Übereinstimmungen. Nees von Esenbeck andererseits verstand sich als Schüler G.s, der die öffentlichen Nennungen durch ihn (so in Morph I, 2, 1820, 143f.) als größte Ehre empfand. Lediglich ein – allerdings heftiger – Streit über die Behandlung der Pflanzenfarben durch Nees von Esenbeck in seinem *Handbuch der Botanik* (Bd. 1, § 77) schien die gute Beziehung zeitweise zu gefährden. Nees hatte dabei zwar auf G.s *Farbenlehre* verwiesen, die Entstehung der Farben aber nach →Newton wiedergegeben. Nach dem freundlichen Dank für das übersandte Werk (an Nees v. Esenbeck, 3.12.1820) schwieg G. nach der Lektüre über ein halbes Jahr, um sich dann (am 21.7.1821) als durch das betreffende Kapitel »tief gekränkt« zu offenbaren. Nees von Esenbeck reagierte zwar tief betroffen, doch hatte er offensichtlich das Problem, seine zumindest unterschwellige Gegnerschaft zur *Farbenlehre* verbergen und dennoch G. Genugtuung leisten zu müssen (vgl. dazu Kanz 28f.; für alle Detailfragen des Briefwechsels ist diese Edition als maßgeblich heranzuziehen).

Für G.s Zeitschrift *Zur Morphologie* verfasste Nees von Esenbeck die Aufsätze *Irrwege eines morphologisirenden Botanikers* und *Ueber Ruß, Mehlthau und Honigthau, mit Bezug auf den Ruß des Hopfens* (beide in Morph II, 2, 1824); weitere Manuskripte konnten nach Einstellung der Zeitschrift im Jahr 1824 nicht mehr berücksichtigt werden. G. seinerseits war in den *Nova Acta*, der Zeitschrift der Leopoldina, aufgrund der Mitwirkung von Nees von Esenbeck mit zoologischen und botanischen Arbeiten vertreten (*Zur vergleichenden Osteologie*, Bd. 12.1, 1824, 324–332; *Ueber den Zwischenkiefer des Menschen und der Thiere*, Bd. 15.1, 1831, 1–48; *Mittheilungen aus der Pflanzenwelt*, Bd. 15.2, 1831, 363–384).

Ein Zeugnis für die enge Verbundenheit mit Nees von Esenbeck lieferte G. in seinem Aufsatz *Wirkung dieser Schrift*, der der dt.-franz. Ausgabe des *Versuchs über die Metamorphose der Pflanzen* (1831) beigegeben war: »Sodann bemühte sich *Nees von Esenbeck*, das Gebiet der Metamorphosenlehre in der Botanik nach einer andern Seite hin zu erweitern. Selbst in den einfachsten blattlosen Gewächsen [... Algen ... Pilze...] suchte er die Metamorphose nachzuweisen [...]. Sein spätres Handbuch der Botanik beruht auf denselben Grundansichten [...]: so daß diesem vorzüglichen Manne an der Verbreitung jener naturgemäßern, lebendigern Ansicht der Pflanzenbildung der größte Anteil gebührt« (FA I, 24, 759). Allerdings stammt die Textpassage nicht von G., sondern seinem Zuarbeiter E. H. F. →Meyer, was aber keine Relativierung bedeuten muss. In der handschriftlichen Widmung vom 21.6.1831 des am 10.7.1831 übersandten *Metamorphose*-Exemplars verwendete G. die bilanzierende Formulierung: »Herren Präsidenten Nees von Esenbeck, vieljähriger Teilnahme, Belehrung, Fördernis dankbar eingedenk« (LA II, 10B.1, 690).

Literatur

Kanz, Kai Torsten (Hg.): Christian Gottfried Nees von Esenbeck. Briefwechsel mit Johann Wolfgang Goethe nebst ergänzenden Schreiben. Stuttgart 2003 (Acta Historica Leopoldina 40). – Schiff, Julius: Christian Gottfried Nees von Esenbeck und Goethe. In: Schlesische Monatshefte. 7 (1930), 478–484.

WZ

Nelke (Dianthus)

Die zur Familie der Nelkengewächse (Caryophyllaceae) gehörende krautige Zierpflanze, die durch radiärsymmetrische fünfzählige Blüten und kreuzgegenständige Blätter charakterisiert ist, trägt an den Knoten gegenüber stehende Blätter, die am Grund miteinander verwachsen sind; die Knoten (Nodi, Ansatzpunkte der Blätter an der Sprossachse) sind oft geschwollen. Nelken neigen zu Umbildungen im Blütenbereich, die auf Fehlbildungen oder auch auf gezielter Züchtung beruhen können.

G. erwähnte diese Pflanze, auch in ihrer durchgewachsenen Form, bereits in seinen in →Italien angefertigten Notizen (vgl. FA I, 24, 73, 75, 80), darunter eine »Monstrose Nelke von Angelika« (ebd. 75), die er im Garten der Angelica →Kauffmann in der Via Sixtina in Rom sah (vgl. A. Kauffmann an G., 21.9.1788; SchrGG. 5, 59). In seinem Aufsatz *Störende Naturbetrachtungen*, der im Rahmen des *Zweiten Römischen Aufenthalts* der *Italienischen Reise* an den Bericht aus Neapel vom 17.5.1787 angehängt ist, beschreibt G. einen »strauchartig in die Höhe gewachsenen Nelkenstock. Man kennt die gewaltige Lebens- und Vermehrungskraft dieser Pflanze; Auge ist über Auge an ihren Zweigen gedrängt, Knoten in Knoten hineingetrichtert; dieses wird nun hier durch Dauer gesteigert und die Augen aus unerforschlicher Enge zur höchst möglichen Entwickelung getrieben, so daß selbst die vollendete Blume wieder vier vollendete Blumen aus ihrem Busen hervorbrachte« (FA I, 15.1, 404). G. zeichnete die Pflanze detailgetreu, wobei er »zu mehrerer Einsicht in den Grundbegriff der Metamorphose« kam (ebd.; vgl. auch Abb.).

Durchgewachsene Nelke; Zeichnung von Goethe in Italien (1787)

An →Knebel schrieb G. am 18.8.1787 aus Rom: »Hier ist es bey der Nelckenflor etwas gewöhnliches, daß aus einer gewißen Sorte gefüllter Nelcken eine andre gefüllte, völlige Blume herauswächst. Ich habe eine solche gefunden da aus der Hauptblume, vier andre herausgewachsen waren. [...] ich habe sie sorgfältig gezeichnet, auch die Anatomie davon in die kleinsten Theile«. Gegenüber dem gleichen Adressaten wurde das Phänomen erneut am 3.10.1787 erwähnt, mit dem Zusatz: »meine Hypothese wird dadurch zur Gewißheit« – dass nämlich die Pflanze in allen Bildungen immer nur →Metamorphosen des →Blatts produziert, der Kerngedanke des *Versuchs die Metamorphose der Pflanzen zu erklären* von 1790 (vgl. dazu auch die in Corpus V B, 77a-c wiedergegebenen Skizzen zur Nelke).

Im *Versuch* zog G. die Nelke mehrfach als Beispiel heran (§§ 42, 75; FA I, 24, 123 u. 133), vor allem kam er aber in den Paragraphen 105f. (ebd. 144f.) auf die Beobachtungen in Italien zurück und lieferte eine Beschreibung der *Durchgewachsenen Nelke*: »Aus den Seiten der Krone entwickeln sich vier vollkommene neue Blumen, welche durch drei- und mehrknotige Stengel von der Mutterblume entfernt sind« (ebd. 144).

Wie wichtig G. gerade diese Beobachtungen waren, kam noch einmal dadurch zum Ausdruck, dass er im späten autobiographischen Aufsatz *Der Verfasser teilt die Geschichte seiner botanischen Studien mit* (1831) die oben zitierte Stelle aus der *Italienischen Reise* über den »strauchartig in die Höhe gewachsenen Nelkenstock« nochmals wörtlich wiederholte (vgl. FA I, 24, 750f.)

Ein poetisches Denkmal hat G. der Nelke (neben anderen Blumen) in dem 1798 entstandenen Gedicht *Das Blümlein Wunderschön* gesetzt (FA I, 1, 665–668, hier 667).

Literatur

Kuhn, Dorothea: Komm. in Goethe: Die Metamorphose der Pflanzen. Faksimile-Druck Weinheim 1984, 114. – Schneckenburger, Stefan: In tausend Formen magst du dich verstecken – Goethe und die Pflanzenwelt. Begleitheft zur Ausstellung anläßlich des Goethe-Jahres 1999 im Palmengarten der Stadt Frankfurt am Main. Frankfurt am Main 1999 (Palmengarten Sonderheft 29), 37f. *EN*

Neptunismus/Vulkanismus

Diese beiden Vorstellungen über die Erdgeschichte, welche die Bildung der Erdoberfläche, der Gebirge und Gesteine aus der Wirkung des Wassers, als

Sedimentierungsprozess im absinkenden Urozean, oder aus der Feuergewalt vulkanischer Tätigkeit aus dem Erdinneren heraus deuteten, prägten in ihrer teilweise heftigen Auseinandersetzung die Entwicklung der Geologie als Wissenschaft zwischen 1750 und 1850, vor allem um 1800 (→Basaltstreit). Die Neptunisten erklärten vulkanische Erscheinungen als Brände oberflächennaher Kohlelager, wofür G. den Begriff »Pseudovulkanismus« verwendete.

Historisch betrachtet ist die Auseinandersetzung bereits in der Antike angelegt. Die neptunistische Grundauffassung herrschte schon im alten Ägypten vor und setzte sich in der Lehre des →Thales von Milet (um 625–um 547 v. Chr.) fort, wonach alles aus dem Wasser entstanden sei und aus Wasser bestehe. Dieser Vorstellung schloss sich Xenophanes (570–480 v. Chr.) an. Nicht zuletzt zeigte die biblische Schöpfungsgeschichte »den Geist, der über den Wassern schwebte, und die hohe Flut, welche funfzehn Ellen über die höchsten Gebirge gestanden«, wie G. in den *Wanderjahren* (II, 9; FA I, 10, 534) schilderte.

→Anaxagoras (um 500–428 v. Chr.) hingegen betrachtete das Feuer als Urelement und die Sonne als einen glühenden Stein. Heraklit aus Ephesos (um 544–483 v. Chr.) vertrat die Lehre, dass alles aus Feuer entstanden sei. Den Streit über die Entstehung der Welt aus Wasser oder Feuer hat G. in der *Klassischen Walpurgisnacht* in *Faust II* im Gespräch zwischen Thales und Anaxagoras dargelegt (V. 7851–7872), die gleichsam als Ur-Neptunist und Ur-Vulkanist auftreten, womit G. auch auf den zeitgenössischen Streit zwischen diesen Lagern deutete.

Der Freiberger Bergrat und Professor an der dortigen Bergakademie, A. G. →Werner, war in der Zeit um 1800, als sich die Geologie als Wissenschaft herausbildete, Hauptvertreter der neptunistischen Theorie. Durch seine Vorlesungen und seine zahlreichen Schüler, von denen einige wie L. v. →Buch und A. v. →Humboldt Hauptvertreter des Vulkanismus wurden und ihren Lehrer widerlegten, prägte er das geologische Weltbild der zweiten Hälfte des 18. Jh.s und zu Beginn des 19. Jh.s. Nach seinem Tod im Jahr 1817 verlor die neptunistische Erklärungsweise deutlich an Einfluss. In G.s engerem Umfeld war J. C. W. →Voigt, der Bruder des Ministers C. G. v. →Voigt, ein Werner-Schüler, der für den Vulkanismus eintrat.

Nach einem späten Bekenntnis G.s aus dem Jahr 1829 war Werners Lehre »eigentlich Dogmatismus. Man war von An- und Aufschwemmungen zu den Flözen und immer weiter zu den Unterlagen gegangen und da man endlich auf den Granit kam und denselben zugleich auf den höchsten Gebirgen fand, so ließ man ihn als Grund und Knochengerüste der Erde gelten und baute die Lehre darauf« (FA I, 25, 642). Die neptunistische Anschauungsweise prägte und begleitete G. lang in seiner geologisch-mineralogischen Forschung. Er legte seinen Standpunkt 1829 in einer Besprechung von K. F. v. →Klödens Schrift *Über die Gestalt und die Urgeschichte der Erde* so dar: »Ich [...] habe mich der Geognosie befreundet, veranlaßt durch den Flözbergbau. Die Konsequenz dieser übereinander geschichteten Massen zu studieren verwandte ich mehrere Jahre meines Lebens. Diesen Ansichten war die Wernerische Lehre günstig und ich hielt mich zu derselben, wenn ich schon recht gut zu fühlen glaubte daß sie manche Probleme unaufgelöst liegen ließ. Der Ilmenauer Bergbau veranlaßte nähere Beobachtung der sämtlichen thüringischen Flöze; vom Totliegenden bis zum obersten Flözkalke hinabwärts bis zum Granit« (ebd. 648).

Vermutlich im Oktober 1789, kurz nachdem er Werner am 16.9.1789 persönlich kennengelernt hatte, unterbreitete G. *Vergleichs Vorschläge die Vulkanier und Neptunier über die Entstehung des Basalts zu vereinigen* (FA I, 25, 511–513); der Aufsatz wurde zu G.s Lebzeiten nicht veröffentlicht (→Basaltstreit).

Werners Theorie wurde vor allem durch seinen Schüler L. v. Buch überwunden, als dieser nach zahlreichen Reisen zum →Vesuv, in die Auvergne, nach Skandinavien, auf die Kanarischen Inseln und nach Südtirol 1821 die Vulkantheorie der »Erhebungskrater« veröffentlichte (vgl. *Taschenbuch für die gesammte Mineralogie* 15, 1821, 391–427). G. zeigte sich dieser Theorie gegenüber, die seinem Weltbild gänzlich widersprach, abgeneigt, begegnete L. v. Buch 1822 in →Marienbad überaus reserviert und blieb bei seiner Auffassung, wie er z. B. am 1.2.1827 Eckermann anvertraute: »Seit man nun aber nach des trefflichen Mannes [Werners] Tode in dieser Wissenschaft [Mineralogie und Geologie] das Oberste zu Unterst kehrt, gehe ich in diesem Fache öffentlich nicht weiter mit, sondern halte mich im Stillen in meiner Überzeugung fort« (FA II, 12, 233; vgl. auch an Leonhard, 8.1.1819).

1823 stimmte A. v. Humboldt, der G. nahe stand, in seiner Vorlesung in der Berliner Akademie, *Über den Bau und die Wirkungsart der Vulkane in verschiedenen Erdstrichen*, L. v. Buchs Vorstellungen zu. Er sandte G. seine Schrift mit handschriftlicher Widmung (Ruppert 4702). G. zeigte sich betroffen, versuchte in dem Schema *Ursache der Vulkane wird angenommen* (FA I, 25, 614) die verschiedenen Auffassungen gegenüberzustellen und verfasste eine kurze Besprechung zu Humboldts Schrift in zwei Fassungen (vom 16.3. und 3.4.1823). In der veröffentlichten, wesentlich kürzeren formulierte G. seine ernsthaften Bemühungen in der Auseinandersetzung mit Humboldts Auffassung: »Das fleißigste Studium dieser wenigen Blätter [...] soll mir eine wichtige Aufgabe lösen helfen, soll mich fördern, wenn ich versuche zu denken, wie ein solcher Mann; welches jedoch nur möglich ist, wenn sein Gegenständliches mir zum Gegenständlichen wird [...]. Gelingt es, dann wird es mir nicht zur Beschämung, vielmehr zur Ehre gereichen, mein Absagen der alten, mein Annehmen der neuen Lehre in die Hände eines so trefflichen Mannes und geprüften Freundes niederzulegen« (ebd. 613).

G. konnte sich mit dem Vulkanismus nicht anfreunden, da er einerseits angesichts des damaligen Forschungsstandes keine zureichenden Begründungen und Beweise dafür finden konnte, anderseits gestand er Nees von Esenbeck: »Ich prüfe mich schon längst und glaube die Ursache darin zu finden: daß bis jetzt keine leitende Idee in mir aufgegangen ist, die mich durch dieses Labyrinth hindurch zu führen und ein der höheren Anschauung correspondirendes Wahre mir zu entwickeln vermocht hätte« (an Nees von Esenbeck, 13.6.1823).

Im Gespräch mit dem Kanzler von Müller vom 6.3.1828 kam G.s ganzer Zorn zum Ausdruck: »Wenn Humbold oder die andern Plutonisten mir's zu toll machen, werde ich sie schändlich blamiren; schon zimmere ich Xenien genug im stillen gegen sie die Nachwelt soll wissen, daß doch wenigstens Ein Gescheider Mann in unserm Zeitalter gelebt hat, der jene Absurditäten durchschaute« (Unterhaltungen 173; vgl. z. B. die Xenie *Kaum wendet der edle Werner den Rücken [...]*, WA I, 3, 359).

Noch deutlicher fiel das Bekenntnis des alten G. gegenüber →Zelter am 5.10.1831 angesichts Humboldts *Fragmens de géologie et de climatologie asiatiques* (2. Bde., Paris 1831; Ruppert 4707) aus: »Daß sich die Himalaja-Gebirge auf 25000' [Fuß, etwa 7000 m] aus dem Boden gehoben und doch so starr und stolz als wäre nichts geschehen in den Himmel ragen, steht außer den Gränzen meines Kopfes [...] und mein Cerebralsystem [hier: Gehirn] müßte ganz umorganisirt werden – was doch schade wäre – [...] ich begreif es nicht, vernehm es aber doch alle Tage.«

Der Lehre vom Vulkanismus, nach welcher plötzliche Naturkatastrophen gestaltende Kraft auf die Erdoberfläche ausübten, widersprach G.s Auffassung vom sukzessiven Werden der Natur, die er schon in dem frühen Text *Granit II* von 1785 formulierte: »Diese Klippe [...] stand schroffer zackiger höher in die Wolken, da dieser Gipfel, noch als eine meerumfloßne Insel, in den alten Wassern dastand; [...] in ihrem weiten Schoße die höheren Berge aus den Trümmern des Urgebürges und aus ihren Trümmern und den Resten der eigenen Bewohner die späteren und ferneren Berge sich bildeten. Schon fängt das Moos zuerst sich zu erzeugen an schon bewegen sich seltner die schaligen Bewohner des Meeres es senkt sich das Wasser die höhern Berge werden grün, es fängt alles an, von Leben zu wimmeln« (FA I, 25, 315).

So stellte dem Morphologen G. die Erdgeschichte sich dar als Wechselwirkung zwischen Festem und Flüssigem, im Gleichgewicht zwischen Beharren und Bewegung, Schaffen und Zerstörung, in einer allmählich vollzogenen Metamorphose: »Schau' in die Klüfte des Berges hinein, / Ruhig entwickelt sich Stein aus Gestein« (WA I, 4, 47).

G. widersetzte sich der Vorstellung einer durch gewaltsame Umwälzungen vorangetriebenen Gestaltung der Welt, einem revolutionären, durch Vulkantätigkeit geprägten ›Weltbild‹.

Obwohl er in der im Mai 1823 entstandenen Notiz *Ursache der Vulkane wird angenommen* (s. o.) die beiden konkurrierenden Theorien einander gegenüberstellte, bewegte sich seine Naturphilosophie stets innerhalb des evolutionären Neptunismus, in dem sich die innere und regelmäßige Konsequenz der Natur, der allmähliche Übergang in ihren Metamorphosen, die Polarität der physischen Kraft und die Komplementarität der Gegensätze offenbarten.

Vgl. auch den Artikel in GHB. 4.2, 801 ff.

Literatur

Engelhardt, Wolf von: Die Entwicklung der geologischen Ideen seit der Goethe-Zeit. In: Abhandlungen der Brauschweigischen Wissenschaftlichen Gesellschaft. 30 (1979), 2–83. – Ders.: Neptunismus und Plutonismus. In: Fortschritte der Mineralogie. 60 (1982), 21–43. – Ders.: Morphologie im Reich der Steine? In: Mann, Gunter, Mollenhauer, Dieter und Peters, Stefan (Hg.): In der Mitte zwischen Natur und Subjekt. Johann Wolfgang von Goethes *Versuch, die Metamorphose der Pflanze zu erklären* 1790–1990. Sachverhalte, Gedanken, Wirkungen. Frankfurt am Main 1992, 33–51. – Fischer, Walter: Neptunismus und Vulkanismus. In: Ders.: Gesteins- und Lagerstättenbildung im Wandel der wissenschaftlichen Anschauung. Stuttgart 1961, 14–36. – Prescher, Hans: Goethes 1. italienische Reise und der Neptunismus. In: GJb. (1989), 348 f. – Semper, Max: Die geologischen Studien Goethes. Leipzig 1914, 135–219. – Wagenbreth, Otfried: Abraham Gottlob Werner und der Höhepunkt des Neptunistenstreites um 1790. In: Freiberger Forschungs-Heft. D 11 (1955), 183–241. *HO*

Newton, Sir Isaac (1643–1727)

Der englische Physiker, Mathematiker und Astronom gilt als eines der größten wissenschaftlichen Genies; für G. war er Hauptkontrahent, bisweilen geradezu Feindbild. Ab 1669 Professor in Cambridge, 1703 Präsident der Royal Society of London, trat Newton durch zahlreiche Entdeckungen (z.B. System der Mechanik, Gravitation, Dispersion, Spiegelteleskop, binomischer Lehrsatz, Differentialrechnung) hervor. Für die Auseinandersetzung mit G. waren vor allem Newtons optische Schriften von 1672 (*New theory about light and colours*) und 1704 (→*Opticks*) wichtig, in denen er die →Farben als Bestandteile des weißen Lichts sowie Letzteres als mathematisch zu erfassendes Phänomen erklärte. Newtons sog. →Experimentum crucis, mit dem er den durch eine schmale Öffnung eintretenden weißen Lichtstrahl im abgedunkelten Raum mithilfe eines →Prismas in die Spektralfarben zerlegte, widersprach G.s Auffassung vom wissenschaftlichen Experiment (→Versuch).

G. hatte Newtons, die Lehrmeinung repräsentierenden optischen Theorien durch die Physikvorlesungen J. H. →Wincklers 1765/1766 in Leipzig beiläufig kennengelernt. Nachdem er sich bereits in Italien mit dem Problem der Kolorierung von Gemälden beschäftigt hatte, fasste er am 17.5.1791 beim Blick durch ein Prisma spontan den Gedanken, dass Newtons Erklärung der Farbentstehung aus dem weißen Licht falsch sein müsse (→Prismenaperçu). Im ersten Stück der *Beyträge zur Optik* (1791) sowie im Brief an J. F. Reichardt vom 17.11.1791 deutete G. an, Newtons Theorie widerlegen zu wollen, bevor er sich allerdings mit dessen Werken auseinandersetzte.

1793/1794 entstanden mehrere Texte, die G.s Gegenposition näher bezeichneten: *Newtonische Lehre. Maratische Lehre. Resultate meiner Erfahrungen*; *Einige allgemeine chromatische Sätze*; *Über die Einteilung der Farben und ihr Verhältnis gegen einander*; *Über Newtons Hypothese der diversen Refrangibilität*; *Über die Farbenerscheinungen, die wir bei Gelegenheit der Refraktion gewahr werden*; *Versuch die Elemente der Farbenlehre zu entdecken* u.a. (s.o. S. 91–96). G. machte darin deutlich, dass er die Brechung (→Refraktion) des →Lichtstrahls, für Newton wichtigste Bedingung für die Entstehung von Farben, als untergeordnetes Phänomen ansah, das keineswegs mit Farbentstehung einhergehen müsse. Aus der Beobachtung von Pigmentfarben (→Pigment) leitete er die gegen Newtons Mischung der Prismenfarben gerichtete These ab, dass die Mischung aller Farben nie Weiß ergeben könne, da alle einzelnen Farben dunkler als Weiß seien. Aus diesem Grunde sollten die Farben auch nicht im weißen Lichtstrahl enthalten sein können – wie Newton propagierte. G. erklärte die Farben dagegen aus dem Zusammenwirken von Licht und Finsternis sowie einem trüben Mittel.

Im Rahmen des Hauptwerks *Zur Farbenlehre* (1810) setzte sich der gesamte polemische Teil mit dem Widersacher Newton auseinander. Hier lieferte G. eine Punkt für Punkt vollzogene Kritik des ersten Buches der *Opticks* von Newton. Ihm ging es dabei keineswegs allein um die Widerlegung von Newtons optischen Auffassungen im Sinne einer Sachkontroverse; vielmehr zog er auch die wissenschaftliche Legitimation und das methodisches Vorgehen des englischen Gelehrten in Zweifel und sprach von einem »Muster von sophistischer Entstellung der Natur [...], das nur ein außerordentlicher Geist wie Newton, dessen Eigensinn und Hartnäckigkeit seinem Genie gleich kam, aufstellen konnte« (FA I, 23.1, 389).

Immer wieder versuchte G., aus Newtons eher marginalem und 1757 durch J. →Dollond korrigierten Irrtum, die chromatische Aberration (bei Linsenfernrohren auftretende störende Farbränder) sei nicht zu beheben, auf die Fehlerhaftigkeit seiner gesamten Lehre zu schließen. G.s Urteile sind von zahlreichen Beschimpfungen durchsetzt: Newtons Lehre erscheint als närrisch, lächerlich, ungereimt, abstrus und fratzenhaft, Newton selbst als Falschspieler, der sich selbst und andere bewusst betrog und seine ganze Energie dafür verwandte, den selbst in die Welt gesetzten Irrtum zu erhalten und zu bestärken. G. glaubte, die Theorie Newtons ›enthüllen‹, sie geradezu Punkt für Punkt als Vergehen entlarven zu müssen, weil er sie trotz aller Unvergleichbarkeit als rivalisierende Theorie zu seinen eigenen Vorstellungen auffasste, von deren absoluter Richtigkeit er überzeugt war. G. zog für Newtons Lehre auch das Bild einer alten, verfallenen Burg heran, die es zu schleifen und aus den Trümmern neu zu errichten galt.

Der historische Teil der *Farbenlehre* enthält Kapitel über Newton, seine Werke, seine Persönlichkeit sowie seine ersten Anhänger und Gegner. Obwohl G. hier Newtons Verdienste als Forscher zu würdigen und ihm in seinem Denken und Handeln näherzukommen bestrebt war, blieb die kritische Grundhaltung ungemindert wirksam. »Ängstlich aber ist es anzusehen, wenn ein starker Charakter, um sich selbst getreu zu bleiben, treulos gegen die Welt wird, und um innerlich wahr zu sein, das Wirkliche für eine Lüge erklärt und sich dabei ganz gleichgültig erzeigt, ob man ihn für halsstarrig, verstockt, eigensinnig, oder für lächerlich halte« (FA I, 23.1, 847f.).

Auch in zahlreichen Gedichten hat sich G. mit dem Widersacher und seinen Anhängern polemisch auseinandergesetzt: *Katzenpastete*; *Was es gilt. Dem Chromatiker*; *Warnung eigentlich und symbolisch zu nehmen* u.a. (vgl. Schöne 1987; →Gedichte zur Farbenlehre). Auf Newton beziehen sich weiterhin *Xenien* (170–182, 682f., 702; SchrGG. 8, 20f., 77f. u. 80), *Maximen und Reflexionen* (431f., 1285, 1288–1297; MuR 89f. u. 267–272) und Gespräche mit Eckermann (20. u. 27.12.1826, 19.2.1829).

Merkwürdig erscheint, wie sehr man Urteile G.s über Newton auf G. selbst anwenden könnte, so: »wenn wir ein falsches Aperçu [...] mit Lebhaftigkeit ergreifen, so kann es nach und nach zur fixen Idee werden, und zuletzt in einen völligen partiellen Wahnsinn ausarten« (FA I, 23.1, 807). Versucht man G. gerecht zu werden, so muss man weniger Eisslers umstrittene psychoanalytische Deutung bemühen, wo Newton für G. als Vaterfigur erscheint, die »einer unberührbaren, reinen, unveränderlichen, jungfräulichen Mutter (Licht) Gewalt anzutun« versuchte (Eissler 1987, 1265). Eher gilt wohl und macht G.s überzogene Reaktion verständlich, dass Newtons Art der Naturforschung G.s Intention, nämlich »die Abstraktion, vor der wir uns fürchten, unschädlich, und das Erfahrungsresultat, das wir hoffen, recht lebendig und nützlich« (FA I, 23.1, 14) zu machen, völlig entgegenstand. Newtons Lehre und Methodik hatten alle für G. im Umgang mit der Natur entscheidenden Aspekte eliminiert; sie mussten ihm nicht nur zuwider sein, sondern auch wegen ihrer großen Bedeutung für die gesamten Naturwissenschaften und die Technik Angst machen, denn unbestritten führte der Weg Newtons weg von der sinnlich wahrnehmbaren Natur als konkreter Umwelt des lebenden Menschen in die →Abstraktion von zerlegten, apparativ zu bearbeitenden Naturobjekten, die nicht mehr in ihrem ursprünglichen Zusammenhang geschaut werden können. Da sich aber für G. die Außenwelt über die sinnliche Wahrnehmung mit dem Menschen verbindet, das Anschauen gleichzeitig ein Theoretisieren ist und das Auge nur seine Leistungen erbringen kann, weil es ›sonnenhaft‹ ist, d.h. mit dem Objekt harmonisch zusammenwirkt, bedeutet die Entrückung des Phänomens aus der ursprünglich natürlichen Einbindung in die Experimentierstube des Naturgelehrten (z.B. die Newtonsche Dunkelkammer) gleichzeitig den Verlust des Weltbezuges für den Menschen, wobei der phänomenale Charakter des Geschauten verlorengeht. So sind Farben für G. stets Erscheinungen mit objektivem und subjektivem Bezug, der Welt und dem Menschen gleichzeitig angehörend, nicht dagegen wie für Newton rein objektive Bestandteile des Lichts, die mathematisch erfassbar erscheinen. Bei G. kann der Untersuchungsgegenstand grundsätzlich nicht vom Beobachter getrennt werden, letzten Endes fallen Wissenschaft und Poesie für ihn zusammen. Newtons Experimente müssen gerade das ausschalten, was für G. elementar erscheint: das vielschichtige Phänomen, den Beobachter in seiner Subjektivität. Dagegen müssen sie, um erfolgreich zu sein, einführen, was G. ein Grauen verursacht: Abstraktion, apparative Bewältigung und Beschränkung auf einen kleinen Ausschnitt der Gesamterscheinung.

Dass G.s Kritik an Newton unter physikalischem Aspekt haltlos ist, hat bereits 1813 C. H. →Pfaff in allen Einzelheiten nachgewiesen. In der Rezeptionsgeschichte der naturwissenschaftlichen Schriften, vor allem der *Farbenlehre*, ist G.s Anschauung zunächst aus den Wissenschaften ausgegrenzt und überwiegend als künstlerisch-dichterische, Newtons dagegen als allein wissenschaftliche beurteilt worden (Helmholtz, Du Bois-Reymond). Später trat die These einer prinzipiellen Unvergleichbarkeit und Gleichberechtigung beider Ansätze in den Vordergrund (Steiner, Heisenberg). Vgl. dazu im Einzelnen den Übersichtsartikel *Rezeptions- und Wirkungsgeschichte* (S. 251–289).

G.s extreme Haltung gegenüber Newton bestimmt jedoch keineswegs seine gesamte *Farbenlehre*, sondern nur deren physikalisch-optischen Teil. Anders formuliert: G.s Irrtümer diskreditieren keineswegs sein gesamtes Werk (was im Übrigen auch bei Newton und dessen Fehleinschätzung der chromatischen Aberration gilt). Dennoch wurde der polemische, gegen Newton gerichtete Teil der *Farbenlehre* in der G.-Philologie oftmals als eine Art Peinlichkeit angesehen, in bedeutenden G.-Ausgaben (z.B. der *Hamburger Ausgabe*) wurde er nicht abgedruckt.

Literatur

Bothe, Margret: Goethe und Newton: Kritik an der neuzeitlichen Wissenschaft. In: Leviathan. 14 (1986), 37–60. – Buchheim, Wolfgang: Der Farbenlehrestreit Goethes mit Newton in wissenschaftsgeschichtlicher Sicht. Sitzungsberichte der Sächsischen Akademie der Wissenschaften zu Leipzig. Math.-natwiss. Kl. Bd. 123. H. 1. Berlin 1991. – Burwick, Frederick: The Damnation of Newton. Goethe's Color Theory and Romantic Perception. Berlin, New York 1986. – Eissler, Kurt Robert: Goethe. Eine psychoanalytische Studie 1775–1786. Bd. 2. München 1987, 1239–1277. – Heisenberg, Werner: Die Goethesche und die Newtonsche Farbenlehre im Lichte der modernen Physik. In: Geist der Zeit. 19 (1941), 261–275. – Lambrecht, Werner: Die Goethesche und die Newtonsche Farbenlehre im Lichte der Erkenntnistheorie. In: Zs. für philosophische Forschung. 12 (1958), 579–595. – Martin, Maurice: Die Kontroverse um die Farbenlehre. Schaffhausen 1979. – Pfaff, Christoph Heinrich: Über Newtons Farbentheorie, Herrn von Goethes Farbenlehre und den chemischen Gegensatz der Farben. Leipzig 1813. – Schöne, Albrecht: Goethes Gedichte zur Farbenlehre. In: Ders.: Goethes Farbentheologie. München 1987, 165–230. – Schrimpf, Hans Joachim: Über die geschichtliche Bedeutung von Goethes Newton-Polemik und Romantik-Kritik. In: Ders.: Der Schriftsteller als öffentliche Person. Von Lessing bis Hochhuth. Berlin 1977, 126–

143. – Sepper, Dennis L.: Goethe contra Newton. Polemics and the project for a new science of color. Cambridge, New York u. a. 1988. – Wenzel, Manfred: »... ich sprach wie durch einen Instinkt sogleich vor mich laut aus, daß die Newtonische Lehre falsch sei.« – Dokumente und Deutungen zur Datierung von Goethes Prismenaperçu. In: Liber amicorum. Katharina Mommsen zum 85. Geburtstag. Bonn 2010, 540–571. *WZ*

Nigella (Schwarzkümmel)

Die zur Familie der Hahnenfußgewächse gehörende Gattung Nigella (Schwarzkümmel) verdankt ihre Gattungsbezeichnung dem schwarz (lat. nigellus) gefärbten Samen.

G., der Nigella gemeinsam mit dem zur selben Familie gezählten Aconitum (Eisenhut) einen Paragraphen in der *Metamorphose der Pflanzen* von 1790 widmete (§ 57; vgl. FA I, 24, 127), interessierte sich insbesondere für die Blattbesonderheiten der Blüten, die bei Nigella von einem Kranz haarförmig zerschlitzter Hochblätter umgeben sind (daher die deutschen Namen ›Braut in Haaren‹ oder ›Jungfer im Grünen‹). Den meist blau gefärbten Kronblättern (Petalen) folgen die für die Hahnenfußgewächse typischen zweilippigen Honigblätter (bei G. »Nektarien«), ursprünglich Staubblätter, die zur Produktion von Nektar umgebildet wurden und der Anlockung von Insekten dienen. Nach G. wachsen sie bei Nigella »leicht wieder in Blätter aus, und die Blume wird durch die Umwandlung der Nektarien gefüllt« (ebd.).

Die Art zeigt alle Übergänge zwischen den Blattorganen im Blütenbereich. G. betrachtete sie deshalb als Paradebeispiel für die →Metamorphose des →Blattes als Bauprinzip der Pflanze und hat die Blütenblattfolge der Nigella mit sechs Blattvarianten auch gezeichnet (vgl. Corpus V B, 95).

Bei der Betrachtung der »Fruchtkapseln« (Samenkapseln) von Nigella orientalis und Nigella damascena (Balgkapseln, deren fünf Fruchtblätter bei den einzelnen Arten auf verschiedene Art verwachsen sind) zog G. die richtige Folgerung, dass die Frucht morphologisch vom Blatt hergeleitet werden muss (trotz der »mannigfaltigen Bildung« werde man »die Blattgestalt nicht verkennen«; § 78, ebd. 135). *EN*

Nollet, Jean-Antoine; Abbé Nollet (1700–1770)

Der französische Geistliche (Abt) und Naturforscher, ab 1742 Mitglied der Akademie der Wissenschaften und ab 1753 Professor für Physik in Paris, Schüler René-Antoine de Reaumurs, gilt als Entdecker der Osmose (1748). Schon während des Theologiestudiums in Paris hatte er sich für Naturwissenschaften, Mathematik und Mechanik interessiert, Neigungen, denen er auf einer Englandreise nachging. In London lernte er Jean Théophile →Désaguliers, den Sohn eines nach England emigrierten hugenottischen Pfarrers und Demonstrator →Newtons bei der Royal Society of London kennen. Obwohl die Beziehung geprägt war von Differenzen – Nollet galt in England als Cartesianer, Désaguliers als Anhänger Newtons – teilten beide die Leidenschaft für Experimentalphysik.

Nach seiner Rückkehr bot Nollet ab 1735 in Paris spektakuläre Vorlesungen in Experimentalphysik an, die außerordentlichen Zuspruch verzeichneten. 1738 veröffentlichte er *Programme ou Idée Générale d'un Cours de Physique Expérimentale avec un catalogue raisonné des instruments qui servent aux expériences*, 1745 bis 1749 folgten die *Leçons de physique expérimentale*, und 1770 erschien als sein letztes großes Werk in drei Bänden *L'Art des expériences* (deutsche Ausgabe Leipzig 1771: *Die Kunst physikalische Versuche anzustellen [...]*), das in G.s *Ephemerides* (Februar 1770) Erwähnung fand (vgl. MA 1.2, 522), ohne dass eine Lektüre bezeugt ist. Keines dieser Werke befand sich in G.s Bibliothek, die *Leçons de physique expérimentale* entlieh G. jedoch am 16.1.1793 aus der Weimarer Bibliothek (wohl 3 Bände der 3. Auflage Paris 1753; Keudell 37).

Im historischen Teil der *Farbenlehre* finden sich zwei beiläufige Erwähnungen Nollets: im Kapitel *H. F. T.* in einer Inhaltsangabe der *Observations sur les ombres colorées* des französischen Mineralogen und Physikers Jean Henri →Hassenfratz, dessen Identität G. unbekannt war (vgl. FA I, 23.1, 930) und im Kapitel *Gauthier*: »Vorzügliche Mitglieder derselben [der Pariser Akademie], wie Nollet [...], hatten sich der Newtonischen Lehre hingegeben« (ebd. 887).

Nollets Begriff des Spiels (»en jeu«) für das »sinnlich erfahrbare Zusammenspiel unterschiedlicher Kräfte oder Teile der Natur [...], die in einer Harmonie stehen und deren Bewegung einer Gesetzmäßigkeit folgt« (Wübben 2006, 96), soll G. im Beziehungsgeflecht der *Wahlverwandtschaften* umgesetzt haben – allerdings fehlt zur Unterstützung dieser These der direkte Nachweis in G.s Schrifttum.

Literatur

Torlais, Jean: Un physicien au siècle des Lumières, l'abbé Nollet: 1700–1770. Argueil 1987. – Wübben, Yvonne: Lusus naturae und Spiel der Einbildungskraft. In: Federhofer, Marie-Theres (Hg.): Naturspiele. Beiträge zu einem naturhistorischen Konzept in der frühen Neuzeit. Heidelberg 2006 (Cardanus. Jahrbuch für Wissenschaftsgeschichte 6), 87–96. *EN*

Nordlicht

Das auch Polarlicht, Nord- oder Polarschein genannte Himmelsphänomen beschrieb G. vermutlich bereits im Februar 1770 in den *Ephemerides*: »An der Gegend des Horizonts wo im Sommer die Sonne unterzugehen pflegt, war es ungewöhnlich helle, und zwar ein blaulig gelber Schein, wie in der reinsten Sommernacht von dem Ort wo die Sonne untergegangen ist heraufscheint, dieses Licht nahm den vierten Theil des sichtbaren Himmels hinaufzu ein, darüber erschienen rubinrothe Streifen, die sich [...] nach dem Lichten Gelb zuzogen. [...] Die Röthe war so starck dass sie die Häusser und den Schnee färbte [...]« (WA I, 37, 89).

Am 6.4.1783 berichtete G. gegenüber Ch. v. →Stein, er habe in der Nacht »ein Nordlicht in Südost« gesehen, »eine auserordentliche Erscheinung«, die er als Hinweis auf ein →Erdbeben deutete.

Zu dem am 8.2.1817 beobachteten »bedeutenden Nordlicht« fertigte G. am 11.2. eine Niederschrift an (vgl. TuJ 1817; auch Tgb, 8. u. 11.2.1817 u. FA I, 25, 197f.), die für eine Publikation in ZNÜ I, 3 (1820) vorgesehen war, dort aber nicht erschien.

Am 14.2.1817 rühmte sich Carl August gegenüber G., eine angebliche »Feuersbrunst [...] auf den ersten Blick, für einen Nordschein angesprochen« zu haben, »wegen der carackteristischen Farbe« (Wahl 2, 180f.).

Eine weitere detaillierte Beschreibung eines Nordlichts lieferte G. am 7.1.1831 (Tgb); auch →Zelter in Berlin und Marianne von Willemer in Frankfurt hatten das Phänomen bemerkt und G. darüber berichtet (vgl. EGW 4, 963f.). Da Letztere anlässlich der Himmelsröte blaue Schatten auf der Erde bemerkt zu haben glaubte – nach G.s *Farbenlehre* hätten sie grün sein müssen –, bat G. am 25.1.1831 um weitere Auskünfte, die Marianne am 16.2.1831 erteilte (vgl. ebd. 964f.).

Am 13.3.1831 übersandte S. G. Dietmar (auch Dittmar) seine Schrift *Der Polarschein oder das Nordlicht* (Berlin 1831; Ruppert 4493), die G. am 13.4.1831 las. *ZA*

Nose, Karl Wilhelm (1753–1835)

Den zunächst als Arzt in Augsburg und Elberfeld tätigen Bonner Mineralogen kannte G. nicht persönlich; er beschäftigte sich jedoch viel mit seinen Schriften, vor allem, da dessen geologisch-philosophische Ansichten als »Protestation gegen den hereinströmenden Vulkanismus« (LA II, 8A, 153, M 117) mit den seinigen übereinstimmten. Am 24. und 25.7. sowie am 1.8.1820 las G. Noses *Historische Symbola, die Basalt-Genese betreffend, zur Einigung der Parteien dargeboten* (Bonn 1820; Ruppert 4942) und fertigte am 2.8.1820 einen »Auszug« an, der die Besprechung des Werks unter dem Titel *Karl Wilhelm Nose* (in ZNÜ I, 3, 1820; vgl. FA I, 25, 572–580) nach sich zog. Als ein Gleichgesinnter hatte Nose G. ermutigt, »gewisse Naturgegenstände und Verhältnisse freier auszusprechen« (ebd. 572). Dem im gleichen Heft (ZNÜ I, 3) erschienenen Aufsatz *Zur Geologie besonders der böhmischen* setzte G. die Aufforderung »Nimm dir wo du stehen kannst!« aus Noses Schrift voran, als Motto zur Lösung des Basaltstreites anstelle des Archimedes zugeschriebenen »Gib mir wo ich stehe! « (dazu FA I, 25, 480 u. 1173). G. stellte die Rezension von Noses Werk gleichsam als Einleitung vor die eigenen Aufsätze über pseudovulkanische und vulkanische Phänomene (*Der Horn*, *Kammerberg bei Eger*, *Produkte böhmischer Erdbrände*).

Nose, »ein alter Gleichzeitiger, der auch noch an alten Begriffen hielt« (TuJ von 1820), verwies in seinem Werk auf G. und unternahm den Versuch, den Basaltstreit historisch zu begründen, so dass G. in seinem Aufsatz die vielzitierte These festhielt: »Die Geschichte der Wissenschaft ist die Wissenschaft selbst, die Geschichte des Individuums, das Individuum, deshalb soll auch hier das Geschichtliche vorwalten« (FA I, 25, 572); eine kurze Geschichte des Basaltstreites schließt hier an. Der Aufsatz zu Nose enthält G.s für seine Naturforschung wichtige Auffassung zur Grenze des Erforschbaren (→Unerforschliches).

Noses *Kritik der geologischen Theorie besonders der von Breislak und jeder ähnlichen* (Bonn 1821) sowie *Fortgesetzte Kritik der geologischen Theorie [...]* (Bonn 1822) schaffte G. am 19.6.1823 an (Ruppert 4941). Laut Tagebuch beschäftigte er sich damit am 20.6., 6., 9., 12., 14. und 31.7. in Marienbad sowie am 4. und 5.10.1823 und fertigte (im Juli) einen ausführlichen Auszug daraus an (vgl. LA II, 8B.1, 64–72, M 39). Da die Schriften anonym erschienen waren, fragte G. am 22.8.1823 bei →Nees von Esenbeck in Bonn nach dem Autor, vermutete aber bereits Nose, zu dessen »Alter, gegenwärtiger Beschäftigung, Lebensweise« er nähere Auskünfte erbat. Die Antwort vom 5.9.1823 enthielt eine ausführliche Schilderung zu Noses Persönlichkeit und Eigenheiten, mit dem Hinweis: »Goethen soll er herzlich zugetan sein« (LA II, 8B.1, 386). Kanzler von Müller berichtete unter dem 18.9.1823: »[Johann Heinrich] Meyer mußte Nees v. Esenbecks treffliche Schilderung des hochbejahrten philosophischen Sonderlings Nose, bei Bonn, vorlesen, der mit Goethe im Naturwissenschaftlichen so sehr übereinstimmt und von dem er Näheres hatte wissen wollen« (ebd. 392).

Am 29.9.1823 bedankte sich G. bei Nees von Esenbeck für seine Nachrichten über Nose: »Ich habe nun meinem Wunsche gemäß den Mann vor mir, dem ich nachzuarbeiten geneigt bin, [...] da ich den persönlich zu sehen glaube, mit dem ich als einem Alters- und Sinnesgenossen mich zu unterhalten Vergnügen finde. Daß er mir gewogen sey, nehm ich gern auf, da denn doch immer Neigung erwidernde Neigung zu erzeugen geeignet ist«.

G. verfolgte die Veröffentlichungen Noses mit großer Aufmerksamkeit. In seinem Nachlass fand sich die Abschrift einer Bibliographie Noses (vgl. LA II, 8B.1, 524f.).

Ein anonym erschienener Aufsatz Noses, *Steigerung des Begriffs von frischem gesunden Gestein zur leitenden geologischen Idee* (Isis 1823, H. 12), den G. korrekt dem Autor zuordnete, schließt mit einem Zitat aus G.s Abhandlung *Bedeutende Fördernis durch ein einziges geistreiches Wort* (vgl. FA I, 24, 598_{23-36}), das Nose auf G.s geologische Studien bezieht. Dieser Aufsatz Noses hat Spuren in G.s geologischen Texten hinterlassen, die Ende 1823 verfasst wurden (*Durch das Gas des Marienbrunnens angegriffenes Grund-Gebirg* u. a.; dazu LA II, 8B.1, 83f.). *HO*

Nuguet, Lazare (um 1700)

Der nicht näher bekannte französische Geistliche publizierte im April 1705, also fast zeitgleich zum Erscheinen von →Newtons →*Opticks* (1704), im *Journal de Trévoux* (auch *Mémoires pour l'histoire des sciences et des beaux arts*), 675–686, einen Aufsatz mit dem Titel *Système sur les couleurs*, in dem Farben in G.s Sinne als Mischung von Licht und Schatten erscheinen (→Licht und Finsternis). G. entlieh die Zeitschrift am 16.2.1807 aus der Weimarer Bibliothek, las Nuguets Abhandlung noch am gleichen Tag und und übersetzte sie am 19.2.1807. In den *Tag- und Jahresheften* von 1807 berichtete er: »Nuguet über die Farben aus dem Journal de Trevoux war höchst willkommen«.

Am 25.3. u. 10.5.1809 arbeitete G. das Kapitel über Nuguet für den historischen Teil der *Farbenlehre* aus (vgl. FA I, 23.1, 748–758, auch 720, 865, 1052), das unter dem Titel *Nuguets Farbensystem* G.s Übersetzung des Aufsatzes von 1705 bringt. In der Einleitung dazu heißt es: »Das Wahre, was er enthält, ist [...] bei Seite gedrängt worden, weil diese in vielen Stücken parteiische Zeitschrift sich einer mächtigern Partei, der akademischen, entgegensetzte« (ebd. 748). Damit deutete G. auf die Tatsache, dass sich das *Journal de Trévoux* – unter verschiedenen Titeln von 1701 bis 1775 herausgegeben – als Konkurrenz für das seit 1665 bestehende akademische *Journal de Sçavans* verstand. *WZ*

Objekt s. Subjekt/Objekt

Ochse s. Stier/Ochse

Oersted, Hans Christian (1777–1851)

Der dänische Physiker und Chemiker, ab 1806 Professor an der Universität Kopenhagen und Verfasser von →Kant beeinflusster naturphilosophischer Schriften, entdeckte 1819/1820 die Ablenkung der Kompassnadel durch den elektrischen Strom und damit dessen magnetische Wirkung (Elektromagnetismus).

Bereits 1801/1802 hatte Oersted Forschungsreisen nach Deutschland unternommen, wo er u. a. H. →Steffens, →Schelling und F. Schlegel kennenlernte, vor allem aber über längere Zeiträume mit J. W. →Ritter in Jena experimentierte.

In den *Tag- und Jahresheften* von 1820 hielt G. fest: »Gar mancherlei Betrachtungen über das Herkommen in den Wissenschaften, über Vorschritt und Retardation, ja Rückschritt, werden angestellt [...] als auf einmal in der Entdeckung des Bezugs des Galvanismus auf die Magnetnadel, durch Prof. *Oersted*, sich uns ein beinahe blendendes Licht aufthat [...]«.

G. erhielt die Nachricht von Oersteds Entdeckung laut Tagebuch am 12.10.1820 bei einem Besuch des Berliner Mineralogen C. S. →Weiß. Sein am 20.10.1820 formulierter Wunsch, J. W. →Döbereiner möge Oersteds Versuch in Jena nachvollziehen, wurde erst Ende Dezember 1822 erfüllt, nachdem Oersted G. am 16.12.1822 in Weimar besucht hatte (zu dessen Bericht über den Besuch →Magnetismus/Elektromagnetismus). In den *Tag- und Jahresheften* von 1822 berichtete G. darüber: »Gegen Ende des Jahrs kam er [Döbereiner] nach Weimar, um vor Serenissimo [Herzog Carl August] und einer gebildeten Gesellschaft die wichtigen Versuche galvanisch magnetischer wechselseitiger Einwirkung mit Augen sehen zu lassen und erklärende Bemerkungen anzuknüpfen, die bei kurz vorher erfreuendem Besuche des Herrn Professor *Oersted* nur um desto erwünschter sein mußten«.

Oersteds Entdeckung des Elektromagnetismus, also einer Verbindung der Elektrizitätslehre mit dem Magnetismus, stellte für G. einen wichtigen Schritt in seinem Bestreben dar, alle Naturerscheinungen unter ein allgemeines Gesetz zu fassen. *WZ*

Oken, Lorenz; eigentlich Okenfuß, Laurentius (1779–1851)

Der Mediziner, Naturforscher und romantische Naturphilosoph war in seiner Zeit vor allem als langjähriger Herausgeber der Zeitschrift →*Isis* (1816–1848) und als Begründer der noch heute bestehenden *Gesellschaft deutscher Naturforscher und Ärzte* (1822), die durch Jahresversammlungen auf sich aufmerksam machte, bekannt. Ab 1818 war er Mitglied der Deutschen Akademie der Naturforscher Leopoldina.

Oken studierte Medizin in Freiburg (bis 1804) und erwies sich bereits zu dieser Zeit durch seine von →Schelling inspirierte *Uebersicht des Grundrisses des Sistems der Naturfilosofie* (Frankfurt am Main 1804) als Anhänger der romantischen →Naturphilosophie. In Würzburg war er bald darauf nicht nur Schüler Schellings, sondern auch des Physiologen Ignaz Döllinger, bei dem er die Bildung des Darmkanals im Embryo erforschte. Mit der entwicklungsgeschichtlichen Schrift *Die Zeugung* (Bamberg und Würzburg 1805) wurde Oken in →Göttingen habilitiert. Seine Göttinger Vorlesung über *Biologie, gegründet auf den Gesamtorganismus der Natur* publizierte er in seiner Monografie *Abriss der Naturphilosophie. Bestimmt zur Grundlage seiner Vorlesungen über Biologie* (Göttingen 1805); hierin bemühte er sich, seine naturphilosophischen Thesen durch empirische Befunde zu untermauern.

1807 wurde Oken aufgrund der Fürsprache G.s zum Professor der Medizin in Jena ernannt (vgl. Oken an G., 23.10.1807; LA II, 9B, 284), ab 1812 zum Professor für Naturgeschichte. Noch bevor sich beide am 13.11.1807 in Jena persönlich kennenlernten, sprach G. am 11.11.1807 laut Tagebuch mit Friedrich Siegmund →Voigt »über Professor Okens Präoccupation der Wirbelbeins- und Schädellehre«, womit ein dauerhafter Prioritätsstreit angedeutet war. Seine Antrittsvorlesung in Jena hielt Oken *Über die Bedeutung der Schädelknochen* (Bamberg, Würzburg 1807; in G.s Bibliothek mit hs. Widmung; Ruppert 4943). Die darin vertretene →Wirbeltheorie des Schädels (»der ganze Mensch ein Wirbelbein«; Eichstädt an G., 8.11.1807; LA II, 9B, 284) beanspruchte G. für sich, da er deren Entdeckung schon 1790 in →Venedig gemacht hatte (vgl. an Caroline Herder, 4.5.1790).

Rückblickend schrieb G. zehn Jahre später in den *Tag- und Jahresheften* von 1807: »Die älteren osteologischen Ansichten, vorzüglich die im Jahre 1791 [korrekt 1790] in Venedig von mir gemachte Entdeckung, daß der Schädel aus Rückenwirbeln gebildet sei, ward näher beleuchtet, und mit zwei theilnehmenden Freunden [...] verhandelt, welche beide mir mit Erstaunen die Nachricht brachten, daß so eben diese *Bedeutung der Schädelknochen* durch ein akademisches Programm [von L. Oken] in's Publicum gesprungen sei, wie sie, da sie noch leben, Zeugniß geben können. Ich ersuchte sie sich stille zu halten, denn daß in eben gedachtem Programm die Sache nicht geistreich durchdrungen, nicht aus der Quelle geschöpft war, fiel dem Wissenden nur allzusehr in die Augen. Es geschahen mancherlei Versuche mich reden zu machen, allein ich wußte zu schweigen«.

Oken spürte zunächst G.s Zurückhaltung (vgl. Oken an Schelling, 3.9.1808; LA II, 9B, 289); G. vermied es, mit Oken über seine Vorwürfe zu sprechen; dieser wiederum sah sich ungerecht behandelt und betrieb den Prioritätsstreit (noch über G.s Tod hinaus) zunehmend schärfer und polemischer. Ab 1810 häuften sich G.s Beschwerden über Okens Verhalten (vgl. z. B. an Christian Gottlob von Voigt, 3.3.1810; Sulpiz Boisserée, Tgb, 20.9.1815; an Nees von Esenbeck, 5.11.1818), dessen naturphilosophische und politische Ansichten, aber auch Indiskretionen, überzogene Forderungen und Zudringlichkeiten bei G. auf Ablehnung stießen.

Durch die Heirat mit Louise Stark (1784–1862), der Tochter des Jenaer Mediziners Johann Christian →Stark (1753–1811), im Jahr 1814 konnte Oken zunächst auch privat in Jena Fuß fassen. Als Herausgeber der *Isis*, einem enzyklopädischen Blatt vorzugsweise, aber nicht ausschließlich naturwissenschaftlichen Inhalts, geriet der linksliberale Oken jedoch wieder in Konflikt mit G. und dem Herzog →Carl August, als er die Verfassung Weimars angriff. Noch vor dem Erscheinen der ersten Ausgabe empfahl G. in einem 1816 für den Herzog erstellten Gutachten das Verbot der Zeitschrift, aber erst 1819 wurde Oken vor die Alternative gestellt, entweder die *Isis* oder die Professur in Jena aufzugeben.

Nach seiner Demission hielt sich Oken zunächst in Paris und Basel auf, um ab 1822 als Privatgelehrter wieder in Jena zu leben. 1827 ging er als Privatdozent an die Universität München und wurde dort 1828 zum ordentlichen Professor für Physiologie berufen. Nach Streitigkeiten mit der bayerischen Regierung wechselte er 1833 als Professor für Allgemeine Naturgeschichte, Naturphilosophie und Physiologie nach Zürich und wurde Gründungsrektor der dortigen Universität. Während dieser Zeit verfasste er sein letztes großes Werk, die *Allgemeine Naturgeschichte für alle Stände* (7 Bde., Stuttgart 1833–1845). 1843 erschien die dritte, neu bearbeitete Auflage seines *Lehrbuchs der Naturphilosophie.* Dessen erste Auflage (Jena 1809) befand sich ebenso in G.s Bibliothek wie die Werke: *Grundzeichnung des natürlichen Systems der Erze* (Jena 1809), *Erste Ideen zur Theorie des Lichts, der Finsterniß, der Farben und der Wärme* (Jena 1808), *Okens Lehrbuch der Naturgeschichte, Theil 1, Mineralogie* (Leipzig 1813), *Über das Universum als Fortsetzung des Sinnensystems* (Jena 1808), *Ueber den Werth der Naturgeschichte, besonders für die Bildung der Deutschen* (Jena 1809) sowie der Auszug aus der *Isis*, *Ein Wort zu seiner Zeit gesprochen* (Leipzig 1828; vgl. Ruppert 4943-4950). →Wirbelknochen

Literatur
Bach, Thomas, Breidbach, Olaf und Engelhardt, Dietrich von (Hg.): Lorenz Oken: Gesammelte Werke, Bd. 1: Frühe Schriften zur Naturphilosophie; Bd. 2: Lehrbuch der Naturphilosophie. Weimar 2004. – Bräuning-Oktavio, Hermann: Goethe und Oken, ihre Beziehungen 1805–1811. ›Huldigung‹ und ›Präokkupation‹. In: GJb. (1955), 254–173. – Ders.: Oken und Goethe im Lichte neuer Quellen. Weimar 1959. – Breidbach, Olaf, Fliedner, Hans-Joachim und Ries, Klaus (Hg.): Lorenz Oken (1779–1851). Ein politischer Naturphilosoph. Weimar 2001. – Pfannenstiel, Max und Zaunick, Rudolph: Lorenz Oken und J. W. v. Goethe: dargestellt auf Grund neu erschlossener Quellenzeugnisse. Leipzig 1941. *EN*

Opal/Opalglas

Der verbreitete, in zahlreichen Variationen bekannte Schmuckstein, ein Mineral aus nicht kristalliner Kieselsäure, zeigt zwei besondere optische Eigenschaften: ein buntschillerndes Farbenspiel (Opalisieren), das durch Reflexion und Interferenz der Lichtstrahlen zwischen Kieselgelkügelchen entsteht, sowie einen milchig-bläulichen, perlglanzähnlichen Effekt (Opaleszenz). Im Gegensatz dazu verwendete man den Begriff Opal auch für jede Glasart, die unter unterschiedlichen Lichtbedingungen eine andere Farbe annimmt, speziell die Farbe Gelb vor hellem, die Farbe Blau vor dunklem Hintergrund. In G.s Terminologie handelt es sich bei opalischen Phänomenen um →dioptrische Farben der ersten Klasse, bei denen Licht durch einen trübes Medium fällt.

Derartige Erscheinungen untersuchte G. vornehmlich an Trinkgläsern aus Karlsbad und Wien, die aus einem trüben Schmelz von Metalloxiden oder durch Zusatz von aus Knochenasche gewonnenem Kalziumphosphat (›Beinglas‹) bzw. Silberchlorid gefertigte Motive zeigten. Hierbei können je nach Dicke der Beschichtung vor hellem oder dunklem Hintergrund verschiedene Farben hervortreten. »Das ist ein *Urphänomen*, das muß man nicht weiter erklären wollen. Gott selbst weiß nicht mehr davon als ich«, äußerte G. gegenüber dem Kanzler F. v. Müller am 7.6.1820, eine Bemerkung, die Müller anlässlich des »Hocus Pocus Goethens mit dem trüben Glas, worauf eine Schlange« notierte (Unterhaltungen 40). Neben diesem →Karlsbader Glas, um dessen Erwerb sich G. jahrelang bemühte und dessen Schlangenmotiv bald blau, bald gelb erscheint (vgl. Farbtafel S. 831), belegt noch ein weiteres Andenken G.s, das heute auf seinem Stehpult im Arbeitszimmer im G.haus in Weimar aufgestellt ist, das →Urphänomen der vom Lichteinfall abhängigen abwechselnden Erscheinung der gelben und blauen Farbe am selben Gegenstand. Es handelt sich um einen von →Eckermann im Jahr 1830 in Straßburg erworbenen Flakon aus Opal, dessen Verschluss eine kleine →Napoleonbüste darstellt (vgl. Abb. S. 824). Ein von G. dahinter plazierter, vom Fenster beleuchteter Spiegel lässt das Spiegelbild gelb aussehen, wogegen die Figur sonst, im diffusen Licht des Raumes, vor der dunklen Wand blau erscheint.

Als G. 1822 die Glashütte von W. K. →Fikentscher in Redwitz (→Marktredwitz) besuchte, stellte er mit dessen Sohn Friedrich Christian trübe Glastäfelchen her (vgl. Tgb, 16.8.1822). In den Nachträgen zur Farbenlehre (ZNÜ I, 4, 1822) hat G. derartige Gläser, die er wohl schon 1793 vor Mainz in Kirchenfenstern gesehen hatte (vgl. LA I, 3, 147), im Kapitel *Trüber Schmelz auf Glas* beschrieben. Die Ursache für den G. vor allem interessierenden Farbwechseleffekt ist erst lange nach der G.zeit erforscht worden; er wird durch kugelförmige Nanopartikel aus Silber hervorgerufen.

Literatur
Nickol, Thomas, Berg, Klaus-Jürgen und Berg, Gunnar: Goethes trübe Gläser und die »Beiträge zur Optik trüber Medien« von Gustav Mie. In: GJb. (2008), 204–218. *WZ*

Opticks

→Newtons optisches Hauptwerk erschien unter dem Titel *Opticks: or a treatise of the reflexions, refractions, inflexions and colours of light* 1704 in London. 1706 folgte eine lateinische Übersetzung von Samuel Clarke: *Optice: sive de reflexionibus, refractionibus, inflexionibus et coloribus lucis libri tres.* Nach Angaben von Keudell (36 u. 97) entlieh G. diese lateinische Ausgabe zweimal, am 26.6.1792 und am 5.2.1798, aus der Weimarer Bibliothek. Nach Zehe 1987 ist die Identität der entliehenen Ausgabe jedoch nicht bekannt.

In G.s Bibliothek fand sich die 4. englische Auflage (London 1730; Ruppert 4932), die G. sich 1794 von F. v. →Stein in London hatte besorgen lassen (vgl. F. v. Stein an G., 30.7.1794; EGW 4, 288: »Newtons optics habe ich bestellt«).

Im polemischen Teil der *Farbenlehre* beschäftigte sich G. ausschließlich mit dem ersten der drei Bücher der *Opticks*, wobei er Textstellen Newtons übersetzte oder paraphrasierte (in G.-Editionen in der Regel durch Sternchen – so FA – oder Petitdruck – so LA – kenntlich gemacht) und anschließend jeweils seinen kritischen Kommentar anfügte. Es ist wenig beachtet worden, dass G. damit der erste (Teil-)Übersetzer dieses wissenschaftshistorisch so bedeutenden Werks ins Deutsche war. Zum Vergleich heranzuziehen ist die Übersetzung von W. Abendroth: *Sir Isaac Newtons Optik oder Abhandlung über Spiegelungen, Brechungen, Beugungen und Farben des Lichts.* 1. Buch. Leipzig 1898 (Ostwalds Klassiker der exakten Wissenschaften 96).

Literatur
Hennig, John: Goethe Newton übersetzend. In: GJb. (1958), 225–232. – Zehe, Horst: Etwas über »das Exemplar von Newtons Optik, welches Goethe gebraucht [...] hat«. In: GJb. (1987), 360–362.

WZ

Optik

Als G. 1822 in ZNÜ I, 4 unter dem Sammeltitel *Chromatik* Nachträge zur Farbenlehre lieferte, stellte er im Kapitel *Wohl zu erwägen* fest: »Als ich mit einem einsichtigen, meiner Farbenlehre günstigen Manne [F. S. →Voigt] über diese Angelegenheit sprach und auch des hartnäckigen Widerstandes erwähnte, den sie seit so vielen Jahren erdulden müssen, eröffnete er mir Folgendes: er habe seit langer Zeit mit Physikern darüber gesprochen und gefunden, der Widerwille komme eigentlich daher, daß ich meine ersten kleinen Hefte *Beiträge zur Optik* genannt: denn da die Optik eine abgeschlossene, dem Mathematiker bisher ganz anheim gegebene Wissenschaft gewesen sei; so habe Niemand begreifen können noch wollen, wie man, ohne Mathematik, Beiträge zur Optik bringen oder wohl gar die Hauptlehrsätze derselben bezweifeln und bekämpfen dürfe. Und so überzeugte mich der treffliche Freund gar leicht, daß, wenn ich gleich anfangs Beiträge zur *Farbenlehre* angekündigt [...], die Sache ein ganz anderes Ansehn gewonnen hätte« (FA I, 25, 759f.). Das Urteil von F. S. Voigt erfuhr G. laut Tagebuch am 17.3.1821, dreißig Jahre, nachdem das erste Stück der *Beyträge zur Optik* (1791) erschienen war. Da G. nach dem folgenden zweiten Stück (1792) bis 1810 keine weiteren Arbeiten zur Farbenlehre publizierte, blieben seine Intentionen im Bewusstsein der Fachwelt lange Zeit mit dem Begriff der Optik verbunden.

In der Tat darf man G.s *Farbenlehre* nur in (kleineren) Teilen mit der Wissenschaft der Optik in Zusammenhang bringen. Nur die zweite Abteilung der didaktischen Teils, die den →physi[kali]schen Farben gewidmet ist sowie die Auseinandersetzung mit →Newtons →*Opticks* im polemischen Teil weisen engere Berührungspunkte auf. G. selbst hat zunehmend ab 1804 den Begriff ›Chromatik‹ für seine Arbeiten verwendet.

Wie wenig G. im Grunde – trotz des Titels seiner frühen *Beyträge* – Optik betrieben hat, zeigt der Inhalt eines Werks, das er selbst mehrfach aus der Weimarer Bibliothek entliehen hat (1791, 1798, 1798–1799, 1800–1802, 1805, 1808–1811; Keudell 23, 93, 134, 217, 430, 528): *Geschichte und gegenwärtiger Zustand der Optik*, eine mit Anmerkungen versehene deutsche Übersetzung G. S. Klügels (Leipzig 1776) von J. Priestleys *History and present state of discoveries relating to vision, light and colours* (London 1772). Mit der in diesem Standardwerk beschriebenen Optik hatte G. aufgrund seiner völligen Abstinenz mathematischer Zugänge wenig zu tun; aus diesem Grund ist auch der in der lexikalischen Literatur oft zu findende pauschale Verweis von Optik auf Farbenlehre unzulässig. *WZ*

Optische Täuschung

Als optische Täuschung oder visuelle Illusion gilt eine Wahrnehmungstäuschung des →Auges, die fast alle Formen des Sehens betreffen kann, z.B. Illusionen der Bildtiefe, der Farben, geometrischer Muster und von Bewegungen. Stets wird dabei die Art des Sehreizes vom Wahrnehmungssystem falsch bewertet. G. ging in seinen Vorstellungen im Allgemeinen und in der *Farbenlehre* im Speziellen vom Primat des Auges und der herausragenden Bedeutung dieses Sinnesorgans für den Menschen aus. Dies ging so weit, dass er dem Auge und dem durch ihn vermittelten Eindruck absoluten Wahrheitswert zugestand und Begriffe wie ›optische Täuschung‹ oder gar ›optischen Betrug‹ nicht tolerierte, denn das Auge kann sich nach G.s Auffassung nicht irren. So kam es G. gerade darauf an, die von einigen als »Augentäuschungen und Gesichtsbetrug« (FA I, 23.1, 31) bezeichneten →physiologischen Farben als natürliche Reaktion des Auges zu erweisen. Die von G. abgelehnte Wendung bezieht sich auf Arbeiten des Grafen Rumford, eigentlich B. Thompson (1753–1814), der etwa zur gleichen Zeit wie G. die →farbigen Schatten physiologisch erklärt hatte (vgl. die 1794 in den *Philosophical Transactions* 84, 107–118 erschienene Abhandlung *An account of some experiments on coloured shadows*, die 1795 übersetzt in Grens *Neuem Journal der Physik* 2 als *Nachricht von einigen Versuchen über die gefärbten Schatten* vorlag). Bei der Lektüre notierte G. seinen ablehnenden Kommentar zu Rumfords Wortwahl: »Es ist eine Gotteslästerung zu sagen: daß es einen *optischen Betrug* gebe. Farbenlehre als Monas« (LA II, 3, 218f. und Faksimile auf Tafel III). Auch in der Auseinandersetzung mit R. W. →Darwin im historischen Teil der *Farbenlehre* kam G. 1810 auf das Thema zurück: »Das Wort Augentäuschungen [...] wünschten wir ein für allemal verbannt. Das Auge täuscht sich nicht [...] « (FA I, 23.1, 943). In *Faust I* legte G. den Begriff ›Augentäuschung‹ bezeichnenderweise dem besserwisserischen Wagner in den Mund (V. 1157). *WZ*

Organismus

Die Wissenschaftsgeschichte der G.zeit zeichnet sich durch eine allmähliche Ablösung des Maschinenmodells für organische Wesen von R. →Descartes zugunsten einer Vorstellung von organischen Kräften, eines Organismus, ab. G. L. L. de →Buffon, C. F. →Wolff, J. G. →Herder und J. F. →Blumenbach bemühten sich um das Thema; in den Vorstellungen eines →Bildungstriebs und in der Theorie der →Epigenese, die das bisherige Postulat einer Entwicklungsreihe durch →Präformation ersetzte, kam der Wandel zur Annahme von Organismen als sich selbst gestaltenden, keiner Zweckgerichtetheit unterliegenden Lebewesen am deutlichsten zum Ausdruck.

→Kant hatte in der *Critik der Urtheilskraft* (Ausgabe 1792, 289, 292) formuliert: »Ein organisirtes Wesen ist also nicht blos Maschine, denn die hat lediglich *bewegende* Kraft, sondern besitzt in sich *bildende* Kraft und zwar eine solche, die sie den Materien mittheilt, welche sie nicht haben, (sie organisirt): also eine sich fortpflanzende bildende Kraft, welche durch das Bewegungsvermögen allein (den Mechanism) nicht erklärt werden kann. [...] *Ein organisirtes Product der Natur ist das, in welchem alles Zweck und wechselseitig auch Mittel ist*«.

Obwohl damit auch G.s Position annähernd umschrieben wird, hat er doch den Begriff des Organismus nur selten verwendet, und noch seltener hat er sich zu seiner näheren Bestimmung geäußert. In dem 1806 entstandenen Stück *Die Absicht eingeleitet*, verfasst als Einleitung zu den nicht zustande gekommenen *Ideen über organische Bildung* und erst 1817 für die Zeitschrift *Zur Morphologie* verwendet, definierte G. als »höhere Maxime des Organismus«: »Jedes Lebendige ist kein Einzelnes, sondern eine Mehrheit; selbst insofern es uns als Individuum erscheint, bleibt es doch eine Versammlung von lebendigen selbständigen Wesen [...]« (FA I, 24, 392). Kurz darauf wurden »Gemmation und Prolifikation« (ebd. 395), die Bildung von Knospen und Ablegern, als weitere »zwei Hauptmaximen des Organismus« bezeichnet, wobei hier eine Einschränkung auf Pflanzen erfolgte, plausibel, wenn man bedenkt, dass *Die Absicht eingeleitet* einem Wiederabdruck der *Metamorphose der Pflanzen* vorangestellt werden sollte. Der Organismus als »Versammlung von lebendigen selbständigen Wesen« kann ebenso gut auf die Monaden-Vorstellung von →Leibniz deuten (→Monade) wie auf im Pflanzenreich verbreitete Fortpflanzungsarten, aufgrund derer G. Blütenpflanzen als zusammengesetzte Organismen ansah, aus deren einzelnen Teilen wieder komplette Pflanzen entstehen können, z.B. beim Brutblatt/→Bryophyllum (meist als G.-Pflanze bezeichnet), wo aus jedem Blatt eine neue Pflanze gezogen werden kann.

Letztes Endes bleibt unklar, warum G. ›Organismus‹ und ›Organismen‹ in der Regel durch ähnliche Termini wie organische Körper, Geschöpfe, lebendige Bildungen u.a. umschrieb. Möglich, aber spekulativ ist die Vermutung, dass er damit im Nachhinein (ähnlich wie in späteren Äußerungen zur *Farbenlehre*) den impliziten Hinweis auf gemeinsame Arbeiten mit J. G. Herder in den 1780er Jahren vermeiden und eine Distanz zu diesem Autor herstellen wollte, der in den *Ideen zur Philosophie der Geschichte der Menschheit* eine Konzeption der organischen Kräfte vorgelegt hatte. Vgl. auch den Artikel in GHB. 4.2, 812f. *WZ*

Osteologie

Gemäß G.s Aussage: »Das Knochengebäude ist das deutliche Gerüst aller Gestalten« (FA I, 24, 238) kommt der Osteologie (Knochenlehre) im Rahmen seiner Naturforschung ein besonderer Stellenwert zu. Man kann G.s Arbeiten zur Aufstellung eines allgemeinen →Typus für das Wirbeltier als vergleichende Anatomie der Knochen betrachten, sowohl einzelner Knochen als des gesamten Skeletts.

Bereits der frühe, 1776 erschienene Beitrag G.s zu J. K. →Lavaters *Physiognomischen Fragmenten zur Beförderung der Menschenkenntnis und Menschenliebe* (4 Bde., Leipzig und Winterthur 1775–1778, G.s Beitrag in Bd. 2, 137–142) war der Untersuchung von Tierschädeln gewidmet.

Bei anatomischen und osteologischen Studien mit J. C. →Loder (ab 1781/1782) entdeckte G. 1784 den →Zwischenkieferknochen beim Menschen durch Vergleich von Tier- und Menschenschädeln.

1790 wurde der Fund eines Schafschädels am Lido von →Venedig Auslöser für die Erkenntnis, dass die Schädelknochen umgebildete (metamorphosierte) Wirbel seien (→Wirbelknochen), der Wirbel wiederum – wie das →Blatt bei den Pflanzen – das Grundelement für den tierischen Bauplan. Die hier gefasste →Wirbeltheorie des Schädels wurde 1807 von L. →Oken beansprucht und Anlass für einen anhaltenden Prioritätsstreit.

Hatte sich G. bis 1790 vor allem mit einzelnen Knochen bzw. dem Schädel beschäftigt, so weitete er nun seinen Ansatz auf das gesamte Skelett aus. Mit dem *Versuch über die Gestalt der Tiere* (Ende 1790) begann er eine Reihe von osteologischen Abhandlungen über *allgemeine Knochenlehre* und *allgemeine Vergleichungslehre* (s.o. S. 26f.), die 1795 in den Aufsatz über den osteologischen →Typus mündeten (*Erster Entwurf einer allgemeinen Einleitung in die vergleichende Anatomie, ausgehend von der Osteologie*). In Entsprechung zur 1787 in →Italien gesuchten →Urpflanze versuchte G., das Beständige im tierischen Bauplan ebenso festzuhalten wie das durch zahllose →Metamorphosen daraus Abgeleitete, wie es in der Formenvielfalt in der Natur zum Ausdruck kommt.

Über 20 Jahre später, als G. einen Teil dieser Arbeiten mit manchen Zusätzen in den Heften *Zur Morphologie* (1817–1824) veröffentlichte, traten auch seine osteologischen Interessen immer wieder deutlich hervor: so in seiner Anteilnahme an den Arbeiten E. d' →Altons über die Skelette verschiedener Tiere (s. o. S. 48, 52 u. 55), an C. G. →Carus' Werk *Von den Ur-Teilen des Schalen- und Knochen-Gerüstes* (s. o. S. 48f.) oder – im paläontologischen Kontext – an den Funden fossiler Stierknochen (s. o. S. 49).

Die Frage nach dem tierischen Bauplan beschäftigte G. bis ins hohe Alter. Der hierzu 1830 ausgetragene →Pariser Akademiestreit zwischen É. →Geoffroy Saint-Hilaire und G. →Cuvier beeindruckte ihn außerordenlich (s. o. S. 73–75). Möglicherweise faszinierte G. daran auch der Aspekt, dass die Diskussion hier über den Bereich des Osteologischen, der für G. stets zentral gewesen war, hinausging und der Forschung damit ein neues Feld geöffnet wurde.

Literatur

Wehmeier, Peter M.: Goethe und die Osteologie. In: Osteologie. 1 (1992), 244–248. – Zu einzelnen Aspekten vgl. die Literaturangaben im Übersichtsartikel *Schriften zur Morphologie.* *WZ*

Oszillation

Die regelmäßigen tagesperiodischen Schwankungen (Oszillationen) des Luftdrucks mit zwei Minimal- und zwei Maximalwerten sind in gemäßigten Zonen nur mit großem Aufwand feststellbar, da sie von den unregelmäßigen größeren Luftdruckschwankungen überlagert werden. In den Tropen ist das Phänomen dagegen sehr ausgeprägt. G. fand es in I. Simonovs *Beschreibung einer neuen Entdeckungsreise in das südliche Eismeer* (Wien 1824) beschrieben, notierte eine »bedeutende Barometerbeobachtung« (Tgb, 2.4.1824) und trat deshalb sofort mit →Carl August und →Schrön in Kontakt (an Carl August, 3. u. 8.4.1824; an Schrön, 4.4.1824).

Carl August wurde gebeten, eine Stellungnahme von B. A. v. →Lindenau, dem Leiter der Sternwarte in Gotha-Seeberg, anzufordern, der am 17.4.1824 antwortete und u. a. Beobachtungen aus A. v. →Humboldts Reisebeschreibungen, des schottischen Arztes F. Balfour aus Kalkutta, des britischen Apothekers B. Moseley von Jamaika und des spanischen Arztes, Botanikers und Südamerikareisenden J. C. Mutis mitteilte (vgl. LA II, 2, 177f., M 9.13).

Auch Schrön wurde um einen Bericht ersucht; dieser lieferte unter dem 13.6. und 7.8.1824 ausführliche Zusammenstellungen unter Auswertung der einschlägigen Literatur (vgl. LA II, 2, 463 u. 39–42, M 6.2), wobei er u. a. P. S. de Laplaces *Traité de mécanique céleste* (Bd. 2, Paris 1798, Kap. 4: *Des oscillations de l'atmosphère*), Marqué-Victors *Résultats moyens d'observations barométriques faites à Toulouse* (*Bibliothèque universelle des Sciences, Belles-Lettres et Arts* N. F. 20, 1822), J. C. Horners Beobachtungen *Ueber die Oscillationen des Barometers zwischen den Wendekreisen* (in: Krusensterns *Reise um die Welt in den Jahren 1803, 1804, 1805 und 1806*, Bd. 3, St. Petersburg 1812) sowie Arbeiten von →Arago, Ramond de Carbonnières und des Königsberger Pfarrers G. Sommer berücksichtigte und zu dem Schluss kam, »daß nur ein sehr kleiner Teil der täglichen Oszillation des Barometers in der Anziehungskraft des Mondes und der Sonne, größtenteils aber auch in anderen Ursachen z. E. in der Erwärmung durch die Sonnenstrahlen ihren Grund habe« (Schrön an G., 13.6.1824, LA II, 2, 463).

Nachdem G. in seinem *Versuch einer Witterungslehre 1825* dem Phänomen der *Sogenannten Oszillation* ein Kapitel gewidmet hatte (vgl. FA I, 25, 291–294), zu dem er noch einen am 23.1.1825 von C. F. P. v. →Martius übersandten Bericht über *Die Bildung der Wolken* im nordbrasilianischen Pará heranziehen konnte, widmete er sich 1826 der Erscheinung erneut, als er Mitte Februar in der Zeitschrift *Le Globe* den Bericht über einen Vortrag Humboldts vor der Pariser Akademie zur Thematik fand (vgl. LA II, 2, 530f.). Am 23.9.1826 sandte Graf Sternberg einen »Aufruf« der Königlichen Sozietät zu Edinburgh zur Abklärung der Barometer-Oszillationen, den G. am 30.9.1826 »durchgedacht und einiges deshalb disponirt und eingeleitet« hat (Tgb). Er deutete damit auf einen neuerlichen Auftrag an Schrön vom gleichen Tage, Bericht darüber zu erstatten. Im Oktober lieferte Schrön zwei Aufsätze: *Bemerkungen über die Veränderungen des Barometerstandes* sowie die durch die Stellung der Erde zur Sonne zu begründende *Beantwortung der Frage*, warum man in Edinburgh den 17.7. und 15.1. zu meteorologischen Beobachtungen besonders empfohlen hatte (vgl. LA II, 2, 133–137, M 8.24 u. 8.25). *ZA*

Paar, Johann Baptist Graf von (1780–1839)

Den österreichischen Oberst und Generaladjutanten des Feldmarschalls Fürst Karl Schwarzenberg lernte G. am 2.8.1818 in →Karlsbad kennen. In jenen Sommertagen war Graf Paar nach dem Zeugnis des Grafen Eugen Czernin von Chudenitz »unzertrennlicher Begleiter Goethes« (Tgb, 7.8.1818; zit. nach Urzidil [3]1981, 105). Gemeinsam mit Georg Graf von →Buquoy de Longueval begleitete er G. auf seinen mineralogischen Erkundungen. Aus Wohlwollen zu G. hat sich Graf Paar, »einer der liebsten und eifrigsten Gesellschafter, [...] mit der ihm bisher ganz fremden Geognosie« angefreundet (WA I, 4, 78). G. schenkte ihm daraufhin ein Exemplar seiner Schrift *Zur Kenntniß der böhmischen Gebirge* mit den auf den 12.8.1818 datierten Widmungsversen »Der Berge denke gern, auch des Gesteins [...]« (ebd. 21).

Ein zweites Gedicht G.s vom 16.8.1818 (»Dem Scheidenden ist jede Gabe werth [...]«; ebd.) bekundete seinen Dank für eine Bronzestatue, die Graf Paar bei seiner Abreise für ihn zurückgelassen hatte. Nach Urzidil wandte G. dem Grafen Paar gegenüber nicht nur das vertrauliche ›Du‹ an, sondern dieser durfte zudem in seiner Gegenwart Pfeife rauchen. Am 21.10.1818 sandte G. ihm aus Weimar einen Pfeifenkopf aus Meerschaum.

Am 25.8.1820 besuchte Graf Paar G. in Jena (vgl. TuJ von 1820: »versicherte mir [...] seine unverbrüchliche Neigung«). Der von der homöopathischen Heilmethode von Samuel Hahnemann durchdrungene Paar gab G. sein Manuskript *Glaubensbekenntnis eines Hahnemannschen Schülers* zu lesen. Damit beschäftigte sich G. Anfang September 1820 und ließ für seinen Arzt, Wilhelm →Rehbein, eine Abschrift anfertigen (vgl. zur Homöopathie auch G. an Johann Jakob und Marianne Willemer, 2.9.1820 und *Faust II*, V. 6336).

Literatur

Urzidil, Johannes: Goethe in Böhmen. 3. Aufl. Zürich, München 1981, 103–106, 108. – Ders.: Goethe, Graf J. B. Paar und Hahnemann. In: Germanoslavica. 1 (1931/32), 491–497. *HO*

Padua

G. hielt sich in der im Nordosten Oberitaliens am Rande der Poebene, 30 km westlich von →Venedig gelegenen Stadt vom 26. bis 28.9.1786 zu Beginn seiner italienischen Reise auf. An der 1222 gegründeten Universität, die Padua zur drittältesten Universitätsstadt Italiens (nach Bologna und Modena) macht, lehrte u. a. Galileo →Galilei.

Laut Tagebuch besuchte G. am 26.9. Kirchen und Gemäldesammlungen, verschaffte sich einen Überblick vom »Observatorio«, besichtigte das im Zentrum gelegene Anatomische Theater (»würcklich als ein Wunderwerck anzusehen«) und die Universität, die als herausragende Sehenswürdigkeiten gelten. Besondere Aufmerksamkeit widmete er dem bis heute erhaltenen, 1545 gegründeten Botanischen Garten, dem ersten seiner Art in Europa: »Morgen soll ihm der größte Theil des Tags gewidmet werden. Ich habe heut im Durchgehn schon brav gelernt«. G.s Erwartungen wurden nicht enttäuscht, denn im Tagebuch konnte er für den 27.9.1786 notieren: »Schöne Bestätigungen meiner botanischen Ideen hab ich wieder gefunden«.

Die hier gewonnenen Anregungen beschrieb G. rund 30 Jahre später in der *Italienischen Reise* unter dem gleichen Datum ausführlich und verwies dabei auf die fremdartige Vegetation als ursächlich für den Erkenntnisgewinn: »Bei gewohnten Pflanzen, so wie bei andern längst bekannten Gegenständen, denken wir zuletzt gar nichts, und was ist Beschauen ohne Denken? Hier in dieser neu mir entgegen tretenden Mannigfaltigkeit, wird jener Gedanke immer lebendiger, daß man sich alle Pflanzengestalten vielleicht aus Einer entwickeln könne. Hiedurch würde es allein möglich werden, Geschlechter und Arten wahrhaft zu bestimmen, welches, wie mich dünkt, bisher sehr willkürlich geschieht« (FA I, 15.1, 65). – Diese Überlegungen lassen sich im Zusammenhang mit G.s Bemühungen um eine →Urpflanze verstehen; sie werden in dem Aufsatz *Der Verfasser teilt die Geschichte seiner botanischen Studien mit* (1831) zusammengefasst: »Am mehrsten aber erkannt ich die Fülle einer fremden Vegetation, als ich in den botanischen Garten von Padua hineintrat. [...] Ich ging allen Gestalten, wie sie mir vorkamen, in ihren Veränderungen nach [...]« (FA I, 24, 747 f.).

Der Weg zur Erkenntnis, dass die gesamte Pflanze aus umgebildeten, metamorphosierten Blättern bestehe, begann im Botanischen Garten von Padua, den G. auch auf seiner zweiten Italienreise, am 23.5.1790, besuchte. Auch die kleine Pflanzenmonographie über *Bignonia radicans* (ebd. 692–695) ging von dort angestellten Beobachtungen aus. *EN*

Palermo

In der am Fuß des Monte Pellegrino zwischen dem Golf von Palermo und dem Tal der Conca d'Oro gelegenen Hauptstadt der damals autonomen Region Sizilien hielt G. sich vom 2. bis 18.4.1787 auf. Er glaubte, sich ohne die Kenntnis Siziliens (»diese Königin der Inseln«; FA I, 15.1, 249) kein Bild von →Italien machen zu können. In der *Italienischen Reise* werden schon unter dem 3.4.1787 die ersten Natureindrücke beschrieben (»mit frischgrünenden Maulbeerbäumen, immer grünendem Oleander, Zitronenhecken«; ebd.). Die üppige Pflanzenwelt zog G. immer wieder in ihren Bann und regte ihn zur Fortsetzung seiner botanischen Studien an (→Padua). Der öffentliche Garten der Villa Giulia, den er am 7.4.1787 (Karsamstag) besuchte, versetzte G. ins Schwärmen: hier »brachte ich im Stillen die vergnügtesten Stunden zu. Es ist der wunderbarste Ort von der Welt. [...] feenhaft [...] Ganz fremde mir unbekannte Bäume [...] ein Grün das wir nicht gewohnt sind [...] der Eindruck jenes Wundergartens war mir zu tief« (ebd. 258f.).

Am gleichen Ort wollte G. am 17.4.1787 an seinem Trauerspiel *Nausikaa* weiterarbeiten, doch Naturinteressen waren stärker: »Heute früh ging ich mit dem festen, ruhigen Vorsatz meine dichterischen Träume fortzusetzen nach dem öffentlichen Garten, allein, eh ich michs versah, erhaschte mich ein anderes Gespenst, das mir schon diese Tage nachgeschlichen. Die vielen Pflanzen, die ich sonst nur in Kübeln und Töpfen, ja die größte Zeit des Jahres nur hinter Glasfenstern zu sehen gewohnt war, stehen hier froh und frisch unter freiem Himmel und, indem sie ihre Bestimmung vollkommen erfüllen, werden sie uns deutlicher. Im Angesicht so vielerlei neuen und erneuten Gebildes fiel mir die alte Grille wieder ein: ob ich nicht unter dieser Schar die Urpflanze entdecken könnte? Eine solche muß es denn doch geben! Woran würde ich sonst erkennen, daß dieses oder jenes Gebilde eine Pflanze sei, wenn sie nicht alle nach einem Muster gebildet wären« (ebd. 285f.).

In seinem bilanzierenden autobiographischen Aufsatz *Der Verfasser teilt die Geschichte seiner botanischen Studien mit* (1831) stellte G. fest: »[...] und so leuchtete mir am letzten Ziel meiner Reise, in Sizilien die *ursprüngliche Identität* aller Pflanzenteile vollkommen ein« (FA I, 24, 748), die Tatsache nämlich, das alle Bildungen der Pflanze sich auf das Grundelement des →Blattes zurückführen lassen.

Was G. aus der Rückschau als »alte Grille« bezeichnete, nämlich die Idee einer →Urpflanze, glaubte er in Palermo noch in der Realität aufzufinden. In einem vor Ort geführten Kalendarium hieß es unter dem 17.4.1787: »Botanischer Garten. Urpflanze aufgesucht« (WA I, 31, 339).

Obwohl in Palermo G.s botanische Interessen eindeutig im Vordergrund standen, versäumte er auch geologische Aufzeichnungen nicht, die er später ebenfalls in die *Italienische Reise* einbrachte (vgl. dazu LA II, 7, 381–386). *EN*

Palme

Kurz vor seiner Italienreise machte G. Versuche zur Keimung der Dattelpalme (Phoenix dactylifera), die er in seinem Aufsatz *Von den Kotyledonen* ausführlich beschrieb (FA I, 24, 69ff.; →Kotyledonen) und mit einem Aquarell veranschaulichte (ebd. Abb. 26).

Im Botanischen Garten von →Padua beeindruckte G. am 26./27.9.1786 eine Fächerpalme (Chamaerops humilis), von der er sich »die ganze Entwickelung bis zur Blüte [...] zueignen« konnte (ebd. 466). »Eine Fächerpalme zog meine ganze Aufmerksamkeit auf sich«, berichtete G. noch 1831 aus der Rückschau (ebd. 747). Die verschiedenen Blattformen ließ sich G. von einem Gärtner abschneiden, klebte sie auf Pappen und behütete sie »als Fetische, die, meine Aufmerksamkeit zu erregen und zu fesseln völlig geeignet« erschienen (ebd.).

In seinem *Schema zu einem Aufsatze die Pflanzenkultur im Großherzogtum Weimar darzustellen* – erschienen 1822 in Morph I, 4 – berichtete G., dass in Belvedere »in der letzten Zeit ein Palmenhaus erbaut« wurde, »von überraschender Wirkung« (ebd. 540).

Eine intensive und kontinuierliche Beschäftigung mit den Palmen setzte jedoch erst ein, als G. mit einem Schreiben vom 23.10.1823 vom Brasilienreisenden C. F. P. v. →Martius das erste Heft seiner *Genera et species palmarum* (München 1823) erhielt, begleitet von einem Aufsatz über *Einiges von den Palmen naturgeschichtlich und morphologisch.* Von den *Genera et species* sollten bis 1825 drei weitere Hefte folgen (vgl. Martius an G., 10.12.1824 und 18.5.1825; Ruppert 4864). G. rezensierte die ersten beiden Lieferungen 1824 in Morph II, 2 in zustimmendem Sinne (vgl. FA I, 24, 638–641), eine Fortsetzung kam über ein Konzept nicht hinaus (vgl. ebd. 655–658). Besonders beeindruckt zeigte sich G. von den kolorierten Tafeln, von denen Martius bei seinem Besuch in Weimar am 13.9.1824 bereits 100 vorlegen konnte, und ihrer hoch entwickelten lithographischen Technik.

Martius' Palmenwerk wurde studiert (vgl. Tgb, 1. u. 7.11.1823, 16.8., 28.9.1824) sowie →Froriep, →Rehbein und der Großherzogin Luise vorgewiesen (Tgb, 1.10. u. 25.12.1824, 23.6.1825).

Am 3.12.1823, schon nach Erscheinen des ersten Hefts, schrieb G. an Martius: »Ich habe dieß schöne gründlich-lebendige Heft gelesen und wieder gelesen [...]. Gar löblich erklären Sie das Räthsel: wie es zugeht, daß man für das Palmen-Geschlecht eine gewisse anmuthige Ehrfurcht empfindet, die kaum von einem ästhetischen Wohlgefallen begleitet ist [...]«.

Im Dialog mit dem Grafen →Sternberg galt G.s Interesse auch den fossilen Palmen. Er hatte laut Tagebuch am 28.4.1820 im Gespräch mit dem Badearzt →Heidler in Marienbad erfahren, dass der »unterirdisch entdeckte Palmenwald [...] im Pilsner Kreis, zwischen Cerhowitz und Radnitz, [...] dem Grafen Sternberg« gehöre (vgl. auch an Schreibers, 10.5.1820; Schreibers an G., 18.5.1820; LA II, 10A, 373f.). Dieser schätzte Martius' Palmenwerk gegenüber G. im Januar 1824 differenziert ein: »Was Martius über die lebenden Palmen vorträgt kann vertrauend angenommen werden, was aber über die fossilen abgeurteilt wird ist nicht eigene Erfahrung […], Martius hat in diesen Äußerungen Adolf [Alexandre] Brongniart nachgesprochen« (LA II, 8B.1, 408). *ZA*

Pantheismus

Als Weltanschauung, die ein der Natur innewohnendes Göttliches bzw. die unzertrennliche Einheit von Natur und Gott (›Deus sive natura‹) postuliert, wurde der Pantheismus in der abendländischen Antike von Xenophanes und im Neuplatonismus vertreten, im 16. Jh. von Giordano Bruno sowie im 17. Jh. von →Spinoza aufgenommen und zur Basis eines konsequenten philosophischen Systems gemacht. Im 18. Jh. gewann der Pantheismus im Zuge der rationalistischen Gotteskritik und der Hinwendung zur Natur neuerlich an Bedeutung. Für G. bedeutete der Pantheismus zwangsläufig die Abkehr vom Christentum und Judentum, die sich beide auf die Existenz eines außerhalb der Natur wirkenden und auf sie Einfluss nehmenden, personifizierten Gottes stützen.

Vor allem auf Spinoza berief sich G. in seiner bis zum Tode beibehaltenen pantheistischen Überzeugung, indem er in seinem 1817 erschienenen Aufsatz *Geschichte meines botanischen Studiums* bekannte, dass neben Shakespeare und →Linné von »*Spinoza* auf mich die größte Wirkung […] ausgegangen« sei (FA I, 24, 408). Bereits in den *Leiden des jungen Werthers* (1774) erschien die Natur identisch mit der »Gegenwart des Allmächtigen« (Brief vom 10.5.; FA I, 8, 14). Die *Erläuterung zu dem aphoristischen Aufsatz ›Die Natur‹*, die das um den Jahreswechsel 1782/1783 entstandene *Natur*-Fragment kommentierte, hielt zu G.s Naturauffassung fest: »Man sieht die Neigung zu einer Art von Pantheismus« (FA I, 25, 81). Die von G. betriebene Naturforschung nahm ihre Impulse auch aus dem Willen zur Annäherung an das Göttliche, letzten Endes Unerklärliche und an der Grenze der Erkenntnis nur noch ehrfürchtig zu Verehrende (→Unerforschliches).

Vehement verteidigte G. seine an Spinoza orientierte Auffassung einer Gott-Natur, eines diesseitigen in der Natur wirkenden und zu schauenden Gottes, im Kontext des sogenannten Pantheismusstreites zwischen Friedrich Heinrich →Jacobi und Moses Mendelssohn. Am 5.5.1786 schrieb er an Jacobi, Gott habe ihn »mit der Phisick gesegnet, damit mir es im Anschauen seiner Werke wohl werde […].Wenn du sagst man könne an Gott nur *glauben* […] so sage ich dir, ich halte viel aufs *schauen*«. Hier stellte G. dem zentralen religiösen Begriff des Glaubens einen Leitbegriff seiner Naturforschung entgegen, das Schauen, dem er einen doppelten Sinn unterlegte: das Schauen mit den Augen des Leibes, das einfache Anschauen der Natur, steigerte er durch das Schauen mit den Augen des Geistes, das letztlich die Gesetze der Natur offenbaren sollte (→Auge).

Zu weiteren pantheistischen Vorstellungen in G.s Werken (*Ephemerides*, *Ganymed*, *Faust*, *Dichtung und Wahrheit*) vgl. den ausführlichen Artikel in GHB. 4.2, 828–831. Vgl. auch die Ausführungen zur *Studie nach Spinoza* im vorliegenden Band S. 238–240.

Literatur

Bollacher, Martin: Der junge Goethe und Spinoza. Studien zur Geschichte des Spinozismus in der Epoche des Sturms und Drangs. Tübingen 1969. – Dilthey, Wilhelm: Aus der Zeit der Spinoza-Studien Goethes. In: Archiv für Geschichte der Philosophie. 7 (1894), 317–341. – Schings, Hans-Jürgen: Le philosophe auquel je me fie si volontiers. Présence de Spinoza dans l'oeuvre littéraire de Goethe. Paris 2000. *CS*

Paracelsus; eigentlich Hohenheim, Theophrastus Bombast von (1493 oder 1494–1541)

Mit dem Schweizer Arzt, Alchimisten, Astrologen und medizinischen Schriftsteller beschäftigte sich G. bereits während der Frankfurter Rekonvaleszenzzeit 1769 (vgl. *Dichtung und Wahrheit* II, 8) und in Straßburg 1770 (vgl. *Ephemerides*).

Paracelsus (die Beinamen Philipp und Aureolus sind nicht authentisch) studierte ab 1509 Medizin in Basel, erlangte um 1511 den Grad eines Bakkalaureus in Wien und 1516 den des Doktors der Medizin in Ferrara. In seinem ruhelosen Leben, das von Wanderungen quer durch Europa geprägt war, sind Stationen in Freiburg, Straßburg (1526), Basel (hier Stadtarzt mit Lehrbefugnis, 1527–1528), Nürnberg (1529) und Augsburg (1536, Publikation des Hauptwerks: *Große Wundartzney*) zu belegen. Seine in Büchern festgehaltenen ärztlichen Lehren basieren auf einer medizinisch ausgerichteten →Alchimie, deren Ziel die Scheidung des Reinen vom Unreinen war. Sein Werk umfasst u.a. die Lehre von den Ursachen und der Behandlung der Krankheiten, wobei sich Paracelsus von der Galenschen Viersäftelehre abgrenzte. Seine Theorie der Heilverfahren gründete auf der Signaturenlehre, der Analogiebeziehung (›correspondentia‹) zwischen Mensch (Mikrokosmos) und Welt (Makrokosmos). Körper bestehen nach Paracelsus aus drei ›ersten Substanzen‹ (Tria prima), aus Schwefel, Quecksilber und Salz, die Seele, Geist und materiellen Körper symbolisieren.

Im historischen Teil der *Farbenlehre* ist Paracelsus ein kurzes Kapitel gewidmet, das vermutlich am 20./21.1.1809 entstanden ist. Der »außerordentliche Mann« ist G. wichtig, »weil er den Reihen derjenigen anführt, welche auf den Grund der chemischen Farbenerscheinung und Veränderung zu dringen suchen« (FA I, 23.1, 661). Den Ursprung der Farben sah Paracelsus im Schwefel, nach G. wohl deshalb, »weil ihm die Wirkung der Säuren auf Farben und Farbenerscheinungen am bedeutendsten auffiel, und im gemeinen Schwefel sich die Säure im hohen Grade manifestiert« (ebd.). Im Kapitel *Chemiker* des Historischen Teils sah G. Paracelsus mit seiner These, »daß die Farben aus dem Schwefel und dessen Verbindung mit den Salzen sich herschreiben möchten« (ebd. 875), für das 18. Jh. in einer Vorläuferfunktion. In der *Anzeige und Übersicht [...] zur Farbenlehre* heißt es lapidar: »*Paracelsus* tritt ein, und gibt den ersten Wink zur Einsicht in die chemischen Farben« (ebd. 1051).

Einflussreich scheinen Paracelsus und seine Lehre auch für G.s *Faust*-Dichtung gewesen zu sein (→Homunculus, →Makrokosmos/Mikrokosmos, Erdgeist).

Literatur
Bartscherer, Agnes: Paracelsus, Paracelsisten und Goethes Faust. Dortmund 1911. – Benzenhöfer, Udo: Paracelsus. Reinbek bei Hamburg 1997. – Dilg, Peter und Rudolph, Hartmut (Hg.): Resultate und Desiderate der Paracelsus-Forschung. Stuttgart 1998. – Domandl, Sepp: Goethe als Paracelsuskenner: zwei neue Belege. In: GoetheJbWien. 80 (1976), 41–48. – Ders.: Polarität bei Paracelsus, Goethe und Paracelsus in der modernen Hirnforschung. In: Von Paracelsus zu Goethe und Wilhelm von Humboldt. Wien 1981, 77–87. *EN*

Paries (Wand)

Der →Wolkenterminologie von L. →Howard fügte G. in seinen →Instruktionen für die Wetterbeobachter 1817 eine weitere Kategorie hinzu, die »noch zu fehlen scheint« (FA I, 25, 202) und für die er den Terminus »Paries, die Wand« (ebd.) vorschlug. In seinem Aufsatz →*Camarupa*, dessen Wolkenbeschreibungen Teil der meteorologischen Instruktionen waren, wird die »Wand« definiert: »Wenn nämlich ganz am Ende des Horizontes Schichtstreifen so gedrängt über einander liegen, daß kein Zwischenraum sich bemerken läßt, so schließen sie den Horizont in einer gewissen Höhe, und lassen den obern Himmel frei. Bald ist ihr Umriß bergrückenartig, so daß man eine entfernte Gebirgsreihe zu sehen glaubt, bald bewegt sich der Kontur als Wolke, da denn eine Art Kumulo-stratus daraus entsteht« (ebd.).

G.s neue Bezeichnung wurde zwar im Folgenden bisweilen vorgestellt, so im Bericht des Sekretärs der physikalischen Sektion der →Schlesischen Gesellschaft für vaterländische Kultur, C. H. Müller, vom 10.11.1824 (vgl. LA II, 2, 475) und – mit Verweis auf diese Quelle – im *Archiv für die gesammte Naturlehre* (3, 1824, 457) sowie in J. K. Fischers *Physikalischem Wörterbuch* (10, 1827, 812), durchsetzen konnte sich G.s Vorschlag in der Fachwissenschaft jedoch nicht. *ZA*

Pariser Akademiestreit

Diese wissenschaftliche Auseinandersetzung zwischen Étienne →Geoffroy Saint-Hilaire und Georges →Cuvier aus dem Jahr 1830 ist unter dem Aspekt von G.s Anteilnahme und Stellungnahme in Form seiner zweiteiligen Rezension zu Geoffroys Schrift *Principes de Philosophie zoologique* in den *Jahrbüchern für wissenschaftliche Kritik* (September 1830 und März 1832) in der G.-Forschung beispielhaft aufgearbeitet worden (vgl. Kuhn 1967); die Dokumente hierzu liegen in EGW 6, 255–290 vor.

Auch wenn man dem Gespräch mit →Soret vom 2.8.1830 keinen dokumentarischen Wert beimessen will, so zeigt dieses doch den hohen Rang, den diese wissenschaftliche Kontroverse für G. einnahm. →Eckermann hat unter dem gleichen Datum darüber wie folgt berichtet: »Die Nachrichten von der begonnenen Juli-Revolution gelangten heute nach Weimar und setzten Alles in Aufregung. Ich [Soret] ging im Laufe des Nachmittags zu Goethe. ›Nun? rief er mir entgegen, was denken Sie von dieser großen Begebenheit? Der Vulkan ist zum Ausbruch gekommen [...]!‹ Eine furchtbare Geschichte! erwiderte ich. Aber was ließ sich bei den bekannten Zuständen [...] Anderes erwarten, als daß man mit der Vertreibung der bisherigen Königlichen Familie endigen würde. ›Wir scheinen uns nicht zu verstehen, mein Allerbester, erwiderte Goethe. [...] Ich rede von dem in der Akademie zum öffentlichen Ausbruch gekommenen, für die Wissenschaft so höchst bedeutenden Streit zwischen *Cüvier* und *Geoffroy de Saint-Hilaire*!‹« (FA II, 12, 726.)

Cuvier teilte das Tierreich in vier Typen ein (Wirbel-, Weich-, Glieder- und Strahltiere), zwischen denen er keine Übergänge zuließ. Geoffroy Saint-Hilaire hatte zunächst nur für die Wirbeltiere eine Einheit des Bauplans postuliert, die er später aufgrund vermeintlicher anatomischer Ähnlichkeiten auf das gesamte Tierreich ausdehnen, also auf einen Grundtypus konzentrieren wollte.

Am 15.2.1830 trug Geoffroy eine Abhandlung zweier noch unbekannter Wissenschaftler, Meyranx und Laurencet, vor, nach der die inneren Organe eines Wirbeltieres ähnlich angeordnet seien wie die einer Molluske, was offenkundig werde, zöge man gedanklich den Nacken eines Wirbeltieres so stark nach hinten, bis dieser das Gesäß berühre. Bei Geoffroy fand diese These Zustimmung, Cuvier widersprach am 22.2.1830. In der Folge kam es in wöchentlichem Abstand zur Fortsetzung der kontroversen Diskussion, ohne dass eine Annäherung erreicht wurde (vgl. Kuhn 1967, 107–118).

Für G. handelte es sich bei dem Streit um eine Auseinandersetzung zwischen verschiedenen Denkweisen, der analysierenden Cuviers und der synthetisierenden, nach einem einheitlichen Gestaltprinzip der Tiere suchenden Geoffroys. Auch wenn immer wieder zu lesen ist, G. habe die Position Geoffroy Saint-Hilaires vertreten, erweist eine sorgfältige Analyse der Entstehungsgeschichte von G.s Rezension, dass dies allenfalls den ersten Eindruck G.s umschreiben kann, der die Nähe von Geoffroys Gedanken zur eigenen Auffassung eines →Typus sofort erkannte und gegenüber Soret (in der Bearbeitung durch Eckermann) am 2.8.1830 äußerte: »Jetzt ist nun auch Geoffroy de Saint-Hilaire entschieden auf unserer Seite und mit ihm alle seine bedeutenden Schüler und Anhänger Frankreichs. Dieses Ereignis ist für mich von ganz unglaublichem Wert, und ich jubele mit Recht über den endlich erlebten allgemeinen Sieg einer Sache, der ich mein Leben gewidmet habe [...]« (FA II, 12, 727f.).

Unabhängig davon, dass Cuvier als Sieger aus der Debatte hervorgehen sollte, setzte sich G. in der Folge hauptsächlich jedoch für eine Vermittlung und gegenseitige Achtung der beiden wissenschaftlichen Vorgehensweisen ein. An Varnhagen von Ense schrieb er bald darauf, am 3.10.1830: »Zu componiren ist nicht in diesem Streite, alles käme darauf an daß beide Theile sich einander gelten ließen«. In einer nicht in den Druck aufgenommenen Passage seiner Rezension heißt es: »Sie haben beide recht, sobald sie nur einander gelten lassen« (FA I, 24, 1229).

G. kam schließlich zu dem Ergebnis, dass nur die gemeinsame Anwendung beider Denkweisen und Methoden, der →Analyse wie der Synthese, letzten Endes fruchtbar sein könne, so wie es stets seinem Polaritätsdenken entsprach, nicht die eine Seite zu Lasten der anderen in den Vordergrund zu stellen.

Beim Pariser Akademiestreit handelte es sich wissenschaftshistorisch um eine Auseinandersetzung zwischen verschiedenen Typenlehren, um morphologisch-systematische Fragen, die nichts mit einem vorweggenommenen Kampf um die Evolutionstheorie, also um stammesgeschichtliche Kategorien zu tun hatten. Aus diesem Grund ist es abwegig, G.s Stellungnahme (noch dazu mit der falschen Prämisse einer Orientierung allein an Geoffroy Saint-Hilaire) als Indiz für eine Vorläuferschaft gegenüber Darwin zu werten.

Vgl. zum Akademiestreit auch die ausführliche Darstellung im vorliegenden Band, S. 73–75.

Literatur
Asma, Stephen T.: Following form and function. A philosophical archaeology of life science. Chicago 1996, 12–21. – Kuhn, Dorothea: Empirische und ideelle Wirklichkeit. Studien über Goethes Kritik des französischen Akademiestreites. Graz u. a. 1967. – Lee, Paula Y.: The meaning of molluscs. Léonce Reynaud and the Cuvier-Geoffroy Debate of 1830, Paris. In: The Journal of Architecture. 3 (1998), 211–240. – Lubosch, Wilhelm: Der Akademiestreit zwischen Geoffroy de Saint-Hilaire und Cuvier im Jahre 1830. In: Biologisches Zentralblatt. 38 (1918), 357–384 und 397–455. – Riedl, Rupert: Kulturgeschichte der Evolutionstheorie. Die Helden, ihre Irrungen und Einsichten. Berlin 2003, 38–48. – Schuster, Julius: Die Anfänge der wissenschaftlichen Erforschung der Geschichte des Lebens durch Cuvier und Geoffroy Saint-Hilaire. In: Archiv für Geschichte der Mathematik, Naturwissenschaften und Technik. 12 (1930), 269–386 und 13 (1931), 1–64. – Uschmann, Georg: Goethe und der Pariser Akademiestreit. In: NTM. Schriftenreihe zur Geschichte der Naturwissenschaften, Medizin und Technik. 1964, Beiheft, 180–193. *CS*

Paroptische Farben

In G.s Farbenterminologie stellen die paroptischen Farben einen Teilbereich der →physischen (physikalischen) Farben dar (vgl. *Zur Farbenlehre*, §§ 389–428). In einem Schema aus dem Jahr 1799 benannte G. sie zunächst als parenoptrische oder perioptrische Farben (vgl. FA I, 23.2, 224). Es handelt sich dabei um Beugungsfarben, die beim Vorbeistrahlen von Licht am Rand eines Körpers entstehen. Ihr Entdecker, F. M. →Grimaldi, nannte diese Erscheinung Diffraktion, →Newton bezeichnete sie später als Inflexion, R. →Hooke als Deflexion. *WZ*

Passive Farben

Neben den aktiven Farben Gelb, Gelbrot und Rotgelb (→ Aktive Farben) beschreibt G. in der Abteilung *Sinnlich-sittliche Wirkung der Farbe* im didaktischen Teil der *Farbenlehre* (FA I, 23.1, 247–284) auch die passiven, sich der Finsternis zuneigenden Farben. Diese entsprechen den beiden kalten Farben Blau und Rotblau sowie dem zwischen ihnen und dem Purpur (Rot) im Farbenkreis nicht dargestellten Blaurot.

Blau, Rotblau und Blaurot stellen die Minusseite des Farbenkreises dar und »stimmen zu einer unruhigen, weichen und sehnenden Empfindung« (ebd. 252). Je stärker sie sich dem Purpur (Rot) nähern, steigern sich diese Eigenschaften der einzelnen Farben: Führt das Blau »immer etwas Dunkles mit sich«, zeigt es »etwas Widersprechendes von Reiz und Ruhe«, verbunden mit einem »Gefühl von Kälte« (ebd.), wirkt das Rotblau »unruhig«, lebhaft »ohne Fröhlichkeit«, mit dem Wunsch verbunden, »einen Punkt zu finden, wo man ausruhen könnte« (ebd. 253). Im Blauroten steigert sich die Unruhe, im »gesättigten Blaurot« sieht G. »eine Art von unerträglicher Gegenwart« (ebd. 254).

Um in Kunst und Alltagspraxis ein harmonisches Gefühl hervorzurufen, sollten nach G. die passiven stets neben die aktiven Farben gestellt werden. *SS*

Petersburger Preisaufgabe s. ÜA Farbenlehre

Pfaff, Christoph Heinrich (1773–1852)

Der Physiker, Chemiker, Arzt und Pharmakologe, ab 1798 Professor in Kiel, war ein entschiedener Gegner von G.s *Farbenlehre* und einer der wenigen Fachgelehrten, die sich ausführlich öffentlich zu G.s umstrittenen Werk äußerten. Zunächst publizierte er 1812 zwei Aufsätze gegen G. in J. S. C. →Schweiggers *Journal für Chemie und Physik*: *Ueber die farbigen Säume der Nebenbilder des Doppelspaths, mit besonderer Rücksicht auf Hrn. von Göthes Erklärung der Farbenentstehung durch Nebenbilder* und *Ueber das doppelte Grau, aus welchem das weiße Licht besteht, und die blos negative Wirksamkeit der schwarzen Bilder in optischen Versuchen. Ein Nachtrag zu dem Aufsatz über die farbigen Säume der Nebenbilder des Doppelspath* (6, 1812, H. 2, 177–204 u. 205–210). Gegenüber T. J. →Seebeck reagierte G. am 28.11.1812 zunächst desinteressiert, aber doch bereits gereizt: »In dem Schweiggerschen Journal hab ich einen Aufsatz von Pfaff erblickt, der auch gegen meine Farbenlehre gerichtet ist. […] ich fühle jetzt nicht die mindeste Lust, die Sache wieder vorzunehmen […]. Die Bilder welche der Doppelspath hervorbringt und die Färbung ihrer Säume habe ich recht gut gesehn und mich viel mit ihnen beschäftigt. […] ich habe ihrer […] nicht erwähnt, weil es mir um die Elemente, um die Anfangsgründe zu thun war, welche diese verschrobenen Köpfe ja nicht einmal fassen können. Sie möchten einen gern in die Schule schicken, in die sie gehen sollten. […] So eben sehe ich noch einmal in das chemische Journal und finde den ungeheueren Unsinn von einem doppelten Grau, aus dem nun das weiße Licht bestehn soll, damit nur ja das Schwarz bey den Erscheinungen keine Mitwirkung habe«. Deutlicher waren die Worte am gleichen Tag an →Knebel: »Da hat ein Hans Narr, der sonst belobte Herr Pfaff in Kiel, in Widerlegung meiner darzuthun gesucht, daß das reine weiße Licht aus einem Doppelgrau bestehe. Der Newtonsche einfache Schmutz hat also durch diese neuste Entdeckung ein Brüderchen bekommen. Es soll mir viel Spaß werden, wenn ich die Geschichte der Farbenlehre bis auf unsere Tage fortsetzen und auch diese Menächmen [Zwillingsbrüder: →Newton und Pfaff] mit reinem weißen Licht beleuchten kann«.

Knebel tröstete am 4.12.1812 mit den Worten: »Diese Fachgelehrten sind meist schrecklich dumm, wenn sie etwas aus den gewöhnlichen Grenzen ihres Faches heraustreten sollen« (EGW 3, 93).

Wie aus einem Briefkonzept an J. W. →Döbereiner vom 9./10.12.1812 hervorgeht, hat G. Pfaffs Arbeiten sehr genau studiert und sie seiner Kritik unterzogen: »Auch scheint mir die Art wie Herr Pfaff verfährt nicht die bedächtlichste. Nachdem er auf vierzehn Octavblättern die Sache emsig durchgearbeitet und sogar acht Resultate aus seinen Bemühungen gezogen […], so geht ihm ein neues Licht über die Finsterniß auf, in wenigen Blättern widerlegt er sich selbst, und erfreut sich des herrlichen Gedankens von einem doppelten Grau, aus dem das Weiße bestehn soll. […] Der Irrthum hat wirklich das Lustige, daß er sich zuletzt selbst überbietet«. Und an Seebeck am 22.12.1812: » Ihr Doppelspaths-Prisma gab mir zugleich die schönste Belehrung zu Ungunsten des H. Pfaff […]«.

In diesen Tagen, am 13.12.1812 aus Kiel abgesandt, erhielt G. darüber hinaus ein Exemplar von Pfaffs 1813 in Leipzig erschienenem Werk *Ueber Newton's Farbentheorie, Hrn. v. Göthe's Farbenlehre, und den chemischen Gegensatz der Farben. Ein Versuch in der experimentalen Optik*, in dem Pfaff in ausführlicher Form G.s Kritik an Newton widerlegte (Ruppert 4965; Inhaltsangabe in LA II, 5A, 75f.), wobei es ihm darum ging, »die *Goethische* Lehre ad absurdum zu bringen« (Pfaff an L. W. →Gilbert; vgl. LA II, 5B.1, 533). G. dankte ausweichend am 29.12.1812: »Ist es mir durch Zeit und Umstände vergönnt, an meinen dritten Theil [der *Farbenlehre*] zu gehen, so werd' ich […] dasjenige, was ich schuldig blieb, nachbringen, als auch inwiefern mir indessen eigne Studien, Mitarbeit der Freunde und Thätigkeit der Gegner zur Belehrung gedient, aufrichtig darlegen und bekennen. Ich zweifle nicht, daß ich alsdann auch Ew. Wohlgeb. vielfachen Dank werde abzutragen haben«.

G.s wirkliche Stimmungslage gibt jedoch das Spottgedicht *Absurder Pfaffe!* wieder, das auf den Namen Pfaffs anspielte: »Absurder Pfaffe! wärst du nicht / In Unnatur verschlämmet, / Wer hätte dir eignes Augenlicht / Vom Urlicht abgedämmet? / Du Esel! willst zur Demuth mich / Demüthigsten ermahnen, / Höre doch den Narrenstolz und dich / Und Pfäfferei yahnen [i-ahnen; Eselsruf]!« (WA I, 5.1, 199.)

G. hat Pfaffs Werk vermutlich erst am 28.4.1816 (vgl. Tgb) gelesen, und es ist nicht zu entscheiden, ob das Gedicht erst jetzt oder bereits 1812/1813 nach Erhalt der Sendung entstanden ist. In den *Tag- und Jahresheften* von 1816 hat G. gewissermaßen ein Fazit der unerfreulichen Kontakte mit Pfaff gezogen: »Professor *Pfaff* sandte mir sein Werk gegen die Farbenlehre, nach einer den Deutschen angebornen unartigen Zudringlichkeit. Ich legte es zur Seite bis auf künftige Tage, wo ich mit mir selbst vollkommen abgeschlossen hätte. Seinen eigenen Weg zu verfolgen bleibt immer das Vortheilhafteste: denn dieser hat das Glückliche uns von Irrwegen wieder auf uns selbst zurückzuführen«. So blieb »Pfaffs schändliches Geschreibe« (Schopenhauer an G., 7.2.1816; EGW 4, 694) für G. letzten Endes nicht mehr als eine Episode.

Literatur
Wiedemann, Hans-Rudolf: Der »Kieler Pfaff«, die Farbenlehre und Goethe. In: Euphorion. 80 (1986), 439–447. *WZ*

Pferd

Das zu den höheren Säugetieren (Mammalia) zählende Pferd (lat. Equus) wird systematisch den Einhufern (Equidae) zugeordnet, die der Ordnung der Unpaarhufer (Perissodactyla) zugerechnet werden.

In G.s Briefwechsel taucht das Pferd als zeitgenössisches Fortbewegungsmittel, das begutachtet, erworben und genutzt werden muss, häufig auf (vgl. z.B. Johann Karl Gottlieb Henzen an G., 3. und 20.6.1800; RA 3, 728 und 755); noch öfter wird es im naturwissenschaftlichen Kontext genannt als Gegenstand anatomisch-morphologischer und vergleichend-osteologischer Untersuchungen.

Der frühe Beitrag zu →Lavaters *Physiognomischen Fragmenten* (1776) über Tierschädel ordnete dem Pferd »Zahmheit«, »geruhige Würde« und »harmlosen Genuß« zu (FA I, 24, 12) zu, intensiver war es Objekt der Studien G.s über den →Zwischenkieferknochen (1784/1785; vgl. ebd. 17, 20, 27, 32f., 487). Von den 10 Tafeln der Prachthandschrift *Versuch aus der vergleichenden Knochenlehre daß der Zwischenknochen der obern Kinnlade dem Menschen mit den übrigen Thieren gemein sey* (1784) behandelten gleich drei den Pferdeschädel mit dem ausgeprägten Zwischenkiefer, und zwar in der Darstellung der oberen Kinnlade von unten und von oben (Tafeln I u. III) sowie der »Superficies lateralis interior Ossis intermaxillaris eines Pferdes, an dem der vordere Schneidezahn ausgefallen war, und der nachschießende Zahn noch in dem hohlen Körper des Ossis intermaxillaris liegt« (Tafel IV; ebd. 20).

Im Aufsatz *Versuch einer vergleichenden Knochenlehre* wurden das Joch-, Tränen- und Stirnbein des Pferdes beschrieben (vgl. ebd. 180f.), in den ergänzenden Beschreibungen der erste und zweite Halswirbel (ebd. 200f.).

In der Abhandlung *In wiefern die Idee: Schönheit sei Vollkommenheit mit Freiheit, auf organische Naturen angewendet werden könne* aus dem Jahr 1794 stellte G. das Pferd als Muster der Schönheit im Tierreich heraus: »[...] an diesem [d.h. an einem schönen] Tiere stehen die Glieder alle in einem solchen Verhältnis, das keins das andere an seiner Wirkung hindert, ja daß vielmehr durch ein vollkommenes Gleichgewicht derselbigen Notwendigkeit und Bedürfnis versteckt, vor meinen Augen gänzlich verborgen worden, so daß das Tier nur nach freier Willkür zu handeln und zu wirken scheint. Man erinnere sich eines Pferdes das man in Freiheit seiner Glieder gebrauchen sehen« (ebd. 220).

Ambivalenter fiel G.s Urteil in den *Tag- und Jahresheften* von 1801 anlässlich des Besuches der Göttinger Reitbahn aus: »das Pferd steht als Thier sehr hoch, doch seine bedeutende weitreichende Intelligenz wird auf eine wundersame Weise durch gebundene Extremitäten beschränkt. Ein Geschöpf, das bei so bedeutenden, ja großen Eigenschaften sich nur im Treten, Laufen, Rennen zu äußern vermag, ist ein seltsamer Gegenstand für die Betrachtung, ja man überzeugt sich beinahe, daß es nur zum Organ des Menschen geschaffen sei, um gesellt zu höherem Sinne und Zwecke das Kräftigste wie das Anmuthigste bis zum Unmöglichen auszurichten«.

In G.s Aufsatz zum osteologischen →Typus (*Erster Entwurf einer allgemeinen Einleitung [...]*) von 1795 wurde das Pferd nur beiläufig erwähnt (vgl. ebd. 245). In den Nachträgen zum 1820 in Morph I, 2 publizierten Zwischenkieferaufsatz berichtete G., dass die Skelette von »vorzüglich gebildeten Pferden« (ebd. 484) aus den herzoglichen Stallungen im zoologischen Kabinett in Jena aufgestellt wurden. Darauf deutet auch ein Brief des Anatomen Johann Friedrich Fuchs an G. vom 18.3.1810: Der Herzog habe »ein ganzes, ausgezeichnet schönes Pferd hieher gesandt, mit dem *ausdrücklichen* höchsten Befehle: daß solches *ganz in Bändern* skelettiert werden soll« (LA II, 9B, 314).

Besonderes Lob zollte G. Eduard d'→Altons Werk *Naturgeschichte des Pferdes* (2 Bde., Weimar 1811/1816; vgl. FA I, 24, 545 u. 551). Der Autor hatte von 1808 bis 1810 eine Pferdezucht in Tiefurt bei Weimar betrieben. In der Anzeige von d'Altons Heften *Die Raubtiere und Wiederkäuer* (in Morph II, 1, 1823) setzte sich G. mit der Darstellung von Pferdeköpfen in der Kunst auseinander (vgl. FA I, 24, 603). In das zweite Heft des zweiten Bandes *Zur Morphologie* (1824) nahm G. d'Altons Rezensionen zu Abbildungen von preußischen und württembergischen Gestütspferden auf (vgl. LA I, 9, 369–373). Im gleichen Heft kam G. mit dem Aufsatz *Vergleichende Knochenlehre* noch einmal auf osteologische Gegenstände zurück. Hier ließ er sich über Gehörknochen bei Pferden aus (vgl. FA I, 24, 624f.) und stellte über *Ulna und Radius* (Elle und Speiche) fest: »Beim Pferde sind beide Knochen verwachsen [...]« (ebd. 627; zu Schien- und Wadenbein ebd. 628).

Im späten, leicht veränderten Abdruck des Zwischenkieferaufsatzes in den *Nova Acta Leopoldina* (1831), dem erstmals in einem Druck Tafeln beigegeben waren, erschien der Zwischenkiefer des Pferdes zusammen mit dem des Hirschebers (Sus babirussa) auf Tafel II (dazu ebd. 830f). Der Pferdehuf wurde von G. noch 1832 thematisiert (ebd. 834).

Auch fossile Pferdefunde in Weimar-Ehringsdorf bzw. in der Gelmerodaer Schlucht und in der Süßenborner Kiesgrube erregten G.s Aufmerksamkeit (vgl. an Soemmerring, 21.4.1818) und bereicherten seine paläontologische Sammlung. Über die →Cuviersche Abbildung eines Schädels und Unterkiefers von Palaeotherium, einem ausgestorbenen Verwandten neuzeitlicher Pferde, berichtete →Soemmerring an G. (23.7.1827; G–Soemmerring 142; dazu Georges Cuvier: Recherches sur les ossemens fossiles. Bd. 3. 2. Aufl. Paris 1822, Tafel LIII und LIV). *EN*

Phänomen

In der Einleitung des didaktischen Teils der *Farbenlehre* hat G. als ein Ziel des Werkes formuliert, »daß wir gesucht die Phänomene bis zu ihren Urquellen zu verfolgen, bis dorthin, wo sie bloß erscheinen und sind, und wo sich nichts weiter an ihnen erklären läßt« (FA I, 23.1, 28). Die zahllosen Phänomene als Einzelerscheinungen in der Natur zugleich als ein grundlegendes Phänomen, das in allen enthalten ist, zu erkennen, war konstitutives Anliegen von G.s Naturforschung. Ihm ging es darum, das →Urphänomen im Phänomen zu schauen und sich damit der Grenze des dem Menschen Erforschbaren zu nähern (→Unerforschliches).

Der Begriff des Phänomens bei G. ist vielschichtig und von ihm selbst intensiven methodologischen Reflexionen unterzogen worden, vor allem in einem kleinen, auf den 15.1.1798 datierten und aus der Diskussion mit →Schiller erwachsenen Aufsatz, der in der Weimarer Ausgabe *Erfahrung und Wissenschaft* heißt, in späteren Ausgaben mit dem Titel *Das reine Phänomen* versehen wurde. G. unterschied darin drei Arten von Phänomenen. »1. *Das empirische Phänomen*, das jeder Mensch in der Natur gewahr wird« (FA I, 25, 126). G. verstand dies jedoch nicht als objektives Faktum, das Anschauen eines Gegenstandes war für ihn vielmehr unmittelbar mit dem subjektiven Urteil verbunden. Im *Vorwort* der *Farbenlehre* heißt es dazu: »Jedes Ansehen geht über in ein Betrachten, jedes Betrachten in ein Sinnen, jedes Sinnen in ein Verknüpfen, und so kann man sagen, daß wir schon bei jedem aufmerksamen Blick in die Welt theoretisieren« (FA I, 23.1, 14). Aufgrund dieses Prozesses wird das empirische Phänomen »2. *Zum wissenschaftlichen Phänomen* durch Versuche erhoben [...], indem man es unter andern Umständen und Bedingungen [...] und in einer mehr oder weniger glücklichen Folge darstellt« (FA I, 25, 126). Dieses Verfahren hatte G. bereits 1792 in seinem Aufsatz *Der Versuch als Vermittler von Objekt und Subjekt 1793* beschrieben: Ein jedes Phänomen stehe mit unzähligen anderen in Verbindung, daher müsse der Naturforscher als seine »eigentliche Pflicht« die »*Vermannigfaltigung eines jeden einzelnen Versuches*« (ebd. 33) anstreben, müsse ein ganzes Ensemble von Bedingungen schaffen, mit denen das einzelne Phänomen unter zahlreichen Perspektiven immer wieder neu betrachtet werde. Das Ergebnis dieser Verfahrensweise, erst im Aufsatz von 1798 formuliert, ist »3. *Das reine Phänomen*«, das »nun zuletzt als Resultat aller Erfahrungen und Versuche da[steht]. Es kann niemals isoliert sein, sondern es zeigt sich in einer stetigen Folge der Erscheinungen; um es darzustellen bestimmt der menschliche Geist das empirisch Wankende, schließt das Zufällige aus, sondert das Unreine, entwickelt das Verworrene, ja entdeckt das Unbekannte. Hier wäre wenn der Mensch sich zu bescheiden wüßte vielleicht das letzte Ziel unserer Kräfte« (ebd. 126). Die Erkenntnis des reinen Phänomens, eine Antizipation des Urphänomens, ist zwar Produkt der intellektuellen und intuitiven Durchdringung des Gegenstandes durch den menschlichen Geist, das reine Phänomen ist aber für den Wissenden eindeutig in der Natur unmittelbar zu schauen. Es ist keine ausschließlich gedanklich-theoretische Kategorie, kein abstraktes Gesetz, sondern aus der Verbindung von Anschauen und Theoretisieren hervorgegangen, in der Objektives und Subjektives eine Einheit bilden. Das reine Phänomen erlaubt, die einzelnen Phänomene, »ihre konsequente Folge, ihr ewiges Wiederkehren unter tausenderlei Umständen, ihre Einerleiheit und Veränderlichkeit« (ebd.) zu erkennen.

In G.s Naturforschung gibt es keine alleinige Ebene des Objekts. Jedes wahrnehmbare Phänomen hat eine subjektive Komponente, da es nur durch das Subjekt erfahrbar wird. In diesem Sinn kann es für G. auch nicht das objektive Faktum geben, das unabhängig von der Persönlichkeit des einzelnen Naturforschers existiert: »Das Höchste wäre: zu begreifen, daß alles Factische schon Theorie ist. [...] Man suche nur nichts hinter den Phänomenen: sie selbst sind die Lehre« (MuR

575).

Die Welt der Phänomene blieb für G. stets an das Subjekt gebunden und durch eine Grenze des Schauens bestimmt. Daran ändert auch die Tatsache nichts, dass ›Phänomen‹ in der konkreten Begriffsverwendung bisweilen stärker zur subjektiven oder objektiven Seite tendierte. Im Bereich der physiologischen Farbenlehre erscheinen Farben, z. B. bei →Nachbildern, als flüchtiges Phänomen und immer dem →Auge des Subjekts verbunden, →chemische Farben dagegen dauerhaft dem Gegenstand, dem Objekt, angehörig. Bei einzelnen Farbphänomenen, wie z. B. den →farbigen Schatten, schwankte G. selbst und ordnete sie zunächst den physikalisch-objektiven, später den physiologisch-subjektiven Farben zu.

»Stark in die Sinne fallende Phänomene«, vor allem den →Regenbogen, nannte G. als Erscheinungen, die in der »Urzeit« »lebhaft aufgefaßt« (FA I, 23.1, 519) wurden. »Das so merkwürdige als schöne Phänomen des Regenbogens« (ebd. 991) behandelte G. auch in einem frühen *Divan*-Gedicht (vgl. FA I, 3.1, 19), dem er den Titel *Phaenomen* gab. Mit dem Regenbogen wird in besonderer Weise an die Verbindung des Objektiven mit dem Subjektiven angeknüpft. Für den Regenbogen hatten →Descartes und A. de →Dominis objektive Erklärungen im Sinne der zeitgenössischen Optik gegeben; G. versuchte sich im Rahmen seiner *Farbenlehre* vergeblich an einer Lösung seiner Farbenerscheinung. Vielmehr sah er den Regenbogen vornehmlich unter subjektiv-ästhetischer Perspektive, als Symbol, mit dem dem Menschen im »farbigen Abglanz« (*Faust*, V. 4727) offenbart werde, dass er sich dem Absoluten nicht nähern kann. So gelang es G. beim Phänomen des Regenbogens nicht, ihn auf das Urphänomen seiner *Farbenlehre*, die Entstehung der Farben aus Licht, Finsternis und trübem Mittel zurückzuführen. Am 25.2.1832 schrieb er am S. →Boisserée: »Wir müssen einsehen lernen, daß wir dasjenige was wir im Einfachsten geschaut und erkannt, im Zusammengesetzten supponieren und glauben müssen. [...] Ich habe immer gesucht das möglichst Erkennbare, Wißbare, Anwendbare zu ergreifen [...]. Hierdurch bin ich für mich an die Grenze gelangt, dergestalt, daß ich da anfange zu glauben, wo andere verzweiflen, und zwar diejenigen die vom Erkennen zu viel verlangen und, wenn sie nur ein gewisses dem Menschen Beschiedenes erreichen können, die größten Schätze der Menscheit für nichts achten« (FA I, 25, 844 ff.). Vgl. auch den Artikel in GHB. 4.2, 844–847.

Literatur

Hohlstein, Vera: Phänomen und Metamorphose bei Goethe. In: Der Weg der Wahrheit. (1999), 335–347.

WZ

Phlogistontheorie

In seiner 1821 entstandenen Übersicht *Naturwissenschaftlicher Entwicklungsgang* hielt G. auch die Stichworte fest: »Französische Chemie. Göttling erklärt sich dafür« (FA I, 25, 50). Gemeint waren damit die Arbeiten des französischen Chemikers A. L. Lavoisier (1743–1794) aus den 1780er Jahren, die die in der Chemie des 17. und 18. Jh.s herrschende Phlogistontheorie ablösen sollten. Diese gründete sich auf Untersuchungen von J. J. Becher (1635–1732) und wurde zu Beginn des 18. Jh.s von G. E. Stahl (1659–1734) weiterentwickelt. Danach sollte bei jedem Verbrennungsvorgang eine hypothetische Substanz, das Phlogiston (griech.: das Brennbare), freigesetzt werden und das verbrannte Produkt in Form von Asche zurückbleiben.

Lavoisier erkannte, dass Verbrennungsvorgänge stets eine Oxidation darstellen, also auf eine Reaktion der brennenden Substanz mit dem Element Sauerstoff – 1771 entdeckt durch J. Priestley – zurückzuführen sind. Die Ergebnisse der neuen ›Sauerstoffchemie‹ fasste Lavoisier 1789 in seinem Lehrbuch *Traité élémentaire de chimie [...]* (2 Bde., Paris 1789; dt. Ausgabe Berlin, Stettin 1792) zusammen.

In G.s Umfeld wurde die neue Lehre von J. F. A. →Göttling, den G. sehr schätzte, aufgenommen und vermittelt, so in dessen Werk *Beytrag zur Berichtigung der antiphlogistischen Chemie auf Versuche gegründet* (2 Bde., Weimar 1794/1798; Ruppert 4608). Darüber hinaus besaß G. mehrere Schriften, die den Übergang zur Lavoisierschen Sauerstoffchemie behandelten, darunter A. N. →Scherers *Nachträge zu den Grundzügen der neuern chemischen Theorie* (Jena 1796, Ruppert 5058) und – widersprechend – J. C. Wieglebs *Beweißgründe des geläuterten Stahlischen Lehrbegriffs vom Phlogiston und der Grundlosigkeit des neuen chemischen Systems der Franzosen* (Helmstedt 1791, Ruppert 5265; vgl. auch Ruppert 4882 und 5190).

In seinem im Februar 1789 publizierten Aufsatz *Naturlehre* hatte G. selbst noch den Begriff ›Phlogiston‹ verwendet (vgl. FA I, 25, 20). 1825 konnte er in der Rückschau im *Versuch einer Witterungslehre* schreiben: »Indessen behauptet alles was man Hypothese nennt ihr altes Recht, wenn sie nur das Problem [...] einigermaßen von der Stelle schiebt und es dahin versetzt wo das Beschauen erleichtert wird. Ein solches Verdienst hatte die antiphlogistische Chemie, es waren dieselben Gegenstände von denen gehandelt wurde, aber sie waren in andere Stellen in andere Reihen gerückt, so daß man ihnen auf neue Weise von andern Seiten beikommen konnte« (ebd. 299 f.).

Literatur
Laupheimer, Peter: Phlogiston oder Sauerstoff. Stuttgart 1998. – McCann, Gilman: Chemistry transformed. The paradigmatic shift from Phlogiston to Oxygen. Norwood 1978 *WZ*

Physik

Bis heute ist die Fachliteratur G.s Auseinandersetzung mit der zeitgenössischen Physik nur ansatzweise gerecht geworden, zumal die Thematik immer wieder zu Unrecht auf die Auseinandersetzung mit →Newton im polemischen Teil der *Farbenlehre* eingeschränkt und G.s Auffassung vom Experiment (→Versuch) in diesem Zusammenhang, mit dem Hinweis auf seine eigentliche Berufung zum Dichter, als zutiefst unphysikalisch, ja unwissenschaftlich angesehen wurde (vor allem von E. Du Bois-Reymond und W. Wien).

Zwar hat G. nur zwei Aufsätze veröffentlicht (*Physisch-chemisch-mechanisches Problem*; s.o. S. 235f. und *Jenaische Museen und Sternwarte*; s.o. S. 236), die physikalische Teilbezüge aufweisen, dennoch hat G. in hohem Maße an der Physik seiner Zeit Anteil genommen, gemeinsam mit namhaften Gelehrten (wie A. v. →Humboldt, J. W. →Ritter und T. J. →Seebeck) experimentiert, sich bemüht, maßgebliche, ja historische Versuche an der Universität Jena nachvollziehen zu lassen, und schließlich die Ergebnisse der zeitgenössischen Physik in seine eigenen Leitprinzipien der Naturforschung eingebaut.

In einem auf den 21.4.1821 datierten Schema, das in G.-Editionen den Titel *Naturwissenschaftlicher Entwicklungsgang* erhalten hat, setzte G. Daten seiner Biographie mit bedeutenden wissenschaftlichen Entdeckungen in Bezug, wobei erstaunlich viele physikalische Anknüpfungspunkte festzustellen sind. G. ging 1821 davon aus, Zeitzeuge eines grundlegenden Wandels geworden zu sein. Bei seiner Geburt (1749) kannte man nur die Form von Elektrizität, die heute Reibungselektrizität oder statische Elektrizität bzw. Elektrostatik genannt wird und deren herausragendes Instrument die Elektrisiermaschine war. Über die Natur der Elektrizität war man sich weitgehend im Unklaren, was sich in diversen Benennungen für das Wirkungsprinzip wie Agens, Dunst oder Fluidum wiederspiegelte. Einige markante Daten seien genannt: S. Gray hatte um 1730 zwischen Leitern und Nicht-Leitern der Elektrizität unterschieden; C. Dufay hatte etwa zur gleichen Zeit bemerkt, dass elektrisch aufgeladene Gegenstände eine anziehende oder abstoßende Wirkung zeigen können, wofür er die Begriffe Glas- und Harzelektrizität einführte, die wiederum B. →Franklin als Plus- und Minus-Elektrizität bezeichnete, wofür schließlich G. C. →Lichtenberg die bekannten mathematischen Symbole verwendete. In den *Ephemerides*, jenem in der Straßburger Studienzeit geführten Notizheft, hatte G. eine Reihe von Buchtiteln zur Elektrizität notiert, darunter die Werke von J. H. →Winckler aus den Jahren 1744 und 1745: *Gedanken von den Eigenschaften, Wirkungen und Ursachen der Electricität* und *Die Eigenschaften der Electrischen Materie und des Electrischen Feuers aus verschiedenen neuen Versuchen erkläret*; die *Abhandlung von der Electricität und deren Ursachen* von J. S. Waitz (Berlin 1745); *Eine Erklärung der Electricität* von A. Gordon (Erfurt 1745); schließlich die *Abhandlung von der Verwandtschaft und Aehnlichkeit der electrischen Kraft mit den erschrecklichen Luft-Erscheinungen* von J. F. Hartmann (Hannover 1759), die bereits auf die Thematik der Wetterelektrizität hindeutet. Aufgrund der Kenntnis dieser Werke war G. mit dem zeitgenössischen Wissenstand offenbar sehr gut vertraut. Seine Eindrücke über Wincklers Leipziger Versuche beschreibt er in der *Farbenlehre*: »Auf der Akademie hatte ich mir Physik wie ein anderer vortragen und die Experimente vorzeigen lassen. Winckler in Leipzig, einer der ersten der sich [in Deutschland] um Elektrizität verdient machte, behandelte diese Abteilung sehr umständlich [ausführlich] und mit Liebe, so daß mir die sämtlichen Versuche mit ihren Bedingungen fast noch jetzt [nach 1800] durchaus gegenwärtig sind« (FA I, 23.1, 974).

Ein besonderes Gebiet der Elektrizitätsforschung war die Wetter-, Wolken- oder Luftelektrizität, mit der sich vor allem Franklin in spektakulären Drachenversuchen auseinandersetzte, wobei ihm 1752/1753 die Konstruktion eines Blitzableiters gelang. G. weist im oben genannten Schema von 1821 auch darauf hin: »Erfindung der Wetterableiter. Freude der geängstigten Menschen darüber« (FA I, 25, 49). Wie populär derartige Blitzableiter-Versuche waren, beweist nicht zuletzt die Tatsache, dass die verwendeten sogenannten Franklin-Drähte in der Damenmode als Hutkordeln imitiert wurden, die von der Hutspitze bis zur Erde reichten.

Ab 1791 entwickelten sich G.s Farbenstudien und die Debatten um den →Galvanismus parallel. Unter Galvanismus verstand man eine neue, von der Reibungselektrizität zu unterscheidende Form von Elektrizität, die L. Galvani als tierische Elektrizität im Organismus gegeben sah, A. Volta kurz darauf aber auf den Kontakt von Metallen zurückführte und in seiner 1799 konstruierten sog. Voltaischen Säule nutzbar machte. Folgen dieser Entwicklung waren die chemische Zerlegung, die Elektrolyse, von Wasser und die Entdeckung neuer Elemente durch dieses Verfahren in der Zeit zwischen 1800 und 1810.

Einen ähnlichen Wissensschub gab es auf dem Feld des →Magnetismus, der zur Zeit von G.s Geburt nur als anziehende oder abstoßende Kraft bekannt war, wobei man die Wirkungen des Magneteisensteins lediglich mit den Erscheinungen der Reibungselektrizität analogisierte, obwohl bereits im Jahr 1600 der englische Arzt W. →Gilbert sein epochales Werk *De magnete, magneticisque corporibus, et de magno magnete tellure* mit der Hauptthese verfasst hatte, dass die Erde ein großer Magnet sei.

Obwohl die Farbenstudien intensiv selbst betrieben, vom Galvanismus dagegen nur über Kontaktpersonen Ergebnisse in Erfahrung gebracht wurden, ging es G. im Laufe der 1790er Jahre immer stärker darum, ein allgemeines Gesetz aufzuspüren, das sowohl Ordnungsprinzip seiner eigenen *Farbenlehre* als auch Grundgesetz verschiedenster Naturphänomene wie Magnetismus und Galvanismus sein konnte. Galvanis historische Abhandlung *De viribus electricitatis in motu musculari commentarius* erschien 1791. G. kaufte die deutsche Übersetzung (*Abhandlung über die Kräfte der thierischen Elektrizität auf die Bewegung der Muskeln*, Prag 1793) sofort nach Erscheinen im Weimarer Buchhandel. Zunächst war es A. v. Humboldt, der ihm die Thematik näherbrachte. Am 21.5. und 16.7.1795 wies er ihn brieflich auf seine jüngsten galvanischen Versuche hin. Anfang März 1797 referierte Humboldt mehrfach in Jena über Galvanismus (wie G.s Tgb vom 3., 5., 6. und 8.3.1797 ausweist), im gleichen Jahr erschien sein zweibändiges Werk *Versuche über die gereizte Muskel- und Nervenfaser*. Im Juli 1798 (vgl. Tgb 17., 20. und 21.7.1798) war M. van →Marum, der Direktor des Haarlemer Naturalienkabinetts und Besitzer der größten Elektrisiermaschine seiner Zeit, mehrfach bei G. in Weimar zu Gast. Man besprach den neuesten Stand der Debatten um den Galvanismus.

G. war inzwischen zu grundlegenden Klärungen in seiner *Farbenlehre* gelangt. Er hatte bereits 1793 den →Farbenkreis zur Ordnung der Farben entwickelt und sämtliche Farben nach den Gesetzen von →Polarität und Steigerung (zunächst Verdichtung, dann Intension genannt) abgeleitet. Die →Grundfarben Gelb und Blau, die Hauptvertreter von →Licht und Finsternis, ergeben in einfacher (gemeiner) Mischung die grüne Farbe. Steigert man die Grundfarben Gelb zu Gelbrot und Blau zu Blaurot ergeben sich gleichsam veredelte Varianten, die in ihrer (edlen) Mischung die besonders vollendete Farbe Purpur hervorbringen, mit der der Farbenkreis harmonisch abgeschlossen wird. Bereits am 2.7.1792 hatte G. in einem Brief an S. T. →Soemmerring die Hoffnung ausgedrückt, »daß sich alles gut verbindet, wenn man auch in dieser Lehre [Farbenlehre] zum Versuch den Begriff der *Polarität* zum Leitfaden nimmt und die Formel von *activ* und *passiv* einstweilen hypothetisch ausspricht«. Im Folgenden warf er die Frage auf, wie man chemische Phänomene an die *Farbenlehre* anbinden könne, indem er von der »Wirkung und Freundschaft der Säuren zu dem Gelben und Gelbrothen, der Alkalien zum Blauen und Blaurothen« (G–Soemmerring 62) sprach. Und noch 1806, als er bereits mit dem Physiker Seebeck zusammenarbeitete, stellte G. in den *Tag- und Jahresheften* fest: »Dr. *Seebeck* brachte das ganze Jahr in Jena zu und förderte nicht wenig unsere Einsicht in die Physik überhaupt, und besonders in die Farbenlehre. Wenn er zu jenen Zwecken sich um den Galvanismus bemühte, so waren seine übrigen Versuche auf Oxydation und Desoxydation, auf Erwarmen und Erkalten, Entzünden und Auslöschen für mich im chromatischen Sinn von der größten Bedeutung«.

Als weiteres Beispiel für eine solche Analogisierung von Naturwirkungen kann ein am 13.7.1798 in engem Dialog mit →Schiller erstelltes Schema gelten, das G. selbst als *Schema der dualistischen Naturwirkungen* bezeichnete. Einen Tag später schrieb er darüber an Schiller, er habe »ein Schema aufgestellt worin ich jene Naturwirkungen, die sich auf eine Dualität [Polarität] zu beziehen scheinen, parallelisire und zwar in folgender Ordnung: Magnetische, elektrische, galvanische, chromatische und sonore«. Hier wird G.s Intention schon recht deutlich. Nach seiner Auffassung mussten sich die Leitideen seiner Naturanschauung, Polarität und Steigerung, in allen Bereichen der Naturlehre, in den magnetischen Erscheinungen ebenso wie in der *Farbenlehre*, in den Phänomenen von Elektrizität und Galvanismus wie in der Chemie und Mechanik zeigen. Der Nord- und Südpol des Magneten, Glas- und Harzelektrizität, Plus- und Minuspol, Oxidation und Reduktion – das alles sind Begriffspaare, die in diesem Zusammenhang zu nennen sind. Als G. im Winter 1805/1806 vor einer Gesellschaft Weimarer Damen physikalische Experimentalvorträge über Magnetismus, Elektrizität, Galvanismus, Luft und Optik hielt (→»Mittwochsgesellschaft«), leitete er diese mit folgenden übergreifenden Gedanken ein: »Dualität der Erscheinung, als Gegensatz. […] Unsere Vorfahren bewunderten die Sparsamkeit der Natur. […] Wir bewundern mehr […] ihre Gewandtheit, wodurch sie, obgleich auf wenige Grundmaximen eingeschränkt, das Mannigfaltigste hervorzubringen weiß. […] Was in die Erscheinung tritt, muß sich trennen um nur zu erscheinen. Das Getrennte sucht sich wieder und es kann sich wieder finden und vereinigen; im niedern Sinne, indem es sich nur mit seinem Entgegengestellten vermischt, mit demselben zusammentritt, wobei die Erscheinung Null oder wenigstens gleichgültig wird. Die Vereinigung kann aber auch im höhern Sinne geschehen, indem das Getrennte sich zuerst steigert und, durch die Verbindung der gesteigerten Seiten ein

Drittes, Neues, Höheres, Unerwartetes hervorbringt« (FA I, 25, 142f.).

In diesen wenigen Worten sind Grundmaximen G.scher Welt- und Natursicht ausgesprochen, und sein ausgeprägtes Interesse an physikalischen Erscheinungen zielte auf die stets vorausgesetzte Möglichkeit, im Grunde jedes physikalische Phänomen unter diesem allgemeinen Gesetz fassen zu können. Das fortgesetzte Streben, wie es vor allem die Korrespondenzen mit Seebeck und Ritter zeigen, war durchaus nicht immer von Erfolg gekrönt. Viele Einzelheiten blieben, auch den Zeitgenossen, zunächst verborgen. G. drückte Ahnungen, Vermutungen aus: »Glaube an die Verwandtschaft magnetischer und elektrischer Phänomene« (FA I, 25, 50).

Dem Magneten widmete G. besondere Aufmerksamkeit (→Magnetismus/Elektromagnetismus). Er sah ihn als ein →Urphänomen, als eine Grenze des Schauens und Forschens: »[...] dadurch wird es denn auch ein Symbol für alles übrige, wofür wir keine Worte noch Namen zu suchen brauchen« (ebd. 62).

Es ist ein für G.s Naturforschung überhaupt konstitutives Element, dass er theoretische Leitgedanken, die allgemeine Idee gleichsam, immer wieder an der konkreten Erfahrung maß und überprüfte. Bisweilen trat der Erfahrungsaspekt so in den Vordergrund, dass man G. für einen reinen Empiriker und Realisten halten konnte. So berichtete →Hegel am 16.11.1803 an →Schelling: »Goethe geht sehr auf das Reelle und Apparate los, [...] von Rittern foderte er sogleich den Plan zu einem galvanischen Apparate« (GG 1, 894). Mit →Ritter, dem jung verstorbenen genialen Elektrophysiker, hatte G. schon am 1.10.1800 gemeinsame galvanische Experimente durchgeführt (zu weiteren physikalischen Experimenten mit verschiedenen Naturforschern vgl. Tgb, 25.2. u. 2.8.1801; 10.7.1802; 10.8.1806; 23.10.1807; 6.–8.4.1808).

Am 11.12.1812 teilte Seebeck G. Beobachtungen von Morichini, einem Arzt in Rom, mit, die dieser im Novemberheft von J. S. C. →Schweiggers *Journal für Chemie und Physik* publiziert hatte. Morichini hatte versucht, mit violettem Licht in Eisendrähten Magnetismus zu erregen. G. war höchst interessiert, da er hier wiederum einen Anknüpfungspunkt der *Farbenlehre* zu den übrigen Naturerscheinungen sah. Am 20.1.1813 schrieb er an →Knebel: »Ich leugne nicht, daß die Verbindung des Erd- und Eisenmagnetismus mit den übrigen Polaritäten der physisch-chemischen Natur, welche bisher noch nicht hat glücken wollen, ein wissenschaftliches Ereigniß wäre, welches ich zu erleben wünsche, da ich an der Möglichkeit gar nicht zweifle. Am allererfreulichsten müßte es für mich seyn, wenn eben jener Magnetismus unmittelbar mit der Farbe in Rapport gesetzt werden könnte«.

In den *Tag- und Jahresheften* von 1820 konnte G. schließlich von der Entdeckung des Elektromagnetismus berichten: »Der sich immer mehr an den Tag gebende, und doch immer geheimnißvollere Bezug aller physikalischen Phänomene auf einander ward mit Bescheidenheit betrachtet [...], als auf einmal in der Entdeckung des Bezugs des Galvanismus auf die Magnetnadel, durch Prof. *Oersted*, sich uns ein beinahe blendendes Licht aufthat«.

G. hatte von Oersteds Entdeckung am 12.10.1820 durch den Berliner Mineralogen C. S.→Weiß erfahren, der G. in Weimar besucht hatte: »Nachricht von einer neuen Entdeckung bringend vom Bezug des Galvanismus auf die Magnetnadel«. Wenige Tage später, am 20.10.1820, schrieb G. bereits an J. W. →Döbereiner mit der Bitte, dieser solle den Versuch in Jena demonstrieren. Erst Ende Dezember 1822, kurz nach Oersteds Besuch in Weimar am 16.12.1822, kam die Demonstration zustande (vgl. TuJ 1822). Oersted hat von seinem Besuch bei G. brieflich berichtet: »[...] gleich zu Goethe, der mich aufs freundlichste empfing und viel über meine elektromagnetische Erfindung sprach. Es wurde ein Brief hervorgeholt, in welchem ein Dr. Neeff in Frankfurt einen Vorschlag zu einer elektromagnetischen Untersuchung machte. Ich erörterte die Schwierigkeiten dabei und beschrieb, wie der Versuch angestellt werden musste. Goethe verstand es vollkommen, und es wurde beschlossen, daß Döbereiner ihn zusammen mit Goethe in den Weihnachtstagen anstellen sollte« (GG 3.1, 430).

G.s Stellung zur Physik wurde immer wieder an seiner, nach Meinung von Fachgelehrten wie Du Bois-Reymond oder Wien falschen Auffassung vom Versuch festgemacht. Zu einer ersten intensiven Auseinandersetzung mit dem Stellenwert und der Vorgehensweise des wissenschaftlichen Versuchs kam es im Frühjahr 1792, in engem Bezug vor allem zu den *Beyträgen zur Optik*. Ergebnis war der am 28.4.1792 niedergeschriebene, aber erst 1823 gedruckte Aufsatz *Der Versuch als Vermittler von Objekt und Subjekt 1793*, der erkenntnistheoretische und methodische Klärungen der eigenen Position bringen sollte, die sich in den frühen 1790er Jahren zunehmend gegen →Newton und dessen Auffassung vom Experiment wandte. Während Newton seine optische Theorie von der Zusammensetzung des weißen Lichtes aus farbigen Komponenten und deren unterschiedlichen Brechungsgrad im Prisma auf einen einzigen, entscheidenden Versuch, das →Experimentum crucis (Experiment am Kreuz- oder Scheideweg), zurückgeführt hatte, betonte G., dass »Ein Versuch, ja mehrere Versuche in Verbindung nichts beweisen, ja daß nichts gefährlicher sei als irgend einen Satz unmittelbar durch Versuche bestätigen zu wollen« (FA I, 25, 30f.). G. leitete seine Vorstellungen vom Versuch aus der Komplexität und dem Erscheinungsreichtum der Natur ab. In einem solchen aufeinander eingestimmten Gefüge konnte es für ihn nicht einen einzelnen, isolierten Versuch zur Klärung bestimmter Zusammenhänge geben. Skeptisch gegenüber monokausalen Ableitungen, setzte G. an die Stelle eines direkten Ursache-Wirkung-Prinzips ein Ensemble von Bedingungen, unter denen Naturerscheinungen hervortreten. Diese müssen für ihn immer wieder aus verschiedenen, immer nur leicht abgewandelten Perspektiven betrachtet werden, um die Phänomene vollständig zu erfassen. Dabei ging G. davon aus, dass Erkenntnisse auf diesem Wege nur bis zu einer bestimmten Grenze möglich seien, der Mensch sich zu bescheiden und Unerforschbares zu akzeptieren habe. Am 17.11.1791 hatte G. über das erste Stück seiner *Beyträge zur Optik* an J. F. Reichardt geschrieben, er »werde Versuch an Versuch stellen und die Theorie [der Farben] nicht eher vortragen biß sie jeder aus den Versuchen selbst nehmen kann und muß«. Das immer wieder unter modifizierten Voraussetzungen wiederholte Beobachten des Phänomens wollte G. keineswegs als subjektive Spielerei verstanden wissen. Vielmehr sollte ihm dieses Verfahren die Objektivität einer strengen wissenschaftlichen Methodologie sichern, die G. in Newtons Experimentum crucis gerade nicht verwirklicht sah. Am 29.12.1794 schrieb G. an F. H. →Jacobi: »Die *Phänomene* zu *erhaschen*, sie zu *Versuchen* zu *fixiren*, die Erfahrungen zu *ordnen* und die *Vorstellungsarten* darüber *kennen zu lernen*, bey dem ersten so *aufmercksam*, bey dem zweyten so *genau* als möglich zu seyn, beym dritten *vollständig* zu werden und beym vierten *vielseitig* genug zu bleiben, dazu gehört eine Durcharbeitung seines armen Ichs, von deren Möglichkeit ich auch sonst nur keine Idee gehabt habe«.

Naturforschung geht ursprünglich von der zunächst eher zufälligen Beobachtung aus. Mit ihr beginnt ein Erkenntnisprozess, der in zahlreichen Schritten der Lösung eines wissenschaftlichen Problems näherführen soll. »Wenn wir die Erfahrungen [...] vorsätzlich wiederholen und die Phänomene die teils zufällig teils künstlich entstanden sind, wieder darstellen, so nennen wir dieses einen Versuch. [...] So schätzbar aber auch ein jeder Versuch einzeln betrachtet sein mag, so erhält er doch nur seinen Wert durch Vereinigung und Verbindung mit andern. [...] Zwei Versuche können scheinen auseinander zu folgen, wenn zwischen ihnen noch eine große Reihe stehen müßte, um sie in eine recht natürliche Verbindung zu bringen. [...] Die *Vermannigfaltigung eines jeden einzelnen Versuches* ist also die eigentliche Pflicht eines Naturforschers« (FA I, 25, 29 f. u. 33).

Die experimentelle Physik sonderte das Objekt vom Subjekt, bei G. bildeten Subjekt und Objekt eine unauflösliche Einheit. G.s Naturforschung beließ den Menschen in seinem individuellen Bezug zu Natur und Welt, während Newtons Methodik einen derartigen Weltbezug nicht kannte. Aus diesem Grunde konnte G. formulieren, dass es »das größte Unheil der neuern Physik« sei, »daß man die Experimente gleichsam vom Menschen abgesondert hat« (ebd. 104, 68), denn dadurch wurde die Welt in ein quantitativ mathematisierbares Objektives und ein scheinbar unabhängig davon existierendes Subjektives gespalten. Dagegen G.: »Der Mensch an sich selbst, in so fern er sich seiner gesunden Sinne bedient, ist der größte und genaueste physikalische Apparat, den es geben kann [...]« (ebd.). Es wäre verkürzt, hier nur an den Vorgang des Beobachtens von Naturphänomenen zu denken. Vielmehr konstatierte G. im Vorwort seiner *Farbenlehre* ausdrücklich: »Denn das bloße Anblicken einer Sache kann uns nicht fördern. Jedes Ansehen geht über in ein Betrachten, jedes Betrachten in ein Sinnen, jedes Sinnen in ein Verknüpfen, und so kann man sagen, daß wir schon bei jedem aufmerksamen Blick in die Welt theoretisieren. Dieses aber mit Bewußtsein, mit Selbstkenntnis, mit Freiheit, und um uns eines gewagten Wortes zu bedienen, mit Ironie zu tun und vorzunehmen, eine solche Gewandtheit ist nötig, wenn die Abstraktion, vor der wir uns fürchten, unschädlich, und das Erfahrungsresultat, das wir hoffen, recht lebendig und nützlich werden soll« (FA I, 23.1, 14).

Im didaktischen Teil seiner *Farbenlehre* nahm G. zum Verhältnis der Farbenlehre zur allgemeinen, d. h. die anderen Teildisziplinen umfassenden Physik Stellung: »In diese Reihe, in diesen Kreis, in diesen Kranz von Phänomenen auch die Erscheinungen der Farbe heranzubringen und einzuschließen, war das Ziel unseres Bestrebens. [...] Wir fanden einen uranfänglichen ungeheuren Gegensatz von Licht und Finsternis, [...]; wir suchten denselben zu vermitteln und dadurch die sichtbare Welt aus Licht, Schatten und Farbe herauszubilden, wobei wir uns zu Entwickelung der Phänomene verschiedener Formen bedienten, wie sie uns in der Lehre des Magnetismus, der Elektrizität, des Chemismus überliefert werden« (ebd. 241). Hier liegt die Begründung für G.s intensives Interesse an den physikalischen Disziplinen, für seine Dialoge mit Humboldt, Ritter, Seebeck u. a., sein Bestreben nach genauer Kenntnis des physikalischen Wissenstandes seiner Zeit. Die Physik – so paradox das klingen mag – lieferte den methodischen Zugang für G.s Überlegungen in der *Farbenlehre*, unabhängig davon, dass diese dann der zeitgenössischen Optik diametral gegenüberstand. Doch verfolgt man das letzte Zitat weiter, wird auch deutlich, wie wenig es G. bei der *Farbenlehre* eigentlich um Optik im physikalischen Sinne ging: »Wir mußten aber weiter gehen [d.h. über die Grundgedanken von Magnetismus, Elektrizität und Chemie hinaus], weil wir uns in einer höhern Region befanden und mannigfaltigere Verhältnisse auszudrücken hatten. Wenn sich Elektrizität und Galvanität in ihrer Allgemeinheit von dem Besondern der magnetischen Erscheinungen abtrennt und erhebt; so kann man sagen, daß die Farbe, obgleich unter eben den Gesetzen stehend, sich doch viel höher erhebe [...]. Man vergleiche das Mannigfaltige, das aus einer Steigerung des Gelben und Blauen zum Roten, aus der Verknüpfung dieser beiden höheren Enden zum Purpur, aus der Vermischung der beiden niedern Enden zum Grün entsteht. Welch ein ungleich mannigfaltigeres Schema entspringt hier nicht, als dasjenige ist, worin sich Magnetismus und Elektrizität begreifen lassen. Auch stehen diese letzteren Erscheinungen auf einer niedern Stufe, so daß sie zwar die allgemeine Welt durchdringen und beleben, sich aber zum Menschen im höheren Sinne nicht heraufbegeben können, um von ihm ästhetisch benutzt zu werden. Das allgemeine einfache physische [physikalische] Schema muß erst in sich selbst erhöht und vermannigfaltigt werden, um zu höheren Zwecken zu dienen« (ebd. 241 f.). *WZ*

Literatur

Cassirer, Ernst: Goethe und die mathematische Physik. In: Ders.: Idee und Gestalt. 2. Aufl. Berlin 1924, 33–80. – Gebhardt, Martin: Goethe als Physiker. Berlin 1932. – Geitel, Max: Entlegene Spuren Goethes. Goethes Beziehungen zu der Mathematik, Physik, Chemie [...]. München, Leipzig 1911. – Steinle, Friedrich: Artikel ›Elektrizität‹. In: Jaeger, Friedrich (Hg.): Enzyklopädie der Neuzeit. Bd. 3. Stuttgart, Weimar 2006, Sp. 24–33. – Teichmann, Jürgen: Vom Bernstein zum Elektron. Eine Kurzgeschichte der Elektrizität. München 1983. – Troll, Wilhelm: Goethe und die Physik. In: Die Tat. 18 (1926), 693–704. – Wenzel, Manfred: »Die Abstraktion, vor der wir uns fürchten...« – Goethe und die Physik. In: Freiburger Universitätsblätter. 35 (1996), H. 133, 55–79. – Wien, Wilhelm: Goethe und die Physik. Leipzig 1923. *WZ*

Physiognomik
s. Lavater, Johann Kaspar

Physiologische Farben

Die physiologischen Farben untersuchte G. in der ersten Abteilung des didaktischen Teils seiner *Farbenlehre*, also gleich zu Beginn des Gesamtwerks, »weil sie dem Subjekt, weil sie dem Auge [...] zugehören, diese Farben, welche das Fundament der ganzen Lehre machen« (FA I, 23.1, 31). G. betonte damit den wichtigen Stellenwert, den er dem →Auge einräumte, das als Teil des Subjekts der objektiven Welt entgegentrete und sich mit ihr vereinige. Am 15.11.1796 hatte er Schiller über seine Farbenforschungen mitgeteilt: »Es wird wenn Sie wollen eigentlich die *Welt des Auges*, die durch Gestalt und Farbe erschöpft wird«.

Schon bei seinem Brockenabstieg am 10.12.1777 hatte G. Beobachtungen über farbige →Nachbilder auf Schnee gemacht, diese aber nicht weiter verfolgt. Die ersten Arbeiten zur Farbenlehre in den Jahren 1791–1793 gingen zunächst der gegen →Newton gerichteten These nach, dass Farbenerscheinungen nicht unbedingt mit Lichtbrechung (→Refraktion) einhergehen müssen. Im Dialog mit G. C. →Lichtenberg und S. T. →Soemmerring wurde G. 1792/1793 erneut auf die physiologischen Farben gestoßen und nun von ihrer Wichtigkeit überzeugt. Dokument dieser gewandelten Auffassung ist G.s Abhandlung *Von den farbigen Schatten* (1793), die – als drittes Stück der *Beyträge zur Optik* geplant – nicht mehr veröffentlicht wurde, da deren physikalische Erklärungen zu Gunsten von physiologischen in Zweifel gezogen wurden.

Die Hervorhebung der physiologischen Komponente deutete von nun an auf eine aktive Mitwirkung des Auges an allen Vorgängen des Farbenwesens. Licht und Farben als physikalische Qualitäten zu deuten, die lediglich als äußere Reize auf das Auge einwirken, schien G. unmöglich. Vielmehr sollte das Auge aktiv und spezifisch auf das aus der Umgebung ihm Dargebrachte reagieren und aus eigener Leistung die Phänomene und Erscheinungen hervorbringen, die Farben genannt werden. Eine Farbempfindung ist demnach für G. immer ein komplexes Zusammenspiel aus äußerer, objektiver Vorgabe und spezifischer Antwort des subjektiv reagierenden Sinnesorgans Auge. Was die Physiologie schließlich als objektivierbare Sehvorgänge deuten sollte, blieb bei G. noch ganz dem jeweiligen Individuum verbunden. Die Farbenwelt war ihm immer in erster Linie ein Erlebnis des einzelnen, konkreten Menschen! G.s Vertrauen in das ihm wichtigste Sinnesorgan war so groß, dass er Begriffe wie →›optische Täuschung‹ nicht mehr gelten lassen wollte.

Nach heutiger Diktion untersuchte G. im physiologischen Teil seiner *Farbenlehre* in erster Linie Phänomene des →Sukzessiv- und Simultankontrastes, die sich bei der Beobachtung als →Nachbilder oder →farbige Schatten einstellen.

Die Physiologie seiner Zeit hat ausgesprochen positiv auf diese Aspekte von G.s Darstellung reagiert, zumal dadurch der Weg geebnet wurde, bisher als pathologisch angesehene Vorgänge als physiologisch normale zu deuten (→Purkinje, J. →Müller). *WZ*

Physische Farben

Im Gegensatz zur heutigen Begriffsverwendung, bei der ›physisch‹ im Sinne von ›physiologisch‹ zu verstehen ist, bezeichnete G. mit den physischen die physikalischen Farben und wies ihnen eine Mittelstellung zwischen den nur kurz in Erscheinung tretenden →physiologischen und den dauerhaften →chemischen Farben zu.

Zu den physischen (bisweilen auch ›apparenten‹ genannten) Farben zählen nach G.s Terminologie die →dioptrischen Farben (der ersten und zweiten Klasse) sowie die →katoptrischen, →paroptischen, →epoptischen und →entoptischen Farben.

Den physischen Farben ist die zweite Abteilung des didaktischen Teils der *Farbenlehre* gewidmet. Hier geht es vor allem um Phänomene der Lichtausbreitung und deren Beeinflussung durch Brechung (→Refraktion), Spiegelung (Reflexion) oder Beugung (Inflexion, Diffraktion). Dabei entwickelte G. streng systematisch seine durch Beobachtung von →Kantenspektren gewonnene Überzeugung, dass Farben immer nur an einer Grenze von hellen und dunklen Flächen entstehen können, immer →Licht und Finsternis voraussetzen, zu denen als konstitutives Element ein trübes Medium hinzukommen muss (→Trübe). G.s →Urphänomen der *Farbenlehre*, die einfachste Basis, die für den Beobachter wahrnehmbar, aber nicht weiter erklärbar erscheint, zeigt sich in der Entstehung der →Grundfarben Blau und Gelb in der Erdatmosphäre. Das Weltall ist durch totale Finsternis charakterisiert; tritt ein trübes Medium (wie die Erdatmosphäre) hinzu, so entsteht unter Mitwirkung des Sonnenlichtes das Blau des Himmels. Die Sonne als Licht spendender, farbloser Körper erscheint uns durch die Atmosphäre betrachtet gelb. Durch Zu- oder Abnahme der Trübe entstehen im Zusammenwirken mit Licht oder Finsternis andere Farbempfindungen wie z.B. das Rot des Morgen- oder Abendrots (vgl. *Farbenlehre*, didaktischer Teil, §§ 150ff.; FA I, 23.1, 73f.).

Die Atmosphäre ist jedoch nur ein Beispiel für ein trübes Medium, auch der Rauch aus einem Schornstein, ein →Prisma, eine Glasscheibe oder eine Linse wirken im gleichen Sinn, wobei der Begriff des ›Trüben‹ nicht in heutigem Sinn als Verminderung der Durchsichtigkeit aufzufassen ist und auch klare Medien umfasst.

Der gesamte polemische Teil der *Farbenlehre* beschäftigt sich ausschließlich mit der Klasse der physischen Farben, hier im besonderen mit den dioptrischen Farben der zweiten Klasse, den beim Durchgang durch ein durchsichtiges Mittel (wie beim Prisma) entstehenden Farben, die den Untersuchungsgegenstand →Newtons darstellten. *WZ*

Pigment

G. verwendet den Begriff weitgehend synonym mit ›Farbstoff der Malerfarbe‹ oder bezeichnet damit auch Letztere selbst. Es handelt sich um stofflich definierte Farben, um Farbteilchen oder Farbsubstanzen, die die Grundlage für subtraktive Mischungen bilden (→Additive Mischung/Subtraktive Mischung). Da sie beständig mit dem sie tragenden Körper verbunden sind (z.B. im Bild auf einer Leinwand), zählen sie nach G.s Einteilung zu den →chemischen Farben, die in der dritten Abteilung des didaktischen Teils der *Farbenlehre* beschrieben werden. Besondere Erwähnung finden die *Pigmente* in einem eigenen Kapitel in der sechsten Abteilung des didaktischen Teils, *Sinnlich-sittliche Wirkung der Farbe*, §§ 911–914: »911. Wir empfangen sie [die Pigmente] aus der Hand des Chemikers und Naturforschers. […] Indessen teilt der Meister seine Kenntnisse hierüber dem Schüler mit, der Künstler dem Künstler. 912. Diejenigen Pigmente, welche ihrer Natur nach die dauerhaftesten sind, werden vorzüglich ausgesucht […]. 913. Denn aus der Menge der Pigmente ist manches Übel für das Kolorit entsprungen. Jedes Pigment hat sein eigentümliches Wesen in Absicht seiner Wirkung aufs Auge […]« (FA I, 23.1, 281f.). *WZ*

Pinie (Pinus, Kiefer)

Auf seiner ersten italienischen Reise beobachtete G. die Keimung von Pinienkernen: sie »gingen gar merkwürdig auf, sie huben sich, wie in einem Ei eingeschlossen, empor, warfen aber diese Haube bald ab und zeigten in einem Kranze von grünen Nadeln schon die Anfänge ihrer künftigen Bestimmung« (FA I, 24, 749f.). Einen dieser Keimlinge pflanzte G. vor seiner Rückkehr nach Weimar in den Garten der Angelica →Kauffmann in Rom. Wie ihm Angelica regelmäßig berichtete, wuchs er zu einem ansehnlichen Bäumchen heran (Kauffmann an G., 10.5., 23.7. u. 21.9.1788; EGW 6, 568).

Ausführlich hat G. diese Episode unter dem April 1788 in der *Italienischen Reise* geschildert: »Ich nahm […] Gelegenheit, manche seltenere Pflanzen um mich zu versammeln und meine Betrachtungen darüber fortzusetzen, so wie die von mir aus Samen und Kernen erzogenen fernerhin pflegend zu beobachten. In diese letzten besonders wollten bei meiner Abreise mehrere Freunde sich theilen. Ich pflanzte den schon einigermaßen erwachsenen Piniensprößling, Vorbildchen eines künftigen Baumes, bei Angelica in den Hausgarten, wo er durch manche Jahre zu einer ansehnlichen Höhe gedieh, wovon mir theilnehmende Reisende, zu wechselseitigem Vergnügen, wie auch von meinem Andenken an jenem Platze, gar manches zu erzählen wußten. Leider fand der nach dem Ableben jener unschätzbaren Freundin [1807] eintretende neue Besitzer es unpassend, auf seinen Blumenbeeten ganz unörtlich Pinien hervorwachsen zu sehen. Späterhin fanden wohlwollende, darnach forschende Reisende die Stelle leer und hier wenigstens die Spur eines anmuthigen Daseins ausgelöscht« (WA I, 32, 325).

Außerdem erwähnte G. Pinien in seinen *Notizen aus Italien* (FA I, 24, 82), in der Schrift *Versuch die Metamorphose der Pflanzen zu erklären* (ebd. 113) und in seinen Studien *Zur Spiraltendenz der Vegetation* (ebd. 791). *WZ*

Platner, Ernst (1744–1818)

Der Anthropologe, Mediziner und Philosoph, Professor der Medizin und Physiologie in Leipzig, galt als führender ›philosophischer Arzt‹ seiner Zeit, der sich vor allem um Wechselwirkungen von Körper und Seele bzw. Geist bemühte. G. hat an dieser Diskussion nur indirekt, in seiner Reaktion auf S. T. →Soemmerrings Werk *Über das Organ der Seele* (1796) in einem Brief an diesen vom 28.8.1796, teilgenommen und die Vermischung von anatomisch-medizinischen und philosophischen Fragen kritisiert. Platner traf G. am 8.1.1797 in Leipzig, eine Begegnung ohne Folgen. Dass G. Platners Werke weder besaß noch studierte, lag wohl auch an seinem generell geringen Interresse an physischer →Anthropologie. In einigen Xenien (SchrGG. 8, 369f., 411, 424) wird Platner verspottet, u. a. weil er sich in Leipzig einen kunstvoll geschmückten Hörsaal (mit einem Deckengemälde von A. F. Oeser) eingerichtet hatte: »Eine lustige Weisheit dociert hier ein lustiger Doctor, / Bloß dem Namen nach ernst, und in dem lustigen Saal« (ebd. 370). *WZ*

Plato (427–347 v.Chr.)

Der Sokratesschüler und Begründer der Akademie in Athen durchzieht G.s Leben und Werk in vielfältiger Hinsicht (vgl. hierzu die Artikel *Plato* und *Platonismus* in GHB. 4.2, 854–857). Unter dem 5.4.1808 hat →Riemer folgende Äußerung G.s überliefert: »In der Cultur der Wissenschaften haben die Bibel, Plato und Aristoteles hauptsächlich gewirkt, und auf diese drey Fundamente komme man immer wieder zurück«. G. unterzog Plato im Rahmen seiner Naturforschung im historischen Teil der *Farbenlehre* einem Vergleich mit →Aristoteles. Mit Plato fühlte er sich geistesverwandt, da dieser, ausgehend vom Weißen und Schwarzen, als erster ein duales oder polares Prinzip in der Farbenlehre postulierte. Somit galt für ihn in besonderem Maße, was G. am 16.1.1805 an H. K. A. Eichstädt schrieb: »Warum studiren wir denn die Alten, als: ähnliche Gesinnungen bey ihnen zu finden oder uns ihnen ähnlich zu bilden?« Auch ein Gedicht aus den *Zahmen Xenien* (VI, 1827; in Bd. 4 der *Ausgabe letzter Hand* erstmalig publiziert) deutet auf Platos Vorläuferrolle: »Die beiden [Licht und Finsternis] lieben sich gar fein, / Mögen nicht ohne einander sein. / Wie ein's im andern sich verliert, / Manch buntes Kind [Farbe] sich ausgebiert, / Im eignen Auge schaue mit Lust, / Was Plato von Anbeginn gewußt; / Denn das ist der Natur Gehalt, / Daß außen gilt was innen galt« (WA I, 3, 355). Dazu ist eine verworfene Fassung der letzten vier Zeilen überliefert: »Betrachte das nur recht mit Lust, / Was Plato von Hell und Dunkel gewußt, / Der, wie uns gegenwärtig klar, / Unter Philosophen keine Katze [verächtliche Person] war« (FA I, 2, 1196.)

Als er sich mit C. F. v. →Reinhard am 9.7.1807 in Karlsbad über seine *Farbenlehre* unterhielt, berichtete G. über Plato, er habe »nach seiner Weise, herrliche Stellen, auch über physiologische Farben, z.B. im Timäus über Blendung, wo das Auge dem Objekt, das Objekt dem Auge entgegentritt, und das Zusammentreffen sich in Thränen auflöst« (EGW 4, 468). Platos Theorie des Sehens, die von einem ruhenden Licht im Auge ausging, kam G. in hohem Maße entgegen.

Im historischen Teil der *Farbenlehre* hat G. Plato ein Kapitel gewidmet (FA I, 23.1, 528ff.) und ihn darüber hinaus oftmals erwähnt (ebd. 564, 600f., 616, 618–21, 639, 643, 658, 674, 676, 678, 703f., 722, 737, 839, 1051). Im Kapitel *Betrachtungen über Farbenlehre und Farbenbehandlung der Alten* (ebd. 600–603) heißt es über Plato: »Die Farbe ist sein viertes Empfindbares. Hier finden wir die Poren, das Innere, das dem Äußern antwortet [...]; aber was vor allem ausdrücklich zu bemerken ist, er kennt den Hauptpunkt der ganzen Farben- und Lichtschatten-Lehre; denn er sagt uns: durch das Weiße werde das Gesicht [Auge] entbunden, durch das Schwarze gesammelt« (ebd. 600).

Das Kapitel *Überliefertes* (ebd. 616–621) bringt den Vergleich zwischen Plato und Aristoteles, der A. W. Schlegel am 15.3.1811 zu dem begeisterten Ausruf veranlasste: »Welche Charakteristiken wie die vom Plato und Aristoteles!« (EGW 4, 618).

Am Beispiel der zwei antiken Philosophen entwickelte G. die beiden charakteristischen Vorgehensweisen von Wissenschaft überhaupt, die sich später bei Universalisten und Singularisten, bei Synthetikern und Analytikern wiederfinden sollten, eine Thematik, die G. noch in seiner letzten naturwissenschaftlichen Schrift, im Aufsatz *Principes de Philosophie zoologique* von 1830 (s.o. S. 73–75) mit dem Aufeinandertreffen der Forschungsweisen von G. →Cuvier und É. →Geoffroy Saint-Hilaire, wiederum aufgreifen sollte. G. ließ die analytische und synthetische Methode als gleichberechtigt gelten, solange sie einander ergänzen und fruchtbar zusammenwirken. In Plato und Aristoteles werden gleichsam die Urbilder der verschiedenen Forschertypen gesehen: »Plato verhält sich zu der Welt, wie ein seliger Geist, dem es beliebt, einige Zeit auf ihr zu herbergen. Es ist ihm nicht sowohl darum zu tun, sie kennen zu lernen, weil er sie schon voraussetzt, als ihr dasjenige, was er mitbringt, und was ihr so not tut, freundlich mitzuteilen. Er dringt in die Tiefen, mehr um sie mit seinem Wesen auszufüllen, als um sie zu erforschen. Er bewegt sich nach der Höhe, mit Sehnsucht, seines Ursprungs wieder teilhaft zu werden. Alles was er äußert, bezieht sich auf ein ewig Ganzes, Gutes, Wahres, Schönes, dessen Forderung er in jedem Busen aufzuregen strebt. [...] Aristoteles hingegen steht zu der Welt wie ein Mann, ein baumeisterlicher. Er ist nun einmal hier und soll hier wirken und schaffen [...]. Er umzieht einen ungeheuren Grundkreis für sein Gebäude, schafft Materialien von allen Seiten her, ordnet sie, schichtet sie auf und steigt so in regelmäßiger Form pyramidenartig in die Höhe, wenn Plato, einem Obelisken, ja einer spitzen Flamme gleich, den Himmel sucht. Wenn ein Paar solcher Männer, die sich gewissermaßen in die Menschheit teilten, als getrennte Repräsentanten herrlicher nicht leicht zu vereinender Eigenschaften auftraten; wenn sie das Glück hatten, sich vollkommen auszubilden [...], so folgt natürlich, daß die Welt, insofern sie als empfindend und denkend anzusehen ist, genötigt war, sich einem oder dem andern hinzugeben, einen oder den andern, als Meister, Lehrer, Führer anzuerkennen« (FA I, 23.1, 618f.).

Die Tatsache, dass G. stets an der Bedeutung des Anschaulichen des Phänomens festhielt und dennoch Plato mit seiner Ideen-Philosophie als Leitfigur der Wissenschaftsgeschichte nicht in Frage stellte, zeigt seine Präferenz für die Gleichberechtigung der verschiedenen Forschungsweisen auch hier mit Nachdruck. In einer Maxime wird das unter Einschluss von Sokrates noch einmal deutlich: »Wie Sokrates den sittlichen Menschen zu sich berief, damit dieser ganz einfach einigermaßen über sich selbst aufgeklärt wurde, so traten Plato und Aristoteles gleichfalls als befugte Individuen vor die Natur; der eine, mit Geist und Gemüth sich ihr anzueignen, der andere, mit Forscherblick und Methode sie für sich zu gewinnen. Und so ist denn auch jede Annäherung, die sich uns im Ganzen und Einzelnen an diese dreie möglich macht, das Ereigniß, was wir am freudigsten empfinden und was unsre Bildung zu befördern sich jederzeit kräftig erweis't« (MuR 663.)

Literatur

Liebert, Arthur: Goethes Platonismus. Zur Metaphysik der Morphologie. In: Kant-Studien. 37 (1932), 1–48. – Reuther, Hermann: Platons und Goethes Naturanschauung. In: Neue Jahrbücher für Wissenschaft und Jugendbildung. 5 (1929), 688–707. – Rotten, Elisabeth: Goethes Urphänomen und die platonische Idee. Marburg 1912. *WZ*

Plinius Secundus, Gaius d. Ä. (23–79 n. Chr.)

Von den zahlreichen Schriften des älteren Plinius, römischer Schriftsteller und Offizier, Prokurator in Gallien, Germanien und Afrika sowie Flottenbefehlshaber, ist nur die aus 37 Büchern bestehende *Historia naturalis* überliefert, die das wichtigste Quellenwerk antiker Naturkenntnis darstellt. G. besaß die lateinische Ausgabe Paris 1685 (vgl. Ruppert 1422). 1781–1788 erschien in Frankfurt am Main eine zwölfbändige Übersetzung von G. Grosse (deren 11. Band G. vom 5.2. bis 14.6.1806 aus der Weimarer Bibliothek entlieh; vgl. Keudell 447).

Nachdem eine erste intensivere Beschäftigung mit Plinius für den Mai 1797 belegbar ist (vgl. Tgb, 20., 23. u. 25.5.1797), wandte sich G. im Kontext der *Farbenlehre* 1806 und 1807 diesem Autor zu. Die *Tag- und Jahreshefte* von 1806 berichten: »[...] im Geschichtlichen ward untersucht, was Plinius von den Farben mochte gesagt haben«. Hierauf deuten Tagebucheintragungen vom 3. u. 20.1. sowie 5. u. 9.2.1806, wobei dreimal bereits die Mitarbeit von J. H. →Meyer erwähnt wird, die sich im September 1806 fortsetzte (vgl. Agenda; EGW 4, 434 und Tgb, 20.9.1806). In den *Tag- und Jahresheften* von 1807 nennt G. Meyers Anteil konkreter: »Freund Meyer studirte das Colorit der Alten und fing an einen Aufsatz darüber auszuarbeiten [...]«; es handelt sich dabei um die *Hypothetische Geschichte des Kolorits besonders griechischer Maler vorzüglich nach dem Berichte des Plinius*, die auf dem 34. u. 35. Buch der *Historia naturalis* fußt und von G. in den historischen Teil seiner *Farbenlehre* integriert wurde (vgl. FA I, 23.1, 570–596). Darin beschreibt Meyer im Kontext der Verwendung von Mineralien Methoden der Farbenherstellung und die Anwendung von Farben in der Kunst. Ganz in diesem Sinne hatte G. seinem Gesprächspartner C. F. v. →Reinhard am 9.7.1807 in Karlsbad innerhalb seiner Ausführungen zur *Farbenlehre* mitgeteilt: »Unter den Römern handelt Plinius v.[on] d.[en] Farben nur in Beziehung auf Kunst und Färberei« (EGW 4, 468). Am 22.6.1807 hatte Meyer über seine Arbeit berichtet (vgl. ebd. 463), am 4.10.1807 nennt das Tagebuch die Thematik, und am 7.10.1807 schrieb G. an →Knebel: »Meyer hat einen gar schönen Beytrag gegeben, die Geschichte des Colorits bey den Griechischen Malern betreffend, meist nach Plinius«.

Vereinzelt wird der ältere Plinius auch in den morphologischen Schriften genannt, so in Notizen Riemers zu *Vorläufig aus dem Altertum* (vgl. LA II, 10A, 104).

G. beschäftigte sich (im Januar 1799) auch mit dem jüngeren Plinius (um 61– um 113 n. Chr.), der römischer Redner und Schriftsteller war. Aus seinen *Epistolae*, die sich in G.s Bibliothek befanden (vgl. Ruppert 1423f.), zitierte dieser in der *Farbenlehre* im Kontext von lateinischen Farbenbenennungen (vgl. FA I, 23.1, 563) und auf der Rückseite des Vorsatzblattes von Morph II, 1, 1823 (vgl. LA II, 10A, 883). *WZ*

Plotin (205–270)

In der Einleitung zum didaktischen Teil der *Farbenlehre* (1810) zitiert G. »Worte eines alten Mystikers«, hinter denen sich der spätantike Philosoph und Begründer des Neoplatonismus, Plotin, verbirgt: »Wär' nicht das Auge sonnenhaft, / Wie könnten wir das Licht erblicken? / Lebt' nicht in uns des Gottes eigne Kraft, / Wie könnt' uns Göttliches entzücken?« (FA I, 23.1, 24.) Die bedeutenden, hier erstmals gedruckten Verse, die G.s Primat des →Auges in der *Farbenlehre* unterstreichen und auf die Entsprechung von Objektivem und Subjektivem deuten, liegen auch (jeweils leicht variiert) als Stammbucheintragung vom 1.9.1805 aus Lauchstädt, in einem Notizbuch von 1805 (mit Datum 30.8.1805) sowie - im Druck - in ZNÜ (II, 1, 1823, 20) und in *Ueber Kunst und Alterthum* (IV, 3, 1824, 104) vor.

Am 29.8.1805 schrieb G. aus Lauchstädt an F. A. →Wolf: »Hat nun der Geist des vortrefflichen Manns [Plotin] auf den meinen schon [...] solche Einflüße ausgeübt; was wird es erst werden, wenn ich das jetzt aufgeschlagene und durchblätterte Werk gründlich studire? Dazu ist mir aber der griechische Text höchst nöthig«. G. las offenbar zunächst eine lateinische Werkausgabe der *Enneades*, wo sich (in I, VI, 9) die Passage zum sonnenhaften Auge findet. Wolf sandte G. noch am gleichen Tag die griech.-lat. Ausgabe *Plotini Platonicorum facile coryphaei operum philosophicorum omnium libri LIV.: in sex enneades distributi* (Basel 1580). Nach seiner Rückkehr lieh G. dieses Werk am 18.9.1805 aus der Weimarer Bibliothek aus.

In einem Brief an →Zelter vom 1.9.1805 wird Plotin ebenfalls - wie in der *Farbenlehre* - als »alter Mystiker« bezeichnet.

Literatur

Koch, Franz: Goethe und Plotin. Leipzig 1925. *WZ*

Plutarch aus Chaironeia (um 46–127 n. Chr.)

Obwohl die Biographien und Schriften des griechischen Philosophen und Autors G. sein gesamtes Leben hindurch begleiteten, hat er in dessen Arbeiten zur Naturwissenschaft kaum Spuren hinterlassen. Im historischen Teil der *Farbenlehre* folgt G. in der ersten Abteilung, *Griechen*, in den Angaben zum Sehen und zu den Farben bei den Pythagoreern, bei →Empedokles, Demokrit, →Epikur, Zeno und Chrysippus der Darstellung Plutarchs (vgl. FA I, 23.1, 523, 525ff.). Möglicherweise deutet das Tagebuch vom 5.8.1798 auf diese Stellen; am Vortag hatte G. *Les vies des hommes illustres de Plutarque* (4 Bde., Paris 1783–1787) aus der Weimarer Bibliothek entliehen. Bis zum Erscheinen der *Farbenlehre*, 1810, ist keine weitere nähere Beschäftigung mit Plutarch nachzuweisen; die erste Abteilung *Griechen* ging ab dem 7.12.1805 in den Druck.

Eine morphologische Notiz, auf 1805 oder später zu datieren, über die »thätige Vernunft« (LA II, 9B, 55) der Tiere, gibt eine Lehrmeinung von →Anaxagoras nach Plutarch wieder. *WZ*

Plutonismus s. Hutton, James

Poggendorff, Johann Christian (1796–1877)

Der Physiker und Wissenschaftshistoriker arbeitete seit 1823 an der Preußischen Akademie der Wissenschaften in Berlin und gab seit 1824 in der Nachfolge von L. W. →Gilbert die →*Annalen der Physik* unter dem neuen Titel *Annalen der Physik und Chemie* heraus. Poggendorff übersandte G. am 10.8.1824 das erste Stück (vgl. Bratranek 2, 188f.; Ruppert 4175 u. WA III, 9, 337), worauf dieser nicht reagierte.

Am 6.12.1822 lieferte L. D. v. →Henning aus Berlin G. »einen magnetischen Kondensator von 300 Windungen nach der Angabe des Herrn Poggendorff« (LA II, 5B.2, 1082).

Der Weimarer Regierungsrat C. F. Schmidt berichtete G. am 7.8.1825 über Poggendorffs Teilnahme an der »wissenschaftlichen Expedition an die Ufer der Ost- und Nordsee«, die »durch korrespondierende barometrische Beobachtungen die Höhe Berlins über der Meeresfläche« bestimmen sollte (LA II, 2, 500). G. hatte davon bereits durch einen Aufruf zur Mitwirkung erfahren, den Poggendorff an die →meteorologischen Anstalten des Großherzogtums gerichtet hatte (vgl. an C. L. F. Schultz, zweite Maihälfte u. 11.6.1823; LA II, 2, 426 und *Annalen der Physik* 73, 1823, 441–444). *ZA*

Pohl, Johann Baptist Emanuel (1782–1834)

Der Botaniker und Mediziner, Professor in Prag, später in Wien, war zwischen 1817 und 1820 zusammen mit →Spix und →Martius Teilnehmer der bayerisch-österreichischen Brasilienexpedition. Am 30. und 31.7.1822 begegnete er G. in →Eger, von wo die beiden gemeinsam mit dem schwedischen Chemiker Jöns Jacob →Berzelius sowie Graf Kaspar von →Sternberg den →Kammerberg bestiegen und untersuchten (30.7.). »Die Unterhaltung war so lebhaft als lehrreich. Aus den fernsten Weltgegenden so wie aus den wichtigsten Regionen der Naturwissenschaft ergaben sich Mittheilungen aller Art« (an Carl August und Luise, 1.8.1822). Auch in der weiteren Korrespondenz aus dieser Zeit wurde die Begegnung als ein besonderes Ereignis geschildert (an August von Goethe, 2.8., an Knebel, 23.8., an Schultz, 5.9., an Ernst Meyer, 10.9.). Pohl erschien G. als »ein sehr verständiger, unterrichteter, thätiger Mann, der auf seinen Reisen mehr als billig ausgestanden hat« (an Schultz, 5.9.1823).

Am 30.12.1825 antwortete G. Großherzog Carl →August auf dessen Anfrage zur brasilianischen Pflanze »Raiz preta«: »Vielleicht hat der wackere Dr. Pohl einige Exemplare in seinem Herbarium [...]«. Am 29.1.1826 wandte sich G. in dieser Angelegenheit an den Direktor des Wiener Naturalienkabinetts, C. F. A. v. Schreibers: »Herrn Dr. Pohl bitte mich zum allerbesten zu empfehlen; ich habe des würdigen Mannes, seit ich seine Bekanntschaft in Eger gemacht, sehr oft wieder gedenken müssen. [...] Vielleicht hat er die Gefälligkeit, das Nähere über eine Pflanze mitzutheilen, von welcher Herr v. Eschwege in seinem Journal von Brasilien, Heft 1 [1818], 228 spricht, auch sie auf der dritten Tafel abgebildet vorlegt«.

Am 12.7.1826 übersandte Schreibers daraufhin ein ausführliches, auf den 4.3.1826 datiertes Gutachten von Pohl (vgl. LA II, 10B.1, 262), in dem jener darauf hinwies, dass →Eschwege eine falsche Pflanze abgebildet habe. Das Gutachten leitete G. an Carl August weiter und teilte die Ergebnisse dem Grafen Sternberg sowie →Nees von Esenbeck mit (→Brasilien und S. 59).

Zwischen dem 7.12.1826 und Februar 1829 gingen in Weimar die ersten vier Lieferungen von Pohls Prachtwerk *Plantarum Brasiliae icones et descriptiones* (Wien 1827–1831) ein. Seine Reisebeschreibung der Expedition, *Reise im Innern von Brasilien*, wurde erst von G.s Todesjahr 1832 an (bis 1837) publiziert.

Literatur

Feder, Ernst: Goethes Liebe zu Brasilien. In: GJb. (1951), 142–177. *HO*

Polarisation

Der →Newton-Anhänger É. L. →Malus entdeckte 1808 in Paris bei der Untersuchung der Doppelbrechung des Lichts an Kristallen die sog. Polarisationsphänomene: Bei der Durchsicht durch einen Kalkspatkristall konnte er bei bestimmten Stellungen des Kristalls nur ein Bild statt der erwarteten zwei erkennen (→Doppelspat). Nach Malus' Erklärung sollten die Lichtteilchen Pole wie ein Magnet besitzen, die Lichtstrahlen dagegen verschiedene Seiten: »Ich nenne so (polarisiert) einen Lichtstrahl, der bei gleichem Einfallswinkel auf einen durchsichtigen Körper die Eigenschaft hat, entweder zurückgeworfen zu werden, oder sich der Zurückwerfung zu entziehen, je nachdem er dem Körper eine andere Seite zuwendet; und es stehen diese Seiten oder Pole des Lichtstrahls stets aufeinander unter rechten Winkeln« (zit. nach Rosenmüller 1890, 148; zur weiteren Entdeckungsgeschichte und zu den Leistungen von →Arago, →Brewster, →Biot und Fresnel vgl. FA I, 25, 1314f. und oben S. 117f.). In aktuellen Lehrbüchern wird Polarisation als die Eigenschaft einer transversalen Welle, bestimmte Schwingungsebenen anzunehmen, definiert.

Im Zusammenhang mit weiteren Arbeiten über die Polarisation des Lichts entdeckte G.s Vertrauter und Mitarbeiter an der *Farbenlehre*, T. J. →Seebeck, am 21.2.1813 die vom ihm so benannten →entoptischen Farben bzw. Farbenfiguren, die Interferenzfarben des polarisierten Lichtes. G. hatte sich ab Ende 1812, veranlasst durch einen Aufsatz von C. H. →Pfaff, erneut dem Doppelspat zugewandt und den Aufsatz *Doppelbilder des rhombischen Kalkspats* verfasst (s.o. S. 118f.). Seebecks Entdeckung nahm er mit großem Interesse auf, ging es ihm doch darum, die neuen Beobachtungen mit seiner *Farbenlehre* von 1810 in Einklang zu bringen, gleichsam ein ergänzendes Kapitel zu liefern. Ergebnis der jahrelangen Auseinandersetzung mit den entoptischen Farben waren G.s Aufsätze *Elemente der entoptischen Farben* (ZNÜ I, 1, 1817, s.o. S. 119) und *Entoptische Farben* (ZNÜ I, 3, 1820, s.o. S. 120f.), die in Umfang und Durchdringung des Gegenstandes stark voneinander abweichen, gleichsam Vorarbeit und endgültige Ausführung darstellen und gewissermaßen G.s Beitrag zur Diskussion des polarisierten Lichts liefern.

Literatur

Rosenmüller, Ferdinand: Die Geschichte der Physik. Bd. 3. Braunschweig 1890. *WZ*

Polarität/Steigerung

Am 23.5.1828 notierte G. in sein Tagebuch: »Herr Kanzler von Müller brachte einen merkwürdigen naturphilosophischen Aufsatz aus der brieflichen Verlassenschaft der Frau Herzogin Amalie. Frage: ob er von mir verfaßt sei?« Es handelte sich um den Aufsatz *Die Natur* (s. o. S. 237), Anfang der 1780er Jahre von G. C. →Tobler verfasst und aufgrund der engen Gedankenverwandtschaft zu G.s Vorstellungen in dieser Zeit in alle verbreiteten G.-Ausgaben aufgenommen. G. verfasste eine Stellungnahme, die später den Titel *Erläuterung zu dem aphoristischen Aufsatz ›Die Natur‹* erhielt. Darin wies er darauf hin, dass das Stück mit seinen früheren Ansichten in hohem Maße übereinstimme, machte aber die Einschränkung: »Die Erfüllung aber, die ihm fehlt, ist die Anschauung der zwei großen Triebräder aller Natur: der Begriff von *Polarität* und von *Steigerung*, jene der Materie, insofern wir sie materiell, diese ihr dagegen, insofern wir sie geistig denken, angehörig; jene ist in immerwährendem Anziehen und Abstoßen, diese in immerstrebenden Aufsteigen« (FA I, 25, 81). Umgekehrt vermag »auch die Materie sich zu steigern, so wie sichs der Geist nicht nehmen läßt anzuziehen und abzustoßen« (ebd.).

In allen Formen von Polarität, die G. in seinen naturwissenschaftlichen Schriften behandelt hat (z. B. die Pole des Magneten, Säuren und Basen in der →Chemie, Plus und Minus in der →Elektrizität, die aktiv-warmen und passiv-kalten Farben im →Farbenkreis) werden die Gegensatzpaare als Teile eines zusammengehörenden Ganzen betrachtet. Das vereinzelt Herausgelöste und Betrachtete kann nur in seiner erneuten Verbindung mit dem Ganzen sinnvoll werden, wie die Einsicht in die umfassende verbindende Ordnung erst ein Trennen und Analysieren legitimiert. Diese Maxime durchzieht G.s sämtliche naturwissenschaftliche Schriften, wird aber als erkenntnistheoretisches Problem auch gesondert thematisiert, etwa in *Analyse und Synthese* (s. o. S. 230 f.).

In seinem Artikel in GHB. 4.2, 863 ff., der ergänzend herangezogen werden kann, hat Peter Huber auf »Vorstufen der Polarität [...] in hermetischen, mystischen und kabbalistischen Überlieferungen« hingewiesen, auf die »Weite von G.s Polaritäts-Konzept«, das sich »erst im Hinblick auf den philosophischen Diskurs zwischen dem cartesischen Dualismus und einem Monismus spinozistischer Prägung« offenbare. Insofern G.s Naturforschung thematisiert wird, macht sein unmittelbares Anschauen der Natur, die einfache, unvoreingenommene Beobachtung von Phänomenen, theoretische Prämissen in den meisten Fällen überflüssig, zumal G.s Polaritätsdenken bereits ausgeprägt war, bevor er intensive philosophiegeschichtliche Studien betrieb.

Als Kind besaß G. einen Magneten, von dessen polarem Wirken der Anziehung und Abstoßung er fasziniert war; am 25.4.1814 schrieb er an J. S. C. →Schweigger: »Seit unser vortrefflicher Kant mit dürren Worten sagt: es lasse sich keine Materie ohne Anziehen und Abstoßung denken, (das heißt doch wohl, nicht ohne Polarität), bin ich sehr beruhigt, unter dieser Autorität meine Weltanschauung fortsetzen[!] zu können, nach meinen frühesten[!] Überzeugungen, an denen ich niemals irre geworden bin«.

In Leipzig hörte G. bei J. H. →Winckler Physik, der sich vor allem um die (Reibungs-)Elektrizität verdient gemacht hatte, wobei wiederum polare Wirkungen, die man zunächst Glas- und Harzelektrizität nannte, im Mittelpunkt standen.

Bereits in G.s ersten Publikationen auf dem Gebiet der Naturforschung, im *Versuch die Metamorphose der Pflanzen zu erklären* (1790) und im ersten Stück der *Beyträge zur Optik* (1791) sind Polarität und Steigerung als wesentliche Elemente präsent. Die botanischen Studien in →Italien hatten G. zu der Einsicht geführt, dass die Pflanze aus vielfach modifizierten Blättern bestehe, dass das →Blatt als Grundorgan den Bau der Pflanze bestimme. Das Moment der Polarität sah G. in der Tatsache, dass die Entwicklung der Pflanze vom Keimblatt bis zum Fruchtblatt von einem wechselweisen Ausdehnen und Zusammenziehen der einzelnen Blattformen bestimmt werde (s. o. S. 23 f.). Mit der physiologischen Erklärung, dass sich von der Wurzel bis zur Blüte die Pflanzensäfte schrittweise verfeinern und veredeln sollten, brachte G. bereits hier auch das Prinzip der Steigerung ein.

Eine Polarität auf höherer Ebene ist durch die Leitbegriffe von G.s morphologischen Vorstellungen überhaupt, →Typus und →Metamorphose, gegeben. Dem ins Grenzenlose strebenden Prinzip der Metamorphose und den immer neuen Erscheinungsweisen der Natur werden mit dem Typus Grenzen gesetzt; Freiheit und Beschränkung bilden das polare Spannungsfeld jeder natürlichen Existenz.

Kurz nachdem die morphologische Schrift über die *Metamorphose der Pflanzen* erschienen war, entdeckte G. am 17.5.1791 die Polarität der Farben (→Prismenaperçu) und brachte diese Erkenntnis noch im gleichen Jahr in die *Beyträge zur Optik* ein (vgl. FA I, 23.2, 41, § 72). In der *Farbenlehre* von 1810 fasste er die Polarität in der Formel eines »uranfänglichen ungeheuren Gegensatzes von Licht und Finsternis [...]; wir suchten denselben zu vermitteln und dadurch die sichtbare Welt aus Licht, Schatten und Farbe herauszubilden, wobei wir uns zu Entwickelung der Phänomene verschiedener Formeln bedienten, wie sie uns in der Lehre des

Magnetismus, der Elektrizität, des Chemismus überliefert werden« (FA I, 23.1, 241).

Am 2.7.1792 formulierte G. gegenüber S. T. →Soemmerring bereits seine methodische Maxime bei dem Versuch »die Farbenphänomene unter allgemeinere Gesichtspunkte zu vereinigen«: »Mir scheint wenigstens für den Augenblick, daß sich alles gut verbindet, wenn man auch in dieser Lehre [wie beim Magnetismus, in der Chemie und bei der Elektrizität] zum Versuch den Begriff der *Polarität* zum Leitfaden nimmt und die Formel von *activ* und *passiv* einstweilen hypothetisch ausspricht« (G–Soemmerring 62).

Als G. im Juli 1793 in seinem Aufsatz *Über die Einteilung der Farben und ihr Verhältnis gegen einander* das erste Schema seines →Farbenkreises vorlegte (vgl. FA I, 23.2, 118), fand neben der Polarität (der →aktiven und →passiven Farben auf den beiden Seiten des Kreises) auch die Steigerung bereits Berücksichtigung, die G. in einer »Verdichtung« des Gelben zu Gelbrot und des Blauen zu Blaurot sah. Im Dialog mit →Schiller 1798/1799 wurden dafür die Begriffe »Intension« und »Steigerung« verwendet.

Als G. am 2.10.1805 begann, physikalische Vorträge vor einem Kreis Weimarer Damen zu halten (→»Mittwochsgesellschaft«), verfasste er einen einleitenden Text, der in der *Weimarer Ausgabe* den Titel *Polarität* erhalten hat (vgl. WA II, 11, 164 ff.). Für die »Dualität« (ein anderer Begriff für Polarität) führte G. zahlreiche Beispiele an, die den Bereichen der Physik (»Physische Erfahrung Magnet«) und der Physiologie (»Zwei Körperhälften [...] Atemholen«), dem Sittlich-Geistigen (»Sinnlichkeit und Vernunft«), aber auch den Wechselbeziehungen zwischen diesen Kategorien (»Leib und Seele«, »Geist und Materie«, »Ideales und Reales«) entnommen sind. Daran schlossen Reflexionen über die Natur an, die »auf wenige Grundmaximen eingeschränkt, das Mannigfaltigste hervorzubringen weiß«. Hier umschrieb G. die Wirkungsprinzipien von Polarität und Steigerung vielleicht am prägnantesten: »Sie [die Natur] bedient sich hierzu des Lebensprinzips, welches die Möglichkeit enthält, die einfachsten Anfänge der Erscheinungen durch Steigerung ins Unendliche und Unähnlichste zu vermannigfaltigen. Was in die Erscheinung tritt, muß sich trennen um nur zu erscheinen. Das Getrennte sucht sich wieder und es kann sich wieder finden und vereinigen; im niedern Sinne, indem es sich nur mit seinem Entgegengestellten vermischt [...]. Die Vereinigung kann aber auch im höhern Sinne geschehen, indem das Getrennte sich zuerst steigert und, durch die Verbindung der gesteigerten Seiten ein Drittes, Neues, Höheres, Unerwartetes hervorbringt« (FA I, 25, 142 f.; vgl. auch MuR 571, 1254, 1255).

Im Farbenkreis beispielsweise sah G. eine ›niedere‹ Vereinigung in der Mischung des Gelben und Blauen zum Grünen. Die ›höhere‹ Vereinigung stellte diejenige der gesteigerten Farben Gelbrot und Blaurot zum edlen Purpur dar.

In der *Farbenlehre* von 1810 hat G. die wechselweise Entzweiung und (einfache oder gesteigerte) Vereinigung gar in den Rang einer Weltformel erhoben, als »ewige Systole und Diastole, ewige Synkrisis und Diakrisis, das Ein- und Ausatmen der Welt, in der wir leben, weben und sind« (FA I, 23.1, 239).

G. hat mehrfach betont, dass die Wirkungsprinzipien von Polarität und Steigerung über die physisch aufgefasste Welt hinausgehen, dass sie auch dem Sittlichen und Geistigen zugrunde liegen (vgl. z. B. Gespräch mit Riemer, 24.3.1807; GG 2, 205). So schlug G. für »Tätigkeiten, von der gemeinsten bis zur höchsten« folgende (aufsteigende) Reihung vor: »Zufällig, Mechanisch, Physisch, Chemisch, Organisch, Psychisch, Ethisch, Religios, Genial« (FA I, 25, 788 u. G.s Erläuterung: 795 f.).

Letzten Endes waren Polarität und Steigerung für G. auch Ordnungskriterien für die Naturphänomene in ihrer verwirrenden Vielfalt, die sowohl an Naturgesetze gebunden wie zur Höherentwicklung fähig erscheinen.

Literatur

Boucke, Ewald A.: Goethes Weltanschauung auf historischer Grundlage. Stuttgart 1907. – Degner, Horst G. : Polarität, Steigerung und Metamorphose in Goethes Naturanschauung. Mannheim 1984. – Riemann, Carl: Polarität bei Goethe. In: Wiss. Zs. der Friedrich-Schiller-Universität Jena. Gesellschafts- und sprachwiss. Reihe. 4 (1954/55), 163–182. – Teller, Jürgen: Totalität, Polarität, Steigerung, Menschenbezug. Grundbegriffe von Goethes Naturauffassung. In: Goethe und die Wissenschaften. Hg. von Helmut Brandt. Jena 1984, 128–139. – Tietz, Manfred: Begriff und Stilformen der ›Steigerung‹ bei Goethe. Mainz 1961. – Zimmermann, Rolf Christian: Goethes Polaritätsdenken im geistigen Kontext des 18. Jahrhunderts. In: JbDtSchillerges. 18 (1974), 304–347. *WZ*

Polignac, Melchior de (1661–1742)

Die Schriften von Polignac (1704 Mitglied der Pariser Akademie, 1713 Kardinal, Diplomat in Diensten von Ludwig XIV., 1725 Gesandter in Rom, 1732 Erzbischof von Auch) hatte G. bereits 1801 in der Göttinger Universitätsbibliothek vergeblich gesucht. Vor allem interessierte ihn Polignacs gegen die epikureische Naturlehre gerichtetes Lehrgedicht *Anti-Lucretius, sive de Deo et natura libri novem*, das posthum 1745 in Paris (und öfter) erschienen war. Vermutlich im Dezember 1809 wandte G. sich an Charlotte von Schiller mit der Bitte, dieses in Weimar und Jena ebenfalls nicht vorhandene Werk über den früheren Hauslehrer ihrer Kinder und jetzigen Bibliothekar in Gotha, F. A. Ukert, zu besorgen. Dieser lieferte es kurzfristig, so dass die Lektüre bereits am 12.1.1810 im Tagebuch vermerkt ist. Daraus entstand ein kurzes Kapitel für den historischen Teil der *Farbenlehre* (FA I, 23.1, 867ff.). Obwohl »gewissermaßen ein Gegner Newtons«, habe Polignac »die Newtonische diverse Refrangibilität [also die Aufspaltung des weißen Lichtstrahls in farbige Lichter] angenommen, wie aus einer Stelle seines Anti-Lucretius hervorgeht, wo er, im Begriff Newtonen in einigen Punkten zu widersprechen, hiezu durch Lob und Beifall sich gleichsam die Erlaubnis zu nehmen sucht« (ebd. 868). Am 16.1.1810 sandte G. das Werk mit Dank an Ukert zurück (mit Brief vom 14.1.). *WZ*

Porphyrartig

Nach dem Gestein Porphyr, das eine homogene Grundmasse mit kristallinen Einsprenglingen aufweist, lassen sich auch andere →Gesteinsarten mit heterogenem Aussehen als »porphyrartig« bezeichnen. G. hat den Ausdruck erstmals 1785 in den Notizen *Quarziges Tongestein* verwendet. Seiner vom →Neptunismus beeinflussten Ansicht folgend war die Gesteinsbildung hauptsächlich durch »Solideszenz« (→Erstarrung) zu erklären; dabei sollte sowohl im →Granit wie in andern Gesteinen durch die Ausdifferenzierung aus der Grundmasse »auf Porphyrweise« (FA I, 25, 363) eine mit Einsprenglingen versehene Gesteinsart entstehen können. In dem Aufsatzentwurf *Über den Ausdruck porphyrartig*, den G. nach der Lektüre von K. G. v. Raumers *Geognostischen Fragmenten* am 12.3.1812 diktierte, stellte er mehrere Gesteine vor, die er mit diesem Ausdruck benannt haben wollte; dazu gehörten für ihn große Teile der Harzer Grauwacke, die Nagelfluh und ältere →Breccien. In den Texten *Zum geologischen Aufsatz September 1817* stellte G. Beispiele für das von ihm angenommene chemische »Gerinnen« von Gesteinen vor und verlangte, dass man bei ihrer Herleitung »von allem mechanischen Zerstören durchaus absehen« müsse (FA I, 25, 556). Er postulierte, dass sogenannte Trümmergesteine im Werden »gestört« (ebd.) worden seien. *WY*

Porta, Giambattista della (1535 oder 1538–1615)

Auf das Hauptwerk *Magia naturalis sive de miraculis rerum naturalium libri IV* (Neapel 1558) des neapolitanischen Naturforschers und Alchimisten deutet bereits G.s Tagebuch vom 24.12.1800, ohne dass eine nähere Beschäftigung zu dieser Zeit nachweisbar ist. In der *Farbenlehre* hat G. das in zahlreichen Ausgaben und Übersetzungen erschienene Werk dagegen ausführlich behandelt (vgl. FA I, 23.1, 671–75, auch 685, 691, 791, 1052). Der Schwerpunkt von G.s Beschäftigung mit Porta fällt in den Januar und Februar 1809 (vgl. Tgb, 13., 14., 19., 23.1. sowie 6. u. 7.2.1809), nachdem G. am 10.1.1809 drei verschiedene Ausgaben der *Magia naturalis* (Lyon 1561, Frankfurt am Main 1607 und Rouen 1668) aus der Weimarer Bibliothek entliehen hatte. Aus dem Werk ist weiterhin ein Auszug G.s überliefert (vgl. LA II, 6, 45–48, M 45).

Porta habe zwar – so G. – »für unser Fach [Farbenlehre] wenig geleistet« (»Was die Farben betrifft, so werden sie nur beiläufig angeführt«), doch »eine genauere Betrachtung dessen, womit er sich beschäftigt, würde der Geschichte der Wissenschaften höchst förderlich sein. [...] Nähme man seine sämtlichen Schriften zusammen [...], so würden wir in ihm das ganze [16.] Jahrhundert abgespiegelt sehen« (FA I, 23.1, 671, 674f.). *WZ*

Portius (Porzio), Simon (1497–1554)

Der Lehrer der Philosophie in Padua, Pisa und Neapel gab 1548 in Florenz unter dem Titel *De coloribus* eine lateinische Übersetzung einer →Theophrast oder →Aristoteles zugeschriebenen Schrift über die Farben heraus. G. lieh die Ausgabe Paris 1549 am 15.2. und 14.11.1798 aus der Weimarer Bibliothek aus, übersetzte sie 1801 ins Deutsche (vgl. Tgb, 19., 28. u. 29.1., 15.–17. u. 21.6.1801 sowie TuJ 1801) und ließ die Übersetzung durch →Schelling überprüfen (vgl. an Schelling, 20.10.1801). Bei der Arbeit am historischen Teil der *Farbenlehre* beschäftigte sich G. erneut am 23.12.1808 (auch erneute Ausleihe des Werks) sowie am 29.12.1808, 6. und 7.1.1809 mit Portius und widmete ihm darin ein Kapitel (vgl. FA I, 23.1, 655ff.; auch 640, 1051). Die in einer Vorarbeit (vgl. LA II, 6, 259, M 133) noch drastisch ausgedrückte Kritik G.s (»ohne eine Spur von Sachinteresse; es ist ihm [Portius] als einen neuen Aristoteliker blos um Uebung seines Geistes zu thun«) wird in der *Farbenlehre* abgeschwächt: »[...] und können ihm [...] unsere Achtung, so wie unsern Dank für das, was wir von ihm lernen, nicht versagen. [...] Von einer eigentlichen Naturanschauung ist hier gar die Rede nicht [...] so weiß man wohl etwas mehr als vorher, aber gerade das nicht, was man erwartete und wünschte« (FA I, 23.1, 656f.).

Portius ist auch als Verfasser der Abhandlung *De coloribus oculorum in Aristotelem et Theophrastum* (Florenz 1550) hervorgetreten. *WZ*

Posselt, Johann Friedrich (1794–1823)

Der Jenaer Professor für Mathematik und Astronomie, ein Schüler von C. F. →Gauß, wurde 1819 auf Vorschlag von B. A. v. →Lindenau Leiter der →Sternwarte in Jena als Nachfolger von C. D. v. →Münchow, starb aber bereits nach vier Jahren in diesem Amt. Sein Nachfolger war der im März 1820 als Assistent eingestellte H. L. F. →Schrön.

Zu Posselts ersten Arbeiten, die G. in oberaufsichtlicher Funktion überwachte, gehörte eine »Zeichnung von der kommenden Sonnenfinsterniß« (Tgb, 22.1.1820), deren Verlauf am 7.9.1820 teilweise von G. und Carl August von der Sternwarte beobachtet wurde (vgl. TuJ 1820; →Sonnenfinsternis).

In G.s Tagebuch wird Posselt oftmals in Zusammenhang mit meteorologischen Beobachtungen und Berichten, der Versendung entsprechender Tabellen oder von Fachliteratur erwähnt (z. B. 8.3., 17.7., 7.11.1820, 7.1., 16.2., 16.3., 4.4., 16.6., 27.6.1821), zumal in der Sternwarte Jena alle im Großherzogtum erhobenen Daten von den verschiedenen →meteorologischen Anstalten zusammenliefen.

G. teilte Posselts Vorgänger Münchow am 2.9.1820 mit: »[…] der bescheidene Posselt findet sich nach und nach recht gut. Bey Gelegenheit verschiedener Aufträge konnt ich seine schönen Fähigkeiten recht gut bemerken«.

Am 15.9.1820 betrachteten G. und Knebel gemeinsam mit Posselt den Jupiter und den Saturn (vgl. LA II, 2, 350).

Posselt war auch in die Überarbeitung der meteorologischen →Instruktionen für die Wetterbeobachter eingebunden (vgl. an Helbig, 27.12.1820; an Posselt, 19.4. u. 20.5.1821), ebenso in G.s Wolkenbeobachtungen (vgl. TuJ 1820).

Am 12.6.1822 sandte G. →Howards Werk *The Climate of London* (2 Bde., London 1818/1820) an Posselt, der es auf G.s Wunsch rezensierte (vgl. ZNÜ II, 1, 1823, 59–62; Hinweis von G. in TuJ 1822).

Am 31.3.1823 hielt G.s Tagebuch »Posselts Ableben« fest (vgl. auch an Carl August, 31.3.1823: »daß unser guter Posselt aus dem Reiche der Lebendigen geschieden ist«). *ZA*

Pozzuoli

Den westlich von Neapel in den Phlegräischen Feldern liegenden Ort besuchte G. während seines Aufenthalts in →Italien zwei Mal, am 1.3.1787 in Gesellschaft und am 19.5.1787, nach der Rückkehr aus Sizilien, allein mit dem Maler Christoph Heinrich Kniep. G.s Interesse galt einerseits der Solfatara, dem Kraterbecken eines halb erloschenen Vulkans, das er auch zeichnete (vgl. Corpus II, 87),

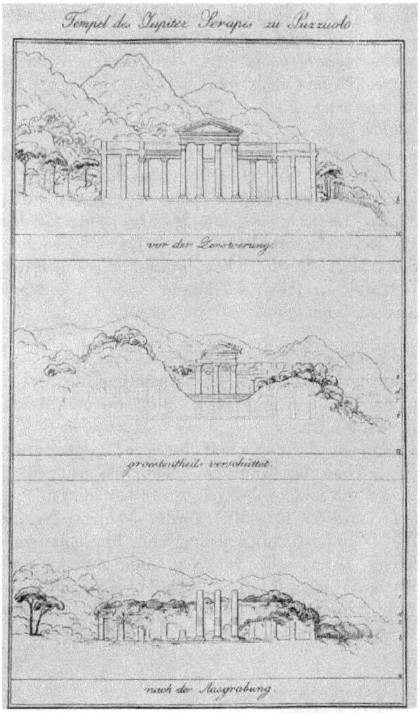

Der Tempel des Jupiter Serapis bei Pozzuoli; Kupferstich von Carl August Schwerdgeburth nach einer auf eine Vorlage von Goethe (1787) zurückgehenden Zeichnung von Clemens Wenzeslaus Coudray; zu Goethes Aufsatz *Architektonisch-naturhistorisches Problem* (ZNÜ II, 1, 1823)

andererseits einem 1750 ausgegrabenen, damals als Serapis-Tempel gedeuteten Marktgebäude aus dem 2. bis 3. Jh. n.Chr., dessen Säulen Fraßspuren von marinen Bohrmuscheln (Pholaden) aufweisen. Zur Erklärung dieser Spuren wurde bis ins 19. Jh. eine vorübergehende Erhöhung des Meeresspiegels um über zehn Meter angenommen. G. hielt ein solches Ereignis in historischer Zeit für unmöglich und suchte nach einer lokalen Erklärung. Er nahm an, dass sich nach Verschüttung des Gebäudes durch vulkanische Asche ein Teich gestaut hatte, in dem die Muscheln lebten (vgl. LA II, 7, 181–183, M 89 f.). Dazu musste er allerdings voraussetzen, dass Pholaden auch »im süßen, oder doch durch vulkanische Asche angesalzten Wasser existieren können« (FA I, 25, 603).

Nach einem Vortrag in der →»Freitagsgesellschaft« vom 21.10.1791 kam G. erst 1823 auf die Säulen von Pozzuoli zurück, als er im ersten Band von K. E. A. v. →Hoffs *Geschichte der durch Überlieferung nachgewiesenen natürlichen Veränderungen der Erdoberfläche* (1822) das Phänomen erneut dargestellt fand. Der von G. an von Hoff gesandte und mit einer erläuternden Tafel in den Heften *Zur Naturwissenschaft überhaupt* (II, 1) veröffentlichte Aufsatz *Architektonisch-naturhistorisches Problem* fand dessen Beifall als bisher wahrscheinlichste Erklärung des rätselhaften Falles (vgl. LA II, 8B.2, 825f.). Das bis in die Mitte des 19. Jh.s von Geologen viel diskutierte Phänomen ließ sich schließlich durch starke lokale Hebungen und Senkungen des Geländes um Pozzuoli erklären, das nach heutiger Ansicht einen »Supervulkan« darstellt.

Literatur
Schnyder, Peter: Die Dynamisierung des Statischen. Geologisches Wissen bei Goethe und Stifter. In: Zs. für Geologie. N. F. 19.3 (2009), 540–555. – Steininger, Fritz F. und Kossatz-Pompé, Anne (Hg.): Quer durch Europa – Naturwissenschaftlich Reisen mit Johann Wolfgang von Goethe. Frankfurt am Main 1999, 147–150. – Wyder, Margrit: Zeit im Bild. Zur Entstehung geologischer Phasendarstellungen bei Goethe. In: Naumann, Barbara und Wyder, Margrit (Hg.): »Ein Unendliches in Bewegung«. Künste und Wissenschaften im medialen Wechselspiel bei Goethe. Bielefeld 2012, 290–323.

WY

Präformation

Nach dieser zeitgenössischen Theorie über die Individualentwicklung (Ontogenese), die auch – noch nicht im Sinne Darwins – als →Evolution bezeichnet wurde, sollten im Keim bereits alle Teile des zukünftigen →Organismus vorgebildet (präformiert) sein.

Die menschliche Ontogenese und ihre Störungen wurden im Verlauf des 18. Jh.s zu einem Thema, mit dem sich sowohl Anatomen als auch Anthropologen zunehmend als eigenständigem Gebiet beschäftigten. Bevor sich in der 2. Hälfte des Jh.s allmählich die Theorie der →Epigenese durchsetzte, bildete die Vorstellung einer Präformation die beherrschende Theorie über die Entstehung der Lebewesen. Rückverweisend auf die alttestamentarische Schöpfungsgeschichte gingen die Präformisten davon aus, dass in der Uranlage, im Keim oder der Keimzelle, das vollständige Lebewesen, wenn auch außerordentlich verkleinert und daher fast unsichtbar, enthalten oder eingeschachtelt sei und im Laufe der Embryonalentwicklung »ausgewickelt« (lat. evolvere, evolutio: daher der Name »Evolutionstheorie» im Sinne von »Präformationstheorie«) werden müsse, ohne dabei die bereits vorhandene Form – außer durch Größenzunahme – zu verändern. Die Urmutter Eva sollte bereits sämtliche Keime der nachfolgenden Generationen »eingeschachtelt« in sich tragen – ein Begriff, den Nicolas Andry de Boisregard (1658–1742) 1714 als »emboîtement« (Einschachtelung) einführte (*Traité de la génération des vers dans le corps de l'homme; de la nature et des espèces de cette maladie; des moyens de s'en préserver et de s'en guérir*, Paris 1714). Wie es zunächst schien, fand die Präformationstheorie ihre empirische Bestätigung durch die Entdeckung der Spermatozoen durch Antoni van Leeuwenhoek (1632–1723) im Jahr 1677. Als gleichsam wissenschaftliche Beweise dienten u.a. auch die Beobachtungen Nicolas Hartsoekers (1656–1725), der vorgab, bei mikroskopischen Beobachtungen ein vollständiges Menschlein im männlichen Samen gesehen zu haben (*Essay de Dioptrique*, Paris 1694). Der weibliche Organismus hatte in dieser Theorie lediglich die Funktion einer Nahrungsquelle bei einsetzendem Wachstum.

Von den sogenannten Animalkulisten, die das Sperma als entscheidend ansahen, setzten sich die Ovulisten oder Ovisten mit ihrem prominentesten Vertreter Albrecht von →Haller (1708–1777) ab, die glaubten, im Ei den vorgebildeten zukünftigen Organismus zu sehen. Das Spermium fungierte danach als Auslöser oder Stimulus der Entwicklung, d.h. des Wachstums. Auch ihre Theorie gründete sich auf mikroskopische Untersuchungen, die jedoch von falschen Voraussetzungen ausgegangen waren (so erforschte der italienische Anatom Marcello Malpighi, 1628–1694, unwissentlich bereits befruchtete Hühnereier) oder Einzeluntersuchungen fälschlicherweise verallgemeinerten: 1740 war Charles →Bonnet (1720–1793) der Nachweis gelungen, dass sich die Weibchen der Blattläuse parthenogenetisch, d.h. ohne eine Befruchtung durch Männchen, durch Jungfernzeugung, vermehren können, woraus er schloss, dass dies grundsätzlich für alle Lebewesen möglich sei (*Observations sur les pucerons*, 1745).

Gegen die der Präformationstheorie innewohnende Annahme der Artenkonstanz im Hinblick auch auf die Stammesgeschichte (Phylogenese) führte Pierre-Louis Moreau de Maupertuis (1698–1759) unter Hinweis auf die Beteiligung beider Elternteile bei der Entstehung eines neuen Lebewesens das Phänomen der Vererbung durch Vermischung der Anlagen in die wissenschaftliche Diskussion ein und betonte, dass es sich bei Nachkommen grundsätzlich um neue Lebewesen handele (*Venus physique*, 1746, 1768).

1759 griff Caspar Friedrich →Wolff mit seiner Schrift *Theoria generationis* die in die Antike zurückreichende, gegen die Präformationsvorstellung gerichtete Theorie der Epigenese wieder auf, nach welcher der Organismus durch Neubildung aus ungeformter organischer Substanz entstehen sollte.

Mit der Frage nach der Entstehung von Leben in Hinblick auf Individuum und →Gestalt setzte sich G. ab 1788, zunächst auf der Rückreise aus →Italien und kurz danach, auseinander (s. dazu S. 17). In dieser Zeit begannen die Vorarbeiten, die ihn schließlich zur Konzeption seiner Morphologie führten (Begriff erstmals am 25.9.1796 im Tgb), wobei er sich keiner der rivalisierenden Entwicklungstheorien anschloss, sondern mit der Vorstellung der →Metamorphose einen übergeordneten Ansatz zu vertreten glaubte.

Noch in seinem 1817 entstandenen Aufsatz *Bildungstrieb*, der durch →Kants Berufung auf →Blumenbachs Schrift *Über den Bildungstrieb und das Zeugungsgeschäfte* (1781) in der *Kritik der Urteilskraft* (§ 81) veranlasst wurde und im zweiten Heft *Zur Morphologie* 1820 erschien (vgl. FA I, 24, 451 f.), zählte G. »Evolution« (im Sinne der Präformation) wie auch »Epigenese« zu den Begriffen, denen lediglich eine Hilfsfunktion zukomme, »mit denen wir uns nur hinhalten« (ebd. 452): »Die Einschachtelungslehre [Präformation] wird freilich einem Höhergebildeten gar bald widerlich, aber bei der Lehre eines Auf- und Abnehmens [Epigenese] wird doch immer ein Aufnehmendes und Aufzunehmendes vorausgesetzt, und wenn wir keine Präformation denken mögen, so kommen wir auf eine Prädelineation, Prädetermination, auf ein Prästabilieren [...] bis wir etwas gewahr werden könnten« (ebd.); »beide Vorstellungsarten sind aber roh und grob gegen die Zartheit des unergründlichen Gegenstandes« (ebd. 361) – so G. bereits um 1798, denn über die Eigenschaft von Lebewesen, »an sich oder aus sich ihres gleichen hevorzubringen«, können wir »weiter keine Rechenschaft geben« (ebd.).

Literatur
Bäumer, Änne: Präformation, Epigenese. In: Dies.: Geschichte der Biologie. Bd. 3. Frankfurt am Main u. a. 1996, 49–72. – Enke, Ulrike: Vorstellungen über Zeugung und Embryonalentwicklung in der Geschichte der Medizin. In: Dies. (Hg.): Samuel Thomas Soemmerring: Schriften zur Embryologie und Teratologie. Basel 2000, 5–11. *EN*

Preller, Ernst Christian Johann Friedrich d. Ä. (1804–1878)

Dem klassizistischen Landschaftsmaler, von 1818 bis 1821 Schüler der Weimarer Zeichenschule, wurden durch Stipendien des Herzogs mehrjährige Studienaufenthalte ermöglicht: in Dresden, Antwerpen, Mailand und Rom, wo G.s Sohn August am 27.10.1830 in seinen Armen starb.

1820 erhielt der 15jährige Preller von G. den Auftrag, Wolkenzeichnungen für ihn anzufertigen. Er berichtete später darüber: »Ich habe damals eine Menge kleiner Zeichnungen an ihn abgeliefert, übrigens für mich selbst davon den größten Nutzen gezogen« (GG 3.1, 279). Die Zeichnungen sind im GNM überliefert (vgl. Corpus VB, 116 und Abb. bei Wasielewski 1910). »Der junge Preller brachte meine Wolkenzeichnungen ins Reine« (TuJ 1821), hielt G. im Folgejahr fest (vgl. auch Tgb, 9.12.1821). Auf Preller deutete G. auch mit seinem Hinweis in *Wolkengestalt nach Howard* (ZNÜ I, 3, 1820), er habe »jüngere Männer« veranlasst, »die verschiedenen Wolkenformen auf dem Papier nachzubilden« (FA I, 25, 215; ähnlich ebd. 235: »Ich [...] berief Künstler dazu«).

Am 23.3.1832 zeichnete Preller G. auf dem Totenbett. *ZA*

Literatur:
Wasielewski, Waldemar von: Goethes meteorologische Studien. Leipzig 1910.

Priorität, wissenschaftliche

G. hat wissenschaftliche Forschung als eine kollektive Arbeit betrachtet: »Es gilt also auch hier [...], daß nur das Interesse Mehrerer auf Einen Punkt gerichtet etwas Vorzügliches hervorzubringen im Stande sei«. Es sei von großem Nutzen für die Wissenschaft, wenn »unterrichtete Menschen einander in die Hände arbeiten. [...] Es läßt sich bemerken, daß [...] die schönsten Entdeckungen [...] zu gleicher Zeit von zweien oder wohl gar mehreren geübten Denkern gemacht worden. Wenn also wir in jenem ersten Fall der Gesellschaft und den Freunden so vieles schuldig sind, so werden wir in diesem der Welt und dem Jahrhundert noch mehr schuldig und wir können in beiden Fällen nicht genug anerkennen, wie nötig Mitteilung, Beihülfe, Erinnerung und Widerspruch sei, um uns auf dem rechten Wege zu erhalten und vorwärts zu bringen« (*Der Versuch als Vermittler von Objekt und Subjekt 1793*; FA I, 25, 28 f.).

Auf der anderen Seite hat G. »sich mit Heftigkeit über die Art« beklagt, »wie einige Naturforscher sein Vertrauen mißbraucht, und mitgeteilte Entdeckungen, ohne ihn zu nennen, als eigene bekannt gemacht hatten« (Steffens: *Was ich erlebte*, 1808; GG 2, 374). Sowohl durch eigenes Erleben als auch durch den Blick in die Wissenschaftsgeschichte erkannte G., dass Menschen »selten groß genug« waren, »um das was sie empfangen hatten, als ein Empfangenes anzuerkennen. Sie eigneten sich das Verdienst selbst zu, und man findet gar manchen Streit wegen solcher Präokkupationen«. Die »Streitigkeiten über die Priorität einer Entdeckung« seien so lebhaft, weil einerseits des »Denkers einziges Besitztum [...] die Gedanken« sind, »die aus ihm selbst entspringen; und wie ein jedes Aperçu was uns angehört, in unserer Natur ein besonderes Wohlbefinden verbreitet, so ist auch der Wunsch ganz natürlich, daß es andere als das unsrige anerkennen, indem wir dadurch erst etwas zu werden scheinen. [...] recht genau besehen sind es Streitigkeiten um die Existenz selbst« (*Zur Farbenlehre*; FA I, 23.1, 808).

Vor allem im historischen Teil der *Farbenlehre* (1810) wie auch in seinen Aufsätzen *Erfinden und Entdecken* und *Meteore des literarischen Himmels* (beide 1817) setzte sich G. mit der Frage der wissenschaftlichen Priorität auseinander. So führte er →Galileis geistreiche Mittel an, der seine Erfindungen »anagrammatisch in lateinischen Versen« versteckte, die er mit einem Datum versah, um so sein geistiges Eigentum zu sichern (vgl. FA I, 23.1, 808 und 25, 38). »Der kluge Engländer verwandelt« den geistigen Besitz »durch ein Patent sogleich in Realitäten und überhebt sich dadurch alles verdrießlichen Ehrenstreites« (ebd. 37).

G. zufolge sind »Entdecken, Erfinden, Mitteilen, Benutzen so nah verwandt daß mehrere bei einer solchen Handlung als Eine Person können angesehen werden« (ebd. 38). Er wies darauf hin, dass man die Geltung der Priorität von Entdecken und Erfinden in vielen Fällen nur schwer feststellen könne: »Der Gärtner entdeckt daß das Wasser in der Pumpe sich nur auf eine gewisse Höhe heben läßt, der Physiker verwandelt eine Flüssigkeit in die andere und ein großes Geheimnis kommt an den Tag; eigentlich war jener der Entdecker, dieser der Erfinder« (ebd.) G. deutete hier auf die Entdeckung eines florentinischen Gärtners von Phänomenen an einer Wassersäule (1643), die von den Physikern Torricelli und Viviani auf Quecksilber übertragen wurde, wodurch sie den Luftdruck entdeckten und das Barometer erfanden. »Ein Kosak führt den Reisenden Pallas zu der großen Masse gediegenen Eisens in der Wüste; jener ist Erfinder, dieser der Aufdecker zu nennen; es trägt seinen Namen, weil ers uns bekannt gemacht hat« (ebd.).

Aufgrund dieser Erkenntnis waren G. die immer wieder auftretenden Prioritätsstreitereien, die den Menschen in die Lage versetzten, »sich mit der Menschheit und also mit sich selbst in Rivalität« (ebd. 43) zu finden, zuwider.

In einem Briefkonzept an →Nees von Esenbeck von Anfang Mai 1821 heißt es: »Ich verstehe überhaupt unsere neusten Naturforscher nicht. Die herrliche Wissenschaft scheint ihnen kein Gemeingut; jeder sucht nur das Quellchen bemerklich zu machen, woraus er den Ocean zu vermehren glaubt, daher jener kümmerliche Streit über Priorität, als wenn wir, bey dem Stück- und Flickwerk unseres Wissens, nicht von Alten und Neuen, von Großen und Kleinen immerfort lernen müßten«.

G. sah die Anzahl von wirklichen Erfindungen als überschaubar an, »besonders, wenn man sie durch ein paar Jahrhunderte im Zusammenhange betrachtet. Das meiste, was getrieben wird, ist doch nur Wiederholung von dem, was dieser oder jener berühmte Vorgänger gesagt hat. Von einem selbständigen Wissen ist kaum die Rede« (zu Falk, 26.2.1809; GG 2, 425). Die großen Entdeckungen in der zweiten Hälfte des 18. Jh.s empfand G. »als Brüder Schwestern, Verwandte ja in sofern man selbst mitwirkt, als Töchter und Söhne« (FA I, 25, 49). »Auch in verschiedenen Gärten fallen Früchte zu gleicher Zeit vom Baume« (ebd. 44); so wurden für G. »gewisse Vorstellungen [...] reif durch eine Zeitreihe« und so »ziehen manchmal gewisse Gesinnungen und Gedanken schon in der Luft umher, so daß mehrere sie erfassen können« (ebd.), ohne daß sie von einander wissen oder der eine von dem anderen Inhalte übernimmt. »Dringen daher zu derselben Zeit große Wahrheiten aus verschiedenen Individuen hervor, so gibt es Händel und Kontestationen [...]. Personen, Schulen, ja Völkerschaften führen hierüber nicht beizulegende Streitigkeiten« (ebd.).

Da von denjenigen Wissenschaftlern, die in einem Fach arbeiten, schwer zu ermitteln sei, ob nicht etwa der eine von den Erkenntnissen des anderen schon gewusst und ihm quasi vorsätzlich vorgegriffen habe, würde »eine höhere Gabe [...] wie ein anderer irdischer Besitz, zum Gegenstand von Streit und Hader. Nicht allein das betroffene Individuum selbst, sondern auch seine Freunde und Landsleute stehen auf und nehmen Anteil am Streit. Unheilbarer Zwiespalt entspringt und keine Zeit vermag das Leidenschaftliche von dem Ereignis zu trennen« (ebd.).

G. verwies auf mehrere Beispiele für wissenschaftlichen Prioritätsstreit: zwischen den Brüdern John und William →Hunter, angesichts der Entdeckungen von Christoph Kolumbus, zwischen →Leibniz und →Newton, worüber »bis auf den heutigen Tag [...] vielleicht nur die Meister in diesem Fache im Stand« sind, »sich von jenen Verhältnissen genaue Rechenschaft zu geben« (ebd.). In seiner eigenen Biographie ist in erster Linie die Auseinandersetzung mit L. →Oken zu nennen, der 1807 sämtliche Schädelknochen als umgebildete Wirbelknochen betrachtete (*Über die Bedeutung der Schädelknochen*; Ruppert 4943), eine Erkenntnis, die G. seit 1790 für sich reklamierte und den Vorwurf von »plagiatorischer Präokkupation« (LA II, 9B, 287) erheben ließ (→Wirbelknochen), obwohl ihm doch die »sämmtlichen Narrheiten von Prä- und Postoccupationen, von Plagiaten und Halbentwendungen [...] klar und [...] läppisch«

erschienen. »Denn was in der Luft ist und was die Zeit fordert, das kann in hundert Köpfen auf einmal entspringen ohne daß einer dem andern abborgt. [...] es ist mit dem Streit über Priorität wie über Legitimität, es ist niemand früher und rechtmäßiger als wer sich erhalten kann« (an Zelter, 7.11.1816; vgl. auch MuR 1146).

G. dagegen schien es wichtiger, eine Verwandtschaft des Geistes zu betonen, als einen Streit um die Priorität zu beginnen. In diesem Sinne führte er einen Text zu Nees von Esenbecks *Handbuch der Botanik* aus der JALZ an (Ergänzungsblätter, Nr. 47, 1821), in dem »Goethes, Steffens, Schelvers, Okens, Kiesers, Wilbrands botanische Bestrebungen« als »von dem nämlichen Geiste« bezeichnet werden. »Wer möchte aber hier ängstlich untersuchen wollen, was darin diesem oder jenem gehöre, oder wer gar [...] eigensüchtig sein Recht der Priorität geltend machen wollen« (FA I, 24, 533). Das lebendige Zusammenwirken »in der höheren Wissenschaft« hänge vielmehr davon ab, »daß unser tätigster, einzelner Anteil innerhalb dem Wohl des Ganzen völlig verschwinde« (ebd. 533f.).

Trotz der bitteren Erfahrungen, die er im Umgang mit der Fachwelt machen musste, wiederholte G. in seinen späteren Jahren immer wieder: »Die Freude des ersten Gewahrwerdens, des sogenannten Entdeckens kann uns niemand nehmen. Verlangen wir aber auch Ehre davon, die kann uns sehr verkümmert werden; denn wir sind meistens nicht die Ersten« (MuR 1145). *HO*

Prisma

Ein Prisma bezeichnet in der →Optik in der Regel ein gerades Prisma mit einem Dreieck als Grundfläche, dessen optische Eigenschaften vor allem von den Winkeln des Dreiecks und der Brechzahl des Materials (Glas oder Kunststoff) abhängen. Eine Hauptanwendung des Prismas beruht auf seiner Eigenschaft, Licht wellenlängenabhängig zu brechen (Dispersionsprisma; →Refraktion); die historischen Pionierleistungen auf diesem Gebiet hatte →Newton erbracht (→Experimentum crucis). So läßt sich verallgemeinernd sagen, dass G.s Interesse am Prisma in erster Linie dem Nachvollzug und der Widerlegung von Newtons Thesen diente. In G.s Sammlungen zur *Farbenlehre* befanden sich Prismen unterschiedlicher Art; besonders auffällig ist ein großes, nach G.s Anleitung gebautes Wasserprisma, dessen Abbildung bereits dem zweiten Stück der *Beyträge zur Optik* von 1792 beigegeben ist (vgl. Abb. S. 86). Matthaei hat im Rahmen der Bestandsaufnahme des physikalischen Apparats 1941 auch G.s Prismen beschrieben (s. Lit.).

Als G. 1821 Hegel ein Trinkglas schenkte, dessen Motiv je nach Hintergrund die Farbe wechselte und G.s Erklärungsart der Entstehung von Farben unter Mitwirkung von Licht und Finsternis demonstrieren sollte, antwortete dieser am 2.8.1821 ganz in G.s Sinne mit einem Seitenhieb auf das Prisma: »Weil doch einmal das Glas beim abstrakten Phänomen der Farbe eine Hauptrolle spielt, so ist schon an und für sich das Trinkglas ein so viel vergnüglicheres Stück von Apparat, als der dreieckige Glasprügel [Prisma], womit ohnehin der Satansengel, ihn in seinen Fäusten führend, die Physiker schlägt. Von jenem zierlichen Apparat [Glas] sollten sich wenigstens die Weintrinker unter ihnen verleiten lassen, sich jenen dreischneidigen Pfahl [Prisma] aus dem Fleische zu ziehen und vielmehr in das Glas zu gucken und damit auf das objektive Hervorkommen der Farbe, das sich hier in seiner ganzen freien Naivität zu sehen gibt« (LA II, 5B.2, 974).

Literatur

Matthaei, Rupprecht: Die Bestandsaufnahme des gesamten von Goethe hinterlassenen Gerätes zur Farbenlehre. In: Ders.: Die Farbenlehre im Goethe-Nationalmusuem. Jena 1941, 94–174. *WZ*

Prismenaperçu

Der Begriff bezeichnet G.s plötzliche Erkenntnis beim Blick durch ein Prisma, dass die Newtonsche Theorie über die Darstellung der Farben aus dem weißen Lichtstrahl (→Experimentum crucis) falsch sei. Am Ende der *Farbenlehre*, im Kapitel *Konfession des Verfassers*, wird das Ereignis beschrieben: »Eben befand ich mich in einem völlig geweißten Zimmer; ich erwartete, als ich das Prisma vor die Augen nahm, eingedenk der Newtonischen Theorie, die ganze weiße Wand nach verschiedenen Stufen gefärbt, das von da ins Auge zurückkehrende Licht in soviel farbige Lichter zersplittert zu sehen. Aber wie verwundert war ich, als die durchs Prisma angeschaute weiße Wand nach wie vor weiß blieb, daß nur da, wo ein Dunkles dran stieß, sich eine mehr oder weniger entschiedene Farbe zeigte, daß zuletzt die Fensterstäbe am allerlebhaftesten farbig erschienen, indessen am lichtgrauen Himmel draußen keine Spur von Färbung zu sehen war. Es bedurfte keiner langen Überlegung, so erkannte ich, daß eine Grenze notwendig sei, um Farben hervorzubringen, und ich sprach wie durch einen Instinkt sogleich vor mich laut aus, daß die Newtonische Lehre falsch sei« (FA I, 23.1, 976). Bis in die Gegenwart hinein ist kontrovers diskutiert worden, ob G.s spontanes Fehlurteil in das Jahr 1790 oder 1791 zu setzen sei. Für 1791 hatte sich 1906 maßgeblich Kalischer in der *Weimarer Ausgabe* (WA II, 5.2, 352f.) ausgesprochen, während die Mehrzahl der Autoren ab Mitte des 20. Jh.s der Datierung von Matthaei auf Januar/Februar 1790 folgte, die dieser in seinem Aufsatz *Über die Anfänge von Goethes Farbenlehre* (GJb. 1949, 249–262) vorgeschlagen hatte.

Nach neueren Forschungen hat Wenzel 2010 den 17.5.1791 als wahrscheinlichsten Tag für das Prismenaperçu nachgewiesen, wobei er erstmalig G.s Erfolgsmeldung an →Carl August vom 18.5.1791 sprachlich mit der Mitteilung anderer Entdeckungen (zum →Zwischenkieferknochen an J. G. →Herder, 27.3.1784; zur →Wirbeltheorie des Schädels an Caroline Herder, 4.5.1790; vermutlich zur →Urpflanze an Ch. v. →Stein, 18.4.1787) verglichen hat.

Literatur

Wenzel, Manfred: »... ich sprach wie durch einen Instinkt sogleich vor mich laut aus, daß die Newtonische Lehre falsch sei.« – Dokumente und Deutungen zur Datierung von Goethes Prismenaperçu. In: Liber amicorum. Katharina Mommsen zum 85. Geburtstag. Bonn 2010, 540–571. *WZ*

Profil, geologisches

Die ersten detaillierten Querschnitte durch Erdschichten wurden im 18. Jh. in England und Frankreich für die praktischen Erfordernisse der Bergbauindustrie angefertigt. Ab der Mitte des 18. Jh.s finden sich in Mitteldeutschland, wo ebenfalls eine lange Tradition des →Bergbaus bestand, Pionierleistungen in der stratigraphischen Darstellung: Bergrat Johann Gottlob Lehmanns *Versuch einer Geschichte von Flötzgebürgen* (1756) und die *Historia terrae et maris ex historia Thuringiae per montium descriptionem eruta* (1761) von Georg Christian Füchsel, Hofmedicus zu Rudolstadt, enthalten die ersten veröffentlichten Querschnitte von ganzen Landstrichen in der Geschichte der Geologie. Beide Werke waren G. bekannt. Eines der frühesten Beispiele eines geologischen Profils, an dem G. wesentlich beteiligt war, stellt der »Schnitt durch Thüringen« dar, veröffentlicht 1781 als Tafel I in J. C. W. →Voigts Werk *Mineralogische Reisen durch das Herzogthum Weimar und Eisenach und einige angränzende Gegenden* (vgl. Abb. S. 150). Erarbeitet wurde es im Sommer 1780, als Voigt in G.s Auftrag und teilweise in seiner Begleitung die Gesteinsvorkommen in →Thüringen untersuchte. Die Technik der Profildarstellung hatte Voigt beim Studium an der →Freiberger Bergakademie erlernt; das Profil zeigt eine vom →Neptunismus geprägte Darstellung des Zusammenhangs und der Folge der Gesteinsschichten. Am 27.12.1780 übersandte G. es mit einer ausführlichen Erklärung an Herzog →Ernst II. von Sachsen-Gotha, wobei er Wert darauf legte, die Oberflächenbefunde und ihre stratigraphische Interpretation zu trennen. Die Gefahr einer solchen Interpretation zeigte sich in →Ilmenau: Der Bergbau scheiterte auch deshalb, weil die erzführenden Schichten dort anders als von Voigt angenommen verliefen; in diesem Zusammenhang entstand wohl 1823 ein Blatt G.s mit zwei skizzierten Profilen (Corpus V B, 216). – Seine eigenen Forschungen führten G. in den 1780er Jahren zur Idee eines geologischen →Modells, das mit »inneren Profilen« versehen sein sollte (TuJ von 1807). Bei den Badeaufenthalten in →Böhmen kam G. wieder mit geologischen Profilen in Berührung: Der →Kammerberg bei →Eger zeigte durch Abbauarbeiten ein »bedeutendes Profil« (FA I, 25, 402), das G. im Gelände betrachtete. Angeregt durch H. Chr. G. →Struve, der G. am 1.8.1806 in Karlsbad besuchte und laut Tagebuch »einen idealen Durchschnitt« der dortigen Berge brachte, entstanden zwei skizzenhafte Profildarstellungen der Gegend (Corpus VB, 200 und 200a). Schließlich nahm A. v. →Goethe auf Anfrage von Chr. →Keferstein im August 1823 ein Profil des Kalktuffs im Ilmtal bei Weimar auf, das von G. eigenhändig korrigiert wurde. G. hat also nie selbständig im Gelände Profile aufgenommen, doch wusste er sie als Hilfsmittel zur Veranschaulichung geologischer Sachverhalte oder Theorien zu schätzen.

Literatur

Rudwick, Martin J. S.: The Emergence of a Visual Language for Geological Science 1760–1840. In: History of Science. 14 (1976), 149–195. – Steiner, Walter: Die Parkhöhle von Weimar. Abwasserstollen – Luftschutzkeller – Untertagemuseum. Weimar 1996. – Wyder, Margrit: Wissen sichtbar machen. Zu Goethes Visualisierungsmethoden in der Geologie. In: Mackensen, Ludolf von (Hg.): Wir wandeln alle in Geheimnissen. Neue Erfahrungen mit Goethe. Kassel 2002, 87–125. *WY*

Purkinje, Jan (Johannes) Evangelista (1787–1869)

Bereits mit seiner 1819 in Prag vorgelegten Dissertation *Beiträge zur Kenntniss des Sehens in subjectiver Hinsicht*, die G. am 22.5.1821 erwarb (vgl. Ruppert 4984), stand der böhmische Naturforscher und Physiologe ganz in der Tradition des physiologischen Teils von G.s *Farbenlehre*. Da diese vielfachen Anfeindungen ausgesetzt war, vermied Purkinje die Nennung G.s, obwohl die Abhängigkeit offenbar war. Später entwickelte sich Purkinje – neben J. →Müller – zum wichtigsten Autor, an dem die nachhaltige Wirkung der *Farbenlehre* auf die zeitgenössische Physiologie gezeigt werden kann.

Bereits am 27.8.1820 hatte G. in einem Brief an C. F. L. →Schultz um Auskünfte über Purkinje gebeten, vom 28.12.1820 bis 8.1.1821 dessen Werk täglich studiert und in den *Tag- und Jahresheften* von 1820 von entsprechenden Auszügen berichtet. Im April und Mai 1821 wurde Purkinje erneut erwähnt, nun schon mit dem Plan eines Aufsatzes für die naturwissenschaftliche Zeitschrift (ZNÜ/Morph; vgl. an Schultz, 29.4.1821; an F. v. Müller, 18.5.1821). Die *Tag- und Jahreshefte* von 1821 hielten dazu fest: »Ich wende mich zur Naturforschung, und da hab' ich vor allem zu sagen, daß *Purkinje's* Werk über das subjective Sehen mich besonders aufregte. Ich zog es aus und schrieb Noten dazu, und ließ, in Absicht Gebrauch davon in meinen Heften zu machen, die beigefügte Tafel copiren«.

Auch wenn das Vorhaben zurückgestellt wurde (vgl. an Riemer, 24.5.1821), hielt G.s Interesse an Purkinje an, und es überwog stets seinen Ärger darüber, von Purkinje verschwiegen worden zu sein (dazu ausführlich im Gespräch mit →Eckermann vom 30.12.1823 und gegenüber F. J. →Soret, 30.12.1823). Erst mit Purkinjes Besuch in Weimar vom 10. bis 12.12.1822 konnte diese Irritation endgültig ausgeräumt werden. Die Hoffnung, von Purkinje selbst einen Beitrag für seine Zeitschrift zu erhalten, zerschlug sich; so griff G. auf seine eigenen Vorarbeiten zurück und traf am 8., 9. und 13.6.1824 Druckvorbereitungen für die Rezension in Morph II, 2 (1824), deren Korrekturbogen am 28.6., 9.7. und 20./21.7.1824 bearbeitet wurden (vgl. QuZ 4, 447 f., 1702, 1705 f.) und die schließlich unter dem Titel *Das Sehen in subjektiver Hinsicht, von Purkinje. 1819* erschien. (Zu inhaltlichen Übereinstimmungen zwischen G. und Purkinje s. o. S. 128 f.) Die Rezension zu Purkinje stellt G.s letzten veröffentlichten Beitrag zur Farbenlehre dar.

Als 1825 ein zweiter Band zur zweiten Auflage (1823) von Purkinjes Dissertation unter dem Titel *Neue Beiträge zur Kenntniss des Sehens in subjectiver Hinsicht* erschien, trug dieser eine Widmung für G. und enthielt ein ausdrückliches Bekenntnis zu dessen *Farbenlehre.* Der Band wurde von Purkinje am 27.11.1825 übersandt (vgl. Ruppert 4985); G. dankte am 18.3.1826.

In die Sinnesphysiologie ist Purkinje, der 1823 auf G.s und A. v. →Humboldts Empfehlung eine Professur in Breslau (ab 1850 in Prag) erhielt, als Entdecker der Reflexbildchen an Hornhaut sowie vorderer und hinterer Linsenfläche und als Beschreiber des sogenannten Purkinjeschen Phänomens (1825) eingegangen, bei dem zwei nebeneinander liegende gleich helle blaue und rote Flächen bei abnehmender Beleuchtungsstärke unterschiedlich hell erscheinen.

Literatur

Kahn, Richard H.: Aus Goethes Purkinje Zeit. In: Lotos. 80 (1932), 38–64. – Kruta, Vladislav: Goethe und Purkyně. In: GJb. (1973), 233–249. – Müller-Tamm, Jutta: Farbe bekennen. Goethes Farbenlehre und die Berliner Wissenschaftspolitik um 1820. In: Osterkamp, Ernst (Hg.): Wechselwirkungen. Kunst und Wissenschaft in Berlin und Weimar im Zeichen Goethes. Bern u.a. 2002, 193–209. – Skramlik, Emil von: J. E. Purkyne – Naturforscher und Dichter. In: Nova Acta Leopoldina. N. F. 24 (1961), 151, 189–205. – Urzidil, Johannes: Goethe und J. E. Purkyne. In: Prager Rundschau. 7 (1937), 432–443. *WZ*

Purpur s. Farben

Pyrmont

Hinsichtlich seiner Kur in Pyrmont vom 13.6. bis 17.7.1801 beklagte G. die drastischen therapeutischen Anwendungen (Abspritzungen mit kaltem Wasser) ebenso wie das schlechte Wetter. In den *Tag- und Jahresheften* von 1801 ist festgehalten: »Leider war ein stürmisch-regnerisches Wetter einer öftern Zusammenkunft im Freien hinderlich; ich widmete mich zu Hause der Übersetzung des [→]Theophrast und einer weitern Ausbildung der sich immermehr bereichernden Farbenlehre [...]«. Zu diesem Thema hatte G. bereits auf der Hinreise vom 6. bis 12.6.1801 in der Universitätsbibliothek in →Göttingen recherchiert, und das Gleiche tat er vom 18.7. bis 14.8.1801 auf der Rückreise. Dass die *Farbenlehre* auch im Gespräch mit den Kurgästen in Pyrmont eine Rolle spielte, beweist die Tatsache, dass G. am 16.1.1802 F. J. →Bertuch um ein vollständiges Exemplar der *Beyträge zur Optik* (1791/1792) bat und hinzusetzte: »Pastor [J. G.] Schütz von Bückeburg, der in Pyrmont an meinen physikalischen Studien einigen Theil genommen, erinnert mich an ein Versprechen, das ich aus eigenen Mitteln nicht halten kann, indem diese kleinen Bücher und Zubehör sich ganz aus meinen Sammlungen verloren haben«. Am 25.1.1802 konnte G. Schütz das Gewünschte senden: »An Hrn. Past. Schütz, Bückeburg, nebst dem versprochenen optischen Apparat«.

Literatur

Lampe, Walter: Goethe in Pyrmont. Bad Pyrmont 1949. – Schwedt, Georg: Goethe in Göttingen und zur Kur in Pyrmont. Göttingen 1999. *WZ*

Quetelet, Lambert Adolphe Jacques (1796–1874)

Der belgische Astronom, ab 1828 Direktor der unter seiner Leitung errichteten Sternwarte in Brüssel, ab 1836 Professor der Astronomie und Mathematik, besuchte G. vom 25. bis 30.8.1829 in Weimar und hielt die Eindrücke dieser Begegnungen in seinem Werk *Sciences mathématiques et physiques chez les Belges, au commencement du XIXe siècle* (Brüssel 1866) fest (vgl. GG 3.2, 469f., 486–489). Am 27.8.1829 führte Quetelet magnetische Experimente in G.s Garten (am Gartenhaus im Park an der Ilm) durch, die er laut G.s Tagebuch offenbar am 30.8.1829 demonstrierte: »Herr Professor Quetelet Experimente der Oscillation der Magnetnadel vorzeigend, dagegen ich ihm verschiedenes Chromatische vorlegte«. An seinem 80. Geburtstag (28.8.1829) schenkte G. Quetelet ein Exemplar von ZNÜ I, 3 (1820), das er mit einer Widmung und dem Zusatz versah: »Der höchst erfreulichen Unterhaltungen nicht zu vergessen« (GG 3.2, 488).

Am 15.10.1829 meldete sich Quetelet brieflich bei G. (vgl. EGW 4, 949f.) und berichtete von seinen Eindrücken von der Versammlung der Gesellschaft deutscher Naturforscher und Ärzte in Heidelberg, auf der J. W. C. →Roux Versuche vorgeführt hatte, die G.s Thesen zur Natur der Lichts bestätigen sollten. Auch danach wurde die Korrespondenz gelegentlich fortgesetzt (ebd. 950, 955f.).

Literatur

Collard, Auguste: Goethe et Quetelet. Leurs rélation de 1829 à 1832. In: Isis. 20 (1933), 426–435. – Stricker, Wilhelm: Ueber Goethe's Beziehungen zu Quetelet. In: Mitteilungen an die Mitglieder des Vereins für Geschichte und Altertumskunde in Frankfurt a.M. 3 (1868), 248–253. – John, Victor: Quetelet bei Goethe. In: Festgabe für Johannes Conrad, hg. von H. Paasche. Jena 1898, 311–334. *WZ*

Racknitz, Joseph Friedrich Freiherr von (1744–1818)

Dem kursächsischen Kammerherrn und geologischen Autodidakten aus Dresden begegnete G. während seines Aufenthalts in →Karlsbad im Sommer 1786 (27.7.–2.9) und unternahm mit ihm geologische Exkursionen in die Umgebung. In seinem Aufsatz *Carlsbad* (ZNÜ I, 1, 1817) schilderte G. rückblickend, wie er in dem »glücklichen Sommer an der heißen Heilquelle, in Gesellschaft des edlen, für Kunst und Wissenschaft immer tätigen von *Racknitz*, an dessen Freundschaft und Umgang [...] der vergnüglichsten Belehrung genoß« (FA I, 25, 344). Er erwähnte auch die »Briefe welche hierauf der scharfblickende, bedächtige, genaue, emsige von Racknitz [...] schrieb und drucken ließ« (*Briefe über das Karlsbad und die Naturprodukte der dortigen Gegend*, Dresden und Leipzig 1788), die ihm »bei wiederholtem Besuch jener Urgegend zum festen Anhaltspunkte« dienten (FA I, 25, 345; vgl. auch TuJ von 1806 und Carl August an G., 5.8.1806; LA II, 8A, 178).

Am 28.7.1790 besuchte G. Racknitz in Dresden (dazu eine Notiz in LA II, 7, 196, M 101) und »sah seine schönen und artigen Sachen« (an Caroline und J. G. Herder, 30.7.1790). Racknitz besaß eine bedeutende Mineralien- und Insektensammlung, die über 5000 Stücke umfasste und später vom Sächsischen Landesmuseum angekauft wurde. Durch einige Zeugnisse ist auch ein Mineralientausch mit G. belegt. So dankte G. Racknitz am 10.1.1791 für »Feldspath vom Gotthard«.

Den von Racknitz in den *Briefen über das Karlsbad* – von G. am 19.3.1805 aus der Weimarer Bibliothek entliehen – angeführten »Hornstein, der sich mit dem Granit vermengt« (S. 47) erwähnte G. in seiner Abhandlung *Joseph Müllerische Sammlung* (1807) und der dieser angehängten Mineralienliste (vgl. FA I, 25, 350 und 360, 25f. und 28f.). In seinem Brief *An Herrn von Leonhard* vom 27.11.1807 hob G. diese Steinfolge, der »schon Herr von *Racknitz* [...] in seinen Briefen gedenkt, doch in dieser langen Zeit die Aufmerksamkeit der Geognosten nicht genugsam auf sich gezogen« hat, als »höchst wichtig« hervor (ebd. 366).

Weitere Besuche G.s bei Racknitz in Dresden fanden am 23.9.1810 und 14.–16.8.1813 statt.

In einem Brief an Carl August vom 10.10.1817 lobte G. Racknitz' *Schreiben an einen Freund über den Basalt* (Dresden 1790) als eine »kleine aber gehaltvolle Schrift«.

Literatur

Fejfar, Oldrich: Goethe in Böhmen. Brunnengast, Geolog und Spaziergänger. In: Steininger, Fritz und Kossatz-Pompé, Anna (Hg.): »Quer durch Europa«. Naturwissenschaftlich Reisen mit Johann Wolfgang von Goethe. Katalog. (Kleine Senckenberg Reihe 30.) Frankfurt am Main 1999, 53. *HO*

Rammelsberg s. Goslar

Rassenlehre s. Anthropologie

Rationelle Empirie

Am 10.1.1798 hatte G. →Schiller den auf den 28.4.1792 datierten Aufsatz *Der Versuch als Vermittler von Objekt und Subjekt 1793* zugesandt, in dem er grundlegende wissenschaftsmethodische Überlegungen über das Experiment anstellte. In seiner Antwort vom 12.1.1798 bezeichnete Schiller den Aufsatz als »Rechenschaft Ihres naturhistorischen Verfahrens«; er berühre »die höchsten Angelegenheiten und Erfodernisse aller rationellen Empirie« (EGW 4, 313). Das von Schiller hier gelieferte Stichwort der ›rationellen Empirie‹ nahm G. wiederum in einem weiteren Aufsatz auf (*Das reine*

Phänomen), den er Schiller am 17.1.1798 übersandte. Das empirische Phänomen – so G. – könne jeder Mensch in der Natur wahrnehmen, durch Versuche werde es zum wissenschaftlichen Phänomen erhoben, aber erst im reinen Phänomen werde das »Resultat aller Erfahrungen und Versuche« erreicht, »vielleicht das letzte Ziel unserer Kräfte« (FA I, 25, 126). Schiller reagierte darauf am 19.1.1798 mit der sogenannten Kategorienprobe der drei von G. aufgestellten Phänomene, wobei er G.s Vorstellungen an der Kantschen Philosophie, speziell an der Tafel der Kategorien maß, wie sie Kant in der *Kritik der reinen Vernunft* (2. Aufl. Riga 1787, 106) niedergelegt hatte: Quantität (Einheit, Vielheit, Allheit), Qualität (Realität, Negation, Limitation), Relation (Substanz, Kausalität, Wechselwirkung) und Modalität (Wirklichkeit, Möglichkeit, Notwendigkeit). Schiller stellte eine Verbindung zwischen dem reinen Phänomen G.s, das er dem objektiven Naturgesetz gleichstellte, und dem »rationellen Empirism« her, indem nur dieser zum Naturgesetz »hindurchdringen« könne. Für G.s Vorstellungsart der Natur, die Schiller mit der Wendung der rationellen Empirie zu fassen suchte, kam er letztlich zu dem Urteil: »Der rationelle Empirism [...] wird dem Objekt sein ganzes Recht erweisen, indem er ihm seine blinde Gewalt nimmt, und dem menschlichen Geist sein ganze (rationelle) Freiheit verschaffen, indem er ihm alle Willkühr abschneidet« (EGW 4, 317). Hiermit hatte Schiller philosophisch eine Wechselwirkung umschrieben, die für G. im Umgang mit der Natur konstitutiv war: Eine reine Ebene der Objekte existierte bei ihm nicht, wissenschaftliches Forschen war immer gleichermaßen objekt- wie subjektbezogen. Der Wissenschaftler in seiner Subjektivität ist vom untersuchten Gegenstand nicht zu trennen (→Subjekt/Objekt, →Newton). *WZ*

Raumer, Karl Georg von (1783–1865)

Der Geologe und Mineraloge, Professor in Breslau, Halle und Erlangen, hatte bereits als 18jähriger Student G. in →Göttingen am 6.6.1801 mit einer Studentengruppe begrüßt. Dieses Ereignis erwähnte G. in den *Tag- und Jahresheften* von 1801: »In Göttingen [...] bemerkt' ich [...] einige Bewegung auf der Straße; Studirende kamen und gingen [...] Endlich erscholl auf einmal ein freudiges Lebehoch! aber auch im Augenblick war alles verschwunden. [...] es freute mich um so mehr, daß man es gewagt hatte mich nur im Vorbeigehen aus dem Stegreife zu begrüßen«. In seinen Lebenserinnerungen berichtete Raumer, dass G. 1801 auf der Rückreise von →Pyrmont in Göttingen im selben Haus wie er wohnte, ohne dass es zu einem persönlichen Kennenlernen kam, ähnlich wie im Sommer 1804 in →Halle, als Raumer bei Heinrich →Steffens studierte und G. beim Altphilologen Friedrich August →Wolf gegenüber seiner Wohnung Quartier bezog.

Erst am 27.7.1807 (vgl. Tgb) wurde Raumer G. in →Karlsbad als Schüler →Werners in Freiberg vorgestellt: »Bei dem großen Interesse Göthes an der Geognosie, besonders an der Wernerschen, unterhielt er sich damals sehr freundlich mit mir, und befragte mich aufs Genaueste über Leben und Lehre in Freiberg« (Raumer 1840, 38).

Raumers *Geognostische Fragmente* (Nürnberg 1811) schaffte G. am 3.3.1812 an (Ruppert 4994). In diesem Werk erklärte Raumer, ausgehend von Ludwig →Heims Deutungen des Rotliegenden im Thüringer Wald (*Geologische Beschreibung des Thüringer Waldgebirges*, Meiningen 1796–1812), die in der Grauwackenformation des →Harzes auftretende Bildung von Konglomeraten durch chemische Wirkung. Diese Auffassung ähnelte der Meinung G.s, die er in der Abhandlung *Scheinbare Breccien* (1803; FA I, 25, 518) geäußert und in einem Vortragsentwurf aus dem Jahre 1806 zur *Bildung der Erde* (ebd. 527–539, hier 528) erwähnt hatte.

Angeregt von Raumers *Geognostischen Fragmenten* verfasste G. am 12.3.1812 seinen Aufsatz *Über den Ausdruck porphyrartig*, in dem er seine Auffassung von der Rolle chemischer Prozesse bei der Entstehung solcher Gesteine zusammenfassend darstellte, die größere Einsprenglinge in einer Grundmasse enthalten, und »an vielen Beispielen die Entstehung eines zusammengesetzten Minerals durch Differenzierung einer ursprünglichen Einheit« (MA 9, 1391) nachzuweisen versuchte.

In seiner 1819 erschienenen Schrift *Das Gebirge Nieder-Schlesiens, der Grafschaft Glatz und eines Theils von Böhmen und der Oberlausitz* (Berlin 1819) hob Raumer G.s Auffassung über die Bildung von Konglomeraten, die der von Werner und den meisten Geologen seiner Zeit widersprach, zustimmend hervor und zitierte diesbezügliche Äußerungen G.s, die in Leonhards *Taschenbuch für die gesammte Mineralogie* (2, 1808) unter dem Titel *An Herrn von Leonhard* mit Datum 25.11.1807 veröffentlicht worden waren, in einer Anmerkung (S. 90f.).

In seinem Aufsatz *Goethe als Naturforscher*, einem der ersten zu diesem Gegenstand überhaupt, 1840 in der Essay-Sammlung *Kreuzzüge* erschienen, würdigte Raumer G.s geologische Studien und seine Auseinandersetzung mit der geologischen Forschungsmethode seiner Zeit in umfassender Weise.

Literatur

Raumer, Karl von: Karl von Raumers Leben von ihm selbst erzählt. Stuttgart 1840, 25–27, 38, 40, 41. – Ders.: Goethe als Naturforscher. In: Ders.: Kreuzzüge. Erster Teil. Stuttgart 1840, 70–92. *HO*

Raupe s. Insekten

Reade, Joseph (gest. 1856)

Auf den irischen Arzt und Autor war G. zuerst in einem Brief von T. J. →Seebeck vom 29.12.1814 hingewiesen worden. Reade hatte in seinem Aufsatz *Experiments tending to prove, that neither Sir Isaac Newton, Herschel, nor any other person, ever decomposed incident or impingent light into the prismatic colours* (*The Philosophical Magazine and Journal* 43, 1814, 193-197) gegen →Newton Stellung bezogen, eine Position, die jedem Autor G.s Interesse sicherte. Als →Knebel ihn am 24.10.1815 auf eine weitere, gegen Newton gerichtete Arbeit von Reade aufmerksam machte (*Experiments to prove that the Spectrum is not an Image of the Sun, as Newton endeavoured to demonstrate in the 3rd Experiment of his Optics [...]* In: *The Monthly Magazine; or, British Register* 38, August 1814, 10-14), sandte G. am 11.2.1816 eine Abschrift des Aufsatzes an →Schopenhauer (vgl. LA II, 5B.1, 117–123, M 25) und teilte Seebeck dazu am 21.1.1816 auf Anfrage mit: »Wenn Sie dieses lesen, mein Werthester, mögen Sie nicht denken der Mann habe uns das offenbare Geheimniß abgelauert und werde nun auch einsehen wie und warum die Newtonsche Lehre falsch sey, er werde aus der reinen Beobachtung, daß die prismatische Erscheinung die Ränder eines Bildes begränze, nun auch weiter das Verständige und Vernünftige folgern, wenn Sie aber ferner lesen: and also that yellow rays are the most refrangible and blue the least. so werden Sie einen Wahnsinnigen sehen, der seinen Miteingesperrten nicht für Gottes Sohn will gelten lassen, weil er sich für Gott den Vater hält. Ich habe noch nicht Geduld gehabt diese unschätzbare Narrheit ganz durchzustudiren«.

1817 beschäftigte sich G. (am 25.2. und 25.7.) mit Reades Werk *Experimental outlines for a new theory of colours, light and vision: with critical remarks on Sir Isaac Newton's opinions, and some new experiments on radiant caloric* (London 1816), auf das ihn wiederum Knebel am 17.1.1817 hingewiesen hatte. Die Untersuchung von Reades »Sinnesart« (Tgb, 25.7.1817) führte zum Urteil in den *Tag- und Jahresheften* von 1817: »Die Chromatik beschäftigte mich im Stillen unausgesetzt; [...] ich studirte [...] englische Schriftsteller, welche sich in diesem Fache hervorgethan, suchte mir ihre Leistungen und Sinnesweisen deutlich zu machen; [...] Dr. *Reade* [...]. Einerseits bemerkte ich mit Vergnügen, daß sie, durch reine Betrachtung der Phänomene, sich dem Naturwege genähert, ja ihn sogar manchmal berührt hatten; aber mit Bedauern wurde ich bald gewahr, daß sie sich von dem alten Irrthum, die Farbe sei im Licht enthalten, nicht völlig befreien konnten, daß sie sich der herkömmlichen Terminologie bedienten und deßhalb in die größte Verwickelung geriethen«.

Ein letztes Mal wurde G. durch einen Brief von K. M. Marx vom 24.6.1827 auf Reade gestoßen, der G.s Urteil über das Werk von 1816 (*Experimental outlines [...]*) nahezu bestätigte: »Seltsamer aber läßt sich nichts denken als wie J. Reade [...] die Sache erklärt. Er läßt alle Farben aus dem *Schwarzen*, dem Nichtlicht hervorgehen, und die des Prismas aus den dunkeln Kanten des Glases. Wie merkwürdig ist aber dieser Gegensatz gegen seinen Landsmann [Newton], der Alles aus dem Lichte ableitet [...]« (EGW 4, 904). *WZ*

Refraktion

Am Phänomen der Refraktion (Lichtbrechung) läßt sich zunächst G.s Kritik an der zeitgenössischen physikalischen Lehrmeinung demonstrieren. Bereits in einem der frühesten Texte zur Farbenlehre, *Die Kraft, Farben hervorzubringen [...]* (Datierung unsicher, 1790 bis 1792), heißt es einleitend: »Die Kraft, Farben hervorzubringen, ist von der Refraktion unabhängig [...]« (FA I, 23.2, 9). Als G. am 15.7.1793 im Lager bei Marienborn vor Mainz seine Thesen zu den Erscheinungsweisen der Farben denen von →Newton und J. P. →Marat gegenüberstellte, vermerkte er, dass Refraktion (wie auch Reflexion/Spiegelung und Inflexion/Beugung) nicht »Ursache« der Farbentstehung sei und auch »ohne Farbenerscheinung existieren« könne. »Es gibt auch noch andere Bedingungen, die sogar bedeutender sind, als zum Beispiel die *Mäßigung des Lichts*, die *Wechselwirkung* des Lichts auf die Schatten« (ebd. 107). Hinzu kommt, dass G. Refraktionsvorgänge als komplizierte Phänomene ansah und gegen Newton den Vorwurf erhob, ein solches, nämlich die Zerlegung des weißen Lichtstrahls durch Refraktion, für ein einfaches erklärt und zur Basis seiner Lehre gemacht zu haben. G. schien nur der umgekehrte Weg akzeptabel, nämlich ein einfaches Phänomen schrittweise auch in komplizierteren Anordnungen zu verfolgen, freilich nur, solange es der unmittelbaren Anschauung zugänglich blieb.

G. hat sich mit den Farbenerscheinungen bei der Refraktion des Lichts ausführlich in der zweiten Abteilung des didaktischen Teils seiner *Farbenlehre* (→*Physische Farben*) befasst und sie in seiner Terminologie als →dioptrische Farben der zweiten Klasse bezeichnet. In diesem Zusammenhang sind auch die dortigen Paragraphen 345–349 (*Achromasie und Hyperchromasie*; FA I, 23.1, 131 ff.) bedeutsam, die G. zum Teil schon 1793 (*Von den achromatischen Gläsern*) beschäftigt hatten.

Achromasie heißt die von Newton als unmöglich erklärte, von J. →Dollond 1757 jedoch praktisch erreichte Vermeidung farbiger störender Ränder (chromatische Aberration) bei Verwendung von Linsen oder Linsensystemen in Mikroskop oder Fernrohr. Sie wird durch eine Kombination verschiedener Glasarten (Flint- und Crownglas) erzielt.

Hyperchromasie bezeichnet das erneute Auftreten von Farbrändern, wenn die chromatische Aberration über den Zustand der Achromasie hinaus kompensiert wird. G. galten diese Erscheinungen nicht nur als Belege für Newtons Irrtum, sondern auch als Bestärkung seiner These, dass Refraktionsvorgänge durchaus nicht immer mit Farbenerzeugung einhergehen müssen und die Refraktion selbst anderen, höheren Gesetzen unterworfen sei, die G. in verschiedenen Formen eines Zusammenwirkens von Hellem und Dunklem, in einer →Polarität von →Licht und Finsternis, sah, die er mit dem Begriff des →Trüben zu fassen suchte.

Weiterhin kreist der gesamte polemische Teil der *Farbenlehre*, der die punktuelle Auseinandersetzung mit Newton liefert, um Refraktionsphänomene. Diese sind im Übrigen auch geeignet, deutlich zu machen, dass G.s *Farbenlehre* über die Auseinandersetzung mit Newton erheblich hinausgeht und dass der Streit mit diesem im Grunde nur *eine* Komponente der *Farbenlehre* ausmacht. Nur in den ersten Jahren seiner intensiveren Beschäftigung mit den Farben (1791 bis 1793), vor allem im Kontext der *Beyträge zur Optik* (1791/1792) und während der Teilnahme am Frankreichfeldzug gegen die französischen Revolutionstruppen (1792/1793), stand die Auseinandersetzung mit dem Postulat der herrschenden Lehrmeinung, dass Farben immer an Lichtbrechung (Refraktion) gebunden seien, im Vordergrund. Spätestens 1793/94 trat jedoch eine bedeutende Wende ein, als G. die →physiologischen Farben und damit die Mitwirkung des →Auges an den Farbenerscheinungen entdeckte. Daraus entstand bis 1800 ein universales Konzept, das die physikalische Fachwissenschaft und Newton nur noch stellenweise berührte.

Seine Auseinandersetzung mit den physischen Farben und damit auch der Refraktion des Lichts hat G. besonders eindrucksvoll in den *Tag- und Jahresheften* von 1806 beschrieben, als er diese Erscheinungen für die *Farbenlehre* zusammenstellte: »Die physischen Farben verlangten nun der Ordnung nach meine ganze Aufmerksamkeit. Die Betrachtung ihrer Erscheinungsmittel und Bedingungen nahm alle meine Geisteskräfte in Anspruch. Hier mußt' ich nun meine längst befestigte Überzeugung aussprechen, daß, da wir alle Farben nur durch Mittel und an Mitteln sehen, die Lehre vom Trüben, als dem allerzartesten und reinsten Materiellen, derjenige Beginn sei, woraus die ganze Chromatik sich entwickele. [...] ich [...] redigirte, was ich alles über Refraction mit mir selbst und andern verhandelt hatte. Denn hier war eigentlich der Aufenthalt jener bezaubernden Prinzessin, welche im siebenfarbigen Schmuck [in den Newtonschen Prismenfarben!] die ganze Welt zum besten hatte. Hier lag der grimmig-sophistische Drache, einem jeden bedrohlich, der sich unterstehen wollte, das Abenteuer mit diesen Irrsalen zu wagen. Die Bedeutsamkeit dieser Abtheilung und der dazu gehörigen Capitel war groß, ich suchte ihr durch Ausführlichkeit genug zu thun und ich fürchte nicht, daß etwas versäumt worden sei. Daß, wenn bei der Refraction Farben erscheinen sollen, ein Bild, eine Gränze verrückt [und damit Helles über Dunkles oder umgekehrt geschoben] werden müsse, ward festgestellt. Wie sich bei subjectiven Versuchen schwarz und weiße Bilder aller Art durch's Prisma an ihren Rändern verhalten, wie das gleiche geschieht an grauen Bildern aller Schattirungen, an bunten jeder Farbe und Abstufung, bei stärkerer oder geringerer Refraction, alles ward streng auseinander gesetzt, und ich bin überzeugt, daß der Lehrer, die sämmtlichen Erscheinungen in Versuchen vorlegend, weder an dem Phänomen noch am Vortrag etwas vermissen wird«. *WZ*

Regenbogen

G. hat im Rahmen seiner Arbeiten zur *Farbenlehre* immer wieder den Plan geäußert, eine Erklärung des Regenbogens zu liefern – in die Tat umgesetzt hat er diese Absicht nicht! Als er 1827 mit →Eckermann die Versuche zum Regenbogen rekapitulierte, äußerte er sich im Gespräch vom 1.2.1827 zum letzten Mal sehr dezidiert: »In der Farbenlehre steht mir nun noch die Entwickelung des Regenbogens bevor, woran ich zunächst gehen werde. Es ist dieses eine äußerst schwierige Aufgabe, die ich jedoch zu lösen hoffe« (EGW 4, 885). Im Jahr 1832, kurz vor seinem Tod, führte G. eine letzte Korrespondenz mit S.→Boisserée über den Gegenstand (*Verhandlungen mit Herrn Boisserée den Regenbogen betreffend. 1832*), in der er sich nur noch sehr allgemein und unverbindlich äußerte.

Bereits für die Kindheit wurde in der Zusammenstellung *Naturwissenschaftlicher Entwicklungsgang* (1821) rückblickend der Regenbogen als Stichwort notiert (FA I, 25, 49). In Briefen an →Carl August vom 18.5. und 1.7.1791 reihte G. ihn in die Phänomene der Farben ein und berichtete über erste experimentelle Fortschritte bei diesem Gegenstand. Vermutlich im Frühjahr 1795 fertigte er eine Zeichnung zum Regenbogen nach der lat. Ausgabe von →Newtons →*Opticks* (Lausanne 1740) an (vgl. LA II, 5B.1, 10, M 4) und zu gleicher Zeit behandelte er ihn in der auf den 12.4.1795 datierten, mit zwei Figuren versehenen Schrift *Der Des-*

cartische Versuch mit der Glaskugel (FA I, 23.2, 197f.; EGW 2, 313). G. schloss sich in seiner Deutung jedoch nicht R. →Descartes an, sondern A. de →Dominis, aus dessen Werk *De radiis visus et lucis [...]* (Venedig 1611) er am 13. und 14.9.1797 in der Tübinger Universitätsbibliothek die Passagen über den Regenbogen auszog (abgedruckt in LA II, 6, 83–89, M 65; vgl. EGW 4, 308).

Im Tagebuch vom 12.1.1810 hielt G. fest: »Supplementarer Aufsatz den Regenbogen betreffend [...]« (EGW 4, 564); die Niederschrift mit dem Titel *Regenbogen* von der Hand →Riemers (LA II, 5B.1, 32–37, M 10; Skizzen dazu ebd. 45f., M 11 u. LA II, 5B.2, Tafel 1 u. 2) blieb jedoch ungedruckt. Der in der *Farbenlehre* von 1810 (Historischer Teil, Kapitel *Antonius de Dominis*) angekündigte Plan: »Da wir uns genötigt sehen, in der Folge dem Regenbogen einen besondern Aufsatz zu widmen [...]« (FA I, 23.1, 700) wurde also – zumindest für die Öffentlichkeit – nicht umgesetzt.

Erst im Februar 1827, veranlasst durch die gemeinsamen Versuche mit Eckermann, und im Sommer 1828 anlässlich zahlreicher Regenbogenbeobachtungen in Dornburg, zu denen J. C. F. →Körner eine auf den 22.7.1828 datierte Zeichnung nach de Dominis lieferte (vgl. LA II, 5B.1, 356, M 125), wurde G. wieder intensiver auf die Thematik gestoßen, die schließlich in den *Verhandlungen mit Herrn Boisserée [...]* 1832 G.s letzte Auseinandersetzung mit dem Farbenwesen lieferte.

Ein umgekehrter Regenbogen findet sich auf der Darstellung, die G. an seinem Haus zum fünfzigsten Amtsjubiläum von Großherzog Carl August anbringen ließ (vgl. *Weimars Jubelfest am 3ten September* 1825. Weimar 1825, 39; Umschlagbild von FA I, 25).

Im dichterischen Werk hat G. den Regenbogen immer wieder als Symbol herangezogen, z.B. in den Gedichten *Regen und Regenbogen*, *Im Namen der Bügerschaft von Karlsbad*, *Äolsharfen* u.a. Die Reflexion über den Regenbogen führt Faust zur fundamentalen Erkenntnis über die Beschränkungen der menschlichen Existenz, die keinen direkten Zugang zum Absoluten oder Göttlichen ermöglicht: »Am farbigen Abglanz haben wir das Leben« (*Faust*, V. 4727) →Phänomen.

Literatur

Ishihara, Aeka: Goethe und der Regenbogen. In: Herder-Studien. 7 (2001), 101–118. – Nickol, Thomas und Nieke, Helmut: Zur Erklärung des Regenbogens bei Goethe und Pernter. In: Acta Historica Leopoldina. 48 (2007), 267–296. – Speiser, Ambros P.: Goethe und der Regenbogen: Dispersion – Herausforderung für einen Dichter. In: Schweizer Monatshefte. 76 (1996), 21f. *WZ*

Region

Den Begriff verwandte G. im meteorologischen Kontext für Himmelsregionen, die miteinander um die Vorherrschaft streiten. Einen »Wettstreit der Atmosphäre« hatte G. bereits in seinem Aufsatz *Karlsbad, Anfang September 1819* eingeführt (vgl. FA I, 25, 210). In *Wolkengestalt nach Howard* (ZNÜ I, 3, 1820) begründete G. seinen Entschluss, »die atmosphärischen Erscheinungen in der strengsten Folge zu beobachten«, mit dem Wunsch »zu sehen und darzustellen wie es sich mit dem Konflikt der obern und untern Region, der austrocknenden und anfeuchtenden verhalte« (FA I, 25, 216). Zum Informationsmittel über den Konflikt der Regionen wurde das Barometer: ein hoher Stand zeigte, verbunden mit Ostwind und klarer Atmosphäre, die Herrschaft der oberen Region an, die Herrschaft der niederen ging mit Westwind, Niederschlägen und einem tiefen Barometerstand einher. In Zusammenhang mit dieser Vorstellung ordnete G. den Regionen die verschiedenen Wolkenformen zu (→Wolkenterminologie), wobei er sich genötigt sah, genauer zu differenzieren: der oberen Region (»trocknes helles Wetter«, »größte Barometer-Höhe«) werden »alle Zirrusarten«, die Federwolken, zugewiesen. Zur mittleren Region gehört der Kumulus (Haufenwolke), »in ihr wird eigentlich der Konflikt bereitet, ob die obere Luft oder die Erde den Sieg erhalten soll«. Tritt Letzteres ein, so wird die untere Region bestimmend, »welche die dichteste Feuchtigkeit an sich zu ziehen [...] geneigt ist [...], die Wolke dehnt sich zum Stratus« (Schichtwolke), und »stürzt« in der untersten Region »im Regen zu Bogen, welche Erscheinung.[...] Nimbus genannt wird« (ebd. 232).

Dass sich die Wolkenformen in ständiger Veränderung befinden und Zwischenformen möglich sind, deutete G. als Dynamik des Konflikts der Himmelsregionen. *ZA*

Rehbein, Wilhelm (1776–1825)

Der ab 1816 als Hof- und ab 1822 als herzoglicher Leibmedicus in Weimar tätige Rehbein wurde 1817/1818 – neben W. →Huschke – G.s Hausarzt und begleitete diesen 1818 und 1819 nach →Karlsbad. G. kennzeichnete ihn in den *Tag- und Jahresheften* von 1819 als »jüngeren, vorzüglich einsichtigen und sorgfältigen Arzte, als Nachbar lieb und werth«. G. schätzte Rehbein, der bereits seine Frau Christiane 1816 vor ihrem qualvollen Tod betreut hatte, auch wegen der gemeinsamen Gespräche über medizinische Fragen. *WZ*

Reichel, Georg Christian (1727–1771)

Der Haus- und Tischgenosse G.s in Leipzig, Mediziner und ab 1767 außerordentlicher Professor an der dortigen Universität, war G.s Arzt während der Leipziger Studienzeit. Vor allem tat er sich bei G.s schwerer Erkrankung Ende Juli 1768 hervor, als er ihn »aufs freundlichste« (*Dichtung und Wahrheit* II, 8) behandelte. Die Krankheit (»Blutsturz«) ist sowohl als Lungenblutung infolge einer Tuberkulose wie auch als Magen- oder Zwölffingerdarmgeschwür gedeutet worden; für die bisweilen vorgebrachte, spektakuläre Wertung als Begleiterscheinung einer Syphilis spricht aus heutiger Sicht nichts.

Literatur
Hartenstein, Johannes G.: Georg Christian Reichel (1727–1771), Goethes Leipziger Arzt [...]. In: Archiv für Geschichte der Medizin und der Naturwissenschaften. 31 (1938), 188–200. *WZ*

Reil, Johann Christian (1759–1813)

Den berühmten Anatomen, Physiologen und Psychiater, Professor in Halle (ab 1787) und Berlin (ab 1810) sowie Begründer des Kurbetriebs und Theaters in Halle, lernte G. am 10.7.1802 dort kennen und besuchte ihn erneut am 7.5.1803. Während einer Kur in Bad Lauchstädt (6.7. bis 12.8.1805) erlitt G. – wie bereits im Februar 1805 – eine heftige Nierenkolik und wurde von Reil behandelt. Das Leiden – so G. in den *Tag- und Jahresheften* von 1805 – »brachte mir dießmal den Vortheil einer größern Annäherung an Bergrath *Reil*, welcher als Arzt mich behandelnd und zugleich als Praktiker, als denkender, wohlgesinnter und anschauender Mann bekannt wurde. Wie sehr er sich meinen Zustand angelegen sein ließ, davon gibt ein eigenhändiges Gutachten Zeugniß [...]«. Reils Expertise über G.s Steinleiden (datiert auf den 13.9.1805) war lange Zeit verschollen und wurde 1937 im Goethe- und Schiller-Archiv in Weimar wieder aufgefunden und publiziert.

Als Reil 1813 in Ausübung seines Lazarettdienstes an Typhus starb, verfasste G. zu seinem Gedenken zur Wiedereröffnung des Theaters in Halle am 17.6.1814 einige Szenen (3.–5. Auftritt von *Was wir bringen*).

Literatur
Klöver, Hanne: Goethe und Johann Christian Reil. In: Ostfriesland-Magazin. 8 (1999), 49–51. – Wenzel, Manfred: Goethe und die Medizin. Frankfurt am Main 1992, 67–70 (Abdruck von Reils Gutachten). *WZ*

Reinhard, Carl Friedrich (seit 1815) Graf von (1761–1837)

Dem welterfahrenen Diplomaten, mit dem G. von 1807 bis zu seinem Tod ein freundschaftliches Verhältnis und eine Korrespondenz pflegte, ist bereits in GHB. 4.2, 891 f. ein allgemeiner Artikel gewidmet. Dass Reinhard auch im Kontext von G.s Naturforschung bedeutsam wurde, hängt mit seiner generellen Anteilnahme an G.s Werken zusammen. Vor allem bei ihrer ersten Begegnung in →Karlsbad in der Zeit zwischen dem 29.5. und 15.7.1807 war Reinhard ein aufmerksamer Zuhörer in Sachen *Farbenlehre*, zu der er umfangreiche Gesprächsprotokolle anfertigte (vgl. EGW 4, 460 ff., 465–469) und Teilstücke ins Französische übersetzte. Am 30.6.1807 wandte sich Reinhard in einem ausführlichen Brief an C. F. D. de →Villers, mit dem Ziel, diesen für eine französische Übersetzung von G.s *Farbenlehre* zu gewinnen (vgl. ebd. 464 f.). Eine (exemplarische) Tagebucheintragung G.s aus dieser Zeit lautet am 13.7.1807: »Resident Reinhard. Wir gingen seine Übersetzung einiger Stellen der Farbenlehre durch und beredeten uns über die Art und Weise, wie sie ad Gallos [an die Franzosen] zu richten sey«. Trotz weiterer Bemühungen Reinhards scheiterte dieser Plan.

Auch über seine Arbeit an der Zeitschrift *Zur Naturwissenschaft überhaupt, besonders zur Morphologie* unterrichtete G. Reinhard (Belegstellen in: Goethe und Reinhard 614) und übersandte gelegentlich soeben fertiggestellte Hefte (vgl. z. B. Tgb, 12.4.1820 und 25.12.1824).

Literatur
Goethe und Reinhard. Briefwechsel in den Jahren 1807–1832. Mit einer Vorrede des Kanzlers Friedrich von Müller. Wiesbaden 1957. *WZ*

Reisen

Gemäß seiner Überzeugung, dass die eigene Anschauung für die Naturerkenntnis unverzichtbar sei, suchte G. für seine Forschungen gern fremde Gegenden und Städte auf oder nutzte notwendig werdende Reisen zugleich für den wissenschaftlichen Erkenntnisgewinn. Insbesondere Beobachtungen in der Geologie, Meteorologie und Botanik, aber auch in der Zoologie und der Farbenlehre verdanken sich G.s Reisen. Dokumentiert sind diese Reisen, die mit zunehmendem Alter weniger dem spontanen Erlebnis, sondern immer mehr der objektivierenden Weltaneignung und -beschreibung gewidmet waren, durch Tagebücher, Zeichnungen, Briefe und Notate; oft wurden sie erst viele Jahre später zur Veröffentlichung bearbeitet (*Briefe aus der Schweiz*, *Italienische Reise*, *Cam-*

pagne in Frankreich). Von dem möglichen geistigen Gewinn zeugt G.s Aussage: »Der Mensch kennt nur sich selbst, insofern er die Welt kennt, die er nur in sich und sich nur in ihr gewahr wird. Jeder neue Gegenstand, wohl beschaut, schließt ein neues Organ in uns auf« (FA I, 24, 595f.).

Für G.s geologische Interessen waren der →Harz, die →Schweiz und →Böhmen die bedeutendsten Reiseziele. Trotz schwieriger Transportbedingungen bereicherte er dabei jeweils seine Sammlungen mit →Mineralien und Gesteinen. In →Italien erfuhr er vor allem neue botanische Einsichten (→Urpflanze), aber auch ein →Aperçu wie die →Wirbeltheorie des Schädels und fragte nach der Wirkung bestimmter Farben in Gemälden. Die *Campagne in Frankreich* ermöglichte ihm Beobachtungen zur Farbenlehre, und die sommerlichen Kuraufenthalte in den böhmischen Bädern wurden auch für meteorologische Aufzeichnungen genutzt. Der persönliche Kontakt mit Naturwissenschaftlern und der Besuch von Naturaliensammlungen gehörten ebenso in G.s Reiseprogramme. Praxisorientierte Wissensfelder wie Landwirtschaft und →Bergbau hat er unterwegs gerne mit den jeweiligen Berufsfachleuten besprochen.

Die dritte Reise in die Schweiz von 1797, die eigentlich nochmals nach Italien führen sollte, wurde für G. Anlass, über die angemessene Art der Dokumentation einer Reise nachzudenken, wie er am 10.8.1797 in einem Brief an J. H. →Meyer mitteilte. »Für einen Reisenden geziemt sich ein skeptischer Realism«, schrieb G. am 12.8.1797 an →Schiller; die »millionenfache Hydra der Empirie« (an Schiller, 16./17.8.1797) beunruhige ihn. Doch G. empfand das Reisen schließlich auch als Mittel zur Erhaltung der geistigen Flexibilität. Wiederum an Schiller schrieb er am 14.8.1797: »Für Naturen wie die meine, die sich gerne festsetzen und die Dinge festhalten, ist eine Reise unschätzbar, sie belebt, berichtigt, belehrt und bildet«.

Auch Reisen anderer Menschen waren für G. wichtige Erkenntnisquellen. Seine Beschäftigung mit den Naturwissenschaften fiel in die Epoche großer Forschungsreisen. In rascher Folge wurde das Wissen von der Welt erweitert, neue Tier- und Pflanzenarten entdeckt und ferne Landschaften vermessen. Mit bekannten Forschungsreisenden wie Chr. L. v. →Buch, J. G. A. →Forster, A. v. →Humboldt und C. F. P. v. →Martius stand G. in persönlichem Kontakt. Seine Bibliothek enthält zahlreiche Atlanten und Reisewerke. In einem Brief an Wilhelm von →Humboldt rühmte G. am 15.9.1800 als Gewinn einer guten Reisebeschreibung: »Wenn ein Freund, mit dem wir in den Hauptpuncten der Denkweise einstimmen, uns von der Welt und ihren Theilen erzählt; so ist es ganz nahe als wenn wir sie selbst sähen«. Doch blieb G. sich der Subjektivität einer jeden Reisebeschreibung bewusst, wie er in der *Italienischen Reise* schrieb: »Persönlichkeit, Zwecke, Zeitverhältnisse, Gunst und Ungunst der Zufälligkeiten, alles zeigt sich bei einem jeden anders« (FA I, 15.1, 372).

Literatur

Guthke, Karl S.: Goethes Weimar und »Die große Öffnung in die weite Welt«. Wiesbaden 2001. – Hentschel, Uwe: Goethe und die Reiseliteratur. In: JbFDtHochst. 1993, 93–127. – Steininger, Fritz F. und Kossatz-Pompé, Anne (Hg.): Quer durch Europa – Naturwissenschaftlich Reisen mit Johann Wolfgang von Goethe. Frankfurt am Main 1999. – Zastrau 4. *WY*

Reuß, Franz Ambrosius (1761–1830)

Der gebürtige Prager, ein Schüler →Werners in →Freiberg und wie sein Lehrer Neptunist, war als Bergrat und fürstlich Lobkowitzischer Brunnenarzt in →Bilin tätig. Sechs Jahre, bevor er ihn persönlich kennenlernte, las G. am 24. und 25.7.1807 »viel« in seinem *Lehrbuch der Geognosie* (Bd. 2, Leipzig 1805; Ruppert 5010), einem Teilband von Reuß' umfangreichem *Lehrbuch der Mineralogie* (8 Bde., Leipzig 1801–1806). G. zitierte daraus in seinem Brief *An Herrn von Leonhard* vom 25.11.1807 eine Bemerkung über »das Vorkommen vollkommener Gneisgeschiebe in dem Porphyrschiefer des Biliner Steins« (FA I, 25, 366), nachdem er am 24.10.1807 von →Lenz auch Reußens Werk *Mineralogische Geographie von Böhmen* (2 Bde., Dresden 1793/1797) erbeten hatte. Noch am 27.6.1831 sandte →Weller auf G.s Wunsch vom 25.6.1831 das komplette *Lehrbuch* aus der Jenaer Universitätsbibliothek (vgl. LA II, 8B.1, 741).

1792 hatte Reuß eine Schrift über den →Kammerberg (Kammerbühl) unter dem Titel *Etwas über den ausgebrannten Vulkan bei Eger in Böhmen* (in: *Bergmännisches Journal* 5, 303–333) veröffentlicht, in der er diesen Vulkan nach der Erklärungsweise der Neptunisten als ›pseudovulkanisch‹ entstanden erklärte, d.h. nicht durch Auswürfe aus dem feurigen Inneren der Erde, sondern durch den Brand von oberflächennahen Kohlelagern. Als G. 1808 den Kammerberg intensiv untersuchte, fand er sich »veranlaßt von der Reußischen Meinung [...] abzugehen und ihn für vulcanisch zu erklären« (TuJ von 1808). Bei seinen Studien im Jahr 1820 änderte G. seine Meinung und musste »zu der Überzeugung des Bergrath *Reuß* wieder zurückkehren, und dieses problematische Phänomen für pseudovulcanisch ansprechen« (TuJ von 1820). In seinem Aufsatz *Karl Wilhelm Nose* (ZNÜ I, 3, 1820) hat G. Reuß ausdrücklich als »gegen die Vulkanität« (FA I, 25, 573) gerichtet bezeichnet. Noch in der Agenda vom Februar 1831 wurde der Vermerk »Eger Cammerb.[erg] Reuß« (WA III, 13, 265) eingetragen.

Mit Reuß' Schrift *Chemisch-medizinische Beschreibung des Kaisers Franzenbades oder des Egerbrunnens* (Prag, Dresden 1794) befasste sich G. am 10.7.1810, mit der 2. Aufl. (Eger 1816; Ruppert 5337) am 5.8.1822 gleich nach dem Kauf.

Ein Eintrag im Tagebuch vom 5.11.1812 (»Reuß Böhmisches Mittelgebirg«) deutet vermutlich entgegen LA II, 8A, 287 auf die Beschäftigung mit der *Orographie des Nordwestlichen Mittelgebirges in Böhmen. Ein Beitrag zur Beantwortung der Frage: Ist der Basalt vulkanisch, oder nicht?* (Dresden 1790).

Die erste persönliche Begegnung zwischen G. und Reuß fand am 12.5.1813 in Bilin statt. Unter der »Leitung des erfahrnen klar denkenden Dr. Reuß« (TuJ von 1813), »ein unterrichteter, tätiger, gefälliger Mann« (*Aus Teplitz*; FA I, 25, 453), besuchte G. von dort am 28.5.1813 den Borschen, einen Felsen aus Klingstein. Mit Reuß pflegte er »geologische Unterhaltungen und Nachricht von mancherlei vorkommendem Gestein in Böhmen« (vgl. auch an Riemer, 20.6.1813).

Am 18.7.1813 trafen sich G. und Reuß ein weiteres Mal und besichtigten gemeinsam mit Herzog →Carl August das Mineralienkabinett im Schloss von Bilin. Am nächsten Tag schrieb G. an Reuß aus →Teplitz nach Erhalt eines »schuppigen Toneisensteins« (LA II, 8A, 314), dass er den »gestrigen belehrenden Tag niemals vergessen werde. Ich hoffe auf die Fortsetzung einer solchen Unterhaltung und bitte meiner Liebhaberey in einem Fache das Ihnen soviel schuldig ist, gelegentlich eingedenck zu seyn«. Bereits am 1.8.1813 konnte G. sich bei Reuß für »Granaten-Muster« aus Merowitz bei Bilin bedanken (vgl. Prescher 45).

In G.s Bibliothek fanden sich neben der *Chemisch-medizinischen Beschreibung des Franzenbades* (s.o.) zwei weitere balneologische Schriften von Reuß: *Physisch-chemische Beschreibung des Sternberger Mineralwassers [...]* (Prag 1802) und *Das Marienbad bei Auschowitz auf der Herrschaft Tepl [...]* (Prag 1818; vgl. Ruppert 5338f.). *HO*

Revolutionen, geologische

Der aus der Astronomie stammende, wörtlich »Umwälzung« bedeutende Begriff »Revolution« wurde im 18. Jh. in die geologische Fachsprache übernommen. Die Oberfläche der Erde schien gezeichnet von katastrophalen Ereignissen in der Vergangenheit, die einstigen Meeresboden an Land versetzt und Land ins Meer versenkt hatten. Zerrissene und verformte Gesteinsschichten zeugten anscheinend ebenso davon wie →Fossilien mariner Lebewesen auf Berghöhen. Statt der biblisch inspirierten Herleitung durch die Sintflut nahmen Autoren wie →Buffon eine Serie von Meeresfluten und →Erdbeben an, um die geologischen Befunde zu erklären. G. hatte bereits Kenntnis von Buffons Theorie, als er am 3.10.1779 in einem Brief an Ch. v. →Stein das Birstal im Schweizer →Jura beschrieb. Er sah demzufolge die Gesteinsschichten der Schlucht als Ergebnis von geologischen Umwälzungen, doch betonte er bereits hier, dass diese Ereignisse und die davon zeugenden Felsen den allgemeinen Gesetzen der →Erdbildung untergeordnet seien: »Was für Revolutionen sie nachhero bewegt, getrennt, gespalten haben, so sind auch diese auch nur einzelne Erschütterungen gewesen und selbst der Gedanke einer so ungeheuren Bewegung giebt ein hohes Gefühl von ewiger Festigkeit«. Im weiteren Verlauf seiner geologischen Studien hat G. die Theorie des →Neptunismus bevorzugt, die bei der Erdbildung weitgehend ohne Katastrophen auskam. Die politische Konjunktur des Begriffs durch den Ausbruch der »Grande Révolution« in Frankreich war für G. nach 1789 ein weiterer Grund, ihn in der Natur nicht zu dulden. Parallel zur Politik betonte er auch in den Naturwissenschaften Konsequenz, Kontinuität und Folge anstelle von Zufall und Gewalt. Auf der Suche nach »ruhigen Wirkungen, die denn doch der Natur am allergemäßesten sind« (an C. C. v. →Leonhard, 9.3.1814), gelangte G. zu einer dynamischen Sicht der Gesteinsbildung (→Atomismus/Dynamismus), die Formveränderungen und Verlagerungen als Phänomene erklären sollte, die schon bei der →Erstarrung der Gesteine aufgetreten waren – oder er sah sie durch langsame →Erosion verursacht. G. konnte deshalb weder die Katastrophentheorie von →Cuvier noch die Hebungstheorie Chr. L. v. →Buchs akzeptieren. Im 4. Akt von *Faust II* legte er nicht zufällig gerade Mephisto ›umwälzende‹ geologische Aussagen in den Mund – mit Fausts Worten ein Beispiel dafür, »wie Teufel die Natur betrachten« (V. 10.123).

Vgl. auch den Artikel *Revolution* in GHB. 4.2, 905–908.

Literatur

Gerhard, Melitta: Die Gesetzmäßigkeit alles Lebens als Erkenntnis und Forderung Goethes. In: JbFDtHochst. 1969, 194–214. *WY*

Riemer, Friedrich Wilhelm (1774–1845)

Über den menschlich schwierigen, realitätsfremden, aber hochgebildeten Philologen, Schüler von Friedrich August Wolf in Halle, 1806 G.s Trauzeuge, fast 10 Jahre Hausgenosse und fast 30 Jahre sein enger Mitarbeiter, unterrichtet der Artikel in GHB. 4.2, 913–915.

Seit der Übernahme der Hauslehrerstelle für G.s Sohn August im Herbst 1803 war Riemer auch mit allen naturwissenschaftlichen Schriften G.s befasst und verbunden. Nahezu für jede Publikation galt, dass Riemer die Druckbogen durchsah, Korrekturvorschläge erarbeitete und diese gemeinsam mit G. besprach. Im Einzelnen ist dies in G.s Tagebüchern belegt. Riemer hat G. als Autor, Übersetzer, Redakteur, Revisor, Materialsammler und selbst bei Handlangerdiensten zur Seite gestanden.

Die erste intensive Zusammenarbeit betraf G.s *Farbenlehre* und umfasste von 1805 bis 1810 gleichermaßen die Manuskripterstellung wie die Drucküberwachung. In der *Anzeige und Übersicht [...] zur Farbenlehre* hielt G. dazu fest: »An dieser Stelle ist es nun Pflicht des Verfassers, dankbar zu bekennen, wie sehr ihm bei Bearbeitung dieser Epochen sowohl als überhaupt des ganzen Werkes, die einsichtige Teilnahme eines mehrjährigen Hausfreundes und Studiengenossen, Herrn Dr. *Riemers*, förderlich und behülflich gewesen« (FA I, 23.1, 1050f.). Mit den »Epochen« zielte G. auf die ersten beiden Abteilungen des Historischen Teils, *Griechen* und *Römer*. Zwischen beide wurde Riemers Beitrag *Farbenbenennungen der Griechen und Römer* (ebd. 561–564) eingerückt, der dadurch als Co-Autor der *Farbenlehre* in Erscheinung trat. Noch 1822 lieferte Riemer für die in ZNÜ I, 4 publizierten Nachträge zur Farbenlehre einen weiteren sprachgeschichtlichen Beitrag: *Der Ausdruck Trüb* (vgl. FA I, 25, 782–784).

Riemer war darüber hinaus auch experimentell an G.s *Farbenlehre*, deren Register er erarbeitete, beteiligt. So stellte er, von G. veranlasst, eigene Studien an und gab vermutlich Anfang Oktober 1806 »einige Nachricht von meinen zeitherigen Beschäftigungen mit den paroptischen Farben«. Er habe mit der »Camera obscura« darüber Versuche angestellt, »ob der strittige weiße oder helle Streifen bloß physiologisch, oder wirklich objectiv« sei (EGW 4, 437). Seine Beobachtungen hätten gezeigt, dass die Art der Erscheinung des hellen Saums oder »Sfumatos« abhängig sei von der Größe der Öffnung des einfallenden Lichtes. Erläuterungen und Zeichnungen zu unterschiedlichen Experimenten ergänzten die Ausführungen (vgl. dazu LA II, 4, 43–51, M 38f.; →paroptische Farben).

Im morphologischen Bereich trat Riemer als Mitarbeiter des kleinen, am 13.5.1805 im *Intelligenzblatt* der JALZ (Nr. 51) veröffentlichten Textes *Die Negation des Wortes organisch* (FA I, 24, 377) auf. Zur Auffüllung eines Druckbogens lieferte er 1822 zu G.s Aufsatz *Fossiler Stier* ein *Vorläufig aus dem Altertum* überschriebenes Zitat aus dem Vergil-Kommentar von Junius Philargyrius (vgl. ebd. 560 und G. an Riemer, 25.5.1822). Riemer war schließlich einer der »Freunde«, die in G.s Aufsatz *Das Schädelgerüst aus sechs Wirbelknochen auferbaut* (1824) als Kronzeugen dafür benannt wurden, dass G. bereits vor Lorenz →Oken die Wirbeltheorie des Schädels vertreten habe (vgl. FA I, 24, 619).

Aus gemeinsamen Reisen nach →Karlsbad 1806 und 1807 erwuchs Riemers Mitarbeit an dem geologischen Aufsatz *Sammlung zur Kenntniß der Gebirge von und um Karlsbad* (als Einzeldruck erschienen in Karlsbad 1807, später zusammen mit begleitenden Aufsätzen in ZNÜ I, 1, 1817). Beim Wiederabdruck wurde der »Teilnahme und Mitwirkung des Doktor *Riemer*, der mir in ästhetischen und wissenschaftlichen Arbeiten viele Jahre treulich beigestanden« (FA I, 25, 345f.) von G. ausdrücklich gedacht.

Als weiteres Beispiel für die in den Einzelheiten in einem Übersichtsartikel nicht zu belegende Zusammenarbeit Riemers mit dem Naturforscher G. mag der Aufsatz *Der Versuch als Vermittler von Objekt und Subjekt 1793* dienen, der am 28.4.1792 ohne Titel niedergeschrieben wurde. Als G. ihn schließlich für ZNÜ II, 1 (1823) zum Druck befördern wollte, bat er Riemer am 10.9.1822: »Mögen Sie [....] beykommenden alten, aber hoffentlich nicht veralteten Aufsatz durchlesen, beachten und mir Ihre Bemerkungen gönnen. Zugleich wünschte Titel und Überschrift, die ich jetzt so wenig als vormals zu finden wüßte«. So wurde Riemer nicht nur hier für die Titelgebung einer naturwissenschaftlichen Schrift G.s maßgeblich. Gleiches gilt auch für Aufsätze in verschiedenen Bänden der *Nachgelassenen Werke* zwischen 1833 und 1842, deren Herausgabe durch Riemer und →Eckermann G. am 22.1.1831 verfügt hatte.

In den letzten Lebensjahren G.s war es noch einmal zu einer intensiven Zusammenarbeit anlässlich der deutsch-französischen Ausgabe des *Versuchs über die Metamorphose der Pflanzen* (1831) gekommen. *EN*

Ritter, Johann Wilhelm (1776–1810)

Der Naturphilosoph und Physiker, zunächst (ab 1791) Apotheker in Liegnitz, 1796 bis 1798 Student in Jena, lebte anschließend als Privatgelehrter in Gotha, Weimar und Jena, wo er auf den Kreis von →Schelling, Novalis und F. Schlegel wirkte, bevor er – seit 1803 Privatdozent in Jena – 1805 an die Bayerische Akademie der Wissenschaften in München wechselte.

Ritters Forschungen erregten auch außerhalb der Fachwelt große Aufmerksamkeit. So referierte er am 29.10.1797 vor der Naturforschenden Gesellschaft in Jena *Ueber den Galvanismus: einige Resultate aus den bisherigen Untersuchungen darüber, und als endliches: die Entdeckung eines in der ganzen lebenden und todten Natur tätigen Princips.*

Sein für das *Archiv für Physiologie* eingereichtes Manuskript wurde durch den Herausgeber, J. C. →Reil, jedoch abgelehnt.

1799 gründete Ritter die Reihe *Beyträge zur nähern Kenntniß des Galvanismus und der Resultate seiner Untersuchung* (Jena 1800–1805), in welcher er u. a. die aus eigenständigen Untersuchungen gewonnenen Überlegungen vorstellte, dass galvanische Vorgänge immer an Oxidation und Reduktion gebunden seien. 1801 entdeckte Ritter das ultraviolette Licht; um 1803 entwickelte er die sogenannte Voltaische Säule zu einer galvanischen Trockensäule weiter. In München machte er ab 1805 Experimente mit Pendeln und Wünschelruten (»Siderismus«) zur Erforschung der unterirdischen Elektrometrie. Diese wurden zwar von der Akademie abgelehnt (vgl. Briefe T. J. →Seebecks an G., 26.2. und 11.3.1808), sie werfen aber ein Licht auf Ritters Wissenschaftsverständnis, das geprägt war von dem Bestreben, Physik und Metaphysik miteinander zu verbinden.

Die von Ritter untersuchten Phänomene des →Galvanismus, die grundlegende Polaritäten zeigen, interessierten G. vor allem in Zusammenhang mit seiner *Farbenlehre*.

G. besaß mehrere Werke Ritters (vgl. Ruppert 5021 ff.), darunter die *Beyträge zur nähern Kenntniß des Galvanismus* (in G.s Bibliothek nur 1.1 u. 1.2, 1800). Den *Beweis, daß ein beständiger Galvanismus den Lebensproceß in dem Thierreich begleite* (Weimar 1798) kritisierte er gegenüber →Schiller am 25.7.1798 als »freylich dunkel« (ähnliche Eindrücke auch in Schiller an G., 23.7.1798 und C. G. v. →Voigt an G., 7.12.1803).

Nachdem G. Ritter am 20. und 27.9.1800 in Jena persönlich kennengelernt und mit ihm fachlich diskutiert hatte, urteilte G. gegenüber Schiller am 28.9.1800 euphorisch: »Rittern habe ich gestern bey mir gesehen, es ist eine Erscheinung zum Erstaunen, ein wahrer Wissenshimmel auf Erden«. Bis zum 3.10.1800 kam es zu weiteren vier Treffen in Jena, und am 13.10. und 25.12.1800 berichtete Ritter G. über seine galvanischen Versuchsvorhaben und Entdeckungen. Auch für das Folgejahr 1801 vermerkte G. in seinen *Tag- und Jahresheften*: »Ritter besuchte mich öfters [23.2. u. 25.2., 3.4.], und ob ich gleich in seine Behandlungsweise mich nicht ganz finden konnte, so nahm ich doch gern von ihm auf, was er von Erfahrungen überlieferte und was er nach seinen Bestrebungen sich in's Ganze auszubilden getrieben war«. Zu entsprechenden gemeinsamen Experimenten sind überliefert: *Galvanische Versuche bezüglich auf Physiologische Farben* (LA I, 3, 382 f.) von G. und die dazu gehörige Zusammenstellung *Galvanische Versuche von Johann Wilhelm Ritter Jena 1801* (LA II, 3, 502 f.) von der Hand Ritters. In den Kontext gehört weiterhin eine Zeichnung G.s zur Wirkung des galvanischen Stroms auf das →Auge (Corpus VA, 349).

Ein umfangreicher Brief G.s an Ritter vom 7.3.1801, der F. W. Herschels Entdeckung des infraroten Lichtes (1800) galt, wurde im *Journal für die Chemie und Mineralogie* (6, 1808, 719–729) publiziert (vgl. dazu LA II, 3, 278 f.). An Schiller berichtete G. am 3. oder 4.4.1801 über diesen Gegenstand und die damit verbundene Förderung seiner *Farbenlehre*: »Ritter besuchte mich einen Augenblick und hat meine Gedanken auch auf die Farbenlehre geleitet. Die neuen Entdeckungen Herschels, welche durch unsern jungen Naturforscher weiter fortgesetzt und ausgedehnt worden, schließen sich gar schön an jene Erfahrung an, von der ich Ihnen mehrmals gesagt habe: daß die bononischen Leuchtsteine an der gelbrothen Seite des Spectrums kein Licht empfangen, wohl aber an der blaurothen. Die physischen Farben identificiren sich hierdurch mit den chemischen. Mein Fleiß, den ich in dieser Sache nicht gespart habe, setzt mich bey Beurtheilung der neuen Erfahrungen in die größte Avantage, wie ich denn auch gleich neue, die Sache weiter auszuführende Versuche ausgesonnen habe. Ich sehe vor mir, daß ich dieses Jahr wenigstens wieder ein paar Capitel der Farbenlehre schreiben werde. Ich wünsche Ihnen das neuste bald vorzutragen«.

Interessant ist die Tatsache, dass Ritter (als Physiker) sich gegenüber Dritten für G. und gegen →Newton aussprach, so am 3.8.1801 in einem Brief an C. F. E. Frommann: »Ich habe schöne Dinge im Licht wieder entdeckt, u. binnen Jahr u. Tag kommt es wohl zu einem optischen Prachtwerk mit illustrirten Kupfern. Ich will aber zuvor wider etwas näher zur Sprache bringen; eine Vereinigung in optischer Hinsicht mit Goethe. Newton ist *nun* wahrhaft gestürzt. *Goethe's Behauptung* ist richtig, aber ihm liegts nicht, wie er sie beweißt, doch ist er der, der dies am ersten finden wird. Ich warte mit Ungeduld, daß er kommt, u. hoffe, es wird sich etwas schönes ergeben« (EGW 4, 367).

Dass G. die Beziehung zu Ritter nicht fortsetzte, dürfte mit dessen spekulativen naturphilosophischen Ansichten zu tun gehabt haben, mit denen G. sich (auch bei anderen Autoren) nie anfreunden konnte (→Naturphilosophie, romantische). Nachdem Ritter 1805 nach München gewechselt war, ließ sich G. sporadisch von F. H. →Jacobi Bericht über dessen dortige Aktivitäten erstatten, nahm den Kontakt aber nicht mehr auf (vgl. EGW 4, 503 f.).

Literatur

Klinckowstroem, Carl von: Goethe und Ritter. In: GJb. (1921), 135–151. – Rehm, Else: Johann Wilhelm Ritter und die Universität Jena. In: JbFDt.

Hochst. 1973, 190–240. – Richter, Klaus (Hg.): Der Physiker des Romantikerkreises Johann Wilhelm Ritter in seinen Briefen an den Verleger Carl Friedrich Ernst Frommann. Weimar 1988. – Ders.: Johann Wilhelm Ritter. Bibliographie. Erfurt 2000. – Ders.: Das Leben des Physikers Johann Wilhelm Ritter. Ein Schicksal in der Zeit der Romantik. Weimar 2003. – Wetzels, Walter D.: Johann Wilhelm Ritter. Physik im Wirkungsfeld der deutschen Romantik. Berlin u. a. 1973.– Worbs, Erich: Goethe und der schlesische Physiker Johann Wilhelm Ritter. In: Schlesien. 12 (1967), 196–202. *EN/WZ*

Rizzetti, Giovanni Conte di (1675–1751)

Den Privatgelehrten aus Venedig und Gegner →Newtons erwähnte G. zuerst im Tagebuch vom 13.2.1798 anlässlich einer zwischen Rizzetti und G. F. Richter (1691–1742) ausgetragenen Kontroverse über Newton in den *Acta Eruditorum* (Suppl.-Bd. 8, 1724). G. entlieh die entsprechenden Bände der *Acta* am gleichen Tag aus der Weimarer Bibliothek (vgl. Keudell 101 f.)

Rizzettis Werk *De luminis affectionibus specimen physico-mathematicum* (Trevisio und Venedig 1727) studierte G. vom 20. bis 22.7.1801 in →Göttingen, notierte am 2.8.1801 Rizzettis Begriff der »Colores imaginarii« für die →physiologischen Farben in einem Schema (vgl. FA I, 23.2, 254) und versuchte anschließend, die Schrift zu erwerben. Obwohl die am Ankauf Beteiligten einen Erfolg meldeten, fehlte der Band später in G.s Bibliothek (vgl. an G. Sartorius, 10.10.1801; Sartorius an G., 8.11.1801; J. D. Reuß an G., 10.11.1801; an Reuß, 24.11.1801; EGW 4, 368–371). Vielmehr entlieh G. den Titel noch zweimal aus der Weimarer Bibliothek, am 21.6.1809 für die Arbeit am historischen Teil der *Farbenlehre* (vgl. Tgb, 26. bis 28.6.1809) und am 18.12.1812, als T. J. →Seebeck um leihweise Überlassung gebeten hatte (vgl. Seebeck an G., Ende Nov. 1812; an Seebeck, 22.12.1812; EGW 4, 643 u. 646).

In der *Farbenlehre* stellte G. nicht nur Rizzettis Werk vor (vgl. FA 23.1, 836–839), sondern er dokumentierte auch den Widerspruch, den dieser durch J. T. →Desaguliers erfuhr (vgl. ebd. 839–842). G.s Position in dieser Kontroverse war eindeutig: »Übrigens rechnen wir es uns zur Ehre und Freude, ihn [Rizzetti] als denjenigen anzuerkennen, der zuerst am ausführlichsten und tüchtigsten das wovon auch wir in der Farbenlehre überzeugt sind, nach Beschaffenheit der Erfahrung seiner Zeit, ausgesprochen hat« (ebd. 839). *WZ*

Roman über das Weltall

Im Jahr 1780 las G. mit Begeisterung die *Époques de la Nature* von →Buffon und wehrte sich dagegen, dass J. G. A. →Forster das Werk abwertend als »Roman« bezeichnet hatte (an →Merck, 7.4.1780). Am 11.10.1780 äußerte G. nach weiterer geologischer Lektüre und eigenen Beobachtungen wiederum Merck gegenüber seine Überzeugung, dass »ein einziger großer Mensch« bald einmal »diesen seltsamen zusammen gebauten Ball ein vor allemal erkennen und uns beschreiben könnte«. Wieder fällt dabei Buffons Name und der Hinweis auf den Roman-Vorwurf, den G. diesmal ironisch als berechtigt bezeichnete, »weil das ehrsame Publicum alles außerordentliche nur durch den Roman kennt«. Ein Jahr später, am 7.12.1781, schrieb G. an Ch. v. →Stein, er habe seinen »neuen Roman über das Weltall« im Kopf »durchgedacht«. – Zwei frühere Briefstellen, am 9. und 10.9.1780 in Stützerbach südlich von →Ilmenau verfasst und an dieselbe Empfängerin gerichtet, könnten nach Ansicht einzelner Kommentatoren (vgl. FA II, 29, 907; MA 2.2, 892 mit unrichtigem Zitat) auf eine schon 1780 beginnende Beschäftigung mit diesem oder einem vergleichbaren Plan deuten: Am 9.9.1780 meldet G., er sei nicht dazu gekommen, »an meinem Roman« zu schreiben, am 10.9. heißt es: »Früh hab ich einige Briefe des grosen Romans geschrieben«; dies, nachdem G. in den Tagen zuvor zusammen mit J. C. W. →Voigt den Thüringer Wald bereist und am 7.9. begeistert der Freundin gemeldet hatte: »Wir sind auf die hohen Gipfel gestiegen und in die Tiefen der Erde eingekrochen, und mögten gar zu gern der grosen formenden Hand nächste Spuren entdecken. Es kommt gewiss noch ein Mensch der darüber klaar sieht. Wir wollen ihm vorarbeiten«. Von einem entsprechenden Text in Briefform sind allerdings keine Spuren erhalten. Auch dass G. den Romanplan 1781 als »neu« bezeichnet hat, könnte gegen diese Interpretation der Briefstellen sprechen.

Die Idee, eine zusammenfassende Darstellung der Erdgeschichte und Gesteinsentstehung zu schreiben, kam jedenfalls nicht zur Ausführung. Durch die im Herbst 1783 begonnene Zusammenarbeit mit →Herder flossen einige von G.s Ansichten in die *Ideen zur Philosophie der Geschichte der Menschheit* ein. Einzelne fragmentarische Texte aus den Jahren 1784 und 1785, vor allem das als Einleitung gestaltete Fragment *Granit II*, dürften zu dem Plan eines größeren Werks zur Erdgeschichte gehören. Sein Projekt verfolgte G. vermutlich noch auf der Reise nach →Italien im Herbst 1786; denn von der Höhe des Brennerpasses, nach der Durchquerung der →Alpen, schrieb er am 8.9.1786 ins Reisetagebuch für Frau von Stein: »Zu meiner Weltschöpfung hab ich manches erobert. Doch nichts ganz neues noch unerwartetes«. Nach der Italienreise verfolgte G. vorerst andere Interessen; der ursprüngliche Plan einer literarischen und damit auch popularisierenden Darstellung wissenschaftlicher Erkenntnisse findet sich wieder in den Erwägungen zu einem Lehrgedicht über die Natur (→Naturgedicht), die G. 1799 beschäftigten, und in den allgemeinbildenden Vorträgen, die er ab 1805 vor der →»Mittwochsgesellschaft« hielt. Davon ist z. B. ein Schema mit dem Titel *Entwurf einer allgemeinen Geschichte der Natur* überliefert (vgl. LA II, 7, 234, M 123).

Vgl. auch den Artikel *Didaktische Dichtung* in GHB. 4.1, 203–206.

Literatur

Kober, Leopold: Goethes Roman über das Weltall und die moderne Geologie. In: ChrWGV. 52/53 (1949), 81–85. – Thadden, Elisabeth von: Erzählen als Naturverhältnis – »Die Wahlverwandtschaften«. Zum Problem der Darstellbarkeit von Natur und Gesellschaft seit Goethes Plan eines »Romans über das Weltall«. München 1993. *WY*

Romantische Naturphilosophie s. Naturphilosohie, romantische

Rose

An der Rose hat G. mehrere botanische Beobachtungen gemacht. Im *Versuch die Metamorphose der Pflanzen zu erklären* (1790) wies er am Beispiel einer gefüllten Rose auf den Übergang von Blütenblättern zu Staubwerkzeugen hin (vgl. FA I, 24, 124f.), eine Konsequenz seiner These, dass alle Bildungen an der Pflanze →Metamorphosen des →Blattes darstellen. Weiterhin sei die Bildung des Kelches als gleichzeitige Blattbildung, die ansonsten sukzessiv verlaufe, besonders gut an der durch gewachsenen Rose zu erkennen (ebd. 104). Dieser widmete er ein eigenes (das 15.) Kapitel mit dem einleitenden Satz: »Alles was wir bisher nur mit der Einbildungskraft und dem Verstande zu ergreifen gesucht, zeigt uns das Beispiel einer durchgewachsenen Rose auf das deutlichste« (ebd. 143) und machte anschließend daran die Blattabfolge deutlich. Unter den Aquarellen, die G. begleitend zur Metamorphoseschrift anfertigen ließ (erst 1907 von A. Hansen veröffentlicht), befanden sich Darstellungen von Blättern aus der Blüte einer gefüllten Rose sowie eine durchgewachsene Rose (vgl. Kuhn, Tafeln XVII und XVIII und Farbtafel S. 821). Letztere diente auch als Beispiel für G.s Auffassung, dass sich an Missbildungen (»weil die schöne Rosengestalt aufgehoben«) die Entwicklungsgesetze besonders gut zeigen und beobachten lassen (vgl. FA I, 24, 462).

Weiterhin diente G. die Rose (insbesondere ihre Spezies Rosa canina, Hundsrose) im Aufsatz *Problem und Erwiderung* als Exempel für Gattungen, deren Arten sich in grenzenlose Varietäten verlieren können (ebd. 583). Dieses generelle Problem der Artbildung und -bestimmung hatte G. dem Botaniker E. H. F. →Meyer vorgelegt, der in seiner *Erwiderung* speziell zu den Rosen Stellung nahm: »Wer sie aber mit Ernst und anhaltendem Eifer beobachtet, [...] wird sicherlich [...] die wahrhaften Arten und deren Charakter aus aller Mannigfaltigkeit der Formen gar bald herausfinden. Wer ist je in Versuchung geraten, eine Rosa canina, welche Form, Farbe und Bekleidung sie auch angenommen habe, mit einer Rosa cinnamomea, arvensis, alpina, rubiginosa zu verwechseln? Dagegen die Übergänge der Rosa canina in die sogenannte Rosa glaucescens, dumetorum, collina, aciphylla und zahllose andere, die man zu voreilig zu Arten hat erheben wollen, täglich vorkommen [...]« (ebd. 592). Allein dieser Dialog zwischen G. und Meyer zeigt nachdrücklich G.s Kenntnis der botanischen Systematik.

Dem allgemeinen Urteil über die Rose als besonders ansprechende Pflanze hat G. ausdrücklich zugestimmt, in der Poesie (»Als Allerschönste bist du anerkannt, / Bist Königin des Blumenreichs genannt«; *Chinesisch-Deutsche Jahres- und Tageszeiten* X, 1827) wie im Gespräch mit →Eckermann vom 27.4.1825: »Ich bin ein Freund der Pflanze, ich liebe die Rose, als das Vollkommenste, was unsere deutsche Natur als Blume gewähren kann [...]« (FA II, 12, 559).

Literatur

Kuhn, Dorothea (Hg.): Johann Wolfgang von Goethe: Die Metamorphose der Pflanzen. Weinheim 1984. [Faksimile der Ausgabe 1790 mit Nachwort und Erläuterungen.] *WZ*

Rot s. Farben

Rousseau, Jean-Jacques (1712–1778)

Die insgesamt eher kritisch zu wertenden Urteile G.s über Rousseau, die in GHB. 4.2, 925–927 dargestellt sind, erfuhren immer dann eine Ausnahme, wenn G. sich mit dem Botaniker Rousseau auseinandersetzte.

Noch vor Beginn seiner systematischen botanischen Studien (1784/1785) las G. 1782 Rousseaus botanische Schriften, wobei unklar ist, ob es sich um die *Essais élémentaire sur la botanique* (Paris 1771), deren deutsche Übersetzung (*Botanik für Frauenzimmer*. Frankfurt am Main, Leipzig 1781) oder die *Lettres élémentaires sur la botanique, à Madame de L**** (Paris 1782) handelte; über die

Lektüre berichtete G. am 16.6.1782 an →Carl August: »In Rousseaus Wercken finden sich ganz allerliebste Briefe über die Botanick, worinn er diese Wissenschafft auf das fasslichste und zierlichste einer Dame vorträgt. Es ist recht ein Muster wie man unterrichten soll [...]«.

Schon 10 Jahre zuvor, im Herbst 1772, hatte J. C. Kestner an A. A. F. Hennings berichtet, dass G. »viel vom Rousseau« (BG 1, 215) halte; es wäre aber spekulativ, hier botanische Bezüge zu vermuten.

Dass Rousseau zeitgenössisch überhaupt auch als Botaniker wahrgenommen wurde, belegt eine Rezension, die 1790 im Zürcher *Magazin für die Botanik* (Bd. 4, St. 11, 164–171) über G.s *Versuch die Metamorphose der Pflanzen zu erklären* erschien. Der Verfasser (nach Wyder, im Druck, der Jenaer Botaniker Batsch) schrieb über G.: »Man hat den Verfasser mit Rousseau in Vergleichung gebracht. Ohne uns über das Wahre und Falsche dieser Vergleichung auszulassen, erinnern wir nur, daß schon der Letztere uns ein Beispiel gab, daß großes Dichtertalent und glückliche Pflanzenforschung sich wohl miteinander vertragen können« (zit. nach LA II, 9A, 397).

Erst aus dem Jahr 1824 sind bei G. wieder Zeugnisse zum Botaniker Rousseau überliefert. Unter dem 13.6.1824 hielt F. v. Müller einen Besuch bei G. fest, bei dem Rousseaus neues Werk *La Botanique ornée de soixantecinq planches d'après les peintures de P. J. Redouté* (Paris 1822) betrachtet wurde (Unterhaltungen 119). Am 18.6.1824 wurde das gleiche Tafelwerk laut Tagebuch den Weimarer Prinzessinnen gezeigt, und am 25.6.1824 berichtete G. an Carl August: »Unter so vielem andern ist die bildliche Aufklärung von Rousseaus Botanischen Jugendfreuden höchst willkommen; ich denk nächstens seinen Aufsatz darüber, dessen Erinnerung mir noch von den frühsten Jahren vorschwebt, wieder durchzugehen«. Tatsächlich las G. am 28.6.1824 »Rousseau's Briefe über Botanik«, vermutlich die *Lettres élémentaire sur la botanique* (Paris 1782), die 1809 in zweiter Auflage erschienen waren (vgl. dazu auch Tgb, 31.7., 1. u. 2.8.1824). Ein Brief an Carl August vom 1.8.1824 schloss diese zweite Phase der Beschäftigung mit Rousseaus botanischen Schriften ab: »Das Rousseau-Redoutésche Werk habe die Zeit näher betrachtet und mit bewunderndem Bedauern angesehen wie sich vor 50 Jahren ein so tüchtiger Mann in diesen Feldern abgequält hat«.

Eine letzte intensive Auseinandersetzung mit Rousseau stand im Zusammenhang mit G.s Aufsatz *Der Verfasser teilt die Geschichte seiner botanischen Studien mit*, der 1831 als erster Anhang zur deutsch-französischen Ausgabe des *Versuchs über die Metamorphose der Pflanzen* erschien. Zunächst wurde am 17.5.1830 Rousseaus *La Botanique [...]* (Paris 1822) aus der Weimarer Bibliothek entliehen und laut Tagebuch vom 17. bis 19.5.1830 studiert. Am 22.5. wurde zusätzlich eine Werkausgabe (Paris 1826) herangezogen (vgl. Tgb, 22. u. 23.5.1830), und in zwei Schreiben vom 19. und 24.5.1830 beauftragte G. →Riemer mit der Recherche über spezielle Fragen zu Rousseau, z. B. »wo Rousseau in seinen Confessionen seiner botanischen Wanderungen und Studien gedenkt«, »Wo kommt etwas Näheres von des Rousseaus Botaniste Sans maître vor? [*Le botaniste sans maître, ou manière d'apprendre seul la botanique au moyen de l'instruction*. Paris, Winterthur 1805]«, »Wann sind wohl diese Briefe an Mad. Delessert zum erstenmal herausgekommen?« Riemer antwortete – wie gewohnt – umgehend. Noch zweimal entlieh G. Rousseaus *La Botanique [...]* (29.5.1830 u. 3.1.1831).

Frucht dieser Studien war eine mehrseitige positive Würdigung, mit der G. Rousseau in dem historischen Abriss zu seinen eigenen Studien bedachte. Er sei »eines einsiedlerischen Pflanzenfreundes gewahr« geworden [Rousseau, am Bieler See lebend]. »Wer wollte nicht dem im höchsten Sinne verehrten *Johann Jakob Rousseau* auf seinen einsamen Wanderungen folgen, wo er, mit dem Menschengeschlecht verfeindet, seine Aufmerksamkeit der Pflanzen- und Blumenwelt zuwendet, und in echter geradsinniger Geisteskraft sich mit den stillreizenden Naturkindern vertraut macht« (FA I, 24, 741). Im August 1771 habe er es unternommen, »andere zu belehren, ja was er weiß und einsieht Frauen vorzutragen, nicht etwa zu spielender Unterhaltung, sondern sie gründlich in die Wissenschaft einzuleiten« (ebd.).

Was G. besonders zu Rousseaus botanischen Arbeiten hingezogen hat, war ihre gemeinsame Liebhaberrolle gegenüber dieser Wissenschaft: »Und so wie die jungen Studierenden sich auch am liebsten an junge Lehrer halten, so mag der Dilettant gern vom Dilettanten lernen [...]; dem Liebhaber [...] ist es darum zu tun, durch das Einzelne durchzukommen, und einen Hochpunkt zu erreichen, von woher ihm eine Übersicht, wo nicht des Ganzen, doch des Meisten gelingen könnte« (ebd. 743 f.).

Gemessen an den überlieferten Zeugnissen zu Rousseau, vor allem aus der Zeit von G.s frühen Studien in den 1780er Jahren, verwundert die Nachhaltigkeit, mit der G. darauf hinweist, »was wir ihm [...] schuldig geworden« (ebd. 744).

Literatur

Hiebel, Friedrich: Rousseau in Goethes botanischen Studien. In: Goethe und die Schweiz. Dornach 1982, 36–40. – Oppel, Eduard: Goethe und Rousseau als Botaniker. In: Badische Schulzeitung. 48 (1908), Nr. 20, 305–307. – Wyder, Margrit: Gotthard, Gletscher und Gelehrte. In: Ruf, Oliver (Hg.): Goethes Schweiz (im Druck). *WZ*

Roux, Jacob Wilhelm Christian (1771–1831)

Mit dem Maler und Radierer, ab 1813 Universitätszeichenmeister in Jena, ab 1819 Professor in Heidelberg, stand G. bereits 1806, vor allem aber 1817 in Verbindung, als Roux »genaue Nachbildungen der entoptischen Farbenbilder« (TuJ 1817) anfertigte. Über diese Arbeiten berichtet G.s Tagebuch vom 25. u. 27.6., 5.–7., 20. und 27.7. sowie 6.8.1817. Am 12.10.1824 übersandte Roux das erste Heft seiner Reihe *Die Farben in technischem Sinne* (*Ein Versuch über Technik alter und neuer Malerei*. Heidelberg 1824; zusammen mit den beiden Fortsetzungen unter Ruppert 5373). G. reagierte zunächst nicht. Roux schickte in den folgenden Jahren weitere Werke nach Weimar: am 8.7.1826 P. L. Geigers *Chemische Untersuchungen alt-ägyptischer und alt-römischer Farben, deren Unterlagen und Bindungs-Mittel* (Karlsruhe 1826; Ruppert 4587), zu dem Roux *Zusätze und Bemerkungen über die Maler-Technik der Alten* geliefert hatte. Am 25.3.1828 folgte das zweite Hefte von *Die Farben. Beitrag zur Vervollkommnung der Technik in mehreren Zweigen der Malerei* (Heidelberg 1828), das G. zusammen mit dem ersten lobend in *Ueber Kunst und Alterthum* (VI, 2, 402 f.) anzeigte. Das dritte Heft der *Farben*, *Entdeckungen aus dem Gebiete physikalischer Farbenlehre durch Versuche dargethan* (Heidelberg 1829), ging am 24.4.1829 auf den Weg nach Weimar. Im Begleitbrief schrieb Roux: »Mit der Physik vertraute Männer, denen ich die, in diesen Blättern beschriebenen, Versuche zeigte, erkannten dadurch die Unwahrheit der, dem Newtonschen Scheinsysteme zum Grunde gelegten, Hypothese, und haben mich veranlaßt dieselben, durch den Druck bekannt zu machen« (EGW 4, 941). Obwohl Roux damit auf die Seite von G.s *Farbenlehre* trat, ließ dieser nur indirekt durch J. H. →Meyer danken und reagierte auch nicht, als er durch L. A. J. →Quetelet am 15.10.1829 erfuhr, dass Roux soeben seine Parteinahme für G. öffentlich auf der Versammlung der Gesellschaft deutscher Naturforscher und Ärzte in Heidelberg vertreten hatte. Das Schweigen G.s gegenüber Roux ist nur schwer nachvollziehbar, nahm er doch sonst jeden kleinsten Hinweis auf Zustimmung zu seiner *Farbenlehre* dankbar auf.

Roux war im dritten Heft der *Farben* in deutlichen Worten gegen →Newton und für G. eingetreten: »Die Kompendien der Physik enthalten eine Theorie, nach welcher die Farben mit dem Dunkel nichts zu schaffen haben, und [...] nicht nur im weißen Lichte verborgen liegen sollen, sondern daß auch alle Farben, wenn sie gemischt würden, wieder Weiß gäben. Durch diese Ansichten und durch die Einreden, welche Goethe von Seiten vieler Physiker erfahren, veranlaßt, machte ich mich mit der Newtonschen Theorie bekannt [...]. Goethe hat die hierher gehörigen Erscheinungen mit dem ihm eigenen Scharfsinn beleuchtet, und uns im Ganzen über prismatische Farben Treffliches geliefert [...]. Dieselben Farben, die wir an beleuchteten Körpern wahrnehmen, sind im gebrochenen Lichte, durch dessen Verbindung mit dem Dunkel, zu erzeugen. Die Farben stehen in engem Verhältnisse zu dem Lichte. Aber das weiße Licht ist darum kein aus Farbenstrahlen Zusammengesetztes. Das Licht ist ein höchst Einfaches, Homogenes« (zit. nach LA II, 5A, 153 f.). *WZ*

Runge, Philipp Otto (1777–1810)

Den romantischen Maler und Schriftsteller aus Wolgast lernte G. am 15.11.1803 in Weimar kennen. Während G.s Meinung zu Runges künstlerischem Schaffen zwiespältig blieb – Runges Beteiligung am Weimarer Preisausschreiben für bildende Künstler im Jahr 1801 endete mit einem Misserfolg –, zollte er dessen Koloritstudien höchste Anerkennung. G. erwähnte Runge nicht nur lobend im historischen Teil seiner *Farbenlehre* (»schöne Einsichten in die Farbenlehre, von der malerischen Seite her«; FA I, 23.1, 909), sondern übernahm große Teile eines an ihn gerichteten Briefes von Runge vom 3.7.1806 nahezu wörtlich als *Zugabe* in den didaktischen Teil der *Farbenlehre* (ebd. 285–291), um die Gemeinsamkeiten ihrer Farbentheorien herauszustellen. G. dankte am 22.8.1806 mit der Versicherung, »daß Ihre Ansichten der Farben völlig mit den meinigen übereintreffen. Mehrere Stellen Ihres Aufsatzes [Briefes] werden Sie beynahe wörtlich in meiner Abhandlung finden, [...] und von mehreren wünschte ich [...] Gebrauch zu machen, weil ich dasjenige, wovon ich mit Ihnen überzeugt bin, nicht besser auszudrücken wußte. Ich werde mit mehr Lust und Muth die Redaction meiner Arbeit fortsetzen, weil ich in Ihnen nunmehr einen Künstler kenne, der auf seinem eigenen Wege in die Tiefe dieser herrlichen Erscheinungen eingedrungen ist«. Die *Tag- und Jahreshefte* von 1806 berichteten bereits von der »mit dem guten und werthen *Runge* fortgesetzten Correspondenz«.

Bereits am 26.4.1806 hatte Runge G. die vier Kupferstiche seines Zyklus' *Die Zeiten* (die vier Tageszeiten) geschickt. G. regte mit Brief vom 2.6.1806 eine Farbgebung an, die Runge auch am 4.12.1806 in Aussicht stellte. Ein Motiv führte Runge schließlich in zwei Fassungen farbig aus (*Der Morgen*, 1808/1809).

Am 19.11.1807 und am 19.4.1808 berichtete Runge G. ausführlich über seine Vorstellungen von den Farben, die er ausgehend von den drei →Grundfarben der Maler – Gelb, Rot und Blau – in den gleichen →Farbenkreis wie G. integrierte und dabei die Harmonien und Mischungen von Farbpigmenten analysierte. In seiner hier bereits angekündigten, 1810 in Hamburg erschienenen *Farben-Kugel oder Construction des Verhältnisses aller Mischungen der Farben zu einander* erweiterte Runge den Farbenkreis dreidimensional nach dem Modell des Globus, indem er die verschiedenen Helligkeitswerte der Farben zwischen einem weißen und einem schwarzen Pol anordnete. G. wurde das Manuskript bereits mit Schreiben vom 3.10.1809 durch Runges Freund Henrik →Steffens zugesandt und fühlte sich dadurch in den »chromatischen Betrachtungen auf's neue in Bewegung« versetzt (TuJ von 1809; vgl. im Weiteren Runge an G.: Ende Sept./Anf. Okt. 1809, etwa 10.10.1809, 1.2.1810; G. an Runge: 18.10.1809 und 23.3.1810; G. an Steffens: 9.10.1809).

Die von G. angestrebte Kooperation mit Runge als einem »unter den Gleichzeitigen Gleichgesinnten« (an Runge, 18.10.1809) wurde durch dessen frühen Tod am 2.12.1810 verhindert.

Vgl. auch den Artikel in GHB. 4.2, 927–929.

Literatur

Berthel, Klaus: Kunst und Kanon. Zu Philipp Otto Runges Begegnung mit Goethe. In: Impulse. 8 (1985), 171–189. – Kallienke, Gerhard S.: Das Verhältnis von Goethe und Runge im Zusammenhang mit Goethes Auseinandersetzung mit der Frühromantik. Hamburg 1973. – Maltzahn, Hellmuth Freiherr von (Hg.): Philipp Otto Runges Briefwechsel mit Goethe. Weimar 1940 (SchrGG. 51). *SS*

Sakuntala s. Kálidása

Sammlungen s. Naturwissenschaftliche Sammlungen

Saussure, Horace-Bénédict de (1740–1799)

Den Schweizer Naturforscher lernte G. im November 1779 in dessen Heimatstadt Genf kennen, wo de Saussure seit 1762 als Professor für Philosophie wirkte. Auf zahlreichen wissenschaftlichen Exkursionen untersuchte de Saussure die geologischen, pflanzengeographischen und klimatologischen Verhältnisse der →Alpen, vor allem in Savoyen. G. verdankte ihm nicht nur Hinweise für den weiteren Verlauf seiner zweiten Schweizer Reise (→Schweiz, →Reisen), sondern auch Ideen über den Bau der Gebirge. Er erwarb 1780 den ersten Band von de Saussures Hauptwerk *Voyages dans les Alpes*, 1781 auch dessen deutsche Übersetzung von J. S.→Wyttenbach. In seinen ersten Aufzeichnungen zum →Granit aus den Jahren 1784 und 1785 stützte sich G. auf de Saussures Informationen über dieses Gestein, die ihm F. H. v. →Trebra im Auszug vermittelt hatte (vgl. LA II, 7, 93–101, M 49); die Bemerkungen de Saussures über den Bau des Montblancmassivs wurden zum Anstoß für G.s Hypothese einer →Kristallisation des Urgebirges. Als der Genfer im August 1787, ein Jahr nach der Erstbesteigung, als Leiter der ersten wissenschaftlichen Expedition den höchsten Berg der Alpen erreichte, freute sich G. »herzlich« über diesen Erfolg (an →Knebel, 3.10.1787). Als Montblanc-Eroberer erscheint de Saussure auch auf G.s vergleichender →Höhenkarte von 1807. Beobachtungen aus der Schrift *Relation abrégée d'un voyage à la cime du Montblanc en Août 1787* und aus anderen wissenschaftlichen Aufsätzen des Genfer Naturforschers verwendete G. in der Meteorologie und in der Farbenlehre. Besonders schätzte er das →Cyanometer, eine Scheibe mit einer Skala von Blautönen, die de Saussure erfunden hatte, um die Farbe des Himmels objektiv bestimmen zu können. G. entwickelte diese Skala durch Ergänzung mit Rot- und Gelbtönen zu einem »Luftfarbenmesser« weiter (Tgb, 9.1.1818), der für einige Jahre an den meteorologischen Beobachtungsstationen (→Meteorologische Anstalten) des Herzogtums in Gebrauch war (vgl. Abb. S. 832).

Literatur

Carozzi, Albert Victor: Horace-Bénédict de Saussure (1740–1799). Un pionnier des sciences de la terre. Genève 2005. – Gauss, Julia: Goethe und die Genfer Naturforscher. In: JbFDtHochstift. 1978, 28–46, hier 28–35. – Wyder, Margrit: Gotthard, Gletscher und Gelehrte. In: Ruf, Oliver (Hg.): Goethes Schweiz (im Druck). *WY*

Scaliger, Julius Cäsar (1484–1558)

Dem Offizier unter Kaiser Maximilian I. und König Franz I. von Frankreich, Arzt in Venedig, Padua und in der Garonne sowie großem Kenner der Antike ist im historischen Teil der *Farbenlehre* ein Kapitel gewidmet (FA I, 23.1, 657–660; vgl. auch 640, 670, 742, 1051), das sich speziell seiner Streitschrift gegen Hieronymus →Cardanus widmet: *Exotericarum exercitationem liber XV. de subtilitate, ad Hieronymum Cardanum* (Paris 1557). G. besaß die Ausgabe Frankfurt 1612 (vgl. Ruppert 525) und entlieh außerdem am 1.11.1808 die Ausgabe Frankfurt 1601 (Keudell 632). Auf die Beschäftigung mit Scaliger deuten Tagebuchvermerke vom 3.10.1807, 1., 3.–5.11.1808 sowie 9.1.1809 (→Taten und Leiden des Lichts).

G.s Urteil über Scaliger ist ambivalent: »ausgebreitete Gelehrsamkeit [...] starkes Gedächtnis [...] doch tut man ihm wohl nicht unrecht, wenn man ihm eigentlichen Geschmack und Wahrheitssinn abspricht [...] von dem Geiste des Widerspruchs und Streitlust unablässig erregt« (FA I, 23.1, 657).

WZ

Schelling, Friedrich Wilhelm Joseph (1775–1854)

G.s Begegnung mit Schelling war vor allem in den Jahren 1798 bis 1803 bedeutsam. Am 1.1.1798 begann G. mit der Lektüre von Schellings *Ideen zu einer Philosophie der Natur* (Leipzig 1798; Ruppert 3116), die er am Vortag durch C. G. →Voigt erhalten hatte (vgl. RA 2, 1074; zur weiteren Lektüre Tgb, 22.1.1798). Die »verschiedenen Gedanken«, zu denen er durch diese Schrift angeregt wurde, besprach G. mit →Schiller, wobei die Zweckmäßigkeit der organischen Natur und Schellings Ansichten über die Dinge an sich im Mittelpunkt standen. G. nahm jedoch an, »daß von den neuern Philosophen wenig Hülfe zu hoffen ist« (an Schiller, 13.1.1798); und: »es ist immer merkwürdig sich mit ihm [Schelling] zu unterhalten. Doch glaube ich zu finden daß er das, was den Vorstellungsarten die er in Gang bringen möchte widerspricht, gar bedächtig verschweigt, und was habe ich denn an einer Idee die mich nöthigt meinen Vorrath von Phänomenen zu verkümmern« (an Schiller, 21.2.1798).

Nachdem G. Schelling am 28.5.1798 in Schillers Haus in Jena kennengelernt hatte, unternahm er mit ihm an den beiden Folgetagen optische Versuche (vgl. Tgb). Schelling hat G. »in der Unterhaltung sehr wohl gefallen. Es ist ein sehr klarer, energischer und nach der neusten Mode organisirter Kopf, dabei habe ich keine Spur einer Sansculotten-Tournure an ihm bemerken können, vielmehr scheint er in jedem Sinne mäßig und gebildet«, berichtete er am 29.5.1798 C. G. Voigt und empfahl, Schelling als Professor nach Jena zu berufen: »[...] für ihn, damit er bald in eine thätige und strebende Gesellschaft komme, da er in Leipzig jetzt ziemlich isolirt lebt, damit er auf Erfahrung und Versuche und ein eifriges Studium der Natur hingeleitet werde, um seine schönen Geistestalente recht zweckmäßig anzuwenden [...] ich würde bey meinen Arbeiten durch ihn sehr gefördert seyn« (an C. G. Voigt, 21.6.1798). Schon am 5.7.1798 konnte G. Schelling das Anstellungsdekret übersenden.

Am 7. und 8.6.1798 las G. Schellings Schrift *Von der Weltseele, eine Hypothese der höhern Physik zur Erklärung des allgemeinen Organismus* (Hamburg 1798; Ruppert 3118), die nach den *Tag- und Jahresheften* von 1798 »unser höchstes Geistesvermögen« beschäftigte. »Wir sahen sie [die Weltseele] nun in der ewigen Metamorphose der Außenwelt abermals verkörpert«. Wenige Tage darauf berichtete G. Schiller über Gedanken an »einen cursorischen Vortrag meiner Farbenlehre«, wobei ihm bei der Ausführung das »Schellingsche Werk [...] den großen Dienst leisten« werde, »mich recht genau innerhalb meiner Sphäre zu halten« (an Schiller, 11.6.1798). Im Oktober 1798 kam Schelling nach Jena. G. war mit ihm »unermüdet im Experimentiren« begriffen. »Von zwei so ausgezeichneten Köpfen und leidenschaftlichen Naturforschern läßt sich etwas erwarten«, berichtete H. Voß an C. F. Hellwag Ende Dezember 1802 (EGW 4, 374). G. erwähnte in der *Farbenlehre* von 1810 Schelling neben →Soemmerring, →Göttling, →Wolf und →Forster unter den Gelehrten, die ihm »Beistand leisten« (FA I, 23.1, 980).

Am 12. und 13.11.1798 las G. in Jena die drei ersten Bogen von Schellings *Erstem Entwurf eines Systems der Naturphilosophie. Zum Behuf seiner Vorlesungen* (Jena und Leipzig 1799; Ruppert 3115; vgl. dazu an Knebel, 7. und 31.12.1798). Er verfolgte die Entstehung der Schrift bis zum Januar 1799 (vgl. Tgb, 19.1.1799). Schelling besuchte G. und Schiller, die zu dieser Zeit in intensiven Gesprächen über eine →Harmonielehre der Farben standen, am 17.11.1798 im Haus des Letzteren. Am Vortag hatte sich G. bereits mit Schelling über »organische Metamorphose« ausgetauscht.

Laut Tagebuch las G. vermutlich den *Ersten Entwurf* am 15. und 19.9.1799 erneut, bevor es in den folgenden Tagen zu einer gemeinsamen Lektüre und angeregten Diskussionen über Schellings *Einleitung zu seinem Entwurf eines Systems der Naturphilosophie* kam (vgl. Tgb, 22. und 23.9., 2. bis 5., 10. und 13.10.1799; TuJ 1799; dazu LA II, 1A, 566f., 573–575). G. hielt in diesen Tagen »ein interessantes Gespräch über Naturphilosophie und Empirismus« fest (22.9.), einen Dialog »über Electricität und Magnetismus« (10.10.) und eine weitere Diskussion über »die interessantesten Puncte« (13.10.). Vom 2. bis 5.10.1799 trafen sie sich täglich. »Welch' ein Ideen-Zuwachs für mich diese Gespräche gewesen sind, mögen Sie sich denken«, berichtete Schelling begeistert an C. G. →Carus (9.11.1799; vgl. LA II, 1A, 575). G. unterrichtete A. W. Schlegel am 1.1.1800 von seinen Arbeiten »an dem allgemeinen Schema der Farbenlehre [...], wobey mich Herrn Professor Schellings Neigung zu meiner Arbeit nicht wenig gefördert hat«. Konkret meinte G. hier seine überwiegend im November 1799 entstandenen Texte zur Farbenlehre, die in G.-Ausgaben unter dem Titel *Ausdehnung des Schemas* zusammengefasst sind (vgl. FA I, 23.2, 224–248) und die im Anschluss an Schelling bis dahin nicht gebrauchte Begriffe der dynamischen Physik verwendeten. Im Abschnitt *Verhältnisse nach außen* (ebd. 237f.) wurde der Naturphilosophie Raum gegeben (vgl. Schelling 2.1, 111f.).

Aus Schellings Brief an G. vom 6.1.1800 (vgl. EGW 4, 352) lässt sich entnehmen, dass er sich von G.s *Farbenlehre* die Grundlage für ein allgemeines Schema der Naturphänomene versprach. Der Brief verdeutlicht überdies, dass es in den gemeinsamen Gesprächen auch um Erdgeschichte gegangen sein muss. Schellings Auffassung der Erdgeschichte »als einer Geschichte der hervorbringenden Natur [ist] für Goethe philosophische Bestätigung der Intention seiner geologischen Studien« (LA II, 7, 573). G. verfolgte mit wachsamem Interesse Schellings *Zeitschrift für spekulative Physik* (Ruppert 4216).

Schellings Auffassung des Erdmagnetimus in der Evolution der Erde hat G. angeregt, sich mit Fragen des →Magnetismus und von magnetischen Erscheinungen bei Gesteinen auseinanderzusetzen (vgl. Tgb, 7., 8. und 19.1. sowie 10.3.1800; Schelling an G., 6.1.1800). Die Fragen, die G. bereits in seinem Brief vom 17.9.1799 an J. G. Steinhäuser in Plauen richtete, sowie die darauf folgende Korrespondenz mit demselben (vgl. LA II, 1A) legen Zeugnis ab von G.s Forschungen auf diesem Gebiet. »Von Schellings Naturphilosophie spricht er [G.] immer mit besondrer Liebe« (BG 5, 43), berichtete Friedrich Schlegel seinem Bruder August Wilhelm (25.7.1800).

Am 17.4.1800 sandte Schelling seine Schrift *System des transzendentalen Idealismus* (Tübingen 1800) mit den Worten: »Es wird das Bestreben meines ganzen künftigen Lebens seyn, irgend etwas zu vollenden, was Ihres Beifalls würdig seyn« wird (SchrGG. 13, 208). G. beschäftigte sich am 22.4.1800 damit und glaubte, »in dieser Vorstellungsart sehr viel Vortheile für denjenigen zu entdecken, dessen Neigung es ist, die Kunst auszuüben und die Natur zu betrachten« (an Schelling, 19.4.1800). »Vor der Seele« schwebte G. »ein großes Naturgedicht« (TuJ 1799; →Naturgedicht). Schelling griff die Idee dazu auf und versuchte, das ganze Universum in Stanzen zu behandeln. Anfang Dezember 1800 schrieb Caroline Schlegel an Schelling: »Goethe tritt dir nun auch das Gedicht ab, er überliefert dir seine Natur. Da er dich nicht zum Erben einsetzen kann, machte er dir eine Schenkung unter Lebenden« (Schelling 2.1, 285). Die Bemühungen Schellings um die »Nachzeichnung der dichtenden Natur« (Caroline Schlegel an Schelling, Januar 1801; Waitz 2, 24) lassen sich vor allem in an Caroline gerichteten Stanzen und einem Epigramm mit dem Titel *Pflanze und Tier* erkennen.

G.s Erwartung an Schelling kam in seinem Dankesbrief vom 27.9.1800 für das zweite Heft der *Zeitschrift für spekulative Physik* (I, 2, 1800) zum Ausdruck. Er fand darin »viel belehrendes, belebendes und erfreuliches [...]; hätten Sie mit dem allerliebsten poetischen Fragment das Heft geschlossen, so würden Sie uns mit einem ganz reinen Genuß entlassen haben«. Die Fortsetzung der im ersten Heft begonnenen Abhandlung Schellings *Allgemeine Deduction des dynamischen Prozesses oder der Kategorien der Physik* war für G. »recht aus und zu meiner Überzeugung geschrieben [...]. Seitdem ich mich von der hergebrachten Art der Naturforschung losreißen und, wie eine Monade, auf mich selbst zurückgewiesen, in den geistigen Regionen der Wissenschaft umherschweben mußte, habe ich selten hier- oder dorthin einen Zug verspürt; zu Ihrer Lehre ist er entschieden. Ich wünsche eine völlige Vereinigung, die ich durch das Studium Ihrer Schriften, noch lieber durch Ihren persönlichen Umgang, so wie durch Ausbildung meiner Eigenheiten ins allgemeine, früher oder später, zu bewirken hoffe [...]«.

G.s Gedicht *Weltseele* (Erstdruck 1804 unter dem Titel *Weltschöpfung*) ist wohl durch Schellings Schrift *Von der Weltseele* angeregt worden (vgl. an Zelter, 20.5.1826). Auch ein Zweizeiler in der Sammlung *Gott, Gemüt und Welt* basiert auf Schellings Vorstellung, wonach »die ersten Lebensformen, die des Pflanzenreichs, ›durch Zersetzung des Wassers und Erzeugung von Lebensluft‹, d. h. von Sauerstoff, entstehen, während tierisches Leben ›durch Zersetzung von Lebensluft und Erzeugung von Wasser‹ unterhalten wird« (Engelhardt 2003, 274): »Da, wo das Wasser sich entzweit, / Wird zuerst Lebendigs befreit« (WA I, 2, 216).

Als Schelling ab Mai 1800 für ein halbes Jahr nach Bamberg ging und sich danach wieder als Professor in Jena aufhielt, unterhielt G. weiterhin mit ihm »ein thätiges mitteilendes Verhältniß« (TuJ 1801). Am 26.1.1801 sandte Schelling eine Zusammenfassung des naturphilosophischen Teils seiner *Darstellung meines Systems der Philosophie* (in: *Zs. für spekulative Physik* II, 2, 1801, III-XIC und 1–127), die er am 27.2.1801 durch einen botanischen Aufsatz ergänzte (vgl. LA II, 1A, 603–605; 9B, 177–181). Schelling machte deutlich, dass er seine Naturphilosophie als Erweiterung von G.s Begriff der →Metamorphose sah. Die *Darstellung meines Systems der Philosophie* fasste auch die gegen →Newton gerichteten Gemeinsamkeiten von G.s und Schellings Theorie der Farbe zusammen und wandte diese auf die neuen Untersuchungen F. W. Herschels über die Wärmewirkung von Lichtstrahlen an (vgl. dazu Schelling 2.1, 104–107). Schelling wie G. betonten die Einheit und Unteilbarkeit des Lichtes und kritisierten Newtons Auffassung seiner mechanischen Zerlegbarkeit.

Ein Brief G.s an Schiller vom 19.2.1802 lobte zwar Schellings »große Klarheit, bey der großen Tiefe« als »immer sehr erfreulich«, doch er bezeichnete auch die Unterschiede: »die Philosophie zerstört bey mir die Poesie und das wohl deßhalb, weil sie mich ins Object treibt. Indem ich mich nie rein speculativ verhalten kann, sondern gleich zu jedem Satze eine Anschauung suchen muß und deßhalb gleich in die Natur hinaus fliehe«.

Die gleichzeitige Anziehungs- und Abstoßungskraft, die Schellings Philosophie auf G. ausübte, zeigte sich auch in dessen Brief an Schiller vom 16.3.1802, in dem er sich über Schellings *Bruno oder über das göttliche und natürliche Princip der Dinge* (Berlin 1802; Ruppert 3113) äußerte. Schiller hatte G. bereits am 20.2.1802 seinen Zweifel ausgedrückt, ob Schellings »spekulative Natur« sich genügend von G.s »anschauender Natur« aneignen könne (LA II, 1A, 613).

Gegenüber Schellings Vorschlag, G.s Schriften zur vergleichenden Anatomie in der *Zeitschrift für spekulative Physik* zu veröffentlichen, hielt dieser sich zurück. Im Krisenjahr 1803 der Jenaer Universität ging Schelling nach Würzburg. G. schrieb ihm am 29.11.1803: »Mich kann Ihre Imagination noch immer in den einsamen Zimmern des jenaischen alten Schlosses finden, wo mich die Erinnerung der Stunden, die ich daselbst mit Ihnen zugebracht, oft zu beleben kommt«. Schellings Schrift *Vorlesungen über die Methode des akademischen Studiums* (Tübingen 1803) machte G. »viel Freude« (Schelver an Schelling, 7./11.8.1803; BG 5, 374).

In der Auseinandersetzung zwischen Schelling und F. H. →Jacobi über dessen Schrift *Von den göttlichen Dingen und ihrer Offenbarung* (Leipzig 1811) ergriff G. gegen seinen früheren Freund für Schelling Partei (vgl. an Knebel, 8.4.1812). Dennoch erhob er 1816 Einwände gegen die Berufung Schellings als Doppelprofessor für Philosophie und Theologie nach Jena (vgl. an C. G. v. Voigt, 27.2.1816).

Die Korrespondenz wurde ab Juni 1818 unterbrochen. Erst 1827, als Schelling Professor der Philosophie und Generalkonservator der wissenschaftlichen Sammlungen Bayerns in München wurde, schrieb er wieder an G. und sprach von »väterlicher Güte«, die ihm dieser früher gegönnt habe (Schelling an G., 22.9.1827). In seinem Antwortbrief vom 26.10.1827 hoffte G. darauf, dass »die spätern Jahre den früheren ähnlich und die gemeinsame Wirkung erfreulich werde. Die schon früher angedeuteten und nun akademisch angezeigten und zugesagten Weltalter [unvollendetes Werk Schellings] behalte ich sehnsuchtsvoll im Auge. Treuanhänglich / unwandelbar / Goethe«.

Vgl. auch den Artikel in GHB. 4.2, 938–941.

Literatur

Adler, Jeremy: Schellings Philosophie und Goethes weltanschauliche Lyrik. In: GJb. (1995), 149–165. – Berendt, Hans: Goethe und Schelling. In: Enders, Carl (Hg.): Fs. für Bertold Litzmann. Bonn 1920, 77–104. – Beyer, Wilhelm Raimund: Natur und Kunst. Goethes Interesse am Jenenser Schelling. In: GJb. (1975), 9–28. – Braun, Otto: Goethe und Schelling. In: GJb. (1922), 199–214. – Engelhardt, Dietrich von: Prinzipien und Ziele der Naturphilosophie Schellings – Situation um 1800 und weitere Wirkungsgeschichte. In: Hasler, L. (Hg.): Schelling. Seine Bedeutung für eine Philosophie der Natur und der Geschichte. Stuttgart-Bad Cannstatt 1981, 77–98. – Engelhardt, Wolf von: Goethes geologische Studien. Überblick 1755–1805. In: LA II, 7, 572–574. – Ders.: Goethe im Gespräch mit der Erde. Weimar 2003, 188–194. – Ders.: Goethes Weltansichten. Auch eine Biographie. Weimar 2007, 210–237. – Ders. und Kuhn, Dorothea: Johann Wolfgang Goethe (1749–1832). In: Böhme, Gernot (Hg.): Klassiker der Naturphilosophie. Von den Vorsokratikern bis zur Kopenhagener Schule. München 1989, 220–240. – Erpenbeck, John: »Werden und Sein zugleich […]« Goethe, Schelling, Jacobi und die Selbstorganisation in wissenschaftshistorischer Perspektive. In: GJb. (1994), 187–201. – Fineron, Andrew: Goethe, Schelling's theology and genesis of »Prooemion«. In: DVjs. 72 (1998), 81–114. – Grün, Klaus-Jürgen: Augentäuschung und Wirklichkeit. Zur Theorie der Farben und des Lichts bei Schelling und Goethe. In: Ders. und Jung, Matthias (Hg.): Idee, Natur und Geschichte. Alfred Schmidt zum 60. Geburtstag. Hildesheim 1991, 40–65. – Ders.: Das Blatt, der verschlungene Zug der Seele. Schellings philosophische Umgestaltung von Goethes »Metamorphose«. In: Philosophisches Jahrbuch. 106 (1999), 85–99. – Gulyga, Arsenij V.: Die klassische deutsche Philosophie. Leipzig 1990, 189–232. – Hinderer, Walter: Goethe und Schelling. Aspekte des naturphilosophischen Diskurses. In: Estratto da studi germanici. N. S. 45 (2007), 47–72. – Huber, Peter: Goethe und Schellings Naturphilosophie: Antizipation moderner Naturwissenschaft? In: Gaede, Friedrich und Peres, Constanze (Hg.): Antizipation in Kunst und Wissenschaft […]. Tübingen, Basel 1997, 113–132. – Jäckle, Erwin: Goethes Morphologie und Schellings Weltseele. In: DVjs. 15 (1937), 295–330. – Kuhn, Dorothea: Grundzüge der Goetheschen Morphologie. GJb. (1978), 199–211. – Kunz, Hans: Schellings Gedichte und dichterische Pläne. Diss. Zürich 1955. – Plath, Margarethe: Der Goethe-Schellingsche Plan eines philosophischen Lehrgedichts. In: PreußischeJbb. 106 (1901), 44–74. – Pörksen, Uwe: Goethes Kritik naturwissenschaftlicher Metaphorik und der Roman »Die Wahlverwandtschaften«. In: JbDtSchillerges. 25 (1981), 285–315. – Schelling, Friedrich Wilhelm Joseph: Briefe 2. Briefwechsel 1800–1802. Hg. von Thomas Kisser. Teilband 1: Editorische Berichte […]. Stuttgart 2010. – Schüddekopf, Carl und Walzel, Oskar:

Goethe und die Romantik. Weimar 1898. – Takahashi, Yoshito: Goethes Farbenlehre und die Identitätsphilosophie. In: GJb. (2007), 105–114. – Waitz, Georg (Hg.): Caroline, Briefe [...]. 2 Bde. Leipzig 1871. – Weissberg, Liliane: Weimar and Jena. Goethe and the new philosophy. In: Hinderer, Walter (Hg.): Goethe und das Zeitalter des Romantik. Würzburg 2002, 163–174. *HO*

Schelver, Franz Josef (1778–1832)

Der ab 1800 als Privatdozent für Botanik in Halle Tätige wurde 1803 als Nachfolger von →Batsch Professor der Botanik und Direktor des Botanischen Gartens in Jena. Die Kriegsereignisse, Zerstörungen und Plünderungen im Oktober 1806 (vgl. LA II, 9B, 256) veranlassten ihn zu einem umgehenden Wechsel nach Heidelberg, was G. gegenüber Knebel am 21.10.1806 bedauerte. Schelvers Nachfolger in Jena wurde F. S. →Voigt.

G. verband mit Schelver, einem »höchst zarten und tiefsinnigen Wesen«, und seiner Ankunft in Jena 1803, im Krisenjahr der Universität, »die besten Hoffnungen für die Naturwissenschaft« (TuJ 1803). In den folgenden Jahren erwies sich Schelver als geschätzter Korrespondent und Gesprächspartner: »Mit Professor *Schelver* ließen sich gar schöne Betrachtungen wechseln; das Zarte und Gründliche seiner Natur gab sich im Gespräch gar liebenswürdig hervor« (TuJ 1806).

Unklar ist, ob es sich bei einem botanischen Aufsatz, den Schelling seinem Brief an G. vom 27.2.1801 beilegte, um ein Produkt aus der Feder Schelvers handelte, den Schelling am 24.1.1803 für eine Stelle in Jena empfahl (vgl. LA II, 9B, 178–181 u. 205). Ebenso muss offen bleiben, ob die Rezension zu G.s *Versuch die Metamorphose der Pflanzen zu erklären* in der ALZ (1803, Erg.-Blätter Nr. 66) von Schelver stammt. Gegenüber Schelling äußerte sich dieser am 7.11.1803 außerordentlich kritisch zu G.s Schrift (vgl. LA II, 9B, 213).

1805 nahm Schelver in seinen Vorlesungen offenbar gegen →Gall Stellung, was G. wenig gefallen haben dürfte (vgl. C. G. Voigt an G., 8.8.1805; LA II, 9B, 237).

Am 26. und 30.11.1803 vermerkte G. im Tagebuch Besuche Schelvers (vgl. auch an Schiller, 27.11.1803), bei denen vermutlich bereits über dessen Ansichten zur Pflanzenentwicklung gesprochen wurde. Diese veröffentlichte Schelver erst ab 1812 unter dem Titel *Kritik der Lehre von der Geschlechtlichkeit der Pflanzen* (Heidelberg 1812, Heidelberg 1814 und Karlsruhe 1823; Ruppert 5052; vgl. Schelver an G., 7.9.1812, 2.5.1814, 19.7.1823; LA II, 9B, 346, 379 f., 10A, 608).

In seinem Aufsatz *Verstäubung, Verdunstung, Vertropfung* (Morph I, 3, 1820) wies G. in der Rückschau auf die Gespräche aus dem Jahr 1803 mit Schelver hin, der ihm die »vertraulichste Eröffnung tat, daß er an der Lehre, welche, den Pflanzen wie den Tieren, zwei Geschlechter zuschreibt, längst gezweifelt habe und nun von ihrer Unhaltbarkeit völlig überzeugt sei« (FA I, 24, 509). Schelver machte dagegen – an G.s Metamorphose-Vorstellungen angelehnt – ein inneres Verwachsen (Anastomose) der Organe für die Befruchtung verantwortlich, eine Ansicht, die von der Fachwelt sehr kontrovers diskutiert wurde. Gegenüber C. F. Schlosser erwähnte G. am 2.12.1814 »Schelvers Kühnheit, den Pflanzen die Sexualität abzusprechen«. An Schelver selbst hatte er am 5.10.1812 vorsichtig formuliert, »daß wenn man auch nicht gerade die Überzeugung theilt, doch das Werkchen als eine treffliche Deduction für Ihre Vorstellungsart gelten und einen Jeden zu solchem Nachdenken auffordern muß. [...] Zu entscheiden wage ich nicht [...]«. Gegenüber →Nees v. Esenbeck bezeichnete G. am 23.7.1820 Schelvers Ansicht als »eine natürliche Tochter der Metamorphose«, lehnte sie auch aus diesem Grunde in der Folge nie explizit ab.

Am 21. u. 22.9.1814 traf G. mit Schelver in Frankfurt zusammen; am 21., 22. u. 26.9.1815 begegnete er ihm in Heidelberg. Ein letzter Besuch Schelvers bei G. in Weimar fand am 13.10.1823 statt.

Am 24.4.1822 übersandte Schelver seine Schrift *Lebens- und Formgeschichte der Pflanzenwelt* (Heidelberg 1822; Ruppert 5053), die eine gedruckte Widmung an G. enthält. Dieser verfasste eine Anzeige für Morph I, 4, 1822, in der er Schelver als »alten Freund und Studiengenossen« bezeichnete (FA I, 24, 563).

Obwohl G. Schelver als Anhänger seiner botanischen Vorstellungen schätzte, ihn »Ultra [extremen Vertreter] in der Metamorphosen-Lehre« nannte (FA I, 24, 510 f.), lehnte er seine radikale Parteinahme für Magnetismus und Mesmerismus (→Mesmer) ab und sprach in diesem Zusammenhang vom »Wahnsinn des guten Schelver« (an Boisserée, 16.7.1818). Ebenso missfiel G. Schelvers Art, von Naturbetrachtungen zu religiösen Vorstellungen überzugehen, wie er dies beispielsweise in seiner Schrift *Von dem Geheimnisse des Lebens* (Frankfurt 1815; Ruppert 3120) praktizierte. Dennoch blieb die Beziehung zwischen beiden ungetrübt und die gemeinsame Zeit in Jena für G. eine Lebensphase, an die er gern zurückdachte.

Literatur

Müller, Klaus-Dieter: F. J. Schelver (1778–1832). Romantischer Naturphilosoph, Botaniker und Magnetiseur im Zeitalter Goethes. Stuttgart 1992. *ZA*

Schema/Schemata

Wie bei seinen dichterischen Werken legte G. auch bei seinen naturwissenschaftlichen Arbeiten in vielfältiger Weise Schemata an, die im Einzelnen äußerst heterogen sind. So notierte er beispielsweise für seine Zeitschrift *Zur Naturwissenschaft überhaupt, besonders zur Morphologie* (1817–1824) sowie einzelne Hefte davon stichwortartige Dispositionen, die weitgehend Inhaltsverzeichnissen gleichkommen (vgl. z. B. LA II, 10A, 4). Bisweilen wurden diese aber auch näher ausgeführt (ebd. 6–10). So treten neben Stichwortsammlungen auch ausformulierte Entwürfe zu einzelnen Punkten oder gesamten Aufsätzen, was in der Regel kaum unterscheidbar ist, wenn G. im Tagebuch (wie häufig) die Begriffe ›Schema‹ oder ›schematisirt‹ verwendete.

Bisweilen nannte G. auch einen textlich abgeschlossenen Aufsatz ein Schema, so in *Schema zu einem Aufsatze die Pflanzenkultur im Großherzogtum Weimar darzustellen* (FA I, 24, 537–542), dagegen stellen das *Schema zu einem Aufsatz über den Weinbau* (ebd. 676–679) und das *Schema zum geologischen Aufsatz* (FA I, 25, 559 f.) stichwortartige Aneinanderreihungen dar.

Im Rahmen der *Farbenlehre* wird eine Sammlung von vor allem 1798/1799 entstandenen Entwürfen in verbreiteten G.-Ausgaben (LA, FA, MA) unter dem Titel *Ausdehnung des Schemas* präsentiert (LA I, 23.2, 224–248). G. selbst legte dazu unter der Überschrift *Schema der Farbenlehre. Göttingen 1801* ein Verzeichnis an (ebd. 254–257), das als wichtige Zwischenstufe in der Entstehungsgeschichte der *Farbenlehre* gilt. Nicht auf G. geht die Titelgebung *Schema der ganzen Farbenlehre* (1806) zurück, die zwei tabellarische Übersichten über den didaktischen Teil umfasst, die meist zu einer Darstellung ineinandergerückt werden (vgl. ebd. 292 f.).

Bisweilen lassen die erhaltenen Schemata im Vergleich zum abgeschlossenen Werk Rückschlüsse auf den Entstehungsprozess sowie auf Änderungen gegenüber dem Geplanten zu. So zeigt beispielsweise das genannte *Schema der Farbenlehre* von 1801, dass G. zu diesem Zeitpunkt noch keinen eigenständigen historischen Teil plante und die historischen Aspekte jeweils an die Abteilungen der →physiologischen, →physischen und →chemischen Farben anhängen wollte. Ein eigenständiger Punkt »Geschichte der Farbenlehre« ist mit dem Zusatz »vielleicht« versehen, nur der Abschluss mit der »Geschichte der Arbeiten des Verfassers in diesem Fache« entspricht dem später in der *Konfession des Verfassers* ausgeführten Plan (vgl. ebd. 254–257). *WZ*

Scherer, Alexander Nikolaus von (1771–1824)

Den in Jena ausgebildeten, 1794 promovierten und anschließend dort als Assistent von J. F. A. →Göttling lehrenden Chemiker bezeichnete G. in den *Tag- und Jahresheften* von 1797 als »hoffnungsvollen Chemicus«. In diesem Jahr hatte Scherer laut G.s Tagebuch am 16. und 27.3. gemeinsam mit A. v. →Humboldt und G. in Jena optische und chemische Versuche durchgeführt. Von 1797 bis 1799 war Scherer als Bergrat in Weimar ansässig und zunehmend als G.s chemischer Berater tätig. 1798 begründete er das *Allgemeine Journal der Chemie* (vgl. Ruppert 4195). Aus G.s Brief an W. v. →Humboldt vom 16.7.1798 geht hervor, dass Scherer offenbar eine Studienreise nach England unternommen hatte und sich ein chemisches Laboratorium in Belvedere einrichtete (nach einigen Quellen bereits 1797), wo ihn G. am 20.7.1798 zusammen mit dem holländischen Naturforscher M. van →Marum besuchte.

Scherer experimentierte auch im Erdgeschoss des Hauses der Ch. v. →Stein, wo er chemische Vorlesungen vor einem größeren Publikum hielt: »Und endlich liefen einige seiner Versuche so übel ab, daß ein großer Teil der Umstehenden mit verbrannten Gesichtern und Kleidern nach Hause zu gehn, den Verdruß hatten« (zit. nach Kuhn 1988, 111). 1800 verließ Scherer Weimar, um Professuren in Halle, Dorpat (1803) und St. Petersburg (1804) zu übernehmen.

Literatur

Kuhn, Dorothea: Goethe und die Chemie. In: Dies.: Typus und Metamorphose. Goethe-Studien. Hg. von Renate Grumach. Marbach am Neckar 1988, 106–119. *WZ*

Scherffer, Carl (1716–1783)

Der Jesuit, Mathematiker und →Newton-Anhänger in Graz und Wien gab mit seiner Schrift *Dissertatio de coloribus accidentalibus* (Wien 1761) – so G. schon 1799 – »schöne Beobachtungen über die [von ihm Scheinfarben genannten] physiologischen Farben heraus, die er mit Scharfsinn und Gewandtheit der Neutonischen Theorie anzupassen« versuchte (FA I, 23.2, 218). G. besaß die deutsche Ausgabe: *Abhandlung von den zufälligen Farben* (Wien 1765; Ruppert 5061); der Titel erscheint in einer Bücherliste zu einer Lieferung von J. I. Gerning vom 27.2.1797 (eine weitere Erwähnung von »Schärfer« im Tgb, 25.12.1799).

Im historischen Teil der *Farbenlehre* widmete G. Scherffers Schrift ein eigenes Kapitel (vgl. FA I, 23.1, 910 ff.), das laut Tagebuch am 27.2. und

14.3.1810 entstand. Hier lobte G. Scherffer erneut als »scharfsinnigen und redlichen Beobachter« (ebd. 910), meinte aber, auf die Wiedergabe einzelner Beobachtungen verzichten zu können, »um so mehr als diese Schrift in jedes wahren Liebhabers der Farbenlehre eigene Hände zu gelangen verdient« (ebd. 912). *WZ*

Schiller, Friedrich (1769–1805)

Der vorliegende Artikel thematisiert ausschließlich für G.s Naturforschung bedeutende Aspekte in der Beziehung der beiden großen Dichter, die im ausführlichen Artikel in GHB. 4.2, 944–950 allenfalls beiläufig gestreift werden.

Waren G. und Schiller zunächst mehr oder weniger distanziert, von mancher Missstimmung begleitet, nebeneinander hergegangen, so änderte sich die Lage am 24.6.1794, als G. Schillers Angebot vom 13.6., an den *Horen* mitzuarbeiten, annahm. Im Folgemonat, am 20.7.1794, kam es im Anschluss an eine Sitzung der →Naturforschenden Gesellschaft in Jena zu dem intensiven Gespräch über die →Urpflanze, das nach einer kurzen Periode der Annäherung bald darauf die anhaltende Freundschaft einleitete, die für G.s Morphologie noch im gleichen Jahr, für die Farbenlehre vor allem 1798/1799 fruchtbar wurde. G. hat später unter dem Titel *Glückliches Ereignis* in Morph I, 1 (1817) darüber berichtet (s. o. S. 41).

Aus der Rückschau formulierte G.: »Genoß ich die schönsten Augenblicke meines Lebens zu gleicher Zeit, als ich der Metamorphose der Pflanzen nachforschte, [...] so mußten mir diese vergnüglichen Bemühungen dadurch unschätzbar werden, indem sie Anlaß gaben zu einem der höchsten Verhältnisse, die mir das Glück in spätern Jahren bereitete. Die nähere Verbindung mit Schiller bin ich diesen erfreulichen Erscheinungen schuldig [...]. Schiller zog nach Jena [...]. Zu gleicher Zeit hatte Batsch [...] eine naturforschende Gesellschaft in Tätigkeit gesetzt [...]; einstmals fand ich Schillern daselbst [...], ein Gespräch knüpfte sich an [...]; da trug ich die Metamorphose der Pflanzen lebhaft vor, und ließ, mit manchen charakteristischen Federstrichen, eine symbolische Pflanze vor seinen Augen entstehen [...]; als ich aber geendet, schüttelte er den Kopf und sagte: das ist keine Erfahrung, das ist eine Idee. Ich stutzte, verdrießlich einigermaßen: denn der Punkt der uns trennte, war dadurch aufs strengste bezeichnet [...], ich nahm mich aber zusammen und versetzte: das kann mir sehr lieb sein daß ich Ideen habe ohne es zu wissen, und sie sogar mit Augen sehe. [...] und so besiegelten wir, durch den größten, vielleicht nie ganz zu schlichtenden Wettkampf zwischen Objekt und Subjekt, einen Bund, der ununterbrochen gedauert, und für uns und andere manches Gute gewirkt hat« (FA I, 24, 434 und 436 f.).

In der Folge sandte G. am 30.8.1794 Schiller seine Abhandlung *Inwiefern die Idee: Schönheit sei Vollkommenheit mit Freiheit, auf organische Naturen angewendet werden könne*, die erst 1953 im Nachlass Schillers aufgefunden wurde. Dieser teilte im Gegenzug seine Studien *Freiheit in der Erscheinung ist eins mit Schönheit* und *Das Schöne der Kunst* mit, die später in die *Briefe über die ästhetische Erziehung des Menschen* gestellt wurden. Am 1.9.1794 berichtete Schiller C. G. Körner: »Bei meiner Zurückkunft fand ich einen sehr herzlichen Brief von Goethe, der mir nun endlich mit Vertrauen entgegenkommt. Wir hatten vor sechs Wochen [22.7.1794] über Kunst und Kunsttheorie ein langes und breites gesprochen, und uns die Hauptideen mitgetheilt [...]. Zwischen diesen Ideen fand sich eine unerwartete Uebereinstimmung [...]. Ein jeder konnte dem andern etwas geben, was ihm fehlte, und etwas dafür empfangen. Seit dieser Zeit haben diese ausgestreuten Ideen bei Goethe Wurzel gefaßt, und er fühlt jetzt ein Bedürfniß, sich an mich anzuschließen, und den Weg, den er bisher allein und ohne Aufmunterung betrat, in Gemeinschaft mit mir fortzusetzen. Ich freue mich sehr auf einen für mich so fruchtbaren Ideenwechsel [...]. Gestern erhielt ich schon einen Aufsatz von ihm, worin er die Erklärung der Schönheit: daß sie Vollkommenheit mit Freiheit sei, auf organische Naturen anwendet« (SNA 27, 34 f.).

G. ließ den neuen Freund an seinen weiteren morphologischen Arbeiten Anteil nehmen. Kurz nachdem der Begriff der »Morphologie« erstmalig im Tagebuch genannt worden war (25.9.1796), schrieb G. ihm am 12.11.1796, dass er erneut in »das Steinreich geführt worden. Es ist mir sehr lieb, daß ich so zufälligerweise diese Betrachtungen erneuert habe, ohne welche denn doch die berühmte *Morphologie* nicht vollständig werden würde«. Dies deutet darauf hin, dass G. zunächst einen umfassenden Morphologie-Begriff unter Einschluss des Anorganischen (Geologie und Mineralogie) im Sinn hatte; erst in Zeugnissen aus der Zeit um 1807 wurde der Terminus eindeutig auf organische Bildungen, auf Lebewesen, bezogen.

Am 21.12.1796 unterrichtete G. Schiller über seine »Fisch- und Wurmanatomie«, am 8.2.1797 berichtete er ihm über entomologische Studien: »Über die Metamorphose der Insecten gelingen mir auch gegenwärtig gute Bemerkungen. Die Raupen, die sich letzten September in Jena verpuppten, erscheinen, weil ich sie den Winter in der warmen Stube hielt, nun schon nach und nach als Schmetterlinge und ich suche sie auf dem Wege zu dieser neuen Verwandlung zu ertappen« (vgl. zur Thematik auch an Schiller, 6. u. 10.8.1796, 1.8.1800, 17.8.1802).

Die genannten Zeugnisse belegen, dass Schiller bis in die Einzelheiten über G.s Arbeiten in der Morphologie unterrichtet wurde.

Dies galt in gleichem Maße für die Farbenlehre, wo es darüber hinaus zu einer bisweilen sehr engen Zusammearbeit kam. Nachdem der Dialog 1794 eröffnet worden war, trat Schiller sogleich in der Kontroverse mit →Newton auf G.s Seite. Sein Urteil gegenüber Körner vom 9.10.1794 zählt überhaupt zu den wenigen positiven, die G.s *Beyträge zur Optik* (1791/72) hervorgerufen haben: »Seine Untersuchungen über Naturgeschichte [...] haben mich so sehr, als sein poetischer Charakter interessirt, und ich bin überzeugt, daß er sich auch hier auf einem vortrefflichen Wege befindet. Auch was er gegen die Newtonische Farbentheorie einwendet, scheint mir sehr befriedigend zu seyn« (SNA 27, 66). Diesem Urteil pflichtete Schiller noch einmal 1800 bei, auch wenn er nun an einen erst langfristigen Erfolg G.s glaubte: »In der Optik werden seine Entdeckungen erst in künftiger Zeit ganz gewürdiget werden, denn das Falsche der Newtonischen Farbenlehre hat er bis zur Evidenz demonstriert, und wenn er alt genug wird, um sein Werk darüber zu vollenden, so wird diese Streitfrage unwiderleglich entschieden seyn« (Schiller an Charlotte Gräfin von Schimmelmann, 23.11.1800; SNA 30, 213).

Am 10.10.1795 sandte G. *Xenien* gegen Newton an Schiller (*Welch ein erhabner Gedanke [...]* und *Das ist ein pfäffischer Einfall [...]*, am 21.11.1795 beklagte er sich bei ihm über die Ignoranz G. C. →Lichtenbergs, der die *Beyträge zur Optik* nicht in der neuesten Auflage seines Kompendiums *Anfangsgründe der Naturlehre* (6. Aufl. Göttingen 1794) berücksichtigt hatte (vgl. EGW 1, 271 f.), am 23.12.1795 berichtete er ihm über die Lektüre von L. B. →Castels *L'optique des couleurs* (1740).

Für Ende Mai 1796 ist die Bitte G.s an Schiller um einen »Glas Cubus und das große hohle Prisma« überliefert, und der Brief vom 15.11.1796 offenbart G.s Primat des Physiologischen in der *Farbenlehre*, wenn er hinsichtlich seiner Naturbetrachtungen feststellt: »Es wird [...] eigentlich *die Welt des Auges*, die durch Gestalt und Farbe erschöpft wird«. Im Folgemonat wurden gar mehrere Briefe zum Fortgang der »Optika« gewechselt (vgl. EGW 4, 300 f.).

Während die Zeugnisse aus dem Jahr 1797 (Schweizreise) spärlicher sind, setzte der intensive Dialog mit Schiller über die Farbenlehre 1798 ein, als G. ihm am 10.1. seinen Aufsatz *Der Versuch als Vermittler von Objekt und Subjekt 1793* zusandte. Schiller nahm die Abhandlung mit großem Beifall auf und stimmte explizit G.s Vorbehalten gegen die Beweiskraft eines einzelnen Versuchs zu. In seinem Antwortbrief vom 12.1.1798 bescheinigte er, dass der Aufsatz »eine trefliche Vorstellung und zugleich Rechenschaft Ihres [G.s] naturhistorischen Verfahrens« gab und »die höchsten Angelegenheiten und Erfodernisse aller rationellen Empirie« (SNA 29, 186) berührte.

Das von Schiller gelieferte Stichwort der →»rationellen Empirie« für G.s Vorstellungsart einer wissenschaftlichen Methodik wurde von G. in seinem Aufsatz *Das reine Phänomen*, den er Schiller am 13.1.1798 ankündigte und am 17.1.1798 übersandte, unmittelbar aufgegriffen. G. wollte damit, wie er in seiner Ankündigung schrieb, »ein Apperçu über das Ganze schreiben, um von meiner Methode, vom Zweck und Sinn der Arbeit Rechenschaft zu geben«. Schiller regte in seinem Antwortbrief vom 19.1.1798 die sogenannte Kategorienprobe an: »Es wird Ihnen interessant und belehrend seyn, wenn Sie Ihre Gedanken, die in jenem ältern [*Der Versuch als Vermittler [...]*] und in Ihrem neuesten Aufsatz [*Das reine Phänomen*] aufgestellt sind, nach den *Kategorien* durchgehen [...]« (SNA 29, 188). Mit der Kategorienprobe maß Schiller G.s naturhistorische Vorstellungen an der Kantschen Philosophie, speziell an der Tafel der Kategorien, wie sie Kant in der *Critik der reinen Vernunft* (2. Aufl. Riga 1787, 106) niedergelegt hatte: Quantität (Einheit, Vielheit, Allheit), Qualität (Realität, Negation, Limitation), Relation (Substanz, Kausalität, Wechselwirkung) und Modalität (Wirklichkeit, Möglichkeit, Notwendigkeit). Schiller konstatierte eine Vereinbarkeit, indem er G. mitteilte: »Ihr Urtheil wird ganz bestätigt werden, und es wird ihnen zugleich ein neues Vertrauen zu dem regulativen Gebrauch der Philosophie in Erfahrungssachen erwachsen« (SNA 29, 188). (Die gesamte, überaus wichtige Korrespondenz mit Schiller über die Farbenlehre für die Monate Januar bis April 1798 ist dokumentiert in EGW 4, 311–331).

Aus den späteren →Kant-Studien im Jahr 1817 erwuchs G.s Aufsatz *Einwirkung der neueren Philosophie*, in dem er aus der Rückschau über sein Verhältnis zu Schiller schrieb: »Wie wunderlich es denn auch damit [G.s Kant-Rezeption und Unterschiede der Denkarten] gewesen sei trat erst hervor, als mein Verhältnis zu Schillern sich belebte. Unsere Gespräche waren durchaus produktiv oder theoretisch, gewöhnlich beides zugleich« (FA I, 24, 445).

Im Juni und Juli 1798 beschäftigten sich beide gemeinsam mit dem →Magnetismus. Daraus erwuchs G.s Aufsatz *Physische Wirkungen*, der auch in Form einer Tabelle vorliegt. Am 14.7.1798 berichtete G. an Schiller, er habe »ein Schema aufgestellt worin ich jene Naturwirkungen, die sich auf eine Dualität zu beziehen scheinen, parallelisire und zwar in folgender Ordnung: / Magnetische, / elektrische, / galvanische, / chromatische und / sonore. / Ich werde des Geruchs und Geschmacks nach Ihrem Wunsche nicht vergessen«. Eine Korrespondenz darüber schloss sich an (vgl. EGW 4, 334).

Bereits am 16.7.1798 hatte G. an W. v. Humboldt geschrieben: »Seit einigen Wochen habe ich die magnetischen Phänomene nach meiner Art auf- und zusammengestellt. Schiller nimmt an diesen Studien immer mehr Antheil, und Sie wissen was sein Antheil heißt«.

Ein weiteres Beispiel der engen Zusammenarbeit mit Schiller sind die am Abend des 14.11.1798 in dessen Wohnung in Jena entstandenen Skizzen *Harmonie der Farben* und *Symbolische Annäherung zum Magneten* (vgl. Abb. S. 98) sowie eine Farbtafel, die G. im Anschluss an eine der Skizzen erstellte (dazu ausführlich oben S. 100 und Farbtafel S. 826). Diese Arbeiten sind nicht nur Zeugnis der ersten Niederschrift einer systematischen Harmonielehre der Farben, sie zeigen ebenso, wie sich unter Schillers Einfluss in G.s Vorstellungen Naturwissenschaften, Poesie und Kunst zu einer Einheit formen, die von nur wenigen Grundgesetzen bestimmt wird.

Schiller hatte ebenso Anteil an G.s Versuchen mit dem farbenschwachen Studenten J. K. F. →Gildemeister (in vier Sitzungen vom 19.11.1798 bis 14.2.1799), die in dem Aufsatz *Von Personen, welche gewisse Farben nicht unterscheiden können* beschrieben sind (s.o. S. 101f.). In den *Tag- und Jahresheften* von 1798 würdigte G. Schillers Rolle: »Er war es der den Zweifel lös'te, der mich lange Zeit aufhielt: worauf denn eigentlich das wunderliche Schwanken beruhe, daß gewisse Menschen die Farben verwechseln, wobei man auf die Vermuthung kam, daß sie einige Farben sehen, andere nicht sehen, da er denn zuletzt entschied, daß ihnen die Erkenntniß des Blauen fehle«. In der Sache war Schillers Urteil falsch, da Gildemeister an einer Rotgrünschwäche litt, ein Phänomen, das in der damaligen Zeit noch unerforscht war.

Am 20. und 22.1. sowie am 5. und 7.2.1799 erstellten G. und Schiller eine *Temperamentenrose*, eine Darstellung mit drei Ringen, auf der Farben, Temperamente und typische Merkmalsträger (Berufsgruppen oder Menschen mit bestimmtem Charakter bzw. Stimmungslagen, z.B. Lehrer, Herrscher, Liebhaber) in Beziehung gesetzt werden sollten (s.o. S. 102f. und Farbtafel S. 827). Die *Tag- und Jahreshefte* von 1799 berichten darüber: »[...] so war auch Schiller aufgeregt, unablässig die Betrachtung über Natur, Kunst und Sitten gemeinschaftlich anzustellen. Hier fühlten wir immer mehr die Nothwendigkeit von tabellarischer und symbolischer Behandlung. Wir zeichneten zusammen jene Temperamentenrose wiederholt [...]. Überhaupt wurden solche methodische Entwürfe durch Schillers philosophischen Ordnungsgeist, zu welchem ich mich symbolisirend hinneigte, zur angenehmsten Unterhaltung«.

In der *Konfession des Verfassers*, mit der der Historische Teil der *Farbenlehre* schließt, würdigte G. noch einmal abschließend »wie er [Schiller] an meinem Bestreben lebhaften Anteil genommen, sich mit den Phänomenen bekannt zu machen gesucht, ja sogar mit einigen Vorrichtungen umgeben, um sich an denselben vergnüglich zu belehren. Durch die große Natürlichkeit seines Genies ergriff er nicht nur schnell die Hauptpunkte worauf es ankam; sondern wenn ich manchmal auf meinem beschaulichen Wege zögerte, nötigte er mich durch seine reflektierende Kraft vorwärts zu eilen, und riß mich gleichsam an das Ziel wohin ich strebte« (FA I, 23.1, 986).

An den Beginn des letzten Teils der *Farbenlehre* (*Statt des versprochenen supplementaren Teils*) stellte G. Schillers ›Farben-Gedicht‹ *Wir stammen unser sechs Geschwister / Von einem wundersamen Paar [...]* (ebd. 988), ein Rätsel, dessen auflösende, auf die Farben deutende Verse G. wegließ. Hier wurde noch einmal G. und Schillers gemeinsame, gegen Newton gerichtete Position betont, indem von sechs Farben (wie in G.s →Farbenkreis) die Rede ist, und das farbenerzeugende »Paar« aus Licht und Dunkelheit besteht (wie in G.s von zwei Polen ausgehendem Ansatz zur Erklärung der Entstehung der Farben).

In den *Tag- und Jahresheften* von 1805, Schillers Todesjahr, vermerkte G. ebenfalls mit Rührung die Mitwirkung des Freundes: »Einige geschriebene Hefte der Farbenlehre erhielt ich nach seinem Tode zurück. Was er bei angestrichenen Stellen einzuwenden gehabt, konnt' ich mir in seinem Sinne deuten, und so wirkte seine Freundschaft vom Todtenreiche aus noch fort [...]«.

Literatur

Dreßler, Hilmar: »Wir stammen unser sechs Geschwister von einem wundersamen Paar«: ein Gedicht Schillers als Zeugnis für dessen Teilnahme am Entstehen von Goethes Farbenlehre. In: Die Pforte. 8 (2006), 199–215. – Matthaei, Rupprecht: Die Temperamentenrose aus gemeinsamer Betrachtung Goethes mit Schiller. In: Neue Hefte zur Morphologie. 2 (1956), 33–46. – Ders.: Neue Funde zu Schillers Anteil an Goethes Farbenlehre. In: GJb. (1958), 155–177. – Müller-Seidel, Walter: Naturforschung und deutsche Klassik. Die Jenaer Gespräche im Juli 1794. In: Untersuchungen zur Literatur als Geschichte. Fs. für Benno von Wiese. Hg. von Vincent J. Günther. Berlin 1973, 61–78. – Willems, Gottfried: ›Daß ich Ideen habe ohne es zu wissen, und sie sogar mit den Augen sehe‹. Goethes Jenaer Gespräche mit Schiller und sein aufklärerischer Naturbegriff. Jena 1994.

WZ

Schlesien

Die am 26.7.1790 begonnene Reise G.s nach Schlesien war politisch motiviert. Preußen übte mit einem Truppenaufmarsch Druck auf Russland und Österreich aus, die mit den Türken im Krieg lagen. Herzog →Carl August hatte als Verbündeter der Preußen sein Feldlager in Zirlau bei Schweidnitz aufgeschlagen, wo G. am 2.8. eintraf. Die Reichenbacher Konvention entspannte die politische Situation, doch galt es noch das Einverständnis der Österreicher und vor allem der Türken abzuwarten, deren Zusage erst Mitte September erfolgte. G. nutzte den Aufenthalt in dem »zehnfach interessanten Land« (an das Ehepaar →Herder, 10.8.1790) für geologisch-mineralogische Ausflüge und Besichtigungen von Bergwerken und Steinbrüchen.

Ab Mitte August 1790 lebten G. und der Weimarer Herzog in →Breslau, wo der preußische König Friedrich Wilhelm II. Hof hielt. Laut seinen *Tag- und Jahresheften* befasste sich G. hier mit vergleichender →Anatomie, um das im Frühjahr 1790 in →Venedig erfahrene →Aperçu zur →Wirbeltheorie des Schädels zu vertiefen. Ende August durchstreifte er die gebirgige Grafschaft Glatz und besuchte dort das Bergwerk in Reichenstein, wo eine Gold-Arsen-Lagerstätte abgebaut wurde. Vom 3. bis 10.9.1790 unternahm G. mit dem Herzog unter Führung von Bergbaudirektor Graf Friedrich Wilhelm von Reden einen Ausflug nach Osten, zuerst zu den oberschlesischen Bergwerken von →Tarnowitz, wo sie die ersten Dampfmaschinen in Betrieb sahen und die dortigen Anlagen mit →Ilmenau vergleichen konnten. In Polen besuchten die Reisenden Krakau und das Salzbergwerk von Wieliczka, bevor sie über Czenstochau nach Breslau zurückkehrten.

Von der schlesischen Reise gibt es nur wenige Aufzeichnungen. Umstritten ist deshalb, ob G. schon Mitte September das Riesengebirge aufgesucht hat. Ziemlich sicher bestieg er aber auf der Rückreise nach dem Besuch des Steinkohlebergwerks von Waldenburg am 22.9.1790 die Schneekoppe und dürfte auf der Weiterfahrt nach Westen auch die damals berühmten Vitriolwerke bei Schreiberhau besichtigt haben. Vom 25.9. bis 3.10. blieb G. in Dresden, wo er in der Königlichen Naturalienkammer anatomische Beobachtungen anstellte (vgl. LA II, 9A M 98f.). Ein von G. gegenüber den Herders am 10.8.1790 brieflich angekündigter Besuch in →Freiberg ist hingegen nicht belegbar. Am 6.10.1790 kam G. wieder in Weimar an. Eine 1826 als Ergänzung der autobiographischen Schriften angekündigte *Campagne in Schlesien* (vgl. WA I, 42.1, 113) blieb unausgeführt.

Vgl. auch den Artikel in GHB. 4.2, 956–958.

Literatur

Ziolko, Karl-Heinz: Goethes Schlesische Reise. München 1992. *WY*

Schlesische Gesellschaft für vaterländische Kultur

Die in →Breslau ansässige Gesellschaft – »ein patriotischer Verein, bey dessen Sitzung alles Wissenswerthe in's Leben Eingreifende vorgetragen wird« (an Carl August, 13.1.1822) –, deren Präsidentschaft zwischen 1820 und 1844 Fritz von →Stein innehatte, besaß auch mehrere naturwissenschaftliche Sektionen, innerhalb derer Heinrich Wilhelm →Brandes für meteorologische Themen zuständig war. G. stellte den Kontakt mit der Gesellschaft in erster Linie her, um einen Austausch meteorologischer Beobachtungsdaten zwischen Schlesien und Sachsen-Weimar-Eisenach (vor allem »des höchsten und tiefsten Punctes«, ebd.) zu gewährleisten.

In dem Brief vom 13.1.1822, mit dem er Herzog Carl August eine meteorologische Tabelle von Stift Tepl bei Marienbad sandte, kündigte G. an: »Mit der schlesisch-vaterländischen Gesellschaft, wo Brandes als Mitglied der physikalischen Section von Zeit zu Zeit seine Beobachtungen vorträgt, setzen wir uns durch Friedrich v. Stein in gleiches Verhältniß«. Die nach Breslau gesandten Daten des Herzogtums beindruckten dort: »Professor Brandes fand die mitgeteilten Tabellen besser als unsre hiesigen [...]. Vorgestern war die Zusammenkunft der physikalischen Sektion welche mit Vergnügen auf die Weimarschen Vorschläge [eines Datenaustausches] eingeht [...]« (Fritz v. Stein an G., 8.3.1822; LA II, 2, 402).

Genaueres erfährt man aus dem Bericht des Sekretärs der naturwissenschaftlichen Sektion, Christian Heinrich Müller, die im *Dritten Bulletin [...] im Juli 1822* erschien: »Ein Schreiben [...] von Goethe in Weimar an [...] Stein, mit Vorschlägen an die naturwissenschaftliche Sektion zur Eröffnung einer Kommunikation zwischen der meteorologischen Anstalt zu Breslau und der zu Wartburg; dem zugleich mehrere Exemplare der am letzten Ort eingeführten Tabellen [...] beigelegt waren. Die Sektion nahm vorläufig mit gebührendem Dank diesen gütig zuvorkommenden Anfang der wechselseitigen Mitteilung an [...]« (LA II, 2, 402f.).

Am 22.4.1822 erhielt G. laut Tagebuch aus »Breslau durch Müller die ersten meteorologischen Mittheilungen« und deren aktuelle *Bulletins* der Jahre 1821 und 1822 (vgl. WA III, 8, 319). Kurz darauf, am 16.6.1822, wurde G. zum Ehrenmitglied der Schlesischen Gesellschaft für vaterländische Kultur ernannt.

Überliefert in G.s Nachlass sind eine Liste schlesischer Beobachtungsorte (LA II, 2, 115, M 8.13) sowie Wetterdaten vom 3. bis 5.2.1825 aus Schlesien (ebd. 118–121, M 8.15), jeweils von Brandes. In Publikationen der Schlesischen Gesellschaft der Jahre 1825 bis 1827 sind weitere Sendungen durch G. genannt (vgl. GS, 628–630).

Anlässlich eines Besuchs von Fritz von Stein im Jahr 1825 hielt G. auch »Breslauer Societäts Nachrichten« und eine »Übersicht [den Jahresbericht] von 1824« fest (Tgb, 29.10. und 4./5.11.1825). Den Bericht des Jahres 1827 las er am 13.3.1828.

Literatur

Schiff, Julius: Goethe, die Schlesische Vaterländische Gesellschaft und die ersten meteorologischen Beobachtungen auf der Schneekoppe. In: Der Wanderer im Riesengebirge. 45 (1925), 218–220. – Ders.: Der alte Goethe und Schlesien. In: Schlesische Monatshefte. 5 (1928), 468 (Faksimile von G.s Mitgliedsdiplom). *ZA*

Schlosser, Christian Heinrich (auch Christian Friedrich) (1782–1829)

Der Neffe von Johann Georg →Schlosser studierte 1801/1802 Medizin in Jena, 1804 bis 1806 in Göttingen, lebte 1808 bis 1812 in Italien, danach in Frankfurt am Main und war später als Gymnasialdirektor in Koblenz tätig. G. hatte ihm nach seiner Rheinreise 1814 mit vielen persönlichen Begegnungen (die sich im Folgejahr wiederholten) am 23.11. und 2.12.1814 Empfehlungen für naturwissenschaftliche Studien gegeben und ihm entsprechende Literatur genannt (so von →Nees v. Esenbeck, →Schelver, auch die eigene Schrift über die *Metamorphose der Pflanzen* von 1790). Der nur sporadisch geführte Briefwechsel erlebte seinen Höhepunkt im Jahr 1815, als es zu einer intensiven Diskussion und ausführlichen gegenseitigen Schreiben über G.s *Tonlehre* kam (s. o. S. 244–247; vollständig dokumentiert in LA II, 5B.1).

C. H. Schlosser war überdies Verfasser des zunächst G. zugeschriebenen Aufsatzes *Der Dynamismus in der Geologie* (vgl. LA II, 8A, 85–88, M 60), der auf die Begegnungen im Jahr 1814 zurückgeht (→Atomismus/Dynamismus). *WZ*

Schlosser, Johann Georg (1739–1799)

G.s Beziehung zu seinem Schwager ist in GHB. 4.2, 958 ff. ausführlich gewürdigt worden. Hier sollen nur die wenigen Aspekte genannt werden, die Naturforschung zum Gegenstand haben. In seinem am 21.7.1793 im Lager von Marienborn vor Mainz verfassten Aufsatz *Einige allgemeine chromatische Sätze* (s. o. S. 92) hatte G. einen Arbeitsplan entwickelt, der sich mit dem möglichen Beitrag von Wissenschaftlern verschiedener Disziplinen zu einer weitgefassten Farbenlehre befasste. Als G. kurz darauf, im August 1793, nach langer, fast 15jähriger Unterbrechung mit Schlosser in Heidelberg zusammentraf, verlief die Begegnung nicht zuletzt wegen der kontroversen Diskussion über diesen Arbeitsplan kurz und wenig erfreulich, da G. von Schlosser nahezu verspottet wurde. G. hat darüber in den *Tag- und Jahresheften* von 1793 und in der *Belagerung von Mainz* berichtet (ausführlich dazu oben S. 92).

Als Schlosser am 15.5. und 24.8.1799 aus Frankfurt am Main (wo er ab 1798 wieder lebte) von der Einrichtung eines Gartens berichtete, knüpfte G. den Kontakt am 30.8.1799 wieder an und erkundigte sich nach Schlossers Kenntnissen über seine Schrift über die *Metamorphose der Pflanzen* (1790). Er erhielt ein langes Antwortschreiben (vom 14.9.1799), das Schlossers Eindrücke nach der Lektüre schilderte und manchen Diskussionspunkt für G. lieferte. Doch kurz darauf, am 17.10.1799, starb Schlosser. »Unsere botanische Correspondenz« – so G. an →Schiller am 23.10.1799 ohne erkennbare Emotion – »hat sich also leider zu früh geschlossen«. *WZ*

Schlotheim, Ernst Friedrich von (1764–1832)

Am 8.12.1793 bat der Gothaer Minister S. F. L. v. Frankenberg G., sich für die Teilnahme Schlotheims am Gewerkentag in →Ilmenau (9./10.12.1793) einzusetzen und teilte G. anschließend in seinem Brief vom 14./15.12.1793 mit, dass Schlotheim einen Aufsatz darüber schreiben wolle und sich dankbar der Güte G.s erinnere (vgl. RA 1, 823).

Obwohl sich der durch C. G. →Voigt mit einem Brief vom 20.6.1794 an G. übermittelte Vorschlag Schlotheims, vor dem Bau einer neuen Anlage zur Mineralienscheidung erst »bessern [Erz-]Gehalt der Anbrüche« abzuwarten (RA 1, 974), durchsetzte, wurde G. auf den Paläontologen und Paläobotaniker erst aufmerksam, als er am 3. und 4.3.1814 in C. C. v. →Leonhards *Taschenbuch für die gesammte Mineralogie* (7, 1813, 3–134) Schlotheims *Beiträge zur Naturgeschichte der Versteinerungen in geognostischer Hinsicht* las, zumal ihm die von Schlotheim begründete Verbindung von →Geognosie und Paläontologie zusagte. In einem Brief an Leonhard vom 9.3.1814 lobte G.: »Der v. Schlotheim'sche Aufsatz spricht S. 20 mir ganz nach dem Sinne. Ich bin schon längst der Überzeugung, daß man bey Erklärung der verschiedenen Erdbildungen nur alsdann gewaltsame Revolutionen zu Hülfe rufen muß, wenn man mit ruhigen Wirkungen, die denn doch der Natur am allergemäßesten sind, nicht mehr auskommen kann« (zur von G. angesprochenen Textstelle über die Bedeutung des Wassers vgl. LA II, 8A, 343).

In einem Briefkonzept an J. C. W. →Voigt vom 20.3.1814 erwähnte G. erneut den Aufsatz Schlotheims, der – wie L. →Heim und K. E. A. v. →Hoff – auf dem Wege sei, »sich so schön zwischen die ältere mechanische Vorstellungsart und die neue transcendirende« zu stellen, »so überwindet das Gute nach und nach die Stockungen, und schützt vor Übertriebenheiten«.

Am 28.4.1817 besuchte Schlotheim G. in Jena; es wurde »besonders über Fossilien gesprochen« (ein weiterer Besuch in Weimar am 18.9.1827).

Obwohl G., einem Brief an Graf →Sternberg vom 26.9.1821 zufolge, Schlotheims paläobotanische Bemühungen schon längst zur Kenntnis genommen hatte, wurde er doch erst durch Sternbergs Schrift *Versuch einer geognostisch-botanischen Darstellung der Flora der Vorwelt* (Heft 1, 1820) angeregt, sich damit auseinanderzusetzen. Am 5.5.1821 entlieh G. (mit mehrmaliger Verlängerung, auch durch seinen Sohn August, bis zum 20.9.1828!) Schlotheims *Petrefakten-Kunde auf ihrem jetzigen Standpunkte [...]* (Gotha 1820) aus der Jenaer Bibliothek. Vom 14.6. bis 18.7.1827 und am 31.12.1830 zog er Schlotheims *Beschreibung merkwürdiger Kräuterabdrücke und Pflanzenversteinerungen* (Gotha 1804) aus der Weimarer Bibliothek heran.

In einem auf den 12.4.1828 datierten Briefkonzept bedauerte G. gegenüber Schlotheim, »daß ich nicht längst an Ihrer Seite mich an der durch große Sorgfalt und Einsicht zusammengebrachten und -gestellten Fossiliensammlung habe belehren können« und empfahl seinen Sohn für einen Besuch. Kurz darauf, am 5.5.1828, besprach er mit diesem »in dem Cabinet der Fossilien [...] eine Sendung an Herrn von Schlotheim«.

Literatur
Barthel, Manfred: Pflanzenfossilien als Kulturgut. Zum 150. Todesjahr von E. F. von Schlotheim und J. W. von Goethe. In: Neue Museumskunde. 26 (1983), 4–13. – Prescher 339f. – Ders.: Die geowissenschaftlichen Sammlungen Johann Wolfgang von Goethes in Weimar und die Beziehungen Goethes zu Ernst Friedrich von Schlotheim. In: Zs. f. geologische Wissenschaften. 11 (1983), 1255–1265. – Steenbuck, Kurt: Silber und Kupfer aus Ilmenau. Ein Bergwerk unter Goethes Leitung. Weimar 1995 (SchrGG. 65). *HO*

Schmetterling s. Insekten

Schnecke

Am 11.5.1797 (in LA und FA irrtümlich 11.3.) beschäftigte sich G. mit der Sektion einer Schnecke und verfasste dazu den Text *Anatomie der Schnecke* (vg. FA I, 24, 343), in dem er vor allem das »Nahrungssystem« und das »Drüsensystem« beschrieb, Herz und Lunge nur erwähnte. Die etwa zeitgleich (vor allem 1796 bis 1798) betriebenen *Entomologischen Studien* sowie die Niederschrift *Punkte zur Beobachtung der Metamorphose der Raupe* belegen ebenso, dass G. sich zumindest vereinzelt von den Wirbeltieren löste, die ansonsten im Zentrum seiner Interessen standen (→Infusionstiere, →Lepaden). *WZ*

Schöndorf

In einer Ankündigung von Herzog Carl August vom 3.10.1816, er wolle bei Schöndorf eine »Windfahne mit einem Elecktrometer« als »echten Zeichendeuter« (Wahl 2, 164) installieren lassen, wurde der Ort auf dem Ettersberg nordwestlich von Weimar erstmals genannt. Im Laufe des Jahres 1817 entstand in Schöndorf die erste Beobachtungsstation des Messnetzes des Großherzogtums Sachsen-Weimar-Eisenach (→Meteorologische Anstalten). Ende 1817/Anfang 1818 verfassten G. und F. →Körner →Instruktionen für den dortigen Wetterbeobachter. In diesem Zusammenhang teilte G. einem unbekannten Adressaten am 22.1.1819 mit, dass sein Aufsatz →*Camarupa* »über die Howardische Wolkentheorie« (→Howard, →Wolkenterminologie) »zum Behuf der meteorologischen Anstalt auf dem Ettersberge« geschrieben worden sei.

Am 10.1.1818 konnte Carl August G. melden, dass die Station Schöndorf »nun ganz eingerichtet« sei (Wahl 2, 204). Besetzt wurde sie zunächst mit dem Hofjäger C. F. →Koch, von 1822(?) bis Mai 1825 mit F. Laudenbach (vgl. Tgb, 15.2.1822: »Lauterbach«).

G. widmete der Schöndorfer Station viel Aufmerksamkeit, besuchte sie am 27.5.1819 mit Ulrike von Pogwisch und sandte immer wieder die dort erstellten Wettertabellen an die →Sternwarte in Jena (vgl. Tgb, 7.11.1820, 16.2.1821, 15.2.1822).

Carl August studierte ebenfalls die Daten aus Schöndorf, um sie mit den Ständen seines eigenen Barometers abzugleichen (vgl. Carl August an G., 2.2.1821; Wahl 3, 11f.).

Mit dem Jahr 1829 wurden die meteorologischen Beobachtungen in Schöndorf eingestellt. *ZA*

Schopenhauer, Arthur (1788–1860)

Der bekannte Philosoph brach seine Kaufmannslehre in Hamburg ab und kam 1807 auf das Gymnasium in Weimar, wo sich im September 1806 – nach dem Tod des Vaters im Jahr 1805 – bereits seine Mutter Johanna Schopenhauer (1766–1838) mit seiner Schwester, der späteren Schriftstellerin Adele Schopenhauer (1797–1849), niedergelassen hatte. Nach dem Studium der Naturwissenschaften in Göttingen (ab 1809) und der Philosophie in Berlin (ab 1811) wurde Schopenhauer 1813 in Jena mit der Dissertation *Ueber die vierfache Wurzel des Satzes vom zureichenden Grunde* promoviert, deren Übersendung an G. den Beginn einer Annäherung bezeichnete (vgl. Tgb, 4.11.1813), die sich durch ein Gespräch im literarischen Salon der Johanna Schopenhauer am 6.11.1813 fortsetzte.

G. hielt Schopenhauer in der Folgezeit zur Beschäftigung mit seiner *Farbenlehre* an, experimentierte mit ihm gemeinsam und stellte ihm Instrumente für eigene Forschungen zur Verfügung (vgl. an Schopenhauer, 8.1.1814; Tgb, 13.1.1814). Im Frühjahr 1814 wechselte Schopenhauer – nach dem Bruch mit der Mutter – nach Dresden, beschäftigte sich dort aber weiterhin intensiv mit der Farbenlehre und arbeitete seine Schrift *Über das Sehn und die Farben* aus, die 1816 in Leipzig erschien, G. aber bereits 1815 im Manuskript zur Lektüre vorlag. Daraus – und aus der 1815/1816 geführten Korrespondenz – war zu entnehmen, dass Schopenhauer zwar prinzipiell auf die Seite G.s trat und die Newtonschen Theorie für falsch hielt, daneben aber eigene Ideen entwickelte, die G. missfallen mussten, so vor allem die Leugnung der für G. so wichtigen These, dass aus den einzelnen Farben nicht wieder das Weiße zusammengesetzt werden könne. Auch G.s Vorstellung der Entstehung der Grundfarben Blau und Gelb aus einer Verbindung von →Licht und Finsternis bzw. von Licht mit dem →Trüben, akzeptierte Schopenhauer nicht und glaubte überdies, mit seiner Arbeit erst G.s *Farbenlehre* vollenden zu müssen. Der Briefwechsel zwischen beiden macht den Prozess der zunehmenden Distanzierung und gegenseitigen Enttäuschung bis zum Ende der Beziehung im Jahr 1819 deutlich (vgl. Lütkehaus 1992).

In den *Tag- und Jahresheften* von 1816 heißt es bereits: »Dr. *Schopenhauer* trat als wohlwollender Freund an meine Seite. Wir verhandelten manches übereinstimmend mit einander, doch ließ sich zuletzt eine gewisse Scheidung nicht vermeiden, wie wenn zwei Freunde, die bisher mit einander gegangen, sich die Hand geben, der eine jedoch nach Norden, der andere nach Süden will, da sie denn sehr schnell einander aus dem Gesichte kommen«. Im Brief an C. F. L. →Schultz vom 19.6.1816 formulierte G. nach einem Rückblick auf den zunächst gemeinsamen Weg drastischer: »Nun ist, wie Sie wohl beurtheilen, dieser junge Mann, von meinem Standpunct ausgehend, mein Gegner geworden [...]«.

Auch G.s Lektüre und das Lob für Schopenhauers Hauptwerk *Die Welt als Wille und Vorstellung* (18. bis 24.1.1819) führten zu keiner erneuten Annäherung. Ein letztes Mal traf man sich am 20.8.1819 zu einem Gespräch in Jena über →entoptische Farben (vgl. TuJ 1819; Schopenhauer dort als »meist verkannter, aber auch schwer zu kennender, verdienstvoller junger Mann«).

Auch nach Abbruch der Beziehungen empfand Schopenhauer lebenslang die allgemeine Kritik an G.s *Farbenlehre* als große Ungerechtigkeit, was er noch 1849 mit seiner Eintragung in das Frankfurter G.-Album zum 100. Geburtstag G.s dokumentierte, in der er »das schwere und empörende Unrecht« beklagte, das G. widerfahren sei (komplett abgedruckt in FA I, 23.2., 760ff.). 1854 erschien eine zweite, vermehrte und verbesserte Auflage von Schopenhauers Schrift *Über das Sehn und die Farben.*

Literatur
Appel, Sabine: Arthur Schopenhauer. Düsseldorf 2007. – Birnbacher, Dieter: Freiheit und Unfreiheit des Willens. In: Beckermann, Ansgar (Hg.): Klassiker der Philosophie heute. Stuttgart 2004, 459–477. – Crone, Robert A.: Schopenhauer und Helmholtz. Zwei- und Dreifarbentheorie. In: Mitteilungen der Julius-Hirschberg-Gesellschaft zur Geschichte der Augenheilkunde. 2 (2001), 251–262. – Élie, Maurice: »Objectif-Subjectif«. Doctrine et théorie des couleurs de Goethe et de Schopenhauer. In: Valentin, Jean-Marie (Hg.): Johann Wolfgang Goethe. L'un, l'autre et le tout. Paris 2000, 441–458. -Lauxtermann, P. F. H.: Hegel and Schopenhauer as partisans of Goethe's »Theory of Color«. In: Journal of the History of Ideas. 51 (1990) 599–624. – Löhneysen, Wolfgang von: Im Blickfeld: Goethe und Schopenhauer. St. Augustin/Bonn 2001. – Lütkehaus, Ludger: Arthur Schopenhauer. Der Briefwechsel mit Goethe. Zürich 1992. – Ostwald, Wilhelm: Goethe, Schopenhauer und die Farbenlehre. Leipzig 1918. – Schnelling, Thomas: »Fänd' ich nur immer das gleiche Blut«. Newton – Goethe – Schopenhauer. Ein notwendig mißlungener Dialog. In: Kemper, Herwart u.a. (Hg.): Schule – Bildung – Wissenschaft. Rudolstadt 1999, 95–120. – Wagner, Karl: Goethes Farbenlehre und Schopenhauers Farbentheorie. In: Jb. der Schopenhauer-Gesellschaft. 22 (1935), 92–176. *WZ*

Schrön, Heinrich Ludwig Friedrich (1799–1875)

Im März 1820 als Mathematikstudent und Assistent von J. F. →Posselt eingestellt, wurde Schrön nach dessen frühem Tod (30.3.1823) Leiter der →Sternwarte in Jena, nachdem er mit Verfügung vom 25.11.1822 zum »Conducteur« befördert worden war. Zunächst war nur eine Interimslösung ins Auge gefasst, doch da Schrön bereits gut eingearbeitet war und die Aufgaben zur Zufriedenheit erledigte, wurde die Führungsposition nicht neu besetzt und Schrön schließlich 1829 zum Inspektor und 1834 – nach G.s Tod – zum Direktor ernannt.

Mit Schrön setzte G. in oberaufsichtlicher Funktion den Umgang und die Korrespondenz nahtlos fort, die er zuvor mit Posselt gepflegt hatte: vor allem ging es um Wetterdaten und -tabellen, meteorologische Fachliteratur und die Überwachung der →meteorologischen Anstalten im Großherzogtum. Für ZNÜ II, 1 (1823) lieferte Schrön eine *Vergleichende graphische Darstellung der Barometer-Stände verschiedener Ort im Monat December 1822*, in der Daten aus Karlsruhe, Halle, Jena, Wien, London, Boston (England), Wartburg, Ilmenau und Tepl eingetragen sind (vgl. Abb. S. 219). Für das folgende Heft (II, 2, 1824) steuerte er einen Aufsatz über *Die meteorologischen Anstalten des Großherzogtums Sachsen-Weimar-Eisenach* bei. Eine weitere graphische Auswertung der *Resultate der meteorologischen Beobachtungen zu Jena, Weimar, Schöndorf, Wartburg und Ilmenau vom Jahre 1823* erwähnte G. in seinem *Versuch einer Witterungslehre 1825* (vgl. FA I, 25, 277).

Überliefert sind Schröns *Bemerkungen die tägliche Oszillation des Barometers betreffend* vom 7.8.1824 (LA II, 2, 39–43, M 6.2; zur Wiederaufnahme des Themas →Oszillation), die G. am 4.4.1824 erbeten und die in Schröns Brief vom 13.6.1824 eine vorläufige Bearbeitung erfahren hatten (vgl. LA II, 2, 463). Über Schröns Aufgaben gibt im Detail eine Instruktion vom 8.10.1824 Auskunft, die jeweils fünf astronomische und meteorologische Punkte nennt, darunter die »Bestimmung der richtigen Lage des Passage-Instruments«, die »Berechnung, Zeichnung und Beobachtung der Sonnen- und Mondfinsternisse«, das »Aufsuchen und Beobachten entdeckter Kometen«, die »Fertigung der graphischen Darstellungen der meteorologischen Beobachtungen des Großherzogtums«, die »Fertigung des Manuskripts für die öffentliche Bekanntmachung der Beobachtungen« und die »genaue Prüfung der eingesandten Beobachtungs-Tabellen« (LA II, 2, 470f.).

Am 14.12.1824 schrieb G. an den Grafen Sternberg: »Die jenaische Anstalt unter den übrigen die ich besorge macht mir jetzt Freude weil der genannte Ludwig Schrön ein gar wackerer junger Mann ist, in den ersten Zwanzigen von der größten Accuratesse [...]«.

Schröns mathematische Kompetenz belegt sein im März 1825 für G. angefertigter Aufsatz *Noch eine Anwendung der de La Placeschen Formel für die Messung der Höhen vermittelst des Barometers* (LA II, 2, 209ff., M 10.6), über den er 1833 mit Eckermann korrespondierte, als dieser G.s *Versuch einer Witterungslehre 1825* zum Druck bringen wollte (vgl. ebd. 523f.).

Schröns Engagement wird aus einem Brief an →Kräuter vom 31.12.1826 ersichtlich: »Heut und morgen sind kleine Festtage für mich. Heute stelle ich oder bringe ich meinen Regen- und Verdunstungsmesser in Gang, morgen beginnt im Großherzogtum die neue Epoche im Beobachten nach der neuen Tabelle« (ebd. 544; →Instruktionen, meteorologische). Die meteorologischen Stationen kontrollierte Schrön auf regelmäßigen Inspektionsreisen.

Unter dem 8.10.1827, dem Tag von G.s letztem Besuch auf der Sternwarte in Jena, berichtete Eckermann, dass »Herr Doktor *Schrön* uns die bedeutendsten Instrumente vorzeigte und erklärte. Auch das anstoßende meteorologische Cabinet ward mit besonderem Interesse betrachtet, und Goethe lobte Herrn Doktor Schrön wegen der in allen diesen Dingen herrschenden großen Ordnung« (FA II, 12, 637f.).

Von Februar 1828 bis März 1829 ermöglichte man Schrön einen Studienaufenthalt auf der Sternwarte in Gotha. *ZA*

Schubert, Gotthilf Heinrich (1780–1860)

Den Dresdner Naturforscher und Arzt (später Professor in Erlangen und München), der dem Kreis der romantischen Naturphilosophen zugerechnet werden kann, lernte G. laut Tagebuch am 25.7.1807 in Karlsbad kennen; gesehen hatte er Schubert bereits zur Zeit seines Studiums in Jena (1801 bis 1803). In Karlsbad trug Schubert »seine Theorie des Sonnensystems vor«, G. las »seine Abhandlung über die Verwesung« (Tgb, 25.7.1807, auch 30.7., 6. u. 7.8.).

Am 30.8.1807 sandte Schubert den zweiten Teil des ersten Bandes seiner *Ahndungen einer allgemeinen Geschichte des Lebens* (Leipzig 1807), in dessen *II. Abschnitt: Von den Keplerschen Gesetzen des Organischen* vom Planetensystem die Rede ist (vgl. LA II, 2, 266f.). Den ersten Teil (1806) hatte G. bereits am 12.3.1806 von Schubert erhalten (vgl. RA 5, 333).

Am 2.12.1808 informierte Schubert über einen geplanten zweiten Band, dessen erster Abschnitt »Untersuchungen über das Alter der Erde als Planeten« vorstellen sollte (LA II, 2, 270), und übersandte seine in Dresden gehaltenen naturwissenschaftlichen Vorlesungen, die unter dem Titel *Ansichten von der Nachtseite der Naturwissenschaft* (Dresden 1808) erschienen waren und in denen Spekulationen über Träume und das Unbewusste, Schlafwandeln und Hellsehen eine Rolle spielten. Obwohl die Lektüre laut Tagebuch erst für den 28.12.1808 belegt ist, berichtet Riemer bereits unter dem 8.12.1808: »Als von Schuberts Ansichten von der Nachtseite der Naturwissenschaft und deren *Heiligkeit* die Rede war, bemerkte Goethe: ›Solche Naturen wie Schubert seien gleichsam die *Moll-*

Töne der Natur, das *Heilige* spräche sich aber auch in *Dur-Tönen* aus« (GG 2, 392).

Gegenüber →Boisserée beklagte sich G. am 4.8.1815 über Schuberts christlichen Mystizismus: »[...] der Schubert, der erbärmliche, mit seinem hübschen Talent [...] spielt nun mit dem Tode, sucht sein Heil in der Verwesung [...]« (GG 2, 1036). Des Weiteren bekam →Nees v. Esenbeck in einem vor dem 7.1.1819 verfassten Brief ein negatives Urteil zu lesen: »Auch die Nacht- und Schattenseite macht uns Bewohnern der Lichtseite etwas bange [...] Schuberts Art kann ich nicht lieben«. G.s Kritik richtete sich vor allem – ähnlich wie bei →Schelver – auf die Vermischung von Naturbetrachtung und Religiosität.

Literatur

Eichler, Andreas: G. H. Schubert. Ein anderer Humboldt. Zwickau 2010. *ZA*

Schuchardt, Johann Christian (1799–1870)

Nach dreijähriger Ausbildung an der Weimarer Zeichenschule studierte Schuchardt von 1820 bis 1824 in Jena Jura und wurde 1825 Registrator in der G. unterstehenden Oberaufsicht der Anstalten für Wissenschaft und Kunst, wo er für die Einrichtungen der Bibliothek und die neu aufgestellte Bildersammlung im Jägerhaus in Weimar zuständig war. Neben Johann August Friedrich →John und Friedrich Theodor David →Kräuter fungierte er auch als G.s Sekretär, wobei er vor allem zu Schreib- und Kopierarbeiten herangezogen wurde.

Nach G.s Tod war Schuchardt an der Inventarisierung des Nachlasses beteiligt und wurde neben Kräuter Verwalter von G.s Kunstsammlungen. 1848 erschien der von ihm herausgegebene zweibändige Katalog *Goethe's Kunstsammlungen*, dem 1849 ein dritter Band folgte, der *Mineralogische und andere naturwissenschaftliche Sammlungen* umfasste. In diesem ersten Inventar listete Schuchardt 10860 Nummern zu Mineralien, 7197 zu Petrefakten und Abgüssen, 111 zu naturhistorischen (biologischen) und 110 zu physikalischen Gegenständen auf (vgl. GS 860). Aufgrund späterer Revisionen und detaillierter Inventarisierung kann diese Arbeit Schuchardts nur noch historisches Interesse beanspruchen. →Naturwissenschaftliche Sammlungen

Literatur

Brandt, Philine: Johann Christian Schuchardt als Kustos der Großherzoglichen und Goetheschen Sammlungen. In: Bertsch, Markus und Grave, Johannes (Hg.): Räume der Kunst. Blicke auf Goethes Sammlungen. Göttingen 2005 (Ästhetik um 1800 5), 102–121. *EN*

Schütz, Christian Wilhelm (seit 1803: von) (1776–1847)

Den Schriftsteller, preußischen Landrat und Ritterschaftsdirektor in der Neumark, der 1820 seinen Wohnsitz nach Dresden verlegte, hatte G. im Sommer 1808 in →Karlsbad kennengelernt (vgl. TuJ von 1808). Spätere Begegnungen sind für den 20.5.1817 in Jena, vom 20.8. bis 7.9.1818 in Karlsbad, vom 1. bis 7.3.1819 in Weimar sowie für den 3./4.8.1821 und 12.8.1822 in →Marienbad belegt.

Während G. Schütz' Trauerspiel *Lacrimas* (1803) ablehnte, nahm er dessen Hefte *Zur intellektuellen und substantiellen Morphologie, mit Rücksicht auf die Schöpfung und das Entstehen der Erde* (3 Hefte, Leipzig 1821–1823; Heft 2 u. 3 in G.s Bibliothek; Ruppert 526), in denen G. häufig zitiert wird, wohlwollend auf. Auszüge aus dem ersten Heft, das G. am 11., 13. und 14.8.1821 in Marienbad las, druckte er in seiner Rezension in der Zeitschrift *Zur Morphologie* (Morph I, 4, 1822) ab. Über das zweite Heft berichtete Schütz mit Schreiben vom 21.6.1822; G. besprach es mit Schütz am 12.8.1822 in Marienbad, erhielt das Heft am 19.8.1822 und stellte es in Morph II, 1 (1823) vor. Das dritte Heft der *Intellektuellen [...] Morphologie*, das G. mit Schreiben von Schütz vom 17.4.1823 zugesandt wurde, thematisierte auch G.s *Farbenlehre* (78–98), worauf dieser zwar in seinem Aufsatz *Einleitung zu öffentlichen Vorlesungen über Goethes Farbenlehre* dankend hinwies (vgl. FA I, 25, 814), das Heft jedoch im Gegensatz zu seinen beiden Vorgängern nicht näher behandelte.

Schütz hat zu einigen Aufsätzen in G.s Zeitschrift *Zur Naturwissenschaft überhaupt, besonders zur Morphologie* Niederschriften angefertigt, die nicht überliefert sind (vgl. LA II, 10A, 650). Im *Literarischen Conversations-Blatt* vom 13.6.1821 (S. 527–539) rezensierte er ausführlich das dritte Heft des ersten Bandes (1820) der G.schen Zeitschrift.

Reaktionen G.s auf Schütz finden sich auch in den *Maximen und Reflexionen* (vgl. MuR 391–395).

Literatur

Semdner, Helmut: Schütz-Lacrimas. Das Leben des Romantikerfreundes, Poeten und Literaturkritikers Wilhelm von Schütz (1776–1847). Berlin 1974. *EN*

Schultz, Christoph Friedrich Ludwig (1781–1834)

G.s Bekanntschaft mit dem Juristen und preußischen Staatsrat in Berlin, von 1819 bis 1825 Regierungsbevollmächtigter an der Universität Berlin, danach Privatgelehrter in Wetzlar und ab 1831 in Bonn, wurde Mitte 1814 durch →Zelter vermittelt (vgl. Schultz an G., 29.7.1814). Schultz, der sich bereits im Mai 1811 zu G.s *Farbenlehre* geäußert hatte (vgl. EGW 4, 624f.), wurde daraufhin neben T. J. →Seebeck (und ab 1821 L. D. v. →Henning) der engste Verbündete G.s in Sachen *Farbenlehre*, förderte diese in Berlin nach seinen Möglichkeiten und beteiligte sich auch als Autor im Bereich der →physiologischen Farben an G.s Zeitschrift *Zur Naturwissenschaft überhaupt*, eine Tätigkeit, die wiederum G. mit allen Mitteln unterstützte. Das Verhältnis G.s zu Schultz ist unter dem Aspekt der *Farbenlehre* anlässlich von Schultz' Abhandlung *Ueber physiologe Farbenerscheinungen, insbesondere das phosphorische Augenlicht, als Quelle derselben, betreffend* ausführlich behandelt worden (s.o. S. 126f.).

G. teilte Schultz auch seine wichtigsten meteorologischen Ansichten mit. Er sandte ihm am 28.11.1821 das Gedicht *Howard's Ehrengedächtnis* (ZNÜ I, 4, 1820), wies ihn am 5.9.1822 auf L. →Howards autobiographischen Aufsatz *Luke Howard an Goethe* (in ZNÜ II, 1, 1823) hin und freute sich, dass Schultz seiner These von einer pulsierenden Schwerkraft als tellurischer Ursache des Wettergeschehens zustimmte (vgl. an Schultz, 9.12.1822, 10.4. u. 19.8.1823; →tellurisch, →Ein- und Ausatmen der Erde, →Erdanziehungskraft). G. berichtete ihm im Mai und am 11.6.1823 von den Versuchen →Poggendorffs zu barometrischen Höhenbestimmungen.

Schulz beschrieb G. aus Salzbrunn am 13.9.1823 das Phänomen der sogenannten Dämmerungsstrahlen (vgl. LA II, 2, 440f.), die G. wiederum mit den Beobachtungen von J. B. Bory de St. Vincent (*Voyage dans les quatres principales îles des Mers d'Afrique*, Bd. 3, Paris 1804, 285) in Verbindung brachte (vgl. Schultz an G., 14.1.1824; LA II, 2, 448ff.). Noch am 29.6.1829 sandte G. Schultz einen Brief mit ausführlichen meteorologischen Beobachtungen, bei denen er sein »Glaubens- und Überzeugungs-Bekenntniß«, die »Erde verändert ihre Anziehung«, noch einmal aussprach.

Vereinzelt wurde Schultz auch bei geologisch-mineralogischen Fragen einbezogen, so bei einer Preisauskunft zu in Berlin angebotenen Diamanten (an Schultz, 17.11.1822; Schultz an G., 27.11.1822, LA II, 8B.1, 304), zum Basrelief der Kreuzabnahme auf den Externsteinen im Teutoburger Wald (an Schultz, 9.1.1824) oder bei der Bitte an L. W. →Cramer um ein Stück Goethit (an Schultz, 18.12.1825).

Die von Düntzer herausgegebene umfangreiche Korrespondenz (Leipzig 1856) umfasst die Jahre 1814 bis 1831. Vgl. auch den Artikel in GHB. 4.2, 966ff.

Literatur

Müller-Tamm, Jutta: Farbe bekennen. Goethes Farbenlehre und die Berliner Wissenschaftspolitik um 1820. In: Osterkamp, Ernst (Hg.): Wechselwirkungen. Kunst und Wissenschaft in Berlin und Weimar im Zeichen Goethes. Bern u.a. 2002, 193–209.

WZ/ZA

Schweigger, Johann Salomo Christoph (1779–1857)

Den Physiker und Chemiker, zunächst Lehrer in Bayreuth (ab 1802) und Nürnberg (ab 1810), ab 1817 Professor in Erlangen und ab 1819 in Halle, wo er eine naturkundliche Gesellschaft gründete, zählte G. zu den »werten Mitarbeitern« (FA I, 25, 264), zumal er sich nicht an der Polemik der zeitgenössischen Physiker gegen G.s *Farbenlehre* beteiligte. Schweigger war von 1811 bis 1833 Herausgeber des →*Journals für Chemie und Physik*, das auch G. rezipierte und das in G.s Korrespondenzen (vor allem mit T. J. →Seebeck) vielfach als Quelle aktueller Aufsätze genannt wird. G. hatte Schweigger am 10.8.1809 in →Jena kennengelernt, die nächste Begegnung fand am 25.7.1810 in →Karlsbad statt (im Tgb wird der Name nicht genannt und in WA III, 4, 142 falsch ergänzt), bevor Schweigger G. am 6.2.1811 das erste Heft seines *Journals* übersandte (vgl. auch Schweigger an G., 19.1.1815). Davon fanden sich in G.s Bibliothek schließlich die Jahrgänge 1 bis 51, 1811–1827 (vgl. Ruppert 4196).

Am 29.10.1816 besuchte Schweigger G. in Weimar; Anfang August 1818 erhielt dieser als Geburtstagsgeschenk in Karlsbad von Schweigger einen Polarisationsapparat (vgl. Tgb, 8., 10., 27., 29.8., 12.9.1818), worüber auch in den *Tag- und Jahresheften* von 1818 berichtet wird: »In Karlsbad [...]. Desto angenehmer war mir ein Apparat [...], verehrt zu meinem Geburtstage, von Professor *Schweigger*, welcher alles leistet was man in diesem Capitel [der →entoptischen Farben] verlangen kann«. G. beschrieb das Gerät in seinem Aufsatz *Entoptische Farben* (in ZNÜ I, 3, 1820) unter dem Titel *Apparat, vierfach gesteigert* (Kap. 26; FA I, 25, 705ff.); zuvor hatte er sich am 12.4.1819 bei Schweigger bedankt: »Ihre geneigte Gabe zum 28. August erkenne ich zwar immer höchlich dankbar; in welchem Grad und Maaß dieß aber sey, werden Sie erst überzeugt werden, wenn ich die Lehre von den entoptischen Farben nach meiner Weise vortrage. Ich werde mich eines Ihrer glücklichen Gedanken dabei erfreuen, jedoch nicht ohne den Urheber zu nennen. Wären die Zeitgenossen so ehrlich zu gestehen was sie einander schuldig sind, so wäre jede Wissenschaft weiter«. Allerdings klingt in G.s Beschreibung auch leise Kritik an, wenn es dort über den Apparat heißt: »[...] er ist zwar der bequemste und angenehmste, dagegen verbirgt er aber noch mehr das Grund-Phänomen [...]« (FA I, 25, 706), ein für G. typischer Vorbehalt gegenüber dem Instrumentarium, auf das er lieber anstelle der Beobachtung mit dem freien →Auge verzichtete. Ein letzter Besuch Schweiggers in Weimar fand am 5.10.1825 statt.

Literatur

Schiff, Julius: J. C. S. Schweigger und sein Briefwechsel mit Goethe. In: Die Naturwissenschaften. 13 (1925), 555–559. *WZ*

Schweiz

Die Schweiz war für G. vor allem ein Land eindrucksvoller Naturphänomene; er knüpfte auf seinen drei Schweizer →Reisen (1775, 1779 und 1797) aber auch Kontakte zu Wissenschaftlern und Sammlern. Bei jeder Reise aufgesucht hat G. den Rheinfall, den →Gotthard und die Stadt Zürich. 1775 und 1779 war für ihn Zürich ein Anziehungspunkt wegen J. K. →Lavater, dessen Hauptwerk zur Physiognomik er mit betreute (s. o. S. 10 f.). Mit Lavater nahm G. am 26.6.1775 an einer Versammlung der »Physikalischen Gesellschaft« in Zürich teil. Das Erlebnis der Schweizer →Alpen war für den jungen G. 1775 geprägt vom Tell-Mythos und der Ästhetik des Erhabenen. Er skizzierte einige der durchwanderten Landschaften (vgl. Abb. S. 437). →Kristalle zu erwerben interessierte ihn hingegen damals noch nicht, wie er im Bericht über diese Reise in *Dichtung und Wahrheit* (IV, 18) schrieb.

Im Herbst 1779 stellten sich G. bei einer mehrwöchigen Reise mit Herzog →Carl August, die durch den →Jura und die Alpen führte, Fragen nach dem Bau und der Entstehung der Gebirge. Die Begegnungen mit den Schweizer Naturforschern J. S. →Wyttenbach und H.-B. de →Saussure bereicherten seine geographischen und geologischen Kenntnisse. Literarisch gestaltet wurde diese Reise in den *Briefen aus der Schweiz. Zweite Abteilung*.

In →Italien lernte G. den Maler und Kunsthistoriker J. H. →Meyer aus Zürich kennen, der 1791 nach Weimar zog. Der Schweizer Freund beteiligte sich an der *Farbenlehre* und war für G. über Jahrzehnte ein wichtiger Gesprächspartner. Auf dem Rückweg von Italien im Frühling 1788 hat G. die Ostschweiz durchreist, ohne sich lange aufzuhalten; nur einige Skizzen zeugen von der Route. Er überquerte dabei den Splügenpass und folgte dem Rhein von der Quelle bis zum Bodensee.

Die dritte Schweizer Reise vom Herbst 1797, die ihren Höhepunkt erneut auf dem Gotthard fand, nutzte G. zur Beobachtung von Gesteinsvorkommen und zur Bereicherung seiner Sammlung von Gesteinen und →Mineralien. Er versuchte, die geologischen, landwirtschaftlichen und ökonomischen Eigenheiten der durchreisten Gegenden in einem Tagebuch möglichst umfassend und objektiv zu dokumentieren, doch fand er keine Zeit, um die Aufzeichnungen auszuwerten. Erst →Eckermann sollte nach G.s testamentarischer Verfügung die Notizen redigieren und 1833 in der *Ausgabe letzter Hand* veröffentlichen.

In späteren Jahren nahm G. Kenntnis von Ereignissen wie dem Bergsturz bei Goldau, der am 2.9.1806 Hunderte von Menschen am Fuß der Rigi begrub. Mit mehreren Zeichnungen näherte er sich der ihn verstörenden Naturkatastrophe an (vgl. Corpus VIB, 105 und 106). Der klimatisch bedingte Vorstoß der Schweizer Gletscher nach 1815 wurde in den 1820er Jahren zum Anlass für die ersten Hypothesen über eine →Eiszeit in der Vergangenheit der Erde. G. sah darin die der Natur gemäßeste Erklärung für die Herkunft der →erratischen Blöcke. In den letzten zehn Jahren seines Lebens sollte der Weimarer Prinzenerzieher F. →Soret aus Genf für ihn einer der wichtigsten Gesprächspartner in naturwissenschaftlichen Belangen werden, der auch Beziehungen zu Genfer Naturforschern herstellte. Szenerien in *Faust II* und in *Wilhelm Meisters Wanderjahren* lassen sich auf Schweizer Landschaftserlebnisse zurückführen.

Vgl. auch den Artikel in GHB. 4.2, 968–972.

Literatur

Geyer, Martin: Goethe in der Schweiz – naturkundliche Beobachtungen eines reisenden Dichters. In: Der Strahler. 2 (2008), 34–36. – Müller, Martin und Ruetz, Michael: Mit Goethe in der Schweiz. Zürich, München 1979. – Poeschel, Erwin: Goethes Reise durch Graubünden. In: Das Bodenseebuch. 34/35 (1948/49), 40–45. – Schnyder-Seidel, Barbara: Goethes letzte Schweizer Reise. Frankfurt am Main 1980. – Dies.: Goethe und die Schweiz: anders zu lesen Von der Wahrheit in der Dichtung letztem Teil. Bern, Stuttgart 1989. – Wyder, Margrit: Gotthard, Gletscher und Gelehrte. In: Ruf, Oliver (Hg.): Goethes Schweiz (im Druck). *WY*

Schwerkraft s. Erdanziehungskraft

Sckell

Zur alten Gärtnerfamilie gehören mehrere Personen, die mit G. in Kontakt getreten sind: Johann Conrad Sckell (1768–1834) war zunächst Gärtner in →Eisenach und wurde nach Reisen in Holland und Deutschland 1796 Hofgärtner in Belvedere. 1807 wurde er in den Rang eines Garten-Kondukteurs und -Inspektors erhoben.

Sein jüngerer Bruder, Johann Christian Sckell (1773–1857), von →Carl August 1801 bis 1803 auf eine Bildungsreise geschickt, wurde 1811 Hofgärtner in Belvedere.

Carl August Christian Sckell (1801–1874), Sohn von Johann Conrad, zunächst Gärtner in Belvedere, konnte 1819, von G. und Carl August gefördert, eine Ausbildung in Göttingen in Anspruch nehmen, war ab 1821 im Botanischen Garten in Jena tätig (wo er regelmäßig mit G. zusammentraf) und wurde 1823 Hofgärtner und Schlossvogt in →Dornburg, wo er 1828 G. bei dessen Besuch nach dem Tode Carl Augusts betreute (vgl. C. A. C. Sckells Erinnerungen *Goethe in Dornburg*, Jena und Leipzig 1864).

Ein weiterer Sohn von Johann Conrad, L(o)uis Sckell (1796–1844), wurde Garten-Kondukteur in Belvedere und anschließend in Eisenach.

Nicht Gärtner, sondern Oberförster und Wildmeister in Troistedt bei Weimar, war der aus Eisenach stammende Johann Georg Christian Sckell (1721–1778).

Schloss und Park Belvedere waren für G. ständiges Ziel von Spazierfahrten (oft in Begleitung auswärtiger Gäste), aber auch Ort botanischer Interessen, wenn es darum ging, gerade blühende Pflanzen zu betrachten oder (wie 1796) Experimente zum Pflanzenwachstum zu machen. In diesen Zusammenhängen wird der »Hofgärtner Sckell« vielfach genannt; oft ist nicht entscheidbar, ob jeweils Johann Conrad Sckell gemeint ist oder sein Bruder Johann Christian. *WZ*

Seebeck, Thomas Johann (1770–1831)

Den Physiker, Chemiker und einzigen Fachgelehrten in diesen Disziplinen, der G.s *Farbenlehre* gegenüber der herrschenden Lehrmeinung anerkannte, hat G. als seinen »vieljährigen Freunde und Mitarbeiter« (FA I, 25, 662; zahlreiche ähnliche Formulierungen) und »genauen Beobachter« (FA I, 23.1, 221) bezeichnet. Seebeck trat als Entdecker der photochemischen Entstehung von Farben durch farbige Beleuchtung (1806), der entoptischen Figuren (1813), der optischen Aktivität von Zuckerlösungen (1818) und der Thermoelektrizität (1821) hervor.

Von 1802 bis 1810 Privatgelehrter in Jena, lebte er ab 1810 in Bayreuth, ab 1812 in Nürnberg, bevor er 1818 als Mitglied der Akademie der Wissenschaften nach Berlin wechselte. Von nun an trat eine gewisse Entfremdung ein, da Seebeck in Berlin nicht öffentlich für G. und gegen seine Fachkollegen auftrat. Trotz des damit verbundenen Schweigens, das G. nach Seebecks Tod 1831 in einem anrührenden Kondolenzbrief an dessen Sohn Moritz (3.1.1832) tief bedauerte (vgl. Schöne 1963), hielt die gegenseitige Hochachtung bis zuletzt an.

Am 3.12.1803 war Seebeck erstmals G.s Gast; ab Januar 1806 traten beide in eine nähere Beziehung durch das gemeinsame Interesse an der *Farbenlehre.* Von nun an war das Verhältnis durch häufige gemeinsame Experimente und einen jahrelangen intensiven wissenschaftlichen Austausch, der durch eine umfassende, oft ins physikalische Detail gehende Korrespondenz belegt ist, geprägt (vgl. LA II, 5B.1 u. 2 mit Sacherläuterungen zu den Briefen). Hier können nur einige Aspekte dieser vielschichtigen Beziehung näher betrachtet werden.

Bereits in den *Tag- und Jahresheften* von 1806 heißt es: »Dr. *Seebeck* brachte das ganze Jahr in Jena zu und förderte nicht wenig unsere Einsicht in die Physik überhaupt, und besonders in die Farbenlehre. Wenn er zu jenen Zwecken sich um den Galvanismus bemühte, so waren seine übrigen Versuche auf Oxydation und Desoxydation, auf Erwarmen und Erkalten, Entzünden und Auslöschen für mich im chromatischen Sinne von der größten Bedeutung«. Die gemeinsame Arbeit, u. a. zu aktuellsten Themen wie ultravioletter und infraroter Strahlung und der elektrolytischen Darstellung von Metallen, ist durch zahlreiche Zeugnisse belegt: Tgb, 19.1., 10., 17.–20., 25., 27, 30. u. 31.8., 28.9.1806; an Seebeck, 28.6.1806; Tgb u. an Riemer, 30.9.1806; Seebeck an G., 16.2.1807; an Seebeck und an Caroline v. Wolzogen, 24.2.1807 (vgl. dazu im Einzelnen EGW 4, 501–508).

Am 22.5. und 23.10.1807 standen Versuche über die Wirkung von Farben auf das Thermometer und auf Hornsilber (Silberchlorid) auf dem Programm. In den *Tag- und Jahresheften* von 1809 erscheint Seebeck als »theilnehmend und hülfreich« bei der Darstellung der Kontroverse mit →Newton, und auch für das Jahr 1810 wird er an gleicher Stelle erwähnt.

Seebeck muss – neben J. H. →Meyer und →Riemer – als Mitarbeiter in engerem Sinne von G.s *Farbenlehre* bezeichnet werden, denn er verfasste dafür, mit Ausnahme der von G. vorangestellten knappen Einführung, das gesamte Kapitel *Wirkung farbiger Beleuchtung* (FA I, 23.1, 994–1009; weitere Erwähnungen ebd. 221, 992, 994, 1057), das G. unter *Statt des versprochenen supplementaren Teils* am Ende des Werks im Anschluss an den Historischen Teil abdrucken ließ. Dort sind Versuche mit Leuchtsteinen (→Bologneser Stein) und farbigen Gläsern sowie Experimente mit Hornsilber geschildert.

Nach Erscheinen der *Farbenlehre* (1810) nahm die Intensität der Beziehung zu Seebeck noch zu. In den *Tag- und Jahresheften* von 1812 berichtete G.: »Doctor *Seebeck*, der chromatischen Angelegenheit immerfort mit gewohntem Fleiße folgend, bemühte sich um den zweiten [eher achten] Newtonischen Versuch, den ich in meiner Polemik nur so viel als nöthig berührt hatte; er bearbeitete ihn in meiner Gegenwart und es ergaben sich wichtige Resultate, wie jene Lehre, sobald man anstatt der anfänglichen Prismen zu Linsen übergeht, in eine fast unauflösliche Verfitzung verwickelt werde« (vgl. hierzu Tgb, 9.1.1812; Tgb und Seebeck an G., 25.4.1812).

An Veröffentlichungen G.s zur Farbenlehre nach 1810 war Seebeck in hohem Maße beteiligt. Nach der Entdeckung der →entoptischen Farben (Interferenzfarben des polarisierten Lichts), für die Seebeck und D. →Brewster 1816 einen Preis der Pariser Akademie der Wissenschaften erhielten, wandte sich G. intensiv diesem Gebiet zu und verfasste mehrere Aufsätze zu den entoptischen Farben und zum →Doppelspat (s. o. S. 118–121). In diesem Zusammenhang bat er Seebeck um eine einleitende Darstellung zur *Geschichte der entoptischen Farben*, die 1817 in ZNÜ I, 1 erschien. Für die Nachträge zur Farbenlehre, die G. 1822 in ZNÜ I, 4 publizierte, lieferte Seebeck eine Zusammenstellung der kritischen Reaktionen, die im Kapitel *Widersacher* (FA I, 25, 757 ff.) zusammengefasst wurden (vgl. Seebeck an G., 25.4.1812 u. 5.4.1816).

Vom 24.8. bis 7.9.1815 – Seebeck hatte Jena bereits vor fünf Jahren verlassen – kam es zu einem längeren Zusammentreffen auf der Gerbermühle bei Frankfurt am Main, wo man sich vor allem über den Doppelspat austauschte (vgl. Tgb, 29.8. u. 2.9.1815; an Carl August, 3.9.1815; an Schopenhauer, 23.10.1815). G. hat in den *Tag- und Jahresheften* von 1815 darauf zurückgeblickt: »In der Farbenlehre ward fortschreitend einiges gethan; die entoptischen Farben bleiben beständiges Augenmerk. Daß ich in Frankfurt Dr. *Seebeck* begegnet war, gerieth zu großem Gewinn, indem er, außer allgemeiner, in's Ganze greifender Unterhaltung, besonders die Lehre des Doppelspaths, die er wohl durchdrungen hatte, und das Verhältniß der Achsen solcher doppelt refrangirender Körper Naturfreunden vor Augen zu bringen wußte«.

Vom 16. bis 21.6.1818 besuchte Seebeck G. in Jena, »seine Gegenwart förderte in diesem Augenblick wie immer zur gelegenen Zeit« (TuJ 1818). Vom 15. bis 21.7.1819 hatte G. Seebecks Familie in Jena zu Gast.

Ein Fazit liefert G.s kurz vor dem eigenen Tod geschriebener Brief an →Zelter, in dem er am 4.2.1832 sein Verhältnis zu Seebeck charakterisiert: »Seebeck, ein ernster Mann im höchsten besten Sinne, wußte recht gut wie er zu mir und meiner Denkweise in naturwissenschaftlichen Dingen stand; war er aber einmal in die herrschende Kirche [Berliner Akademie der Wissenschaften] aufgenommen, so wäre er für einen Thoren zu halten gewesen, wenn er nur eine Spur von Arianismus [Abweichung vom Glauben, hier der Newtonschen Lehre] hätte merken lassen. [...] Wie du mir schreibst, gestehen jene Interlocutoren [Gesprächsteilnehmer] selbst daß er *mäßig* gewesen sey, d. h. daß er sich über die Hauptpuncte nicht erklärte, stillschweigend anhören konnte was ihm mißfiel und, hinter wohlanschaulichen Einzelnheiten, ich meyne durch entschieden glückliches Experimentiren, worin er große Geschicklichkeit bewies, seine Gesinnungen verhüllte, indem er seinen akademischen Pflichten genugthat. Sein Sohn versicherte mich noch vor kurzem der reinen Sinnesweise seines trefflichen Vaters gegen mich«.

Diese Einschätzung wird bestätigt durch einen vermutlich im Frühjahr 1841 entstandenen Brief →Schopenhauers an den englischen Übersetzer des didaktischen Teils der *Farbenlehre*, Sir C. L. Eastlake. Schopenhauer berichtete darin, dass er 1830 Seebeck aufgesucht und diesen nach seiner Meinung zur Kontroverse zwischen G. und Newton gefragt habe: »he [Seebeck] was extremely cautious, made me promise that I should not print and publish any thing of what he might say [...] he confessed that indeed *Goethe was perfectly right and Newton wrong*; but that he had no business to tell the world so« (EGW 4, 953).

Literatur
Fischer, Kuno: Goethe und Thomas Seebeck. In: Ders.: Erinnerungen an Moritz Seebeck [...]. Heidelberg 1886, 117–150. – Goethe und Seebeck. Dreißig unbekannte Briefe Goethes, veröffentlicht und erläutert von Max Hecker. In: GJb. (1924), 163–189. – Müller-Tamm, Jutta: Farbe bekennen. Goethes Farbenlehre und die Berliner Wissenschaftspolitik um 1820. In: Osterkamp, Ernst (Hg.): Wechselwirkungen. Kunst und Wissenschaft in Berlin und Weimar im Zeichen Goethes. Bern u. a. 2002, 193–209. – Nielsen, Keld: Another kind of light: The work of T. J. Seebeck and his collaboration with Goethe. In: Historical Studies in the Physical and Biological Sciences. 20.1 (1989), 107–178 u. 21.2 (1991), 317–397. – Schöne, Albrecht: Über einen Kondolenzbrief Goethes. In: Literatur und Gesellschaft. Vom neunzehnten ins zwanzigste Jahrhundert. Festgabe für Benno von Wiese [...]. Hg. von Hans Joachim Schrimpf. Bonn 1963, 83–112. – Velmre, Enn: Thomas Johann Seebeck (1770–1831). In: Proc. Estonian Acad. Sci. Eng. 13 (2007), 276–282. *WZ*

Seneca, Lucius Annaeus (4 v. Chr.–65 n. Chr.)

Der römische Philosoph aus Cordoba (Spanien), Schüler des Stoikers Attalos, Lehrer und Berater des Nero, behandelte in seinen *Naturales Quaestio-*

nes unsystematisch in sieben Büchern Fragen der Physik (1), der Meteorologie (2, 5, 6), der Geographie (3, 4) und der Astronomie (7). Die 1528 in Genf erschienene Gesamtausgabe der Schriften Senecas (*Opera quae exstant omnia*) entlieh G. am 6.10.1807 aus der Weimarer Bibliothek (Keudell 495). Das Tagebuch vom gleichen Datum meldet: »Über die Verdienste der Alten im Naturwissenschaftlichen überhaupt, besonders in der Farbenlehre«. Vermutlich bearbeitete G. hier das Schema *Farbenlehre der Alten* (FA I, 23.2, 295–298), das als Vorarbeit zum Kapitel *Betrachtungen über Farbenlehre und Farbenbehandlung der Alten* im historischen Teil der *Farbenlehre* (FA I, 23.1, 596–606) anzusehen ist, ohne jedoch Seneca ausdrücklich zu erwähnen. Am 24.9.1808 zog G. eine andere Werkausgabe Senecas heran (Amsterdam 1673; vgl. Keudell 526; darin Bd. 2, 624–843: *Naturalium Quaestionum libri VII.*). Dieser widmete er sich laut Tagebuch am 25.9., 14.11., 20. u. 21.11.1808. Aus dieser Zeit sind ein Buchauszug aus Senecas *Naturalium Quaestionum* sowie drei Notizen überliefert (LA II, 6, 25–28, M 22–24; LA II, 4, 77, M 66). Ergebnis dieser Studien war das Kapitel *Nachtrag* am Ende der zweiten Abteilung *Römer* im historischen Teil der *Farbenlehre* (FA I, 23.1, 607–610), das Seneca »wegen seines allgemeinen Verhältnisses zur Naturforschung« in den Mittelpunkt stellt. Senecas »Meinungen und Überzeugungen haben etwas Tüchtiges. Eigentlich aber steht er gegen die Natur doch nur als ein ungebildeter Mensch: denn nicht sie interessiert ihn, sondern ihre Begebenheiten. [...] Worin er sich aber vom wahren Physiker [Naturgelehrten] am meisten unterscheidet, sind seine beständigen, oft sehr gezwungen herbeigeführten Nutzanwendungen und die Verknüpfung der höchsten Naturphänomene mit dem Bedürfnis, dem Genuß, dem Wahn und dem Übermut der Menschen« (ebd. 607 f.). *WZ*

Simultankontrast s. Sukzessivkontrast/ Simultankontrast

Soemmerring, Samuel Thomas (seit 1808: von) (1755–1830)

Der Anatom, Anthropologe, Paläontologe und Erfinder gehört zu G.s wichtigsten naturforschenden Korrespondenten. Nachdem Soemmerring 1778 mit einer in Fachkreisen hoch gelobten medizinischen Dissertation über die Gehirnnerven in →Göttingen für Aufsehen gesorgt hatte, wurde er nach einer längeren Studienreise durch Holland, England und Schottland 1779 als Professor der Anatomie an das Kasseler Collegium Carolinum berufen. Hier fand er unter aus Amerika kommenden Schwarzafrikanern – Bedienstete des Landgrafen – das anatomische Material für sein später in Mainz erschienenes Werk *Über die körperliche Verschiedenheit des Mohren vom Europäer* (Mainz 1784; Ruppert 5128) sowie auch die Präparate, die Grundlage seiner Schrift über die Kasseler *Misgeburten* (Mainz 1791) wurden.

1784 wechselte Soemmerring an die Universität Mainz, wo eine beruflich und privat turbulente Zeit auf ihn wartete, die ihn aufgrund der politischen Verhältnisse (1792/1793 Besetzung von Mainz durch französische Revolutionstruppen) zeitweise zwang, ins benachbarte Frankfurt auszuweichen. Hier heiratete er 1792 Margarethe Grunelius, eine Freundin Suzette Gontards (der ›Diotima‹ Hölderlins). Trotz der politisch unruhigen Zeit gelangen ihm wichtige anatomische Entdeckungen wie die Beschreibung des gelben Flecks in der Netzhaut des menschliches Auges (1791), an der G. aufgrund seiner physiologischen Studien zur *Farbenlehre* hoch interessiert war. Soemmerrings schriftstellerische Produktivität kam in seinem zwischen 1791 und 1796 in Frankfurt erschienenen, fünfbändigen Kompendium *Vom Baue des menschlichen Körpers* (vgl. Ruppert 5119) – dem zeitgenössischen Standardwerk – zum Ausdruck, das schon bald eine zweite Auflage erlebte. Für kontroverse Diskussionen sorgte dagegen die Schrift *Über das Organ der Seele* (Königsberg 1796; vgl. Ruppert 5123), die durch ein Nachwort →Kants praktisch widerlegt wurde und zu der sich auch G. (am 28.8.1796) kritisch äußerte (vgl. G–Soemmerring 105–112).

Da die Revolutionsunruhen die Arbeit an der Mainzer Universität schließlich unmöglich machten, verlagerte Soemmerring 1795 sein berufliches Wirkungsfeld nach Frankfurt, wo er auch in Kontakt mit G.s Mutter stand. Seine Tätigkeit als praktischer Arzt (u. a. als Hausarzt der Bankiersfamilie Gontard, wo er den als Hauslehrer beschäftigten Hölderlin behandelte) gab er 1805 auf, als er nach dem Tod seiner jungen Frau zum ordentlichen Mitglied der Bayerischen Akademie der Wissenschaften nach München berufen wurde. Da sich dort die Hoffnung auf ein eigenes Anatomisches Theater zerschlug, wandte er sich mehr und mehr paläontologischen und physikalischen Fragestellungen zu. 1809 entwickelte er, neueste Erkenntnisse nutzend, einen elektrochemischen Telegrafen. 1819 kehrte Soemmerring krankheitsbedingt nach Frankfurt zurück. Seine Tätigkeit als Rezensent der *Göttingischen gelehrten Anzeigen* setzte er bis in sein Todesjahr fort.

G. und Soemmerring trafen erstmals am 30.9.1783 in →Kassel zusammen und experimentierten dort vor dem Hintergrund der Pionierleistungen der ersten französischen Luftfahrer mit Wasserstoffballonen (→Ballonfahrt). Die persönliche Bekanntschaft eröffnete eine Korrespondenz, die sich über die Jahre 1784 bis 1828 erstreckte. Rund 65 Briefe wurden gewechselt, 52 liegen noch heute vor (vgl. die Edition in G-Soemmerring). Die frühen Briefe (1784/1786) setzten morphologische, anatomische und osteologische Schwerpunkte und standen in engem Zusammenhang mit G.s Wiederentdeckung des →Zwischenkieferknochens beim Menschen (1784), wobei Soemmerring, dem die Abhandlung ursprünglich in Briefform zugeeignet war, zunächst zum Schädellieferanten, später zum wichtigsten Gegner G.s wurde, was zum zeitweiligen Abbruch des Kontakts führte (vgl. Wenzel 1988). Nachdem Soemmerring in seiner *Knochenlehre* (1791) fälschlich den Eindruck erweckt hatte, G.s anatomische Entdeckung doch anzuerkennen, tauschten beide von 1791 bis 1797 wieder kontinuierlich Briefe aus. 1792 (20./21.8.), 1793 (26.7., 18./19.8) und 1797 (3./14.8.) kam es in Frankfurt am Main und Mainz zu persönlichen Begegnungen, die auch Ausdruck der Übereinstimmung in fachlichen und politischen Fragen, insbesondere in der Einschätzung der Französischen Revolution, waren. 1803 versuchte G. vergeblich, Soemmerring als Nachfolger →Loders für Jena zu gewinnen (vgl. C. G. Voigt an G., 7.7.1803; RA 4, 804). Soemmerring entschied sich für den Wechsel nach München; die dort betriebenen paläontologischen Studien wurden - neben Diskussionen um leistungsfähige Mikroskope und Fernrohre - zu einem der Themen des späten Briefwechsels (vor allem 1827).

G.s Bibliothek wies daher nicht nur anatomische Werke, sondern auch die meisten paläontologischen Schriften Soemmerrings auf, die zum Teil wichtige Erstbeschreibungen in der Geschichte der Paläontologie lieferten: *Ueber den Crocodilus priscus* (München 1817; Ruppert 5120), *Ueber die Lacerta gigantea der Vorwelt* (München 1820; Ruppert 5122), *Ueber einen Ornithocephalus brevirostris der Vorwelt* (München 1820; Ruppert 5124) und *Ueber die fossilen Reste einer großen Fledermausgattung* (München 1820; Ruppert 5125).

Bei allen vorgeblichen Übereinstimmungen - so bezeichnete G. die gemeinsame Position mit »wir Empiriker und Realisten« (an Soemmerring, 28.8.1796) - blieb Soemmerring methodisch als »Faktensammler« der Einzelbeobachtung verhaftet, wohingegen G. als »Systemdenker« den Einzelbefund als Baustein seines naturphilosophischen Systems verstand (vgl. G-Soemmerring 18).

Vgl. ergänzend auch den Artikel in GHB. 4.2, 995f. sowie →»Goethe-Elefant«.

Literatur

Dumont, Franz (Hg.): Samuel Thomas von Soemmerrings Leben und Verkehr mit seinen Zeitgenossen. Stuttgart, New York 1986 (Soemmerring-Forschungen 2). - Wenzel, Manfred: Johann Wolfgang von Goethe und Samuel Thomas Soemmerring: Morphologie und Farbenlehre. In: Mann, Gunter und Dumont, Franz (Hg.): Samuel Thomas Soemmerring und die Gelehrten der Goethezeit. Stuttgart, New York 1985 (Soemmerring-Forschungen 1), 11-33. - Ders. (Hg.): G-Soemmerring. - Ders.: Der gescheiterte Dilettant: Goethe, Soemmerring und das Os intermaxillare beim Menschen. In: Mann, Gunter und Dumont, Franz (Hg.): Gehirn - Nerven - Seele. Anatomie und Physiologie im Umfeld Soemmerrings. Stuttgart, New York 1988 (Soemmerring-Forschungen 3), 289-329. *EN*

Solideszenz s. Erstarrung

Sonnenfinsternis

G. hat in seinem Tagebuch und in den *Tag- und Jahresheften* mehrfach Sonnenfinsternisse festgehalten: die am 24.6.1797 zwischen 5.38 und 7.08 Uhr zu beobachtende wurde lediglich registriert, eine weitere, 1806 ohne exaktes Datum genannte kurz beschrieben: »Daß die Ränder der Sonne jeder für sich einen eigenen Schatten werfen, kam bei einer ringförmigen Sonnenfinsterniß gar bekräftigend zum Vorschein« (TuJ 1806).

Am 29.11.1807 in Jena und am 19.11.1816 in Weimar war das Phänomen »wegen des Nebels« bzw. »wegen bedecktem Himmel gar nicht zu beobachten«. Zur Sonnenfinsternis am 5.5.1818 wurde lediglich ein Gespräch mit Knebel am Vortag notiert.

Nur zu dem atmosphärischen Ereignis im Jahr 1820 liegen mehrere Zeugnisse vor: →Posselt lieferte am 22.1. »die Zeichnung von der künftigen Sonnenfinsterniß«, zu der Carl August am 24.1. wünschte, dass es »schön Wetter seyn möge« (Wahl 2, 267). Am 16.2. sandte G. Posselt mit Lob seine Zeichnung zurück.

Am 7.9.1820 wurde die Sonnenfinsternis in Jena regelrecht ›gefeiert‹, worüber G. noch am gleichen Tag seinem Sohn August in Weimar berichtete: »Wir hatten bedeutende Instrumente in den Garten der Prinzessinnen gebracht, als wir durch höchste Ankunft [von Carl August] überrascht wurden. Da war nun der Mond so artig, während der Mittagstafel einzutreten und bey völlig klarem Himmel der vollkommene Ring zum Nachtisch zu erscheinen. Man fuhr Abends auf die Sternwarte, wo der Austritt auch ganz unbewölkt beobachtet wurde. Die Prinzessinnen hatten indessen mit Beystand eines zurückgelassenen Gehülfen die ganze Folge vollkommen gesehen, worüber denn wie über die Gegenwart des geliebten Großvaters der Abend mit eigentlichem Jubel gefeyert ward« (vgl. auch Tgb, 7.9.1820, TuJ 1820 und an K. F. C. v. Conta, 11.9.1820).

August antwortete am 9.9.1820: »Es hat mich auch sehr gefreut daß die Sonne in Jena nicht so schamhaft gewesen ist wie hier in der Residenz denn bey uns wollte sie durchaus den Wolkenschleier nicht ablegen u. besonders als die Verfinsterung am stärksten war hat sie sich ganz unsichtbar gemacht« (Sanford 1, 571f.; vgl. auch Kräuter an G., 9.9.1820, LA II, 2, 349).

Zu einer Sonnenfinsternis am 29.11.1826 ist nur ein Hinweis G.s an Carl August vom 27.11. bekannt, nach dem »Schrön [....] die [...] bevorstehende Sonnenfinsterniß nur im Allgemeinen angeben könne«. *ZA*

Soret, Frédéric Jacques (auch Jean, Jacob) (1795–1865)

Der Sohn des Hofmalers Katharinas II., seit seinem fünften Lebensjahr in Genf lebend, hatte dort Theologie und Naturwissenschaften studiert; ab 1819 setzte er sein Studium in Paris in den Fächern Geologie, Mineralogie und Kristallographie fort. Zu seinen Lehrern zählten der Kristallograph →Haüy, der Geologe Brongniart und der von G. so wenig geschätzte Physiker →Biot. Im Sommer 1822 wurde Soret als Erzieher des Erbprinzen Carl Alexander, Sohn der Maria Pawlowna, nach Weimar berufen. Er entwickelte sich schnell zu einem wichtigen Gesprächspartner und Mitarbeiter G.s, vor allem bei dessen botanischen und mineralogischen Studien.

»Ruhiger Verstand, freye klare Weltumsicht, vielfache Bildung, ausgebreitete Kenntnisse, hinter welchem allen ein schönes Gemüth und reines Herz durchblickt« – mit diesen Worten lobte G. Sorets pädagogisches Programm (an Maria Pawlowna, 6.9.1822). Am 21.9.1822 besuchte Soret G. zum ersten Mal. Die Hauptgesprächsthemen waren Mineralogie, Chemie und Physik. G. zeigte Soret Apparate zur →Polarisation des Lichts und wünschte sich, mit ihm »derartige Experimente zu machen« (LA II, 5B.2, 1068). Am Folgetag las G. »Sorets Rezension von Leonhards Handbuch« der Oryktognosie (Heidelberg 1821) und schrieb am 28.9.1822 an →Lenz: »Was sagen Sie zu Herrn Sorets Einsicht in das Mineralreich, besonders in die Krystallographie? Von einem solchen Mitarbeiter können wir uns viel Gutes versprechen«.

Schon im November 1822 half Soret G. dabei, von →Eschwege aus →Brasilien mitgebrachte Diamanten zu sichten, ihre Kristallisationsformen zu beschreiben (vgl. Tgb, 17. und 19.11.1822) und ein Verzeichnis anzulegen (vgl. LA II, 8B.1, 47f., M 28 und Tgb, 8.1.1823). Die von Soret beschriebenen und geordneten Diamantenkristalle vermittelten G. »eine ganz neue Ansicht über dieses merkwürdige und höchste Naturereigniß« (TuJ von 1822).

Soret als »frischer gewandter Naturforscher« gab G. »neuen Muth«, sich »in dem immer erweiterten Felde [der mineralogischen Systeme] ferner umzusehen« (an Berzelius, 3.1.1823). »Aus der Hauyischen Schule mit schöner Freyheit und Umsicht hervorgegangen«, »ermuntert und fördert« Soret G. (an Leonhard, 6.1.1823); er »waltet in der neusten crystallographisch und chemisch bestimmenden Erd- und Steinkunde frisch und bequem« (an Graf Sternberg, 20.6.1823) und unterhielt G. »durch seine ausgebreiteten, genauen und scharfen Ansichten der anorganischen Gestaltung öfters in diesem Fache. Und so erneuert sich denn die alte Liebe durch frische Kenntniß [...]« (an Leonhard, 25.12.1824). Der »treffliche junge Mann« (ebd.) half G. dabei, seine Mineralien zu katalogisieren, die aus →Böhmen mitgebrachten →Augiten bzw. Pyroxene zu ordnen. Der Schwiegertochter Ottilie berichtete G. am 26.1.1824, dass Soret »mit großer Treue und Neigung, schon mehrere Wochen her, seine freyen Stunden anwendet meine böhmischen Schätze zu mustern. Man sieht dabey wie sehr gegründet er in diesem Studium ist«. Ein entsprechender Katalog Sorets wurde in ZNÜ II, 2 (1824) unter dem Titel *Catalogue raisonné des variétés d'Amphibole et de Pyroxène rapportées de Bohème par S. E. Monsieur le Ministre d'Etat de Goethe* veröffentlicht.

G. zeigte Soret »einen Feldspatzwilling, der für Kristallographen besonders interessant war« (13.5.1823; LA II, 8B.1, 343) und die Freiberger Gangformationen; Soret wiederum brachte G. mehrfach Mineralien, so von einer Reise nach Genf, mit (z.B. »einige polnische Bernsteine und einen ganz kleinen Smaragd in Feldspath aus Ägypten«, Tgb, 11.11.1823; »eine besonders merkwürdige röthliche Farbenerde«, Tgb, 5.12.1823; »einige französische Mineralproben [...] zwei davon sind aus der Auvergne, ein Basalt und ein Stück kristallisiertes Zinn«, Soret an G., 31.10.1823; LA II, 8B.1, 398).

Am 12.2.1827 notierte G. im Tagebuch eine »angenehm belehrende Unterhaltung. Er [Soret] entdeckte Apatiten zwischen der Adular eines Ganggesteins aus dem Zillerthal«. Am 6.10.1828 hielt G. ein Gespräch mit Soret fest, das »sehr aufgeweckt« war, »indem die sämmtlichen Probleme der Uranfänge der Geologie so wie der organischen Physiologie scherzhaft und paradox zur Sprache kamen«.

Gelegentlich tauschte sich G. mit Soret auch über meteorologische Instrumente wie →Barometer und Manometer, galvanisch-magnetische Versuche oder allgemeine naturphilosophische Fragen aus. Als G. am 16.4.1827 den Besuch des Physikers André Marie Ampère erwartete – tatsächlich erschien dessen Sohn Jean Jacques Antoine, ein Literaturprofessor – ließ er sich von Soret vorher beraten, was er dem Gast »allenfalls Freundliches« zeigen könne (vgl. LA II, 5B.2, 1240f.).

Als es in Paris 1830 zur wissenschaftlichen Kontroverse zwischen →Cuvier und →Geoffroy Saint-Hilaire kam (→Pariser Akademiestreit), besprach G. sich am 2.8.1830 zunächst mit Soret darüber, der persönliche Erfahrungen über die Situation in Frankreich und Paris einbringen konnte.

Am 11.5.1828 fand zwischen G. und Soret das erste Gespräch über ein gemeinsames Projekt statt, das die beiden bis Mitte 1831 in enger Zusammenarbeit beschäftigen sollte: die deutsch-französische Ausgabe des *Versuchs über die Metamorphose der Pflanzen* (1831). Soret übersetzte nicht nur G.s zuerst 1790 publizierte Schrift, sondern auch die nachgestellten Aufsätze *Der Verfasser teilt die Geschichte seiner botanischen Studien mit*, *Wirkung dieser Schrift* und *Über die Spiraltendenz* (s. dazu oben S. 67–72). Außerdem war er eng eingebunden in weitere Arbeiten G.s, die ursprünglich auch in die Ausgabe aufgenommen werden sollten, vor allem G.s Übersetzung des Kapitels *De la Symétrie végétale* aus Augustin Pyrame de →Candolles *Organographie végétale* (2. Bde., Paris 1827; vgl. EGW 2, 59–73) im Sommer 1828. Die enge Zusammenarbeit zwischen G. und Soret auf botanischem Gebiet, vor allem zwischen 1828 und 1831, wird in dem Artikel *Die Metamorphose der Pflanzen [III]* in EGW im Detail dokumentiert (Bd. i. Vorb.).

G. und Soret vermieden in ihren Gesprächen das Thema der *Farbenlehre*, da beide um die differierenden Ansichten wussten.

Literatur
Burkhardt, Carl August H. (Hg.): Goethes Unterhaltungen mit Friedrich Soret. Nach dem französischen Texte, als eine bedeutend vermehrte und verbesserte Ausgabe des dritten Teils der Eckermannschen Gespräche. Weimar 1905. – Gallati, Ernst: Frédéric Soret und Goethe. Nach Sorets unveröffentlichten Korrespondenzen mit seinen Angehörigen in Genf. Bern, München 1980. – Robinet de Cléry, Adrien: Conversations avec Goethe. Paris 1932. – Ders.: Goethe et Soret. In: Revue d'Allemagne. 6 (1932), 231–244. – Soret, Frédéric: Zehn Jahre bei Goethe. Erinnerungen an Weimars klassische Zeit. Aus Sorets handschriftlichem Nachlaß, seinen Tagebüchern und seinem Briefwechsel zum erstenmal zusammengestellt, übersetzt und erläutert von H. H. Houben. Leipzig 1929 (Nachdruck Hildesheim u. a. 1991). *HO*

Sorriot de l'Host, Andreas Freiherr von (1767–1831)

Am 19.5.1817 übersandte →Carl August G. die für das Jenaer Museum bestimmte *Carte générale orographique et hydrographique d'Europe* des österreichischen Generals Sorriot de l'Host, die im Vorjahr in Wien erschienen war. G. beschäftigte sich damit am 22. und 23.5.1817, betrachtete sie auch danach oft und bezeichnete sie als ein »vortreffliches Werk, sowohl dem Gedanken als der Ausführung nach«. Er lobte den »talentvollen Verfasser, bedient von Künstlern welche sich darauf verstehen in solchen Darstellungen symbolisch zu verfahren, das heißt: das Detail der Idee, dem Begriff, dem Zweck unterzuordnen«, während es andere Karten gebe, die »vor lauter Vollständigkeit und Gelehrsamkeit niemand lesen kann. Der Geologie im tiefsten und weitesten Sinne wird diese Tafel sehr zu Statten kommen« (an Carl August, 23.5.1817). Sie bekam einen Stehrahmen und wurde in den Jenaer Sammlungsräumen aufgestellt, zeitweise auch im Inspektorhaus des Botanischen Gartens aufbewahrt (vgl. TuJ von 1817: »Nicht geringe Aufklärungen in Geologie und Geographie jedoch verdankte ich der europäischen Gebirgskarte *Sorriots.* So ward mir, zum Beispiel, Spaniens, für einen Feldherrn so chicanoser, den Guerillas so günstiger Grund und Boden auf einmal deutlich. Ich zeichnete seine Hauptwasserscheide auf meine Karte von Spanien, und so ward mir jede Reiseroute, so wie jeder Feldzug, jedes regelmäßige und unregelmäßige Beginnen der Art klar und begreiflich; und wer gedachte kolossale Karte seinen geognostischen, geologischen, geographischen und topographischen Studien mit Sinn zugrunde legt, wird sich dadurch auf's höchste gefördert sehen.«)

1821 ließ G. Sorriots Karte aus Jena kommen (vgl. an Färber, 18.5.1821), studierte sie am 6.10.1821 und verglich sie mit der geologischen →Karte von →Keferstein, übertrug die Wasserscheide zwischen den großen Flusssystemen Europas aus der Ersten in die Letztere. In der Anzeige von Sorriots Karte, die G. in ZNÜ I, 4 (1822) veröffentlichte (vgl. FA I, 25, 588 f.), benannte er die geologischen Formationen, über welche die Grenzlinie der Wasserscheide verläuft.

In den Tag- und Jahresheften von 1821 bezeichnete sich G. als »gefördert durch [...] Sorriot Höhenkarte von Europa«. Auch später kam G. gelegentlich auf sie zurück; so notierte er am 11.4.1823 im Tagebuch: »Betrachtung der Karte von Spanien und Vergleichung mit der Sorriotischen wegen der Gebirgszüge«; und am 13.7.1823 während seines Aufenthalts in Marienbad: »Kiprinsky Maler; dazu Fürst Labanoff. Die große Karte von Sorriot aufgeschlagen und darüber gesprochen«. *HO*

Spektrum/Spektralfarben

Im Gegensatz zum allgemeinen heutigen Wortgebrauch, der auf das physikalisch-optische Farbenspektrum und die Wahrnehmung von Regenbogenfarben zielt, verstand man im 17. Jh. unter

›Spektrum‹ ein Gespenst oder Phantom (engl. ›spectre‹). Dass der Begriff auch zu dieser Zeit bereits für sonderbare optische Erscheinungen angewandt wurde, zeigt z. B. Kaspar Schotts Werk *Physica curiosa sive mirabilia naturae et artis* (1662), in dem ein eigenes Buch (*De mirabilibus spectrorum*) den ›optischen Spektren‹ gewidmet ist. In der Bedeutung von ›Farbengespenst‹ meinte Spektrum allgemein das dem →Auge kurzzeitig erscheinende Phänomen (Bild, Erscheinung); auch G. benutzte den Begriff ›Spektrum‹ teilweise in diesem Sinne.

Mit →Newton wurde dieser ab 1672 (*New theory about light and colours*) und 1704 (→*Opticks*) auf breiterer Ebene im physikalischen Kontext eingeführt, in dem er zunächst sowohl als Bezeichnung für das runde ungefärbte Sonnenbild in der Dunkelkammer wie auch für das längliche farbige Bild nach dem Durchgang durch ein Prisma Verwendung fand. Letztere Bedeutung setzte sich durch, so dass schließlich unter ›Spektrum‹ das durch prismatische Zerlegung eines isolierten weißen Lichtstrahls entstehende Farbenbild verstanden wurde. Das Licht sollte dabei nach Newton entgegen G.s späterer Ansicht keine Einheit darstellen, sondern aus verschiedenen Komponenten bestehen, die in unterschiedlichem Maße brechbar waren. Der durch das Prisma geleitete weiße Lichtstrahl fächert sich je nach Wellenlänge der einzelnen Farbanteile in das bekannte Spektrum auf, wobei Rot am wenigsten, Violett am stärksten abgelenkt wird. Dieser Vorgang (Dispersion) zerlegt das weiße Licht in die farbigen Lichter des Spektrums, die Spektralfarben, die nicht weiter aufgespalten werden können.

Es war ein Hauptkritikpunkt G.s, dass Newton seine Versuche in der Dunkelkammer und nicht in der freien Natur oder im sonnenerhellten Zimmer durchführte. Für zahlreiche kontroverse Punkte zwischen G. und Newton bietet dieser unterschiedliche Ausgangspunkt die Erklärungsgrundlage. So entsteht das typische ordentliche oder Newton-Spektrum (Spaltspektrum: Gelbrot, Grün, Violett) bei Betrachtung eines hellen Bildes vor schwarzem Hintergrund (positiver Spektralspalt; Licht fällt durch eine winzige Öffnung in die Dunkelkammer). Das völlig komplementäre umgekehrte oder G.-Spektrum (Stegspektrum: Blau, Purpurrot, Gelb) erscheint dagegen, wenn man ein dunkles Bild vor hellem Hintergrund untersucht (negativer Spektralspalt; das Sonnenlicht fällt, nur gehindert durch einen schmalen Steg des Fensterkreuzes, in ein geweißtes Zimmer). G. hat diese beiden Spektren auf den Tafeln 5 und 6 seiner *Farbenlehre* von 1810 abgebildet.

In neuester Zeit ist der Nachweis erbracht worden, dass Spalt- und Stegspektrum in ihren experimentellen Voraussetzungen keine Gegensätze darstellen, sondern »Teilphänomene eines experimentellen Bedingungszusammenhangs sind. Die Spektren schließen sich in ihrer Erscheinung nicht aus, sondern bedingen sich gegenseitig« (Rang und Grebe-Ellis 2009, 227). Dies mag man fast als Kommentar zu G.s Text lesen: »Diese Phänomene [die verschiedenen Spektren] gingen mir also völlig parallel. Was bei Erklärung des einen recht war, schien bei dem andern billig; und ich machte daher die Folgerung, daß wenn die [Newtonsche] Schule behaupten könne, das weiße Bild auf schwarzem Grunde werde durch die Brechung in Farben aufgelöst, getrennt, zerstreut, sie eben so gut sagen könne und müsse, daß das schwarze Bild durch Brechung gleichfalls aufgelöst, gespalten, zerstreut werde« (FA I, 23.1, 1027). Was in der Wissenschaftsgeschichte unter verschiedenen Aspekten immer wieder konstatiert worden ist, gilt auch hier: G.s *Farbenlehre* zeigt sich erneut von frappierender Aktualität.

Literatur

Hennig, John: Zu Goethes Gebrauch des Wortes ›Gespenst‹. In: DVjs. 28 (1954), 487–496. – Rang, Matthias und Grebe-Ellis, Johannes: Komplementäre Spektren: Experimente mit einer Spiegel-Spalt-Blende. In: Mathematisch-Naturwissenschaftlicher Unterricht. 62 (2009), 227–230. *WZ*

Spielmann, Jacob Reinbold (1722–1783)

Der Inhaber der gegenüber dem Straßburger Münster gelegenen Hirsch-Apotheke war zugleich Universitätsprofessor und vertrat die Fächer Chemie, Pharmazie, Physiologie, Anatomie und Chirurgie; weiterhin fungierte Spielmann als Direktor des Botanischen Gartens. G. besuchte im Wintersemester 1770/1771 seine chemischen Vorlesungen, worüber er in *Dichtung und Wahrheit* (II, 9) kurz berichtete. Spielmann gehörte zu den Straßburger Gelehrten, die G. nach seiner vorübergehenden Annäherung an die →Alchimie während der Frankfurter Krankheitszeit (1768/1769) der empirischen Denkweise näherbrachten (→Encheiresis naturae).

Literatur

Diergart, Paul: Auf unbeachteten Pfaden Goethes in Straßburg. Der Chemiker und Arzt Jakob Reinbold Spielmann. In: Chemiker-Zeitung. 51, Nr. 30 vom 16.4.1927, 281–283. – Dörr, Walter: Goethe und der Apotheker Spielmann. In: Süddeutsche Apotheker-Zeitung. 72 (1932), Nr. 55, 377 f. – Noggler, Josef: Goethe in seinen Beziehungen zu Pharmazeuten. In: Pharmazeutische Monatshefte. 4 (1923), 82–88. *WZ*

Spinoza, Baruch de (1632–1677)

Der ursprünglich als Linsenschleifer ausgebildete jüdisch-niederländische philosophische Autodidakt stand trotz Verbannung und Indexierung seiner Schriften mit zahlreichen Wissenschaftlern und Philosophen seiner Zeit in Kontakt.

Für G. stellte Spinoza – neben Shakespeare und →Linné – ein tiefgehendes, lebenslang wirkendes Bildungserlebnis dar. G.s Spinoza-Rezeption ist in der G.-Philologie vor allem in neuerer Zeit dargelegt worden. Auf eine erste Phase der stereotypen Ablehnung Spinozas (*Ephemerides*, 1770) folgte ein näheres Kennenlernen 1773/1774 durch eine bei Ludwig Julius Friedrich Höpfner in Gießen entliehene Werkausgabe und Diskussionen über Spinoza mit Johann Kaspar →Lavater und Friedrich Heinrich →Jacobi am 28.6. und 24.7.1774. 1784/1785 folgten eine intensive Lektüre der lateinischen und der deutschen Fassung der *Ethica ordine geometrico demonstrata* zusammen mit Charlotte von →Stein und deren Niederschlag in Werken, Briefen und Zeugnissen, in Gesprächen mit Lavater, Jacobi und Herder (vgl. Warnecke 1908, 50–53). G.s Stellungnahme gegen Jacobi im Atheismus- oder Pantheismusstreit um Spinoza (vgl. an Jacobi, 9.6. u. 21.10.1785), ausgelöst durch Jacobis Schrift *Über die Lehre des Spinoza in Briefen an Herrn Moses Mendelssohn* (1785), dokumentierte seine von der Hand Charlotte von Steins niedergeschriebene *Studie nach Spinoza*, die bisher in diese Zeit datiert wurde. In LA II, 1B (2011), 1114f. wird eine Neudatierung der *Studie* auf Winter 1788/1789 in der Folge des Dialogs mit Carl Philipp Moritz vorgeschlagen. Von Spinozas Lehre des anschauenden Wissens angeregt, setzte G. darin Dasein und Vollkommenheit gleich, wobei Gott und Natur eine Einheit bilden bzw. zusammenfallen. Ferner reflektierte G. über Methoden der Erforschung von Teil und Ganzem in der Natur, plädierte für die Beschränkung als angemessenes Forschungsziel und leitete erkenntnistheoretische, ethische und ästhetische Folgen daraus ab.

Die letzte Phase von G.s Beschäftigung mit Spinoza (1811/1812), angeregt durch Jacobis Schrift *Von den göttlichen Dingen und ihrer Offenbarung* (1811), fand ihren literarischen Niederschlag in der bilanzierenden Rückschau in *Dichtung und Wahrheit* (III, 14 u. IV, 16). Spinoza stellte als literarische Gestalt und Sinnbild des Genie-Kultes (u.a. *Der ewige Jude*, *Prometheus*, *Mahomet*, *Ganymed*, *Werther*, *Faust*) für G.s Weltanschauung eine philosophische →Wahlverwandtschaft dar (vgl. Eckermann, 28.2.1831; FA II, 12, 454f.). An der spinozistischen Auffassung einer Gott-Natur, die eine transzendente Gottesvorstellung ablehnte und Gott »in herbis et lapidibus« sah (an Jacobi, 9.6.1785), hielt G. bis zum Lebensende fest.

Vgl. auch den ausführlichen Artikel in GHB. 4.2, 999–1003 sowie ergänzend im vorliegenden Band den Abschnitt über die *Studie nach Spinoza* (S. 238–240) und →Jacobi, Friedrich Heinrich, →Pantheismus.

Literatur

Bollacher, Martin: Der junge Goethe und Spinoza. Studien zur Geschichte des Spinozismus in der Epoche des Sturms und Drangs. Tübingen 1969. – Dilthey, Wilhelm: Aus der Zeit der Spinoza-Studien Goethes. In: Archiv für Geschichte der Philosophie. 7 (1894), 317–341. – Nicolai, Heinz: Goethe und Jacobi. Studien zur Geschichte ihrer Freundschaft. Stuttgart 1965, 150–177 (Kapitel ›Spinoza‹). – Schings, Hans-Jürgen: Le philosophe auquel je me fie si volontiers. Présence de Spinoza dans l'oeuvre littéraire de Goethe. Paris 2000. – Timm, Hermann: Gott und die Freiheit. Studien zur Religionsphilosophie der Goethezeit. Bd. 1: Die Spinozarenaissance. Frankfurt am Main 1974. – Warnecke, Friedrich: Goethe, Spinoza und Jacobi. Weimar 1908. *BI/WZ*

Spiraltendenz

Am 10.11.1827 schrieb der Botaniker und Brasilienreisende C. F. P. v. →Martius an G.: »vielleicht habe ich bald das Glück, Ew Exzellenz [...] zu zeigen [...] Etwas über den spiraligen Umlauf der Blätter in der Blumenbildung, über die Verschiedenheit der Achsen in diesen Gebilden, und die Möglichkeit hieraus eine allgemeine Anthogenese [Blütenentwicklung] abzuleiten. Herr Kanzler v. Müller, dem ich ein Modell, hierhergehörig, [am 28.10.1827 in München] gezeiget habe, wird vielleicht die Grundidee zu entwickeln Lust haben, bis meine Frucht reif ist [...]« (LA II, 10B.1, 341). Knapp ein Jahr später, vom 4. bis 6.10.1828, besuchte Martius G. in Weimar. Er war auf der Rückreise von Berlin, wo er auf der Versammlung deutscher Naturforscher und Ärzte – wie auch schon auf der gleichen Konferenz in München (1827) – über die Spiraltendenz der Vegetation gesprochen hatte (vgl. dazu Martius' Aufsatz *Über die Architectonik der Blüthen*, in: Isis 21, 1828, Sp. 522–529 und 22, 1829, Sp. 333–341). Nun erörterte er die Thematik mit G., und F. J. →Soret berichtete darüber: »Goethe ließ sich [...] sehr wichtige Aufschlüsse über die Spiraltendenz geben und kam damals auf den Gedanken, sie im Zusammenhang zu behandeln; er sähe darin, versicherte er, einen ungeheuren Fortschritt der Pflanzenphysiologie, und nichts darin widerstreite dem Grundsatz der Metamorphose« (Zehn Jahre 275).

Am 28.3.1829 gestand G. Martius jedoch, »daß Sie mich mit der spiralen Tendenz des Pflanzenwachsthums, der Sie eine so geistreiche Entwickelung gegeben, nicht genugsam bekannt gemacht. [...] Nun aber wünscht ich zu Beschleunigung meiner Forschung, daß Sie mir die Entwickelung Ihrer Gedanken auf die Weise mittheilten, wie Sie es in Berlin gethan [...]. Da auch hiebey von einem Modell die Rede war, so würde solches [...] je eher je lieber anlangen«. Nachdem G. auch in der Literatur auf das Thema gestoßen war (vgl. Tgb, 2.4. und 6.5.1829) und schließlich mit Schreiben vom 20.8.1829 von Martius das erbetene Modell zur Spiraltendenz erhalten hatte, entlieh er am 31.8. und 7.9.1829 die Arbeiten von Martius aus der *Isis* (s. o.) und begann ab dem 13.10.1829 mit intensiveren Studien: »Ich wendete meine Gedanken zu dem Vorkommen der Spiralgefäße in dem Bau der Pflanzen« (Tgb). Dem Kanzler F. v. Müller berichtete G. am 22.12.1829: »mich hat der Gedanke von gesetzlicher Spiralwirkung bey'm Entfalten und Ausbilden der Pflanzen vom ersten Augenblick an, als ich ihn vernommen, beschäftigt und seit dem schönen auslangenden Modell nur destomehr bis auf den heutigen Tag. Vielfache Versuche zu diesem Zweck sind gemacht, glückliche Beobachtungen aufgezeichnet«.

Modell zur Spiraltendenz der Vegetation von Carl Friedrich Philipp von Martius; Kopie des 1829 an G. gesandten Exemplars

Tagebucheinträge vom 26. bis 28.12.1829 sowie Datierungen einzelner Notizen unter dem 27.12. (vgl. LA II, 10B.1, 113, M 24.4/H^5 und 10B.2, 1012) belegen G.s Studien. Unter dem Datum 27.1.1830 berichtete Eckermann: »Er [G.] sprach mit großer Anerkennung über Herrn *von Martius*. ›Sein Aperçu der Spiraltendenz, sagte er, ist von der höchsten Bedeutung‹« (FA II, 12, 688).

Das ganze Jahr 1830 hindurch kam G. immer wieder auf die Spiraltendenz der Vegetation zurück (vgl. Tgb 21.1., 25. u. 29.4., 4. u. 5.5., 26.–28.10., 6.11., 27.12.1830). Um den Jahreswechsel 1830/1831 fasste er den Entschluss, als Anhang zur deutsch-französischen Ausgabe des *Versuchs über die Metamorphose der Pflanzen* (1831) auch einen kurzen Aufsatz *Über die Spiraltendenz* zu liefern, den er am 13.1.1831 begann, bis Ende des Monats weitgehend ausarbeitete und am 29.3.1831 endgültig abschloss. Der letzte Tagebucheintrag zum Thema stammt vom 25.11.1831: »Einige angenehme Entwicklungen bezüglich auf Vertical- und Spiraltendenz der Pflanzen gelangen mir«. Und noch wenige Tage vor seinem Tod bekannte G. am 15.3.1832 gegenüber dem Grafen →Sternberg: »Auch das Studium der Spiralität des Pflanzenwachsthums hat mich nicht los gelassen«.

Das gesamte Material liegt heute, von G. in drei blauen Foliomappen gesammelt, in seinem Nachlass im Goethe- und Schiller-Archiv in Weimar vor.

G. unterschied im Bau der höheren Pflanzen zwei Wachstumstendenzen, eine vertikale, die die Achse bestimmt, und eine spiralförmige, die sich auf jene Organe auswirkt, die der Ernährung des Organismus dienen, sich demnach also auf die Anordnung der Laub- und Blütenblätter um die pflanzliche Achse sowie auf die Windung der Pflanzengefäße im Spross bezieht. Beide Tendenzen bedingen einander: »Das vertikal aufsteigende System bewirkt bei vegetabilischer Bildung das Bestehende seiner Zeit Solideszierende, Verharrende [...]. Das Spiralsystem ist das Fortbildende, Vermehrende, als solches Vorübergehende, sich von jenem gleichsam isolierend« (FA I, 24, 787).

Die Spiraltendenz – als »Grundgesetz des Lebens« (ebd. 788) – ist verantwortlich für »die Tendenz der Gewächse, wodurch Blüte und Fruchtstand eigentlich gebildet und bestimmt wird« (ebd. 776). »Die Vertikaltendenz äußert sich von den ersten Anfängen des Keimens an, sie ist es wodurch die Pflanze in der Erde wurzelt und zugleich sich in die Höhe hebt« (ebd. 789). Wichtig war G. die Integration der Arbeiten zur Spiraltendenz in seine Metamorphosenlehre; so betonte er: »es walte in der Vegetation eine allgemeine *Spiraltendenz*, wodurch, in Verbindung mit dem vertikalen Streben, aller Bau, jede Bildung der Pflanzen, nach dem Gesetze der Metamorphose, vollbracht wird. Die zwei Hauptendenzen [...] sind das Vertikal-System und das Spiral-System; keins kann von dem andern abgesondert gedacht werden, weil nur eins durch das andere lebendig wirkt« (ebd. 777).

Schon im *Versuch die Metamorphose der Pflanzen zu erklären* von 1790 hatte G. die Spiralgefäße als Leitungsorgane der Pflanzen erwähnt (vgl. §§ 60ff., § 69), die bereits in mikroskopischen Untersuchungen des Pflanzengewebes im 17. Jh. beschrieben worden waren.

Am 23.10.1823 sandte Martius einen Aufsatz über den Bau der →Palmen, in dem er auf die Spiralstellung der Blattknospen, auf spiralig um den gestauchten, Zwiebelstock genannten Keimstengel gestellte Blätter und auf Spirallinien im Blütenbereich hinwies (vgl. G–Martius 36).

Literatur
Becker, Hans-Joachim (Hg.): Goethes Biologie. Würzburg 1999, 169–175. – Fink-Langlois, Antoinette: Goethe et la tendence spirale. In: Fink, Gonthier-Louis: Goethe. Paris 1980, 179–200. – Froebe, Hans A.: »Ulmbaum und Rebe«. Naturwissenschaft, Alchymie und Emblematik in Goethes Aufsatz »Über die Spiraltendenz« (1830–1831). In: JbFDtHochst. 1969, 164–193. – Zellner, Julius: Zur Spiraltendenz der Vegetation. In: ChrWGV. 26 (1912), 41–43. *WZ/ZA*

Spix, Johann Baptist von (1781–1826)

Mit einem Brief vom 6.8.1811 sandte der Nürnberger Buchhändler J. L. Schrag G. auf Wunsch des Autors die *Geschichte und Beurteilung aller Systeme in der Zoologie nach ihrer Entwicklungsfolge von Aristoteles bis auf die gegenwärtige Zeit* von J. B. v. Spix (Nürnberg 1811; Ruppert 5139), ein Werk, das G. laut Tagebuch am 23.8.1811 las und gegenüber →Knebel am Folgetag als »recht interessantes Buch« bezeichnete, mit der Empfehlung, zumindest die Einleitung und die Teile über das Altertum zu lesen. »Es ist mit viel Kenntniß sehr gut und klar geschrieben« (ebd.).

Als G. am 7.6.1817 »Werke des Spix« im Tagebuch notierte, nannte er am gleichen Tag J. H. →Meyer brieflich »den Titel eines Buches [...], das uns zur vergleichenden Anatomie unentbehrlich ist«, mit dem Auftrag, die Großfürstin Maria Pawlowna nach Möglichkeit für die Kosten der Anschaffung zu gewinnen, was auch gelang (vgl. Meyer an G., 24.6.1817; LA II, 10A, 222). Es handelte sich um Spix' Tafelwerk *Cephalogenesis sive capitis ossei structura, formatio et significatio* (München 1815) über die Knochen des Kopfes, das G. am 26.6.1817 bei Perthes bestellte und am 27.7.1817 in Empfang nahm. G. begann sogleich mit der Lektüre (vgl. Tgb, 27. und 29.7.1817; an Meyer, 29.7.1817).

Die *Tag- und Jahreshefte* von 1817 enthalten eine deutliche Kritik: »*Spix* Cephalogenesis erscheint: bei mannichfaltiger Benutzung derselben stößt man auf unangenehme Hindernisse. Methode der allgemeinen Darstellung, Nomenclatur der einzelnen Theile, beides ist nicht zur Reife gediehen; auch sieht man dem Text an, daß mehr Überliefertes als Eigengedachtes vorgetragen werde«.

In den Nachträgen zu seiner Abhandlung über den Zwischenkieferknochen (in Morph I, 2, 1820), für deren Bearbeitung G. das Werk am 6.12.1819 erneut heranzog, betonte er jedoch lobend, man könne sich über alle erwähnten »Körper und Präparate [...] aus dem bedeutenden Werke der Kraniologie des Herrn Spix aufs beste belehren, wo Abbildung und Beschreibung die Frage [nach der Existenz eines menschlichen Zwischenkieferknochens] völlig außer Zweifel setzen« (FA I, 24, 489). Gegenüber →Nees von Esenbeck monierte G. am 31.3.1820 allerdings, dass die »Umrisse des guten Spix [...], zu Heil und Frommen eines bequemeren Wissens, sämmtlich andere Zahlen und Zeichen erhalten« müssten.

Am 26.7.1820 diktierte G. über Spix' *Cephalogenesis* ein *Kraniologie* überschriebenes Manuskript, dessen geplante Publikation (in Morph) unterblieb; am Folgetag entlieh er das Werk aus der Jenaer Bibliothek. G. erhob nun vor allem den Einwand, Spix habe »nur die drei hinteren Wirbelknochen des Schädels anerkannt, anstatt aber auf diesem naturgemäßen Wege fortzuschreiten hat er für den Vorderteil des Gesichts eine ganz unzulängliche und unzulässige Terminologie beliebt [...]. Soll nun jemals die Schädellehre [...] zu echter Klarheit und Konsequenz gelangen, so muß Herr Spix die drei vordern Wirbel auch anerkennen« (FA I, 24, 647). Hier richtete sich G.s Unmut also gegen Spix' Ausführungen zu den Knochen des Gesichtsschädels, deren korrekte Ableitung aus dem Element des Wirbels von G. eingefordert wurde.

Als G. am 2.10.1820 die *Cephalogenesis* erneut vornahm, »erschrak [er] über deren Absurdität«. In diesem Sinne äußerte er sich auch in Briefen gegenüber C. G. →Carus (13.1.1822) und K. F. →Burdach (21.7.1821: »Spix bearbeitete seine Tafeln in eben dem bornirten Sinne; wer fühlt sich nicht verworren, indem er sie studirt; früher oder später wird man ihre Unbrauchbarkeit einsehen; ich verlange es nicht zu erleben, aber den Nachkommen will ich wenigstens auf die Spur helfen«).

Dagegen ist der Hinweis auf Spix in G.s Aufsatz *Das Schädelgerüst aus sechs Wirbelknochen auferbaut* (Morph II, 2, 1824) moderat gehalten (vgl. FA I, 24, 619: »am schlimmsten wirkte der falsche Einfluss [von →Oken] auf ein würdiges Prachtwerk [die *Cephalogenesis*]«).

Spix gehörte – neben →Martius und →Pohl – zwischen 1817 und 1820 zu den Teilnehmern der bayerisch-österreichischen Brasilienexpedition. Die von Spix gemeinsam mit Martius verfasste Beschreibung der *Reise in Brasilien [...] in den Jahren 1817–1820* (3 Bde. und Atlasband, München 1823–1831; Ruppert 4114) zog G. oftmals heran (→Brasilien), verband sie aber mehr mit dem Namen von Martius, der ihm persönlich bekannt war und menschlich nahestand.

Noch in seiner letzten naturwissenschaftlichen Publikation, *Principes de Philosophie zoologique*, verwies G. in Zusammenhang mit →Geoffroy Saint-Hilaire und Sitzungen der Pariser Académie Royale des Sciences zweimal auf Spix (vgl. FA I, 24, 819 und 842).

Literatur

Bartowski, Beatrix: Das Tierreich als Organismus bei Johann Baptist von Spix (1781–1826). Seine Auseinandersetzung mit der Mannigfaltigkeit im Tierreich: Das »natürliche« System. Frankfurt am Main u. a. 1998. – Feder, Ernst: Goethes Liebe zu Brasilien. In: GJb. (1951), 142–177, vor allem 159–161.

HO

Sprengel, Christian Conrad (1750–1816)

Am 11.11.1789 las G. im *Intelligenzblatt* der JALZ (Nr. 130) die Anzeige einer botanischen Schrift Sprengels mit dem Titel *Versuch die Konstruction der Blumen zu erklären*, die zur Ostermesse 1790 erscheinen sollte. Darin war angeblich der erste Schritt zur Erklärung eines Geheimnisses enthalten, »welches, selbst nach Linnés Meynung, bis jetzt noch kein Botaniker zu erklären im Stande gewesen« (WA IV, 9, 358). Diese Ankündigung bewog G. dazu, seinen *Versuch die Metamorphose der Pflanzen zu erklären* zur Ostermesse 1790 zu veröffentlichen, wie er Herzog →Carl August am 20.11.1789 schrieb: »Indessen bin ich auch angespornt worden meine botanischen Ideen zu schreiben. Es hat den Schein daß ein auf Ostern angekündigtes Buch mir zuvorkommen könnte. So will ich wenigstens zugleich kommen«.

Die erwartete Schrift von Sprengel, der mit →Batsch und →Heim in Kontakt stand (vgl. Meyer 1953, 120), wurde jedoch erst 1793 unter dem veränderten Titel *Das entdeckte Geheimnis der Natur im Bau und in der Befruchtung der Blumen* veröffentlicht. Mit ihr begründete Sprengel die Blütenökologie. Er zeigte darin, dass die Gestalt und die Eigenschaften einer Blüte aus ihren Beziehungen zu den sie besuchenden und sie bestäubenden Insekten verstanden werden können. Damit war zugleich der Versuch verbunden, die Entstehung organischer Formen aus bestimmten Verhältnissen zu ihrer Umgebung zu erklären.

G. kritisierte in einem Brief an Batsch vom 26.2.1794 Sprengels Auffassung scharf: »Nach meiner Meynung erklärt sie eigentlich nichts; sie legt nur der Natur einen menschlichen Verstand unter und läßt diese erhabene Mutter lebendige Wesen auf eben die Art hervorbringen, wie wir Flinten fabriciren, Kugeln gießen und Pulver bereiten, um endlich einen Schuß zu erzwecken. Diese Vorstellungsart, wie alle die ihr ähnlich sind, führen uns [...] von dem wahren Wege der Physiologie ab: denn wie können wir die Theile eines organisirten Wesens und ihre Wirkungen entwickeln und begreifen, wenn wir es nicht als ein durch sich und um sein selbst willen bestehendes Ganze beobachten?«

Literatur

Meyer, Dieter E.: Biographisches und Bibliographisches über Christian Conrad Sprengel. In: Mitteilungen aus dem botanischen Garten und Museum Berlin-Dahlem. 1 (1953), 118–125. – Wagenitz, Gerhard: Sprengels »Entdecktes Geheimnis der Natur im Bau und in der Befruchtung der Blumen« aus dem Jahre 1793 und seine Wirkung. In: Nachrichten der Akademie der Wissenschaften in Göttingen II. Math.-Phys. Kl. 1993, Nr. 1. Göttingen 1993, 1–11; s. auch Lit. zu Sprengel, Kurt Polycarp Joachim

HO

Sprengel, Kurt Polycarp Joachim (1766–1833)

Der Neffe von Christian Conrad Sprengel hatte zunächst Theologie in Greifswald studiert, bevor er 1787 in →Halle zum Dr. med. promoviert wurde, 1795 dort einen Lehrstuhl für allgemeine Pathologie erhielt und 1797 Direktor des Botanischen Gartens wurde. In Letzterem traf sich G. laut Tagebuch erstmals mit Sprengel am 11.7.1802: »Früh bey Kurt Sprengel mikroscopisch physiologische Beobachtungen«. In den *Tag- und Jahresheften* von 1802 hieß es: »Den botanischen Garten unter *Sprengels* Leitung zu betrachten [...], war nicht geringer Gewinn; denn überall, sowohl an den Gegenständen als aus den Gesprächen, konnte ich etwas entnehmen, was mir zu mehrerer Vollständigkeit und Förderniß meiner Studien diente«.

An →Schiller schrieb G. bereits am 5.7.1802, nachdem er soeben Sprengels *Anleitung zur Kenntniß der Gewächse, in Briefen* (Halle 1802) gelesen hatte: »Curt Sprengel […] ist eine eigne Natur von Verstandsmenschen wie wir sie heißen, der durch den Verstand sich dergestalt in die Ecke treibt, daß er aufrichtig gestehen muß hier könne man nun eben nicht weiter; und er dürfte nur über sich sehen, so würde er empfinden wie ihm die Idee einen glücklichen Ausweg darbietet. Aber eben dieses Wirken des Verstands gegen sich selbst ist mir in Concreto noch nicht vorgekommen und es ist offenbar, daß auf diesem Wege die schönsten Versuche, Erfahrungen, Raisonnements, Scheidungen und Verknüpfungen vorkommen müssen. Was mich für ihn einnimmt ist die große Redlichkeit seinen Kreis durchzuarbeiten. Ich bin sehr neugierig ihn persönlich kennen zu lernen«.

Nach seiner Rückkehr sprach G. in seinem Brief an Sprengel (September oder Oktober 1802) von den »schönen Entdeckungen«, mit denen dieser das botanische Feld bereichere. »Die lehrreichen Stunden«, welche Sprengel ihm »gefällig gegönnt«, seien ihm »unvergeßlich geblieben«.

Die *Anleitung* befand sich ebenso in G.s Bibliothek wie Sprengels Schrift *Plantarum umbelliferarum denuo disponendarum prodromus* (Halle 1813; vgl. Ruppert 5141 f.).

Seit Dezember 1817 beschäftigte sich G. zudem mit Sprengels *Geschichte der Botanik* (Leipzig 1817/1818), in deren zweitem Band er (S. 302–304) anerkennende Worte zu seiner Metamorphosenlehre finden konnte (vgl. LA II, 10A, 299 f.). G. berichtete erfreut in seinem Aufsatz *Andere Freundlichkeiten* (in Morph I, 2, 1820) davon, dass er in Sprengels Werk die »Übersicht des Werdens einer so hochgeschätzten Wissenschaft« erkenne und dass seiner eigenen Arbeit »in Ehren« gedacht werde. »Und wo kann man sich eine größere Belohnung denken als von solchen Männern gebilligt zu werden, die man bei seinem Unternehmen immer als Protagonisten vor Augen gehabt« (FA I, 24, 456).

Zu dieser Zeit, am 9.10.1820, bezeichnete G. Sprengel gegenüber Constantin von Weltzien als »den ehrwürdigsten unter den medizinischen deutschen Gelehrten« (GG 3.1, 218). Am 24.2.1822 kam es bei Sprengels Besuch in Weimar noch einmal zu einer persönlichen Begegnung.

Noch in dem späten Aufsatz *Wirkung dieser Schrift* zur Geschichte der →Metamorphose der Pflanzen (1831) zitierte G. Sprengels Ausführungen aus dessen *Geschichte der Botanik* mit den lobenden Erwähnungen der eigenen Studien (vgl. FA I, 24, 760).

Literatur

Kaiser, Wolfram und Völker, Arina: Kurt Sprengel (1766–1833). Halle 1982. – Meyer, D. E.: Goethes botanische Arbeit in Beziehung zu Christian Konrad Sprengel (1750–1816) und Kurt Sprengel (1766–1833) auf Grund neuer Nachforschungen in Briefen und Tagebüchern. In: Berichte der Deutschen botanischen Gesellschaft. 80 (1967), 209–217. *EN*

Stark, Johann Christian d. Ä. (1753–1811)

Der Arzt und (ab 1779) Professor der Medizin in Jena, seit 1786 Leibarzt der Herzoginmutter Anna Amalia und ihres Sohnes →Carl August, genoss hohes Vertrauen am Weimarer Hof und behandelte zeitweise auch G., so bei der schweren Erkrankung im Januar 1801 (Erysipel der linken Gesichtshälfte; Gesichtsrose oder Entzündung der Schädelknochen?). G. berichtet darüber in den *Tag- und Jahresheften* von 1801: »[…] die Ärzte [vor allem W. →Huschke] tasteten nur, der Herzog, mein gnädigster Herr, die Gefahr überschauend, griff sogleich persönlich ein, und ließ durch einen Eilboten den Hofrath Stark von Jena herüberkommen. […] der hocherfahrne Leibarzt, im Praktischen von sicherm Griff, bot alles auf, und so stellte Schlaf und Transpiration mich nach und nach wieder her«. Auch bei den Nierensteinkoliken im Februar 1805 wurde Stark nach Weimar beordert, ansonsten versorgte er G. auch bei leichteren Erkrankungen sowie einer weiteren Nierenkolik Ende April 1809 in Jena.

Starks gleichnamiger Neffe (1769–1837), ebenfalls (ab 1796) Professor der Medizin in Jena, war ab 1812 als Nachfolger seines Onkels Leibarzt am Weimarer Hof und zeitweise auch G.s Arzt.

Literatur

Theis, R.: Goethes Arzt Johann Christian Stark. Diss. Jena 1949. *WZ*

Steffens, Henrik (1773–1845)

Der Sohn eines aus Holstein eingewanderten Chirurgen wurde in Stavanger geboren, studierte in Kopenhagen Naturwissenschaften, besonders Mineralogie, und habilitierte sich 1796 in Kiel. 1798/1799 in Jena und später in Berlin verkehrte Steffens im Kreis der Romantiker.

Bei Abraham Gottlob →Werner an der Bergakademie in →Freiberg setzte er 1799 sein mineralogisches Studium fort. Dort entstand die Schrift *Beiträge zur inneren Naturphilosophie der Erde* (Freiberg 1801), die Steffens in →Halle/Saale, wo er 1804 eine Professur für Naturphilosophie erhalten hatte, als *Grundzüge der philosophischen Naturwissenschaft* (Berlin 1806) zum Lehrbuch ausweitete (G.s negatives Urteil dazu im Brief an Steffens von Anfang Oktober 1806 und in den *Tag- und Jahresheften* von diesem Jahr). 1811 nach Breslau berufen, richtete er das physikalische Institut ein und hielt Vorlesungen in Physik und Philosophie. Er unterbrach sein Amt, das er bis 1832 innehaben sollte, durch die Teilnahme an den Befreiungskriegen 1813/1814. Die Breslauer Jahre waren geprägt durch Steffens Engagement in religions-, wissenschafts- und gesellschaftspolitischen Kontroversen. Nach der Berufung an die Universität Berlin 1832 wandte er sich verstärkt der Belletristik zu. Unter Steffens zahlreichen Werken befindet sich auch die zehnbändige Autobiographie *Was ich erlebte* (Breslau 1840–1844). Sein novellistisches Werk ist thematisch bestimmt von religiös inspirierten Naturschilderungen.

Steffens verstand es, naturwissenschaftliche Exaktheit mit spekulativer Naturphilosophie systematisch zu verbinden. Die statische Naturauffassung →Spinozas, von dem er erste philosophische Eindrücke erfahren hatte, überwand Steffens durch den dynamischen Naturbegriff →Schellings, mit dem ihn eine enge Freundschaft verband. Im Auftrage G.s, der ihn seit der persönlichen Bekanntschaft am 11.2.1799 in Jena schätzte und mit ihm zu gelegentlichen Gesprächen zusammenkam (vgl. z.B. Tgb, 6.4.1799, 31.12.1808, 17.4.1811), fasste Steffens Schellings Naturphilosophie für die *Jenaische Allgemeine Literatur-Zeitung* (1805, Nr. 103 und 137) zusammen, durchdrungen von eigenen Ideen und Ansätzen. 1803 hielt Steffens in Kopenhagen Vorlesungen über G.

Am 3.10.1809 sandte er noch vor der Drucklegung die Schrift *Farben-Kugel oder Construction des Verhältnisses aller Mischungen der Farben zu einander* seines Freundes Philipp Otto →Runge an G., der im Druck (Hamburg 1810) Steffens eigene Abhandlung *Über die Bedeutung der Farben in der Natur* beigegeben wurde. G. konstatierte eine völlige Übereinstimmung zu den Ideen seiner *Farbenlehre* (an Steffens, 9.10.1809; vgl. dazu weiterhin Runge an G., Ende Sept./Anfang Okt. 1809; Runge an G., etwa 10.10.1809; an Runge, 18.10.1809; Runge an G., 1.2.1810; an Runge, 23.3.1810; sämtlich in EGW 4, 547–550, 567f., 575). In seiner *Farbenlehre* führte G. unter der aktuellen Literatur auf: »mit einem schönen Aufsatz über die Bedeutung der Farben in der Natur hat uns Steffens beschenkt« (FA I, 23.1, 993).

Literatur

Kamphausen, Georg und Schnelle, Thomas: Die Romantik als naturwissenschaftliche Bewegung: Zur Entwicklung eines neuen Wissenschaftsverständnisses. Bielefeld 1982. – Mischer, Sibille: Der verschlungene Zug der Seele. Natur, Organismus und Entwicklung bei Schelling, Steffens und Oken. Würzburg 1997. – Saltzwedel, Johann: Das Gesicht der Welt, physiognomisches Denken in der Goethezeit. München 1993 (vor allem 336–362). – Schmitz, Victor August: Dänische Dichter in ihrer Begegnung mit deutscher Klassik und Romantik. Frankfurt am Main 1974. *LEU*

Steigerung s. Polarität/Steigerung

Stein, Charlotte Albertine Ernestine von (1742–1827)

G.s Beziehung zu Ch. v. Stein wird in GHB. 4.2, 1008–1012 behandelt. Bis zum Bruch zwischen beiden, der durch G.s Aufbruch nach Italien (3.9.1786) und der unmittelbar nach der Rückkehr aufgenommenen intimen Verbindung zu Christiane Vulpius (12./13.7.1788) bezeichnet wird, nahm Ch. v. Stein an allen G. interessierenden Themen als Gesprächspartnerin oder Korrespondentin Anteil. So wird in den entsprechenden Zeugnissen auch immer wieder G.s Naturforschung angesprochen.

In den Briefen von den drei Harzreisen (1777 mit erster Brockenbesteigung, 1783 und 1784), von der zweiten Schweizreise (1779), aus Italien (1787/1788) sowie im Charlotte zugedachten *Reise-Tagebuch* von Karlsbad nach Rom (1786) finden sich Hinweise auf G.s geologische und botanische Interessen, Berichte vom Besuch von Bergwerken sowie Wetter- und Wolkenbeobachtungen. Am 7.12.1781 berichtete G. Charlotte von dem Plan, einen →»Roman über das Weltall« zu schreiben. Am 27.3.1784 teilte G. ihr – und zeitgleich auch Herder – seine Entdeckung des menschlichen →Zwischenkieferknochens mit. 1785 informierte er sie über Versuche zur Keimung von Pflanzen (vgl. an Ch. v. Stein, 8.3. u. 1.4.1785; →Kotyledonen), 1786 berichtete G. wiederholt über seine Beobachtungen der →Infusionstiere, wozu er am 16.3.1786 Charlottes Mikroskop erbat (vgl. auch an Ch. v. Stein, 27.6.1785, 8.4. und Mitte April 1786).

Durch G.s lebensbedrohliche Erkrankung 1801 und den Tod Schillers 1805 wieder einander angenähert, nahm Ch. v. Stein 1805/1806 an G.s physikalischen Vorträgen in der →»Mittwochsgesellschaft« teil (vgl. oben S. 107f. u. 233; Ch. v. Stein an F. v. Stein, 19.12.1805, BG 5, 674).

Für ein Interesse an G.s *Farbenlehre* gibt es nur wenige Belege (vgl. an Ch. v. Stein, Ende März 1807, 11.5.1810). Am 17.4.1811 sandte sie das »geliehene Buch« an G. zurück, »welches, wenn ich auch nicht alles verstehe, viel Merkwürdiges für mich gehabt hat und einen um sich herum körperliches und geistiges zu sehen veranlaßt« (EGW 4, 621).

ZA

Stein, Gottlob Friedrich Constantin, genannt Fritz, Freiherr von (1772–1844)

Der Kammerassessor in Weimar (1794), preußische Kriegs- und Domänenrat (1798–1807), Generallandschaftsrepräsentant in Schlesien (ab 1810) und Präsident der →Schlesischen Gesellschaft für vaterländische Kultur in →Breslau (1820–1844), war Charlotte von →Steins jüngster Sohn, um dessen Erziehung sich G. in vielfältiger Weise bemüht hatte. Dieser band ihn schon im Kindesalter in naturforschende Unternehmungen ein, so 1783 auf der zweiten Harzreise mit zahlreichen geologischen Exkursionen (→Harz) und im Juli 1784 bei einer Reise durch den Thüringer Wald (Inselsberg), auf der Mineralien gesammelt wurden (vgl. LA II, 7, 329f.). Zur Berichterstattung über die erste Ballonfahrt in Deutschland (Jean-Pierre Blanchard, 3.10.1785) sandte G. den 13jährigen Fritz nach Frankfurt am Main und schrieb seiner Mutter am 20.9.1785: »Wie bin ich auf Fritzens beschreibung neugierig [...]«.

In seiner Funktion als Präsident der Schlesischen Gesellschaft für vaterländische Kultur wurde Fritz von Stein ab 1821 wichtiger Ansprechpartner vor allem für mineralogische und meteorologische Fragen (vgl. an Carl August, 13.1.1822). Die Grundlagen hierfür wurden bei einem Besuch Steins in Weimar vom Dezember 1821 bis Februar 1822 gelegt (vgl. Tgb, 24.12.1812, 3., 12., 21. und 31.1.1822); gleich nach seiner Rückkehr nach Breslau und noch Jahre später übersandte Stein Mineralien nach Weimar (vgl. LA II, 8B.1, 343f.).

Zu weiteren Aspekten →Schlesische Gesellschaft für vaterländische Kultur. *ZA*

Steiner, Carl Friedrich Christian (1774–1840)

Der Weimarer Architekt, Lehrer an der Freien Zeichenschule und der Freien Gewerkenschule, ab 1816 Hofbaumeister, arbeitete als Kolorierer (vgl. LA II, 4, 129 und Corpus VA, 39) an den Tafeln zu G.s *Farbenlehre* mit. In G.s Tagebuch wird er am 5. und 15.1.1807 unter dem Namen »Steinert« genannt (J. C. E. →Müller). *WZ*

Sternberg, Kaspar Maria Graf von (1761–1838)

Die Freundschaft mit dem Grafen Sternberg zählt zu den bedeutendsten Beziehungen des alten G. und wurde vor allem im Bereich der Naturforschung fruchtbar. Der aus mährisch-böhmischem Adelsgeschlecht stammende Graf hatte eine Ausbildung zum Geistlichen erhalten und war als Domherr sowie bischöflicher Kammerrat für das Forstwesen in Regenburg tätig gewesen, bevor er sich um 1810 als Privatgelehrter auf seinem Gut Brźezina nordöstlich von Prag niederließ, wo er sich vor allem mit paläobotanischen und mineralogischen Studien befasste. Sternberg – so G. gegenüber →Eckermann am 27.6.1827 – sei »ein höchst bedeutender Mann und sein Wirkungskreis und seine Verbindungen in Deutschland sind groß. Als Botaniker ist er durch seine Flora subterranea in ganz Europa bekannt; so auch ist er als Mineraloge von großer Bedeutung« (FA II, 12, 244). Durch seinen hier angesprochenen *Versuch einer geognostisch-botanischen Darstellung der Flora der Vorwelt* (4 Hefte, Leipzig 1820–1825; Ruppert 5159) gilt Sternberg als einer der Begründer der Paläobotanik.

Obwohl sich der um zwölf Jahre jüngere Sternberg bereits von Jugend an mit G.s Schriften beschäftigt hatte, begann die Freundschaft zwischen beiden erst im Greisenalter. G. wurde auf Sternberg aufmerksam, als er am 28.4.1820 im Gespräch mit dem Badearzt →Heidler in Marienbad erfuhr, dass der »unterirdisch entdeckte Palmenwald [...] im Pilsner Kreis, zwischen Cerhowitz und Radnitz, [...] dem Grafen Sternberg« gehörte. Da G. Musterstücke von diesen Kohlenformationen wünschte, stellten sowohl Heidler als auch Schreibers in Wien den Kontakt zu Sternberg her (vgl. an Schreibers, 10.5.1820; Schreibers an G., 18.5.1820; LA II, 10A, 373f.).

Am 3.6.1820 erkundigte sich Sternberg bei G. genauer nach dessen Wünschen (vgl. ebd. 376). G. erfuhr von Christian Wilhelm Schweitzer, der Sternberg in Karlsbad getroffen hatte, von dessen Hilfsbereitschaft und erneuerte seine Bitte gegenüber Sternberg am 20.10.1820; im gleichen Brief sprach er ihn auf die Erforschung des →Kammerberges bei →Eger an, die G. seit 1808 am Herzen lag.

Am 25.11.1820 kündigte Sternberg die Absendung des soeben erschienenen ersten Hefts seiner *Flora der Vorwelt* sowie einer Sammlung von »Pflanzenabdrücken« an; die Sendung traf am 4.1.1821 bei G. in Weimar ein. Ferner lud Sternberg G. zu einem Besuch in Brźezina ein, um gemeinsam die Steinkohlenablagerungen zu erkunden, und berichtete ihm von seinen Untersuchungen am Kammerberg. Damit waren gemeinsame Forschungsinteressen bezeichnet, die bald eine Freundschaft begründeten. Gegenüber Carl August lobte G. am 7.1.1821 Sternbergs »Flora der Vorwelt« als »bedeutend, gründlich und übersichtig [...]; der Text ist verdienstvoll durch eine wohl überdachte Nomenclatur der aufgefundenen Pflanzenreste und durch Hinweisung in fremde Reiche und Provinzen [...]. Für die Geognosten sind diese Bemühungen höchst interessant und folgereich«. Nach Erhalt des zweiten Hefts der *Flora der Vorwelt* bestätigte G.

Sternberg am 26.9.1821, dass ihm nun »ein freyerer Überblick über eine so merkwürdige Erscheinung« möglich sei, »wobey es mich höchlich freute, so manches Neue zu finden, was mit meinen ältern geognostischen Überzeugungen völlig übereinstimmt«.

Zur ersten (»längst gewünschten und immer verspäteten«) persönlichen Begegnung kam es am 11.7.1822 in →Marienbad, wo G. und Sternberg »zwey Wochen beysammen« lebten und »Tausendfältiges zur Sprache kam« (an Knebel, 23.8.1822). Sternberg war 61 Jahre alt, G. 73. »Er ist höchst unterrichtet, mittheilend, und meine Ansicht von Böhmen erweitert sich stündlich«, berichtete G. seinem Sohn am 11.7.1822 (ähnlich an August von Goethe, 16.7.1822). In vielen weiteren Briefen aus dieser Zeit äußerte G. seine Freude über die glückliche, belehrende Begegnung mit dem Grafen. »Ich darf wohl sagen daß mir, seitdem ich Grafen Reinhard [1807] in Carlsbad begegnete, kein solches Glück wieder geworden. Wie wichtig ist es einen Mann von diesen Jahren, von solcher menschlichen, welt- und wissenschaftlichen Bildung anzutreffen, eine vollkommene Mittheilung möglich zu finden und durch wechselseitiges Empfangen und Geben des größten Vortheils zu genießen. Sollte man wünschen, ihn früher gekannt zu haben, so läßt sich erwidern: daß wenn zwey Reisende, aus zwey entfernten Weltgegenden nach einem Puncte strebend, auf demselben zusammentreffen, um nun ihren Erwerb zu vergleichen, und das einseitig Gewonnene wohlwollend austauschen, so ist es vortheilhafter, als wenn sie die Reise zusammen angetreten und zusammen vollendet hätten« (an Carl August und Luise, 1.8.1822; vgl. auch an Zelter, 8.8.1822).

Nach ihrer Begegnung in Marienbad trafen sich G. und Sternberg am 30.7.1822 in Eger, wo auch der Brasilienreisende Johann Baptist Emanuel →Pohl und der schwedische Chemiker Jöns Jacob →Berzelius zugegen waren. Gemeinsam wurde eine Exkursion zum Kammerberg unternommen.

Am 11.7.1822, dem ersten Tag der persönlichen Begegnung, hatte Sternberg G. die Schrift von Laurentius Albrecht Dlask: *Versuch einer Naturgeschichte Böhmens [...]*. Teil 1: *Geognosie Böhmens* (Prag 1822; Ruppert 4015) übergeben, die G. am Folgetag studierte und Grundlage für ein Gespräch mit Sternberg am 14.7.1822 über Gewitter in Böhmen wurde. Aus diesem Anlass entstanden zwei Aufsätze mit dem Titel *Über die Gewitterzüge in Böhmen*, der eine von G. (publiziert in ZNÜ II, 1, 1823), der andere von Sternberg (ZNÜ II, 2, 1824).

Am 1.8.1822 las G. Sternbergs *Reise durch Tyrol in die Österreichischen Provinzen Italiens im Frühjahr 1804* (Regensburg 1806; Ruppert 3970), das er vom Autor erhalten hatte: »Die Pflanzenkunde war der Hauptzweck, verbunden mit Geologie die Weltansicht ist frey und zeugt von einem wohlunterrichteten, mit Staats- und Weltverhältnissen genugsam bekannten Manne« (WA III, 8, 281). Durch andere Buchgeschenke (z.B. *Die Königinhofer Handschrift*, 1819; *Aurelio von Marsamo*; *Böhmische Volkslieder*; vgl. WA III, 8, 322 und 10, 297) förderte Sternberg auch G.s Kenntnis der Kulturgeschichte Böhmens.

G. unterstützte tatkräftig den Aufbau des von Sternberg gegründeten Vaterländischen Museums in Böhmen (→Gesellschaft des vaterländischen Museums in Böhmen). Auch nahm G. Anteil an Sternbergs Bemühungen für die →Versammlungen deutscher Naturforscher und Ärzte.

Mit dem Grafen Sternberg ist G. seit dem »heitern böhmischen Zusammenseyn in fortdauernder wissenschaftlicher Verbindung« geblieben (an Nees von Esenbeck, 29.12.1822). Die Korrespondenz wurde bis 1832 geführt; sie bezeugt neben dem wissenschaftlichen Austausch die gleichen Gesinnungen gegenüber den Weltereignissen ihrer Zeit. Dreimal besuchte Sternberg G. in Weimar (4.–10.7.1824, 11.–19.6.1827 und 14.–19.7.1830). Zur ersten Wiederbegegnung außerhalb Böhmens verfasste G. am 11.6.1824 die poetische Einladung: »Frühlingsblüthen sind vergangen, / Nun dem Sommer Früchte sprießen; / Ros' und Lilie soll erlangen, / Den erhabnen Freund zu grüßen« (WA I, 4, 266). Aus dem Jahr 1827 sind zwei Widmungsgedichte an Sternberg überliefert: *Wenn mit jugendlichen Schaaren [...]* und *Ödem Wege, langen Stunden [...]* (ebd. 278). Das erste endet mit den Versen: »Aber wenn bei hohen Jahren / Sich ein Edler uns gesellt, / O, wie herrlich ist die Welt!« Damit verewigte G. den für ihn höchst bedeutsamen Freundschaftsbund seines letzten Lebensjahrzehnts.

Vgl. auch den Artikel in GHB. 4.2, 1012f.

Literatur

Bratranek, Franz Thomas (Hg.): Briefwechsel zwischen Goethe und Kaspar Graf von Sternberg (1820–1832). Wien 1866. – Martin, Günther: Fossilien als Urbilder Goethescher Natur- und Weltschau – Goethe und die Paläontologie. In: Natur und Museum. 112 (1982), 98–110, vor allem 107. – Sauer, August: Graf Kaspar Sternberg und sein Einfluss auf das geistige Leben in Böhmen. In: Mitteilungen des Vereins für Geschichte der Deutschen in Böhmen. 39 (1901), 427-452. – Ders. (Hg.): Briefwechsel zwischen Johann Wolfgang von Goethe und Kaspar Graf von Sternberg (1820–1832). Prag 1902 (Bibliothek Deutscher Schriftsteller aus Böhmen 13). – Schweizer, Claudia: Johann Wolfgang von Goethe und Kaspar Maria von Sternberg. Naturforscher und Gleichgesinnte. Wien 2004. *HO*

Sternwarte in Jena

Bereits in den 1780er Jahren war durch Herzog Ernst II. von Sachsen-Gotha und Altenburg eine Sternwarte auf dem Seeberg bei Gotha errichtet worden, die sich unter der Leitung von F. X. v. →Zach zu einer der führenden in Europa entwickelte.

1811 fasste Herzog Carl August den Plan, die Universität Jena mit einer Sternwarte auszustatten. Veranlasst wurde er wohl durch mehrere astronomische Ereignisse der Vorjahre: Die Entdeckung der Asteroiden Ceres (G. Piazzi, 1801), Pallas (H. W. Olbers, 1802), Juno (K. L. Harding, 1804) und Vesta (Olbers, 1807) sowie die Beobachtung eines Kometen im Frühjahr 1811.

Zum 1.4.1812 wurde die Leitung der Sternwarte C. D. v. →Münchow übergeben, der den Bau auf einem vormals von Schiller bewohnten Grundstück, vornehmlich in der zweiten Jahreshälfte 1812, und die Einrichtung (→Instrumente, astronomische) im Jahr 1813 zu überwachen hatte. Nach dessen Wechsel nach Bonn im Jahr 1819 wurde J. F. →Posselt zum Direktor berufen sowie im März 1820 sein Assistent H. L. F. →Schrön eingestellt, der nach Posselts frühem Tod 1823 die Leitung der Sternwarte zunächst kommissarisch, dann endgültig übernahm.

G. war in seiner Funktion als Oberaufsicht über die Anstalten für Wissenschaft und Kunst auch für die Sternwarte zuständig, verfasste Berichte über ihre Tätigkeit und Instruktionen für die Verantwortlichen, in denen die Aufgaben der Sternwarte festgehalten waren (vgl. dazu in den Einzelheiten FA I, 27, 701–762).

Zunächst konzentrierte sich die Sternwarte, die auch der universitären Ausbildung dienen sollte, überwiegend auf astronomische Beobachtungen (z.B. Sonnen- und Mondfinsternisse, Kometen, Sternbedeckungen); mit dem Aufbau eines meteorologischen Messnetzes im Großherzogtum zwischen 1817 und 1821 (→Meteorologische Anstalten) übernahm sie die Funktion einer Zentrale für den Eingang, die Auswertung und die Publikation der Wetterdaten in einem *Meteorologischen Jahrbuch*, das für die Beobachtungsjahre 1822 bis 1827 erschien.

Daneben wurden auch eigene meteorologische Daten auf der Sternwarte erhoben, die den tiefsten Messpunkt des Netzes darstellte. Heute noch in der Universität Jena vorhanden sind von Münchow, Posselt und Schrön verfasste meteorologische Tagebücher (2.12.1816 bis 10.10.1817; Okt. 1819 bis Febr. 1820; Okt. 1820 bis Okt. 1821); astronomische Aufzeichnungen sind für die Zeiträume Okt. 1819 bis Mai 1822 (von Posselt) und 1830 bis 1832 (von Schrön) überliefert (vgl. LA II, 2, 626f., 637).

G. besuchte die Jenaer Sternwarte oftmals: in der Gründungsphase am 2.10., 1., 2. und 11.11.1812, weiterhin am 17. u. 20.12.1814, 20./21.11.1815, 14.5.1816, 22.3.1817 sowie zur Beobachtung einer →Sonnenfinsternis am 7.9.1820. Am 8.10.1827 fand die letzte Inspektion, gemeinsam mit Eckermann, statt. Bis zu seinem Lebensende befasste sich G. in amtlicher Funktion mit der Sternwarte, wobei es durchaus nicht immer um wissenschaftliche Belange ging. So hieß es in einer Verfügung an Schrön vom 22.9.1831: »Durch den Diener der Sternwarte ist ein neuer, tüchtiger Kettenhund anzuschaffen und der Kaufpreis, Behufs der Zahlungsanweisung anher anzuzeigen« (MA 18.2, 641).

Literatur

Knopf, Otto: Die Astronomie an der Universität Jena von der Gründung der Universität im Jahre 1558 bis zur Entpflichtung des Verfassers im Jahre 1927. Jena 1937. – Schielicke, Reinhard: Die Gründung der Herzoglichen Sternwarte und ihre ersten Direktoren. In: Ders.: Astronomie in Jena. Jena 1988, 28–39. – Ders. und Blumenstein, Kathrin: Herzog Carl August, Goethe und die Einrichtung der Herzoglichen Sternwarte zu Jena. In: GJb. (1992), 174–180. – Schmid, Irmtraut: Die naturwissenschaftlichen Institute bei der Universität Jena unter Goethes Oberaufsicht. Berlin 1979. *ZA*

Stiedenroth, Ernst Anton (1794–1858)

Der Dozent der Philosophie in Berlin, ab 1825/1827 Extraordinarius/Ordinarius an der Universität Greifswald, sandte G. mit Schreiben vom 8.5.1824 den ersten Teil seines Werks *Psychologie zur Erklärung der Seelenerscheinungen* (Berlin 1824). G.s Lektüre ist laut Tagebuch für den 11. bis 14.6.1824 bezeugt, am 15.6. verfasste er einen kleinen Aufsatz, der über Stiedenroths Werk bekunden sollte, »wie es mir damit ergangen« (FA I, 24, 614) und kam zu dem Ergebnis, »daß bei näherer Betrachtung es noch oft mir als Text zu mancher glücklichen Note Gelegenheit geben werde« (ebd. 615). G. veröffentlichte seine Anzeige in den Heften *Zur Morphologie* (II, 2, 1824).

Am 27.6.1824 erkundigte sich G. bei C. F. L. →Schultz in Berlin nach den persönlichen Lebensumständen von Stiedenroth und teilte begleitend mit: »Es ist gar zu angenehm sein inneres Leben, Streben und Treiben so außer sich gesetzt zu sehen; es ist mir noch nie vorgekommen diese Vermittlung des Abstracten, ja des Abstrusen mit dem gemeinen Menschenverstand, der uns doch eigentlich im Innern allein behaglich macht; es ist eine unglaubliche Totalität in diesem Vortrag und mag übrigens mit der Sache seyn, wie es will, so glaubt man auf einen Augenblick das Unbegreifliche zu begreifen«.

Obwohl die Rezension bereits in der Handschrift vorlag, sind eine weitere Lektüre von Stiedenroth laut Tagebuch vom 2., 3. u. 13.7.1824 sowie ein Gespräch mit →Riemer darüber für den 20.7.1824 belegt.

Vermutlich am 5./6.11.1824 entstand eine neue kurze Niederschrift, die in *Ueber Kunst und Alterthum* (V, 2, 1825) veröffentlicht wurde und G.s Intention belegt, das Werk Stiedenroths auch einem anderen Leserkreis vorzustellen.

Mit Schreiben vom 30.4.1825 dankte Stiedenroth für G.s Anteilnahme und übersandte ihm den zweiten Teil seines Werks, den G. vom 6. bis 8.5.1825 las, sich aber dazu nicht mehr äußerte. Immerhin hielt er Stiedenroths Dankesbrief im Tagebuch vom 5.5.1825 als »bedeutend« fest, auch wenn er ihn nicht beantwortete.

Literatur

Maillard, Christine: Goethe et les psychologues, les psychologues et Goethe. À partir d'une note de Goethe sur Ernst Stiedenroth. In: Valentin, Jean-Marie (Hg.): Johann Wolfgang Goethe. L'un, l'autre et le tout. Paris 2000, 583–604, hier 588–593. *WZ*

Stier/Ochse

Schon in seinem frühen Beitrag zu Lavaters *Physiognomischen Fragmenten* von 1776 (s.o. S. 10f.) hatte G. den »Ochs« berücksichtigt und mit den Stichworten »Duldung, Widerstand, schwere Beweglichkeit, stumpfer Fraß« (FA I, 24, 13) gekennzeichnet. Bei der Aufstellung des osteologischen Typus 1795 (s.o. S. 29–31) nahm G. den Stier als Beispiel dafür, dass es keine Zweckgerichtetheit in der Natur gebe, dass organische Bildungen nicht entstehen, um bestimmte Aufgaben zu erfüllen, dass »jedes Geschöpf Zweck seiner selbst« sei: »Man wird nicht behaupten, einem Stier seien die Hörner gegeben daß er stoße, sondern man wird untersuchen, wie er Hörner haben könne um zu stoßen« (FA I, 24, 234).

Vor allem aber hat G. sich im Alter mit fossilen Stierskeletten auseinandergesetzt. Anlass waren zwei Funde im Torfmoor von Haßleben aus dem Frühjahr 1821 und dem Sommer 1823, die er in seinen Aufsätzen *Fossiler Stier* und *Zweiter Urstier* 1822 und 1824 beschrieben hat (s.o. S. 49 u. 55). G. war von Anfang an bemüht, die Auffindungen mit weiteren Fossilfunden zu vergleichen und stand zu diesem Zweck in Kontakt mit G. F. Jäger in Stuttgart und F. H. W. →Körte in Halberstadt, die gleichfalls über fossile Stierknochen berichtet hatten. Darüber hinaus hatte G. »durch die besondere Gefälligkeit des Herrn Direktor von Schreibers zu Wien das Kopfskelett eines ungarischen Ochsen erhalten« (FA I, 24, 556).

G.s Äußerung, das Exemplar aus Haßleben sei eine »untergegangene Stamm-Race [...], wovon der gemeine und indische Stier als Abkömmlinge gelten dürfen« (ebd. 553) ist mehrfach, wohl zu Unrecht, als evolutionstheoretisch gedeutet worden (→Evolution).

Zum zweiten Fund von Haßleben (*Zweiter Urstier*) beließ es G. bei einer kurzen Anzeige und verwies auf die Autorität G. →Cuviers, dessen vierter Band der *Recherches sur les ossemens fossiles* (Paris 1823) soeben erschienen war (darin 150–154: *Article II: Des cranes fossiles qui paraissent appartenir à l'espèce du boeuf, mais qui surpassent de beaucoup en grandeur ceux de nos boeufs domestiques, et dont les cornes sont autrement dirigeés*) und durch den der Leser die Möglichkeit habe, »sich völlig aufzuklären« (FA I, 24, 621). *WZ*

Stotternheim

G. notierte sich wahrscheinlich im Mai 1780, dass der kurmainzische Statthalter Karl Theodor von Dalberg in Stotternheim nördlich von Erfurt nach Salz bohren lasse (vgl. LA II, 7, 9, M 6). Diese Bohrversuche reichten aber zu wenig in die Tiefe und wurden wegen starkem Wasserzudrang wieder aufgegeben. Der erhoffte Erfolg trat erst ein, als der bekannte Salinist K. Chr. F. →Glenck im Februar 1823 in dem seit 1815 zum Großherzogtum Sachsen-Weimar gehörenden Ort Tiefenbohrungen aufnahm (vgl. WA I, 36, 433; widersprüchlich in LA II, 8B.1, 321 u. 586). Im Juli 1827 stieß Glenck dort auf gesättigte Sole und ließ ein Siedhaus erbauen (vgl. LA II, 8B.1, 551f.). G. stand mit dem Salinendirektor seit Beginn der Bohrungen in Verbindung und verfolgte das Stotternheimer Unternehmen mit großem Interesse. Anfang 1828 erhielt G. erstmals Sole aus Stotternheim. Auf Glencks Wunsch hin schrieb er das Gedicht *Die ersten Erzeugnisse der Stotternheimer Saline begleitet von dichterischem Dialog zwischen den Gnomen, der Geognosie und der Technik*, das am 30.1.1828 zum Geburtstag der Großherzogin Luise Auguste von Sachsen-Weimar-Eisenach szenisch aufgeführt wurde. Ihr zu Ehren erhielt die Saline den Namen Luisenhall. Glenck bohrte weiter und stieß 1829 in 380 m Tiefe auf ein noch ergiebigeres Steinsalzlager. Neben dem praktischen Erfolg freute sich G. besonders »über die Consequenz, die wir unserer tief genug erforschten Erdoberfläche zugestehen müssen« (Briefkonzept an S. A. W. →Herder, 7.6.1831). Der Salzabbau in Stotternheim wurde 1951 eingestellt.

Literatur

Andreä, Friedrich Wilhelm: Geschichte (Chronik) des Dorfes Stotternheim von den ältesten Zeiten an bis zur Gegenwart. Erfurt 1854 (erw. Neuauflage Stotternheim 1904, Nachdruck 2004). – Arnold, Werner und Lock, Ernst: Karl Christian Friedrich

Glenck (1779 bis 1845), sein Wirken bei der Suche und dem Aufschluß von Salzlagerstätten in Thüringen und Sachsen und sein Verhältnis zu Johann Wolfgang von Goethe. In: Prescher, Hans (Hg.): Leben und Wirken deutscher Geologen im 18. und 19. Jahrhundert. Leipzig 1985, 140–161. – Emons, Hans-Heinz und Walter, Hans-Henning: Alte Salinen in Mitteleuropa: Zur Geschichte der Siedesalzerzeugung vom Mittelalter bis zur Gegenwart. Leipzig 1988. *WY*

Struve, Heinrich Christian Gottfried von (1772–1851)

Am 23.7.1806 besuchte G. während seines Aufenthalts in →Karlsbad den Mineralogen und russischen Legationsrat aus Hamburg, um dessen Mineralien anzusehen (»Schönes Chromium. Siberit. Wernerit. Krystalle vom Gotthard mit eingeschlossenem Amiant. Stufen gestrickten Silbers aus Potosi. Massen von Zinngraupen, die sich nesterweis krystallisirt hatten, von Schlackenwalde«). Der mineralogische Dialog wurde am 27., 30. und 31.7. sowie am 1.8.1806 fortgesetzt. Laut G. war Struve »ein passionirter Mineraloge«, der »die große Genauigkeit Wernerischer Schüler in Beschreibung dieser natürlichen Gegenstände, viel Kenntniß und Thätigkeit« habe (an Carl August, 4.8.1806). Struve nahm Anteil an G.s Beschäftigung mit der Müllerischen Sammlung (→Müller, Joseph) und beteiligte sich an den gemeinsamen mineralogischen Exkursionen.

In den *Tag- und Jahresheften* von 1806 ging G. auf den von Struve am 1.8.1806 überbrachten »idеellen Durchschnitt des Lessauer und Hohdorfer Gebirges« ein, »wodurch der Zusammenhang der Erdbrände mit dem unter und neben liegenden Gebirg deutlich dargestellt und vermittelst vorliegender Muster, sowohl des Grundgesteins als seiner Veränderung durch das Feuer, belegt werden konnte« (zu den Profilskizzen vgl. Corpus VB, 200 und 200a und →Profil, geologisches).

Am 18.8.1806 erhielt G. für das Museum in Jena von Struve aus Karlsbad übersandte Mineralien.

1807 traf G. mit Struve und A. G. →Werner in Karlsbad zusammen (vgl. Tgb, 30.7. und 5.9.1807). Am 4.7.1807 beschäftigte er sich mit dem ersten Teil von Struves Aufsatz *Mineralogische Bemerkungen über die Umgebungen Karlsbads* (in Leonhards *Taschenbuch für die gesammte Mineralogie* 1, 1807), dessen Fortsetzung (ebd. 2, 1808) G. bereits vor dem Druck im Manuskript zu lesen wünschte (vgl. an Leonhard, 12.10.1807 und Tgb, 23.10.1807).

Später erwähnte G. gelegentlich von Struve erhaltene Mineralien (vgl. Tgb, 25.4.1812, 7.12.1814: »Struvische Suite von Mecklenburg«).

Im November 1822 (vgl. WA III, 8, 324) übersandte Struve mit handschriftlicher Widmung seine Schrift *Beiträge zur Mineralogie und Geologie des nördlichen Amerika's* (Hamburg 1822; Ruppert 5161). Zu dem Werk, das G. am 13.11.1822 an →Lenz in Jena schickte, sind Notizen G.s überliefert (vgl. LA II, 8B.1, 46f., M 27), die mit dem Hinweis auf fehlende vulkanische Wirkungen im nördlichen →Amerika auf das Gedicht *Den Vereinigten Staaten* (»Amerika, du hast es besser [...]«) hindeuten.

Am 16.8.1823 brachte G. aus →Marienbad eine Mineraliensendung an Struve auf den Weg (vgl. Tgb, 15.8.1823; an Struve, 16.8.1823). Struve dankte am 3.9.1823 für den »Beweis [...] wohlwollenden Andenkens« (LA II, 8B.1, 383). *HO*

Studium, naturwissenschaftliches

G. hat kein naturwissenschaftliches Studium absolviert, sondern Veranstaltungen in →Physik und →Chemie sowie →Anatomie, Chirurgie und Geburtshilfe nach eigenen Interessen, vom eigentlichen Studienplan abweichend, belegt. G.s erster Studienort war Leipzig (Immatrikulation 19.10.1765). Die Fachrichtung (Jurisprudenz) und der Ort waren vom Vater vorgegeben worden. G. selbst hätte →Göttingen und eine Ausbildung in Poetik, Rhetorik und klassischer Altertumswissenschaft vorgezogen. Beim Mittagstisch bei C. G. →Ludwig traf G. zahlreiche Medizinstudenten, so dass Medizin und Naturwissenschaften dort ständiges Gesprächsthema waren. Bei J. H. →Winckler hörte G. Physik und lernte →Newtons optische Lehre kennen, ohne dass diese Thematik zu dieser Zeit eine besondere Reaktion hervorgerufen hätte. Vielmehr erwähnte G. später in der *Farbenlehre*, im Kapitel *Konfession des Verfassers*, ausdrücklich Wincklers Verdienste um die Elektrizitätslehre (vgl. FA I, 23.1, 974). Anatomische Interessen G.s sind für die Leipziger Zeit nicht belegbar.

Nach schwerer Erkrankung in Leipzig und Rekonvaleszenz in Frankfurt (Ende Juli 1768 bis März 1770) nahm G. das Studium wieder auf, nun in Straßburg (April 1770 bis August 1771). Auch hier wurde seine Tischgesellschaft von Medizinern geprägt; für das Fach zeigte G. große Achtung. Neben dem Jura-Studium, das schließlich nicht mit der Promotion, sondern dem Grad eines Licentiatus iuris abgeschlossen wurde, belegte G. Vorlesungen und Praktika in Anatomie und klinischer Medizin sowie Chirurgie bei J. F. →Lobstein und G. F. →Ehrmann, in Geburtshilfe bei J. C. →Ehrmann d. J. und in Chemie bei J. R. →Spielmann. Neben dem Wissenserwerb war hier auch das Bestreben, mit Krankheit, Tod und Ekel umgehen zu lernen, G.s Motivation.

Auch später hat G. gelegentlich akademische Vorlesungen besucht (z.B. von G. C. →Lichtenberg in

→Göttingen, 1783; von F. J. →Gall in →Halle, 1805; vor allem aber von J. C. →Loder in →Jena zur weiteren anatomischen Ausbildung, 1781 und 1795).

Zu G.s Kernstudium (ohne naturwissenschaftliche Bezüge) vgl. auch den Artikel in GHB. 4.2, 1022ff. *WZ*

Stufenleitermodell

G.s Beschäftigung mit der Natur und ihren drei Reichen (→Naturreiche) stützte sich auf ein Naturmodell, das seit →Aristoteles die abendländische Sicht der Natur entscheidend geprägt hat. Das Modell der Stufenleiter oder Kette der Wesen verknüpfte Mineralien, Pflanzen, Tiere und Menschen in einer hierarchischen und kontinuierlichen Reihe. Im 18. Jh. wurde es von →Leibniz theoretisch gefestigt und erlangte durch die Werke von Ch. →Bonnet breite Popularität. Das Stufenleitermodell diente aber nicht nur zur Einordnung der Naturwesen in eine statische Hierarchie, sondern auch zu deren Verkettung über die Ernährung und sogar über die Wiedergeburt (Palingenesie) – ein Thema, das im 18. Jh. noch durchaus in seriösen wissenschaftlichen Kontexten behandelt wurde. Die Ordnung der menschlichen Rassen (→Anthropologie) und der Geschlechter stützte sich ebenfalls auf die scheinbare Evidenz des Stufenleitermodells.

G.s wissenschaftliche Biographie zeigt eine Beeinflussung durch verschiedene Ausprägungen der »Scala Naturae«, zuerst in seinen alchimistischen Studien (→Aurea Catena Homeri), später in der Mitarbeit an J. K. →Lavaters *Physiognomischen Fragmenten*, schließlich in der engen Zusammenarbeit mit →Herder, der eine verzeitlichte Form der Stufenleiter in die Naturphilosophie einführte (Progressionismus). Als Folge seiner eigenen Forschungen in Geologie, Botanik und →Anatomie gelangte G. zu einem Entwicklungsmodell des Kosmos, das er auch im Einzelorganismus bestätigt sah. Unter dem Begriff der →Steigerung wurde es von ihm auf alle Bereiche des Lebens übertragen und z.B. in *Faust II* bei der »Verkörperlichung« des →Homunculus (2. Akt; vgl. V. 8252) und in der *Bergschluchten*-Szene (5. Akt) auch literarisch fruchtbar gemacht.

Mit der Ausarbeitung seiner Metamorphosenlehre gelangte G. zugleich zu einer kritischen Sicht der linearen »Scala Naturae«. Seine morphologische Forschungsrichtung ließ ihn auch in »niederen« Naturwesen wie Steinen und Pflanzen ein eigenes, »urtypisches« Formprinzip erkennen, so dass er im 1789 erschienenen Aufsatz *Naturlehre* den drei Naturreichen einen ästhetisch und morphologisch begründeten Eigenwert in der Schöpfung zusprach. Innerhalb der einzelnen Reiche sah G. jedoch weiterhin Kontinuität und Hierarchie walten, etwa zwischen →Insekten und Wirbeltieren. Seine progressionistischen Aussagen über die Entwicklungsfolge in der Natur sind später oft missverstanden worden, da das verzeitlichte Stufenleitermodell mit dem Durchbruch der Darwinschen Evolutionstheorie auf eine Kontinuität in der Fortpflanzungsgemeinschaft zurückgeführt wurde.

Literatur
Feuerstein-Herz, Petra: Die große Kette der Wesen. Ordnungen in der Naturgeschichte der frühen Neuzeit. Wolfenbüttel 2007. – Lovejoy, Arthur O.: Die große Kette der Wesen. Geschichte eines Gedankens. Frankfurt am Main 1993. – Wenzel, Manfred: Goethe und Darwin. Goethes morphologische Schriften in ihrem naturwissenschaftshistorischen Kontext. Bochum 1983. – Wyder, Margrit: Goethes Naturmodell. Die Scala Naturae und ihre Transformationen. Köln, Weimar und Wien 1998. *WY*

Stuttgart

G. besuchte Stuttgart vom 11. bis 18.12.1779 auf dem Rückweg von der zweiten Schweizreise sowie vom 29.8. bis 6.9.1797 vor der dritten Schweizreise (mit weiterer Übernachtung auf der Rückreise am 1./2.11.1797). Unter naturkundlichem Aspekt ist festzuhalten, dass er am 6.9.1797 laut Tagebuch einen Besuch bei dem Kaufmann G. H. Rapp machte, wo er »das merkwürdige osteologische Präparat« einer Kiefermissbildung betrachtete, unter der die Schwester des Arztes P. F. Hopfengärtner gelitten hatte. G. bemühte sich um das Präparat (an G. H. Rapp, 27.11.1797 u. 15.1.1798), bat um eine Zeichnung sowie die Krankengeschichte der Patientin, wurde aber abschlägig beschieden, da Hopfengärtner selbst zu dem Fall publizieren wollte (Rapp an G., 27.3.1798), was aber offenbar später nicht geschah. Von G. ist eine wohl am 6.9.1797 bei der Betrachtung entstandene Notiz mit dem Titel *Pathologisches Präparat* überliefert (s.o. S. 33).

Literatur
Mahl, Bernd: Goethe in Stuttgart. Tübingen 2007. *WZ*

Subjekt/Objekt

In seinem 1823 erschienenen Aufsatz *Bedeutende Fördernis durch ein einziges geistreiches Wort* (s.o. S. 52) nannte G. als Absicht seiner Hefte *Zur Naturwissenschaft überhaupt, besonders zur Morphologie*: »auszusprechen, wie ich die Natur anschaue, zugleich aber gewissermaßen mich selbst, mein Inneres, meine Art zu sein, in so fern es möglich wäre, zu offenbaren. Hiezu wird besonders ein älterer Aufsatz: *der Versuch als Vermittler zwischen*

Subjekt und Objekt, dienlich gefunden werden. [...] Der Mensch kennt nur sich selbst, insofern er die Welt kennt, die er nur in sich und sich nur in ihr gewahr wird. Jeder neue Gegenstand, wohl beschaut, schließt ein neues Organ in uns auf« (FA I, 24, 595). Dieses Bekenntnis zeigt wohl am deutlichsten, dass es eine reine Objektebene in G.s Naturforschung nicht gibt, dass vielmehr der Naturforscher in seiner Subjektivität mit seinem Untersuchungsgegenstand stets verbunden bleibt. Versuche, Beobachtungen, Studien in der Natur gehen immer von einem konkreten Menschen, einer Forscherpersönlichkeit, aus, keinesfalls aber sind sie exakt definierbares Experiment mit prinzipiell austauschbarem Experimentator. Hier ergeben sich wesentliche Anknüpfungspunkte zur Thematik einer Phänomenologie der Natur, in der das Subjekt in seiner Leiblichkeit sowie die Anbindung der Natur an das individuelle Erfahren wesentliche Komponenten sind (vgl. Böhme und Schiemann 1997).

Ab 1794, dem Jahr der entscheidenden Annäherung an →Schiller, verwendete G. die Begriffe Subjekt (im Sinne von Mensch, Beobachter, Ich, Individuum, Geist) und Objekt (im Sinne von Gegenstand, Ding, Natur, Welt, Phänomen), wobei beide im Sinne einer untrennbaren →Polarität verstanden werden. Eine vom Menschen abgesonderte objektive Welt, dem Physiker eine Selbstverständlichkeit, erschien G. undenkbar.

Der von G. selbst in diesem Zusammenhang genannte Aufsatz *Der Versuch als Vermittler von Objekt und Subjekt 1793* (Titelgebung erst 1823) erscheint von größtem Stellenwert für die Erklärung von G.s methodischem Vorgehen in der Naturforschung (vgl. auch oben S. 228f.). Zur Frage des (scheinbar objektiven) Experiments hatte G. darin festgehalten: »Ich wage nämlich zu behaupten: daß Ein Versuch, ja mehrere Versuche in Verbindung nichts beweisen, ja daß nichts gefährlicher sei als irgend einen Satz unmittelbar durch Versuche bestätigen zu wollen, und daß die größten Irrtümer eben dadurch entstanden sind, daß man die Gefahr und die Unzulänglichkeit dieser Methode nicht eingesehen« (FA I, 25, 30f.) – ein mehr als deutlicher Seitenhieb auf →Newtons →Experimentum crucis, das die Farben als Bestandteile des weißen Lichts erweisen sollte. G.s Gegenprogramm ist bereits im ersten Satz des Aufsatzes angelegt: »Sobald der Mensch die Gegenstände um sich her gewahr wird, betrachtet er sie in Bezug auf sich selbst, und mit Recht« (ebd. 26). Der die Natur beobachtende Mensch müsse »sein eigner strengster Beobachter sein und bei seinen eifrigsten Bemühungen immer gegen sich selbst mißtrauisch« (ebd. 27), denn nur die Wechselwirkung zwischen objektiver Welt, wie sie dem Betrachter entgegentritt, *und* subjektiver Auffassung des jeweiligen Phänomens, vermag für G. zuverlässig Erkenntnisse zu vermitteln. In einem Aphorismus hat G. die Doppelperspektive festgehalten: »Alles, was im Subject ist, ist im Object und noch etwas mehr. Alles, was im Object ist, ist im Subject und noch etwas mehr. Wir sind auf doppelte Weise verloren oder geborgen: Gestehen wir dem Object sein Mehr zu, Pochen wir auf unser Subject« (MuR 1376).

Der Leipziger Psychiater J. C. F. A. →Heinroth hatte 1822 in seinem *Lehrbuch der Anthropologie* G. ein ›gegenständliches Denken‹ zugeschrieben und damit die enge Verbundenheit von Subjekt und Objekt genau bezeichnet. G. kommentierte Heinroths Ansicht mit den Worten, dass »er aussprechen will: daß mein Denken sich von den Gegenständen nicht sondere, daß die Elemente der Gegenstände, die Anschauungen in dasselbe eingehen und von ihm auf das innigste durchdrungen werden, daß mein Anschauen selbst ein Denken, mein Denken ein Anschauen sei« (FA I, 24, 595). In diesem Sinne sah G. seine Entdeckungen der →Metamorphose der Pflanzen und der →Wirbeltheorie (mit dem →Blatt und dem Wirbel als Grundbausteinen der pflanzlichen und tierischen Organisation) aus einer »Reihe von Anschauung und Nachdenken« (ebd. 597) hervorgegangen, also stets mit seiner individuellen Subjektivität verbunden. Vgl. auch den Artikel in GHB. 4.2, 1028ff.

Literatur
Böhme, Gernot und Schiemann, Gregor (Hg.): Phänomenologie der Natur. Frankfurt am Main 1997. – Erpenbeck, John: »... die Gegenstände der Natur an sich selbst«. Subjekt und Objekt in Goethes naturwissenschaftlichem Denken seit der italienischen Reise. In: GJb. (1988), 212–233. *WZ*

Subtraktive Mischung s. Additive Mischung/Subtraktive Mischung

Suite s. Gesteinsarten

Sukzessivkontrast/Simultankontrast

Eine Farb- oder Helligkeitswahrnehmung kann, teilweise abhängig von verschiedenen Lichtquellen, zugleich (simultan) oder in der Folge (sukzessiv) eine weitere bewirken. Derartigen Phänomenen von →farbigen Schatten und →Nachbildern wandte sich G. intensiv in der ersten Abteilung (→*Physiologische Farben*) des didaktischen Teils seiner *Farbenlehre* von 1810 zu (FA I, 23.1, 31–69), nachdem er bereits zwischen 1792 und 1794 mit dem Aufsatz *Von den farbigen Schatten* (FA I, 23.2, 84–102) und mit dem Versuchsprotokoll *Blendendes*

Bild (ebd. 194 ff.) die Thematik angesprochen hatte. In diesem Zusammenhang zeigt sich besonders deutlich G.s zunehmende Berücksichtigung der physiologischen, mit dem →Auge verbundenen Farbphänomene, die für ihn in der Entstehungsgeschichte der *Farbenlehre* immer größere Wichtigkeit erlangten und schließlich zum »Fundament der ganzen Lehre« (FA I, 23.1, 31) wurden.

Die Versuche G.s sind leicht nachzuvollziehen. Blickt man z. B. kurz in die Sonne und anschließend auf eine weiße Wand, erscheinen nacheinander (subjektiv unterschiedlich) schwarze, blaue, grüne und gelbe Punkte als sukzessive Nachbilder. Blickt man intensiv auf eine farbige Fläche und danach auf eine weiße Wand, stellen sich Nachbilder in der Komplementärfarbe ein (z. B. Grün folgt auf Rot, Rot auf Grün, Violett auf Gelb usw.). Phänomene von farbigen Schatten bei Schnee hatte G. bereits bei seinem Brockenabstieg am 10.12.1777 beobachtet und diese in § 75 des didaktischen Teils der *Farbenlehre* eindrucksvoll beschrieben (vgl. FA I, 23.1, 54 f.), farbige Schatten bei Vollmond im darauf folgenden Paragraphen. Das »Bild eines Mädchens in umgekehrten Farben« (Corpus VA, 54, Nr. 153) geht auf eine Beobachtung in einem Wirtshaus zurück, die G. in § 52 seiner *Farbenlehre* geschildert hat (FA I, 23.1, 46; vgl. Farbtafel S. 830).

WZ

Sulzer, Friedrich Gabriel (1749–1830)

Den gleichaltrigen Sulzer, Brunnenarzt und Naturforscher in Ronneburg, kannte G. möglicherweise bereits in den 1770er Jahren, da Friedrich Wilhelm Gotter, Gründer und Intendant des Gothaer Liebhabertheaters, ihn im Juni oder Juli 1773 indirekt für die Rolle des Götz vorgeschlagen hatte (vgl. RA 1, 8; GJb. 1897, 22). Am 23.2.1797 begegnete G. Sulzer im Hause von dessen Freund →Loder in Jena.

Bedeutender wurde der Kontakt erst im Juli 1807 während G.s Aufenthalt in →Karlsbad, wo Sulzer ihm als »ein treuer Naturforscher und emsiger Mineralog« erschien (TuJ von 1807). Zwischen dem 8.7. und 23.7.1807 trafen sie mehrmals zusammen.

Am 18.7.1807 unterrichtete Sulzer G. über seine mineralogische Exkursion nach →Tepl. In seinem Brief *An Herrn von Leonhard* vom 25.11.1807, der in Leonhards *Taschenbuch für die gesammte Mineralogie* (2, 1808) veröffentlicht wurde, beschrieb G. einen zwischen Tepl und Theising zu findenden »Gneis, dessen flasrige Textur durch deutliche fleischfarbne Feldspatkristalle hervorgebracht wird. [...] Ich verdanke die Kenntnis derselben der Aufmerksamkeit und Gefälligkeit des Herrn Hofrats *Sulzer* in Ronneburg« (FA I, 25, 368 f.). Auch in seinem aus dem Nachlass überlieferten Aufsatz *Über den Ausdruck porphyrartig* verwies G. auf den »aufmerksamen Naturkenner Herrn Dr. Sulzer in Ronneburg« (ebd. 545), der ihm porphyrartigen →Gneis aus Petschau geliefert habe.

Ein weiteres geologisches Gespräch in Karlsbad fand laut Tagebuch am 23.7.1807 statt (»über die partielle Folge der Epochen, deren Entwicklung in und aus sich selbst, so wie ihr endliches Auslaufen. Nicht gleichzeitig aller Orten. Argumente gegen das öftere Wiederkehren der Wasser«).

Die Karlsbader Suite, die G. 1806 zusammengestellt und nach Jena gebracht hatte, wurde 1807 komplettiert. Sulzer hatte daran »einigen Antheil [...]; doch nicht so viel als ich wünschte« (an C. G. v. Voigt, 18.7.1807). Am 31.8.1807 stellte G. eine Karlsbader Sammlung für Sulzer zusammen (vgl. auch Tgb, 2. und 21.9.1807).

Weitere Begegnungen mit Sulzer hat G. im Tagebuch vom 3.2.1811 (über den Pilz »Pietra fungaja«), am 12.7.1812 in Karlsbad und am 10.1.1813 notiert.

In die Zoologiegeschichte ist Sulzer als Erstbeschreiber des Feldhamsters (Cricetus cricetus) eingegangen (*Versuch einer Naturgeschichte des Hamsters*, Göttingen 1774).

Literatur

Petzsch, Hans: Der Humanmediziner Dr. F. G. Sulzer und sein Ronneburger Vieharzneiinstitut. In: Deutsches Medizinisches Journal. 20 (1969), H. 4, 123–126. – Ders.: Friedrich Gabriel Sulzer zum Gedächtnis. In: Friedrich Gabriel Sulzer: Versuch einer Naturgeschichte des Hamsters. Neu hg. von Hans Petzsch. Hannover, Berlin-Zehlendorf 1949, 131–197. – Ders.: Zum 200. Geburtstag von Friedrich Gabriel Sulzer am 10. Oktober 1949. In: Naturwissenschaftliche Rundschau. 2 (1949), 469–470.

HO

Swedenborg, Emanuel (1688–1772)

Den schwedischen Mystiker und Naturforscher kannte G. vermutlich durch gemeinsame Lektüre mit S. K. v. →Klettenberg in den Jahren 1768 bis 1770 in Frankfurt am Main. Im historischen Teil der *Farbenlehre* stellte er kurz seine Vorstellungen von den Farben aus transparenten kleinsten Teilchen dar, wie sie in *Prodromus principiorum rerum naturalium sive Novorum tentaminum chemiam et physicam experimentalem geometrice explicandi* (Amsterdam 1721) zum Ausdruck kam. G. führte dabei die Ausgabe Hildburghausen 1754 (S. 137) an (vgl. FA I, 23.1, 901).

Literatur

Schlieper, Hans: Emanuel Swedenborgs System der Naturphilosophie, besonders in seiner Beziehung zu Goethe-Herderschen Anschauungen. Berlin 1901. – Weis, L.: Goethe und Swedenborg. In: GJb. (1882), 349ff. *WZ*

Symbol

Die folgenden Ausführungen erläutern ausschließlich den in G.s naturwissenschaftlichen Schriften verwendeten Symbol-Begriff und haben kaum Berührungspunkte mit dem in GHB. 4.2, 1030–1033 abgedruckten Artikel zu diesem Lemma.

In G.s Naturforschung ist ›Symbol‹ nicht eindeutig festzulegen: der Begriff umschreibt zum einen die in Erscheinung tretende Form eines allgemeinen Leitprinzips wie auch eines Absoluten oder Göttlichen, wobei ihm stets die Funktion eines Gleichnishaften zukommt.

»Das Wahre mit dem Göttlichen identisch, läßt sich niemals von uns direkt erkennen, wir schauen es nur im Abglanz, im Beispiel, Symbol, in einzelnen und verwandten Erscheinungen [...]« (FA I, 25, 274). Diese von G. an den Anfang seines Aufsatzes *Versuch einer Witterungslehre 1825* gestellten Worte weisen dem Symbol das dem Menschen zugängliche, abgeschwächte Bild eines Höheren zu, das selbst nicht direkt erfassbar scheint. In diesem Sinne ist »Licht, wie es mit der Finsternis die Farbe wirkt, [...] ein schönes Symbol der Seele, welche mit der Materie den Körper bildend belebt« (3.12.1808; Riemer 298).

Auch Farben erscheinen als Symbole, stellvertretend für eine Bedeutung, die sie eindeutig bezeichnen. In der *Farbenlehre* heißt es dazu: »Symbolischer [...] Gebrauch der Farbe [...] Einen solchen Gebrauch also, der mit der Natur völlig überein-träfe, könnte man den symbolischen nennen, indem die Farbe ihrer Wirkung gemäß angewendet würde, und das wahre Verhältnis sogleich die Bedeutung ausspräche [...] Purpur als die Majestät« (FA I, 23.1, 282f.).

In der trivialen Bedeutung ist ›Symbol‹ ein Synonym für ›Zeichen‹, wenn z.B. von symbolischer Darstellung im physikalischen Kontext die Rede ist (›+‹ als Symbol für positive Ladung in der Elektrizität; symbolische Umschreibung durch Formeln).

Als G. 1805/1806 physikalische Vorträge vor einem Kreis Weimarer Damen hielt (→»Mittwochsgesellschaft«), leitete er am 30.10.1805 den Beitrag zur Elektrizität mit Überlegungen zu Symbolen ein. Dabei unterschied er: »*Symbole*, 1. die mit dem Gegenstand physisch real identisch sind« (FA I, 25, 144), was auf die magnetischen Wirkungen zielte; an anderer Stelle bezeichnete G. den Magnet als Urphänomen und als »Symbol für alles übrige, wofür wir keine Worte noch Namen zu suchen brauchen« (ebd. 62). Weiterhin sah G. Symbole »2. Die mit dem Gegenstande ästhetisch ideal identisch sind. Hierher gehören alle guten Gleichnisse [...]. 3. Die einen Bezug ausdrücken, der nicht ganz notwendig, vielmehr einiger Willkür unterworfen ist [...]. 4. Die von der Mathematik hergenommen sind [...]« (ebd. 144).

Unter dem 21.10.1805 überlieferte Riemer die folgende Äußerung G.s: »Alle unsere Erkenntnis ist symbolisch. Eins ist das Symbol vom andern: die magnetischen Erscheinungen Symbol der elektrischen, zugleich dasselbe und zugleich ein Symbol der andern. Ebenso die Farben durch ihre Polarität symbolisch für die Pole der Elektrizität und des Magnets. Und so ist die Wissenschaft ein *künstliches* Leben, aus Tatsache, Symbol, Gleichnis wunderbar zusammengeflossen« (GG 2, 45).

Solche Äußerungen belegen, dass das Symbolische für G. oftmals eine Umschreibung für das nicht Fassbare, nicht Erkennbare in der Natur ist, das er gleichwohl bis zu einer gewissen Grenze zu durchdringen hoffte (→Unerforschliches). In anderen Zusammenhängen sind die Bezüge eindeutiger, so, als G. →Schiller 1794 »mit manchen charakteristischen Federstrichen, eine symbolische Pflanze vor seinen Augen entstehen« (FA I, 24, 437) ließ, die Schiller als →»Idee«, G. hingegen als →»Erfahrung« einstufen wollte. In diesem Sinne war die 1787 in Italien noch →Urpflanze genannte Bildung, sobald an ihre reale Existenz nicht mehr gedacht war, eine symbolische Pflanze, aus der sich gedanklich alle Pflanzenbildungen ableiten ließen.

Im Rahmen der Meteorologie werden mit ›symbolisch‹ mehrfach Messwerte beschrieben, so wenn »sämtliche barometrische Erscheinungen als symbolische Äußerung« der »zwei Grundbewegungen des lebendigen Erdkörpers« (FA I, 25, 294) angenommen werden oder von den Wetterstationen erfasste Daten in den »meteorologischen Tabellen symbolisch enthalten« (ebd. 262) sind.

Dass das symbolisch Dargestellte in der Regel seinen Ausgangspunkt in der konkreten sinnlichen Anschauung hat, macht vor allem die »symbolische Darstellung der Wolkenformen« (ebd. 204) deutlich, die der Engländer L. →Howard – von G. begeistert aufgenommen – geliefert hatte. Hier ist ›symbolisch‹ am besten mit ›idealtypisch‹ zu erläutern.

Die von G. ausgesprochene Definition – »Die Symbolik verwandelt die Erscheinung in Idee, die Idee in ein Bild, und so, daß die Idee im Bild immer unendlich wirksam und unerreichbar bleibt und, selbst in allen Sprachen ausgesprochen, doch unaussprechlich bliebe« (MuR 1113) – ist für die Betrachtung des Begriffs im Rahmen der Naturforschung wenig hilfreich, da sie vor allem im Kontext der Kunsttheorie anzusiedeln ist. *WZ*

Synthese s. Analyse/Synthese

Systole/Diastole

Das Begriffspaar stellt ein wesentliches Beispiel für →Polarität dar, die wiederum in G.s Denken eine herausragende Rolle spielte, wobei jeweils eine Seite die andere voraussetzt, die vermeintlichen Gegensätze Teile einer Einheit darstellen und Leben als biologisch-organisch wie geistig-sittliches Phänomen sich nur im rhythmischen Wechsel offenbart.

Im engen Sinne bezeichnen Systole das Zusammenziehen (Konzentration, Kontraktion), Diastole das Ausdehnen (Expansion, Dilatation) des Organs beim Herzschlag. Im übertragenen Sinn stehen die Begriffe für Ein- und Ausatmen (vgl. das *Divan*-Gedicht *Talismane*: »Im Atemholen sind zweierlei Gnaden [...]«), Anziehung und Abstoßung (gleichsam die Entsprechung im Anorganischen), Vereinigung und Trennung (Entzweiung), Gestaltung und Umgestaltung, Denken und Tun. Zusammenziehung ist weiterhin als Konzentration auf das eigene Ich, Ausdehnung als Öffnung der Welt gegenüber deutbar, gemäß G.s Maxime: »Der Mensch kennt nur sich selbst, insofern er die Welt kennt, die er nur in sich und sich nur in ihr gewahr wird« (FA I, 24, 595).

Prominenteste Belegstelle für das Begriffspaar dürfte die *Farbenlehre* von 1810 sein, wo es im Sinne einer Weltformel als »ewige Systole und Diastole, ewige Synkrisis und Diakrisis, das Ein- und Ausatmen der Welt, in der wir leben, weben und sind« (FA I, 23.1, 239) erscheint. Auch im Zusammenhang mit der Tätigkeit der Netzhaut des →Auges taucht »die ewige Formel des Lebens« auf: »Wie dem Auge das Dunkle geboten wird, so fordert es das Helle; es fordert Dunkel, wenn man ihm Hell entgegenbringt und zeigt eben dadurch seine Lebendigkeit« (ebd. 41). Wie eine Fortsetzung dieser Stelle liest sich G.s Aphorismus: »Wer zuerst aus der Systole und Diastole, zu der die Retina [Netzhaut] gebildet ist [...], die Farbenharmonie entwickelte, der hat die Principien des Colorits [Gesetze der Farbgebung] entdeckt« (MuR 1079).

Im Zusammenhang mit dem Studium →Kants, im Aufsatz *Einwirkung der neueren Philosophie*, bemerkte G.: »Die Erkenntnisse a priori ließ ich mir auch gefallen, so wie die synthetischen Urteile a posteriori: denn hatte ich doch in meinem ganzen Leben, dichtend und beobachtend, synthetisch, und dann wieder analytisch verfahren, die Systole und Diastole des menschlichen Geistes war mir, wie ein zweites Atemholen, niemals getrennt, immer pulsierend« (FA I, 24, 443). Auch »die große Schwierigkeit bei psychologischen Reflexionen ist, daß man immer das Innere und Äußere parallel oder vielmehr verflochten betrachten muß. Es ist immerfort Systole und Diastole [...]« (MuR 278).

Wie sehr G. diese polaren Triebkräfte des Lebens auch in Grenzsituationen am Werk und für die Existenz schlechthin bestimmend sah, macht ein Aphorismus deutlich, in dem er »Entstehen und Vergehen, Schaffen und Vernichten, Geburt und Tod, Freud' und Leid« anführte, »alles wirkt durcheinander [...], deßwegen denn auch das Besonderste, das sich ereignet, immer als Bild und Gleichniß des Allgemeinsten auftritt« (MuR 571). Systole und Diastole als Naturgesetz!

Als Entsprechungen können das wechselweise Ausdehnen und Zusammenziehen der Blätter bei der Entwicklung der Pflanze vom Keimblatt bis zur Frucht gelten (dargestellt im *Versuch die Metamorphose der Pflanzen zu erklären* von 1790) sowie das →Ein- und Ausatmen der Erde bzw. die Zusammenziehung und Ausdehnung der Erdatmosphäre, mit denen G. im Rahmen seiner meteorologischen Vorstellungen eine pulsierende Schwerkraft postulierte (*Versuch einer Witterungslehre 1825*).

Vgl. zur Ergänzung den Artikel in GHB. 4.2, 1034 f. *WZ*

Tafeln zur Farbenlehre

Die erste Gesamtausgabe der *Farbenlehre* im Jahre 1810 enthielt neben zwei Bänden ein dünnes Quartheft mit 17 Tafeln (Zählung: I, II, IIa, III bis XVI), 12 davon in Farbe. G. hatte in seinem Werk zwar zahlreiche Experimente plastisch beschrieben, hatte sie im Textverlauf allerdings nicht visuell dargestellt. Da die Tafeln der Veranschaulichung des im Text Dargelegten dienen sollten, versah G. jede zwecks besserer Verständlichkeit im Rahmen der *Erklärung der zu Goethes Farbenlehre gehörigen Tafeln* (FA I, 23.1, 1011–1040) mit einem eigenen Kommentar: »Diese Tafeln, ob sie gleich das Werk nur desultorisch begleiten und in diesem Sinne als fragmentarisch angesehen werden können, machen doch unter sich ein gewisses Ganze, das seine eigenen Bezüge hat, welche herausgehoben zu werden verdienen« (ebd. 1013).

Die Tafeln 1 bis 6 sowie 16 demonstrieren Experimente des didaktischen Teils und stellen in teilweise abstrahierter Form deren Ergebnisse dar. Die Tafeln 7 bis 14, z.T. auch 5 und 6, beziehen sich auf den polemischen Teil; die 15. Tafel zeigt eine geometrische Zeichnung von Antonius de →Dominis zur Entstehung des →Regenbogens und gehört zum historischen Teil.

Bei den Tafeln handelt es sich um teilweise kolorierte Kupferstiche, die G. nach eigenen Zeichnungen (vgl. bereits an Schiller, 21.12.1796) ab Herbst 1806 nach Vorarbeiten im Jahr 1797 herstellen ließ. Johann Christian →Müller, ein Lehrer der Weimarer Zeichenschule, fertigte die Kupfertafeln, die Kolorierung übernahm der Weimarer Baumeister Karl Friedrich Christian →Steiner. Zwischen dem 15.3. und 5.4.1810 verfasste G. den Kommentar zu den Tafeln.

G. selbst verwaltete später die Kupferplatten, da die Tafeln aus Kostengründen nur nach Bedarf gefertigt wurden. Zu Nachauflagen kam es 1818, 1821, 1824 und 1825. Sämtliche Zeugnisse zu den Tafeln sind in EGW 4, 155–160 verzeichnet.

Zur experimentellen Demonstration seiner *Farbenlehre* vor einem kleineren Publikum, z. B. in den naturwissenschaftlichen Vorträgen 1805/1806 im Kreis der Weimarer Herzogin Luise (→»Mittwochsgesellschaft«), ließ G. die Motive einiger Tafeln auf große Holzschirme ziehen.

Bereits dem ersten Stück der *Beyträge zur Optik* (1791) hatte er Abbildungen beigefügt: das optische Kartenspiel mit 27 Motiven, wobei Schwarz-Weiß-Karten als Experimentiervorlage für Prismenversuche verwendet werden konnten, während die farbigen Darstellungen den Blick durch das Prisma simulierten (vgl. Abb. S. 823).

Insgesamt existieren heute ca. 500 auf Papier gefertigte bildliche Darstellungen zur *Farbenlehre*, die G. größtenteils halböffentlich (vor dem Hof) nutzte.

Als Monographie gab Jürgen Teller *Die Tafeln zur Farbenlehre und deren Erklärungen* (Frankfurt am Main, Leipzig 1994) mit einem Nachwort heraus. *SS*

Tarnowitz

Die Blei- und Silberbergwerke von Tarnowitz (heute Tarnowskie Góry, Polen) galten im späten 18. Jh. als Vorzeigeobjekt für die erfolgreiche Wiederbelebung des →Bergbaus in der damaligen preußischen Provinz →Schlesien, für die hauptsächlich Bergbaudirektor Graf Friedrich Wilhelm von Reden verantwortlich war. 1786 hatte man eine englische Dampfmaschine zur Grubenentwässerung angekauft, 1790 eine selbst gebaute in Betrieb genommen. Es waren die ersten in Deutschland – neben einer in Berlin produzierten Dampfmaschine, die ab 1785 im Mansfelder Kupferschiefer-Revier eingesetzt wurde. Unter Führung Redens reisten G. und Herzog →Carl August, die in Breslau auf die Entlassung der preußischen Truppen warteten, vom 3. bis 10.9.1790 nach Oberschlesien und Polen. Am 4.9. besichtigten sie in Tarnowitz Friedrichsgrube und Friedrichshütte. Drei Skizzen G.s zeigen Details der Pumpenanlagen (Corpus VB, 192–194), die ihn im Hinblick auf die Probleme mit den Grubenwässern in →Ilmenau interessierten. Unter dem Eindruck des Besuchs entstand das Epigramm *Fern von gebildeten Menschen*, worin G. »Verstand und Redlichkeit« der Tarnowitzer Knappschaft lobte (LA II, 7, 413).

Literatur
Wagenbreth, Otfried, Düntzsch, Helmut und Gieseler, Albert: Die Geschichte der Dampfmaschine. Historische Entwicklung, Industriegeschichte, technische Denkmale. Münster 2002, 131–205. – Wutke, Konrad: Aus der Vergangenheit des schlesischen Berg- und Hüttenlebens. Ein Beitrag zur Preußischen Verwaltungs- und Wirtschaftsgeschichte des 18./19. Jahrhunderts. Breslau 1913. – Ziolko, Karl-Heinz: Goethes Schlesische Reise. München 1992. *WY*

Taten und Leiden des Lichts

Die vielzitierte Aussage aus der Einleitung der *Farbenlehre* von 1810 lautet: »Die Farben sind Taten des Lichts, Taten und Leiden« (FA I, 23.1, 12). Den aktiven (»Taten«) und den passiven (»Leiden«) Charakter der Farben drückt G. auch in den beiden Seiten seines →Farbenkreises aus (gelb-gelbrot-aktiv; blau-blaurot-passiv). Für diese Bestimmung der Farben können mehrere Quellen diskutiert werden. Bereits 1793 hatte G. in seinem Aufsatz *Von den farbigen Schatten* A. →Kircher und sein Werk *Ars magna lucis et umbrae* (1646, neu bearbeitet 1671) genannt. Dieses fasste G. mit der Formel »color, lumen opacatum« – »Farbe ist beschattetes Licht« – zusammen und fuhr fort: »Könnte man einen angemessenern Ausdruck für die farbigen Schatten finden? Ja, wollte man die Benennung lumen opacatum dem gelben Schatten zueignen, so würden wir den entgegengesetzten blauen Schatten gar wohl mit umbra illuminata [beleuchteter Schatten] bezeichnen können, weil in jenem das Wirkende, in diesem das Leidende prävaliert und der wechselwirkende Gegensatz sich durch eine solche Terminologie gewissermaßen ausdrücken ließe« (FA I, 23.2, 100). Hier ist durchaus eine Antizipation der späteren Wendung von den »Taten und Leiden« festzustellen.

Auch J. →Keplers Werk *Ad Vitellionem paralipomena quibus astronomiae pars optica traditur* (Frankfurt am Main 1604), in dem eine Beziehung zwischen Licht und Farben hergestellt wird, kannte G. schon früh, seit 1791; intensiv beschäftigte er sich im Kontext des historischen Teils der *Farbenlehre* 1809 damit. In der darin enthaltenen Schrift *De lucis natura* heißt es im ersten Kapitel (Prop. XV): »Color est lux in potentia [...]« – »Farbe ist potentielles Licht, Licht begraben im durchsichtigen Stoffe, wenn es schon außerhalb der Blickrichtung bemerkt wird; und es gibt verschiedene Grade in der Anordnung des Stoffes, wegen seiner geringeren oder größeren Dichte oder wegen seiner Durchsichtigkeit und Trübe; entsprechend bewirken verschiedene Grade der Leuchtkraft, die mit dem Stoffe verbunden sind, die Farbunterschiede« (FA I, 23.1, 1322).

Schließlich ist J. C. →Scaliger zu nennen, in dessen *Exotericarum exercitationum liber XV. de subtilitate ad Hieronymum Cardanum* – G. besaß die Ausgabe Frankfurt am Main 1612; vgl. Ruppert 525 – es heißt: »lumen autem est actus coloris« – »das Licht aber tritt in Erscheinung durch die Farbe« (FA I, 23.1, 1105). Scaligers Definition wird in I. Bullialdus' *De natura lucis* (1638) erörtert, ein Werk, um das sich G. am 24.11.1801 in einem Brief an J. D. Reuß bemühte, der ihm kurz zuvor bei den Studien in der Göttinger Universitätsbibliothek behilflich gewesen war.

Für G. erscheint die aktive Komponente des Lichts z.B. in seiner Fähigkeit, ein ihm zugehöriges Sinnesorgan (das ›sonnenhafte‹ →Auge) zu schaffen. Andererseits nimmt das Licht beim Durchgang durch ein trübes Mittel, durch die Atmosphäre der Erde oder das →Prisma, eine passive Rolle ein. Davon zeugen auch die physikalischen Begriffe der Brechung oder Beugung, die G. zweifellos den »Leiden« zuordnet. *WZ*

Technik (Maschinenwesen, Industrie)

G.s Verhältnis zur Technik muss insgesamt als ambivalent gelten. Die in diesem Zusammenhang vielzitierten Worte aus *Wilhelm Meisters Wanderjahren* (III, 13), dort im Kontext der Webindustrie stehend: »Das überhand nehmende Maschinenwesen quält und ängstigt mich, es wälzt sich heran wie ein Gewitter, langsam, langsam; aber es hat seine Richtung genommen, es wird kommen und treffen« (FA I, 10, 713), stehen eher für eine verstärkt aus ökologischer Perspektive argumentierende Phase der Rezeptionsgeschichte, in der G. immer wieder als Mahninstanz gegenüber nicht mehr zu kontrollierenden Entwicklungen in Naturwissenschaft und Technik betrachtet wurde, als für G.s Umgang mit Maschinenwesen und Technik selbst.

Während als bildliche Umsetzung eines möglichen Unbehagens gegenüber neuen Technologien oft W. →Turners Gemälde *Rain, Steam and Steel – The Great Western Railway* (1844) angesehen wurde, auf dem ein herannahender Zug mit Dampflokomotive dargestellt wird, befand sich in G.s Sammlungen – wohl kaum als abschreckendes Beispiel – ein Modell der ersten englischen Eisenbahn, die 1830 auf der Strecke von Liverpool nach Manchester verkehrte (abgebildet in GHB. 4.1, 687). Als Herzog →Carl August England besuchte, berichtete er G. am 6.8.1814, von J. Watt persönlich empfangen und informiert, enthusiastisch über den Abbau in den Kohle- und Erzgruben: »Was Mechanic betrifft, da ist England das wahre Paradieß dieser Wissenschaft. Einige Meilen nördlich von Birmingham brachte mich Herr Wat zu Steinkohlen und Eisenstein Gruben [...] dorten brannten zugleich die Heerde von 250, sage zweyhundertfunfzig Feuer Machinen [...] ich vermuthe, mehr wie tausend solcher Feuerschlünde zu gleicher Zeit rauchen gesehn zu haben. Die Sonne wird davon meilenweit verdunckelt [...]« (Wahl 2, 120f.). Carl August suchte nach Vorbildhaftem für die Industrialisierung des eigenen Herzogtums, das von solchen Tendenzen noch nahezu unberührt war: F. J. J. →Bertuchs Industrie-Comptoir in Weimar, die Strumpfwirkereien in Apolda und die Bergbauindustrie in →Ilmenau, die nach dem Stollenbruch von 1796 nur noch für knapp zwei Jahrzehnte notdürftig aufrechterhalten werden konnte, stellten die einzigen nennenswerten größeren Betriebe dar.

G. hat sich zeitlebens bemüht, über technologische Neuerungen aktuell informiert zu sein und ihren Stellenwert für Weimar abzuschätzen. Bereits als Straßburger Student unternahm er 1770 Reisen nach Lothringen und ins Saarland, wo er von »den reichen *Dutweiler* Steinkohlengruben, von Eisen- und Alaunwerken, ja sogar von einem brennenden Berge« hörte (→Dudweiler) und »mit einem einfachen und einem komplizierten Maschinenwerke« Bekanntschaft machte, »einer Sensenschmiede und einem Drahtzug« (*Dichtung und Wahrheit* II, 10; FA I, 14, 457).

Auf seinen Harzreisen (1777, 1783 und 1784) fuhr G. – bereits den Ilmenauer Bergbau ins Auge fassend – in mehrere Gruben ein, um die dortige Fördertechnik kennen zu lernen (zu Einzelheiten →Harz). Auf der Schlesienreise 1790 konnte G. in →Tarnowitz die ersten im Bergbau auf dem Kontinent eingesetzten Dampfmaschinen besichtigen; beim Ilmenauer Bergbau aber kam es darauf an, die Wasserkraft zum Antrieb von Pumpen zu nutzen, um ständigen Wassereinbrüchen entgegenzuwirken. Im Rahmen seiner amtlichen Tätigkeit besuchte G. Porzellan- und Textilfabriken, speziell aber immer wieder Hüttenwerke, die seinen geologischen Interessen ohnehin nahelagen.

Eine erste deutlich kritische Bemerkung über die Technik und die daraus resultierende Verdrängung der Kunst enthält ein Gespräch G.s mit →Riemer vom 14.11.1810: »Die Vollkommenheit der Technik, könnte man beinahe sagen, schließt die Kunst aus in allem, was zum Lebensgenuß, zum Komfort etc. gehört, weil sie auf das Mathematische, das heißt auf das *Notwendige* geht« (GG 2, 588f.). Hier schwingt gleichermaßen eine Kritik am Rückgang des Handwerks, das der Kunst und der Natur noch stärker verbunden war, durch neue technologische Entwicklungen mit.

Die ganze Ambivalenz der Problematik wird in G.s Alterswerken *Faust II* und *Wilhelm Meisters Wanderjahren* deutlich. Fausts Absicht der Landgewinnung aus dem Meer und der damit verbundenen Unterwerfung der Natur läuft auf ein technologisches Großprojekt hinaus, das in G.s großem Interesse an der Wasserbaukunst (Deich- und Hafenbauten, Entwässerung und Landgewinnung, Kanalbau) seine Entsprechung findet. Gegenüber Eckermann äußerte G. am 21.2.1827, dass er den Bau des Suez-, Panama- und Rhein-Main-Donau-Kanals gern noch erleben würde. Auch mit dem Bremer Hafenbau (Eckermann, 10.2.1829) setzte er sich auseinander (vgl. FA I, 7.2, 707 f.). Ein positives Bild der Technik zeichnet auch das Festgedicht *Die ersten Erzeugnisse der Stotternheimer Saline* zum 30. 1.1828. →Stotternheim

In den *Wanderjahren* dagegen bedrohen neue Technologien (hier am Beispiel der Webindustrie) die Erwerbsmöglichkeiten der handarbeitenden Menschen (»das Maschinenwesen vermehre sich immer im Lande und bedrohe die arbeitsamen Hände nach und nach mit Untätigkeit«; FA I, 10, 619). Die Verwendung des mechanischen Webstuhls von E. Cartwright ist ab 1786 belegt und setzte sich allmählich auch in Deutschland durch. »Das überhand nehmende Maschinenwesen quält und ängstigt« (ebd. 713) hier, erscheint als Gefahr.

G. sah in den neuen ökonomisch-technischen Entwicklungen vor allem eine erhebliche Beeinträchtigung für die Kultur. Er fürchtete, »daß eine mittlere [mittelmäßige] Cultur gemein werde«. Ebenso, dass die führenden Köpfe der neuen Zeit »selbst nicht zum Höchsten begabt sind«; G. werde, so die Selbsteinschätzung, unter »den Letzten seyn einer Epoche die sobald nicht wiederkehrt« (an Zelter, 6.6.1825). In diesem Sinne wurden für G. die technologischen Entwicklungen dem menschlichen Geist eher entzogen als dass dieser darüber gebiete – und somit zu einem Gegenstand des Dämonischen, zu einem Verlust von Weltbezug und zur Entfremdung von der Natur. »Nicht das Maschinenwesen selbst ist dasjenige, was Goethe als dämonisch empfindet, sondern ein unheimlicher, durch dessen Herannahen im Menschen hervorgerufener seelischer Zustand, der ihn sittlich zugrundezurichten droht« (Raabe 1936, 120). Vgl. auch den Artikel *Maschinenwesen* in GHB. 4.1, 686–689.

Literatur

Geitel, Max: Die Technik im Spiegel Goethescher Prosa und Poesie. In: Die Welt der Technik. 72 (1910), 22–26 u. 42–45. – Ders.: Goethe als Techniker. In: ebd. 73 (1911) 3–7 u. 29–34. – Linnemann, Irene: Zur Rolle der Technik im Denken Goethes. In: Deutsche Zs. für Philosophie. 31 (1983), 860–866. – Raabe, August: Das Dämonische in den »Wanderjahren«. In: GJb. (1936), 119–127. – Weber, Max von: Göthe und die Dampfmaschine. In: Zeitung des Vereins Deutscher Eisenbahn-Verwaltungen, Nr. 7 vom 18.2.1865, 83–85. *WZ*

Teleologie

G.s Naturverständnis war nicht mit der bis ins 18. Jh. verbreiteten, von G. W. v. →Leibniz und C. v. Wolff noch einmal untermauerten Vorstellung vereinbar, dass Gott die Welt den Zwecken des Menschen gemäß eingerichtet habe und jedes Lebewesen die finale Ursache seiner Existenz in seiner Nützlichkeit für den Menschen habe. Eine solche teleologische Lehre, d. h. das Postulat einer Zweckgerichtetheit in der Natur und die Annahme von Endursachen, schien G. zwar »manchen Menschen bequem, ja unentbehrlich« (FA I, 24, 154), in der Wissenschaft aber hatten solche Vorstellungen, die ihm als »trauriger Behelf« (ebd. 836) erschienen, seines Erachtens nichts zu suchen.

Am ausführlichsten hat G. die Thematik in einem Gespräch mit Eckermann vom 20.2.1831 über J.-P. Vauchers *Histoire physiologique des plantes de l'Europe* (Genf 1830) diskutiert. Eckermann berichtet: »Es ist dem Menschen natürlich, sagte Goethe, sich als das Ziel der Schöpfung zu betrachten, und alle übrigen Dinge nur in Bezug auf sich, und in so fern sie ihm dienen und nützen. Er bemächtiget sich der vegetabilischen und animalischen Welt, und, indem er andere Geschöpfe als passende Nahrung verschlingt, erkennet er seinen Gott, und preiset dessen Güte, die so väterlich für ihn gesorgt« (FA II, 12, 445). So habe die Kuh den Menschen mit Milch zu versorgen, die Biene mit Honig. Diese Haltung übertrage der Mensch auf das Wissenschaftliche und frage »auch bei den einzelnen Teilen eines organischen Wesens nach deren Zweck und Nutzen [...]. Die Frage nach dem Zweck, die Frage *warum?* ist durchaus nicht wissenschaftlich. Etwas weiter aber kommt man mit der Frage *Wie?* – Denn wenn ich frage: *wie* hat der Ochse Hörner? so führet mich das auf die Betrachtung seiner Organisation [...]« (ebd.).

G. hatte seine Kritik an der teleologischen Betrachtungsweise bereits in den 1790er Jahren entwickelt. In dem 1794 entstandenen Aufsatz *Versuch einer allgemeinen Vergleichungslehre* beklagte er die alte, in seinen Augen überkommene Auffassung: »Die Vorstellungsart: daß ein lebendiges Wesen zu gewissen Zwecken nach außen hervorgebracht, und seine Gestalt durch eine absichtliche Urkraft dazu determiniert werde, hat uns in der philosophischen Betrachtung der natürlichen Dinge schon mehrere Jahrhunderte aufgehalten [...]« (FA I, 24, 210). Bei der Aufstellung des osteologischen →Typus kritisierte G. 1795 erneut in der umfangreichen Abhandlung *Erster Entwurf einer allgemeinen Einleitung in die vergleichende Anatomie, ausgehend von der Osteologie* das bisherige Verfahren: »[...] man suchte sich durch Endursachen zu helfen, wodurch man sich denn nur immer weiter von der

Idee eines lebendigen Wesens entfernte« (ebd. 228). G. stellte seine Auffassung dagegen: »Wir denken uns also das abgeschlossene Tier als eine kleine Welt, die um ihrer selbst willen und durch sich selbst da ist. So ist auch jedes Geschöpf Zweck seiner selbst [...]. Man wird nicht behaupten, einem Stier seien die Hörner gegeben daß er stoße, sondern man wird untersuchen, wie er Hörner haben könne um zu stoßen« (ebd. 234). Ähnlich heißt es im Gedicht *Metamorphose der Tiere*: »Zweck sein Selbst ist jegliches Tier, vollkommen entspringt es / Aus dem Schoß der Natur und zeugt vollkommene Kinder« (ebd. 472).

Die beiden wichtigsten Autoren, mit denen G. sich in der Ablehnung von teleologischen Erklärungsmustern zur Aufrechterhaltung einer göttlich bestimmten Harmonie in der Natur einig wusste, waren →Spinoza und →Kant. Letzterer hatte in der *Kritik der Urteilskraft*, § 64, formuliert: »ein Ding existiert als Naturzweck, *wenn es von sich selbst [...] Ursache und Wirkung ist*; denn hierin liegt eine Kausalität, dergleichen mit dem bloßen Begriffe einer Natur, ohne ihr einen Zweck unterzulegen, nicht verbunden, aber auch alsdann, zwar ohne Widerspruch gedacht aber nicht begriffen werden kann«.

G. besaß die 3. Auflage 1790 von Kants Werk, über das er in seinem Aufsatz *Einwirkung der neueren Philosophie* schrieb: »Nun aber kam die *Kritik der Urteilskraft* mir zu Handen [...]. Meine Abneigung gegen die Endursachen war nun geregelt und gerechtfertigt; ich konnte deutlich Zweck und Wirkung unterscheiden, ich begriff auch warum der Menschenverstand beides oft verwechselt« (FA I, 24, 444). Und im Gespräch mit Eckermann vom 11.4.1827 teilte er über »die Ansicht, daß jedes Geschöpf um sein selbst willen existiert« mit: »dieses hatte Kant mit mir gemein und ich freute mich ihm hierin zu begegnen« (FA II, 12, 243).

Vgl. auch den Artikel in GHB. 4.2, 1039ff.

Literatur
Günzler, Klaus: Das Teleologieproblem bei Kant und Goethe. Freiburg 1964. – Theiler, Willy: Zur Geschichte der teleologischen Naturforschung. Zürich, Leipzig 1925. *WZ*

Telesius, Bernhardinus (1508 oder 1510–1588)

Der Philosoph und Edelmann aus Cosenza, Neffe des Antonius →Thylesius, war Gründer der Accademia Consentina in Neapel, die von der römischen Kurie verboten wurde. Sein gegen →Aristoteles gerichtetes Hauptwerk *De rerum natura iuxta propria principia libri IX* (Rom 1565 und öfter) fußt auf →Lukrez und Parmenides. In →Göttingen entlieh G. bereits am 21.7.1801 Telesius' *Varii de naturalibus rebus libelli* (Venedig 1590). Am 27.1.1809 behandelte G. Telesius erneut für seine *Farbenlehre* (vgl. FA I, 23.1, 668f., 1051). Das entsprechende Kapitel charakterisierte aber lediglich seine Denkweise, denn das »Büchelchen De colorum generatione [...] das 1570 zu Neapel in Quart herauskam [...] haben [wir] leider nie zu sehen Gelegenheit gehabt und wissen nur soviel, daß er die Farben gleichfalls sämtlich aus den Prinzipien der Wärme und Kälte ableitet« (ebd. 669).

Erst nach Erscheinen der *Farbenlehre* richtete G. am 14.12.1810 an J. F. H. Schlosser die Bitte, ihm das Werk aus der Frankfurter Stadtbibliothek zu besorgen. Er erhielt es im Januar 1811, dankte Schlosser am 24.1.1811 und beschäftigte sich in diesen Tagen (laut Tgb, 22., 23. u. 26.1.1811) damit. Vom 4.2.1811 datiert eine Quittung des Schreibers F. T. D. →Kräuter, die die Abschrift von *De colorum generatione* belegt, bevor G. das Werk am 15.2.1811 nach Frankfurt zurücksandte.

Erst 1821, als G. an Nachträge zur Farbenlehre für seine Zeitschrift *Zur Naturwissenschaft überhaupt* ging, nahm er die Beschäftigung mit Telesius wieder auf (2., 8. u. 11.6.1821). Am 17.6. entlieh er *De vita et philosophia Bernardini Telesii commentarius* von J. G. Lotter (Leipzig 1733) aus der Jenaer Universitätsbibliothek und studierte das Werk noch am gleichen Tag sowie am Folgetag. In seinem Aufsatz *Geschichtliches* (ZNÜ I, 4, 1822, 302–308) hat G. Telesius (in Kap. 24) schließlich ausführlich gewürdigt (FA I, 25, 775–780), indem er einen Überblick über *De colorum generatione* gab sowie weitere Werke und biographische Angaben zu diesem »vorzüglichen, ernsten, aufmerkenden Manne« (ebd. 777) anführte. *WZ*

Teleskop s. Fernrohr

tellurisch (die Erde betreffend)

Der Begriff steht bei G. im Zusammenhang mit seiner sogenannten tellurischen Hypothese, nach der pulsierende Veränderungen der →Erdanziehungskraft die Schwankungen des Luftdrucks verursachen und am →Barometer abzulesen seien: »wir suchen nun also die Ursachen der Barometer-Veränderungen nicht außerhalb, sondern innerhalb des Erdballes; sie sind nicht kosmisch, nicht atmosphärisch, sondern *tellurisch*« (FA I, 25, 256).

1805 stichwortartig für die *Physikalischen Vorträge* notiert (vgl. ebd. 163), entwickelte G. seine Vorstellung ab 1822 (*Über die Ursache der Barometerschwankungen*) weiter und nahm sie auch in den zentralen *Versuch einer Witterungslehre 1825* auf: »die Witterungs-Erscheinungen auf der Erde halten wir weder für kosmisch noch planetarisch, sondern wir müssen sie nach unseren Prämissen für rein tellurisch erklären« (ebd. 276; vgl. auch Eckermann, 11.4.1827; FA II, 12, 237f.).

Mit Befriedigung registrierte G., dass J. L. G. Meinecke, Professor für Physik, Chemie und Naturgeschichte in Halle, in seinem Aufsatz *Ueber den Antheil, welchen der Erdboden an meteorischen Prozessen nimmt* (*Taschenbuch für die gesammte Mineralogie* 18, 1824) eine ähnliche Position vertrat. Vgl. dazu G.s Aufsatz *Professor Meinecke in Halle* (s. o. S. 222f.).

→Ein- und Ausatmen der Erde *ZA*

Temperamentenrose

Die schematische Darstellung auf einer Pappscheibe, von →Schiller beschriftet und Zeugnis der gemeinsamen Arbeit mit G. vom 20. u. 22.1. sowie vom 5. u. 7.2.1799, wurde im Rahmen der Überlegungen zur →Harmonie der Farben angefertigt. Drei konzentrische Ringe sind um ein schwarzes Zentrum geordnet: Der äußere Ring bezeichnet die vier Temperamente: cholerisches (reizbar, jähzornig, aufbrausend), sanguinisches (heiter, erregbar), phlegmatisches (ruhig, träge, schwerfällig) und melancholisches (schwermütig, ernst, introvertiert). Jedem Temperament sind im mittleren Ring drei typische Vertreter zugewiesen (für den Gesamtkreis also zwölf, z.B. Geschichtsschreiber/phlegmatisch, Liebhaber/sanguinisch, Helden/cholerisch, Philosophen/melancholisch). Der innere Ring stellt die Farben des Farbenkreises dar, so dass Beziehungen zwischen Farben, Temperamenten und Berufs- oder Personengruppen hergestellt werden. Vgl. die ausführliche Behandlung oben S. 102f. und Farbtafel S. 827.

Literatur

Niehaus, Irmgard: Die Psychologie der Seelenvermögen als ›Wissenschaft der Glückseligkeit‹. In: Schulz, Petra (Hg.): Amalia Fürstin von Gallitzin (1748–1806). »Meine Seele ist auf der Spitze meiner Feder«. Katalog. Münster 1998, 84–91. – Schimma, Sabine: Liebhaber, Herrscher, Pedanten. Die Dilettantismuskritik der Temperamentenrose. In: Blechschmidt, Stefan und Heinz, Andrea (Hg.): Dilettantismus um 1800. Heidelberg 2007, 289–306. *WZ*

Tennstedt

Bereits am 30.9.1776 hatte G. das Schwefelbad nordöstlich von Langensalza im Unstruttal besucht, in das er nach 40 Jahren vom 24.7. bis 9.9.1816 als Kurgast zurückkehrte, spontan, nachdem die schon angetretene Rheinreise wegen eines Kutschenunfalls zwischen Weimar und Erfurt am 20.7.1816 aufgegeben wurde.

Neben der Lokalität und Geschichte von Tennstedt, mit der er sich anhand der *Thüringischen Chronik* vertraut machte, begann G. »die Lage des Orts zu beschreiben«, die er für »sehr merkwürdig« hielt (Konzept; an J. H. Meyer, 29.7.1816). Aus der geologischen Erkundung der Umgebung gingen Aufzeichnungen vom 6. und 7.9.1816 hervor, welche die Lage von Tennstedt neptunistisch deuteten: »Auf die Fläche eines alten Sees, oder Teiches ist die Stadt gebaut [...] Hier hat die Natur [...] das Wasser gelind von dem fruchtbaren und bewohnbaren Boden abgeführt und einen Raum freigelassen, der vielleicht in unseren Gegenden nicht seinesgleichen hat« (*Tennstedt*; FA I, 25, 327). In den *Tag- und Jahresheften* von 1816 berichtete G., dass er »in der Ebene ausgetrocknete Seen, Tuffsteinbrüche und Konchylien des süßen Wassers in Menge« fand, die thüringische Formation aus Muschelkalk, Sandstein, Ton und Gips, die durch an Fossilien reiche Kalktuffe überlagert war. Am 27.7.1816 schrieb G. an seinen Sohn August: »Als ich nach Versteinerungen fragte war mir ein versteinerter Kindes-Fuß angekündiget. Ich hoffte irgend eine Krokodilspfote [...]. Man brachte mir das Exemplar. Es ist würklich ein wundersames Naturspiel, aber anorganisch.«

Am 1. und 2.8.1816 besuchte G. zusammen mit dem Tennstedter Arzt Karl August Schmidt und Johann Heinrich →Meyer die Tuff- und Sandsteinbrüche, wo sie »viele Schnecken« und »Größere und kleinere, unveränderte Muscheln« sammelten (an August v. Goethe, 1./2.8.1816). Auch berichtete G. seinem Sohn von einer »Nachricht von ausgegrabenen Menschen-Schädeln und -Gebeinen. Durchaus erhaltene Zähne. Wahrscheinlich uralt«. Am 4.8. inspizierte man die »Sandstein Brüche ohnweit Urleben«, am 6.8. ging es nach »Bruchstedt. [...] Zuletzt Kalckgebirg. Ammonshörner pp«. Die Gesteinsproben der Tennstedter Gegend versuchte G. nach der Schichtfolge zu ordnen, wie sie ihm aus der Zusammenarbeit mit Johann Carl Wilhelm →Voigt um 1780 bekannt war; dieser hatte jedoch die Tennstedter Gegend nicht besucht, so dass ihm die hier typische Keuperformation entgangen war, mit der G. sich nun auseinandersetzte. Er fand Tuffstein mit Pflanzenresten und Schneckenschalen, welchen man heute als pleistozänen Süßwasserkalk mit entsprechenden Einschlüssen bezeichnet. In seiner Fundliste erwähnte G. auch »Urgebirgsgeschiebe aus den hiesigen Kieshügeln« (FA I, 25, 330), die kristalline Gesteine aus den im nördlichen Thüringen verbreiteten eiszeitlichen Moränen darstellen.

G. war derartiges Gestein bereits kurz zuvor begegnet, als ihn sein Schwager Christian August Vulpius darum gebeten hatte, einen Aufsatz über Funde steinzeitlicher Geräte oder Waffen durch ein gesteinskundliches Gutachten zu ergänzen. In seiner Stellungnahme vom 11.5.1816 unter dem Titel *Die steinernen Waffen betreffend*, hatte G. darauf hingewiesen, dass das Material von drei gefundenen Geräten »sämtlich fremde, bei uns nicht vorkommende Steinarten« und denen ähnlich seien, »die an Ufern und Inseln der Ostsee zu Hause sind« (FA I, 25, 326).

Ein weiterer Bezug zu Tennstedt ist durch G.s Aufsatz *Im Wasser Flamme* gegeben, den er im Rahmen der Nachträge zur Farbenlehre 1822 in ZNÜ I, 4 publizierte. Hier berichtete G. von einem Phänomen, das Georg →Agricola im vierten Buch seines Werks *De natura eorum quae effluunt ex terra* (Basel 1546) vorgestellt hatte: »Wenn man in einen nahe bei Tennstedt [...] gelegenen See einen Stein wirft, so pflegt ihm, während er in die Tiefe gleitet, die Erscheinung eines brennenden Geschosses vorauszugehen« (FA I, 25, 1355f.). G. verwies sogleich auf eigene Beobachtungen, die er unter dem 31.8.1792 in der *Campagne in Frankreich* beschrieben hatte (s. o. S. 89), konnte die Versuche 1816 im Tennstedter See jedoch nicht nachvollziehen, da dieser »lange nicht von Wasserpflanzen gereinigt worden« (ebd. 753).

Literatur

Engelhardt, Wolf von: Goethe im Gespräch mit der Erde. Weimar 2003, 278f. *HO*

Tepl

Das von G. in den Jahren 1821 bis 1823 besuchte →Marienbad gehörte zum Grundbesitz des östlich gelegenen Prämonstratenserstifts Tepl, das G. am 21.8.1821 und 9.7.1822 besuchte. Das Stift erregte bei G. besonderes Interesse, da es ein astronomisches Observatorium besaß, an dem auch meteorologische Beobachtungen und Aufzeichnungen vorgenommen wurden. So versuchte er, Kontakte zu knüpfen und einen Austausch von Wetterdaten in die Wege zu leiten: »Hiervon läßt sich doch das Beste hoffen, weil man hier mit Prag zunächst und dadurch auch mit Wien in Verhältniß steht« (an Carl August, 16.8.1821). Am 14.8.1821 unterhielt sich G. mit J. W. Gradl, Brunneninspektor in Marienbad und Priester in Tepl, über »die Sternwarte, im Stift« (Tgb), am 17.8. erhielt er die »Bestimmung der Polhöhe des Stiftes Töpel und Witterungstabelle für die drey letzten Monate«, im Stift erbat er am 21.8. »die meteorologischen Bemerkungen der drey letzten auffallenden Tage«.

In seinem Aufsatz *Marienbad überhaupt und besonders in Rücksicht auf Geologie* beschrieb G. seinen Besuch in Tepl und gab seinem Text eine Tabelle mit Barometer- und Thermometerwerten von Tepl und Jena vom 18. bis 21.8.1821 zum Vergleich bei (vgl. FA I, 25, 496–499).

Der gewünschte Austausch von Wetterdaten kam zustande (vgl. LA II, 2, 110, M 8.7; an Carl August, 18.1.1822; Tgb, 26.1.1822; Gradl an G., 20.4.1822, LA II, 2, 404). An C. L. F. Schultz schrieb G. am 10.4.1823: »wir geben nächstens eine graphische Darstellung von Boston bis nach Tepl, von der Meeresfläche bis etwa 2000 Fuß drüber. Die Vergleichung gibt die herrlichsten Ansichten [...]«, womit er die ZNÜ II, 1 (1823) beigegebene Tafel mit Barometerkurven ankündigte. G. sandte diese sowie weitere Daten des Großherzogtums an den Prior des Stifts, C. Eckl, der umgehend eigene Beobachtungen mitteilte (vgl. Tgb und an Eckl, 10.7.1823; Eckl an G., 26.7.1823, LA II, 2, 434). Der Austausch ist bis April 1825 zu belegen.

Das Stift Tepl besaß auch eine Mineraliensammlung, die G. mit Sammlungen aus Marienbad, vom →Kammerberg bei Eger, aus Pograd, Rossenreuth, Radnitz, Redwitz und vom →Wolfsberg bereicherte (vgl. LA II, 2, 30–42, M 20 u. 22; Tgb, 22.7. u. 22.8.1822; Tgb und an Eckl, 18.8.1823).

Literatur

Urban, Michael: Goethe und das Prämonstratenser-Stift Tepl. In: Prager medizinische Wochenschrift. 37 (1912), 690ff. u. 704f. *ZA*

Teplitz

G. besuchte den nordböhmischen Kurort, dessen Umgebung für seine geologisch-mineralogische Forschung – neben →Karlsbad – von großer Bedeutung war, 1810, 1812 und 1813. In seinem für Herzog →Carl August verfassten Aufsatz *Aus Teplitz*, entstanden zwischen dem 22. und 30.5.1813, schilderte G. die landschaftliche Schönheit der Gegend und die unternommenen Exkursionen sowie die jeweiligen geologischen Gegebenheiten (vgl. FA I, 25, 452–457).

Beim ersten Aufenthalt (6.8.–16.9.1810) erreichte G. Teplitz von Karlsbad aus über Saaz an der Eger und erfreute sich an der »Ansicht der wunderlichen Berge des Mittelgebirgs« (Tgb, 6.8.1810) südlich von Teplitz, die einen tertiären Vulkankegel bilden: »Hier ist es freylich um vieles heiterer als in Carlsbad, die Gegend weiter und erfreulicher« (an Christiane, 8.8.1810). Neben Carl August und dem König von Holland traf G. in diesem Sommer →Zelter, die Physiker →Seebeck und →Chladni, den Philosophen →Fichte und den Sohn des Anatomen →Loder. Kurz nach der Ankunft studierte G. Leopold von →Buchs *Reise nach Norwegen und Lappland* (Berlin 1810; vgl. Tgb, 13.–17.8.1810), am 24.8.1810 fuhr er nach Bilin, um den Borschen zu zeichnen, eine Vulkankuppe aus Klingstein.

1812 reiste G. nach Teplitz (vom 14.7. bis 11.8.), um dem Wunsch der Kaiserin Maria Ludovica von Österreich nachzukommen, sein ihr gewidmetes Gedicht in ihrer Gegenwart vorzulesen. Vor allem von der Fahrt von Karlsbad nach Saaz machte G. ausführliche geologische Notizen (vgl. Tgb, 13.7.1812). In Teplitz war G. fast ständig in Gesellschaft der Kaiserin und traf sich vom 19. bis 23.7.1812 beinahe täglich mit Ludwig van Beethoven. Dennoch wurde G. »auf der Chausee [auf] Klingstein, Quarzgestein, gebrannten Ton« sowie den Quadersandstein der Kreideformation an der Elbe aufmerksam und sammelte Proben davon (vgl. Tgb, 21., 26. und 27.7.). Am 26.7. wurde erstmals Aussig an der Elbe besucht.

Ein Jahr später, als sich G., von Dresden und Pirna kommend, vom 26.4. bis 10.8.1813 in Teplitz aufhielt, unternahm er zahlreiche geologische Exkursionen in die Umgebung, so am 28.4., 12. und 28.5. nach →Bilin unter der Führung von →Reuß, am 29.4., 14.5. und 15.7. nach →Graupen, am 5., 7. und 16.5. nach →Dux (*Braunkohlengrube bei Dux*, FA I, 25, 451), am 6.5. nach Turn mit seinem Braunkohlenbergbau, am 15.5. nach Klostergrab und Niklasberg mit ihren Silberbergwerken, am 13.6. nach Aussig, wo G. der Arzt Johann Anton Stolz behilflich war, den er als »einen sehr wackern und unterrichteten Mann, auch besondern Stein- und Crystallfreund« beschreibt (an Konstanze von Fritsch, 16.6.1813). Vom 9. bis 11.7.1813 machte G. eine geologische Exkursion nach →Zinnwald und →Altenberg, von deren Resultaten er in seinem Aufsatz *Ausflug nach Zinnwalde und Altenberg* (FA I, 25, 458–471) unter Beifügung zweier Mineralienlisten berichtete.

»Hier bin ich fleißig in dem Gebirge«, schrieb G. an Seebeck am 16.5.1813, »um mich von der Gegend zu unterrichten wie ich es in Carlsbad gethan habe. Auch da finde ich was von allem Wissen und allen Wissenschaften gilt, daß nur der Anfang leicht sey, je weiter man im Text kommt, desto incommensurabler wird alles.« An Riemer berichtete er am 20.6.1813: »Ich befinde mich sehr wohl und im Ganzen gefördert. Die Gegend habe ich schon durchgeologisirt und werde es noch mehr thun [...]. Die Mannigfaltigkeit der Producte ist sehr groß«.

Auch Zoologisches fehlte nicht: »Gute Krebse und Beobachtung über die sogenannten Krebsaugen« (Tgb, 30.5.1813), womit halbkugelförmige Kalkablagerungen im Magen des Flusskrebses bezeichnet werden, die zur Härtung des Panzers dienen und als Heilmittel verwendet wurden (vgl. LA II, 9B, 367).

Am 27.6.1813 erstattete G. seinem Sohn August einen umfangreichen Bericht: der Feldbau erstrecke sich »bis in die tief ausgewaschenen Thäler des Urgebirgs, wo die Menschen Milliarden von Granit- und Gneisgeschieben aus dem Acker auflesen [...]. Das Gebirge [...] hat hier freylich den großen Vortheil, daß es gegen Süden gewendet ist, und daß selbst der leicht verwitternde Gneis [...] die Cultur der Feldfrüchte sehr begünstigt. [...] Mineralien habe ich schon angefangen einzupacken und habe wirklich die allerschönsten, d. h. instructivsten Sachen gefunden. Der stängliche Thoneisenstein ist ein Mineral, das uns Bewunderung ablockt, so oft man es betrachtet. Nun ist es pseudovulcanisch. Es entsprang aus einer gewissen Wirkung der Hitze auf den Schieferthon. Nun suche ich die Folge davon zu sammeln. [...] Diese Untersuchungen, Betrachtungen und Sammlungen machen den schönsten Theil meines hiesigen Vergnügens [...]«.

Ende Juni/Anfang Juli 1813 traf G. in Teplitz oft mit dem Weimarer Hofmedikus und Jenaer Universitätslehrer Carl Wilhelm Stark zusammen, wobei von »Physiologie und Pathologie«, »Kielmeyers Vorlesungen«, »Magnestismus. Vesicatorien Aderlässe. Contrastimulus«, »Nachtwandlern, Taubstummen- und Blindeninstitute. Schelvers botanisches Paradoxon« (Tgb, 1.–4.7.1813) die Rede war. Letzteres bezeichnet die von Franz Joseph →Schelver vertretene Ansicht der Geschlechtslosigkeit der Pflanzen.

Literatur
Engelhardt, Wolf von: Komm. in LA II, 8B.2, 908 f. – Ders.: Goethe im Gespräch mit der Erde. Stuttgart, Weimar 2003, 259–267. – Prescher 321 f. u. 329–332 (Sammlungen aus Teplitz). – Semper, Max: Die geologischen Studien Goethes. Leipzig 1914, 123–128. *HO*

Thales von Milet (um 625–um 547 v. Chr)

Der griechische Philosoph war nach →Aristoteles der Begründer der ionischen Naturphilosophie. Über sein Leben und Werk ist wenig Gesichertes erhalten. Thales hielt das Wasser für den Urgrund aller Dinge. Er soll die Sonnenfinsternis vom 28.5. 585 v. Chr. vorausgesagt haben, brachte die geometrischen Kenntnisse der Ägypter nach Griechenland und studierte den →Magnetismus. Nach ihm benannt sind der Thales-Kreis und der Lehrsatz des Thales.

G. lässt Thales in der *Klassischen Walpurgisnacht* (*Faust II*, 2. Akt) am oberen Peneios als Gegenspieler von →Anaxagoras (um 500–428 v. Chr.) auftreten. Die beiden Philosophen streiten sich über die Macht der Naturkräfte Feuer und Wasser. Während Anaxagoras das von dem Gott Seismos mit einem →Erdbeben aus der Tiefe gestemmte Gebirge bewundert – eine Anspielung G.s auf die zeitgenössischen Hebungstheorien in der Geologie –, hält ihm Thales ruhig entgegen: »Im Feuchten ist Lebendiges erstanden« (V. 7856) und preist das gewaltlose Wirken der Natur. – Dies entsprach auch G.s eigener Überzeugung von der →Erdbildung nach der

Theorie des →Neptunismus. Thales führt den in seinem Glas eingeschlossenen →Homunculus schließlich zum Meergott Nereus und zu Proteus, der allegorischen Verkörperung der →Metamorphose; nun soll das künstlich erzeugte Geistwesen »durch tausend abertausend Formen« (V. 8325) den Gang einer idealen (nicht realen) →Evolution nachvollziehen, wie sie sich damalige Biologen, darunter etwa F. S. →Voigt, im →Urozean vorstellten. Sogar mit zwei Ausrufezeichen versehen hat G. die Behauptung von Thales: »Alles ist aus dem Wasser entsprungen!!« (V. 8435).

Literatur
Detel, Wolfgang: Das Prinzip des Wassers bei Thales. In: Böhme, Hartmut (Hg.): Kulturgeschichte des Wassers. Frankfurt am Main 1988, 43–64. – Laine, Barry: By water and by fire: The Thales-Anaxagoras debate in Goethe's »Faust«. In: GR. 50 (1975), 99–110. *WY*

Theophrast von Eresos (372–287 v. Chr.)

G. sah sich in der Tradition des griechischen Naturforschers, Philosophen und Aristotelesschülers, der nach seiner Auffassung der erste – vor R. →Boyle im 17. Jh. – war, der eine vollständige Sammlung von Farbphänomenen versucht hatte (vgl. G.s Aufsatz *Farbe als Erscheinung*; FA I, 23.2, 270). Die lateinische Übersetzung seines Werkes über die Farben, *De coloribus*, gab S. →Portius 1549 in Paris heraus, offen lassend, ob tatsächlich Theophrast oder →Aristoteles der Verfasser sei. G. tendierte eher zur Autorschaft des Letzteren (vgl. unten an Schiller, 5.7.1802), nachdem er sich gründlich mit dem Werk beschäftigt hatte.

Am 15.2.1798 entlieh er es erstmals aus der Weimarer Bibliothek (vgl. Keudell 104 sowie Tgb vom gleichen Tage; weitere Ausleihen 1798/1799, 1801, 1808/1811, 1824/1825; Keudell 133, 237, 543, 1332 [Ausgabe 1548]). In einer Übersicht zur *Geschichte der Farbenlehre* vom 10.2.1799 wird Theophrast an erster Stelle genannt und kurz charakterisiert: »freie, weite Übersicht über die Phänomene, gute theoretische Enunziationen« (FA I, 23.2, 212). G. hatte zunächst beabsichtigt, das Werk »umzuschreiben« (FA I, 23.1, 603), er begnügte sich jedoch mit einer freien, gekürzten Übersetzung, die im Jahr 1801 angefertigt wurde (vgl. Tgb, 19., 28. u. 29.1., 15. bis 17. u. 21.6. [in Pyrmont], 7.9., 20.10.1801; TuJ 1801; an Schelling, 1.2.1801; Notizen zu Theophrast in LA II, 6, 16, M 16; 267, M 134). Am 20.10.1801 legte G. die Übersetzung →Schelling vor, der zwei Tage später einige Anmerkungen übersandte.

Am 28. u. 29.6.1802 redigierte G. in Lauchstädt zusammen mit dem Altphilologen F. A. →Wolf die abgeschlossene Übersetzung (vgl. Tgb, 29.6.1802; Briefe an Schiller, 28.6. und 5.7.1802). In Letzterem teilte G. mit: »Das Hauptresultat: daß, auch nach seinen [Wolfs] Kriterien, das Werk ächt, alt und der peripatetischen Schule werth sey, hat mich, wie Sie denken können, sehr gefreut, ja er mag es lieber dem Aristoteles als einem Nachfolger [wie seinem Schüler Theophrast] zuschreiben«.

Die Drucklegung der Übersetzung für den historischen Teil der *Farbenlehre* (vgl. FA I, 23.1, 539–560) erfolgte bereits 1806; darüber hinaus wird Theophrast in diesem Werk oftmals erwähnt (vgl. ebd. 23, 524 ff., 629, 635, 655, 716, 735, 838, 1050 f.).

Bedeutend ist ein Gesprächsprotokoll C. F. v. →Reinhards, der sich am 9.7.1807 in →Karlsbad mit G. über die *Farbenlehre* unterhielt und zu Theophrast »aus Göthens Munde« festhielt: »In einem Traktat über die Farben, der, noch vorhanden, dem Theophrast zugeschrieben wird, aber, nach Wolf, dem Aristoteles gehört, u. ganz aristotelisch ist, werden die Farben den Elementen zugetheilt, Licht die gelbe, Luft die blaue, Erde die grüne. Er enthält einiges recht hübsche über die chromatischen Erscheinungen – die atomistische Vorstellungs-Art findet sich bei Epicur, der die Farben v. d. Flächen, von rauhen u. glatten, u. s. w. herleitet« (EGW 4, 468).

Als K. W. Göttling aus dem gerade erschienenen sechsten Band von G.s Briefwechsel mit Schiller (Stuttgart und Tübingen 1829) von G.s Beschäftigung mit Theophrasts Werk und dem Dialog mit Wolf darüber erfuhr, fragte er am 25.2.1830 wegen einer Übersetzung an (vgl. LA II, 5B.2, 1375). G. konnte am 27.2. mit Befriedigung antworten: »Da Sie nach einer Übersetzung des griechischen Büchleins über Farbe sich erkundigen, nehme ich mir die Freyheit meine gesammte Farbenlehre, besonders aber den zweyten [historischen] Theil Ihnen zuzueignen. Solcher Versuch findet sich darin. Wie ich denn gerade die ersten Kapitel über griechische und römische Äußerungen, in diesem, den Augen so klaren, dem Sinne so schwierigen Fache bestens empfehlen möchte. Dem Kenner des Alterthums sind gewiß mehrere Stellen gegenwärtig, die über die Trefflichkeit der Anschauung eines unmittelbaren Denkens jener Zeit gewiß manchen erfreulichen Aufschluß geben […]«.

Die Nennung von Theophrast als Botaniker in *Faust II* (V. 5137) geht möglicherweise auf C. G. D. →Nees v. Esenbeck zurück (*Von der Metamorphose der Botanik*. In: *Isis* 1818, Sp. 991: »*Theophrastos* war [mit seinem Werk *De causis plantarum*] *Schöpfer* der neuern Botanik […]«). Diese Quelle war G. am 4.9.1828 von F. S. →Voigt für den Aufsatz *Wirkung dieser Schrift* [zur Metamorphose der Pflanzen, 1831] mitgeteilt worden. *WZ*

Theorie/Hypothese

Trotz des vielzitierten Mephisto-Wortes »Grau, teurer Freund, ist alle Theorie« (*Faust I*, V. 2038) haben Theorie und Hypothese durchaus einen wichtigen Stellenwert in G.s Erkenntnismethode, allerdings unter der Voraussetzung, dass sie nicht isoliert und ausschließlich Geltung beanspruchen und die Ergänzung durch die →Empirie und Praxis zulassen. Unterbleibt Letzteres, dann sind »Theorien [...] gewöhnlich Übereilungen eines ungeduldigen Verstandes, der die Phänomene gern los sein möchte und an ihrer Stelle deßwegen Bilder, Begriffe, ja oft nur Worte einschiebt« (MuR 428). Als wichtige Ergänzung zur empirischen Betrachtungsweise aber »sind Hypothesen [...] nötig. [...] Sei auch eine solche Theorie, eine solche Hypothese nur eine Dichtung, so gewährt sie schon Nutzen genug, sie lehrt uns einzelne Dinge in Verbindung, entfernte Dinge in einer Nachbarschaft zu sehen, und es werden die Lücken einer Erkenntnis nicht ehr sichtbar als eben dadurch« (FA I, 25, 24). Aus diesem Grund ist »die Theorie an und für sich [...] nichts nütze, als in so fern sie uns an den Zusammenhang der Erscheinungen glauben macht« (MuR 529; vgl. zum Gegenstand auch MuR 614, 565, 1231).

Die enge gegenseitige Durchdringung, ja Identität von theoretischer Betrachtung und sinnlicher Wahrnehmung spricht G. nicht nur im Vorwort der *Farbenlehre* aus (vgl. FA I, 23.1, 14), sondern – noch pointierter – in einem Aphorismus: »Das Höchste wäre: zu begreifen, daß alles Factische schon Theorie ist. [...] Man suche nur nichts hinter den Phänomenen: sie selbst sind die Lehre« (MuR 575). Analog gilt dieses Zusammenfallen für die Theorie und das praktische Handeln, wobei der Irrtum durch das Verfahren ausgeschlossen wird, »das Tun am Denken, das Denken am Tun zu prüfen« (*Wilhelm Meisters Wanderjahre* II, 9).

Der Theorie gesteht G. zwar eine Ordnungsfunktion zu, ohne die die grenzenlosen Phänomene in der Natur nicht mehr zu überschauen wären, aber er betrachtet sie nie als Gegensatz zur sinnlichen Beobachtung des Einzelnen, sondern im Sinn ihrer ursprünglichen griechischen Bedeutung als ›Schau‹ oder ›Anschauung‹ und somit immer mit dem Subjekt verbunden. So misstraut G. jeder scheinbar objektiven Theorie über Naturgegenstände, zumal es eine reine Objektebene in seiner Naturforschung nicht gibt. Vgl. auch den Artikel *Theorie/Praxis* in GHB. 4.2, 1049ff.

Literatur

Selm, Jutta von: Erfahrung und Theorie bei Goethe: der »erste« und der »reine« Eindruck. Von den italienischen Erfahrungen zu den Theorien in Natur und Kunst. In: GoetheYb. 2 (1984), 121–136. *WZ*

Thüringen

Am 7.11.1775 traf G. in Weimar ein und lebte fortan bis zu seinem Tod im Herzogtum (ab 1815 Großherzogtum) Sachsen-Weimar-Eisenach in Thüringen. Mit dem Schwerpunkt der politischen Strukturen und G.s Bekanntwerden mit der neuen Heimat in den 1770er Jahren ist Thüringen in GHB. 4.2, 1051–1054 behandelt worden. Unter dem Blickwinkel der Naturforschung soll hier lediglich auf die verschiedenen Gegenstände hingewiesen werden, die im vorliegenden Band durch weitere Artikel näher erschlossen sind: 1.) Die Landesuniversität in Jena als das geistige Zentrum Thüringens, mit dem G. durch zahlreiche Kontakte mit den dort tätigen Gelehrten sowie in seiner amtlichen Aufsichtsfunktion eng verbunden war (→Jena), wobei Einrichtungen wie der →Botanische Garten, die →Sternwarte, die verschiedenen Museen, die Tierarzneischule u.a. regelmäßig inspiziert wurden; 2.) Die Arbeiten zur Wiederaufnahme des →Ilmenauer →Bergbaus ab Sommer 1776, an denen G. maßgeblichen Anteil hatte; 3.) Die damit in Zusammenhang stehenden mineralogischen und geologischen Studien in Thüringen, die mit der *Instruktion für den Bergbeflissenen J. C. W. Voigt 1780* ihren Ausgang nahmen (J. C. W. →Voigt); 4.) Die Einrichtung eines Netzes von meteorologischen Messstationen zwischen 1817 und 1825 (an den Orten →Schöndorf, Weimar, der →Wartburg, →Eisenach, →Weida, Ilmenau, Jena, Frankenheim und →Allstedt; →Meteorologische Anstalten); 5.) In Thüringen aufgefundene, von G. behandelte Fossilien (dazu G.s Aufsätze *Fossiler Stier* und *Zweiter Urstier*, s.o. S. 49 u. 55 sowie →Stier, →Elefant).

Daneben traten zahlreiche Projekte, Planungen und Reisen, die zumindest naturwissenschaftliche Teilbezüge aufwiesen: z.B. die Steinkohlenförderung am Gelmerodaer Berg südlich von Weimar (1797/1798); die Untersuchung der Mineralquellen von Vippach-Edelhausen (1796 bis 1798); der Badebetrieb in Bad Berka ab 1812; G.s Kur in →Tennstedt 1816, die zu geologischen Untersuchungen Anlass gab; G.s →Dornburg-Aufenthalt im Sommer 1828 mit umfassenden botanischen Studien (vor allem zum Weinbau; →Wein).

Literatur

Vulpius, Wolfgang: Goethe in Thüringen. Rudolstadt 1955. *WZ*

Thylesius (eigentlich Telesius), Antonius (1482–1533)

Der Edelmann aus Cosenza trat als Lehrer der Philosophie in Mailand, Rom und Venedig auf. Dort publizierte er 1528 seinen *Libellus de coloribus*. G.

entlieh die Schrift in der Ausgabe Basel 1537 am 23.12.1808 aus der Weimarer Bibliothek, aus der er sich am 1.1.1809 auch Thylesius' *Opuscula* (Basel 1545) besorgte. Laut Tagebuch beschäftigte sich G. am 23.12.1808 sowie am 5. u. 6.1.1809 mit Thylesius. Im historischen Teil der *Farbenlehre* (Vierte Abteilung: *Sechszehntes Jahrhundert*) druckte G. den *Libellus* im lateinischen Original ab (FA I, 23.1, 640–653; vgl. dazu Vorarbeiten und Teilübersetzung in LA II, 6, 48–53, M 40f.) und widmete Thylesius im Anschluss ein eigenes Kapitel (FA I, 23.1, 653ff.; vgl. LA II, 6, 53f., M 42), in dem das »kleine Buch« als »angenehme Erscheinung« und Thylesius als »Mann, dem es um das Verständnis der Alten zu tun ist«, charakterisiert wird (FA I, 23.1, 653f.). Aus den *Opuscula* führte G. exemplarisch die Schlussverse des Gedichts *De cicindela* (*Über das Johanniswürmchen*) vor, um zu belegen, mit »welchem freien, liebe- und ehrfurchtsvollen Blick er [Thylesius] die Natur angesehen« (ebd. 655). *WZ*

Tirol

Erste Informationen über die damals zur Habsburgermonarchie gehörige Region und Mineralien aus den Tiroler Bergen erhielt G. von →Knebel, der im Herbst 1785 die Gegend bereist hatte. G. selbst durchquerte Tirol erstmals auf der Reise nach →Italien im September 1786. Die Fahrt führte ihn von den »zusammengeschlemmten Kieshügeln« (Tgb, 8.9.1786) um München an Kochel- und Walchensee entlang, dann durch die Kalkalpen nach Innsbruck und hinauf ins Hochgebirge. Auf dem Brennerpass erwartete G. gemäß der Theorie des →Neptunismus, auf das granitische Grundgebirge (→Granit) zu stoßen, wie er es 1775 und 1779 am →Gotthard erlebt hatte. Beim Aufenthalt auf dem Brenner am 9.9.1786 dachte G. über das geplante geologische →Modell nach und notierte botanische und meteorologische Beobachtungen. Auf der Weiterfahrt nach Süden nahm er Proben von Bozener Porphyr und anderen →Gesteinsarten mit und verfolgte den allmählichen Übergang zur südlichen Vegetation. Die Brenner-Route befuhr G. nochmals auf der Hin- und Rückfahrt nach →Venedig im März und im Mai/Juni 1790; diesmal reiste er über Füssen und den Fernpass nach Innsbruck.

Als Leitfaden für die Fahrt durch die Ostalpen dienten G. die *Briefe aus Wälschland* (1773) von Johann Jakob Ferber und Balthasar Hacquets *Physikalisch-politische Reise [...] in die Norischen Alpen* (1785). G. hielt sich dabei an die neptunistische Erklärung des Porphyrs durch Hacquet, doch sollten ihn die Gesteine Südtirols Jahre später wieder beschäftigen: 1817 studierte er eine neptunistische Schrift des italienischen Geologen G. B. →Brocchi über die Mineralien des Fassatals in Südtirol, die ihn zur Notiz *Epochen bei der Weltbildung* und zu einer Hypothese über die Entstehung der Trappformation anregte. 1822 las G. mit Zustimmung die *Reise durch Tyrol in die Oesterreichischen Provinzen Italiens im Frühjahr 1804* von K. M. v. →Sternberg (1806). Im gleichen Jahr musste er aber entrüstet zur Kenntnis nehmen, dass L. Chr. v. →Buch den Bozener Porphyr als plutonisches Gestein deutete, das im Aufsteigen die Kalkalpen und die Dolomiten gehoben habe (vgl. LA II, 8B.1, 49–51, M 30–32). – In G.s mineralogischer Sammlung befinden sich neben den selbst mitgebrachten Exemplaren auch Tiroler Mineralien, die er durch Korrespondenten und reisende Freunde erhalten oder von in Weimar vorsprechenden Tiroler Mineralienhändlern erworben hatte. Für die Mineralogische Sammlung in →Jena kaufte er ebenfalls Stücke an.

Literatur

Enzinger, Moritz: Goethe und Tirol. Innsbruck 1932. – Fuchs, Friderun und Müller, Renate: Goethes Landschaften heute. »Italienische Reise« vom Brenner bis Venedig. Frankfurt am Main 2003 (Frankfurter Geographische Hefte 65). – Prescher, Hans: Mineralien und Gesteine aus Österreich in Johann Wolfgang von Goethes Sammlungen zu Weimar. In: Heilfurth, Gerhard und Schmidt, Leopold (Hg.): Bergbauüberlieferungen und Bergbauprobleme in Österreich und seinem Umkreis. Wien 1975, 151–157. – Rachewiltz, Siegfried de (Hg.): Der Weg in den Süden. Reisen durch Tirol von Dürer bis Heine. 2 Bde. Meran 1998. – Voelckel, Hans Michael: Goethe in Südtirol. In: Der Schlern. 58 (1984), 624–632. *WY*

Tobler, Georg Christoph (1757–1812)

Auf seiner zweiten Schweizreise lernte G. am 27. oder 28.10.1779 in Genf den 22jährigen Tobler kennen, der damals durch →Lavaters Empfehlung bei dem Bibliothekar Diodati in Genf angestellt war und später Pfarrer in Wald bei Zürich wurde. G. schilderte diese erste Begegnung in einem Brief an Lavater vom 2.11.1779: »Mit Toblern weis ich nicht wies war. Er hat wohl nähe und Vertrauen zu mir. Aber leider fühl ich meine 30 Jahr und Weltwesen!! schon einige Ferne von dem *werdenden*, sich *entfaltenden*, ich erkenns noch mit Vergnügen, mein Geist ist ihm nah aber mein Herz ist fremd«. Zu einer Annäherung kam es 1781, als Tobler Anfang Mai G. in Weimar besuchte, wo er bis zum November als Gast von Knebel blieb. Am 7.5.1781 schrieb G. an Lavater: »Tobler ist gar lieb, ich kan offen gegen ihn seyn«.

In Weimar übersetzte Tobler den *Ion* des Euripides und auf G.s Veranlassung *Die Perser* von Aischylos. Seine Dichtung *Der befreite Prometheus* wurde im Aprilheft 1782 des *Teutschen Merkur* veröffentlicht.

Als der später in G.-Ausgaben aufgenommene Aufsatz *Die Natur* (FA I, 25, 11–13) um den Jahreswechsel 1782/1783 unter dem Titel *Fragment* im →*Journal von Tiefurt* erschien, hielt →Knebel G. für den Autor. G. bekannte diesem gegenüber jedoch am 3.3.1783: »Der Aufsatz im Tiefurther Journale [...] ist nicht von mir, und ich habe bißher ein Geheimniß draus gemacht von wem er sey. Ich kann nicht läugnen daß der Verfasser mit mir umgegangen und mit mir über diese Gegenstände oft gesprochen habe. Es hat mir selbst viel Vergnügen gemacht und hat eine gewiße Leichtigkeit und Weichheit, die ich ihm vielleicht nicht hätte geben können«. Charlotte von →Stein enthüllte Knebel am 28.3.1783, dass Tobler der Verfasser »von den tausendfältig ansichtigen Bilde der Natur« sei (LA II, 1A, 383). Als Friedrich von Müller den Aufsatz 1828 im Nachlass der Herzogin Anna Amalia entdeckte, hielt auch er G. für den Verfasser und erkundigte sich bei ihm am 23.5.1828. Die Anfrage veranlasste G., den später von Eckermann als *Erläuterung zu dem aphoristischen Aufsatz ›Die Natur‹* bezeichneten Text niederzuschreiben. »Daß ich diese Betrachtungen verfaßt, kann ich mich faktisch zwar nicht erinnern, allein sie stimmen mit den Vorstellungen wohl überein, zu denen sich mein Geist damals ausgebildet hatte« (FA I, 25, 81 f.).

Literatur
Funk, Heinrich: Georg Christoph Tobler, der Verfasser des pseudogoethischen Hymnus ›Die Natur‹. In: Zürcher Taschenbuch auf das Jahr 1924 (1923), 71–97.

HO

Tonlehre

G.s *Tonlehre* entstand im Juli und August 1810 in →Karlsbad im Dialog mit C. F. →Zelter, nachdem sich beide bereits im Jahr 1808 in ihrer Korrespondenz über die Molltöne in der Musik und die Natur der kleinen Terz auseinandergesetzt hatten. 1815 wurde das Thema in einer intensiven Diskussion mit C. F. →Schlosser wieder aufgenommen, ebenso erneut in der Korrespondenz mit Zelter zwischen 1826 und 1831. G. ging es darum, die polaren Grundsätze der *Farbenlehre* auch auf die *Tonlehre* zu übertragen, wobei hier Dur und Moll sowie Harmonie und Melodie als die beiden Seiten einer konstitutiven Polarität erscheinen. Die Thematik ist ausführlich behandelt im Übersichtsartikel *Schriften zur allgemeinen Naturlehre* (s. o. S. 244–247).

WZ

Trebra, Friedrich Wilhelm Heinrich von (1740–1819)

Den Bergfachmann lernte G. am 16.6.1776 in Weimar kennen und bezeichnete ihn am gleichen Tag im Tagebuch als »brav, wahr, in dem Seinigen treu«. Der damalige Vizeberghauptmann von Marienberg, dem G. von nun an bis in dessen Todesjahr 1819 verbunden blieb, hatte etwa im Mai 1776 von Herzog →Carl August den Auftrag erhalten, die mögliche Wiederaufnahme des →Bergbaus in →Ilmenau zu begutachten, welche er am 11.7.1776 positiv beurteilte. Vom 18.7. bis 2.8.1776 waren G. und Trebra gemeinsam – meist in Gesellschaft des Herzogs – in Ilmenau. Sie inspizierten das Bergbaurevier und machten Silberproben am Gestein, die G. nach Trebras Abreise auch selbst durchführte. »Es ist ein ganz herrlicher Mann«, so G.s Urteil über Trebra nach diesen Tagen (an Fritsch, 3.8.1776).

Der neun Jahre ältere Trebra gehörte zu den ersten immatrikulierten Studenten der Bergakademie in →Freiberg. Er übertrug seine Begeisterung für →Mineralien auf G., schenkte ihm schöne, charakteristische Stücke und regte ihn zum Sammeln an. Die Freundschaft und die gemeinsamen Unternehmungen waren von jugendlichem Enthusiasmus geprägt. Vom 18. bis 26.9.1783 trafen sie sich im →Harz, wo Trebra inzwischen als Vizeberghauptmann von Zellerfeld und →Clausthal tätig war. Am 21.9.1783 bestiegen die beiden den →Brocken.

Vermutlich am 22.9. gingen sie über Schierke und Elend zum Oderteich und am Rehberger Graben entlang hinunter nach Andreasberg. An der Rehberger Klippe entdeckten sie den geologisch höchst wichtigen Kontakt zwischen →Granit und dem in ein hartes jaspisartiges Gestein verwandelten Kulmtonschiefer (sogenannte Kontaktmetamorphose am Rehberg). Trebras Warnung – »die moosbedeckten schlüpfrigen Felsstücke liegen gefahrvoll durcheinander, wir können die Beine dazwischen brechen« – schlug G. in den Wind: »Nur fort! nur fort! [...] wir müssen noch zu großen Ehren kommen, ehe wir die Hälse brechen« (GG 1, 341).

Diesen »Beschleichungsdialog« (Trebra an G., 20.10.1812) bei ihrem »kühnen Wagnisse zu Entdeckung eines geologischen Punctes« (an Trebra, 27.10.1812) hat Trebra auf einen Zettel notiert und einer der beiden aus diesem Kontaktgestein geschnittenen und polierten Tischplatten hinzugefügt, die er fast 30 Jahre später, am 20.10.1812, an G. sandte. Das Exemplar mit Trebras Autograph auf der Rückseite befindet sich heute auf einem Tischgestell in G.s Gartenhaus im Weimarer Ilmpark.

G. betrachtete dieses Geschenk als »ein Zeugniß gemeinsamen Forschens, Wanderns und Unternehmens« (an Trebra, 5.1.1814). »Die mir zugedachte [Platte] soll als ein herrliches Monument unserer Liebe und Freundschaft niedergelegt bleiben; unserer wechselseitigen Neigung, die eben so beständig und dauerhaft ist, als die Neigung zur Natur, als die stille Leidenschaft, ihre Räthsel anzuschauen und der Wunsch, durch unsern eignen selbst räthselhaften Geist ihren Mysterien etwas abzugewinnen« (an Trebra, 27.10.1812; vgl. auch an Trebra, 3.11.1812). G. trug von dieser Gesteinsart »die kleinern halb angeschliffenen und rohen Exemplare aus jener guten Zeit« zusammen und legte sie neben die nun von Trebra übersandten Tischplatten. »Die Naturerscheinung ist an sich höchst merkwürdig und fordert zum Denken und Forschen auf; aber in dem zuletzt gesendeten Exemplare steht sie auf dem eminentesten Puncte und die wichtigen electrisch-chemischen Naturwirkungen bey dem Contact zweyer verwandten und doch heterogenen, im Werden begriffenen Massen legen sich klar vor Augen« (an Trebra, 3.11.1812).

Am 21.11.1812 sandte Trebra G. die teilweise von ihm kommentierten und mit Aquarellskizzen illustrierten Berichte von G. S. O. Lasius (*Beobachtungen über die Harzgebirge*, Hannover 1789, 14) über einen ähnlichen Gesteinskontakt an der Achtermannshöhe, zwei Kilometer nordwestlich vom Rehberger Graben (vgl. dazu im Einzelnen LA II, 8A, 49–52, M 31). Trebra hielt das den Granit der Achtermannshöhe überlagernde Gestein für Porphyr, während Lasius es als Grauwacke und Schiefer, die am Granitkontakt jaspisartig verhärtet waren, deutete.

Im Auftrag von →Carl August kündigte G. am 26.12.1815 C. F. A. v. Schreibers, Direktor des Naturalienkabinetts in Wien, die Übersendung einer der Platten von der Rehberger Klippe sowie Lasius' und Trebras Bemerkungen an. Am 24.1.1816 machte er dazu eine Notiz (LA II, 8A, 97 f., M 68), in der er auf seine eigene Beobachtung des Kontakts zwischen Gesteinen des Devon und dem Ramberg-Granit im Bodetal während der dritten Harzreise 1784 hinwies (vgl. LA II, 7, M 52).

G.s Aufsatz *Über den Granit I* (FA I, 25, 311 f.) aus dem Januar 1784 schloss eng an einige von Trebra exzerpierte und annotierte Stellen aus H. B. de →Saussures *Voyages dans les Alpes [...]* (Bd. 1, Genf 1779) an (dazu LA II, 7, 93–101, M 49).

Trebra gründete gemeinsam mit J. F. W. T. v. →Charpentier und I. v. Born im damals ungarischen Schemnitz die *Societät der Bergbaukunde*, die 1789 und 1790 in Leipzig je einen Band mit geologischen und bergbaulichen Aufsätzen publizierte (in Bd. 1 Nennung G.s als Ehrenmitglied). Trebras Vorhaben aus dem Jahr 1784, eine *Gesellschaft von Männern, die Erfahrungen und Beobachtungen zur besseren Kenntnis des Erdkörpers beibringen sollen*, ins Leben zu rufen, kam nicht zustande (vgl. dazu LA II, 7, 127–131, M 59).

Am 26./27.9.1810 besuchte G. Trebra in Freiberg, wo dieser seit 1801 als Oberberghauptmann tätig war. G. besichtigte zunächst Trebras »Kabinett [...] und die Modellkammer« (nach Riemers Tgb; LA II, 8A, 264); am 27.9. betrachtete man gemeinsam »die Grube *beschert Glück* [... und das] Amalgamirwerck«.

1814 besorgte Trebra G. eine Suite Zinnerze aus dem Ehrenfriedersdorfer Revier bei Annaberg und nahm Anteil an G.s Erforschung der →Zinnformation (vgl. Trebra an G., 18.1. und 21.12.1814; LA II, 8A, 335 und 371 f.). »Meine Zinnfolge, was Deutschland betrifft« – so G. an Trebra am 27.4.1815 – »ist durch deine gütige Theilnahme so schön vollständig und unterrichtend als man nur wünschen kann«.

Mit Trebras Werk *Erfahrungen vom Innern der Gebirge* (Dessau und Leipzig 1785; Ruppert 5184) beschäftigte G. sich zum Jahreswechsel 1812/1813 (vgl. Tgb, 31.12.1812; an Trebra, 6.1.1813) und am 28./29.11.1813 (vgl. auch TuJ 1813); dazu ist die Niederschrift von Stichworten überliefert (vgl. LA II, 8A, 54 f., M 32). Trebra nahm in seinem Werk mehrfach Bezug auf die gemeinsame Harz-Exkursion mit G. im September 1783 (vgl. dazu LA II, 7, 321 f.) und G.s Studien zur Granitklüftung auf der dritten Harzreise im August und September 1784 (vgl. LA II, 7, 104–118, M 52). Auf Letzterer fertigte G. M. →Kraus Zeichnungen an, die als Vorlage für Vignetten in Trebras Werk dienten (vgl. ebd. Anm. zu M 52). Auf eine von diesen (vgl. FA I, 25, Abb. 35: Hübichenstein) kam G. 1822 in der Rezension zu A. C. Eichlers Schrift *Böhmen vor Entdeckung Amerikas ein kleines Peru* (ebd. 425–429) sowie 1824 in dem Aufsatz *Gestaltung großer anorganischer Massen* (ebd. 621–627) zu sprechen.

Zu den von Trebra in seiner Schrift *Mineraliencabinett gesammelt und beschrieben von dem Verfasser der Erfahrungen vom Innern der Gebirge* (Clausthal 1795; Ruppert 4297) vertretenen Ansichten, welche der heutigen Vorstellung einer hydrothermalen Mineralbildung entsprechen (vgl. dazu LA II, 8A, 324), bemerkte G. – nach Zusendung des Werks mit einem Brief vom 9.2.1813 – am 24.11.1813: »Ich bewunderte [bei der Lektüre an den Vortagen] wie du so manches lange voraus gesagt, welches zu bestätigen viele Jahre und die größten Entdeckungen der Physik und Chemie nicht weniger die Einleitung einer tiefern Theorie gehörten [...]. Jede Seite des lieben Büchleins führte mich auf die Anschauung der Natur, und auf die Würdigung meiner eigenen Sammlung hin worunter ich mich so vieler trefflicher Stücke erfreue, die ich deiner Vorsorge und deiner Nachsicht schuldig bin«.

Als G. Trebra am 19.10.1810 seine *Farbenlehre* sandte, machte dieser am 11.1.1811 ein Gegengeschenk, das noch heute zu den besonderen Stücken der Sammlungen in Weimar gehört: ein Trinkglas, verziert mit Silhouetten von Trebra und seiner Frau sowie farbigen Motiven (Abb. in Herrmann 1955, nach 100). G. dankte am 16.2.1811 mit Reflexionen zur Farbenlehre: »Das schöne Glas [...] hat mich [...] in tiefes Nachdenken versetzt: denn entweder der Besteller [Trebra], oder der Verfertiger [Mohn in Dresden] haben der Farbenlehre [...] große Aufmerksamkeit gegönnt, indem nicht nur Licht und Finsterniß, sondern auch die Trübe, daneben auch der ganze Farbenverein, auf eine sehr künstliche und bedeutende Weise vorgestellt ist. Selbst an Mücken fehlt es nicht, und der ganz schwarze Fliegengott im trüben Felde, umgeben vom farbigen Ewigkeitssymbol, scheint hier auf das eingekerkerte böse Princip zu deuten, worauf wir in so viel ahndungsvollen Schriften der neuern Zeit hingewiesen werden. Genug ich bin überzeugt, daß ein Eingeweihter, wenn er, mit diesem Kelch in der Hand, die Rednerbühne bestieg, die größten Geheimnisse der Natur seinen Zuhörern daran anschaulich entwickeln könnte«. Dieser Glaskelch wurde von G. oft für Farbenexperimente benutzt.

Als G. erfuhr, dass »der treffliche, treue Freund in Freiberg, gefährlich krank, dem Abscheiden sich [...] nähert«, sah er für sich »nur eine öde Welt übrig bleiben« (an Trebra, 14.4.1819).

Nach Trebras Tod am 16.7.1819 (vgl. Tgb, 23.7.1819) fühlte sich G. als letzter Kämpfer für die neptunistische Weltauffassung (→Neptunismus/Vulkanismus). Dies kommt vor allem in seinem am 18.9.1819 in Karlsbad niedergeschriebenen Entwurf *Eines verjährten Neptunisten Schlußbekänntniß und Abschied von der Geologie* zum Ausdruck (vgl. LA II, 8A, 145, M 110).

Literatur

Herrmann, Walther: Goethe und Trebra. Berlin 1955. – Ders.: Neue Untersuchungen über Goethes Verhältnis zu Trebra. In: GJb. (1965), 119–140. – Muckenhuber, Leopoldina: Ein Goethe-Dokument des Naturhistorischen Museums. In: Annalen des Naturhistorischen Museums in Wien. 57 (1949/50), 141–147. – Trebra, Friedrich Wilhelm Heinrich von: Lebensverhältnisse mit Ober-Berghauptmann von Trebra 1813. In: GJb. (1888), 11–20, 83f. – Trommsdorff, Hermann: Friedrich Wilhelm Heinrich von Trebra. In: Zs. des Harz-Vereins für Geschichte und Altertumskunde. 61 (1928), 17–45. – Wappler: Oberberghauptmann von Trebra und die drei ersten sächsischen Kunstmeister Mende, Baldauf und Brendel. In: Mitteilungen des Freiberger Altertumsvereins. 41(1905), 69–178. *HO*

Trübe

Die Trübe ist in G.s *Farbenlehre* der Ort, an dem sich die →physischen Farben entwickeln. Dabei unterscheidet G. →dioptrische Farben der ersten Klasse, »welche bei durchscheinenden trüben Mitteln entstehen« (FA I, 23.1, 72), von denen der zweiten Klasse, bei denen das trübe Mittel »in dem höchst möglichen Grade durchsichtig ist« (ebd.). »Trübe« ist demnach nicht nach heutigem Sprachgebrauch zu verstehen, sondern bezeichnet vom Transparenten bis zum Weißen verschiedene Formen eines Mediums, das im Zusammenwirken mit →Licht und Finsternis unterschiedliche Farben erzeugt (vgl. im Einzelnen *Zur Farbenlehre*, didaktischer Teil, *Physische Farben*, §§ 143–194). Zu den trüben Mitteln zählt G. Rauch, Meerwasser, Pergamentblätter, ›blinde‹ Fensterscheiben und einen →Opal, aber auch ein durchsichtiges →Prisma.

Ursprünglich leitete G. den Begriff des Trüben am Beispiel der Erdatmosphäre ab (vgl. ebd. §§ 150ff.): Das Licht der Sonne »ist blendend und farblos«. Durch die Trübe der Atmosphäre erscheint uns die Sonne gelb. Bei zunehmender Trübe entsteht »eine gelbrote Farbe [...], die sich endlich bis zum Rubinroten steigert«; auf diese Weise werden Morgen- und Abendröte erklärt.

Die Finsternis des Weltalls, durch die von der Sonne erhellte Atmosphäre gesehen, stellt sich als Blau des Himmels dar, das je nach Standort, z.B. auf Bergen, intensiver empfunden wird.

G. erhob die Farbenentstehung in ihrem Zusammenwirken von Licht, Finsternis und Trübe in den Rang eines →Urphänomens, einer nicht weiter zu hinterfragenden grundlegenden Erscheinung.

In G.s umstrittener, physikalisch unhaltbarer Ansicht von der Entstehung von →Nebenbildern, die beim Blick durch ein Prisma erscheinen sollen (vgl. ebd. §§ 226f., 239), werden Farben »aus der Lehre von den trüben Mitteln« abgeleitet: »wo der voreilende Saum des trüben Nebenbildes sich vom Dunklen über das Helle zieht, erscheint das Gelbe; umgekehrt wo eine helle Grenze über die dunkle Umgebung hinaustritt, erscheint das Blaue« (§ 239).

Auf einer Reise nach →Karlsbad anthropomorphisierte G. das Trübe in einem Tagebucheintrag am 25.5.1807 in Schleiz unter »Chromatische Betrachtung und Gleichnisse«: »Lieben und Hassen, Hoffen und Fürchten sind auch nur differente Zustände unsres trüben Inneren, durch welches der Geist entweder nach der Licht- oder Schattenseite hinsieht. Blicken wir durch diese trübe organische Umgebung nach dem Lichte hin, so lieben und hoffen wir; blicken wir nach dem Finstern, so hassen und fürchten wir«.

In seine Nachträge zur Farbenlehre (erschienen in Nat I, 4, 1822) hat G. einen Text →Riemers mit dem Titel *Der Ausdruck Trüb* aufgenommen. Dort haben »Licht und Finsternis [...] ein gemeinsames Feld, [...] das Durchsichtige«, dessen Minderung der »Anfang der Körperlichkeit« (FA I, 25, 782), die Trübe, ist. Die Formen des Trüben können vielfältig sein, meist ist »Trübe« kein Kontinuum, sondern »eine Versammlung von Ungleichartigem, d.h. von Undurchsichtigem und Durchsichtigem [...], wodurch der Anblick eines ungleichartigen Gewebes entspringt, den wir durch einen Ausdruck bezeichnen, der von der gestörten Einheit, Ruhe, Zusammenhang solcher Teile, die nunmehr in Unordnung und Verwirrung geraten sind, hergenommen ist, nämlich *trübe*« (ebd. 782f.). *SS*

Turmalin

Am 23.10.1805 hielt G. vor der →»Mittwochsgesellschaft« einen Vortrag über den in Europa 1703 bekannt gewordenen Turmalin, auch Trip oder Aschenzieher genannt (vgl. FA I, 25, 150–153 und Komm. 968–970). Dazu sind Mitschriften von Charlotte von →Stein und Sophie von Schardt überliefert (vgl. EGW 4, 393f.). Mit Bezug auf die zeitgenössische Fachliteratur (Fischer, →Bergman, Rinman und Wilke) stellte G. mit dem Turmalin ein Magnesiumaluminium-Borsilikat vor, an dem man am Anfang des 18. Jh.s die Pyroelektrizität entdeckt hatte, die Fähigkeit von Kristallen, sich bei Erwärmung oder Abkühlung elektrisch aufzuladen.

G.s Vortrag behandelte in vier Teilen zunächst die »Natur« dieses Minerals (d.h. das weltweite Vorkommen sowie Eigenschaften wie Farbe, Größe, Form), anschließend die »Geschichte« seiner Erforschung von der Antike bis zur Gegenwart (durch deutsche, französische, englische und schwedische Wissenschaftler), wies danach an einem Versuch die elektrostatische Polarisation des Turmalins bei dessen Erwärmung nach und diskutierte die physikalischen »Phänomene« genauer im abschließenden Teil »Über Plus und Minus«, womit er den Übergang zum Vortrag über →Elektrizität am 30.10.1805 bezeichnete.

An anderer Stelle nannte G. den Turmalin neben dem Magneten einen »Hermaphroditen«, also einen Zwitter, dabei auf die »getrennten Geschlechter« der »elektrischen Wirkungen« anspielend (FA I, 25, 134). *BI/WZ*

Turner, William (1775–1851)

Der englische Maler stellte 1843 zwei Gemälde in der Royal Academy aus, nachdem er zuvor die Übersetzung von G.s *Farbenlehre* durch Sir C. L. Eastlake (London 1840) gelesen hatte: *Shade and Darkness – the Evening of the Deluge* (*Schatten und Dunkelheit – der Abend der Sintflut*) und *Light and Colour (Goethes Theorie) – the Morning after the Deluge – Moses writing the Book of Genesis* (*Licht und Farbe (Goethes Theorie) – der Morgen nach der Sintflut – Moses schreibt das Buch der Genesis*). Beide Bilder, heute in der Tate Gallery in London, sind als Gegenstücke zueinander anzusehen: Das erste, auf die bevorstehende Vernichtung deutend, in kühlen, das zweite in warmen Farben gemalt, aber dennoch alles andere als eine heitere Stimmung hervorrufend. Es gilt als umstritten, ob Turner die Bilder als Bestätigung oder als Widerlegung von G.s Ansichten verstanden wissen wollte, da seine Beurteilung von G.s *Farbenlehre* insgesamt als ambivalent anzusehen ist.

Literatur
Walker, John: Joseph Mallord William Turner. Köln 1978, 128 u. 130, Farbtafeln 37 u. 38. *WZ*

Turra, Antonio (1730–1796)

Der italienische Botaniker, Mineraloge und praktische Arzt in Vicenza, zwischen 1762 und 1772 Korrespondent von Carl von →Linné, war Ehemann der Schriftstellerin Elisabetta Carminer Turra (1751–1796), einer zentralen Figur der internationalen Gelehrtenrepublik.

Als Gründer der Accademia d'Agricultura (1773) und des Botanischen Gartens in Vicenza trat Turra vor allem durch sein Werk *Florae italicae prodromus* (Vicenza 1780) hervor, ein Katalog, der 1700 italienische Pflanzen nach dem Linnéschen System verzeichnete.

G. besuchte den im In- und Ausland anerkannten und vielfach ausgezeichneten Turra während seiner Italienreise am 21.9.1786, aber von den Ergebnissen seines ehemals fruchtbaren botanischen Wirkens waren nur noch kümmerliche Reste zu besichtigen. G.s Tagebuch hielt fest: »Das ist aber alles hin; die Medicinische Praxis vertrieb die Naturgeschichte, das Herbarium wird von Würmern gefressen [...] und der Botanische Garten ist wieder [...] mit Kohl und Knoblauch bepflantzt. Dr. Turra ist ein gar feiner guter Mann [...], hatte aber nicht Lust seine Schräncke aufzumachen, war bald fertig und ließ mich gehen«.

Literatur
Sama, Catherine M. (Hg.): Elisabetta Caminer Turra. Selected Writings of an Eighteen-Century Venetian Woman of Letters. Chicago 2003. – Tuoni, Dario de: Volfango Goethe a Vicenza e la sua visita al Dottor Antonio Turra. In: Ateneo Veneto. 128 (1941), 234–251. *EN*

Typus

Im Zusammenhang mit einer sämtliche Pflanzen repräsentierenden →Urpflanze, die G. 1787 in den Botanischen Gärten Italiens real aufzufinden hoffte, und mit dem anschließenden Grundgedanken eines allen Pflanzen gemeinsamen Bauplans, der sich primär ideell aus der Anschauung einer Vielzahl höherer Pflanzen ableiten lasse (*Versuch die Metamorphose der Pflanzen zu erklären*, 1790), spielte der Begriff des Typus noch keine Rolle.

Erst als G. sich ab 1790 – nach den Zwischenkieferstudien 1784/1785 – wieder dem Tierreich zuwandte (*Versuch über die Gestalt der Tiere*, 1790), entstanden bis 1795 zahlreiche Arbeiten, die den Vergleich tierischer Baupläne und das dabei notwendige methodische Vorgehen thematisierten (s. o. S. 24–27) und die mit der zentralen Abhandlung *Erster Entwurf einer allgemeinen Einleitung in die vergleichende Anatomie, ausgehend von der Osteologie* (1795) auf die Aufstellung eines osteologischen Typus hinausliefen. G.s Verfahren lässt sich durch eine methodische Wechselperspektive kennzeichnen: Einerseits sollte der durch den Begriff ›Typus‹ repräsentierte Grundbauplan der Wirbeltiere durch →Anschauung – also durch eine Bestandsaufnahme und einen Vergleich von Knochen und Skeletten – unmittelbar empirisch erfahrbar sein. Andererseits sprach G. vom anatomischen Typus als »einem allgemeinen Bilde, worin die Gestalten sämtlicher Tiere, der Möglichkeit nach, enthalten wären« (FA I, 24, 229). Und er machte die – erst nach dem Dialog mit →Schiller ab 1794 in dieser Form mögliche – ideelle Dimension deutlich, wenn er feststellte: »Die Idee muß über dem Ganzen walten und auf eine genetische Weise das allgemeine Bild abziehen« (ebd. 230). Die »genetische Weise« deutet hier auf das besondere Augenmerk auf Entwicklung und Umbildung, auf das Prozesshafte im Wesen der organischen Natur, »das allgemeine Bild« auf die doch letztlich zugrunde liegende Einheit. Aus der Rückschau sprach G. 1817 in *Der Inhalt bevorwortet*, Teil der Einleitung zu den Heften *Zur Morphologie*, von der »Notwendigkeit einen Typus aufzustellen, an welchem alle Säugetiere nach Übereinstimmung und Verschiedenheit zu prüfen wären, und wie ich früher die Urpflanze aufgesucht, so trachtete ich nunmehr das Urtier zu finden, das heißt denn doch zuletzt: den Begriff, die Idee des Tiers« (ebd. 404).

Im Unterschied zur Urpflanze war das Urtier bzw. der Typus von Anfang an eine zwar nicht ausschließliche, aber doch immer mitzudenkende ideelle Konzeption. Diese war jedoch stets empirisch angebunden und lebte geradezu von der Wechselperspektive von →Idee und → Erfahrung bzw. Anschauung. Aus diesem Grund entzieht sich G.s Typusbegriff einer eindeutigen Definition und führt eine gewisse Unschärfe mit sich.

Während der Typus letztlich das Feststehende, Unverrückbare und in seinen Grenzen nicht Überschreitbare darstellte, lieferte die →Metamorphose – der zweite Zentralbegriff für G.s Zugang zur Natur – das Stichwort für den Formenwandel, der – obgleich in nicht darstellbarer Vielfalt auftretend – die durch den Typus gesetzten Grenzen nicht übertreten kann.

So mannigfaltig das →Blatt, der →Zwischenkieferknochen bei den verschiedenen Arten, der →Wirbelknochen auch immer ausgeprägt sein mögen, die Gesetze des Typus (wie z. B. die Lagekonstanz innerhalb des Bauplans) liefern den einzelnen Bildungen eine Vorgabe, die nicht außer Kraft zu setzen ist.

Da G. mit dem wechselseitigen Wirken von Typus und Metamorphose Entwicklungsvorgänge in der organischen Natur zu fassen suchte, legte er sich bezüglich der vorherrschenden Entwicklungstheorien der →Präformation und der →Epigenese, Letztere vor allem durch Johann Friedrich →Blumenbachs Vorstellung eines →Bildungstriebs (Nisus formativus) mächtig gefördert, nicht fest und hielt beide für unzulänglich (→Evolution).

Die seit Ernst Haeckel in den 1860er Jahren immer wieder aufgeworfenen Frage, ob G.s Konzeption des Typus eine Stammform im Sinne der Darwinschen Evolutionstheorie darstellen könne, ist eindeutig zu verneinen, weil in seinen Vorstellungen eine über Generationen verlaufende Zeitachse keine Rolle spielte und die im Rahmen der Typusvorstellung so wichtige vergleichende Methode auf ein Nebeneinander – und kein Nacheinander – von lebendigen Formen abzielte.

Literatur

Bräuning-Oktavio, Hermann: Vom Zwischenkieferknochen zur Idee des Typus. Goethe als Naturforscher in den Jahren 1780–1786. Leipzig 1956 (Nova Acta Leopoldina, N. F. 126, Bd. 18). – Henel, Heinrich: Typus und Urphänomen in Goethes Naturlehre (1956). In: Ders.: Goethezeit. Frankfurt am Main 1980, 158–181. – Kanajew, Iwan I.: Die Entwicklung des Problems des morphologischen Typus in der Zoologie bei Goethe. In: GJb. (1968), 202–226. – Kuhn, Dorothea: Empirische und ideelle Wirklichkeit. Studien über Goethes Kritik des französischen Akademiestreites. Graz, Wien, Köln 1967. – Dies.: Typus und Metamorphose. Goethe-Studien. Marbach am Neckar 1988. – Nisbet, Hugh B.: Herder, Goethe and the natural »Type«. In: PEGS. 37 (1967), 83–119. – Ders.: Lucretius in 18th century Germany: with a commentary on Goethe's »Metamorphose der Tiere« In: MLR. 100, Supplement (2005), 115–133. – Spinner, Heinrich: Goethes Typusbegriff. Zürich, Leipzig 1933. – Wyder, Margrit: Goethes Naturmodell. Die Scala naturae und ihre Transformationen. Köln u. a. 1998. *CS*

Unerforschliches

G. betrachtete seine Art der Naturforschung als stetige Annäherung an das Unerforschliche. Sein Ehrgeiz dabei war, den Anteil des Erforschten immer zu vermehren, woraus die eigentliche Motivation des Naturforschers entspringen sollte: »Der Mensch muß bei dem Glauben verharren, daß das Unbegreifliche begreiflich sei; er würde sonst nicht forschen« (MuR 563). Andererseits beobachtete G. die Natur in dem Bewusstsein, bei seiner unablässigen Beschäftigung mit ihr an eine nicht überschreitbare Grenze zu kommen. So schrieb er am 21.1.1832, wenige Wochen vor seinem Tod, an den Chemiker H. W. F. →Wackenroder, dass wir »doch zuletzt ein Unerforschliches eingestehen müssen«, obwohl der Mensch »nicht von dem Versuche abstehen [könne], das Unerforschliche so in die Enge zu treiben, bis er sich dabey begnügen und sich willig überwunden geben mag«. Konsequenz dieser Einsicht war für G. eine tief empfundene Ehrfurcht vor der Natur: »Das schönste Glück des denkenden Menschen ist, das Erforschliche erforscht zu haben und das Unerforschliche ruhig zu verehren« (MuR 1207).

Ausführlich hat G. in einem geologischen Text, *Karl Wilhelm Nose*, zur Frage des Unerforschlichen Stellung genommen. Im Rahmen der Lektüre von Noses *Historische Symbola die Basalt-Genese betreffend [...]* (Bonn 1820) ergab sich die Frage, »inwiefern wir ein Unerforschtes für unerforschlich erklären dürfen, und wie weit es dem Menschen vorwärts zu gehen erlaubt sei, ehe er Ursache habe vor dem Unbegreiflichen zurückzutreten oder davor stille zu stehen? Unsere Meinung ist: daß es dem Menschen gar wohl gezieme ein Unerforschliches anzunehmen, daß er dagegen aber seinem Forschen keine Grenze zu setzen habe; denn wenn auch die Natur gegen den Menschen im Vorteil steht und ihm manches zu verheimlichen scheint, so steht er wieder gegen sie im Vorteil, daß er, wenn auch nicht durch sie durch, doch über sie hinaus denken kann. Wir sind aber schon weit genug gegen sie vorgedrungen, wenn wir zu den Urphänomenen gelangen, welche wir, in ihrer unerforschlichen Herrlichkeit, von Angesicht zu Angesicht anschauen und uns sodann wieder rückwärts in die Welt der Erscheinungen wenden, wo das, in seiner Einfalt, Unbegreifliche sich in tausend und aber tausend mannigfaltigen Erscheinungen bei aller Veränderlichkeit unveränderlich offenbart« (FA I, 25, 579 f.).

Als Synonym für die Grenze der Naturforschung führte G. hier den Begriff des →Urphänomens ein: Das Urphänomen im →Phänomen – das Gesetz in der einzelnen Erscheinung – zu schauen, war G.s grundlegendes Anliegen in der Naturforschung, gleichermaßen aber auch der Abschluss eines Prozesses, mit dem der Mensch der Natur bis zu einem gewissen Punkte näherkommen kann, dann aber sich bescheiden muss. Das Urphänomen ist noch der gegenständlichen Welt angehörig, aber es deutet darüber hinaus auf einen Bereich, der der menschlichen Erkenntnis nicht mehr zugänglich ist und ehrfürchtige Verehrung fordert. Derartige Urphänomene sah G. beispielsweise in der Entstehung der Farben aus →Licht und Finsternis oder dem von →Polarität geprägten Wesen des Magneten. Der Kanzler F. v. Müller überlieferte unter dem 7.6.1820 G.s Bemerkung bei der Demonstration von Farbwechseln an einem aus Böhmen mitgebrachten Glas (→Karlsbader Glas): »Das ist ein *Urphänomen*, das muß man nicht weiter erklären wollen. [...] Gott selbst weiß nicht mehr davon als ich« (GG 3.1, 179; vgl. Farbtafel S. 831).

Im didaktischen Teil der *Farbenlehre* (§ 177) hat G. das Urphänomen als Grenzerscheinung des Forschens beschrieben: »Wäre denn aber auch ein solches Urphänomen gefunden, so bleibt immer noch das Übel, daß man es nicht als ein solches anerkennen will, [...] da wir doch hier die Grenze des Schauens eingestehen sollten. Der Naturforscher lasse die Urphänomene in ihrer ewigen Ruhe und Herrlichkeit dastehen, der Philosoph nehme sie in seine Region auf [...]« (FA 23.1, 81 f.).

Bis zum Lebensende hat G. die Annäherung an das Unerforschliche gleichermaßen als Reiz und Befriedigung empfunden; an T. Carlyle schrieb er am 2.6.1831: »Es waren die schönsten Zeiten meines Lebens, da ich mich um die Naturgegenstände eifrig bemühte, und auch in diesen letzten Tagen war es mir höchst angenehm, die Untersuchungen wieder aufzugreifen. Es bleibt immer ein herzerhebendes Gefühl, wenn man dem Unerforschlichen wieder einige lichte Stellen abgewinnt«. Kurz darauf, am 22.6.1831 sprach G. gegenüber J. C. v. →Loder über seine »unverbrüchliche Neigung zur Natur und ihren Unerforschlichkeiten«. Vgl. auch den Artikel in GHB. 4.2, 1072 ff. *WZ*

Urbild s. Typus

Urdurchgitterung s. Kristallisation

Urozean

Versteinerungen von Muscheln und anderen Meerestieren (→Fossilien), die man sogar auf hohen Bergen fand, waren Ursache für geologische Theorien, in denen das Wasser eine wichtige Rolle

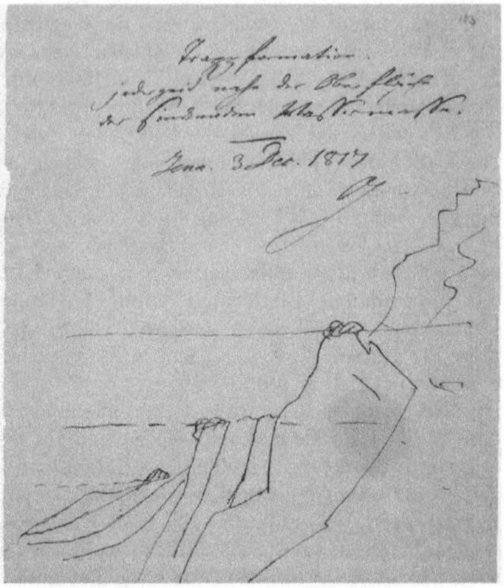

Ablagerung der Trappformation im sich absenkenden Urozean, Zeichnung von Goethe (1817)

spielte. Größte Breitenwirkung erzielten im frühen 18. Jh. diejenigen Forscher, welche die naturwissenschaftlichen Erkenntnisse mit biblischen Aussagen harmonisierten und die aktuelle Gestalt der Erde als Ergebnis der Sintflut deuteten. Der französische Diplomat Benoît de Maillet (1656–1738) ließ hingegen die ganze Schöpfung aus einem Urmeer hervorgehen. Während seiner Konsulatszeit in Ägypten und Livorno hatte er Beweise für eine einstige Wasserbedeckung der Erde und das ständige Absinken des Meeresspiegels gesammelt. Mit seinem Werk *Telliamed*, 1716 geschrieben, aber erst 1748 posthum veröffentlicht, begründete er die neptunistische Theorie der Erdgeschichte. Der Freiberger Dozent A. G. →Werner belegte die Ansicht von der einstigen Existenz eines Urozeans mit Beispielen aus Mitteldeutschland und machte damit den →Neptunismus für einige Jahrzehnte zur führenden Theorie in der Geologie. Die Hypothese vom Urozean erfuhr auch deshalb weite Verbreitung, weil sich die Anfangssätze der biblischen Genesis darauf beziehen ließen. G. schloss sich um 1780 durch den Einfluss von J. C. W. →Voigt der neptunistischen Vorstellungsart an, nachdem er zuerst →Buffons Theorie der →Erdbildung vertreten hatte; seine Gespräche mit →Herder im Herbst 1783 beschäftigten sich »mit den Uranfängen der Wasser-Erde, und der darauf von altersher sich entwicklenden organischen Geschöpfe« (FA I, 24, 405). G. blieb auch nach Werners Tod im Jahr 1817 bei seiner Überzeugung, als vermehrt Zeugnisse für eine ursprünglich glutflüssige Erde anfielen und plutonistische Theorien die Oberhand gewannen. Ausführungen von K. W. →Nose referierend, hat G. 1820 im Aufsatz *Karl Wilhelm Nose* in Bezug auf die früheste Phase der Erdbildung festgehalten, man wolle sich »auch gegen den krassen Neptunismus verwahren und nicht durchaus auf einen wellenschlagenden Meeresraum sondern auf eine dichtere Atmosphäre hindeuten, wo mannigfaltige Gasarten, mit mineralischen Teilen geschwängert, durch elektrisch-magnetische Anregung, auf das Entstehen der Oberfläche unseres Planeten wirken« (FA I, 25, 575). Als Wiege des Lebens wird das Meer schließlich im zweiten Akt von *Faust II* gefeiert; G. lässt dort den altgriechischen Philosophen →Thales von Milet als Gewährsmann für seine Anschauungen auftreten.

Literatur

Wagenbreth, Otfried: Geschichte der Geologie in Deutschland. Stuttgart 1999. *WY*

Urpflanze

1784/1785 begann G., sich systematisch der Botanik zuzuwenden und nach C. v. →Linnés Terminologie Pflanzen zu bestimmen. Unterstützung fand er bei F. G. →Dietrich, der aus einer seit Generationen besonders pflanzenkundlich engagierten Familie stammte und ihn 1785 nach →Karlsbad begleitete, sowie bei A. J. G. K. →Batsch, der ab 1786 als Dozent und ab 1788 als Professor der Naturgeschichte in →Jena wirkte. Die erste Italienreise (1786–1788) stand unter naturwissenschaftlichem Aspekt ganz im Zeichen der Botanik.

In →Italien entwickelte G. 1787 sein Konzept der Urpflanze, das eine zunächst real, später bildhaft oder ideell aufgefasste Zentralform für alle tatsächlich existierenden Blütenpflanzen bezeichnete.

Die *Italienische Reise* verzeichnete unter dem Datum 27.9.1786 den Besuch des Botanischen Gartens von →Padua: »Hier in dieser neu mir entgegen tretenden Mannichfaltigkeit wird jener Gedanke immer lebendiger: daß man sich alle Pflanzengestalten vielleicht aus Einer entwickeln könne. Hiedurch würde es allein möglich werden, Geschlechter und Arten wahrhaft zu bestimmen, welches, wie mich dünkt, bisher sehr willkürlich geschieht« (WA I, 30, 89f.). Ein Kalendarium nannte mit der Ortsangabe Neapel unter dem 24.3.1787 auch den Begriff für diese zunächst für real und auffindbar gehaltene morphologische Grundform der Pflanzen, aus der alle anderen durch Modifikationen und →Metamorphosen abzuleiten seien: »Urpflanze« (WA I, 31, 338). Hiermit korrespondierte eine Nachricht für Ch. v. →Stein vom Folgetag: »Herdern bitte ich zu sagen, daß ich mit der Urpflanze bald zu Stande bin […]« (ebd. 75).

Auch eine Kalendernotiz vom 17.4.1787 in →Palermo auf Sizilien hielt fest: »Urpflanze aufgesucht« (ebd. 339); die zugehörige Beschreibung in der

Italienischen Reise lautet unter der gleichen Orts- und Datumsangabe: »Heute früh ging ich [...] nach dem öffentlichen Garten [...]. Die vielen Pflanzen, die ich sonst nur in Kübeln und Töpfen, ja die größte Zeit des Jahres nur hinter Glasfenstern zu sehen gewohnt war, stehen hier froh und frisch unter freiem Himmel und, indem sie ihre Bestimmung vollkommen erfüllen, werden sie uns deutlicher. Im Angesicht so vielerlei neuen und erneuten Gebildes fiel mir die alte Grille wieder ein: ob ich nicht unter dieser Schaar die Urpflanze entdecken könnte? Eine solche muß es denn doch geben! Woran würde ich sonst erkennen, daß dieses oder jenes Gebilde eine Pflanze sei, wenn sie nicht alle nach einem Muster gebildet wären. Ich bemühte mich zu untersuchen, worin denn die vielen abweichenden Gestalten von einander unterschieden seien. Und ich fand sie immer mehr ähnlich als verschieden [...]« (ebd. 147f.). Während G. 1787 in den Gärten Italiens eine reale Urpflanze noch tatsächlich aufzufinden hoffte, erscheint der Gedanke aus der Rückschau der fast 30 Jahre später geschriebenen *Italienischen Reise* als »Grille«, womit G. einen wunderlichen Einfall umschrieb.

Ein Brief an den Botaniker C. G. D. → Nees v. Esenbeck aus dem August 1816 gibt näheren Aufschluss über G.s Ziele, die sich hinter dem Begriff der ›Urpflanze‹ verbargen: »In den Tagebüchern meiner Italiänischen Reise, an welchen jetzt gedruckt wird, werden Sie, nicht ohne Lächeln, bemerken, auf welchen seltsamen Wegen ich der vegetativen Umwandlung nachgegangen bin; ich suchte damals die Urpflanze, bewußtlos, daß ich die Idee, den Begriff suchte wonach wir sie uns ausbilden könnten«.

Die hier angesprochene allgemeine Idee für die Pflanzenbildung ist mit der noch in Italien festgehaltenen »Hypothese Alles ist Blatt« (FA I, 24, 84) ausgedrückt. Im späten historischen Rückblick *Der Verfasser teilt die Geschichte seiner botanischen Studien mit* von 1829 formulierte G. seine Erkenntnis aus dem April 1787 so: »Ich ging allen Gestalten, wie sie mir vorkamen, in ihren Veränderungen nach, und so leuchtete mir am letzten Ziel meiner Reise, in Sizilien die *ursprüngliche Identität* aller Pflanzenteile vollkommen ein, und ich suchte diese nunmehr überall zu verfolgen und wieder gewahr zu werden« (ebd. 748).

Wie sehr die noch tastenden Äußerungen aus Italien aus dem Jahr 1787 über die Urpflanze von der späteren Einordnung dieser Vorstellungen im Rahmen von G.s Konzept über die Metamorphose der Pflanzen differieren, läßt sich an der Integration eines Briefes G.s an Ch. v. Stein in den Text der *Italienischen Reise* erkennen. G. hatte am 8.6.1787 aus Rom geschrieben: »Sage Herdern daß ich dem Geheimniß der Pflanzenzeugung und Organisation ganz nah bin und daß es das einfachste ist was nur gedacht werden kann. [...] Die Urpflanze wird das wunderlichste Geschöpf von der Welt über welches mich die Natur selbst beneiden soll. Mit diesem Modell und dem Schlüßel dazu, kann man alsdann noch Pflanzen ins unendliche erfinden, die konsequent seyn müßen, das heißt: die, wenn sie auch nicht existiren, doch existiren könnten [...]«.

Im zweiten Teil der *Italienischen Reise* erschien dieser Brief mit geringen Abweichungen unter dem fingierten Datum 17.5.1787, aus Neapel an Herder gerichtet (vgl. WA I, 31, 239f.), ebenso noch einmal im dritten Teil (*Zweiter römischer Aufenthalt;* WA I, 32, 43f.), wo G. jedoch im Anschluss den wichtigen erläuternden, freilich erst aus der Rückschau möglichen Passus anfügte: »So viel aber sei hier, ferneres Verständniß vorzubereiten, kürzlich ausgesprochen: Es war mir nämlich aufgegangen, daß in demjenigen Organ der Pflanze, welches wir als Blatt gewöhnlich anzusprechen pflegen, der wahre Proteus verborgen liege, der sich in allen Gestaltungen verstecken und offenbaren könne. Vorwärts und rückwärts ist die Pflanze immer nur Blatt, mit dem künftigen Keime so unzertrennlich vereint, daß man eins ohne das andere nicht denken darf. Einen solchen Begriff zu fassen, zu ertragen, ihn in der Natur aufzufinden ist eine Aufgabe, die uns in einen peinlich süßen Zustand versetzt« (ebd. 44).

Damit ist der Hauptgedanke der *Metamorphose der Pflanzen* bezeichnet. Die gewonnene Anschauung vom Blatt als Grundorgan, das im Laufe der Individualentwicklung eine bestimmte Folge von Formen durchläuft und dessen homologe Gestalten sich nach den Gesetzen der Lagekonstanz und – im Wechsel größerer und kleinerer Blatt-Typen – eines Naturetats (Kompensation) beschreiben lassen, wurde nach der Rückkehr aus Italien weiterverfolgt und zur Grundlage des 1790 erschienenen *Versuchs die Metamorphose der Pflanzen zu erklären.* Der Leitbegriff der Metamorphose erschien G. als Ausdruck der im stetigen Wandel begriffenen Gestalten. Das Gesetzliche des Bauplans, der jedem Gestaltwandel seine Grenzen vorgibt, fasste G. ab 1795 im Begriff des → Typus. Der Terminus ›Urpflanze‹ wurde von G. zu dieser Zeit bereits nicht mehr verwendet. Als er → Schiller im Rahmen des botanischen Gesprächs vom 20.7.1794, das am Anfang der Freundschaft stand, die Metamorphose der Pflanzen erläuterte, ließ er anstelle der Urpflanze »eine symbolische Pflanze vor seinen Augen entstehen« (FA I, 24, 437). Die Begriffe sind synonym, wenn man darunter das Wesentliche, Charakteristische, Musterhafte einer Pflanze versteht.

G. konzentrierte sich bei seinen Untersuchungen auf die Übergänge im Prozess des Wachsens und

Werdens der Pflanze in ihrer Individualentwicklung (Ontogenese). Unter dem Gesichtspunkt der Darwinschen Evolutionstheorie (1859) ist G.s Urpflanze vor allem von E. Haeckel und seinen Anhängern krass missdeutet worden als eine stammesgeschichtliche Urform, was G.s Intentionen vollkommen zuwiderlief (→ Evolution).

Vgl. auch den Artikel in GHB. 4.2, 1077–1080.

Literatur

Bliedner, Arno: Goethe und die Urpflanze. Frankfurt am Main 1901. – Hansen, Adolf: Goethes Metamorphose der Pflanzen. 2 Bde. Gießen 1907. – Leistikow, Klaus Ulrich: Goethes »Urpflanze« – ein Ende als Anfang. In: Forschung Frankfurt. 8 (1990), 55–62. – Sprengel, Peter: Die »Urpflanze« – zur Entwicklung von Goethes Morphologie in Italien. In: Un paese indicibilmente bello. Hg. von A. Meier. Palermo 1987, 122–135. – Troll, Wilhelm: Die Urpflanze. In: Ders.: Vergleichende Morphologie der höheren Pflanzen. Bd. 1. Berlin 1937, 53–59. – Weyland, Hermann: Goethes Urpflanze im Licht der modernen Stammesgeschichte. In: Sudhoffs Archiv für Geschichte der Medizin und der Naturwissenschaften. 38 (1954), 219–233. – Waenerberg, Annika: Urpflanze und Ornament. Helsinki 1992. – Wiesner, Julius: Goethes Urpflanze. In: Die Zeit. 29/30 (1901), Nr. 366, 6–8; Nr. 367, 24f. *WZ*

Urphänomen

I.

Im Gegensatz zu vielen Interpreten hat G. diesen für seine Naturforschung zentralen Begriff im didaktischen Teil der *Farbenlehre* (§ 175) klar umschrieben: »Das was wir in der Erfahrung gewahr werden, sind meistens nur Fälle, welche sich mit einiger Aufmerksamkeit unter allgemeine empirische Rubriken bringen lassen. Diese subordinieren sich abermals unter wissenschaftliche Rubriken, welche weiter hinaufdeuten, wobei uns gewisse unerläßliche Bedingungen des Erscheinenden näher bekannt werden. Von nun an fügt sich alles nach und nach unter höhere Regeln und Gesetze, die sich aber nicht durch Worte und Hypothesen dem Verstande, sondern gleichfalls durch Phänomene dem Anschauen offenbaren. Wir nennen sie Urphänomene, weil nichts in der Erscheinung über ihnen liegt, sie aber dagegen völlig geeignet sind, daß man stufenweise [...] von ihnen herab bis zu dem gemeinsten Falle der täglichen Erfahrung niedersteigen kann« (FA I, 23.1, 80f.).

Das Urphänomen im Phänomen – die der → Anschauung noch zugängliche Grunderscheinung in ihrer vereinzelten Vorkommensweise – zu erkennen, war G.s grundlegendes Anliegen in der Naturforschung, gleichermaßen aber auch eine Grenze des durch Naturforschung Erfahrbaren, an der der Mensch sich bescheiden muss (→ Unerforschliches). Urphänomene – reale Phänomene, nicht versinnlichte Ideen – sind noch der gegenständlichen Welt angehörig, aber sie deuten darüber hinaus auf einen Bereich, der der menschlichen Erkenntnis nicht mehr zugänglich ist und ehrfürchtige Verehrung fordert.

Ein derartiges Urphänomen sah G. beispielsweise in der Entstehung der Farben aus Licht, Finsternis und einem trüben Mittel, worüber → Eckermann am 18.2.1829 berichtete: »Wir sprachen über die Farbenlehre, untern andern über Trinkgläser, deren trübe Figuren gegen das Licht gelb und gegen das Dunkele blau erscheinen, und die also die Betrachtung eines Urphänomens gewähren. ›Das Höchste, wozu der Mensch gelangen kann, sagte Goethe bei dieser Gelegenheit, ist das Erstaunen; und wenn ihn das Urphänomen in Erstaunen setzt, so sei er zufrieden; ein Höheres kann es ihm nicht gewähren, und ein Weiteres soll er nicht dahinter suchen; hier ist die Grenze‹« (FA II, 12, 311; ähnlich *Zur Farbenlehre*, didaktischer Teil, § 177, FA I, 23.1, 81f.).

Hinter dieser Grenze verbarg sich für G. das Göttliche, wie aus einer Äußerung gegenüber Eckermann vom 13.2.1829 hervorgeht: »Der Verstand reicht zu ihr [der Natur] nicht hinauf, der Mensch muß fähig sein, sich zur höchsten Vernunft erheben zu können, um an die Gottheit zu rühren, die sich in Urphänomenen, physischen wie sittlichen, offenbaret, hinter denen sie sich hält und die von ihr ausgehen« (ebd. 308).

Urphänomene zeigen in der sichtbaren Welt ein höheres Gesetz, lassen das Höhere und eine nicht weiter erforschbare Grunderscheinung oft mehr erahnen als erkennen. In diesem Sinne schrieb G. am 3.5.1827 an C. D. v. → Buttel: »Ferner ist ein Urphänomen nicht einem Grund*satz* gleichzuachten, aus dem sich mannigfaltige Folgen ergeben, sondern anzusehen als eine *Grunderscheinung, innerhalb* deren das Mannigfaltige anzuschauen ist. Schauen, wissen, ahnen, glauben und wie die Fühlhörner alle heißen, mit denen der Mensch ins Universum tastet, müssen denn doch eigentlich zusammenwirken [...]« (G–Buttel 57f.).

Hier gilt es auch zu bemerken, dass es eine reine Objektebene in G.s Naturforschung nicht gibt, weder im sinnlichen Anschauen des Gegenstandes noch in seiner theoretischen Durchdringung.

In der *Farbenlehre* bestimmte G. das Urphänomen folgendermaßen: »auf der einen Seite das Licht, das Helle, auf der andern die Finsternis, das Dunkle, wir bringen die Trübe zwischen beide, und aus diesen Gegensätzen [...] entwickeln sich [...] die Farben« (FA I, 23.1, 81); und er erklärte den → Newton vorgeworfenen »Fehler für sehr groß, daß man ein abgeleitetes Phänomen an die obere Stelle, das Urphänomen an die niedere Stelle setzte [...]« (ebd.).

Weitere Beispiele für Urphänomene sind das von →Polarität geprägte Wesen des Magneten (vgl. ebd. 240 u. MuR 434) und – bei G.s Misstrauen gegenüber physikalischen Instrumenten fast paradox – das Barometer als »das Instrument, durch welches die größten Geheimnisse der Natur uns offenbar werden« (WA II, 12, 233). G. suchte keine verborgene Welt hinter diesen Erscheinungen: »Man suche nur nichts hinter den Phänomenen, sie selbst sind die Lehre« (MuR 575). In diesem Sinn ist das Urphänomen für den Naturforscher ein letztes Erfahrbares, das er nur noch an den Philosophen weitergeben kann: »Kann dagegen der Physiker [Naturforscher] zur Erkenntnis desjenigen gelangen, was wir ein Urphänomen genannt haben; so ist er geborgen und der Philosoph mit ihm; Er, denn er überzeugt sich, daß er an die Grenze seiner Wissenschaft gelangt sei, daß er sich auf der empirischen Höhe befinde, wo er rückwärts die Erfahrung in allen ihren Stufen überschauen, und vorwärts in das Reich der Theorie, wo nicht eintreten, doch einblicken könne. Der Philosoph ist geborgen: denn er nimmt aus des Physikers Hand ein Letztes, das bei ihm nun ein Erstes wird« (FA I, 23.1, 233).

Dass in jeder Naturerscheinung das Urphänomen wirkt, aus diesem umgekehrt die einzelnen Naturphänomene ableitbar sind, hat G. prägnant in einem Aphorismus ausgedrückt: »Urphänomen ideal als das letzte Erkennbare, real als erkannt, symbolisch, weil es alle Fälle begreift, identisch mit allen Fällen« (MuR 1369). Wie sehr ihm das Urphänomen als nicht mehr diskutierbare Größe und letzter Grund einer Erscheinung galt, macht eine polemische Äußerung deutlich, die der Kanzler F. v. Müller unter dem 7.6.1820 überlieferte und G.s Bemerkung bei der Demonstration von Farbwechseln an einem →Karlsbader Glas betraf: »Das ist ein *Urphänomen*, das muß man nicht weiter erklären wollen. [...] Gott selbst weiß nicht mehr davon als ich« (GG 3.1, 179).

Vgl. weiterhin MuR 412 und 577; Eckermann, 23.2. und 21.12.1831 sowie den Artikel *Urphänomen* in GHB. 4.2, 1080ff. *WZ*

II.

Der Begriff erfährt in G.s Sprachgebrauch eine vielschichtige Bedeutung, die sich in Abhängigkeit von der Gewichtung von Subjekt und Objekt modifiziert. Einmal begreift ihn G. – in Analogie zur →›Urpflanze‹ als allen Pflanzen gemeinsamer Grundbauplan – als ein allen Einzelphänomenen übergeordnetes Phänomen, das sich als Folge allgemein wirksamer Naturgesetze manifestiert und aus dem sich theoretisch die einzelnen Phänomene im Besonderen herleiten lassen. Dieses Verständnis nimmt im Begriffspaar von →Subjekt und Objekt vornehmlich das Objekt in den Blick. Als Beispiel hierfür nennt G. etwa die durch magnetische Polarisation induzierte »Entzweiung« (FA I, 23.1, 240) des Eisens und die daraus abgeleiteten diversen magnetischen Phänomene.

Eine idealisierende Begriffsbedeutung nähert sich der Position des Subjekts, ausgehend von der ›Anschauung‹ eines Phänomens. Demnach lassen sich aus der Vielzahl von beobachteten Einzelphänomenen ideell ihnen übergeordnete gedanklich herleiten, aus diesen wiederum weitere auf nächsthöherer Ebene, um in letzter Konsequenz das einzige *allen* Phänomenen zugrunde liegende Urphänomen ideell zu ermitteln. Nach den Ausführungen im didaktischen Teil der *Farbenlehre* (§ 175) betont G. ausdrücklich den sowohl induktiven wie deduktiven methodischen Zugang in der Erkenntnis eines Urphänomens.

Ein solches sieht G. auch im – ideellen, d.h. theoretisch denkbaren – Bauplan einer Urpflanze, der sich in zahlreichen Modifikationen im gesamten Reich höherer Pflanzen manifestiert. Auch hier erweitert G. die Möglichkeiten der induktiven Methode – die Anschauung des Subjekts im Bereich der objektiven Welt – um die Option der deduktiv herleitbaren Urpflanze, die für ihn auch noch nicht realiter beobachtete Einzelpflanzen umfasst. So heißt es in der *Italienischen Reise*: »Die Urpflanze wird das wunderlichste Geschöpf von der Welt, um welches mich die Natur selbst beneiden soll. Mit diesem Modell und dem Schlüssel dazu kann man alsdann noch Pflanzen in's Unendliche erfinden, die consequent sein müssen, das heißt: die, wenn sie auch nicht existiren, doch existiren könnten und nicht etwa mahlerische oder dichterische Schatten und Scheine sind, sondern eine innerliche Wahrheit und Nothwendigkeit haben. Dasselbe Gesetz wird sich auf alles übrige Lebendige anwenden lassen« (WA I, 31, 240).

Das Pendant zur Urpflanze findet sich im Tierreich als Urtier bzw. als →Typus, »an welchem alle Säugetiere nach Übereinstimmung und Verschiedenheit zu prüfen wären« (FA I, 24, 404).

Ein philosophisches Urphänomen erblickt G. in der Urpolarität, die er – unter dem Einfluss von →Kant – von dem Gedanken herleitet, »daß Anziehungs- und Zurückstoßungskraft zum Wesen der Materie gehören und keine von der andern im Begriff der Materie getrennt werden könne; daraus ging mir die Urpolarität aller Wesen hervor, welche die unendliche Mannichfaltigkeit der Erscheinungen durchdringt und belebt« (WA I, 33, 196).

Diese Form eines Urphänomens besteht rein ideell und leitet sich gedanklich aus der Anschauung einer Vielzahl von einzelnen realen Manifestationen durch das Subjekt her. Zu diesem Phänomenkreis zählen die Begriffspaare →Systole/Diastole, Einatmen/Ausatmen, →Analyse/Synthese u. a. Die Beteiligung von Subjekt bzw. Objekt am Phänomen kann im Einzelfall mehr oder weniger stark ausgeprägt sein, wobei neben den rein subjektiven bzw. rein objektiven Urphänomenen auch Mischformen vorkommen.

Literatur
Bianquis, Geneviève: L'Urphänomen dans la pensée et dans l'oeuvre de Goethe. In: Dies.: Études sur Goethe. Paris 1951, 45–80. – König, Josef: Das Urphänomen bei Goethe. In: Ders.: Der Begriff der Intuition. Halle 1926, 120–213. – Welch, G. Rickey: Gestalt, Bildung, Urphänomen. Un'interpretazione fisicalista. In: Giorello, Giulio (Hg.): Goethe scienziato. Torino 1998, 481–507. *CS*

Urstier s. Stier/Ochse

Veltheim, August Ferdinand Graf (1741–1801)

Der Mineraloge und Archäologe, braunschweigischer Kammeraccessist, Kammerrat in Hannover, danach Vizeberghauptmann in Zellerfeld (Harz), zog sich wegen eines Zerwürfnisses mit seinem Vorgesetzten, C. F. v. Reden, auf sein Gut Harbke bei Halberstadt zurück. Mit dem »lebhaft umherschauenden, beobachtenden, erläuternden, erklärenden, meinenden und wähnenden von *Veltheim*« (FA I, 25, 345) war G. »durch [...] das Studium des Bergwesens verbunden« (TuJ 1805). G. erwähnte in einem Brief an Ch. v. →Stein vom 14.9.1783 die Möglichkeit eines Besuchs bei Veltheim in Harbke auf dem Weg nach Zellerfeld; vermutlich kam es auch zu einem Treffen, da G. in einem Brief vom 6.11.1784 Veltheim bat, seine Frau zu grüßen, und ihn an das Versprechen erinnerte, ihm seinen *Grundriß der Mineralogie* (Braunschweig 1781) zu senden, da er damit beschäftigt sei, »Gesteinsarten und andren Mineralien, die ich von meiner letzten Tour auf dem Harze [dritte Harzreise, August/September 1784] und aus dem Thüringerwalde mitgebracht, wenigstens in eine Art von Ordnung zu bringen, und zugleich über diese Gegenstände verschiedene Bücher aufschlagen und gewisse Ideen [...] berichtigen« wolle. Veltheims *Grundriß* erwähnte G. in Notizen zu F. W. H. v. →Trebras *Erfahrungen vom Innern der Gebirge* (vgl. LA II, 8A, 53, M 32); in diesem Werk ist der »Erste Brief« Trebras an Veltheim gerichtet.

In seiner Schrift *Etwas über die Bildung des Basalts und die vormalige Beschaffenheit der Gebirge in Deutschland* (Leipzig 1787) trat Veltheim für die vulkanische Entstehung des Basalts ein (→Basaltstreit) und entwarf hierin ein »Gemähldе« der Vorzeit mit »vulkanischen Cordilieren«. In einer Aufzeichnung zu K. W. →Noses *Kritik der geologischen Theorie besonders der von Breislak* (Bonn 1821) notierte G., dass nach Ansicht eines Rezensenten die Veltheimsche Theorie durch Breislaks Schriften neue Unterstützung bekommen habe (vgl. dazu LA II, 8B.1, 66 und 75, M 39).

Im Juli 1800 beschäftigte sich G. mit Veltheims *Sammlung einiger Aufsätze historischen, antiquarischen, mineralogischen und ähnlichen Inhalts* (Helmstedt 1800) und nannte sie in einem Brief an →Schiller vom 29.7.1800 »geistreich und lustig; aber leider leichtsinnig, dilettantisch, mitunter hasenfüßig und phantastisch«.

In den *Tag- und Jahresheften* von 1805 äußerte sich G. über seine Verbundenheit mit Veltheim, fügte jedoch einschränkend hinzu, »daß er versuchte, seine Naturkenntnisse zu Aufklärung problematischer Stellen alter Autoren zu benutzen. Mochte man ihn bei diesem Geschäft auch allzugroßer Kühnheit beschuldigen, so konnte man ihm einen geistreichen Scharfsinn nicht absprechen«.

Literatur
Becker, Bernhard: Goethes Reise nach Harbke und Helmstedt. Helmstedt 1925. – Eule, Wilhelm: Harbke. Buch der Heimat. Leipzig 1940, 129 ff. und 160 ff. – Lommatzsch, Herbert: Berghauptmann August Ferdinand v. Veltheim. Ein Blick in zeitkritische und bildungspolitische Vorstellungen eines Mitglieds des braunschweigischen Landadels zur Zeit der Aufklärung. In: Braunschweigisches Jahrbuch. 53 (1972), 339–342. – Serlo, Walter: Männer des Bergbaus. Berlin 1937, 148. *HO*

Venedig

G. war zweimal in der Hauptstadt Venetiens. Die im Nordosten →Italiens an der Adriaküste gelegene Stadt war im späten 18. Jh. eine der größten europäischen Städte und vor allem durch die Glasherstellung bekannt.

Insgesamt hielt G. sich hier zehn Wochen auf, beim ersten Mal zu Beginn seiner italienischen Reise vom 28.9. bis 14.10.1786. Der zweite Aufenthalt fand vom 31.3. bis 22.5 1790 statt, als G. nach Oberitalien reiste, um Herzogin Anna Amalia von ihrer Italienreise nach Hause zu begleiten. Als »Früchte einer großen Stadt« (an Charlotte von Kalb, 30.4.1790) sah G. nicht nur die *Venetianischen Epigramme* an, sondern auch die morphologisch-osteologische Erkenntnis, »die sämtlichen Schädelknochen seien aus verwandelten Wirbelknochen entstanden« (TuJ von 1805). G. hatte am 22.4.1790 in den »Dünen des Lido« einen »glücklich geborstenen Schafschädel« gefunden, dessen Beschaffenheit ihm den »Übergang innerlich ungeformter organischer Massen, durch Aufschluß nach außen, zu fortschreitender Veredelung höchster Bildung und Entwicklung in die vorzüglichsten Sinneswerkzeuge« verdeutlichte.

Diese Entdeckung, die G. in einem Brief an Caroline Herder vom 4.5.1790 gleich nach Weimar mitteilte, bestärkte ihn in der zeitlebens vertretenen Auffassung, »daß die Natur kein Geheimniß habe, was sie nicht irgendwo dem aufmerksamen Beobachter nackt vor die Augen stellt« (→Wirbelknochen).

Noch in seiner *Erläuterung zu dem aphoristischen Aufsatz ›Die Natur‹* vom 24.5.1828 hat G. seine Entdeckung der Wirbeltheorie des Schädels in Venedig als wesentlichen Stichpunkt festgehalten: »[...] im Jahre 1790. offenbarte sich mir in Venedig der Ursprung des Schädels aus Wirbelknochen [...]« (FA I, 25, 82).

Vgl. zu nicht die Naturforschung betreffenden Aspekten den Artikel in GHB. 4.2, 1082f. *EN*

Verdichtung

Unter Verdichtung verstand G. eine Häufung materieller Elemente (»Aneinanderdrängung«; FA I, 23.2, 175), die bei fast allen Farben zu einer Verdunkelung führt. Nur bei den →Grundfarben Gelb und Blau erzeugt die Verdichtung einen rötlichen Schein, der bei der Zusammenführung der nun entstandenen Farben Gelbrot und Blaurot das Purpur bildet. In diesem Kontext erzeugen quantitative Veränderungen eine neue Qualität der Farbe. Der noch in den Vorarbeiten, z.B. in *Über die Einteilung der Farben und ihr Verhältnis gegen einander* (1793) und in *Versuch die Elemente der Farbenlehre zu entdecken* (1794) verwendete Begriff der »Verdichtung« (vgl. ebd. 118 u. 175) wurde von G. im Hauptwerk *Zur Farbenlehre* (1810) durch den Terminus »Steigerung« ersetzt. Zwischen den genannten Vorarbeiten und der Erarbeitung des Hauptwerks hatte G. gemeinsam mit →Schiller 1798 eine Harmonielehre der Farben entwickelt, zu der auch eine am 14.11.1798 entworfene Skizze gehörte, die G. am Folgetag zur Anfertigung der Farbtafel *Symbolische Annäherung zum Magneten* veranlasste (vgl. Farbtafel S. 826). In der Skizze wurde die Steigerung der Farben (Gelb zu Gelbrot, Blau zu Blaurot) mehrfach als →»Intension« (jeweils von der Hand Schillers) bezeichnet und damit als ein wichtiges Gesetz der Farbentwicklung festgehalten. Von »Steigerung« sprach G. schließlich in dem am 2.8.1801 in →Göttingen entstandenen *Schema der Farbenlehre* (vgl. ebd. 255). *SS*

Vergleich/Vergleichung

G. ist bisweilen als Begründer der vergleichenden Anatomie bezeichnet worden. Diese Einschätzung ist angesichts der bereits in der Antike durch Galen vorgenommenen Untersuchungen, aber auch der Arbeiten von P. Belon, der 1555 Vogel- und Menschenskelett verglich, A. Vesal, T. Willis, L. J. M. →Daubenton, P. →Camper oder F. Vicq d'Azyr – um hier nur wenige Namen zu nennen – nicht haltbar, weist aber gleichwohl auf den hohen Stellenwert hin, den die vergleichende Methode für G. hatte. Greift man chronologisch voraus auf das Jahr 1795, in dem G. mit seiner Abhandlung *Erster Entwurf einer allgemeinen Einleitung in die vergleichende Anatomie, ausgehend von der Osteologie* seine Vorstellung vom osteologischen →Typus begründete, so liest man dort als ersten Satz: »Naturgeschichte beruht überhaupt auf Vergleichung« (FA I, 24, 227). Naturgeschichte entspricht in G.s Sprachgebrauch dabei etwa dem heutigen, von G. nicht verwendeten Begriff der →Biologie, im Gegensatz zur ›Naturlehre‹ (Physik).

Bereits G.s erste naturwissenschaftliche Arbeit, sein Beitrag zu J. K. →Lavaters *Physiognomischen Fragmenten zur Beförderung der Menschenkenntnis und Menschenliebe* (Bd. 2, 1776, 137–142), war dem Vergleich von 20 Tierschädeln gewidmet.

Die Entdeckung des menschlichen →Zwischenkieferknochens im Jahr 1784 stellte sich ein beim Vergleich von Tier- und Menschenschädeln. In der zugehörigen, erst 1820 veröffentlichten Abhandlung formulierte G. als Forschungsprogramm: »Man könnte alsdann mehr ins einzelne gehen und bei genauer stufenweiser Vergleichung mehrerer Tiere, vom Einfachesten auf das Zusammengesetztere, vom Kleinen und Eingeengten auf das Ungeheure und Ausgedehntere fortschreiten« (FA I, 24, 23). G. bemühte sich, die Schädel möglichst vieler Tierarten zu bekommen, um zahlreiche unterschiedliche Ausbildungen des Zwischenkieferknochens miteinander vergleichen zu können. Er sprach von der großen Differenz in der Ausbildung bei Schildkröte und →Elefant, »und doch läßt sich eine Reihe Wesen [im Druck 1820: Formen] dazwischen stellen die beide verbindet« (ebd.). Der Vergleich erlaubte G. eine Reihung aufgrund der abgestuften Ähnlichkeit und damit die Aufstellung einer Ordnung der vielfältigsten Formen.

Was hier noch einem einzelnen Knochen gegolten hatte, erweiterte G. in der ersten Hälfte der 1790er Jahre auf den gesamten tierischen Bauplan (womit er in erster Linie auf die Wirbeltiere und deren Knochenbau zielte). Aus einer großen Fülle von angestellten Einzelbeobachtungen und Vergleichen, die in zahlreichen Entwürfen und Tabellen festgehalten sind, schloss er auf ein allgemeines tierisches Grundmuster, einen Typus. In diesem

Zusammenhang erschien Vergleichung als seine zentrale morphologische Methode, die in dieser Form zeitgenössisch keine Vorbilder hatte.

Bereits im Aufsatz *Versuch über die Gestalt der Tiere* (1790) hatte G. wesentliche mögliche Beobachtungen angesprochen, die sich aus dem Vergleich von Knochen verschiedener Tiere in Rücksicht auf ihr Gesamtskelett ergeben können: Verwachsungen und rudimentäre Bildungen, die Lagekonstanz der einzelnen Knochen und damit verbunden die Konsequenz des Bauplans. G. stellte fest, »daß nur aus der genausten Kenntnis dieser Knochenabteilungen der eigentliche allgemeine Typus ausgearbeitet und zuletzt der geistige Punkt der Vergleichung« (FA I, 24, 174) hervorgehen könne, d.h. das gedanklich-ideelle Leitprinzip des Bauplans, das immer wieder mit der vergleichenden Methode am Knochenbefund zu überprüfen war.

Die Gedanken über sein Vorgehen fasste G. auch in einem Aufsatz mit dem bezeichnenden Titel *Versuch einer allgemeinen Vergleichungslehre* (vgl. FA I, 24, 209–214) zusammen.

Zu den Erkenntnissen in diesem Zusammenhang zählte als »erstes Prinzip der Vergleichung daß die Natur nicht geben kann ohne auf der andern Seite zu nehmen« (ebd. 207), was auch als Kompensation oder Naturhaushalt beschrieben werden und als eines der wesentlichen Gesetze von G.s morphologischen Vorstellungen gelten kann.

In seiner zentralen Abhandlung über den osteologischen Typus (*Versuch einer allgemeinen Einleitung [...]*) hat G. sich ausführlich über die anzustellenden Vergleiche ausgelassen: »Ist ein solcher Typus auch nur zum Versuch aufgestellt, so können wir die bisher gebräuchlichen Vergleichungsarten zur Prüfung desselben sehr wohl benutzen. Man verglich: Tiere unter einander, Tiere zum Menschen, Menschenracen unter einander, die beiden Geschlechter wechselseitig, Hauptteile des Körpers, z.B. obere und untere Extremitäten, untergeordnete Teile, z.B. einen Wirbelknochen mit dem andern. Alle diese Vergleichungen können nach aufgestelltem Typus noch immer statt finden, nur wird man sie mit besserer Folge und größerem Einfluß auf das Ganze der Wissenschaft vornehmen. [...] Nach aufgebautem Typus verfährt man bei Vergleichung auf doppelte Weise. Erstlich daß man einzelne Tierarten nach demselben beschreibt. Ist dieses geschehen, so braucht man Tier mit Tier nicht mehr zu vergleichen, sondern man hält die Beschreibungen nur gegen einander und die Vergleichung macht sich von selbst. Sodann kann man aber auch einen besondern Teil durch alle Hauptgattungen durchbeschreiben, wodurch eine belehrende Vergleichung vollkommen bewirkt wird« (FA I, 24, 230). Der Typus machte in seiner konsequenten Ordnung überflüssig, was ohnehin nicht zu leisten war: »[...] daß man [...] alle Tiere mit jedem, jedes Tier mit allen hätte vergleichen müssen« (ebd. 269).

Was G. mit seiner morphologischen Methode der Vergleichung letzten Endes leisten wollte, entsprach einer Ordnung der unübersehbaren Fülle der Einzelphänomene, mit denen sich die vergleichende Anatomie auseinanderzusetzen hatte. Besonders deutlich hat er dies in seinen Reflexionen über das Verhältnis des Anatomen zum Morphologen ausgedrückt: »Von dem Anatomen hat der Morpholog viel zu lernen und zu nehmen[,] die Übersicht der Teile[,] der äußern und innern ist er ihm schuldig und die Vergleichung derselben in den verschiedensten Naturen wird immer leichter[,] allein wenn der Anatom fühlen muß daß er sich in seinem eignen Reichtume gleichsam verwirrt so gibt der Morpholog ihm Anlaß seine Schätze zu ordnen und zu stellen damit der große Vorrat übersehbar werde. Der Morpholog ist es der die vergleichende Anatomie gründen muß« (ebd. 372). ›Gründen‹ verstand G. hier im Sinne von ›eine Grundlage geben‹, der Vorgabe einer Leitvorstellung, die er in seinem Typus-Konzept gegeben sah, die aber nur in der ständigen Überprüfung an der realen Erscheinung ihre Berechtigung hatte.

WZ

Versammlung Deutscher Naturforscher und Ärzte

Die 1822 von Lorenz →Oken (1779–1851) in Leipzig eingeführte, jährlich abgehaltene wissenschaftliche Tagung fand jeweils im September an wechselnden Orten in Deutschland statt. Die Versammlung bestand aus einem allgemeinen, vor dem Plenum präsentierten Teil und speziellen, nach den einzelnen naturwissenschaftlichen und medizinischen Disziplinen geordneten Sitzungen. Durch Verwendung des böhmischen Naturforschers Kaspar Maria Graf von →Sternberg (1761–1838) eroberten die Versammlungen später auch den österreichischen Raum mit den Tagungsorten Wien (1832) und Prag (1837).

G. hat zwar an den Versammlungen selbst nie teilgenommen, doch ab 1826 zunehmendes Interesse gezeigt. Während er die Tagung in Dresden (1826) nur beiläufig im Tagebuch registrierte (29.9.1826), so nahm er an den Treffen von München 1827 und Berlin 1828 größeren Anteil, zumal er hiervon durch Teilnehmer, vor allem durch den Botaniker Carl Friedrich Philipp von →Martius vom 4. bis 6.10.1828 persönlich in Weimar unterrichtet wurde. Auch zu den Versammlungen in Heidelberg 1829 (→Roux) und Hamburg 1830 liegen Äußerungen vor, während die geplante Veranstaltung in Wien 1831 wegen einer Cholera-Epidemie um ein Jahr verschoben werden musste.

G.s Äußerungen zur Thematik, wie sie auch in dem kleinen, durch einen Brief Sternbergs veranlassten Aufsatz *Zu den Versammlungen deutscher Naturforscher und Ärzte* (FA I, 25, 79f.) zum Ausdruck kommen, waren zunächst wohlwollend und zustimmend, später eher resignierend (vgl. Tgb, 28.1.1830). Die persönliche Bekanntschaft mit Gelehrten, den gegenseitigen Austausch, den diese Versammlungen boten, pflegte G. selbst in kleinem Rahmen in seinem Haus und auf Reisen.

Im Einzelnen sind folgende Quellen heranzuziehen: 1) zur Versammlung in München 1827: an Zelter, 29.9.1827; Zelter an G., 23.10.1827; an Zelter, 27.10.1827; Sternberg an G., 30.10.1827; an Sternberg, 27.11.1827. – 2) zur Versammlung in Berlin 1828: an Sternberg, 10.6.1828; an Zelter, 10.7.1828; Eckermann, 11.9.1828; an Zelter, 5.10. und 30.10.1828. – 3) zur Versammlung in Heidelberg 1829: Gespräch mit Steinfurt, 3.10.1829 (GG 3.2, 534); Sternberg an G., 27.10.1829; an Zelter, 1.11.1829; Eckermann, 27.1.1830; Tgb, 28.1.1830; an Wackenroder, 14.8.1830 (Beilage).

Literatur

Amtlicher Bericht über die Versammlung Deutscher Naturforscher und Ärzte. Berlin 1822–1830. – Brednow, Walter: Goethe und naturwissenschaftliche Gesellschaften. In: Zs. für die gesamte innere Medizin. 4 (1949), 449–454, hier 252–254. – Hochstetter, Friedrich: Goethe und die Versammlungen der deutschen Naturforscher und Ärzte. In: Deutsche Medizinische Wochenschrift. 60 (1934), 1395–1398. – Hoppe, Brigitte: Die ersten Vorträge von Wissenschaftlerinnen bei den Versammlungen Deutscher Naturforscher und Ärzte. Eigeninitiative und soziales Umfeld. In: Fokus Biologiegeschichte: zum 80. Geburtstag der Biologiehistorikerin Ilse Jahn. Berlin 2002, 125–140. – Kerner von Marilaun, Anton: Die Versammlungen deutscher Naturforscher und Aerzte in Wien. Wien 1854. *CS*

Versuch

In seiner Kritik an der Preisaufgabe der Akademie in St. Petersburg von 1827, in der es um die Natur des Lichts ging, widersprach G. angesichts »künstlich zusammenbereiteter Vorrichtungen« der Abwendung von der Natur und hielt fest, »daß alle diese Bemühungen der Mathematiker nicht hinreichend seien eine gründliche befriedigende Naturansicht zu fördern« (FA I, 25, 832). Dagegen stellt er die These auf, dass im Kontext von Licht und Farbenlehre, die zu untersuchenden »Phänomene sämtlich an Ort und Stelle ihren Platz finden und sich durch Nachbarschaft und Folge wechelseitig aufklären« sollten; dazu sei eine »Revision sämtlicher Versuche« (ebd. 837) notwendig. G. sah sich »als Vorläufer eines solchen Mannes«, der »mit freiem Sinn und durchdringendem Geiste dieses Geschäft unternimmt« (ebd. 838). Hier wies G. in einer späten Schrift noch einmal auf seine Vorstellung vom wissenschaftlichen Versuch hin, nach der im Gegensatz zu →Newton, der ein entscheidendes Experiment (→Experimentum crucis) zur Lösung eines Problems propagierte, ein Phänomen immer wieder unter neuen Bedingungen und Perspektivwechseln untersucht werden sollte.

Der auf den 28.4.1792 datierte, im Briefwechsel mit Schiller 1798 diskutierte und erst 1823 veröffentlichte Aufsatz *Der Versuch als Vermittler von Objekt und Subjekt 1793* beinhaltete, als ein ausführliches theoretisches Präliminarium seiner eigenen Studien zur →Optik, G.s Methodenreflexion (vgl. FA I, 25, 26–36). In ähnlicher Weise wie Alexander von →Humboldt maß G. den Stellenwert des Versuchs in der Naturwissenschaft an dessen Wiederholbarkeit und Überprüfbarkeit. Für ihn verknüpfte der Versuch die empirisch notwendige Objektivität mit der Subjektivität der Forscherpersönlichkeit, deren Erfahrung als notwendiges subjektives Moment durch Wiederholung und Erweiterung der Versuche objektiviert werden kann. Einer strengen Rationalisierung der Wissenschaft durch »Neigung zu Hypothesen, zu Theorien, Terminologien und Systemen« (ebd. 31) widersprach G. mit polemischem Verweis auf das von ihm wiederholt kritisierte Verfahren in der Mathematik.

G. betonte, »daß Ein Versuch, ja mehrere Versuche in Verbindung nichts beweisen, ja daß nichts gefährlicher sei als irgend einen Satz unmittelbar durch Versuche bestätigen zu wollen« (ebd. 30f.). Dagegen leitete er seine Vorstellungen vom Versuch aus der Komplexität und dem Erscheinungsreichtum der Natur ab. Dieser sollte immer wieder aus verschiedenen, nur leicht abgewandelten Perspektiven betrachtet werden, um die →Phänomene vollständig zu erfassen. »Wenn wir die Erfahrungen [...] vorsätzlich wiederholen und die Phänomene die teils zufällig teils künstlich entstanden sind, wieder darstellen, so nennen wir dieses einen Versuch. [...] So schätzbar aber auch jeder Versuch einzeln betrachtet sein mag, so erhält er doch nur seinen Wert durch Vereinigung und Verbindung mit andern. [...] Zwei Versuche können scheinen auseinander zu folgen, wenn zwischen ihnen noch eine große Reihe stehen müßte, um sie in eine recht natürliche Verbindung zu bringen. [...] Die *Vermannigfaltigung eines jeden einzelnen Versuches* ist also die eigentliche Pflicht eines Naturforschers« (ebd. 29f. u. 33).

Der Versuch ist Mittel der empirischen Untersuchung, er ist aber auch zugleich Anlass der theoretischen Durchdringung des Gegenstandes. →Schiller nannte diese vom ständigen Wechsel der Blickrichtung getragene Methodik G.s im Briefwechsel von 1798 →»rationelle Empirie«.

Vgl. auch den Artikel in GHB. 4.2, 1094–1096 sowie S. 228f. im vorliegenden Band.

Literatur

Freundlich, Herbert: Einige Bemerkungen zu Goethes Aufsatz »Der Versuch als Vermittler von Objekt und Subjekt«. In: Scientia. 52 (1932), 374–380. – Kümmel, Werner Friedrich: Alexander von Humboldt als Experimentalphysiologe und Goethes Auffassung vom »Versuch«. In: Geschichte und Tradition. Festgabe aus Anlaß des 65. Geburtstages von Horst Rudolf Abe. Sonderschriften der Akademie gemeinnütziger Wissenschaften zu Erfurt. 17 (1992), 53–67. *BI/WZ*

Verwitterung s. Erosion

Vesuv

Die Besteigung des 1281 m hohen Vulkans bei Neapel gehörte im 18. Jh. zu den Zielen einer jeden Reise nach →Italien – schon G.s Vater hatte diese Leistung vollbracht. Bei G. kam ein entschiedenes Interesse an der Beobachtung vulkanischer Phänomene hinzu, nachdem er bereits 1780 in der Rhön mit J. C. W. →Voigt »unstreitige Vulkans« festgestellt hatte (an →Merck, 11.10.1780). Die Frage nach dem Ursprung der Vulkane bildete einen wichtigen Differenzpunkt zwischen der neptunistischen Theorie von A. G. →Werner und den damals vor allem von französischen Naturforschern vertretenen geologischen Ansichten (→Neptunismus/Vulkanismus). Werner zufolge waren Vulkane nur oberflächliche Erscheinungen, genährt durch brennende Kohlenflöze (→Flöz) im Untergrund.

Ein Ausbruch des Vesuvs im November 1786, von dem G. in Rom erfuhr, heizte sein Interesse zusätzlich an. Im Februar 1787 reiste er mit dem Maler Johann Heinrich Wilhelm Tischbein nach Neapel. Mithilfe einheimischer Führer bestieg G. den Vesuv im März dreimal. Beim ersten Versuch am 2.3.1787 gelangte er nicht bis zum Gipfel, weil Rauch und Wolken die Atmung und die Sicht behinderten. Er bemerkte aber die tropfsteinartigen schwefligen Sublimate, die sich an den Innenwänden schornsteinartiger Kegel – heute Hornitos genannt – auf der Decke frischer Lavaströme finden. Am 6.3.1787 konnte G. zusammen mit Tischbein dann den Krater des Vesuvs umrunden und wagte mit einem Führer zwischen zwei Eruptionen den gefährlichen Blick in den Kraterschlund. Am Hang des Vulkans beobachtete G. den Formenreichtum der erstarrten Laven unterschiedlichen Alters. Proben des als *Vulkanischer Ruß* bezeichneten Materials aus den Hornitos, das er hier sammelte, sandte G. am 6.8.1803 zur Beurteilung an J. F. →Blumenbach. Er fand auch große, aus der Tiefe stammende Blöcke, die »einer Urgebirgsart völlig ähnlich« sahen (FA I, 15.1, 211) und die er offenbar nicht als Erstarrungsgestein, sondern als losgerissene Stücke des Grundgebirges deutete.

Nachdem er die Ausgrabungen in Pompeji besucht hatte, erfuhr G. in Neapel von einem frischen Lava-Ausbruch am Vesuv und stieg am 19.3. (nicht 20.3., wie in der *Italienischen Reise* angegeben) zum dritten Mal auf den Vulkan. Er näherte sich dabei dem Ursprung des Lavastroms so weit wie möglich und beobachtete das Fließen und fortwährende Erstarren des glühenden Gesteins. Nach der Rückkehr aus Sizilien, wo er auch die Vulkane Ätna und Stromboli gesehen hatte, wurde G. in Neapel Anfang Juni nochmals Zeuge eines großen Lava-Ausbruches am Vesuv, wie er in der *Italienischen Reise* schilderte (vgl. FA 15.1, 367–370). Er fand jedoch vor der Abreise nach Rom keine Zeit mehr, sich dem Berg zu nähern. G.s Meinung über die untergeordnete Bedeutung des Vulkanismus in der Erdgeschichte änderte sich durch die Erfahrungen in Süditalien nicht; vielmehr hielt er nach dem zweiten Besuch der Phlegräischen Felder bei →Pozzuoli schriftlich fest, *»daß die Vulkanischen Würckungen keine sehr tiefe Ursachen haben«* (LA II, 7, 181, M 89).

Literatur

Richter, Dieter: Der Vesuv. Geschichte eines Berges. Berlin 2007. – Von der Thüsen, Joachim: Goethes Vulkane: Naturgewalt in der Italienischen Reise. In: Neophilologus. 87 (2003), 265–280. *WY*

Villers, Charles François Dominique de (1765–1815)

Der französische Schriftsteller und Gelehrte, zunächst Artillerie-Offizier, lebte seit 1792 als Emigrant in Deutschland. 1796 studierte er in →Göttingen, ließ sich danach in Lübeck nieder und hatte 1811 bis 1814 eine Professur für französische Literatur in Göttingen inne. Seit 1802 war er mit dem Grafen C. F. v. →Reinhard bekannt, der wiederum G. am 19.5.1807 in →Karlsbad kennengelernt und dort Abschnitte aus dessen *Farbenlehre* übersetzt hatte. Während der gemeinsamen Karlsbader Zeit mit G. (bis zum 15.7.1807 sah man sich täglich) verfasste Reinhard am 30.6.1807 (Konzept vom 28.6.1807) einen ausführlichen Brief an Villers, in dem er diesem das Angebot machte, eine französische Übersetzung von G.s *Farbenlehre* anzufertigen (vgl. EGW 4, 464f.). Diese kam trotz weiterer Bemühungen Reinhards nicht zustande.

Nach Erscheinen der *Farbenlehre* (Mai 1810) wandte sich Villers am 3.8.1810 an G: »Übrigens werde ich mich bemühen die hohe Lehre der Colorisation zu fassen […]« (GJb. 1899, 117) und teilte im Anschluss kurz seine Ansichten über die Farben mit. G. reagierte darauf gegenüber Graf Reinhard am 7.10.1810 äußerst skeptisch: Villers sei »auf einem schlimmen Wege: denn indem er sagt: die Colorisation scheine ihm abhängig 1.) von der Natur des Lichts, 2.) von der der colorirten Gegenstände, und 3.) von der eigenen Kraft und Beschaffenheit unseres Sehorgans; so versetzt er schon die Abtheilungen die ich so nothwendig gefunden habe, und sein Nr. 1. schiebt die Untersuchung in die Ewigkeit: denn die Natur des Lichts wird wohl nie ein Sterblicher aussprechen; und sollte er es können, so würde er von Niemanden, so wenig wie das Licht, verstanden werden«. Es gibt keine Hinweise darauf, dass Villers sich anschließend mit G.s *Farbenlehre* intensiver auseinandergesetzt hat.

WZ

Vogel, Carl (1798–1864)

Nach dem Tode W. →Rehbeins (1825) wurde der 1826 aus Liegnitz als großherzoglich weimarischer Hofmedicus nach Weimar berufene Vogel G.s letzter Hausarzt und überdies wichtige Vertrauensperson, die ihn bis zum Tod begleitete. Nach dem Ableben von G.s Sohn August übernahm Vogel 1830 dessen Stelle in der Oberaufsicht der Anstalten für Wissenschaft und Kunst. Gleich nach Vogels Ankunft in Weimar beschrieb G. ihn gegenüber Zelter am 27.6.1826 als »klar, offen, heiter […]. Sein Handwerk versteht er […]«. Spätere Urteile – so gegenüber Eckermann am 24.1.1830 – sind geradezu enthusiastisch: »Daß ich mich jetzt so gut halte […] verdanke ich *Vogel*; ohne ihn wäre ich längst abgefahren. Vogel ist zum Arzt wie geboren, und überhaupt einer der genialsten Menschen, die mir je vorgekommen sind« (FA II, 12, 370). G.s bereits gesetzte Todesanzeige wurde von der Familie zurückgezogen und durch eine neue ersetzt, da eine Formulierung als implizite (nicht beabsichtigte) Kritik am behandelnden Arzt aufgefasst werden konnte. Nach G.s Tod beschrieb Vogel 1833 *Die letzte Krankheit Goethe's*, ein Beitrag, der den tagelangen Kampf des Arztes um das Leben G.s dokumentiert und überdies außerordentlich aufschlussreich über die Möglichkeiten der zeitgenössischen Medizin informiert.

Literatur

Vogel, Carl: Die letzte Krankheit Goethes. Nebst einer Nachschrift von C. W. Hufeland. Berlin 1833.

WZ

Voigt, Christian Gottlob (ab 1807: von) (1743–1819)

Als »treuer und ewig unvergeßlicher Geschäftsfreund« gelobt (TuJ von 1806), war der hohe Verwaltungsbeamte Voigt seit 1777 mit G. bekannt. In diesem Jahr wurde der in seinem Heimatort Allstedt tätige Jurist zum Regierungsrat in Weimar ernannt. Er sollte bald zu einem der wichtigsten Mitarbeiter G.s werden. Dieser berief ihn 1783 in die Ilmenauer Bergwerks- und Steuerkommission; ein ausgedehnter Briefwechsel dokumentiert die gemeinsame Sorge um die Wiederaufnahme des →Bergbaus in →Ilmenau. Voigt nahm 1791 Einsitz ins Geheime Consilium und gehörte zu den Mitbegründern der →»Freitagsgesellschaft«. 1794 wurde er Geheimer Rat und gelangte in die Verwaltung der neu gegründeten Botanischen Anstalt in →Jena. 1797 wurde er in die Leitung der Bibliotheken in Jena und Weimar berufen, 1803 in die Direktion der Jenaer naturwissenschaftlichen Sammlungen und 1809 offiziell in die Oberaufsicht der Anstalten für Wissenschaft und Kunst. 1815 wurde Voigt Staatsminister. Er teilte auch wissenschaftliche Interessen mit G. und besaß selbst eine Mineraliensammlung. Sein jüngerer Bruder, der Geologe J. C. W. →Voigt, wirkte als Bergrat in Ilmenau. Zum 50-jährigen Dienstjubiläum schrieb G. das Gedicht *Herrn Staatsminister von Voigt zur Feier des 27. Septembers 1816*, worin auch der gemeinsam in Ilmenau verbrachten Zeit gedacht wird.

Literatur

Tümmler, Hans (Hg.): Goethes Briefwechsel mit Christian Gottlob Voigt. 4 Bde. Weimar 1949–1962 (SchrGG. 53–56).

WY

Voigt, Friedrich Siegmund (1781–1850)

Der Sohn des Jenaer Physikers J. H. →Voigt und Neffe J. F. →Blumenbachs, ein »unterrichteter […] junger Mann« (an Ch. v. Stein, 11.5.1810), war laut G. »mäßig, geistreich und gescheidt« (an Reinhard, 9. oder 10.5.1810). Nach einem Studium der Naturgeschichte und Medizin in Jena lehrte Voigt an der dortigen Universität mit einer kurzen Unterbrechung, in der er als Arzt in Gotha praktizierte. 1806 beteiligte er sich an Arbeiten im Rahmen der geplanten Veröffentlichung von G.s *Ideen über organische Bildung*, die jedoch nach dem dritten Druckbogen unterbrochen wurden.

Mit G.s Unterstützung wurde Voigt 1807 als Nachfolger F. J. →Schelvers außerordentlicher Professor der Medizin und Botanik und zugleich Direktor des Botanischen Gartens in Jena. Auch setzte sich G. im Sommer 1809 für ihn ein, um ihm eine Studienreise nach Paris (vgl. Tgb, 13.8.1809 und TuJ 1809) zu ermöglichen, wo dieser dann bis zum Mai 1810 blieb und bedeutende französische Gelehrte (wie →Cuvier, Lamarck und →Jussieu) kennenlernte, wovon er G. detailliert berichtete (vgl. Jahn). »Professor *Voigt* kam aus Frankreich zurück und theilte gar manche schöne Erfahrung und Ansicht mit; die wissenschaftlichen Zustände in Paris wurden uns durch einen Deutschen nach unserer Sprach- und Denkweise näher gebracht, und wir bekannten mit Vergnügen, daß er seine Zeit sowohl für sich als für uns gut angewendet hatte« (TuJ 1810).

Von G.s Metamorphosenlehre durchdrungen, vermittelte Voigt als einer der ersten in seinem *Handwörterbuch der botanischen Kunstsprache* (Jena 1803; 2. Aufl. Jena 1824, Ruppert 5211), im *System der Botanik* (Jena 1808) und in weiteren Schriften G.s botanische Vorstellungen und versuchte sie mit konkreten Beispielen und detaillierten Beobachtungen zu belegen, um die Fachwelt darauf aufmerksam zu machen. Als G. ab 20.9.1829 an seinem Aufsatz *Wirkung dieser Schrift* und damit über die Geschichte der Metamorphosenlehre arbeitete, diente ihm Voigts am 4.9.1828 übersandte ausführliche Aufstellung von Autoren und Werken, aus der er zahlreiche Abschnitte wörtlich übernahm, als wichtige Grundlage (vgl. LA II, 10B.1, 417–423). G.s Aufsatz skizzierte auch Voigts Verdienste und erwähnte neben den beiden oben genannten weitere seiner an der Metamorphosenlehre orientierten Schriften: die Übersetzung und Kommentierung von L. C. M. Richards *Analyse der Frucht und des Samenkorns* (Leipzig 1811), *Grundzüge einer Naturgeschichte* (Frankfurt am Main 1817; Ruppert 5206) und das *Lehrbuch der Botanik* (2. Aufl. Jena 1827; Ruppert 5207).

Verbunden durch gleiche Gesinnung und gemeinsame Tätigkeiten war Voigt, der 1810 den Titel eines Bergrats und 1812 eine ordentliche Professur erhielt, jahrzehntelang G.s Gesprächspartner und Gewährsmann, vor allem im Hinblick auf seine botanischen, bisweilen auch anatomischen und geologisch-mineralogischen Forschungen. So sandte →Knebel G. am 21.1.1814 *Ein paar Notizen zur Geschichte des Zinnes* von Voigt (vgl. LA II, 8A, 77, M 55). Neben zahlreichen botanischen und osteologischen Gegenständen hält G.s Tagebuch weiterhin Unterhaltungen mit Voigt über Kristall-, Steinkohlen- und Zinnformationen fest (vgl. 10.3.1816, 24.11.1817 und 9.2.1818). Auch im paläontologischen Bereich – so zu der Beschreibung von Insekteneinschlüssen in G.s Aufsatz *Brandschiefer* – gab Voigt in einem Brief vom 9.11.1822 Auskunft, hielt G. möglicherweise für den »Entdecker des Petrefaktes« (LA II, 8B.1, 300) und ermutigte ihn zur Bekanntmachung.

Voigts 1816 in Jena erschienene Schrift *Die Farben der organischen Körper* (Ruppert 5205), die auf G.s *Farbenlehre* und speziell die chemischen Farben Bezug nahm und die dieser bereits im Manuskript gelesen und mit dem Autor besprochen hatte, bezeichnete G. als »schätzenswerth« (an Schopenhauer, 16.6.1816). Diese Veröffentlichung Voigts sowie sein Aufsatz *Von der Uebereinstimmung des Stoffs mit dem Bau bey den Pflanzen [...]* in Schweiggers *Journal für Chemie und Physik* (17, 1816; Ruppert 5209) regten G. an, sich noch einmal mit den Pflanzenfarben zu beschäftigen, die ihn bereits 1796 im Zusammenhang mit der Wirkung des Lichts interessiert hatten (vgl. FA I, 24, 285–313; an Voigt, 26.3.1816). Zu den Versuchen, in die auch der Jenaer Chemiker J. W. →Döbereiner eingebunden wurde, sind zahlreiche Zeugnisse, neben Briefen und Tagebucheintragungen auch Notizen, Schemata und Aufzeichnungen überliefert (vgl. LA II, 10A, 29–63, M 3.1–3.21), deren Datierungen überwiegend in die Jahre 1816/1817 fallen, aber noch bis in das Jahr 1821 reichen.

1817, als das erste Heft von G.s Zeitschrift *Zur Morphologie* erschien, beschäftigte sich G. mit Voigts *Grundzügen einer Naturgeschichte* und besprach den Inhalt intensiv mit diesem (vgl. Tgb, 14., 22. und 27.5. sowie 17.7.1817). In den *Tag- und Jahresheften* von 1817 heißt es: »Übereinstimmung des Stoffs mit der Form der Pflanzen belebte die Unterhaltung zwischen mir und Hofr. *Voigt*, dessen Naturgeschichte, als dem Studium höchst förderlich, dankbar anzunehmen war«.

Zu Voigts 1823 in Jena erschienenem *System der Natur und ihre Geschichte* (Ruppert 5208), in dem er erneut G.s Anschauungen aufnahm und dessen Wirbeltheorie des Schädels aus Morph I, 2 (1820) zitierte, verfasste G. eine kurze Anzeige in Morph II, 1 (1823; vgl. FA I, 24, 607). Voigt galt G. im Übrigen als Gewährsmann für seine Priorität gegenüber L. →Oken in der Wirbeltheorie (vgl. TuJ 1807).

Als G. 1828 mit den ersten Arbeiten zur deutsch-französischen Ausgabe *Versuch über die Metamorphose der Pflanzen* (1831) begann, setzte er sich vor allem in Dornburg (7.7.–11.9.) mit botanischen Fragen auseinander und las Voigts *Lehrbuch der Botanik* (2. Aufl. Jena 1827; vgl. Tgb 10.–13.7.1828). Am 16.7.1828 wurde ihm die Lektüre zum Anlass, »einige hierher gehörige Aphorismen« zu diktieren, wozu wohl einige der Aufzeichnungen gehören, die in G.-Ausgaben unter dem Titel *Einzelnes zu Noten bestimmt* erschienen (vgl. FA I, 24, 705–714, vor allem 708). Am 25.7. und 27.8.1828 besuchte Voigt G. in Dornburg (»Botanisches Gespräch [...] Voigts Compendium«).

Neben A. P. de →Candolles *Organographie végétale* (Paris 1827) diente G. Voigts *Lehrbuch* dazu,

»statt einer vollständigen Bibliothek [...] die Stellung dieser Wissenschaft [Botanik] in Absicht sowohl des Erkennens als des Denkens, des Ordnens und des Meynens zu übersehen. [...] ich finde mich auf mannichfaltige Weise gefördert« (an Soret, 14.7.1828).

Literatur
Breidbach, Olaf: Friedrich Siegmund Voigt – Botanik nach Lesart von Goethes Metamorphosenlehre. In: GJb. (2004), 238–252. – Jahn, Ilse: Die Studienreise von Friedrich Siegmund Voigt nach Paris 1809/10 im Spiegel der Goethe-Akten. In: Leopoldina. (R. 3) 28, 1982 (1985), 215–233. *HO*

Voigt, Johann Carl Wilhelm (1752–1821)

1776, im Jahr der Wiederaufnahme des →Ilmenauer →Bergbaus, wurde der Bruder des späteren Ministers C. G. →Voigt infolge einer Anregung von F. W. H. v. →Trebra sowie auf Veranlassung G.s und →Carl Augusts nach zweijährigem Jura-Studium in Jena nach →Freiberg geschickt, um sich an der dortigen Bergakademie für das Bergwesen, Geologie und Mineralogie theoretisch und praktisch auszubilden. Voigt studierte in Freiberg bei →Werner und →Charpentier; die durch das Studium erworbene »außerordentlich reine Nomenclatur und eine ausgebreitete Kenntniß des Details« waren G. »vom größten Nutzen« (an Merck, 11.10.1780). Auf der Basis einer von G. 1780 schriftlich niedergelegten *Instruktion* für die geologisch-mineralogische Erkundung des Herzogtums Weimar (vgl. FA I, 25, 309 f.) begab sich Voigt auf eine Exkursion. »Vogtens Mineralogische Untersuchungen vergnügen mich es wird ein artigs Ganze geben« (Tgb, Mai/Juni 1780). Voigt lieferte G. nicht nur zahlreiche Berichte, sondern auch Mineralien und Gesteine, die er auf der Reise gesammelt hatte, so dass G. gegenüber Merck am 11.10.1780 feststellen konnte: »Und so hab ich vom Gipfel des Inselsberges [...] bis ins Würzburgische, Fuldische, Hessische, Kursächsische, bis über die Saale hinüber und wieder so weiter bis Saalfeld und Coburg herum, meine schnellen Ausflüge und Ausschickungen getrieben. Habe die meisten Stein- und Gebirgarten von allen diesen Gegenden beisammen [...]«.

Voigt sollte – falls geologisch angeraten – durchaus die Landesgrenzen von Sachsen-Weimar-Eisenach überschreiten, zunächst sich aber dem Thüringer Wald widmen, der auch für G. Forschungsobjekt war. In seinem Brief an J. H. →Merck vom November 1782 berichtete G., dass die »Harzer Wakke, welche mit dem Thonschiefer durchaus abwechselt«, Voigt und ihm »viel Kopfbrechens« bereite (vgl. auch an Merck, 11.10.1780 und an Herzog Ernst II. von Gotha, 27.12.1780). Die Resultate dieser geologischen Erkundungen hat Voigt in seiner Schrift *Mineralogische Reisen durch das Herzogthum Weimar und Eisenach* (Dessau 1782; Ruppert 5222) dargelegt, die G. herausgab.

Im Auftrag des Fürstbischofs durchreiste Voigt das gesamte fuldaische Gebiet und dehnte seine Exkursionen bis an den Rhein und die Eifel aus, woraus seine Schrift *Mineralogische Beschreibung des Hochstifts Fuld* (Dessau und Leipzig 1783; Ruppert 5218) hervorging. Auf beide Schriften bezog sich G. oftmals; er nannte sie auch in einem Entwurf zur Geschichte seiner eigenen geologischen Studien (vgl. LA II, 8A, 161, M 123).

Voigts Tätigkeit regte G. an, die *Petrographische Charte des Churfürstentums Sachsen* von Charpentier (1778) zu erweitern, so dass sie »vom Harze biß an den Fichtelberg, von dem Riesengebürge biß an die Rhön reicht. [...] Ich habe große Lust bald eine mineralogische Charte von ganz Europa zu veranstalten [...]« (an Merck, November 1782; →Karte, geologische).

1783 wurde Voigt als Bergsekretär bei der Bergwerkskommission in Weimar angestellt und mit der Führung der Gewerkenbücher beauftragt. Vom 2. bis 16.6.1785 begleitete er G., →Knebel, C. G. Voigt und F. v. →Stein nach Ilmenau zu einer eingehenden Inspektion des Bergbaureviers. 1789 schließlich erhielt Voigt den Bergratstitel und eine leitende Position in der Überwachung des Ilmenauer Bergbaus, die seine Übersiedlung nach Ilmenau erforderlich machte. Noch 1821 legte Voigt mit seiner letzten Schrift (vgl. G. an Wenzel, 25.1.1821) eine ausführliche *Geschichte des Ilmenauischen Bergbaues nebst einer geognostischen Darstellung der dasigen Gegend* vor (Ruppert 5220), die G. später noch mehrfach (24.8. und 4.11.1829, 16.2.1831) aus der Weimarer Bibliothek entlieh (vgl. auch Tgb, 6.11.1829) und in einer Notiz zur *Lage der Flöze* aus dem November 1829 nannte (vgl. FA I, 25, 645).

In seiner 1787 in Leipzig veröffentlichten Schrift *Mineralogische Reise von Weimar über den Thüringer Wald, Meinigen, die Rhönberge, bis Bieber und Hanau* beschrieb Voigt den vulkanischen Charakter der Basaltberge. Da er den im Thüringer Wald vorhandenen Basalt auf einen vulkanischen Ursprung zurückführte, geriet er mit seinem Lehrer Werner, der ihn für ein Sediment hielt, in einen jahrzehntelangen Streit (→Basaltstreit).

Da Werner bei seinem Besuch in Jena am 17.9.1789 G. völlig von seinen Ansichten überzeugen konnte, schrieb dieser zwei Tage später an C. G. Voigt: »[...] wir müssen nur sehen daß wir Ihrem Bruder den Rückzug decken und ihm zu ehrbaren Friedensbedingungen helfen«. Dazu sollte G.s Aufsatz *Vergleichs Vorschläge die Vulkanier und*

Neptunier über die Entstehung des Basalts zu vereinigen (FA I, 25, 511 ff.) dienen, der aber zu G.s Lebzeiten nicht veröffentlicht wurde.

Als G. vom 30.10. bis 9.11.1796 wegen eines Stollenbruchs im Bergwerk wieder nach Ilmenau kam, sah er sich durch »die unmittelbare Berührung mit den Gebürgen und durch das Voigtische Mineralienkabinet [...] wieder in das Steinreich geführt« und sprach davon, dass ohne »diese Betrachtungen [...] die berühmte *Morphologie* nicht vollständig werden würde« (an Schiller, 12.11.1796) - ein Beleg für die Tatsache, dass G.s Morphologiekonzept ursprünglich auch die anorganische Natur umfassen sollte.

Obwohl G. Voigts vulkanistische Ansichten nicht teilte, blieb er mit diesem verbunden. So half er Anfang 1810 beim Ankauf von Voigts Sammlung für das Museum in Jena, »weil sie wirklich verdient, öffentlich und unverrückt [...] aufbewahrt zu werden. [...] Dabey aber gestehe ich gern, daß mir dadurch die Sammlung um desto lieber wird, weil man dadurch Gelegenheit bekomme, eine von dem Augenblick nicht begünstigte Methode vor Augen zu sehen« (an C. G. v. Voigt, 10.1.1810).

Auch Voigt hielten inhaltliche Differenzen in geologischen Fragen nicht davon ab, G. weiterhin hoch zu schätzen. Gegenüber Knebel hob er am 30.8.1806 in einer Kritik an seinem Lehrer Werner hervor: »Wenn Werner, in Freiberg, mehr solche einsichtsvolle und scharfe Beobachter hätte, wie ein Goethe war, gewiß er würde in seinen prognostischen Grundsätzen die wahre Natur weniger verfehlen« (LA II, 8A, 184).

Abgesehen von der vulkanischen Entstehung des Basalts kannte G. andere Forschungsergebnisse Voigts öffentlich an. In Leonhards *Taschenbuch für die gesammte Mineralogie* (Bd. 10.1) publizierte er 1816 einen Auszug aus einem Brief Voigts über den »Stinkstein«, Konkretionen mit Kalkspatkristallen aus dem Stinkschiefer bei Ilmenau, und fügte in einer Nachbemerkung hinzu, dass er Voigts »Vermutung [...] für gegründet« halte (FA I, 25, 325).

Im Januar 1823 erwähnte G. in seinem Aufsatz *Herrn von Hoffs geologisches Werk*, der sich mit Hoffs *Geschichte der durch Überlieferung nachgewiesenen natürlichen Veränderungen der Erdoberfläche* (Gotha 1822) auseinandersetzte, zustimmend Voigts Hypothese über die Herkunft von Findlingen (→Erratische Blöcke) durch Eis- oder Gletschertransport aus Skandinavien (vgl. FA I, 25, 597; auch an Preen, 18.4.1820). Voigt hatte diese Ansicht bereits 1785 in seinen *Drei Briefen über Gesteinslehre* (auf Seite 55) formuliert.

In einem am 14.8.1830 an W. H. →Wackenroder gesandten Bericht, in G.-Ausgaben unter dem Titel *Verglaste Burgen* abgedruckt, bezog sich G. vermutlich auf die großen Quarzmassen am linken Saaleufer bei Bürgel östlich von Jena, die Voigt in seinen *Mineralogischen Reisen durch das Herzogthum Weimar und Eisenach* (auf Seite 135) beschrieben hatte und die G. als analoger Fall zu den sogenannten verglasten Burgen in Schottland erschienen (vgl. FA I, 25, 651 f.).

Nach G.s Urteil besaß Voigt eine »Denk- und Sinnesweise«, die »sich eines gewissen natürlichen Sinnes rühmen« durfte, »der ohne großes Nachsinnen und Forschen ohne allgemeine Grundsätze doch immer an Ort und Stelle wenn es nur die Vulkanität nicht betraf die Reinheit seines glücklichen Auges bewies, so wie seine Meinung immer einen Beweis von frischer Sinnlichkeit gab« (ebd. 597).

Literatur
Breitfelder, Gerd: Johann Carl Wilhelm Voigt - seine wissenschaftliche Anschauung, Kommunikation und Kooperation als Mineraloge des Herzogtums Sachsen-Weimar-Eisenach. Diss. Aachen 2006. - Semper, Max: Die geologischen Studien Goethes. Leipzig 1914, 33-50. - Steiner, Walter und Wiefel, Heinz: Zur Geschichte der geologischen Forschung in Weimar. In: Wiss. Zs. der Hochschule für Architektur und Bauwesen. 13 (1966), 247-273. - Wagenbreth, Otfried: Der Ilmenauer Bergrat Johann Carl Wilhelm Voigt und seine Bedeutung für die Geschichte der Geologie. In: Prescher, Hans (Hg.): Geologen der Goethe-Zeit. 2. Aufl. Leipzig 1981, 59-98. *HO*

Voigt, Johann Heinrich (1751-1823)

Der Mathematiker und Physiker, zunächst Gymnasiallehrer in Gotha, ab 1789 Professor an der Universität Jena, trat vor allem zu Beginn von G.s optischen Studien (1791) ins Blickfeld. In der ersten Maihälfte 1791 (zur Datierung vgl. EGW 4, 273) sandte ihm G. seinen nur fragmentarisch überlieferten Aufsatz *Über das Blau* (s. o. S. 83), möglicherweise zur (nicht erfolgten) Publikation in dem von Voigt herausgegebenen *Magazin für das Neueste aus der Physik und Naturgeschichte.* Am 17.11.1791 schrieb G. an J. F. Reichardt, er habe sich angesichts seiner Naturstudien (hier der *Beyträge zur Optik*) mit einem »Mathematiker innig associirt« und deutete damit auf Voigt. Später wird dieser gelegentlich im Kontext der *Farbenlehre* genannt, wobei in den Zeugnissen nicht immer klar ist, ob tatsächlich er bezeichnet oder sein Sohn F. S.→Voigt gemeint ist, der in G.s beiden letzten Lebensjahrzehnten zu einem der engsten Vertrauten in der Naturforschung wurde. *WZ*

Vulkanismus s. Neptunismus/ Vulkanismus

Wacholder

In den *Tag- und Jahresheften* von 1809 berichtete G.: »Von Naturereignissen erwähne ich des gewaltsamen Sturms in der Nacht vom 30. auf den 31. Januar, welcher [...] auch mir einen empfindlichen Schaden brachte, indem er einen alten ehrwürdigen Wachholderbaum in meinem Garten am Sterne niederwarf und so einen treuen Zeugen glücklicher Tage von meiner Seite riß. [...] Es hatten sich allerlei Fabeln von ihm verbreitet [...]. Den umgestürzten Baum ließ ich durch einen jungen Künstler zeichnen, wie er noch auf Herzoglicher Bibliothek zu sehen ist [...]« (vgl. Farbtafel S. 820). Im Anschluss lieferte G. eine Beschreibung des umgestürzten Baums, die vermutlich am 29.3.1819 entstanden und unter dem Titel *Wacholder in Goethes Garten* in aktuellen G.-Ausgaben aufgenommen ist (vgl. FA I, 24, 646 u. Abb. 36). Ursprünglich war sie auf die aquarellierte Zeichnung des Baums aufgeklebt.

Unter naturwissenschaftlicher Perspektive interessierte sich G. vor allem für die Struktur des Holzes. Als langjähriger Begleiter in seinem Garten erschien ihm der Baum auch als Symbol der Vergänglichkeit und als Hinweis auf das eigene Altern.

Das Tagebuch von J. S. Schütze berichtet unter dem 2.2.1809, dass G. im literarischen Salon der Johanna Schopenhauer über den umgestürzten Wacholderbaum informierte. Am 4.2. fand mit der Familie, L. →Oken, J. H. →Meyer und F. S. →Voigt ein Ortstermin statt, worüber G. am Folgetag seinem Sohn August Mitteilung machte: »Wir haben ihn [den Wacholderbaum] gestern gemessen: er hat die Höhe von 43 Fuß erreicht. Das brauchbare Holz davon will ich ausschneiden lassen, damit wir sein Andenken in irgend einem Hausrath bewahren. Eine nähere Beschreibung dieses merkwürdigen Baumes und wie wir ihn bey seiner Section gefunden haben, steht zu Diensten [...]. Aus dem obern Theile, etwa 35 Fuß über der Erde, will ich einige Dosen drehen lassen [...]«.

G. überließ →Knebel Holz des Baumes zur Anfertigung eines Lineals (vgl. Knebel an Riemer, 8.3.1810; LA II, 9B, 314); Christiane mahnte er am 29.3.1810: »Das Holz des Wachholderbaums hebe ja sorgfältig auf und laß nichts mehr davon zerschneiden. Es ist viel kostbarer als wir jetzt denken [...]«.

Als F. W. →Riemer im Oktober 1814 heiratete, schenkte G. seiner Frau Caroline Ulrich einen aus dem Holz des Wacholderbaums gefertigten Teetisch. Noch am 23.8.1817 bat er den Sohn August, ihm »Wachholder Aeste zum Dreßlen von Dosen und dergl.« nach Jena zu senden. *WZ*

Wackenroder, Heinrich Wilhelm Ferdinand (1798–1854)

Nach der Ausbildung zum Apotheker begann der Hannoveraner Arztsohn 1821 in →Göttingen ein naturwissenschaftliches Studium mit Schwerpunkt auf Medizin und Chemie, das er 1824 aus finanziellen Gründen abbrechen musste. Stattdessen legte er vor dem Medizinalkollegium in Hannover ein Prädikatsexamen ab und arbeitete zunächst in der väterlichen Apotheke. 1827 wurde er in Erlangen promoviert, 1828 habilitierte er sich in Göttingen. Im gleichen Jahr übernahm Wackenroder in Jena das private Institut des Universitätsapothekers Carl Christoph Traugott Goebel zur Ausbildung von Apothekergehilfen. Der zweisemestrige Lehrgang, der bald höchstes Ansehen genoss, leitete die Schüler zu selbständiger analytischer Arbeit im Labor an.

Ab 1828 als außerordentlicher, ab 1838 als ordentlicher Professor unterrichtete Wackenroder in →Jena neben Pharmazie, für die er den Rang einer eigenständigen Wissenschaft forderte, auch Chemie in den unterschiedlichsten Anwendungsbereichen. Außerdem unterstand ihm ab 1836 die Inspektion der Apotheken in Sachsen-Weimar und Eisenach, ab 1849 auch in Sachsen-Altenburg. Der ungemein fleißige und erfolgreiche Forscher entdeckte das Alkaloid Corydalin, isolierte das Carotin und analysierte Catechin und Solanin. Er gilt als Wegbereiter der Lebensmittelchemie und der analytischen Chemie.

G. maß bei seinen meteorologischen, geologischen und botanischen Studien der →Chemie lediglich die Rolle einer Hilfswissenschaft bei, obwohl er sich für das Fach Chemie an der Universität Jena bereits ab 1789, dem Jahr der Berufung →Göttlings, engagierte. Als er sich 1828 nach dem Tod von Großherzog →Carl August wieder verstärkt den Naturwissenschaften, vor allem der Botanik, zuwandte, wurde Wackenroder, der sich ihm am 16.11.1828 vorstellte, sein Gewährsmann und chemischer Berater. Wiederholt erbat G. von Wackenroder »einige chemische Gefälligkeiten« (Brief vom 17.7.1830; vgl. auch Tgb, 16.8.1829, 28.3., 16. u. 18.12.1830, 16.2.1831). So ließ er ihn auf der Suche nach verschiedenen Gasarten in Pflanzen den Blasenstrauch (Colutea arborescens) untersuchen, wozu Wackenroder am 1.8.1830 sowie am 28.8. und 23.12.1831 teilweise umfangreiche chemische Analysen vorlegte (vgl. LA II, 10B.1, 562f., 567f., 719f. u. 737f.). G. dankte am 21.1.1832 mit dem Hinweis: »Es interessirt mich höchlich, inwiefern es möglich sey, der organisch-chemischen Operation des Lebens beyzukommen, durch welche die Metamorphose der Pflanzen nach einem und demselben Gesetz auf die mannichfaltigste Weise bewirkt wird. [...] Fahren

Sie fort, mit allem dem was Sie interessirt mich bekannt zu machen, es schließt sich irgendwo an meine Betrachtungen an, und ich finde mich im hohen Alter sehr glücklich, daß ich das Neueste in den Wissenschaften nicht zu bestreiten nöthig habe, sondern durchaus mich erfreuen kann [...]«.

Literatur

Brauer, Kurt: Goethes Briefwechsel mit Wackenroder. In: Ruska, Julius (Hg.): Studien zur Geschichte der Chemie. Fs. Edmund O. v. Lippmann. Berlin 1927, 159–175. – Friedrich, Christoph und Honig, Axel-Steffen: Heinrich Wilhelm Wackenroder und sein Schülerkreis. In: Die Pharmazie. 48 (1993), 457–463. – Stolz, Rüdiger: Der Nachfolger: Heinrich Wilhelm Ferdinand Wackenroder. In: Ders.: Goethe und seine Chemiker. Weimar 2008, 215–240. *LEU*

Wahlverwandtschaft

Der Begriff, dem G.s Roman *Die Wahlverwandtschaften* (1809) seinen Titel verdankt, bezeichnet eine chemische Theorie, die ein Erklärungsmodell für die Prozesse der Bildung und Trennung zusammengesetzter chemischer Substanzen liefern sollte. Neben ›Verwandtschaft‹ sprach man auch von Sympathie, Affinität, Attraktion oder Anziehung. In der Annahme, dass das Bestreben zur Vereinigung eine Grundeigenschaft der Materie sei, sollte die Verwandtschaft als bestimmende Kraft die Anziehung bestimmter Substanzen bewirken.

Vorstellungen über die Verbindungen von Stoffen gehen bis in die Antike zurück (→Empedokles, Hippokrates). Auch →Paracelsus, G. E. Stahl, →Newton (der den Begriff der Attraktion in die Physik einführte), H. →Boerhaave – von G. bereits 1769 studiert – und J. R. →Spielmann, G.s Chemie-Lehrer in Straßburg, sind in der Tradition der Verwandtschaftslehren anzuführen.

É. F. Geoffroy stellte 1718 Verwandtschaftstafeln auf, um die verschiedenen Grade der Anziehung, die unterschiedliche Substanzen zu anderen haben, darzustellen. Weiterentwickelt wurden diese Vorstellungen durch P. J. Macquer (*Élémens de chymie théorique*, 1749), dessen *Dictionnaire de chymie* G. in der 2. deutschen Auflage kannte, vor allem aber von T. →Bergman, an dessen *Disquisitio de attractionibus electivis* (Uppsala 1775, dt. 1785) G. zumindest indirekt anknüpfte (Gespräch mit Riemer, 14.7.1809: »›*Wahlverwandtschaft*‹ vom großen *Bergmann* erfunden und gebraucht«; Riemer 308).

An den Anfang seiner Notizen *Versuche mit der Berlinerblau-Lauge und den Metallkalken* vom Oktober 1793 setzte G. das Schema einer doppelten Wahlverwandschaft, die »Bergmans Schema fast genau folgt« (Adler 1987, 77).

Die deutsche Bezeichnung ›Wahlverwandtschaft‹ für ›attractio electiva‹ geht auf C. E. Weigel zurück und wurde in der Übersetzung von Bergmans *Vorrede zu H. T. Scheffers chemischen Vorlesungen* (1779) erstmals verwendet.

In der chemischen Verwandtschafts- oder Affinitätslehre sah G., ähnlich wie in der →Elektrizität oder im →Magnetismus, einen Grundgedanken seiner Naturansicht bestätigt, das Gesetz der →Polarität, das sich auch in der Anziehung und Abstoßung zeige. Wenn G. solche Gedanken in den *Wahlverwandtschaften* auf menschliche Beziehungen anwandte, wobei die alten Bindungen gelöst und neue eingegangen wurden, so eröffnete er eine Diskussion über die Frage, inwieweit naturgesetzliche Grundlagen auch bestimmend für das Sittlich-Moralische werden können.

Wenig bekannt ist, dass G.s Darstellung der durch den Hauptmann im sogenannten chemischen Gespräch vertretenen Positionen (*Wahlverwandtschaften* I, 4) in erster Linie nicht Bergman, sondern der Erörterung der chemischen Verwandtschaftslehre durch den Jenaer Chemiker J. F. A. →Göttling verpflichtet ist. Dieser hatte 1792 seinen *Versuch einer physischen Chemie für Jugendlehrer beym Unterricht* veröffentlicht; G. erwarb das Werk gleich nach Erscheinen (vgl. Ruppert 4613). Bis in die Wortwahl hinein lassen sich Ausführungen in G.s Roman mit Passagen aus Göttlings Schrift parallelisieren. Dies sei hier am Beispiel der doppelten Wahlverwandtschaft gezeigt. Im Roman (wo A und B für Charlotte und Eduard, C und D für den Hauptmann und Ottilie zu setzen wären) heißt es aus dem Munde des Hauptmanns: »Denken Sie sich ein A, das mit einem B innig verbunden ist [...]; denken Sie sich ein C, das sich eben so zu einem D verhält; bringen Sie nun die beiden Paare in Berührung: A wird sich zu D, C zu B werfen, ohne daß man sagen kann, wer das andere zuerst verlassen, wer sich mit dem andern zuerst wieder verbunden habe (FA I, 8, 306). Göttling formulierte (S. 26f.): »Eine doppelte *Wahlverwandtschaft* geschiehet, wenn zwey Körper, deren jeder aus zwey Bestandtheilen besteht, Ihre Bestandtheile verwechseln, so daß eine *doppelte Trennung* und eine *doppelte neue Verbindung* dadurch bewirkt wird«.

Als G.s Ministerkollege C. G. v. →Voigt sich am 30.9.1809 für ein Exemplar der *Wahlverwandtschaften* bedankte, verwies er auf »die Wahlverwandtschaften – die ich bisher nur aus Göttlings Handbuche [der theoretischen und practischen Chemie, 1798–1800] kannte« (G–Voigt 3, 266).

Literatur

Adler, Jeremy: »Eine fast magische Anziehungskraft«. Goethes ›Wahlverwandtschaften‹ und die Chemie seiner Zeit. München 1987. – Bölsche,

Wilhelm: Goethes Wahlverwandtschaften im Lichte moderner Naturwissenschaft. In: Die Gesellschaft. 5 (1889), 1330–1340. – Lämmert, Eberhard: Die Chemie der *Wahlverwandtschaften*. In: Leviathan. 1986 (Goethe-Heft), 19–36. *WZ*

Waitz, Johann Christian Wilhelm (1766–1796)

Der Schüler, ab 1788 Lehrer an der Weimarer Zeichenschule wurde von G. erstmalig in einem Brief an Ch. v. →Stein vom 26.5.1784 im Zusammenhang mit »schön gezeichneten Knochen« erwähnt. Anfang Juni 1784 erhielt G. von →Soemmerring aus Kassel einen Elefantenschädel (→»Goethe-Elefant«), den Waitz bis Oktober von allen Seiten zeichnete (vgl. LA II, 9A, Tafeln XI u. XII). »Fast täglich besser« werdend (an Carl August, 28.10.1784), übernahm Waitz auch die Aufgabe, diverse Tierschädel für die Prachthandschrift zur Abhandlung über den →Zwischenkieferknochen zu zeichen, die G. am 19.12.1784 an →Camper sandte.

Obwohl G. Waitz mehrfach lobte (vgl. an Merck, 19.12.1784; an Ernst II. von Sachsen-Gotha, 20.12.1784), ihm »schöne Anlage und viel Fertigkeit« bescheinigte (an Merck, 8.4.1785) und sogar erwog, ihn zu weiterem Studium zu Camper nach Holland zu senden (ebd.), nannte er seine Arbeiten im Aufsatz über den Zwischenkiefer »meistens nur die ersten Versuchsarbeiten eines jungen Künstlers, der sich unter dem Arbeiten gebessert hat« (FA I, 24, 23). Waitz zeichnete für G. auch botanische Gegenstände, vor allem Illustrationen zur Metamorphose der Pflanzen, und arbeitete auch für →Loder.

Dass es erst 1824 und 1831 gelang, die Tafeln zum Elefantenschädel und zum Zwischenkiefer verschiedener Tiere zu publizieren, begründete G. auch mit dem frühen Tod von Waitz (vgl. an d'Alton, 28.12.1820). In den Nachträgen zum erst 1820 in Morph I, 2 publizierten Zwischenkieferaufsatz hat G. an Waitz erinnert: »Wir dürfen indessen nicht ermangeln das Andenken eines jungen geschickten Zeichners, namens Waitz, zu erneuern, der, in dergleichen Arbeiten geübt, sowohl Umrisse als ausgeführte Nachbildungen fortsetzte […] aber der Tod des jungen Künstlers der sich in die Sache zu fügen gewußt, und andere Zwischenfälle störten die Vollendung des Ganzen […]« (FA I, 24, 487f.). *ZA*

Wartburg

Die Burg über →Eisenach war zu G.s Lebzeiten großenteils verfallen und wurde erst nach seinem Tod ab 1838 restauriert. 1820 wurde sie als »westlicher Beobachtungspunkt« in »einer freien, über die Umgebung erhabenen Lage (1271 Par[iser] Fuß über dem Meere)« (LA I, 8, 421) in das Messnetz der →Meteorologischen Anstalten einbezogen. Ein Brief C. E. Helbigs an A. v. Goethe vom 22.11.1820 berichtete über die instrumentelle Ausstattung durch von F. →Körner in Jena gefertigte Instrumente (vgl. LA II, 2, 353).

Eine gestrichene Passage in G.s Brief an Carl August vom 13.1.1822 enthält den Vorschlag, »die Tabellen von Wartburg und Jena, als dem höchst- und tiefsten Punct von Ihro Lande« an die →Schlesische Gesellschaft für vaterländische Kultur zu senden, um zu einem Austausch meteorologischer Daten mit Schlesien zu kommen. C. H. Müller, der Sekretär der naturwissenschaftlichen Sektion dieser Gesellschaft, sprach in seinem Bericht vom 12.3.1822 über die »Eröffnung einer Kommunikation zwischen der meteorologischen Anstalt zu Breslau und der zu Wartburg« (ebd. 402), ein Beleg, welchen Wert man gerade dieser Station zumaß.

Wetterbeobachter auf der Wartburg war der Eisenacher Landschaftskanzlist W. Rüdiger (vgl. Tgb, 15.2.1822; irrig in LA II, 2, 787).

Seinem Aufsatz *Über die Ursache der Barometerschwankungen* (ZNÜ II, 1, 1823) gab G. eine vergleichende graphische Darstellung von Barometerständen verschiedener Orte aus dem Dezember 1822 bei, die auch die Daten der Wartburg wiedergab, auf die Graf Sternberg in seinem Brief an G. vom 15.11.1823 ausdrücklich verwies (vgl. LA II, 2, 445; auch H. L. F. Schrön an F. T. D. Kräuter, 31.12.1826; ebd. 544).

Mit G.s Verfügung an Schrön vom 24.2.1832 (vgl. LA II, 2, 619) wurde der Betrieb der meteorologischen Stationen, auch der auf der Wartburg, eingestellt.

Literatur

Scheidig, Walther: Goethe und die Wartburg. Eisenach 1980. *ZA*

Wasserbaukommission

Die Aufgaben der am 21.10.1790 eingerichteten Kommission – hauptsächlich Maßnahmen zur Verhinderung von Hochwasserschäden – waren zuvor von der →Wegebaukommission mitverwaltet worden. Die nun eigens »zu Dirigierung der Wasserbaue verordnete Kommission« (FA I, 27, 1033) sollte vor allem Maßnahmen zur Regulierung der Saale bei Jena leiten und überwachen. Die Gefährdung der Stadt war durch eine große Überschwemmung im Jahr 1784 offenbar geworden. Mitglieder der Kommission waren neben G. die Geheimen Räte Johann Christoph Schmidt (1727–1807) und Christian Gottlob →Voigt (1743–1819) sowie der Oberforstmeister Otto Joachim Moritz von Wedel (1752–1794). Als

Mitarbeiter gehörten der Kommission der Kammer- und Forstsekretär Franz Ludwig Güßefeld (1744–1808), später der Hauptmann Johann Christoph Gottlob Vent (1752–1822) und ab 1795 Johann Georg Paul Goetze an, der Aufsicht vor Ort bei den Maßnahmen zu führen hatte. Die Aufgaben der Kommission wurden ab 1.9.1803 auf G.s Antrag wieder auf die Wegebaukommission übertragen.

G.s Interesse an Wasserbauprojekten ist durch Äußerungen gegenüber →Eckermann bezeugt: zum möglichen Bau von Suez-, Panama- und Rhein-Main-Donau-Kanal (21.2.1827) sowie zum Bremer Hafenbau (10.2.1829). Literarisch ist an Fausts Absicht der Landgewinnung durch Deichbau zu denken.

Amtliche Dokumente der Wasserbaukommission sind in FA I, 27, 119–137 abgedruckt.

Literatur
Flach, Willi: Amtliche Schriften, Amtliche Tätigkeit. In: Zastrau 1, 221–234. – Hoffmann, Albrecht: Goethe als Wasserfachmann. In: Wasserwirtschaft. 90 (2000), 510–513. – Koch, Herbert: Goethes Hilfstätigkeit nach dem Saale-Hochwasser 1784. In: Wiss. Zs. der Friedrich-Schiller-Universität Jena. Gesellschafts- und sprachwiss. Reihe. 2 (1952/53), 99–102. – Schmid, Irmtraut und Gerhard: Komm. in FA I, 27, 1033f. – Wildenhahn, Barbara und Eberhard: Goethe und der Wasserbau. In: Wasserwirtschaft. 89 (1999), 572–575. *CS*

Wasserbejahung und -verneinung s. Ein- und Ausatmen der Erde

Wegebaukommission

Am 19.1.1779 wurde G. die »Direction des hiesigen Landstraßenbaues« übertragen, die am 23.2.1779 durch die »Aufsicht über die um die Stadt gehende Promenaden und die Direction des hiesigen Stadt-Pflaster-Bau-Wesens« ergänzt wurde (FA I, 26, 834). Jährlich erstellte G. für Herzog →Carl August einen Bericht und einen Bau- und Finanzplan für das Folgejahr.

Der mit dem Straßenbau vertraute Jean-Antoine de Castrop (um 1731–1785) stand G. zur Seite, fungierte als Bauleiter und bearbeitete die Schriftstücke, die G. abzuzeichnen hatte.

Ein magerer Etat verhinderte zunächst den Bau neuer Straßen und erforderte die fortlaufende Reparatur der schon bestehenden. Ab 1782 wurden die Chausseebauten nach Erfurt und Jena sowie größere Reparaturen auf der Ilmenauer Straße in Angriff genommen. Offiziell legte G. das Amt des Wegebaudirektors nach dem Tod Castrops kurz vor der Reise nach Italien am 9.6.1786 nieder.

Amtliche Dokumente der Wegebaukommission sind in FA I, 26, 709–765 abgedruckt.

Literatur
Bradish, Joseph A. von: Goethes Beamtenlaufbahn. New York 1937, 55–59. – Schmid, Irmtraut und Gerhard: Komm. in FA I, 26, 834f. *CS*

Weida

Südlich von Gera »auf dem Schloß Osterburg bei Weida im Vogtlande, im Südosten des Großherzogtums« (ZNÜ II, 2, 1824; LA I, 8, 421), wurde 1821 eine der →Meteorologischen Anstalten des Messnetzes von Sachsen-Weimar-Eisenach eingerichtet. Auf den Zeitpunkt deutet ein Brief von C. E. Helbig an A. v. Goethe vom 22.11.1820, in dem er auf seinen mündlichen Bericht verweist, dass für die Station Weida »mehrere Instrumente vom Doktor Körner zu Jena gefertiget werden« (LA II, 2, 353; →Instrumente, meteorologische).

Einen Hinweis auf die laufenden Beobachtungen gibt ein Brief von L. →Schrön an G. vom 14.10.1823, mit dem er »Barometerlinien für den Dezember 1822« (ebd. 442) versandte, darunter die Daten aus Weida.

Offenbar gab es jedoch schon bald Probleme mit dieser Station, denn am 29.9.1824 bat G. den Kanzler F. v. Müller, den Gerichtsassessor J. B. Heller in Weida »aufzumuntern, die meteorologischen Beobachtungen an gedachtem Ort zu übernehmen, der Mangel derselben war uns bisher nur allzufühlbar«. Nachdem kurz zuvor noch ein Versuch gemacht worden war, die Beobachtungen im benachbarten Ort Mosen weiterzuführen, stellte die Station im Herbst 1826 als erste im Messnetz ihre Arbeit ein. *ZA*

Wein

Der vorliegende Artikel behandelt nicht G.s teilweise immensen Weinkonsum, seine gute Kenntnis verschiedenster Weine, Weinbestellungen und Vorlieben (wie Johannisberger Eilfer, Würzburger Stein), die Beziehungen zu Weinhändlern, Trinklieder und Sentenzen über »produktiv machende Kräfte« im Wein (Eckermann, 11.3.1828) – sämtlich Aspekte, die man unter dem Stichwort ausführlich erörtern könnte (vgl. Michel 2000).

Vielmehr geht es im Rahmen der Naturforschung allein um die botanische Untersuchung der Weinrebe (Vitis vinifera), der sich G. intensiv erst spät, während seines →Dornburg-Aufenthaltes vom 7.7. bis 11.9.1828 nach dem Tod von →Carl August, widmete. G. beabsichtigte ursprünglich, das hier zusammengetragene Material in der deutsch-französischen Ausgabe des *Versuchs über die Metamor-*

phose der Pflanzen (Stuttgart 1831) zu veröffentlichen, doch eine u. a. durch den Tod des Sohnes August Ende 1830 bedingte Änderung der Konzeption ließ auch diese Arbeiten ungedruckt, so dass sie heute unter Titeln wie *Entwürfe zu einem Aufsatz über den Weinbau* (so in FA I, 24, 669–679) zusammengestellt sind. Die einzelnen Manuskriptteile (*Einleitung*, *Der Weinstock*, *Schema zu einem Aufsatz über den Weinbau*) sind auf den 5., 7. und 8.8.1828 datiert und gehen auf Gespräche mit dem Hofgärtner Franz Baumann in den Dornburger Weinbergen zurück.

Am 3.8.1828 empfahl Baumann G. die Lektüre von J. S. Kechts *Versuch einer durch Erfahrung erprobten Methode, den Weinbau in Gärten und vorzüglich auf Weinbergen zu verbessern* (4. Auflage Berlin 1827). G. hielt sich an die dort gegebenen Vorschläge und beschäftigte sich den gesamten August 1828 hindurch theoretisch und praktisch mit dem Weinbau. Am 3.9.1828 studierte er A. Hendersons *History of ancient and modern wines* (London 1824).

Zurück in Weimar hat G. dem Grafen →Sternberg über seine Weinbau-Studien in Dornburg berichtet (vgl. an Sternberg, 5.10.1828: vgl. auch später an Sternberg, 30.1.1829 und an Zelter, 15.11.1831).

Literatur
Michel, Christoph: Goethe. Der Dichter und der Wein. Frankfurt am Main und Leipzig 2000. – Stummer, Albert: Goethes Wissen vom Bau und Leben des Weinstockes. In: ChrWGV. 52/53 (1949), 146–163. *WZ*

Weiß, Christian Samuel (1780–1856)

Der ab 1808 in Leipzig als Professor der Physik, ab 1810 in Berlin als Professor der Mineralogie und Direktor des Mineralogischen Museums tätige Weiß, ein Schüler Abraham Gottlob →Werners, hatte zu G. hinsichtlich dessen *Farbenlehre* ein angespanntes, auf geologisch-mineralogischem Gebiet und auch menschlich ein harmonisches Verhältnis. Bereits im Tagebuch vom 31.8.1806 hatte G. Weiß' Preisschrift *Betrachtungen eines merkwürdigen Gesetzes der Farbenänderung organischer Körper durch den Einfluß des Lichts* (Leipzig 1801) erwähnt; die in →Seebecks Garten in Jena daran geknüpften Gespräche hat →Riemer aufgezeichnet (vgl. LA II, 4, 112). Ohne ihn namentlich zu nennen, hatte G. ihn weiterhin in der *Farbenlehre* (§ 422 des polemischen Teils) als Übersetzer des *Handbuchs der Physik* von René Just →Haüy (Leipzig 1805; Ruppert 4648) zitiert und kritisiert (zur Sache auch eine Notiz Riemers; vgl. BG 6, 5f.). Eine Tagebuchnotiz vom 6.1.1807 weist vermutlich auf die Entstehung dieses Abschnittes hin. In einem Brief, der etwa zwischen dem 5. und 10.3.1811 entstand, wurde G. von →Zelter aus Berlin darauf hingewiesen, dass Weiß dort Vorlesungen gegen seine Farbenlehre halte: »Ein gewisser Weiss oder Weisse aus Leipzig ist jetzt hier, der [...] gegen die Farbenlehre los zieht. Ich kenne ihn nicht aber ein anderer Mathematiker sagte mir vorgestern: der Weisse mache es zu arg« (MA 20.1, 253f.). G. antwortete am 18.3.1811: »Daß Herr Weiß gegen meine Farbenlehre wüthet, thut mir sehr leid für ihn: ein ohnmächtiger Haß ist die schrecklichste Empfindung; denn eigentlich sollte man Niemand hassen, als den man vernichten könnte«. Im Weiteren leitete G. Weiß' polemische Kritik aus der Bemerkung in der *Farbenlehre* ab (§ 422; s. o.), die Weiß' Gegnerschaft hervorgerufen habe. Seebeck teilte G. am 16.7.1811 mit, dass er mit Weiß gesprochen habe. »Er wollte mir seinen in der naturhistorischen Gesellschaft vorgelesenen Aufsatz [gegen G.s *Farbenlehre*] mitteilen, ich habe aber gedankt, und ihn aufgefordert diesen drucken zu lassen, denn dann erst würde ich mich mit ihm darüber unterhalten. Dazu hat er nun die Lust verloren, seine Abhandlung ist ihm nur nicht vollendet genug um publiziert zu werden [...]« (LA II, 5 B.1, 495). Am 10.4.1812 berichtete Zelter, dass G.s enger Berliner Vertrauter in der *Farbenlehre*, Christoph Ludwig Friedrich →Schultz, sich wegen dieser Thematik mit Weiß überworfen habe (vgl. MA 20.1, 273f.).

Ganz im Gegensatz zu diesen Spannungen gestaltete sich G.s persönlicher Umgang mit Weiß, als er ihn zwischen dem 21.8. und 13.9.1818 fast täglich in →Karlsbad traf, harmonisch und erfreulich. In den *Tag- und Jahresheften* von 1818 ist von »sehr belehrenden krystallographischen Unterhaltungen mit Professor Weiß« die Rede, das Tagebuch hielt am 26.8.1818 eine »schöne chrystallographische Unterhaltung« fest. Aus dieser Zeit hinterließ Weiß eine Niederschrift (*Ein Zug von Goethe, eine kristallographische Anekdote*; vgl. LA II, 8A, 527f.).

Die Begegnung mit Weiß ist für G.s Ansichten über den gestaltbildenden Prozess der →Kristallisation bei der Bildung von Gesteinen bedeutsam. In seinen Erinnerungen schilderte Weiß die Gespräche mit G. über die →Kristalle des Feldspates und besonders über jene zweierlei Varietäten der Feldspat-Zwillinge und beschrieb, wie G. gestenreich mit den Händen ein »Manoevre« machte, um die doppelten Kristalle bildlich zu veranschaulichen (vgl. GG 3.1, 78–80). Am 29.8.1818 notierte G. im Tagebuch ein Gespräch mit Weiß über »Diamante. Chrystallisationen und deren Entwicklungsfolge« (TuJ 1818: »Er hatte einige krystallisirte Diamanten bei sich, deren Entwicklungsfolge er nach seiner höheren Einsicht mich gewahr werden ließ«). Am 5.9.1818 vermerkte G.: »Prof. Weiß böhmische

Chrysolite«, an den Folgetagen »Böhmische Steinchen«, »Böhmischer Obsidian« und »Kristallographie«. Eine schematische Darstellung der Systematik der Kristalle, mit der Weiß die moderne, mathematische →Kristallographie begründete, hat G. vermutlich nach den Gesprächen mit Weiß aufgezeichnet (vgl. LA II, 8A, 132f., M 98).

Als G. 1822 mit dem Ankauf von Diamanten, welche Wilhelm Ludwig von →Eschwege Großherzog →Carl August angeboten hatte, beauftragt wurde, wandte er sich über Schultz an Weiß, um dessen Rat zu erbitten (vgl. an Schultz, 17.11.1822 und Schultz an G., 27.11.1822; LA II, 8B, 304).

Am 13.10.1820 traf man sich zu geologischen Gesprächen in Jena, und noch am 26.9.1828 und 1.5.1830 übersandte Weiß Mineralien aus dem Riesengebirge sowie Sonderdrucke seiner aktuellen Arbeiten (vgl. LA II, 8B, 628f. u. 691; Ruppert 5247–5249).

Literatur

Fischer, Emil: Goethes Beziehungen zu Christian Samuel Weiß. In: Forschungen und Fortschritte. 35 (1961), 16f. *HO/WZ*

Weller, Christian Ernst Friedrich (1790–1854)

Der Philologe und Bibliothekar, ab 1818 an der Universitätsbibliothek in Jena angestellt – und zugleich Gehilfe bei der Oberaufsicht über die Anstalten von Wissenschaft und Kunst im Großherzogtum Sachsen-Weimar-Eisenach, die G. oblag – war zwar in erster Linie G.s Ansprechpartner in Bibliotheksangelegenheiten (vgl. TuJ 1818), half diesem aber auch im Kontext der naturwissenschaftlichen Arbeiten durch zahlreiche Besorgungen (Bücher, Geräte, Präparate usw.) und gelegentlich als Sekretär. Als Beispiele für Wellers zahlreiche Zuarbeiten seien die Anfertigung einer längeren Liste zu den Werken des J. →Jungius am 29.6.1828 (vgl. LA II, 10B, 384), Aufträge für den Botanischen Garten in Jena (G.s Tgb, 20.6.1830) und die erbetene Übersendung von Heften des *Archivs der teutschen Landwirtschaft* am 20.10.1829 (vgl. WA IV, 46, 97) genannt, die G. im Zusammenhang mit seinen Studien über den Weinbau interessierten. *WZ*

Werneburg Johann Friedrich Christian (1777–1851)

Der Mathematiker und Physiker, ab 1808 Lehrer an der Pagenschule in Weimar, ab 1818 Dozent und Extraordinarius an der Universität Jena, besuchte G. am 11.10.1808, um diesem ein selbst entwickeltes halbmechanisches Klavier vorzustellen, das am 2.11.1808 auch im Rahmen der →»Mittwochsgesellschaft« in G.s Haus demonstriert wurde. Für G.s *Farbenlehre* war dies insoweit interessant, da →Riemer die Anwendung auf die Farben prüfen sollte (vgl. Riemers Tgb; EGW 4, 517), offensichtlich nach dem Vorbild des von L. B. →Castel entwickelten Modells eines Farbenklaviers (vgl. FA I, 23.1, 879). An →Knebel berichtete G. unter dem 25.11.1808 über Werneburg: »Er bringt das allerfremdeste, was in mein Haus kommen kann, die Mathematik an meinen Tisch; wobey wir jedoch schon eine Convention geschlossen haben, daß nur im alleräußersten Falle von Zahlen die Rede seyn darf.«

Am 14.1.1809 teilte Werneburg G. seine Ansichten zum →Regenbogen mit (EGW 4, 523; vgl. auch Tgb, 25.2.1809); etwa zu dieser Zeit sind wohl auch die Kommentare entstanden, die Werneburg zum didaktischen Teil von G.s *Farbenlehre* verfasst hat (abgedruckt in LA II, 4, 14ff., M 7).

Als Werneburg über die Zusammenhänge von Mathematik und Musik arbeitete, reichte G. dessen 1812 in Gotha erschienenes Werk *Allgemeine neue, weit einfachere Musikschule für jeden Dilettanten und Musiker* am 12.12.1812 mit der Bemerkung an →Zelter weiter, Werneburg sei »gewiß ein geborner mathematischer Kopf, der aber die eigne Art hat, daß er die Dinge, indem er sie sich erleichtert, andern schwer macht; deshalb hat er mit nichts durchdringen können und wird schwerlich jemals, sowohl in den bürgerlichen als den wissenschaftlichen Verhältnissen, glücklich und zufrieden werden«.

Werneburg versuchte immer wieder, G. für seine Arbeiten zu interessieren (Werneburg an G., 6.12.1814; EGW 4, 665), und sprach sich positiv über G.s *Farbenlehre* und gegen →Newton aus, so in seinem Werk *Merkwürdige Phänomene an und durch verschiedene Prismen. Zur richtigen Würdigung der Newtonschen und der von Goetheschen Farbenlehre* (Nürnberg 1817), das G. am 20.5.1817 studierte. Außerdem wies Werneburg G. auf neue, in Frankreich und in der Schweiz entwickelte Linsen hin (Werneburg an G., Februar 1818, 15.9. u. 7.12.1818) und erwog, G.s *Farbenlehre* an der Universität Jena vorzutragen (vgl. Werneburg an G., 11.11.1818).

G. blieb dennoch distanziert, auch als Werneburg am 6.2.1819 von seinen Schwierigkeiten mit den Kollegen in Jena berichtete, die seine Kompetenz anzweifelten. Ein Brief des Jenaer Mathematikers und Astronomen J. F. →Posselt an C. F. →Gauß vom 13.10.1819 lieferte ein vernichtendes Urteil über Werneburg, mit dem Hinweis: »Er ist ein großer Günstling von Goethe, weil er eine ganz ungenießbare Schrift zur Verteidigung von Goethes Farbenlehre geschrieben hat« (EGW 4, 771).

1820 versuchte Werneburg vergeblich, G.s *Farbenlehre* den Studenten in Jena anzubieten (vgl.

Werneburg an G., 14.3.1820; EGW 4, 775), obwohl G. Material für Lehrveranstaltungen zur Verfügung gestellt hatte.

Die Kontakte rissen auch in den Folgejahren nicht ab, obwohl Werneburg 1825 seine Dozentur in Jena beenden musste. Dieser hoffte »immer noch Ew. Excellenz vorzüglicher Gunst und Gewogenheit mir schmeicheln zu dürfen« (an G., 16.3.1826; EGW 4, 866), doch stand er aufgrund der Parteinahme für G.s *Farbenlehre* in der Fachwelt isoliert da. Einer 1829 in den angesehenen *Nova Acta* der Leopoldina abgedruckten Abhandlung (*Die richtige Katoptrik [...]*) wurde sogleich die Gegenschrift eines ausgewiesenen Astronomen, C. D. v. →Münchow, nachgestellt (vgl. EGW 4, 866, Anm. 6).

Man gewinnt den Eindruck, dass G. über die Parteinahme von Werneburg, dem »merkwürdigen [...] etwas seltsamen Manne« (an Zelter, 12.12.1812), nicht besonders glücklich war, dass dieser ihm trotz früher lobender Worte im Grunde immer fremd blieb. *WZ*

Werner, Abraham Gottlob (1749–1817)

Der Freiberger Geologe und Mineraloge, Hauptvertreter der neptunistischen Theorie der Erdbildung (→Neptunismus/Vulkanismus), stammte aus Wehrau bei Bunzlau (Böhmen), studierte 1769 bis 1771 an der Bergakademie →Freiberg, anschließend von 1771 bis 1774 in Leipzig. Aufgrund seiner Schrift *Von den äußerlichen Kennzeichen der Fossilien* [Mineralien] (Leipzig 1774) wurde er 1775 als Inspektor und Lehrer für Mineralogie und Bergbaukunde an die Bergakademie Freiberg berufen, wo er über 40 Jahre lang tätig war und der Einrichtung zu Weltruhm verhalf. Werner publizierte nur wenig, als unbestrittene Autorität seiner Zeit wirkte er vielmehr durch mündliche Belehrung auf zahlreiche Schüler, von denen viele namhafte Geologen wurden (z. B. A. v. →Humboldt, L. v. →Buch).

Unter Werners Hörern war auch J. C. W. →Voigt, der von G. und →Carl August zur Ausbildung nach Freiberg gesandt worden war und anschließend Werners Lehre an G. vermittelte (vgl. Voigts Übersicht in LA II, 7, 67–89, M 45). Die neptunistische, von der kontinuierlichen Tätigkeit des Wassers beherrschte Deutung der Erdbildung entsprach in hohem Maße G.s morphologisch-geologischem Weltbild (vgl. Gespräch mit Eckermann, 1.2.1827); Werners Methodik der Mineralbestimmung und der Kartierung fand G.s Beifall. Wie viele seiner Zeitgenossen ordnete auch G. seine Mineraliensammlung nach Werners System. Unter den Werken zur Mineralogie, die G. am 13.7.1780 zu Beginn seiner geologischen Studien beschaffte, war auch Werners Schrift *Von den äußerlichen Kennzeichen [...]* (Ruppert 5254).

Am 17.9.1789 fand die erste persönliche Begegnung zwischen G. und Werner in Jena statt, bei der Letzterer G. von seiner Ansicht über die Entstehung des Basalts überzeugte. G. berichtete am 19.9.1789 an C. G. Voigt: »ich habe nun den ganzen Umfang seiner Meynung über die Vulkane gefaßt. Er hat die Materie sehr durchdacht und mit viel Scharfsinn zurecht gelegt. Er wird immer mehr Beyfall finden« (vgl. auch J. C. W. Voigt an Werners, 7.10.1789; LA II, 7, 407). Mit dem in dieser Zeit entstandenen Aufsatz *Vergleichs Vorschläge die Vulkanier und Neptunier über die Entstehung des Basalts zu vereinigen* versuchte G., einen Kompromiss zwischen den abweichenden Meinungen Werners und seines Schülers J. C. W. Voigt, zwischen der neptunistischen und der vulkanistischen Basaltdeutung, zu formulieren.

Am 20. und 22.9.1801 besuchte Werner G. in Weimar, wobei vor allem über den →»Bologneser Stein« gesprochen wurde. In einem Brief an J. F. →Blumenbach vom 11.10.1801, dem ein nicht überlieferter Aufsatz über den Bologneser Spat beilag, erwähnte G. Werners hilfreiche Informationen hinsichtlich der Bestimmung. In den *Tag- und Jahresheften* von 1801 hob G. rückschauend den belehrenden Besuch Werners und sein entschiedenes Urteil über einen in der Gelmerodaer Schlucht entdeckten fossilen Elefantenzahn hervor.

Eine weitere kurze Begegnung fand am 11.12.1802 in Weimar statt, als Werner auf der Rückreise von Paris nach Freiberg dort Station machte.

Obwohl G. sich Werners neptunistischer Lehre, welche die verschiedenen Gebirgsformen (Urgebirge, Übergangsgebirge, Flözgebirge und Aufgeschwemmte Gebirge) als Sedimentabfolgen aus einem Urozean ansah, anschloss und ihn als »Meister« und »Lehrer« anerkannte (vgl. LA II, 8A, 127, M 95; an A. Breithaupt, 24.5.1827; an E. A. v. Deust, 13.1.1828), erschien ihm die Lehre von den Gängen, die Werner in seiner 1791 veröffentlichten Schrift *Neue Theorie von der Entstehung der Gänge* vorgetragen hatte, gegenüber der von →Charpentier als unhaltbar (vgl. *Chemische Kräfte bei der Gebirgsbildung*, FA I, 25, 567 f.; Gespräch mit Riemer, 27.3.1814, GG 2, 891; TuJ 1815; Briefkonzept an Leonhard, 7.11.1816). Anlässlich der Lektüre am 4./5.4.1818 – zuvor bereits am 16./17.7.1815 – entwarf G. eine kritische Notiz (vgl. LA II, 8A, 121–124, M 93) sowie ein Schema über die von Werner besprochenen älteren Theorien über die Entstehung der Erzgänge (vgl. ebd. 125 f., M 94, →Ganglehre).

Auch kritisierte G. die von Werner in seiner Schrift *Von den äußerlichen Kennzeichen der Fossilien* verwendete Bezeichnung »empirische Kennzeichen« für das Vorkommen von Mineralien (an Leonhard, 27.2.1815; Gespräch mit Riemer, 27.2.1816).

Eine Differenz in den Auffassungen tritt weiterhin in den *Tag- und Jahresheften* von 1806 hervor, in denen G. zu den Karlsbader geologischen Verhältnissen anlässlich eines dortigen Treffens am 3.8.1806 schrieb: »Werners Ableitung des Sprudels von fortbrennenden Steinkohlen-Flötzen war mir zu bekannt, als daß ich hätte wagen sollen ihm meine neusten Überzeugungen mitzutheilen, auch gab er der Übergangsgebirgsart vom Schloßberge, die ich so wichtig fand, nur einen untergeordneten Werth.«

Vom 1. bis 6.9.1807 trafen sich G. und Werner täglich in Karlsbad: »Disputation über den Sandstein am Egerflusse, inwiefern er chemischen oder mechanischen Ursprungs sey. Mehrere geognostische Puncte theils mit Dissens theils mit Assens durchgesprochen« (1.9.); »über die pseudovulkanischen und vulkanischen Erscheinungen, sodann über die warmen Quellen. Seine Erklärung des Carlsbader Sprudels« (3.9.); »Geognostische Formationen überhaupt, besonders über die letzte Porphyr- und Trappformation« (4.9.).

In den *Tag- und Jahresheften* von 1807 berichtete G. von den Gesprächen über Geologie und Werners Studien zur Sprachforschung detailliert. Er hielt die Begegnungen mit Werner zwar für »höchst belebend«, betonte aber auch: »Wir kannten einander seit vielen Jahren, und harmonirten, vielleicht mehr durch wechselseitige Nachsicht, als durch übereinstimmende Grundsätze. Ich vermied seinen Sprudelursprung aus Kohlenflötzen zu berühren [...] und er [...] mochte gern meinen dynamischen Thesen, wenn er sie auch für Grillen hielt, aus reicher Erfahrung belehrend nachhelfen. Es lag mir damals mehr als je am Herzen, die porphyrartige Bildung gegen conglomeratische hervor zu heben, und ob ihm gleich das Princip nicht zusagte, so machte er mich doch in Gefolg meiner Fragen mit einem höchst wichtigen Gestein bekannt; er nannte es nach trefflicher eigenartiger Bestimmung, dattelförmig körnigen Quarz, der bei Prieborn in Schlesien gefunden werde. Er zeichnete mir sogleich die Art und Weise des Erscheinens, und veranlaßte dadurch vieljährige Nachforschungen«.

Zwischen dem 29.7. und 19.8.1808 verzeichnet das Tagebuch erneut vier Zusammentreffen in Karlsbad: »über die Egerschen zweifelhaften vulcanischen Produkte, über Arrangement eines mineralogischen Cabinetts, über verschiedene neu entdeckte Fossilien aus der Carlsbader Gegend« (29.7.). An →Carl August schrieb G. am 31.7.1808: »Nun ist Berg Rath Werner angekommen und da geht die Conversation und Halbcontrovers auf die alte Weise wieder fort«. In den *Tag- und Jahresheften* von 1808 heißt es: »[Werners] Gegenwart belehrte jederzeit, man mochte ihn und seine Denkweise betrachten, oder die Gegenstände mit denen er sich abgab, durch ihn kennen lernen«.

Werner äußerte gegenüber A. Breithaupt: »Goethe ist zwar ein großer Poet, aber in seinen mineralogischen und geognostischen Ansichten doch nicht so poetisch wie man erwarten sollte, vielmehr nüchtern« (zit. nach Biedermann 1877, 117).

Obwohl G. nach einem Bericht von H. →Steffens Werner »liebte und schätzte«, »ihn gegen seine immer mächtiger werdenden Gegner zu verteidigen« suchte (GG 2, 640; vgl. auch das Xenion *Kaum wendet der edle Werner den Rücken [...]*, WA I, 3, 359), hielt er dessen Lehre letzten Endes für »Dogmatismus« (FA I, 25, 642). S. G. Frisch berichtete von einer Äußerung G.s vom 27.9.1810 in Freiberg, vermutlich in F. W. H. v. →Trebras Haus: »Werners Oryktognosie [...] ist mehr eine Kunst, als eine Wissenschaft; wird von ihm mehr nach einem feinen [in LA II, 8A, 265: freien] Takt geübt, als durch Belehrung auf andere übergetragen« (GG 2, 575).

In einem Brief an →Knebel vom 17.9.1817 äußerte sich G. kurz nach Werners Tod: »Wunderlicherweise ist mir Werner zu früh gestorben; denn wenn ich mich als seinen Gegner erkläre, so könnte man glauben, ich träte auf die Seite der Freyberger Pfaffen [die Werner kritisiert hatten]. Glücklicherweise hat er schon längst ganz unbewunden erklärt: ich habe ihm meine Meinung über Carlsbad und andere ähnliche Gegenstände weitläufig mitgetheilt, er könne aber keineswegs mit mir übereinstimmen. Dasselbe hat er mir nach seiner höflichen Art schon längst in's Gesicht gesagt und die stille Kriegserklärung, pag. VI Naturwissenschaft überhaupt [vgl. LA I, 8, 5_{23-28} über die Lehre von den Gängen], war gedruckt schon vor seinem Tode; wir wollen also ohne weiteres Bedenken unsern Weg gehen«.

In einer Besprechung von K. F. v. →Klödens *Über die Gestalt und die Urgeschichte der Erde* (Berlin 1829) bekannte der alte G.: »Ich [...] habe mich der Geognosie befreundet, veranlaßt durch den Flözbergbau. Die Konsequenz dieser übereinander geschichteten Massen zu studieren verwandte ich mehrere Jahre meines Lebens. Diesen Ansichten war die Wernerische Lehre günstig und ich hielt mich zu derselben, wenn ich schon recht gut zu fühlen glaubte daß sie manche Probleme unaufgelöst liegen ließ« (FA I, 25, 648).

Vgl. auch den Artikel in GHB. 4.2, 1147f.

Literatur

Biedermann, Woldemar Freiherr von: Goethe und das sächsische Erzgebürge. Stuttgart 1877. – Claus, Hans: Beiträge zur Geschichte der geologischen Forschung in Thüringen. In: Beiträge zur Geologie von Thüringen. 1 (1925/1928), 1–35. – Frisch, Samuel Gottlob: Lebensbeschreibung Abraham Gottlob Werners nebst zwey Abhandlungen über Werners Verdienste um die Oryktognosie und Geognosie von Christian Samuel Weiß. Leipzig 1825. – Guntau, Martin: Abraham Gottlob Werner. Leipzig 1984. – Semper, Max: Die geologischen Studien Goethes. Leipzig 1914, 131–147. – Wagenbreth, Otfried: Abraham Gottlob Werner und der Höhepunkt des Neptunistenstreites um 1790. In: Bergbau und Bergleute. Fs. für Walther Herrmann. Berlin 1955, 183–241. – Ders.: Abraham Gottlob Werner und seine Bedeutung für die Entwicklung der geologischen Landesaufnahme und des geologischen Kartenwesens. In: Zs. f. angewandte Geologie. 13 (1967), 372–384. – Werner, Abraham Gottlob: Gedenkschrift aus Anlaß der Wiederkehr seines Todestages nach 150 Jahren am 30. Juni 1967 (Freiberger Forschungsheft C 223). Leipzig 1967. *HO*

Wiedeburg, Johann Ernst Basilius (1733–1789)

Der Physiker, Mathematiker und Astronom war zunächst in Erlangen tätig, bevor er 1760 einen Ruf nach Jena erhielt, wo er 1766 ordentlicher Professor für Mathematik und Astronomie wurde. 1784 richtete man Wiedeburg im Fuchsturm in Jena ein Observatorium ein, das er vor allem zum Studium von Sternbildern und den Phänomenen von Nordlichtern und Sonnenflecken nutzte.

G. ließ sich von Wiedeburg im Mai 1786 in Mathematik unterrichten (vgl. an Charlotte von Stein, 21.5. – »Algebra [...] macht noch ein grimmig Gesicht« –, 23. u. 25.5.1786) und nahm ihn auch bei Reparaturarbeiten optischer Geräte in Anspruch (vgl. an Knebel, 30.4.1786; LA II, 9A, 333). Wiedeburgs Schriften *Ueber die Erdbeben und den allgemeinen Nebel 1783* (Jena 1784), *Neue Muthmasungen über die Sonnenflecken, Kometen und die erste Geschichte der Erde* (Gotha 1775) sowie *Nähere Policey-Vorschläge zu vorläufigen Anstalten und Rettungs-Mitteln bey zu befürchtenden Erdbeben* (Jena 1784) befanden sich in G.s Bibliothek (Ruppert 5260–5262). Die Ausleihe von Wiedeburgs *Einleitung in die Physisch-Mathematische Kosmologie* (Gotha 1776) ist bereits für den 16.1.1785 belegt (angebunden: *Kurzgefaßte practische Mathematik [...]*. Jena 1761; vgl. Keudell 9).

Nach Wiedeburgs Tod ließ G. dessen Apparate für die Universität Jena ankaufen. *EN*

Wiederholte Spiegelungen

Der kurze Aufsatz *Wiederholte Spiegelungen*, auf dessen Entstehung das Tagebuch vom 24.1.1823 deutet, weist mittelbar einen naturwissenschaftlichen Bezug auf, da er physikalische Untersuchung, speziell der →entoptischen Farben, und sittliches Betrachten parallelisiert. E. J. W. d'→Alton hatte G. am 5.12.1822 einen handschriftlichen Bericht von A. F. Näke, Professor der Altertumskunde in Bonn, zugesandt, der, durch *Dichtung und Wahrheit* angeregt, Sesenheim besucht hatte und G.s Spuren gefolgt war. Dadurch wurde G. angeregt, diese seine Lebensphase in der Rückschau als neunmalige »Wiederholte Spiegelungen« anzusehen und sich dabei eines Symbols »aus der Entoptik« (WA I, 42.2, 56f.) zu bedienen, bei der Betrachtungen mit einem Doppelspiegel eine wichtige Rolle spielen und erst durch mehrfache Reflexionen das Phänomen klar vor Augen gestellt wird. Zu den einzelnen von G. konstatierten Spiegelungen vgl. S. 122, zum weiteren Kontext die Erläuterungen zu G.s Aufsatz *Entoptische Farben* (S. 120–122).

Literatur

Brednow, Walter: Spiegel, Doppelspiegel und Spiegelungen – eine »wunderliche Symbolik« Goethes. Berlin 1976. *WZ*

Wilbrand, Johann Bernhard (1779–1846)

Der aus Clarholz, 40 km östlich von Münster, stammende Wilbrand wurde 1809 auf den Lehrstuhl für vergleichende Anatomie, Physiologie und Naturgeschichte an der Universität Gießen berufen. G. setzte sich mit seinen Arbeiten ab 1819 auseinander. Zunächst las er am 18.3.1819 *Das Gesetz des polaren Verhaltens in der Natur* (Gießen 1819; Ruppert 5269); am 13.7. und 13.8.1819 erwähnt G.s Tagebuch Wilbrands *Handbuch der Botanik nach Linnés System* (2 Bde., Gießen 1819), das deutliche Tendenzen zu einem natürlichen Pflanzensystem zeigte.

Am 18.5.1820 eröffnete Wilbrand die Korrespondenz, indem er G. mitteilte, dass er dessen zweites Heft *Zur Morphologie* (I, 2, 1820) mit »vielem Vergnügen« (LA II, 10A, 374) gelesen habe. Mit dem Brief sandte Wilbrand seine *Darstellung der gesammten Organisation* (2 Bde., Gießen und Darmstadt 1809/1810; Ruppert 5266), die in G.s Bibliothek unaufgeschnitten blieb, und »übrige Schriften«, nach G.s Bibliotheksbestand vermutlich *Das Hautsystem in allen seinen Verzweigungen* (Gießen 1813; Ruppert 5271), *Physiologie des Menschen* (Gießen 1815; Ruppert 5273), *Ueber den Ursprung und die Bedeutung der Bewegung auf Erden* (Gießen 1813; Ruppert 5275) und *Ueber das Verhalten der Luft zur Organisation* (Münster 1807; Ruppert 5276).

In seinem Antwortbrief vom 5.8.1820 bekannte G. zwar, dass Wilbrands Schrift *Gesetz des polaren Verhaltens* ihm bereits »zu erfreulichem Unterricht« gedient habe, »als wenn ich mit einem gleichgesinnten Manne hin und wieder spräche«, zumal »theilnehmend und einsichtig über die Metamorphose der Pflanzen gesprochen« werde. Doch trotz vieler Ähnlichkeiten in der Denkweise, die »im Hauptsinne übereinstimmt«, kritisierte G. scharf, dass Wilbrand an der Newtonschen Farbentheorie festgehalten, zwar seine eigene *Farbenlehre* angeführt und die »Versuche meines vortrefflichen Freundes Seebeck gewürdigt und benutzt« habe, »aber von meiner Farbenlehre selbst, was sie will und was sie, wo nicht leistet, doch andeutet, auch nicht die mindeste Notiz« genommen habe. Wilbrand rechtfertigte sich gegen die Vorwürfe in einem ausführlichen Schreiben vom 15.8.1820 und nannte G.s *Farbenlehre* eine »*vollendete Darstellung* [...] die ich wenigstens nur für die einzig richtige erkennen kann« (LA II, 5B.2, 900).

Wilbrand war mehrfach in Prioritätsstreitereien verwickelt; am 14.3.1821, als G. →Carl August den dritten Jahrgang der botanischen Zeitung *Flora* zusandte, beklagte er sich über »die neusten Verhältnisse zwischen Sprengel, Treviranus, Wilbrand und andern, woran man sich wenig erfreuen kann und die Wissenschaft auch nichts gewinnt«. Besonders heftig geriet der Streit zwischen Wilbrand auf der einen sowie →Nees von Esenbeck (und G. A. Goldfuß) auf der anderen Seite, der überwiegend 1821 durch Rezensionen und Gegendarstellungen in der *Isis* und in der *Flora* ausgetragen wurde (vgl. dazu Wilbrand an G., 24.10.1823; LA II, 10A, 625–628). G., mit Nees von Esenbeck eng verbunden, zog es vor, gegenüber Wilbrand zu schweigen.

Am 12.4.1822 sandten Wilbrand und sein Medizinerkollege F. A. v. Ritgen G. ein koloriertes Exemplar der 1821 in Gießen erschienenen Tafel *Gemälde der organischen Natur* (von Ritgen) zur geographischen Verbreitung von Tieren und Pflanzen, der ein erläuterndes Heft (von Wilbrand) beigegeben war (Ruppert 5268). Das Werk war G., A. v. →Humboldt und J. F. →Blumenbach gewidmet.

G. dankte am 28.4.1822 für »die ehrenvolle Erwähnung« seines Namens »in so guter Gesellschaft« und für »das vortrefflich gedachte und gründlich bearbeitete Kolossalblatt«, das ihn »auf das angenehmste überrascht« und seine Wünsche, die er »bey eigner Betrachtung des großen Gegenstandes zeither im Stillen hegte, ganz eigentlich übertroffen« habe. Er zweifle nicht, dass von diesem »erfahrungs- und gedankenreichen Werk [...] die ganze naturforschende Welt [...] erbaut seyn werde«. Am 9.5.1822 verfasste G. eine Anzeige der Tafel, die er in Morph I, 4 (1822) veröffentlichte (vgl. FA I, 24, 561 f.). Darin lobte G. die anschauliche symbolische Darstellung. »Gedächtnis und Einbildungskraft sind sogleich erregt, alle Erfahrungen, die uns reisende Naturforscher überliefert, werden an symbolischer Stelle alsobald wieder lebendig, Erde und Meer in jedem Sinne bevölkert. Hat man diese große Tafel einmal an der Wand befestigt, so mag man sie nicht wieder entbehren, auch das kleine erläuternde Büchlein hat man immer gern zur Hand« (ebd. 561; Dank Wilbrands am 21.6.1822; LA II, 10A, 519f.). In Morph II, 1 (1823) wies G. erneut auf Wilbrands und Ritgens Tafel hin (FA I, 24, 606; Dank Wilbrands am 7.9.1823; LA II, 10A, 614).

In den *Tag- und Jahresheften* von 1822 zählte G. zu den bedeutenden Neuerscheinungen des Jahres: »Die große naturgeschichtliche Karte von *Wilbrand* und *Ritgen*, in Bezug auf das Element des Wassers und auf Bergeshöhe, wie sich die Organisation überall verhalte. Ihr Werth ward sogleich anerkannt, die schöne augenfällige Darstellung an die Wand geheftet, zum täglichen Gebrauch vorgezeigt und commentirt in geselligen Verhältnissen, und immerfort studirt und benutzt«.

Nachdem Wilbrand und Ritgen G. am 3.10.1823 in Weimar besucht hatten, übersandte Wilbrand am 24.10.1823 sein *Handbuch der Botanik* (Gießen 1819; Ruppert 5270).

Am 18.11.1823 teilten Wilbrand und Ritgen G. mit, dass sie seiner Anregung (in Morph II, 1) gefolgt seien und eine *Einladung zur Subskription auf illuminierte Exemplare des Gemäldes der organischen Natur* ausgegeben hätten (vgl. LA II, 10A, 637).

Am 24.3.1824 übersandte Wilbrand seine soeben erschienene Abhandlung *Übersicht der Vegetation Deutschlands nach ihren natürlichen Familien* (*Flora* 7, 1824, 1. Beilage; Ruppert 5274), der am 6.7.1824 noch die *Darstellung des thierischen Magnetismus [...]* (Frankfurt am Main 1824; Ruppert 5265) und am 20.5.1827 die Schrift über *Die Natur des Athmungs-Processes* (Frankfurt am Main 1827; Ruppert 5272) folgten.

Am 18.8.1828 teilte Ritgen G. mit, dass dessen Metamorphosenlehre »der Ursprung von Wilbrands Schriften« gewesen sei (LA II, 10B.1, 408). Damit unterstrich er ein Bekenntnis Wilbrands, der in seinem Brief an G. vom 15.8.1820 davon gesprochen hatte, »daß keiner mit mehr Wahrheit, und mit innigerer Freude Ihre Bemühungen, um einen bessern Geist in der Naturkunde einzuführen, schätzen kann, und wirklich schätzet, als ich, und daß auch keiner dieses bei passenden Gelegenheiten bisher mehr ausgesprochen hat, und weiter aussprechen wird, als ich [...]« (LA II, 10A, 389). In seiner 1831 erschienenen Autobiographie schrieb Wilbrand: »Hinsichtlich der *organischen Schöpfung* war nichts weiter vorhanden als *Goethes Schrift über die Metamorphose der Pflanzen*« (Wilbrand 1831, 26).

Literatur

Bock, Alfred: Goethe und Professor Wilbrand. In: Ders.: Aus einer kleinen Universitätsstadt. Gießen

1896, 46–54. – Maaß, Christian: Johann Bernhard Wilbrand (1779–1846). Herausragender Vertreter der romantischen Naturlehre in Gießen. 2 Bde. Gießen 1994. – Murken, Axel: Johann Bernhard Wilbrand, ein Naturwissenschaftler der Romantik und seine Beziehung zu J. W. von Goethe. In: Medizinische Monatsschrift. 24 (1970), 165–170. – Wilbrand, Johann Bernhard: Selbstbiographie. Gießen 1831. *HO*

Winckler, Johann Heinrich (1703–1770)

Die Vorlesungen des Professors für Philosophie, Philologie und Physik an der Universität Leipzig und Anhängers der Wolffschen Aufklärungsphilosophie besuchte G. am Beginn seines Studiums in den Jahren 1765/1766. Später betonte G. vor allem Wincklers Verdienste um die Erforschung der →Elektrizität. Bereits in den *Ephemerides*, dem in der Straßburger Studienzeit 1770/1771 geführten Notizheft, notierte G. dazu zwei Werke Wincklers aus den Jahren 1744 und 1745: *Gedanken von den Eigenschaften, Wirkungen und Ursachen der Electricität* und *Die Eigenschaften der Electrischen Materie und des Electrischen Feuers aus verschiedenen neuen Versuchen erkläret*.

Im historischen Teil der *Farbenlehre* hielt G. im Kapitel *Konfession des Verfassers* fest: »Auf der Akademie hatte ich mir Physik wie ein anderer vortragen und die Experimente vorzeigen lassen. Winckler in Leipzig, einer der ersten der sich um Elektrizität verdient machte, behandelte diese Abteilung sehr umständlich und mit Liebe, so daß mir die sämtlichen Versuche mit ihren Bedingungen fast noch jetzt [nach 1800] durchaus gegenwärtig sind« (FA I, 23.1, 974). An Experimente zur →Newtonschen Optik bei Winckler erinnerte sich G. jedoch nicht.

In einer 1821 entstandenen Übersicht zu seinem *Naturwissenschaftlichen Entwicklungsgang* vermerkte G.: »In Leipzig Winklers Physik« (FA I, 25, 50) – dies spricht dafür, dass die Vorlesungen doch einen nachhaltigeren Eindruck hinterlassen haben. *CS*

Windischmann, Carl Joseph Hieronymus (1775–1839)

Der →Schelling-Schüler, Naturphilosoph und Arzt war ab 1803 Professor am Lyzeum in Aschaffenburg, ab 1818 Professor der Philosophie in Bonn. Bereits am 11.11.1804 sandte er G. den ersten Band seiner *Ideen zur Physik* (Würzburg und Bamberg 1805; Ruppert 5280) zu, wofür dieser am 23.11.1804 dankte. Gegenüber H. K. A. Eichstädt sprach G. am 28.2.1807 aus, warum ihm an einem guten Verhältnis zu Windischmann besonders gelegen war: »Herrn Windischmann machen Sie gelegentlich viel Empfehlungen von mir und sagen Sie ihm, daß ich bey meinen chromatischen Arbeiten sehr auf ihn zähle. Wie oft wünschte ich, mich mit ihm unterhalten zu können! Gewiß würde ich über manches geschwinder hinauskommen und das Ganze würde sich besser fügen«. Tatsächlich rezensierte Windischmann 1813 G.s *Farbenlehre* in den *Ergänzungsblättern* zur JALZ (Bd. 1, Nr. 3, Sp. 17–24; Nr. 4, Sp. 25–32; Nr. 5, Sp. 33–40; Nr. 6, Sp. 41–44) mit großer Zustimmung und zu G.s größter Befriedigung. Der erste, ungleich kürzere Teil der Rezension von H. F. →Link war dagegen äußerst kritisch gehalten.

Bereits am 13.11.1810 teilte Windischmann G. die Absendung seiner Rezension nach Jena mit. Da sich der Abdruck verzögerte und G. sich das Zaudern der JALZ nicht erklären konnte, erbat er über Charlotte v. Schiller eine Abschrift (28.3.1811; WA IV, 22, 70f.), erhielt diese von Windischmann mit Brief vom 7.4.1811 (vgl. RA 6, 91) und dankte diesem am 2.5.1811 (WA IV, 22, 79f.). Kurz darauf tauschte sich G. mit Eichstädt, dem verantwortlichen Redakteur der JALZ, über die Rezension aus (vgl. an Eichstädt, 17.7. und 4.8.1811; WA IV, 22, 131 u. 137f.) und lehnte einen offenbar von diesem gewünschten Zusatz ab.

Erst am 28.12.1812 folgte, veranlasst durch die Lektüre am 25.12., ein ausführlicher Brief G.s an Windischmann, in dem er auf die Rezension im Detail einging: »Nun tritt Ihre ruhige, theilnehmende, freundliche Anzeige hervor, in der ich mich selbst mit meinen Intentionen und Gesinnungen wieder finde und meine Arbeit dabey so schön supplirt sehe, daß ich wohl hoffen darf, ein solcher Mitarbeiter werde dasjenige immer mehr nachholen, was ich rechts und links, mit Wissen und unbewußt liegen ließ«. Windischmann antwortete darauf am 10.1.1813 ebenfalls ausführlich, ganz in G.s Sinn (vgl. EGW 4, 652f.). Damit schließt die Korrespondenz, die sich auf Windischmanns Anteilnahme an G.s *Farbenlehre* bezieht. Am 17. und 20.9.1814 trafen sich beide in Frankfurt am Main. *WZ*

Wirbelknochen/Wirbeltheorie des Schädels

In den *Tag- und Jahresheften* von 1790 verwies G. rückschauend auf seine Entdeckung der Wirbeltheorie des Schädels in Venedig: »Als ich nämlich auf den Dünen des Lido […] mich oftmals erging, fand ich einen so glücklich geborstenen Schafschädel, der mir nicht allein jene große früher von mir erkannte Wahrheit: die sämmtlichen Schädelknochen seien aus verwandelten Wirbelknochen entstanden, abermals bethätigte, sondern auch den

Übergang innerlich ungeformter organischer Massen, durch Aufschluß nach außen, zu fortschreitender Veredelung höchster Bildung und Entwicklung in die vorzüglichsten Sinneswerkzeuge vor Augen stellte [...]«.

Nachdem G. die Thematik 1820 und 1823 in seiner Zeitschrift *Zur Morphologie* innerhalb der Nachträge zur Zwischenkieferabhandlung (Morph I, 2) und im Aufsatz *Bedeutende Fördernis durch ein einziges geistreiches Wort* (Morph II, 1) angesprochen hatte, widmete er ihr im letzten Heft (II, 2) noch einen kleinen eigenen Aufsatz, der am 23.6.1824 entstand: *Das Schädelgerüst aus sechs Wirbelknochen auferbaut.*

Inzwischen war die bis Mitte des 19. Jh.s allgemein anerkannte, erst 1859 von T. H. Huxley widerlegte Wirbeltheorie des Schädels, nach der alle Schädelknochen Modifikationen von Wirbeln darstellen sollten, 1807 Gegenstand der Jenaer Antrittsvorlesung von L. →Oken (*Ueber die Bedeutung der Schädelknochen*; Ruppert 4943) gewesen. Als G. in diesem Zusammenhang auf seine (freilich zunächst nicht veröffentlichte) Entdeckung von 1790 hinwies, kam es zu einem anhaltenden, vor allem von Oken noch über G.s Tod hinaus betriebenen Prioritätsstreit. Einen Hinweis darauf geben die *Tag- und Jahreshefte* von 1807: »Die älteren osteologischen Ansichten, vorzüglich die im Jahre 1791 [korrekt 1790] in Venedig von mir gemachte Entdeckung, daß der Schädel aus Rückenwirbeln gebildet sei, ward näher beleuchtet, und mit zwei theilnehmenden Freunden [...] verhandelt, welche beide mir mit Erstaunen die Nachricht brachten, daß so eben diese *Bedeutung der Schädelknochen* durch ein akademisches Programm [von L. Oken] in's Publicum gesprungen sei, wie sie, da sie noch leben, Zeugniß geben können. Ich ersuchte sie sich stille zu halten, denn daß in eben gedachtem Programm die Sache nicht geistreich durchdrungen, nicht aus der Quelle geschöpft war, fiel dem Wissenden nur allzusehr in die Augen. Es geschahen mancherlei Versuche mich reden zu machen, allein ich wußte zu schweigen«.

Ab 1810 häuften sich G.s Beschwerden über Okens Verhalten (vgl. z. B. an C. G. v. Voigt, 3.3.1810; an C. G. D. Nees v. Esenbeck, 5.11.1818). Als C. G. Carus G. am 10.2.1818 sein *Lehrbuch der Zootomie* (Leipzig 1818) zusandte, entwickelte sich eine bis 1831 geführte Korrespondenz, die immer wieder auch die Wirbelknochen thematisierte, zumal Carus auf diesem Gebiet sein großes Tafelwerk *Von den Ur-Theile des Schalen- und Knochengerüstes* (Leipzig 1828) vorlegte. Am 21.7.1821 besuchte Carus G. in Weimar; zu diesem einzigen persönlichen Treffen notierte G. im Tagebuch: »wir sprachen über den Schädel und dessen Bildung aus sechs Wirbeln«.

Die Zahl der beteiligten Wirbel wurde zeitgenössisch kontrovers behandelt. Nur G. und Carus gingen (wie noch 1835 G. Büchner) von sechs Wirbeln zur Bildung des Schädels aus. L. Oken nahm zunächst drei, ab 1819 wie L. H. Bojanus vier Wirbel an. K. F. →Burdach propagierte drei (ab 1826 fünf) Wirbel, J. F. Meckel d. J. und J. B. →Spix erkannten vier, É. →Geoffroy Saint-Hilaire gar sieben. Gegenüber Burdach machte G. seine abweichende Meinung, im Schulterschluss mit Carus, am 21.7.1821 in einer Weise deutlich, dass dieser fortan beleidigt schwieg. Der gleiche Brief enthielt auch eine drastische Kritik an Spix; er »bearbeitete seine Tafeln in eben dem bornirten Sinne; wer fühlt sich nicht verworren, indem er sie studirt«. Gemeint war dessen Werk *Cephalogenesis sive capitis ossei structura, formatio et significatio* (1815), in dem Spix nach G.s Auffassung den hinteren Schädel als aus drei Wirbelknochen zusammengesetzt vergleichend-anatomisch zwar richtig interpretiert, jedoch die Knochen des Gesichtsschädels nicht aus Wirbeln abgeleitet habe. In G.s Aufsatz *Kraniologie* heißt es dazu: »Demjenigen der einmal die drei hinteren Wirbelknochen zugegeben hat, fallen auch die drei vorderen so klar und erfreulich in die Augen daß er sich nichts besseres wünschen kann. Denn hier manifestiert sich die große Konsequenz, die Standhaftigkeit und Mobilität der organischen Natur« (FA I, 24, 647 f.), womit G. auf seine Leitprinzipien von →Typus (»Standhaftigkeit«) und →Metamorphose (»Mobilität«) deutete.

Vor allem in den Arbeiten von Carus sah G. eine späte Bestätigung seiner eigenen Tätigkeiten (vgl. TuJ 1822). Carus wiederum verwies in der Einleitung zu seinem Werk *Von den Ur-Theilen des Schalen- und Knochengerüstes* (1828) auf G.s Priorität in der Wirbeltheorie des Schädels, so dass Oken ihm am 18.12.1828 erbost schrieb: »Ich weiß nicht, warum Sie so willfährig ihm [G.] die Entdeckung der Wirbel zuschreiben. Warum, wenn ihm diese Idee so weitreichend war, hat er denn geschwiegen, so lange man über meine ›Bedeutung des Schädels‹ [1807] schimpfte und lachte? Erst nachdem diese Lehre plötzlich Beifall fand durch Sie, Meckel, Bojanus etc., erst nachdem er gesehen, daß ich die Sache durchgefochten hatte, wurde er lüstern nach dieser Lehre; also erst 10 Jahre nach dem Erscheinen meiner Schrift fand er die Idee gut und fand er es gut zu tun, als wenn diese Idee ihm gehörte. [...] Ob ich diese Entdeckung habe oder nicht, kann mir gleichgültig sein; allein daß Goethe tut, als hätte er sie nicht nur auch gemacht, sondern als wenn ich ein Mensch wäre, der dergleichen zu stehlen nötig hätte, das ist es, was mich empört« (LA II, 10B.1, 443).

Über den speziellen Kontext der Wirbeltheorie des Schädels hinaus glaubte G., im Wirbel ein gemäß der Funktion wandelbares Grundelement des tierischen Bauplans gefunden zu haben, analog zum →Blatt im Pflanzenreich. So unterzog er die Halswirbel einer genauen Analyse (vgl. FA I, 24, 200–204) und berücksichtigte die Wirbel selbstverständlich auch bei der Aufstellung seines osteologischen Typus (ebd. 241 f., 257–259, 279 f.).

Literatur
Asma, Stephen T.: Following form and function. A philosophical archaeology of life science. Chicago 1996, 33–39. – Mann, Gunter: »... daß aus Knochen alles deduziert werden kann«. Über die Wirbelnatur des Kopfskelettes. In: Ders., Mollenhauer, Dieter und Peters, Stefan (Hg.): In der Mitte zwischen Natur und Subjekt. Johann Wolfgang von Goethes ›Versuch, die Metamorphose der Pflanze zu erklären‹ 1790–1990. Sachverhalte, Gedanken, Wirkungen. Frankfurt am Main 1992, 53–68. – Peyer, Bernhard: Goethes Wirbeltheorie des Schädels. Zürich 1950. – Zaunick, Rudolph: Oken, Carus, Goethe. Zur Geschichte des Gedankens der Wirbel-Metamorphose. In: Historische Studien und Skizzen zu Natur- und Heilwissenschaft. Fs. Georg Sticker. Berlin 1930, 118–129. *WZ*

Wissenschaft

Der Begriff ist ausführlich in GHB. 4.2, 1187–1194 behandelt worden. Hier seien lediglich einige bedeutende Aspekte mit anderer Akzentsetzung punktuell herausgestellt:

G. war sein gesamtes Leben hindurch als Dichter *und* Naturforscher tätig; hinsichtlich seiner breit gestreuten wissenschaftlichen Interessen und Tätigkeiten erhob er bisweilen einen hohen Erkenntnisanspruch (»in der schwierigen Wissenschaft der Farbenlehre der Einzige [...], der das Rechte weiß«; Eckermann, 19.2.1829). Neben die Beschäftigung in einzelnen wissenschaftlichen Fächern, deren Spektrum der vorliegende Band erläutert, trat ein ausgeprägtes Interesse an Wissenschaftstheorie und – vor allem – Wissenschaftsgeschichte. G. hat seine eigene Rolle stets im historischen Kontext gesehen, wie vor allem die *Konfession des Verfassers* (FA I, 23.1, 968–986), mit der er seine Position in der Geschichte der Farbenlehre erläuterte, und der Aufsatz *Der Verfasser teilt die Geschichte seiner botanischen Studien mit* (FA I, 24, 732–752) verdeutlichen.

Für G. war der Wissenschaftler im Gegensatz zur im 19. Jh. einsetzenden Entwicklung nicht Fachgelehrter, sondern im weitesten Sinne – wie man heute sagen würde – interdisziplinär und, darüber noch hinausgehend, allgemein kulturell tätig. Die zu seinen Lebzeiten einsetzende Spezialisierung der einzelnen naturforschenden Fächer, die fächerübergreifendes Arbeiten zurückdrängte und vor allem Verbindungen zu Kunst, Philosophie und Poesie obsolet werden ließ, sah G. mit großer Skepsis, ging er doch von einer gemeinsamen Wurzel im Sinne einer universalen Kultur aus, die solche Grenzziehungen gerade verurteilte. So suchte G. trotz methodischer Differenzen zwischen Wissenschaft und Kunst eher das Gemeinsame als das Trennende: »Ich denke, Wissenschaft könnte man die Kenntniß des Allgemeinen nennen, das abgezogene Wissen; Kunst dagegen wäre Wissenschaft, zur That verwendet. Wissenschaft wäre Vernunft und Kunst ihr Mechanismus; deßhalb man sie auch praktische Wissenschaft nennen könnte. Und so wäre denn endlich Wissenschaft das Theorem, Kunst das Problem« (MuR 758).

Einen ähnlichen Brückenschlag strebte G. auch zwischen Wissenschaft und Poesie an. Als er 1816/1817 Materialien zur Wirkungsgeschichte seiner Schrift über die Pflanzenmetamorphose zusammenstellte, betonte er: »Nirgends wollte man zugeben, daß Wissenschaft und Poesie vereinbar seien. Man vergaß daß Wissenschaft sich aus Poesie entwickelt habe, man bedachte nicht daß, nach einem Umschwung von Zeiten, beide sich wieder freundlich, zu beiderseitigem Vorteil, auf höherer Stelle, gar wohl wieder begegnen könnten« (FA I, 24, 420).

Aber auch, wenn G. nicht auf den Künstler oder Poeten abhob, sah er Wissenschaft immer im Kontext des Individuell-Subjektiven, das ihm im einzelnen Forscher entgegentrat. Im historischen Teil der *Farbenlehre*, aber auch in den Texten, die G. zur Geschichte der Botanik verfasst hat, standen die Forscherpersönlichkeiten im Mittelpunkt seiner Erörterungen. Seine Überzeugung, dass Wissenschaft immer vom einzelnen, konkreten Menschen ausgehe, drückte sich vor allem darin aus, dass er dem biographischen Element breiten Raum gab: »Ja eine Geschichte der Wissenschaften, insofern diese durch Menschen behandelt worden, zeigt ein ganz anderes und höchst belehrendes Ansehen, als wenn bloß Entdeckungen und Meinungen an einander gereiht werden« (FA I, 23.1, 518). Und gerade einzelne Individuen waren es seines Erachtens auch, die den Gang der Wissenschaften gegen die herrschende Lehrmeinung entscheidend beförderten: »Der schwache Faden, der sich aus dem manchmal so breiten Gewebe des Wissens und der Wissenschaften durch alle Zeiten, selbst die dunkelsten und verworrensten, ununterbrochen fortzieht, wird durch Individuen durchgeführt. Diese werden in einem Jahrhundert wie in dem andern von der besten Art geboren und verhalten sich immer auf dieselbe Weise gegen jedes Jahrhundert, in welchem sie vorkommen. Sie stehen nämlich mit der Menge im Gegensatz, ja im Widerstreit« (ebd. 614). Dass G. hier auch auf den eigenen, allein geführten und in seiner Zeit aussichtslosen Kampf gegen →Newton anspielte, den er gleichwohl in der Zukunft als

Sieger bestehen wollte, ist nur zu offensichtlich.

Vor allem wenn man die Geschichte der Wissenschaften untersucht, erkennt man nach G.s Auffassung, wie diese »mit der Geschichte der Philosophie innigst verbunden [ist], aber eben so mit der Geschichte des Lebens und des Charakters der Individuen, so wie der Völker« (ebd. 596). Den völkerübergreifenden Aspekt der Wissenschaft, die als Kulturleistung der gesamten Menschheit aufzufassen ist, hat G. wiederholt betont; parallel zur Weltliteratur – eine Wortschöpfung G.s – könnte man auch von einer Weltwissenschaft sprechen, die G. nach seinen Möglichkeiten auch selbst praktizierte, indem er z. B. weltweit Mineralien tauschte und den Besuch ausländischer Gelehrter als äußerst förderlich empfand (z. B. des Dänen H. C. →Oersted, der ihn 1822 aus erster Hand über die Entdeckung des Elektromagnetismus unterrichtete).

Wissenschaft verstand G. nicht als Ergebnis von Wissensanhäufung und Sammlung von Einzelphänomenen, sondern als Erkenntnis einer Grundlage, die auf alle einzelnen Fälle Anwendungen finden konnte. Ein solche gemeinsame Basis des Phänomenalen nannte G. →Urphänomen, sein plötzliches Erkennen (oder den Moment seiner Entdeckung) ein →Aperçu (→Prismenaperçu): »Alles kommt in der Wissenschaft auf das an, was man ein Aperçu nennt, auf ein Gewahrwerden dessen, was eigentlich den Erscheinungen zum Grunde liegt. Und ein solches Gewahrwerden ist bis ins Unendliche fruchtbar« (FA I, 23.1, 689). Erkannte Urphänomene hatten für G. den Stellenwert von nicht weiter hinterfragbaren Naturgesetzen, sie schufen in der verwirrenden Vielheit der Phänomene die Einheit der ordnenden Grundlage, auf die man sich immer wieder beziehen konnte. In diesem Sinne beruhte »das Wissen [...] auf der Kenntnis des zu Unterscheidenden, die Wissenschaft auf der Anerkennung des nicht zu Unterscheidenden« (MuR 1151), was für alle möglichen Phänomene der Erscheinungswelt die gemeinsame Klammer lieferte.

Über das Verhältnis von Wissen zu Wissenschaft hat G. wiederholt reflektiert: »Das Wissen wird durch das Gewahrwerden seiner Lücken, durch das Gefühl seiner Mängel zur Wissenschaft geführt, welche vor, mit und nach allem Wissen besteht« (MuR 1152), und: »Wenn ein Wissen reif ist, Wissenschaft zu werden, so muß notwendig eine Krise entstehen; denn es wird die Differenz offenbar zwischen denen, die das Einzelne trennen und getrennt darstellen, und solchen, die das Allgemeine im Auge haben und gern das Besondere an- und einfügen möchten« (MuR 419).

In seiner Verortung zwischen Kunst, Poesie und Philosophie, als Ausdruck der menschlichen Kultur überhaupt, erscheint G.s Wissenschaftsbegriff komplex und geht über den Bereich der Naturforschung weit hinaus. Wie sich für G. die Geschichte der Farbenlehre nur aus der Geschichte der gesamten Naturwissenschaften erschloss (vgl. FA I, 23.1, 596), erschien ihm Wissenschaft nur aus der Summe aller Wissenschaften und aus ihren Erscheinungsformen deutbar, die für ihn letzten Endes durch Lebensleistungen von Individuen bestimmt waren. Was er für die Geschichte der Farbenlehre formulierte, gilt auch für die Wissenschaft überhaupt: »Denn zur Einsicht in den geringsten Teil ist die Übersicht des Ganzen nötig« (ebd.).

G. war sich bewusst, dass das Ziel einer vollkommenen wissenschaftlichen Erfassung und Erklärung der Welt nicht erreichbar war, so dass für ihn in der wissenschaftlichen Tätigkeit das Moment der Annäherung an ein →Unerforschliches ebenso lag wie das der entsagenden Bescheidung: »Und wer kann denn zuletzt sagen, daß er wissenschaftlich in der höchsten Region des Bewußtseins immer wandele, wo man das Äußere mit größter Bedächtigkeit, mit so scharfer als ruhiger Aufmerksamkeit betrachtet, wo man zugleich sein eigenes Innere, mit kluger Umsicht, mit bescheidener Vorsicht, walten läßt, in geduldiger Hoffnung eines wahrhaft reinen, harmonischen Anschauens. Trübt uns nicht die Welt, trüben wir uns nicht selbst solche Momente? Fromme Wünsche jedoch dürfen wir hegen, liebevolles Annähern an das Unerreichbare versuchen, ist nicht untersagt« (FA I, 24, 438).

WZ

Wöhler, Friedrich (1800–1882)

Der bekannte deutsche Chemiker studierte ab 1820 Medizin in Marburg und ab 1821 Medizin und Chemie (bei Leopold →Gmelin) in Heidelberg. Nach der Promotion zum Dr. med. hörte er in Stockholm Chemie bei Jöns Jacob →Berzelius, dessen *Lehrbuch der Thier-Chemie* er 1831 ins Deutsche übersetzte. Ab 1825 Lehrer an der Gewerbeschule in Berlin und ab 1831 Professor am Polytechnikum in →Kassel, wurde er 1836 Professor für Chemie und Pharmazie an der Universität →Göttingen.

Anfang 1828 (vgl. Wöhler an Berzelius, 22.2.1828) gelang ihm die historisch bedeutsame Synthese von Harnstoff aus Ammoniumcyanat (NH_4CNO): Damit wurde zum ersten Mal aus anorganischem Ausgangsmaterial ein nur in lebenden Organismen bekannter Stoff im Reagenzglas erzeugt, wodurch die Annahme entkräftet war, dass organische Verbindungen nur mithilfe einer »Lebenskraft« entstehen könnten, nicht aber künstlich im Labor aus »unbelebten« (anorganischen) Substanzen.

Inwieweit G. über Wöhlers Experiment informiert war, ist nicht eindeutig nachzuweisen. Berzelius, den G. laut Tagebuch am 20.8.1828 in →Dornburg traf, war im oben genannten Brief von Wöhler über die Harnstoffsynthese informiert worden. Ein weiterer Berichterstatter könnte →Döbereiner gewesen sein, der G. am 12.8.1828 (ebenfalls in Dornburg) besucht hatte; G. vermerkte hierzu im Tagebuch, er habe von Döbereiner »sehr viel Bedeutendes vernommen«.

Die G.-Forschung geht davon aus, dass G. die →Homunculus-Szene in *Faust II* nach Wöhlers Entdeckung umgestaltete (vgl. Schöne und zu weiteren Einzelheiten →Harnstoffsynthese).

Literatur

Schöne, Albrecht: Komm. zu *Faust.* In: FA I, 7.2, 504–508, 510f. – Wallach, Otto (Hg.): Briefwechsel zwischen J. Berzelius und F. Wöhler; mit einem Kommentar von J. von Braun. Genehmigter Nachdruck der Ausgabe von 1901. Wiesbaden 1984. – Wöhler, Friedrich: Ueber künstliche Bildung des Harnstoffs. In: Annalen der Physik. 37 (1828), 253–256. *EN*

Wolf, Friedrich August (1759–1824)

Der Begründer der Altertumswissenschaft und Professor in Halle und Berlin war mit G. seit Mai 1795 persönlich bekannt. Die altphilologischen Aspekte der Beziehung werden im entsprechenden Artikel in GHB. 4.2, 1196ff. dargestellt. Im Rahmen von G.s Naturforschung erscheint Wolf als ein Zuarbeiter für spezielle Themen der *Farbenlehre* und wird auch von G. ausdrücklich in dem Werk in der Liste derjenigen genannt, die »Beistand leisteten« (FA I, 23.1, 980). Am 28.6.1802 wird in G.s Tagebuch eine »Conferenz […] über die Farben« in Lauchstädt erwähnt, am gleichen Tag berichtet G. an →Schiller: »Mit Wolf habe ich heute schon angefangen das Büchlein von den Farben [*Aristotelis vel Theophrasti de coloribus*, Ausgabe von S.→Portius, Paris 1549] durchzulesen und dadurch schon großen Vortheil und Sicherheit zur Ausarbeitung des Ganzen erlangt und ich erwarte noch manches schöne Resultat von unsern Conferenzen«. Am 5.7.1802 schrieb G. dem gleichen Adressaten Einzelheiten über die Erfolge der gemeinsamen Lektüre. Wolf hat offenbar im Anschluss versucht, nähere Aufklärung über die Autorschaft des Werks, die er bei →Aristoteles sah, zu bekommen und deswegen Kontakte nach Paris geknüpft (vgl. Wolf an G., 5.4.1803). Auch von Ende August und vom 7.9.1804 sind Zeugnisse überliefert, die G. und Wolf an der Arbeit an alten Schriften zur Farbenlehre zeigen (vgl. EGW 4, 385f.).

1805 ging es in der Korrespondenz zwischen beiden wiederum um Buchbesorgungen, J. E. Montuclas *Histoire des Mathématiques*, T. Sprats und T. →Birchs Darstellungen zur Geschichte der Royal Society of London, vor allem aber um →Plotins *Enneades* in einer griechischen Ausgabe, um die G. bat (vgl. ebd. 387ff.). Am 28.9.1811 sandte G. Wolf ein frühes und bemerkenswertes Urteil über die Aufnahme seiner *Farbenlehre*, die 1810 erschienen war: »Es freut mich, daß meine Farbenlehre als Zankapfel die gute Wirkung thut. Meine Gegner schmatzen daran herum, wie Karpfen an einem großen Apfel den man ihnen in den Teich wirft. Diese Herren mögen sich gebärden, wie sie wollen, so bringen sie wenigstens dieses Buch nicht aus der Geschichte der Physik heraus. Mehr verlang' ich nicht; es mag übrigens, jetzt oder künftig, wirken was es kann«. *WZ*

Wolff, Caspar Friedrich (1734–1794)

Der vor allem als Anatom und Arzt in Halle, Breslau, Berlin und St. Petersburg Tätige begründete mit seiner Schrift *Theoria generationis* (Halle 1759; dt. *Theorie von der Generation*, Berlin 1764) die Entwicklungslehre der →Epigenese, die – von →Blumenbach entscheidend unterstützt – Ende des 18. Jh.s die bis dahin dominierende Vorstellung einer →Präformation ablöste.

Im Hinblick auf seine Metamorphosenlehre beschrieb G. den Stellenwert von Wolffs Arbeiten, die er offenbar im Dialog mit →Herder 1783/1784 kennenlernte, 1807 wieder heranzog (vgl. TuJ 1807), aber erst 1816 (vgl. an F. A. Wolf, 30.10.1816) einer intensiveren Lektüre unterzog, in dem auch biographische Angaben umfassenden Aufsatz *Entdeckung eines trefflichen Vorarbeiters* (Morph I, 1, 1817), dem zwei weitere zu Wolff im gleichen Heft folgten: *Caspar Friedrich Wolff über Pflanzenbildung* und *Wenige Bemerkungen.* In Letzterem bezeichnete G. Gemeinsamkeiten und Unterschiede: »Die Identität der Pflanzenteile bei aller ihrer Beweglichkeit, erkennt er ausdrücklich an […]. Bei der Pflanzenverwandlung sah er dasselbige Organ sich immerfort zusammenziehen, sich verkleinern; daß aber dieses Zusammenziehen mit einer Ausdehnung abwechsele, sah er nicht« (FA I, 24, 432). In den *Tag- und Jahresheften* von 1816 hielt G. fest: »Ich rief mir das Andenken Caspar Friedrich Wolff[f]s wieder hervor«.

Wolffs Feststellung, dass die Blütenorgane der Pflanze umgewandelte Blätter seien, nahm eine wichtige These G.s vorweg, so dass dieser mit Recht von einem Vorläufer sprechen konnte. Auch ein unbekannter Rezensent von Morph und ZNÜ I, 1–3 (*Leipziger Literatur-Zeitung*, 24.5.1822) stellte fest, dass die »Grundideen« der »Metamorphose der Pflanzen […] von […] C. Fr. Wolff angegeben waren« (LA II, 10A, 511; vgl. dazu auch J. C. A.

Grohmann an G., 26.12.1818, ebd. 296).

Der Widerlegung der Präformationstheorie durch Wolff schloss sich G. jedoch nicht an, indem er sich gleichermaßen von der Lehre der Epigenese distanzierte und mit seiner auf →Typus und →Metamorphose fußenden Morphologie einen eigenständigen Weg einschlug.

1820 rückte G. einen Aufsatz von C. L. Mursinna, *Caspar Friedrich Wolffs erneuertes Andenken* (Morph I, 2, 1820), in seine Hefte *Zur Morphologie* ein und deutete mit dem anschließenden Gedicht *Mag's die Welt zur Seite weisen [...]* die unzureichende Würdigung des Gelehrten an.

In seinem Aufsatz *Bildungstrieb* (ebd.) versuchte G., Wolff wissenschaftshistorisch einzuordnen: »Hier fand ich nun meinen Caspar Friedrich Wolff als Mittelglied zwischen Haller und Bonnet auf der einen und Blumenbach auf der andern Seite. Wolff mußte zum Behuf seiner Epigenese ein organisches Element voraussetzen, woraus alsdann die zum organischen Leben bestimmten Wesen sich ernährten. Er gab dieser Materie eine vim essentialem [Lebenskraft], die sich zu allem fügt was sich selbst hervorbringen wollte und sich dadurch zu dem Range eines Hervorbringenden selbst erhob. Ausdrücke der Art ließen noch einiges zu wünschen übrig: [...] Das Wort Kraft bezeichnet zunächst etwas nur Physisches, sogar Mechanisches, und das was sich aus jener Materie organisieren soll bleibt uns ein dunkler unbegreiflicher Punkt« (FA I, 24, 451). Hier markierte G. die Grenze, über die hinaus er Wolff nicht folgen wollte. Seine Metamorphosenlehre sah er als Vollendung der ›Vorarbeiten‹ Wolffs.

Literatur

Mette, Alexander: Im Zeichen Caspar Friedrich Wolffs. In: GJb. (1973), 287–292. – Uschmann, Georg: Caspar Friedrich Wolff. Ein Pionier der modernen Embryologie. Leipzig, Jena 1955. *ZA*

Wolfsberg

Die Basaltkuppe bei Czerlochin, nordöstlich von Mies in →Böhmen gelegen, beschrieb G. in seinem Aufsatz *Der Wolfsberg* (mit Mineralienverzeichnis und Nachschrift), der in ZNÜ II, 2 (1824) erschien (vgl. FA I, 25, 440 ff.). Die »höchst bedeutende Höhe [...] in dem Pilsner Kreise« und »die problematische Erscheinung desselben [des dortigen Gesteins] werden noch manchem Beobachter und Forscher zu schaffen geben« (ebd. 440).

Die Auswürfe basaltischer Schlacken, darunter →Augiten und Hornblendekristalle sowie Bruchstücke des Nebengesteins der Basalteruption in verschiedenen Zuständen thermischer Beeinflussung durch heiße Basaltlava, welche G. als »merkwürdige Produkte« (ebd.) dieser Gegend bezeichnete, erregten seine Aufmerksamkeit. An C. C. v. →Leonhard schrieb er am 9.6.1823, dass ihm »die Anschauung des Dolerits [Basalt, u.a. aus Augit] um deswegen so wichtig ist, weil ich bey meiner vorhabenden Reise nach Böhmen den Wolfsberg bey Czerlochin im Pilsner Kreis [...] durch Abgeordnete werde besuchen lassen. Er liefert schöne, große, deutliche Augiten, und ich müßte mich sehr irren, wenn die bräunliche Masse, worin sie eingeschlossen sind, das Gebirg nicht zum Doleriten qualificiren sollte«.

Zunächst hat Graf →Sternberg G. am 25.11.1820 brieflich auf den Wolfsberg aufmerksam gemacht und auf Ähnlichkeiten mit dem →Kammerberg bei Eger verwiesen (vgl. LA II, 8A, 622).

G. sah Ende August 1821 in →Eger in der Sammlung des Scharfrichters C. →Huß vermutlich einige Augitkristalle vom Wolfsberg und erhielt von diesem durch die Vermittlung J. S. →Grüners ein Exemplar (vgl. Grüner an G., 25.11.1821; LA II, 8B.1, 227).

Am 20.7.1823 bekam G. in →Marienbad von dem Pilsener Benediktiner J. S. Zauper »bedeutende Mineralien«, wohl Augiten vom Wolfsberg, um die er ihn bereits am 21.8.1822 gebeten hatte.

Persönlich hat G. den Wolfsberg nicht erkundet. Am 22.7.1823 sandte er seinen Diener Stadelmann dorthin, am Folgetag besah er »die mitgebrachten Stufen« und sandte Augiten an Grüner, am 24.7. zeigte er Proben dem Großherzog →Carl August, der sich ebenfalls in Marienbad aufhielt. An Grüner schrieb G. am 28.7.1823 nach erneuter Sichtung: »Stadelmanns Excursion auf den Wolfsberg hat uns sehr bereichert; die Folge von Gebirgs- und Gangarten in ihrer Natur, dann aber durch's Feuer verändert, verschafft eine höchst instructive Übersicht [...] besonders wenn wir, wie zu hoffen steht, eine parallele Sammlung von Albenreuth daneben legen. Manches Andere hat sich gefunden, wird jetzt geordnet, gepackt, zum Theil nach Hause, zum Theil in die Fremde gesandt«. Am 29.7.1823 berichtete G. an Grüner: »Der Wolfsberg ist nah dran, uns seine Geheimnisse aufzuschließen [...]«.

Am 11.8.1823 wurde Stadelmann erneut zum Wolfsberg geschickt, kam am 12.8. »mit großem Gepäck« zurück und »reinigte« am 13.8. »die Schätze vom Wolfsberge«.

Nach der Ordnung und Katalogisierung der Funde (vgl. Tgb und an A. v. Goethe, 3.8.) sandte G. am 16.8.1823 Suiten an H. C. G. v. →Struve und an die →Gesellschaft des vaterländischen Museums in Böhmen. In Letzterer erschienen »die verschiedensten originären Gebirgsarten ihrer Natur und Art gemäß auf die mannichfaltigste Weise verändert und zerstört«. Ebenfalls am 16.8.1823 zeichnete J. A. F. →John den Wolfsberg (vgl. LA II, 8B.1, 62, M

37). Auch das Stift →Tepl bei Marienbad wurde mit einer Suite vom Wolfsberg bedacht (vgl. Tgb, 18.8.1823). Am 10.9.1823 meldete G. dem Grafen Sternberg die Ähnlichkeit des Wolfsbergs mit dem pyrotypischen Kammerberg bei Eger und bestätigte damit dessen Angabe vom 25.11.1820 (s.o.).

Ab 8.12.1823 setzte G. in Weimar seine Betrachtung des Gesteins vom Wolfsberg fort und stellte nun den eingangs erwähnten Aufsatz fertig (vgl. Tgb, 9. und 23.12.1823, 3. und 9.1.1824). Zu den Augit- und Hornblende-Kristallen vom Wolfsberg, die G. auch von J. W. →Döbereiner untersuchen ließ (vgl. an Döbereiner, 4.2.1824), erstellte Soret einen Katalog, der in ZNÜ II, 2 (1824) unter dem Titel *Catalogue raisonné des variétés d'Amphibole et de Pyroxène rapportées de Bohème par S. E. Monsieur le Ministre d'Etat de Goethe* veröffentlicht wurde.

Literatur

Engelhardt, Wolf von: Goethe im Gespräch mit der Erde. Weimar 2003, 316f. - Prescher 455-459. *HO*

Wolkengedichte

G.s Wolkengedichte sind Ausdruck seiner Verehrung von L. →Howard und wurden auch durch seine Beschäftigung mit →Kálidásas *Megha-Duta* (*Der Wolkenbote*) beeinflusst. Bereits in ZNÜ I, 3 (1820) hatte G. seine erste, vierstrophige Fassung von *Howard's Ehrengedächtnis* publiziert, in dem die →Wolkenformen Stratus, Kumulus, Zirrus und Nimbus beschrieben werden. Das Gedicht wurde in England von J. Bowring übersetzt, J. C. →Hüttner bemühte sich um eine Publikation, wünschte aber gegenüber G. am 23.2.1821 eine Verdeutlichung des Bezuges zu Howard. G. verfasste daraufhin am 31.3.1821 eine Erläuterung und erweiterte das Gedicht um drei einleitende Strophen (vgl. Tgb und an Hüttner, 3.4.1821). Beides erschien in *Gold's London Magazine* (4, 1821, Nr. 19, Juli-Heft) sowie - von G. bearbeitet (vgl. Tgb, 19.9.1821) - in ZNÜ I, 4 (1822) in deutscher und englischer Fassung. Für die Publikation in seiner eigenen Zeitschrift verfasste G. zwei kurze umrahmende Gedichte: *Die Welt sie ist so groß und breit [...]* (*Atmosphäre*) sowie *Und wenn wir unterschieden haben [...]* (*Wohl zu merken*). In TuJ 1821 berichtete er ausführlich über diese Veröffentlichungen.

Howard's Ehrengedächtnis verbindet die naturwissenschaftliche Thematik (Howards Wolkenbeschreibungen und Terminologie) mit einer Wolkensymbolik. Zentrale Ideen von G.s Naturforschung treten hervor: die Metamorphose im steten Gestaltwandel der Wolken, die Polarität in den verschiedenen Wolkenformen (Kumulus und Nimbus als konzentrierende Systole, Stratus und Zirrus als ausdehnende Diastole, beides jeweils abwechselnd: Stratus-Kumulus-Zirrus-Nimbus); schließlich das Moment der Steigerung (vom Stratus zum Zirrus), das durch die Nimbus-Strophe wieder auf die irdische Dimension begrenzt wird. (Weiteres dazu in *Goethe zu Howards Ehren*; FA I, 25, 242.)

Das in den Howard-Komplex einleitende Gedicht *Die Welt sie ist so groß und breit [...]*, im Herbst 1821 entstanden, weist auf die Notwendigkeit des Zusammenführens von Analyse, dem Unterscheiden, und Synthese, dem Verbinden, hin. Das abschließende Gedicht der Textgruppe, *Und wenn wir unterschieden haben [...]* (vgl. Tgb, 24.10.1821) knüpft an diese Gedanken an.

Mit dem im Sommer 1823 in Böhmen entstandenen, Ulrike von Levetzow gewidmeten Gedicht *Du Schüler Howards wunderlich [...]*, das G. am 14.8.1823 an seine Schwiegertochter Ottilie sandte, nahm G. die Wolkenthematik noch einmal auf.

In zahllosen weiteren, den verschiedensten Schaffensperioden zugehörigen Gedichten und Dichtungen läßt sich das Wolkenmotiv - wenn auch nicht in der Intensität der ›Howard-Gedichte‹ - feststellen: als Symbol für Formenwandlung, Steigerung und Emporstreben erscheint es z.B. in *Ganymed*, *Ilmenau*, *Gesang der Geister über den Wassern*, *Zueignung*, der Marienbader *Elegie*, *Dem aufgehenden Vollmonde* und in den Hochgebirgs- und Bergschluchten-Szenen von *Faust II*.

→Gedichte zur Meteorologie

Literatur

Badt, Kurt: Goethes Wolkengedichte im Zusammenhange mit den Wolkenstudien Constables und anderer zeitgenössischer Maler. In: PEGS. 20 (1951), 21-52. - Keller, Werner: »Die antwortenden Gegenbilder«. Eine Studie zu Goethes Wolkendichtung. In: JbFDtHochst. 1968, 191-236. - Schöne, Albrecht: Über Goethes Wolkenlehre. In: JbAkadWissGöttingen 1968, 26-54. - Staiger, Emil: Goethes Wolkengedichte. In: Ders.: Spätzeit. Studien zur deutschen Literatur. Zürich, München 1973, 55-78. *ZA*

Wolkenterminologie/Wolkenformen

L. →Howards Wolkenlehre, mit der er für die verschiedenen Wolkenformen eine Terminologie einführte, war bereits 1803 veröffentlicht worden (*Philosophical Magazine* 16, Nr. 62 u. 64; 17, Nr. 65). G. lernte sie im Dezember 1815 (vgl. Tgb, 8./9.12.) auf einen Hinweis von Carl August in einer deutschen Bearbeitung durch L. W. →Gilbert kennen: *Versuch einer Naturgeschichte und Physik der Wolken* (*Annalen der Physik* 51, 1815, 9. St.). »[...] über meiner ganzen naturhistorischen Beschäftigung schwebte die Howardische Wolken-

Wolkenformationen nach Luke Howard; Stich von Ludwig Heß zur Abhandlung *Wolkengestalt nach Howard* (ZNÜ I, 3, 1820)

lehre« (TuJ 1815) – dieses erste spontane Urteil erfuhr im nächsten Jahr Präzisierung: »*Howards* Wolkenterminologie ward fleißig auf die atmosphärischen Erscheinungen angewendet, und man gelangte zu besonderer Fertigkeit sie mit dem Barometerstand zu parallelisiren« (TuJ 1816).

Howard hatte die Wolkenformen in sieben Gruppen eingeteilt: 1. einfache Modifikationen (1.1. Cirrus – Federwolke; 1.2. Cumulus – Haufenwolke; 1.3. Stratus – Schichtwolke); 2. Zwischen-Modifikationen (2.1. Cirro-cumulus; 2.2. Cirrostratus, nach G.s Terminologie: Strato-zirrus) und 3. zusammengesetzte Modifikationen (3.1. Cumulostratus, nach G.s Terminologie: Strato-kumulus; 3.2. Nimbus – Regenwolke).

G. fügte 1817 in seinen meteorologischen →Instruktionen den Wolkenformationen Howards eine achte, die sogenannte Paries (Wolkenwand), hinzu – was weitgehend unbeachtet blieb.

Interessierte sich G. zunächst vor allem für die Wolkengestalten und deren ständige Veränderung, ihre Bildung und Auflösung (Negotiation), gleichsam für die Metamorphose der Wolken, so näherte er sich diesen Phänomenen bald auch künstlerisch (→Wolkengedichte, →Wolkenzeichnungen). Aus Wolkenformen Prognosen für das Wettergeschehen abgeben zu können, lag mehr im Interessengebiet Carl Augusts und färbte von ihm auf G. ab.

Am 3.1.1817 bekundete C. D. v. →Münchow, der Leiter der Jenaer Sternwarte, sein Interesse, »bildliche Entwürfe der Howardschen Klassifikation« zu erhalten (LA II, 2, 307), die G. ihm angekündigt hatte (→Wolkenzeichnungen).

Nachdem G. bereits in seinem ersten meteorologischen Aufsatz, *Camarupa* (1817), den er für seine Instruktionen für den Wetterbeobachter in →Schöndorf verwendete, die Howardsche Terminologie beschrieben hatte, veröffentlichte er 1820 (in ZNÜ I, 3) den Aufsatz *Wolkengestalt nach Howard*, dem eine Tafel mit den verschiedenen Wolkenformationen beigegeben war. Im Text, der ein umfangreiches, vom 23.4. bis 31.5.1820 auf der Reise nach und in Karlsbad geführtes Wolken- und Wettertagebuch darstellt, setzte er die neue Terminologie bereits voraus und verwendete sie ohne erneute Erklärung. An Carl August schrieb er darüber am 13.8.1820: »Die Absicht war, die Howardische Lehre ganz in die Enge zurück zu ziehen, ihre Anwendung durch fünfwöchentliche Beobachtung durchzuführen und einiges Allgemeine bey dieser Gelegenheit zu sagen«. Zugleich klagte er über »große Schwierigkeiten« mit »sämmtlichen Wolkencharakteren«, die zwar überall gleich seien, »aber nach Jahreszeiten, klimatischen und Höhe-Verhältnissen Ausdruck und Bedeutung verändern«.

G.s Interesse an den Wolkenformen bezog weit entfernte Regionen der Welt mit ein. So sandte ihm der Brasilienreisende und Botaniker C. F. P. von →Martius am 13.1.1825 als Briefbeilage einen von G. gewünschten, auf den Äquatorbereich bezüglichen Bericht *Die Bildung der Wolken* (LA II, 2, 50–56, M 7.8), in dem er Howards Terminologie verwendete (»Nubes Cumuli«, »Nubes stratae«) und die »barock scheinende Vermuthung« äußerte, »daß die Formen u. Farben der Wolken einer inneren Beziehung zu den Gestalten des Bodens haben, über dem sie sich bilden« (ebd. 55 f.).

Wie sehr G.s Beobachtung der Wolkenformen wiederum Zugang zur dichterischen Behandlung des Themas lieferte, belegt eine Äußerung über »die Übersetzung des indischen Megha-Duhta«, des *Wolkenboten* von →Kálidása. »Man hatte sich mit Wolken und Wolkenformen so lange getragen, und konnte nun erst diesem Wolkenboten in seinen tausendfältig veränderten Gestalten mit desto sichrerer Anschauung im Geiste folgen« (TuJ 1818).

ZA

Wolkenzeichnungen

Bereits einen Monat, nachdem er L. →Howards Wolkenlehre kennengelernt hatte, schrieb G. am 17.1.1816 an Carl August, dass er für die »Wolkenerscheinungen [...] Musterbilder der verschiedenen Fälle aufgesucht« habe. Am 10.7.1816 wandte er sich an die Malerin L. Seidler mit der Bitte, den ihr gut bekannten romantischen Maler C. D. Friedrich »nach Wolkenstudien und deren verschiedenen Formen« zu fragen und ihn um entsprechende Darstellungen zu bitten, ein Versuch, der nicht nur scheiterte, sondern sogar zu einem Konflikt über Wolkenmalerei zwischen G. und Friedrich führte, der für die Aufgabe »jahrelange Beobachtung und Studien« der Wolken veranschlagte (Seidler an G., 8.10.1816; LA II, 2, 305).

Während der Arbeiten an →*Camarupa* erbat G. von L. F. →Froriep drei Exemplare der 1807 entstandenen Tafel *Höhen der alten und neuen Welt* (→Höhenkarte, vergleichende), um die Howardschen Wolkenformationen dort einzuzeichnen (vgl. Tgb und an Froriep, 9.12.1817); anschließend übergab er dem Jenaer Universitätszeichenlehrer J. W. C. →Roux »die Skizzen zu Howard« (Tgb, 13.12.1817), woraus dieser ein »symbolisches Wolkenbild« (Tgb, 18.12.1817) fertigte (vgl. Corpus VB, 254; LA II, 2, Tafeln V u. VI). Dieses lag einem Kupferstich von L. Heß zugrunde, der 1820 G.s Aufsatz *Wolkengestalt nach Howard* (ZNÜ I, 3) beigegeben wurde (vgl. an C. F. E. Frommann, 20.9.1820 und Abb. S. 708) und der nach G.s Ansicht weit über die »ersten unvollkommenen englischen Bildchen« (an Sternberg, 27.11.1827) hinausging, die Howard in seiner Publikation von 1803 publiziert hatte (vgl. dazu LA II, 2, Tafel Xa-c). G. selbst versuchte am 25.6.1820, die »Wolkenformen auf einem Blatte in mehrere Felder darzustellen« (s. Abb. S. 207).

1820 beauftragte G. den 15jährigen Friedrich Preller, Wolkenzeichnungen, zum Teil nach eigenen Skizzen, anzufertigen (vgl. Prellers Bericht in GG 3.1, 278 f.). Diese befinden sich heute im Bestand des GNM (vgl. Corpus VB, 116 und Abb. bei Wasielewski). »Der junge Preller brachte meine Wolkenzeichnungen ins Reine« (TuJ 1821), hielt G. im Folgejahr fest (vgl. auch Tgb, 9.12.1821).

Wie sehr G. ein sorgsames Studium von Howards Wolkenlehre als Voraussetzung für eine gelungene künstlerische Darstellung der Wolkenformen ansah, macht ein spätes Zeugnis, ein Brief an den Londoner Verlagsbuchhädlicher J. Murray vom 29.3.1831 deutlich, als er über den »Maler D. C. Read in Salisbury« schrieb, dass er »in seinen Radirungen etwas Rauhes« habe, »welches besonders in den Wolken anstößig ist, die er nicht genug nach Howard studirt haben mag«. Kurz zuvor, am 22.3.1831, hatte G. den Dresdner Kunsthistoriker J. G. von Quandt gefragt: »Und hat denn wohl jemals ein deutscher Landschaftsmahler daran gedacht, die von Howard so klar bezeichneten Wolkenformen zu studiren und durch ein geniales Sondern und Zusammenschmelzen dem jedesmaligen Charakter der Landschaft gemäß Beyfall und Bewunderung zu erwerben?«

Literatur

Badt, Kurt: Wolkenbilder und Wolkengedichte der Romantik. Berlin 1960. – Busch, Werner: Die Ordnung des Flüchtigen – Wolkenstudien der Goethezeit. In: Schulze, Sabine (Hg.): Goethe und die Kunst. Ostfildern 1994, 519–570. – Lichtenstern, Christa: Beobachtungen zum Dialog Goethe–Caspar David Friedrich. In: Baltische Studien. N. F. 60 (1974), 75–100. – Müller-Hauck, Janni: »Die himmlischen Maler«: Wolkenbilder der Romantik. In: Wehry, Werner und Ossing, Franz J. (Hg.): Wolken – Malerei – Klima in Geschichte und Gegenwart. Berlin 1997, 125–141. – Spielmann, Heinz und Westheider, Ortrud (Hg.): Wolkenbilder. Die Entdeckung des Himmels. Katalog. München 2005. – Wasielewski, Waldemar von: Goethes meteorologische Studien. Leipzig 1910. – Zielkowski, Theodore: Bild als Entgegnung. Goethe, C. D. Friedrich und der Streit um die romantische Malerei. In: Worstbrock, Franz Josef und Koopmann, Helmut (Hg.): Formen und Formgeschichte des Streitens. Der Literaturstreit. Tübingen 1986, 201–208. *ZA*

Wünsch, Christian Ernst (1744–1828)

Der Mathematik- und Physikprofessor in Frankfurt an der Oder war 1792 mit einer Schrift über *Versuche und Beobachtungen über die Farben des Lichtes* hervorgetreten, in der er die Zahl der →Grundfarben von sieben (bei →Newton) auf drei reduzierte und damit eine wichtige Vorarbeit für die Theorie des Farbensehens von T. →Young (*Lectures on natural philosophy*, London 1807) lieferte. G. erwarb das Werk im Februar 1794 (Ruppert 5291) und fertigte anschließend ein auf den 31.3.1794 datiertes Exzerpt an (LA I, 3, 218–226).

In den Vorarbeiten zur *Farbenlehre* erscheint Wünsch auch in der tabellarischen Übersicht *Newton – Wünsch – Marat* (FA I, 23.2, 108) sowie in einem Schema zur *Geschichte der Farbenlehre* vom 10.2.1799 (ebd. 221 f.): »Ein guter, aber äußerst paradoxer Kopf, der sich auf eine unbegreifliche Weise im Widersinnigen gefällt. [...] Man rezensiert ihn wie ein Wundertier mit einiger Achtung und vielen Zweifeln. Und läßt die Sache auf sich beruhen«. Schon ein Jahr zuvor, am 13.1.1798, hatte G. an →Schiller geschrieben: »*Wünsch* bringt eine Hypothese vor die toller ist als ein Capitel aus der Apokalypse, verschwendet Thätigkeit, Geschicklichkeit im Experimentiren, Scharfsinn im Combiniren an den absurdesten Einfall in der Welt [...]«. (Ähnlich ablehnend gegenüber S. T. →Soemmerring, nach 12.8.1794; G–Soemmerring 88.)

G.s Kritik und Polemik richtete sich vor allem gegen Wünschs Vorstellung von der Darstellbarkeit aller Farben aus rotem, grünem und veilchenblauem Licht, über die er in einer Xenie spottete: »Gelbroth und Grün macht das Gelbe, Grün und Violblau das Blaue! / So wird aus Gurkensalat wirklich der Essig erzeugt!« (WA I, 5.1, 230; zur Kritik an dieser Xenie vgl. J. Hellwag an J. H. Voß d. J., 30.12.1802, LA II, 3, 140f.)

In der *Farbenlehre* von 1810 wird Wünsch mehrfach erwähnt, bisweilen mit der Kennzeichnung »wunderlich« oder »seltsam« (vgl. FA I, 23.1, 488, 943, 992, 1026f., 1031 zu den Tafeln IX und X).

Noch im Herbst 1828 kam G. in einem Brief an →Zelter auf Wünsch zurück, dessen Verdienste er zeitlebens verkannte: »Am widerwärtigsten sind die kricklichen Beobachter und grilligen Theoristen, ihre Versuche sind kleinlich und complicirt, ihre Hypothesen abstrus und wunderlich. Ein solcher war der gute *Wünsch*«. *WZ*

Wyttenbach, Jakob Samuel (1748–1830)

Der Berner Pfarrer und Naturforscher war durch seine Alpenreisen (→Alpen) international bekannt und besaß eine reichhaltige Naturaliensammlung. G. besuchte ihn auf seiner zweiten Schweizer Reise (→Schweiz, →Reisen) im Oktober 1779 und empfing von dem »eifrigen Bergläufer« (an →Knebel, 4.6.1780) Informationen, die auch in die *Briefe aus der Schweiz. Zweite Abteilung* eingingen. Für die Tour durchs Berner Oberland benutzte G. Wyttenbachs *Kurze Anleitung für diejenigen, welche eine Reise durch einen Theil der merkwürdigsten Alpgegenden des Lauterbrunnerthals, Grindelwald, und über Meyringen auf Bern zurück, machen wollen* (1777). G. zeigte sich in zwei Briefen an Wyttenbach vom 18.2.1780 und vom 30.5.1781 interessiert an weiterem wissenschaftlichem Erfahrungsaustausch, wozu es aber nicht kam. 1781 erwarb er Wyttenbachs Übersetzung des ersten Bandes von H.-B. de →Saussures *Voyages dans les Alpes*. 1798 wurde Wyttenbach Mitglied der Mineralogischen Gesellschaft in →Jena.

Literatur

Dübi, Heinrich: Jakob Samuel Wyttenbach und seine Freunde. Beiträge zur Kulturgeschichte des alten Bern. Bern 1910. – Wyder, Margrit: Gotthard, Gletscher und Gelehrte. In: Ruf, Oliver (Hg.): Goethes Schweiz (im Druck). *WY*

Young, Thomas (1773–1829)

Der englische Arzt und Physiker, der in die Wissenschaftsgeschichte durch bahnbrechende Arbeiten zur Akkomodation des Auges (1793), zur Ursache des Astigmatismus (1801), zur Wellentheorie des Lichts sowie durch eine Dreifarbentheorie des Farbensehens eingegangen ist, verfasste 1814 eine negative Rezension zu G.s *Farbenlehre* (*The Quarterly Review* 10, 1814, 427–441). G. blieb der Name des Rezensenten unbekannt; er nahm die Besprechung in eine Liste seiner »Widersacher« auf (vgl. FA I, 25, 759) und schrieb T. J. →Seebeck über die Rezension: »Sie ist von einem Menschen gemacht, der der Sache nicht gewachsen ist. Erst salbadert er mit allgemeinen Phrasen in Mißbilligungen umher, alsdann aber macht er sichs bequem, übersetzt lange Stellen, die ihm nicht so ganz übel däuchten, streicht sein Geld dafür ein [...]«. Seebeck hatte G. auf diese »ganz gehaltlose, platte, tückische Rezension« (an G., 29.12.1814) zuerst aufmerksam gemacht.

In einer Fußnote zu Youngs *Nachricht von einigen Fällen einer bisher noch nicht beschriebenen Entstehung der Farben* (*Annalen der Physik* 39, 1811, 220) hatte der Physiker L. W. →Gilbert G. vorgeworfen, die von ihm herausgegeben *Annalen* nicht ausreichend berücksichtigt zu haben. Deswegen seien ihm »Youngs Versuche einer Theorie des Lichts und der Farben nach dem Schwingungs-Systeme [...] unbekannt geblieben, so interessant sie ihm auch durch ihren Anti-Newtonianischen Sinn gewesen sein würden« (LA II, 5A, 59). Auf die gegen →Newton gerichteten Tendenzen bei Young wies auch Seebeck G. hin (Brief vom 25.4.1812), kritisierte jedoch, dass Young nichts Besseres an die Stelle von Newtons Theorie gesetzt habe. *WZ*

Zach, Franz Xaver Freiherr von (1754–1832)

Der deutsch-österreichische Astronom und Mathematiker war zwischen 1787 und 1806 Direktor der von ihm errichteten Sternwarte auf dem Seeberg in der Nähe von Gotha; später lebte er in Marseille, Genua und Paris. G. vermerkte am 28.6.1798 einen Besuch Zachs im Tagebuch. Im gleichen Jahr äußerte Zach gegenüber →Blumenbach, »daß es keine größeren Antagonisten als mich und Goethe geben könnte [...]. Ich kenne Goethe sehr genau und intime, von ganzer Seele verachte ich diesen schlechten Kerl« (zit. nach Strumpf 1996, 32).

Im Oktober 1791 notierte der soeben nach Weimar gekommene Oberkonsistorialrat K. A. Böttiger, dass G.s »Versuche über Farben u. Lichtbrechung« – gemeint war das gerade erschienene erste Stück der *Beyträge zur Optik* – »bei Kennern z.B. bei dem H[errn] v. Zach in Gotha, viel Achselzucken« erregten (Gerlach-Sternke 33). Zach vermied es hier und auch später, sich öffentlich zu G.s *Farbenlehre* zu äußern. In einem Brief an den Pisaner Physikprofessor R. Gerbi vom 8.7.1819(?) ließ er jedoch in einer Stellungnahme zu dessen *Elementi di Fisica* (3 Bde., 1818/1819) an Eindeutigkeit nichts zu wünschen übrig. Hinsichtlich des im dritten Band abgedruckten Kapitels *Della luce* (§ II: *Della natura della luce*, 453–474) schrieb er: »Ich bin sehr erfreut zu sehen, daß Sie der erste italienische Autor sind, der den Mut gehabt hat, die anstößigen und gehaltlosen Hirngespinste des Herrn Goethe frontal zu attackieren, sowie seine maßlosen Ausfälle, die er sich gegen Newton erlaubt hat. Glauben Sie ja nicht, dieser Herr Goethe genieße in Deutschland auch nur die geringste Reputation und Glaubwürdigkeit als Optiker, Physiker, Botaniker, Mineraloge, Anatom; dabei hat er sich auf allen diesen Gebieten nicht nur schriftstellerisch betätigt, sondern sogar den Reformer gespielt« (Original französisch; Übersetzung nach Meschiari 2002, 162).

G. erwähnte Zach einige Male beiläufig in seinen naturwissenschaftlichen Schriften (vgl. FA I, 25, 72, 189, 758), vor allem in Zusammenhang mit den von ihm herausgegebenen Zeitschriften *Monatliche Correspondenz zur Beförderung der Erd- und Himmels-Kunde* und *Correspondance astronomique, géographique, hydrographique et statistique.* In der ersten erschien in Bd. 22 von 1810 ein Briefauszug von K. B. →Mollweide mit negativen Bemerkungen über G.s *Farbenlehre* (vgl. FA I, 23.2, 613 f.), im folgenden Band (23, 1811) eine Anzeige von B. v. →Lindenau zum gleichen Gegenstand mit den Anfangsworten: »Ungern erwähnen wir [...] « (FA I, 23.2, 690).

Von der *Monatlichen Correspondenz* entlieh G. am 8.10.1809, 21. und 30.4.1824 sowie am 10.6.1830 die Bände 22 (1810), 10 (1807), 21 (1810) und wiederum 22 (1810) aus der Weimarer Bibliothek (Keudell 675, 1539, 1542, 2128), mit weitgehend meteorologischem und astronomischem Inhalt.

Aus der *Correspondance* (13, 1825) fertigte er Auszüge zu Wettererscheinungen und Barometerständen an (vgl. LA II, 2, 192 ff., M 9.26 u. 9.27; Tgb, 21.2.1826). Am 16.2.1820 genehmigte G. gegenüber J. F. →Posselt die Anschaffung der Zeitschrift durch die Jenaer Sternwarte und veranlasste am 5.10.1821 die Überführung der Bestände der Weimarer Bibliothek dorthin.

Am 20.3.1826 übersetzte G. (aus Bd. 14, 1826) Teile eines Briefes von L. M. →Ciccolini an Zach über Sonnenuhren, die er in seinen Aufsatz *Über Mathematik und deren Mißbrauch [...]* einstellte (vgl. FA I, 25, 72 ff.).

Auch Carl August las die *Correspondance* und gab gelegentlich Hefte an G. weiter (vgl. Tgb und Carl August an G., 21.2.1826; Wahl 3, 255). In einem Dankesbrief an den Großherzog vom 24.2.1826 bezeichnete G. Zach als »Meister«, der »Himmel und Erde beherrscht [...]. Er ist wirklich in diesem Augenblicke Herr der ganzen Meßwelt«.

Literatur

Brosche, Peter: Der Astronom der Herzogin – Leben und Werk von Franz Xaver von Zach 1754–1832. 2. Aufl. Frankfurt am Main 2009. – Meschiari, Alberto: Briefe von Franz Xaver von Zach an Ranieri Gerbi und Pompilio Pozzetti. In: Beiträge zur Astronomiegeschichte. 5 (2002), 159–174. – Strumpf, Manfred: Goethe und die Gothaer Astronomen. In: 10 Jahre Goethe-Gesellschaft Gotha. Fs. Gotha 1996, 30–33. *ZA*

Zahl der Farben

In dieser vermutlich 1805/1806 entstandenen Vorarbeit zur *Farbenlehre* (FA I, 23.2, 271 f.) vertritt G. den Standpunkt, dass beim Erfassen der Farben die Qualitäten bzw. Eigenschaften der Farbe wichtiger seien als ihre Quantifizierung. Ausgehend von Gelb und Blau, die G. als »rein und ursprünglich« auffasst (ebd. 271), diskutiert er die Vermehrung der Farben bis auf acht, indem er jeweils eine weitere Farbe hinzufügt. Auf diesem Wege erwähnt er zunächst die drei →Grundfarben für künstlerische Pigmentmischungen Gelb, Blau und Rot, aus denen vier werden, wenn man noch eine Mischfarbe aus Gelb und Blau (also Grün) hinzufügt. Fünf Farben kann man annehmen, »wenn man das reine Rot aufgibt« (ebd.) und durch zwei Farben, Gelbrot und Blaurot, ersetzt. Fügt man Rot wieder hinzu, erhält man die sechs Farben von G.s Farbenkreis. Geht man von fünf Farben (ohne Rot) aus und differenziert Gelbrot und Blaurot in zwei weitere Farben, erhält man – wie in →Newtons Farbenspektrum – sieben; nimmt man Rot nun wieder hinzu, könnte man acht Farben postulieren.

G. erkennt, dass die Zahl der Farben bis ins Unendliche potenzierbar ist, indem man »zwischen jede Schattierung noch eine hineinstellte« (ebd. 272). Dieses wird durch die Berücksichtigung der Hell- und Dunkelwerte der Farben und »oft unbestimmbare Farben, welche durch seltsame Mischung verschiedener Teile oder durch organische und chemische Kochung entspringen« (ebd.), möglich. Mit dem Begriff der »Kochung« umschreibt G. chemische Reaktionen in einem Organismus (vgl. ebd. 205).

Am Ende resümiert G. jedoch, dass »bei farbigen Naturphänomenen [...] nicht von Zahl, sondern von einem unendlich lebendigen Spiel« (ebd.) ausgegangen werden müsse. Die hypothetisch unendliche Teilbarkeit der Farben erreicht ihre praktische

Grenze nicht zuletzt an der Unterschiedsempfindlichkeit des Auges. *SS*

Zeichnungen/Illustrationen s. Kraus, s. Roux, s. Waitz

Zelter, Carl Friedrich (1758–1832)

G.s Beziehung und Freundschaft zu dem Baumeister, Musikpädagogen und Komponisten aus Berlin, die durch eine etwa 875 Briefe umfassende Korrespondenz (1799–1832) und etwa 20 gemeinsam verbrachte Wochen bei Besuchen und Kuraufenthalten dokumentiert werden kann, ist in GHB. 4.2, 1213–1216 beschrieben.

Unter G.s naturwissenschaftlichen Werken hat allein die *Tonlehre*, die gemeinhin diesem Bereich zugeordnet wird, eine enge Beziehung zu Zelter. Sie entstand im Juli und August 1810 in →Karlsbad und →Teplitz, wo sich beide vom 15. bis 20.7. und 7. bis 23.8. gemeinsam aufhielten. Bereits in der Korrespondenz vom April bis Juli 1808 wurde zwischen G. und Zelter ein Streit über die Molltöne in der Musik und die Natur der kleinen Terz geführt (vgl. dazu LA II, 5B.1, 436–448), der anlässlich des Kuraufenthaltes 1810 wieder aufgegriffen wurde.

Am 22.8.1810 hielt das Tagebuch die »Tabelle der Tonlehre« fest. An G. Sartorius hatte G. schon am 19.7.1810 geschrieben: »Zelter ist gegenwärtig hier [in Karlsbad] und wahrscheinlich komm ich durch seine Gegenwart weiter in meinem alten Wunsch, der Tonlehre auch von meiner Seite etwas abzugewinnen, um sie unmittelbar mit dem übrigen Physischen und auch mit der Farbenlehre zusammenzuknüpfen«.

Am 4.8.1826 entdeckte G. die Tabelle zur *Tonlehre* in seinem Musikschrank und sandte sie am 6./9.9.1826 an Zelter (vgl. auch an Zelter, 11.10.1826 und 9.1.1827). Die erneuerte Diskussion endete am 31.3.1831 mit G.s Hinweis: »Nun erinnerst du dich wohl, daß ich mich der kleinen Terz immer leidenschaftlich angenommen und mich geärgert habe, daß Ihr theoretischen Musikhansen sie nicht wolltet als ein donum naturae [Geschenk der Natur] gelten lassen. Wahrhaftig eine Darm- und Drathsaite steht nicht so hoch, daß ihr die Natur allein ausschließlich ihre Harmonien anvertrauen sollte. Da ist der Mensch mehr werth, [...] der Mensch gehört mit zur Natur, und er ist es, der die zartesten Bezüge der sämmtlichen elementaren Erscheinungen in sich aufzunehmen, zu regeln und zu modificiren weiß« (Zur Tonlehre s. o. S. 244–247).

Aufgrund der regelmäßigen Korrespondenz nahm Zelter Anteil am Entstehen verschiedener naturwissenschaftlicher Werke und las diese nach Erscheinen. Dies galt zunächst für die *Farbenlehre*, nach deren Fortgang er sich am 25.4.1807 erkundigte (vgl. MA 20.1, 149). G. hielt den Freund stets auf dem Laufenden, berichtete von aktuell in Bearbeitung befindlichen Kapiteln oder dem Stand des Druckes (z. B. 4.5.1807, 1.6. u. 21.12.1809). Am 4./5.4.1810 wünschte Zelter, »daß ich sogleich Ihr Farbenwerk erhalte, als das erste Exemplar zu haben ist« (MA 20.1, 233), und versicherte am 30.4.1810: »Ich freue mich schon auf Ihren nächsten Brief und die Farbenlehre. Es sollte mich Wunder nehmen wenn nicht ein Musikus aus der Farbenlehre etwas lernen sollte was er noch nicht weiß« (ebd. 235). Vor seiner Abreise nach →Böhmen am 16.5.1810 veranlasste G. gegenüber C. F. E. Frommann, Zelter ein Exemplar zuzusenden. Später berichtete Zelter über die ablehnenden Reaktionen der Berliner Mathematiker und Physiker (vgl. Zelter an G., 16.2. u. etwa 5.–10.3.1811; ebd. 246f. u. 253f.), aber auch über die Unterstützung durch C. L. F. →Schultz (vgl. Zelter an G., 10.4.1812; ebd. 273f.). G. sandte über Zelter bisweilen Grüße und Nachrichten an den Gleichgesinnten (vgl. z. B. an Zelter, 27.12.1814, 17.4.1815, 21.5.1816), während Schultz Briefe als Beilagen zu Zelters Korrespondenz verschickte (z. B. Zelter an G., 4.11.1816; EGW 4, 716f.).

Regelmäßig unterrichtete G. Zelter auch über die Arbeiten an seiner Zeitschrift *Zur Naturwissenschaft überhaupt, besonders zu Morphologie*. Am 14.10.1816 sandte er ihm den (bereits 1806) hierfür veranlassten Neudruck der Schrift über die *Metamorphose der Pflanzen*; schon unter dem 21.8.1814 ist ein Gespräch über diese Thematik mit Zelter in Wiesbaden überliefert. Ankündigungen und Sendungen einzelner Hefte sind für den 29.5.1817 (Morph und ZNÜ I, 1), 30.1.1820 (I, 2), 18.2.1821 (I, 3), 8.8.1822 (I, 1–4), 14.12.1822 (I, 4) und 14.12.1824 (II, 4) belegbar.

Als Zelter 1827 nach München reiste, wo in diesem Jahr die Versammlung Deutscher Naturforscher und Ärzte stattfand, trug G. ihm auf, dort den Botaniker →Martius und den Grafen →Sternberg zu grüßen (an Zelter, 29.9.1827) und berichtete ihm über sein Verhältnis zu den Botanikern K. H. Schultz und H. F. Link (an Zelter, 27.10.1827).

Am 10.7.1828 schrieb G. aus →Dornburg über den dortigen Weinanbau (vgl. zum Thema auch 19.7.1829 und 15.11.1831), am 2.1.1829 unterrichtete er den Freund über die Arbeit an der deutsch-französischen Ausgabe der *Metamorphose der Pflanzen*, am 30.6.1830 bestellte er über Zelter Samen aus dem Botanischen Garten in Berlin. Zelter zeigte am 9.10.1830 an, dass er den ersten Teil von G.s Aufsatz *Principes de Philosophie zoologique* gelesen habe (→Pariser Akademiestreit), der in diesem Jahr in den Berliner *Jahrbüchern für wissenschaftliche Kritik* erschienen war (vgl. MA 20.2, 1380). Ein

Brief G.s vom 13.8.1831 informierte Zelter über den Fund von »Elephanten-Backzähnen« im Großherzogtum.

Gelegentlich berichtete G. Zelter von seinen geologischen Unternehmungen in Böhmen (z.B. 14.7.1806, 27.7.1807, 7.10.1819), zeigte ihm den Besuch der Luisenburg bei Alexandersbad an (2.5.1820) und sandte ihm am 29.2.1828 das Gedicht *Die ersten Erzeugnisse der Stotternheimer Saline* (→Stotternheim). Am 29.5.1828 erbat G. im Zusammenhang mit seinem Aufsatz *Granitarbeiten in Berlin* Auskunft über die Rauhischen oder Rauenschen Berge bei Fürstenwalde und erkundigte sich am 9.8.1828, ob K. F. v. →Klöden etwas dazu beitragen könne. Über seinen letzten Aufenthalt in →Ilmenau informierte G. den Freund am 4.9.1831, am 5.10.1831 gestand er ihm, dass er A. v. →Humboldts Theorie der Entstehung des Himalaja-Gebirges für undenkbar hielt, und noch kurz vor seinem Tod teilte G. am 11.3.1832 Zelter seine Beschäftigung mit »fossilen Thier- und Pflanzenresten« mit.

Zelter wiederum berichtete über →Chladnis »Vorlesungen über die Meteorsteine« in Berlin (18.2.1816; MA 20.1, 401) und – aus Karlsbad – von den Beobachtungen eines »neuen Kometen« (7.7.1819; ebd. 563).

Zwischen dem 22.7. und 26.8.1828 behandelte die Korrespondenz Unwetter in Berlin und Jena; am 5.10.1828 teilte G. Zelter in einem ausführlichen Brief seine meteorologischen Vorstellungen mit.

Vergeblich erbat G. am 21.11.1827 für *Ueber Kunst und Alterthum* einen Aufsatz Zelters »über die Einwirkung der Atmosphäre [...] auf die Stimme«, ein Thema, das G.s Tagebuch schon im Gespräch der beiden vom 30.11.1824 festgehalten hatte. *ZA*

Zinnformation

Bereits 1785 hat G. Zinnstufen gesammelt (vgl. Knebels Tgb, 1.7.1785, LA II, 7, 344; Reiserechnung Karlsbad, 4.8.1785, ebd. 346). Am 21.6.1811 besuchte er von →Karlsbad aus Schlaggenwald, wo er das Zinnbergwerk und den Schmelzofen besichtigte und »Schlichwäscher« beobachtete, Arbeiter, die den Zinnstein durch Schlämmen in Wasser von taubem Gestein trennen. An →Carl August schrieb G. am 27.6.1811: »Das Vorkommen des Zinns wird wohl immer den Geologen wo nicht ein Räthsel, doch gewiß ein Zankapfel bleiben«. G. betrachtete die Zinnformation als Produkt einer auf die Granitbildung in der Urzeit folgenden »Scheidungs-Epoche«, in der »die einmal von der Natur hergebrachten Bestandteile mit einander gekämpft und eben weil das frühere Gleichgewicht aufgehoben worden, sich einander wechselweis besiegt haben« (FA I, 25, 478).

Am 22.8.1812 sprach G. in Karlsbad mit dem Freiberger Kommissionsrat Busse über Zinnwerke und ihre bessere Rentabilität in Sachsen im Vergleich zu →Böhmen. Am 14.5. und 15.7.1813 besuchte er von →Teplitz aus das nordöstlich gelegene →Graupen mit seinem Zinnwerk und informierte sich bei dem dortigen Bergmeister. Ein Entwurf zur Zinnformation hielt detailliert die Beobachtungen über die Zinngänge fest (vgl. LA II, 8A, 72, M 48).

Vom 9. bis 11.7.1813 unternahm G. eine Fahrt nach →Zinnwald und →Altenberg zu den bedeutendsten Zinnlagerstätten der Region. Er nahm an, dass sich dort ein einheitliches geologisches Geschehen offenbarte, das am Ende der Epoche der Granitbildung stattfand. Dies schien G. keine regionale Besonderheit zu sein, sondern durch ähnliche Vorkommen von Zinnerz in Graupen und Schlaggenwald bei Karlsbad bestätigt zu werden. Unter »Zinnformation« verstand er die an diesen verschiedenen Orten beobachteten Mineralgesellschaften, die sich unter gleichen Naturbedingungen zeitgleich in einer bestimmten Epoche der Erdgeschichte gebildet hatten. Am 24.11.1813 schrieb G. an F. W. H. v. →Trebra von der Zinnformation als »Leibsteckenpferd [...]. Die Bergstädte Graupen, Zinnwalde, Altenberg habe ich zwar nur auf kurze Zeit aber emsig besucht und mich von der Gleichheit, der Ähnlichkeit und Verschiedenheit des Vorkommens jenes Urmetalles möglichst unterrichtet«.

Nach seiner Rückkehr aus Teplitz versuchte G., die an den Zinnerzlagerstätten gewonnenen Ansichten in einen erdgeschichtlichen Zusammenhang zu bringen. Im November 1813 stellte er alle Stufen von Zinnerzen seiner Sammlung zusammen (vgl. LA II, 8A, 74, M 49), notierte vermutlich in diesem Zusammenhang Angaben über Zinnvorkommen in Frankreich (ebd. M 51f.) und auf Sumatra (ebd. M 53), bat Trebra am 24.11.1813 um Proben von Zinnerzen sowie um eine Kopie der Karte, »worauf die Vertheilung des *Zinns* über die Welt dargestellt war« und verlangte von J. G. →Lenz in Jena, ihm »alles was die *Zinnformation* betrifft, es sey gedruckt, geschrieben oder Ihnen sonst bekannt, [zu] übersenden und an[zu]zeigen« (an Lenz, 25.11.1813). Am 26.11.1813 begann G. mit der Abfassung eines Aufsatzes über die *Zinnformation.* Von dieser Arbeit haben sich ein Entwurf (vgl. LA II, 8A, 71–74, M 48) und der Beginn einer Ausführung (FA I, 25, 477 ff.) erhalten. Er habe sich – so G. an C. C. v. →Leonhard am 3.12.1813 – »in diesen letzten [...] Tagen, auch wieder mit Geognosie beschäftiget, besonders aber was ich seit mehreren Jahren, in Böhmen und Sachsen, die Zinnformation betreffend zusammengebracht, endlich geordnet und eine Darstellung dieser so wichtigen Urepoche versucht«.

G. sah die universelle Granitepoche als kontinuierlichen Kristallisationsprozess in die Epoche der

Zinnformation auslaufen. Als »trinitarische Einheit« bilden Quarz, Feldspat und Glimmer den Granit als »hohe weit ausgebreitete Grund- und Urgebirge« (FA I, 25, 477). Wenn ein Bestandteil das Übergewicht erhält, deutet dies auf »irgendeine abweichende Epoche in der Nähe« (ebd.), so wie G. dies in der Gegend um Karlsbad beobachtet hatte. In der »Greisen« genannten Gesteinsart der großen Zinnlagerstätten behält »der körnige Quarz die Oberhand«, während nur wenig Glimmer und gar kein Feldspat mehr gefunden wird. Diese Formation »ist von Zinnstein durchdrungen«, teilweise in »Urgängen«, die »mit dem Gebirge selbst entstanden« (ebd. 478) sind. »Eisen zeigt sich [...] mit dem derben Zinnstein [...] innig verwebt, [...] Wolfram und der ihm verwandte Tungstein tritt mit Gewalt hervor, Molybdän zeigt sich« (ebd. 479). In Schlaggenwald und Altenberg sei das Metall in großen Gebirgsmassen zerstreut, in Graupen in vertikalen, in Zinnwald in horizontalen Gängen anzutreffen.

Mit einem Brief vom 18.1.1814 sandte Trebra Zinnerzstufen aus Annaberg-Buchholz; →Knebel lieferte am 25.1.1814 »ein Gläschen Zinnsand« aus dem Fichtelgebirge (vgl. LA II, 8A, 335 u. 337). Am 5.1.1814 hatte G. Leonhard für das *Taschenbuch für die gesammte Mineralogie* seine »Gedanken über die Zinnformation« angekündigt und um ein Musterstück einer »Sendung aus Spanien« gebeten, die vielleicht »die peruanische Zinnformation aufklärt«. Im April 1814 sandte Trebra »eine sehr instructive« Zinnsuite von Ehrenfriedersdorf (vgl. an Leonhard, 9.5.1814).

Im Brief vom 27.2.1815 übermittelte G. Leonhard einen kurzen Artikel über Zinn, der nur das Vorkommen, nicht aber den Entstehungsprozess der Zinnformation behandelte. Leonhard nahm den Text in seine *Propädeutik der Mineralogie* (Frankfurt am Main 1817, 180) auf.

G. verfolgte lange das Vorhaben, die weltweite Verteilung der Zinnformation zu studieren. Amerikanisches Tropfzinn hatte er durch Knebel erhalten (vgl. an Knebel, 30.9.1813), die typischen Zinnstufen aus Böhmen und Sachsen allein fast vollständig zusammentragen können. Da er nur sehr wenige Stücke aus England besaß, fragte er am 3.12.1813 bei Leonhard an, ob er entsprechende »Stufen zum Tausch und Verkauf« anbieten könne und erneuerte seinen Wunsch am 30.12.1813.

Am 23.6.1817 erkundigte sich G. bei C. G. K. Vogel nach der Möglichkeit, Gesteine aus den Zinnlagerstätten in Cornwall zu erhalten, was durch die Vermittlung von J. C. →Hüttner und die Belieferung durch den Londoner Mineralienhändler J. →Mawe auch gelang. Am 28.11.1817 schrieb G. an seinen Sohn August: »Der Wintertag, der mir die Zinnstufen aus Cornwallis bringt, soll mit einem Stern bezeichnet werden«.

Am 20.6.1819 erhielt G. von C. L. Metzler von Giesecke, Professor für Mineralogie an der Universität Dublin, eine »sehr angenehme, bedeutende Sammlung von grönländischen und anderen Mineralien, die eine Lücke meines kleinen Cabinetts gar freundlich ausfüllen« (an Schreibers, 17.7.1819). »Die Zinnformation, zu der ich aus alter, nachdenklicher Liebhaberey immerfort zusammentrug, ist höchst belehrend vermehrt« (an Giesecke, 17.7.1819); »die Zinnstufen geben diesem Fache eine abschließende Vollständigkeit. Ich hatte noch nicht Kenntniß, daß die Zinnseifen so derbe, tüchtige Stücke führen, auch das Zinn von Malaga fehlte mir ganz. Da ich mich nicht allzu weit ausbreiten darf; so habe ich mir einzelne geologische und oryktognostische Puncte erwählt, und da ist die Zinnformation wohl von der größten Bedeutung« (an Giesecke, 22.11.1819).

Am 18.6.1827 konnte G. dem Bergamtsassessor in Altenberg, F. A. Schmid, gleichsam das Fazit seiner jahrelangen Bemühungen um die Zinnformation mitteilen: »Seit unserer damaligen Zusammenkunft [1813] [...] hat mein Interesse an jenen Gegenständen nicht abgenommen, vielmehr ließ ich mir's immer angelegen seyn meine Sammlungen in Bezug auf die Zinnformation, wozu ich damals so schöne Beyträge aus Ihren Händen erhielt, nach Möglichkeit fortzusetzen. Was hiezu Sachsen und Böhmen, das Riesen- und Fichtelgebirge, sodann Schweden, England, Spanien, Frankreich pp. lieferten, ward sorgfältig geordnet, und man mußte sich immer der großen Consequenz dieser, zwar sparsam, aber doch weit über den Erdball verbreiteten Formation mit allen ihren mannichfaltigen Begleitungen bewundernd erfreuen«. Am 20.12.1827 sandte Schmid erneut Erze aus der Zinnlagerstätte Altenberg (vgl. Prescher 7832–7857 und an Leonhard, 12.1.1828).

Literatur

Engelhardt, Wolf von: Goethe im Gespräch mit der Erde. Weimar 2003, 264–267. – Husemann, Gisbert: Goethes Verhältnis zum Zinn. In: Beiträge zu einer Erweiterung der Heilkunst nach geisteswissenschaftlichen Erkenntnissen. 11 (1958), 153–164. – Prescher, Hans: Suiten böhmischer Zinnerze in den Sammlungen von J. W. v. Goethe in Weimar. Ergebnisse neuerer Untersuchungen. In: Rozpravy Národního Technického Muzea v Praze. 43 (1970), 27–36. – Ders.: Goethes Sammlungen zur Mineralogie, Geologie und Paläontologie. Berlin 1978. – Semper, Max: Die geologischen Studien Goethes. Leipzig 1914, 126–129.

HO

Zinnwald

Der nördlich von →Teplitz am Kamm des Erzgebirges gelegene Ort, durch die Landesgrenze in einen böhmischen und einen sächsischen Teil getrennt, war durch seinen seit 1500 betriebenen Zinnbergbau bekannt. Zinnstein (Zinnoxid) kam dort in einem von Porphyr überlagerten, »Greisen« genannten, hellen Gestein vor, das aus Quarz und Glimmer mit Topas bestand, sowohl im Gestein fein verteilt als auch zusammen mit anderen Mineralien in horizontal verlaufenden Gängen (vgl. Engelhardt 2003, 265).

G. beschrieb den Ort und seine geologischen Verhältnisse in seinem Aufsatz *Ausflug nach Zinnwalde und Altenberg* (FA I, 25, 458–467), den er als »bedeutendsten Aufsatz« eines Aktenfaszikels bezeichnete, den er am 7.1.1814 an →Knebel sandte (vgl. LA II, 8A, 57, M 35) und der später, leicht redigiert, in ZNÜ I, 3 (1820) erschien. Bei dem *Ausflug* handelte es sich um die geologisch-mineralogische Exkursion, die G. vom 9. bis 11.7.1813 von Teplitz aus unternahm, um sich über die Zinnlagerstätten zu informieren. Gemeinsam mit J. G. Mende, dem Bergbeamten und Steinscheider aus Zinnwald, betrachtete er die Gesteine auf den Halden der Zinnerzgrube Vereinigt-Zwitterfeld (10.7.), in deren Stollen er am Folgetag einfuhr. Am Abend des 10.7.1813 besuchte ihn der Altenberger Bergamtsassessor F. A. Schmid in Zinnwald (→Altenberg).

In seinem am 14. und 15.7.1813 in Teplitz diktierten Aufsatz (*Ausflug nach Zinnwalde und Altenberg*) beschrieb G. Richtung, Struktur und mineralischen Gehalt der sogenannten →Flöze, die zwischen ihnen liegenden Bergarten – die aus Quarz und Glimmer gemischten Greisen und den aus Quarz und Ton bestehenden Sandstein – sowie die Klüfte oder Gänge, welche die →Flöze verwerfen. Bei Mende sah G. »Musterstücke von den Produkten des Leitmeritzer Kreises, besonders von allem, was sich auf die Pseudovulkane bezieht« (FA I, 25, 460).

Nach der Rückkehr nach Teplitz schrieb G. am 21.7.1813 an J. H. →Meyer: »In Zinnwalde war ich zum erstenmal seit langer Zeit wieder unter der Erde, und habe mich daselbst an den glücklich entblößten uralten Naturwirkungen gar sehr ergötzt, auch schon einige Centner Steine und Mineralien zusammengebracht«. Die in Zinnwald gesammelten Mineralien und Gesteine stellte G. als *Zinnwalder Suite* zusammen; das Verzeichnis wurde in ZNÜ I, 3 (1820) veröffentlicht (vgl. FA I, 25, 468 f.).

Auf G.s Besuch in Zinnwald deuten nicht nur die genannten Publikationen, sondern auch Briefe (so an Trebra, 24.11.1813; an Knebel, 7.1.1814; an Carl August, 20.6.1827) und die *Tag- und Jahreshefte* von 1813.

Literatur

Engelhardt, Wolf von: Goethe im Gespräch mit der Erde. Weimar 2003, 264–267. *HO*

Zoologie s. ÜA Morphologie

Zschokke, Johann Heinrich Daniel (1771–1848)

Der Schweizer Dramatiker und Erzähler übersandte G. am 1.2.1826 seinen Vortrag *Die farbigen Schatten, ihr Entstehen und Gesetz* (vgl. Ruppert 5304), den er am 10.1.1826 vor der Naturforschenden Gesellschaft zu Aarau gehalten hatte und in dem er beiläufig (auf S. 61) G.s *Farbenlehre* nennt. In der Folge kam es zu einem kurzen Briefwechsel (G. an Zschokke, 28.3. u. 7.5.1826, Zschokke an G., 26.4.1826; vgl. EGW 4, 867–870), in dem G. Zschokke als →Newton-Anhänger ansprach, in konziliantер Weise die unterschiedlichen Positionen als »unvermeidlich« bezeichnete und eine »Unmöglichkeit irgend einer Art des Ausgleichens« konstatierte. Zschokke fühlte sich »verkannt« und machte in seinem langen Antwortbrief seine »Ansicht vom Ursprung etc. der Farben« deutlich. G. war nun um Ausgleich bemüht und antwortete am 7.5.1826 kurz, aber freundlich. Zwei Tage zuvor hatte er im Tagebuch notiert: »Überlegte mir einen freundlichen Brief von [an?] Zschokke als ein wichtiges Beyspiel der im Grund und Ausübung unendlich verschiedenen Denkkräfte und Denkweisen der Menschen«.

Literatur

Hirzel, Ludwig: Goethe und Heinrich Zschokke. In: Die Grenzboten. 29 (1870), 33 f. *WZ*

Zucker

1747 entdeckte der Chemiker A. S. Marggraf, dass die Runkelrübe den gleichen Zucker enthält wie das bis dahin ausschließlich zur Zuckerherstellung verwendete Zuckerrohr, das vor allem in Lateinamerika angebaut wurde. Damit begannen Versuche einer einheimischen Zuckerproduktion, an denen über längere Zeit auch G. Anteil nahm. 1799 begleiteten er und Herzog →Carl August J. F. A. →Göttlings Experimente zur Herstellung von Zucker aus Runkelrüben, zu denen G. im Brief an C. G. →Voigt vom 2.4.1799 exakte Anweisungen zum Rübentransport aus Oberweimar erteilt hatte (vgl. auch Tgb, 1. und 7.4., 7. und 24.5., 7.11.1799). Im Gegensatz zu den wesentlich stärker geförderten Arbeiten in Preußen durch den Marggraf-Schüler F. C. Achard blieben diese erfolglos. Göttling veröffentlichte zu seinen Versuchen eine Broschüre (*Zuckerbereitung aus den Mangoldarten*. Jena 1799; Ruppert 4614).

Als 1811 C. Kirchhoff in St. Petersburg Zucker aus Stärke herstellte, vollzog Göttlings Nachfolger in Jena, J. W. →Döbereiner, die Versuche mit Erfolg nach. An T. J. →Seebeck, der Kirchhoff persönlich kannte und bei ihm Stärkezucker gekostet hatte, schrieb G. am 29.4.1812: »Döbereiner beschäftigt sich sehr emsig mit der Zuckerfabrication aus Stärke, sie ist ihm gleich gelungen. [...] Übrigens glaube ich nicht, daß dieser Umwandlungs Prozeß das Werk einzelner Familien, Frauen und Köchinnen werden könne, wir haben vielmehr Lust eine Subscription zu eröffnen, wodurch mehrere Familien in Weimar und Jena mit Herrn Döbereiner contrahiren können, wie viel sie vierteljährig geliefert haben wollen«.

G.s Engagement in der Sache wird durch zahlreiche Tagebucheinträge aus dem April 1812 über Gespräche mit Döbereiner belegt (vgl. Tgb, 12., 17., 21. und 22.4.1812; auch Seebeck an G., 25.4.1812; RA 6, 407). Aus dem März 1812 stammt eine der Presse entnommene Notiz, dass die Runkelrübe durch die Keimung den Zuckerstoff verliere (vgl. LA II, 9B, 342 und Tgb, März 1812).

Kurz nach der Ankunft zum Kuraufenthalt in →Karlsbad hat G. dort am 7.5.1812 mit dem Postmeister Peter Putz »von dem Stärkezucker gesprochen«. Am 14.5.1812 vermerkt das Tagebuch die »Bestellung eines irdenen Topfes zum Stärkezucker und andere Vorbereitungen zu dieser Operation«, am 26.5. schließlich »Zu Hause. Stärkezuckerfabrication« (vgl. auch an A. v. Goethe, 24.5.1812).

Am 13.5.1812 schrieb G. an Carl August, dass er »das Stärkerzucker Evangelium [...] mit Kraft gepredigt« habe, »schon sind die Töpfer beschäftiget große glasirte Häfen zu drehen, damit auf die einfachste Art diese Operation versucht werde. Die Carlsbader können sich hierbey vor anderen selig preisen, indem sie die stärkereichen Viehkartoffeln in Übermaaß bauen, [...] so daß es blos auf die Gewandtheit der Einwohner ankommt, um den Zucker beynahe umsonst zu haben«.

Am 13.5.1812 teilte G. seiner Frau Christiane mit, dass er den Postmeister »mit der neuen Zuckerfabrikation bekannt machte [...] Vergiß aber ja ein Fläschgen Kartoffelsyrup und Kartoffelzucker nicht; man ist hier sehr neugierig darauf«.

Am 8.9.1812 wurde in Tiefurt eine Stärkezuckerfabrik eröffnet, deren Betrieb bereits nach wenigen Monaten wieder eingestellt wurde, da nach dem Sturz Napoleons die Kontinentalsperre beendet wurde und über England wieder Rohrzucker aus den Kolonien eingeführt werden konnte.

G.s Interesse an Versuchen mit Zucker blieb jedoch bestehen. So hielt das Tagebuch vom 12.7.1828 fest: »Gegen Abend Hofrath Döbereiner [...] machte den Versuch durch kohlensaures Natron und Zucker den sauren Saalwein in heftig mussirenden süßen Champagner zu verwandeln«. Ein Briefentwurf an Wackenroder vom 21.1.1831 enthielt die Bemerkung: »Der sogenannte Zuckerstoff, wo tritt er nicht hervor?«

G.s Kenntnis des Zuckerahorns kommt in *Faust II* zum Ausdruck: »Den Ahorn mild, von süßem Safte trächtig« (*Faust II*, V. 9544).

Literatur

Geitel, Max: Entlegene Spuren Goethes. München, Berlin 1911. – Lampadius, Wilhelm August: Erfahrungen über den Runkelrüben-Zucker. Freiberg 1800. – Lippmann, Edmund O.: Geschichte des Zuckers. Leipzig 1890, 405f. – Ders.: Goethe und die Zuckerfabrikation. In: Ders.: Beiträge zur Geschichte der Naturwissenschaften und der Technik. Schaan/Liechtenstein 1983 (Nachdruck der Ausgabe Berlin 1923), 275–281. – Ulrich, K.: Göttling, Goethe und der Rübenzucker. In: Zs. für die Zuckerindustrie. 5 (1955), 83–85. *HO*

Zwischenkieferknochen (Os intermaxillare, Os praemaxillare)

Der Zwischenkieferknochen ist ein paarig angelegter Knochen unterhalb des Nasenbeins, der beidseitig an den Oberkiefer anschließt und die oberen Schneidezähne trägt. Beim Menschen verwächst er vor der Geburt mit dem Oberkiefer und ist von diesem kaum noch unterscheidbar, wogegen er sich bei den Säugetieren durch eine Naht (Sutura incisiva) vom Oberkiefer absetzt. An ihm sind drei Fortsätze unterscheidbar, der Processus nasalis (Nasenfortsatz), der Processus alveolaris (Zahnfachfortsatz) und der Processus palatinus (Gaumenfortsatz). Diese Fortsätze sind beim Menschen sämtlich verkümmert.

G. hatte 1784 zusammen mit dem Jenaer Anatomen Justus Christian von →Loder den Zwischenkieferknochen beim Menschen nachweisen können, wissenschaftshistorisch eine Wiederentdeckung, nachdem in der Antike bereits →Galen seine Existenz behauptet hatte. Am 27.3.1784 teilte er →Herder mit: »Ich habe gefunden – weder Gold noch Silber, aber was mir eine unsägliche Freude macht – das os intermaxillare am Menschen! Ich verglich [...] Menschen- und Thierschädel, kam auf die Spur und siehe da ist es. [...] es ist wie der Schlußstein zum Menschen, fehlt nicht, ist auch da!« Als G. seinen Befund in der sogenannten Prachthandschrift mit lateinischem und deutschem Text Ende 1784 über Johann Heinrich→ Merck den Anatomen Samuel Thomas →Soemmerring und Petrus →Camper mitteilte, stieß er auf Ablehnung und zog sich bis 1790 verbittert zurück. Tatsächlich war das Os intermaxillare auch bereits 1780 von dem französischen Arzt und Anatomen Félix Vicq d'Azyr (wieder-)entdeckt worden.

G. publizierte seinen Aufsatz zum Zwischenkieferknochen erst 1820 in den Heften *Zur Morphologie* (I, 2). Er muss vor allem als Beleg für eine Harmonia mundi, für die »Übereinstimmung des Ganzen« in der Natur (an Knebel, 17.11.1784) gelesen werden, weniger als Hinweis auf eine stammesgeschichtliche Interpretation des Tierreichs.

Vgl. auch den ausführlicheren Artikel in GHB. 4.2, 1216–1218 sowie oben S. 11–15.

Literatur

Bräuning-Oktavio, Hermann: Vom Zwischenkieferknochen zur Idee des Typus. Goethe als Naturforscher in den Jahren 1780–1786. Leipzig 1956. – Maatsch, Jonas: Vom Dilettantismus zur Professionalität. Goethes Forschungen über den Zwischenkieferknochen. In: Ereignis Weimar. Katalog. Leipzig 2007, 127. – Salomon, Franz-Viktor: Knöchernes Skelett. In: Ders. u. a. (Hg.): Anatomie für die Tiermedizin. Stuttgart 2004, 37–110. – Wenzel, Manfred: Der gescheiterte Dilettant. Goethe, Soemmerring und das Os intermaxillare beim Menschen. In: Mann, Gunter und Dumont, Franz (Hg.): Gehirn – Nerven – Seele. Anatomie und Physiologie im Umfeld S. Th. Soemmerrings. Stuttgart, New York 1988 (Soemmerring-Forschungen 3), 289–329.

CS

IV. Verzeichnisse, Zeittafel

Rezensionen zu G.s naturwissenschaftlichen Schriften

Versuch die Metamorphose der Pflanzen zu erklären (1790)

Magazin für die Botanik (1790), 11. St., 164–171. (Verfasser: unbekannt)

Deutsche Monatsschrift (1791), Juni-Heft. (Verfasser: Salomon Maimon)

Hallische Neue Gelehrte Zeitungen (1790), 57. St., 19.7.1790, 451 f. (Verfasser: unbekannt)

Göttingische Anzeigen von gelehrten Sachen (1791), 27. St., 14.2.1791, 269. (Verfasser: Johann Friedrich Gmelin)

Gothaische gelehrte Zeitungen (1791), 31. St., 23.4.1791, 313–317. (Verfasser: unbekannt)

Beiträge von gelehrten Sachen zu der Hamburgischen Neuen Zeitung (1791), 4. St., 2 zu: Kaiserlich-privilegirte Hamburgische Neue Zeitung (1791), 72. St., 6.5.1791. (Verfasser: Paul Dietrich Giseke?)

Bibliothek der gesamten Naturgeschichte 2 (1791), 598–608. (Verfasser: unbekannt)

Magazin für das Neueste aus der Physik und Naturgeschichte 7 (1792) 4. St., 177–190. (Verfasser: unbekannt)

Allgemeine deutsche Bibliothek 116 (1794), St. 2, 477–479. (Verfasser: Joachim Dietrich Brandis)

Medicinisch-chirurgische Zeitung 3. Erg.-Bd. (1798), Nr. 60, 10.7.1798, 17–32 u. Nr. 61, 13.7.1798, 33 f. (Verfasser: unbekannt)

Ergänzungsblätter zur Allgemeinen Literatur Zeitung [Revision der Literatur für die Jahre 1785–1800] 3.1.[1803], Nr. 66, Sp. 521–525. (Verfasser: unbekannt)

Ergänzungsblätter zur Allgemeinen Literatur-Zeitung (1805), Nr. 50, Sp. 397. (Verfasser: unbekannt)

Beiträge zur Optik (1791/1792)

Allgemeine Literatur-Zeitung (1792), Nr. 31, 28.1.1792, Sp. 241–245. (Verfasser: unbekannt)

Gothaische gelehrte Zeitungen (1792), St. 27, 26.9.1792, 713–718 (Verfasser: unbekannt)

Magazin für das Neueste aus der Physik und Naturgeschichte 8 (1792), 119–126. (Verfasser: unbekannt)

Göttingische gelehrte Anzeigen (1792), 169. St., 22.10.1792, 1693–1695. (Verfasser: Abraham Gotthelf Kästner)

Allgemeine Literatur-Zeitung (1792), Nr. 316, 3.12.1792, Sp. 457 f. (Verfasser: unbekannt)

Journal der Physik 7 (1793), 3–21. (Verfasser: Friedrich Albrecht Carl Gren)

Zur Farbenlehre (1810)

Monatliche Korrespondenz zur Beförderung der Erd- und Himmels-Kunde 22 (1810), 91–93. (Verfasser: Karl Brandan Mollweide)

Neue Oberdeutsche allgemeinen Literatur-Zeitung 23 (1810), Nr. 132, 5.7.1810, Sp. 25–32. (Verfasser: unbekannt)

Kritischer Anzeiger für Literatur und Kunst (1810), Nr. 30–33, 28.7., 4., 11. u. 18.8.1810, 158–162, 166–168, 170 f. u. 176 f. (Verfasser: Matthias Klotz)

Heidelberger Jahrbücher der Litteratur. 4. Abt. Mathematik, Physik und Kameralwissenschaften 3 (1810), H. 7, 289–307. (Verfasser: Jakob Friedrich Fries)

Neue Leipziger Literatur Zeitung (1810), Nr. 102, 24.8.1810, Sp. 1629–1632. (Verfasser: unbekannt)

Morgenblatt für gebildete Stände (1810), Nr. 226 f., 20. u. 21.9.1810, 901 f., 905–907. (Verfasser: Johannes Daniel Falk)

Allgemeine Zeitung (1810), Nr. 290, 17.10.1810. (Verfasser: Karl August Böttiger)

(Hallische) Allgemeine Literatur Zeitung (1811), Nr. 30–32, 29.–31.1.1811, Sp. 233–240, 241–247, 249–251. (Verfasser: Karl Brandan Mollweide)

Monatliche Korrespondenz zur Beförderung der Erd- und Himmels-Kunde 23 (1811), 323 f. (Verfasser: Bernhard August von Lindenau)

Göttingische gelehrte Anzeigen (1811), 99. St., 22.6.1811, 977–990. (Verfasser: Johann Tobias Mayer d. J.)

Annalen der Physik 37 (N. F. 7) (1811), 2. St., 135–154. (Verfasser: Friedrich Theodor Poselger)

Annalen der Physik 40 (N. F. 10) (1812), 1. St., 103–115. (Verfasser: Etienne Louis Malus) (franz. Original in: Annales de Chimie 79, 1811, 199–219)

Parrot, Georg Friedrich: Grundriß der theoretischen Physic zum Gebrauche für Vorlesungen. T. 2. Dorpat und Riga 1811, V–IX u. XX–XXIV.

Benzenberg, Johann Friedrich: Briefe geschrieben auf einer Reise durch die Schweiz im Jahr 1810. Bd. 2. Düsseldorf 1812, 501–513.

Pfaff, Christoph Heinrich: Ueber die farbigen Säume der Nebenbilder des Doppelspaths, mit besonderer Rücksicht auf Hrn. v. Göthes Erklärung der Farbenentstehung durch Nebenbilder. In: Journal für Chemie und Physik 6 (1812), 177–204.

Ergänzungsblätter zur Jenaischen Allgemeinen Literatur-Zeitung 1 (1813), Bd. 1, Nr. 3–6, Sp. 17–44. (Verfasser: Heinrich Link und Karl Joseph Windischmann)

Bibliothèque Britannique. Sciences et Arts 53 (1813), 18–36. (Verfasser: Pierre Prevost)

Pfaff, Christoph Heinrich: Ueber Newton's Farbentheorie, Herrn von Goethe's Farbenlehre und den chemischen Gegensatz der Farben. Ein Versuch in der experimentalen Optik. Leipzig 1813. (Rezensionen dazu von Johann Tobias Mayer d. J. in: Göttingische gelehrten Anzeigen 15.5.1813, 77. St., 761–767 und Jakob Friedrich Fries in: Heidelbergische Jahrbücher der Litteratur 7, 1814, 417–430.)

The Quarterly Review 10 (1813/1814), Jan. 1814, 427–441. (Verfasser: Thomas Young)

Zur Naturwissenschaft überhaupt, besonders zur Morphologie (1817–1824)

Journal für Literatur, Kunst, Luxus und Mode 32 (1817), Okt., 642–648 (Verfasser: Karl August Böttiger?)

Isis (1818), H. 6, Sp. 991–1008 (Verfasser: Christian Gottfried Daniel Nees von Esenbeck)

Morgenblatt für gebildete Stände (1820), Nr. 107, 4.5.1820, 430f. (Verfasser: Therese Huber)

Flora oder Botanische Zeitung 3 (1820), 7.12.1820, 717. (Verfasser: unbekannt)

Morgenblatt für gebildete Stände (1820), Nr. 303, 19.12.1820, 1214. (Verfasser: Therese Huber)

Literarisches Wochenblatt 6 (1820), Nr. 20, 77–79 u. Beilagen Nr. 21f. und 64 (ohne Paginierung). (Verfasser: Christian Wilhelm von Schütz)

Allgemeines Repertorium der neuesten in- und ausländischen Literatur 2 (1820), 230. (Verfasser: unbekannt)

Allgemeine Medizinische Annalen (1821), Jan., Sp. 73–85. (Verfasser: Johann Friedrich Pierer)

Flora oder Botanische Zeitung 4 (1821), 1–44. (Verfasser: Christian Gottfried Daniel Nees von Esenbeck)

Flora oder Botanische Zeitung 4 (1821), 14.4.1821, 223. (Verfasser: unbekannt)

Allgemeine medizinische Annalen (1821), Mai, Sp. 668–670. (Verfasser: Johann Ludwig Choulant)

Literarisches Conversations-Blatt (1821), 13.6.1821, 527–539. (Verfasser: Christian Wilhelm von Schütz)

Allgemeines Repertorium der neuesten in- und ausländischen Literatur 3 (1821), 28–30. (Verfasser: unbekannt)

Leipziger Literatur-Zeitung (1822), Nr. 128, 24.5.1822, Sp. 1818–1820. (Verfasser: unbekannt)

Allgemeine Medizinische Annalen (1823), Jan., Sp. 89–92. (Verfasser: Johann Friedrich Pierer)

Jenaische Allgemeine Literatur-Zeitung (1823), Juni, Nr. 101–108, Sp. 321–384. (Verfasser: Christian Gottfried Daniel Nees von Esenbeck und Johann Jakob Nöggerath)

Flora oder Botanische Zeitung 6 (1823), Bd. 2, Beilage 1, 1–18. (Verfasser: Franz von Paula Schrank)

Allgemeines Repertorium der neuesten in- und ausländischen Literatur 5 (1823), 15f. (Verfasser: unbekannt)

Der Eil-Bote (1824), Nr. 197, 9.12.1824, 896. (Verfasser: Johann Peter Pauls)

Mineralogisches Taschenbuch für das Jahr 1824, 1. Abt., 164–169. (Verfasser: Carl Caesar von Leonhard)

Bulletin des sciences naturelles et de géologie (1826), Febr., 240. (Verfasser: Straus?)

Zur vergleichenden Osteologie von Goethe (1824)

Isis (1825), Sp. 203. (Verfasser: Lorenz Oken?)

Essai sur la métamorphose des plantes (franz. Ausgabe des Versuchs die Metamorphose der Pflanzen zu erklären, 1829; Übersetzer: Frédéric Gingins-Lassaraz)

Bibliothèque universelle des sciences, belles-lettres, et arts 14 (1829), 262f. (Verfasser: Augustin Pyrame de Candolle)

Bulletin des Sciences naturelles 17 (1829), 422f. (Verfasser: Adrien oder Antoine Laurent de Jussieu)

Botanische Literatur-Blätter zur periodischen Darstellung der Fortschritte der Pflanzenkunde 2 (1829), 348. (Verfasser: unbekannnt)

Versuch über die Metamorphose der Pflanzen (dt.-franz. Ausgabe, 1831; Übersetzer: Frédéric Jacques Soret unter G.s Mitwirkung)

Linnaea 6 (1831), H. 3, 43f. (Verfasser: D. F. L. von Schlechtendahl?)

Revue encyclopédique 51 (1831), 523–526; identisch in: Journal complémentaire des sciences médicales 40 (1831), 279–282. (Verfasser: Étienne Geoffroy Saint-Hilaire)

Jahrbücher für wissenschaftliche Kritik (1832), Jan., Sp. 1–11. (Verfasser: Carl Gustav Carus)

Über den Zwischenkiefer des Menschen und der Thiere (1831)

Isis (1833), Sp. 594. (Verfasser: Lorenz Oken?)

Mittheilungen aus der Pflanzenwelt (1831)

Isis (1833), Sp. 596f. (Verfasser: Lorenz Oken?)

Litteraturbericht zur Linnaea (1833), 172–174. (Verfasser: D. F. L. von Schlechtendahl?)

Literaturberichte zur Flora oder allgemeinen botanischen Zeitung 3 (1833), Nr. 15, 227–229. (Verfasser: unbekannt)

Zur Naturwissenschaft überhaupt, besonders zur Morphologie. Erfahrung, Betrachtung, Folgerung, durch Lebensereignisse verbunden. Von Goethe. Ersten Bandes, erstes – viertes Heft. Zweyten Bandes, erstes – zweytes Heft. Stuttgard und Tübingen, in der J. G. Cotta'schen Buchhandlung. 1817–1824.

Von der Zeitschrift erschienen in den beiden, getrennt paginierten Reihen *Zur Morphologie* und *Zur Naturwissenschaft überhaupt* jeweils sechs Hefte. Die Hefte 1 bis 4 (1817–1822) bildeten jeweils den ersten, die Hefte 5 und 6 (1823–1824) den zweiten Band. In ihrer originalen Abfolge werden die Abhandlungen der Zeitschrift in LA I, 8 (*Zur Naturwissenschaft überhaupt*), LA I, 9 (*Zur Morphologie*) und MA 12 (beide Reihen in einem Band) dargeboten. In allen Goethe-Ausgaben, die Anordnungen nach Themenbereichen treffen (wie WA, FA u. a.) ist die Zusammenstellung G.s nicht erkennbar. Aus diesem Grund zeigt die nachfolgende Übersicht die originale Anordnung, nach Heften geordnet. Die Druckorte der Aufsätze sind in der Tabelle S. 729–763 nachgewiesen.

Heft 1, 1817 (Ersten Bandes erstes Heft)

Zur Morphologie

Das Unternehmen wird entschuldigt

Die Absicht eingeleitet

Der Inhalt bevorwortet

Geschichte meines botanischen Studiums

Entstehen des Aufsatzes über Metamorphose der Pflanzen

Die Metamorphose der Pflanzen

Verfolg [Zwischentitel für die folgenden Aufsätze]

Schicksal der Handschrift

Schicksal der Druckschrift [darin die Elegie: Die Metamorphose der Pflanzen]

Entdeckung eines trefflichen Vorarbeiters [darin: Caspar Friedrich Wolff über Pflanzenbildung]

Wenige Bemerkungen

Glückliches Ereigniß

Zur Naturwissenschaft überhaupt [mit einer Tafel]

Weite Welt und breites Leben …

Im Namen dessen, der sich selbst erschuf … [Prooemion]

Vorwort

Einem auswärtigen Freund [Auszug eines Briefes an S. Boisserée]

Zur Farbenlehre

Bringst du die Natur heran …
Möget ihr das Licht zerstückeln …
[Was es gilt. Dem Chromatiker]

Geschichte der entoptischen Farben [von Seebeck]

Doppelbilder des rhombischen Kalkspaths [hierzu Fig. 1 der Tafel]

Elemente der entoptischen Farben [hierzu Fig. 2 u. 3 der Tafel]

Zur Kenntniß der böhmischen Gebirge
Was ich dort gelebt, genossen …
Carlsbad
Joseph Müllerische Sammlung
Recapitulation
Nachträge

Heft 2, 1820 (Ersten Bandes zweytes Heft)

Zur Morphologie

Urworte. Orphisch

Müsset im Naturbetrachten …
Freuet euch des wahren Scheins … [Epirrhema]

Zwischenrede

Einwirkung der neueren Philosophie

Anschauende Urteilskraft

Bedenken und Ergebung

Bildungstrieb

Drey günstige Recensionen

Andere Freundlichkeiten

Es ist ein großes Glück …

Nacharbeiten und Sammlungen

Erster Entwurf einer allgemeinen Einleitung in die vergleichende Anatomie, ausgehend von der Osteologie. Jena, im Januar 1795

Αδροισμος [Atroismos/Metamorphose der Tiere: Wagt ihr, also bereitet …]

Dem Menschen wie den Thieren ist ein Zwischenknochen der obern Kinnlade zuzuschreiben. Jena, 1786

Galens Büchlein von den Knochen …
[Auszüge aus alten und neuen Schriften]

Die beyden […] Aufsätze …
[Mannigfaltiger Nachtrag]

Caspar Friedrich Wolf[f]s erneuertes Andenken
[von Mursinna]

Mag's die Welt zur Seite weisen …
[Zahme Xenien V, V. 1449–1452]

Zur Naturwissenschaft überhaupt

Der Kammerberg bey Eger

Lucii Annaei Senecae Naturalium quaestionum
Libro II. cap. 25

Vorschlag zur Güte

Meteore des literarischen Himmels

Heft 3, 1820
(Ersten Bandes drittes Heft)

Zur Morphologie

Freudig war, vor vielen Jahren … [Parabase]

Vorträge, über die drey ersten Capitel des Entwurfs einer allgemeinen Einleitung in die vergleichende Anatomie, ausgehend von der Osteologie. 1796

Verstäubung, Verdunstung, Vertropfung

Freundlicher Zuruf

Ins Innere der Natur O! du Philister …/Allerdings. Dem Physiker [Unwilliger Ausruf]

Zur Naturwissenschaft überhaupt [mit zwei Tafeln]

Wolkengestalt nach Howard [dazu Taf. 1]

Howard's Ehrengedächtniß
[erste Fassung mit vier Strophen]

Entoptische Farben

Zur Geologie, besonders der Böhmischen

Ausflug nach Zinnwalde und Altenberg

Problematisch

Carl Wilhelm Nose

Der Horn

Kammerberg bey Eger

Producte Böhmischer Erdbrände

Die Luisenburg bey Alexanders-Bad [dazu Taf. 2]

Heft 4, 1822
(Ersten Bandes viertes Heft)

Zur Morphologie

Als Einleitung

Vorstehendes konnte mir … [Aphoristisch]

Botanik

Wenn ich nun aus dem Allgemeinen …
[Aufruf zur Einigkeit des Zusammenwirkens]

Ferner darf ich nicht verschweigen …
[Erschwerter botanischer Lehrvortrag]

Merkwürdige Heilung eines schwer verletzten Baumes

Schema zu einem Aufsatze die Pflanzenkultur im Großherzogthum Weimar darzustellen

Zoologie

Bemerkung zu Seite 292, die Verstäubung betreffend

Analogon der Verstäubung

Die Faulthiere und die Dickhäutigen, abgebildet, beschrieben und verglichen, von Dr. E. d'Alton …

Dr. Carus: Von den Ur-Theilen des Schalen- und Knochen-Gerüstes [von Carus; mit Zusatz G.s]

Fossiler Stier

Vorläufig aus dem Alterthum

Nachträglich

Gemälde der organischen Natur in ihrer Verbreitung auf der Erde von Wilbrand und Ritgen; lithographirt von Päringer

Lebens- und Formgeschichte der Pflanzenwelt von Schelver

Luke Howard to Goethe. A biographical Scotch

Betrachtungen fortgesetzt zu Seite 315

Auf dem Umschlage des ersten Heftes ist geäußert …
[Inhalt des ersten Bandes zur Morphologie]

Zur Naturwissenschaft überhaupt

Chromatik

Priester werden Messe singen … [Herkömmlich]

Die ächte Conversation …
[Zahme Xenien III, V. 604–607]

Auge empfänglich und gegenwirkend [Tabelle]

Aeltere Einleitung

Neuere Einleitung

Heft 5 (1), 1823
(Zweiten Bandes erstes Heft)

Fossiler Backzahn, wahrscheinlich vom Mammouth

Anthrazit mit gediegenem Silber

Cammer-Bühl

Wunderbares Ereigniß

Ueber den Bau und die Wirkungsart der Vulkane in verschiedenen Erdstrichen, von Alexander von Humboldt

Zur Naturwissenschaft und Morphologie, zwey Bände von Göthe

Von Leonhard: Handbuch der Oryktognosie. Heidelberg 1821

Aelteres, beynahe Veraltetes

Eins und Alles
[Im Gränzenlosen sich zu finden ...]

Heft 6 (2), 1824 (Zweiten Bandes zweytes Heft)

Zur Morphologie [mit einer Tafel]

Irrwege eines morphologisirenden Botanikers [von Nees von Esenbeck; mit Tafel]

Von dem Hopfen und dessen Krankheit, Ruß genannt

Ueber Ruß, Mehlthau und Honigthau, mit Bezug auf den Ruß des Hopfens [von Nees von Esenbeck]

Grundzüge allgemeiner Naturbetrachtung [von Carus]

Die Lepaden

Noch etwas über den Ruß des Hopfens [von Lößl]

Das Sehen in subjectiver Hinsicht, von Purkinje. 1819

Ernst Stiedenroth Psychologie zur Erklärung der Seelenerscheinungen. 1ster Thl.

Specimen anatomico-pathologicum inaugurale de labii leporini congeniti natura et origine, auctore Constant. Nicati. 1822

Das Schädelgerüst aus sechs Wirbelknochen auferbaut

Zweyter Urstier

Vergleichende Knochenlehre [Knochen die Gehörwerkzeuge betreffend; Ulna und Radius; Tibia und Fibula]

Abbildungen der vorzüglichsten Pferde die sich in den Königl. Preußischen Gestüten befinden; nach dem Leben gemalt und radirt von Fr. Bürde ... Abbildungen der Königl. Württembergischen Gestüts-Pferde Orientalischer Raçe. Herausgegeben von dem Königl. Lithographischen Institute zu Stuttgard 1823 [von d'Alton]

Die Skelette der Nagethiere, abgebildet und verglichen von D'Alton

Genera et Species Palmarum, von Dr. C. F. von Martius. Fasc. I und II.

Zur Naturwissenschaft überhaupt [mit zwei Tafeln]

Die Basaltsteinbrüche am Rückersberge bey Oberkassel am Rhein. Aus Nöggeraths: das Gebirg in Rheinland-Westphalen ... [mit Einleitung von Nees von Esenbeck; dazu zwei Tafeln]

Zur Geognosie und Topographie von Böhmen

Fahrt nach Pograd

Ueber die Auffindung und den Fortgang des Freyherrlich von Junker-Bigattoischen Bergbaues auf der St. Amalien-Silber-Zeche zu Sangerberg [von Junker-Bigatto]

Folgesammlung

An Herrn von Leonhard

Freymüthiges Bekenntniß

Auszug eines Schreibens des Herrn Barons v. Eschwege. Lissabon den 2. Juny 1824. [mit Zusatz G.s]

Recht und Pflicht

Durch das Gas des Marien-Brunnens angegriffenes Grund-Gebirg

Gestaltung großer anorganischer Massen

Catalogue Raisonné des variétés d'Amphibole et de Pyroxène [von Soret]

Der Wolfsberg

Nachschrift

Uralte neuentdeckte Naturfeuer- und Glutspuren

Gebirgs-Gestaltung im Ganzen und Einzelnen

Ueber die Gewitterzüge in Böhmen, mitgetheilt von des Herrn Grafen Casp. Sternberg Excellenz [von Sternberg]

Die meteorologischen Anstalten des Großherzogthums Sachsen-Weimar-Eisenach [von Schrön]

Übersicht über die Bände der Leopoldina-Ausgabe

Abteilung I: Texte

Band 1: Schriften zur Geologie und Mineralogie 1770–1810 (G. Schmid), 1947 (Nachdruck 1989)

Band 2: Schriften zur Geologie und Mineralogie 1812–1832 (G. Schmid), 1949 (Nachdruck 1999)

Band 3: Beiträge zur Optik und Anfänge der Farbenlehre 1790–1808 (R. Matthaei), 1951

Band 4: Zur Farbenlehre. Widmung, Vorwort und Didaktischer Teil (R. Matthaei), 1955 (Nachdruck 1987)

Band 5: Zur Farbenlehre. Polemischer Teil (R. Matthaei), 1958 (Nachdruck 1998)

Band 6: Zur Farbenlehre. Historischer Teil (D. Kuhn), 1957 (Nachdruck 1998)

Band 7: Zur Farbenlehre. Anzeige und Übersicht, Statt des supplementaren Teils und Erklärung der Tafeln (R. Matthaei), 1957 (Nachdruck 1999)

Band 8: Naturwissenschaftliche Hefte (D. Kuhn), 1962

Band 9: Morphologische Hefte (D. Kuhn), 1954 (Nachdruck 1994)

Band 10: Aufsätze, Fragmente, Studien zur Morphologie (D. Kuhn), 1964

Band 11: Aufsätze, Fragmente, Studien zur Naturwissenschaft (D. Kuhn), 1970

Abteilung II: Ergänzungen und Erläuterungen

Band 1: Zur Naturwissenschaft im Allgemeinen (J. Eckle), 2 Teilbände, 2011

Band 2: Zur Meteorologie und Astronomie (G. Nickel), 2005

Band 3: Beiträge zur Optik und Anfänge der Farbenlehre (R. Matthaei), 1961

Band 4: Zur Farbenlehre. Didaktischer Teil und Tafeln (R. Matthaei, D. Kuhn), 1973

Band 5A: Zur Farbenlehre. Polemischer Teil (H. Zehe), 1992

Band 5 B: Zur Farbenlehre nach 1810 (T. Nickol, D. Kuhn, H. Zehe), 2 Teilbände, 2007

Band 6: Zur Farbenlehre. Historischer Teil (D. Kuhn, K. L. Wolf), 1959

Band 7: Zur Geologie und Mineralogie. Von den Anfängen bis 1805 (W. von Engelhardt, D. Kuhn), 1989

Band 8A: Zur Geologie und Mineralogie. Von 1806 bis 1820 (W. von Engelhardt, D. Kuhn), 1997

Band 8B: Zur Geologie und Mineralogie. Von 1821 bis 1832 (W. von Engelhardt, D. Kuhn), 2 Teilbände, 1999

Band 9A: Zur Morphologie. Von den Anfängen bis 1795 (D. Kuhn), 1977

Band 9B: Zur Morphologie. Von 1796 bis 1815 (D. Kuhn), 1986

Band 10A: Zur Morphologie. Von 1816 bis 1824 (D. Kuhn), 1995

Band 10B: Zur Morphologie. Von 1825 bis 1832 (D. Kuhn), 2 Teilbände, 2004

Abteilung III: Registerbände, in Vorbereitung

Verzeichnis der Druckorte

Berücksichtigt werden die Druckorte in der Zeitschrift *Zur Naturwissenschaft überhaupt, besonders zur Morphologie* (ZNÜ bzw. Morph), in der Ausgabe letzter Hand (ALH), der Weimarer Ausgabe (WA), der Leopoldina-Ausgabe (LA), der Münchner Ausgabe (MA) und der Frankfurter Ausgabe (FA) sowie evtl. davon abweichende Erstdrucke.

1. Abschnitt s. Versuch einer allgemeinen Knochenlehre

1. wie 3. … s. Vermerke von Versuchen mit zwei Akyanobleponten

2. Abschnitt s. Versuch einer allgemeinen Vergleichungslehre

a sei ein grünes Rouleau …: LA I, 3, 267

Abbildung eines Kristalls (Granit, gebildet, anerkannt …): WA I, 4 (1891), 130; LA I, 2, 79; MA 11.1.1, 162f.; FA I, 2, 793

Abbildungen der vorzüglichsten Pferde (Verfasser Eduard d'Alton): Morph II, 2 (1824), 138–148; LA I, 9, 369–373; MA 12, 369–376

Abermalige Unterhaltung mit Herrn Gildemeister s. Von Personen, welche gewisse Farben nicht unterscheiden können

Absolutes Verbot der Anonymität: SchrGG. 21 (1907), 391, Lesart zu MuR 1336; LA I, 3, 231; MA 17, 1316; FA I, 13, 60

Affinität des gefärbten Lichts zu den Phosphoren: WA II, 5.2 (1906), 165f., LA I, 3, 238; MA 4.2, 315; FA I, 23.2, 71; s. a. Versuche mit Leuchtsteinen

Agate. Rochlitzer s. Notizbuch von der Schlesischen Reise 1790

Αἰ τῶν …: Morph II, 1 (1823), Haupt-Titelblatt, Rückseite; WA II, 13 (1904), 24; LA I, 9, 274; MA 12, 274; FA I, 24, 570

Alaunsteine von der Gegend um Tolfa s. Verzeichnis verschiedener Gebürgs und anderer Steinarten … auf der italienischen Reise

Alle durchzugehen … s. Inspektion des Ilmenauer Bergwerks

Alle Erscheinungen sind unaussprechlich … s. Bedenken - Notizen zur Farbenlehre

Alle gefärbten Gläser …: WA II, 5.2 (1906), 175; LA I, 3, 461

Allen habt ihr die Ehre genommen … s. Hoffnung

Allerdings. Dem Physiker (Unwilliger Ausruf; Ins Innere der Natur …): Morph I, 3 (1820), 304; Morgenblatt für gebildete Stände Nr. 303, 19.12.1820, 1214; ALH 3 (1827), 112; ALH 58 (1842), 244; WA I, 3 (1890), 105; WA II, 6 (1891), 244f.; LA I, 9, 223; MA 12, 225; MA 13.1, 162; FA I, 2, 507; FA I, 24, 523

Alles Aufgelöste …: WA II, 10 (1894), 256; LA I, 2, 344f.

Alles Elementare …: WA II, 13 (1904), 296; LA I, 2, 357

Alles erkläret sich wohl …: Musen-Almanach für das Jahr 1796. Hg. von Schiller. Neustrelitz 1796, 247; ALH 1 (1827), 369; WA I, 1 (1887), 325; LA I, 3, 210; MA 3.2, 113, 142; FA I, 1, 459

Alles Geologische liegt zwischen … s. Der Dynamismus in der Geologie

Alles, was mit einer gewissen Freiheit …: WA II, 13 (1904), 316; LA I, 2, 133

Allgemeine Ansichten: WA II, 5.2 (1906), 181–189; LA I, 3, 348–354; FA I, 23.2, 231–237; s. a. Ausdehnung des Schemas

Allgemeine Betrachtung: Morph II, 1 (1823), 62; ALH 50 (1833), 111f.; WA II, 11 (1893), 244f.; LA I, 9, 317; MA 12, 316f.; FA I, 24, 605

Allgemeine Gesichtspunkte (Daß neue Vorschläge dieser Art …) s. Entwürfe zu einem Aufsatz über den Weinbau

Allgemeine Spiraltendenz der Vegetation … s. Weitere Studien zur Spiraltendenz

Allgemeines Schema zur ganzen Abhandlung der Morphologie: WA II, 6 (1891), 319f.; LA I, 10, 136f.; MA 4.2, 196f.; FA I, 24, 359f.

Allgemeines. Eingreifende … s. Bildung der Erde

Allgemeinste Darstellung des Typus s. Erster Entwurf einer allgemeinen Einleitung in die vergleichende Anatomie, ausgehend von der Osteologie

Als Einleitung: Morph I, 4 (1822), 305–315; ALH 56 (1842), 153f. (Teildruck); WA II, 6 (1891), 206–217; LA I, 9, 227–233; MA 12, 227–234; FA I, 24, 524–532

Als ich im September … s. Bignonia radicans

Als unsre Erde sich … s. Epochen der Gesteinsbildung

Alte Aristotelische … s. Über Newtons Hypothese der diversen Refrangibilität (Entwurf)

Altenberger Suite: WA II, 10 (1894), 114f.; LA I, 2, 48f.; LA I, 11, 154f.; MA 9, 907f.; FA I, 25, 470f.

Alter, jetzt verlassener Kalkbruch bei Delitz s. Verzeichnisse mehrerer an verschiedenen Seiten des Egerischen Bezirks und sonst aufgefundenen … Gebirgsarten und Mineralien

Bedenken – Notizen zur Farbenlehre: WA II, 5.2 (1906), 17, 79–81, 192 u. 298; WA II, 11 (1893), 366f.; LA I, 3, 298–302; FA I, 23.2, 249–253

Bedenken und Ergebung: Morph I, 2 (1820), 112f.; ALH 50 (1833), 59–61; WA II, 11 (1893), 56f.; LA I, 9, 97f.; MA 12, 99f.; FA I, 24, 449f.

Bedeutende Fördernis durch ein einziges geistreiches Wort: Morph II, 1 (1823), 46–51; ALH 50 (1833), 93–99; WA II, 11 (1893), 58–64; LA I, 9, 307–310; MA 12, 306–309; FA I, 24, 595–599

Bedingungen der Farbenerscheinung: WA II, 5.2 (1906), 52f.; LA I, 3, 371f.

Bedingungen unter welchen die Farbenerscheinung zunimmt s. Von der Verbreiterung der Farbenerscheinung

Bedingungen, unter denen ein verrucktes Bild farblos und ein unverrucktes gefärbt erscheinen kann: WA II, 5.2 (1906), 71f.; LA I, 3, 498

Bei Betrachtung der Natur …
s. Kirchers Pyrophylacium wieder hergestellt

Bei dem Bekannten …: WA II, 10 (1894), 272; LA I, 2, 425

Bei den chemischen Farbenexperimenten …: WA II, 5.2 (1906), 106; LA I, 3, 252

Bei der Entwicklung des Samenkorns … s. Gang der Metamorphose

Bei Elfeld Dorf Kydriz: WA II, 13 (1904), 369; LA I, 2, 428

Bei meinem kurzen Aufenthalt … s. Trappformation bei Darmstadt

Bei und nach der großen Wasserflut …: WA II, 13 (1904), 372; LA I, 2, 312

Beiträge zur Mineralogie und Geologie des nördlichen Amerikas: WA II, 10 (1894), 273; LA I, 2, 250

Beiträge zur Optik. Erstes Stück: Weimar 1791, im Verlag des Industrie-Comptoirs (dazu 27 lose beigelegte, z. Tl. kolorierte Karten); ALH 58 (1842), 245–296; WA II, 5.1 (1897), 1–53; LA I, 3, 6–37 u. 450–452 (mit neuer Numerierung der Karten und damit verbundenen Eingriffen in G.s Text); MA 4.2, 264–299; FA I, 23.2, 15–50

Beiträge zur Optik. Zweites Stück: Weimar 1792, im Verlag des Industrie-Comptoirs (dazu eine lose beigelegte, doppelseitige kolorierte Tafel); ALH 58 (1842), 297–320; WA II, 5.1 (1897), 55–79; LA I, 3, 38–53; MA 4.2, 299–315; FA I, 23.2, 51–66

Beiträge zur Optik. Drittes Stück s. Von den farbigen Schatten

Beiträge zur Optik. Viertes Stück s. Versuch die Elemente der Farbenlehre zu entdecken

Bekenntnisse über die Erzlager …: Woldemar Frhr. v. Biedermann: Goethe und das sächsische Erzgebürge. Stuttgart 1877, 52f.; WA I, 5.1 (1893), 108; WA I, 5.2 (1910), 262; LA II, 8A, 108

Bemerkung wegen dem helleren Schein …: WA II, 5.2 (1906), 440; LA I, 3, 266

Bemerkung zu Seite 292, die Verstäubung betreffend: Morph I, 3 (1820), auf dem hinteren Heftumschlag; Morph I, 4 (1822), 329; ALH 58 (1842), 176f. (Anm.); WA II, 6 (1891), 193f. (Anm.); LA I, 9, 245; MA 12, 243, 818; FA I, 24, 543

Bemerkungen zu dem 15. Paragraphen meiner Pflanzen-Metamorphose auf Anregung Herrn Ernst Meyer zu Königsberg: WA II, 6 (1891), 327f.; LA I, 10, 272; MA 18.2, 414; FA I, 24, 701f.

Beobachten und Ordnen: WA II, 11 (1893), 42–44 (*Beobachtung und Denken*); LA I, 3, 296f.; LA I, 11, 44f.; MA 6.2, 830f.; FA I, 25, 137f.

Bergkristalle neuerer Formation: WA II, 13 (1904), 388; LA I, 2, 133

Bergrat Voigt. Breccia d'Egitto: LA I, 2, 5

Bergwerksangelegenheiten: LA I, 1, 110–112; MA 2.2, 765–767

Berlin: Ideen zu einer Physiognomik der Gewächse; von Alexander von Humboldt: Jenaische Allgemeine Literatur-Zeitung Nr. 62, 14.3.1806, Sp. 489–492; ALH 33 (1830), 138–145; WA II, 7 (1892), 93–100; LA I, 10, 199–204; MA 6.2, 770–775; FA I, 24, 378–383

Bernhardsfelsen (Karlsbad): WA II, 10 (1894), 174–176 u. 246f.; LA I, 1, 106–109; MA 2.2, 519f.

Beschränktheit des Farbenkreises …: LA I, 3, 230

Beschreibung des Egraer Vulkans: LA I, 2, 5

Beschreibung des Zwischenknochens mehrerer Tiere bezüglich auf die beliebte Einteilung und Terminologie: WA II, 8 (1893), 140–164; LA I, 10, 6–22; MA 2.2, 545–562; FA I, 24, 25–42

Beschreibung eines großen Falten-Schwammes: WA II, 7 (1892), 355; LA I, 10, 23; MA 2.2, 562; FA I, 24, 43

Betrachtung über Morphologie: WA II, 6 (1891), 288–299; LA I, 10, 137–144; MA 4.2, 197–204; FA I, 24, 361–369

Betrachtungen fortgesetzt zu Seite 315: Morph I, 4 (1822), 360–365; Morgenblatt für gebildete Stände Nr. 200, 21.8.1822, 797f.; ALH 56 (1842), 254–260; LA I, 9, 266–269; MA 12, 263–268; FA I, 24, 565–568

Betrachtungen über die Farben: WA II, 5.2 (1906), 174–178; LA I, 3, 125–127 u. 461; MA 4.2, 357–359; FA I, 23.2, 103–105

Die Geognosie des Herren D'Aubuissons de Voisins …: ALH 50 (1833), 127; WA II, 11 (1893), 107; LA I, 11, 340; MA 17, 930; FA I, 25, 95

Die Gesellschaft des vaterländischen Museums in Böhmen: ZNÜ II, 1 (1823), 98–102; ALH 60 (1842), 160–165; WA II, 10 (1894), 160–165; LA I, 2, 284–288; LA I, 8, 346–349; MA 12, 727–730; FA I, 25, 606–609

Die Granitgebürge: WA II, 10 (1894), 58f. u. 228; LA I, 1, 101f.; LA I, 11, 17f.; MA 2.2, 514; FA I, 25, 320f.; s. a. Zerklüftung des Granits

Die Haude und Spenerische Berliner … s. Anzeige für Mursinna

Die im nördlichen Deutschland … s. Geologische Probleme und Versuch ihrer Auflösung

Die Knochen der Gehör-Werkzeuge … s. Vergleichende Knochenlehre

Die kompliziertern Phänomene der Refraktion: WA II, 5.2 (1906), 81f.; LA I, 3, 360f.; FA I, 23.2, 244f.; s. a. Ausdehnung des Schemas

Die Kraft, Farben hervorzubringen …: WA II, 5.2 (1906), 354; LA I, 3, 447 mit Tafel XXV; MA 4.2, 260; FA I, 23.2, 9 mit Tafel 1.

Die Lepaden: Morph II, 2 (1824), 95–99; ALH 55 (1833), 326–330; WA II, 8 (1893), 255–259; LA I, 9, 339–341; MA 12, 340–343; FA I, 24, 610–613

Die Luisenburg bei Alexanders-Bad (mit einer Tafel): ZNÜ I, 3 (1820), 238–240; ALH 51 (1833), 155–157; WA II, 9 (1892), 229–231; LA I, 2, 144–146; LA I, 8, 171f.; MA 12, 548–551; FA I, 25, 332f.

Die Metamorphose der Pflanzen (Elegie: Dich verwirret, Geliebte …): Musen-Almanach für das Jahr 1799. Hg. von Schiller. Tübingen 1799, 17–23; Archiv für die Botanik 2 (1799), 34–36; Morph I, 1 (1817), 72–75; ALH 1 (1827), 320–329; ALH 3 (1827), 92–95; ALH 58 (1842), 125–127; WA I, 1 (1887), 290–292; WA I, 3 (1890), 85–87; WA II, 6 (1891), 140–143; LA I, 9, 67–69; MA 6.1, 14–17; MA 12, 74–77; MA 13.1, 150–152; FA I, 1, 639–641; FA I, 24, 420–423

Die Metamorphose der Pflanzen s. Versuch die Metamorphose der Pflanzen zu erklären

Die meteorologischen Anstalten des Großherzogtums Sachsen-Weimar-Eisenach (Verfasser Ludwig Schrön): ZNÜ II, 2 (1824), 217–220; LA I, 8, 421f.; MA 12, 808–811

Die Möglichkeit (Liegt der Irrtum nur erst …): Musen-Almanach für das Jahr 1797. Hg. von Schiller. Tübingen 1797, 240; WA I, 5.1 (1893), 229; LA I, 3, 232; MA 4.1, 695, 795; FA I, 1, 513

Die Natur. Fragment: Pfälzisches Museum von Pfalzbaiern 1 (1784), 446–451; ALH 50 (1833), 3–7; WA II, 11 (1893), 5–9; LA I, 11, 3–5; MA 2.2, 477–479; FA I, 25, 11–13

Die Negation des Wortes organisch: Jenaische Allgemeine Literatur-Zeitung, Intelligenzblatt Nr. 51, 13.5.1805, 448; WA I, 40 (1901), 334; LA I, 10, 199; MA 6.2, 770; FA I, 19, 9; FA I, 24, 377

Die Pflastersteine vom Monte Sedece … s. Geologisch-mineralogische Notizen von der Reise nach Venedig. 1790

Die Phänomene, die wir andern … s. Das reine Phänomen

Die Plaine, worauf Palermo …: WA I, 31 (1904), 317; LA I, 1, 151f.

Die polierte Seite des Gesteins …: WA II, 13 (1904), 388; LA I, 2, 426

Die Raubtiere und Wiederkäuer, abgebildet und verglichen von Dr. E. d'Alton: Morph II, 1 (1823), 59–61; ALH 50 (1833), 108–110; WA II, 12 (1896), 145–148; LA I, 9, 314–316; MA 12, 314–316; FA I, 24, 602–604

Die Sache mag sein, wie sie will … s. Geologische Probleme und Versuch ihrer Auflösung

Die Schweizer Naturforschende Gesellschaft … s. Über das Wachstum der Schweizer Gletscher

Die Skelette der Nagetiere, abgebildet und verglichen von d'Alton: Morph II, 2 (1824), 148–156; ALH 55 (1833), 317–325; WA II, 8 (1893), 246–254; LA I, 9, 374–379; MA 12, 376–381; FA I, 24, 632–637

Die sogenannte Pietra fungaja … s. Pietra fungaja

Die steinernen Waffen betreffend (mit einer Tafel): Anhang zu Christian August Vulpius: *Die Donnerkeile*. In: *Curiositäten der physisch-literarisch-artistisch-historischen Vor-und Mittelwelt* … 5 (1816), 241f.; LA I, 2, 83; LA I, 11, 173; MA 11.2, 532f., FA I, 25, 326

Die Temperamentenrose: Neue Hefte zur Morphologie 2 (1952), nach 40; LA I, 3, 388; LA II, 3, Tafel XXX; MA 6.2, 786; MA 10, Farbbogen; FA I, 23.2, 208 u. Tafel 41

Die Überzeugung, daß alles fertig … s. Weitere Studien über Jungius

Die Umgebung von Weimar … s. Sammlung zur Kenntnis der um Weimar sich findenden Fossilien

Die Verlegenheit … s. Über den Bau und die Wirkungsart der Vulkane

Die Versuche, wo das Auge … s. Geplante Versuche

Die von uns Mittwoch … s. Braunkohlengrube bei Dux

Die Vulkane auf Inseln …: WA II, 10 (1894), 269; LA I, 2, 296

Einige Bemerkungen aus dem Naturalienkabinett: WA I, 34.1 (1902), 309f.; MA 4.2, 442f.

Einige Bemerkungen über die sogenannte Tremella: WA II, 7 (1892), 355f.; LA I, 10, 24; MA 2.2, 562f.; FA I, 24, 44f.

Einige mineralogische Nachrichten: LA I, 1, 256; MA 4.2, 442

Einleitung (Daß einzelne Pflanzenfreunde ...) s. Entwürfe zu einem Aufsatz über den Weinbau

Einleitung zu öffentlichen Vorlesungen über Goethes Farbenlehre ... von Leopold von Henning ... 1822: ZNÜ II, 1 (1823), 93–95; ALH 60 (1842), 119–122; WA II, 5.1 (1897), 416–419; LA I, 8, 342f.; MA 12, 724f.; FA I, 25, 813f.

Einleitung zu physikalischen Vorträgen s. Physikalische Vorträge schematisiert, Einleitung

Einleitung: WA II, 6 (1891), 312–319; LA I, 10, 50–54; MA 3.2, 303–307; FA I, 24, 93–98

Eins und Alles (Im Grenzenlosen sich zu finden ...): Morgenblatt für gebildete Stände 24.9.1823, 913; ZNÜ II, 1 (1823), 123f.; ALH 3 (1827), 89f.; WA I, 3 (1890), 81; WA II, 11 (1893), 265f.; LA I, 8, 364; MA 12, 744; MA 13.1, 62f., 149; FA I, 2, 494f.

Einwirkung der neueren Philosophie: Morph I, 2 (1820), 103–109; ALH 50 (1833), 49–55; WA II, 11 (1893), 47–53; LA I, 9, 90–94; MA 12, 94–98; FA I, 24, 442–446

Einwirkung des Lichts auf Körper und ihre Farben: WA II, 5.2 (1906), 173; LA I, 3, 478

Einzelne Bemerkung (Mir scheint die Bemerkung wichtig ...) s. Entwürfe zu einem Aufsatz über den Weinbau

Einzelne Beobachtungen s. Entomologische Studien

Einzelnes zu Noten bestimmt: WA II, 6 (1891), 346–359; WA II, 13 (1904), 76; LA I, 10, 276–284; MA 18.2, 418–426; FA I, 24, 705–714

Eisenerze: WA II, 13 (1904), 386f.; LA I, 2, 427

Eisenglanz von Suhl ...: WA III, 5 (1893), 305; LA I, 2, 69

Eiszeit s. Hausmanns Vorlesung

Elefanten-Stoßzähne: WA II, 10 (1894), 264; LA I, 2, 249

Elektrizität s. Physikalische Vorträge schematisiert, Elektrizität

Elemente der entoptischen Farben (mit zwei Figuren): ZNÜ I, 1 (1817), 27–32; ALH 60 (1842), 13–19; WA II, 5.1 (1897), 246–252; LA I, 8, 21–24; MA 12, 403–409; FA I, 25, 676–680

Emporstieg vom Forsthause an... s. Von Salzungen nach Wilhelmsthal bei Eisenach

Entdeckung eines trefflichen Vorarbeiters: Morph I, 1 (1817), 80–82; ALH 58 (1842), 132–135; WA II, 6 (1891), 148–151; LA I, 9, 73f.; MA 12, 80f.; FA I, 24, 426–428

Entomologische Studien: WA II, 6 (1891), 415–428; LA I, 10, 168–176; MA 4.2, 232–240; FA I, 24, 314–340

Entoptische Farben [I]: ZNÜ I, 1 (1817), vierte unpaginierte Seite des Umschlags; WA II, 5.2 (1906), 439; LA I, 8, 45; MA 12, 816; FA I, 25, 681

Entoptische Farben [II]: ZNÜ I, 3 (1820), 126–190; ALH 55 (1833), 5–69; WA II, 5.1 (1897), 253–318; LA I, 8, 94–138; MA 12, 473–515; FA I, 25, 682–728

Entstehen des Aufsatzes über Metamorphose der Pflanzen: Morph I, 1 (1817), XXVIII-XXXII; WA II, 6 (1891), 394–396; LA I, 9, 19–22; MA 12, 25–27; FA I, 24, 412–414

Entstehung anorganischer Formen s. Neigung des Materiellen, sich zu gestalten

Entwallet nicht der Erde dort ... s. Hallesches Salinensalz

Entwurf einer allgemeinen Geschichte der Natur: WA II, 9 (1892), 288 u. 385; LA I, 1, 354; MA 9, 875f.

Entwürfe nach dem Schema geordnet s. Bildung der Erde

Entwürfe zu einem Aufsatz über den Weinbau: WA II, 6 (1891), 345f.; WA II, 7 (1892), 133–149; WA II, 13 (1904), 76 u. 186; LA I, 10, 261–271 mit Tafeln XVIII-XXI; MA 18.2, 386–396; FA I, 24, 669–679

Epirrhema (Müsset im Naturbetrachten ...; Freuet euch des wahren Scheins ...): Morph I, 2 (1820), 100; ALH 3 (1827), 96; WA I, 3 (1890), 88; LA I, 9, 88; MA 11.1.1, 190; MA 12, 92; MA 13.1, 153; FA I, 2, 498; FA I, 24, 440

Epochen bei der Weltbildung: WA II, 10 (1894), 255f.; LA I, 2, 102f.; LA I, 11, 187; MA 11.2, 543; FA I, 25, 561

Epochen der Gesteinsbildung: WA II, 9 (1892), 296–298 u. 386; LA I, 1, 96f. (in: *Zur Theorie der Gesteinslagerung*); LA I, 11, 15–17; MA 2.2, 509–511; FA I, 25, 318–320

Erdbrandsprodukte, von der Höhe über Lessau ...: WA II, 10 (1894), 278f.; WA II, 13 (1904), 374; LA I, 2, 141f.

Erfahrung und Wissenschaft s. Das reine Phänomen

Erfinden und Entdecken: ALH 50 (1833), 163–166; WA II, 11 (1893), 255–258 (Entwurf WA II, 13 (1904), 438–440); LA I, 11, 180f.; MA 11.2, 525f.; FA I, 25, 37–39

Geplante Versuche: WA II, 5.2 (1906), 93–98; LA I, 3, 118–124; MA 4.2, 333–340; FA I, 23.2, 76–83

Geringer Schritt von der völligen Farblosigkeit …: WA II, 5.2 (1906), 147; LA I, 3, 147

Geschichte der Arbeiten des Verfassers in diesem Fache: WA II, 4 (1894), 485 f.; LA I, 3, 362–364; MA 6.2, 798–801; FA I, 23.2, 246–248; s. a. Ausdehnung des Schemas

Geschichte der entoptischen Farben (Verfasser Thomas Johann Seebeck): ZNÜ 1, 1 (1817), 11–20; WA II, 5.1 (1897), 229–238; LA I, 8, 11–15; MA 12, 393–398; FA I, 25, 664–670

Geschichte der Farbenlehre: WA II, 4 (1894) u. 5.2 (1906), auf 34 Einzelstücke verteilt (vgl. dazu LA II, 3, 370 f.); LA I, 3, 396–405; LA II, 6, 258–267, M 133; MA 6.2, 789–798; FA I, 23.2, 212–223

Geschichte der Lehre der Pflanzen-Metamorphose s. Poetische Metamorphosen

Geschichte der physiologischen Farben: WA II, 5.2 (1906), 324–326; LA I, 3, 369 f.

Geschichte meines botanischen Studiums. Morph I, 1 (1817), XX–XXVII; ALH 58 (1842), 83–155 (= spätere Fassung: *Der Verfasser teilt die Geschichte seiner botanischen Studien mit*); WA II, 6 (1891), 389–393; LA I, 9, 15–19; MA 12, 20–25; FA I, 24, 407–412

Geschichtliches: ZNÜ I, 4 (1822), 302–320; ALH 60 (1842), 87–107; WA II, 5.1 (1897), 385–405; LA I, 8, 220–232; MA 12, 597–609; FA I, 25, 775–788

Gesetze der Pflanzenbildung: WA II, 7 (1892), 7–19; WA II, 13 (1904), 86 f.; LA I, 10, 55–63; MA 3.2, 308–317; FA I, 24, 98–108

Gesneria flacourtifolia: WA II, 6 (1891), 334; LA I, 10, 257; MA 18.2, 409; FA I, 24, 695

Gespräch über die Bewegung von Granitblöcken durch Gletscher: WA II, 10 (1894), 92–94; LA I, 2, 377 f. (*Erratische Blöcke*); LA I, 11, 309 f.; MA 18.2, 368 f.; FA I, 25, 646 f.

Gestalteter Sandstein: WA II, 10 (1894), 27 f.; LA I, 2, 133 f.; MA 13.2, 235 f.

Gestaltung anorganischer Körper s. Neigung des Materiellen, sich zu gestalten

Gestaltung großer anorganischer Massen: ZNÜ II, 2 (1824), 164–172; ALH 51 (1833), 57–66; WA II, 9 (1892), 232–240; LA I, 2, 338–344; LA I, 8, 391–396; MA 12, 774–779; FA I, 25, 621–627

Gesteinskundliches Gutachten s. Die steinernen Waffen betreffend

Gesteins-Lagerung s. Epochen der Gesteinsbildung

Gestörte Bildung: WA II, 10 (1894), 21; LA I, 2, 97; LA I, 11, 184; MA 11.2, 540; FA I, 25, 557

Gestörte Formation: WA II, 10 (1894), 20; LA I, 2, 98; LA I, 11, 183 f.; MA 11.2, 539 f.; FA I, 25, 556 f.

Gips [aus Sizilien] s. Verzeichnis verschiedener Gebürgs und anderer Steinarten … auf der italienischen Reise

Glückliches Ereignis: Morph I, 1 (1817), 90–96; Morgenblatt für gebildete Stände, 9./10.9.1817, Nr. 216 f., 861 f. u. 864 f.; Journal des Luxus und der Moden, Oktober 1817, 642–648; ALH 60 (1842), 252–258; WA I, 36 (1893), 246–252; WA II, 11 (1893), 13–20; LA I, 9, 79–83; MA 12, 86–90; FA I, 24, 434–438

Gneis und Granit: WA II, 10 (1894), 37; LA I, 1, 346 f.; MA 9, 876

Gneis-Granit (So wie ich weiß …): GJb. (1936), 62; LA I, 2, 200; MA 18.1, 89

Goethe zu Howards Ehren:/Lines by Goethe in Honour of Howard: Gold's London Magazine and Theatrical Inquisitor, Bd. 4, Nr. 19, Juli 1821, 59 f. (Teildruck); ZNÜ I, 4 (1822), 326–329; WA IV, 50 (1912), 47 f. (Teildruck); LA I, 8, 238 f.; MA 12, 616 f.; FA I, 25, 242 f.

Gold. Gelb in seiner … s. Metallische Farbenerscheinungen

Granit aus Karlsbad: WA II, 10 (1894), 223 f.; LA I, 1, 281; LA I, 11, 52; MA 6.2, 752; FA I, 25, 519

Granit dessen Feldspat … s. Folge der Gebürgsarten des Harzes

Granit Gewände …: WA II, 13 (1904), 372; LA I, 2, 140

Granit I (Der Granit als Unterlage aller geologischen Bildung): WA II, 9 (1892), 178–180; LA I, 1, 61–63; LA I, 11, 9 f.; MA 2.2, 487 f.; FA I, 25, 311 f.

Granit II (Der Granit war in den ältesten Zeiten …; Über den Granit): WA II, 9 (1892), 171–177; LA I, 1, 57–61; LA I, 11, 10–14; MA 2.2, 503–507; FA I, 25, 312–316

Granit und Generalia: WA II, 13 (1904), 412 (Inhaltsangabe)

Granit und Gneis [aus Sizilien] s. Verzeichnis verschiedener Gebürgs und anderer Steinarten … auf der italienischen Reise

Granit von Boveno … Brecchien … Basalt … s. Vorbereitungen zu der geplanten zweiten Italienischen Reise 1795, 1796

Granit zwischen Beliz und Potsdam: WA II, 13 (1904), 365; LA I, 2, 428

Granit, gebildet, anerkannt … s. Abbildung eines Kristalls

Granit, verschiedene Sorten … um Karlsbad: WA II, 13 (1904), 309; LA I, 1, 108f.

Granit. 1. von den bloßstehenden … s. Folge der Gebürgsarten des Harzes

Granit. Angenommen daß der Granit … s. Bildung des Granits und Zinnvorkommen

Granit. Das Gestein der Felsen … s. Gebirge von und um Karlsbad

Granitarbeiten in Berlin: KuA VI, 2 (1828), 420–422; WA I, 49.2 (1900), 197–200; LA I, 2, 375–377; LA I, 11, 297f.; MA 18.2, 260–262; FA I, 25, 639–641

Granite: GJb. (1972), 281f.; MA 13.2, 267

Grens Grundriß der Naturlehre: WA II, 5.2 (1906), 344–350; LA I, 3, 210–217

Grundversuche über Farbenerscheinungen bei der Refraktion: WA II, 5.2 (1906), 54–58 mit 3 nicht gezählten Tafeln (mit Fig. 1–13), [irrtümlich] eingebunden am Ende von WA II, 5.1 (1897); LA I, 3, 103–108 u. 459f. mit Tafel XVI; MA 4.2, 433–437 mit Tafel auf der Rückseite des eingelegten Farbbogens; FA I, 23.2, 188–193 mit Tafel 37

Grundzüge allgemeiner Naturbetrachtung (Verfasser Carl Gustav Carus): Morph II, 2 (1824), 84–95; LA I, 9, 333–338; MA 12, 333–340

Gufferlinien: WA II, 10 (1894), 52f.; LA I, 2, 384f.

Hallesches Salinensalz (Entwallet nicht der Erde dort …): Morgenblatt für gebildete Stände, Nr. 61, 12.3.1813; ALH 11 (1828), 371; WA I, 13.1 (1894), 173f.; LA I, 1, 378; MA 9, 259, FA I, 6, 896f.

Harmonie der Farben: LA I, 3, 386; LA II, 3, Tafel VIII; MA 6.2, 777f.; FA I, 23.2, 199 mit Tafel 38

Harmonisch fordernde… s. Harmonie der Farben

Hauptmomente der Abhandlung über die Farbenerscheinung bei Gelegenheit der Refraktion: WA II, 5.2 (1906), 64f.; LA I, 3, 372f.

Hausmanns Vorlesung: WA II, 10 (1894), 267f.; LA I, 2, 390f. (*Eiszeit*); LA I, 11, 320f.; MA 18.2, 377f.; FA I, 25, 657f.

Heims geologische Beschreibung …: WA II, 10 (1894), 273; LA I, 2, 58

Heinrich Cotta: Naturbeobachtungen s. Cottas Naturbeobachtungen

Heinroths Anthropologie: KuA V, 2 (1825), 175f.; ALH 49 (1833), 98; WA I, 41.2 (1903), 163; LA I, 10, 226f.

Heiße Quellen werden …: WA II, 10 (1894), 269; LA I, 2, 296

Helles Blau himmelfarb … s. Vermerke von Versuchen mit zwei Akyanobleponten

Herausgabe seiner Schriften … s. Weitere Studien über Jungius

Herkömmlich (Priester werden Messe singen…): ZNÜ I, 4 (1822), 241; ALH 3 (1827), 111; ALH 60 (1842), 21; WA I, 3 (1890), 104; WA II, 5.1 (1897), 319; LA I, 8, 175; MA 11.1.1, 188; MA 12, 553; MA 13.1, 162; FA I, 25, 729

Herr Mawe. Nachricht von seinen letzten Expeditionen im Oktober 1817: WA II, 13 (1904), 395–398; LA I, 2, 103–106; LA I, 11, 188–190; MA 11.2, 543–546; FA I, 25, 562–565

Herrn Du Mont de Courset habe …: WA IV 28 (1903), 391f.; LA II, 10A, 212f.; MA 11.2, 555

Herrn von Hoffs geologisches Werk: WA II, 9 (1892), 280–287; LA I, 2, 252–256; LA I, 11, 223–227; MA 13.2, 243–246; FA I, 25, 593–597

Herschels Beobachtungen … Wirkung farbiger Beleuchtung auf Pflanzen: WA II, 5.2 (1906), 163–165; LA I, 3, 248 u. 251f.

Hervortreten des Unterschiedenen. Kiesel und Ton s. Bildung der Erde

Hervortreten des Unterschiednen: WA II, 13 (1904), 316; LA I, 2, 106; LA I, 11, 191; MA 11.2, 546; FA I, 25, 566

Hier wäre die Geographie der Pflanzen … s. Entwürfe zu einem Aufsatz über den Weinbau

Hierüber ist nachzulesen …: WA II, 10 (1894), 273; LA I, 2, 58

Historische Einleitung s. Weitere Studien zur Spiraltendenz

Hof um die Sonne …: WA II, 5.2 (1906), 441; LA I, 3, 266

Hoffnung (Allen habt ihr die Ehre genommen …): Musen-Almanach für das Jahr 1797. Hg. von Schiller. Tübingen 1797, 241; WA I, 5.1 (1893), 229; LA I, 3, 232; MA 4.1, 695, 796; FA I, 1, 513

Höhen der alten und neuen Welt bildlich verglichen (mit einer Tafel): Allgemeine Geographische Ephemeriden 41 (1813), 3–8; WA II, 12 (1896), 238–240 (ohne das Vorwort von Bertuch); LA I, 11, 159–161; MA 9, 911–913 u. 915–917; FA I, 25, 523–526

Höherer Chemismus des Elementaren: WA II, 13 (1904), 314f.; LA I, 2, 356f.; LA I, 11, 272; MA 13.2, 267; FA I, 25, 638

Holz zu Braunkohle …: WA II, 10 (1894), 264; LA I, 2, 249

Hor. 12 in Sachsen: WA II, 13 (1904), 365; LA I, 2, 423

Jaspis [aus Sizilien] s. Verzeichnis verschiedener Gebürgs und anderer Steinarten ... auf der italienischen Reise

Jede Veränderung theoretischer Ansichten ... s. Dogmatismus und Skepsis

Jenaische Museen und Sternwarte: Intelligenzblatt der Jenaischen Allgemeinen Literatur-Zeitung, Nr. 2, Januar 1814, Sp. 9–16 (ohne Verfasserangabe); WA II, 12 (1896), 155–162; LA I, 11, 162–166; MA 9, 998–1002; FA I, 25, 185–189

Jener Aufsatz ist mir ... s. Erläuterungen zu dem aphoristischen Aufsatz »Die Natur«

Joachimsthal: WA II, 10 (1894), 246 f.; LA I, 1, 109

Johann Kunckel: ZNÜ II, 1 (1823), 54–59; ALH 60 (1842), 179–185; WA II, 12 (1896), 149–154; LA I, 8, 316–319; MA 12, 694–697; FA I, 25, 54–57

Joseph Müller geb. 1727 in Liebenau: WA II, 9 (1892), 400–404; LA I, 1, 292–297

Joseph Müllerische Sammlung – Rekapitulation: Sammlung zur Kenntnis der Gebirge von und um Karlsbad angezeigt und erläutert ... Karlsbad 1807 (Einzeldruck); Taschenbuch für die gesamte Mineralogie 2 (1808), 3–32; ZNÜ I, 1 (1817), 39–62; ALH 51 (1833); 9–32; WA II, 9 (1892), 10–33; LA I, 1, 331–346; LA I, 8, 28–44; MA 12, 414–429; FA I, 25, 346–362

Joseph Müllersche jetzt David Knollsche Sammlung zur Kenntnis der Gebirge von und um Karlsbad, angezeigt und erläutert von Goethe 1807, erneut 1832: Einzeldruck Prag 1832; ALH 51 (1833), 34–38 (Teildruck); WA II, 9 (1892), 35–39 u. 341–345; LA I, 2, 412–415; LA I, 11, 322–324; MA 18.2, 379–381; FA I, 25, 373–376

Jungius, nur ein Jahr später ... s. Weitere Studien über Jungius

Καὶ ὁ νοῦς...: Morph II, 1 (1823), Haupt-Titelblatt, Rückseite; WA II, 13 (1904), 25; LA I, 9, 274; MA 12, 274; FA I, 24, 570

Kalk [aus Sizilien] s. Verzeichnis verschiedener Gebürgs und anderer Steinarten ... auf der italienischen Reise

Kalk mit Eisen ...: WA II, 13 (1904), 374; LA I, 1, 330

Kalk-Gebirg: WA II, 10 (1894), 138 f.; LA I, 1, 12 f.; MA 2.2, 520

Kalkmergel. Langenbrück: WA II, 10 (1894), 265; LA I, 2, 249

Kälte: ALH 51 (1833), 179; WA II, 10 (1894), 95; LA I, 2, 388 f.; LA I, 11, 307; MA 18.2, 366 f.; FA I, 25, 644 f.

Kammerberg bei Eger: ZNÜ I, 3 (1820), 232–234; ALH 51 (1833), 146–149; WA II, 9 (1892), 95–97; LA I, 2, 159–161; LA I, 8, 166–168; MA 12, 543–545; FA I, 25, 419 f.

Kammer-Bühl: ZNÜ II, 1 (1823), 106 f.; ALH 60 (1842), 169 f.; WA II, 10 (1894), 170 f.; LA I, 2, 238; LA I, 8, 352 f.; MA 12, 733; FA I, 25, 421

Karl Wilhelm Nose: ZNÜ I, 3 (1820), 218–230; ALH 51 (1833), 131–143; WA II, 9 (1892), 183–195; LA I, 2, 163–171; LA I, 8, 157–164; MA 12, 534–542; FA I, 25, 572–580

Karlsbad, Anfang September 1819: WA II, 12 (1896), 110–114; LA I, 11, 210–212; MA 11.2, 568–570; FA I, 25, 210–212

Karlsbad: ZNÜ I, 1 (1817), 35–38; ALH 51 (1833), 5–8; WA II, 9 (1892), 7–9; LA I, 2, 93–95; LA I, 8, 27 f.; MA 12, 413 f.; FA I, 25, 344–346

King Coal: ALH 51 (1833), 193–198; WA II, 10 (1894), 46–50; LA I, 2, 332–335; LA I, 11, 235–237; MA 13.2, 262–265; FA I, 25, 617–620

Kirchers Pyrophylacium wieder hergestellt (Unbeschadet des Glaubens): ALH 51 (1833), 190–192 (in: *Verschiedene Bekenntnisse*); WA II, 9 (1892), 265–267 u. 383; LA I, 2, 354 f.; LA I, 11, 269 f.; MA 13.2, 266 f.; FA I, 25, 636 f.

Knochen die Gehörwerkzeuge betreffend s. Vergleichende Knochenlehre

Knolliger Stinkstein: Taschenbuch für die gesamte Mineralogie 10 (1816), 300 f.; LA I, 2, 69; LA I, 11, 167; MA 11.2, 527; FA I, 25, 325

Knospen. Stolonen: WA II, 6 (1891), 329 f.; LA I, 10, 68 f.; MA 3.2, 371 f.; FA I, 24, 156 f.

Kobes-Mühle: GJb. (1883), 347 f.; WA II, 13 (1904), 373; LA I, 2, 125 f.; LA I, 11, 208 f.; MA 11.2, 553 f.; FA I, 25, 383

Koffreschloß anzubinden ... s. Granit zwischen Beliz und Potsdam

Kolomea in Galizien ...: WA II, 10 (1894), 254; LA I, 2, 52

Konvexe Linse: WA II, 5.2 (1906), 63; LA I, 3, 360; FA I, 23.2, 244; s. a. Ausdehnung des Schemas

Konzentrische Zirrus-Streifen ...: WA II, 12 (1896), 199; LA I, 11, 239; MA 13.2, 270; FA I, 25, 268

Kraniologie: WA II, 8 (1893), 333 f.; LA I, 10, 208 f.; MA 13.2, 304 f.; FA I, 24, 647 f.

Kritik der geologischen Theorie, besonders der von Breislak ...: WA II, 9 (1892), 390–399; LA I, 2, 297–306; MA 13.2, 250–259

Kurze Darstellung einer möglichen Bade-Anstalt zu Berka an der Ilm: WA II, 13 (1904), 325–340; LA I, 2, 10–23

Lage der Flöze: WA II, 10 (1894), 96f.; LA I, 2, 389; LA I, 11, 307f.; MA 18.2, 367; FA I, 25, 645

Lagerstätte ...: WA II, 13 (1904), 320; LA I, 2, 26

Läßt sich an Ort und Stelle ...: WA II, 13 (1904), 282; LA I, 2, 423

Le Globe T. VI. ...: WA II, 13 (1904), 418; LA I, 2, 392

Leben und Verdienste des Doktor Joachim Jungius, Rektors zu Hamburg: Gottschalk Eduard Guhrauer: Joachim Jungius und sein Zeitalter ... Stuttgart und Tübingen 1850, 193–200; WA II, 7 (1892), 105–115; LA I, 10, 285–291; MA 18.2, 426–433; FA I, 24, 715–722

Lebens- und Formgeschichte der Pflanzenwelt von Schelver: Morph I, 4 (1822), 355f.; ALH 58 (1842), 220–222; WA II, 6 (1891), 241–243; LA I, 9, 262f.; MA 12, 261f.; FA I, 24, 563f.

Leidlich hat Newton gesehen ... s. Menschlichkeiten

Leuchtsteine s. Versuche mit Leuchtsteinen

Lichtstrahlen s. Bedenken – Notizen zur Farbenlehre

Liebenstein: WA II, 13 (1904), 360; LA I, 1, 369

Liegt der Irrtum nur erst ... s. Die Möglichkeit

Luchsburg mehr gleichkörniger Grund: WA II, 13 (1904), 296; LA I, 1, 106

Lucii Annaei Senecae Naturalium Quaestionum Libro II. Cap. [26]: Teilstück von *An Herrn Assessor Leonhard*, Ausführung; separat auch in ZNÜ I, 2 (1820), 83f.; LA I, 8, 61; MA 12, 443

Ludus Helmontii: WA II, 10 (1894), 71; LA I, 2, 353f.; MA 13.2, 265

Luft s. Physikalische Vorträge schematisiert, Luft

Luft Sauersames: WA II, 13 (1904), 387f.

Luke Howard an Goethe: ZNÜ II, 1 (1823), 7–19; ALH 51 (1833), 238 (Überschrift) u. 240–253; WA II, 2 (1896), 43 (Überschrift) u. 45–58; LA I, 8, 287–295; MA 12, 662–670; FA I, 25, 245–254 (in ALH und WA mit Eingliederung von *Luke Howard to Goethe. A Biographical Scetch*)

Luke Howard to Goethe. A Biographical Scetch: Morph I, 4 (1822), 357–359; ALH 51 (1833), 238–240 (Teildruck); WA II, 12 (1896), 43–45 (Teildruck); LA I, 9, 264f.; MA 12, 262f.; FA I, 25, 235f.

Luke Howard: The Climate of London ... in two volumes. London, 1818 (Verfasser Johann Friedrich Posselt): ZNÜ II, 1 (1823), 59–62; LA I, 8, 320f.; MA 12, 697–699

Mag's die Welt zur Seite weisen ...: Morph I, 2 (1820), 256; ALH 4 (1827), 362; WA I, 3 (1890), 337; LA I, 9, 189; MA 12, 194; MA 13.1, 215; FA I, 2, 670; FA I, 24, 507

Magnet 1799: WA II, 11 (1893), 182–186 (*Den Magnet betreffend*); LA I, 11, 46–48; MA 6.2, 831–833; FA I, 25, 139–141

Magnet s. Physikalische Vorträge schematisiert, Magnet

Magnet. Eisen Stein ... s. Physikalische Vorlesungen 1808

Maillet s. Bildung der Erde

Man gewöhnt uns von Jugend ... s. Verhältnis zur Wissenschaft, besonders zur Geologie

Man hat ... Sorge getragen: ZNÜ I, 4 (1822), 382; LA I, 8, 279; MA 12, 653

Man kann nicht leugnen ...: LA I, 3, 227

Man nimmt gewöhnlich an, daß die Sonnenstrahlen parallel fallen s. Bedenken – Notizen zur Farbenlehre

Man wird Sorge tragen ...: ZNÜ I, 1 (1817), dritte Seite des Umschlags; LA I, 8, 3; MA 12, 815

Marienbad überhaupt und besonders in Rücksicht auf Geologie: ZNÜ I, 4 (1822), 339–357; ALH 60 (1842), 126–146; WA II, 9 (1892), 53–72; LA I, 2, 214–226; LA I, 8, 247–259; MA 12, 623–636; FA I, 25, 487–500

Marienbad: WA II, 9 (1892), 405; LA I, 2, 140

Marmor auf dem Wege von Wunsiedel ... s. Bernhardsfelsen

Mäßigung des Lichts: WA II, 5.2 (1906), 41f.; LA I, 3, 140f.

Materialien zur Porzellan-Herstellung s. Rohlauer Mineralien und Produkte

Materielle Wirkung der Farben einzeln: WA II, 5.2 (1906), 195f.; LA I, 3, 355f.; FA I, 23.2, 238f.; s. a. Ausdehnung des Schemas

Matthias Klotz: WA II, 5.2 (1906), 317; LA I, 3, 507f.

Menschlichkeiten (Leidlich hat Newton gesehen ...): Musen-Almanach für das Jahr 1797. Hg. von Schiller. Tübingen 1797, 242; WA I, 5.1 (1893), 230; LA I, 3, 233; MA 4.1, 696, 796; FA I, 1, 514

Mercken zu fragen wegen des Vesuv: WA II, 13 (1904), 411; LA I, 1, 30

Merkwürdige Heilung eines schwer verletzten Baumes: Morph I, 4 (1822), 319f.; ALH 58 (1842), 189f.; WA II, 6 (1891), 226–228; LA I, 9, 238; MA 12, 237; FA I, 24, 535f.

Nach allem diesem darf man behaupten … s. Weitere Studien über Jungius

Nach außen, in Verbindung mit den übrigen Elementar-Phänomenen: WA II, 5.2 (1906), 6f.; LA I, 3, 380–382

Nach einer Überschwemmung …: WA II, 13 (1904), 372; LA I, 2, 312

Nach uns bleiben alle bemerkbare … s. Entwürfe zu einem Aufsatz über den Weinbau

Nach welcher Ordnung das Skelett zu betrachten und was bei den verschiedenen Teilen desselben zu bemerken sei s. Erster Entwurf einer allgemeinen Einleitung in die vergleichende Anatomie, ausgehend von der Osteologie

Nacharbeiten und Sammlungen: Morph I, 2 (1820), 128–144; ALH 58 (1842), 151–168; WA II, 6 (1891), 169–186; LA I, 9, 108–118; MA 12, 108–119; FA I, 24, 459–470

Nachdem die Wirkungen des Lichts … auf ideale Linien zurückgeführt … s. Bedenken – Notizen zur Farbenlehre

Nachricht den Ilmenauer Bergbau betreffend: LA I, 1, 115f.; MA 2.2, 770

Nachricht von dem am 24sten Februar 1784 geschehenen feierlichen Wiederangriff des Bergwerks zu Ilmenau: ALH 56 (1842), 173–178; LA I, 1, 63–67; MA 2.2, 750–755; FA I, 26, 464–469

Nachricht von dem ehmaligen Bergbau bei Ilmenau: LA I, 1, 32–55; MA 2.2, 728–750

Nachricht von dem Ilmenauischen Bergwesen: WA II, 13 (1904), 341–354; Julius Voigt: Goethe und Ilmenau. Leipzig 1912, 341–352; LA I, 1, 15–28; MA 2.2, 715–727; FA I, 26, 366–379

Nachschrift (zu Der Wolfsberg): ZNÜ II, 2 (1824), 193f.; ALH 51 (1833), 169f.; WA II, 9 (1892), 115f.; LA I, 2, 317; LA I, 8, 405f.; MA 12, 793; FA I, 25, 442

Nachträge s. Dem Menschen wie den Tieren ist ein Zwischenknochen der obern Kinnlade zuzuschreiben

Nachträge zur Farbenlehre (Chromatik) s. Auge empfänglich und gegenwirkend, s. Ältere Einleitung, s. Neuere Einleitung, s. Physiologe Farben, s. Physische Farben, s. Geschichtliches

Nachträge (Merkwürdig ist …): ZNÜ I, 1 (1817), 63f.; ALH 51 (1833), 33; WA II, 9 (1892), 33f.; LA I, 2, 95; LA I, 8, 44; MA 12, 429f.; FA I, 25, 362

Naturalienkabinett des Prof. Storr: WA I, 34.2 (1904), 100f.; MA 4.2, 443f.

Naturgeschichte (Organische Körper …): WA II, 5.2 (1906), 148; LA I, 3, 504

Naturgeschichtlicher Beitrag zu Lavaters Physiognomischen Fragmenten: Johann Kaspar Lavater: Physiognomische Fragmente zur Beförderung der Menschenkenntnis und Menschenliebe. 4 Bde. Leipzig und Winterthur 1775–1778, Bd. 2, 137–142; WA I, 37 (1896), 346–352; LA I, 10, 1–5; MA 2.2, 525–530; FA I, 24, 11–15

Naturlehre. Farbe der Seifenblasen …: WA II, 5.2 (1906), 178–181; LA I, 3, 98–100

Naturlehre: Der Teutsche Merkur, Februar 1789, 126–131 u. März 1789, 252–256 (*Antwort*); LA I, 11, 27–32; MA 3.2, 195–198 u. 214–216; FA I, 15.2, 881–884 u. 903–905; FA I, 25, 18–23

Natürliches System der Erze nach Oken: WA I, 5.1 (1893), 180; LA I, 1, 375f.; MA 9, 31; FA I, 2, 758

Naturphilosophie: KuA VI, 1 (1827), 213–215; WA II, 11 (1893), 263f.; LA I, 11, 284f.; MA 13.2, 335f.; FA I, 25, 77f.

Naturwissenschaft etc.: WA II, 10 (1894), 275

Naturwissenschaftlicher Entwicklungsgang: WA II, 11 (1893), 297–302; LA I, 11, 218–220; MA 13.2, 322–324; FA I, 25, 49–51

NB den blauen Schatten s. Den blauen Schatten am Ende des Corso …

Neigung des Materiellen, sich zu gestalten (Entstehung unorganischer Formen; Gestaltung unorganischer Körper): WA II, 10 (1894), 75–77 u. 26; LA I, 2, 112f. u. 175f.; LA I, 11, 203f.; MA 11.2, 549f.; FA I, 25, 569f.

Neigung zu Vergegenwärtigung des Vergangenen (Neigung zu Vergangenem. Würdigung des Vergangenen) s. Bildung der Erde

Neque enim …: Morph II, 1 (1823), Vorsatzblatt, Rückseite; WA II, 13 (1904), 25; LA I, 9, 274; MA 12, 272; FA I, 24, 570

Neue Theorie von der Entstehung der Gänge von Werner. 1791: WA II, 10 (1894), 266f.; LA I, 2, 109f.

Neuer entoptischer Fall: ZNÜ II, 1 (1823), 96; ALH 60 (1842), 122; WA II, 5.1 (1897), 419f.; LA I, 8, 344; MA 12, 725f.; FA I, 25, 815

Neuere Einleitung: ZNÜ I, 4 (1822), 253–256; ALH 60 (1842), 33–37; WA II, 5.1 (1897), 332–336; LA I, 8, 185–187; MA 12, 562–565; FA I, 25, 739–741

Neueste Farbentheorie von Wünsch (Gelbrot und Grün macht …): Musen-Almanach für das Jahr 1797. Hg. von Schiller. Tübingen 1797, 242; WA I, 5.1 (1893), 230; LA I, 3, 227; MA 4.1, 797; FA I, 1, 596

Neufchatel sporadische …: WA III, 13 (1903), 268; LA I, 2, 410

Friedrich Soret nebst geschichtlichen Nachträgen. Stuttgart 1831, 226–238 (deutsch und französisch); WA II, 7 (1892), 342–346; WA II, 13 (1904), 100; LA I, 10, 339–342; MA 18.2, 480–483; FA I, 24, 776–780 (ab WA alle nur deutsch)

Über die Ursache der Barometerschwankungen (In vorstehendem Aufsatz ...) (mit Tafel): ZNÜ II, 1 (1823), 62–76; WA II, 12 (1896), 59–73; LA I, 8, 321–330; MA 12, 699–711; FA I, 25, 255–264

Über einen aufzustellenden Typus zu Erleichterung der vergleichenden Anatomie s. Erster Entwurf einer allgemeinen Einleitung in die vergleichende Anatomie, ausgehend von der Osteologie; s. Vorträge, über die drei ersten Kapitel des Entwurfs einer allgemeinen Einleitung in die vergleichende Anatomie, ausgehend von der Osteologie

Über Gall s. Gall

Über Martius Palmenwerk: WA II, 7 (1892), 346–349; LA I, 10, 216–218; MA 13.2, 309–312; FA I, 24, 655–658

Über Mathematik und deren Mißbrauch so wie das periodische Vorwalten einzelner wissenschaftlicher Zweige: ALH 50 (1833), 167–185; WA II, 11 (1893), 78–96; LA I, 11, 273–283; MA 13.2, 324–335; FA I, 25, 65–76

Über Naturwissenschaft im allgemeinen. Einzelne Betrachtungen und Aphorismen: ALH 50 (1833), 123–162; WA II, 11 (1893), 103–141; LA I, 11, 337–366; MA 17, 819–831, 844–851, 914–916, 919–930, 935, 952; FA I, 25, 92–122

Über Newtons Hypothese der diversen Refrangibilität (Entwurf): WA II, 5.2 (1906), 350–352; LA I, 3, 141–143

Über Newtons Hypothese der diversen Refrangibilität: WA II, 5.1 (1897), 161–179; LA I, 3, 152–164; MA 4.2, 376–387; FA I, 23.2, 128–140

Über physiologe Farbenerscheinungen, insbesondere das phosphorische Augenlicht, als Quelle derselben, betreffend (Verfasser Christoph Friedrich Ludwig Schultz): ZNÜ II, 1 (1823), 20–38; LA I, 8, 296–304; MA 12, 671–683; FA I, 25, 798–812

Über Ruß, Mehltau und Honigtau, mit Bezug auf den Ruß des Hopfens (Verfasser Christian Gottfried Daniel Nees von Esenbeck): Morph II, 2 (1824), 77–83; LA I, 9, 329–332; MA 12, 328–333

Über zwei emetische Wurzeln: WA II, 13 (1904), 163f.; WA IV, 40 (1907), 128f.; LA I, 10, 225; MA 13.2, 319f.; FA I, 24, 662f.

Übergangs-Gebirg: WA II, 13 (1904), 318; LA I, 2, 71

Ulna und Radius s. Vergleichende Knochenlehre

Ultra-Vulkanist: WA II, 10 (1894), 263; LA I, 2, 248

Um die reine Schichtung der Laven ...: WA II, 13 (1904), 289; LA I, 2, 239

Umherliegende Granite: WA II, 10 (1894), 90f.; LA I, 2, 387f.; LA I, 11, 306f.; MA 18.2, 365f.; FA I, 25, 643f.

Unbeschadet des Glaubens ... s. Kirchers Pyrophylacium wieder hergestellt

Unbillige Forderung: WA II, 6 (1891), 331f.; LA I, 10, 215; MA 13.2, 308f.; FA I, 24, 654

Und abermals Menschlichkeiten (Seine Schüler hörten nun auf ...): Musen-Almanach für das Jahr 1797. Hg. von Schiller. Tübingen 1797, 242; WA I, 5.1 (1893), 230; LA I, 3, 233; MA 4.1, 696, 796; FA I, 1, 514

Und dann ist man immer noch nicht ... s. Geologie. Gegeneinanderwirken im Ur-Meer

Und machte einen kleinen Teich ... s. Fragment über das Serapeum von Pozzuoli

Und wenn wir unterschieden haben s. Wohl zu merken

Ungeduld bei der Objektivität... s. Über Newtons Hypothese der diversen Refrangibilität

Ungezweifelte Gang und Flözklüfte s. Form und Bildung des Granits

Unter Anleitung dieser Grundgedanken s. Zur Lehre von den Gängen

Unter den Mineralogen, Chemikern und Physikern ...: WA II, 5.2 (1906), 170–172; LA I, 3, 476–478

Unter die gestörten Gebirgsarten ... s. Gestörte Bildung

unter einander betrachte ... s. Geologische Probleme und Versuch ihrer Auflösung

Unter Fischern: WA II, 10 (1894), 62; LA I, 2, 125; LA I, 11, 208; MA 11.2, 552f.; FA I, 25, 382

Unter unsern Augen ... s. Analoga von Breccien

Untere Kotyledonen sind entweder ... s. Von den Kotyledonen

Unterscheidung der Farben durchs Gefühl: WA II, 5.2 (1906), 37; LA I, 3, 359; FA I, 23.2, 242; s. a. Ausdehnung des Schemas

Unwilliger Ausruf s. Allerdings. Dem Physiker

Unzählige, denn jede Stufe... s. Zahl der Farben

Uralte neuentdeckte Naturfeuer- und Glutspuren: ZNÜ II, 2 (1824), 195–200; ALH 51 (1833), 171–177; WA II, 9 (1892), 117–123; LA I, 2, 312–314 u. 329–331; LA I, 8, 407–410; MA 12, 794–797; FA I, 25, 443–447

Von dem würdigen Verfasser ... s. Luke Howard: The Climate of London

Von den achromatischen Gläsern: WA II, 5.2 (1906), 72–75; LA I, 3, 257–260; MA 4.2, 372–375; FA I, 23.2, 120–123

Von den Augiten insbesondere: WA II, 10 (1894), 39; LA I, 2, 309; LA I, 11, 231; MA 13.2, 259f.; FA I, 25, 598

Von den Farben der Körper s. Chemische Farbenlehre

Von den Farbenerscheinungen bei Gelegenheit der Refraktion: WA II, 5.2 (1906), 65–68; LA I, 3, 499–501

Von den farbigen Schatten: WA II, 5.1 (1897), 101–125; LA I, 3, 64–81; MA 4.2, 340–357; FA I, 23.2, 84–102

Von den Kotyledonen: WA II, 7 (1892), 20–33; LA I, 10, 41–49; MA 2.2, 580–591; FA I, 24, 62–71

Von den Ur-Teilen des Schalen- und Knochengerüstes (Verfasser Carl Gustav Carus): Morph I, 4 (1822), 338–342; WA II, 13 (1904), 255 (Teildruck); LA I, 9, 252f.; MA 12, 250–252; FA I, 24, 552 (Teildruck)

Von den Vorteilen der vergleichenden Anatomie und von den Hindernissen, die ihr entgegenstehen s. Erster Entwurf einer allgemeinen Einleitung in die vergleichende Anatomie, ausgehend von der Osteologie; s. Vorträge, über die drei ersten Kapitel des Entwurfs einer allgemeinen Einleitung in die vergleichende Anatomie, ausgehend von der Osteologie

Von der Verbreiterung der Farbenerscheinung: WA II, 5.2 (1906), 62f.; LA I, 3, 497

Von einer geregelten Empirie ... s. Meteorologische Beobachtungsorte

von Han tschu fu an eine Kette von Granitbergen ...: WA II, 13 (1904), 420f.; LA I, 2, 53

Von Kahla bis Neustadt Sand ... s. Geognostisches Tagebuch der Reise nach dem Fichtelgebirge und Böhmen

Von Leonhard: Handbuch der Oryktognosie, Heidelberg 1821: ZNÜ II, 1 (1823), 112f.; ALH 60 (1842), 175f.; WA II, 9 (1892), 214f.; LA I, 2, 246f.; LA I, 8, 357; MA 12, 736f.; FA I, 25, 615f.

Von Leupoldsdorf (Leopoldsdorf) hinanwärts ...: WA II, 13 (1904), 373f.; LA I, 1, 105f.

Von meinen physikalischen Annäherungen ... s. Physische Wirkungen

Von Mittag nach Mitternacht: WA II, 13 (1904), 291f.; LA I, 2, 80f.

Von Personen, welche gewisse Farben nicht unterscheiden können [I]: WA II, 5.2 (1906), 37; LA I, 3, 359; FA I, 23.2, 242; s. a. Ausdehnung des Schemas

Von Personen, welche gewisse Farben nicht unterscheiden können [II]: WA II, 5.2 (1906), 29–35; LA I, 3, 270–277 (beide Drucke mit falscher Reihenfolge der Textabschnitte wegen Verheftung der Bogen durch Eckermann); Neue Hefte zur Morphologie 2 (1956), 20–32 (erstmals korrekt); LA II, 3, 294–300; MA 6.2, 780–786; FA I, 23.2, 201–207

Von Salzungen nach Wilhelmstal bei Eisenach: WA II, 13 (1904), 260; LA I, 189; MA 2.2, 489

Von Thale den elften ... s. Geognostisches Tagebuch der dritten Harzreise, s. Notizblatt von der zweiten Harzreise

Von Unvermutet Glück ...: LA I, 2, 428; WA II, 13 (1904), 364f.

Vor das große Prisma ... s. Farben bei der Refraktion

Vorarbeiten zu einer Physiologie der Pflanzen: WA II, 6 (1891), 286f.; LA I, 10, 135f.; MA 4.2, 195f.; FA I, 24, 357f.

Vorbereitungen zu der geplanten zweiten Italienischen Reise 1795, 1796: LA I, 1, 242–249; WA I, 34.2 (1904), 154f., 164–166, 176–180

Vorbetrachtung: ZNÜ II, 1 (1823), 5f.; WA II, 12 (1896), 234f.; WA II, 13 (1904), 405f.; LA I, 8, 285f.; MA 12, 661f.; FA I, 25, 52f.

Vorläufig aus dem Altertum s. Fossiler Stier – Vorläufig aus dem Altertum

Vorschlag zur Güte: ZNÜ I, 2 (1820), 85–87; ALH 50 (1833), 193–195; WA II, 11 (1893), 65–67; LA I, 8, 62f.; MA 12, 443f.; FA I, 25, 40f.

Vorträge in der Mittwochsgesellschaft über die Bildung der Erde Den 1. April 1807 s. Geognostische Vorlesungen 1807

Vorträge s. Physikalische Vorträge schematisiert

Vorträge, über die drei ersten Kapitel des Entwurfs einer allgemeinen Einleitung in die vergleichende Anatomie, ausgehend von der Osteologie: Morph I, 2 (1820), 257–284; ALH 55 (1833), 253–279; WA II, 8 (1893), 61–89; LA I, 9, 193–209; MA 12, 195–212; FA I, 24, 263–281

Vorträge: LA I, 3, 512

Vorwort (Indem ich die auf Bildung und Umbildung ...): ZNÜ I, 1 (1817), V–VII; ALH 60 (1842), 3f.; WA II, 5.1 (1897), 223–225; LA I, 8, 5f.; MA 12, 389f.; FA I, 25, 661f.

Vulkanische Produkte aus der Nachbarschaft von Rom s. Verzeichnis verschiedener Gebürgs und anderer Steinarten ... auf der italienischen Reise

Wenn im Theoretischen …: WA III, 2 (1888), 273; LA I, 3, 333

Wenn man in der Camera obscura s. Farben bei der Refraktion

Wenn man von Uranfängen spricht … s. Höherer Chemismus des Elementaren

Wenn wir den Weinstock als ein Ganzes … s. Entwürfe zu einem Aufsatz über den Weinbau

Wenn wir eine europäische … s. Zu den Versammlungen deutscher Naturforscher und Ärzte

Wenn wir von diesem stillen … s. Ansprache auf dem Gewerkentag zu Ilmenau am 9. Dezember 1795

Wer eine Zeitlang durch …: WA II, 5.2 (1906), 27; LA I, 3, 267

Wer glaubt's? (Newton hat sich geirrt …): Musen-Almanach für das Jahr 1797. Hg. von Schiller. Tübingen 1797, 240; WA I, 5.1 (1893), 229; LA I, 3, 232; MA 4.1, 695, 796; FA I, 1, 513

Wer zuerst aus der Systole …: SchrGG. 21 (1907), 225, MuR 1079; LA I, 3, 435; MA 17, 900; FA I, 13, 389

Werner. Dreifache Kohlen-Epoche …: WA II, 13 (1904), 315; LA I, 2, 110f.

Wetterbaum: WA II, 13 (1904), 482; LA I, 11, 214; MA 13.2, 269; FA I, 25, 213

What is the inference? s. Zur Geologie, besonders der böhmischen

When geologists …: WA II, 13 (1904), 418; LA I, 2, 392

Wie durchsichtige Mittel auf Licht und Blick im allgemeinen wirken: WA II, 5.2 (1906), 59f.; LA I, 3, 359f.; FA I, 23.2, 243; s. a. Ausdehnung des Schemas

Wie man tappend hin und wider schwankt …: LA I, 3, 229

Wie sehr zu jener Zeit … s. Über Newtons Hypothese der diversen Refrangibilität

Wiederholt euch doch nicht … s. Vergebene Lehre

Wiederholt viele Jahre …: ALH 51 (1833), 188–190 (in: *Verschiedene Bekenntnisse*); WA II, 9 (1892), 263–265 u. 382f.

Wiederholung (Hundermal werd ich's euch sagen …): Musen-Almanach für das Jahr 1797. Hg. von Schiller. Tübingen 1797, 240; WA I, 5.1 (1893), 229; LA I, 3, 232; MA 4.1, 695, 795; FA I, 1, 513

Wiegenlied dem jungen Mineralogen Walther Wolfgang von Goethe (Singen sie Blumen …): ALH 4 (1827), 140f.; WA I, 4 (1891), 46f.; LA I, 2, 114f.; MA 11.1.1, 201f.; FA I, 2, 605f.

Wieviel hundert Gelehrte … s. Sonderbar

Wilhelm von Schütz zur Morphologie zweites Heft: Morph II, 1 (1823), 1–6; WA II, 13 (1904), 81–84; LA I, 9, 277–280; MA 12, 275–278; FA I, 24, 571–574

Wir haben an Kefersteins Unternehmen … s. Böhmen, vor Entdeckung Amerikas ein kleines Peru

Wir haben bei unserer Darstellung das Wort Lichtstrahl sorgfältig vermieden … s. Bedenken – Notizen zur Farbenlehre

Wir haben uns bisher … s. Bildung der Erde

Wir sprechen nicht mehr von einer Kieselerde …: WA II, 13 (1904), 318

Wir verbrennen Gold …: WA II, 10 (1894), 269; LA I, 2, 296

Wir vernehmen, daß die ganze Porphyrformation …: WA II, 10 (1894), 270; LA I, 2, 240

Wirkung der Elektrizität auf die Pflanzen (Briefbeilage; an Carl August, 23.9.1817): Wahl 2, 415f., LA II, 10A, 237f.; MA 11.2, 556

Wirkung der Farben auf den Menschen: R. Matthaei: Die Farbenlehre im Goethe-Nationalmuseum. Jena 1941, 133, Nr. 63a (Teildruck); LA I, 3, 281; MA 6.2, 813f.; FA I, 23.2, 294

Wirkung der Sonne auf Bergeshöhen: Österreichisch-kaiserlich pivilegierte Wiener Zeitung, Nr. 35, 13.2.1830, 175 (Teildruck); WA II, 13 (1904), 514f.; LA I, 11, 315; MA 18.2, 556; FA I, 25, 303

Wirkung des Lichts auf organische Körper im Sommer 1796: WA II, 7 (1892), 310–341 (in anderer Textabfolge); LA I, 10, 145–167; MA 4.2, 204–232; FA I, 24, 285–313

Wirkung dieser (meiner) Schrift und weitere Entfaltung der darin vorgetragenen Idee 1830: Versuch über die Metamorphose der Pflanzen / Essai sur la Métamorphose des Plantes, übersetzt von Friedrich Soret nebst geschichtlichen Nachträgen. Stuttgart 1831, 164–225 (deutsch und französisch); ALH 58 (1842), 204–243; WA II, 6 (1891), 246–278; LA I, 10, 297–318; MA 18.2, 457–479; FA I, 24, 753–775 (ab ALH alle nur deutsch)

Wirkung farbiger Beleuchtung auf Pflanzen s. Herschels Beobachtungen

Wissenschafts-Lehre, 2. Bandes 2. Heft: WA II, 13 (1904), 409f.

Witterungskunde: WA II, 12 (1896), 120; LA I, 11, 240; MA 13.2, 271; FA I, 25, 269

Wo der Mensch im Leben hergekommen… s. Über die Gestalt und die Urgeschichte der Erde

Zur Geognosie und Topographie von Böhmen: ZNÜ II, 2 (1824), 137f.; ALH 51 (1833), 158; WA II, 9 (1892), 104; LA I, 2, 316; LA I, 8, 372; MA 12, 754 u. 757; FA I, 25, 434

Zur Geologie November 1829 s. Dogmatismus und Skepsis, s. Induktion, s. Umherliegende Granite, s. Kälte, s. Lage der Flöze

Zur Geologie, besonders der böhmischen [Entwurf]: WA II, 10 (1894), 275f.; LA I, 2, 150f.

Zur Geologie, besonders der böhmischen: ZNÜ I, 3 (1820), 191–195; ALH 51 (1833), 102–106; WA II, 9 (1892), 124–128; LA I, 2, 151–154; LA I, 8, 139–141; MA 12, 518–520; FA I, 25, 480–483

Zur Kenntnis der böhmischen Gebirge s. Was ich dort gelebt, genossen …, s. Karlsbad, s. Joseph Müllerische Sammlung, s. Rekapitulation, s. Nachträge

Zur Kenntnis der Erde … s. Bildung der Erde

Zur Lehre von den Gängen: WA II, 10 (1894), 68; WA II, 11 (1893), 373; WA II, 13 (1904), 319; LA I, 2, 98f.; LA I, 11, 184f.; MA 11.2, 540f.; FA I, 25, 558f.

Zur Mineralogie Herrn Bergrat Voigt versprochen: WA II, 13 (1904), 389–392; LA I, 2, 420–422

Zur Mineralogie Thüringens Füchsel: WA II, 13 (1904), 411; LA I, 1, 30

Zur Naturgeschichte des Bologneser Schwerspats s. Verzeichnis verschiedener Gebürgs und anderer Steinarten … auf der italienischen Reise

Zur Naturwissenschaft und Morphologie, zwei Bände von Goethe: ZNÜ II, 1 (1823), 110f.; ALH 60 (1842), 173f.; LA I, 8, 355f.; MA 12, 735f.

Zur Naturwissenschaft, ersten Bandes viertes Heft: WA II, 13 (1904), 408

Zur Refraktion s. Farben bei der Refraktion

Zur Spiraltendenz s. Weitere Studien zur Spiraltendenz

Zur Theorie der Gesteinslagerung s. Epochen der Gesteinsbildung

Zur vergleichenden Osteologie von Goethe, mit Zusätzen und Bemerkungen von Dr. Ed. d'Alton (mit Tafeln XXIII–XXV): Nova Acta Academiae Caesareae Leopoldino-Carolinae Naturae Curiosorum 12.1 (1824), 323–332; LA I, 10, 220–224; MA 13.2, 312–317

Zur Verstäubung: WA II, 6 (1891), 205f.; LA I, 10, 210; MA 13.2, 307; FA I, 24, 652

Zur Winderzeugung: WA II, 12 (1896), 115; LA I, 11, 304; MA 18.2, 555f.; FA I, 25, 302

Zur Zinnformation … s. Zur Geologie, besonders der böhmischen

Zusatz zu J. C. W. Voigts Bericht vom 1. Oktober 1785: Julius Voigt: Goethe und Ilmenau. Leipzig 1912, 355f.; LA I, 1, 109f.; MA 2.2, 764f.; FA I, 26, 534f.

Zwei Forderungen … s. Physikalische Vorträge schematisiert, Einleitung

Zweierlei Arten der Darstellung … s. An Herrn Assessor Leonhard, Entwurf

Zweifel des Beobachters s. Der Gegner

Zweite Nachricht von dem Fortgang des neuen Bergbaues zu Ilmenau: LA I, 1, 168–178

Zweiter Urstier: Morph II, 2 (1824), 124–126; ALH 55 (1833), 301f.; WA II, 8 (1893), 244f.; LA I, 9, 359f.; MA 12, 360f.; FA I, 24, 621f.

Zwischenrede: Morph I, 2 (1820), 101f.; ALH 50 (1833), 47f.; WA II, 11 (1893), 45f.; LA I, 9, 89; MA 12, 93; FA I, 24, 441

Zwischenstück s. Erste Rezension, s. Ein Maler, s. Warnung, s. Reine Begriffe

Mihaela Zaharia

Zeittafel 1749–1832

G. und die Naturforschung

1749
28.8. Geburt G.s in Frankfurt am Main.

Wissenschaft und Technik

1749
Gottfried Achenwall (1719–1772), *Abriß der neuesten Staatswissenschaft der vornehmsten europäischen Reiche und Republiken* (erstes Lehrbuch der Statistik). – Jean-Baptist le Rond d'Alembert (1717–1783), *Recherches sur la précession des éxinoxes.* – Georges Louis Leclerc de Buffon (1707–1788), Erster Band der *Histoire naturelle, générale et particulière* (44 Bände in 55 Jahren). – *Jean Baptiste Delambre, franz. Astronom († 1822). – Johann Georg Gleditsch (1714–1786) bestätigt die Sexualität der Pflanzen. – *Edward Jenner, engl. Arzt († 1823). – *Pierre Simon de Laplace, franz. Mathematiker († 1827). – Julien Offray de la Mettrie (1709–1751), franz. materialistischer Philosoph, flieht an den Hof zu Postdam.

1750
John Canton (1718–1772) stellt erstmals künstliche Stahlmagnete her. – Johann Tobias Mayer (1723–1762) erstellt Generalkarte des Mondes und stellt das Fehlen einer Mondatmosphäre fest. – Jean-Jacques Rousseau (1712–1778), *Discours sur les arts et les sciences*; franz. Philosophie des ›Zurück zur Natur‹. – *Abraham Gottlob Werner, Geologe und Mineraloge († 1817). – Einführung der Personenpost in Deutschland. – Erste Luftheizungsanlage in Petersburg.

1751
Axel Frederic Cronstedt (1722–1765) entdeckt das Element Nickel. – Benjamin Franklin (1706–1790), *Experiments and observations on electricity.* – Carl von Linné (1707–1778) führt die binäre Nomenklatur (Gattungs- und Artname) für Pflanzen ein (*Philosophia botanica*). – Pierre Louis Moreau de Maupertuis (1698–1759), *Système de la nature.* – Gründung der Akademie der Wissenschaften in Göttingen. – Erste geburtshilfliche Klinik in Göttingen. – Erste Irrenanstalt in London. – Beginn der *Encyclopédie* unter Mitarbeit von Diderot, d'Alembert, Rousseau, Voltaire u. a. (bis 1772 17 Text- und 11 Illustrationsbände).

1752
*Johann Friedrich Blumenbach, vergleichender Anatom und Anthropologe († 1840). – Benjamin Franklin (1706–1790) erfindet nach Versuchen mit Flugdrachen den Blitzableiter. – René de Réaumur (1683–1757) entdeckt die Bedeutung des Magensaftes und widerlegt die mechanische Deutung der

Verdauung. – Automaten (Flötenspieler, Ente) des franz. Mechanikers Jacques Vaucanson (1709–1782) werden in Nürnberg ausgestellt.

1753
*Franz Carl Achard, Begründer der Rübenzuckerindustrie († 1821). – Erste Staroperation mit Linsenextraktion durch Jacques Daviel (1696–1762). – *Joseph-Marie Jacquard, franz. Textiltechniker und Webstuhlerfinder († 1834). – Carl von Linné (1707–1778), *Species plantarum*. – Gründung des British Museum in London durch Stiftungen aus privaten Sammlungen (eröffnet 1759).

1754
John Canton (1718–1772), Johan Carl Wilcke (1732–1796) und Franz Ulrich Theodosius Aepinus (1724–1802) entdecken und deuten die elektrische Influenz. – Étienne Bonnot de Condillac (1715–1780), *Traité des sensations*. – Denis Diderot (1713–1784), *Pensées sur l'interprétation de la nature*. – *Joseph Louis Proust, franz. Chemiker († 1826). – Jean-Jacques Rousseau (1712–1778), *Discours sur l'originalité et les fondemens de l'inégalité parmi les hommes*. – Erstes Eisenwalzwerk in England. – Gründung der Columbia-Universität in New York. – Gründung der Akademie der Wissenschaften in Erfurt.

1755–1764
Erste kindliche Beschäftigungen in der Naturforschung: Elektrisiermaschine, Altar aus Naturprodukten, vermutlich Privatunterricht in Mathematik und Geographie (ab Oktober 1756); Erkrankung an Pocken (Frühjahr 1758); Seidenraupenzucht des Vaters und Tätigkeit im Garten (um 1760), Landschaftszeichnungen in der Umgebung von Frankfurt am Main und Philosophiestudien: Platon, Aristoteles, Plotin, Stoiker (1764).

1755
Robert Bakewell (1726–1795) beginnt mit seinen Versuchen zur Veredlung der Schafrassen. – Leonhard Euler (1707–1783), *Institutiones calculi differentialis* (Lehrbuch der Differentialrechnung). – *Antoine François de Fourcroy, franz. Chemiker und Mineraloge († 1809). – *Jean Henri Hassenfratz, franz. Mineraloge, Chemiker und Physiker († 1827). – Immanuel Kant (1724–1804), *Allgemeine Naturgeschichte und Theorie des Himmels*. – *Samuel Thomas Soemmerring, Anatom, Anthropologe, Physiker, Paläontologe († 1830). – Johann Joachim Winckelmann (1717–1768), *Gedanken über die Nachahmung der griechischen Werke in der Malerei und Bildhauer-Kunst*. – Das erste physikalische Wörterbuch erscheint in franz. Sprache (Savérien). – Warmluftheizung mit drachenförmigen Heizkörpern im Stadtschloß Potsdam. – Gründung der Universität in Moskau. – Erfindung einer Nähmaschine.

1756
Michail Wassiljewitsch Lomonossow (1711–1765) spricht vor Antoine Laurent Lavoisier (1743–1794) die Massenerhaltung bei chemischen Umsetzungen aus (bleibt in Westeuropa unbekannt und ohne Auswirkung). – Philipp Pfaff (1710–1766), *Abhandlung von den Zähnen* (erste deutsche wissenschaft-

liche Zahnheilkunde). – Joseph Black (1728–1799), *Experiments upon magnesia [...]* (erstes Werk über quantitative Chemie). – *Jean Antoine Claude Chaptal, franz. Chemiker († 1832). – *Etienne Lacepède, franz. Naturforscher († 1825). – Die ersten Fieberthermometer moderner Form kommen in Umlauf. – Sternwarte Wien gegründet. – Erfindung des Zements.

1757

Joseph Black (1728–1799) entdeckt Kohlendioxid, das er zwei Jahre zuvor als »feste Luft« beschrieben hatte. – John Dollond (1706–1761) konstruiert Achromat (farbfehlerfreies, aus Kron- und Flintglas zusammengesetztes Objektiv für Fernrohre und Mikroskope; achromatische Linsen schon Chester Moor Hall 1729 bekannt). – Albrecht von Haller (1708–1777): *Elementa physiologiae corporis humani* (8 Bde. bis 1766; Begründung der modernen Physiologie durch eigene Beiträge zur Physiologie der Atmung, Stimme, Herztätigkeit, Blutkreislauf, Muskel- und Nervenreizbarkeit). – *Akten der Erfurter Akademie.*

1758

Claude-Adrien Helvétius (1715–1771), *De l'esprit* wird verbrannt.

1759

Alexis Claude Clairaut (Clairault) (1713–1765) schließt auf einen unbekannten Planeten (entdeckt 1781). – Johann Heinrich Lambert (1728–1777) entwickelt die Lehre der geometrischen Projektion. – Jean-Étienne Montucla (1725–1799), *Histoire des mathématiques.* – Caspar Friedrich Wolff (1733–1794), *Theoria generationis* (Schrift gegen die Präformationstheorie Albrecht von Hallers und Charles Bonnets; Organe entstehen durch Differenzierung des einfachen Keimes (Epigenese); Begründung der Embryologie). – Wiederkehr eines Kometen zu der von Edmond Halley (1656–1742) errechneten Zeit. – Gründung der Bayerischen Akademie der Wissenschaften in München.

1760

Joseph Black (1728–1799) unterscheidet Temperatur und Wärmemenge; Begründung der Kalorimetrie. – Pieter Camper (1722–1789): Erste Schädelmessung. – Leonhard Euler (1707–1783): Untersuchungen über rotierende Körper. – Joseph-Louis de Lagrange (1736–1813) begründet die Variationsrechnung. – Johann Heinrich Lambert (1728–1777) publiziert die Grundgesetze der Photometrie und begründet die wissenschaftliche Lichtmessung. – Erste Schienen aus Gusseisen (England).

1765
30.9. Abreise zum Jura-Studium nach Leipzig; dort auch Hörer naturwissenschaftlicher Vorlesungen, so Physik bei Johann Heinrich Winckler; erste Lektüre von Buffons *Histoire naturelle*. – 1765/66 Naturgeschichtliche Unterhaltungen am Leipziger Mittagstisch von Christian Gottlieb Ludwig über Linné, Buffon, Haller u. a.

1761
Leopold von Auenbrugger (1722–1809): Perkussion (Abklopfen) als medizinische Untersuchungsmethode. – Carsten Niebuhr (1733–1815) beginnt mit seiner Arabienreise (*Reisebeschreibung nach Arabien*, 3 Bde. ab 1774). – August Johann Rösel von Rosenhof (1705–1759), *Monatlich herausgegebene Insekten-Belustigung* (4 Bände seit 1746). – Giovanni Battista Morgagni (1682–1771) begründet die pathologische Anatomie. – *Akten* der Akademie von Siena.

1762
James Bradley (1693–1762) verzeichnet in einem Katalog 60.000 Fixsterne. – Georg Christian Füchsel (1722–1773) begründet die Lehre von der geologischen Formationen (Stratigraphie). Karte von Thüringen. – Robert Peel (1750–1830) setzt die erste Krempelmaschine für die Baumwollherstellung ein. – Marcus Anton Plenciz (1705–1786) erkennt Mikroorganismen als Krankheitskeime. – *Jeremias Benjamin Richter, Chemiker († 1807).

1763
Michel Adanson (1727–1806), *Les familles des plantes*. – *Claude Chappe, franz. Erfinder (optischer Zeigertelegraph) († 1805).

1764
James Hargreaves (1720?–1778) erfindet die nach seiner Tochter benannte Feinspinnmaschine »Spinning Jenny«. – Johann Joachim Winckelmann (1717–1768) weist auf die Entdeckungen von Pompeji und Herculaneum hin.

1765
Leonhard Euler (1707–1783), *Theoria motus corporum solidorum*. – John Harrison (1693–1776) entwickelt ein nautisches Chronometer; wichtig für genaue Navigation (entwickelt seit 1735), vom engl. Parlament prämiert. – Friedrich Anton von Heynitz (1725–1802) gründet erste Bergbau-Akademie in Freiberg/Sachsen. – † Michail Wassiljewitsch Lomonossow, russ. Chemiker und Dichter (* 1711). – *Joseph Nicéphore Nièpce, franz. Offizier; Erfinder der Photographie († 1833). – Jakob Christian Schäffer (1718–1790) produziert Papier aus Holz. – Lazzaro Spallanzani (1729–1799) entdeckt die Konservierung durch Luftabschluss. – James Watt (1736–1819) vollendet seine erste Niederdruck-Dampfmaschine (1769 patentiert). – Erste Tierarzneischule in Lyon, Vorläufer der Tierärztlichen Hochschulen.

1766
Louis Antoine de Bougainville (1729–1811) beginnt seine Weltreise (bis 1769), auf der er Tahiti, die

Salomonen und Neuguinea erreicht. – Henry Cavendish (1731–1810) isoliert »brennbare Luft« (Wasserstoff). – *John Dalton, engl. Chemiker; Begründer der chemischen Atomtheorie († 1844). – Johann Daniel Titius (1729–1796) findet das Abstandsgesetz der Planeten (Bode-Titius'sche Reihe). – *William Hyde Wollaston, engl. Arzt, Physiker und Chemiker († 1828). – Tierärztliche Hochschule bei Paris.

1767

Torbern Olof Bergman (1735–1784) fördert die chemische Analyse und erforscht chemische »Wahlverwandtschaften« (Affinitäten). – *Alexis Bouvard, franz. Astronom († 1843). – *Wilhelm von Humboldt, Gelehrter und Staatsmann († 1835). – *Armand Seguin, franz. Chemiker († 1835). – Elektrisiermaschinen mit Glasscheibe kommen in Umlauf, auch als Spielzeug.

1768

Juli Blutsturz und Behandlung durch Georg Christian Reichel. – 1.9. Ankunft in Frankfurt am Main. – 7.12. Schwere Erkrankung mit Vernichtungsgefühl, Behandlung durch Johann Friedrich Metz.

1768

*Jean-Robert Argand, franz. Mathematiker († 1822). – Joseph Black (1728–1799) entdeckt die latente Wärme von Wasser und Dampf. – James Cook (1728–1779) beginnt seine erste von drei Seereisen, auf denen er Australien, Neuseeland, die Südsee und Alaska erforscht. – Leonhard Euler (1707–1783): *Lettres à une princesse d'Allemagne sur quelques sujets de physique et de philosophie* (3 Bde. bis 1772). – *Joseph Fourier, franz. Mathematiker und Physiker († 1830). – Carl von Linné (1707–1778), *Systema naturae* erscheint in 12. Auflage. – Josiah Wedgwood (1730–1795) erfindet das nach ihm benannte Steingut. – Caspar Friedrich Wolff (1734–1794), *De formatione intestinorum*. – Die *Encyclopedia Britannica* erscheint in wöchentlichen Lieferungen.

1769

Januar Bei anhaltender Krankheit mit Rückfällen Beschäftigung mit Alchimie (Welling, *Opus mago-cabbalisticum*) und mit der Frage nach den Anfängen des Lebens. – 13.2. Gedanken zum Licht in einem Brief an Friederike Oeser. – Ab Frühjahr Alchimistische Versuche mit einem Windöfchen (vgl. *Dichtung und Wahrheit* II 8). Lektüre von chemischen Schriften von Herman Boerhaave.

1769

Richard Arkwright (1732–1792) setzt eine hydraulische Flügelspinnmaschine ein. – Nicholas Joseph Cugnot (1725–1804) erfindet in Paris ein dampfgetriebenes Automobil. – *Georges Cuvier, franz. Biologe und Geologe († 1832). – *Alexander von Humboldt, Universalgelehrter, Naturforscher († 1859). – Erster Blitzableiter in Deutschland (Jakobikirche in Hamburg). – *Transactions* der Akademie der Wissenschaften von Philadelphia.

1770

Januar Anlage der *Ephemerides* (geführt bis Dezember 1771) mit Eintragungen zu erster optischer Lektüre (Jean Antoine Nollet, Nicolas de Béguelin); Beschäftigung mit Paracelsus und Christian Adam Peuschels *Abhandlungen der Phisiognomie* […]. – 30. oder 31.3. Abreise nach Straßburg. – 23.6.–4.7. Reise zu Pferd ins Unterelsaß, Zabern

1770

Charles Bonnet (1720–1793) veröffentlicht Arbeiten über Regeneration von Würmern und Jungfernzeugung der Blattläuse. – *Alexandre Brongniart, franz. Mineraloge († 1847). – Leonhard Euler (1707–1783): *Vollständige Anleitung zur Algebra*. – Philipp Matthäus Hahn (1739–1790) baut eine Rechenmaschine für Multiplikation. – *Georg und Saarbrücken; erstes Interesse für Geologie, Bergbau, Hüttenindustrie. – 5.9. Erste Begegnung mit Herder. – Ab Oktober bis Anfang 1771 Vorlesungen zur Anatomie (Johann Friedrich Lobstein), Chirurgie (Georg Friedrich Ehrmann) und Geburtshilfe (Johann Christian Ehrmann) sowie Chemie (Jakob Reinbold Spielmann) in Straßburg. Zunehmende Abkehr von der Alchimie.

Wilhelm Friedrich Hegel, Philosoph des dialektischen Idealismus († 1831). – Dietrich von Holbach (1723–1789), *Système de la nature*. – Immanuel Kant (1724–1804) wird Professor in Königsberg. – Eiweißnachweis im Urin.

1771
9.8. Abreise aus Straßburg. – Ende Dezember Bekanntschaft mit Johann Heinrich Merck, naturwissenschaftlicher Dilettant und Sammler von Fossilien.

1771
Carl Wilhelm Scheele (1742–1786) entdeckt den Sauerstoff (»Feuerluft«).

1772
Henry Cavendish (1731–1810) betreibt Studien zur Elektrizität. – James Cook (1728–1779) beginnt die zweite Weltreise (bis 1775) mit Johann Reinhold und Georg Forster an Bord und klärt endgültig, dass ein sagenhafter Südkontinent nicht vorhanden ist; Entdeckung der Antarktis. – *Karl Friedrich von Gärtner, Botaniker und Arzt († 1850). – *Étienne Geoffroy Saint-Hilaire, franz. Zoologe († 1844). – Johann Heinrich Lambert (1728–1777) gelingt die flächentreue Kartenprojektion; er entwickelt seine Farbenpyramide. – Antoine Laurent Lavoisier (1743–1794) macht Experimente zum Verbrennungsvorgang. – Joseph Priestley (1733–1804), *Observations on different kinds of air*; Entdeckung des Sauerstoffs unabhängig von Scheele und der Sauerstoffproduktion der Pflanzen. – Jean-Baptiste Romé de l'Isle (1736–1790) findet das Gesetz der konstanten Flächenwinkel bei Kristallen (veröffentlicht 1783). – Daniel Rutherford (1749–1819) entdeckt den Stickstoff. – Erster Bohrturm. – Gründung der Akademie von Brüssel.

1773
Mai Intensive Beschäftigung mit der Philosophie Spinozas.

1773
*Aimé Jacques Alexandre Bonpland, franz. Naturforscher († 1858). – *Robert Brown, schott. Botaniker († 1858). – Samuel Crompton (1753–1827) beginnt mit Arbeiten zur Konstruktion der Spinnmaschine »Mule Jenny« (1779 fertiggestellt). – *Jules Paul Benjamin Delessert, franz. Bankier, Fabrikant, Naturforscher und Sammler († 1847). – *Thomas Young, engl. Arzt und Physiker († 1829). – Gründung des Philadelphia Museum (Sammlung von Gemälden und naturgeschichtlichen Präparaten).

1774
26.4. Beginn des bis 1783 geführten Briefwechsels mit Johann Kaspar Lavater. – 23.6. Erste Begegnung mit Lavater in Frankfurt am Main. – 21.–25.7. Gedanken zu Licht und Farben, so im Hause Friedrich Heinrich Jacobis in Pempelfort. – Erste

1774
*Jean Baptiste Biot, franz. Physiker († 1862). – Johann Elert Bode (1747–1826) begründet das *Berliner Astronomische Jahrbuch*. – Antoine Laurent Lavoisier (1743–1794) postuliert die Erhaltung der Masse bei chemischen Prozessen; Beginn der

Dezemberhälfte Brief an Lavater mit fester Zusage der Mitarbeit an den *Physiognomischen Fragmenten.*

modernen Chemie. – Antoine Laurent Lavoisier (1743–1794) entdeckt den Sauerstoffverbrauch bei der Atmung. – Joseph Priestley (1733–1804) entdeckt Ammoniak. – Carl Wilhelm Scheele (1742–1786) entdeckt Chlor. – Abraham Gottlob Werner (1749–1817), *Von den äußerlichen Kennzeichen der Fossilien.* – Joseph Priestley, Antoine Laurent Lavoisier und Carl Wilhelm Scheele widerlegen die Phlogistontheorie von Georg Ernst Stahl (1660–1734).

1775

14.5.–22.7. Erste Schweizreise. – 9.–15.6. Besuch bei Lavater in Zürich. – 21.7. G. trifft Merck in Darmstadt. – 7.11. Ankunft in Weimar (»Eigentliches Beginnen [der Naturforschung]. In Weimar« (FA I, 25, 50). – Erste Beschäftigung mit der Knochen- und Schädellehre.

1775

*André Marie Ampère, franz. Physiker und Mathematiker († 1836). – Tobern Olof Bergman (1735–1784), *De attractionibus electivis* (chemische Affinitätslehre). – Davis Bushnell (1740–1824) entwickelt das erste Unterseeboot (»Turtle«). – William Hunter (1718–1783), *Anatomy of the human gravid uterus.* – Johann Kaspar Lavater (1741–1801): *Physiognomische Fragmente, zur Beförderung der Menschenkenntnis und Menschenliebe* (4 Bde. bis 1778). – *Étienne Louis Malus, franz. Physiker und Ingenieur († 1812). – Franz Anton Mesmer (1734–1815) führt erste Hypnosen zu therapeutischen Zwecken durch. – Louis-Bernard Guyton de Morveau (1737–1816) setzt Chlor zur Desinfektion ein (um Ansteckungen durch gasförmige Ausdünstung, Miasma, zu vermeiden). – Joseph Priestley (1733–1804) entdeckt schweflige Säure. – *Friedrich Wilhelm Schelling, Naturphilosoph († 1854). – *Thomas Thomson, schott. Chemiker († 1852). – Alessandro Volta (1746–1827) konstruiert nach einer Entdeckung von Johan Carl Wilcke (1732–1796) aus dem Jahr 1762 einen Elektrophor (Influenzmaschine) zur fortgesetzten Ladungserzeugung. – James Watt (1736–1819) erfindet die Dampfmaschine mit dampfdichtem Kolben. – Gründung der Bergakademie Clausthal. – Erstes gusseisernes Gleis in Deutschland. – Die Pariser Akademie lehnt Prüfung von Vorschlägen für ein Perpetuum mobile ab.

1776

Januar/Februar Abhandlung über *Tierschädel* für Lavaters *Physiognomische Fragmente* (im gleichen Jahr in Bd. 2 erschienen). – 22.4. Herzog Carl August schenkt G. das Gartenhaus an der Ilm (›am Stern‹). Anlage des Gartens: Beginn von G.s praktischer Beschäftigung mit der Pflanzenwelt. Studium von Parkanlagen. – 3.–10.5., 18.7.–14.8., 2.–4.9. mehrere Aufenthalte in Ilmenau, Planungen zur Wiederaufnahme des Bergbaus; Belebung der geologischen Interessen. – 11.6. G. wird als Geheimer Legationsrat und Mitglied des Geheimen Consiliums im weimarischen Staatsdienst tätig. – 16.6. Erste Begegnung mit dem Berg-Sachverständigen Friedrich Wilhelm Heinrich von Trebra.

1776

*Lorenzo Avogadro, ital. Physiker († 1856). – James Cook (1728–1779) geht auf seine dritte Weltreise, auf der er 1779 auf den soeben von ihm entdeckten Hawaii-Inseln erschlagen wird. – Jean André Deluc (1727–1817) erkennt die Ausdehnung des Wassers beim Abkühlen auf den Gefrierpunkt. – *Sophie Germain, franz. Physikerin († 1831). – Edward Jenner (1749–1823) führt erste Experimente zur Kuhpockenimpfung durch. – Erster lebender Orang Utan in Holland. – Welt-Gusseisenproduktion 200.000 Tonnen (1865: 10.000.000 Tonnen). – Erste Eisenbahn (im Bergwerk). – Erste Tageszeitung in Paris.

1777

18.2. Gründung der Bergwerkskommission; G. wird zusammen mit dem Kammerpräsidenten von Kalb mit der Leitung betraut. – 28.8.–4.9. Aufenthalt in Ilmenau. – 21.–28.9. Merck besucht G. auf der Wartburg bei Eisenach. – 29.11.–15.12. Erste Harzreise: 5.–9.12. Besichtigung von Bergwerken und Hütten in Goslar (Rammelsberg), über Ilsenburg und in Clausthal. – 10.12. Beobachtung farbiger Schatten beim Brockenabstieg (angeblich Erstbesteigung im Winter). – 1.–10.12. Gedicht *Harzreise im Winter.*

1777

Karl Friedrich Gauß, Mathematiker und Naturforscher († 1855). – † Albrecht von Haller, Schweizer Arzt, Forscher und Dichter (1708). – † Johann Heinrich Lambert, deutscher Physiker und Philosoph (* 1728). – Antoine Laurent Lavoisier (1743–1794): Verbrennung als chemische Verbindung mit Sauerstoff (Oxidation). – *Hans Christian Oersted, dän. Physiker († 1851). – *Louis Poinsot, franz. Physiker und Mathematiker († 1859). – Joseph Priestley (1733–1804), *Disquisitions relating to matter and spirit* (mechanische Gehirnschwingungen bedingen geistige Funktionen). – Carl Wilhelm Scheele (1742–1786): Luft besteht aus zwei Komponenten (Stickstoff und Sauerstoff); Blausäuresynthese. – Lazzaro Spallanzani (1729–1799): Künstliche Befruchtung von Lurchen. – *Louis Jacques Thénard, franz. Chemiker († 1857).

1778

Frühjahr Planungen und Zeichnungen zur Neugestaltung des Weimarer Parks an der Ilm (nach dem Vorbild der Wörlitzer Gartenanlage). – 13.–15.4. Aufenthalt in Ilmenau. – In Berlin (15.–20.5.) Besichtigung der Porzellanmanufaktur und Besuch des Tiergartens.

1778

Georg Louis Leclerc de Buffon (1707–1788), *Les Epoques de la nature* (mehrere sintflutartige Katastrophen in der Erdgeschichte; Buffon muss die These widerrufen). – *Augustin Pyrame de Candolle, franz. Botaniker († 1841). – *Humphry Davy, engl. Chemiker († 1829). – Johann Georg Forster (1754–1794), *Reise um die Welt* (bis 1780). – *Joseph Louis Gay-Lussac, franz. Chemiker und Physiker († 1850). – *William Herbert, engl. Botaniker († 1847). – † Carl von Linné, schwedischer Naturforscher (* 1707). – Georg Christoph Lichtenberg (1742–1799), *Über Physiognomik; wider die Physiognomen* (gegen Johann Kaspar Lavater). – Georg Christoph Lichtenberg (1742–1799) führt die Bezeichnungen »positive« und »negative« Elektrizität ein. – John Smeaton (1724–1792) wendet die Taucherglocke für den Bau von Unterwasserfundamenten an. – Samuel Thomas Soemmerring (1755–1830) wird in Göttingen mit der Dissertation *De basi encephali et originibus nervorum cranio egredientium* zum Doctor medicinae promoviert (bis heute gültige Einteilung der Hirnnerven). – Benjamin Thompson, Graf von Rumford (1753–1814): Erste Beobachtungen an Geschützen zur Entstehung von Wärme durch Reibung. – Erste deutsche Tierärztliche Hochschule in Hannover (in Berlin und München 1790). – *Chemisches Journal.*

1779

19.1. G. wird mit der Direktion der Wegebaukommission betraut (Stadt- und Landstraßen). – 16.–20.3. Aufenthalt in Ilmenau und Umgebung. – 22.4. Besuch der naturwissenschaftlichen Sammlungen in Jena und Treffen mit sämtlichen Professoren. – Botanische Terminologie und Systematik gemeinsam mit August Johann Georg Karl Batsch. – 29./30.5. Treffen mit Merck in Erfurt

1779

*Jöns Jacob Berzelius, schwed. Chemiker († 1848). – Adair Crawford (1748–1795) macht Wärmemessungen an Tieren. – Abraham Darby III (1750–1791) baut die älteste Eisenbrücke der Welt über den Severn in der Grafschaft Shropshire (England). – Johann Peter Franck (1745–1821), *System einer vollständigen medizinischen Polizei.* – Jan Ingenhousz (1730–1799), *Experiments upon vegetables* und anschließender Besuch Mercks in Weimar (31.5.–13.7.). – 5.9. G. wird zum Geheimen Rat ernannt. – 12.9.–14.1.1780 Zweite Schweizreise. Brieftagebuch mit geologischen Notizen. Auf der Hinreise in Kassel (14.–16.9.) Treffen mit Georg Forster. Besuch der dortigen Menagerie mit dem späteren »Goethe-Elefanten« (im August 1780 am Hang der Karlsaue tödlich verunglückt). In Frankfurt am Main und Eberstadt (18.–23.9.) Wiedersehen mit Merck. In Genf Besuch bei Charles Bonnet (28.10.) und Horace Bénédict de Saussure (2.11). In Zürich (18.11.–2.12.) Besuch bei Lavater. – 15.12. In Kornwestheim Besichtigung der von Philipp Matthäus Hahn konstruierten Rechenmaschine und astronomischen Uhr.

(Licht zur Sauerstoffproduktion der Pflanzen notwendig). – Jean Paul Marat (1744–1793), *Sur le feu, l'électricité et la lumière.* – *Lorenz Oken, Naturforscher und Naturphilosoph († 1851). – Erste Kinderklinik (in London). – Gründung der Königlichen Akademie von Neapel. – Neugründung der Akademie der Wissenschaften von Padua.

1780

3.4. Brief an Merck mit Lob von Buffons *Les époques de la nature.* Bitte um Zusendung von Mineralien. – Etwa ab Juni/Juli Mineralogische Studien und Anlage einer mineralogischen Sammlung im Umgang mit Johann Carl Wilhelm Voigt, der zum Bergbau herangezogen wird und die Geologie Thüringens erforschen soll (vgl. an Merck, 3.7.). – *Instruktion für den Bergbeflissenen J. C. W. Voigt.* – 13.7. Bei Justus Christian Loder in Jena; Besichtigung verschiedener wissenschaftlicher Einrichtungen. – 5.9.–10.10. Reise nach Ilmenau und durch den Thüringer Wald bis zur Rhön. – 11.10. Brief an Merck mit ausführlicher Erwähnung der geologischen und mineralogischen Interessen sowie der Thüringer Gesteinssammlung. – 20.–22.10. Letzte persönliche Begegnung mit Merck in Mühlhausen. – 27.12. Brief an Herzog Ernst II. von Sachsen-Gotha mit einer Zusammenfassung der bisherigen geologischen Arbeiten.

1780

Franz Carl Achard (1753–1821) stellt in Berlin Rübenzucker her. – *August Leopold Crelle, Ingenieur und Mathematiker († 1855). – *Johann Wolfgang Döbereiner, Chemiker († 1849). – Felice Fontana (1720–1805): Erzeugung von Wassergas (intensiviert 1873). – Antoine Laurent Lavoisier (1743–1794) und Pierre-Simon de Laplace (1749–1827) erkennen die Atmung als Verbrennungsvorgang (Oxidation). – Johann Helfrich von Müller (1746–1830) baut eine Rechenmaschine für Addition, Subtraktion und Multiplikation. – Der Leipziger Mechaniker Scheller konstruiert den ersten Füllfederhalter. – Félix Vicq d'Azyr (1748–1794) entdeckt den Zwischenkieferknochen beim Menschen (publiziert 1784). – Abraham Gottlob Werner (1750–1817) postuliert, dass Gesteine sich in einem Urozean bilden (Neptunismus). – Gründung der American Academy of Arts and Sciences in Boston (USA). – Gründung der Universität Münster.

1781

1.5.–November Aufenthalt des Schweizer Theologen Tobler in Weimar, der das G. zugeschriebene Prosafragment *Die Natur* verfasste. – Mai *Nachricht von dem Ilmenauischen Bergwesen.* – 25.6.–11.7. Aufenthalt in Ilmenau und Umgebung. – 19.10. Anatomische Zeichnungen. – 28.10.–2.11. Anatomische Vorlesungen (Knochen- und Bänderlehre) in Jena bei Justus Christian von Loder. – 7.11.–16.1.1782 Eigene anatomische Vorlesungen über den menschlichen Knochenbau an der Weimarer Zeichenakademie. – Dezember Plan zu einem nicht ausgeführten *Roman über das Weltall.*

1781

*Bernardus Placidus Johann Nepomuk Bolzano, Philosoph, Theologe und Mathematiker († 1848). – Henry Cavendish (1731–1810) weist nach, dass Wasserstoff zu Wasser verbrannt werden kann. – Charles Augustin de Coulomb (1736–1806), *Théorie des machines simples.* – René-Just Haüy (1743–1822) führt den Kristallbau auf Raumgitter zurück. – Friedrich Wilhelm Herschel (1738–1822) entdeckt den Planeten Uranus mit selbstgebautem Spiegelfernrohr. – Claude François Jouffroy d'Abbans (1751–1832) konstruiert ein Dampfschiff. – Immanuel Kant (1724–1804), *Kritik der reinen Vernunft.* – *René Théophile Hyacinthe Laënnec, franz. Mediziner († 1826). – *Siméon Denis Poisson, franz. Physiker und Mathematiker († 1840). – Erste Fallschirmerprobungen.

1782
Frühjahr/Sommer Neuordnung der zusammengelegten Naturalienkabinette von Jena und Weimar. – 16.–18.4. Aufenthalt in Ilmenau.

1783
14.–18.4. Aufenthalt in Ilmenau. – 30.4. Der Göttinger Anatom Johann Friedrich Blumenbach besucht G. – 28.–31.5. Umgang mit dem Aufseher des Naturalienkabinetts in Jena, Johann Georg Lenz. – 29.8. *Nachricht von dem ehmaligen Bergbau bei Ilmenau* [...] *und Vorschläge ihn* [...] *wieder in Aufnahme zu bringen*. – 30.8.–3.9. Aufenthalt in Ilmenau. – 3.9. Gedicht *Ilmenau* für Herzog Carl August zum 26. Geburtstag. – 6.9.–6.10. Zweite Harzreise mit zweiter Brockenbesteigung. Besuch bei Friedrich Wilhelm Heinrich von Trebra in Clausthal (18.9.) und gemeinsame Harzexkursion (21./22.9.); in Göttingen (26.–29.9.) Besuch eines physikalischen Privatkollegs von Georg Christoph Lichtenberg (27.9.); in Kassel (29.9.–5.10.) am 30.9. erste persönliche Begegnung zwischen G. und Samuel Thomas Soemmerring und Wiedersehen mit Forster. Mit Soemmerring gemeinsame Gasballonexperimente, die erst am 1.11. – nach G.s Abreise – zum Erfolg führen. – 27.12. G. berichtet Knebel über die erfolglosen Gasballonversuche von Wilhelm Heinrich Sebastian Buchholz in Weimar. – Winter 1783/84 Teilweise gemeinsam mit Herder Studien zur Anatomie des Schädels höherer Tiere.

1784
18.1. Niederschrift einer Arbeit über Granit [wohl *Granit* I]. – 21.–28.2. Aufenthalt in Ilmenau. – 24.2. Wiedereröffnung des Ilmenauer Bergbaus mit einer Rede G.s. – 27./28.3. G. teilt aus Jena Johann Gottfried Herder und Charlotte von Stein seine Entdeckung des menschlichen Zwischenkieferknochens (Os intermaxillare) mit. – 12.–15.4. und 7.–9.5. Weitere Aufenthalte in Jena mit anatomischen Studien und Austausch mit Loder über den Zwischenkieferknochen. – April Beginn des Briefwechsels mit dem Mineralogen Lenz (bis 1829 fortgeführt). – 14.5. Beginn des Briefwechsels mit dem Anatomen und Naturforscher Soemmerring (bis 1828 fortgeführt). – 26.5. Besuch der Wetterbeobachtungsstation in Oberweimar. – 1.6. G. gelingt in seinem Garten der Aufstieg eines Heißluftballons. – 2.6.–18.7. Dienstreise nach Eisenach

1782
Pierre-Simon de Laplace (1749–1827) stellt die Differentialgleichung der Mechanik auf (bei derer alleiniger Geltung alle Zukunft durch einen »Dämon« vorausberechenbar wäre; strengste Form des Determinismus). – Alessandro Volta (1745–1827) baut einen Plattenkondensator. – James Watt (1736–1819) baut eine doppelt wirkende Dampfmaschine; sein Werk liefert erste Maschinen. – Josiah Wedgwood (1730–1795) erfindet ein Pyrometer (Hitzemessung durch Schmelzkörper).

1783
† Jean Baptiste Lerond d'Alembert, franz. Mathematiker und Enzyklopädist (* 1717). – Jacques Alexandre César Charles (1746–1823): erster Ballonaufstieg mit einem Wasserstoffballon (27.8). – † Leonhard Euler, schweiz. Mathematiker und Naturforscher (* 1707). – Friedrich Wilhelm Herschel (1738–1822) entdeckt die Eigenbewegung des Sonnensystems. – * François Magendie, franz. Physiologe († 1855). – Jacques-Étienne (1745–1799) und Joseph-Michel Montgolfier (1740–1810) führen die ersten Ballonaufstiege mit Heißluft durch (ab 4.6. öffentlich). – Jean-François Pilâtre de Rozier (1757–1785) führt die erste bemannte (an Seilen gesicherte) und anschließend die erste freie Ballonfahrt mit Heißluftballonen durch (1785 erstes Todesopfer der Luftfahrt). – Carl Wilhelm Scheele (1742–1786) entdeckt Glycerin. – Gründung der Royal Society of Edinburgh. – Gründung der École des Mines.

1784
Claude-Louis Berthollet (1748–1822) erkennt die bleichende Wirkung des Chlors. – * Friedrich Wilhelm Bessel, Astronom († 1846). – Joseph Bramah (1748–1814) entwickelt das Sicherheitsschloss. – * William Buckland, engl. Geologe († 1856). – Jacques Alexandre César Charles (1746–1823) arbeitet über die Ausdehnung der Gase. – Henry Cort (1740–1800) erfindet eine neue Hochofentechnologie (»Puddel-Verfahren«; Ausbrennen des Kohlenstoffs aus dem gegossenen Eisen). – † Denis Diderot, franz. Aufklärer (* 1713). – Johann Gottfried Herder (1744–1803), *Ideen zur Philosophie der Geschichte der Menschheit* (4 Teile bis 1791). – Immanuel Kant (1724–1804), *Beantwortung der Frage: Was ist Aufklärung?* – Horace Benédict de Saussure (1740–1799): Entwicklung des Haarhygrometers. – Gründung gelehrter Gesellschaften in

und Reise durch den Thüringer Wald: geologische und anatomische Studien. – 7.8.–15.9. Dritte Harzreise mit dem Zeichner Georg Melchior Kraus: geologische Tätigkeit und entsprechendes Tagebuch; Umgang mit Trebra. – Mehrere Aufsätze über den Granit, Gebirgsbau und Epochen der Gesteinsbildung. – 4.–15.10. Aufenthalt in Ilmenau mit Befahrung des Schachtes ›Neuer Johannes‹. – 30./31.10. G. sendet seine Abhandlung über den Zwischenkieferknochen an Loder zur Überprüfung und erhält diese am Folgetag mit begeistertem Urteil zurück. – 17.11. Wichtiger Brief an Knebel mit der Schrift über den Zwischenkieferknochen (G. hält an der Sonderstellung des Menschen fest!). – 19.12. G. sendet die sog. Prachthandschrift des *Versuchs aus der vergleichenden Knochenlehre daß der Zwischenknochen der obern Kinnlade dem Menschen mit den übrigen Thieren gemein sey* in lateinischer Sprache an Merck zur Weiterleitung an Soemmerring und Camper; Zeugnisse zur Entstehungsgeschichte in EGW 2, 255–312. – Winter 1784/85 *Studie nach Spinoza.* Neuerdings auch auf Winter 1788/89 datiert.

Indien und Dublin. – Dahlien kommen aus Mexiko nach Spanien.

1785

12.1. Brief an F. H. Jacobi über Spinoza-Studien und Arbeiten in der Naturforschung. – 24.2. *Erste Nachricht von dem Fortgange des neuen Bergbaues zu Ilmenau.* – 6.–12.3. Mit Carl Ludwig von Knebel in Jena gemeinsame botanische Studien an Pflanzensamen mit dem Mikroskop. – Mai Beschäftigung mit Geologie und Ordnung der Gesteinssammlung. – 2.–16.6. Mit Knebel, Fritz von Stein und den Brüdern C. G. und J. C. W. Voigt in Ilmenau, botanische und mineralogische Studien. – 23.6.–21.8. Mit Knebel und dem soeben kennengelernten dilettierenden Botaniker Friedrich Gottlieb Dietrich Reise durch das Fichtelgebirge nach Karlsbad (erste Kur 5.7.–16.8), naturwiss. Studien, Gesteinssammlung, *Gebirgslehre*, *Geologisches Reisetagebuch.* – 7.7. Begegnung mit dem Steinschneider Joseph Müller. – 16./21.8. Geologisch-bergbauliche Notizen in Joachimsthal und Schneeberg. – 11.9. G. erhält Jacobis Buch *Über die Lehre des Spinoza*; seit dem 9.6. führt er mit diesem eine briefliche Kontroverse um Fragen des Spinozismus und Atheismus. – September/Oktober *Beschreibung eines großen Faltenschwamms* und *Einige Bemerkungen über die sogenannte Tremella.* – vor 14./15.9. Besuch des Ehepaars Forster. – 6.–12.11. Aufenthalt in Ilmenau; erstes intensives Studium von Linnés *Philosophia botanica* (1751).

1785

*John James Audubon, amerik. Zoologe und Tiermaler († 1851).– Jean Pierre Blanchard (1753–1809) gelingt die erste Überquerung des Ärmelkanals mit einem Ballon. – *Charles Julien Brianchon, franz. Mathematiker († 1864). – Charles Augustin de Coulomb (1736–1806) findet mithilfe seiner im Vorjahr konstruierten und nach ihm benannten Torsionswaage das Coulombsche Gesetz für elektrische und magnetische Kräfte. – *Pierre Louis Dulong, franz. Chemiker und Physiker († 1838). – *Theodor Grotthuß, lett. Naturforscher († 1822). – James Hutton (1726–1797), *Theory of the earth*; Begründung des Aktualismus (alle geologischen Erscheinungen lassen sich durch heute noch beobachtbare Veränderungen erklären) und des Plutonismus (Gesteine entstehen aus feuriger Aufschmelzung). – Jean-François de la Pérouse (1741–1788) bricht zu einer Weltumseglung auf (dramatisches Ende mit Untergang zweier Schiffe im Pazifik 1788). – *William Prout, engl. Arzt und Chemiker († 1850). – Der Uhrmacher Domenico Salsano in Neapel entwickelt ein Seismometer (Erdbebenmesser). – Samuel Thomas Soemmerring (1755–1830), *Ueber die Vereinigung /Durchkreuzung der Sehenerven* (Entdeckung der Sehnervenkreuzung im Säugergehirn). – Erste Dampfmaschine in Preußen.

1786

April Botanische Studien und Beobachtung von *Infusionstieren.* 25.–28.4. Umgang mit dem Botaniker Batsch in Jena. – 1.–6.5. und 12.–17.6. Aufent-

1786

*Dominique François Jean Arago, franz. Physiker und Politiker († 1853). – Edmund Cartwright (1743–1823) verwendet den ersten brauchbaren halte in Ilmenau. – 12.7. Brief an Soemmerring mit der Nachricht, dass Camper seine These vom Zwischenkieferknochen des Menschen abgelehnt habe. – 18.–20.7. Besuch Lavaters in Weimar, Beginn der völligen Entfremdung. – Juli Intensive botanische Studien. – 27.7.–2.9. Zweite Kur in Karlsbad. – 16.8. Einfahrt in die Gruben von Schneeberg. – 3.9. Heimlicher Aufbruch nach Italien (erste Italienreise, bis 18.6.1788: Farben im Kunstwerk und in der Natur, Lektüre von Leonardo da Vincis *Trattato della pittura* (1651); vor allem botanische, auch zoologische und geologische Beobachtungen; Frage nach Urpflanze und Individualentwicklung; Beobachtungen über Witterung, Klimaverhältnisse, Gesteinsarten). – 8./9. Naturkundliche Beobachtungen auf dem Brenner, ebenso auf der Fahrt von Malcesine nach Verona (13./14.9.). – 19.–26.9. Vicenza; Besuch bei dem Botaniker A. Turra (21.9.). – 26.–28.9. Padua; Besuch des Botanischen Gartens (27.9.), »Schöne Bestätigungen meiner Botanischen Ideen«. – 28.9.–14.10. Venedig; Beobachtung der Strandvegetation und der Tierwelt. – 20.11. Geologisch-mineralogische Bemerkungen zur Gegend von Bologna (Monte Paderno, Leuchtsteine). – 28.11. Rom: Besuch von Gartenanlagen, botanische Studien. – 2.12. G. läßt zu vergleichenden Studien eine Witterungstabelle für die Monate September bis November 1786 aus Weimar kommen.

mechanischen Webstuhl. – *Michel Eugène Chevreul, franz. Chemiker († 1889). – Friedrich Wilhelm Herschel (1738–1822), *Catalogue of nebulae* (Katalog der Sternnebel). – *John Franklin, engl. Seefahrer und Naturforscher († 1847). – *Augustin Jean Fresnel, franz. Physiker († 1827). – Lazzaro Spallanzani (1729–1799) widerlegt durch Besamungsexperimente die Urzeugungslehre. – James Watt (1736–1819) konstruiert eine Dampfmaschine mit Kolbenstange und Zentrifugalregulator. – Erste versuchsweise Gasbeleuchtung für Innenräume (in England und Deutschland). – Erstbesteigung des Mont Blanc. – Gründung der Universität Bonn.

1787

Februar Vegetation des römischen Frühlings; »Horto botanico« (Ausgabenbuch 2.2.); »... daß sich meine botanischen Hypothesen durchaus bekräftigen« (an Charlotte von Stein, 19./20.2). – 2.3. Besteigung des Vesuv (wiederholt am 6. und 19.3.); geologische Beobachtungen und Überlegungen. – 25.3. Beschäftigung mit der Idee der Urpflanze und der Entwicklung der Pflanzengestalt aus der Metamorphose des Blattes. – 1.–18.4. Palermo; im Garten der Villa Giulia (17.4.) endgültige Überzeugung von der ursprünglichen Identität aller Pflanzenteile; Suche nach der Urpflanze. – 1.–6.5. Catania; Besuch der geologischen Sammlung des ital. Naturforschers Giuseppe Gioeni; Besteigung des Monte Rosso im Ätna-Massiv. – 19.5. Besuch des Tempels des Jupiter Serapis in Pozzuoli (Tagebuchnotizen Ende April 1823 ausgeführt in *Architektonisch-naturhistorisches Problem*). – 7.6.–23.4.1788 Zweiter Rom-Aufenthalt; anatomisches Zeichnen, Studium der menschlichen Gestalt, fortgesetzte botanische Bemühungen um Pflanzenmetamorphose. – August Wiederaufnahme physiognomischer Zeichnungen. – 18.8. Brief an Knebel, u. a. über botanische Entdeckungen. – 28.9. (nach *Italienische Reise*) Erste Zusammenfassung und schriftliche Fixierung der botani-

1787

Ernst Florens Friedrich Chladni (1756–1827) beschreibt Klangfiguren auf tönend-schwingenden Platten und begründet die experimentelle Akustik. – John Fitch (1743–1798) entwickelt ein Schrauben-Dampfschiff. – *Joseph von Fraunhofer, Physiker, Optiker und Glasschmelzer († 1826). – Friedrich Wilhelm Herschel (1738–1822) entdeckt die Uranus Monde Oberon und Titania. – Antoine Laurent Lavoisier (1743–1794), Claude-Louis Berthollet (1748–1822), Louis-Bernard Guyton de Morveau (1737–1816) und Antoine François de Fourcroy (1755–1809) begründen die chemische Nomenklatur. – Horace Benédict de Saussure (1740–1799) besteigt als zweiter den Mont Blanc und unternimmt meteorologische Messungen. – Dampfmaschinen in der Textilindustrie.

schen Erkenntnisse in Gesprächen mit Karl Philipp Moritz (vgl. auch an Knebel, 3.10.). – Ende Oktober Anatomiezeichnungen unter Anleitung von Johann Heinrich Meyer.

1788

12.1. Beobachtung blauer Schatten. – Januar Fortsetzung des Studiums der menschlichen Gestalt vor dem Hintergrund ihrer künstlerischen Darstellung. – Anfang Februar Lektüre von Leonardo da Vincis *Trattato della pittura*. – 1.3. Spekulationen über Farben. – Mitte März Modellation eines Fußes nach Studium der Knochen und Muskeln. – 24.4. Abreise aus Rom. – Juni Auf der Rückreise aus Italien Notizheft mit naturwissenschaftlichen, meist botanischen Eintragungen; in Nürnberg Beobachtungen über Licht und Schatten. – 18.6. Ankunft in Weimar. – August Niederschrift botanischer Bemerkungen. – 7.9. Erste Begegnung mit Schiller in Rudolstadt. – 24.–26.9. Aufenthalt in Ilmenau: Maßnahmen gegen das Wasser in den Bergwerksstollen. – 14.–20.10. und 9.–21.11. Aufenthalte in Jena mit regelmäßiger Teilnahme an Loders anatomischem Collegium, vor allem Muskellehre. – 5.12.–1.2.1789 Karl Philipp Moritz zu Besuch in Weimar; Wiederaufleben des Gedankenaustausches über Naturforschung. – Loder weist zum ersten Mal in einer Publikation überhaupt in seinem *Anatomischen Handbuch* auf G.s Entdeckung des menschlichen Zwischenkieferknochens hin. – Ende 1788/Anfang 1789 Studium von Kants *Kritik der reinen Vernunft*.

1788

*Antoine César Becquerel, franz. Physiker (†1878). – Antoine François de Fourcroy (1755–1809), *Éléments d'histoire naturelle et de chimie*. – Immanuel Kant (1724–1804), *Kritik der praktischen Vernunft*. – Joseph Louis de Lagrange (1736–1813) begründet die analytische Mechanik. – Antoine Laurent Lavoisier (1743–1794) zählt 31 chemische Elemente auf. – *Jean Victor Poncelet, franz. Mathematiker und Ingenieur (†1867). – *Arthur Schopenhauer, Philosoph (†1860). – James Watt (1736–1819) entwickelt den Fliehkraftregler zur Geschwindigkeitssteuerung von Maschinen. – Gründung der britischen Afrika-Gesellschaft zur umfassenden geographischen Erforschung des afrikanischen Kontinents. – Nach Europa kommen Hortensie (aus China) und Fuchsie (aus Peru).

1789

Februar/März Im *Teutschen Merkur* erscheinen die Stücke *Naturlehre* und *Antwort*, in denen G. u.a. der Vorstellung einer durchgehenden Stufenleiter in der Natur widerspricht. – März In der *Bergbaukunde* (Bd. 1, Leipzig 1789) erscheint G. als Ehrenmitglied der Societät der Bergbaukunde, Schemnitz (Slowakei). – 16.–27.9. Besuch des führenden Mineralogen Abraham Gottlob Werner aus Freiberg, zu dessen neptunistischen Vorstellungen G. sich bekennt; gemeinsame Ausflüge. – 24.10. Carl August erteilt G. den Auftrag, im Fürstengarten zu Jena einen Botanischen Garten anzulegen. – November/Dezember: Nach der Ankündigung einer Schrift von C. C. Sprengel, *Versuch, die Konstruktion der Blumen zu erklären* (ALZ, Intelligenzblatt, 11.11.) Ausarbeitung der Schrift *Versuch die Metamorphose der Pflanzen zu erklären* (mit dem Botaniker K. Batsch am 20.–25.12. in Jena besprochen). – Studien und Versuche zur Metamorphose der Insekten. – Herbst/Winter Verstärkte Pflege der wissenschaftlichen Beziehungen zur Universität Jena; Ausbau der naturkundlichen Sammlungen, Vorbereitung der Anlage des Botanischen Gartens.

1789

*Augustin-Louis Cauchy, franz. Mathematiker (†1857). – Luigi Galvani (1737–1798) glaubt nach Reizversuchen an Froschschenkeln (ab 1780) irrigerweise, die Bioelektrizität entdeckt zu haben. Im Folgenden Kontroverse mit Alessandro Volta (1745–1827). – *Leopold Gmelin, Chemiker (†1853). – Friedrich Wilhelm Herschel (1738–1822) stellt ein großes Spiegelteleskop fertig und entdeckt den 6. und 7. Saturnmond. – Antoine Laurent Jussieu (1748–1836), *Genera plantarum*. – Antoine Laurent Lavoisier (1743–1794), *Traité élémentaire de chimie*. – *Georg Simon Ohm, Physiker (†1854). – Benjamin Thompson, Graf von Rumford (1753–1814) läßt den Englischen Garten in München anlegen (1792 eröffnet). – Adriaan Paets van Troostwijk (1752–1837) und Joan Rudolph Deiman (1743–1808) zerlegen Wasser in Wasserstoff und Sauerstoff mit elektrischem Strom (Elektrolyse). – *Annales de Chimie* (Paris), *Botanisches Magazin* (Zürich) und *Botanical Magazine* (London).

1790

Zur Ostermesse Veröffentlichung des *Versuchs die Metamorphose der Pflanzen zu erklären* im Verlag von C. W. Ettinger. – 18./19.–26.2. Aufenthalt in Ilmenau. – 10.3.–18.6. Zweite Italienreise. Erneut geologische und botanische Aufzeichnungen; Wiedererwachen von G.s anatomisch-osteologischem Interesse durch den Fund eines Schafschädels am Lido in Venedig (22.4.); Bestätigung der früher entwickelten Auffassung, dass die Schädel- und Gesichtsknochen der Wirbeltiere als Metamorphose der Wirbelknochen zu erklären seien (dazu später *Bedeutende Fördernis durch ein einziges geistreiches Wort*, 1823, und *Das Schädelgerüst aus sechs Wirbelknochen auferbaut*, 1824). – 26.7.–6.10. Reise nach Schlesien; Beschäftigung mit vergleichender Anatomie; Beginn des *Versuchs über die Gestalt der Tiere* (vgl. an Fritz von Stein, 31.8.; fortgesetzt nach der Rückkehr im Oktober); Notizbuch u. a. zu Bergbau, Geologie, Zoologie und Botanik; Besuch der Friedrichsgrube und Besichtigung der ersten Dampfmaschine auf dem Kontinent in Tarnowitz (4.9.); 25.9.–3.10. Auf der Rückreise in Dresden Besuch des Naturalienkabinetts. – 21.10. Übernahme der Leitung der neugegründeten Wasserbaukommission. – 27.10.–7.11. Mit Johann Heinrich Lips Hörer von Loders Vorlesungen zur Muskellehre in Jena. – Ende 1790/1791? *Metamorphose der Pflanzen. Zweiter Versuch.* – 1790 oder 1791? Prismenaperçu, spontaner Eindruck beim Blick durch ein Prisma, dass Newton irrt und die Physiker Farben nicht erklären können (s. o. S. 605f.). Beginn der Studien und Versuche zur Farbenlehre. Einrichtung einer Dunkelkammer in G.s Wohnung. – Zwischen 1790 und 1792 *Die Kraft, Farben hervorzubringen, ist von der Refraktion unabhängig* (Datierung unsicher, möglicherweise G.s erster Text zur Farbenlehre).

1790

*John Frederic Daniell, engl. Naturforscher († 1845). – Immanuel Kant (1724–1804), *Kritik der Urteilskraft*. – Nicolas Leblanc (1742–1806): Verfahren zur künstlichen Sodaherstellung; Beginn der chemischen Großindustrie. – *August Ferdinand Möbius, Mathematiker und Astronom († 1868). – Erstes Eisenwalzwerk mit Dampfkraft in England. – Gründung des *Journals der Physik* (Halle).

1791

24.2. *Vierte Nachricht von dem Fortgang des neuen Bergbaues zu Ilmenau.* – April Bekanntschaft mit dem Mathematiker und Physiker Johann Heinrich Voigt, Vater von Friedrich Siegmund Voigt. – vor 17.5. *Über das Blau* (vgl. an Carl August, 17./18.5.). – Anhaltende Beschäftigung mit Farbphänomenen. Lektüre: Newton, Kepler, Grimaldi, Priestley. – 30.5. Im Brief an Johann Friedrich Reichardt erster Hinweis auf die Arbeit am Manuskript der *Beyträge zur Optik*. – 1.6. Brief an Friedrich Heinrich Jacobi, u. a. über die naturwissenschaftlichen Interessen. – 5.–16.6. Aufenthalt in Ilmenau und erster Gewerkentag. – 27.6. Selbstmord von Merck. – 1.7. *Fünfte Nachricht von dem neuen Bergbau zu Ilmenau.* – 1.7. Brief an Carl August, u. a. über prismatische Versuche. – 18.–30.7. Optische Experimente in Gotha. – 28.8. Veröffentlichung der *Ankündi-*

1791

*Michael Faraday, engl. Physiker († 1867). – Luigi Galvani (1737–1798), *De viribus electricitatis in motu musculari commentarius*. – Alexander von Humboldt (1769–1859) bestimmt den Kohlensäuregehalt der Luft. – *Samuel Finley Morse, amer. Maler und Erfinder († 1872). – *Alexis Petit, franz. Physiker († 1820). – Samuel Thomas Soemmerring (1755–1830), *Vom Baue des menschlichen Körpers* (6 Bde. bis 1796). – Samuel Thomas Soemmerring (1755–1830) entdeckt an einer Wasserleiche den gelben Fleck (Macula lutea) in der menschlichen Netzhaut (Publikation 1799). – Gründung der Sociéte d'histoire naturelle in Paris. – Einsetzung einer Kommission für Maße und Gewichte; Einführung des Urmeters.

gung eines Werks über die Farben [*Beyträge zur Optik*]. – 9.9. Erste Versammlung der am 5.7. gegründeten »Freitagsgesellschaft« im Wittumspalais mit Eröffnungsansprache G.s. – Mitte Oktober Veröffentlichung der *Beyträge zur Optik*, Erstes Stück, mit 27 Tafeln in Spielkartengröße im Verlag des Weimarer Industrie-Comptoirs von Bertuch; Zeugnisse zur Entstehungsgeschichte in EGW 1, 225–275. – 4.11. In der »Freitagsgesellschaft« Vortrag G.s über das Prisma. – Anfang November Johann Heinrich Meyer kommt nach Weimar, Einquartierung in G.s Haus. – 17.11. Brief an Reichardt mit der Ankündigung, Newtons Theorien würden »wie eine alte Mauer zusammenfallen«.

1792

Ende März *Warnung* [vor der angeblichen Beweiskraft von Versuchen]. – 18.4. Brief an Carl August: »Das Licht und Farbenwesen verschlingt immer mehr meine Gedankensfähigkeit«. – 28.4. *Der Versuch als Vermittler von Objekt und Subjekt* (Titel erst 1823). – Ende April *Reine Begriffe*. – 2.5. *Versuche mit Leuchtsteinen*. – Mai Veröffentlichung der *Beyträge zur Optik*, Zweites Stück, im Weimarer Industrie-Comptoir. – 11.5. Briefliche Kontaktaufnahme zu Georg Christoph Lichtenberg mit Bitte um Urteil zu den beigelegten *Beyträgen zur Optik*. – 26.6. Erste Ausleihe von Newtons *Opticks* (lat. Ausg. 1706).– 2.7. Im Brief an Samuel Thomas Soemmerring Angaben zum methodischen Vorgehen, in der Farbenlehre »den Begriff der Polarität zum Leitfaden« zu nehmen. – vor 8.8.–Mitte Juli 1793 *Von den farbigen Schatten*. – 8.8.–16.12. Teilnahme am Frankreichfeldzug.– 20./21.8. Zusammentreffen mit Soemmerring und Forster in Mainz. – 31.8. Vor Verdun Beobachtung prismatischer Farberscheinungen an Tonscherben in einem wassergefüllten Erdtrichter; Aufzeichnung von Skizzen und Plänen für optische Versuche; naturwissenschaftlicher Gedankenaustausch mit dem Fürsten Reuß. – 12.9. In Landres Diktat der *Geplanten Versuche* zur Farbenlehre. – September/ Oktober: Im Briefwechsel mit C. G. Voigt auch über die Erzförderung in Ilmenau. – 1792/94 Neuordnung der *Farbenlehre* aufgrund der für G. zunehmenden Bedeutung der physiologischen Farben (Einfluss von Soemmerring und Lichtenberg). – Studien zur Vergleichungslehre im Vorfeld des osteologischen Typus.

1792

*Charles Babbage, engl. Mathematiker (†1871). – *Carl Ernst von Baer, vergleichender Anatom und Embryologe (†1876). – Claude Chappe (1763–1805) erfindet den optischen Telegraphen. – *Gaspard Gustave de Coriolis, franz. Physiker und Ingenieur (†1843). – *Nikolai Iwanowitsch Lobatschewskij, russ. Mathematiker (†1856). – Jeremias Benjamin Richter (1762–1807) arbeitet über Stöchiometrie (Grundsatz der konstanten chemischen Reaktionen).

1793

Erste Jahreshälfte Unter intensiver Mitarbeit G.s Bau von Anlagen zur Verhüttung des Ilmenauer Erzes. – 12.4. *Sechste Nachricht von dem Bergbaue zu Ilmenau*. – 16.4. Ankunft von F. H. Jacobis Sohn Max, der in Jena Medizin studieren will. – 12.5.–23.8. Belagerung von Mainz; 28.5.–25.7. Lager bei

1793

†Charles Bonnet, franz. Philosoph und Naturforscher (*1720). – *Michel Chasles, franz. Mathematiker (†1880). – Carl Friedrich Kielmeyer (1765–1844), *Über die Verhältnisse der organischen Kräfte untereinander in der Reihe der verschiedenen Organisationen, die Gesetze und Folgen dieser Verhält-*

Marienborn vor Mainz. – Zwischen 17.5. und 19.8. Mehrfache Begegnungen mit Soemmerring in Frankfurt am Main und Mainz. – Beginn der direkten kritischen Auseinandersetzung mit Newton in mehreren Abhandlungen: Juni-August *Betrachtungen über die Farben*. – 15.7. *Neutonische Lehre. Maratische Lehre. Resultate meiner Erfahrungen* (am 19.7. an F. H. Jacobi). – 21.7. *Einige allgemeine chromatische Sätze*. – 24.7. Die nun fertiggestellte Schrift *Von den farbigen Schatten* wird an Jacobi gesandt (am 11.8. an Lichtenberg, am 25.5.1795 an Soemmerring). – Juli *Über die Einteilung der Farben und ihr Verhältnis gegen einander*. – August *Von den achromatischen Gläsern*. – August-Dezember *Versuch die Elemente der Farbenlehre zu entdecken* (am 29.12. an Lichtenberg, ohne Antwort).– 4., 6. und 7.10. *Versuche mit der Berlinerblau-Lauge und den Metallkalken*. – Oktober *Über die Farbenerscheinungen, die wir bei Gelegenheit der Refraktion gewahr werden* und *Über Newtons Hypothese der diversen Refrangibilität*. – 20.10. Brief an Lichtenberg auf dessen ausführliche Antwort vom 7.10. zu den farbigen Schatten. – 19.11. Erster erhaltener Brief an Johann Friedrich Blumenbach in Göttingen. – 9.–13.12. Zweiter Gewerkentag in Ilmenau mit einer Ansprache G.s.

nisse (Vorform des biogenetischen Grundgesetzes: Embryonen höherer Tiere durchlaufen bei ihrer Entwicklung die Phasen der Evolution). – Christian Conrad Sprengel (1750–1816), *Das entdeckte Geheimnis der Natur im Bau und in der Befruchtung der Blumen* (Entdeckung der Insektenbestäubung). – Eli Whitney (1765–1825) erfindet einen Baumwollentkerner. – Thomas Young (1773–1829) entdeckt das Prinzip der Akkomodation (Krümmungsänderung der Augenlinse). – Der Jardin du Roi in Paris wird zum Muséum d'histoire naturelle. – In Frankreich Abschaffung der Academie des Sciences und der Universitäten.

1794

Anfang *Grundversuche über Farbenerscheinungen bei der Refraktion*. – 5.–9.2. Aufenthalt in Jena und Verhandlungen mit Batsch wegen des geplanten Botanischen Gartens. – 20.2. *Siebente Nachricht von dem Bergbaue zu Ilmenau*.– 20.2. G. und C. G. Voigt werden von Carl August als Kommission für den Botanischen Garten in Jena eingesetzt, Batsch als Leiter auf Lebenszeit bestimmt. – 9.–13.3. In Jena Konferenzen mit Batsch über den Botanischen Garten (vgl. ALZ Nr. 28 vom 22.3.); erste Begegnung mit Alexander von Humboldt (9.3.). 9.6. Brief an Lichtenberg mit Bitte um Reaktion auf den *Versuch die Elemente der Farbenlehre zu entdecken* (ohne Antwort). – 5.7. *Blendendes Bild*; Protokolle zu Versuchen zum physiologischen Teil der Farbenlehre (Nachbilder). – 20.7. Im Anschluss an eine Sitzung der von Batsch 1793 gegründeten Naturforschenden Gesellschaft Gespräch mit Schiller über die Urpflanze, die Metamorphosenlehre und das Verhältnis von Idee und Erfahrung in der Naturerkenntnis. Beginn der Freundschaft (vgl. *Glückliches Ereignis*, 1817). – 30.7.: Brief von Fritz von Stein aus London, er habe Newtons *Opticks* (4. engl. Aufl. 1730) für G. bestellt. – 30.8. G. sendet den früher entstandenen Aufsatz *Inwiefern die Idee: Schönheit sei Vollkommenheit mit Freiheit auf organische Naturen angewendet werden könne* an Schiller. – 17.–19.12. Begegnung mit Alexander von Humboldt in Jena. – Niederschriften zur ver-

1794

*Aimé Boué, franz. Geologe († 1881). – Johann Friedrich Blumenbach (1752–1840) unterscheidet – entgegen der biblischen Schöpfungsgeschichte – mehrere Wurzeln der Menschheit (polyphyletische Entstehung) entsprechend der verschiedenen Rassen; Begründung der modernen Anthropologie. – Johann Lorenz Böckmann (1741–1802) setzt Funkenübersprünge (sog. Blitztafeln) für die Telegraphie ein. – Johann Gottlieb Fichte (1762–1814), *Grundlage der gesamten Wissenschaftslehre*. – † Georg Forster, Naturforscher (* 1754). – Johan Gadolin (1760–1852) entdeckt erste seltene Erden (Berzelius 1803 weitere). – † Antoine Laurent Lavoisier (guillotiniert), franz. Chemiker, Begründer der modernen Chemie (* 1743). – Adrien-Marie Legendre (1752–1833), *Éléments de géometrie*. – *Karl Michael Marx, Physiker und Chemiker († 1864). – *Eilhard Mitscherlich, Chemiker und Mineraloge († 1863). – Erste Technische Hochschule (Ecole Polytechnique) in Paris. – Gründung des *Journal polytechnique*. – Erste staatliche Telegraphenlinie von Paris nach Lille mit optischen Zeigertelegraphen.

gleichenden Anatomie (*Versuch einer allgemeinen Knochenlehre*, *Versuch einer allgemeinen Vergleichungslehre*). – Dezember/Januar 1795: Korrespondenz mit dem Prinzen August von Gotha über Refraktion ohne Farbenerscheinungen (vgl. *Brechung ohne Farbenerscheinung*).

1795

11.–23.1. Aufenthalt in Jena; mit den Brüdern von Humboldt und J. H. Meyer Teilnahme an Vorlesungen über Bänderlehre und einer Demonstration des menschlichen Gehirns, jeweils von Loder; Gespräche mit den Brüdern von Humboldt über Anatomie; Diktat der Abhandlung *Erster Entwurf einer allgemeinen Einleitung in die vergleichende Anatomie, ausgehend von der Osteologie* an Max Jacobi (die ersten drei Kapitel werden 1796 erweitert). – Plan zur Herausgabe von *Beobachtungen und Betrachtungen aus der Naturlehre und Naturgeschichte* (gescheitert). – 29.3.–2.5. In Jena Umgang mit Alexander von Humboldt und Dienstgeschäfte in Sachen Botanischer Garten. – 12.4. *Der Descartische Versuch mit der Glaskugel* (als Modell für den Wassertropfen bei der Entstehung des Regenbogens). – 24.4. Bei Schiller erste Begegnung mit dem Verleger Johann Friedrich Cotta, der später auch G.s naturwissenschaftliche Arbeiten betreut. – 5.6. Besuch des Physikers Ernst Florens Friedrich Chladni. – 18.6. Erster Brief an Alexander von Humboldt, der am 21.5. Schriften übersandt hatte. – 29.6.–2.7. In Jena, u.a. Dienstliches zum Botanischen Garten. – 4.7.–8.8. Dritte Kur in Karlsbad. – 26.8.–6.9. Aufenthalt in Ilmenau wegen eines Stollenbruchs. – 21.11. Im Brief an Schiller die Klage, dass Lichtenberg die *Beyträge zur Optik* »in seiner neuen Ausgabe von Erxlebens Compedio« [*Anfangsgründe der Naturlehre*, 6. Aufl. 1793] nicht erwähnt habe. – vor 23.12. Lektüre von Abbé Castel, *L'optique des couleurs* (Paris 1740). – Um 1795: *Morphologie.*

1795

Nicolas François Appert (1752–1841) erfindet die Konserven. – Joseph Bramah (1748–1814) erfindet die hydraulische Presse. – [Charles Darwins Großvater] Erasmus Darwin (1731–1802), *Zoonomia.* – Johann Samuel Traugott Gehler (1751–1795), *Physikalisches Wörterbuch* (5 Bde. seit 1787; 1822–45 auf 11 Bde. erweitert). – *Gabriel Lamé, franz. Mathematiker († 1870). – Mungo Park (1771–1806): Niger-Expedition; Beginn der Erforschung des Inneren Afrikas. – Einführung des metrischen Systems in Frankreich. – Erste Pferdeeisenbahn in England. – In Paris Gründung des Institut de France als Ersatz für die fünf königlichen Akademien und des Bureau des Longitudes (Forschungsanstalt für Astronomie).

1796

Ausarbeitung der *Vorträge, über die drei ersten Kapitel des Entwurfs einer allgemeinen Einleitung in die vergleichende Anatomie, ausgehend von der Osteologie.* – 3.–17.1. In Jena Begegnungen mit dem Chemiker Johann Friedrich August Göttling und Loder. – 16.2.–16.3. Erneuter Aufenthalt in Jena; Umgang und anatomische Demonstrationen bei Loder (1., 3., 5.3.). – 28.4.–8.6. In Jena Umgang mit Loder und Christoph Wilhelm Hufeland. – 16.6. Beginn monatelang durchgeführter Versuche über die *Wirkung des Lichts auf organische Körper*, zum Wachstum der Pflanzen unter verschiedenen Lichtbedingungen (Aufzucht von Kresse und Bohnen unter verschiedenfarbigen Gläsern). – 30.7. Beginn von Protokollen über die

1796

Georges Cuvier (1769–1832) führt erste Untersuchungen am Mammut durch (Beginn der Wirbeltierpaläontologie; vgl. 1812). – Christoph Wilhelm Hufeland (1762–1836) [Arzt Goethes, Schillers, Wielands, Herders]: *Die Kunst, das menschliche Leben zu verlängern.* – Edward Jenner (1749–1823) führt in England die erste öffentliche Pockenschutzimpfung mit Kuhpockenserum durch (ab 1806 in der Schweiz gesetzlich vorgeschrieben). – Pierre-Simon de Laplace (1749–1827), *Exposition du système du monde* (Entstehung des Sonnensystems aus einer Gaswolke). – *Johann Christian Poggendorff, Physiker († 1877). – Samuel Thomas Soemmerring (1755–1830), *Über das Organ der Seele.*

Metamorphose von Insekten, besonders bei Schmetterlingen; zusammengefasst als *Entomologische Studien*; darunter die *Beobachtungen, über die Entwickelung der Flügel des Schmetterlings Phalaena grossularia* (am 6.8. an Schiller). – Juli In Sitzungen und im Briefwechsel mit C. G. Voigt Beschäftigung mit dem Ilmenauer Bergbau. – 21.8. »Beobachtungen an Raupen angefangen« (Tagebuch). – 28.8. Brief an Soemmerring mit kritischer Würdigung von dessen Schrift *Ueber das Organ der Seele*. – 4.9. Brief an Christiane Vulpius über Raupenbeobachtungen (Erwähnung des Themas bis 2.3.1797). – 25.9. »Morphologie« als Stichwort im Tagebuch. – 14.10. Besuch von Blumenbach. – 18. u. 26.10. In Briefen an Schiller Hinweise auf Fisch- und Vogelsektionen (erneut 21.12.). – 30.10.–9.11. Wegen erneutem Stollenbruch (22./23.10.) in Ilmenau, um Ursache des Unglücks und Schäden festzustellen; in der Folge Ende des Ilmenauer Bergbaus. – 12.11. Brief an Schiller, in dem auch die Geologie/Mineralogie als Teil der Morphologie betrachtet wird (später aufgegebene Position). – 15.11. Naturforschungen im Kontext der Farbenlehre bezeichnet G. gegenüber Schiller als »*Welt des Auges*«. – Mitte Dezember Arbeit an der *Farbenlehre*, teilweise gemeinsam mit Knebel. – 26.12. Letzter Brief an Lichtenberg.

1797
7.1. Besuch der Leipziger Sternwarte. – 27.1. Besuch des Astronomen Franx Xaver von Zach. – Februar Herstellung von Farbtafeln für die *Farbenlehre*; anhaltende Beschäftigung mit der Metamorphose der Insekten, dazu Studium von Fachbüchern, vor allem Swammerdam, *Historia generalis insectorum* (25. u. 28.2.). – 7.2. Niederschrift zur Metamorphose der Insekten (*Entomologische Studien*). – 20.2.–31.3. Aufenthalt in Jena; naturwissenschaftliche Studien, chemische und optische Versuche mit den Chemikern Göttling und Alexander Nikolaus von Scherer; Diskussionen über Galvanismus mit A. v. Humboldt; *Eingeweide des Frosches* (30.3.); Urteil über Humboldt Anfang März an Carl August: »Man könnte in 8 Tagen nicht aus Büchern herauslesen was er einem in einer Stunde vorträgt« (vgl. auch an Knebel, 28.3.). – 18.3. Beratung Schillers bei der Anlage seines neuerworbenen Gartens. – 19.–25.4. Besuch A. v. Humboldts in Weimar. – 9.–12.5. Anatomische Studien an Insekten, Würmern und Weichtieren; *Anatomie der Schnecke* (11.5.). – 19.5.–16.6. In Jena Umgang mit A. v. Humboldt, Hufeland und Loder. – 20.–25.5. Lektüre der Naturgeschichte des Plinius. – 13.6. Übersendung einer mineralogischen Sammlung mit Widmungsgedicht an Schiller. – 30.7.–20.11. Dritte Schweizreise; Aufzeichnungen über Geologie, Mineralogie,

1797
Marie-François-Xavier Bichat (1771–1802) begründet die Histologie. – *Charles Lyell, engl. Geologe (†1875). – Friedrich Wilhelm Joseph Schelling (1775–1854), *Ideen zu einer Philosophie der Natur*. – Aloys Senefelder (1771–1834) entwickelt sein Steindruckverfahren (Lithographie). – William Smith (1769–1839) bestätigt die Reihenfolge der Erdschichten nach typischen Leitfossilien. – Erste Dampflokomotive (auf Straßen).

Landschaftscharakter; Sammlung von Mineralien; Begegnungen mit Soemmerring (mehrfach zwischen 3. und 25.8. in Frankfurt am Main), der über die Sinnesorgane arbeitet, und Carl Friedrich Kielmeyer in Tübingen (9./10.9.), der G. Briefe Cuviers mit anatomischen Zeichnungen zeigt. – 6.9. Betrachtung einer osteologischen Missbildung bei dem Kaufmann Gottlob Heinrich Rapp in Stuttgart (dazu *Pathologisches Präparat*). – Plan, naturwissenschaftliche Beiträge in den *Propyläen* zu veröffentlichen (scheitert). – 8.12. Gründung der Mineralogischen Gesellschaft in Jena; G. seit diesem Tag Ehrenmitglied (vgl. 16.12.1803).

1798

Januar/Februar: Intensive Beschäftigung mit der *Farbenlehre* (Methodisches, Geschichtliches); Schelling-Lektüre (*Ideen zu einer Philosophie der Natur*). – 10.1.–24.1. und 10.2.–6.3. Bedeutende briefliche Diskussion mit Schiller über G.s naturwissenschaftliche Erkenntnismethode (»rationelle Empirie«). – 12.1. *Der Versuch als Vermittler von Objekt und Subjekt* an Schiller gesandt. – 15.1. *Das reine Phänomen* (am 17.1. an Schiller, der beide Aufsätze an Kants Kategorien prüft). – 18.1. Dank an den Jenaer Mineralogen J. G. Lenz für die Aufnahme als Ehrenmitglied in die Mineralogische Gesellschaft. – 26.1. Brief an Schiller, u. a. über Erasmus Darwins Lehrgedicht *The botanic garden*. – 14.2. Im Brief an Schiller zur »dreifachen Einteilung« der Farben, d. h. in physiologische, physi[kali]sche und chemische Farben (so die drei ersten Abteilungen des Didaktischen Teils der *Farbenlehre*, 1808). – 1.–7.3. Ordnung des Mineralienkabinetts. – 26.–28.3. *Betrachtungen über eine Sammlung krankhaften Elfenbeins* (publiziert 1823). Seine Sammlung mit mehr als 20 Elefantenzähnen gibt G. in das Naturalienkabinett Loders in Jena. – 5./6.5. Magnetische Versuche, im Sommer fortsetzt. – 28.–30.5. Bekanntschaft und gemeinsame optische Versuche mit Schelling. – Lektüre: Schelling (*Von der Weltseele*) und Laplace (*Exposition du système du monde*). – 17./18.6. Elegie *Die Metamorphose der Pflanzen* (publiziert in Schillers *Musenalmanach für das Jahr 1799*). – 19./20.6. Aufstellung eines Schemas der magnetischen Phänomene. – 19.–21.6. Beschäftigung mit dem astronomischen System von Laplace. – 5.7. Erster Brief an Schelling mit dem Dokument seiner Berufung nach Jena. – 13.7. »Das Schema der dualistischen Naturwirkungen aufgestellt« (Tgb; vgl. an Schiller, 14.7.). – 31.7. *Physische Wirkungen* (mit Tabelle vom Vortag). – 2.–6.11. Auf dem neu erworbenen (1803 aufgegebenen) Gut Oberroßla; u. a. Planung von Baumpflanzungen. – 7.11. Gegenüber Schiller der Vorsatz, die *Farbenlehre* zum Abschluss zu bringen. – 11.–29.11. In Jena intensive Arbeit an

1798

Heinrich Wilhelm Brandes (1777–1834) und Johann Friedrich Benzenberg (1777–1846) führen die ersten wissenschaftlichen Meteorbeobachtungen durch. – Henry Cavendish (1731–1810) misst die Gravitationskraft und berechnet die Erddichte. – Georges Cuvier (1769–1832), *Leçons d'anatomie comparée* (5 Bde. bis 1805). – †Johann Reinhold Forster, Naturforscher (*1729). – Thomas Robert Malthus (1766–1834), *Essay on the principles of population*. – Gaspard Monge (1746–1818) entwickelt die Darstellende Geometrie. – Nicholas-Louis Robert (1761–1828) entwickelt eine Langsiebpapiermaschine zur Papierherstellung. – Friedrich Wilhelm Joseph Schelling (1775–1854), *Von der Weltseele*. – *Philosophical Magazine* (London). – *Allgemeines Journal für Chemie* (Leipzig).

der *Farbenlehre*, teilweise gemeinsam mit Schiller. – 12.11. und 8.2.1799 *Zur Einleitung* [der *Farbenlehre*]. – 14. und 15.11. *Harmonie der Farben.* – 19.11. und 12.–14.2.1799 *Von Personen, welche gewisse Farben nicht unterscheiden können* (Versuche mit Johann Carl Friedrich Gildemeister). – Um 1798: *Ordnung des Unternehmens, Vorarbeiten zu einer Physiologie der Pflanzen, Allgemeines Schema zur ganzen Abhandlung der Morphologie, Betrachtung über Morphologie, Morphologie als Wissenschaft.*

1799
18.1. Anlässlich der Lektüre von Knebels Übersetzung von Lukrez' *De rerum natura* Anregung zu dem Plan eines großen Lehrgedichts über die Natur, von G. seit der Elegie *Die Metamorphose der Pflanzen* (1798) bis in den Herbst 1799 verfolgt, dann aber aufgegeben. – Vermutlich in der ersten Jahreshälfte *Metamorphose der Tiere.* – 19.1. Beschäftigung mit Schellings Schrift *Erster Entwurf eines Systems der Naturphilosophie.* – 20.–22.1. u. 5.–7.2. *Die Temperamentenrose* (gemeinsam mit Schiller). – 10.2. *Geschichte der Farbenlehre.* – 11.2. Bekanntschaft mit dem romantischen Naturphilosophen Henrik Steffens. – 21.3.–10.4. In Jena Umgang mit Loder, Steffens, J. F. A. Göttling. – Juni Optische Versuche (vgl. an Schiller, 19. und 26.6.). – 31.7.–15.9. G. wohnt im Gartenhaus; Beobachtung des Mondes mit einem Spiegelteleskop. – 26.8. Erster Brief an Zelter (Briefwechsel bis 1832 fortgeführt). – 16.9.–14.10. Aufenthalt in Jena; naturphilosophischer und -wissenschaftlicher Gedankenaustausch mit Schelling (Magnetismus). 17.9. Beginn einer kurzen intensiven Korrespondenz (bis 1800) über Magnetismus mit Johann Gottfried Steinhäuser. – 6.11. Mit Johann Friedrich Kästner Versuche zur Elektrizität. – 17.11. Wiederaufnahme der kontinuierlichen Arbeit an der *Farbenlehre.* – 18.11. Vier Stücke der *Ausdehnung des Schemas.* – 3.12. Übersiedlung Schillers von Jena nach Weimar. – 26.12./9.1.1800 Studium von Newtons *Opticks.* – ab 28.12. Häufiger Aufenthalt des Medizin-Studenten Nikolaus Meyer aus Bremen im Hause G.s (bis 13.7.1800), dessen naturwissenschaftliche Sammlungen das Material für Meyers Dissertation liefern. – 30.12. Klarheit über Stoff und Form der *Farbenlehre* (vgl. an Soemmerring, 30.12.). – Lektüre: Charpentier (*Beobachtungen über die Lagerstätte der Erze*). – G. erscheint in einer Schrift der Westfälischen Naturforschenden Gesellschaft, Brockhausen bei Unna, als Ehrenmitglied.

1799
* Friedrich Wilhelm August Argelander, Astronom († 1875). – * Benoît-Paul-Émile Clapeyron, franz. Techniker und Physiker († 1864). – Carl Friedrich Gauß (1777–1855) beweist in seiner Dissertation den Fundamentalsatz der Algebra (jede algebraische Gleichung hat eine Wurzel). – Alexander von Humboldt (1769–1859) und Aimé Bonpland (1773–1858) erforschen Süd- und Mittelamerika (bis 1804). – † Georg Christoph Lichtenberg, Physiker und Aphoristiker (* 1742). – *Annalen der Physik.* – In Sibirien wird ein gefrorenes Mammut gefunden.

1800
Arbeit an der *Farbenlehre* mit Unterbrechungen. – Endgültige Festlegung der Einteilung der *Far-*

1800
* Jean Baptiste André Dumas, franz. Chemiker († 1884). – * Charles Nelson Goodyear, amer. Che-

benlehre in einen Didaktischen, Polemischen und Historischen Teil. – Januar Beschäftigung mit Magnetismus (vgl. Tgb 7. und 19.1.), fortgesetzt im März. – 11.2. Ein Herschelsches Teleskop aus dem Besitz Knebels (diesem später abgekauft) wird im Gartenhaus installiert; in der Folge Mondbeobachtungen. – 21.2.(?) *Geschichte der Arbeiten des Verfassers in diesem Fache.* – Ende März Botanische Studien. – 29.–31.5. Treffen der Ilmenauer Berggewerkschaft (in Abwesenheit G.s); der bereits 1796 erloschene Förderbetrieb wird formal eingestellt. – 22.7.–4.8. In Jena Lektüre von Steffens (*Versuch über die Mineralogie...*) und Baader (*Beiträge zur Elementarphysiologie*). – 20./27.9. In Jena Bekanntschaft und Besuch des Physikers Johann Wilhelm Ritter (vgl. an Schiller, 28.9.); Gespräche über Galvanismus (fortgesetzt Anfang Oktober). – 3.11. Brief an Knebel über die häufige Verwendung des Teleskops zu Mondbeobachtungen.

miker († 1860). – Friedrich Wilhelm Herschel (1738–1822) entdeckt den ultraroten Teil des Sonnenspektrums (Infrarot, Wärmestrahlen). – *Henri Milne-Edwards, franz. Zoologe und Entomologe († 1885). – *Félix Archimède Pouchet, franz. Biologe († 1872). – Johann Wilhelm Ritter (1776–1810), William Nicholson (1753–1815) und Anthony Carlisle (1768–1840) entdecken die Elektrolyse unter Verwendung einer Voltaischen Säule. – Alessandro Volta (1745–1827) berichtet vor der Royal Society in London über sein im Vorjahr entwickeltes erstes elektrisches oder galvanisches Element (Voltaische Säule, Tassenapparat). – *Friedrich Wöhler, Chemiker († 1882). – Einführung der Pockenschutzimpfung in Frankfurt am Main.

1801

3.–13.1. Lebensgefährliche Erkrankung G.s an einer Gesichtsrose; Fieberphantasien. – 19./29.1. G. übersetzt *Liber de coloribus* (von Theophrast oder Aristoteles?), Fortsetzung 15.–21.6. in Pyrmont, Abschluss 20.10. (aufgenommen in den Historischen Teil der *Farbenlehre*). – 21./22.2. Besuche von Schelling. – 23./25.2. Besuche von Ritter, gemeinsame optische und galvanische Versuche. – 7.3. Brief an Ritter über optische Fragen mit Diskussion von Herschels Entdeckung des infraroten Lichts. – 3.4. Besuch von Ritter in Oberroßla. – 12.5. Mit Schiller Gespräch über Schellings *Darstellung meines Systems der Philosophie* (mit Zustimmung zu G. in der Auseinandersetzung mit Newton). – 29.5. Erster Brief an Henrik Steffens anlässlich dessen Widmung seiner *Beiträge zur inneren Naturgeschichte der Erde* an G. – 5.6.–30.8. Reise nach Göttingen, Bad Pyrmont (Kur) und Kassel. – 6.–12.6. und 18.7.–14.8. In Göttingen Umgang mit Blumenbach (osteologische und mineralogische Sammlung) sowie Studium von Originalwerken zum Historischen Teil der *Farbenlehre.* – 2.8. Aufstellung des sog. Göttinger Schemas (*Inhalt der Abhandlung über die Farbenlehre*) zur Ordnung der bisherigen Forschungsergebnisse. – 14./15.8. Besuch der Basaltbrüche in Dransfeld. – 28.8. Besuch der Sternwarte auf dem Seeberg in Gotha. – 20.–22.9. Abraham Gottlob Werner zu Besuch in Weimar. – 21.10. In Jena erster Besuch von Hegel.

1801

Oliver Evans (1755–1819) konstruiert die erste Hochdruckdampfmaschine mit Kondensation. – *Gustav Theodor Fechner, Philosoph, Physiker und Psychologe († 1887). – Robert Fulton (1765–1815) führt in Le Havre sein Unterseebot »Nautilus« vor. – Carl Friedrich Gauß (1777–1855), *Disquisitiones arithmeticae.* – Josef Jérôme Lefrançois de Lalande (1732–1807) legt einen Sternkatalog mit den Positionen von 47.000 Sternen vor. – *Johannes Peter Müller, Anatom und Physiologe († 1858). – Giuseppe Piazzi (1746–1826) entdeckt den ersten Planetoiden (Ceres). – *Julius Plücker, Physiker und Mathematiker († 1868). – Johann Wilhelm Ritter (1776–1810) entdeckt die ultravioletten Strahlen aufgrund ihrer photochemischen Wirkung. – Samuel Thomas Soemmerring (1755–1830), *Abbildungen der Sinnesorgane* (4 Bde. bis 1809). – Richard Trevithick (1771–1833) konstruiert einen Dampfwagen (Automobil). – Thomas Young (1773–1829), *On the theory of light and colours* (publiziert 1802); erklärt Lichtbeugung und Auslöschung durch Aufstellung des Interferenzprinzips für longitudinale (= Längs-)Wellen (von ihm 1817 verbessert durch Annahme von transversalen (= Quer-)Wellen).

1802

21.6.–8./9.7. Aufenthalt in Lauchstädt; mit Friedrich August Wolf Gespräche über »das Büchlein von den Farben« des Theophrast oder Aristoteles. – 9.–20.7. Aufenthalte in Halle und Giebichenstein;

1802

*Niels Henrik Abel, norweg. Mathematiker († 1829). – *Antoine Jérôme Balard, franz. Chemiker († 1876). – *János Bolyai, ungar. Mathematiker († 1860). – Joseph Louis Gay-Lussac (1778–1850)

Begegnungen mit den Physikern Ludwig Wilhelm Gilbert (gemeinsame galvanische Versuche am 10.7.) und Georg Simon Klügel, dem Botaniker Kurt Polykarp Joachim Sprengel und dem Mediziner Johann Christian Reil; Besuche im Braunkohlenabbau von Langenbogen und Steinkohlenwerk von Wettin (19.7.). – 3.–27.8. Aufenthalt in Jena; »Anatomie des Schmetterlings« (Tgb, 19.8.), Entwurf zu einer Einleitung zur vergleichenden Knochenlehre (ebd., 27.8.); Diskussionen über Phänomene des Farbensehens mit dem im Vorjahr nach Jena berufenen Mediziner Karl Gustav Himly. – 2.–10.10. Mehrere Begegnungen mit Blumenbach in Weimar. – 12.–15.10. In Jena Regelungen zum Botanischen Garten nach dem Tod des Direktors Batsch (am 29.9.). – 11.12. Besuch A. G. Werners in Weimar.

1803
Frühjahr Gesamtrevision der bislang vorhandenen Materialien zur *Farbenlehre*. – 24.1. In einem Brief an Johann Jakob von Willemer lehnt G. die Aufführung der Gall-Persiflage *Der Schädelkenner* von Karl Stein in Weimar ab. – etwa 26.1.–8.2. Besuch des Physikers Ernst Florens Friedrich Chladni; Unterredungen über sein Werk *Akustik*. – März Franz Joseph Schelver wird Nachfolger von Batsch als Prof. der Botanik und Leiter des Botanischen Gartens in Jena. – 17.–23.4. In Jena u. a. Regelungen zum Botanischen Garten. – Ende April G. erhält Kenntnis von Loders Absicht, Jena zu verlassen, um einen Ruf nach Halle anzunehmen. – 15.–29.5. In Jena Wiederaufnahme der Arbeit an der *Farbenlehre* (fortgesetzt Ende Juli/August). – Juni/Juli Gescheiterter Versuch G.s, Soemmerring als Nachfolger Loders an die Universität Jena zu holen. – 9.–15.8. Tägliche Beschäftigung mit der chemischen Farbenlehre. – 15.8. Dankesbrief an Reil für dessen *Rhapsodien über die Anwendung der psychischen Kurmethode auf Geisteszerrüttungen*. – Anfang September Friedrich Wilhelm Riemer kommt nach Weimar, wird Lehrer von G.s Sohn August sowie Berater und Mitarbeiter G.s. – 11.11. Gemeinsam mit C. G. Voigt wird G. die Oberaufsicht über das Museum in Jena übertragen, das alle mineralogischen, anatomischen, zoologischen und physikalisch-chemischen Sammlungen vereinigt (im Jenaer Schloss untergebracht). – 17./18.11. Begegnung mit dem Maler Philipp Otto Runge in Weimar. – 24.11.–24.12. In Jena Umgang mit Schelver, Ritter, J. F. A. Göttling und Thomas Johann Seebeck, der ab 1806 zum wichtigsten Mitstreiter G.s in der *Farbenlehre* wird, die er als einziger Physiker anerkennt. – 16.12. Herzog Carl August bestätigt formell die 1797 gegründete Mineralogi-

formuliert das nach ihm benannte Gesetz, nach dem sich ein Gas linear mit steigender Temperatur ausdehnt, wenn der Druck konstant bleibt. – Alexander von Humboldt (1769–1859) besteigt während seiner Forschungsreise in Süd- und Mittelamerika (1799–1804) den Chimborazo in Ecuador bis 5760 m (Gipfel 6310 m). – *Henri Lecoq, franz. Botaniker († 1871). – *Charles Wheatstone, engl. Physiker († 1875). – William Hyde Wollaston (1766–1828) entdeckt unabhängig von Joseph von Fraunhofer (1787–1826) die dunklen Absorptionslinien im Sonnenspektrum (vgl. 1814). – Der Begriff »Biologie« wird eingeführt, unabhängig von Jean-Baptiste de Monet de Lamarck (1744–1829) und Gottfried Reinhold Treviranus (1776–1837) (zuvor schon in Ansätzen bei Theodor Georg August Roose und Karl Friedrich Burdach). – Gründung der Technischen Hochschule Prag. – *Annales des Muséum d'histoire naturelle.*

1803
Claude-Louis Berthollet (1748–1822), *Statique chimique*. – John Dalton (1766–1844) stellt die erste Atomgewichtstabelle auf und postuliert die chemische Atomtheorie. – *Christian Doppler, österr. Physiker († 1853). – † Johann Gottfried Herder, Theologe, Philosoph und Dichter (* 1744). – *Justus von Liebig, Chemiker († 1873). – Johann Christian Reil (1759–1813), *Rhapsodien über die Anwendung der psychischen Kurmethode auf Geisteszerrüttungen*. – Johann Wilhelm Ritter (1776–1810) entwickelt die Ladungssäule (Akkumulator). – *Jacques Charles Sturm, schweiz.-franz. Mathematiker († 1855).

sche Gesellschaft in Jena, die den Namen »Herzogliche Sozietät für die gesamte Mineralogie« erhält und deren Sammlungen in Landesbesitz übergehen; G. wird Präsident. – G. erscheint in einer Schrift der Societas Phytographica Gottingensis als Ehrenmitglied. – 1803/04 *Refraktion im allgemeinen. Refraktion ohne Farbenerscheinung.*

1804
27.–31.5. In Jena erste Bemühungen um eine neue anatomische Sammlung (die bisherige hatte Loder mit nach Halle genommen). – Erste Junihälfte Neue Studien zur Geschichte der *Farbenlehre.* – 16.–19.6. Studium von Thomas Sprat, *History of the Royal Society of London.* – 24.–27.6. In Jena Ordnung einer vom Herzog angekauften mineralogischen Sammlung. Lektüre: Haüy (*Traité de minéralogie*). – 17.8.–3.9. Aufenthalte in Lauchstädt und Halle; Begegnung mit Loder an seiner neuen Wirkungsstätte. – 13.9. G. wird zum Wirklichen Geheimen Rat (mit dem Titel ›Exzellenz‹) ernannt. – 7.11. G. nimmt das ihm angebotene Amt des Präsidenten der Naturforschenden Gesellschaft in Jena an (1793 deren Mitbegründer). – Aufmerksamkeit auf Franz Joseph Galls Schädellehre (vgl. an Eichstädt, 21.11.). – *Pläne zu Versuchen* [zur *Farbenlehre*].

1804
Oliver Evans (1755–1819) führt die erste Probefahrt mit Straßendampfwagen in Philadelphia durch. – Alexander von Humboldt (1769–1859) begründet auf seiner Südamerikareise (seit 1799) die Pflanzengeographie, vergleichende Klimakunde und Vulkanlehre. – *Carl Gustav Jacob Jacobi, Mathematiker († 1851). – †Immanuel Kant, Philosoph (* 1724). – †Joseph Priestley, engl. Chemiker und Philosoph (* 1733). – Jeremias Benjamin Richter (1762–1807) stellt reines Nickel dar. – Nicolas Théodore de Saussure (1767–1845) führt erste quantitative Versuche zur Photosynthese durch. – *Matthias Jacob Schleiden, Botaniker († 1881). – Richard Trevithick (1771–1833) erprobt die erste Schienendampflokomotive der Welt (für eine Grubenbahn).

1805
Mitte Januar/Mitte Februar Schwere Erkrankung G.s; Lungenentzündung?, Nierensteinkoliken (in unregelmäßigen Abständen wiederkehrend, ab Mitte Mai Besserung). – April Erstes Manuskript zur *Farbenlehre* (Historischer Teil). – April/Mai: Studien zur Geschichte der *Farbenlehre*, besonders zur Entwicklung der Naturwissenschaft in England (Bacon, Hume, Boyle, Priestley). – 9.5. Tod Schillers in Weimar. – 13.5. *Die Negation des Wortes organisch* (für die JALZ, wohl gemeinsam mit Riemer). – 22.6.–1.7. Besuch von F. H. Jacobi in Weimar (letzte persönliche Begegnung). – 26.–28.6. In Jena Besuch der naturwissenschaftlichen Institute. – 8.–22.7. Aufenthalt in Halle; Besuch von Galls Vorlesungen über Schädellehre; nach erneuten Nierenkoliken Behandlung durch Reil, der ein Gutachten zu G.s Krankheit erstellt. – 16.–20.8. Aufenthalt in Helmstedt; Begegnung mit dem Mediziner und Alchimisten Gottfried Christoph Beireis und Besuch seiner berühmten dubiösen Sammlung. – Ende August/Anfang September In Lauchstädt entsteht das Gedicht *Wär' nicht das Auge sonnenhaft* nach Plotin-Lektüre; auch als Stammbucheintrag, auf den 1.9. datiert; vier Fassungen bekannt. – 2.10.–11.6.1806 *Physikalische Vorträge schematisiert*; im Rahmen der sog. Mittwochsgesellschaft in G.s Haus (vor ›Damen‹ des Hofes) gehaltene Vorträge zu Magnetismus, Tur-

1805
Joseph Bramah (1748–1814) entwickelt die Rundsieb-Papiermaschine für endloses Papier. – Theodor Grotthuß (1785–1822) legt eine Theorie zur Elektrolyse vor. – *William Rowan Hamilton, engl. Mathematiker († 1865). – Alexander von Humboldt (1769–1859), *Voyage aux régions équinoxiales du nouveau continent.* – Joseph-Marie Jacquard (1752–1834) entwickelt eine Webmaschine mit Lochstreifensteuerung. – Mungo Park (1771–1806): Zweite Niger-Expedition. – †Friedrich Schiller (* 1759). – Friedrich Wilhelm Adam Sertürner (1783–1841) entdeckt das Morphium.

malin, Luftdruck, Elektrizität, Galvanismus, Optik und Farbenlehre. Dazu die einführenden Stücke *Einleitung* und *Symbolik* (30.10.) mit wichtigen Gedanken zu Polarität und Steigerung.– Oktober Druckbeginn der *Farbenlehre* (zunächst des Didaktischen und Historischen Teils). – 23.–26.11. In Jena Dienstgeschäfte in den naturwissenschaftlichen Instituten. – *Gall* (undatierter Entwurf, 1805?). – 1805/06 *Das Auge* und *Zahl der Farben.*

1806

Januar, Februar, Mai, August Arbeit am Historischen Teil der *Farbenlehre.* – Januar-Mai, September-November Arbeit am Didaktischen Teil der *Farbenlehre.* – 3.1./5.2. Studium der Naturgeschichte des Plinius im Hinblick auf die Geschichte der *Farbenlehre.* – 8.1. Mittwochsvortrag zu den physiologsichen Farben (am 15.1. fortgesetzt); *Wirkung der Farben auf den Menschen.* – 19.1. In Jena gemeinsame galvanische Versuche mit Seebeck. – 22.1., 29.1., 7.2. Galvanismus Thema der Mittwochsvorträge. – 12.2. Mittwochsvortrag zu den physischen Farben (fortgesetzt bis 23.4.). – 14.3. Erscheinen der Buchanzeige *Berlin: Ideen zu einer Physiognomik der Gewächse von Alexander von Humboldt* in der JALZ (das Werk am 22.2. mit Brief vom 6.2. von Humboldt erhalten). – 17./18.3. *Schema der ganzen Farbenlehre.* – 30.4. Mittwochsvortrag zu den chemischen Farben (bis 14.5. fortgesetzt). – 13.5. Druckabschluss der ersten Abteilung *Physiologische Farben* des Didaktischen Teils der *Farbenlehre.* – 16.–20.5. In Jena Umgang mit Schelver und Friedrich Siegmund Voigt; naturwissenschaftliche Institute. – 2.6. Beginn des Briefwechsels mit Philipp Otto Runge (durch dessen Zusendung der *Jahreszeiten* am 9.5. veranlasst und bis zu Runges Tod 1810 fortgeführt). – 11.6. Letzter Mittwochsvortrag (zur *Farbenlehre*). – 15.–28.6. In Jena Umgang mit Seebeck, J. H. und F. S. Voigt, Hegel; naturwissenschaftliche Institute. – 28.6. Beginn des Briefwechsels mit Seebeck. – 2.7.–3.8. Vierte Kur in Karlsbad; geologische und mineralogische Studien; häufige Treffen mit dem Steinschneider und Mineralienhändler Joseph Müller; Begegnung mit Werner (3.8.). – 4.7. »die Carlsbader Suite [Mineraliensammlung; bei Müller] angeschafft«. – 19.7. Entwurf *Joseph Müller geb. 1727 in Liebenau.* – 15.–31.8. In Jena physikalische Experimente in der Dunkelkammer mit Seebeck; Studium mineralogisch-geologischer Schriften von Georg Agricola und Werner; naturwissenschaftliche Institute. – 22.8. Brief an Runge mit Dank für sein Schreiben vom 3.7., das G. am Ende des Didaktischen Teils der *Farbenlehre* veröffentlicht. – 25.8. *Bildung der Erde* für die Fortsetzung der Mittwochsvorträge (am 6.9. weitergeführt). – September Geologische Studien; Ausar-

1806

Jöns Jacob Berzelius (1779–1848), *Vorlesungen über Tierchemie.* – *Alphonse Pyrame de Candolle, schweiz. Botaniker († 1893). – Thomas Andrew Knight (1759–1838) erkennt die Rolle der Schwerkraft beim Pflanzenwachstum (Geotropismus). – Meriwether Lewis (1774–1809) und William Clarke (1770–1838) erreichen den Stillen Ozean bei der Durchquerung der USA von Ost nach West. – Joseph Louis Proust (1754–1826) entdeckt das Gesetz der bestimmten Proportionen in der Chemie. – Karl Ritter (1779–1859) veröffentlicht sechs physikalische Karten von Europa. – François Isaac de Rivaz (1752–1828) baut einen Explosionsmotor als Zweitakt-Gasmotor unter Verwendung eines zündfähigen Gemisches aus Steinkohlengas, Wasserstoff und Luft (1807 patentiert). – Henrik Steffens (1773–1845), *Grundzüge der philosophischen Naturwissenschaft.* – Albrecht Daniel Thaer (1752–1828) begründet die erste höhere landwirtschaftliche Lehranstalt auf seinem Gut in Möglin (Preußen). – Die »Académie française« (gegründet 1635) wird mit Schwesterakademien im »Institut de France« vereinigt. – Gründung der Gesellschaft für Naturforscher in Moskau. – Schlachten von Jena und Auerstedt (14.10.).

beitung eines Schemas zur Geognosie. – 26.9.–5.10. Aufenthalt in Jena, Katalogisierung der Karlsbader Mineraliensammlung (*An Freunde der Geognosie*; Intelligenzblatt der JALZ, 6.10.; erste geologische Publikation); gemeinsame optische Versuche mit Seebeck. – 14.10. Plünderungen in Weimar durch die Franzosen (G.s Haus wird verschont). – 19.10. Eheschließung G.s mit Christiane Vulpius. – Ende Oktober Plan *Ideen über organische Bildung*, also die morphologischen Schriften, gesammelt bei Cotta herauszugeben (vgl. an Cotta, 24.10.); briefliche Bemühungen zur Rettung der naturwissenschaftlichen Institute und Bibliotheken in Jena. – 6.11.–6.12. Einleitende Stücke zur Morphologie: *Das Unternehmen wird entschuldigt* und *Die Absicht eingeleitet* (mit der Datierung Jena, 1807; erschienen erst 1817 in Morph I, 1). – 3. u. 9.12. Abschluss des Manuskripts zum Didaktischen Teil und Arbeitsbeginn am Polemischen Teil (vgl. an Knebel, 13.12.). – 20.12. Erster erhaltener Brief an den Botaniker und Mediziner Friedrich Siegmund Voigt. – 22.12. Erscheinen von *Cottas Naturbeobachtungen* im Intelligenzblatt der JALZ (zu Heinrich von Cotta: *Naturbeobachtungen über die Bewegung und Funktion des Saftes in den Gewächsen …*, 1806). – 30.12. Einleitung zum Polemischen Teil. – Dezember–Mai 1807 Arbeit am Polemischen Teil.

1807

Ende Januar Ein Brief von Hegel berichtet u. a. über neue Erkenntnisse über den Siderismus (Pendelversuche zum Aufspüren von Wasser). – 1.2. Druckabschluss des Didaktischen Teils, noch ohne *Einleitung* (vgl. an Knebel, 14.1.). – 7.3. F. S. Voigt wird als Nachfolger Schelvers (nach Heidelberg gewechselt) Direktor des Botanischen Gartens in Jena (auch Hegel hatte sich beworben). – Mitte März G. erhält das ihm gewidmete Werk *Ideen zu einer Geographie der Pflanzen, nebst einem Naturgemälde der Tropenländer* von Alexander von Humboldt (die Tafel erst am 5.5.; dazu 1813 die weit verbreitete, auf eine Ausfertigung vom 17.3. zurückgehende Profilkarte G.s *Höhen der Alten und Neuen Welt* als Aquatintadruck; vgl. an A. v. Humboldt, 3.4.); Druckbeginn des Polemischen Teils der *Farbenlehre*. – 1. und 8.4. Mittwochsvorträge über Geologie unter Berücksichtigung von Humboldts soeben erhaltenen Werks; dazu Notiz von Stichworten. – 6. und 13.5. *Botanische Vorträge* (Notizen). – 16.–24.5. In Jena erneut in Sachen naturwissenschaftlicher Institute; Umgang mit Seebeck und F. S. Voigt. – 28.5.–6.9. Fünfte Kur in Karlsbad; G. lernt (am 29.5.) Carl Friedrich Graf von Reinhard kennen, der Teile der *Farbenlehre* ins Französische übersetzt (nicht gedruckt); Intensivierung der geologischen Interessen im

1807

Alexandre Brongniart (1770–1847): *Traité de minéralogie.* – Jean Antoine Claude Chaptal (1756–1832), *Chimie appliquée aux arts* (erstes Buch über industrielle Chemie). – Humphry Davy (1778–1829) entdeckt durch elektrochemische Zerlegung (Elektrolyse) die Alkalimetalle Natrium und Kalium (1808 die weiteren Elemente Magnesium, Calcium, Strontium, Barium). – Robert Fulton (1765–1815) legt mit einem Dampfschiff auf dem Hudson von New York nach Albany 240 km in 32 Stunden zurück. (Demonstration auf der Seine in Paris 1803 ließ Napoleon an der Zukunft des Dampfantriebs zweifeln.) – Georg Wilhelm Friedrich Hegel (1770–1831), *Die Phänomenologie des Geistes.* – Thomas Andrew Knight (1759–1838) macht mit selbsterfundenen Apparaten grundlegende Versuche zur Pflanzenphysiologie. – *Auguste Laurent, franz. Chemiker († 1853). – Lorenz Oken (1779–1851), *Über die Bedeutung der Schädelknochen* (Wirbeltheorie des Schädels). – Thomas Young (1773–1829) beschreibt seinen Interferenzversuch am Doppelspalt. – Anfänge einer Straßengasbeleuchtung in London (erweitert 1814; 1815 in Paris, 1826 in Berlin). – Gründung der Geological Society in London. – *Mémoires de physique et de chimie* der Société d'Arcueil.

Umgang mit J. Müller. – 15.7.–3.8. Schema, Entwurf und Diktat des Aufsatzes *Sammlung zur Kenntnis der Gebirge von und um Karlsbad* (noch im August in Karlsbad gedruckt; vgl. Tgb, 27.8.). – 21.8. Manuskript zum *Vorwort* des Gesamtwerks *Zur Farbenlehre* und *Einleitung* des Didaktischen Teils beendet. – 28.8. Beginn des Briefwechsels mit dem Grafen Reinhard. – 1.–6.9. Begegnungen mit A. G. Werner; Diskussion erdgeschichtlicher Theorien. – 28.9. Beginn des Briefwechsels mit dem Mineralogen Carl Cäsar von Leonhard mit der Bitte, die *Sammlung zur Kenntnis der Gebirge* ... in sein *Taschenbuch für die gesamte Mineralogie* aufzunehmen (positive Antwort; der Aufsatz erscheint zusammen mit G.s Brief vom 28.11. im 2. Jg. 1808; Letzterer unter dem Titel *An Herrn von Leonhard* auch in ZNÜ II, 2). – September u. Oktober Arbeit am Historischen Teil der *Farbenlehre*. – 6./7.10. *Farbenlehre der Alten*. – 16.10. Besuch von Gall; Anfertigung einer Lebendmaske und Gipsbüste G.s durch Carl Gottlob Weißer. – 31.10. Brief an Heinrich Karl Abraham Eichstädt mit zustimmendem Urteil zu Schellings Münchener Akademierede *Über das Verhältnis der bildenden Künste zur Natur*. – Oktober/November Arbeit am Polemischen Teil der *Farbenlehre*. – 11.11.–18.12. In Jena Begegnung mit Lorenz Oken (13.11.); Okens Jenaer Antrittsrede *Über die Bedeutung der Schädelknochen* (1807) ist der Beginn eines Prioritätsstreites mit G. über die Wirbelnatur der Schädelknochen (vgl. 22.4.1790 und Tgb, 11.11.1807), der von Okens Seite noch weit über G.s Tod hinaus gepflegt wird; mit Seebeck (24.11.) Diskussion über Ritters Versuche mit dem Wünschelrutengänger Francesco Campetti (dazu Schelling im Intelligenzblatt der JALZ, 9.5.); naturwissenschaftliche Institute.

1808
30.1. *Widmung* der *Farbenlehre* für Herzogin Luise. – 25.2.–11.3. Arbeit am Polemischen Teil der *Farbenlehre*. – 20.3.–10.4. In Jena und Weimar häufige physikalische (galvanische) Versuche mit Seebeck; Nachvollzug der Versuche Humphry Davys zur Darstellung von Kalium und Natrium durch Elektrolyse; Studium von Ritters Schriften (24.3., *Neue Beiträge zum Galvanismus*). – 15.5.–9.7. und 22.7.–30.8. Sechste Kur in Karlsbad, vom 9.7.–21.7. und 30.8.–12.9. in Franzensbad; Fortsetzung der geologisch-mineralogischen Studien, auch auf zahlreichen Ausflügen in die Umgebung; in Karlsbad Umgang mit A. G. Werner; im Brief an Zelter vom 22.6. Kritik an dessen Thesen zur Moll-Tonart; Beginn der Auseinandersetzung mit der *Tonlehre*. – 14./15.7. Besuch des Kammerbergs bei Eger, dort Untersuchung und Sammlung von Gesteinen; Schema zu *Der Kammerberg bei Eger*. –

1808
John Dalton (1766–1844) findet im Rahmen seiner Atomtheorie das Gesetz der multiplen Proportionen; *A new system of chemical philosophy* (3 Bde. bis 1827). – Fonci stellt Keramik-Kunstzähne her. – Joseph Louis Gay-Lussac (1778–1850) entdeckt das Gesetz der Gasvolumina. – Alexander von Humboldt (1769–1859), *Ansichten der Natur*. – Étienne Louis Malus (1775–1812) entdeckt am Kalkspat die Polarisation des Lichtes, wodurch dessen transversaler Wellencharakter bewiesen wird. – Gotthilf Heinrich Schubert (1780–1860), *Ansichten von der Nachtseite der Naturwissenschaft*. – William Spencer Webb entdeckt die Gangesquellen. – Beginn größerer Ausgrabungen in Pompeji (zerstört 79 n. Chr.) bis 1815. – Gründung der Physikalischen und chemischen Gesellschaft in Erlangen.

27.7.–26.9. Fast tägliche Arbeit am Historischen Teil der *Farbenlehre* (Fortsetzung 1.11.–31.12.). – 3.–8.9. Arbeit an *Der Kammerberg bei Eger* (am 23.9. an Leonhard; erscheint in dessen *Taschenbuch für die gesamte Mineralogie*, Jg. 3, 1809). – 14.–17.9. In Jena Besuch der naturwissenschaftlichen Institute. – 19.–29.10. In Jena (am 19.10.) Begegnung mit dem Anatomen und Archäologen Eduard d'Alton, von 1808–1810 Pferdezüchter in Tiefurt; Umgang mit Seebeck und Oken. – 18.11. *An Herrn Assessor Leonhard*; erscheint in dessen *Taschenbuch für die gesamte Mineralogie*, Jg. 3, 1809. – 28.12. Lektüre von Gotthilf Heinrich Schubert, *Ansichten von der Nachtseite der Naturwissenschaft.*

1809

Januar-Juli, Oktober/November Kontinuierliche Arbeit am Historischen Teil der *Farbenlehre.* – 29.4.–13.6. In Jena Umgang mit Seebeck, d'Alton, Oken; naturwissenschaftliche Institute; häufiger Besuch des Botanischen Gartens. – 21.–24.5. *Konfession des Verfassers* (abschließendes Kapitel des Historischen Teils der *Farbenlehre*). – 13.–15.7. Besuch des Grafen Reinhard in Weimar. – 22.7. Im Brief an C. G. Voigt die Anregung, sämtliche herzoglichen Institute in Jena und Weimar unter gemeinsame Verwaltung zu stellen. – 18.10. Brief an Runge über dessen von Henrik Steffens im Manuskript übersandten Aufsatz *Farben-Kugel*, erschienen 1810. – November/Dezember Arbeit am Polemischen Teil der *Farbenlehre.* – G. erscheint in den *Annalen* der Wetterauischen Gesellschaft für die gesamte Naturkunde als Ehrenmitglied.

1809

*Charles Darwin, engl. Naturforscher († 1882). – Carl Friedrich Gauß (1777–1855), *Theoria motus corporum coelestium* (Theorie der Bewegung der Himmelskörper). – *Hermann Günther Graßmann, Mathematiker († 1877). – Jean-Baptiste de Monet de Lamarck (1744–1829), *Philosophie zoologique* (Abstammungslehre unter Annahme der Vererbung erworbener Eigenschaften). – Lorenz Oken (1779–1851), *Lehrbuch des Systems der Naturphilosophie* (bis 1811). – Samuel Thomas Soemmerring (1755–1830) erfindet einen elektro-chemischen Telegrafen (Publikation 1811). – Albrecht Daniel Thaer (1752–1828), *Grundsätze der rationellen Landwirtschaft* (bis 1812).

1810

Januar–April Fast tägliche Arbeit am Historischen Teil der *Farbenlehre.* – 3.1. Teilsendung des Polemischen Teils der *Farbenlehre* zum Druck. – 10.1. Im Brief an C. G. Voigt der Vorschlag, die Mineraliensammlung seines Bruders Johann Carl Wilhelm Voigt aus Ilmenau für das herzogliche Mineralienkabinett zu erwerben (so umgesetzt). – Mitte Januar G. erhält Alexander von Humboldts *Vues des Cordillères* ... (2 Bde, 1810) aus Paris. – 12.3.–15.5. Aufenthalt in Jena; regelmäßige Besuche im Botanischen Garten; Umgang mit Seebeck. – 15.–30.3. *Erklärung der zu Goethes Farbenlehre gehörigen Tafeln.* – März Gedicht *Ergo bibamus* (am 26.3. an Zelter geschickt und von diesem vertont). – 7.4. Manuskript zum Historischen Teil der *Farbenlehre* abgeschlossen. – 10./11.4. *Konfession des Verfassers* abgeschlossen (vgl. 21.–24.5.1809). – Mitte bis Ende April *Anzeige und Übersicht des Goethischen Werkes zur Farbenlehre* (am 14. und 15.5. versendet G. davon Sonderdrucke; am 6.6. erscheint die Übersicht in Cottas *Morgenblatt für*

1810

Nicolas François Appert (1752–1841), *Le livre de tous les ménages* (Hitzesterilisation von Lebensmitteln). – Jöns Jacob Berzelius (1779–1848) entdeckt das Element Silizium. – Humphry Davy (1778–1829) isoliert Chlor. – Franz-Joseph Gall (1758–1828) und Johann Christoph Spurzheim (1776–1832), *Anatomie et physiologie du système nerveux* (bis 1819). – Samuel Hahnemann (1755–1843) begründet die Homöopathie. – Georg Henschel (1759–1835) gründet eine Maschinenfabrik in Kassel, die später vor allem Lokomotiven baut. – *Ernst Eduard Kummer, Mathematiker († 1893). – *Henri Victor Regnault, franz. Physiker und Chemiker († 1878). – *Theodor Schwann, Anatom und Physiologe († 1882). – Albrecht Daniel Thaer (1752–1828) wird Professor für Landwirtschaft an der Universität Berlin. – Gründung der Universität Berlin durch Wilhelm von Humboldt (1767–1835).

gebildete Stände).– 8./9.5. Abschließende Revision der letzten Druckbogen zum Historischen Teil der *Farbenlehre*. – 15.5. Beginn des Briefwechsels mit Sulpiz Boisserée. – 16.5. Nach Abschluss der Arbeiten zur *Farbenlehre* Abreise nach Böhmen; Erscheinen von *Zur Farbenlehre* in zwei Bänden und einem Heft mit Tafeln (mit Erklärungen zu den Tafeln und der *Anzeige und Übersicht*); sämtliche Zeugnisse zur Entstehungsgeschichte in EGW 4, 255–981. – 19.5.–4.8. Siebente Kur in Karlsbad; Umgang mit J. Müller. – 28./29.7. und 8.–22.8. Teilweise gemeinsame Arbeit mit Zelter an einem Schema/einer Tabelle zur *Tonlehre*. – 6.8.–16.9. Erster Besuch von Teplitz; Lektüre: Leopold von Buch, *Reise nach Norwegen und Lappland* (13.–17.8.); Besuch von Bilin (24.8.) mit Zeichnung G.s des Biliner Felsens; auf der Rückreise über Dresden Stationen in Freiberg (26./27.9. bei Trebra, Bergwerksbesichtung) und Chemnitz (28.9., Besichtigung der Spinnereien). – 20.10. Brief an Knebel mit Untersuchung der *Pietra fungaja* (Pilz). – 6./9.11. Beginn des Briefwechsels und persönliche Bekanntschaft mit dem nach Jena berufenen Chemiker Johann Wolfgang Döbereiner (wichtiger und geschätzter Ansprechpartner in den Folgejahren).

1811

17.4. Besuch von Henrik Steffens. – 27.–30.4. In Jena Besuch der naturwissenschaftlichen Institute und des Botanischen Gartens; Experimente; Umgang mit J. C. W. Voigt, Döbereiner, F. S. Voigt, Johann Friedrich Fuchs. – 3.–12.5. Erster Besuch von Sulpiz Boisserée in Weimar und Jena. – 17.5.–28.6. Achte Kur in Karlsbad; Umgang mit J. Müller. – 1.–26.7. In Jena Umgang mit Seebeck. – 15.8. G. wird zum Mitglied der Akademie gemeinnütziger Wissenschaften in Erfurt ernannt. – 20.10. Brief an Bernhard August von Lindenau und Dank für dessen *Resultate der neuesten Beobachtungen über den großen Kometen von 1811*. – 7.11. Jahresbericht über die herzoglichen wissenschaftlichen Institute in Weimar und Jena (nach Inspektion in Jena, 30.10.–7.11.). – 12.–14.11. Spinoza-Lektüre, angeregt durch F. H. Jacobis neue Schrift *Von den göttlichen Dingen und ihrer Offenbarung*.

1811

Lorenzo Avogadro (1776–1856) unterscheidet in seiner Molekulartheorie der Gase Atome und Moleküle. – Charles Bell (1774–1842), *Idea of a new anatomy of the brain*. – Jöns Jacob Berzelius (1779–1848) führt die bis heute gebräuchliche chemische Nomenklatur ein. – *Robert Wilhelm Bunsen, Chemiker († 1899). – Friedrich Heinrich (Fritz) Jacobi (1743–1819), *Von den göttlichen Dingen und ihrer Offenbarung*. – Friedrich Krupp (1787–1826) gründet in Essen die nach ihm benannten Stahlwerke. – *Urbain Jean Joseph Leverrier, franz. Astronom († 1877). – Friedrich Mohs (1773–1839) stellt eine zehnstufige Härteskala für Mineralien auf. – Georg Friedrich von Reichenbach (1771–1826) erfindet ein Peilgerät (Fadendistanzmeter). – Kontinentalsperre veranlasst Erforschung des Rübenzuckers. – Eröffnung der Universität Breslau.

1812

8.–18.1. Besuch von Seebeck (von Jena nach Bayreuth, kurz darauf nach Nürnberg verzogen); gemeinsame Farbenversuche. – 13.–21.1. Mit Seebeck (bis 18.1.) in Jena; Umgang mit Döbereiner, F. S. Voigt sowie den Hofmechanikern Otteny und Körner; u. a. Besprechungen über benötigte Gerätschaften für das chemische Institut. – Januar/Mai und Oktober/Dezember: Galvanische und chemische Versuche mit Döbereiner; Bemühungen um

1812

Dominique François Jean Arago (1786–1853) konstruiert einen Polarisationsfilter. – Jöns Jacob Berzelius (1779–1848), *Versuch über die Theorie der chemischen Proportionen und über die chemische Wirkung der Elektrizität* (führt chemische Bindungskräfte auf elektrische Anziehung zurück). – John Blenkinsop (1783–1831) setzt die erste Zahnradbahn der Welt in England ein. – David Brewster (1781–1868) weist nach, dass sich Licht mit

Verwandlung von Stärke in Zucker. – 9.–13.3. In Jena Besuch der naturwissenschaftlichen Institute. – 21.4. Carl August überträgt G. und C. G. Voigt die Oberaufsicht über die neugegründete Sternwarte in Jena; rückwirkend zum 1.4. wird Carl Dietrich von Münchow zum Leiter eingesetzt. – 3.5.–12.7. und 12.8.–12.9. Neunte Kur in Karlsbad; Umgang mit J. Müller und Johann Gottfried Langermann; geologische Studien; zwischenzeitlich zweiter Aufenthalt in Teplitz. – Ende Juni Schwere Nierenkoliken. – 1.–3.10. und 1.–24.11. In Jena Besuch der naturwissenschaftlichen Institute; *Untertänigster Jahres-Bericht über den Zustand der Museen und anderer wissenschaftlicher Anstalten zu Jena. 1812.* – 30.10. G. besucht die Schwefelquellen in Berka an der Ilm; Plan, dort ein Heilbad zu gründen (dazu 7./21.11. Ausarbeitung eines entsprechenden Gutachtens: *Kurze Darstellung einer möglichen Badeanstalt zu Berka an der Ilm*). – 26.12. Brief an Döbereiner über dessen *Lehrbuch der allgemeinen Chemie.*

einer Kombination aus zwei Prismen aus dem gleichen Glas ohne spektrale Aufteilung brechen läßt. – Georges Cuvier (1769–1832), *Recherches sur les ossemens fossiles* (Begründung der Paläontologie der Wirbeltiere). – *Johann Gottfried Galle, Astronom (†1910). – Friedrich Koenig (1774–1833) erfindet eine Zylinder-Flachdruck-Schnelldruckpresse (mit bis zu achtfacher Druckleistung). – Pierre-Simon de Laplace (1749–1827), *Théorie analytique des probabilités* (vertieft die Wahrscheinlichkeitsrechnung mit mathematischen Hilfsmitteln). – Siméon Denis Poisson (1781–1840) entwickelt die nach ihm benannte Gleichung für das elektrische Potential eines stromdurchflossenen Leiters. – Gründung der Akademie der Naturwissenschaften in Philadelphia.

1813

6.1. Brief an F. H. Jacobi: »[…] Pantheist [bin ich] hingegen als Naturforscher«. – 12.1. *Doppelbilder des rhombischen Kalkspats* (am 15.1. an Seebeck; Zeugnisse zur Entstehungsgeschichte in EGW 3, 88–110; Studien über doppelbrechende Kristalle führen in den Folgejahren zu intensiven Arbeiten zu den entoptischen Farben/Interferenzfarben des polarisierten Lichtes). – 30.3. Einrichtung eines Badehauses in Berka an der Ilm. – 8.4. Begleittext zu den *Höhen der Alten und Neuen Welt, bildlich verglichen* an Bertuch (vgl. Mitte März 1807); erscheint im Mai in den *Allgemeinen Geographischen Ephemeriden.* – 13./14.4. Lektüre von Seebecks Aufsatz *Einige Versuche und Beobachtungen über Spiegelung und Brechung des Lichts*, in dem die Entdeckung der entoptischen Farben bekanntgemacht wird. – 26.4.–10.8. Dritter Aufenthalt in Teplitz; intensive geologische und mineralogische Studien (vgl. an August, 27.6.). – 29.4. Besichtigung der Grube Regina in Graupen (dort auch am 14.5. und 15.7.) – 5.5. Steinkohlengrube in Dux (auch 7. und 16.5.). – 28.5. Borschen (Felsen) bei Bilin (auch 18.7.). – 30.5. Geologischer Aufsatz *Aus Teplitz* abgeschlossen. – 13.6. Fahrt nach Aussig und Bekanntschaft mit dem Arzt und Mineraliensammler Johann Anton Stolz. – 10./11.7. Besichtigung der Erzgruben von Zinnwald und Altenberg, 13.–16.7. Aufsatz *Ausflug nach Zinnwalde und Altenberg.* – 26.8.–2.9. Mit Döbereiner u. a. in Ilmenau; an Knebel, 5.9.: »die alten Geologica wieder aufgesucht«. – ab 4.11. (bis 18.12.) Im Tagebuch mehrfache Erwähnung von Arthur Schopenhauer, der als Anhänger von G.s *Farbenlehre* auftritt; teilweise gemeinsame Experimente; Briefwechsel

1813

*Claude Bernard, franz. Physiologe (†1878). – Humphry Davy (1778–1829) entdeckt den elektrischen Lichtbogen (Möglichkeit zur Erzeugung künstlichen Lichtes). – Humphry Davy (1778–1829) begründet die Agrikulturchemie als eigenständige Wissenschaft. – Augustin Jean Fresnel (1788–1827) beginnt mit seinen Arbeiten über das Licht. – †Joseph-Louis de Lagrange, franz. Mathematiker (*1736). – François Isaac de Rivaz (1752–1828) fährt zum ersten Mal in der Technikgeschichte mit einem Kraftfahrzeug mit einem Explosions- bzw. Gasmotor. – *Jean Servais Stas, belg. Chemiker (†1891). – Forschungsexpedition nach Australien. – Telegraphenlinie von Metz nach Mainz mit optischen Zeigertelegraphen.

8.1.1814–9.8.1818; zunehmende Entfremdung durch Schopenhauers Werk *Über das Sehn und die Farben* (1816), das G.s *Farbenlehre* vollenden soll. – 26./28.11. Aufsatz *Zinnformation.* – 6.–23.12. Beginn der Bearbeitung der *Italienischen Reise* (vor allem für G.s botanische Studien wichtig).

1814
25.4. Brief an den Physiker Johann Salomo Christoph Schweigger mit Dank für die Zusendung von dessen *Journal für Chemie und Physik* und wichtigen Äußerungen über Polarität als Leitvorstellung. – 7.5. Brief an Johann Heinrich Urlau mit finanziellem Angebot für Skelette und Schädel vom Romstedter Grabhügel. – 13.5.–28.6. Kur in Bad Berka an der Ilm. – 28.7.–20.10. Erster Aufenthalt an Rhein, Main und Neckar (Hanau, Frankfurt am Main, Gerbermühle (erstmals 15.9.), Mainz, Rüdesheim, Bingen, Winkel, Heidelberg, Mannheim, Darmstadt). – 28.7. Besuch beim Mineralogen Carl Caesar von Leonhard in Hanau. – In Wiesbaden (29.7.–12.9.) Unterhaltungen mit dem Oberbergrat Ludwig Wilhelm Cramer über mineralogisch-geologische Gegenstände. – 6.8. Leonhard besucht G. – 30.8. Beginn des Briefwechsels mit Christoph Friedrich Ludwig Schultz, der das Gebiet der physiologischen Farben in G.s Sinn bearbeitet; in den Folgejahren freundschaftliches Verhältnis mit mehreren Besuchen von Schultz in Weimar. – 17.–21.9. Besuch von S. Boisserée in Frankfurt, der in Heidelberg (24.9.–8.10.) G.s Gastgeber ist. – 20.–24.10. Auf der Rückreise nach Weimar erneut beim Mineralogen Leonhard in Hanau; Besichtigung der Mineraliensammlung. – 27.11. Schultz sendet sein (erstes) Manuskript *Über physiologe Gesichts- und Farben-Erscheinungen*, erschienen 1816 im Journal für Chemie und Physik (Bd. 16, H. 2). – 4.–21.12. Nach mehr als zwei Jahren wieder in Jena; Inspektion der Bibliotheken und naturwissenschaftlichen Institute.

1814
Joseph von Fraunhofer (1787–1826) entdeckt im Sonnenspektrum die nach ihm benannten dunklen Absorptionslinien, unabhängig von William Hyde Wollaston (1766–1828; vgl. 1802), und liefert im Folgejahr ein Verzeichnis von 567 Absorptionslinien. – Alexander von Humboldt (1769–1859) veranlasst durch seine Arbeiten die Begründung einer vergleichenden Klimatologie (1817 erste Isothermenkarte mit Linien gleicher Temperatur). – Pierre-Simon de Laplace (1749–1827), *Essai philosophique sur les probabilités.* – *Julius Robert Mayer, Arzt und Naturforscher († 1878). – George Stephenson (1781–1848) konstruiert eine Lokomotive für eine Grubenbahn.

1815
3.1. G. erhält Seebecks Brief vom 29.12.1814 mit dem Aufsatz *Von den entoptischen Farbenfiguren und den Bedingungen ihrer Bildung in Gläsern* und entsprechend behandelte Gläser zu eigenen Versuchen; in der Folge Wiedererwachen der chromatischen Interessen. – ab 30.1.–Mai Ausführliche Korrespondenz mit Christian Friedrich Schlosser über die *Tonlehre*. – 26.2.–1.3. Entoptische Versuche. – März *Untertänigster Bericht über die Jahre 1813. 1814 der Jenaischen wissenschaftlichen Anstalten.* – 27.5.–6.10. Zweiter Aufenthalt an Rhein, Main und Neckar (Wiesbaden, Lahntal bis Nassau, Köln, Bonn, Andernach, Maria Laach, Koblenz, Mainz, Frankfurt am Main, Gerbermühle, Darmstadt, Heidelberg, Mannheim, Karlsruhe). – 27.5.–

1815
Jean Baptiste Biot (1774–1862) untersucht kreisförmige Polarisation des Lichts und Rotation der Polaritätsebene in Flüssigkeiten. – *George Boole, engl. Mathematiker († 1864). – Humphry Davy (1778–1829) erfindet eine Sicherheitslampe (Grubenlampe). – Augustin Jean Fresnel (1788–1827) verbindet Wellenprinzip des Lichtes von Huygens mit dem Interferenzprinzip zu einer leistungsfähigen Lichttheorie und erprobt diese 1816–19 in Experimenten gemeinsam mit Dominique François Jean Arago (1786–1853). – Louis-Joseph Gay-Lussac (1778–1850) analysiert die alkoholische Gärung. – Beginn der Erforschung der Marshall- und Hawaii-Inseln durch Otto von Kotzebue (1788–1846) mit dem Botaniker und Dichter Adal-

21.7. In Wiesbaden erneuter Umgang mit Bergrat Cramer; geologische Unterhaltungen und Studien. – 7.7. Besuch von C. F. Schlosser für mehrere Tage; mündliche Fortsetzung des Dialogs über *Tonlehre.* – 21.–23.7. An der Lahn mit Cramer Besichtigung von Bergbau- und Hüttenbetrieben; geologische Studien. – 2.8. Besuch von S. Boisserée in Wiesbaden (begleitet G. bis nach Würzburg auf der Rückreise). – 24.8.–8.9. Seebeck zusammen mit G. Gast auf der Gerbermühle bei Johann Jakob und Marianne von Willemer; chromatische und entoptische Experimente. – 15.–27.9. Entstehung des Gedichts *Ginkgo biloba.* – 20.9.–7.10. In Heidelberg Umgang mit Schelver; animalischer Magnetismus. – 23.10. Brief an Schopenhauer mit Lob, aber ohne näheres Eingehen auf dessen Manuskript *Über das Sehn und die Farben*; die Empfehlung, mit Seebeck in Kontakt zu treten, wird von Schopenhauer am 11.11. zurückgewiesen. – 8./9.12. Beginn der Beschäftigung mit der Wolkenlehre von Luke Howard anhand einer deutschen Zusammenfassung des *Essay on the modification of clouds* von 1803 in Gilberts *Annalen der Physik* (Bd. 51, 1815). – Dezember Neuorganisation der Behörden: G.s und C. G. v. Voigts Leitung der großherzoglichen Institute nun unter dem Namen ›Oberaufsicht über die unmittelbaren Anstalten für Wissenschaft und Kunst in Weimar und Jena‹ (von G. bis Lebensende ausgeübt); in diesem Zusammenhang am 12.12. Ernennung zum Staatsminister. – 18.12. G. verfasst ein Promemoria, in dem er um Hilfspersonal für seine oberaufsichtliche Tätigkeit bittet; in der Folge sind sein Sohn August, Friedrich Theodor Kräuter und Johann August Friedrich John in dieser Funktion für ihn tätig. – 20.12. F. S. Voigt übersendet das Manuskript seiner Schrift *Die Farben der organischen Körper*; in der Folge gemeinsame Versuche zu Pflanzenfarben.

bert von Chamisso (1781–1838), der dabei Koralleninseln untersucht und den Generationswechsel der Salpen-Manteltiere entdeckt. – Jean-Baptiste de Monet de Lamarck (1744–1829), *Histoire naturelle des animaux sans vertèbres* (bis 1822). – Beginn der zweijährigen Expedition von Maximilian Prinz zu Wied-Neuwied (1782–1867) nach Brasilien. – John Louden McAdam (1756–1836) setzt »Makadam«, Schotterschichten ohne Asphaltüberzug, als Straßenbelag ein. – †Franz Anton Mesmer, Arzt und Begründer des tierischen Magnetismus (*1734). – *Charles Naudin, franz. Botaniker (†1899). – William Prout (1785–1850) stellt die nach ihm benannte Hypothese über die Atomgewichte der Elemente auf (danach später der Begriff »Proton« von Ernest Rutherford, 1871–1931). – *Karl Weierstraß, Mathematiker (†1897). – Gründung der Schweizerischen Naturforschenden Gesellschaft. – Gründung der Technischen Hochschule Wien. – Erste chirurgische Universitätsklinik in Erlangen.

1816

Intensivierung der amtlichen Tätigkeit im Rahmen der ›Oberaufsicht‹. – 6.2. Brief an Seebeck mit Gratulation zum Preis des Institut de France für die Entdeckung der entoptischen Farben. – Februar–November Von kurzen Unterbrechungen abgesehen durchgehende Studien über die entoptischen Farben, begleitet von entsprechender Korrespondenz mit Seebeck; am 15.3. Beginn einer Abhandlung (entweder *Elemente der entoptischen Farben* oder Teilstück von *Entoptische Farben*; zu den Zeugnissen im einzelnen vgl. EGW 3, 339–404). – 18.3. Beginn der Redaktion älterer Aufsätze für die ab 1817 erscheinende Zeitschrift *Zur Naturwissenschaft überhaupt, besonders zur Morphologie* (fortgesetzt 19.–22.6.); hier im Folgenden sigliert ZNÜ und Morph. – 21.4. G. billigt gegenüber C. G. v. Voigt die Berufung seines Widersachers in

1816

Heinrich Wilhelm Brandes (1777–1834) legt erste Wetterkarten vor (ohne Telegraphie noch nicht zur Wettervorhersage zu benutzen). – Karl Friedrich Freiherr Drais von Sauerbronn (1785–1851) erfindet eine Laufmaschine (Draisine; Vorläufer des Fahrrads). – Augustin Jean Fresnel (1788–1827) entwickelt einen Spiegelversuch zum Nachweis der Lichtinterferenz und bekräftigt damit die Wellentheorie des Lichtes. – Carl Friedrich Gauß (1777–1855) entwickelt die nichteuklidische Geometrie. – *Charles Frédéric Gerhardt, franz. Chemiker (†1856). – René Théophile Hyacinthe Laënnec (1781–1826) erfindet das Stethoskop, das er ab 1819 zur Auskultation anwendet. – François Magendie (1783–1855) begründet die experimentelle Tierphysiologie (1816/17 *Précis élémentaire de physiologie*). – Joseph Nicéphore Nièpce (1765–

der *Farbenlehre*, Jakob Friedrich Fries (statt Schelling), nach Jena. – 9./10.5. Lektüre von Arthur Schopenhauer: *Über das Sehn und die Farben* (von Schopenhauer mit Brief vom 4.5. gesandt; Dank G.s am 16.6.). – 11.–29.5. Aufenthalt in Jena, u. a. Versuche mit Döbereiner. – Mai/Juni Experimente mit Extrakten aus Pflanzenfarben; Schema dazu am 22.6. (fortgesetzt bis September). – 6.6. Tod Christianes. – 18.6. Beginn des Briefwechsels mit dem Botaniker Christian Gottfried Nees von Esenbeck aus Anlass von dessen Zusendung des *Systems der Pilze und Schwämme* (Bd. 1 und H. 1 der Tafeln). – 19.–22.6. Wiederaufnahme der morphologischen Arbeiten; Durchsicht und Abschluss der 1806 begonnenen Einleitung zur Morphologie mit dem Aufsatz *Der Inhalt bevorwortet.* – 20./21.6. Lektüre von Alexander von Humboldt: *Sur les lois que l'on observe dans la distribution des formes végétales.* – 28.6. Besuch von Nees von Esenbeck in Jena. – 20.7. Besuch Chladnis in Weimar; Gespräche über Klangfiguren und Meteorite. – 24.7.–9.9. Badekur in Tennstedt; geologische Studien und Notizen zu Tennstedt. – 2.9. Brief an Cotta über die geplanten Aufsatzsammlungen ZNÜ und Morph (Arbeiten daran bis 9.9.). – 2.9. G. wird Ehrenmitglied der K.K. Mährisch-Schlesischen Gesellschaft zur Beförderung des Ackerbaues, der Natur- und Landeskunde, Brünn. – Oktober Redaktion von Aufsätzen zu Morph; 14.–23.10. Studium von Werken Caspar Friedrich Wolffs und seiner Biographie. – 5.10. G. schlägt auf Anfrage Carl Augusts ein Verbot von Okens liberaldemokratischer (und naturwissenschaftlicher) Zeitschrift *Isis* vor. – 21.10. Carl August unterstellt das in Jena neu aufgebaute Institut für Veterinärmedizin (Tierarzneischule) der ›Oberaufsicht‹ G.s und C. G. v. Voigts. – 29.10. Besuch des Physikers Schweigger. – 8.11. Im Brief an Seebeck bezeichnet G. die entoptischen Farben als »Supplement-Capitel« zu seiner *Farbenlehre.*

1833) macht Bilder auf Chlorsilberpapier in einer Camera obscura (lassen sich aber noch nicht fixieren). – Lorenz Oken (1779–1851) gründet die *Isis oder Enzyklopädische Zeitung* (bis 1843); politische Teile kosten ihn 1819 die Medizinprofessur in Jena. – *Werner von Siemens, Ingenieur und Unternehmer auf dem Gebiet der Elektrotechnik († 1892). – Robert Stirling (1790–1878) erfindet den nach ihm benannten Motor. – *Louis de Vilmorin, franz. Botaniker († 1860). – Erste deutsche Gasanstalt im sächsischen Freiberg. – Gründung der Universitäten in Lüttich und Gent. – *Annales de chimie et de physique.*

1817

Januar-September Häufige Beschäftigung mit den entoptischen Farben, oft gemeinsam mit Döbereiner oder dem Maler Jakob Wilhelm Christian Roux; Aufsatz *Elemente der entoptischen Farben* (für ZNÜ I, 1; abgeschlossen 8.6.). – 18.2. Im Brief an Carl August verzichtet G. auf die ihm angetragene Stelle eines Kurators der Universität Jena. – 21.3.–7.8. Aufenthalt in Jena (mit kleinen Unterbrechungen); dienstliche Angelegenheiten in der Funktion der ›Oberaufsicht‹, auch Umgang mit Theobald Renner, Leiter der neuen Veterinäranstalt; Lektüre: Kálidása, *Megha-Duta* (*Wolkenbote*), engl. Ausgabe London 1814; wichtig für die Wolkenstudien nach Howards Terminologie. – März-September Inhaltliche und redaktionelle Ar-

1817

Jöns Jacob Berzelius (1779–1848) entdeckt die Elemente Selen und Lithium. – *Carl Wilhelm Borchardt, Mathematiker († 1880). – David Brewster (1781–1868) erfindet das Kaleidoskop (Publikation 1819: *Treatise on the caleidoscope*). – Georges Cuvier (1769–1832), *Le règne animal* (4 Bde.; ordnet das Tierreich in vier Gruppen/Typen). – *Jean Charles Galissard de Marignac, schweiz. Chemiker († 1894). – Georg Friedrich Wilhelm Hegel (1770–1831), *Enzyklopädie der philosophischen Wissenschaften im Grundriß.* – *Karl Wilhelm von Naegeli, schweiz. Botaniker († 1891). – Adolf Stieler (1775–1836) gibt einen Handatlas heraus (50 Blatt bis 1823). – †Abraham Gottlob Werner, Geologe und Mineraloge (*1749). – *Charles Adolphe beiten an den ersten beiden Heften von ZNÜ und Morph; Ende März Beginn der Drucklegung für Morph I, 1. – 27.3. Besuch des Mineralogen und Chemikers Joseph Green Cogswell aus Boston. – 3.–26.4. *Geschichte meines botanischen Studiums.* – 26./28.4. *Meteore des literarischen Himmels* (fortgesetzt August/September). – Im Hinblick auf den Neudruck der *Metamorphose der Pflanzen* und auf die Bedeutung der Schrift im Rahmen seiner botanischen Studien stellt G. die Geschichte ihrer Entstehung und Wirkung dar in den Aufsätzen *Schicksal der Handschrift, Schicksal der Druckschrift* (21.–29.4.), *Glückliches Ereignis* (Beginn der Freundschaft mit Schiller), *Ferneres in bezug auf mein Verhältnis zu Schiller* (13.–22.5.), *Drei günstige Rezensionen* und *Andere Freundlichkeiten* (10./11.9.), *Nacharbeiten und Sammlungen* (11.–16.9.) sowie *Bildungstrieb* (17.9.); Würdigung von C. F. Wolff in *Entdeckung eines trefflichen Vorarbeiters* (Mai); Lektüre in diesem Umfeld: Leibniz, Linné, Blumenbach u. a. – 8.7. G. dankt Hegel für seine Parteinahme in Sachen *Farbenlehre* (so in *Enzyklopädie der philosophischen Wisssenschaften*; Auszug von S. Boisserée an G. übersandt). – 17.–26.5. Entstehen der Gedichte *Entoptische Farben* (für Julie von Egloffstein) und *Weite Welt und breites Leben.*– 2.–18.8. Erster Besuch von Schultz; Gespräche über Farbenlehre, speziell die physiologischen Farben und das Auge. – Ab Mitte August Bearbeitung der *Tag- und Jahreshefte*, die viele Hinweise auf die naturwissenschaftliche Betätigung geben. – 2.9. *Vorschlag zur Güte.* – Im Zusammenhang mit Kant-Studien (1.–5.4., Ende Mai Lektüre der *Kritik der Urteilskraft*; Tgb, 14.5.: »Kantischer Einfluß auf meine Denkweise und Studien«) entstehen die Aufsätze *Einwirkung der neueren Philosophie* (8./9.9.), *Anschauende Urteilskraft* (10.9.), *Bedenken und Ergebung* (8.–10.9.). – 7./8.10. Entstehung des Gedichtzyklus *Urworte. Orphisch.* – 18.10. Besuch des franz. Philosophen und Politikers Victor Cousin. – 29.10. An Carl August: *Museen zu Jena. Übersicht des Bisherigen und Gegenwärtigen nebst Vorschlägen für die nächste Zeit.* – 14.11. Beginn der Reorganisation der Jenaer Bibliotheken (in der Folge wesentliches Thema, »Hauptgeschäft« der ›Oberaufsicht‹). – Ende November/Dezember Aufsatz *Camarupa* zu Howards Wolkenlehre; mehrere Wolkenbilder (Corpus V b, Nr. 248–253). – 1817–1824 Veröffentlichung der sechs Hefte *Zur Naturwissenschaft überhaupt, besonders zur Morphologie*; Heft 1 Mitte/Ende Juli 1817; Sammlung von älteren Aufsätzen, autobiographischen Beiträgen, Gedichten, Aphorismen und Motti sowie neuer Abhandlungen (zur Inhaltsübersicht s. S. 724–727); als Gleichgesinnte, Korrespondenzpartner und Beiträger erscheinen vor allem Carus, d'Alton, Nees von Esenbeck, Ernst

Wurtz, franz. Chemiker († 1884). – Gründung der Senckenbergischen Naturforschenden Gesellschaft in Frankfurt am Main.

Meyer und Carl Friedrich Philipp von Martius. – Mitgliedschaft G.s in der Gesellschaft zur Beförderung der gesamten Naturwissenschaften, Marburg.

1818

Ab 23.1. Redaktionelle Tätigkeit für ZNÜ und Morph. – Februar Beginn jahrelanger meteorologischer Aufzeichnungen in Sachsen-Weimar, zunächst mit der Station Schöndorf auf dem Ettersberg; Beobachtungen von Wolkenformen und atmosphärischen Phänomenen im Anschluss an die Wolkenlehre von Luke Howard; dazu am 17.1. der Aufsatz *Farben des Himmels* als Teil der Instruktionen für die Wetterbeobachter (diese 1821 und 1824 erneuert). – Februar-November: Fortsetzung der Studien und Versuche im Bereich der entoptischen Farben unter Berücksichtigung der englischen und französischen Literatur. – 17.2. und 24.3. Lektüre von Carl Gustav Carus' *Lehrbuch der Zootomie.* – 23.3. Beginn des Briefwechsels mit Carus. – 21.4. Brief an Soemmerring über Fossilien anlässlich entsprechender zugesandter Schriften. 16.–etwa 20.6. Besuch Seebecks in Jena. – 17.6. Briefkonzept an Cogswell mit Dank für Parker Cleaveland, *An elementary treatise on mineralogy and geology.* – 26.7.–13.9. Zehnte Kur in Karlsbad; Umgang mit Schweigger; Beschäftigung mit Mineralogie (Sammlung von J. Müller, † 1817); Besuch des Zinnbergwerks in Schlaggenwald und der Porzellanfabrik in Elbogen (25.8.). – 26.8. G. wird zum Mitglied der Kaiserlich Leopoldinisch-Carolinischen Deutschen Akademie der Naturforscher ernannt (Dank an Nees von Esenbeck am 7.1.1819). – 7.9. G. wird von der Gesellschaft für Mineralogie in Dresden als Mitglied aufgenommen. – 18.9. Laut Tagebuch erhält G. die Mitgliedschaft der Russisch-Kaiserlichen Gesellschaft für die gesamte Mineralogie in St. Petersburg. – 23.9. Besuch Hegels (auf der Reise von Heidelberg zur neuen Wirkungsstätte Berlin).

1818

Der Schweizer Arzt Jean-François Coindet (1774–1834) setzt Jod in der Kropftherapie ein. – Augustin Jean Fresnel (1788–1827), *Mémoire sur la diffraction de la lumière.* – Étienne Geoffroy Saint-Hilaire (1772–1844), *Philosophie anatomique* (2 Bde. bis 1822). – * James Prescott Joule, engl. Physiker († 1889). – Eilhard Mitscherlich (1794–1863) entdeckt die Isomorphie der Kristalle. – * Max Pettenkofer, Arzt († 1901). – Karl Ritter (1779–1859), *Die Erdkunde im Verhältnis zur Natur und zur Geschichte der Menschen.* – Louis Jacques Thénard (1777–1857) entdeckt Wasserstoffperoxid. – Gründung der Universität Bonn. – *American Journal of Science and Arts.*

1819

18./19.3. Besuch Nees von Esenbecks (erneut 31.5.). – 22.3. Tod C. G. v. Voigts. – April Johann Friedrich Posselt wird als Nachfolger von Münchows Leiter der Sternwarte in Jena. – 10.5. Erneuter Besuch von Cogswell (vgl. 27.3.1817). – Juni Arbeit an Morph I, 2. – 14.6. Entlassung Okens in Jena aufgrund der Weigerung, die Zeitschrift *Isis* aufzugeben. – 16.6. Tod Trebras (vgl. Tgb, 23.7.). – 4.–6.7. Beobachtung eines Kometen in Jena. – Juli/August Intensive entoptische Versuche und Arbeit an der Abhandlung *Entoptische Farben* (für ZNÜ I, 3). – 18.7. Vermutlich Entstehen des später *Antepirrhema* genannten Gedichts (in Morph I, 2 am Ende des Aufsatzes *Bedenken und Ergebung* ohne Titel abgedruckt). – 14.8. Auf-

1819

Pierre Louis Dulong (1785–1838) und Alexis Thérèse Petit (1791–1820) stellen ihr Gesetz über die spezifische Wärmekapazität auf. – * Jean Bernard Léon Foucault, franz. Mathematiker und Physiker († 1868). – * Armand Hippolyte Louis Fizeau, franz. Physiker († 1896). – William Edward Parry (1790–1855) erforscht die amerikanische arktische Inselwelt auf der Suche nach einer Nordwestpassage. – Pierre Joseph Pelletier (1788–1842) und Joseph Bienaimé Caventou (1795–1877) entdecken das Chinin. – * George Gabriel Stokes, engl. Physiker und Mathematiker († 1903). – † James Watt, engl. Erfinder (* 1736). – Erstes Dampfschiff (»Savannah«) fährt in 26 Tagen von den USA nach Europa. – Erste planmäßige chemische Schulversuche wersatz zum Zwischenkieferknochen von 1784 (nicht 1786!) geht in den Druck für Morph I, 2. – 28.8.–25.9. Elfte Kur in Karlsbad; den 70. Geburtstag auf der Reise verbracht; geologische Studien; meteorologische Beobachtungen (nach der Rückkehr in Jena fortgesetzt); mit Datum 15.9. der meteorologische Aufsatz *Karlsbad, Anfang September 1819.* – 3.10. Besuch des Chemikers Friedlieb Ferdinand Runge; Demonstration pupillenweitender Substanzen; aus von G. geschenkten Kaffeebohnen isoliert Runge Coffein. – 12./14.10. G. lehnt wiederum das Amt eines Kurators der Universität Jena ab. – ab 28.11./Dezember Arbeiten an den Nachträgen zur Abhandlung über den Zwischenkieferknochen für Morph I, 2.

den in Berlin durchgeführt. – Gründung der Universität St. Petersburg.

1820

März Erscheinen des zweiten Heftes von ZNÜ und Morph. – 19.–22.4. In Jena Inspektion der naturwissenschaftlichen Institute. – 26./27.4. Erste Begegnung mit Joseph Sebastian Grüner, der sich auf G.s Anregung mineralogisch betätigt. – 29.4.–28.5. Zwölfte Kur in Karlsbad; mit der Abreise in Jena (23.4.) Anlage eines Wetter- und Wolkentagebuchs (bis 28.5.), aus dem der Aufsatz *Wolkengestalt nach Howard* hervorgeht; anhaltende intensive Beschäftigung mit den geologisch-mineralogischen Verhältnissen Böhmens (Vulkanismus, Basaltgenese). – 2.5. Beginn des Briefwechsels mit Grüner. – 4.5. Aufsatz *Die Luisenburg bei Alexanders-Bad.* – 28.5. Erneute Besteigung des Kammerbergs bei Eger mit Grüner. – 31.5.–4.11. In Jena (nur kurze Besuche in Weimar); Dienstgeschäfte der ›Oberaufsicht‹ (Bibliotheken, Institute). – 5.7.–1.8. Zentraler Aufsatz *Entoptische Farben* abgeschlossen (für ZNÜ I, 3). – 23.7. Brief an Nees von Esenbeck anlässlich dessen Schrift *Entwicklungsgeschichte des magnetischen Schlafs und Traums*; negatives Urteil zu medizinischen Magnetismus-Phänomenen. – 25./31.7. Arbeit an *Zur Geologie besonders der böhmischen.* – 26./27.7. Neue Beschäftigung mit Chladnis Tonlehre; Versuch, die Chladnischen Klangfiguren mit den entoptischen Farben zu analogisieren. – Ende Juli/Anfang August Lektüre von Carl Wilhelm Nose: *Historische Symbola, die Basaltgenese betreffend*; Auszug daraus für ZNÜ I, 3. – 4.8. C. D. v. Münchow übersendet das Mitgliedsdiplom der Niederrheinischen Gesellschaft für Natur- und Heilkunde, Bonn. – 17.–23.8. Besuch von Schultz aus Berlin in Jena und Weimar. – 25.8. Besuch von Johann Baptist Graf von Paar; über homöopathische Heilmethoden (Paars Thesen am 3.9. an G.s Arzt Wilhelm Rehbein). – 1.–4.9. Letzte Redaktion der *Vorträge, über die drei ersten Kapitel ... 1796* für Morph I, 3. – 11.9. Schema zu *Bryophyllum calycinum*. – 7.10. *Verhältnis zur Wissenschaft, besonders zur Geologie*; Brief an Hegel mit ZNÜ I, 3 und

1820

André Marie Ampère (1775–1836) untersucht die Kraftwirkung zwischen elektrischen Strömen und stellt die mechanisch anziehende bzw. abstoßende Wirkung stromdurchflossener Leiter aufeinander fest (Ampèresches Gesetz). – Dominique François Jean Arago (1786–1853) entdeckt die Magnetisierung von Eisen durch einen stromdurchflossenen Leiter. – Carl Ernst von Baer (1792–1876) entdeckt die Entstehung und Entwicklung der Keimblätter von Tieren. – *Alexandre Egmont Becquerel, franz. Physiker († 1891). – Augustin Pyrame de Candolle (1778–1841) entwirft ein Forschungsprogramm für die botanische Geographie. – *Alexandre Béguyer de Chancourtois, franz. Chemiker († 1886). – Louis-Joseph Gay-Lussac (1778–1850) entdeckt die Unabhängigkeit der spezifischen Wärme vom Volumen der Gase. – Friedrich Wilhelm Herschel (1738–1822), Charles Babbage (1792–1871) u. a. gründen die Königlich Astronomische Gesellschaft in London. – Hans Christian Oersted (1777–1851) entdeckt die magnetische Wirkung elektrischen Stroms; Jean Baptiste Biot (1774–1862) und Félix Savart (1791–1841) finden dafür ein mathematisches Gesetz (Biot-Savartsches Gesetz). – Johann Salomo Christoph Schweigger (1779–1857) erfindet ein empfindliches Massgerät für elektrische Ströme (Galvanometer, Multiplikator). – *John Tyndall, ir. Physiker († 1893). – *Archiv der Pharmazie.*

Empfehlung der *Entoptischen Farben*. – 8./10.10. Besuch Blumenbachs in Jena. – 12.10. Besuch des Berliner Physikers und Mineralogen Christian Samuel Weiß, der die Nachricht von Oersteds Entdeckung des Elektromagnetismus bringt. – 20.10. Beginn des Briefwechsels mit dem Paläontologen und Botaniker Kaspar Maria Graf von Sternberg. – Oktober/November Erscheinen des dritten Heftes von ZNÜ und Morph, u. a. mit *Entoptische Farben*, *Wolkengestalt nach Howard* (vgl. Tgb, 7.6.), dem Gedicht *Howard's Ehrengedächnis* (noch ohne die drei Einleitungsstrophen), *Verstäubung*, *Verdunstung*, *Vertropfung*, *Kammerberg bei Eger*, *Der Horn*, *Produkte böhmischer Erdbrände* sowie den Gedichten *Metamorphose der Tiere*, *Parabase*, *Epirrhema* und *Antepirrhema*. – 1.11. G. wird Ehrenmitglied der Königl. Preußischen Märkischen Ökonomischen Gesellschaft in Potsdam. – 19.11. Dankesbrief für die Ehrenmitgliedschaft der Wernerian Natural History Society in Edinburgh (Mitgliedschaft mindestens seit 1811). – November/ Dezember: Nachvollzug der elektromagnetischen Versuche von Oersted (vgl. an Nees von Esenbeck, 3.12.); ab 17.12. Arbeiten an den Nachträgen zur Farbenlehre (für ZNÜ I, 4). – 28.12.–9.1.1821 Studium der Schrift *Beiträge zur Kenntnis des Sehens in subjektiver Hinsicht* des Prager Physiologen Jan Evangelista Purkinje (vgl. an Schultz, 10.1.1821).

1821

4.1. G. erhält das erste Heft von Sternbergs Schrift *Versuch einer geognostisch-botanischen Darstellung der Flora der Vorwelt*. – 7.1. Brief an Carl Franz Anton von Schreibers mit Dank für dessen *Beiträge zur Geschichte und Kenntnis meteorischer Stein- und Metallmassen* … – ab Mitte Februar Beschäftigung mit Knebels Übersetzung von Lukrez' *De rerum natura* (Druck bei Göschen); Entwurf einer Vorrede. – Zweite Märzhälfte Erweiterung von *Howard's Ehrengedächnis* um drei einleitende Strophen mit Erläuterung, um den Bezug zu Howard zu verdeutlichen (erschienen in ZNÜ I, 4, 1822 mit den einrahmenden Gedichten *Atmosphäre* und *Wohl zu merken*); Beschäftigung mit Christian Kefersteins *Geologischer Karte von Teutschland* (Druck bei Bertuch/Industrie-Comptoir). – 1.3. G. wird zum korrespondierenden Mitglied der Senckenbergischen Naturforschenden Gesellschaft in Frankfurt am Main ernannt. – 11.4. *Naturwissenschaftlicher Entwicklungsgang*. – 12.4. G. erhält Seebecks Aufsatz *Über die ungleiche Erregung der Wärme im prismatischen Sonnenbilde*. – 13.4. Brief an Hegel mit Dank für die Zustimmung zu den *Entoptischen Farben*. – 19.4. G. erhält von Schweigger dessen im Vorjahr erfundenen Galvanometer. – 16.5. G. dankt Alexander von Humboldt für dessen zweiten Teil der *Rélation histo-*

1821

*Arthur Cayley, engl. Mathematiker († 1895). – Michael Faraday (1791–1867) publiziert seine Arbeitsergebnisse zur elektromagnetischen Rotation und findet die Grundlagen zum Elektromotor. – *Hermann von Helmholtz, Physiologe und Physiker († 1894). – Jean-Victor Poncelet (1788–1867) begründet in Russland die projektive Geometrie (um 1821). – Thomas Johann Seebeck (1771–1831) entdeckt die Thermoelektrizität und baut das erste Thermoelement. – *Rudolf Virchow, Mediziner und liberaler Politiker († 1902).

rique du voyage aux régions équinoxiales ... – Ende Mai Arbeit an den Nachträgen zur Farbenlehre für ZNÜ I, 4. – Juni Beschäftigung mit Pflanzenfarben. – 24.6. G. sendet an Hegel ein »getrübtes Glas« (mit Farbwechsel bei hellem oder dunklem Hintergrund). – 1.–8.7. Besuch von Schultz. – 21.7. Einzige persönliche Begegnung mit Carus in Weimar; Gespräche über Naturwissenschaft, besonders über G.s Auffassung von der Bildung des Schädels aus Wirbeln; Übereinstimmung in der morphogenetischen Betrachtungsweise. – 21.7. Brief an Nees von Esenbeck: G. sei »tief gekränkt« über eine (von seiner *Farbenlehre* abweichende) Stelle in dem ihm gewidmeten ersten Band von Nees' *Handbuch der Botanik.* – 28./29.7. Besuch bei Grüner in Eger. – 29.7.–25.8. Erste Kur in Marienbad; Aufsatz *Marienbad überhaupt und besonders in Rücksicht auf Geologie* (für ZNÜ I, 4). – 21.8. Stift Tepl (woher G. immer wieder meteorologische Daten erbittet). – 25.8.–12.9. Aufenthalt in Eger; Umgang mit Grüner; von dort mehrere geologische Exkursionen. – 2. u. 4.9. Aufsätze *Echte Joseph Müllerische Steinsammlung angeboten von David Knoll zu Karlsbad* und *Bildung des Erdkörpers.* – 16.9. Auszug aus Wilhelm Schütz: *Zur intellektuellen und substantiellen Morphologie*, 1. Heft (für Morph I, 4). – 2.10. Erster Brief an Johann Peter Eckermann. – 6.10. Gedicht *Eins und Alles* (erschienen in ZNÜ II, 1). – 18.10. Besuch des Hegel-Schülers Leopold Dorotheus von Henning, der zum wichtigen Vermittler von G.s *Farbenlehre* in Berlin wird (Vorlesungen 1822–1835). – 27.10. Besuch Carl Caesar von Leonhards. – G. wird Mitglied der Königl. Bayerischen Botanischen Gesellschaft, Regensburg.

1822

Januar/Februar G. wird mit der Ordnung und Katalogisierung der herzoglichen Edelsteinsammlung betraut. – 7.1. Brief an d'Alton mit Dank für *Die Skelette der Pachydermen* (rezensiert in Morph I, 4). – 16.1. Besuch von Wilhelm Ludwig von Eschwege, Generaldirektor der Brasilianischen Bergwerke. – 6.2. G. wird Ehrenmitglied des Apothekervereins im nördlichen Teutschland, Bad Salzuflen. – 12./13.2. Lektüre von Carus' *Briefen über Landschaftsmalerei* im Manuskript. – 6./7.3. G. erhält durch Johann Christian Hüttner in London den von ihm erbetenen autobiographischen Aufsatz von Luke Howard sowie dessen Werk *The Climate of London* (1818); ab März erneute intensive Beschäftigung mit Meteorologie; Erklärung der Wettererscheinungen durch eine pulsierende Schwerkraft der Erde. – 23.3. und 16.5. Briefe an Henning mit Hinweisen und Geräten für die geplante Vorlesung über Farbenlehre in Berlin (reger Briefwechsel 1822 und 1823). – 6.4.–11.5. Entwurf

1822

André Marie Ampère (1775–1836) führt den Magnetismus der Stoffe auf elektrische Molekularströme zurück. – Charles Babbage (1792–1871) baut seine Differenzmaschine (mechanischer Computer). – Jean François Champollion (1790–1832) entziffert auf dem Stein von Rosetta (gefunden 1799) die ersten Hieroglyphen. – *Rudolf Julius Clausius, Physiker († 1888). – Joseph Fourier (1768–1830), *Théorie analytique de la chaleur.* – Augustin Jean Fresnel (1788–1827), *Théorie ondulatoire de la lumière.* – † Friedrich Wilhelm Herschel, Astronom (* 1738). – *Gregor Mendel, Begründer der Vererbungslehre († 1884). – Joseph Nicéphore Nièpce (1765–1833) entwickelt die Heliographie (Herstellung von Druckplatten mittels lichtempfindlicher Asphaltschichten; fotographisches Positiv-Verfahren). – *Louis Pasteur, franz. Chemiker und Bakteriologe († 1895). – Erste Versammlung der Gesellschaft deutscher Naturforscher und Ärzte in Leipzig auf Initiative von Lorenz Oken und Ausarbeitung des Aufsatzes *Fossiler Stier* (für Morph I, 4); im Oktober/November erneute Beschäftigung mit dem Thema (1824 in Morph II, 2 Fortsetzung des Aufsatzes unter dem Titel *Zweiter Urstier*). – 10.–12.4. G. übersetzt die biographische Skizze Howards (vgl. 6./7.3.). – 17.4. *Schema zu einem Aufsatze die Pflanzenkultur im Großherzogtum Weimar darzustellen* (für Morph I, 4). – Mitte Juni Erscheinen des vierten Hefts von ZNÜ und Morph. – 16.6. G. wird Ehrenmitglied der Schlesischen Gesellschaft für vaterländische Kultur, Breslau. – 18.6. G. verfasst zum fünfzigjährigen Dienstjubiläum des Bergrats Johann Georg Lenz das Gedicht *Erlauchter Gegner aller Vulkanität!* – 18./19.6. Begegnung mit Grüner in Eger. – 19.6.–24.7. Zweite Kur in Marienbad; persönliche Bekanntschaft mit dem Grafen Sternberg (11.7., danach tägliche Treffen bis 24.7.); geologisch-mineralogische Studien, Erweiterung der Mineraliensammlung. – 20.–27.6. Wolkenbeobachtungen (abgedruckt in ZNÜ II, 1). – 1.7. Besuch des Geologen Leopold von Buch. – 24.7.–26.8. Aufenthalt in Eger, wiederum Umgang mit Grüner. – 26.7. Besuch der Eisensteingrube in Pograd (dazu *Fahrt nach Pograd*). – 30.7. Besteigung des Kammerbergs mit Graf Sternberg, dem schwedischen Chemiker Jöns Jacob Berzelius und dem österreichischen Botaniker Johann Baptist Emanuel Pohl; am Folgetag Lötrohrversuche von Berzelius. – 13.–18.8. Aufenthalt in Redwitz; Besichtigung der chemischen Fabriken von Wolfgang Kaspar Fikentscher unter Führung seines Sohnes Friedrich Christian; Herstellung entoptischer und trüber Gläser. – 16.9.–8.10. Besuch von Henning; über Farbenlehre, gemeinsame Versuche. – 21.9. Erster Besuch des Genfer Theologen und Naturforschers Frédéric Soret; in den Folgejahren wichtiger Gesprächspartner, auch über Naturforschung. – 4.12. G. erhält Johann Christian August Heinroths *Lehrbuch der Anthropologie*; darin habe der Autor »seine Art und Weise ein *gegenständliches Denken* genannt« (an Boisserée, 22.12.; dazu *Bedeutende Fördernis durch ein einziges geistreiches Wort*). – 11./12.12. Besuch von Purkinje; physiologische Farbenlehre. – 16.12. Besuch von Oersted; über Elektromagnetismus.

(1779–1851). – Die katholische Kirche hebt den Bann gegen das Kopernikanische Weltsystem auf, nach dem die Planeten die Sonne umkreisen.

1823

3./4.1. Einziger Brief an Berzelius. – 17./18.1. Diktat des Aufsatzes *Herrn von Hoffs geologisches Werk*, in dem G. mit Bezug auf Hoffs *Geschichte der durch Überlieferung nachgewiesenen natürlichen Veränderungen der Erdoberfläche* (1822) eigene geologische Beobachtungen und Anschauungen vorlegt (vgl. an Hoff, 9.2.). – 24.(?), 28./29.1. Aufsatz *Wiederholte Spiegelungen* mit Bezug auf entoptische Studien. – 2.2. Brief an den Königsberger Botaniker Ernst

1823

Michel Eugène Chevreul (1786–1889) erkennt die Zusammensetzung von Fetten aus Fettsäuren und Glycerin. – Johann Wolfgang Döbereiner (1780–1849) entwickelt das Wasserstoff-Platin-Feuerzeug. – Georges Everest (1790–1866) beginnt mit Vermessungsarbeiten in Indien (danach: Mount Everest). – Michael Faraday (1791–1867) verflüssigt Chlorgas und andere Gase durch Abkühlung. – Carl Friedrich Gauß (1777–1855) entwickelt die Ausgleichrech-

Meyer, dem G. eine Zusammenstellung naturphilosophischer Gedanken beilegt; Veröffentlichung unter dem Titel *Probleme* in Morph II, 1, im Anschluss die *Erwiderung* von Meyer. – 18.2. G. erleidet vermutlich einen Herzinfarkt, nach 24.2. Besserung. – März Aufsatz *Bedeutende Fördernis durch ein einziges geistreiches Wort* (für Morph II, 1). – 16.3. Aufsatz *Über den Bau und die Wirkungsart der Vulkane … von Alexander von Humboldt*; erst in ALH publiziert, für ZNÜ II, 1 eine kurze Anzeige mit gleichem Titel. – Ab April (-Juli) Fortsetzung der meteorologischen Studien; Aufsatz *Über die Ursache der Barometerschwankungen*. – 9.4. G. dankt Christian Friedrich Schwägrichen für die Wahl zum auswärtigen Mitglied der Edinburgher Gesellschaft der Wissenschaften. – 13./14.4. Entwurf des Aufsatzes *Die Lepaden* (Diktat 14.12.); im Anschluss an die *Grundzüge allgemeiner Naturbetrachtung* von Carus in Morph II, 2 abgedruckt. – 16.4. Letzter Brief an Seebeck (ohne Antwort); Verhältnis durch G.s Annäherung an Hegel seit einigen Jahren getrübt. – Ende April *Architektonisch-naturhistorisches Problem* (für ZNÜ II, 1). – 24.4. Dankesbrief an Nees von Esenbeck, der zusammen mit Martius eine in Brasilien entdeckte Malvengattung mit dem Namen Gothea benannt hatte. – 5.6. Beginn des Briefwechsels mit Soret. – 10.6. Erster Besuch Eckermanns; Beginn der Aufzeichnungen über die Gespräche mit G. mit vielen naturwissenschaftlichen Bezügen (vgl. 15.2.1824). – 19.6. G. tritt laut Tagebuch dem Verein zur Verbreitung von Naturkennntis und höherer Wahrheit in Halle bei. – 30.6.–2.7. Besuch bei Grüner in Eger. – 2.7.–20.8. Dritte und letzte Kur in Marienbad; Wetter- und Wolkenbeobachtungen; Auszüge aus Carl Wilhelm Nose: *Kritik der geologischen Theorie* … und *Fortgesetzte Kritik* … – 14.8. G. sendet an seine Schwiegertochter Ottilie die Gedichte *Du Schüler Howards wunderlich* und *Wenn sich lebendig Silber* [Quecksilber im Barometer] *neigt* (beide an Ulrike von Levetzov gerichtet). – 20.8.–25.8. und 7.9.–11.9. Aufenthalt in Eger; Umgang mit Grüner; mit diesem am 23.8. geologische Exkursion nach Boden und Altalbenreuth. – 25.8.–5.9. Letzter Aufenthalt in Karlsbad; Ausflüge nach Elbogen und Schlackenwerth (28.8. u. 2.9.). – September Erscheinen des fünften Hefts (II, 1) von ZNÜ und Morph. – 13.–17.9. In Jena Inspektion der naturwissenschaftlichen Institute. – 28.9.–9.10. Besuch von Schultz. – 29.9. Aufsatz *Von dem Hopfen und dessen Krankheit, Ruß genannt* (für Morph II, 2). – 30.9.–8.10. Besuch des Grafen Reinhard. – 22.11. G. wird zum auswärtigen Mitglied der physikalischen Klasse der Königlichen Gesellschaft der Wissenschaften in Göttingen ernannt (vgl. Dank an Blumenbach, 29.12.). – November Schwere Erkrankung. – G. wird Ehrenmitnung (Methode der kleinsten Quadrate). – Ernst August Geitner (1783–1852) stellt Argentan, eine Nickellegierung, her und findet erstmals eine sinnvolle Anwendung für das bisherige Abfallprodukt Nickel. – *Leopold Kronecker, Mathematiker († 1891). – *Alfred Russel Wallace, engl. Zoologe und Botaniker († 1913). – Ferdinand Friedrich Georg Ludwig Baron von Wrangel (1797–1870) entdeckt die nach ihm benannte Wrangel-Insel vor Nordsibirien. – Industrielle Herstellung von Seife.

glied der Gesellschaft des vaterländischen Museums in Böhmen, Prag.

1824
15.2. Laut Tagebuch erster Hinweis auf eine Gesprächsaufzeichnung Eckermanns. – 17.3. Aufsatz *Uralte neuentdeckte Naturfeuer- und Glutspuren* (für ZNÜ II, 2). – 12.–15.5. In Jena Inspektion der naturwissenschaftlichen Institute. – 8.6. Durchsicht des Aufsatzes *Das Sehen in subjektiver Hinsicht, von Purkinje* für Morph II, 2. – Mitte Juni Rezension von Ernst Stiedenroth: *Psychologie zur Erklärung der Seelenerscheinungen* für Morph II, 2 (im Juli fortgesetzt). – 9.7. Niederschrift des letzten Teils von *Vergleichende Knochenlehre* für Morph II, 2. – 4.–10.7. Besuch des Grafen Sternberg. – 18.7. Laut Tagebuch Aufnahme in die Société Royale d'Agriculture et de Botanique de la Ville de Gand, Gent (Belgien). – August Studium verschiedener Werke von d'Alton; 3.–16.8. Aufsatz *Die Skelette der Nagetiere, abgebildet und verglichen von d'Alton* für Morph II, 2. – 13.9. Bekanntschaft mit dem Botaniker Carl Friedrich Philipp von Martius, dessen Arbeiten über die Vegetation Brasiliens und über die Palmen G. stark beachtet (vgl. Tgb 8., 9. und 12.9.). – Ab 23.9.(?)-Dezember Entstehen der Aufsätze *Gestaltung großer anorganischer Massen* und *Gebirgsgestaltung im Ganzen und Einzelnen* für ZNÜ II, 2. – 18.11. Absendung des Abschlussberichts über die Reorganisation der Jenaer Bibliotheken an Carl August und Herzog Friedrich IV. von Sachsen-Gotha. – November/Dezember Erscheinen des sechsten und letzten Hefts (II, 2) von ZNÜ und Morph.

1824
Niels Henrik Abel (1802–1829) beweist, dass Gleichungen 5. Grades sich nicht auflösen lassen. – Joseph Aspdin (1778–1855) stellt den als Mörtel und Stuck verwendbaren Portland-Zement her. – William Buckland (1784–1856), der letzte Vertreter einer Sintfluttheorie, datiert die Sintflut auf die Zeit vor 5000–6000 Jahren. – Nicolas Léonard Sadi Carnot (1796–1832) entdeckt den Nutzeffekt von Wärmekraftmaschinen (Carnot-Prozess); zweiter Hauptsatz der Thermodynamik. – *Gustav Robert Kirchhoff, Physiker († 1887). – Justus von Liebig (1803–1873) wird mit 21 Jahren Professor in Gießen und begründet ein Zentrum der chemischen Forschung (heute »Liebig-Museum«). – Ludwig August Seeber (1793–1855) stellt die erste Atomtheorie der Kristalle auf. – *William Thomson (Lord Kelvin), engl. Physiker († 1907). – *Annalen der Physik und Chemie.*

1825
Mitte Januar Beginn der Arbeit an der Abhandlung *Versuch einer Witterungslehre*, die G. für den Großherzog als eifrigen Förderer meteorologischer Forschung verfasst (vorläufiger Abschluss 17.2.; Einleitung 8.1.1826). – 8.4. Besuch des Grafen Reinhard. – 11.–16.4. und 11.–13.5. Besuche d'Altons. – 24.4.–2.5. Lektüre der *Ausgewählten Schriften* von Heinrich Zschokke. – 28.4. Besuche von Cousin und des englischen Meteorologen John Frederic Daniell (G. schreibt im Tagebuch irrtümlich David). – 31.5. Besuch von Seebecks Sohn Moritz. – 4.8. Besuch von Schultz. – 1.–11.9. Besuch Grüners. – 29./30.9. Besuch des Astronomen Franz Paula von Gruithuisen. – 7.11. Aus Anlass des 50. Jahrestags von G.s Ankunft in Weimar verleihen ihm die Jenaer Universitätsfakultäten Doktordiplome. – 15.12. Besuch von Chladni. – 30.12. Tod von G.s langjährigem Arzt Wilhelm Rehbein.

1825
*Henry Walther Bates, engl. Naturforscher und Forschungsreisender († 1892). – Michel Eugène Chevreul (1780–1889) erhält ein Patent auf Kerzen aus Fettsäuren. – Georges Cuvier (1769–1832) postuliert seine Katastrophentheorie, nach der große Katastrophen die Erd- und Menschheitsgeschichte geprägt haben. – Michael Faraday (1791–1867) isoliert das Benzol. – Pierre-Simon de Laplace (1749–1827) schließt die *Mécanique céleste* ab (5 Bde. seit 1799). – Adrien-Marie Legendre (1752–1833): *Traité des fonctions elliptiques et integrales Euleriennes* (3 Bde. bis 1829). – Justus von Liebig (1803–1873) und Friedrich Wöhler (1800–1882) arbeiten über Isomerie: gleiche Atome können verschiedene Moleküle bilden. – Karl Michael Marx (1794–1864), *Geschichte der Kristallographie.* – Henry Robinson Palmer (1795–1844) nimmt die erste Einschienenbahn in Cheshunt, England, in Betrieb. – Jan Evangelista Purkinje (1787–1869), Begründer der experimentellen Sinnesphysiologie, beschreibt das Keimbläschen im Hühnerei. – William Stur-

geon (1783–1850) stellt einen verbesserten Elektromagneten vor. – Die erste öffentliche Eisenbahnlinie der Welt von Stockton nach Darlington (England) wird von dem Eisenbahnpionier George Stephenson (1781–1848) eröffnet. – Erste deutsche Technische Hochschule in Karlsruhe. – Konstruktion der ersten Hängebrücke (176 m Spannweite).

1826

Ab 1.1. Regelmäßige Lektüre der französischen Zeitschrift *Le Globe* (erscheint seit 1824). – 18.3. Brief an Purkinje mit Dank für dessen *Neue Beiträge zur Kenntnis des Sehens in subjektiver Hinsicht* (*Beobachtungen und Versuche zur Physiologie der Sinne. Zweites Bändchen*). – 24.3. Aufsatz über *Bryophyllum calycinum*. – 17.5.–3.6. Besuch von S. Boisserée. – 19.6. Carl Vogel, G.s neuer Hausarzt, macht seinen Antrittsbesuch. – 9./10.7. Besuch d'Altons. – 17./19.8. Beschäftigung mit den Fraunhoferschen Linien im Spektrum. – 1.9. G. dankt Clementine Cuvier für einen Sammelband mit Schriften ihres Vaters Georges Cuvier und bittet um Fossilien aus dem Pariser Becken (mit Antwort vom 16.10. erhalten). – Oktober/November Aus der Beschäftigung mit dem *Discours préliminaire de l'Encyclopédie* (1751) von Jean Le Rond d'Alembert gehen G.s Aufsätze *Naturphilosophie* (erscheint 1827) und *Über Mathematik und deren Mißbrauch* (10.–12.11.) hervor. – 11.–13.12. Besuch Alexander von Humboldts. – 21.12. G. wird Ehrenmitglied der Bataviaasch Genootschap van Kunsten en Wetenschappen (Batavia/Java). – 29.12. G. wird anlässlich des 100jährigen Jubiläums Ehrenmitglied der Akademie der Wissenschaften in St. Petersburg. – Ernennung G.s zum auswärtigen Mitglied der Société d'Agriculture, Sciences et Belles-Lettres in Macon (Frankreich).

1826

*Stanislao Cannizzaro, ital. Chemiker († 1910). – *Zénobe Théophile Gramme, belg. Mechaniker († 1901). – Nikolai Iwanowitsch Lobatschewski (1792–1856) begründet in Kasan die nichteuklidische (hyperbolische) Geometrie. – Joseph Nicéphore Nièpce (1765–1833) stellt die erste Photographie her. – Georg Simon Ohm (1787–1854) publiziert das nach ihm benannte Gesetz für elektrische Ströme (1821 entdeckt), nach dem bei konstanter Temperatur die elektrische Stromstärke in einem metallischen Leiter proportional zu der zwischen den Leiterenden herrschenden Spannung ist. – Vincenz Prießnitz (1799–1851) richtet in Gräfenberg die erste Kaltwasser-Heilanstalt ein. – *Bernhard Riemann, Mathematiker († 1866). – *Hans Peter Julius Thomsen, dän. Chemiker († 1909). – Otto Unverdorben (1806–1873) stellt Anilin aus Indigo her. – John Walker (1781–1859) erfindet das Streichholz. – *Journal für die reine und angewandte Mathematik*.

1827

Ende Januar und Mitte April *Physikalische Preis-Aufgabe der Petersburger Akademie der Wissenschaften 1827*. – 21.2. Im Gespräch mit Eckermann über Alexander von Humboldts *Essai politique sur l'île de Cuba* über das Projekt des Panamakanals sowie die Möglichkeiten eines Rhein-Main-Donau-Kanals und des Suezkanals. – 15.3. G. stellt gegenüber Hegel und Varnhagen von Ense eine Mitarbeit an den neu gegründeten Berliner *Jahrbüchern für wissenschaftliche Kritik* in Aussicht. – 23.3. In einem Brief an Carl August hebt G. das von Soemmerring erhaltene farbig ausgemalte Fraunhofersche Spektrum hervor. – 22.4.–16.5. Mehrere Besuche von Jean Jacques Ampère, Sohn des franz. Physikers André Marie Ampère. – 18.4.–24.12. Korrespondenz mit Christian Diedrich von Buttel in Jever über Farbenlehre und Geologie Helgolands. – 12.5.–8.6. G. wohnt im Gartenhaus

1827

Carl Ernst von Baer (1792–1876) entdeckt die Eizelle beim Säugetier und Menschen. – *Marcelin Pierre Eugène Berthelot, franz. Chemiker († 1907). – Robert Brown (1773–1858) entdeckt die Wärmebewegung mikroskopischer Teilchen (Brownsche Molekularbewegung). – Benoît-Paul-Émile Clapeyron (1799–1864) gibt die heute übliche Form der Zustandsgleichung idealer Gase an. – Alexander von Humboldt (1769–1859) hält seine allgemeinverständlichen »Kosmos«-Vorträge in Berlin. – † Pierre Simon de Laplace, franz. Mathematiker und Astronom (* 1749). – *Joseph Lister, engl. Chirurg; Einführung der Antisepsis († 1912). – Joseph Ressel (1793–1857) erfindet die Schiffsschraube. – Friedrich Wöhler (1800–1882) gewinnt Aluminium aus Tonerde durch ein Reduktionsverfahren.

im Park an der Ilm. – 11.–19.6. Besuch von Graf Sternberg. – 29.7. G. erhält durch Soemmerring das Faksimile eines versteinerten Flugsauriers (Pterodactylus antiquus). – 7./8.10. In Jena Inspektion der naturwissenschaftlichen Institute (zuletzt 12.–15.5.1824). – 16.–18.10. Besuch Hegels. – 21./22.10. Besuch des Grafen Reinhard. – 30.10./27.11. Korrespondenz mit dem Grafen Sternberg über die Versammmlungen deutscher Naturforscher und Ärzte (dazu *Zu den Versammlungen deutscher Naturforscher und Ärzte*). – G. wird Ehrenmitglied der Naturforschenden Gesellschaft Halle und korrespondierendes Mitglied des Lyceum of Natural History, New York.

1828
20.–22.1. Entstehung des Großherzogin Luise zum Geburtstag gewidmeten Maskenzugs *Die ersten Erzeugnisse der Stotternheimer Saline, begleitet von dichterischem Dialog zwischen dem Gnomen, der Geognosie und der Technik*. – 23.5. Kanzler von Müller überbringt den Aufsatz *Die Natur* von Tobler (vgl. 1.5.–November 1781); am 24.5. *Erläuterung zu dem aphoristischen Aufsatz ›Die Natur‹*. – 8.6. Brief an Carus mit Dank für dessen Werk *Von den Ur-Theilen des Knochen- und Schalengerüsts*. – 13.6. Beginn des intensiven Studiums der *Organographie végétale* von Augustin de Candolle. – 7.7.–11.9. Aufenthalt in Dornburg nach dem Tod von Carl August; morphologische, vor allem botanische Studien (F. S. Voigt, de Candolle, Joachim Jungius); Beschäftigung mit Weinbau (angeregt durch J. S. Kecht: *Verbesserter praktischer Weinbau*, 4. Aufl.). – 23.–28.7. Arbeit am Aufsatz *Leben und Verdienste des Doktor Joachim Jungius, Rektors zu Hamburg*. – 31.7. Aus der Übersetzung des Kapitels *De la symétrie végétale* aus de Candolles *Organographie végétale* geht der (zu Lebzeiten nicht publizierte) Aufsatz *Von dem Gesetzlichen der Pflanzenbildung* hervor. – 15.8. Beginnn des Aufsatzes *Der Verfasser teilt die Geschichte seiner botanischen Studien mit* (im Tagebuch auch als *Einleitung*; abgeschlossen Mai 1830) in Zusammenhang mit dem Plan zu einer deutsch-französischen Ausgabe des *Versuchs über die Metamorphose der Pflanzen*, gemeinsam mit Soret. – 20.8. Besuch der Chemiker Berzelius, Eilhard Mitscherlich und Heinrich Rose in Dornburg; von Berzelius erfährt G. von Friedrich Wöhlers Harnstoffsynthese zu Beginn des Jahres. – Botanische Monographien, so 25./26.8. *Bignonia radicans*. – 4.–6.10. Besuch von Martius. – 19./20.10. Besuch des Geologen Johann Jacob Nöggerath.

1828
Carl Ernst von Baer (1792–1876), *Über Entwickelungsgeschichte der Thiere* (bis 1837). – Jöns Jacob Berzelius (1779–1848) entdeckt das Element Thorium, das später als radioaktiv erkannt wird. – *Ferdinand Julius Cohn, Botaniker († 1898). – Friedrich Wöhler (1800–1882) gelingt die Harnstoffsynthese: erste Synthese eines organischen Stoffes aus anorganischen Substanzen hebt den grundsätzlichen Unterschied zwischen organischer und anorganischer Chemie auf. – Gründung der Technischen Hochschule Dresden. – Gründung der Gesellschaft für Erdkunde in Berlin. – Gründung der Universität London.

1829
Januar/April Schwerpunkte der Beschäftigung mit den Vorlesungen über Geschichte der Philosophie von Cousin (vgl. Bestellung im Tgb 28.6.1828);

1829
Gaspard Gustave de Coriolis (1792–1843) entwickelt die wichtigsten Gesetze der klassischen Relativbewegung (1835 Coriolis-Kraft). – Johann Wolf-

Anregung zu dem Aufsatz *Analyse und Synthese.* – Mitte Januar Beschäftigung mit Kristallographie anläßlich des Eingangs einer Sammlung russischer Mineralien, durch Loder übersandt. – 21.1. Pflanzenmonographie *Anthericum comosum.* – 10.2. G. dankt Nikolaus Meyer in Bremen für Informationen über den Bau des neuen Bremer Hafens (Bremerhaven). – Februar-September Soret übersetzt die *Metamorphose der Pflanzen* ins Französische; mehrfache gemeinsame Revisionen (Fortsetzung Mai-Juli und Oktober 1830). – 28.3. Im Brief an Martius über die Spiraltendenz beim Pflanzenwachstum. – 23.4. Besuch des Geologen Leopold von Buch. – 13.7.-25.8. G. wohnt zum letzten Mal vorübergehend im Gartenhaus. – 25.-30.8. Besuch des belgischen Astronomen Lambert Adolphe Jacques Quetelet; magnetische Experimente. – 11.9. Besuch von Hegel. – 20.9. Beginn des Aufsatzes *Wirkung dieser Schrift und weitere Entfaltung der darin vorgetragenen Idee* [zur dt.-franz. Ausgabe der *Metamorphose der Pflanzen*]; fortgesetzt 20.–22.7.1830. – 1.-5.10. Besuch des Grafen Reinhard. – 5./6.11. *Zur Geologie November 1829.* – 15.11. *Über die Gestalt und die Urgeschichte der Erde von K. F. von Klöden.* – Dezember Beschäftigung mit Martius' Theorie von der Spiraltendenz der Vegetation (fortgesetzt April-Juli 1830). – In einem Mitgliederverzeichnis des Vereins für Blumistik und Gartenanlagen (später Gartenbauverein) in Weimar erscheint G. als einziges Ehrenmitglied.

gang Döbereiner (1780–1849) erkennt in seiner Triadenlehre die Ähnlichkeit chemischer Elemente (Vorläufer des Periodensystems der Elemente). – Josua Heilmann (1796–1848) entwickelt die erste Stickmaschine. – Alexander von Humboldt (1769–1859) unternimmt seine Forschungsreise nach Sibirien. – *Friedrich August Kekulé von Stradonitz, Chemiker († 1896). – † Jean-Baptiste de Monet de Lamarck, franz. Zoologe (* 1744). – *William Odling, engl. Chemiker († 1921). – George Stephenson (1781–1848) gewinnt mit seiner Lokomotive »The Rockett« das Rennen von Rainhill. – Deutsches Archäologisches Institut in Rom gegründet (ab 1832 Hauptsitz Berlin, ab 1874 Reichsanstalt).

1830

2.5. Demonstration eines Dampfmaschinenmodells durch einen »Elsasser« (vgl. Tgb). – Ab 7.5. Großes Interesse G.s am Pariser Akademiestreit zwischen Georges Cuvier und Étienne Geoffroy Saint-Hilaire über die Anzahl der verschiedenen Typen im Tierreich. – 17.-23.5. Studium von Jean-Jacques Rousseaus botanischen Schriften. – 19./20.6. In Jena Inspektion der naturwissenschaftlichen Institute. – 15.-19.7. Besuch des Grafen Sternberg. – 26.7. Besuch d'Altons. – Mai-Juli und Oktober Weiterarbeit an der dt.-frz. Ausgabe der *Metamorphose der Pflanzen.* – 27.7. Nach der Lektüre von Étienne Geoffroy de Saint-Hilaire: *Principes de Philosophie zoologique discutés en mars 1830* ... und Zeitungsberichten dazu (22.-26.7.) Beginn der Arbeit an der Rezension unter dem Eindruck des Pariser Akademiestreites; der 1. Abschnitt (am 10.9. an Varnhagen von Ense) wird im September publiziert. – 3.-11.10. Weiterarbeit an *Principes de Philosophie zoologique* (2. Abschnitt). – 13.10. G. erhält eine kleine, von Eckermann in Straßburg erworbene und aus Mainz zugesandte Napoleonbüste aus Opal, die sein Urphänomen der Farbenlehre demonstriert (vgl. an Zelter, 1. u. 3.2.1831). – 25.11. Lungenblutsturz nach dem Tode

1830

Robert Brown (1773–1858) entdeckt den Zellkern und gibt ihm 1831 den Namen »Nucleus«. – Georges Cuvier (1769–1832) und Étienne Geoffroy Saint-Hilaire (1772–1844) liefern sich den Pariser Akademiestreit um die Anzahl der verschiedenen Typen im Tierreich (kein Streit um Artenkonstanz oder Evolution!). – † Joseph Fourier, franz. Mathematiker und Physiker (* 1768). – Joseph Henry (1797–1878) entdeckt unabhängig von Michael Faraday (1791–1867) die elektromagnetische Induktion (vgl. 1831). – Johann Friedrich Christian Hessel (1796–1872) leitet 32 Kristallklassen verschiedener Symmetrie ab. – Franz Joseph Hugi (1791–1855) begründet etwa um diese Zeit die exakte Gletscherforschung. – Charles Lyell (1797–1875), *Principles of Geology.* Begründung des geologischen Aktualismus; Ableitung von früheren Veränderungen entgegen der Katastrophentheorie aus gegenwärtig bekannten Kräften; Neubestimmung des Alters der Erde auf einige hundert Millionen Jahre. – Josef Madersperger (1768–1850) erfindet eine Nähmaschine. – *Julius Lothar Meyer, Chemiker († 1895). – James Perry entwickelt die Stahlfeder als Schreibgerät weiter und leitet ihre große Verbreitung ein. – Carl Ludwig des Sohnes August am 27.10. in Rom; schnelle Erholung. – 11.–13.12. Besuch des Grafen Reinhard.

Freiherr von Reichenbach (1788–1869) entdeckt das Paraffin. – Bau der Liverpool-Manchester-Eisenbahn, die mit ca. 45 km/h Geschwindigkeit betrieben wird (gilt als Beginn des modernen Eisenbahnwesens). – Gründung des *Chemischen Zentralblatts*. – Optische Telegraphenlinie von Berlin nach Potsdam (bis 1832 bis Koblenz weitergeführt). – Beginn amtlicher Wetteraufzeichnungen in Berlin.

1831

G.s Arzt Vogel nimmt August v. Goethes Stelle in der Oberaufsicht der Jenaer und Weimarer Institute ein. – 14.1. Beginn der Arbeit an einem Aufsatz *Über die Spiraltendenz der Pflanzen* (abgeschlossen 29.3.). – 26./27.1. Besuch Alexander von Humboldts. – 28.1. Nees von Esenbeck sendet Sonderdrucke *Über den Zwischenkiefer des Menschen und der Tiere* (erschienen in den *Nova Acta* der Leopoldina, Bd. 15.1); abweichende Tafeln gegenüber der Prachthandschrift von 1784, daher [durch Johannes Müller] modifizierter Text gegenüber der Publikation 1820 in Morph I, 2. – 16.2. Diktat von *Geologische Probleme und Versuch ihrer Auflösung*. – 7.–9.4. G. arbeitet ein Prämemoria zur Schließung der meteorologischen Beobachtungsstationen aus. – 7.–9.5. Besuch des Grafen Reinhard. – 19.5. Sendung von Geoffroy Saint-Hilaire, dabei dessen Schrift *Sur des écrits de Goethe* … (von G. behandelt in *Appendice* zur Metamorphoseschrift). – Juni Erscheinen der dt.-franz. Ausgabe der Metamorphoseschrift unter dem Titel *Versuch über die Metamorphose der Pflanzen. Übersetzt von Friedrich Soret, nebst geschichtlichen Nachträgen* (Zweites Titelblatt mit franz. Version). – 24.6. Lektüre von Galilei; Reflexionen zum Gegensatz hinsichtlich der Newtonschen Epoche. – 22.–25.7. Besuch von Schultz. – 26.–31.8. Aufenthalt in Ilmenau; auf dem Kickelhahn mit Bergrat Johann Christian Mahr (27.8.). – 5.10. Im Brief an Zelter Unverständnis über A. v. Humboldts Erklärung der Entstehung des Himalaja in dessen *Fragments de géologie et de climatologie asiatiques*. – Ab 22.10. Weiterarbeit an *Principes de Philosophie zoologique* (2. Abschnitt); abgeschlossen 20.12. – November Mit Eckermann Revision des Historischen Teils der *Farbenlehre*; Beschäftigung mit Carus' *Vorlesungen über Psychologie* (vgl. Tgb, 26.11. und 3.1.1832).

1831

Giuseppe Belli (1791–1860) erfindet die Influenz-Elektrisiermaschine. – Charles Darwin (1809–1882) begleitet die Weltreise der »Beagle« als Naturforscher (bis 1836) und sammelt die Daten, die später (1859) zu seiner Evolutionstheorie führen. – Michael Faraday (1791–1867) erzeugt durch eine Magnetfeldänderung elektrische Spannung (elektromagnetische Induktion, Grundlage des Dynamos). – † Georg Wilhelm Friedrich Hegel, Philosoph (* 1770). – Justus von Liebig (1803–1873) entwickelt einen Apparat zur Elementaranalyse organischer Verbindungen. – Justus von Liebig (1803–1873) und Eugène Souberain (1797–1859) stellen unabhängig voneinander Chloroform her. – James Bowman Lindsay (1799–1862) telegraphiert rund 1600 m über den Tay-Fluss und verwendet dabei das Wasser als elektrischen Leiter. – * James Clerk Maxwell, englischer Physiker († 1879). – John Ross (1777–1856) und sein Neffe James Clarke Ross (1800–1862) entdecken den erdmagnetischen Nordpol in der kanadischen Arktis (nahe Kap Adelaide auf der Boothia-Halbinsel).

1832

3.1. Brief an Moritz Seebeck zum Tod seines Vaters mit Bedauern über das zuletzt getrübte Verhältnis. – 11.1.–25.2. Korrespondenz mit S. Boisserée über den Regenbogen. – 22.1.–4.2. Denkschrift über *Plastische Anatomie* mit Anregung zur Verwendung von Wachspräparaten anstelle von Leichen in

1832

János Bolyai (1802–1860) veröffentlicht die 1823 von ihm weitgehend unabhängig von Gauß und Lobatschewski gefundene Nichteuklidische Geometrie. – † Georges Cuvier, franz. Zoologe und Paläontologe (* 1769). – Michael Faraday (1797–1867) führt das Bild der elektrischen und magnetider Anatomie. – 25.2. Verordnung, die meteorologischen Beobachtungen zum 1.4. einzustellen. – 27.2. G. liest die von Philippe Jacques Moreau hg. Darstellung der neuen Eisenbahnlinie von Liverpool nach Manchester. – März Veröffentlichung des zweiten Abschnittes von *Principes de Philosophie zoologique* (Absendung am 20.2. gegenüber Varnhagen angekündigt). – 22.3. Tod G.s in Weimar.

schen Kraftlinien ein und stellt die Grundgesetze der Elektrolyse auf. – Antoine-Hippolyte Pixii (1808–1835) baut den ersten Wechselstrom-Generator (elektrischer Dynamo). – Die erste Straßenbahn (Pferdebahn) wird in New York in Betrieb genommen. – *Annalen der Chemie* (Liebig). – Gründung der Universität Zürich.

Manfred Wenzel

V. Anhang

Allgemeine Literatur zu Goethes Naturforschung und zur Geschichte der Naturwissenschaften

Amrine, Frederick (Hg.): Goethe in the History of Science. Bibliographie 1776–1990. 2 Bde. New York u. a. 1996.

Ballauf, Theodor: Die Wissenschaft vom Leben. Freiburg, München 1954.

Benn, Gottfried: Goethe und die Naturwissenschaften. In: Die Neue Rundschau. 43.1 (1932), 463–490.

Blechschmidt, Stefan: Goethes lebendiges Archiv. Mensch – Morphologie – Geschichte. Heidelberg 2009.

Böhme, Gernot: Natur hat weder Kern noch Schale. Goethes Methode der Naturbetrachtung. In: Richter, Karl und Sauder, Gerhard (Hg.): Goethe – Ungewohnte Ansichten. St. Ingbert 2001, 9–21.

Brandt, Helmut (Hg.): Goethe und die Wissenschaften. Jena 1984.

Breidbach, Olaf: Goethes Naturverständnis. München 2011.

Carus, Carl Gustav: Goethe, zu dessen näherem Verständnis. Leipzig 1843.

Chamberlain, Houston Stewart: Der Naturerforscher. In: Ders.: Goethe. München 1912, 241–387.

Dosch, Hans Günter: Goethes Naturforschung im Gegenlicht der exakten Naturwissenschaft. In: Borchmeyer, Dieter (Hg.): Goethe im Gegenlicht. Heidelberg 2000, 85–108.

Du Bois-Reymond, Emil: Goethe und kein Ende. Berlin 1882. Leipzig 1883.

Eissler, Kurt Robert: Goethe. Eine psychoanalytische Studie. 1775–1786. 2 Bde. Basel, Frankfurt am Main 1983/1985.

Epstein, Paul: Goethe und die exakte Naturforschung. In: Fs. zur Jahrhundertfeier des Physikalischen Vereins […]. Frankfurt am Main 1924, 18–35.

Feuchtersleben, Ernst Freiherr von: Goethes naturwissenschaftliche Ansichten. In: Ders.: Beiträge zur Literatur, Kunst und Lebenstheorie. Wien 1837, 99–140. (Nachdruck in: Ders.: Sämtliche Werke. Hg. von F. Hebbel. Bd. 5. Wien 1852, 83–116.)

Fischer, Hans: Goethes Naturwissenschaft. Zürich 1950.

Fraunberger, Fritz: Elektrizität im Barock. Köln o. J. [1964].

Ders.: Vom Frosch zum Dynamo, Köln o. J. [1965].

Gerlach, Walter: Zur Frühgeschichte der Natur des Lichtes. In: Nova Acta Leopoldina. N. F. 30 (1965), 47–65.

Goethe und die Wissenschaft. Vorträge gehalten anläßlich des internationalen Gelehrtenkongresses zu Frankfurt am Main im August 1949. Frankfurt am Main 1951.

Heisenberg, Werner: Das Naturbild Goethes und die technisch-naturwissenschaftliche Welt. In: GJb. (1967), 27–42.

Ders.: Wandlungen in den Grundlagen der Naturwissenschaft. 11. Aufl. Stuttgart 1980.

Heller, August: Geschichte der Physik von Aristoteles bis auf die neueste Zeit. 2 Bde. Stuttgart 1882/1884. Nachdruck Schaan/Liechtenstein 1981.

Helmholtz, Hermann von: Goethes Vorahnungen kommender naturwissenschaftlicher Ideen. In: Deutsche Rundschau. 72 (1892), 115–132 (zahlreiche Wiederabdrucke).

Ders.: Über Goethes naturwissenschaftliche Arbeiten. In: Allgemeine Monatsschrift für Wissenschaft und Literatur. 1853 (Mai), 383–398 (1875 ergänzt; zahlreiche Wiederabdrucke).

Henel, Heinrich: Goethe und die Naturwissenschaft. In: JEGP. 48 (1949), 507–532 (auch in Ders.: Goethezeit. Frankfurt am Main 1980, 130–157).

Henke, Silke: Goethes Korrespondenz in den naturwissenschaftlichen Schriften im Goethe- und Schiller-Archiv. In: Acta Historica Leopoldina. 39 (2004), 169–178.

Hildebrandt, Kurt: Goethes Naturerkenntnis. Hamburg-Bergedorf o. J. [1947].

Hölder, Helmut: Geologie und Paläontologie in Texten und ihrer Geschichte. Freiburg, München 1960.

Hoppe, Edmund: Geschichte der Optik. Leipzig 1926.

Jablonski, Walter: Die geistesgeschichtliche Stellung der Naturforschung Goethes. In: GJb. (1929), 22–61.

Jahn, Ilse, Löther, Rolf und Senglaub, Konrad: Geschichte der Biologie. 2. Aufl. Jena 1985.

Jenkins, Francis A. und White, Harvey E.: Fundamentals of Optics. 4. Aufl. New York 1976.

Käfer, Dieter: Methodenprobleme und ihre Behandlung in Goethes Schriften zur Naturwissenschaft. Köln 1982.

Kalischer, Salomon: Goethe als Naturforscher. In: Bielschowsky, Albert: Goethe. Sein Leben und seine Werke. Bd. 2. 15. Aufl. München 1908, 412–461.

Keller, Werner: Goethes dichterische Bildlichkeit. Eine Grundlegung. München 1972.

Kistner, Adolf: Geschichte der Physik. 2 Bde. Leipzig 1906.

Klein, Marc: Goethe et les Naturalistes français. In:

Goethe et l'esprit français. Straßburg 1958, 169–184.
Kleinschnieder, Manfred: Goethes Naturstudien. Bonn 1971.
Kohlbrugge, Jacob Hermann Friedrich: Historisch-kritische Studien über Goethe als Naturforscher. Würzburg 1913.
Kuhn, Dorothea: Das Prinzip der autobiographischen Form in Goethes Schriftenreihe »Zur Naturwissenschaft überhaupt, besonders zur Morphologie«. In: Neue Hefte zur Morphologie. 4 (1962), 129–149.
Dies.: Typus und Metamorphose. Goethe-Studien. Hg. von Renate Grumach. Marbach am Neckar 1988.
Mägdefrau, Karl: Geschichte der Botanik. Stuttgart 1973.
Magnus, Rudolf: Goethe als Naturforscher. Leipzig 1906.
Mann, Gunter, Mollenhauer, Dieter und Peters, Stefan (Hg.): In der Mitte zwischen Natur und Subjekt. Johann Wolfgang von Goethes Versuch, die Metamorphose der Pflanze zu erklären 1790–1990. Frankfurt am Main 1992.
Mason, Stephen Finney: Geschichte der Naturwissenschaft in der Entwicklung ihrer Denkweisen. Stuttgart 1961. 2. Aufl 1974.
Meyer-Abich, Adolf: Biologie der Goethezeit. Stuttgart 1949.
Meyerhof, Otto: Über Goethes Methode der Naturforschung. Göttingen 1910.
Michel, Ernst: Goethes Naturanschauung im Lichte seines Schöpfungsglaubens. Wiesbaden 1946.
Müller-Seidel, Walter: Naturforschung und deutsche Klassik. In: Günther, Vincent J. (Hg.): Untersuchungen zur Literatur als Geschichte. Fs. für Benno von Wiese. Berlin 1973, 61–78.
Neubauer, John: Der Schatten als Vermittler von Objekt und Subjekt. Zur Subjektbezogenheit von Goethes Naturwissenschaft. In: Böhme, Gernot und Schiemann, Gregor (Hg.): Phänomenologie der Natur. Frankfurt am Main 1997, 64–84.
Nisbet, Hugh Barr: Goethe and the Scientific Tradition. London 1972.
Nordenskiöld, Erik: Die Geschichte der Biologie. Jena 1926.
Ostwald, Wilhelm: Die Entwicklung der Elektrochemie in gemeinverständlicher Darstellung. Leipzig 1910.
Pierschala, Sigrid: Die Pharmazie der Goethezeit. Diss. Frankfurt am Main 1986.
Prescher, Hans (Hg.): Geologen der Goethezeit. Leipzig 1979, 2. Aufl. Essen 1981.
Radl, Emil: Geschichte der biologischen Theorien seit dem Ende des siebzehnten Jahrhunderts. Leipzig 1905 (Nachdruck Hildesheim, New York 1970).
Rosenberger, Ferdinand: Die Geschichte der Physik. 3 Bde. Braunschweig 1882–1890 (Nachdruck, 2 Bde. Hildesheim 1965).
Ruland, Carl: Zu Goethes naturwissenschaftlichen Forschungen. In: GJb. (1891), 152–174.
Sabra, A. I.: Theories of Light from Descartes to Newton. London 1967.
Sachs, Julius: Geschichte der Botanik. München 1875 (Nachdruck New York 1966).
Sauter, Fritz: Physikalische Vorstellungen über die Natur des Lichtes. In: Studium generale. 8 (1960), 450–464.
Schmidt, Alfred und Grün, Klaus-Jürgen (Hg.): Durchgeistete Natur. Ihre Präsenz in Goethes Dichtung, Wissenschaft und Philosophie. Frankfurt am Main 2000.
Schmidt, Alfred: Die Natur im Dichten und Denken Goethes. In: Ders. und Grün, Klaus-Jürgen (Hg.): Durchgeistete Natur. Ihre Präsenz in Goethes Dichtung, Wissenschaft und Philosophie. Frankfurt am Main 2000, 15–28 und 289–291.
Schmitz, Emil-Heinz: Handbuch zur Geschichte der Optik. 8 Bde. Bonn 1981–1989.
Schnitzler, Günter und Schramm, Gottfried (Hg.): Ein unteilbares Ganzes. Goethe – Kunst und Wissenschaft. Freiburg im Breisgau 1997.
Steiner, Rudolf: Einleitung [zu G.s naturwissenschaftlichen Schriften]. In: Goethes Werke, Bd. 33. Deutsche Nationalliteratur, Bd. 114. Berlin, Stuttgart 1883, XVII–LXXXIV (Separatausgabe Dornach 1962).
Strube, Wilhelm: Der historische Weg der Chemie. 2 Bde. Leipzig 1976/1981.
Teller, Jürgen: Erkenntnistheoretische Probleme in der Goetheschen Farbenlehre (1954); Totalität, Polarität, Steigerung, Menschenbezug. Grundbegriffe von Goethes Naturauffassung (1984). In: Ders.: Hoffnung und Gefahr. Essays, Aufsätze, Briefe 1954–1999. Frankfurt am Main 2001, 169–175 und 193–204.
Troll, Wilhelm: Allgemeine Botanik. 4. Aufl. Stuttgart 1973.
Ders.: Vergleichende Morphologie der höheren Pflanzen. Berlin 1937 ff.
Trömel, Martin: Über Goethe hinaus? Goethe und die moderne Naturwissenschaft. In: Schmidt, Alfred und Grün, Klaus-Jürgen (Hg.): Durchgeistete Natur. Ihre Präsenz in Goethes Dichtung, Wissenschaft und Philosophie. Frankfurt am Main 2000, 217–221 und 312 f.
Villwock, Jörg: Die Weile der Ewigkeit. Goethe und das kosmische Naturverständnis der Griechen. In: Schmidt, Alfred und Grün, Klaus-Jürgen (Hg.): Durchgeistete Natur. Ihre Präsenz in Goethes Dichtung, Wissenschaft und Philosophie. Frankfurt am Main 2000, 205–216 und 311 f.
Wachsmuth, Andreas Bruno: Geeinte Zwienatur.

Aufsätze zu Goethes naturwissenschaftlichem Denken. Berlin, Weimar 1966.
Ders.: Goethes Naturforschung und Weltanschauung in ihrer Wechselbeziehung. In: GJb. (1952/53), 43–62.
Walden, Paul: Goethe und die Naturwissenschaften. Bremen, Leipzig 1933.
Walther, Johannes (Hg.): Goethe als Seher und Erforscher der Natur. Halle 1930.
Wassermann, Gerald S.: Color Vision: An historical Introduction. New York 1978.
Wells, George A.: Goethe and the Development of Science, 1750–1900. Alphen an den Rijn 1978.
Wenzel, Manfred: Goethes naturwissenschaftliche Studien – Gegenstände, Leitgedanken, Zeitbezug. In: Böhme, Gernot und Schiemann, Gregor (Hg.): Phänomenologie der Natur. Frankfurt am Main 1997, 44–63.
Wilde, Emil: Geschichte der Optik. Wiesbaden 1968 (Nachdruck der Ausgabe 1838–1843).
Wohlbold, Hans: Die Naturerkenntnis im Weltbild Goethes. In: GJb. (1927), 1–46.
Wyder, Margrit (Hg.): Bis an die Sterne weit? Goethe und die Naturwissenschaften. Frankfurt am Main, Leipzig 1999.
Zimmermann, Walter: Evolution. Freiburg, München 1953.
Zittel, Karl Alfred von: Geschichte der Geologie und Paläontologie bis Ende des 19. Jahrhunderts. München, Leipzig 1899.

Abbildungsverzeichnis

S. 830: Bild eines Mädchens in komplementären Nachbildfarben
KSW, GNM, Inventar-Nr.: GFz 153

S. 831: Karlsbader Glas mit Schlangenmotiv zur Demonstration von Goethes Urphänomen der Farbenlehre (erworben 1820 bei Andreas Vinzenz Peter Mattoni in Karlsbad)
KSW, GNM, Inventar-Nr.: GNF 0085

S. 832: Cyanometer (Blaumesser) – Himmelsfarbenmesser
Links: Horace-Bénédict de Saussure: Description d'un cyanomètre [...]. In: Oberservations sur la Physique [...] 38 (1791), Abb. nach S. 248.
Rechts: Goethes Himmelsfarbenmesser
Universitätsarchiv Jena, Bestand S, Abt. XLIII, Nr. 16; Bl. 22 Rs.

Vergleichende Höhenkarte; Zeichnung von Goethe (1807) zu Alexander v. Humboldt: *Ideen zu einer Geographie der Pflanzen nebst einem Gemälde der Tropenländer*; Vorlage für den Druck (1813) unter dem Titel *Höhen der alten und neuen Welt bildlich verglichen* in den *Allgemeinen Geographischen Ephemeriden* (Bd. 41) und für einen Separatdruck

Christian Keferstein: *Geognostische General Charte von Teutschland*. In: *Teutschland, geognostisch-geologisch dargestellt*, Bd. 1, H. 1 (1821), mit Farbgebung von Goethe

Karmin.		Granit etc.
Gelbgrün.		Schiefer.
Orange.		Rother Sandstein.
Violet.		Alpenkalk.
Grau.		Porphir, Steinkohlen.
Chamois.		Bunter Sandstein.
Blau.		Muschelkalk.
Gelb.		Quadersandstein
Spangrün.		Jura-Kalk.
Schwarz.		Basalt.
		Kreide

Farbvorschlag Goethes zur Darstellung der geologischen Formationen auf der Karte von Keferstein (März 1821)

Aquarell eines in der Nacht vom 30. auf den 31.1.1809 in Goethes Garten am Stern umgestürzten Wacholderbaums (Künstler unbekannt)

Durchgewachsene Rose; von Goethe in Auftrag gegebenes Aquarell zur *Metamorphose der Pflanzen*; vermutlich durch einen Schüler der Weimarer Zeichenschule angefertigt (um 1790)

Drei Karten aus den *Beyträgen zur Optik* (1. Stück, 1791): Prismatisches Bild einer Hell-Dunkel-Grenze, je nach Lage der brechenden Kante in verschiedenen Farben

Kartensatz zu den *Beyträgen zur Optik* (1. Stück, 1791)

Flakon mit Napoleon-Büste aus Goethes Arbeitszimmer; Geschenk Eckermanns aus Straßburg (1830)

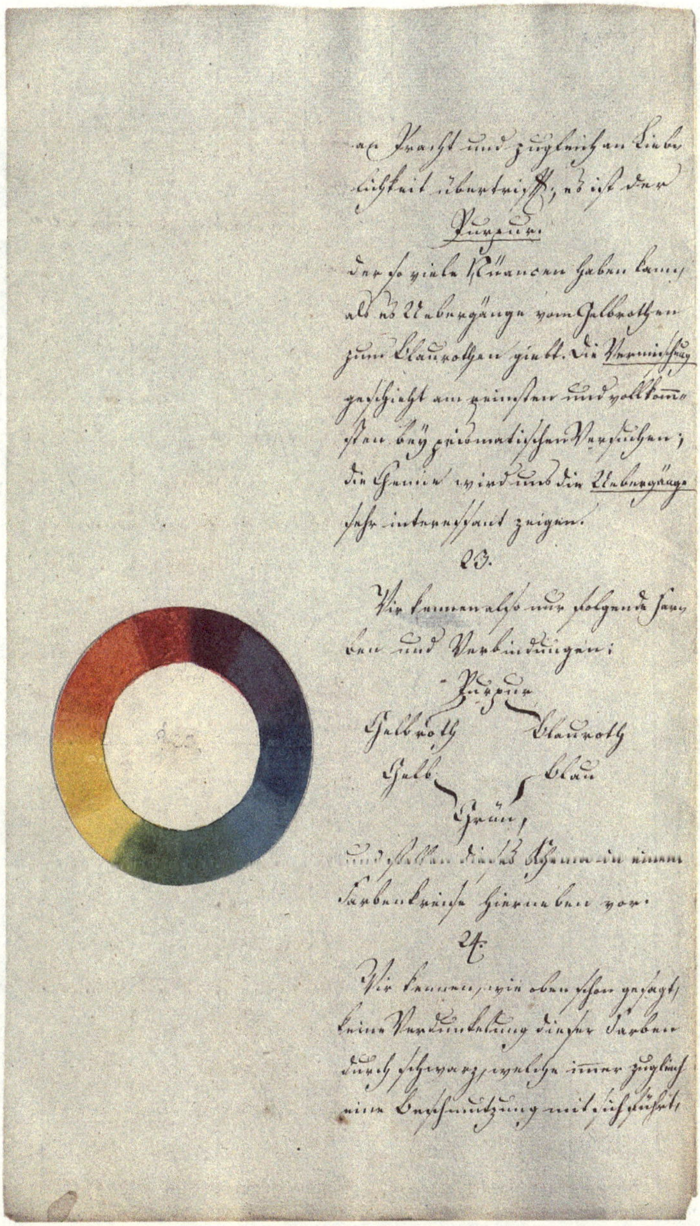

...e Pracht und zugleich eine Lieb-
lichkeit übertrifft, so ist der
Purpur
der so viele Nüancen haben kann,
als es Übergänge vom Gelbrothen
zum Blaurothen giebt. Die Vermischung
geschieht am reinsten und vollkomm-
sten bey prismatischen Versuchen;
die Grenze wird und die Übergänge
sehr interessant zeigen.
23.
Wir kennen also nur folgende Far-
ben und Verbindungen:
Purpur
Gelbroth Blauroth
Gelb Blau
Grün,
und stellen dieses Schema in einem
Farbenkreise hierneben vor.
24.
Wir kennen, wie oben schon gesagt,
keine Verdunkelung dieser Farben
durch Schwarz, welche immer zugleich
eine Beschmutzung mit sich führt.

Manuskriptseite aus dem *Versuch die Elemente der Farbenlehre zu entdecken* mit einer der frühesten Darstellungen des Farbenkreises (Ausfertigung für Georg Christoph Lichtenberg, abgesandt 29.12.1793)

Symbolische Annäherung zum Magneten; aus der Zusammenarbeit mit Schiller am 15.11.1798 entstandene Farbtafel

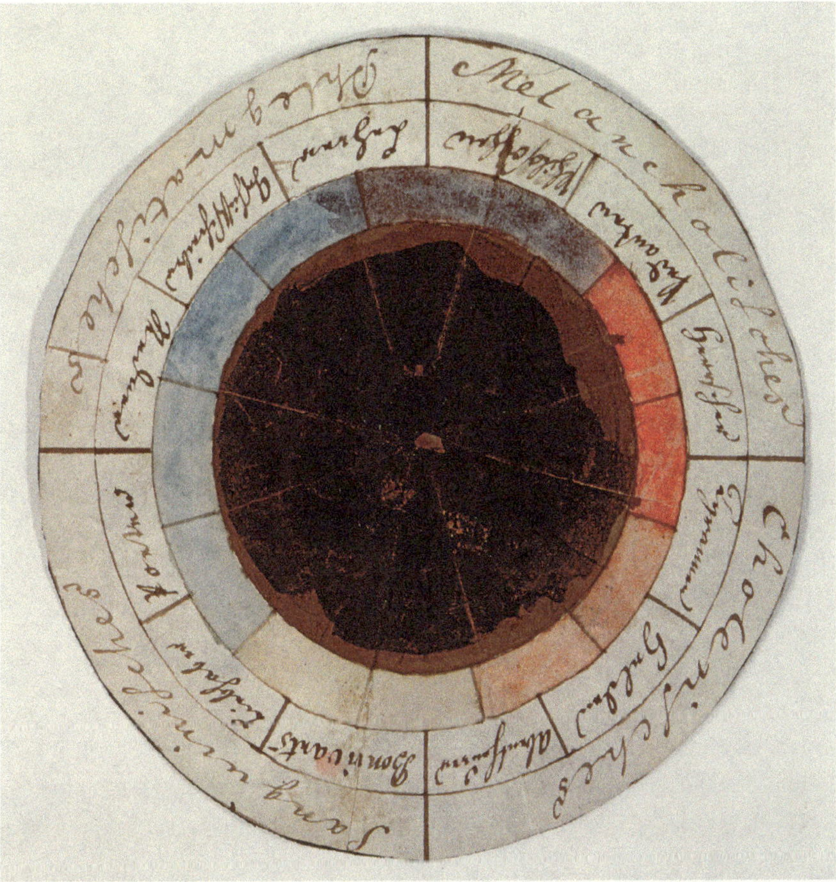

Temperamentenrose, von Schiller beschriftet; aus gemeinsamen Studien von Goethe und Schiller Anfang 1799 hervorgegangen

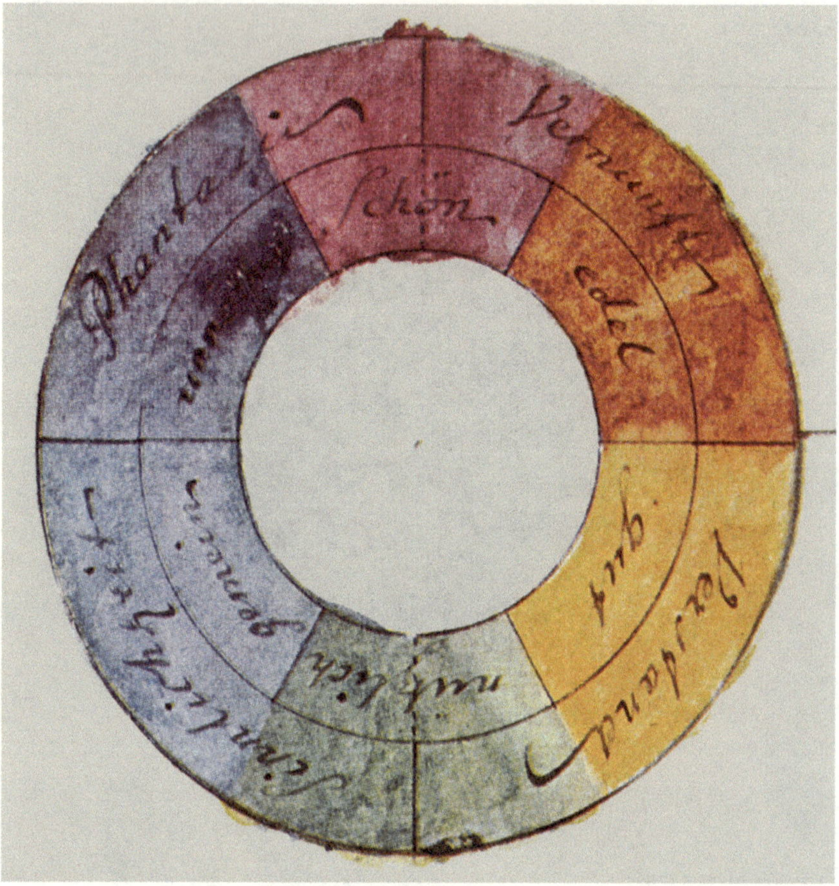

Sog. Frankfurter (im Freien Deutschen Hochstift aufbewahrter) Farbenkreis, der Farben mit Eigenschaften und Seelenkräften in Bezug setzt (1809)

Tafel I aus *Zur Farbenlehre* (1810)

Frauenkopf in Nachbildfarben, Aquarell mit Bleistiftkonturen; beschrieben in § 52f. des Didaktischen Teils der *Farbenlehre*

Glas mit Schlangenmotiv aus der Werkstatt von Andreas Vinzenz Peter Mattoni in Karlsbad; zur Demonstration von Goethes Urphänomen der Farbenlehre

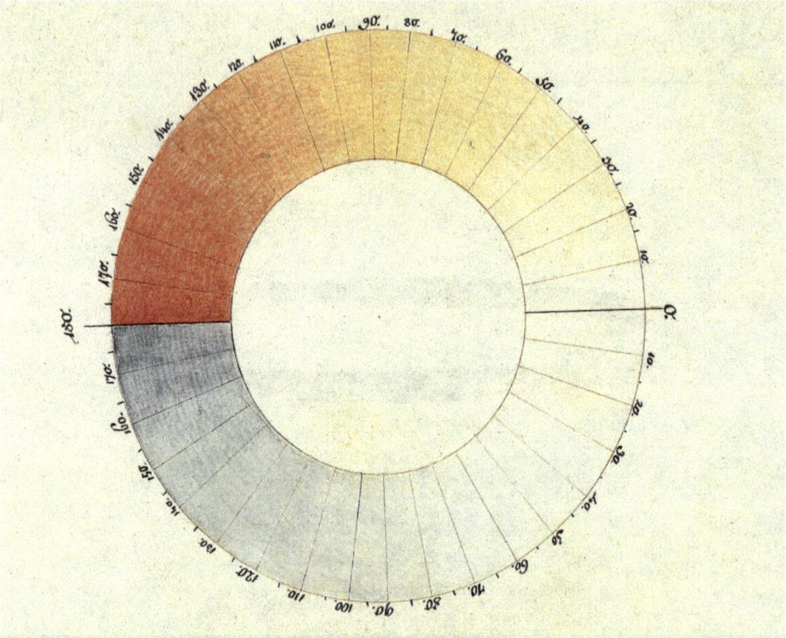

Himmelsfarbenmesser nach Goethe (1818)

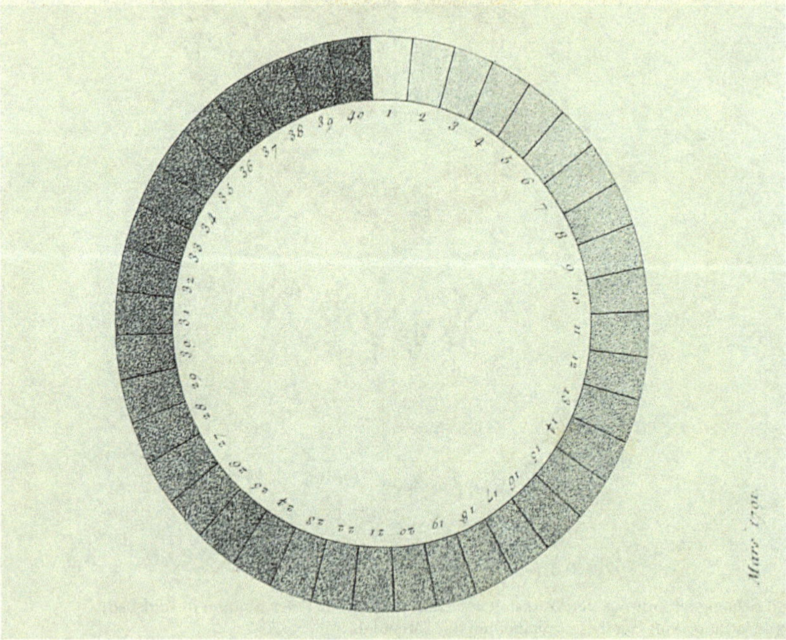

Cyanometer (Blaumesser) nach Horace Bénédict de Saussure (1791)

Personenregister

Erfasst werden die im Text vorkommenden Personennamen. Fettdruck deutet auf einen eigenständigen Artikel im lexikalischen Teil (S. 393–717) sowie dessen Seitenangaben. Fürstlichkeiten sind unter ihren Vornamen zu finden.
Verzichtet wurde auf die Aufnahme von biblischen und mythologischen Namen sowie von Autorennamen in Literaturverzeichnissen und in Verweisen auf Sekundärliteratur. Davon abgewichen wurde nur bei Autorenamen, die in fortlaufendem Text integriert sind.
Nicht im Register berücksichtigt wurden Personen, die im Verzeichnis der Druckorte (S. 729–763) erscheinen.